Gesamtverzeichnis des deutschsprachigen Schrifttums (GV) 1700 – 1910

Bearbeitet unter der Leitung von
Hilmar Schmuck und Willi Gorzny

Bibliographische und redaktionelle Beratung:
Hans Popst und Rainer Schöller

139

Stav – Ster

K · G · Saur München · New York · London · Paris 1985

CIP-Kurztitelaufnahme der Deutschen Bibliothek

Gesamtverzeichnis des deutschsprachigen Schrifttums :
(GV). – München, New York, London, Paris : Saur.
Bd. 1 – 6 bearb. unter d. Leitung von Peter Geils
u. Willi Gorzny.
ISBN 3-598-30000-X

1700 – 1910 / bearb. unter d. Leitung von Hilmar
Schmuck u. Willi Gorzny. Bibliograph. u. red.
Beratung: Hans Popst u. Rainer Schöller

NE: Schmuck, Hilmar [Bearb.]

139. Stav - Ster. - 1985.

Techn. Realisierung und Druck: Norbert Gärtner, Mainz-Kastel
Binden: Karl Schaumann, Darmstadt
Printed in the Federal Republic of Germany
ISBN 3-598-30000-X (Gesamtwerk)

Stavarasnia, G. K., Abhandlung v. d. außerordentlichen Fasten d. Maria Monika Mutschlerin. 2 Thle. 8. Wien, Camesina. 780–83.

Stave, Erik, der Einfluss d. Bibelkritik auf das christl. Glaubensleben, s.a. Sammlung gemeinverständl. Vorträge u. Schriften auf d. Gebiet d. Theologie. 30.

Der Einfluß der Bibelkritik auf das christliche Glaubensleben. Vortrag geh. auf d. 6. skandin. Studentenversamml. ... zu Leckö 1901 von Erik **Stave**, Prof., Upsala. Tübingen & Leipzig: J.C.B. Mohr 1903. (52 S.) 8°
= **Sammlung** gemeinverständl. Vorträge u. Schriften aus d. Geb. d. Theol. u. Religionsgeschichte. 30. [·6. 9596

Über den Einfluss des Parsismus auf das Judentum. E. Versuch v. Erik **Stave**, Doc. ... an d. Univ. Upsala. Von d. Teyler'schen Theol. Ges. gekr. Preisschr. *Haarlem: De Erven F. Bohn 1898.* (5 Bl., 280 S.) 1 Bd 8.
= **Verhandelingen** rakende den Natuurlijken ... Godsdienst, uitgeg. door Teyler's ... Genootschap. N. S. Deel 16. [98. 5929

Stave, Erik, über d. Einfluss des Parsismus auf das Judentum. E. Versuch. Von d. Teyler'schen theolog. Gesellschaft gekrönte Preisschrift. gr. 8. (V, 280 S.) Haarlem 898. (Leipzig, O. Harrassowitz.) n. 6. —

Om källorna till 1526 års öfversättning af Nya Testamentet uf Erik **Stave**, Doc., Upsala. *Upsala: (Akad. Bokh.; Leipzig: O. Harrassowitz) 1893.* (IX, 228, II S.) 8°
= **Skrifter** utg. af K. Humanist. Vetenskapssamfundet i Upsala. Bd 3, 1. [00. 8543

Stave, L., systematisch geordnete Vorschriften, s.a. Rosenkranz, J. A. C.

Stave, L., systematisch geordnete Vorschriften. 2. und 3. Heft. 2. verb. und verm. Aufl. qu. 8. (19; 12 lithogr. S.) Leipzig 873, Mentzel. geb. à Heft *

Stave, Ludw., Doktor Blaubart u. andere Humoresken, s.: Hesse's Max, Volksbücherei.

Stave, Ludw., auf Bredendorf. Lustspiel in 3 Acten. 8. (87 S.) Frankfurt a. M. 886, Koenitzer's Verlag.

Stave, Ludw., Bühnenmanuscripte. E. Schauspiel u. e. Lustsp. 8. Jena 896. Frommann'sche Hofbuchh. 1. 50
Die Krone des Lebens. Schauspiel in 4 Aufzgn. (76 S.) Um d. Mitgift. Lustspiel in 1 Aufz. M. theilweiser Benutzg. d. Fabel e. Goldonischen Stückes aus d. J. 1756. (S. 77—110.)

— verschneite Gluth, s.a. Collection Tiefenbach.

— verschneite Glut. Roman. 8. (214 S.) Leipzig 898. C. F. Tiefenbach. n. 2. —; geb. in Leinw. n. 3. —

— der Cantonsrath, s.: Collection Tiefenbach.

— verrathene Liebe! (La pauvrette. Siegfried's Tod.), s.: Collection Brillant. 16. Bd.

Stave, Ludw., Nothwehr, s.: Collection „Brillant". 10. Bd.

— der Schreiber, s.: Collection Brillant. 1. Bd.

Stave, Ludw., gesammelte Schriften. (In 12 Bdn.) (1. Bd.) Der Cantonsrath. Roman. 8. (174 S.) Leipzig (900). C. F. Tiefenbach. Geb. in Leinw. n. 3. —; Subskr.-Pr. 2. 50

Stave, Ludw., Tropfen im Kranz, s.a. Bloch's, Ed., Dilettanten-Bühne.

Tropfen im Kranz. Lustspiel in 1 Akt. Von Ludwig **Stave**. *Berlin: E. Bloch (1892).* (16 S.) 8° [F.]
— **Dilettanten-Bühne,** Eduard Blochs. No 243. [01. 9945

— unbesiegbar! Roman. 8. (326 S.) Ebd. 898. n. 2. —; geb. 3. —

— die Unverlobten, s.: Collection Tiefenbach.

— in valle lacrimarum. 8 Novellen. 8. (184 S.) Berlin 894. C. F. Conrad. n. 1. 50

Stave, Ludw., In valle lacrimarum. Novellen. 8. (III, 184 S.) Leipzig 897. C. F. Tiefenbach. n. 2. —

Stavemann, Fr.

Stavemann, F., Lehrbuch der Stolzeschen Stenographie. Nach der Systemurkunde vom Septbr. 1888 bearb. 6. Aufl. gr. 8. (48 S.) Berlin 892. N., Ziegelstr. 2, Jul. Feiertag. n. 1. —

— dasselbe. II. Tl. Uebertragg. der Schreibaufgaben. 3. Aufl. gr. 8. (15 autogr. S.) Ebd. 895. n.n. — 60

Stavemann, F., Lehrbuch der Stolze'schen Stenographie, nach der Systemurkunde v. Septbr. 1888 bearb. (I. Tl.) 9. Aufl. 31.—36. Taus. gr. 8. (48 z. Tl. autogr. S.) Berlin 896. (Leipzig, J. H. Robolsky.) n.n. 1. —

Fr. **Stavemann**'s Lehrbuch der vereinfachten deutschen Stenographie '(Einigungs-System Stolze-Schrey-Velten)'. Nach d. Systemurkunde v. 1897 bearb. (v. Ernst Büttner, Lehrer). 2. Aufl. *Berlin: Selbstv. v. Frau E. Stavemann; [Dr. v.] Pass & Garleb 1897.* (48 S.) 1 Bd 8. [Text z. Th. lith.] [98. 5901

— dasselbe. (Einigungs-System Stolze-Schrey.) Den Unterrichtskursen d. Stolze'schen Stenographen-Vereins (Einigungssystem) zu Berlin, sow. verschied. and. Vereine, Fortbildungs- u. Kapitulantenschulen zugrunde gelegt. 3., vollst. umgearb. Aufl. gr. 8. (42 S.) Ebd. 898. n. — 75

Fr. **Stavemann**'s Lehrbuch der vereinfachten deutschen Stenographie. ⟨Einigungs-System Stolze-Schrey.⟩ 16. ⟨d. Einigungs-Systems 6.⟩, neu bearb. u. durch zahlr. Uebungsbeispiele vergröss. Aufl. (Bearb.: Ernst Büttner.) *Berlin: Selbstverl. von Frau E. Stavemann 1900.* (50 S.) 8° [01. 7200

Stavemann's, Fr., Lehrbuch der vereinfachten deutschen Stenographie. (Einigungs-System Stolze-Schrey.) Den Unterrichtskursen des Stolze'schen Stenographen-Vereins (Einigungs-System) zu Berlin, sowie verschiedener anderer Vereine, Fortbildungs- u. Kapitulantenschulen zugrunde gelegt. 17. Aufl. gr. 8. (50 S.) Berlin 902. (O. Nahmmacher.) n. — 80

Stavemann's, Fr., Lehrbuch der vereinfachten deutschen Stenographie. (Einigungs-System Stolze-Schrey.) Den Unterrichtskursen der Korporation der kaufmänn. Fortbildungsschulen zu Berlin, der städt. Fortbildungs- u. Kapitulantenschulen, des Stolze'schen Stenographen-Vereins (Einigungssystem) sowie verschiedener anderer Vereine zugrunde gelegt. 20. Aufl. (48 S.) gr. 8. Berlin 906. (O. Nahmmacher.) n. — 80; Ausg. A. 21. Aufl. (56 S.) 906. Kart. n. 1. —

Stavemann's, Fr., Lehrbuch der vereinfacht. deutschen Stenographie. (Einigungs-System Stolze-Schrey.) Den Unterrichtskursen kaufmänn. u. städt. Fortbildungsanstalten, gewerbl. u. Kapitulanten-Schulen, des Bäckler'schen Stenographen-Vereins Stolze-Schrey zu Berlin, sowie verschiedener anderer Vereine zugrunde gelegt. Ausg. A. 24. Aufl. (48 S.) gr. 8. Berlin (910). (O. Nahmmacher.) Geb. 1. —

— die Stolzesche Stenographie, s.: Bäckler, Max.

Stavenhagen [Schlagwort]

Stavenhagen, s.: Deutschland. Kürschner-Pelp.

Stavenhagen [Verfasser]

Stavenhagen, Alfred

Stavenhagen, A., Ammoniak u. Blaugas. Vortrag, geh. vor d. Gesellschaft f. Sauerstoff- u. Stickstoff-Industrie E. V. im grossen Hörsale der Bergakademie am 9. 2. 1910. (7 S.) 31×23,5 cm. Leipzig 910. H. A. L. Degener. — 50
Sonderabdruck aus: „Ztschr. f. Sauerstoff- u. Stickstoff-Industrie."

Anleitung zum analytischen Arbeiten in Anlehnung an die von Prof. Dr. R. Finkener f. d. Laboratoriumsunterr. eingeführten Methoden, z. Gebr. im chem. Laborat. d. Kgl. Bergakad. zu Berlin hrsg. von Dr. A[lfred] **Stavenhagen**, Prof., Dr. H[ans] Wölbling, Privatd., u. Dr. H[arry] Winter, Privatd. Berlin: H. W. Müller 1906. (89 S.) 8° 07. 9604

Stavenhagen, Alfred [aus Brandenburg a. d. Havel]: Beiträge zur Kenntniss der Dichlorbenzoësäuren und einiger Derivate des m-Dichlor-p-phenylendiamins. . . . Freiburg i. B., Buchdr. v. Chr. Ströcker, 1889; 65 S. + 1 Bl. 8°
Freiburg i. B., Phil. Fak., Inaug.-Diss. v. 1889

Stavenhagen, A., Einführg. in d. Studium d. Bacteriologie u. Anleitg. zu bacteriolog. Untersuchgn. f. Nahrungsmittelchemiker. gr. 8. (VIII, 188 S. m. 83 Abb.) Stuttgart 895. F. Enke. n. 4. —

Die Entwickelung der Chemie während der ersten dreihundert Jahre der Hohenzollernherrschaft in der Mark Brandenburg. Festrede z. Feier d. Geburtst. S. M. 1908 zu Berlin von Prof. Dr. A[lfred] **Stavenhagen**. (Berlin 1908: C. Feister.) (XVI S.) 8° 08. 15181 4

Stavenhagen, A., kurzes Lehrbuch der anorganischen Chemie. (X, 525 S. m. 174 Holzschn.) Lex.-8. Stuttgart 906. F. Enke. n. 11. 60; geb. in Leinw. n. 13. —

Stavenhagen, Carl, s. Stavenhagen, Karl

Stavenhagen, Carl Friedrich, s. Stavenhagen, Karl Friedrich

Stavenhagen, Curt, s. Stavenhagen, Kurt

Stavenhagen, D., Versuch d. Begriff d. Rechts zu bestimmen. 8. Schwerin, Bödner. 793.

Stavenhagen, Fritz, Grau u. Golden. Hamburger Geschichten u. Skizzen. Mit Buchschmuck. (178 S.) 8. Hamburg 904. Gutenberg-Verlag Dr. E. Schultze. n. 2. —; geb. n. 3. —

De ruge Hoff. Niederdeutsche Bauern-Komödie in 5 Akten von Fritz **Stavenhagen**. Hamburg: E. Schultze 1906. (143 S.) 8° [F.] 05. 14421

Stavenhagen, Fritz, der Lotse. Hamburger Drama in 1 Akt. 8. (V, 50 S.) Hamburg 901. A. Harms. n. 1. —; geb. n. 1. 60

Der Lotse. Hamburger Drama in 1 Akt von Fritz **Stavenhagen**. Hamburg: E. Schultze 1904. (50 S.) 8° [F.] 06. 15606

Mudder Mews. Niederdeutsches Drama in 5 Akten von Fritz **Stavenhagen**. Hamburg: E. Schultze 1904. (121 S.) 8° [F.] 05. 1871

Mudder Mews. Niederdeutsches Drama in 5 Akten v. Fritz **Stavenhagen.** Mit 1 Einl. über d. Dichters Leben u. m. seinem Bilde. 2. Aufl. Hamburg. 1908. 8°

De dütsche Michel. Niederdeutsche Bauern-Komödie in 5 Akten von Fritz **Stavenhagen**. Mit Buchschmuck von Oskar Schwindrazheim. Hamburg: E. Schultze 1905. (154 S.) 8° [F.] 05. 5656

Jürgen Piepers. Niederdeutsches Volksstück in 5 Akten von Fritz **Stavenhagen**. Hamburg: A. Harms [aufgestempelt: Hamburg-Grossborstel: E. Schultze] 1901. (165 S.) 8° [F.] 07. 17483 B

Jürgen Piepers. Niederdeutsches Volksstück in 5 Akten von Fritz **Stavenhagen**. Hamburg: E. Schultze 1905. (165 S.) 8° [F.] 05. 5657

Stavenhagen, Jh., s. Lomonosoff, russ. Sprachlehre.

Stavenhagen, Johann Christian Dietrich, s. Versuch d. Begriff d. Rechts zu bestimmen.

Stavenhagen, Johann Christian Dietrich, s. Versuch zur Verteidigung des Nachwuchs.

Stavenhagen, John Eug., klinische Beobachtungen aus der Wittwe W. Reimers'schen Augenheilanstalt zu Riga im Jahre 1867. Eine Abhandlung. Riga 868. (Bruhns.) gr. 8. (100 S.) n. 20 ngr.

Stavenhagen, Karl, im Drachenhorst. Schwank in 3 Aufzügen. (56 S.) 11. 8. Mitau 908. (F. Besthorn.) 1.60

Stavenhagen, Karl, das Kunkelfräulein. Ein Schauspiel in 5 Aufzügen. 8. (114 S.) Riga 901. Ernst Plates. n. 2. 50

Stavenhagen, Carl, Wien's furchtbarer Oktober 1848. Die Belagerung, Vertheidigung und Einnahme der österreich. Kaiserstadt nach zuverläss. Beobachtungen und Quellen. Mit vielen bildl. Darstellungen nach der Natur. 3 Hefte. gr. 8. (96 S. und 12 Stnt.) Prag 848, (Calve'sche Vrlgsh.) à Heft 7½ Ngr. —

— Solom u. **Herwart.** Ein Schauspiel. 8. (119 S.) Ebd. 901. n. 2. —

— Johann Uexküll v. Riesenberg. Eine Tragödie. (62 S.) 8. Ebd. 910. 2.50

Stavenhagen, Karl, Johann Wolthuß v. Herse. Eine Tragödie. (106 S.) gr. 8. Riga 903. (Jonck & Poliewsky.)
Sonderabdruck aus: „Balt. Monatsschrift". n. 3. —

Stavenhagen, Karl Friedrich

Stavenhagen, Karl Fr., († ...) topograph. u. chronolog. Beschreib. d. Pommerschen Kauf- u. Handelsst. Anclam, aus Urkunden u. Nachrr. verfasset u. mit einem Anh. des Hrn. Past. Sprengel zur Kirchen- u. Gelehrtengeschichte. 4. Greifsw. 773.

Stavenhagen, Carl Frdr., **Chronik** v. Anklam **bis 1773.** Neue Volks-Ausg., **gekürzt u. m.** Anmerkgn. **versehen.** Mit 7 Kunstbeilagen **u. dem** Stadtwappen. **gr. 8.** (VII, VIII u. 283 S. **m. 1 Plan.)** Anklam 899. E. Süssermann. n. 8. 50; **geb. n. 10. —; auch** in 17 Lfgn. **à n.** — 50

Stavenhagen, Kurt

Stavenhagen, Curtius: Quaestiones Demosthenicae. Gottingae 1907: Dieterich. (45 S.) 8°
Göttingen, Phil. Fak., Ref. Schwartz, Gekr. Preisschr. v. 5. Juni 1907

Stavenhagen, Curtius: Quaestiones Demosthenicae. Gottingae 1907: Dieterich. 1 Bl. 8° ¶ (Nur Titelbl. Ersch. vollst. als: Gekr. Preisschr. 1907. Vgl. Jahresverz. 23. Gö. 161.)
Göttingen, Phil. Diss. v. 6. März 1909, Ref. Schwartz
[Geb. 25. Dez. 84 Tuckum; Wohnort: Tuckum; Staatsangeh.: Rußland; Vorbildung: Neues Gymn. Braunschweig Reife M. 03; Studium: Göttingen 7 S.; Rig. 24. Juni 08.] [U 09. 1405

Stavenhagen, Osk., s.: Akten u. Recesse der livländischen Ständetage.

Stavenhagen, Rich., Blütenpflanzen u. Blattgewächse f. Gartenausschmückung. Auswahl u. vorteilhafteste Verwendung des besten Materials f. Frühjahrs- u. Sommerbepflanzung v. Gruppen u. Parterres, Lauben u. Balkons. Anzucht, Behandlg. u. Überwinterg. der besprochenen Gewächse, zugleich als Ergänzung zu jedem Album f. Teppichgärtnerei u. Gruppenbepflanzung. Mit e. Vorwort v. H. Doebner. (VII, 248 S.) gr. 8. Leipzig 908. H. Voigt. 4.—; geb. n 5.—

— Geschäftskorresp. u. Buchführg. f. Gärtner, s.: Jubisch, Max.

Stavenhagen, Wilh. Siegfr., Album baltischer Ansichten. Mit erläut. Text von verschied. Verff. 30 Liefgn. Mitau 1857—66. (Besthorn.) gr. 4. (90 Stahlst. u. 694 S. Text.) Jede Liefg. n. 1 ₰
Ausg. in 3 Bdn. In Lwd. geb. Jeder Bd. n. 12 ₰;
In Leder geb. Jeder Bd. n. 13 ₰

Stavenhagen, Wilh. Siegfr., Album baltischer Ansichten. Mit erläuterndem Text von verschiedenen Verf. 1—20. Liefg. Mitau 857—64. Reyher in Comm. gr. 4. Jede Liefg. m. 3 Stahlst. u. 2—3 Bgn. Text n. 1 ₰

Stavenhagen, Willibald

Stavenhagen, W., 1806. Das preuss. Offizierskorps u. die Untersuchungen der Kriegsereignisse. [Aus: „Die militär. Welt".] (7 S.) gr. 8. Wien (907). C. W. Stern.
Aus dem Handel zurückgezogen. — 50

— Aphorismen u. Sprüche in zwangloser Folge. [Aus: „Die militär. Welt".] (13 S.) gr. 8. Ebd. 906.
Aus dem Handel zurückgezogen. — 50

Stavenhagen, W., Boyen. [Aus: „Die militär. Welt".] (11 S.) gr. 8. Wien 907. C. W. Stern. — 50
Aus dem Handel zurückgezogen.

Petit dictionnaire militaire français-allemand et allemand-français p. W[illibald] Stavenhagen, Capit. du génie en retr. (P. 1. 2.) Berlin: R. Eisenschmidt 1897. 98. [A. T.:] Kleines Militär-Wörterb. Französ.-deutsch u. deutsch-französ. v. W. Stavenhagen ... 2 Bde. 8°
(1.) (Franç.-allemand.) 1897. (VIII S., 1 Bl., 842 S.)
(2.) (Deutsch-französ.) 1898. (X, 764 S.)

Stavenhagen, W., die Donau in ihrem unteren Lauf, s. a. Beiheft zum Militär-Wochenblatt. 1899. Hft. 9.

Die Donau in ihrem unteren Lauf. Eine militär-geograph. Skizze von W[illibald] Stavenhagen. *Berlin: E. S. Mittler & Sohn 1899.* (S. 345—365.) 8° [F.]
= Militär-Wochenblatt. 1899. Beiheft 9, [2.] [00. 12679

Stavenhagen, W. Über Eissprengungen. München 1906. 8°. (Aus: Zeitschr. f. d. Schieß- u. Sprengstoffwesen.)

Stavenhagen, W. Entfernungsmesser und Fernrohre in militärischer Hinsicht. Berlin 1905. 4°.

— die geschichtl. Entwickelung des preuss. Militär-Kartenwesens. gr. 8. (44 S.) Leipzig 900. B. G. Teubner. n. 1.—
Sonderabdruck aus: „Geograph. Zeitschrift".

Stavenhagen, W., die Feldbefestigung. Nachtrag zur 3. Aufl. vom Grundriß der Befestigungslehre. Für Offiziere aller Waffen des Heeres u. der Marine. Mit 52 Skizzen im Text. (50 S.) gr. 8. Berlin 907. E. S. Mittler & Sohn. n. — 90
Hauptwerk Ebd. 900. n. 7.—; geb. n. 8. 50.

Stavenhagen, W., s.: Felddienst-Ordnung d. französ. Kavallerie.

Fest-Schrift zur Feier des 100jähr. Bestehens der Hermania Aktien-Gesellschaft vorm. Kgl. Preuß. chem. Fabrik in Schönebeck a. E. Von A. Stavenhagen. — (Schönebeck a. E. 1897: Wullstein.) 37 S. 4° 1.

Stavenhagen, W. Über Festungen und ihre Verteidigung mit Bezugnahme auch auf Port Arthur. (Frauenfeld 1905.) 8°. (Aus: Schweiz. Zeitschr. f. Artillerie u. Genie.)

Stavenhagen, W. Über Festungskapitulationen. (Berlin 1905.) 8°. (Aus: Nord u. Süd.)

Stavenhagen, W. Über Geländedarstellung in Karten. Berlin 1904. 4°. (Aus: Das Weltall.)

Stavenhagen, W. Über Griechenland, sein Heer- und Flottenwesen. Breslau (1907). 8°. (Aus: Nord und Süd.)

— Grundriß der Befestigungslehre. M. 1 Skizze in Steindr. gr. 8. (XI, 200 S.) Berlin 896. E. S. Mittler & Sohn. n. 4.—

— dasselbe. 2., durch e. Nachtrag verm. Aufl. Mit 3 Taf. in Steindr. gr. 8. (XI, 219 S.) Ebd. 896. n. 4. 50; geb. in Leinw. n.n. 5. 50

— Grundriß der Befestigungslehre. Für Offiziere aller Waffen. 3., vollständig umgearb. Aufl. Mit 5 Taf. in Steindr. gr. 8. (XV, 319 S.) Berlin 900. E. S. Mittler & Sohn. n. 7.—; geb. in Leinw. n.n. 8. 50

— Grundriss der Befestigungslehre sowie des Verkehrs- u. Nachrichtenwesens. Für Offiziere aller Waffen des Heeres, der Marine u. der Schutztruppen. 4., vollständig umgearb. u. wesentlich erweit. Aufl. m. zahlr. Abb. auf 9 Taf. u. im Text. (XVI, 338 u. 70 S.) gr. 8. Berlin 910. E. S. Mittler & Sohn. 10.—; geb. 11.50

[F.] Grundriss der Feldkunde (milit. Geländelehre, militär. Aufnehmen u. Zeichnen)' v. W[illibald] Stavenhagen, Hauptm. a. D. ... M. 20 Abb. im Text u. 2 Beil. in Steindr. *Berlin: E. S. Mittler & Sohn 1896.* (XI, 169 S., 2 Taf.) 1 Bd 8. [96. 1964

[F.] Grundriss der Feldkunde '(militärische Geländelehre, militär. Aufnehmen u. Zeichnen)' v. W[illibald] Stavenhagen ... 2., durch e. Nachtr. u. 2 Taf. in Steindr. verm. Aufl. M. 23 Abb. im Text u. 4 Beil. in Steindr. *Berlin: E. S. Mittler & Sohn 1898.* (XI, 169, 22 S., 2 Sk., 2 Taf.) 1 Bd 8. [98. 3963

Grundriss des Festungskrieges. Für Offiziere aller Waffen. Von W[illibald] Stavenhagen. [Nebst] Nachtrag. Mit Taf. Sondershausen: F. A. Eupel 1901—07. 2 Bde 8° [F.]
Nachtrag u. d. T.: Der Kampf um Sperrbefestigungen. Von Stavenhagen. [07. 9394

— Über Heer u. Befestigungswesen bis Anfang des 18. Jahrh., s.: Militär-Wochenblatt. 1910. Beiheft 6. 7.

Stavenhagen, W. Über Himmelsbeobachtungen in militärischer Beleuchtung, besonders das Zurechtfinden nach den Gestirnen im Gelände. Berlin 1907. 4°. (Aus: Das Weltall.)

— Ueber Himmelsbeobachtungen in militär. Beleuchtg., besonders das Zurechtfinden nach den Gestirnen im Gelände. Für Offiziere aller Waffen des Heeres, der Marine u. der Kolonialtruppen. 2. verb. u. erweit. Aufl. (92 S. m. 5 Fig. u. 2 Taf.) 8. Berlin-Treptow 909. Verlag der Treptow-Sternwarte. 2.50; erm. Pr. 1.50

— dasselbe, s.a. Vorträge u. Abhandlungen, hrsg. v. der Zeitschrift „Das Weltall". 17. Heft.

— Über d. preussische Infanterie im J. 1866. [Aus: „Die militär. Welt".] (7 S.) 8. Wien 906. C. W. Stern. — 50
Aus dem Handel zurückgezogen.

— Über das deutsche Ingenieur- u. Pionierwesen. [Aus: „Die militär. Welt".] (12 S.) gr. 8. Ebd. 907. — 50
Aus dem Handel zurückgezogen.

— der Kampf um Sperrbefestigungen. Mit 1 Taf. in Steindr., enth. techn. Einzelheiten des Angriffs. Nachtrag zum Grundriß des Festungskrieges. Für Offiziere aller Waffen des Heeres u. der Marine. (20 S.) 8. Sondershausen 907. F. A. Eupel. n. — 75
Hauptwerk Ebd. 901. n. 4. 80; geb. n. 6. —.

Ⓑ — Der Kampf um Sperrbefestigungen. 907. Jetzt: Berlin, E. S. Mittler & Sohn.

Stavenhagen, W., hydrographische Karte des Europäischen Rußlands, nach Anleitung der von der Oberverwaltung der Wege-Communication, so wie früher von dem Herrn v. Bachturin u. A. herausgeg. Karten zusammengestellt. Lithogr. u. illum. Imp.-Fol. Mitau 842, Reiher. 3/4 ♂

Stavenhagen, Willibald: Ueber Frankreichs Kartenwesen. ([S.-A.] Militär-Wochenblatt. No. 47 bis 49. 1899.) Berlin 1899. 7 S. 8°.

Stavenhagen, W. Frankreichs Kartenwesen in geschichtlicher Entwicklung. Wien 1902. 8°. (Aus: Mitth. d. K. K. Geogr. Gesellschaft 1902. 7 u. 8. — Angeb.: Wagner H. Bemerkungen zu W. Stavenhagens Aufsatz: Frankreichs Kartenwesen.

Stavenhagen, Willibald: Ueber Italiens Kartenwesen. (Internationale Revue über die gesammten Armeen und Flotten. Bd. 17. S. 690—700.) Berlin 1899. 11 S. 8°.

Stavenhagen, Willibald: Ueber russisches Kartenwesen. ([S.-A.] Kriegstechnische Zeitschrift. 1899.) Berlin 1899. 13 S. 8°.

Stavenhagen, Willibald: Ueber das Kartenwesen der Schweiz. Eine Studie. ([S.-A.] Neue Militärische Blätter. März 1899.) Berlin 1899. 9 S. 8°.

Stavenhagen, Willibald: Ueber das Kartenwesen der Vereinigten Staaten Amerikas. ([S.-A.] Kriegstechnische Zeitschrift. 1899.) Berlin 1899. 3 S. 8°.

— Der gleislose Kraftwagen in militär. Beleuchtg. Für Offiziere aller Waffen des Heeres, der Marine u. der Schutz-Truppen. 2., durch e. Nachtrag verm. Aufl. (VII, 204 S. m. 1 Titelbild u. 11 Taf.) gr. 8. Oldenburg 908. G. Stalling's Verl. 3.50; geb. 4.50; erm. Pr. 2.—; geb. 3.—
1. Aufl. (VII, 184 S. m. 9 Taf.) 907. 7.—; geb. 8.50.

Stavenhagen, W. Über Kriegs- und Soldatenpoesie. Breslau (1906). 8°. (Aus: Nord und Süd.)

— Die Küstenbefestigungen d. ausserdeutschen Seemächte. Für Offiziere aller Waffen des Heeres, der Marine u. der Schutztruppen. Mit 7 Abbild. im Text u. auf 2 Taf. (VIII, 88 S.) gr. 8. Berlin 909. E. S. Mittler & Sohn. 3.—; geb. 4.—

-- Frankreichs Küsten-Verteidigung, s.a. Sammlung militärwissenschaftlicher Einzelschriften. 11. 12.

Frankreichs Küsten-Verteidigung. Für Offiziere aller Waffen. Von W[illibald] **Stavenhagen.** Hierzu: 4 Taf. Berlin: R. Schröder 1902. (62 S.) 8°
= Sammlung militärwissenschaftl. Einzelschriften. H. 11. 12.

Stavenhagen, W. Über das Meer als Quelle der Seemacht und Staatengröße. Oldenburg 1906. 8°. (Aus: Milit. Welt.)

— Über die altgriech. Militär-Schriftstellerei. [Aus: „Die militär. Welt".] (21 S.) gr. 8. Wien 907. C. W. Stern. — 50
Aus dem Handel zurückgezogen.

— kleines Militair-Wörterbuch Französisch-Deutsch u. Deutsch-Französisch. 2 Tle. 16. Berlin, R. Eisenschmidt. à n. 5.50; geb. in Leinw. à n. 6. —
1. Französisch-Deutsch. (VIII, 842 S. m. Fig.) 897.
2. Deutsch-Französisch. (X, 764 S.) 898.

— Neues v. d. drahtlosen Telegraphie u. Telephonie, besond. die Riesenstation Nauen. [Aus: „Die militär. Welt".] (7 S.) gr. 8. Ebd. 907. — 50
Aus dem Handel zurückgezogen.

— s.: Reglement üb. d. Dienst d. Armeen im Felde.

— Renseignements divers. Hilfsmittel z. Lesen französ. Werke u. Pläne, sow. zur Abfassg. französ. Schriftstücke. 16. (76 S.) Berlin 897. R. Eisenschmidt. n. — 50

— Renseignements divers. Hilfsmittel zum Lesen französ. Werke u. Pläne, sowie zur Abfassg. französ. Schriftstücke 2. durch e. Nachtrag u. 18 Abbildgn. verm. Aufl. gr. 16. (128 S.) Berlin 898. R. Eisenschmidt. n. — 50

Stavenhagen, W. Über das Schießen aus Küstenbatterien gegen Kriegsschiffe. Wien 1906. 8°. (Mitteilungen über Gegenstände d. Art.- u. Geniewesens. 10.)

Stavenhagen, W. Signalgebung. (Akustische und optische Telegraphie.) Berlin 1905. 4°. (Aus: Prometheus.)

— Skizze der Entwickelung u. des Standes des Kartenwesens des ausserdeutschen Europa, s.a. Petermann's, A., Mitteilungen aus Justus Perthes' geographischer Anstalt. Erg.-Hft. 148.

Stavenhagen, W[illibald]. Skizze der Entwickelung und des Standes des Kartenwesens des ausserdeutschen Europa. ⟨Ergänzungsheft No. 148 zu «Petermanns Mitteilungen».⟩ XXVIII + 376 S. 4. Gotha, Justus Perthes, 1904. (M. 16. —)

— militärgeographische Skizzen v. den Kriegsschauplätzen Europas. gr. 8. (VII, 179 S.) Berlin 898. H. Peters. n. 3. 60

— Drei kriegsgeschichtlich wichtige Stromübergänge. [Aus: „Die militär. Welt".] (11 S.) gr. 8. Ebd. 907. — 50
Aus dem Handel zurückgezogen.

Stavenhagen, W. Drei kriegsgeschichtlich wichtige Stromübergänge. Wien 1907. 8°. (Aus: Die Milit. Welt.)

— Der strategische Überfall. [Aus: „Die militär. Welt".] (8 S.) gr. 8. Ebd. (907). — 50
Aus dem Handel zurückgezogen.

Stavenhagen, W. Der strategische Überfall. Leipzig 1907. 8°. (Aus: Die Milit. Welt.)

Stavenhagen, W. Das Überwinden von Wasserläufen in kriegstechnischer Hinsicht. Berlin 1906. 4°. (Aus: Prometheus.)

Aus der fortificatorischen Vergangenheit von Paris. Für Offiziere aller Waffen. Von W[illibald] **Stavenhagen**. Mit 4 Taf. *Berlin: R. Schröder 1901.* (39 S.) 8° [F.]

— Verkehrs-, Beobachtungs- u. Nachrichten-Mittel in militärischer Beleuchtg. gr. 8. (162 S.) Berlin 896. H. Peters. n. 3. 60

— Verkehrs-, Beobachtungs- u. Nachrichten-Mittel in militärischer Beleuchtg. Für Offiziere aller Waffen des Heeres u. der Marine. 2., gänzlich umgearb. u. bedeutend verm. Aufl. (V, 318 S.) gr. 8. Göttingen 905. Stettin, H. Peters. n. 6. —

— s. v. Wittenheim, O., üb. Rußlands Wasserverbindungen.

— Die Zerstörung des Tunnels v. Martainville 1870. [Aus: „Die militär. Welt".] (5 S. m. 3 Abbild.) gr. 8. Ebd. 906. — 50
Aus dem Handel zurückgezogen.

Stavenow, Bernhard

—— der Degen als Ehestifter, s. Schalk-Bibliothek.

Stavenow, Bernh., Drillinge. Humoristische Erzählungen. 1.—3. Aufl. 8. (219 S.) Bremen 878,79, [Kühtmann und Comp.] Fischer. *

—— Drillinge. Humoristische Erzählungen. 4. (Titel-)Aufl. 8. (219 S.) Bremen 881, Fischer. *M 3.; geb. *
—— dass. — 5. (Titel-)Aufl. 8. (219 S.) Norden 883, Fischer Nachf. *

—— die drei Freier und andere Humoresken. 8. (III, 253 S.) Görlitz 883, Förster's Verlag.

— die drei Freier u. andere Humoresken. 2. Aufl. 8. (253 S.) Görlitz 884. Förster's Verl. n. 1. 50; geb. n. 2. 50

—— schöne Geister. Künstler-Novellen und Skizzen. 2. und 3. (Titel-)Aufl. 8. (247 S.) Bremen 879,81, Fischer. * geb. *
—— dass. — 4. (Titel-)Aufl. 8. (V, 247 S.) Norden 883, Fischer Nachf. *

Stavenow, B., unheimliche Geschichten, s. Eckstein's Reise-Bibliothek.

Stavenow, B., u. Eug. Mochow, d. Gespenst im Küraß u. and. Militär-Humoresken. gr. 8. (115 S.) Mülheim a/R. 896. J. Bagel. 1. —

Stavenow, B., u. Eug. Mochow, das Gespenst im Küraß u. andere Militär-Humoresken. — Tempsky, Eug. v., ein guter Rat. Novelle. — Prenzlau, Karl v., ein amerikanisches Duell. Novellette. (Umschlag: Stavenow, B., F. v. Tempsky u. a.: Im bunten Rock. Ernst u. Scherz aus dem Militärleben.) (104 u. 112 S.) 8. Mülheim a/R. (904). J. Bagel. — 60

—— das Halstuch, s. Wallner's allgemeine Schaubühne.

—— der schwarze Handschuh, s. Novellen-Bibliothek, criminalistische.

Stavenow, Bernh., das Caviarfäßchen. Humoresken. 3. Aufl. 8. (III, 152 S.) Görlitz 883,84, Förster's Verlag. geb.

—— aus allen Kreisen. Humoresken. 1. und 2. Aufl. 8. (154 S.) Bremen 878, [Kühtmann und Comp.] Fischer. *

—— aus allen Kreisen. Humoresken. 3. (Titel-)Aufl. 8. (154 S.) Bremen 881, Fischer. *M 2.; geb. *
—— dass. — 4. (Titel-)Aufl. 8. (154 S.) Norden 883, Fischer Nachf. *

— der Herr Studiosus C. Krüger, s.: Bloch's, E., Theater-Correspondenz.

—— der Prozeß. Der Zigeunerhauptmann. Humoresken. 12. (109 S.) Berlin 883, A. Goldschmidt. *

Stawenow, B., Carl Augusts Revanche, s. Bloch's, Ed., Theater-Gartenlaube.

— W. G. H., s.: Novellen-Bibliothek, criminalistische.

Stavenow, J. R., u. H. Poppe, Salat-Buch, enth. 400 Salatrecepte. 8. (93 S.) Dresden 898. (E. Weise.) n. 1. 20

Stavenow, Ludw., Geschichte Schwedens 1718—1772, s.: Staatengeschichte, allgemeine. I. Abtlg.

Stavinski, David (Königsberg/P.) . 4°Jur. XII, 26c/7

Disputatio septima inauguralis de foro ministrorum principis. Präs. Samuel Stryk.
In: Stryk: Dissertationes juridicae Hallenses. Vol. I. Hannover (Foerster) 1732. S. 189-224.

Diss. Halle VI. 1694. 33241

Stavinski, David [Praes.], s. Fritsch, Joh. Fried.: De jure principis poenas lege divina determinatas mitigandi vel remittendi.

Stavinski, David [Praes.], s. Guenther, Johann Friedrich: De conjugio illegitimo indulgentia principis confirmato.

Stavinski, Dav. (Praeses): „Dissertatio juridica de jure principis poenas lege divina determinatas mitigandi vel remittendi. Vom Rechte eines Fürsten, die durch das göttliche Recht verordneten Strafen zu lindern oder gar zu erlassen . . . . Resp.: Jo. Frider. Fritschius . . . . ad diem X. Aug. a. 1695", Vitembergae, recusa anno 1742.

Stavinski, David [Praes.], s. Meltzer, Jacob Salomon: De collatione bonorum, juris prutenici, Vulgo: Von Einbringung der Gütter in Schicht und Theilung/ Pr. LR. Lib. 5. Tit. 14. Art. 2.

Stavinski, David [Praes.], s. Waldburg, Karl Ludwig Gf. von: De criminis abolitione.

Stavinsky, Karl

[Lied.] **Br. Joh. G. Schadow zu seinem 50jährigen Maurer-Jubiläum. Den 24. Mai 1840.** [Unterz.:] C[arl] **St[avinsky?].** [Berlin 1840.] 2 Bl. 8° [Umschlagtit.]
Ohne Noten.

Stavorinus, Jan Splinter. Beiträge zur nähern Kenntniss der Besitzungen der Holländer in Ostindien; a. d. Holl. . . . Rostock 1796. Ü & H: *Norrmann, Gerhard Philipp Heinrich.* (Ky) (Schr) (EngG) (MGT)

Stavorinus, J. S., Beitr. zur nähern Kenntniß der Besitzungen der Holländer in Ostindien; aus d. Holländ. (v. G. P. H. Norrmann), gr. 8. Rostock 796. Stiller. 12 gl.

Stavorinus, J. S.: Bemerkungen über die Insel Java und ihre Bewohner. in: Sprengel's Auswahl von Nachrichten zur Aufklärung der Völker- und Länderkunde. Bd. 4. S. 85—126. Halle 1795. 8°.

– s. Länder- und Reisebeschreibungen, Kleinere.

Stavorinus, J.S.: Reise nach dem Vorgebürge der guten Hoffnung, Java und Bengalen in den Jahren 1768 bis 1771. (Reize van Zeeland over de Kaap de Goede Hoop naar Batavia, Bantam, Bengalen enz gedaan in de Jaaren 1768 tot 1771. Dt.Ausz.) Übers.und mit Anmerkungen begleitet von (A.F.) Lueder. 252 S., gbd.

Berlin: Hause & Spener 1796

JB 5.629

— Reise n. dem Vorgebirge der guten Hoffnung, Java und Bengalen 1768–71. a. d. Holl. m. Anmerk. von Lüder. gr. 8. Lpz. Linke. (Haude in Berlin.) 796.

Stavorinus, Reise nach dem Vorgebirge d. guten Hoffnung. gr. 8. Leipz. Märker. 796. Rthlr.

Stavrides, Socrates, *Ἡ ὁδὸς πρὸς τὸν θεὸν ἢ περὶ τοῦ τέλους τοῦ ανθρωπου κατα Μάξιμον τὸν Ομολογητην.* Diss. 1894. 44 S. 2.—

Stavridis, Georg [aus Janina (Epiros)]: Zur Casuistik der Rückenmarkstumoren . . . . Berlin, Buchdr. v. Gustav Schade (Otto Francke) (1887); 29 + 1 S. + 1 Bl. 8°.
Berlin, Med. Fak., Inaug.-Diss. v. 12. März 1887.

Stavridis, Georg, zur Casuistik der Rückenmarkstumoren. Diss. Berlin 1887, Mayer & Müller. 8°. 29 S.

STAVRINAKI, Stefan (Chios/Griechenl.): Quaedam de structura et functionibus cerebri. (Titel nach der Urkunde)
31.5.1851 – Urk; F 67
Diss. Ingolst.-Landsh.-Mchn.

Stavro, Charles G., s.: Staabe, Ch. G.

Stawa, F., Auszüge a. dem Sanitäts-Dienst bei der Armee im Felde, s.: Seligmann, L.

— s.: Handbuch f. das k. k. Militär-Sanitätswesen.

Stawenow, B., s. Stavenow, Bernhard

Stawinsky, C., Ernst u. Scherz. Eine Auswahl von älteren u. bisher ungedruckten Gedichten, zum Vortrage in geselligen Kreisen geeignet. 8. Berlin 844, C. G. Lüderitz. 1 ℛ

Stawitz, Paul [aus Bromberg]: Über den Schwachsinn als Folgezustand ungeheilter Psychosen. . . . Würzburg, Becker's Univ.-Buchdr., 1889; 41 S. 8°
Würzburg, Med. Fak., Inaug.-Diss. v. 1889

Stawitzky, E. H. L., Geschichte des Königlich Preußischen 25. Infanterie-Regiments und seines Stammes, der Infanterie des v. Lützow'schen Frei-Corps. Mit Benutzung amtlicher Quellen bearb. Nebst 6 (lith.) Bildern in Farbendr. Koblenz 857. Bädeker. gr. 8. (4 Bl., 367 S.) n. 2 ℛ 20 ngr.

Stawitzky, E. H. L., Geschichte des Infanterie-Regiments v. Lützow [1. Rheinisches] Nr. 25 bis zum Jahre 1857 u. seines Stammes, der Infanterie d. v. Lützow'schen Freikorps. Mit Benutzg. amtl. Quellen bearb. 2. Aufl. gr. 8. (VI, 412 S. m. 6 Farbendr.) Berlin 889. Mittler & Sohn. n. 8. 50

Stawski, Staniel., († im Juli 1796.) Handbuch zur Erlernung der poln. Sprache. 8. Bresl. 795. (J. F. Korn). 16 gl.

Stay, Jones Barton, der Seelen-Telegraph oder die Kraft, seinen Willen auf andere Personen, sowohl in der Nähe, als auch in der größten Ferne ohne sichtbare Hülfsmittel zu übertragen. Eine Anweisung, beliebig in Verkehr mit Personen zu treten u. Jedermann für seine Wünsche, Neigungen u. Meinungen zu bestimmen. 1—3. Aufl. Naumburg 860–62. Regel. 16. (40 S.) n. 7½ ngr.

Stay, Jones Barton, der Seelen-Telegraph oder die Kraft, seinen Willen auf andere Personen sowohl in der Nähe, als auch in der größten Ferne ohne sichtbare Hülfsmittel zu übertragen. Eine Anweisung, beliebig in Verkehr mit Personen zu treten und Jedermann für seine Wünsche, Neigungen und Meinungen zu bestimmen. 4. Aufl. 1869, und 5. Aufl. 16. (42 S.) Naumburg 871, Regel. **

Stay, J. B., der Seelen-Telegraph. Mittheilgn. üb. die Kraft, seinen Willen auf andere Personen, sowohl in der Nähe, als auch in der größten Ferne, ohne sichtbare Hilfsmittel zu übertragen. Aus dem Engl. v. J. S. 6. Aufl. 8. (46 S.) Leipzig 887. M. Ruhl, Sep.-Cto. n. — 75

Stay, Jones Barton, der Seelen-Telegraph. Mitteilungen üb. die Kraft, seinen Willen auf andere Personen, sowohl in der Nähe, als auch in der grössten Ferne, ohne sichtbare Hilfsmittel zu übertragen. Aus dem Engl. v. J. S. 7. Aufl. 8. (50 S.) Leipzig (902). M. Ruhl. n. — 75

Stay, Jones Barton, über den Willen zur Macht. 9. Aufl. v.: Der Seelentelegraph. (50 S.) 8. Leipzig (905). M. Ruhl. n. — 75

STAYER, STANIS(AUS). Prediger in Kaschau aus dem Dominikanerorden: Lob- und Sittenrede auf das Fest der heil. Catharina Jungfrau und Martyrin, als dasselbe von einem löbl. königl. Ober-Inspectoralsamte, und der sämmtlichen Kupferbergwerkschaft, in der k. Bergstadt Schmölnitz mit dem gewöhnlichen jährlichen Opfer gefeyert wurde, gesag: und auf wiederholtes Verlangen herausg(egeben) den 25-ten Wintermondes 1796. Kaschau 1796. Gedr. bey Franz Landerer. 38 S. - 8°

Schébalsky, la régence de la Tzarewna Sophie; épisode de l'histoire de Russie (1682—1689.) Traduit par le prince S. Galitzine. gr. 8. (VI und 226 S.) Carlsruhe 857. (Stuttgart, Aue.) *

Schégleew, S., description de quelques plantes du Caucase, s.: Bulletin de la Société Imp. des naturalistes à Moscou. Tome XXIV, 2. partie.

— notice sur la Saussurea Karelinii, s.: Bulletin de la Société Imp. des naturalistes à Moscou. Tome XXI, 2. partie.

Stead, T. W., d. gelbe Mann, s.a. Michow-Bücher, 8. Bd.

Der gelbe Mann. E. Gesch. d. kommenden Plutokratie v. T. W. Stead (a. d. Umschl.: . . . F. W. Stead). Aus d. Engl. v. Gertrude Eggert. . . . *Charlottenburg: A. Michow 1897.* (144 S.) 1 Bd 8.
= Michow-Bücher. Bd VIII. [98. 2736

Stead, William Thomas

Stead, W. T., die Amerikanisierung der Welt. 4. (VII, 182 S.) Berlin 902. Vita. n. 2. —

Stead, William T., Briefe v. Julia od. Licht aus dem Jenseits! Eine Reihe von Botschaften üb. das Leben jenseits des Grabes, durch automat. Schrift von einer Vorausgegangenen erhalten. Autoris. Uebersetzg. Hrsg. v. Geo. Sulzer. (IV, 148 S.) 8. Lorch 905. K. Rohm. 1. 20; geb. 1. 60

Stead, W. T., Josephine Butler, ein Lebensbild. Frei nach dem Engl. übers. Zur Beherzigung, Mahnung und Nacheiferung bevorwortet von Dammann. 12. (VIII, 64 S.) Kassel 888, Röttger. cart. *

— die Erweckung in Wales. Ein Bericht üb. Tatsachen. Nach dem 120. Taus. des Originals m. Genehmigg. des Verf. übertr. v. G. Holtey-Weber. (76 S.) 8. Mülheim a/R. (905). Buchh. des ev. Vereinshauses. n. — 50

Stead, W. T., der Krieg zwischen Arbeit u. Kapital in den Vereinigten Staaten, m. besond. Beziehg. auf Chicago. Autoris. Übersetzg. v. Max Pannwitz. 8. (214 S.) Stuttgart 894. R. Lutz. n. 1. 80

Le Parlement de l'Humanité ⟨La Conférence de la Paix à la Haye⟩ 1907. Les Délégués, Biographies et Photographies, réd. par William T[homas] **Stead**. ⟨Publication de la Fondation pour l'Internationalisme à la Haye.⟩ Amsterdam & Leipzick: Maas & van Suchtelen 1907. (243 S.) 8° [07. 13325

Stead, W. T., Sind wir im Rechte? Eine engl. Stimme f. die Buren. Aus dem Engl. von N. v. Oven-van der Hoeven. gr. 8. (VII, 111 S) München, Deutschvölk. Verlag „Odin". 1900. 1. 50.

— sind wir im Rechte? Eine engl. Stimme f. die Buren. Aus dem Engl. übertr. von N. v. Oven-van der Hoeven. gr.8. (VII, 111 S.) München 900. J. Kutschera & Co. n. 1.50

Stead, William T., die Torrey-Alexander-Mission. Die beiden Männer u. ihre Arbeit. In das Deutsche übertr. v. G. Holtey-Weber. (63 S.) 8. Barmen (905). E. Müller. n. — 60

Steane, Karl, kleine Fullah-Grammatik, bearb. v. Emil Sembritzki, s.a. Archiv f. d. Studium deutscher Kolonialsprachen. VII.

Kleine Fullah-Grammatik von Karl **Steane**, Garua. Bearb. von Emil Sembritzki. Berlin: G. Reimer in Komm. 1909. 15 S. 8° (Archiv f. d. Studium deutscher Kolonialsprachen. Bd 7.) [09. 18530 θ

Stearin-Kerzen-Fabrikation, die, nach den neuesten Erfahrungen u. Verbesserungen, nebst der Beschreibung u. dem Plane eines derartigen Fabrikgebäudes, der Darstellung eines Dampfapparates u. seines Kamins, u. einer vergleich. Uebersicht des Lichtvermögens verschied. Lampen u. Kerzen u. der Kosten ihres Gebrauches. Mit 2 zinkogr. Tafeln in Plano. (Besond. Abdruck aus d. Allgem. Bauzeitung.) gr. 4. Wien 842, Förster. geb. n. 2/3 ℛ

Stearinlichter, über arsenikhaltige. Eine im Interesse des allgemeinen Gesundheits-Zustandes der Aufmerksamkeit des Publikums sehr zu empfehlende Frage. Nach dem Report of the Westminster medical Society to London. Nebst e. Vorwort von Theodor Groß. gr. 8. Stuttgart 839. Hallberger. 1/2 ℛ

Stebber, F. G., Die besten Futterpflanzen. Abbild. u. Beschrbgn. derselben. (Kultur, ökon. Wert, Samen-Gewinng. etc.) hrsg. v. C. Schroeter. 2 Tle. Mit 30 farb. Tab. u. zahlr. Abb. gr. 4°. Bern 83/84. Wyss. Kart. M. 8.—

Stebbing, H., das Christenthum, aus Gründen der heil. Schrift gerechtfertigt, oder kurzer Entwurf der Streitigkeiten zwischen d. Christen und Deisten. 2 Thle. gr. 8. Bremen, Förster. 758.

Stebbing, T. R. R., Amphipoda, s.a. Tierreich, das.

Amphipoda. 1. Gammaridea. By the Rev. T[homas] R[oscoe] R[ade] **Stebbing**, London. Berlin: R. Friedländer 1906. 4°(8°) = **Tierreich**, Das. Lfg 21. [06. 13363

Steben [Sachl. OW]

Steben, das Bad, und seine Umgebungen. 8. (32 S. mit 1 Stnt. in Tondr.) Erlangen 855, Enke's Vrlgsh. *

Steben [Schlagwort]

— s. a.: **Geologische Karten.** Walther.

Steben. Rockelmann, M., Spezial-Karte über die Umgegend des Bades Steben m. dem Frankenwald im Anschluss an d. obere Saalthal, dann den kgl. bayer. Bez.-Ämtern Hof, Kronach u. Naila. (Umschlag: Spezialkarte vom Frankenwald.) 1 : 100,000. 45,5 × 49 cm. Autogr. Hof 898. F. Thelemann. — 40

Steben, Bad. Rockelmann, M., Spezial-Karte v. Bad Steben u. Umgebung. 1 : 50,000. 43,5×51 cm. Lith. Hof 902. R. Lion. n. 1. —

Steben, Bad. Rockelmann, M., Spezial-Karte von Bad Steben u. Umgebung nebst farb. Verzeichnis der markierten Wege im Frankenwald. (Neue Ausg.) 43 ×51 cm. Lith. Hof (909). R. Lion. — 50

Steber, Johann Sigismund (Wettelsheim) Altd. Thl. 20/21

De ecclesia subterranea. Präs. Christoph Sonntag. Altdorf (Kohles) 13. V. 1711. 16 S. 33243

Steblecki: Über den tellurischen Magnetismus. 34 S. — Lemberg 2.G., Progr. 1853.

Stebler, Frz. Ant. (churfürstl. Rath, Prof. d. Med. in Ingolst.), Hechenstädtisches, in Unterbaiern gelegenes, zu Ende seines ersten Jahrhundert (!) auf das neue hervorquellendes *Gesundwasser*, in seiner wundervollen Wirkung: .... entworfen von —. Bey Gelegenheit des dritten Jubeljahr (!) der Churfürstl. hohen Schul zu Ingolstadt .... vorgelegt von *Franc. Xav. Pachmayr* (Med. cand., verordn. Pract. zu Hepperg). Gedr. bey Joh. Ferd. Lutzenberger, Universitäts-Buchdr., 1772. 8°. Gleichzeit. Ppb.

Franc. Ant. Stebler historia trium seculorum medicae Ingolstadiensis Facultatis. Ingolst. 1772. 4. *C. tab. aen.*

Stebler, Franz Anton (München) Phs. IV, 123

Philosophia atomistica. Pars prima seu metaphysica. Ingolstadt (Grass) 18. VI. 1727. 390 S.

Gew.: Johann Maximilian Emmanuel usw. Gf. von Preysing. 33244

Stebler, F[riedrich] G[ottliob]. Alp- und Weidewirtschaft. Ein Handbuch für Viehzüchter und Alpwirte von Dr. F. G. Stobler ... in Zürich. Mit 421 Textabbildungen. XII + 471 S. 8. Berlin, Paul Parey, 1903. [gob. M. 12. —]

Stebler, F. G., die Anlage u. Behandlung der Streuewiesen u. der Werth der verschiedenen Streuematerialien. (Vortrag.) (2. Aufl.) gr. 8. (IV, 34 S.) Zürich 892. (Aarau, J. J. Christen's Sort.) n. — 80

— u. Ernst **Laur**, die Bekämpfung der Futternoth durch den Anbau v. Ersatzfutterpflanzen. 1.—4. Aufl. gr. 8. (24 S.) Aarau 893. J. J. Christen's Verl. n. — 80

Stebler, F. G., der rationelle Futterbau, s.a. Thaer-Bibl.

Stebler, F. G., der rationelle Futterbau und die schweizerische Landwirthschaft. 2. Aufl. (35 S.) 1882. * 60 Pf.; 3. Aufl. gr. 8. (40 S.) Aarau 883, (Christen.) *
1. Aufl. erschien im Selbstverlage des Verfassers.

Der rationelle Futterbau. Prakt. Anleitung von Dr. F. G. Stebler, Zürich. 4., umgearb. u. erw. Aufl. d. Schrift: Die Grassamenmischungen z. Erzielung d. grössten Futterertrages. Mit 141 Textabb. Berlin: P. Parey 1900. (VIII, 222 S.) 8°
= Thaer-Bibliothek. Bd 101.

Der rationelle Futterbau. Prakt. Anleitung f. Landwirte u. f. d. Unterr. an landw. Lehranstalten. Von Dr. F[riedrich] G. **Stebler**. 5., umgearb. u. erw. Aufl. Mit 159 Textabb. Berlin: P. Parey 1903. (VIII, 240 S.) 8° [F.]
= **Thaer-Bibliothek**. Bd 101. [05. 6063

Stebler, F[riedrich] G[ottlieb]. Der rationelle Futterbau. Praktische Anleitung für Landwirte und für den Unterricht an landw. Lehranstalten. Von Dr. F. G. St'... in Zürich.... 6., umgearbeitete Aufl. Mit 161 Textabbildungen. VIII + 236 S. 8. Berlin, Paul Parey, 1909. (geb. M. 2. 50)
(Thaer-Bibliothek.)

—— die besten Futterpflanzen. Abbildungen und Beschreibungen derselben, nebst ausführl. Angaben betreffend deren Kultur, ökonom. Werth, Samen-Gewinnung, -Verunreinigungen, -Verfälschungen 2c. Im Auftrag des Schweizer. Handels- und Landwirthschaftsdepartements hrsg., unter Mitwirkung von C. Schröter. 1. und 2. Thl. gr. 4. (IV, 104; IV, 78 S. mit je 15 in Farbendr. ausgeführten Taf. und zahlreichen eingedr. Holzschn.) Bern 883,84, Wyß. cart. à Thl. * M 4. *

— u. C. **Schröter**, die besten Futterpflanzen. 3. Thl. Die Alpen-Futterpflanzen. Abbildungen u. Beschreibgn. von 33 alpwirthschaftlich wichtigen Futterpflanzen. Mit einer Einleitg. über die Bedeutg. u. die Hebg. der schweizer. Alpwirthschaft u. üb. Klima u. Pflanzenwuchs der Alpen. Mit 16 in Farbendr. ausgeführten Taf. gr. 4. (VIII, 193 S.) Bern 889. Wyß. n. 6. — (1—3.: n. 14. —)

—— u. C. Schröter. Die besten Futterpflanzen. Abbildgn. u. Beschreibgn., nebst Angaben über Kultur, landwirthschaftl. Werth, Samen-Gewinng., -Verunreiniggn., -Verfälschgn. 2c. Im Auftrag d. schweizer. Landwirthschaftsdepartements bearb. 1. Thl. Mit 15 in Farbendr. ausgeführten Taf. u. zahlreichen Holzschn. 2. umgearb. Aufl. gr. 4. (IV, 136 S.) Bern 892, Wyß. cart. * 5 —

Stebler, F. G., d. besten Futterpflanzen. Abbildgn. u. Beschreibgn., nebst Angaben über Kultur, landwirthschaftl. Werth, Samen-Gewinng., -Verunreiniggn., -Verfälschgn. 2c. Im Auftr. d. schweizer. Landwirthschaftsdepartements unter Mitwirkung v. Fachmännern bearb. 2. Thl. 2., umgearb. Aufl. gr. 4. (V, 96 S. m. Holzschn. u. 15 farb. Taf.) Bern 895. K. J. Wyß. Kart. n. 4. — (I. u. II.: n. 9. —)

— u. A. Volkart, die besten Futterpflanzen. Abbildgn. u. Beschreibgn. nebst Angaben üb. Kultur, landwirtschaftl. Wert, Samen-Gewinng., -Verunreiniggn., -Verfälschgn. 2c. Im Auftrage des schweizer. Landwirtschaftsdepartement bearb. 2. Bd. 3., gänzlich umgearb. Aufl. Mit 15 in Farbendr. ausgeführten Taf. u. 92 Orig.-Abbildgn. im Text. (IV, 132 S.) 30,5×23,5 cm. Bern 908. K. J. Wyß. Kart. 5. —

— Getreide, s.: Bericht üb. Gruppe 26 der schweizerischen Landesausstellung Zürich 1883.

—— der rationelle Getreidebau in der schweizerischen Landwirthschaft. [Vortrag.] gr. 8. (24 S.) Bern 883, Wyß. *

Stebler, F[riedrich] G[ottlieb]. Das Goms und die Gomser. [Illustriert.] Beilage zum Jahrbuch S. A. C. Band 38. VIII + 112 S. gr.-8. Zürich, Fritz Amberger, 1903.
Monographien aus den Schweizeralpen.
Ex. 1 in: Jahrbuch des Schweizer Alpenclub. Jahrg. 38. 1902 bis 1903. (Mappe:) Beilagen.... Bern, ... A. Francke, 1903.
Ex. 2: sep. [fr. 2. —]

— das Goms u. die Gomser. Beilage zum Jahrbuch S. A. C. Bd. 38. (Monographien aus den Schweizeralpen.) (VIII, 112 S. m. Abbildgn.) Lex.-8. Zürich 903. (Bern, A. Francke.) n.n. 2. 80

— dasselbe, s.a. Jahrbuch des schweizer Alpenclub. 38. Jhrg.

—— die Grassamen-Mischungen zur Erzielung des größten Futterertrages von bester Qualität. Vom wissenschaftl. und prakt. Standpunkte. 2. gänzlich umgearb. Aufl. gr. 8. (IV, 127 S.) Ebendas. 883. *
1. Aufl. erschien im Selbstverlage des Verfassers.

— Die Grassamen-Mischungen zur Erzielung des grössten Futterertrages von bester Qualität. Vom wissenschaftl. und prakt. Standpunkte. 3. Aufl. Mit Abbild. Gr. in-8°. VIII, 197 S. Bern, K. J. Wyss. 895.

Ob den **Heidenreben**. Von F. G. **Stebler**. *Zürich 1901: Aschmann & Scheller.* (V, 111 S.) 8° [F.]
(Monographien aus d. Schweizeralpen.)
= **Jahrbuch** d. Schweizer Alpenclub. Bd 36, Beil. 2. [01. 10367

— ob den Heidenreben. (Monographien aus den Schweizeralpen.) Lex.-8. (VII, 111 S.) Zürich 901. (Bern, A. Francke.) n. 3. —

Stebler, F[riedrich] G[ottlieb]. Die Herkunftsbestimmung der Saaten. Von Direktor Dr. F. G. St'-Zürich. Referat gehalten auf der internationalen Konferenz der Vorstände der Samenuntersuchungs- u. Versuchsanstalten im September 1906. (Sonderabdruck aus dem Jahresbericht der Vereinigung der Vertreter der angewandten Botanik. [Jahrg.] 4 [1906].) II S. + S. 221—231. 8. (Berlin, Gebrüder Borntraeger, [1907].)

Stebler, F. G.: Ungarischer und deutscher Hopfenklee. 1894.

Stebler, F[riedrich] G[ottlieb]. Am Lötschberg. Land und Volk von Lötschen. Mit 138 Abbildungen im Texte. X + 130 + *Berichtigung* 1 S. gr.-8. Zürich, Albert Müller, 1907. [fr. 4. —]
Monographien aus den Schweizeralpen.

Stebler, F.-G., Dr. Les mélanges de graines fourragères pour obtenir les plus forts rendements de bonne qualité. Étude scientifique et pratique. Traduit de l'allemand par *C. Denaiffe*. In-8°, 170 p., avec illustr. Lyon, Bâle et Genève, H. Georg. 1888. 1 90

Stebler F. G.: Milch- u. Graswirthschaften in d. Schweiz. U. St. o. A. 38 S. Fig. (Særtr.). P. 1876.

— et C. **Schroeter, les meilleures plantes fourragères. Descriptions et figures avec notices détaillées sur leur culture et leur valeur économique ainsi que sur la récolte des semences et leurs impuretés et falsifications, etc. Ouvrage publié au nom du Département fédéral du Commerce et de l'Agriculture. Traduit par Henri Welter.** 2 parties avec à 15 planches chromo-lith. et de nombreuses gravures sur bois. gr. 4. (IV, 116 u. IV, 83 S.) Bern 883. 84. Wyss. cart. à n. 4. —

— — les meilleures plantes fourragères. Descriptions et figures avec notices détaillées sur leur culture et leur valeur économique ainsi que sur la récolte des semences et leurs impuretés et falsifications, etc. Ouvrage publié au nom du Département fédéral de l'Agriculture. Traduit par M. Henri Wolter. 1. partie. 2. éd. revue et augmentée. gr. 4. (IV, 152 S. m. Holzschn. u. 15 farb. Taf.) Ebd. 894. Kart. n. 5. —

— et C. **Schröter,** les meilleures plantes fourragères. III. partie. Les plantes fourragères alpestres. Descriptions et figures de 33 espèces des plus utiles pour l'exploitation des alpages, comprenant des notions détaillées sur la valeur fourragère, les caractères botaniques, la distribution géographique, les relations au climat et au sol, le rôle de l'engrais, le mode de végétation, la récolte de la semence, la culture et les espèces affines. Avec une introduction sur l'importance de l'économie alpestre de la Suisse et les progrès à y réaliser ainsi que sur le climat et la végétation des Alpes. Ouvrage publié sur les ordres du département fédéral de l'agriculture. Traduit par Henri Wolter. gr. 4. (VIII, 201 S. m. 16 farb. Taf.) Ebd. 897. Kart. n. 6. — (I.—III.: n. 15. —)

Stebler F. G.: Saattabelle z. Berechnung d. Mischungen f. Kleegras Wechsel- u. Dauerwiesen. U. St. o. A. 1 S. P.

Stebler, F. G.: In eigener Sache. Zürich 1891.

Stebler, Samenfälschung und Samenschutz. Die wichtigsten Verfälschungen und Verunreinigungen der landwirthschaftl. Sämereien, deren Erkennung und Verhütung. Praktische Anleitung für Landwirthe und Samenhändler. gr. 8. (VI, 116 S. mit eingedr. Holzschn.) Bern 878, [Magron.] Haller. *

— Samenfälschung u. Samenschutz. Die wichtigsten Verfälschungen u. Verunreinigungen der landwirthschaftlichen Sämereien, deren Erkennung u. Verhütung. Praktische Anleitung für Landwirthe u. Samenhändler. gr. 8. (VI, 116S. m. eingedr. Holzschn.) Bern 878. Zürich, Meyer & Zeller. n. 3. —

— s.a. Samen-Kontrol-Station, die schweiz.

— die schweizerische Samen-Kontrol-Station am eidgenössischen Polytechnikum in Zürich. Technischer Jahresbericht pro 1. Juli 1879 bis 30. Juni 1880. [Aus: „Schweiz. landw. Zeitschr."] gr. 8. (31 S.) Aarau 880. Christen. n. — 50

—— die schweizerische Samen-Kontrol-Station in Zürich. Technischer Jahresbericht pro 1. Juli 1881 bis 30. Juni 1882. gr. 8. (24 S.) Ebendas. 882. *

Stebler, F. G., die schweizerische Samen-Kontrol-Station in Zürich. Technischer Jahresbericht pro 1. Juli 1882 bis 30. Juni 1883. gr. 8. (29 S.) Aarau 883. Wirz-Christen. n. — 50

—— dass. — Technischer Jahresbericht pro 1. Juli 1883 bis 30. Juni 1884. gr. 8. (34 S.) (Ebendas.) 884. *
Vorstehende vier Schriften sind aus: Schweizerische landwirthschaftliche Zeitung, besonders abgedruckt.

— u. Eugène **Thielé,** die schweizerische Samen-Kontrol-Station in Zürich. **Technischer Jahresbericht pro 1. Juli 1884 bis 30. Juni 1885. gr. 8. (48 S.) Aarau 885. Wirz-Christen. n. — 60**

—— dass. — 9. techn. Jahresbericht pro 1. Juli 1885 bis 30. Juni 1886. gr. 8. (58 S.) (Ebendas.) 886. *

—— dass. — 10. techn. Jahresbericht pro 1. Juli 1886 bis 30. Juni 1887. gr. 8. (46 S.) (Ebendas.) 887. *

— u. E. Thielé, die schweizerische Samen-Kontrol-Station in Zürich. 11. technischer Jahresbericht pro 1. Juli 1887 bis 30. Juni 1888. [Aus: „Schweizer. landw. Zeitschr."] gr. 8. (37 S.) Aarau 888. (Wirz-Christen.) n. — 60

— u. Eugène **Thielé,** d. schweizerische Samen-Kontrol-Station in Zürich. 12. u. 13. techn. Jahresbericht. [Aus: „Schweiz. landw. Zeitschr."] gr. 8. Zürich, Verl. d. eidg. Samen-Kontrol-Station. à n. — 50
12. Pro 1. Juli 1888 bis 30. Juni 1889. (32 S.) 889.
13. Pro 1. Juli 1889 bis 30. Juni 1890. (34 S.) 890.

— — dasselbe. 14.—17. techn. Jahresbericht. gr. 8. Zürich. (Aarau, E. Wirz.) à n. — 60
14. Pro 1. Juli 1890 bis 30. Juni 1891. (33 S.) 891.
15. Pro 1. Juli 1891 bis 30. Juni 1892. (34 S.) 892.
16. Pro 1. Juli 1892 bis 30. Juni 1893. (32 S.) 893.
17. Pro 1. Juli 1893 bis 30. Juni 1894. (42 S.) 894.

Stebler, F. G.: Samenschwindel in der Schweiz. 1877.

— s.: Samen-Untersuchungs-Anstalt, die schweizer.

— s.a. Schweizervieh.

Stebler, F. G. u. G. Glättli. Schweizervieh. Abbildungen hervorragender Zuchtthiere aus der Schweiz auf 22 Cartons in einer soliden Schachtel. In-4°. Aarau, Emil Wirz. 1894. 5 —
*** Aus der schweiz. landw. Zeitschrift Jahr 1893 genommen.

Stebler, F. G.: Die Streuecultur in der Schweiz. 1888.

Stebler, F. G., d. besten Streuepflanzen-Abbildungen u. Beschreibgn. ders., m. e. einleit. Teil über die Streuematerialien, e. Uebersicht d. wichtigsten Pflanzen d. Streuewiesen u. e. allgem. wirtschaftl. Abschnitt üb. Produktion, Nutzg. u. Verwendg. der Riedstreue. Im Auftrage des schweizer. Landwirtschaftsdepartements unt. Mitwirkg. v. Fachmännern bearb. IV. Tl. d. schweizer. Wiesenpflanzenwerkes. M. 16 in Farbendr. ausgef. Taf. u. 41 Abb. im Text. gr. 4. (V, 148 S.) Bern 898. K. J. Wyß. Kart. n. 5. — (1.—4.: n. 21. —)

STEBLER (F. G.). Untersuch. ueber d. Blattwachsthum. Leipzig, 1876. 8°.

Stebler, F. G.: Versuche mit Mohrhirse, Pferdezahnmais, Mohar u. Inkarnatklee. 1894.

Stebler, F. G., welche **Erfahrungen wurden in der neueren Zeit üb. die Gewinnung u. Zucht von Grassamen gemacht? (Internationaler land- u. forstwirthschaftl. Congress zu Wien 1890, 42. Hft.) gr. 8. (9 S.) Wien 890. (Frick.) n. — 60**

— welche **Erfolge sind m. den feldmässigen Futterbauversuchen in d. einzelnen Staaten erzielt worden, u. welche Mittel u. Wege wären im Interesse e. einheitl. Vorgehens einzuschlagen, um e. ausgebreitete Kenntniss vom rationellen Futterbau in der Ebene u. in den Alpen bei den bäuerl. Grundbesitzern zu erreichen? (Internationaler land- u. forstwirthschaftl. Congress zu Wien 1890, 41. Hft.) gr. 8. (11 S.) Ebd. 890. n. — 60**

Stebler, F. G.: Wie berechnet man eine Grasmischung? (1885?)

Stebler, F. G., siehe: *Zeitschrift, landwirthschaftl.*

Stebnitzki, H. J.: Ueber die Ablenkung der Lothlinie durch die Anziehung der Kaukasischen Berge. (Auszug.) (Mélanges mathématiques et astronomiques tirés du Bulletin de l'Académie Impériale des Sciences de St.-Pétersbourg. T. 4. 1870. p. 633—651.) St.-Pétersbourg 1870. 19 S. 8°.

Stebnitzky, A., les positions des étoiles de *h* et χ Persei et de leurs environs, s.: Bronsky, M.

Stebnitzky, J., Ueber die geographische Lage und die absolute Höhe der Stadt Teheran. (Nach dem russischen Manuskripte des Herrn Verfassers übertragen und mitgetheilt von A. Moritz.) Kiel [o. J.]

Stecchetti, Gedichte, s.: Panzacchi.

Stecchetti, neuere italien. Lyrik, s.: Panzacchi.

Stech, Eugen: Das Braunschweigische Schuldirektorium. Ein Beitr. z. Geschichte d. Schulaufsicht. Langensalza 1909: Beyer. VI, 115 S. 8° ¶ (Ersch. auch als: Pädagog. Magazin. H. 355.)
Leipzig, Phil. Diss. v. 13. Jan. 1900, Ref. Volkelt, M. Heinze
[Geb. 27. Febr. 82 Leipzig-Reudnitz; Wohnort: Leipzig; Staatsangeh.: Sachsen; Vorbildung: Realgymn. Leipzig Reife M. 06; Studium: Leipzig 6 S.; Rig. 21. Mai 08.] [U 09. 3066

Stech, Eug., das braunschweigische Schuldirektorium, s. a. Magazin. pädagogisches.

Das Braunschweigische Schuldirektorium. Ein Beitrag z. Geschichte d. Schulaufsicht. Von Dr. Eugen Stech. Langensalza: Beyer 1909. VI, 115 S. 8°
(Pädagogisches Magazin, H. 355.)

Stechau, Ludolph Otto (Ülzen) Phl. I, 68/8

Exercitatio historico-philologica de geniis deorum et hominum. Präs. Georg Wonna.
In: Berniz, Karl: Fasciculus dissertationum philologicarum II. Rotterdam (Ruynen) 1710. S. 101-150.

Diss. Jena 31. 1. 1663. 33247

Stechauner, Ferd., „Salamanca". E. Kärntner Sage. Dichtg. 8. (III, 64 S.) Wien 898. C. Daberkow. n. 1. —

Stechauner, Ferd., Schneeflocken. Ernst u. Scherz im tollen Wirbel. 8. (VI, 76 S.) Wien 899. Th. Daberkow. n. 1. —

Stechauner, Ferd., was da Hias u. da Hans beim Keanlicht dazähln. Heitere Dialektdichtgn. zum Vortrag in gesell. Kreisen. 2 Bde. (à 78 S.) 8. Pottendorf-Landegg 905. Selbstverlag. à 1. —
1. Was da Hias dazählt. — 2. Was da Hans dazählt.

(F) **Stechauner, E.,** Was da Hias und da Hans beim Keanlicht dazöhln. Heitere Dialektdichtungen. 1. Bd. Was da Hias dazählt. 8°. (76 S.) Wien: Huder & Lahme 1905. K 1.—

Stechbardt, F. G.

— das Ganze der Schnell-Essigfabrikation, oder auf Erfahrung gegründ. Anleitung zur rationellen Kenntniß und Ausübung der Kunst, binnen wenigen Stunden den schönsten Weinessig u. aus diesem verschied. Arten feiner Tafel-Essige billig herzustellen; nebst Zeichnung u. Beschreibung eines sehr zweckmäßigen Essigs-Apparats, so wie auch e. prakt. Dampfvorrichtung im Kleinen ꝛc. Mit 1 Steindrucktaf. 8. Berlin 834. Nicolai. $^{1}/_{2}$ ℛ

Stechbart, (F. G.,) Handbuch der Destillirkunst u. Liquörfabrikation. Mit 2 Kupfertaf. gr. 8. Berlin 825. Flittner.

Stechbart, F. G., Handbuch der Destillirkunst u. Liqueurfabrikation. Mit 2 Kpft. gr. 8. Berl. 825. (Sander), 20 gr

Stechbardt, F. G., Handbuch der Destillirkunst und Liquörfabrikation, oder gründl. Anleitung d. gewöhnl. Spiritus zweckmäßig zu veredeln u. dem natürl. Weinsprit ähnlich zu machen, so wie gegen 300 gewürzte Branntweine u. Liquöre, nach Berliner, Danziger, Breslauer u. Französischer Art wohlschmeckend zu bereiten. Nebst e. Anhange, das Entfärben des ordinären Zuckersyrups durch thierische Kohle ꝛc. betreffend. 2e verb. u. mit Berichtigungen u. Zusätzen am Schlusse versehene Ausg. Nebst 2 Steintaf. gr. 8. Stargard 835. Hendeß. $^{11}/_{12}$ ℛ

Stech- und Stichel-Buch, allerneuestes erheiterndes, für Junggesellen, Jungfrauen, Ehemänner und Ehefrauen passend für alle Verhältnisse und Zeiten. qu. 16. (71 S.) Grünberg 849, Weiß.

STECHBÜCHLEIN für die Jungferen und Stechbüchlein für Junggesellen. Nürnberg, o. J. (um 1770?). Quer-8°. (12 Sgr. Heberle, Köln, c. 1872; jetzt theurer!)
In Reimen. — Selten!

STECHBÜCHLEIN für die Junggesellen. In Poesie. Gedruckt 1800 stehet hinten u. vor. 8°. Selten!
So in W. Hausknecht's (St. Gallen) Cat. 61. no. 783: 3 frcs.

STECH-BÜCHLEIN für die Junggesellen (und Jungfern). O. O. 1807. Quer-8°. (In Stuttgart.) Selten!

Stech-Büchlein, neues belustigendes, für Junggesellen u. Jungfrauen. 3. Aufl. Leipzig 865. Wolf. 32. (72 S.) 3 ngr.

Steche, Albert [aus Plagwitz bei Leipzig]: Methylirung der Indole . . . Würzburg, Becker's Univ.-Buchdr., 1887; 25 S. 8°.
Würzburg, Phil. Fak., Inaug.-Diss. v. 1887.

Steche, Albert, Methylirung der Indole. Diss. Würzburg 1887, Stahel'sche Univ.-Buchh. 8°. 25 S.

Steche, Carl, s. Steche, Karl

Steche, C. F., de ritu nuptiarum. Delitii 1770. 4.

Steche, Christian Friedrich (Brehna) A. S. 128/39a

I. Exercitatio iuris civilis exhibens receptas lectiones ad Iauchium. Präs. Johann Gottfried Sammet. Leipzig (Stopffel) 26. VIII. 1749. 94 S.

Gew.: Karl Otto Rechenberg. 33249

Steche, Georg *Karl* [aus Leipzig]: Der syntaktische Gebrauch der Conjunctionen in dem angelsächsischen Gedichte von der Genesis . . . Leipzig, Druck v. A. Pries, 1895; 64 S. 8.
Leipzig, Phil. Fak., Inaug.-Diss. v. [18. März] 1895

Steche, Jeremias August (Brehna) A. S. 768/21

Dissertatio inauguralis juridica, de remissione tacita pignoris vel hypothecae, per remissionem debiti et consensum in alienationem rei.
Präs. Christian Thomasius.
Halle (Gruner) 16. III. 1713. 38 S.

W. v.: Johann Christoph Jentsch. 33250

Steche, Jeremias August (Brehna) Diss. Halle 1735/25

Dissertatio inauguralis juridica, de remissione tacita pignoris vel hypothecae, per remissionem debiti et consensum in alienationem rei.
Präs. Christian Thomasius.
Halle (Hendel) 1735. 38 S.

Diss. 16. III. 1713. 33251

Steche, Johann Georg Christian (Schwarzburg) A. S. 601/6

Dissertatio inauguralis iuridica de decreto iudicis super admissibilitate appellationis.
Göttingen (Häger) 3. II. 1770. 20 S. 33252

Das Marine-Chronometer u. s. Verwendung in d. nautischen Praxis. Im Auftr. d. Dir. d. Deutschen Seewarte bearb. von Dr. K[arl] **Steche**, Assist. d. Seewarte. Mit mehr. Fig. Hamburg 1894: Hammerich & Lesser in Altona. (50 S.) 4°
= Archiv, Aus dem, d. Deutschen Seewarte. Jg. 1, 7. Nr. 4.

Steche, Otto, appr. Arzt a. Nieder-Lössnitz bei Dresden: Beiträge zur Kenntnis der kongenitalen Muskeldefekte. Leipzig 1905: A. Pries. (37 S.) 8° ¶ [Aus: Deutsche Zeitschr. f. Nervenheilkunde Bd 28, 1905.]
München, Med. Fak., Ref. Müller, Diss. v. 15. Apr. 1905
[Geb. 12. Okt. 79 Leipzig-Plagwitz; Wohnort: Nieder-Lössnitz b. Dresden; Staatsangeh.: Sachsen; Vorbildung: Thomasgymn. Leipzig Reife O. 98; Studium: Freiburg i. B. 6, Marburg 3 S.; Coll. 24. Juli 03; Approb. 14. Febr. 03.]

Steche, Otto, Dr. med., a. Leipzig: Die Genitalanlagen der Rhizophysalien. Mit drei Tafeln und drei Figuren im Text. Leipzig: W. Engelmann 1907. (40 S.) 8° ¶ (Aus: Zeitschrift f. wissensch. Zoologie Bd 86 H. 1.)
Leipzig, Phil. Fak., Ref. Chun-Pfeffer, Diss. v. 20. März 1907
[Geb. 12. Okt. 79 Leipzig; Wohnort: Niederlößnitz b. Dresden; Staatsangeh.: Sachsen; Vorbildung: Thomas-Gymn. Leipzig Reife O. 98; Studium: Freiburg i. B. 6, Marburg 3, München 2, Freiburg i. B. 1, Leipzig 3 S.; Rig. 3. Juli 06.]

Steche, Otto, Dr., Assist. am Zool. Inst.: Die Leuchtorgane von Anomalops katoptron und Photoblepharon palpebratus, zwei Oberflächenfischen aus dem malayischen Archipel. Ein Beitr. z. Anat. u. Physiol. d. Leuchtorgane d. Fische. Leipzig 1909: Breitkopf & Härtel. 53 S. 8° ¶ (Ersch. vollst. in: Zeitschrift f. wissensch. Zool.)
Leipzig, Phil. Hab.-Schr. v. 6. Febr. 1909 [U 09. 3101

Steche, Richard

Steche, R., s. Darstellung, beschreibende, der älteren Bau- und Kunstdenkmäler des Königr. Sachsen.

Steche, Richard, Dr. phil., Architekt: Zur Geschichte des Bucheinbands mit Berücksichtigung seiner Entwickelung in Sachsen. 1877. 62 S. 8° ¶ Mit Änderungen u. Zusätzen in: Archiv f. Geschichte d. deutschen Buchhandels. 1. (Publikationen d. Börsenvereins d. Deutschen Buchhändler. 1.) 1878. *Dr*
Dresden Te. H., Hab.-Schr. v. S.-S. 1878

— Pläne f. das k. Zeughaus, s.a. Bodt, de.

Steche, Rich. Pläne f. das K. Zeughaus u. e. K. Stallgebäude zu Berlin. Aus dem Nachlasse d. General de Bodt. Fol. (15 Lichtdr.-Taf. m. Text.) Berl. 890, Wasmuth. * 25 —

Stechele, Bernhard, a. Landsberg a. L.: Die „Steinströme" der Falklandinseln. München 1906: Th. Ackermann. (V, 102 S.) 8°
Erlangen, Phil. Fak., Ref. Pechuel-Loesche, Diss. v. 2. Okt. 1906
[Geb. 29. Aug. 70 Landsberg a. Lech; Wohnort: Dinkelsbühl; Staatsangeh.: Bayern; Vorbildung: Gymn. Freising Reife 92; Studium: München 7 S. (zugleich München T.H. als Hospitant); Rig. 5. März 06.]

Stechele, Bernh., die „Steinströme" der Falklandinseln, s.a. Studien, Münchener geographische. 20. Stück.

Die 'Steinströme' der Falklandinseln. Von Bernhard **Stechele**. München: Th. Ackermann 1906. (VIII, 99 S.) 8°
= **Studien**, Münchener geographische. St. 20. [06. 15607

Stechele, Fritz, aus Eisenach: Zur Kenntnis des Allylacetons. *Hildesheim 1901: A. Lax.* (34 S.) 8°
Göttingen, Phil. Diss. v. [26. März] 1901

Stechele, Fritz, zur Kenntnis des Allylacetons. Diss. gr. 8. (33 S.) **Hildesheim 901.** (Göttingen, Vandenhoeck & Ruprecht.) n. — 80

Stechele, Günther, pr. Arzt, Oberarzt in d. Kais. Schutztruppe f. Kamerun: Ueber Chininprophylaxe bei den Schutztruppen. Leipzig 1909: Lehmann. 19 S. 8°
Leipzig, Med. Diss. v. 14. Dez. 1909, Ref. Boehm
[Geb. 4. Mai 80 Eisenach; Wohnort: Leipzig; Staatsangeh.: Sachsen-Weimar; Vorbildung: Gymn. Eisenach Reife O. 99; Studium: Berlin Univ. u. K. W. A. 11 S.; Coll. 15. Dez. 09; Approb. 14. März 06.] [U 10. 3065

Stechele, Ignaz (Stadtkaplan) „Ueber den Sittenverfall bei der Jugend und die Mittel demselben vorzubeugen". pg. 11—16. 4°. Tobias Dannheimer.
Kempten, Progr. 1842/43

Stechele, Johann: Die Bayerische Steuerreform von 1899. I. Geschichte, II. Gesetzgebung. München 1906: Kastner & Callwey. (VIII, 63 S.) 8° [F.] ¶ (Gekr. Preisschr. — Erschien vollst. 1906 bei J. Lindauer, München.)
München, Staatswirtsch. Fak., Ref. Lotz, Diss. v. 22. Dez. 1905
[Geb. 5. Mai 73 Pöttmes; Wohnort: München; Staatsangeh.: Bayern; Vorbildung: Gymn. Dillingen a. D. Reife Juli 94; Studium: München 11 S.; Rig. 22. Dez. 05.]

Stechele, Joh., die bayerische Steuerreform v. 1899. Von der staatswirtschaftl. Fakultät der Universität München 1905 preisgekrönte Schrift. (VIII, 109 S.) gr. 8. **München 906. J. Lindauer.** n. 2. —

Stechele, Max [pr. Arzt in Wald '(i. Schw.)']: Ueber Herzinsufficienz, ihre Aetiologie und mögliche Ausgleichung. E. Studie aus d. allgem. Pathologie d. Circulationsorgane ... Würzburg, A. Boegler'sche Buchdr., 1894; 2 Bl., 28 S. 8.
Würzburg, Med. Fak., Inaug.-Diss. v. 1894

[F. u. Ant.] **Stechele,** *Ulrich* [Prof. Dr.]: Grossh. Realgymnasium zu Eisenach. Kleine Beiträge zur Geschichte der Schule. Eisenach, Hofbuchdr. '(H. Kahle)', *1893;* 1 Bl., 32 S. 8.
Eisenach, grossh. RG, OP 1893 (670)

Stechele, Ulrich Zur Chronik des Magisters Johannes Herold. 12 S. **Progr.** Rg. *Eisenach* 1884.

Stechele, [Ulrich], Prof. Dr.: **Rede** zum achtzigsten Geburtstage S. K. Hoheit des Grossherzogs (Karl Alexander) von Sachsen. *Eisenach 1899: Hofbuchdr.* (S. 3—9.) 4° [F.]
Eisenach, grossh. RG, OP 1899 (710)

Stechele, Wolf: Die politischen Beziehungen zwischen England und Deutschland während der ersten Jahre der Regierung König Eduards III. ⟨1327—1337⟩. T. 1. Trier 1908: Lintz. 32 S. 8° ¶ (Ersch. vollst. in: Westdeutsche Zeitschr. f. Geschichte u. Kunst, u. d. T.: England u. d. Niederrhein bei Beginn d. Regier. König Eduards III. ⟨1327—1337⟩.)
Jena, Phil. Diss. v. 28. Juli 1908, Ref. Cartellieri
[Geb. 2. Juni 86 Eisenach; Wohnort: Eisenach; Staatsangeh.: Sachsen-Weimar; Vorbildung: Realgymn. Eisenach Reife O. 04; Studium: München 2, Jena 1, Leipzig 1, Jena 4 S.; Rig. 20. Dez. 07.] [U 09. 2230

Stechele, Wolf, s.: Chronicon universale anonymi Laudunensis.

Stecher: Zwanzigjährige Erträge eines z. Theil verpachteten, z. Theil mit künstlicher Düngung allein bewirthschafteten sächsischen Bauergutes. (1861). (16) S. (Særtr.). P.

Stecher, s.: Exerzier-Reglement, japan., f. die Infanterie.

Stecher. Geschichte der Hofheimer Viehgewährungs-Gesellschaft. Ok. Neuigkeiten. Würzburg 1823.

Stecher, die Landwirthschaft im Anhalt-Bernburgischen Harze u. deren Beziehungen zur Forstwirthschaft. Ein Gutachten. 8. (72 S.) Bernburg 849, Schmelzer. n. 1/4 ℛ

Stecher, A. D., Nothwehr-Predigt wider die Schwärmer, geh. am Sonntag Invocavit 1876 in der luther. Dreieinigkeits-Kirche zu Kantoul, Calumet Co., Wis. 8. (16 S.) St. Louis, Mo. J. H. 876. (Dresden, H. J. Naumann.) n. – 25

Stecher, Aug., **Landschafts-Album in Photographien von Leipzig. Nach der Natur photographirt u. hersg.** Leipzig 866. Stecher. qu. 4. **(12 Blatt.) geb. mit** Goldschn. u. **in Carton** n. 6 ℛ

— – Ebend. 868. qu. 16. (12 **Photogr. u.** 3 S. Text.) geb. **n.** 2 ℛ

Stecher, Aug., Miniatur-Galerie in Photographieen. 1. Bd. 1. Heft. Leipzig 863. Waldow. 16. (16 S. u. 4 photogr. Bl.) n. 10 ngr.

—— **Miniatur-Galerie in Photographien. Beschreibender Text von J. Richter. 8 Hefte. gr. 16. (32 Photogr. und 88 S. Text.) Leipzig 864, Waldow. à Heft 7⅛ Ngr. geb. mit Goldschn. ***

STECHER, C. A.: Ueb. kaptiöse **Fragen** im Criminalprocesse. *Landshut*, Krüll. (Manz in *Regensburg*.) 826. 8. (6 Gr.)

Stecher, Christian

Stecher, Chr., die Belagerung Wiens v. 1683. Ein histor. Schauspiel in 5 Aufzügen. 8. (II, 170 S.) Wien 883. Mayer & Co. n. 1. 20

Stecher, Chr., deutsche Dichtung für die christliche Familie u. Schule. 1—25. Hft. 8. Graz 880—82. Styria. à — 60

1. 2. Des Pfaffen Konrad Rolands-Lied oder Karls des Großen Zug nach Spanien. Umdichtet von Chrn. Stecher. 1. u. 2. Thl. (XI, 235 S.)
3. 4. 7. 8. Cäcilie oder der Sturz des Odinsdienstes in Dänemark. Ein romant. Helden-Epos von Ernst Schulze. 2 Thle. (VII, 270 u. 255 S.)
5. 6. Iwain oder der Ritter mit dem Löwen. Ein romant. Epos von Hartmann v. Aue. Umdichtet von Chrn. Stecher. (XI, 251 S.)
9—11. Das Nibelungen-Lied. Ein Helden-Epos. Umgedichtet von Chrn. Stecher. 3 Hfte. (396 S.)
12—14. Der Held des Nordens. Von Frdr. Baron de la Motte-Fouqué. (400 S.)
15—17. Wallenstein. Ein dramat. Gedicht von Frdr. v. Schiller. (372 S.)
18. 19. Das Gudrun-Lied. Ein Helden-Epos. Umgedichtet von Chrn. Stecher. S. J. 1. u. 2. Hft. (XIX u. S. 1—260.)
20—22. Maria Stuart u. Jungfrau v. Orleans. Von Frdr. v. Schiller. (XXVIII, 340 S.)
23—25. Der Erlöser oder neue Evangelien-Harmonie. Umgedichtet von Chrn. Stecher. (XXXI, 394 S.)

— deutsche Dichtung f. die christliche Familie u. Schule. 26—46. Hft. 8. Graz, Styria. à — 60

26—28. Kaiser Octavianus. Ein Schauspiel v. Ludw. Tieck. In 2 Thln. (360 S.) 882.
29—31. Parzival. Ein romantisch-symbol. Epos. Umgedichtet v. Chrn. Stecher. (XXVI, 312 S.) 883.
32. 33. Leben u. Tod der heil. Genovefa. Ein Trauerspiel v. Ludw. Tieck. (251 S.) 883.
34—36. Schiller's Braut v. Messina od. die feindlichen Brüder. Ein Trauerspiel m. Chören. Und Wilhelm Tell. Ein Schauspiel in 5 Aufzügen. (LVI, 267 S.) 883.
37. 38. Erek u. Enite. Ein romant. Epos von Hartmann v. Aue. Umgedichtet v. Chrn. Stecher. (XVII, 270 S.) 884.
39—41. Wilhelm v. Oranse, e. romant. Epos, u. Lother u. Maller od. das Lied v. den zwei treuen Gesellen, e. romant. Heldengedicht. Umgedichtet v. Chrn. Stecher. (XXIV, 344 S.) 884.
42. Die Kindheit Jesu. Ein Legenden-Epos von Konrad v. Fussensbrunnen. Umgedichtet v. Chrn. Stecher. (XIII, 116 S.) 884.
43. 44. Barlaam u. Josaphat. Ein Legenden-Epos von Rudolph v. Ems u. Legenden der Heiligen: Christoph, Georg, Ida von Toggenburg, Nothburga, Fridolin v. Chrn. Stecher. (VII, 276 S.) 885.
45. 46. Marienleben, Legenden-Epos u. Marien-Legenden v. Chrn. Stecher. (VIII, 282 S.) 886.

Stecher, Christian, **S. J., Maria, unsere wunderbare Mutter. (Mater admirabilis.) Maipredigten. Neu durchgesehen u. hrsg. v. Ed. Fischer, S. J. 2. Aufl.** gr. 8. (III, 371 S. m. Titelbild.) **Innsbruck 902.** F. Rauch. n. 3. 60

Stecher, Christian, S. J., Maria, unsere wunderbare Mutter. (Mater admirabilis.) **Maipredigten. Neu durchgesehen u. hrsg. v. Eduard Fischer,** S. J. **3. Aufl.** (352 S. m. Titelbild.) 8. **Innsbruck 909. F. Rauch.** 3.60; geb. 4.50

—– **Mater admirabilis.** 32 Maivorträge. gr. 8. (III, 484 S.) Innsbruck 885, F. Rauch's Buchh. *

— Habsburgs Treue. Eine Fest-Feier bei Gelegenheit der Vermählung Sr. kaiserl. Hoh. des Kronprinzen Rudolf v. Oesterreich mit der königl. Prinzessin Stefanie von Belgien, abgeh. in dem bischöfl. Knabenseminar zu Mariaschein 10. Mai 1881. 8. (63 S.) Wien 881. Mayer & Co. n. — 60

Stecher E, Album von Stickereimustern. (18 T) fol Odessa 1886

Stecher, Ernst, die festen Carbide u. ihre mutmassliche Bedeutung f. die Geologie. (59 S.) gr. 8. Stuttgart 901. Freiburg i. B., J. Bielefeld. n. 2. —
Sonderabdruck aus: „Baumaterialienkunde".

Stecher, Ernst [aus Freiberg]: Contacterscheinungen an schottischen **Olivindiabasen** .... (Aus: Mineralog. u. petrogr. Mittheilungen. **IX. Bd.)** Wien, Alfred Hölder, k. k. Hof- u. Univ.-Buchh., 1887; 2 Bl. + S. 145–206 + 1 Bl. u. 1 Taf. 8°
Leipzig, Phil. Fak., Inaug.-Diss. v. 7. Nov. 1887

Stecher, Friedr., das Ganze der Wasserheilmethode in den wichtigsten für sie passenden Krankheiten des menschl. Körpers. Für Aerzte u. gebildete Nichtärzte. gr. 8. (16½ B.) Leipzig 844, Fest'sche Vrlgsbuchh.

Stecher, Frdr., **zum Schutze wider die Diphtherie. Erprobte Massnahmen u. neue Vorschläge. gr. 8. (III, 118 S.) Berlin 884. Leipzig, G. Thieme. n. 2. —**

Stecher, Friedr., zum Schutze des Einzelnen vor der Cholera. gr. 8. (67 S.) München 884, Kellerer's Hofbuchh. *

Stecher, Friedr., Taschenbuch d. Wasserheilkunde nach d. Priessnitz'schen Heilmethode, mit geschichtl., physiolog., patholog., diätet. u. therapeut. Bemerkn., nebst e. vorausgeschickten Beschreib. d. Wasserheilanstalt zu Kreischa bei Dresden f. Kurgäste u. f. alle Diejenigen, welche sich mit d. Wirksamkeit dieser Methode bekannt zu machen wünschen. 16. (9½ B.) Leipzig 840, Fr. Fleischer.

Stecher, Georg, aus Breslau: **Beiträge zur erklärung und textkritik des mittelenglischen prosaromans von Merlin. Zweite hälfte.** *Darmstadt 1900: G. Otto.* (43 S.) 8° ¶ (Aus: Englische studien, 28. -- Fortsetzung von: 'G. Richter, Beiträge zur erklärung ... Erste hälfte' in: Engl. studien, Bd 20.)
Breslau, Phil. Diss. v. 14. Aug. 1900

Stecher, Georg Ludwig (Biberach) A. S. 132/17

De non attendenda votorum pluralitate in imperio R. Germanico, et liberis civitatibus mixtis ad §§ 9. et 52. art. V. j. p. o.
Präs. Johann Christian Majer.
Tübingen (Fues) 9. VIII. 1783. 68 S. 33253

Stecher, Herm., humoristischer Almanach. Zur Feier des 25jährigen Jubiläums des Seminars zu Grimma abgefaßt und mit vielen fehlenden schönen Bildern ganz ohne alles Verlangen herausg. 1. u 2. Aufl. Grimma 864. Gensel. 8. (16 S.) n. 3 *ngr.*

Stecher, J., Schiller et la Belgique. 12. (45 S.) Lüttich 860. Leipzig, Brockhaus' Sortiment und Antiquarium. *
Aus: Annuaire de la Société libre d'Émulation, besonders abgedruckt.

J. A. L. Stecher, Geschichte der Entstehung, des Fortganges und des gegenwärtigen Standes der Hofheimer-Vieh-Gewährungs-Gesellschaft im Untermainkreise. Würzburg, 1823.
Vom König belobigter Bericht.

Stecher, J. A. L. Plan der Hagel- und Kieselgewährungs-Gesellschaft für das Großherzogtum Würzbarg. Würzburg 1817.

Stecher, M. R., s. Stecher, Richard

Stecher, Paul, u. Adf. **Steinmetz,** Uebungs-Formulare f. den Unterricht in kaufmännischer Korrespondenz u Kontorpraxis. Unter-, Mittel- u. Oberstufe. gr. 4. Breslau (906). Preuss & Jünger. n. 3. 30
Unterstufe. (4 S. Text.) 1.30. — Mittelstufe. (3 S. Text.) 1.10. — Oberstufe. (2 S. Text.) — 90.

— — dasselbe. Lehrerexemplar. Unter-, Mittel- u. Oberstufe. (4, 3 u. 2 S.) gr. 4. Ebd. (906). à n. 2. —

Stecher, Paul, u. Adf. **Steinmetz,** Übungs-Formulare f. den Unterricht in kaufmännischer Korrespondenz u. Kontorpraxis. Ausg. A. Unter- u. Mittelstufe. 2. verb. Aufl. 36,5×24,5 cm. Breslau (907). Preuss & Jünger. nn 2. 60
Unterstufe. (4 S. Text.) nn 1. 40
Mittelstufe. (2 S. Text.) nn 1. 20

— — dasselbe. Ausg. B. (7 S. Text.) 36,5×24,5 cm. Ebd. (907). 2. 50

Stecher, M. R., Erläuterungen zu Schiller's Jungfrau v. Orleans f. den Schulgebrauch. Hrsg. v. Wilh. König 12. (61 S.) Leipzig 894. G. Uhl. n. — 40

— „Heil König Albert!“ Gedichte u. Lieder. gr. 8. (31 S.) Leipzig 898. A. Bleier, Nachf. n. — 30

Stecher, Rich., König Friedrich August III. von Sachsen. Ein Lebensbild. (29 S. m. 6 Abbildgn.) 8. Dresden 905. Holze & Pahl. n. — 20

Stecher, Rich., s. König's, Wilh., Erläuterungen zu den Klassikern.

Stecher, Rudolf, Baccalaureus juris, Referendar: Die juristische Konstruktion der Wandelung und Minderung nach dem Bürgerlichen Gesetzbuch. Stade 1904: A. Pockwitz. (42 S.) 8°
Leipzig, Jur. Fak., Diss. v. 12. Sept. 1904
[Geb. 6. März 80 Stade; Wohnort: Stade; Staatsangeh.: Preußen; Vorbildung: Gymn. Stade Reife O. 99; Studium: Tübingen 1, Leipzig 3, Göttingen 2 S.; Rig. 30. Juli 02.]

Stecher, Wm. A., Die Turnlehrerversammlung in Cincinnati, O., am 27.—31. 7. 1887, Ber., Milwaukee, Wis. 1887, 40 S., 8°.

Heinr. Ant. Stecher Edler v. Sebenitz Theorie der Geschichte der Arzneikunde. [*Etiam cum tit. latino:* Diss. inaug. de theoria historiae medicinae.] Wien 1831. 8. (Germanica lingua conscriptum.)

Stechern, Anweisung zur Obstbaumzucht. Mit Berücksichtigung auf Boden u. Klima, zur Belehr. f. d. Einsamsten d. Lyckschen Kreises. Ins Poln. übers. durch J. F. A. v. Szamborsky. (Deutsch u. Poln.) 4. ... Königsberg 828, Hartung. (Leipzig, Fort.)

Stechern, Augustus (geb. Johannisburg in Ostpr. 25. 12. 1818): De aquae frigidae in quibusdam morbis exanthematicis usu externo. Berolini (1842). (32 S.) 8°
Berlin, Med. Diss. v. 26. Febr. 1842

Stechert's Armee-Eintheilung u. Quartier-Liste d. deutschen Reichs-Heeres u. der kaiserl. Marine f. 1895. Tabellarische Zusammenstellg. m. Angabe der Chefs (Inhaber) u. Kommandeure, Orden u. Ehrenzeichen m. Abbildgn. Nach amtl. Quellen. 36. Jahrg. 319. Gesammt-Aufl. Abgeschlossen am 1. Octbr. 1894. Die Marine umfaßt die Flotten-Formationen f. den Herbst 1894. gr. 8. (68 S.) Berlin 894. C. R. Dreher. n. — 60
Bisher u. d. T.: Armee-Eintheilung u. Quartierliste.

Stechert's Armee-Eintheilung u. Quartier-Liste des deutschen Reichsheeres u. der kaiserl. Marine f. 1899. Tabellar. Zusammenstellg. sämtl. deutschen Truppentheile m. Angabe d. Chefs (Inhaber), Kommandeure u. Standorte, sowie kurzer Uniform-Beschreibgn. u. 69 Abb. der Regiments-Namenszüge. Nach amtl. Quellen bearb. v. Heinze. 40. Jahrg. 326. Ausg. Abgeschlossen Anfang Octbr. 1898. gr. 8. (66 S.) Berlin 898. C. R. Dreher. n. — 60

Stechert's Armee-Eintheilung u. Quartier-Liste d. deutschen Reichsheeres u. der kaiserl. Marine. Tabellarische Zusammenstellung sämmtl. deutschen Truppentheile m. Angabe ihrer Chefs (Inhaber) u. Kommandeure, der Kommandeure u. Standorte der Bezirks-Kommandos. Kurze Uniform-Beschreibgn. m. 78 Abbildgn. der Regiments-Namenszüge, sowie e. Dienstaltersliste der Generalität, Obersten, Oberstleutnants, Majore der Kavallerie u. Feldartillerie, soweit letztere Regiments-Kommandeure sind. Nach amtl. Quellen bearb. u. hrsg. v. der Red. des deutschen Soldatenhortes. 43. Jahrg. 430. Ausg. Abgeschlossen 1. X. 1902. gr. 8. (94 S.) Berlin, K. Siegismund. n. — 80

Stechert's Armee-Einteilung u. Quartier-Liste des deutschen Reichsheeres u. der kaiserl. Marine. Tabellarische Zusammenstellg. sämtl. deutschen Truppenteile m. Angabe ihrer Chefs (Inhaber) u. Kommandeure, der Kommandeure u. Standorte der Bezirks-Kommandos. Kurze Uniform-Beschreibgn. m. 87 Abb. der Regiments-Namenszüge, sowie e. Dienstaltersliste der Generalität, Obersten, Oberstleutnants, Majore der Kavallerie u. Feldartillerie, soweit letztere Regimentskommandeure sind. Nach amtl. Quellen bearb. u. hrsg. v. der Red. des deutschen Soldatenhortes. 47. Jahrg. 349. Ausg. Hrsg. am 1. X. 1906. (96 S.) gr. 8. Berlin, K. Siegismund. n. — 80

Stechert's Armee-Einteilg. u. Quartier-Liste des deutschen Reichsheeres u. der kaiserl. Marine. Tabellarische Zusammenstellg. sämtl. deutschen Truppenteile m. Angabe ihrer Chefs (Inhaber) u. Kommandeure, der Kommandeure u. Standorte der Bezirks-Kommandos. Kurze Uniform-Beschreibgn. m. 88 Abbildgn. der Regiments-Namenszüge, sowie e. Dienstaltersliste der Generalität, Obersten, Oberstleutnants, Majore der Kavallerie, soweit letztere Regts.-Kommandeure sind bezw. hierzu heranstehen. Nach amtl. Quellen bearb. u. hrsg. v. der Red. des deutschen Soldatenhortes. 51. Jahrg. 357. Ausg. Hrsg. am 1. X. 1910. (96 S.) gr. 8. Berlin, R. Siegismund. —80

Stechert, Bestimmungen über Reisekosten, Tagegelder und Umzugskosten. Berlin 1870. 8.

Stechert, d. Gerichtsreferendar in Preußen. Zusammenstellg. d. f. d. jurist. Prüfgn. u. d. richterl. Vorbereitungsdienst in Preußen gelt. Bestimmgn. gr. 8. (VIII, 23 S.) Berlin 895. R. Kühn. n. 1.—

Stechert, systematische Zusammenstellung der Bestimmungen üb. Reisekosten, Tagegelder u. Umzugskosten f. die Offiziere, die sonst. Militair-Personen u. die Militair-Beamten, denen e. bestimmter Militair-Rang beigelegt ist, sowie f. die Militair-Beamten ohne bestimmten Militair-Rang u. die Civil-Beamten der Militair-Verwaltg. Dem Wortlaute nach aus offiziellen Quellen zusammengestellt. gr. 8. (VII, 204 S.) Berlin 870. Mittler & Sohn. n. 2.25

Stechert, A. Mathurin Régnier und seine Satiren. Magdeburg, Rg., 1887. 30 S. 4. Progr.

Stechert, Karl

Definitive Bahnbestimmung des Kometen 1887 II ⟨Brooks⟩. Von Prof. Dr. C[arl] **Stechert**, Abt.-Vorstand. *Hamburg 1903: Hammerich & Lesser in Altona.* (31 S.) 4°
= **Archiv**, Aus dem, d. Deutschen Seewarte. Jg. 26, No 6. [04. 8718

Stechert, Carl, Bahnbestimmung d. Planeten (258) Tyche. [Aus: „Jahrb. d. Hamburg. wissenschaftl. Anstalten".] Lex.-8. (41 S.) Hamburg 895. (L. Gräfe & Sillem.) n. 1. 50

Stechert, Carl, definitive Bestimmung der Bahn des Cometen 1881 IV. Inaugural-Dissertation. gr. 4. (30 S.) Kiel 884, (v. Maack's Buchh.) *

Stechert, C., Dr., Das Chronometer. Breslau 1896.

Stechert, Carl, Dr., Die wissenschaftlichen Ergebnisse der 7., 8. und 9. in der Abtheilung IV der Deutschen Seewarte in den Jahren 1883, 1884, 1884–85, 1885—86 abgehaltenen Konkurrenz-Prüfungen von Marine-Chronometern. (Aus dem Archiv der Deutschen Seewarte 1890, No. 2.) Hamburg 1890.

— d. Marine-Chronometer u. s. Verwendg. in d. nautischen Praxis. Im Auftr. d. Direktion d. deutschen Seewarte bearb. [Aus: „Archiv d. deutschen Seewarte".] gr. 4. (50 S. m. Fig. u. 1 Taf.) Hamburg 894. (L. Friederichsen & Co.) n.n. 3. —

Die Polhöhe des Nordthurms der Deutschen Seewarte abgeleitet aus Beobachtungen von Dr. C[arl] **Stechert**, Kapt. G. Reinicke und Dr. J[ohann] B[aptist] Messerschmitt. *Hamburg 1900: Hammerich & Lesser in Altona.* (15 S.) 4°
= **Archiv**, Aus dem, der Deutschen Seewarte. Jg. 23, No 3. [01. 12073

Tafeln für die Vorausberechnung der Sternbedeckungen. Von Dr. Carl **Stechert**, Assist. d. Abt. IV d. Deutschen Seewarte. M. 2 im Texte gegebenen Fig. u. 1 Diagramm '(2 Exempl.)'. *Hamburg: Gedr. bei Hammerich & Lesser in Altona 1896.* (1 Bl., 41 S., 1 Bl., 1 Taf.) 4.
= **Archiv**, Aus dem, d. Deutschen Seewarte. Jg. 19. No 3. [98. 8713

Stechert, Carl, die Vorausberechnung d. Sonnenfinsternisse u. ihre Verwerthung zur Längenbestimmung. gr. 4. (II, 33 S. m. 6 Fig.) Hamburg 899. (L. Friederichsen & Co.) n.n. 3. 50
Sonderabdruck aus: „Aus d. Archiv der deutschen Seewarte".

Die Vorausberechnung der Sonnenfinsternisse und ihre Verwerthung zur Längenbestimmung. Von Dr. Carl Stechert. Mit 6 im Texte gegeb. Fig. Hamburg 1899: Hammerich & Lesser in Altona. (33 S.) 4°
= Archiv, Aus dem, d. Deutschen Seewarte. Jg. 22, No 1.

Stechert, C., Zeit- u. Breitenbestimmungen durch die Methoden gleicher Zenitdistanzen. (IV, 64 S. m. Fig. u. 6 Taf.) Lex.-8. Hamburg 905. (L. Friederichsen & Co.) n.n. 2. —
Sonderabdr. a.: „Aus dem Archiv der deutschen Seewarte".

Zeit- und Breitenbestimmungen durch die Methoden gleicher Zenitdistanzen. Von Prof. Dr. C[arl] **Stechert**. Mit mehreren Fig. Hamburg 1905: Hammerich & Lesser in Altona. (64 S.) 4°
= **Archiv**, Aus d., d. Deutschen Seewarte. Jg. 28, No 1. [05. 15986

Stecherwald, Johann Bernhard (Altenberg/Bay.)
F, zp/23

De signo fortunae in cubiculo veterum imperatorum eiusque transmissione dissertatio.
Präs. Johann Paul Reinhard.
Erlangen (Becker) XII. 1745. 18 S. 33254

Valentini, Michael Bernh. [Präs.] u. Joh. Michael Stecherwaldt (Wertheim)
Exercitio publica de natura ejusque principiis .
Gissae-Hassorum 23. Aug. 1701: Henning Müller. (2), 24 S. 4°
placidae ventilationi

Stechfliege. Cyan-Kalauer-Organ der sämmtl. Photographen. Red.: K. Schwier. 1. u. 2. Jahrg. 1879 u. 1880. à 4 Nrn. (½ B.) gr. 4. Weimar, Verl. der deutschen Photographen-Zeitung. à n. 1. 50

Stechhan, Otto, ungestillte Liebe. Roman. (VI, 250 S.) 8. Dresden 909. E. Pierson. 3.—; geb. n 4.—

Stechhan, Otto. Lieben und Leben, Gedichte. Chicago: Kenkel, 1894. GSP, UC

Stechholz, H. C. W., der Tod d. Frommen u. der Tod d. Gottlosen. Eine Sammlg. v. geschichtl. Begebenheiten aus alter u. neuer Zeit. 8. (IV, 121 S.) St. Louis, Mo. 885. (Dresden, H. J. Naumann.) cart. n. 1.—

Stechlinsee [Schlagwort]

Stechlinsee, s.: Mark.

Ioannes Paulus Stechmann: De Artemisiis. Goettingae(1775): Rosenbusch. LIX S. 8°
Göttingen, Med. Diss. v. 6. Juni 1775

Stechmann, P. (Resp.): Praefatio sistit vestigia irritabilitatis Hallerianae..., s. Baldinger, E. G. (Praes.)

(**Stechow** u. S. Boisserée,) Mittelitalien, s. **Abeken**, W.

Stechow, Eberhard: Beiträge zur Kenntnis von Branchioceriamthus imperator ⟨Allman⟩. München 1908: F. Straub. (30 S.) 4°
München, Phil. Fak., Ref. Hertwig, Diss. v. 5. März 1908
[Geb. 21. März 83 Berlin; Wohnort: Berlin; Staatsangeh.: Preußen; Vorbildung: Wilhelms-Gymn. Berlin Reife M. 01; Studium: Berlin 1, Heidelberg 1, Berlin 1. München 1, Berlin 2, München 5 S.; Rig. 5. März 08.]

Stechow, E., Hydroidpolypen der japanischen Ostküste. I. Tl.: Athecata u. Plumularidae, s.a. Beiträge zur Naturgeschichte Ostasiens.

Hydroidpolypen der japanischen Ostküste. Von Dr. E[berhard] Stechow. T. 1. München: Akad. d. Wiss. 1909. 4°
(Beiträge z. Naturgeschichte Ostasiens. Bd 1, Abh. 7.)
(Abhandlungen d. math.-physik. Klasse d. Kgl. Bayer. Akad. d. Wiss. Suppl. Bd 1, Abh. 6)

Stechow, Ewald

Stechow, Ew. Pflegung und Aufnahme des Christenthums unter den Deutschen. 30 S.
Berlin, W. G., Progr. 1848

Stechow, Frid. Ewald (geb. Spandau 18. 8. 1817): Commentationis de vita Aeschinis oratoris pars prior. Berolini (1841). (17 S.) 4°
¶ Vollst. ersch. Berolini: G. Besser 1841.
Berlin, Phil. Diss. v. 18. Juni 1841

Stechow, Ewald, de Aeschinis oratoris vita. 4maj. (11½ B.) Berolini 841, W. Besser. *

Stechow, Fr. R., Predigt am 27. Juni 1866, dem außerordentlichen Bettage, in der Dorotheenstädt. Kirche gehalten. 1. u. 2. Aufl. Berlin 866. Wohlgemuth. gr. 8. (16 S.) 2½ ngr.

Stechow, Friedrich Ewald, s. Stechow, Ewald

Stechow, K. v: Einschienige Feld-, Forst- und Industrie-Bahn. Berlin (1904?)

Stechow, L. G. Fr. v., die object. Erkenntniß d. Offenbarung Gottes im erschein. Weltsysteme, nach ihren Grundzügen entwickelt u. als Beitrag z. Vollendung d. Werkes d. Idee dargeboten. gr. 8. (44 B.) Breslau 838, G. P. Aderholz. *

Philosophisch-religiöse Betrachtungen und Fernblicke von Leopold v. Stechow. (Hrsg.: Magdalena v. Stechow.) *Heidelberg: C. Winter 1904.* (IV, 583 S.) 8° [F.] [03. 13470

Stechow, R., Geschichte der Dorotheenstädtischen Kirche und Gemeinde. Zur Feier des 200jähr. Kirchen-Jubiläums kurz dargestellt. hoch 4. (41 S. mit 5 Abbild.) Berlin 887, (Haack.) *M 1.—; geb. *

Brüche der Mittelfussknochen, eine häufige Ursache von Fussödem. Vortrag geh. zu Madrid von Dr. [Walther] Stechow, Oberstabsarzt. (Berlin 1898: Haack.) 15 S. 8°

Stechow, Walter (geb. Jarchelin in Pomm. 25. 1. 1852): Ueber amyloide Degeneration mit Anschluss zweier Fälle dieser Erkrankung nach Lues. Berlin (1874). (31 S.) 8°
Berlin, Med. Diss. v. 8. Aug. 1874

Stechow, das Röntgen-Verfahren m. besonderer Berücksicht. der militär. Verhältnisse, s. a. Bibliothek v. Coler. 18. Bd.

Das Röntgen-Verfahren, mit bes. Berücks. d. militär. Verhältnisse. Von Dr. [Walter] Stechow, Generalarzt d. 10. Armeekorps. Mit 91 Abb. *Berlin: A. Hirschwald 1903.* (X, 265 S.) 8°
= Coler, Bibliothek v. Bd 18. [03. 14853

Steck, Albert, Schweizerisches Arbeiterlesebuch. Eine Sammlung von Aufsätzen über die soziale Frage und deren Lösung durch die Sozialdemokratie. 8°. Zürich, Buchh. d. schweiz. Grütlivereins. 8°. Bern, Selbstverl., 1890.

Steck, Alb., Beiträge zur Erkenntniß der sozialen Frage u. ihrer möglichen Lösung. gr. 8. (135 S.) Zürich 894. Buchh. des Schweizer. Grütlivereins. n. 1.20

— Freiheit und Gleichheit in der Sozialdemokratie. Eine öffentliche Diskussion mit der Nationalzeitung in Basel. 8°. Zürich, Buchh. d. schweiz. Grütlivereins.

Steck, Alb., Johannes Wedde. E. litterar. Studie. 8. (47 S.) Hamburg 896. H. Grüning. — 75

Steck, C. Aug., neues Rechenbuch, oder kurze u. leichtfaßliche Anleitung zum gewöhnl. u. Schnell-Rechnen. Mit einem Anhange allgemeiner Rechnungsregeln. Für alle Stände. 8. Reutlingen 844, Fleischhauer u. Spohn. 3/8 ℛ

Steck, C. Aug., pract. Rechenbuch f. alle Stände, od. allgem. faßl. Anleit., die im Handel u. Wandel am häufigsten vorkomm. Rechnungsarten nicht nur auf gewöhnl. Weise, sond. auch auf kürzerem Wege zu erlernen, mit besond. Rücksicht auf Münz-, Maaß- u. Gewichts-Kunde, wie auch auf Wechsel- u. Waaren-Berechnungen. Ein Handb. z. Selbstunterr. 2 Thle. gr. 8. (33½ B.) Reutlingen 838, Fleischhauer u. Spohn.

Steck, C. G., die Geschichte d. Philosophie. 1r Thl. d. Weltweisheit der Alten. gr. 8. Riga, Hartmann. 805.

Steck, (Chr., Gottl.,) die Weltgeschichte. 8. Mitau 815, Steffenhagen.

Steck, F. G., Reise nach Java. Erlebnisse auf derselben und Winke über den Militärdienst in der holländisch-ostindischen Armee. gr. 8. (XVI und 144 S.) Darmstadt 861, Jonghaus'sche Hofbuchh.

Steck, Frz. Xav., die heilige Adventszeit. Eine Reihe bibl. Lesungen nach der Auswahl des hochw. bischöfl. Ordinariates in Rottenburg. Mit kurzen Erklärungen und Gebeten. gr. 8. Tübingen 845, Laupp'sche Buchh. 1/8 ℛ — fein Velinp. 1/6 ℛ

— u. J. Bielmayr, arithmetische Aufgaben. 3. Aufl. Anhang zu den Resultaten. gr. 8. (8 S.) Kempten 876. Kösel. n. — 20

— s. Baldassari, Geschichte der Wegführung ꝛc. Pius VI.

— s. v. Büssière, Th., das Leben d. heil. Ottilia.

— s. v. Eckartshausen, K., Gott ist die reinste Liebe.

Steck, Frz. Xav., s. Friedensfest, das, im Gotteshause.

— s. Gebetbüchlein für das Kindesalter.

Steck, Frz. Xav., Gebethe für kathol. Volksschulen nach der Ordnung des Kirchenjahres. 16. (56 S.) Tübingen 848, Laupp'sche Buchh.

—— s. Goffine, Leonh., christkathol. Unterrichts- und Erbauungsbuch.

Steck, Frz. X., Gott ist die reinste Liebe, s.: Eckartshausen, v.

Steck, F. X., große illustrirte Heiligen-Legende, s. Heiligen-Legende.

Steck, F. X., große illustrirte Heiligen-Legende, s. Werfer, A.

— das Kloster Hirsau, histor.-topograph. beschrieben. gr. 8. (Mit 2 lithogr. Abbild.) Calw 844. (Stuttgart, Sonnewald.) 1 ℛ 6 ngr

— der heilige Kreuzweg od. zwölf verschiedene Arten, die Kreuzwegandacht zu verrichten. Nach d. Franz. 12. (118 S. m. 1 Stahlst.) Freiburg im Br. 852, Herder. n. 1/6 ℛ

Steck, Frz. Xaver, der heilige Kreuzweg. Ein Gebetbuch zugleich m. Meß-, Beicht- u. Communion-Gebeten versehen. Nach dem Franz. 2. umgearb. Aufl. Mit 1 Stahlst. gr. 16. (204 S.) Freiburg i/Br. 874. Herder. — 90

Steck, X. u. J. Bielmayr, Lehrbuch der Arithmetik für Lateinschulen mit Rücksicht auf den Lehrplan vom Jahre 1866 bearb. 1. Aufl. 1868 u. 2. Aufl. Kempten 869. Kösel'sche Buchh. gr. 8. (VIII, 104 S.) n. 10 ngr.

Steck, X., und J. Bielmayer, Lehrbuch der Arithmetik für Lateinschulen. 2. Aufl. (VIII, 104 S.) 1869. *ℳ 1., und 3. und 4. Aufl. gr. 8. (VIII, 116 S.) Kempten 873,74, Kösel'sche Buchh.

Steck, F. X., und J. Bielmayr, Lehrbuch der Arithmetik für Lateinschulen. 5. verb. Aufl. gr. 8. (VIII, 119 S.) Kempten 876, Kösel'sche Buchh. *

—— Lehrbuch der Arithmetik für Latein- und Realschulen. 6. verb. Aufl. gr. 8. (VIII, 119 S.) Ebendas. 878. *

—— und J. Bielmayr, Lehrbuch der Arithmetik für Latein- und Realschulen. 7. und 8. verb. Aufl. gr. 8. (VIII, 119 S.) Ebendas. 880,82. *

Steck, F. X., und J. Bielmayr, Lehrbuch der Arithmetik für Latein- und Realschulen. 9. verb. Aufl. gr. 8. (VIII, 119 S.) Kempten 886, Kösel'sche Buchh. *

Steck, F. X., u. J. Bielmayr. Lehrbuch der Arithmetik f. Latein- u. Realschulen. 10. verb. Aufl. gr. 8. (VIII, 119 S.) Kempten 891, Kösel. * 1 20

Steck, F. X., u. J. Bielmayr, Lehrbuch der Arithmetik f. Latein- u. Realschulen. 11., verb. Aufl. gr. 8. (VIII, 119 S.) Kempten 896. J. Kösel. n. 1. 20

— u. J. Bielmayr, **Lehrbuch der Arithmetik m. zahlr.** Übungsaufgaben **f. Latein- u. Realschulen, neu hrsg.** v. W. Pözl. 2 Tle. 12. **Aufl. gr. 8. (VII, 100 u. IV, 98 S.)** Kempten 902. J. Kösel. à n. — 80; geb. in Leinw. **à n.n. 1. 10; in 1 Bd. geb. n.n. 2. —**

— s. **Lingard's, J., Geschichte von England.**

—— die Liturgie der kathol. Armenier, s. Liturgie.

— s. **Marcel de Serres, die Kosmogonie des Moses** rc.

— **die heilige Messe, oder das Opfer des Neuen Bundes. Ein vollständ. Gebetbüchlein für kathol. Christen. Nach Goffine u. A. bearbeitet. 16. (Mit 1 Stahlst.) Tübingen 843, Laupp. 3/8 ℛ**

s. **Orsini, Leben des heil. Vincenz v. Paul.**

s. **Rom u. Loretto.**

Steck, Franz Xaver, u. Bielmayr, J.

—— —— Sammlung von arithmetischen Aufgaben in systematischer Ordnung. Ein Uebungsbuch für Latein- und Gewerbschulen. 1. Aufl. (79 S.) 1874. 80 Pf.; 2. Aufl. (IV, 88 S.) * 90 Pf., und 3. verm. und verb. Aufl. gr. 8. (99 S.) Ebendas. 875. *
Resultate. (25 S.) *

—— —— Sammlung von arithmetischen Aufgaben in systematischer Ordnung. Ein Uebungsbuch für Latein- und Gewerbschulen. 3. Aufl. Anhang zu den Resultaten. gr. 8. (8 S.) Ebendas. 876. *

Steck, F. X., u. J. Bielmayr, Sammlung von arithmetischen Aufgaben in systematischer Ordnung. Ein Uebungsbuch für Latein- u. Gewerbschulen. 4—6. Aufl. Resultate. gr. 8. (34 S.) Kempten 877—81. Kösel. n. — 50

— — dasselbe. 7., verb. Aufl. gr. 8. (IV, 136 S.) Ebend. 883. n. 1. 30; Resultate (32 S.) n. — 45; Anhang zu den Resultaten der 6. Aufl., enth. die Aenderungen bei den Resultaten der 7. Aufl. (4 S.) n. — 10

—— —— Sammlung von arithmetischen Aufgaben in systematischer Ordnung. Ein Uebungsbuch für Latein- und Realschulen. 8. und 9. Aufl. gr. 8. (III, 136 S.) Ebendas. 885,87. *
Resultate (32 S.) *

—— —— Sammlung v. arithmetischen Aufgaben in systematischer Ordnung. Ein Übungsbuch f. Latein- u. Realschulen. 10. Aufl. gr. 8. (III, 136 S.) Ebd. 890. * 1 30
—— —— dass. — Resultate. gr. 8. (32 S.) Ebd. 890. * — 45

— — Sammlung v. arithmetischen Aufgaben in systematischer Ordnung. Ein Uebungsbuch f. Latein- u. Realschulen. 11. Aufl. gr. 8. (IV, 136 S.) Ebd. 894. n.n. 1. 30

— — Sammlg. v. arithmet. Aufgaben in systemat. Ordnung. Ein Uebungsbuch f. Latein- u. Realschulen. 12. Aufl. gr. 8. (III, 136 S.) Ebd. 898. n.n. 1. 30

— — Sammlung **v. arithmetischen** Aufgaben in systematischer Ordnung. **Ein Uebungsbuch f. Latein- u. Realschulen. 13. Aufl. gr. 8. (IV, 136 S.) Ebd. 901. n.n. 1. 30**; geb. in Leinw. **n.n. 1. 70**

Steck, F. X., Sammlung von stereometrischen Aufgaben in systematischer Ordnung. Ein Uebungsbuch für Gymnasien u. Realschulen. gr. 8. (III, 128 S.) Kempten 881. Kösel. n. 1. 70

—— Sursum corda! das ist: empor die Herzen! Ein vollständ. kathol. Gebetbuch. gr. 16. (XII, 384 S. mit 1 Titelbild in Stahlst.) Ulm 870, Ebner'sche Buchh.

Steck, Frz., christkatholisches Unterrichts- u. Erbauungsbuch, s.: Goffine, R. P.

[Steck, Gabriel.] Du dogme et de l'histoire de la Réformation, pour servir de guide aux instructions... de la jeunesse. Traduit de l'allemand et publié à l'occasion du jubilé de la Réf' dans le canton de Berne, en 1828. 8. Berne.
[1re éd.] ... Traduit ([par] Ch[arle]s Ferd[inand] Morel)...
2e éd., revue, corrigée et augmentée. ... Traduit ([par] Ch[arles] Ferd. M')....

[Steck, Gabriel.] Reformationsgeschichte für die Bernische Schuljugend, als Leitfaden bei den öffentlichen Katechisationen und zur häuslichen Belehrung und Erbauung. Am dritten Bernischen Reformations-Jubiläum. [Mit 1 Porträt-Tafel.] 2. Aufl. 8. Bern 1828.

Steck, G., Reformationsgeschichte f. d. Bernische Schuljugend, als Leitfaden bei d. öffentl. Katechisation u. zur häusl. Erbauung. Mit des Reformator Berchtold Hallers Bildn. 3e Aufl. 12. Bern 828. Jenni. 5 ggr

Steck, J. J., Grammaire française, tant à l'usage des écoles, que de l'instruction privée. — Franz. Grammatik z. Schul- u. Selbstunterricht. gr. 8. Berne 845, Dalp. n. 11/12 ℛ

— précis de l'histoire de la littérature française depuis son origine jusqu'à nos jours. D'après les ouvrages des plus célèbres littérateurs français et étrangers. gr. in-8. le même 844. 3/4 ℛ

Steck, J. J., Recueil de contes et de nouvelles pour la jeunesse. Extraits des ouvrages des auteurs contemporains les plus distingués. 8. (20 3/4 B.) Lissa 840, Günther.

Steck, Joh., s.a. Etschwin, Hans.

Steck, Joh., Erzählgn. aus Tirols Geschichte. 2 Bde. gr. 8. Bozen, A. Auer & Co. n. 2. 60
1. St. Valentin, d. Wanderbischof v. Rätien. E. geschichtl. Erzählung. Neue [Titel-] Ausg. m. e. Vorwort. (III, 371 S.) (890) 896. n. 1. 40
2. Hocheppan, s. Grafen Trutz u. Sturz. E. geschichtl. Erzählg. (IV, 173 S.) 897. n. 1. 20

Steck, Johann, Hocheppan, seiner Grafen Trutz und Sturz. Eine geschichtliche Erzählung. (Erzählungen aus Tirols Geschichte. II. Band.) 8. (172 S.) Bozen: Auer 1897. —.60

Steck, Joh., der Tharerwirt, e. Tiroler Held vom J. 1809, s.a. Volksbücher, Tiroler.

Volksbücher, Tiroler, I. Band. Inhalt: Johann Steck, der Tharerwirth, ein Tiroler Held vom Jahre 1809. Geschichtliche Erzählung. 8. (270 S.) Geb. Innsbruck: Wagner 1893. —.80

— St. Valentin, der Wanderbischof von Rätien. Eine geschichtliche Erzählung. (Erzählungen aus Tirols Geschichte. I. Bd.) 8. (370 S.) —.70 Bozen: Auer 1896.

Steck, Johann Christoph Wilhelm

v. Steck, Jh. Cph. Wlh., Abhandl. von dem Gemahl einer Königin. gr. 8. Berl. 777. Voß. 3 gl.

(—) Abhandl. eines aufrichtigen Publicisten von Absetzung eines röm. Kaisers. 4. Gedruckt auf e. unkathol. hohen Schule 759.

v. Steck, J. Cp. W: Abhandll. a. d. deutschen Staats- u. Lehnrecht. *Halle*, Gebauer. 757. gr. 8. (12 Gr.)

v. Steck, Jh. Cph. Wlh., († d. 8. Oct. 1797.) vermischte Abhandll. aus d. deutschen Staats- u. Lehnrecht. gr. 8. Halle 757. (Hahn in Hannov.) 9 gl.

Eb.: Abmüssigungen. *Halle*, Gebauer. 787. gr. 8. (6 Gr.)

— Anweis. für diejen., die sich der Rechtsgelehrsamkeit u. dem Dienst d. Staats widmen. 8. Frankf. a. d. O. 770.

v. Steck, J. Cp. W.: Ausführr. erhebl., rechtl. u. polit. Materien. *Berlin*, Voss. 776. gr. 8. (14 Gr.)

Eb.: Ausführr. ein. gemeinnütz. Materien. *Halle*, Gebauer. 784. 8. (9 Gr.)

(v. Steck, J. Cp. W.): Eclaircissemens de divers sujets intéressans pour l'homme d'état et des lettres. *Ingolst.* (*Berlin*), Wever. 785. gr. 8. (6 Gr.)

Eb.: Erläuterr. verschied. wicht. Gegenstände f. den Staatsmann. u. Gelehrten; übers. v. F. A. J. (John.) *Schmalk*. 786. 4.

— Essai sur les Consuls; on y a joint les traités de commerce et de navigation les plus récens, comme aussi l'Ordonnance du Roi de France pour les Consulats du Levant du 3 Mars 1781. gr. 8. Berlin, Nicolai. 790.

– s.a. Essai sur les oblats (Panis briefe).

(v. Steck, J. Chr. W.): Essai sur les oblats, sur les moines-lais, sur les lettres du pain p. un ICte. de Bavière à Munich. 783. 8. — deutsch: (s. l.) 784. 8.

— Essai sur div. Sujets intéressants p. l'homme d'état et de lettres. gr. 8. Berlin, Sander. 785.

– s.a. Essai sur divers sujets de Jurisprudence.

— essais sur plusieurs Matières intéressantes pour l'homme d'Etat et de lettres. gr. 8. Halle, Gebauer. 790.

(*Eb.*) Essais sur divers sujets de Jurisprudence et de Politique. *Eb.* 779. gr. 8. (3 Gr.)

— Essais sur divers sujets relatifs à la navigation et au commerce pendant la guerre. gr. 8. Berlin, Nicolai. 793.

(*Eb.*): Essais sur quelques sujets intéressans pour l'homme d'état et de lettres. *Halle*, Gebauer. 784. gr. 8. (6 Gr.)

— commentatio de Feudis coram solio Caesaris solenniter accipiendis; Caput XI. §. VII. Sanctionis Imperatoris a Francisci I. auspicatis illustratura. 4. Gotting. 755.

– s.a. Geschlechtsadel, von dem, u. setze bei allen Dreien hinzu (v. J. C. W. Steck).

v. Steck: Von dem Geschlechtsadel u. d. Erneuerung des Adels. *Lpz.* 778. 8.

— Gutachten über die kaiserl. Meß- u. Münzcommissionen. 4. Leipz. u. Berl. 760.

Steck, Jo. Christoph Wilhelm [Praes.], s. Hohdahl, Heinrich Jac.: De guarantia pactorum foederumve religionis ergo percussorum exercitatio.

Steck, Jo. Christoph Wilhelm A. S. 86/9

De iure devolutionis, maxime in capitulis evangelicorum immediatis dissertatio iuris publici ecclesiastici inauguralis.
Präs. Gottfried Daniel Hoffmann.
Tübingen (Erhardt) I. 1753. 72 S. 33255

v. Steck, J. Cp. W.: Observatt. subsecivarum spec. *Halle*, Gebauer. 779. gr. 8. (9 Gr.)

Steck, Jo. Cph. W.: Comm. de ordinatione ad tit. patrimonii et paupertatis. *Lips.* 755. 4.

— reflexions sur l'opposition des états provinciaux à l'obtention du privilège illimité contre les appels. 4. Regensb. 779.

Steck, J. Cp. W.: „Versuch über Handels- und Schiffahrtsverträge", Halle 1782 (Gebauer).

— Versuche üb. einige erhebl. Gegenstände, welche auf den Dienst des Staats Einfluß haben. gr. 8. (Berl.) 772. (Reimer). 10 gr.

v. Steck, J. Cp. W.: Versuche üb. ein. erhebl Gegenstände, welche in d. Dienst d. Staats Einfluss haben Frkf. a. M. u. Leipz. (Berl.), Lange. 772. 8. (10 Gr.)

v. Steck, J. Cp. W.: Versuche über versch. wicht. Materien polit. u. rechtl. Kenntn. Berlin, Lange. 783. gr. 8. (6 Gr.)

— Versuche über verschied. wichtige Materien polit. u. rechtl. Kenntnisse. gr. 8. Berl. 784. (Reimer). 6 gr.

(Steck, Joh. Chrph. Wilh.): Vertheidigung derjenigen Grundsätze, welche in der Abhandlung von Avocatorien sind aufgestellet und behauptet worden. Freyburg 1757.

v. Steck, J. Cp. W.: Vindiciae libertatis ecclesiae Germ. Halle, Gebauer. 755. gr. 8. (3 Gr.)

Steck, Jo. Chr.: Vindicias libertatis ecclesiae Germanicae circa moliendas in hierarchia novationes . . . proponit. Halae Magdeb. 1756.

Steck, Johs., Verzeichnis v. Quellen zur Bearbeitung pädagogischer Themen. Gesammelt u. nach Stichwörtern geordnet. (260 S.) 8. Stuttgart 903. (Holland & Josenhans. — H. Lindemann.) n. 2. —

Steck, Karl [aus Wiesbaden]: Über das '(3.4)'Dimethylpyrazol und das '(4)'Methylpyrazol . . . Jena, Univ.-Buchdr. G. Neuenhahn, 1896; 33 S. 8.
Jena, Phil. Fak., Inaug.-Diss. v. [16. Febr.] 1896

Steck, Leo. aus Bern: Der Stimmapparat des Hemidactylus garnoti Dum. et Bibr. Ein Beitrag zur Anatomie der Geckotiden. (Reise von Dr. Walter Volz.) Naumburg a. S. 1908. II + 26 S. und zwei Tafeln. 8°. S.-A. aus den Zoologischen Jahrbüchern. Bd. 25. Abt. f. Anat. 1908. [25. VI. 07.]
Bern. Phil. Diss. 1907/08.

Steck, Leo. Der Stimmapparat des Hemidactylus garnoti Dum. et Bibr. Ein Beitrag zur Anatomie der Geckotiden. ⟨Reise von Dr. Walter Volz.⟩ Diss. Phil. Bern. [Mit 1 Tafel.] (Abdruck aus den Zoologischen Jahrbüchern. Bd. 25. Abt. f. Anat. 1908....) II + 26 S. 8. Naumburg a. S., Lippert & Co., 1908.

Steck, Leo, eine Studentenwalz durch Südfrankreich u. Spanien. Mit Federzeichngn. v. Verf. (134 S.) 8. Bern 907. A. Francke. 2. 40

Steck, Rud., Abschieds-Predigt, gehalten den 2. Octbr. 1881 in der evangelisch-reformirten Kirche zu Dresden. gr. 8. (15 S.) Dresden 881, (Pierson.) *

Steck, Rud., s.a. Akten, die, des Jetzerprozesses.

Steck, Rudolf. Die Akten des Jetzerprozesses, nebst dem Defensorium ([und andern] Beilagen, [sowie mehreren] Abbildungen). LX + 679 S. 8. Basel, Basler Buch- und Antiquariatshandlung, 1904. [fr. 17. —]
Quellen zur Schweizer Geschichte. Hrg. von der Allgemeinen geschichtforschenden Gesellschaft der Schweiz. Band 22.

Steck, R(udolf). Bericht über das religiöse, sittliche und kirchliche Leben der bernischen Landeskirche in den Jahren 1902—1906. Im Namen des evangelisch-reformierten Synodalrates erstattet durch D. R. St'.... Anhang: Verzeichnis der kirchlichen Behörden und kirchliche Statistik. IV + 115 S. 8. Bern, Stämpfli & Cie., 1906.

cf. Bulletin 1903, S. 136: Ris, G(ottlieb). Bericht .. 1898—1902....

Steck, Rud., Goethe's religiöser Entwickelungsgang. 8. (38 S.) Berlin 880. (Dresden, v. Zahn und Jaensch Verlag.) **
Aus: Protestantische Kirchenzeitung, besonders abgedruckt.

— Johann Rudolf Fischer v. Bern u. seine Beziehungen zu Pestalozzi, s. a. Archiv f. schweizer. Schulgeschichte.

Steck, Rudolf. Johann Rudolf Fischer von Bern und seine Beziehungen zu [Johann Heinrich] Pestalozzi. 63 S. 8. Bern, Gustav Grunau, 1907. [fr. 1.50]
Archiv für Schweizerische Schulgeschichte.... Heft 2.

Steck, Rud., der Galaterbrief, nach seiner Echtheit untersucht, nebst krit. Bemerkungen zu den paulin. Hauptbriefen. gr. 8. (386 S.) Berlin 888, G. Reimer. *

—— Goethe und Lavater, s. a. Vorträge, öffentliche, gehalten in der Schweiz.

Steck, R. Gœthe u. Lavater. In-8°. Basel, Schwabe. 1893. 1 —

— Jesus der Messias, s.: Anfänge, die, des Christenthums.

Steck, R[udolf]. Der Berner Jetzerprozess ⟨1507—1509⟩ in neuer Beleuchtung, nebst Mitteilungen aus den noch ungedruckten Akten. ([Mit 1 Illustration.] Separat-Abdruck aus der «Schweizerischen theolog. Zeitschrift» ... [Jahrg. 18, 1901].) IV + 87 S. 8. Bern, Schmid & Francke, 1902. [fr. 2. —]

—— der Koran, s. a. Vorträge, öffentliche, geh. in der Schweiz.

Steck R, der Koran. (Vorträge Öffentliche IX, 5) Basel 1887

Steck, R[udolf]. Kulturgeschichtliches aus den Akten des Jetzerprozesses. Den Teilnehmern an der Jahresversammlung ⟨Bern, 4./5. September 1905⟩ der allgemeinen geschichtforschenden Gesellschaft der Schweiz gewidmet.... [Mit 5 Abbildungen.] (Separatabdruck aus den «Blättern für bernische Geschichte, Kunst und Altertumskunde» [Jahrg. 1].) 31 S. 8. Bern, Gustav Grunau, 1905. N 4040[10]

Steck, R[udolf]. Kultus und Kunstgenuss. Ein Vortrag. Abdruck aus den Schweizerischen Reformblättern [Jahrg. 36, Nº 14—16, April 1902]. II + 10 S. 8. Bern, Buchdr. Büchler & Co., (*Aufdruck:* A. Francke, Verlags-Cto.), 1902. [fr. —. 30]

Steck, R[udolf]. Die bernische Liturgie in ihrer geschichtlichen Entwicklung von der Reformation bis zur Gegenwart. Mit einem Verzeichnis der Ausgaben. (Erweiterter Abdruck aus den Schweiz. Reformblättern [Jahrg. 40, 1906, Nº 11—16].) 22 S. 8. Bern, A. Francke, 1906. [fr. —. 80]

Steck, Rud., d. Piscatorbibel u. ihre Einführg. in Bern im J. 1684. Eine Studie z. Vorgeschichte d. schweizer. Bibelübersetzg. Rektoratsrede. Mit 1 Bildn. Piscator's u. e. Anh. v. Aktenstücken aus dem bern. Staatsarchiv. gr. 8. (64 S.) Bern 897. K. J. Wyß. n. 1. —

— die Reformation in Solothurn. Dem Volke auf Grund der Akten erzählt. Mit dem Bilde von Wengi's Tat. (40 S.) 8. Zürich 906. (A. Frick.) n.n. — 25

Steck, R[udolf]. Berchtold Hallers Reformationsversuch in Solothurn ⟨1530⟩, nach seinen eigenen und Niklaus Manuels Briefen dargestellt von D. Dr. R' St'.... 24 S. 8. Bern, Gustav Grunau, 1907.

Steck, Rud., s. Schmidt, Paul Vikt. Der Galaterbrief.

Steck, Rud[olf]. Die ersten Seiten der Bibel: Schöpfung, Paradies und Sündenfall, Sintflut. Ein Vortrag. 32 S. 8. Bern, A. Francke, 1909. [fr. —. 80]

Steck, R., Gottes Vorsehung, s. Schriften des Schweizer. Vereins für freies Christenthum.

Steck, Theodor. Beiträge zur Biologie des grossen Moosseedorfsee's. Diss. Phil. Bern. [Mit 1 Tafel.] 8. Bern 1893.

Steck, Theod., s.: Mitteilungen d. schweizer. entomolog. Gesellschaft.

Steck, Wilhelm Ludwig (Göppingen) A. S. 236/10

Disputatio juridica inauguralis, exhibens collationis juris civilis Romani, cum recessibus imperii Roman. German. maxime per differentias principes sectionem X. Präs. Michael Grass.
Tübingen (Reis) I. 1718. 36 S. 33257

Steckborn, dargestellt in seinen bisherigen Schicksalen und in seinem gegenwärtigen Zustande.... Njbl. 1830 s.a.[Pupikofer, Johann Adam].

Steckborn. Frauenfeld 1830. V: *Pupikofer, Johann Adam.* (ZÜRKL)

Gewerbliche Fortbildungsschule Steckborn. Statuten. (1902 April.) 4 S. 8.

Steckbrief hinter Niklas Bonaparte, genannt Napoleon, auch Veilchen-Vater, Prinz Lamballe etc. etc. von Teufels Gnaden . . . Gehörig zu den Volksblättern von Jonas Spitzfeder und seinem Buchdrucker. Gedruckt und zu bekommen bei dem Buchdrucker Ernst Littfas in Berlin, Adlerstrasse No. 6. O. J. (1815). 1 Bl. in Fol. (36:21,5 cm), einseitig bedruckt. (31 Mk., vorzüglich erhaltenes Expl., Max Perl's Berliner Octob.-Auct. 1907, no. 1061:)

Steckbriefe, erlassen hinter dreissig litterarischen Uebelthätern gemeingefährlicher Natur von Martin Möbius (U. d. U.) mit den getreuen Bildnissen der dreissig versehen von Bruno Paul. Erstes bis Drittes Tausend. Berlin 1900. V: *Bierbaum, Otto Julius.* (Börsenblatt für Deutschen Buchhandel Nr. 289, 10. Dezember 1924, S.18590) V: *Martin Möbius* (?). (DARP)

Steckbriefe, Kurhessische. Ein Kapitel aus den „Todtengräbern". Die besten Männer, wie sie in Wahrheit sind. Auch zur Parteistellung der deutschen Demokratie. gr. 8. (53 S.) Wien, Markgraf & Müller in Comm. 1868.

Steckel, Carl, s. Steckel, Karl

Steckel, Christoph Gottlieb (Wohlau) A. S. 1117/2

Dissertatio inauguralis medica de mechanico se- et excretionis fundamento.
Präs. Johann Heinrich Schulze.
Halle (Hilliger) X. 1736. 24 S.

W. v.: Gottlieb Pürschel, Johann Ephraim Schencke. 33258

Steckel, Ernst

Steckel, E., die äußere u. innere Einrichtung der Briefe u. amtl. Schriftstücke &c., s.: Schroedel's, H., Hefte f. den schriftlichen Verkehr.

Steckel, E., Festschrift zum 18. Kyffhäuser Gauturnfeste und 25jähr. Stiftungsfeste des Männer-Turnvereins zu Eisleben, s. Schulze, L.

Steckel, E., Frei-, Ordnungs- und Gerätübungen nach einheitlichen Gesichtspunkten im Anschluß an praktische Aufgaben, Halle a. d. S., VII u. 68 S., 16°.

— Geschäftsaufsätze. Schreibheft f. Volks-, Bürger- u. Fortbildungsschulen. Methodisch bearb. 4. (40 S.) Breslau 894. F. Hirt. n. — 25

Steckel, E., Geschäftsaufsätze. Schreibübungsstoff aus dem prakt. Leben f. Volks-, Bürger- u. Fortbildungsschulen. Methodisch bearb. 2., durchgeseh. Aufl. in der neuen deutschen Rechtschreibg. (40 S.) 4. Breslau 903. F. Hirt. n. — 25

Steckel, Ernst, Geschäftsaufsätze. Schreibübungsstoff aus d. prakt. Leben f. Volks-, Bürger- u. Fortbildungsschulen, wie auch f. Präparanden-Anstalten. Methodisch bearb. 3., durchgeseh. Aufl. (40 S.) gr. 8. Breslau 909. F. Hirt. — 25

Steckel, E[rnst], Die Heimat. Landeskunde der Provinz Sachsen und der angrenzenden Gebiete in Landschaftsbildern auf Grundlage d. physikal. Eigenart d. Landes. Ausg. A. Für Schule u. Haus. 2. Aufl. Leipzig (1889). 8°. *[1. Aufl. 1887.]*

Steckel, E., die Heimat. Landeskunde der Prov. Sachsen u. der angrenz. Gebiete in Landschaftsbildern auf Grundlage der physikal. Eigenart des Landes. Ausg. A. Für Schule u. Haus. 2. Aufl. gr. 8. (IX, 188 S. m. 48 Abbildgn.) Dresden 899. G. Kühtmann. n. 2. 20; geb. n. 2. 60

— dasselbe. Ausg. B. (Repetitionsheft.) 2., vollständig umgearb. Aufl. gr. 8. (54 S. m. 26 Abb.) Ebd. 900. n.n. — 25

— Die Heimat. Landeskunde der Prov. Sachsen u. der angrenz. Gebiete in Landschaftsbildern auf Grundlage der natürl. Beschaffenheit des Landes. Für Schule u. Haus. 3., verb. Aufl. (XI, 205 S. m. 63 Abb.) gr. 8. Leipzig (910). Chemnitz-Gablenz, Thüringer Verlagsanstalt. 2.80; geb. in Leinw. 3. 20

— dasselbe. Engere Heimat u. Landeskunde der Prov. Sachsen u. der angrenz. Gebiete. Ausg. B (Repetitionsheft). 3., verb. Aufl. (58 S. m. 26 Abb.) gr. 8. Ebd. 905. nn — 30

Steckel, E. Allgemeine Heimatskunde m. Berücksicht. der Kulturgeschichte als Vorbereitung u. Unterbau f. den weltkundlichen Unterricht, namentlich als Vorschule der Geographie. Bearb. in 2 Gesängen [f. Mittel- u. Oberstufe]. gr. 8. (VII, 104 S. m. 17 Holzschn.) Halle a. S. 892, H. Schroedel. * 1 35; geb. * 1 50

— dasselbe, s.a. Heimatkunden des Deutschen Reiches. 1. Heft.

Steckel, E., allgemeine Heimatskunde m. Berücksicht. d. Kulturgeschichte als Vorbereitg. u. Unterbau f. d. weltkundl. Unterricht, namentl. als Vorschule d. Geographie. Anh.: Lehrpläne f. Geographie m. Eingliederg. d. heimatkundl. Stoffe. Bearb. in 2 Gängen [f. Mittel- u. Oberstufe.] 2., verb. Aufl. gr. 8. (VIII, 124 S. m. 19 Holzschn.) Halle 895. H. Schroedel. n. 1. 60; geb. n.n. 1. 70

Allgemeine Heimatskunde, mit Berücksichtigung d. Kulturgeschichte als Vorschule d. Geographie auf d. Mittelstufe u. Abschluß derselben auf d. Oberstufe. ⟨Anh.: Lehrpläne f. Erdkunde mit Eingliederung d. heimatskundl. Stoffe.⟩ Bearb. in 2 Gängen ⟨für Mittel- u. Oberstufe⟩ von E[rnst] **Steckel**, Seminarlehrer. 3., verb. Aufl. Mit 19 Holzschn. Halle a. d. S.: H. Schroedel [1906]. (116 S.) 8° [F.] [08. 8085

—— Landeskunde der Provinz Sachsen. B.: Ein Repetitionsheft für Schüler. 8. (26 S.) [Bernburg 887, Bacmeister.] Dresden, Kühtmann. *

— **Lehrgang** f. das Knaben-, Jünglings- u. Männerturnen in Schulen u. Turnvereinen. 2. Hft. (Ausbauende u. anwend. Stufe.) Frei-, Ordnungs- u. Gerätübgn., nach einheitl. Gesichtspunkten im Anschluß an prakt. Aufgaben zusammengestellt. 16. (VII, 68 S.) Ebd. 893. n. — 40
Das 1. Hft. erscheint später.

— **Merktafeln** f. d. erdkundlichen Unterricht z. dauernden Wiederholung, sowie Anweisg. z. Entwerfen geogr. Skizzen. Im Anschluß an „Die Heimat" Ausg. A u. B des gleichen Verf. 1. Heft: Heimat. (Die Prov. Sachsen u. angrenz. Gebiete.) (42 S. m. Fig.) gr. 8. Leipzig 907. [H. A. L. Degener.] Chemnitz-Gablenz, Thür. Verlagsanstalt. nn — 50

— **Post-Heft** f. den Schreibunterricht in allen Schulanstalten u. zum Privatgebrauch. Anleitg. zur Anfertigg. der im Postverkehr vorkomm. Adressen m. den wichtigsten postal. Vorschriften. 1. u. 2. Hft. 4. (à 20 S.) Halle 889. H. Schroedel. à n.n. — 20; m. Schreibpap. durchsch. à n.n. — 25

— 2 Post-Hefte f. den Schreibunterricht in allen Schulanstalten u. zum Privatgebrauch, s. a. Schroedel's, H., Hefte f. den schriftlichen Verkehr.

Zwei **Post-Hefte** für den Schreibunterricht in allen Schulanstalten und zum Privatgebrauch. Bearb. von E. **Steckel**, Seminarl. Anleitung z. Anfertigung der im Postverkehr vorkommenden Adressen ... 3., verb. Aufl. H. 1. 2. *Halle a. S.: H. Schroedel 1897–99.* 2 Bde 8° [F.]
= **Hefte**, H. Schroedel's, f. d. schriftl. Verkehr. T. 1. [00. 11096

Zwei Post-Hefte für den Schreibunterricht in allen Schulanstalten und zum Privatgebrauch. Bearb. von E. **Steckel**, Seminarl. Anleitung z. Anfertigung der im Privatverkehr vorkommenden Adressen ... 4., verb. Aufl. H. 1. *Halle a. S.: H. Schroedel 1900.* 8°
= Hefte, H. Schroedels, f. d. schriftl. Verkehr. T. 1. [00. 13040

Zwei Post-Hefte für den Schreibunterricht in allen Schulanstalten und zum Privatgebrauch. Bearb. von E[rnst] **Steckel**, Seminarl. Anleitung z. Anfertigung der im Postverkehr vorkommenden Adressen ... 5., verb. Aufl. ⟨Neue Orthographie.⟩ H. 1. *Halle a. S.: H. Schroedel 1902.* 8° (4°) [F.]
= **Hefte**, H. Schroedel's, f. d. schriftl. Verkehr. T. 1. [03. 1847 3

Zwei Post-Hefte für den Schreibunterricht in allen Schulanstalten und zum Privatgebrauch. Bearb. von E[rnst] **Steckel**, Seminarl. Anleitung z. Anfertigung der im Postverkehr vorkommenden Adressen . . . 7., verb., bei d. Ober-Postdir. in Magdeburg durchges. Aufl. H. 1. Halle a. S.: H. Schroedel 1904. 8°
= Hefte, H. Schroedel's, f. d. schriftl. Verkehr. T. 1.

Zwei Post-Hefte für den Schreibunterricht in allen Schulanstalten u. z. Privatgebrauch. Bearb. von E[rnst] **Steckel**, Sem.Lehrer. 8., verb. Aufl. H. 1. Halle: H. Schroedel 1906. 8° [F.]
= **Hefte**, H. Schroedels, f. d. schriftl. Verkehr. T. 1. [06. 9118

Zwei Post-Hefte f. d. Schreibunterricht in allen Schulanstalten und zum Privatgebrauch. Bearb. von E[rnst] **Steckel**. Anleitung zur Anfertigung der im Postverkehr vorkommenden Adressen nach d. neuesten amtl. Vorschriften. 9., verb., bei d. Kais. Ober-Postdir. in Magdeburg durchges. Aufl. H. 1. Halle a. S.: H. Schroedel 1908. 8° [Umschlagt. F.]
= **Hefte**, H. Schroedels, f. d. schriftl. Verkehr. T. 1. [08. 6781

Steckel, Ernst, Ratgeber bei Abfassung der Briefe u. amtlichen Schriftstücke, s. a. Schroedel's, H., Hefte f. den schriftl. Verkehr.

Ratgeber bei Abfassung der Briefe und amtlichen Schriftstücke im Verkehr mit Personen aller Stände, d. Gemeinde- u. Staatsbehörden, mit vielen ⟨darunter 4 lithogr.⟩ Formularen. Bearb. von E[rnst] **Steckel**, Seminarl. 3., verb. Aufl. Ausg. B ⟨für Haus u. Schule⟩. *Halle a. d. S.: H. Schroedel 1904.* (VII, 55 S.) 8° [F.]
[Umschlagt.:] Steckel. Briefe u. Amtl. Schriftstücke im bürgerl. Leben ... 3. Aufl.
= **Hefte**, H. Schroedels, f. d. schriftl. Verkehr. T. 2. [04. 14871

Ratgeber bei Abfassung der Briefe und amtlichen Schriftstücke im Verkehr mit Personen aller Stände ... Bearb. von E[rnst] **Steckel**. Ausg. A ⟨f. Lehrer⟩. 4., verb. Aufl. Halle a. S.: H. Schroedel 1908. (VIII, 98 S.) 8° [F.]
= **Hefte**, H. Schroedels, f. d. schriftl. Verkehr. T. 2. [08. 6782 3

— die **Prov. Sachsen** u. das Herzogt. Anhalt. Landeskunde in Gruppenbildern auf Grundlage der physikal. Eigenart d. Landes. Ausg. A: Ein Handbuch f. Lehrer. gr. 8. (VII, 138 S.) Bernburg 887. Bacmeister. n. 1. 80; geb. n. 2. —

Steckel, E., der Schreibunterricht in der Volksschule. Theorie u. Praxis. Mit üb. 80 in den Text gedr. erläut. Handzeichngn. gr. 8. (III, 48 S.) Eisleben 886. Mähnert. n. — 80

— der **Schreibunterricht** in der Volksschule nach den Forderungen der Gegenwart. 2., verb. Aufl. (60 S.) gr. 8. Osterwieck (905). A. W. Zickfeldt. n. 1. 20

— das **Vaterland**. Das Deutsche Reich u. seine Kolonien in Landschaftsbildern. Ausg. A. Für Schule u. Haus. gr. 8. (XII, 352 S. m. 84 Abbildgn.) Dresden 902. G. Kühtmann. n. 3. 60; geb. n. 4. —

— dasselbe. Ausg. B. (Schülerheft.) gr. 8. (85 S. m. 42 Abbildgn.) Ebd. 902. n. — 40

—— das **Wichtigste** aus der Methodik des Turnens für Volksschullehrer mit einem Anhange über die wichtigsten amtlichen Bestimmungen für das Turnen in Volks- und Bürgerschulen. 8. (VIII, 96 S.) Cöthen 885, Paul Schettler's Erben. *

— Zur Würdigung der Lehrpläne f. die königl. preuß. Präparandenanstalten usw., s.: **Gerstenbauer**, Otto.

Steckel, H., Lehrbuch der französischen Sprache f. Bürgerschulen, s. **Wolf, A.**

Steckel, Karl

Steckel, Carolus (Robertus Ludovicus Bruno) *(geb. Liegnitz 6. 12. 1847)*: De contractibus in quibus utrimque directa actio nascitur secundum jus civile Romanum. Vratislaviae 1872. (56 S.) 8°
Breslau, Jur. Diss. v. 31. Mai 1872

Steckel, Max, vom **oberschlesischen Steinkohlen-Bergbau.** 40 Ansichten vom **Bergbau u.** dem Rondendenkmal, preisgekrönte **Bilder**. qu. gr. 4. (6 S. Text.) Königshütte (899). R. Giebler. In Leinw.-Mappe n. 12. —

Steckelbein, Fahrten und Abenteuer, s. **Fahrten.**

Steckelberg, H[einrich], Prof.: Die Elemente der Differential- und Integralrechnung. Für die Schüler d. höh. Lehranstalten. Leipzig (1906): B. G. Teubner. (48 S.) 8°
Witten, RG OP 1906 (460)

Steckelberg, H., die Elemente der Differential- u. Integralrechnung. Für die Schüler der höheren Lehranstalten bearb. (48 S. m. Fig.) gr. 8. Leipzig 906. B. G. Teubner. n. — 80

Steckelmacher, Ernst, aus Mannheim: Der transzendentale und der empirische Idealismus bei Kant. Heidelberg 1904: K. Rössler. (101 S.) 8°

Erlangen, Phil. Fak., Ref. Falckenberg, Diss. v. 4. Aug. 1904

[Geb. 13. Juni 81 Mannheim; Staatsangeb.: Baden; Vorbildung: Realgymn. Mannheim Reife Herbst 00, Nachprüfung: Gymn. Wertheim a. M. 01; Studium: Heidelberg 1, Breslau 5, Erlangen 1 S.; Rig. 4. Aug. 04.]

Steckelmacher, Moritz

Steckelmacher, M., Fest-Predigten. 3 Lfgn. gr. 8. (VIII, 378 S.) Mannheim 895. J. Bensheimer's Verl. n. 7. —

Steckelmacher, M., die Gottesidee der Offenbarung u. des Heidenthums, im Lichte e. neuen Unterscheidungsmerkmals betrachtet. Eine religionsvergleichende Studie. 8. (102 S.) Mannheim 890. Bensheimer. n. 2. —

Steckelmacher, Moritz *(geb. Boskowitsch in Mähr. 21. 6. 1851)*: Die formale Logik Kants in ihren Beziehungen zur transcendentalen. 1. (Hirschberg 1878.) (29 S.) 8° *(Breslauer gekr. Preisschr.)* *[Vollst. 1879 bei Koebner in Breslau.]*

Breslau, Phil. Diss. v. 10. Dez. 1878

Steckelmacher, Mor., die formale Logik Kant's in ihren Beziehungen zur transcendentalen. Eine von der philosoph. Facultät der Universität Breslau gekrönte Preisschrift. gr. 8. (V, 105 S.) Breslau 879, Koebner. *

Steckelmacher, M., das Princip der Ethik vom philosophischen u. jüdisch-theologischen Standpunkte aus betrachtet. (VII, 256 S.) gr. 8. Mainz 904. Frankfurt a/M., J. Kauffmann. n. 4. 50

Das Princip der Ethik vom philosophischen und jüdisch-theologischen Standpunkte aus betrachtet. Von Dr. M[oritz] **Steckelmacher**, Rabbiner. Mainz: J. Wirth 1904. (255 S.) 8° [F.] [08. 7023

Steckelmacher, M., Sabbatpredigten z. 1. Buche Moses. (IV, 87 S.) gr. 8. Leipzig (910). M. W. Kaufmann. 2.—

Widerlegung des Sendschreibens des Dr. D. Hoffmann, Rektors am Rabbinerseminar in Berlin, über den von dem Gr. Bad. Oberrat d. Israeliten hrsg. Gebetbuchentwurf u. die zugehörige Denkschrift von Dr. Moritz **Steckelmacher**. Mannheim [1908]: Mannh. Ver.-Dr. (72 S.) 8° [F.] [08. 11933

„**Stecken** u. **Stab**, dein, trösten mich". Eine Sammlg. bibl. Wandsprüche. In Lfgn. Serie A, B u. C. qu. Fol. (à 12 Bl.) Zwickau 891 892. J. Herrmann. à n. 1. 20

Steckenbiller, A., Auswahl vierstimmiger Männerchöre. 8. (18 S.) Langensalza 893. Schulbuchh. n. — 70

Auswahl vierstimmiger Männerchöre von A. Steckenbiller. *Langensalza: F. G. L. Gressler [1902].* (17 S.) 8° [F.] [03. 7383

Steckenpferd, Das. O. O. [1790?]. V: *Grübel, Joh. Conr.* (BrMm)

Steckenpferd, das, oder Dr. Raps schießt fehl; Lstspl. 8. Danzig. (Andrä in Leipz.) 4 gr.

Stecker, Ant., Anatomisches u. Histiologisches üb. Gibocellum, e. neue Arachnide. Mit 4 (lith.) Taf. (in gr. 8. u. qu. 4.) [Aus: „Arch. f. Naturgesch."] gr. 8. (58 S.) Berlin 876. Nicolai's Verl. n. 4. —

Stecker Anton: Über neue indische Chernetiden (mit 4 Taf.). S. 72. Separatabdruck

— über neue indische Chernetiden. [Mit 4 (lith.) Taf.] [Aus: „Sitzungsber. d. k. Akad. d. Wiss."] Lex.-8. (14 S.) Wien 875. (Gerold's Sohn.) n. 1. 20

— Zur Kenntnis des Karpus und Tarsus bei Chamaeleon (mit 2 Taf.). S. 75. I. 7. „ Separatabdruck

Stecker, Ant., zur Kenntniss des Carpus u. Tarsus bei Chamaeleon. [Mit 2 (lith. u. color.) Taf.] [Aus: „Sitzungsber. d. k. Akad. d. Wiss."] Lex.-8. (11 S.) Wien 877. (Gerold's Sohn.) n. 1. —

Stecker, F., Gablonz a/N. u. die Reichenberger-Gablonzer Bahn. Mit 1 Karte d. Lokalbahn Reichenberg-Gablonz u. deren Umgebg. 8. (55 S.) Gablonz a/N. 888. Rössler. n. — 70

Stecker, Konrad Wilhelm [Praes.], s. Fleck, Johann Jacob: De fratre contra fratrem testificari coacto.

Stecker, Michael, Real-Inder zu Dr. Dinglers polytechn. Journal. Vom Band I—LXXVIII. gr. 8. Stuttgart u. Tübingen 843, Cotta. $2\frac{1}{6}$ ß

Stecker, R.: Über den Pragmatismus in der Geschichtsschreibung. 10 S. 8°. – Reichenberg OR., Progr. 1872.

Stecker, R.: Versuch einer Parallele zwischen den grossen Historikern der Griechen und der Römer. 13 S. 4° – Linz OR., Progr. 1871.

Steckhan, Ernst, aus Schladen ⟨Harz⟩: Zur **Kenntnis** der Gattermann'schen Aldehydsynthesen. *Wiesbaden: C. Schnegelberger & Co. 1900.* (35 S.) 8°

Heidelberg, Naturw.-math. Diss. v. 1900

Steckhan, Otto [app. Arzt aus Braunschweig]: Aus d. Laboratorium d. pharmakognost. Sammlung in Kiel. Beitrag zur Kenntniss der Wirkung des Aconitin. . . . Kiel, Druck v. A. F. Jensen, 1891: 14 S., 1 Bl. 8°

Kiel, Med. Fak., Inaug.-Diss. v. 21. März, 1891

Steckhan, Otto. Beitrag zur Kenntniss der Wirkung d. Aconitin. Diss. gr. 8. (14 S.) Kiel 891, (Gnevkow u. v. Gellhorn). * — 60

Steckler, H. J.: Das Progymnasium zu Erkelenz. Eine Monographie. Erkelenz 1865. 12 S. 4°
Schul-/Univ.-Schrift

Steckler: De la prosodie française. – Erkelenz, Progr. 1852.

Steckler: Ueber die Wichtigkeit des Studiums der Naturwissenschaften für alle Stände und über die Methode derselben an höheren Bildungsanstalten. – Erkelenz, Progr. 1857.

Steckling, Ludwig

— über den Begriff d. Schönen. 8. Berl. 808. (Wolf). 6 gr.

Steckling, Ldw., die german. Edda od. die deutsche Götterlehre, in Gedichten. 1r Thl. gr. 8. Prenzlau 817. Ragoczy. 1 ß 8 gr. Holl. Schrbp. 1 ß 16 gr.

Steckling, Ludw. Hermann, der erste Befreier der Deutschen. 8. Prenzlau 1816.

Steckling, Ludew., die Kalologie od. d. Lehre v. Schönen, aus Einem Prinzipe vollständig entwickelt. 8. (10½ B.) Leipzig 835, [Göschensche Vrlgh.]

Steckmetz, *Friedrich:* Zur Kasuistik seltener Missbildungen und Erkrankungen des Penis ... (Aus: Beitr. z. klin. Chir., Bd xvII Heft II.) Tübingen, H. Laupp, 1896; 2 Bl., 11 S., 1 Taf. 8.
Strassburg, Med. Fak., Inaug.-Diss. v. 1896

Steckner, Carl Gustav, s. Steckner, Karl Gustav

Steckner, Herm. Beim Fellah u. Khedive. Bilder u. Skizzen aus dem modernen Aegypten. 8. (VI, 180 S.) Halle a. S. 892, Mühlmann's Verlag. * 2 40

— **Scherz u. Ernst. Dichtungen. 12. (VIII, 72 S.) Ebd. 894. Geb. in Leinw. m. Goldschn.** n. 2. —

Steckner, Herm., Stammbaum der Familie **Steckner. Aus** Urkunden zusammengestellt. gr. 8. (35 S. mit 1 genealog. Tab.) Halle 888, Mühlmann's Verlag. *

Steckner, Karl Gustav

Steckner, Carl Gustav, Referendar: Die Pflichten des Lagerhalters nach dem Handelsgesetzbuch für das Deutsche Reich vom 10. Mai 1897. Leipzig: Wigand 1910. 115 S. 8°
Leipzig, Jur. Diss. v. 14. Juni 1910
[Geb. 6. Nov. 84 Leipzig; Wohnort: Dresden; Staatsangeh.: Sachsen; Vorbildung: Nikolaisch. Leipzig Reife O. 04; Studium: Lausanne 1, Leipzig 2, Berlin 2, Leipzig 4 S.; Rig. 29. Juni 08.] [U 10. 2895

Steckner, Walt., d. rückwirk. Kraft d. Novelle z. Unterstützungswohnsitzgesetze v. 12. III. 1894 nach der Ansicht d. Bundesamtes f. d. Heimatwesen. M. e. Anleitung zur Feststellung d. Unterstützungswohnsitzes f. d. Praxis. gr. 8. (24 S. m. 1 Tab.) Leipzig 898. Dieterich's Verlag. n. — 60

Stedefeder, Karl

Stedefeder, Carl, Tierarzt, wissenschaftlicher Hilfsarbeiter am hygienischen Institut der Tierärztlichen Hochschule zu Hannover: Immunisierungsversuche gegen die bazilläre Form der Schweinepest. (Ein Beitrag zur Frage über das Wesen der Schweinepest.) (Aus dem hygienischen Institut der Tierärztlichen Hochschule zu Hannover. Professor Dammann.) Hildesheim 1909. 54 S. 8°. [19. XII. 08.]
Bern, Vet.-med. Diss. 1909 10.

Stedefeder, Carl. Immunisierungsversuche gegen die bazilläre Form der Schweinepest. ⟨Ein Beitrag zur Frage über das Wesen der Schw'.⟩ Aus dem hygienischen Institut der Tierärztlichen Hochschule zu Hannover... Diss. Vet.-Med. Bern. Von Karl St'... 54 S. 8. Hildesheim, August Lax. 1909.

Stedefeld, G. F., über die naturalistische Auffassung der Engländer vom Staat und vom Christenthum. Eine Studie zu Lord Wrottesley: Ideen über Regierung und Gesetzgebung und zu dem Buche: „Ecce homo" von einem ungenannten Verf. 8. (164 S.) Berlin 869, Kortkampf. *

—— Hamlet, ein Tendenzdrama Shakespeare's gegen die skeptische und kosmopolitische Weltanschauung des Michael de Montaigne. Mit einem Anh. über Leben und Lehre Montaigne's von R. W. Emerson. Frei übers. und mit Anmerkungen begleitet. gr. 8. (III, 94 S.) Berlin 871, Gebr. Paetel. *

—— Vorträge über Preußen für gebildete Laien. 8. (XVI, 651 S.) Berlin 870, (Kortkampf.) *

—— die christlich-germanische Weltanschauung in den Werken der Dichterfürsten Wolfram von Eschenbach, Dante und Shakespeare. Mit einem Gruss an die Landsleute in Elsass und Lothringen. gr. 8. (V, 92 S.) Berlin 871, Gebr. Paetel. *

Stedefeldt, Hermannvs ⟨geb. am 14 Aug. 1844 in Langensalza⟩: De Lysandri Plutarchei fontibvs ... Bonnae, form. C. Georgi (1867). 2 Bl., 58 S., 1 Bl. 8.
Bonn, Phil. Fak., Diss. v. 3 Juli 1867

Steden, Jan, kurze Methodik des gesamten Volksschulunterrichtes außer Religion in 210 übersichtlichen Dispositionen. Zur Weiterbildg., speziell zur Vorbereitg. auf die verschiedenen Prüfgn. u. auf Grund der pädagog. Werke zusammengestellt u. bearb. gr. 8. (IV, 117 S.) Arnsberg 900. J. Stahl. n. 1. 50; geb. n. 2. —

Stedern, Helene v., Glück. Der Roman e. jungen Mädchens. 8. (243 S.) Leipzig 896. W. Friedrich. n. 3. —

Steding, C., Einrichtung und Durchführung von Turnfesten, Ratschläge und Winke zur Vorbereitung von Turnfesten, Leipzig, 28 S., 8°.

Über die naturgemäße Behandlung und Heilung der Nervenschwäche ⟨Neurasthenie, Nervosität u. verwandter Zustände⟩ f. Laien u. Ärzte von Dr. med. [Friedrich] **Steding**. *Hannover: Schmorl & v. Seefeld Nachf. 1902.* (94 S.) 8° [F.] [03. 7331 7

STEDING, Friedrich (Dransfeld): Beitrag zur Lehre vom Erysipel.- München: Wolf 1884. 35 S.
14.6.1884 - Urk (Titel: De erysipelate.); Chr 1883/84,14
Diss. Ingolst.-Landsh.-Mchn.

Steding, Friedr., kurzgefaßte deutsche Grammatik mit Rücksicht auf Ursprung und Ausbildung der Sprache. 8. (IV, 172 S.) Hamburg 868, (Dörling.) *

Steding, Nervosität — Arbeit — u. Religion. Ein Vorschlag zur naturgemäßen Behandlg. u. Heilg. der Nervenschwäche (Nervosität, Neurasthenie) auf dem Wege ärztl. Klöster. Für Laien. (119 S.) gr. 8. Hannover 903. Schmorl & v. Seefeld Nachf. n. 1. 80

Steding, Johann August (Lüneburg) 4°Thl. IX. 13/7

In historiam de numo census Matth. XXII. observationes. Präs. Johann Lorenz Mosheim.
Helmstedt (Buchholtz) 22. XII. 1725. 16 S.
33263

Steding, Joh. Nic., mathemat. Kunstkabinet, m. K. 8. Bremen, Jäger. 746.

Joh. Nic. Stedings muſaeum mathematicum oder mathematiſches Kunſt-Cabinet, welches unter 8 Sectionen und einer Nachleſe oder Neben-Cabinet viele ſchöne Sachen mit völligen Solutionen aus der Arithmetica curioſa, Algebra, Arithmetica figurata, Geometria, Trigonometria, Calendariographia, horologia, Geographia, Aſtrognoſia, Fortificatoria und der doctrina der Erd- und Himmelskugeln in ſich hält. Insbeſondere aber die Algebra oder Kunſtrechnung unter beſondere darzu componirte ergötzl. Problematen in ra- und irrational oder Surdiſcher auch bi, tri, quadri und mehrnamigen gemeinen dergleichen Univerſal-Zahlen ſowohl in Zahlen als buchſtäblichen Quantität, und durch allerhand Special- und Univerſal-Bilanzen und curieuſe extractiones radicum, alſo abhandelt: Wie es nicht nur zur beſondern Gemüthsergötzenden Selbſtinformation, ſondern auch denen informatoribus in unſerer Kunſt, zu einem compendieuſen Handbuch dienen kann. Hamb. C. König. 8. (1 Rthlr. 12 gr.) 1736.

Stedingk, J. C. F., **Gedächtnißfeier bei der kirchl. Todesfeier** des Großherzoges von Mecklenburg-Schwerin Friedrich Franz, den 12. März 1837. gr. 8. Parchim u. Ludwigslust 837. Hinstorff. n. 1/3 ß

Stedler, s. Erck, C. A. Thdr., Spruchbuch zu den fünf Hauptstücken.

Stedler, J. S., fortificationes, Deutsch. 4. Nrnb. Stein. 731.

Stedler, Wilhelm

Stedler, W., Beiträge zur Geschichte d. Fürstentums Kalenberg. 1.—3. Hft. gr. 8. Hannover, Cruse. à n. 1. 20

1. Ergänzungsblätter zur Geschichte des Alten Deisterlandes u. der angrenzenden Gebiete. (VII, 95 S.) 886.
2. Das im Alten Deisterlande belegene Kloster Barsinghausen in den Jahrhunderten v. der Gründung bis zur Einführung der Reformation (1189—1543). Mit e. Bilde: Barsinghausen um 1600 (in Lichtdr.). (VIII, 98 S.) 887.
3. Kloster u. Dorf Barsinghausen nebst Umgegend von der Reformation bis zur Gegenwart (1543—1889). (VIII, 104 S.) 889.

STEDMAN, Charles 1753 - 1812
Carl Stedman's Geschichte des Ursprungs, des Fortgangs und der Beendigung des Americanischen Kriegs.
Aus dem Englischen übersetzt und mit Anmerkungen begleitet von Julius August Remer ...
Erster [- Zweyter] Band.
Berlin: Voss. 1795. 8°.
Herzog-August-Bibliothek Wolfenbüttel
Übers. v. History of the Origin ... of the American War, London 1794.
Frankfurt-Leipziger Meßkatalog, Ostermesse 1796, S. 141: Bd. 2. Sabin 91056.
Baginsky 1281. Palmer.
Julius August Remer, 1738-1803

Stedtmann, Karl, Geschichte des Ursprungs, des Fortgangs u. der Beendigung des amerikan. Krieges; aus d. Engl. mit Anmerkk. von J. A. Remer. 2 Bde. gr. 8. Berl. 795, 796. Voß. 3 ß 16 gr

John Stedman
aus d. Edinburgh 1777

John Stedman's [Physiological Essays and observations. Deutsch:] Physiologische Versuche und Beobachtungen. Aus d. Engl. [Übers.: Samuel Hahnemann.] Leipzig: Müller 1777. 134 S. 8°

Stedmann, John, physiolog. Versuche u. Beobachtt.; aus d. Engl. (v. S. Hahnemann). Mit Kpf. 8. Leipz. 777. Müller. (Joachim). 9 gr

Stedman, John. Physiologische Versuche und Beobachtungen; a. d. Engl. ... Leipzig 1777. Ü: *Hahnemann, Samuel.* (Ky) (MGT) (EngM)

Stedman, John Gabriel

Stedman, John Gabriel. Nachrichten von Surinam und von seiner Expedition gegen die rebellischen Neger ... 1772—77. ... a. d. Engl. ... Hamb. 1797. Ü: *Jakobs (Jacobs), Christian Wilhelm & Friedrich Christian Kries.* (ABJP) (EngG) (MGT) (Ky)

— Nachrr. von Surinam u. se. Expedition gegen die rebellisch. Neger in dieser Kolonie in d. J. 1772—1777; aus d. Engl. übers. von F. Chr. Fries (u. C. W. Jacobs). gr. 8. Hamb. 797. (Campe). 2 ß 12 gr s. auch Geschichte der See- u. Landreisen, 8r Thl.

— Dass. im Ausz. von M. C. Sprengel. 2 Thle. 8. Halle 797. Renger. 1 ß 9 gr (Bildet auch den 8n u. e. Thl. des 9n Bdes von Sprengels Auswahl von Nachrr. zur Länder- u. Völkerkunde.)

— Reisen in Surinam, für die Jugend, bearb. v. Chr. Schulz. Mit ill. Kpf. gr. 8. Berl. 805. Schüppel. 1 ß (A. u. d. T.: kleines Magazin der Reisen, 1r Thl.)

Stedmann, K., Beitrag zum Staatsrechte der Herzogthümer am Rheine. gr. 4. (33 S.) Berlin 847, G. Reimer. 1/4 ß

Stedom, A., Jung Hausfrauchens Küchensorgen. Kochrezepte. (73 S.) 8. Cassel 907. (F. Lometsch.) n. 1. —; geb. n. 1. 50

Stedtfeld, Heinrich: „Versuche mit tierischem und menschlichem Tuberkulin und deren Ergebnisse.“ Berlin 1910. 52 S.
Giessen, Vet.-med. Diss. v. 1910.

Stedtmann, Heinr., der kleine Engländer oder die Kunst in kürzester Zeit englisch zu lernen. Nach eignen vieljähr. Erfahrungen und vorzugsweise für Auswanderer nach Amerika bearb. 1. Aufl. 1848. und 2., verb. Aufl. gr. 16. (IV und 92 S.) Grimma 851. [Wurzen,] Verlags-Comptoir. *

Stedtmann, Karl, s. Stedman, Charles

— s. Stedman, John Gabriel

Steeb, kurzer Unterricht über Eintheilung und Inhalt der heil. Schrift für Confirmanden und Confirmirte. 2., verm. Aufl. 8. (IV und 25 S.) Blaubeuren 848, Mangold'sche Buchh. *

Steeb, C. A., faßl. Anleitung zum Weinbau, mit besond. Rücksicht auf d. neuere(n) Verbessern., zunächst f. d. Weingärtner Würtembergs bestimmt. gr. 12. (5 B.) Stuttgart 831, [Beck u. Fränkel.]

Steeb, (Pfarrer) C. A., faßl. Anleit. zum Weinbau, mit besond. Rücksicht auf die neuern Verbesserr., zunächst für die Weingärtner Würtembergs bestimmt. gr. 12. Stuttg. 831. (Löflund u. S.) 10 gr

Steeb, C. A., fassl. Anleit. z. Weinbau, mit besond. Rücksicht auf d. neueren Verbesserungen, zunächst f. d. Weingärtner Würtembergs bestimmt. gr. 12. Stuttgart. 1831. (Reutlingen, Mäcken). (— 7½.) — 2

— s.: Correspondenz-Blatt.

STEEB, Christian Ritter von
Die neueren Arbeiten der Mappierungs-Gruppe. Von Christian Ritter v. Steeb. (Hiezu Tafel 7 bis 9.) Separat-Abdruck aus den „Mittheilungen des k. u. k. militär-geographischen Institutes“. XVIII. Bd. Wien. 1899. Verlag des k. u. k. militär-geographischen Institutes. In Comm. R. Lechner (Wilh. Müller). Gr.-8°. 13 S. fl. —.40

STEEB, Christian, Ritter von
Die Ausgleichung mehrfach gemessener Höhen bei der Militär-Mappierung. Von Christian Ritter von Steeb. (Hiezu Tafel 6 und 7.) Separat-Abdruck aus den „Mittheilungen des k. u. k. militär-geographischen Institutes“. XIX. Bd. Wien. 1900. Verlag des k. u. k. militär-geographischen Institutes. In Comm. R. Lechner (Wilh. Müller). Gr.-8°. Paginirt: 42—77. K 1.—

STEEB, Christian Ritter von
Die Kriegskarten. Von Christian Ritter von Steeb. (Hiezu Tafel 7—11.) Separat-Abdruck aus den „Mittheilungen des k. u. k. militär-geographischen Institutes“, XX. Bd. Wien. 1901. Verlag des k. u. k. militär-geographischen Institutes. In Comm. R. Lechner (Wilh. Müller). Gr.-8°. Pag. 123—157 S. K 1.20

STEEB, Christian Ritter von
Der Ljubeten in der Šara planina. Von Christian Ritter v. Steeb. Separat-Abdruck aus den „Mittheilungen des k. u. k. militär-geographischen Institutes“. XVIII. Bd. Wien. 1899. Verlag des k. u. k. militär-geographischen Institutes. In Comm. R. Lechner (Wilh. Müller). Gr.-8°. 15 S. fl. —.40

Steeb, Christian Ritter v., k. und k. Generalmajor und Director des militär-geographischen Institutes in Wien. Die geographischen Namen in den Militärkarten. (Hiezu Taf. 5—9.) Separatabdruck aus den „Mittheilungen des k. und k. militär-geographischen Institutes". XVII. Bd. 8. Wien **1898.**

Steeb, Chrn. Ritter v., **Terraindarstellung** m. schiefer Beleuchtung. [Aus: „Mittheilgn. d. k. u. k. militär-geograph. Institutes".] gr. 8. (16 S. m. 1 Fig. u. 2 Taf.) Wien 897. (R. Lechner's Sort.) n.n. 1.—

Steeb, El. Gf., s. Landtag in Würtemberg.

Steeb, Johann Gottlieb, s. Bernhard, J. Chr.: Abhandlung vom Wiesenbau.

— üb. Einweichen und Ersparen des Saamens bey d. Aussaat. 8. Stuttgart. Cotta. 793.

Steeb, Johann Gottlieb (Nürtingen) A. S. 158/9

Dissertatio historico-theologica de inquisitione ad exstirpandos, quos vocant, haereticos in ecclesia Romana instituta. Präs. Johann Friedrich Cotta. Tübingen (Schramm) X. 1766. 47 S.

W. v. : Präs. 33267

— der Landtag im Herzogthum Wirtemberg, s. Landtag.

Steeb, Johann Gottlieb, s. Scarpi, P.: Vom Kirchengut.

— v. Verbess. d. Cultur a. d. Alpen und ähnlichen Gegenden. 8. Stuttgart. Cotta. 795.

Steeb, J. Gtl., Versuch e. Beschreibung v. Zustande d. ungesitt. u. gesitteten Völker. 8. Carlsruhe, Macklot. (Gebhardt u. K. in Frft.) 767.

— Versuch üb. d. Menschen n. d. hauptsächl. Anlagen in s. Natur. 3 Bde. gr. 8. Tübingen, Heerbrand. 796.

— Versuch üb. den Menschen nach den hauptsächl. Anlagen in sr. Natur. 3 Bde. gr. 8. Tüb. 785. N. A. 796. (Osiander). 3 ß

Steeb, Johann Heinrich

Steeb, J. H., Bemerk. und Vorschläge über verschiedene Cameral- u. Polizeygegenstände &c. 8. Tüb. Heerbrand. 786.

Steeb, Johann Heinrich: „Bemerkungen und Vorschläge über verschiedene Cameral- und Polizeigegenstände", Tübingen 1786. Osiander

— staatswirthschaftliche Betracht. üb. Schäferey, Hornviehzucht und Ackerbau. 8. Tüb. Heerbrand. 784.

— staatswirthschaftl. Betrachtt. über Schäferei, Hornviehzucht u. Ackerbau. Mit e. Vorr. v. W. G. Ploucquet. 8. Tübing. 784. (Osiander). 4 gl.

— üb. die Bildung eines Landwirths. gr. 8. Stuttg. 799. Metzler. 3 gl.

— über Holzmangel, Theuerung, Wucher u. Kultur in Würtemberg. 8. Tübing. 798. (Osiander). 4 gl.

— von den Maiwurmkäfern, u. wie sie auf den Wiesen zu vertilgen. 4. Münch. 789. Lentner.

Steeb, Joh. Heinr., Von der Schafraude und Grinde, und wie derselben d. Polizeianstalten gesteuert w. könne. 8. Tübingen 787. Osiander. M. —.75

— üb. das Verhältniß der Schafzucht zur Anblumung der Brache. gr. 8. Stuttg. 799. Metzler. 3 gl.

— Versuch üb. den Menschen nach den hauptsächl. Anlagen in sr. Natur. 3 Bde. gr. 8. Tüb. 785. N. A. 796. (Osiander). 3 ß

— Vorschlag, wie der durch den Krieg verursachte Schaden Würtembergs am leichtesten getilgt werden könnte. 8. Tübing. 796.

Steeb, Lorenz Wilhelm (Vogtland) F, zc/35

Theses inaugurales ex universa medicina selectae. Präs. Heinrich Friedrich Delius. Erlangen (Walther) (7.) VI. 1764. 16 S.

33268

Steeb, Wlh. Chr., Erklärung u. bildl. Darstellung d. äußern Kennzeichen d. Milchergiebigkeit beim Rindvieh nach Guénon. Ein Auszug aus d. gekrönten Preisschrift. Mit 1 Taf. fl. 8. Reutlingen 846, Mäcken. 1/2 ß

(Steeb W. C.): Kurze Erklärung z. Tafel üb. Guénons Kennzeichen d. Milchergiebigkeit beim Rindvieh. U. St. (1846). 8 S. 1 st. Tvl. P.

—— Guénons äußere Kennzeichen d. Milchergiebigkeit beim Rindvieh. Aufgefaßt u. erläut. zur Erleichterung d. prakt. Anwendung. Eine gekrönte Preisschrift. gr. 8. (3 B. u. 2 Stnt.) Reutlingen 846, Mäcken.

Steeber, F. J., Erinnerungen an Pfalzgraf Karl, Stifter d. Birkenfeld. Linie, als Stammvater des baierschen Hauses. 4. München, Lindauer. 813.

Steeg: Chem. Untersuch. v. Gesteinen a. d. Trierer Gegend. Trier 1863. Schul-/Univ.-Schrift

Steeg, Georgius (geb. am 16 Nov. 1832 in Düsseldorf): De anatomia et morphologia squamarum piscium ... Bonnae, ex typogr. C. Kruegger 1857. 43 S. 8.
Bonn, Phil. Fak., Diss. v. 9 Dez. 1857

Steeg, Iosephus (geb. 1803 in Rösrath bei Siegburg): De mollitie membranae intestinalis mucosae, et de eius sequelis apud infantes ... Bonnae, ex off. Neusseriana (1832). 3 Bl., 28 S., 1 Bl. 4.
Bonn, Med. Fak., Diss. v. 19 Sept. 1832

Steeg, Jules, le mystère de la vie à venir. Sermon prêché à Strasbourg et à Genève en Janvier 1877. gr. 8. (20 S.) Strassburg 877, Treuttel und Würtz. **

Steeg, Jules, l'Unité religieuse. Sermon prononcé à l'église de Saint-Nicolas à Strasbourg dimanche le 2 mars 1873. Publié à la demande et sur les notes des auditeurs. gr. 8. (19 S.) Strassburg 873, Treuttel und Würtz. *

Steeg, Wilhelm, Preis-Verzeichniss optischer Apparate, besonders zur Polarisation des Lichtes. Homburg v. d. Höhe 1858.

— Preis-Verzeichniss optischer Instrumente, Apparate und Präparate, besonders zur Polarisation des Lichtes, 1867.

Steegemann, C. F., Wanderung durch Deutschland, Polen, Rußland, Caucasien, Aegypten u. Persien nach Jerusalem, in d. J. 1814—21. Nach d. Ueberlieferr. der Reisenden, v. Fr. Dörne. 12. Danzig ... 2e A. 825. (Ewert). 8 gl.

Steegen [Schlagwort]

Steegen, s.: Preussen. Messtischblätter.

Steeger, Ant., das große Armenseelen-Buch. Illustriertes Haus- u. Familienbuch f. das kathol. Volk. 12 Hefte. (III, 580 S. m. Abbildgn. u. 2 Farbdr.) 4. Donauwörth (906). E. Mager. n. 6. —; geb. in Leinw. n. 8. —; in Halbfrz n. 12. —

Steeger, Ant., Bilder aus der Geschichte d. kathol. Pädagogik des 19. Jahrh. (VIII, 179 S.) 8. Paderborn 907. F. Schöningh. 2. —

Steeger, A., pädagogische Charakterköpfe des 19. Jahrh., s.a. Broschüren, Frankfurter zeitgemäße. 24. XII.

Pädagogische Charakterköpfe des neunzehnten Jahrhunderts. Von A. **Steeger**. Hamm i. W.: Breer & Thiemann 1905. (34 S.) 8°
= Broschüren, Frankfurter Zeitgemäße. N. F. Bd 24, H. 12.

— Zur Geschichte der Mädchen- u. Frauenbildung in der katholischen Kirche, s.a. Broschüren, Frankfurter zeitgemäße. 27. XI.

Steeger, A[nton]: Zur Geschichte der Mädchen- und Frauenbildung in der katholischen Kirche. — Hamm: Breer & Thiemann 1908. S. 351–389. 8° [Umschlagt.] (Frankfurter zeitgemässe Broschüren. Bd 27. H. 11.)

— Ein unsterblicher Held, Dr. Witt, s.: Volksaufklärung.

— Das goldene Herz-Jesu-Buch. Herz-Jesu-Glaube, Herz-Jesu-Hoffng., Herz-Jesu-Liebe, dem kathol. Volke dargestellt. Mit 28 Kunstbeilagen u. vielen Textillustr. (523 S.) Lex. 8. Donauwörth (909). E. Mager. Geb. in Leinw. 10.—; erh. Pr. 12. 50

— Der gute Kamerad, s.: Gottesblumen.

— Die vorchristliche Pädagogik bei den orientalischen Völkern, s.a. Broschüren, Frankfurter zeitgemäße. 29. XI.

Die vorchristliche Pädagogik bei den orientalischen Völkern. Von Anton **Steeger**. Hamm ⟨Westf.⟩: Breer & Thiemann 1910. 32 S. 8° [Umschlagt.]
(Frankfurter zeitgemässe Broschüren. Bd 29, H. 11.) [10. 12274

— Zwei Pfadfinder des Unterrichts- u. Erziehungswesens (Johann Baptiste de la Salle u. Fénelon), s.: Volksaufklärung.

— Die hl. Sakramente der kathol. Kirche, 7 Gnadenquellen f. die kathol. Familie. Illustr. Hausbuch. Mit 24 (z. Tl. farb.) Kunstbeilagen v. Overbeck, sowie andern bedeut. Künstlern u. vielen Illustr. (IV, 1004 S.) Lex. 8. Stuttgart (910). Kathol. Bücher- u. Schriften-Verlag. Geb. in Leinw. 16. —

— Spiegelbilder f. die christliche Jungfrau, s.: Gottesblumen.

— der Weg zum Glücke, s.: Theater-Bibliothek. 83. Bdchn.

Steeger, F. A., die Ruinen, siehe: Jahrbuch deutscher Bühnenspiele. 32. Jahrg.

Steeger, (J. A.,) Ansichten aus dem Pflanzenreiche, ein belehrendes Hülfsbuch f. Jedermann. 8. Danz. 822, Alberti.

Steeger, J. A., Ansichten aus dem Pflanzenreiche, ein belehr. Hülfsbuch für Jedermann. 8. Danzig 822. (Ewert). 12 gr

Steeger, J. A., prakt. Anweisung f. d. Unterr. in d. Anfertigung v. Aufsätzen, mit vielen Aufgaben, Dispositionen u. Ausarbeitungen. 8. (17 B.) Königsberg 837, Unzer.

Steeger, J. A., prakt. Anweisung für den Unterricht in der Anfertigung von Aufsätzen, mit vielen Aufgaben, Dispositionen u. Ausarbeitungen. 2. durchges. Aufl. gr. 8. Königsberg 843, Gräfe u. Unzer. n. ½ ℛ

— s. Möwing, J. H., Wandfibel.

Steeger, Theodor: Die Klauseltechnik Leos des Großen in seinen Sermonen. Untersuchungen zur Rhythmik der lateinischen Kunstprosa im 5. Jahrhundert n. Christus. Haßfurt 1908: Rasp. 121 S. 8°
München, Phil. Diss. v. 15. Mai 1908, Ref. Weyman, Vollmer
[Geb. 11. April 74 Bayreuth; Wohnort: Haßfurt; Staatsangeh.: Bayern; Vorbildung: Gymn. Bayreuth Reife Juli 94; Studium: Leipzig 1, Bamberg Lyz. 1, München 10 S.; Rig. 15. Mai 08.] [U 09. 3524

Steeger, Vict., die schönsten Wände Pompeji's in Chromolithographie nachgebildet. Mit kurzen Erläuterungen von E. Presuhn. 3 Hefte. gr. 4. (à 10 Chromolithogr. mit je 8 S. Text.) Turin 877, Loescher. *

Ferd. Steegmayer Bemerkungen über die Krankheiten, welche unter der Garnison von Mantua während der Blockade vom 30. Mai 1796 bis zum 3. Februar 1797 geherrscht haben. Wien 1801. 4. *Extat quoque in* Abhandl. d. medic. chirurg. Josephs-Academie zu Wien. Bd. 2. 1801.

Steegmayer, F., Bemerk. üb. d. Krankh. d. Garnison von Mantua während d. Blokade v. 1796–97. gr. 4. Wien, Camesina. 801.

Steegmayer, F., Bemerkk. üb. die Krankheiten der Garnison von Mantua während der Blokade von 1796 u. 97. gr. 4. Wien 801. (Heubner). 8 gr

Steel, F. A., In the far east, s.: Kipling, R.

Steel, Flora Annie, in the guardianship of God, s.a. Collection of British authors.

In the Guardianship of God. By Flora Annie **Steel**. Copyright ed. Leipzig: Tauchnitz 1903. 269 S. 8°
(Collection of British authors. Tauchnitz Ed. Vol. 3676) [11. 8312

— the hosts of the Lord, s.a. Collection of British authors.

The Hosts of the Lord. By Flora Annie **Steel**. Copyright ed. In 2 vol. Vol. 1. 2. Leipzig: Tauchnitz 1903. 8°
(Collection of British authors. Tauchnitz Ed. Vol. 3651/2.) [11. 8493

Steele's Interchangeable Tooth. Steele's Auswechselbare Zähne. o. O. u. J. [um 1910]. 19 S. 8° [Umschlagt.] [11. 16366

Steele, A. C., broken toys, s.: Asher's collection of english authors.

Steele, Elise, Leben der engl. Schauspielerin S. Baddeley. 8. Prag 793. (Leipz., Joachim). 12 gr

Steele, Richard

— Betracht. üb. die Sittenlehre, s. Frauenzimmerbibliothek.

Steele, Rich., bibliothèque des dames, ed. Jh. Chr. Fischer, avec la vie de l'Auteur par l'éditeur. 8. Jena 766. Cröker. 3 ℛ

— — la même. III Vol. 8. Lausanne, Pott et Comp. 765.

Steele, R., and J. Addison, Sir Roger de Coverley and the Spectator's Club. gr. 16. (192 S.) Leipzig 887. Gressner & Schramm. n. — 80

— Frauenzimmerbibliothek, Betracht. üb. d. Sittenlehre rc., s. Frauenzimmerbibliothek.

— christl. Held; aus d. Engl. von Richter. 8. Leipz. 767. Müller. 4 gl.

— Dass.; aus d. Engl. 8. Basel 771. Schweighäuser. 5 gl.

Steele, Richard. Lustspiele; a. d. Engl. Leipzig 1767. Ü: *Schmid, Christian Heinrich.* (MGT) (ML)

— Lustspiele, a. d. Engl. v. Schmidt. 8. Lpz. Crusius. (F. C. W. Vogel.) 767.

— s. Pfeile des Witzes u. der Laune.

— le Philosophe nouvelliste, trad. de l'Anglois. II Vol. gr. 8. Zürich, Orell, Füssli et Comp. 757.

Steele, R. & Joseph Addison. Der Schwätzer. Eine Sittenschrift, a. d. Engl. Leipz. 1756. Ü: *Tietz (Titius), Joh. Dan.* (ArfF) (Ky) »1755—56« (ML)

STEELE, Richard, Der Schwätzer. Eine Sittenschrift, aus dem Englischen des Herrn — (von Joh. Daniel Tietz = Titius). 2 Bde. Mit allergnäd. Freyheit. Leipzig 1756. 8⁰. (18 Mk., Expl. in 2 eleg. Hfrzbdn., E. Frensdorff, 1907:)
Literarisch von Bedeutung. Viel über Theater. Bereits recht selten!
1: 46 + 776 S. m. Titelvign. 2: 3 Bll., 808 S., 15 Bll. Reg.
Anon.-Lex. IV. p. 120 (nach Kayser); Meusel hat „1755—56".

— der Schwätzer; e. Sittenschrift; aus d. Engl. (v. J. D. Titius). 2 Bde. 8. Leipz. 756. Junius. 2 ₰ 16 gl.

SPECTATEUR, Der, oder vernünftige Betrachtungen über die verderbten Sitten der heutigen Welt. (Aus d. Englischen des *Richard Steele* u. *Joseph Addison.*) 2 Thle. Mit Portrait Steele's u. 1 Titelkpfr. Franckfurt und Leipzig 1719—21. 8⁰. Zus. 14 Bll. u. 956 S. (4 Mk., „1721" apart, L. Rosenthal, 1906.)
R. Zinke's Dresdner Novbr.-Auct. 1905, no. 1396.
Orig.: The Spectator. (Period. Zeitung.) London 1711—12. Fol. — In Buchform: 8 Thle. Ibid. 1712. 12⁰. u. öfter. (Graesse, trésor VI, 1. p. 489.)
Französ. Uebersetzg.: Barbier IV, 560.

— — Dasselbe. 9 Thle. Ebd. 1750—51. 8⁰. (4 Mk. 50 Pfg. Wilh. Koebner, Breslau, 1887; jetzt theurer!)

— — Dasselbe. Neue Auflage. Ebd. 1757. 8⁰.

— — Dasselbe, tit.: Der Zuschauer, aus dem Englischen des Herrn *Richard Steele* und *Joseph Addison* (übers. von Joh. Christoph Gottsched, Luise Adelgunde Victorie Gottsched, geb. Kulmus, u. Joh. Joach. Schwabe). 9 Thle. (od. 698 Stücke). Leipzig, bey Bernh. Christ. Breitkopf, 1739—43. 8⁰. (50 Mk., „1739—51", schönes cplts. Expl. in Schwsldr. gebd., Ernst Geibel, Hannover, 1910.)
Anon.-Lex. IV. p. 121 (nach Meusel); Waniek, Gottsched. Lpz. 1894. S. 394.

— — Dasselbe. 3 Thle. Nürnberg 1721—25. 8⁰.

STEELE, RICH., Die verschiedenen Wege zu Ehre. Aus dem Englischen übersetzt von EL. CASP. REICHARD. Altona. 1741. 4. P. (Skoleprogr.).

Steele, R. & J. Addison. Der Zuschauer a. d. Engl. . . . Leipzig 1739—43. Ü: *Gottsched, Joh. Chph, Luise Adelg. Vict. Gottsched geb. Culmus* & *Joh. Joach. Schwabe.* (Waniek, Gottsched. Leipzig 1894. S. 394.) (ML)

ZUSCHAUER, Der. Aus d. Englischen (des *Rich. Steele* und *Joseph Addison*) übersetzt. 9 Thle. Leipzig, Breitkopf, 1739—44. 8⁰. (6 Mk., Expl. ohne Th. 5 u. 6 in 4 Prgtbdn., Rudolf Haupt, Halle, 1905.)

— — Dasselbe. 2. verbesserte Auflage. 9 Thle. Ebd. 1750. Gr. 8⁰. (In Warmbrunn: 5 voll.)
Das Anon.-Lex. IV. p. 442 nennt keinen Uebersetzer und hat „1749—51" (ebenso Julius Neumann, Magdeb., 1906, wo 1 Expl. in Hfz. ohne Th. 3 u. 6 für Mk. 6— offerirt wurde).

— — — — Auszug des englischen Zuschauers nach einer neuen Uebersetzung (von Joh. Lorenz Benzler). 8 Thle. Mit d. Portrait Addisons. Berlin, Himburg, 1782—83. 8⁰. (20 Mk., cart., unbeschn., mit dem Pränumeranten-Verz., Südd. Antiqu., München, 1907.)
Anon.-Lex. I. p. 129 (nach Meusel).

— — — — Beiträge zum Zuschauer u. Plauderer. Deutsch v. S. Augustin. Mit e. biograph. Einleitung v. Ad. Stern. Berlin 1866. 8⁰. (2/3 Rthl.) (1 Mk. Jul. Neumann, 1906.)

Steele, Robert Benson

Steele, R. B., case usage in Livy. I. The genitive. (58 S.) gr. 8. Leipzig 910. F. A. Brockhaus' Sort. 2. —

— Conditional statements in Livy. (61 S.) gr. 8. Ebd. 910. 2. —

Steemann, J., comitia Thaboritica a Chr., Mose et Elia circa passionem Chr. Hierosolymis absolvendam celebrata. (s. l.) 1708. 4.

Steen, Jan. 4 Lfgn. Fol. (40 Lichtdr.-Taf.) Haarlem (900. 901). H. Kleinmann & Co. In Mappe n. 60. —

Steen's, Jan., Biographie u. Charakteristik, s.: Lemcke, C.

Steen, A. S., Beobachtungs-Ergebnisse der norwegischen Polarstation Bossekop in Alten, s. Polarforschung, die internationale, 1882—1883.

Steen, Adolph, de vi et natura infiniti mathematici specimen. 4. (4 B.) Hauniae 845, (Reitzel.) • —

Steen, Anna, am Abgrund, s.: Sonnenstrahlen u. Regentropfen f. die Jugend. 4.

Steen, A., Francis Alard, oder der Kampf und Sieg des Glaubens. Ein histor. Gemälde aus der Reformationsgeschichte. Aus dem Holländ. 8. (IV, 208 S.) [Köln 879, Scheve und Comp.] Bonn, Schergens. *

Steen, Anna, die Adoptivkinder. Frei nach dem Engl. Bevorwortet v. Gust. Schlosser. Mit 17 Illustr. 8. (VI, 280 S.) Bremen 884. Heinsius. n. 3. —; geb. 3. 75

—— Betty, die treue Magd. Eine wahre Geschichte. Aus dem Engl. 1. und 2. Aufl. (V, 53 S. mit 1 Holzschntaf.) 1883; 3. Aufl. 12. (IV, 58 S. mit 1 Holzschntaf.) Ebendas. 884. *

— Betty, die treue Magd. Eine wahre Geschichte. Aus dem Engl. 12. (V, 53 S. m. 1 Holzschntaf.) Bremen 883. Heinsius. n. — 40

Steen, Anna, Betty, die treue Magd. Eine wahre Geschichte. Aus dem Engl. 4. Aufl. 12. (IV, 60 S.) Bremen 890. Heinsius Nachf. n. — 40

Steen A., der Blumenhändler. Nach dem Engl. 12. (16 S.) Witten 894. Buchh. d. Stadtmission. — 10

[Umschlagt.:] [F.] Der Blumenhändler. Nach d. Engl. v. A[nna] Steen. *Witten: F. Fries & C. [1894].* (16 S.) 1 Bd 8. [96. 1752

Steen, A., Dämmerung und Nacht in Italien. Frei nach dem Engl. Bevorwortet von Adf. Stöcker. 8. (VII, 296 S. mit 24 Illustr.) Bremen 886, Heinsius Nachf. * geb. **

— der alte Gott lebt noch. Eine Reise nach Birma. Frei nach dem Engl. gr. 16. (30 S.) Hamburg 884. Oncken's Nachf. n. — 15

— Martha's erster Dienst. Dem Engl. nacherzählt. 8. (59 S.) Ebd. 888. — 30

— die kleine Dot. Frei nach dem Engl. 3. Aufl. 12. (47 S.) Gernsbach 890. Christlicher Colportage-Verein. n. — 25

Durch ein Lied gewonnen. Dem Englischen nacherzählt von A[nna] Steen. *Cassel: J. G. Oncken [1900].* (107 S.) 8° [F.] = Jugendheim. 25. [01. 4585 4

—— Unter den alten Eichen, od. der Sieg der Liebe. Frei nach dem Engl. 2. Aufl. 12. (106 S.) Gotha 892, Schloeßmann. * — 75

— der Erbe v. Dunmore od. Arzt u. Missionar. Dem Engl. nacherzählt. Bevorwortet v. C. Krummacher. Mit 15 Illustr. 8. (VII, 129 S.) Elberfeld 888. Buchhdlg. d. Erziehungs-Vereins. n. 1. 50; geb. n. 2. 25

— Gretchens Erbschaft. Nach dem Engl. 12. (16 S.) Witten 894. Buchh. der Stadtmission. — 10

[Umschlagt.:] [F.] Gretchens Erbschaft. Nach d. Engl. v. A[nna] Steen. *Witten: F. Fries & C. [1894].* (16 S.) 1 Bd 8. [96. 1753

— christliche Erzählungen d. In- u. Auslandes, 12. Bd. gr. 8. Bremen 896. Leipzig, M. Heinsius Nachf. n. 3. —; geb. n.n. 3. 75; m. Goldschn. n.n. 4. —
Leofwine, der Angelsachse. Frei nach d. Engl. Bevorwortet v. Emil Quandt. 2., durchgeseh. Aufl. (VII, 290 S. m. 15 Abb.)
Die früheren Bde. erschienen nur unter den Einzeltiteln.

— christliche Erzählungen des In- u. Auslandes. 5. Bd. 8. Leipzig, M. Heinsius Nachf. n. 2. —; geb. n. 2. 75; m. Goldschn. n. 3. —
Die sieben goldenen Leuchter u. die Kirche in den Katakomben. Frei nach dem Engl. Bevorwortet v. Emil Quandt. Mit 13 Abbildgn. 3. durchgeseh. Aufl. (VI, 271 S.) 900.
Die Preise der übrigen Bände sind ebenfalls auf obige Sätze ermäßigt worden.

— Evangeline. Frei nach dem Engl. aus „Onkel Tom's Hütte". 8. (71 S. m. 1 Holzschn.) Hamburg 889. Oncken Nachf. n. — 30

— Evangeline. Eine Erzählung aus d. nordamerikan. Sklavenzeit. Frei nach dem Engl. aus „Onkel Toms Hütte". 6. Aufl. 30. Taus. 12. (III, 128 S. m. Abb.) Hamburg 895. Cassel, Verlagshaus d. dtsch. Baptisten J. G. Oncken Nachf. Geb. — 60

Steen, Anna, das Evangelium e. Sauerteig. 2 Erzählgn. (nach dem Engl.). (247 S.) 16. Eisleben 900. Christl. Verein im nördl. Deutschland. Geb. — 75; in Leinw. 1. 10

Das Evangelium ein Sauerteig. 2 Erzählungen (nach d. Engl.) von Anna Steen. Hrsg. vom christl. Ver. im nördl. Deutschl. Eisleben: P. Klöppel 1900. (247 S.) 8°

— ein Familiengeheimnis. Dem Engl. nacherzählt. Bevorwortet v. Th. Hoppe. gr. 8. (VII, 151 S. m. 1 Bild.) Hermannsburg 889. Missionshausdruckerei. n. 1. 60; geb. n. 2. 40; m. Goldschn. n. 2. 60

— der Helgoländer Fischer. Frei nach dem Engl. gr. 16. (32 S.) Hamburg 884. Oncken's Nachf. n. — 15

Der Helgoländer Fischer. — Frei nach d. Engl. v. A[nna] Steen. 2. Aufl. Hamburg: J. G. Oncken Nachf. 1893. (32 S.) 1 Bd. 8°

—— in der Fremde und Daheim. Frei nach dem Engl. 12. (92 S.) Bremen 884. Heinsius. *

— der Gefangene und die Pfirsich. 12. (15 S. m. 2 Holzschn.) Hamburg 889. Oncken Nachf. n. — 10

— Therese's Geheimmittel. Frei nach dem Engl. 12. (111 S. m. Illustr.) Hamburg 887. (Oncken Nachf.) n. — 75

— Glaucia, die griechische Sclavin. Frei nach dem Engl. Bevorwortet von B. Schluttig. 8. (VII, 226 S.) Bremen 880. Köln, Schergens. n. 2. —; geb. n. 3. —; m. Goldschn. n. 3. 25

—— Glaucia, die griechische Sclavin. Frei nach dem Engl. Bevorwortet von B. Schluttig. 8. (VII, 226 S.) Bremen 881. [Köln, Schergens.] Gernsbach, Christl. Kolportage-Verein. * geb. * ℳ 3.; mit Goldschn. *

— Glaucia, die griechische Sklavin. Frei nach dem Engl. Bevorwortet v. G. Chr. Dieffenbach. 2., durchgeseh. Aufl. Mit 16 Illustr. gr. 8. (V, 240 S.) Ebend. 883. n. 3. —

— Glaucia, die griechische Sklavin. Frei nach dem Engl. Bevorwortet v. G. Chr. Dieffenbach. 3., verb. Aufl. 8. (V, 272 S. m. 20 Illustr.) Bremen 889. Heinsius Nachf. n. 3. —; geb. n.n. 3. 75

—— der Glockenspieler von Gent. Frei nach dem Engl. Bevorwortet von L. Tiesmeyer. 8. (VIII, 268 S. mit 20 Illustr.) Bremen 885, Heinsius Nachf. * ℳ 3.—.; geb. *

— die Gotteskämpfer. Nach der engl. Erzählg. „Fabiola" f. die evangel. Christenheit bearb. Bevorwortet v. Emil Frommel. (Christliche Erzählgn. d. In- u. Auslandes. 11. Bd.) gr. 8. (IV, 293 S. m. 4 Abbildgn.) Bremen 892. M. Heinsius Nachf. n. 3. —; geb. in Leinw. n. n. 3. 75

— Granada od. e. Bild aus dem span. Volksleben. Frei nach dem Engl. bearb. Bevorwortet v. O. Fliedner. 8. (VIII, 136 S. m. eingedr. Holzschn.) Bremen 884. Heinsius. n. 1. 50; geb. n. 2. 40; m. Goldschn. n. 2. 70

Grossmutter und Enkelin. Eine Erzählung f. d. reifere Jugend von A[nna] Steen. *Cassel: J. G. Oncken [1900].* (114 S.) 8° [F.]
= Jugendheim. 24. [01. 4384 4

—— Fast im Hafen. Dem Engl. nacherzählt. 8. (132 S.) Ebd. 890. * 1 50; geb. ** 2 25

—— der Halbmond und das Kreuz. Frei nach dem Engl. Bevorwortet von W. Vetter. 8. (VII, 260 S. mit 6 Holzschn.-Illustr.) Bremen 881. (Leipzig, Buchh. des Vereinshauses.) * geb. *ℳ 3,50.; mit Goldschn. *

— der Halbmond u. das Kreuz. Frei nach dem Engl. Bevorwortet von W. Vetter. Mit 6 (Holzschn.-)Illustr. 8. (VII, 260 S.) Bremen 881. (Leipzig, Lehmann.) n. 2. 50; geb. n. 3. 50; m. Goldschn. n. 4. —

—— dass. — 2. Aufl. 8. (VIII, 260 S. mit 6 Illustr., Holzschntaf.) Leipzig 881, J. Lehmann. *

— Heinrich u. Anna oder „Liebe ist stärker als der Tod". gr. 16. (88 S.) Köln 878. Scheve & Co. n. — 50

Steen, Anna, zwei Heldenkönige. (Kanut der Große u. Olaf der Heilige.) E. Heldin od. Liebe ist stark wie d. Tod. D. Engl. nacherzählt. 8. (IV, 338 S.) Bonn 895. Frankfurt a/M., J. Schergens. n. 3. 50; geb. in Leinw. n. 4. 50; m. Goldschn. n. 4. 75

—— die Herolde der Reformation in Frankreich. Frei nach dem Engl. Bevorwortet von G. v. Zezschwitz. 8. (VII, 190 S.) Bremen 880. (Köln, Schergens.) *

— Herolde der Reformation in Frankreich. Frei nach dem Engl. Eine französische Königstochter. Aus dem Holländ. Mit Vorwort von G. v. Zezschwitz. Mit 15 Illustr. 2. Aufl. 8. (IV, 204 u. 90 S.) Bremen 884. Heinsius. n. 3. —; geb. n. 3. 75

— der gute Hirt u. seine Lämmer. Frei nach dem Engl. Bevorwortet von Ernst Braun. 8. (VI, 308 S. m. eingedr. Holzschn.) Bremen 879. Verlag des Tractathauses. cart. n. 1. 75; geb. in Halbleinw. n. 2. —; m. Goldschn. n. 2. 75

— Höher hinauf, s.: Rosen-Knospen.

— die Hütte am Strande. Dem Engl. nacherzählt. 12. (88 S. m. Bildern.) Bremen 893. Verl. des Traktathauses. n. — 40

—— Jack, der kleine Nachfolger Jesu. Aus dem Engl. 2. Aufl. 16. (68 S.) Bremen 877, Verlag des Tractathauses. cart. *

— Jenny oder „Ein Licht, angezündet vom Herrn." Frei nach dem Engl. gr. 16. (115 S.) Ebend. 878. n. — 75

— Jenny oder: Ein Licht angezündet vom Herrn. Frei nach dem Engl. (2. Aufl.) 16. (129 S.) Gernsbach 883. Christl. Kolportage-Verein. n. — 60

—— Jenny od.: ein Licht, angezündet vom HErrn. Frei nach dem Engl. 3. Aufl. 12. (119 S.) Gernsbach 891, Christl. Kolportage-Verein. * — 60

Steen, Anna, immer zu spät oder Aufgeschoben — aufgehoben, s.: Kornblumen, Nr. 5.

— s.: Jugendheim.

— die Kaisergabe. Dem Engl. nacherzählt. 12. (21 S.) Witten 894. Buchh. d. Stadtmission. — 10

[Umschlagt.:] [F.] Die Kaisergabe. Dem Engl. nacherzählt v. A[nna] Steen. *Witten: F. Fries & C. [1894].* (21 S.) 1 Bd 8. [96. 1754

[Umschlagt.:] [F.] Der vergessene Koffer. Nach d. Engl. v. A[nna] Steen. *Witten: F. Fries & C. [1894].* (23 S.) 1 Bd 8. [96. 1755

—— Kommen u. Gehen. Ein Familien-Gedenkbuch nach dem verwandten Werke v. John Strathesk. Bevorwortet v. J. Jacobi. 8. (III, 224 S.) Brem. 890, Heinsius Nachf. geb. m. Goldschn. * 6 —

— um eine Krone. Drei Erzählgn. frei nach dem Engl. Bevorwortet v. E. Quandt. 8. (VII, 116 S. m. 22 Illustr.) Ebd. 890. n. 3. —; geb. n.n. 3. 75; m. Goldschn. n.n. 4. —

— zwei Künstler. Dem Engl. nacherzählt. gr. 8. (III, 246 S.) Gotha 892. G. Schloeßmann. n. 2. 80; geb. n. 3. 80; m. Goldschn. n. 4. 20

— ein angehender Lateiner aus dem 16. Jahrh. Frei nach dem Holl. Bevorwortet von F. Cuntz. 8. (VII, 133 S.) Gotha 880. Leipzig, Lehmann. n. 1. 60

—— ein angehender Lateiner aus dem 16. Jahrh. Frei nach dem Holländ. Bevorwortet von F. Cuntz. 8. (VII, 133 S.) Gotha 880, F. A. Perthes. *

—— dass. — 2. (Titel-)Aufl. 8. (III, 133 S.) Leipzig 882, J. Lehmann. 75 Pf.; geb.

—— Leofwine, der Angelsachse. Von der Verf. der Werke: „Die sieben goldenen Leuchter", „Glaucia, die griechische Sklavin" ꝛc. Frei nach dem Engl. Bevorwortet von Emil Quandt. 8. (VII, 274 S. mit 4 Holzschn.-Illustr.) Bremen 882, Heinsius. *ℳ 3.; geb. *

—— die sieben goldenen Leuchter und die Kirche in den Katakomben. Frei nach dem Engl. Bevorwortet von Emil Quandt. 8. (VII, 257 S. mit 18 Holzschn.-Illustr.) Leipzig 881, J. Lehmann. *

—— dass. — 2. verb. Aufl. Bevorwortet von Emil Quandt. 8. (VII, 256 S. mit 18 Holzschn.-Illustr.) Ebendas. 882. *

—— der Leuchtturm auf dem Felsen. Frei nach dem Engl. 12. (63 S.) Hamburg 885, Oncken's Nachf.

— der Leuchtturm auf dem Felsen. Frei nach dem Engl. 2. Aufl. 12. (64 S. m. 1 Abbildg.) Hamburg. Cassel 899. J. G. Oncken Nachf. — 20

— die arme Magdalene. Eine Erzählg. f. die Jugend. Frei nach dem Engl. 2. Aufl. gr. 16. (80 S.) Bremen 889. Verlag d. Tractathauses. n. — 35

—— Mahala, die christliche Dienerin eines römischen Patriziers. Frei nach dem Engl. 12. (68 S.) Stuttgart 885, Verlag der Evangel. Gemeinschaft.

— Mahala, die christl. Dienerin e. römischen Patriziers. Frei nach dem Engl. 12. (68 S.) Stuttgart 888. Verlag der Evangel. Gemeinschaft. — 30

Steen, Anna, der Marquis und seine Familie. Ein Bild aus der Zeit der Dragonaden. Frei nach dem Holländ. 8. (77 S. mit 1 Holzschn.) Gernsbach 881, Christl. Kolportage-Verein. * geb. *

—— Der Marquis u. seine Familie. Ein Bild aus der Zeit der Dragonaden. Frei nach dem Holländ. 2. Aufl. 12. (76 S. m. 1 Bild.) Gernsbach 892, Christl. Kolportage-Verein. * — 35

—— Ida May oder durch Nacht zum Licht. Eine auf Thatsachen beruhende Erzählung. Frei nach dem Engl. gr. 8. (342 S.) [Gotha 879, F. A. Perthes.] Leipzig, Lehmann. * geb. *

—— Ida May oder durch Nacht zum Licht. Erzählung nach dem Engl. 2. (Titel-)Aufl. 8. (342 S.) Leipzig 882, J. Lehmann. * ℳ 2.; geb. *

—— Ida May oder durch Nacht zum Licht. Eine auf Thatsachen beruhende Erzählung. Frei nach dem Engl. Mit Vorwort von Karl Leimbach. 3. Aufl. 8. (VII, 328 S.) Bremen 885, Heinsius Nachf. * ℳ 3.—.; geb. *

— des Professors Meisterwerk. Dem Engl. nacherzählt. 8. (83 S.) Ebd. 894. n. — 60; geb. in Leinw. n.n. 1. 30

—— die Mission zweier Bibeln. Frei nach dem Engl. 12. (132 S.) Stuttgart 888, Verlag der Evangel. Gemeinschaft.

— Mitslaw, s.: Milman, Rob.

— Nemo od.: Die wundervolle Tür, s.: Sonnenstrahlen u. Regentropfen f. die Jugend. 5. Bd.

— Oel auf die Wogen. Dem Engl. nacherzählt. 2. Aufl. 12. (71 S.) Gotha 892. G. Schloeßmann. n. — 50

Steen, Anna, durch d. Perlenthore. E. Erzählg. f. d. Volk. 12. (63 S. m. Titelbild.) Hamburg 898. Cassel, Verlagshaus d. dtsch. Baptisten J. G. Oncken Nachf. Geb. n. — 50

— Der verhängnisvolle Pfeil od.: Tagesanbruch in Britanien. Frei nach dem Engl. (56 S.) 8. Bremen (908). Buchh. u. Verlag des Traktathauses. — 40

— Pocahontas, d. edle Indianerin. Dem Engl. nacherzählt. 8. (82 S.) Gotha 895. G. Schloeßmann. n. — 60; geb. in Leinw. n.n. 1. 30

Samoset, der Indianerhäuptling. Eine Erzählung f. d. Jugend von Anna Steen. *Cassel: J. G. Oncken Nachf. (1902).* (64 S.) 8° [J.]
— Jugendheim. No 31. [03. 6934

— Schneeweiß. Aus dem Engl. 3. Aufl. gr. 16. (64 S.) Bremen 889. Verlag d. Tractathauses. n. — 25

— Selim, e. indischer Moslemit. Dem Engl. nacherzählt. 8. (90 S.) Ebd. 893. n. — 60; geb. n.n. 1. 30

— das Signalfeuer an der cornischen Küste. Dem Engl. nacherzählt. 8. (III, 96 S. m. Abbildgn.) Bremen 891. Verl. des Traktathauses. Geb. in Leinw. n. 1. 40

— verlorene Söhne oder „Ein kleines Kind wird sie führen". Nach dem Engl. Ein Kinderbuch auch f. alte Kinder. 12. (87 S. m. 1 Abb.) Hamburg 896. Cassel, Verlagshaus d. dtsch. Baptisten J. G. Oncken Nachf. Geb. n. — 50

— ein Sprößling der alten Seekönige. Dem Engl. nacherzählt. 2. u. 3. Aufl. 8. (84 S.) Gotha 892. 893. G. Schloeßmann. n. — 60; geb. n.n. 1. 30

— die goldene Straße, s.: Rosen-Knospen Nr. 6.

Um den Abend wird es licht. E. Erzählg aus d. Verfolgungszeit d. Reformierten Schottlands. Von Anna Steen. Hamburg: J. G. Oncken 1897. (66 S., 3 Taf.) 1 Bd. 8°

—— Valeria, oder Kaiserin und Sklavin. — Eine Diakonissin im alten Rom. Frei nach dem Engl. von A. St. Bevorwortet von Okt. Pank. 8. (VIII, 146, 139 S. mit 26 Illustr.) Bremen 888, Heinsius Nachf. * ℳ 3.—.; geb. *

—— Verloren und wiedergefunden. Eine Geschichte aus dem Leben und für das Leben. Frei nach dem Engl. 8. (135 S.) Bremen 878, Sauernheimer. * ℳ 1,50.; cart. *

—— Verloren und wiedergefunden. Eine Geschichte aus dem Leben und für das Leben. Frei nach dem Engl. 2. Aufl. 16. (131 S.) Berlin 882, Deutsche evangel. Buch- und Traktat-Gesellschaft. * 90 Pf.; geb. *

—— die Waisenkinder. Eine Erzählung für die Jugend. Aus dem Engl. 16. (61 S.) Bremen 880, Verlag des Tractathauses. cart. *

—— Die Waisenkinder. Eine Erzählg. f. die Jugend. Aus dem Engl. 2. Aufl. gr. 16. (64 S.) Brem. 889, Verlag d. Tractathauses. * — 30

Drei Weihnachtsabende eines verlorenen und wiedergefundenen Sohnes. Frei nach d. Engl. v. A[nna] Steen. 2. Aufl. Hamburg: J. G. Oncken Nachf. [1893]. (32 S.) 1 Bd. 8°

Elsas Weihnachtslektion. Dem Engl. nacherzählt v. Anna Steen. Hamburg: J. G. Oncken Nachf. (1895). (32 S.) 1 Bd. 8°

— ein Zigeunerkind als Diakonissin. Erzählung. (91 S. m. Abbildgn.) 8. Barmen (903). E. Müller. Geb. in Leinw. n. 1. 50

— Ein Zigeunerkind als Diakonissin. Erzählg. 2. Aufl. (99 S.) kl. 8. Barmen (909). E. Müller. Geb. — 75

— das kleine Zigeunermädchen. Eine Erzählg. f. die Jugend. Nach dem Engl. bearb. 16. (80 S.) Barmen 884. Verl. d. Tractathauses. n. — 35; cart. n. — 50

—— Das kleine Zigeunermädchen. Eine Erzählg. f. die Jugend. Nach dem Engl. bearb. 2. Aufl. gr. 16. (80 S.) Ebd. 889. * — 35

Steen, H. F. L. M., Edith. Dramatisches Gemälde in 5 Aufzügen (11 Bildern). Frei nach Ch. Dickens' Roman „Dombey & Sohn". 12. (85 S.) Berlin 899. (Stuttgart, A. Juncker.) n. — 80

Irma. Folkeskuespil in 5 akter af H. F. L. M. Steen ... *Berlin: Selbstv.; Commv. v. A. Juncker 1898.* (1 Bl., 110 S.) 1 Bd 8. [98. 6693

Steen, J. Die Vögel Schleswig-Holsteins, ihr Nutzen u. Schaden. gr. 8. (140 S. m. 1 Bild.) Schleswig 891, Detlefsen. * 1 50

Steen, Jan, das Bohnenfest, s.: Blätter, bunte, aus aller Welt.

— Die Liebeskranke, s.: Blätter, bunte, aus aller Welt.

Die Meisterbilder von Jan Steen (c. 1626–1679). Eine Auswahl von 60 Reprod. nach Orig.-Aufnahmen. Berlin: Weicher 1910. 66 S. 8°
(Weichers Kunstbücher. Nr 42.) [11. 7434

— Das St. Niklasfest, s.: Blätter, bunte, aus aller Welt.

Steen, Joh.: Anat. histol. Untersuchung von Terebellides Stroemii M. Sars. Jena 1883.

Steenackers, F. F. Histoire des ordres de chevalerie et des distinctions honorifiques en France ... Paris, librairie internationale ... A. Lacroix, Verboeckhoven & Cᵉ, éditeurs A Bruxelles, à Leipzig et à Livourne 1867.
V + 375 S.; 3 farb. Taf. 4°.

Steenaerts, Joh. Jos. Xav., katholisches Gebet- u. Gesangbuch für den gemeinsamen Gottesdienst u. die Privatandacht. 1. Aufl. 1866. u. 2. verb. Aufl. Aachen 868. Jacobi & Co. 12. (IV, 695 S.) n.n. 12½ ngr.

Steenaerts, Joh. Jos. Xav., katholisches Gebet- und Gesangbuch für den gemeinsamen Gottesdienst und die Privatandacht. 4. Aufl. 16. (IV, 744 S.) Köln und Neuß [Düsseldorf] 871, Schwann's Verlag. **

Melodien dazu. Unter Mitwirkung von Friedr. Können hrsg. 8. (IV, 90 S.) *

Steenaert's, Joh. Jos. Xav., katholisches Gebet- und Gesangbuch für den gemeinsamen Gottesdienst und die Privatandacht. 5. und 6. Aufl. Ster.-Dr. gr. 16. (IV, 748 S.) [Köln und Neuß 876.] Düsseldorf, Schwann. **

Steenaerts, Joh. Jos. Xav., Gesellen-Gebetbuch. 32. (VIII, 184 S. m. 1 Holzschn.) Paderborn 885. Bonifacius-Druckerei. geb. n. — 50; m. Goldschn. n. — 75

Steenaerts, Joh. Jos. Xav., Helm des Heils. Kathol. Lehr-, Gebet- und Gesangbuch für den gemeinsamen Gottesdienst und die Privatandacht. 16. (XIV, 794 S. mit 1 Stahlst.) Paderborn 883, Bonifacius-Druckerei. *

— Melodien zu dem kathol. Gebet u. Gesangbuch f. den gemeinsamen Gottesdienst u. die Privatandacht. Unter Mitwirkg. v. Frdr. Könen hrsg. 2. Aufl. 8. (IV, 90 S.) Düsseldorf 885. Schwann. n. — 60

—— Wallfahrtsbüchlein für die Wallfahrten zu Ehren des kostbaren Blutes, des heil. Kreuzes, eines Heiligen, besonders der lieben Mutter Gottes. 16. (303 S. mit 1 Stahlst.) Ebendas. 881.

Steenbeek, W. H: Engineers' and erectors' pocket-dictionary. English-German-Dutch. (o. O. 1910 ?)

Steenbergen, Albert: Henri Bergsons intuitive Philosophie. Rudolstadt [1909]: Mänicke & Jahn. 46 S. 8° ¶ (Ersch. vollst. als Buch b. Diederichs, Jena.)

Jena, Phil. Diss. v. 21. Sept. 1909, Ref. Eucken

[Geb. 23. Jan. 79 Nieuwediep, Holland; Wohnort: Friedenau; Staatsangeb.: Preußen; Vorbildung: Gymn. Amsterdam Reife O. 96; Studium: Amsterdam 4, Jena 2, Paris 1, Berlin 1, Jena 5 S.; Rig. 28. Nov. 08.] [U 10. 2378

Steenbergen, Alb., Henri Bergsons intuitive Philosophie. (112 S.) gr. 8. Jena 909. E. Diederichs. 2.50; geb. 3. 50

Steenbock, S., Steenbock-Album. Musterblätter für Aquarell-Malerei. Blumen und Vögel. Für Lehrer, Schüler, Porzellan- und Glasmanufacturen und andere Industriezweige. 3 Hefte. hoch 4. (à 4 Bl. in Farbendr.) Leipzig 872,73, Arnoldische Buchh. à Bl. 80 Pf.; à Heft * In Mappe. *

Steenbock, S., Vögel, s.: Zehl's Vorlagen-Mappen.

Wick auf Föhr. Nach d. Nat. gez. u. lith. v. S. Steenbock in Flensburg. Wyck auf Föhr. 1843. 1 Bl. Fol. 36/47 cm.

Steenbuch, Axel, kleine Dramen. Einzig autoris.. Übersetzg. aus dem Dän. v. Francis Maro. Umschlagzeichnung v. Emil Orlik. 8. (III, 235 S.) Wien 901. Wiener Verlag. n. 3.50

Steengrafe, H., Studien über englisches und dänisches Rettungswesen zur See. gr. 8. (25 S.) Bremen 872, (Heinsius.) *

Steengrafe, M., nothwend. Pflichten der See-Schiffer. 8. Bremen 802. (Heyse). 2 gl

Steengrafe, Otto, Referendar aus Bremen: Die civilrechtlichen Folgen des formwidrigen Wechsels. *Bremen 1901: A. Guthe.* (38 S.) 8°

Göttingen, Jur. Diss. v. [25. Mai] 1901

Steengrafe, Otto, die civilrechtlichen Folgen des formwidrigen Wechsels. Diss. gr. 8. (38 S.) Bremen 901. (Göttingen, Vandenhoeck & Ruprecht.) n. — 80

Steenhof, Frida (Harold Gote), die reglementierte Prostitution vom feministischen Gesichtspunkte, s.a. Kultur u. Fortschritt.

Stéenhoff, Frida. — Die reglementierte Prostitution vom feministischen Gesichtspunkte. Von Frida Steenhof ⟨Harold Gote⟩. Uebertr. aus d. Schwed. v. Henny Bock-Neumann. — Gautzsch b. Leipzig: Dietrich 1908. 32 S. 8° (Kultur u. Fortschritt. 197/98.)

Steenhoff, Willem, s.: Album des Amsterdamer Rijksmuseums.

— Amsterdam. Das Rijksmuseum. (Mod. Cicerone.) Mit 105 Abb. u. 1 Grundriss. (VIII, 194 S.) kl. 8. Stuttgart (909). Union. Geb. in Leinw. 3. 50

Amsterdam. Das Rijksmuseum von W. Steenhoff. Mit 105 Abb. u. 1 Grundriß. 2. Aufl. Stuttgart, Berlin, Leipzig: Union (um 1910). 194 S. 8°
(Moderner Cicerone. [8.])

— Josef Israëls. Aus dem Holl. v. M. D. Henkel. (S. 209—228 m. Abb. u. 6 Taf.) 37×27 cm. München (910). E. Hanfstaengl. 4. —
Sonderabdr. aus: „Die Kunst uns. Zeit".

— s.: Meister, niederländische, in dem Rijksmuseum zu Amsterdam.

Steenke, Joh. Friedr., (Kohrsch, Richard), Der Lootse im Sturm vor Pillau, oder nähere Anleitung, wie man im Sturm in das Seegatt von Pillau auch ohne Lootsen sicher einsegeln kann, nebst einer deutlichen Erklärung der Signale, welche die aus See ankommenden Schiffe zu geben haben, sowie auch derjenigen, welche vom Lande her gemacht werden. Pillau 1850.

Steenken, Christian [approb. Arzt aus Brake (Oldenburg)]: Zur Casuistik der angebornen Nabelgeschwülste . . . . Würzburg, Paul Scheiner's Buchdr., 1886; 26 S. 8°.

Würzburg, Med. Fak., Inaug.-Diss. v. 1886.

Steenken, Christian, zur Casuistik der angebornen Nabelgeschwülste. Diss. Würzburg 1886, Stahelsche Univ.-Buchh. 8°. 26 S.

Steenken, F. C., s. Nordstern, der, Wochenschrift.

Steenken, F. C., Bevölkerungsstatistik der europ. Staaten mit besond. Berücksicht. des Herzogth. Oldenburg. Zur Erweiterung der Völker- u. Menschenkunde. gr. 8. (XII u. 284 S.) Oldenburg 849, Schulze. n. $1\frac{1}{3}$ ℛ︀

Steenken, F. C., Handbuch f. Vormünder, od. Unterr. üb. d. Rechte u. Pflichten d. Vormünder u. Curatoren, nach d. Grundsätzen d. Particular-Rechts, f. d. Hrzth. Oldenburg u. d. Erbherrschaft Jever. 8. ($12\frac{3}{4}$ B.) Oldenburg 839, (Schulze'sche Buchh.) *

Steenken, Karl Gr. Ad., siehe, ich komme bald. Halte, was du hast, daß Niemand deine Krone nehme! Offenbarung Joh. 3, 11. Eine Confirmations-Rede. gr. 8. Oldenburg 842, Schulze'sche Buchh. (W. Berndt.) $6\frac{1}{4}$ ngl

Steenstrup J.: Hat man in den interglaciären Ablagerungen in der Schweiz wirkliche Spuren v. Menschen gefunden o. nur Spuren v. Bibern? Briefliche Mitteilung an A. Ecker. U. St. (1876). 4 S. 4°.

Steenstrup J. C. V.: Leitfaden z. Anlage u. Unterhaltung d. Landstrassen, sowie z. Beurtheilung d. Kosten, Vehikeln, u. Frequenz dieser Communicationen. Copenh. 1843. (24) 419 S. 4°.
— — (Atlas). 10 Tvl. Br. 4°.

Steenstrup, J. C. Vogelius, Leitfaden zur Anlage u. Unterhaltung der Landstrassen, sowie zur Beurtheilung der Kosten, Vehikeln, u. Frequenz dieser Communicationen. gr. Lex.-8. (30 B. u. 10 Stnt.) Copenhagen 843. (Leipzig, T. O. Weigel.) **

Steenstrup, J. W., kurze Beschreib. der dänisch. Telegraphen; aus d. Dän. v. C. F. Degen. 8. Kopenh. 804. Schubothe. 4 gl.

Steenstrupp, Japetus, die Mammuthjäger-Station bei Předmost im österreichischen Kronlande Mähren nach seinem Besuche daselbst im Juni—Juli 1888. Aus dem Dän. übers. von Rud. Much. [Aus: „Mittheilgn. d. anthropolog. Gesellsch. in Wien".] gr. 4. (31 S. m. 3 Text-Illustr.) Wien 890. (Hölder.) n. 2. 40

Steenstrup, Joh. Japetus Sm., über d. Generationswechsel, od. die Fortpflanzung u. Entwickelung durch abwechselnde Generationen, eine eigenthümliche Form der Brutpflege in den niederen Thierclassen. Auf Veranlassung des Verf. nach d. Manuscripte desselben übersetzt v. C. H. Lorenzen. gr. 8. (10 B. u. 3 Stnt.) Copenhagen 842, Reitzel.

Steenstrup, J. Japetus Sm., Kjøkken-Møddinger. Eine gedrängte Darstellg. dieser Monumente sehr alter Kulturstadien. Mit 3 Holzschn.-Taf. u. 1 Kpfrtaf. gr. 8. (47 S.) Kopenhagen 886. Hagerup. n. 1. 50

Steenstrup, Joh(an) Japetus Sm(ith): Untersuchungen über das Vorkommen des Hermaphroditismus in der Natur. Aus dem Dänischen übers. von C(hristian) F(riedrich) Hornschuch. 130 S., gbd., 2 Taf.

Greifswald: Otte 1846

JB 883

Steenstrup, Johs. C. H. R., s.: Bayeux-Tapete, die.

Steenstrup, K. J. V. Bemerkungen zu der geognost. Übersichtskarte der Küsten des Waigattes in Nord-Grönland. (1874). 4.

Steenwijk, s. Boß.

Steer, Witterungsbeobachtungen v. Jahre 1785 bis auf gegenwärtige Zeit, mit Anmerk. rc. und K. gr. 8. Landshut, Weber. 805.

Steer, Frz., Analyse der Früchte von Juniperus communis. Lex.-8. (8 S.) Wien 856, (Gerold's Sohn.) *
Aus: Sitzungsberichte der k. Akademie der Wissenschaften J. 1856, besonders abgedruckt.

Steer, Kap., s. Sterr.

Steer, Kasp., Ludwig d. Baier, Kaiser d. Deutschen und Römer; eine im J. 1811 d. königl. baierischen Akademie d. Wissenschaften zu München eingesandte nicht gekrönte Preisschrift. München, Giel. 814.

Steetz, Joach., die Familie der Tremandreen und ihre Verwandtschaft zu der Familie der Lasiopetaleen. Ein Beitrag für den Ausbau des natürl. Pflanzen-Systemes. gr. 8. (VIII und 111 S.) Hamburg 853, J. A. Meissner. *

Joachim Steetz
De Laryngostenosi. Wirceburgi (1829:) Bauer. 55 S. 8°
Würzburg, Med. Diss. v. 9. März 1829

Steevens, George Warrington

Steevens, G. W., from Capetown to Ladysmith, s.a. Collection of British authors.

From Capetown to Ladysmith. An unfinished record of the South African war. By G[eorge] W[arrington] Steevens. Edited by Vernon Blackburn. Copyright ed. Leipzig: Tauchnitz 1900. 247 S. 8°
(Collection of British authors. Tauchnitz Ed. Vol. 3417.) III. 8320

Stefan, der Heilige, der erste König von Ungarn. 23 S. —Ofen, Progr. 1854

Stefan, Alois

Stefan, Al., die Hauptregeln der französischen Grammatik, s.: Boerner, Otto.

Stefan Alois: Laut- und Formenbestand in Guillaumes le clers' Roman „Fergus". 47. Klagenfurt R. 93.
Progr.

Stefan, Alois, Laut- u. Formenbestand in Guillaume's li cler's Roman „Fergus". gr. 8. (49 S.) Klagenfurt 893. (F. v. Kleinmayr.) 1. —

— Lehr- u. Lesebuch der französischen Sprache, s.: Boerner, Otto.

Stefan Alois, Lehrbuch der französischen Sprache für Realgymnasien und verwandte Lehranstalten. II. Teil (für die V., VI., VII. und VIII. Klasse). Wien 1910. K. Graeser & Kie. Geh. K 2.40, geb. K 3.—.

Stefan, August

Stefan, A: Die Fabrikation der Kautschuk- und Leimmasse-Typen, Stempel und Druckplatten, sowie die Verarbeitung des Korkes und der Korkabfälle. Wien, Pest und Leipzig 1886

Stefan, Aug., die Fabrikation der Kautschuk- und Leimmasse-Typen, Stempel und Druckplatten, sowie die Verarbeitung des Korkes und der Korkabfälle. Darstellung der Fabrikation von Kautschuk- und Leimmasse-Typen und Stempeln, der Celluloid-Stampiglien, der hierzu gehör. Apparate, Vorrichtungen der erforderl. Stempelfarben, der Buch- und Steindruckwalzen, Fladerdruckplatten, elast. Formen für Stein- und Gypsguß; ferner der Gewinnung, Eigenschaften und Verarbeitung des Korkes zu Pfropfen, der hierbei resultirenden Abfälle zu künstl. Pfropfen, Korksteinen, Pappen, Isolirungsmassen und Teppichen. 8. (VIII, 309 S. mit 65 Abbild.) Wien 886, Hartleben. *

Stefan, Aug., die Fabrikation der Kautschuk- u. Leimmasse-Typen, -Stempel u. Druckplatten, sowie die Verarbeitg. des Korkes u. der Korkabfälle. Darstellung der Fabrikation v. Kautschuk- u. Leimmasse-Typen u. -Stempeln, der Celluloid-Stampiglien, der hiezu gehör. Apparate, Vorrichtgn., der erforderl. Stempelfarben, der Buch- u. Steindruckwalzen, Fladerdruckplatten, elast. Formen für Stein- u. Gypsguß; ferner der Gewinng., Eigenschaften u. Verarbeitg. des Korkes zu Pfropfen, der hierbei resultir. Abfälle zu künstl. Pfropfen, Korksteinen, Pappen, Isolirungsmassen u. Teppichen. 2., vollst. umgearb. Aufl. 8. (VIII, 296 S.) Wien 900. A. Hartleben. n. 4. —; geb. n. 4. 80

STEFFAN, Bruno (Wädenswil): Ueber Glykosurie und deren Beeinflussung durch Medikamente.- München: Kastner & Lossen 1902. 36 S.
4.7.1902 - Chr 1902/03,22; Jv 1902/03,316
Diss.Ingolst.-Landsh.-Mchn.

Stefan, Christian, Seine Majestät Kaiser Josef I. in der Musikinstrumentenfabrik v. V. T. Červený & Söhne zu Königgrätz. 2. Aufl. 8. (23 S.) geb. Königgrätz: B. E. Tolman 1881.

Stefan, Emil, Assecuranz-Atlas. — Atlas des assurances. Geographisch-statist. Darstellung der Entwicklg. des Versicherungswesens aller Staaten u. Branchen. 1855—1895. Französ. Text v. Al. Stefan. Mit 161 farb. Diagrammen u. 3 Übersichtskarten üb. den Stand der Lebensversicherg. gr. Fol. (VIII, 55 S. Text.) Wien 901. G. Freytag & Berndt. Geb. in Leinw. n. 50. —

Stefan, Emil, s.: Assecuranz-Compass.

Stefan, Emil, ein Viertel-Jahrhundert Versicherungswesen im Deutschen Reich. Eine Darstellung der Entwicklg. des Versicherungsgeschäftes sämtl. Branchen v. 1875—1900. Mit 28 färb. Diagrammtaf. (III, 10 S.) gr. 8. Wien (903). G. Freytag & Berndt. n. 3.—

— dasselbe in Oesterreich-Ungarn. Eine Darstellg. der Entwicklg. des Versicherungsgeschäftes sämtlicher Branchen von 1875—1900. Mit 30 färb. Diagrammen. (III, 12 S. Text.) schmal Lex.-8. Ebd. (903). n. 3. 50

Stefan Friedrich: Die romantische Bearbeitung der Sage von „Flore und Blanscheflur" durch Sophie Bernhardi und ihre Vorlage.
1910 PN 2867 Diss. Wien, Univ. 336

Stefan, Fritz, Monte-Carlo. Praktischer, wirklich ernsthafter Führer f. Roulette u. Trente-et-Quarante. Mit e. bisher noch nicht veröffentlichten, ganz neuart., in 14 jähr. Spielpraxis m. den glänzendsten Erfolgen erprobten Spielsystem, zu spielen an d. Roulette auf noir-rouge, pair-impair od. passe-manque u. am Trente-et-Quarante. (14 S.) 8. Nizza (909). (A Hohberg.) 1.60

Stefan, Hans, die Beichte e. Thörin. 8. (143 S.) Berlin 898. A. Deubner. n. 2. —

Stefan, Josef

— Über die Abweichungen der Ampèreschen Theorie des Magnetismus von der Theorie der elektromagnetischen Kräfte (mit 2 Holzschnitten). S. 79. II. 659 . . ,
Separatabdruck

Stefan, J., über die Abweichungen der Ampère'schen Theorie des Magnetismus von der Theorie der elektromagnetischen Kräfte. Lex.-8. (21 S. mit 2 eingedr. Holzschn.) Wien 879 (Gerold's Sohn.) *

Stefan, J., Anwendung d. Chronoskops zur Bestimmung der Schallgeschwindigkeit im Kautschuk. [Mit 3 (eingedr.) Holzschn.] [Aus „Sitzungsber. d. k. Akad. d. Wiss."] Lex.-8. (5 S.) Wien 872. (Gerold's Sohn.) n. — 20

Stefan, J., Anwendung der Schwingungen zusammengesetzter Stäbe zur Bestimmung der Schallgeschwindigkeit. [Aus d. Sitzungsber. d. k. Akad. d. Wiss.] Wien 868. (Gerold's Sohn.) Lex.-8. (12 S.) n. 2 ngr.

Stefan, J., Bemerkung zur Theorie der Gase. (Sonder-Abdr. aus dem XLVII. Bde. der Sitzungsber. der Kais. Akad. der Wissensch., 1863.)

Stefan Josef, Dr.: Bemerkungen über die Absorption der Gase. S. 27. 375 . . . . . . vgr.
Separatabdruck

Stefan, J., Bemerkungen über Absorption der Gase. Lex.-8. (58 S.) Wien 858, (Gerold's Sohn.) *

— Bemerkungen zur Theorie der Gase. S. 47. II. 81 . . . . vgr.
Separatabdruck

Stefan, J., über die Berechnung der Inductionscoëfficienten von Drahtrollen. Lex.-8. (11 S.) Wien 883, (Gerold's Sohn.) **

— Über die Bewegung flüssiger Körper. 1. Mitteilung. S. 46. II. 8 . . . . vgr.
— — 2. Mitteilung. S. 46. II. 495 . . . . vgr.
Separatabdruck

Stefan, J., über die Bewegung flüssiger Körper. (2. Abhandlung.) Lex.-8. (26 S.) Wien 862, (Gerold's Sohn.) *

— Über die Beziehung zwischen den Theorien der Kapillarität und der Verdampfung (mit 1 Holzschnitt). S. 94. II. 4 . . . .
Separatabdruck

Stefan, J., üb. die Beziehung zwischen den Theorien der Capillarität u. der Verdampfung. [Mit 1 Holzschn.] [Aus: „Sitzungsber. d. k. Akad. d. Wiss."] Lex.-8. (11 S.) Wien 886. (Tempsky.) n.n. — 25

— Über die Beziehung zwischen der Wärmestrahlung und der Temperatur. S. 79. II. 391 .
Separatabdruck

— über die Beziehung zwischen der Wärmestrahlung u. der Temperatur. [Aus: „Sitzungsber. d. k. Akad. d. Wiss."] Lex.-8. (38 S.) Ebend. 879. n.n. — 50

— über die Diffusion der Flüssigkeiten. [Aus: „Sitzungsber. d. k. Akad. d. Wiss."] Lex.-8. (19 S.) Ebend. 878. n. — 40

— dasselbe. II. Abhandlung. [Aus: „Sitzungsber. d. k. Akad. d. Wiss."] Lex.-8. (54 S.) Ebend. 879. n. — 80

— über die Diffusion der Kohlensäure durch Wasser u. Alkohol. [Aus: „Sitzungsber. d. k. Akad. d. Wiss."] Lex.-8. (39 S.) Ebend. 878. n. — 60

Stefan, J.: Ueber die Diffusion der Kohlensäure durch Wasser und Alkohol. Wien, 1878.

Stefan, J., üb. die Diffusion v. Säuren u. Basen gegen einander. [Aus: „Sitzungsber. d. k. Akad. d. Wiss."] Lex.-8. (19 S.) Wien 889. (Tempsky). n. — 40

Stefan, J.: Üb. die Dispersion d. Lichtes d. Drehung d. Polarisationsebene im Quartz. Wien. 37 p. 1864.
Schul-/Univ.-Schrift

—— über die Dispersion des Lichtes durch Drehung der Polarisationsebene im Quarz. Lex.-8. (37 S.) Wien 864, (Gerold's Sohn.) **

—— und C. Ludwig, über den Druck des fliessenden Wassers, s. Ludwig, C.

— über die Eigenschaften der Schwingungen e. Systems v. Punkten. [Aus „Sitzungsber. der k. Akad. der Wiss."] Lex.-8. (26 S.) Ebend. 872. n. — 40

— über den Einfluss der inneren Reibung in der Luft auf die Schallbewegung. [Aus d. Sitzungsber. d. k. Akad. d. Wiss.] Ebend. 866. Lex.-8. (9 S.) n. 2 ngr.

—— über den Einfluss der inneren Reibung in der Luft auf die Schallbewegung. Lex.-8. (9 S.) Wien 866, (Gerold's Sohn.) *

— über den Einfluss der Wärme auf die Brechung d. Lichtes in festen Körpern. [Mit 2 (eingedr.) Holzschn.] [Aus: „Sitzungsber. d. k. Akad. d. Wiss."] Lex.-8. (23 S.) Ebend. 871. n. — 50

Stefan, J., Ueber die Erregung longitudinaler Schwingungen in der Luft durch transversale. Mit III Holzschnitten. (Sonder-Abdr. a. d. Sitzungsber. d. k. Akad. d. Wiss.) gr. 8. (8 S.) Wien, Gerold in Comm. 1870. 10 kr.

— über eine Erscheinung am Newton'schen Farbenglase. (Aus den Sitzungsberichten d. k. Akad. d. Wiss.) Ebend. 864. gr. 8. (3 S.) 1½ ngr.

—— über eine Erscheinung am Newton'schen Farbenglase. Lex.-8. (3 S.) Wien 864, (Gerold's Sohn.)

Stefan, J.: Über die Erscheinungen der Gasabsorption. 24 S. 8°. – Wien OR.Inn.St., Progr. 1859.

— über die Farbenzerstreuung durch Drehung der Polarisationsebene in Zuckerlösungen. [Aus d. Sitzungsber. d. k. Akad. d. Wiss.] Ebend. 865. Lex.-8. (7 S.) n. 2 ngr.

—— über die Farbenzerstreuung durch Drehung der Polarisationsebene in Zuckerlösungen. Lex.-8. (7 S.) Wien 865, (Gerold's Sohn.)

Stefan, J.: Ueber die Fortpflanzung der Wärme. (Sonderabdr. a. d. XLVII. Bde. d. Sitzb. d. Kais. Akad. d. Wissensch.) 1863.

Stefan, Josef: Über das Dulong-Petitsche Gesetz. S. 36.
Separatabdruck

Stefan, Josef: Über ein neues Gesetz der lebendigen Kräfte in bewegten Flüssigkeiten. S. 37.
Separatabdruck

—— über ein neues Gesetz der lebendigen Kräfte in bewegten Flüssigkeiten. Lex.-8. (21 S.) Wien 859, (Gerold's Sohn.) *

— über die Gesetze der elektrodynamischen Induction. [Aus „Sitzungsber. d. k. Akad. d. Wiss."] Lex.-8. (32 S.) Ebend. 871. n. — 50

— über die Gesetze der magnetischen u. elektrischen Kräfte in magnetischen u. dielektrischen Medien u. ihre Beziehung zur Theorie d. Lichtes. [Aus: „Sitzungsber. d. k. Akad. d. Wiss."] Lex.-8. (56 S.) Ebend 875. n. — 80

Stefan, J., über das Gleichgewicht u. die Bewegung, insbesondere die Diffusion v. Gasgemengen. [Aus: „Sitzungsber. d. k. Akad. d. Wiss."] Lex.-8. (62 S.) Wien 871. (Gerold's Sohn.) n. — 80

Stefan, J., üb. das Gleichgewicht der Elektricität auf e. Scheibe u. e. Ellipsoid. [Aus: „Sitzungsber. d. k. Akad. d. Wiss."] Lex.-8. (6 S.) Wien 892. (F. Tempsky.) n. — 30

— Über das Gleichgewicht eines festen elastischen Körpers von ungleichförmiger oder veränderlicher Temperatur. S. 83. II. 549
Separatabdruck

— Ueber das Gleichgewicht eines festen elastischen Körpers von ungleichförmiger oder veränderlicher Temperatur. (Sitzb. d. k. Akad. d. W. 83. Bd. II. Abth. 1881. März.) gr. 8. (27 S.) geh. In Comm. 25 kr. Wien: Gerold's Sohn 1881.

— über die Grundformeln der Elektrodynamik. [Mit 7 (eingedr.) Holzschn.] [Aus d. Sitzungsber. d. k. Akad. d. Wiss.] Ebend. 869. Lex.-8. (77 S.) n. 12 ngr.

— üb. die Herstellung intensiver magnetischer Felder. [Aus: „Sitzungsber. d. k. Akad. d. Wiss."] Lex.-8. (8 S.) Ebd. 888. n. — 24

— über die diamagnetische Induction. [Aus: „Sitzungsber. d. k. Akad. d. Wiss."] Lex.-8. (10 S.) Ebend. 872. n. — 20

Stefan, J.: Ueber den Integralsinus und einige verwandte bestimmte Integrale. 8 S. – Wien OR.Inn.St., Progr. 1862

— Ueber Interferenz des weissen Lichtes bei grossen Gang-Unterschieden. (Sonder-Abdr. aus dem L. Bande der Sitzungsber. der Kais. Akad. der Wissensch.)

Stefan, J., über einen akustischen Interferenz-Apparat. [Aus d. Sitzungsber. d. k. Akad. d. Wiss.] Wien 869. Gerold's Sohn. Lex.-8. (5 S.) 1½ ngr.

—— über Interferenzerscheinungen im prismatischen und im Beugungsspectrum. Lex.-8. (5 S.) Wien 864, (Gerold's Sohn.)

— über die m. dem Soleil'schen Doppelquarz ausgeführten Interferenzversuche. [Aus: „Sitzungsber. d. k. Akad. d. Wiss."] Lex.-8. (29 S.) Ebend. 873. n. — 50

— über Interferenzversuche mit dem Soleil'schen Doppelquarz. [Aus d. Sitzungsber. d. k. Akad. d. Wiss.] Ebend. 866. Lex.-8. (7 S.) n. 2 ngr.

—— über Interferenzversuche mit dem Soleil'schen Doppelquarz. Lex.-8. (7 S.) Wien 866, (Gerold's Sohn.) *

Stefan, J., Ueber die Kraftlinien eines um eine Axe symmetrischen Feldes. (Sitzb. d. k. Akad. d. Wissensch. 85. Bd. II. Abth. 1882. Mai.) gr. 8. (10 S.) in Comm. geb. 15 kr. Wien: Gerold's Sohn 1882.

— über Longitudinal-Schwingungen elastischer Stäbe. [Aus d. Sitzungsber. d. k. Akad. d. Wiss.] Ebend. 867. Lex.-8. (25 S.) n. 4 ngr.

—— über Longitudinalschwingungen elastischer Stäbe. Lex.-8. (25 S.) Wien 867, (Gerold's Sohn.) *
Vorstehende acht Schriften des Verf. wurden aus: Sitzungsberichte der k. Akademie der Wissenschaften, besonders abgedruckt.

— Über eine neue Methode die Längen der Lichtwellen zu messen. S. 53. II. 581. vgr.
Separatabdruck

Stefan, J., über eine neue Methode die Längen der Lichtwellen zu messen. Lex.-8. (8 S.) Wien 866, Gerold's Sohn.

— üb. thermomagnetische Motoren. [Aus: „Sitzungsberichte d. k. Akad. d. Wiss."] Lex.-8. (12 S.) Ebd. 888. n. — 30

— Nachtrag zu dem Aufsatze: Ueber einen akustischen Versuch. [Aus d. Sitzungsber. d. k. Akad. d. Wiss.] Ebend. 867. Lex.-8. (7 S.) n. 2 ngr.

—— Nachtrag zu dem Aufsatze: Über einen akustischen Versuch. Lex.-8. (7 S.) Wien 867, (Gerold's Sohn.) *
Vorstehende sechs Schriften des Verf. wurden aus: Sitzungsberichte der k. Akademie der Wissenschaften, besonders abgedruckt.

— über Nebenringe am Newton'schen Farbenglase. [Aus d. Sitzungsber. d. k. Akad. d. Wiss.] Ebend. 864. Lex.-8. (3 S.) 1½ ngr.

—— über Nebenringe am Newton'schen Farbenglase. Lex.-8. (3 S.) Wien 864, (Gerold's Sohn.)

— Über einige Probleme der Theorie der Wärmeleitung. S. 98. IIa. 473
Separatabdruck

Stefan, J., Ueber einige Probleme der Theorie der Wärmeleitung. (Aus den Sitzungsber. d. k. Akademie der Wissensch.) Gr.-8. (12 S.) In Comm. Wien: Tempsky 1889. —.20

—— über Schichtungen in schwingenden Flüssigkeiten. Lex.-8. (4 S.) (Ebendas.) 870.

— über Schichtungen in schwingenden Flüssigkeiten. [Aus: „Sitzungsber. d. k. Akad. d. Wiss."] Lex.-8. (4 S.) Ebend. 872. — 15

— Über die magnetische Schirmwirkung des Eisens. S. 85. II. 613 . . . . vgr. Separatabdruck

— — Ueber die magnetische Schirmwirkung des Eisens. (Sitzb. d. k. Akad. d. Wissensch. 85. Bd. II. Abth. 1882. März.) gr. 8. (30 S.) in Comm. geh. 25 kr. Wien: Gerold's Sohn 1882.

— üb. elektrische Schwingungen in geraden Linien. [Aus: „Sitzungsber. d. k. Akad. d. Wiss."] Lex.-8. (21 S.) Ebd. 890. n. — 40

Stefan, J., Ueber elektrische Schwingungen in geraden Leitern. Gr.-8. (21 S.) —.20 Wien: Tempsky 1890.

— über Schwingungen von Saiten, welche aus ungleichen Stücken bestehen. [Aus d. Sitzungsber. d. k. Akad. d. Wiss.] Ebend. 868. Lex.-8. (15 S.) 3 ngr.

Stefan, J., über veränderliche elektrische Ströme in dicken Leitungsdrähten. [Aus: „Sitzungsberichte der k. Akademie der Wissenschaften".] Lex.-8⁰. (18 S.) Wien, Gerold's Sohn. fl. —.20. 1887.

Stefan, Josef: Studien zur Frage der Leguminosenknöllchen. Diss., Prag 1905/06.

— Theorie der doppelten Brechung. [Aus d. Sitzungsber. d. k. Akad. d. Wiss.] Ebend. 864. Lex.-8. (19 S.) 3 ngr

—— Theorie der doppelten Brechung. Lex.-8. (19 S.) Wien 864, (Gerold's Sohn.)

— über die dynamische Theorie der Diffusion der Gase. [Aus: „Sitzungsber. d. k. Akad. d. Wiss."] Lex.-8. (41 S.) Ebend. 872. n. — 60

— üb. die Theorie der Eisbildung, insbesondere üb. die Eisbildung im Polarmeere. [Aus: „Sitzungsber. d. k. Akad. d. Wiss."] Lex.-8. (19 S.) Ebd. 889. n. — 40

Stefan, J., Ueber die Theorie der Eisbildung, insbesondere über die Eisbildung im Polarmeere. 8. (19 S.) Wien: Tempsky 1889. —.20

— üb. die Theorie der oscillatorischen Entladung. [Aus: „Sitzungsber. d. k. Akad. d. Wiss."] Lex.-8. (15 S.) Ebd. 890. n. — 40

Stefan, J., Ueber die Theorie der oscillatorischen Entladung. Gr.-8. (15 S.) —.20 Wien: Tempsky 1890.

— zur Theorie der magnetischen Kräfte. [Mit e. (eingedr.) Holzschn.] [Aus: „Sitzungsber. d. k. Akad. d. Wiss."] Lex.-8. (46 S.) Ebend. 874. n. — 60

— über einige Thermoelemente von grosser elektromotorischer Kraft. [Aus d. Sitzungsber. d. k. Akad. d. Wiss.] Ebend. 865. Lex.-8. (3 S.) 1½ ngr.

—— über einige Thermoelemente von grosser elektromotorischer Kraft. Lex.-8. (3 S.) Wien 865, (Gerold's Sohn.)

— über die Tragkraft der Magnete. [Aus: „Sitzungsber. d. k. Akad. d. Wiss."] Lex.-8. (28 S.) Ebend. 880. n.n. — 50

—— über die Transversalschwingungen eines elastischen Stabes. Lex.-8. (37 S.) Wien 858, (Gerold's Sohn.) **
Vorstehende drei Schriften des Verf. wurden aus: Sitzungsberichte der k. Akademie der Wissenschaften, Jahrg. 1857, 1859 und 1858, besonders abgedruckt.

—— Untersuchungen über die Wärmeleitung in Gasen. 1. Abhandlung. Lex.-8. (25 S.) (Ebendas.) 872. *
—— dass. — 2. Abhandlung: Relative Bestimmungen der Wärmeleitungsvermögen verschiedener Gase. Lex.-8. (33 S. mit 1 eingedr. Holzschn.) (Ebendas.) 875. **

— üb. die Verdampfung u. die Auflösung als Vorgänge der Diffusion. [Aus: „Sitzungsber. d. k. Akad. d. Wiss."] Lex.-8. (25 S.) Ebd. 890. n. — 50

Stefan, J., Ueber Verdampfung und die Auflösung als Vorgänge der Diffusion. Gr.-8. (25 S.) Wien: Tempsky 1890. —.25

— über die Verdampfung aus einem kreisförmig od. elliptisch begrenzten Becken. [Aus: „Sitzungsber. d. k. Akad. d. Wiss."] Lex.-8. (12 S.) Ebend. 881. n.n. — 25

Stefan, J., Ueber die Verdampfung aus einem kreisförmig oder elliptisch begrenzten Becken. (Sitzb. d. k. Akad. d. W. 83. Bd. II. Abth. 1881. Mai.) gr. 8. (12 S.) geh. In Comm. 12 kr. Wien: Carl Gerold's Sohn 1881.

— über einen akustischen Versuch. [Aus d. Sitzungsber. d. k. Akad. d. Wiss.] Ebend. 866. Lex.-8. (8 S.) n. 2 ngr.

—— über einen akustischen Versuch. Lex.-8. (8 S.) Wien 866, (Gerold's Sohn.) *

— Ein Versuch über die Natur des unpolarisirten Lichtes und die Doppelbrechung des Quarzes in der Richtung seiner optischen Axe. (Sonder-Abdr. aus dem L. Bde. der Sitzber. der Kais. Akad. der W.)

— Versuche üb. die scheinbare Adhäsion. [Aus: „Sitzungsber. d. k. Akad. d. Wiss."] Lex.-8. (20 S.) Ebend. 874. n. — 40

—— über einige Versuche mit einem erdmagnetischen Inductor. Lex.-8. (14 S.) (Ebendas.) 880. **
Vorstehende sieben Schriften sind aus: Sitzungsberichte der k. Akademie der Wissenschaften, besonders abgedruckt.

Stefan, J., Ueber einige Versuche mit einem erdmagnetischen Inductor. (Sitzb. d. k. Akad. d. Wissensch. 82. Bd. II. Abth. 1880. December) gr. 8. (14 S.) geh. In Comm. 15 kr. Wien: Carl Gerold's Sohn 1881.

— Versuche üb. die Verdampfung. [Aus: „Sitzungsber. d. k. Akad. d. Wiss."] Lex.-8. (39 S.) Ebend. 874. n. — 60

Stefan, J., über das Wärmeleitungsvermögen des Hartgummi. Lex.-8. (25 S.) Wien 876, (Gerold's Sohn.) *
Aus: Sitzungsberichte der k. Akademie der Wissenschaften, besonders abgedruckt.

Geschichte der Entstehung und Verwaltung d. k. k. Studien-Bibliothek in Laibach. Von Konrad **Stefan**, Bibliothekskustos. (Laibach: Musealver. f. Krain 1907.) (116 S.) 8° [Umschlagt.]
= **Mitteilungen** d. Musealvereins f. Krain. Jg. 20, H. 1–3. [<7-3494

Stefan, Paul, Gustav Mahlers Erbe. Ein Beitrag z. neuesten Geschichte der deutschen Bühne u. des Herrn Felix v. Weingartner. (III, 72 S.) gr. 8. München 908. H. v. Weber. 1. —

Oskar Fried. Das Werden e. Künstlers. Von Paul Stefan. Mit 2 Kupferdr. nach Bild. von Lovis Corinth u. Max Liebermann u. e. Notenbeil. Berlin: Reiss (1910). 46 S. 8°

Stefan, Paul (Paul Stef. Grünfeld), der Heimatsucher. Erlebtes u. Erträumtes 1899—1902. (50 S.) 8. Linz 903. O.-ö. Buchdruckerei u. Verlagsgesellschaft. n. 1.20

Stefan, Paul, Gustav Mahler. Eine Studie üb. Persönlichkeit u. Werk. (116 S. m. 1 Bildnis.) gr. 8. München 910. R. Piper & Co. 2.—; geb. 3. —

— u. **Ernst Diez,** Umbrien. Das Land — sein Werden — seine Kunst. Ein Wanderbuch. (IV, 113 S. m. 7 Taf.) kl. 8. Wien 907. H. Heller & Co. 2.50

Stefan, S., s.: Jahre, hundert, in Wort u. Bild.

Stefan, Thdr., Obstbaumzucht. Eine leicht-verständl. kurze Anleitung über Obstbaumpflege. (VI, 42 S.) 8. Halle 906. H. Gesenius. n. —40

Stefani, Carlo de, s. De Stefani

Stefani, Ed. Aloys. de, s.: Etymologicum Gudianum.

Stefani, L., Vaso a soggetto comico di Lentini. S.-A.- 1845. 25 S. u. 1 Taf.

Stefania, Arciduchessa, Principessa vedova ereditaria: Lacroma. Descrizione. Con illustrazioni prese dal vero dall' A. Perko. Traduzione di Angelo de Eisner-Eisenhof. gr. 4. (43 S.) Wien 897. A. W. Künast. n. 6. —; geb. in Leinw. n.n. 8. —; fein geb. in Leinw. m. Goldschn. n.n 10. —

Stefann, Emil, aus e. Pfarrerleben. Erzählung. 8. (58 S. Barmen 885. Klein. n. 1. —

Stefano Spadolino, der räthselhafte Räuberhauptmann, in den Umgegenden Rom's. 8. (9½ B.) Weimar 832, [Gräbner u. Comp.] Thlr.

STEFANOFF, Alexander (Belogradtschik): Malignes retroperitoneales Teratom bei doppelseitigem Kryptorchismus.- München: Kastner & Callwey 1907. 19 S.
23.3.1907 - Chr 1906/07,24; Jv 1906/07,512
Diss. Ingolst.-Landsh.-Mchn.

Stefanovič, Andrej Ivanovič (Verf.), s. Arbeit, Aus der, unter den Stundisten.

Stefanović v. Vilovo, Joh. Ritter v., die Entsumpfung der Niederungen der Theiss und des Banats. Vortrag gehalten am 28. April 1874 in der k. k. geograf. Gesellschaft zu Wien. 2., mit den Erfahrungen der Mai-Ueberschwemmung 1874 verm. Aufl. gr. 8. (40 S. mit 1 lithogr. Kartenskizze in qu. gr. 4.) Wien 874, (Gerold's Sohn.) *

Stefanović, Joh., Ritter v. Vilovo, k. k. Major im Inft.-Reg. Nr. 35. Die Erlebnisse eines k. k. Officiers im österreichisch-serbischen Armee-Corps in den Jahren 1848 und 1849. Mit 2 lithographischen Situationsplänen. 8. Wien und Semlin 1861.

(**Stefanović, J.**) Erlebnisse eines k. k. Offiziers im österr.-serbischen Armeecorps in den Jahren 1848 und 1849. 2. Ausg. Prag 1862. 8°. (1. Ausg. 1861.)

Stefanović v. Vilovo, Joh. Ritter, die Felsengen des Kazan und die Donau- und Theiss-Regulirung. Eine Studie. gr. 8. (103 S. mit eingedr. Zeichnungen und 3 chromolithogr. Orig.-Aufnahme-Plänen.) Wien 879, Hartleben's Verlag.

Stefanović v. Vilovo, Joh. Ritter, Ungarns Stromregulirungen. gr. 8. (109 S. mit 30 Plänen, Skizzen und Pegelstands-Taf. [eingedr. und auf 2 Taf.].) Wien 883, Hartleben's Verlag.

—— über die Ursachen der Katastrophe von Szegedin. [Vortrag, gehalten in der k. k. geograph. Gesellschaft am 18. März 1879.] gr. 8. (16 S.) Ebendas. 879. *
Aus: Mittheilungen der k. k. geographischen Gesellschaft in Wien, besonders abgedruckt.

Stefanovic-Vilovsky, Thdr. Ritter v., Belgrad unter d. Regierg. Kaiser Karls VI. (1717—1739). Mit Benützg. archival. u. anderer Quellen. (85 S. m. Abb. u. 2 Taf.) gr. 8. Wien 908. A. Holzhausen. 3.20
Sonderabdr. a.: „Beitr. z. neueren Gesch. Österr."

Stefanović Vilovsky, Th. Ritter, die Serben im südlichen Ungarn, in Dalmatien, Bosnien u. in der Herzegovina, s.: Völker, die, Oesterreich-Ungarns.

Šuplikac de Vitez. — **Stefanović-Vilovsky,** Theodor Ritter v. — General Stephan ..... Ein Geschichtsbild aus dem Jahre 1848. Aus: „Oest. Jahrbuch". 8. Wien 1895.

Stefanović-Vilovsky, Theodor, Ritter v. Aus Belgrads Vergangenheit. Zwei Vorträge, gehalten im wissenschaftlichen Club in Wien am 27. November und 4. December 1893. Separat-Abdruck der ausserordentlichen Beilage Nr. III zu Nr. 6 der „Monatsblätter des wissenschaftlichen Club." XV. Jahrgang. 8. Wien 1894.

Stefanowicz, Ant., Anatomie u. Proportionslehre, s.: Hilfsbuch f. den Zeichen- u. Kunstunterricht.

Stefanowicz, C.: Theorie der Dispersion des Lichtes. 64 S. 8° -- Czernowitz, OR., Progr. 1872.

Stefanowitsch, Andreas Iwanowitsch, s.: Aus der Arbeit unter den Stundisten.

Stefanowitz-Donzow, Beschreibung des Mutterkorns, welches Convulsionen u. Gangrän in d. Gliedern hervorruft. Petersb. 8°. 1797

Stefans-Dom, der Wiener, und seine Sehenswürdigkeiten in Geschichte, Kunst, Legenden- und Sagenbilde. Vom Verf. der „Geschichte der Wiener Stadt und Vorstädte", „Alt-Wien in Geschichten und Sagen" etc. etc. 16. (IV, 249 S. mit 31 eingedr. Holzschn.-Illustr.) Wien 878, Hartleben's Verlag.

Stefański, Walenty, szkoła o królestwie bożem. Dresden 870. Kraszewski. gr. 8. (286 S.) n. 1 ℛ 15 ngr.

Stefans-Türmer. Der St'-T'. Jubiläums-Ausgabe. Amtliche, illustrierte Harmonisten-Wiener-Reise-Zeitung ([des Sängervereins] «Harmonie» Zürich).... Verantwortliche Redaktion: D'r Käufer. Wien, an der schönen blauen Limmat, 5. März 1904. 12 S. fol. (Zürich, Gebr. Fretz.) fr. —.80

Stefansturm-Kalender f. 1903. Poetisches Jahrbuch v. José Baronin Schneider-Arno. 7. Jahrg. gr. 8. (140 S. m. Abbildgn.) Wien, W. Braumüller. Geb. n. 6. —
Vergl.: Stephansthurm-Kalender.

Stefansturm-Kalender, Fortsetzg., s.: Stephansturm-Kalender.

Stefenelli, A. von, Beiträge z. Berechnung beobachteter Azimuthe. 4. München, Lindauer. 815.

Steff, J. M. (J. M. Mühlsteff), Splitter u. Spähne od. Gereimtes u. Ungereimtes. (Neue Ausg. m. Nachtrag.) (III, 222 S.) gr. 8. Leobschütz 903 (905). (G. Schnurpfeil.) Geb. in Leinw. n. 6. —

Splitter und Spähne oder Gereimtes u. Ungereimtes von J. M. **Steff** [d. i. Julius Mühlsteff, Pfarrer in Gr.Grauden]. Leobschütz 1903: W. Witke. (222 S.) 8° [F.] [06. 7306

Splitter und Spähne oder Gereimtes und Ungereimtes. Von J. M. **Steff** [d. i. Pfarrer Julius Mühlsteff]. [Neue verm. Ausg.] Leobschütz 1903(-06): Witke. 260 S. 8° [11. 6700

Steff, L., Carte géologique de l'ancien département de la **Moselle. Les divisions géologiques** dessinées **par N.** Paulin. **1 : 320,000.** 2e édit., augmentée et corrigée. Chromolithogr. **Imp.-Fol. Metz 876,** Deutsche Buchh. *

Steff, L., Environs de Metz. 1 : 80,000. Chromolithogr. qu. gr. Fol. Metz 876, Deutsche Buchh. *
Auf Leinw. in Etui *

Steffahny, Emil [approb. **Arzt**]: Zur Untersuchungsmethode über die Topographie der motorischen Innervationswege im Rückenmark der Säugethiere, mit besonderer Rücksicht auf das Halsmark des Kaninchens .... (Aus Eckhard's Beiträgen z. Anatomie u. Physiologie, Bd. XII.) Giessen, *Druck v. Wilhelm Keller*, 1887; 67 S. 4°
Giessen, Med. Fak., Inaug.-Diss. v. 1887

Steffahny, Gust. Arnold (geb. Marienwerder): Tentamen monographiae Byrrhorum, Coleopterorum generis. Berolini 1842. (42 S.) 8°
Berlin, Med. Diss. v. 18. Okt. 1842

Steffahny, Hermine, das Baby, s.: Kiesewetter, Doris.

Steffahny, Hermine, die deutsche Frauenkleidung, s.: Kiesewetter, Doris.

— das große Handarbeitsbuch. Praktische Anleitg. zur Anfertigung sämtl. weibl. Handarbeiten in 2 Bdn. m. sehr deutl. Illustr., erläut. Text u. vielen verwendbaren Mustern. (IV, 103 u. III, 103 S.) Lex.-8. Berlin (905). W. Vobach & Co. Geb. à 3. —

— Das große Handarbeitsbuch. Praktische Anleitg. zur Anfertigg. sämtl. weibl. Handarbeiten m. sehr deutl. Illustr., erläut. Text u. vielen verwendbaren Mustern sowie 13 farb. Taf. (IV, 103 u. 103 S.) Lex. 8. Berlin (907—09). W. Vobach & Co. 6.50; auch in 26 Lfgn. à — 25

— dasselbe in 2 Bdn. Neue, erweit. Aufl. Lex. 8. Ebd. (909). Geb. in Leinw. à 4. —
I. Mit 7 farb. Taf. (IV, 103 S.)
II. Mit 6 farb. Taf. (III, 103 S.)

Steffahny, Hermine, Stickereimuster. Neue Entwürfe in verschiedenen Stilarten f. allerlei Nadelarbeit. 1. Serie. 4 Lfgn. Lex.-8. (à 3 Bog. gr. Fol. m. 8 S. Text.) Leipzig 892. Verlag der Arbeitsstube (E. Twietmeyer). à n. 1. —; einzelne Bog. à n. — 40 (1. Serie kplt. in Mappe: n. 5. —)

— dasselbe. 2. Serie. 4 Lfgn. Lex.-8. (à 3 Bog. gr. Fol. m. 8 S. Text.) Ebd. 893. à n. 1. —; einzelne Bog. à n. — 40

STEFFAN, FR. ALBERTUS, OP. Tubae sonitus ... Geistlicher Posaunen-Schall, ... Das ist: Sittliche Predigen Für alle Sonntäg deß gantzen Jahrs. — 3 Teile in 1 Band (1. Teil in 3. Auflage). Augsburg, Happach & Schlüter, 1729. Folio. Bestoßenes und beriebenes Ld. d. Z. mit Rsch. u. Rv.

Steffan, Alfred [diplom. **Chemiker aus** Bielitz, **Oesterr.** Schlesien]: Ueber die Bestimmung **von kleinen** Mengen an Chrom und Vanadin in Gesteinen und Stahlsorten. Zürich 1902. **47 S.** 8°.
Zürich. Phil. Diss. II. S 1901/1902.

Steffan, Alfred. Ueber die Bestimmung von kleinen Mengen an Chrom und Vanadin in Gesteinen und Stahlsorten. Diss. Phil. [II.] Univ. Zürich. [Mit 1 Figur.] 47 S. 8. Zürich, Gebr. (*Umschlag*: J.) Frank, 1902.

Steffan, Bruno, appr. Arzt aus Wädenswil: **Ueber Glykosurie und deren Beeinflussung durch** Medikamente. *München 1902: Kastner & Lossen.* (36 S.) 8°
München, Med. Diss. v. 1902

Steffan, Emil, s.a. Uessel, Gottfried [Pseud.]

§ **NESSEL,** Gottfr. (d. i. der chem. Pastor *Emil Steffan* in Berlin). Leokadie. Bilder aus der Gesellschaft. (Roman.) Leipzig, Justus Naumann, 1868. 8°. (Auch in Rostock, Landesbibl.) (11 Mk. W. H. Kühl, Berlin, c. 1882; 12 Mk. Völcker, c. 1883; 10 Mk., schönes, wie neues Expl. im Orig.-Cartonbd., Friedr. Klüber, 1898.)
2 Bll., 472 S., 1 Bl. Verlag d. Firma. — Vom Vf. in fast allen Expln. aufgekauft u. dadurch selten geworden.

[Steffan, Johann Gottfried.] Traugott Schiess. Landschaftsmaler... s. [Pestalozzi, Friedrich Otto.] Johann Friedrich Dietler.... [Zürich.]

Steffan, Josef [aus Ueberlingen]: Über die Ernährung der Bauern....
Würzburg, Becker's Univ.-Buchdr., 1890; 37 S. 8°
Würzburg, Med. Fak., Inaug.-Diss. v. 1890

Steffan, Ph., das Auge im gesunden und kranken Zustande, sowie seine Pflege in beiderlei Fällen, und der Gebrauch der Brillen, nach dem jetzigen Standpunkte der Augenheilkunde „allgemein verständlich" dargestellt. gr. 8. (IV und 40 S. mit 2 Stnt.) Erlangen 862, Enke's Verlag. *

Steffan, Ph., klinische Erfahrungen und Studien im Zeitraume der J. 1867—69. gr. 8. (III, 72 S. mit 1 Lithogr.) Erlangen [Stuttgart] 869, Enke. (*M. 1,50.) *

Steffan, Ph., Erfahrungen u. Studien über die Staaroperation im Zeitraum der Jahre 1861—1867. Ein Vorwort zum 5. Jahresberichte meiner Augenheilanstalt. Erlangen 867. Enke's Verlag. Lex.-8. (62 S. mit 1 Steintaf. Abbild.) n. 12 ngr.

Steffan, Ph., Was können wir, der Einzelne sowohl wie Gemeinde und Staat, dazu beitragen, dem Übel der Blindheit zu steuern? Vortrag, gehalten bei Gelegenheit des vierten allgemeinen Blindenlehrer-Kongresses zu Frankfurt a. M. am 25. Juli 1882. gr. 8. (23 S. mit 1 Tab.) Frankfurt a. M. 882, Auffarth. *

Steffan, R[udolf]. Johann Gottfried **Steffan, Landschaftsmaler. [Mit 34 Abbildungen und 6 Tafeln.] 46 S. 4. Zürich, Berichthaus** (Komm. Fäsi & Beer). **[fr. 3. —]**
Neujahrsblatt für 1909 der Zürcher Kunstgesellschaft.

Steffani, Agostino, Bischof von Spiga, s. Woker, F. W.

Steffani, A., Sendschreiben von der Gewißheit der Musik. 4. Eisenach 760. Wittekind. 4 gr.

Ausgewählte Werke von Agostino **Steffani** ⟨1654–1728⟩. Hrsg. von Alfred Einstein u. Adolf Sandberger. Ausarbeitung d. Basso continuo von Franz Bennat. T. 1. Leipzig: Breitkopf & Härtel 1905. 2°(4°)
= **Denkmäler** deutscher Tonkunst. Folge 2. Jg. 6, Bd 2. [6. 6976

Steffani, C. F., histor. Fragen u. deren Beantwortung f. die Jugend. 8. Gotha 811. 2e A. 817. Steudel. **12 gr.**

— Luthers Leben 2c., s. M. Luthers Werke, Supplem.

Steffani, J., biblische Bilder des alten Testaments. Zum Vorlesen in Landkirchen beim Nachmittagsgottesdienst. gr. 8. (VIII, 182 S.) Gotha 880, Gläser.

Steffani, Joh., Geschichte der evangelischen Parochien in der Prov. Posen, s.: Werner, Alb.

Steffani, Jul., sonntägliche Nachmittags-Andachten oder fortlaufende Betrachtungen über das Evangelium Lucä zum Vorlesen in Landkirchen und zur häusl. Erbauung. gr. 8. (X und 200 S.) Gotha 855, Müller.

Steffani, Jul., Predigten auf alle Sonn- u. Festtage d. ganzen Jahres zum Vorlesen in Landkirchen so wie zur häusl. Andacht. 4 Hfte. gr. 8. (VIII u. 704 S.) Gotha 847—50, Müller. (à 1/3 ℛ) 1 1/3 ℛ

—— Predigten über freie Texte zum Vorlesen in Landkirchen so wie zur häusl. Andacht. 1—4. Lfg. gr. 8. (VII und S. 1—411.) Gotha 854, Thienemann. à Lfg. 7 1/2 Ngr.

Steffani, Steph. Archaismen und Vulgarismen in den vergilianischen Eklogen. 34 S. 8. Progr. *Mitterburg* 1884.

Steffani, Stefano: [Professor Gian Antonio Galzigna † 26. settembre 1901.] S. 44. 8. Progr. I. r. ginn. sup. *Capodistria* 1902.

Steffani, W., aus d. Skizzenbuche e. Lieutenants. 12 lust. (Lichtdr.-) Bilder aus Lieutenants Lieb' u. Leben. 4. (1 Bl. Text.) Berlin 895. W. Schultz-Engelhard. In Mappe n. 5. —

Steffanides Franz: Kaiserin Adelheid, Gemahlin Otto I. des Großen. (92). Böhm. Leipa R. 98. Progr.

Steffanides Franz: Ernst der Eiserne, Herzog von Steiermark, und seine Gemahlin Cimburgis, die zweite Stammutter des Hauses Habsburg. 90. Böhm. Leipa R. 89. Progr.

Steffanides, Franz: Katalog der Lehrerbibliothek 97 S. Laun, St. R., Progr. 1875

Steffanides F.: Wipo und seine Schrift: „Das Leben Kaiser Konrads II. (32.) Leipa R. 83. Progr.

Steffanius, Jo. Jac., de somnambulis. Bas. 701. 4.

Steffann, Emil

Steffann, E., Adventsklänge aus alter Zeit. Sieben Adventsbetrachtungen über alttestamentliche Texte. Berlin 856. W. Schultze. 8. (2 Bl., 124 S.) 10 ngr.

Steffann, Emil, die Bibel ist Gottes Wort. Vorträge. 2. verm. Aufl. gr. 8. (57 S.) Berlin 870, Rother. *

Steffann, E., e. Blatt aus der Lippeschen Rose. 8. (VI, 122 S.) Barmen 889. Wiemann. 1. 50

—— ein Blick in die letzte Adventszeit. Vortrag gehalten in Berlin am 2. Dezbr. 1873. gr. 16. (29 S.) Berlin 874, Beck. *

Steffann, Emil, eine Blüthe aus dem Völkerfrühlinge, s.: Familien-Bibliothek.

—— der Dreieinige. Predigten. 2 Abthlgn. gr. 8. Stuttgart 868, S. G. Liesching. [Gütersloh, Bertelsmann.] [1. Abthl. (III und S. 1—176.) * 16 Ngr., 2. Abthl. (S. 177—495.) * 1 Thlr.]

— e. Dulderin, s.: Sammlung kleiner Volksschriften.

—— Das Ende kommt. Versuch e. Auslegg. der Kapitel 24 u. 25 nach St. Matthäus. 8. (52 S.) Basel 891, Jaeger u. Kober. * — 40

Steffann, E. Das Ende kommt. Versuch einer Auslegung der Kapitel 24 und 25 nach St. Matthäus. In-8°. 52 S. Basel, C. F. Spittler. 1891.

— das Ende der Zeiten. Vorträge über die Offenbarung des heiligen Johannes. Berlin 870. Heinersdorff. br. 8. (XII, 378 S.) n. 1 ℛ 20 ngr.

—— die Freigemeindler. Novelle. gr. 8. (IV, 400 S.) Leipzig 871, J. Naumann. (*ℳ 6.) * geb. (*ℳ 7,50.) *

—— des Herrn Gaben für die Großen durch die Kleinen. Predigt über Ev. Matth. 18, 2—6. zur 21. Jahresfeier des Vereins zur Förderung der Klein-Kinder-Bewahr-Anstalten am Geburtstage J. Maj. der Königin, den 13. Novbr. 1851 gehalten. gr. 8. (19 S.) Berlin 854, W. Schultze. **

— die Gleichnisse des Herrn. Fingerzeige zu deren Deutung. 8. (188 S.) Nördlingen 879. Beck. 1. 80

Steffann, Emil, aus der Gründerzeit, s. Familien-Bibliothek.

— Jesus allein. Predigten gehalten im Kirchenjahr 1855—1856. 1. Abth.: Die heilige Weihnachtszeit. — 2. Abth.: Die heilige Epiphaniaszeit. Ebend. 856, 58. gr. 8. (96; 96 S.) Jede Abth. 10 ngr.

Steffann, E., Jesus allein. Predigten. 3. Abth. Die heilige Passionszeit. 2 Hefte. Berlin 859, 61. W. Schultze. gr. 8. (212 S.) 22 1/2 ngr.

Steffann, E., ist Berlin frei? Predigt über Ev. Joh. Cap. 8, v. 36 bei der Gedenkfeier an die Schlacht von Großbeeren gehalten am 23. Aug. 1863 in der St. Bartholomäus-Kirche. gr. 8. (13 S.) Berlin 863, (Beck.)

—— der König ein Bekenner des Herrn. Predigt zur Gedächtnißfeier weyl. Königs Friedrich Wilhelm IV. von Preußen. Gehalten über Matth. 10, 32 in der St. Bartholomäuskirche, am 17. Febr. 1861. gr. 8. (16 S.) Berlin 861, (W. Schultze.) **

Steffann, E., Bogatzky's Leben, s. Sonntags-Bibliothek.

—— Maria und Martha. Vortrag. gr. 16. (52 S.) Berlin 866, (Matthies.)

Steffann, Emil, aus einem Pfarrerleben. Erzählung. 8. (58 S.) Barmen 885, Klein. *

Steffann, Emil, Predigt zur 39. Jahresfeier des Vereins für die sieben Goßner'schen Klein-Kinder-Bewahranstalten gehalten in der Bethlehemskirche zu Breslau. gr. 8. (8 S.) Berlin 874, Beck. *

—— das Sacrament der heiligen Taufe, s. Sacrament, das.

—— der Sieg bei Leipzig ein Sieg über die Revolution. Predigt über Psalm 143, 5. bei der Gedenkfeier der Leipziger Schlacht gehalten am 18. Oktbr. 1863 in der St. Bartholomäus-Kirche. gr. 8. (13 S.) Berlin 863, (Beck.)

—— Pastor Treue, s. Familien-Bibliothek.

—— Thut Buße! Predigt über Jak. 1, 13—16. Auf Veranlassung eines vierfachen Kindermordes zu Berlin gehalten. gr. 8. (14 S.) Berlin 854, (W. Schultze.) **.

— die Waisen aus Morgenland die Strafprediger f. die heutige Christenheit. Vortrag geh. in Fürstenwalde zum Epiphanienfeste am 6. Januar 1874. 8. (24 S.) Ebend. 874. n. — 40

—— warum durch Kreuz? Predigt über 2. Corinther 12, v. 9. gehalten am Sonntage Seragesimae in der St. Bartholomäus-Kirche. gr. 8. (15 S.) Berlin 864, (Beck.) *

—— Israels Zukunft. Predigt über Römer 11, v. 25—32. gehalten am 31. Mai 1866. gr. 8. (16 S.) Berlin 866, (Beck.) *

Steffano Carini. Ein Roman. kl. 8. Breslau 842, Max u. Comp. 1 1/3 ₰

Steffanus, Jo. Jac., Diss. de somnambulis. 20 pp. Bas. 4°. 1702

Steffe, Hermann: Über die Bildungstemperaturen einiger Eisenoxydul-Kalk-Schlacken und einiger kalkfreien Eisenoxydul-Schlacken, deren Kenntnis für das Verschmelzen der Bleierze Bedeutung hat 1908. 21 S. 8°
Berlin, Dr.-Ing.-Diss. v. 27. 3. 1908

Steffeck, b. Schutz gegen Flurschädigungen durch gewerbl. Einwirkgn., s.: König, J.

Steffeck, G., Vade mecum für Gutskäufer und Pächter. Eine Anleitung zur Ermittelung des temporairen Kapitalwerths von Landgütern. 8. (86 S.) Berlin 864, (R. Kühn.) *

Steffeck, Hans, der gärtnerische Ackerbau als Hülfe f die deutsche Landwirthschaft. gr. 8. (VII, 43 S. Berlin 883. R. Kühn n. 1. —

Steffeck, H., üb. d. Phosphorsäurewirkg. d. Knochenmehle, s.: Maercker.

Der Steffelbauer von Feldmoching und die Sozialdemokraten, s.a. Kiefer, A.

Steffelbauer (Der) von Feldmoching und die Socialdemokraten. (Eine wundersame Geschichte, wie der Steffelbauer in München mit den Socialdemokraten zusammengekommen ist, etc.) Das Ganze erzählt vom Steffelbauer selber. 8°. München, Sigm. Politzer, 1878. 2. Aufl. 8°. München, Alois Kiefen, 1878.

Steffen, Der Kantor, und sein alter Hauskater . . . Gera 1802. V: *Bornschein, Joh. Ernst Dan.* (NN)

Steffen, Kantor, u. sein alter Hauskater, e. kom. Gesch. m. Dokumenten, v. E. Bornschein. 8. Gera, Haller. 802.

Steffen von Kuhbergen, Junker. Berlin 1785 (IV, 3705). Nach GGr ³IV, I, 609, 84, 3) wäre *Joh. Erdmann Keck* der Verf. (DARP)

Steffen von Kuhbergen, Junker. 1785. V: *Sintenis, Christian Friedrich* [?]. (GGr) (Ebeling, Gesch. d. kom. Lit. 3, 598.)

Steffen, . . ., s. Cholera, die epidemische, in Stettin.

Steffen, Karten v. Mykenai. Auf Veranlassg. d. kaiserl. deutschen archäolog. Instituts aufgenommen. 2 Blatt: Mykenai m. Umgebg., 1 : 12 500; Akropolis u. Mykenai, 1 : 750. Kpfrst. u. chromolith. Imp.-Fol. Mit erläut. Text v. St., nebst e. Anh. üb. die Kontoporeia u. das mykenisch-korinth. Bergland v. H. Lolling. Mit (chromolith.) Uebersichtskarte v. Argolis. gr. 4. (48 S. m. eingedr. Fig.) Berlin 884. D. Reimer. n. 12. —

Steffen, . . ., s. Magazin architekton. Verzierungen.

Steffen, Rede des delegirten Altschottischen Obermeisters bei Gelegenheit der 100jähr. Jubelfeier der del. Altschott. Loge z. funkelnden Morgenstern im Or. zu Stettin am 17. Jan. 1863. 4. 43 S. lithogr.

Steffen. Die Verhandl. d. 2. Vers. d. Dtschn Veterinärrates am 24. 4. 75 betr. d. Geniessbarkeit von Fleisch u. Milch aus tuberkulös. Rindern. (S.-A.) 1875. —

Steffen, Albert. Ott, Alois und Werelsche. Roman von A' St' [von Bern]. 392 [+ 6] S. 8. Berlin, S. Fischer, 1907. [M. 4. —, geb. 5. —]
2. [unveränderte] Aufl. 1907.

Steffen, Alb., geistlicher Posaunenschall der Gerechten zur Jugend, u. d. Sündern zur Buße. Fol. Augsb. 729.

Steffen, Alex., unsere Blumen im Garten. Praktische Anleitg. f. Liebhaber u. Gärtner zur Anzucht, Verwendg. u. Pflege der schönsten Blumen im Garten. (VI, 235 S. m. 205 Abbildgn.) gr. 8. Frankfurt a/O. 905. Trowitzsch & Sohn. Geb. in Leinw. n. 3. —

Steffen, Alex., unsere Blumen im Garten. Prakt. Anleitg. f. Liebhaber u. Gärtner zur Anzucht, Verwendg. u. Pflege der schönsten Blumen im Garten. 2. verm. u. verb. Aufl. (VII, 290 S. m. 217 Abb.) gr. 8. Frankfurt a/O. 908. Trowitzsch & Sohn. Geb. in Leinw. 3. —

Blumen für Kinder. Kurze Anleitung z. Pflege d. gebräuchlichsten Blumen im Zimmer. Hrsg. von Alexander **Steffen**. Mit 6 Abb. Frankfurt a. d. O.: Trowitzsch & Sohn [1905]. (13 S.) 8° [F.] [06. 1939

— Handbuch des Privatgärtners, s.: Steinemann, F.

Steffen, August

Steffen, A., zur pathologischen Anatomie des kindlichen Alters. gr. 8. (IX, 327 S.) Wiesbaden 801. J. F. Bergmann. n. 8. —

Steffen, A., die malignen Geschwülste im Kindesalter. (VIII, 276 S.) Lex.-8. Stuttgart 905. F. Enke. n. 8. —

Steffen, A., Handbuch der Krankheiten des Respirations-Apparates, s. Handbuch der speciellen Pathologie und Therapie.

Steffen, A., s.: Jahrbuch f. Kinderhoilkunde.

Steffen, A., Klinik der Kinderkrankheiten. 1. Bd.: Krankheiten der Lunge und Pleura. 2 Lfgn. Lex.-8. (XIII und 510 S.) Berlin 865, A. Hirschwald. à Lfg. * 1 Thlr. 15 Ngr. *

Steffen, A., Klinik der Kinderkrankheiten. 2. Bd. 2 Lfgn. gr. 8. Berlin, Hirschwald. [1. Lfg. (III, S. 1—252.) 869. * M 4,50.; 2. Lfg. (III, S. 253—657.) 870. * M 7,50.] *

Steffen, A., Klinik der Kinderkrankheiten. 3. Bd. Krankheiten d. Herzens. Mit 52 Holzschn. gr. 8. (VIII, 427 S.) Berlin 889. Hirschwald. n. 11. —
(1—3.: n. 32. —)

Steffen, A., die Krankheiten des Nervensystems, s. Handbuch der Kinderkrankheiten.

— üb. einige wichtige Krankheiten d. kindlichen Alters. Abhandlgn. u. Beobachtgn. aus d. Stottiner Kinderspital. gr. 8. (VII, 280 S.) Tübingen 895. H. Laupp. n. 5. —

Hofmanns und Ritschls Lehren über die Heilsbedeutung des Todes Jesu. Von Lic. Bernhard **Steffen**, Pred. Gütersloh: Bertelsmann 1910. 155 S. 8°
(Beiträge z. Förderung christl. Theologie. Jg 14, H. 5.) 11. 3669 3

Steffen, C., De actorum in fabulis Terentianis numero et distributione. Diss. 1872. 35 S.

Steffen, C., Rechtskunde f. Kaufleute, s.: Grogg, H.

Steffen, Carl Friedrich Wilhelm Emil,
s. Steffen, Karl Friedrich Wilhelm Emil

Steffen, Chr., Handbuch der tierärztl. Chirurgie. s.: Stockfleth.

Steffen, die Lungenseuche-Impfung u. ihre Antiseptik, s.: Schütz.

Steffen, Curt, s. Steffen, Kurt

Steffen, E., die alten deutschen Könige. Historische Gedichte. (VI, 243 S.) gr. 8. Göttingen 904. L. Horstmann. n. 3. — ; geb. n. 4. —

Friedrich Nietzsche's Weltanschauung und Lebensmaximen nach seinen Werken. 7 Essais von E. **Steffen**. *Göttingen: L. Horstmann 1903.* (96 S.) 8° [F.] 03. 8155

Steffen, Eduard

Steffen, Ed., die Behandlung der freien Hernien m. Alkoholinjektionen, s.a. Sammlung klinischer Vorträge.

Steffen, Ed[uard]. Die Behandlung der freien Hernien mit Alkoholinjektionen, (Mitteilungen ...) von Ed. St', Regensdorf ⟨Zürich⟩. Sammlung Klinischer Vorträge, begründet von Richard von Volkmann. Neue Folge .... Nr. 369. ⟨Heft 9 der XIII. Serie.⟩ (Chirurgie Nr. 103.) Ausgegeben März 1904. II + ⟨38⟩ S. = S. 27—64. gr.-8. Leipzig, Breitkopf & Härtel, 1904. Einzel-Ausgabe M. —. 75

Kurze Geschichte der evangelischen Gemeinde Geldern. 1703—1903. Aus Anlaß d. Feier des 200jähr. Bestehens der Gemeinde 1903 hrsg. von Eduard **Steffen**, Pfarrer in Geldern. Geldern: H. Boschuk Wwe in Komm. 1903. (24 S.) 8°

Steffen, Ed., über Radicaloperation der Hernien. Inaugural-Dissertation. gr. 8. (44 S.) Wien 879, Urban und Schwarzenberg. *

Steffen, Elly

Steffen, E., Sternschnuppen. 100 Bilder, Skizzen u. Gedanken. (159 S.) 8. Leipzig 906. Modernes Verlagsbureau. 3. —

Sternschnuppen. 100 Bilder, Skizzen, u. Gedanken von E[lly] **Steffen**. Berlin-Leipzig: C. Wigand 1906. (157 S.) 8° [F.] 08. 5614

Steffen, Elly, aus deutscher Vorzeit, s.a. Bücherei, deutsche.

Aus deutscher Vorzeit. 4 alte Werke deutscher Dichtung in kurzer neuhochdeutscher Prosafassung f. d. deutsche Volk hrsg. von Elly **Steffen**. Berlin: Deutsche Bücherei [1907]. (127 S.) 8° [F.]
= **Bücherei**, Deutsche. Bd 86. 08. 2290

Steffen, Emil. Das Vereins-Zollgesetz vom 1. Juli 1869, nebst Begleitschein-Regulativ, Niederlage-Regulativ, Eisenbahn-Zollregulativ u. Post-Zollregulativ vom 5. Juli 1888, m. den dazu erlassenen Anweisgn. u. Ausführungsbestimmgn. unter Beifügg. e. ausführl. Sachregisters. gr. 8. (195 S.) Hamb. 889, Oberstedt u. Schering Nachf. * 3 —; cart. * 4 —

Steffen, E., der deutsche Zolltarif, nebst den Bestimmungen über die Tara, mit Anmerkungen und Erläuterungen nach Maßgabe des amtl. Waarenverzeichnisses und ergangener spezieller Bestimmungen auf Grund amtl. Quellen hrsg. gr. 8. (IV, 174 S.) Hamburg 888, Marquardt und Schering. cart. *

Steffen, Erich, approb. Arzt aus Frankfurt a. O.: Ueber einen Fall von erfolgreicher Arsenbehandlung bei Pseudoleukämie. *Leipzig 1903: B. Georgi.* (20 S.) 8°
Leipzig, Med. Diss. v. (8. Juli) 1903

Steffen, F., das Gebet zu Christo biblisch und historisch beleuchtet. gr. 8. (22 S.) Anklam 869, Dietze's Verlag. [Wriezen, Riemschneider.] *

Steffen, Georg

Steffen, G., De canone Aristophanis et Aristarchi 1876. s.a. Aristarchus.

Steffen, Geo., de canone qui dicitur Aristophanis et Aristarchi. gr. 8. (58 S.) Leipzig 876, [Krüger und Roskoschny.] Kummer. *

Steffen, Georg, Ref. in Berlin: Die Rechte des Besitzers gegenüber dem Eigentümer wegen Verwendungen. Berlin 1900: W. Pilz. (65 S.) 8°
Leipzig, Jur. Fak., Diss. v. 30. Juli 1900
[Geb. 3. Jan. 83 Straßburg i. Els.; Wohnort: Berlin; Staatsangeh.: Preußen; Vorbildung: Joachimsthalsches Gymn. Berlin Reife O. 02; Studium: Freiburg i. B. 1, München 2, Berlin 3 S.; Rig. 7. Nov. 05.]

Steffen, Georg: Stichworte zu dem Unterrichte in der Geschichte des germanischen Altertums, des Mittelalters und der Neuzeit. 1. Heft. Leipzig, Druck v. O. Dürr, 1889; 122 S. 8°
Leipzig, Nicolai-G, OP 1889 (514)

Steffen, Geo. Stichworte zu dem Unterrichte in der Geschichte d. germanischen Altertums, d. Mittelalters u. der Neuzeit. 1. Heft. gr. 8. (122 S.) Lpz. 889, (Hirschfeld). * 1 20

Steffen, Geo., die Teilnahme Minderjährigor an patriotischen Versammlungen in Sachsen. gr. 8. (16 S.) Leipzig 899. C. L. Hirschfeld. n. — 50

Aus dem modernen England [Från det moderna England]. Eine Auswahl Bilder u. Eindrücke von Gustaf F. **Steffen**. Vom Verf. verm. u. umgearb. deutsche Ausg. mit 134 Text-Ill. u. 11 Taf. Aus d. Schwed. von Dr. Oskar Reyher Leipzig: P. Hobbing 1895. (436 S.) 8°

Steffen, Gust. F., aus d. modernen England. E. Auswahl Bilder u. Eindrücke. V. Verf. erweit. u. umgearb. deutsche Ausg. M. 134 Textabb. u. 11 Taf. Aus dem Schwed. v. Osk. Reyher. 2. (Titel-)Aufl. gr. 8. (VIII, 439 S.) Stuttgart (895) 896. Hobbing & Büchle. n. 7. —; geb. n. 9. —; fein geb. m. Goldschn. n. 10. —

Steffen, Gust. F., England als Weltmacht u. Kulturstaat. Studien üb. polit., intellektuelle u. ästhetische Erscheingn. im brit. Reiche. Deutsche vom Verf. durchgeseh. Ausg., aus dem Schwed. von Osc. Reyher. gr. 8. (IV, 432 S.) Stuttgart 899. Hobbing & Büchle. n. 6. —; geb. n. 7. 50

Steffen, G. F., England als Weltmacht u. Kulturstaat. Studien üb. polit., intellektuelle u. ästhet. Erscheingn. im brit. Reiche. Deutsche vom Verf. bearb. Ausg., aus dem Schwed. übers. v. O. Reyher. 2. Aufl. 2 Bde. gr. 8. Stuttgart, Hobbing & Büchle. Geb. in Leinw. je 3. 50; in 1 Leinw.-Bd. 6. —
1. Die Weltmacht. — Die Demokratie. (IV, 187 S.) — 2. Der Kulturstaat. (IV, 218 S.) 1902.

(B) **Steffen,** Gust. F., England als Weltmacht. 902. Jetzt: Stuttgart, A. Zimmer.

— in d. Fünfmillionen-Stadt. Kulturbilder aus d. heut. England. Verkürzte Textausg. d. illustr. Werkes „Aus d. modernen England" 1895. Aus d. Schwed. übers. v. Osk. Reyher. 8. (III, 387 S.) Leipzig 895. P. Hobbing n. 2. —; geb. n. 3. —

Steffen, Gustaf F(redrik): Ueber die Kaufkraft der Löhne erwachsener männlicher Arbeiter in England während des Durchbruches des Fabriksystemes ⟨1760—1830⟩. *Stuttgart 1901 [vielm. 1902]: A. Bonz' Erben.* (57 S.) 8°
Rostock, Phil. Diss. v. [21. Aug.] 1902
(Nur in beschränkter Zahl für den Austausch)

— Lebensbedingungen moderner Kultur. Sozialphilos., soziolog. u. sozialpolit. Studien. Vom Verf. bearb. Übersetzg v. Margar. Langfeldt. (IV, 372 S.) gr. 8. Jena 909. G. Fischer. 7. —

— London als Mittelpunkt des englischen Lebens. Neue [Titel-]Ausg. der Schrift: In der Fünfmillionenstadt. Kulturbilder aus dem heut. England. Autoris. Uebersetzg. aus dem Schwed. v. Osk. Reyher. 8. (III, 387 S.) Stuttgart [895]. (901.) Hobbing & Büchle. n. 2. —; geb. n. 3. —

Steffen, Gust. F., John Ruskin. Eine biograph. Skizze. [Aus: „England als Weltmacht u. Kulturstaat".] gr. 8. (27 S.) Ebd. 902. n. — 50

(B) — John Ruskin. 902. Jetzt: Stuttgart, A. Zimmer.

— Streifzüge durch Großbritannien. Schilderungn. u. Beobachtungen aus Stadt u. Land. Aus d. Schwed. v. Osk. Reyher. gr. 8. (VIII, 392 S. m. Abb. u. 8 Taf.) Stuttgart 896. Hobbing & Büchle. n. 7. —; geb. n. 9. —

— Streifzüge d. Großbritannien. 896. Jetzt: Stuttgart, A. Zimmer.

— Studien zur Geschichte der englischen Lohnarbeiter, m. besonderer Berücksicht. der Veränderungen ihrer Lebenshaltungen. I. Bd. 3 Thle. gr. 8. (VI, 511 S.) Ebd. 900 901. n. 11. —

Studien zur Geschichte der englischen Lohnarbeiter mit besond. Berücks. d. Veränderungen ihrer Lebenshaltungen. Von Gustav F. Steffen. Bd 1, T. 1. *Stuttgart: Hobbing & Büchle 1900.* 8° [00. 1564

— dasselbe. II. Bd. 1. Thl. gr. 8. (160 S.) Ebd. 902. n. 3. —

Steffen, Gust. F., Studien zur Geschichte der englischen Lohnarbeiter, m. besond. Berücksicht. der Veränderungen ihrer Lebenshaltungen. II. Bd. 2. Tl. u. III. Bd. 2 Tle. Deutsche vom Verf. bearb. Ausg. aus dem Schwed., übers. v. Margarete Langfeldt. gr. 8. Stuttgart, Hobbing & Büchle. n. 11. —
II. (VI u. S. 161—337.) 904. n. 3. 50
III. (160 S. u. VIII u. S. 161—385.) 904. 905. n. 7. 50

— Studien z. Gesch. d. engl. Lohnarbeiter. Jetzt: Stuttgart, A. Zimmer. 905.

Steffen, H., die Düngungsfrage, s. a. Preisschriften u. Sonderabdrücke der deutschen landwirtschaftl. Presse.

Steffen. H: Die Düngungsfrage. Berlin 1891

Steffen, H., Futter u. Füttern des Rindes, s.: Preisschriften u. Sonderabdrücke der Deutschen landwirtschaftlichen Presse.

Steffen, H. Handbuch der Militär-Ökonomie u. Administration für die k. preuß. Artillerie. Mit Nachtrag 1. Koblenz 1841. Getr. Pag.

Steffen, H., das Thalhaus zu Halle a. S., s. Renaissance, deutsche.

Steffen, H. J., Wasserwerk zur Versorgung der Stadt Berlin mit reinem u. gesundem Quellwasser u. zur Bewässerung der Straßen. Aus dem Plane des Architekt Schramke mitgetheilt. Mit 1 Karte. Lex.-8. Berlin 845. (Eyssenhardt'sche Buchh.) n. 1/6 ₰

Steffen, Hans. Die Anfänge der Sage v. der Ciudad encantada de los Césares. gr. 8. (14 S.) Santiago 892. (Berl., Friedländer u. Sohn.) * — 80
Aus: Verhandlgn. d. deutschen wissenschaftl. Vereins zu Santigo, besonders abgedruckt.

Steffen, Hans, aus Baumgarth, Westpr.: **Beiträge** zur Geschichte des ländlichen Gesindes in Preußen am Ausgange des Mittelalters. *Königsberg i. Pr. 1903: Ostpreuß. Druckerei u. Verlagsanst.* (77 S.) 8°
Königsberg, Phil. Diss. v. 12. Mai 1903

Steffen, Hans: Das Thal des Rio Palena Carrileufu. Mit einer Uebersichtskarte und einem Profil. ([S.-A.] Verhandlungen des Deutschen Wissenschaftlichen Vereins zu Santiago. Bd. 3. S. 40—59.) Santiago 1895. 20 S. 8°.

Steffen, Hans [aus Fürstenwerder U/M.]: Unterfranken und Aschaffenburg. Eine geographische Studie auf Grundlage der „Bavaria" .... Halle a. S., Buchdr. v. Albert Naucke, 1886; 1 Bl. + 115 + 1 S. + 1 Bl. u. 2 Taf. 8°.
Halle, Phil. Fak., Inaug.-Diss. v. 27. Okt. 1886.

Steffen, Hans, Unterfranken und Aschaffenburg. Eine geographische Studie auf Grundlage der „Bavaria." Diss. Halle 1886, Lippertsche Buchh. 8°. 115 S. mit 2 Taf.

Vom Köhlerbub zum fürstl. Theaterdirektor. Erinnerungen aus meinem 40jähr. Bühnenleben von H(einri)ch Steffen. (Vorr.: Franz Hirsch.) *Braunschweig: B. Goeritz 1904.* (128 S.) 8° [F.] 104. 8611

Steffen, Heinr., s.: Zimmerer-Bewegung, die bremische.

Steffen, Hugo, s. a. Baudenkmäler deutscher Vergangenheit.

Steffen, Hugo: Baudenkmäler deutscher Vergangenheit. Hrsg. von Hugo Steffen, Architekt. Bd 1, H. 1. Berlin: O. Baumgärtel [1904]. 4°

Steffen, Hugo, malerische deutsche Bauten vergangener Zeit. Orig.-Zeichnungen m. Text. (96 Taf. m. IV, 22 S. Text.) 32×24,5 cm. München (908). Vereinigte Kunstanstalten. Geb. 12. —

Steffen, Hugo, Situation der Kohlenwerke zwischen Dux und Teplitz. gr. 8. (20 S. mit 2 eingedr. Holzschn. und 1 Karte in Farbendr.) Wien 879, Perles. *
Aus: Der Bergmann, besonders abgedruckt.

Steffen, Joan. (geb. Schalmey in Ostpr. 5. 12. 1827): De febris et functionis cutaneae necessitudine. Berolini (1853). (32 S.) 8°
Berlin, Med. Diss. v. 18. Aug. 1853

Steffen, Johann Heinrich, s. Steffens

Steffen, Johann Theodor (Ehrenbreitstein) A. S. 596/10

Dissertatio inauguralis historico-juridica de perpetua circulorum I. R. G. associatione Von der ewigen Crayss-Association. Präs. Johann Philipp Hahn. Mainz (Goebler) 13. IX. 1746. 68 S.
33270

Steffen, Joh(annes) Theod(orus) Aug(ustus): De endosmosi. Halis Saxonum (1848): Schmidt. 54 S. 8°
Halle-Wittenberg, Med. Diss. v. 7. Aug. 1848
Geb. Stettin 6. 12. 1825. V.
Verf. erlebte die Diplomerneuerung 1898 als Geheimer Sanitätsrat in Stettin, vgl. Anh. Nr. 407.

Steffen, Johannes, aus Stralsund: Über die Münchener Notkerhandschrift des 14. Jahrhunderts. *Greifswald 1900: F. W. Kunike.* (61 S.) 8°
Greifswald, Phil. Diss. v. 21. März 1900

Steffen, Jonk [Pseud.], s.a. Bayer, Maximilian

Steffen, Jonk, Oiowi — e. Hererospion? Eine Geschichte aus dem südwestafrikan. Kriege. Mit Titelbild, 2 Vollbildern u. 16 Vignetten v. E. Heims u. 2 Karten. (VI, 236 S.) 8. Berlin 910. „Heimat u. Welt"-Verlag. W. Weicher. Geb. in Leinw. 3. 60

Steffen, Jul., die Toilettseifen-Fabrikation auf kaltem Wege, wie sie in den größten Fabriken Deutschlands u. a. Länder, in Berlin, Magdeburg, Breslau, Leipzig, Wien, Hamburg, Frankfurt a/M. u. Paris, gehandhabt wird rc. 8. Berlin 842. (Stuhr'sche Buchh.) Versiegelt n. 1 ₰

Steffen, Karl Friedrich Wilhelm Emil

Steffen, Car. Frid. Guil. Aemil. (geb. Strasburg in d. Uckerm. 17. 5. 1830): Anaesthesiae cutaneae, muscularis nervi quinti specimen singulare. Berolini (1855). (31 S.) 8°
Berlin, Med. Diss. v. 2. März 1855

Steffen, Kurt

Steffen, Curt, Prof. Dr.: Abschiedsgesang (bei der feierlichen Entlassung der Abiturienten 1899). *Leipzig: Dürr in Comm. 1899.* (S. XXIII.) 4°
Leipzig, Nicolai-G, OP 1899 (571)

Steffen, Kurt. Zu Pind. Nem. VII und zu Horat. carm. I 22. 18 S. **Progr.** Nik. *Leipzig* 1882.

Steffen, Lena, der Bobby aus Java. Berndeutsche Scene. 8. (27 S.) Aarau 901. H. R. Sauerländer & Co. n. — 50

Steffen, Ludwig [app. Arzt aus Hildesheim]: Ueber die Behandlung deform geheilter Knochenbrüche der unteren Extremität ... Hildesheim, Druck d. A. Laxschen Buchdr., 1897; 39 S. 8.
Göttingen, Med. Fak., Inaug.-Diss. v. [6. März] 1897

Steffen, Ludw., über die Behandlung deform geheilter Knochenbrüche der unt. Extremität. Diss. gr. 8. (39 S.) Hildesheim 897. (Göttingen, Vandenhoeck & Ruprecht.) n. 1. 20

Steffen, Max, Einführung in den englischen kaufmännischen Briefwechsel. Zum Gebrauch an kaufmänn. Schulen u. zum Selbstunterricht. 8. (XII, 172 S.) Leipzig 901. A. Neumann. Geb. in Leinw. n. 2. 40

Steffen, Max, Einführung in den englischen kaufmänn. Briefwechsel. Zum Gebrauch an kaufmänn. Schulen u. zum Selbstunterricht. 3. verb. Aufl. (4.—7. Tauf.) (XII, 175 S.) 8. Leipzig 906. Aug. Neumann. Geb. n. 2. 40

Steffen, Max, Einführung in den englischen kaufmännischen Briefwechsel zum Gebrauch an kaufmänn. Schulen u. zum Selbstunterricht. 4. verb. Aufl. (7.—10. Tauf.) (XII, 175 S.) 8. Leipzig 910. Aug. Neumann. Geb. in Leinw. 2. 40

— La France. Choix de lectures de géographie. Für den Schulgebrauch hrsg. (109 S. m. 5 eingedr. Karten.) 8. Leipzig 906. G. Freytag. — Wien, F. Tempsky. Geb. 1. 20

Steffen, Max: Ueber die Landwirtschaft bei den altamerikanischen Kulturvölkern. Halle a. S. 1882: (Pierer in Altenburg). 38 S. 8°
Halle-Wittenberg, Phil. Diss. v. 29. Dez. 1882
Geb. Gross-Neuendorf a. d. Oder (Kr. Lebus) b. Wriezen (Mark) 18. 12. 1860. V.
Ersch. vollst. im Buchhandel Leipzig: Duncker & Humblot 1883. VIII, 139 S.

Steffen, Max, die Landwirthschaft bei den altamerikanischen Kulturvölkern. gr. 8. (VIII, 139 S.) Leipzig 883. Duncker & Humblot. n. 3. 20

Steffen, Nicolas: Poetische Beiträge zur Charakteristik der Zweibeiner, sowohl mit als ohne Flügel. Luxemburg: Bück 1862. 72 S. 12°

Steffen, Nicolas: Edges vun dohèm. E Lid fir d'Jongen, de bei de Contingent gin. Letzeburc'ch: Bück. – 8°

Steffen, Nicolas: Erinnerungen an das Musikfest vom 5. Juni 1864, abgehalten durch die Allgemeinen Luxemburger Musikvereine. Luxemburg: J. Müller 1864. – 2 S. 8°

[F.] Erinnerungen eines Pariser Nationalgardisten aus den Jahren 1870 — 1871 v. N. Steffen Sohn. M. Ill. v. Rich. Starcke-Weimar. H. 1. *Altenburg: S. Geibel [1896].* 8. (96 180,

Steffen Sohn, N., Erinnerungen e. Pariser Nationalgardisten aus d. J. 1870—1871. M. 49 Abb. v. Rich. Starcke u. e. Uebersichtskarte v. Paris u. s. Festungswerken. 8. (V, 432 S.) Altenburg 897. St. Geibel. n. 3. 60; geb. n. 4. 80
Erschien auch in 9 Hftn. à n. — 40.

Steffen, Nicolas: Die Feuersbrunst zu Fels. 1865. – 12°

Steffen, Nicolas: D' Fuosend zu Letzeburc'g. E lie'wegt Bild, duorgestalt vun engem Kenner. Letzeburc'g: M. Bourger 1869.

Steffen, Nicolas: E' Fuosendslid. Letzeburc'ch: Bück. – 2 S. 8°

Steffen, Nicolas: Die Gesangvereine und der Gesang. Text und Musik. Luxemburg: Bück. – 2 S. 8°

Steffen, Nicolas: D'Letzeburger Kirmeslid. Dem Turnverein gewidmet. Letzeburc'ch: Bück 1863 – 2 S. 8°

Steffen, Nicolas: E' L i d fir Jiderên. Letzebure'ch: Bück 1864.

Steffen, Nicolas: E' L i t c h e ' fir de Silvesterowent. Letzebure'ch: Bück 1866. – 4 S. 8⁰

Steffen, N., Mährchen und Sagen des luxemburger Landes. gr. 12. (IV und 264 S.) Luxemburg 853, Bück. *

Steffen, Nicolas: N e u j a h r s b i l d e r und Neujahrswünsche allen Luxemburgern gewidmet. Luxemburg 1868. – 4⁰

Steffen, Nicolas: Gesammelte S c h r i f t e n . Bd 1–6. Luxemburg: Bück, sp. Worré 1865–1867. – 12⁰
1. Euphrosine von Falkenstein. Grosse romantische Oper. 1865.
2. Kitzele oder: Das Pfingsfest zu Echternach. Grosse romantische tragi-komische Zauberoper. 1865.
3. Gidwiderengem sei' Gu, oder: Wie'n as at? E Kome'de'steck mat Gesank an engem Akt. 1865.
4. De Mêschter Uodem, oder: As et en? Oder as et en net? E Kome'de'steck mat Gesank an èngem Akt. 1865.
5. De Spirit als Hêle'chsman, oder: De Freier als Gêscht. E Kome'de'steck mat Gesank an èngem Akt. 1865.
6. Meister Hobel, oder: Der Mann von altem Schrot und Korn. Dramatisirte Novelle. 1867.

Steffen, Nicolas: V i v a t Sylvester! Vivat Letzebûrch! (Dem "Sang a Klang" zoerkannt.) Letzebure'ch: Bück 1857. 2 S. 8⁰

Steffen, Nicolas: W e r ist der Mann? Luxemburg. – 4 S. 8⁰

Steffen, Paul, a. Iserlohn in Westf.: Die Alliteration bei Tennyson. Kiel 1905: H. Fiencke. (VIII, 83 S.) 8°
Kiel, Phil. Fak., Ref. Holthausen, Diss. v. 25. Febr. 1905
[Geb. 22. Jan. 79 Iserlohn i. W.; Wohnort: Dortmund; Staatsangeh.: Preußen; Vorbildung: Realgymn. Dortmund Reife O. 99; Studium: Bonn 3, Berlin 1, Kiel 7 S.; Rig. 26. Nov. 04.]

Steffen, Paul, lateinische Formenlehre, s.: Kamprath's, Ernst, Schnellunterricht.

Steffen, Theodor: Histologische Vorgänge beim Veredeln, insbesondere bei Okulationen u. Kopulationen. Limburg a. d. Lahn 1008: Limburger Vereinsdr. 61 S. 8°
Würzburg, Phil. Diss. v. 14. Okt. 1908, Ref. Kraus
[Geb. 25. Juli 79 Hildesheim; Wohnort: Würzburg; Staatsangeh.: Hessen; Vorbildung: Gymn. Hildesheim Reife O. 98; Studium: Würzburg 8 S.; Rig. 19. Mai 08.] [U 09. 4177

Steffen, W., die beiden Dämel. Militär-Lustspiel in 3 Akten. 12. (41 S.) Bonn (899). P. Hauptmann. n. — 40

Dito. Lustspiel in 1 Akte von **W. Steffen**. *Bonn: A. Heidelmann [1900]*. (12 S.) 8° [F.]
= **Theaterbibliothek**, A. Heidelmann's. H. 29. [01. 1018

— s.: Heidelmann's, A., Theaterbibliothek.

Verfehlte H e i r a t s s p e c u l a t i o n . Lustspl. in 2 Akten von W. **Steffen**. Bonn: A. Heidelmann [1900]. (15 S.) 8⁰
= Theaterbibliothek, A. Heidelmann's. H. 24.

Die mutigen Jäger. Lustspiel in 2 Akten von W. **Steffen**. Bonn: A. Heidelmann [1904]. (16 S.) 8° [F.]
= **Theaterbibliothek**, A. Heidelmann's. H. 120. [04. 2664

Steffen, W. Lehrbuch der reinen u. technischen Chemie. Anorganische Experimental-Chemie. (Nach System Klever.) 1. u. 2. Bd. gr. 8. Stuttg., Maier. à Bd. * 16 —; * 32 —
1. Die Metalloide. Mit 2208 Erklärgn., 332 Experimenten u. 366 in den Text gedr. Fig. (XVI, 816 S.) 889.
2. Die Metalle. Mit 573 Erklärgn., 174 Experimenten u. 33 in den Text gedr. Fig. (XV, 588 S.) 893.

— dasselbe. Register zum 1. u. 2. Bd.: Anorganische Experimental-Chemie. gr. 8. (XX u. XII S.) Ebd. 893. Unentgeltlich (kplt. m. Register: n. 32. —)

— glückliche Menschen od. Christkindchen in der Dachstube. Schauspiel in 3 Akten. 12. (31 S.) Bonn (899). P. Hauptmann. n. — 40

Die heilige Nacht. Weihnachtsspiel in 1 Akt u. 1 lebenden Bilde von W. **Steffen**. Bonn: A. Heidelmann [1904]. (6 S.) 8° [F.]
= **Theaterbibliothek**, A. Heidelmann's. H. 115. [06. 2659

Steffen, W., die Nichten aus d. Stadt od. Besuch auf d. Lande. Lustspiel in 4 Akten. gr. 16. (30 S.) Bonn 898. P. Hauptmann. n. — 25

Das verhexte Rasiermesser. Lustspiel in 4 Akten von **W. Steffen**. *Bonn: A. Heidelmann [1900]*. (20 S.) 8° [F.]
= **Theaterbibliothek, A. Heidelmann's**. H. 30. [01. 1019

Unteroffizier S c h n a u z i g und Bauer Dämel. Militärlustsp. in 3 Akten von W. **Steffen**. Bonn: A. Heidelmann [1900]. (20 S.) 8⁰
= Theaterbibliothek, A. Heidelmann's. H. 20.

Steffen, Wilhelm, pr. Arzt: Beitrag zur Kenntnis der Wirkungsweise des v. Behring'schen Heilserums bei Diphtherie. Giessen 1910: v. Münchow. 15 S. 8°
Gießen, Med. Diss. v. 30. Juni 1910, Ref. Voit
[Geb. 8. Mai 58 Havighorst; Wohnort: Neukirchen, Fürstent. Lübeck; Staatsangeh.: Preußen; Vorbildung: Gymn. Eutin Reife O. 79; Studium: Kiel 4, Würzburg 1, Tübingen 1, Kiel 4 S.; Coll. 24. Juni 10; Approb. 3. April 86.] [U 10. 1167

Steffen, W(ilhelm): Zwei Generationen Bülows. Kulturbilder aus d. 17. Jh. Putbus 1908: Decker. S. 79—114. 8°
Putbus, k. Pd, in Festschr. z. Einweihung d. neuen Gymn.-Gebäudes, P 1908** [S 08. 462

Steffen, *Wilhelm* Katalog der Lehrerbibliothek der städt. Realschule i. U. 8 (1 Bl., 66 S.). Rsch. i. U. *Remscheid* 1890 (476)
Progr.

Steffen, Wilh., ein Patrouillenritt. Erzählung aus dem Kriege 1870/71. gr. 16. (82 S.) Reutlingen (900). R. Bardtenschlager. — 10

Steffen, Wilhelm: Zur Politik Albrechts von Mainz in den Jahren 1532 bis 1545. *Greifswald 1897: C. Sell.* (VII, 97 S.) 8°
Greifswald, Phil. Diss. v. 15. Okt. 1897

Steffen, Wilhelm, Dr.: Ein altmärkisches Rittergut in zwei Jahrhunderten. Putbus 1905: R. Decker. (S. 3—21.) 4°
Putbus, k. Pd OP 1905 (169)

Der Streithofer. Ländl. Schauspiel in 7 Akten von **W. Steffen**. *Bonn: A. Heidelmann [1901]*. (41 S.) 8° [F.]
= **Theaterbibliothek**, A. Heidelmann's. H. 32. [01. 3300 B

Steffen, Wilhelm, approb. Arzt aus Berlin: Aus d. pathol. Institute zu Kiel. Histologische **Untersuchung** eines Falles von Dystrofia musculorum progressiva. *Kiel 1901: Schmidt & Klaunig.* (22 S.) 8°
Kiel, Med. Diss. v. [12. Dez.] 1901

Steffen, Wilh., die meteorologischen Verhältnisse von Davos, unter besond. Berücksicht. der Feuchtigkeitsfrage. gr. 4. Basel 878. Davos, Richter. *

Steffen, Wilh., die meteorologischen Verhältnisse von Davos, unter besond. Berücksicht. der Feuchtigkeitsfrage. Mit officiellen meteorolog. Tabellen und 1 (lithogr.) Curventaf. gr. 4. (XXIII, 6 S.) Basel 878, Schweighauserische Buchh. *

Verheiratet ohne Frau. Militär-Lustsp. in 3 Akten von **W. Steffen**. *Bonn: P. Hauptmann [1899]*. (48 S.) 8° [F.] [01. 3953 B

— Die Waise od. St. Josephs Schutz, s.: Theater, kleines.

— Ein heiterer Weihnachtsabend, s. a. Heidelmann's, A., Theaterbibliothek.

Ein heiterer Weihnachtsabend. Militärlustspiel in 1 Akt von W. **Steffen.** Bonn: A. Heidelmann [1904]. (10 S.) 8° [F.]
— **Theaterbibliothek,** A. Heidelmann's. H. 132. 106. 2176

Rudolphi, Car. Asmund. praes., **Steffen,** Guil. August., [resp.] auctor (geb. Pasewalk 15. 8. 1792): De ranis nonnullis observationes anatomicae. Berolini (1815). (24 S.) 4°
Berlin, Med. Diss. v. 24. Juni 1815

Z. Funkelnden Morgenstern: **[Autogr.] Rede des Br. [Wilh. Aug.] Steffen bei Gelegenheit der hundertjährigen Jubelfeier der delegirten altschottischen Loge zum funkelnden Morgenstern im Or. zu Stettin am 17ten Jan. 1863. [Stettin 1863.] 43 S. 4° [Umschlagtit.]**
Tt. 2106. Sehr selten. Schildert die innere Gesch. der Loge u. die Verirrungen der Frmrei in der letzten Hälfte des 18. Jh.

Steffen, William, Pocket companion for students of the english and german languages. — Phraseologisches Taschenbuch der engl. und deutschen Sprache. 12. (III und 270 S.) Köln 858, Du Mont-Schauberg'sche Buchh. *

Steffen, Willibald *Erdmann Theodor* [aus Soldin '(Neumark)']: '(Aus d. II. medicin. Universitätsklinik zu Berlin.)' Das menschliche Sputum als Nährboden für Bakterien ... Berlin, Buchdr. v. G. Schade, *1894*; 33 S., 1 Bl. 8.
Berlin, Med. Fak., Inaug.-Diss. v. 6. März 1894

Steffen-Pierret, Nicolas: Ewég B l u m e n . Un den Dichter fum "Spâss an lérscht". Letzeburég 1877. – 1 S. 8°

Steffen-Pierret, Nicolas: E n g e l an Deiwel, oder: De Streidt fir dem Fèlten seng Leich. E Komédésteck an zwe'n Akten. Letzeburg: Joris 1880. – 35 S. 8°

Steffen-Pierret, Nicolas: E n g e l an Deiwel, oder: De Streidt fir dem Fèlten seng Leich. Komedestéck an zwen Akten. Muséck fum G. Kahnt. Letzebureg: G. Stomps [vor 1900]. – 35 S. 4°
= Nei Letzeburger Theaterstécker. No 3.

Steffen-Pierret, Nicolas: F i r emmer fort !? Onsem fillbetrauerten Nationaldichter Michel Lentz, gestuorwen den 8. September 1893, zo'erkant. – 1893. 1 Bl.

Steffen-Pierret, Nicolas: F r e i durch d'Lie'wen. Geschriwe fir d'Hochzeitsfest fum Nicolas Mreches mat der Marie Mertens, de 16 Abrèl 1895. Fun engem âle Fre'nd. Luxembourg. – 1 Bl. 4°

Steffen-Pierret, Nicolas: Den 1875er G r é c h e n . Letzeburég: Bück 1875. – 2 S. 8°

Steffen-Pierret, Nicolas: Den I n v a l i d . Komedestéck an èngem Akt. Muséck fum G. Kahnt. Letzebure: Stomps 1891. – 49 S. 4° *= Nei Letzeburger Theaterstécker. Klaweer-Partitur mat vollstènnegem Text. No 1.*

Steffen-Pierret, Nicolas: Eng Parti L a m o c k . E Bild no der Natur gezéchent. Letzeburg: Praum-Valentini 1894. – 15 S. 8°

Steffen-Pierret, Nicolas: M a n s f e l d fir émmer! E Gedichtgen, geschriewen fir d'Stiftongsfest fun der Gesellschaft, am Juni 1877, fun èngem Mitglied. Letzeburég: Bück 1877. – 1 S. 8°

Steffen-Pierret, Nicolas: D'Letzeburger M a r s e i l l a i s e . Letzeburg: Praum 1893. 1 Bl. – 4°

Steffen-Pierret, Nicolas: De Mêschter N e i m â n . Komedestéck an engem Akt. Muséck fum G. Kahnt. Letzebureg: G. Stomps [vor 1900]. – 52 S. 4°
= Nei Letzeburger Theaterstécker. No 4.

Steffen-Pierret, Nicolas: O n s t Létzeburég fir emmer. Letzeburég: Bück 1876. – 2 S. 8°

Steffen-Pierret, Nicolas: Op P e î s c h t m e n d é g . E Komedestéck mat Gesank an engem Akt. Muséck fum G. Kahnt. Letzebureg: G. Stomps [vor 1900]. – 42 S. 4°
= Nei Letzeburger Theaterstécker. No 6.

Steffen-Pierret, Nicolas: D' R o ' s am Dâl. Luxembourg 1897. 1 Bl. 8°

Steffen-Pierret, Nicolas: De W i é r w o l l e f . E Komedestéck mat Gesank an engem Akt. Muséck fum L. Menager. Letzebureg: G. Stomps [vor 1900]. – 35 S. 4°
= Nei Letzeburger Theaterstécker. No 5.

Steffenberger E. über Normalhöhen für Büchergeschosse. Kiel 1885

v. **Steffenelli,** Ant., üb. die Auflösung aller sphärischen u. geradlinigten Dreiecke durch eine einzige Grundformel; e. Abhandl. Mit 1 Kpf. gr. 4. Münch. 814. (G. Franz). 4 fl.

— Beitrr. zur Berechnung beobachteter Azimuthe. 4. München 814. (Lindauer.) 6 fl.

Steffenhagen, A., die modernen Berufsschulen, eine Anleitung, sich auf einem Gebiete der Pädagogik u. Culturpolitik wieder zu orientiren, auf welchem man die Tramontane verloren hat. [Abdr. aus dem Programm des Fr.-Fr.-Gymnasiums zu Parchim.] 4. (83 S.) Parchim 852, Wehdemann. n. 1/2 Thlr.

—— Exempelbuch zu einem Cursus in den Grundoperationen der allgemeinen Arithmetik für die Schüler der mittleren Classen der Gymnasien entworfen. Materialien zur Anwendung der Lehrsätze des „Compendiums der allgem. Arithmetik". gr. 8. (XIV und 166 S.) Leipzig 853, Brandstetter. *

Steffenhagen, A., und J. Heussi, Compendium der allgemeinen Arithmetik, bestimmt für Schüler der mittleren Classen der Gymnasien, nach method. Principien entworfen. 1. Curs.: Elemente der Grund- und Rangoperationen. gr. 8. (XX und 406 S.) Leipzig 852, Brandstetter. *

— Compendium der Planimetrie für Schüler der mittl. Classen der Gymnasien. Nach method. Principien entworfen. gr. 8. (XXII u. 391 S. m. 4 lith. Taf. in qu. gr. 4.) Parchim 847, Hinstorff. 1 1/6 Thlr.

Steffenhagen, A., französ. Orthoëpie. gr. 8. (38 B.) Parchim u. Ludwigslust 841, Hinstorff'sche Hofbuchh.

— zur Reform der deutschen Gymnasien. gr. 8. (128 S.) Berlin 848, Vereins-Buchhandlung. 1/2 Thlr.

Steffenhagen, E., die Entwicklung der Landrechtsglosse d. Sachsenspiegels. VII—IX. [Aus: „Sitzungsberichte d. k. Akad. d. Wiss."] Lex.-8. Wien, (Tempsky). n. 2. 60 (I—IX.: n. 7. 30)
VII. Der Glossenprolog. (43 S.) 886. n. — 70
VIII. Verzeichniss der Handschriften u. Drucke. (64 S.) 887. n. 1. —
IX. Die Ueberlieferung der Buch'schen Glosse. (51 S.) 887. n. — 80

— der Pflichtexemplarzwang in der Prov. Schleswig-Holstein. Eine Schutzschrift. gr. 8. (23 S.) Kiel 890. (Lipsius & Tischer.) n. 1. —

Steffenhagen, Emil, die neue Aufstellung der Universitäts-Bibliothek zu Kiel. Eine Denkschrift zur Orientierung. Mit einer Beilage und 2 (lithogr.) Grundrissen. Als Mscr. vervielfältigt. gr. 8. (23 S.) Kiel 883, (Lipsius und Tischer.) *

Steffenhagen, Emil (Jul. Hugo), Beiträge zu v. Savigny's Geschichte des römischen Rechts im Mittelalter. Aus den Handschriften der königl. Bibliothek zu Königsberg mitgetheilt. 1. Aufl. 1859. und 2., unveränd. Titel-Ausg., nebst einer Vorbemerkung. gr. 8. (39 S.) Königsberg (859)61, Gräfe und Unzer. *

*Bericht über die Verwaltung der Königlichen Universitäts-Bibliothek zu Kiel (v. Emil Steffenhagen) im Etatsjahr 1882/83 1884/85, 1887/88—1893/94, 1895/96 ff. Kiel. 1883 ff. 8°.

Steffenhagen, Emil, das Bibliothekgebäude der Universität Kiel u. seine Erweiterung. Eine Denkschrift. Mit e. Anh. u. 4 Zeichngn. gr. 8. (24 S.) Kiel 900. (Coburg, E. Riemann.) n. 2. —

Das Bibliothekgebäude der Universität Kiel und seine Erweiterung. Eine Denkschrift von d. Director d. Univ.-Bibliothek Dr. Emil Steffenhagen. Mit e. Anh. u. 4 Zeichnungen. *Kiel 1900: Vollbehr & Riepen.* (24 S.) 8° [J.] [00. 10918 B

Steffenhagen, Emil (Jul. Hugo), die neun Bücher Magdeburger Rechtes oder die Distinctionen des Thorner Stadtschreibers Walther Ekhardi v. Bunzlau. Eine Abhandlung zur Quellenkunde des deutschen Rechtes als Prolegomenon zu einer neuen Ausg. gr. 8. (III und 33 S.) Königsberg 865, Gräfe und Unzer. *
Aus: Altpreußische Monatsschrift, mit einer lithogr. Schriftprobe, besonders abgedruckt.

Steffenhagen, Emil, der Einfluss der Buch'schen Glosse auf die späteren Denkmäler. I. II. [Aus: „Sitzungsber. d. k. Akad. d. Wiss."] Lex.-8. Wien, (F. Tempsky). n. 1. 90
I. Das clevische Stadtrecht. (60 S.) 893. n. 1. 30
II. Das Berliner Stadtbuch. (25 S.) 894. n. -- 60

— üb. den Einfluß fest bestimmter Größenklassen der Bücher auf Raumausnutzung in Bibliotheken. Mit besond. Rücksicht auf die Kieler Universitäts-Bibliothek. gr. 8. (11 S.) Kiel 892. (Lipsius & Tischer.) n. — 80

Über den Einfluß fest bestimmter Größenklassen der Bücher auf Raumausnutzung in Bibliotheken. Mit besond. Rücks. auf d. Kieler Univ.-Bibliothek. Von Dr. Emil Steffenhagen. Als Ms. gedr. Kiel 1892: Schmidt & Klaunig. (11 S.) 8° [J.] [07. 9603 2

Steffenhagen, Emil, die Entwicklung der Landrechtsglosse des Sachsenspiegels. I. u. II. [Aus: „Sitzungsber. d. k. Akad. d. Wiss."] Lex.-8. (39 S.) Wien 881. 82. Gerold's Sohn in Comm. n. 1. 40
I. Eine interpolierte Glossenhandschrift. (39 S.) n. -- 60
II. Die Stendaler Glosse. (50 S.) n. — 80

— die Entwicklung der Landrechtsglosse d. Sachsenspiegels. III—VI. Lex.-8. Wien, Gerold's Sohn. n. 3. 40 (I—VI.: n. 4. 80)
III. Die Petrinische Glosse. (54 S.) 882. n. — 80
IV. Die Tzerstedische Glosse. (40 S.) 884. n. — 60
V. Die Bockdorf'schen Additionen. (85 S.) 885. n.n. 1. 30
VI. Die Fuldaer Glossenhandschrift. (42 S.) 886. n.n. — 70

Steffenhagen, Emil, die Entwickelung der Landrechtsglosse des Sachsenspiegels. V.—IX. Lex.-8. Wien, (Tempsky.) *
Inhalt:
V. Die Bocksdorf'schen Additionen. (85 S.) 885. ** ℳ 1.30.
VI. Die Fuldaer Glossenhandschrift. (42 S.) 886. ** 70 Pf.
VII. Der Glossenprolog. (43 S.) 886. ** 70 Pf.
VIII. Verzeichniss der Handschriften und Drucke. (64 S.) 887. * ℳ 1.—.
IX. Die Ueberlieferung der Buch'schen Glosse. (51 S.) 887. * 80 Pf.
Aus: Sitzungsberichte der k. Akademie der Wissenschaften, besonders abgedruckt.
I.—IV. (Ebendas.) 1881—84. * ℳ 2.80.

— s. a. Zur Erinnerung an d. Gutenberg-Ausstellung in Kiel.

Zur Erinnerung an die Gutenberg-Ausstellung in Kiel. (Verf.: E[mil] Steffenhagen.) *Kiel 1900: Vollbehr & Riepen.* (34 S.) 8° [J.] [00. 8335

— zur Geschichte der Kieler Universitäts-Bibliothek. Mittheilungen u. Aktenstücke. I. Eine Verordng. des Herzogs Karl Friedrich. [Aus: „Zeitschr. d. Gesellsch. f. schlesw.-holstein.-lauenburg. Geschichte".] gr. 8. (15 S.) Kiel 894. (Universitäts-Buchh.) n. 1. —

Steffenhagen, Emil, zur Geschichte d. Kieler Universitäts-Bibliothek. Mittheilungen u. Aktenstücke. II. gr. 8. Kiel 895. (Universitätsbuchh.) n. 1. —
Das Reskript d. Herzogs Karl Friedrich zur Verordnung „Ratione Bibliothecae". [Aus: „Zeitschr. d. Gesellsch. f. schlesw.-holstein.-lauenburg. Geschichte".] (S. 17—29.)

—— und Aug. Wetzel, die Klosterbibliothek zu Bordesholm und die Gottorfer Bibliothek. Drei bibliograph. Untersuchungen. Zur Eröffnung des neuen Bibliothekgebäudes der Universität zu Kiel hrsg. gr. 8. (VII, 232 S.) Kiel 884, (Universitäts-Buchh.) *

—— über Normalhöhen für Büchergeschosse. Eine bibliothektechn. Erörterung. Mit einem Anhang, enth. den Aufstellungsplan der Kieler Universitäts-Bibliothek. gr. 8. (119 S.) Kiel 885, Lipsius und Tischer. *

Die Ordnungsprincipien der Universitäts-Bibliothek Kiel. Für den dienstlichen Gebrauch zusamg. (v. Emil Steffenhagen). Als Manuscript gedruckt. Burg. 1888.

Steffenhagen, Emil. Der Pflichtexemplarzwang in der Prov. Schleswig-Holstein. Eine Schutzschrift. gr. 8. (23 S.) Kiel 890, (Lipsius u. Tischer). * 1 —

Steffenhagen, Ernst Ein mechanisches Problem. 18 S. u. Taf. Progr. St. G. *Stettin* 1883

-- zu d. Göttinger Rechtshandschriften. Eine nothwend. Antwort auf den Artikel in den Göttinger Nachrichten. Lex.-8. (28 S.) Kiel 895. (Lipsius & Tischer.) n. 2. —

Steffenhagen, Emil, deutsche Rechtsquellen in Preussen vom 13. bis zum 16. Jahrhundert. gr. 8. (VIII, 248 S.) Leipzig 875. Duncker & Humblot. n. 5. 20

Standorts-Tabelle der Universitäts-Bibliothek zu Kiel. IV. [v. Emil Steffenhagen]. Kiel. 1898. Fol.

Universitäts-Bibliothek Kiel. Verzeichnis der im Zeitschriftenzimmer ausliegenden periodischen Schriften. Amtl. Ausg. [Vf.: Emil Steffenhagen.] Kiel: Im Komm. bei E. Marquardsen; (Dr. v. Vollbehr & Riepen) 1899. (47 S.) 1 Bd 8°

Verzeichniss der laufenden periodischen Schriften der Universitäts-Bibliothek Kiel. (Von Emil Steffenhagen.) Amtliche Ausg. (Geschlossen am 31. Maerz 1887.) Kiel. 1887.
—— 1. Fortsetzung. (Geschlossen am 31. Maerz 1889.) Mit einem alphabetischen Generalregister. ebd. 1889. 8° m.

—— Welches sind die Aussichten auf Anstellung im preußischen Justizdienste? Ein Beitrag zur Entscheidung dieser Frage. gr. 8. (15 S.) Königsberg 859, (Akademische Buchh.) *

— Welches sind die Aussichten auf Anstellung im Preußischen Justizdienste? Ein Beitrag zur Entscheidung dieser Frage. Königsberg 859. Schubert & Seidel in Comm. gr. 8. (15 S.) n. 3 ngr.

Steffenhagen, Emil Julius Hugo

—— Catalogus codicum mss. bibliothecae regiae Regimontanae, s. Catalogus.

Catalogus codicum manuscriptorum bibliothecae regiae et universitatis Regimontanae. Fasciculus 1, codices ad jurisprudentiam pertinentes: digessit et descripsit Aemilius Julius Hugo **Steffenhagen**. Regimonti. 1861. Fasc. 2, codices historici: digessit et descripsit, supplementi fasc. 1 adiecit Aemilius Julius Hugo **Steffenhagen**. ebd. 1867/72. 4°.

Steffenhagen: De inedito juris Germanici monumento. Regim. Bor. 1863.
Schul-/Univ.-Schrift 1864

Steffenhagen, Emil Jul. Hugo, de inedito juris germanici monumento, quod codice manu scripto bibliothecae civitatis Elbingensis continetur. Königsberg 863. Gräfe & Unzer. gr. 8. (30 S.) n. 7 ngr.

Steffenhagen, Ernst: Ein mechanisches Problem. – Stettin. – Stadt-G. – 18 S. u. 1 Taf. – (126).

Steffenhagen, H., die Armenverwaltung. Eine Zusammenstellg. der gelt. Gesetze, m. Erläutergn. versehen u. hrsg. 3. Aufl. 16. (VIII, 116 S.) Demmin 885. Frantz. n. — 80; geb. n. 1. —

Steffenhagen, Armenverwaltung. Zusammenstellung d. gelt. Gesetze m. Erläut. 4. Aufl. Berlin 887.

Steffenhagen, H., Handbuch der Organisation u. Verwaltung der städtischen Schuldeputation. Für den prakt. Gebrauch bearb. 8. (VIII, 255 S.) Berlin 888. J. J. Heine. n. 4. —; geb. n. 4. 50

— Handbuch der städtischen Verfassung u. Verwaltung in Preußen. Für den prakt. Gebrauch bearb. 2 Bde. 8. Ebd. à n. 3. 80 (cplt. in 1 Bd. geb.: n. 8. 50)
1. Die Verfassung der Städte. (VIII, 317 S.) 887.
2. Die Verwaltung der Städte. (IV, 320 S.) 888.

Steffenhagen, H., s.: Jahrbuch d. Schule Stolze-Schrey.

— die Instruktion für Magisträte und die denselben untergeordneten Verwaltungs-Deputationen [speziell: Schul- und Servis-Deputation]. Text-Ausg. mit Anmerkungen. 1. und 2. Aufl. 16. (VIII, 99 S.) Demmin 885, Frantz. * cart. *

Steffenhagen, H., die Kommunal-Verwaltung. 1.—8. Bdchn. 16. Berlin 887. 888. J. J. Heine. cart. à n. 1. —
1. Städte-Ordnung f. die Provinzen Preußen, Brandenburg, Pommern, Schlesien, Posen u. Sachsen vom 30. Mai 1853 m. den aus § 7—21 d. Zuständigkeitsgesetzes vom 1. Aug. 1883 sich ergeb. Aenderungen u. Zusätzen. 9. Aufl. (XII, 80 S.)
2. Die Instruktion f. die Magistrate u. die denselben untergeordneten Verwaltungs-Deputationen, speziell: Schul- u. Servis-Deputationen. Text-Ausg. m. Anmerkgn. 3. Aufl. (VIII, 99 S.)
3. Die Armenverwaltung. Eine Zusammenstellg. der gelt. Gesetze, m. Erläutergn. versehen u. hrsg. 4. Aufl. (IV, 116 S.)
4. Hannoversche Städte-Ordnung vom 24. Juni 1858 m. den aus dem Zuständigkeitsgesetze, dem Landesverwaltungsgesetze u. der hannov. Kreisordng. sich ergeb. Aendergn. u. Zusätzen. 3. Aufl. (IV, 78 S.)
5. Städte-Ordng. der Prov. Westphalen vom 19. März 1856 m. den aus späteren Gesetzen, namentlich aus dem Zuständigkeitsgesetze vom 1. August 1883 sich ergeb. Aendergn. u. Zusätzen. (VIII, 82 S.)
6. Die Landgemeinde-Ordng. der Prov. Westphalen vom 19. März 1856 m. den aus späteren Gesetzen, insbesondere der Kreisordng. vom 31. Juli 1886 u. dem Zuständigkeitsgesetze vom 1. Aug. 1883 sich ergeb. Aendergn. u. Zusätzen. (VIII, 82 S.)
7. Städte-Ordng. der Rheinprovinz vom 15. Mai 1856 m. den aus späteren Gesetzen, insbesondere den §§ 7—23 d. Zuständigkeitsgesetzes vom 1. Aug. 1883 sich ergeb. Aendergn. u. Zusätzen. (XI, 84 S.)
8. Städte-Ordng. der Prov. Schleswig-Holstein vom 14. April 1869 m. den aus späteren Gesetzen, insbesondere der §§ 7—23 d. Zuständigkeitsgesetzes vom 1. Aug. 1883 sich ergeb. Aenderungen u. Zusätzen. (VIII, 99 S.)

— hannoversche Städte-Ordnung vom 24. Juni 1858 mit den aus dem Zuständigkeitsgesetze, dem Landesverwaltungsgesetze und der hannoverschen Kreisordnung sich ergebenden Aenderungen und Zusätzen. 1. und 2. Aufl. 16. (IV, 78 S.) Demmin 885, Frantz. * 80 Pf.; cart. *

Steffenhagen, H., Städte-Ordnung für die Provinzen Preußen, Brandenburg, Pommern, Schlesien, Posen und Sachsen vom 30. Mai 1853 mit den aus § 7—21 des Zuständigkeitsgesetzes vom 1. Aug. 1883 sich ergebenden Aenderungen und Zusätzen. 1.—6. Aufl. 16. (XII, 79 S.) Demmin 884, Frantz. * 80 Pf.; cart. *

— Städte-Ordnung f. die Provinzen Preußen, Brandenburg, Pommern, Schlesien, Posen u. Sachsen vom 30. Mai 1853 m. den aus § 7—21 d. Zuständigkeitsgesetzes vom 1. Aug. 1883 sich ergeb. Aendergn. u. Zusätzen. 7. Aufl. 16. (XII, 80 S.) Ebend. 885. n. — 80; cart. n. 1. —

Steffenhagen, H. Städte-Ordnung f. die Prov. Preußen, Brandenburg, Pommern, Schlesien, Posen u. Sachsen vom 30. Mai 1853, m. den aus späteren Gesetzen, insbesondere aus den § 7—21 d. Zuständigkeits-Gesetzes vom 1. Aug. 1883 sich ergeb. Aendergn. u. Zusätzen. 10. Aufl. 16. (XII, 84 S.) Berl. 890, J. J. Heine. cart. * 1 —

Steffenhagen, Karl, approb. Arzt aus Königsberg i. Pr.: **Ueber einen Fall von Amöbendysenterie mit sekundärem Leberabsceß.** *München 1903: C. Wolf & Sohn.* (34 S.) 8°
München, Med. Diss. v. 1903

Steffenhagen, M., Georg v. Anhalt, der Reformator des Bisth. Merseburg. (Ein Vortrag.) 12. (31 S.) Merseburg 893. P. Steffenhagen. n. — 50

— 45 Jahre Kampf um die evangelische Wahrheit. Eine Erinnerungsgabe zur 350. Wiederkehr d. Jahres der Einführg. der Reformation in Merseburg 1543—1893. gr. 8. (26 S.) Ebd. 893. n. — 50

Frauenfrage und Frauenbewegung. Vortrag, geh. im 57. Volksunterhaltungsabend zu Kiel ... v. Frau Marianne **Steffenhagen** ... Kiel: In Komm. bei E. Marquardsen; (Dr. v. Vollbehr & Riepen) 1899. (14 S., 1 Bl.) 1 Bd 8°

Steffenhagen, Frau Marianne, Frauenfrage u. Frauenbewegung. Vortrag, geh. im 57. Volksunterhaltungsabend zu Kiel am 30. XI. 1898. gr. 8. (14 S.) Kiel 899. (Coburg, E. Riemann.) n. — 20

Steffens, H., s.: Zur Erinnerung an H. Steffens.

Steffens (Hrsg.), s. Bulletin d. naturwiss. Section d. Schles. Ges. f. vaterländ. Cultur.

STEFFENS, [MOMME HESELER], Offene Erwiederung zur Vertheidigung [gegen] die Ausfälle der antideutschen Parthei auf die deutsche Gerichts- und Protokollsprache und die auf deutschen Universitäten gebildeten Beamten im nördlichen Schleswig. Aus dem deutschen Sonderburger Wochenblatt. Jahrg. 1840. Sonderburg. 1840. P.

Steffens, Albert, Referendar: Das Recht der stillen Gesellschaft nach geltendem deutschen Reichsrecht. Hamburg 1908: Berngruber & Henning. X, 132 S. 8°
Jena, Jur. Diss. v. 28. Okt. 1908, Ref. Fehr
[Geb. 18. Febr. 85 Hamburg; Wohnort: Hamburg; Staatsangeh.: Hamburg; Vorbildung: Realgymn. d. Johanneums Hamburg Reife O. 03, Erg.-Prüfung Wilhelm-Gymn. Hamburg M. 04; Studium: Greifswald 1, Leipzig 2, Lausanne 1, Berlin 1, Kiel 2 S.; Rig. 30. Juli 08.] [U 09. 2125

Steffens, Alfr., Adel und Bürgerstand. Roman. 2 Bde. gr. 8. (184; 191 S.) Berlin 876, Janke.

Steffens, Alfr., der Brandstifter. Criminalnovelle. 8. (303 S.) Leipzig 866, Grunow.

—— der Bruder des Verurtheilten. Criminalgeschichte aus der Gegenwart. 4 Bde. gr. 16. (881 S.) Leipzig 868. Kollmann.

Steffens, Alfr., Arthur Fromm. Familien-Roman. 4 Bde. 8. (208; 227; 204; 176 S.) Leipzig 871, Fr. Fleischer.

—— ein Polenherz. Roman aus der Gegenwart mit Berücksicht. der polit. Stellung Polens zu Rußland. 4 Bde. 8. (248; 246; 245; 264 S.) Hannover 870, Rümpler. (*M* 15.) *

— der Rächer, s.: Lese-Cabinet, neues belletrist.

Steffens, Alfr., auf der Roßtrappe. Roman. 2 Bde. Leipzig 867. Grunow. 8. (462 S.) 2 *ℛ* 15 *ngr.*

—— die Ruine im Walde. Roman. 2 Bde. 8. (459 S.) Leipzig 867, Grunow.

— Standes-Vorurtheile. Roman. 4 Bde. 8. (159, 188, 187 u. 184 S.) Leipzig 871. E. J. Günther. 9. —

— die Tochter des Leibeigenen. Roman mit Anlehnung an die nationalen u. socialen Verhältnisse Rußlands u. Polens. 4 Bde. Leipzig 868. Kollmann. gr. 16. (949 S.) 5 *ℛ*

—— ein Wechsel. Roman. 2 Bde. 8. (232; 220 S.) Leipzig 869. E. J. Günther.

Steffens, Mrs. Ann S., Dämon Gold, s.: Berlepsch, Lina Freifrau v., Romanbibliothek Bd. 16.

Steffens, Arn., der hl. Agilolfus, Bischof v. Köln u. Martyrer. Zur Feier der Wiederausstellg. seiner Reliquien in Kürze dargestellt. 12. (40 S.) Köln 893. J. P. Bachem. n. — 50

Steffens, Arnold, der heilige Arnoldus v. Arnoldsweiler. Historisch-kritisch dargestellt. 8. (139 S.) Aachen 887. Barth. 1. 20

Steffens, Arnold, s.: Kirchen-Kalender, Cölner.

— Kirchweihe u. Glockensegnung aus dem römischen Pontifikale m. deutscher Uebersetzung. 12. (VIII, 188 S.) Essen 893. Fredebeul & Koenen. n. 1. 20; geb. n. 1. 60

— die h. Lüfthildis v. Lüftelberg. Eine histor. Studie. (52 S.) gr. 8. Köln 903. H. Theissing. — 90

Steffens, Arnold, s.: Octavarium Coloniense.

Steffens, Carl Gottlieb, s. Steffens, Karl Gottlieb

Steffens, Clara, s. Steffens, Klara

Steffens, E., Zur Quellenforschung des hürnen Sewfried. Euphorion 1903, X.

Steffens, Feodor [Pseud.]
s.a. Dammas, Karl Helmuth [Wirkl. Name]

Steffens, Feodor, James II. und sein Fall. Historischer Roman. 3 Thle. Berlin 859. Janke. 8. (1022 S.) 4 *ℛ*

Steffens, Feod., Künstlerstreben u. Alltagsleben. 3 Bde. Berlin 868. Janke. (III, 298; 274; 287 S.) 4 *ℛ* 15 *ngr.*

Steffens, Feod., die Schulgefährten. Bilder aus der „bösen Welt." 2 Bde. 8. (462 S.) Berlin 865, Janke.

Steffens, Frz., das deutsche National-Hospiz St. Maria dell' Anima in Rom während des Priester-Jubiläums-Jahres Leo XIII, nebst Mittheilgn. üb. die deutschen u. österreich. Pilgerzüge während jenes Jahres. gr. 8. (32 S.) Linz 893. Qu. Haslinger. — 60

Steffens, Frz., s.: Nuntiatur, die, v. Giovanni Francesco Bonhomini.

Steffens, Franz. Lateinische Paläographie. Hundert Tafeln in Lichtdruck mit gegenüberstehender Transscription nebst Erläuterungen und einer systematischen Darstellung der Entwicklung der lateinischen Schrift. (3 Abteilungen.) fol. Freiburg ⟨Schweiz⟩, Univ.-Buchh. ⟨B. Veith⟩ (Kunst-Anstalt Schaar & Dathe, Trier), 1903 [—1906]. [im Buchh. *je* fr. 20. —]

(Abteilung 1: Entwicklung der lateinischen Schrift bis Karl den Grossen.) II + V S. + Doppel-S. 1—35 + 1 S. 1903.
[Abteilung] 2: Entw' der lat' Sch' von der Zeit Karls des Grossen bis zum Ende des XII. Jahrhunderts. III S. + Doppel-S. 36—70 + 1 S. [1904.]
[Abteilung] 3: Entw' der lat' Sch' vom XIII. bis zum XVIII. Jahrhundert. ([Mit 5 Ergänzungs-Tafeln und der systemat' Darstellung als allgem.] Einleitung.) II + XLI S. + Doppel-S. 71—105 + S. 106—107 + 1 S. [1906.]

Steffens, Franz. Lateinische Paläographie. 125 Tafeln in Lichtdruck mit gegenüberstehender Transkription nebst Erläuterungen und einer systematischen Darstellung der Entwicklung der lateinischen Schrift. 2., vermehrte Aufl. (3 Abteilungen.) fol. Trier, Schaar & Dathe..., [1907—]1909. [in Mappe, *je* M. 20. —]

(Abteilung 1.) II + 1 S. + Doppel-S. 1—47. [1907.]
(Abteilung 2.) 1 S. + Doppel-S 48—86. [1908.]
(Abteilung 3.) VIII + XL + 1 S. + Doppel-S. 87—125 + S. 126. 1909.

Steffens, Franz. Lateinische Paläographie von D^r. F' St', ord. Professor an der Universität Freiburg ⟨Schweiz⟩. Supplement zur ersten Auflage. [2 Abteilungen. 47 Schrifttafeln mit Transscription nebst Erläuterungen.] III S. + Doppel-S. 1—47 + IV S. fol. Trier, Schaar & Dathe..., ([1907—]1909). [in Mappe, *je* M. 12. —]

[Abteilung 1.] III S. + Doppel-S. 1—23 + S. 24. [1907.]
[Abteilung 2.] S. 24 + Doppel-S. 25—47 + IV S. (1909.)

Steffens, Franz. Proben aus Handschriften lateinischer Schriftsteller. 18 Tafeln in Lichtdruck zur ersten Einführung in die Paläographie für Philologen und Historiker, hrg. von D^r. F' St', ord. Professor an der Universität Freiburg ⟨Schweiz⟩. Separatabzüge aus St', Lateinische Paläographie, vermehrt um 3 neue Tafeln. I S. + 18 Tafeln. fol. Trier, Schaar & Dathe ..., [1907]. [in Mappe M. 5. —]

— s.: Studien, Freiburger historische.

— Studien zur Geschichte der katholischen Schweiz im Zeitalter Carlo Borromeo's, s.: Nuntiaturberichte aus d. Schweiz seit d. Concil v. Trient. (Rheinhardt, Heinr.)

Steffens, Friedrich, Gerichtsass.: Die Übernahme fremder Schuld im Wege eines Vertrages des Versprechenden mit dem Schuldner. (Naumburg a. S.) 1908: (Rietz). 48 S. 8°
Heidelberg, Jur. Diss. v. 1908, Ref. Heinsheimer

[Geb. 31. März 77 Stendal; Wohnort: Stendal; Staatsangeh.: Preußen; Vorbildung: Gymn. Stendal Reife O. 97; Studium: Berlin 4, Halle 5 S.; Rig. 10. Juli 08.] [U 09. 1910

Steffens, G., gründl. Anweisung z. vollkomm. u. zweckmäß. Betreiben d. oriental. Malerei u. d. Schnell-Oelmalerei. Nebst e. Anleit., Blumen, Obst u. ähnl. Gegenstände nach d. Natur zu zeichnen. Nach eigenen Versuchen u. Erfahrn. hrsg. 8. (2 B. u. 2 Abbild.) Köln 835, DuMont-Schauberg.

Steffens, Geo., s.: Perrin v. Angicourt, des Troveors, Lieder.

Steffens, Georg *Ferdinand Richard* [aus Magdeburg]: Rotrou-Studien. I. Jean de Rotrou als Nachahmer Lope de Vega's ... Oppeln, E. Franck's Buchh., 1891; 3 Bl., 104 S., 1 Bl. 8.
Göttingen, Phil. Fak., Inaug.-Diss. v. [30. Juni] 1890

Steffens, Geo., Rotrou-Studien. I. Jean de Rotrou als Nachahmer Lope de Vega's. gr. 8. (V, 104 S.) Oppeln 891. Berlin, W. Gronau. n. 3. —

Steffens, Geo., der kritische Text der Gedichte v. Richart de Semilli m. den Lesarten aller bekannten Handschriften. gr. 8. (32 S.) Halle 902. M. Niemeyer. n. 1. —
Sonderabdruck aus: „Beiträge zur roman. u. engl. Philol. Festschrift f. W. Foerster".

Alfred Michow's Taschen-Kommersbuch. 222 Commers- und Studentenlieder f. Klavier zu 2 Händen (mit unterlegtem Text) gesetzt von Gustav **Steffens** u. Th(eodor) Thiele. Charlottenburg: A. Michow [um 1900]. (143 S.) 8°

Taschen-Kommersbuch. 222 Commers- u. Studentenlieder f. Klavier zu 2 Händen (mit unterlegtem Text) gesetzt von Gustav **Steffens** u. Th(eodor) Thiele. (Neue verb. Aufl.) Berlin: Tessaro-Verl. [1902]. (154 S.) 8°

Steffens, Heinrich

Steffens, Hnr., Abhandl. üb. die Bedeutung der Farben in der Natur, s. Ph. O. Runge, Farben-Kugel.

Steffens, Heinrich: Anthropologie. Bd 2, 458 S., gbd.

Breslau: Max 1822

JB 915

— geognost.-geolog. Aufsätze, als Vorbereitung zu einer innern Naturgeschichte der Erde. gr. 8. Hamb. 810. (A. Campe). 2 ß

— Beitrr. zur innern Naturgeschichte der Erde. 1r Thl. gr. 8. Freiberg 801. Craz u. G. 1 ß 4 gl

Steffens, Henrich, polem. Blätter zur Beförderung d. speculativen Physik. 1. u. 2. Hft. gr. 8. Breslau, Max u. Komp.
Hft. 1. Zur Geschichte d. heutigen Physik. 1. Aufl. 829. 22 Gr., u. 2. Ausg. (à 11 B.) 835. 16 Gr.
" 2. Zur Geologie. (10½ B.) 835. 20 Gr.

— s. v. Bulmerincq, Beiträge.

—— Darstellung der durch d. Anschwellen d. Ströme etc. 1829 entstandenen Verwüstungen, s. Sohr, W.

Denkmal dem Jahr 1813 gesetzt. Eine historisch-philosophische Betrachtung der Begebenheiten unserer Zeit und der Lage der Welt Von Macchiavelli dem Jüngern [d. i. Heinrich **Steffens**]. Germanien. 1814. 8°.

— üb. Kotzebue's Ermordung. 12. Bresl. 819. Max u. C. 4 gl

— **die Familien Walseth u. Leith. Ein Cyclus von Novellen. 6 Novellen (Bdchen). 8. Bresl. 826—27. Max u. C. 5 ß**
2e verb. Aufl. 16. Ebd. 830. 3 ß 12 gl

Steffens, H., Gebirgsmärchen, s. Hausbibliothek, kleine, für die Jugend.

— s. Geschichte, Mährchen u. Sagen.

H. Steffens: Grundsätze d. philosoph. Naturwissensch. *Berl.*, Realschulbh. 807. 8° 1 ß 4 gl

— Grundzüge der philosoph. Naturwissenschaft, in Aphorismen, zum Gebr. für Vorlesungen. gr. 8. Berl. 806. Reimer. 1 ß 4 gl

— — Handbuch der Oryktognosie. 3r Thl. 12. Halle, Curts Buchhdl. 819.

— vollständiges Handbuch der Oryktognosie. 1r Thl. 8. Halle, Curt. 811.

— vollständ. Handbuch der Oryktognosie. 4 Thle. 8. Halle 811—824. (Laue in Berl.) 10 ß

Steffens, Hein., vollständ. Handbuch d. Oryktognosie. 2r Thl. 12. Halle, Curts. 815.

— üb. die Idee d. Universitäten. Vorlesungen etc. 8. Berl. 809. Reimer. 18 gl

— Carricaturen des Heiligsten, in 2 Thlen. gr. 8. Leipz. 819 u. 821. Brockhaus. 6 ß 12 gl

Steffens, Henrik. Lebenserinnerungen aus dem Kreis der Romantik. [Von] H' St' (1773—1845). In Auswahl hrg. von Friedrich Gundelfinger. (Mit Titel [und Titelbild] von Hugo Steiner-Prag [und 1 Porträt].) XXXII + 424 S. 8. Jena, Eugen Diederichs, 1908. [M. 6. —]
Darin S. 30/2. 39 f. 71. 282/4. 260/4. 291 f. 298 etc. Schweizer betr., insbesondere [Johann Caspar] Lavater *und* Johannes von Müller.

— s. Lebensspiegel.

——, Malkolm. Eine norweg. Novelle. 2 Bde. 8. (58½ B.) Breslau 831, Max u. Komp.

Steffens (Henrich), Ueber Mineralogie und das mineralogische Studium. **Altona** 1797. 8.

—— die vier Norweger. Ein Cyklus v. sechs Novellen. 6 Thle. 8. (78½ B.) Breslau 828, Max u. Komp.

Steffens, Henrich, Novellen. Gesammt-Ausg. 16 Bdchn. 8. Breslau, Max u. Komp. Thlr.
A. u. d. Tiln.:
Bdchn. 1. Gebirgs-Sagen. Als Anh.: Die Trauung, e. Sage d. Nordens. (19 B.) 837. 1 Thlr.
" 2—6. Die Familien Walseth u. Leith. Ein Cyclus v. Novellen. 5 Bde. 3., verb. Aufl. (71½ B.) 837. 3 Thlr.
" 7—12. Die vier Norweger. 6 Novellen. 2., verb. Aufl. (87¾ B.) 837. 3 Thlr. 20 Gr.
" 13—16. Malkolm. Eine norweg. Novelle. 4 Bdchn. 2., verb. Aufl. (64¼ B.) 838. 2 Thlr. 20 Gr.

— Rede bei Schleiermacher's Beerdigung, s. Fr. Strauß.

— Joh. Chr. Reil, eine Denkschrift. gr. 8. Halle 815. (Laue in Berl.) 12 gl

—— christl. Religionsphilosophie. 2 Thle. Teleologie. — Ethik. gr. 8. (60¼ B.) Breslau 839, Max u. Komp.

—— die Revolution. Eine Novelle. 3 Bde. 8. (61⅛ B.) Breslau 837, Max u. Komp.

Steffens, Henrich, Die gute Sache, E. Aufforderung, zu sagen, was sie sei, an alle, die es zu wissen meinen, veranlaßt durch d. Verfassers letzte Begegnisse in Berlin, Leipzig 1819, 70 S., 8°.

— die gute Sache, eine Aufforderung, zu sagen, was sie sey, an alle, die es zu wissen meinen, veranlaßt durch des Verfassers letzte Begegnisse in Berlin. 8. Leipz. 819. Brockhaus. 8 gl

— Schriften, alt und neu. 2 Bde. gr. 8. Breslau, Max. 821.

Eb.: nachgelass. Schriften; m. e. Vorr. v. (F. W. Jos. v.) **Schelling**. *Berl.*, Schröder. 846. 8° 1ß

— *Eb.* philos. Schriften u. Aufsätze, v. d. Vfr. gesamm. u. neu durchges. 1-2r Bd. *Münst.*, Theissing. B. 831-32. gr 8° 1ß 20gl u. 2ß 8gl 3r Bd., h. v. F. **Hoffmann**. Mit d. bes. T.: Kleine Schriften; a. Zeitschrr. z. erstenm. gesamm. u. herausg. *Würzb.*, Voigt u. Mocker. 847. gr 8° 2ß 2 Ngl Dazu: *Eb.* philos. Schrr. u. Aufsätze. Beil. z. 1n Bde. 1s H. *Münst.*, Theissing. B. 833. gr 8° 8gl

— der Norwegische Storthing im Jahre 1824. Geschichtl. Darstell. u. Actenstücke. gr. 8. Berl. 825. Duncker u. H. 18 gl

— von der falschen Theologie u. dem wahren Glauben; e. Stimme aus der Gemeinde. 8. Bresl. 823. Max u. C. 1 ß 4 gl Velinp. 2 ß 12 gl Neue unveränd. Ausg. 8. Ebd. 831. Ebd. 20 gl

— Turnziel. Sendschreiben an den Prof. Kayßler u. die Turnfreunde. 12. Bresl. 818. Max u. C. 16 gl

— üb. Deutschlands protestant. Universitäten. gr. 8. Bresl. 820. Max u. C. 10 gl

—— üb. geheime Verbindungen auf Universitäten. Ein Fragment aus d. Vorträgen üb. d. Hodegetik. gr. 8. (1¾ B.) Berlin 835. Duncker u. Humblot.

Steffens, Heinrich, aus Düren: **Versbau und Sprache des mittelenglischen stabreimenden Gedichtes 'The wars of Alexander'.** *Darmstadt 1901: G. Otto.* (32 S.) 8° ¶ (Aus: Bonner Beiträge zur Anglistik, H. 9. — Erscheint vollst. ebenda.) — [Vgl. 1899/1900 Bonn No 69.]
Bonn, Phil. Diss. v. 11. Nov. 1899

Steffens, Heinr., Versbau u. Sprache d. mittelenglischen stabreimenden Gedichtes „The wars of Alexander", s. a. Beiträge, Bonner, zur Anglistik. 9. Hft.

Versbau und Sprache des Mittelenglisch Stabreimenden Gedichtes 'The Wars of Alexander'. Von Dr. Heinrich Steffens. Bonn: P. Haustein 1901. (104 S.) 8°
= Beiträge, Bonner, z. Angelistik. H. 9. [I.]

H. **Steffens**: drey Vorless. üb. *Gall's* Organenlehre. *Halle*, Societäts-B. 805. 8° 6gl

— 3 Vorlesungen über Galls Schädellehre. 8. Halle (Rudolst.) 806. Hofbuchh. 4 gl

Steffens, Henrich, was ich erlebte. A. d. Erinnerung niedergeschrieben. 1—6. Bd. 8. Breslau, Max u. Komp. [1., 2. (45 B.) 840., 3., 4. (50½ B.) 841., 5., 6. (45¾ B.) 842. f. je 2 Bde. 3 Thlr.]

Steffens, Henrich, was ich erlebte. Aus d. Erinnerung niedergeschrieben. 7—10. (letzter) Bd. 8. (111⅝ B.) Breslau 843, 44, Max u. Comp. Thlr.

Steffens, Hnr., was ich erlebte. Aus der Erinnerung niedergeschrieben. 1. u. 2. Bd. 2. verb. Aufl. 844. 3 ß — 3.—10. Bd. 8. Breslau 841—45, Max u. Co. 3.—8. Bd. 9 ß 9. u. 10. Bd. 3¾ ß Alle 10 Bde. 15¾ ß

— Über das Wesen der Universität, s.: Fichte, Joh. Gottl.

— Widerlegung der gegen ihn v. d. Hrn. Consistorialrath Schulz erhobenen öffentl. Anklage. 8. Bresl. 823. Max u. C. 2 gl

Steffens, Hnr., Wie ich wieder Lutheraner wurde u. was mir das Lutherthum ist. Eine Confession. 8. Bresl. 831. Max u. C. 18 gl

— die gegenwärt. Zeit, u. wie sie geworden, mit besond. Rücksicht auf Deutschland. 2 Thle. gr. 8. Berl. 817. Reimer. 4 ß

Steffens, Johann Fr. Esa

— Abhandl. von der Weisheit d. göttl. Vorsehung in d. Schutze des verfolgten Luthers. 4. Stade 784. (10 Bog.)

Steffens, Jh. Fr. Esa., († d. 24. Juni 1802.) heil. Gespräche frommer Christen mit Gott. 8. Stade 782.

Steffens, Jh. Hnr., († d. 26. Jan. 1784.) histor.-diplomat. Abhandll. in Briefen über Merkwürdigkk. von Celle. 8. Celle 763. Gsellius. 1 ß

— elementar.-prakt. Anmerkk. üb. d. latein. Syntax für Erwachsenere rc. 8. Celle 781. Schulze. 6 gl

— Auszug aus d. Geschichte d. gesammten Hauses Braunschweig-Lüneburg, nebst den Stammtafeln. 8. Celle 776. Schulze. 1 ß 8 gl Schrbp. 1 ß 12 gl Neue Aufl. 8. Hannov. 785. Hahn. 2 ß

— s. Boursault, Aesop bei Hofe.

— s. Clarissa.

— Cleveland, oder d. irrende Philosoph. Schspl. 8. Celle 765. Gsellius. 3 gl

— die Gesch. d. alten Bewohner Deutschlands, nach ihren Klassen in e. Auszuge entworfen. Mit 1 Karte. 8. Celle, Frankf. u. Leipz. 752.

Steffens, J. H., Geschlechtsgeschichte des hochadelichen Hauses von Campe auf Isenbüttel und Wettmarshagen etc. Mit vielen Stammtfln., Wappen- u. Siegelabbildgn. Zelle 1783. 4.

— Geschlechts-Geschichte d. hochadeligen Hauses von Campe. 4. Celle 783. Schulze. 1 ß 8 gl

— index geographicus Europeus. 8. Celle 766. Schulze. 1 ß 8 gl

Steffens, Jh. Hnr., Thomas Jones; Lstspl. in 5 Aufz. nach Fielding. 8. Celle 765. Schulze. 4 gl

Steffens, Johann Heinrich (Bearb.), s. Moore, Edward: Beverley oder der Spieler.

— s. Philotas.

— s. Plautus, der Goldtopf.

— quaedam de schola Cellensi commentatus est ad actum dramaticum Latinum, publice habendum. 4. Celle 778.

Steffens, J. H.: „Rechnungsspiegel, dessen man sich im Handel und Wandel mit leichter Mühe bedienen und darin den Preis der Dinge, die man kaufen oder verkaufen will, gleich ersehen kann", neue, mit einem Münzverzeichnis vermehrte Auflage, Quedlinburg 1790 (Ernst).

— Rechnungsspiegel, dessen man sich im Handel u. Wandel bedienen kann rc. 12. Quedlinburg, Ernst. 805.

– s. Schnupftuch, das.

Steffens, J. P., (Jos. Oehlinger,) die große Sonnenfinsterniß im J. 1820, nebst allgem. u. besond. Bemerkk. üb. Sonnen- u. Mondfinsternisse. Mit 1 Kpf. gr. 8. Wien 820. Tendler. 8 gr.

— Versuch e. Uebersetzung e. Declamation des Quinctilian's, s. a. Quinctilian.

— Versuch e. Uebers. e. Declamat. d. Quinctilians. 8. Zelle, Gsellius. 767.

Uebersichts-Karte der Stadtgemeinde Düren (in 5 Blättern). Angefertigt: Düren im J. 1903 durch J[osef] Steffens, Landmesser. (Bl. 1. 2:) Maßst. 1:5,000; (Bl. 3–5:) Maßst. 1:3,000. Bl. 1–5. *Köln (1903): A.-G. f. mech. Kartographie.* (5 Kartenbl. 90×72, 60×70, 60×88, 60×88, 62×95 cm.) [kol.] [04. 1174

Steffens, Jos., Verzeichnis der Parzellennummern, der Namen der Eigentümer, der Kulturarten u. der Flächen sämtlicher in der Gemeinde Düren gelegenen Grundstücke, nach Fluren geordnet. (V, 256 S.) 8. Düren 903. (W. Solinus.) Geb. n.n. 4. —

Steffens, Karl

Steffens, Carl, der Hausfreund in Hütten u. Palästen, s. Hausfreund.

Steffens, Karl, s. Volkskalender, Berliner, u. Volkskalender, Sächsischer. — Volks-Taschenbuch.

Steffens, Karl Gottlieb

Steffens, Carl Gottlieb: Zur Kenntnis zweier isomerer Abkömmlinge $C_6H_{10}N_4O_4$ der Acetylmethylnitrolsäure. *Hannover 1898: G. Jacob.* (35 S.) 8°
Leipzig, Phil. Diss. v. [17. Apr.] 1898

Steffens, Klara

Steffens, Clara, Emma. Eine Novelle. 2 Thle. 8. (396 S.) Stuttgart 861, S. G. Liesching. *

Steffens, Lottie, aus Sacramento: Experimentelle Beiträge zur Lehre vom ökonomischen Lernen. *Leipzig: J. A. Barth 1900.* (62 S.) 8°
Göttingen, Phil. Diss. v. [27. Febr.] 1900

Steffens, Max, aus Kiel: Ueber die Absorption der photographisch wirksamen Röntgenstrahlen durch einige der wichtigsten Elemente. Strassburg i. E. 1907. 82 S. und 18 Tafeln. 4°. [16. VII. 06.]
Basel. Phil. Diss. 1907/08.

Steffens, Max. Ueber die Absorption der photographisch wirksamen Röntgenstrahlen durch einige der wichtigsten Elemente. Diss. Phil. Basel. [Mit 1 Figur und 18 Tafeln.] IV + 82 S. 4. Strassburg i. E., Elsass-Lothringische Druckerei, Abteilung Müh & Cie., 1907.

Steffens, N. M., die niederländischen Kreuzgemeinen und die kirchliche Frage in der Gegenwart. Beurtheilung kichrl. Zeitfragen im Lichte der Vergangenheit. 8. (42 S.) Emden 872, (Hahn.) *

Über neue meteorologische Apparate. Von Dr. O[tto] Steffens, Hamburg. (Mit 9 Taf. u. 3 Textfig.) Hamburg 1910. 11 S. 4°
(Aus d. Archiv d. Deutschen Seewarte. Jg. 33, Nr 4.) [11. 6916 4

Steffens, Otto, a. Osterburg i. d. Altmark: Die Blitzgefahr in Deutschland von 1854 bis 1901, ein Beitrag zur Gewitterkunde. (Berlin 1904: E. S. Mittler & Sohn.) (33 S.) 8°
Berlin, Phil. Fak., Ref. v. Bezold, Warburg, Diss. v. 29. Okt. 1904
[Geb. 17. März 76 Osterburg, Prov. Sachsen; Heimatsort: Berlin; Staatsangeh.: Preußen; Vorbildung: Andreas-Realgymn. Berlin Reife O. 98; Studium: Heidelberg 1, München 2, Berlin 8 S.; Rig. 3. März 04.]

Steffens, Otto, die Methoden u. Instrumente d. Feuchtigkeitsbestimmung. (57 S. m. Abb.) Lex. 8. Berlin (907). Administration der Fachzeitschrift „Der Mechaniker". 2. —
Sonderabdruck aus: „Der Mechaniker".

Steffens, Paul [aus Magdeburg]: Die Amputation bei Extremitätentuberkulose. Unter Benutzg d. Materials d. Erlanger chirurg. Klinik ... *Freiburg i. B., Univ.-Buchdr. Ch. Lehmann, 1894;* 41 S. 8.
Erlangen, Med. Fak., Inaug.-Diss. v. [17.] Juli 1894

Steffens, Paul, über den Einfluss elektrischer Ströme auf den Blutkreislauf des Menschen, s. a. Abhandlungen, zwanglose, aus dem Gebiete der Elektrotherapie u. Radiologie. 7. Heft.

Über den Einfluss elektrischer Ströme auf den Blutkreislauf des Menschen. Neue Untersuchungen nebst Übersicht über d. bisherigen Forschungen. Von Dr. Paul Steffens. Mit 8 Taf. Leipzig: J. A. Barth 1908. 75 S. 8°
Aus: Zeitschrift f. medizin. Elektrologie u. Röntgenkunde. Bd. 9.
(Zwanglose Abhandlungen aus d. Gebiete d. Elektrotherapie u. Radiologie. H. 7.) [11. 1996

Steffens, Paul [app. Arzt aus Köln a/Rh.]: Ueber Schwangerschaft und Geburt bei Missbildungen des Uterus ... Tübingen, F. Pietzcker, 1895; 33 S. 8.
Tübingen, Med. Fak., Inaug.-Diss. v. 1895

Steffens, Pauline, geb. Arnold, Zukunftsmärchen. (167 S.) 8. Dresden 908. E. Pierson. 2. —; geb. n 3. —

Steffens, S. Oratio in laudem antiquissimae Batavorum urbis Dordraci. 4. Duisburgi 1732.

Steffens, Vict., Luv u. Lee. Bilder aus Westerland-Sylt u. Helgoland. (127 S. m. Abbildgn.) gr. 8. Berlin (904). Dtsch.-Cylau, H. Priebe & Co. 3. —; geb. 4. —; erm. Pr. 1. —; geb. 1. 50

Steffens, Walther, approb. Arzt aus Straßburg i. E.: Fälle von vorzeitiger Lösung der normal sitzenden Placenta. *Straßburg i. E. 1904: C. Müh & Co.* (114 S.) 8°
Straßburg, Med. Diss. v. 1904

Steffens, Wilhelm, Apotheker, Kiel: Beiträge zur Kenntnis proteolytischer Fermente in Schimmelpilzen. *Erlangen 1900: A. Vollrath.* (47 S.) 8°
Erlangen, Phil. Diss. v. 28. Juni 1900

Steffens, Wilhelm *Carl Maria* [pr. Arzt aus Aachen]: Ein Fall von operativ geheilter Extrauterin-Schwangerschaft. ... Greifswald, Druck v. J. Abel, 1890; 22 S. 8°
Greifswald, Med. Fak., Inaug.-Diss. v. 20. Dez. 1890

Steffens, Wilhelm, a. Braunschweig: Hardenberg und die ständische Opposition 1810/1811. Erster Teil. [Altenburg 1907: Pierer.] (58 S.) 8° [F.] ¶(Erscheint vollst. in: Veröffentlichungen d. Vereins f. Geschichte d. Mark Brandenburg.)
Göttingen, Phil. Fak., Ref. M. Lehmann, Diss. v. 12. Juli 1907
[Geb. 22. Aug. 83 Braunschweig; Wohnort: Braunschweig; Staatsangeh.: Braunschweig; Vorbildung: Neues Gymn. Braunschweig Reife O. 02; Studium: Göttingen 9 S.; Rig. 1. Aug. 06.]

Steffens, Wilh., Hardenberg u. die ständische Opposition 1810/1811, s. a. Veröffentlichungen des Vereins f. Geschichte der Mark Brandenburg.

Hardenberg und die ständische Opposition 1810/1811. Von Dr. Wilhelm **Steffens**. Leipzig: Duncker & Humblot 1907. (VIII, 203 S.) 8° [ℌ.]
[Ein T. erschien als Inaug.-Diss. Göttingen 1907.]
(Veröffentlichungen d. Vereins f. Geschichte d. Mark Brandenburg.) 08. 974

Steffens-Frauweiler, Hans Frh. von: Der **Agrarsozialismus** in Belgien. *Stuttgart 1900: Union.* (105 S.) 8°
¶ [= Münchener volkswirtschaftl. Studien, Stück 36.]
München, Staatswirtsch. Diss. v. 1900

Steffens-Frauweiler, Hans Frhr. v., der Agrarsozialismus in Belgien, s. a. Studien, Münchener volkswirtsch.

Steffens-Frauweiler, Dr. Hans Frhr. v., Der Agrarsocialismus in Belgien. gr. 8°. Stuttgart, J. G. Cottas Nachf., 1900. (Münchner volkswirtsch. Studien, 36. Stück.)

Steffensen, A., Auswahl zweckmäßig geordneter Materialien zu d. nützlichsten Stylübungen d. Jugend. Ein Hülfsb. f. Volksschullehrer. 8. (10 B.) Altona 828, [Aue.]

Steffensen, A., Beleuchtung wichtiger, oft verkannter Wahrheiten in der Erziehungskunde. gr. 8. Augustusburg 822. (Kiel, Bünsow.) 1/3 ℛ︁

-- Beleuchtung wichtiger, oft verkannter Wahrheiten aus d. Erziehungskunde. 8. Augustenburg 822. (Leipz., Kaysers B.) 18 gl

Ad. **Steffensen**: Julie od. d. kindl. Sinn; e. Charakterschilder. z. belehr. Unterhalt. f. d. reif. weibl. Jug. u. z. Beförd. e. frommen religiösen Sinnes. *Alt.*, Hammerich. 826. 8° 1 ℛ︁ 6 gl

Steffensen, Asmus

Steffensen, A., katechet. Ausarbeit. über interessante Gegenstände aus der Religions- u. Pflichtenlehre. gr. 8. Altona 822. Hammerich. 16 gl

— Fibel, s. N. Herrmannsen.

— Grundberechn. in d. 4 Species, s. L. Nissen.

— Handbuch f. unmittelbare Denkübungen, s. L. Nissen.

Steffensen, A., Lehrbuch f. Elementarschulen, s. Nissen, L.

— pädagog. Lehr-Erzählungen, od. moral.-religiöse Charakterschilderungen, zur Belehr. der Jugend für Schule u. Haus. (2 Abtheill.) 8. Hamb. 831. Herold. 12 gl

Steffensen, A., Lesebuch für Elementarunterricht, s. Lesebuch.

Steffensen, Karl

Steffensen, K., gesammelte Aufsätze. Mit e. Vorwort v. Rud. Eucken. gr. 8. (VIII, 332 S. m. Portr. in Heliograv.) Basel 890. [Detloff.] Reich. n. 5. —

Steffensen, Carl. Zur Philosophie der Geschichte . . . Basel 1894. H: *Balmer, Imm.* (Berl)

Steffensen, Karl, zur Philosophie der Geschichte. Auszüge aus seinem handschriftl. Nachlaß. Mit e. Vorwort v. R. Eucken. gr. 8. (XXVII, 411 S.) Basel 894. R. Reich. n. 6. —

Karl **Steffensen:** Gesammelte Vorträge und Aufsätze mit einigen Erinnerungsblättern v. Freunden und Schülern. Als Manuscript gedruckt. Basel. 1890. 8°

Steffensen, P., Anwendung der Algebra auf die Geometrie. Eine Sammlung von Formeln u. analyt. Gleichungen aus der Planimetrie mit Andeutungen über die Art u. Weise der Entwicklung u. Benutzung derselben. Schleswig 856. Bruhn. (Linnich.) gr. 8. (372 S. m. Holzschn. im Text.) n. 2 ℛ︁.

—— Sammlung von Rechnungs-Vortheilen, nebst Andeutungen über die Benutzung derselben und Aufgaben zur Uebung. 1. Heft: Reductionsrechnung über Courant und Reichsmünze. 8. (47 S.) Preetz 856. (Kiel, Akademische Buchhandlung.) **

Steffes, Mathias (geb. Wittlich bei Trier 13. 2. 1828): De angina parotidea. Berolini (1852). (28 S.) 8°
Berlin, Med. Diss. v. 29. Sept. 1852

Steffes, Pierre: Über Erziehung und Unterricht bei den Römern. Diekirch, Progymn., Progr. 1897/98

Steffin, Hugo, 'ne Dörpgeschicht. 8. (116 S.) Berlin 883, (Aschenfeldt.) *

Steff'l, der alte. Illustr. Wiener Familienblatt. Hrsg. u. Red.: Fritz W. Rehberg. 1. Jahrg. 1896. 36 Nrn. (à ca. 24 S.) hoch 4. Wien, Derflinger & Fischer. n. 8. —; einz. Nrn. n. — 20
Weiter nicht erschienen.

Steffler, G., und H. Tjaden, Tabellen für die französische Konjugation. gr. 8. (8 S.) Emden 888, Schwalbe. *

[F.] **Steffler,** Gustav: *Der Abschied des Direktors Hemmo Suur.* Emden, Druck v. Th. Hahn Wwe, 1896; 15—16 S. 4.
Emden, Kaiser-Friedrichs-S '(R)', OP 1896 (346)

— Nach dem Bodl. Ms. Laud. F. 22 (656) herausgegeben von Gustav Steffler. 4 (16 S.).
Progr. Kaiser-Friedrichs-Sch. (Höh. Bürgersch.) *Emden* 1891 (326).

Steffler, Gustav: Die wichtigsten Regeln der französischen Grammatik. Für d. Unterricht zsgest. Emden, Druck v. C. Zorn, 1897; 54 S. 8.
Emden, Kaiser-Friedrichs-S '(R)', OP 1897 (350)

[Anl. u. F.] **Steffler,** Gustav: The Sege of Jerusalem. Nach d. Bodl. Ms. Laud. F. 22 (656) hrsg. Emden, Druck v. O. Zorn, 1891; S. 1—16; 4°
Emden, Kaiser-Friedrichs-S (HB), OP 1891 (326)

Steffler, Gust. The Sege of Jerusalem. Nach dem Bodl. Ms. Laud. F. 22 [656] hrsg. gr. 4. (16 S.) Marb. i. H. 891, Elwert's Verlag. * 1 —

Stefl, Franz: **Beiträge** zur Geschichte des geographischen Unterrichts an den humanistischen Gymnasien des Königreichs Bayern. *Regensburg (1902): H. Schiele.* (48 S.) 8°
Regensburg, k. Neues G, P 1902*

Šteflíček J.: Ad augustissimos Sponsos (Gedicht). Reichenau 80.
— In Augustissimorum diem nuptiarum. ibd. 81.
Progr.

Stefne ex Rafhay, Jakob Joseph (Lüttich) A. S. 637/13
Dissertatio de jure oppignorationum antichreticarum earumque reluitione in rebus tum imperii ac principum tum privatorum. Präs. Franz Christian Hennemann. In: Syntagma dissertationum selectiorum jus publicum Germanicum universale illustrantium. XIII. Tübingen (Schramm) 1738. S. 474-502.

Diss. Heidelberg 1726. 33272

Stefureac, S. Einige Suffixe zur Bildung des Substantivs und Adjectivs im Rumänischen. 2 Teile. Suczawa, G., 1880, 1881. 30, 39 S. **Progr.**

Steganogaraphia recens detecta, oder ganz neu entdecktes Kunſtſtück ſo geheim zuſchreiben daſs es kein Dechiffreur auflöſen kann, welches nicht nur leicht zu erlernen, ſondern auch okne Beſchwerlichkeit zu practicieren, entdeckt, gezeigt, und in verſchiedenen Exempeln deutlich bewieſen von P . . . Ulm, bey Albrecht Friedr. Bartholmäi. 8. 93 S. 1767.

Steganographie oder die Geheimschreibekunst, kein Commentar . . . Nürnberg 1799. V: *Andres, Johann Baptist.* (EngMt) (Ky)

Steganographie, od. die Geheimſchreibekunſt, kein Commentar, ſondern ein Gegenſtück zu S. . L—'ſchen Kunſt der Geheimſchr., (v. Jh. Bapt. Andres). 8. Nürnb. 799. Stein. 10 gl.

Stegbauer, Josef, Gedichte 16. (82 S.) In Leinwd. geb., mit Goldschnitt 1.80
Wien: Stegbauer's Selbstverlag 1897.

Stegbauer, Joſ., das Wiſſen d. Volksſchule. E. Handbuch f. d. Volksſchul-Unterr. f. Lehrer, Eltern, Erzieher u. f. d. Selbſt-Unterr. Nach d. Lehrplane f. fünfclaſſ. Volksſchulen in Niederöſterreich u. auf Grundlage d. vorhand. Detaillehrpläne d. Bezirksſchulraths d. Stadt Wien bearb. 36 Lfgn. gr. 8. (XV, 1360 S.) Wien (IV, Favoritenſtr. 21) 895. Selbſtverlag. à Lfg. n. — 72

Stege, Margarete, für tägliche Einkehr. Weisheitsſprüche aus dem Leben f. das Leben. 8. (IV, 366 S.) Braunſchweig 900. H. Wollermann. Geb. in Leinw. 2. 25; feine Ausg., geb. m. Goldſchn. 3. —

Stege, Margarete, **Kuckuck** und Sturmvogel. Ein Frühlings- und ein Herbſtesſang. 8. (91 S.) Berlin 888, Jßleib. *

Stegehaus, Augustus (geb. Senden bei Münster in Westf. 1. 5. 1815): De oophoritide. Berolini (1837). (32 S.) 8°
Berlin, Med. Diss. v. 25. Nov. 1837

STEGELITZ, PAUL. Ueber die Reductionsproducte des Chinolin-Aethylbromids. Freiburg i. B., 1884.

Stegelmann, Lehrplan f. evangeliſche Schulen m. 1 Lehrer, ſ.: Frohneberg, H.

Stegelmann, Ernſt, aus Segebergs alten u. jungen Tagen. Bilder aus der Vergangenheit u. Gegenwart der Stadt Segeberg. Mit e. Anſicht v. Alt-Segeberg. (IV, 80 S.) Barmen 900. (Segeberg, J. F. Meier.) n. 1. —

Stegelmann, H., ſ. Werels, W. A., Bekehrungsgeſchichte des Mörders Peterſen.

Stegemann, A., Buchhändler-Bewerbungsbriefe. Rathschläge f. jüngere Gehilfen u. Lehrlinge, um schnell pass. Stellg. zu erhalten. 8. (20 S.) Borna 889. Jahnke. n.n. 1. —

Stegemann, A., die Dienſtboten-Ordnung f. die Reg.-Bez. Hannover, Hildesheim u. Lüneburg nach dem vom 1. I. 1900 an geltenden Rechte. Text-Ausg. f. Herrſchaften u. Geſinde. 8. (36 S.) Hannover 899. Helwing. n. — 35

— dasſelbe f. den Reg.-Bez. Osnabrück nach dem vom 1. I. 1900 an geltenden Rechte. Text-Ausg. f. Herrſchaft u. Geſinde. 8. (40 S.) Melle 899. F. E. Haag. n. — 50

— das preußiſche Notariat. Textmäßige Zuſammenſtellg. d. geſetzl. Vorſchriften zum Handgebrauch f. d. preuß. Notar. 8. (VI, 78 S.) Berlin 900. R. v. Decker. Kart. n. 1. 50

Stegemann, A., der Viehhandel im Deutſchen Reiche nach dem vom 1. I. 1900 an geltenden Rechte. Für Viehzüchter u. Viehhändler. gr. 8. (28 S.) Berlin 899. P. Parey. n. 1. —

— was Jeder vom bürgerl. Geſetzbuche wiſſen muß. Überſichtlich u. gemeinverſtändlich dargeſtellt. gr. 8. (VIII, 160 S.) Leipzig 900. Kiepert. n. 1. —

Bausteine zu einer Hausphilosophie von Adolf **Stegemann.** Nach s. Tode f. Verwandte u. Freunde gedr. (Hrsg.: Hermine Stegemann.) München 1902: C. Wolf & Sohn. (91 S.) 8° [05. 1171 9

Stegemann, (C. F.,) Wanderung durch Deutſchland, Poſen, Rußland, Caucaſien, Aegypten u. Perſien nach Jeruſalem, in den Jahren 1814—21. Nach den Ueberlieſer. des Reiſenden, v. Fr. Dörne. 12. Danzig 825, Lohde.

Stegemann, Diedr., Heilung des Stotterns, f. jedermann verſtändlich. (98 S.) gr. 8. Eſſen 903. G. D. Baedeker. n. 1. 60

Stegemann, E., die preußiſchen Ausführungsgeſetze zum bürgerl. Geſetzbuch u. ſeinen Nebengeſetzen u. zu den 1879 in Kraft getretenen Reichsjuſtizgeſetzen in der vom 1. I. 1900 ab geltenden Faſſung. Textausg. Mit Parallelſtellen u. ausführl. Sachregiſter. 2 Thle. gr. 8. Berlin (900). R. v. Decker. Geb. in Leinw. n. 5. 50
1. Die preuß. Ausführungsgeſetze zum bürgerl. Geſetzbuch f. das deutſche Reich u. ſeinen Nebengeſetzen nebſt d. Verordnungen v. 13. u. 16. XI. 1899. (XXXV, 208 S.) n. 2. 50
2. Die preuß. Ausführungsgeſetze zu den 1879 in Kraft getret. Reichsjuſtizgeſetzen in der v. 1. 1. 1900 ab geltenden Faſſung. (XXV, 268 S.) n. 3. —

Die gesammten **Materialien** zu den Preussischen Ausführungsgesetzen zum Bürgerlichen Gesetzbuch für das Deutsche Reich und seinen Nebengesetzen hrsg. u. bearb. von **E. Stegemann,** Landger.R. in Verden. *Berlin: R. v. Decker 1900.* (XCIX, 788 S.) 4°(8°) [F.]
(Erg Bd zu: 'Die ges. Materialien zum BGB.' [von Benno Mugdan.]) [00. 5918

Die preußischen Ministerialverfügungen zur Ausführung des Bürgerlichen Gesetzbuchs und der Neben- und Ausführungsgesetze. Nebst d. Geschäftsanweisung f. d. Gerichtsvollzieher v. 1. Dez. 1899. Mit chronol., systemat. u. Sach.-Reg. [Hrsg.: Eduard **Stegemann.**] Berlin: v. Decker 1900. XIV. 457 S. 8°

Stegemann, F., observationes quaedam med.-chirurgicae bello vix praeterlapso in nosocomiis Hannoveranis factae. 8. Götting. 816. **Brose.** 3 gl.

Stegemann, *Friedrich* [Referendar]: Die Parteien im Prozess. E. Beitr. z. Kritik d. herrschenden Parteibegriffes . . . (Aus d. Zeitschr. f. Deutschen Civilprozess.) Berlin, C. Heymann, 1892; 67 S. 8.
Rostock, Jur. Fak., Inaug.-Diss. v. [28. Juni] 1892

Stegemann, Fridericus Guilelmus, **Rostochiensis: De Scuti** Herculis Hesiodei poeta Homeri carminum imitatore. Rostochii 1904: C. Hinstorff. (106 S.) 8°
Rostock, Phil. Fak., Ref. Kern, Diss. v. 5. Nov. 1904
[Geb. 6. März 81 Rostock; Wohnort: Rostock; Staatsangeh.: Mecklenburg; Vorbildung: Gymn. Rostock Reife M. 99; Studium: Rostock 3, Halle 3, Rostock 4 S.; Rig. 1. Aug. 04.]

Stegemann, Frider. Guilelm., de scuti Herculis Hesiodei poeta Homeri carminum imitatore. Diss. (106 S.) 8. Rostock 904. H. Warkentien. n. 2. —

Stegemann, G., die neuesten Ergebnisse aus der deutschen u. internationalen Statistik. Zusammengestellt nach dem neuesten amtl. Material. 1906. (59 S.) gr. 8. Leipzig 906. H. A. L. Degener. — 60

Stegemann, H., [H. Sentier], Stratonike. Ein Trauerspiel in 5 Aufzügen. 8. (VII, 83 S.) Karlsruhe 888. Gebr. Pollmann. 2. —

Stegemann, H.: Die Torfgasfeuerung. Braunschweig 1877.

Stegemann, Heinrich, approb. Arzt aus Rheine i. Westf.: **Statistik** geburtshülflicher Operationen an der königl. Univ.-Frauenklinik zu Greifswald 1878—1903. *Greifswald 1903: H. Adler.* (32 S.) 8°
Greifswald, Med. Diss. v. 9. Juli 1903

Stegemann, Herb., ständische Grundlagen u. moderne Wahlsysteme in Anwendung auf die Reform d. Verfassung in Mecklenburg. (91 S.) gr. 8. Berlin 909. Maass & Plank. 2. —

Stegemann, H[erbert], Dr.: Die **Vererbung** eines Handelsgeschäftes. *Leipzig: A. Deichert Nachf. 1903.* (134 S.) 8° (= Rostocker Rechtswiss. Studien. Bd 1, H. 3.)
Rostock, Jur. Diss. v. [15. Juli] 1903
(Nicht für den Austausch)

Stegemann, H., die Vererbung e. Handelsgeschäftes, s. a. Studien, Rostocker rechtswissenschaftliche. 1. 3.

Die Vererbung eines Handelsgeschäftes. Von Dr. H. **Stegemann**. *Leipzig: A. Deichert 1903.* (134 S.) 8°
= Studien, Rostocker Rechtswissenschaftliche. Bd. 1, H. 3. [03.

Stegemann, Herm., (H. Sentier), der Abgott. Modernes Drama in 4 Aufzügen. 8. (56 S.) Dresden 891. E. Pierson. n. 1. —

Stegemann, Herm., kreisende Becher. Roman. (374 S.) 8. Berlin 910. E. Fleischel & Co. 5.—; geb. 6.50

Stegemann, Hermann. Die Befreiten. Roman. 160 S. 8. Stuttgart, J. Engelhorn, 1908. (M. —.50, geb. —.75)
Engelhorns Allgemeine Roman-Bibliothek. Eine Auswahl der besten modernen Romane aller Völker. Jahrg. 24. Band 15.

Stegemann, H. Herzog Bernhard. Ein Trauerspiel. 2. Aufl. In-8°. 126 S. Basel, B. Schwabe. 1895

Stegemann, Herm., Daphnis. Eine Dichtg. 12. (VII, 100 S.) **Frauenfeld 898.** Huber & Co. Geb. in Leinw. m. Goldschn. n. 2. 40

Stegemann, Hermann. Die als Opfer fallen. Roman. IV + 392 S. 8. Berlin, Egon Fleischel & Co., 1906. [M. 5. —, geb. 6. 50]

— Dorfdämmerung. Roman aus dem Elsaß. 8. (VI, 190 S. m. Bildnis.) Zürich 892. Verlags-Magazin. n. 2. 40; geb. n.n. 3. 20

— Dorfdämmerung. **Roman aus dem Elsaß. 2. [Titel-] Aufl. 8. (V, 190 S.) Zürich [892.] 900. Th. Schröter. n. 1. 50; geb. n. 2. 50**

— mein Elsaß. Skizzen u. Novellen. 8. (187 S.) Colmar i/E. 891. Wettig. n. 2. —

-Erntenovellen. 8. (188 S.) Basel 894. B. Schwabe. n. 3. 20; geb. n. 4. —

Stegemann, H. Das Fest der Jugend. Ein dramat. Idyll. In Musik gesetzt von *L. Kempter*. In-8°. 46 S. Basel, B. Schwabe. 1895 1 —

Stegemann, Hermann. Nikolaus von Flüe. Ein Schauspiel in vier Aufzügen. 144 S. 8. Basel, Georg & Cie., 1902. [fr. 2. —]

Stegemann, Hermann. Nikolaus von Flüe. Ein schweizerisches Schauspiel. 2. Aufl. (Volksausgabe). IV + 128 S. 8. Frauenfeld, Huber & Co., 1902. [fr. 1. —]

Stegemann, Herm., der Gebieter. Roman. (229 S.) 8. **Stuttgart 903. J. G. Cotta Nachf.** n. 2. 50; **geb. in Leinw.** n. 3. 50

— Gertrud. Drama in 3 Aufzügen. 2., veränd. Aufl. 8. (76 S.) Colmar i/E. 891. Wettig. n. 1. —

— s. a. **Horatius**, des, schönste Lieder.

— des Horatius schönste Lieder. Der Antike entrückt u. verdeutscht zu Nutz u. Frommen der Poesie. Dichtungen. 8. (77 S.) Berlin 893. Deutsche Schriftsteller-Genossenschaft. n. 1. 20

Stegemann, Herm., Daniel Junt. Roman. 1. u. 2. Aufl. (239 S.) 8. Berlin 905. E. Fleischel & Co. n. 3. —; geb. n. 4. 50

— Heimliche Liebe. 3 Novellen. Gr. in-8°. IV, 134 S. Ebd. 1895 2 50

— **heimische Lieder.** 3 Novellen. gr. 8. (IV, 134 S.) **Basel 895. B.** Schwabe. n. 2. —

—— **Mechthildis.** Ein Sang v. Badenweilers Schloss a. 1492. Dichtung in 10 Gesängen. 12. (68 S.) Müllheim-Badenweiler 891, Schmidt. — 90; geb. * 1 20; m. Goldschn. ** 1 30

Stegemann, H. Heinrich Pestalozzi. Schauspiel auf den 12. Januar 1896. In-8°. 90 S. Basel, Benno Schwabe. 1896 1 —

Stegemann, Hermann. Söhne des Reichslands. Erzählung. 314 S. 8. Leipzig, Ernst Keil's Nachfolger, [1903]. (M. 3. —, geb. M. 4. —)

— Söhne des Reichslands. Erzählung. (314 S.) 8. Leipzig (903). Stuttgart, Union. n. 3. — geb. in Leinw. n. 4. —

Stegemann, Herm. [†H. Sentier], Stratonike. Ein Trauerspiel in 5 Aufzügen. 8. (VII, 83 S.) Karlsruhe 888, Gebr. Pollmann.

— Südsturm. Drama. In-8°. 93 S. Ebd. 1895

Vita somnium breve. Gedichte von Hermann **Stegemann.** Berlin: E. Fleischel & Co. (1907). (93 S.) 8° [07. 12174

— stille Wasser. Roman. 8. (303 S.) Stuttgart 899. J. G. Cotta Nachf. n. 3. —; geb. n. 4. —

—— Weihefrühling. Gedichte. 12. (81 S.) Colmar i. E. 888, (Wettig). * 1 20; geb. * 2 —

Stegemann, J. J., am Grabe der Braut meines Sohnes, Emilie Leitner, d. 9. Dec. 1813 gesprochen. gr. 8. Berl. 813. Mittler. 3 gr.

Stegemann, Matthias: Drei Abhandlungen über den Straßenbau, s. Abhandlungen...

Stegemann, Max, Grundriss bezw. Leitfaden der Differential- u. Integral-Rechnung, s.a. Kiepert, Ludw.

Stegemann, M., Grundriss der Differential- und Integral-Rechnung mit Anwendungen. 2 Thle. Hannover 862. 63, Helwing. gr. 8. Jeder Thl. n. 2 ℳ

1. Thl.: Differential-Rechnung mit 69 Fig. (Holzschn.) im Texte. (VII, 266 S.)
2. Thl.: Integral-Rechnung mit vielen Uebungs-Beispielen und 86 Fig. (Holzschn.) im Texte, so wie ein Anhang zur Wiederholung und zum Selbst-Studium. (XIII, 322 S.)

Stegemann, M., Grundriss der Differential- und Integral-Rechnung mit Anwendungen. 2. Aufl. 2 Thle. gr. 8. Hannover 873, Helwing's Verlag. à Thl. *ℳ 4. *

Inhalt:

Thl. 1. Differential-Rechnung mit 69 Fig. (in Holzschn.) im Texte. (VI, 266 S.)
» 2. Integral-Rechnung mit vielen Uebungs-Beispielen und 86 Fig. (in Holzschn.) im Texte, so wie einem Anh. zur Wiederholung und zum Selbst-Studium. (XI, 322 S.)

Stegemann, M., Grundriss der Differential- und Integral-Rechnung mit Anwendungen. 2 Thle. gr. 8. Hannover, Helwing'sche Verlagsh. *

Inhalt:

Thl. 1. Differential-Rechnung. 3. Aufl. Mit 69 Holzschn.-Fig. im Texte. (IV, 263 S.) 1876. *ℳ 4.; 4. verb. und vervollständ. Aufl., hrsg. von Th. Sinram. (VIII, 271 S.) 880. *ℳ 6.
» 2. Integral-Rechnung. Mit vielen Uebungs-Beispielen und 96 (Holzschn.-)Fig. im Texte, sowie einem Anhang zur Wiederholung und zum Selbst-Studium. 3. verb. und vervollständ. Aufl., bearb. von J. Frz. Meyer. (XI, 332 S.) 878. *ℳ 6.

Stegemann, M., Grundriss der Differential- und Integral-Rechnung. 2 Thle. gr. 8. Hannover, Helwing's Verlag. *

Inhalt:

Thl. 1. Differential-Rechnung. 5. vollständig umgearb. und verm. Aufl. Hrsg. von Ludw. Kiepert. (XII, 466 S. mit 66 Fig. im Texte.) 888. *ℳ 9.—.
» 2. Integral-Rechnung. Mit besond. Rücksicht auf das wissenschaftl. Bedürfniss techn. Hochschulen. 4. vollständig umgearb. und wesentlich verm. Aufl. Hrsg. von ***. (XII, 446 S. mit 86 Fig. im Texte.) 886. *ℳ 7.—.

Stegemann, M., Grundriss der Differential- u. Integral-Rechnung. 2 Thle. gr. 8. Hannover, Helwing's Verl. n. 23. 50; geb. n n. 25. 50

1. Differential-Rechnung. 6., vollständig umgearb. u. verm. Aufl., hrsg. v. Ludw. Kiepert. (XIV, 618 S. m. 154 Fig.) 892. n. 12. —; geb. n.n. 13.
2. Integral-Rechnung. 5., vollständig umgearb. u. verm. Aufl., hrsg. v. Ludw. Kiepert. (XVI, 597 S. m. 137 Fig.) 894. n. 11. 50; geb. n.n. 12. 50

Stegemann, M., und J. C. E. Lange, Sammlung von Zeichnungen landwirthschaftl. Maschinen, s. Sammlung von Zeichnungen.

— Tabelle der wichtigsten Formeln der Integral-Rechnung, s.a. Kiepert, Ludw.

— Tabelle der wichtigsten Formeln aus der Differential-Rechnung. [Aus: „Grundriss der Differential-Rechng."] 5., umgearb. Aufl. Hrsg. v. L. Kiepert. gr. 8. (22 S.) Ebd. 887. n. — 50

— Tabelle der wichtigsten Formeln aus der Differential-Rechnung. [Aus: „St., Grundr. d. Differential-Rechng."] 6., vollständig umgearb. u. verm. Aufl. Hrsg. v. Ludw. Kiepert. gr. 8. (27 S.) Ebd. 892. n. — 50

— Tabelle der wichtigsten Formeln aus der Integral-Rechnung. [Aus: „St., Grundr. d. Integral-Rechng."] 5., vollständig umgearb. u. verm. Aufl. Hrsg. v. Ludw. Kiepert. gr. 8. (36 S.) Ebd. 894. n. — 50

Stegemann, Osk., der Eschweiler Bergwerksverein u. seine Vorgeschichte 1784—1910. Zugleich e. Beitrag zur Geschichte des Aachener Steinkohlenbergbaues. (VIII, 116 S. m. 10 Taf.) gr. 8. Halle 910. W. Knapp. 6.—

Stegemann, O., Über die Gefahren beim Bergbau einst und jetzt. Stuttgart, 1907. 9 S.

Stegemann, O., Geschichte des Steinkohlenbergbaus auf der linken Seite des Niederrheins. Berlin, 1910. 36 S. mit 1 Taf.

Stegemann, O., Über die Lagerungs- und Betriebsverhältnisse im Wurm- und Indorevier. Essen-Ruhr, 1906. 13 S. mit 23 Abb. u. 1 Taf.

Stegemann, O., und L. Mintrop, Das Schachtabteufen im linksrheinischen Deckgebirge und über Vorrichtungen zur Bestimmung de. Abweichungen der Gefrier-Bohrlöcher von der Senkrechten. Berlin, 1910. 55 S. mit 8 Abb.

Stegemann, Otto, Reformbedürftigkeit d. deutschen Militärverwaltung u. Vorschläge f. ihre Reorganisation in personeller u. sächlicher Beziehung zur Erhöhung der Kriegsbereitschaft der deutschen Armee, s.a. Büchersammlung, allgemeine, der freien Vereinigung v. Schriftstellern, Literatur- u. Kunstfreunden.

Stegemann, O. Reformbedürftigkeit der deutschen Militärverwaltung u. Vorschläge für ihre Reorganisation. Leipzig 1910. 220 S.

Stegemann, Otto Christian Ludwig Viktor

Stegemann, d. gute Kamerad, s.: Klaß, v.

Stegemann, R., Anlage v. Fabriken, s.: Teubner's, B. G. Handbücher f. Handel u. Gewerbe. (Haberstroh, H.)

Stegemann, R., Bauliche Anlagen für die Wohlfahrt der Arbeiter in Fabrikbetrieben. Leipzig, 1907. 68 S. mit 33 Abb.

Stegemann, R., Betrieb v. Fabriken, s.: Zimmermann, F. W. R.

— Die Kleinindustrie der Stadt Kieferstädtel. Eine Monographie. 8°. Oppeln 1891.

Stegemann, R., Deutschlands koloniale Politik. Mit e. Vorwort: „Deutsche Politik der nächsten Jahre". gr. 8. (128 S.) Berlin 884. Puttkammer & Mühlbrecht. n. 1.60

— s.: Teubner's, B. G., Handbücher f. Handel u. Gewerbe.

— Untersuchungen über die Lage der hausindustriellen Korbmacherei in Oberschlesien. 8°. Oppeln 1892.

— Untersuchungen über die Lage der Katscher Weberei und Gutachten betr. die Errichtung einer Lehrwerkstätte für dieselbe. 8°. Oppeln 1891.

Stegemann, Richard

Stegemann. Arbeits-Ordnung. Rathschläge u. Winke f. Fabrikanten. 8. (35 S.) Oppeln 892, [Franck.] Maske. * — 80

— s.: Firmen- u. Adreßbuch, oberschlesisches.

Stegemann, die Fortbildungs- u. Haushaltungsschulen f. Mädchen, s.: Schriften d. Liberalen Schulvereins Rheinlands u. Westfalens.

Stegemann, s.: Fortbildungs-Schulwesen, kaufmänn.

Stegemann, Richard (Red.). s. Gemeinwohl.

Stegemann, unlauteres Geschäftsgebahren. Im Auftrage der Handelskammern Braunschweig, Goslar, Göttingen, Halberstadt, Halle a/S., Hannover, Hildesheim, Kassel, Minden, Nordhausen, Osnabrück zusammengestellt. I. u. II. gr. 8. Braunschweig 894. A. Limbach. à n 2. 50
I. Typische Fälle. (V, 183 S.)
II. Berichte, Anträge u. Verhandlungen. (III, 211 S.)

— Gesetz üb. die Handelskammern. Vom 24. Febr. 1870. Mit Einleitg., Commentar u. Sachregister erläutert 8. (155 S.) Berlin 892. J. Guttentag. Kart. n. 3. —

Stegemann, das neue Handwerkergesetz. Gemeinverständlich dargestellt im Auftrage des herzogl. braunschw.-lüneb. Staatministeriums. 3. Aufl. 5. u. 6. Taus. gr. 8. (64 S.) Braunschweig 899. [Braunschweiger Verlag f. kaufmänn. Unterrichtswesen u. Wirtschaftskunde.] Leipzig, B. G. Teubner. n. — 40

Stegemann, Rich., die Idee des Sozialismus. Aus einem Vortrage, gehalten in der „Concordia" zu Remscheid. gr. 8. (15 S.) Berlin 888, (Nitschke und Loechner.) *
Aus: Zeitschrift für Handel und Gewerbe, besonders abgedruckt.

— Landwirthschaftskammern. [Aus: „Landw. Jahrbb."] Lex.-8. (32 S.) Berlin 892. P. Paroy. n. 1. —

— Materialien zur Markenschutz-Gesetzgebung. gr. 8. (115 S.) Remscheid 890. (Leipzig, Moltke.) n. 3. —

— aus der Praxis der Handelskammern. Beiträge zur prakt. Nationalökonomie. 1. Bd. gr. 8. (V, 178 S.) Oppeln 892. G. Maske. n. 3. —

(Beiträge zur Wirthschaftskunde.) Tanne und Wieda. Gesch. zweier Harzer Arbeiter-Genossenschaften. Von Reg.-R. Dr. [Richard] Stegemann. Braunschweig: Verl. f. kaufmänn. Unterrichtswesen u. Wirthschaftskunde 1899. (VIII, 158 S., 1 Bl.) 1 Bd 8°

—— Winke f. die Arbeiter (nebst 5 Formularen f. den unmittelbaren Gebrauch). Alters- u. Invalidenversicherung. (Zusammengestellt im Auftrage der Bergischen Handelskammer.) 7.—22. Aufl. 12. (15 S.) Lennep 890. (Lpz., Moltke.) * — 20

Stegemann, Th., s.: **Saling's Börsen-Papiere.**

Stegemann, Vict., d. Gesetze betr. d. Diensteinkommen d. Geistlichen d. evang.-luther. Kirche d. Prov. Hannover. 2. Nachtrag zur 2. Aufl. d. Gesetze d. evang.-luther. Kirche d. Prov. Hannover. Textausg. gr. 8. (25 S.) Hannover 898. C. Meyer. n. — 50
(Hauptwerk m. 1. u. 2. Nachtrag: n. 3. 30)

Stegemann, Vict., die Gesetze der evangelisch-lutherischen Kirche der Prov. Hannover aus der Zeit vom 9. Octbr. 1864 bis 24. Juni 1885. Text-Ausg. m. chronolog. u. Sach-Register. gr. 8. (88 S.) Hannover 885. Meyer. n. 1. 60

Stegemann, Vict., die Gesetze der evangelisch-lutherischen Kirche der Prov. Hannover aus der Zeit vom 9. Octbr. 1864 bis 20. Febr. 1889. 2. Aufl. Text-Ausg. m. chronolog. u. Sach-Register. gr. 8. (107 S.) Hannover 889. C. Meyer. n. 1. 80

— d. Gesetze der evangel.-luther. Kirche der Prov. Hannover aus d. Zeit v. 9. Octbr. 1864 bis 20. Febr. 1889. 2. Aufl. Textausg. Nachtrag, enth.: d. neueren Gesetze bis 5. April 1895. gr. 8. (S. 109—174.) Ebd. 895. n. 1. — (Hauptwerk u. Nachtrag: n. 2. 80)

— die Gesetze, Verordnungen u. Bekanntmachungen f. die christliche Volksschule der Prov. Hannover aus der Zeit vom 26. Mai 1845 bis 1. Juli 1890. Textausg. m. chronolog. u. Sachregister. 2. Ausg. gr. 8. (90 S.) Hannover 890. C. Meyer. n. 1. 20

— die Gesetze, Verordngn. u. Bekanntmachgn. f. d. christl. Volksschule der Prov. Hannover aus der Zeit vom 26. V. 1845 bis 1. I. 1898. Textausg. m. chronolog. u. Sach-Register. 3. Ausg. gr. 8. (108 S.) Ebd. 898. n. 1. 50

Stegemann, Vict., die Materialien zum Gesetze vom 13. Juli 1883, betr. die Zwangsvollstreckung in das unbewegliche Vermögen. Anh.: Die Materialien zum Gesetze vom 18. Juli 1883, betr. die Gerichtskosten bei Zwangsversteigergn. u. Zwangsverwaltgn. v. Gegenständen d. unbewegl. Vermögens. gr. 8. (IV, 587 S.) Berlin 883. v. Decker. n. 9. —

—— Sammlung der gültigen Gesetze des particularen Civilrechts in der Prov. Hannover aus der Zeit vom 1. Jan. 1818 bis 1. Jan. 1882. Mit chronolog. und Sach-Register. gr. 8. (X, 195 S.) Celle 882, Capaun-Karlowa'sche Buchh. *

—— die Seegesetze des Deutschen Reichs. Text-Ausg. mit Sachregister. gr. 8. (IV, 273 S.) Berlin 882, v. Decker's Verlag. *

—— die Seegesetze des Deutschen Reichs. Text-Ausg. mit Sachregister. 2. verm. und verb. Aufl. gr. 8. (IV, 316 S.) Berlin 887, v. Decker's Verlag. *

Stegemann, *Wilhelm* Zur Methodik des Rechenunterrichts in höheren Schulen. 4 (S. 3—24). Progr. G. *Prenzlau* 1889 (83).

STEGENŠEK, Augustin: Studien über die kirchliche Wandmalerei in Rom und Umgebung vom V. bis zum XIII. Jahrhundert. — 1905. 156 Bl. Diss. Graz, Univ.

Stegenwalner, Leo: Aus d. Univ.-Frauenklinik zu Königsberg i. P. Es sollen auf Grund neuer Beobachtungen die Vorteile und Nachteile der Metreuryse erwogen werden. Königsberg i. P. 1908: Hartung. 94 S. 8°
Königsberg, Med. Diss. v. 23. Juni 1909, Ref. Winter
[Geb. 20. März 84 Königsberg i. P.; Wohnort: Königsberg; Staatsangeh.: Preußen; Vorbildung: Friedrichs-Koll. Königsberg Reife O. 03; Studium: Königsberg 10 S.; Coll. 24. Juli 08; Approb. 6. Juni 09.] [U 09. 2386

Steger: Platonis de beatitudine humana doctrina. 13 S. 8° –Marburg, Progr. 1858

Steger, heilige Reden. 8. Hamb. Möller. 781.

Steger, Ad[olf]: Brasilien, für dt. und schweizerische Auswanderer beschrieben. Herisau: Meisel 1857. VI, 226 S.

Steger, Adrian [Praes.], s. H e i n z i u s, Karl Friedrich: Theses juris naturae.

Steger, Adrian [Praes.], s. H e i n z i u s, Karl Friedrich: Domitium Ulpianum ictum.

Steger, Adrian (Leipzig) A. S. 98/21

Dissertatio de honoribus veterum iureconsultorum.
Leipzig (Langenheim) 21. II. 1753. 37 S.

Gew.: Gottfried Wilhelm Küstner. 33275

Steger, Adrian (Leipzig) A. S. 300/8

Dissertatio de infulis sacrae dignitatis insignibus ...
Leipzig (Langenheim) VIII. 1739. 27 S.

Gew.: Romanus Teller. 33281

Steger, Adrian (Leipzig) A. S. 166/12

Dissertatio de iure naturae iuris publici I. R. G. principio.
Leipzig (Langenheim) 31. I. 1747. 40 S.

Gew.: Abraham Gottlob Winckler. 33282

Steger, Adrian (Leipzig) A. S. 166/13

Dissertatio de lege tribunicia et inde nato incerto iure ad 1. 2. $- 3. D. de orig. iur.
Leipzig (Langenheim) 1736. 44 S.

Gew.: Johann Christian von Hennicke. 33279

Steger, Adrian (Leipzig) A. S. 112/27

Dissertatio inauguralis de natura atque indole acti de non petendo.
Leipzig (Titius) 4. IX. 1727. 46 S. 33277

Steger, Adr.: De nomine advocatorum honocificentissimo. Progr. Lipsiae (1735).

Steger, Adrian (Leipzig) A. S. 166/14

De principibus incestarum nuptiarum apud gentiles auctoribus oratio solennis.
Leipzig (Langenheim) 14. VI. 1734. 35 S.

Gew.: Heinrich von Brühl. 33278

Steger, Adr., de purpura, sacrae dignitatis insigni. Viteb. 1741. 4.

Stegeri, Adr., Diss. de Domitio Ulpiano. Lips. 725. 4.

Steger, Adrian (Leipzig) A. S. 131/19

Dissertatio de viis militaribus Romanorum in veteri Germania.
Leipzig (Langenheim) 1738. 40 S. 33280

Steger, Adrian Deodatus (Leipzig) A. S. 310/40

De cicuta Atheniensium. Präs. Sigismund Dresig.
Leipzig (Langenheim) 31. VII. 1734. 38 S.

W. v.: Präs. 33283

Steger, Adrian Deodatus (Leipzig) A. S. 127/27

Dissertatio inauguralis ad legem municipalem Romanorum.
Leipzig (Langenheim) 3. X. 1738. 32 S. 33285

Steger, Adrian Deodat (Leipzig) A. S. 188/3

Vindiciae manibus consertis sumendae ex lege XII tabularum. Präs. Karl Otto Rechenberg.
Leipzig (Langenheim) 5. IX. 1737. 36 S.

W. v.: Präs. 33284

Steger, Alfred, Gerichtsref. aus Elberfeld: **Die Anfechtbarkeit nach dem Rechte des Bürgerlichen Gesetzbuches.** *Borna-Leipzig 1902: R. Noske.* (XI, 74 S.) 8°
Leipzig, Jur. Diss. v. 1902

Steger, August

Westfälischer A n h a n g zu der Mittelstufe [und] Oberstufe des 'Lesebuches f. Bürger- u. Volksschulen' von [August] **Steger** u. [Wilh.] Wohlrabe. [Halle a. S.: H. Schroedel 1899?]. 2 Bde 8°
[Umschlagt. F.]

Steger, Aug., der Christabend. Ein Weihnachtsspiel f. Kinder. 8. (16 S.) Halle 896. H. Schroedel. n. — 20

— u. **Wohlrabe,** Aufgaben der Invaliditäts-, Alters-, Kranken- u. Unfallversicherung zum Gebrauch in Volks-, Bürger- u. Fortbildungsschulen. gr. 8. (12 S.) Halle a/S. 893. H. Schroedel. n n. — 15

— Fibel, s. a. Scharlach, F.

Fibel für den ersten Unterricht im Deutschen von ⟨[Friedrich] Scharlach u. [Ludwig] Haupt⟩ [August] **Steger** u. Dr. [Wilhelm] Wohlrabe, Rektoren. Neue, nach phonet. Grundsätzen umgearb. Ausg. Ausg. A. Halle: H. Schroedel (1904). (98 S.) 8° [F.] [05. 15981 3

— u. **Wohlrabe** (Scharlach u. Haupt), Fibel f. den ersten Unterricht im Deutschen. Neue, nach phonet. Grundsätzen umgearb. Ausg. In 1 Bande (B). (100 S. m. Abbildgn.) gr. 8. Halle 904. H. Schroedel. Geb. n.n. — 60

— — dasselbe. Ausg. C. (In 2 Tln.) 1. Heft. (72 S. m. Abbildgn.) gr. 8. Ebd. (904). n. — 40; geb. n.n. — 50

— u. **Wohlrabe,** Fibel f. d. ersten Unterricht im Deutschen. Ausg. E. Nach phonet. Grundsätzen bearb. v. C. Penseler. Mit Bildern von L. St. Kaelberer. (92 S.) gr. 8. Ebd. 909. Geb. nn — 70

— — dasselbe. Ausg. F 1. Nach phonet. Grundsätzen bearb. v. C. Penseler. Mit Bildern von L. St. Kaelberer. (64 S.) gr. 8. Ebd. 909. Geb. nn — 60

— Fibel-Lesebuch, s.: Pfeifer, W.

Steger, A. Die Förderung der Gesundheitspflege in den Schulen. Ergebnisse d. schulhygien. Kursus in Berlin vom 17. bis 22. Dezbr. 1888. Zusammengestellt v. A. St. 8. (32 S.) Merieb. 889, Stollberg. * — 50

Steger, A., Gehört Geschichte der deutschen Literatur in die mehrklassige Bürgerschule? Ein Vortrag, gehalten in der Ephoral-conferenz zu Halle am 4. Novbr. 1879. gr. 8. (56 S.) Halle 880, Hendel.

Steger, A., u. W. Ehrke, Deutschlands Krieg u. Sieg in den J. 1870 u. 1871. Declamationen u. Gesänge zur Friedensfeier. Den deutschen Schulen dargeboten. gr. 8. (18 S.) Neuhaldensleben 871. Eyraud. n. — 25

Steger, A., Lebensbilder aus der deutschen Literatur. Ein Lesebuch f. d. Literaturunterricht an gehobenen Knaben- u. Mädchenschulen. Der „34 Lebensbilder" 4., völlig umgearb. Aufl. (XVI, 504 S.) gr. 8. Halle 910. H. Schroedel. 3.—; geb. n 3. 50

— 34 Lebensbilder aus der deutschen Litteratur. Ein Lesebuch f. den Litteraturunterricht an gehobenen Knaben- u. Mädchenschulen. Mit 2 Anhängen. gr. 8. (XIV, 492 S.) Halle a/S. 890. H. Schroedel. n. 3. —

— 34 Lebensbilder aus der deutschen Litteratur. Ein Lesebuch f. d. Litteraturunterricht an gehob. Knaben- u. Mädchenschulen. M. 2 Anhängen. 2., umgearb. Aufl. gr. 8. (XIV, 484 S.) Halle 897. H. Schroedel. n. 3.—

Vierunddreissig Lebensbilder aus der deutschen Litteratur. Ein Lesebuch f. d. Litteraturunterr. an gehobenen Knaben- u. Mädchenschulen. Hrsg. von A[ugust] **Steger**, Rektor in Halle. Mit 2 Anh. 3. Aufl. *Halle a. S.: H. Schroedel 1900.* (XVI, 480 S.) 8° [F.] [oo. 11760

— Lesebuch f. Bürger- u. Volksschulen, s.: Scharlach, F., u. Haupt.

— u. Wohlrabe

— — Deutsches Lesebuch in 3 Bdn. Neubearbeitung nach den Fordergn. des Ministerial-Erlasses vom 28. II. 1902. Ausg. M f. Schulen des Reg.-Bez. Magdeburg. 8. Ebd. Geb. nn 4. 80

Steger, A., u. Wohlrabe, deutsches Lesebuch in 3 Bdn. Neubearbeitung nach den Fordergn. des Ministerial-Erlasses vom 28. II. 1902. (Ausg. f. die Reg.-Bezz. Merseburg u. Erfurt.) 8. Halle 909. H. Schroedel. Geb. nn 5. 15

Unterstufe. (285 S.) 909. nn 1. 20
Mittelstufe. (VIII, 382 S.) 909. nn 1. 80
Oberstufe. (IX, 592 S.) 909. nn 2. 15

— u. **Wohlrabe,** Lesebuch f. Mittelschulen. (Erweiterte Ausg. d. Neubearbeitung d. Scharlach-Hauptschen Lesebuchs.) 4 Tle. gr. 8. Halle, H. Schroedel. n.n. 7. —; Einbde. n.n. 1. 50

1. (X, 228 S.) 895. n. 1. 40; Einbd. n.n. — 30
2. (XI, 340 S.) 895. n. 1. 80; Einbd. n.n. — 40
3. (XII, 500 S.) 896. n. 2. 80; Einbd. n.n. — 50
4. (III, 187 S.) 895. n. 1. —; Einbd. n.n. — 30

— u. **Wohlrabe,** Lesebuch für Mittelschulen. Erweiterte Ausg. der Neubearbeitg. des Scharlach-Hauptschen Lesebuchs. (In 4 Tln.) 1.—3. Tl. 2. Aufl. gr. 8. Halle, H. Schroedel. n. 6. —; geb. n.n. 7. 20

1. (X, 228 S.) 898. n. 1. 40; geb. n.n. 1. 70
2. (XI, 340 S.) 898. n. 1. 80; geb. n.n. 2. 20
3. (XII, 500 S.) 899. n. 2. 80; geb. n.n. 3. 30

— — Lesebuch f. Mittelschulen. (Erweiterte Ausg. der Neubearbeitg. des Scharlach-Hauptschen Lesebuchs.) 1. bis 3. Tl. gr. 8. Ebd. Geb. n.n. 7. 20

1. 3. Aufl. (X, 228 S.) 905. n.n. 1. 40; geb. n.n. 1. 70
2. 3., nach der neuen Orthographie durchgesch. Aufl. (XI, 340 S.) 905. n.n 1. 80; geb. n.n. 2. 20
3. 3., nach der neuen Rechtschreibg. bericht. Aufl. (XII, 500 S.) 906. Geb. n. 3. 30

Deutsches Lesebuch für Mittelschulen von [August] **Steger** u. [Wilhelm] Wohlrabe, Rektoren. Neue Ausg., bearb. nach d. Minist.-Erlaß v. 28. Febr. 1902. T. 1–4. Halle a. S.: H. Schroedel 1907. 4 Bde 8° [F.] [08. 7590

— — **dasselbe für ein- u. zweiklass. Schulen. In 1 Bde.** (Ausg. f. die Prov. Sachsen.) (XII, 577 S.) 8. Ebd. 908. Geb. nn 2. 25

Steger, A., Religionsbuch für die Mittelstufe der Volksschule. Enth.: Die 5 Hauptstücke des Katechismus Luther's, 90 Bibelsprüche, sowie Gebete, 40 Kirchenlieder u. s. w. 2. verb. Aufl. 8. (44 S.) Magdeburg 878, E. Baensch.

Steger, A., Religions-Lernbuch für die Mittelstufe der Volksschule. 8. (IV und 44 S.) Magdeburg 867, Baensch. *

— **6 Scenen zum Falckenheiner'schen Kaiserfestspiel Hohenstaufen u. Hohenzollern, f. d. Aufführg. in Halle a. S. 1895 gedichtet. 8. (32 S.) Halle 895. (Tausch & Grosse.)** n. — 30

— Volksschul-Lesebuch, s.: Scharlach, F.

— welche Gründe sprechen gegen e. unbedingte Durchführung der Schulklassen?, s.: Zeitfragen, pädagogische.

Steger, B. St., Abschieds-Predigt über 1 Cor. 2, 1—5, gehalten am Sonntage Quasimodogeniti 1843 in Hof. gr. 8. Hof 843, Grau. 1/12 ℛ︁

Steger, B. St., Antrittspredigt über 1. Timoth. 4, 16, gehalten am 9n Sonntage nach Trinitatis 1835. gr. 8. Hof 835. Grau. 1 1/2 gr

—— die Ausbreitung der Kirche Christi unter allen Völkern der Erde. Predigt üb. Apostelgesch. 10, 42—48, gehalten am 2. Pfingstfeiertage 1843. gr. 8. (1 B.) Nürnberg, Raw'sche Bh.

— biblische Geschichten mit Sprüchen und Versen. Zum Gebrauch bei dem ersten Kinderunterricht. 8. Schweinfurt 839. Wetzstein. n. 1/6 ℛ︁

Steger, B. St., katechetisches Handbuch zur Erklärung der Sonn- und Festtags-Evangelien des ganzen Kirchenjahres für Geistliche und Lehrer, mit einleitenden Bemerkungen über das christl. Kirchenjahr. gr. 8. (XXVII und 419 S.) Nürnberg 855, Raw'sche Buchh. *

Steger, B. St., katechetisches Handbuch zur Erklärung der **Sonn-** und Festtags-Episteln des ganzen Kirchenjahres für Geistliche und Lehrer. 4 Hefte. gr. 8. (VI und 421 S.) Nürnberg 1857—60, Raw'sche Buchh. à Heft * 10 Ngr. *

—— die evangel. Heidenmission. Drei Gespräche, zur Erweckung u. Belebung des Missionssinnes unter dem Volke. 8. (3½ B.) Nürnberg 844, Raw'sche Buchh.

—— ich empfehle euch scheidend Gott u. dem Worte seiner Gnade. Abschiedspr. gr. 8. (1 B.) Nürnberg 835, Raw'sche Buchh. –

Steger, B. St., die evangelische Juden-Mission, in ihrer Wichtigkeit und ihrem gesegneten Fortgange. gr. 8. (IV und 113 S.) Hof 847, [Grau und Comp.]

— die protestant. Missionen u. deren gesegnetes Wirken. Für Alle, welche sich über die segensreiche Ausbreitung des Christenthums unter d. Heiden durch die protestant. Missionen belehren wollen, übersichtlich zusammengestellt. gr. 8. Hof u. Wunsiedel 838. Grau. 2/3 ℛ︁

— die protestant. Missionen und deren gesegnetes Wirken. Für Alle, welche sich über die segensreiche Ausbreitung des Christenthums unter den Heiden durch die protestant. Missionen belehren wollen, übersichtlich zusammengestellt. Neue Folge. (Insbesondere den Zeitraum von 1830—1841 umfassend.) gr. 8. Hof 843, Grau. 7/12 ℛ︁ — 2. neu durchges., theilweise verm. Aufl. 1. Thl. gr. 8. Ebend. 844. 2/3 ℛ︁

Steger, B. St., die protestantischen Missionen u. deren gesegnetes Wirken. Für Alle, welche sich üb. die segensreiche Ausbreitung des Christenthums unter den Heiden durch die protestant. Missionen belehren wollen, übersichtlich zusammengestellt. 2. Thl. [Insbesondere den Zeitraum von 1830—1841 umfassend.] 2. neu durchgeseh. theilweise verm. Aufl. gr. 8. (VIII u. 173 S.) Hof 851, Grau. 7/12 ₰ — 3. Thl. 1. Abth. [Enthaltend den traurigen, elenden u. bejammernswerthen Zustand der Heidenwelt.] gr. 8. (VIII u. 111 S.) Ebd. 849. 14 ngr — 3. Thl. 2. Abth. [Enthaltend die Geschichte des evangelischen Missionswerkes in den verschiedenen Ländern der Erde.] gr. 8. (VIII u. 168 S.) Ebd. 850. 18 ngr (I—III, 2: 2 ₰ 9 ngr)

Für und wider die Freimaurerei. Zur Aufklärung für Jedermann. Sammelwerk aus älteren und neuen Logen-Archiven von C. Steger. Grosse Ausg. Bamberg: Handels-Dr. [1896]. XII, 380 S. 8°

[Dasselbe.] Kleine Ausg. Ebendas. VIII, 88 S. 8°

Recens f. grosse Ausg.: Al. 22 (1896) S. 94—95; Bh. 39 (1896) S. 208; SL. 16 (1896) S. 115. Recens f. kleine Ausg.: Bh. 39 (1896) S. 152. cf. f. kleine Ausg.: Bbl. 10 (1896) S. 290—291 (A. W. Sellin); L. 19 (1896) S. 80.

Steger, C., d. Jesuiten (nach Windthorst u. Wolf). [Aus: „St., für u. wider die Freimaurerei".] 8. Bamberg 896. Handelsdruckerei. n. —30

Steger, Carl, s. Steger, Karl

Steger, Ernst [aus Hamburg]: Untersuchungen über italienische Seekarten des Mittelalters auf Grund der kartometrischen Methode ... Göttingen, Druck d. Dieterich'schen Univ.-Buchdr., 1896; 3 Bl., 52 S., 1 Bl., 1 Kt. 8.
Göttingen, Phil. Fak., Inaug.-Diss. v. [10. März] 1896

Steger, Ernst, Untersuchgn. üb. italienische Seekarten d. Mittelalters auf Grund d. kartometr. Methode. Diss. gr. 8. (V, 52 S. m. 1 Karte.) Göttingen 896. (Vandenhoeck & Ruprecht.) n. 1. 40

Steger, Eugen [aus Ratibor]: Ueber Typhusinfection in Spitälern ... Würzburg, Druck d. Thein'schen Druckerei, 1885; 31 S. 8.
Würzburg, Med. Fak., Inaug.-Diss. v. 1885

STEGER, Ferdinand Maria (München): Das Kindbettfieber in pathologischer Beziehung betrachtet.- München: Wolf 1839. 39 S.
3.6.1837 - Urk (Titel: De febri puerperali.); F 63
Diss. Ingolst.-Landsh.-Mchn.

Steger, Fr[anz]: Über Schussverletzungen. *Erlangen 1897: F. Junge.* (69 S.) 8°
Erlangen, Med. Diss. v. 1897

Steger, Friedrich

— s. Album der Nationen.

Steger, Frdr., Asien, s.: Feierstunden, malerische.

s. Bernard, Charl., Jung u. Alt.

(Steger, Fr.,) vaterländischer Bilder-Saal, s. Bilder-Saal.

— s. Blessington, die Gouvernante.

Steger, Frdr., drei Bücher neuester Geschichte 1815—1850. 4 Lfgn. gr. 8. (II u. 458 S.) Braunschweig 851, Westermann. (à n. 1/3 ₰) n. 1 1/3 ₰

— s. Cavendisch, oder die Patrizier zur See.

— s. Cambacérès, Mittheilungen.

— s. Cooper, Erinnerungen;

— s. Corbière, die Seecadetten;

—— das Elsaß mit Deutsch-Lothringen. Land und Leute, Ortsbeschreibung, Geschichte und Sage. gr. 8. (VIII, 91 S. mit 1 lithogr. und color. Karte und 1 Ansicht des Straßburger Münsters in Holzschn.) Leipzig 870, Quandt und Händel. *

Steger, F(riedr.), Encyclopädie für Kaufleute, s. Encyclopädie.

Steger, Friedr., Ergänzungsblätter zu allen Conversations-Lexiken, s. Ergänzungsblätter.

Steger, Dr. Fr. Ergänzungs-Conversations-Lexikon zu denen von Brockhaus, Pierer, Mayer, Wolf, Reichenbach, Ersch und Gruber, zum Haus-Lexikon, Conversations-Lexikon für bildende Künste, zu der Real-Encyklopädie für das katholische Deutschland, sowie zu allen Encyklopädien. Herausgegeben von einem Vereine von Gelehrten, Künstlern und Fachmännern. Fünfte Aufl. (14 Bde.)
8. Leipzig und Meissen 1846—1859.

—— der Feldzug von 1812. Mit Illustrationen. (16 Lfgn.) Lex.-8. (24 1/2 B., 32 Stnt., 2 Pläne u. 1 Karte des russ Feldzugs.) Braunschweig 845, Oehme u. Müller. à L. * 5 Ngr. *

Steger, Fr., Geschichte der Baukunst, von den ältesten Zeiten rc., s. Romberg, J. Andr.

— Geschichte des Kaisers Napoleon, siehe: Volksbibliothek, illustrirte.

—— Geschichte Franz Sforza's, s. Hausbibliothek, historische.

— Geschichte Franz Sforza's u. der italienischen Condottieri. Neue (Titel-)Ausg. Leipzig (853)865. Senf. gr. 8. (345 S. mit dem Portr. Franz Sforza's in Stahlst.) 1 ₰

— Geschichte Franz Sforza's u. der italienischen Condottieri. Mit dem Portr. (Stahlst.) Frz. Sforza's. 3. Ausg. gr. 8. (VIII, 345 S.) Leipzig 874. G. Senf. 2. 50

—— das Haus der Welfen. Beiträge z. Geschichte der Lande Braunschweig u. Hannover in Biographieen der ausgezeichnetsten Regenten u. Fürsten beider Welfen-Linien. Unter Mitwirkung mehr. Gelehrten hrsg. gr. 8. (25 1/4 B., 32 Portr. u. 4 histor. Bilder.) Braunschweig 843. Oehme u. Müller.

— s. P. de Kock, das hübsche Mädchen.

— s. dess. Lebensbilder;

— s. Ein Lebenstraum u. die Kammerzofe.

— s. Memoiren der Herzogin von Nevers.

—— und Herm. Wagner, die Nipponfahrer, s. Feierstunden, malerische.

Steger F und H Wagner, die Nippon-Fahrer oder das wiedererschlossene Japan. 2. Auflage von R Andree. Leipzig 1869

—— über Oeffentlichkeit, s. Verfassungsfreund.

Steger, Friedrich. Ueber Oeffentlichkeit und Mündlichkeit im deutschen Strafverfahren. Leipzig, Mayer und Wigand 1843. 74 S. 8.

—— die Reise in d. Leben. Roman. 2 Thle. gr. 12. (21¼ B. u. 4 Federzeichn.) Leipzig 840, W. Engelmann.

Steger, Friedrich, Mungo Park's Reisen in Afrika. 3. Aufl. Leipzig 1874.

—— 1792—1813 oder die letzten Jahre des deutschen Reiches und seine Zertrümmerung durch Frankreich. Ein Bild der Vergangenheit als Spiegel für Gegenwart und Zukunft. 1. Aufl. 1860. und 2. Aufl. gr. 16. (IV und 191 S.) Leipzig 861, O. Wigand. *

— 1792—1813 oder die letzten Jahre des deutschen Reiches u. seine Zertrümmerung durch Frankreich. Ein Bild der Vergangenheit als Spiegel für Gegenwart u. Zukunft. 3. (Titel-)Aufl. Leipzig (861)865. O. Wigand. gr. 16. (IV. 191 S.) 10 ngr.

– s. dess. die 3 Seeräuber.

– s. Th. Skinner, Streifereien in Ostindien.

– s. Soulié, der Graf v. Beziers;

– s. Tailor, M., Tippo Saib.

– s. Thiers, A., Geschichte d. französ. Revolution.

– s. dess. modernes Treiben.

– s. Tochter, die einzige.

Steger, Friedrich. Das Verfassungswesen oder das constitutionelle Princip. Leipzig, Mayer u. Wigand 1843. 128 S. 8.

—— Vorwärts! Volks-Taschenbuch, s. Vorwärts.

—— allgemeine Weltgeschichte f. d. deutsche Volk. (30 Lfgn.) gr. 8. (95 B. u. 1 Stnt.) Leipzig 843—45, [Mayer.] (à Lfg. 3 Ngr.)

—— dass. Neue Ausg. 3 Bde. (12 Lfgn.) gr. 8. (118½ B. u. 12 ill. Karten.) Ebds. 844, 45. (à Lfg. 10 Ngr.)

– s. de Vigny, Erinnerungen aus dem Leben eines Kriegers.

– s. dess. Wanderungen in Italien.

— allgemeine Weltgeschichte für das deutsche Volk. In 30 Liefg. gr. 8. (Mit 1 lith. Blatt als Prämie.) Leipzig 843—45, Mayer. (à 3 ngl) 3 Bde. 3 ℔

— dies. Neue Ausg. In 3 Bden. (12 Liefg.) Mit 12 color. Landkarten. gr. 8. Ebend. 844, 45. (à ⅓ ℔) 4 ℔

Steger, Friedrich August

Steger, Fr. Aug., der Heiland. Ein Epos in zwölf Gesängen. 8. Zeitz 841. (Schieferdecker.) 1 ℔

Steger, Frdr. Aug., Lehrgang für die Schreib-Lesemethode mit Bezug auf das von Karl Frdr. Schlegel u. Frdr. Aug. Steger bearb. Lesebuch für Elementarklassen. 8. (28 S.) Halle 847, Mühlmann. 3 ngl

Steger, Friedr. Aug., Lehrgang für den gesammten Sprach-Unterricht in Landschulen mit Rücksicht auf den Unterrichtsgrundsatz der Concentration bearb. Delitzsch 866. Pabst. gr. 8. (V, 42 S.) n. 8 ngr.

Steger, Friedr. Aug., Lehrgang für den praktischen und grammatischen Sprach-Unterricht in Landschulen mit Berücksicht. des Unterrichtsgrundsatzes der Concentration bearb. 2., verb. und verm. Aufl. 1869. *ℳ 2,25., und 3. Aufl. gr. 8. (214 S.) Delitzsch 874, Pabst. *

Steger, Friedr. Aug., Lesebuch f. Elementarklassen, s. Schlegel, C. F.

Steger, Friedr. Aug., Zuleima und Saladin. Ein episches Gedicht in drei Gesängen. 8. Zeitz 838. Webel. n. 5/12 ℔

Steger, Georg Heinrich U. S. Erfurt 1710/1

Jura dormientibus scripta, Das Recht derer Schlafenden. Präs. Johann Philipp Treiber.
Erfurt (Grosch) 27. IX. 1710. 10 Bl.
33286

Steger, Geo. Thdr., Theodors Liebesbriefe an Wilhelminen, od. Blumenlese Salomonischer Liebesgesänge, in Briefen für gebild. Leser. 8. Kiel 811. (Hesse). 1 ℔ 8 gl

STEGER, Geo. Theod. (geb. 5. März 1781 zu Heide in Norderdithmarschen, 1809 Dr. philos. u. Subrector an d. lat. Schule zu Hadersleben, † daselbst am 17. April 1827), Theodor's Liebesbriefe an Wilhelmine, oder: Blumenlese Salomonischer Liebesgesänge in Briefen für gebildete Leser. Kiel, bei Aug. Schmidt. 1811. 8°. (5/6 Rthl. O. Richter, Lpz., vor 1885.)

— commentatio de vocabulo ישר. 4. Kiel 808. Schmidt. Hesse. 4 gl

STEGER, GEORG THEOD., Brevis de vocabulo רֶשֶׁף diss. Kiliae. 1808. 4. P.

Steger, Glieb., ein Cäsar. — Rolf. Epische Dichtungen. 8. (101 S.) Leipzig 887, Friedrich. *

Steger, Gottl., e. Episode. Roman. 8. (249 S.) Leipzig 893. W. Friedrich. n. 5. —; geb. n.n. 6. —

Steger, Gottlieb [app. Arzt aus Wiborg in Finnland]: Zur Casuistik der eitrigen Peritonitis. . . . Würzburg, Druck d. F. Röhrl'schen Buchdr., 1890; 1 Bl., S. 5–45; 8°
Würzburg, Med. Fak., Inaug.-Diss. v. 1890

Steger, Heinr., Vertheidigungs-Rede im Schwurgerichts-Processo Albert Vogl. Geh. am 12. VII. 1901. gr. 8. (70 S.) Wien 901. M. Perles. n. 1. —

Steger, Horst: Johann Christian Hallmann. Sein Leben und seine Werke. Weida i. Th. 1909: Thomas & Hubert. 119 S. 8°
Leipzig, Phil. Diss. v. 16. Dez. 1909, Ref. Köster, Sievers
[Geb. 18. Mai 85 Annaberg, Erzgeb.; Wohnort: Annaberg; Staatsangeh.: Sachsen; Vorbildung: Realgymn. Annaberg Reife O. 04; Studium: Freiberg i. B. 1, Leipzig 3, München 2, Heidelberg 1, Leipzig 3 S.; Rig. 18. Mai 09.] [U 10. 3245

Steger, J. A., der Volksschulfreund, s. Volksschulfreund.

Steger, J.-F., prakt. Anleit. zur Zahlen- Rechenkunst ꝛc. 8. Bregenz 802. Brentano. 4 gr.

Steger, J. N.

— geistl. Reden. 8. Heide u. Hamb. 785.

Steger, J. N., einige geistl. Reden zur Probe. 8. Heide 780. Möller. 4 gr.

Steger, Johann Andreas Friedrich

– s. Erklär. der Wunder des Alt. u. N. Testam.

– s. Evangelien, erklärt.

– s. Ist die Agende.

Steger, Jh. Andr. Fr., Mythologie der Griechen u. Römer, auf einen allgem. Grundsatz zurückgeführt; zum Gebr. f. Vorlesungen. 8. Berl. 800. Duncker u. H. 14 gr.

– Mythologie für die Jugend beiderlei Geschlechts, oder Vater Trauwalds Abendunterhaltt. mit sn. Kindern üb. die Mythologie. Mit 12 Kpf. 8. Quedlinb. 811. 2e Aufl. Mit 12 ill. Kpf. 819. Basse. 1 ß 8 gr.

Steger, Jh. Andr. Fr., die Prodigien, oder Wunderzeichen der alten Welt; e. Beitr. zur Erklär. des Livius u. zur Tilgung des Aberglaubens. 8. Braunschw. 800. Reichard. 14 gr.

– s. Versuch e. natürl. Kirchenrechts.

BIBEL. — Wunder, Die, des alten und neuen Testaments in ihrer wahren Gestalt (von *Joh. Andr. Steger*). Rom (Berlin, Fröhlich) 1799.
Anon.-Lex. IV. p. 419 (nach Weller, fing. Dr.).

Steger, Johann Bapt. — Diese drei. Eine Predigt gehalten . . . Von — —. 8. (18 S.) Wien. Druck von J. B. Wallishausser. 1854.

STEGER, Johannes Baptista: De dogmate ejusque relatione ad religionem. — (1836) 98 S. 8° (Handschr.) Diss. 47
Diss. Wien, Univ.

Steger, Jos., Laudate pueri Dominum. Chorgesang-Schule. Opus 31. 8. (90 S.) Wien 901. Wiener Musik-Verlagshaus. n. 1.20

Steger, Jos., Platonische Studien. I—III. gr. 8. Innsbruck, Wagner'sche Universitäts-Buchh. à * M 1,60. *
Inhalt:
I. (III, 79 S.) 870.
II. Die Platonische Tugendlehre. (III, 67 S.) 870.
III. Die Platonische Psychologie. (III, 69 S.) 879.

Steger, Jul., Bergmannsgruss, s.: Anacker, A. F.

Steger, Julius: Die Methode Jaques-Dalcroze und ihre Verwertung im Gesangunterricht der höheren Schulen. Ein Beitr. z. musikal. Erziehung d. Volkes durch d. Schule. Flensburg 1908: Dr. d. Flensb. Norddeutschen Zeitung. S. 31—52. 4°
Flensburg, OR u. Landwirtschafts-S P 1908 (379) [S 08. 463

Steger, K. A. F., s. Cicero's Werke.

Steger, K. A. Versuch, einige Stellen aus Xenophons Oekonomikos zu verbessern. 4 S. . . . .
Wetzlar, Progr. 1830

Steger, Karl

STEGER, Carl (München): Medizinisch-ethnographische Skizzen aus Oberbayern.- München: Weiss 1868. 11 S.
2.11.1863 - Urk (Titel: Quaedam medico-ethnographica ex Bavaria Superiori.); F 70
Diss. Ingolst.-Landsh.-Mchn.

Steger, Mathias Feldmarschall Erzherzog Albrecht. (Umschlagtitel: . ., ein Gedenkblatt für die österreichische Jugend.) 8 (S. 3—35). **Progr.** K. k. Staats-G. *Troppau* 1895.

Steger, Oscar [prakt. Arzt in Wyl, St. Gallen]: Aus dem Kantonsspital Münsterlingen. Dirigirender Arzt: Dr. Conrad Brunner. Ueber die im Spital Münsterlingen in den Jahren 1896—1902 ausgeführten Gastrostomien. Wyl 1903. 53 S. 8°.
Zürich. Med. Diss. 1902/1903.

Steger, Oscar. Ueber die im Spital Münsterlingen in den Jahren 1896—1902 ausgeführten Gastrostomien. Diss. Med. Univ. Zürich. *Kopftitel:* Aus dem Kantonsspital Münsterlingen. Dirigirender Arzt: Dr. Conrad Brunner. 55 S. 8. Wyl, J. Zehnder, 1903.

STEGER, Sam.: Commentatio de jure mariti in bona uxoris et de jure uxoris in bona mariti. *Jen.*, Cröker. 759. 4. (6 Gr.)

Steger, B. F. L., Laetare. Fröhliche Lieder. 8. (IV, 48 S.) Dresden 891. E. Pierson. n. 1.—

Steger, Viktor

Steger, V., die Diluvialgebilde von Kattowitz bis Schoppinitz in Oberschlesien, s. Abhandlungen der naturforschenden Gesellschaft zu Görlitz.

—— **über ein interessantes Glacial-Phänomen im Felde der Georggrube (Oberschlesien),** s. Abhandlungen der naturforschenden Gesellschaft zu Gölitz

Steger V, Glasblasemaschinen und Schutz der Glasbläser. (6 S) 4° Berlin 1904

Steger, Vict., der quarzfreie Porphyr von Ober-Horka, s. Abhandlungen der naturforschenden Gesellschaft zu Görlitz.

Steger, Victor (*geb. Landsberg in Oberschles. 8. 1. 1859*): Die schwefelführenden Schichten von Kokoschütz in Oberschlesien und die in ihnen auftretende Tertiärflora. Ratibor 1883. (30 S.) 8° [*Im Buchhandel 1883 bei Köhler in Breslau.*]
Breslau, Phil. Diss. v. 10. [vielmehr 21.] Mai 1883

—— Untersuchung von Zinkmuffeln, **s. Abhandlungen der naturforschenden Gesellschaft zu Görlitz.**

—— Ursprung der schlesischen Gebirgsflora, s. **Abhandlungen der naturforschenden Gesellschaft zu Görlitz.**

Steger, Vict.: Verdichtung der Metalldämpfe in Zinkhütten, s.a. Sammlung chem. u. chemisch-techn. Vorträge I, 2.

STEGER, V.
Verdichtung der Metalldämpfe in Zinkhütten. Stuttgart, 1896.
Sammlung chemischer und chemisch-technischer Vorträge.

Steger, Walther. Entstehungs- und Lebens-Geschichte der Sekundarschule Affeltrangen. Auf die Feier ihres 50jährigen Bestandes ... den 27. Sept. 1909 im Auftrage der Sekundarschulvorsteherschaft verfasst von W' St'. Pfarrer. [Mit 2 Tafeln und 2 Tabellen.] II + 56 S. 8. Frauenfeld, Huber & Co., [1909]. [fr. 1. —]

Stégeren, Dider. Jan. van, de graecorum diebus festis. Insunt: Dipolia, Carnea, Apaturia, Cronia. 8maj. (30 S.) Trajecti ad Rh. 849, Kemink et filius. *

Stegerwald, A., s.: Bericht über die Verhandlungen der ersten internationalen Konferenz christl. Gewerkschaftsführer.

Stegerwald, A., s. a. Studien, gewerkschaftliche, in England.

Gewerkschaftliche Studien in England. [Verf.: Adam **Stegerwald**.] Cöln: A. Stegerwald 1906. (48 S.) 8° [F.]
= **Schriften** d. Gesamtverbandes d. christl. Gewerkschaften Deutschlands. H. 6. [06. 14515]

Georg Steglehner
De hermaphroditorium Natura tractatus anatomico-physiologico- pathologicus quem exposuit Georgius Steglehner, Bambergae & Lipsiae: Kunz 1817. VIII, 135 S. 8°

Steglich, Albrecht: John Stuart Mills Logik der Daten. T. 1. der von d. Krugstiftung gekr. Preisschr.: 'Die Logik John Stuart Mills' S. A. a. d. 'Zeitschr. f. Philos. u. philos. Kritik', Mai 1909. Leipzig: Eckardt 1908. VI, 38 S. 8°
Leipzig, Phil. Diss. v. 4. Jan. 1909, Ref. M. Heinze, Wundt
[Geb. 25. Dez. 81 Dresden; Wohnort: Leipzig; Staatsangeh.: Sachsen; Vorbildung: Realgymn. Döbeln Reife O. 03; Studium: Leipzig 10 S.; Rig. 29. Juli 08.] [U 09. 3067

Steglich, Bruno

Steglich, kurze Anleitung zu Anbau u. Behandlung des Flachses. Zugleich als Vorschriften f. die Flachsbau-Versuchsanstalten, hrsg. vom Komitee zur Hebg. des Flachsbaues im Königreich Sachsen. 2. Aufl. (15 S.) fl. 8. Dresden (905). C. Heinrich. n. — 30

Steglich, Bruno, Anleitung zum Plan- und Situationszeichnen. Für Landwirte und landwirtschaftl. Lehranstalten. 8. (48 S. mit 16 lithogr. Taf.) Berlin 884, Parey. cart. *

— neuere Anschauungen u. Erfahrungen üb. die Anwendung u. Wirkung der künstlichen Düngemittel. Vortrag, geh. am 6. XII. 1902 in der ökonom. Gesellschaft im Königr. Sachsen. (20 S.) gr. 8. Dresden 903. Berlin, G. Schönfeld. n. — 60

Steglich, B., Beschaffenheit u. Gewinnung guter Braugerste. Vortrag, geh. in der oekonom. Gesellschaft im Königreich Sachsen, Dresden, am 2. XII. 1898. gr. 8. (16 S.) Dresden 898. Leipzig, G. Schönfeld. n. — 60

— schematische Darstellung d. Zahnwechsels beim Pferde zur Altersbestimmung aus dem Gebiß. Für Landwirthe, Offiziere, Sportsmen u. Pferdebesitzer entworfen. 8. (2 S. m. 1 Chromolith. in Fol.) Leipzig 885. H. Voigt. n. — 60

— Einrichtung u. Tätigkeit der Saatzuchtanstalt Svalöf in Schweden u. Fortschritte auf dem Gebiete der Pflanzenzüchtung. Vortrag, geh. in der ökonom. Gesellschaft im Königr. Sachsen, Dresden 2. XII. 1904. (27 S.) gr. 8. Leipzig 905. Berlin, R. C. Schmidt & Co. n. — 60

Steglich, Bruno, Einrichtung, Ziel u. Aufgaben der Versuchsstation f. Pflanzenkultur zu Dresden. Vortrag, geh. in der ökonom. Gesellschaft im Königr. Sachsen, Dresden am 12. Dezbr. 1890. [Aus: „Mittheilgn. d. ökonom. Gesellsch. im Königr. Sachsen".] gr. 8. (12 S.) Dresden 891. G. Schönfeld's Verl. n. — 40

Steglich, Bruno, die Fischwässer im Königr. Sachsen. Darstellg. d. ges. sächs. Fischereiverhältnisse. Auf Grund eig. Ermittelgn. hrsg. v. sächs. Fischerei-Verein. M. e. Fischwasserkarte in Buntdr., 1 Elbstromkarte in 17 Blatt, 3 Profiltaf. des Elbstromes, 1 graph. Darstellung der Stromgeschwindigkeit, sow. 23 in d. Text gedr. Abb. v. Fanggeräthen. Lex.-8. (XII, 290 S.) Dresden 895. G. Schönfeld. Kart. n. 15. —

(S) **Steglich**, Bruno, d. Fischwässer. 895. Jetzt: Hannover, M. & H. Schaper.

— Förderung u. Hebung der Rentabilität des Pflanzenbaues durch Organisation der Pflanzenzüchtung. Vortrag, geh. in der ökonom. Gesellschaft im Kgr. Sachsen zu Dresden am 8. XI. 1907. (16 S.) gr. 8. Leipzig 907. Fritzsche & Schmidt. — 80

— — Über den Mechanismus des Pferdehufes, mit besonderer Berücksichtigung der Hufrotationstheorie des Prof. Lechner. Inaug.-Diss. Ebd. 83. M. 1. —

— Sortenauswahl u. Züchtg. d. Getreides. Vortrag, geh. in der ökonom. Gesellschaft im Königr. Sachsen. Dresden, am 8. Novbr. 1895. gr. 8. (27 S.) Ebd. 896. n. — 60

— Degenkolb u. Barth, Statik des Obstbaues, s. a. Arbeiten der deutschen Landwirtschafts-Gesellschaft.

Statik des Obstbaues. Von Prof. Dr. [Karl Bruno Max] **Steglich**, unter Mitw. von Ökon.R. [Hermann] Degenkolb-Rottwerndorf u. weil. Prof. Dr. [Max] Barth-Colmar, sowie d. Landes-Obstbau-Ver. f. d. Kgr. Sachsen. Berlin: Deutsche Landwirtsch.-Gesellsch. 1907. (147 S.) 8° [F.]
= **Arbeiten** d. Deutschen Landwirtschafts-Gesellschaft. H. 132. [08. 2349]

Steglich, Bruno, üb. Verbesserung u. Veredelung landwirthschaftlicher Kulturgewächse durch Züchtung. Vortrag, geh. in der Oekonom. Gesellschaft im Königr. Sachsen, Dresden, am 2. Dezbr. 1892. gr. 8. (21 S.) Dresden 893. G. Schönfeld's Verl. n. — 40

— s.: Vereins-Kalender, illustr. landwirthschaftl.

Steglich, E. A.: Schrift- und Bücherwesen der Hebräer zur Zeit des alten Bundes. – 16 S. – Leipzig. – Buchh.-Lehranst. – (448).

Steglich, E. A., Skizzen über Schrift- und Bücherwesen der Hebräer zur Zeit des alten Bundes. gr. 4. (16 S.) Leipzig 876. (Hinrichs'sche Sortimentsh.) *

Steglich, Ed., einige Andeutungen u. Rathschläge in Bezug auf musikalische Fortbildung, namentlich f. angehende Lehrer. 8. (43 S.) Grimma 850, Gebhardt in Comm. n. 8 ngl — 2. (Titel-) Ausg. gr. 8. (43 S.) Grimma (850) 852, Blochs Selbstverlag. 1/4 ₰

Steglich, G. Th. Ed., Choralbuch zu den neuen Gesangbüchern, namentlich zur Dresdner u. neuen Leipziger Liedersammlung für Cantoren, Organisten u. Chorsänger, enthaltend das vollständ. unveränd. Hiller'sche Choralbuch. 4 Liefg. qu. Fol. Grimma 844 (45), Gebhardt. Subscr.-Pr. (à n. 1/3 ₰) n. 1 1/3 ₰

Steglich, Ed., Choralbuch zu neueren Gesangbüchern, namentlich zur Dresdner u. Leipziger neuen Liedersammlung, für Cantoren, Organisten u. Chorsänger, enth. das vollständige Hiller'sche Choralbuch, sowie die darin fehlenden Melodieen zum neuen Leipziger Gesangbuche, nebst mehreren andern an verschiedenen Orten eingeführten Chorälen. 2. Aufl. qu. gr. 4. (XVI, 120 S.) Leipzig 879. Gebhardt's Verl. n. 4. —

—— 70 Choral-Melodieen mit signirten Bässen nach Hiller (a) und Schicht (b). hoch 4. (IV und 50 lithogr. S.) Leipzig 848. Arnoldische Buchh. *

Steglich, Ed., 70 Choralmelodien mit signirten Bässen nach Hiller, Schicht und Seb. Bach. 2., sehr verm. und verb. Aufl. Lex.-8. (III, 54 S.) Leipzig 869, Arnoldische Buchh. *

Steglich, Ed., 14 Choral-Vorspiele für die Orgel componirt. qu. 4. (15 S.) Grimma 864, Gensel.

Steglich, G. Th. Ed., pract. Vorstudien zur Fuge f. angehende Klavierspieler, Organisten u. Harmoniker, als Vorbereitung auf das Fugenspiel u. den Fugensatz. Nebst e. Commentar. qu. Imp.-4. u. gr. 8. Grimma 843, Gebhardt. n. 2/3 rℓ

Steglich, Edm., Betrachtungen über Lehrlings- und Innungswesen. 8°. s. l. 1882.

Steglich, Edm., Ueber die Zukunft der Handwerksarbeit. 8°. Berlin 1883.

Erinnerungen an schöne Tage in der Loge. Ms. f. BBr. Hrsg. von Ernst **Steglich.** Rosswein: Pflugbeil 1881. 96 S. 8°
Recens: FZ. 35 (1881) S. 230; Bh. 24 (1881) S. 173—174 (J. G. Findel).
Tt. 1917. Sammlung von Trinksprüchen in Poesie u. Prosa.

Steglich, Friedrich August: Über die pädagogische Idee Friedrich Fröbels in ihrer philosophischen Begründung durch Frohschammer. Bern 1898. 195 S. 8°.
Bern. Phil. Diss. 1898/99.

Steglich, Frdr. Aug., über d. pädagog. Idee Friedrich Fröbels in ihrer philosoph. Begründg. durch Frohschammer. Diss. gr. 8. (VIII, 195 S.) Bern 898. E. Baumgart. n. 1. 60

— Leben des Seminarlehrers Andreas Suschke. Dresden 853. (Adler u. Dietze.) gr. 8. (2 Bl., 31 S.) n. 5 ngr.

Steglich, Friedr. Aug. William, Bibelkunde. Ein Handbuch zum Verständniß der Bibel für ungelehrte Bibelleser, insbesondere für Volksschullehrer und die Schüler höherer Bildungsanstalten. gr. 8. (XXVIII und 296 S. mit 2 Karten in Kpfrst.) Leipzig 853 [und Magdeburg,] Gebr. Baensch.

Steglich, Friedr. Aug. William, Bibelkunde. Ein Handbuch zum Verständniß der Bibel für ungelehrte Bibelleser, insbesondere für Volksschullehrer u. die Schüler höherer Bildungsanstalten. Mit 2 Karten (in Kpfrst.). Leipzig 853. Baensch. (Gräbner.) gr. 8. (XXVIII, 296 S.) 1 rℓ.

— über den Bildungsgang des Volksschullehrers mit besonderer Berücksichtigung der Einrichtung der Schullehrer-Seminare. Ein Gutachten. Dresden 857. Kuntze. gr. 8. (XVI, 187 S.) 1 rℓ.

—— biblische Geographie nebst hebräischer Alterthumskunde. Ein Handbuch zum Verständniß der Bibel für ungelehrte Leser insbesondere für Volksschullehrer und die Schüler höherer Bildungsanstalten. gr. 8. (XVI und 144 S. mit 2 Karten in Kpfrst.) Leipzig 852 [und Magdeburg,] Gebr. Baensch. *

— biblische Geographie nebst hebräischer Alterthumskunde. Ein Handbuch zum Verständniß der Bibel für ungelehrte Leser, insbesondere für Volksschullehrer u. die Schüler höherer Bildungsanstalten. Nebst 2 Karten (in Kpfrst.). Leipzig 853. Baensch. (Gräbner.) gr. 8. (XVI, 144 S.) 10 ngr.

Steglich, Friedr. Aug. Will., Gutachten von Geistlichen der Diöces Grimma über die vorgeschlagene Verdrängung der vollständigen Bibel aus unsern Volksschulen. gr. 8. (VIII, 120 S.) Leipzig 869, Hinrichs' Verlag. *

—— Leben des Seminarlehrers Andreas Suschke. gr. 8. (IV und 31 S.) Dresden 853, (Adler und Dietze.) **

—— die beantragte Revision des Elementar-Volksschulgesetzes im Königr. Sachsen, insbesond. die sogenannte Trennung der Schule von der Kirche. Ein Gutachten. gr. 8. (96 S.) Ebendas. 870. *

Steglich, Fr. Aug. W., wie hat sich der Volksschullehrer als Religionslehrer bei den religiösen Bewegungen der Gegenwart zu verhalten? Ein Vortrag ꝛc. gr. 8. Dresden 845, Gottschalck. 3 ngℓ

—— erklärendes Wörterbuch veralteter und anderer unverständlicher Ausdrücke in Dr. Luthers deutscher Bibelübersetzung. gr. 8. (22 S.) Leipzig 853 [und Magdeburg,] Gebr. Baensch.

— erklärendes Wörterbuch veralteter und anderer unverständlicher Ausdrücke in Dr. Luthers deutscher Bibelübersetzung. Leipzig 853. Baensch. (Gräbner.) gr. 8. (22 S.) 3 ngr.

Steglich, Heinr., Reuemotive f. die Kinderbeicht. 3., verb. Aufl. (VIII, 109 S.) 8. Kempten 908. J. Kösel. 1. —

Steglich, J., u. H. Nebel, Merkbüchlein für Nadelarbeitsschülerinnen. (24 S.) kl. 8. Riesa (908). J. Hoffmann. — 15

Steglich, Johann Gottlieb

— die Augsburg. Confession als das Werk des Glaubens, der Eintracht, des Muthes u. des Vertrauens. Ein Dialog zur 3n Säcularfeier derselben, f. evangel. Schulen u. Familien. gr. 8. Dresd. 830. (Arnold). 3 gℓ

— christl. Gebetbuch. 8. Dresd. 825. (Arnold). 16 gℓ

Steglich, Jh. Gli., junge Christen zeichnet euch durch Rechtschaffenheit aus; e. Rede. 8. Dresd. 818.

Steglich, J. G., Rechenaufgaben f. Bürger- und Landschulen. 2te Aufl. 8. Dresden, Hilscher. 818.

— Schulgesetze. 8. Dresd. 818.

— die Stimme des Vaterlandes an seine jungen Christen. Eine Schulrede. gr. 8. Dresd. 819. Hilscher. 2 gℓ

— die evangel. Treue im Kampfe mit dem Papstthume, an einem großen Beispiele des 18. Jahrh., aus der Geschichte des deutschen Volkes dargestellt. Nebst e. Vorw. v. D. E. W. Baumgarten-Crusius. 3e Aufl. gr. 8. Dresd. 826. Hilscher. 2 gℓ

— österl. Warnungen vor dem geheimen Abfalle vom Evangelio. Eine Rede, als Vorfeier d. Reformationsfestes in evangel. Schulen. gr. 8. Dresd. 830. (Arnold). 3 gℓ

Steglich, Jul., in Haus und Hof. Bilderbuch für unsere liebe Jugend. gr. 4. (24 Holzschntaf. mit Text.) Gotha 876, F. A. Perthes. cart. *

Steglich, Jul., s.: Konfirmationsscheine, 50 neue.

Steglich, Karl Bruno Max, s. Steglich, Bruno

Steglich, Wilhelm, aus Lissabon: Über die **Ersparung** von Flexions- und Bildungssilben bei copulativen Verbindungen. *Strassburg: K. J. Trübner 1902.* (52 S.) 8° [Fr.] ¶ [Aus: Zeitschrift f. deutsche Wortforschung, Bd 3, H. 1.]
Freiburg i. B., Phil. Diss. v. 1902

Steglich, William, Wandtafeln nach dem neusächsischen Ductus. Dresden 860. (Dietze.) gr. Fol. (6 lith. Bl.) n. 20 ngr

— — Anleitung dazu, zugleich als Anleitung zum ersten Schreibunterrichte überhaupt zu gebrauchen. Mit 2 lith. Beilagen (auf 3 Bl.), deren erste den Inhalt der Wandtafeln darstellt. Ebend. 860. gr. 8. (8 S.) n. 3 ngr

Steglitz [Schlagwort]

Steglitz, s. Berlin.

Steglitz. Bebauungsplan von der Gemarkung Steglitz. 1 : 2500. 4 Blatt à ca. 62×55 cm. Autogr. Berlin 892. D. Reimer. à n.n. 3. —

Stegmaier, Franz, aus Muthlangen: Untersuchungen über Metaplasie der Cervixschleimhaut. Würzburg 1903: A. Borst. (27 S.) 8°
Würzburg, Med. Diss. v. 1903

Stegmaier, Frz. Jos., die Kaninchen- und Seidenhasenzucht. Kurzgefaßte Anleitung zur rationellen und nutzbringenden Pflege und Behandlung der Kaninchen. Leichtfaßlich und Jedermann verständlich dargestellt. 2. verb. und verm. Aufl. 16. (IV, 36 S.) Waldsee 872, Liebel. *

Stegmaier, Johannes

Stegmaier, Joh., Schultheiß in Magenheim. Stuttgart 1840. V: *Bossert, G.* (Tübz 7, 59)

Stegmaier, Johannes, Schultheiß in Magenheim. Ein biograph. Beitr. z. Sitten- u. Rechtsgesch. d. schwäb. Volks. 8. (6 B.) Stuttgart 840, Krabbe. *

Stegmaier, Karl

Stegmaier, Carl, kurze Anleitung über Maulbeerbaumzucht u. Seidenbau. Zum Selbstunterricht für jeden Freund dieses wichtigen u. einträgl. Industriezweiges, so wie überhaupt für Oekonomen u. Gutsbesitzer. kl. 12. Salzburg 846, Mayr'sche Buchh. 6¼ ngr

— Novellen u. Novelletten. 8. (248 S.) Regensburg 847, Manz. 1 ß

— die Radikalen. gr. 8. (35 S.) Innsbruck 846. (Pfaundler.) n. 1/6 ß

— freie Vorträge, gesprochen im Volksvereine zu Gmunden. 1. Hft. [Mit d. Umschlagstitel: Was vom Staate zu wissen dem ganzen Volke nöthig.] gr. 8. (35 S.) Steyr 850. (Haas.) n. 1/6 ß

Stegmann, Amalie, Gedichte. 8. Wien ... Karl Haas. 9 gr

Stegmann, Arnold [aus Gerstungen]: Versuche über Muskelatrophie und Massage ... Berlin, gedr. bei L. Schumacher, 1893; 28 S., 1 Bl. 8.
Berlin, Med. Fak., Inaug.-Diss. v. 19. Dez. 1893

Stegmann, August

Stegmann, A.: Ludwig des Strengen Baiern zwischen Donau & Gebirg, ohne die Conradinische Erbschaft. I. Abth. 44 S. 8° – München Ludw. G., Progr. 1870.

— Ludwig des Strengen Bayern jenseits der Donau (ohne die Conradinische Erbschaft). Kempten 867. (Berlin, Calvary & Co.) gr. 8. (32 S.) n. 8 ngr

Stegmann: 1. Baierns Conradinische Erbschaft. 23 S. 8°
2. Ludwig des Strengen Baiern jenseits der Donau, ohne die Conradinische Erbschaft. 32 S. 9°–Kempten, Progr. 1864, 1866

Stegmann, A., ebene Geometrie. 4. Aufl., s.: Lengauer, Jos., die Grundlehren der ebenen Geometrie.

Stegmann, Aug., die Grundlehren der ebenen Geometrie. Kempten 867. Kösel'sche Buchh. gr. 8. (V, 134 S. mit 8 lith. Fig.-Taf.) n. 18 ngr

Stegmann, A., die Grundlehren der ebenen Geometrie. 2., verb. und verm. Aufl. gr. 8. (VIII, 159 S. mit 9 lithogr. Fig.-Taf.) Kempten 875, Kösel'sche Buchh. *

Stegmann, A., die Grundlehren der ebenen Geometrie. 3., verb. u. verm. Aufl., hrsg. v. J. Lengauer. gr. 8. (VI, 217 S. m. eingedr. Fig.) Kempten 886. Kösel. n. 2. 25

Stegmann, A., die Grundlehren der Stereometrie. Mit 265 Lehrsätzen und Aufgaben zur Uebung, und 7 (lithogr.) Fig.-Taf. gr. 8. (IV, 88 S.) Kempten 875, Kösel'sche Buchh. *

Nammecke. Von A. Stegmann, Lehramts-Verweser für Math. u. Phys. — 1860. 4., Dammheimer. — S. 8–19 mit 1 Figurentaf.
Progr. Kempten

Stegmann, B., die Wetterwirtschaft im Bergwerksbetriebe, s. Bibliothek der gesamten Technik.

Stegmann (B.), Die Wetterwirtschaft im Bergwerksbetriebe. M. 128 Abb. i. T. Leipzig (1907.) 271 S.
(Der Bergbau. Bd 6.)
(Bibliothek d. gesamt. Technik. Bd 80.)

Die Wetterwirtschaft im Bergwerksbetriebe von Betriebsinsp. B. [vielm. J.] **Stegmann**, Sodingen i. W. Mit 128 Abb. Hannover: M. Jänecke 1908. (271 S.) 8°
= **Bibliothek** d. gesamten Technik. Bd 80. [08. 11075 7

Stegmann, C., s. Stegmann, Karl

STEGMANN, C. A. („gebohrne Baronesse *v. Drach*"), Amaliens Beschäftigung froher Stunden. (Vermischte Gedichte.) Verfast (!) v. —. O. O. 1803. (Nebst gestoch. Tit. m. Vignette v. Seb. Mansfeld.) 8°.
Frontisp., XX, 2 Bll. Inh., 71 S. Dem k. k. Feldzeugmeister, Herzog Ferdinand zu Würtenberg (!) u. Teck gewidmet. — Selten! Enth. auch ein Liebesgedicht von naiver Freiheit: „Der Weihnachtsmann u. sein Knecht Ruprecht" (mit einer Hochzeit endend, S. 46—57).

Stegmann, C. A., Amaliens Beschäftigung froher Stunden. 8. o. O. 803. (Joachim in Leipz.)

[Kantate, komp. v. C. D. Stegmann.] Zum Gedächtniss unserer seit 1786 vollendeten Brüder in einer allgemeinen Trauerversammlung der vier vereinigten Logen: Absalom, St. Georg, Emanuel, und Ferdinanda Carolina. Hamburg, den 29. Dec. 1792. 6 Bl. 4⁰ [Umschlagtit.]
Kl. 1101. Selten. Ohne Noten: „Heilige, Gesang des Friedens, . . .“ Nebst Verzeichn. der verstorbenen Brr.

Neue Melodien zu Freimaurerliedern für zwey Tenöre und zwey Bässe mit Begleitung des Piano Forte von C. D. **Stegmann.** Lfg. 1. Bonn u. Cöln: Simrock [1816]. 35 S. quer 2⁰
24 Lieder mit Noten, in Kpfr gestochen.

Stegmann, C. J., s. Zeitung, allgemeine.

Stegmann, Carl, s. Stegmann, Karl

Stegmann, Carl Friedrich, s. Stegmann, Karl Friedrich

Stegmann, Carl Johannes, s. Stegmann, Karl Johannes

Stegmann, Carlos S., approb. Arzt aus Buenos-Ayres (Argentinien): Über einen Fall von primärem Nierencarcinom mit pyaemieartigem Fieberverlauf und Geschwulstthrombose. *Freiburg i. B.: Speyer & Kaerner 1902.* (28 S.) 8°
Freiburg i. B., Med. Diss. v. 1903

Stegmann, Carlos S., über e. Fall v. primärem Nierencarcinom m. pyaemieartigem Fieberverlauf u. Geschwulstthrombose. Diss. (28 S. m. 2 Taf.) gr. 8. Freiburg i/B. 902. Speyer & Kaerner. n. 1. —

Christian Wilhelm Stegmann
De infantum Atrophia. Helmstadii (1794:) Fleckeisen. 34 [vielm. 36] S. 8⁰
Helmstedt, Med. Diss. v. 29. Nov. 1794

Stegmann, David (Memmingen) A. S. 1218/48

Theses medicae de difficultate partus.
In: Disputationes medicae select. Decas V. Disp. IIX. Rec. Basel (Genath) o. J. 7 Bl.

Diss. 7. IV. 1620. 33292

Stegmann, Cr. Ph. Hnr., Erholungsstunden in Ostindien. 8. Kopenh. 799. Schubothe. 18 ℊ

Stegmann, F., Tafel der fünfstelligen Logarithmen und Antilogarithmen, s. Tafel.

Stegmann, F. H., der Pfefferkuchenbäcker und Lebküchler oder Anweisung, alle Sorten feiner und ordinärer Pfeffer- und Honigkuchen zu fertigen. Nebst genauer Angabe des Verfahrens der berühmten nürnberger, thorner, danziger und braunschweiger Lebküchler-Zünfte. Nebst einem Nachtrag über Lebkuchenbäckerei und der Beschreibung eines sehr vortheilhaft bewährten Backofens mit Steinkohlenheizung von Giacomo Perini. Mit erläut. Fig. 8. (VIII und 77 S. mit 1 Stnt. in gr. 4.) Weimar 855, Voigt.

Stegmann, F. H., der Pfefferkuchenbäcker und Lebküchler oder Anweisung, alle Sorten feiner und ordinärer Pfeffer- und Honigkuchen zu fertigen. Nebst genauer Angabe des Verfahrens der berühmten Nürnberger, Thorner, Danziger und Braunschweiger Lebküchler-Zünfte; sowie der Herstellung beliebter feiner Pfeffernüßchen, der feinen Zuckerkuchen, der Makronen-, Elisen- und Punschkuchen, des Marcipans und verschiedener Konfekte. 2. Aufl. 1870, und 3. verm. und verb. Aufl. von A. Enyrim. 8. (VIII, 76 S. mit eingedr. Holzschn.) Weimar 875, B. F. Voigt. *

Stegmann, F. H., der Pfefferkuchenbäcker und Lebküchler oder Anweisung, alle Sorten feiner und ordinärer Pfeffer- und Honigkuchen zu fertigen. Nebst genauer Angabe des Verfahrens der berühmten Nürnberger, Thorner, Danziger und Braunschweiger Lebküchler-Zünfte; sowie der Herstellung beliebter feiner Pfeffernüßchen, der feinen Zuckerkuchen, der Makronen-, Elisen- und Punschkuchen, des Marzipans und verschiedener Konfekte. Neu hrsg. von A. Enyrim. 4. unveränd. Aufl. 8. (VII, 76 S.) Weimar 883, B. F. Voigt. *

Stegmann, F. H., der Pfefferkuchenbäcker u. Lebküchler od. Anweisg., alle Sorten feiner u. ordinärer Pfeffer- u. Honigkuchen zu fertigen. Neu hrsg. v. A. Enyrim. 5. unveränd. Aufl. 8. (VIII, 76 S.) Weimar 891. B. F. Voigt. n. 1. —

Stegmann, F. H., der Pfefferkuchenbäcker u. Lebküchler. Anweisung, alle Arten Pfeffer- u. Honigkuchen herzustellen, nebst genauer Angabe des Verfahrens der Nürnberger, Thorner, Danziger u. Braunschweiger Lebküchler-Zünfte, der Anfertigung der feinen Pfeffernüßchen u. Zuckerkuchen, der Makronen-, Elisen- u. Punschkuchen, des Marzipans u. verschiedener Konfekte. 6. durchgeseh. Aufl. 8. (VIII, 76 S.) Leipzig 900. B. F. Voigt. n. 1.—

Stegmann, F. H., der Pfefferkuchenbäcker u. Lebküchler. Anweisung, alle Arten Pfeffer- und Honigkuchen herzustellen; nebst genauer Angabe des Verfahrens d. Nürnberger, Thorner, Danziger u. Braunschweiger Lebküchler-Zünfte, der Anfertigung der feinen Pfeffernüßchen und Zuckerkuchen, der Makronen-, Elisen- u. Punschkuchen, des Marzipans u. verschied. Konfekte. 7. durchgeseh. Aufl. (VIII, 76 S.) 8. Leipzig 909. B. F. Voigt. 1. 20

Stegmann, Fr., die Pflanze in ihren Wandlungen zu Pflanzennährstoffen. [Aus: „Balt. Wochenschr.“] gr. 8. (55 S.) Dorpat 886. (Mitau, Besthorn.) n. 1. —

Stegmann, Friedrich Percival, a. Kurland: Rußlands Rinderrassen. Die Zucht, Haltung, Nutzung und phylogenetische Beziehung der Rinder im europäischen Rußland. 1. Teil: Die Schläge Nordrußlands. Riga 1906: Müller. (57 S.) 8° [F.]
Jena, Phil. Fak., Ref. Edler, Diss. v. 9. April 1906
[Geb. 4. Okt. 68 Tojatten, Kurland; Wohnort: Tojatten; Staatsangeh.: Rußland; Vorbildung: Gymn. Geldingen Reife Weihnachten 87; Studium: Dorpat 6, Riga T.H. 8, Königsberg 1 S.; Rig. 31. Juli 05.]

Stegmann, Frdr. Percival, Rußlands Rinderrassen. Die Zucht, Haltg., Nutzg. u. phylogenet. Beziehg. der Rinder im europ. Rußland. (223 S.) gr. 8. Riga 906. Jonck & Poliewsky. n. 2. 80

Stegmann, Fr. Ldw., Elemente der ebenen Trigonometrie u. Stereometrie. Lehrbuch für die oberen Klassen der Gymnasien u. Realschulen. Mit 3 Figurentaf. gr. 8. Marburg 842, 43, Elwert. 2/3 ₰

Stegmann, Friedr. Ludw., Elemente der ebenen Trigonometrie u. Stereometrie. Lehrbuch für die oberen Klassen der Gymnasien u. Realschulen. 2. Aufl. Marburg 866
Elwert'sche Universitäts-Buchh. gr. 8. (VIII, 157 S. mit 3 lith. Fig.-Taff. in gr. 4.) 20 ngr.

Stegmann, Friedr. Ludw., Lehrbuch der Variationsrechnung und ihrer Anwendung bei Untersuchungen über das Maximum und Minimum. Mit 2 (lith.) Figurentaf. in 4. Kassel 853. J. G. Luckhardt. gr. 8. (XVI, 418 S.) 2 ₰. 15 ngr.

Stegmann, Friedr. Ludw., Lehrbuch der Variationsrechnung und ihrer Anwendung bei Untersuchungen über das Maximum und Minimum. gr. 8. (XVI und 418 S. mit 2 Stnt. in 4.) Kassel 854, J. G. Luckhardt. *

—— geometrische Untersuchungen über Drehung. gr. 8. (36 S. mit 1 Stnt. in qu. Fol.) Marburg 853, Elwert'sche Universitäts-Buchh.

Stegmann, G. Das Gesetz über den Versicherungsvertrag, sein Einfluß auf Haftpflichtversicherungen. Mannheim 1909.

•*Stegmann, G.* Was muß ein Versicherungsagent von der Haftpflicht und Haftpflichtversicherung wissen? Berlin 1903.

Stegmann, H., die Bedeutung der Gasfeuerung und Gasöfen für das Brennen von Porzellan, Thonwaaren, Ziegelfabrikaten, Zement, Kalk, sowie für das Schmelzen des Glases. Mit einleitenden Abhandlungen über Wärme und Verbrennung, Brennstoffe und die Theorie der Gasfeuerung. Studien und Erfahrungen. gr. 8. (VIII, 195 S. mit 58 in den Text gedr. Holzschn.) Berlin 877, Springer. *

Stegmann, H., Gasfeuerung und Gasöfen. Eine Darstellung ihres Wesens und ihrer Beziehungen zu den pyrotechn. Processen der Thonwaaren-Industrie, der Kalk- und Glas-Fabrikation, sowie verwandter Industrieen. Studien und Erfahrungen. 2. völlig umgearb. und verm. Aufl. gr. 8. (XII, 266 S. mit 92 in den Text gedr. Holzschn.) Berlin 881, Springer. *

—— die Kalk-, Gyps- und Cement-Fabrikation, s. a. Thaer-Bibliothek.

— die Kalk-, Gyps- u. Cement-Fabrikation. Mit 41 in den Text gedr. Holzschn. 8. (VIII, 158 S.) Berlin 879. Parey. geb. n. 2. 60

—— die Torfgasfeuerung als Mittel zur rationellen Verwerthung des Torfes in der Industrie. gr. 8. (33 S. mit 1 in den Text gedr. Holzschn.) Braunschweig 877, J. H. Meyer.

Stegmann, Hans: Michelozzo di Bartolommeo. Eine kunstgeschichtliche Studie . . . München, k. Hof- u. Univ. Buchdr. Dr. C. Wolf & Sohn, 1888; 61 S. 8°

München, Phil. Fak., Hab. Schr. v. 1889

(Nicht für den Austausch)

Michelozzo di Bartolommeo. Von Hans **Stegmann** u. Heinrich v. Geymüller. Donato di Niccolo di Betto Bardi gen. Donatello. Andrea del Verrocchio. Von Hans Stegmann. Nachtrag z. Monographie Donatellos. Iacopo della Quercia gen. Giacomo della Fonte di Siena. Von Heinrich v. Geymüller. Die Bildhauerfamilie della Robbia. Andrea di Lazzaro Cavalcanti gen. Il Buggiano. Von Hans Stegmann. Mit Aufnahmen d. Soc. San Giorgio, des Studio C. v. Stegmann u. von G. Castellucci. München: Bruckmann 1885–1905. Getr. Pag. gr. 2°

(Die Architektur d. Renaissance in Toscana. Bd 2.) [10. 2316]

Stegmann, Hans, a. Braunschweig: Beitrag zur Lehre von der Prokura. Borna-Leipzig 1905: R. Noske. (VII, 55 S.) 8°

Erlangen, Jur. Fak., Ref. Sehling, Diss. v. 11. Aug. 1905

[Geb. 12. Mai 79 Braunschweig; Wohnort: Leipzig; Staatsangeh.: Braunschweig; Vorbildung: Gymn. Braunschweig Reife M. 98; Studium: Leipzig 2, München 1, Berlin 3 S.; Rig. 21. Juli 05.]

Stegmann, Hans, s.: **Correll, Ferd.,** deutsche Fachwerkbauten der **Renaissance.**

Giovanantonio Dosio. Giovanbattista del Tasso von Hans v. **Stegmann.** Battista di Cristofanello Infregliati von Carl v. Stegmann. Giorgio Vasari. Bartolommeo Ammannati von Heinrich v. Geymüller. Mit Aufnahmen d. Soc. San Giorgio, d. Studio C. v. Stegmann u. von G. Castellucci. München: F. Bruckmann 1885–1904. (Getr. Pag., 40 Taf.) gr. 2°
— **Architektur,** Die, d. Renaissance in Toscana. Bd 9. [06. 8366]

Stegmann, Hans: Die jungen Ergußgesteine der Batakländer (Sumatra). Stuttgart: Schweizerbart 1909. S. 401—459. 8° ¶(Aus: Neues Jahrbuch f. Mineral. Beil.-Bd 27.)

Greifswald, Phil. Diss. v. 26. Febr. 1909, Ref. Jaekel

[Geb. 12. Mai 79 Braunschweig; Wohnort: München; Staatsangeh.: Braunschweig; Vorbildung: Gymn. Katharineum Braunschweig Reife M. 98; Studium: Phil. u. Techn. Dresden Techn. Hochsch. 1, Darmstadt Techn. Hochsch. 4, München Univ. 1, Jura Leipzig 1, München 3, Berlin 2, Leipzig 1, Phil. Erlangen 1, München 1, Berlin 1, Greifswald 2 S.; Rig. 26. Febr. 08.] [U 09. 1568

Stegmann, Hans, die Holzmöbel d. Sammlg. Figdor. (122 S. m. Abbildgn.) 34,5×26,5 cm. Wien 907. Artaria & Co. 12. —

Sonderabdruck aus: „Kunst- u. Kunsthandwerk".

— s.: Jahrbuch, Münchner, der bildenden Kunst.

Stegmann, Hans. Meisterwerke der Kunst und des Kunstgewerbes vom Mittelalter bis zur Zeit des Rococo. 100 Tafeln in Lichtdruck, direkt nach den Originalen aufgenommen, mit Erläuterungen hrg. Liefg. 1. IV + 3 S. + 10 Tafeln. fol. Lübeck, Bernhard Nöhring, 1904. (kpl. in 10 Liefg., Subskr. à M. 4. —, Einzelpreis 5. —)

Tafel 1 *aus* Schloss Altenklingen, 9 *aus* Schloss Mainau. — *Die folgenden Liefg. sollen weitere 7 Tafeln enthalten aus Altenklingen (3), Mainau (2) und Ueberlingen (2).*

Stegmann, Hans, Meisterwerke der Kunst u. des Kunstgewerbes vom Mittelalter bis zur Zeit des Rococo. 100 Taf. in Lichtdr. (direkt nach den Originalen aufgenommen, m. Erläutergn.). 10 Lfgn. (III, 15 S. Text.) Fol. Lübeck 904. 905. B. Nöhring. Subskr.-Pr. à n 4. —; Einzelpr. à n. 5. — (vollst. in Leinw.-Mappe n. 50. —)

Stegmann, Hans, das german. National-Museum zu Nürnberg, s.: Albrecht, Rud.

— die Plastik des Abendlandes, s. a. Sammlung Göschen.

Die Plastik des Abendlandes von Dr. Hans **Stegmann.** Mit 23 Taf. Neudr. Leipzig: Göschen 1902. 176 S. 8°

(Sammlung Göschen. 116.) [11. 14321 I

Stegmann, Hans, die Rochus-Kapelle zu Nürnberg und ihr künstlerischer Schmuck. Kunstgeschichtl. Studie. hoch 4. (58 S. mit 7 Lichtdr.-Taf.) München 885, Verlagsanstalt für Kunst und Wissenschaft. *

Stegmann, Heinr., die fürstl. braunschweigische Porzellanfabrik zu Fürstenberg. Ein Beitrag zur Geschichte d. Kunstgewerbes u. der wirthschaftl. Zustände im 18. Jahrh. gr. 8. (VIII, 176 S.) Braunschweig 893. B. Goeritz. n. 4. —

Stegmann, Jh. Gli., († d. 4. Mai 1795.) Abhandl. von den großen Verdiensten Landgrafen Karl I. um die mathemat. Wissenschaften. 4. Cassel 755.

— kurze Beschreib. e. Saug- u. Druckpumpe, wie beide angewendet u. gebraucht werden zu einer Brust- u. Milchpumpe. Nebst e. Anzeige e. besond. Rauchtabaksklystier-Instruments. 8. Cassel 774. Krieger. 2 gr

— Beschreib. e. Luftmessers d. gesunden u. ungesunden Luft. 8. Cassel 778.

— Beschreib. e. kleinen Luftpumpe, nebst deren Zubehör. Mit 1 Kpf. 8. Cassel 772. Verm. Ausg. 783. Cramer. (Krieger in Marb.) 4 gr

— Beschreib. einer Milchpumpe u. Anzeige, wie sie gebraucht u. im Stande erhalten werden kann. Mit 1 Kpf. 8. Cassel 783. Krieger. 1½ gr

— Beschreib. e. neuen Pantographen. 4. Cassel 780.

— vernünft. Betrachtt. d. philosoph. Hypothesen. 4. Cassel 753.

— Beweis, daß aus d. Gewissensbissen, die durch keine der Vernunft bekannten Mittel zu tilgen, das Dasein e. göttl. Offenbarung zu schließen. 4. Rinteln 753.

— Einleit. in die Naturlehre. Mit Kpf. 8. Hannov. 754. Helwing. 12 gl

Zur Feyer des höchsterfreulichen Einundsechszigsten Geburtstages des Durchlauchtigsten Fürsten und Herrn Herrn Friedrich des Zweyten regierenden Langrafen zu Hessen u. s. w. u. s. w. welche das Collegium illustre Carolinum im grossen Auditorium den 14ten August um 10 Uhr begehen wird, ladet hierdurch schuldigst und gehorsamst ein M. *Johann Gottlieb Stegmann*. Der Zeit des Collegii Prorektor. Voran gehet eine Beschreibung eines neuen Pantographen. Cassel, gedruckt bei des Heinrich Schmidt seel. Wittwe Fürstl. Hessischen Hofbuchdruckerin. 4. 14 Seit. 1780.

— die nützl. u. nöthige Feier der Geburtstage väterl. Regenten. 4. Cassel 755.

— de idololatria litteraria, maxime philosophica veritatibus admodum inimica. 4. Rinteln 751.

— meditatio de eo, quod nimium seu parum est in studio philosophico, qua ad audiendam orationem inaug. de necessariis inventoris dotibus invitat. 4. Rinteln 751.

— kurze histor. Nachr. von der großen Einsicht des Landgrafen Moritz in die philosoph. u. mathemat. Wissenschaften. 4. Cassel 757.

— Diss. inaug. (Praes. C. F. E. Bierlingio) de revelatione divina. 4. Rinteln 750.

— Theses logicae. 4. Cassel 774.

— Theses e philosophia desumtae et ad disputandum propositae. 4. Bückeb. 752.

— Theses philosophicae. 4. Marb. 787.

Stegmann, Johann Josua (Eisleben) A. S. 1288/10

Dissertatio inauguralis medica, de abstinentia medici ab aegrotis famam et vitam nonnunquam conservante, Wie sich die Medici bissweilen mit Nutzen der Krancken enthalten. Präs. Michael Alberti. Halle (Hendel) VII. 1722. 43 S.

W. v.: Franz Ulrich Bergmann. 33293

Stegmann, Karl

Leon Battista Alberti. Von Carl v. Stegmann. Nachtrag z. Monographie Albertis u. dessen Verhältnis zu Bernardo Rossellino. Von Heinrich v. Geymüller. Bernardo di Matteo Gamberelli gen. Rossellino. Von Hans Stegmann. Antonio Gamberelli gen. Rosselino. Von Heinrich v. Geymüller. Mit Aufnahmen d. Soc. San. Giorgio, d. Studio C. v. Stegmann u. von G. Castellucci. München: Bruckmann 1885–1907. Getr. Pag. gr. 2°
(Die Architektur d. Renaissance in Toscana. Bd 3.)

Stegmann, Carl v., ausgewählte Ansprachen, Reden und Vorträge. gr. 8. (VII, 88 S.) Nürnberg 886, Verlagsanstalt des Bayr. Gewerbemuseums (C. Schrag). *

Stegmann, Carl v., s.: Architektur, die, der Renaissance in Toscana.

Stegmann, Carl, Aufgaben zu lateinischen Stilübungen, s.: Süpfle, Karl Frdr.

Stegmann, Carl Kritische Beiträge zu den Moralia des Plutarch. 8 (38 S.). Progr. Höh. Bürgersch. u. Prg. *Geestemünde* 1886 (281).

Stegmann, Carl, lateinische Elementargrammatik. gr. 8. (III, 103 S.) Leipzig 896. B. G. Teubner. Geb. n. 1. 20

Stegmann, Carl, Entwürfe zu Grabdenkmalen. Eine Sammlung von Zeichnungen mit erläuterndem Texte für Bildhauer, Steinmetzen, Thonwaarenfabrikanten, Eisen- u. Zinkgiessereien etc. 1. Heft enthaltend Grabdenkmale von Stein. Mit 24 (lith.) Taf. Weimar 861. Voigt. 4. (Mit IV, 12 S. Text.) 1 ℛ 15 ngr.

Stegmann, Karl Über den Gebrauch der Negationen bei Plutarch. 34 S. Progr. *Geestemünde* 1882

Stegmann, Carl, u. C. Hugo, Geschichte d. socialistischen Bewegung in Polen. 1. Russisch-Polen. 2. Oesterreichisch-Polen. 3. Preussisch-Polen. [Aus: „St. u. H., Handbuch des Socialismus".] gr. 8. (31 S.) Zürich 895. Verlags-Magazin. n. — 50

Stegmann, Carl v., Handbuch der Bildnerkunst, s.: Schauplatz, neuer, der Künste und Handwerke.

— Handbuch der Bildnerkunst in ihrem ganzen Umfange, od. Anleitg. zur Erwerbg. der hierzu erforderl. Kenntnisse u. Ratgeber bei den verschiedenen Verfahrungsarten. 2. Aufl., bearb. v. J. Stockbauer. Mit e. Atlas, enth. 9 (lith.) Foliotaf. gr. 8. (XVI, 322 S.) Weimar 884. B. F. Voigt. 9. —

Stegmann, Carl, u. C. Hugo, Handbuch des Socialismus. 1.—7. Lfg. gr. 8. (S. 1—448.) Zürich 894. Verlags-Magazin. à n. — 80

— — Handbuch des Socialismus. 9.—14. Lfg. gr. 8. (IV u. S. 449—878.) Zürich 895–896. Wien, Wiener Volksbuchhandlung. à Lfg. n. — 80
(kplt.: n. 11. 20; ermäss. Pr. 5. —)

Stegmann, C., u. C. Hugo. Handbuch des Sozialismus. Gr. in-8°. IV, 878 S. Zürich, Verlagsmagazin (J. Schabelitz). 1896. 15 —

— die Heizvorrichtungen der Küche. Eine Sammlung von Zeichnungen der neuesten und bewährtesten Koch-, Brat- u. Backöfen, sowohl für Familien, als auch Gasthöfe und größere Oekonomien mit Rücksicht auf Anwendung aller Arten von Brennmaterial bei möglichster Ersparung desselben. Mit 12 (lith.) Tafeln Abbildungen. Weimar 861. Voigt. 4. (IV, 20 S.) 15 ngr.

Stegmann, C[arl]: [Direktor Friedrich Hermann † 7. Juli 1901.] S. 11—12. 4. Progr. Kgl. Ulrichs-Gymn. *Norden* 1902 (350).

Hilfsbuch für den Lateinischen Unterricht der oberen Klassen. Zugleich 6. Aufl. von C[arl] Meißners kurzgefaßter lat. Synonymik, bearb. von Prof. C(arl) Stegmann, Dir. zu Norden. *Leipzig & Berlin: B. G. Teubner 1904.* (IV, 132 S.) 8° [S.] 104. 8630

Stegmann, Carl, Hilfsbuch f. den lateinischen Unterricht der oberen Klassen. Zugleich 7. Aufl. von C. Meißners kurzgefaßter latein. Synonymik. (IV, 132 S.) 8. Leipzig 910. B. G. Teubner. Geb. 1. 60

Stegmann, C. und von Schorn, O. Kunst und Gewerbe. Wochenschrift zur Förderung deutscher Kunst-Industrie. (Seit 1874 vom Bayer. Gewerbe-Museum herausgegeben.) Leipzig 1870—1873. Nürnberg 1874—1887. 8°.

Stegmann, C., De Oratoris Tulliani mutilis qui dicuntur libris. Diss. 1875. 47 S. 1.20

—— Ornamente der Renaissance aus Italien zum Gebrauche als Vorlegeblätter für Bau-, Kunst- und Gewerbe-Schulen sowie als Beitrag zur Kenntniß der Renaissance. Nach der Natur gez. 24 (lithogr.) Blätter (wovon 7 in Tondr.) in $^1/_3$, $^1/_2$ oder $^2/_3$ der wirkl. Größe. gr. Fol. (2 Bl. Text.) Weimar 861, Voigt.

—— Ornamente griechischen und römischen Stils. 37 (lithogr.) Blätter in Schwarz-, Ton- und Farbendr. Fol. (24 S. Text.) Stuttgart 866, Mäcken. In Mappe. *

— Ornamentenschule. Vorlagen zum Ornamentenzeichnen für höhere Bürger-, Real-, Fortbildungs- etc. Schulen. Zugleich zum Gebrauche für Kunstgewerbe, Baubeflissene, Werkmeister und Architekten. Enth.: Ornamente für Bauten und Geräthe aus den verschiedenen Stilzeiten u. nach diesen geordnet mit beschreibendem Texte. 1—6. Liefg. Stuttgart 862. Mäcken. Fol. (S. 1—24 m. Holzschn.) Jede Liefg. mit 6 lith. Taf. 1 ₰

—— Sammlung von Grundplänen ausgeführter oder für die Ausführung entworfener Gebäude aller Art. (In 20 Heften.) 1.—4. Heft. Fol. (à Heft 6 Stnt.) Weimar 865,66, (Dittmar.) à Heft * $7^1/_2$ Ngr. *

Stegmann, Carl, lateinische Schulgrammatik. gr. 8. (V, 226 S.) Leipzig 885, Teubner. *

—— dass. — 2. und 3. verb. Aufl. gr. 8. (VI, 239 S.) Ebendas. 887,88. geb. *

Stegmann, Carl. Lateinische Schulgrammatik. 4. u. 5. Aufl. gr. 8. (X, 250 S.) Lpz. 889,90, Teubner. geb. * 2 40
Vgl.: Kautzmann, Ph., K. Pfaff u. T. Schmitt. Latein. Lese u. Uebungsbücher.

Stegmann, Carl, lateinische Schulgrammatik. 6. Doppel-Aufl. gr. 8. (XII, 250 S.) Leipzig 893. B. G. Teubner. Geb. in Leinw. n. 2.40

Stegmann, Carl, lateinische Schulgrammatik. 8. Doppel-Aufl. gr. 8. (XV, 264 S.) Leipzig 900. B. G. Teubner. Geb. in Leinw. n. 2.40

Lateinische Schulgrammatik. Von Prof. Dr. Carl **Stegmann**. 9. Doppel-Aufl. Leipzig & Berlin: B. G. Teubner 1904. (XII, 289 S.) 8° [F.] 1o5. 2027 11

Lateinische Schulgrammatik. Von Prof. Dr. Carl **Stegmann**. 10. Doppel-Aufl. Leipzig & Berlin: B. G. Teubner 1908. (XII, 289 S.) 8° [F.] 108. 8686

Stegmann, C., Vorlagen für gewerbliches Zeichnen. Enthaltend ausgeführte Gegenstände nach verschiedenen Gewerben geordnet. 1.—3., 6. und 7. Lfg. Lex.-8. (à 6 Stnt.) Leipzig 871, (Schultze.)
1. Lfg. *ℳ 1.; 2. Lfg. * 60 Pf.; 3. Lfg. * 80 Pf.; 6. und 7. Lfg. in Farbendr. à *ℳ 1,20. *

— die Wasserleitungen für das Haus, im Zusammenhang mit den durch sie ermöglichten Anlagen, als: Closets, Spülvorrichtungen, Waschtischen, Badestuben &c. Ein Hülfsbuch für Architekten u. Hausbesitzer. Mit 5 (lith.) Taf. Abbildgn. (in Fol.) Weimar 861. Voigt. 4. (V, 70 S.) 1 ₰

—— Zeichnungen zu Schaufenstern, Waarenauslagen und Ladenvorbauen mit den dazu nöth. Einzeltheilen und erläut. Texte. hoch 4. (14 S. mit 24 Stnt.) Weimar 864, Voigt.

Stegmann, Car. Frider., Dicta classica vet. testam., post Geo. Laur. Baueri curas, notis perpet. et philolog. et histor.-dogmat. illustr. Ps. I., Theologiam compl. 8maj. ($17^3/_4$ B.) Lipsiae 838, libr. [Gebhardt u. Reisland.]

Stegmann, Carl Johs. Die Folgen d. Contractbruchs d. locator operarum nach römischem Recht. Inaugural-Abhandlg. gr. 8. (III, 55 S.) Lpz.-Reudnitz 890. (Gött., Vandenhoeck u. Ruprecht.)

Stegmann, Karl Jos., s. **Fragmente über Italien**, u. verbess. Hagmann in: **K. J. Stegmann.**

Stegmann, Carl Jos, allgem. Zeitung, s. **Zeitung**, allgem.

Stegmann, Konrad

Stegmann, Conr., theoretisch-praktische, systematisch-geordnete Gesangschule zum Gebrauche für ungeteilte und geteilte Volksschulen, höhere Töchter- und Mittelschulen, sowie für die unteren Klassen der Realschulen und Gymnasien, nach praktisch erprobten Principien. 2 Lehrerhefte. gr. 8. [Jena.] Gotha, Matthaei. *
Inhalt:
Heft 1. Unter- und Mittelstufe. (S. 1—134.) 883. *ℳ 3,20.
" 2. Oberstufe. (XI, S. 135—270.) 884. *ℳ 2,80.

—— dass. — 3 Schülerhefte. gr. 8. Ebendas. *
Inhalt:
Heft 1. Unterstufe. (37 S.) 880. * 50 Pf.
" 2. Mittelstufe. (84 S.) 883. * 75 Pf.
" 3. Oberstufe. (99 S.) 884. * 75 Pf.

Stegmann, Conr., theoretisch-praktische, systematisch-geordnete Gesangschule zum Gebrauche f. ungeteilte Volksschulen, höhere Töchter- u. Mittelschulen, sowie die unteren Klassen der Realschulen u. Gymnasien, nach praktisch erprobten Principien. Lehrerheft. Unter-, Mittel- u. Oberstufe. gr. 8. (XI, 270 S.) Hannover 884. Norddeutsche Verlags-Anstalt. n. 6.—

STEGMANN, Luitpold (Kempten): Ueber ein recidivirendes Melano-Sarcom des Corneascleral-Randes. Mit 1 kolor. Abb.- München: Gradinger 1885. 15 S., Taf.
27.7.1885 - Urk (Titel: Über ein Melanosarcom des Corneascleralrandes.); Chr 1885/86,16
Diss. [illegible] Mchn.

Zu dem feierlichen Antritte des von Seiner Hoch-Fürstlichen Durchlaucht unserm gnädigst regierenden Hrn. Landgrafen Friedrich dem Zweyten etc. etc. neuernannten Prorectors des Collegii Carolini ladet hierdurch auf den 2ten Jenner 1781. um 10 Uhr in das große Auditorium unterthänig und gehorsamst ein *M. J. G. Stegmann*, **jetzt abgehender Prorector. Es wird eine kurze Nachricht von einem Sonnenmikroskop zu undurchsichtigen Körpern gegeben. Cassel gedruckt bey Christiana Schmiedtin, Fürstl. Hessisch. Hofbuchdruckerinn. 4. 8 Seiten. 1780.**

Stegmann, Otto, die Invaliditäts- u. Altersrente. Rechte u. Pflichten der Arbeitnehmer, sowie der Arbeitgeber, auf Grund der einschläg. Bestimmgn. d. Gesetzes vom 22. Juni 1889 übersichtlich dargestellt. 1.—6. Aufl. 12. (16 S.) Berlin 890. v. Trautvetter. n. —15

Stegmann, Otto, die Invaliditäts- u. Altersrente. Rechte u. Pflichten der Arbeitnehmer, sowie der Arbeitgeber auf Grund der einschläg. Bestimmgn. d. Gesetzes vom 22. Juni 1889 übersichtlich dargestellt. 7. Aufl. [73.—82. Tausend.] 12. (16 S.) Berlin 890. v. Trautvetter. —15

Stegmann, Otto, die Stellung des Staates zum Versicherungswesen. Diss. Leipzig 1886, Gustav Fock. 8°. 79 S.

— Die Stellung des Staates zum Versicherungswesen. 8°. Berlin 1886.

Stegmann, R., die Berichte der Schriftsteller des Altertums über die Varusschlacht u. das Castell Aliso, m. Einleitung u. deutscher Übersetzg. gr. 8. (28 S.) Detmold 901. H. Hinrichs. n. —60

Stegmann, R., zur Lage des Castells Aliso. gr. 8. (15 S.) Detmold 901. H. Hinrichs. n. — 50

Stegmann, Ricardo, approb. Arzt aus Buenos-Aires: Über die **Abhängigkeit** der Dämmerungswerte vom Adaptationsgrad. *Freiburg i. B. 1900: Ch. Lehmann's Nachf.* (30 S.) 8°
Freiburg i. B., Med. Diss. v. 1900

Stegmann, Rud., Fürst Bismarck u. s. Zeit. Festgabe z. 80. Geburtstage uns. eisernen Kanzlers. gr. 8. (VIII, 164 S. m. Bildn.) Wolfenbüttel 895. J. Zwißler. n. 3. —; geb. in Leinw. n. 4. —

Stegmann, Rudf., ein Oratorium der Zukunft. Komischer Roman in 2 Bdn. 8. (VIII, 169; 124 S.) Jena 874, Costenoble.

Stegmann, Rud., Sampiero od. Vaterland u. Jesuit. Geschichtliche Tragödie in 5 Acten. 8. (151 S.) Leipzig 894. Buchh. des Evang. Bundes v. C. Braun. n. 2. —

—— Vendetta. Tragödie in 5 Akten. [Bühnen-Mscr.] gr. 8. (132 S.) Leipzig 873, Mutze.

Stegmayer, Dr., einige Worte zur Beurtheilung des Wahnsinns, s. Graff.

Stegmayer, Carl, s. Stegmayer, Karl

Stegmayer, Ernst Ludwig (Darmstadt)
Thesen aus der gesammten Heilkunde, welche zur Erlangung der Doctorwürde in der Medicin, Chirurgie und Geburtshülfe am 29. März 1823 öffentlich vertheidigen wird Ernst Ludwig Stegmayer, aus Darmstad.
Giessen: Schröder 1823. 7 S. vorh. 7.
Dr. med. 29.3.1823.

Stegmayer, Friedrich Maximilian (Stuttgart) A. S. 842/29

Dissertatio medica inauguralis observationum rariorum trigam sistens.
Strassburg (Pastorius) 23. XI. 1725. 46 S.

W. v.: Jo. Salzmann, Peter Giller (Opp.), J. D. Koch (Opp.), F. R. Krüger, S. S. Wegelin, S. S. Anhorn.
33295

Stegmayer, Johann Georg (Künzelsau) A. S. 1171/7

Dissertatio inauguralis medica de furore hysterico vel uterino.
Altdorf (Meyer) 28. IX. 1713. 24 S.

W. v.: Johann Jakob Baier, Johann Engelbert Schmid.
33296

Stegmayer, Karl

Stegmayer, Carl (I.), die Bergbaufrage. Ein Versuch zu ihrer Beantwortung vom Standpunkte der National-Oekonomie, Finanz und Politik. gr. 8. (60 S.) Wien 851, Tendler und Comp. *

Stegmayer, Carl, bramat. Dichtungen. 1. Bd.: Bibar, d. Assassinenfürst. — Die letzten Johanniter auf Rhodus. gr. 12. (9½ B.) Wien 836, Schaumburg u. Comp. *

Stegmayer, Carl, Grundriß einer populären Bergwerkskunde. Zum Selbstunterrichte. Mit 2 Kupfertafeln. gr. 8. Wien 843. (Leipzig, Liebeskind.) ¾ ₰

Stegmayer. Carl, Handbuch der Bergbaukunst für Jedermann. Mit einer Vorschule, worin das Wissensnöthige der Gebirgskunde, Markscheidekunst und des Berggesetzes vorgetragen ist. Mit 91 in den Text gedruckten Holzschnitten. gr. 8. (325 S.) Prag, Kober. 1861. 3 fl.

Stegmayer, Carl, Handbuch der Bergbaukunst für Jedermann. Mit einer Vorschule, worin das Wissensnöthige der Gebirgskunde, Markscheidekunst und des Berggesetzes allgemeinfaßlich vorgetragen ist. Lex.-8. (XXI und 326 S. mit 91 in den Text gedr. Holzschn.) Prag (861)62. [Hamburg, J. P. F. E. Richter.] *

Stegmayer, Carl, Handbuch der Bergbaukunst für Jedermann. Mit einer Vorschule, worin das Wissensnöthige der Gebirgskunde, Markscheidekunst und des Berggesetzes allgemeinfaßlich vorgetragen ist. Mit 91 in den Text gedr. Holzschn. Prag 862. Kober. Lex.-8. (XXI, 326 S.) n. 2 ₰

— Klange aus d. Teufe. Bergmännische Gedichte u. Aphorismen. Mit dem Bildnisse des Verfassers. 2e verm. Aufl. gr. 12. Wien 836. Tendler. ½ ₰ — Ohne Bildniß ⅜ ₰

Stegmayer, Carl (II.), Novellen und Novelletten. 8. (248 S.) Regensburg 847, Manz.

Stegmayer, Carl, Probiernadeln. Erzähln. gr. 12. (8½ B.) Wien 828, Adolph. (Leipzig, Enobloch.)

—— die Radikalen. gr. 8. (35 S.) Innsbruck 846, (Pfaundler.) *

Stegmayer, Carl, Die Radicalen. 8°. Innsbruck, A. Witting, 1849.

— die Schlacht bei Essegg. Historisches Schauspiel in 4 Aufz. gr. 12. Wien 843, Stockholzer v. Hirschfeld. ⅝ ₰

—— freie Vorträge, gesprochen im Volksvereine zu Gmunden. 1. Heft. (Mit dem Umschlagstitel: Was vom Staate zu wissen dem ganzen Volke nöthig.) gr. 8. (35 S.) Steyr 850, (Haas.) *

Stegmayer, Michael, und Johann **Schwab**, k. k. Bankalbeamter. Geographisch alphabetisches Verzeichniss zu der im Jahre 1799 neu erschienenen deutsch und böhmischen Landkarte des Kongreichs Böhmen, in welchem alle in dieser Karte befindlichen Ortschaften, Berge, Flüsse etc. nach ihrer deutsch und böhmischen Benennung mit der Anzeige des Karakters, Kreises, Herrschaft, Lage und Entfernung, zu derselben geschwinden und leichten Aufsuchung enthalten sind. Zum Nutzen und Gebrauch eines die Geschichte und Geographie Studirenden, so wie überhaupt zu eines jeden Dienstes, der von dem Königreiche Böhmen eine genauere Kenntniss sich zu erwerben wünscht, zweckmässig verfasst (Die Karte befindet sich in der Karten-Abtheilung.) 8. Prag 1799.

Stegmeyer, Matthäus, Rochus Pumpernickel, s. a. Universal-Bibliothek.

Stegmayer, Matth., († d. 10. Mai 1870.) Rochus Pumpernickel. — 2r Thl., die Familie Pumpernickel. 8. Wien 811. Wallishausser. 20 ℔

Stegmüller, A., Aufgaben zur einfachen Buchführung f. den Betrieb e. kleineren Kolonialwarengeschäftes. Zum Gebrauche f. die Hand der Schüler in Fortbildungsschulen. (16 S.) 8. Augsburg (906). Schwäb. permanente Schulausstellg. n. — 20

Stegmüller, Ant., der Lackfirnißfabrikant oder gründliche Anweisung, die bewährtesten Weingeist-, Terpentin- und Oellackfirnisse nach dem gegenwärtigen Standpunkte dieser Fabrikation auf die zweckmäßigste u. vortheilhafteste Weise darzustellen, nebst einer Beschreibung der dazu erforderlichen Harze, Auflösungsmittel, Instrumente u. Apparate. Mit 23 erläut. Fig. (auf 6 lith. Taf.) Leipzig 863. Deckmann. gr. 8. (VIII, 164 S.) 22½ ngr.

Stegmüller, Ant., der Lackfirnißfabrikant oder gründl. Anweisung, die bewährtesten Weingeist-, Terpentin- u. Oellackfirnisse nach dem gegenwärt. Standpunkte dieser Fabrikation auf die zweckmäßigste u. vortheilhafteste Weise darzustellen, nebst einer Beschreibung der dazu erforderl. Harze, Auflösungsmittel, Instrumente u. Apparate. 2. (Titel-)Ausg. Berlin 868. Mode's Verl. gr. 8. (VIII, 164 S. mit 23 erläut. Fig. auf 6. Steintaf.) 22½ ngr

Stegmüller, Johann — Jubelrede und Mariengruß bei der Feier des fünfzigjährigen Ehe-Jubiläums Ihrer Excellenzen des hochgebornen Herrn Grafen Erdödy, ꝛc. und der hochgebornen Frau Maria Gräfin Erdödy gebornen Aspremont = Linden-Baind ꝛc. gehalten in der Schloß = Kapelle zu Meidling am 22. Februar 1857 von — —. Wien, Dr. von L. C. Zamarski, Universitäts-Buchdruckerei. (4 Bl. 4.)

STEGMÜLLER, Karl: Quid senserint docuerintque s. s. patres priorum quatuor saeculorum de ss. librorum inspiratione? — (1849) 80 S. 4° (Handschr.) Diss. 73
Diss. Wien, Univ.

Stegmüller, Philipp: Beitrag zur Kenntnis der Bildungswärme von Jodwasserstoff aus den Elementen. 1907. 48 S. 8°
Karlsruhe, Dr.-Ing.-Diss. v. 14. 12. 1907

Stegmüller, Ph., über die Löslichkoit von Bleisulfat und Bleichromat, s.: Beck, Karl.

Stegner, Karl, Referendar in Halle a. S.: Die Eigentümerhypothek nach dem heutigen Rechte. Ihre rechtliche Natur und ihre einzelnen Anwendungsfälle. Halle a. S. 1907: C. A. Kaemmerer & Co. (X, 57 S.) 8°
Leipzig, Jur. Fak., Diss. v. 23. März 1907
[Geb. 17. Nov. 80 Erfurt; Wohnort: Halle a. S.; Staatsangeh.: Preußen; Vorbildung: Lateinische Hauptsch. d. Franckeschen Stiftungen Halle Reife O. 99; Studium: Halle 6 S.; Rig. 28. Juni 02.]

Stegner, Max, allgemeines Berggesetz f. die Preußischen Staaten vom 24. VI. 1865 in der neuesten Fassung, insbesondere m. der Knappschaftsnovelle vom 19. VI. 1906. Text-Ausg. m. Anmerkgn. u. Sachregister. (IV, 130 S.) 8. Halle 906. Pfeffer. Kart. n. 1. 80

Stegner, Max, allgem. Berggesetz. Jetzt: Halle, C. Nietschmann, Verl.

Stegner, Max, die Mutungsnovelle. Gesetz v. 18. VI. 1907 m. Anmerkgn. (15 S.) 8. Halle 908. [Pfeffer.] C. Nietschmann. - 50

Stegner, Max, Gerichtsref. in Halle (Saale): Die rechtliche Natur des Postanweisungsgeschäftes nach geltendem Rechte. Insbesondere Erörterung d. Frage, ob der Postverwaltung d. Befugnis zusteht, die auf gefälschte Postanweisungen ausgezahlten Beträge vom Empfänger wieder erstattet zu verlangen. *Halle a. S. 1902: C. A. Kaemmerer & Co.* (58 S.) 8°
Leipzig, Jur. Diss. v. 1902

Stegner, Max, die rechtliche Natur des Postanweisungsgeschäftes nach geltendem Rechte. Insbesondere Erörterung der Frage, ob der Postverwaltung die Befugnis zusteht, die auf gefälschte Postanweisgn. ausgezahlten Beträge vom Empfänger wieder erstattet zu verlangen. Wissenschaftliche Untersuchg. gr. 8. (58 S.) Halle 902. (Pfeffer.) n. 1.20

Stegreif, Der; ein Lustspiel a. d. Franz. Hildesheim 1778. Ü: *Lauer, Christian Friedrich.* (Ky) (MGT)

Stegreif, der; Lstspl., aus d. Französ. (v. Chr. Fr. Lauer). 8. Hildesh. 778 (Leipz., Nauck). 2 gl.

Stegreif, der, Lstsp. a. d. Franz. 8. Hildesheim, Schröter. (Sommer, Lpz.) 778.

Stehberger, G., der Croup u. seine Behandlung durch Glycerininhalationen. Mannheim 860. Schneider. gr. 8. (19 S.) 9 ngr.

Stehberger, G., der Croup und seine Behandlung durch Glycerininhalationen. gr. 8. (19 S.) Mannheim [Strassburg] 870, Schneider.

Stehele, Jos., Anwendung der Rechnungskunst auf die Landwirthschaft für Schulen und zum Selbstunterricht. 2., bedeutend verm. Aufl. 8. (VIII und 216 S.) Augsburg 867, Schmid's Verlag. cart.

Stehele, Jos., Anwendung der Rechnungskunst auf die Landwirthschaft für Schulen und zum Selbstunterricht. Neu bearb. von M. Wechs. 3. verm. und verb. Aufl. 8. (IV, 235 S.) Augsburg 879, Schmid'sche Verlagsh. cart. *

STEHELIN, J. S., De hierologia seu benedictione sacerdotali in matrimonii negotio usitata. Von priesterlicher Copulation oder Einsegnung angehender Eheleute. Jenae 1708. 4°. 62 pp. (⅓ Rthl. Bielefeld 37. no. 563.)

Stehelin, Johann [Praes.], s. Ryhiner, Johann Heinrich: De infanticidio quandoque licito.

Stehelin, Johann Rudolf [Praes.], s. Ryhiner, Heinrich: De elasticitate aeris in variis atmosphaerae locis.

Stehelin, Onuphrius A. S. 1342/33

Solutio tergemini problematis arithmetici, geometrici et astronomici una cum adnexis.
Präs. Johann Jakob d'Annone.
Basel (Mechel) 30. VIII. 1748. 17 S., 1 Taf.

Gew.: Nikolaus Bernoulli. 33300

Stehely's Conditorei. Ein Dialog. gr. 8. (¾ B.) Potsdam 845, Stuhr'sche Buchh. *

STEHENICS, JOH(ANN, Titularbischof von Temne): Die das Tausend-Gulden-Kraut suchenden Hirschen; das ist: Ihro Excellenz dem Hoch- und Wohlgebohrnen Grafen Johann Pálfy von Erdöd, Erbherrn zu Biberspurg etc. als das löbl. Presburger Comitat, welches den 24ten Martii von des Tods vergiften Pfeilen verwundet / durch Erkenntnuss des benannten Tausend-Gulden-Kraut der zween Leibarzten, als des Heil. Pantaleon Martyrern, und Nicomedischen Arztens; wie auch zu dem allhiesigen Landtag, als einen nicht minder heilsamen Arzten aller Beschwärnissen und Anliegenheiten / mit gegenwärtiger Leich- und Ehren-Rede ist angefeuret worden in der königl. Frey-Stadt Pressburg / den 27ten July / des 1751. Jahrs. Wien 1751. Gedr. bey Maria Eva Schilgin. 20 S. - 2°

Stehfen, Frdr. Reden zur Erinnerung an den verewigten Metropolitan Frdr. Stehfen. gr. 8. (21 S.) Kassel 893. E. Röttger. n. — 30

Stehfen, Heinr., de Spartanorum re militari. Dissertatio inauguralis philologica. gr. 8. (31 S.) Gryphiswaldiae 881. (Jena, Frommann'sche Buchdruckerei.)

Stehfen, Heinr., de Spartanorum re militari. Dissertatio inauguralis philologica. gr. 8. (31 S.) Gryphiswaldiae 881. (Jena, Pohle.) — 75

Stehfen, Rudolf, Pfarrer extr. in Cassel: Die Wiedertaufe in Theorie und Praxis der römisch-katholischen Kirche seit dem tridentinischen Konzil. Marburg: N. G. Elwert 1908. (47 S.) 8° ¶ [Erscheint vollst. im gleichen Verlage.]
Marburg, Theol. Fak., Ref. Mirbt-Jülicher, Diss. v. 25. Juli 1908
[Geb. 17. Aug. 81 Dülmen, Kr. Coesfeld (Westfalen); Wohnort: Cassel; Staatsangeh.: Preußen; Vorbildung: Gymn. Schleusingen, Friedrichs-Gymn. Cassel Reife O. 99; Studium: Halle 4, Marburg 3 S.; Rig. 9. Nov. 07.]

Stehfen, Rud., die Wiedertaufe in Theorie u. Praxis der römisch-katholischen Kirche seit dem tridentinischen Konzil. (VIII, 158 S.) gr. 8. Marburg 908. N. G. Elwert's Verl. 2. 50

Stehfest, Carl Aug., der Ablaßkrämer Johann Tetzel, eine biogr. Erzählung aus dem 16. Jahrh. zu Nutz u. Frommen für Jedermann zusammengestellt. Mit erklär. Beilagen u. 3 histor. Anhängen. gr. 8. Schneeberg 846. (Leipzig, Reinsche Buchh.) n. 1/2 ℳ

Stehle, A., Aufgabensammlung aus dem Gebiete der gesammten Mechanik. I. Die Gesetze der Bewegungslehre. Eine übersichtl. und gedrängte Zusammenstellung der Formeln aus der Bewegungslehre, nebst zahlreichen Uebungsbeispielen für den studirenden Maschinentechniker zur Unterstützung bei der Wiederholung der Bewegungslehre. gr. 4. (VI, 86 S.) Leipzig 877, Knapp. *

Stehle, A.: Ueber Fusspunkt-Curven auf d. Oberfl. eines geraden Kreiskegels. 1873. 8°. Diss. Rostock

Stehle, A., die Schiebersteuerungen u. ihre Diagramme. Ein Leitfaden bei dem Vortrage üb. Schiebersteuergn. an höheren techn. Lehranstalten, sowie zum Selbststudium der Steuerungsverhältnisse. Mit zahlreichen in den Text eingedr. Holzst. gr. 8. (VIII, 78 S.) Braunschweig 876. Vieweg & Sohn. n. 3. 60

—— die Schiebersteuerungen und ihre Diagramme. Ein Leitfaden bei dem Vortrage über Schiebersteuerungen an höheren techn. Lehranstalten, sowie zum Selbststudium der Steuerungsverhältnisse. gr. 8. (VIII, 78 S. mit zahlreichen in den Text eingedr. Holzst.) Braunschweig 878, Vieweg und Sohn. *

Stehle, A., die Schiebersteuerungen u. ihre Diagramme. Ein Leitfaden bei dem Vortrage üb. Schiebersteuergn. an höheren techn. Lehranstalten, sowie zum Selbststudium der Steuerungsverhältnisse. 2., verm. Aufl. gr. 8. (VIII, 101 S. m. 61 Holzst.) Braunschweig 893. F. Vieweg & Sohn. n. 3. —

Stehle, A., die Schiebersteuerungen u. ihre Diagramme. E. Leitfaden bei d. Vortrage üb. Schiebersteuergn. an höh. techn. Lehranst., sow. zum Selbststudium d. Steuerungsverhältnisse. 3., verm. u. verb. Aufl. gr. 8. (VIII, 123 S. m. 88 Abb.) Braunschweig 898. F. Vieweg & Sohn. n. 2. 20; geb. in Leinw. n. 2. 50

Stehle, Anton Ignaz (Finningen) A. S. 10/31

Disputatio inauguralis juridica judiciorum formam exhibens. Präs. Karl Otto Thylius.
Heidelberg (Hornung) (16.)X. 1731. 19 S.

W. v.: J. A. Schroff. 33301

Stehle, Bruno, Erzählungen aus der Weltgeschichte, s.: Berger.

Stehle, Bruno, über ein Hildesheimer Formelbuch. Vornehmlich als Beitrag zur Geschichte des Erzbischofs Philipp I. von Koeln 1167—1191. Inaugural-Dissertation. gr. 8. (67 S.) Sigmaringen 878, Tappen.

— das Lehrer-Seminar I zu Colmar i/E. von 1871—1896. Festschrift zur Feier d. 25jähr. Bestehens des Seminars I. gr. 8. (88 S. m. 1 Ansicht.) Gebweiler 896. J. Boltze. n. 1. 50

Stehle, Bruno: Leiden und Freuden der Weinbauern im Ober-Elsaß nach den Berichten früherer Jahrhunderte und den Aufzeichnungen in der Bannwarthütte zu Thann im Ober-Elsaß. Mit 2 Abb. Straßburg: Heitz 1899. 47 S. (Elsässische Volksschriften. 43.) [illegible]

— Leiden u. Freuden der Weinbauern im Ober-Elsaß, s.: Volksschriften, elsässische. Nr. 43.

— deutsches Lesebuch f. höh. Mädchenschulen, s.: Keller, Ernst.

– Ober-Elsaß. Elsaß-Lothringen, s.: Gaebler's Volksschul-Atlas f. Ober-Elsaß (im Anhang „Karten u. Pläne").

Stehle, Bruno Orts-, Flur- und Waldnamen des Kreises Thann im Oberelsaß. 32 S. Progr. Thann 1884

Stehle, Bruno, Orts-, Flur- und Waldnamen des Kreises Thann im Oberelsass. 2. Aufl. Lex.-8. (48 S.) Strassburg 887, Strassburger Druckerei und Verlagsanstalt, vorm. Schultz und Comp., Verlag. *

Stehle, Bruno. Sammlung v. Musterbeispielen zum Unterricht in der deutschen Satzlehre. Nebst einigen Abschnitten aus der Wortbildungslehre u. einigen Wortfamilien. 3. Aufl. 8. (24 S.) Gebweiler 892, Boltze. * — 20
1. u. 2. Aufl. 1891.

Stehle, Bruno, Sammlung v. Musterbeispielen zum Unterricht in der deutschen Satzlehre. Nebst einigen Abschnitten aus der Wortbildungslehre u. einigen Wortfamilien. 11. Aufl. 8. (24 S.) Gebweiler 894. J. Boltze. n. — 20

— Sammlg. v. Musterbeispielen z. Unterricht in der deutschen Satzlehre. Nebst ein. Abschnitten aus d. Wortbildungslehre u. ein. Wortfamilien. 17. Aufl. 8. (II, 24 S.) Gebweiler 898. J. Boltze. n. — 20

— Sammlung v. Musterbeispielen zum Unterricht in der deutschen Satzlehre. Nebst einigen Abschnitten aus der Wortbildungslehre u. einigen Wortfamilien. 22. Aufl. 8. (II, 24 S.) Gebweiler 900. J. Boltze. n. — 20

— Sammlung v. Musterbeispielen zum Unterricht in der deutschen Satzlehre. Nebst einigen Abschnitten aus der Wortbildungslehre u. einigen Wortfamilien. 27. Aufl. (II, 24 S.) 8. Gebweiler 907. J. Boltze. n. — 20

— Sammlung von Musterbeispielen zum Unterricht in d. deutschen Satzlehre. Nebst einigen Abschnitten aus der Wortbildungslehre u. einigen Wortfamilien. 31. Aufl. (24 S.) 8. Gebweiler 910. J. Boltze. — 20

— s.: Schulblatt, elsaß-lothringisches.

— Aus dem früheren Schulleben des Städtleins Rappoltsweiler im Ober-Elsaß 1567—1753. Vornehmlich aus der Schule des Hofkantors Renz 1728—1753. (16 S.) Lex. 8. Straßburg 908. Straßburger Druckerei u. Verlagsanstalt. — 50
Sonderabdruck aus: „Elsaß-lothr. Schulbl."

— der Totentanz v. Kienzheim im Ober-Elsass. gr. 8. (59 S. m. 6 Abbildgn. u. 1 Lichtdr.-Taf.) Strassburg 899. J. H. E. Heitz. n. 2. —
Sonderabdruck aus: „Jahrb. d. Vogesen-Clubs".

Stehle, Bruno, deutsches Wörterbuch f. Elsässer, s.: Mongos, Heinr.

— Gesunde u. kranke Zähne, s.: Jessen, Ernst.

— Kleine Zahnkunde, s.: Jessen, Ernst.

Stehle, Hermann, aus Einbeck, z. Zt. Prokurist im Hofbankhaus Max Müller in Gotha: Die Rechtslage des Börsentermingeschäfts nach dem Entwurfe einer Novelle vom 19. Februar 1904. Borna-Leipzig 1905: R. Noske. (VIII, 77 S.) 8°

Erlangen, Jur. Fak., Diss. v. 21. Nov. 1904

[Geb. Einbeck; Wohnort: Gotha; Staatsangeh.: Preußen; Rig. 21 Nov. 04.]

Stehle, Johann Gustav Eduard: Oratorio S. C e c i l i a , s. B r e i t k o p f u. Härtel's Textbibliothek Nr. 107.

Stehle, J. G. Eduard, die Choral-Credo d. Ordinarium missae (ed. vaticana), in moderne Notation umgeschrieben, zu abwechselndem Vortrage durch 2 Chöre eingerichtet u. m. 4stimm. Et incarnatus u. Schlüssen versehen (mit Arrangement f. 3 gleiche Stimmen). (30 S.) 8. Regensburg 910. F. Pustet. D — 20

Stehle, G. E., Chor-Photographien f. Kirchensänger u. Kirchengänger. Nach der Natur aufgenommen. 2. m neuen Aufnahmen verm. Aufl. gr. 8. (128 S.) Regensgensburg 874. Pustet. — 90

—— Missa „exultate Deo“, composita ad IV voces inaequales [Canto, Alto, Tenore, Basso]. Opus 38. Partitur. hoch 4. (41 S.) Ebendas. 876. *
Stimmen (26 S.) *

Stehle, J. G. Ed., „!! Neue Habertiana!!“ Ernst- u. scherzhafte Glossen u. Betrachtungen über die neueste Schimpfiade des Jüngers der Liebe zu Gmunden am Traunsee. gr. 8. (32 S.) Regensburg 878. Coppenrath. — 60

Stehle, J[ohann] G[ustav] Ed[uard]. Frithjof's Heimkehr = Home Return. Neun neue Scenen aus der Frithjof-Sage von Esajas Tegnér ⟨Englische Uebersetzung v. Elsa D'Esterre Keeling⟩ für Solostimmen, Chor u. Orchester componirt von = Nine New Scenes from the Legend of Frithjof by Es' T' ⟨English Words by Elsa D'Est'-Keeling⟩ for Solo Voices, Chorus & Orchestra composed by J. G. Ed. St'. Opus 64. Klavier-Auszug. [Mit 1 Illustration. 3. Aufl.] VI + 154 S. gr.-8. St. Gallen = ⟨St. Gall ⟨Switzerland⟩, M. C. Mayer's Verlag ⟨J. G. E. Stehle⟩, [1901]. Klavier-Auszug M. 10. — Chorstimmen *zus.* 8. —, *etc.*

3. Aufl. von der 1. (1892 ersch.) und 2. nur unterschieden durch bereichernde Veränderungen auf S. 22, 126 u. 127 und durch Einschaltung der S. 125b.

—— Missa „Jesu, rex admirabilis“ composita ad quatuor voces inaequales [Canto, Alto, Tenore, Basso] comitante Organo obligato. Op. 33. hoch 4. (37 S.) Ebendas. 874.
Partitur *
Stimmen (à 6 S.) *

Stehle, G. E., missa „laetentur coeli“ composita ad 4 voces inaequales op. 37. hoch 4. (18 S.) Ebend. 872. Partitur n. 1. 40; Stimmen n. — 50

Stehle, J[ohann] G[ustav] Ed[uard]: L e g e n d of St. Cecily. ⟨Poem by Wilhelm Edelmann.⟩ Op. 43. Leipzig: Breitkopf & Härtel [1894]. (11 S.) 8°
= Textbibliothek, Breitkopf & Härtel's. No 112.

Stehle, J. G. Ed., Legende der heil. Cäcilie, } f. Breitkopf und Härtel's Text-Bibliothek Nr. 106

Stehle, J. G. Ed., Liber gradualium. Gradualienbuch für vierstimmigen gemischten Chor für das ganze Kirchenjahr. Im Auftrage sämmtl. Cäcilien-Vereine der Schweiz gesammelte Orig.-Beiträge der Kirchen-Componisten: Bischoff, Breitenbach, Diebold etc. Op. 45. 4 Abthlgn. gr. 8. (IV, 166 S.) Einsiedeln 882, Gebr. Benziger.
à Abthl. *M* 1.60. *

Stehle, G. E., Liber motettorum. Motettenbuch für vierstimmigen gemischten Chor für das ganze Kirchenjahr. hoch 4. (VIII, 120 S.) Regensburg 875, Pustet. *

Stehle, J. G. Ed., s.: Lieder, 12, f. vierstimm. Männerchor.

Stehle, G. Ed., Maien-Blüten. Vierstimmige Marienlieder, namentlich zum Gebrauche bei Mai-Andachten für kleinere Landchöre in leichtem Style componirt. Ravensburg 862. Dorn. Lex.-8. (38 S.) 18 *ngr.*

Stehle, G. Ed., Maien-Blüten. Vierstimmige Marienlieder namentlich zum Gebrauche bei Mai-Andachten für kleinere Landchöre in leichtem Style componirt. Partitur. Lex.-8. (9 S.) Ravensburg 862, [Ulmer.]

Stehle, G. E., Preis-Messe „Salve regina“ für Sopran u. Alt in Begleitung der Orgel [Tenor u. Bass ad libitum]. Partitur. Regensburg 869. Pustet. qu. Fol. (16 S.) n. 12 *ngr.*;
Stimmen (16 S.) n. 4 *ngr.*

– Preis-Messe „salve regina“ f. Sopran u. Alt [obligat], Tenor u. Bass [ad lib.] u. Begleitung der Orgel. 2. Aufl. Partitur. gr. 4. (28 S.) Ebend. 875. n. 1. 40; Stimmen (16 S.) n. — 50

—— kleines Sänger-Brevier. Ein theoretisch-prakt. Gesangbüchlein nach den Grundsätzen der Galin-Paris-Chevé'schen Methode auf Notenschrift angewendet. 8. (206 S.) Ebendas. 878. *

—— **kleines Sänger-Brevier. Ein theoretisch-prakt. Gesangbüchlein nach den Grundsätzen der Galin-Paris-Chevé'schen Methode, auf Notenschrift angewendet. 2. verb. und verm. Aufl. 8. (244 S.) Regensburg 884, Coppenrath.** *

—— Sängergruß. Solo und Chor für vier Männerstimmen. Zur Feier von Liederfesten, Fahnenweihen, Sängerfahrten rc. componirt. Partitur und Stimmen. gr. 8. Ravensburg 865, [Ulmer.] *

Stehle, J. G. E. Zwei Trauungs-Motetten f. gemischten Chor, 4 Posaunen oder Orgel. Gr. in-4°. St. Gallen, F. J. Moriell. Part. u. 4 Pos. 2 50
1887. Singstimmen à — 25

Stehle, Nic., O. M. I., gläubige u. ungläubige Weltanschauung. (VIII, 166 S.) kl. 8. Ravensburg 908. F. Alber. 1. —

Stehlich, Friedrich: George Crabbe, ein englischer Dichter. Halle (1875): Klöppel in Eisleben. 32 S. 8°
Halle-Wittenberg, Phil. Diss. v. 22. Apr. 1875
Geb. Eisleben 18. 1. 1852. V.

Stehlich, F. Die Sprache in ihrer Beziehung zum Nationalcharakter. Kassel, Rg., 1881. 29 S. 4. **Progr.**

Stehlich F, die Sprache in ihrer Beziehung zum Nationalcharakter. (Zeit- und Streitfragen, Deutsche 165) Berlin 1882

Stehlich, Friedr., die Sprache in ihrer Beziehung zum Nationalcharakter, sa. Zeit- und Streitfragen, deutsche.

Stehlich, Friedr. Die Sprache in ihrem Verhältnis zur Geschichte. gr. 8. (78 S.) Lpz. 892, Renger. * 1 —

Stehlich, F. Die geschichtlichen Vorbedingungen der englischen Kunstphilosophie des vorigen Jahrhunderts. Cassel, Rg., 1883. 17 S. 4. **Progr.**

Stehlik's Handels-Adreßbuch der Kaufleute und Fabrikanten von Oesterreich-Ungarn. 4.—6. Jahrg. Ausg. 1882, 1883/84, 1884/85. gr. 8. (IX, 904; XII, 575; XII, 523 S.) Wien, Hartleben's Verlag. cart. à Jahrg. *

Stehlik's **Handels-Adressbuch der Kaufleute und Fabrikanten** von Oesterreich-Ungarn. 7. und 8. Jahrg. 1885/86 und 1886/87. gr. 8. (543, 110; 646 S.) **Wien, Hartleben. cart. à Jahrg.** *

Stehlik's Handels-Adressbuch der Kaufleute u. Fabrikanten v. Oesterreich-Ungarn. Ausg. 1889. 10. Jahrg. gr. 8. (624 S.) Wien, (Mor. Stern). cart. n. 10. —

Stehlik, Frz., s. Geschäfts-Jahrbuch, Wiener.

Stehlik, Frz., ein Wort über Polen. gr. 8. (32 S.) Leipzig 861, O. Wigand. *

Stehlik, Karl, erklärende Abhandlung über das Gebühren-Aequivalent der Stiftungen, Benefizien, weltl. und geistl. Gemeinden, Vereine, Anstalten und Korporazionen. gr. 8. (56 S.) Prag 869, Dr. Grégr und Dattel. *

Stehlik, R. K., deutsch-böhmischer Sprachführer f. d. ärztl. Praxis. E. Conversationsbuch f. Aerzte. 12. (V, 268 S.) Wien 896. C. Gerold's Sohn. Kart. n. 3. —

Stehlik, R. K., deutsch-böhmischer Sprachführer f. die juristische Praxis. Ein Conversationsbuch f. Juristen. 12. (VIII, 352 S.) Wien 902. Manz. n. 3. —

Stehlin, Friedr., über eine steinerne Rheinbrücke in Basel. Nebst den darauf bezüglichen hydrotechn. und statistischen Untersuchungen. gr. 8. (48 S. mit 2 lithogr. Plänen in qu. Fol.) Basel 855, Schabelitz'sche Buchh. Thlr.

Stehlin, H[ans] G[eorg]. Ueber die Geschichte des Suiden-Gebisses. 2 Teile. Abhandl. Schweizer. Palaeont. Ges. Vol. 26 *u.* 27. 4 Zürich 1899-1900.
Teil 1. Mit 8 Tafeln und 6 Holzschnitten.
Teil 2. Mit 2 Tafeln und 3 Holzschnitten.

Stehlin, H. G., über die Geschichte des Suiden-Gebisses. gr. 4. (VII, 527 S. m. 9 Abbildgn., 10 Taf. u. 10 Bl. Erklärgn.) Zürich 899. 900. (Basel, Georg & Co. — Berlin, R. Friedländer & Sohn.) n.n. 20. —
Sonderabdruck aus: „Abhandlgn. d. schweiz. paläontolog. Gesellschaft".

Stehlin, H. G. Zur Kenntniss der postembryonalen Schädelmetamorphosen bei Wiederkäuern. Mit 4 Tfln. 81 S. In-fol. Basel, B. Schwabe. Diss. 1893 8 —

Stehlin, H[ans] G[eorg]. Die Säugetiere des schweizerischen Eocaens. Critischer Catalog der Materialien. Teil 1: Die Fundorte. Die Sammlungen. — Chasmotherium. — Lophiodon. Mit 3 Tafeln [nebst Tafelerklärungen] und 5 Figuren im Text. VI + 153 S. 4. Zürich, Zürcher & Furrer, 1903.
Abhandlungen der schweizerischen paläontologischen Gesellschaft. Vol. 30. 1903. (Basel und Genf, Georg & Cie....[Nº]1.)

Stehlin, H[ans] G[eorg]. Die Säugetiere des schweizerischen Eocaens. Critischer Catalog der Materialien. Teil 2: Palaeotherium. — Plagiolophus. — Propalaeotherium. Mit 6 (*d. i.* 4) Tafeln [nebst Tafelerklärungen] und 22 Figuren (*d. i.* Fig. 6—13) im Text. II S. + S. 155—258. 4. Zürich, Zürcher & Furrer, 1904.
Abhandlungen der schweizerischen paläontologischen Gesellschaft. Vol. 31. 1904. (Basel und Genf, Georg & Cie. ... [Nº] 1.)

Stehlin, H[ans] G[eorg]. Die Säugetiere des schweizerischen Eocaens. Critischer Catalog der Materialien. Teil 2 ⟨Fortsetzung⟩ ... *u.* Teil 3.... 4. Zürich, Zürcher & Furrer, 1905.
Teil 2 ⟨Fortsetzung⟩: Palaeotherium. — Plagiolophus. — Propalaeotherium. Mit 6 [*d. i.* 2] Tafeln [nebst Tafelerklärungen] und 22 Figuren (*d. i.* Figur 14—30) im Text. II S. + S. 259—445.
Teil 3: Lophiotherium. — Anchilophus. — Pachynolophus. — Nachträge. — Schlussbetrachtungen über die Perissodactylen. Mit 2 Tafeln [nebst Tafelerklärungen] und 34 [*d. i.* 52] Figuren im Text. II S. + S. 447—595.
Abhandlungen der schweizerischen palaeontologischen Gesellschaft Vol. 32. 1905. (Basel und Genf, Georg & Cie. ..., 1905. [Nº] 1 *u.* 2.)

Stehlin, H[ans] G[eorg]. Die Säugetiere des schweizerischen Eocaens. Critischer Catalog der Materialien. Teil 4: Dichobune. — Mouillacitherium. — Meniscodon. — Oxacron. Mit 1 Tafel [nebst Tafelerklärung] und 34 Figuren im Text. II S. + S. 597—690. 4. Zürich, Zürcher & Furrer, 1906.
Abhandlungen der schweizerischen paläontologischen Gesellschaft Vol. 33. 1906. (Basel und Genf, Georg & Cie...., 1906 [Nº] 1.)

Stehlin, H[ans] G[eorg]. Die Säugetiere des schweizerischen Eocaens. Critischer Catalog der Materialien. Teil 5: Choeropotamus. — Cebochoerus. — Choeromorus. — Haplobunodon. — Rhagatherium. — Mixtotherium. Mit 2 Tafeln [nebst Tafelerklärungen] und 36 Figuren im Text. II S. + S. 691—837. 4. Zürich, Zürcher & Furrer, 1908.
Abhandlungen der schweizerischen paläontologischen Gesellschaft. Vol. 35. 1908. (Basel und Genf, Georg & Cie...., 1908. [Nº] 6.)

Stehlin, H[ans] G[eorg]. Die Säugetiere des schweizerischen Eocaens. Critischer Catalog der Materialien. Teil 6: Catodontherium. — Dacrytherium. — Leptotheridium. — Anoplotherium. — Diplobune. — Xiphodon. — Pseudamphimeryx. — Amphimeryx. — Dichodon. — Haplomeryx. — Tapirulus. — Gelocus. — Nachträge. — Artiodactyla incertae sedis. — Schlussbetrachtungen über die Artiodactylen. — Nachträge zu den Perissodactylen. Mit 6 Tafeln [nebst Tafelerklärungen] und 110 Figuren im Text. II S. + S. 839—1164. 4. Zürich, Zürcher & Furrer, 1910.
Abhandlungen der schweizerischen paläontologischen Gesellschaft. Vol. 36. 1909—1910. (Basel und Genf, Georg & Cie..., 1910. [Nº] 4.)

Stehlin, H. G., die Säugetiere des schweiz. Eocaens. Critischer Catalog der Materialien. 1. Bd. Fasc. I—III. Perissodactylen. (VI, 595 S. m. Abbildgn., 11 Taf. u. 11 Bl. Erklärgn.) 4. Basel 906. (Georg & Co. — Berlin, R. Friedländer & Sohn.) n.n. 28. —
Sonderabdruck aus: „Abhandlgn. d. schweiz. palaeontolog. Gesellsch."

Stehlin, H. G., die Säugetiere des schweizerischen Eocaens. Critischer Catalog der Materialien. 2. Bd. (Fasc. IV—VI. Artiodactylen.) (S. 597—1164 m. 190 Fig., 9 Taf. u. 11 Bl. Erklärgn.) 32,5×23,5 cm. Zürich 906—10. (Basel, Georg & Co. — Berlin, R. Friedländer & Sohn.) nn 36. —
Sonderabdruck aus: „Abhdlgn. d. schweiz. palaeontol. Gesellsch." — 1. Bd. Ebd. 906. nn 28. —

Stehlin, Carl: Beiträge zur Schweizergeschichte ..., s. Bachofen, Johann Jakob

[Stehlin, Carl *II*; geb. 1859.] Die Entwickelung des Basler Stadtbildes bis auf Matthaeus Merian den Aeltern. Beilage zu Heft 4 ⟨neue Folge⟩ der Mitteilungen der historischen und antiquarischen Gesellschaft zu Basel. 4. Basel 1894.
Dazu Mappe u. d. T.: Die Basler Stadtbilder bis auf Matthaeus M. den Aeltern ...
Mitteil. Hist. und Ant. Ges. Basel, N. F. (Heft) 4. s. Merian, Matthaeus *I*: Facsimile des Planes der Stadt Basel.

Stehlin, Carl *II*. Regesten zur Geschichte des Buchdrucks bis zum Jahre 1500. 2 [Theile]. 8. Leipzig 1887-1888.
[Theil 1:] Aus den Büchern des Basler Gerichtsarchivs. Von Dr. Karl St.... SA.
[Theil] 2: Aus den Büchern des Staatsarchivs, des Zunftarchivs und des Universitätsarchivs in Basel. Von Dr. Karl St. SA.

Stehlin, Carl *II*. Regesten zur Geschichte des Buchdrucks 1501—1520. Aus den Basler Archiven. Von Dr. Karl St. [A.:] 8. [Leipzig] *o. J.* [1889/90].

Stehlin, S.

— **der eigentliche Werth und die Ursachen der vorkommenden Werthlosigkeit des Asphalts als Baumateriale.** Mit 8 (eingedr.) Holzschn. Wien 860. Helf. gr. 8. (38 S.) n. 10 *ngr*.

Stehlin, Seb.

Stehlin, S. (I.), das musikalische Alterthum und die modernen Diatoniker. Kritische Beurtheilung. gr. 4. (8 S.) Wien 861, Glöggl. *
Aus: Neue Wiener Musikzeitung, besonders abgedruckt.

— **Anleitung zur Verhandlung und Beurtheilung einer Orgel.** Für Kirchenvorsteher und Organisten. Nebst 28 Präludien und 12 Zwischenspielen von Simon Sechter. Wien 861. Sommer. (F. Klemm.) qu. 4. (55 S.) n. 1 *nf*

— **Choral-Lehre nach den Grundgesetzen des mittelalterlichen Tonsystems zusammengestellt und in der heutigen Musiksprache und Tonschrift erklärt.** Wien 859. Beck in Comm. gr. 4. (VIII, 67 S. u. 1 lith. Taf.) n. 2 *nf*

Stehlin, S., die Naturgesetze im Tonreiche u. das europäisch-abendländische Tonsystem vom 7. Jahrh. bis auf unsere Zeit. Für Freunde der Kunst, die das Harmonriereich u. das Tonsystem in den primitiven Grundgesetzen zu betrachten wünschen. Lex. 8. (IV u. 56 S. m. 18 lith. Notentaf. u. lith. Tit.) Innsbruck 852. (Pfaundler.) n. 1 ₰ 6 ngl

—— die neueren Schicksale des alten Choralgesanges. Eine kritisch-historisch musikal. Abhandlung als Vorbericht zu einer Chorallehre. gr. 8. (30 S.) Innsbruck 857, (Wagner'sche Universitäts-Buchh.)

Stehlin, Seb., Tonarten des Choralgesanges, nach alten Urkunden durch beigefügte Uebersetzung in Figuralnoten erklärt, und als eine Anleitung zum Selbstunterrichte nebst drei vollständigen Messen aus d. römischen Graduale zusammengestellt. Mit einer Vorrede u. den Choralmessen beigefügter Orgelbegleitung, von Simon Sechter. Imp.-4. (Mit 34 Musikbeil.) Wien 842, Rohrmann, Hofbuchh. n. 2 1/3 ₰

Stehlin-Burckhardt, J. J. Architektonische Mitteilungen aus Basel. In-fol. 86 S. u. 84 Bl. Stuttgart, K. Wittwer. Hlbleder. 1893. Mk. 60 —

Stehling, Aug.: Katholische Betrachtungen, s. Stehling, Nikolaus.

Stehling, (Wilhelm) Nikolaus

— ein Ausflug nach Holland, siehe: Novellen-Bibliothek, kathol., II. Cyclus. 1. Hft.

Stehling, Nik., und Aug., katholische Betrachtungen. Coblenz 858. Hölscher. gr. 8. (478 S. u. 10 Stahlst.) 2 ₰.

Stehling, Nikol., katholische Betrachtungen. (Stunden christl. Andacht. 2. Bd.) 10 Lfgn. gr. 8. (478 S. mit 10 Stahlst.) Koblenz 858. 59, Hölscher. à Lfg. 6 Ngr.

— s. Bibliothek kathol. Novellen.

Stehling, Wilh. Nikol., Deutschlands Freiheitskämpfe. 3. Buch. Andreas Hofer 1809. 8. Düsseldorf 845. (Stahl'sche Buchh.) 1/2 ₰

—— Gedanken über die Ursachen des wachsenden Pauperismus, seine Heilung und über zeitgemäße Staatsverfassungen. (Anh.: Die erste düsseldorfer Petition.) 1—3. Aufl. 12. (24 S.) Düsseldorf 848, [Engels und Lensch.]

Stehling, (Wilh.) Nikolaus, das jüngste Gericht. Gedicht in 5 Gesängen. gr. 12. (6 B.) Düsseldorf 841, (Schreiner.)

— Andreas Hofer, siehe: Novellen-Bibliothek, kathol., II. Cyclus, 10. Hft.

— die Schlacht bei Kappel, siehe: Novellen-Bibliothek, kathol., II. Cyclus, 2. Hft.

—— die Soldaten-Excesse in Berlin, Schweidnitz, Mainz, Trier, Köln und Düsseldorf, in ihren Ursachen und Wirkungen volksthüml. dargestellt. 8. (4 S.) Düsseldorf 848, Kampmann.

—— wie es bis jetzt zugegangen; warum die Revolutionen; Schilderung der berliner Revolution; wie die Staatsverfassung besser einzurichten und wie Arbeit zu schaffen wäre. Eine Volksschrift in Gesprächform für Jedermann verständlich. 1. und 2. Aufl. gr. 12. (43 S.) Düsseldorf 848, [Engels und Lensch.]

—— wie steht es jetzt mit Revolution, Politik und Arbeitslosigkeit? Anhang: Das große deutsche Einigungsfest zu Düsseldorf am 6. Aug. 1848. Ein Volksschriftchen. 12. (24 S.) Düsseldorf 848, [Engels und Lensch.]

Stehmann, Joan. Frid. Gust. (geb. Potsdam 26. 12. 1835) De noma Berolini (1860). (32 S.) 8°

Berlin, Med. Diss. v. 9. Okt. 1860

Stehmann, Richard: Beiträge zur Geschichte des Herzogs Adolf Friedrich I. von Mecklenburg-Schwerin in den Jahren 1636—1644. Schwerin i. M. 1906: Bärensprung. (86 S.) 8° [F.]

Münster, Phil. Fak., Ref. Erler, Diss. v. 6. Aug. 1906

[Geb. 30. Juni 82 Wickendorf b. Schwerin; Wohnort: Münster; Staatsangeh.: Mecklenburg-Schwerin; Vorbildung: Gymn. Fridericianum Schwerin Reife O. 02; Studium: Münster 6, Berlin 2 S.; Rig. 1. Juni 06.]

Stehmann, W., erstes Lese-Buch. Fortsetzg. d. deutschen Schreib-Lese-Fibel. Nach prakt. Erfahrgn. bearb. u. zusammengestellt. 13., verb. Aufl. gr. 8. (128 S.) Berlin 896. F. Rühle. Geb. n.n. — 45

Stehmann, W., deutsche Schreib-Lese-Fibel u. 1. Lesebuch. Nach prakt. Erfahrgn. bearb. u. zusammengestellt. 13., verm. u. verb. Aufl. Fibel. gr. 8. (95 S.) Berlin 895. F. Rühle. Geb. n.n. — 40

Stehmann, Wilhelm, a. Fehrbellin: Die mittelhochdeutsche Novelle vom Studentenabenteuer. ⟨T. 2, Kap. 4, IV: Doppelfassungen mittelhochdeutscher Reimpaarerzählungen.⟩ (Berlin: Mayer & Müller 1907.) (VII, 68 S.) 8° ¶ (Erscheint vollst. als „Palaestra" 67.)

Berlin, Phil. Fak., Ref. Roethe, Diss. v. 21. Sept. 1907

[Geb. 1. Aug. 81 Fehrbellin; Wohnort: Berlin; Staatsangeh.: Preußen; Vorbildung: Königstädt. Gymn. Berlin Reife M. 00; Studium: Berlin 12 S.; Rig. 6. Dez. 06.]

Stehmann, Wilhelm: Die mittelhochdeutsche Novelle vom Studentenabenteuer. Berlin: Mayer & Müller 1909. IX, 242 S. 8°

[Ein T. erschien als phil. Diss. Berlin 1907.]

(Palaestra. 67.)

[Stehr:] Die christliche Erziehung auf den Staatsgymnasien und die Gründung eines Privatgymnasiums in Breklum, von Einem, der auch auf Gymnasien und Universitäten gewesen ist. Breklum. 1886. 8°

Das Südpolarschiff 'Gauß' und seine technischen Einrichtungen von A. Stehr, Obermaschinist. Mit Taf. 1–13 u. 20 Textabb. (Berlin: G. Reimer 1905.) (XI, 96 S.) 4°

— Südpolar-Expedition, Deutsche, 1901–1903. Bd 1, H. 1. [illegible]

Stehr, Alfred Heinrich

Stehr, Alfr. H., Alkohol u. wirtschaftliche Arbeit. (XII, 235 S.) gr. 8. Jena 904. G. Fischer. n. 4. 80

— Alkohol u. Produktivität der Arbeit. Hrsg. vom deutschen Verein gegen den Missbrauch geist. Getränke. (11 S.) gr. 8. Berlin 906. Mässigkeits-Verlag.

Sonderabdruck aus: „Deutsche Wirtsch.-Ztg." — 10

Deutscher Verein gegen d. Mißbrauch geistiger Getränke. Alkohol und Volksernährung. Vortrag auf d. 23. Jahresversammlung 1906 zu Karlsruhe i. B. von Dr. med. et polit. [Alfred] Stehr-Wiesbaden. 2. Aufl. Berlin: Mäßigkeits-Verl. 1907. (46 S.) 8° [Umschlagt. F.] 08.973

Stehr, Alfred H[einrich]: Alkoholgenuß und wirtschaftliche Arbeit. Jena: G. Fischer 1904. (XII, 235 S.) 8°

Stehr, Alfred Heinrich, Assistenzarzt an d. Kgl. psychiatr. u. Nerven-Klinik Halle: Aus d. Kgl. chirurg. Klinik zu Breslau. Erfahrungen über die Bottini'sche Operation der Prostatahypertrophie. *Breslau 1900: Bresl. Genossenschafts Buchdr.* (47 S.) 8°

Breslau, Med. Diss. v. [12. Dez.] 1900

— wenn Arzthilfe fehlt. Ein Ratgeber bei großen u. kleinen Leiden, nebst Anleitg. zur Zusammenstellg. e. Haus-Apotheke. 2. Aufl. (63 S.) 8. München (905). Seitz & Schauer. n. — 60; geb. in Leinw. n. 1. —

Ⓑ — Wenn Arzthilfe fehlt. 905. (KBL 34.) Jetzt: München, Verlag der ärztl. Rundschau.

Stehr, Friedr., die Vertreibung u. Auswanderung der evangel. gesinnten Salzburger u. ihre Aufnahme in Preußen. 8. Königsberg 831. (Berlin, Th. Enslin.) n. 7/12 ℛ︀

Stehr, Friedr., die Vertreibung u. Auswanderung d. evangel. gesinnten Salzburger u. ihre Aufnahme in Preußen. Für seine wackern Landesleute nah u. fern, vornehml. aber in Ostpreußen u. Litthauen, aus histor. Quellen dargest. 8. (6½ B.) Königsberg 831, Hartung. (Leipzig, Fort.)

Stehr, Georg Heinrich

Stehr, Geo. Hnr., Anleit. zum Uebersetzen aus d. Deutschen ins Französ., nach e. faßl. Methode u. stufenweisen Fortschreitung vom Leichten zum Schweren versehen rc. 8. Hamb. 827. P. Hoffmann. 20 gl.

— Anleitung zum Uebersetzen aus dem Deutschen ins Franz., nach einer faßl. Methode u. stufenweisen Fortschreitung vom Leichten zum Schwerern, versehen mit einer Phraseologie u. e. Samml. von Germanismen u. Gallicismen. 2e, nach des Verf. Tode besorgte u. mit einer Conjugations-Tabelle verm. Ausg., von A. P. de Brey. 8. Hamburg 835. Berendsohn. 2/3 ℛ︀

Stehr, G. H., Anleitung zum Uebersetzen aus dem Deutschen in das Französische, in stufenweisem Fortschreiten vom Leichteten zum Schwereren, und mit einem Wörterbuche versehen. In neuer Bearbeitung von Conr. Herm. Clauß. 3. Aufl. gr. 12. (IV und 240 S.) Hamburg 849, Berendsohn.

Stehr, G. H., Anleitung zum Uebersetzen aus dem Deutschen in das Französische, in stufenweisem Fortschreiten vom Leichteren zum Schwereren, u. mit einem Wörterbuche versehen. In neuer Bearbeitung v. Conr. Herm. Clauß. 3. Aufl. gr. 12. (IV u. 240 S.) Hamburg 850, Berendsohn. 18 ngl.

– neue prakt.-engl. Sprachlehre f. Schulen u. Privatunterricht, nebst e. Anleit. zur Kenntniß u. Einübung der Handelsausdrücke, u. e. Anh. deutscher Gespräche, Comödien u. engl. Fabeln. 8. Hamb. 830. (Herold). 1 ℛ︀ 6 gl.

Stehr, Geo. Heinr., neue pract. engl. Sprachlehre f. Schulen u. Privatunterr., nebst e. Anleit. zur Kenntniß u. Einübung d. Handelsausdrücke, u. e. Anh. deutscher Gespräche, Comödien u. engl. Fabeln. 1. Aufl. 830. 1 Thlr. 6 Gr.; neue, unveränd. Ausg. (à 26 B.) 8. Hamburg 835, Literatur-Comptoir.

Stehr, Heinr., Verzeichnis der wichtigeren Lehrbücher u. Unterrichtsmittel auf dem Gebiete des Fortbildungsschulwesens, s.: Schüttler, Chr.

Der begrabene Gott. Roman von Hermann Stehr. Berlin: S. Fischer 1905. 375 S. 8° [10. 14581 2

Der begrabene Gott. Roman von Hermann Stehr. 2. Aufl. Berlin: S. Fischer 1906. (375 S.) 8° [F.] [06. 5738

Leonore Griebel. Roman von Hermann Stehr. *Berlin: S. Fischer 1900.* (249 S.) 8° [F.] [00. 8565

Das letzte Kind. Von Hermann Stehr. *Berlin: S. Fischer 1903.* (53 S.) 8° [F.] [03. 14342

Meta Konegen. Drama in 5 Akten von Hermann Stehr. Berlin: S. Fischer 1904. (116 S.) 8° [F.] [06. 7007

Stehr, Herm., auf Leben u. Tod. 2 Erzählungen. 8. (202 S.) Berlin 898. S. Fischer, Verl. n. 2. —

— auf Leben u. Tod. 2 Erzählgn. (Neue veränd. [Umschlag-]Aufl.) 8. (202 S.) Ebd. [898]. 900. n. 2. —; geb. n. 3. —

Stehr, Herm., drei Nächte. Roman. (397 S.) kl. 8. Berlin 909. S. Fischer, Verl. 5.—; geb. n 6. —

— der Schindelmacher. Novelle. 8. (113 S.) Ebd. 899. n. 1. 50; geb. n. 2. 50

Stehr, Hugo, üb. Immanuel Kant. Eine Untersuchg. d. ersten Stückes aus Imman. Kant's „Religion innerhalb der Grenzen der blossen Vernunft“, e. Weg, den Darwinismus m. der Religion wieder in Einklang zu bringen. gr. 8. (24 S.) Hannover 883. Hahn. n. — 50

[F.] Über Immanuel Kant. Der Mensch hat keine Vernunft im Sinne Kants. E. Abhandlg üb. d. Geist unter Berücks. einer d. neuesten Metaphysiken u. d. Vernunftkritik Kants f. die Gebildeten jedes Standes v. Hugo Stehr. *Leipzig: W. Friedrich 1896.* (3 Bl., 114 S.) 1 Bd 8. [96. 8067

Stehr, J., Beyspiele f. d. Abwandlung d. regelmäß. griech. Zeitwortes. 8. (3 B.) Wien 833, Mayer u. Comp.

Car. Jos. Stehr de mutatis per usum corticis peruviani systematibus medicis. Hal. 1799. 4.

Stehr, L., der Magnetismus als Urkraft in seinen verschiedenen Wirkungen geschildert. Berlin 865. Grieben. gr. 8. (VII, 160 S.) n. 20 ngr.

Stehr, L., der Magnetismus als Urkraft in seinen verschiedenen Wirkungen geschildert. 2. Aufl. gr. 8. (VII, 160 S.) Berlin 872, Grieben. *

Reden und Gedichte eines Freimaurers. Hrsg. von L. **Stehr.** Berlin: Grieben 1865. V, 70 S. 8°
Recens: Bh. 8 (1865) S. 175 (J. G. Findel). Tt. 1918. 23. 25.

Stehr, L., das Weltsystem. Erforscht und durch Berechnung bewiesen. Berlin 861. Th. Grieben. gr. 8. (VIII, 211 S.) n. 1 ℛ︀ 10 ngr.

—— das Weltsystem. Erforscht und durch Berechnung bewiesen. 2. Aufl. gr. 8. (VIII, 214 S.) Ebendas. 872. *

Stehr, P. A. Beiträge zur Lehre von der Dystrophia muscularis progressiva. Diss. Erlangen 1886, Th. Blaesing. 8°. 40 S. mit einer Taf.

Stehr, Wilhelm: Ueber Hemmung des Längenwachstums des Radius nach traumatischer Epiphysentrennung ... (Aus: Beitr. z. klin. Chirurgie. Bd. V.) Tübingen: H. Laupp'sche Buchh. 1889. 14 S. 8°
Tübingen, Med. Fak., Inaug.-Diss. v. 1889

Stehrer u. J. W. Groß. Beschreibung d. Oberamts Biberach. Mit 1 Karte. 2. umgearb. u. verm. Aufl. 8. (48 S.) Biberach 890, Dorn. * — 60

Stehrer, J., Mein bist Du. Katholisches Gebetbuch für Jünglinge und Jungfrauen. gr. 16. (351 S. mit 1 Stahlst.) Wiesensteig 855, Schmid'sche Buchh.
Feine Ausg.

Stehres, Pierre: Kritisch-dogmatische und philologische Abhandlung über den zweiten Psalm. S. 1–12. – Diekirch. Progymn., Progr. 1863/64

Stehres, Pierre: Aufgabensammlung zur Einübung der französischen Formenlehre, zunächst für die untere Stufe der Mittel- und höheren Primärschulen des Grossherzogthums. Luxemburg: Heintzé 1847. – 8°

Stehres, P., Aufgabensammlung zur Einübung der französischen Formenlehre. Zunächst für die unterste Stufe der Mittel- und höhern Primärschulen des Großherzogthums bearb. 2. verb. Aufl. Luxemburg 864. Heintze in Comm. 12. (141 S.) 9 ngr.

Stehres, P., Aufgabensammlung zur Einübung der französischen Formenlehre. Zunächst für die unterste Stufe der Mittel- u. höhern Primärschulen des Großherzogthums bearb. 3. verb. Aufl. Luxemburg 870. Gebr. Heintze. gr. 8. (VIII, 149 S.) n. 8 ngr.

– – 4. Aufl. Luxemburg: Hary 1883.

Stehres, Pierre: A u s z u g aus den Schulbüchern v. P. Stehrens. (Die Trennung der Sylben nach der Aussprache.) Luxemburg: Behrens [um 1845]. – 15 S. 12°

Stehres, Pet., Bericht über meine Reise durch verschiedene Theile Südeuropa's, Nordafrika's und Westasiens, vom 27. Septbr. 1872 bis zum 18. Mai 1873. gr. 8. (234 S.) Luxemburg 875, Brück. *

Stehres, Pierre: Französisches E l e m e n t a r b u c h zunächst für die Primärschulen des Grossherzogthums Luxemburg. Trier: Leistenschneider 1844. – 12°

– – 2. Aufl. Ebd. 1844. – XII, 180 S. 12°

– – 3. Aufl. Luxemburg: Bück 1846. – 12°

Stehres, Pierre: Über E r z i e h u n g und Unterricht bei den Römern. S. 1–51. – Diekirch, Progymn., Progr. 1897/98

Stehres, Pierre: F e s t p r e d i g t , gehalten in der St. Laurentiuskirche zu Diekirch, am 10. August 1873. Luxemburg: Brück 1873. 29 S. 12°

Stehres, Pierre: Ausführliches H a n d b u c h der französischen Sprache. Praktischer Teil. Diekirch: Schroell 1847. – XI, 184 S. 8°

Stehres, Pierre: Ausführliches H a n d b u c h der französischen Sprache für untere und mittlere Klassen höherer Unterrichtsanstalten. Nachtrag zum ersten Kursus. Diekirch: Tschiderer 1845. – 91 S. 12°

Stehres, Pierre: Über den H i a t u s in den Sprachen, sowie die Mittel, welche sie, und zwar besonders die französische, zur Vermeidung desselben gebrauchen. S. 1–16. – Diekirch, Progymn., Progr. 1869/70

Stehres, Pierre: L e b e n der Gräfin Yolanda von Vianden in lateinischer Sprache beschrieben von Alexander Wiltheim, übersetzt von P. Stehres. Luxemburg: Lamort 1841. – XX, 168 S. 8°

Stehres, Pierre: Vollständiges L e h r b u c h der französischen Sprache, für die Primär- und Mittelschulen des Grossherzogthums Luxemburg. 1. Theil. Mit einem Nachtrage. Luxemburg: Lamort 1836. – 92 S. 12°

Stehres, Pierre: L e s e b u c h für die obere Abteilung mittlerer Primärklassen. Diekirch: Schroell 1847.

Stehres, Pierre: L e s e b u c h für die obersten Klassen der Primärschulen des Grossherzogthums Luxemburg. Luxemburg: Bück 1851. – 273 S. 12°

Stehres, Pierre: L e s e b ü c h l e i n für die mittleren Klassen der Primärschulen des Grossherzogthums Luxemburg. Trier: Leistenschneider 1844. – 80 S. 8°

Stehres, Pierre: L e s e b ü c h l e i n für die unteren Klassen der Primärschulen des Grossherzogthums Luxemburg. 3. Aufl. Diekirch: Tschiderer 1846.

– – 5. Aufl. Ebd. 1850.

Stehres, Pierre: L e s e b ü c h l e i n für die untersten Klassen der Primärschulen des Grossherzogthums Luxemburg. Trier: Leistenschneider 1844. – 24 S. 12°

Stehres, Pierre: L e s e - und Sprach b ü c h l e i n für die untere Abteilung mittlerer Primärklassen. Diekirch: Schroell 1846.

– – 2. Aufl. Ebd. 1849.

Stehres, Pierre: Über die M a c h t der Gewohnheit. Rede gehalten an die Zöglinge des Diekircher Progymnasiums bei der Schlussfeier des Schuljahres 1861–1862. Diekirch: Schroell 1862. – 12°

Stehres, Pierre: Die Diekircher M i t t e l s c h u l e von ihrer Gründung bis zu ihrer Erhebung zu einem Staatsprogymnasium. Ein Blatt aus meiner und der Anstalt Leben, dem Diekircher Progymnasium anlässlich der Jubelfeier eines fünfzigjährigen Bestehens gewidmet. S. 1–29. – Diekirch, Progymn., Progr. 1879/80

Stehres, Pierre: Geschichtliche N o t i z e n und Anekdoten, gesammelt aus Urkunden des Schlosses zu Erpeldingen. S. 1–26. – Diekirch, Progymn., Progr. 1841/42

Stehres, Pierre: Geschichtliche N o t i z e n über die Gründung und das Fortbestehen des Franziscanerklosters zu Diekirch. S. 1–22. – Diekirch, Progymn., Progr. 1847/48

Stehres, Pierre: Zwei N o v e l l e n Silvio Pellico's nebst seinem Thomas Morus. Aus dem Italienischen von P. Stehres. Trier: Lintz 1869. – 106 S. 8°

Stehres, Pierre: Fünfzigjähriges P r i e s t e r j u b i l ä u m des Ehrendirektors Peter Stehres, gefeiert in seinem Geburtsort Fouhren, am 23. September 1877. a) Die Jubelfeier. b) Festpredigt. Diekirch: Schroell 1877. – 19 S. 8°

Stehres, Pierre: R e d e über den hohen Wert eines gut geleiteten Jugendunterrichts, gehalten bei der Verteilung der Preise an die Zöglinge der Mittelschule zu Diekirch. Luxemburg: Lamort 1834. 16 S. 12°

Stehres, Pierre: Über das bisherige S c h i c k s a l und den künftigen Beruf unserer Mittelschule. Rede am Schluss des Schuljahres 1840–41. S. 24–33. – Diekirch, Progymn., Progr. 1840/41

Stehres, Pierre: Ü b e r s e t z u n g des ersten Psalmes aus dem Urtext mit einigen erläuternden Anmerkungen und einem kurzen Vorwort. S. 1–8. – Diekirch, Progymn., Progr. 1854/55

Stehres, P., s. W i l t h e i m, Alex., Leben d. Gräfin Yolanda.

Steht die Fortschrittspartei m. ihrem Anhange auf monarchischem Boden u. fördert sie wirklich das Wohl u. die Freiheit d. Volkes? Ein Wort ohne Umschweife. gr. 8. (59 S.) Hagen 883. Risel & Co. n. — 60

Steht die k a t h o l i s c h e B e l l e t r i s t i k auf der Höhe der Zeit? E. litterar. Gewissensfrage v. Veremundus. gr. 8. (III, 82 S.) Mainz 898. F. Kirchheim. n. 1.—

Steht die Offenbarung mit der Vernunft im Widerspruche? 8. Jena 796. Gabler. (Knobloch in Leipz.) 12 gr

Steht in Bulgarien e. Katastrophe bevor? Von ***. gr. 8. (40 S.) Berlin 890. Cassirer & Danziger. n. — 60; französ. Ausg. (42 S.) n. — 60

Steibel, Charlotte, Universal-Kochbuch. Für die bürgerl. u. feine Küche hrsg. 5. Aufl. 8. (XVI, 255 S.) Berlin (900). Neufeld & Henius. Geb. 3. —

Steibel, Charlotte, Universal-Kochbuch f. die bürgerliche u. feine Küche. 22.—26. Taus. (XVI, 255 S.) 8. Berlin (908). Neufeld & Henius. Geb. 3. —

Steibelt, ..., Pianofortschule, französ. u. deutsch. Leipz., Breitkopf u. H. 2 ₰ 12 ℊ

Steichele, Antonius von

Steichele, Ant., das Bisthum Augsburg historisch und statistisch beschrieben. 1—8. Heft. Augsburg 861—64. Schmid. Lex.-8. (2. Bd.: 768 S.) Jedes Heft n. 10 ngr.

Steichele, Ant., das Bisthum Augsburg historisch u. statistisch beschrieben. 9—18. Heft. Augsburg 865—70. Schmid's Verl. Lex.-8. (3. Bd. S. 1—950.) Jedes Heft. n. 10 ngr.

Steichele, Ant., das Bisthum Augsburg, historisch u. statistisch beschrieben. 19—25. Hft. gr. 8. (3. Bd. S. 961—1276 u. 4. Bd. S. 1—352.) Augsburg 871—75. Schmid. à n. 1. —

Steichele, Ant. v., das Bisthum Augsburg, historisch u. statistisch beschrieben. 26—31. Hft. gr. 8. (4. Bd. S. 353—928.) Augsburg 877. 82. Schmid's Verl. à n. 1. 3

Steichele, Antonius v., das Bisth. Augsburg, historisch u. statistisch beschrieben. 32. u. 33. Hft. gr. 8. (4. Bd. S. 929—996 u. 5. Bd. S. 1—96.) Augsburg 883. 86. Schmid's Verl. à n. 1. 3

Steichele, A. v., das Bisthum Augsburg, historisch u. statistisch beschrieben. 34. u. 35. Hft. gr. 8. (5. Bd. S. 97—288.) Augsburg 887. 889. Schmid's Verl. à n. 1. 3

Steichele, Antonius v., das Bisthum Augsburg, historisch u. statistisch beschrieben. Fortgesetzt v. Alfr. Schröder. 36.—40. Hft. gr. 8. (5. Bd. S. 289—768.) Augsburg 893. 894. B. Schmid's Verl. à n. 1. 3

Steichele, Antonius v., das Bisth. Augsburg, histor. u. statist. beschrieben, fortgesetzt v. Alfr. Schröder. 41.—45. Hft. gr. 8. Augsburg, B. Schmid's Verl. à Hft. n. 1. 03
41. (5. Bd. XXII u. S. 769—888 m. 1 Bildn.) 895.
42. (Namenregister zum 2. u. 3. Bd. 43 u. 56 S.) 896.
43. (Namenregister z. 4. Bd. 44 S. u. 6. Bd. S. 1—48.) 896.
44. 45. (6. Bd. S. 49—240.) 897.

Steichele, Antonius v., das Bisth. Augsburg, historisch u. statistisch beschrieben, fortgesetzt v. Alfr. Schröder. 46.—48. Hft. gr. 8. (6. Bd. S. 241—528.) Augsburg 901. 902. B. Schmid's Verlag. à n. 1. 03.

Steichele, Antonius v., das Bisth. Augsburg, historisch u. statist. beschrieben, fortgesetzt v. Alfr. Schröder. 49. bis 51. Heft. (6. Bd. S. 529—679 u. 7. Bd. S. 1—80.) gr. 8. Augsburg 903—906. B. Schmid's Verl. n. 3. 50
Lfg. 49. 50 à n. 1. —; 51 n. 1. 50; — Lfg. 1—48 jetzt à 1. —.

Steichele, Antonius von, das Bist. Augsburg, historisch u. statistisch beschrieben, fortgesetzt von Alfr. Schröder. 52.—57. Lfg. (7. Bd. S. 81—560.) gr. 8. Augsburg 906—909. B. Schmid. à Lfg. 1. 50
Fortsetzg., s.: Schröder, Alfr.

Steichele, Beiträge zur Geschichte des Bisthums Augsburg, s. Archiv für Pastoral-Conferenzen im Bisthum Augsburg.

Steichele, Anton, siehe: Beiträge zur Geschichte des Bisthums Augsburg.

Steichele, Ant., Peter v. Richarz, Bischof von Augsburg. Ein Abriß seines Lebens und Wirkens. Lex.-8. (16 S.) Augsburg 856, Schmid's Verlag. *

STEICHELE, Martin (Illertissen): Ein Fall von Phosphorvergiftung nebst Studien über die Wirkung von Phosphordämpfen.- München: Gratinger 1883. 18 S.
20.7.1883 - Urk (Titel: De morbo quodam ex intoxicatione phosphorica nato.); Chr 1883/84,12
Diss.Ingolst.-Landsh.-Mchn.

Steichen, Adolf: Beiträge zur Theorie der zweidimensionalen Bewegungsvorgänge in einem Gase, das mit Ueberschallgeschwindigkeit strömt. Göttingen 1909: Dieterich. 46 S. 8°
Göttingen, Phil. Diss. v. 20. Okt. 1909, Ref. Prandtl, K. Runge
[Geb. 17. Jan. 70 Dieschburgerhof; Wohnort: Dieschburgerhof; Staatsangeh.: Luxemburg; Vorbildung: Athénée Royal Grand Ducal de Luxembourg; Studium: Göttingen 7 S.; Rig. 4. Aug. 09.] [U 10. 1474

Steidel, Paul [aus Berlin]: Über die innere Anwendung der Canthariden. (Eine historische Studie.) . . . Berlin, Buchdr. v. G. Schade, *1891*; 31 S. 8°
Berlin, Med. Fak., Inaug.-Diss. v. 13. Jun. 1891

Steidele, Fr. Gf., Ernst u. Hermione, oder so liebt man edel; ein Schspl. in 5 Handlungen, nach Dusch. 8. Prag u. Wien 788.

Raphael Johann Steidele

Raphael Johann Steidele, Abhandlung von Blutflüssen. Wien 1776: Trattner. 145 S. 8°

– Abhandl. von dem unvermeidl. Gebrauche der Instrumente in der Geburtshülfe. Mit Kpf. gr. 8. Wien 774. Trattner. 12 ℊ N. Aufl. Ebd. 785. Hörling. 20 ℊ N. A., s. unten: Unterricht f. Hebammen.

Steidele, Raphael Johann: Abhandlung von der Geburtshülfe. Th.1: Verhaltungsregeln für Schwangere, Gebährende und Kindbetterinnen; Th.2: Behandlung natürlicher Geburten und ihrer Verschiedenheit; Th.3: Behandlung widernatürlicher Geburten, und von den übeln Folgen im Kindbette; Th.4: Vom Gebrauch der Instrumente; gbd., Abb.

Wien: v.Trattnern 1803

Steidele, Raphael Johann : Lehrbuch von dem unvermeidlichen Gebrauch der Instrumente in der Geburtshülfe. Neue umgearb.u.verm.Aufl. 338 S., gbd., Abb.

Wien: Hörling 1785

Steidele, Raphael Johann : Lehrbuch von der Geburtshülfe. Th.2 - 3, gbd., Abb.

Wien: Tendler 1812

Steidele R. J.: Lehrbuch v. der Hebammenkunst. Wien 1775. (16) 482 S. 26 Tvl.

Steidele, Raphael Johann: Lehrbuch von der Hebammenkunst. 482 S., gbd., Abb.

Wien: v.Trattnern 1779

Steidele, Raphael Johann: Lehrbuch von der Hebammenkunst. 3.verbess.und verm.Aufl. 506 S., gbd., Abb.

Wien: typ.von Trattnern 1784

— Lehrbuch v. d. Hebammenkunst, m. K. 4 Thle. gr. 8. Ebend. 803.

Steidele, Raphael Johann: Sammlung merk= würdiger, und für Aerzte, Wundärzte, haupt= sächlich aber für Geburtshelfer und Heb= ammen nützlicher Beobachtungen von der in der Geburt zerrissenen Gebährmutter mit An= merkungen.' (Nebst) Nachtrag. gbd.

Wien: typ.v. Trattnern 1774-75

Steidele, Raphael Johann: Sammlung verschie- dener in der chirurgisch-praktischen Lehr- schule gemachten Beobachtungen. Bd 1, 179 S., gbd.

Wien: v.Trattnern 1776

Raphael Johann Steidele, Sammlung verschiedener in der chirurgisch- praktischen Lehrschule gemachten Beobachtungen (3: Sammlung verschiedener in der medicinisch- u. chirurgisch- praktischen Lehrschule theils auch ausser derselben gemachter Beobachtungen chirurgischer Vorfälle u. widernatürlicher Geburten). Bd 1 - 3. Wien 1776: Trattner (2.3: Wien: Gräffer 1778 - 81). 8°

— Samml. verschied. in der chirurg.=prakt. Lehrschule gemachten Beobachtt. 4 Bde. gr. 8. Wien 777—88. Trattner. 1 ß 8 gr, 4r Bd. A. u. d. T.: Versuche e. specif. Mittel wider d. Krebs rc. 788. Ebd. (W. Nauck in Leipz.) 6 gr

— Samml. e. specif. Mittel wider d. Krebs, (macht auch d. 4n Bd. d. Samml. verschied. Beobachtungen aus.) gr. 8. Wien, Gräffer. (Sammer.) 788.

— Unterricht f. Hebammen. 8. Wien, Kurzböck. (Camesina.) 774.

– Unterricht für Hebammen. 8. Wien 774. (Camesina). 16 gr N. Aufl. unt. d. T.: Lehrbuch von der Hebammenkunst. Mit Kpf. 8. Ebd. 775. 3e A. 784. N. A. Ebd. 803. Trattner. 1 ß 8 gr, N. Aufl. unt. folg. T.: Abhandl. von der Geburts= hülfe. 4 Thle. gr. 8. Wien 812—814. Tendler. 2 ß 16 gr, (1r Thl. Verhaltungsregeln für Schwangere, Gebärende u. Kindbetterinnen. 813. 16 gr, 2r Thl. Behandl. natürl. Ge= burten u. ihrer Verschiedenheit. Mit 8 Kpft. 812. 16 gr 3r Thl. Behandl. widernatürl. u. gefährl. Geburten u. von den üblen Folgen im Kindbette. Mit 17 Kpft. 812. 16 gr, 4r Thl. Von d. Gebrauch d. Instrumente. Mit 2 Kpft. 814. 16 gr)

Steidele, Raphael Johann : Verhaltungsregeln für Schwangere, Gebährende und Kindbetterin- nen in der Stadt und auf dem Lande. 287 S., gbd.

Wien: Hörling 1787

— Verhaltungsregeln für Schwangere u. Kindbetterinnen. Mit Kpf. 8. Wien 787. Hörling. 16 gr N. A., s. oben: Unter= richt f. Hebammen.

Steidinger, Anna, das berühmte u. wohlapprobirte Koch= buch. 8. Wien, Gelstinger. 811.

Steidinger, Julius

Steidinger, J., die Normalschrift. 2 Wandtaf. [114 × 85 cm.], enthaltend die kleinen und grossen Alphabete der deutschen und französ. Currentschrift nebst den Interpunktions-Zeichen und Zahlen. Obligator. Lehrmittel für die Primarschulen von Baselland. Mit Text. gr. 8. (6 S.) Liestal 889, Gebr. Lüdin. à Taf. *M 3.60. *
Auf Leinw. mit Stäben à Taf. *M 6.50. *

Steidinger, J., moderne Titelschriften für Techniker und technische Schulen mit Reisszeugconstructionen und Text. qu. gr. 4. (12 Stnt.) Zürich 877, (Orell, Füssli und Comp.) *

Steidinger, J., moderne Titelschriften für Techniker und technische Schulen mit Reisszeugconstructionen und Text. 2. Aufl. qu. Fol. (10 Stnt. mit 2 S. Text.) Zürich 884, Orell, Füssli und Comp. *

Steidinger, J[ulius]. Moderne Titelschriften für Techniker und technische Schulen, mit Reisszeug-Konstruktionen und Text. 3. vermehrte Aufl. [II + 16 S.] quer-4. Zürich, Orell Füssli, [1909]. [fr. 2. —]

Steidinger, J., Vorlege-Blätter für Rundschriften. qu. gr. 4. (7 Stnt.) Basel 870, (Meyri.) *

—— Vorlege-Blätter für Rundschrift. 3. Aufl. qu. Fol. (7 Stnt. mit 1 Bl. Text.) Basel 875, Meyri's Buchh. *

—— Vorlege-Blätter für Rundschrift. 3. Aufl. qu. Fol. (7 Stnt. mit 1 Bl. Text.) Liestal 882, Lüdin und Walser. *

Steidl, Adf., kurze Geschichte der Kapuziner u. ihrer Wirksamkeit im Erzbisth. Salzburg. Eine Festgabe zur 3. Säkularfeier der Gründg. der nordtirol. Kapuziner- provinz. 8. (114 S.) Salzburg 893. A. Pustet. n. 1.60

Steidl, Adf., die Missionen der Kapuziner in der Gegenwart, nach authent. Berichten zusammengestellt. gr. 8. (112 S.) Meran 890. Jandl. n. 2. —

(F) Der ehrwürdige Thomas von Bergamo, Kapuzinerlaienbruder. Ein Lebensbild aus der Zeit der Reformation gezeichnet von P. Adolf Steidl. O. C. Durch fünf Bilder illustriert. Mit Genehmigung des fürstbischöflichen Ordinariates Brixen und der Ordensobern. Innsbruck. 1899. Rauch. 8°. 128 S. fl. —.40

Steidl, Bernhard Camillo

Steidl, B. C., der praktische Haus-Advocat. Leichtfaßliche Anleitg. zur Selbstvertretung in Civilrechtsstreitigkeiten u. zur Selbstverfassg. aller Gattgn. Klagen, Executions- gesuche u. sonst. gerichtl. Eingaben. Mit zahlreichen Formularen. 2. Aufl., vollständig neu bearb. von v. Pleschner. (XVI, 224 S.) 8. Wien (901). A. Hartleben. Geb. in Leinw. 2. 70

Steidl, Bernhard Camillo, Der praktische Haus- verwalter und Rechts-Consulent für Hausbesitzer und Hausadministratoren. Leichtfaßliche Anleitung zur richtigen, den gesetzlichen Vorschriften ent- sprechenden Verwaltung eines Hauses, nebst den für Bauführungen bestehenden gesetzlichen Be- stimmungen. Mit zahlreichen Formularien und Beispielen. 2. gänzlich umgearbeitete und ver- mehrte Aufl. 8. (XVI, 311 S.) 2. —, geb. 2.40
Wien: Spielhagen & Schurich 1890.

— der Rechtsrathgeber. Leichtfaßliche Belehrg. in allen Civil- Rechtsangelegenheiten außer Streitsachen u. im Strafverfahren, nebst Anleitg. zur Selbstverfassg. aller hierauf bezügl. Eingaben. Mit zahlr. Formularien. 8. (XV, 462 S.) Wien 889. Hartleben. geb. n. 4. —; in 6 Lfgn. à n. — 50

Steidl, Bernhard, Camillo, Neuer Volks-Unterricht. Leichtfassliche Anleitung zur Selbstverfassung und Vertretung aller Gattungen Klagen u. sonstiger Eingaben, Gesuche, Rekurse, Ausweise etc. Unterricht in der kaufmännischen Buchhaltung u. s. w. gr. 8. Lief. 2. (S. 25—48.) Wien, Julius Neidl. 10 kr. 1884.

Steidl, Bernh. Cam., Neuer Volks-Unterr. Leichtf. Anleit. z. Selbstverf. u. Vertret. aller Gattung. Klagen u. sonst. Eingab., Gesuche etc. Heft 5. gr. 8. (S. 97—128.) Wien, Carl Fritz. 10 kr. 1884

Steidl, Frz. Xav.: Abhandlung üb. d. gerichtl. Schätzung. *Brünn.* 837. 8.

Steidl, Karl [pr. Arzt aus München]: Über den Keimgehalt des cervix uteri der gesunden Frau ... Strassburg i. E., Buchdr. C. & J. Goeller, 1896; 48 S. 8.
Strassburg. Med. Fak., Inaug.-Diss. v. 1896

Aus kleinen Gassen. Gedichte von Ludwig **Steidl**. Regensburg: Wunderling 1906. 127 S. 8°
A 12 10660

Steidle, v., die Wahrheit bezügl. d. „Falles Zillig" in Würzburg. Erwiderg. auf die Broschüre „Die Rechtsunsicherheit d. Volksschullehrer u. d. Schulbureaukratismus beleuchtet durch den „Fall Zillig" in Würzburg". gr. 8. (26 S.) Würzburg 898. A. Göbel. n. — 30

Schweizerische Herren- & Knaben-Konfektion A. Steidle, Bern... (Katalog für Frühjahr- und Sommer-Saison [1901].) [Illustriert.] [XII +] 40 S. 8. Bern, A. Benteli.

(Schweizerische Herren- und Knaben-Konfektion A. Steidle, Bern... Katalog für Herbst- und Winter-Saison) 1901. [Illustriert.] [XII +] 32 S. 8. (Bern, A. Benteli.)

(Schweiz. Herren- und Knaben-Confection A. Steidle, Bern... [Illustrierter] Catalog [für Frühjahr- und Sommer-Saison 1902.) IV + 32 + 16 S. 8.

(Schweizerische Herren- und Knaben-Konfektion A. Steidle, Bern... [Illustrierter] Katalog [für Herbst- und Winter-Saison 1902].) IV + 32 S. 8. (Bern, A. Benteli.)

Steidle, Alois, aus Kempten: **Über Encephalopathia saturnina.** *Erlangen 1898: A. Vollrath.* (39 S.) 8°
Erlangen, Med. Diss. v. 7. Juli 1898

Steidle, Eduard

Gemischtgerichtliche Fälle nach § 4 der Militärstrafgerichtsordnung. Berlin 1902. 8 S.

Steidle, Ed., Kommentar zum Reichsmilitärgesetz vom 2. V. 1874, m. Novellen betr.: Friedenspräsenzstärke vom 6. V. 1880, 11. III. 1887, 15. VII. 1890, 3. VIII. 1893, 28. VI. 1896, Ändorg. d. Wehrpflicht vom 11. II. 1888, Neuformationen vom 27. I. 1890 u. Wehrpflicht d. Geistlichen vom 8. II. 1890, Ersatzbehörden u. Ersatzverteilg. vom 31. III. 1885 u. 26. V. 1893. Nach d. Reichstagsverhandlgn. mit Rücksicht auf d. Kriegsdienstgesetz vom 9. XI. 1867, d. Reichsverfassg., d. Wehrordng., bundesstaatl. Sonderbestimmungen, oberstrichterl. Entscheidgn u. auf d. bürgerl. Gesetzbuch bearb. gr. 8. (XIV, 321 S.) Würzburg 898. Stahel'sche Verlagsanstalt. n. 7.—

Steidle, Ed., Lehrbuch der deutschen Militärstrafgerichtsordnung f. Armee u. Marine. In besond. Rücksicht auf Gerichtsherrn (Kommandeure), Richteroffiziere — einschließlich Sanitätsoffiziere, Militär- u. Marine-Oberbeamte — u. Gerichtsoffiziere (Leutnants) bearb. 8. (XII, 200 S.) Leipzig 901. A. Deichert Nachf. n. 3. 25; geb. n.n. 4. —

Militär-Strafprozeß und Reichs-Strafprozeß-Reform. Vergleichungspunkte von Dr. Eduard **Steidle**, Kriegsger.R. Heidelberg: C. Winter 1908 (IV, 64 S.) 8°
= **Veröffentlichungen** d. Akad.-Jurist. Vereins, München. H. 2. [08. 17338]

Steidle, Eduard [Rechtspraktikant aus Würzburg]: Das Soldaten-Testament. Histor.-dogmat. Darstellg unt. Berücks. d. ausländ. Gesetzgebgn ... M. e. graph. Taf. Würzburg, Stahel, 1893; VIII, 88 S., 1 Taf. 8.
Erlangen, Jur. Fak., Inaug.-Diss. v. 1893

— s.: Studien, militärrechtliche.

Steidle, E., Tabelle der standgerichtlichen Zuständigkeit nach der Militärstrafgerichtsordnung f. Armee u. Marine. gr. Fol. Würzburg, Stahel's Verl. 1900 —. 50.

Steidle, Hans Carl, K. Oberpostass. i. München: Technische Grundlagen und wirtschaftliche Bedeutung des halbautomatischen Betriebes in Stadt- und Land-Fernsprech-Netzen. ⟨Ein Beitrag zur Neuregelung des Telephongebühren - Tarifes.⟩ 1909. 70 S. 4° ¶ Auch bei Reinhardt in München; T. 2 auch in: Zeitschrift f. Schwachstromtechnik. Jg. 3. S. 67 ff.
München, Dr.-Ing.-Diss. v. 14. 12. 1908

Steidle, Hans Carl, Tarif u. Technik des staatlichen Fernsprechwesens. Beitrag zur Systemfrage der techn. Einrichtgn. 2 Tle. München 906. R. Oldenbourg. n. 6. 50
I. Mit 29 Abbildgn. (im Text u. auf Taf.) (XII, 82 S.) gr. 8.
II. (Anh. zum I. Tl.) Die Schaltungsanordnungen des gemischten Systems. 17 Tab. 1-8 Stromlaufbeschreibgn., 12 Taf. (Stromlaufzeichngn). (36 S.) 4. Geb. in Leinw.

Steidle, Hermann, Justizref. in Tübingen: **Das Rücktrittsrecht des Gläubigers bei nicht rechtzeitiger Leistung des Schuldners.** *(Heilbronn 1903: Schell.)* (54 S.) 8° [F.]
Tübingen, Jur. Diss. v. 1903

Steidle, J., das Notariat in den bayerischen Landestheilen diesseits des Rheines. Ein Wort zur Abwehr. gr. 8. (60 S.) Würzburg 869, Stuber.

Steidle, Josef, aus Illertissen: **Schwangerschaft,** Geburt und Wochenbett kompliciert durch Uteruscarcinom. *Würzburg 1902: P. Scheiner.* (36 S.) 8°
Würzburg, Med. Diss. v. 1902

Steidle, Zephyrin, ausführliche Anleitung zum vereinigten Sach- u. Sprachunterricht nach der analytisch-synthetischen Methode. 1. Schulj. A. u. B. Für die Hand d. Lehrers. Auf Grund d. Normallehrplans f. die württemberg. Volksschulen bearb. 8. Spaichingen 873. Kupferschmid. n. 2. 10
A. Sommerkurs. 1871. (XIII, 178 S.)
B. Winterkurs. 1872. (VII, 184 S.)

—— und Jos. Scheuerle, ausführliche Anleitung zur Ertheilung des vereinigten Sach- und Sprach-Unterrichts im 2. und 3. Schuljahr, auf Grund des Normallehrplans für die württemberg. Volksschulen. Für die Hand des Lehrers. Mit einem einleit. Grundriß der Naturgeschichte aller drei Reiche. gr. 8. (III, 372 S.) Ebendas. 874. *

Steidle, Zephyrin, Lesebuch f. die Mittelklasse der katholischen Volksschulen Württembergs, s.: Kaiser, L.

—— Sprachbüchlein für die Hand der Schüler. Der vereinigte Sach- und Sprachunterricht nach der analytisch-synthet. Methode. 1.—3. Schulj. gr. 8. Ebendas. [1. Schulj. 2. Aufl. (IV, 88 S. mit eingedr. Holzschn.) 873. ** 60 Pf.; 2. Schulj. (IV, 116 S.) 872. ** 50 Pf.; 3. Schulj. (III, 207 S.) 873. ** 70 Pf.] geb. **

Steidle, Z., Sprachbüchlein für die Hand der Schüler. Der vereinigte Sach- und Sprachunterricht nach der analytisch-synthet. Methode. 1—3. Schulj. gr. 8. Spaichingen 875—81, Kupferschmidt. [1. Schulj. 3.—5. Aufl. (72 S.) geb. ** 57 Pf.; 2. Schulj. 2. und 3. Aufl. (92 S.) geb. ** 57 Pf.; 3. Schulj. 2. und 3. Aufl. (158 S.) geb. ** 66 Pf.] **

Steible, Zephyrin, Sprachbüchlein für die Hand der Schüler. Der vereinigte Sach- und Sprachunterricht nach dem Normallehrplan für die württemberg. Volksschulen. 1.—3. Schulj. gr. 8. Spaichingen, Kupferschmid. [1. Schulj. 6. Aufl. (78 S.) 885. geb. ** 57 Pf.; 2. Schulj. 4. Aufl. (92 S. mit 25 Abbild.) 882. geb. ** 57 Pf.; 2. und 3. Schulj. 5. Aufl. (137 S.) 885. geb. ** 65 Pf.; 3. Schulj. 4. Aufl. (154 S. mit 42 Abbild.) 885. geb. ** 66 Pf.] **
4. und 5. Schulj., s. Kaißer, B., und Z. Steible, Lesebuch.

Steible, Zephyrin. Sprachbüchlein f. die Hand der Schüler. Der vereinigte Sach- u. Sprachunterricht nach dem Normal-Lehrplan f. die württemberg. Volksschulen. 1.—3. u. 2. u. 3. Schuljahr. gr. 8. Spaichingen, Kupferschmid. ** 1 80; geb. ** 2 45
Erstes Schulj., für einklassige Schulen. 7. Aufl. (83 S.) 890. ** — 40; geb. ** — 57.
Zweites Schulj. 5. Aufl. (104 S.) 888. ** — 40; geb. ** — 57.
Drittes Schulj. 5. Aufl. (175 S.) 890. ** — 50; geb. ** — 66.
Zweites u. drittes Schulj. 6. Aufl. (154 S.) 888. ** — 50; geb. ** — 65.

Steidle, Zephyrin, Sprachbüchlein f. die Hand der Schüler. 1.—3. Schulj. gr. 8. Spaichingen, M. Kupferschmid. n.n. 1 31; geb. n.n. 1. 80
1. Der vereinigte Sach- u. Sprachunterricht nach der analytisch-synthetischen Methode. (Für einklass. Schulen.) 7. Aufl. (III, 83 S. m. Bildern.) 890. n.n. — 40; geb. n.n. — 57
2. — dasselbe nach dem Normallehrplan f. die württembergischen Volksschulen. Mit 30 Abbildgn., gezeichnet u. in Holz geschnitten v. Ed. Ade. 5. Aufl. (VI, 104 S.) 888. n.n. — 40; geb. n.n. — 57
3. — dasselbe nach dem Normallehrplan f. die württembergischen Volksschulen. Mit 42 Abbildgn., gezeichnet u. in Holz geschnitten v. Ed. Ade. 6. Aufl. (V, 175 S.) 890. n.n. — 51; geb. n.n. — 66
Das 4. u. 5. Schulj. s. u. d. T.: Kaißer, B., u. Z. Steidle, Lesebuch f. die Mittelklasse.

— dasselbe. Der vereinigte Sach- u. Sprachunterricht nach dem Normallehrplan f. die württemberg. Volksschulen. 2. u. 3. Schulj. (vereinigt). 7. Aufl. gr. 8. (VI, 164 S. m. Abbildgn.) Ebd. 894. n.n. — 50; geb. n.n. — 65

Steidle's, Z., Sprachbüchlein für die Hand der Schüler. Der vereinigte Sach- u. Sprachunterricht nach d. Lehrplan für die württemberg. Volksschulen. III. Schuljahr. Mit 42 Abbild., gezeichnet u. in Holz geschn. v. Eduard Ade. 6. Aufl. (V, 174 S.) 8. Leutkirch 907. J. Bernklau. nn —50; geb. nn —75

Steidle, Z. Sprachbüchlein für die Hand der Schüler. Der vereinigte Sach- und Sprachunterricht nach dem Normallehrplan für die württemb. Volksschulen. II. und III. Schuljahr. 10. Aufl. Leutkirch. Bernklau 1908

Steidler, Emerich, Hymenomycetes moravici, s.: Mitteilungen der Kommission zur naturwissenschaftlichen Durchforschung Mährens. Botan. Abt. 1.

Steidlin, J. Math., d. zarten Jugend erste Staffel zur Wissenschaft. Mit Kpf. 8. Augsb. 753. Lotter. 8 gr

Steidtmann, A., praktische Anweisung zur Fabrikation der französischen und deutschen Cocus-Toiletten-Seifen und Parfümerien auf kaltem Wege. Nebst 150 bis jetzt geheim gehaltenen Recepten. 2 Aufl. Altona 859. Verlagsbureau. 8. (47 S.) • 1 ₰

Steier, August, aus Passau: Untersuchungen über die Echtheit der Hymnen des Ambrosius. *Leipzig 1903: B. G. Teubner.* (S. 553—590.) 8° ¶(Aus: Jahrbücher f. class. Philol., Suppl.Bd 28. — Erschien vollst. ebenda.)
München, Phil. Diss. v. 1903

Untersuchungen über die Echtheit der Hymnen des Ambrosius. — Von Dr. August Steier, G.-A. — 1903, Leipzig, Teubner. — P. 551—590. (Die Seitenzahlen sind die des 28. Supplementbandes der Jahrbücher für klassische Philologie).
Progr. Schäftlarn, K. Progymn.

Steier, Aug, Untersuchungen über die Echtheit der Hymnen des Ambrosius. (S. 549—662.) gr. 8. Leipzig 903. B. G. Teubner. n. 4. 20
Sonderabdruck aus „Jahrbb. f. klass. Philol.“ Suppl.-Bd

Steier, Heinr v., s.: Schmölzer, Jakob Eduard.

Steiermann, Jegides, aus Mohilew-Podolsk: Aus dem Kinderspital in Zürich. Über einen Fall von Knochensarkom mit Metastasen im Kindesalter. Zürich 1907. 59 S. 8°. [15. VIII. 07.]
Zürich, Med. Diss. 1906/1907.

Steiermann, Jegides. Über einen Fall von Knochensarkom mit Metastasen im Kindesalter. Diss. Med. Univ. Zürich. *Kopftitel:* Aus dem Kinderspital in Zürich. 59 S. 8. Zürich-Selnau, Gebr. Leemann & Co., 1907.

Steiermark, s. a. Steyermark.

Steiermark [Sachliches OW]

Steiermark. *Herausgeg. v. k. k. General-Stab im J. 1842. 4 Bl., 16" H., 15" Br. Massstab: 1 Wr. Zoll = 4,000 Wr. Klftr. Verhältn. 1 : 288,000.* Reduzirt aus der Special-Karte dieses Landes. Blatt Nr. 3 enthält die Höhen über dem Meere. Blatt Nr. 4 die politische Eintheilung.

Steiermark. *Herausgeg. v. k. k. Militär geogr. Inst. zu Wien im J. 1844. 1 Bl., 20" H., 24" Br. Massstab: 1 Wr. Zoll = 6,000 Wr. Klftr. Verhältn. 1 : 432,000.* Aus den vorhandenen Militär-Aufnahmen mit besonderer Rücksicht auf die Strassen zusammengestellt. Auf Stein gravirt.

Nach Steiermark. Jahrbuch des Landesverbandes für Fremdenverkehr. Mit Nachweisung der Sommerstationen in Steiermark. 8°. (ill. V, 174 S.) K — 60
Graz: Cieslar 1903.

Steiermark, Das Herzogthum — nach seiner neuesten politischen und gerichtlichen Eintheilung. Wien. Verlags-Eigenthum von Joseph Bermann. 1854. Q.-Fol. 1 Bl.

Steiermark und Illyrien. *Herausgeg. vom k. k. Gen.-Stab im J. 1842. 27 Blätter. 10" H. 14½" Br. Massstab: 1 Wr. Zoll = 2,000 Wr. Klftr. Verhältn. 1 : 44,000.* Basirt auf die Militär-Aufnahme vom J. 1821—1836, im Masse 1 Wr. Zoll gleich 400 Wr. Klftr., welcher der Kataster zu Grunde lag. Blatt Nr. 5 enthält die statistische Uebersicht des Königreichs Illyrien; Blatt Nr. 10 die politische Eintheilung; Nr. 19 die statistische Uebersicht von Steiermark. Blatt Nr. 27 die politische Eintheilung desLandes. Blatt Nr. 31 u. 34 Höhen nach Wr. Klftrn. in beiden Ländern. Blatt Nr. 37 das Skelett.

Das Kronland Steiermark nach seiner neuesten politischen und gerichtlichen Eintheilung. Querf. (1 Bl.) Wien, Verl. Jos. Bermann 1850.

Steiermark [Schlagwort]

— s. a.: Alpen, Handtke, Mourer, Michel.

— s. a.: Ausflugskarten. — Oesterreich-Ungarn. Artaria. — Reichsratswahlkarte.

— s. a.: Eisenbahnkarten. — Hand- u. Reisekarten 29. — Radfahrerkarten. Freytag. Strassenprofilkarte.

Steiermark. Hölzel's (hypsometrische) Schulwandkarte v. Steiermark. Entworfen u. gezeichnet v. Th. Fees. 1 : 150,000. 6 Blatt à 51×78,5 cm. Wien 900. E. Hölzel. n. 8. 50; auf Leinw. in Mappe n. 12. 50; m. Stäben n. 14. 50

Steiermark u. Krain, Karte v. 1 : 445.000. Wien, A. Hartleben. In Carton 50 kr. 1885.

— Karte von Steiermark u. Krain. 1 : 445,000. 2. Aufl. 60,5 × 47 cm. Farbdr. Wien 898. A. Hartleben. In Leinw.-Karton n. — 90

Steiermark. Karte von Steiermark u. Krain. 1 : 445,000. 3. Aufl. 61,5×47 cm. Farbdr. Wien (906). A. Hartleben. In Leinw.-Decke n. — 90

Steiermark. Lechner's General-Karte des Herzogth. Steiermark. 1 : 300,000. 76,5 × 69 cm. Farbdr. Wien 898. R. Lechner's Sort. In Leinw.-Decke n. 3. —; auf Leinw. in Decke n. 4. 60

Steiermark. – Schulz, R. A.: General-Post-Straßenkarte von Steiermark mit der neuen pol. Eintheilung. 1 gr. Blatt. Wien: Artaria & Comp. 1868.

Steiermark, Generalkarte von, v. Schulz. 1 : 400.000. Neue Ausg. 1884. Wien, Artaria & Co. a) Nach Bezirkshauptmannsch. und Bezirksgerichten color. 1 fl. 50 kr.; b) mit einfachem Grenzcolorit 1 fl.

Steiermark. Generalkarte v. Schulz. Masstab 1 : 400 000. Ausg. 1885. Nach Bezirkshauptmannschaften od. einf. colorirt. Gr.-Qu.-Fol. Wien, Artaria & Co. Cart. in gr. 8.

Steiermark. – Schulz, R. A.: Das Herzogthum Steiermark. Mit Angabe der vorzüglichsten Höhen und Bezeichnung der wichtigsten Bergwerke, Glashütten, Kupfer- und Eisenhämmer etc., so wie der Eisenbahnen. Auf 2 Beikärtchen befinden sich die Pläne von Graz und Mariazell. 1 gr. Blatt. Maassstab 1:400.000. Wien: Artaria & Comp. 1867.

— Geologische Uebersichtskarte des Herzogthums, im Auftrage d. geognost. montanist. Vereines für Steiermark nach den Aufnahmen aus den Jahren 1847–1862 der Herren Kriegs-Commissäre Adolf v. Morlot, Dr. Karl Justus Andrae, Dr. Fr. Rolle, Theob. v. Zollikofer und der Herren Anton v. Schouppe, Albert Miller v. Hauenfels, Ferd. Seeland, Vinz. Pichler, Fr. Wodiczka, J. Haigl, M. Simettinger und den Arbeiten der geologischen Reichsanstalt, namentlich der Herren Fz. Ritter v. Hauer, M. V. Lipold, Franz Foetterle, D. Stur, Ferdin. v. Lidl, Heinrich Wolf, Ed. Suess und Joh. Kudernetsch, zusammengestellt in den Jahren 1863—1864, rectificirt u. neubegangen von Dionys Stur, herausgegeben v. der Direction des geogn.-montan. Vereins für Steiermark. Graz, 1865—67. Verlag d. Vereins. 4 Bl. Quer-Folio. Farbendruck. 10 fl.

— Zahn, Jos. v., Steiermark im Kartenbilde d. Zeiten. Vom 2. Jahrh. bis 1600. Hrsg. durch d. steiermärk. Landesarchiv. qu. gr. Fol. (20 z. Tl. farb. Taf. m. 1 Bl. Text.) Graz 895. Steiermärk. Landesarchiv. Kart. n.n. 25. —

Steiermark. Hypsometrische Karte der. Herausgegeben von Zollikofer & Gobanz, Dir. d. geognostisch-montanist. Vereines. Im Masstab 1 : 411,000. Fol. Bl. mit Text. In Comm. bei Artaria & Comp. in Wien, und Leuschner & Lubensky in Graz. 1864.

Steiermark's National-Trachten und Fest-Anzüge jetziger u. vergangener Zeit. Eine freundliche Spende für Fremde u. Einheimische. Lithogr. von Ed. Kaiser. 32. (38 Blätter.) Grätz 841, Kaiser. 3/4 ℛ — color. 2 1/6 ℛ

Steiert, Franz Xaver

Steiert, Frz. Xav., Abriß d. Geschichte der deutschen Privatrechtsgelehrsamkeit. 8. Würzb. 786. Rienner.

Steiert, Franz Xaver A. S. 173/16

Dissertatio inauguralis iuridica de concursu ad delicta aliena. Präs. Joseph Maria Schneidt. Würzburg (Nitribitt) 26. VIII. 1774. 62 S., 6 Bl. 33302

Steiert, Fr. X.: Ueb. d. Nothwendigk. d. Studiums d. deutschen Privatr.; nebst ein. Erinnerr. üb. d. Methode dess. *Würzb.*, Rienner. 787. gr. 8. (2 Gr.)

Hermann Steiert. Vergleichung der Phèdre des Racine mit dem Hippolytus des Euripides. I. Abt. 22 S.
Derselbe. Vergleichung der Phèdre des Racine mit dem Hippolytus des Euripides. II. Abt. 23 S.
Offenburg, P 1878-1879

Steif Max: Die Targumparaphrase zu Koheleth. H. 1897 PN 1080 Diss. Wien, Univ.

STEIFBEIN, Christoph Leonhard, u. Jockel Wittekind Reimdich, Drey alte deutsche . . . Oden. 1745.
Weller, Lex. Ps. p. 538. — Sehr rar!

Steifensand, Karl August

Steifensand, Carl, üb. Blut u. Nerv in Bezug auf d. gegenwärt. Zustand d. Humoral- u. Solidarpathologie, mit vorzügl. Rücksicht auf Rösch's u. Hauff's Controversschriften. 8. (7½ B.) Crefeld 840, [Funcke'sche Buchh.] (Leipzig, Fr. Fleischer.)

Steifensand, C. A., die asiatische Cholera auf der Grundlage des Malaria-Siechthums dargestellt. gr. 8. (34 S.) Crefeld 848, [Funcke'sche Buchh.]

Steifensand, Carolus Augustus (geb. am 13 Mai 1803 in Neuss): De evolutione visus organi in inferioribus animalium classibus . . . Bonnae, typ. Thormannianis (1825). 2 Bl., 25 S., 1 Bl. 4.
Bonn, Med. Fak., Diss. v. 12 Sept. 1825

Steifensand, K. Aug., Deutschlands Heilquellen übersichtlich zusammengestellt, mit Angabe der chemischen Analyse. 1 ill. Blatt. Crefeld 1842. Fol. . . . . . . (FWI.)

Steifensand, C., Deutschlands Heilquellen übersichtl. zusammengest. 1 ill. Blatt. gr. Imp.-Fol. Crefeld 842, (Schüller.) *

— das Herzogthum Limburg als Deutscher Bundesstaat. Mit 1 (lith. u. color.) Karte. br. gr. 8. (31 S.) Crefeld 848, Gehrich & Co. — 2. Aufl. br. gr. 8. (31 S. m. 1 lith. u. color. Karte.) Ebd. 848. 1/4 ℛ

— das Malaria-Siechthum in den niederrhein. Landen. Ein Versuch in der medizin. Geographie. Nebst 1 (lithochrom.) Karte. br. 8. (XIV u. 208 S.) Crefeld 848, Funcke & Müller. n. 1 ℛ
Herabges. Pr. 2/3 ℛ

Steifensand, K. Aug., über d. Sinnesempfindung. Ein Versuch in d. vergleichenden Physiologie der Sinnesorgane. Nebst 1 Abbild. gr. 8. Crefeld 831. Schüller. 21 gl

Steiff, Wilhelm Schickhart u. seine Landesaufnahme Württembergs 1624—1635. gr. 8. (29 S. m. Abb.) Stuttgart 899. K. Wittwer. n. 1. —
Sonderabdruck aus: „Zeitschrift f. Vermessungswesen".

Steiff, Friedr., Festschrift zur 50jähr. Jubelfeier der Turngemeinde Geislingen, Geislingen 1896, 63 S., 8°.

Steiff, Karl, der erste Buchdruck in Tübingen [1498—1534]. Ein Beitrag zur Geschichte der Universität. gr. 8. (XI, 254 S. mit eingedr. Holzschn. und 1 Holzschntaf.) Tübingen 881, Laupp'sche Buchh. *
Ausg. auf Kpfrdr.-Pap. *

Steiff K, Zum ersten Buchdruck in Tübingen. (17 S) Leipzig (1896)

Geschichtliche Lieder und Sprüche Württembergs. Im Auftr. d. Württemb. Kommission für Landesgeschichte gesammelt u. hrsg. von Dr. Karl **Steiff**, Oberbibliothekar, u. Archivr. Dr. Gebhard Mehring (In 7 Lfgen.) Stuttgart: Kohlhammer (1899)–1912. XVI, 1115 S. 8°
A12:12502

Steiff, Karl, geschichtliche Lieder u. Sprüche Württembergs. Im Auftrage der württemberg. Kommission f. Landesgeschichte gesammelt u. unter Mitwirkg. v. Gebh. Mehring hrsg. (In 5 Lfgn.) 1.—3. Lfg. gr. 8. (S. 1—480.) Stuttgart 899. 901. 902. W. Kohlhammer. à n. 1.—

Steiff, Karl, Geschichtliche Lieder u. Sprüche Württembergs. Im Auftrage der württemberg. Kommission f. Landesgeschichte gesammelt u. unter Mitwirkg. v. Gebh. Mehring hrsg. 4. u. 5. Lfg. (S. 481—787.) gr. 8. Stuttgart 903. 905. W. Kohlhammer. à n. 1.—

Steiff, Karl, geschichtliche Lieder u. Sprüche Württembergs. Im Auftrage der württemberg. Kommission f. Landesgeschichte gesammelt u. unter Mitwirkg. v. Gebh. Mehring hrsg. 6. Lfg. (S. 789—960.) gr. 8. Stuttgart 908. W. Kohlhammer. 1.—

Steiff, Robert: Ueber die Beeinflussung der Darmfäulniss durch Arzneimittel. ... Berlin, gedr. bei L. Schumacher 1889. 16 S. 8°
Tübingen. Med. Fak., Inaug.-Diss. v. 1889

Steifruck, Johannes, und seines Vaters Martin Leben und Meinungen. Karrikaturroman aus d. Papieren d. lachenden Philosophen, m. K. 2 Bde. 8. Lpz. Gräff. 800.

Steig, Reinhold

— **u. Herm. Grimm**, Achim v. Arnim u. die ihm nahe standen. Hrsg. v. R. St. u. H. G. 1. Bd. gr. 8. Stuttgart 894. J. G. Cotta Nachf. n. 7. —; geb. n. 9. —
Achim v. Arnim u. Clem. Brentano. Bearb. v. Rhold. Steig. (IX, 376 S. m. 2 Bildnissen.)

— u. Herm. Grimm, Achim v. Arnim u. die ihm nahe standen. 3. Bd. gr. 8. Stuttgart, J. G. Cotta Nachf. n. 12. —; geb. in Leinw. n. 13. 50
Achim v. Arnim u. Jacob u. Wilhelm Grimm. Bearb. v. Rhold. Steig. Mit 2 Portr. (VII, 633 S.) 904.
Bd. 1. Ebd. 894.—Bd. 2 ist noch nicht erschienen.

Steig, Reinhold (Albert) (geb. Woldenberg in d. Neum. 1. 12. 1857): De Theocriti idylliorum compositione. Berolini 1882. (48 S.) 8°
Berlin, Phil. Diss. v. 18. Jan. 1882

Steig, Rhold., de Theocriti idylliorum compositione. Dissertatio inauguralis philologica. gr. 8. (47 S.) Berlin 882, (Mayer und Müller.) *

Steig, Rhold. Goethe u. die Brüder Grimm. gr. 8. (269 S.) Berl. 892, Besser. * 5 —; geb. * 6 —

Steig, Rhold., Heinrich v. Kleist's Berliner Kämpfe. gr. 8. (VIII, 708 S.) Berlin 901. Stuttgart, W. Spemann. n. 12. —

— neue Kunde zu Heinrich v. Kleist. 8. (VII, 135 S.) Berlin 902. G. Reimer. 3. —

Steig, Rhold., deutsche Sagen, s.: Grimm, Brüder Jak. u. Wilh.

Steige, W. von. Ueber die Sünde der Zauberei. In-12°. 30 S. Basel, C. F. Spittler. 1890 — 10

Steigoll, J. G., De mania. 22 pp. Rint. 4°. **1725**

STEIGELMANN, Ludwig (Rhodt): Über einen Fall von Krebs des knöchernen Beckens.- München: Wolf 1890. 20 S., 1 Bl.
20.12.1889 - Chr 1899/90,28; Jv 1889/90,230 (Prom.-Datum: 1890)
Diss. Ingolst.-Landsh.-Mchn.

Steigemann, Hermann: Glauben und Wissen. Christentum und moderne Bildung. Festrede, gehalten am 2. September 1905 in der Aula des Gymnasiums zu Schweidnitz. (Umschlagtitel: Christentum und moderne Bildung.) S. 15–29. 4.
Progr. Ev. Gymn. *Schweidnitz* 1906 (257).

Steigemann, (Gustavus) Hermannus (Julius) *(geb. Waldenburg in Schles. 3. 10. 1860)*: De Polybii olympiadum ratione et oeconomia. Svidniciae (1885). (54 S.) 8° *[Im Buchhandel 1885 bei Fock in Leipzig.]*
Breslau, Phil. Diss. v. 18. März 1885

Steigemann, Herm., de Polybii olympiadum ratione et oeconomia. Dissertatio inauguralis historica. gr. 8. (54 S.) Svidniciae 885. (Breslau, Köhler.) *

STEIGEN und Fallen, Das, der Mademoiselle Speckfresserin, oder Der unglückseelige Tritt aus dem Weinkeller in des Barbieres Schwitz-Ofen. (Huren-Historie.) 8°.
Vgl. Adam und Eva . . . . O. O. 1720. 8°. Anhang. (Expl. in Berlin, Bibl. d. K. Hausarchivs.) — Rep. sub. tit.: Vernünfftiger Momus . . . . O. O. 1725. 8°. (S. 219-276; die beiden letzten Seiten in Versen.) (Ex. in München u. Stuttgart.) Dasselbe Berlin 1732. 8°. — Rep. sub. tit.: Mouquerien. Cöln 1753. 8°. — Rep. sub. tit.: Mocquerien. O. O. 1754. 8°. (Ex. in Stuttgart.)

Preussens Steigen und Sinken und Verlust dieser Monarchie an die Königreiche Sachsen, Westphalen und Holland an das Herzogthum Warschau und an Russland in historisch-statistischer Hinsicht 8. 1807.

S. E. K.: „Ueber das Steigen der Rente in der preussischen Rentenversicherungs-Anstalt und in der stuttgarter allgemeinen Renten-Anstalt", Stuttgart 1839. — Vorh.: Com. Bibl. Hamburg.

Steigen, über das, der Rente in d. Preuß. Renten-Versicherungs-Anstalt ꝛc., s. S. E. Kapff.

Steigenberger, Franz

Über Göthes Eigenart. — Von Fr. Steigenberger, Stdl. — 1888, Grünstadt, E. Sommer. — S. 21—26.
Progr. Grünstadt (Pfalz), Kgl. isolierte Lateinschule

Goethestudien — Von Franz Steigenberger, Stdl. — 1883, Grünstadt, ibid. — S. 3—35.
Progr. Grünstadt (Pfalz), Isol. lat. Schule

Steigenberger, Gerhoh, Litterarisch-kritische Abhandlung über die zwo allerälteste gedruckte deutsche Bibeln, welche in der kurfürstlichen Bibliothek in München aufbewahrt werden. München, Zangl, 1787, 4°, 65 S.
Litteratur d. kath. Deutschl., Bd. VIII (1788), S. 469—481.

Steigenberger, Ksp., u. nach seinem Klosternamen Gerhohus, († d. 5. Aug. 1787.) literar.-krit. Abhandl. über die zwo allerältesten gedruckten deutschen Bibeln, welche in der kurfürstl. Bibliothek zu München aufbewahrt werden. Mit e. Anh. u. 1 Kpf. 4. Nürnb. 787. Stein. 12 gr.

Steigenberger, Gerhoh (regul. Chorherr v. Polling, kurfl. wirkl. geistl. Rath, Hofbibliothekar etc.), histor.-literar. Versuch von Entstehung u. Aufnahme der kurfurstl. Bibliothek in München. Abgeles. am Stiftungstage der hiesigen Akad., d. 28. März 1784, in dem Bibliotheksaale. Gedr. bey Maria Anna Vötterin, verw. Hofbuchdruckerinn, u. zu finden bey Jos. Lentner, Buchh. unter dem schönen Thurm. 4°. 54 S. Cart.

— histor.-literat. Versuch von Entstehung u. Aufnahme der kurfürstl. Bibliothek zu München. 4. Münch. 784. Lentner. 6 gr. (Franz das.) 5 gr.

Steigenberger, Max, die heilige Afra, Martyrin. Religiöses Schauspiel in 3 Aufzügen. 8. (49 S.) Augsburg 884, [Literar. Institut von Dr. M. Huttler.] Haugg.

Steigenberger, Max, Sankt Afra. Martyrin. Religiöses Schauspiel in 3 Aufzügen. 2. umgearb. Aufl. (75 S.) kl. 8. Augsburg 904. Literar. Institut v. Dr. M. Huttler. n. — 40

Steigenberger, Max, die Blume von Kaufbeuren. Ein Wort zur Würdigung der Verhandlungen über die Seligsprechung der ehrwürd. Dienerin Gottes Maria Crescentia Höß von Kaufbeuren. 1.—3. Aufl. 8. (44 S.) Kempten 886, Kösel'sche Buchh. *
Aus: Augsburger Pastoralblatt, besonders abgedruckt.

Steigenberger, Max, die Blume v. Kaufbeuren. Ein Wort zur Seligsprechung der ehrwürd. Dienerin Gottes Maria Crescentia Höß v. Kaufbeuren O. S. Fr. 4., neue durchgeseh. Aufl. 12. (54 S.) Kempten 900. J. Kösel. n. — 30

Steigenberger, Max, Frau Charitas. Ein Büchlein von der Barmherzigkeit. 1. u. 2. Aufl. 8. (72 S.) Augsburg 882. Literar. Institut von Dr. M. Huttler. — 40

— durch Nacht zum Licht. E. Weihnachts-Melodram f. Blinde. 1. u. 2. Aufl. 8. (14 S.) Augsburg 896. Literar. Institut v. Dr. M. Huttler. n. — 50

Steigenberger, Max, d. Früchte des Priestertums. Predigt zur Primiz-Feier des Priesters Joseph Sickenberger in der St. Michaelis-Hofkirche zu München am 12. Juli 1896 geh. gr. 8. (15 S.) München 896. J. J. Lentner. n. — 20

— der Glaube u. das Herz. Vortrag, bei der kathol. Männerkonferenz in der St. Antoniuskirche zu München am 25. IX. 1904 geh. (16 S.) 8. Ebd. 904. n. — 10

— Glauben ohne Liebe, Liebe ohne Glauben. Eine Predigt auf das Fest des hl. Bischofs Martinus. 1. u. 2. Aufl. (à 24 S.) 8. Ebd. 904. n. — 10

Steigenberger, M., Hermenegild, Fürst v. Baetica. Schauspiel m. Gesang in 5 Akten. 8. (95 S.) Augsburg 888. Literar. Institut v. Dr. M. Huttler. n. — 80

Steigenberger, Max, Hypnotismus und Wunder. Ein Vortrag mit Weiterungen. Augsburg, Litt. Institut von M. Huttler, 1888, gr. 8°, III, 23 S., 25 Pf.

Steigenberger, Max, Irrgänge im Tugendleben. Gedanken u. Anreggn. f. will. Seelen aller Stände. (413 S.) kl. 8. Regensburg 910. F. Pustet. 1.80; geb. in Leinw. 2.40

Steigenberger, Max. Ist Religion nur Privatsache? Vortrag, geh. im kathol. Casino zu Augsburg. 8. (16 S.) Augsb. 890, Schmid's Verlag. * — 06

Steigenberger, Max, Ist die Religion nur Privatsache? Augsburg. Schmid, 1893, 8°, 16 S., 6 Pf.

Steigenberger, Max, ist Religion nur Privatsache? Vortrag, geh. im kathol. Casino zu Augsburg. 2. Aufl. 12. (16 S.) Augsburg 899. B. Schmid's Verlag. n. — 06

— Kirche u. Schule. Vortrag, geh. im kathol. Kasino Augsburg am 13. X. 1904. (11 S.) Lex.-8. Ebd. (904.) — 10

— die Kreuzfahrt d. Lebens. 15 Kanzelvorträge. (Volks-Ausg.) 8. (VII, 159 S.) Augsburg 886. Literar. Institut v. Dr. M. Huttler. n.n. 1. —; illustr. Ausg. m. 14 Autotypien n.n. 2. —

—— dass. — Illustrirte Ausg. mit 14 Autotypien. 8. Ebendas. 885. [* * ℳ 2.—.]
Die illustrirte Ausg. wurde aus dem Handel zurückgezogen.

— Mutter Kümmerniß u. ihre Kinder. Ein Büchlein v. der Standeswahl. 12. (VI, 78 S. m. 1 Holzschn.) Ebend. 883. — 40

— Liberalismus u. Liberale vom religiösen Katholizismus aus betrachtet. Rede, geh. im kathol. Männerverein Augsburg den 13. XII. 1903. (30 S.) 8. Augsburg 904. Literar. Institut v. Dr. M. Huttler. n. — 20
Sonderabdruck aus: „Neue Augsburger Ztg."

Steigenberger, Max, der „Lutherzorn" u. die Friedensbestrebungen. Rede, als Antwort auf protestant. Friedensrufe, geh. in der Versammlg. des Volksvereins Section Augsburg am 16. XI. 1902. (24 S.) 8. Augsburg 902. Literar. Institut v. Dr. M. Huttler. n. — 10

— Mardochäus u. Esther. Schauspiel in 4 Akten m. Gesang. (28 S.) kl. 8. Ebd. 904. n. 1. —

Steigenberger, Max. Oel und Wein in die Wunde des Kirchenspaltes. Ein Wort der Wahrheit in Liebe für friedensuchende getrennte Christen. II + 32 S. 8. Freiburg, Schweiz, Canisiusdruckerei, 1902. [fr. —. 30]

—— der dritte Orden des heil. Franciscus von Assisi. Eine Jubiläums-Predigt. 8. (19 S.) Ebendas. 882. * *

— Sanct Pankratius, der Martyrknabe. Eine Firmlings-Weihegabe zum hohen Bischofsjubiläum d. hochwürdigsten Herrn Herrn Pankratius v. Dinkel, Bischofs v. Augsburg. Mit e. Titelbilde nach Kaspar, Autotypie v. Meisenbach. 8. (III, 63 S.) Ebend. 883. n. — 50

— Sankt Pankratius, der Martyrknabe. Eine dramat. Firmlings-Weihegabe in 3 Akten. Mit 1 Titelbilde nach Kaspar. 2. Aufl. (III, 76 S.) 12. Ebd. 904. n. — 50

—— Predigt zum 50jähr. Priester-Jubiläum Sr. bischöfl. Gnaden des Hrn. Dr. Pankratius v. Dinkel, Bischofs von Augsburg rc., gehalten im hohen Dom daselbst am 31. Aug. 1884. gr. 8. (14 S.) Ebendas. 884. *

— die Rache eines Vergessenen od. der Glaubenssatz v. den Erbsündefolgen. Ein Volksvereins-Vortrag m. Erweitergn. (36 S.) 8. Ebd. 904. n. — 20

St. Vincentius-Büchlein. Verschiedene Andachtsübgn f. d. geistl. Kinder des hl. Vincenz v. Paul im Orden d. Barmh. Schwestern v. Max Steigonborgor, Dompred. ... in Augsburg ... *Dülmen: A. Laumann (1895).* (2 Bl., 184 S., 1 Taf.) 1 Bd 8. [96. 93]

— St. Vincentius-Büchlein. Verschiedene Andachtsübgn. f. die geistl. Kinder des hl. Vincenz v. Paul im Orden d. Barmherzigen Schwestern. 2. Aufl. 16. (280 S. m. 1 Stahlst.) Dülmen 897. A. Laumann. Geb. n. — 75

[F.] St. Vincenz-Stab zum Halt der Schwachen u. zur Stütze der Gebeugten v. Max Steigonborgor, Dompred. in Augsburg. Auszug a. d. St. Vincentius-Büchlein. ... *Dülmen i. W.: A. Laumann 1897.* (62 S.) 1 Bd 8. [98. 396]

Steigenberger, Max, Taube der Flut. Evangelische Briefe eines Katholiken. Augsburg, Litt. Institut, 1890, gr. 8°, IV, 84 S., 75 Pf. — 2. Aufl. 1896.
(Linzer) Theol.-pr. Quartalschr. 1893, S. 182. Hist.-pol. Bl. Bd. 106, S. 297—300 (Grupp). Stimmen a. M.-Laach Bd. 40 S. 129—9. Kölner Pastoralbl. 1890, S. 175.
Warmgefühlte Worte d. Liebe zum Zwecke der Erkenntnis der einzigen Wahrheit den Protestanten gewidmet. Tüb. Quartalschr. 1891, S. 172—3 (Schanz).

— das Haus Tempo. Ein Zeitgemälde aus mod. Tagen. 8. (III, 232 S.) Augsburg 900. Literar. Institut von Dr. M. Huttler. 1. 80; geb. in Leinw. n. 3. —

—— der Traum des Studenten, s. Schutzengelbrief.

— Wahrheit u. Friede. Briefe f. freie Geister. 8. (40 S.) Augsburg 894. Literar. Institut v. Dr. M. Huttler. n.n. — 25

— u. Ludw. Traub, neues (goldenes) Weihnachtsbüchlein f. brave gute Kinder. 4. (60 S. m. 15 Farbendr.-Bildern.) Regensburg 893. F. Pustet. Kart. n. 4. —

—— aus der Welt der Maschinen. Die Geschichte vom harten Rad und vom guten Herzen. Ein Beitrag zur Lösung der socialen Frage. 1.—20. Tausend. 8. (80 S.) Augsburg 887, Literar. Institut von Dr. M. Huttler.

— Wohlgeruch d. Himmels. Ein Lehr- u. Gebetbuch aus u. in dem Geiste der ehrwürd. Dienerin Maria Crescentia v. Kaufbeuren vom III. Orden d. hl. Franziscus. 16. (XVI, 401 S.) Ebend. 887. n.n. — 50; geb. in Leinw. n.n. 1. —; in alt-ital. Lederbd. n.n. 6. —

— Wohlgeruch des Himmels. Ein Lehr- u. Gebetbuch aus u. in dem Geiste der sel. Maria Kreszentia v. Kaufbeuren vom III. Orden des hl. Franziskus. 2. Aufl. 16. (XVI, 491 S. m. farb. Titelbild.) Ebd. 902. Geb. n.n. — 70

— ein Wort d. Friedens f. Protestanten u. Katholiken. Evang. Briefe e. Katholiken. 2. Aufl. gr. 8. (V, 84 S.) Augsburg 896. Literar. Institut v. Dr. M. Huttler. n. — 80

— am Wunderquell. Ein Firmungsspiel in 3 Aufzügen. (78 S.) kl. 8. Ebd. 905. n. — 60

Steigentesch, von. Mittheilungen aus dem Tagebuche eines Reisenden. *Leipzig.* 1824

Steigentesch, Andreas von
Weiteres P[ro] m[emoria] die Niederrheinisch-Westfälische Kreiß-Präsentations-Irrungen katholischen Theils betreffend.
Wetzlar 1783.

Steigentesch, August (Ernst) Frhrr. von

Steigentesch, A. v., die Abreise, s.: d'Albort, Eug.

Steigentesch, Aug. Ernst Frhr. v., der Briefwechsel. Lustspiel in 2 Aufzügen. gr. 16. (36 S.) Hamm 900. Breer & Thiemann. n. — 50

— die Entdeckung; Lstspl. 8. Osnabr. 798. (Krappe in Lpz.) 6 gr

Die Entdeckung. Lustspiel in 2 Aufzügen von August Ernst F^th^ v. Steigentesch. *Hamm: Breer & Thiemann 1900.* (32 S.) 8° [F.] [01. 4065 6

— Erzählungen. 8. Osnabr. 802. Karl. 16 gr

— Erzählungen. 2 Thle. 8. Wien 808. Geistinger. 2 rthl

— Erzählungen. 2 Thle. 8. Wien, Geistinger. 810.

v. Steigentesch, (A.,) Erzählgn. u. vermischte Aufsätze. 3te Aufl. 8. Darmst. 823. Heyer.

— d. Freier; Lstspl. 8. Osnabr., Blothe. 12 gr

— Gedichte. 8. Osnabrück, Karl. (Blothe.) (Linke in Lpz.) 799.

— Gedichte. 8. Frankf. a. M. 805. 2e Aufl. 808. Fr. Wilmans.

Steigentesch, A. Freih. von, Gedichte. 3te Aufl. 8. Darmstadt, Heyer u. Leske. 815.

v. Steigentesch, (A.,) Gedichte. 4e Aufl. 8. Darmst. 823, Heyer.

STEIGENTESCH, Aug. Freyherr v. (1774—1826), Gelehrsamkeit, Die, der Liebe. (Zahmes Gedicht.) Mit Vign. München, Fleischmann, 1804. 8°. (3 Kr. Halm & Goldmann, 1904.)

— die Gelehrsamkeit der Liebe. 8. Münch. 805. Mit 1 Kpf. 809. Fleischmann. 8 gr

— Keratophoros; ein Mährchen in 4 Gesängen. Mit Vign. 8. Münch. 809. Fleischmann. 9 gr

— Convenienz u. Liebe. Ein Lstspl. in 3 A. gr. 8. Osnabr. 798. (Krappe in Leipz.) 16 gr

— üb. die Kunst, sein Glück zu machen, Epistel an e. Freund. 8. Osnabr. 802. Blothe. 6 gr

— das Landleben; Lstspl. N. A. 8. Leipz. 810. Hinrichs, (auch Andrä). 12 gr

— Loth, eine Erzählung. Osnabrück, Blothe. 1802. 8°. Selten!

Steigentesch, Aug. v., Lustspiele, s. Volksbibliothek, deutsche.

— Lustspiele. 2 Thle. 8. Wien, Geistinger. 808.

— Lustspiele. 2 Thle. 8. Wien 809. Geistinger. (Gerold). 2 rthl 16 gr Hbg. Pr. 1 rthl 8 gr

— Lustspiele. 3 Thle., enth.: Das Lustspiel. — Die Zeichen der Ehe. — Kleinigkeiten. — Wer sucht, findet auch, was er nicht sucht. 9 gr 2r Thl.: Man kann sich irren. 8 gr — Verstand u. Herz. Die Abreise. 6 gr — Mißverständnisse. — 3r Thl. Die Verwandten. 12 gr — Der Briefwechsel. — Die Entdeckung.) 8. Leipz. 813. Göschen. 2 rthl 12 gr

v. Steigentesch, (A.,) Lustspiele. 2 Thle. 2e Aufl. 8. Darmst. 823, Heyer.

— Mährchen. 8. Leipz. 813. Göschen.

Steigentesch, August von: Marie. 2 Tle. Gießen: Heyer 1812.

— Marie, 2 Thle mit Kpfrn. 2e Aufl. 8. Darmst. 823, Heyer.

Steigentesch, Aug. v., die Mißverständnisse, s. Universal-Bibliothek Nr. 1539.

— der Reukauf; Lstspl. 8. Dortm. 803. (Andrä in Leipz.) 4 gr

— Sammlung von Gedichten. 8. Bregenz, Brentano.

— der Schiffbruch, oder d. Erben; Lstspl. 8. Osnabr., Blothe. 6 ℊ

— Gesammelte Schriften. 5 Bde. Darmstadt, Heyer, 1819. 8°.
Kayser II, 520 hat „6 Bde."

— — Dasselbe. 5 Bde. Leipzig 1819. 8°. (6 Mk. Scheible, 1886.)

v. Steigentesch, Frhrr.(Er.)Aug., gesammelte Schriften. Ausgabe letzter Hand. 6 Bde. 8. Darmst. 820. Heyer. 3 ₰ 12 ℊ Schrbp. 6 ₰ Velinp. 10 ₰ (Daraus apart: Erzähll. u. Mährchen. 1 ₰ — Erzähll. u. vermischte Aufsätze. 3e A. 823. 1 ₰ — Lustspiele. 2 Bde. 2 ₰ — Gedichte. 4e Aufl. 823. 20 ℊ Weiß Pap. 1 ₰)

Steigentesch, August von, s. Taschenbuch zur Unterhaltung auf dem Lande.

— die Versöhnung; e. Lstspl. in 3 Aufz. 8. Wetzlar 795.

Steigentesch, E. A. v., dramatische Versuche. 2 Thle. 8. Osnabrück, Karl. (Blothe.) (Linke in Leipzig.) 798.

Steigentesch, A. v., die Zeichen der Ehe, s. Universal-Bibliothek

Steigentesch, Konr., († im Oct. 1779.), s. 1) die gute Frau. 2) die englische Weise.

Steiger. Dr. Jak(ob) Robert St' und seine Befreiung. Bericht über die vom „Verein freisinniger Luzerner in Zürich und Umgebung" am 28. Juni 1885 veranstaltete Steiger-Feier. 8. Aussersihl 1885.

Steiger. Dr. Jakob Robert St' vor dem Kriminalgerichte in Luzern. 8. Zürich 1845.

Steiger, Gottl. Hungerbühler. Bericht und Schlussanträge in Angelegenheiten des St. Gallischen Direktorial-Fonds. St. Gallen 1843.

Steiner. J.: Führer durch Sachsens landwirtschaftliche Tierzucht.

Steiger, v., die Hebung des inländischen Gewerbes. Referat für die Jahresversammlung der Schweizer. gemeinnütz. Gesellschaft 3. Septbr. 1879 in Bern. gr. 8. (50 S.) Zürich 879, (Herzog's Verlagsh.) *

— deutsch-amerikanisches Kochbuch f. klein. Familien. Prakt. Anweisg., auf deutsche Weise gut, schmackhaft, abwechselnd u. sparsam zu kochen. M. Berücksicht amerikan. Nahrungsmittel u. Angabe d. engl. Ausdrücke. Von Wold. Schreyer. 8. (XVIII, 323 S.) Ebd. 897. 2. —; geb. in Leinw. 3. —

Steiger's colloquial method of learning the German language. By Jos. Deghuée. 1. and 2. course. 8. (XII, 248 u. VI, 310 S.) New-York 891. 93. E. Steiger & Co. Kart. à 3. 40; in 1 Bd. geb. 7. —; in 4 Nrn. Kart. 1 u. 4 à 2. —; 2 u. 3 à 1. 80

— dasselbe. Rudiments. 8. (V, 80 S.) Ebd. 897. Kart. 1. 40

Steiger's colloquial method of learning the German language. By Jos. Deghuée. Rudiments. 2. part. 8. (IV u. S. 81—198.) New-York (899). E. Steiger & Co. Kart. 1. 60

Steiger, Metrik f. Gymnasien (m. bes. Berücks. d. Horaz u. Soph.). Pr. 1875. 68 S. 1.—

— commercial German reader, with notes. By Jos. Deghuée. 8. (V, 84 S.) Ebd. 897. Kart. 2. —

— first German reader. With notes by Jos. Deghuée. 8. (IV, 122 S.) Ebd. (899). Kart. 1. 60

— German reader and scriptcharts. 25 Bl. à 43×61 cm. Ebd. (898). Mit Leinw.-Rand u. Ringen 6. —

Steiger, A. Ueber die normalen und abnormen Harn-Farbstoffe. Luzern. 1858.

Steiger, A. Inwiefern entsprechen die eidgenössischen Schützenfeste den Anforderungen der Armee? Vortrag gehalten im Offiziersverein der VII. Division am 1. Mai 1887 zu Rorschach. Gr. in-8°, IV u. 26 S. Frauenfeld, J. Huber's Buchdruckerei. 1888. — 80

Ein offenes Wort an die Schweizer Schützen von Major A. **Steiger** in St. Gallen. (Frauenfeld: J. Huber 1892.) (16 S.) 8°
— **Monatschrift,** Schweizerische, f. Offiz. aller Waffen. Jg. 4, No 1, Beil. (06.1888

(Steiger, Adolf.) 1826—1901. Männerchor Zürich. Festschrift zur Jubelfeier 9. Juni 1901. (*Nachtitel: 1826—1901. Denkschrift zur Feier des 75-jährigen Bestandes des Männerchor Zürich im Auftrage des Vereins verfasst von Dr. med. Adolf Steiger.) [Mit 9 Tafeln, 1 Tabelle, vielen Illustrationen und einem Anhang.] II + XVI + 252 [+ *Anhang* 20] S. 8. Zürich, F. Lohbauer, 1901. [fr. 2. —]

Steiger, Adf., Beiträge zur Physiologie u. Pathologie der Hornhautrefraction. 1. Thl. gr. 8. (VIII, 135 S. m. Fig.) Wiesbaden 895. J. F. Bergmann. n. 3. 60

Steiger, Ad[olf]. Schule und Astigmatismus. [Von] Dr. Ad. St', Augenarzt ⟨Zürich⟩. [Mit Figuren. Sep.-Abdr. aus:] I. Internationaler [*d. i.* Bericht über den I. Internationalen] Kongress für Schulhygiene in Nürnberg 4. bis 9. April 1904 ... [Band 3]. II + 12 S. 8. [Nürnberg, J. L. Schrag, 1904.]

— einheitliche Sehproben zur Untersuchung der Sehschärfe in die Ferne u. in die Nähe. [Aus: „Beiträge z. Augenheilkde."] gr. 8. (40 S. m. 1 Taf.) Hamburg 892. L. Voss. n. 1. —

Steiger, A[dolf]. Zweck und Methode der Augenuntersuchungen in den Volksschulen. Referat, unter besonderer Berücksichtigung der Augenuntersuchungen in der Stadtschule Zürich, gehalten an der Jahresversammlung der ... Gesellschaft ... am 15. Juni 1902 in Basel. Separatabzug a. d. Jahrbuch der schweiz. Gesellschaft für Schulgesundheitspflege. Jahrg. 3, Teil 1. 1902. [Mit 1 Figur und 3 Tabellen.] 22 S. 8. [Zürich, Zürcher & Furrer.]

Steiger, Alfred. Der letzte grosse Ketzerprozess in der Schweiz. Ein Kulturbild aus dem XVIII. Jahrhundert. Nach den vorhandenen Originalacten zusammengestellt. Mit dem Bildnisse des Jakob Schmidlin [Tafel]. 8. Luzern 1889.

Steiger, Aloys. Joach., patriot. Ansichten des Bücher-Censur-Wesens u. d. Preßfreiheit. gr. 8. Landsh. 815. Thomann. 7 ℊ

— Ansichten d. Schicksals der unterdrückten vormal. Reichsstände vor u. nach d. deutschen Bundesacte vom 8. Juni 1815. gr. 8. (Augsb.) 815.

Steiger, Aloys. Joach.: Ueber die Aufheb. d. Gerichtsgeheimnisses in den Staaten des Rheinbundes; insbes. üb. d. Frage: sollen die Urtheils-Gründe den Parteien von Amtswegen bekannt gemacht werden? *Erlangen,* Palm. 812. gr. 8. (3 Gr.)

— vermischte Aufsätze u. Abhandll. aus d. Gebiete der Justiz u. Polizei, mit Hinsicht auf die Umstände u. Begriffe der Zeit. (22 Abhandll.) gr. 8. Mainz 809. Kupferberg. 16 gl

— Beantwort. der Frage: Sind den mediatisirten Fürsten u. Grafen bei d. deutschen Bundestage Curiatstimmen zu ertheilen? 8. Rotweil 818. Herder. 3 gl

STEIGER, Aloys. Joach.: Beantwort. d. Frage: Sind den mediatisirten Fürsten u. Grafen bei dem deutschen Bundestage Curiatstimmen zu ertheilen? *Rotweil*, Willmann. 818. 8. (3 Gr.)

— Beitr. zur Berichtigung der herrschenden Ideen über deutsche Feudalwesen. 8. Rotweil 818. Herder. 3 gl

STEIGER, A. J.: Beitrag zur Berichtigung d. herrschenden Ideen üb. deutsches Feudalwesen. *Rotweil*, Willmann. 818. 8. (3 Gr.)

— der rhein. Bund von 1806 u. die merkwürd. Vereine der Vorzeit. Eine histor.-polit. Parallele. 8. Germanien (Frburg) 814.

— die Landeskonstitutionen deutscher Staaten, aus d. einzig richtigen Standpuncte eines freyen Vortrags zwischen Fürst und Volk gewürdiget. 8. Rotweil, Herder. 819.

Steiger, Aug., Gedichte. 8. (V, 102 S.) Zürich 885. Schmidt. n. 1. 60

Steiger. August [aus Flawil, St. Gallen]: Thomas Shadwell's „Libertine". A complementary study to the Don Juan-literature. Berne 1904. 66 p. 8°. [10. I. 03.]

Bern. Phil. Diss. 1903/1904.

Steiger, August. Thomas Shadwell's «Libertine». A Complementary Study to the Don Juan-literature. Diss. Phil. Berne. VIII + 66 p. 8. Berne, Büchler & Co., 1904.

Steiger, August. Thomas Shadwell's «Libertine». A Complementary Study to the Don Juan-literature. II + VIII + 66 p. 8. Berne, A. Francke, 1904. (fr. 1. 50)

Untersuchungen zur neueren Sprach- und Literaturgeschichte. Hrg. von Professor Dr. Oskar F[ranz] Walzel. Heft 5....

Steiger, A[ugust]. Friedrich Nietzsche. Vortrag gehalten den 11. November 1900 im Bernoullianum in Basel. 27 S. 8. Aarau, H. R. Sauerländer & Co., 1901. [fr. —. 60]

Steiger, August. Predigten. Aus dem Nachlass hrg. VIII + 417 S. 8. Aarau, H. R. Sauerländer & Co., 1903. [fr. 5. —]

Steiger, August. Predigten. Aus dem Nachlass hrg. 2. Aufl. ⟨mit Portrait[-Tafel]⟩. VIII + 411 S. 8. Aarau, H. R. Sauerländer & Co., 1905. [geb. fr. 6. 50]

Steiger, Aug., Hans Sachs. Vortrag. gr. 8. (29 S.) Zürich 880. Schmidt.

Steiger, A., Theologie u. Naturwissenschaft. Vortrag, geh. in d. 52. Jahresversammlg. der schweiz. reform. Predigergesellschaft in Herisau d. 27. Aug. 1895. [Aus: „Verhandlgn. d. schweiz. reform. Prediger-gesellsch."] gr. 8. (27 S.) Basel 896. B. Schwabe. n. — 80

Steiger, P. Augustin. Der hl. Bernhard von Clairvaux. Sein Urteil über die Zeitzustände. Seine geschichtsphilosophische und kirchenpolitische Anschauung. Diss. Phil. Freiburg, Schweiz. (Separatabdruck aus: «Studien und Mitteilungen aus dem Benediktiner- und dem Cistercienser-Orden», [Jahrg. 28, 1907 *u.* 29, 1908]. 92 S. 8. Brünn, Raigerner päpstl. Benediktiner-Buchdr., 1908.

Steiger, Carl, s. Steiger, Karl.

Steiger, Curt von, s. Steiger, Kurt von.

Steiger, E., Einführg. in d. chemische Praktikum f. d. Unterricht an höh. Lehranst., sow. zum Selbststudium. gr. 8. (VII, 136 S. m. Fig.) Wien 898. F. Deuticke. n. 2. —

[Ŝ.] Henrik Ibsen und die dramatische Gesellschaftskritik v. Edgar Steiger. *Berlin: F. Fontane & C. 1898.* (4 Bl., 318 S.) 1 Bd 8.
= Steiger, E.: Das Werden d. neuen Dramas. Th 1. 98. 3243

Steiger, Edgar, der Kampf um die neue Dichtung. Kritische Beiträge zur Geschichte der zeitgenössischen deutschen Litteratur. 8. (VII, 146 S.) Leipzig 889, [Werther.] Friedrich. *

Steiger, Edgar, e. deutsches Pamphlet wider die Schweiz. Ein Wort zu Schutz u. Trutz. gr. 8. (23 S.) Leipzig 885. F. Duncker. n. — 50

Steiger, Edgar, Das arbeitende Volk und die Kunst. Kritische Streifzüge. 8°. Leipzig, Volkszeitung (G. Hainisch), s. a. (1896).

Steiger, Edgar, d. Werden d. neuen Dramas. 2 Tle. gr. 8. Berlin 898. F. Fontane & Co. à n. 5. —; geb. à n. 6. —
1. Henrik Ibsen u. d. dramat. Gesellschaftskritik. (VIII, 318 S.)
2. Von Hauptmann bis Maeterlinck. (355 S.)

Steiger, Eduard

Steiger, E., Untersuchungen üb. die stickstofffreien Reservestoffe der Samen von Lupinus luteus, s.: Schulze, E.

Steiger, Eduard, von Schlierbach (Kt. Luzern). Assistent am agricultur-chemischen Laboratorium des eidg. Polytechnikums. Ueber die chemische Zusammensetzung der Samen von Lupinus luteus und über ein in denselben enthaltenes dextrinartiges Kohlehydrat. Aussersihl-Zür. Fritschi-Zinggeler Dr. 1886. 56 S. 8°.

Zürich. Phil. Diss. [v. 21. Dec. 1886].

Steiger, Emil. Beiträge zur Kenntnis der Flora der Adulagebirgsgruppe. Separatabdruck aus den Verhandlungen der Naturforschenden Gesellschaft in Basel. Band 18. II S. + S. 131 - 661. Basel, Emil Birkhäuser, 1906.

Dreiundfünfzig Jahre Buchhändler in Deutschland und Amerika. Erinnerungen u. Plaudereien, z. Verbreitung in engerem Kreise niedergeschrieben von Ernst Steiger. *New York: E. Steiger & Co. (1901).* (452, XVI S.) 8° [Ŝ.] 04. 2003

_____. Dornrosen: Erstlingsblüthen deutscher Lyrik in Amerika. New York: E. Steiger, 1871. GSP, UC

--Das Gespenst d Nachdrucks dter Bucher in N-A. NY, 1902.

Steiger, Ernst. Heimathgrüsse aus Amerika. New York: E. Steiger, 1870.

Steiger, Ernst. Jahresbericht des Secretärs des Gesangverein „Deutscher Liederkranz". New-York 1869.

--Über die Lit der Deutschen in Amerika. NY, 1871.

Steiger, E., the periodical literature of the United States of America With index and appendices. hoch 4. (139 S.) New-York 874. Steiger. geb. n. 4. —

Steiger, Ernst. Mitteilungen über den Betrieb deutscher Bücher und Zeitschriften in den Vereinigten Staaten. New York: Steiger, 1868. UM

Steigers literarischer Monatsbericht. N.Y.: E. Steiger, 1869-71.

--Der Nachdruck in Nordamerika ... NY, 1866.

Steiger, E[rnst] von. Die Süd-Afrikanischen Staaten. Kurze Geschichte derselben bis zum Ausbruch des Krieges von 1899 1900. 8. Münsingen 1900.

Steiger, Ernst: Urheberrecht und Nachdruck in Nord-Amerika. Plaudereien z. Berichtigung irriger Anschauungen. Als Ms. gedr. New York: Steiger 1908. 50 S. 8°

Steiger's Volkskalender: 1864 ? New York, NY
Published by Ernst Steiger. Also: Steiger's Illustrierter Volkskalender

STEIGER, FR. ALBERT VON. Ueber die Entdeckung und Darstellung des Salvadorin, eines neuen Glykosid's. Bern, 1883.

Steiger, Franz. Geisteskrankheit als Ursache von Verbrechen. Aus den gerichtsärztlichen Gutachten der kantonalen Irrenanstalt Waldau bei Bern (1883—1900). Diss. Med. Bern. 43 S. 8. Bern. Büchler & Co., 1901.

Steiger, F[riedrich] v[on]. Predigt über das Brandunglück von Merligen (Gemeinde Sigriswyl) gehalten... den 17. April 1898... zu Sigriswyl. 8. Thun 1898.

Steiger, Georg. Gedichte. In-16°, 87 S. Zürich, C. Schmidt. 1879. 1 20

Steiger, G., s. Mélanges de théologie reformée.

Steiger, G., Elias Notvest's Lieder u. Sprüche. 8. (III, 195 S.) Stuttgart 884. Schröter & Meyer. n. 3. —

— Elias Notvest. Eine epische Dichtung in Liedern u. Sprüchen. 2. Aufl. 8. (195 S.) Ebend. 884. n. 3. —; geb. n. 4. 25

Steiger, Hans v., d. Ausbrüche d. Lammbaches. M. 4 artist. Beilagen. [Aus: Mittheilgn d. naturforsch. Gesellsch. in Bern".] gr. 8. (13 S.) Bern 896. K. J. Wyss. n. 1. 20

Steiger, Heinrich: Besitzverteilung, Bodenbenutzung, Viehstand in der Provinz Hannover am Ende des 19. Jahrhunderts. Hrsg. bei Gelegenheit d. 17. Wanderausstellung d. Deutschen Landwirtschafts-Gesellsch. in Hannover 1903. Hannover: Landwirtschaftskammer 1903. 2, 22 Bl. quer-2°
(Arbeiten d. Landwirtschaftskammer f. d. Prov. Hannover. H. 6.)

Die Entschuldung der hannoverschen Landwirtschaft. Von H[einrich] Steiger. Hannover: Landwirtschaftskammer 1907. 16 S. 4°
(Arbeiten d. Landwirtschaftskammer f. d. Prov. Hannover. H. 18.) [09. 11458 7

Steiger, Heinr., die Entschuldung der hannoverschen Landwirtschaft s. a. Arbeiten der Landwirtschaftskammer f. die Prov. Hannover.

— Erhebung üb. landwirtschaftliche Arbeitsverhältnisse in der Prov. Hannover, s.: Arbeiten der Landwirtschaftskammer f. die Prov. Hannover.

STEIGER, Heinrich: Über Landwirtschaft und Forsten in der Provinz Hannover. - Hannover 1904. 51 S., m. Abb. - (Arb. d. Landwirtschaftskammer f. d. Provinz Hannover H. 8)

Steiger, Heinr., üb. Landwirtschaft u. Forsten in der Prov. Hannover, s. a. Arbeiten der Landwirtschaftskammer f. die Prov. Hannover.

Steiger, H[einrich]. Neues Orts- und Bevölkerungs-Lexikon der Schweiz (enthaltend ein alphabetisch... geordnetes Verzeichniss der polit. Gemeinden, ihrer confess. Bevölkerung..., nebst Uebersichtstabellen betreffend das Areal, sowie die factische Bevölkerung der Cantone..., nebst einer vergleichenden Zusammenstellung über das Areal und die Bevölkerung sämmtlicher europäischen Staaten). Nach officiellen Quellen zusammengestellt von H. St'... (*Umschlag:* Auf Grundlage der Ergebnisse der amtlichen Bevölkerungsaufnahme vom 1. December 1880 bearbeitet) = Nouvel Indicateur des communes et de la population de la Suisse. 8. Zürich 1881.

Steiger, H., neues Orts- und Bevölkerungs-Lexikon der Schweiz. Nach officiellen Quellen zusammengestellt. 12. (VIII, 195 S.) Zürich 881, Schulthess. cart. *

Verschuldung und Kreditwesen der Landwirtschaft in der Provinz Hannover. Von H[einrich] Steiger. Hannover: Landwirtschaftskammer 1906. 30 S. 4°
(Arbeiten d. Landwirtschaftskammer f. d. Prov. Hannover. H. 17.) [09. 11457 7

— Verschuldungen u. Kreditwesen der Landwirtschaft in der Provinz Hannover, s. a. Arbeiten der Landwirtschaftskammer f. die Prov. Hannover.

Steiger, [Hermann]. Maschinengewehre bei der Infanterie und Kavallerie. Eine Studie von Oberleutnant St'. (Mit Skizzen [im Text] und photogr. Reproduktionen [5 Tafeln].) 103 S. 8. Zürich, Arnold Bopp, 1906. (fr. 2. 50)
(Militärische Einzelschriften über Tagesfragen der Schweiz. Armee.... Heft 7.)

Steiger, Hugo, der Eigenname in der attischen Komoedie. Diss. Erlangen 1888, Th. Blaesing. 8°. 64 S.

Wie entstand der Orestes des Euripides? — Von Dr. Hugo Steiger, G.-L. — 1898, Augsburg, Ph. J. Pfeiffer. — P. 3—53.
Progr. Augsburg bei St. Anna prot. Gymnasium

Steiger, J.: Bericht über Gründung und Tätigkeit des Konsumvereins in Flawil, 1870—1895. Flawil: Koppelstätter 1895.

Steiger, J., Leitfaden zum möglichst leichten Unterricht in d. deutschen Sprache, f. Schullehrer in Frag u. Antwort. 8. Enhr. (Erlang. Palm in Comm.) 811.

Steiger, J. J., Handbuch der Unschlittkerzen-Fabrikation, nebst Plan e. Kerzenfabrik in Verbindung mit Seifensiederei. Mit 10 lith. Taf. (in Fol.) gr. 8. (IV u. 155 S.) St. Gallen 847, Huber & Co. n. 2 1/3 ß

Steiger, J. J., s. Zolltarif der vereinigten Staaten von Amerika.

Steiger, Jakob, s. Beiträge zur schweiz. Verwaltungskunde.

Steiger, Jacob. Die Beitragspflicht der Grundbesitzer in den städtischen Gemeinwesen. Von Dr. Jakob St', Bern. Separatabdruck aus der Zeitschrift des bern. Juristenvereins ..., Band 41, 1905, Heft 1 und 2. 26 S. 8. [Bern, Büchler & Co.]
Insbes. den Entwurf einer Verordnung für die Stadt Bern vom November 1904 betr.

Steiger, Jacob. Betrachtungen über den Finanzhaushalt der Kantone u. ihre Beziehungen zum Bund. S.-A. a. d. Zeitschrift für schweizer. Statistik. 4°. 106 S. Bern. Schmid & Francke. 2 50 1899.

Steiger, J[acob]. Die Entwicklung des Mehlzollkonfliktes mit Deutschland im Jahre 1909. (Separat-Abdruck aus dem Schweizerischen Zentralblatte für Staats- und Gemeinde-Verwaltung. Jahrg. 11, 1910, Nr. 4 und 6. ...) 34 S. 8. Zürich, Orell Füssli, 1910.

Steiger, J[acob]. Die Erbschaftssteuern. Auszug aus dem Werke von ... J. St': Die Grundzüge des Finanzhaushaltes der Kantone und Gemeinden. 19 S. 8. [Schaffhausen,] H. Meier & Cie., 1903.

Steiger, J[acob]. Der Finanzhaushalt der grössern Ortschaften. ⟨Aus einer grössern Arbeit: Grundzüge des Finanzhaushalts der Kantone und Gemeinden.⟩ Separatabdruck aus der «Zeitschrift für schweizerische Statistik», Jahrg. 38, 1902. 17 S. 4. [Bern, Stämpfli & Cie.]

Steiger, J., s.: Finanz-Jahrbuch, schweizerisches.

Steiger, J[acob]. Der Gotthardvertrag. (Sonderabdruck aus «Wissen und Leben», [Jahrg. 3, Heft 14—16].) II + 30 S. 8. Zürich, Rascher & Cie, (1910). [fr. —. 60]

Steiger, J[acob]. Der Gotthardvertrag. 2. erweiterte Aufl. (Sonderabdruck aus «Wissen und Leben», [Jahrg. 3, Heft 14—16 u. 4, Heft 4].) II + 56 S. 8. Zürich, Rascher & Cie, [1910]. [fr. —. 60]

Steiger, J[akob]: Der Gotthardvertrag. 3. erw. Aufl. Zürich: Rascher [1910]. 59 S. 8° [Umschlagt.]
Aus: Wissen u. Leben.

Steiger, J[acob]. Grundzüge des Finanzhaushaltes der Kantone und Gemeinden. Hrg. von Dr. jur. J. Steiger unter Mitwirkung des eidgenössischen statistischen Bureaus und kantonaler Behörden. (Separatabdruck aus der «Zeitschrift für schweizerische Statistik», 1902. Erweiterte Ausgabe.) 2 Teile. 8. Bern, A. Francke, 1903. [zus. fr. 10. —]
1., allgemeiner Teil. VIII + 281 S. — 2., specieller Teil. VI + 438 S.

Konsumvereine und Privatgeschäfte. Von Dr. J. **Steiger**. Basel: Helbing & Lichtenhahn 1908. (49 S.) 8° [5.] [illegible]

Steiger, J[acob]. Die Kranken- und Unfallversicherung nach den Beschlüssen des Nationalrats. (Sonderabdruck [aus:] Wissen und Leben [Jahrg. 2, Heft 5—7].) II + 30 S. 8. Zürich, Rascher & Cie, Buchdr. Züricher Post, [1909]. [fr. 1. 20]

Steiger, J[acob]. Die Nutzbarmachung der Wasserkräfte im Kanton Bern. Separatabdruck aus dem Schweizerischen Zentralblatt für Staats- und Gemeindeverwaltung. ⟨Jahrg. 8 Nr. 3 vom 1. Mai 1907.⟩ 29 S. 8. Zürich, Orell Füssli, 1907.

Steiger, J., zur Orientierg. üb. d. Frage d. Eisenbahnverstaatlichung in d. Schweiz. 2. Aufl. gr. 8. (VIII, 239 S.) Zürich 898. F. Schultheß. n. 1. 80

Steiger, J. [von Uetikon]: Die Silberentwertung und ihre Bedeutung für die Volkswirtschaft der Gegenwart zumal für die Schweiz. Separat-Abdruck aus der 4. Lieferung der „Zeitschrift f. schweizerische Statistik", 34. Jahrgang 1898. Bern 1898. 47 S. 4°.
Bern. Jur. Diss. 1897/98.

— d. Silberentwertung u. ihre Bedeutg. f. d. Volkswirtschaft d. Gegenwart zumal f. d. Schweiz. [Aus: „Ztschr. f. schweiz. Statistik".] gr. 8. (IV, 47 S.) Basel 898. R. Reich. n. 1. 60

Steiger, J[acob]. Steuerstatistik des schweizerischen Städteverbandes pro 1907/08. Separatabdruck aus der «Zeitschrift für schweizerische Statistik», Jahrg. 44, 1908 = Statistique de l'impôt de l'Union des villes suisses pour 1907/08. Extrait du «Journal de statistique suisse».... II + 52 S. 4. Bern, Stämpfli & Cie., 1908. [fr. 2. —]

Steiger, J[acob]. Steuerstatistik des schweizerischen Städteverbandes pro 1909. Teil 2: Aktiengesellschaften und Konsumgenossenschaften. Separatabdruck aus der «Zeitschrift für schweizerische Statistik», Jahrg. 45, 1909 = Statistique de l'impôt de l'Union des villes suisses pour 1909. 2e partie: Les sociétés anonymes et les soc' de consommation. Extrait du «Journal de statistique suisse».... II + 79 S. 4. Bern, Stämpfli & Cie., 1909. [fr. 4. —]

Steiger, J[acob]. Zur Steuerstatistik des Schweizerischen Städteverbandes über die Besteuerung der Aktiengesellschaften und Konsumgenossenschaften. (Separat-Abdruck aus dem Schweizerischen Zentralblatte für Staats- und Gemeinde-Verwaltung. Jahrg. 10, 1909/10, Nr. 21 und 22.) II + 38 S. 8. [fr. —. 60]
Ausg. A: Brugg, Buchdr. «Effingerhof A.-G.» — *Aufdruck:* Stämpfli & Cie, Verlagsbuchh., Bern —, 1909.
Ausg. B: Zürich, Verlag Orell Füssli, 1909.

Steiger, J[acob]. Trusts und Kartelle im Ausland und in der Schweiz. (Erweiterter Separatabdruck aus dem Schweizerischen Zentralblatte für Staats- und Gemeinde-Verwaltung. Jahrg. 8, 1907, Nr. 7, 9, 11.) 53 S. 8. Zürich, Orell Füssli, 1907. (fr. 1. —)
Schweizer Zeitfragen. Heft 34. (1907.)

Steiger, J[acob]. Die Wertzuwachssteuer ⟨Besteuerung der Liegenschaftsgewinne⟩ in Deutschland und in der Schweiz. (Separat-Abdruck aus dem Schweizerischen Zentralblatte für Staats- und Gemeinde-Verwaltung. Jahrg. 11, 1910, Nr. 12 und 13. ...) II + 56 S. 8. Zürich, Orell Füssli, 1910. [fr. 1.—]
Beiträge zur Schweizerischen Verwaltungskunde .... Heft 2.

[**Steiger**, Jacob Robert.] Professor Johann Baumann in Luzern und seine Entlassung. ⟨SA.⟩ 8. (Luzern 1843.)

Steiger, Jacob Robert. Ein neuer Brief an das Luzernervolk, ⟨der neunte über den Sonderbund und die Jesuiten⟩. von Jakob R' St'.... (Luzern, den 8. Hornung 1848.) 8. [Luzern.]

Steiger, Jacob Robert. Briefe des Friedens an das Luzernervolk, über den Sonderbund und die Jesuiten, von Jakob R' St'. (6 Briefe; 11.–23. September 1847.) 8. Winterthur 1847.

Steiger, Jacob Robert. Neue Briefe des Friedens an das Luzernervolk. Aus dem „Eidgenossen" abgedruckt als Beitrag zu den Verfassungs-Revisions-Bestrebungen des Jahres 1854. Von Jakob R' St'.... 8. Luzern 1854.

Steiger von Büron, Jak. Rob., die Flora des Kantons Luzern, der Rigi und des Pilatus. Nebst einer Einleitung in die Pflanzenkunde überhaupt, und erläuternden Abbildungen (Holzschn.). Bearb. für das Volk u. seine Lehrer. Luzern 860. Schiffmann. gr. 8. (636 S.) 3 ₰

(**Steiger**, Jacob Robert.) Kurze Lebensbeschreibung des Schultheiss (Herrn) Eduard Pfyffer sel. (1782–[1835], vorgetragen in der landwirthschaftlich-ökonomischen Gesellschaft des Kantons Luzern von Staatsrath Jakob R' St'...). 8. Sursee 1836.

Steiger, Jakob Rob., Lebensbeschreibung, kurze, des weiland Schultheißen Eduard Pfyffer in Luzern. gr. 8. Luzern 836. Meyer. 1/12 ₰

Steiger, Jak. Rob., s. Major, Matth., die Medizin und Chirurgie.

Steiger, Jacob Robert. Die Pressprozesse gegen die Redaktion des Eidgenossen von Luzern, aktenmässig dargestellt.... Hrg. von Jakob R' St'.... 8. Luzern 1842.

Steiger, Jacob Robert. Konstantin Siegwart-Müller, der Zeit erster Staatsschreiber des Kantons Luzern, gezeichnet wie er ist, von Jakob R' St'.... 8. Sursee 1840.

Steiger, Jacob Robert. Vertheidigungsrede von Jakob R' St'. als Redaktor des Eidgenossen von Luzern, gegen die Anklage auf Verlaumdung der hohen Regierung des Kantons Luzern. Niedergeschrieben nach dem, am 7. Mai 1842 vor dem löbl. Bezirksgerichte Luzern gehaltenen Vortrage. 8. Luzern 1842.

Steiger, Johann

Steiger, J., 40×4 Fragen aus der deutschen Grammatik. Nebst Antworten u. dreifachem Anh. I. Antworten m. Vorwort u. Anh. — II. Fragen zum Verteilen. Lehrern u. Examinatoren gewidmet. (48 S. u. 10 perfor. Bl.) 8. Bern 905. A. Francke. n. 1. 35

Steiger, J., Führer durch den sprachlichen Teil des bernischen Oberklassen-Lesebuchs. 1. Bdchn.: Prosa. 8. (VIII, 350 S.) Bern 887, Schmid, Francke und Comp. *

Steiger, J. Führer durch den sprachlichen Teil d. bernischen Oberklassen-Lesebuchs. 2. u. 3. (Schluß-)Bdchn. gr. 8. Bern, Schmid, Francke u. Comp. * 5 50
2. Epische Poesie. (IV, 298 S.) 889. * 3 —.
3. Die lyr. Poesie in der Schule. Mit e. Wandtafelzeichng. zu Schillers Lied von der Glocke. (VIII, 233 S.) 893. * 2 50.
1. Bdchn. Ebd. 1887. * 3 20.

Steiger, J., Führer durch den sprachlichen Teil schweizer. Lesebücher unter besond. Berücksicht. des bernischen Oberklassen-Lesebuchs. 1. Bd.: Prosa. 2., verb. Aufl. 5 Lfgn. gr. 8. (XII, 349 S.) Bern 899. A. Francke. n. 3. 20

Steiger, J. Schillers Lied von der Glocke. Für mittlere und höhere Schulen bearbeitet. Mit einer Wandtafelzeichnung z. Glockenguss. In-8°. VIII u. 148 S. Bern, Schmid, Francke & Co. 1 80
1894

Steiger, Joh., der Rechenunterricht in der Volksschule. Zum Gebrauche in Seminarien u. f. die Hand des Lehrers methodisch dargestellt. 1. u. 2. Tl. gr. 8. Bühl, Konkordia. Kart. n. 3. 30
1. Das Rechnen m. einfach benannten bezw. unbenannten Zahlen. (III, II, 127 S.) 899. n. 1. 50
2. Das Rechnen m. mehrfach benannten Zahlen, Dezimalzahlen u. gemeinen Brüchen. Schlußrechnen. (IV, 154 S.) 900. n. 1.80

— der Rechenunterricht in der Volksschule. Zum Gebrauche in Seminarien u. für die Hand des Lehrers methodisch dargestellt. 1. Tl.: Das Rechnen m. einfach benannten, bezw. unbenannten Zahlen. 2. Aufl. (V, 88 S.) 8. Ebd. 906. Kart. n. 1. 60

— Stilistik f. Seminarien u. andere höh. Lehranstalten. Mit Vorwort von J. Howald. gr. 8. (VIII, 144 S.) Wiesbaden 900. E. Behrend. — Bern, A. Francke. (Letztere Firma f. schweiz. Firmen.) Kart. n. 1. 60

Steiger, Joh. Der geometrische Unterricht in der Volksschule. Zum Gebrauche in Seminarien u. für die Hand d. Lehrers methodisch zusammengestellt. gr. 8. (VII, VI, 69 S. m. 63 eingedr. Fig.) Bühl 890. Konkordia. A.-G. cart. * 1 —

Steiger, Joh., d. geometrische Unterricht in d. Volksschule. Zum Gebrauche in Seminarien u. f. d. Hand d. Lehrers method. dargest. 2., verb. Aufl. gr. 8. (IX, VI, 71 S. m. Fig.) Bühl 896. Konkordia. Kart. n. 1. —

Steiger, Joh., der geometrische Unterricht in der Volksschule. Zum Gebrauche in Seminarien u. für die Hand des Lehrers methodisch dargestellt. 3., verb. Aufl. (VI, V, 69 S. m. Fig.) 8. Bühl 905. Konkordia. Kart n. 1. —

Steiger, Johann Chr.

Steiger, Jh. Chr., kurzer Beitr. zur Erlernung der Wissenschaften. 8. Langens. 770. Schneider. 4 gr.

— histor. Briefe. 8. Leipz. 771.

Steiger, Johann Chr., s. B r i e f e über d. Lektüre.

— essai sur l'art historique. 8. Leipz. 771.

– s. L i e d e r u. Cantaten, Geistl.

– s. S a m m l. der Gedichte auf Gellerts Tod.

— Samml. vermischter Gedichte. 8. Leipz. 770.

(S t e i g e r, J[ohann] M[artin].) Die Schweizerischen Alpenpässe und das Postwesen im Gebirge. Officielles Illustrirtes (*2. *Aufl.*: Offiz' Illustriertes) Posthandbuch (**Illustr. Vortitel:* Die Schw' A' und das Stilfser Joch, ein Illustrirtes P'. Hrg. von der Schweiz. Postverwaltung. Illustr. & Topogr. Text v. J. M. St'). 8.
[1. Aufl.] ‹Mit 132 Illustrationen [auf 82 Tafeln] und 12 Karten [nebst 1 Tabelle].› Bern 1892 (**Umschlag:* 1891).
2. vermehrte Aufl., mit 150 Originalansichten in Kupferdruck [auf 85 Tafeln] und 13 Karten. (Bern) 1893

Steiger, J.M., s. A l p e n p ä s s e , Die schweizerischen.

Steiger, Jos. Alfr., Dürrheim u. seine Saline. (VII, 148 S. m. Abbildgn., 1 Plan u. 2 Taf.) 8. Freiburg i/B. 910. (Caritasverband.) 2. —

Steiger, Karl, Agape. Ein christl. Taschenb. a. d. J. 1842. Mit Beitrn. v. mehr. Dichtern u. Schriftstellern. 16. (17½ B. u. Ttlbild.) St. Gallen 841, Scheitlin u. Zollikofer. *
Ist eine Fortsetz. der: Weihnachtsgabe, hrsg. v. Schuster u. Bögelin.

Steiger, Carl, Agape, s. Agape.

Steiger, Karl, des Schweizers Alpenhorn. Gedichte. 12. St. Gallen u. Bern 835. Huber u. Comp. ½ rthl

Steiger, Karl (Hrsg.), s. A r m e l a , Die gute, oder der Wandel vor Gott.

—— die große Bedeutung der Kinderlehre. Eine Synodal-Vorlesung. 8. (3¼ B.) St. Gallen 845, Scheitlin u. Zollikofer. -

Steiger, [Karl]: Bericht über die Einweihungsfeier am 1. Juli 1909. S. 9—12. 4. **Progr.** Kgl. Gymn. *Hersfeld* 1909 (540).

Steiger, [Karl]: Bericht über die Einweihungsfeier am 1. Juli 1909. Hersfeld 1910: Hoehl. S. 9—12. 4°
Hersfeld, k. G. P. 1910 (540) [S 10. 422

Steiger, Carl, das verschüttete Dorf. Eine Erzählung für die Jugend. Mit 4 (lith.) Bildern. 16. (128 S.) Stuttgart 851, Ed. Hallberger. ¼ rthl

—— „Du sollst nicht stehlen!" Ein Gotteswort, erläutert. 16. (4 B.) St. Gallen 840, Scheitlin u. Zollikofer.

(——) das Ehebett, s. Ehebett.

Steiger, [Karl], Dir. Dr.: Zur **Einweihung** des neuen Gymnasialgebäudes. *Stade (1902): A. Pockwitz.* (S. 27—35.) 4°
Stade, k. G. P. 1902 (354)

— das trunkene Elend, siehe: Volks- u. Jugendschriften. 8. Bdchn.

Steiger, Carl, des Todes Ernte. 13 lith. Blätter. Fol. St. Gallen 891. Huber & Co. n. 8. —

— das Gebetbuch der Bibel, oder die Beter, die Gebete u. die Gebetserhörungen der heil. Schrift. 2 Abthlgn. gr. 8. 1. Abth. Altes Testament. (431 S. m. 1 Stahlst.) 2. Abth. Neues Testament. (IV u. 252 S.) St. Gallen 847. 48, Scheitlin & Zollikofer. (1: 1 rthl 6 ngr 2: ¾ rthl) 1 rthl 27 ngr

—— das Gebetbuch der Bibel oder die Beter, die Gebete und die Gebetserhörungen der heil. Schrift. 2 Thle. Altes und neues Testament. 1. Aufl. 1847—48. 1 Thlr. 27 Ngr. und 2., wohlf. (Titel-)Ausg. gr. 8. (VIII und 683 S. mit 1 Stahlst.) St. Gallen 852(53,) Scheitlin und Zollikofer.

Steiger, Karl, das Gebetbuch der Bibel oder die Beter, die Gebete u. die Gebetserhörungen der heil. Schrift. 2 Thle. Altes u. neues Testament. 2. wohlf. (Titel-)Ausg. Mit (1) Stahlst. St. Gallen (847.) 853. Scheitlin u. Zollikofer. gr. 8. (IV, 431; 252 S.) 1 ℛ𝓉. 12 ngr.

—— Gebetbuch in Liedern. 8. (20¾ B.) St. Gallen 846, Scheitlin u. Zollikofer.

— siehe: Gebetbuch in Liedern.

—— religiöse Gedichte. 2., wohlf. (Titel-)Ausg. 8. (216 S.) St. Gallen 851, Scheitlin und Zollikofer.

Steiger, Karl, die verschiedenen Gestaltungen der Siegfriedsage in der germanischen Literatur. Uebersicht ihrer Entwicklung und ihres Verhältnisses zu einander. gr. 8. (122S.) Hersfeld 873, Hoehl.

—— Glück, Heil u. Seligkeit. Ein Konfirmations- u. Festgeschenk. gr. 12. (7 B. u. Ttlkpfr.) St. Gallen 839, [Scheitlin u. Zollikofer.] 12 Gr., in Golddruckumschl. geb.

—— Glück, Heil u. Seligkeit. Ein Konfirmations- u. Festgeschenk. 2., verb., mit e. Anhang „Gebete" verm. Aufl. gr. 8. (12½ B. m. Stahlst.) St. Gallen 843, Scheitlin u. Zollikofer.

— das Gutleutenhaus, siehe: Volks- u. Jugendschriften. 4. Bdchn.

—— dem Herrn ein neues Lied. Religiöse Gedichte. 8. (13½ B.) St. Gallen 846, Scheitlin u. Zollikofer.

— das Himmelbett, siehe: Volks- u. Jugendschriften. 5. Bdchn.

Steiger Karl: Johannes Hus und das Constanzer Concil. 25. Wiener Neustadt Lehr. Sem.898.
Progr.

—— „Ich will mich aufmachen u. zu meinem Vater gehen." Ein Erbauungsb. gr. 8. (16½ B. u. 1 Stahlst.) St. Gallen 841, Scheitlin u. Zollikofer.

Steiger, Karl, s. Kempen, Th. v.: Nachfolgung Christi.

—— Krankenbuch f. Tröstende u. Leidende. Neu hrsg. Lex.-8. (16 B. u. 1 Stahlst.) St. Gallen 841, Scheitlin u. Zollikofer.

—— Maria von Bethanien. Ein Andachts- u. Gebetbuch für christl. Jungfrauen. gr. 8. (15⅝ B. u. 1 Stahlst.) St. Gallen 844, Scheitlin u. Zollikofer.

— Johann Michel, siehe: Volks- u. Jugendschriften. 8. Bdchn.

Steiger, Montreux am Genfer See als klimatischer Winteraufenthalt und Traubenkurort. 8. (IV, 117 S. mit 1 eingedr. Xylogr. und 2 Tab.) Stuttgart 876, Enke. *
cart. *

Steiger, C., der Kurort Montreux am Genfersee. Eine Frühjahrs-, Herbst- und Winterstation. 2. Aufl. 8. (VIII, 160 S. mit 2 Holzschn.) Clarens-Montreux 881, (Meyer.) **

Steiger, C., der Curort Montreux am Genfersee. Eine Frühjahrs-, Herbst- u. Winterstation. 3. Aufl. Mit mehreren Illustr. u. 1 Karte. 8. (160 S.) Zürich 886. Schmidt. n. 2. —

—— der Pfarrer. Antrittspred. geh. in Wattwyl den 26. Jan. 1840. gr. 8. (1¼ B.) St. Gallen, Scheitlin u. Zollikofer. *

—— Pretiosen deutscher Sprichwörter mit Variationen. gr. 8. (31 B.) St. Gallen 843, Scheitlin u. Zollikofer.

Steiger, Karl, Pretiosen deutscher Sprichwörter. Mit Variationen. Ein Angebinde auf alle Tage des Jahres. 2. Aufl. St. Gallen 865. Scheitlin & Zollikofer. 8. (IV, 450 S.) 1 ℛ𝓉 15 ngr.; geb. n. 1 ℛ𝓉 20 ngr.

— die Schweizerknaben in Oberschwaben. Eine Erzählung für die Jugend u. ihre Freunde. Mit 3 (lith.) Bildern. 16. (IV u. 215 S.) Stuttgart 849, Ed. Hallberger. 9 ngr.

—— die Schweizerknaben in Oberschwaben. Eine Erzählung für die Jugend und ihre Freunde. 16. (IV und 215 S. mit 3 Stnt. in Tondr.) Stuttgart 850, Ed. Hallberger.

—— Sitten u. Sprüche d. Heimath. 2. Bdchn. — A. u. d. T.: Ruinen altschweizerischer Frömmigkeit. Aus d. Tagebuche e. greisen Pilgers per pedes apostolorum. 2. Bdchn. gr. 12. (9 B.) St. Gallen 841, Scheitlin u. Zollikofer.
1. Bdchn., s. Ruinen. — 2 Bdchn. in Golddruckumschlag geb. * 2⅓ Thlr.

—— dass. 1. Bdchn. A. u. d. Ttl.: Ruinen altschweizerischer Frömmigkeit. Aus dem Tagebuche eines greisen Pilgers per pedes apostolorum. 1. Bdchn. 2., verb. Aufl. 16. (16 B.) Ebds. 842.

Sitten und Sprüche der Heimath. Ruinen altschweizerischer Frömmigkeit. Herausgegeben von Karl Steiger. Erstes [Zweites] Bändchen [in 1 Band]. Ausgabe mit [4 Aquatinta-]Kupfern. St. Gallen, Scheitlin und Zollikofer, 1842. 3 (statt 4) Bl. 242 S.; VIII, 206 S. 1 Bl. Anzeigen. Kl.-8°. Hübscher Lwd. d. Z. 35.—
Kleine Erzählungen u. Betrachtungen mit schweizerdeutschen Mottos. Die schönen Stiche zeigen Schweizer Bauernhäuser von innen u. außen. Teilw. leicht fleckig, Einband etwas benutzt. 1 Bl. des 1. Registers fehlt.

—— Stella. Die Nichtigkeit des irdischen, die Herrlichkeit des ewigen Lebens. Frei nach dem Latein. 8. (12⅝ B. m. Stahlst.) Ebds. 845.

— der Strolch auf dem Heustock, siehe: Volks- u. Jugendschriften. 8. Bdchn.

Steiger, C. Theater-Bazar in St. Gallen. Zukunfts-Bilderbuch vom Jahre 2500. In-fol. 12 S. St. Gallen, F. Hasselbrink. 1890. 1 —

—— die Uhr. Eine Erzählung für die Jugend. 16. (126 S. und 4 Stnt. in Tondr.) Stuttgart 851, Ed. Hallberger.

Steiger, K., de versuum paeonicorum et dochmiacorum apud poetas graecos usu ac ratione. Part. I. II. gr. 4. Wiesbaden 887. (Leipzig, Fock.) n. 2. 50
I. (52 S.) n. 1. 50. — II. (30 S.) n. 1. —.

Steiger, Karl De versuum paeonicorum et dochmiacorum apud poëtas Graecos usu ac ratione. Particula I. 4 (3—52). Particula II. 4 (S. 3—30). Particula III. 4 (S. 3—28). Particula IV. 4 (XX S.).
Rg. *Wiesbaden* 1886 (380). 1887 (385). 1888 (388).
Progr. G. *Rinteln* 1890 (386).

[Ant. u. F.] **Steiger, Karl** [Oberl. Dr.]: De versuum paeonicorum et dochmiacorum apud poetas Graecos usu ac ratione. Particula V. (Forts. d. P-Beil. Wiesbaden 1886. 87. 88. Rinteln 1890.) Rinteln, Druck v. C. Bösendahl, 1891; S. I--XX; 4°
Rinteln, k. G, OP 1891 (389)

Steiger Karl: Ein Versuch, den Schülern auf experimentellem Wege die Ernährung der Pflanzen zu erläutern. 16. Smichow896.
Progr.

Steiger, Carl. Vogelflug und Flugmaschine. gr. 8. (III, 101 S. m. 16 autogr. Taf.) Münch. 891, G. Franz' Sort. * 3 —

— **Vogelflug u. Flugmaschine. gr. 8. (III, 101 S. m. 16 autogr. Taf.) München 891. H. Lukaschik. n. 3. —**

— Volks- u. Jugendschriften. 16 Bdchn. A. u. d. T.: Das Himmelbett. Oder: Sara Thüng ab Gais. Eine wahre Geschichte. 8. St. Gall. 839. Antiquariats-Buchh. zur Igl. $^{5}/_{12}$ ℔

— ders. 26 Bdchn. A. u. d. T.: Das Gutleutenhaus. Oder: Die grauen Schwestern. Eine Erzählung für die Jugend und ihre Freunde. 8. Ebd. 839. $^{5}/_{12}$ ℔

— Volks- u. Jugendschriften. 1. u. 2. Bdchn. 8. St. Gallen 839, (Scheitlin u. Zollikofer.)
A. u. d. T.:
Bdchn. 1. Das Himmelbett. Oder: Sara Thüng ab Gais. Eine wahre Geschichte. (8¼ B.) 10 Gr.
» 2. Das Gutleutenhaus. Oder: Die grauen Schwestern. Eine Erzähl. f. d. Jugend u. ihre Freunde. (8¼ B.) 10 Gr.

— Volks- u. Jugendschriften. 2., verb. Aufl. 1. u. 2. Bdchn. 10. St. Gallen 842, Scheitlin u. Zollikofer. à 11¼ Ngr. — A. u. d. Ttln.:
Bdchn. 1. Das Himmelbett. Oder: Sara Ghüng ab Gais. Eine wahre Geschichte. (10 B. u. 1 Stahlst.)
» 2. Das Gutleutenhaus. Oder: Die grauen Schwestern. Eine Erzählung. (10½ B. u. 1 Stahlst.)

s. Volks- u. Jugendschriften.

Steiger, Carl, was thun diejenigen, d. ein neues Gotteshaus bauen? Predigt. gr. 8. (1½ B.) St. Gallen 844, Scheitlin u. Zollikofer. Thlr.

— Wecker u. Warner f. Jung u. Alt, zunächst f. Konfirmanden. 16. (4 B.) St. Gallen 841, Scheitlin u. Zollikofer.

— Wecker u. Warner f. Jung u. Alt, zunächst f. Konfirmanden. 2., verb. u. verm. Aufl. 16. (8 B. m. Stahlst.) St. Gallen 845, Scheitlin u. Zollikofer.

— kleine Wochenpredigten über des Christen Stimmung u. der Welt Ton. gr. 12. St. Gallen 836. (Wartmann u. Scheitlin.) n. $^{7}/_{12}$ ℔ — 1s Bdchn. 2e, vielverm. u. verb. Aufl. gr. 12. St. Gallen 838. Scheitlin u. Zollikofer. $^{2}/_{3}$ ℔ — 3e verm. u. verb. Aufl. gr. 12. Ebd. 841. $^{2}/_{3}$ ℔ — 2s Bdchn. gr. 12. Ebd. 841. [illegible] ℔ (Beide Bdchn. in 1 Bd. geb. [illegible] ℔)

— kleine Wochenpredigten über des Christen Stimmung u. der Welt Ton. 4. Aufl. Aufs neue durchgesehen u. verm. 2 Thle. in 1 Bde. 8. (21⅞ B. u. S's. Portr.) St. Gallen 846, Scheitlin u. Zollikofer.

Steiger, Carl, kleine Wochenpredigten über des Christen Stimmung und der Welt Ton. 5. Aufl. 8. (VI und 227 S.) St. Gallen (861)62, Scheitlin und Zollikofer.

Steiger, Karl Friedrich, Beiträge zur klimatischen Phthisio-Therapie. Diss. Würzburg 1888, Stuhelsche Univ.-Buchh. 8°. 32 S.

Steiger, Carl Friedr., und Friedr. Häfelin, zwei Referate, das eine über die Zukunft der evangel. Kirche und das andere über die Einrichtung der Kinderlehre, vorgetragen in der schweizer. reformirten Prediger-Gesellschaft am 3. und 4. Aug. zu Frauenfeld. gr. 8. (111 S.) Zürich 852, Beyel.

Steiger, Curt von. Beitrag zur Frage der Tragfähigkeit von Amputationsstümpfen an der untern Extremität. ⟨Aus der chirurgischen Klinik des Herrn Professor (Theodor) Kocher in Bern.⟩ Diss. Med. Bern ... von Kurt von Steiger.... [Mit 2 Tabellen und 4 Tafeln.] 55 S. 8. Bern, Stämpfli & Cie., 1903.

Steiger, Max. Beitrag zur Frage der Stillungsfähigkeit. Aus der geburtshülflichen Klinik Bern. Diss. Med. Bern. 54 S. 8. Bern, Stämpfli & Cie., 1907.

Steiger, Niclaus Friedrich v. Erklärung der zu... Herstellung ihres Vaterlandes vereinigten Schweizer ...

Steiger, O., u. H. Grünberg, qualitativer u. quantitativer Nachweis d. Soidonoharqon. gr. 8. (23 S.) Zürich-Oberstrass 897. (Zürich, C. Schmidt.) n. 1. 60

[Steiger, Otto.] Oberländer Chronik. Ein Jahrbuch für's Volk. 1866. 8. Ragaz [1867].

Steiger, Paul Alfred [Tierarzt von Bleienbach, Bern]: Bakterienbefunde bei der Euterentzündung von Kuh und Ziege. (S.-A. aus: „Centralbl. f. Bakteriologie". Abth. 1. Originale. Bd. 35. 1904.) Jena 1904. 50 S. 8°. [3. VII. 03.]
Bern. Vet.-med. Diss. 1903/1904.

Steiger, Paul Alfred. Bakterienbefunde bei der Euterentzündung von Kuh und Ziege. Diss. Vet.-Med. Bern. [Sep.-Abdr. aus: Centralblatt für Bakteriologie etc. Abteilung I.... Originale. Band 35.] IV + 50 S. 8. Jena, Gustav Fischer, 1904.

Steiger, Robert. Ueber die Einwirkung von Bichloräther auf p-Toluidin. Diss. Phil. [II.] Univ. Zürich. 32 S. 8. St. Gallen, A. Loehrer, 1902.

Steiger, Robert v. 14.–17. Aug. 1891 Gründungsfeier der Stadt Bern 1191–1891. Offizielles Festalbum des Historischen Zuges nach Programm von K. Howald gezeichnet von Robert v. Steiger. Verlag von W. Kaiser, Nydegger & Baumgart und Albert Schüler. Lithographie Gebr. Kümmerly und Lips in Bern ... [1891.] [Umschlagtitel.]
1 Taf. (Leporello-Album) 8°

Steiger, R[udolf] von. Les généraux bernois. Notices biographiques par R. de St.... Pour l'intelligence de la collection des portraits photographiés par MM. Charles Corrodi, Vollenweider & Escher. [2 parties.]
[1re partie.] Notices biographiques par R. de St. 8. Berne 1864.
[2de partie.] Album de 85 portraits photographiés.] 1

STEIGER, Rudolf (Stadtamhof): De scarlatinae pathologia.- Monachii: Wolf 1830. 15 S.
1.8.1830 – Urk: F 64
Diss. Ingolst.-Landsh.-Mchn.

v. Steiger, R. Die Schweizer-Regimenter in Kgl. Neapolitanischen Diensten 1848 u. 1849. 8. Bern 1849. 2. deutsch umgearb. u. verb. u. verm. Aufl. (VI 472) 8. M. 5 Pl. Bern 1850. 5,50

v. Steiger, Rud., die Schweizer-Regimenter in königlich-neapolit. Diensten in den J. 1848 u. 1849. 2. deutsch umgearb., verb. u. beträchtlich verm. Ausg. m. 5 (lith.) Plänen (in gr. 4., Imp. 4. u. Fol.) gr. 8. (VI u. 472 S.) Bern 851, Huber & Co. in Comm. n. 1⅚ ℔

Steiger, W. v., üb. die Sünde der Zauberei. 12. (30 S.) Basel 890. Spittler. — 8

Steiger, Wenc.: Mednlla corporis jur. Canon. ejusdemque ac sacror. canon. receptorum. *Norimb.* 713. fol.

Steiger, Wenz., medulla et repertorium corporis juris canonici. fol. Vienn. 713.

Steiger, Vencesl.: Repertorium juris Canonici. *Norimb.* 713. fol.

Steiger, Wilh., der erste Brief Petri, mit Berücksichtigung d. ganzen bibl. Lehrbegriffs ausgelegt. gr. 8. (27½ B.) Berlin 832, Oehmigke.

Steiger, Wilh., kleine paulinische Briefe. 1. Thl. — A. u. d. T.: Der Brief Pauli an die Kolosser. Uebersetz., Erklär., einleit. u. epikrit. Abhandln. gr. 8. (26 B.) Erlangen 835, Heyder. 1⅚ Thlr., Blnp.

Steiger, Wlh., Kritik des Rationalismus in Wegscheiders Dogmatik. gr. 8. Berl. 830. L. Oehmigke. 20 gr.

STEIGER, Wilhelm (Genf): De tuberculis in cerebro. (Titel nach der Urkunde)
2.7.1830 – Urk: F 70
Diss. Ingolst.-Landsh.-Mchn.

Steigor-v[on] Fischer, Eug(enie) v[on.] Lieder von Eug. v. St' v. F". (3 Serien A—C.) [Mit Vignetten.] [*je* I + 12 Bl. = *zus.* III Bl. + 80 S.,] *in Couvert*, 8. Bern, Bureau der Evangelischen Gesellschaft; Dinglingen <Baden>, St. Johannis-Druckerei, [1903]. [fr. —. 70]

Steiger-Leutewitz, Adph., Anschauungen über Berufs-Ziel und Berufs-Glück in der Landwirthschaft in der Zeitperiode von 1750 bis zur Gegenwart. Nach den Aufzeichnungen eines hervorragenden Gutsbesitzers in der Meißen-Lommatzscher Pflege und nach eigenen Beobachtungen. Vortrag, gehalten in der Oekonom. Gesellschaft im Königr. Sachsen, Dresden, am 14. Jan. 1887. gr. 8. (24 S.) Dresden 887, G. Schönfeld's Verlag. **

Steiger-Leutewitz, Adph., über die Ausbildung junger Landwirthe. Vortrag, gehalten in der Oekonom. Gesellschaft im Königr. Sachsen, Dresden, am 5. Decbr. 1879. gr. 8. (14 S.) Dresden 880, Schönfeld's Verlagsh. **

—— dass. — 2. Aufl. gr. 8. (16 S.) Ebendas. 883. *
Aus: Mittheilungen der Oekonomischen Gesellschaft im Königr. Sachsen, besonders abgedruckt.

Steiger-Leutewitz, Adph. Oekon.-R., Ueber Ertragsfähigkeit grösserer und mittlerer Landgüter durch Selbstbewirthschaftung, durch Bewirthschaftung mittelst selbständiger Verwalter, durch Verpachtung. Vortrag, geh. in der Oekon. Gesellschaft im Königr. Sachsen am 14. Jänner 1881. gr. 8⁰. Dresden, Schönfeld, 1881. (18 S.)

—— über Schafzucht, insbesondere Merino-Wollschaf-Zucht. Vortrag, gehalten in der Oekonom. Gesellschaft im Königr. Sachsen, Dresden, am 13. Febr. 1885. gr. 8. (25 S. mit 7 Taf.) Ebendas. 885. *

— über Schafzucht, insbesondere Merino-Wollschaf-Zucht. Vortrag. gr. 8. (25 S. m. 7 Taf.) Ebend. 886. n. 1. —

Steiger-Meyer, J., Bericht über Textil- und Haus-Industrie, s. Weltausstellungs-Bericht, Wiener.

Steigertahl, G. (H. C. L.), die regelmäß. griech. Conjugation. 8. (4 B.) Celle 831, Schulze.

Steigertahl, G., s. Lucianus: Somnium.

Steigertahl, G. H. C. L., De vi et usu *Παρακαταβολῆς* in causis Atheniensium hereditariis Pr. 1832. 14 S. 4°. 1.—

—— de vi et usu *Παρακαταβολῆς*, s. Hüpeden, L. Ph.

Steigerthal, Die Schlacht am Trebia. Pr. 1840. 14 S. u. 1 Karte. 4°.

Steigerwald [Schlagwort]

Steigerwald. Reinecke, C. L., Wegkarte v. Steigerwalde bei Erfurt. Hrsg. vom Thüringerwald-Verein, Zweigverein Erfurt. 1 : 10,000. 43×39 cm. Erfurt 903. (K. Keil.) — 30

Steigerwald [Verfasser]

Steigerwald, Jakob Franz

Steigerwald: Ueber Aufgabe und Bedeutung des Religions-Unterrichtes an den Gymnasien. 56 S. Gratulationsschrift für den Bischof G.A. von Stahl. – Würzburg, Progr. 1865.

Steigerwald, J. F., die Theilungen Bayerns unter den Wittelsbachern und die Wiedervereinigung der einzelnen Theile, nebst kurzen geschichtlichen Notizen, nach Freudensprung, Heinisch und v. Spruner, anschaulich und leichtfaßlich als Hilfsmittel zum Studium der bayerischen Geschichte für Schulen dargestellt. Würzburg 863. Stahel. (1 Tab. in Fol.) 6 *ngr.*

Trauer-Rede am Grabe des f. Herrn Studienrectors und Gymnasial-Professors Karl Jos. Nuith, gehalten von dem f. Seminar-Subregens u. G. P. J. F. Steigerwald am 26. Februar 1857. — Aschaffenburg, Krebs. — S. 3—12 in 8.
Progr. Aschaffenburg

— Trauerrede auf weil. Se. Maj. Maximilian II., König von Bayern, gehalten in der Studienkirche zu Würzburg am 7. April 1864. Würzburg, Stahel. gr. 8. (12 S.) n. 2 *ngr.*

Steigerwald, Veronus Franck von [Pseud.], s.a. Pistorius, Georg Tobias.

Steigerwald, Frz. Ver. v., Diebeshändel. 4. Augsb. 728.

Steigerwald, F. A., Lebensbeschreibung H. Götzens von Berlichingen etc. Nürnberg 1731. 8.
2. Aufl. (von Pistorius hrsg.) Mit Kpfr. Nürnberg 1775. 8.

Steigl, Franz

Steigl, F., Formensammlung für den Unterricht im Zeichnen, s. Fellner, A.

Steigl, Frz., das Gesamtgebiet des modernen, elementaren Zeichenunterrichtes in Wort u. Bild. Mit 16 Taf., teils in Farben-, teils in Schwarzdruck, u. 130 Textfig. (IV, 200 S.) gr. 8. Wien 904. A. Pichler's Wwe. & Sohn. n. 5. —

Steigl, Fr., Schule d. Freihandzeichnens, s.: Fellner, Al.

—— Wandtafeln für den Zeichen-Unterricht. 1. und 2. Serie. Chromolithogr. Imp.-Fol. (Mit je 4 S. Text in 4.) Wien 885, Freytag und Berndt. [1. Serie. (12 Taf. à 2 Bl.) *M 10.—; 2. Serie. (15 Taf. à 2 Bl.) *M 20.—.] *

— Wandtafeln f. den Zeichen-Unterricht an Volksschulen. gr. Fol. (12 farb. Taf.) Wien 887. Freytag & Berndt. n. 7. —; in Mappe n. 7. 40

Steigl, Frz.,
—— der Zeichenunterricht und seine Hilfswissenschaften, } s. Fellner, A.

— neue Zeichenvorlagen f. den Schul-Unterricht. 4 Hfte. gr. Fol. (Mit je 1 Bl. Text.) Wien 896. A. Pichler's Wwe. & Sohn. In Mappe n. 28. 50
I. (24 lith. Bl.) n. 7. —
II. (20 farb. Bl.) n. 7. 50
III. E. Sammlg. v. 12 farbigen Vorlagen u. 12 Contourblättern f. d. oberste Stufe d. Bürgerschulen u. f. gewerbl. Fortbildungschulen. n. 7. —
IV. E. Sammlg. v. 12 farb. Vorlagen u. 12 Contourblättern f. d. oberste Stufe d. Bürgerschulen u. gewerbl. Fortbildungsschulen. n. 7. —

Steigl, Josef

— u. Karl **Bichler**, der Elektriker in Schule u. Haus, e. Anleitg. zur prakt. Handhabg. der Apparate aus dem Gebiete der Reibungs- u. Vertheilungs-Elektricität. gr. 8. (32 S. m. Abbildgn.) Wien 898. A. Pichler's Wwe. & Sohn. n. — 60

Steigl, Jos., der Erbrichter v. Liebenarund. } s.: Volks- u. Jugend-Bibliothek.

Steigl, Jos., d. Erbrichter v. Liebengrund, III. Thl., } s.: Jessen's, A. Ch., Volks- u. Jugend-Bibliothek, Nr. 93.

Steigl, Josef: Treue Freundschaft, s. Jessen's, A. Ch., Volks- u. Jugendbibliothek Nr. 101.

Steigl, Jos., treue Freundschaft, s. a. Pichler's Jugendbücherei. 17.

(F) Steigl, J., Treue Freundschaft. Erzählung für die Jugend und für das Volk. [Pichlers Jugendbücherei. Bd. 17.] 8°. (102 S.) geb. K 1.—
Wien: Pichler 1904.

Steigl, Jos., Grundriß der Naturgeschichte f. allgemeine Volksschulen, s.: Rothe, Karl.

— Emil Kohl u. Karl Bichler, Grundriß d. Naturlehre f. allgem. Volksschulen. gr. 8. (71 S. m. 81 Fig.) Wien 898. A. Pichler's Wwe. & Sohn. Geb. in Leinw. n. — 90

— Emil Kohl u. Karl Bichler, Grundriß der Naturlehre f. allgemeine Volksschulen. 2. Aufl. Unveränd. Abdr. der 1. Aufl. gr. 8. (71 S. m. 81 Fig.) Wien 902. A. Pichler's Wwe. & Sohn. Geb. in Leinw. n. — 90

— Emil Kohl u. Karl Bichler, Grundriß der Naturlehre für allgemeine Volksschulen. 2. Aufl. Nach der neuen Rechtschreibg. bericht., sonst unveränd. Abdr. der 1. Aufl. (71 S. m. 81 Fig.) gr. 8. Wien 903. A. Pichler's Wwe. & Sohn. Geb. in Leinw. n. — 90

— Emil Kohl u. Karl Bichler, Grundriß der Naturlehre f. allgemeine Volksschulen. 4. Aufl. Unveränderter Abdr. der 2. Aufl. (71 S. m. 81 Fig.) gr. 8. Wien 907. A. Pichler's Wwe. & Sohn. Geb. — 90

— — — dasselbe, s.: Realienbuch.

— kurzes Lehrbuch der Naturgeschichte f. Bürgerschulen, s.: Rothe, Karl.

— Naturgeschichte, s.: Rothe, Karl.

Steigl, Josef: Der Pain-Sepp, s. Volks- u. Jugendbibliothek.

— Pain-Sepp, s. a. Pichler's Jugendbücherei. 21.

(F) Steigl, J., Pain-Sepp. Eine Erzählung für die reifere Jugend. [Pichler's Jugendbücherei. Bd. 21.] 8°. (101 S.) geb. K 1 -
Wien: Pichler 1904.

— Physik u. Chemie f. Bürgerschulen, s.: Netoliczka, Eug.

— — — dasselbe, s.: Realienbuch.

Steigl, Josef, Rührt Euch! Freiübungen, Wien, 96 S., 16°.

Steiglehner, Cölestin

— über die Analogie der Elektricität u. des Magnetismus. Mit 3 Kpf. Münch., (G. Franz). 20 gr

Steiglehner, C., de Hermaphroditorum natura tractatus anatomico physiologico-pathologicus. 4 maj. Bamberg 817. (Dresch.) 1 1/6 Thlr

Steiglehner, de Hermaphroditorum natura tractatus anat.-physiol.-pathologicus. 4maj. Bamb. 817. Kunz 1 Thlr 4 gr

Steiglehner, Coel., (Geo. Cph.,) († d. 21. Febr. 1819.) observationes phaenomenorum electricorum in Hohen-Gebrachim etc. 4. Regensb. 773. Montag u. W. 6 gr

— positiones ex universa philosophia et Mathesi. 4. Regensb. 768 u. 770.

— atmosphaerae pressio varia, observationibus baroscopicis propriis et alienis quaesita. 4. Ingolst. 783.

Steigmaier, Jos., s. Feier, kirchliche, eines Veteranen-Jahrtages.

Steil, d. innere Mission u. d. Geisteskranken, s.: Hafner, G.

Steil, Ernst, aus Völklingen: Ein Beitrag zur operativen Behandlung von Cysten im Gehirn. *Bonn 1900: C. Georgi.* (31 S.) 8°
Bonn, Med. Diss. v. [5. Mai] 1900

Steil, Ferd., blühende Saat. (104 S.) kl. 8. Leipzig (906). G. Müller-Mann. n. 1.50; geb. n. 2.50

Steil, Johann Heinrich [aus Neuerburg]: '(Aus d. physiolog. Laboratorium in Bonn.)' Lässt sich durch mechanische Auslese des Fettes Fleisch von bestimmtem Nährwerth gewinnen? ... (Aus: Arch. f. d. ges. Physiol., Bd. 61.) Bonn, E. Strauss, 1895; 2 Bl., 16 S., 1 Bl. 8.
Bonn, Med. Fak., Inaug.-Diss. v. [1. Aug.] 1895

Steilberg, A. F., das System der direkten Steuern. Beiträge zur preuß. Steuer-Reform. gr. 8. (95 S.) Berlin 882, Puttkammer und Mühlbrecht. *

Steilberg, Eduard, Christophorus (geb. Münster in Westf. 1815): De raucedine. Berolini (1839). (31 S.) 8°
Berlin, Med. Diss. v. 3. Sept. 1839

Steilberger. Hugo [cand. med. aus Elberfeld]: Ueber den Nachweis von Sperma zu forensischen Zwecken .... Bonn, Jos. Bach Wwe., Buch- u. Steindr., 1887; 1 Bl. + 20 + 1 S. 8°.
Bonn, Med. Fak., Inaug.-Diss. v. 18. Febr. 1887.

Steilberger, Hugo, über den Nachweis von Sperma zu forensischen Zwecken. Diss. Bonn 1887, Emil Strauss. 8°. 29 S.

Steilner, Karl Deutsches Kolonistenrecht in Siebenbürgen im 12 und 13. Jahrhundert. 4 (S. 3—37).
Progr. Ev. G. A. B. u. verb. Lehranst. *Sächsisch-Regen* 1888.

Steilner, Robert: Über die Eigentümlichkeiten der Laut- und Formenlehre in der Sprache des Werkes von Nikolaus Telegdi, dem Bischof von Pécs (Fünfkirchen), das den Titel führt: Antwort auf Peter Bornemiszas Buch „Entwicklung". S. 3—28. 4.
4klass. ev. Gymn. A. B. u. verb. Elementar-Volksschule *Szászsebes* (*Mühlbach*) 1909.
Progr.

Steilschreibheft. Deutsche Schrift. 4 Nrn. (3., 4., 5., 6/8. Schulj.) gr. 8. (à 28 S.) Straßburg 893. Straßburger Druckerei u. Verlagsanstalt. à n. — 10

— dasselbe. Nr. 1—3. (Deutsche Schrift.) 2. Aufl. gr. 8. (à 28 S. liniirtes Schreibpap. m. 1 S. Text, 1 Vorlage u. 1 Abbildg.) Ebd. 894. à n.n. — 10

Steilschreibheft. Nr. 1, 2 u. 4. (Deutsche Schrift.) gr. 8. (à 28 S. liniirtes Schreibpap. m. 3 S. Text u. 2 Abb.) Straßburg, Straßburger Druckerei u. Verlagsanstalt. à n.n. — 10
1. 3. Schulj. 3. Aufl. 895.
2. 4. Schulj. 6. Aufl. 896.
4. 5. bis 8. Schulj. 2. Aufl. 895.

— dasselbe. Lateinische Schrift. 3 Nrn. gr. 8. (à 28 S.) Ebd. 893. à n. — 10

Steilschrifthefte, hessische. Anleitung u. Vorschriften. 4. (5 S. u. 12 Bl.) Gießen 893. E. Roth. n. — 40

— **dasselbe. Ausg. A (ohne Vorschriften). Deutsch.** 10 Hfte. u. Hft. 7a. 4. Ebd. 893. n.n. 1. 20
1—7. u. 7a. (à 32 S. m. Liniatur.) à n.n. — 10. — 8. (32 S. ohne Liniatur.) n.n. — 10. — 9. Aufsatzheft. (64 S. m. Liniatur 7.) n.n. — 20. — 10. Rechenheft. (32 S.) n.n. — 10.

— dasselbe. Ausg. A (ohne Vorschriften). Latein. 7 Hfte. u. Hft. 7a. 4. (à 32 S. m. Liniatur.) Ebd. 893. à n. n. — 10

Steilschrift-Vorlagen. (2 S. auf Karton.) gr. 8. Leipzig (904). Roßberg'sche Buchh. n.n. — 25

Steim, Otto, prakt. Arzt a. Horb a./N. (Württemb.): Über colloidhaltige Metastasen des Schilddrüsenkrebses. Freiburg (Baden) 1904: E. Kuttruff. (20 S.) 8°
Freiburg i. B., Med. Fak., Ref. Ziegler, Diss. v. 1904
[Geb. 21. Apr. 81 Horb, Württemb.; Wohnort: Freiburg; Staatsangeh.: Württemberg; Vorbildung: Gymn. Rottweil; Studium: Tübingen 5, Berlin 2, Freiburg 3 S.; Coll. 5. Aug. 04; Approb. 2. Aug. 04.]

Steimann, A., die vornehme Gastlichkeit der Neuzeit, s.: Wollmer, Alch.

Ich kann schneidern. Hrsg. von Antonie **Steimann**, unter Mitw. von ... Berlin & Wien: Ullstein & Co. 1908. (XV, 464 S.) 8° [S.] [cl. 8550]

Steimann, Antonie, s. Ich kann schneidern.

Steimann, Fr., u. Dietr. Ufer, Steimann's Tabelle zur Berechnung der Kommunalbeischläge zu den Einkommen-, Gemeinde-, Grund-, Gebäude-, Gewerbe- und Betriebssteuern sowie zur Berechnung der Kirchen- usw. Steuern von 1 bis 460 Prozent für sämtliche Steuersätze von 1 Pfennig bis 9999,99 Mark, nebst Zinstabellen zu 3, 3¹/₈, 3¹/₂, 3⁶/₁₀, 3³/₄, 4, 4¹/₄, 4¹/₂, 4³/₄ u. 5% für Kapitalien von 1 Mark bis 9000 Mark. (232 S.) Lex.-8. Bielefeld-Gadderbaum 906. W. Bertelsmann.
Geb. in Leinw. 3. 50

Steinmann, [illegible]

Steimann, (Adalbertus Franciscus Johannes) *(geb. Schreibendorf in Schles. 17 . 1814)*: De morbis endemiis institutis politico medicis debellandis vel eradicandis. Vratislaviae (1840). (32 S.) 8°
Breslau, Med. Diss. v. 9. Dez. 1840

Steimann, Geo., die pneumatische Melkung und deren Bedeutung im Landwirthschaftsbetriebe. Kritisch dargestellt. 8. (17 S. mit 1 lithogr. Taf.) Mittelwalde 887, [Hoffmann.] Selbstverlag des Verfassers. *

Steimann, Georg: Die pneumatische Melkung und deren Bedeutung im Landwirthschaftsbetriebe. Kritisch dargest. Mit e. lithogr. Taf. Mittelwalde 1888. 17 S.

Steimann, Heimbert (Red.), s. Verkaufs-Anzeiger der Dt. Grund-Erwerbsbank, G.m.b.H.

Steimann, Heinrich, prakt. Arzt aus Bettinghausen i. W.: **Ein Beitrag** zur Kasuistik der Oberkieferbrüche. *Greifswald 1904: H. Adler.* (29 S.) 8°
Greifswald, Med. Diss. v. 27. Febr. 1904

Steimann, Wilhelm, appr. Arzt a. Schleswig: Ein Fall von Sacralteratom mit besonderer Berücksichtigung seiner Beziehungen zu Primitivstreifenresten, zugleich ein Beitrag zur Frage der mono- und bigerminalen Mischgeschwülste. Marburg 1905: J. Hamel. (52 S.) 8°
Marburg, Med. Fak., Ref. Aschoff, Diss. v. 15. Sept. 1905
[Geb. 18. Jan. 80 Schleswig; Wohnort: Hameln; Staatsangeh.: Preußen; Vorbildung: Gymn. Hameln Reife O. 00; Studium: Marburg 4, München 1, Berlin 1, München 1, Marburg 2 S.; Coll. 11. Juli 05; Approb. 1. Juni 05.]

Steimel, J. sel. **Erben**: Jll. Katalog über landwirtschaftliche Maschinen. Hennef (Sieg) (1897?)

Steimel, J. sel. **Erben**: Kataloge über »Geräuschlose« Handmilchschleuder. Hennef (Sieg) (1897?)

Steimel, J. sel. **Erben**: Jll. Preisliste über Mähmaschinen. Hennef (Sieg) (1897?)

Steimer, Eug., Wegleitung für den Zeichen-Unterricht. Methodische Behandlung e. Lehrganges im Freihandzeichnen für alle Stufen der Volks- & Mittelschulen u. zum Gebrauche f. gewerbl. Bildungsanstalten. 52 meist mehrfarb. Taf., begleit. Text & 1 Schätzrahmen. (38 S. m. Fig.) gr. 4. Aarau 903. A. Trüb & Co. n. 13.—; 52 Kartonmodelle dazu in Mappe n.n. 8. 50

Steimer, Magn. Nolehard [Pseud.], s.a. Meister, Leonhard

Erscheinung und Bekehrung des Don Quichotte de la Mancha, im letzten Viertel des achtzehnten Jahrhunderts. Von Magn[us] Nolehard Steimer. Wesel: Selbstverl. 1786. 192 S. 8°
TB. 53. Erzählung alchimistischer, theosophischer u. magischer Schwindeleien u. Gaukeleien. Unter den Betrogenen erscheint auch F. J. Graf v. Thun, der Mitgl. der Loge „Zur wahren Eintracht" in Wien war. 3.

Steimer, Nol., (Leonh. Meister,) Erscheinung u. Bekehr. des Don Quixote im letzten Viertel des 18. Jahrh. 8. Wesel 786. Orell in Zürich. 9 ƒ.

Steimer, Rud., Ernst, Herzog v. Schwaben, s.: Vereinstheater, neues.

Steimer, Rud., Friede den Menschen auf Erden! — „Im Wahlkampf" s.: Vereinstheater, neues.

Steimer, Rufin, O. Cap., Antonius-Büchlein. Gebet- u. Andachtsbuch zu Ehren des großen Heiligen v. Padua. 16. (222 S. m. farb. Titelbild.) Einsiedeln 900. Verlagsanstalt Benziger & Co. Geb. in Leinw. n. — 80; in Ldr. m. Goldschn. n. 1. 50

Steimer, Rufin. Zur Erinnerung an die Grundsteinlegung der Antoniuskirche in Zürich am 28. Oktober 1906. Festpredigt gehalten von P. R' Steimer O. C. [Mit 1 Ansicht.] 40 S. 8. Zug, W. Zürcher, 1906.

Steimer, P. Rufin. Seraphische Festtagsblumen. Religiöse Erwägungen und Gebete. Hrg. von P. R' St'... [Mit Illustrationen und 3 Tafeln.] 560 S. 8. Einsiedeln..., Benziger & Co. A. G., 1909. [geb. fr. 1. 90 u. 3. —]

Steimer, Rufin. Franziskus-Büchlein. Gebet- und Andachtsbuch zu Ehren des Patriarchen von Assisi. Verfasst von P. R' Steimer, O. C. [Mit Illustrationen und 1 Tafel.] 240 S. 8. Einsiedeln *etc.*, Benziger & Co. A. G., 1902. [geb. fr. 1. —]

— Seraphische Geistesblumen, s.: Mirant, Laurentius.

Steimer, Rufin. Die Päpstlichen Gesandten in der Schweiz vom Jahre 1073 (**Umschlag:* 1074)—1873. Verfasst und hrg. von P. R' St', O. Cap. [Mit 35 Tafeln: 34 Porträts und 1 Ansicht, sowie illustriertem Umschlag.] [IV + 83 S.] kl.-4. Stans, Verlag von Hans v. Matt & Cie (E. Goetz, Kunstanstalt, Luzern), 1907. [fr. 12. —]

Steimer, Rufin. Gottesliebe. Gebet- und Andachtsbuch vom gottseligen P. Marcus von Aviano, O. Cap. Gänzlich umgearbeitet und erweitert von P. R' St', O. Cap. [Mit Vignetten und 2 Tafeln.] 285 S. 8. Einsiedeln *etc.*, Benziger & Co. A. G., 1906. [geb. fr. 1. 50 *u.* 2. 50]

Steimer, Rufin, O. Cap., Gottesliebe, s. a. Marcus v. Aviano.

— Heilige die Arbeit deiner Hände, s.: Hartmann, Anastas.

Steimer, Rufin. Heiliger Vater Franziskus bitt für uns! Gebet- und Andachtsbuch zu Ehren des Patriarchen von Assisi. Verfasst von P. R' Steimer, O. C. [Mit Illustrationen und 7 Tafeln.] 352 S. 8. Einsiedeln *etc.*, Benziger & Co. A. G., 1902. [geb. fr. 1. 75 *u.* 2. 75]

(Steimer, Rufin.) Das Kollegium Maria-Hilf in Schwyz. Ein geschichtlicher Rückblick zur Feier des Jubiläums seines fünfzigjährigen Bestandes. 1856—1906. Mit sieben Einschaltbildern auf Tonpapier und fünfzig Original-Text-Illustrationen. ([Verfasst, mit Unterstützung von] Dr. Alois Huber, Rektor des Kollegiums, [von] P. R' Steiner O. C.) VIII + 51 S. kl.-4. (Einsiedeln, Schweiz, Benziger & Co. A. G., 1906.)

Steimig. s. Steimmig.

Steimke, s.: Preussen. Messtischblätter.

Steimle, das Kastell Aalen. (19 S. m. Abbildgn. u. 3 Taf.) 4. Heidelberg 904. O. Petters. n. 3. 60
Sonderabdruck aus: „Der obergerm.-raet. Limes des Roemerreiches".

Steimle, das Kastell Böckingen. [Aus: „Der obergerm.-raet. Limes des Roemerreiches".] gr. 4. (17 S. m. Abb. u. 4 Taf.) Heidelberg 898. O. Petters. n. 3. 60

Steimle, das Kastell Halheim. gr. 4. (4 S. m. Abbildgn. u. 1 Taf.) Heidelberg 901. O. Petters. n. 1. 40
Sonderabdr. a.: „Der obergerm.-raet. Limes d. Römerreiches".

— Kastell Lorch. [Aus: „Der obergerman.-raet. Limes des Römerreiches".] gr. 4. (4 S. m. 2 Taf. u. 1 Karte.) Ebd. 897. n. 1. 40

— Kastell Schierenhof. [Aus: „Der obergerm.-raet. Limes d. Römerreiches".] gr. 4. (8 S. m. 1 Abb. u. 3 Taf.) Ebd. 897. n. 2. 20

— Kastell Unterböbingen. [Aus: „Der obergerm.-raet. Limes des Römerreiches".] gr. 4. (8 S. m. 2 Taf. u. 1 Karte.) Ebd. 894. n.n. 2. —

Steimle, Fr. W. T., vierzehn Predigten. 8. (III und 224 S.) Brooklyn 859. (Philadelphia, Schäfer und Koradi.) *

—— wie wir selbst wahrhaft bekehrt sein müssen, ehe wir Andere bekehren können. Eine Predigt über Lucä 6, 36—42. Gehalten am 4. Sonntage nach dem Trinitatisfeste 1857. gr. 8. (16 S.) New-Yorck 857. (Philadelphia, Schäfer und Koradi.) *

Steimmig, F., Ansichten üb. eine allgemein einzuführende Apotheker-Taxe mit motivirtem Gutachten zur Aufnahme der Apotheker in die Civil-Staatsdiener-Wittwenkasse. 8. Heidelb. 822. Oswald. 6 gr.

Steimmig, Franz: Zur Theorie der Beizfärbungen. 1904. 94 S. 8⁰ ¶ Verkürzt in: Zeitschrift f. Farben- u. Textil-Industrie. Jg. 3. Dresden, Dr.-Ing.-Diss. v. 17. 3. 1904

Steimmig, Gerhard, a. Danzig: Ueber siebengliedrige Ringe aus β-Diketonen und o-Diaminen. Straßburg i. E. 1908: C. u. J. Goeller. (85 S.) 8°
Straßburg, Math.-naturwiss. Fak., Ref. Thiele, Diss. v. 27. Mai 1908
[Geb. 11. Okt. 78 Danzig; Wohnort: Straßburg; Staatsangeh.: Preußen; Vorbildung: Realsch. St. Pauli u. Petri Danzig Reife O. 96; Studium: Berlin 3, Straßburg 7 S.]

Steimmig, Johann (Mannheim) F, ze/10

Dissertatio inauguralis medica de remediis et venenatis. Präs. Jakob Friedrich Isenflamm. Erlangen (Walther) (23. V. 1767. 42 S.

W. v.: Präs., Christian Masius, Johann Georg Fleischmann (Opp.) Kaspar Samuel Weismann (Opp.), Johann Friedrich Dörfler (Opp.). 33305

Steimmig, Johann Michael (Worms) A. S. 7/32

Dissertatio inauguralis iuridica, de specierum usuris. Giessen (Lammers) 21. VIII. 1732. 30 S.

Gew.: Adam Heinrich Burger, Johann Georg Sussmann, Philipp Eberhard Koch, Ferdinand Schopp, Joseph Anton Reibelt, u. 11 weiteren.
W. v.: Jo. Friedrich Kayser, Jo. Friedrich Wahl, Jo. Georg Estor, Johann Friedrich Moegling, Konrad Stockar von Neufforen, Jo. P. I. Fabricius, J. P. Hombergk. 33306

Steimmig, K. P. Gedanken über Reichsvermögen. gr. 8⁰. Frankfurt a. M., Wesché, 1825.

Steimig, K. P.: „Missverhältnisse des brittischen Korngesetzes, Beleuchtung, veranlasst durch John Sinclair", Danzig 1826 (Anhuth).

Steimmig, Reinh., Erfahrungen u. Betrachtungen üb. d. Scharlachfieber u. seine Behandl., u. e. Wort üb. d. Belladonna, als vermeintl. Schutzmittel dagegen. gr. 8. (5¼ B.) Karlsruhe 828, Braun.

Stein [Sachliches OW]

Stein des Anstosses, und Fels der Aergerniss, allen meinen teutschen Mitbürgern, in und ausser der siebenten Provinz (der Strikten Observanz, d. i. Niederdeutschland) entdeckt von Ich weiss nicht, von Wem? Teutschland (Berlin) 1780. V: *Cranz, August Ferdinand.* (wolfstieg II, 533) V (Vor- u. Nachwort) u. H: *Brendel, Johann Gotthelf.* (Kl 2312)

Stein des Anstosses und Fels der Ärgerniss, allen meinen teutschen Mitbürgern . . . Teutschland. [Berlin] 1780. V: *Starck, Johann August Freih. von.* (SJl.) V: *Ditfurth, Franz Dietrich Baron von.* (Kl)

Stein, der, des Anstoßes u. Fels d. Aergerniß, allen meinen deutschen Mitbürgern in u. außer d. 7ten Provinz entdeckt. 8. Berl. 780. Rottmann. 12 ⁊.

— **auch ein, zum Gebäude d. gemeinschaftl. Wohlfahrt**, (von K. Th. Chr. Gerhard). 8. Bresl. 797. Gehr. 3 ⁊.

Stein, Bad, in Krain, s.: Woorl's Reisehandbücher.

Der behauene Stein. o. O. u. J. 4 S. 8⁰. [Kopftit.]
Gedicht: „Wo sich über Bergeshöh' und Abgrund" ...

— über einen, der vom Himmel soll gefallen sein, (v. J. Kennedy). . . . 767.

Stein, der echte, der Weisheit od. das Kind d. Gehorsams u. der Liebe. Ein Wort f. Seelen, welche die tieferen Wahrheiten des inneren göttl. Lebens suchen. Erstmals hrsg. v. e. ungenannten Freunde der Wahrheit. Aufs neue dargereicht v. Jos. Hahn. (22 S.) kl. 8. Lorch 909. K. Rohm. — 20

— **der Weisen, der lang gesuchte u. endl. gefundene.** Von K...s. 8. Stuttg. 803. Sonnewald. 2 ⁊.

Stein, Heinr. Frdr. Karl Freiherr vom und zum. Hrsg. u. verlegt von dem Hauptverein für christliche Erbauungsschriften in den Preuß. Staaten. Berlin, (Beck.) 8. (48 S.) 1860. 3¾ ngr.

Stein, der Reichsfreiherr **Heinr. Frdr. Karl vom u. zum.** Ein Lebensbild. Mit 8 (Holzschn.-)Illustr. 8. (32 S.) Herborn 882. Buchh. des Nassauischen Colportagevereins. n. — 30

Stein, Holz, Eisen. Wochenschrift für moderne Bauwirtschaft und Baugestaltung. - Frankfurt a. M. Jg. 1-45. 1879-1931. (Dann aufgeg. in Dtsch. Bauwesen)

Stein, Karl Freiherr von, s. Charakterköpfe.

Stein, der Reichsfreiherr vom, Deutschlands Mitbefreier vom Joch Napoleons I. gr. 16. (29 S.) Stuttgart 861, Sonnewald'sche Buchh.

Stein, Der moralische, der Weisen oder die Zufriedenheit — die wahre Philosophie. Wien 1794. V: *Felberer, Leonhard.* (Neue Allg. Deutsche Bibliothek, Anhang, 1.—2. Bd. 2. Bd. S. 212ff.) (Biblport)

— **u. Mörtel.** Zeitschrift f. d. Interessen der Thon-Industrie, insbes. f. d. Fabrikation v. Ziegeln, Kalk, Cement, Chamotte, Steingut u. Porzellan, sowie f. Steinbruch-, Schiefer- u. Asphaltindustrie. 1. Jahrg. 1897. 26 Nrn. (à ca. 12 S. m. Abb.) gr. 4. Berlin, R. Tessmer. n. 3.—

Stein u. Mörtel. Zeitschrift f. d. Interessen d. Thon-Industrie, insbes. f. d. Fabrikation v. Ziegeln, Kalk, Cement, Chamotte, Steingut u. Porzellan, sowie f. Steinbruch-, Schiefer- u. Asphaltindustrie. 2. Jahrg. 1898. 26 Nrn. (à ca. 2 Bog.) gr. 4. Berlin, R. Tessmer. n. 6. —
Kann auch halbjährlich bezogen werden.

— **u. Mörtel.** Zeitschrift f. die Interessen d. Thonindustrie, insbesondere f. die Fabrikation v. Ziegeln, Kalk, Cement, Chamotte, Steingut, Porzellan etc. 3.—6. Jahrg. 1899—1902. à 26 Nrn. Fol. (à ca. 14 S. m. Abbildgn.) Berlin, R. Tessmer. à Jahrg. n. 4. —

Stein u. Mörtel. Zeitschrift für die Interessen der Bauindustrie, insbesondere f. die Fabrikation u. Verwendg. v. Ziegeln, Kalk, Zement, Chamotte, Steingut, Porzellan usw. Red.: Ernst Prüfer. 7.—10. Jahrg. 1903 bis 1906. à 26 Nrn. (à ca. 16 S. m. Abbildgn.) Fol. Berlin R. Tessmer. **à Jhrg. n. 4.—**

— **u. Mörtel.** Zeitschrift f. die Interessen der Tonindustrie, insbesondere f. die Fabrikation u. Verwendg. v. Ziegeln, Kalksand- u. Zementsteinen, Kalk, Zement, Chamotte usw. Red.: Ernst Prüfer. 11.—13. Jahrg. 1907—1909. à 26 Nrn. (368, 364 u. 344 S. m. Abb.) 35×26 cm. Berlin, R. Tessmer. à Jahrg. 4. –
Fortsetzg., s.: Ziegel- u. Bau-Industrie.

Stein, der, der Weisen. Illustrirte Halbmonatschrift f. Haus u. Familie. Unterhaltung u. Belehrg. aus allen Gebieten des Wissens. Redact.: A. v. Schweiger-Lerchenfeld. 1.—4. Jahrg. 1889—1892. (oder 1.—8. Bd.) à Jahrg. 24 Hefte. (à Heft 4 Bog.) hoch 4. Wien, Hartleben. à Heft * — 50; à Jahrg. * 6 —; à Bd. geb. * 8 50
Jeder Jahrg. auch in 4 Quartalbdn. à * 3 —.

Stein, der, der Weisen. Illustrirte Halbmonatsschrift f. Haus u. Familie. Unterhaltung u. Belehrg. aus allen **Gebieten d. Wissens. Red. A. v. Schweiger-Lerchenfeld. 3.—7. Jahrg. 1891—1895. à 24 Hfte.** (4 Bog.) **hoch 4. Wien,** A. Hartleben. à Hft. n. — 50

Stein, der, der Weisen. Illustr. Halbmonatsschrift f. Haus u. Familie. Unterhaltg. u. **Belehrg. aus allen** Gebieten d. Wissens. Red.: A. v. Schweiger-Lerchenfeld. 8.—11. Jahrg. 1896—1899. à 24 Nrn. (à ca. 4 Bog.) hoch 4. Wien, A. **Hartleben.** à Hft. n. — 50; (kplt. geb. in Leinw. à Jahrg. 2 Bde. à n.n. 8. 50)

(F) Der Stein der Weisen. Unterhaltung und Belehrung aus allen Gebieten des Wissens. Für Haus und Familie. Unter Redaction von Amand Freiherr v. Schweiger-Lerchenfeld herausgegeben von der Verlagshandlung. 22. Bd. Mit 409 Abbildungen, und zwar: 383 Text-Abbildungen, 2 Kärtchen, 1 Vollbild und 4 Tafeln (mit 23 Abbildungen). Wien. Pest. Leipzig. [1899.] Hartleben. 4⁰. VIII, 384 S. fl. 5.—

Stein, der, der Weisen. Unterhaltung u. Belehrg. aus allen Gebieten des Wissens f. Haus u. Familie. Unter Red. **von Amand Frhr. v.** Schweiger-Lerchenfeld. **12.—15. Jahrg. 1899/900—1902/903.** (23.—30. Bd.) (Oktbr. 1899 —April **1903.) à 24 Hfte.** hoch **4. Wien,** A. Hartleben. à Hft. n. — 50; auch in 4 Quartalsbdn. à n. 3. —; geb. in 2 Leinwbdn. à n.n. 8. 50
23. 24. (à VIII, 384 S. m. Abb. u. 3 Taf.) — 25. (VIII, 384 S. m. Abb.) — 26. (VIII, 384 S. m. Abb. u. 4 Taf.) — 27. (VIII, 432 S. m. Abb.) — 28. (VIII, 428 S. m. Abb. u. 3 Taf.) — 29. (VIII, 432 S. m. Abb.) — 30. (VIII, 428 S. m. Abb. u. 4 Taf.)

Stein, der, der Weisen. Unterhaltung u. Belehrg. aus allen Gebieten des Wissens für Haus u. Familie. Unter Red. von Amand Frhr. v. Schweiger-Lerchenfeld. 16. bis 19. Jhrg. 1903—1906. à 24 Hefte. (VIII, 432 u. VIII, 428; VIII, 428 u. VIII, 428; VIII, 408 u. VIII, 408 u. VIII, 404 u. VIII, 408 S. m. Abb. u. Taf.) hoch 4. Wien, A. Hartleben. à Heft n. — 50; auch in 4 Vierteljahrsbdn. à n. 3. — ; geb. in 2 Leinwandbdn. à n. 8. 50
Der Preis d. Jahrgge. 1—16 ist auf à n.n. 5. — ermäßigt.

Stein, der, der Weisen. Unterhaltung u. Belehrg. aus allen Gebieten des Wissens, in Verbindg. m. „Der Rekord". Wissen u. Praxis im Dienste des Fortschrittes. Schriftleiter: Amand Frhr. v. Schweiger-Lerchenfeld. 20.—23. Jahrg. 1907—1910. à 24 Hefte. Lex. 8. Wien, A. Hartleben. à Heft —50; auch in 4 Vierteljahrsbdn. à 3.—; geb. jeder Jahrg. in 2 Leinwbdn. à n 8. 50

39. (VIII, 404 S. m. 348 Abb., 3 Taf. u. 5 Karten.) — 40. (VIII, 404 S. m. 328 Abb. u. 9 Karten.) — 41. (VIII, 426 S. m. 371 Abb., 2 Taf. u. 4 Karten.) — 42. (VIII, 432 S. m. 426 Abb. u. 5 Karten.) — 43. (VIII, 346 S. m. 310 Abb., 2 Taf. u. 14 Karten.) — 44. (VIII, 336 S. m. 344 Abb. u. 9 Karten.) — 45. (VIII, 341 S. m. 381 Abb., 2 Taf. u. 2 Karten.) — 46. (VIII, 340 S. m. 357 Abb.)
Erscheint nicht mehr.

Stein, der, der Weisen. Neuester Volks- u. Familien-Kalender für d. J. 1891. Mit 200 Abbildgn. u. 12 Sternkarten. Hrsg. von der Red.: „Der Stein der Weisen". 8. (240 S.) Ebd. * 1 50; geb. * 2 25
Nicht weiter erschienen.

Stein [Schlagwort], s. Krems [Schlagwort]

Stein [Verfasser]

Stein, Abhandelungen üb. d. Ausbildung d. Kgl. Preuß. Pioniers; nebst einigen Zusätzen u. Vorschlägen. 8. (4½ B. u. 3 Stnt.) Neisse 830, (Hennings.)

Stein: Anharmonicae functionis formulae angulis adhibitis polaribus. – Progr. Warendorf 1853.

Stein: De Atlante Homerico et Aeschyleo. 8 S. 4°. – Oppeln. Progr. 1871.

Stein, Baron de, le combat de Chateaudun et la situation politique actuelle. Lettre adressée au „Temps". gr. 8. (33 S.) Metz 897. Druckerei d. Lothringer Zeitung. n. — 60

Stein-Weißenfels, d. angehende Einjährig-Freiwillige. Prakt. Ratgeber f. alle z. einjährig-freiwill. Dienst Berechtigten unt. besond. Berücksicht. d. Dienstverhältnisse, Meldebestimmgn. 2c.; ferner d. Dienstverhältnisse, Meldepflichten 2c. d. Mediziner, Apotheker, Tierärzte, Schulamtskandidaten 2c., sow. d. Bestimmgn. f. d. Diensteintritt in d. kaiserl. Marine. Zusammengestellt nach amtl. Material. 12. (48 S.) Stuttgart 898. Zeller & Schmidt. n. — 40

Stein: Einleit. z. Lübeck. Seerecht. *Lüb.* 713.

von Stein, Freiherr: Erläuterungen zu meinen Reisen in Süd-Kamerun (1895—1899). (S.-A.) Mittheilungen aus den deutschen Schutzgebieten. Bd. 13. 1900. Heft 2. S. 93–108.) Berlin 1900. 16 S., 4 Kartenblätter. 8°. I 5445

Stein's Handbücher f. Lehrer. Nr. 13. gr. 8. Potsdam, A. Stein. n. 1. 50; geb. in Leinw. n. 1. 80
Schulgemäße Behandlung der ersten 3 Hauptstücke des Lutherschen Katechismus. In einzelnen Lektionen nach synthet. Methode u. den formalen Stufen ausgeführt. Von Max Eichholz. 1. Tl.: Das erste Hauptstück. (IV, 138 S.) (902). n. 1. 50; geb. n. 1. 80
Die früheren Nrn. erschienen ohne Sammeltitel.

Stein's Handbücher f. Lehrer. Nr. 14—16 u. 18. gr. 8. Potsdam A. Stein. n. 6. —

14. Schulgemäße Behandlung der ersten 3 Hauptstücke des Lutherschen Katechismus. In einzelnen Lektionen nach synthet. Methode u. den formalen Stufen ausgeführt. Von Max Eichholz. II. Tl.: Das zweite u. dritte Hauptstück. (IV, 178 S.) (903). n. 1. 80; (Vollst. n. 3. 30)
15. Praktische Sprachlehre f. die Volksschule. Kurze methob. Anweisg. nebst ausgeführten Lektionen auf dem Gebiete des deutschen Sprachunterrichts. Von Heinr. Bals. (IV, 120 S.) (903.) n. 1. 20; geb. n. 1. 50
18. Unbegrenzter Zahlenkreis, Sortenverwandlung, Regeldetri u. Zeitrechnung. Wie bringt man sie zur Klarheit u. Sicherheit? Mit e. fksm. Schülerarbeit als Beilage. Eine prakt. Anweisg. f. den Rechenunterricht auf der Oberabteilg. der Mittelstufe. Von Alb. Jäntsch. 2. Aufl. (III, 91 S.) (903.) n. 1. —; geb. n. 1. 45

18. Methodik des stenographischen Unterrichts in Vereinen u. Schulen. Mit Lehrproben nach verschiedenen Methoden bearb. Von Mil. Richter. (IV, 63 S.) (904.) 1. —; geb. n. n. 1. 30
Nr. 17 ist noch nicht erschienen.

Stein, das Buch Hiob. Ein Vortrag. (26 S.) 8. Berlin 908. (Frankfurt a/M., J. Kauffmann.) — 60

Stein, Kritik d. neuesten Argumente f. Abgaben auf d. natürl. Wasserstrassen, s.: Lotz, Walter.

Stein, Lehr- u. Lernbüchlein f. den ersten Geschichtsunterricht, s.: Dettmer, H.

Stein, deutsches Lesebuch für die Volksschule. Nach dem Lesebuche des hess. Lehrervereins für israelit. Schulen bearb. gr. 8. (VIII, 255 S.) Kassel 878, (Meßner'sche Buchh.) ** geb. **

Stein, deutsches Lesebuch f. die Volksschule. Nach dem Lesebuche d. hess. Lehrervereins f. israelit. Schulen bearb. 2. Aufl. gr. 8. (XI, 282 S.) Kassel 884. (Baier & Co.) n. 1. 80; geb. n. 2. 20

Stein, Lieder-Concordanz, s. Bollert, G.

Stein, die Mineralquellen im Reg.-Bez. Wiesbaden, s. Beschreibung, statistische, des Reg.-Bez. Wiesbaden.

Stein's Orchideenbuch. Beschreibung, Abbildg. u. Kulturanweisg. d. empfehlenswertesten Arten. gr. 8. (VII, 603 S. m. 184 Abbildgn.) Berl. 892, Parey. geb. in Leinw. * 20 —

Stein, De Graecorum religione per Iudaeorum religionem illustrata. Patschkau, 1873, 4°, 9 S., Progr. des Gymn.

Stein: Einige Sätze üb. d. harmon. Theilung Altend. 1863.
Schul-/Univ.-Schrift

Stein, Spaziergänge in und um Schliersee. gr. 16. (143 S. mit 3 eingedr. Illustr. in Holzschn.) Augsburg 874, Schmid's Verlag.

Stein, Ueber die Stellung der latein. Sprache in dem Unterrichts-Organismus der Realschule. Pr. 1845. 26 S. 4°. —.90

(Stein), ein Uebertritt aus der römisch-kathol. zur evangel. Kirche. Rede und Glaubensbekenntniß, gesprochen und abgelegt vor versammelter Gemeinde in Niederkleen, zu Weihnachten 1846. Gießen 847. (Wetzlar, Rathgeber.)

von Stein, Freiherr: Ueber die geographischen Verhältnisse des Bezirkes Lolodorf (Südkamerun-Gebiet), speziell die dort wohnenden Volksstämme. Mit einer Karte. (S.-A.) Mittheilungen aus den Deutschen Schutzgebieten. Bd. 12. 1899. Heft 3.) Berlin 1899. 24 S. 8°. I 5440

Stein, A. [Pseud. f. Margarethe Wulff], s. Stein, Anna.

Stein, A., die Bestimmung des Gotteshauses. Predigt bei der Einweihungs-Feier der Danziger Synagoge, gehalten am 28. Elul 5619 — den 27. September 1859. Danzig, (Devrient.) 8. (16 S.) n. 3 ngr.

Stein, A., der Feldzug. Eine Reihe von acht Kanzelvorträgen an den Tischri-Feiertagen des J. 5627 gehalten in der Meisel-Synagoge zu Prag. Berlin 867. (Adolf & Co.) gr. 8. (VI, 52 S.) n. 15 ngr.

Stein, Dr. A., Gedächtnißrede für den am 17. Tischri 5628 = 16. Oktober 1867 hingeschiedenen ersten Rabbiner zu Prag, Herrn Salomon Löb Rapoport, gehalten bei der, von der löblichen Cultus-Gemeinde-Repräsentanz am 12. Marcheschwan 5628 = am 10. November 1867 veranstalteten Trauerandacht in der Meisel-Synagoge. gr. 8. (20 S.) Wien, Herzfeld & Bauer in Comm. 1867. 30 kr. Nur baar.

—— die Geschichte der Juden zu Danzig. Seit ihrem ersten Auftreten in dieser Stadt bis auf die neueste Zeit. Zum ersten Male aus handschriftl. Quellen zusammengestellt. gr. 8. (64 S.) Danzig 860, (Doubberck.) *

Stein, A., die Heiratsannonce, s.: Album f. Liebhaberbühne. (Keßler, R.)

Stein, A. Israels Religion ist seine Mutter. Predigt am Wochenfeste 5615 gehalten in der altschottländischen Synagoge zu Danzig. 8. (20 S.) Danzig 855, (Devrient's Nachfolger.) *

Stein, A., „Die vier Kelche." Predigt am ersten Tage des Peſachfestes 5612 gehalten. 8. (15 S.) Danzig 852, Tabus. n. 3 ngl

—, Diss. de materia electrica, ejusque in pathologia usu. Gott. 8°. 1792.

Stein, A., der Mensch im Bilde Gottes. Fest-Predigt zur Feier des nach 100 Jahren wieder erschienenen Tages der Kundmachung des ersten der von Kaiser Josef II. gegebenen Gesetze zur Befreiung der Juden aus der mittelalterl. Rechtlosigkeit, geh. am Azereth-Feste 5642 in der Meisel-Synagoge zu Prag. gr. 8. (15 S.) Prag 881. André in Comm. n. — 55

Die verschiedenen Methoden der mechanischen Streckenförderungen unter bes. Berücks. d. Seilfördergn. Von A. Stein. *Gelsenkirchen: C. Bertenburg [1895].* (1 Bl., 256 S., 15 Taf.) 1 Bd 8. [96. 613

Stein, A., d. verschied. Methoden d. mechan. Streckenförderungen, unt. bes. Berücksicht. d. Seilfördergn. gr. 8. (256 S. m. Fig. im Text u. auf Taf.) Gelsenkirchen 896. C. Bertenburg. n. 9. —

— dasselbe. 2. Aufl. 8. (443 S. m. Fig. u. 38 Taf.) Ebd. 898. n. 11. —; geb. in Leinw. n. 12. —

Stein, A., Polterabendscherze f. Kinder. Eine Sammlg. v. Glückwünschen, die an Polterabenden im Kostüm gesprochen werden können. 8. (108 S.) Berlin 873. Plahn'sche Buchh. 1. —

Stein, A., Polterabendscherze f. Kinder. Eine Sammlg. v. Glückwünschen, die an Polterabenden im Kostüm gesprochen werden können. 3. (Titel-)Aufl. 12. (IV, 108 S.) Berlin 890. Plahn. — 75

Stein. Der grosse Prophet (Rekt. Ahlwardt), s. a. Fanfaren, Berliner, Nr. 1.

Stein, [A.]: Der große Prophet. E. Mahn- u. Abschiedswort an meine antisemitischen Freunde. Berlin 1892.

Stein, A., prakt. Rathgeber zur gründl. Anweis., sein Clavier, Fortepiano u. Orgel selbst rein stimmen zu lernen. 8. Leipz. 830. (Drobisch). 5 gl

Stein, A., prakt. Rathgeber zur gründl. Anweis., sein Clavier, Fortepiano u. Orgel selbst rein stimmen zu lernen. 8. (3 B. u. 1 Tab.) Leipzig 830, [Franke'sche Vrls.-Expedit.] Thlr.

Stein, A., praktischer Rathgeber zur gründl. Anweisung, sein Klavier, Fortepiano u. Orgel selbst rein stimmen zu lernen. 8. Leipzig 830. (Melzer.) 5 gl

[F.] Reineke Fuchs. Nach W. v. Goethes Dichtg der Jugend erz. v. A. Stein. M. 4 Abb. v. E. Limmer. *Stuttgart, Berlin, Leipzig: Union [1897].* (110 S.) 1 Bd 8.
= Universal-Bibliothek f. d. Jugend. No 319. 350. [98. 688

Stein, A. F., s. a. †Elz, A.

Stein, A. F., brandenburg. Geschichte f. Jünglinge u. Mädchen. 8. Berl. 811. Schöne. 18 gl

— Preuß.-Brandenburg. Geschichte. Ein Handbuch zur Erinnerung u. Belehrung. 2 Thle. Mit d. Bildnisse Friedrich Wilhelms III. 8. Berl. ... 3e verm. Aufl. 818. Stuhr. 2 ß 4e Aufl., bericht. u. erweitert von Chr. F. F. Haacke. 2 Thle. 8. Ebd. 830. 2 ß

Stein's, A. F., Preußisch-Brandenburg. Geschichte. Ein Handbuch zur Erinnerung u. Belehrung. 5e, wohlf. Ausg., unverändert nach der von Chr. Friedr. Ferd. Haacke berichtigten u. erweiterten 4n Aufl. 2 Thle. (Mit Friedrich Wilhelm III. Bildniß.) 8. Berlin 834. Stuhr. 1 1/3 ß

A. L. Stein

Der belehrende Uhrmacher oder kurze jedoch gründliche Belehrung für diejenigen, welche Taschen- Wand-Tisch-u. Schlag-Uhren besitzen... ([Verf.:] A. L. Stein.) Leipzig: Lincke 1800. 116 S. 8°

Stein, Abr., Zeitrechnung aller israelitischen Jahrzeitstage nach Verstorbenen f. 60 nacheinanderfolgende Jahre vom J. 1890 bis 1950, nach israelit. Zeitrechng. vom J. 5651 bis 5710, wo jeder einzelne Tag des israelit. Jahres registriert erscheint, daher auch zu allen jenen Zwecken verwendbar, wo die Vergleichg. der israelit. Zeitrechng. m. der bürgerl. Bedürfnis ist. Mit kurzgefasster Erklärg. der israelit. Synagogenzeitrechng. u. der israelit. Trauergebräuche Kadisch, Jahrzeit, Seelenlicht, Seelengedächtnisfeier, Besuch der Gräber, im Sinne der modernen Zeit u. einzig in dieser Art systematisch geordnet u. sehr genau u. verlässlich registriert. Lex.-8. (X, 40 S.) Wien 894. (Prag, J. B. Brandeis.) Kart. n. 2. —

Stein, Adalbert

Stein, Adb., auf gefahrvoller Prisenjagd. Eine Erzählg. f. die reifere Jugend. Nach dem Engl. v. Marryat bearb. Mit 4 Farbdr.-Bildern v. Fritz Bergen. gr. 8. (III, 171 S.) Stuttgart 890. Loewe. geb. 3. —

Stein, Adb., auf gefahrvoller Prisenjagd. Eine Erzählg. f. die Jugend. Nach dem Engl. des Marryat bearb. Mit 4 Farbdr.-Bildern v. Fritz Bergen. 2. Aufl. gr. 8. (III, 171 S.) Stuttgart 894. F. Loewe. Geb. in Leinw. 3. —

Stein, Adb., auf gefahrvoller Prisenjagd. Eine Erzählg. f. die Jugend. Nach dem Engl. des Kapit. Marryat bearb. Mit 4 Farbdr.-Bildern v. Fritz Bergen. 3. Aufl. gr. 8. (III, 171 S.) Stuttgart (899). Loewe. Geb. in Leinw. 3. —

Stein, Adam, s. a. Springer, Rob.

—— Quentin Durward. Nach Walter Scott für die reifere Jugend bearb. gr. 8. (VI und 355 S. mit 6 lithogr. Zeichnungen von G. Bartsch.) Berlin 865, Springer's Verlag. [Neu-Ruppin, Oehmigke's Verlag.] geb.

Stein, A., Ivanhoe, s. a. Scott, Walt.

—— Ivanhoe. Nach dem Roman des Walter Scott für die reifere Jugend bearb. br. 8. (X und 339 S. mit 5 lithogr. Zeichnungen von G. Bartsch.) Berlin 864, Springer's Verlag. geb.

— Ivanhoe. Nach dem Roman des Walter Scott für die reifere Jugend bearb. 2. Aufl. Neu-Ruppin 867. Leipzig, Oehmigke's Verl. br. 8. (348 S. mit 5 lith. Zeichnungen von G. Bartsch in Tondr.) geb. 1 ß 7½ ngr.

Stein, Adam, Ivanhoe. Nach Walter Scott. Für die reifere Jugend bearb. Mit 6 Bildern in Farbendr. nach Zeichngn. v. G. Bartsch. 2. Aufl. 8. (348 S.) Leipzig 874. Oehmigke. geb. 3. 75

Stein, Adam, Ivanhoe. Erzählung für die reifere Jugend. Nach Walter Scott. 8. Aufl. 8. (IV, 274 S. mit 5 Bildern in Farbendr. nach Orig.-Zeichnungen von G. Bartsch.) Leipzig 887, Oehmigke's Verlag. geb. *

—— Kloster und Abt. Nach Walter Scott für die reifere Jugend bearb. gr. 8. (384 S. mit 6 lithogr. Zeichnungen von G. Bartsch.) Berlin 865, Springer's Verlag. [Neu-Ruppin, Oehmigke's Verlag.] geb.

— Coopers Lederstrumpf-Erzählungen. Für die Jugend bearb. Mit 6 (lith.) Zeichnungen von G. Bartsch. 862. — 2. Aufl. Berlin 864. J. Springer. gr. 16. (380 S.) 1 ß

—— Cooper's Lederstrumpf-Erzählungen. Für die Jugend bearb. 1. Aufl. 1863. und 2. Aufl. br. 8. (III und 380 S. mit 6 lithogr. Zeichnungen von G. Bartsch.) Berlin 864, Springer's Verlag. geb.

Cooper's Lederstrumpf-Erzählungen. Für die Jugend bearb. 4. Aufl. Neu-Ruppin 868. Leipzig, Oehmigke's Verl. br. 8. (III, 380 S.) 1 ß

Stein, Adam, s. a. Cooper, James Fenimore, Lederstrumpf-Erzählungen.

—— die Puritaner. Nach Walter Scott für die reifere Jugend bearb. br. 8. (VIII und 356 S. mit 5 lithogr. Zeichnungen von G. Bartsch in Tondr.) Berlin 866, Springer's Verlag. [Neu-Ruppin, Oehmigke's Verlag.] geb.

—— Cooper's Seegemälde. Für die Jugend bearb. br. 8. (V und 352 S. mit 6 lithogr. Zeichnungen von G. Bartsch in Tondr.) Berlin 866, Springer's Verlag. [Neu-Ruppin, Oehmigke's Verlag.] geb.

Stein, Adam, Cooper's Seegemälde. Für die Jugend bearb. 2. Aufl. br. 8. (V, 352 S. mit 6 lithogr. Bildern in Tondr. nach Zeichnungen von G. Bartsch.) Neu-Ruppin [Leipzig] 869, Oehmigke's Verlag. geb.

— die Sclavenjäger. Nach dem Engl. des Capitain Mayne Reid für die reifere Jugend bearb. Neu-Ruppin 867. Leipzig, Oehmigke's Verl. 8. (VIII, 328 S. mit 5 lith. Bildern in Tondr.) geb. 1 ß 10 ngr.

— der Talisman, s. a. Scott, Walt.

— der Talisman od. Richard Löwenherz in Palästina. Nach Walter Scott f. die reifere Jugend bearb. Mit 6 (lith.) Bildern in Farbendr. nach Original-Aquarellen v. Louis Oppenheim. 8. (VI, 345 S.) Leipzig 874. Oehmigke. geb. 3. 75

Stein, Adolf

Stein, Adf., 1847—1897. D. geschichtl. Entwickelg. des Parteiwesens. In Verbindg. m. Anderen hrsg. [Aus: „Polit. Handbuch".] gr. 8. (31 S.) Berlin 897. Buchh. d. Berl. Stadtmission. n. — 50

[F.] 1847—1897. Die geschichtliche Entwickelung des Parteiwesens in Deutschland. SA. a. d. 'Polit. Handb.' in Verbindg m. And. hrsg. v. Adolf Stein ... *Berlin: Vaterl. Verlagsanst. 1897.* (31 S.) 1 Bd 8.

— der gefälschte Brief. Stenograph. Bericht über d. Witte-Stöcker-Prozeß v. 29. u. 30. I. 1897, m. geschichtl. Einleitg. u. Anmerkgn. (3., unveränd. Aufl.) gr. 8. (II, XVI, 278 S.) Berlin 897. Vaterländ. Verlags-Anstalt. — 50

Stein, Adolf (Hrsg.), s. a. Brief. — Der gefälschte Brief.

Stein, Adolf: Buren und Briten. Stuttgart: Ch. Belser 1900. (52 S.) 8°
= Zeitfragen d. christlichen Volkslebens. Bd 25, H. 1.

Stein, Adf., Buren u. Briten, s. a. Zeitfragen des christl. Volkslebens. 185.

Stein, Adolf, prakt. Arzt: Die Dermoidcysten am Schädel. *Königsberg i. Pr. 1902: E. Rautenberg.* (35 S.) 8°
Königsberg, Med. Diss. v. 23. Juni 1902

Stein, Adf., s.: Deutsche, der.

Stein, Adf., das Foramen mandibulare u. seine Bedeutung f. die Leitungsanaesthesie des Unterkiefernerven. Habilitationsschrift. (39 S. m. Abbildgn.) 8. Berlin 909. H. Meusser. 3. 50

Stein, Adf., Skizze e. Theorie der Inhaber- u. Ordrepapiere. [Aus „allgemein. österr. Gerichtszeitg."] gr. 8. (25 S.) Wien 871. Manz. n. — 60

Stein, Adolf: Der Stamm des Hithpael im Hebräischen. Tl 1. Leipzig, Druck v. W. Drugulin, 1893; IV, 26 S. 4.
Schwerin, grossh. RG, OP 1893 (650)

Stein, Adf., wer wird siegen? Betrachtungen üb. den Kampf Rußlands gegen das Deutschthum. gr. 8. (48 S.) Berlin 893. R. Wilhelmi. n. 1. —

— Wilhelm II. 1.—5. Taus. (124 S.) 8. Leipzig 909. Dieterich. Geb. in Leinw. 2.50; Luxusausg. 10. —

Stein, Agnes W., Jagden und Thiergeschichten für unsere Knaben. br. 8. (VIII und 378 S. mit eingedr. Holzschn.) Stuttgart 854, Cotta'sche Buchh.

Stein, Alb., die Verstaatlichung der Advokatur. Ein Beitrag zu Socialreform. gr 8. (20 S.) Berlin 885. F. Luckhardt. n. — 80

Stein, Alb. Gereon

Stein, A. G., Andachtsbuch zum Gebrauche bei den gemeinsamen Meß- und Nachmittagsandachten kathol. Gemeinden. 21. Aufl. 12. (380 S.) Köln 874, Bachem.

Stein, Alb. Gereon, Andachtsbuch zum Gebrauch bei den gemeinsamen Meß- und Nachmittagsandachten kathol. Gemeinden. 22.—24. Aufl. 12. (380 S.) Köln 874—77, Bachem. geb. in Halbleder *

Stein, Alb. Gereon, s. Antiphonarium Coloniense.

Stein, Alb. G., the church of Saint Ursula and her companions in Cologne. Its memorials, monuments and curiosities. gr. 16. (20 S. m. 2 chemityp. Taf.) Köln 887. Theissing. n. — 50

Stein, A. G., kölnisches Gesangbuch, s. Gebet-, Gesang- u. Belehrungsbuch.

Stein, A. G., kölnisches Gesangbuch, s. Gesangbuch.

—— Kölnisches Gesangbuch. Sammlung katholischer Kirchenlieder mit Melodien nach der Kölnischen Festordnung. 21. Aufl. 12. (308 S.) Ebendas. 874. geb. Gesang- und Andachtsbuch zusammen geb. *M 1,25.; *M 1,50.; *M 1,80.; *M 2,70. *

—— **Kölnisches Gesangbuch. Sammlung kathol. Kirchenlieder mit Melodien nach der köln. Festordnung. 22.—26. Aufl. 12. (308 S.) Ebendas. 874—79. geb. in Halbleder * Gesang- und Andachtsbuch zusammen geb. in Halbleder * geb. in Halbfrzbd. *M 1,50.; geb. in Ganzleder ****

Stein, Alb. Gereon, die katholische Kirchenmusik nach ihrer Bestimmung und ihrer dermaligen Beschaffenheit dargestellt. 8. (V und 126 S.) Köln 864, Bachem.

—— Kyriale, s. Kyriale.

Stein, Alb. Gereon, Kyriale sive ordinarium missae continens cantum Gregorianum ad Kyrie, Gloria, Credo, Sanctus et Agnus Dei pro diversitate temporis ac festorum per annum juxta usum metropolitanae ecclesiae Coloniensis cui accedunt cantiones aliquot sacrae in missa post elevationem cantandae etc. Editio IV. auctior. gr. 8. (VIII und 88 S.) Köln 860, Bachem. Thlr. *

—— **Kyriale sive ordinarium missae, continens cantum Gregorianum ad Kyrie, Gloria, Credo, Sanctus et Agnus Dei, pro diversitate temporis ac festorum per annum juxta usum metropolitanae ecclesiae Coloniensis, cui accedunt cantiones aliquot sacrae in missa post elevationem cantandae necnon modus respondendi ad versiculos in missa et cantandi Ite missa est — et: Benedicamus Domino, denique cantiones sacrae in processionibus cum ss. sacramento cantandae. Edit. V auctior. (96 S.); edit. VI. gr. 8. (VIII, 88 S.) Köln 877, Bachem.** *

—— Orgelbegleitung zu den Melodieen des Kölnischen Gesangbuchs. 2. Aufl. qu. 4. (162 S.) Ebendas. 869. *

Stein, Alb. Gereon, die Pfarre zur heiligen Ursula in Köln, vormals Pfarre von Maria Ablaß. Nebst zwei Beilagen: I. Die Kirche der heil. Ursula. II. Das Kloster und adelige Damenstift an der Kirche der heil. elftausend Jungfrauen. gr. 8. (IV, 192 S.) Köln 880, Bachem.

Stein, Alb. Gereon, die heilige Ursula und ihre Gesellschaft. Ein kirchenhistor. Versuch. gr. 8. (128 S.) Ebendas. 879.

Stein, Alb. Heinrich

— Handbuch des Würtemberg. Erbrechts, s. A. J. Röslin, Abhandl.

Stein's, Alb. Hnr., Handbuch des Württemberg. Erb-Rechts. Nach dem Tode des Verf. herausgeg. von C. F. v. Reinhardt. 2. Ausg., neu bearb. durch Ober-Justizrath Kübel. gr. 8. Stuttgart 844, J. F. Steinkopf. $1^1/_2$ ₰

Stein, A. H., u. F. v. **Kübel,** Handbuch d. württemb. Erbrechtes. 4. Aufl., neu bearb. u. m. Zusätzen versehen v. C. Hohl. gr. 8. (XVIII, 485 S.) Stuttgart 876. J. F. Steinkopf. n. 6. —

Stein, A. H., und F. v. Kübel, Handbuch des württembergischen Erbrechtes. 5. Aufl., neu bearb. und mit Zusätzen versehen von C. Hohl. gr. 8. (XVIII, 482 S.) Stuttgart 881, J. F. Steinkopf. *

Stein, A. H., u. F. v. Kübel, Handbuch d. württemb. Erbrechtes, neu bearb. u. m. Zusätzen versehen von C. v. Hohl. 6., verb. Aufl. gr. 8. (XVIII, 510 S.) Stuttgart 892. J. F. Steinkopf. n. 7. —; geb. n.n. 7. 80

Stein, Alb. H., über Vormundschaften u. Curatelen, s. J. H. Stein.

Stein, Albert, diplomierter Chemiker aus St. Gallen: Über Diphenylendioxyd. Zürich 1906. 58 S. 8°. [4. I. 07.]
Zürich. Phil. Diss. II. S. 1906/1907.

Stein, Albert. Über Diphenylendioxyd. Diss. Phil. [II.] Univ. Zürich. 58 S. 8. Zürich, F. Lohbauer, 1906.

Stein, Albert Eugen

Stein, Alb. E., Paraffin-Injektionen. Theorie u. Praxis. Eine zusammenfass. Darstellung ihrer Verwendung in allen Spezialfächern der Medizin. (V, 166 S. m. 81 Abb.) Lex.-8. Stuttgart 904. F. Enke. n. 6. —

STEIN, Albert Eugen: Syringomyelie mit totaler Hemianaesthesie nach peripherem Trauma.- München, Naumburg: Lippert 1897. 27 S.- S.-Abdr.aus: Archiv für klinische Medizin. Bd.60. 14.5.1897 - Chr 1896/97,21; Jv 1897/98,220 (Prom.-Datum: 1898)
Diss. Ingolst.-Landsh.-Mchn.

Stein, Alb. E., s.: Zentralblatt f. Röntgenstrahlen.

Stein, *Alexander* [Dr.]: Schillers Demetrius-Fragment und seine Fortsetzungen. I. Tl: Das Fragment. Mülhausen, Druck v. Veuve Bader & C., 1891; 23 S. 4.
Mülhausen, GwS, MP 1891 (521)

Stein, *Alexander* [Dr.]: Schillers Demetrius-Fragment und seine Fortsetzungen '(Schluss [d. P-Beil. 1891.])'. Mülhausen, Druck v. Wwe Bader & C., 1894; 26 S., 1 Bl. 4.
Mülhausen, OR (GwS), MP 1894 (520)

Stein, Alexander: *Linguae Hebraicae formationes quomodo in Mischna sint excultae, quomodo vocum significationes amplificatae, verborumque copia sit aucta. Dissertatio . . . adiecto appendice: Qua ratione quibusque legibus lingua Mischnaïca alienigena quaedam sit mutuata. 125 S. 8° (4°)
Halle-Wittenberg, Phil. Diss. v. 2. Aug. 1866
Geb. Grombach (Amt Sinsheim, Baden) 1. 10. 1843. V.
Vom Verf. [?] erschien deutsch: Thalmudische Terminologie, zusammengestellt und alphabetisch geordnet. Nebst e. Vorworte: Die Aufgabe einer Praeparandie für Studir. der jüd. Theologie. Prag: Hunger [bzw. Satow] 1869. XIII, 62 S. 8°

Stein, A. Die Nibelungensage im deutschen Trauerspiel. I. Teil. 43 S. II. Teil nebst Anhang: R. Wagners Dichtung „Der Ring der Nibelungen". 44 S. Gew. *Mülhausen i/Els.* 1882. 1883.
Progr.

Stein, Alexander, Referendar in Dresden: **Das Recht des Finders verlorener Sachen nach dem Deutschen Bürgerlichen Gesetzbuche.** *Borna-Leipzig 1903: R. Noske.* **(VI, 57 S.) 8°**
Leipzig, Jur. Diss. v. 1903

— **thalmudische Terminologie, zusammengestellt u. alphabetisch geordnet. Nebst einem Vorworte: Die Aufgabe einer Praeparandie für Studir. der jüd. Theologie. Prag 869. (Hunger.) gr. 8. (XIII, 62 S.)** n.n. 20 ngr.

Stein, A., thalmudische Terminologie, zusammengestellt und alphabetisch geordnet. Nebst einem Vorworte: Die Aufgabe einer Praeparandie für Studirende der jüdischen Theologie. gr. 8. (XIII, 62 S.) Prag 869, (Satow.) [Kosmack und Neugebauer.] **

Stein, Alf. E., s.: Annegarn's Weltgeschichte.

Stein, Alf. E., Gustav Adolf, Deutschlands Eroberer — nicht Erretter, s.: Saget, P.

Stein, Alfred: Die Lehre von der Energie. Mit 13 Fig. Leipzig: Teubner 1909. 137 S. 8°
(Aus Natur u. Geisteswelt. Bdch. 257.)

Stein, Alfr., die Lehre v. der Energie, s. d. Aus Natur u. Geisteswelt.

Stein, Anna [d. i. Margarethe Wulff]

Stein, A. die kleine Anna. Zur Unterhaltung für ganz kleine artige Mädchen. Mit Bildern. gr. 16. (140 S. mit 9 ill. Stnt.) Berlin 853, Winckelmann und Söhne.

Stein, A. [Marg. Wulff], die kleine Anna. Zur Unterhaltg. f. ganz kleine artige Mädchen. 8. Aufl. Mit 6 Bildern in Farbendr. v. W. Claudius. 8. (III, 137 S.) Berlin 886. Winkelmann & Söhne. geb. n. 3. —

Anne Marie. Ein Kleinkinder-Buch von A. Stein. Mit sechs colorirten Bildern [= handkolor. Federlithogr.]. Berlin. Verlag von Winckelmann und Söhne [1867]. 2 Bl. 156 S. Kl.-8° (fast quadr.). Rötlich-brauner Or.-Karton m. reicher Verzierung in hellbraun u. Sepia. 28.—
★ 1. Ausg. Selten! Die einem vierjahr. Kind erzählten Geschichten sind für dieses Alter im Stil „zu hoch". — Die sehr hübschen, v. Hosemann beeinflußten Bilder sind sign. „C. F." (= CARL FRÖHLICH?) — Teilw. leicht fleckig, Einbandrücken etwas grob ergänzt.

—— Anne Marie. Ein Kleinkinder-Buch. (Große Ausg.) 8. (165 S. mit 6 kolor. Bildern.) Ebendas. 885. geb. *

STEIN, A. [= Margar. Wulff]. *Alte Bekannte.* Ein Nachtrag zu den Tage- und Lebensbüchern von A. Stein. Mit 7 illuminirten Bildern [handkolorierte Lithogr.] v. TH. HOSEMANN. Berlin, Winckelmann u. Söhne [1860]. Lithogr. Titel u. 172 S. Kl.-8°. Etw. fleckiger rosa Or.-Pappbd. (Rücken erneuert). 28.—
Rüm. 991. BrHobr. 277. ★ Erste Ausgabe. Titel dreifach gestempelt. Leicht benutzt.

℔ Stein, A. [Marg. Wulff]. Alte Bekannte. 8. Aufl., durchgesehen u. verm. v. Ottilie Schwahn. 8. (IV, 406 S.) Berl. 891, Winckelmann u. Söhne. geb. * 4 50

Stein, A., Bilder a. d. Kinderleben. Erzählungen f. Mädchen v. 7 bis 10 Jahren. Mit 9 (lith. u.) color. Bildern v. Th. Hosemann. gr. 16. (279 S.) Berlin 849, Winckelmann & Söhne. 3/4 ℛ︀

STEIN. *Bilder aus dem Kinderleben.* Erzählungen für Mädchen von 7 bis 10 Jahren. 4. Aufl. Mit 9 colorirten Bildern [Lithogr.] v. TH. HOSEMANN. Berlin, Winckelmann & Söhne [ca. 1855?]. 1 Bl. 279 S. Kl.-8° (quadratisch). Hlwd. d. Z. — Teilw. leicht stockfleckig, 2 weiße Ränder lädiert. 15.—

Stein, A. [Marg. Wulff], Bilder aus dem Kinderleben. Erzählungen für Mädchen von 7 bis 10 Jahren. 6. Aufl. Mit 6 Bildern in Farbendr. nach Th. Hosemann. 8. (292 S.) Berlin 879. Winckelmann & Söhne. cart. n. 4. —

—— Bilder aus dem Kinderleben. Erzählgn. f. Mädchen von 7 bis 10 Jahren. 7. Aufl. Mit 6 Bildern in Farbendr. nach Th. Hosemann. 8. (292 S.) Ebd. 883. geb. * 4 —

—— Bildersprache in Erzählungen für Kinder von 8—12 Jahren. gr. 16. (160 S. mit 6 lithogr. und ill. Bildern.) Berlin 847, Winckelmann und Söhne. -

—— Bildersprache in Erzählungen für Kinder von 8 bis 12 Jahren. 16. (148 S. mit 6 lithogr. und ill. Bildern.) Berlin 857, Winckelmann und Söhne.

Stein, Anna [d. i. Margarethe Wulff]: Bildersprache in Erzählungen für Kinder von 8 bis 12 Jahren. 5. Aufl. Berlin. o. J. 8°

Stein, A., Blüthen. Kleine Erzählungen für freundliche Kinder von 6—10 Jahren. Mit 9 illum. Bildern. 16. Berlin 842, Winckelmann u. Söhne. 1/2 ℛ︀

—— Blüten und Perlen. Kleine Erzählungen für Kinder von 5 bis 8 Jahren. Mit 6 Bildern in Farbendr. nach Aquarellen von Bürkner. 8. (III, 246 S.) Ebendas. 879. cart. *

Stein, A. [Margarethe Wulff], Es war einmal. Eine Reihe Erzählungen für Kinder von 5—8 Jahren. 8. (114 S. mit 4 color. Bildern von Th. Hosemann.) Berlin 874, Winckelmann und Söhne. cart.

— es war einmal. Eine Reihe Erzählgn. f. Kinder von 5 bis 8 Jahren. Mit 4 color. Bildern v. Th. Hosemann. 2. Aufl. 12. (120 S.) Ebd. 879. Kart. 1. 80

Stein, A. (Margarethe Wulff), es war einmal. Eine Reihe Erzählgn. f. Kinder von 5 bis 8 Jahren. 3., durchgeseh. Aufl. Mit 4 Bildern (904). Winckelmann & Söhne. Kart. 1. 80

—— Felicia. Fragmente aus dem Leben eines jungen Mädchens. Für die reifere weibl. Jugend. br. 8. (355 S. mit 8 lithogr. und ill. Bildern von Hosemann.) Berlin 861, Winckelmann und Söhne.

Felicia. Fragmente aus dem Leben eines jungen Mädchens. Für die reifere weibliche Jugend von A. Stein. Zweiter Theil. Mit 8 colorirten Bildern [= Lithogr.] vom Prof. HOSEMANN. Berlin, Winckelmann und Söhne [1862]. 1 Bl. 360 S. Kl.-8°. Chromolith. Or.-Karton in Grau, Grün, Rot u. Weiß. 20.—
Rüm. 995. BrHobr. 301. ★ Erstausgabe. — Einige Gebrauchsspuren u. kleine Einrisse in 3 Bll. Einbandkanten bestoßen, Rücken beschäd.

—— Felicia. Fragmente aus dem Leben eines jungen Mädchens. Für die reifere weibl. Jugend. 3. Thl. Berlin 865. Winckelmann & Söhne. br. 8. (250 S. mit 6 lith. u. color. Bildern von Hosemann.) 1 ℛ︀

Felicia. Fragmente aus dem Leben eines jungen Mädchens . . . Dritter Theil. 2. Aufl. Berlin, Winckelmann und Söhne [c. 1866]. M. 6 farb. Bildern von TH. HOSEMANN. Kl.-8°. Hübscher hellgrauer Or.-Kartonbd. m. chromolith. Verzierungen in weiß, rot und lila. (Ecken leicht bestoßen, Rücken unbedeut. lädiert). 14.—

—— dass. — 3 Thle. 8. (355, 360 und 250 S.) Ebendas. 868. geb.

— Felicia. Aus dem Tagebuche e. jungen Mädchens. 4. Aufl. in neuer Bearbeitg. v. Ottilie Schwahn. 2 Tle. 8. (IV, 344 u. 355 S.) Ebd. 893. Geb. in Leinw. 8. —

—— Ferien. Ein Buch für Schüler und Schülerinnen von 12 bis 14 Jahren. Mit Bildern. 8. (130 S. mit 7 ill. Stnt.) Berlin 855, Winckelmann und Söhne. -

STEIN. *Geschichten für Kinder* von 10—12 Jahren von A. Stein (Marg. Wulff). Mit 9 colorirten Bildern [= Federlithogr. v. TH. HOSEMANN]. Berlin, Winckelmann und Söhne [1872]. 2 Bl. 219 S. Kl.-8° (fast quadr.). Einfacher Hlwd. 27.—
Rüm. 996. BrHobr. 380. ★ Erstausgabe. — Ganz leicht beschnitten, hie u. da unbedeut. Fleckchen.

STEIN. *Geschichten für Kinder* von 10—12 Jahren von A. Stein (Marg. Wulff). Mit 9 [lithogr., hand]colorirten Bildern [von TH. HOSEMANN]. Berlin, Winckelmann und Söhne [1873]. 2 Bl. 219 S. Kl.-8°. Neuerer Hlwd. aufgezog. Or.-Umschlag. — BrHobr. 380. ★ Originalausg. 27.—

—— 50 Kinderbriefe für kleine Kinder. 16. (6½ B. u. 9 ill. Bild.) Berlin 845, Winckelmann u. Söhne. –

STEIN. *Kinderbriefe.* Zweite Aufl. Mit neun colorirten Bildern [handkolor. Lithogr. v. TH. HOSEMANN]. Berlin, Winckelmann & Söhne [1872]. 212 SS. Kl.-8°. Leicht bestoß. chromolith. Orig.-Pappband. 25.—
BrHobr. 371. Zu dieser neuen Aufl. hat Hosemann 9 neue Bilder entworfen, die hier im 1. Abdruck vorliegen.

—— Lebensbuch für Mädchen von 12 bis 15 Jahren. 8. (224 S. mit 9 lithogr. und ill. Bildern von Th. Hosemann.) Berlin 851, Winckelmann und Söhne. –

STEIN. *Lebens-Buch* für Mädchen von 12 bis 15 Jahren. Mit 8 colorirten Bildern [Lithogr.] von TH. HOSEMANN. 3. Auflage. Berlin, Winckelmann & Söhne [ca. 1856]. 1 Bl. 259 S. Kl.-8°. Schlichter neuerer Hlwd. — Etwas fleckig u. benutzt. 14.—

STEIN. *Lebensbuch* für Mädchen von 12 bis 15 Jahren. 4. Aufl. Berlin, Winckelmann & Söhne [c. 1865]. M. 8 (statt 9) kolor. Lith. nach TH. HOSEMANN. 8°. Gelbl. rotverzierter Or.-Karton, Rücken modern ergänzt. Ein wenig benutzt. 10.—

—— Lebensbuch für Mädchen von 12 bis 15 Jahren. 6. Aufl. 8. (387 S. mit Illustr., Holzschntaf., von W. Friedrich.) Ebendas. 875. geb.

Lebensbuch f. Mädchen von 12 bis 15 Jahren. Mit Illustr. (auf 6 Holzschntaf.) v. W. Friedrich. 6. Aufl. gr. 8. (387 S.) Ebend. 876. geb. 6. 75

†Stein, A. [Margarethe Wulff], Lebensbuch. Eine Erzählung für junge Mädchen. Mit Illustr. von W. Friedrich. 7. Aufl. 8. (452 S.) Berlin 883, Winckelmann und Söhne. geb. *

—— Lebensbuch. Eine Erzählg. f. Mädchen v. 12—15 Jahren. Mit Illustr. von W. Friedrich. 8. Aufl. 8. (445 S.) Ebd. 889. geb. 4 50

— Lebensbuch für erwachsene Mädchen. 2. Thl. Mit 8 (lith. u.) color. Bildern. Berlin (854.) Winckelmann. 8. (2 Bl., 259 S.) 1 ℛ.

Stein, Anna [d. i. Margarethe Wulff]: Lebenspläne. Für die reifere weibliche Jugend. Berlin. [1870.] 8°

Stein, A. [Margarethe Wulff], Lebenspläne. Für die reifere weibl. Jugend. Berlin, Winckelmann & Söhne. br. 8. (375 S.) 1876. 1 ℛ; geb. n. 1 ℛ 10 ngr.

— Liesbeth. Erinnerungen an eine kleine Pension für erwachsene Mädchen. Mit 7 (lith. u.) color. Bildern von Th. Hosemann. Berlin 864. Winckelmann & Söhne. 8. (310 S.) • 1 ℛ 5 ngr.

STEIN. *Zwölf kleine Mädchen.* Erzählungen für Mädchen von 5 bis 8 Jahren von A. Stein. Mit [5 statt] 6 kolorirten Bildern [= Lithogr. nach TH. HOSEMANN]. Berlin, Winckelmann und Söhne [1851]. 2 Bl. 141 S. 1 Bl. Kl.-8° (fast quadrat.) Pbd. d. Z. 15.—
Rüm. 1002 (falsche Kollation) BrHobr. 199. 1. Ausgabe. — Teilw. leicht fleckig, Einband benützt.

—— Zwölf kleine Mädchen. Erzählgn. f. Mädchen v. 5 bis 8 Jahren. 8. Aufl. 12. (143 S. m. 6 kolor. Bildern.) Ebd. 885. cart. 1 80

Stein, A. (Margarete Wulff), zwölf kleine Mädchen. Erzählungen f. Mädchen von 5—8 Jahren. 9. Aufl. Mit 6 Bildern v. W. Claudius in Farbendr. 8. (III, 146 S.) Berlin (901). Winckelmann & Söhne. Geb. 1. 80

—— die kleine Monica. Eine Unterhaltung für das zarteste Kindesalter. Mit Bildern. gr. 16. (128 S. mit 9 ill. Stnt.) Berlin 855, Winckelmann und Söhne.

— die kleine Monica. Eine Unterhaltung f. das zarteste Kindesalter. Mit 4 Bildern in Farbendr. v. M. Hohneck. 4. durchgeseh. Aufl. (124 S.) 8. Ebd. (904.) Kart. 1. 80

—— Perlen. Kleine Erzählungen f. freundliche Kinder von 5—8 Jahren. 16. (8 B. u. 9 ill. Bild.) Innsbruck 842, Wagner'sche Buchh.

—— Perles, ou petites histoires pour les bons enfans. Trad. par Pierres. 16. (4½ B.) Hambourg 846, Bödecker. *

—— perles ou petites histoires pour les bons enfans. Traduites par P. F. L. Hoffmann. 2. Édition. 16. (III und 64 S.) Leipzig 850, [Brandstetter.] *

— perles ou petites histoires pour les bons enfans. Traduites par P. F. L. Hoffmann. 2. édition. 16. (IV u. 64 S.) Leipzig (846) 850, Sechtling. n. 1/6 ℳ

—— Saamenkörner. Erzahlungen für Kinder von 8 bis 12 Jahren. br. 8. (III und 244 S. mit 9 lithogr. und ill. Bildern von Hosemann.) Berlin 867, Winckelmann und Söhne. cart.

STEIN. [1.] 52 *Sonntage* oder Tagebuch dreier Kinder. Mit neun illuminirten Bildern. — [2.] Tagebuch dreier Kinder. Fortsetzung der 52 Sonntage. Mit neun colorirten Bildern. — [3.] Mariens Tagebuch. Fortsetzung der 52 Sonntage und des Tagebuchs dreier Kinder. Mit neun colorirten Bildern. — [3 Bde.] Berlin, Winckelmann & Söhne [1846, 1850, 1852]. 359, 412 S., 1 Bl. 331 S. Kl.-8° (fast quadrat.). Or.-Hlwdbde. 90.—
Rüm. 1001. BrHobr. 128, 185. ★ Originalausgabe. Diese drei zusammengehörigen Bände gelten als das beliebteste Werk der bekannten Erzählerin M. Wulff (1792—1874, vgl. Merget p. 134 f., Dyrenfurth-Graebsch p. 187). — Die beiden ersten Bände enthalten je neun sehr hübsche handkolorierte Lithographien nach TH. HOSEMANN, die ganz ähnlichen 9 kolor. Bilder des 3. Bandes sind C. K(och?) signiert. — Gutes Ex.

—— 52 Sonntage oder Tagebuch dreier Kinder. Mit Bildern. 4. Aufl. gr. 16. (359 S. mit 9 ill. Stnt.) Berlin 854, Winckelmann und Söhne. —

STEIN. *52 Sonntage* oder Tagebuch dreier Kinder. 8. Aufl. Mit neun illuminirten Bildern [Lithogr. von TH. HOSEMANN]. Berlin, Winckelmann und Söhne [c. 1858]. 359 S. Kl.-8°. Etw. benutzter einfacher Hlwd. — Teilw. leicht fleckig. 15.—

— 52 Sonntage oder Tagebuch dreier Kinder Mit 9 (lith. u.) illum. Bildern. 8. Aufl. Berlin 864. Winckelmann & Söhne. gr. 16. (359 S.) 27½ ngr.

—— 52 Sonntage oder Tagebuch dreier Kinder. 8. Aufl. gr. 16. (359 S. mit 9 lithogr. und ill. Bildern.) Berlin 866, Winckelmann und Söhne. cart. —

Stein, Anna [d. i. Margarethe Wulff]: 52 Sonntage oder Tagebuch dreier Kinder. Mit 9 col. Bildern v. Th. Hosemann. 18. Aufl. Berlin. [1870?] 8°

— 52 Sonntage oder Tagebuch dreier Kinder. Mit 4 Bildern in Farbendr. u. 52 (eingedr.) Holzschn. nach Aquarellen u. Zeichnungen von Eug. Klimsch. Holzschn. v. R. Brend'amour & Co. Prachtausg. gr. 8. (276 S.) Ebend. 879. cart. 6. —; geb. 7. —

—— 52 Sonntage oder Tagebuch dreier Kinder. Mit 9 kolor. Bildern von Th. Hosemann. 25. Aufl. 12. (359 S.) Berl. 891, Winckelmann u. Söhne. cart. 2 75

— dasselbe. Neu bearb. v. Ottilie Schwahn. Mit (4) Bildern v. W. Claudius in Farbendr. Jubiläumsausg. 8. (IV, 346 S.) Ebd. 894. Kart. 3. —

— 52 Sonntage od. Tagebuch dreier Kinder. Neu bearb. v. Ottilie Schwahn. Mit [4] Bildern v. W. Claudius in Farbendr. 31. [Ster.-]Aufl. (IV, 346 S.) 8. Ebd. (904). Geb. 3. —

Stein, A. (Marg. Wulff), 52 Sonntage od. Tagebuch dreier Kinder. Neu bearb. v. Ottilie Schwahn. Mit [4] Bildern v. W. Claudius in Farbendr. 32. Aufl. (IV, 346 S.) 8. Berlin (907). Winckelmann & Söhne. Geb. 3. —

—— Tagebuch dreier Kinder. Fortsetzung der 52 Sonntage. gr. 16. (412 S. mit 9 lithogr. und ill. Bildern.) Berlin 850, Winckelmann und Söhne.

— Tagebuch dreier Kinder. Fortsetzung der 52 Sonntage. Mit 9 (lith. u.) color. Bildern. gr. 16. (412 S.) Ebd. 852. 5/6 ℔

—— Tagebuch dreier Kinder. Fortsetzung der 52 Sonntage. 4. Aufl. gr. 16. (412 S. mit 9 lithogr. und ill. Bildern.) Berlin 864, Winckelmann und Söhne. cart. —

STEIN. *Tagebuch dreier Kinder*. 2. Teil der „52 Sonntage". Neu bearb. v. O. Schwahn. Berlin, Winckelmann, c. 1870. Mit 4 farb. Taf. 8°. Orhlwd. m. chromolith. Deckelbild. 8.—

—— Tagebuch dreier Kinder. Fortsetzg. der 52 Sonntage. 16. Ster.-Aufl. 12. (412 S. m. 9 kolor. Bildern.) Ebd. 891. cart. 2 75

— dasselbe. 2. Tl. der 52 Sonntage. Neu bearb. v. Ottilie Schwahn. Mit (4) Bildern v. W. Claudius in Farbendr. 8. (337 S.) Ebd. 894. Kart. 3. —

— Tagebuch dreier Kinder. 2. Tl. der „52 Sonntage". Neu bearb. v. Ottilie Schwahn. Mit [4] Bildern v. W. Claudius in Farbendr. (337 S.) 8. Ebd. (904). Geb. 3. —

—— Mariens Tagebuch. Fortsetzung der 52 Sonntage und des Tagebuchs dreier Kinder. Mit Bildern. gr. 16. (331 S. mit 9 ill. Stnt.) Berlin 852, Winckelmann und Söhne.

STEIN. *Mariens Tagebuch*. Fortsetzung der 52 Sonntage und des Tagebuchs dreier Kinder. Mit neun colorirten Bildern [Lithogr.]. 5. Aufl. Berlin, Winckelmann & Söhne [c. 1860?]. 1 Bl. 331 S. Kl.-4°. Hübscher chromolith. Or.-Karton (Rücken leicht läd.). Gutes Ex. 20.—

— Mariens Tagebuch. Fortsetzung der 52 Sonntage u. d. Tagebuches dreier Kinder. 10. Aufl. 12. (333 S. m. 9 kolor. Bildern.) Ebd. 891. Kart. 2. 50

Stein, A. (Marg. Wulff), Maries Tagebuch. 3. Tl. d. „52 Sonntage". Neu bearb. v. Ottilie Schwahn. M. 3 Bild. v. W. Claudius in Farbendr. gr. 8. (345 S.) Berlin 895. Winckelmann & Söhne. Geb. 3. —

— Maries Tagebuch. 3. Tl. der „52 Sonntage". Neu bearb. v. Ottilie Schwahn. Mit [4] Bildern v. W. Claudius in Farbendr. 16. [Ster.-]Aufl. (345 S.) 8. Ebd (901). Geb. 3. —

Stein, Anton

Stein, A., Anthologia epigrammatum latinorum recentioris aevi. 8. Vindobonae, Anton Doll. (Lips. Liebeskind.) 815.

Stein, Ant., Anthologia epigrammatum latinorum recentioris aevi. 8. Wien 816. Ant. Doll. 1 ℔ 8 ℊ

Stein, Ant., üb. einige Derivate d. Dyphenylmethan. Diss. gr. 8. (48 S.) Göttingen 895. (Vandenhoeck & Ruprecht.) n. 1. 40

— élite d'épigrammes et madrigaux des meilleurs poëtes franç., depuis Marot jusqu'à nos jours, av. fig. 8. Wien 810. Ant. Doll. 1 ℔ 8 ℊ

Stein, Anton — chemischer Bauer zu Freudenthal in k. k. Schlesien. Die Kartoffeln auf 30 bis 40fachen Ertrag zu bringen und der Kartoffelseuche entgegen zu arbeiten Nach einem ganz neuen Verfahren praktisch ausgeführt von — —. Bewiesen durch die gültigsten Zeugnisse. Mit Vorbehalt des Nachdruckes. Wien, 1856. Druck und Verlag von M. Auer. (47 S. 8.)

Stein, Ant. Jos., deutsche, latein. u. griechische Gedichte. 12. (14½ B.) Wien 843, (Kaulfuß Wwe., Prandel u. Comp.) *

Stein, Armin [d. i. Herm. Nietschmann]

— s. a.: Nietschmann, H.

Stein, Armin, [H. Nietschmann], auf Abwegen, s.: Familien-Bibliothek für's deutsche Volk.

ℌStein, Armin [H. Nietschmann]. Königin Adelheid. Historische Erzählung aus dem 10. Jahrh. 8. (231 S.) Halle a. S. 891, Buchh. d. Waisenhauses. 2 70; geb. ** 3 60

Stein, Armin (Herm. Nietschmann), aus meiner Bildermappe. Allerlei Skizzen aus dem Leben. 2. Taus. 8. (III, 128 S.) Dessau 900. Buchh. des ev. Vereinshauses. n. 1. 20; geb. n.n. 1. 60

Stein, Armin, [H. Nietschmann], das Buch vom Doktor Luther. Mit dem Bildnis Dr. Martin Luther's, gestochen v. A. Krauße. gr. 8. (XII, 475 S.) Halle 888. Buchhandlg. d. Waisenhauses. n. 4. 80; geb. in Leinw. n. 5. 90

Stein, Armin (Herm. Nietschmann), das Buch vom Doktor Luther. 2., verm. Aufl. Mit dem Bildnis Dr. Martin Luthers, gestochen v. A. Krauße, u. zahlreichen Abbildg., nach Originalen von Luc. Cranach, Graf Harrach, W. Lindenschmit u. a. (XII, 406 S.) gr. 8. Halle 904. Buchh. des Waisenhauses. n. 4. 50; geb. in Leinw. n. 6. —

†Stein, Armin [H. Nietschmann], Da hast du Schuld; Gottes Lohn, s. Groschen-Bibliothek für das deutsche Volk.

— im Dachkämmerlein, s.: Hausfreund, Hamburger.

†Stein, Armin, [H. Nietschmann], im Dachkämmerlein, s. Schillings-Bücher.

—— In der Dämmerstunde. Schlichte Geschichten. 8. (IX, 380 S.) Halle 881, Buchh. des Waisenhauses. ℳ 3,60.; cart.

—— die liebe Dorel. Lebensbild einer Landesmutter aus dem Hause Hohenzollern: der Herzogin Dorothea Sibylla zu Liegnitz und Brieg. 8. (VIII, 206 S.) Halle 878, Schwetschke'scher Verlag. geb. *

— die liebe Dorel. Lebensbild e. Landesmutter aus dem Hause der Hohenzollern: der Herzogin Dorothea Sibylla zu Liegnitz u. Brieg. 2. Aufl. 8. (VIII, 187 S. m. 2 Bildern.) Halle 890. Schwetschke, Verl. n. 1. 65; geb. n. 2. 25

— Elisabet, Kurfürstin v. Brandenburg. Historische Erzählg. 8. (228 S.) Halle 902. J. Fricke's Verl. n. 2. —; geb. in Leinw. n. 3. —

— der Erbe von Friedheim, s.: Volksbibliothek, deutsche, für Lesevereine u. das Haus.

--Prinz Eugenius der edle Ritter. Milwaukee, n. d.

— ein teurer Fidibus, dreierlei Weihnachten, s.: Immergrün.

— der alte Fritz u. sein Adjutant, s.: Vom Jahrmarkt d Lebens.

—— dass. — s. Volksbücher, deutsche.

—— der alte Fritz und sein Adjutant. Eine Geschichte aus der Zeit des 7jähr. Krieges. 8. (185 S.) Wolfenbüttel 877, Zwißler. *

— Fußspuren des Höchsten. Volkserzählungen. 8. (VI, 161 S.) Halle 902. Gebauer-Schwetschke. n. 1. 25; kart. n. 1. 45; in Geschenkbd. n. 2. —

— Paul Gerhardt der Sänger im Heiligtum. (Sein Leben u. Wirken f. Jung u. Alt erzählt.) Mit 23 Orig.-Zeichngn. v. C. A. Baworowski u. e. Portr., sowie 2 Ansichten nach gleichzeit. Bildern. 1.—30. Taus. (32 S.) 8. Konstanz (906). Zürich, Christl. Buch- u. Kunstverl. C. Hirsch. n. — 15

—— schlichte Geschichten. II. Aus Dorf und Stadt. 8. (IX, 343 S.) Halle 884, Buchh. des Waisenhauses. ℳ 3,60.; cart.
Den 1. Bd. bildet: In der Dämmerstunde.

— schlichte Geschichten. III. Freudvoll u. leidvoll. 8. (VII, 387 S.) Halle 887. Buchhandlg. d. Waisenhauses. n. 3. 60; geb. n.n. 4. 35 (1—3.: n. 10. 80)

— schlichte Geschichten. 4.—6. Bd. 8. Halle a/S., Buchh. des Waisenhauses. 8. 70; geb. in Kaliko n. 10. 80 (1—6.: n. 19. 65; geb. n. 23. 60)
4. Am stillen Herd. (VII, 269 S.) 892. 3. —; geb. n. 3. 70
5. Aus des Herrgotts Regiment. Schlichte Geschichten. (VII, 244 S.) 894. 2. 70; geb. n. 3. 40
6. Der Mönch vom Berge. Eine Dorfgeschichte. 2., neu bearb. Aufl. (VII, 248 S.) 894. 3. —; geb. n. 3. 70

Stein, Armin (H. Nietschmann), schlichte Geschichten. 7.—9. Bd. 8. Halle 895. Buchh. d. Waisenhauses. 9. 15; geb. in Leinw. n. 11. 30 (1.—9.: n. 28. 80; geb. n. 37. 90)
7. Aus d. Heimat. (VII, 196 S.) n. 2. 40; geb. n. 3. 10
8. Aus Krieg u. Frieden. (VII, 261 S.) 896. 3. —; geb. n. 3. 70
9. Aus allerlei Tonart. (V, 343 S.) 898. 3. 75; geb. n. 4. 50

— schlichte Geschichten. I. In der Dämmerstunde. 2. verm. Aufl. 8. (VII, 423 S.) Halle 899. Buchh. des Waisenhauses. 3. 60; geb. in Leinw. n. 4. 40

— deutsche Geschichts- u. Lebensbilder. 1—3. Bdchn. 8. Halle 877—80. Buchh. d. Waisenh. 23. 10; cart.
1. Martin Luther u. Graf Erbach. Historische Erzählung aus der Reformationszeit. (VIII, 188 S.) 2. 40; cart. 2. 70
2. Katharina v. Bora, Luthers Ehegemahl. Ein Lebensbild. (VIII, 263 S.) 3. —; cart. 3. 30
3. August Hermann Francke. Zeit- u. Lebensbild aus der Periode des deutschen Pietismus. (X, 357 S.) 2. 70; cart. 3. —

—— deutsche Geschichts- und Lebensbilder. 1. und 2. Bdchn. 8. Halle 879, Buchh. des Waisenhauses. ℳ 5,60.; cart.
Inhalt:
Bdchn. 1. Martin Luther und Graf Erbach. Historische Erzählung aus der Reformationszeit. (VIII, 188 S.) ℳ 2,40.; cart. 2,70.
„ 2. Katharina v. Bora, Luthers Ehegemahl. Ein Lebensbild. (VIII, 263 S.) ℳ 3.; cart. ℳ 3,30.

—— deutsche Geschichts- und Lebensbilder. 1.—10. Bdchn. 8. Ebendas. ℳ 32,55.; cart.
Inhalt:
Bdchn. 1. Martin Luther und Graf Erbach. Histor. Erzählung aus der Reformationszeit. 2. Aufl. (VIII, 188 S. mit dem Stahlst.-Bildnis des Verf.) 884. ℳ 2,40.; cart. ℳ 2,70.
„ 2. Katharina von Bora, Luthers Ehegemahl. Ein Lebensbild. Nebst einem Bildniß der Katharina nach Lucas v. Cranach. 2. Aufl. (VIII, 263 S.) 882. ℳ 3.; cart. ℳ 3,45.
„ 3. August Hermann Francke. Zeit- und Lebensbild aus der Periode des deutschen Pietismus. (X, 357 S.) 880. ℳ 2,70.; cart. ℳ 3.
„ 4. Der Salzgraf von Halle. Ein Städtebild aus dem Anfang des 15. Jahrh. (VIII, 243 S.) 880. ℳ 2,40.; cart. ℳ 2,70.
„ 5. Editha. Histor. Erzählung aus dem 8. Jahrh. (VIII, 216 S.) 881. ℳ 2,40.; cart. ℳ 2,70.
„ 6. Johannes Falk. Ein Zeit- und Lebensbild. (X, 326 S. mit Portr. in Holzschn.) 881. ℳ 3,30.; cart. ℳ 3,60.
„ 7. Cardinal Albrecht. Histor. Erzählung aus der Reformationszeit. (X, 360 S. mit Portr. in Holzschn.) 882. ℳ 3,60.; cart. ℳ 3,90.
„ 8. 1. Thl.: Georg Friedrich Händel. Ein Künstlerleben. 1. Thl. Mit 1 (Holzschn.-)Bildnis Händels. (VIII, 331 S.) 882. ℳ 3,30.; cart. ℳ 3,60.
„ 8. 2. Thl.: —— dass. — 2. Thl. Mit 1 (Holzschn.-)Abbild. von Händels Denkmal. (368 S.) 883. ℳ 3,45.; cart. ℳ 3,90.
„ 9. Königin Luise. Mit 1 (Holzschn.-)Bildnis der Königin Luise. (X, 398 S.) 883. ℳ 3,60.; cart. ℳ 3,90.
„ 10. Stella. Histor. Erzählung aus dem 16. Jahrh. (VII, 232 S.) 884. ℳ 2,40.; cart. ℳ 2,70.

—— deutsche Geschichts- und Lebensbilder. 2., 3., 9., 11.—14. Bd. 8. Ebendas.
Inhalt:
Bd. 2. Katharina v. Bora, Luthers Ehegemahl. Ein Lebensbild. 3. Aufl. (X, 265 S. mit 1 Bildnis der Katharina.) 886. ℳ 3.—.
„ 3. August Hermann Francke. Zeit- und Lebensbild aus der Periode des deutschen Pietismus. 2. Aufl. (XIII, 357 S. mit 1 Bildnis in Stahlst., 9 Vollbildern und 2 Textbildern in Holzst.) 885. ℳ 3.60.
„ 9. Königin Luise. Ein Lebensbild. 2. Aufl. (X, 404 S. mit 1 Holzschn.-Bildnis der Königin Luise.) 886. ℳ 3.60.
„ 11. Kaiser und Kurfürst. Histor. Erzählung aus dem schmalkald. Kriege. (314 S.) 885. ℳ 3.30.
„ 12. Der große Kurfürst. Ein Heldenleben. 2 Tle. Mit 1 Titelbild. [1. Tl. (VIII, 325 S.) 886. ℳ 3.30.; 2. Tl. (VI, 368 S.) 886. ℳ 3.75.] ℳ 7.05.
„ 13. Prinz Eugenius der edle Ritter. Histor. Erzählung. (XVIII, 259 S. mit 1 Bildnis, gestochen von A. Krauße.) 887. ℳ 3.—.
„ 14. Otto der Große und seine Brüder. Histor. Erzählung. (V, 142 S.) 888. ℳ 3.—.
1., 4.—8., 10. Bd. Ebendas. 1880—84. ℳ 26.25.

—— Deutsche Geschichts- u. Lebensbilder. 4., 9., 15.—20. Bd. 8. Ebd. * 21 60
4. Der Salzgraf von Halle. Ein Städtebild aus dem Anfang des 15. Jahrh. 2. Aufl. (VIII. 251 S.) 892. * 2 40; geb. * 3 10.
9. Königin Luise. Ein Lebensbild. 3. Aufl. Mit 1 Bildnis. (X, 404 S.) 892. 3 60; geb. * 4 30.
15. Hans Sachs. (V, 288 S. m. e. Portr.) 889. 3 30; geb. 4 —.
16. Unter den Fahnen des Schwedenkönigs. Historische Erzählg. aus dem 30jähr. Krieg. (VI, 183 S.) 890. * 2 40; geb. * 3 10.
17. Friedrichs d. Großen Jugendleben. (VI, 320 S.) 890. 3 30; geb. * 4 —.
18. Christian Fürchtegott Gellert. (VII, 203 S. m. 1 Bild.) 891. * 2 40; geb. * 3 10.
19. Der Minnesänger. Historische Erzählg. aus dem 12. Jahrh. (VI, 179 S.) 891. * 2 10; geb. * 2 80.
20. Albrecht Dürer. Ein Lebensbild. (XII, 239 S.) 892. 2 40; geb. 3 10.

— deutsche Geschichts- u. Lebensbilder. 3., 4., 9., 18.—21. Bd. 8. Ebd. n. 18. 90; geb. n. 24 —
3. August Hermann Francke. Zeit- u. Lebensbild aus der Periode des deutschen Pietismus. 3. Aufl. Mit 1 Bildnis in Stahlst., 9 Vollbildern u. 2 Textbildern in Holzst. (XIII, 353 S.) 894. 3. 60; geb. in Leinw. n. 4. 50
4. Der Salzgraf v. Halle. Ein Städtebild aus dem Anfang d. 15. Jahrh. 2. Aufl. (VIII, 251 S.) 892. n. 2. 40; geb. n. 3. 10
9. Königin Luise. Ein Lebensbild. 3. Aufl. Mit 1 Bildnis der Königin Luise. (X, 404 S.) 891. n. 3. 60; geb. n. 4. 30
18. Christian Fürchtegott Gellert. (VII, 203 S. m. 1 Bild.) 891. n. 2. 40; geb. n. 3. 10
19. Der Minnesänger. Historische Erzählg. aus dem 12. Jahrh. (VI, 179 S.) 891. n. 2. 10; geb. n. 2. 80
20. Albrecht Dürer. Ein Lebensbild. (XII, 239 S.) 892. n. 2. 40; geb. n. 3. 10
21. Schillers Jugendleben. (VIII, 239 S.) 893. 2. 40; geb. n. 3. 10

— deutsche Geschichts- u. Lebensbilder. I, II, V, IX u. XXII—XXVI. 8. Ebd. 24. 90; Einbde. in Leinw. à n. — 70
I. Martin Luther u. Graf Erbach. Histor. Erzählg. aus d. Reformationszeit. 3. Aufl. M. d. Bildn. d. Verf. (IX, 188 S.) 897. 2. 40
II. Katharina v. Bora, Luthers Ehegemahl. Ein Lebensbild. 4. Aufl. M. e. Bildnis d. Katharina. (XII, 267 S.) 897. 3. –
V. Editha. Histor. Erzählg. aus d. 8. Jahrh. 2. Aufl. (XI, 215 S.) 896. 2. 40
IX. Königin Luise. E. Lebensbild. 4. Aufl. M. e. Bildnis der Königin Luise. (X, 104 S.) 897. 3. 60
XXII. Johannes Hus. E. Zeit- u. Charakterbild aus d. 15. Jahrh. (XII, 252 S.) 895. 2. 40
XXIII. Johann Sebastian Bach. E. Künstlerleben. (VIII, 278 S. m. 1 Bildn.) 896. 3. 30
XXIV. Paul Gerhardt. E. Lebensbild. M. Bildn., gestochen v. Th. Bormann. (VII, 248 S.) 897. 3.
XXV. Das Buch v. Magister Melanchthon. (VIII, 264 S.) 898. 2. 70
XXVI. Gutenberg. E. Zeit- u. Lebensbild aus d. 15. Jahrh. (XI, 175 S.) 895. 2. 10

— deutsche Geschichts- u. Lebensbilder. XVIII u. XXVII. 8. Ebd. à 2.40; geb. in Leinw. à n. 3. 10
XVIII. Christian Fürchtegott Gellert. Ein Lebensbild. 2. Aufl. (VII, 203 S. m. Titelbild.) 901.
XXVII. Samuel Urlsperger, der Patriarch des süddeutschen Pietismus. Ein Lebensbild. (VII, 224 S.) 899.

— deutsche Geschichts- u. Lebensbilder. IV. IX. XI. u. XXVIII. 8. Halle, Buchh. des Waisenhauses. n. 11.30; geb. in Leinw. n. 14. 10
IV. Der Salzgraf v. Halle. Ein Städtebild aus dem Anfang des 16. Jahrh. 3. Aufl. (VIII, 258 S.) 906. n. 2. 40; geb. n. 3. 10
IX. Königin Luise. Ein Lebensbild. 5. Aufl. (414 S. m. 1 Bildnis.) 904. n. 3. 60; geb. n. 4. 30
XI. Kaiser u. Kurfürst. Historische Erzählg. aus dem schmalkald. Krieg. 2. Aufl. (322 S.) 907. n. 3. 30; geb. n. 4. —
XXVIII. Der Kirchenfürst u. sein Günstling. Geschichtliche Erzählung aus Alt-Halle. (VII, 173 S.) 906. n. 2. —; geb. n. 2. 70

Stein, Armin [H. Nietschmann], Meister Gottfried, s.: Unterhaltungs-Bibliothek, christliche.

Stein, Armin, Meister Gottfried. Eine Dorfgeschichte für's Volk erzählt. gr. 8. (IV, 139 S.) Halle 871, Fricke. *

— Meister Gottfried. Eine Dorfgeschichte. 2. Aufl. 8. (150 S.) Halle a/S. 892. J. Fricke's Verl. n. 1. —; geb. n. 1. 50

— die Stadt Halle a. d. Saale. In Bildern aus ihrer geschichtl. Vergangenheit dargestellt. Mit 17 Vollbildern u. 2 Doppelvollbildern. 6 Hfte. gr. 8. (VIII, 479 S.) Halle 901. E. Strien. à n. 1. 25

— Georg Händel u. sein großer Sohn, s.: Bibliothek der Gesamtliteratur.

Stein, Arnim, Haß u. Liebe, s.: Familien-Bibliothek für's deutsche Volk.

— hoch hinaus u. tief hinab, s.: Schillingsbücher.

— Die Wittenberger Hochschule, s.: Volksschriften des Vereins f. Kirchengeschichte in der Prov. Sachsen. 1. Heft.

— im Dulden stark, s.: Schillingsbücher.

Stein, Armin. In Treue stark. Eine Dorfgeschichte von A' St' <Hermann Nietschmann>. 2. Aufl. II + 110 S. 8. Basel, Ernst Finckh, [1906]. [cart. fr. 1. —]
Familienbibliothek fürs deutsche Volk. No. 119—120.

— dasselbe, s.: Familienbibliothek für's deutsche Volk. 119. 120.

— aus dem Jugendleben Johann Friedrich d. Großmüthigen, s.: Familien-Bibliothek für's deutsche Volk.

Stein, Arnim. Kaiser und Kurfürst. Milwaukee, n. d.

— Michael Kirchner, s.: Für Schule u. Haus, Nr. 25—27.

— Michael Kirchner. Ein wundersames Menschenleben aus der Zeit des 17. Jahrh., dem deutschen Volk erzählt. 8. (VII, 284 S.) Stavenhagen 878. Beholtz. n 3. —; cart. n. 3. 60

—— ein getreuer Knecht. Erzählung für die deutsche Jugend und das deutsche Volk. 16. (110 S. mit 4 Abbild. in Stahlst.) Wiesbaden 880, Niedner. cart.

— ein getreuer Knecht. Erzählung f. die deutsche Jugend u. das deutsche Volk. 1. Aufl., 2. Abdr. (95 S. m. 4 Vollbildern.) kl. 8. Altenburg 905. St. Geibel. Kart. n. — 50; geb. n. — 75

— dasselbe, s.: Familienbibliothek für's deutsche Volk. 65. 66.

— feurige Kohlen, s.: Hausfreund, Hamburger.

— feurige Kohlen, s.: Schillings-Bücher.

— unter dem Kreuz. I. 12. Halle a/S. 894. Buchh. des Waisenhauses. 1. 20; geb. in Leinw. n. 1. 80
Christian Friedrich Schwartz, der Apostel Indiens. Ein Lebensbild. (VII, 131 S.)

— Dr. Martin Luthers Leben, der Jugend erzählt in 12 Bildern, m. 12 Illustr. in feinem Farbendr. nach den Orig.-Kupferstichen von Gust. König. 4. (27 S.) Frankfurt a/M. (900). J. Schrodt. Kart. 1. 75

—— der Leiermann und sein Kind, s. Volks-Bibliothek, christliche.

— Die Königin Luise. In Bildern aus ihrem Erdenwallen geschildert. Ein Gedenkbüchlein zum 100 jähr. Todestag, 19. VII. 1910. (32 S. m. 16 Abb.) 8. Konstanz (910). Christl. Buch- u. Kunstverlag C. Hirsch. — 15

Stein, Armin. Ein braver Lützower. Eine kleine Geschichte aus grosser Zeit von A' St' <H[ermann] Nietschmann>. 2. Aufl. II + 96 S. 8. Basel, Ernst Finckh, [1906]. [cart. fr. 1. —]
Familienbibliothek fürs deutsche Volk. No. 65/66.

—— ein braver Lützower, s. Familien-Bibliothek für's deutsche Volk.

— vom Markt des Lebens, s.: Für den Feierabend.

— Vom Markt des Lebens. Ernst- u. Scherzhaftes. 4. u. 5. Taus. (III, 144 S.) kl. 8. Hamburg 909. Agentur d. Rauh. Hauses. Geb. in Leinw. 1. 60

P Stein, Armin [H. Nietschmann]. Marlene. Eine Dorfgeschichte. 12. (96 S.) Barmen 891, Klein. * 1 —

—— dass. — s. Familienbibliothek f. Deutsche Volk. Nr. 111. 112.

— Doktor Martinus u. Jungfer Käthe. Ein klein Spiel in 3 Aufzügen. 12. (47 S.) Dessau 900. [Buchh. des ev. Vereinshauses.] Stuttgart, Holland & Josenhans. n. — 60

Stein, Armin (H. Nietschmann), Philipp Melanchthon. E. Lebensbild. D. deutschen Volke vor d. Augen gemalt. 8. (109 S. m. Abb.) Berlin 896. Buchh. d. Berliner Stadtmission. n. — 50; geb. in Leinw. n. 1. 20

—— der Mönch vom Berge, s. Unterhaltungs-Bibliothek, christliche.

—— der Mönch vom Berge. Eine Dorfgeschichte für's Volk erzählt. gr. 8. (III, 306 S.) Halle 872, Fricke.

— Monika, s.: Witzleben, M. v., kleine russische Lehrbibliothek.

— Thomas Münzer. Ein Zeit- u. Charakterbild aus dem 16. Jahrh. 8. (222 S.) Halle 900. E. Strien. n. 2. 70; geb. in Leinw. n. 3. 40

Stein, Armin (Herm. Nietschmann), stille Nacht, heilige Nacht od.: Der Ton aus d. Heimat. Ein Weihnachtsspiel. 12. (24 S.) Dessau 901. [Buchh. des ev. Vereinshauses.] Stuttgart, Holland & Josenhans. n. — 50; ermäß. Pr. n. — 40

— Stille Nacht, heilige Nacht, od. Der Ton aus d. Heimat. Ein Weihnachtsspiel. 2. Aufl. (20 S.) kl. 8. Stuttgart (908). Holland & Josenhans. — 40

— aus tiefer Noth, s.: Hausfreund, Hamburger.

— aus tiefer Noth, s.: Schillingsbücher.

— Johann Friedrich Oberlin. Ein Lebensbild. 8. (VII, 247 S.) Halle (899). E. Strien. n. 2. 70; geb. in Leinw. n. 3. 40

— am warmen Ofen. Schlichte Geschichten. 8. (250 S.) Stavenhagen 879. Beholtz. n. 2. —; cart. 2. 50

— aus dem Reich der Töne. Bilder aus dem Leben unserer großen Meister. 8. (VII, 204 S.) Halle a/S. 893. Buchh. d. Waisenhauses. 2. 40; geb. in Leinw. n. 3. 10

— unter dem Schirm des Höchsten. Eine wahrhaft. Geschichte. Mit 4 Abbildungen (in Stahlst.). 12. (128 S.) Wiesbaden 881. Niedner. cart. — 75

— unter d. Schirm d. Höchsten. E. wahrhaft. Geschichte. 12. (108 S. m. 4 Abb.) Altenburg 898. St. Geibel. Kart. n. — 50; geb. n. — 75

— das Schoßhündlein, s.: Schillingsbücher.

Stein, Armin (Herm. Nietschmann), in des Herrgotts Schule. St. Augustinus u. seine Mutter, s.: Volksbücher, neue. 91. u. 92. Bdchn.

— Arnold Strahl. Ein Schülerleben. (VII, 203 S. m. 8 Farbdr.) gr. 8. Leipzig (903). E. Kempe. Geb. in Leinw. n. 3. —

— an der Saale hellem Strande. 6 Blätter aus der Geschichte v. Alt-Halle. (VII, 161 S.) 8. Altenburg 905. St. Geibel. n. 1. 80; geb. in Leinw. n. 2. 40

— ein Stücklein v. der Königin Luise, s.: Immergrün.

— die Todfeinde, s.: Volksbibliothek, deutsche, für Lesevereine u. das Haus.

– das Trudchen v. Potlitz, s.: Volksbücher, deutsche.

— das Trudchen v. Potlitz, s.: Vom Jahrmarkt d. Lebens.

— dasselbe, s.: Schatz deutscher Volkserzählungen.

— das Trudchen v. Pötlitz. Eine Erzählg. aus dem dreißigjähr. Krieg. 8. (222 S.) Braunschweig 874. Zwißler. n. 2. —

— Wege d. Herrn, s.: Schillingsbücher.

Stein Dr. Arthur: Albinovanus Pedo. 5. Wien III. R. (Rainer) 901. **Progr.**

Stein, Arth., Deutschland. E. Sommermärchen. schmal 8. (84 S.) Breslau 895. Schles. Buchdruckerei etc. n. 1. 50; geb. n. 2. 50

Stein, Arthur, approb. Arzt aus Berlin: **Der Icterus, ein Symptom secundärer Syphilis.** *Leipzig 1902: B. Georgi.* (31 S.) 8°
Leipzig, Med. Diss. v. (15. Juli) 1902

Stein Dr. Arthur: **Die Protokolle des römischen Senates und ihre Bedeutung als Geschichtsquelle für Tacitus. 30. Prag I. St. R. 04.**
Progr.

Stein Arthur: Quellen zu Tacitus ersten sechs Büchern der Annalen.
1897 PN 1089 **Diss.** Wien Univ.

Stein, Arthur, approb. Arzt aus Frankfurt a. M.: **Die Spätausgänge** der Extrauterinschwangerschaft. *Strassburg i. E. 1901: C. & J. Goeller.* (52 S.) 8°
Strassburg, Med. Diss. v. 1901

Stein, Arthur, va banque! s.: Kühling's, A., Album f. Liebhaberbühnen.

Stein, Arthur. Zucker. Erzeugung und Verbrauch der Welt. Statistische Lage am Anfang des XX. Jahrhunderts. Kartelle und die sociale Frage. Vorschlag zur Sanierung der Rübenzucker-Industrie.... IV + 180 S. gr.-8. Prag, Selbstverlag, Comm. Fr. Řivnáč, 1902. [M. 7. 50]

Stein, Arth., Zucker. Erzeugung u. Verbrauch der Welt. Statistische Lage am Anfang des XX. Jahrh. Kartelle u. die sociale Frage. Vorschlag zur Sanierung der Rübenzucker-Industrie, wodurch erreicht werden kann: 1. Abschaffung aller Prämien. 2. Hebung der Zuckersteuererträge. 3. Reduction der Verbrauchsabgabe. 4. Bedeutende Verbillig. des Zuckers. 5. Schaffung neuer Industrien. 6. Steigerung des Consums. 7. Bezahlung guter Rübenpreise. 8. Sicherung e. entsprech. Nutzens f. Rohzuckerfabrikant, Raffineur u. Händler. 9. Hebung der Obstcultur. 10. Abschaffung v. Kartell u. Rayonnierg. Lex.-8. (IV, 180 S.) Prag 902. (F. Řivnáč.) n. 7. —

Stein, Aug., Liederschatz, s.: Hardt, Walth.

Stein, Aug., Willkommen, s.: Claudius, W.

Stein, B., der künstliche Abortus im Lichte des Strafgesetzes. Medizinisch-jurist. Studie. (30 S.) gr. 8. Leipzig (903). O. Weber. n. 1. 50

Stein, B., die Schildwache im Fiaker, s. Familien-Bibliothek.

Stein, B., **Tafel zur Bestimmung von Dampfmaschinen in ihren Hauptdimensionen. gr. 8. (16 S. mit 1 Taf.) Berlin 888, Springer.** *

Barthel **Steins** Beschreibung von Schlesien und seiner Hauptstadt Breslau [Descriptio Silesiae impr. Vratislaviae] 1512/13. In deutscher Übers. hrsg. von H[ermann] **Markgraf.** *Breslau: E. Morgenstern 1902.* (VI, 76 S.) 8° [F.]
= **Mitteilungen** aus d. **Stadtarchiv** u. d. Stadtbibliothek zu Breslau. H. 6. [o]. 1108]

Stein, Barthel: Descripcio tocius Silesie et civitatis regie Vratislaviensis per M. Bartholomeum Stenum. Barthel Steins Beschreibung von Schlesien und seiner Hauptstadt Breslau. Namens des Vereins für Geschichte und Alterthum Schlesiens herausgegeben von H. Markgraf. Breslau 1901. XVI, 108 S. 4°. [E 4237

Descripcio tocius Silesie et civitatis regie Vratislaviensis per M. Bartholomeum Stenum. Barthel Steins Beschreibung von Schlesien u. s. Hauptstadt Breslau. Namens d. Ver. f. Gesch. u. Alterth. Schlesiens hrsg. von H[erm.] Markgraf. *Breslau: E. Wohlfarth 1902.* (XVI, 108 S.) 4° [J. u. Ant.]
= Scriptores rerum Silesiacarum. Bd 17. [01. 8319 10

† Stein, Bern v., (Bernstein,) der Saphir. Geschliffen u. à jour gefaßt v. Meister Bernstein. Hrsg. als Rokoko. 8. (9¾ B.) Leipzig 839, Krappe.

Stein, Bernhard [Pseud.], s. a. Kahlert, Karl Friedrich

Stein, Bernh., literar. Bilder aus neuester Zeit. (VI, 320 S.) kl. 8. Ravensburg 910. F. Alber. 3.—; geb. 3.80

— Konfessionelle Brunnenvergiftung, s.: Keiter, Heinr.

— Neuere Dichter im Lichte des Christentums. Gesammelte Aufsätze. (IV, 343 S.) kl. 8. Ravensburg 907. F. Alber. 3.—; geb. 3.80

— Katholische Dramatiker der Gegenwart. (X, 627 S. m. eingedr. Bildn.) 8. Ebd. 909. Geb. in Leinw. 7.—

Stein, Bernh., methodisch geordnetes Handbuch f. den Unterricht in d. Tierlehre. Für Seminaristen u. Lehrer bearb. gr. 8. (280 S.) Warendorf 890. Schnell. n. 2.40; geb. n. 3.—

Stein, Bernh., Handbuch f. den Unterricht in der Mineralogie u. Geologie. Für Seminaristen u. Lehrer ausgearb. gr. 8. (XVI, 159 S.) Düsseldorf 894. L. Schwann. n. 2.

Stein, Bernh. Handbüchlein f. d. Unterricht in d. Geschichte Deutschlands. Für die Zöglinge d. Seminars zusammengestellt. 8. (80 S.) Warendorf 889, Schnell. cart. * 1 20

Stein u. Kamp, Heimatkunde der Kreise Bochum Stadt u. Land, Gelsenkirchen Stadt u. Land, Hattingen u. Witten. 8. (168 S.) Arnsberg 906. J. Stahl. Geb. in Leinw. n. 2.40

— Deutsches Lesebuch, s.: Haesters, Alb., u. G. Richter.

Unterrichtsstoffverteilung für sieben-, vier- u. dreiklassige katholische Volksschulen. (Verf.: Bernhard Stein.) *Bochum 1900: W. Stumpf.* (75 S.) 4° [J.] [01. 3476 6

Stein, Bernhard, (...Kahlert), die Waffenbrüder. Trag. Sittengemälde aus den Zeiten d. Kreuzzüge. 8. Bresl. 792. W. G. Korn. 12 gr

Stein, Berth., s. a. Haupt, Hans.

Stein, Berthold, Flechten, s. Kryptogamen-Flora von Schlesien.

Stein, Berth. Glocken-Gold. Sang u. Sage aus der Neumark in 6 Gesängen. 16. (225 S.) Arnswalde 892, (Wendt). 3 —; geb. 4 50

Stein, Berthold, aus Bayreuth: Ueber den Herpes zoster arsenicalis. *Heidelberg 1901: J. Hörning.* (41 S.) 8° Heidelberg, Med. Diss. v. 1901

Stein, Berth., der Meteorismus gastro-intestinalis u. seine Behandlung, s.: Abhandlungen, Würzburger, aus dem Gesamtgebiet der praktischen Medicin. IV, 8.

Johann Sebastian Bach und die Familie der 'Bache'. (Zum 150. Todestage Bachs.) Von Bruno Stein, Seminarl. in Paradies. *Bielefeld: A. Helmich [1900].* (17 S.) 8° [J.]
= Abhandlungen, Pädagogische. N. F. Bd 5, H. 9. [01. 3519

STEIN, Bruno, Cantuarium sacrum. Lateinische Kirchengesänge f. vierstimm. Männerchor ohne Begleitung. Op. 29. (104 S.) 8. Leipzig 904. M. Hesse. Kart. n. 1.—

Missa XI. ad tres voces aequales (viriles) organo comitante. Messe f. dreistimmigen Männerchor mit Orgelbegleitung von Bruno Stein, Sem.-Musiklehrer in Bromberg. Op. 40. Regensburg: F. Pustet 1907. (28 S.) 4° [Umschlagt.]
= Musica Sacra. Jg. 40, [No 5, Beilage 1]. [07. 17743

Stein, C. v., Gedichte. gr. 8. (10 B.) Dresden u. Leipzig 839, Arnoldische Buchh.

Stein, C., das Dresdner Königliche Hoftheater und seine Verwaltung. Eine Polemik, verschiedenen Journalen entlehnt, mit einem Vor- u. Schlußwort. Leipzig 861. Hübner in Comm. Lex.-8. (27 S.) n. 6 ngr.

Das Krieger-Waisenhaus zu Wittlich, die Stadt Wittlich u. d. Wittlicher-Tal. Zum Besten des im Kriegerwaisenhause einzurichtenden Betsaales ... gewidmet von C. Stein, Seminarl. Wittlich 1904: F. W. Knopp. (20 S.) 8° [J.] 05. 14038 5

Stein, C., die Todsünden der Bühne. Schilderungen aus dem Bereich der demi-monde d'artiste auf Erlebnisse u. Beobachtungen gegründet. Dresden 866. L. Wolf's Buchh. gr. 8. (32 S.) n. 7½ ngr.

STEIN, C., Die Todsünden der Bühne. Schilderungen aus dem Bereich der demi-monde d'artiste auf Erlebnisse u. Beobachtungen begründet. Dresden, o. J. (1868). 8°. 32 S. (In Dresden, Bibl. d. Gehe-Stftg.) (1 Mk. E. Frensdorff, 1904; 2 Mk. O. Rauthe, Friedenau-Berlin, 1908.)

Stein, C. Vide: Volkszeitung (Anhaltische).

Stein, C. A., über das Vorkommen von phosphorsaurem Kalk in der Lahn- und Dillgegend. [Beilage zu Bd. XVI der Zeitschrift für Berg- etc. Wesen in dem preuss. Staate.] gr. 4. (71 S. mit 3 lithogr. Taf., wovon 2 in Buntdr., in qu. gr. 4.) Berlin 868, Ernst und Korn. *

Stein, C. A., über das Vorkommen von phosphorsaurem Kalk in der Lahn- u. Dillgegend mit besond. Berücksichtigung des Vorkommens bei Staffel, Amts Limburg. [Aus: Jahrbücher des Vereins für Naturkunde im Herzogthum Nassau.] Wiesbaden 865. Niedner. gr. 8. (46 S. mit 1 color. Steintaff. in qu. gr. 4.) n. 12 ngr.

Stein, C. F., Anweis. zur Gewinnung, Reinigung u. Conservirung der Speise- u. Brennöle für ländl. u. städt. Haushaltung. Mit 1 Kpf. 8. Leipz. 824. Centr.-Compt. 8 gr

Stein, (C. H.,) Verfertigung u. Bereitung des Stärkmehls, d. Fadnudeln, nahrhafter Suppengriese u. künstl. Sago's. 8. Leipz. 826, Centr.-Compt.

Stein, C. H. (Hrsg.), s. Wochenschrift, Schweiz., für Pharmacie.

Stein, C. L. F.

Stein, das Elementarzeichnen in Verbindung mit dem Wesentlichsten der Formenlehre mit 24 Zeichentaf. 8. Frankfurt a. O., Hoffmann (in Comm.) 811.

Stein, C. L. F., die Formlehre u. das Elementarzeichnen in wechselseit. Verbindungen, ein Handbuch f. Volksschulen. 8. Frankf. 821. (Hoffmann). 1 ℛ 3 gr 2e umgearb. u. erweit. Ausg. Mit e. Vorrede v. Riez u. 200 Abbildd. in Steindr. 4. Züllich. 823. (Hinrichs in Leipz.) 1 ℛ Hbg. Pr. 18 gr

— vollständ. Schreibunterricht. Theoretisch u. praktisch, mit besond. Rücksicht auf Elementarschulen bearbeitet. Nebst 2 kalligraph. Wandfibeln deutscher Kurrentschrift in gr. Roy.-Fol. u. 1 Kupf. in gr. 4. u. 8. Züllichau 825, Darnmann.

— vollständ. Schreibunterricht. Theoret. u. prakt., mit besond. Rücksicht auf Elementarschulen bearb. Nebst 2 kalligraphisch. Wandfibeln deutscher Kurrentschrift in gr. Roy.-Fol. u. 1 Kpf. in gr. 4. u. 8. Züllichau 825. (Michelsen in Leipz.) 18 gr Die Wandtafeln apart. 3 gr

Stein, C. L. F., Vorlegeblätter f. Anfänger im freien Handzeichnen u. im Zeichnen mit Linial u. Zirkel. 1. u. 2. Lfg. Breslau 828, [Hentze.] [1. (34 lith. Bl. u. ¼ B. Text). 2. (24 lith. Bl. u. 1 B. Text.) à 12 Gr.]

— Vorlegeblätter z. Unterr. in d. deutschen u. engl. Currentschrift. qu. 8. Züllichau 825, Darnmann.

Stein, C. L. F., Vorlegeblätter zum Unterr. in d. deutschen u. engl. Currentschrift. 2. Aufl., durchges. v. G. Schulz. (44 lith. Bl. v. 8″ Länge u. 3″ Breite.) Züllichau (833), [Eyssenhardt.] Thlr.

Stein, Carl, s. Stein, Karl.

Stein, Caspar, s. Stein, Kaspar.

Stein, Charlotte v., Briefe, s.: Goethe, Joh. Wolfg. v., Briefe an Frau v. Stein.

Stein-Kochberg, (geb. v. Schardt), Charlotte Albertine Ernestine v., Dido. Ein Trauerspiel in 5 Aufzügen. Im Auftrage des freien deutschen Hochstiftes herög. von Heinr. Düntzer. Frankfurt a. M. 867. (Leipzig, Brockhaus.) 8. (LXIX, 98 S.) n. 22½ ngr

Die letzten Zeilen der Frau (Charlotte) v. Stein in Faksimile. Gewidmet d. Generalversammlung d. Gesellsch. d. Bibliophilen, Leipzig 1908 v. Berliner Bibliophilen-Abend. (Hrsg.: F[edor] v. Z[obeltitz]. Berlin 1908: H. Brücker.) (6 Bl.) 8° [F.] [08. 18447

Stein, Chr. Wolh.: Commentatio iur., qua sistitur disquisitio quaestionis: num creditores moto concursu in omnia iura et omnes obligationes debitores obaerati succedant, et hinc successores debitoris universales habendi sint? Rostochii 1781.

Stein, Chr. G.: Num creditores moto concursu in omnia jura et omnes obligationes debitoris obaerati succedant. *Dessau*, Gel. Buchh. 782. 4. (6 Gr.)

Stein, Christian

Stein, Chrn., die Geschichte der deutschen Bauernkriege für das Volk erzählt. 6 Hfte. gr. 8. (288 S.) Zerbst 849. 50, Kummer. (à 3 ngr) 18 ngr

Stein, Christian Gottfried Daniel

— siehe: Atlas der ganzen Erde.

Stein, Chrstn. Gottfr. Dan., neuer Atlas der ganzen Erde, s. Atlas.

Stein, Christian Gottfried Daniel, s.a. Atlas, Neuer, der ganzen Welt.

Stein, Chr. G. D., neuer Atlas d. ganzen Welt, nach den neuesten Bestimmungen, f. Zeitungsleser, Kauf- Geschäftsleute jeder Art, Gymnasien u. Schulen; mit besond. Rücksicht auf dessen geograph. Lehrbücher, in 14 Blatt. nebst historisch-statist. polit. militär. Tabellen u. Erläuterungen. (enth. die Weltcharte, Europa, Asien, Afrika, Nord- u. Südamerika, Deutschland, Frankreich, Spanien, Großbrittanien, Rußland, China u. Hindostan. gr. Fol. Leipz. Hinrichs. 815.

– s. Baumann, L. A.: Geschichte d. Preuß. Monarchie u. dessen Lehrbuch der Naturgeschichte.

Stein, Ritter Chr. Gf. Dn., statist.-geograph. Beschreib. des Königr. Sachsen. 2 Bdchen. 8. Dresd. 828. Hilscher. 16 gr

Stein, Chrstn. Gtfr. Dan., statist.-geograph. Beschreibung d. Königr. Sachsen. 2 Bdchn. 8. (12½ B.) Dresden 828. 16 Gr.; neue, wohlf. Ausg. Zittau 835, Nauwerck.

Stein, Chrstn. Gtfr. Dan., statist.-geograph. Beschreibung d. Königr. Sachsens. 2 Bdchn. Neue wohlf. Ausg. 8. (13 B.) Zittau 835, [Birr.]

Stein, Christian Gottfried Daniel, Charakteristik Friedrichs des Zweiten, Königs von Preussen. 3 Bde. Berlin 1789. 8.
Vgl. Charakteristik...

—Darstell. d. geograph. Veränderr. seit d. Schlacht bei Leipzig bis zum Wiener Congreß. gr. 8. Leipz. 815. Hinrichs. 2 gr

– s. Demian, J. A.: Der Preuß. Staat.

Stein, C. G. D. De Christi descensu ad inferos. 15 S. Berlin, G. K., Progr. 1829

— Geografia matematyczna, fizyczna a osobliwie polityczna. W zbiorze krótkim podlug naynowszych okreslen granic dla szkól ulozona. Dla uzytku zas mlodziezy polskiey, na oyczysty iezyk przelozona. 8. w Wroclawiu 817. W. G. Korn. 16 gr

— europ. Geographie ꝛc., s. G. S. Klügel, Encyklopädie. 7r Bd.

— kleine Geographie, od. Abriß der mathemat., phys. u. besond. polit. Erdkunde nach d. neuest. Bestimm. f. Schulen u. Gymnasien. Mit 1 hydrograph. Karte der ganz. Welt. gr. 8. Leipz. 808. 18e Aufl., umgearb. v. F. Hörschelmann. 831. Hinrichs. 16 gr Weiß Drckp. 21 gr

Stein, Chr. Gottfr. Dan., kleine Geographie, od. Abriß d. mathem. phys. und besond. polit. Erdkunde nach der neuest. Bestimm. f. Schulen u. Gymnasien, mit 1. hydrograph. Karte der ganzen Welt. gr. 8. Leipzig, Hinrichs. 810.
Schreibp.
Velinpap.

— kleine Geographie, od. Abriß d. mathemat. physischen u. besond. polit. Erdkunde. 5te verb. Aufl. mit 1 Weltcharte. gr. 8. Ebend. 816.
Druckp.
Schreibp.

Stein, Dr. Christ. Gottfr. Daniel, Prof. Kleine Geographie oder Abriss der mathematischen, physikalischen und besonders politischen Erdkunde nach den neuesten Bestimmungen für Gymnasien und Schulen. Mit wichtigen Verbesserungen und Berichtigungen über das österreichische Kaiserthum. 7. verbess. und verm. Auflage. 8. Wien 1817.

— kleine Geographie. 11te Aufl. gr. 8. Leipzig, Hinrichs. 820.

— kleine Geographie oder Abriß d. mathemat. physisch. u. polit. Erdkunde. Mit 1 hydrograph. Karte der ganzen Welt. 16e Aufl. gr. 8. Leipz. 827, Hinrichs.

—— kleine Geographie, od. Abriß d. mathemat., phys. u. besond. polit. Erdkunde nach d. neuesten Bestimmungen; f. Gymnasien u. Schulen. 17., rechtmäß., verb. u. verm. Aufl. gr. 8. (26¼ B. u. 1 ill. Weltcharte.) Leipzig 829, Hinrichs.
16 Gr., Schrbp.

—— (dass. u. d. verand. Ttl.:) kleine Geographie, od. Abriß d. gesammt. Erdkunde f. Gymnasien u. Schulen. N. d. neuern Ansichten umgearb. v. Ferd. Hörschelmann. 18. u. 19., rechtmäß. Aufl., mit vollständ. Register. (26½ u. 28½ B.) gr. 8. Ebds. 831, 33. à

—— kleine Geographie f. d. Schul- u. Handgebrauch. N. d. neuesten Ansichten umgearb. v. Ferd. Hörschelmann. 20. Aufl. Durchges. u. verbess. v. Karl Vogel u. Karl Friedr. Kurth, u. 21. A. Bearb. v. Karl Theod. Wagner. gr. 8. (à 23½ B.) Leipzig 836, 39, Hinrichs'sche Buchh. à

Stein's, Chr. Gttfr. Dn., kleine Geographie oder Lehrbuch der Erd- u. Länderkunde für Schule u. Haus. In erneuter Gestalt zum 2. Male herausgeg. von Karl Thdr. Wagner. 22. Aufl. gr. 8. Leipzig 845, Hinrichs'sche Buchh. ⅔ ℛ — cart. ¾ ℛ

Stein, Chr. Gottfr. Dan., († d. 14. Juni 1830), kleine Geographie od. Lehrbuch der Erd- u. Länderkunde f. Schule u. Haus. In erneuter Gestalt zum dritten Male hrsg. v. Karl Thdr. Wagner. 23. Aufl. gr. 8. (XII u. 392 S.) Leipzig 849, Hinrichs. ⅔ ℛ

—— kleine Geographie oder Lehrbuch der Erd- und Länderkunde für Schule und Haus. In erneuter Gestalt zum 4. Male hrsg. von Carl Thdr. Wagner. 24. Aufl. gr. 8. (VIII und 421 S.) Leipzig 855, Hinrichs'sche Buchh. *

—— kleine Geographie oder Lehrbuch der Erd- und Länderkunde für Schule und Haus. In erneuter Gestalt zum 5. Male hrsg. von Carl Thdr. Wagner. 25. Aufl. gr. 8. (VIII und 494 S.) Leipzig 860, Hinrichs'sche Verlagsh. * 18 Ngr.; geb. *

— Geographie für Schule u. Haus. 26. Aufl. Neue Bearbeitung von Karl Thdr. Wagner. 6. Aufl. Hrsg. von Otto Delitsch. Leipzig 866. Hinrichs'sche Verlagsh. gr. 8. (VI, 474 S.) 27 ngr.

— — 26. Aufl. 2. Abdr. Neue Bearbeitung von Karl Thdr. Wagner. 6. Aufl. Hrsg. von Otto Delitsch. Umgearb. u. ergänzt 1867. Leipzig 867. Hinrichs' Verl. gr. 8. (VI, 474 S.) 27 ngr.; cart. 1 ℛ; die Umarbeitungen 1867. (150 S.) apart 9 ngr.

Stein's, Chr. Gottfr. Dan., Geographie für Schule und Haus. 27. Aufl. Neue Bearbeitung von Karl Thdr. Wagner. 7. Aufl. umgearb. und hrsg. von Otto Delitsch. gr. 8. (IV, 526 S.) Leipzig 873, Hinrichs' Verlag. ℳ 3.; geb.

Stein's, C. G. D., Geographie für Schule u. Haus. 27. Aufl. Neue Bearbeitung v. Karl Thdr. Wagner. 7. Aufl., umgearb. u. hrsg. v. Otto Delitsch. Mit Tabellen 1877 über Flächeninhalt, Bevölkerung u. bewaffnete Macht v. H. F. Brachelli. gr. 8. (VI, 526 S.) Leipzig 877. Hinrichs' Verl. 3. —; geb. n. 3. 50

— Geographie f. Real- u. Bürgerschulen, nach Naturgränzen. gr. 8. Leipz. Hinrichs. 811. Druckp.
mit Weltcharte.
Velinp.

Stein, Chr. G. D., Geographie nach Naturgränzen für Real- und Bürgerschulen. 2te verm. und verb. Aufl. Mit Karte. gr. 8. Leipzig. Hinrichs. 818.

Stein, Dr. Chr. Gottfr. Dan. Die neueste europäische Geographie. (2 Bde.) 8. Wien 1817.

Stein, Chstn. Gottfr. Dan.: „Handbuch der Geographie nach den neuesten Ansichten", 2 Teile, Leipzig 1808. 2. Auflage u. d. Titel: „Handbuch der Geographie und Statistik nach den neuesten Ansichten", 3 Teile in 3 Bänden, Leipzig 1811. 3. Auflage, ebenda 1817, 4. Auflage, ebenda 1819. 5. Auflage, ebenda 1824 bis 1826.

— Handbuch der Geographie u. Statistik. nach den neuesten Ansichten, f. die gebild. Stände, Gymnasien u. Schulen. 2 Thle. Mit 1 Weltkarte u. 1 Karte v. Europa mit dem Nachtrage bis Juni 1809. gr. 8. Leipz. 809. Hinrichs. 2 ℛ 14 ℊ — Dass. mit der Weltkarte allein. 2 ℛ 2e ganz umgearb. u. vermehrte Aufl. Mit 2 Kart. gr. 8. Ebd. 811. 3 ℛ Schrbp. 3 ℛ 12 ℊ Velinp. 4 ℛ 16 ℊ — Dass. mit der Weltkarte allein. 2 ℛ 8 ℊ 3e Aufl. 3 Bde. 816, 17.
5e Aufl. 825, 826. 5 ℛ 8 ℊ Schrbp. 7 ℛ 8 ℊ 6e verm. u. verb. Aufl. v. Fd. Hörschelmann. 1r Bd. Enthalt.: Einleit., Spanien, Portugal, Frankreich, Italien, die schweizer. Eidgenossenschaft, Belgien, Niederlande, das brit. Reich, der dän. Staat, Schweden u. Norwegen, Rußland, Polen, Krakau. gr. 8. Leipz. 833. (832.) Hinrichs. 2 ℛ 16 ℊ

— Nachtr. zum Handbuche der Geographie, oder Darstell. der geograph. Veränderr. von Ostern 1808 bis dahin 1809. gr. 8. Leipz. 809. Hinrichs. 6 ℊ Schrbp. 8 ℊ

— — Handbuch der Geographie. und Statistik. 1r Bd. 4te Aufl. gr. 8. Ebend. 819.

— — ditto 2r Bd. 4te Aufl. gr. 8. Ebend. 820.

— — ditto 3r Bd. 4te Aufl. gr. 8. Ebend. 820

Stein, (C. G. D.,) Handbuch d. Geographie u. Statistik nach d. neuesten Ansichten f. d. gebildeten Stände, Gymnasien u. Schulen. 1r Bd. 5e Aufl. gr. 8. Leipz. 824, Hinrichs. 1 Rthl. 12 gr. Schreibp.

— dass. 2r Bd. 5e Aufl. gr. 8. Ebd. 825, Ebd. 2 Rthr. 12 gr. Schreibp.

Stein, (C. G. D.,) Handbuch d. Geographie u. Statistik rc. 3r Bd. 5e Aufl. gr. 8. Leipz. 825, Hinrichs. 2 Rthl. 8 gr. Schreibp. Rthlr.
(NB. Alle 3 Bde zusammengenommen kosten 5 Rthl. 8 gr. Schreibp. 7 Rthl. 8 gr.)

—— Handbuch d. Geographie u. Statistik f. d. gebildeten Stände. N. d. neuesten Ansichten bearb. v. Ferd. Hörschelmann. 3 Bde. 6., verm. u. verb. Aufl. gr. 8. Leipzig, Hinrichs.
Zusamm. genomm. 6 Thlr., Schrbp.

Einzeln:

Bd. 1. Einleitung, Spanien, Portugal, Frankreich, Italien, schweizer. Eidgenossenschaft, Belgien, Niederlande, d. brit. Reich, d. dän. Staat, Schweden u. Norwegen, Rußland, Polen, Krakau enthalt. (48 B. incl. 3 B. Register.) 833. 2 Thlr., Schrbp. 2 Thlr. 16 Gr.

" 2. A. u. d. T.: Handbuch d. Geographie u. Statistik d. teutschen Bundesstaaten, mit besond. Rücksicht auf Verfass. u. Verwalt. ders. (59 B. incl. vollständ. Register.) 834. 2 Thlr. 12 Gr., Schrbp. 3 Thlr. 8 Gr.

" 3. Die europ. Türkei, d. Königr. Griechenland, Asien, Afrika, Nordamerika, Südamerika, Westindien, Australien od. Südindien enthalt. (61 B.) 834. 2 Thlr. 16 Gr., Schrbp. 3 Thlr. 12 Gr.

—— Handbuch d. Geographie u. Statistik f. d. gebild. Stände N. d. neueren Ansichten bearb. v. Ferd. Hörschelmann. 6., verm. u. verb. Aufl. — Nachträge u. Berichtigungen. gr. 8 (2¼ B.) Leipzig 837, Hinrichs'sche Buchh.
Hauptwerk. 3 Bde. Ebendas. 1833, 34. 6 Thlr., Schrbpap. 8 Thlr.

— u. Ferd. **Hörschelmann**, **Handbuch d. Geographie u. Statistik f. d. gebildeten Stände. Neu bearb. v. J. E. Wappäus. 7. Aufl. 1. Bd. 3 Lfgn. 1. Lfg. Allgemeiner Thl. Astronomische, physische u. polit. Geographie. 2. Lfg. Amerika. Allgem. Uebersicht, Länder des Arktischen Polar-Meeres, Russisches Amerika, Britisches Nord-Amerika, [Territorien der Hudson's-Bai-Compagnie.] 3. Lfg. Amerika. Britisches Nord-Amerika [Canada, Neu-Braunschweig, Neu-Schottland, Prince Edward Island, Newfoundland] u. Vereinigte Staaten [allgem. Theil]. Lex. 8. (510 S.) Leipzig 849—51, Hinrichs (1. Lfg. 28 ngr 2. Lfg. 16 ngr 3. Lfg. 2/3 ℛ) 2 ℛ 4 ngr**

7. Aufl. 1. Bd. 1—3. Lfg. Ebendas. 1849—51. 2 Thlr. 4 Ngr. Die im Jahre 1849 erschienene 1. Lfg. dieses Werkes bildet jetzt des 1. Bandes 1. Abthl. unter dem Titel: Handbuch der allgem. Geographie und Statistik. Von J. E. Wappäus und kostet 28 Ngr.

— und Ferd. **Hörschelmann**, Handbuch der Geographie u. Statistik für die gebildeten Stände. Neu bearb. unter Mitwirkung mehrerer Gelehrten von J. E. Wappäus. 7. Aufl. 1. Bds. 2. u. 3. Abth. — 2. Bds. 1. u. 2. Abth. — 3. Bds. 1. u. 2. Liefg. Leipzig 853—58. Hinrichs. Lex.-8. 5 ℛ. 27 ngr.

1. Bd. 2. Abth.: Handbuch der Geographie und Statistik von Nord-Amerika. Nebst einer allgem. Uebersicht von Amerika. Von J. E. Wappäus. 853—55. (XIV, S. 511—1050.) 2 ℛ. 6 ngr.

" 3. Abth.: Republik Mexiko. Von J. E. Wappäus. 1. Abth. 858. (S. 1—96.) 12 ngr.

2. Bd. 1. 2. Abth.: Handbuch der Geographie u. Statistik von Afrika u. Australien. Von T. E. Gumprecht und C. E. Meinicke. 853, 54. (XII, 423 S.) 1 ℛ. 22 ngr.

3. Bd.: Europa. 1. Liefg. Allgemeine Uebersicht. Von J. E. Wappäus. — Rußland. Von Fedor Possart. 858. (S. 1—200.) 25 ngr.

" 2. Liefg.: Das osmanische Reich nebst den drei Donaufürstenthümern, das Fürstenthum Montenegro, das Königr. Griechenland u. die Republik der ionischen Inseln. Von Hugo Frz. Brachelli. 858. (2 Bl., S. 201—371.) 22 ngr.

Stein, C. G. D., und Ferd. **Hörschelmann**, **Handbuch der Geographie und Statistik für die gebildeten Stände. Neu bearb. unter Mitwirkung mehrerer Gelehrten von J. E. Wappäus. 7. Aufl. (In 4 Bdn.) 1. Bd. 9—12. Liefg. — 2. Bd. 3—8. Liefg. — 3. Bd. 3—8. Liefg. — 4. Bd. 1—8. Liefg. Leipzig 859—64 Hinrichs.**
Subscr.-Pr. complet 24 ℛ;
einzelne Liefgn. à Bgn. 2 ngr.

1. Bd. (9—12. Liefg.) Amerika. 3. Abth.: Mittel- und Süd-Amerika. Von J. E. Wappäus. 2—5. Liefg. (S. 97—688.) 2 ℛ 14 ngr.

2. Bd. (3—8. Liefg.) 3. Abth. Asien. 6 Liefgn. (XII, 1124 S.) 3. Abth. complet 4 ℛ 18 ngr.

1. Liefg.: Allgemeine Uebersicht u. chinesisches Reich, Korea u. Japan. Von J. H. Plath u. Jos. Hartw. Brauer. 1 ℛ 4 ngr.

2. 3. Liefg.: Der indische Archipel. Hinter- u. Vorderindien. Von Joh. Hartw. Brauer. 1 ℛ 10 ngr.

4. Liefg.: Vorderindien, Turan u. Iran. Von Joh. Hartw. Brauer. 22 ngr.

5. Liefg.: Osmanisches Reich. Von Joh. Hartw. Brauer. 12 ngr.

6. Liefg.: Das osmanische u. das russische Reich. Von Joh. Hartw. Brauer. 1 ℛ

3. Bd. Europa. 3—8. Liefg. (1. Abth.: XII, S. 373—875.; 2. Abth.: S. 1—875.) 1 Abth. complet 3 ℛ 12 ngr.

3. Liefg.: Dänemark, Schweden u. Norwegen. Von C. F. Fritsch. 20 ngr.

4. 5. Liefg.: Das britische Reich. Von E. G. Ravenstein. — Das Königreich der Niederlande. Von M. M. v. Baumhauer. 1 ℛ 5 ngr.

6. Liefg.: Spanien und Portugal. Von Mor. Willkomm. 1 ℛ 4 ngr.

7. 8. Liefg.: Das Kaiserthum Frankreich. Von M. Block. — Das Königr. Belgien. Von X. Heuschling. 1 ℛ 16 ngr.

4. Bd. Der deutsche Bund, einschließlich der nicht deutschen Provinzen Oesterreichs und Preußens, nebst der Schweiz. Von Hugo Frz. Brachelli. (8 Liefgn.)

1. Abth.: Handbuch der Geographie und Statistik des Kaiserthums Oesterreich nebst einer Einleitung: Der deutsche Bund im Allgemeinen. 3 Liefgn. (XII, 676 S.) 2 ℛ 18 ngr.

2. Abth.: Preußen, die deutschen Mittel- und Kleinstaaten. 5 Liefgn. (XVIII, 1157 S.) 4 ℛ 18 ngr.

—— und Ferd. **Hörschelmann**, **Handbuch der Geographie und Statistik für die gebildeten Stände. Neu bearb. unter Mitwirkung mehrerer Gelehrten von J. E. Wappäus. 7. Aufl. 1. Bd. 10.—15. Lfg., 2. Bd. 1. und 2. Nachtrag, 6.—8. Lfg., 3. Bd. 3.—9. Lfg., 4. Bd. 5.—8. Lfg. 1. und 2. Nachtrag. Lex.-8. Leipzig, Hinrichs'sche Verlagsh.** Subscr.-Preis 9 Laden-Preis

Inhalt:

Bd. 1. Lfg. 10—15. (3. Abthl.) Wappäus, J. E., Mittel- und Südamerika. 3.—8. Lfg. [10. Lfg. (S. 225—368.) 862. Subscr.- und Laden-Pr. 18 Ngr.; 11. Lfg. (S. 369—528.) 863. S.-P. 12 Ngr., L.-P. 20 Ngr.; 12. Lfg. (S. 529—688.) 864. S.-P. 9 Ngr., L.-P. 20 Ngr.; 13. Lfg. (S. 689—848.) 865. S.- und L.-P. 20 Ngr.; 14. Lfg. (S. 849—1104.) 867. S.-P. 3 Ngr., L.-P. 1 Thlr. 2 Ngr.; 15. Lfg. (S. 1105—1264.) 867. S.-P. 2½ Ngr., L.-P. 20 Ngr.

" 2. 1. Nachtrag. (1. Abthl.) Delitsch, Otto, Nachträge und Ergänzungen zu Afrika. (S. 357—500.) 866. S.-P. 9 Ngr.; L.-P. 18 Ngr.

" 2. 2. " (2. Abthl.) Meinicke, C. E., neue Bearbeitung von Australien. (VIII und S. 501—612.) 867. S.-P. 6 Ngr.; L.-P. 15 Ngr.

" 2. Lfg. 6. (3. Abthl.) Asien. 4. Lfg.: Brauer, Joh. Hartwig, Vorderindien, Turan und Iran. (S. 593—768.) 862. S.- und L.-P. 22 Ngr.

" 2. " 7. (3. Abthl.) —— dass. — 5. Lfg: Osmanisches Reich. (S. 769—864.) 862. S.-P. 7½ Ngr.; L.-P. 12 Ngr.

" 2. " 8. (3. Abthl.) dass. — 6. Lfg.: Das osmanische und das russische Reich. (XII und S. 865—1124. Schluß.) 864. S.-P. 15 Ngr.; L.-P. 1 Thlr.

" 3. " 3. (1. Abthl.) Ost- und Nord-Europa. Frisch, C. F., Dänemark, Schweden und Norwegen. (S. 373—528.) S.-P. 12 Ngr.; L.-P. 20 Ngr.

" 3. " 4. 5. (1. Abthl.) —— Ravenstein, E. G., das britische Reich. (S. 531—722.) — Baumhauer, M. M. v., das Königreich der Niederlande. (XII und S. 723—875.) 865. S.-P. 22½ Ngr.; L.-P. 1 Thlr. 5 Ngr.

" 3. " 6. (2. Abthl.) West- und Süd-Europa. Willkomm, Mor., Spanien und Portugal. (S. 1—272.) 862. S.- und L.-P. 1 Thlr. 4 Ngr.

" 3. " 7. 8. (2. Abthl.) — Block, M., Das Kaiserthum Frankreich. (S. 273—543.) — Heuschling, X., das Königreich Belgien. (S. 544—608.) 864. S.-P. 19 Ngr.; L.-P. 1 Thlr. 16 Ngr.

" 3. 9. (2. Abthl.) — Brachelli, Hugo Frz., die schweizerische Eidgenossenschaft. (S. 609—712.) 866. S.-P. 8 Ngr.; L.-P. 16 Ngr.

" 4. Abthl. 1. Nachträge. Brachelli, Hugo Frz., statistische Skizze des Kaiserthums Oesterreich 1867. (IV und 32 S.) 867. S.-P. 3 Ngr.; L.-P. 6 Ngr.

" 4. Lfg. 5—8. (2. Abthl.) Brachelli, Hugo Frz., Preußen und die deutschen Mittel- und Kleinstaaten. 2.—5. Lfg. [5. Lfg. (S. 193—423.) 862. S.- und L.-P. 1 Thlr.; 6. Lfg. (S. 424—624.) 862. S.-P. 15 Ngr., L.-P. 1 Thlr.; 7. Lfg. (S. 625—944.) 863. S.-P. 25 Ngr., L.-P. 1 Thlr. 10 Ngr.; 8. Lfg. (XVIII und S. 945—1157. Schluß.) 864. S.-P. 9 Ngr., L.-P. 20 Ngr.

" 4. Abthl. 2. Nachträge. Brachelli, Hugo Frz., statistische Skizze des norddeutschen Bundes, der süddeutschen Staaten, des Großherzogth. Luxemburg und des deutschen Zoll und Handelsvereins 1864. (64 S.) 868. S.-P. 6 Ngr.; L.-P. 12 Ngr.

Stein, Chr. Gottfr. Dan., und Ferd. Hörschelmann, Handbuch der Geographie ꝛc.

Ausg. in vollständigen Abtheilungen. (1849—68.) Subscr.-Pr. 24 Thlr.; Laden-Pr. 29 Thlr. 20 Ngr.

Bd. 1. Abthl. 1. Allgemeine Geographie, von Wappäus. S.- und L.-P. 28 Ngr.

" 1. " 2. Nord-Amerika, von Wappäus. S.- und L.-P. 3 Thlr. 12 Ngr.

" 1. " 3. Mittel- und Süd-Amerika, von Wappäus. S.-P. 2 Thlr. 24 Ngr.; L.-P. 4 Thlr. 6 Ngr.

" 2. " 1. 2. Afrika und Australien, von Gumprecht, Delitsch und Meinicke. 2. Ausg. 1867. S.-P. 1 Thlr. 22 Ngr.; L.-P.

Bd. 2. Abthl. 3. Asien, von Plath und Brauer. S.-P. 3 Thlr. 26 Ngr.; L.-P. 4 Thlr. 18 Ngr.

" 3. " 1. Ost- und Nord-Europa. S.-P. 2 Thlr. 21 Ngr.; L.-P. 3 Thlr. 12 Ngr.

" 3. " 2. West- und Süd-Europa. S.-P. 2 Thlr. 15 Ngr.; L.-P. 4 Thlr.

" 4. " 1. Oesterreich und der deutsche Bund, von Brachelli. Mit Nachtrag. 1867. S.- und L.-P. 2 Thlr. 18 Ngr.

" 4. " 2. Preußen und Deutschland, von Brachelli. Mit Nachtrag. 1868. S.-P. 3 Thlr. 12 Ngr.; L.-P. 4 Thlr. 18 Ngr.

—— und Ferd. Hörschelmann, Handbuch der Geographie und Statistik für die gebildeten Stände. Neu bearb. unter Mitwirkung mehrerer Gelehrten von J. E. Wappäus. 7. Aufl. 1. Bd. 16. Lfg. und 3. Bd. 10. Lfg. Lex.-8. Ebendas. 871.
Subscr.-Pr. ℳ 1,65.; Laden-Pr.

Inhalt:

Bd. 1. 16. Lfg. [4. Abthl.] Brasilien bearb. von J. E. Wappäus. — Westindien und Südpolarländer bearb. von O. Delitsch. 9. (Schluß-)Lfg. (XXIV, S. 1265—2256.) Subscr.-Pr. 45 Pf.; Laden-Pr. ℳ 12.60.

" 3. 10. Lfg. Italien bearb. von Hugo Frz. Brachelli. (VIII, S. 713—1029.) Subscr.-Pr. ℳ 1.20.; Laden-Pr. ℳ 3.

4 Bde. in 11 Abthlgn. compl. ℳ 72.; geb. in 9 Bdn. ℳ 87.

Stein [C. G. D.], und Wappäus, Handbuch der Geographie und Statistik, Ergänzung dazu, s. Brachelli, H. F. Ritter v., statistische Skizzen der europ. und amerikan. Staaten.

— Handbuch der Geographie u. Statistik d. Preuß. Staats nach seinen neuesten Bestimmungen. gr. 8. Berl. 810. Voß. 1 Thlr.

— Handbuch der Geographie und Statistik d. Preuß. Staats nach seinen neuesten Bestimmungen. gr. 8. Berlin, Voß. 819.

— Handbuch der Geschichte des Preuß. Staats. (Auch u. d. T.: Handb. der Gesch. u. Erdbeschreib. des Preuß. Staats, 1r Bd.) gr. 8. Berl. 796. Franke. (Barth in Leipz.) 1 Thlr. 12 Gr.

— — dass. der Naturgeschichte f. gebild. Stände. Gymnasien u. Schulen, besond. in Hinsicht auf Geographie. 2 Bde. gr. 8. Ebend. 812. schwarz. illum. Schreibp. Velinp.

— Handbuch der Naturgesch. für die gebild. Stände u. Schulen, besond. in Hinsicht auf Geographie ausgearb. 2 Bde. gr. 8. Leipz. 813. 2e verb. Aufl. Mit 135 Abbild. gr. 8. Ebd. 820. 3e verb. Aufl. Mit 15 Kpft. 829. Hinrichs. 1 Thlr. 21 Gr. illum. Druckp. 2 Thlr. 12 Gr. Schrbp. 3 Thlr. 8 Gr.

—— Handbuch d. Naturgeschichte f. d. gebild. Stände, Gymnasien u. Schulen, besond. in Hinsicht auf Geographie ausgearb. 2 Bde. 3., verb. u. verm. Aufl. gr. 8. (44 B. u. 15 Kpfrt.) Leipzig 829, Hinrichs. 1 Thlr. 21 Gr., ill. 2 Thlr. 12 Gr., Schrpb.

— deutsch-griech. Handwörterbuch. gr. 8. Berl. 815. Nicolai. 1 Thlr. 8 Gr.

— jeografia powszechna według najnowszych zasad przerobiona przez Ferd. Hörschelmanna przełożona dla użytku młodzieży polskiej z 22. wydania Niemieck. poprawionego przez Karola Wagnera. Z mappa. 8. (VI u. 411 S.) Breslau 847, Korn. z 23. wydania — Niemieckiego poprawionego przez Kar. Wagnera. Nowo wydanie, poprawione i znacznie pomnożone. Z mappa. 8. (VIII u. 390 S.) Ebd. 849. 1 Thlr.

— jeografia powszechna. Według najnowszych zasad przerobiona przez K. T. Wagnera. Spolszczona z 24. wydania niemieckiego. Nowe wydanie. Z mappą (Kpfrst. u. color. in Fol.). Breslau 856. Korn. gr. 8. (X, 390 S.) 1 Thlr.

— Lehrbuch der Erd- u. Völkerkunde. Mit 1 Karte. 8. Berl. 812. Voß. 1 Thlr. 12 Gr. (Vergl. K. Ph. Funke, Elementarb. 4r Bd.)

— Lehrbuch der Geographie des Preuß. Staats. gr. 8. Berl. 809. Voß. 16 Gr.

— Naturgeschichte f. Real- u. Bürgerschulen, mit besond. Hinsicht auf Geographie ausgearb. Mit 2 color. Kpf. gr. 8. Leipz. 812. 2e A. 822. 3e A. 830. Hinrichs. 16 Gr. Schrbp. 21 Gr.

— Naturgeschichte f. Real- u. Bürgerschulen, mit besond. Hinsicht auf Geographie. Mit 21 color. Abbild. gr. 8. Leipz. Hinrichs. 813. — Schreibp. — Velinp.

— Naturgeschichte f. Real- u. Bürgerschulen mit besond. Hinsicht auf Geographie ausgearbeitet. 2e Aufl. Mit 21 kolor. Kpfrn. gr. 8. Leipz. 823. Hinrichs.

—— Naturgeschichte f. Real- u. Bürgerschulen, mit besond. Hinsicht auf Geographie ausgearb. 3., verm. u. verb. Aufl. gr. 8. (17½ B. u. 21 ill. Abbild.) Leipzig 830, Hinrichs. 16 Gr., Schrbp.

Stein, Chrstn. Gtfr. Dan., Naturgeschichte f. Schulen, mit besond. Rücksicht auf Geographie u. Technologie ausgearb. 4., umgearb. u. verm. Aufl. v. Ferd. Reuter. gr. 8. (19½ B. u. 2 Kpfrt.) Leipzig 839, Hinrichssche Buchh. Thlr.

Stein, Christian Gottfried Daniel, s. Plutarchus: De puerorum educatione.

—— Reisen nach d. vorzügl. Hauptstädten v. Mittel-Europa. Eine Schilderung d. Länder u. Städte, ihre Bewohner, Naturschönheiten, Sehenswürdigkeiten ꝛc. 7 Bdchn. 8. Leipzig, Hinrichs. Zusamm. genomm. hrbgs. Pr.

A. u. d. Ttln.:

Bdchn. 1. Reise nach Berlin, Rügen, d. Hansestädten, Ostfriesland u. Hannover. (14½ B., Ttlkpfr. u. Charte d. nördl. Teutschlands.) 827. 1 Thlr. 4 Gr.

" 2. Reise üb. d. Harz nach Cassel, Frankfurt, Mainz, Coblenz, Trier, Cöln, Düsseldorf u. durch Westphalen. (16 B., Ttlkpfr. u. 1 Charte.) 827. 1 Thlr. 4 Gr.

" 3. Reise durch Sachsen, Böhmen, Mähren nach Wien u. Schlesien, sowie d. Donaureise v. Ulm bis Preßburg. (23½ B., Ttlkpfr. u. Charte v. Oesterreich.) 828. 1 Thlr.

" 4. Reise üb. Aachen, Brüssel nach Paris, Straßburg u. Basel, durch Baden, Hessen, Franken u. Thüringen. (24½ B., Ttlkpfr. u. Charte von Südteutschland.) 1 Thlr. 12 Gr. 1828

" 5. Reise nach Amsterdam, Haag, Rotterdam, London, Oxford, Cambridge, Manchester, Liverpool ꝛc. (19½ B., Ttlkpfr. u. Charte d. Niederlande.) 828.

" 6. Reise durch Baiern, Salzburg, Tyrol, d. Schweiz u. Würtemberg. (18 B., Ttlkpfr. u. Charte.) 828. (1829?)

" 7 Reisen durch Italien. (23 B., Ttlkpfr. u. Charte v. Italien.) 829. 1 Thlr. 12 Gr.

—— Reisen nach d. vorzüglichsten Hauptstädten v. Mittel-Europa. — Fortsetz., s. Wagner, K. Th.

Stein, Ritter Chr. Gf. Dn., Reise-Taschen-Lexicon f. Europa. gr. 16. Leipz. 827. (N. A. mit Zusätzen versehen). 828. Leo. 2 Thlr. 12 Gr.

— neuer kleiner Schulatlas, mit besond. Hinsicht auf dessen geograph. Lehrbücher. 1ste Lieferung 6 Blatt. Ebendas. 813.

Vgl. Schulatlas, Neuer kleiner.

— — dasselbe 2te Lief. 6 Blatt. Querfol. Ebend. 814.

— Uebersicht zu Streits Karte d. Osmanischen Reichs in Europa u. Asien. 4e Aufl. Mit 1 Karte. gr. Fol. Leipz. 829. Hinrichs. 10 Gr.

Stein, C. G. D., Teutsch-griechisches Wörterbuch. Berl. 816. 8. 1 rthlr. 8 gr.

— geograph.-statist. Zeitungs-, Post- u. Comtoir-Lexicon, nach den neuest. Bestimmungen ꝛc. 2 Bde. gr. 8. Leipz. 811. Neue bericht. Ausg. mit 1 Weltkarte u. Postkarte von Deutschland. 8. Ebd. 813. N. A. 4 Bde in 8 Abtheill., nebst Nachtrr. u. Berichtigungen bis Ostern 1824. gr. 8. Ebd. 818—24. Hinrichs. 11 Thlr. 18 Gr. Weiß P. 13 Thlr. 12 Gr. Hbg. Pr. 9 Thlr. Die Nachtrr. besonders. 15 Gr. Weiß Pap. 18 Gr.

Stein, Dr. Christ. Gottfr. Dan., Prof. am berlinisch-köln. Gymnasium zum grauen Kloster. Geographisch-statistisches Zeitungs-, Post und Comptoir-Lexikon, nach den neuesten Bestimmungen etc. Neue, durch Nachtrag berichtigte und verm. Ausgabe. Mit einer Karte. (2 Bde.) 8. Leipzig 1813.

— — (Neuauflage.) (4 Bde.) 8. Leipzig 1818–1821.

— — Nachträge. (2 Bde.) 8. 1822–1824.

Stein, Christian Gottfried Daniel: „Geographisch-statistisches Zeitungs-, Post- und Comtoir-Lexicon", 2 Bände, Leipzig 1811. — Neue Auflage in 4 Bänden, je 2 Abteilungen, ebenda 1818—1822; Nachträge dazu ebenda 1822, 1824. — Vorh.: (2. Auflage) Bibl. des Reichsbankdirektoriums Berlin.

— neues geograph. statist. Zeitungs-, Post- u. Comtoir-Lexikon. 1r bis IIIr Band. 1ste, 2te Abtheil. gr. 8. Ebend. 819 — 21.

— neues geograph.-statist. Zeitungs-, Post- u. Comptoirlexicon. 4 Bde in 8 Abtheilungen, nebst Nachtrr. u. Berichtigungen bis Ostern 1822. gr. 8. Leipz. 823, Hinrichs.

Stein, Christoph Friedrich A. S. 1370/21

De dominatu pontificio in reges et principes post reformationem diminuto. Präs. Johann Wilhelm Jan. Wittenberg (Creusig) 10. XI. 1717. 94 S.

W. v.: Präs. 33311

Stein, Conrad, s. Stein, Konrad.

STEIN, David (Bayreuth): De febri puerperali.- Monachii: Poessenbacher 1830. 20 S. 26.8.1830 – Urk: F 60
Diss. Ingolst.-Landsh.-Mchn.

Stein, E., die Amtsvorsteher, Gutsvorstände u. Gemeindevorsteher als Vermittler der Strafrechtspflege. Handbuch f. den amtl. Verkehr der genannten Behörden m. der Staatsanwaltschaft. Nach den darauf bezügl. Gesetzen, Ministerial-Verfüggn. u. der Kreisordng. vom 13. Dezbr. 1872 zusammengestellt. 2. verm. Aufl. gr. 8. (55 S.) Löwenberg 874. Köhler. n. — 75

Stein, E. die Amtsvorsteher, Gemeinde- und Gutsvorsteher und die Polizeiverwalter in den Städten als Vermittler der Strafrechtspflege. Handbuch für den amtl. Verkehr der genannten Behörden mit der Staatsanwaltschaft. Nach den darauf bezügl. Gesetzen, Ministerial-Verfügungen und Entscheidungen zusammengestellt. 3. verm. und verb. Aufl. gr. 8. (86 S.) Grünberg 877, Weiß' Nachf. *

Stein, E. die Amtsvorsteher, Gemeinde- und Gutsvorsteher und die Polizeiverwalter in den Städten als Vermittler der Strafrechtspflege. Handbuch für den amtl. Verkehr dieser Beamten mit der Staatsanwaltschaft. Nach den darauf bezügl. Gesetzen, Ministerial-Verfügungen und Entscheidungen zusammengestellt. 4. verm. und nach Maßgabe der Reichsjustizgesetze umgearb. Aufl. (IV, 119 S.) 1880; 5. verb. Aufl. 8. (VI, 126 S.) Grünberg 881, Weiß's Nachf. *

Stein, E. die Amtsvorsteher, Gemeinde- und Gutsvorsteher, Polizei-Distrikts-Commissarien und Polizeiverwalter in den Städten als Vermittler der Strafrechtspflege. Handbuch für den amtl. Verkehr dieser Beamten mit der Staatsanwaltschaft. 6. verm. Aufl. 8. (VI, 150 S.) Grünberg 884, Weiß Nachf. *

Stein, E. Die Amtsvorsteher, Gemeinde- u. Gutsvorsteher, Polizei Distrikts-Kommissarien, Amtmänner u. Bürgermeister als Orts-Polizeiverwalter u. Vermittler der Strafrechtspflege. Handbuch insbesondere für d. amtl. Verkehr dieser Beamten m. d. Staatsanwaltschaft. 7. verm. Aufl., bearb. von Koehne. gr. 8. (191 S.) Grünberg i. Schl. 892, F. Weiß Nachf. Verlag. * 2 —

(Stein, Baron.) Beiträge zur Geschichte des Geschützwesens. Aus Originalquellen. (X, 11 u. 96) 8. Mainz 1836

Jesu Bild. Novelle von E. v. **Stein**. Berlin-Leipzig: C. Wigand 1907. (41 S.) 8° [08, 6108

Stein, E.v.: Über den Einfluss der Bibel auf die deutsche Sprache und Literatur. 6 S.– Klattau, Progr. 1855.

Stein, E.v.: Die Elemente der articulierten Sprache. 8 S.– Klattau, Progr. 1860.

Stein, E., nouvel Essai sur le jeu des échecs avec des réflexions militaires relatives à ce jeu. gr. 8. à la Haye. (Grieshammer, Leipz.) 789.

Stein, E. ein Frühschoppen, s. Album für Liebhaber-Bühnen.

Stein, E., Hormung. Eine Erzählg. aus der Steinzeit. 8. (40 S.) Güstrow 899. Opitz & Co. n. 1.—

Stein, E. Freiherr v. (Red.), s. Kneipp-Bund, Der.

Stein, E., das Missions-Sendschreiben St. Pauli an die Kolosser, in Missionsbetrachtgn. f. Missionsfreunde ausgelegt u. durch Beispiele aus der Missionsgeschichte illustriert. gr. 8. (VII, 187 S.) Gütersloh 894. C. Bertelsmann. n. 2. 40; geb. n. 3. —

Stein, E. Musterbuch der Baumwollenfärberei, s. Wieland, H.

Stein, v.: Parallele zwischen Spinoza u. Leibnitz. 18 S. –Klattau, Progr. 1857

Stein, v.: Friedrich von Spee als religiöser Dichter der Trutznachtigall. 20 S.–Klattau, Progr. 1859

Stein, E. von. Das Hannibalische Truppenverzeichnis bei Livius, (XXI, c. 22), s. Studien, Berliner, für classische Philologie u. Archäologie.

Welche Stellung nehmen wir gegenüber der Einführung des Knaben-Handarbeitsunterrichtes in den Lehrplan der Volksschule ein? Von E. **Stein**, Lehrer in Hagen i.W. *Bielefeld: A. Helmich [1899]*. (10 S.) 8° [J.]
= Abhandlungen, Pädagogische. N. F. Bd 4, H. 8. [01, 3515

Stein, E. S., Tractatus de Eclampsia. 8maj. (10 B.) Hagae Comit. 838. (Lingen, Jülicher.) *

Stein, Eberhard

—— der Tyroler Kampf für ihr Vaterland, s. Kracht's, U., Jugend-Bibliothek.

Stein, E., der Tyroler Kampf f. ihr Vaterland unter Andreas Hofer, s.: Wöller's Jugend- u. Volksbibliothek.

Stein, Eberhard, die Familie Toaldi, oder: Der Tyroler Kampf für's Vaterland unter Andreas Hofer. Eine unterhaltende und belehrende Erzählung für Jung und Alt. Mit Titelkupf. 8. Leipzig 843, Wöller. n. 1/4 ß

Stein, Eberh., der Tyroler Kampf f. ihr Vaterland unter Andr. Hofer. Eine unterhalt. u. belehr. Erzählung f. Jung u. Alt. Neu bearb. u. erweitert v. G. A. Winter. 2. sehr verm. Aufl. Mit 1 Stahlst. 8. (IV u. 133 S.) Leipzig 851, Wöller. n. 12 ngr; fein Pap. in Engl. Einb. 16 ngr

Stein, Eberh., Lieder e. armen Narren. (VI, 66 S.) kl. 8. Leipzig 908. Reform-Verlag. 1.—; geb. 2. —

Ed. Stein: d. Eifersucht als Leidenschaft, in psych. u. phys. Bezieh.; e. Belehrungsb. f. gebild. Männer u. Frauen. *Dresd.*, **Hilscher (j. Grimmer. B.) 829.** 8° 12 gl

— der literar. Streit zwischen Hebenus u. Weinhold, freimüthig beurtheilenden Aerzten u. Nichtärzten gewidmet. gr. 8. Leipz. 822. Reclam. 2 gl

Stein, Eduard [aus Wilnsdorf in Westfalen]: Aus d. K. pharmakolog. Institute d. Univ. Greifswald. Über die Wirkung fortgesetzter kleiner Dosen von Kampher beim gesunden Menschen .... Greifswald, Druck v. Julius Abel, 1887; 41 S. 8°.
Greifswald, Med. Fak., Inaug.-Diss. v. 23. Jul. 1887.

Ueber die Giftigkeit indischer Rübkuchen. Untersuchungen ... ausgeführt von Dr. E[duard] H[einrich] **Stein**, Assist., Bonn-Poppelsdorf. (Berlin): P. Parey in Komm. 1907. (32 S.) 8° [F.] [08. 3292

Stein, Eduard Heinrich, a. Berlin: Über die chemische Natur und die Giftigkeit des aus Raps und verwandten Kruziferen entwickelten Senföles. Ein Beitrag z. Frage nach d. Verwendbarkeit u. Beurteilung ausländ. Rapskuchen. Berlin 1907: W. Greve. (27 S.) 8° [F.]
Göttingen, Phil. Fak., Ref. Tollens, Diss. v. 6. Nov. 1907
[Geb. 11. Sept. 76 Berlin; Wohnort: Berlin; Staatsangeh.: Preußen; Vorbildung: Luisenstädt. Gymn. Berlin Reife M. 95; Studium: Berlin 5, München 2 S.; Rig. 20. Dez. 06.]

Stein, E. H., tierphysiologisches Praktikum. Uebungen aus dem Gebiete der physiolog. Chemie u. verwandten Zweigen f. Tierärzte u. Landwirte. (VIII, 144 S. m. 20 Abbildgn.) gr. 8. Stuttgart 903. F. Enke. n. 4. —; geb. in Leinw. n. 4. 80

Stein, Emil, Arzt in Mannheim: **Darmblutungen** bei Lebercirrhose. *Berlin: S. Karger 1899.* (31 S.) 8°
Heidelberg, Med. Diss. v. 1899

Stein, E[mil]: Nietzsche's Gottesbegräbnis eine Selbstbestattung des Atheismus. Barmen: Wuppert. Traktat-Ges. 1907. 26 S. 8°
(Salz u. Licht. 15.)

– Nietzsche's Gottesbegräbnis, e. Selbstbestattung des Atheismus, s. Salz u. Licht. 15.

Der alte oder der neue Jesus? Von E[mil] **Stein**, Pfarrer. Barmen: E. Müller [1907]. (32 S.) 8° [F.] [08. 4769

Stein, E., können wir angesichts der modernen Geistesbildung m. gutem Gewissen d. Standpunkt des biblischen Christentums vertreten? Vortrag. gr. 8. (19 S.) Düsseldorf 899. C. Schaffnit. n. — 20

Stein, ein merkwürdiger Segen. Predigt üb. Luc. 2, 34-35. Geh. am Sonntag nach Neujahr den 3. I. 1904. (10 S.) gr. 8. Düsseldorf 904. C. Schaffnit. — 10

Stein, Emil, a. Gartz a. O.: Sprache und Heimat der jüngeren Fassung der Chanson de Lion de Bourges ⟨Hs. B.⟩. Greifswald 1908: H. Adler. (87 S.) 8°
Greifswald, Phil. Fak., Ref. Stengel, Diss. v. 4. März 1908
[Geb. 20. Juni 85 Gartz a. O.; Wohnort: Gartz a. O.; Staatsangeh.: Preußen; Vorbildung: Gymn. Gartz a. O. Reife O. 04; Studium: Greifswald 1, Berlin 4, Greifswald 2 S.; Rig. 21. Dez. 07.]

Philosophische Studien. Entwürfe, Skizzen u. Aphorismen aus d. Nachl. v. Emil **Stein**, geb. 15. Jan. 1874, gest. 3. Jan. 1895. *Leipzig: W. Friedrich 1896.* (3 Bl., 94 S.) 1 Bd 8. [96. 8068

Stein, Emil, telephonisch verbunden, s. Bloch's, E., Theater-Correspondenz.

Der Tod Jesu in Gethsemane. Von E[mil] **Stein**, Pastor in Düsseldorf. *Erlangen 1902: F. Junge.* (28 S.) 8° [F.]
Aus: Reform. Kirchenzeitung. [03. 10564 5

— der Tod Jesu in Gethsemane. gr. 8. (28 S.) Erlangen 902. (Düsseldorf, C. Schaffnit.) n. — 30
Sonderabdruck aus: „Reform. Kirchenzeitung".

Stein, Frl. Emilie = Stine, E. [Autorname].

Stein, Erika, neues klassisches Vergißmeinnicht. Blätter zur Erinnerg. m. Dichterworten f. alle Tage, ausgewählt. 32. (383 S. m. 1 Titelbild.) Reutlingen 893. B. G. Kurtz. Geb. in Leinw. m. Goldschn. n. 1. —

Stein, Erika, neues klassisches Vergißmeinnicht. Blätter zur Erinnerung m. Dichterworten f. alle Tage. 9.—16. Tauf. 24. (383 S. m. 1 Titelbild.) Reutlingen 897. B. G. Kurtz. Geb. in Leinw. m. Goldschn. n. 1. —

Stein, Ernst, approb. Arzt aus Schlesien: **Aus d. psychiatr.** Klinik zu Greifswald. Ein **Beitrag zur Ätiologie und** Symptomatologie der **progressiven Paralyse der Irren.** *Greifswald 1903: H. Adler.* (30 S.) 8°
Greifswald, Med. Diss. v. 25. Apr. 1903

Stein, Ernst: Die Braut des Capitains, s. Volksbibliothek, Neue.

– Die Erscheinung im Pfarrhause, s. Volksbibliothek, Neue.

Die | Erscheinung im Pfarrhause | oder das | Gespenst von Quaritz. | Erzählung | von | Ernst Stein. | *(Vignette)* | Oberhausen u. Leipzig. | Druck und Verlag von Ad. Spaarmann. (= *No.* 18).
o. J., 38 S., 165 × 110, U.-Fig.: *»Stoßt dieses schuftige Ungeheuer nieder!« gebot Friedrich.*, 133 × 95, sign. M. Ulffer (?) Ddf.
Priv.-Bes.

Fechenheim zu Kriegszeiten. Bearb. nach amtl. Quellen u. Ueberlieferung von Ernst **Stein**, Polizei-Kommissar. Fechenheim: H. Ch. Schack 1905. (120 S.) 8° [F.] [06 4167 4

– Der Fluch der bösen That, s. Volksbibliothek, Neue.

Stein, Ernst, die Pfalzgräfin Genovefa, s. Volks-Bibliothek, neue.

—— die Pfalzgräfin Genovefa, s. Volks- und Jugend-Erzählungen.

– Die vier Heymons-Kinder, s. Volksbibliothek, Neue.

Stein, Ernst, die schöne Melusina, } s.: Volkserzählungen, neue.
— der unüberwindliche Ritter, }

– Der unüberwindliche Ritter, s. Volksbibliothek, Neue.

Die Schlacht bei Bergen am 13. April 1759. Zur Erinnerung an d. 150j. Wiederkehr d. Schlachttages bearb. von Ernst **Stein**, Polizei-Komm. Mit 1 Kt. Fechenheim: Schack 1909. 24 S. 8° [09. 13685 4

– Das Seeungeheuer, s. Volksbibliothek, Neue.

Stein, Erwin, Arbeitgeber u. Arbeitnehmer. Ein Wort zur Arbeiterbewegg. unserer Tage. (35 S.) 8. Dresden 906. Albanus. n. — 60

— Heroldsrufe an das deutsche Volk. (49 S.) 8. Leipzig 905. Modernes Verlagsbureau. n. 1. —

Stein, Erwin, Nibelungen-Enkel oder die Zukunft e. Volkes. Zeitroman. 1. Tl. (59 S.) 8. Leipzig 905. Modernes Verlagsbureau. n. 1. —

— des deutschen Volkes Schillerfeier. (23 S.) 8. Chemnitz 905. A. Becker. n. — 40

— **Streit- u. Zeitgedichte.** (III, 33 S.) kl. 8. Dresden 905. E. Pierson. n. — 75; geb. 1. 75

Stein, Erwin, wenn wir Dichter lieben —! Roman. (192 S.) gr. 8. Leipzig-Gohlis 908. [B. Volger.] Berlin, Verlag Neue Jugend. 2.50

Stein, Eugen: Ueber Haemorrhagieen der Ovarien bei schwerer Anaemie. *Halle a. S. 1898: Plötz.* (33 S.) 8°
Halle, Med. Diss. v. 21. März 1898

Stein, Eug., Orgelstücke zum Gebrauch beim öffentlichen Gottesdienste. Op. 4. Imp.-4. (8 S.) Langensalza 858, [Verlags-Comptoir.]

—— 24 kurze und leichte Orgel-Vorspiele in den gangbarsten Tonarten. Op. 3. Imp.-4. (6 S.) Langensalza 858, [Verlags-Comptoir.] *

Stein, F., u. H. **Petermann**, Anleitung zum Unterrichte im Rechnen auf der Unterstufe der Elementarschulen. Mit besond. Rücksicht auf unsere umgearb. „Rechenfibel" 8. (48 S.) Münster 888. Aschendorff. n.n. — 50

v. Stein, F., ein fliegendes Blatt an die Studenten deutscher Hochschulen in Sonderheit Jena's. gr. 8. (8 S.) Jena 848. (Hochhausen.) n. 2 ngr

Stein, F., Gesetz vom 22. Februar 1855, die landwirthschaftlichen Erbgüter betreffend, s. Gesetzgebung, die, des Königr. Bayern.

Stein, F., Wegweiser durch das Rhongebirge nach verschiedenen Touren von Bayern, Kurhessen und Thuringen aus. Mit 1 (lith.) Karte (in Fol.). Frankfurt 864. C. Jugel. 8. (IV, 16 S.) n. 10 ngr

Stein, F. J., erster Cursus des deutschen Sprachunterrichts für Kinder von 7 bis 8 Jahren. 12. (24 S.) Köln 854, Bollig's Buchh.

Stein, F. W: Proposition zum Bau der Eisenbahn zwischen Berlin, Frankfurt, Breslau. Breslau 1839

Stein, Felix von

Stein, F. v., Geschichte d. russischen Heeres, vom Ursprunge desselben bis zur Thronbesteigung d. Kaisers Nikolai I. Pawlowitsch. gr. 8. (XI, 367 S.) Hannover 885. Helwing's Verl. n. 15. —

Stein, F. v. Geschichte des russischen Heeres vom Ursprunge desselben bis zur Thronbesteigung des Kaisers Nicolai I. Pawlowitsch.
Hannover 1885. 367 S.
(Geb. Brahmer.)

Stein, F. v., Geschichte des russischen Heeres vom Ursprunge desselben bis zur Thronbesteigung des Kaisers Nikolai I. Pawlowitsch. Neue wohlf. (Titel-) Ausg. gr. 8. (XI, 367 S.) Leipzig 895. Zuckschwerdt & Möschke. n. 8. —

von Stein, F.: Die russischen Kosakenheere. Nach dem Werke des Obersten Choroschchin und anderen Quellen. Mit 1 Karte. Gotha 1883. (II), 40 S.
= Ergänzungsheft zu Petermann's Geographischen Mittheilungen. No 71. 8°.
[Z 25

— die russischen Kosakenheere, s.: Petermann's, A., Mittheilungen aus J. Perthes' geographischer Anstalt.

Stein, Felix, Referendar: Über Vertragseinheit und Vertragsmehrheit beim Kauf im römischen und heutigen bürgerlichen Rechte. Borna-Leipzig 1907: R. Noske. (48 S.) 8°
Breslau, Jur. Fak., Ref. Schott-Fischer, Diss. v. 16. Febr. 1907
[Geb. 30. Nov. 83 Patschkau; Wohnort: Patschkau; Staatsangeh.: Preußen, Vorbildung: Königl. Gymn. Patschkau Reife O. 03; Studium: Genf 1; Berlin 2, Breslau 3 S.; Rig. 4. Juli 06.]

Stein, Ferdinand: Lafontaines Einfluss auf die deutsche Fabeldichtung des achtzehnten Jahrhunderts. Aachen, Druck v. F. N. Palm (1889); S. 3–32; 4°
Aachen, Kaiser-Karls-G, OP 1889 (395)

Stein, Ferd. Lafontaines Einfluss auf die deutsche Fabeldichtung d. 18. Jahrh. gr. 4. (40 S.) Lpz. 889, Fock. * 2 —

Stein, Ferd. De figurarum apud Thucydidem usu. 19 S.
Progr. Fr. Wi. G. *Cöln* 1881.

Stein, Fr. Gutachten über das Thema: In welchem Umfange ist der Ausschluß des Rechtsweges in den Reglements und in den Mobiliar-Versicherungsbedingungen der öffentl. Feuervers.-Anstalten nach den Bestimmungen des Reichs Z. P. O. und des Gerichts, Verfassungs-Gesetzreform zulässig? In welcher Weise ist das Schiedsgericht zusammenzusetzen, wenn der ordentliche Rechtsweg vertragsmäßig ausgeschlossen werden soll? Merseburg 1899.

Stein, Fr., humoristisches Thierleben, s.: Gollo, Alfr.

Stein, Franz

— **Heinrich der Löwe, Herzog zu Braunschweig, u. seine höchst wunderbaren Thaten u. Abenteuer. Neu erzählt.** 8. (64 S.) Ebend. 875. — 30

Stein, Frz., Doctor Faust's Leben, Thaten und Höllenfahrt. Neu erzählt. 8. (61 S.) [Elberfeld 875.] Köln, Püttmann.

—— Robert der Teufel. Eine romant. Erzählung. 8. (60 S. Ebendas. 875.

—— Rübezahl, der Berggeist des Riesengebirges. Eine neue Erzählung seiner Schalkstreiche und Possen. 8. (64 S.) Ebendas. 875.

—— Schinderhannes und seine Genossen. Ein Lebensbild. 8. (60 S.) Ebendas. 875.

Stein, Franz Josef

Stein, Frz. Jos., historisch-kritische Darstellung der pathologischen Moralprincipien u. einiger ihrer vornehmsten Erscheinungsformen auf dem socialen Gebiete. gr. 8. (XI, 427 S.) Wien 871. Braumüller. n. 8. —

Stein, Frz. Jos., historisch-kritische Darstellung der pathologischen Moralprincipien und einiger ihrer vornehmsten Erscheinungsformen auf dem socialen Gebiete. 2. (Titel-) Ausg. gr. 8. (XI, 426 S.) Würzburg (871)79, Woerl. *

v. Stein, Ritter Frhrr. Frz. Jos., († d. 8. Jan. 1834) s. 1) v. Kamptz, üb. Entschädigungs-Berechtigung etc. 2) Wort, auch ein, über d. Entschädigungs-Berechtigung.

Stein, Frida, die Kartoffelküche. Leichtfaßliche Anleitg. zur vortheilhaften Zubereitg. v. Kartoffelsuppen, geschmorten u. gebratenen Kartoffeln, Kartoffeln m. Saucen u. Gemüsen, Kartoffel-Breien, Fleisch u. Fisch m. Kartoffelzuspeisen, Kartoffelklößen, Kartoffelpuddings, Kartoffelkuchen u. Backwerke etc. f. einfache u. feinere Küchen. 8. (64 S.) Oberhausen 884. Spaarmann. — 40

Stein F., die Kartoffelküche, s. Volksbücher, neue deutsche.

Stein, Frdr. vom, s.: Wrede, Fürst Frdr.

Stein, Friedrich: Aktenstücke zur Einführung in das Prozessrecht, s. Aktenstücke...

— u. R. **Schmidt**, Aktenstücke zur Einführung in das Prozessrecht. Civilprozess. Bearb. v. F. Stein. 2 Hfte. gr. 8. (III, IV, 168 S.) Leipzig 890. Hirschfeld. à n. 1. —

— u. Rich. **Schmidt**, Aktenstücke zur Einführg. in d. Prozessrecht. Civilprozess. Bearb. v. Frdr. Stein. 1. u. 2. Hft. gr. 8. Leipzig, C. L. Hirschfeld. à n. 1. —; in 1 Bd. geb. n. 2. 50
1. 2. Aufl. (VIII u. S. 1—80.) 895.
2. 3. Aufl. (VIII u. S. 81—168.) 898.

— u. Rich. **Schmidt**, Aktenstücke zur Einführung in das Prozessrecht. Civilprozess. Bearb. v. Frdr. Stein. 4. Aufl. gr. 8. (VIII, 172 S.) Leipzig 899. C. L. Hirschfeld. n. 2. —; geb. n. 2. 60

— u. Rich. **Schmidt**, Aktenstücke zur Einführung in das Prozessrecht. Civilprozess. Bearb. v. Frdr. Stein. 5. Aufl. (VIII, 176 S.) gr. 8. Leipzig [C. L. Hirschfeld]. Tübingen, J. C. B. Mohr. n. 2. 20; geb. n. 2. 70 1903

Stein, F., u. R. **Schmidt**, Aktenstücke zur Einführung in das Prozessrecht. Civilprozess. Bearb. v. F. Stein. 6. Aufl. (VIII, 176 S.) Lex.-8. Tübingen, J. C. B. Mohr. 1907 2. 20; geb. 3. —

— u. **Rich. Schmidt**, Aktenstücke zur Einführung in das Prozessrecht, Zivilprozess. Bearb. v. Frdr. Stein. 7. Aufl. (VIII, 196 S.) Lex. 8. Ebd. 910. 2.50; geb. 3. 50

— — dasselbe. Strafprozess. Bearb. v. R. Schmidt. gr. 8. (VIII, 103 S.) Ebd. 890. n. 1. 20

— dasselbe. 2. Aufl. Strafprozess. Bearb. v. Rich. Schmidt. gr. 8. (VIII, 104 S.) Ebd. 897. n. 1. 20

Stein, F. u. R. **Schmidt**, Aktenstücke zur Einführung in das Prozessrecht. 3. Aufl. Strafprozess. Bearb. v. R. Schmidt. (VIII, 104 S.) Lex.-8. Leipzig, C. L. Hirschfeld. 1904. 1. 40; geb. 1. 90.

Stein, Friedr. vergleichende Anatomie und Physiologie der Insecten in Monographieen bearb. I. Monographie: Die weibl. Geschlechts-Organe der Käfer. Imp.-4. (VIII und 139 S. mit 9 Kpfrt.) Berlin 847, Duncker und Humblot. Schreibvelinp. *

Stein, Frdr., Chronik d. Stadt Schweinfurt im 19. Jahrh., m. angehängten Tabellen üb. Bevölkerg., Rathspersonen u. Stadtpfarrer. Im Anschlusse an des Verf. Geschichte der Reichsstadt Schweinfurt. gr. 8. (VII, 229 S.) Schweinfurt 901. E. Stoer. n. 4. 20; (Chronik u. Geschichte in 1 Bd., erhöht. Pr. n. 17.50; geb. in Leinw. n. 19. 50)

Stein, Frdr., Die Entwickelung und Fortbildung des deutschen Sachenrechtes in der Zeit vor der Aufnahme des römischen Rechtes. Erlangen 1857. 8. . . . . . . (1856.)

Stein, Frdr., die akademische Gerichtsbarkeit in Deutschland. gr. 8. (XII, 151 S.) Leipzig 891. C. L. Hirschfeld. n. 3. 60

[F.] Die Geschichte von Erlangen in Wort und Bild v. Justizr. Dr. [Friedr.] **Stein**, 1.—3. Abt., u. Lehrer L(udwig) Müller. 4.—7. Abt. M. zahlr. Ill. u. e. Anh. 1. Akademische Vereine. u. Dichter in Erlangen. *Erlangen: F. Junge 1898.* (VIII, 344, 80 S., 3 Portr., 2 Portraittaf., 32 Taf., 1 Tab.) 1 Bd 4.18.) [98. 1191]

Stein, Friedr., Geschichte Frankens. (In 16 Lfgn.) 1.—8. Lfg. oder 1. Bd. gr. 8. (XV, 462 S. mit 1 lithogr. Karte.) Schweinfurt 884,85, Stoer. à Lfg. * ℳ 1,20. *

Stein, Friedr. Geschichte Frankens. 9.—16. Lfg. oder 2. Bd. gr. 8. (VIII, 463 S. mit 1 lithogr. Karte.) Schweinfurt 885,86, Stoer. à Lfg. * ℳ 1.20. *
1.—8. Lfg. oder 1. Bd. Ebendas. 1884,85. * ℳ 9,60.

Stein, Frdr., Geschichte der Grafen u. Herren zu Castell von ihrem ersten Auftreten bis zum Beginne der neuen Zeit. 1058—1528. Im Auftrage des gräfl. Hauses verf. gr. 8. (VIII, 303 S.) Schweinfurt 892. E. Stör. n. 7. 50; geb. n. 9. —

Stein, Frdr., Geschichte d. Königs Konrad I. v. Franken u. seines Hauses. gr. 8. (XV, 348 S.) Nördlingen 872. Beck. n. 6. —

Geschichte der Stadt Lohr am Main von der ältesten Zeit bis zum Übergange an die Krone Bayerns. Von Dr. Friedrich **Stein**, Justizrat zu Schweinfurt. *Lohr 1898: Gentil* (aufgekl.: *Würzburg: Ballhorn & Cramer in Comm.*). (VIII, 174 S.) 8° [F.] [01. 1375]

— Geschichte der Reichsstadt Schweinfurt. 2 Bde. gr. 8. Schweinfurt, E. Stoer. n. 12. 20
1. Von den ältesten Zeiten bis zur Erwerbung des deutschen Besitzes zu Schweinfurt. (X, 379 S.) 900. n. 6. 70
2. Die Schlußzeit des Mittelalters u. die neue Zeit bis zum Ende der Reichsunmittelbarkeit. (VIII, 317 S.) 900. n. 5.50

— Geschichte der Stadt Schweinfurt. 4 Vorträge geh. im Bürger-Verein zu Schweinfurt. gr. 8. (62 S.) Schweinfurt 879. Stoer. 1. 10

Stein, Friedr. Grundriß der organischen Naturgeschichte. Zum Gebrauch f. höhere Schulen entworfen. I. Abthl.: Organographie der Pflanzen. gr. 8. (9¾ B.) Berlin 845, Duncker u. Humblot. *

Stein, Frdr., über die Hauptergebnisse der neuern Infusorienforschungen. Ein Vortrag, gehalten in der feierlichen Sitzung der k. Akad. d. Wiss. am 30. Mai 1863. Wien 863. (Gerold.) 8. (29 S.) n. 5 ngr.

- das markgräfliche Haus von Schweinfurt. gr. 8. (S. 13—56.) Würzburg 900. (Stahel's Verl.) n. 1. —
Sonderabdruck aus: „Archiv des histor. Vereins".

Stein, Friedr. die Infusionsthiere auf ihre Entwickelungsgeschichte untersucht. gr. 4. (X und 265 S. mit 6 Kpfrt.) Leipzig 854, Engelmann. *

Zur Justizreform. 6 Vorträge von Dr. Friedrich **Stein**, Prof., Halle. Tübingen: J. C. Mohr 1907. (109 S.) 8° [07. 1669 6

—— Klavierübungen im Umfang von fünf Stufen, in der Tonleiter, in sprungweisen Fortschreitungen, sowie in Akkorden und Akkordverbindungen, mit dem nothwend. Fingersatze und mit Anmerkungen versehen. Zunächst für Schulamtspräparanden bearb. 2. Ausg. qu. Fol. (30 lithogr. S. und 2 S. Text.) Crefeld 855, [Kühler.] *

Stein, Friedr., das Kloster der heil. Lioba zu Bischofsheim, s. Schumm, Ant., Geschichte der Stadt Bischofsheim.

[F.] Ueber die bindende Kraft der richterlichen Entscheidungen nach der neuen österreichischen Civilprocessordnung. Auf Grund e. in d. Jurist. Ges. in Wien gehalt. Vortrages. Von Dr. Friedrich **Stein**, Prof. . . . in Halle. *Wien: Manz 1897.* (SA. a. d. 'Allg. Oesterr. Gerichts-Zeitg nebst e. Vorw.) (28 S.) 1 Bd 8. [97. 2314

— Kulmbach u. die Plassenburg in alter u. neuer Zeit. 1. Lfg. gr. 8. (S. 1—64 m. 1 Bildnis.) Kulmbach 893. R. Rehm. n. — 80

Stein, Frdr., Kulmbach u. die Plassenburg in alter u. neuer Zeit. 2. Lfg. gr. 8. (S. 65—128.) Kulmbach 895. R. Rehm. n. — 80

Stein, Frdr., Kulmbach u. die Plassenburg in alter u. neuer Zeit. (5, 184 u. 17 S. m. 1 Bildnis.) gr. 8. Kulmbach (903). R. Rehm. Geb. in Leinw.. n. 3. —

— die Kunst der Rechtsprechung. Vortrag, geh. in der Gehe-Stiftg. zu Dresden am 20. I. 1900. gr. 8. (37 S.) Dresden 900. v. Zahn & Jaensch. n. 1. —

Die Kunst der Rechtsprechung. Vortrag geh. in d. Gehe-Stiftung von Dr. Friedrich Stein, Prof. in Halle. *(Dresden: v. Zahn & Jaensch 1901.)* (37 S.) 8° [F.]
= Jahrbuch d. Gehe-Stiftung zu Dresden. Bd 6, [2.] [01. 3896

Stein, Frdr. v., das Laster. Roman. 8. (301 S.) Leipzig 893. W. Friedrich. n. 5. —; geb. n.n. 6. —

— Die Novelle zur Zivilprozeßordnung v. 1. VI. 1909. Im Anschluß an die 8. u. 9. Aufl. des Kommentars erläutert. 1.—3. Aufl. (XV, 177 S.) Lex. 8. Nebst: Deckblätter zu Gaupp-Stein ZPO., 8. u. 9. Aufl. (Je 12 Bl.) 8. Ebd. 910. 3.80; geb. 5.—

Stein, Friedr. der Organismus der Infusionsthiere nach eigenen Forschungen in systematischer Reihenfolge bearb. 1. Abthl.: Allgemeiner Theil und Naturgeschichte der hypotrichen Infusionsthiere. Fol. (XII und 206 S. mit 14 Kpfrt.) Leipzig 859, Engelmann. *

—— der Organismus der Infusionsthiere nach eigenen Forschungen in systemat. Reihenfolge bearb. 2. Abthl. 1. Darstellung der neuesten Forschungsergebnisse über Bau, Fortpflanzung und Entwicklung der Infusionsthiere. 2. Naturgeschichte der heterotrichen Infusorien. Fol. (VIII und 355 S. mit 16 Kpfrt.) Leipzig 867, Engelmann. cart. *
1. Abthl. Ebendas. 1859. * 16 Thlr.

Stein, Friedr. Ritter v., der Organismus der Infusionsthiere nach eigenen Forschungen in systematischer Reihenfolge bearb. 3. Abthl.: Die Naturgeschichte der Flagellaten oder Geisselinfusorien. 1. Hälfte, den noch nicht abgeschlossenen allgemeinen Theil nebst Erklärung der sämmtl. Abbildungen enth. Fol. (X, 154 S. mit 24 Kpfrt. und 24 Bl. Tafelerklärungen.) Leipzig 878, Engelmann. cart. *
1. und 2. Abthl. Ebendas. 1859,67. * ℳ. 114.

Stein, Friedr. Ritter v., der Organismus der Infusionsthiere, nach eigenen Forschungen in systemat. Reihenfolge bearb. 3. Abthl. 2. Hälfte. A. u. d. T.: Der Organismus der athrodelen Flagellaten. 2. Hälfte: Einleitung und Erklärung der Abbild. Fol. (30 S. mit 25 lithogr. und Kpfrt. und 25 Bl. Erklärungen.) Leipzig 883, Engelmann. cart. *
1. und 2. Abthl. und 3. Abthl. 1. Hälfte. Ebendas. 1859—78. * ℳ 194.

Stein, Frid. (geb. Niemegk bei Wittenberg a. E. 3. 11. 1818): De Myriapodum partibus genitalibus, nova generationis theoria atque introductione systematica adjectis. Berolini (1841). (54 S.) 4°
Berlin, Phil. Diss. v. 16. Aug. 1841

— die Petersstirn bei Schweinfurt. Geschichtliche Mittheilgn. Mit e. artist. Beilage v. Jens Sattler. gr. 8. (34 S. m. 1 Kpfrtaf. in qu. gr. 4.) Ebend. 874. n. — 90

—— die Petersstirn bei Schweinfurt. Geschichtliche Mittheilungen. Mit einer artist. Beilage von Jens Sattler. gr. 8. (31 S. mit 1 Kpfrt. in qu. gr. 4.) Ebendas. 884. *

Stein, Fridericus, Rhenanus: De Procli chrestomathia grammatica quaestiones selectae. Bonn 1907: C. Georgi. (57 S.) 8°
Bonn, Phil. Fak., Ref. Brinkmann, Diss. v. 6. Aug. 1907
[Geb. 1. Sept. 81 Kalk; Wohnort: Koblenz; Staatsangeh.: Preußen; Vorbildung: Friedrich-Wilhelms-Gymn. Cöln Reife O. 01; Studium: Bonn 3, Berlin 2, Bonn 3 S.; Rig. 25. Juli 06.]

— Schweinfurt vor 1100 Jahren. Zur Erinnerg. an den 1100. Jahrestag der ältesten Schweinfurter Urkunde. 12. Septbr. 791. Mit Abdr. u. Übersetzg. dieser Urkunde. gr. 8. (14 S.) Schweinfurt 891. E. Stör. n. — 40

Stein, Frdr., Sprach- u. Rechtschreib-Übungen f. d. Mittel- u. Oberstufe der Volksschule. 29. Aufl. Unter Berücksicht. der neuen Rechtschreibung v. e. prakt. Schulmann hrsg. (64 S.) 8. Münster 907. Aschendorff. nn — 25

— die Stammsage der Germanen u. die älteste Geschichte der deutschen Stämme. gr. 8. (VIII, 81 S.) Erlangen 899. F. Junge. n. 1. 80

Stein, Friedrich (Gaweiten/Pr.) A. S. 123/21

Dissertatio academica de substitutione pupillari a Germania non exclusa.
Präs. Johann Wilhelm von Goebel.
Helmstedt (Drimborn) IX. 1740. 67 S.

W. v.: Präs. 33317

Stein, Frdr., Tacitus u. seine Vorgänger über germanische Stämme. (III, IV, 65 S.) Lex.-8. Schweinfurt 904. E. Stoer. n. 1. 60

Stein, Friedr. der erste Unterricht in der Harmonielehre. Zum Selbstunterr. zunächst für Schulamtspräparanden bearb. Nebst ($^{5}/_{8}$ B.) Notenbeilagen (u. e. Hefte: **Klavierübungen im Umfang von 5 Stufen, in der Tonleiter, in sprungweisen Fortschreitungen, sowie in Akkorden u. Akkordverbindungen, mit dem nothwend. Fingersatze u. mit Anmerkgn. versehen. 4 Bog. in qu. Roy.-4.**) gr. 8. ($6^{3}/_{4}$ B.) Crefeld 845, Funcke u. Müller. Thlr. *
Die Harmonielehre allein * 15 Ngr., die Clavierübungen * 25 Ngr.

Stein, Friedr. der erste Unterricht in der Harmonielehre. Zum Selbstunterricht zunächst für Schulamtspräparanden bearb. Mit (12 S.) Notenbeilagen. 2., verb. Aufl. gr. 8. (X und 96 S.) Crefeld 855. [Kühler.] *

Stein, Frdr., der erste Unterricht im Violinspielen nebst entsprechendem Uebungsstoff. Zunächst für Schulamtspräparanden bearb. 4. (18 u. 24 lith. S.) Köln u. Neuss 849, Schwann. n. $^{3}/_{4}$ ℔

—— Uebungstoff dazu. 4. (24 lithogr. S.) Köln und Neuss 849, Schwannsche Vrlgsh. *

Stein, Friedr. Untersuchungen über die Entwickelung und Fortbildung des deutschen Sachenrechtes von der älteren Zeit bis zur Gegenwart. (In 3 Abthlgn.) 1. Abthl. A. u. d. T.: Die Entwickelung und Fortbildung des deutschen Sachenrechtes in der Zeit vor der Aufnahme des römischen Rechtes. Lex.-8. (XII und 150 S.) Erlangen 857, Palm und Enke. Thlr. *
Ist nicht fortgesetzt worden.

Stein, Friedr., Untersuchungen über die Entwickelung und Fortbildung des deutschen Sachenrechtes von der älteren Zeit bis zur Gegenwart. 1. Abth. A. u. d. T.: Die Entwickelung u. Fortbildung des deutschen Sachenrechtes in der Zeit vor der Aufnahme des römischen Rechtes. Erlangen 857. Palm u. Enke. gr. 8. (XII, 160 S.) n. 24 ngr.

— die Urgeschichte d. Franken u. die Gründung des Frankenreiches durch Chlodwig. [Aus: „Archiv d. histor. Vereins von Unterfranken u. Aschaffenburg."] gr. 8. (220 S. m. 1 Karte.) Würzburg 897. (Stahel'sche Verlagsanstalt.) n. 3. 60

Stein, Friedrich: Der Urkunden- und Wechselprozess. H. 1. Leipzig, Duncker & Humblot, 1887; 138 S. 8°.
Leipzig, Jur. Fak., Hab.-Schr. v. Mai 1887.

Stein, Friedr. der Urkunden- und Wechselprozess. gr. 8. (X, 377 S.) Leipzig 887, Duncker und Humblot. *

— die Völkerstämme d. Germanen nach röm. Darstellg. E. Commentar zu Plinius Natur. hist. IV, 28 u. Tacitus Germ. c. 2. gr. 8. (VII, 103 S.) Schweinfurt 896. E. Stoor. n. 1. 80

Stein, Frdr., germanische Volks- u. Sprachzweige. gr. 8. (VII, 64 S.) Erlangen 900. F. Junge. n. 1. 50

Über die Voraussetzungen des Rechtsschutzes, insbes. bei d. Verurteilungsklage von Friedrich Stein. *Halle a. S.: M. Niemeyer 1903.* (151 S.) 8°
Aus: Festgabe d. jur. Fak. d. Univ. Halle-Wittenberg f. H. Fitting. [03. 733] 3

— über die Voraussetzungen des Rechtsschutzes, insbesondere bei der Verurteilungsklage, s.a. Festgabe f. Hermann Fitting.

Stein, Frdr., was muß man von der Invaliditäts- u. Altersversicherung wissen? Nach dem Reichsgesetz vom 13. VII. 1899 unter Berücksicht. der wichtigsten die Invaliditäts- u. Altersversicherg. betr. Ausführungsgesetze, Bekanntmachgn., Anweisgn. ꝛc. für den prakt. Gebrauch bearb. gr. 8. (76 S.) Berlin (901). H. Steinitz. n. 1. —

— das private Wissen des Richters. Untersuchungen zum Beweisrecht beider Prozesse. gr. 8. (VIII, 194 S.) Ebd. 893. n 4. —

Stein, Frdr., d. Civilprozeßordng. f. d. Deutsche Reich, s. a. Gaupp, L.

Die Civilprozessordnung für das Deutsche Reich. Erl. von Prof. Dr. L[udwig] Gaupp. 4. Aufl. Auf d. Grundlage des am 1. Jan. 1900 in Kraft tretenden Rechtes neu bearb. von Prof. Dr. Friedrich Stein. Bd 1. 2. (In 25 Lfgen.) *Freiburg i. B., Leipzig & Tübingen: J. C. B. Mohr 1899–1902.* 2 Bde 8° [St.]

Stein, Frdr., die Civilprozeßordnung f. das Deutsche Reich. Auf der Grundlage des Kommentars v. L. Gaupp erläutert. 6. u. 7. Aufl. Mit e. die neueste Rechtsprechg. enth. Anh. v. Warneyer. (XV, 42, 984 u. VIII, 960 S.) gr. 8. Tübingen 903. 904. J. C. B. Mohr. n. 34. —; geb. n.n. 39. —

— dasselbe, 8. u. 9., neubearb. Aufl. (In 4 Halbbdn.) 1. u. 2. Halbd. (1. Bd. XXVI, 1026 S.) Lex.-8. Ebd. 906. à n. 9. —
Früher unter Gaupp aufgenommen.

Stein, Frdr., die Civilprozeßordnung f. d. Deutsche Reich. Auf der Grundlage des Kommentars v. L. Gaupp erläutert. 8. u. 9., neubearb. Aufl. (III. u. IV. Halbbd.) (2. Bd. XII, 1011 S.) Lex. 8. Tübingen 907. 08. J. C. B. Mohr. Subskr.-Pr. à 9.— (Vollst. Subskr.-Pr. 36.—; geb. 40.—; Ladenpr. 40.—; geb. 44.—)

— Die Zivilprozeßordnung f. das Deutsche Reich. 10. Aufl. des v. L. Gaupp begründeten Kommentars. 1. Lfg. (1. Bd S. 1—352.) Lex. 8. Ebd. 910. Subskr.-Pr. 7. —

Stein, Fritz, der Getreidehandel, od.: Tabellarische Uebersicht d. Kornhandels verschied. Länder, auch d. Handels m. Wolle u. Butter; gegeben durch Reductionen m. d. nöthigen Erklärungen zur leichten Verständlichkeit der in den Zeitungen vorkommenden Handelsberichte, bearb. f. d. prakt. Landmann u. Alle, die sich f. diesen Handel interessiren. 2. Aufl. gr. 8. (43 S.) Schwerin 849. (Berlin, Geelhaar). n. n. 1/2 ₰ — 3. verb. Aufl. gr. 8. (43 S.) Berlin 851, Th. Grieben. n. 1/3 ₰

Stein, Fritz: Herzog Magnus von Mecklenburg, Bischof von Schwerin, ein Vorkämpfer der Reformation. *Schwerin i. M. 1899: Baerensprung.* (43 S.) 4°
Schwerin, grossh. G Fridericianum, OP 1899 (697)

—— der Waaren-Handel. Enthaltend eine für den Kaufmann sehr nützl. Zusammenstellung von Reductions-Tabellen zu Hamburg's Waarenhandel, hamburger Banco-Berechnungen zu mecklenburg. Courant, Landfracht-Berechnungen und hamburger Usancen. gr. 8. (26 S.) Rostock 850. (Wismar, Hinstorff'sche Hofbuchh.) Thlr. *

Stein, Fritz, der Waaren-Handel. Enth. eine f. den Kaufmann sehr nützl. Zusammenstellg. v. Reductions-Tabellen zu Hamburg's Waarenhandel, Hamburger Banco-Berechnungen zu Mecklenburg. Courant, Landfracht-Berechnungen u. Hamb. Usancen. gr. 8. (26 S.) Rostock 852. (Wismar, Hinstorff). n 1/6 ₰

Stein, G., Anweisung zur möglichst schnellen Erlernung d. Commando beim Exerzieren u. Manövriren. Zum nützl. Gebr. d. Kurhess. Bürger-Bataillone. Ausgezogen aus d. Exerzier-Reglement f. d. Kurhess. Infanterie. 12. (3 1/2 B.) Hanau 831, König.

Stein, G., die geraubte Braut. Roman. 1.—26. Hft. gr. 8. (S. 1—624 m. 26 Bildern.) Dresden 894. A. Wolf. à — 10

Stein, G., d. geraubte Braut. Roman. 27.—76. (Schluß-) Hft. gr. 8. (S. 625—706 m. je 1 Bild.) Dresden (894). A. Wolf. à Hft. — 10

Stein, G. Heil Dir im Siegerkranz, s. Theater Album, militärisches.

—— Instruction üb. d. Benennung aller Theile d. Schießgewehrs d. Infanteristen, üb. d. Auseinandernehmen, Zusammenlegen u. Putzen desselb., u. üb. d. Art, wie d. schwarze Lederzeug lackirt wird ꝛc. 12. ... Hanau 832, König.

Stein, G., die Städte-Ordnung für die sechs östlichen Provinzen der preuß. Monarchie vom 30. Mai 1853 mit deren Ergänzungen u. Erläuterungen zusammengestellt. Aken 869. (Glauchau, Ackermann.) gr. 8. (VIII, 116 S.) n.n. 15 ngr.

Stein, Gabriel [Pseud.], s.a. Schumann, Friedrich August Gottlob

Stein, Gabriel (Hrsg.), s.a. Aprilstage Felix Ungenannt's oder Abentheuer ohne den Deus ex machina.

Stein, Gabr., (F. A. G. Schumann), Felix Ungenannts Apriltage, oder Abentheuer ohne den Deus ex machina. (Aus d. Französ.) 2 Thle. 8. Berl. 796. Leipz. 807. W. Rauck.

— die changeante Mappe. 8. (Leipz.) 796, a. 809. (W. Rauck).

— die Unüberwindlichen. 2 Thle. 8. Hamb. 797 u. 98. Vollmer. (Herold jun.)

Stein, Ge. Ant., Diss. de faba St. Ignatii. 32 pp. Erl. 4°. 1793

[F.] Stein, *Georg:* Die geschichtliche Entwickelung der gewerblichen Gerichtsbarkeit in Frankreich, Deutschland, Oesterreich, Belgien, der Schweiz und England ... (Aus e. gröss. Arb.) Berlin, F. Vahlen, 1891; VIII, 92 S. 8.
Tübingen, Staatswiss. Fak., Inaug.-Diss. v. 1891

Stein, Georg Die Realschule. Einige Gedanken über die Mittelschule zunächst in ihrer Beziehung zur Realschule. 17 S.
Progr. Rg. *Giessen* 1876.

Stein, G. Das Reichsgesetz vom 29. Juli 1890 betr. die Gewerbegerichte, erläutert aus der Begründg. u. den Verhandlgn. des Reichstages, nebst e. Darstellg. der geschichtl. Entwickelg. der gewerbl. Gerichtsbarkeit u. ihres gegenwärt. Zustandes in Frankreich, Deutschland, Oesterreich, Belgien, der Schweiz u. England. 8. (X, 152 S.) Berl. 891, Vahlen. 3 —

Stein, Georg Joseph (Fulda) U.S. Erfurt 1725/1

Dissertatio inauguralis juridica canonico-civilis, de privilegiorum extensione. Präs. Christoph Ignaz von Guden.
Erfurt (Grosch) 25. VIII. 1725. 40 S. 33318

Stein, Geo. Jos.: Geschichte des peinl. Rechts u. d. Criminalverfassung Deutschlands, nebst Anh. üb. Begründung des Strafrechts, vom Zweck d. Strafen u. Imputation d. Verbrechen. *Heilbronn*, Rausche. 807. 8. (9 Gr.)

Stein, Geo. Jos., Unterricht für Dorfschultheißen, worin ihre Pflichten gezeigt, nebst Anweis. zu schriftl. Aufsätzen u. Formularen. 8. Weissenburg (Landsh.) 801. Krüll. 20 Kr

Stein, Ge. Jos.: Versuch einer theor.-pract. Abhandlung über die Lehre des römischen Rechts von pflichtwidrigen Testamenten und den Rechtsmitteln wider dieselben. Erlangen 1798. Palm.

Stein, Georg Wilhelm

— Abhandl. von e. merkwürd. Kaisergeburt. 4. Cassel 782.

George Wilhelm Stein, Practische Abhandlung von der Kaisergeburt, in 2 Wahrnehmungen. Cassel 1775: H. Schmiedt. 50 S. 8°

Stein, Geo. Wlh. II., geburtshülfliche Abhandll. 1s Hft. 8. Marb. 804. Krieger. 12 Kr

Stein, [Ge. Wilh.]: Ein Actenstück als erster Theil der Geschichte des Amts- und Rechtsstreits zwischen dem Professor Stein und dem Personal des interimistischen Universitäts-Curatorii zu Bonn. [Bonn 1830.]

— theoret. u. prakt. Anleit. zur Geburtshülfe, zum Gebr. d. Zuhörer. 2 Thle. 8. Cassel 770, 72. 2e A. 777. 5e verb. Aufl. gr. 8. 797. 6e Aufl. verm. von Geo. Wlh. Stein II. 2 Thle. Mit 24 Kupf. gr. 8. Ebd. 800. 7e Aufl. 805. Krieger.

George Wilhelm Stein, Practische Anleitung zur Geburtshülfe in widernatürlichen und schweren Fällen. Cassel: Cramer 1772, 175 S. 8°

Stein, Georg Wilhelm, (senior): Practische Anleitung zur Geburtshülfe. Zum Gebrauche der Vorlesungen. 2. und verm. Aufl. 271 S., gbd., Abb.

Cassel: Cramer 1777

George Wilhelm Stein, Practische Anleitung zur Geburtshülfe. 3., verm. u. verb. Aufl. Cassel: Cramer 1783, 271 S. 8°

Georg Wilhelm Stein's Practische Anleitung zur Geburtshülfe. ... 5., verb. u. verm. Aufl. Marburg: Neue akadem. Buchh. 1797. XVIII, 292 S. 8°

Stein, Georg Wilhelm, (senior): Practische Anleitung zur Geburtshülfe. 6. durchgesehene und berichtigte Aufl. 336 S., gbd., Abb.

Marburg: Neue akademische Buchhandlung 1800

Stein, Georg Wilhelm, (senior): Theoretische Anleitung zur Geburtshülfe. Zum Gebrauche der Zuhörer. 239 S., gbd., Abb.

Cassel: typ. Schmiedt 1770

George Wilhelm Stein, Theoretische Anleitung zur Geburtshülfe. ... 3., verm. u. verb. Aufl. Cassel: Cramer 1783. 224 S. 8°

Georg Wilhelm Stein's Theoretische Anleitung zur Geburtshülfe. ... 5., verb. u. verm. Aufl. Marburg: Neue akadem. Buchh. 1797. XVIII, 258 [vielm. 159] S. 8°

— Annalen der Geburtshülfe überhaupt, u. der Entbindungsanstalt zu Marburg insbesondere. 1s — 5s Stck. gr. 8. Leipz. 801—811. Barth. 4 ₰ 8 Kr 6s Stck. od. neue Annalen der Geburtshülfe. 1r Bd. 1s Stck. Mit 1 Kpf. gr. 8. Manh. 813. Löffler. 1 ₰

— Annalen d. Geburtshülfe überhaupt, u. d. Entbindungsanstalt zu Marburg insbesond. 1s — 3s Stck. gr. 8. Leipz. Barth. 808 — 10. (I. 1 Rthlr. II. III. à 20 gr.)

Stein, G. W., Annalen d. Geburtshülfe. 4s u. 5s Heft. gr. 8. Leipz. Barth. 811 u. 12. (à 20 gr.)

— Beschreib. e. neuen Geburtsstuhls u. Bettes. Mit Kpf. gr. 4. Cassel 773. Cramer. 8 Kr

— kurze Beschreib. e. Baromacrometers u. e. Cephalometers. Mit 1 Kpf. 4. Cassel 775.

— kurze Beschreib. einiger Beckenmesser. 4. Cassel 782.

Stein, Georg Wilhelm: Kurze Beschreibung einer Brust= oder Milchpumpe, sammt der An= weisung zu deren vortheilhaften Gebrauch bey Schwangern und Kindbetterinnen. 20 S., gbd. 1 Taf.

Cassel: Schmiedt 1773

— kurze Beschreib. e. Labimeters, sammt Anwendung in d. Geburtshülfe. 4. Cassel 782.

— kurze Beschreib. e. Pelvimeters. 4. Cassel 775.

— Hebammenkatechismus, zum Gebr. der Grafschaft Lippe. 8. Lemgo 776. 2e A. ... 3e A. 786. Meyer. 4 Kr

— Hebammenkatechismus. 8. Frkf. a. M. 786. Hermann. 15 Kr Hbg. Pr. 4 Kr

Stein, Georg Wilh., Hebammenkatechismus, nebst d. Hess. Hebammenordnung. 8. Marburg, Krieger. 802. Rthlr.

Stein, Georg Wilhelm. Katechismus, zum Gebrauch der Hebammen in den Hessischen Ländern ... 2. Aufl. O. O. 1814. II: *Stein, Georg Wilhelm (Sohn).* (Ky)

— Katechismus, zum Gebrauche f. die Hebammen. N. Aufl. 8. Cassel u. Marb. Krieger. 814.

Stein, (Geo. Wilh.) die Lehranstalt der Geburtshülfe in Bonn, mit 2 Abbildd. in Steindr. gr. 8. Elberfeld 824, Weise.

— Lehre der Geburtshülfe, als eine Grundlage des Faches, insonderheit als Leitfaden zu Vorlesungen. Mit 12 Steintaf. 1r Thl. gr. 8. Elberf. 825. Weise. 3 ℛ 8 gr 2r Thl. gr. 8. Ebd. 827. Schönian. 2 ℛ 16 gr

Stein, Geo. Wilh. Lehre der Geburtshülfe. 1r Thl. gr. 8. Elberfeld 825. (Barmen, Langewiesche.) 3 1/3 ℛ — 2r Thl. Die Hülfslehre. gr. 8. Elberfeld 827. (Leipzig, Crayen.) 2 2/3 ℛ

— Lehre der Hebammenkunst, aufgestellt mit Rücksicht auf Aerzte wie Nichtärzte, welche die Ausübung beurtheilen mögen. Mit 2 Kpfrt. 8. Elberfeld 822, Büschler.

— Lehre der Hebammenkunst, aufgestellt mit Rücksicht auf Aerzte wie Nichtärzte, welche die Ausübung beurtheilen mögen. Mit 2 Kpft. 8. Elberf. 822. (Schönian). 20 gr

— Diss. de pelvis situ ejusque inclinat., cum II tabb. aen. bus. 8maj. Marb. 797. Krieger. 4 gr

— der Unterschied zwischen Mensch u. Thier im Gebären, zur Aufklärung üb. das Bedürfniß d. Geburtshülfe für den Menschen. gr. 8. Bonn 820. Marcus. 12 gr

Stein G. W.: Der Unterschied zwischen Mensch u. Thier im Gebären; z. Aufklärung üb. das Bedürfniss d. Geburtshülfe f. den Menschen. Bonn 1820. 100 S.

Stein, G. W. Nachgelassene geburtshülfliche Wahrnehmungen ... Marburg 1807—9. H: *Stein, Georg Wilhelm jun.* (Ky) (EngM)

— geburtshülfliche Wahrnehmungen. 2 Thle. gr. 8. Marburg, Krieger. 807—9. (à 1 Rthlr. 12 gr.)

— Was war Hessen der Geburtshülfe, was die Geburtshülfe Hessen? Mit 1 Kpft. 4. Bonn 819. (Marcus). 18 gr

Stein, Georg Wilhelm, (senior): Kleine Werke zur praktischen Geburtshülfe. 472 S., gbd., Abb.

Marburg: Akademische Buchhandlung 1798

— kleine Werke zur prakt. Geburtshülfe. Mit 13 erläut. Kpft. 2 Thle. gr. 8. Marb. 798. Krieger. 2 ℛ 8 gr

Stein, Gerhard

Stein, Gerh., Abenteuer in den deutschen Kolonieen Afrikas und der Südsee. Fahrten und Abenteuer, Land und Leute. 8. (278 S. mit 4 Bildern in Farbendr.) Glogau 887, Flemming. geb.

Stein, Gerhard: Das Bild. Eine Liebesgeschichte. Mit Ill. von A. Lewin. Berlin, Leipzig: Hillger [1909]. 96 S. 8°
(Kürschners Bücherschatz. Nr 654.)

Stein, Gerh., das Bild, s. a. Kürschner's Bücherschatz.

Stein, Gerhard: Uber die Darstellung einiger Silicate. Göttingen 1907: Dieterich. (30 S.) 8°
Göttingen, Phil. Fak., Ref. Tammann, Diss. v. 24. Okt. 1907
[Geb. 14. Jan. 82 Holt b. Geldern; Wohnort: Holt; Staatsangeh.: Preußen; Vorbildung: Oberrealsch. Düren Reife O. 02; Studium: Techn. Hochsch. Aachen 6, Univ. Göttingen 3 S.; Rig. 21. Juni 07.]

Stein, Gerh., die Entdeckungsreisen in alter und neuer Zeit. Eine Geschichte der geograph. Forschungen mit besond. Berücksicht. des 19. Jahrh. 16 Lfgn. Mit 110 Holzschn., 4 Aquarellen nach Zeichnungen von E. Berninger und A. Obermüllner, 11 Karten und 1 Facs. gr. 8. (VIII, 700 S.) Glogau 883, Flemming. à Lfg. *
compl. geb. *

Stein, Gerh. (Wilh. Rubiner), ein sonderbarer Fall, s.: Kürschner's, Jos., Bücherschatz.

— die Freunde, s.: Welt, alle.

— unser Fritz in Spanien u. im Morgenlande. Reisen d. deutschen Kronprinzen Friedrich Wilhelm. Für die Jugend erzählt. Reich illustr. m. 4 Aquarellen, 4 ganzseit. Holzschn. u. zahlr. Bildern im Texte. gr. 8. (IV, 218 S.) Berlin 889. Walther & Apolant, Berl. geb. ä. 4. —

[G.] Ganz Berlin für Eine Mark! Die Reichshauptstadt wie sie wurde und wie sie ist. Schildergn in Wort u. Bild! Text v. Gerhardt Stein. *Berlin: F. Schirmer [1896].* (1 Bl., 67 S.) 1 Bd 4. (96. 6996

Stein, Gerh. (Wilh. Rubiner), s. a. Berlin, ganz, f. 1 Mark.

— im Fluge durch die Welt, s.: Stoddard, John L.

—— unser Kronprinz in Spanien und im Morgenlande. Reisen des deutschen Kronprinzen Friedrich Wilhelm. Für die Jugend erzählt. Reich illustr. mit 4 Aquarellen, 4 ganzseit. Holzschn. und zahlreichen Bildern im Texte. gr. 8. (IV, 218 S.) Berlin 884, Walther und Apolant. geb. *

Stein, Gerh., der Nord-Ostsee-Kanal u. s. Bedeutg. Eine Schilderg. d. Nord-Ostsee-Kanals u. s. landschaftl. Umgebg. M. 1 (farb.) Karte u. 4 nach d. Natur aufgenommenen Abb. 8. (32 S.) Berlin 895. A. W. Hayn's Erben. n. — 50

— d. neue Welt, s.: Stoddard, John L.

Stein, Gottlieb (geb. Nürnberg 16. 4. 1841): Experimentelle Beiträge zur Infectiosität der Milch perlsüchtiger Kühe. Berlin (1884). (32 S.) 8°
Berlin, Med. Diss. v. 26. Jan. 1884

Stein, G: Die Bleicherei, Druckerei, Färberei und Appretur der baumwollenen Gewebe. Braunschweig 1883

Stein, Gtlieb., die Bleicherei, Druckerei, Färberei u. Appretur der baumwollenen Gewebe. Ein prakt. Handbuch f. Chemiker, Coloristen, Techniker, Leiter v. Fabriken, Studirende der Chemie auf Universitäten, polytechn. Hochschulen u. anderen Anstalten, zum prakt. Gebrauche u. zum Selbstunterricht. Nach den neuesten, eigenen Erfahrgn. Mit 100 Kattunmustern, deren Fabrikation genau beschrieben, u. 16 Holzst. gr. 8. (XIX, 306 S.) Braunschweig 884. Vieweg & Sohn. n. 14. —

Stein, Gottlob Heinrich

Stein, Glo. Hnr., der Collecteur, wie er sein sollte. Mit 1 Kpf. 8. Dresd. 806. 2e A. 809. 3e A. 811. (Weygand in Leipz.) 6 gr (Hentze in Bresl.) 12 gr

Stein, G. H., d. Collecteur, wie er seyn sollte. 8. Dresd. Beger. 811.

Stein, G. H., der Collecteur, wie er seyn sollte. Ein Handbuch f. Lotterie-Geschäftsleute. 3te Aufl. 8. Dresd. Beger. 812.

Stein, Gustav

Stein, G., der betrogene Betrüger, s.: Volkserzählungen, neue.

Stein, Gustav, a. Werro ⟨Livland, Rußland⟩: Über Cholesterin. Freiburg i. Br.: Speyer & Kaerner 1905. (65 S.) 8°
Freiburg i. B., Phil. Fak., Ref. Gattermann, Diss. v. 1905
[Geb. 18. Okt. 68 Werro; Wohnort: Freiburg i. B.; Staatsangeh.: Rußland; Vorbildung: Rollmann-Gymn. Dorpat Reife Dez. 87; Studium: Dorpat, Göttingen, Freiburg i. B. 9 S.; Rig. 1. Aug. 05.]

Duisburgs wirtschaftliche Entwicklung. Von Dr. Gustav **Stein**, Geschäftsführer d. Handelskammer. Duisburg: J. Ewich 1905. (20 S.) 8° [F.]
Aus: Festschrift z. 14. Hauptvers. d. Allg. Deutsch. Sprachvereins zu Duisburg, 1905. [05. 8922 B

Stein, Gust. vorm., älteres deutsches Epos, s.: Dürr's deutsche Bibliothek. 1. Bd.

Stein sen., Gust. vom, das Geheimniß der wunderbaren schöpferischen Begabung des Weibes. Leichtverständliche gründliche Erklärung u. Belehrung, wie die menschliche Nachkommenschaft auf die höchste Stufe idealer, körperl. u. geist. Schönheit u. Veredelung zu erheben ist. (36 S.) 8. Remscheid 894. (Elberfeld, J. Faßbender.) — 50

Stein, Gustav [Referendar in Köln]: Die Natur des Kaufes auf Probe und die praktische Bedeutung der verschiedenen Ansichten ... Gummersbach, Druck v. F. Luyken, 1896; 46 S. 8.
Erlangen, Jur. Fak., Inaug.-Diss. v. 1896

— Reallienbuch, s.: Lettau, H.

Stein, Gustavus [Brunsvicensis]: Scholia in Aristophanis Lysistratam denuo edita. ... Gottingae, *Altenburgi, typ. offic. aul. Piererianae,* 1891; 2 Bl., XXXV, 46 S., 1 Bl. 8°
Göttingen, Phil. Fak., Inaug.-Diss. v. [27. Jun.] 1890

Stein, Gust., scholia in Aristophanis Lysistratam, ed., prolegomena de fontibus scholiorum scripsit G. St. gr. 8. (XXII, 47 S.) Göttingen 891. Dieterich's Sort. n. 2. 50

Stein, H., geographischer Atlas für oesterreichische Schulen. qu.-Fol. (18 chromolithogr. Karten.) Prag 866. (Wien, Gerold's Sohn.) *

—— dass. — Schwarze Ausg. Weisser Druck auf Schiefergrund. qu. gr. 4. Ebendas. 866. *
Ausg. mit 9 Kartennetzen. In Mappe. *
Die Karten-Netze apart 5 Ngr.; * 8 Ngr. und *
Einzelne Karten 3 Ngr. und
Einzelne Netze * 1 Ngr.; 1½ Ngr. und *

(**Stein,** H. von): Der Rigasche Börsen-Comité in den Jahren 1816 bis 1866. (Riga 1866: Livländische Gouvernements-Typographie). VII, 200 S. 4°

Stein, H. Drogen-Karte. Farbendr. 56,5×78 cm. Nebst übersichtl. Text u. pharmakognost. Daten f. Pharmazeuten, Aerzte u. Drogisten. gr. 8. (20 S.) Königsb. i. Pr. 891, F. Beyer. * 2 25

— das zeichnende Kind. Ein prakt. Lehrmittel zur Selbstbeschäftigung u. Uebung im Zeichnen. Ein Festgeschenk für Kinder von 4 bis 10 Jahren. Nach der stigmograf. Methode sistemat. zusammengestellt. Wien 868. Lechner's Univ.-Buchh. qu. 4. (17 lith. Blatt u. 8 S. Text in 8.) In Mappe. n. 1 *Thlr* 10 *ngr.*

— das zeichnende Kind. Ein prakt. Lehrmittel für Volksschulen zur schnellen u. gründlichen Erlernung des Zeichnens. Nach der stigmograf. Methode sistemat. zusammengestellt. Mit 32 Vorlagen auf 16 Steintaff. 4 Hefte. Ebend. 868. qu. 4. Jedes Heft (4 Steintaff.) n. 8 *ngr.*; Elast. Taf. dazu n. 2 *ngr.*

Stein: Res Syracusanae inde a morte Hieronis usque ad urbis expugnationem narrantur atque illustrantur. P. I. 9 S.– Neuss, Progr. 1871.

Stein, Res Syracusanae inde a morte Hieronis usque ad urbis expugnationem narrantur atque illustrantur. Pars 1 et 2. 4. (11; 10 S.) Cöln und Neuss [Düsseldorf] 873, Schwann's Verlag. à Thl. * 80 Pf. *

Stein, H.: Vindiciarum Herodotearum specimen. 20 S. – Progr. Danzig 1858.

Stein, H. E., Diskretion! Ein Beitrag zur Münchener Wasser-Frage. 8. (15 S.) München 883, Pollner.

Stein, H. E., Diskretion! Ein Beitrag zur Münchener Wasser-Frage. 8. (15 S.) München 883. Viereck. — 20

Stein, H. W., die Buchführung f. Gewerbetreibende u. kleinere Handelsleute, s.: Sammlung gemeinnütziger Vorträge.

Stein, H. W., die Patent- od. Privilegiengesetzgebung in ihrer geschichtl. Entwicklung, s.: Sammlung gemeinnütziger Vorträge.

Stein, Hans, Gerichts-Ref.: Der § 931 des Bürgerlichen Gesetzbuches in seinem Verhältnis zur Vindikationszession und Besitzübergabe durch Anweisung des Gemeinen Rechts resp. des Preussischen Rechts. *Greifswald 1901: J. Abel.* (37 S.) 8°
Greifswald, Jur. Diss. v. [3. Aug.] 1901

Stein, Hans, John Bulls Raubzug nach Südafrika. Nach histor. Thatsachen humoristisch in Reime gebracht. 12. (14 S.) Leipzig (900). O. Weber. — 10; eleg. Ausg. — 30

Stein, Hans [aus Berlin]: Ueber Spina bifida und Cephalocele ... Berlin, Buchdr. v. G. Schade, *1894;* 29 S., 1 Bl. 8.
Berlin, Med. Fak., Inaug.-Diss. v. 23. Febr. 1894

Stein, Hans, der Weihnachtsabend des Junggesellen. Dramat. Scene in 1 Aufz. gr. 8. (12 S.) Dresden (897). Expedition u. Buchdr. d. „Kamerad". 5 Stück m. Aufführungsrecht n. 3. —

Stein, Hans Georg: Gedichte. Berlin-Leipzig: C. Wigand 1909. 115 S. 8°

Stein, Harald, was will die innere Mission? Deutsche autoris. Ausg. v. O. Gleiss. Mit e. Vorwort begleitet v. J. Hesekiel. gr. 8. (XVI, 182 S.) Hamburg 883. Agentur d. Rauhen Hauses. n. 1. 60

Stein, Heini von: Jacob Eduard Schmölzer, der edle deutsche Liedermeister, der verdienstvolle Wiedererwecker und getreue Hüter heimatlichen Sanges. Sein Leben, Wirken und Schaffen. Graz: Leykam 1891. (VII, 115 S.) 8°

Stein, Heinrich von, Philosoph, 1857–1887, s. Stein, Karl Heinrich von.

Stein, Heinr., Album der Freundschaft. Gedanken in Poesie und Prosa. Leipzig 860. Jünger. 16. (80 S.) 12 *ngr.*

— Auszüge aus den Lehrplänen uud der Ordnung der Entlassungsprüfungen an den höberen Schulen [Preufsens]. S. 15—24. **Progr.** OR. *Gleiwitz* 1883

— Die auf Realgymnasien bezüglichen Bestimmungen der Lehrpläne vom 31. März 1882 und die Ordnung der Entlassungsprüfungen vom 27. Mai 1882. 11 S. St. Rg. *Königsberg Pr.* 1883. **Progr.**

Stein, Heinr. v., sieben Bücher zur Geschichte des Platonismus. Untersuchungen uber das System des Plato und sein Verhaltniss zur spateren Theologie und Philosophie. 1. u. 2. Thl. Göttingen 862, 64. Vandenhoeck & Ruprecht. gr. 8. Jeder Thl. n. 2 ₰
1. Thl.: Vorgeschichte und System des Platonismus. (XCVI, 292 S.)
2. Thl.: Verhältniss des Platonismus zum klassischen Alterthum und zum Christenthum. (388 S.)

Stein, Heinr. v., sieben Bücher zur Geschichte d. Platonismus. Untersuchungen üb. das System d. Plato u. sein Verhältniss zur späteren Theologie u. Philosophie. 3. u. letzter Thl. A. u. d. T.: Verhältniss d. Platonismus zur Philosophie der christl. Zeiten. gr. 8. (VIII, 415 S.) Göttingen 875. Vandenhoeck & Ruprecht's Verl. n. 8. — (cplt.: n. 20. —)

— Leipziger Couplet-Sänger. Original-Couplets mit beigefügter Melodie. 1. Heft. Leipzig 859. Stein. 8. (16 S.) 3 ngr.

Stein, Heinr. [Ludw. Wilh.] von. Friedrich Franz II. u. die Universität Rostock. Rede, gehalten am 28. Febr. 1891 bei der akadem. Feier des Geburtstages des hochseligen Großherzogs Friedrich Franz II. von Mecklenburg-Schwerin. gr. 8. (24 S.) Rostock 891, (Stiller). * 2 —

—— der Frühling eines Buchhändlers. Skizzen aus meiner Lehrzeit in einem leipziger Commissionsgeschäft. 1. und 2., unveränd. Aufl. gr. 16. (VI und 34 S.) Leipzig 860, Stein's Selbstverlag. **

Stein, Heinr., (Heinr. Pfeil), der Frühling eines Buchhändlers. Skizzen aus meiner Lehrzeit in einem Leipziger Commissionsgeschäft. 3., theilweise veränd. Aufl. Leipzig 867. M. Schäfer. (Pfeil.) gr. 16. (28 S.) n. 4 ngr.

†Stein, Heinr. [Heinr. Pfeil], der Frühling eines Buchhändlers. Skizzen aus meiner Lehrzeit in einem Leipziger Kommissionsgeschäft. 4., theilweise veränd. Aufl. gr. 16. (IV, 28 S.) Leipzig 879, Pfeil. **

Stein, Heinr., neueste Geschichte (1815—1900), s.: Stacke, Ludw.

—— s. Geschichten, die, des Herodot.

—— Gott schütze dich, mein Kaiser Franz! Patriotische Klänge. 8. (16 S.) Leipzig 859, Stein's Selbstverlag. *

— Gut Sang! Liederkreis des Leipziger Zöllnerbundes. Leipzig 863. Forberg. 16. (55 S.) n. 4 ngr.

— Johann Georg Hamann. Vortrag, gehalten zu Schwerin am 6. Januar 1863. Schwerin, Stiller in Comm. gr. 8. (24 S.) n. 5 ngr.

Stein, Heinr., Herodotos. Sein Leben u. sein Geschichtswerk nebst einer Uebersicht seines Dialektes [Aus der comment. Ausg. des Herodot.] Berlin 870. Weidmann. gr. 8. (58 S.) 3 ngr.

Stein, Heinr., Herodotos. Sein Leben und sein Geschichtswerk. Nebst einer Uebersicht seines Dialektes. [Aus der commentierten Ausg. des Herodot.] (2. Abdr.) gr. 8. (LIX S.) Berlin 877, Weidmann'sche Buchh. *

Stein, Heinr., Herodotos. Sein Leben u. sein Geschichtswerk. Nebst e. Übersicht seines Dialektes. 3. Abdr. gr. 8. (60 S.) Berlin 883. Weidmann. n. — 40

— Jahresbericht über Herodot, für 1876 u. 1877. S.-A. 1877. 11 S. —.60

— — für 1878. S.-A. 1878. 20 S. —.75

— — für 1879. S.-A. 1879. 13 S. —.60

— — für 1880. S.-A. 1881. 13 S. —.60

— — für 1881—1883. S.-A. 1883. 35 S. —.80

— — für 1883—1885. S.-A. 1885. 36 S. —.80

Stein, Heinrich, Kammergerichtsrefer.: Die Kaufmannseigenschaft des Kommanditisten. Berlin 1910: Weinberg. 40 S. 8°
Rostock, Jur. Diss. v. 20. Juli 1910, Ref. Lehmann
[Geb. 10. Juli 87 Weidenbach, Hessen; Wohnort: Berlin; Staatsangeh.: Preußen; Vorbildung: Joachimsth. Gymn. Berlin Reife O. 06; Studium: Berlin 2, München 1, Berlin 3 S.; Rig. 13. Juni 10.] [U 10. 3885

— Lehrpläne und Klassenpensa 1. der Realschule II. der Fachschule für mechanisch-technische und chemisch-technische Gewerbe 23 S. **Progr.** Rsch. *Aachen* 1884.

—— lateinischer Lesestoff für Quarta. Nach Nepos und Livius. In 2 parallelen Tln. gr. 8. (94; 96 S.) Oldenburg 880, Schmidt's Verlag. à Tl. *ℳ 1. ·

Stein, Heinr., lateinischer Lesestoff für Quarta. Nach Nepos und Livius. In 2 parallelen Teilen. kl. 8. Oldenburg, Ferd. Schmidt's Buchh. [1. Tl. 5. Aufl. (94 S.) 888; 2. Tl. 2. Aufl. (96 S.) 886.] à Tl. *ℳ 1.—. *

Stein, Heinr., lateinischer Lesestoff f. Quarta. Nach Nepos u. Livius. In 2 parallelen Tln. 1. Tl. 7., durchgeseh. Aufl. 8. (98 S.) Oldenburg 889. Schmidt's Sort. n. 1. —; geb. n. 1. 20

Stein, Heinr., lateinischer Lesestoff f. Quarta. Nach Nepos u. Livius (In 2 parallelen Tln.) II. Tl. 5. Aufl. gr. 8. (96 S.) Oldenburg 894. F. Schmidt's Sort. Geb. in Halbleinw. n. 1. 20

Stein, Heinr., lateinischer Lesestoff f. Quarta. Nach Nepos u. Livius. In 2 parallelen Tln. gr. 8. Oldenburg, F. Schmidt's Buchh. Geb. à n. 1. 20
I. 15. Aufl. (93 S.) 901. — II. 7. Aufl. (96 S.) 902.

Stein, H., de vetere quodam lexico Herodoteo. gr. 4. (17 S.) Oldenburg 871. (Berlin, Calvary & Co.) n. 1. —

—— Liederbuch für Männergesang-Vereine. Eine Auswahl beliebter Männergesänge. 16. (64 S.) Leipzig 861, (Jünger.) *

Stein, Heinr. v., de philosophia Cyrenaica. Dissertatio inauguralis. gr. 8. (86 S.) Göttingen 855(57), (Vandenhoeck und Ruprecht's Verlagsh.) **

Stein, Heinr. Das neue Reglement für die Maturitätsprüf. an den Gymnasien des Grofsherzogtums [Oldenburg]. 6 S. G. *Oldenburg* 1878. **Progr.**

—— aus deutschem Sängerherzen! Gedichte. 16. (64 S.) Leipzig 865, M. Schäfer. [Pfeil.] 10 Ngr.; geb.

— Schelling. Populär-wissenschaftl. Vortrag, geh. den 25. Januar in der Aula der Universität zu Rostock vor e. Kreise v. Herren u. Damen. gr. 8. (30 S.) Rostock 875. Stiller. n. — 80

Stein, Henricus (geb. am 24 Sept. 1828 in Beverungen Westf.): De Empedoclis scriptis ... Bonnae, form. C. Georgii 1852. 1 Bl., 30 S. 8. ¶ = Empedoclis fragm. dispos. H. Stein. Praemissa est de Empedoclis scriptis disputatio. Bonnae, Marcus 1852. S. 1–25.

Bonn, Phil. Fak., Diss. v. 14 Febr. 1852

†—— der Sommer eines Buchhändlers. Skizzen aus meiner Gehilfenzeit in einem Leipziger Commissionsgeschäft. gr. 16. (48 S.) Leipzig 862, (Jünger.) [Pfeil.]

—— dass. — 2., theilweise veränd. Aufl. gr. 16. (35 S.) Leipzig 867, M. Schäfer. [Pfeil.]

—— der Sommer eines Buchhändlers. Skizzen aus meiner Gehilfenzeit in einem Leipziger Kommissionsgeschäft. 3., theilweise veränd. Aufl. gr. 16. (32 S.) Ebendas. 879. **

Stein, *Heinrich Marcus* Stücke aus Thukydides. Deutsch. Mit Anmerkungen. I. 1. Die Grabrede des Perikles, 2. Beschreibung der Seuche in Athen. (Umschlagtitel: ... Anmerkungen) 4 (22 S.). **Progr.** Grofsh. G. *Oldenburg* 1893 (666).

— Stücke aus Thukydides. Deutsch. Mit Anmerkgn. Progr. 4. (22 S.) Oldenburg 893. (Leipzig, G. Fock.) n. — 80

—— Wandlungen, s. Familien-Bücherschatz.

Stein, H., richtiger Wegweiser, d. i. schriftmäß. Katechismus, in welchem alle u. jede Glaubenslehren aus der heil. Schrift, den heil. Vätern u. aus d. Vernunft kurz u. deutl. erwiesen werden. 8. Augsb., Wagner. 1 ℱ

Stein, Heinrich, Richtiger Wegweiser zur seligmachenden Religion. Oberammergau 1749, 8°.

Stein, Heinrich Friedrich Karl, Frh. vom u. zum

Stein (H. F. K. Frhr. vom und zum). Sein Leben, s. Baur, W. — Seeley, J. R.

—— s. Goldschmidt, F.

Stein, Heinr. Friedr. K. v., s. Venedey, J.

Stein, der Frhr. vom, an Fritz **Schlosser,** v. Otto Grabenwitz, s.: Sitzungsberichte der Heidelberger Akademie d. Wissenschaften. Philos.-histor. Klasse. 1910. XII.

Stein, Hnr. Friedr. Karl Freiherr vom und zum: „Ueber Preussens wichtigste Angelegenheiten“, Leipzig 1818 (E. Fleischer). (= Zirkular des Ministers Freiherrn vom Stein, 1808, bei Niederlegung des Ministeriums, an die obersten Behörden der preussischen Monarchie erlassen). — Vorh.: Preuß. Staatsbibl. Berlin.

vom u. zum Stein, Frhrr. Hnr. Fr. Karl, († d. 29. Juni 1831.) über Preußens wichtigste Angelegenheiten zum wohlthätigen Zweck. 8. Leipz. 818. (Fr. Fleischer). 3 gl.

(Stein, Karl Frh. vom,) Herr v. Bourrienne u. Sahla. gr. 8. (1¼ B.) (Frankfurt a. M. 830, [Schmerber.]) Vgl. Bourrienne.

Stein, Heinr. Friedr. Karl Frh. vom: Briefe an den Freiherrn v. Gagern von 1813–1831. Mit Erlaut. Stuttgart: Cotta 1833 = Gagern, Hans Chf. Frh. v.: Mein Anteil an der Politik. Bd. 4.

vom Stein, (Karl) Frhr., († d. 29. Juli 1831), Denkschriften über deutsche Verfassungen. Hrsg. v. G. H. Pertz. gr. 8. (X u. 275 S.) Berlin 848, G. Reimer. 1¼ ℱ

Stein, des Frhrn. vom, Grundsätze u. Ansichten nach dessen eigenen Worten. Hrsg. v. Alfr. Klingele. 8. (79 S. m. 1 Bildnis.) Freiburg i/B. 893. E. Mohr. Kart. n. 1. —

Stein, Karl Frhr. vom, Lebenserinnerungen. gr. 8. (90 S.) Hagen 901. W. Bamberger. 2. 25; geb. in Leinw. 3. —

— politisches Testament, ausgewählte Denkschriften. gr. 8. (86 S.) Ebd. 901. Geb. in Leinw. n. 3. —

Stein, Heinrich Konrad

Stein, H. K. Bemerkungen zu Xenophons Schrift „vom Staate der Lacedaemonier“. 29 S. **Progr** *Glatz* 1878

Stein, H. K.: Die Entwickelung des spartanischen Ephorats bis auf Cheilon. 24 S.– Konitz, Progr. 1870.

Stein, H. K., Das spartanische Ephorat in s. ersten Entwickelung, bis auf Cheilon. Pr. 1870. 26 S. 4°. 1.50

Stein, Heinr. Konr., das spartanische Ephorat in seiner ersten Entwickelung bis auf Cheilon. Eine geschichtl. Untersuchg. 4. (25 S.) Paderborn 871. F. Schöningh. n. 1. —

Stein, Heinr. Konr., Geschichts-Tabellen in übersichtlicher Anordnung für die mittleren u. oberen Klassen höherer Schulen. Münster 866. Theissing'sche Buchh. gr. 8. (67 S.) 7½ *ngr.*

—— Geschichts-Tabellen in übersichtlicher Anordnung für die mittleren und oberen Klassen höherer Schulen. 2. Aufl. (91 S.) 1871. * 80 Pf.; 3. Aufl. (97 S.) 1873, und 4. verb. Aufl. gr. 8. (101 S.) Münster 875, Theissing'sche Buchh. *

— Geschichts-Tabellen in übersichtlicher Anordnung f. die mittleren u. oberen Klassen höherer Schulen. 5. verb. Aufl. gr. 8. (108 S.) Münster 876. Theissing. n. 1. —

Stein, Heinr. Konr., Geschichts-Tabellen in übersichtlicher Anordnung für die mittleren und oberen Klassen höherer Schulen. 6. und 7. verb. Aufl. gr. 8. (110 S.) Münster 879,83, Theissing'sche Buchh. *

Stein, Heinr. Konr., Geschichts-Tabellen in übersichtlicher Anordnung für die mittleren und oberen Klassen höherer Schulen. 8. verb. Aufl. gr. 8. (108 S.) Münster 887, Theissing'sche Buchh. *

Stein, Heinr. Konr., Geschichts-Tabellen in übersichtl. Anordnung f. die mittleren u. oberen Klassen höherer Schulen. 9., verb. Aufl. gr. 8. (103 S.) Münster i/W. 892. Theissing. n. 1. —; geb. n. 1. 30

Stein, Heinr. Konr., Geschichtstabellen in übersichtlicher Anordnung für die mittleren u. oberen Klassen höh. Schulen. 10. verb. Aufl. gr. 8. (107 S.) Münster 900. Theissing. n. 1. —; geb. n. 1. 30

Stein, Heinr. Konr., Geschichts-Tabellen in übersichtlicher Anordnung für die mittleren u. oberen Klassen höh. Schulen. 11. verb. Aufl. (107 S.) gr. 8. Münster 905. Theissing. n. 1. —; geb. n. 1. 30

— Handbuch der Geschichte f. die oberen Klassen der Gymnasien u. Realschulen. 1. u. 3. Bd. gr. 8. Paderborn 872. 74. F. Schöningh. n. 5. 5
(3 Bde. cplt.: n. 6. 85)
1. (VIII, 430 S.) n. 2. 80
3. Die neue Zeit. (IV, 347 S.) n. 2. 25

— Handbuch der Geschichte für die oberen Klassen der Gymnasien u. Realschulen. (In 3 Bdn.) 2. Bd. Das Mittelalter. Paderborn 870. Schöningh. gr. 8. (VIII, 270 S.) n. 18 ngr.

—— Handbuch der Geschichte für die oberen Klassen der Gymnasien und Realschulen. 2. verb. Aufl. 3 Bde. gr. 8. Paderborn, F. Schöningh. *

Inhalt:

Bd. 1. Das Alterthum. (XII, 413 S.) 880. *ℳ 2,80.
» 2. Das Mittelalter. (IV, 265 S.) 881. *ℳ 1,80.
» 3. Die neuere Zeit. (IV, 340 S.) 879. *ℳ 2,25.

—— Handbuch der Geschichte für die oberen Klassen der Gymnasien und Realschulen. 3. verb. Aufl. 3 Bde. gr. 8. Paderborn, F. Schöningh. *

Inhalt:

Bd. 1. Das Altertum. (X, 395 S.) 885. *ℳ 2.80.
» 2. Das Mittelalter. (IV, 251 S.) 886. *ℳ 1.80.
» 3. Die neuere Zeit. (IV, 345 S.) 886. *ℳ 2.25.

—— Handbuch d. Geschichte f. die oberen Klassen d. Gymnasien u. Realschulen. 3 Bde. 4. verb. Aufl. gr. 8. Paderb., F. Schöningh. * 6 55

1. Das Altertum. (X, 366 S.) 889. * 2 50.
2. Das Mittelalter. (IV, 238 S.) 891. * 1 80.
3. Die neuere Zeit. (IV, 324 S.) 891. * 2 25.

Stein: Das Kriegswesen der Spartaner. 33 S.–Konitz, Progr. 1863

—— das Kriegswesen der Spartaner. Nach den Quellen dargestellt. 4. (33 S.) Konitz 863, (Wollsdorf.)

Stein, H. Konr. Kritik der Überlieferung über den spartanischen Gesetzgeber Lykurg. 20 S. Progr. *Glatz* 1882.

[F.] Lehrbuch der Geschichte für die mittleren Klassen höherer Lehranstalten. Von Prof. Dr. Heinr. Konr. Stein, Dir. . . . zu Glatz. Tl 1—4. *Paderborn: F. Schöningh 1895—98.* 4 Bde 8.
1: Das Altertum. 1895. (IV, 104 S.)
2: Die Geschichte d. Deutschen im Mittelalter. 1896. (IV, 84 S.)
3: Die deutsche Geschichte in d. Neuzeit bis 1740. 1897. (IV, 74 S.)
4: Die deutsche Gesch. in d. Neuzt seit 1740 (v. Rich. Stein). 1898. (VI, 98 S.)
[98. 1454

Lehrbuch der Geschichte für die mittleren Klassen höherer Lehranstalten. Von Prof. Dr. Heinr. Konr. Stein. (2. Aufl.) T. 1. Paderborn: F. Schöningh 1899. 8° [F.] [06. 9947 6

— Lehrbuch der Geschichte f. die mittleren Klassen höherer Lehranstalten. 1.—3. Tl. gr. 8. Paderborn, F. Schöningh. n. 2. 60
1. Das Altertum. (Lehrstoff der Quarta.) 3., nach den neuen Lehrplänen umgearb. Aufl. (VII, 105 S.) 902. n. 1. —
2. Römische Kaisergeschichte. Deutsche Geschichte des Mittelalters. (Lehrstoff der Untertertia.) 3. Aufl. (IV, 92 S.) 902. n. — 80
3. Die deutsche Geschichte in der Neuzeit bis 1740. 2., verm. u. verb. Aufl. (IV. 82 S.) 901. n. — 80

Lehrbuch der Geschichte für die mittleren Klassen höherer Lehranstalten. Von Prof. Dr. Heinr. Konr. Stein, ehem. Dir. zu Glatz. 3., nach d. neuesten Lehrplänen umgearb. Aufl. T. 1. (Hrsg.: Richard Stein.) *Paderborn: F. Schöningh 1902.* 8° [F.] [03. 3143

Lehrbuch der Geschichte für die mittleren Klassen höherer Lehranstalten. Von Prof. Dr. Heinr. Konr. Stein, ehem. Dir. zu Glatz. 4., nach d. neuen Lehrpl. umgearb. Aufl. T. 1. *Paderborn: F. Schöningh 1903.* 8° [F.] [04. 3334

— Lehrbuch der Geschichte f. die mittleren Klassen höh. Lehranstalten. 4 Tle. 8. Paderborn, F. Schöningh. n. 3. 60; Einbde. à n.n. — 35
1. Das Altertum. (Lehrstoff f. Quarta.) 5., nach den neuen Lehrplänen umgearb. Aufl. (VIII, 108 S.) 905. n. 1. —
2. Römische Kaisergeschichte. Die deutsche Geschichte des Mittelalters. (Lehrstoff der Unter-Tertia.) 4. Aufl. (IV, 99 S.) 904. n. — 80
3. Die deutsche Geschichte der Neuzeit bis 1740. (Lehrstoff der Ober-Tertia.) 3. Aufl. (IV, 82 S.) 904. n. — 80
4. Die deutsche Geschichte in der Neuzeit seit 1740. (Lehrstoff der Unter-Sekunda.) 3. nach den neuen Lehrplänen umgearb. Aufl. (IV, 102 S.) 905. n. 1. —

Stein's, Heinr. Konr., Lehrbuch der Geschichte f. d. mittleren Klassen höh. Lehranstalten. Neu bearb. v. Hans Kolligs. 4 Tle. 8. Paderborn, F. Schöningh. 4. —
1. Das Altertum. (Lehrstoff f. Quarta.) 6. Aufl. (VIII, 108 S.) 907. 1. —
2. Römische Kaisergeschichte. Die deutsche Geschichte des Mittelalters. (Lehrstoff der Untertertia.) 6., verb. Aufl. (VII, 112 S.) 910. 1. —
3. Die deutsche Geschichte der Neuzeit bis 1740. (Lehrstoff f. Ober-Tertia.) 4. Aufl. (IV, 88 S.) 908. — 80
4. Deutsche u. preuß. Geschichte seit 1740. (Lehrstoff der Unter-Sekunda.) 4. verb. Aufl. (IV, 134 S.) 910. 1. 20

— Lehrbuch der Geschichte f. die oberen Klassen höherer Lehranstalten. 3 Bde. 5., nach den Lehrplänen vom 6. Jan. 1892 umgearb. Aufl. gr. 8. Ebd. n. 5. 80
1. Das Altertum. (VIII, 260 S.) 892.
2. Das Mittelalter. Die neuere Zeit bis 1648. (V, 288 S.)
3. Die neuere Zeit von 1648 bis auf die Gegenwart. (IV, 214 S.)

— dasselbe f. d. oberen Klassen höh. Lehranst. 3 Bde. 6., nach den Lehrplänen vom 6. Jan. 1892 umgearb. Aufl. gr. 8. Ebd. n. 5. 80
1. Das Altertum. (VIII, 260 S.) 895. n. 2.
2. Das Mittelalter. Die neuere Zeit bis 1648. (V, 294 S.) 896. n. 2. 20
3. Die neueste Zeit von 1648 bis auf die Gegenwart. (IV, 224 S.) 898. n. 1. 60

— dasselbe f. die oberen Klassen höherer Lehranstalten. 1.—3. Bd. gr. 8. Ebd. n. 5. 80
1. Das Altertum bis zum Tode des Augustus. (Lehrstoff der Ober-Sekunda.) 9., nach den neuesten Lehrplänen umgearb. Aufl. (VIII, 246 S.) 903. n. 2 —
2. Römische Kaisergeschichte. Das Mittelalter. Die neuere Zeit bis 1648. (Lehrstoff der Unter-Prima.) 8., nach den neuesten Lehrplänen umgearb. Aufl. (V, 291 S.) 902. n. 2. 20
3. Die neuere Zeit von 1648 bis auf die Gegenwart. 7. Aufl. (VI, 221 S.) 901. n. 1. 60

Lehrbuch der Geschichte für die oberen Klassen höherer Lehranstalten. Von Prof. Dr. Heinr. Konr. Stein, ehem. Dir. zu Glatz. 9., nach d. neuesten Lehrplänen umgearb. Aufl. Bd 1. (Hrsg.: Richard Stein.) *Paderborn: F. Schöningh 1903.* 8° [F.] [03. 3144

Lehrbuch der Geschichte für die oberen Klassen höherer Lehranstalten. Von Prof. Dr. Heinr. Konr. Stein, ehem. Dir. zu Glatz. 10., nach d. neuesten Lehrplänen umgearb. Aufl. (Hrsg. von Richard Stein; 2. 3: von Dr. Hans Kolligs.) Bd 1—3. Paderborn: F. Schöningh 1904—07. 3 Bde 8° [F.]
1. Das Altertum bis z. Tode d. Augustus. ⟨Lehrstoff d. Ober-Sekunda.⟩ 1904.
2. Röm. Kaisergeschichte. Das Mittelalter. Die Neuzeit bis 1648. ⟨Lehrstoff d. Unter-Prima.⟩ 1907.
3. Die neuere Zeit von 1648 bis auf d. Gegenwart. ⟨Lehrstoff d. Ober-Prima.⟩ 1907. [08. 8687

— dasselbe, f. die oberen Klassen höh. Lehranstalten. 3 Bde. 8. Ebd. n. 6. 40; Einbde. à n.n. — 50
1. Das Altertum bis zum Tode des Augustus. (Lehrstoff der Ober-Sekunda.) 11., umgearb. Aufl. Hrsg. v. Hans Kolligs. (VIII, 315 S.) 906. n. 2. 20
2. Römische Kaisergeschichte. Das Mittelalter. Die Neuzeit bis 1648. (Lehrstoff der Unter-Prima.) 9., nach den neuesten Lehrplänen umgearb. Aufl. (V, 265 S.) 904. n. 2. 20
3. Die neuere Zeit v. 1648 bis auf die Gegenwart. (Lehrstoff der Ober-Prima.) 9., umgearb. Aufl. Hrsg. v. Hans Kolligs. (VIII, 267 S.) 905. n. 2. —

Lehrbuch der Geschichte für die oberen Klassen höherer Lehranstalten. Von Prof. Dr. Heinr. Konr. Stein. Hrsg. von Dr. Hans Kolligs. 12., verb. Aufl. Bd 1. Paderborn: F. Schöningh 1908. 8° [08. 8343

— dasselbe f. die oberen Klassen höherer Lehranstalten. Hrsg. v. Hans Kolligs. 3 Bde. 8. Ebd. 6.40; geb. n 8. 10
1. Das Altertum bis zum Tode des Augustus. (Lehrstoff der Obersekunda.) 13., verb. Aufl. (VIII, 305 S.) 910. 2.20; geb. n 2. 80
2. Römische Kaisergeschichte. Das Mittelalter. Die Neuzeit bis 1648. (Lehrstoff der Unter-Prima.) 11., verb. Aufl. Hrsg. v. Hans Kolligs. (X, 302 S.) 908. 2.20; geb. n 2. 80
3. Die neuere Zeit von 1648 bis auf die Gegenwart. (Lehrstoff der Ober-Prima.) 11., verb. Aufl. (VIII, 287 S.) 909. 2. [illegible]; geb. n 2. 50

Stein, Heinrich Konrad [Prof. Dr., Dir.]: Topographie des alten Sparta nebst Bemerkungen über einige lakedaimonische Gottheiten. Glatz, Druck v. L. Schirmer, 1890; 30 S., 1 Plan; 4°
Glatz, k. kath. G, OP 1890

Stein, Heinz v., die Grafen von Cilli, nach Valvasor, von Kalchberg, Prenner u. anderen alten Chronisten. Cilli 865. Tarmon. 16. (35 S.) n. 6 ngr.

Stein, Hermann

Stein, Herm., s.: Ergänzungs-Taxe zur königl. preuss., bezw. deutschen Arzneitaxe.

Geschichte der Evangelisch-lutherischen Kirchengemeinde zum Schifflein Christi in Glogau. Festgabe z. Jubelfeier d. 250jähr. Bestehens d. Friedenskirche am 1. Dez. 1902. Hrsg. von d. Ev. Gemeinde-Kirchenrat. [Verf.: P. Hermann Stein. Glogau.] *(Glogau 1902: Glogauer Dr.)* (79 S.) 8° [F.] [03. 4532 11

Stein, Herm., Geschichte des Lutherhauses in Wittenberg, s. Festschriften zur 400jähr. Jubelfeier der Geburt Dr. Martin Luthers.

Stein, Herm., Kinderfreude. Neue Gedichte, Wünsche u. Lieder f. Schule, Haus u. Kindergarten. 8. (152 S.) Wien 883. Perles. n. 1. 80; cart. n. 2. —

Stein, Herm., Sursum corda, s.: Stein, Carl.

STEIN, Hermann (München): Untersuchungen über die Myocarditis.- München: Lentner 1861. 3 Bl., 164 S. 30.7.1860 - Urk (Titel: De myocarditide.); F 70
Diss. Ingolst.-Landsh.-Mchn.

Ein Weihnachtsabend im Hause Luthers ⟨frei nach e. Armin Steinschen Erzählung⟩. Dramat. Spiel in 5 Scenen f. Ev. Lehrlings- u. Jünglingsvereine von H[ermann] Stein, Pastor in Glogau. *Wittenberg: R. Herrosé 1900.* (31 S.) 8° [F.] [01. 700

Stein, Hermine, Kochbuch f. die bürgerl. u. feine Küche. gr. 8. (166 S. m. 3 Abb.) Nürnberg 898. Th. Stroefer. Geb. in Leinw. 3. —

Stein, Hugo, butt ewer Gudd! Plattdütsche Vertell ut vergangene Johre. (IV, 189 S.) 8. Mülheim a/R. 905. H. Baedeker. n. 2. —

Stein, Hugo, a. Lundenburg in Mähren: Über die Konstitution des trimolekularen Benzoylcyanids. (Berlin 1906: G. Schade.) (51 S.) 8°
Berlin, Phil. Fak., Ref. Fischer, Diss. v. 28. Juli 1906
[Geb. 24. Juli 84 Lundenburg; Wohnort: Lundenburg: Staatsangeh.: Österreich; Vorbildung: Oberrealsch. Wien (II. Bez.) Reife Juli 01; Studium: Charlottenburg T.H. 5, Berlin 4 S.; Rig. 12. Juli 06.]

Stein, Hugo, Lebensbild des Prinzen Albrecht von Preußen, Regenten des Herzogtums Braunschweig. 1. und 2. Aufl. gr. 8. (52 S. mit 2 Holzschn.-Portr.) Braunschweig 886, Wollermann. * 80 Pf.; Fürsten-Ausg. *

Stein, J., Gedichte. 8. (V, 233 S.) München 895. Münchner Handelsdruckerei & Verlagsanstalt M. Poeßl. n. 4. —; geb. in Leinw. m. Goldschn. n.n. 5. —

Stein, J. A., neuester u. vollständigster Rechnungs-Faulenzer für Geschäftsleute aller Art, namentlich für Müller u. Bäcker, mit der Berechnung der Mehlpreise nach Muth, Zentner u. Metzen in Wiener Währung, Conv.-Münze u. österreichischer Währung, der Körnerpreise in Wiener Währung, österreichischer Währung etc. nebst genauen Tabellen zur Werthberechnung der Menge verschiedener Gegenstände beim Ein- u. Verkauf, der Interessen, Geschäftsprovisionen, des Disconto etc. Wien 860. Wenedikt. 16. (IV, 352 S.) 20 ngr.

Stein, **J. A.** Neuester Rechnungsfaulenzer in der neuen österr. Währung. *Wien* 1859. Verlag von *Albert A. Wenedikt.* 86 S. 4 Bl. kl. 8°. 28 Neukr.

Stein, J. C. L., histor. Nachrr. von dem Lande Wursten, aus alten Urkunden u. Nachrr. 1r Thl. gr. 8. Hamb. 800.

Stein, J. H.

— Handbuch d. Würtemberg. Landrechts, s. A. J. Röslin.

STEIN, J. H.: Ueb. Vormundschaften u. Curatelen nach gem. teutschem Rechte u. nach d. bes. Rechten einiger teutschen Staaten. Mit 6 Beilagen: Formularien zu Vormundschaftsrechnungen etc. Mit Vorwort von *A. H. Stein.* *Stuttg.*, Steinkopf. 824. gr. 8.

Stein, J. H. Über Vormundschaften und Curatelen nach allgemeinem deutschen Rechte ... Stuttgart 1824. H: *Stein, Albert H.* (Ky)

(J. Herrmann) Stein an Davoust oder Replik an den Prinzen von Eckmühl von einem seiner Schlachtopfer. A. d. Franz. übers. Hamburg. 1814. 8°

Stein, J. Jacob, Diss. Casus specialis hydrophobiae letalis sine ulla delirii nota. Regiom. 4°. 1747.

Stein, J. P. E. Friedr., Catalogus coleopterorum Europae. gr. 8. (IV, 149 S.) Berlin 868, Nicolai'sche Verlagsh. *

Stein, J. P. E. Frid., et Jul. Weise, Catalogi coleopterorum Europae edit. II. gr. 8. (IV, 209 S.) Berlin 877, Nicolai'sche Verlagsh. *

Stein, J. P. E. Friedr., die lebenden Schnecken und Muscheln der Umgegend Berlins beschrieben. Mit Abbildungen von 73 Arten. gr. 8. (VIII und 123 S. mit 3 Kpfrt.) Berlin 850, G. Reimer.

Stein, Jakob

Stein, Jak., israelit. Religionslehre. Die bibl. u. die nachbibl. Geschichte bis zum Abschlusse des Talmuds, sowie die systemat. Glaubens- u. Pflichtenlehre. 3., unveränd. Aufl. gr. 8. (178 S.) Cassel 900. Hessische Schulbuchhdlg. Geb. n.n. 1. 75

Israelitische Religionslehre. Die bibl. u. d. nachbibl. Geschichte bis z. Abschlusse d. Talmuds, sowie d. systemat. Glaubens- u. Pflichtenlehre. Von Dr. Jakob **Stein**, weil. Sem. Dirigent. (Hrsg.: Dr. B. Jacob, Rabb.) 4. unveränd. Aufl. Cassel: Hess. Schulbuchh. in Komm. 1907. (178 S.) 8° [F.] [07. 16947 4

Stein, Jak., israelitische Religionslehre. Die bibl. u. die nachbibl. Geschichte bis zum Abschlusse des Talmuds, sowie die systemat. Glaubens- u. Pflichtenlehre. 4., unveränd. Aufl. (178 S.) 8. Cassel 907. (Hess. Schulbuchh. R. Röttger.) Geb. nn 1.75

Stein, Joachim Ernst

Stein, Joach. Ernst, d. katechisirende Schulmeister. 12. Wismar. 760.

Stein, Joachim Lukas

Stein, Joach. Lucas: Gründliche Abhandlung des Lübschen Rechts, worinn dies aus mittleren Zeiten herrührende jus Germanicum aus den wahren Quellen hergeleitet, u. zureichend expliciret wird. Leipzig, (3 ff.:) Rostock. 4 Bde

Th. 1. Die Rechte der Persohnen. 1738.
„ 2. Von dem Rechte der Sachen die dingl. Rechte. 1741.
„ 3. Von dem Rechte der Sachen die persöhnl. Rechte. 1745.
„ 4. Die Rechte des gerichtl. Processes. 1745.
„ 5. Abhandlung des Lubschen See-Rechts. Zusatze. o. J.

STEIN, Joach. Luc.: Gründl. Abhandl. d. Lüb. Rechts. 5 Thle. *Lübeck* u. *Rostock*, (Koppe.) Bödner. 738 — 53. 8. (3 Thl.)
Dies. neu herausg. 1., 2. Th. *Dessau*, Gel. Buchh. 8. (1 Thl. 16 Gr.)

STEIN, Joh. Luc.: Gründl. Abhandl. v. d. Lüb. Recht nebst dem Seerecht. *Lübeck.* 738. 41. 46. 48 u. 53. V Thle. 8.

STEIN, Jo. Luc.: Betrachtt. einzelner Rechtsmatt., nach Deutschen, besond. Sächs., Lübsch, Hamburg., Stadischen, Brem., Verd., Lüneburg., auch hiesiger Seestädte u. sonst. benachb. Orte Rechten; als e. Nachlese u. Supplem. z. Abh. d. Lübsch. Rechts u. s. w. *Rostock*, Koppe. 777 — 83. 4 Thle. 8. (3 Thl. 8 Gr.)

STEIN, Joach. Luc.: Betrachtt. einz. Rechtsmaterien, nach Deutsch., bes. Sächs., Lübeck., Hamburg., Stad., Brem., Verd., Lüneb., auch hiesig. Seestädte Rechte. 4 Thle. *Rostock*, Koppe. 779 — 83. 8. (3 Thl. 8 Gr.)

Stein, Joach. Luc.: Disquisitio histor.-jur. An, et quatenus juri Rom. competat praerogativa prae veteri jure Germ. in decidendis controversiis judicialibus. Denuo rev. et emend. Rostochii 1747.

Stein, Ioach. Luc., disquisitio an et quatenus juri rom. competat praerog. prae veteri jure germ. etc. 8. Rostock, Koppe. 747.

Stein, Joach. Lukas, († d. 7. Juni 1785.) Einleit. zur Lüb'schen Rechtsgelehrsamkeit; aus d. 5 Theilen d. Lübischen Rechts (1738—45 erschienen) zusammengetragen. 8. Schwerin 751. Bödner. 16 *ℊℊ*

— die Gräuel eines bezauberten Dippelianischen Predigers in d. Uckermark, Namens Adam Köpke zu Wakmow, unter d. Prenzlauischen Inspektion, aufgedeckt ꝛc. 4. Leipz. 753.

Stein, Joachim Lukas (Rostock) A. S. 581/29

Pandectarum juris Mecklenburgici exhibens specimen secundum, in lineamentis academicis juris Mecklenburgici privati specialia, ...
Präs. Ernst Johann Friedrich Mantzel.
Rostock (Schwiegerov) 31. X. 1731. 30 S.

Gew.: Stadt Rostock.
W. v.: Präs., C. G. Thalmeyer (Opp.), J. S. Schwank (Opp.), J. N. Vogel (Opp.). 33320

Stein, Johann

Stein, Joh.: De conjugio maris pauperis et foeminae locupletis, exhibens veritatem proverbii Germanici: Geld schadet der Liebe nicht. Halae Magdeb. 1722.

Stein, Joh. zum, Soldat, Korporal u. Fourier im IV. Schweizer-Regiment: Erlebnisse e. bernischen Reisläufers in Neapel u. Sizilien 1846—1850. Nach den Aufzeichnungen v. St. Hrsg. v. Karl Geiser. Mit e. Porträt., e. Medaillon-Abbildg. u. e. Lith.: „Erstürmg. v. Messina". (XV, 407 S.) 8. Bern 907. A. Francke.
Geb. in Leinw. 6. —

Stein, Johann [Praes.], s. S t e p h a n i, Johann Albert: De jure pauperum, vulgo Vom Armen=Recht.

Stein, Jh. Ad., († d. 22. März 1804.) Versuch in Gedichten. kl. 8. Jena 761.

Stein, Johann Adam (Odenhausen) A. S. 316/4

Theses philosophicae ad paroemiam Juristen, Böse Christen. Präs. Johann Gottfried Meier.
Giessen (Müller) 31. VII. 1719. 20 S.

Gew.: Wilhelm Karl Ludwig Gf. zu Solms usw.
W. v.: Präs. 33322

Stein, Johann Christoph

Stein, Joh. Chrstph., ein vollständiger Confirmationsact. Nach dessen Tode hrsg. u. mit des Verf. Lebensgeschichte versehen v. Joh. Heinr. Stein. 8. (3½ B.) Rinteln 846, (Bösendahl.)

Stein, Jh. Cph., Preisschr. üb. die Frage: Welches ist für Hessen der Mittelpreis des Korns, bei welchem d. Verkäufer u. Käufer bestehen können? 8. Cassel 790. Cramer. (Krieger in Marb.) 3 *ℊℊ*

Stein, Johann Friedrich

Stein, Joh. Fr., vernünft. Betrachtungen üb. d. Wahrheit, Göttlichkeit u. Alterthum d. Schriften d. Alten und Neuen Testaments. 4. Basel, Imhof. 742.

Stein, Jh. Fr., († 1771.) Beweis des hohen Vorrechts der christl. Religion ꝛc. 8. Basel 752. Imhof. 3 *ℊℊ*

— d e m o n s t r a t i o theol. qua satisfactionis Iesu Chr. necessitatem adstruit etc. 4. Stuttg. Heerbrand. 755.

Stein, Johann Friedrich (Durlach) F, v, /7

Disquisitio theologica inauguralis deitatem spiritus sancti vindicans.
Erlangen (Becker) (1744) 62 S.

W. v.: I. F. Maier, Johann Christ. Sachs, Nikolaus Christian Sander, Johann David Pittius.
33324

— theol. Krankenbuch. 8. Carlsruhe, Macklot. (auch Gebhardt u. K. in Frankf.) 763.
Schreibp

Johann Friedrich Stein. In nomine Dei adorandi. Ad audiendam orationem de providencia Dei, eiusque applicationem ad diem praecedentem Serenissimae Domus illustrissimum et faustissima quaeque praesagientem. a viro reverendo ac eruditissimo Christiano Bernhardo Goeckelio tertiae classis gymnasii illustris praeceptore vicario, sermone vernaculo habendam D. XXIX. Jan. MDCCLXV. hor. pomerid. fautores, amicos ac litterarum aestimatores ad diem commemoratum in Auditorio Gymnasii illustris comparituros humanissime invitat Gymnasium illustre per Joann. Fridericum Stein, Theol. Doct. et Professorem, paucula de providentia Dei praemittentem. 8 S.
Karlsruhe, P 1765

— heil. Reden üb. d. Sonn- Fest- u. Feyertagsevangelien. 4. Carlsruhe. 748.

Stein, Johann Georg Ludwig

Stein, Jh. Geo. Ldw., neue sehr vortheilhafte u. gewinnreiche Erfindd. für Branntweinbrenner u. Destillateurs, einen vorzügl. wohlschmeckenden, gesunden u. weit stärkern Branntwein als gewöhnl. zu gewinnen ꝛc. 4. Sternberg 817.

— Kunst, jede Art Wärme zu Bier, od. Bieressig bestimmt, sogleich nach d. Abgange von Braukühen zur Gährung anzustellen. 8. Sternberg 817.

Stein, Johann Heinrich

Stein, Joh. Heinr., Geschichte e. künstl. Befruchtung d. Levkojen, um dadurch gefüllte Blumen z. erhalten. 8. Minden, 1787. Körber u. F. — 3¾

Stein J. H.: Handbuch d. Obstbaumzucht ... Hann. 1801. 87 S.

— Handbuch der Obstbaumzucht. 8. Hannov. 801. Hahn. 6 gl.

Stein, Jh. Hnr., s. Stein, Jh. Cph., ein vollständ. Confirmationsact.

STEIN, Johann Heinrich: Versuche und Beobachtungen über die Angewöhnung ausländischer Pflanzen an den westphälischen Himmelsstrich, mit einer Vorrede von Friedrich Kasimir Medicus. - Mannheim 1787. 76 S.

— Versuche u. Beobachtungen üb. Angewöhnung ausländ. Pflanzen an d. westphäl. Himmelsstrich. 8. Mannh. Akad. Buchhdl. (Löffler.) 787.

Stein, Johann Julius, s. Stein, Julius.

Stein, Johann Karl Wilhelm

Stein, Jh. Karl Wlh., († ...) Versuch üb. die menschl. Glückseligkeit. 8. Züllich. 776.

— üb. die lange Weile u. den Kuß. 8. Sorau 777.

— die erleuchteten Zeiten. 8. Züllich. 772.

Stein, Johannes Mathias (Schwalbach)
Theses ex vario jure desumtae.
Giessae 23. Jan. 1759: Braun. 6 S. 4°
pro licentia summos in utroque jure honores et privilegia doctoralia capessendi.

Stein, Johann Peter Wilhelm

Stein, Jh. Pt. Wlh., († d. 16. März 1831.) Anfangsgründe der Arithmetik, u. ihre Anwendd. im bürgerl. Leben. 8. Trier 822. 2e A. 825. 3e umgearb. Aufl. gr. 8. Ebd. 829. Lintz.

Stein, Joh. Pet. Wilh., Anfangsgründe d. Arithmetik, u. ihre Anwendungen im bürgerl. Leben. 3., neuerdings umgearb. Aufl. gr. 8. (13½ B.) Trier 829, Lintz.

Stein, J. P. W., Anfangsgründe d. Arithmetik. 4., verb. Aufl., hrsg. v. N. Druckenmüller. gr. 8. (12½ B.) Trier 838, Lintz'sche Buchh.

Stein, J. P. W., Anfangsgründe der Arithmetik. 5., neuerdings verb. Aufl., hrsg. von J. P. Schmidt. gr. 8. (VIII und 185 S.) Trier 855(56,) Lintz'sche Buchh. *

— Anfangsgründe d. Geometrie f. Schulen. Mit 6 Kpf. 8. Trier 820. Lintz. 20 gl.

— die Elemente d. Algebra. Ein Lehrb. f. Gymnasien u. höh. Schul-Anstalten. 1. u. 2. Curs. gr. 8. (54 B. u. 2 Tab.) Trier 828, 29, Lintz.

— die Elemente der Geometrie u. Trigonometrie zusammengestellt. Mit 1 Steintaf. gr. 8. Trier 827. Lintz. 5 gl.

— geograph. Trigonometrie, od. d. Auflösung der geradlinigen, sphäroidischen Dreiecke, mit ihrer Anwend. bei größern geodät. Vermessungen ꝛc. Mit e. Anh. über Winkelmeßinstrumente u. 8 Steintaf. gr. 4. Mainz 824. Kupferberg. 3 ₰ 16 gl.

Stein (J. P. W.), Geographische Trigonometrie etc. Mainz 1825. 4.

Stein, Joseph, appr. Arzt aus Essen: Aus d. hygien. Institut in Bonn. Dysenterieähnliche Bakterien im [!] menschlichen Faeces. *Bonn 1903: J. Trapp.* (23 S.) 8°
Bonn, Med. Diss. v. 21. Jan. 1903

STEIN, Josef (Stammham): Behandlung der Fractura femoris bei Kindern mit dem Suspensionsverband.- München: Wolf 1886. 18 S.,1 Taf.
15.1.1886 - Chr 1885/86,17; Jv 1885/86,168
Diss. Ingolst.-Landsh.-Mchn.

Stein, Josef, Behandlung der Fractura femoris bei Kindern mit dem Suspensionsverband. Diss. München 1886, A. Buchholz. 8°. 18 S. mit einer Taf.

Stein, Joseph, appr. Arzt a. Krotoschin ⟨Prov. Posen⟩: Ueber den Begriff „Dämmerzustand". Leipzig 1907: B. Georgi. (40 S.) 8°
Leipzig, Med. Fak., Ref. Flechsig, Diss. v. 9. Juli 1907
[Geb. 31. Mai 79 Krotoschin; Wohnort: Haina (Hessen); Staatsangeh.: Preußen; Vorbildung: Gymn. Krotoschin Reife O. 99; Studium: Berlin 9 S.; Coll. 17. Juli 07; Approb. 18. Mai 04.]

12 leicht ausführbare Lateinische und Deutsche Gesänge zum kirchlichen Gebrauch für vierstimmigen Männerchor komp. von Josef Stein, Sem.-Oberl. in Rosenberg. Op. 99. Ratisbonae: F. Pustet 1907. (15 S.) 4°
— Musica sacra. Jg. 40, [No 5, Beilage 2]. [07. 17743

Stein, Jos., Naturlehre für Volksschulen. 8. (64 S.) Lippstadt 881. Harlinghausen. n.n. — 30

Stein, Josef: Die Regenverhältnisse von Marburg auf Grund dreissigjähriger Beobachtungen an der meteorologischen Station daselbst. *Marburg 1897: ⟨R. Friedrich⟩.* (98 S.) 8°
Marburg, Phil. Diss. v. [20. Dez.] 1897

Die Regenverhältnisse von Marburg auf Grund dreissigjähriger Beobachtungen an der meteorologischen Station daselbst. Von Josef Stein, Oberl. aus Dortmund. *Marburg: N. G. Elwert 1898.* (3 Bl., 98 S.) 8.
— Schriften d. Gesellschaft z. Beförderung d. ges. Naturwiss. zu Marburg. Bd 13. Abt. 2. [98. 11673

Stein, Isaak, aus Harburg ⟨Bayern⟩: Die Juden der schwäbischen Reichsstädte im Zeitalter König Sigmunds ⟨1410—1437⟩. *Berlin 1902: (J. H. Wagner).* (74 S.) 8°
Rostock, Phil. Diss. v. [25. Aug.] 1902

Stein, Isaak, die Juden der schwäbischen Reichsstädte im Zeitalter König Sigmunds (1410—1437). gr. 8. (74 S.) Berlin 902. M. Poppelauer. n. 2.50

STEIN, Julius (Bayreuth): Ueber die Anwendung der kalten Bäder und Begiessungen im Typhus.- München: Franz 1849. 23 S.
7.7.1849 - Urk (Titel: De frigidorum in typho et balneorum et affusionum usu.); F 67
Diss. Ingolst.-Landsh.-Mchn.

Stein, Julius, aus Fürth, Rechtspraktikant am k. Landgericht daselbst: Die Einwirkung des neuen bürgerlichen Rechts auf das Anwendungsgebiet des § 289 des Reichsstrafgesetzbuches. *Erlangen 1902: F. Junge.* (VI, 70 S.) 8° [F.]
Erlangen, Jur. Diss. v. 3. Juni 1901

Stein, Jul., die Einwirkung des neuen bürgerlichen Rechts auf das Anwendungsgebiet des § 289 des Reichsstrafgesetzbuches. gr. 8. (IV, 72 S.) Fürth 902. (G. Rosenberg.) n. 1. 20

Stein, Jul., Geschichte der Stadt Breslau im 19. Jahrh. 10 Lfgn. gr. 8. (XV, 655 S.) Breslau 884, Trewendt. à Lfg. *M 1. *

Stein, J., und R. Krönig, Geschichte des deutschen Volkes vom Wiener Congreß bis auf unsere Zeit. (In ca. 40 Heften.) 1.—3. Heft. gr. 8. (1. Bd. S. 1—160.) Breslau 863, Ziegler. [Ratibor, Thiele's Separat-Conto.] à Heft * 5 Ngr. *

Stein, (Joannes)Julius *(geb. Naumburg a. S. 12. 6 1813)*: De Capuae gentisque Campanorum historia antiquissima ad initium usque belli Samnitici primi. Vratislaviae (1838). (72 S.) 8°
[Buchausg. 1839 bei Friedlaender in Breslau. — Verf. erlebte die Diplomerneuerung 1888 als Chefredakteur in Breslau]
Breslau, Phil. Diss. v. 21. [vielmehr 14.] Febr. 1838

Stein, Jul., Napoleon als Mensch, Held u. Kaiser mit seinen Größen u. Schwächen. 2. Aufl. Mit 1 Ansicht. gr. 8. (VIII u. 288 S.) Leipzig 847. (Wien, Dirnböck.) 2/3 ₰

Stein, Jul., ärztliche Notizen über die Cholera-Epidemie in München im J. 1854. gr. 8. (43 S.) Frankfurt a. M. 854, Auffarth. *

Stein, J., s. Ressourcen-Zeitung. — Volks-Kalender, Breslauer. — Volks-Kalender, deutscher.

Stein, K. [Pseud.], s. Keferstein, Gustav Adolf

Stein, K., die Hämorrhoidalleiden. 8. Düsseldorf 841, Reschütz u. Comp. 1/3 ₰

Stein, K., die Rache des Marchesen. Erzählung. 8. (62 S.) Dresden 875, [Lohse und Kadler.] C. G. Lohse.

— die Tochter d. Züchtlings. Erzählung aus dem Leben. 8. (64 S.) Ebend. 875. — 40

Stein, K., die Tochter des Züchtlings, s. a. Erzählungen, wohlfeile interessante. 10. Bd.

— der Universal-Landwirth, oder ökonomische Hausbibliothek. 1. Thl. 8. Ebend. 841. 1/2 ₰

Stein, K. A., Anleit. z. Kupferstechen, Radiren u. Lithographiren. 8. Brünn 826. Traßler. 4 gr

— die Kunst, Kupferstiche u. Handzeichnungen mit Oelfarben zu illuminiren. Nach d. Engl. 8. Brünn 826. Traßler. 4 gr

Stein, K. R., Beschreib. des Billard-Controleurs, einer neu-erfundenen, höchst einfachen mechan. Vorrichtung, welche nicht allein beim Billardspiele die gemachten Points, sondern auch die Partien zählt u. gänzlich gegen die Unterschleife der Marqueurs am Partiegelde sichert. Nebst 1 Abbild. 8. Quedlinb. 829. Basse. 8 gr

Stein, K. R., das Ganze d. Talglicht-Fabrikation, nach d. neuesten, sehr verbess. Methoden. N. d. Franz. bearb. 8. (8 B. u. 2 Taf. Abbild.) Quedlinburg 836, Basse.

—— das ganze Geheimniß sowohl d. Fabrication d. echten Cölnischen Wassers (Eau de Cologne), als auch zweier geringeren Sorten dess. N. d. franz. Notizen e. ehemal. Fabrikarbeiters bearb. 8. (1½ B.) Quedlinburg 829, Basse.

Stein, Karl, Frh. vom und zum, Staatsmann, 1757–1831, s. Stein, Heinrich Friedrich Karl, Frh. vom und zum.

Stein, Karl, Abenderheiterungen. Kleine Romane, Erzählungen u. Schwänke. 8. Berlin 820. (A. Förstner.) 1¼ ₰

Stein, Karl
Abend-Erheiterungen. Kleine Romane, Erzählungen und Schwänke.
Berlin: Schüppel 1820. 290 S. 8°

— Abendschwingen, kleine Romane u. Erzählungen. 8. Berl. 821. Stuhr. 1 ₰ 12 gr

— Abentheuer des jungen Herrn v. Wackelbart. 8. Hamb. 808. Altenb. 810. Petersen. 16 gr

— Abriß der allgem. Weltgeschichte; als Leitfaden bei d. ersten Unterricht in d. Geschichte. 8. Berl. 823. Stuhr. 12 gr

— Albertine v. Wackelbart. 8. Hamb. 806. Kratzsch. 1 ₰

Stein, Carl, Album volksthümlicher deutscher u. ausländischer Lieder, für mittlere Stimmlage 1- u. 2stimmig mit Clavierbegleitung eingerichtet u. zur Erheiterung im Familienkreise, sowie zur Benutzung bei dem Gesang-Unterrichte zusammengestellt. 3 Hefte. Potsdam 865,66. Riegel'sche Buchh. 4. (120 S.) Jedes Heft n. 10 ngr.

STEIN, Karl (1773—1855), Amöna, die Braut eines Verbrechers. Ein Roman in 2 Thln. Mit 1 TKpf. v. Rosmaesler u. 1 gestoch. Titel. Posen, Kühn, 1804. 8°. 184 + 190 S. Zahm.
Neue Allg. dtsch. Bibl. 101, 65.

— die beiden Arlequins. 8. Berl. 811. Schlesinger. 1 ₰

— auch e. Offizier! Roman. 1. u. 2. Aufl. (à 134 S.) 8. Borna 905. R. Noske n. 1. 60; geb in Leinw. n. 2.25

Stein, Carl, Aula und Turnplatz. Schulliederbuch für die jungen Tenor- und Baßstimmen in Gymnasien und Realschulen, drei- und vierstimmig bearb. Op. 25. 3. und 4. unveränd. Aufl. 8. (112 S.) Wittenberg 878,83, Herrosé Verlag. *

— Aula u. Turnplatz, Schulliederbuch f. d. jungen Tenor- u. Baßstimmen in Gymnasial- u. Realschulen, 5. Aufl., Wittenberg 1887, 8°. 2 Bde.

Stein, Carl. Aula und Turnplatz, Schulliederbuch, für die jungen Tenor- u. Baßstimmen in Gymnasien u. Realschulen 3- u. 4stimmig bearb. Op. 25. 7. u. 8. unveränd. Aufl. 8. (III, 112 S.) Wittenb. 889,91, Herrosé Verlag. * — 80

Stein, Karl, Aula u. Turnplatz. Schulliederbuch f. die jungen Tenor- u. Baßstimmen in Gymnasien u. Realschulen, 3- u. 4stimmig bearb. Op. 25. 9. unveränd. Aufl. 8. (III, 112 S.) Wittenberg 893. R. Herrosé. n. — 80

Stein, Carl, Aula u. Turnplatz. Schulliederbuch f. die jungen Tenor- u. Baßstimmen in Gymnasien u. Realschulen, 3- u. 4stimmig bearb. 12. unveränd. Aufl. 8. (III, 112 S.) Wittenberg (901). R. Herrosé. n. — 80

— s. Ausland, das belletristische, v. K. Spindler, 41.—44., 124.—129., 145.—150., 634.—640., 641.—648. Bdchn.

Stein, Carl Auswahl leichter und beliebter geistlicher Lieder und Psalmen aus den Oratorien, Cantaten und anderen Werken der berühmtesten Componisten älterer und neuerer Zeit, ein- oder zweistimmig für mittlere Stimmlage mit deutschem und engl. Text. 5 Lfgn. 4. (199 S.) Potsdam 870—72, Stein's Verlag. à Lfg. *ℳ 1. *

Stein, Karl, Auswahl leichter u. beliebter geistlicher Lieder u. Psalmen aus den Oratorien, Cantaten u. anderen Werken der berühmtesten Componisten älterer u. neuerer Zeit, ein- od. zweistimmig f. mittlere Stimmlage m. deutschem u. engl. Text. 2—5. Lfg. 4. (S. 41—199.) Potsdam 871. Stein. à n. 1. —

Stein, Carl, Bayern u. die Münchener. Ein Beitrag zur Frage des Anschlusses Bayerns an Norddeutschland u. Preußen. gr. 8. (16 S.) Frankfurt a/M. 893. H. Wartmann. n. — 50

— Luthers musikalische Bedeutung u. Wirksamkeit u. ihre segensreichen Folgen. Festschrift zur 400jähr. Lutherfeier. gr. 8. (32 S.) Ebend. 883. n. — 50

Stein, Carl: Die Bedeutung der Pädagogik Goethes für die Gegenwart. *Mannheim 1898: M. Hahn & C.* (19 S.) 4°
Mannheim, grossh. RG, MP 1898 (656)

Stein, Karl, (auch Gust. Linden,) die denkwürdigsten Begebenheiten unserer Zeit. A. u. d. T.: Chronolog. Handbuch der neuesten Geschichte. Enthalt. die Begebenheiten v. Anfange d. französ. Revolution an bis zum Ende der Revolution in Spanien 1789—1823. 8. Berlin 824. Stuhr. 1 ℛ 4 𝔤

Stein, Karl, approb. Arzt aus Krotoschin: Ein **Beitrag** zur **Lehre** von der Ätiologie der Tubargravidität. *Gießen 1904: Brühl.* (43 S.) 8°
Gießen, Med. Diss. v. 1904

— bunte Bilder. 8. Berl. 817 u. 18. Hayn.

Stein, Karl, das Blumenkörbchen. Eine Samml. v. Erzählungen. 8. (15½ B.) Coblenz 828, Hölscher.

Stein, Karl, ein Buch f. die Winterabende, Beitrag z. Unterhaltung f. die gebildeten Stände. 2 Bde. 8. Berl. Hayn. 813. (à 1 Rthlr. 12 gr.)

— ein Buch für die Winterabende. 3 Bde. 8. Berl. 813. Hayn. 4 ℛ (3r Bd. A. u. d. T.: Abendstunden.)

Stein, Carl die landwirthschaftliche Buchführung, praktisch dargestellt durch die dabei vorkommenden und dazu nöthigen Rechnungs-Register und andere Formulare, und versehen mit den nöthigen Erklärungen und Anleitungen zu denselben. Mit zwei Anhängen: Taxe der landwirthschaftl. Accordarbeiten und Trächtigkeits-Kalender der Wirthschaftsthiere. (11 S. in 16.) qu. gr. 8. (XII und 128 S.) Wismar 852, Hinstorff'sche Hofbuchh. Thlr. *

Stein, Carl geographische Characterbilder aus dem österreichischen Kaiserstaate. Aus den besten Reisewerken für die Jugend gesammelt und hrsg. gr. 8. (IV und 174 S.) Wien 857,58, Pichler's Wwe. und Sohn. (Leipzig, Liebeskind.)

Stein, Carl Choral-Melodieen der wittenberger Gemeinde mit besond. Berücksicht. der drei preuß. Regulative, nebst einem Anhange rhythm. Choräle und einer Liturgie, zwei- und dreistimm. für Schulen bearb. 8. (50 S.) Wittenberg 856(57). (Potsdam, Riegel'sche Buchh.)

Stein, Karl, s. E r n s t u. Scherz.

Stein, Carl, appr. Arzt a. Karolinensiel ⟨Ostfriesland⟩: Aus der Königlichen Universitäts-Frauenklinik ⟨Direktor: Geh. Med.-Rat Prof. Dr. Olshausen⟩: Über einen Fall von Chorionepithelioma malignum. Berlin (1906): G. Schade. (29 S.) 8°
Berlin, Med. Fak., Ref. Olshausen, Diss. v. 9. Okt. 1906
[Geb. 26. Nov. 80 Karolinensiel, Kr. Wittmund; Wohnort: Berlin; Staatsangeh.: Preußen; Vorbildung: Gymn. Leer Reife M. 00; Studium: Göttingen 6, Berlin 4 S.; Coll. 28. Sept. 06; Approb. 1. Okt. 06.]

Stein, Carl v., Freud unt Leid in Novellen. 8. (20 B.) Wesel 843, Klönne.

Stein, Karl, (Küfer u. Bierbrauermstr.,) Gambrinus der vollkommene Bierbrauer, oder vollständige, alle Zweige des Gewerbes umfassende theoret.-prakt. Anleitung zum Bierbrauen. Nebst einer Geschichte u. Statistik des Biers u. einer Darstellung der Wirkungen desselben auf den menschl. Organismus. Nach d. bewährtesten Methoden u. bis jetzt bekannt gewordenen Entdeckungen u. Verbesserungen. Mit Abbild. (auf 3 Taf.) gr. 8. Heilbronn 846, Landherr. n. 2 ℛ

Stein, Karl, Gambrinus d. vollkommene Bierbrauer, od. vollständ. alle Zweige d. Gewerbes umfassende theoretisch-prakt. Anleitg. zum Bierbrauen. Nebst e. Geschichte u. Statistik des Biers u. e. Darstellg. der Wirkungen desselben auf den menschl. Organismus. Nach den bewährtesten Methoden u. bis jetzt bekannt gewordenen Entdeckgn. u. Verbessergn. m. besond. Rücksichtnahme auf die in England geltenden Grundsätze u. Methoden. Im Anh. ist enth.: Das in Baiern übliche Brauverfahren, die Braumethode verschied. Porter- u. Alesorten u. d. belg. Biere ꝛc. Mit Abbildgn. 2. Aufl. gr. 8. (X u. 406 S. m. 3 lith. Taf. in 8. u. Fol.) Heilbronn 850, Landherr. — 3. (Titel-) Aufl. gr. 8. (X u. 406 S. m. 3 lith. Taf. in 8. u. Fol.) Ebd. (850) 851. ⅔ ℛ

— der Gasthof zur silbernen Taube. 8. Berl. 812. Schüppel. 1 ℛ 8 𝔤

— histor.-romant. Gemälde in dramat. Form. 8. Posen 800. Kühn.

Stein, Karl, histor.-romant. Gemälde in dramat. Form. (Enth.: Simon Matern, der furchtbare Räuberhauptmann. 16 𝔤 — Das Grab d. Mutter. 12 𝔤 — Die Zurückkunft des Fürsten. 4 𝔤) N. A. 8. Posen 809. Kühn. 1 ℛ 12 𝔤

Stein, K. Geschichte aller englisch französischen Kriege vom 11. bis in das 19. Jahrhundert. 8. Berlin 1811. 2. Aufl. 1817. 4,00.

— Geschichte der engl.-französ. Kriege, vom 11n—19n Jahrh. 8. Berl. 811. 2e A. 817. Hayn 1 ℛ 8 𝔤

Stein, K. Geschichte der franz.-engl. Kriege vom 11.—19. Jahrhundert. Berlin 1812. 8°.

Stein, (K.,) Gleich u. gleich. Ein kom. Roman. 8. Berl. 824, Schüppel.

Stein, Karl v., ein Glücksflicker. Roman. (255 S.) 8. Leipzig 906. A. Cavael. n. 2. 75; geb. n.n. 3. 75

Stein, Karl
Das Grab der Mutter. Familiengemälde in dramatischer Form. In 4 Acten.
s. Matern, Simon, der furchtbare Räuber-Hauptmann.

Stein, Karl v., vom kleinen Graal. Eine Erinnerg. aus Warnemünde in sechs Stücken. 16. (73 S.) Wismar 872. Hinstorff. n. 1. —

— Grundzüge des Clavierspiels. Eine Sammlg., enth. Finger-Uebg., Etüden, Volkslieder, Opernmelodien, Variationen, Sonatensätze u. Uebgn. zu 4 Händen, in progressiver Folge, sowie die Tonleitern u. Erklärgn. der Kunstausdrücke. Unter Mitwirkg. v. Frz. Petreins. 1. Stufe. 2. verb. Aufl. gr. 4. (IV, 154 S.) Ebend. 875. n. 4. —

Stein, Carl, Grundzüge des Clavierspiels. Eine Sammlung, enth. Finger-Uebungen, Etüden, Volkslieder, Opernmelodien, Variationen, Sonatensätze und Uebungen zu vier Händen, in progressiver Folge, sowie die Tonleitern und Erklärungen der Kunstausdrücke. Unter Mitwirkung von Frz. Petreins. 1. Stufe. 8. verb. Aufl. gr. 4. (IV, 154 S.) Potsdam 878, Stein's Verlag. *

— König Gundobald u. sein Günstling; histor. Roman aus dem ersten Zeitraum des Mittelalters. 8. Berl. 825. Matthisson. 1 ₰ 12 ℊ

Stein, Karl, chronolog. Handbuch d. allgem. Weltgeschichte, von d. ältesten bis auf d. neuesten Zeiten. 3 Abthln. u. Fortsetzg. 8. Berlin, Vereins-Buchh. Zusamm. gen. nur *
Abthl. 1. Von d. ältesten Zeiten bis z. Beginn d. französ. Revolution. (8¾ B. u. Friedrich d. Gr. Bildn.) 837. 12 Gr.
„ 2. Von d. ersten französ. Revolution bis auf d. Juli-Revolution 1830. (13¼ B., Napoleon's u. Blüchers Bildn.) 837. 16 Gr.
„ 3. Von d. Juli- od. neuesten französ. Revolution bis auf uns. Zeit. (7½ B. u. Goethe's Bildn.) 837. 10 Gr.

— dass. 3e Abthl. (Fortsetzung): Von d. Juli- oder neuesten französischen Revolution bis auf unsere Zeit. A. u. d. T.: Das Jahr 1837. Mit dem Bildniß: Abd-el-Kader. gr. 12. Berlin 838. Vereins-Buchh. 1/8 ₰

— dass. 3e Abthl.: Von der Juli- oder neuesten franz. Revolution bis auf unsere Zeit. Das Jahr 1838. Mit dem Bildniß Ludwig Philipps, Königs der Franzosen. gr. 12. Ebd. 839. 1/6 ₰

— dass. 3e Abthl.: Von der Juli- oder neuesten franz. Revolution rc. Das Jahr 1839. Mit dem Bildniß Karls XIV. Johann. gr. 12. Ebd. 840. 1/6 ₰

Stein, Karl, chronolog. Handbuch der allgem. Weltgeschichte von den ältesten bis auf die neuesten Zeiten. 3. Abthl.: Von der Juli- oder neuesten französ. Revolution bis auf unsere Zeit. Das Jahr 1840. Mit dem Bildniß Johannes Gutenbergs. gr. 12. Berlin 841, Vereins-Buchh. 1/6 ₰

— dass. 3. Abthl.: Von der Juli- oder neuesten französ. Revolution bis auf unsere Zeit. Das Jahr 1841. gr. 12. Ebend. 842. 1/6 ₰

Stein, Karl, chronolog. Handbuch der allgem. Weltgeschichte von den ältesten bis auf die neuesten Zeiten. 3. Abthl.: Von der Juli- oder neuesten französ. Revolution bis auf unsere Zeit. Die Jahre 1842 u. 1843. 8. Berlin 845, Vereins-Buchh. 1/4 ₰

— dass. 3. Abthl.: Von der Juli- oder neuesten französ. Revolution bis auf unsere Zeit. Das Jahr 1844. 8. Ebend. 845. 1/8 ₰

— dass. 3. Abthl.: Von der Juli- oder neuesten französ. Revolution bis auf unsere Zeit. Das Jahr 1845. 8. Ebend. 846. 4 ngl

Stein, Karl, chronologisches Handbuch d. allgem. Weltgeschichte von d. ältesten bis auf die neuesten Zeiten. 3. Abth.: Von der Juli- od. neuesten franz. Revolution bis auf unsere Zeit. Das Jahr 1846. 8. (39 S.) Berlin 847, Vereins-Buchh. 1/6 ₰

Stein, Carl chronologisches Handbuch der allgem. Weltgeschichte von den ältesten bis auf die neuesten Zeiten. 3. Abthl.: Von der Juli- oder neueren französ. Revolution (1830) bis zu den neuesten Volksaufständen. Die Jahre 1847, 1848 und 1849. 8. (151 S.) Berlin 850, Vereins-Buchhandlung.

— dass. 3. Abth.: Von der Juli- od. neueren franz. Revolution [1830] bis zu den neuesten Volksaufständen. Das Jahr 1850. 8. (79 S.) Ebd. 851. 6 ngl

— dass. 3 Abth.: Von der Juli- od. neueren franz. Revolution [1830] bis zu den neuesten Volksaufständen. Das Jahr 1851. 8. (102 S.) Ebd. 852. 1/4 ₰ (compl. herabges. Pr. 3 ₰)

Stein, Karl, chronologisches Handbuch der allgemeinen Weltgeschichte von den ältesten bis auf die neuesten Zeiten. 3. Abth.: Von der Juli- oder neueren französischen Revolution (1830) bis zu den neuesten Volksaufständen. Das Jahr 1852. Berlin 853. Vereins-Buchhdlg. 8. (79 S.) 6 ngr

— — Das Jahr 1853. Ebend. 854. 8. (83 S.) 7½ ngr
Die Jahre 1837—51. Ebend. 837—52. Herabges. Preis n. 3 ₰.

Stein, Carl bewährte Hausmittel und kleinere für die Land- und Hauswirthschaft nützliche Mittheilungen. 1. und 2. Bd. 8. (VIII, 188; XVIII, 188 S.) Malchin 869, Wendt's Verlag. [Hamburg, Rudolphi.] (*M 3.) *
Aus: Praktischer Landwirth und Praktisches Wochenblatt, besonders abgedruckt.

Stein, Carl, bewährte Hausmittel u. kleinere für die Land- u. Hauswirthschaft nützliche Mittheilungen. [Aus dem „Praktischen Landwirth" u. dem „Praktischen Wochenblatt."] 2 Bde. Malchin 869,70. Wendt's Verl. 8. (VIII, 188 S., XVI, 184 S.) Jeder Bd. n. 15 ngr

Stein, Karl, bewährte Hausmittel u. kleinere f. die Land- u. Hauswirthschaft nützl. Mittheilgn. Aus dem „prakt. Landwirth" u. dem seit 1858 m. diesem verbundenen „prakt. Wochenblatt" sorgsam gesammelt u. zusammengestellt. 3. Bd. 8. (XVIII, 188 S.) Berlin 871. Exped. d. prakt. Wochenblattes. n. 1. 50

Stein, Carl bewährte Hausmittel und kleinere praktisch-nützliche Mittheilungen des „Praktischen Landwirth." Zeitschrift für Land- und Hauswirthschaft. Zum Nutzen für Stadt und Land hrsg. 1. und 2. Heft. 8. (IV und 44 und 46 S.) Leipzig 856, (Hoffmann.) *

— der Hausnarr. Erzählung. 2 Bde. 8. Berl. 811, Schlesinger. 2 ₰

— Heirath, die zweite, s. Baillie die Leidenschaften.

— der kühne Hirt, od. die Befreiung des Vaterlandes. 8. Berl. 819. Stuhr. 1 ₰ 12 ℊ

— die beiden Hofräthe. 8. Berl. 818. Maurers B. 1 ₰ 12 ℊ

— die beiden Hofräthe, oder d. wunderbare Fügung d. Schicksals. Ein komischer Roman. Mit Titelkpfr. 8. Berlin 818. Jetzt Heymann. 1½ ₰

— die letzten funfzig Jahre. (1789 bis 1839.) Ein Taschenbuch auf d. Jahr 1840 für Zeitungsleser u. Geschichtsfreunde. gr. 12. Berl. 839. Haude u. Spener'sche Buchh. (Josephy.) n. 1⅔ ₰

— Kabinet von biograph. Gemälden der merkwürd. Personen aus der neuesten Zeitgeschichte. Mit 1 Portr. 8. Berl. 810. Maurers B. 1 ₰ 12 ℊ

— Cantate, s.: Friedrich, Hans.

Stein, Karl, u. Hans Ehrhard, Katalog üb. die wichtigsten Bau-, Nutz- u. Zierhölzer des In- u. Auslandes u. Sammlungen v. denselben f. den Unterricht, sowie f. Botaniker, Forstleute, Gärtner u. jeden Liebhaber der Natur, unter Mitwirkg. wissensch. gebild. Fachleute zusammengestellt. gr. 8. (24 S.) Bensheim (900). Lehrmittelanstalt J. Ehrhard & Co. n. — 20

— Kirschen, Erzählungen. 1s Bdchn. 8. Berl. 813. Hayn. 1 ℛ

Stein, Carl Frhr. v., die Kunst in Meiningen unter Herzog Georg II. (43 S. m. 2 Taf. u. 2 Bildn.) gr. 8. Meiningen (909). Keyßner'sche Hofbuchdr. 1. —

Stein, Karl, s. Landtagszeitung.

Erste Liebe. Novellen von Carl **Stein**. Berlin-Leipzig: Wigand 1910. 68 S. 8° (11. 434)

—— patriotische Lieder aus dem J. 1870 für Deutschlands Volk und Schule. gr. 16. (16 S.) Wittenberg 870, Herrosé. **

—— Liederbuch für Aula und Turnplatz, enth.: beliebte Weisen, drei- und vierstimmig für Männerchor, mit besond. Berücksicht. des jugendl. Stimmumfangs in den Oberklassen höherer Schulanstalten. Op. 25. 8. (106 S.) Wittenberg 875, Herrosé's Verlag. *

—— dass. — enth.: beliebte Weisen, drei- und vierstimmig für Männerchor, nebst einem Anhang geistl. Musik für besondere Feierlichkeiten, mit besond. Berücksicht. des jugendl. Stimmumfangs in den Oberklassen höherer Schulanstalten, in Seminarien, Jünglingsgesangvereinen rc. Op. 25. 2. verm. Aufl. 8. (112 S.) [Wittenberg 879, Herrosé's Verlag.] Berlin, Th. Hofmann. *

— — Ludmilla das schöne Hußitenmädchen. Eine romantische Darstellung aus der Wirklichkeit der Vorzeit. 2 Thle. Mit Titelkpfrn. u. gestoch. Titeln. Posen u. Leipzig, bei Joh. Friedr. Kühn. 1805. 8°.

1: Tit, 2 Bll. Dedic. (an die Königin Luise von Preußen), 203 S. 2: Tit. u. 221 S. — Zahm.

— — Dasselbe. Ebd. 1809. 8°.

— der Luftgeist, ein Roman. 8. Berl. 817. (A. Förstner.) $1^{1}/_{3}$ ℛ

— der Luftgeist. 8. Berl. 817. Schüppel. 1 ℛ 8 ℊ

— Lust, Liebe, Leid. Taschenliederbuch volkstüml. Lieder f. gemischten Chor. Zum Gebrauch in Gesangvereinen u. höheren Schulanstalten bei Ausflügen od. häuslichem Quartettsingen arrangiert. Op. 42. 12. (VIII, 96 S.) Wittenberg 892. R. Herrosé. n. — 60

— Lust, Liebe, Leid. Taschenliederbuch volkstüml. Lieder f. gemischten Chor, zum Gebrauch in Gesangvereinen u. höheren Schulanstalten bei Ausflügen od. häusl. Quartettsingen, arrangiert. Op. 42. 2. Aufl. 8. (VIII, 96 S.) Ebd. 899. n. — 60

— der rechte Mann. Origin.-Lstspl. 8. Berl. 812. Schlesinger. 16 ℊ

—— König Mys von Fidibus, od. drei Jahre auf d. Universität. Wahrheit u. Dichtung a. d. Leben ein. Künstlers. 2 Bde. 8. (.. B.) Gera 838, [Kanitz.] 3 Thlr., hrbgs. Pr.

— König Mys von Fidibus, oder drei Jahre auf der Universität. Wahrheit u. Dichtung aus dem Leben eines Künstlers. 2 Bde. 8. Gera 838. Scherbarth. 3 ℛ

— d. Hr. Nachbar, e. Samml. v. Erzähl. 1s u. 2s Bdchen. mit K. 8. Ebendas. 809—810. (1s 1 Rthlr. 8 gr. 2s 1 Rthlr.)

— der Herr Nachbar, eine Samml. von Erzählungen. 2 Thle. 8. Berl. 810 u. 11. Maurers B. 2 ℛ 16 ℊ

— der Herr Nachbar. Sammlung von Erzählungen. 8. Berlin 810. Jetzt Heymann. $1^{1}/_{3}$ ℛ

Stein, Carl der Neckar von Heilbronn bis Heidelberg, mit besond. Rücksicht auf Wimpfen u. die übrigen Soolbäder Jagstfeld u. Offenau. Ein Begleiter auf der Reise durch das Neckarthal u. bei Ausflügen von den Bädern. 8. (10 B. u. 3 Ans.) Heibronn 843, Classische Buchh.

Stein, Carl der Neckar von Heilbronn bis Heidelberg mit besond. Rücksicht auf Wimpfen und die übrigen Soolbäder Jagstfeld und Offenau. Ein Begleiter auf der Reise durch das Neckarthal und bei Ausflügen von den Bädern. 8. (IX und 150 S. mit 3 lithogr. Ansichten und 1 Stahlst. von Th. Rausche in gr. Fol.) Heilbronn 851, Landherr.

— der Nothhelfer, ein komischer Roman in 3 Büchern. 8. Berlin 818. (A. Förstner.) $1^{1}/_{3}$ ℛ

— der Nothhelfer. 8. Berl. 818. Schüppel. 1 ℛ 8 ℊ

— die Nymphe d. Spree; Posse in 1 A. 8. Berl. 808. Krause. 6 ℊ

— Perlen deutscher geistlicher Weisen. 34 Melodien v. J. W. Franck, Ph. E. Bach, G. F. Händel rc. f. gemischte Chöre, m. besond. Berücks. der Gymnasien u. höheren Unterrichts-Anstalten bearb. qu. 8. (75 S.) Potsdam 871. Stein. n. — 75

Stein, Carl, geograph. Post-Lexicon. 1. Abthl. — A. u. d. T.: Das Königr. Würtemberg u. d. Fürstenthümer Hohenzollern-Hechingen u. Sigmaringen. 8. ($16^{1}/_{4}$ B.) Stuttgart 834, Neff.

Stein, Karl, s. Probe. Die.

— die Querstriche. Ein Roman. 8. Berlin 822. (A. Förstner.) $1^{1}/_{3}$ ℛ

— die Querstreiche. 8. Berl. 822. Schüppel. 1 ℛ 8 ℊ

—— Reduktions-Tabelle der am häufigsten im Verkehr und in Druckschriften bei uns vorkommenden Münzen, Maaße und Gewichte. Mit besond. Berücksichtigung der mecklenburg. Verhältnisse entworfen. gr. 4. (8 S.) Bützow 855. (Leipzig, Hoffmann.) *

— Robert der Wildfang, Roman. 8. Berlin 823, Schüppel.

—— und R. Lindemann, Sammlung vierstimmiger Gesänge, s. Lindemann.

—— Sammlung von Liedern und Gesangübungen für den Unterricht in höhern Schulanstalten, mit besond. Rücksicht auf höhere Töchterschulen bearb. 1. Heft: enth. einstimm. Gesangübungen nebst einem Anhange von 1- und 2stimm. Liedern. 16. (114 S.) Potsdam 855, Riegel'sche Buchh. *

Stein, Carl, Sammlung von Liedern und Gesangübungen für den Unterricht in höhern Schulanstalten mit besonderer Rücksicht auf höhere Töchterschulen bearb. 1. Heft: enth. ein- und zweistimmige Gesangübungen und Lieder. 2. verb. u. verm. Aufl. Potsdam 860. Riegel'sche Buchhdlg. 16. (119 S.) n. 6 ngr.

—— dass. — 2. Heft, enth. 2-, 3- und 4stimm. Gesangübungen und Lieder. 16. (IV und 126 S.) Ebendas. 862.

— Sammlung von Liedern u. Gesangübungen für den Unterricht in höheren Schulanstalten, mit besond. Rücksicht auf höhere Töchterschulen bearb. 1. Heft enthltd.: 1- u. 2stimm. Gesangübungen u. Lieder. 3., verb. u. verm. Aufl. Potsdam 866. Riegel'sche Buchh. 16. (146 S.) n. 7 ngr.

— Sammlung v. Liedern u. Gesangübungen f. den Unterricht in höheren Schulanstalten. 2 Hfte. 8. Ebend. 873. à n. — 80

1. Ein- u. zweistimm. Gesangübgn. u. Lieder. 4. verb. Aufl. (119 S.)
2. Zwei-, drei- u. vierstimmg. Gesangübgn. u. Lieder. 2. verb. Aufl. (96 S.)

Stein, Carl, Sammlung von Liedern und Gesangübungen für den Unterricht in höheren Schulanstalten. 2 Hefte. 8. Potsdam, Stein's Verlag. à Heft * 80 Pf. *

Inhalt:

Heft 1. Ein- und zweistimmige Gesangübungen und Lieder. 5. verb. Aufl. (119 S.) 877.

" 2. Zwei-, drei- und vierstimmige Gesangübungen und Lieder. 3. verb. Aufl. (96 S.) 875.

Stein, Carl, Sammlung von Liedern und Gesangübungen, für den Unterricht in höheren Schulanstalten bearb. 1. Heft, enthaltend ein- und zweistimmige Gesangübungen und Lieder. 6. verb. Aufl. 8. (119 S.) Potsdam 884, Stein's Verlagsh. cart. *

— Sammlung v. Liedern u. Gesangübungen f. den Unterricht in höheren Schulanstalten. II. Hft., enth. 2-, 3- u. 4stimm. Gesangübgn. u. Lieder. 4., verm. Aufl. 8. (III, 104 S.) Potsdam 893. A. Stein. Kart. n. — 80

— — Bruder Sausewind. Ein Roman. Mit Titelkpfr. (Meno Haas sc.: Berlin). Berlin, 1819. Bei Carl August Stuhr. Schloßplatz Nr. 2. 8°. (1 Mk. 50 Pfg., Kühl, Berlin, c. 1882.)

Titel u. 328 S. Gab Devrient den Stoff zu „Richards Wanderleben".

— s. Schädellehre, Die.

— Schilde gegen d. Pfeile d. Langeweile, e. Samml. Erzähl. 8. Hamb. Wettach. 807.

Stein, C., Schul-Choralbuch für die Provinz Sachsen, s. Reischke, W.

— der Herr v. Schulterbein u. sein Peter. 8. Berl. 807. Schüppel. 1 ℛ

— der Sohn des Krieges. 2 Thle. 8. Posen 808. Kühn,

— die Steckenpferde; ein kom. Roman. 8. Berl. 822, Stuhr.

—— Sursum corda. Eine Sammlung geistl. vierstimmiger Männergesänge in leicht ausführbarer Weise, zum Gebrauch für Kirche und christl. Leben in Lehrerseminarien, höheren Lehranstalten, Jünglings- und Männer-Gesangvereinen, bei besonderen Gelegenheiten, Jubiläen, Lehrer-Konferenzen zc. componiert und zusammengestellt. Op. 29. gr. 8. (IV, 74 S.) Wittenberg 883, Herrosé Verlag. *

—— dass. — II. Eine Sammlung leicht ausführbarer geistl. Lieder und Motetten für gemischten Chor, mit besond. Berücksicht. aller kirchl. Festzeiten und des christl. Lebens, zum Gebrauch für Kirchenchöre und Gesangvereine sowie Schulchöre in Gymnasien und Realschulen bearb. und componiert. Op. 32. gr. 8. (IV, 95 S.) Ebendas. 884. *

Stein, Carl, sursum corda I. Eine Sammlung geistl. 4stimmiger Männergesänge in leicht ausführbarer Weise, zum Gebrauch für Kirche und christl. Lehrer in Lehrerseminarien, höheren Lehranstalten, Jünglings- und Männer-Gesangvereinen, bei besonderen Gelegenheiten, Jubiläen, Lehrer-Konferenzen zc. bearb. und componiert. Op. 29. 2. Aufl. gr. 8. (IV, 81 S.) Wittenberg 885, Herrosé Verlag. *

— dasselbe. III. Eine Sammlg. leicht ausführbarer geistl. Lieder u. Motetten f. 3stimm. Kinder- od. auch Männerchor, m. besond. Berücksicht. aller kirchl. Festzeiten u. d. christl. Lebens zum Gebrauch f. Kirchenchöre, sowie Schulchöre in Gymnasien, Realschulen, Seminarien u. höheren Töchterschulen bearb. u. komponiert. Op. 34. gr. 8. (IV, 92 S.) Ebd. 887. n. 1. — (I—III.: n. 3. —)

— sursum corda I. Eine Sammlg. geistl. 4 stimm. Männergesänge in leicht ausführbarer Weise, zum Gebrauch f. Kirche u. christl. Leben in Lehrerseminarien, höheren Lehranstalten, Jünglings- u. Männer-Gesangvereinen, bei besond. Gelegenheiten, Jubiläen, Lehrer-Konferenzen zc. komponiert u. bearb. Op. 29. 4. Aufl. gr. 8. (IV, 82 S.) Ebd. 890. n. 1. —

—— dass. — II. Eine Sammlg. leicht ausführbarer geistl. Lieder u. Motetten f. gemischten Chor. op. 32. 5. Aufl. gr. 8. (IV, 95 S.) Ebd. 892. * 1 —

— sursum corda II. Eine Sammlg. leicht ausführbarer geistl. Lieder u. Motetten f. gemischten Chor, m. besond. Berücksicht. aller kirchl. Festzeiten u. d. christl. Lebens zum Gebrauch f. Kirchenchöre u. Gesangvereine, sowie Schulchöre in Gymnasien u. Realschulen bearb. u. componiert. Op. 32. 6. Aufl. gr. 8. (IV, 95 S.) Wittenberg 893. R. Herrosé. n. 1. —

— sursum corda III. Eine Sammlg. leicht ausführbarer geistl. Lieder u. Motetten, 3stimm. Kinder- od. auch Männerchor, m. besond. Berücksicht. aller kirchl. Festzeiten u. d. christl. Lebens zum Gebrauch f. Kirchenchöre, sowie Schulchöre in Gymnasien, Realschulen, Seminarien u. höheren Töchterschulen bearb. u. componiert. Op. 34. 2. Aufl. Lex.-8. (IV, 92 S.) Ebd. 894. n. 1. —

— dasselbe. II. E. Sammlg. leicht ausführbarer geistl. Lieder u. Motetten f. gemischten Chor, m. besond. Berücksicht. aller kirchl. Festzeiten u. d. christl. Lebens zum Gebrauch f. Kirchenchöre u. Gesangvereine, sow. Schulchöre in Gymnasien u. Realschulen bearb. u. componiert. Op. 32. 9. Aufl. gr. 8. (IV, 100 S.) Ebd. 896. n. 1. —

— dasselbe. Neue Folge. Op. 53. gr. 8. (IV, 108 S.) Ebd. 896. n. 1. —

Stein, Carl, Sursum corda I. E. Sammlg. geistl. 4stimm. Männergesänge in leicht ausführbarer Weise, z. Gebrauch f. Kirche u. christl. Leben in Lehrerseminarien, höh. Lehranstalten, Jünglings- u. Männer-Gesangvereinen, bei besond. Gelegenheiten, Jubiläen, Lehrerkonferenzen zc. komponiert u. bearb. v. S. Op. 29. 7. Aufl. gr. 8. (IV, 82 S.) Wittenberg 898. R. Herrosé. n. 1. —

— Sursum corda I u. II. gr. 8. Ebd. à n. 1. —

I. Eine Sammlg. geistl. 4stimm. Männergesänge in leicht ausführbarer Weise, zum Gebrauch f. Kirche u. christl. Leben in Lehrerseminarien, höheren Lehranstalten, Jünglings- u. Männer-Gesangvereinen, bei besonderen Gelegenheiten, Jubiläen, Lehrerkonferenzen zc. komponiert u. bearb. von S. Op. 29. 8. Aufl. (IV, 82 S.) 899.

II. Eine Sammlg. leicht ausführbarer geistl. Lieder u. Motetten f. gemischten Chor, m. besond. Berücksicht. aller kirchl. Festzeiten u. des christl. Lebens zum Gebrauch f. Kirchenchöre u. Gesangvereine, sowie Schulchöre in Gymnasien u. Realschulen bearb. u. componiert. Op. 32. 13. Aufl. (IV, 100 S.) 902.

Sursum corda I. Eine Sammlung geistl. 4stimmiger Männergesänge in leicht ausführbarer Weise, z. Gebr. f. Kirche u. christl. Leben komp. u. bearb. von Carl **Stein**, Musikdir. Op. 29. 9. Aufl. *Wittenberg: R. Herrosé [1900].* (82 S.) 8° [F.] [01. 698

Stein, Carl, Sursum corda I. 1. Heft. u. N. F., II. III., 1. Heft u. N. F. u. V. gr. 8. Wittenberg, R. Herrosé. à n. 1. —

I. 1. Eine Sammlg. geistl. 4stimm. Männergesänge in leicht ausführbarer Weise, zum Gebrauch für Kirche u. christl. Leben in Lehrerseminarien, höheren Lehranstalten, Jünglings- u. Männer-Gesangvereinen, bei besond. Gelegenheiten, Jubiläen, Lehrerkonferenzen zc. komponiert u. bearb. Op. 29. 11. Aufl. (IV, 82 S.) 905.

I. N. F. Eine Sammlg. leicht ausführb. geistl. Lieder u. Motetten f. 4stimm. Männerchor, m. besond. Berücksicht. der kirchl. Festzeiten u. des christl. Lebens zum Gebrauch in Seminarien, höh. Lehranstalten, Jünglings- u. Männergesangvereinen, bei besonderen Gelegenheiten, Jubiläen, Lehrerkonferenzen zc. komp. v. St., aus seinem Nachlaß hrsg. v. Herm. Stein. (IV, 115 S.) 904.

II. Eine Sammlg. leicht ausführbarer geistl. Lieder u. Motetten f. gemischten Chor, m. besonderer Berücksicht. aller kirchl. Festzeiten u. des christl. Lebens zum Gebrauch f. Kirchenchöre u. Gesangvereine, sowie Schulchöre in Gymnasien u. Realschulen bearb. u. komponiert. Op. 32. 14. Aufl. (IV, 100 S.) 903.

III, 1. Eine Sammlg. leicht ausführbarer geistl. Lieder u. Motetten f. gemischten Chor, m. besond. Berücksicht. aller kirchl. Festzeiten u. des christl. Lebens zum Gebrauch f. Kirchenchöre u. Gesangvereine, sowie Schulchöre in Gymnasien u. Realschulen bearb. u. komponiert. Op. 32. 16. Aufl. (IV, 100 S.) 906.

III. N. F. Eine Sammlg. leicht ausführbarer geistl. Lieder u. Motetten f. 3stimm. Kinder-, Frauen- oder Männerchor, m. besond.

Berücksicht. aller kirchl. Festzeiten u. des christl. Lebens zum Gebrauch f. Kirchenchöre, sowie Schulchöre in Gymnasien, Realschulen, Seminarien u. höheren Töchterschulen bearb. u. komponiert. Unter Benutzg. des Nachlasses bearb. u. hrsg. v. Herm. Stein. (IV, 110 S.) 905.

V. Eine Sammlg. leicht ausführbarer geistl. Lieder u. Motetten f. 3stimm. Kinder-, Frauen- oder Männerchor, m. besond. Berücksicht. aller kirchl. Festzeiten u. des christl. Lebens zum Gebrauch f. Kirchenchöre, sowie Schulchöre in Gymnasien, Realschulen, Seminarien u. höheren Töchterschulen bearb. u. komponiert. Op. 34. 5. Aufl. (IV, 92 S.) 905.

Stein, Carl, sursum corda. 3. u. 5. Heft. gr. 8. Wittenberg, R. Herrosé. à 1. —

3. Eine Sammlung leicht ausführbarer geistl. Lieder u. Motetten f. gemischten Chor, m. besond. Berücksicht. aller kirchlichen Festzeiten u. des christlichen Lebens, zum Gebrauch f. Kirchenchöre u. Gesangvereine, sowie Schulchöre in Gymnasien u. Realschulen bearb. u. komponiert. Op. 32. 18. Aufl. (IV, 100 S.) (910.)

5. Dasselbe f. 3stimm. Kinder-, Frauen- od. Männerchor m. besond. Berücksicht. aller kirchl. Festzeiten u. des christlichen Lebens, zum Gebrauch f. Kirchenchöre, sowie Schulchöre in Gymnasien, Realschulen, Seminarien u. höh. Töchterschulen bearb. u. komp. Op. 34. 6. Aufl. (IV, 92 S.) (909.)

— chronolog. Taschenbuch der neuesten Geschichte (von 1789—1810), nebst einer Uebersetz. der denkwürd. Begebenheiten der ältern, mittlern u. neuern Geschichte. (A. u. d. T.: Histor. Erinnerungen in chronolog. Ordnung). 16. Berl. 810. 2e A. 812. 3e A. 817. 4e A. 828. 5e bis 1831 fortgesetzte Aufl. 832. Hayn. 1 Thlr. 8 Gr.

— chronolog. Taschenbuch d. neuesten Geschichte von 1789—812. 12. Berl. Hayn. 812.

— die Jahre 1812 u. 1813. Fortsetzung des chronolog. Taschenbuchs ꝛc. Nebst e. Nachtrr. 8. Berl. 814. Hayn. 8 Gr.

— — chronol. Taschenbuch der neuesten Geschichte (von 1789 — 817.) 16. Ebend. 817.

—— chronolog. Taschenbuch d. neuesten Geschichte (v. 1789 bis Ende 1827). Nebst e. Uebersicht d. denkwürdigst. Begebenheiten d. älteren, mittl. u. neueren Geschichte. 4., verb. u. verm. Ausg. 16. (27¼ B.) Berlin 828, Hayn.

— Thalia. Beiträge für d. deutsche Bühne (Enth.: Der Frühlings-Abend. — Der goldene Löwe. — Garrik.) 8. Berl. 818. Schüppel. 1 Thlr. 4 Gr.

— deutsches Theater. (Enth.: Die armen Maler. — Shakspeare's Bestimmung. — Der Günstling. — Das Loch in d. Thür). 8. Berl. 819. Stuhr. 1 Thlr. 12 Gr.

—— immerwährender Trächtigkeits-Kalender der nutzbarsten Hausthiere. 16. (10 S.) Rostock 852. (Wismar, Hinstorff'sche Hofbuchh.)

— die Unergründlichen. 8. Berl. (Krause). 16 Gr.

— die Unergründlichen. Wundergeschichte. 8. ... Halle, Colbitz'sche Buchh. 2/3 Thlr.

Stein, Karl, appr. Tierarzt: Aus d. veterinärpathol.-anat. Inst. d. Landesuniv. Gießen. Untersuchungen über anthraxbakterizide Fäulnisprodukte. Berlin 1910: Schumacher. 22 S. 8° ¶ (Aus: Archiv f. wiss. u. prakt. Tierheilk. Bd 36.)
Gießen, Veterinär-Med. Diss. v. 25. Okt. 1910, Ref. Olt
[Geb. 8. Dez. 85 Grünberg i. H.; Wohnort: Grünberg; Staatsangeh.: Hessen; Vorbildung: Realgymn. Gießen Reife O. 04; Studium: Gießen 5, Berlin Tierärztl. Hochsch. 1, Gießen 2 S.; Rig. 27. Nov. 08.] [U 11. 1328

Stein, Carl v., der großherzoglich mecklenburgische u. der Vereins-Zoll-Tarif in vergleichender Uebersicht nebeneinandergestellt. Parchim 866. Wehdemann. gr. 8. (47 S.) n. 10 ngr.

Stein, Karl, das Vermächtnis e. Arztes. Gemeinverständliche Belehrgn. üb. das Geschlechtsleben d. Menschen. 12. (87 S. m. 25 Abbildgn.) Bad Homburg 891. G. Sauerbrei. n. 1. 50

— dasselbe, vom anatomisch-physiolog. u. hygiein. Standpunkte. Volksausg. 2., gänzlich umgearb. Aufl. 12. (63 S. m. 25 Abbildgn.) Ebd. 892. n. 1. —

— dasselbe. 3., stark verm. Aufl. 12. (110 S. m. 25 Abbildgn.) Ebd. 893. n. 1. 20

— dasselbe. 4. unveränd. Aufl. 12. (IV, 110 S. m. 25 Abbildgn.) Ebd. 893. n. 1. 20

Stein, Karl, die Verschleierte, ein komischer Roman. 8. Berlin 814. (A. Förstner.) 1 Thlr.

— die Verschleierte. 8. Berl. 814. Schüppel. 1 Thlr.

— deutsche Volks- u. Vaterlandslieder f. Männerchöre componirt od. bearb. u. dem einigen Deutschland in seinen Militärchören, Liedertafeln, Seminarien u. Gymnasien dargebracht. 1. Hft. Kriegs- u. Friedenslieder. qu. 8. (64 S.) Potsdam 871. Stein. n. — 60

Stein, Karl, geistliche Volkslieder in 4stimm. Bearbeitung f. Gesang, Orgel, Harmonium od. Klavier. E. Anh. zu jedem Choralbuch m. bes. Berücksicht. d. evang. Gesangbuchs f. d. Prov. Brandenburg. Op. 50. qu. gr. 4. (IV, 44 S.) Potsdam 895. A. Stein. n. 1. 50

Stein, Carl vierzig Volkslieder für Knaben- und Mädchenschulen. 4. und 5., mit einem Anhang acht patriot. Lieder aus dem J. 1870 verm. Aufl. 1871,72. * 30 Pf., und 6. Aufl. [Op. 19.] gr. 16. (70 S.) Wittenberg 875, Herrosé. *

Stein, Karl, Volks-Lieder f. Knaben- u. Mädchenschulen. 6., m. e. Anh. 8 patriot. Lieder aus dem J. 1870 verm. Aufl. 16. (70 S.) Wittenberg 875. Herrosé's Verl. n. — 36

—— Volks-Lieder für Knaben- und Mädchenschulen. 7., mit einem Anhang patriot. Lieder aus dem J. 1870 verm. Aufl. 16. (71 S.) [Wittenberg 877, Herrosé's Verlag.] Berlin, Th. Hofmann. *

Stein, Carl, Volkslieder für Knaben- und Mädchenschulen. 8.—10. mit einem Anhang 3stimm. liturg. und anderer geistl. Choräle verm. Aufl. 8. (80 S.) Ebendas. 885—88. *

—— Volkslieder f. Knaben- u. Mädchenschulen. 11. Aufl. 8. (80 S.) Ebd. 890. — 30

— Volkslieder f. Knaben- u. Mädchenschulen. 12., m. e. Anh. 3stimm. liturg. u. anderer geistl. Choräle verm. Aufl. 12. (80 S.) Ebd. 893. n. — 30

— die Wachsfigur. 8. Berl. 808. Schlesinger. 1 Thlr. 4 Gr.

— s. Wahl, Die.

— der Wanderer, kl. Roman. Erzählung u. Sagen. 8. Berlin 823, Stuhr.

— allgem. Weltgeschichte f. die Jugend, zunächst z. Gebrauch f. Söhne u. Töchter, aus den gebildeten Ständen u. f. Schulen. gr. 8. Berl. 810. 2e A. 811. 3 A. 818. 4e A. 829. Hayn. 1 Thlr. 8 Gr.

—— allgem. Weltgeschichte f. d. Jugend. Zunächst zum Gebr. f. Söhne u. Töchter aus d. gebild. Ständen, zum Selbstunterr. u. f. Schulen. 4., verm. u. durchgängig verbess. Ausg. gr. 8. (32 B.) Berlin 829, Hayn.

Stein, Karl (Hrsg.), s. Wochenblatt, Praktisches.

— d. Zurückkunft des Fürsten; Lstspl. in 1 Aufz. 8. Posen 805. Kühn. 4 gr.

Stein, Karl Ed., die Kunst, in kurzer Zeit durch Selbstunterricht ein fermer Reiter zu werden rc. 8. Quedlinburg 846, Basse. 5/12 rthl

Stein, Carl Ed., die Kunst, in kurzer Zeit durch Selbstunterricht ein fermer Reiter zu werden rc. 8. (88 S.) Quedlinburg 847, Basse. 5/12 rthl

Stein, Karl Fr., (Kaufmann), s. Geo. Schiller.

Stein, Karl Fr., (Kaufmann), Erzählungen. 8. Berl. 808. N. A. 8. Leipz. 820. (Rauck). 21 gr

Stein, Karl Heinrich von

—— in seinem Verhältniß zu Wagner und Arthur Schopenhauer, s. I. Veröffentlichung des Berliner akademischen Richard Wagner-Vereins.

Stein, Heinrich [Frhr] von: Ueber die Bedeutung des dichterischen Elementes in der Philosophie des Giordano Bruno. Halle a. S. 1881: Plötz 40 S. 8°
Halle-Wittenberg, Phil. Hab.-Schr. v. 30. Apr. 1881

—— Briefwechsel m. Hans v. Wolzogen. Ein Beitrag zur Geschichte des Bayreuther Gedankens. Hrsg. u. eingeleitet durch Hans v. Wolzogen. (VIII, 122 S.) gr. 8. Leipzig 910. Xenien-Verl. 3.—; geb. in Halbldr. n 5.—; Vorzugsausg. n 25.—

—— Giordano Bruno. Gedanken üb. seine Lehre u. sein Leben. Zum 300jähr. Gedenktage der Verbrennung Giordano Brunos neu hrsg. v. Frdr. Poske. 8. (V, 92 S.) Berlin 900. [G. H. Meyer.] München, Geo. Müller. n. 1.—

Stein, K. Heinr. v., die Entstehung der neueren Ästhetik. gr. 8. (VI, 422 S.) Stuttgart 886. Cotta. n. 8.—

Goethe und Schiller. Beiträge z. Ästhetik d. deutschen Klassiker. Nach an d. Univ. Berlin geh. Vorträgen aufgezeichnet von K. Heinrich v. Stein. *Leipzig: Ph. Reclam jun. [1893].* (126 S.) 8° [F.]
(Ph. Reclams Universal-Bibliothek. 3090.) [04. 2014 II

Stein, K. Heinr. v., Goethe u. Schiller, Beiträge zur Ästhetik der deutschen Klassiker, s. a. Universal-Bibliothek.

Stein, Heinr. v., Helden u. Welt. Dramatische Bilder. Eingeführt durch Rich. Wagner. 8. (XV, 193 S.) Chemnitz 883. Schmeitzner. n. 4. 20

Stein, C[arl] Heinrich von. Zur Kultur der Seele. Gesammelte Aufsätze von K. H' von St'. Hrg. von Friedrich Poske. VIII + 418 S. 8. Stuttgart und Berlin, J. G. Cotta Nachfolger, 1906. [M. 6.—]

Stein, Heinr. v., aus dem Nachlaß. Dramat. Bilder und Erzählungen. gr. 8. (VII, 216 S.) Leipzig 888, Breitkopf und Härtel. *M* 6.—; geb. *

Vorlesungen über Aesthetik v. K. Heinrich v. Stein. Nach vorhand. Aufzeichngn bearb. M. H. v. Steins Bildn. ... *Stuttgart: J. G. Cotta 1897.* (X, 145 S., 1 Portr.) 1 Bd 8. [97. 1875

—— Wagner-Lexikon, s. a. Glasenapp, C. F.

—— s. a. Wagner-Lexikon.

von Stein, Carl Eduard Heinr. (geb. Coburg 12. 2. 1857): Ueber Wahrnehmung. Berlin (1877). (48 S.) 8°
Berlin, Phil. Diss. v. 23. Juni 1877

Stein, Heinr. v., über Wahrnehmung. gr. 8. (III, 48 S.) Berlin 877, C. Duncker. *

Stein, Karl Ludw., Aus treuem Herzen. Erzählungen, Gedichte u. Märchen für Kinder von 8—12 Jahren. Mit (5 lith. u.) color. Bildern. Rostock (858.) Leopold. 16. (3 Bl., 249 S. u. lith. Titel.) 1 rthl.

Stein, Karl Ludw., Aus treuem Herzen. Erzählungen, Gedichte u. Märchen für Kinder von 8—12 Jahren. 2. Sammlung. Mit 8 (lith. u.) color. Bildern, gezeichnet von Gust. Süs. Rostock 861. Leopold. 16. (IV, 362 S.) 1 rthl 10 ngr.

Stein, Karl Phil. Christian

— Abriß d. systemat. Naturbeschreibung, ein Leitfaden b. öffentlichen u. Privatunterricht. 8. Frankfurt, Andreä. 809.

— kurzer Abriß der systematischen Naturbeschreibung. 2te von Jak. Brand verbesserte Aufl. 8. Ebendas. 819. — 18

Stein, K. Ph. Ch., kurzer Abriß d. systemat. Naturbeschreibung. Ein Leitfaden bei d. öffentl. u. Privat-Unterr. 3., auf d. neue bearb. Aufl. v. Jak. Brand. 8. (22 B.) Frankfurt a. M. 832, Andreä.

Stein, K. Ph. Chr., († d. 12. Jan. 1814). Grundlehren der reinen prakt. Geometrie, f. die ersten Anfänger. Mit 7 Kpfr. 8. Frankf. 810. Andreä. 8 gr. 2e Aufl. verbess. v. J. J. J. Hoffmann. Mit 8 Kpft. 8. Ebd. 820. 10 gr.

Stein, K. Ph. Chr., Grundlehren d. reinen prakt. Geometrie f. die ersten Anfänger. Mit 17 K. 8. Frankf. Andreä. 811.

Stein, Carl Phil. Chrstn., Grundlehren d. reinen u. pract. Geometrie f. d. ersten Anfänger. Verb. u. verm. v. Joh. Jos. Ign. Hoffmann. 3. Aufl. 8. (10½ B. u. 8 Stnt.) Frankfurt a. M. 836, Andreäische Buchh.

— Handbuch d. Zubereitens u. Aufbewahrens d. Thiere aller Classen f. Naturalienkabinette, enth. d. Method. Nicolas, Schaumburgs u. Hoffmanns, m. K. 8. Frankf. Körner. 802.
Vgl. Stein, F. S.

Stein, Karl Wilhelm

Stein, Karl Wlh. I., die Apologetik d. Christenthums als Wissenschaft dargestellt. gr. 8. Leipz. 824. Barth. 1 rthl 18 gr.

— Authentia evangelii Johannis contra S. V. Bretschneideri dubia vindicati. Adjectum legitur specimen novi Johannei libelli historico-criticum. 8. Brandenb. 822. Wiesike. 16 gr.

— üb. d. Begriff u. obersten Grundsatz der histor. Interpretation des neuen Testaments. Mit e. Vorr. von K. A. G. Keil. gr. 8. Leipz. 815. Barth. 9 gr.

Stein, Carl Wilh., der Brief an d. Hebräer theoret.-pract. erklärt u. in seinem grossart. Zusammenhange dargest. gr. 8. (17½ B.) Leipzig 838, C. H. Reclam sen.

—— de felicitate perenni christianis promissa ad locum Ioh. XVII, 3. Comment. exeget. 8maj. (3⅛ B.) Vitebergae 837, Zimmermann. *

— Grundlinien z. Würdigung d. Urtheile üb. Supernaturalismus u. Rationalismus. 8. Leipz. 819. (Barth).

Stein, Karl Wilh., der Herr in unserm großen Unglück. Brandpredigt, am 1. Septbr. 1850 gehalten. gr. 8. (15 S.) Potsdam 850, Riegel'sche Buchh. n. n. 1/12 ℛ

Stein, Karl Wilh., Kommentar zu d. Evangelium d. Lucas, nebst e. Anh. üb. d. Brief an d. Laodiceer. gr. 8. (19 B.) Halle 830, Schwetschke u. Sohn.

Stein, Karl Wilhelm, s. Luther, Martin: Katechismus.

— einige Predigten beim Amtsantritt u. Jahreswechsel gehalten. gr. 8. Leipz. 816. (Barth). 8 gr.

— de summo doctrinae de moribus principio, formali, non materiali. 8. Wittenb. 811.

Stein, Karl Wlh. U., s. **Tafeln der Geschichte des Fürstenth. Breslau.**

Das alte Königsberg. Eine ausführliche Beschreibung d. 3 Städte Königsberg samt ihren Vorstädten u. Freiheiten, wie sie anno 1644 beschaffen waren. Von Caspar **Stein**. Nach dessen lat. [Peregrinus sive] Peregrinator [terrestris et celestis] zum 1. Male ins Deutsche übertr. von Arnold Charisius. (In 3 H.) Königsberg i. Pr.: Schubert & Seidel 19(10–)11. VII, 142 S. 8° [11. 15325 10

Stein, Konrad (Rostock) A. S. 726/18

Disputatio inauguralis exhibens dissensum jurisconsultorum circa forum patriae.
Präs. Matthias Stein (Bruder).
Rostock (Weppling) 15. III. 1701. 12 Bl.
33330

Stein, Conr., Geschichtstafel. (1 Bl. m. 3 Bildnissen.) 69×61 cm. Wittlich (903). G. Fischer. — 30

Stein, Lambert [Prof.]: Ueber die Behandlung der deutschen Litteratur in den obersten Klassen des Gymnasiums. Köln am Rhein, Druck v. J. P. Bachem, Verlagsbuchh. (1890); S. 1—18; 4°
Köln, k. kath. G an Marzellen, P 1890 (424)

Stein, Leo [Pseud.], s.a. Rosenstein, Leo

Stein, Leo, Fräulein Doktor, s.: Walther, Osk.

Stein, Leo, a. Neuß: Über die Drehungsänderungen aktiver Oxysäuren durch Zirkon- und Zinnverbindungen. (Bonn 1906.) (58 S.) 8°
Bonn, Phil. Fak., Ref. Anschütz, Diss. v. 29. Jan. 1906
[Geb. 26. Juni 81 Neuß; Wohnort: Danzig; Staatsangeh.: Preußen; Vorbildung: Gymn. Neuß Reife O. 01; Studium: Bonn 5, Berlin 1, Bonn 3 S.; Rig. 24. Jan. 06.]

Stein, Leo, Fächersprache, s.: Theater-Mappe.

Stein, Leo, das Haus des Majors,
— die Lustspielfirma,
— das Opferlamm,
} s.: Walther, Osk.

Stein, Leo: Aus der Kgl. Medizinischen Universitäts-Klinik. Ueber Polioencephalitis superior acuta und Polioencephalomyelitis. Königsberg 1906: L. Beerwald. (52 S.) 8°
Königsberg, Med. Fak., Ref. Lichtheim, Diss. v. 29. März 1906
[Geb. 6. Febr. 82 Schwetz; Wohnort: Schwetz; Staatsangeh.: Preußen; Vorbildung: Gymn. Kulm Reife O. 00; Studium: Berlin, München, Königsberg zus. 12 S.; Coll. 1. März 06; Approb. 1. März 06.]

[F.] Sein erster Rausch. Lustsp. in 1 Akt v. Leo **Stein**. *Berlin: E. Bloch (1894).* (18 S.) 1 Bd 8.
= Theater-Korrespondenz, Eduard Blochs. No 271. [96. 1149

— sein erster Rausch, s.a. Bloch's, Ed., Theater-Korrespondenz.

Die Schützenliesel. Operette in 3 Akten von Leo Stein [d. i. Leo Rosenstein] u. Carl Lindau. Musik von Edmund **Eysler**. [Textbuch.] Leipzig: J. Weinberger [1905]. (47 S.) 8° [F.] [08. 10138

Stein, Leo Walth., u. Ludw. **Heller**, Die v. Hochsattel, s.: Universal Bibliothek.

Stein, Leopold

Stein, Leop., **morgenländische Bilder in abendländischem Rahmen. Talmudische Parabeln, Gleichnisse und Erzählungen, ausgewählt und metrisch wiedergegeben. [Aus den nachgelassenen Schriften des Verf.] 8. (XVI, 187 S.) Frankfurt a. M. 885, Auffarth.** *ℳ 2.—; geb. *

Stein, Leop., Bileam. Eine semitische Stimme. 8. (16 S.) Frankfurt a/M. 881. Mahlau & Waldschmidt. n. — 40

Stein, Leop., Denkrede zur Vorfeier des 50jährigen Jubelfestes der großen Völkerschlacht bei Leipzig, gehalten Samstag Abend, 17. Oktbr. 1863, im Saalbau zu Frankfurt a. M. Frankfurt a. M. 863. Hermann'sche Buchhdlg. gr. 8. (38 S.) n. 5 ngr.

— mein Dienst-Verhältniß zum israelitischen Gemeinde-Vorstande zu Frankfurt a. M. Actenmäßig, zur Begründung seiner Amtsniederlegung dargestellt. 2. Aufl. Frankfurt a. M. 861. Auffarth. gr. 8. (63 S.) n. 4 ngr.

Stein, Leop., Haus Ehrlich, od.: Die Feste. Ein jüdisches Familiengemälde aus dem Ende d. vorigen Jahrh. Drama in 5 Aufz. Leipzig, Nies'sche Buchdr. (Carl B. Lorck). 1863. 8°. Hlwdb., gebr.
VIII—159 S. Dr. Isaac Löwy zu Fürth gewidm. – Schriften, hrsg. vom Institute z. Förd. d. israel. Lit., unter der Leitg. von Dr. Ludw. Philippson in Bonn, Dr. A. M. Goldschmidt in Lpz., Dr. L. Herzfeld in Brnschwg. Jahr 8.

Stein, Leop., der Eid „more judaico," wie solcher bei den Gerichten der freien Stadt Frankfurt noch in Uebung ist, dargestellt u. beleuchtet. gr. 8. (IV u. 74 S.) Frankfurt a. M. 847, Jaeger in Comm. 1/3 ℛ

Stein, Leop.: Meine Einführung in den Bund. (Mittwoch, 6. Febr. 5867.) Der s. e. g. u. v. ▭ zur Einigkeit [in Frankfurt a. M.] in Liebe und Treue gewidmet von [Leop.] **Stein.** Frankfurt a. M. [1867]: Mahlau & Waldschmidt. 14 S. 8° [Umschlagtit.]
Abgedr. in: FZ. 22 (1868) S. 213—215.
Gedicht: „Preisen lasset mich vor Allen . . ."
140.

— über die **Entstehung** der Sprache. Die ersten Sprachlehrer des Menschengeschlechts. gr. 8. (15 S.) Zürich 880. Verlags-Magazin. n. — 40

Stein, Leop., das Erbeigenthum. Rede bei der Trauerfeier zum Gedächtniß d. verewigten Herrn Isaac Löwi zu Fürth geh. im Bethause der „Westend-Union" zu Frankfurt a/M., Samstag d. 17. Januar 1874. gr. 8. (11 S.) Fürth 874. Kühl. n. — 40

— Gebetbuch für Neujahr u. Versöhnungstag. Mit einer neuen Uebersetzung u. metrischen Uebertragung der poet. Stücke [Piutim], nebst zahlreichen neuen deutschen Gebeten u. Gesängen. 8. (XI, 565 S.) Mannheim 878. Schneider. n. 10. —; geb. n. 11. — u. n. 12. —

Stein, Leop., הזוק הבית. Gebete u. Gesänge z. Gebrauche bei der öffentlichen Andacht der Israeliten. Oder: Bausteine zur Auferbauung eines veredelten Synagogengottesdienstes. 1e Lfrg.: Neujahr u. Versöhnungstag. 8. Erlangen 840. Ferd. Enke. n. 1/3

— s.: Gedanken e. Mutter üb. biblische Texte.

— die Glanzgestirne am Lichthimmel des Geistes. Festrede zur Schiller-Feier gehalten den 12. Novbr. 1859, in der Synagoge zu Frankfurt a. M. [israelit. Andachtssaale.] Ebend. gr. 8. (15 S.) n. 2 ngr.

Stein, Leopold: Die Hasmonäer, s. Universal-Bibliothek, Jüdische.

—— die Hasmonäer. Historisches Drama in 5 Acten. (Den Bühnen gegenüber als Mscr.) 8. (XII und 147 S.) Frankfurt a. M. 859, Auffarth. *.

—— Doctor Jacob Herz, ein Mann nach dem Herzen Gottes. Gewürdigt in einem, zu des Verewigten Andenken im Bethause der „Emanuel-Westend-Union" zu Frankfurt a. M., Samstag 4. Novbr. 1871, über 2. Buch Mose 18, 21 gehaltenen Vortrage. gr. 8. (11 S.) Frankfurt a. M. 871, Hermann. [Diesterweg.] *

Stein, Leop., Jakob zu Bethel. Predigt nebst Gebeten, gehalten bei der feierl. Grundsteinlegung der Hauptsynagoge zu Frankfurt a. M. den 28. Juni 1855. gr. 8. (16 S.) Frankfurt a. M. 855, Auffarth. **

— der geklärte Judenspiegel, zur getreuen Darstellung des jüdischen Wesens u. Lebens entworfen. 16. (31 S.) Leipzig 882. Morgenstern. n. — 60

— der Kampf d. Lebens. Ein Cyclus v. Festpredigten, in Beziehg. zu dem großen Völkerkampfe der Gegenwart gehalten am Neujahr, Versöhnungstag u. Freudenfest [5631—1870] im israelit. Betsaale der „Westend-Union" zu Frankfurt a. M. gr. 8. (VI, 86 S.) Straßburg 871. Schneider. n. 1. —

— Der Knabenraub zu Carpentras, s. Universal-Bibliothek, Jüdische.

— der Knabenraub zu Carpentras. Drama in 4 Aufzügen. Berlin 863. C. Heymann. 16. (VIII, 91 S.) 15 ngr.

Stein, Leop., (Rabbiner,) Koheleth. Eine Auswahl gottesdienstl. Vorträge. Gehalten in d. Haupt-Synagoge z. Frankfurt a/M. in d. Jahren 1844—1846. gr. 8. Frankfurt a/M. 846, Sauerländer. n. 1½

— Königs-Krone, s. Salomo ben Gabirol.

—— Königs-Krone von Salomo ben Gabriol. Metrisch übers. gr. 12. (6 B.) Frankfurt a. M. 838. [Leipzig, Kersten.]

Stein, Leop., Friedr. Rückert's Leben u. Dichten. Vortrag zu des Verewigten Gedächtnißfeier, gehalten vor dem „Kaufmännischen Vereine" zu Frankfurt a. M. Frankfurt a. M. 866. Sauerländers Verl. 8. (36 S.) n. 5 ngr.

Stein, Leop., s.: Oppenheim, Mor., Bilder aus dem altjüdischen Familienleben.

— das Parlament der Volksgetränke, gehalten in der Festhalle zur Mitternachtszeit. Nachklänge zum ersten deutschen Nationalschützenfeste in Frankfurt a. M. Frankfurt a. M. 862. Auffarth. 16. (40 S.) n. 4 ngr.

—— zwei Predigten. Gehalten im neuen israelit. Tempel zu Hamburg. gr. 8. (2 B.) Hamburg 840, Berendsohn. *

Die Schrift des Lebens. Inbegriff d. gesammelten Judenthums in Lehre, Gottesverehrung u. Sittengesetz ⟨Dogma, Cultus u. Ethik⟩. Schriftgemäß, volksthümlich u. z. Kenntnißnahme f. Israeliten u. Nichtisraeliten dargest. in 3 T. von Rabb. Dr. Leopold **Stein**. T. 1–3. Mannheim (2: Strassburg): Schneider (3: Frankfurt a. M.: Kauffmann) 1872–1910. 8°

1. Die Lehre von Gott u. v. Menschen. ⟨Mit besond. Rücks. auf d. Unterscheidungslehren d. Judenthums u. Christenthums.⟩ 1872.
2. Vom religionsgesetzlichen Leben. 1877.
3. Der Weg oder d. Weisheit der Rabbinen. Gesetz u. Sitte im Judentum nach Bibel u. Talmud darstellend. Aus s. Nachlaß hrsg. von Rabb. Dr. C[aesar] Seligmann. 1910. [10. 8566

— die Schrift des Lebens. Inbegriff des gesammten Judenthums in Lehre, Gottesverehrung u. Sittengesetz [Dogma, Cultus u. Ethik.]. Schriftgemäß, volksthümlich u. zur Kenntnißnahme für Israeliten u. Nichtisraeliten dargestellt in 3 Thln. (In ca. 24 Liefgn.) 1—12. Liefg. Frankfurt a. M. 869. (Diesterweg.) gr. 8. (1. Thl. S. 1—288.) Jede Liefg. n. 2½ ngr.

—— die Schrift des Lebens. Inbegriff des gesammten Judenthums in Lehre, Gottesverehrung und Sittengesetz [Dogma, Cultus und Ethik]. Schriftgemäß, volksthümlich und zur Kenntnißnahme für Israeliten und Nichtisraeliten dargestellt in 3 Thln. 1.—16. Lfg. gr. 8. (1. Thl. XVIII, 382 S.) Ebendas. 868—72. à Lfg. 25 Pf. *

— dasselbe. 2. Thl. 1—19. Lfg. gr. 8. (IX u. S. 1—432.) Ebend. 873—76. à — 36

— die Schrift des Lebens. Inbegriff des gesammten Judenthums in Lehre, Gottesverehrung u. Sittengesetz [Dogma, Cultus u. Ethik]. Schriftgemäß, volksthümlich u. zur Kenntnißnahme für Israeliten u. Nichtisraeliten dargestellt in 3 Thln. 2. Thl. 20. u. 21. (Schluß-)Lfg. gr. 8. (XI—XXVI u. S. 433—471.) Mannheim 877. Schneider. à — 36 (1. u. 2. Bd.: n. 11. 60)

Stein, Leop., die Schrift d. Lebens. Inbegriff des gesamt. Judentums in Lehre, Gottesverehrung u. Sittengesetz (Dogma, Kultus u. Ethik). Schriftgemäß, volkstümlich u. zur Kenntnisnahme f. Israeliten u. Nichtisraeliten dargestellt in 3 Tln. 3. Tl. 8. Frankfurt a/M. 910. J. Kauffmann. 2.—; geb. in Leinw. 2.80

3. Der Weg od. die Weisheit der Rabbinen. Gesetz u. Sitte im Judentum nach Bibel u. Talmud darstellend. Aus seinem Nachlaß hrsg. v. C. Seligmann. (VII, 157 S.)

—— Sieg der Reform und des Geistes. Abschiedspredigt über Jesaias 40, 8. Gehalten in der Hauptsynagoge zu Frankfurt a. M. am Trostsabbath 5622 (9. Aug. 1862). gr. 8. (18 S.) Frankfurt a. M. 862, Auffarth.

—— Sinai. Die Worte des ewigen Bundes. Ein Lehrgedicht über das mosaische Religionsgesetz, eingereiht in die „10 Worte" vom Sinai. gr. 16. (76 S.) Frankfurt a. M. 868, (Diesterweg.) *

Aus: Achawa, besonders abgedruckt.

—— Stufengesänge. Gedichte. gr. 8. (10 B.) Würzburg 834. (Hamburg, Berendsohn.)

—— „Tora umizwa" (Lehre und Gebot.) Israelitisches Religionsbuch, zunächst für Confirmanden, dann für gereiftere Schüler überhaupt, sowie für jeden Israeliten, welcher sich über seine Religion unterrichten will. Zusammengestellt, mit einer einleitenden Religionsgeschichte und zahlreichen Anmerkungen versehen. gr. 8. (VIII und 200 S.) Frankfurt a. M. 855, Auffarth. *

—— תורה ומצוה „Tora umizva" (Lehre und Gebot.) Israelitisches Religionsbuch, zunächst für Confirmanden, dann für gereiftere Schüler überhaupt. 2., vielfach verb. Aufl. gr. 8. (IV und 128 S.) Frankfurt a. M. 858, Auffarth. *

Stein, Leopold: Untersuchungen über die Proverbios morales von Santob de Carrion mit besonderem Hinweis auf die Quellen und Parallelen. *Berlin (1900): Stein.* (109 S.) 8°

Kiel, Phil. Diss. v. 3. Febr. 1900

— Untersuchungen üb. die proverbios morales v. Santob de Carrion, m. besond. Hinweis auf die Quellen u. Parallelen. gr. 8. (109 S.) Berlin 900. Mayer & Müller. n. 3. —

— die Vorbereitung zum Abschied. Predigt, gehalten in der neuen Hauptsynagoge zu Frankfurt a. M. Nebst einem Anh. gr. 8. (27 S.) Frankfurt a. M. 862, Auffarth.

— was ist das Wesen d. christlichen Staates? Eine zeitgemäße Frage, erörtert. 8. (16 S.) Frankfurt a. M. 852, Literarische Anstalt. 3 ngl

— des Dichters Weihe. Dramatisches Bild aus Shakespeare's Jugendleben. In 2 Akten. Zur 300jähr. Jubelfeier, begangen am 23. April 1864, als Will. Shakespeare's Geburts- und Todestage. 12. (47 S.) Frankfurt a. M. 864, Hermann'sche Buchh. *

— aus dem Westen. Neue Predigtsammlung. 1.—17. Vortrag. gr. 8. (1. Bd. 188 S.) Mannheim [Straßburg] 869—74, Schneider. à Vortrag 25 Pf. *

Stein, Lorenz, Alpenrosen. 16. (IV, 100 S.) Stuttgart 873. Cotta. n. 2. 40; geb. n. 4. —

Stein, Lor. v., Bauerngut und Hufenrecht. Gutachten, erstattet an die K. K. Ministerien des Ackerbaues und der Justiz. Anhang: Bericht des Landesausschusses, betreffend die Erlassung eines Agrarrechtes für das Herzogth. Salzburg. gr. 8. (VII, 99 S.) Stuttgart 882, Cotta'sche Buchh. *

— Der Begriff der Gesellschaft und die sociale Geschichte der französ. Revolution bis zum Jahre 1830. gr.-8°. Leipzig, O. Wigand, 1850.

Stein, L., der Begriff der Gesellschaft und die sociale Geschichte der französischen Revolution bis zum Jahre 1830. 2. (Titel-)Ausg. gr. 8. (CXLI und 445 S.) Leipzig 855, O. Wigand. Thlr.

— die staatswissenschaftliche und die landwirthschaftliche Bildung. gr. 8. (VI, 83 S.) Breslau 880, Korn. *

Stein, L., Denkschrift üb. d. Zollverhältnisse d. Herzogthümer Schleswig u. Holstein m. besond. Berücksicht. e. Anschlusses derselben an den Zollverein. [Abdr. aus d. Zeitschr. d. Vereins f. deutsche Statistik. Jahrg. 1848. Hft. 2—4.] Lex. 8. (49 S.) Berlin 848. (Kiel, Schröder & Co.) n. 1/3 ß

Stein, L., Einleitg. in d. ständ. Recht der Herzogth. Schleswig u. Holstein. gr. 8. (XVI u. 243 S.) Kiel 847, Schröder & Co. n. 1 2/3 ß

Stein, Lorenz v., zur Eisenbahnrechts-Bildung. Gesammelte Aufsätze aus dem Centralblatt f. Eisenbahnen u. Dampfschifffahrt der oesterreichisch-ungar. Monarchie. gr. 8. 134 S.) Wien 872. Lehmann & Wentzel. n. 3. —

Stein, Lor. Ritter v., die Entwicklung der Staatswissenschaft bei den Griechen. Lex.-8. (88 S.) Wien 879, (Gerold's Sohn.) *
Aus: Sitzungsberichte der k. Akademie der Wissenschaften, besonders abgedruckt.

— die drei Fragen des Grundbesitzes und seiner Zukunft. [Die irische, die continentale und die transatlantische Frage.] gr. 8. (XI, 305 S.) Stuttgart 881, Cotta'sche Buchh. *

Stein, Lorenz v.: Die Frau, ihre Bildung und Lebensaufgabe. 3. Aufl. — Berlin u. Dresden: Dieckmann 1890. 374 S. 8°

— die Frau auf dem Gebiete der Nationalökonomie. Nach einem Vortrage in der Lesehalle der deutschen Studenten in Wien. 1. und 2. Aufl. gr. 8. (IV, 54 S.) Stuttgart 875, Cotta'sche Buchh. *
— dass. — 3. Aufl. (VIII, 108 S.); 4. Aufl. 16. (VIII, 110 S.) Ebendas. 876. *
geb. mit Goldschn. *
— dass. — 5. Aufl. Der 4. Aufl. unveränd. Abdr. 16. (VIII, 110 S.) Ebendas. 876. *

Stein, Lor. v., die Frau auf dem Gebiete der Nationalökonomie. 6. erweit. Aufl. gr. 16. (VII, 163 S.) Stuttgart 886, Cotta'sche Buchh. Nachf. *ℳ 2.25.; geb. *

Stein, Lorenz v.: Die Frau auf dem socialen Gebiete. — Stuttgart: Cotta 1880. 142 S. 8°

— Gegenwart u. Zukunft der Rechts- u. Staatswissenschaft Deutschlands. gr. 8. (X, 339 S.) Ebend. 876. n. 6. 50

— Geschichte der socialen Bewegung in Frankreich von 1789 bis auf unsere Zeiten. 3 Bde. gr. 8. Leipzig 850, O. Wigand. à Bd. 2 Thlr. 15 Ngr.
Auch unter den Titeln:
Bd. 1. Der Begriff der Gesellschaft und die sociale Geschichte der französ. Revolution bis zum J. 1830. (CXLIX und 144 S.)
" 2. Die industrielle Gesellschaft. Der Socialismus und Communismus Frankreichs von 1830 bis 1848. (550 S.)
" 3. Das Königthum, die Republik, und die Souverainität der französ. Gesellschaft seit der Februarrevolution 1848. (428 S.)

Stein, L., Prof. Geschichte der socialen Bewegung in Frankreich von 1789 bis auf unsere Tage. 2. Ausgabe. 1. Der Begriff der Gesellschaft und die sociale Geschichte der französischen Revolution bis zum Jahre 1830. 2. Die industrielle Gesellschaft. Der Socialismus und Communismus Frankreichs von 1830—1848. 3. Das Königthum, die Republik und die Souveränität der französischen Gesellschaft seit der Februar-Revolution 1848. (3 Bde.) 8. Leipzig 1855.

Stein, (Dr.) L., die Geschichte des dänischen Civilprocesses und das heutige Verfahren. Als Beitrag zu einer vergleichenden Rechtswissenschaft. gr. 8. Kiel 841, Schwers'sche Buchh. 1/3 ß

— Die industrielle Gesellschaft. Der Socialismus und Communismus Frankreichs von 1830—1848. gr.-8°. Leipzig, O. Wigand, 1850. 2. (Titel-)Ausg. Ebd. 1855.

— die industrielle Gesellschaft. Der Socialismus und Communismus Frankreichs von 1830 bis 1848. 2. (Titel-)Ausg. gr. 8. (550 S.) Leipzig 855, O. Wigand.

Stein L. —. Die Grundlagen und Aufgaben des künftigen Friedens von —. Wien, 1856. Verlag von Eduard Hügel. Druck von U. Klopf sen. und Alex. Eurich. (66 S. 8.) geh.

— rechtliches Gutachten über die fortdauernde Giltigkeit der schleswig-holsteinischen Staatspapiere und des Patents vom 7. Juni, die Aufhebung dieser Giltigkeit betreffend, nebst Einleitung und Species facti von L. H. Simon. 8. (50 S.) Grimma 852. [Wurzen,] Verlags-Comptoir. *

—— Handbuch der Verwaltungslehre und des Verwaltungsrechts mit Vergleichung der Literatur und Gesetzgebung von Frankreich, England und Deutschland. Als Grundlage für Vorlesungen. gr. 8. (XVIII, 458 S.) Stuttgart 870, Cotta'sche Buchh. *

—— Handbuch der Verwaltungslehre mit Vergleichung der Literatur und Gesetzgebung von Frankreich, England, Deutschland und Oesterreich. 2., bis auf die neueste Zeit fortgeführte Aufl. gr. 8. (XXVII, 898 S.) Ebendas. 876. *

— Handbuch der Verwaltungslehre. 3 Thle. 3., neu bearb. Aufl. gr. 8. (XXIII, 428; XIII, 843 u. V, 256 S.) Stuttgart 888. Cotta Nachf. n. 25. —

— das Königthum, die Republik und die Souveränität der französischen Gesellschaft seit der Februarrevolution 1848. 2. (Titel-)Ausg. Leipzig (850.) 855. O. Wigand. gr. 8. (428 S.) 1 rℓ. 15 ngr.

Stein, Lor. v., die Landwirthschaft in der Verwaltung und das Princip der Rechtsbildung des Grundbesitzes. Drei Vorträge, gehalten im Club der Land- und Forstwirthe in Wien im Novbr. 1882. gr. 8. (73 S.) Wien 883, Toeplitz und Deuticke. *

Stein, Lor., Lehrbuch der Finanzwissenschaft. Als Grundlage zu Vorlesungen und zum Selbststudium. gr 8. (XVII und 565 S.) Leipzig 860, Brockhaus. *

—— Lehrbuch der Finanzwissenschaft. Als Grundlage für Vorlesungen und zum Selbststudium mit Vergleichung der Finanzsysteme und Finanzgesetze von England, Frankreich und Deutschland. 2., durchaus umgearb. und sehr verm. Aufl. 8. (XIX, 747 S) Leipzig 871, Brockhaus. *ℳ 10.; geb. *

—— dass. — mit Vergleichung der Finanzsysteme und Finanzgesetze von England, Frankreich, Deutschland, Oesterreich und Rußland. 3., vielfach verb. und verm. Aufl. gr. 8. (XVIII, 804 S.) Ebendas. 875. *ℳ 12.; geb. *

—— Lehrbuch der Finanzwissenschaft für Staats- und Selbstverwaltung. Mit Vergleichung der Literatur und Finanzgesetzgebung von England, Frankreich, Oesterreich, Rußland und Italien. 4. neu bearb. Aufl. 2 Bde. gr. 8. (XVI, 568; XII, 552 S.) Leipzig 878, Brockhaus. *ℳ 18.; geb. *

Stein, Lor. v., Lehrbuch der Finanzwissenschaft. 2 Thle. 5. Aufl. gr. 8. Leipzig, Brockhaus. n. 34. —; geb. n. 40. —

I. Die Finanzverfassg. Europas. Mit specieller Vergleichg. Englands, Frankreichs, Deutschlands, Oesterreichs, Italiens, Rußlands u. anderer Länder. (XI, 476 S.) 885. n. 8. —; geb. n. 9. 60

II. Die Finanzverwaltg. Europas. Mit specieller Vergleichg. Englands, Frankreichs, Deutschlands, Oesterreichs, Italiens, Rußlands u. anderer Länder. 1. Abth. Der Staatshaushalt, die Staatsausgaben, die wirthschaftl. Staatseinnahmen u. der allgemeine Theil der Steuerlehre. (XIII, 561 S.) 885. n. 10. —; geb. n. 11. 50

2. Abth. Die einzelnen Steuern u. ihre Systeme. (XXII, 435 S.) 886. n. 8. —; geb. n. 9. 50

3. Abth. Das Staatsschuldenwesen. (XXIII, 427 S.) 886. n. 8. —; geb. n. 9. 50

— Lehrbuch der Volkswirthschaft. Zum Gebrauche für Vorlesungen u. für das Selbststudium. Wien 858. Braumüller. gr. 8. (XVI, 358 S.) n. 2 rℓ.

—— Lehrbuch der Nationalökonomie. 3. umgearb. Aufl. gr. 8. (XV, 457 S.) Wien 887, Manz'sche Hof-Verlags- und Universitäts-Buchh. *ℳ 10.—.; geb. *

—— die Lehre vom Heerwesen. Als Theil der Staatswissenschaft. gr. 8. (VI, 274 S.) Stuttgart 872, Cotta'sche Buchh. *

—— Lehrfreiheit, Wissenschaft und Collegiengeld. gr. 8. (52 S.) Wien 875, Hölder. *

Stein, L., die Municipalverfassung Frankreichs. gr. 8. (5⅓ B.) Leipzig 843, Otto Wigand.

— Oesterreich und der Frieden. Wien 856. Braumüller. gr. 8. (132 S.) n. 28 ngr.

—— Oesterreich und der Frieden. gr. 8. (132 S. mit 2 Tab. in gr. 4. und qu. gr. Fol.) Wien 856, Gerold's Sohn. *

—— la question du Schleswig-Holstein. Lex.-8. (46 S.) Paris 848, Klincksieck. *

—— der Socialismus u. Communismus des heutigen Frankreichs. Ein Beitrag zur Zeitgeschichte. gr. 8. (30⅓ B.) Leipzig 842, Otto Wigand.

— der Socialismus u Communismus des heutigen Frankreichs. Ein Beitrag zur Zeitgeschichte. 2. umgearb. u. verm. Ausg. 2 Bde. Lex. 8. (XVI u. 592 S.) Leipzig 847, O. Wigand. n. 3⅓ rℓ (Anhang dazu, siehe: Bewegungen, die socialist. u. communist.)

Stein L., der Sozialismus u d. Kommunismus des heut. Frankreich. I. 2. A. Leipzig 1848

Stein, L., französische Staats- u. Rechtsgeschichte, s.: Warnkönig, L. A.

—— volkswirthschaftliche Studien über stehende Heere. gr. Lex.-8. (16 S.) Wien 861, (Gerold's Sohn.) *
Aus: Oesterreichische militärische Zeitschrift, besonders abgedruckt.

—— System der Staatswissenschaft. 1. Bd. A. u. d. T.: System der Statistik, der Populationistik und der Volkswirthschaftslehre. gr. 8. (XX und 565 S.) Stuttgart 852, Cotta'sche Buchh. *

— System der Staatswissenschaft. 2. Bd. A. u. d. T.: Die Gesellschaftslehre. 1. Abth. Der Begriff der Gesellschaft u. die Lehre von den Gesellschaftsklassen. Stuttgart 856. Cotta. gr. 8. (X, 431 S.) n. 2 rℓ. 12 ngr.

Stein, Lor., die Verwaltungslehre. 1.—7. Thl. gr. 8. Stuttgart, Cotta'sche Buchh.

Inhalt:

Thl. 1. Die Lehre von der vollziehenden Gewalt, ihr Recht und ihr Organismus. Mit Vergleichung der Rechtszustände von England, Frankreich und Deutschland. (XVIII und 647 S.) 865. * 3 Thlr. 15 Ngr.

„ 2. Die Lehre von der innern Verwaltung. Die wirtliche innere Verwaltung und das Verwaltungsrecht. 1. Thl.: Das Bevölkerungswesen und sein Verwaltungsrecht. (XVI und 353 S.) 866. * 2 Thlr.

„ 3. Die innere Verwaltung. 1. Hauptgebiet. 2. Thl.: Das öffentliche Gesundheitswesen in Deutschland, England, Frankreich und andern Ländern. (X und 133 S.) 867. * 24 Ngr.

„ 4. Innere Verwaltungslehre. 1. Hauptgebiet. 3. Thl.: Das Polizeirecht. Das allgemeine Polizeirecht und die Sicherheitspolizei. Anh. (4. Thl.) Das Pflegschaftswesen und sein Recht. (XVI und 198 S.) 867. * 1 Thlr. 6 Ngr.

„ 5. Die innere Verwaltung. 2. Hauptgebiet. Das Bildungswesen. 1. Thl.: Das Elementar- und das Berufsbildungswesen in Deutschland, England, Frankreich und anderen Ländern. (XXII und 334 S.) 868. * 2 Thlr.

„ 6. Innere Verwaltungslehre. 2. Hauptgebiet. 2. Thl.: Die allgemeine Bildung und die Presse. (X und 150 S.) 868. * 24 Ngr.

„ 7. Innere Verwaltungslehre. 3. Hauptgebiet, die wirthschaftliche Verwaltung. (Volkswirthschaftspflege.) 1. Thl.: Die Entwährung — Grundentlastung, Ablösung, Gemeinheitstheilung, Enteignung und Staatsnothrecht in England, Frankreich und Deutschland. (XII und 348 S.) 868. * 2 Thlr.

—— die Verwaltungslehre. 1. Thl.: Die vollziehende Gewalt. 3 Abthlgn. 2. durchaus umgearb. Aufl. gr. 8. Ebendas. 869. *

Inhalt:

Abthl. 1. Allgemeiner Thl. Das verfassungsmäßige Verwaltungsrecht. Besonderer Thl. 1. Gebiet. Die Regierung und das verfassungsmäßige Regierungsrecht. Mit Vergleichung der Rechtszustände, der Gesetzgebung und Literatur in England, Frankreich und Deutschland. (XXIV, 448 S.) *ℳ 9.

„ 2. Die Selbstverwaltung und ihr Rechtssystem. Mit Vergleichung der Rechtszustände, der Gesetzgebung und Literatur in England, Frankreich und Deutschland. (X, 355 S.) *ℳ 7.

„ 3. Das System des Vereinswesens und des Vereinsrechts. (XII, 309 S.) ℳ 6.

2.—7. Thl. Ebendas. 1866—68. *ℳ 26,40.

—— die Verwaltungslehre. 3., 5., 6. und 8. Thl. gr. 8. Stuttgart, Cotta'sche Buchh. *

Inhalt:

Thl. 3. Das Gesundheitswesen. 1. Hauptgebiet: 2. Thl. der inneren Verwaltungslehre. 2. Aufl. Gänzlich neubearb. und bis auf die neueste Zeit verfolgt. Anhang: Das Kaiserlich deutsche Gesundheitsamt. [Nach zuverläss. Quellen.] (XV, 456 S.) 882. *ℳ 8.
" 5. Die innere Verwaltung. 2. Hauptgebiet: Das Bildungswesen. 1. Thl.: Das System und die Geschichte des Bildungswesens der alten Welt. 2. ganz neu bearb. Aufl. (XIX, 455 S.) 883. *ℳ 8.
" 6. —— dass. — 2. Thl.: Das Bildungswesen des Mittelalters. Scholastik, Universitäten, Humanismus. 2. Aufl. (XVII, 541 S.) 883. *ℳ 10.
" 8. —— dass. — 3. Thl.: Von der Reformation bis zur Gegenwart. 1. Heft: Die Zeit bis zum 19. Jahrh. (XI, 530 S.) 884. *ℳ 10.
1., 2., 4. und 7. Thl. Ebendas. 1866—68. *ℳ 37,60.

—— die Volkswirthschaftslehre. 2. vollständig neue Aufl. gr. 8. (XV, 578 S.) Wien 878, Braumüller. *

Stein, Lor. v., die Volkswirthschaftslehre. 2. Aufl. gr. 8. Wien 878, Manz'sche Hofverlagsb. * 10 —

—— Wesen und Aufgaben der Staatswissenschaft. Vortrag, gehalten in der feierl. Sitzung der kaiserl. Akademie der Wissenschaften am 29. Mai 1879. gr. 8. (26 S.) Wien 879, (Gerold's Sohn.) *

—— der Wucher und sein Recht. Ein Beitrag zum wirthschaftl. und rechtl. Leben unserer Zeit. gr. 8. (VII, 196 S.) Wien 880, Hölder. *

Stein, Lorenz von (Hrsg.), s. Zeitschrift f. Eisenbahnen u. Dampfschiffahrt d. österr.-ungar. Monarchie.

Stein, Ludwig. Die Anfänge der menschlichen Kultur. Einführung in die Soziologie von Dr. L' St', ord. Professor ... [in] Bern. IV + 146 S. 8. Leipzig, B. G. Teubner, 1906. (M. 1. —, geb. 1. 25)
Aus Natur und Geisteswelt. Sammlung wissenschaftlich-gemeinverständlicher Darstellungen. Bändchen 93.

Stein, Ludw., die Anfänge der menschlichen Kultur, s. Aus Natur u. Geisteswelt.

Stein, Ludwig, Arzt: Über angeborene **Anomalien** in der Kreuzsteißbeingegend. *Königsberg i. Pr. 1903: H. Herrmann.* (49 S.) 8°
Königsberg, Med. Diss. v. 24. Dez. 1903

Stein, Ludw., s.: Archiv f. Philosophie.

Stein, Ludw., Berthold Auerbach u. das Judenthum. gr. 8. (40 S.) Berlin 882. Driesner. n. 1. —

Stein, Ludw., Berthold Auerbach und das Judenthum. gr. 8. Berlin 882, (Rosenbaum und Hart.) * 1 —

Stein, Ludwig. Das erste Auftauchen der socialen Frage bei den Griechen. In-8°. 34 S. Bern, A. Siebert. 1896. — 50

— das erste Auftreten d. socialen Frage bei d. Griechen. [Aus: „Schweiz. Blätter f. Wirtschafts- u. Socialpolitik".] gr. 8. (22 S.) Bern 896. C. Sturzenegger. n. — 50

STEIN, Ludwig (Braunschweig): Beitrag zur Aetiologie der Gehirnblutungen.- Leipzig: Hirschfeld 1895. 2 Bl., 18 S.
24.2.1893 - Chr 1892/93,17; Jv 1895/96,230 (Prom.-Datum: 1895)
Diss. Ingolst.-Landsh.-**Mchn.**

Stein, Ludwig, aus Simmern (Rhpr.): **Beitrag** zu den Kenntnissen der Zündhütchenverletzungen des menschlichen Auges. *Würzburg 1901: A. Boegler.* (28 S.) 8°
Würzburg, Med. Diss. v. 1901

Stein, Ludwig. Dualismus oder Monismus? Eine Untersuchung über die « Doppelte Wahrheit ». 70 S. 8. Berlin, Reichl & Co., (1909). [M. 2. —]

— Einführung in die Philosophie u. Soziologie Herbert Spencers, s.: Spencer, Herb., e. Autobiographie.

Die Erkenntnistheorie der Stoa von Ludwig **Stein**, Privatd. in Zürich. Vorangeht: Umriss d. Geschichte d. griech. Erkenntnistheorie bis auf Aristoteles. Berlin: S. Calvary & Co. 1888. (389 S.) 8°
= Stein: Die Psychologie d. Stoa. Bd 2.
= **Studien**, Berliner, f. classische Philologie u. Archaeologie. Bd 7, 1.

—— es werde Licht! Eine Denkpredigt zur Charakteristik Ed. Laskers. 3. Aufl. gr. 8. (16 S.) Berlin 886, [Pinn.] Rosenbaum und Hart.

Die sociale Frage im Lichte der Philosophie. Vorlesgn üb. Socialphilosophie u. ihre Geschichte v. Dr. Ludwig **Stein**, o. Prof. . . . a. d. Univ. Bern. *Stuttgart: F. Enke 1897.* (XX, 791 S.) 1 Bd 8. (97. 3153

Stein, Ludwig. Die soziale Frage im Lichte der Philosophie. Vorlesungen über Sozialphilosophie und ihre Geschichte von Dr. Ludwig Stein, Ord. Professor ... an der Universität Bern. 2. verbesserte Aufl. XVI + 598 S. 8. Stuttgart, Ferdinand Enke, 1903. [M. 13. —]

Stein, Ludw., Gedichte. [1882—1885.] 8. (VIII, 126 S. m. Lichtdr.-Portr.) Leipzig 886. Mutze. geb. n. 2. —

— d. Ideal d. „ewigen Friedens" u. d. soziale Frage. 2 Vorträge. 8. (III, 65 S.) Berlin 896. G. Reimer. n. 1. 20

— Leibniz u. Spinoza. Ein Beitrag zur Entwicklungsgeschichte der Leibnizischen Philosophie. Mit 19 Ineditis aus dem Nachlass v. Leibniz. gr. 8. (XVI, 362 S.) Berlin 890. G. Reimer. n. 8. —

Stein, Ludwig. Leibniz in seinem Verhältniss zu Spinoza. Berlin 1880?

Stein, Ludwig. Der soziale Optimismus von Dr. L' St', o. ö. Professor ... [in] Bern. VIII + 267 S. 8. Jena, Hermann Costenoble, 1905. [M. 5. —]

Stein, Ludw. Graf Otto der Erste v. Tecklenburg. Eine Dichtung. 8. (68 S.) Münster 884, Brunn's Buchdruckerei. *
geb. mit Goldschn. *

Stein, Ludwig. [Johann Heinrich] Pestalozzi als Völkererzieher. [A.] 8. (Berlin 1900.)

— die Philosophie des Friedens. gr. 8. (46 S.) Berlin 899. Gebr. Paetel. n. — 60

Die Psychologie der Stoa. Von Dr. Ludwig **Stein**, (Privatd. in Zürich). Bd 1. 2. Berlin: S. Calvary & Co. 1886–88. 2 Bde 8°
1. Metaphys.-anthropol. T. 1886.
2 [u. d. T.:] Die Erkenntnistheorie d. Stoa von L. Stein. Vorangeht: Umriss d. Gesch. d. griech. Erkenntnistheorie bis auf Aristoteles. 1888.
= **Studien**, Berliner, f. classische Philologie u. Archaeologie. Bd 3, H. 1. Bd 7, H. 1. (c6. 7707

— die Psychologie der Stoa. 1. Bd. Metaphysisch-anthropolog. Tl. gr. 8. (VIII, 216 S.) Berlin 886. Calvary & Co. n. 7. —

Stein Ludwig: Ueber die chronologischen u. philosophischen Relationen zwischen Empedokles von Akragas und Anaxagoras von Klazomenae und ihr Verhältnis zur modernen Natur-Betrachtung.
H. 1892 PN 717 **Diss.** Wien, Univ.

Der Sinn des Daseins. Streifzüge eines Optimisten durch d. Philosophie d. Gegenwart. Von Dr. Ludwig **Stein**, Prof., Bern. *Tübingen & Leipzig: J. C. B. Mohr 1904.* (XI, 437 S.) 8° [5.] (03. 15116

Stein, Ludwig. Philosophische Strömungen der Gegenwart, von Dr. L' St', ... Bern. XVI + 452 S. gr.-8. Stuttgart, Ferdinand Enke, 1908. [M. 12. —]

— s.: Studien, Berner, zur Philosophie u. ihrer Geschichte.

Stein, Ludw., Gordons Tod. Ein Trauerspiel in 5 Aufzügen. hoch 4. (28 S.) Großenhain 891. Baumert & Ronge. n. 1. 50

Stein, L. Das Urchristenthum und die sociale Frage. Gr. in-8°. 7 S. Bern, A. Siebert. 1895. — 25
*** Aus: Schweizer Blätter für Wirtschafts- u. Socialpolitik.

— d. Urchristentum u. d. sociale Frage. [Aus: „Schweiz. Blätter f. Wirtschafts- u. Socialpolitik".] gr. 8. (9 S.) Bern 895. C. Sturzenegger. n. — 20

Stein, Ludw. Antike u. mittelalterliche Vorläufer des Occasionalismus. gr. 8. (55 S.) Berl. 889, G. Reimer. * 1 20
Aus: Archiv f. Geschichte d. Philosophie, besonders abgedruckt.

— antike u. mittelalterliche Vorläufer d. Occasionalismus. [Aus: „Archiv f. Geschichte d. Philos."] gr. 8. (55 S.) Ebd. 890. n. 1. 20

Stein, Ludw., Friedrich Nietzsche's Weltanschauung u. ihre Gefahren. Ein krit. Essay. 8. (VII, 103 S.) Berlin 893. G. Reimer. n. 1. 80

— an der Wende des Jahrhunderts. Versuch e. Kulturphilosophie. gr. 8. (VII, 415 S.) Freiburg i/B. 899. Tübingen, J. C. B. Mohr. n. 7. 50; geb. n.n. 9. —

— Wesen u. Aufgabe d. Sociologie. E. Kritik d. organ. Methode in d. Sociologie. [Aus: „Archiv f. systemat. Philos."] gr. 8. (38 S.) Berlin 898. G. Reimer. n. — 60

Stein, Ludwig: Die Willensfreiheit und ihr Verhältniss zur göttlichen Präscienz und Providenz bei den jüdischen Philosophen des Mittelalters Th. 1. Halle 1881: o. Dr. VI, 56 S. 8°
Halle-Wittenberg, Phil. Diss. v. [1. Juni] 1881
Geb. [Erdö-Bényei] (Ungarn) [12. 11.] 1859. V.
Ersch. vollst. im Buchhandel Berlin; Frankfurt a. M.: Kauffmann in Komm. 1882. VI, 142 S.

Stein, M.

— biographische Bilder aus der Weltgeschichte. Für den ersten geschichtl. Unterricht an Volks- u. Bürgerschulen. 8. (IV, 160 S.) Proßnitz 873. Hoffmann & Stein. n. — 90

Stein, M., B. Weiner u. W. Wrany, deutsche Sprachschule. Orthographie, Grammatik u. Stil in concentr. Kreisen. Für österreichische Volksschulen bearb. Ausg. B. für ein- bis vierclass. Schulen. 3 Hfte. 8. Wien 880. Klinkhardt. n. 1. 10
1. Unterstufe [2. u. 3. Schuljahr]. (52 S.) n. — 25
2. Mittelstufe [4. u. 5. Schuljahr]. (108 S.) n. — 35
3. Oberstufe [6., 7. u. 8. Schuljahr]. (140 S.) cart. n. — 50

— — — dasselbe. Theoretischer Thl. zum 5., 6. u. 7. Hft. Eine kurzgefaßte deutsche Grammatik. 8. (72 S.) Ebend. 882. n. — 40

— — — dass. — Grammatik, Orthographie und Stil in concentr. Kreisen. Nach Barons, Junghanns' und Schindlers „Deutscher Sprachschule" für österreich. Volks- und Bürgerschulen bearb. 7 Hefte. 8. Wien 883, Klinkhardt. [1. und 2. Heft. 6. Aufl. (43; 59 S.) à * 30 Pf.; 3. und 4. Heft. 6. Aufl. (86; 96 S.); 5.—7. Heft. 5. und 6. Aufl. (83; 86; 82 S.) à * 40 Pf.] *

— — — dasselbe. Theoretischer Thl. zum 5., 6. u. 7. Hft. f. österreich. Volks- u. Bürgerschulen. 2. Aufl. 8. (72 S.) Ebend. 883. n. — 40

Stein, M., B. Weiner und W. Wrany, deutsche Sprachschule. Orthographie, Grammatik und Stil in concentr. Kreisen. Für österreich. Volksschulen bearb. Ausg. B. für ein- bis vierclass. Schulen. 3. Aufl. 3 Hefte. 8. Wien 884. Klinkhardt. *
Inhalt:
Heft 1. Unterstufe. [2. und 3. Schuljahr.] Wörtergruppen. Der reine einfache Satz. Rechtschreibung. Stilaufgaben. (52 S.) * 30 Pf.
" 2. Mittelstufe. [4. und 5. Schuljahr.] Der reine einfache Satz. Der erweiterte einfache Satz. Wortbildung. Rechtschreibung. Stilaufgaben. (112 S.) * 40 Pf.
" 3. Oberstufe. [6., 7. und 8. Schuljahr.] Der erweiterte einfache Satz. Der einfache und der mehrfache Satz. Der unvollständige Satz. Der verkürzte Satz. Der Schaltsatz. Der mehrfach zusammengezogene Satz. Die Periode. Wortbildung. Rechtschreibung. Stilaufgaben. (112 S.) * 60 Pf.

Stein, M., B. Weiner u. W. Wrany, deutsche Sprachschule. Grammatik, Orthographie u. Stil in concentr. Kreisen f. allgem. Volksschulen. In 4 Hftn. Neu bearb. v. M. Binstorfer. 7. Aufl. 1.—3. Hft. 8. Wien 889. 890. Manz. n. 1. —
1. Für das 2. Schulj. (44 S.) n. — 30. — 2. Für d. 3. Schulj. (64 S.) n. — 30. — 3. Für das 4. Schulj. (88 S.) n. — 40.

Stein, M., B. Weiner u. W. Wrany, deutsche Sprachschule. Grammatik, Orthographie u. Stil in concentr. Kreisen f. allgemeine Volksschulen. In 4 Hftn. Neu bearb. v. M. Binstorfer. 7. Aufl. 4. Hft. Für das 5. Schulj. 8. (92 S.) Wien 891. Manz. n. — 40
(kplt.: n. 1. 40)

Stein, M., B. Weiner u. W. Wrany, deutsche Sprachschule. Grammatik, Orthographie u. Stil in concentr. Kreisen f. allgem. Volksschulen. 4 Hfte. Neu bearb. v. M. Binstorfer. 8. Aufl. (Unver. Abdruck der 7. Aufl.) 8. Wien 895. Manz. n. 1. 40
1. Für d. 2. Schulj. (44 S.) n. — 30
2. Für d. 3. Schulj. (64 S.) n. — 30
3. Für d. 4. Schulj. (88 S.) n. — 40
4. Für d. 5. Schulj. (92 S.) n. — 40

(F) Deutsche Sprachschule. Übungsbuch. Grammatik, Orthographie und Stil für österreichische Bürgerschulen. Von M. Stein, B. Weiner und W. Wrany. Neu bearbeitet von M. Binstorfer. Eintheilige Ausgabe. Mit Erlass des h. k. k. Min. f. C. u. U. vom 12. Jänner 1900, Z. 27966, zum Unterrichtsgebrauche als zulässig erklärt. Wien. 1899. Manz. Gr.-8°. VIII, 161 S. Geb. K 1.20

(F) Deutsche Sprachschule. Theoretischer Theil. Eine kurzgefasste deutsche Grammatik für österreichische Bürgerschulen. Von M. Stein, B. Weiner und W. Wrany. Neu bearbeitet von M. Binstorfer. 3. Auflage. Mit Erlass des h. k. k. Min. f. C. u. U. vom 23. Juli 1901, Z. 18845, zum Unterrichtsgebrauche als zulässig erklärt. Wien. 1901. Manz. 8°. 99 S. Cart. K —.50

Stein, M., B. Weiner u. W. Wrany, deutsche Sprachschule. Theoretischer Thl. Eine kurzgefaßte deutsche Grammatik f. österreich. Bürgerschulen. Neu bearb. von M. Binstorfer. 4. Aufl. Inhaltlich unveränd., nach der neuen Rechtschreibg. hergestellter Abdr. der 3. Aufl. gr. 8. (VI, 99 S.) Wien 902. Manz. Kart. n. — 50

Stein, M., Weiner, B. und Wrany, W., Deutsche Sprachschule. Orthographie, Grammatik und Stil in konzentrischen Kreisen. 6. Aufl. Ausgabe B. Ebda. 1902.
1. Heft. Unterstufe (2. und 3. Schuljahr). 8°. (52 S.) K —.30
2. Heft. Mittelstufe (4. und 5. Schuljahr). 8°. (112 S.) K —.40

— — — dasselbe. Grammatik, Orthographie u. Stil in konzentr. Kreisen f. allgem. Volksschulen. In 4 Hftn. Neu bearb. v. M. Binstorfer. 9. Aufl. 8. Ebd. n. 1. 40
1. Für das II. Schulj. (44 S.) 902. n. — 30
2. Für das III. Schulj. (64 S.) 902. n. — 30
3. Für das IV. Schulj. (88 S.) 902. n. — 40
4. Für das V. Schulj. (92 S.) 902. n. — 40

Stein, M., B. Weiner u. W. Wrany, deutsche Sprachschule. Grammatik, Orthographie u. Stil f. österreich. Bürgerschulen. In 3 Tln. Neu bearb. v. M. Binstorfer. 7. Aufl. 8. Wien 903. Manz. à n. — 40
1. (Für die I. Klasse der Bürgerschulen.) (76 S.)
2. (Für die II. Klasse der Bürgerschulen.) (82 S.)
3. (Für die III. Klasse der Bürgerschulen.) (79 S.)

Stein, M., Weiner, B. und Wrany, W., Deutsche Sprachschule. Übungsbuch. Grammatik, Orthographie und Stil für österreichische Bürgerschulen. Neu bearbeitet von M. Binstorfer. 2., verbesserte Auflage. Einteilige Ausgabe. Wien 1903. Manz'sche k. u. k. Hof-, Verlags- und Universitätsbuchhandlung. Preis, gebunden 1 K 20 h. (VIII, 181 S.)

— — — dasselbe in konzentr. Kreisen. Für österreich. allgemeine Volksschulen. (In 3 Heften.) Ausg. B. 3. **Heft: Oberstufe. (6., 7. u. 8. Schulj.) 5.,** rev. Aufl. **(133 u. XI S.) 8. Ebd. 903.** Kart. n. — 60

— — — dasselbe. Theoretischer Tl. Eine kurzgefaßte deutsche Grammatik f. österreich. **Bürgerschulen.** Neu bearb. v. M. Binstorfer. 5., nach dem Normallehrplane vom 15. VII. 1907, Z. 2368, umgearb. Aufl. (VI, 102 S.) kl. 8. Ebd. 909. Kart. — 44

— — — dasselbe. Übungsbuch. Grammatik, Orthographie u. Stil f. österreich. Bürgerschulen. Neu bearb. v. M. Binstorfer. 3., nach dem Normallehrplane vom 15. VII. 1907, Z. 2368, umgearb. Aufl. Einteilige Ausg. (VIII, 173 S.) 8. Ebd. 909. Geb. 1. —

Stein, M., B. Weiner u. W. Wrany, deutsche Sprachschule. Grammatik, Orthographie u. Stil f. österreich. Bürgerschulen. (In 3 Tln.) Neu bearb. v. M. Binstorfer. I.—III. Tl. 8., nach dem Normallehrplane vom 15. VII. 1907, Z. 2368, umgearb. Aufl. kl. 8. Wien, Manz. Geb. 1. 30
I. (Für die I. Klasse der Bürgerschulen.) (IV, 72 S.) 909. Kart. — 42
II. (Für die 2. Klasse der Bürgerschulen.) (IV, 72 S.) 910. — 44
III. (Für die 3. Klasse der Bürgerschulen.) (IV, 79 S.) 910. — 44

Stein, M., B. Weiner und W. Wrany, deutsche Sprachschule. Ergänzungsheft. [Redefiguren. Kurze Verslehre. Dichtungsarten. Biographien deutscher Dichter.] 6. Aufl. [Unveränd. Abdr. der 4. Aufl.] 8. (63 S.) Wien 883, Klinkhardt. *

— — — dasselbe. Ergänzungsheft. 7. Aufl. 8. (63 S.) Ebd. 902. n. — 50

— — — dasselbe. Ergänzungsheft. 7. Aufl. (Neue Ausg.) (63 S.) 8. Ebd. 903. n. — 50

— — — dasselbe. Ergänzungsheft. 8. Aufl. (Unveränd. Abdr. d. 7. Aufl.) (63 S.) 8. Ebd. 907. — 40

Stein, M. A., s.: Kalhaṇa's Râjataraṅgiṇî.

Stein, M. A., notes on Ou-k'ong's account of Kaçmir. [Aus: „Sitzungsber. d. k. Akad. d. Wiss."] gr. 8. (32 S.) Wien 896. (C. Gerold's Sohn.) n. — 80

Stein, M. W., Ansichten üb. Eisenbahnanlagen in Deutschland, u. d. verschied. Projekte d. Eisenbahnverbindungen d. Städte Frankfurt a. M., Mainz, Darmstadt u. Wiesbaden. Schmal gr. 8. (3½ B. u. 1 Karte.) Mainz 837, (v. Zabern.) *

Stein, Marie v., Felix Abarim. Novelle. 12. (75 S.) Dresden 899. E. Pierson. n. 1. 20; geb. in Leinw. m. Goldschn. n. 2. 20

Stein, Marie, Abenteuer des wilden Nobi. Eine Erzählung für die Jugend. 12. (98 S. mit 4 Stahlst.) Stuttgart 881, Schmidt und Spring. cart.

Stein, M., Beispiele zur Lehre u. Warnung. Erzählungen für kleine Mädchen. Mit 8 (lith. u.) color. Bildern. Stuttgart 863. Schmidt & Spring. 16. (IV, 96 S.) 15 ngr.

Stein, M., Beispiel zur Lehre u. Warnung. Erzählungen f. kleine Mädchen. 2. verm. Aufl. Mit 8 color. Bildern. 16. (236 S.) Stuttgart 873. Schmidt & Spring. 2. 25

Stein, Marie, Buch für Mädchen. Erzählungen für junge Mädchen im Alter von 10 bis 12 Jahren. 1. und 2. unveränd. Aufl. gr. 8. (192 S. mit 4 Bildern in Farbendr.) Stuttgart 876,79, Schmidt und Spring. cart.

Stein, M., Buch f. Mädchen. Erzählungen f. junge Mädchen von 10—12 Jahren. Mit 4 Bildern in Farbendr. 3. Aufl. gr. 8. (190 S.) Stuttgart 885. Schmidt & Spring. geb. 3. 75

Stein, M., Buch f. Mädchen. Erzählungen f. junge Mädchen von 10 bis 12 Jahren. 4. Aufl. gr. 8. (181 S. m. 4 Farbdr.) Stuttgart (899). E. Barth. Geb. 3. 75

—— Erlebtes. Erzählungen für junge Mädchen von 12 bis 14 Jahren. gr. 8. (197 S. mit 4 Bildern in Farbendr.) Ebendas. 878. cart.

— die Großmutter. Erzählung f. junge Mädchen. gr. 16. (259 S.) Ebend. 875. geb. 3. —

—— Herzenskämpfe. Eine Erzählung für junge Mädchen. 8. (296 S.) Stuttgart 882, Krabbe. geb. *

Stein, M., Rosen u. Dornen. Erzählungen für junge Mädchen von 10—12 Jahren. Mit 4 Farbendr.-Bildern. gr. 8. (135 S.) Stuttgart 882. G. Weise. geb. 4. 50

Stein, M., die Rückkehr zum Guten. Erzählung 16. (86 S. mit 2 lithogr. und ill. Bildern in Tondr.) Stuttgart 861, Schmidt und Spring.

—— die Zwillingsbrüder. Eine Erzählung für ihre jungen Freundinnen. 2 Bde. 12. (269; 306 S.) Stuttgart 881, Schmidt und Spring. geb.

Stein, Martin, Medizinalprakt.: Die operative Behandlungsweise der Hodentuberkulose. München 1909: Wolf. 47 S. 8°
München, Med. Diss. v. 27. Febr. 1910, Ref. v. Angerer
[Geb. 14. Nov. 83 Rottenburg a. N.; Wohnort: Rottenburg; Staatsangeh.: Württemberg; Vorbildung: Gymn. Rottweil Reife Aug. 03; Studium: Tübingen 1, Kiel 1, München 4, Berlin 1, Freiburg i. B. 1, München 2 S.; Coll. 27. Febr. 10; Approb. 15. Jan. 10.] [U 10. 3591

Stein, Mart., im Frühlingssturm. Soziale Zeitgedichte. Gesammelt u. hrsg. v. S. Anh.: Lieder f. ev. Arbeitervereine. M. e. Vorwort v. Frdr. Naumann. 8. (XVI, 208 S.) Leipzig 896. Hannov.-Münden. R. Werther. n. 3. —; geb. n. 4. —

Stein, Mart., im Frühlingssturm. Ausgewählte Gedichte. Gesammelt u. hrsg. (Neue [Titel-]Ausg.) (VIII, 189 S.) 8. Leipzig [896] (905). A. Haseit & Co. n. 1. 50

Stein, Mart., französische Geschichte, s.: Miniatur-Bibliothek.

Stein, Mathias [Praes.], s. Beselin, Valentin Johann: De reluitione feudi oppignorati.

Stein, Mathias [Praes.], s. Knövenagel, Christoph: De avocatione causae.

Stein, Matth.: De matricula imperii novissima consensu imperatoris et statuum confecta commentatio juris publici. Lipsiae 1751.

Stein, Math., de matricula imperii novissima. 4. Leipz. 751. Langenheim. 4 gr.

Stein, Mathias [Praes.], s. Stein, Konrad: Disputatio inauguralis exhibens dissensum jurisconsultorum circa forum patriae.

Stein, Mathias [Praes.], s. Vermehren, Friedrich: De protestatione secreta.

Stein, Max, mein Album, s. Theater-Repertoir, Wiener.

Stein, Max, über Aethyl- und Allylphenylhydrazin. Diss. Würzburg 1887, Stahelsche Univ.-Buchh. 8°. 23 S.

—— Gewohnheiten, s. Theater-Repertoir, wiener.

Stein, Max, ein liebenswürdiger Mensch, s. Theater-Repertoir, wiener.

Stein, Max, Ingenieur-Chemiker aus Mährisch-Ostrau i. Mähren: Über das Selenopyrin und seine Derivate. *Rostock 1902: C. Boldt.* (34 S.) 8°
Rostock, Phil. Diss. v. [30. Juni] 1902

Stein, Max: Was muss man wissen um Maschinentechniker zu werden? Nach d. neuesten amtl. Quellen. Berlin: H. Steinitz (1902). (72 S.) 8°

Stein, Max, wie wird man Maschineningenieur? Nach amtl. Quellen m. den Bestimmgn. betr. die Diplom- u. Doktor-Ingenieur-Prüfg., die Ausbildg. f. das Staatsbauwesen, den Gewerbeaufsichtsdienst u. z. Patentanwalt. gr. 8. (72 S.) Berlin (902). H. Steinitz. n. 1.—

Stein, Max, die Zionistenfrage. 8. (28 S.) Berlin 898. S. Cronbach. n. —50

Stein, Maximilian [Wirkl. Name], s. Maxi [Pseud.]

Stein, Mich., († d. 20 Sept. 1779.) Abhandl. von d. ehemal. Bisthum zu Neuburg an d. Donau. Münch., (Franz). 6 gr.

Stein, Mich., s. Bemerkungen üb. die Widerlegung des Bedenkens: Ob man den Ordensgeistlichen ...

— Lobrede auf d. heil. Bernhard. 4. Dilling. 772.

— Lobrede auf die zween heil. Apostel Peter u. Paul im Gotteshause der regl. Chorfrauen zu Marienburg. 4. Augsb. 776.

— histor. Nachrr. v. Gebhard, d. letzten Grafen v. Hirschberg. Mit 2 Kpf. Münch., (Franz). 5 gr.

Stein, Mich. Historische Nachricht von Gebhard, dem letzten Grafen von Hirschberg. 4. München, s. a (1775).

— s. Trublet: Auserles. Gedanken.

— Untersuchung, was es nach d. Absterben Sr. Durchl. in Baiern, Maximilian Josephs, u. mit d. Reichslehen, d. kaiserl. Landgericht, für eine Bewandniß habe. 4. (Ingolst.) 778. 2e A. Ebd. 778.

Stein, Nathan (geb. am 29 Juli 1854 in Danzig): Ueber das Forum delicti commissi und den Begriff der Begangenschaft ... Bonn, Univ.-Buchdr. v. C. Georgi 1876. 2 Bl., 29 S., 1 Bl. 8.
Bonn, Jur. Fak., Diss. v. 12 Febr. 1876

Stein, O. [Pseud.], s. Memminger, Anton

Stein, O. Die Feuerassekuranz. Braunschweig 1879.

Stein, O., Geschichte d. Skatspiels. gr. 8. (V, 67 S.) Berlin 887. Baensch. n. 1.—

Der Ehrentag des Glücks oder Eine Weihnachtslaune. Lustspiel in 1 Akt von O. Th. **Stein** u. Edmund Braune. *Mühlhausen i. Th.: G. Danner [1899].* (35 S.) 8° [F.]
= Aufführungen f. Weihnachten u. Neujahr. No 1.

Stein, O. Th., aus dem Sprechzimmer e. Aerztin. Aufzeichnungen aus der Praxis e. deutschen Aerztin. (V, 206 S.) 8. Oetzsch-Leipzig 907. Raschwitz, B. Volger. 3.—; geb. 4.—

Stein, Osk., Nervenleben u. Nervenleiden. Ein nothwendiger Wegweiser für Gesunde u. Kranke, um die Gesundheit des Körpers wie des Geistes zu erhalten oder wieder zu erlangen. Naumburg 862. Regel. 16. (48 S.) n. 7½ ngr.

—— s. Rundschau, jagdliche.

Stein, Osw., Antoinette v. Steinwart. Roman. 2 Bde. Leipzig 856. Kollmann. 8. (VIII, 344; 2 Bl., 430 S.) 3 Thlr.

Stein, Osw., Ausgelebt. Drama in 3 Aufzügen. 8. (106 S.) Leipzig 902. C. H. Serbe. n. 3.—

Stein, Osw., die Bundesbrüder. Ein Freimaurer-Roman. 2 Bde. gr. 8. (VIII und 537 S.) Leipzig 864, Priber. *

Stein, Osw., die Erbin von Lotonsky oder Bruder und Schwester. Roman. 2 Bde. gr. 16. (504 S.) Leipzig 861, Kollmann. Thlr.

—— nach dreißig Jahren! Aus den Papieren eines jungen Amerikaners. Ein Familien-Roman. 2 Bde. 8. (XII und 978 S.) Leipzig 859, Kollmann. *

Stein, Oswald, Vergangenheit, Gegenwart und Zukunft der nationalen Wirthschaftspolitik. Ein Handbuch für das deutsche Volk. gr. 8. (XVI, 283 S.) Bern 880, Frobeen und Comp. *

Stein, Oswald, Vergangenheit, Gegenwart und Zukunft der nationalen Wirthschaftspolitik. gr. 8. Bern 880. Leipzig, Brehse. *

Stein, Ottilie, Bilder aus der schlesischen Heimat, s. Bibliothek für die reifere christl. Jugend.

Stein, Ottilie. Ein mutiges Mädchen. — Die Geschwister. — Aus der Jugendzeit. — Gracy, s. Bibliothek für die reifere christliche Jugend.

Stein, Otto *Karl Wilhelm* [diplom. techn. Chemiker aus London]: Ueber einige Derivate des Diphenylmethan ... Göttingen, Druck d. Dieterich'schen Univ.-Buchdr., 1895; 50 S. 8.
Göttingen, Phil. Fak., Inaug.-Diss. v. [20. Apr.] 1895

Stein, Otto, Pietro, historisch-romant. Räubergeschichte, u. die Templer, Erzählung aus der uckermärkischen Vorzeit. 8. Nordhausen 838. Fürst. 1 Thlr.

Stein, Otto, Pietro, histor.-romant. Räubergeschichte, u. d. Templer, Erzähl. aus d. uckermärkischen Vorzeit. 8. (14 B.) Nordhausen 838. [Leipzig, Literar. Museum.] 1 Thlr., hrbgf. Pr.

—— die Räuber im Erzgebirge. Histor.-romant. Erzähl. 8. (15½ B.) Nordhausen 838. [Leipzig, Literar. Museum.]

Stein, Otto, die Reinoldikirche in Wort u. Bild. (174 S. m. 26 [1 farb.] Taf.) Lex.-8. Dortmund (St. Reinoldi) 906. Pfarrer O. Stein. Geb. in Leinw. n. 4. —

Stein, Otto, der Ritter mit dem Monde. Romant. Erzähl. a. d. Zeiten d. Kreuzzüge. 8. (14 1/3 B.) Nordhausen 837. [Leipzig, Literar. Museum.] 1 1/6 Thlr., hrbgf. Pr. Thlr.

—, Marco Sciarra, d. König d. offenen Landes. Eine histor.-romant. Räubergeschichte a. d. Ende d. 16. Jahrh. 8. (11 1/2 B.) Nordhausen 837. [Leipzig, Literar. Museum.] 7/8 Thlr., hrbgf. Pr.

Stein, P., Dipteren aus Südarabien u. v. der Insel Sokótra, s.: Becker. Th.

Stein, P. vom, in d. Königs Rock. Erlebnisse e. preuß. Füsiliers. 8. (IV, 137 S.) Stuttgart 891. R. Lutz. n. 1. 25

Stein, P. J., naturkundliche Aufsätze aus Haus- und Landwirthschaft für die obern Klassen gehobener Landschulen und landwirthschaftl. Fortbildungsschulen. gr. 8. (68 S.) Linz a. R. 870. (Leipzig, Mayer.)

— Entwürfe zu naturkundlichen Aufsätzen aus Haus- und Landwirthschaft für die obern Klassen gehobener Landschulen und landwirthschaftl. Fortbildungsschulen. gr. 16. (48 S.) (Ebendas.) 870.

Stein, P. S., Handbuch des Zubereitens u. Aufbewahrens der Thiere aller Classen die f. Naturalienkabinette bestimmt sind; enthaltend die Methoden d. Bürgers Nicolas, d. Hrn. Schaumburg u. Hoffmann. Mit Kpf. 8. Frankf. a. M. 802. Körner. 16 gl.
Vgl. Stein, Karl Phil. Christian.

Stein, Paul [Pseud.]
s.a. Henrich, Albertine [Wirkl. Name]

Stein, Paul, Albrecht von Brandenburg. Geschichtlicher Roman. 3 Bde. Leipzig 863. Grunow. 8. (6 Bl., 661 S.) n. 4 ℛ

Stein, Paul, Albrecht von Brandenburg. Geschichtlicher Roman. 2. (Titel-)Ausg. Leipzig 866. Grunow. 8. (X, 661 S.) 3 ℛ

— aus Andalusien. Erzählungen. 2 Bde. 8. (397 S.) Leipzig 866, Grunow.

Stein, Paul, aus Andalusien. Erzählungen. 2 Bde. 2. (Titel-)Ausg. 8. (195; 202 S.) Leipzig (866)69, Grunow.

Stein, P., aus Andalusien. 2 Bde. 8. Leipzig 869. Gera, Griesbach's Verlag. 6 —

Stein, Paulus: De Aristophanis Ecclesiazusarum argumento, e quarto Reipublicae Platonis libro sumpto. Halis Saxonum 1880: typis Fridericianis [in Elberfeld?]. 22 S. 8°
Halle-Wittenberg, Phil. Diss. v. [30. Juni] 1880
Geb. Scheuder (Anhalt) 24. 5. 1855. V.

Stein, Paul
Die Braut im Kloster. Roman. Bd 1-3. Leipzig: Grunow 1862. 8°

— die Braut im Kloster. Roman. 3 Bde. 2. Aufl. 1862. * 3 Thlr. 15 Ngr. und 2. (Titel-)Ausg. 8. (627 S.) Leipzig 865, Grunow.

Stein, Paul, drei Christabende. Roman aus der Zeit der Befreiungskriege. 8. (302 S.) Leipzig 860, [Grunow.]

— novellistische Gemälde aus Stadt und Land. 2 Bde. 8. (VI und 563 S.) Leipzig 861, Grunow. *

— novellistische Gemälde aus Stadt und Land. 2 Bde. 2. (Titel-)Ausg. 8. (VI und 563 S.) Leipzig (861)64, Grunow.

Stein, Paul [Dr.]: Zur Geschichte der Piraterie im Altertum. '(Tl 2.)' (Forts. d. P-Beil. Cöthen, G 1891.) Bernburg, Druck v. O. Dornblüth, 1894; 16 S. 4.
Bernburg, herz. Karls-G, OP 1894 (679)

— Johannes Gutenberg. Kultur-historischer Roman. 3 Bde. 8. (842 S.) Leipzig 861, Grunow. *

— Johannes Gutenberg. Kultur-histor. Roman. 3 Bde. 2. (Titel-)Ausg. 8. (842 S.) Leipzig (861)64, Grunow.

— Handwerk und Industrie. Roman. 2 Bde. 8. (VI und 357 S.) Leipzig 860, Grunow. *

— das Haus der Hofräthin. Familiengemälde aus der modernen Welt. 2 Bde. Ebend. 859. 8. (2 Bll., 319 S.; 2 Bll., 286 S.) 2 ℛ 15 ngr.

Stein, Paul, s.: Jahrbuch f. die evangel. deutsche Jugend.

— Leopold's Irrfahrten. Roman aus der 2. Hälfte des vor. Jahrh. (mit theilweiser Benutzung eines Bruchstücks aus Iffland's hinterlassenen Schriften.) 2 Bde. 8. (VI und 679 S.) Leipzig 865, Grunow.

— Leopold's Irrfahrten. Roman aus der 2. Hälfte des vor. Jahrh. [mit theilweiser Benutzung eines Bruchstücks aus Iffland's hinterlassenen Schriften]. 2 Bde. 2. (Titel-)Ausg. 8. (III, 311; III, 368 S.) Ebendas. (865)69.

— der letzte Churfürst von Mainz. Historischer Roman aus dem Ende des vorigen Jahrh. 3 Bde. 8. (864 S.) Leipzig 859, [Grunow.]

Stein, (*Bernhard*) *Paul* Die wendischen Marken des deutschen Reiches unter der Regierung Kaiser Heinrichs IV. 4 (38 S.)
Progr. Friedrichs-Rg. *Dessau* 1886 (623)

Stein, Paul [Dr.]: Über Piraterie im Altertume. I. Zur Geschichte d. Piraterie bis auf d. Begründung d. Röm. Weltherrschaft. (Umschl.-Tit.: ... A. Bis z. J. 227.) Cöthen, Druck v. P. Schettlers Erben, *1891*; S. 3-34; 4°
Cöthen. herz. Ludwigs-G, OP 1891 (672)

Stein, Paul, approb. Arzt aus Essen a. d. Ruhr: Aus d. Kgl. Universitäts-Frauenklinik zu Marburg. Ueber die Resultate der Dührssenschen Uterustamponade bei Blutungen im Anschlusse an die Geburt. *Marburg 1903: Köster & Schell.* (79 S.) 8°
Marburg, Med. Diss. v. 3. Sept. 1903

— der Sänger v. „Wandersmann u. Lerche" Superintendent D. Wilhelm Hey. Ein Lebensbild. Nebst e. Auswahl seiner Gedichte. (VII, 86 S. m. 1 Bildnis.) gr. 8. Berlin 904. F. Rillessen. n. — 80

Stein, Paul, der gegenwärtige Stand der Tiefbohrtechnik f. Schurfzwecke. Nach den Vorträgen, geh. am 10. u. 24. III. 1904 im österreich. Ingenieur- u. Architekten-Verein zu Wien (berg- u. hüttenmänn. Abteilg.). (48 S.) 8. Wien 904. Manz. n. 1. —

— aus den Tagen des ersten Napoleon. Historischer Roman. 2 Bde. 8. (331; 256 S.) Stuttgart 869, Kröner.

Stein, Paulus, Fuerstenwaldensis: Τερας. Marpurgi Cattorum 1909: (G. Schade, Berlin). 66 S. 8°
Marburg, Phil. Diss. v. 7. Dez. 1909, Ref. Maaß
[Geb. 11. Febr. 86 Potsdam; Wohnort: Marburg; Staatsangeh.: Preußen; Vorbildung: Gymn. Fürstenwalde Reife O. 04; Studium: Berlin 3, Marburg 6 S.; Rig. 30. Juni 09.] [U 10. 3394

— **Verfahren u. Einrichtungen zum Tiefbohren. Kurze Uebersicht üb. das Gebiet der Tiefbohrtechnik. Nach e. Vortrage, geh. am 18. I. 1905 im Verein deutscher Ingenieure zu Berlin.** (V, 37 S. m. 20 Fig. u. 1 Taf.) gr. 8. Berlin 905. J. Springer. n. 1. —
Erweit. Sonderabdruck aus: „Glückauf".

—— aus dem schwäbischen Volksleben. Erzählungen. 8. (III und 362 S.) Leipzig 857, [Grunow.]

Stein, Paul, wie sichere ich meine Bauforderung?, s.: Goldbaum, Wenzel.

Stein, Peter

Stein, Pet., Auslese zweistimmiger Gesänge für die mittlere Gesangklasse höherer Töchterschulen und ähnlicher Lehranstalten. 1. Heft. qu. 8. (52 S.) München 860, Lindauer'sche Buchh.

—— Auslese drei- und vierstimmiger Lieder und Gesänge für die obere Gesangklasse höherer Töchterschulen und ähnlicher Lehranstalten. 2. Heft. 2 Abthlgn. qu. 8. Ebendas. 860.
Inhalt:
Abthl. 1. Dreistimmige Gesänge. (80 S.) 7½ Ngr.
" 2. Vierstimmige Gesänge. (36 S.) 3½ Ngr.

Stein, Pet., Auswahl von Gesängen für den gemischten Chor der Gymnasien, Real- u. höheren Bürgerschulen. Nebst einem Anh. von Turnliedern für den allgemeinen Gesang. 1. u. 2. Heft. Düsseldorf 865,69. de Haen. qu. 4. (IV, 109 S. u. IV, 101 S.) Jedes Heft n. 7½ ngr.

Stein, Peter, Auswahl von Gesängen für den gemischten Chor der Gymnasien, Real- und höheren Bürgerschulen. 1. Heft. 2. und 3. verb. Aufl., und 2. Heft. qu. 4. (IV, 109; IV, 101 S.) Düsseldorf 869—72, de Haen. à Heft * 75 Pf. *

Stein, Pet., Auswahl v. Gesängen f. den gemischten Chor der Gymnasien, Real- u. höheren Bürgerschulen. Nebst e. Anh. v. Turnliedern f. den allgemeinen Gesang. 3. verb. Aufl. 1. Hft. qu. 8. (109 S.) Düsseldorf 873. de Haen. n. — 75

Stein, Peter, Auswahl von Gesängen für den gemischten Chor der Gymnasien, Real- und höheren Bürgerschulen. 2. Heft. 2. und 3. Aufl. 8. (IV, 111 S.) Köln 876,77, DuMont-Schauberg'sche Buchh. *

Stein, Peter, Auswahl von Gesängen für den gemischten Chor der Gymnasien, Real- und höheren Bürgerschulen. Nebst einem Anhang von Turnliedern für den allgemeinen Gesang. 1. Heft. 4. Aufl. qu. gr. 8. (111 S.) Düsseldorf 878, de Haen'sche Buchh. *

Stein, Pet., Auswahl von Gesängen für den gemischten Chor der Gymnasien, Real- und höheren Bürgerschulen. Nebst einem Anhang von Turnliedern für den allgemeinen Gesang. 1. Heft. 5. Aufl. qu. gr. 8. (111 S.) Düsseldorf 882, de Haen'sche Buchh. *
—— dass. — 2. Heft. 3. Aufl. 8. (IV, 111 S.) Köln 882, DuMont-Schauberg'sche Buchh. **

Stein, Peter, Auswahl von Gesängen für den gemischten Chor der Gymnasien, Real- und höheren Bürgerschulen. Nebst einem Anhang von Turnliedern für den allgemeinen Gesang. 6. Aufl. qu. gr. 8. (112 S.) Düsseldorf 887, [de Haen.] F. Bagel. *

—— Auswahl von Gesängen für den gemischten Chor der Gymnasien, Real- und höheren Bürgerschulen. 2. Heft. 4. Aufl. 8. (IV, 111 S.) Köln 887, Du Mont-Schauberg'sche Buchh. **
1. Heft. Düsseldorf 882, de Haen'sche Buchh. * 90 Pf.

Stein, Pet., Auswahl v. Gesängen f. d. gemischten Chor der Gymnasien, Real- u. höh. Bürgerschulen. Nebst e. Anh. v. Turnliedern f. den allgem. Gesang. 7., verm. Aufl. qu. gr. 8. (112 S.) Frankfurt a/M. 897. Jaeger's Verl. n. — 90

Stein, P., Gesangfreund. Heitere u. ernste 2. 3. u. 4stimmige Gesänge f. gehobene Volksschulen u. höhere Lehranstalten. (3. Hft. der Schullieder.) 8. (3¾ B.) Coblenz 846, Blum. *

—— katholische Kirchengesänge für Gymnasien, Real- und höhere Bürgerschulen. Gesammelt und für gemischten Chor bearb. qu. 8. (IV und 64 S.) München 860, Lindauer'sche Buchh.

Stein, P., Lieder und Gesänge zunächst für kathol. Gesellenvereine, s. Lieder und Gesänge.

Stein, Pet., Lieder und Gesänge, zunächst für katholische Gesellenvereine. 1. Abth.: Lieder u. Gesänge für Haus u. Leben. Nebst einem Anh., enthltd.: „Die nothwendigsten Erklärungen u. Uebungen zur Erleichterung beim Gesangunterrichte". 853. — 2. Aufl. Düsseldorf 856. Kampmann. 16. (176 S.) 7½ ngr.

— Lieder u. Gesänge, zunächst für katholische Gesellenvereine u. ähnliche Corporationen. Nebst einem Anh., enth.: „Die nothwendigsten Erklärungen u. Uebungen zur Erleichterung beim Gesangunterricht". 3., rev. u. erweit. Aufl. 16. (XII, 196 S.) Düsseldorf 877. Deiters. n. 1. —

Stein, P., Lieder u. Meßgesänge aus d. Gesang- u. Gebetbuche f. die Diözese Trier. Nebst e. Anh., enth. Lieder u. Meßgesänge aus verschied. Sammlgn. Für die Schuljugend ausgew. und dreistimmig eingerichtet. Op. V. 8. (95 S.) Coblenz 847, Hölscher. n. 6½ ngr

— zwei- u. dreistimm. Lieder für obere Klassen kathol. Volksschulen. 2. Hft. 8. Ebend. 844. n. ⅛ ℛ — 2. Aufl. Ebend. 845. n. 4 ngr

— Marienlieder, gedichtet von Guido Görres. In Musik gesetzt u. für den mehrstimmigen Gesang in Kirche, Schule u. Haus eingerichtet. 1. Hft. qu. gr. 8. Coblenz 845, Hölscher. n. 8 ngr

—— dass. 2. Hft. qu. gr. 8. (1½ B.) Coblenz 845, Blum. *

—— Marienlieder gedichtet von Guido Görres. In Musik gesetzt und für den mehrstimm. Gesang in Kirche, Schule und Haus eingerichtet. (1. Heft.) Neue (Titel-)Ausg. qu. gr. 8. (20 S.) Coblenz 853, Hölscher's Verlag.

—— Sammlung ein- u. zweistimm. Lieder f. untere u. mittlere Klassen kathol. Volksschulen. 1. Hft. 8. (1½ B.) Coblenz 844, Blum. *

—— Sammlung 2- u. 3stimmiger Lieder für obere Klassen kathol. Volksschulen. 2. Hft. 1. Aufl. (3⅛ B.) 844. * 3¾ Ngr. u. 2. Aufl. 8. (2½ B.) Coblenz 845, Blum. *

Stein, Philipp, Bismarck-Brevier. (XII, 229 S.) kl. 8. Berlin 904. Schuster & Loeffler. n. 3. —; geb. n. 4. —

Stein, Philippe, s.: Congrès, Xème, international contre l'alcoolisme.

Goethe als Theaterleiter. Von Philipp Stein. Berlin & Leipzig: Schuster & Loeffler [1904]. (79 S.) 8°
= Theater, Das. Bd 12. [05. 348

Stein, Phpp., s.: Goethe-Briefe.

Stein, Philipp, s.: Goethe's, Jos. Wolfg. v., Briefwechsel m. Marianne v. Willemer.

— Henrik Ibsen. Zur Bühnengeschichte seiner Dichtgn. Mit 2 Portr. Henrik Ibsens, 29 Rollenbildern hervorrag. Ibsendarsteller u. 4 ganzseit. Scenenbildern. Lex.-8. (III, 52 S.) Berlin 901. O. Elsner. Kart. n. 1. 50

Stein, Ph., Zur Lage der Arbeiter im Schneider- und Schuhmachergewerbe in Frankfurt a. M. 8⁰. Frankfurt a. M., Gebr. Knauer, 1896.

Stein, Phil., Zur Lage der Arbeiter im Schneider- und Schuhmachergewerbe zu Frankfurt a/M. 1897. 8⁰. Frankfurt a/M., Gebr. Knauer, 1898.

Stein, Ph., s. a. Zur Lage der Arbeiter im Schneider- u. Schuhmachergewerbe in Frankfurt a/M.

Adalbert Matkowsky. Von Philipp **Stein**. Berlin & Leipzig: Schuster & Loeffler [1904]. (74 S.) 8°
= **Theater,** Das. Bd 6. [05. 310]

Deutsche Schauspieler. Eine Bildnissammlung von Philipp **Stein**. 1. Berlin: Selbstverl. d. Gesellsch. f. Theatergesch. 1907. 4°
= **Schriften** d. Gesellschaft f. Theatergeschichte. Bd 9. [07. 10663]

[F.] 'Von Schreibtisch und Werkstatt'. Handel, Gewerbe u. Industrie im Geiste d. schaffenden Berlin. (Umschlagt.: Ausstellungsgedenkbuch ...) (Vf.: Philipp **Stein** [&] W[olfgang] v. Metzsch.) *Berlin: K. Siegismund 1896.* (158 S., 1 Bl.) 1 Bd 8. [97. 7334]

Über Streiks und Aussperrungen. Vortrag geh. ... zu Dresden ... 1907 von Prof. Dr. Ph(ilipp) **Stein**, Frankfurt a. M. Dresden: v. Zahn & Jaensch 1907. (23 S.) 8° [F.]
= **Zeit- u. Streit-Fragen,** Neue, hrsg. v. d. Gehestiftung. Jg. 5, H. 1. [07. 16530]

Stein, Philipp, Das Verhältnis der freiwilligen und zwangsgemeinschaftlichen Körperschaften in der Wohlfahrtspflege. · Schriften d. Ver. f. Socialpolitik, Bd. 128. 8⁰. Leipzig, Duncker u. Humblot, 1908.

Volksbildung, Politik und Religion von Prof. Dr. Philipp **Stein** in Frankfurt a. M. u. Pfarrer Lic. E. Fuchs in Rüsselsheim. Leipzig: Quelle & Meyer 1908. (30 S.) 8° [F.]
= **Volkskultur,** Die. No 6. [08. 13370]

Stein, Philipp [aus Frankfurt a. M.]: Die Zunft der Massenbläser und der Hammerschmiede zu Siegen von 1516—1830 ... (Theil e. Arb.: Über Unternehmungsformen in den Eisenindustrieen des 16., 17. und 18. Jahrhunderts.) Frankfurt a. M., Druck v. Kumpf & Reis, 1896; 2 Bl., 107 S. 8.
Leipzig, Phil. Fak., Inaug.-Diss. v. [19 Juni] 1896

Stein, R., fremde Artillerie. Notizen über Organisation und Material der ausserdeutschen Artillerien, aus der neueren Militair-Literatur zusammengestellt. gr. 8. (106 S. mit 4 Tab. in qu. gr. 8. und qu. gr. 4.) Berlin 876, [Schneider und Comp.] Wilhelmi.

Stein, R., Titulaturen u. Curialien bei Briefen, Eingaben rc., sowie die hauptsächlichsten Vorschriften f. Postsendgn. 8. (48 S.) Berlin 883. Nicolai's Verl. n. — 80

Stein, R., Titulaturen in Briefen u. Eingaben an Standespersonen, Behörden rc., sowie die hauptsächlichsten Vorschriften f. Postsendungen. 2., verb. Aufl. 8. (64 S.) Berlin 890. Nicolai's Verl. n. — 80

Stein, Dr. Reinh., s. *Gratius* faliscus.

Stein, Richard, a. München: Über die Carbanilidbildung und Acetylierung von 1,3-Dicarbonylverbindungen. München 1905: V. Höfling. (69 S.) 8°
München, Phil. Fak., Ref. v. Baeyer, Diss. v. 12. Juli 1905
[Geb. 7. April 77 München; Wohnort: München; Staatsangeh.: Bayern; Vorbildung: Wilhelmsgymn. München Reife Juli 97; Studium: München 15 S.; Rig. 19. Mai 05.]

Stein, Rich. (geb. New-York [illegible]): Das Erythema nodosum im Kindesalter. Berlin (188[illegible]). ([illegible] S.) 8°
Berlin, Med. Diss. v. 11. Dez. 188[illegible]

Stein, Richard: Über Gelenkresektionen mit Interposition von Weichteilen nach Helferich. Bonn 1907: C. Georgi. (36 S.) 8°
Bonn, Med. Fak., Ref. Garrè, Diss. v. 31. Juli 1907
[Geb. 19. Apr. 79 Simmern; Wohnort: Bonn; Staatsangeh.: Preußen; Vorbildung: Gymn. Würzburg Reife M. 99; Studium: Würzburg 5, Bonn 5 S.; Coll. 31. Juli 07; Approb. 15. Mai 06.]

Stein, Rich., Geschichte der Ortschaften Groß- u. Kleiningersheim. (VIII, 240 S. m. 2 Abbildgn., 4 Taf. u. 2 Karten.) gr. 8. Stuttgart 903. Hobbing & Büchle.
n. 3. —; geb. in Leinw. n. 3. 60

Stein, Rich. (geb. Rheydt im Rheinl. [illegible] 1834): De regionis circa [illegible] indole geognostica. Berolini (1860). (53 S.) 8° * Vollst. ersch. in Zeitschr. d. Deutschen geolog. Gesellschaft. Bd 12. 1860.
Berlin, Phil. Diss. v. 23. Juli 1860.

Stein, Richard (Hrsg.), s. Stein, Heinrich Konrad: Lehrbuch der Geschichte ...

Stein, Richardus *(geb. Landeck in Schles. 6. 2. 1842)*: De articuli apud Pindarum usu. Vratislaviae (1868). (46 S.) 8°
Breslau, Phil. Diss. v. 30. Mai 1868

Stein, Robert, a. Coblenz a. Rh.: Die Schule als Staatsanstalt in Schulgeschichte und Staatslehre bis 1794. Weida i. Th. 1906: Thomas & Hubert. (63 S.) 8° [F.]
Leipzig, Phil. Fak., Ref. Barth-Brandenburg, Diss. v. 25. Aug. 1906
[Geb. 9. Marz 81 Coblenz a. Rh.; Wohnort: Leipzig; Staatsangeh.: Preußen; Vorbildung: Realgymn. Coblenz Reife O. 00; Studium: Bonn 9, Münster 1, Leipzig 6 S.; Rig. 28/29. Juli 05.]

Die vereinigten Staaten von Europa. Von Robert **Stein**, Washington. Berlin: W. Süsserott 1908. (23 S.) 8° [08. 13537]

Stein, Roland, Ref. in Annaberg im Erzgeb.: Über den Begriff, die Arten und die rechtlichen Folgen des Lagergeschäftes, insbes. des Sammellagergeschäftes nach dem Handelsgesetzbuch vom 10. Mai 1897. Annaberg 1906: M. Muschter. (70 S.) 8°
Leipzig, Jur. Fak., Diss. v. 29. Juni 1906
[Geb. 5. Dez. 82 Öderan i. S.; Wohnort: Annaberg; Staatsangeh.: Sachsen; Vorbildung: Fürstensch. Grimma Reife O. 02; Studium: Leipzig 8 S.; Rig. 18. Jan. 06.]

Stein, Rosa, a. Tobolsk: Über die Leitung der Placentar-Periode bei Placenta praevia. Freiburg i. B. 1910: Parkoin. 35 S. 8°
Freiburg i. B., Med. Diss. v. 1910, Ref. Krönig
[Geb. 15. Nov. 83 Omsk; Wohnort: Freiburg i. B.: Staatsangeh.: Rußland; Vorbildung; Gymn. Omsk Reife 02; Studium: Bern 9, Freiburg i. B. 2 S.; Rig. 17. Dez. 09.] [U 10. 1008]

Stein, Rud., Paul u. Virginie, s.: Volkserzählungen, neue.

Stein, S: Ueber Dolomite, deren Vorkommen und Benutzung. (Bonn) 1895

Stein, S: Ueber das Kleingefüge (die Mikrostructur) des Eisens und über die Formen des Kohlenstoffes im Eisen und im Stahl. Düsseldorf 1888

Stein, S: Ueber neue Krystallerscheinungen auf dem Gebiete des Eisenhüttenwesens. Düsseldorf 1894

Stein, S. A. W., tabulae anatomicae praecipuarum humani corporis regionum in quibus graviores operationes chirurgiae suscipiuntur. Fasc. I. Fol.maj. Kopenh.831. Brummer. 3 ꝭ

Stein, S. A. W., Tabulae Anatomicae praecipuarum humani corporis regionum, in quibus graviores operationes chirurgicae suscipiuntur. Fasc. I. Pars I. et II. qu. Fol. Kopenhagen 831 et 34. (Reitzel) 4½ ꝭ

Stein, S. J. Ferdinand

Stein, S. J. F. Essai sur la formation et l'emploi syntaxique des pronoms prétendus indéfinis *qui ... que* etc. et des locutions conformes *si ... que*. Rheinbach, Pg., 1882. 13 S. 4. Progr.

Stein, S. J. Ferd., Lehrgang der französischen Sprache im Anschluß an die Lehrpläne vom J. 1891. 1. Abtlg. (Quarta.) gr. 8. (VII, 130 S.) Aachen 893. R. Barth, Verl. Geb. in Leinw. n. 1. 20

Stein, Salomon, Geschichte der Juden in Schweinfurt. 2 Vorträge, geh. im Verein für jüd. Geschichte u. Literatur zu Schweinfurt. gr. 8. (56 S.) Frankfurt a/M. 899. J. Kauffmann. n. 1. 20

Stein, Salo, Materialien zur Ethik des Talmud. I. Die Pflichtenlehre des Talmud. gr. 8. (185 S.) Frankfurt a/M. 894. J. Kauffmann. n. 4. —

Stein, Salom., das Verbum der Mischnahsprache. gr. 8. (54 S.) Berlin 888, (Mayer und Müller.) Diss Leipz. *

An die hochgeschätzten und verehrten Mitglieder der Lese- und Erholungs-Gesellschaft in Bonn. (Vf.: Siegfried Stein). (Bericht z. Erinnerg an d. Einweihg d. neuen Gesellschaftshauses.) *(Bonn: C. Georgi 1897)* (21 S.) 1 Bd 8. [98. 1179 1...

Stein, Sigismund [prakt. Arzt in Gransee]: Ein Fall von Hermaphroditen-Bildung .... Breslau, Druck v. Th. Schatzky, 1887; 29 + 1 S. + 1 Bl. 8°.
Breslau Med. Fak., Inaug.-Diss. v. 20. Jan. 1887.

Stein, Sigism., ein Fall von Hermaphroditen-Bildung. Inaugural-Dissertation. gr. 8. (29 S.) Breslau 887, (Köhler.) *

Stein, Sigmund Theodor

Stein, Sigm. Thdr., die allgemeine Elektrisation des menschlichen Körpers. Elektrotechnische Beiträge zur ärztlichen Behandlung der Nervenschwäche [Nervosität u. Neurasthenie], sowie verwandter allgemeiner Neurosen. Mit 35 Textabbildungen. gr. 8. (VIII, 72 S.) Halle 882. Knapp. n. 2. 50

Stein, Sigm. Thdr., die allgemeine Elektrisation d. menschlichen Körpers. Elektrotechnische Beiträge zur ärztl. Behandlg. der Nervenschwäche [Nervosität u. Neurasthenie], sowie verwandter allgemeiner Neurosen. 2., vielfach verm. Aufl. Mit 1 Photogr. in Lichtdr. u. 64 Textabbildgn. gr. 8. (X, 144 S.) Halle 883. Knapp. n. 3. —

—— die parasitären Krankheiten des Menschen. I. A. u. d. T.: Entwickelungsgeschichte und Parasitismus der menschl. Cestoden. Aetiologie, Pathologie und Therapie der Bandwurmkrankheiten des Menschen. Mit 79 Textillustr. und 14 phototyp. Taf., enthaltend 115 photogr. Abbild., aufgenommen von Jul. Grimm in Offenburg. gr. 4. (VIII, 52 S.) Lahr 882, Schauenburg. cart. *

Stein, Sigm. Thdr., Lehrbuch der allgemeinen Elektrisation des menschlichen Körpers. Elektrotherapeutische Beiträge zur ärztl. Behandlung der Neurasthenie und Hysterie, sowie verwandter allgemeiner Neurosen. 3. vielfach verm. Aufl. gr. 8. (XII, 256 S. mit 1 Photogr. und 110 Textabbild.) Halle 886, Knapp. *

Stein, Sigm. Thdr., das Licht im Dienste wissenschaftlicher Forschung. Handbuch der Anwendung des Lichtes und der Photographie in der Natur- und Heilkunde, in den graph. Künsten und dem Baufache, im Kriegswesen und bei der Gerichtspflege. gr. 8. (XVIII, 480 S. mit 431 Text-Illustr., sowie 12 phototyp. und chromolithogr. Taf.) Leipzig 877, Spamer. +

—— das Licht im Dienste wissenschaftlicher Forschung. Handbuch der Anwendung des Lichtes, der Photographie und der opt. Projektionskunst in der Natur- und Heilkunde, in den graph. Künsten und dem Baufache, im Kriegswesen und bei der Gerichtspflege. Mit über 600 Text-Abbild. und Taf. 2. gänzlich umgearb. und verm. Aufl. 1.—3. Heft oder 1. Bd. gr. 8. Halle 884, Knapp. *

Inhalt:

Heft 1. Sonnenlicht und künstliche Lichtquellen für wissenschaftliche Untersuchungen zum Zwecke photographischer Darstellung. (VIII, S. 1—152 mit 167 Text-Abbild. und 2 Taf.) 884. *ℳ 4.
» 2. Das Mikroskop und die mikrographische Technik zum Zwecke photographischer Darstellung. (X, S. 153—322 mit 136 Text-Abbild. und 4 photogr. Taf.) 884. *ℳ 5.
» 3. Das Licht und die Lichtbildkunst in ihrer Anwendung auf anatomische, physiologische, anthropologische und ärztliche Untersuchungen. (XVIII, S. 323—472 mit 172 Text-Abbild. und 2 photogr. Taf.) 885. *ℳ 4,50.

Stein, Sigm. Thdr., das Licht im Dienste wissenschaftlicher Forschung. Handbuch der Anwendung des Lichtes, der Photographie und der opt. Projektionskunst in der Natur- und Heilkunde, in den graph. Künsten und dem Baufache, im Kriegswesen und bei der Gerichtspflege. Mit 849 Textabbild. und 10 Taf. 2. gänzl. umgearb. und verm. Aufl. 4.—6. (Schluss-) Heft. gr. 8. Halle, Knapp. *

Inhalt:

Heft 4. Die Photographie im Dienste der Astronomie, Meteorologie und Physik. (VIII, S. 1—192 mit 135 Textabbild. und 1 photograph. Taf.) 886. *ℳ 5.—.
» 5. Die Photogrammetrie [bearb. von F. Stolze], Militärphotographie und optische Projectionskunst. (2. Bd. VIII, S. 193—338 mit 170 Textabbild.) 887. *ℳ 4.—.
» 6. Die photographische Technik für wissenschaftliche Zwecke. (2. Bd. VII, XIV, S. 339—462 mit 67 Textabbild. und 1 Taf.) 888. *ℳ 3.—.
1.—3. Heft. Ebendas. 1881. *ℳ 13.50.

— die Lichtbildkunst im Dienste der naturwissenschaftlichen Forschung. Vortrag, geh. auf der 50. Versammlung deutscher Naturforscher u. Aerzte zu München am 19. Septbr. 1877. Mit 32 (eingedr. Holzschn.-) Abbildungen. gr. 8. (III, 46 S.) Stuttgart 877. Schweizerbart. n. 1. 60

— die optische Projektionskunst im Dienste der exakten Wissenschaften. Mit 183 Textabbildgn. gr. 8. (VIII, 155 S.) Ebd. 887. n. 3. —

Stein, Sigm. Thdr., die Trichinenkrankheit und deren Auftreten zu Frankfurt a. M. im Januar 1873. Worte zur Warnung und Belehrung. gr. 8. (16 S. mit 1 Photoxylogr. und 7 eingedr. Holzschn.) Frankfurt a. M. 873, Auffarth. *

[5.] Vor Tagesanbruch. Erzählg aus d. Gegenwart f. jüngere wie reifere Mädchen. Von Sophie Stein. *Berlin: L. Oehmigke 1896.* (285 S.) 1 Bd 8.
= Bibliothek d. Vereins zur Reform d. Litteratur f. d. weibl. Jugend. Bd 1. [95. 2329

Stein, Stanisl. v., e. weiterer Beitrag zur Anwendung des Acidum trichloraceticum. [Aus: „Monatsschr. f. Ohrenheilkde."] gr. 8. (7 S.) Berlin 894. O. Coblentz. n. 1. —

Ein Fall von nichteiteriger Erkrankung des rechten Labyrinths. Zerstörung d. Endapparats. Folgen. Eine neue Funktion d. Labyrinths. ⟨Lichtlabyrinth.⟩ Photokinet. Experiment. Von Stanislaus v. **Stein**, Dir. Mit 10 Taf. Leipzig: E. F. Steinacker 1907. (64 S.) 4°(8°)
= **Arbeiten** aus d. Universitätsklinik f. Ohren-, Hals- u. Nasenleiden in Moskau. No 1. [08. 6032

Stein, Stanisl. v., der 1. publicirte Fall e. Pharyngitis phlegmonosa acuta, durch e. Meningitis purulenta complicirt. [Aus: „Monatsschr. f. Ohrenheilkde."] gr. 8. (2 S.) Berlin 894. O. Coblentz. n. 1. —

— die Lehren v. den Funktionen der einzelnen Theile d. Ohrlabyrinths. Aus dem Russ. übers., f. die deutsche Ausg. bearb. u. hrsg. von C. v. Krzywicki gr. 8. (XX, 697 S. m. 190 Abbildgn.) Jena 894. G. Fischer. n. 15. —

Schwindel. Autokinesis externa et interna. Neue Funktion d. Schnecke. Von Dr. Stanislaus v. **Stein**. Mit 11 Taf. Moskau: Univ.-Klinik; Leipzig: Leiner 1910. 467, LII S. 4°(8°)
(Arbeiten aus d. Universitätsklinik f. Ohren-, Hals- u. Nasenleiden in Moskau. Nr 4.) [10. 16302

— Schwindel. Antokinesis externa et interna. Neue Funktion der Schnecke, s.a. Arbeiten aus der Universitätsklinik f. Ohren-, Hals- u. Nasenleiden in Moskau. Nr. 4.

Stein, Stanislaus von: Silber-Zinkätzungen bei Nasen-, Hals- und Ohrenleiden. Mit 1 Taf. Leipzig: Steinacker 1908. 37 S. 4° (8°)
(Arbeiten aus d. Kaiserl. Universitätsklinik f. Ohren-, Hals- u. Nasenleiden in Moskau. Nr 2.)

Stein, Stanisl. v., Silber-Zinkätzungen bei Nasen-, Hals- u. Ohrenleiden, s.a. Arbeiten aus der kaiserl. Universitätsklinik f. Ohren-, Hals- u. Nasenleiden in Moskau. Nr. 2.

Über den therapeutischen Wert der Kohlensäureduchen bei Nasen-, Hals- und Ohrenleiden. Hochdruck-Luftmassage. Von Stanislaus v. **Stein**. Leipzig: Steinacker 1908. 15 S. 4°(8°)
(Arbeiten aus d. Kaiserl. Universitätsklinik f. Ohren-, Hals- u. Nasenleiden in Moskau. Nr 3.) [10. 7553

— Über den therapeutischen Wert der Kohlensäuredouchen bei Nasen-, Hals- u. Ohrenleiden. Hochdruck-Luftmassage, s.a. Arbeiten aus der kaiserl. Universitätsklinik f. Ohren-, Hals- u. Nasenleiden in Moskau. Nr. 3.

Arbeit aus eigenem Privatlaboratorium. Die Wirkung des kontinuierlichen Zentrifugierens auf die Entwicklung von Eiern, Kücken, Fischen und Meerschweinchen. Von Stanislaus v. **Stein**. Mit 13 Taf. Moskau: Universitätsklinik; Leipzig: Leiner [in Komm.] 1910. 56, III S. 4°(8°)
(Arbeiten aus d. Universitätsklinik f. Ohren-, Hals- u. Nasenleiden in Moskau. Nr 5.) [11. 7443

Stein, Th., Beschreib. u. Abbildung e. neuen Maschine zum Reinigen aller Getreide-, Oel- u. Kleesämereien. 8. (1 B. u. 1 Kpfrt. gr. 4.) Leipzig 834, Baumgärtner.

Stein, Th., Beschreibung u. Abbild. zweier Schafraufen, nebst e. verbess. Kartoffel-Schneidemaschine. gr. 4. (1 B. u. 2 Kpfrt.) Leipzig 836, Baumgärtners Buchh.

—— üb. d. besten Bienen-Wohnungen (Bienenstöcke) u. d. besten Geräthschaften bei d. Bienenzucht, d. Behandl. d. Bienen, nach welcher dens. jährl., im Herbste od. Frühjahre, d. überflüss. Vorrath an Honig u. Wachs, ohne sie zu tödten, genommen wird, im Auge behaltend. gr. 4. (1½ B. u. 4 Kpfr.) Leipzig 837, Baumgärtners Buchh.

—— die landwirthschaftl. Buchführung, od. Anleit. z. richtigsten Methode die Landwirthschafts-Rechnungen von großen u. kleinen Gütern so zu führen, daß daraus nicht nur am Schluße d. Jahres der reine Ertrag d. ganzen Gutes, sond. auch von e. jeden einzel. Branche mit Leichtigkeit u. Zuverlässigkeit zu ersehen ist. Auf die einfachste Art gezeigt durch die Schemas zu den Rechnungsbüchern u. durch Beispiele faßlich dargestellt. gr. 8. (13 B.) Leipzig 835, Baumgärtners Buchh.

Stein, Th., das Krankenhaus der Diakonissen-Anstalt Bethanien zu Berlin. Mit 16 (theils lith., theils in Kpfr. gest.) Taf. Imp. 4. (VI u. 29 S.) Berlin 850, Reimarus (jetzt: Ernst & Korn). n. 4 ₰

Stein, Théo, Paris, s.a. Grieben's Reisebücher. 21.

Stein, Théo. Paris und Umgebungen. Praktisches Reisehandbuch 10. Auflage, neu bearbeitet. Mit 6 Kartenbeilagen. (Aus: „Griebens Reisebücher" 21. Band.) 8. Berlin 1900.

Stein, Thdr., Erweiterungsbauten der Berliner-Stettiner Eisenbahn, ausgeführt 1864—1869. 4. (54 S. mit eingedr. Holzschn. und 26 Stnt. in qu. Fol.) Berlin 870, Ernst und Korn. cart. *

Stein, Theodor, geht Diabas in Schaalstein über? Diss. Giessen 1887, J. Rickersche Buchh. 8°. 23 S. mit 2 Taf.

Stein, Thomas S.

--'Uf'm öwerste speicher. A Pa-G poem. Annville, Pa. 1900.

Stein, Victor, aus Teplitz i. B.: [1.] Zur **Kenntnis** einiger Carbazolderivate. [2.] Ueber die Lichtempfindlichkeit von Diazoverbindungen. *Berlin 1901: A. W. Schade.* (32 S.) 8°
Berlin, Phil. Diss. v. 27. Juli 1901

Stein, Vikt., aus dem Leben e. exkommunizierten Priesters, s.: Lichtstrahlen. Nr. 8.

— s.a. Proletarier-Liederbuch, österreichisches.

— Oesterreichisches Proletarier-Liederbuch. 4. Aufl. 8°. Wien, Wiener Volksbuchh., 1906.

Stein, W. Ueber das Auftragen eines trigonometr. Netzes nach der modificirten Flamsteadschen Projection. 18 S. . . . . .
Trier, Progr. 1828

Stein, W., Bericht über Nahrungsmittel, s. Bericht der Beurtheilungs-Commission bei der Industrie-Ausstellung zu München.

Stein, W. H., der Unterricht in der Gabelsbergerschen Stenographie. Ein Beitrag zur Methodik des stenograph. Unterrichts. Mit e. Vorwort v. Mart. Girndt (24 S.) gr. 8. Wolfenbüttel (901). Heckner. n.n. — 50

Stein, Walther, Akten zur Geschichte der Verfassg. u. Verwaltung der Stadt Köln im 14. u. 15. Jahrh., s.: Publikationen d. Gesellschaft f. rhein. Geschichtskunde, X, 2.

Stein, Walth., die Apostelgeschichte u. hervorragende Stellen der neutestamentlichen Briefliteratur. Enchiridion zu ihrer schulgemäßen Behandlg. 3. Heft der Enchiridien f. den Religionsunterricht. (38 S.) 8. Halle 908. H. Schroedel. — 60

Stein, Walther [pr. Arzt]: Beitrag zur Lehre von den Geschwülsten des Ohres ... Königsberg i. Pr., Druck v. R. Schenk, 1896; 24 S., 1 Bl. 8.
Königsberg, Med. Fak., Inaug.-Diss. v. 3. Okt. 1896

Stein, Walth., Beitrag zur Lehre v. d. Geschwülsten d. Ohres. Diss. gr. 8. (24 S.) Königsberg 896. (W. Koch.) n. — 80

Stein, Walther, Dr.: Beiträge zur Geschichte der deutschen Hanse bis um die Mitte des fünfzehnten Jahrhunderts. *Giessen: J. Ricker 1900.* (151 S.) 8°
Breslau, Phil. Hab.-Schr. v. 25. Okt. 1900

— Didaktik u. Methodik des evangelischen Religionsunterrichts. 5. Heft der Enchiridien f. den Religionsunterricht. (VI, 132 S. m. Abb.) 8. Ebd. 910. 1. 60

Stein, Walther: Die Genossenschaft der deutschen Kaufleute zu Brügge in Flandern. . . . Berlin, R. Gaertner's Verlagsbuchh. Hermann Heyfelder (1889); 46 S. + 1 Bl. 8°
Berlin, Phil. Fak., Inaug.-Diss. v. 23. Nov. 1889

Stein, W., die Genossenschaft der deutschen Kaufleute zu Brügge in Flandern. gr. 8. (136 S.) Berlin 890. Gaertner. n. 3. 60

— Biblische Geschichten des Alten Testaments. Enchiridion zu ihrer schulgemäßen Behandlg. 4. Heft der Enchiridien f. den Religionsunterricht. (68 S.) 8. Ebd. 909. 1. —

— Biblische Geschichten des Neuen Testaments. Enchiridion zu ihrer schulgemäßen Behandlg. 2. Heft der Enchiridien f. den Religionsunterricht. (IV, 47 S.) 8. Ebd. 908. 1. —

Stein, Walth., s.: Geschichtsblätter, hansische.

Stein, Walther: Die Hanse und England. Ein hansisch-engl. Seekrieg im 15. Jh. Leipzig: Duncker & Humblot 1905 (VI, 51 S.) 8°
= Pfingstblätter d. Hansischen Geschichtsvereins. Bd 1.

Die Hanse und England. Ein hansisch-englischer Seekrieg im 15. Jahrhdt. Von Walter **Stein.** 2. unveränd. Abdr. — Leipzig: Duncker & Humblot 1905. 51 S. 8°
(Pfingstblätter d. Hansischen Geschichtsvereins. Bl. 1.)

Stein, Walth, s.: Im Strom der Zeit.

— Dr. Martin Luthers kleiner Katechismus. Enchiridion zu seiner schulgemäßen Behandlg. 1. Heft der Enchiridien f. den Religionsunterricht. (III, 83 S.) 8. Ebd. 908. 1. 50

Stein, Walth., Labyrinthbefund in e. Falle v. erworbener Taubstummheit, s.: Anatomie die, der Taubstummheit. 3. Lfg.

— Deutsche Sprachlehre f. Lehrerbildungsanstalten, s.: Schindler, K., u. A. Bollmer.

— s.: Urkundenbuch, hansisches.

Frische Zweige. Neue Gedichte von Walther **Stein**. *Leipzig & Wetter. (Ruhr) V. Engelmann 1903.* (60 S.) 8° [F.]

Stein's, Wilhelm, Abentheuer von ihm selbst, u. herausgg. v. C. F. Lauckhard. 2 Thle. 8. Altenb. 818. (Leipz., Lauffer). 2 ℔ 8 ℋ

Stein, W., Anleitung zur qualitativen Analyse und zu den wichtigsten Gehaltsprüfungen für den ersten Unterricht und zum Selbststudium. 8. (XII und 187 S. mit eingedr. Holzschn.) Dresden 859, Schönfeld's Buchh. *

Stein, Wilhelm, Kgl. Assistenzarzt im Schlesw.-Holst. Inf.-Reg. No 163, aus Neustrelitz: Beiträge zur Frage der modernen Varicenoperationen an den unteren Extremitäten. *Neumünster i. Holst. 1902: R. Hieronymus.* (62 S.) 8°
Rostock, Med. Diss. v. [20. Jan.] 1903

Stein, Wilh., Bilder aus der Geschichte der deutschen Dichtung. Für mittlere Lehranstalten, Töchterschulen u. zum Selbstunterrichte. (VII, 285 S. m. Abbildgn.) gr. 8. Habelschwerdt 903. Franke. n. 2. 50; geb. n.n. 3. —

Stein, Wilhelm, aus Lauterbach: Ueber Darmgeschwüre bei Urämie. *Würzburg 1902: A. Boegler.* (29 S.) 8°
Würzburg, Med. Diss. v. 1902

Stein, Wilh., Decken-Malereien in verschiedenen Stilen. (In 5 Lfgn.) 1. Lfg. gr. 4. (4 farb. Taf.) Frankfurt a/M. 893. W. Rommel. n. 2. 50

Erläuterung neuerer Dramatiker. Für d. Schulgebr. hrsg. von Wilhelm **Stein.** 1. Habelschwerdt: Franke 1906. 8° [F.] 106. 8418

— Erläuterung neuerer Dramatiker. Für den Schulgebrauch hrsg. I u. II. 8. Ebd. n. 1. 65
I. Friedrich Hebbel. (VIII, 64 S. m. 1 Bildnis.) 905. — 75
II. Otto Ludwig. (VIII, 80 S. m. 1 Bildnis.) 906. — 90

— Erläuterung des Gudrunliedes. Für den Schulgebrauch hrsg. (VIII, 51 S. m. Titelbild.) 8. Ebd. 904. n. — 60

Stein, Wilh., Erläuterung zum deutschen Homer. Die Ilias in ihrer Beziehg. zur deutschen Dichtg. Für den Schulgebrauch hrsg. (VIII, 132 S. m. 1 Bildnis.) 8. Habelschwerdt 908. Franke. 1. 50

Erläuterung des Nibelungenliedes. Für d. Schulgebr. u. z. Selbstunterr. hrsg. von Wilhelm **Stein**, Seminarlehrer. Habelschwerdt: Franke 1904. (VI, 85 S.) 8° [F.] 105. 1334

— Erläuterung des Nibelungenliedes. Für den Schulgebrauch hrsg. 2., verb. Aufl. (V, 101 S. m. 5 Abbildgn.) 8. Ebd. 910. 1. 10

Stein, Wilh., Gedichte. 8. (IV, 168 S.) Stuttgart 869, Göschen'sche Verlagsh. (* ℳ 1,50.) *

Stein, W.: Die Glasfabrikation.
s. Bolley, P.: Handbuch d. chem. Technologie.

— die Glasfabrikation, s. Handbuch der chemischen Technologie.

Stein W. d. Glasfabrikation. (Hdb. d. chem. Techn. v. Bolley III, 1) Braunschweig 1862

Stein, Wilh., der König der Wälder oder Tecumseh u. der Prophet. Von Harry Hazel. Für die Jugend bearb. Breslau 863. Trewendt. gr. 16. (VIII, 308 S. u. 8 Lithogr. in Farbendr.) 1 ℔ 15 ngr.

—— die Naturwissenschaften in ihren Beziehungen zu den materiellen und geistigen Interessen der Menschheit. gr. 8. (38 S.) Dresden 856, Schönfeld's Buchh.

—— us 'm Neckerdhal. Gedichte in schwäb. Mundart. gr. 16. (VIII, 138 S.) Stuttgart 868, Grüninger. cart. *
—— dass. — 2. veränd. und verm. Aufl. gr. 16. (VIII, 180 S.) Stuttgart 869, Göschen'sche Verlagsh. (* ℳ 1,50.) *

Stein, Guil. (geb. Fornow in d. Neum. 22. 12. 1819). De typho abdominali nonnulla. Berolini (1844). (27 S.) 8°
Berlin, Med. Diss. v. 14. März 1844

—— die Organisation des chemischen Unterrichts. gr. 8. (VIII und 84 S.) Dresden 857, Kuntze. *

— Parzival. Der arme Heinrich. Walter v. der Vogelweide. Hans Sachs. Das glückhafte Schiff v. Zürich. Das Volkslied. (Erläuterungen.) Für den Schulgebrauch hrsg. (VI, 109 S. m. Abb.) 8. Ebd. 909. 1. 25

Stein, Wilh., Prairieblume unter den Indianern, s. Murray.

Stein, Wilh., Prairieblume unter den Indianern. Eine Erzählung aus dem Westen Nordamerika's von Ch. A. Murray. Für die Jugend bearb. br. 8. (IV und 390 S. mit 8 Lithochrom. nach Zeichnungen von F. Koska und 1 lithogr. Uebersichtskarte in qu. 4.) Breslau 854(55,) [Trewendt.] :

Stein, Wilh., Prairieblume unter den Indianern. Eine Erzählung aus dem Westen Nordamerika's von Ch. A. Murray. Für die Jugend bearb. 2. Aufl. br. 8. (IV und 390 S. mit 8 Kpfrn., Chromolithogr. nach Zeichnungen von F. Koska und 1 lithogr. Uebersichtskarte in qu. 4.) Breslau 859, E. Trewendt. geb. 1

—— Prairieblume unter den Indianern. Eine Erzählung aus dem Westen Nordamerika's von Ch. A. Murray. Für die Jugend bearb. 3. Aufl. br. 8. (IV und 390 S. mit 8 Kpfrn. in Buntdr. nach Zeichnungen v. F. Koska und 1 lithogr. Uebersichtskarte in qu. 4.) Breslau 867, Trewendt. geb. 1

Stein, Wilh., Prairieblume unter den Indianern. Eine Erzählg. aus dem Westen Nordamerika's v. C. A. Murray. Für die Jugend bearb. Mit 9 (color.) Kpfrn. nach Zeichngn. v. F. Koske n. e. (lith.) Uebersichtskarte. 4. Aufl. gr. 8. (390 S.) Breslau 874. Trewendt. 5. 25

Prairieblume unter den Indianern. Nach Ch. A. Murray's 'Prairievogel'. Für d. Jugend bearb. von Wilhelm Stein. Mit 8 Bild. von F. Koska u. 1 Übersichtskarte. 6. Aufl. Berlin: E. Trewendt [1904]. (421 S.) 8° [F.] [05.36..]

Stein, Wilh., († d. 1. Juli 1849), Predigten üb. die evangel. Pericopen aus seinem handschriftl. Nachlasse ausgewählt u. zum Drucke befördert v. A. Lindenborn. 3 Hfte. gr. 8. (LVIII u. 725 S.) Wetzlar 850. 51. (Rathgeber.) (1: n. 2/3 ℛ 2: n. 1/2 ℛ 3: n. 2/3 ℛ) n. 1 5/6 ℛ

Stein, W., die Prüfung der Zeugfarben u. Farbenmaterialien. Systematische Anleitung zu ihrer Erkenng., Gehaltsprüfg. u. Beurtheilg. der Aechtheit. gr. 8. (X, 101 S.) Eutin 878. Struve. n. 3. —

STEIN, WILHELM.
Prüfung (Die) der Zeugfarben und Farbmaterialen. Eutin, 1874. 8vo. Folding tables.

Stein, W., unterbrochene Rollenstudien, s.: Wallner's allg. Schaubühne.

—— chemische und chemisch-technische Untersuchung der Steinkohlen Sachsens, s.a. Steinkohlen, die, des Königr. Sachsen.

Stein, W: Chemische und chemisch-technische Untersuchung der Steinkohlen Sachsens. Leipzig 1857

Namentliches Verzeichnis sämtlicher Mitglieder, Ehrenmitglieder und dienenden Brüder der Loge Wittekind zur westfälischen Pforte im O. Minden vom Tage ihrer Stiftung, dem 10. Nov. 1780, ab bis zur Feier ihres 125-jährigen Stiftungsfestes am 12. Nov. 1905 nebst einigen geschichtlichen Nachrichten und mehreren Anl. Bearb. vom Br. [Wilh.] Stein. Festgabe zur Feier des 125. Jahrestages seit Gründung der Loge. Minden i. Westf. [1905]: Bruns. X, 184 S. 8°
cf. L. 29 (1906) S. 208 (P. Fischer).

Stein, Wilhelm, a. Magdeburg: Voraussetzungen und Rechtswirkungen der Handelsgebräuche nach § 346 H.G.B. Berlin 1907: E. Streisand. (91 S.) 8°
Jena, Jur. Fak., Ref. Danz, Diss. v. 20. Sept. 1907
[Geb. 15. Okt. 75 Magdeburg; Wohnort: Friedenau; Staatsangeh.: Preußen; Vorbildung: Gymn. Anklam (Pommern) Reife M. 95; Studium: Berlin 6, Jena 1, Berlin 2, Jena 1 S.; Rig. 31. Juli 07.]

Stein, Wilhelm Emil Eugen

Stein, Guil. Aemil. Eugen. (geb. Milow in d. Prov. Sachs. 13. 11. 1819): De compressione ut remedio in inflammationibus. Berolini (1842). (34 S.) 8°
Berlin, Med. Diss. v. 12. Aug. 1842

von Stein, Wilm Freiherr [Referendar am k. preuss. Amtsger. Schmalkalden]: Der landrechtliche Niessbrauch und der Wert seiner Neuerungen gegenüber dem römischen Recht. . . . Göttingen, Druck d. Univ.-Buchdr. v. W. F. Kästner, 1890; 38 S. 8°
Göttingen, Jur. Fak., Inaug.-Diss. v. [14. Okt.] 1890

Stein, Wilm Frhr. v., der landrechtliche Niessbrauch u. der Wert seiner Neuerungen gegenüber dem römischen Recht. Diss. gr. 8. (38 S.) Göttingen 890. (Vandenhoeck & Ruprecht.) n. 1. —

Stein, Wolfgang von, aus Grasnitz: Die Sentenzen und Reflexionen der Frau von Sévigné. *Leipzig-R. 1903: W. Fugmann.* (76 S.) 8°
Leipzig, Phil. Diss. v. 1903

Stein von Altenstein, Jo. Friedrich Fhr. von
A. S. 40/6

De feudis ligiis.
Präs. Ludwig Sigfried Vitzthum von Eckstaedt.
Leipzig (Breitkopf) 20. IV. 1736. 77 S.

33333

Stein-Gröpperhof, K. Wilh. H., e. deutsches Fürstenhaus im „Lande der Rose am Teut." Kurze Rückblicke auf „lippische Zustände." Mit dem (lith.) Bildnisse der „Fürstin Paulina zur Lippe" u. e. „Volkslied am Teut" im Anh. 8. (53 S.) Berlin 875. Bichteler & Co. n. 1. —

Stein-Gröpperhof, K. Wilh. H., ein deutsches Fürstenhaus im „Lande der Rose am Teut". Kurze Rückblicke auf „lippische Zustände". Mit dem (lithogr.) Bildnisse der „Fürstin Pauline zur Lippe" und einem „Volkslied am Teut" im Anhang. 8. (53 S.) [Berlin 875, Imme.] Straßburg, Schultz und Comp. *

Stein-Gröpperhof, K. Wilh. H., Karte vom Teutoburger Wald. 1 : 100,000. Fol. Berlin 875, Imme. [Bichteler und Comp.] * — 75

Stein-Gröpperhof, K. Wilh. H., Karte vom Teutoburger Wald. 1 : 100,000. Chromolithogr. qu. gr. Fol. [Berlin 875, Imme.] Strassburg i. E., Schultz und Comp. * — 75

— Land u. Leut' am Teut. Ein Führer durch den Teutoburger Wald. Mit e. (chromolith.) Specialkarte d. Teutoburger Waldes (in qu. gr. Fol.) 8. (31 S.) Ebend. 875. n. — 80

—— Lieb Vaterland! Aus Deutschlands „kindlichem Alter". Deutscher Jugend und deutschem Volke erzählt und zugeeignet. gr. 8. (III, 218 S.) Leipzig 878, Hüthel und Hermann. *
cart. *

Stein-Göpperhof, K. Wilh. H., lieb Vaterland! Aus Deutschlands „kindl. Alter". Deutscher Jugend u. deutschem Volke erzählt u. zugeeignet. gr. 8. (III, 218 S.) Leipzig 878. Hugo Voigt. n. 2. 50; cart. n. 3. —

Stein-Kochberg, Felix Frh. von

Stein-Kochberg, F. v., die Düngerkrankheit u. ihre Heilung durch rationelle Fütterung. Berlin 860. Nicolai'sche Sortbhlg. (Posen, Jagielski.) 8. (48 S.) n. 10 ngr.

Stein-Kochberg, Fel. Frhr. v., die rationelle Fütterung und die Düngerkrankheit. 2. (Titel-)Aufl. 8. (48 S.) Berlin (860)62, Nicolai'sche Sortimentsb.

Stein-Kochberg, Frhr. v., zur Lösung der Grundcredit-Frage. gr. 8. (52 S.) Berlin 881, Parey. *

—— Lucy. Histor. Trauerspiel in 5 Aufzügen. 8. (124 S.) Leipzig 866, Weber. *

—— Preußens Politik und die Kleinstaaten. Im Septbr. 1866. gr. 8. (29 S.) Weimar 866, Böhlau. *

—— die Separation der Thüringer Staaten. gr. 8. (27 S. mit 3 chromolithogr. Karten in Fol.) Weimar 867, Dittmar. *

—— kleine Staaten. Eine Studie. gr. 8. (34 S.) Weimar 867, Dittmar. *

Stein-Nordheim, v., d. Vesuv, s.: Schneer, J.

Stein-Nordheim, E. v., aus Rußland's Märchenwelt. Für Kinder von sechs bis zehn Jahren. Mit 5 Farbendr.-Bildern nach Orig.-Zeichnungen von Wold. Friedrich und Brendel. 8. (IV, 214 S.) Leipzig 881, Zieger. cart. *

Stein-Nordheim, E. v., aus Rußlands Märchenwelt. 8. Leipzig 881. Berlin, H. J. Meidinger. cart. * 2 —

Steinn, Rul., das Färben der Schmuck- u. Putzfedern. Ein übersichtlich geordnetes Hilfsbuch f. Federbuschfabrikanten, Federschmücker, Kunstfärber, Modisten u. dergl. Nach besten Quellen u. auf Grund eigener Erfahrgn. 8. (30 S.) Leipzig 876. G. Weigel. n. 1. 50

Steinach [Schlagwort]

Steinach, s.: Bayern. Karte.

Steinach, s.: Geologische Karten (Preussen).

Steinach, s.: Preussen. Messtischblätter.

Steinach-Rauenstein, s.: Thüringen.

Steinach [Verfasser]

Steinach, A. Geschichte und Leben der Schweizer Kolonien in den Vereinigten Staaten von Nord-Amerika, unter Mitwirkung des nordamerikan. Grütli-Bundes. In-8°. 375 S. New-York, Selbstverlag des Verf., 1889. (Zürich, Comm.-Verlag von Alb. Müller.) 5 —

Steinach, Adelrich, System der organischen Entwicklung, naturwissenschaftlich-kritisch dargestellt. 1. Thl.: Die Entwicklung der Pflanzen und Thiere. gr. 8. (VIII, 642 S.) Basel 886, Schwabe. *
2. Thl. Ebendas. 1878. * M 8.—.

Steinach, Alderich, System der organischen Entwickelung naturwissenschaftlich-kritisch dargestellt. 2. Thl. Die Entwicklung des Menschengeschlechts. gr. 8. (VIII, 683 S.) Basel 878. Schwabe. n. 8. —

Steinach, E., Geschlechtstrieb u. echt sekundäre Geschlechtsmerkmale als Folge d. innersekretorischen Funktion der Keimdrüsen. (18 S.) gr. 8. Wien 910. F. Deuticke. — 80
Sonderabdruck aus: „Zentralbl. f. Physiol."

— Die Summation einzeln unwirksamer Reize als allgemeine Lebenserscheinung. 3 vergleichend-physiolog. Abhandlgn. (112 S. m. 8 Taf.) gr. 8. Bonn 908. M. Hager. 7. —

Steinach, Eug., Studien über den Blutkreislauf der Niere. [Aus dem physiolog. Institute der Wiener Universität.] Lex.-8. (19 S. mit 3 chromolithogr. Taf.) Wien 884, (Gerold's Sohn.) *
Aus: Sitzungsberichte der k. Akademie der Wissenschaften, besonders abgedruckt.

Steinach, Graf F.: Landwirtschaftliche Viehverkaufs- und Schlachtereigenossenschaften. Wien 1897.

Steinach, H. (Red.), s. Bauzeitung, Süddeutsche.

— amerikanische Sicherheits-Schlösser, s.: Ludewig, O.

—— tabellarische Uebersicht der grössten technischen Vereine unserer Zeit. gr. 8. (17 S.) München 886, (Literar.-artist. Anstalt.) *
Aus: Vierteljahresschrift des polytechn. Vereins in München, besonders abgedruckt.

Steinach, H., Bayerns technisch-gewerbl. Vereine. Lex.-8. (47 S.) München 886, (Literar.-artist. Anstalt.) *
Aus: Vierteljahresschrift des polytechn. Vereins in München, besonders abgedruckt.

Steinach, Hans v., Schutz- und Trutzbüchlein für lustige und traurige Brüder. 16. (IV und 95 S.) Darmstadt 851. (Frankfurt a. M., Meidinger Sohn und Comp.)

Steinach, Hubert

Steinach, H., selbstgefertigter Christbaumschmuck. Anleitung zur Herstellg. desselben f. große u. kleine Kinder. gr. 8. (30 S. m. 42 Fig. auf 6 Taf.) München 890. Kellerer. n. 1. —

—— u. Geo. Buchner. Die galvanischen Metallniederschläge [Galvanoplastik u. Galvanostegie] u. deren Ausführung. 8. (VI, 258 S. m. Illustr.) Berl. 890, Fischer's technolog. Verlag. geb. * 5 —

Steinach, Hub., u. Geo **Buchner**, d. galvanischen Metallniederschläge (Galvanoplastik u. Galvanostegie) u. deren Ausführg. 2., unveränd. Aufl. 8. (VI, 258 S. m. Fig.) Berlin 896. M. Krayn. (Fischer's technolog. Verl.) n. 4. —; geb. n. 5. —

—— s. Spaziergänge von Mairhofen.

Steinach, H., Zillertalführer. 2. Aufl. Mit 1 Uebersichtskarte. (X, 109 S.) kl. 8. München 904. Literarisch-artist. Anstalt. 1. 20

Steinach, S., und J. Brettauer, Untersuchungen über das Cylinder-Epithelium der Darmzotten, s. Brettauer, J.

Steinacher, Franz Nikolaus

— Concordia doctrinae philosophorum de officiis hominis erga se ipsum cum principiis religionis revelatae 4. Würzb. 774.

Steinacher, Frz. Nikol., († d. 17. Juni 1789.) elementa philosophiae practicae universalis. 8. Würzb. 776. Stahel. 8 gl.

Steinacher, Frz. N., elementa philosophiae practicae. 8. Würzb. Stahel. 779. Rthlr.

— elementa philosophiae rationalis. 8. Würzb. 774. Stahel. 3 gl.

Steinacher, Franz Nikolaus, s. Exempla stili latini ...

— Grundriß der philosoph. Geschichte. gr. 8. Würzb. 785. Stahel.

— Lehrbuch der philosoph. Geschichte. gr. 8. Würzb. 784.

— commentatio academica de nexu historiae philosophicae cum scientiis. P. I. et II. 4. Würzb. 774.

Steinacher, Joh. Die Syntax des hesiodeischen Infinitivs mit stetem vergleichenden Rückblick auf Homer. 55 S. 8. *Landskron* 1885. Progr.

Steinacher, Joh., die Syntax d. Hesiodeischen Infinitivs m. stetem vergleichenden Rückblick auf Homer. gr. 8. (55 S.) Wien 885. (Pichler's Wwe. & Sohn.) n. 1. 20

Steinacher, Rivard, Betrachtt. üb. Punkte aus der Moral, Religion, Offenbarung u. Christenthum. gr. 8. Hildburghaus. 798. (Leipz., Er. Fleischer); (a. Taubert). 20 gl.

Steinacher, R., Betrachtungen üb. Punkte a. d. Moral, Religion, Offenbarung u. Christenthum. gr. 8. Hildburgh. Hanisch. 798.

Steinach-Klänge
v. Die Ostschweiz.

Steinacker, und seine Wahl zum Pastor an der Kreuzkirche in Hannover. Hrsg. von einigen Mitgliedern der Kreuzgemeinde. Mit einem dreifachen Anhange. 12. (VIII und 336 S.) Celle 853, Capaun-Karlowa'sche Buchh. *

Steinacker, Ad., particulares Privatrecht des Herzogth. Braunschweig. gr. 8. (43 B.) Wolfenbüttel 843, Holle'sche Buchh. *

Steinacker, E. F. Der buchhändlerische Verkehr über Leipzig und der Geschäftsgang des Leipziger Commissionsgeschäfts. Leipzig 1910.
Fremdenverzeichnis und Verzeichnis der Selbstrechner. Kantate 1910.

Steinacker, Ed., Führer durch Braunschweig. Eine Beschreibg. f. Fremde u. Einheimische. 2., verm. Aufl. 8. (106 S. m. Stadtplan u. Abbildgn.) Braunschweig 892. Book & Co. n. 1. —

Steinacker, Edmund

Wanderbilder, Europäische, 235. Nach und durch Ungarn. X. Bändchen. Das ungarische Bahnnetz der K. K. priv. Südbahngesellschaft, von *Ed. Steinacker.* Mit 16 Illustr. und 1 Karte. In-8°. 32 S. Zürich, Orell Füssli. 1895. — 50

Steinacker, Edm., d. ungar. Bahnnetz d. k. k. priv. Südbahngesellschaft, s. a. Wanderbilder, europäische.

STEINACKER, Edmund
Zur Börsenreform in Ungarn. Auszug aus den stenographischen Protokollen der vom königl. ungarischen Handelsministerium veranstalteten Enquête und Materialiensammlung zu deren Vorbereitung. Von Edmund Steinacker. Wien. 1899. Hölder. Gr.-8°. VIII, 286 S. fl. 3.—

[Steinacker, Edmund.] Budapest. Mit 44 Illustrationen [wovon 10 Tafeln] und einem Plane der Stadt. Nebst einem Anhang über Die Budapester Allgemeine Landesausstellung des Jahres 1885, mit einem Situationsplan der Ausstellung und fünf Illustrationen [wovon 3 Tafeln]. (2. Aufl.) (Europäische Wanderbilder. № 84. 85. 86.) 8. Zürich ([18]85).

[Steinacker. Edmund.] Budapest. Avec 44 Illustrations [dont 10 planches] et un plan de la ville. Avec un appendice concernant L'Exposition nationale hongroise à Budapest en 1885 avec plan de situation de l'Exp' et cinq Illustrations [dont 3 planches]. (L'Europe illustrée. № 66. 67. 68.) 8. Zurich ([18]85).

— voir: *L'Europe illustrée.*

Steinacker, Edmund. Budapest. With 44 Illustrations [10 Plates] and a Map of the City. Together with an Appendix on the National Hungarian Exhibition of 1885 at Budapest, with a Ground Plan of the Exh' and Five Illustrations [3 Plates]. (Illustrated Europe. № 62. 63. 64.) 8. Zurich, London ([18]85).

Steinacker, E., Budapest, s. a. Europe, illustrated.

— s.: Gesetzartikel, XXVIII, vom J. 1893 üb. den Schutz der in gewerblichen u. Fabriksbetrieben Beschäftigten gegen Unfälle u. üb. die Gewerbe-Inspectoren.

Steinacker, Edm., s.: Gesetzartikel, XII, vom J. 1894 üb. Landwirthschaft u. Feldpolizei.

Gustav Kapp. Von Edmund Steinacker. (Mit dem Brustbilde Kapps.) Der Betrag ist sächsischen Zwecken gewidmet. Hermannstadt. 1898. Lud. Michaelis. 8°. 114 S. fl. —.80

— Gustav Kapp, s. a. Ahnensaal, sächsischer. 2.

Steinacker, Edmund. Le réseau hongrois de la Compagnie des Chemins de fer du Sud Autrichien. Par Edmond St'. Avec 16 gravures (°*Umschlag:* Illustrations) [dont 5 planches] et une carte. (L'Europe illustrée. N. 183.) 8. Zurich ([18]95).
A travers la Hongrie. 10e fascicule

— à travers la Hongrie, Vol. X, } s. a. Europe, illu-
— to and trough Hungary, Vol. X, } strated, 183 u. 167.

Steinacker, Edmund. The Hungarian System of the Royal and Imperial Southern Railway Company. With 16 Illustrations [5 Plates] and a Map. (Illustrated Europe. N. 167.) 8. Zurich ([18]95).
To and through Hungary Vol. 10.

Steinacker, Eduard [Vorr.]
s. Feist, August: Verzeichnis der naturgeschichtlichen Sammlung des Herzogl. Realgymnasiums.

Steinacker, Ed., über einige Molybdän-Verbindungen. Inaugural-Dissertation. gr. 8. (32 S.) Göttingen 861, (Vandenhoeck und Ruprecht's Verlagsh.) **

Steinacker, Gust., † (G. Treumund,) weibliche Berufs- u. Umgangslehre. Ein Leitfaden z. Schul- u. Privat-Unterr. f. reifere Töchter. gr. 12. (4 B.) Pesth 842, Heckenast.

Steinacker, Gust., Bilder, Studien u. Klänge aus dem Bereiche des Elternhauses u. Kindergartens, der Bewahranstalt u. Volksschule; nach (Friedr.) Fröbel'schen Grundsätzen. Halle 868. Knapp. 16. (XXI, 488 S.) n. 1 ⅓ß

Steinacker, Gust. Christenthum und Humanität, s. Vorträge, protestantische.

—— Friedrich Fröbel und der Volkskindergarten. Vortrag gehalten zu Cassel, am 14. Febr. 1872. gr. 8. (23 S.) Cassel und Göttingen 872, Wigand.

—— Gutachten der weimarischen Protestantenvereine Weimar, Jena, Eisenach, Buttelstedt, Stotternheim, Nohra, in ihrer Versammlung zu Weimar, am 17. März 1869 über die vom großherzogl. S. Kirchenrath vorgelegten Grundzüge zur weimarischen Synodalverfassung. Ein freundl. Wegweiser für die abzugeb. amtl. Gutachten der sämmtl. Kirchgemeindevorstände des Großherzogthums; im Auftrag der weimar. Protestantenvereine dargeboten. gr. 8. (55 S.) Weimar 869, Kühn. *

— in Allem das Eine, was Noth thut, s.: Kolbenheyer, Mor., u. Gust. Steinacker, Weihestunden. 2. Bd.

Steinacker, Gust., Johann Friedrich der Großmüthige und Sybilla, Churfürst und Churfürstin von Sachsen. Ein Bild für deutsche Söhne und Töchter, als Beitrag zur 300jähr. Todes- und Gedächtniß-Feier des evangel. Glaubenshelden Johann Friedrich am 5. März 1854. gr. 16. (23 S.) Weimar 854, Böhlau. Thlr.

Steinacker, Gust. ungarische Lyriker von Alexander Kisfaludy bis auf die neueste Zeit [die letzten 50 Jahre]. In chronolog. Reihenfolge metrisch übertragen und mit literar-histor. Einleitung und biographisch-krit. Notizen versehen. 2. Ausg. 8. (LIX, 524 S.) Leipzig 874, Barth. *

—— die ernste Mahnung der Weihnacht, als eines geweihten Kinderfestes. Predigt über Luc. 2, 15—20. gehalten am 2. Weihnachtstage 1854 zu Weimar. gr. 8. (15 S.) Weimar 855, (Kühn.) **

Steinacker, Gust., s. Pannonia.

Steinacker, Gust., Predigt über Matth. 19, 14. bei der kirchl. Eröffnungsfeier der neubegründeten Kinderbewahranstalt zu Buttelstedt am Sonntage Rogate (29. May 1859.) Nebst einem Anhang, enthaltend: Kurze Geschichte der Errichtung der Anstalt, nebst den gesetzl. Bestimmungen derselben rc. gr. 8. (24 S.) Weimar 859, Kühn. *

Steinacker, Gust., Predigten, s. Mor. Kolbenheyer.

— Predigten u. Amtsreden, s. Predigten.

Steinacker, Gust., das Presbyterial- u. Synodalwesen u. die Union der evangel. Kirche; erläut. in 8 Kanzelreden üb. den, v. der Köthner Versammlg. u. der Wiener Conferenz im April u. Aug. 1848 den evangel. Gemeinden Deutschlands u. Oesterreichs zur Prüfung vorgelegten Entwurf einer neuen Kirchenverfassung. gr. 8. (VIII u. 106 S.) Triest 848, Favarger in Comm. n. 12 ngr

Steinacker, Gust., das Presbyterial- und Synodalwesen und die Union der evangel. Kirche, erläut. in 8 Kanzelreden über den, von der köthner Versammlung und der wiener Conferenz im April und Aug. 1848 den evangel. Gemeinden Deutschlands und Oesterreichs zur Prüfung vorgelegten Entwurf einer neuen Kirchenverfassung. gr. 8. (VII und 106 S.) Triest 848, (Münster.) Thlr. *

—— der deutsche Protestantenverein. Seine Begründung und bisherige Entwickelung, sowie die Debatte über ihn, in ihren Hauptpunkten zusammengestellt, und allen thatkräftigen deutschen Protestanten zu gewissenhafter Prüfung an's Herz gelegt. gr. 8. (28 S.) Leipzig 864, G. Wigand. *
Aus: Predigt der Gegenwart, besonders abgedruckt, nebst einem doppelten Anh.

—— die Reformation des 16. Jahrh. im Lichte der Gegenwart, erläutert in drei historisch-kirchl. Zeitpredigten zur Gedächtnißfeier der Reformation, gehalten am 3., 10. und 17. Novbr. 1850 vor der evangel. Gemeinde augsburg. Bekenntnisses zu Triest. Nebst einem Sendschreiben an Herrn Dr. theol. F. G. F. Schläger in Hameln. gr. 8. (III und 60 S.) Weimar 857, Kühn. Thlr. *

—— Stimmen der Zeit im Tempel des Herrn. Drei Kanzelreden, gehalten am 12., 19. und 26. März 1848 zu Triest. gr. 8. (44 S.) Triest 848, (Münster.) *

—— die Synodal- und Bekenntnißfrage der evangelischen Kirche zunächst des Großh. Sachsen-Weimar-Eisenach, im Lichte der verschiedenen kirchl. Parteien; mit einem Schlußwort an Hrn. Pfr. D. Nicolai in Markvippach. gr. 8. (VIII, 71 S.) Jena 870, Doebereiner. *

—— unsere That und unser Hoffen beim zweiten deutschen Freiheitskriege. Kriegs- und Bettagspredigt über Psalm 60, 14 am 7. Sonntag nach Trinitatis [31. Juli 1870] als am allgemeinen Bettage aus Anlaß des Krieges gehalten. gr. 8. (8 S.) Ebendas. 870. *

Steinacker, G.: Geschichtl. Uebersicht der Entwicklung der evangel. Gemeinde A. B. in Triest. 1849.

— u. Erhard Carl Buschbeck, Verfassungsentwurf für die evangelische Kirche Oesterreichs, siehe: Buschbeck, Erhard Carl.

Steinacker, Gust., zur Verfassungsfrage der evangelisch-protestantischen Kirche in Deutschland. Ein Wort der Verständigung. gr. 8. (XV und 160 S.) Leipzig 862, O. Wigand. *

Steinacker, Gust., † (G. Treumund,) Weihestunden rc., s. Kolbenheyer, Mor.

Steinacker, Gust., Wodurch werden auch wir in den Stand gesetzt, uns der Trübsal zu rühmen, die uns betroffen hat? Predigt über Röm. 5, 3. 4. gehalten am 8. Sonntage nach Trin., nach dem großen Brande zu Buttelstedt. 8. (16 S.) Weimar 859, Kühn. *

Zur Frage nach der rechtlichen Natur der österreichisch-ungarischen Gesamtmonarchie. Ein Beitrag z. Kritik d. magyar. Auslegung d. Ausgleichs von 1867. Von Dr. Harold Steinacker, Prof. Wien & Leipzig: Fromme [1910]. 32 S. 4°(8°) [Umschlagt.]
Erw. aus: Österr. Rundschau. Bd 23, H. 4. 5.

Steinacker, H., Die römische Kirche und die griech. Sprachkenntnisse des Frühmittelalters. S.-A. 1902. 18 S. —80

Steinacker Harold: Das Quellenmaterial zur Geschichte der gallischen Gegenkaiser Postumus, Victorinus, Laelianus, Marius und Tetricus. 259–273 n. Chr. H. 1897 PN 1052 Diss. Wien Univ.

Die Regesten der Grafen von Habsburg bis 1281. Bearb. von Harold Steinacker. *Innsbruck: Wagner 1905.* (IX, 148 S.) 4°
= Regesta Habsburgica. Abt. 1.

— Theodor v. Sickel. Festworte, gesprochen am 11. XII. 1906 bei der im histor. Seminar der Universität Wien abgeh. Sickel-Feier des akad. Vereines deutscher Historiker in Wien. Mit e. bibliograph. Anh. (20 S.) gr. 8. Wien 907. (E. Beyer's Nachf.) —90
Sonderabdruck aus: „Bericht d. akad. Vereins deut. Historiker in Wien".

Theodor von Sickel. Von Dr. Harold Steinacker, Privatd. Wien: Selbstverl. d. Ver. 1908. (20 S.) 8°
= Akad. Verein deutscher Historiker in Wien. Bericht über d. 17. u. 18. Vereinsjahr. 1.

Steinacker, Hugo [aus Ulm, I. Assistenzarzt d. med. Klinik in Tübingen]: Über antipyretische Arzneimittel . . . . Stuttgart, E. Schweizerbart'sche Verlagsh. (E. Koch), 1886; 46 S. 8°.
Tübingen, Med. Fak., Inaug.-Diss. v. 1886.

Steinacker, Joseph, aus Marktoffigen ⟨Bayern⟩: **Die Verschuldung** des ländlichen Grundbesitzes im rechtsrheinischen Bayern. (Kap. 1.) *Berlin 1903: E. Ebering.* (43 S.) 8° ¶ (Erscheint vollst. in Buchform.)
Berlin, Phil. Diss. v. 19. Dez. 1903

Steinacker, K., die Aufgabe d. Advocatenstandes in constitution. Staaten. gr. 8. (9²/₄ B.) Braunschweig 841, Vieweg u. Sohn.

— die politische u. staatsrechtliche Entwickelung Deutschlands durch den Einfluß des deutschen Zollvereins mit Bemerkungen über des Dr. Faber politische Predigten. gr. 8. Ebend. 844. n. ²/₃ ꝛf

Steinacker, K., Die politische und socialrechtliche Entwickelung Deutschlands durch den Einfluss des deutschen Zollvereins. Braunschweig 1845.

—— üb. d. Motive d. hrzgl. braunschweig. Ablösungs-Ordnung v. 20. Dec. 1834, in Bezug auf d. Dienste. Ein Beitr. z. Kritik d. Gesetzes. 8. (3³/₄ B.) Holzminden 837, [Müller'sche Buchh.]

Steinacker, K.: Ueb. d. Motive d. Herzogl. Braunschweig. Ablös.-Ordn. v. 20. Dec. 1835, in Bezug auf die Dienste. Ein Beitr. z. Kritik d. Gesetzes. *Holzminden,* Erdmann (u. Müller.) 838. 8. (6 Gr.)

—— Sammlung d. größern Organisazions- u. Verwaltungsgesetze d. Hrzth. Braunschweigs, s. Sammlung.

Steinacker, K. Ueber das Verhältniß Preußens zu Deutschland mit Rücksicht auf die Schrift des Herrn von Bülow-Cummerow: Preußen, seine Verfassung u. s. w. Braunschweig. Fr. Vieweg und Sohn **1842**. VIII 280 S. 8.

Steinacker, K., Wünsche d. Braunschweiger, zur Beherzigung bei d. bevorsteh. landschaftl. Verhandln. 1. u. 2. Hft. gr. 8. (à 2 B.) Braunschweig 831, Vieweg. à
Hft. 1. Ueber Verbesserung d. Volksvertretung.
„ 2. Einführung einer Zivilliste.

Steinacker, Karl

Steinacker, K., s.: Bau- u. Kunstdenkmäler, die, des Herzogt. Braunschweig.

— die Bau- u. Kunst-Denkmäler der Stadt Braunschweig, s.: Meier, P. J.

Die Bau- und Kunstdenkmäler des Kreises Gandersheim. Bearb. von Karl **Steinacker**, Dr. phil., Museumsinsp. Mit 21 Taf. u. 272 Textabb. Wolfenbüttel: Zwissler 1910. XVI, 492 S. 4°(8°)
(Die Bau- u. Kunstdenkmäler d. Herzogt. Braunschweig. Bd 5.) [11. 240

Die Bau- und Kunstdenkmäler des Kreises Holzminden bearb. von Karl **Steinacker**. Mit 14 Taf. u. 247 Textabb. Wolfenbüttel: J. Zwissler 1907. (XXI, 428 S.) 4°
— **Bau-** u. Kunst**denkmäler** d. Herzogt. Braunschweig. Bd 4. [08. 1411

— Stift Gandersheim. (32 S. m. XII S. Abbildgn.) gr. 8. Wolfenbüttel 909. J. Zwissler. 1. 50
Sonderabdruck aus: „Braunschweig. Jahrb."

Steinacker, Karl, ein Geschenk der Haide. 8. (186 S.) Goslar (900). F. A. Lattmann. n. 3. 60; geb. n. 4. —

Steinacker, Karl: Die **Holzbaukunst** Goslars. Ursachen ihrer Blüte u. ihres Verfalls. *Goslar 1899: J. Jäger & Sohn.* (89 S.) 4°(8°)
Heidelberg, Phil. Diss. v. 1899

Die Holzbaukunst Goslars. Ursachen ihrer Blüte u. ihres Verfalls. Von Karl **Steinacker**, Dr. phil. *Goslar, Berlin, Leipzig: F. Jäger 1899.* (89 S., 12 Taf.) 4°
[Erschien ohne d. Taf. als phil. Diss. Heidelberg 1899.] [01. 10369

Steinacker, O., die Londoner internationale Ausstellung des J. 1871 und die Betheiligung Ungarns und Oesterreichs an derselben. In Briefen geschildert. Mit einem (lithogr.) Plane der Ausstellung und dem Verzeichnisse der ungar. und oesterreich. Aussteller. gr. 8. (XVI, 167 S.) Wien 873, Hölder. *

Steinacker, Wilhelm Ferdinand

Steinacker, Guil. Ferd., Animadversionum et emendationum in M. Tulli Ciceronis de rep. libros supplementum I. Imp.-4. (2 B.) Lipsiae 840, libr. Weidmann. *

Steinacker, Wlh. Fd., Godofredo Hermanno diem anniversarium quo ante hos L annos summi in philosophia honores rite in eum collati sunt gratulatur. (Inest animadvers. in Ciceronis de republ. libr. suppl.) 4 maj. Leipzig 841, Weidmann. n. ¹/₃ ꝛf

Steinacker, (Wilh. Fd.,) selecta capita ad locum de debilis feudalibus. Pars. I. Summa quedam hujus doctrinae principia continens. 4 maj. Lips. 823, Hartknoch. Rthlr. -

Steinacker, Wilhelm Ferdinand, s. Cicero, M. T.: De Republica.

Steinacker, Guil. Ferd., de jure fideicommissorum familiae secundum leges Saxonicas. Ps. I et II. 4 maj. (8¹/₄ B.) Lipsiae 834, (Goethe.)

—— Orationes academ. III. Lex.-8. (3 B.) Lipsiae 838, libr. Weidmann. *

— duae Quaestiones Juris Saxonici. 4 maj. Lipsiae 838. (Goethe.) n. ¹/₈ ꝛf

—— duae Quaestiones juris saxonici. 4 maj. (2¹/₄ B.) Lipsiae 838, T. O. Weigel. *

Steinacker, Wlh. Fd., Replik f. den Hrn. Staatsrath Niebuhr, die Ciceronischen Fragmente de republ. anlangend. gr. 8. Leipz. 824, Hartknoch.

Steinäcker, Frhr v. Die Bedeutung der rückwärtigen Verbindungen eines Heeres in einem künftigen Kriege. Berlin 1896. 8°.
Dass. 1897. (Bh. z. M. W. B.)

Steinacker, Frhr. v., d. Bedeutg. d. rückwärt. Verbindgn. e. Heeres in e. künft. Kriege, ihre Einrichtg. u. Sicherg., s. a. Beiheft z. Militär-Wochenblatt 1897, Hft. 2.

Steinäcker, v., Arthur Wellesley v. Wellington, s. Soldaten-Freund, der.

An Tubalcain. [Von Bruno Frh. **v. Steinaecker.**] Als Ms. gedruckt. Zu einer Aufnahme in die ger. und vollk. St. Johannis-□ zu den drei Seraphim im Or. von Berlin, am 11. April 1856. Berlin [1856]: Trowitzsch & S. 22 S. 8°
9 Gedichte. 23. 25.

v. Steinaecker, F. Herero Land und angrenzende Gebiete. Nach vorhandenen Karten und eigenen Aufnahmen. 1 : 1000000. Gotha 1889. 1 Bl. c. L. Sch.

STEINADLER, Richard (Hultschin): Das Ichthyol und seine Indicationen.- München: Ernst 1887. 26 S.
23.7.1887 - Chr 1887/88,17; Jv 1887/88,217
Diss. Ingolst.-Landsh.-**Mchn.**

Steinam, A., Biographie des M. J. Riegler, K. Würtemberg. Pfarrers, Kämmerers u. Schul-Inspektors. 8. Heilbr. 826. Claß. 8 gr.

Steinamanger, s.: Europa. Liebonow.

Steinarbeiter
① Organ für die Interessen der in der Steinindustrie beschäftigten Arbeiter der Schweiz (14. 7. 1900—27. 6. 1908). Organ der in der Stein-, Ton- und Kunststeinbranche beschäftigten Arbeiter der Schweiz. Organo della federazione degli addetti all'industria della pietra, latterizi (poterie) e pietra artificiale (11. 7. 1908—20. 6. 1914). Organ der in der Stein-, Ton- und Kunststeinbranche beschäftigten Arbeiter der Schweiz (4. 7. 1914—?) ④ Der Bauarbeiter ⑤ 14. 7. 1900—16. 12. 1916; März 1920—Juni 1920 ⑥ 4° (14. 7. 1900—12. 12. 1903); 2° (16. 1. 1904—Juni 1920?) ⑦ Monatsblatt (14. 7. 1900—12. 12. 1903. 21. 9. 1914—19. 12. 1914, März 1920?—Juni 1920?); alle 14 Tage 16. 1. 1904—7. 9. 1914); jährlich 3× (1915—16. 12. 1916) ⑧ Zürich: Buchdruckerei »Volksrecht« (Kirsten & Zeisberg) (14. 7. 1900—ca. 1910). Genossenschaftsdruckerei (ca. 1912—20. 6. 1914); Basel: Genossenschafts-Buchdrukkerei (4. 7. 1914—ca. 16. 12. 1916) ⑩ Verband der in der Steinindustrie beschäftigten Arbeiter der Schweiz ⑪ Zentralvorstand des Verbandes; Sekretär: Robert Kolb, Zürich; später Basel ⑫ Gewerkschaftsblatt, sozialdemokratisch ⑬ Im neuen Gewande. »Schweizerische Bau- und Holzarbeiter-Zeitung« Nr. 1 v. 4. 7. 1922; J. Lukas: Das Verbandsorgan der Steinarbeiter. »Schweizerische Bau- und Holzarbeiter-Zeitung« Nr. 25 v. 22. 6. 1933; 30 Jahre Einheitsorgan. »Schweizerische Bau- und Holzarbeiter-Zeitung« Nr. 45 v. 6. 11. 1952 ⑭ Zh: SSA (14. 7. 1900—16. 12. 1916) ⑮ Die italienische Ausgabe »Lo Scalpellino« nimmt die zweite Hälfte des Blattes ein (14. 7. 1900—27. 6. 1908).

Steinau [Sachliches OW]

Steinau, Obrist von. Häusliches Lustspiel in fünf Aufz. Basel 1796. V: *Koller, Benedict Joseph von.* (Ky) (GGr)

v. Steinau, Obrist. Ein häusl. Lstspl. in 5 A. (v. B. J. M. Koller). 8. Basel 796. (Neukirch). 6 gr.

Steinau, Obrist v., ein häusliches Lstsp. in 5 A. 8. Basel, Flick. 796.

Steinau, Julie von, eine interessante Geschichte aus der letzten Hälfte des jetztlaufenden Jahrhunderts, 2 Theile, 8. Berlin, 796/97. Hartmann. 2 Rthl. 15 sgl.

Steinau, Gräfin Julie von, oder die Wege des Schicksals. Hamb. 1803 V: *Kosegarten, Friedrich Franz von.* (GGr)

Steinau, Julie v., od. d. Wege d. Schicksals, v. F. F. Kosegarten. 2 Bde. 8. Hamb. Vollmer. 803.

Steinau [Schlagwort]

Steinau, s.: Breslau. Reg.-Bez. — Kreiskarten.

Steinau, s.: Preussen. Messtischblätter.

Steinau [Verfasser]

Steinau, Baron (ps.?), Ueber unchristliche und wuchernde Hausherren in Wien. Wien 1782. 8°.
l. c. no. 4974. — Rarl

Steinau, A., [Ottilie Kapp], Aufruf an die deutschen Frauen zu e. zeitgemäßen Erziehung ihrer Töchter. 8. (16 S.) Bonn 848, Wittmann. 1/6 ₰

— s. G. Willmy, Jesus Christus der Welterlöser ꝛc.

Steinau, C. Frhrr. von

Steinau, von: „Die untrüglichsten, sichersten Maassregeln gegen die Wiederkehr des Fruchtmangels und der Theuerung; nach rein staatswirthschaftlichen Grundsätzen; eine theoretische und practische Abhandlung", Wien 1818 (Mösle).

v. Steinau, Frhrr. C., die untrüglichsten u. sichersten Mittel gegen die Wiederkehr des Fruchtmangels u. d. Theuerung. Nach rein staatswirthschaftl. Aussichten. 8. Wien 819. v. Mösle. 1 ₰

Steinau, Charlotte, f. **Mütterchen.** Eine Erzählg. f. die Jugend u. ihre Freunde. 8. (281 S.) Berlin 892. F. Fontane & Co. Geb. in Leinw. n. 4. —

—— Sommerfäden. Drei Erzählgn. f. junge Mädchen. 8. (110 S.) Berl. 888, [George u. Fiedler]. Fontane u. Comp. * 2 50

Steinau, Charlotte, Stadtrats Ulli. Eine Erzählung f. die Jugend u. ihre Freunde. 8. (157 S.) Berlin 889. Gergonne & Co. geb. n. 2. 50

—— Stadtrats Ulli. Eine Erzählg. für die Jugend u. ihre Freunde. 8. (157 S.) Berl. 889, [George u. Fiedler]. Fontane u. Comp. geb. * 2 50

Steinau, Ernst: Karte der Provinz Pommern mit Teilen der angrenzenden Länder u. Provinzen im Massst. 1: 300,000. Nebst Spezialkarten ... im Massst. 1:100,000. Nach amtl. Quellen gez. Stettin: P. Niekammer [1899]. (1 Kartenbl. 90x128 cm.) 8° [Umschlagt.]

Steinau, Erwin (Frau Caroline Fasser), Hochsommer. Novellen. (VII, 172 S. m. Bildnis.) 8. Dresden 903. E. Pierson. n. 2. 60; geb. n. 3. 60

Steinau, Erwin, Tausendschön. Novellen. 8. (III, 128 S.) Dresden 901. E. Pierson. n. 2. —; geb. n. 3. —

Steinau, H., Jedem das Seine. Roman. 2 Bde. 8. (239; 237 S.) Halle 889, Tausch und Grosse. *
geb. in 1 Bd. *

Steinau, H. Jedem das Seine. Roman. 2 Thle. in 1 Bd. 2. (Titel-) Aufl. 8. (239; 236 S.) Halle a. S. 891, Tausch u. Grosse. * 4 50; geb. * 5 50

—— des Lebens Wellenschlag. Novellen. 1., 2. (Titel-) und 3. Aufl. 8. (439 S.) Ebendas. 885,86. *
geb. in Leinw. *
geb. in Halbkalbleder

Steinau, H., d. Lebens Wellenschlag. Novellen. 2. Aufl. 8. (439 S.) Halle 886. Tausch & Grosse. n. 4. —; geb. in Leinw. n. 5. —; in Halbkalbldr. 6. —

— des Lebens Wellenschlag. Novellen. 3. u. 4. (Titel-) Aufl. 8. (III, 439 S.) Ebd. 888. 891. n. 4. —; geb. n. 5. —

—— die Wiebenburgs. Roman in 3 Abthlgn. 1. und 2. Aufl. 8. (517 S.) Ebendas. 886,88. *
geb. in Leinw. *
geb. in Halbkalbleder *

—— Die Wiebenburgs. Roman in 3 Abthlgn. 3. (Titel-) Aufl. 8. (517 S.) Ebd. 891. * 4 50; geb. * 5 50

Steinau, Hedwig, Worte aus dem Leben. 8. (VIII, 62 S.) Düsseldorf 891. L. Voß & Co. n. 1. —

Steinau, Henriette, (Hnr. Emilie Hübner), Asteria, oder der Varthderkrieg. 8. Meißen 810. N. A. 818. Goedsche. 16 gr.

Steinau, Henriette, s. Hyacinthen.

— s. Kleeblätter.

Steinau, Julius Henr. (geb. Rawitsch 1807): De morbis hereditariis. Berolini (1838). (28 S.) 8°
Berlin, Med. Diss. v. 18. Okt. 1838

Steinau, Karl, Katechismus der Aesthetik od. Geschmackslehre zur Beförder. richtiger Begriffe üb. das Schöne, Erhabene, Sentimentale, Lächerliche rc. 8. Leipz. 823. Baumgärtner. 12 gr.

— Katechismus der Elektricität u. d. Galvanismus. Nach Biot's Physik u. Singer's Elektricitätslehre bearb. u. durch Versuche u. Holzschn. erläut. 8. Leipz. 824, Baumgärtner.

— Katechismus über den Gebrauch des Erdglobus, ein Hülfsmittel zur Erläut. d. interess. Sätze in Betreff der Gestalt uns. Erde, der Lage d. verschied. Orte auf ihr rc. Mit 1 Kupfr. 8. Leipz. 823, Baumgärtner.

— Katechismus od. leichtfaßl. Unterricht über die Anfangsgr. d. Physik oder Naturlehre. Nach d. dritten Ausgabe der Leçons elementaires de physique par L. Cotet. 1821, bearb. Mit 3 Kupfert. 8. Leipz. 823, Baumgärtner.

Steinau, Malvine von, Leitfaden für junge Mädchen beim Eintritt in die Welt. 8. (124 S.) Wien 879. Hartleben. 1. 20

Steinau, Malvine v., Leitfaden f. junge Mädchen beim Eintritt in d. Welt. 2. Aufl. 8. (118 S.) Wien 895. A. Hartleben. n. 1. 20; geb. n. 2. 25

Steinau, Malvine v., der gute Ton, od. Anleitg. sich in den verschiedensten Verhältnissen d. Lebens u. der Gesellschaft als wohlerzogene, gebildete Dame zu betragen. 8. (106 S.) Wien 873. Hartleben. 1. 20

—— der gute Ton für Damen. Oder Anleitung, sich in den verschiedensten Verhältnissen des Lebens und der Gesellschaft als wohlerzogene, gebildete Dame zu betragen. 2. durchgeseh. und verm. Aufl. 8. (132 S.) Ebendas. 878.

Steinau, Malvine v., der gute Ton für Damen. Oder Anleitung, sich in den verschiedensten Verhältnissen des Lebens und der Gesellschaft als wohlerzogene, gebildete Dame zu betragen. 3. durchges. und veränd. Aufl. 8. (136 S.) Wien 881, Hartleben's Verlag.

Steinau, Malvine v., der gute Ton f. Damen. Eine Anleitg., sich in den verschiedensten Verhältnissen d. Lebens u. der Gesellschaft als wohlerzogene, gebildete Dame zu betragen. 4., veränd. Aufl. 8. (VIII, 135 S.) Wien 887. Hartleben. n. 1. 20

Steinau, Malvine v., der gute Ton f. Damen. Eine Anleitg., sich in den verschiedensten Verhältnissen des Lebens u. der Gesellschaft als wohlerzogene, gebildete Dame zu betragen. 5. Aufl. 8. (VIII, 118 S.) Wien 894. A. Hartleben. n. 1. 20; geb. n. 2. 25

Steinau, Malvine v., der gute Ton f. Damen. Eine Anleitg, sich in den verschied. Verhältnissen des Lebens u. der Gesellschaft als wohlerzogene, gebildete Dame zu betragen. 6., vollkommen umgearb. Aufl. (VII, 148 S.) 8. Wien (905). A. Hartleben. n. 1. 20; geb. n. 2. 25

Steinau, Max [Pseud.], s. Steinhäubl, Josef [wirkl. Name].

Steinau, Otto, Aus der Jugendzeit. Freud' u. Leid. Gedichte. Pforzheim 861. Flammer. (Lahr, Schauenburg & Co.) 16. (2 Bl., 140 S.) 15 ngr.

Steinau, Phil. v., Volkssagen d. Deutschen. 8. (22¾ B.) Zeitz 838, Schieferdecker.

Steinau, R., in der Wildnis. Erzählungen u. Abenteuer aus dem Leben der Ansiedler u. Jäger in den Urwäldern Amerikas. Für die Jugend bearb. 8. (62 S. m. 3 Farbendr.) Berlin 889. Liebau. cart. — 60

von **Steinau-Steinrück,** Johannes (geb. Berlin 5. 4. 1849): Acht Fälle von Febris recurrens. Berlin (1872). (44 S.) 8°
Berlin, Med. Diss. v. 21. Dez. 1872

Steinauer, – Rosina Steinauer, s.a. Brandt, Martin Gottlieb Wilhelm

Steinauer, Rosina. Ein Lebensbild aus der Zeit des Toleranzediktes Kaiser Josephs II. Zur ersten 100jähr. Jubelfeier des Toleranzediktes am 13. Octbr. 1881. 12. (45 S.) Barmen 881, Klein. *

Steinauer, Alfred, approb. Arzt aus Berlin: **Untersuchungen über die Beeinflussung der Harnacidität durch medicamentöse Eingriffe.** *Berlin (1899): Schapke & Anders.* (33 S.) 8°
Leipzig, Med. Diss. v. 24. Febr. 1899

Steinauer, Beat. B' Steinauers aus dem ehmaligen Canton Schweiz wahrhafte Relation seiner ersten Reise und Verrichtungen, die er auf Befehl ... des Bürger Ober-General Schauenburg im Aprill 1798. zu Vermeidung des Kriegs in sein Vaterland gemacht hat. Von Ihme selbst verfaßt. 8. Bern 1798.

Steinauer, Dominik

Steinauer, D., Geschichte des Freistaates Schwyz vom Untergang der dreizehnörtigen Eidgenossenschaft bis auf die Gegenwart. 2 Bde. Einsiedeln 861. (Luzern, Gebhardt.) gr. 8. (1041 S.) n. 3 rℬ

Steinauer, Eduardus J. *(geb. [Dyhrenfurth in Schles.] 14. 6. 1841):* De ictero, qui morbis pancreatis efficitur. Vratislaviae (1866). (30 S.) 8°
Breslau, Med. Diss. v. 10. Nov. 1866

Steinauer Star: Oct. 1893 – June 27, 1921.
Weekly, published in English and German. Suspended Jan. 27 – June 17, 1921. Edited & published by Pear P. Hassel.
Steinauer, NE

Steinbach, Erwin v., ein Roman. 3 Thle., s. a. Melas, Th.

v. Steinbach, Erwin, ein Roman (v. Th. Melas, d. i. Schwarz). 3 Thle. 8. Hamburg 834. Fr. Perthes. 5 rℬ

Steinbach, Erwin von, in der Baubütte des Strassburger Münster am Abend vor seiner Abreise nach Basel . . . Hannover 1873. V: *Brockmann, H.* (Tt)

Steinbach, Dr., Bemerkungen über das Klima von Jaluit. (Sonder-Abdr.) Berlin 1894.

Steinbach: Huldigung von alt und jung an Deutschlands Kaiser zum 18. u. 27. Jan. 1896. Hamm: Breer & Thiemann [1896]. (4 Bl.) 8°

Steinbach, A., auf Abwegen. Erzählung für Volk und Jugend. Nach dem Holländ. bearb. 8. (155 S. mit 4 Stahlst.) Regensburg 877, Manz.

Steinbach, A., d. Alte v. Müssenberge od. Ein westfäl. Rübezahl, s.: Cordier's Kinder-Bibliothek, Nr. 1.

Steinbach's, A., Formulare zur Geschäfts- und Buchführung des praktischen Arztes. I. Kranken-Journal, nebst Cassabuch. 2. Aufl. Fol. (IV, 98 S.) [Kassel 882, Fischer.] Leipzig, G. Thieme. geb. *
—— dass. — II. Hauptbuch. Fol. (160 S. mit Register.) Ebendas. 882. *
—— dass. — III. Pultmappe mit Krankenbesuchslisten und Krankenbeobachtungsformularen. Ebendas. 882. *

Steinbach's, A., Formulare zur Geschäfts- und Buchführung des praktischen Arztes. I—III. Fol. Leipzig, G. Thieme. **cart. ***

Inhalt:

I. Kranken-Journal nebst Cassabuch. 4. Aufl. (102 S.) 886; 5. Aufl. (V, 98 S.) 888. cart. *M 4.—; doppelstark (V, 198 S.) 888. *M 7.—.

II. Hauptbuch. 4. Aufl. (VIII, 164 S.) 886. *M 6.—.

III. Pultmappe und Krankenbesuchs-Listen für praktische Aerzte und Medicinal-Beamte, nebst Beilagen, enth. Krankenbeobachtungs-Formulare. (132 S.) 887; Ausg. von 1888. (74 S.) geb. *M 5.—.

Steinbach's, A., Pultmappe u. Krankenbesuchs-Listen f. praktische Aerzte u. Medicinal-Beamte, nebst Beilagen, enth. Krankenbeobachtungs-Formulare. [Formulare zur Geschäfts- u. Buchführg. d. prakt. Arztes. III.] Für d. J. 1890. Fol. (72 S.) Lpz., G. Thieme. 1889. * 5 —

Formulare I. II. Ebd. 1886,88. * 10 —.

Steinbach's, A., Formulare zur Geschäfts- u. Buchführung des praktischen Arztes. Hrsg. v. Kollm. 2 Bde. Fol. Leipzig 894. G. Thieme. Geb. n. 10. —

1. Kranken-Journal nebst Cassabuch. 6. Aufl. (4 u. 100 S.) n. 4. —
2. Hauptbuch. 5. Aufl. (12 u. 200 S. m. 1 Tab.) n. 6. —

Steinbach's, A., Formulare zur Geschäfts- u. Buchführung des praktischen Arztes. Hrsg. von Kollm. I. Kranken-Journal nebst Cassabuch. 7. Aufl. Fol. (8 u. 100 S.) Leipzig 901. G. Thieme. Geb. n. 4.—

—— Leitfaden für die Geschäft- und Buchführung des praktischen Arztes, mit Anhang, enthaltend: die den prakt. Arzt interessirenden gesetzl. Bestimmungen, das Verfahren vor dem Amtsgerichte in Schuldklagesachen, Tabelle zur Berechnung der Besuche, Zinsberechnungstabellen rc. Fol. (16 S.) Ebendas. 880. *

Aus: Formulare zur Geschäfts- und Buchführung für praktische Aerzte, besonders abgedruckt.

—— dass. — s. Börner, Paul, Reichs-Medicinal-Kalender.

— Leitfaden f. die Geschäfts- u. Buchführung des praktischen Arztes u. Medicinalbeamten, m. Anh., enth.: die den prakt. Arzt interessir. gesetzl. Bestimmgn., das Verfahren vor dem Amtsgerichte in Schuldklagesachen, Tabelle zur Berechng. der Besuche, Zinsberechnungstabellen rc. Hrsg. v. Kollm. [Aus: „St.'s Formulare zur Geschäfts- u. Buchführg. f. prakt. Aerzte".] 2. Aufl. Fol. (16 S.) Ebd. 894. **n. — 80**

—— bei schlichten Leuten, s. Schnettler, Fr.

Steinbach, A., die Störche. Eine Dorfgeschichte f. Volk u. Jugend. Mit 4 Stahlst. 8. (153 S.) Regensburg 872. Manz. 1. —

Steinbach, Adm., s. Gebetbuch, neues, e. Anleit. f. aufgeklärte rc. kathol. Christen, 2e Aufl. (Die 1e Aufl. erschien 1808).

Steinbach, Ant., die vaterländischen Gedenktage,
— Huldigung der Provinzen d. preuß. Staates zum Geburtstage Sr. Maj. d. Kaisers u. Königs Wilhelm II.,
} s.: Dahmen, Jos.

— u. Th. **Steinbach,** neue Märchen u. Geschichten, s.: Jugendperlen.

Steinbach, Ant., der Teufelstrank, s.: Jugendperlen.

Steinbach, Aug., Gedichte. 8. (IV, 200 S.) Dresden 892. E. Pierson. **n. 3. — ; geb. n. 4. —**

Steinbach, Augustus Arminius: De pseudarthrosi. Halis 1848: Ploetz. 32 S. 8°
Halle-Wittenberg, Med. Diss. v. 15. Apr. 1848
Geb. Querfurt (Thür.) 7. 1. 1825. V.

Steinbach, Bernhard: Das Schicksal des Vermögens einer untergegangenen juristischen Person nach dem Bürgerlichen Gesetzbuch. Erlangen 1898: F. Junge. (41 S.) 8°
Erlangen, Jur. Diss. v. 13. Juli 1898

Steinbach, Carl, s. Steinbach, Karl.

Steinbach, Christoph Ernst, Christ. Ernst Steinbachs // kurtze und gründliche // Anweisung // zur // Deutschen Sprache. // Vel // succincta et perfecta // GRAMMATICA // LINGUAE GERMA- //NICAE // Nova methodo tradita. // ROSTOCHII. ET PARCHIMI, // Apud GEORG. LUDOV. FRITSCH. // Anno 1724. - 8 Blatt (nicht paginiert) Titelblatt, Widmung und Vorrede. - 19o S.
Auf der letzten Seite steht mit Tinte geschrieben:
NB. Christian vor Christoph ist gedruckt wor=
den, weil ich den Nahmen nicht völlig aus
geschrieben und bey meiner Abwesenheit
nicht habe corrigiren können; vielleicht
ist der Irrthum entstanden, weil mich
H. Prof. Stolle in der Einleitung
zur Gelahrheit cap. II. §.47. p. 1o5.
so anführt.

Steinbach, Christoph Ernst (Jauer) A. S. 1204/9

Disputatio medica inauguralis de cynanche.
Präs. Georg Detharding.
Rostock (Adler) 29. VII. 1723. 20 S.

W. v.: Präs. 33338

Siebrand, Carl Ehrenfried (d. i. *Chp. Ernst Steinbach* von Breslau), Johann Christian Günthers, des berühmten Schlesischen Dichters, Leben und Schrifften. Gedruckt in Schlesien (Breslau, Meyer) 1738. 8°. Rar! (13 Mk. Rossberg, 1910.)
168 S. (incl. Titel in Roth- u. Schwarzdruck). Name Siebrand's unter der Vorrede. — Weller, fing. Dr.

Steinbach, Christoph Ernst (Jauer) A. S. 1204/10

Specimen manuductionis ad vitam longam quod tradit regulas generales circa cibum et potum hominibus observandas. Wie überhaupt in Genuss der Speise und Tranck der Mensch sein Leben höher bringen könne.
Präs. Georg Detharding.
Rostock (Adler) 30. IX. 1722. 16 S. 33337

Steinbach, Christoph Ernst, Christian Ernst Steinbachs // Deutsches // Worter=Buch, // vel // LEXICON // LATINO-GERMANICUM, // Secundum // Methodum Grammaticae // ejusdem Autoris elaboratum, // Cum // PRAEFATIONIBUS GERMANICA // & // LATINA.// Breßlau /// Bey Michael Hubert / 1725. - 1o Blatt (nicht paginiert) Titelblatt, Widmung und Vorreden. - 444 S.
Auf dem Titelblatt ist Christian mit Tinte in Christoph umgeändert. Vgl. dazu die eigenhändige Bemerkung des Verfassers am Schluß seiner Grammatica.

- - , Christoph Ernst Steinbachs, M. D. // Vollständiges // Deutsches // Worter=Buch // VEL // LEXICON // GERMANICO-LATINUM // CUM // PRAEFATIONIBUS // ET AUTORIS // ET IOHANNIS ULRICI KONIG // S. R. M. POLON. ET ELECT. SAX.// CONSILIARII AULICI. // CUM PRIVILEGIO. // Breßlau, // Verlegts Johann Jacob Korn, 1734. - 19 Blatt (nicht paginiert) Titelblatt, Widmung und Vorreden. - 1o86 S.

2. Band:
Christoph Ernst Steinbachs, M. D. // Vollständiges // Deutsches // Worter=Buch // VEL // LEXICON // GERMANICO-LATINUM. // TOMUS II. // M-Z. // CUM PRIVILEGIO. // Breßlau, // Verlegts Johann Jacob Korn, 1734. - Titelblatt und 1134 S. B. S. T. 8°.679.

Steinbach, Curt, s. Steinbach, Kurt.

Steinbach, E., u. M. Zierold, neuer Lehrgang f. den Zeichenunterricht an Volksschulen. Nach Grundsätzen künstler. Erziehg. bearb. u. in method. Weise dargeboten. 1.—4. Tl. gr. 8. Dresden, O. & R. Becker. à n.n. 1. 25

1. Erstes Zeichenjahr. (II, 38 S. m. 15 Taf.) 903.
2. Zweites Zeichenjahr. (II, 38 S. m. 20 Taf.) 903.
3. Drittes Zeichenjahr. (II, 54 S. m. 16 [1 farb.] Taf.) (904.)
4. Viertes Zeichenjahr. (II, 36 S. m. 16 z. Tl. farb. Taf.) (904).

Steinbach, Emil

— commentario delle leggi sulla impugnazione di atti giuridici riguardanti la sostanza di un debitore insolvente etc., s.: Raccolta di leggi ed ordinanze della monarchia austriaca.

Steinbach, Emil, über Eigenthum an Briefen nach österreichischem Rechte. Vortrag, geh. in der Jurist. Gesellschaft am 11. März 1879. [Aus: „Jurist. Blätter".] gr. 8. (34 S.) Wien 879. Manz. n. — 80

Steinbach, Emil, Erwerb u. Beruf. Vortrag, geh. in d. Wiener jurist. Gesellschaft am 11. März 1896. gr. 8. (55 S.) Wien 896. Manz. n. 1.—

Steinbach, Emil, zur Friedensbewegung. gr. 8. (80 S.) Wien 899. Manz. n. 1.20

—— das Gesetz vom 10. Juni 1887, betr. die Abänderung beziehungsweise Ergänzung einiger Bestimmungen des Executionsverfahrens zur Hereinbringung von Geldforderungen. Mit erläut. Bemerkungen versehen. 1. und 2. Aufl. (VIII, 102 S.) 887; 3. veränd. Aufl. 12. (VIII, 120 S.) Wien 888, Manz'sche Hof-Verlags- und Universitäts-Buchh. *

—— die Grundsätze des heutigen Rechtes über den Ersatz von Vermögensschäden. 8. (92 S.) Ebendas. 888. *
Aus: Juristische Blätter, besonders abgedruckt.

Steinbach, Emil, Commentar zu den Gesetzen vom 16. März 1884 über die Anfechtung von Rechtshandlungen, welche das Vermögen eines zahlungsfähigen Schuldners betreffen, und über die Abänderung einiger Bestimmungen der Concursordnung und des Executionsverfahrens. (VI, 176 S.); 2. Aufl. gr. 8. (VI, 178 S.) Wien 884, Manz'sche Hofverlagsh. *

Kommentar zu den Gesetzen vom 16. März 1884 über d. Anfechtung von Rechtshandlungen, welche d. Vermögen e. zahlungsunfähigen Schuldners betreffen, u. über d. Abänderung einiger Bestimmungen d. Konkursordnung u. d. Exekutionsverfahrens von Dr. Emil Steinbach. 3. Aufl. Besorgt von Gerichtsadj. Dr. Albert Ehrenzweig u. Prof. Dr. Armin Ehrenzweig. Wien: Manz 1905. (V, 212 S.) 8° [F.] [05. 9414

Steinbach, Emil [aus Riga]: Zur Kritik der Bevölkerungsbewegung in Frankreich ... Berlin, Druck v. H. S. Hermann, 1892; 41 S. 8.
München, Staatswirtsch. Fak., Inaug.-Diss. v. 1892

—— la legge concernente la modificazione, rispettivamente il completamento di alcune disposizioni della procedura in materia d' esecuzione per l' esazione di crediti pecuniarii, s. Raccolta di leggi ed ordinanze della monarchia austriaca.

Die Moral als Schranke des Rechtserwerbs und der Rechtsausübung. Von Dr. Emil Steinbach. *Wien: Manz 1898.* (3 Bl., 107 S.) 1 Bd 8. [98. 12265

Rechtsgeschäfte der wirthschaftlichen Organisation. Von Dr. Emil Steinbach. *Wien: Manz 1897.* (VI S., 1 Bl., 184 S.) 1 Bd 8. [97. 2117

—— die Rechtskenntnisse des Publikums. Ein Vortrag, gehalten im wissenschaftl. Club zu Wien am 10. Jänner 1878. 8. (55 S.) Ebendas. 878. *

— der Staat u. die modernen Privatmonopole. Vortrag, geh. in der Wiener jurist. Gesellschaft am 17. XII. 1902. (47 S.) gr. 8. Ebd. 903. n. 1.—
Sonderabdruck aus: „Allg. öst. Ger.-Ztg."

—— die Stellung der Versicherung im Privatrechte. Vortrag, gehalten in der Wiener jurist. Gesellschaft am 4. April 1883. 8. (40 S.) Ebendas. 883. *

(F) Treu und Glauben im Verkehr. Eine civilistische Studie von Dr. Emil Steinbach. Separatabdruck aus der „Allgemeinen österreichischen Gerichts-Zeitung". Wien. 1900. Manz. Gr.-8°. 63 S. K 1.—

Genossenschaftliche und herrschaftliche Verbände in der Organisation der Volkswirtschaft. Von Dr. Emil Steinbach. Wien. 1901. Manz. Gr.-8°. 82 S. K 1.60

— Vertretung der öffentlichen Interessen auf dem Gebiete des Privatrechts. Vortrag, geh. in der Wiener jurist. Gesellschaft am 27. XI. 1901. gr. 8. (16 S.) Ebd. 902. n. — 40
Sonderabdruck aus: „Allg. österr. Gerichts-Zeitung".

Steinbach, Emil, die Wirkungen vertragsmäßiger und letztwilliger Veräußerungs- und Belastungsverbote nach österreichischem Rechte. gr. 8. (59 S.) Wien 877, Manz'sche Hofbuchh. *
Aus: Allgemeine österreichische Gerichtszeitung, besonders abgedruckt.

Der Schwur am Obelisk. Wahre Geschichte eines deutschen Landwirths und Freimaurers. [Von Erwin v. Steinbach.] Nürnberg u. Leipzig: Zeh 1824. IV, 539 S. 8° [Kupfertit.]

[Dasselbe.] Geschichte eines Freimaurers. Neue wohlfeile Ausg. Ebendas. 1827. 539 S. 8°
Recens f. 1. Ausg.: AZ. 1825 S. 229—234.
cf. LCBl. 1824 Nr 270.
Kl. 3995, Tt. 2675, TB. 233. Eine Art Roman in Briefen, mit grösstenteils landwirtschaftlicher, zum Teil politischer u. mrischer Tendenz. Verf. nach Holzmann u. Bohatta: Anonym.-Lexikon Bd 4 (1907) S. 61.

Steinbach, Erwin, Wörterbuch der Marshall-Sprache, nach den hinterlassenen Papieren des St. umgearb. u. hrsg. v. Herm. Grösser. 1. Tl.: Marshall-Deutsch. 2. Tl.: Deutsch-Marshall. 8. (IX, 124 S.) Hamburg 902. L. Friederichsen & Co. Geb. in Leinw. n. 4.—

Steinbach, Erwin: Die Zahl der Caudalwirbel beim Menschen ... Berlin: Buchdr. v. Gustav Schade (Otto Francke) (1889). 26 S., 1 Bl. u. 3 Taf. 4°
Berlin, Med. Fak., Inaug.-Diss. v. 8. Jun. 1889

Steinbach, F., zwei vornehme Ehen, s.: Eisenbahn-Unterhaltungen.

Steinbach, F. E., „Der Ruf zum Herrn um Seine Hilfe in schwerer Kriegesnoth." Predigt über den 85. Psalm gehalten am 6. Sonntag nach Trin. 1870 in der Kirche zu Neustadt-Dresden. 1. und 2. unveränd. Abdr. gr. 8. (16 S.) Dresden 870, Schulbuchh. [Lehmann.]

STEINBACH, Fr., Hamburgische Nadelstiche (gegen das Hamburger Theater). Altona, o. J. (c. 1855). 8°. Selten! (3 Mk. G. Priewe, 1909:)
Ein Theil der mit Nadelstichen Bedachten ist nur mit Buchstaben benannt, aber dennoch ist es nicht schwer herauszufinden, wer gemeint ist.

Steinbach, (Fr. C.,) quae parentum sit vis et efficacia in prolis procreat. et quomodo ea immutetur in viro syphilide laborante. Diss. gr. 4. Leipz. 823, Reclam.

Steinbach, Franz: Ueber primäre Muskeltuberkulose. Leipzig 1901: B. Georgi. (41 S.) 8°
Leipzig, Med. Diss. v. (1. Mai) 1901

Steinbach, Friedrich [Rechtspraktikant aus Augsburg]: Die Ansprüche wegen Verwendungen nach dem Rechte des Bürgerlichen Gesetzbuches ... Augsburg, Buchdr. v. Th. Lampart, 1897; 30 S. 8.
Erlangen, Jur. Fak., Inaug.-Diss. v. 1897

Steinbach, F., Gewerbeordnung f. das Deutsche Reich m. den Nebengesetzen u. den Ausführungsbestimmungen f. das Reich, f. Preußen u. Bayern. Mit Erläutergn. u. ausführl. Sachregister. (Schweitzers Textausgaben m. Anmerkgn.) (XX, 1032 S.) kl. 8. München 910. J. Schweitzer Verl. Geb. in Leinw. 4. 50

Steinbach, Gustav

Steinbach, G., Franz Deák. [Aus: „Oesterr.-ungar. Revue".] gr. 8. (78 S.) Wien 888. Manz. n. 1. 80

STEINBACH, Gustav: Die Entstehung des Kurfürsten-Kollegiums. — 1873. 52 S. Diss. Graz, Univ.

Steinbach, Gust., die ungarischen Verfassungsgesetze, s. a. Taschenausgabe, Manz'sche, der österreich. Gesetze 19 I. (Ziegl, Jul., die Staatsgrundgesetze.)

Steinbach, Gust., die ungarischen Verfassungsgesetze. 12. (VIII, 127 S.) Wien 891. Manz. n. 2. —

Steinbach, Gust., die ungarischen Verfassungsgesetze. 2., rev. u. verm. Aufl. 12. (VIII, 145 S.) Ebd. 895. n. 2. —

Steinbach, Gust., die ungarischen Verfassungsgesetze. 3. rev. u. verm. Aufl. 12. (VIII, 131 S.) Wien 900. Manz. Geb. in Leinw. n. 2. 60

Steinbach, Gust., die ungarischen Verfassungsgesetze. Hrsg. v. St. 4. rev. u. verm. Aufl. (VIII, 142 S.) kl. 8. Ebd. 906. n. 1. 70; geb. n. 2. 30

Steinbach, H. v., der Geist der preußischen Armee oder das liberale Prinzip in der Militärinstitution. gr. 8. (43 S.) Leipzig 861, O. Wigand. *

Steinbach, H., die Kanalisation v. Sarajevo. 8. (7 S.) Leipzig 901. F. Leineweber. n. — 70
Sonderabdruck aus: „Gesundheit".

Steinbach, H., Richterseele. Roman. (153 S.) 8. Strassburg 907. J. Singer. 2. 50

Steinbach, Heinrich, aus Bad Kissingen: Ueber Carcinoma corporis uteri. *Würzburg 1898: A. Boegler.* (26 S.) 8°
Würzburg, Med. Diss. v. 1899

Steinbach, J. F. A., der Mensch in seinem Natur- und Geschlechts-Leben od. wichtige Belehrgn. u. Enthüllgn. üb. den Bau des Menschen in allen Theilen, so wie üb. Beischlaf, Zeugung, Empfängniß rc. 8. (273 S.) Bautzen 850, Reichel. Verklebt. 1 ℳ

Steinbach, J. J., Prädestinations-Handbuch f. praktische Ingenieure, welches die 2 Neigungs-Verhältniss-Tabellen 1:30 bis 1:1000 sowie der pr. Mille: von 0,50‰ bis 650‰ f. Distanzen von 1 bis 100 u. der analogen Neigungs-Winkel, die Tafel üb. die Stärke der Widerlager f. Eisenbahn-Brücken u. die Tabelle zur Bestimmung der Krümmungs-Radien bei verschiedenen Steigungsverhältnissen der Bahn enth. gr. 8. (IV, 52 S.) Leipzig 873. Scholtze. n. 4. —

Steinbach, Joseph (geb. Eschweiler 15. 2. 1852): Ueber die Behandlung des Mastdarmvorfalls mit Ergotin-Injectionen. Berlin (1876). (32 S.) 8°
Berlin, Med. Diss. v. 4. Aug. 1876

Steinbach, Jos., Eigenes u. Fremdes. Lyrische u. epische Dichtgn. gr. 16. (IV, 139 S.) Wien 888. Breitenstein. n. 2. 50; geb. 3. 30

—— s. Festzeitung, humoristische, zum XIII. mittelrhein. Turnfest in Neuwied.

Steinbach, Jos., zur Frage der fakultativen Sterilität. Eine krit. Studie. [Aus: „Internat. klin. Rundschau".] gr. 8. (23 S.) Wien 889. Braumüller. n. 1. —

Steinbach's, Jos., Führer durch das Ahrthal an der Hand der Sage und Geschichte. 2. Aufl. 8. (II, 141 S. mit eingedr. Holzschn. und 1 lithogr. Karte.) Neuwied 881, Heuser's Verlag. *ℳ 1,20.; geb. *

Steinbach's, Jos. Führer durch das Ahrthal von der Mündung der Ahr bis zu ihren Quellen in Blankenheim m. besond. Berücksicht. d. Bades Neuenahr u. seiner Kurmittel. 3. Aufl. 12. (56 S. mit Illustr. u. 1 Karte.) Neuwied 889, Heuser's Verlag. * 1 —
4. Aufl. u. d. T.:
—— Führer durch das Ahrthal an der Hand der Sage u. Geschichte. Hrsg. von Willy Steinbach. 4. verm. u. verb. Aufl. 12. (IV, 119 S. m. 4 Abbildgn. u. 1 Karte.) Ebd. 891. 1 20

Josef **Steinbachs** Führer durch das Ahrthal an der Hand der Sage und Geschichte unt. bes. Berücks. v. Bad Neuenahr u. Umgebg. Hrsg. v. Willy Steinbach. 6. verm. u. verb. Aufl. M. Abb. u. Ktn ... *Neuwied & Leipzig: Heuser 1897.* (VI S., 1 Bl., 126 S., 1 Bl., 38 S., 2 Kt.) 1 Bd 8.
(Steinbach's Reiseführer.) [98. 424

—— Führer zum Laacher See an der Hand der Sage und Geschichte. (II, 122 S. mit 2 Ansichten und 1 lithogr. Karte.) 1880; 2. Aufl. 12. (III, 129 S. mit Illustr.) Ebendas. 881. * geb. *

[Josef] **Steinbachs** Führer zum Laacher See und Umgebung an der Hand der Sage und Geschichte. Hrsg. v. Willy Steinbach. 3. verm. u. verb. Aufl. M. zahlr. Abb., 1 genauen Wegekt. u. e. Hotel-Verz. Beachtenswerte Notizen f. Radtouristen. *Neuwied & Leipzig: Heuser [1898].* (VI S., 1 Bl., 152, 27 S., 1 Kt.) 1 Bd 8. [98. 941

—— Führer durch das Siebengebirge an der Hand der Sage und Geschichte. 8. (128 S. mit 1 lithogr. Karte in 4. und 1 Chromolithogr.) Ebendas. 880. *

— Führer durchs Siebengebirge an der Hand der Sage u. Geschichte. Hrsg. v. Willy Steinbach. 3., verm. Aufl. 12. (VIII, 143 S. m. 4 Abbildgn. u. Wegekarte.) Ebd. 892. 1. 20

Steinbach, Jos., Heimathsklänge. Dichtungen der hervorragendsten ungarischen Poeten, mit einem Anh. von National-Volksliedern, ins Deutsche umgedichtet. 12. (XV, 96 S.) Gross-Kanizsa 883. Wajdits. n. 2. —; geb. m. Goldschn. n. 3. —

Steinbach, Jos., Mittel-Rheinland. 2. Aufl. Mit Holzschn., (chromolith.) Karte u. Anh., enth.: Führer zum Niederwald-Denkmal, Notizen üb. Gasthöfe. 8. (XII, 203 u. Anh. 34 S.) Neuwied 884. Heuser's Verl. cart. 2. —
Die 1. Aufl. erschien u. d. T.: Reise-Begleiter, der, auf der links- und rechtsrhein. Eisenbahn.

Steinbach, Jos., das National-Denkmal auf dem Niederwalde. Ein Führer. 8. (30 S. mit 1 Holzschn.) Neuwied 885, Heuser's Verlag.

—— der lustige Philosoph. Humoristisch-philosoph. Vorträge für heitere Kreise und gesell. Verein. 1. Bdchn. 8. (IV, 100 S.) [Neuwied 884, Heuser's Verlag.] Leipzig, G. Weigel. cart.

—— der Reise-Begleiter auf der links- und rechtsrheinischen Eisenbahn und auf dem Dampfboot von Düsseldorf nach Frankfurt und von Frankfurt nach Düsseldorf. Mit (4) Rheinansichten (2 Holzschntaf.), (chromolithogr.) Karte und Anhang: Gasthöfe, Eisenbahn-, Dampfschiff- und Postfahrpläne. Illustr. von W. Alex. Steinbach jun. 12. (XII, 208 S.; Anhang 35 S. mit 1 Tab.) Neuwied 882, Heuser's Verlag. cart. *ℳ 2,40.; geb. *

—— die Schule des Redners. Eine Anleitung, in kurzer Zeit ein gewandter Redner und Deklamator in fröhl., gesell. Kreisen zu werden, nebst einer großen Auswahl neuer humorist. und ernster Orig.-Vorträge zu allen festl. Gelegenheiten. 8. (208 S.) Ebendas. 882. geb. *

—— dass. — Eine Anleitung, in kurzer Zeit ein gewandter Redner und Deklamator zu werden, nebst einer großen Auswahl von Orig.-Vorträgen zu allen festl. Gelegenheiten. 2. unveränd. Aufl. 8. (208 S.) [Neuwied 884, Heuser's Verlag.] Leipzig 884, G. Weigel. cart. *

Steinbach's, Jos. des kleinen Schalks humoristisch-poetischer Spaziergang durch die Düsseldorfer Gewerbe-Ausstellung. 16. (126 S. mit eingedr. Holzschn.) Ebendas. 880. *

Steinbach, Josef: Die organische Stellung d. Militärärzte im österr. Heeresverbande. Ein Beitrag zur Heeresorganisation. Fünfkirchen: Jos. Wajdits 1883. 8°

Steinbach, J., die Sterilität der Ehe, s. Zeit- und Streitfragen, klinische.

STEINBACH, Josef. Die Sterilität der Ehe, ihre Urfache und Behandlung. Wien 1888. Gr. 8°. 80 S.

Steinbach, Jos., d. Stern v. Sedan, s.: Klein, J. H.

— Trier u. seine Umgebung. Ein Führer an der Hand der Sage u. der Geschichte. Mit e. (lith.) Plane der Stadt u. der nächsten Umgebg. 16. (52 S.) Trier 883. Stephanus' Verl. cart. n. — 80

—— poetisches Wanderbuch zum Laacher See. 3. Aufl. 16. (48 S.) Neuwied 881, Heuser's Verlag. *

[J.] Vorwärts oder Rückwärts? Zeitgem. Betrachtgn üb. d. Verhältnisse d. Eisenbahn-Betriebsbeamten u. ihre Beziehgn zu d. Eisenbahn-Unfällen v. Julius Steinbach. *Berlin: F. Hackfeld 1898.* (2 Bl., 69 S., 1 Bl.) 1 Bd 8. [98. 439]

†Steinbach, Karl v., s. Hase, K.

v. Steinbach, Karl, (Karl Hase), das Kaiserthum d. deutschen Volkes. Eine Stimme aus Sachsen. 8. (70 S.) Leipzig 848, Breitkopf & Härtel. 1/4 ₰

Steinbach, Carl, Rad-Ausflüge in der Umgebung Augsburgs. Von e. Morgen- od. Abendausfahrt bis z. ausgedehnten Tagestour. schmal 8. (24 S.) Augsburg (901). Lampart & Co. — 30

v. Steinbach, Karl, (Karl Hase), das deutsche Reich u. seine Staaten. Eine Stimme aus Sachsen. 8. (VI u. 144 S.) Leipzig 848, Breitkopf & Härtel. 1/2 ₰

Steinbach, Karl von: Die Republik des deutschen Volkes. Eine Stimme aus Sachsen. Leipzig. Breitkopf u. Härtel 1848. 77 S. 8.

v. Steinbach, Karl, Sachsen u. seine Hoffnungen. Eine polit. Denkschrift d. Septemberwochen 1830. 8. Leipz. 830. Weidmann.

Steinbach, Curt. Beitrag zur Kenntnis der Strahlfäule und der Strahlfäuleringe. Aus dem Institut für Hufkunde der Königlichen Tierärztlichen Hochschule zu Dresden .... Diss. Vet.-Med. Univ. Zürich. [Mit 6 Tafeln.] 43 S. 8. Dresden, (Arthur Schönfeld,) 1909.

Steinbach, Leopold: Geschichte u. Tagebuch der zweyten Türck. Belagerung Wiens 1683. Wien 1783. 8°

Steinbach, L(ouis), Aquarell-Schule. Praktische Anweisung zum Aquarell-Malen in systematisch geordneten Vorlagen (in Farbendr.), nebst Erläuterungen. 1—3. Heft. qu. Fol. (6 S. und 18 Stnt.) Carlsruhe 853—54, Veith. *

—— Landschaften, s. Vorlagen zum Tuschen und Sepiren.

Steinbach, L., Vorlagen zum Landschaftszeichnen. 1. u. 2. Heft. Stuttgart 868. Wittwer. gr. Fol. Jedes Heft (6 Steintaff.) n. 20 ngr.

Steinbach, Louis, systematische Zeichnenschule. Elementar-Unterricht zum Landschaftzeichnen f. Bürger- u. Volksschulen. In 24 Hftn. à 6 (lith.) Bl. qu. gr. 8. (1 Bl. Text.) Carlsruhe 852, Veith. (à 6 ngr) 4 ₰ 24 ngr

Steinbach, Louis, systematische Zeichnenschule. Elementar-Unterricht zum Landschaftzeichnen für Bürger- und Volksschulen. 2., umgearb. Aufl. 24 Hefte. qu. 4. (à Heft 6 lithogr. Bl.) Carlsruhe 857, Veith. à Heft 6 Ngr.

— systematische Zeichnenschule. Elementar-Unterricht zum Landschaftszeichnen für Bürger- u. Volksschulen. 3. Ausg. in 24 Heften. 1—15. Heft. Carlsruhe 868. Veith. gr. 4. Jedes Heft (6 Steintaff.). 6 ngr.

Steinbach, Louis, systematische Zeichenschule. Elementarunterricht zum Landschaftszeichnen für Bürger- u. Volksschulen. [Hft. 15—20 von A. Doll in München.] 3. Ausg. 15—20. (Schluss-)Hft. qu. 4. (à 6 Steintaf.) Karlsruhe 877. Veith. à — 60

—— Zeichnen-Vorlagen für Anfänger. 10 Hefte. qu. 4. (à Heft 6 Stnt.) Stuttgart 868, Wittwer. à Heft * 50 Pf. *

Steinbach, Ludw. Ed., gründliche Anweisung guten und gesunden Essig in jeder beliebigen Stärke mit den geringsten Kosten und ohne Mühe auf eine leichte und sichere Art binnen 24 Stunden darzustellen. Zum Gebrauche für kleine und große Haushaltungen, Kaufleute, Gastwirthe, Kleinhändler ꝛc. 8. (IV und 84 S.) Wien (861)62, Wenedikt. *

Steinbach, Ludw. Ed., der schnelle Fleckenreiniger, oder gründliche Anweisung zur Entfernung aller Arten Flecken, welche durch Fett, Oel, Butter ꝛc. in Leinenzeug, Baumwollstoffen, Tuch ꝛc. entstanden sind. Nebst einem Anh. enth. die Färberei verschiedener Stoffe, wie selbe in jeder Haushaltung ohne Mühe zu den geringsten Kosten vorgenommen werden kann. 16. (136 S.) Wien 862, Wenedikt.

Steinbach, Ludw. Ed., der schnelle Fleckenreiniger, oder gründliche Anweisung zur Entfernung aller Arten Flecken, welche durch Fett, Oel, Butter ꝛc. entstanden sind. Nebst einem Anh., enthltd. die Färberei verschiedener Stoffe, wie selbe in jeder Haushaltung ohne Mühe, zu den geringsten Kosten vorgenommen werden kann 2. (Titel-)Ausg Wien (862)870. Wenedikt. 16. (136 S.) 12 ngr.

—— Goldkörner praktischer Erfindungen. Ein unerschöpfliches Schatzkästchen voll der besten und neuesten Fabrikations-Mittel zur Begründung des Wohlstandes. Ein Füllhorn derjenigen Erwerbszweige, die durch ihre leichte und sichere Ausführbarkeit, mit Vorauslage nur weniger Gulden bei der nunmehr eingeführten Gewerbefreiheit, Jedermann auch ohne sonstige Vorkenntnisse den Weg zur Wohlhabenheit weisen. 8. (162 S.) Wien 862, Wenedikt.

—— keine kranken Hausthiere mehr. Ein verläßl. Rathgeber bei allen Thier-Krankheiten. Enth. eine Fülle der erprobtesten Heilmittel bei allen Krankheiten der Pferde, Rinder, Kühe ꝛc. nach der allopath. und homöopath. Kurmethode ꝛc. 16. (136 S.) Wien 862, Wenedikt.

—— Keine kranken Hausthiere mehr! Ein verläßl. Rathgeber bei allen Thier-Krankheiten, nämlich der Pferde, Rinder, Kühe ꝛc. nach der allopath. und homöopath. Kurmethode ꝛc. ꝛc. 16. (136 S.) Ebendas. 870.

— 200 Mittel gegen den Durst. Ein unentbehrliches Hilfsbüchlein für Cafetiers, Conditoren, Gastwirthe, Restaurateure u. jede Haushaltung, enth. 200 der bewährtesten Vorschriften zur Erzeugung aller jetzt gebräuchlichen kalten u. warmen Getränke ꝛc. Mit vielen Illustrationen (Holzschn.) Ebend. 863. 16. (132 S.) 12 ngr.

—— Quelle des Reichthums. Praktisches Receptbuch für Fabrikanten, Kaufleute und Gewerbetreibende aller Art. Enthaltend 1000 Anweisungen zur Erzeugung der wichtigsten Handels-Artikel, als: Liqueure, Essenzen, Essige ꝛc. 8. (286 S.) Wien (861)62, Wenedikt.

— neue Quelle des Reichthums. Praktisches Receptbuch für Fabrikanten, Kaufleute u. Gewerbtreibende aller Art. Enthltd. über 1000 Anweisungen zur Erzeugung der wichtigsten Handelsartikel. 2. bedeutend verm. Aufl. mit 12 Abbildungen (in eingedr. Holzschn.). Ebend. 870. 8. (324 S.) 1 ℛ

—— Recepten-Buch für Liqueur-Fabrication auf kaltem und warmem Wege. Eine Sammlung von 530 erprobten und verläßlichen Recepten. 8. (163 S.) Wien 861, Wenedikt.

— Recepten-Buch für Liqueur-Fabrication auf kaltem u. warmem Wege. Eine Sammlung von 530 erprobten u. verläßlichen Recepten zur Darstellung aller gewöhnlicher, feiner u. hochfeiner Liqueure, Crême's u. Ratafia's ꝛc. Ebend. 862. 8. (163 S.) 15 ngr.

—— Sammlung erprobter Recepte zur Darstellung der besten Firnisse und Lacke. Ein unentbehrl. Taschenbuch für Lackirer, Maler, Tischler, Drechsler ꝛc. 16. (68 S.) Wien (861)62, Wenedikt. *

Steinbach, M. J. W., De phrenitide. 20 pp. Heidelb. 4°. 1790

Steinbach, Osk., der Giroverband sächsischer Gemeinden. Nach amtl. Unterlagen bearb. (40 S.) 8. Nossen 910. W. H. Möller. 1. —

— Was der Verwaltungsbeamte v. den sächsischen Gemeinde-Ordnungen wissen muss, s.: Beiträge zur Fortbildung des Verwaltungsbeamten. 2.

Steinbach, Otto, die Bannbulle. Kleines Lutherfestspiel f. Jünglingsvereine. Getreu nach geschichtlichen Quellen. (16 S.) 8. Karlsruhe 905. J. J. Reiff. n. — 30

[Gedicht.] Zum Johannisfeste 1881 der Loge „Leopold zur Treue" im Or.·. Karlsruhe von Otto **Steinbach.** Karlsruhe [1881]: Malsch & Vogel. 7 S. 8⁰ [Umschlagtit.]
Abgedr. in: Bh. 25 (1882) S. 193—194.
„Im Sommer war's; hell schien die Sonne, . . ." In der Hof- u. Landesbibl. zu Karlsruhe befindlich.

— Luthers Hochzeitstag. Dramatisches Stimmungsbild aus Luthers Leben. Getreu nach geschichtlichen Quellen. (32 S.) 8. Ebd. 906. n.n. — 50

Katalog der Büchersammlung der Loge Leopold zur Treue im Or. von Karlsruhe. 1885. [Zsgest. von Wilh. **Schmitt** und Otto **Steinbach.**] Karlsruhe 1885: Malsch & Vogel. VIII, 39 S. 8⁰
[Nach d. Kat. d. ▭ Friedr. z. gold. Zepter, Breslau.]

Steinbach, Paul [aus Borna]: Ueber den einfluss des Crestion de Troies auf die altenglische literatur .... Leipzig, druck v. Metzger u. Wittig, 1885; 50 + 1 S. 8°.
Leipzig. Phil. Fak., Inaug.-Diss. v. 20. Okt. 1885.

Steinbach, Paul, der einfluss des Crestien de Troies auf die altenglische literatur. gr. 8. (50 S.) Leipzig 886, Fock. *

Steinbach, R., der praktische Tapezierer. Anleitung zu allen im Tapezierfache vorkomm. Arbeiten. Bearb. v. J. C. Ackermann. 8. (VIII, 54 S.) Weimar 874. B. F. Voigt. — 75

Steinbach, Rudolph: Die rechtliche Stellung des Deutschen Kaisers verglichen mit der des Präsidenten der Vereinigten Staaten von Amerika. *Leipzig: Roßberg 1903.* (VIII, 149 S.) 8°
[Leipzig, Jur. Diss. v.] 1903

Steinbach, Rudolph, Dr. jur., a. Werdau: Die Verwaltungsunkosten der Berliner Großbanken. Leipzig: Duncker & Humblot 1905. (81 S.) 8°
Heidelberg, Phil. Fak., Ref. Rathgen, Diss. v. 26. Juni 1905
[Geb. 2. Aug. 76 Werdau, Sachsen; Wohnort: Dresden; Staatsangeh.: Sachsen; Vorbildung: Kreuzgymn. Dresden Reife O. 97; Studium: Genf 1, Leipzig 7 S.; Rig. 16. Febr. 05.]

Steinbach, Theodor: Neue Märchen u. Geschichten, s. Jugendperlen.

Westfälische Sagen u. andere Gedichte erzählenden Inhaltes. Von Theodor **Steinbach**. Paderborn: Bonifacius-Dr. 1910. 180 S. 8° [11. 7095

Steinbach, W., Commentatio subita de Wagneris seu eruditione seu scriptis claris. Wittenbergae. 4.

Steinbach, Wilhelm, a. Schroda: Über einige Carbonsäuren des Guanins und Xanthins. (Berlin 1908: M. Driesner.) (29 S.) 8°
Berlin, Phil. Fak., Ref. Gabriel, Diss. v. 8. Febr. 1908
[Geb. 12. Dez. 77 Schroda in Posen; Wohnort: Schroda; Staatsangeh.: Preußen; Vorbildung: Berger-Oberrealsch. Posen Reife O. 05; Studium: Berlin 9 S.; Rig. 19. Dez. 07.]

Steinbach, Wlh., († ...) Historie des von dem edlen Serpentinstein bekannten Städtchen Zöblitz im Meißnischen Obererzgebirge. Mit 1 Kärtchen. 4. Dresd. 751. Heckel. 6 𝒢

Steinbach, Wilhelm (Thum/Erzgeb.) A. S. 588/35

Ex philosophia practica de iuramentis vi et metu extortis. Präs. Johann Georg Schulze.
Wittenberg (Kreusig) 15. X. 1710. 8 Bl.
33342

Steinbach v. Kranichstein, Otto, († d. 19. Febr. 1791.) Geschichten des Markgrafthums Mähren f. die Jugend ꝛc. Mit Bildern. 8. Prag 783. Schönfeld. 8 𝒢

Steinbach, Otto, kleine Geschichten v. Mähren f. Kinder, mit Bildern. 8. Prag, Schönfeld. 783.

— — dasselbe in böhmischer Sprache. 8. Prag und Wien. 783.

O. S. v. K. (O. Steinbach v. Kranichstein): Lexicon aller in d. Oesterr. Staaten wirkl. besteh. landesfürstl. Verordnn. u. Gesetze im geistl. Fache gesammelt u. geordnet. *Prag* u. *Leipzig*, Schönfeld u. Meissner. 799. 8. (1 Thl.)
Vgl. Lexikon...

Steinbach, O., Diplomatische Sammlung histor. Merkwürdigkeiten aus dem Archiv des gräflichen Cisterzienserstiftes Saar in Mähren, enthaltend eine geneal. Abhandlung vom Stamme der Stifter der Grafen von Berneck und Nidda, der Herren von Kunstat und Podiebrad. Mit Kpfr. und Stammtfl. Prag 1783. 8.

— diplomat. Sammlung histor. Merkwürdigk. des Hochstifts Saar in Mähren, mit K. gr. 8. Prag, Schönfeld. 783. (Andreä in Lpz.)

— Urkundenbuch hierzu. Mit Kpf. gr. 8. Ebd. 784. 1 ß

Steinbach u. Strache, der moderne Merkantil-Lithograph. Eine Sammlg. merkantiler Arbeiten. gr. 4. (20 Taf.) Dresden (901). Gewerbe-Buchh. n. 14. —; ermäss. Pr. n. 6. —

Steinbach & Strache, modernes Merkantil. Neue Folge. (20 Taf.) 4. Dresden (905). Holze & Pahl. In Mappe n. 12. — (I u. II.: n. 18. —)

Steinbacher, Friedrich: Abelsche Körper als Kreisteilungskörper. Berlin 1910: G. Reimer. 16 S. 4° ¶(Aus: Journal f. d. reine u. angew. Math. Bd 139.)
Berlin, Phil. Diss. v. 14. Dez. 1910, Ref. Frobenius, H. A. Schwarz
[Geb. 4. Juni 77 Berlin; Wohnort: Friedrichshagen b. Berlin; Staatsangeh.: Preußen; Vorbildung: Friedrichs-Werdersche Oberrealsch. Berlin Reife M. 97, Erg. Falk-Realgymn. Berlin M. 99; Studium: Berlin 8 S.; Rig. 26. Mai 10.]
[U 11. 328

Steinbacher, J., die Jugendfürsorge-Vereine auf dem Lande. (16 S.) 8. München 910. M. Kellerer. — 30

Steinbacher, Josef

Steinbacher, Jos., Asthma, Fettherz, Korpulenz (Fettsucht) deren Wesen, Verhütung und Heilung durch das Naturheilverfahren mit besonderer Berücksichtigung des Banting-System. gr. 8. (VI und 61 S.) Stuttgart 866, Kröner.

—— dass. — 2. Aufl. gr. 8. (VI und 61 S.) Augsburg 868, Schlosser'sche Buchh.

—— der Croup oder die häutige Bräune, deren rationelle Behandlung nach den Principien des Naturheilverfahrens für Aerzte und Laien dargestellt und durch (eingedr.) Holzschn. und Krankengeschichten erläut. gr. 8. (XII und 147 S.) Augsburg 867, Schlosser'sche Buchh.

— der Feldarzt oder Selbsthülfe auf dem Schlachtfelde u. in Cantonirungen. Vorzüglich nach den Regeln der Hydrotherapie. Ein Noth- u. Hülfsbüchlein für Offiziere, Unteroffiziere u. Soldaten. 2 Abthlgn. München 866. Gummi. 16. [1. Abthl. (34 S.) 4 ngr., 2. Abthl. (58 S. mit eingedr. Holzschn.) 6 ngr.] 10 ngr.

—— die Hämorroidalkrankheiten. Ihr Wesen, ihr Verlauf und ihre radicale Heilung durch ein combinirtes rationelles Naturheilverfahren. Für Aerzte und gebildete Laien dargelegt. Der Regenerationskur 4. Thl. 2 Halbbde. Lex.-8. (XXXI und 476 S. mit zahlreichen eingedr. Holzschn. und vielen erläut. Krankheitsgeschichten.) Augsburg 864, Schlosser'sche Buchh.

Steinbacher, J., die Hämorrhoidal-Krankheiten. Regeneration der geschwächten Verdauungs- und Unterleibs-Organe durch ein combinirtes rationelles Naturheilverfahren. Für Aerzte und gebildete Laien dargestellt. Mit zahlreichen (eingedr.) Holzschn. und vielen Krankheitsgeschichten. 2. umgearb. und vielfach verm. Aufl. Lex.-8. (XII, 439 S.) Augsburg 868, Schlosser'sche Buchh.

—— Handbuch der Frauenkrankheiten nebst Ursache und Behandlung der Unfruchtbarkeit für Aerzte und Laien. Mit 43 den Text erläut. Abbild. in (eingedr.) Holzschn. und erklär. Krankengeschichten. gr. 8. (VIII, 322 S.) Stuttgart 870, Mäcken.

Steinbacher, J., Handbuch der Frauenkrankheiten nebst Ursache und Behandlung der Unfruchtbarkeit für Aerzte und Laien. gr. 8. Stuttgart 870. München, (Th. Ackermann.)

—— Handbuch des gesammten Naturheilverfahrens nach modificirten Principien Schroth's und Priessnitz's für Aerzte und Laien. Als 2. Thl. der „Regenerationskur" enth.: Kurdiät, Durstkur, feuchte Wärme, Bäder, Gymnastik, Electrizität. Lex.-8. (XII und 172 S. mit dem photogr. Portr. des Verf., zahlreichen, den Text erläut. eingedr. Holzschn. und den Orig.-Portr. von Schroth und Priessnitz in eingedr. Holzschn.) Augsburg 862, Schlosser'sche Buchh.

—— Handbuch des gesammten Naturheilverfahrens für Aerzte und Laien. 2. total umgearb. Aufl. der Regenerationskur. gr. 8. (XVI, 360 S. mit mehr als 70 den Text erläut. Abbild. und den Orig.-Portr. von Priessnitz und Schroth in eingedr. Holzschn.) Augsburg 869, Schlosser'sche Buchh.

Steinbacher, J., die männliche Impotenz u. deren radikale Heilung durch e. rationell-combinirtes Naturheilverfahren. Für Aerzte u. gebildete Laien dargestellt. 3. neu rev. Aufl. Mit zahlreichen (eingedr.) Holzschn. u. durch 24 Krankengeschichten erläutert. [Naturheilverfahren III. Bd.] gr. 8. (IX, 317 S.) München 877. Th. Ackermann. n. 6. —

—— Naturheilverfahren. 3. Bd.: Die männliche Impotenz und deren radikale Heilung durch ein rationell-kombiniertes Naturheilverfahren. Für Ärzte und gebildete Laien dargestellt. 4. neu revid. Aufl. gr. 8. (IX, 315 S. mit zahlreichen Holzschn. und durch 23 Krankengeschichten erläut.) [München 887, Th. Ackermann's Verlag.] Berlin, F. und P. Lehmann. *

Steinbacher, J. Die männliche Impotenz u. deren radikale Heilg. Für Ärzte u. gebildete Laien dargestellt. 5. veränd. Aufl. Mit zahlreichen Holzschn. u. durch Krankengeschichten erläutert. gr. 8. (XII, 297 S.) Berl. 892, H. Steinitz, Verlag. * 4 —

Steinbacher, J., die männliche Impotenz u. deren radikale Heilung. Für Ärzte u. gebildete Laien dargestellt. 5., veränd. Aufl. Mit zahlreichen Holzschn. u. durch Krankheitsgeschichten erläutert. gr. 8. (XII, 281 S.) Berlin 895. H. Steinitz' Verl. n. 4. —

Steinbacher, J., die männliche Impotenz u. deren radikale Heilung. Für Ärzte u. gebildete Laien dargestellt. 6. Aufl. Mit zahlreichen Holzschn. u. durch Krankheitsgeschichten erläutert. (288 S.) 8. Berlin (907). H. Steinitz. 4. —

STEINBACHER, Joseph (München): Ueber die Knochenverletzungen der Leibesfrüchte während der Schwangerschaft.- München: Franz 1847. 19 S.
22.8.1846 - Urk (Titel: De ossibus foetus laesionibus.); F 66
Diss. Ingolst.-Landsh.-Mchn.

Steinbacher, J., die Krankheiten der Lebemänner. Mit 6 Holzschn. 8. (IV, 100 S.) Berlin 888. Steinitz. n. 2. —

Steinbacher, J. Die Krankheiten der Lebemänner. 2. verm. u. verb. Aufl. gr. 8. (IV, 108 S. m. 6 Holzschn.) Berl. 892, H. Steinitz' Verlag. * 2 —

Steinbacher, Joseph. Die Krankheiten der Lebemänner . . . 2. Aufl. Berlin 1892. H: *Krüche, Arno.* (Berl)

— Naturheilverfahren. Encyklopädie der prakt. Naturheilkunde u. Erfahrungsheillehre f. Aerzte u. Laien. Aus den nachgelass. Manuscripten d. J. Steinbacher frei bearb. v. J. A. Schilling u. Alex. Loh. (In 12 Lfgn.) 1. Lfg. gr. 8. (80 S. m. eingedr. Holzschn.) Stuttgart 870. Mäcken. à 1. —

Steinbacher, J., die Regenerationskur oder die Verjüngung des menschlichen Organismus nach ihren einzelnen Heilfactoren für Aerzte und Laien dargestellt. I. (Bd.): Die Dampfbäder als ein Mittel zur Regeneration des menschl. Organismus durch Heilung veralteter, tiefgewurzelter Leiden prakt. und erfahrungsgemäss nach neuer Methode dargelegt für Aerzte und Laien. Lex.-8. (XI und 128 S. mit 1 Stahlst., 3 Stnt. in Lex.-8. und qu. Fol. und mehreren eingedr. Holzschn.) Augsburg 861, Schlosser's Buchh.

— Regeneration des geschwächten Geschlechtslebens in Folge von übermassigen Samenverlusten u. geschlechtlichen Excessen. Fur Aerzte u. gebildete Laien ausführlich dargestellt. Als 3. Theil der „Regenerationskur." A. u. d. T.: Die mannliche Impotenz u. deren radikale Heilung durch ein rationell-combinirtes Naturheilverfahren. Mit zahlreichen (eingedr.) Holzschn. u. durch 24 Krankengeschichten erlautert. Ebend. 863. Lex.-8. (XXIV, 367 S.) 2 ₰

Steinbacher, Jos., Regeneration des geschwächten Geschlechtslebens in Folge von übermässigen Samenverlusten und geschlechtlichen Excessen. Für Aerzte und gebildete Laien ausführlich dargestellt. Als 3. Thl. der „Regenerationskur." A. u. d. T.: Die männliche Impotenz und deren radicale Heilung durch ein rationell-combinirtes Naturheilverfahren. 1. Aufl. 1863. und 2., neu revid. und verm. Aufl. Lex.-8. (XXVII und 381 S. mit zahlreichen eingedr. Holzschn. und durch 24 Krankheitsgeschichten erläut.) Augsburg 866. Schlosser'sche Buchh.

—— das Scharlachfieber und die Masern die gefährlichsten Feinde der Kinderwelt, deren rationelle und sichere Heilung auf dem Wege des Naturheilverfahrens. Worte zur Belehrung und zum Troste für Aerzte und gebildete Laien erfahrungsgemäss dargestellt. gr. 8. (VIII und 208 S. mit 9 erläut. Krankheitsgeschichten und 6 Abbild. in Holzschn.) Augsburg 865, Schlosser'sche Buchh.

—— schnellste und sicherste Selbsthülfe bei Cholera-Anfällen durch rasche Schweiss-Erzeugung vornehmlich durch das leicht zu konstruirende Hausdampfbad nach den Erfahrungen bei mehreren Cholera-Epidemien. gr. 8. (VIII und 95 S. mit eingedr. Holzschn.) Augsburg 865, Schlosser'sche Buchh.

Steinbart, Gotthelf Samuel

Steinbart, Gotth. Sam., an, dessen System der Glückseligkeitslehre betreff. 8. Berl. 778. Waisenhaus-B. in Halle. 4 gl.

— Anleit. des menschl. Verstandes z. Erkenntniß. 2 Thle. 8. Züllich. 780, 81. 2e verb. Aufl. unt. d. T.: Gemeinnütz. Anleit. des Verstandes zum regelmäß. Selbstdenken. gr. 8. Ebd. 787. 3e A. 793. Frommann in Jena. 1 ₰ 8 gl.

. Ghf. Sm. **Steinbart's** gemeinnütz. Anleit. d. Verstandes z. regelmäss. Selbstdenken. *Züll.*, Frommann. (780. 787.) 793. 8° 1 ₰ 8 gl

Steinbart, Gotth. Sam., († d. 3. Febr. 1809.) Anweis. zur Amtsberedsamkeit christl. Lehrer d. Glückseligkeit unter e. aufgeklärten Volke. 8. Züllichau 779. 2e A. 784. (Frommann in Jena). 10 gl.

Steinbart, Gotth. Sam., Anweis. z. Amtsberedsamkeit christl. Lehrer d. Glückseligk. unt. e. aufgeklärten Volk. 8. Züllichau, Waisenhausbuchh. (auch Riemer in Würzb.) 784.

— consideration sur les motifs à la vertu déduits du principe de l'amour de soi-méme. 8. Züllich. 770. Frommann in Jena. 4 gl.

— Grundbegriffe z. Philosophie üb. den Geschmack. 1s Hft. enthalt. die allgem. Theorie sämmtl. schönen Künste u. der besond. Theorie der Tonkunst. gr. 8. Züllichau 785. Frommann in Jena. 16 gl.

— Gründe f. d. gänzliche Abschaffung d. Schulsprache des theologischen Systems. 8. Züllichau. (Frommann in Jena.) 772.

Vgl. G r ü n d e ...

Steinbart, Gotthelf Samuel, s. I s t es rathsam, Missethäter ...

— Nachr. von der jetzigen Verfass. der Erziehungsanstalten in Züllichau rc. gr. 8. Züllich. 786. Frommann in Jena. 3 gl.

— Prüfung d. Bewegungsgründe z. Tugend, siehe Prüfung.

Steinbart, Gotth. Sam., pädagog. Sendschreiben an Hrr. Direkt. Gedike üb. die Verbesserung d. gelehrten Schulen. 8. Berl. 781. Unger. 2 gl.

— System der reinen Philosophie od. Glückseligkeitslehre des Christenthums rc. gr. 8. Züllich. 778. 2e A. 780. 3e A. 786. 4e A. 794. Frommann in Jena. 20 gl.

— wichtige Zusätze zu der ersten Aufl. des Systems d. Glückseligkeitslehre. gr. 8. Züllich. 780. Frommann in Jena. 6 gl.

— philosoph. Unterhalt. zur weitern Aufklär. d. Glückseligkeitslehre. 3 Hefte. gr. 8. Züllichau 782—84. Frommann in Jena. 22 gl.

— philosoph. Unterhalt. z. weit. Aufklär. d. Glückseligkeitslehre. 3 Hefte. gr. 8. Ebend. 782–86. (I. u. III. à 8 gr. II. 6 gr.)

— Vorschläge zu einer allgem. Schulverbesserung, insofern sie nicht Sache der Kirche, sondern des Staats ist. gr. 8. Züllich. 789. Frommann in Jena. 12 gl. Schrbp. 14 gl.

Steinbart, G. S.: „Die Vorzüge der königlich preussischen Staatsverfassung und Regierungsverwaltung, am Krönungs-Jubelfest in einer Kanzelrede ans Licht gestellt". Züllichau und Freistadt 1801. — Vorh.: Preuß. Staatsbibliothek Berlin.

— die Vorzüge der königl. preuß. Staatsverfassung, in e. Kanzelrede. gr. 8. Züllich. 801. (Serig in Leipz.) 12 gl.

— was f. e. Werth kann man nach d. Schrift u. Vernunft den schnellen Bekehrungen, besond. auf d. Sterbebette, zueignen? 8. Berl. 770. (Frommann in Jena). 2 gl.

STEINBART, Johann Christian: Anweisung zum Seidenbau, wie solcher auf das leichteste und vortheilhafteste zu treiben sey, aus den richtigsten und zuverläßigsten, theils fremden, theils eigenen vieljährigen Erfahrungen des Züllichauischen Waysenhauses mitgetheilet. - Züllichau 1761. 212 S. - 2. Aufl. ebd. 1765. 14 Bg.

— Anweis. wie d. Seidenbau rc., s.a. Anweisung.

Steinbart, J. C. Bericht vom Zustand der Schulen im Waisenhause zu Züllichau, 8. *Züllichau, Frommann.* 1731

Steinbart, Joh. Chr., Bewegungsgründe z. wahren Christenthum. 8. Züllichau. (Frommann in Jena.) 752.

— der rechte Gebrauch der Gotteshäuser. gr. 8. Züllich. 751. Jena, Frommann. 2 gl.

Steinbart, Joh. Chr., Gedanken uber das Herrnhutische Wesen. Züllichau, Frommann, 1749. 8°.

— Gnaden- u. Heilschätze aus Porst's Führung d. Seele genommen. 8. Züllich. 756. Frommann in Jena. 5 gl

— Jubel- u. Gedächtnißpredigt wegen des vor 200 Jahren 1555 zu Stande gebrachten Religionsfriedens. gr. 8. Züllich. 755. Jena, Frommann. 2 gl

— der güldene Katechismus Lutheri ꝛc. mit 900 bibl. Kernsprüchen befestigt. 8. Züllich. 729. Neueste Aufl. 762. Frommann in Jena. 5 gl

Steinbart, J. C. Nachrichten von dem Züllichauschen Waisenhause. 8 Theile. *Züllichau, Dendel.* 1731 — 44.

Steinbart, J. C. Nachrichten über das Waisenhaus zu Züllichau. *Züllichau. (Frommann in Jena.)* 1766

— Samml. auserles. Seufzer u. Ermunterungs-Verschen. 12. Züllich. (Frommann in Jena.) 746.

— vollstand. Samml. aller bibl. Namen Jesu. 8. Ebendas. 747.

Steinbart, Joh. Chr., bibl. Spruchbuch von mehr als 1600 Kernsprüchen H. Schrift. 8. Züllichau. (Frommann in Jena.) 753.

Steinbart, Jh. Chr., († d. 22. April 1767.) Versuch e. Beweises, daß die Lehre von d. Versöhnung Jesu in allen Lehrvorträgen eines evangel. Lehrers das Regiment führen müsse. 8. Züllich. 751. Frommann in Jena. 3 gl

Steinbart, Quintin

Steinbart, Q., „unsere Abiturienten", ein Beitrag zur Klärung der Realschulfrage, im Auftrage des Vorstandes des allgemeinen deutschen Realschulmänner-Vereins veröffentlicht. gr. 8. (75 S.) Berlin 878. H. W. Müller. n. 1. —

Steinbart, Q., unsere Abiturienten. [Fortsetzung.] Ein neuer Beitrag zur Klärung der Realschulfrage. gr. 8. (26 S.) Berlin 881, H. W. Müller. **
1. Thl. Ebendas. 1878. **ℳ 1.

Steinbart, Q., d. Hrn. Ministers v. Goßler letztes Bedenken gegen die Erweiterung der Berechtigungen der Realgymnasien, s.: Mitteilungen an die Mitglieder d. allgem. deutschen Realschulmänner-Vereins.

Steinbart, Quintin, Berechtigungen. Tabellar. Uebersicht üb. den Stand der Berechtiggn. Jan. 1898, nach Schularten u. Klassenstufen geordn. [Aus: „Pädagog. Archiv".] gr. 8. (4 S.) Leipzig 898. Dürr'sche Buchh. n.n. 15

Steinbart, Q., die Durchführung der preußischen Schulreform in ganz Deutschland. Vortrag, geh. in der Delegiertenversammlg. des allgem. deutschen Realschulmännervereins in Darmstadt am 29. V. 1904. (20 S. m. 1 Tab.) gr. 8. Duisburg 904. (J. Ewich.) n. — 50

Steinbart, Q., die Durchführung der preußischen Schulreform in ganz Deutschland. II. Vortrag, geh. in der Delegiertenversammlg. des allgemeinen deutschen Realschulmännervereins in Darmstadt am 10. VI. 1906. (17 S. m. 2 Tab.) gr. 8. Duisburg (907). (J. Ewich.) — 75

Die Durchführung der preußischen Schulreform in ganz Deutschland. Vortrag, geh. in Darmstadt 1904 (2: 1906) von Dr. Q[uintin] **Steinbart**, Dir. [1.] 2. Duisburg (1904[–07]): F. H. Nieten. 2 Bde 8° [F.] 108. 1413

Steinbart, Q[uint.], Die Durchführung der preussischen Schulreform in ganz Deutschland. Vortr. 1 ff. Duisburg 1904 ff. 8°.
1. in Darmstadt am 29. Mai 1904.
2. in Darmstadt am 10. Juni 1906.
3. in Gotha am 28. Juni 1908.

Steinbart, Q[uintin]: Die Durchführung der preußischen Schulreform in ganz Deutschland. Vortr. 4. Duisburg 1910. 8°

Steinbart, Q. Die Feier des 50jähr. Jubiläums der Realschule I. O. zu Duisburg. 28 S. **Progr.** Rg. *Duisburg* 1882.

— die Gutachten der ärztlichen Vereine beleuchtet. [Aus: „Central-Organ für die Interessen des Realschulwesens".] gr. 8. (17 S.) Berlin 879. Friedberg & Mode. n. — 60

— u. H. **Wüllenweber**, Lehrgang der französischen Sprache f. Schulen. 1—3. Thl. gr. 8. Ebend. 874. n. 4. 60
1. Elementarbuch der französ. Sprache v. Q. Steinbart. (VII, 245 S.) n. 1. 80
2. Methodische Grammatik der französ. Sprache v. Q. Steinbart. (XXX, 206 S.) n. 1. 60
3. Uebungsbuch zum Uebersetzen ins Französische im Anschluß an Steinbart's method. Grammatik, hrsg. v. H. Wüllenweber. (VIII, 167 S.) n. 1. 20

—— und H. Wüllenweber, Lehrgang der französischen Sprache für Schulen. 1. und 3. Thl. gr. 8. Berlin, H. W. Müller. *
Inhalt:
Thl. 1. Elementarbuch der französischen Sprache von Q. Steinbart. 2. verb. Aufl. (VIII, 276 S.) 875. *ℳ 2.
" 3. Uebungsbuch zum Uebersetzen ins Französische im Anschluß an Steinbart's method. Grammatik, hrsg. von H. Wüllenweber. 2. verm. Aufl. (VIII, 158 S.) 876. *ℳ 1,20.
2. Thl. Ebendas. 1874. *ℳ 2.

—— und H. Wüllenweber, Lehrgang der französischen Sprache für Schulen. 3 Tle. 8. Berlin, H. W. Müller. *
Inhalt:
Tl. 1. Steinbart, Q., Elementarbuch der französ. Sprache. 3. verb. Aufl. (XI, 249 S.) 886. *ℳ 2.
" 2. Methodische Grammatik der französ. Sprache. 2. verm. und verb. Aufl. (VIII, 269 S.) 880. *ℳ 2.
" 3. Übungsbuch zum Übersetzen ins Französische für höhere Lehranstalten, hrsg. von H. Wüllenweber. 3. verm. Aufl. (VIII, 171 S.) 884. *ℳ 1,20.

Steinbart, Q., u. H. **Wüllenweber**, Lehrgang der französischen Sprache f. Schulen. 3. Tl. gr. 8. Berlin 891. H. W. Müller. n. 1. 20; Einbd. n.n.n. — 20
Übungsbuch zum Übersetzen ins Französische f. höhere Lehranstalten, hrsg. v. H. Wüllenweber. 4. Aufl. (VIII, 172 S.)

— u. H. **Wüllenweber**, Lehrgang der französischen Sprache f. Schulen. 1. Tl. Elementarbuch, v. St. 4., verb. Aufl. (VIII, 249 S.) gr. 8. Berlin 904. H. W. Müller. n. 2. 50; geb. n. 2. 80

Steinbart u. Wüllenweber. Lehrgang d. französ. Sprache. 3. Tl. s. Wüllenweber, H. Uebungsbuch z. Uebers. in's Französ.

[F.] **Steinbart,** *Quintin* [Dr., Dir.]: Rede bei dem Jubiläum des Herrn Professor Dr. *Otto Hermann Friedrich* Schmeding. Duisburg, gedr. bei F. H. Nieten, *1893*; 10–12 S. 4.
Duisburg, st. RG, OP 1893 (475)

Steinbart, Q. Gröfsere Reisen mit Schülern. 25 S. 8. Rg. *Duisburg* 1885 **Progr.**

Steinbart, [Quintin], Dir. Dr.: Schulreform. *Duisburg (1902): F. H. Nieten.* (S. 12–15.) 4° [F.]
Duisburg, st. RG, OP 1902 (535)

Steinbart, Quintin, das französische Verbum. Zum Gebrauch für die Schulen hrsg. 1. und 2., gänzlich umgearb. Aufl. 8. (28 S.) Berlin 867, Haude und Spener'sche Buchh. *

—— dass. — 4. Aufl. 8. (40 S.) Berlin 873, Guttentag. [H. W. Müller.] *

Steinbart, Quintin, das französische Verbum. Zum Gebrauch für die Schulen hrsg. 3. Aufl. 8. (40 S.) Berlin 869, Loewenstein. *

Steinbart, Quintin, das französische Verbum. Zum Gebrauch f. Schulen. 5. Aufl. 8. (35 S.) Berlin 886. H. W. Müller. n. — 40

— Zur Weiterführung der Schulreform in Preußen. Vortrag, geh. in der Delegiertenversammlg. des allgem. deutschen Realschulmännervereins in Darmstadt am 10. VI. 1906. (15 S.) gr. 8. — 50
Duisburg: (J. Ewich 1907).

Zur Weiterführung der Schulreform in Preußen. Vortrag, geh. in Darmstadt 1906 von Dr. Q[uintin] **Steinbart**. Duisburg [1907]: F. H. Nieten. (15 S.) 8° [F.] [08. 141]

Steinbart, Q[uint.], Zur Weiterführung der Schulreform in Preussen. (Tl 1.) 2. Duisburg (1906). 1908. 8°.

Steinbart, Tobias Ferdinand: • Ex curvis, de quibus egit Legendre ⟨Traité des fonctions elliptiques Tome 1⟩ quaerens motum puncti a duobus firmis punctis secundum legem Newtonianam attracti, curvae casus primi aequationibus per thetafunctiones propositis, accuratius tractantur, et exempli causa certa curva numeris determinatur. 58 S. 4° (2°)
Halle-Wittenberg, Phil. Diss. v. 29. März 1867
Geb. [Züllichau (Brandenburg) 8. 4. 1844]

Steinbau, der rationelle. Deutsche Bauweise. Red.: E. H. Hoffmann. 1. Jahrg. Apr. 1884—März 1885. 12 Nrn. (1/2 B. m. Illustr.) gr. 4. Berlin 884. Leipzig, Scholtze. n. 1. 60; cplt. in 1 Bd. n. 3. —

Steinbauer, Georg Leonhard, von Wattenbach, der begnadigte Mörder. Ansbach 853. Gummi. 8. (16 S.) 2 ngr.

Steinbauer, Franz. Hundert sprachliche und sprachlehrliche Aufgaben für Schüler der untersten Volksschulklassen. 8. (32 S.) Wien, Sallmayer & Comp. 1869. 12 kr.

Steinbeck, Albert

Steinbeck, Alb., der Dichter ein Seher, od. üb. d. innige Verbind. d. Poesie u. d. Sprache mit d. Hellsehn. Nebst e. einleit. Abhandl.: „der organ. Leib u. d. Sprache" v. Gthi. Heinr. v. Schubert. gr. 8. (40 B.) Leipzig 836, Göschensche Vrlsh. 3 Thlr., Vlnp.

Steinbeck, (Frid.) Albert (geb. Brandenburg a. H. 1804): De musices atque poeseos vi salutari operis prodromus. Berolini (1826). (95 S.) 8°
Berlin, Med. Diss. v. 8. Juli 1826

Steinbeck, Aemil

Steinbeck, Oberbergr. A., Beitr. zur Geschichte d. Berg- u. Hüttenwesens zu Reichenstein, bis z. J. 1740. 8. Berl. 827. Reimer. 10 gr.

— vom Bergwerks-Regale, s. Fr. Hnr. v. Strombeck, Ergänzungen rc. 1r Thl., in 2 Abthll.

Steinbeck, A., über die Bernsteingewinnung u. das Braunkohlenlager bei Brandenburg a. d. Havel. gr. 12. Brandenburg 841, Müller. n. 1/6 rf

Steinbeck, A., Entwurf e. Geschichte d. Schles. Bergwerks-Verfassung vor d. J. 1740. 8. (12 1/2 B.) Berlin 827, Reimer.
Aus dem „Archiv f. Bergbau rc., hrsg. v. Karsten" 16. Bd. besond. abgedruckt.

—— Ergänzungen u. Erläuterungen d. preuß. Bergwerks-Rechts durch Gesetzgeb. u. Wissenschaft. gr. 8. (6 B.) Breslau 838, G. P. Aderholz.
Aus: Ergänzungen u. Erläuterungen d. preuß. Rechtsbücher rc., besond. abgedruckt.

— s. Ergänzungen u. Erläuterungen der Preuß. Rechtsbücher.

Steinbeck, A., Supplementheft zum Bergwerks-Recht für die Preußischen Staaten. gr. 8. Breslau 841, G. P. Aderholz. 1/3 rf

Steinbeck, Ae.: „Zur Erläuterung des provinziellen Bergrechts in Schlesien und der Oberlausitz. I. Gehören in Schlesien dem Gutsherrn oder dem bäuerlichen Besitzer die auf des letzteren Grundstücke vorkommenden, nicht zu dem Bergregal des Staates gerechneten Mineralien? II. Wer besitzt in Schlesien gesetzlich das Mitbaurecht bei dem Bergbau? III. Wem gehören in Schlesien die grundherrlichen Freikuxe? IV. Welche Bergrechte gelten dermalen in dem Markgrafenthum Ober-Lausitz?", Breslau 1841. — Vorh.: Preuß. Oberbergamt Dortmund — E. I. 75.

Steinbeck, Aemil, Geschichte des schlesischen Bergbaues, seiner Verfassung, seines Betriebes. 1. Bd.: Verfassung und Gesetzgebung. gr. 8. (VIII und 323 S.) Breslau 856(57,) Kern.]

Steinbeck, Aemil, Geschichte des schlesischen Bergbaues, seiner Verfassung, seines Betriebes. 2. Bd.: Geschichte des Bergbaubetriebes bis 1769. gr. 8. (VII und 256 S.) Breslau 857, Kern.
1. Bd. Ebendas. 1856. 1 Thlr. 22 1/2 Ngr.

A. Steinbeck, Geschichte des schlesischen Bergbaues. Breslau, 1858. 2 Bde. (1. Bd.: Verfassung und Gesetzgebung; Bd. 2: Gesch. des Bergbaubetriebes bis 1769.)

Steinbeck, Carl, s. Steinbeck, Karl.

Steinbeck, Chr. Hnr., neues bürgerl. Kochbuch, od. gründl. Anweis. z. Kochkunst f. alle Stände. 8. Mit 1 Steintaf. Nenneburg 826. Fr. Schumann. (Weber). 1 rf 12 gr Hbg. Pr. 1 rf

Steinbeck, Christoph Gottlieb (Gottlob?)

— üb. Bestrafung der Verbrecher, s. E. Bornschein.

Steinbeck, Cph. Gottl., Brandbüchlein f. Familien, Schulen u. Volkslehrer, od. ausführl. Anweis. zur Verhütung aller Feuersgefahr in jedem Hause in der Stadt u. auf d. Lande. 8. Leipz. 807. Joachim. 6 gr 2e Aufl. 8. Görlitz 809. Anton in Halle. 6 gr

— Feuerkatechismus für die liebe Jugend in ganz Deutschland. gr. 12. Weißenf. ... 3e A. 804. 6e A. 808. Böse. (Baumgärtner in Leipz.) 3 gr

— Derselbe f. die niedern Schulen unsers deutschen Vaterlandes überhaupt. 8. Gera N. A. 818. (Joachim in Leipz.) 4 gr

Steinbeck, C. G., neuer Feuerkatechism. rc. 8. Gera. Leipzig, Joachim.) 818.

— Feuersnoth- u. Hülfsbuch f. d. deutsche Volk u. seine Freunde nach Krügelsteins System bearb. 8. Leipz. 802. Voß. 12 gr

— neues Feuers-, Noth- u. Hülfsbuch. 8. Gera 818. (Joachim in Leipz.) 6 gr

— Frei- u. Gleichheitsbüchlein f. die Jugend u. d. deutschen Bürger- u. Bauersmann. 8. Leipz. 794. Fr. Fleischer. 4 gr

— **Gespräche** üb. einige Fehler in d. Erziehung, e. Handb. f. Bürger u. Landleute. 8. Gera, Illgen. 801.

— Gespräche üb. die wichtigsten Fehler in d. Erziehung d. Kinder. 8. Gera 801. Illgen. 4 gr

— Handbuch d. Feuerpolizei f. Marktflecken u. Dorfschaften rc. 8. Jena 806. Gröker. 12 gr

Steinbeck, Chr. Gottl. Chronologischer Handkalender für die Vorzeit, Gegenwart und Zukunft. Vom Jahre 300 bis 1795, alle bestandenen Kalender enthaltend. Fol. Gera und Leipzig 1795.

— chronolog. Handkalender f. die Vorzeit, Gegenwart u. Zukunft. Fol. Gera 795. Illgen. 1 ꝛℬ 2e verb. Aufl. Fol. Jena 813. (Schmid). 1 ꝛℬ 6 gℬ

Steinbeck, Chr. Gottl., chronolog. Handkalender f. d. Vorzeit, Gegenwart u. Zukunft. 2te verb. Aufl. Fol. Jena, Göpfert. 813.

STEINBECK, Chrph. Gottl. (D. zu Langenberg b. Gera), Henkersgeschichten zur Belehrung u. Warnung für Alt und Jung. 1. (einz.) Bdchn. Leipzig 1806. 8°.
12 interess. Verbrecherbiographien. — Dr. Franz Schnitzer's Bibl. München 1902. No. 1347.

— Henkersgeschichten z. Belehr. u. Warn. f. jedermann. 1r Thl. 8. Leipz. Benj. Fleischer. 806.

— Henkersgeschichten zur Belehrung u. Warnung f. Jedermann. 1r Thl. 8. Leipz. 808. Fr. Fleischer. 12 gℬ

— Justiz- u. Polizeiblatt, s. Justizblatt...

— der hallische hundertjähr. Kalender 2c. 5 Thle. 3e Aufl. Halle, Dreißig. (Leipz., Klein). 2 ꝛℬ Der 1e Thl. apart. 12 gℬ

Steinbeck, C. G., Der hundertjährige Kalender ohne Schnurrpfeifereien. Ein Volksbuch v. Verfasser d. aufrichtigen Kalendermannes.
(1795).
Gera.

— der aufrichtige Kalendermann. Gera u. Leipz. 792. 3e Aufl. 8. Leipz. 794. 4e A. 798. 7e A. 820. Fr. Fleischer. 6 gℬ 2r Thl. A. u. d. T.: der 100jähr. Kalender. 8. Ebd. 795. 7e A. 823. 6 gℬ u. 3r Thl. 2e A. 811. 7e A. 823. (2r u. 3r Thl. 7e Aufl. v. K. Fr. Hempel). 8. Leipz., Fr. Fleischer. (à 6 gℬ) 18 gℬ Schrbp.

Der aufrichtige Kalendermann. Ein gar kurioses u.nützliches Buch... Von Christoph Gottlieb Steinbeck. Th.1-3. Leipzig: Fleischer(2: Gera: Volkszeitung) 1796-1804. 1 Bd 8°

Th.1: 5.,verb.Aufl. 1804.
Th.2: 2.,verb.Aufl. 1796.
Th.3: 1804.

— d. aufricht. Kalendermann. 3 Thle. (d. 2te hat auch d. Titel: 100jähr. Kalender.) 8. Leipz. Benj. Fleischer. 808. (à 6 gr.)

— der aufricht. Kalendermann. 3 Thle. 6te Aufl.
Der 2te Thl. auch unt. d. Titel:
Der hundertjähr. Kalender. 8. Leipz. B. Fleischer. 815. (à 6 gr.)

Steinbeck, (Ch. G.,) der aufrichtige Kalendermann. Ein gar kurioses u. nützl. Buch. 2r u. 3r Thl. 7e Aufl. verb. u. verm. von K. Fr. Hempel. Mit Holzschn. 8. Leipz. 823 u. 24, Fr. Fleischer. à 6 gr.

Steinbeck, Chrstph. Gtlo., aufrichtiger Kalendermann. Ein nützl. Buch f. den Bürger, Bauersmann u. d. Jugend. 3 Thle. Neu bearb. u. verm. durch Nachrichten üb. d. Kalenderwesen u. d. Chronologie d. merkwürd. Völker; üb. wahre u. mittlere Zeit, üb. Witterungskunde 2c. v. C. Fr. Hempel. 8., sehr veränd. u. verm. Aufl. 8. (25 B., 2½ B. Tab. u. Holzschn.) Leipzig 829, Fr. Fleischer. Thlr.

Steinbeck, Cph. Gottl., Magazin f. deutsche Bürger u. Landleute. 1s Bdchen. 8. Altenb. 799. 2e Aufl. 8. Leipz. 809 Hinrichs. 8 gℬ

— u. C. Bornschein, Magazin f. Freunde d. deutschen Vaterlandes, Monatsschrift f. d. Bürger u. Landmann. 1s—6s Stck. Mit Kpf. 8. Hamburg 803. Rößler. 1 ꝛℬ 4 gℬ

— u. C. Bornschein, der deutsche Patriot, e. Monatsschrift f. die gebildeten unter d. Volk, f. Lehrer u. Freunde. 1r Jahrg. für 1802. 2 Bde. 8. Ronneb. (Schumann in Zwickau). 1 ꝛℬ 6 gℬ 2r Jahrg. f. 1803. v. 12 Stück. 8. Weimar, Ind.-Compt. 3 ꝛℬ 3r u. 4r Jahrg. f. 1804 u. 5. à 12 Stück. 8. Eisenberg, Schöne. (à 3 ꝛℬ) 6 ꝛℬ

— u. Cr. Bornschein, das Dörfchen Rubbach; e. gemeinnütziges Volkslesebuch. 8. Naumburg 806. 2e A. 809. (Leipz., Wienbrack). 16 gℬ

— Versuch eines Erziehungsbuchs für deutsche Bürger u. Landleute. 1r Thl. 8. Gera 796. Illgen. 6 gℬ

Steinbeck, C. G.: „Volksgespräche für den deutschen Bauersmann, über den Ursprung seiner Lage und namentlich seines Lehn-, Frohn- und Zinswesens, mit Auszügen aus dem französischen bürgerlichen Gesetzbuche", Leipzig 1808 (Fleischer).

— aufricht. deutsche Volkszeitung f. 1795-97. 4. Gera, Illgen. (à 2 Rthlr.)

— Wohlfahrthszeitung d. Deutschen f. 1798. 4. Leipz. 798.

Steinbeck, C., vollständ. u. gründl. Anleit. z. Forst-Cultur. 3 Abtheill. 8. Wien 823. Bauer u. R. 1 ꝛℬ 4 gℬ Schreibp. 1 ꝛℬ 12 gℬ

Steinbeck, Emil: Das Gesetz vom 10. Juni 1887, betreffend die Abänderung, beziehungsw. Ergänzung einiger Bestimmungen d. Executionsverfahrens z. Hereinbringung von Geldforderungen. Wien: Manz 1887. (VIII, 102 S.) 8°

STEINBECK, GEORG VICTOR ALBERT. Chemisch-analytische Untersuchungen über die Veränderungen, welche der mansfelder Kupferstein bei seiner Röstung behufs Entsilberung durch die Ziervogel'sche Extractionsmethode erleidet. (Göttingen) Halle, 1862.

Steinbeck, Geo. Vict. Alb., chemisch-analytische Untersuchungen über die Veränderungen, welche der Mansfelder Kupferstein bei seiner Röstung behufs Entsilberung durch die Ziervogel'sche Extractionsmethode erleidet. gr. 8. (56 S.) Halle 863, Hendel.

Steinbeck, Johann

Steinbeck, J., Belfort, Dijon, Pontarlier, s.: Krieg, der, von 1870/71, dargestellt v. Mitkämpfern.

— die Franzosen bei uns u. wir bei ihnen, s.: Bloch's, L., Militär-Festmappe.

Steinbeck, Joh., der 100jährige Geburtstag Kaiser Wilhelms I. od. Vater Kutschke in Metz. Patriot. Genrebild in 1 Akt, neubearb. zum 22. III. 1897. 8. (18 S.) Berlin 897. E. Bloch. n. 1.—

— dasselbe, s.: Zur 100jähr. Geburtstagsfeier Sr. hochsel. Maj. weil. Kaiser Wilhelms I.

Vaterländische Gedenktage im Januar. Reihenfolge lebender Bilder mit verbind. Dichtung von Dr. J. Steinbeck. *Berlin: E. Bloch [1894].* (16 S.) 8° [J.]
= Gallerie, Ludwig Blochs, lebender Bilder. Lief. 10. [w. 12340

— vaterländische Gedenktage im Januar, s.a. Bloch's, Ludw., Gallerie lebender Bilder.

—— Gesammelte Gedichte. Hrsg. vom Vorstande d. deutschen Krieger-Bundes. Mit dem Bildnisse d. Verf. 8. (XI, 119 S.) Berl. 891, Funcke u. Naeter. geb. * 3 —

Steinbeck, Joh., ein fideles Gefängnis u. and. Feldzugshumoresken, s.: Eckstein's humorist. Bibliothek.

— Heil dem Kaiser!, s.: Bloch's, L., Militär-Festmappe.

— Hurra Germania, s.: Bloch's, Ludw., Militär-Festmappe.

— unter Kameraden. Eine Sammlg. v. Gelegenheits-Reden, -Ansprachen u. Trinksprüchen f. Krieger-, Militär- u. andere patriot. Vereine. 8. (133 S.) Berlin 888. Liebel. n. 3. —

— dasselbe. Nachtrag. 8. (24 S.) Ebd. 888. n. — 75

—— Unter Kameraden. Eine Sammlg. v. Gelegenheits-Reden, -Ansprachen u. -Trinksprüchen für Krieger-, Militär- u. andere patriot. Vereine. 2. erweit. u. verm. Aufl., besorgt durch Hans Ratge. 8. (VIII, 141 S.) Berl. 891, Liebel. * 3 —

— dasselbe. 3. Aufl., s.: Ratge, Hans.

Steinbeck, Joh., der Konfirmandenunterricht nach Stoffwahl, Charakter u. Aufbau. (IV, 126 S.) gr. 8. Leipzig 909. A. Deichert Nachf. 2. 40

Steinbeck, Johann, s. Krieg, Der, von 1870/71.

— drei Küsse u. Anderes. } s.: Eckstein's Reise-Bibliothek.

Vater Kutschke in Metz oder: Kaisers Geburtstag. Patriot. Genrebild in 1 Akt von Dr. J[oh.] Steinbeck. 3. veränd. Aufl. *Berlin: E. Bloch (1897).* (18 S.) 8° [F.]
— Militär-Festmappe. Ludwig Blochs, f. vaterl. Gedenktage ... H. 14. [ol. 10399]

— Vater Kutschke in Metz od. Kaisers Geburtstag, s. a. Bloch's, Ludw., Militär-Festmappe, Hft. 14.

—— Marsch! Marsch! Hurrah! — Ein Märchen am Biwackfeuer. — s. Eckstein's Reisebibliothek.

— um u. in Metz 1870, s.: Krieg, der, von 1870/71, dargestellt v. Mitkämpfern.

— mein alter Nachbar, s.: Eckstein's Reise-Bibliothek.

—— das Parole-Buch. Instruktionsbuch für die Angehörigen des Deutschen Kriegerbundes, sowie für alle deutschen Militär-, Landwehr-, Kampfgenossen- und Veteranen-Vereine. 8. (136 S.) Berlin 887, (Funcke und Naeter.) **

— das Parole-Buch. Instruktionsbuch f. die Angehörigen d. deutschen Kriegerbundes, sowie f. alle deutschen Militär-, Landwehr-, Kampfgenossen- u. Veteranenvereine. 2., verb. Aufl. 12. (159 S.) Berlin 888. Eckstein Nachf. n. 1. —

Das göttliche Selbstbewusstsein Jesu nach dem Zeugnis der Synoptiker. Eine Untersuchung z. Christologie von Past. Lic. Joh. Steinbeck. Leipzig: A. Deichert Nachf. 1908. (61 S.) 8° [08. 4397]

— die Spionin v. Metz, s.: Eckstein's Reise-Bibliothek.

Steinbeck, Johannes [cand. theol. aus Potsdam]: Theologische Thesen ... zur Erwerbung des Grades eines Licentiaten der Theologie ... Berlin, Buchdr. v. G. Schade, *1897*; 2 Bl. 4.
Berlin, Theol. Fak., Thes. v. 26. Juli 1897

— Verglückt, } s.: Eckstein's Reise-Bibliothek.

Das Verhältnis von Theologie und Erkenntnis-Theorie erörtert an d. theol. Erkenntnis-Theorien v. A. Ritschl u. A. Sabatier. Von Johannes Steinbeck, Lic. ... *Leipzig: Dörffling & Franke 1898.* (VI S., 1 Bl., 234 S.) 1 Bd 8. [98. 9930]

— das Volk in Waffen, s.: Bloch's, L., Militär-Festmappe.

— Vorträge f. Kriegervereine. Nr. 1—6. gr. 8. Berlin, Pauli. 3. —; einzeln à n. 1. —
1. Unsere Hohenzollern. Geschichtlicher Ueberblick u. Charakteristik der Regenten unseres Kaiserhauses. (16 S.) 888.
2. Die Treue zu Kaiser u. Reich, der Angelpunkt im Programm der Krieger-Vereine. (16 S.) 888.
3. Das Heer — e. Segen f. unser Volk. (16 S.) 888.
4. Das deutsche Kaiserthum von Karl dem Großen bis Wilhelm II. [Ein Festvortrag zum 18. Jan.] (15 S.) 888.
5. Zur 25jährigen Wiederkehr der Tage v. Düppel u. Alsen. (18 S.) 889.
6. Was sich die alten Soldaten vom Kaiser Wilhelm I. erzählen. (15 S.) 889.

Steinbeck, Joh., was leistet die Armee dem Volke? 2. Aufl. gr. 8. (15 S.) Dresden 885, Höckner, Sep.-Cto. *

Unterm Weihnachtsbaum. Festspiel in 5 lebenden Bildern mit verbindendem Text von J[ohannes] Steinbeck. 2. Aufl. *Berlin: E. Bloch (1897).* (13 S.) 8° [F.]
— Gallerie, Ludwig Blochs, lebender Bilder. Lfg 30. [ol. 10224]

— unterm Weihnachtsbaum, s. a. Bloch's, Ludw., Gallerie lebender Bilder, 30. Lfg.

Steinbeck, Carl R., Bleichen u. Färben d. Seide u. Halbseide in Strang u. Stück. Mit zahlr. Textfig. u. 80 Ausfärbgn. auf 10 Taf. gr. 8. (IX, 268 S. m. 2 lith. Taf.) Berlin 895. J. Springer.
Geb. in Leinw. n. 16. —

STEINBECK, C. H.
Bleichen und Färben der Seide und Halbseide in Strang und Stück
Berlin, 1895. 8vo. Ill.
With dyed samples.

Steinbeis, Ferdinand von

Steinbeis F. v., Bericht über die Provinzial-Gewerbeausstellungen zu Stettin und Breslau 1852. Stuttgart 1853

Steinbeis, F. v., die Elemente der Gewerbebeförderung, nachgewiesen an den Grundlagen der belgischen Industrie. Stuttgart 853. Ebner u. Seubert. gr. 8. (VI, VIII, 258 S.) 1 ₰. 3 ngr.

Steinbeis, F. v. Die Entstehung und Entwicklung der gewerblichen Fortbildungsschulen in Württemberg. I. Stuttgart 1873.

Steinbeis F. v. Generalber. üb. d. Gewerbeausst. zu Leipzig 1850. Stuttgart 1851

STEINBEIS, Ferdinand: Die Holzbringung im bayerischen Hochgebirge unter den heutigen wirtschaftlichen Verhältnissen.- München: Rieger 1897. 57 S., 6 Taf., 1 Kart.
9.7.1896 - Chr 1896/97,17; Jv 1896/97,227 (Prom.-Datum: 1897)
Diss. Ingolst.-Landsh.-Mchn.

—— Referat über Holzwaaren und kurze Waaren, s. Bericht der Beurtheilungs-Commission zu München.

Steinbeis, Fr., s. Ed. Turner, Einleitung zc.

Steinbeis, Georg

Steinbeis, Geo., Diesseits u. Jenseits. Eine Abhandlung über die Bedeutung des Todes. Für Gläubige u. Ungläubige verf. u. Hrn. Dr. Just. Kerner gewidmet. 1. Aufl. (4 B.) 846. 5 Ngr. u. 2., verm. Aufl. 8. (4½ B.) Heilbronn 847, Drechsler'sche Bh.

Steinbeis, Geo., Diesseits u. Jenseits. Eine Abhandl. üb. d. Bedeutung des Todes. Für Gläubige u. Ungläubige verfaßt. 2. neu durchges. u. verm. Aufl. gr. 16. (64 S.) Heilbronn 847, Drechsler. 6 ngr — 2. neu durchges. u. verm. Aufl. 8. (65 S.) Stuttgart 850, Lubrecht & Co. 4 ngr

Steinbeis, Geo., Diesseits und Jenseits. Eine Abhandlung über die Bedeutung des Todes. Für Gläubige und Ungläubige verf. 3., durchgeseh. und verm. Aufl. gr. 16. (56 S.) Stuttgart 867, Lubrecht.

Steinbeis, Geo., Diesseits u. Jenseits. Betrachtungen üb. Leib, Seele, Geist, Himmel, Hölle, Jesus Christus, Fegfeuer, Geisterreich, Auferstehung u. Weltgericht. Eine Abhandlg. üb. die Bedeutung d. Todes. 4. Aufl. 8. (52 S.) Stuttgart 872. Lubrecht. — 60

— s. Grandpierre, J. H., Betrachtungen.

—— die Robertson'sche Methode — die beste für den Sprachunterricht in zwei Proben aus dem Englischen u. Griechischen dargestellt. gr. 8. (1 B.) Heilbronn 845, Drechsler'sche Bh.

— der Protestantismus, s. Frossard, Emil.

Steinbeis, Georg, s. Robertson, T.: Handbuch zur Erlernung d. engl. Sprache.

Steinbeis-Stiftung, die Stiftungsdokumente und Statuten. Stuttgart 1874

Steinberg, das Fürstlich Lippische Gesetz, die Klassen- u. die klassifizirte Einkommensteuer betr., vom 6. Juni 1868 in seiner jetzt geltenden Gestalt, nebst sämmtl. amtlich veröffentlichten Instruktionen hrsg. 8. (32 S.) Detmold 890. Hinrichs. n.n. — 50

Steinberg, das lippische Gesetz, das Versammlungs- u. Vereinsrecht betr. vom 23. Febr. 1891. Zum Gebrauch f. das Publikum u. f. Polizeibeamte. 8. (16 S.) Detmold 891. Hinrichs. n.n. 25

Steinberg, die Kriegslazarethe u. Baracken v. Berlin nebst e. Vorschlage zur Reform d. Hospitalwesens. Mit 4 lith. Taf. (in qu. 4., qu. Fol. u. qu. gr. Fol.) gr. 8. (181 S.) Berlin 872. Hirschwald. n. 4. —

—— Mein Leben. Selbstbiographie. gr. 8. (111 S.) Halberstadt 873, Frantz'sche Buchh.

Steinberg, Alb., und Ad. Fegebeutel, Erfahrungen und Mittheilungen auf dem Gebiete des rationellen Pflanzenbau's, s. Fegebeutel, Ad.

Steinberg, Alfred. Wirkung des Vagus auf das überlebende Herz. Diss. Vet.-Med. Bern. [Mit Figuren.] (Sonderabdruck aus »Zeitschrift für Biologie«. Band 51.) IV S. + S. 460—482. 8. München, R. Oldenbourg, 1908.

Steinberg, August

Steinberg, Aug., Fragmente z. Ophthalmiatrik. gr. 8. (10¼ B. u. 1 Kpfrt.) Mainz 844, Faber'sche Buchh. *

Steinberg, Augustus (Fred.) [illegible] Heinrichswalde bei Tilsit [illegible]
De transplantatione corneae. Berolini (1840). (14 S.) [illegible]
Berlin, Med. Diss. v. 3. Okt. 1840

Steinberg, August Ludwig

Steinberg, A. L., Erklärung d. Sonn- u. Festtags-Evangelien u. Episteln. Ein Handb. f. Volksschullehrer, Seminaristen u. Präparanden. gr. 8. (19½ B.) Leipzig 839, Hahn'sche Vrlsbh.

Steinberg, Geschichte u. Statistik d. Schullehrer-Seminars zu Halberstadt. gr. 8. (V, 72 S.) Halle 871. Buchh. d. n. — 80

Steinberg, A. L., Dr. Mart. Luthers kleiner Katechismus mit kurzen Erläuterungen, mit einer Samml. auf die Lehren desselben sich beziehender Bibelstellen u. Gesangbuchslieder 2c. für die Schuljugend. 8. Halberstadt 841, Helm. n. 1/6 ₰

— s. Luther's, Dr. M., kl. Katechismus.

Steinberg, Augustus Ludovicus: De Thaletis Milesii philosophia. 14 Bl. 4°
Halle-Wittenberg, Phil. Diss. v. 8. Apr. 1826
Geb. [Hadmersleben (Kr. Wanzleben) 3.6.1799]
Verf. erlebte die Diplomerneuerung 1876 als Seminardirektor a.D. in Halberstadt.

Steinberg, das Wort Gottes zum Verständniß des kleinen Katechismus Dr. Mart. Luthers lauter u. rein im Kern den Volksschullehrern der evangelisch-lutherischen Kirche u. denen, die es werden wollen, dargereicht. Halle 861. Buchhdlg. des Waisenhauses. 8. (IV, 88 S.) n. 10 ngr.

Steinberg, Augusta. Studien zur Geschichte der Juden in der Schweiz während des Mittelalters. Diss. Phil. Bern. VIII + 97 S. 8. Zürich, Schulthess & Co., 1902.

Erster Theil einer im Verlag von Schulthess & Cie. in Zürich erscheinenden Arbeit.

Steinberg, Augusta. Studien zur Geschichte der Juden in der Schweiz während des Mittelalters. VIII + 159 S. 8. Zürich, Schulthess & Co., 1902 (*Umschlag: 1903). [fr. 3. —]

Steinberg, Augusta Weldler-
s. Weldler-Steinberg

Steinberg, Carl, s. Steinberg, Karl.

Steinberg, Christian Gottlieb

STEINBERG, Chr. Gottlieb († d. 23. Mai 1781), Kurze historische Abhandlung von den Hochzeit-Kränzen bey Gelegenheit der Sturz-Klapperischen ehelichen Verbindung. Breslau 1764. 4°. (2 Mk. 50 Pfg. M. Edelmann, Nürnb., 1906.)

Steinberg, Chr. Gli., († d. 23. Mai 1781.) kurze Anweis. f. Frauenzimmer regelmäßig zu schreiben. 8. Bresl. 768. 2e Aufl. 780. J. F. Korn. 8 gr.

Steinberg, Christian Gottlieb, s. Betrachtungen üb. die Kirchenmusik.

BRIEFE einer Hofdame an einen Officier (von *Chrn. Gottlieb Steinberg*). Breslau, b. C. F. Gutschen. 8°.

M. M. V. 1778. S. 541; Anon.-Lex. I. p. 262 (nach v. Schindel).

Vgl. Briefe...

—Elegie an die Gottheit. 4. Bresl. 763. Verm. Ausg. unt. d. T.: Ueber die Gottheit u. Religion; ein Versuch in der Dichtkunst. 8. Ebd. 773.

Emilie oder das unverhoffte Glück. Aus d. Französ. (Deutsches Original, verfasst von *Christian Gottl. Steinberg*), Breslau, Gutsch, 1778. 8°. (½ Rthl.)

— — Dasselbe. Mit Titelkpf. von Endner. Frankfurt 1781. 8°. (2 Mk. 50 Pfg., geles. Expl., A. Buchholz, München, 1906.)

Diese Ausgabe fehlt im Anon.-Lex. II. p. 21 (nach Kayser u. Meusel).

Vgl. Emilie...

—bibl. Erzähl. nebst ihrer Vertheidigung. 3 Thle. 8. Bresl. 769—74. (Gosohorsky). 1 ₰ 12 gr

— etwas von d. Hochzeitgesängen. 4. Bresl. 765.

– s. G e d a n k e n üb. die beste Art, die Künste empor zu bringen.

– s. J u n i u s , F.: Von der Malerei der Alten.

— Communionbuch. 8. Bresl. 777. Meyer. (Gosohorsky). 6 gl.

— die Kraft des Donners; e. Predigt z. Andenken des vor 30 Jahren durch d. Blitz gesprengten Pulverthurms zu Breslau, am 21. Juni 1779 in d. Kirche zu 11000 Jungfrauen gehalten. 8. Bresl. 779.

— L e h r b u c h f. Frauenzimmer. 1r 2r u. 3r Bd. 1r 2r Thl. gr. 8. Bresl. Gutsch. (Belitz in Berl.) 772–80.

— Lehrbuch f. Frauenzimmer. 6 Thle od. 3 Bde. gr. 8. Bresl. 772—81. Gutsch. 1 ℛ

— Naturbeschreib. f. Frauenzimmer, mit Zusätzen von Grillo u. Grüson. gr. 8. Bresl. 796. Gutsch. 1 ℛ

— Sittenlehren f. junge Frauenzimmer. 8. Bresl. 774. Gutsch. 8 gl.

WALLMANN, Henriette, ein Beytrag zur vornehmen bürgerlichen Erziehungs-Geschichte (von *Chrn. Gottlieb Steinberg*). Mit Titelvignette. Leipzig u. Breslau, bey Christian Friedr. Gutsch. 1781. 8°. (In Berlin an Xy 6438.)

Anon.-Lex. IV. p. 370 (nach Meusel) hat die u n r i c h t i g e Jahrzahl „1780".

Vgl. W a l l m a n n , ...

Steinberg, Curt. s. S t e i n b e r g , Kurt.

Steinberg, David: De ratione defendendi adhibita in Ciceronis oratione Sestiana. 40 S. 2°

Halle-Wittenberg, Phil. Diss. v. 16. Aug. 1854

Geb. Rheda (Westf.) 30. 5. 1819. V.

Steinberg, Edgar, Hülfe f. Männer, welche an Schwächezuständen leiden. Derselben Verhütg.! Behandlg.! Heilg.! populär dargestellt. 8. (79 S.) Berlin 892. H. Schmidt's Verl. n. 1. —

[F.] Die Handwerker-Bewegung in Deutschland, ihre Ursachen und Ziele. Von F. Steinberg. *Stuttgart: Ch. Belser 1897.* (56 S.) 8.
= Zeitfragen d. christlichen Volkslebens. Bd 22. H. 3. [97. 3018

Steinberg, F., Die Handwerkerbewegung in Deutschland, ihre Ursachen u. Ziele. Zeitfragen des christlichen Volkslebens, Heft 163. gr. 8°. Stuttgart 1897.

Zur Neugestaltung der Lehrerbildung. Vortrag geh. auf d. 1. Hauptversamml. d. Landesver. preuss. Lehrerbildner. Von F. **Steinberg**, Seminarl. in Dramburg. *Berlin: F. Zillessen [1901].* (36 S.) 8° [F. u. Ant.] [01. 11591

Steinberg, Franz Anton von

v. Steinberg, Frz. Ant., Nachr. von dem in Innerkrain liegenden Czirknitzer See, worin in e. Jahre gefischt, gejagd, gesäet u. geärndtet werden kann. Mit 35 Kpf. 4. Grätz 761. Zusch. 1 ℛ 20 gl.

Steinberg, Friedrich Victor von (Hgt. Braunschweig)
A. S. 757/20

Dissertatio academica de hypotheca tacita in feudis Germaniae. Präs. Samuel Stryk.
Halle (Montag) 19. XII. 1707. 57 S.

W. v.: Präs., E. H. Knorre. 33343

Steinberg, Friedrich Viktor von (Hgt. Braunschweig)
A. S. 197/18

Dissertatio academica de hypotheca tacita in feudis Germaniae. Präs. Samuel Stryk. Rec.
Halle (Grunert) 1741. 57 S.

Diss. 19. XII. 1707.
W. v.: Präs., E. H. Knorre. 33344

STEINBERG, G., Leitfaden im Kopfrechnen für Jünglinge, welche sich der Handlung widmen wollen; nebst einer kurzen Erläuterung des Wechsel-Geschäfts hieselbst, so wie des Discontirens. Haderslev. 1836.

Steinberg, Georg [pract. Arzt]: Beitrag zur Localisation der Hirntumoren. (Aus d. Poliklinik d. Herrn Prof. Dr. Hirt.) . . . Breslau Druck v. Otto Gutsmann. 1886; 15 + 1 S. + 1 Bl. 8°

Breslau, Med. Fak., Inaug.-Diss. v. 30. Okt. 1886

Steinberg, G., Beitrag zur Localisation der Hirntumoren. [Aus der Poliklinik d. Hrn. Prof. Dr. Hirt.] Inaug.-Diss. gr. 8. (45 S.) Breslau 886. (Köhler.) n. 1. —

Steinberg, Geo., wir lust'gen Hannoveraner! Kriegs- u. Friedenserlebnisse e. hannov. Jägers. gr. 8. (III, 167 S.) Nienburg a. W. 897. (E. Busse.) n. n. 3. —

Steinberg, Geo., beim 3. Jäger-Bataillon. Ernste u. heitere Erinnergn. e. hannov. Jägers aus den Kriegsj. 1864 u. 1866. 2. [Titel-]Aufl. (von: „Wir lust'gen Hannoveraner".) gr. 8. (III, 167 S.) Hannover (897.) 898. M. & H. Schaper. n. 2. —

Vortragsstück von W. Henze. Dat proibate Meddel. Von Georg **Steinberg**. Mit Genehm. d. Verf. entnommen aus 'Nabharkels' Erzählungen u. Gedichte in niedersächs. Mundart. 2. Taus. Hannover: W. Otto [1905]. (2 Bl.) 8° [F.]
= [Henze, Wilhelm: Gesammelte Vorträge. 17.] [07. 10788

— Nabharkels. Erzählung u. Gedichte in niedersächs. Mundart. 12. (VII, 276 S.) n. 3. —;
Hannover: Schaper 1899. erm. Pr. n. 1. —

(B) **Steinberg**, Geo., Nabharkels. 899. (KVL 32.) Jetzt: Hannover, E. Geibel.

Steinberg, H. Condensation von Cyanessigester u. Pyrazolonderivaten mit Orthoameisenester und Ameisenester. In-8°. 33 S. Basel. These. 1896.

Steinberg, Heinrich: Aus d. Königl. chirurg. Universitätsklinik zu Königsberg i. Pr. Direktor Prof. Dr. Lexer. Kasuistischer Beitrag zur Lehre der Darminvagination. Königsberg i. Pr. 1908: H. Jaeger. (30 S.) 8°

Königsberg, Med. Fak., Ref. Lexer, Diss. v. 10. Aug. 1908

[Geb. 21. Febr. 84 Brest-Litowsk, Gouv. Grodno (Rußland); Wohnort: Königsberg i. Pr.; Staatsangeh.: Rußland; Vorbildung: Gymn. Grodno Reife Juni 04; Studium: Königsberg 10 S.; Rig. 27. Juli 08.]

Steinberg, H.: Beiträge zur Würdigung der thukydideischen Reden. 31 S. Berlin Wilh. G., Progr. 1870.

Steinberg, Heinr., Beiträge zur Würdigung der Thukydideischen Reden. 4. (31 S.) Berlin 870, (Adolf und Comp.) *

Steinberg, Heinr., Beiträge zur Würdigung der Thukydideischen Reden. Berlin 870. (Cohn.) 4. (31 S.) n.15 *ngr.*

Steinberg, Heinrich: Die Bildersprache in Quintilians X. Buche der Institutio Oratoria. Berlin 1908: Trowitzsch. S. 169—183. 8°
Berlin, k. Wilhelms-G, in Festschr. z. 50j. Jubil., P 1908** [S 08. 464

Steinberg, Henricus: De interpolatione Euripideae Electrae. Halis Saxonum (1864): Orphanotropheum. 32 S. 8°
Halle-Wittenberg, Phil. Diss. v. 28. Jan. 1864
Geb. [Halberstadt 15. 4. 1840]
Verf. erlebte die Diplomerneuerung 1914 als Gymnasialprofessor a. D. in Berlin.

Steinberg, [Heinrich], Prof. Dr.: [**Rede bei der Gedächtnisfeier für den am 31. Juli 1901 gestorbenen Oberlehrer Prof. Dr. Johannes Mühlmann.**] *Berlin 1902: Trowitzsch & Sohn.* (S. 36—38.) 4°
Berlin, k. Wilhelms-G, P 1902 (67)

Steinberg, Herb. v., Reinhold Kühn u. seine Genossen od. d. unheimliche Jägerhaus im Riesengebirge. Volksroman. 1.—11. Heft. (1. Bd. S. 1—264 m. je 1 Vollbild.) gr. 8. Neusalza (910). H. Oeser. à Heft — 10

Steinberg, Hugo, appr. Arzt a. Elberfeld: **(Aus d. I. inneren Abteilung d. städt. Krankenhauses im Friedrichshain. Direktor: Herr Hofrat Professor Dr. Stadelmann.) Ueber einen Fall von Durchbruch eines Aortenaneurysmas in die Vena cava superior.** Leipzig 1908: B. Georgi. (33 S.) 8°
Leipzig, Med. Fak., Ref. Curschmann, Diss. v. 9. Juni 1908
[Geb. 26. Okt. 81 Elberfeld; Wohnort: Berlin; Staatsangeh.: Preußen; Vorbildung: Sophien-Gymn. Berlin Reife O. 00; Studium: München 2, Berlin 7 S.; Coll. 16. Juli 08; Approb. 15. Febr. 06.]

Steinberg, Hugo [aus Bochum]: **Aus d. medizin. Klinik zu Bonn. Ein Fall von Polyneuritis bes. d. Schulter- u. Oberarmmuskulatur** ... Bonn, Druck v. E. Heydorn, *1894;* 31 S. 8.
Bonn, Med. Fak., Inaug.-Diss. v. [2. März] 1894

Steinberg, Joseph, a. Kischinew in Rußland: Kritisch-statistische Betrachtungen über die in der geburtshülflichen Klinik der Kgl. Charité von 1892—1902 beobachteten Eklampsiefälle. Berlin (1906): E. Ebering. (28 S.) 8°
Berlin, Med. Fak., Ref. Bumm, Diss. v. 28. Juli 1906
[Geb. 15. Jan. 81 Kischinew; Wohnort: Kischinew; Staatsangeh.: Rußland; Vorbildung: Gymn. Kischinew Reife O. 01; Studium: Berlin 10 S.; Rig. 25. Juli 06.]

Steinberg, Isaak: Die Lehre vom Verbrechen im Talmud. Eine jur.-dogmat. Studie. Stuttgart 1910: Union. VI, 134 S. 8°
¶ (Teilw. aus: Zeitschrift f. vgl. Rechtswissensch. Bd 25, H. 1.)
Heidelberg, Jur. Diss. v. 21. Dez. 1910, Ref. v. Lilienthal
[Geb. 13. Juni 88 Dwinsk; Wohnort: Moskau; Staatsangeh.: Rußland; Vorbildung: Gymn. Pernau Reife O. 06; Studium: Moskau 1, Heidelberg 5 S.; Rig. 3. Juni 10.] [U 11. 2144

Steinberg, Julius

Steinberg, Jul., Industrie u. Überspekulation. gr. 8. (33 S.) Bonn (899). F. Cohen. — 60

Die Konzentration im Bankgewerbe. Von Julius **Steinberg**-Bonn. Berlin: F. Siemenroth 1906. (IV, 61 S.) 8° [06. 4918

Steinberg, Julius (*geb. Jannowitz in Niederschles. 28. 9. 1810*)
De mania puerperarum. Vratislaviae (1837). (27 S.) 8°
Breslau, Med. Di[illegible] 16. Sept. 1837

Steinberg, Jul., Physiognomien aus den böhmischen Gerichtssälen. 1. Bdchn. 8. (111 S.) Prag 874. Kosmack & Neugebauer. n. 1. 20

Die Revision des Liberalismus. Mit e. Anh.: Selbstinteresse u. Gemeinwohl. Von Julianus [d. i. Julius **Steinberg**]. Berlin: Walther 1903. 61 S. 8° [03. 3627

Die Wirthschaftskrisis des Jahres 1901. Referat erstattet auf d. 1. Allg. Deutschen Bankiertag zu Frankfurt a. M. 1902 von Dir. [Julius] **Steinberg**, Bonn. Frankfurt a. M. 1902: Mahlau & Waldschmidt. (38 S.) 8° [02. 10929 **6**

Steinberg, J., Die Wirtschaftskrisis 1901, ihre Ursachen, Lehren u. Folgen. (IV, 54 S.) gr. 8. Bonn, F. Cohen. 1902. 1. —

Steinberg, Karl

Steinberg, Carolus: *De analysi fluidorum, in balneo Elmensi adhibitorum. 48 S. 4° (2°)
Halle-Wittenberg, Phil. Diss. v. 18. April 1840
Geb. [Köthen 4. 4. 1812]
Ersch. deutsch u. d. T.: Chemische Notizen. 1—4. ... 5. Zusammensetzung der Bade- und Trinksoole zu Elmen bei Schönebeck. In: Journal f. prakt. Chemie. Bd 25. Leipzig 1842. S. 379—391. Das Diplom ist fälschlich datiert a. d. XIV. Cal. Apr. [statt ... Cal. Maj.].

Steinberg, Carolus: De concretionibus alvinis et ptyolithis, cholelithis, cystolithis. Halis (1842): Heynemann. 58 S. 8°
Halle-Wittenberg, Phil. Hab.-Schr. v. Sept. 1842

Steinberg, C., Supplement zu Wöhler's Grundriss der Chemie. A. u. d. Ttl.: Die Dynamide Electricität, Magnetismus, Licht, Wärme, Verwandtschaftslehre u. Stöchiometrie. Compendium zu Vorlesungen über allgem. Chemie. gr. 8. (5¾ B.) Berlin 846, Duncker u. Humblot. *

Steinberg, Karl, die Hand des Rächers. Familiengemälde in 5 A. 8. Leipz. 795. (Wienbrack). 12 *gr.*

— Leichtsinn u. Größe. Familiengemälde. 8. Grätz 795. (Leipz., Wienbrack). 10 *gr.*

— Menschen u. Menschen-Situationen. Schspl. 8. Frankf. u. Leipz. 781. Danzig, Flörke. 8 *gr.*

Steinberg, Curt: Die sächsische Plastik des XIII. Jahrhunderts im Dienste der Architektur. 1908. 36 S. 4°
Dresden, Dr.-Ing.-Diss. v. 27. 11. 1907

Steinberg, L. v., das landwirthschaftliche Vereinswesen in Baden. Ein Beitrag zur genossenschaftlichen Fortbildung. Karlsruhe 860. Groos. 8. (14 S.) 3 *ngr.*

Steinberg, Leo, a. Britschany in Rußland: Ueber 3 Fälle von verkalktem Myom. Berlin (1906): E. Ebering. (29 S.) 8°
Berlin, Med. Fak., Ref. Bumm, Diss. v. 9. März 1906
[Geb. 29. Mai 78 Britschany; Wohnort: Britschany; Staatsangeh.: Rußland; Vorbildung: Gymn. Kamenetz-Podolsk Reife O. 99; Studium: Wien 7, Berlin 4 S.; Rig. 5. März 06.]

Steinberg, [illegible]
(1868). 32 S. 8°
Berl., Med. [illegible] März 1868

Steinberg, Paul, aus Frankfurt a. M., Referendar am Kgl. Amtsgericht zu Nastätten: **Welche Rechtswirkung hat nach dem Bürgerlichen Gesetzbuch die Täuschung, durch welche jemand zur Abgabe einer Willenserklärung bestimmt ist?** *Frankfurt a. M. 1900: Gebr. Fey.* (69 S.) 8°
Marburg, Jur. Diss. v. [5. Okt.] 1900

Steinberg, Scheindel: Über das Stillen an der Universitäts-Frauenklinik zu Straßburg. Straßburg 1910: Du Mont Schauberg. 18 S. 8°
Straßburg, Med. Diss. v. 13. Dez. 1910, Ref. Fehling
[Geb. 9. Mai 87 Tiraspol; Wohnort: Tiraspol; Staatsangeh.: Rußland; Vorbildung: Gymn. Tiraspol Reife, Erg. Kiew Sommer 05; Studium: Bonn 5, Straßburg 5 S.; Rig. 5. Dez. 10.] [U 11. 4271

Steinberg, Semmy

-- Durch Nacht zum Licht!, s.: Vereinstheater.

Steinberg, S., Erhebendes u. Belebendes aus großer Zeit, s.: Cassau, C.

—— **ewig unvergeßlich. Bilder aus dem Soldatenleben in Krieg und Frieden.** gr. 8. (IV, 396 S.) Hannover 882, Helwing'sche Verlagsh. *

— ewig unvergeßlich. Bilder aus dem Soldatenleben in Krieg u. Frieden. I. Abth. Bilder aus dem Kasernenleben. II. Abth. Bilder aus den Ruhmestagen der deutschen Armee 1870–71. (Neue [Titel-]Ausg.) gr. 8. (VI, 396 S.) Leipzig 894. Zuckschwerdt & Möschke. Geb. in Leinw. n. 2. 50

Steinberg, S., die Feldpost v. 1870/71, s.: Bilder, lebende.

— „An die Gewehre!", s.: Vereinstheater.

Steinberg, S., im Heimathshafen. Erzählung aus dem Leben. 8. (288 S.) Hamburg 888, Hoffmann und Campe's Sortiment. *

Steinberg, S. Im Heimatshafen od. e. Lebensrettung. Erzählg. aus dem Leben. Mit 8 Bildern v. Hans W. Schmidt. gr. 8. (208 S.) Weim. 890, Schriftenvertriebsanstalt. * 1 —
—— dass. — s. Familien-Bücherschatz.

[F.] Im Heimatshafen od. E. Lebensrettung. Erzählg aus d. Leben v. S. Steinberg. '(M. Bild. v. H. W. Schmidt.)' *Weimar & Berlin: Schriftenvertriebsanst.; (Christl. Zeitschriftenver.) [1897].* (208 S., 8 Taf.) 1 Bd 8. [97. 6753

— deutsche Herzen. Erzählung aus dem Leben. gr. 8. (III, 189 S.) Leipzig 883. (E. Twietmeyer.) n. 2. —

Hurra! die Artillerie. Erlebnisse d. Kanoniers H. F. L. Meichner im Schleswig-Holstein. Feld-Art.-Reg. Nr. 9 während des Krieges 1870/71. Nacherzählt von S[emmy] Steinberg. 2. Aufl. *Güstrow i. M.: C. Michaal & A. Schuster 1895.* (189 S.) 8° [F.] [... 3954

— hurra! die Artillerie, s. a. Meichner, H. F. L.

— „Zu Treue fest". Humorist.-patriot. Festsp. in 1 Aufz. gr. 8. (16 S.) Ebd. 894. 8 Stück m. Aufführungsrecht n. 3. —

— Im Kaisermanöver, s.: Vereinstheater.

Steinberg, S., treue Kameradschaft od. Leiden u. Freuden des Vorstandes, s.: Universal-Bibliothek.

-- Kriegervereinsfest od.: Mutter kapituliert, s.: Vereinstheater.

— Eine Kriegervereinssitzung, s.: Vereinstheater.

— **das Preußenkind.** Erzählung aus dem Leben. 8. (168 S. m. 4 Bildern.) Gotha 891. F. A. Perthes. Geb. n. 3. —

— Im französischen Quartier, s.: Vereinstheater.

—— **im Ruhmesglanz. 1. Abthl.: Die Landwehr hat Ruh'. — 2. Abthl.: Gut und Blut für's Vaterland. Fortsetzung von „Ewig unvergeßlich".** gr. 8. (VIII, 405 S.) Hamburg 884, König und Schulz. *

— deutsche Soldatenherzen. Erzählg. aus d. Leben. gr. 8. (III, 189 S.) Dresden (894). Expedition u. Buchdr. des „Kamerad". n. 2. —

— Stillgestanden! Nicht Euch, s.: Vereinstheater.

-- der jüngste Vaterlandsvertheidiger. Characterbild. Mit 4 Bildern nach Orig.-Zeichngn. v. Karl Müller. 8 (124 S.) Berlin 892. P. Hüttig. Geb. in Leinw. n. 2.50

Steinberg, S., Vom Schiffsjungen zum Wasserschout. Erinnerungen aus dem Leben des Capitains Alfred Tetens. Nach seinen Aufzeichnungen verfasst. Hamburg 1889. (12563)

—— s. a. Tetens, Alfr.

Steinberg, S., zu Wasser u. zu Lande, s.: Barthel's, Karl, Theater-Bühne. Nr. 6.

Steinberg, S., aus der großen Zeit. Detail-Geschichte des 2. Hanseat. Infanterie-Regiments Nr. 76, während des Feldzuges 1870/71. gr. 8. (VI, 329 S.) Hamburg 881, (Hoffmann und Campe.) *

—-- Aus der großen Zeit. Geschichte d. 2. hans. Infanterie-Regiments Nr. 76 während d. Feldzuges 1870/71. 2. verm. Aufl. Mit e. Vorwort d. Generals v. Kottwitz. gr. 8. (X, 391 S. m. Illustr.) Hamb. 892, Verlagsanstalt u. Druckerei, A.-G. * 5 —; geb. * 6 —

STEINBERG, Siegfried: Eine Geburt bei Carcinom der Portio vaginalis uteri.- Breslau: Lilienfeld (1901). 26 S.
11.1.1901 - Chr 1900/01,19; Jv 1900/01,216
Diss. Ingolst.-Landsh.-Mchn.

Steinberg, Walter: Ein Beitrag zur Statistik der Prostatasarkome. München: Steinicke 1908. 50 S. 8°
München, Med. Diss. v. 19. Juli 1909, Ref. v. Angerer
[Geb. 17. Okt. 83 Dortmund; Wohnort: Dortmund; Staatsangeh.: Preußen; Vorbildung: Realgymn. Dortmund Reife O. 03; Studium: Würzburg 2, München 1, Würzburg 2, München 1, Berlin 2, München 2 S.; Coll. 19. Juli 09; Approb. 14. Juli 09.] [U 09. 3406

Steinberg, Walt., Gedichte. (VIII, 141 S.) kl. 8. Berlin 907. [Pantheon-Verlag.] E. Bote & G. Bock. 2.50; geb. in Leinw. 3. —

Steinberg-Skirbs, v., die Alters- und Invaliden-Versicherung, Vorschläge zu ihrer Verwirklichung. gr. 8. (42 S.) **Berlin 884, Kortkampf.**

Steinberg-Skirbs, v., die Alters- u. Invaliden-Versicherung, Vorschläge zu ihrer Verwirklichg. gr. 8. (42 S.) Berlin 884. P. Schettler. — 60

Steinberg-Skirbs, v., ein Vortrag über die Alters-Versicherung der Arbeiter. gr. 8. (24 S.) Königsberg 886, Rautenberg. *

Steinbergen, Christian Friedrich von (Angebl. Verf.), s. Baumgarten, Metallischer, ...

Steinberger, Adolf, s. Steinberger, Alfons

Steinberger, Alfons: [illegible] Progr. [illegible]

—— Walhallas Einherier. Dichtg. 12. (46 S. m. 1 Photogr.) Regensb. 890, [Coppenrath's Verlag]. Verlags-Anstalt. * 1 —

— der letzte Herzog v. Ingolstadt. Historische Erzählg. aus der Mitte des 15. Jahrh. 8. (168 S.) Ebd. 899. n. 1.20; geb. in Leinw. n. 1.60

Steinberger, Alfons, nach 100 Jahren. Dichtung zu Friedrich v. Schillers Todestag (9. V. 1805). (19 S.) 8. Günzburg 905. A. Hug. n. — 30

Steinberger, Alph., im hl. Kampfe. Vaterländ. Dichtg. 8. (VII, 92 S.) München 895. J. Lindauer. n. 1.50

Steinberger, Alphons, die Langobardenbraut. Vaterländ. Dichtg. 12. (III, 87 S. m. Bildnis.) Regensburg 903. Verlagsanstalt vorm. G. J. Manz. n. 1.—; geb. n. 1.50

Die Lebensbeschreibungen des Apollonius Rhodius. Eine literarhistorische Studie. — Von Dr. Alfons Steinberger, G.-P. — 1903, Stadtamhof, J. & K. Mayr. — P. 3—23.
Progr. Regensburg, K. Altes Gymn.

Steinberger, Alphons, Dr., Prof.: Ausgewählte Lieder des Horatius. In deutscher Nachdichtung. *Stadtamhof (1899): J. & K. Mayr.* (36 S.) 8° [F.] ¶ (Andere Übers. erschienen in Bd 33, 34, 35 d. Blätter f. d. bayr. Gymnasialschulwesen.) Regensburg, k. Altes G, P 1899°

— Kaiser Ludwig der Bayer. Ein Lebensbild. 8. (XI, 212 S.) München 901. J. Lindauer. n. 2.—; geb. in Leinw. n. 3.—

— Vater Max, der erste Bayernkönig. (1806—1825.) Ein Lebens- u. Charakterbild. Für Haus u. Schule entworfen. (IV, 151 S.) kl. 8. München 906. J. Lindauer. Geb. n. 2.—

Steinberger, Alphons [Dr.]: Ödipus. Tragödie von Lucius Annäus Seneka. Übersetzt und historisch-kritisch erörtert. Erster Teil. (Übersetzung.) Stadtamhof, Druck v. J. & K. Mayr (1889); 57 S. 8°
Regensburg, k altes G, P 1889 •

—— s. Seneka, Lucius Annäus. Ödipus.

Steinberger, A., die Ödipussage. Eine literarhist. Skizze. 8. (78 S.) Regensburg 888. Coppenrath's Verl. n. 1.—

— Kaiser Otto I. der Große, s.: Jugend- u. Volksbibliothek, geschichtliche.

Steinberger, Alfons: Phaedra. Tragodie von Seneka. Uebersetzt und erlautert von A. St. 64 S. 8. K. hum. Gymn. *Günzburg* 1909.
P. 57—64 I. Das Konigshaus auf Kreta. II. Über die Komposition der Tragödie Phädra.
Progr.

— Wolfgang Roritzer, der Dombaumeister v. Regensburg. Eine Geschichte aus dem Beginn des 16. Jahrh. (98 S.) 8. Regensburg 910. Verlagsanstalt vorm. G. J. Manz. 2.—; geb. in Leinw. 2.60

Steinberger, Alfons. Rudolf von Habsburg und Albrecht von Österreich. Mit 10 Illustrationen. 129 S. 8. Regensburg, Verlagsanstalt vorm. G. J. Manz, München-R', 1908. [M. 1.20, geb. 1.70]
Geschichtliche Jugend- und Volksbibliothek. Band 9...

[S.] Bayerischer Sagenkranz. E. Buch f. Haus u. Schule v. Dr. Alphons Steinberger, k. Gymnasialprof. *München: J. Lindauer 1897.* (4 Bl., 272 S. 1 Bl.) 8. [97. 765]

Bayerischer Sagenkranz. Ein Buch f. Schule u. Haus. Neue Folge. (VIII, 236 S.) 8. München 908. J. Lindauer. 3.—; geb. in Leinw. 3.60

— Schwere Tage, s.: Jugend- u. Volksbibliothek, geschichtliche.

— Kaiserin Theophana, s.: Jugend- u. Volksbibliothek, geschichtliche.

In umbra mortis. Erzählung aus d. zehnten Jahrh. von Alphons Steinberger. *Regensburg: G. J. Manz 1903.* (125 S.) 8° [Ant. u. J.] [03. 4186]

Steinberger, Alphons, Florian Geyers Untergang. Histor. Gemälde aus der Zeit des Bauernkriegs. 8. (157 S.) Regensburg 901. Verlagsanstalt vorm. G. J. Manz. n. 1.20; geb. in Leinw. n. 1.60

Steinberger, Alf., aus Bayerns Vergangenheit. Erzählgn. aus der Geschichte u. Sage unseres Vaterlandes. Für Haus u. Schule verf. 1.—3. Bd. 8. (Mit je 1 farb. Bild.) Regensburg, Nationale Verlags-Anstalt. à 1.20; geb. in Leinw. à n. 2.—
1. Aus der älteren u. dem Beginn der mittleren Geschichte. (VIII, 253 S.) 892. — 2., verb. u. verm. Aufl. (XII, 268 S.) 894.
2. Aus der mittleren Geschichte. (IV, 213 S.) 893.
3. Aus dem Ende der mittleren u. aus der neueren Geschichte. (V, 171 S.) 894.

Steinberger, Alphons, aus Bayerns Vergangenheit. Erzählungen aus der Geschichte u. Sage unseres Vaterlandes. Für Haus u. Schule verf. 3. Bd. Aus dem Ende der mittleren u. aus der neueren Geschichte. 2., verb. u. verm. Aufl. (VII, 198 S. m. 1 Farbdr.) 8. Regensburg 906. Verlagsanstalt vorm. G. J. Manz. n. 1.50; geb. in Leinw. n. 2.40

Steinberger, Alfons, aus Bayerns Vergangenheit. Erzählgn. aus der Geschichte u. Sage unseres Vaterlandes. 1. Bd. Aus der älteren u. dem Beginne der mittleren Geschichte. 3., verb. u. verm. Aufl. (XII, 259 S. m. farb. Titelbild.) 8. Regensburg 911. Verlagsanstalt vorm. G. J. Manz. 1.50; geb. in Leinw. 2.40

Steinberger, Andreas

Ueber den Punkt der kleinsten Summe der Abstande von den Ecken eines Polygons, von Andr. Steinberger, P. der Math. am G. — 1840. Ebend. — S. 3—20.
Progr. Regensburg.

Steinberger, A., Tafel d. gemeinen od. Brigg'schen Logarithmen aller Zahlen v. 1—1000000 mit 5 u. beliebig 7 Decimalstellen. Ein Auszug a. Vega's logarith.-trigonometr. Handbuche. gr. 8. (4⅛ B.) Regensburg 840, Manz.

Steinberger, A., Tafel der gemeinen oder Brigg'schen Logarithmen aller Zahlen von 1—1000000 mit 7 Decimalstellen. Ein Auszug aus Vega's logarithm.-trigonometr. Handbuche. 2. verb. (Titel-)Aufl. Regensburg (845.) 857. Manz. gr. 8. (81 S.) 10 ngr.

Ueber elliptische Transcendenten von Andr. Steinberger, P. der Math am G. — 1842. Ebend. — S. 3—20.
Progr. Regensburg.

—— das Verhältniß d. Kreisbogens, zu seinen zuständ. trigonometr. Funktionen vollständig bearb. Mit e. Anh., enth.: Lösung einiger hieher gehör. Aufgaben, so wie auch der bisher nur näherungsweise gelösten Eulerischen Aufgaben üb. d. Kreislinie. gr. 8. (5 B. u. 1 Figtaf.) Regensburg 839, Manz.

Steinberger, Carl Christoph, s. Steinberger, Karl Christoph.

Steinberger, Georg

Steinberger, Gg., die schwerste Arbeit! 3. Aufl. 16. (20 S.) Gotha 902. Missionsbuchh. P. Ott. n.n. — 05

Steinberger, G[eor]g). Die schwerste Arbeit. Von G. St' [Remismühle]. 7. Aufl. II + 20 S. 8. Gotha, P. Ott; (In der Schweiz: Schriftenverlag Asyl Remismühle...,) 1906. (M. —.05, 100 Ex. 4. —)

Steinberger, G. Die erste Auferstehung nach Phil. 3, 7—14. In-8°. 20 S. Schaffhausen, Th. Kober. 1895. — 25

Steinberger, G., die erste Auferstehung nach Phil. 3, 7—14. 8. (20 S.) Schaffhausen 895. (P. Meili.) n. — 20

— eine wunderbare Begegnung! 5. Aufl. 16. (20 S.) Ebd. 902. n.n. — 05

Steinberger, G([eor]g). Eine Wunderbare Begegnung! Von G. St' [Remismühle]. 9. Aufl. II + 20 S. 8. Gotha, P. Ott; (In der Schweiz: Schriftenverlag Asyl Remismühle...,) 1906. (M. —.05, 100 Ex. 4. —)

Steinberger, G., eine wunderbare Begegnung! 10. Aufl. (20 S.) 16. Gotha 909. Missionsbuchh. P. Ott. — 05

— bleibet in Meiner Liebe. 8. (16 S.) Gotha 898. Missionsbuchh., P. Ott. n. — 20

— bleibet in Meiner Liebe. 2. Aufl. 8. (16 S.) Ebd. (899). n. — 20

Steinberger, G([eor]g). Bleibet in Meiner Liebe. Von G. St' [Remismühle]. 5. Aufl. [Mit Vignetten.] II + 16 S. 8. Gotha, P. Ott; In der Schweiz: Schriftenverlag Asyl Remismühle ⟨Kt. Zürich⟩, [1905]. (M. —.15)

— die drei Bücher der Liebe Gottes. 4. Aufl. 16. (23 S.) Ebd. 902. n.n. — 05

Steinberger, G([eor]g). Die drei Bücher der Liebe Gottes. Von G. St' [Remismühle]. 7. Aufl. 24 S. 8. Gotha, P. Ott; (In der Schweiz: Schriftenverlag Asyl Remismühle...,) 1906. (M. —.05, 100 Ex. 4. —)

— Die 3 Bücher der Liebe Gottes. 8. Aufl. (20 S.) 16. Ebd. 908. — 05

Steinberger, G., Buße, e. himmlisches Geschenk. (30 S.) 8. Gotha 903. Missionsbuchh. P. Ott. n. — 20

Steinberger, G[eorg]. Busse, ein himmlisches Geschenk. Von G. St' [Remismühle]. 3. Aufl. [Mit Titel-Vignette.] 32 S. 8. Gotha, P. Ott; (In der Schweiz: Schriftenverlag Asyl Remismühle...,) 1905. (M. —.20)

Steinberger, G. Das Geheimnis eines seligen Lebens. In-8°. 24 S. Schaffhausen, Komm. Verlag von Th. Kober. 1896.

— das Geheimnis e. seligen Lebens. 3. Aufl. 8. (24 S.) Schaffhausen 897. (P. Meili.) n. — 20

Steinberger, G. Das Geheimnis e. siegreichen Lebens. In-8°. 32 S. Schaffhausen, P. Meili. 1897. — 25

— das Geheimnis e. siegreichen Lebens. 6. Aufl. 8. (24 S.) Ebd. 901. n. — 20

Steinberger, G[eor]g. Das Geheimnis eines siegreichen Lebens. Von Gg. St' [Remismühle]. 7. Aufl. (19. bis 23. T[illegible] Gotha, P. Ott, [illegible] (M. [illegible])

— Gemeinschaft m. Gott! 1. Joh. 1, 3. 2. Aufl. gr. 16. (16 S.) Ebd. (901). n. — 08

(Steinberger, G[eorg].) Gemeinschaft mit Gott! 1. Joh. 1, 3. (Von G. St' [Remismühle].) 4. Aufl. II + 16 S. 8. Gotha, P. Ott; (In der Schweiz: Schriftenverlag Asyl Remismühle...,) [1906]. (M. —.08, 100 Expl. 6. —)

— Gemeinschaft m. Gott! 1. Joh. 1, 3. 5. Aufl. (16 S.) 16. Ebd. (909). — 08

— etwas Gewisses! 4. Aufl. 16. (19 S.) Ebd. 902. n.n. — 05

Steinberger, G([eor]g). Etwas Gewisses! Von G. St' [Remismühle]. 7. Aufl. II + 20 S. 8. Gotha, P. Ott; (In der Schweiz: Schriftenverlag Asyl Remismühle...,) 1906. (M. —.05, 100 Ex. 4. —)

— Etwas Gewisses! 9. Aufl. (19 S.) 16. Ebd. 909. — 05

— ein Gnaden- u. Friedensgruß an dich! 6. Aufl. 16. (16 S.) Ebd. 902. n.n. — 05

Steinberger, G([eor]g). Ein Gnaden- und Friedensgruss an dich! Von G. St' [Remismühle]. 9. Aufl. IV + 16 S. 8. Gotha, P. Ott; (In der Schweiz: Schriftenverlag Asyl Remismühle...,) 1906. (M. —.05, 100 Ex. 4. —)

— Ein Gnaden- u. Friedensgruß an dich! 11. Aufl. (16 S.) 16. Ebd. 909. — 05

— der Gnadenstrom. Hesekiel 47, 1—12. 8. (24 S.) Ebd. 898. n. — 20

— der Gnadenstrom. Hesekiel 47, V. 1—12. 4. Aufl. 8. (24 S.) Ebd. 901. n. — 20

Steinberger, Georg. Der Gnadenstrom. Hesekiel 47, 1—12. (Aus einer Bibelstunde.) Von G' St' [Remismühle]. 5. (*Umschlag: 6.) Aufl. [Mit Vignetten.] II + 24 S. 8. Gotha, P. Ott; (In der Schweiz: Schriftenverlag Asyl Remismühle...,) 1905. (M. —.20)

— Heilsgewißheit. (16 S.) gr. 16. Ebd. (903). n. — 08

Steinberger, G[eorg]. Heilsgewissheit. Von G. St' [Remismühle]. 3. Aufl. [Mit Vignette.] II + 16 S. 8. Gotha, P. Ott; (In der Schweiz: Schriftenverlag Asyl Remismühle...,) [1906]. (M. —.08, 100 Ex. 6. —)

— Heilsgewißheit. 4. Aufl. (16 S.) 16. Ebd. (909). — 08

— Komm zum Kreuz! 3. Aufl. 8. (32 S.) Ebd. 902. n. — 20

Steinberger, G[eorg]. Komm zum Kreuz! Von G. St' [Remismühle]. 5. Aufl. II + 32 S. 8. Gotha, P. Ott; (In der Schweiz: Schriftenverlag Asyl Remismühle...,) 1906. (M. —.20.)

— die notwendigste Lebensfrage. 5. Aufl. 16. (20 S.) Ebd. 902. n.n. — 05

Steinberger, G([eor]g). Die Notwendigste Lebensfrage. Von G. St' [Remismühle]. 10. Aufl. II + 20 S. 8. Gotha, P. Ott; (In der Schweiz: Schriftenverlag Asyl Remismühle...,) 1906. (M. —.05, 100 Ex. 4. —)

— Die notwendigste Lebensfrage: (Was muß ich tun, daß ich selig werde?) 12. Aufl. (20 S.) 16. Ebd. 909. — 05

— Lebst du in der Gegenwart Gottes? Joh. 17, 1. 2. Aufl. gr. 16. (16 S.) Ebd. (901). n. — 08

(Steinberger, G[eorg].) Lebst du in der Gegenwart Gottes? Joh. 17, 1. (Von G. St' [Remismühle].) 5. Aufl. II + 16 S. 8. Gotha, P. Ott; (In der Schweiz: Schriftenverlag Asyl Remismühle...,) [1907]. (M. —.08, 100 Ex. 6. —)

— Lebst du in der Gegenwart Gottes? Ev. Joh. 17, 1. 6. Aufl. (16 S.) 16. Ebd. (909). — 08

St(einberger), G(eorg). Kleine Lichtlein auf den Weg der Nachfolge. Hrg. von G. St. (Rämismühle, Kanton Zürich). 136 S. 8. Gotha, P. Ott, 1903. [geb. M. 1. 40]
(Zuerst als Briefblättchen *erschienen, in 4 Serien von je 8 Nrn. pro Serie in* je 50 *Ex.* M. —. 35

— s. a. Lichtlein, kleine, auf den Weg der Nachfolge.

— ohne Fühlen will ich trauen! 1. Petr. 1, 13. 2. Aufl. gr. 16. (16 S.) Ebd. (901). n. — 08

(Steinberger, G[eorg].) Ohne Fühlen will ich trauen! 1. Petr. 1, 13. (Von G. St' [Remismühle].) 4. Aufl. II + 16 S. 8. Gotha, P. Ott; (In der Schweiz: Schriftenverlag Asyl Remismühle...,) [1906]. (M. —.08, 100 Ex. 6. —)

Steinberger, G., ohne Fühlen will ich trauen! 1. Petr. 1, 13. 5. Aufl. (16 S.) 16. Gotha (909). Missionsbuchh. P. Ott. — 08

— in der Schwebe. 4. Aufl. 16. (23 S.) Ebd. 902. n.n. — 05

Steinberger, G([eor]g). In der Schwebe. Von G. St' [Remismühle]. 8. Aufl. 24 S. 8. Gotha, P. Ott; (In der Schweiz: Schriftenverlag Asyl Remismühle...,) 1906. (M. —.05, 100 Ex. 4. —)

— In der Schwebe. 9. Aufl. (23 S.) 16. Ebd. 908. — 05

— ein Ueberwinder v. innen heraus! Jak. 1, 14. 15. 2. Aufl. gr. 16. (16 S.) Ebd. (901). n. — 08

(Steinberger, G[eorg].) Ein Ueberwinder von innen heraus! Jak. 1, 14.15. (Von G. St' [Remismühle].) 4. Aufl. II + 16 S. 8. Gotha, P. Ott; (In der Schweiz: Schriftenverlag Asyl Remismühle ...,) [1904]. (M. —.08, 100 Expl. 6. —)

— Ein Ueberwinder v. innen heraus! Jak. 1, 14, 15. 5. Aufl. (16 S.) 16. Ebd. (909). — 08

— alttestamentliche Vorbilder der Braut des Lammes. (32 S.) 8. Gotha 905. Missionsbuchh. P. Ott. n. — 25

— der Weg dem Lamme nach. Offenbarung 14, 4. 4. Aufl. 12. (77 S.) Ebd. (902). n. — 35; geb. in Leinw. n. 1. —

Steinberger, G[eorg]. [1.] Der Weg dem Lamme nach. Offenbarung 14, 4. (Aus «Bibelstunden», gehalten in Clafeld, Westfalen. – [2.] Das Lamm wird ihre Leuchte sein! Offenb. 21, 23.... – [3.] Das Ziel dieses Weges! Offenb. 19, 6—8. – [4.] Der Kommende. Hebr. 10, 35—37.) Von G. St' [Remismühle]. 7. Aufl. [Mit Vignetten.] 78 S. 8. Gotha, P. Ott; (In der Schweiz: Schriftenverlag Asyl Remismühle...,) [1907]. (M. —.40, geb. 1.20 u. 1.40)

— wie liesest du deine Bibel? 3. Aufl. 12. (34 S.) Ebd. 902. n. — 20

Steinberger, G[eorg]. Wie liesest du deine Bibel? Von G. St' [Remismühle]. 4. Aufl. [Mit Vignetten.] 36 S. 8. Gotha, P. Ott; (In der Schweiz: Schriftenverlag Asyl Remismühle...,) 1906. (M. —.20)

Steinberger, Hans, die bayerischen Königsschlösser Herren-Chiemsee, Neuschwanstein, Linderhof, Hohenschwangau, Berg. (114, IV, XVI, 105, 38, 115 u. 32 S. m. Abbildgn., z. Tl. farb. Taf. u. Karten.) gr. 8. Prien 903. (Leipzig, C. W. B. Naumburg.) Kart. 5. —; geb. in Leinw. n. 7. —

— Ludwig II. von Bayern der Romantiker auf dem Königsthrone. (195 u. 10 S. m. Abbildgn.) gr. 8. Ebd. 906. Geb. in Leinw. n. 3. 50

(B) **Steinberger,** Hans, Ludwig II. 906. (KBL 34.) Jetzt: Prien, F. Speiser. Geb. 3. —

Steinberger, Joh. Georg, Breslauisches Tagebuch. 1740 —1742. Im Auftrage d. Vereins f. Geschichte u. Alterthum Schlesiens hrsg. v. Eug. Träger. gr. 8. (XX, 446 S.) Breslau 891. J. Max & Co. n. 4. —

Steinberger, Joseph: Über den Einfluß körperlicher Bewegungen auf die Pulsfrequenz bei Gesunden und Kranken. Ein Beitr. z. funktionellen Herzprüfung. Erlangen 1910: Junge. 28 S. 8°
Erlangen, Med. Diss. v. 14. Juli 1910, Ref. Penzoldt
[Geb. 18. Jan. 83 Bamberg; Wohnort: Bamberg; Staatsangeh.: Bayern; Vorbildung: Altes Gymn. Bamberg Reife 02; Studium: Erlangen 5, München 3, Berlin 1, Erlangen 1 S.; Coll. 2. Juli 09; Approb. 31. Dez. 08.] [U 10. 826

Steinberger, Julius, aus Frankfurt a. M.: Lucians Einfluss auf Wieland. *Göttingen 1902: W. F. Kaestner.* (VIII, 157 S.) 8°
Göttingen, Phil. Diss. v. [12. März] 1902

Steinberger, Jul., Lucians Einfluss auf Wieland. Diss. gr. 8. (VIII, 157 S.) Göttingen 901. (Vandenhoeck & Ruprecht.) n. 3. 60

Steinberger, Carl Chrph., Geschichte des großherzogl. hessischen evangelischen Schullehrer-Seminars zu Friedberg in der Wetterau während des ersten Halbjahrhunderts seines Bestehens zur Feier seines 50jährigen Jubiläums am 2. November 1867 u. als Beitrag zur Geschichte des hessischen Volksschulwesens dargestellt. Friedberg 868. Bindernagel & Schimpff. gr. 8. (VIII, 150 S.) 20 ngr.

Steinberger, Karl Christoph: R e d e am Schul-Actus 1862. Friedb. 1863. Schul-/Univ.-Schrift

Steinberger, Leo, a. Würzburg: Zur medizinischen Statistik der Stadt Würzburg für die Jahre 1871—1902. Würzburg: A. Stuber 1905. (41 S.) 8°
Würzburg, Med. Fak., Ref. Lehmann, Diss. v. 24. Sept. 1905
[Geb. 1. Febr. 79 Würzburg; Wohnort: Würzburg; Staatsangeh.: Bayern; Vorbildung: Altes Gymn. Würzburg Reife Juli 97; Studium: Würzburg 8, München 1 S.; Coll. 24. Mai 05; Approb. 4. Juli 02.]

Zur medizinischen Statistik der Stadt Würzburg für die Jahre 1871—1902. Von Dr. Leo Steinberger. Würzburg: A. Stuber 1905. (S. 19—59.) 8° = Verhandlungen d. physikal.-mediz. Gesellschaft zu Würzburg. N. F. Bd 38, No 2. [05. 11045]

Steinberger, Leo., zur medizinischen Statistik der Stadt Würzburg f. die J. 1871—1902. (41 S.) gr. 8. Würzburg 905. C. Kabitzsch. 2. —
Sonderabdruck aus: „Verhandlgn. d. phys.-med. Gesellsch. zu Würzburg".

Steinberger, Ludwig: Die Jesuiten und die Friedensfrage in der Zeit vom Prager Frieden bis zum Nürnberger Friedensexekutionshauptrezeß 1635—1650. Teil 1. Freiburg i. B.: Herder 1906. (52 S.) 8° [J.] ¶[Erschien vollst. 1906 als: Studien u. Darstellungen aus d. Geb. d. Geschichte Bd 5, H. 2/3.]
München, Phil. Fak., Ref. v. Heigel, Diss. v. 15. Juli 1904
[Geb. 12. Aug. 79 München; Wohnort: München; Staatsangeh.: Bayern; Vorbildung: Wilh.-Gymn. München Reife Juli 98; Studium: München 10 S.; Rig. 15. Juli 04.]

Die Jesuiten und die Friedensfrage in der Zeit vom Prager Frieden bis zum Nürnberger Friedensexekutionshauptrezeß 1635–1650. Von Dr. Ludwig **Steinberger**. Freiburg i. Br.: Herder 1906. (XXIII, 215 S.) 8° [F.] = **Studien** u. Darstellungen aus d. Geb. d. Geschichte. Bd 5, H. 2. 3. 06. 19059

Steinberger, Math., die Pfarrei Vierkirchen in der Erzdiöcese München u. Freising. Zu der mit dem 29. Juni 1879 beginnenden Jubelfeier des 1100jähr. Bestandes der Pfarrei Vierkirchen hrsg. gr. 8. (VII, 123 S. m. 1 Lichtdr.) München 879 Stahl in Comm. n. 2. —

Steinberger, Max, Rechtsprakt.: Die Verträge auf dauernde Leistungen ⟨Dauerverträge⟩. Schongau a. L. 1910: Bornschein. VI, 75 S. 8°

Erlangen, Jur. Diss. v. 16. Nov. 1910, Ref. Siber

[Geb. 20. Jan. 86 Bamberg; Wohnort: Bamberg; Staatsangeh.: Bayern; Vorbildung: Neues Gymn. Bamberg Reife 05; Studium: Erlangen 1, München 6, Berlin 1 S.; Rig. 14. Dez. 10.] [U 11. 874

Steinbichler, Jos., († d. 25. Mai 1801.) Abhandl. von d. Einfluß der Arbeitsamkeit auf Menschenglück ꝛc.

— Beschreib. des Brandes zu Neuötting. ...

— **Predigt von der Aufhebung des Fastengebots. 4. Münch. 799. N. A. 801. Lentner. 3 gr**

—— **Predigt üb. d. Fleischessen am Samstage.** 4. München, Lentner. 801.

Steinbicker, Ernst, Lemgo. Ein Führer in Wort u. Bild unter Beigabe (10) loser Postansichtskarten. (16 S.) 12. Lemgo (902). Wagener. Geb. n. — 75

Steinbicker, Car. (geb. Bevergern in Westf. 21. 5. 1821): De febribus intermittentibus. Berolini (1850). (29 S.) 8°
Berlin, Med. Diss. v. 13. Aug. 1850.

Steinbildhauer, Steinmetz und Steinbruchbesitzer, der deutsche. Fach- und Offerten-Zeitung für den gesammten Gross- und Kleinbetrieb der Granit-, Syeuit-, Marmor- und Sandstein-Industrie Deutschlands und Oesterreichs mit Berücksicht. der darauf bezügl. Alabaster-, Gyps-, Terracotta-, Porzellan-, Thon-, Cementguss-, Zink- und Eisenwaaren-Fabrikation. Hrsg. unter Mitwirkung hervorragender Fachmänner aus den verschiedensten Theilen Deutschlands. Redact.: Rob. Fiedler. 1.–3. Jahrg. 1885/86, 1886/87 und 1887/88. à Jahrg. 24 Nrn. (Bog.) gr. 4. Grünberg i. Schl., Fiedler. à Jahrg. *

—— dass. — Amtliches Organ des Verbandes deutscher Steinmetz-Geschäfte. Fach- und Offerten-Zeitung für den gesammten Gross- und Kleinbetrieb der Granit-, Syenit-, Marmor- und Sandstein-Industrie Deutschlands und Oesterreichs, mit Berücksicht. der darauf bezügl. Alabaster-, Gyps-, Terracotta-, Porcellan-, Thon-, Cementguss-, Zink- und Eisenwaaren-Fabrikation. Hrsg. unter Mitwirkung hervorragender Fachmänner aus den verschiedensten Theilen Deutschlands. Begründet von Rob. Fiedler. Redact.: Jul. Frühauf. 4. Jahrg. April 1888 – März 1889. 36 Nrn. (à Nr. 1¼ Bog.) gr. 4. München, Pohl. *

Steinbildhauer, Steinmetz und Steinbruchbesitzer, der deutsche. Amtliches Organ d. Verbandes deutscher Steinmetz-Geschäfte. Illustrirte Fachzeitg. für die gesammte Stein-Industrie u. die verwandten Geschäftszweige. Gegründet von Rob. Fiedler. Redact.: Jul. Frühauf. 5.–8. Jahrg. 1889—1892. à Jahrg. 36 Nrn. (à Nr. 1½ Bog.) gr. 4. München., Pohl. à Jahrg. * 6 —

Steinbildhauer

— **u. Steinmetz,** der deutsche. Red.: Jul. Frühauf. 9. u. 10. Jahrg. 1893. 1894. à 36 Nrn. (1½ Bog.) gr. 4. Ebd. à Jahrg. n. 6. —

Steinbildhauer u. Steinmetz, der deutsche. Amtl. Organ d. Verbandes deutscher Steinmetz-Geschäfte. Illustr. Fachzeitg. f. d. ges. Stein-Industrie u. d. verw. Geschäftszweige. Red.: Joh. Palme u. W. Brandis. 11.—14. Jahrg. 1895—1898. à 36 Nrn. (à ca. 20 S.) gr. 4. München, E. Pohl. à Jahrg. n. 6. —
Kann auch halbjährlich bezogen werden. — Der 11. u. 12. Jahrg. war noch von Jul. Frühauf redigiert.

Steinbildhauer, Steinmetz u. Steinbruchbesitzer, der deutsche. Illustrirte Fachzeitg. f. die gesammte Stein-Industrie u. die verwandten Geschäftszweige. Organ des Verbandes deutscher Steinmetz-Geschäfte. Red.: Joh. Palme u. W. Brandis. 15.—18. Jahrg. 1899—1902. à 36 Nrn. gr. 4. (IV, 812 S. m. 2 Taf.; IV, 904 S. m. 1 Taf.; IV, 966 S. m. 3 Taf. u. VIII, 1016 S.) München, E. Pohl. à Jahrg. n. 6. —

Steinbildhauer, Steinmetz u. Steinbruchbesitzer, der deutsche. Illustrierte Fachzeitg. für die gesamte Stein-Industrie u. die verwandten Geschäftszweige. Organ des Verbandes deutscher Steinmetz-Geschäfte. Red.: Joh. Palme u. W. Brandis. 19.—22. Jahrg. 1903—1906. à 36 bezw. 52 Nrn. (VII, 1010; VII, 1008; VIII, 1328 u. X, 1458 S. m. Abbildgn. u. Taf.) gr. 4. München, E. Pohl. à Jhrg. n. 6. —

Steinbildhauer, Steinmetz u. Steinbruchbesitzer, der deutsche. Illustrierte Fachzeitg. f. die gesamte Stein-Industrie u. die verwandten Geschäftszweige. Organ des Verbandes deutscher Steinmetz-Geschäfte usw. Red.: Joh. Palme u. W. Brandis. 23.—26. Jahrg. 1907—1910. à 52 Nrn. (à ca. 8 S.) 32×23,5 cm. München, E. Pohl. à Jahrg. 6. —

— — — der oester.-ungar. Illustrirte Fachzeitg. f. die gesammte Stein-Industrie u. die verwandten Geschäftszweige. Sep.-Ausg. des „Deutschen Steinbildhauer“. Red.: Joh. Palme. 15.—18. Jahrg. 1899—1902. à 36 Nrn. gr. 4. (IV, 812 S. m. 2 Taf.; IV, 904 S. m. 1 Taf.; IV, 966 S. m. 3 Taf. u. VIII, 1016 S.) Ebd. à Jahrg. n. 6. —

— — — der oesterr.-ungar. Illustrierte Fachzeitung f. die gesamte Stein-Industrie u. die verwandten Geschäftszweige. Sep.-Ausg. des „Deutschen Steinbildhauer“. Red.: Joh. Palme. 19.—22. Jahrg. 1903—1906. à 36 bezw. 52 Nrn. (VII, 1010; VII, 1008; VIII, 1328 u. X, 1458 S. m. Abbildgn. u. Taf.) gr. 4. Ebd. à Jahrg. n. 6. —

— — — der öst.-ungar. Illustrierte Fachzeitg. f. die gesamte Stein-Industrie u. die verwandten Geschäftszweige. Sep.-Ausg. des „Deutschen Steinbildhauer“. Red.: Joh. Palme. 23.—26. Jahrg. 1907—1910. à 52 Nrn. (à ca. 8 S.) 32×23,5 cm. Ebd. à Jahrg. 6. —

Steinbiss, Walter [III. Arzt der kanton. Irrenanstalt Münsingen-Bern]: Ueber einen seltenen Fall transitorischer Bewusstseinsstörung. Leipzig 1904. 16 S. 8°. [3. XII. 03.]
Genève. Thèse méd. 1903/1904.

Steinbiss, Walter. Über einen seltenen Fall transitorischer Bewusstseinsstörung. Diss. Med. Genf: No. 19. ([Sep.-Abdr. aus: Archiv für Kriminal-Anthropologie und Kriminalistik, ... hrg. von] Hans Gross. [Band 15, Heft 4].) II + 16 S. 8. Leipzig, J. B. Hirschfeld, 1904.

Das fiduciarische Indossament. Von Dr. Julius **Steinblinck**. Leipzig: Reinboth [1902]. 51 S. 8° 10. 5757 G

(Steinbock. Der St.) Njbl. s. [Schinz, Heinrich Rudolf].

STEINBOCK, Ernst Friedrich v.: Die noch nie genug gepriesene Kunst der edlen Fischerey, nebst Beschreibung aller Fische Eigenschaften. - Nürnberg 1724. 26 Bg., m. Kupf. - ebd. 1730. 26 Bg., m. Kupf.

Steinbock, Ernst Friedrich von: Die noch nie genug gepriesene Kunst Der Edlen u. Hochschätzbaren Fischerey. Nürnberg 1739.

Steinbock, E. F., gründl. Unterricht von der Nutzbarkeit der Fischerei. 8. Nürnb. ... v. Ebner. 14 gl.

Steinbock, Hermann, aus Frankfurt a. O.: Ueber eine neue Bildungsweise von Nitrosoverbindungen. *Berlin 1899: A. W. Schade.* (34 S.) 8°
Berlin, Phil. Diss. v. 23. Dez. 1899

Steinbock, Hermann, Referendar: Die rechtliche Wirkung der formlosen Aufhebung einer 'bindend' gewordenen Einigung. ⟨§ 873 Abs. 2 B.G.B.⟩ Heidelberg 1909: Hörning. 50 S. 8°
Heidelberg, Jur. Diss. v. 6. Aug. 1909, Ref. Gradenwitz
[Geb. 28. Mai 85 Ober-Thomaswaldau; Wohnort: Ober-Thomaswaldau; Staatsangeh.: Preußen; Vorbildung: Gymn. Bunzlau Reife M. 04; Studium: Berlin 1, Tübingen 3, Berlin 4 S.; Rig. 6. Juli 09.] [U 09. 1917

STEINBÖCK, L. F.
(F) A g'müatvolle Stund. Ernstes und Heiteres in niederösterreichischer Mundart von L. F. Steinböck. Wien. 1900. Haag. 8°. 44 S. K 1.—

Steinböck's, L. F., Zeit- u. Zinsenfinder. Imp.-4. M. drehbarer farb. Scheibe. Wien 898. G. Freytag & Berndt. Auf Pappe n. 3.50

Steinböhmer, J. W., erbaul. Reden üb. schöne Wahrheit. d. Lehre Jesu Chr. 8. Lemgo, Meyer. 731.

— gottl. Wahrheiten in öffentl. Reden vorgetr. 8. Ebend. 742.

Steinborn, einige dunkle Punkte in der gegenwärtigen Lehre von der Syphilis, s.: Herbsmann.

Steinborn, Elisabeth von [Pseud.], s. Unterweger, Rose u.: Stolle, Rose [wirkl. Name].

Steinborn, Jul., was ich gelebt. Lieder. Braunschweig 868. J. H. Meyer. gr. 16. (XVI, 229 S.) 22½ ngr.

Steinborn, Otto, s.: Barabaschew, P. N., Echinokokkus der Orbita.

Steinbrecher, Adolf: Zur Entstehung von Turgot-Du Ponts Munizipalitäten-Entwurf. Ein krit. Beitr. z. Geschichte d. Reformbestrebungen vor d. französ. Revolution. Marburg 1910: Trömner, Cassel. 89 S. 8°
Marburg, Phil. Diss. v. 29. April 1910, Ref. Varrentrapp
[Geb. 27. Jan. 85 Kirn; Wohnort: Marburg; Staatsangeh.: Preußen; Vorbildung: Realgymn. Darmstadt Reife O. 03; Studium: Marburg 3, Berlin 1, München 1, Marburg 5 S.; Rig. 1. Aug. 08.] [U 10. 3395

STEINBRUCHER, Alois (Kötzting): De variis appetitus vitiis.- Monachii 1838. 25.4.1836 - Urk; F 63
Diss. Ingolst.-Landsh.-Mchn.

Steinbrecher, Christiane, Brevier der Landwirthin. Rathgeber für Hausfrauen auf dem Lande, deren Töchter und Stellvertreterinnen, sowie für Solche, denen die Führung einer größeren Landwirthschaft obliegt. Mit über 60 Abbildungen nach Zeichnungen von H. Ströhl u. A. 8. (XII, 250 S.) Leipzig 879, Spamer. geb. *
geb. mit Goldschn. *

Steinbrecher, Christiane, Koch- u. Wirthschaftsbuch m. dreifachem Speisezettel f. große, mittlere u. einfache Haushaltungen auf alle Tage d. Jahres, nebst zuverläss., selbstgeprüften Koch- u. Wirthschaftsrecepten. gr. 8. (XXIV, 464 S. m. eingedr. Holzschn. u. 1 Holzschntaf.) Berlin 877. Liebel. geb. n. 4. —

Steinbrecher, Christiane, neues Koch- und Wirthschaftsbuch mit dreifachem Speisezettel für große, mittlere und einfache Haushaltungen auf alle Tage des Jahres. Auf Grund zuverläss., selbstgeprüfter Koch- und Wirthschaftsrezepte. 2. (Titel-) Ausg. Mit Anweisungen über verschiedene Küchen-Verbesserungen, Einkochen der Speisen in luftdichte Büchsen, Erhaltung und Verwendung von Wirthschafts-Vorräthen, Einkauf der Leinwand, Behandlung der Wäsche 2c. gr. 8. (XXIV, 464 S. mit Text-Abbild. der neuesten Geräthschaften und Titelbild in Holzschn.) Leipzig 880, Spamer. *
geb. *

— die wohlberathene Landwirthin. Wirkungskreis der Frauen auf dem Lande, deren Töchter u. Stellvertreterinnen. Ein Rathgeber für Solche, denen eine größere Land- oder städt. Wirthschaftsführung obliegt. 2. Ausg. Mit über 60 (Holzschn.-)Abbildungen nach Zeichnungen v. H. Ströhl u. A. 8. (XII, 250 S.) Leipzig 882. Spamer. geb. n. 4. —

—— Koch- und Wirthschafts-Zeitung. 1. Thl.: Die Reform der Küche. Eine Anleitung und Anweisung, alle Arten Speisen, Backwerke, Getränke 2c. mit Benutzung der neuesten Geräthe und Erzeugnisse der Industrie in kurzer Zeit mühelos herzustellen, nebst nur selbst erprobten Recepten. gr. 8. (46 S.) Charlottenburg 877. (Berlin, Lorentz.) *
Aus: Landwirthschaftliche Frauen-Zeitung, besonders abgedruckt.

—— die Reform der Küche. Ein Supplement zu jedem Kochbuche. 3. Aufl. 8. (VIII, 74 S.) Berlin 881, Hentze's Verlag. ℳ 1.; geb.

Steinbrecher, Ernst: Versuche zur Aufklärung der Isomerie bei dem i-Corydalin ⟨135°⟩ ⟨Anwendung der Grignardschen Reaktion auf Berberin und Verwandte⟩. Breslau 1908: H. Fleischmann. (77 S.) 8°
Breslau, Phil. Fak., Ref. Gadamer, Diss. v. 10. Aug. 1908
[Geb. 22. April 79 Ilsenburg a. Harz; Wohnort: Ilsenburg; Staatsangeh.: Preußen; Vorbildung: Gymn. Wernigerode Reife O. 98; Studium: Marburg 4, Breslau 6 S.; Rig. 15. Juli 08.]

Steinbrecher, Gf., französische Grammaire f. Frauen. 8. Dresden. 744.

— Leipziger Predigerkunst. 8. Leipzig, Junius. 710.

— syntax. theoret. practica. 8. ibid. 714.

Steinbrecher, Gli., der Mann der Kraft, der Liebe u. d. Freiheit. Ein Wert der Erbauung für Jünglinge, welche sich zu Dorfschulmeistern bilden wollen. 8. Neustadt a. d. O. 818. Wagner. 6 gl.

Steinbrecher, J., offene Worte an den Laien Herrn J. F. C. S. Ehrenfried, den Herrn Pastor John u. Genossen in Sachen der protestant. Freunde. gr. 8. Halberstadt 845, Lindequist u. Schönrock. 1/6 ℛ

Steinbrecher, Kurt, Referendar in Frankfurt a. M.: Der Schiffer als Vertreter des Reeders. Borna-Leipzig 1907: R. Noske. (IX, 63 S.) 8° [F.]
Rostock, Jur. Fak., Ref. Lehmann, Diss. v. 25. Juni 1907
[Geb. 16. Okt. 81 Halle a. S.; Wohnort: Frankfurt a. M.; Staatsangeh.: Preußen; Vorbildung: Gymn. Halle a. S. Reife M. 00; Studium: München 2, Halle 4 S.; Rig. 6. März 07.]

Steinbrecher, Martin, appr. Arzt a. Kreuznach: Aus der geburtshülflich-gynäkologischen Klinik zu Gießen. Die Schätzung der Transversa des Beckeneingangs nach Löhlein. Nachgeprüft an 74 Bänderbecken. Berlin 1907: L. Schumacher. (20 S.) 8° ¶⟨Aus: Archiv für Gynäkologie Bd 81 H. 2.⟩
Gießen, Med. Fak., Ref. Pfannenstiel, Diss. v. 12. Juni 1907
[Geb. 4. Dez. 79 Kreuznach; Wohnort: Kreuznach; Staatsangeh.: Preußen; Vorbildung: Gymn. Kreuznach Reife O. 99; Studium: Berlin 9 S.; Coll. 18. Dez. 06; Approb. 4. Aug. 04.]

Steinbrecher, Osc., Führer zum Oberammergauer Passionsspiel. 1. und 2. Aufl. 16. (47 S.) München 880, Kellerer's Hofbuchh. *

Steinbrecher, Willi, aus Halberstadt: Über die in den Jahren 1895—1900 in der Frauenklinik der Kgl. Charité zu Berlin vorgenommenen Kaiserschnitte. (1 nach Vaginaefixatio, 1 wegen Eklampsie, 3 aus relat. Indicat. auf Wunsch der Mutter.) *Berlin (1901): G. Schade.* (29 S.) 8°
Berlin, Med. Diss. v. 10. Juli 1901

Steinbrecher-Wasow, Christiane, s. Steinbrecher, Christiane.

Steinbrecherbüchlein oder Winke für Steinbrecher, Leib und Seele gesund zu erhalten. Pirna 1842. V: *Bech, Emil & Hnr. Otto Wilisch.* (Call)

Steinbrecht, Gust., das Gymnasium des Pferdes. Bearb., vervollständigt und hrsg. von Paul Plinzner. gr. 8. (VII, 269 S.) Potsdam 886, Döring. *

Steinbrecht, Gust., das Gymnasium d. Pferdes. Bearb., vervollständigt u. hrsg. v. Paul Plinzner. 2. Aufl. Lex.-8. (XI, 292 S.) Potsdam 892. E. Döring. n. 6. —
f.: Plinzner, Paul.

Steinbrecht, Gust., das Gymnasium des Pferdes. Bearb., vervollständigt u. hrsg. v. Paul Plinzner. 3. Aufl. gr. 8. (XI, 292 S.) Berlin 901. R. Schröder. n. 6. 50; geb. n. 8. —

Steinbrecht, Gust., ewige Krankheiten. Novelle. 8. (240 S.) Berlin 894. E. Rentzel. n. 3. —

[F.] Die Sonder-Messe in Berlin und ihr Verhältniss zur Leipziger Messe. Von Gustav Steinbrecht. *Bunzlau i. Schles.: Verl. d. 'Thonwaaren-Industrie' 1893.* (32 S.) 1 Bd 8. (96. 238

Steinbrecht, Gustav, Die Steingut-Fabrikation. Für die Praxis bearbeitet. Mit 86 Abbildungen. 8. (VIII, 224 S.) [Chemisch-technische Bibliothek. Band 188] 2.20
Dasselbe. Elegant gebunden. (Nur fest) 2.65
Wien: Hartleben 1891.

Steinbrecht, Konrad

Steinbrecht, C., die Baukunst d. Deutschen Ritterordens in Preussen. I. A. u. d. T.: Thorn im Mittelalter. Ein Beitrag zur Baukunst d. Deutschen Ritterordens. Mit 14 (lith.) Taf. u. 39 in den Text gedr. Abbildgn. Fol. (VIII, 45 S.) Berlin 885. Springer. cart. n. 24. —

Steinbrecht, C., die Baukunst des deutschen Ritterordens in Preussen. II. A. u. d. T.: Preussen zur Zeit der Landmeister. Beiträge zur Baukunst des deutschen Ritterordens. Mit 40 Taf. u. zahlreichen in den Text gedr. Abbildgn. Fol. (VII, 132 S.) Berlin 888. Springer. cart. n. 50. — (I. u. II.: n. 74. —)

Steinbrecht, C., die Baukunst des deutschen Ritterordens in Preussen. III. Schloss Lochstedt u. seine Malereien. Ein Denkmal aus des deutschen Ritterordens Blütezeit. Mit 1 Kupferradierg., 11 Farbentaf. u. 38 in den Text gedr. Abbildgn. Hrsg. m. Unterstützg. des Vereins f. die Herstellg. u. Ausschmückg. der Marienburg. (VI, 28 S.) 48,5×36 cm. Berlin 910. J. Springer. Kart. 40. —
Bd. I u. II. Ebd. 885. 888. Kart. 74.—

Steinbrecht, C. Schloss Marienburg in Preussen. Führer durch seine Geschichte u. Bauwerke. 1. u. 2. Aufl. gr. 8. (19 S. m. 6 Abbildgn.) Berl. 891, Springer. * — 50

Steinbrecht, C., Schloss Marienburg in Preussen. Führer durch seine Geschichte u. Bauwerke. 3., erweit. Aufl. gr. 8. (22 S. m. 8 Abbildgn.) Berlin 894. J. Springer. n. — 50

[F.] Schloss Marienburg in Preussen. Führer durch s. Geschichte u. Bauwerke v. C. Steinbrecht ... 4. Aufl. M. 8 Abb. *Berlin: J. Springer 1897.* (22 S., 2 Pl.) 1 Bd 8. (97. 1363

Steinbrecht, C., Schloss Marienburg in Preussen. Führer durch seine Geschichte u. Bauwerke. 5., den Baufortschritten angepasste Aufl. gr. 8. (23 S. m. 8 Abbildgn. im Text u. auf 2 Taf.) Berlin 899. J. Springer. n.n. — 50

Schloss Marienburg in Preussen. Führer durch s. Gesch. u. Bauwerke von C. Steinbrecht, Geh. BauR. 6., zur Vollendung d. Hochschlosses hrsg. Aufl. Mit 9 Abb. *Berlin: J. Springer 1902.* (24 S.) 8° (02. 8239

Schloß Marienburg in Preußen. Führer durch s. Geschichte u. Bauwerke von C. Steinbrecht, Geh. Baurath. 7. Aufl. Mit 9 Abb. Berlin: J. Springer 1904. (24 S.) 8° (05. 3838

Steinbrecht, C., Schloss Marienburg in Preussen. (Amtlicher) Führer durch seine Geschichte u. Bauwerke. 8. Aufl. (24 S. m. 9 Abbildgn. im Text u. auf 3 Taf.) 8. Berlin 905. J. Springer. n. — 50

— Schloss Marienburg in Preussen. Führer durch seine Geschichte u. Bauwerke (Amtlicher Führer). 10. Aufl. (23 S. m. 8 Abbildgn., 2 Taf. u. 1 Plan.) 8. Ebd. 908. — 50

Steinbrecht. Untersuchungs- und Wiederherstellungs-Arbeiten am Hochschloss der Marienburg. Sonderabdruck aus dem Centralblatt der Bauverwaltung. Jahrgang 1885. Berlin. 4°.

Steinbrecht, C., d. Wiederherstellung d. Marienburger Schlosses. [Aus: „Centralbl. d. Bauverwaltg."] Lex.-8. (24 S. m. 9 Abb.) Berlin 896. W. Ernst & Sohn. n. 1. 60

Steinbrecht, Maximilianus: *Additamenta ad quaestionem de „Agesilao" qui inter Xenophontis scripta traditus est recte dijudicandam. 65 [vielmehr: 66] S. 4° (2°)
Halle-Wittenberg, Phil. Diss. v. 10. Juli 1872
Geb. [Tangermünde (Kr. Stendal) 1. 4. 1848]

Steinbrecht, Max Zur Methodik d. dtsch. Unterrichts. 12 S. *Colberg* 1885.
Progr.

Steinbrenck, Adolf [aus Frankfurt a. M.]: I. Ueber die Monocarbonsäuren des Azobenzols. II. Ueber o-substituierte Derivate des Benzylidenanilins ... Heidelberg, Univ.-Buchdr. v. Ph. Wiese, 1896; 51 S. 8.
Heidelberg, Naturw.-math. Fak., Inaug.-Diss. v. [2. Nov.] 1896

Steinbrenner, A., Gut-Heil, s.: Mengos, K.

Steinbrenner, A., der arithmetische Unterricht in den unteren und mittleren Klassen der Bürger-, Real- und Handelsschulen, Gymnasien und Knabeninstitute. Eine Sammlung systematisch geordneter Aufgaben für das mündl. und schriftl. Rechnen. 1.—4. Cursus. gr. 8. Mannheim, Bensheimer. *

Inhalt:
Cursus 1. Zahlen von 1—100. Vervielfachen und Theilen der Grundzahlen. Vermischte Aufgaben. (40 S.) 874. * 60 Pf.
" 2. Erbauen der höheren Zahlenordnungen; die vier Rechnungsarten mit unbenannten und gleichbenannten größeren Zahlen. (VI, 64 S.) 874. * ℳ 1.
" 3. Münzen. Maße. Gewichte. Zeitrechnungen. (108 S.) 874. * ℳ 1,50.
" 4. Die Lehre von den gemeinen und Decimalbrüchen. (140 S.) 875. * ℳ 1,80.

Steinbrenner, Aug., u. Joh. Göring, Orpheus-Chorbuch f. Gymnasien, Realschulen u. verwandte Anstalten. 1. u. 2. Bd. 8. Karlsruhe 900. J. Lang. Geb. in Leinw. n. 4.50
1. F. Unter- u. Mittelklassen. 2-, 3- u. 4 stimm. Lieder f. Knabenchor. (V, 420 S.) n. 2.50
2. F. Oberklassen. 4 stimm. Lieder u. Gesänge f. gemischten Chor. (V, 386 S.) n. 2.—

Steinbrenner, Aug., u. Joh. Göring, Orpheus. Chorbuch f. Gymnasien, Realschulen u. verwandte Anstalten. 2 Bde. 2. [Titel-]Aufl. 8. Karlsruhe [900] (904). J. Lang. Geb. in Leinw. à n. 1.50
1. Für Unter- u. Mittelklassen, 2-, 3- u. 4 stimm. Lieder für Knabenchor. (V, 421 S.)
2. Für Oberklassen. 4 stimmige Lieder u. Gesänge f. gemischten Chor. (V, 387 S.)

Steinbrenner, Ch. Ch., die Impflehre, entwickelt aus den seit der Entdeckg. u. allgem. Einführg. der Impfung entstandenen Pocken-Epidemieen, so wie aus den über die Vaccine bisher gemachten Erfahrungen u. angestellten Versuchen. Ein unentbehrl. Handbuch f. alle Impf-Behörden wie Impf-Aerzte. Nach der im J. 1844 v. d. Academie der Wissenschaften zu Paris gekrönten Preisschrift bearb. v. J. M. Zimmermann. 2 Thle. 1. Thl.: Geschichte der Menschenpocken u. Vaccine v. 1798—1848. 1. Hft. Lex. 8. (VIII S. u. S. 1—101.) Sulzbach 849, v. Seidel (jetzt: Regensburg, Pustet). 3/8 ʄ

Steinbrenner, D. C. E., die Ursachen des Häusereinsturzes u. dessen Verhütung. Mit 9 lith. Taf. 12. (87 S.) Hamburg 887. (Leipzig, Scholtze.) n. 1. 20

Steinbrenner L., das Infanterie-Regiment Kaiser Friedrich (7. Württ.) Nr. 125 als Reformator der württembergischen Militärmusik. (48 S.) Aalen 1909

Steinbrenner, Ludwig: Die Beteiligung der Arbeiter am Unternehmergewinn, ihre Vorzüge, Nachteile und Anwendbarkeit ... Heidelberg, C. Winter's Universitätsbuchh., 1892; VI, 57 S. 8.
Heidelberg, Phil. Fak., Inaug.-Diss. v. [20. Febr.] 1892

Steinbrenner, Wilhelm Ludwig

Steinbrenner, Wlh. Ldw., († d. 26. Dec. 1831.) ABC- u. Lesebüchlein f. die lieben Schulkinder. 8. Großbodungen 816. (Sondershaus., Schwarzburger).

Steinbrenner, Wilhelm Ludwig (Ansbach)
Diss. Erlg. 1783/1

Adnotationes quaedam in Theocriti idyllion XV. Sectio altera. Präs. Albert Bayer.
Erlangen (Kunstmann) 11. IV. 1783. 28 S.
33348

— die christl. Ansicht großer u. folgenreicher Weltbegebenheiten ꝛc. Eine Predigt. gr. 8. Arnst. 814. (Sondersh., Voigt). 4 ℊ

— Bemerkk. auf e. Reise durch einige deutsche, schweizer. u. französ. Provinzen; in Briefen. 3 Thle. gr. 8. Götting. 791, 92. Vandenhöck u. R. 3 ʄ

Steinbrenner, Wilh. Ludw., Dictionnaire raisonné des Synonymes françois avec des Remarq. à l'usage des Allemands. 2 Thle. gr. 8. Leipzig, Böhme. 796-801. (à 1 Rthlr. 18 gr.)

— Dictionnaire raisonnée des Synonymes Français avec des rémarques à l'usage des Allemands. II Vols. gr. 8. Leipz. 796—801. (Cnobloch). 3 ʄ 12 ℊ

Steinbrenner, Wilhelm Ludwig (Ansbach)
Diss. Erlg. Thl. 1782/2

Dissertatio exegetico theologica de dignitate religionis Christianae ex eius cum Mosaicis legibus comparatione ad II. Corinth. III, 6-18 sectio II.
Präs. Johann Wilhelm Rau.
Erlangen (Ellrodt) 25. X. 1782. 20 S.
33347

Steinbrenner, Wilh. Ludw., Erzählungen nach Aulus Gellius. Wißbegier. Kindern f. d. langen Winterabende gewidm. gr. 8. (12 B.) Zerbst 829, (Kummer.)

Steinbrenner, Wlh. Ldw., Erzähll. für die langen Winterabende, wißbegierigen Kindern gewidmet. Mit Kpf. 8. Erfurt 819. Müller. 6 ℊ

— christliches Hausandachtsbuch. 8. Sondershausen. 793.

— christl. Hausandachtsbuch. 8. Götting. 793. Dass. 1798 mit d. n. T.: Geistl. Tagebuch f. d. Bürger u. Landmann. Erf. (u. Gotha), Hennings. 1 ʄ

— Hausbedarf f. Volks- u. Bürgerschulen. 1e Abtheil. Mit 3 Kpf. 8. Leipz. 799. (Brockhaus). 1 ʄ 4 ℊ (A. u. d. T.: Naturgeschichte in Fragen u. Antworten. 1e Hälfte).

— Hausbedarf a. d. Naturgesch. f. Volks- u. Bürgerschulen, m. K. 8. Leipz. Heinsius. (Gleditsch.) 799.

—— die kleinen Historiker. Ein Geschenk f. wißbegier. Kinder. 2. Ausg. gr. 8. (12 B.) Zerbst 833, Kummer.

— Katechismus d. Technologie. 8. Leipzig, Steinacker. 804.

— Katechismus der Technologie. 8. Leipz. 807. Steinacker. 18 ℊ

— üb. Cultus. 8. Götting. 811. Vandenhöck u. R. 8 ℊ

— die Mythen der Griechen u. Römer, f. Gymnasien u. Schulen. Mit 16 Kpf. 8. Sondersh. 815. Voigt in Ilmenau. 1 ʄ

— Naturlehre f. Bürger u. Landleute, in Fragen u. Antworten. Mit 1 Kpf. 12. Rudolst. 802. Klüger. 8 ℊ 2e A. 814. 3e A. u. d. T.: Naturlehre in Fragen u. Antworten f. wißbegierige Kinder. Mit 1 Kpf. 16. Arnst. 820. Hildebrand. (Leske in Darmst.) 6 ℊ

Steinbrenner, Wilhelm Ludwig (Ansbach) F, zr/37

Positiones miscellaneae IV.
Präs. Gottlieb Christoph Harles.
Erlangen (Elrodt) 13. IV. 1782. 2 Bl.
33346

— d. Prediger als Aufklärer. 2 Thle. gr. 8. Leipz. Böhme. 794-95. (I. 18 gr. II. 1 Rthlr. 4 gr.)

— der Prediger als Aufklärer. 2 Thle. gr. 8. Leipz. 794 u. 95. (Cnobloch). 1 ʄ 22 ℊ

— einige Predigten. 8. Erlangen, Walther. (Breuning.) 785.

— einige (7) Predigten. 8. Erlang. 785. Walther. (Heyder). 12 ℊ

— Predigten üb. die Kunst, das menschl. Leben zu verlängern, nach Hufelands Grundsätzen. 8. Halle 804. Renger. 1 ℔ 12 ℊ

— Predigten auf alle Sonn- u. Festtags-Evangelien des Jahres. 2 Thle. gr. 8. Leipz. 797, 98. (Knobloch). 3 ℔ 6 ℊ

— der Rathgeber beim Studiren auf die Sonn- u. Festtagsevangelien u. Episteln. Eine Samml. theils von bloßen Hauptsätzen, theils von Dispositionen oder zergliederten Thematen. gr. 8. Magdeb. 821. Creuz. 1 ℔ 12 ℊ

— Georg Fr. Seiler, e. dankbare Reminiscenz. 8. Erlang. Breuning. 808.

— Georg Friedrich Seiler; e. dankbare Reminiscenz. 8. Erlang. 808. (Heyder). 6 ℊ

Steinbrenner, Wilhelm Ludwig (Ansbach) F, zt/16

Sententiae Mosis et Platonis de ortu mundi comparatae prolusio I.
Erlangen (Zeltner) 29. IV. 1786. 15 S.

W. v.: Gottlieb Christoph Harles. 33349

— geistl. Tagebuch f. Bürger u. Landleute, s. oben: Hausandachtsbuch.

Steinbrenner, W. L., de vi et efficacia rel. christ. in tuendis atque regundis hominum moribus. Erlang. 1808. 4.

— bibl. Vorlesungen üb. wichtige u. gemeinnütz. Abschnitte der Bibel des Alt. u. Neuen Testaments z. Gebrauch beim öffentl. Gottesdienst. 2 Thle. 8. Leipz. ... 2e A. 810. Barth. 2 ℔ 15 ℊ

Steinbrinck, Karl (Wilh) Über die Fortpflanzungsgeschwindigkeit des Schalles in Metallen. 13 S. **Progr.** *Hamm* 1882.

Steinbrinck, Karl Zur Methodik des elementaren Unterrichts in der Mineralogie an den höheren Schulen. 19 S. *Lippstadt* 1885.
Progr.

[Umschlagt.:] [F.] **Steinbrinck,** *Karl (Wilhelm)* [Dr. in Lippstadt]: Nachtrag zu *Ferd. Gumpert:* Friedr. Roths Leben und Schriften. (Nachtr. z. P-Beil. 1892.) Buxtehude, Druck v. J. Vetterli, 1893; S. 16. 4.
Buxtehude, RPG, P 1893 (322)

Steinbrinck, Carl. Zur Theorie der hygroskopischen Flächenquellung u. -schrumpfung vegetabilischer Membranen, insbesondere der durch sie hervorgerufenen Windungs- u. Torsionsbewegungen. gr. 8. (128 S. m. 3 Taf.) Bonn 891, Fr. Cohen. * 2 40
Aus: Verhandlgn. d. naturhistor. Vereins d. preuss. Rheinlande, besonders abgedruckt.

Steinbrinck, Carl (geb. am 23 März 1852 in Siegen): Untersuchungen über die anatomischen Ursachen des Aufspringens der Früchte ... Bonn, Druck v. J. Trapp (1873). 52 S., 2 Bl. 8.
Bonn, Phil. Fak., Diss. v. 29 Apr. 1873

Steinbrinck, C[arl], und Schinz, H[ans]. Über die anatomische Ursache der hygrochastischen Bewegungen der sog. Jerichorosen und einiger anderer Wüstenpflanzen (Anastatica, Odontospermum, Geigeria, Fagonia, Zygophyllum). (Mit 11 Abbildungen im Text.) Separatabdruck aus: Flora oder Allgemeine botanische Zeitung... Band 98, Heft 4. II S. + S. 471—500. 8. Jena, Gustav Fischer, 1908.

Steinbrinck, Otto, Gesetz, betr. die Abänderung des 7. Titels im allgemeinen Berggesetze f. die Preußischen Staaten vom 24. VI. 1865, vom 19. VI. 1906 (von den Knappschaftsvereinen), nebst Kommentar. (237 S.) 8. Berlin 906. J. Guttentag. n. 4. 50

Steinbrinck, Otto, Knappschaftsgesetz (Gesetz vom 19. VI. 1906, betr. die Abänderg. des 7. Titels im allgemeinen Berggesetze f. die Preuß. Staaten vom 24. VI. 1865) m. Kommentar. 2., erweit. Aufl. (335 S.) 8. Berlin 908. J. Guttentag. Kart. 6. —

Steinbrink, Gustav

Steinbrink, G., Anleitung zum Gebrauch der Kalendertafel. 8. (14 S. mit 1 Kalendertaf. auf Pappe in qu. gr. 4.) Berlin 877, (Kamlah.) *

Steinbrink, G., Elementarbuch der deutschen Stenographie, s. u. Stolze, Wilh., Lehrbuch der deutschen Stenographie.

Steinbrink, G., Elementarbuch der deutschen Stenographie. Im Auftr. d. stenograph. Prüfungskommission zu Berlin bearb. 5., durchgeseh. Aufl. (Umschlag: Lehrbuch d. deutschen Stenographie v. Wilh. Stolze.) gr. 8. (IV, 60 S.) Berlin 897. E. S. Mittler & Sohn. n. 1. —

Leitfaden für den amtlichen stenographischen Unterricht im Hause der Abgeordneten. Nach d. Stolze'schen System bearb. von Dr. G[ustav] Steinbrink. *Berlin: E. S. Mittler & Sohn 1899.* (IV, 128 S.) 8° [Umschlagt.]
[99. 497

Gustav **Steinbrink**, Prof., Dr. phil., Erster Vorsteher des Stenographischen Bureaus des Hauses der Abgeordneten. Reden bei d. Gedächtnisfeier im Festsaale d. Abgeordnetenhauses 1904. *Berlin (1904): W. Moeser.* (38 S.) 8° [F]
[04. 1170]

Steinbrink, Gust. (Paulus Eduard) (geb. Stettin 7. 1. 1847): Theoria derivatarum altiorum ordinum. Berolini (1876) (49 S.) 4°
Berlin, Phil. Diss. v. 19. Juli 1876

Steinbrink, Gust., theoria derivatarum altiorum ordinum. 4. (49 S.) Berlin 876. Calvary & Co. n. 1. 20

Steinbrink, G., Volksstenographie u. Fachstenographie. gr. 8. (57 S.) Berlin 898. E. S. Mittler & Sohn. n. — 75
Sonderabdruck aus: „Stolzesche Stenographenzeitung".

Steinbruch [Sachliches OW]

Steinbruch, d., s. Weihestunden d. Muse 2c.

Steinbruch, Der, eine Geschichte. Neu-Ruppin 1797. V: *Lohmann, Johanna Friderike.* (MGT) (Schl)

Steinbruch, der, eine Geschichte von der Verf. der Jakobine (Frau von Wallenrodt) 8. Neu-Ruppin, 797. Kühn. 1 Rthl.

Steinbruch, der. Hrsg.: Charles Friedmann. Red.: Otto Feeg u. J. Köller. Octbr. 1895—Septbr. 1896. 24 Nrn. (à ca. 12 S. m. Fig.) Imp.-4. Wien (I, 1, Rudolfsplatz 3), Redaktion. n. 12. —

Steinbruch, der. Zeitschrift f. die Kenntnis u. Verwertg. natürl. Gesteine. Zentralorgan f. die Interessen des gesamten Steinbruchbetriebes. Offizielles Organ des „Verbandes westdeutscher Steinbruchbesitzer". Fachblatt des Verbandes schweizer. Steinbruchbesitzer u. Interessenten. Wissenschaftliche Leitg.: A. Steuer. Hrsg. unter Mitwirkg. v. W. Bruhns, Bücking, K. Buss u. v. a. Red.: Geo. Springer, f. Österreich-Ungarn: S. Metzl. 2,—5. Jahrg. 1907—1910. à 24 Hefte. (VII, 424; V, 414; V, 378 u. IV, 350 S. m. Abbildgn.) 31×23 cm. Berlin, Union Zweigniederlassg. à Jahrg. 10. —

Steinbruch [Verfasser]

Steinbruch, der Darwinismus u. seine Folgerungen. Ein Vortrag. gr. 8. (22 S.) Hilchenbach 888. Wiegand. n. — 30

Zur Reform des Religionsunterrichts. Von Fr. W. **Steinbruch,** Sem.-Oberl. a. D. Halle a. S.: Gesenius 1910. 30 S. 8° [10. 6013

(Steinbrüchel. [Johann] Jakob St', Professor... .) Njbl. s. [Cramer, Johann Jacob].

Steinbrüchel, E., Lilienfelder od. Norweger Skilauftechnik, s.: Fleischmann. W.

Steinbrüchel od. Steinbrychel, Jh. Jak., († d. 23. März 1796.) s. 1) *Anthologia* Ciceroniana. 2) Sophocles Antigone, — Elektra — Oedipus — Philoktet. 3) Theater, tragisches, der Griechen.

Steinbrüchel, anthologia Ciceron. 8. Zürich, Gessner. 769.

Steinbrüchel, Johann Jacob s. Collectio. Inscriptionvm latinarvm... amplisissima e'... 1828–1856.

Steinbrüchel, Johann Jakob (Lenzburg) A. S. 1118/27

Dissertatio inauguralis medica de inani specifici cephalici in cephalgia usu.
Präs. Matthias Georg Pfann.
Erlangen (Becker) V. 1745. 32 S.

Gew.: Johann Ulrich Steinbrüchel (Vater).

33350

Steinbrüchel, Johann Ulrich (Lenzburg) A. S. 1234/5

Dissertatio inauguralis medica de morte.
Basel (Thurneisen) 23. X. 1724. 28 S.

33351

Steinbruck, s. Steinbrück.

Steinbrück, Schloss, und Jürgen Wullenweber. Hildesheim 1849. V: *Lüntzel, Herm. Adolph.* (Priv.-Bibl. König v. Hannover. Hann. 1863.)

Steinbrück, Kräftigung oder Schwächung des gewerblichen Kassenwesens? Kassenzwang oder keiner? Mit specieller Berücksicht. der Berliner Verhältnisse erörtert. gr. 8. (31 S.) Berlin 879, (H. R. Mecklenburg.) *

Steinbrück, ..., Mittel wider den Kornwurm u. die weiße Made. Im Couvert versiegelt. Sondersh., (Eupel). 3 ℘ 6 ₰.

Steinbrück, Alfred, aus Berlin: Ein **Beitrag zur Lehre vom Muskelechinococcus.** *Greifswald 1899: H. Adler.* (30 S.) 8°
Greifswald, Med. Diss. v. 7. März 1899

Steinbrueck, August. Frid. Ludov. (geb. Stettin 5. 3. 1838): De salpingitide. Berolini (1861). (31 S.) 8°
Berlin, Med. Diss. v. 12. März 1861

Steinbrück, Carl, s. Steinbrück, Karl.

Steinbrück, F., s.: Adreß- u. Geschäfts-Handbuch der Stadt Weißenfels a/S.

Steinbrück, Franz

Steinbrück: Aristophanis Acharnensium parabasin commentario critico et exegetico illustravit. 24 S.–Stargard, Progr. 1865

Steinbrück [Prorekt. Prof.]: (Gedächtnisrede auf den Direktor Wilh. Jul. Ferd. Schmeckebier, gest. am 10. Juli 1889.) Demmin, gedr. bei W. Gesellius, 1890; S. 13–14; 4°
Demmin, k. G, OP 1890

Steinbrück, Franz [Prof.]: Zur Geschichte des Gymnasiums in Cöslin. Cöslin, gedr. bei C. G. Hendess, 1897; 1—25 S. 4.
Cöslin, k. G, OP 1897 (137)

150 Millionen Mark durch ein Gedichtchen gespendet und das jetzt. Wörtlicher Brief an Se. Maj. Kaiser Wilhelm, eingeschrieben am 30. März 1902. (Verf.: Dr. [Franz] **Steinbrück** in Breithardt-Holzhausen ü/Aar.) *o. O. (1902).* (7 S.) 8° [Kopft.]

Steinbrück, F. Quibus de causis Ciceronis de oratore liber videatur dignissimus, qui in prima gymnasii classe legatur. 19 S. *Demmin* 1884.
Progr.

Steinbrück, F., quibus de causis Ciceronis de oratore liber videatur dignissimus, qui in prima gymnasii classe legatur. gr. 4. (19 S.) Demmin 884. (Frantz.) n. 1. —

—— orthoepische Tabellen im Anschlusse an die Ellendt-Seyffert'sche Grammatik der lateinischen Sprache, zusammengestellt. gr. 8. (12 S.) Kolberg 880, (Burmann.) **

Steinbrück, Franz: **Verzeichnis** der von dem hiesigen Gymnasium entlassenen Abiturienten. *Cöslin 1898: C. G. Hendess.* (1—10 S.) 4°
Cöslin, k. G, OP 1898 (140)

Steinbrück, Frz. Voltaire als Tragiker. 26 S. **Progr.** *Colberg* 1876.

Steinbrück, G., die Bau-Polizei-Ordnung f. die Stadt Berlin vom 21. April 1853. Mit den bis jetzt dazu erschienenen Ergänzgn. u. Abändergn. unter Berücksicht. d. neu eingeführten Maaßsystems u. der neuen Gewerbe-Ordng. gr. 8. (VIII, 80 S.) Berlin 871 N. Kühn. n. 1. 50

Steinbrück H., Sonntagsbilder, s.: Volks-Bibliothek, christliche.

Steinbrück, Heinr., üb. idiopathische chronische Peritonitis. Inaugural-Dissertation. gr. 8. (35 S.) Tübingen 876. (Fues.) — 60

Steinbrück, Heinrich Philipp. Disquisitio historica de Friderico Duce Bransvicensi ac Luneburgensi . . . 1500 . . . caeso. Marburgi 1743. H: *Hombergk zu Vach, Emil Ludw.* (BrMm)

Steinbrück, Herbert: Aus d. Zool. Institut d. Universität Rostock. Über die **Bastardbildung** bei Strongylocentrotus lividus (♂) und Sphaerechinus granularis (♀). Mit 3 Taf. *Leipzig: W. Engelmann 1902.* (50 S.) 8° ¶(Aus: Archiv f. Entwickelungsmechanik, Bd 14, H. 1.)
Rostock, Phil. Diss. v. [28. Nov.] 1901

Steinbrück, Joachim Bernhard

– Abhandl. von d. St. Georgen- u. heil. Geistesstiften in Stettin. 4. Stettin 787.

– etwas von d. Michaelischen Geschlechte in Pommern. 4. Stettin 785.

Steinbrück, Joach. Bernh., († d. 18. Juli 1789.) Geschichte d. Klöster in Pommern rc. verbess., erweitert u. hrsgg. v. J. J. Steinbrück. Mit 1 Kpf. 4. Stettin 796. (Braunes in Berl.) 1 ℳ 4 ℊ

— Geschichte d. Klöster in Pommern u. d. angränz. Provinzen rc. m. K. 4. Ebend. 802.

– Geschichte des Stifts u. d. Kirche des heil. Otto zu Stettin. 4. Stettin 774.

– das ehemal. Karthäuserkloster Gottes Gnade, u. nachherige Fürstl. Pommer. Lustschloß bei alten Stettin, Oderburg, beschrieben. 4. Stettin 780.

– vom Götzendienst in Pommern u. Rügen; e. Beitrag zur vaterländ. Geschichte. Mit 9 Kpf. 4. Stettin 792. Kaffke. 12 ℊ
(Hrsg.v.Jh.Joach.Steinbrück.)

– Pommerischer Jubelprediger. 1e Samml. ...

Steinbrueck, Joach. Bernh. Leben Barnims des Grossen, Herzogs zu Pommern. 4. Stettin 1775.

– Leben der ersten Pastoren der Marien-Stifts- u. Kathedral-Kirche zu Stettin. 4. Stettin. 763.

– von d. Priorat zu St. Jakob in Stettin. 4. Stettin 773.

– eine Samml. berühmter Priestersöhne aus Pommern. 8. Lübeck 780.

Steinbrück, Johann Christian (Merseburg) A. S. 577/33a

Quaestio iuris controversi an iura urbium statutaria oblegent incolas municipii.
Präs. Christian Heinrich Breuning.
Leipzig (Rumpf) 28. IV. 1773. 8 S.

33352

Steinbrück, Johann Joachim

Steinbrück, J. J., Histor.-geneal. Nachricht von dem angesehenen Geschlecht derer von Eickstedt. Mit 2 Wappentfln. und 1 Tab. Stettin 1801. 4.

Steinbrück, Jh. Joach., histor.-genealog. Nachr. von d. Geschlechte derer v. Eickstädt unter Anleit. d. Lehrbriefe u. and. Urkunden entworfen. Mit Kpf. 4. Stettin (Berl.) 802. Braunes. 1 ℳ 12 ℊ

Steinbrück, Johann Joachim (Hrsg.), s. Steinbrück, Joachim Bernhard: Geschichte der Klöster in Pommern ... – Vom Götzendienst in Pommern ...

Steinbrück, Johann Melchior

De Magia mathematica five Algebra, Commentatio: praeter ortum et progreffum artis elegantiffimae, ufum quoque ejus, ac prae ceteris fcientiis nonnullis praeftantiam ftrictim exhibens: allatis hic illic exemplis, propofito demonftrando idoneis: fubjunctoque tandem Catalogo Auctorum, qui hanc Mathefeos partem fcriptis fibi comprehendendam, aut illuftrandam augendamve fumpferunt, edita a *Joh. Melchiore Steinbrück* Thuringo, Jur. Pract. et Reg. Fabric. Porcellan. Saxon. Ephor. Dresdae, literis Crufianis. 4. 56 S. (3 gr) 1719.

Steinbrück, Karl (Hrsg.), s. Ackerbau. – Acker- u. Pflanzenbau.

Die Bedeutung der ländlichen Genossenschaften für die Gemeinde und den Staat. Vortrag, geh. auf d. 18. ordentl. Verbandstag d. Verbandes ländl. Genossenschaften f. Thüringen u. Sachsen, e. V., von Dr. Karl **Steinbrück**, Privatd. Neuwied: Landw. Zentral-Darlehnskasse f. D. [1907]. (22 S.) 8° [F.] (08. 3677

Steinbrück, Carl, Dr. phil.: Ein **Beitrag** zur Frage der Rentabilität der Milchviehhaltung. *Halle (Saale) 1900: (J. Pässler, Dresden-N.).* (67 S.) 4°(8°)
Halle, Phil. Hab.-Schr. v. 10. Juli 1900

Steinbrück, Carl, ein **Beitrag** zur Frage der Rentabilität der Milchviehhaltung. Lex.-8. (67 S.) Dresden 900. Leipzig, G. Schönfeld. n. 1. 50
Sonderabdruck aus: „Berichte aus dem physiolog. Laboratorium u. der Versuchsanstalt des landw. Instituts der Univ. Halle".

Bericht über die Feier des 80. Geburtstages von Julius Kühn. Hrsg. im Auftr. d. Festausschusses von Carl **Steinbrück**. Halle a. S. 1900: Waisenhaus. (113 S.) 4°(8°) [F.] (00. 8140 2

Steinbrück, Karl, s. Landwirtschaftliche Betriebslehre

Landwirtschaftliche Betriebsmittel. Von Karl Steinbrück. Hannover: Jänecke 1908. VIII, 67 S. 8°
(Bibliothek d. gesamten Landwirtschaft. Bd 2.)
(Jäneckes Bibliotheken. Reihe B.) (09. 11068 7

– s.: Bücherei der „Landwirtschaftlichen Umschau".

Steinbrück, Carl [aus Naumburg '(Saale)']: Die Entwicklung der Preise des städtischen und ländlichen Immobilarbesitzes zu Halle '(Saale)' und im Saalkreise ... (Erscheint vollst. in d. Samml. nationalökon. u. statist. Abh. d. staatswiss. Sem. zu Halle a. d. S. hrsg. v. J. Conrad.) Halle a. S., *Lippert & C., Naumburg a. S.*, 1896; 4 Bl., 55 S. 8.
Halle, Phil. Fak. Inaug.-Diss. v. 16. Juni 1896

Die Entwickelung der Preise des städtischen und ländlichen Immobiliarbesitzes zu Halle (Saale) und im Saalkreise. Von Dr. Carl **Steinbrück**. *Jena: G. Fischer 1900.* (87 S.) 8°
= **Sammlung** nationalökon. u. statist. **Abhandlungen** d. staatswiss. Seminars zu Halle. Bd 10. (00. 8336

Die Geschichte der deutschen Landwirtschaft. Von Karl Steinbrück. Hannover: Jänecke 1908. V, 60 S. 8°
(Bibliothek d. gesamten Landwirtschaft. Bd 1.)
(Jäneckes Bibliotheken. Reihe B.) (09. 11067 7

— s.: Handbuch der gesamten Landwirtschaft.

Steinbrück, C., agrarstatist. Untersuchgn., s.: **Backhaus, A.**

Steinbrück, Karl Friedrich, bacc. iur. Referendar: Das Wechselindossament. Leipzig: Wigand 1910. 97 S. 8°
Leipzig, Jur. Diss. v. 29. Juli 1910
[Geb. 7. Dez. 86 Kolditz; Wohnort: Bernstadt i. Sa.; Staatsangeh.: Sachsen; Vorbildung: König Albert-Gymn. Leipzig Reife O. 06; Studium: Grenoble 1, Freiburg i. B. 1, Leipzig 4 S.; Rig. 1. Juli 09.] [U 10. 2896

Steinbruck [!] (in d. Vita: **Steinbrück**), **Kurt [Pomeranus]: De Cleomedis cosmographiae codice quodam Parisino ... Gryphiswaldiae, typ. I. Abel, 1894; 2 Bl., 54 S. 8.**
Greifswald, Phil. Fak., Inaug.-Diss. v. 22. März 1894

Steinbrück, Kurt: Die Gründung des Klosters Neuwerk in Goslar und seine Entwickelung bis 1225. Halle a.S. 1910: John. 55 S. 8°
Halle, Phil. Diss. v. 11. Nov. 1910, Ref. Lindner
[Geb. 11. Aug. 85 Eisleben; Wohnort: Halle a. S.; Staatsangeh.: Preußen; Vorbildung: Gymn. Wernigerode Reife M. 05; Studium: Leipzig 2, Halle 8 S.; Rig. 5. Juli 10.] [U 11. 1906

Steinbrück, Otto

Steinbrück, O., Aufgaben zum Tafelrechnen, s. Röber, B.

Steinbrück, O., deutsche Aufsätze in unterrichtlicher Weise f. die Mittelstufe der Volksschule bearb. gr. 8. (VII, 131 S.) Langensalza 876. Beyer & Söhne. 1. 20

—— deutsche Aufsätze in unterrichtlicher Weise für die Mittelstufe der Volksschule bearb.
2. verb. Aufl. (VII, 128 S.) 1878; 3. verb. Aufl. gr. 8. (VII, 127 S.) Ebendas. 879.

Steinbrück, O., deutsche Aufsätze in unterrichtlicher Weise für die Mittelstufe der Volksschule bearb. 4. verb. Aufl. gr. 8. (VI, 114 S.) Langensalza 881, Beyer und Söhne.

Steinbrück, O. Deutsche Aufsätze, in unterrichtl. Weise für die Mittelstufe der Volksschule bearb. 6. verb. Aufl. gr. 8. (VI, 86 S.) Langensalza 889, Beyer u. Söhne. 1 20

Steinbrück, O., deutsche Aufsätze, in unterrichtl. Weise f. die Mittelstufe der Volksschule bearb. 7., verb. Aufl. gr. 8. (VI, 102 S.) Langensalza 893. H. Beyer & Söhne. 1. 20

[F.] Deutsche Aufsätze in unterrichtlicher Weise f. d. Mittelstufe d. Volksschule bearb. v. O[tto] Steinbrück, Lehrer ... 8. Aufl. Reihe 1. *Langensalza: H. Beyer & Söhne 1898.* 8. [98. 8911

Steinbrück, O., deutsche Aufsätze, in unterrichtl. Weise f. die Mittelstufe der Volks- u. Mittelschule bearb. Neue Folge. gr. 8. (VI, 102 S.) Langensalza 885. Beyer & Söhne. 1. 20

— dasselbe, in unterrichtlicher Weise für die Mittelstufe der Volks- u. Mittelschule bearb. Neue Folge. 2. Aufl. gr. 8. (VIII, 80 S.) Ebd. 888. 1. 20

— dasselbe f. die Mittelstufe der Volks- u. Mittelschule. Neue Folge. 3., verm. Aufl. gr. 8. (VIII, 88 S.) Ebd. 893. n. 1. —

Steinbrück, O., deutsche Aufsätze, in unterrichtl. Weise f. die Mittelstufe der **Volks- u. Mittelschule** bearb. 2. Reihe. 4. Aufl. gr. 8. (VIII, 88 S.) Langensalza 900. H. Beyer & Söhne. n. 1. —

—— dass. — für die Oberstufe der Volks- und Mittelschule bearb. 1. Aufl. (VII, 120 S.) 1877; 2. Aufl. 8. (128 S.) Ebendas. 878. *

—— deutsche Aufsätze in unterrichtlicher Weise für die Oberstufe der Volks- und Mittelschule bearb. 3. Aufl. gr. 8. (124 S.) Ebendas. 880. *

—— dass. — 4. verb. Aufl. gr. 8. (VI, 114 S.) Ebendas. 881.

—— dass. — in unterrichtl. Weise für die Oberstufe der Volks- und Mittelschule bearb. 5. Aufl. gr. 8. (VIII, 108 S.) Ebendas. 887.

— dasselbe. Für die Oberstufe. 6. Aufl. gr. 8. (VIII, 111 S.) Ebd. 893. 1. 20

—— dass. — Neue Folge. gr. 8. (VI, 138 S.) Ebendas. 887.

—— desgl. — Für d. Oberstufe d. Volks- u. Mittelschule bearb. Neue Folge. 2. Aufl. gr. 8. (VI, 138 S.) Ebd. 890. 1 20

— dasselbe f. die Oberstufe der Volks- u. Mittelschule bearb. 2. Reihe. 3. Aufl. gr. 8. (VI, 138 S.) Ebd. 899. 1. 20

[F.] Deutsche Aufsätze in unterrichtl. Weise f. d. Unterstufe d. Volks- u. Mittelsch. bearb. v. O[tto] Steinbrück, Lehrer. Ausg. A., f. d. Hand d. Lehrers. Reihe 1. 2. *Langensalza: H. Beyer & Söhne 1897.* 2 Bde 8.
1. 10. Aufl. (VIII, 46 S.) 2. 5. Aufl. (VIII, 48 S.) [97. 6481

Steinbrück, O., deutsche Aufsätze, in unterrichtl. Weise f. die Unterstufe der Volks- u. Mittelschule bearb. 2. Reihe. Ausg. A, f. die Hand des Lehrers. 6., umgearb. Aufl. (VIII, 51 S.) 8. Langensalza 905. H. Beyer & Söhne. n. — 50

Steinbrück, Otto: Ueber die blatta orientalis. Halle a. S. 1881: Plötz 45 S. 8°
Halle-Wittenberg, Med. Diss. v. 20. Sept. 1881
Geb. Stolzenhagen bei Stettin 23. 12. 1853. V.
Verf. erlebte die Diplomerneuerung 1931 als Geheimer Sanitätsrat in Quedlinburg

—— **methodischer Leitfaden der Pflanzenkunde. In 3 Kursen für den Unterricht in Volks- und Mittelschulen bearb. Ausg. A. für die Hand des Lehrers. (XII, 188 S. mit 109 in den Text gedr. Abbild.) 1880; 2. umgearb. Aufl. gr. 8. (XII, 188 S. mit 107 in den Text gedr. Abbild.) Ebendas. 882.** *

— dasselbe. Ausg. B. für die Hand der Schüler. 2 Hfte. gr. 8. (51 u. 48 S.) Ebend. 880. à n. — 30

—— **methodischer Leitfaden der Pflanzenkunde. In 3 Kursen für den Unterricht in Volks- und Mittelschulen bearb. Ausg. B. für die Hand der Schüler. 1. Heft. [1. und 2. Kursus.] 2. verb. Aufl. 8. (IV, 52 S.) Ebendas. 886.** *
2. Heft. Ebendas. 1888. * 30 Pf.

— Präparationen zur Behandlung von Gedichten. 8. (48 S.) Langensalza 890. Wendt & Klauwell. n. — 50

Steinbrück, Otto: Die Quellen des Strabo im fünften Buche seiner Erdbeschreibung. Halle a.S. 1909: Kaemmerer. 76 S. 8°
Halle, Phil. Diss. v. 6. Okt. 1909, Ref. Niese
[Geb. 30. Mai 85 Halle a. S.; Wohnort: Halle; Staatsangeh.: Preußen; Vorbildung: Latina Halle Reife O. 04; Studium: Halle 8 S.; Rig. 18. Dez. 08.] [U 10. 1803

—— **und H. Haupt, Schule im Freien. 8. (X, 58 S.) Langensalza 872, Schulbuchh. von Greßler.**

Steinbrück, O., der erste Unterricht im deutschen Aufsatz. 100 ausgeführte Aufgaben nebst Hinweisungen auf die wichtigsten orthograph. Regeln, für die Hand des Lehrers. Ausg. A. 1. und 2. Aufl. (VIII, 52 S.) 1875; 3. Aufl. 8. (VIII, 48 S.) Langensalza 877, Beyer und Söhne. *

Steinbrück, O., der erste Unterricht im deutschen Aufsatz. 106 ausgeführte Aufgaben, nebst Hinweisungen auf die wichtigsten orthograph. Regeln, für die Hand des Lehrers bearb. Ausg. A. 4.—6. nach der neuen Orthogr. verb. Aufl. 8. (VIII, 48 S.) Langensalza 880—83, Beyer und Söhne. *

—— der erste Unterricht im deutschen Aufsatz. 106 ausgeführte Aufgaben, nebst Hinweisungen auf die wichtigsten orthograph. Regeln, für die Hand des Lehrers bearb. Ausg. A. 7. Aufl. 8. (VIII, 48 S.) Langensalza 886, Beyer und Söhne. *

— der erste Unterricht im deutschen Aufsatz. 106 ausgeführte Aufgaben, nebst Hinweisgn. auf die wichtigsten orthograph. Regeln, f. die Hand d. Lehrers bearb. Ausg. A. 8. Aufl. 8. (VIII, 44 S.) Langensalza 889. Beyer & Söhne. n. — 40

— der erste Unterricht im deutschen Aufsatz. 106 ausgeführte Aufgaben, nebst Hinweisgn. auf die wichtigsten orthograph. Regeln, f. die Hand des Lehrers bearb. Ausg. A. 9. Aufl. 8. (VIII, 48 S.) Ebd. 893. n. — 40

—— dass. — Neue Folge. 8. (VIII, 56 S.) Ebendas. 883. *

— dasselbe. Neue Folge, für die Hand des Lehrers bearb. 3., verb. Aufl. 8. (VIII, 56 S.) Ebd. 889. n. — 40

— dasselbe. Neue Folge. Ausgeführte Aufgaben, nebst Hinweisgn. auf die wichtigsten orthogr. Regeln, f. die Hand d. Lehrers bearb. 4., verb. Aufl. gr. 8. (VIII, 48 S.) Ebd. 892. n. — 40

Steinbrück, O., der erste Unterricht im deutschen Aufsatz. Ausg. B. 100 Aufgaben für die Hand des Schülers. 1. Aufl. (40 S.) 1875; 2. verb. Aufl. 8. (31 S.) Langensalza 876, Beyer und Söhne. *

—— dass. — 100 Aufgaben für die Hand des Schülers. 3.—5. nach der neuen Orthogr. verb. Aufl. Ausg. B. 8. (32 S.) Ebendas. 881. *

Steinbrück, O., der erste Unterricht im deutschen Aufsatz. Neue Folge. Ausgeführte Aufgaben, nebst Hinweisgn. auf die wichtigsten orthograph. Regeln, f. die Hand d. Schülers bearb. 8. (34 S.) Langensalza 884. Beyer & Söhne. n. — 25

— u. H. Haupt, Zeichen-Vorlagen im Dienste der Botanik. Nach der Natur u. den besten Werken gezeichnet. 1—3. Heft. Langensalza 870. Greßler. qu. 4. Jedes Heft. (12 Steintaff.) 9 ngr

Steinbrück, P. O., in 8 Tagen durch die sächsisch-böhmische Schweiz. Ein prakt. Führer. Mit besond. Berücksicht. aller lohn. Nebentouren u. e. Aufenthalts in Dresden. Für Freunde des Wanderns auf Grund eigener Anschaug. nach den neuesten Quellen bearb. Mit 1 (farb.) Touristenkarte u. e. Dampfschiffahrtplan. 12. (IV, 189 S.) Schwerin 894. F. Bahn. Kart. n. 1.60

Steinbrück, Rudolf

Steinbrück, (A. H.) Rud. (geb. Neudamm 1807): De rhachitide. Berolini (1831). (30 S.) 8°
Berlin, Med. Diss. v. 15. Apr. 1831

Steinbrück, Wolfgang, a. Züllchow (b. Stettin): Die chirurgische Behandlung des Magengeschwürs. Freiburg i. Br.: Speyer & Kaerner 1905. (37 S.) 8°
Freiburg i. B., Med. Fak., Ref. Kraske, Diss. v. 1905
[Geb. 31. Aug. 80 Züllchow; Wohnort: Bollinken b. Stettin; Staatsangeh.: Preußen; Vorbildung: König-Wilhelms-Gymn. Stettin Reife O. 99; Studium: Lausanne 1, Freiburg i. B. 4, München 1, Berlin 2, Freiburg i. B. 2 S.; Coll. 7. Juli 05.]

Steinbrücken von grosser Spannweite mit gelenkartigen Einlagen. Vom Königlichen Württembergischen Ministerium. 1885-91. (12 S 11 T) 4° Stuttgart (1894)

Steinbrügge, s.: Krankheiten, die, d. Nervensystems.

Steinbrügge, Hermann: Die pathologische Anatomie des Gehörorganes. (Berlin: A. Hirschwald 1891.) (125 S.) 8°
= Orth, Joh.: Lehrbuch d. spec. pathol. Anatomie. Erg. Bd, Lief. 1.

Steinbrügge, H., u. O. Nieser, Bilder aus d. menschlichen Vorhofe. Atlas, enth. 25 Photographien nach mikroskop. Serien-Schnitten. gr. 8. (5 S. m. 25 Bl. Erklärgn.) Wien 895. F. Deuticke. Kart. n. 10. —

Steinbrügge, H., über secundäre Sinnesempfindungen. Academische Antrittsrede, geh. am 9. Juli 1887. gr. 8. (26 S.) Wiesbaden 887. Bergmann. n. — 80

Steinbrügge, H., was vermag ärztliche Kunst zu leisten? Ein Beitrag zu e. Verständigg. der Aerzte m. den Gebildeten. gr. 8. (45 S.) Hamburg 873. Gräfe. n. 1. 20

Steinbrunn, J., Samml. der gebräuchl. Schulgesänge. 8. Bromb. 18.. H. L. Müller. 6 Sgr

Steinbrychel, s. Steinbrüchel.

Steinbuch, Ewald [dipl. Chem. aus Greifensee]: Über einige neue Condensationsprodukte zweiwertiger Phenole mit Aceton und Mesityloxyd sowie über die Einwirkung von Chlorpikrin, Acetonchloroform und Acetonchloral auf Phenylhydrazin. Zürich 1899. 65 p. 8°.
Lausanne. Thèse sc. 1899/1900.

[Gedicht.] Am Sarkophage des Br. v. v. Kölle. Geschrieben und gesprochen von dem nun auch vollendeten Br. [F.] Steinbuch. [Stuttgart 1848: Müller & Vellnagel.] 2 Bl. 8° [Kopftit.]
„Die Flucht der Zeit, ein ewig kreisend Rad, . . .“ 430.

Steinbuch, Johann Georg

Steinbuch, Jh. Geo., († d. 25. Juli 1818.) Analekten neuer Beobachtr. f. die Naturkunde. Mit 2 Kpf. gr. 8. Fürth 802. Bureau f. Litt. (Campe in Nürnb.) 14 gr

— Beytrag zur Physiologie d. Sinne. gr. 8. Nürnberg, Schrag. 811.

Steinbuch J. G.: Commentatio de Taenia hydatigena anomala adnexis cogitatis quibusdam de vermium visceralium physiologia. Erlang. 1802. (10) 126 S. 1 Tvl.

— Diss. inaug. de taenia hydatigena anomala, adnexis cogitatis quibusd. de vermium visceralium physiologia cum tab. aen. 8maj. Erlang. 802. Palm 12 gr Schbp. 18 gr

Steinbuch, Marie. Fee. Aus dem Leben eines Kindes. Für Knaben und Mädchen von 12—16 Jahren. [Mit 1 Tafel in Blindenschrift.] IV + 204 S. 8. Frauenfeld, Huber & Co, [1908]. [geb. fr. 4. —]

Steinbuch, Marie. Annemarie von Lasberg. Die Geschichte eines jungen Mädchens. VIII + 278 S. 8. Frauenfeld, Huber & Co., [1907]. [fr. 4. —, geb. 5. 50]

— Annemarie v. Lasberg. Die Geschichte e. jungen Mädchens. (VII, 278 S.) 8. Ebd. (908). 3.50; geb. in Leinw. 4. 50

Steinbüchel, v. Die Reliquienschreine der Kathedrale zu Graz, Arbeiten von Niccola und Giovanni Pisano, die merkwürdigen Vorbilder zu Petrarca's Trionfi. *Wien* 1858. *K. k. Hof- und Staatsdr.* 18, 34, 21 S. u. 3 Bl. Text mit 11 photogr. Tafeln. Fol.

INHALT. Die ersten 18 Seiten enthalten den erklärenden Text und das Geschichtliche zu den Abbildungen. — P. 1—34: Fr. Petrarca's Gedicht »I trionfi«, im italienischen Urtexte und deutscher Uebersetzung von *Karl Förster*. — Die letzten 21 Seiten die italienische Uebersetzung des oberwähnten erklärenden Textes (p. 1—16), und ein Schreiben von G. B. Bolza an Herrn Hofrath Alois Auer in italien. Sprache (p. 17—21). — Die bildlichen Beilagen sind: I. Ebenbild des Künstlers Niccola Pisano und Ansichten der Aufstellung des Reliquienschreines. II. u. III. Seitentheile des ersten, IV. u. V. des zweiten Reliquienschreines. VI. Vorderseiten der Schreine, nämlich: Triumph Amors, Triumph der Keuschheit, Triumph des Todes, Triumph des Ruhmes, Triumph der Zeit, Triumph der Gottheit.

Steinbüchel, Anton von

Steinbüchel, Ant. v., Abriß d. Alterthumskunde. gr. 8. (22 B.) Wien 829, Heubner.

—— grosser antiquar. Atlas, od. Abbild. d. vorzügl. Denkmähler d. alten Welt zu e. wissenschaftl. Begründung d. Alterthumskunde, nach d. Vorträgen im k. k. Münz- u. Antiken-Cabinett zu Wien. 1. Abthl. Gebäude d. Alten u. deren Bestimmung. 8 Hfte. gr. Fol. (51 Stnt. u. ½ B. gedr. Ttl.) Wien 833, Trentsensky u. Vieweg.

v. Steinbüchel, (A.,) Beschreibung der k. k. Sammlung ägypt. Alterthümer. Mit 2 Kpfrn. 16. Wien 826, Heubner.

—— neueste Dampfschifffahrt v. Wien nach Trapezunt, od. d. grosse Donaustrasse zu ein. d. reichen Ursitze d. asiat. Welthandels. gr. 8. (8 B.) Wien 838, [Gerold's Vrlsh.]

Steinbüchel, Ant. v., der Fall Venedig's in den Märztagen und die Lage Italien's zu Oesterreich. gr. 8. (34 S.) Wien 848, [Manz.] *

v. Steinbüchel, Ant., der Fall Venedig's in den Märztagen u. die Lage Italien's zu Oesterreich. gr. 8. (34 S.) Wien 848, Volke. n. ¼ ₰

Steinbüchel, Ant. v., die Becker'schen falschen Münzstümpel in ausführl. Verzeichnissen. Für Sammler u. Freunde d. Münzwissenschaft. Mit e. Einleit. üb. Münzkunde überh. gr. 8. (6 B.) Wien 836, Volke's Buchh. Thlr. *

— Notice sur le Medaillons Romains en or du Musée impérial et royal de Vienne. Trouvées en Hongrie dans les années 1797 et 1805. Mit 4 Kpft. u. 4 Vign. gr. 4. Wien 826, (Heubner.)

(von Steinbüchel, Anton.) Sappho und Alkaios, ein altgriechisches Vasengemählde. Mit fünf Kupfertafeln. Wien 1822. Fol.

(Steinbüchel.) Scarabées égyptiens figurés du Musée des Antiques de Sa Majesté l'Empereur. Vienne 1824. 4°.

— Scarabées egyptiens figures du Musée des antiques de S. M. l'Empereur. Mit Kupf. gr. 4. Wien 826, Heubner.

Über Gesichts- und Stirnlagen von Dr. Richard v. **Steinbüchel**. Aus d. Univ.-Frauenklinik d. Prof. R. Chrobak. Wien: Hölder 1894. 99 S. 8° (11. 4829 11

Steinbüchel, Rich. v., Schmerzverminderung u. Narkose in der Geburtshilfe mit spezieller Berücksicht. der kombinierten Skopolamin-Morphium-Anaesthesie. (II, 111 S.) gr. 8. Wien 903. F. Deuticke. n. 4. —

— die Therapie der Gynäkologie an der geburtshilflich-gynäkologischen Klinik des Prof. Dr. Carl v. Rokitansky in Graz, s.: Therapie, die klinische, der Gegenwart.

Steinbühl, Justus [Pseud.], s. a. S e u f f e r t, Johann Adam

Steinbühl, Justus, *patriotische Betrachtungen* im Gefolge der Münchener Fastnacht. Heft 1 (u. wohl einz.). München, Chr. Kaiser, 1847. 8°. Cart.

IV—34 S. — 1. Was ist Ultramontanismus? (Vergleichung desselben mit dem reinen Katholizismus.) 2. Prakt. Bemerkgn. über Pressfreiheit. 3. Der König trägt nicht blos den Scepter, er fühlt ihn auch.

—— Epigramme und Sinnsprüche eines Unparteiischen. gr. 12. (VI und 220 S.) München 848, Kaiser. *

Allerschönstes Märchenbuch für liebe Kinder von Helene **Steinburg**. *Mülheim a. d. Ruhr: J. Bagel [1898].* (127 S.) 8° [F.] (w. 3159

STEINBURG, Curt. Der Kiftenbauer von Berlin. (= Geheimnisvolle Bibliothek Band 16.) Dresden, Dresdener Roman-Verlag (um 1900). 8°.
Verb. d. Ldg. Dresden A. V 398/02.

— — Gefallene Mädchen. (= Geheimnisvolle Bibliothek, Bd. 10.) Dresden, Dresdener Roman-Verlag (um 1900). Kl. 8°.
Verb. d. Ldg. Dresden A. V 398/02.

Steinburger, I. I., Architectura civilis, besteh. in unterschiedl. Gebäuden, m. 14 K. Fol. Nürnberg, Schneider u. Weigel.

Steinburgk, die Heirathswuth, e. Grund d. socialen Elends. 8. (32 S.) Berlin 891. A. Drossel. n.n. — 75

Steinchen, Frdr., Raphaels seit 1508 verschollene, in St. Petersburg aufgefundene Madonna di Siena, die Geschichte ihrer allerersten u. letzten Zeit, die Beweise ihrer Authenticität, die „St. Johannes-Idee" bei Raphael u. Nachweisg. nebst Berichtigg. der bisher äusserst mangelhaften Beurtheilg. des Kunstheros u. Erklärg. unverstandener Werke desselben. gr. 4. (III, 58 S. m. 33 Abbildgn.) St. Petersburg 894. H. Schmitzdorff. n. 5. —

Steindachner, Franz: Über eine neue A l b u r n u s - A r t aus Syrien. S. 48. I. 193
Separatabdruck

Steindachner, Frz., Amphibien, s. Reise der österreichischen Fregatte Novara.

Steindachner, Frz., s.: Annalen des k. k. naturhistor. Hofmuseums.

Steindachner, Frz., über einige neue Batrachier aus den Sammlungen des Wiener Museums. Mit 1 (lith.) Taf. (in 4.) (Abdr. aus den Sitzungsber. der k. Akad. der Wissensch.) Wien 864. (Gerold.) gr. 8. (7 S.) n. 5 ngr.

– Über einige neue B a t r a c h i e r aus den Sammlungen des Wiener Museums (mit 1 Taf.). S. 48. I. 186
Separatabdruck

— Batrachier u. Reptilien aus Südarabien u. Sokótra, gesammelt während der südarab. Expedition der kaiserl. Akademie der Wissenschaften. (8 S.) gr. 8. Wien 903. (A. Hölder.) n. — 20

Batrachier und Reptilien aus Südarabien und Sokótra, gesammelt während der sudarabischen Expedition der Kaiserlichen Akademie der Wissenschaften. S. 112. I. 7 . . . . –.20
Separatabdruck

Steindachner, Frz., batrachologische Beiträge. Lex.-8. (7 S. mit 3 lithogr. Taf.) Wien 882, (Gerold's Sohn.) *
Aus: Sitzungsberichte der k. Akademie der Wissenschaften, besonders abgedruckt.

Batrachologische Beiträge (mit 3 Taf.) S. 85. I. 188 . . . . —.80
Separatabdruck

— Beiträge zur fossilen Fischfauna Österreichs. 3. Folge (mit 3 Taf.): 1. Über einige fossile Fische des Wiener Beckens. 2. Teil. 2. Über einen fossilen Lephobranchier von Radoboj in Kroatien. S. 40. 555
Separatabdruck

Steindachner, Frz., ichthyologische Beiträge. I.—III. Lex.-8. Wien, (Gerold's Sohn.) [I. (16 S. mit 1 lithogr. Taf.) 874. ** 50 Pf.; II. (38 S. mit 1 lithogr. Taf. in qu. 4.) 875. * 80 Pf.; III. (68 S. mit 8 lithogr. Taf. in gr. 8. und qu. 4.) 875. *ℳ 3,20.] *

—— ichthyologische Beiträge [IV.—VIII.]. Lex.-8. (Ebendas.) [IV. (65 S. mit 13 lithogr. Taf. in gr. 8. und qu. gr. 4.) 875. *ℳ 5.; V. (192 S. mit 15 lithogr. Taf. in Lex.-8., qu. 4. und qu. Fol.) 876. *ℳ 6.; VI. (14 S. mit 3 lithogr. Taf.) 878. * 90 Pf.; VII. (24 S.) 878. * 40 Pf.; VIII. (73 S. mit 3 lithogr. Taf.) 879. *ℳ 1,80.] * 14 10
Aus: Sitzungsberichte der k. Akademie der Wissenschaften, besonders abgedruckt.
I.—III. (Ebendas.) 1874,75. *ℳ 4,50.

Steindachner, Frz., ichthyologische Beiträge. [IX.—XIII.] Lex.-8. Wien, (Gerold's Sohn.) [IX. (29 S. mit 6 lithogr. Taf.) 880. *ℳ 2.; X. (41 S. mit 8 lithogr. Taf.) 881. *ℳ 2,60.; XI. (16 S. mit 1 lithogr. Taf.) 881. * 60 Pf.; XII. (22 S. mit 5 lithogr. Taf.) 882. *ℳ 1,80.; XIII. (50 S. mit 8 lithogr. Taf.) 884. *ℳ 3.] * 10 —
I.—VIII. (Ebendas.) 1874—79. **ℳ 18,60.

Steindachner, F., ichthyologische Beiträge [XIV]. [Mit 4 Taf.] [Aus: „Sitzungsber. d. k. Akad. d. Wiss."] Lex.-8. (13 S.) Wien 887. (Tempsky.) n. 1. 50
(I—XIV.: n. 30. 10)

Steindachner, Frz., ichthyologische Beiträge. XV—XVII. [Aus: „Sitzungsber. d. k. Akad. d. Wiss."] Lex.-8. Wien, (F. Tempsky). n. 5. —
(I—XVII.: n. 35. 10)
XV. (32 S. m. 3 Taf.) 891. n. 1.80. — XVI. (29 S. m. 3 Taf.) 893. n. 1.40. — XVII. (22 S. m. 5 Taf.) 894. n. 1.80.

Ichthyologische Beiträge. 1 Mitteilung (mit 1 Taf.). S. 70. I. 375 . . . . vgr.
Separatabdruck

— Ichthyologische Beiträge. 2. Mitteilung. Die Fische von Juan Fernandez in den Sammlungen des Wiener Museums (mit 1 Taf.). S. 71. I. 443 . . . . —.80
Separatabdruck

— Ichthyologische Beiträge. 3. Mitteilung: *Percidae* (mit 8 Taf.). S. 72. I. 29 . . . 3.20
— — 4. Mitteilung: Zur Fischfauna von Panama (mit 13 Taf.). S. 72. I. 551 . . . „ 5.—
— — 5. Mitteilung (mit 15 Taf.). 1. Zur Fischfauna von Panama, Acapulco und Mazatlan. 2. Über einige neue Fischarten, insbesondere Characinen und Siluroiden aus dem Amazonenstrome. 3. Über einige Meeresfische von den Küsten Brasiliens. 4. Über einige seltene oder neue Fischarten von der Westküste der nördlichen Teile Nordamerikas. 5. Über einige neue oder seltene Fischarten aus dem atlantischen, indischen und stillen Ozean. S. 74. I. 49 . . . . vgr.
Separatabdruck

— Ichthyologische Beiträge. 6. Mitteilung (mit 3 Taf.). S. 77. I. 379 . . . . —.90
— — 7. Mitteilung. S. 78. I. 377 . . . . —.40
— — 8. Mitteilung (mit 3 Taf.). S. 80. I. 119 . . . . 1.80
Separatabdruck

— Ichthyologische Beiträge. 9. Mitteilung (mit 6 Taf.). S. 82. I. 255 . . . . „ 2.—
Separatabdruck

— Ichthyologische Beiträge. 10. Mitteilung (mit 8 Taf.). S. 83. I. 179 . . . . 2.60
— — 11. Mitteilung (mit 1 Taf.). S. 83. I. 393 . . . . —.60
Separatabdruck

— Ichthyologische Beiträge. 12. Mitteilung (mit 5 Taf.). S. 86. I. 61 . . . . „ 1.80
Separatabdruck

— Ichthyologische Beiträge. 13. Mitteilung. 1. Beiträge zur Kenntnis der Fische Australiens (mit 8 Taf.). S. 88. I. 195 . . . . 3.—
— — 14. Mitteilung (mit 4 Taf.). S. 96. I. 56 . . . . „ 1.50
Separatabdruck

— Ichthyologische Beiträge. 15. Mitteilung (mit 3 Taf.). S. 100. I. 303 . . . . „ 1.80
Separatabdruck

— Ichthyologische Beiträge. 16. Mitteilung (mit 3 Taf.). S. 102. I. 215 . . . . „ 1.40
— — 17. Mitteilung (mit 5 Taf.). S. 103. I. 443 . . . . 1.80
Separatabdruck

Steindachner, Frz., Beiträge zur Kenntniss der Characinen des Amazonenstromes. Lex.-8. (18 S. mit 2 lithogr. Taf.) Wien 875, (Gerold's Sohn.) * — 60
Aus: Sitzungsberichte der k. Akademie der Wissenschaften, besonders abgedruckt.

— Beiträge zur Kenntnis der Characinen des Amazonenstromes (mit 2 Taf.). S. 72. I. 6 . . . . —.60
Separatabdruck

—— Beiträge zur Kenntniss der Chromiden des Amazonenstromes. Lex.-8. (77 S. mit 8 lithogr. Taf. in gr. 8. und qu. 4.) Ebendas. 875. *
Vorstehende zwei Schriften sind aus: Sitzungsberichte der k. Akademie der Wissenschaften, besonders abgedruckt.

— Beiträge zur Kenntnis der Chromiden des Amazonenstromes (mit 8 Taf.). S. 71. I. 61 . . . . 4.—
Separatabdruck

— Beiträge zur Kenntniss der Chromiden Mejico's u. Central-Amerika's. Mit 5 (lith.) Taf. (Aus den Denkschriften der k. Akad. der Wissensch. abgedr.) Ebend. 864. gr. 4. (18 S.) n. 1 ℛ

— Beiträge zur Kenntnis der Chromiden Mexikos und Zentralamerikas (mit 5 Taf.) D 23. II. 57 . . . . 3.—
Separatabdruck

—— und Geo. Kolombatović, Beiträge zur Kenntniss der Fische in der Adria. Lex.-8. (10 S. mit 2 lithogr. Taf.) (Ebendas.) 884. * — 60
Aus: Sitzungsberichte der k. Akademie der Wissenschaften, besonders abgedruckt.

— und Kolombatovic Georg. Beiträge zur Kenntnis der Fische der Adria (mit 2 Taf.). S. 88. I. 1193 . . . . —.60
Separatabdruck

— Beiträge zur Kenntniss der Fische Afrika's u. Beschreibung einer neuen Sargus-Art von den Galapagos-Inseln. Mit 10 (lith.) Taf. [Aus: „Denkschr. d. k. Akad. d. Wiss."] Imp.-4. (42 S.) Ebend. 881. n. 6. —

— dasselbe. [II.] u. Beschreibung einer neuen Paraphoxinus-Art aus der Herzogowina. [Mit 6 (lith.) Taf.] [Aus: „Denkschr. d. k. Akad. d. Wiss."] Imp.-4. (18 S.) Ebend. 882. n. 3. 20

—— Beiträge zur Kenntniss der Fische Afrika's und Beschreibung einer neuen Sargus-Art von den Galapagos-Inseln. Imp.-4. (42 S. mit 10 lithogr. Taf.) (Ebendas.) 882. *

—— dass. — [II.] und Beschreibung einer neuen Paraphoxinus-Art aus der Herzegowina. Imp.-4. (18 S. mit 6 lithogr. Taf.) (Ebendas.) 884. *
Vorstehende zwei Schriften sind aus: Denkschriften der k. Akademie der Wissenschaften, besonders abgedruckt.

— Beiträge zur Kenntnis der Fische Afrikas und Beschreibung einer neuen *Sargus*-Art von den Galapagosinseln. 1. Teil (mit 10 Taf.). D 44. I. 19 . . . . 6.—
— — 2. Teil und Beschreibung einer neuen *Paraphorinus*-Art aus der Herzegowina (mit 6 Taf.). D 45. I. 1 . . . . 3.20
Separatabdruck

— B e i t r ä g e zur Kenntniss der fossilen Fische Österreichs, s. S t e i n d a c h n e r : Beiträge zur Kenntniss der fossilen Fisch-Fauna Oesterreichs.

—— und L. D ö d e r l e i n, Beiträge zur Kenntniss der Fische Japan's. [I.—III.] Imp.-4. (Ebendas.) [I. (34 S. mit 7 lithogr. Taf.) 883. *ℳ 4,50.; II. (40 S. mit 7 lithogr. Taf.) 883. *ℳ 5,60.; III. (44 S. mit 7 lithogr. Taf.) 884. *ℳ 5,40.] * 15 50
aus: Denkschriften der k. Akademie der Wissenschaften, besonders abgedruckt.

—— und L. D ö d e r l e i n, Beiträge zur Kenntniss der Fische Japan's [IV]. Imp.-4. (40 S. mit 4 lithogr. Taf.) (Ebendas.) 887. * 3 60
I—III. (Ebendas.) 1883,84. *ℳ 15.50.
Aus: Denkschriften der k. Akademie der Wissenschaften, besonders abgedruckt.

— und Döderlein L., Dr.: Beiträge zur Kenntnis der Fische Japans. 1. Teil (mit 7 Taf.). D 47. I. 211 . . . . 4.50
— — — 2. Teil (mit 7 Taf.) D 48. I. 1 . . . . 5.60
— — — 3. Teil (mit 7 Taf.). D 49. I. 171 . . . . 5.40
— — — 4. Teil (mit 4 Taf.). D 53. I. 257 . . . . 3.60
Separatabdruck

S t e i n d a c h n e r, Frz., Beiträge zur Kenntniss der fossilen Fisch-Fauna Oesterreichs. 1. und 2. Folge. Lex.-8. (62 S. mit 10 Stnt. in Lex.-8. und qu. Fol.) Wien 859,60, (Gerold's Sohn.) [1. Heft * 20 Ngr., 2. * 16 Ngr.] *
Aus: Sitzungsberichte der k. Akademie der Wissenschaften, Jahrg. 1859, besonders abgedruckt.

Steindachner, Franz, Dr.: B e i t r ä g e zur Kenntnis der fossilen Fischfauna Österreichs. Über einige fossile Fische des Wiener Beckens (mit 7 Taf.). S. 37. 673
Separatabdruck

— Beiträge zur Kenntnis der fossilen Fische Österreichs. 2. Folge (mit 3 Taf.). 1. Über einen neuen Vomer-ähnlichen Fisch von Comen am Karst. 2. Über eine fossile Strumsia von Szakadat in Siebenburgen. 3. Über fossile Fische von Pod-Sujed bei Agram. S. 38. 763 . . . . vgr.
Separatabdruck

— B e i t r a g e zur Kenntniss der fossilen F i s c h e Oesterreichs. 4. Folge. Mit 3 (lith.) Taf. (in gr. 8. u. Fol.) (Aus den Sitzungsber. der k. Akad. der Wissensch.) Ebend. 863. gr. 8. (16 S.) n. 17 *ngr.*

– B e i t r ä g e zur Kenntnis der fossilen Fische Österreichs. 4. Folge. (mit 3 Taf.). S. 47. I. 128
Separatabdruck

– B e i t r ä g e zur Kenntnis der Fischfauna des Tanganyikasees und des Kongogebietes (mit 3 Taf.). S. 120. I. 1171
Separatabdruck

—— B e i t r ä g e zur Kenntniss der Flussfische Südamerika's. Imp.-4. (24 S. mit 4 lithogr. Taf.) (Ebendas.) 879. * 2 80
Aus: Denkschriften der k. Akademie der Wissenschaften, besonders abgedruckt.

—— B e i t r ä g e zur Kenntniss der F l u s s f i s c h e Südamerika's. II.—IV. Imp.-4. (Ebendas.) [II. (46 S. mit 7 lithogr. Taf.) 881. *ℳ 5.; III. (18 S. mit 5 lithogr. Taf.) 881. *ℳ 2,40.; IV. (44 S. mit 7 lithogr. Taf.) 882. *ℳ 5.] * 12 40
I. (Ebendas.) 1879. *ℳ 2,80.

— Beiträge zur Kenntnis der Flußfische Südamerikas. 1. Teil (mit 4 Taf.). D 41. I. 151 . . . . 2.80
Separatabdruck

— Beiträge zur Kenntnis der Flußfische Südamerikas. 2. Teil (mit 7 Taf.). D 43. I. 103 . . . . 5.—
— — 3. Teil (mit 5 Taf.). D 44. I. 1 . . . . 2.40
Separatabdruck

— Beiträge zur Kenntnis der Flußfische Sudamerikas 4. Teil (mit 7 Taf.). D 46. I. 1 . 5.—
Separatabdruck

Steindachner, Franz, Dr.: B e i t r ä g e zur Kenntnis der Gobioiden (mit 1 Taf.). S. 42. 283
Separatabdruck

—— B e i t r ä g e zur Kenntniss der Sciaenoiden Brasiliens und der Cyprinodonten Mejicos. Lex.-8. (24 S. mit 4 Stnt. in Lex.-8. und gr. 4.) Wien 864, (Gerold's Sohn.) * *

– B e i t r ä g e zur Kenntnis der Sciaenoiden Brasiliens und der Cyprinodonten Mejikos (mit 4 Taf.). S. 48. I. 162
Separatabdruck

Steindachner, Frz., Beiträge zur Kenntniss d. Süsswasserfische d. Balkan-Halbinsel. [Aus: „Denkschr. d. k. Akad. d. Wiss."] Imp.-4. (8 S. m. 2 lith. Taf.) Wien 895. (C. Gerold's Sohn.) n. 1. 80

– B e i t r ä g e zur Kenntnis der Süßwasserfische der Balkan-Halbinsel (mit 2 Taf.). D 63. 181
Separatabdruck

—— und R. K n e r, neue B e i t r ä g e zur Kenntniss der fossilen Fische Österreichs, s. K n e r, R.

— Bemerkungen zu Liparophis Bedoti, Peracca u. u. Lachesis monticola (Gthr.). (5 S. m. 1 Taf.) gr. 8. Ebd. 906. n. — 45
Sonderabdruck aus: „Sitzungsber. d. k. Akad. d. Wiss."

— Bemerkungen zu *Liparophis Bedoti* Peracca und *Lachesis monticola* (Gthr.) (mit 1 Taf.). S. 115. I. 98 45
Separatabdruck

– „ B e r i c h t über die herpetologischen Aufsammlungen. (2. Expedition S. M. Schiff „Pola" in das Rote Meer) (mit 2 Taf.) Siehe I. Abt. Berichte der Kommission für ozeanographische Forschungen, 7. Reihe.
Separatabdruck

— Bericht üb. d. v. Escherich in d. Umgebung v. Angora gesammelten F i s c h e u. R e p t i l i e n. [Aus: „Denkschr. d. k. Akad. d. Wiss."] gr. 4. (15 S. m. 4 Taf.) Wien 897. (C. Gerold's Sohn.) n. 3. 20

– B e r i c h t über die von Dr. Escherich in der Umgebung von Angora gesammelten Fische und Reptilien (mit 4 Taf.). D 64. 685
Separatabdruck

— Bericht üb. d. währ. d. Reise Sr. Maj. Schiff „Aurora" von Dr. C. Rittor v. Mieroszowski in d. J. 1895 u. 1896 gesammelten F i s c h e. [Aus: „Annalen d. k. k. naturhistor. Hofmuseums."] Lex.-8. (34 S. m. 1 Taf.) Wien 896. A. Hölder. n. 2. 60

—— ichthyologischer B e r i c h t über eine nach Spanien und Portugal unternommene Reise. I. Zur Fischfauna des Albufera-Sees bei Valencia in Spanien. Lex.-8. (9 S. mit 1 Stnt.) Wien 865, (Gerold's Sohn.) *
aus: Sitzungsberichte und Denkschriften der k. Akademie der Wissenschaften, besonders abgedruckt.

—— dass. — (1.—6. Forts.) Lex.-8. Ebendas. [(1. Forts.) (8 S.) 866. * 2 Ngr., (2. Forts.) (22 S. mit 6 Stnt. in Lex.-8., 4. und qu. 4.) 866. * 1 Thlr., (3. Forts.) (12 S. mit 3 Stnt. in Lex.-8. und 4.) 866. * 10 Ngr., (4. Forts.) (106 S. mit 9 Stnt. in Lex.-8., qu. 4. und qu. Fol.) 868. * 1 Thlr. 20 Ngr., (5. Forts.) (74 S. mit 6 Stnt. in Lex.-8. und qu. 4.) 868. * 1 Thlr., (6. Forts.) (73 S. mit 6 Stnt. in Lex.-8. und qu. 4.) 868. * 1 Thlr. 5 Ngr.] *

– Ichthyologischer Bericht über eine nach Spanien und Portugal unternommene Reise: 1. Zur Fischfauna des Albufera-Sees bei Valencia in Spanien (mit 1 Taf.). S. 52. I. 483
Separatabdruck

– Ichthyologischer Bericht über eine nach Spanien und Portugal unternommene Reise. 1. Fortsetzung: Über die Fische des Ebro und der Flüsse bei Bilbao. Über eine kleine Sammlung von Fischen aus dem Flusse Tet' bei Perpignan. S. 53. I. 198
Separatabdruck

– Ichthyologischer Bericht über eine nach Spanien und Portugal unternommene Reise. 2. Fortsetzung: Über die Fische des Tajo (portug. Tejo), Duero (portug. Douro), Miño (portug. Minho), deren Nebenflüssen und aus dem Jucar bei Cuenca (mit 6 Taf.) S. 54. I. 6.
Separatabdruck

– Ichthyologischer Bericht über eine nach Spanien und Portugal unternommene Reise. 3. Fortsetzung: Zur Flußfischfauna des südlichen Teils von Spanien und Portugal (mit 3 Taf.). S. 54. I. 261
Separatabdruck

– Ichthyologischer Bericht über eine nach Spanien und Portugal unternommene Reise: 4. Fortsetzung: Übersicht der Meeresfische an den Küsten Spaniens und Portugals (mit 9 Taf.). S. 56. I. 603
Separatabdruck

Steindachner, Franz, Dr.: Ichthyologischer Bericht über eine nach Spanien und Portugal unternommene Reise: 5. Fortsetzung: Übersicht der Meeresfische an den Küsten Spaniens und Portugals (1. Fortsetzung.) (mit 6 Taf.). S. 57. I. 351
Separatabdruck

– Ichthyologischer Bericht über eine nach Spanien und Portugal unternommene Reise. 6. Fortsetzung: Übersicht der Meeresfische an den Küsten Spaniens und Portugals (2. Fortsetzung.) (mit 6 Taf.). S. 57. I. 667
Separatabdruck

Steindachner, Frz., Bericht über eine Sammlung von Fischen aus Singapore eingesendet von Eug. Frhrn. v. Ransonnet. Lex.-8. (15 S.) Wien 870, Gerold's Sohn. — 30

– Bericht über eine Sammlung von Fischen aus Singapore, eingesendet von Eugen Freiherrn v. Ransonnet, Mitglied der kais. österreichischen ostasiatischen Expedition. S. 60. I. 557
Separatabdruck

– Bericht über die von Hans Sauter auf Formosa gesammelten Schlangenarten (mit 4 Taf. und 21 Textfiguren). D 90. 39 . . . . [illegible]
Separatabdruck

Steindachner, Frz. Vorläufiger Bericht über die zoologischen Arbeiten d. Commission f. Erforschung d. östlichen Mittelmeeres im Sommer 1891. (Veröffentlichungen d. Commission f. Erforschg. d. östlichen Mittelmeeres.) Lex.-8. (13 S.) Wien 891, (Tempsky). * — 40

[1] Veröffentlichungen der Kommission für Erforschung des östlichen Mittelmeeres. Vorläufiger Bericht über die zoologischen Arbeiten im Sommer 1891. S. 100. I. 465 . . . . -.40
Separatabdruck

— vorläuf. Bericht üb. d. zoologischen Arbeiten im nördl. Theile d. rothen Meeres währ. d. Expedition Sr. Maj. Schiff „Pola" in d. J. 1895—1896 (Octbr. 1895 bis Ende April 1896). [Aus: „Sitzungsber. d. k. Akad. d. Wiss.") gr. 8. (15 S.) Ebd. 896. n. — 40

– Vorläufiger Bericht über die zoologischen Arbeiten im nördlichen Teile des Roten Meeres während der Expedition S. M. Schiff „Pola" in den Jahren 1895–1896. (Oktober 1895 bis Ende April 1896.) S. 105. I. 583
Separatabdruck

– Vorläufiger Bericht über die an der Ostküste Tenerifes bei Santa Cruz gesammelten Fische. S. 51. I. 398
Separatabdruck

— über zwei neue Chirostoma-Arten aus Chile. [Aus: „Annalen d. k. k. naturhistor. Hofmuseums."] Lex.-8. (2 S.) Wien 896. A. Hölder. n. — 40

— über zwei neue Eidechsen-Arten aus Süd-Amerika u. Borneo. Mit 2 (lith.) Taf. [Aus: „Denkschr. d. k. Akad. d. Wiss."] Imp.-4. (4 S.) Ebend. 877. n. 1. 20

– Über zwei neue Eidechsenarten aus Südamerika und Borneo (mit 2 Taf.). D 38. I. 98 . . . . 1.20
Separatabdruck

— über eine neue Epicrates-Art aus Columbien. Mit 1 (lith.) Taf. (in Fol.) (Aus den Denkschriften der k. Akad. der Wissensch. abgedr.) Ebend. 863. gr. 4. (5 S.) n. 16 ngr.

– Über eine neue Epikratesart aus Columbien (mit 1 Taf.). D 21. II. 89
Separatabdruck

— über eine neue Eremias-Art aus dem Thale des Krokodilflusses in Transvaal: Eremias Holubi in sp. Lex.-8. (3 S. mit 1 lithogr. Taf.) (Ebendas.) 882. * — 40
aus: Sitzungsberichte der k. Akademie der Wissenschaften, besonders abgedruckt.

– Über eine neue Eremiasart aus dem Tale des Krokodilflusses in Transvaal (mit 1 Taf.). S. 86. I. 83
Separatabdruck

— herpetologische u. ichthyologische Ergebnisse e. Reise nach Südamerika. Mit e. Einleitg. von Therese Prinzessin v. Bayern. gr. 4. (60 S. m. 2 Fig., 5 Taf. u. 5 Bl. Erklärgn.) Ebd. 902. n. 6. 30
2 Sonderabdrucke aus: „Denkschrift. d. k. Akad. d. Wiss."

– Herpetologische und ichthyologische Ergebnisse einer Reise nach Südamerika (mit 5 Taf. und 2 Textfiguren). D 72. 89
Separatabdruck

Steindachner, Frz., üb. die typischen Exemplare v. Lacerta mosorensis. [Aus: „Annalen d. k. k. naturhistor. Hofmuseums".] Lex.-8. (6 S. m. 1 Taf.) Wien 892. A. Hölder. n. 1. 40

— Über einige Fischarten aus dem Flusse Cubataõ im Staate Santa Catharina bei Therespolis (Brasilien). (18 S. m. 2 Taf.) gr. 8. Wien 907. A. Hölder. — 95
Sonderabdr. aus: „Sitzungsber. d. k. Akad. d. Wiss."

– Über einige Fischarten aus dem Flusse Cubataõ im Staate Santa Catharina bei Theresopolis (Brasilien) (mit 2 Taf.). S. 116. I. 475 . . . . -.95
Separatabdruck

— üb. ein. Fischarten Mexico's, s. a. Therese v. Bayern, Prinzessin.

– und Prinzessin Therese von Bayern: Über einige Fischarten Mexikos und die Seen, in welchen sie vorkommen (mit 3 Taf. und 1 Kartenskizze im Text). D 62. 517
Separatabdruck

— üb. einige neue **Fischarten** aus d. Rothen Meere, gesammelt währ. der I. u. II. österreich. Expedition nach d. Rothen Meere in den J. 1895—1896 u. 1897—1898. [Aus: „Sitzungsber. d. k. Akad. d. Wiss."] gr. 8. (9 S. m. 2 Taf.) Wien 898. (C. Gerold's Sohn.) n. — 80

– Über einige neue Fischarten aus dem Roten Meere, gesammelt während der I. und II. österreichischen Expedition nach dem Roten Meere in den Jahren 1895–1896 und 1897–1898 (mit 2 Taf.). S. 107. I. 780
Separatabdruck

— über einige neue u. seltene **Fisch-Arten** aus den k. k. zoologischen Museen zu Wien, Stuttgart u. Warschau. Mit 9 (lith.) Taf. [Aus: „Denkschr. d. k. Akad. d. Wiss."] Imp.-4. (52 S.) Ebend. 879. n. 5. 80

— Über einige neue und seltene Fischarten aus den k. k. zoologischen Museen zu Wien, Stuttgart und Warschau (mit 9 Taf.). D 41. I. 1 . . . . 5.80
Separatabdruck

— üb. einige neue u. seltene Fischarten aus der ichthyologischen Sammlung d. k. k. naturhistor. Hofmuseums. [Aus: „Denkschr. d. k. Akad. d. Wiss."] Imp.-4. (28 S. m. 6 Taf.) Wien 892. (F. Tempsky.) n. 4. 40

– Über einige neue und seltene Fischarten aus der ichthyologischen Sammlung des k. k. naturhistorischen Hofmuseums (mit 6 Taf.). D 59. 357
Separatabdruck

— **Fische.** gr. 4. (S. 411—464.) Frankfurt a/M. 901. (M. Diesterweg.) n. 5. —
Sonderabdruck aus: „Abhandlungen d. Senckenberg. naturforsch. Gesellsch. Kükenthal, Ergebnisse e. zoolog. Forschungsreise in den Molukken u. Borneo".

Fische [d. Forschungsreise W. Kükenthals nach d. Molukken]. Von Dr. Franz **Steindachner**. Mit 2 Taf. (Frankfurt a. M.: M. Diesterweg in Komm. 1901.) (S. 413–464) 4°
= Ergebnisse e. zool. Forschungsreise in d. Molukken u. Borneo. T. 2, Bd 3, H. 2, [4.]
= **Abhandlungen** hrsg. v. d. Senckenbergischen naturforschenden Gesellschaft. Bd 25, H. 2, [4.] [07. 596

Ⓑ — Fische. 901. (KBL 32.) Jetzt: **Frankfurt a/M.**, (Viktoria-Allee 7), Senckenberg. naturforsch. Gesellschaft. Erm. Pr. nn 2. —

— über einige **Fische** aus dem Fitzroy-Flusse bei Rockhampton in Ost-Australien. [Aus d. Sitzungsber. d. k. Akad. d. Wiss.] Ebend. 867. Lex.-8. (8 S. mit 1 Steintaf. u. 2 eingedr. Holzschn.) n. 4 *ngr.*

– Über einige Fische aus dem Fitzroyflusse bei Rockhampton in Ostaustralien (mit 1 Taf. und 2 Holzschnitten). S. 55. I. 9
Separatabdruck

– Über die fossilen Fische des Amphisylenschiefers am Ober-Rhein. (Anhang zu der Abhandlung: „Untersuchungen über den Charakter der österreichischen Tertiärablagerungen." I. Von Eduard Sueß.) S. 54. I. 150
Separatabdruck

– und R. Kner: Neue Fische aus dem Museum der Herren Joh. Ces. Godeffroy & Sohn in Hamburg, s. Kner, R.

STEINDACHNER, Franz
Fische aus dem Stillen Ocean. Ergebnisse einer Reise nach dem Pacific (Schauinsland 1896–97.) Von Dr. Franz Steindachner. (Mit 6 Tafeln.) Besonders abgedruckt aus dem LXX. Bd. der Denkschriften der mathematisch-naturwissenschaftlichen Classe der kaiserlichen Akademie der Wissenschaften. Wien, 1900. In Comm. Gerold's Sohn. 4°. 39 S. K 6.30

Steindachner Franz, Dr.: Fische aus dem Stillen Ozean. Ergebnisse einer Reise nach dem Pacific (Schauinsland 1896–1897) (mit 6 Taf.). D 70. 483 . . . . K 6.30
Separatabdruck

— **Fische aus Südarabien u. Sokótra.** (46 S. m. 2 Taf.) gr. 4. Ebd. 902. n. 4. —
Sonderabdruck aus: „Denkschr. d. k. Akad. d. Wiss."

– Fische aus Südarabien und Sokótra (mit 2 Taf.). D. 71. 123
Separatabdruck

— zur **Fisch-Fauna** des Cauca u. der Flüsse bei Guayaquil. Mit 9 (lith.) Taf. [Aus: „Denkschr. d. k. Akad. d. Wiss."] Imp.-4. (52 S.) Ebend. 880. n. 6. —

– Zur Fischfauna des Cauca und der Flüsse bei Guayaquil (mit 9 Taf.). D 42. I. 55.
Separatabdruck

— Zur Fischfauna des Ischa, eines sekundären Nebenflusses des Kongo, im Bezirke Molundu, Kamerun (mit 9 Taf. und 12 Textfiguren). D 89. 1 . . . . 12.70
Separatabdruck

— zur **Fischfauna** von Port Jackson in Australien. [Aus d. Sitzungsber. d. k. Akad. d. Wiss.] Ebend. 866. Lex.-8. (58 S. mit 7 Steintaff. in Lex.-8. u. qu. 4.) n. 1 *ℛ* 10 *ngr.*

– Zur Fischfauna von Port Jackson in Australien (mit 7 Taf.). S. 53. I. 424
Separatabdruck

—— zur **Fisch-Fauna** des Magdalenen-Stromes. Imp.-4. (62 S. mit 15 lithogr. Taf.) (Ebendas.) 879. * 10 —
aus: Denkschriften der k. Akademie der Wissenschaften, besonders abgedruckt.

Steindachner Franz, Dr.: Zur Fischfauna des Magdalenenstromes (mit 15 Taf.). D 39. I. 19 . . . . K 10.—
Separatabdruck

— Zur **Fischfauna** der Samoa-Inseln. (57 S.) gr. 8. Wien 906. A. Hölder. 1. 55

— Zur Fischfauna der Samoa-Inseln. S. 115. I. 1369 . . . . 1.55
Separatabdruck

— zur **Fischfauna** d. Senegal. 1—3. Abthl. [Aus d. Sitzungsber. d. k. Akad. d. Wiss.] Wien 870. Gerold's Sohn. Lex.-8. [1. Abthl. (46 S. mit 12 Steintaff.) n. 1 *ℛ* 8 *ngr.*, 2. Abthl. (51 S. mit 8 Steintaff.) n. 1 *ℛ*, 3. Abthl. (51 S.) n. 1 *ℛ* 4 *ngr.*] n. 3 *ℛ* 12 *ngr.*

— Zur Fischfauna des Senegal. 1. Abteilung (mit 12 Taf.). S. 60. I. 669 . . . . . . 3.80
— — 2. Abteilung (mit 8 Taf.). S. 60. I. 915 . . . . 3.—
— — 3. Abteilung (Schluß). *Teleostei.* (Fortsetzung.) *Physostomie.* (Fortsetzung.) Fam. Siluridae. (Fortsetzung) (mit 8 Taf.). S. 61. I. 533 . . . . 3.40
Separatabdruck

—— über eine neue **Gattung** und Art aus der Familie der Pleuronectiden nnd über eine neue Thymallus-Art. Lex.-8. (9 S. mit 2 lithogr. Taf in qu. 4.) (Ebendas.) 874. * 1 —

– Über eine neue Gattung und Art aus der Familie der Pleuronectiden und über eine neue Thymallusart (mit 2 Taf.). S. 70. I. 363
Separatabdruck

– und R. Kner: Neue Gattungen und Arten von Fischen aus Central-Amerika, s. Kner, R.

Steindachner, Frz., die **Gymnotidae** d. k. k. Hof-Naturaliencabinetes zu Wien. [Aus d. Sitzungsber. d. k. Akad. d. Wiss.] Ebend. 869. Lex.-8. (16 S. mit 2 lith. Taff.) n. 6 *ngr.*

— Die *Gymnotidae* des k. k. Hof-Naturalien-Kabinettes zu Wien (mit 2 Taf.). S. 58. I. 249 . . . vgr.
Separatabdruck

— über eine neue Hylorana-Art vom Cap-York in Australien. [Mit 1 (lith.) Taf.] [Aus d. Sitzungsber. d. k. Akad. d. Wiss.] Ebend. 868. Lex.-8. (5 S.) n. 4 ngr.

— Über eine neue *Hylorana*-Art von Cap York in Australien (mit 1 Taf.). S. 57. I. 582 . . — 10
Separatabdruck

— s. a. Jahresbericht d. k. k. naturhistor. Hofmuseums.

STEINDACHNER, Franz
Jahresbericht für 1897. Von Dr. Franz Steindachner. (Annalen des k. k. naturhistorischen Hofmuseums. Separatabdruck aus Bd. XIII. Heft 1). Wien. 1898. [In Comm.] Hölder. Lex.-8°. Paginirt: S. 2—50. fl. 1.—

Steindachner, F., Jahresbericht für 1903. [Separatabdruck aus dem XIX. Bd. der Annalen des k. k. naturh. Hofmuseums.] Gr.-8°. (63 S.) † Wien: Hölder 1906. K 2.—

Steindachner, F., Jahresbericht für 1904. [Annalen des k. k. naturhistor. Hofmuseums. Bd. XX.] Gr.-8°. (55 S.) † K 2.—
Wien: Hölder 1906.

—— s. Krauss, Herm., Orthopteren vom Senegal.

— üb. e. neue Kuhlia-Art aus d. Golfe v. Akabah. [Aus: „Sitzungsber. d. k. Akad. d. Wiss."] gr. 8. (4 S. m. 1 Taf.) Wien 898. (C. Gerold's Sohn.) n. — 40

– Über eine neue Kuhlia-Art aus dem Golfe von Akabah (mit 1 Taf.). S. 107. I. 461
Separatabdruck

— über neue u. seltene Lacertiden aus den herpetologischen Sammlungen d. k. k. naturhistor. Hofmuseums. [Aus: „Annalen d. k. k. naturhistor. Hofmuseums".] Lex.-8. (S. 371—378 m. 2 lith. Taf.) Wien 891. A. Hölder. n. 3. —

— über einige neue u. seltene Meeresfische aus China. [Aus d. Sitzungsber. d. k. Akad. d. Wiss.] Ebend. 867. Lex.-8. (8 S.) n. 2 ngr.

– Über einige neue und seltene Meeresfische aus China. S. 55. I. 585
Separatabdruck

—— über eine neue Molge-Art und eine Varietät von Homalophis Doriae Pet. Lex.-8. (4 S. mit 1 Taf.) (Ebendas.) 887. * — 40
Vorstehende zwei Schriften sind aus: Sitzungsberichte der k. Akademie der Wissenschaften, besonders abgedruckt.

– Über eine neue Molge-Art und eine Varietät von Homalophis Doriae Pet. (mit 1 Taf.). S. 96. I. 69
Separatabdruck

— über eine neue Mustelus-Art von Port Natal. [Aus d. Sitzungsber. d. Akad. d. Wiss.] Ebend. 866. Lex.-8. (2 S. mit 1 Steintaf.) 3 ngr.

– Über eine neue Mustelus-Art von Port Natal (mit 1 Taf.). S. 53. I. 482
Separatabdruck

STEINDACHNER, Franz
Notizen. Jahresbericht für 1899 von Dr. Franz Steindachner. (Annalen des k. k. naturhistorischen Hofmuseums. Separatabdruck aus Bd. XV. Heft 2.) Wien. 1990. [In Comm.] Hölder. Lex.-8°. Paginirt: S. 10—64. K 2.—

— herpetologische Notizen. [Aus d. Sitzungsber. d. k. Akad. d. Wiss.] Ebend. 867. Lex.-8. (10 S. mit 4 Steintaf.) n. 10 ngr.

– Herpetologische Notizen. 1. Mitteilung (mit 4 Taf.). S. 55. I. 263
Separatabdruck

— herpetologische Notizen [II.] [Mit 8 (lith.) Taf.] [Aus: „Sitzungsber. d. k. Akad. d. Wiss."] Lex.-8. (25 S.) Ebend. 871. n. 2. 80 (1. 2.: n. 3. 80)

— Herpetologische Notizen. 2. Mitteilung (mit 8 Taf.). 1. Reptilien, gesammelt während einer Reise in Senegambien (Oktober bis Dezember 1868). 2. Über einige neue oder seltene Reptilien des Wiener Museums. S. 62. I. 326 . . . 2.80
Separatabdruck

— Herpetologische Notizen. (III.) (6 S. m. 1 Taf.) gr. 8. Ebd. 907. — 50
2 Sonderabdr. a.: „Sitzungsber. d. k. Akad. d. Wiss."

— Herpetologische Notizen. 3. Mitteilung (mit 1 Taf.). S. 116. I. 535 . . . —.50
Separatabdruck

—— ichthyologische Notizen. I—VI. Lex.-8. Wien 864—67, (Gerold's Sohn.) [I. (15 S. mit 2 Stnt.) * 6 Ngr., II. und III. (13 S. mit 3 Stnt.) * 9 Ngr., IV. (18 S. mit 6 Stnt. in Lex.-8. und 4.) * 20 Ngr., V. (17 S. mit 3 Stnt. in qu. 4.) * 12 Ngr., VI. (70 S. mit 3 Stnt.) * 18 Ngr.] *
aus: Sitzungsberichte und Denkschriften der k. Akademie der Wissenschaften, besonders abgedruckt.

—— ichthyologische Notizen. VII—X. Lex.-8. (Ebendas.) [VII. (44 S. mit 5 Stnt. in Lex.-8. und qu. 4.) * ℳ 2,40.; VIII. (20 S. mit 7 lithogr. Taf.) * ℳ 2.; IX. (29 S. mit 8 lithogr. Taf.) 869. * ℳ 2,40.; X. (20 S. mit 5 lithogr. Taf. in Lex.-8. und qu. 4.) 870. ** ℳ 1,70.] * 8 40
I—VI. (Ebendas.) 1864—67. * ℳ 6.50.

– Ichthyologische Notizen. 1. Mitteilung (mit 2 Taf.). S. 49. I. 200
Separatabdruck

– Ichthyologische Notizen. 2. Mitteilung: Zur Flußfischfauna von Kroatien (mit 1 Taf.). S. 52. I. 594
Separatabdruck

– Ichthyologische Notizen. 3. Mitteilung: Über einige neue Fischarten aus Südamerika (mit 2 Taf.). S. 53. I. 208
Separatabdruck

– Ichthyologische Notizen. 4. Mitteilung (mit 6 Taf.): 1. Über einige Meeresfische aus der Umgebung von Monrovia in Westafrika. 2. Über einige Fische von Surinam und Mexiko. 3. Über eine neue Gattung und Art der Gruppe Trypauchenina (Fam. Gobioidei). 4. Über eine neue Ctenolabrus-Art aus Brasilien. 5. Über zwei Glyptosternum-Arten aus Simla. S. 55. I. 517
Separatabdruck

– Ichthyologische Notizen. 5. Mitteilung (mit 3 Taf.): 1. Über eine neue Plecostomus-Art aus Brasilien. 2. Über einige Fischarten aus der Amurmündung. 3. Über eine neue Pseudorhombus-Art von den Chinchas-Inseln. 4. Über eine neue Scopelus- und Monacanthus-Art aus China. 5. Über eine neue Labroiden(?)-Gattung. 6. Über eine neue Gobius-Art von den Philippinen. S. 55. I. 701
Separatabdruck

– – 6. Mitteilung (mit 3 Taf.): 1. Über eine Sammlung von Fischen von Cap York in Australien. 2. Zur Fischfauna von Port Jackson (Fortsetzung). 3. Über einige Fischarten aus dem La Plata-Strome. 4. Labrichthys gymnogenis Günth.? 5. Über Corvina (Amblodon) neglecta Gir. 6. Haplochilus (Panchax) rubropunctatus n. sp. 7. Über einige neue oder seltene Fischarten von Westindien und Surinam. 8. Über einige Cyprinoiden aus Ostindien. S. 56. I. 307
Separatabdruck

– Ichthyologische Notizen. 7. Mitteilung (mit 5 Taf.). S. 57. I. 965
Separatabdruck

– Ichthyologische Notizen. 8. Mitteilung (mit 7 Taf.). S. 60. I. 120

– – 9. Mitteilung (mit 8 Taf.). 1. Über eine Sammlung von Süßwasserfischen aus der Umgebung von Montevideo. 2. Über eine neue Gattung und Art der Cyprinoiden aus China. 3. Über einige neue oder seltene Arten von Mazatlan, Lagos und Santos. 4. Über zwei neue Leptocephaliden von der Küste Perus. S. 60. I. 290
Separatabdruck

– Ichthyologische Notizen. 10. Mitteilung (Schluß) (mit 5 Taf.). S. 61. I. 623
Separatabdruck

— über zwei noch unbeschriebene **Nototrema-Arten** aus Ecuador u. Bolivia. [Aus: „Sitzungsber. d. k. Akad. d. Wiss."] Lex.-8. (6 S. m. 2 Taf.) Wien 892. (F. Tempsky.) n. — 70

– Über zwei noch unbeschriebene Nototrema-Arten aus Ecuador und Bolivia (mit 2 Taf.). S. 101. I. 837
Separatabdruck

– Über eine neue Phytonart. (Phyton Breitensteini) aus Borneo. Vorläufige Mitteilung. S. 82. I. 267.
Separatabdruck

—— und Rud. Kner, über einige Pleuronectiden, Salmoniden, Gadoiden und Blenniiden aus der Decastris-Bay und von Viti-Levy. Lex.-8. (26 S. mit 1 lithogr. Taf. in qu. Fol.) (Ebendas.) 870. ** — 75
aus: Sitzungsberichte der k. Akademie der Wissenschaften, besonders abgedruckt.

– und Kner, Rudolf, Dr.: Über einige Pleuronektiden, Salmoniden, Gadoiden und Blenniiden aus der Decastris-Bay und von Viti-Levu (mit 1 Taf.). S. 61. I. 421
Separatabdruck

—— **Polypterus Lapradei** n. sp. u. Polypterus Senegalus Cuv. aus dem Senegal. Lex.-8. (6 S. mit 2 lithogr. Taf. in Lex.-8. und qu. 4.) (Ebendas.) 869. * — 40

– *Polypterus Lapradei* n. sp. und *Polypterus senegalus* Cuv. aus dem Senegal (mit 2 Taf.). S. 60. I. 193 . . . . —.60
Separatabdruck

—— **Reptilien**, s. Reise der österreichischen Fregatte Novara.

— **über die Reptilien u. Batrachier der westlichen u. östlichen Gruppe der canarischen Inseln.** [Aus: „Annalen d. k. k. naturhistor. Hofmuseums".] Lex.-8. (S. 287—306.) Wien 891. A. Hölder. n. 1. —

— über einige neue **Reptilien- u. Fischarten** des Hofmuseums in Wien. (8 S. m. 1 Taf) gr. 8. Wien 903. (A. Hölder.) n. — 40
Sonderabdruck aus: „Sitzungsber. d. k. Akad. d. Wiss."

– Über einige neue Reptilien- und Fischarten des Hofmuseums in Wien (mit 1 Taf.). S. 112. I. 15 . . . . —.40
Separatabdruck

— **üb. einige neue seltene Reptilien- u. Amphibien-Arten.** [Aus: „Sitzungsber. d. k. Akad. d. Wiss."] Lex.-8. (26 S. m. 2 Taf.) Wien 891. (F. Tempsky.) n. 1. 40

– Über einige neue und seltene Reptilien- und Amphibienarten (mit 2 Taf.). S. 100. I. 291
Separatabdruck

Steindachner, Dr. Franz, Ueber eine neue Kuhlia-Art aus dem Golfe von Akabah. Mit einer Tafel. Gr.-8. (10 S.) —.50
Wien: Gerold 1898.

—— die **Schlangen** und Eidechsen der Galapagos-Inseln. gr. 4. (30 S. mit 7 lithogr. Taf. in gr. 4. und qu. Fol.) Wien 876, (Braumüller. — Leipzig, Brockhaus' Sortiment und Antiq.) * 8 —
Aus: Festschrift zur Feier des 25jähr. Bestehens der k. k. zoologisch-botanischen Gesellschaft in Wien, besonders abgedruckt.

— über einige neue brasilianische **Siluroiden** aus der Gruppe der Doradinen. [Aus: „Sitzungsber. d. k. Akad. d. Wiss."] Lex.-8. (14 S. m. 4 Steintaf. in Lex.-8. u. qu. gr. 4.) Wien 875. (Gerold's Sohn.) n. 2. —

– Über einige neue brasilianische Siluroiden aus der Gruppe der Doradinen (mit 4 Taf.). S. 71. I. 138
Separatabdruck

—— die **Süsswasserfische** des südöstl. Brasilien. I. II. Lex.-8. (Ebendas.) [I. (40 S, mit 6 Stnt.) 874. *ℳ 2.; II. (35 S. mit 6 lithogr. Taf. in Lex.-8. und qu. gr. 4.) 875. *ℳ 2,40.] * 4 40

—— die **Süsswasserfische** des südöstlichen Brasilien [III. und IV.]. Fam. Characinidae J. Müll. Gruppe: Anostomatina Gthr. [Fortsetzung.] Lex.-8. Wien, (Gerold's Sohn.) [III. (186 S. mit 13 lithogr. Taf. in Lex.-8 und qu. 4.) 876. *ℳ 6.; IV. (14 S. mit 2 lithogr. Taf.) 877. * 80 Pf.] * 6 80
I. und II. (Ebendas.) 1874,75. *ℳ 4,40.

– Die Süßwasserfische des südöstlichen Brasilien. 1. Mitteilung (mit 6 Taf.). S. 70. I. 499
Separatabdruck

– Die Süßwasserfische des südöstlichen Brasilien. 2. Mitteilung (mit 6 Taf.). S. 71. I. 211
Separatabdruck

– Die Süßwasserfische des südöstlichen Brasilien. 3. Mitteilung (mit 13 Taf.). S. 74. I. 559

– – 4. Mitteilung (mit 2 Taf.). S. 76. I. 217
Separatabdruck

—— über eine neue **Telestes-Art** aus Croatien. Lex.-8. (3 S. mit 1 Stnt.) Wien 866, (Gerold's Sohn.)
Aus: Sitzungsberichte der k. Akademie der Wissenschaften, besonders abgedruckt.

– Über eine neue Telestes-Art aus Kroatien (mit 1 Taf.). S. 54. I. 300
Separatabdruck

—— über eine peruanische **Ungalia-Art.** Ungalia Taczanowskyi. Lex.-8. (4 S. mit 1 lithogr. Taf.) (Ebendas.) 879. ** — 30
Vorstehende zwei Schriften sind aus: Sitzungsberichte der k. Akademie der Wissenschaften, besonders abgedruckt.

– Über eine peruanische Ungalia-Art. Ungalia Taczanowskyi (mit 1 Taf.). S. 80. I. 522
Separatabdruck

— über das Vorkommen v. Gasterosteus platygaster Kessl. im Stromgebiete der Donau. gr. 8. (4 S.) Wien (899). (C. Gerold's Sohn.) n.n. — 10
Sonderabdruck aus: „Sitzungsber. d. k. Akad. d. Wiss."

– Über das Vorkommen von Gasterosteus platygaster Kessl. im Stromgebiete der Donau. S. 108. I. 539
Separatabdruck

Steindamm, Johs., Beiträge zur Warenhausfrage. (30 S.) gr. 8. Berlin 904. E. Ebering. n. — 60
Erweit. Abdr. aus: „Monatsschr. f. deut. Beamte".

Steindamm, Johannes, aus Berlin: Die **Besteuerung der** Warenhäuser. T. 1. *Berlin (1903): E. Ebering.* (29 S.) 8°
¶ [Erschien vollst. 1903 als: Rechts- u. Staatswiss. Studien, H. 21.]
Berlin, Phil. Diss. v. 4. Aug. 1903

— Die Besteuerung der Warenhäuser, s.a. Studien, rechts- u. staatswissenschaftliche. 21. Hft.

Die Besteuerung der Warenhäuser. Von Johannes Steindamm. *Berlin: E. Ebering 1903.* (VIII, 155 S.) 8°
= Studien, Rechts- u. Staatswissenschaftliche. H. 21. [03. 14731 8

Steindecker, Phil. Joh., das heil. Sakrament d. Firmung in seiner Wesenheit, Wirkung u. Wichtigkeit. Nebst e. Anh. kirchl. Firmungsgebete u. Gesänge. 12. (150 S.) Frankfurt a. M. 852. Sauerländer. 1/3 ₰

Steindel, v., Zur Ventilation schlagwetterführender Steinkohlengruben. Berlin, o. J. 5 S. mit 1 Taf.

Steindel, Hans August von

Steindel H. A. v.: Auf Erfahrung gegründete Anweisung die Landwirthschaft vermöge der Einführung d. Wechselwirthschaft zu verbessern, nebst Vorschlägen z. Errichtung einer theoret.-prakt. Unterrichts-Anstalt, z. Bildung angehender Oekonomen. Leipz. 1803. 232 S.

— auf Erfahr. gegründ. Anweis. die Landwirthschaft vermöge d. Einführung d. Wechselwirthschaft zu verbessern ꝛc. 8. Leipz. 803. C. G. Weigel. (Arnold in Dresd.) 20 ℊℊ

— Bemerkk. üb. Thaers Schrift v. d. engl. Landwirthschaft für die, welche ihr Ackerhandwerk u. d. Staat lieben. gr. 8. Leipz. (800.) Andreä 6 ℊℊ

— Bemerk. üb. Thaers Schr. v. d. engl. Landwirthschaft ꝛc. gr. 8. Leipz. Kleefeld. (Bauer.) 800.

Hans August v. Steindel

Bemerkungen über Thaer's Schrift: Von der englischen Landwirthschaft, zur Vervollkommnung deutscher Landwirthschaft für die, welche ihr Ackerhandwerk und den Staat lieben. Von H[anns] A[ugust] v. Steindel. - Leipzig: von Kleefeld 1800. 85 S.8°
Angeb.: Hennig, Johann Adam: Practische Bemerkungen über Pachtcontracte, Pachtübernahmen und Uebergaben. Leipzig 1805.

v. Steindel, Hans Aug., wohlgelungene Versuche u. gemachte Erfahrr. in d. Brauerei u. Ziegelbrennerei, auf Holzersparniß u. Torffeuerung eingerichtet. Mit Kpf. 8. Leipz. 801. C. G. Weigel. (Arnold in Dresd.) 12 ℊℊ

Steindel H. A. v.: Einige d. wichtigsten u. nützlichsten Wahrheiten in der Oekonomie. Leipz. 1799. 128 S. 1 Tvl.

— einige der wichtigsten u. nützlichsten Wahrheiten in der Oekonomie. Mit Kpf. gr. 8. Leipz. 799. Andreä. 12 ℊℊ

Steindel, Hugo, Dienstboten, s.: Vereinstheater.

— Die Gläubiger-Versammlung, s.: Vereinstheater.

Steindel, Phil.

Steindel, Ph., Garmisch und dessen gesammte Umgebung. Ein treuer Führer mit Berücksicht. aller Interessen der Touristen. 8. (VI, 120 S.) Garmisch 882. (Leipzig, Gracklauer.) geb. * 1 —

Steindel, Ph., Garmisch u. dessen gesammte Umgebung. Ein treuer Führer m. Berücksicht. aller Interessen der Touristen. 8. (VI, 120 S.) Garmisch 882. (Leipzig, Th. Grieben.) geb. n. 1. —

Steindel, Phil., Garmisch u. dessen gesammte Umgebung. Ein treuer Führer mit Berücksichtigung aller Interessen der Touristen Garmisch, Druck u. Verlag von A. Adam, o. J. (c. 1885). 8°. Roth. gepr. Orig.-Lwdb. m. Press. u. Goldtit. auf Deckel.
VIII—102 S. u. 64 S. „Anzeigen empfehlenswerther Firmen" (auf blauem Papier)

Steindenkmäler, Vorgeschichtliche, in Schleswig-Holstein. Kiel 1872—74. V: *Handelmann, Heinrich.* (Zuwachsverz. d. Bibliotheken in Zürich 1898 ff.)

STEINDL, Anton (Straubing): De prosopalgia seu dolore faciei Fothergilli. - Straubingae: Lern 1833. 16 S. Diss. Ingolst.-Landsh.-Mchn.
5.1.1832 - Urk: F 60

Steindl, C., catilinarische Existenzen, s. Krottenau, F. v.

Steindl, Emerich, das ungarische Parlamentshaus, s: Pilis, Béla Ney de.

Steindl, Ignaz. Leitfaden der Postgeographie u. der Oesterr.-ungar. Verfassung u. Verwaltung. Klgft., typ. v. Kleinmayr, 1905. 120 S.
-- 2. Aufl. Klgft., Gutenberghaus, 1909. 156 S.

Steindl, Karl [app. Arzt aus Pfreimd]: Ein Fall von hereditärer Lebersyphilis ... München, Buchdr. Kastner & Lossen, 1896; 18 S. 8.
München, Med. Fak., Inaug.-Diss. v. 1896

Steindl de Plesseneth, Franciscus Antonius: Vinum Austriacum. Viennae 1732: Schilgen. 28 S. Wien, Med. Diss. 1732 -- ÖNB*

Steindlberger, Ulrich

Steindlberger, Ulr., Andachtsbüchlein f. d. Schuljugend. 16. (131 S.) Linz-Urfahr 897. Verlag d. kathol. Preßvereines. n. — 20

Steindlberger, Ulr., Andachtsbüchlein f. die Schuljugend. 4. Aufl. 16. (131 S. m. Titelbild.) Linz-Urfahr 901. Verlag des kathol. Preßvereines. Geb. in Leinw. n. — 28

— dasselbe. Ausg. m. Liederanh. 4. Aufl. 16. (158 S.) Ebd. 902. Geb. in Leinw. n.n. — 30

— Beicht-Andacht f. Kinder. 10. Aufl. 16. (24 S.) Salzburg (894). M. Mittermüller. n. — 06

Steindlberger, Ulr., Beicht- und Communion-Unterricht, im engen Anschluß an den Wortlaut des Canisischen Katechismus bearb. 16. (32 S.) Salzburg 884, Mittermüller. * — 10

— Beicht- u. Communion-Unterricht f. Erstbeichtende u. Erstcommunicanten. 4. Aufl. 32. (30 S.) Ebd. (894). n. — 10

— die Ehe. Ein katechet. Unterricht f. Brautleute. 12. (24 S.) Ebd. (902). n. — 20

STEINDLBERGER, Ulrich P.
(F) Erstcommunicanten-Büchlein. Ein Lehr- und Gebetbüchlein für Erstcommunicanten. Von P. Ulrich Steindlberger. O. S. B. Mit Druckerlaubnis des bischöfl. Ordinariates Linz. Linz-Urfahr. [1901.] Pressverein. 16°. IV, 168 S. mit 1 Tafel geb. K — 56

— die Firmung. E. katechet. Unterricht. 16. (38 S.) Wels 891. Linz-Urfahr, Verl. d. kathol. Preßvereines. — 12

— dasselbe. 2., nach d. neuen Katechismus bearb. Aufl. 16. (31 S.) Linz-Urfahr 898. Verlag d. kathol. Preßvereines. n.n. — 15

— Gebet- u. Handbüchlein f. alle Andachten zum allerheiligsten Sacramente, insbesondere f. die ewige Anbetg. 16. (284 S. m. Titelbild.) Ebd. 900. Geb. in Leinw. n. 1. 30; in Ldr. n. 1. 70

STEINDLBERGER, Ulrich
(F) Geh' mit Gott. Mahnworte an die christliche Jugend von P. Ulrich Steindlberger O. S. B. Approbiert vom bischöfl. Ordinariate Linz am 26. März 1900. Z. 1295. Linz-Urfahr. Kath. Pressverein. 16°. 16 S. K —.06

Steindlberger, U., mein Gott u. mein Alles. Ein vollständ. Gebet- u. Unterrichtsbuch für kathol. Christen, die nach Tugend u. Frömmigkeit streben. 2., umgearb. Aufl. 16. (VII, 548 S. m. 1 Farbendr.) Salzburg 889. Mittermüller. n. 1. —; geb. n.n. 1. 60; 1. 80; 2. 20; 2. 40; 2. 80 u. 3. 20

Steindlberger. P. Ulrich, Meßandacht für Kinder von 8—10 Jahren. 32. (30 S.) Cart. —.12
Linz-Urfahr: Verlag des katholischen Pressvereines 1898.

STEINDLBERGER, Ulrich
(F) Liturgisches Mess-Büchlein von P. Ulrich Steindlberger, O. S. B Mit Approbation des bischöflichen Ordinariates Linz. Linz-Urfahr. [1899.] Kathol. Pressverein. 16°. 227 S. mit 1 Tafel. Geb. fl. —.60

— Sammlung v. Gebeten, d. jeder kathol. Christ auswendig können soll. 32. (32 S.) Salzburg (893.) M. Mittermüller. n. — 08

STEINDLBERGER, Ulrich
(F) Selig sind, die ein reines Herz haben. Ein Mahnwort an die heranwachsende Jugend von P. Ulrich Steindlberger, O. S. B. Approbiert vom bischöflichen Ordinariate Linz am 30. Mai 1900, Z. 724. Linz-Urfahr. Pressverein. 16° 16 S. K —.06

— Vater unser! Gebetbuch f. kathol. Christen u. Diöcesan-Gebetbuch f. die Diöcese Linz. Mit e. Anh. v. Liedern. Hrsg. vom kathol. Preßverein in Linz. 16. (473 S. m. farb. Titel u. 1 Titelbild.) Ebd. 899. Geb. in Leinw. n. 1. 80; in Ldr. n. 2. 50; m. Goldschn. n. 3. —

— dasselbe. Ausg. in Großdr. 12. (333 S. m. farb. Titel u. Titelbild.) Ebd. 900. Geb. in Leinw. n. 2. 10; in Ldr. n. 3. 10; m. Goldschn. n. 3. 50; in Kalbldr. m. Goldschn. n. 4. 20

— wie christliche Mütter ihre Kinder erziehen sollen. Ein Mahnwort an alle christl. Mütter. 12. (30 S.) Ebd. 902. n. — 20

— wie kann man die Kinder zum andächtigen Anhören der hl. Messe bringen? Vortrag, geh. am eucharist. Kongresse zu Ried am 4. VIII. 1902. 12. (32 S.) Ebd. 903. n. — 20

Steindler, Olga, die Farbenempfindlichkeit des normalen u. farbenblinden Auges. (24 S. m. 4 Fig. u. 2 Taf.) gr. 8. Wien 906. (A. Hölder.) n. 1. 20

— Die Farbenempfindlichkeit des normalen und farbenblinden Auges (mit 2 Taf. und 4 Textfiguren) S 115. IIa. 39 . . . . 1.20
Separatabdruck

— über die Temperaturcoefficienten einiger Jodelemente. (7 S.) gr. 8. Ebd. 902. n. — 20
2 Sonderabdrucke aus: „Sitzungsber. d. k. Akad. d. Wiss."

Steindler Olga: Über die Temperaturkoeffizienten einiger Jodelemente. S. 111. IIa. 902 . —.20
Separatabdruck

Steindorf, A., Tannenrauschen. Geschichten aus der Märchen- u. Sagenwelt d. Schwarzwaldes. Illustrationen v. A. Erdmann. 8. (VII, 286 S.) Freiburg i/B. (897). Lorenz & Waetzel. n. 2. 60; geb. n. 3. 50

Steindorf, A., Tannenrauschen. Geschichten aus d. Märchen- u. Sagenwelt d. Schwarzwaldes. Illustrationen v. Alma Erdmann. 2. Aufl. (VII, 265 S. m. 6 Taf.) 8. Karlsruhe (907). F. Gutsch. 2.60; geb. 3. 50

— Haus Zähringen u. s. Feen. Märchen. 12. (32 S. m. 2 Abb.) Freiburg i/B. 896. (J. Elchlepp.) n. — 50

Steindorf, A . Das Haus Zähringen und seine Feen. Ein Märchen für die badische Jugend. 2. veränderte Aufl. [Mit 1 Ansichts-Tafel.] (* *Umschlagband:* Ein Jubiläumsbüchlein für die Kleinsten!) 32 S. 8. Karlsruhe, J. J. Reiff, 1906. [M. —.50, geb. 1.—]

Steindorf, Geo., s. Steindorff

Steindorf, J. Adf.: „Anleitung zum Registratur-Dienst, insbesondere bey den Landes-Justiz-Collegien", Berlin 1819 (Stuhr).

Steindorf, Joh. M., Auszug aus Wellers griech. Grammatik. 8. Leipz. Crusius. (F. C. W. Vogel.) 735.

Steindorff, Adolf, aus Göttingen: Ueber **Pyrazole aus cyclischen** Ketonen und über Menthenon. *Göttingen 1903: Dieterich.* (72 S.) 8°
Göttingen, Phil. Diss v. [4. Dez.] 1903

Steindorff, Adf., über Pyrazole aus cyclischen Ketonen u. üb. Menthenon. Diss. (72 S.) gr. 8. Göttingen 903. (Vandenhoeck & Ruprecht.) n. 1. 40

Steindorff, Ernst

Steindorff, E., Kaiser Heinrich III., s.: Jahrbücher der deutschen Geschichte.

Steindorff, Ernst. Jahrbücher des Deutschen Reichs unter Heinrich III. Auf Veranlassung und mit Unterstützung Seiner Majestät des Königs von Bayern Maximilian II. Herausgegeben durch die historische Commission bei der königl. Akademie der Wissenschaften. (Aus: „Jahrbücher der deutschen Geschichte".) (2 Bde.) 8. Leipzig 1874—1881.

Steindorff, Ernst, Jahrbücher des deutschen Reichs unter Heinrich III. 1. Bd. gr. 8. (XII, 536 S.) Leipzig 874, Duncker und Humblot. * 11 20

Steindorff, Ernst, Jahrbücher des deutschen Reichs unter Heinrich III. 2. (Schluß-)Bd. Auf Veranlassung Sr. Maj. des Königs von Bayern hrsg. durch die histor. Commission bei der königl. Akademie der Wissenschaften. gr. 8. (IX, 554 S.) Leipzig 881, Duncker und Humblot. * 12 —
1. Bd. Ebendas. 1874. *ℳ 11,20.

Steindorff. Ern. (Ludwig Hans) (geb. Flensburg 15. 6. 1839): De ducatus, qui Billingorum dicitur, in Saxonia origine et progressu. Berolini (1863) (100 S.) 8°
Berlin, Phil Diss. v. 21. Jan 1863

Steindorff, E., Quellenkunde zur deutschen Geschichte, s.: Dahlmann.

Karl Friedrich Lucian Samwer, geb. den 16. März 1819: gest. den 8. Dec. 1882. Von Ernst Steindorff. Sonderabdruck aus der „Allgemeinen Deutschen Biographie". Leipzig. 1890. 8°.

Steindorff, Ernst, bibliographische Uebersicht über Georg Waitz' Werke, Abhandlungen, Ausgaben, kleine kritische und publicistische Arbeiten. gr. 8. (V, 34 S.) Göttingen 886, Dieterich's Verlag. * 1 —

Steindorff, F., De ὀφιολατρείᾳ. Diss. 1713. 82 S. 4°.

Steindorff, [Georg], Ägypten und die mykenische Kultur. SA. aus „Wochenschrift für klassische Philologie." 1892. [Berlin 1892.]

Steindorff, Geo., die Apokalypse d. Elias, e. unbekannte Apokalypse u. Bruchstücke d. Sophonias-Apokalypse, s.: Texte u. Untersuchungen zur Geschichte d. altchristl. Literatur.

Steindorff, Geo., die Blütezeit des Pharaonenreichs, s.a. Monographien zur Weltgeschichte. X.

Die Blütezeit des Pharaonenreichs. Von Prof. Dr. G[eorg] Steindorff. Mit 3 Kunstbeil., 140 Abb. u. 1 Karte. *Bielefeld & Leipzig: Velhagen & Klasing 1900.* (170 S.) 4° [S.]
= Monographien z. Weltgeschichte. 10. [00 4315 10

— durch die Libysche Wüste zur Amonsoase, s.a. Land u. Leute. XIX.

Durch die Libysche Wüste zur Amonsoase. Von Georg Steindorff. Mit 113 Abb. u. 1 Karte. Bielefeld & Leipzig: Velhagen & Klasing 1904. (163 S.) 4°(8°) [S.]
= Land u. Leute. 19. [05. 2844

Steindorff, Georg (Hrsg. u. Übers.), s. Elias: Apokalypse.

Steindorff, Geo., die ägyptischen Gaue u. ihre politische Entwicklung, s.: Abhandlungen der königl. sächsischen Gesellschaft d. Wissenschaften. Philol.-histor. Kl. 27, XXV.

Steindorff, Geo., Grabfunde des mittleren Reichs in den königl. Museen zu Berlin. Der Sarg des Sebk-O. — Ein Grabfund aus Gebelên, s. Mitteilungen aus den oriental. Sammlungen der kgl. Museen zu Berlin. IX.

Steindorff, Geo.: Grabfunde d. mittl. Reichs in d. kgl. Museen zu Berlin. I. D. Grab d. Mentuhotep, s.a. Mitteilungen aus d. oriental. Sammlgn. d. kgl. Museen zu Berlin.

Steindorff, Georg. Grabfunde des mitteren Reiches in den königlichen Museen zu Berlin. I. Das Grab des Mentuhotep. Berlin, Spemann 1896.
VI + 46 S. m. 27 Abb.; 13 farb. Taf. 2°.
(Königl. Museen zu Berlin. Mitteilungen aus den orientalischen Sammlungen H. 8.)

Grabfunde des mittleren Reichs in den Königlichen Museen zu Berlin. Hrsg. v. Georg Steindorff. (Th.) 1. *Berlin: W. Spemann 1896.* 2.(4.)
= Kgl. Museen zu Berlin. Mittheilungen aus d. Orientalischen Sammlungen. H. VIII. [97. 7335

Steindorff, Geo., koptische Grammatik, s.a. Porta linguarum orientalium.

Steindorff, Georg: Koptische Grammatik mit Chrestomathie, Wörterverzeichnis und Litteratur. [= Porta linguarum orientalium. Pars XIV.] Berlin 1894.

Koptische Grammatik mit Chrestomathie, Wörterverzeichnis u. Literatur von Georg Steindorff. 2. gänzl. umgearb. Aufl. *Berlin: Reuther & Reichard 1904.* (XIX, 242, 104* S.) 8°
= Porta linguarum orientalium. P. 14. [04. 5910 4

— d. Kunstgewerbe im alten Ägypten, s.a. Hochschul-Vorträge f. Jedermann, 12. Hft.

Das Kunstgewerbe im alten Ägypten. Vortrag geh. von Dr. Georg Steindorff, Prof. Leipzig: Seele 1898. 20 S. 8°
(Hochschul-Vorträge f. Jedermann. H. 12.)

Steindorff, Geo., Prolegomena zu einer koptischen Nominalclasse. Inaugural-Dissertation. gr. 4. (16 autogr. S.) Berlin 884. (Leipzig, Hinrichs'sche Buchh., Verlag.) * 2 —

— sassanidische Siegelsteine, s.: Horn, Paul.

Steindorf, Geo. Sassanidische Siegelsteine, s. Mitteilungen a. d. oriental. Sammlung d. kgl. Museen zu Berlin.

— s.: Urkunden des ägyptischen Altertums.

— s.: Zeitschrift f. ägyptische Sprache u. Altorthumskunde.

Steindorff, Heinrich Christian (Thallwitz) A. S. 68/20

Dissertatio iuridica de pacto, quo quis fundum sine tributis habeat, vel alienet, prohibito.
Präs. Johann Tobias Richter.
Leipzig (Langenheim) 28. III. 1771. 15 S.

Gew.: Gotthelf Adolph Gf. von Hoym. 33353

Steindorff, Hermann

Steindorff, H., über Akustik u. zweckmäßigste Größe der Kirchen, s.: Bolkert, J., das Kirchengebäude.

Steindorff, Herm., über die kirchliche Kunst auf der internationalen Ausstellung von Arbeiten aus edlen Metallen und Legirungen in Nürnberg 1885. Im Auftrage vom Ausschuß des Vereins für christl. Kunst in der evangel. Kirche Bayerns ausgearb. 8. (16 S.) Nürnberg 885, (H. Schrag.) * — 40

Steindorff, H., Schattirungskunde. Eine neue Methode der Übertragung von Curven gleicher Helligkeit unter Zugrundelegung der Normalkugel und eine direkte Darstellung der Helligkeitswerthe durch die Sonne als Lichtquelle. Fol. (6 S. mit 5 lithogr. und chromolithogr. Taf.) Stuttgart 884, Wittwer. In Mappe * 3 —

Steindorff, Herm., Vorlegeblätter für das Studium der Baukunst, besonders für die Zeichenübungen der Bauconstructionslehre. Mit Unterstützung namhafter Architekten hrsg. 3 Hefte. gr. Fol. Stuttgart, Wittwer. [1. Heft. (6 autogr. Taf. in Imp.-Fol. und 1 Bl. Text.) 876; 2. Heft. (5 autogr. Taf. in Imp.-Fol.) 876; 3. Heft. (5 autogr. Taf. in Imp.-Fol.) 877. à Heft * ℳ 6. * 18 —

Steindorff, Johann Martin, Die tröstliche // Historie // von der // Auferstehung // Unsers HErrn JEsu Christi / // Mit vielen hin und wieder eingestreueten // Arien /// Wie dieselbe von den vier Evangelisten // beschrieben / und / dem alten löblichen Ge= //brauch nach allhier zu Zwickau/ // Am Sonntage Quasimodogeniti // in der Vesper zu S. Catharinen // musiciret worden // von // Johann Martin Steindorffen /// Cantore daselbst. // Im Jahre 1705. - 11 Blatt (nicht paginiert).

B. S. T. 8°.145/4.

Steindorff, Kurt: Die isolierten, direkten Verletzungen des Sehnerven innerhalb der Augenhöhle. *Halle a. S. 1898: S. Schlesinger.* (62 S.) 8°
Halle, Med. Diss. v. 22. März 1898

Steindorff, Ulr., Gedichte. (68 S.) 8. Berlin (909). Harmonie. 2. —

Steindruckgewerbe, deutsches. Als allein. Organ hrsg. v. Verband dtsch. Steindruckereibesitzer in Leipzig u. seinen beiden Abtlgn.: Fachverband deutscher Steindruckereibesitzer, Leipzig, Schutzverband deutscher Steindruckereibesitzer, Berlin. Schriftleiter: W. Stein u. M. Wagner. 1.—3. Jahrg. 1907—1910. à 24 Nrn. (264, 292, 288 S. m. 22, 21 u. 12 Taf.) 32×24 cm. Leipzig, O. Spamer. à Jahrg. 4. —

Steine des Anstosses von Silhouette. Gesellschaftliche Übelstände. 1.—4. Lfg. gr. 8. (126 S.) Prag 885,86, André. à Lfg. * 50 Pf. * 2 —

Die Steine des Anstossens bey dem Orden der Freymäurer, geprüft in der feyerlichen Johannis-Loge von der Gesellschaft der vollkommenen Einigkeit [in Ludwigsburg] 1769. [Ludwigsburg 1769.] 30 S. 4°
Kl. 887, Tt. 2197. Selten. Widerlegung von einigen Vorwürfen gegen den Bund u. Lied auf die Johannis-Loge. Ohne Noten: „Auf, Brüder, Feyerkleider her!"

Steine zum Bau! Hefte zum Verständnis u. zur Förderg. der Missionsarbeit an d. deutschen jungen Männerwelt. Hrsg. v. Heinr. Stuhrmann. I. Jahrg. 1907. 3 Hefte; II. Jahrg. 1908. 2 Hefte u. III. Jahrg. 1909. Heft 1—2. 8. Barmen, Westdeutscher Jünglingsbund. à Heft — 25
Coerper, unsere Stellung zur modernen Arbeiterbewegung. (20 S.) 908. (II. Jahrg. 1. Heft.)
Hassell, Ulr. v., Soldaten-Fürsorge, e. Pflicht des christlichen Volkes. (46 S.) 909. (III. Jahrg. 1. Heft.)
Weinberg, wozu verpflichtet das Wort „Evangelisch" unsere Vereine? (22 S.) 907. (I. Jahrg. 3. Heft.)
Stuhrmann, Heinr., wie werden uns. Vereine ihrer Missionsaufgabe besser gerecht? (22 S.) 907. (I. Jahrg. 1. Heft.)
Weigle, die moderne Jugendbewegung in ihrer Bedeutung f. Kirche u. Gemeinde, Volk u. Familie. (23 S.) 908. (II. Jahrg. 2. Heft.)
— Nützliches u. Schädliches auf dem Arbeitsgebiete d. Jugendvereine. (16 S.) 907. (I. Jahrg. 2. Heft.)

Steine, Der Freiherr vom, und seine Bedeutung für Deutschlands Wiedergeburt. Jena 1850. V: *Schulze, Hermann.* (schles)

Steine, bunte, gefunden auf den Wegen der Phantasie und Geschichte, von Rich. Roos. 2 Bde. 8. Leipzig, Hinrichs. 821.

Steine, Drei, des Anstosses . . . Zürich 1876. V: *Ebersold, A.* (BSchwLk V 8, 2) (Ky) (Cat. der Stadtbibl. Zürich. Zürich 1864—97.)

Steine, drei, des Anstoßes. Von einem Dorfdoctor (A. Ebersold). gr. 8. (75 S.) Zürich 876, Schmidt. * 1 40

— üb. die aus d. Luft auf die Erde gefallenen, (v. Frhrrn. J. F. zu Racknitz). 8. Dresd. 804.

Steine, Rohe, zum Altar des Herrn, das ist, 35 Lieder ohne Reime. Königsberg 1763. V: *Dannies, Johann Daniel.* (Ky)

Steine, rohe, zum Altar des Herrn, d. i., 35 Lieder ohne Reime, (v. J. D. Dannies). 8. Königsb. 763. Hartung. 3 gr.

Steine, C. W., kleines leichtfaßliches französisches Lese- und Lehrbuch nach der neuesten Methode. 1. und 2. Aufl. 16. (110 S.) Neuwied 856(57,) Heuser.

Steinebach, Edmund (geb. am 30 Juni 1855 in Vallendar): Ueber die Vaccination ... Bonn, Univ.-Buchdr. v. C. Georgi 1878. 40 S. 8.
Bonn, Med. Fak., Diss. v. 23 März 1878

Steinebach, Friedr., ein modernes Babel, s. Eisenbahn-Unterhaltungen.

—— Engel und Dämon. Novelle. 8. (162 S.) Berlin 874, Behrend. * 1 —

— dasselbe, } s. a. Eisenbahn-Unterhaltungen.

Steinebach, Friedr., Stefan Fabinger, } s. Volksbücher aus alter und neuer Zeit.

– Friedrich mit der leeren Tasche, s. Volksbücher aus alter und neuer Zeit.

Steinebach, F., ein tiefes Geheimniß, s. Eisenbahnunterhaltungen.

– Johanna Gray, s. Volksbücher aus alter und neuer Zeit.

Steinebach, F., Kaiser Josef II. in seinem Leben u. Wirken, } s. Volksbücher aus alter u. neuer Zeit.

– Die Jungfrau von Orleans, s. Volksbücher aus alter und neuer Zeit.

– Andreas Hofer's Leben und Heldentod, s. Volksbücher aus alter und neuer Zeit.

— Meister Pilgram. s.: Volksbücher. 38. Heft.

STEINEBACH, Friedrich, Salonbilder aus der vornehmen Welt. Hamburg 1860. 8°.
Inhalt: Der gebrochene Schwur. Geschichten aus Baden-Baden. — Die Waise vom Königssee. Novelle. — Ebbe und Fluth oder die Spielbank zu Homburg. Lebensbild. (Gmähle's. München Leihbiblcat. no. 23.021.)

—— **Salonbilder aus der vornehmen Welt.** Novellen. 8. (III und 292 S.) Hamburg 860, Expedition der deutschen Schaubühne. [Leipzig, Keil.] Thlr. *

Steinebach, Frdr., Salonbilder aus der vornehmen Welt. Novellen. Hamburg 860. Exped. der deutschen Schaubühne. (Leipzig, Leiner.) 8. (2 Bl., 292 S.) n. 1 ⅓ ß

— die Schiller-Feier in Wien. Zur Erinnerung an Schiller's 100. Geburtstag am 10. Novbr. 1859. 1. u. 2. wesentlich verm. Aufl. Wien 860. Dirnböck. 16. (100 S. u. 1 Holzschntaf.) 6 ngr.

– Maria Stuart, s. Volksbücher. H. 34.

—— Thalia, s. Thalia.

– Die Türken vor Wien, s. Volksbücher aus alter und neuer Zeit.

Steinebach, Friedr., unschuldig verurtheilt! Wiener Kriminal-Roman. 8. (III, 324 S.) Leipzig 887, Unflad. * 4 —

— die Verräther, s. Eisenbahn-Unterhaltungen.

– Philippine Welser, s. Volksbücher aus alter und neuer Zeit.

Steinebach, Henr. (geb. Weitersburg bei Coblenz 14. 2. 1827): De mensibus eorumque vitiis. Berolini (1852). (30 S.) 8°
Berlin, Med. Diss. v. 2. Aug. 1852

Steineck, A., Penalia. Humoristische und satir. Schilderungen aus dem Gymnasialleben. 8. (85 S.) Quedlinburg 887, Wiechmann's Verlag. * 1 20

Steineck, Chr. Gf., († d. 10. Juni 1819.) Fragmente aus d. Beweisen f. die Wahrheit, Würde u. Wohlthätigkeit d. Christenthums. gr. 8. Leipz. 801. Kummer 12 gr

Steineck, Fritz, deutsches Schulliederbuch, s.: Becker, Karl.

Steineck, H., Altenglische Dichtungen (Bêowulf, Elene u. a.) in wortgetreuer Uebersetzung. gr. 8. (VII, 151 S.) Leipzig 898. O. R. Reisland. n. 3. —

[F.] Altenglische Dichtungen '(Bêowulf, Elene u. a.)' in wortgetreuer Übs. v. H. Steineck. *Leipzig: O. R. Reisland 1898.* (4 Bl., 151 S.) 1 Bd S.
[98. 10261

Steineck, Hans v., spät gereift. 4 Novellen. 8. (298 S.) Breslau 878. Herz. n. 5. —

Steineck, J. C. M., s. 1) Magazin, Hamburg. 2) Nachr. von d. Leben Gözens.

Steineck, W.: Scrutinium medicum Timothei infirmitatum vino oligo, curandarum. D. Regiomonti. 1706.

Steinecke. Freyburg u. das Unstrutthal in geologischer Beziehung, s. Kirchhoff, A. Geschichtliche Stellung d. Unstrutthales u. Freyburgs.

Anna Schloemann, geb. Kratzenstein. Das Lebensbild e. Missionarsfrau, nach Briefen u. a. hs. Mitteilungen gez. von O. Steinecke. Berlin: Buchh. d. Berliner Evang. Missionsges. 1910. 60 S. 8° [10. 17294

Zinzendorfs Bedeutung für die evangelische Kirche. Von O[tto] Steinecke. *Halle a. S.: R. Mühlmann 1900.* (22 S.) 8° [F.] [00. 545. 3

— Zinzendorfs Bildungsreise. An der Hand des Reisetagebuches Zinzendorfs dargestellt. Mit e. Bilde Zinzendorfs. 8. (II, 137 S.) Ebd. 900. n. 1. 60; geb. n. 2. 25

Steinecke, Otto (Hrsg.), s. Bittschrift, Eine, evangelischer Böhmen an den Regensburger Reichstag.

Steinecke, Otto, e. Bittschrift evang. Böhmen an d. Regensburger Reichstag, s.: Flugschriften d. Evang. Bundes.

Steinecke, Otto, die Brüdergemeine, s.: Für Feste u. Freunde der inneren Mission.

Steinecke, O., die Diaspora der Brüdergemeine in Deutschland. Ein Beitrag zu der Geschichte der evang. Kirche Deutschlands. I. Bd. 2 Tle. gr. 8. Halle 905. R. Mühlmann's Verl. n. 4. —
1. Allgemeines üb. die Diaspora. (VI, 97 S.) n. 2. —
2. Mitteldeutschland. (VII u. S. 99—220.) n. 2. —

— böhmische Glaubenszeugen im 18. Jahrh., s.: Wartburghefte. 5.

— Otto, Georg Müller, Prediger zu Bristol. E. Abriss s. Lebens u. e. Auswahl s. Reden. Zur 200jähr. Jubelfeier d. Franckeschen Stiftgn. hrsg. gr. 8. (VII, 151 S. m. 7 Abb. u. 1 Fksm.) Halle 898. R. Mühlmann's Verl. n. 2. 50

— Zinzendorf u. der Katholicismus. Ein Beitrag zum Verständnis Zinzendorfs. gr. 8. (IV, 91 S.) Halle 902. R. Mühlmann's Verl. n. 1. 60

Steinecke, Vikt., deutsche Erdkunde f. höhere Lehranstalten. 6 Tle. gr. 8. Leipzig, G. Freytag. — Wien, F. Tempsky. Geb. 8. 20
1. (Für Sexta u. Quinta.) Mit 49 Abb. u. 1 Farbentaf. (104 S.) 909. Geb. 1. 50
2. (Für Quarta.) Mit 45 Abb. u. 2 farb. Taf. (88 S.) 909. Geb. 1. 50
3. (Für Untertertia.) Mit 41 Abb. u. 1 farb. Taf. (96 S.) 910. Geb. 1. 50
4. (Für Obertertia.) Mit 48 Abb. u. 1 farb. Taf. als Titelbild u. e. statist. Anh. (94 S.) 910. Geb. 1. 50
5. (Für Untersekunda.) (64 S.) 910. Geb. 1. —
6. (Für die Oberklassen.) Mit 12 Abb. u. 1 [farb.] Taf. (64 S.) 910. Geb. 1. 20

— u. Karl Kretschmer, deutsche Erdkunde f. Mittelschulen. 4 Tle. gr. 8. Leipzig 911. G. Freytag. Geb. 4. 20
I. (Für die V. u. IV. Klasse.) (89 S. m. 52 Abb. u. 2 farb. Taf.) Geb. 1. —
II. (Für die III. Klasse.) (61 S. m. 27 Abb.) Geb. 1. —
III. (Für die II. Klasse.) (91 S. m. 30 Abb. u. 1 farb. Taf.) Geb. 1. —
IV. (Für die I. Klasse.) (105 S. m. 44 Abb. u. 1 farb. Taf.) Geb. 1. 20

Steinecke, Victor [aus Halle]: Über einige jüngere Eruptivgesteine aus Persien .... Halle, Gebauer-Schwetschke'sche Buchdr., 1887; 2 Bl. + 71 + 1 S. + 1 Bl. 8°.
Halle, Phil. Fak., Inaug.-Diss. v. 11. Jul. 1887.

Steinecke, Victor, über einige jüngere Eruptivgesteine aus Persien. Diss. Halle 1887, Lippertsche Buchh. 8°. 71 S.

Steinecke, Vict., biblische Geschichte, s.: Erbach, Johs., Religionsbuch f. evangel. Schulen.

Steinecke, Vict., das deutsche Land, s.: Kutzen, J.

— Landeskunde der Rheinprovinz, s. a. Sammlung Göschen.

Landeskunde der Rheinprovinz von Dr. Victor Steinecke. Mit 9 Abb., 3 Kärtchen u. 1 Kt. Leipzig: Göschen 1907. 138 S. 8°
(Sammlung Göschen. 308.) A 12. 12381I

— Deutsches Lesebuch f. höhere Lehranstalten, s.: Lehmann, Rud.

Steinegger, J. R., Petrus als Castellan an der Himmelspforte, dessen Thätigkeit als solcher humoristisch aber decent geschildert in 160 Versen. 8. (30 S.) Walterswil. (Grenchen [Ct. Solothurn] (899). A. Niederhäuser). — 40

Steinegger R. u. **Allemann O.**: Der Gehalt d. Kuhmilch an präformierter Schwefelsäure. (Bern) 1905. 1 S. 4°.

Steinegger, Rudolf [Assistent an der bernischen Molkereischule Rütti-Zollikofen]: Die Salzsteine, ihre chemische Zusammensetzung, Bildung und Verhütung. Ein Beitrag zur Verbesserung der Technik der Emmenthaler Käsefabrikation. Bern 1901. 30 S. 8°.

Bern. Phil. Diss. 1900/1901.

Steinegger, Rudolf. Die Salzsteine, ihre chemische Zusammensetzung, Bildung und Verhütung. Ein Beitrag zur Verbesserung der Technik der Emmenthaler-Käsefabrikation. Diss. Phil. Bern. [Sep.-Abdr. aus: Landwirtschaftliches Jahrbuch der Schweiz. Jahrg. 15, 1901, Heft 3.] 31 S. 8. Bern, K. J. Wyss, 1901.

Steinegger, R[udolf]. Der praktische Schweizer-Käser. Kurzgefasstes Lehrbuch der Milchwirtschaft, mit besonderer Berücksichtigung der schweizerischen Verhältnisse bearbeitet. Mit 64 Illustrationen. IV + 329 S. 8. Bern, K. J. Wyss, 1904. [geb. fr. 6. —]

Steineke, Viktor: Landeskunde der Rheinprovinz, s. Steinecke

Steineken, Johann (Bremen) A. S. 137/11

Disputatio juridica ordinaria, de antichresi, Vom Missbrauch der Pfänder, oder heiml. Nutzung derselben. Präs. Heinrich Cocceius. Wittenberg (Bossoegel) 1744. 16 S.

Diss. 30. XII. 1678. 33355

Steinel, Johann Carl: Philosophorum de quiete dei Placita, s. Carpzov, Joh. Benedikt.

Steinel, Karl

Steinel, Carl, Bayern wie es war und ist. Geschildert in einer Reihe vaterländ. histor. Erzählungen, Novellen und Skizzen aus Bayerns ältesten Tagen bis auf die neueste Zeit. Unter Mitwirkung der berühmtesten bayr. Schriftsteller hrsg. 1. Lfg. 12. (1. Bd. S. 1—48.) Schwäbisch Hall 855. [Stuttgart,] Nitzschke's Verlag.

—— das Klein-Kinderbuch. Mit vielen Bildern und drolligen Geschichten. Für die kleine Kinderwelt von 3 bis 8 Jahren. 4. (16 Bl. mit eingedr. ill. Lithogr.) Schwäbisch Hall 852. [Stuttgart,] Nitzschke's Verlag.

— der kleine Rechenschüler, e. Spiel f. die lieben Kleinen, nebst e. Anleitung f. ihre sorgsamen Mütter. 16. (60 S. m. 53 Ziffertäfelchen auf Pappe.) Nürnberg 851. (Wunsiedel, Grau.) n. 1/3 Thlr.

— Scherz u. Ernst. In vielen Bildern u. drolligen Geschichten. Für die kleine Kinderwelt von 3 bis 8 Jahren. 4. (16 Bl. m. eingedr. color. Lith.) Schw. Hall 852, Nitzschke. 2/3 Thlr.

—— Scherz und Ernst. In vielen drolligen Geschichten und Bildern für liebe Kinder von 3 bis 8 Jahren. 4. (16 Bl. mit eingedr. ill. Lithogr.) Schwäbisch Hall 852. [Stuttgart,] Nitzschke's Verlag.

—— der neue nun aber auch gebesserte und gesäuberte Struwelpeter. Allen kleinen Kindern zur Nachahmung in Bild und Reimen. 4. (22 S. mit 8 Stnt.) Schwäbisch Hall 853. [Stuttgart,] Nitzschke's Verlag.

Steinel, Nicolaus [cand. med. aus Gross-Wendern]: Über Ovarial-Hernien ... München, Buchdr. Kastner & Lossen, 1896; 30 S. 8.

München, Med. Fak., Inaug.-Diss. v. 1896

Steinel, Osk., praktische Anleitung z. „Grammatik-Unterricht auf physiologischer Grundlage". Zugleich anschaul. Ergänzg. zu d. im Titel genannten besond. Schrift des Verf. (17 S. m. 4 farb. Taf.) gr. 8. Kaiserslautern 909. E. Crusius. — 80

Steinel, Osk., Geist u. Welt bei Tische, s.: Blumenröder, Gust.

— allgemeine Geographie, s. a. Hillger's illustr. Volksbücher.

Allgemeine Geographie von Oskar **Steinel**. Mit 37 Abb. Berlin, Leipzig. H. Hillger [1905]. (94 S.) 8° [F.]
= **Volksbücher**, Hillgers illustrierte. Bd 22. [05.10080

Steinel, Osk., Geschichte d. Königr. Bayern. Zum Gebrauche f. Schüler in den unteren Klassen der Mittelschule u. in den oberen Klassen der Volksschule bearb. 8. (III, 32 S.) München 892. E. Pohl's Verl. [— 50] n. — 20

— Geschichte d. bayerischen Frankenlandes. Zum besseren Verständnis der Heimatgeschichte u. zugleich zur Ergänzg. der eingeführten Bücher üb. deutsche u. bayer. Geschichte f. die Schule bearb. gr. 8. (26 S.) Bamberg 892. C. C. Buchner, Verl. n. — 40

— Geschichte des bayerischen Schwabenlandes. Zum besseren Verständnis der Heimatgeschichte u. zugleich zur Ergänzg. der eingeführten Bücher üb. deutsche u. bayer. Geschichte f. die Schule bearb. gr. 8. (12 S.) Ebd. 892. n. — 40

— Geschichte der bayerischen Stammlande, der Reg.-Bezirke Oberbayern, Niederbayern u. Oberpfalz. Zum besseren Verständnis der Heimatgeschichte u. zugleich zur Ergänzg. der eingeführten Bücher üb. deutsche u. bayer. Geschichte f. die Schule bearb. gr. 8. (19 S.) Ebd. 892. n. — 40

— Der Grammatikunterricht auf physiologischer Grundlage u. d. grammat.-syntakt. Veranschaulichg. der Sprachen. Mit Gutachten verschiedener Lehrer an Volks-, Mittel- u. Hochschulen u. e. Briefe v. A. Lay. (VII, 77 S.) gr. 8. Ebd. 907. 1. 60

— die Herstellung von Schulheimatkarten für das Deutsche Reich nach einheitlichen Gesichtspunkten. Vortrag, geh. auf dem XIV. deutschen Geographentag in Köln im J. 1903. (S. 171—192.) gr. 8. Berlin 903. D. Reimer. — 50

Sonderabdruck aus: „Verhandlungen des XIV. deut. Geographentages".

— zur Frage: Klassenlehrersystem od. Fachlehrersystem an unseren höheren Schulen (Realschulen, Gymnasien, höheren Töchterschulen). Mit e. übersichtl. Darstellg. der einschläg. Unterrichtsverhältnisse in der untersten Klasse sämtl. Realschulen eines deutschen Bundesstaates. (33 S.) gr. 8. München 904. Th. Ackermann. n. — 60

Sonderabdruck aus: „Bayer. Ztschr. f. Realschulwesen".

Steinel, Osk., der Wismayersche Lehrplan. Das Beispiel einer wirklich in's Leben getretenen staatl. allgemeinen Mittelschule an Stelle der jetzt existirenden drei Anstalten Humanistisches Gymnasium, Realgymnasium und Realschule. gr. 8. (33 S.) Würzburg 888, Stuber's Verlag. * — 60

— s.: List's, Frdr., nationales System der politischen Ökonomie.

—— Die Reform d. deutschen Aufsatz-Unterrichtes. Zugleich Anleitg. zum Gebrauch d. „Schülerbuches für den deutschen Aufsatz-Unterricht an den Mittelschulen“ v. Osk. Steinel u. Karl Keppel. gr. 8. (32 S.) Schweinfurt 891, (Giegler). ** — 60

— die Reform des deutschen Aufsatz-Unterrichtes. Zugleich Anleitg. zum Gebrauche des Schülerbuches f. den deutschen Aufsatz-Unterricht an den Mittelschulen v. Osk. Steinel u. Karl Keppel. gr. 8. (32 S.) Ebd. 893. n. — 60

— Regelbüchlein f. den deutschen Grammatik-Unterricht im 1. Jahre der Mittelschule. Mit Zuhilfenahme des Buntdrucks behufs erhöhter Übersichtlichkeit f. den Schüler. Als prakt. Zugabe zu den benützten Lehrbüchern, namentlich zum Gebrauche bei Übersichten u. Repetitionen. Mit e. kurzen Anh.: Winke f. zweckmäß. Selbstbeschäftigg. des Schülers während der Herbstferien. 8. (23 S.) München 893. E. Pohl's Verl. n. — 20

Steinel, Osk., u. Karl Keppel. Schülerbuch f. den deutschen Aufsatz-Unterricht an den Mittelschulen im Sinne der Schulreform. Für Schüler von 9 bis zu 12 Jahren. gr. 8. (48 S.) Schweinfurt 891, (Giegler). ** — 50
Vgl.: Steinel, Osk. Die Reform des deutschen Aufsatz-Unterrichtes.

— u. Karl Keppel, Schülerbuch f. den deutschen Aufsatz-Unterricht an den Mittelschulen im Sinne der Schulreform. Für Schüler von 9 bis zu 12 Jahren. gr. 8. (IV, 48 S.) Ebd. 893. n. — 60

Steinel, Osk., das Schulwesen im Gebiete d. ehem. Hochstifts Würzburg währ. d. ersten bayer. Besitznahme 1803—1806. [Aus: „Bayer. Zeitschr. f. Realschulwesen.“] gr. 8. (37 S.) München 895. E. Pohl. n. — 50

— s.: Studienkalender, bayerischer.

— s.: Töchter-Schul-Kalender.

— der Unterricht in der Landesgeschichte in seinem Verhältnisse zum Unterricht in der deutschen Geschichte. Mit besond. Bezugnahme auf die Mittelschulen u. auf die bayer. Landesgeschichte dargestellt. gr. 8. (29 S.) Bamberg 891. C. C. Buchner, Verl. n. 1. —

Steinel, Osk., Goethes Urteile üb. die wichtigsten Tagesfragen des 20. Jahrh. In wörtl. Auszügen aus Eckermann zusammengestellt. 8. (II, 75 S.) Erlangen 900. F. Junge. — 75

Handbuch des Privatgärtners. Seine Lage, Ausbildung, Zukunft u. Beziehungen z. Herrschaft. Von F. Steinemann, Schloßgärtner, u. A[lexander] Steffen, Red. Mit 20 Abb. Frankfurt a. Oder: Trowitzsch & Sohn 1907. (162 S.) 8° [F.] [07. 14139

Steinemann, F., Mensch u. Garten. (27 S.) 8. Stargard 907. Kolberg, Prange. — 50

Steinemann, Jac[ob]. Freude an Leibesübung. Betrachtungen und Vorschläge von Jak. St'.... 35 S. 8. Bern, Gustav Grunau, 1907. [fr. —. 60]

— Rumpfübungen. Lehrbuch f. d. Schul- u. Vereinsturnen sowie zum Selbstgebrauch. Nach schwedisch-dän. System in dtsch. Turnsprache. (99 S. m. 72 Abb.) kl. 8. Bern 910. A. Francke. Kart. 2. 50

Steinemann, Jakob, Eine turnerische Studienreise nach Deutschland und Dänemark, Zürich 1909, 15 S., 8°.

— Vorbilder f. d. Haltungsturnen, 7 Taf. m. 58 Fig., Bern, 2°.

Steinemann, J., Vorübungen für die Einzelausbildung. Für d. Schulturnen zsgest., 2. umgearb. Aufl. (Schriften d. Gesellsch. „Pro corpore“, Nr. 3), 27 S., 16°.

Steinemann, Th., s.: Religion u. Geisteskultur.

Steinen, Arno v., die hypnotische Praxis. Wie veranstaltet man hypnot. Vorstellgn. u. Unterhaltgn. 2. verb. Aufl. (32 S.) 8. Leipzig (910). E. Marré. — 70

Steinen, Ernst von den

Steinen, E. v. den, Gesundheit u. Sittlichkeit. Vortrag, an e. Herrenabend im Düsseldorfer Bildungsverein 18. III. 1903 geh. (15 S.) gr. 8. Düsseldorf 903. J. Baedeker. n. — 20

Gesundheit und Sittlichkeit. Vortrag an e. Herrenabend im Düsseldorfer Bildungsverein 1903 geh. von Dr. med. E[rnst] v. den Steinen. 3. Aufl. Düsseldorf: J. Baedeker 1903. (15 S.) 8°

Gesundheit und Sittlichkeit. Vortrag von Dr. med. E[rnst] v. den Steinen. 5. Aufl. Düsseldorf: Baedeker 1908. 15 S. 8°

Steinen, Ernst v. den, über den natürlichen Somnambulismus. gr. 8. (30 S.) Heidelberg 881, C. Winter's Universitäts-Buchh. * — 80

Steinen, J. Chr. de: De atonia nervorum .... s. Buechner, A. E. [Praes.]

Steinen, Johann Dietrich von

— Beschr. d. Gotteshäuser Lappenberg u. Scheda, wie auch d. Stifts Averndorp u. Kloster Weddinghausen. 8. Ebend. 741.

Steinen, Joh. Dietr. v., westphälische Geschichte. 4 Thle. 8. Lemgo, Meyer. 1r 1797. 2r 1755–60. (I. 3 Rthlr. 16 gr. II–IV. à 1 Rthlr. 16 gr.) 8 16

— — desselben 5r Thl. 1ste–3te Abtheil. fortges. v. P. F. Weddigen, (hat auch d. Titel: P. F. Weddigen Paderbornische Geschichte 1r Bd. 1ste–3te Abtheil.) 8. Ebendas. 801. (1ste 1 Rthlr. 4 gr. 2te 3te à 1 Rthlr.)

— Quellen d. westphäl. Historie, od. Nachr. v. mehr als 100 ungedruckt. Geschichtbüchern u. ihr. Verfassern. 8. Ebd. 741.

Steinen, Johann Dietrich von. Versuch einer westphälischen Geschichte. Lemgo 1748—1801. H (4. Th.): *Steinen, Joh. Dietr. Franz Ernst von.* V (4. Th., 1—3): *Raet von Bögelskamp, Frdr. Wilh. Ferd. Freih. von.* (Ky)

v. Steinen, Jh. Dietr., († d. 31. Aug. 1759.) Versuch einer westphäl. Geschichte. 4 Thle. 8. Lemgo, Meyer. (1r Thl. 748. Mit neuem Tit. 755. 2r—4r Thl. 755, 57, 60. (4r Thl. herausgg. v. seinem Sohne J. D. F. E. v. Steinen). 8 ₰ 16 ℊ 5r Thl. 1e—3e Abtheil. (v. F. W. F. v. Raet); hrsgg. v. P. F. Weddigen. (A. u. d. T.: P. F. Weddigen Paderbornische Geschichte. 1r Bd. 1e—3e Abthl.) 8. Ebd. 801. 3 ₰ 4 ℊ

Steinen, Johann Dietrich Frz. Ernst von

— Leben seines Vaters Jh. Dietr. v. St., im 4n Thle von dessen westphäl. Geschichte.

— drei Predigten bei Anwesenheit des allürten Hauptquartiers in Hildesheim gehalten. 8. Frankf. 765..

v. Steinen, Jh. Dietr. Frz. Er., († d. 26. Mai 1797.) Untersuchung in wie weit die Grunerische Vertheidigung Westphalens gegen das Lob der noch lebenden unbekannten Schriftsteller in d. berühmtesten Gegenden Westphalen nöthig u. hinlänglich sey? 4. Hamb. u. Leipz. 753.

Steinen, Karl v. den, über den Antheil der Psyche am Krankheitsbilde der Chorea. Inaugural-Dissertation. gr. 8. (75 S.) Strassburg 875, Trübner. * 1 60

Steinen, Karl von den. Die Bakaïrí-Sprache. Wörterverzeichnis, Sätze, Sagen, Grammatik. Mit Beiträgen zu e. Lautlehre d. karaïb. Grundsprache. (2. Schingú-Expedition 1887—88.) gr. 8. (XVI, 403 S. m. 1 Bildnis.) Lpz. 892, K. F. Koehler's Antiquarium. ** 18 —; geh. ** 18 75

Steinen (Karl v. der), Adolf Bastian. Gedächtnisfeier am 11. März 1905. [Umschlagt.]
Aus: Zeitschrift f. Ethnologie. 1905, H. 2 u. 3.

Steinen, Karl v. den, s.: Diccionario Sipibo.

Steinen, Karl v. den, d. Gesundheitspflege in d. Familie, s.: Sammlung kleiner Volksschriften, 14.

Steinen, Karl v. den, die Gesundheitspflege in der Familie od. die notwendigsten Fordergn. der Gesundheitslehre an Nahrg., Wohng. u. Kleidg., s.: Sammlung kleiner Volksschriften.

— unter den Naturvölkern Zentral-Brasiliens. Reiseschilderung u. Ergebnisse der 2. Schingú-Expedition 1887—1888. Mit 30 Taf. (1 Heliograv., 11 Lichtdr.-Bilder, 5 Autotyp. u. 7 lith. Taf.), sowie 160 Text-Abbildgn. nach den Photographien der Expedition, nach den Orig.-Aufnahmen von Wilh. v. den Steinen u. nach Zeichngn. v. Johs. Gehrts, nebst 1 Karte v. Pet. Vogel. Lex.-8. (XV, 570 S.) Berlin 894. D. Reimer. Geb. in Leinw. n. 12. —

— unter den Naturvölkern Zentral-Brasiliens. Reiseschilderg. u. Ergebnisse d. 2. Schingu-Expedition 1887—1888. 2. Aufl. als Volksausg. M. 11 Taf. u. 153 Abb. nach d. Photographien d. Expedition, nach d. Orig.-Aufnahmen v. Wilh. v. d. Steinen u. nach Zeichngn. v. Johs. Gehrts, nebst 3 Routenkarten. Lex.-8. (XVI, 413 S.) Berlin 897. D. Reimer. Kart. n. 5. 50

von den Steinen, Car. [illegible] De urethrae stricturis. Berolini (1847) (34 S.) 8°
Berlin, Med. Diss. v. 22. Mai 1847

— prähistor. Zeichen u. Ornamente (Svastika. Triskeles. Runenalphabet.), s.: Festschrift f. Adolph Bastian.

Steinen, Karl v. den, durch Central-Brasilien. Expedition zur Erforschg. d. Schingú im J. 1884. Mit üb. 100 Text- u. Separatbildern von Wilh. v. den Steinen, 12 Separatbildern v. Johs. Gehrts, 1 Specialkarte d. Schingústroms v. Otto Clauss, 1 ethnograph. Kartonskizze u. 1 Übersichtskarte. gr. Lex.-8. (XII, 372 S.) Leipzig 886. Brockhaus. n. 24. —; geb. n. 26. —

Steiner [Sachliches OW]

Steiner, Emanuel St. Landschaft- und Blumenmaler. (Njbl.) s.a. [Steiner, Eduard].

Steiner, Emanuel, Landschaft- und Blumenmaler. Winterthur [1857]. V: *Steiner, Eduard.* (Cat. d. Stadtbibl. Zürich. Zürich 1864—97.)

Anon.: H. Steiner. (Größtenteils nach dem Nekrolog von Prof. Dr. H. Kesselring.) Zürich, Kantonsschule, Progr. 1889.

Steiner, Heinr., s. Furrer, K., u. H. Kesselring. Worte der Erinnerung.

Steiner Alpen [Schlagwort]

Steiner Alpen, s.: Geologische Karten, Teller, Fr.

Steiner [Verfasser]

Steiner. Ausz. aus d. Ber. üb. e. militärärztl. Sendung nach Tirol u. Venetien i. Sommer 1859. Karlsruhe 1860.

Steiner, s.: Donau-Moldau-Elbe-Kanalprojekt, das.

Steiner, Geschichte des Patrimonial-Gerichts Londorf und der Freiherren von Nordeck zu Rabenau. Darmstadt 1846. 8.

Ode am Geburtstage des Königs. Gesungen in dem grossen Hörsaale der Leopoldts-Universität zu Breslau 1786. (Verfasser: Prof. Steiner.) Breslau, mit Schriften der Universität.

Steiner: Das philosophische Prinzip des xenophontischen Sokrates nach Ursprung und Entwicklung. 23 S. 8°
Wien M., Progr. 1868

Steiner, die Sachsengräber bei Miltenberg u. Kleinheubach a. M. Beitrag zur Geschichte der Feldzüge der Alliirten gegen Frankreich in den Jahren 1813—1815. 1. Aufl. 1865. u. 2. Aufl. Hanau 866. König's Verlag. gr. 8. (38 S. mit 1 Steintaf. in 4.) n. 10 ngr.

Steiner, Sammlung u. Erklärung altchristl. Inschriften im Rheingebiete a. d. Zeiten der röm. Herrschaft. 1859. 62 S. 2.—

Steiner, Weiner und Wrany, Deutsche Sprachschule. Grammatik, Orthographie und Stil für österreichische Bürgerschulen. In 3 Teilen. Neu bearbeitet von M. Binstorfer. 7. Auflage. Wien 1903. Manz.
I. Teil für die erste Klasse der Bürgerschulen. Preis 40 h.
II. Teil für die zweite Klasse der Bürgerschulen. Preis 40 h.
III. Teil für die dritte Klasse der Bürgerschulen. Preis 40 h.

Steiner, Das System der röm. Wehren in Anwend. auf die Oertlichkeit, wo jetzt Darmstadt liegt u. das alte Neckargebiet in der Bergstrasse. 1858. 67 S. 1.20

— die Verwandtschaften des großherzogl. hessischen Hauses mit 28 regierenden Häusern durch Vermählungen seit der Regierung Ludwigs IX., Landgrafen von Hessen-Darmstadt, 1768 bis jetzt. gr. 8. (25 S.) Groß-Steinheim 861. (Hanau, König's Verlag.)

Steiner, A., über d. Idee e. Fingersprache, hauptsächl. zum Nutzen f. taube u. stumme Personen. 8. (2 B. u. 1 Stnt.) Ilmenau 828, [Weimar,] Voigt.

Bahnhof Kiel. Project zum Umbau. 1:2000. Kiel-Rendsburg, den 20. Aug. 1891. Gez. v. A. Steiner. Bl. 1 und 2. Farbendruck v. H. S. Hermann, Berlin. Imp.-Fol., Bl. 1: 69/101 cm (aus 2 Blättern zusammengeklebt), Bl. 2: 50,5/69 cm.

Steiner, (A.) 20 Vorlegeblätter, enth. Gegenstände z. Nachzeichnen f. d. Jugend. Breslau, Grüson u. C. 6 gr. illum.

Steiner, A., 20 Vorlegeblätter, enth. Gegenstände zum Nachzeichnen f. die Jugend. Bresl., (Hentze). 6 gr. illum. 8 gr.

Steiner, A. [aus Mosbach (Baden)]: Die Zungen-Carcinome der Heidelberger chirurgischen Klinik in den Jahren 1878—88. . . . (Aus: Beitr. z. klin. Chirurgie. VI. Bd. 3. H.) Tübingen, Verl. d. H. Laupp'schen Buchh., 1890; 48 S. 8º
Heidelberg, Med. Fak., Inaug.-Diss. v. [12. Febr.] 1890

Steiner, Adam, a. Kitzingen: Über diffuse Sarkomatose des Rückenmarks. Würzburg 1908: P. Scheiner. (39 S.) 8°
Würzburg, Med. Fak., Ref. Borst, Diss. v. 5. Aug. 1908
[Geb. 30. Okt. 81 Kitzingen; Wohnort: Würzburg; Staatsangeh.: Bayern; Vorbildung: Neues Gymn. Würzburg Reife Juli 01; Studium: Würzburg 12 S.; Coll. 26. Febr. 08; Approb. 7. Dez. 07.]

Steiner, Adolf

Steiner, A., Johannes Brahms, s.a. Neujahrsblatt d. allgem. Musikgesellschaft in Zürich 1898.

Johannes Brahms. (Verf.: A. Steiner, Zürich.) T. 1. 2. *Zurich (1898–99): Zürcher & Furrer.* 2 Bde 4°
= Neujahrsblatt d. Allg. Musik-Gesellschaft in Zürich. 1898. 99. [No] 86. 87. [ω. 3935

— **Hans v. Bülow**, s.a. Neujahrsblatt, 94., der allgem. Musik-Gesellschaft in Zürich.

Hans von Bülow. (Verf.: A. Steiner.) Zürich: Orell Füssli (1905). (35 S.) 4°
= **Neujahrsblatt** d. Allgem. Musikgesellschaft in Zürich. 94. [o6. 1534

(Steiner, A[dolf].) Hans von Bülow (1830—1894). [Mit Porträt-Tafel.] 35 S. 4. Zürich, Orell Füssli (Komm. Gebrüder Hug & Co., Zürich u. Leipzig). [fr. 3. —]
94. Neujahrsblatt der Allgemeinen Musikgesellschaft in Zürich 1906.

Steiner, A., Hermann Goetz, s.a. Neujahrsblatt, 95., der allgemeinen Musik-Gesellschaft in Zürich.

(Steiner, A[dolf].) Hermann Goetz (1840—1876). [Biographie. Mit 1 Porträt- und 1 Noten-Facsimile-Tafel.] 39 S. 4. Zürich, Orell Füssli (Komm. Hug & Co., Z' u. Leipzig). [fr. 2. 50]
95. Neujahrsblatt der Allgemeinen Musikgesellschaft in Zürich 1907.

Steiner, A.: Aus dem Zürcherischen Konzertleben der 2. Hälfte des vergangenen Jahrhunderts, s.a. Aus ...

(Steiner, A[dolf].) **Aus dem Zürcherischen Konzertleben der zweiten Hälfte des vergangenen Jahrhunderts. Teil 1 ⟨1855—1877⟩.** [Mit 1 Tafel.] 42 S. 4. Zürich, Orell Füssli (Komm. Gebrüder Hug & Co., Zürich u. Leipzig). [fr. 2. 50]
S. 12—42: Konzertberichte, von G(ustav) W(eber) und von A' S'.
92. Neujahrsblatt der Allgemeinen Musikgesellschaft in Zürich 1904.

(Steiner, A[dolf].) Aus dem Zürcherischen Konzertleben der zweiten Hälfte des vergangenen Jahrhunderts. Teil 2 ⟨1878—1895⟩. [Mit 1 Porträt-Tafel.] 34 S. 4. Zürich, Orell Füssli (Komm. Gebrüder Hug & Co., Zürich u. Leipzig). [fr. 3. —]
93. Neujahrsblatt der Allgemeinen Musikgesellschaft in Zürich 1905.

(Steiner, A[dolf].) Robert Schumann. Ein Gedenkblatt. [Mit 1 Porträt-Tafel.] 38 S. 4. Zürich, Orell Füssli (Komm. Hug & Co., Z' u. Leipzig). [fr. 3. —]
99. Neujahrsblatt der Allgemeinen Musikgesellschaft in Zürich 1911.

— Richard **Wagner** in Zürich, s.a. Neujahrsblatt, 89. u. 90., der allgem. Musikgesellschaft in Zürich.

(Steiner, A[dolf].) Richard Wagner in Zürich. Teil 1 ⟨1849—1852⟩. [Mit 1 Porträt und 4 Beilagen.] 48 S. 4. Zürich, Art. Institut Orell Füssli (Komm. Gebr. Hug & Co., Zürich und Leipzig). [fr. 3. —]
89. Neujahrsblatt der Allgemeinen Musikgesellschaft in Zürich 1901.

(Steiner, A[dolf].) Richard Wagner in Zürich. Teil 2 ⟨1852—1855⟩. [Mit Porträt-Tafel und 6 Beilagen.] 41 S. 4. Zürich, Art. Institut Orell Füssli (Komm. Gebrüder Hug & Co., Zürich u. Leipzig). [fr. 2. 50]
90. Neujahrsblatt der Allgemeinen Musikgesellschaft in Zürich 1902.

— **Richard Wagner in Zürich, s.a. Neujahrsblatt, 91., der allgem. Musikgesellschaft in Zürich.**

(Steiner, A[dolf].) Richard Wagner in Zürich. ⟨Teil 3: 1855—1858⟩. [Mit 2 Porträt-Tafeln.] 34 S. 4. Zürich, Art. Institut Orell Füssli (Komm. Gebrüder Hug & Co., Zürich u. Leipzig). [fr. 3. 50]
91. Neujahrsblatt der Allgemeinen Musikgesellschaft in Zürich 1903.

— Gustav Weber, s.a. Neujahrsblatt, 98., der allgemeinen Musikgesellschaft in Zürich.

(Steiner, A[dolf].) Gustav Weber. [Mit 1 Porträt-Tafel.] 36 S. 4. Zürich, Orell Füssli (Komm. Hug & Co., Z' u. Leipzig). [fr. 3. —]
98. Neujahrsblatt der Allgemeinen Musikgesellschaft in Zürich 1910.

Steiner, Frau Agnes, geb. Jess, Brennstiftzeichnungen. (1. Serie.) Fol. (7 Bl.) Hamburg 894. Boysen & Maasch. n. 3. —

Steiner, Frau Agnes, Brennstift-Zeichnungen. 2. Hft. Fol. (8 [2 farb.] Taf.) Hamburg 899. Boysen & Maasch. n. 4. —; einzelne Taf. — 60

— Landschafts-Zeichnungen. Nach eigenen Naturstudien auf Stein gezeichnet. 30 Taf. (23 Taf. kl. Fol. u. 7 Taf. gr. Fol.) Ebd. 894. In Mappe. n. 20. —

Ⓑ **Steiner**, Agnes, Landschaftszeichnungen. 894. (KBL 28.) Erm. Pr. 10. —

— Hamburger Landsitze u. Landschaften aus alter u. neuer Zeit. 25 Bl. Fcsm.-Kunstdrucke in Mappe. qu. gr. Fol. Mit beschreib. Text v. Jul. Faulwasser. gr. 4. (15 S.) Ebd. (900). In Leinw.-Mappe n. 25. —; Luxusausg. n. 50. —

Ⓑ — Hamburger Landsitze. 900. (KBL 30.) Erm. Pr. 12. 50

Steiner, Alb.: Zur Theorie der Linsen. Zürich 1865. 4°

Steiner, Albert, med. pract. aus Zürich: Aus dem Privatlaboratorium des Privatdocenten Dr. Hanau in Zürich. Neue Beispiele für den formativen Einfluss des Epithels auf das Bindegewebe; Entstehung papillärer Bildungen auf wunden Flächen unter dem Einfluss darüber gewucherten, von normal papillenführender Oberfläche stammenden, oder papillomatösen Epithels. Mit zwei Tafeln. (S. A. aus: Virchow's Archiv f. pathol. Anatomie u. Physiologie. Bd 149 [S. 307—329].) Berl. (G. Reimer) 1897. 27 S., 2 Taf. 8°.
Zürich, Med. Diss. [v. 13. Aug. 1897].

Steiner, Alfons: Beitrag zur Interpretation des Steuergesetzes von Ptolemaios Philadelphos. Freiburg i. B. 1910: Wagner. 40 S. 8°
Heidelberg, Jur. Diss. v. 11. Juni 1910, Ref. Gradenwitz
[Geb. 11. Juli 83 Birkenhard; Wohnort: Birkenhard; Staatsangeh.: Württemberg; Vorbildung: Gymn. Rottweil Reife M. 05; Studium: Tübingen 1, Freiburg i. B. 1, München 1, Berlin 1, Straßburg 3 S.; Rig. 2. März 10.]
[U 10. 2026

Steiner, Anton

Steiner, Ant., s.: Blätter f. Kanzel-Beredsamkeit.

Steiner, Ant., Gelegenheitsreden, zusammengestellt. Ergänzungsheft der „Blätter f. Kanzel-Beredsamkeit". gr. 8. (III, 160 S.) Wien 883. Kirsch. n. 1. 60

Steiner, Ant., Gesetz üb. die Zwangsversteigerung u. die Zwangsverwaltung vom 24. III. 1897 m. besond. Berücksicht. der bayerischen Ausführungs-Bestimmgn. unter Anfügg. v. Beispielen erläutert. 3 Lfgn. (VIII, 441 S.) Lex.-8. München 905. J. Schweitzer Verl. n. 8. 40; geb. in Leinw. n. 9. 60

Steiner, Ant., Gesetz üb. die Zwangsversteigerung u. die Zwangsverwaltg. v. 24. III. 1897, m. besond. Berücksicht. d. bayerischen Ausführungs-Bestimmgn. unt. Anfügung v. Beispielen erläutert. 2. neubearb. Aufl. (VIII, 546 S.) gr. 8. München 909. J. Schweitzer Verl. Geb. in Leinw. 11. 80

Steiner, Ant., der Kirchendienst. Eine Anleitg. f. Meßner u. Kirchendiener. Nach dem neuen Wiener Diözesan-Rituale m. Zugrundelegg. e. älteren Werkchens zusammengestellt. gr. 8. (IV, 91 S.) Wien 890. Kirsch. geb. n. 1. 60

Steiner, Anton [aus Bocholt]: Ueber die Constitution der Säureamide ... Hannover, Druck v. G. Jacob, 1896; 40 S. 8.
Erlangen, Phil. Fak., Inaug.-Diss. v. 28. Okt. 1896

Steiner, Ant. G., üb. die Einwendungen gegen die nach Schlesien verordneten deutschen Pfarrgehülfen. gr. 8. Bresl. 790. J. F. Korn. 3 gr.

— der erste Feldzug Friedrich Wilhelm II.; e. Gemälde. Bresl. 790.

Steiner, A. G., Katechetik. 1r Thl. 8. Breslau, Barth. 801.

— allgem. Katechetik. Versuch e. Theorie d. katechet. Dialogik, z. Gebrauch e. Vorles. f. Studirende. 1r Thl. 8. Bresl. 802. Graß, B. u. C. 20 gr.

Steiner, Arnold. aus Zollikofen '(Kanton Bern)': Ueber Senfoele zweiwerthiger aromatischer Radicale. Neuchatel Attinger Impr. 1886. 44 S. 8°.
Zürich. Phil. Diss. [v. 29. Juli 1886].

Steiner, Arthur [app. Arzt aus Pless O/S.]: Die Folgen des Verschlusses der Schenkelgefässe ... Erlangen, kgl. bayer. Hofbuchdr. v. A. Volrath [!], 1896; 39 S. 8.
Erlangen, Med. Fak., Inaug.-Diss. v. 18. Dez. 1896

Steiner, Augustin, einiges über den elektrodenlosen Ringstrom. (4 S. m. 2 Fig.) gr. 8. Wien 904. (A. Hölder.) n. — 20
Sonderabdruck aus: „Sitzungsber. d. k. Akad. d. Wiss."

Steiner, Augustin: E i n i g e s über den elektrodenlosen Ringstrom (mit 2 Textfiguren). S. 113. IIa. 403
Separatabdruck

Steiner, B., Benediktiner-Abtei, s.: Lehmann, Adf, kulturgeschichtliche Bilder.

Steiner, Bernh., Sappho. (IV, 112 S. m. 6 Taf.) 8. Jena 907. E. Diederichs. 2. 50; geb. 3. 50

[F.] Steiner, Bernhard [aus Lötzen]: Ludwig Tieck und die Volksbücher ... (Erscheint vollst. im gl. Verl.) Berlin, C. Vogt's Buchdr., 1893; 2 Bl., 63 S. 8.
Berlin, Phil. Fak., Inaug.-Diss. v. 21. Juni 1893

Steiner, Bernh., Ludwig Tieck u. die Volksbücher. Ein Beitrag zur Geschichte der älteren romant. Schule. gr. 8. (III, 88 S.) Berlin 893. C. Vogt. n. 1. 60

Steiner, Bernhard Ernst Ferdinand

Steiner, B. E. F., s. Hübner, Jh., bibl. Geschichten.

— s. Jh. Hübner, biblische Historien.

Steiner, B. E. F., Katechismus der christlichen Glaubens- und Pflichtenlehre. Mit genauer Berücksicht. und Erklärungen der Hauptstücke des kleinen Luther. Katechismus. Zum Gebrauche für Lehrer und Schüler in Volksschulen, sowie zur häusl. Belehrung und Erbauung. 8. (X und 157 S.) Rudolstadt 861. (Leipzig, Wagner.) *

Steiner, Bernh. Ernst Ferd., wie kann der Geistliche zur Verminderung d. in unsern Tagen immer mehr überhand nehmend. Unzucht u. unehel. Geburten wirken? Eine zeitgemäße Frage. Beantwortet. gr. 12. Rudolstadt 838. Fröbel. (Leipzig, Engelmann.) ¼ gr.

Steiner, Bertram, Referendar in Cöln a. Rh.: Haftung aus ursprünglichem Unvermögen bei vertragsmäßigen Schuldverhältnissen. *Rostock 1903: C. Hinstorff.* (79 S.) 8° [F.]
Rostock, Jur. Diss. v. [20. Nov.] 1903

Steiner, C., das gesamte Buch- u. Rechnungswesen der G. m. b. H. Für die Praxis auf Grund der gesetzl. Bestimmgn. bearb. 2. Aufl., um 1/3 vermehrt. (63 S.) 8. Dresden 910. C. Steiner. 2. —

— Einrichtungen u. Abschlüsse der Handelsbücher. Für die Praxis auf Grund der gesetzl. Bestimmgn. bearb. 2 Tle. 8. Ebd. 4. 75
I. Einrichtungen u. Abschlüsse der Handelsbücher des Einzelkaufmanns, der offenen Handelsgesellschaft, Aktiengesellschaft, Kommanditgesellschaft, Kommanditgesellschaft auf Aktien u. der stillen Gesellschaft. (XII, 161 u. XIV S.) 906. 3. —
II. Das gesamte Buch- u. Rechnungswesen d. G. m. b. H. (VII, III, 48 u. III S.) 907. 1. 75

[F.] Die Ermittelung u. Construction des Steuers, Das gelöste Problem d. Lenkbarkeit des Luftschiffs. Theoret. Entwickelg. u. prakt. Ausführg v. Wasser-Bauinsp. C. Steiner, Kgl. Preuss. Reg.-Baumeister. '(Beendet Stade, i. Winter 1896.)' *Stade: A. Pockwitz 1897.* (22 S., 1 Bl.) 1 Bd 8. [98. 4311 ...

Steiner, C., Kapital u. Bilanzen der Aktiengesellschaften. Gründung; Erhöhg. u. Verminderg. des Grundkapitals; Obligationen; Bücherabschluss u. Rechnungslegg.; Liquidationsbilanz; Delkredere-Konto. Buchführungstechnische Studien m. prakt. Beispielen f. Vorstand, Aufsichtsrat, Aktionäre, Juristen, Buchhalter u. Revisoren. (VII, 135 u. XII S.) 8. Dresden (Zinzendorfstr. 26) 905. Selbstverlag. Geb. in Leinw. n. 3. 50

Steiner, C. C., s. Blätter aus d. Tagebuche.

Steiner, C. F. Ch., s.a. S t e i n e r , Karl Friedrich Christian

Steiner, Carl, s. S t e i n e r , Karl

Steiner, Chr. Gli.

— Bemerkk. üb. die kulmsche Gütergemeinschaft zwischen Eheleuten. 8. Thorn 794.

— Betracht. üb. das Verfahren des Magistrats u. des Kämmerers der Stadt Thorn gegen die Mokker, e. im Thorn. Weichbilde gelegener Ort. 4. Warschau (Bresl.) 786.

— s. Bibliothek, poln.

Steiner, Chr. Gli., exercitationes ad jus Polonicum tam publicum quam privatum. Fasc. I. 8. Thorn 786.

Steiner, Chr. Gli., († d. 10. Nov. 1814.) üb. Pfandverschreibungen auf adliche Güter nach poln. Rechten. 4. Thorn 803. Kühn in Posen. 6 gr.

— üb. d. polnische Reichsgrundgesetz: Neminem captivabimur nisi jure victum aut in maleficio deprehensum etc. 8. Berlin, Matzdorff. 791.

Steiner, E.: De origine febrium . . . , s. Nicolai, E.H. (Praes.)

Steiner, E., welche Stellung nehmen wir gegenüber der Einführung des Knaben-Handarbeits-Unterrichts in den Lehrplan der Volksschule ein?, s.: Abhandlungen, pädagogische. IV. 8.

Steiner, E. F., 100 Interessen-Tabellen z. schnellen Auffindung d. Zinsen v. jedem Betrage u. zu jedem Prozent, mit Verlässlichkeit berechnet bis auf d. kleinsten Bruchtheile. 5 Lfgn. Fol. (26 B.) Wien 840, 41. (Leipzig, Kummer.) à ⅓ Thlr.

Steiner, Ed., des Schweizermalers Rosenkranz. Eine Reihe Gedichte, als Begleitung zum Bilde des Schwures im Grütli den Freunden des Vaterlandes und der Kunst gewidmet. 8. Winterthur 842. (Steiner'sche Buchh.) n. 5/12 Thlr.

[Steiner, Eduard.] Emanuel Steiner, Landschaft- und Blumenmaler (1778-1831). [Mit 1 Porträt- und 1 Facsimile-Tafel.] (Njbl. Burgerbibl. Winterthur 1857.) 4 (Winterthur.)

Steiner, Eman., die Belagerung von Winterthur im Jahre 1460. (Gedicht.) 8. Winterthur 842. (Steiner.) n. 1/6 Thlr.

Steiner, Emanuel. Fest-Schrift zum 75-jährigen Bestehen, 1834—1909 [des] Artillerie-Verein Basel-Stadt. Im Auftrage des Vereins verfasst und ihm gewidmet von E' St'. 161 S. 8. Basel, Franz Wittmer, 1910.

Steiner, Emanuel. Zur Pflege unserer Bibliotheken. Von E' St' in Basel. ([Illustriert. Sep.-Abdr. aus:] Z[eitschrift] f[ür] B[ücherfreunde, Jahrg. 10,] 1906/1907.) S. 287—291. 4. (Leipzig, W. Drugulin.)

Steiner, Emil, Atthis, das Rosenmädchen. Sapphische Oden und lesbische Lieder nach dem Griech. 8. (III, 107 S. mit 1 Abbild.) Berlin 887, Rosenbaum und Hart. geb. * 3 —

Steiner, Emil, a. Jux-Backnang: Friedrich Haugs Epigramme und ihre Quellen. Borna-Leipzig 1907: R. Noske. (VII, 83 S.) 8°
Tübingen, Phil. Fak., Ref. v. Fischer, Diss. v. 13. Juli 1907
[Geb. 20. Okt. 82 Jux, O.-A. Backnang; Wohnort: Tübingen; Staatsangeh.: Württemberg; Vorbildung: Karls-Gymn. Stuttgart, Seminar Urach Reife M. 00; Studium: Tübingen 10 S.; Coll. 2. Aug. 06.]

—— Hogolie. Ein Sudetenschatz. Rübezahl-Lieder. 8. (X, 93 S. mit 1 Abbild.) Ebendas. 888. geb. mit Goldschn. *

E. Steiner. Hogolin. Ein Sudetenschatz. Rübezahl-Lieder. Mit einer Abbildung. Berlin 1888. 8°.

Steiner, Emil, Culturgeschichte Schlesiens von einst bis heut. Historische Skizzen. 34 Friesbilder und 1 Titelblatt nach Orig.-Handzeichnungen. 2. Aufl. In Lichtdr. hergestellt von Alb. Frisch in Berlin. qu. gr. Fol. Mit Text. gr. 8. (30 S.) Berlin 888, Zenker. geb. mit Goldschn. *

Steiner, Emil. Historische Skizzen. Kultur-Geschichte Schlesiens. 1 Bd. Text, 1 Bd. Abbild. Berlin 1883. Fol.

Steiner, Ernst, lic. jur., von Birrwyl (Aargau): Die Appellation nach schweizerischem Zivilprozessrecht. Bern 1906. VIII + 120 S. 8°.
Bern. Jur. Diss. 1905/1906.

Steiner, Ernst, die Appellation nach schweizer. Zivilprozessrecht, s.a. Abhandlungen zum schweizer. Recht. 12. Hft.

Die Appellation nach schweizerischem Zivilprozeßrecht. Von Dr. jur. Ernst Steiner von Birrwyl. Bern: Stämpfli & Cie 1906. (VIII, 120 S.) 8°
Erschien zuerst als Inaug.-Diss. Bern 1905.
= **Abhandlungen** z. schweizerischen Recht. H. 12. 06. s

Steiner, Ernst, a. Mannheim: Über Mischgeschwülste der Niere. Würzburg 1905: F. Freudenberger. (32 S.) 8°
Würzburg, Med. Fak., Ref. v. Rindfleisch, Diss. v. 3. Aug. 1905
[Geb. 20. Aug. 79 Mannheim; Wohnort: Bamberg; Staatsangeh.: Baden; Vorbildung: Gymn. Mannheim Reife Juli 98; Studium: Würzburg 3, München 3, Würzburg 1, Heidelberg 1, Berlin 2, Würzburg 1 S.; Coll. 3. Mai 05; Approb. 11. Juli 04.]

Steiner, Ferd. (geb. Vossenach bei Aachen 1813). De atrophia testiculorum. Berolini (1839). (20 S.) 8°
Berlin, Med. Diss. v. 14. Mai 1839

Steiner, Fr.

Steiner, F., über die modernen Wundbehandlungsmethoden und deren Technik, s. Klinik, Wiener.

Steiner, Fr., über die modernen Wundbehandlungsmethoden und deren Technik. gr. 8. (92 S. mit 8 eingedr. Holzschn.) Wien 877, Urban und Schwarzenberg. * 3 —
Neue Ausg. (92 S.) 879. * 2 50
Aus: Wiener Klinik, besonders abgedruckt.

— dasselbe. Mit 8 (eingedr.) Holzschn. Neue Ausg. gr. 8. (92 S.) Ebend. 879. n. 2. 50

Steiner, Frz., die Feldärzte, Spitals-Anstalten, das Medicamenten-Wesen u. die Sanitäts-Truppe der k. k. österreichischen Armee. Supplem.-Heft zum Handbuch für die Feldärzte der k. k. Armee, nach den neuesten diesfälligen organisatorischen Bestimmungen bearb. Wien 860. Braumüller. gr. 8. (VIII, 180 S.) n. 1 Thlr.

Steiner, F., Geschichte des kaiserl. königl. Prinz Hohenlohe-Langenburg Infanterie-Regiments Nr. 17 seit dessen Errichtung 1632 bis 1851, mit kurzen Andeutungen aus der Geschichte des österreich. Kaiserstaates in dieser Epoche. gr. 8. (201 S.) Graz 858, (Damian und Sorge.) **

—— Handbuch für die Feldärzte der k. k. Armee enthaltend die Organisation der Armee in Bezug auf die Sanitäts-Branchen nebst einer Anleitung zum schriftl. Dienstverkehr. gr. 8. (X und 315 S.) Wien 858, Braumüller's Verlags-Conto. *

Steiner, F. Handb. f. d. Feldärzte d. K. K. Armee. (Organisat. d. Sanitätsdienstes i. d. Armee.) Wien 1858. — 1 Suppl.-Heft. 1860. (Je 1 Bd.) 2 Bde.

Steiner, *Friedrich* Franz [pr. Arzt]: Über Verdoppelung des Rückenmarks ... Königsberg i. Pr., Druck v. M. Liedtke, 1895; 2 Bl., 45 S., 1 Bl. 8.
Königsberg, Med. Fak., Inaug.-Diss. v. 12. Nov. 1895

Steiner, Frdr., die grossen technischen Aufgaben Oesterreichs m. spec. Berücksicht. Böhmens u. Prags. Vortrag, geh. in d. Wochenversammlg d. deutschen polytechn. Vereines am 26. März 1894. [Aus: „Techn. Blätter".] gr. 8. (12 S. m. 3 Taf.) Prag 895. (H. Dominicus.) n. 1. —

Steiner, Friedr. Eiserne Balkenbrücken, s. Handbuch der Ingenieurwissenschaften.

Steiner, Fritz, Beitrag zur Theorie der Röhrentunnels kreisförmigen Querschnittes. (III, 40 S. m. 12 Fig.) gr. 8. Prag 906. J. G. Calve. n. 1. 20
Sonderabdruck aus: „Öst. Wochenschr. f. d. öff Baudienst".

Steiner, Friedr., Bilder aus der Geschichte des Verkehrs. Die historische Entwicklung der Spurbahn. Eine Festschrift zum 50. Gedenktage des Sieges Stephensons bei Rainhill. gr. 8. (IV, 154 S. mit 33 Abbild. im Texte und 1 lithogr. Kärtchen.) Prag 880, Dominicus. * 4 —

Steiner, Frdr., Bilder a. d. Geschichte d. Verkehrs. Die histor. Entwicklg. d. Spurbahn. gr. 8. (IV, 154 S. m. Abbildgn. u. 1 Karte.) Prag 880. Berlin, W. & S. Loewenthal. n. 4. —

Steiner, Friedrich, Technische Brieftasche für Bau-Ingenieure. 2. unveränderte Ausg mit Kalender 1886. In Leder-Portefeuille m. Notizbl. f. jed. Monat d. Jahres, 1 Bl Masstäben u. 16 S. Millimeterpapier. (176 S.) Wien, Spielhagen & Schurich. 3 fl. 50 kr. 1885

Steiner, Fr., die eisernen Brücken, s.: Brik, J. E.

Steiner, Fritz, die eisernen Brücken im allgemeinen usw., s.: Handbuch d. Ingenieurwissenschaften. II. 3. (Brik, E. J.)

Steiner, Fr., die Brückenbahn, } s. Handbuch der Ingenieurwissenschaften.

Steiner, Friedr., über Brückenbauten in den Vereinigten Staaten von Nord-Amerika, s. a. Bericht über die Weltausstellung in Philadelphia 1876.

Steiner, Friedr., Ueber Brückenbauten in den vereinigten Staaten von Nordamerika, mit einem Anhang über eiserne Dachconstructionen. Mit 97 Illustrationen u. 13 Tfln. (22. Heft des Berichtes der österreichischen Commission über die Weltausstellung zu Philadelphia 1876.) Wien 1878. 8°.

STEINER, Friedr., Chronik scandaleuse der Geistlichen. O. O. u. J. 8°. (In Wien, Stadtbibl.) Sehr rar!

Steiner, F., die Dreschmaschinen-Concurrenz der landw. Gesellschaft für das Königr. Böhmen am 5., 6., 7. u. 8. Septbr. 1887. Im Auftrage der Jury verf. gr. 8. (29 S.) Prag 888. (Reinwart.) n. — 80

Steiner, Frid. (geb. Masutschen in Ostpr. 7. 4. 1820). De haemophilia. Berolini (1842). (27 S.) 8°
Berlin, Med. Diss. v. 10. Aug. 1842

— s.: Handbuch der Ingenieurwissenschaften.

Steiner, Frdr., die Mineralwasser-Quellen v. Bilin, s.: Gintl, Wilh.

Steiner, Frdr., die Photographie im Dienste des Ingenieurs. Ein Lehrbuch der Photogrammetrie. 3 Lfgn. Lex.-8. (IV, 172 S. m. 75 Fig. u. 4 Taf.) Wien 891—893. R. Lechner's Sort. à n. 2. 40

Steiner, Friedrich, aus Weingarten i. Baden: Ueber die Reduktion ungesättigter Phenoläther. *Heidelberg 1902: K. Rößler.* (48 S.) 8°
Heidelberg, Naturw.-math. Diss. v. 1902

—— Die Regulirung d. Polzenflusses im Weichbilde von Böhm. Leipa. Eine Studie, unter Mitwirkg. v. Gust. Laube, Böhm, U. Huber u. Heinrich verf. Fol. (20, 18 S. m. 6 Taf. u. 2 Beilagen.) Prag 891, (Dominicus). · 4 —

— gegenwärt. Stand d. Donau-Moldau-Elbe-Kanal-Projekts, s.: Kaftan, Joh.

—— s. Studien über ausgeführte Ingenieurbauwerke.

—— das Taseometer. Ueber eine neue Methode zur Messung der Beanspruchung ausgeführter Bauconstructionen. Ein Vortrag, gehalten in der Wochenversammlung vom 23. Decbr. 1876 des österreich. Ingenieur- und Architekten-Vereins. gr. 8. (24 S. mit 1 Stnt.) Wien 877, (Gerold's Sohn.) * — 80
Aus: Wochenschrift des österreichischen Ingenieur- und Architekten-Vereines, besonders abgedruckt.

– Theorie der eisernen Balkenbrücken, s. Handbuch der Ingenieurwissenschaften.

— Das Triglavbahnprojekt. (34 S. m. Abbildgn. u. 3 Taf.) gr. 8. Wien 909. Lehmann & Wentzel. 1.60
Sonderabdruck aus: „Allg. Bauztg."

Steiner, Frdr., Vademecum f. Bau-Ingenieure, 3. Aufl., s.: Birk, Alfr., Hülfsbuch f. Bau-Ingenieure.

— Vermessungskunde, s. a. Bahnmeister, der.

Vermessungskunde verf. von Dr. Ing. Fritz **Steiner**, Prag. Mit 133 Abb. Halle a. S.: W. Knapp 1906. (X, 154 S.) 8°
= Hess, Ludwig: Theoret. Hilfslehren f. d. Praxis d. Bau- u. Erhaltungsdienstes d. Eisenbahnen. H. 4.
= **Bahnmeister**, Der. Bd 1, H. 4. 106. 13364 3

— Vermessungskunde. Anleitung z. Feldmessen, Höhenmessen, Lageplan- u. Terrainzeichnen, hrsg. von Emil Burok. 2. Aufl. (VIII, 156 S. m. 134 Abb. u. 1 Doppeltaf.) gr. 8. Halle 907. W. Knapp. 4. 80
Sonderabdruck aus: „Der Bahnmeister".

— die neuen Vorschläge zur Lösung der Schienenstossfrage, s. a. Vorträge u. Abhandlungen, technische. XXXII.

Die neuen Vorschläge zur Lösung der Schienenstoßfrage. Von Dr. Ing. Fritz **Steiner**, Konstrukteur in Prag. Mit 35 Abb. Wien: Spielhagen & Schurich 1905. (23 S.) 8°
= **Vorträge**, Technische, u. Abhandlungen. 32. [05. 7038

Steiner, Friedrich (Bearb.), s. Winkler, E.: Vorträge über Eisenbahnbau.

—— die graphische Zusammensetzung der Kräfte. Ein Beitrag zur graph. Mechanik. gr. 8. (VIII, 40 S. mit 27 in den Text gedr. Holzschn.) Ebendas. 876. * 1 60

Steiner, Friedrich Franz, s. Steiner, Franz

Steiner, Fritz, s. Steiner, Friedrich

Steiner, G., s. Jugendgarten.

Steiner, G., Weißenburg u. Wörth. Darstellung d. Kampfverlaufs als Vorbereitg. zum Besuche der Schlachtfelder. Mit 3 Karten. (IV, 68 S) 8. München 904. Literarisch-artist. Anstalt. n. 1. 50

Weißenburg und Wörth. Darstellung d. Kampfverlaufs als Vorbereitung z. Besuche d. Schlachtfelder. Mit 3 Karten. Von G. Steiner, Hauptm. *München: Th. Riedel 1904.* (68 S.) 8° [F.] [04. 10331

Steiner, G., Weißenburg u. Wörth. Darstellung d. Kampfverlaufs als Vorbereitg. zum Besuche der Schlachtfelder. 2. verb. Aufl. (IV, 78 S. m. 3 [2 farb.] Karten.) 8. München 910. Th. Riedel. 1. 50

Steiner, Gabriel: Aus d. psychiatr. Klinik zu Strassburg. Epilepsie und Gliom. (Hierzu 1 Taf.) Berlin 1910: Schumacher. 45 S. 8° ¶(Aus: Archiv f. Psychiatrie u. Nervenkrankh. Bd 46, H. 3.)
Straßburg, Med. Diss. v. 30. März 1910, Ref. Wollenberg
[Geb. 26. Mai 83 Ulm a. D.; Wohnort: Straßburg; Staatsangeh.: Württemberg; Vorbildung: Gymn. Ulm Reife Juli 01; Studium: München 2, Würzburg 2, Freiburg i. B. 1, Straßburg 5 S.; Coll. 4. März 09; Approb. 11. Dez. 07.] [U 10. 4063

Steiner, Georg: Über die Interpolation im angelsächsischen Gedichte „Daniel." . . . Leipzig: Druck v. Hesse & Becker 1889. 89, 1 S. 8°
Leipzig, Phil. Fak., Inaug.-Diss. v. 18. Dez. 1889

Steiner, Geo., blonde Sünderinnen. Novelletten. 8. (III, 175 S.) Dresden 896. E. Pierson. 2. —

Steiner, Georg Friedrich (Breslau) A. S. 841/16

Dissertatio inauguralis medica de erroribus practicis, circa contagiosarum malignarum febrium curationem evitandis. Präs. Georg Ernst Stahl.
Halle (Henckel) XI. 1713. 56 S. 33357

Steiner, Gerh., die Tragödie vor Gericht, s.: Sammlung, bunte, interessanter Erzählungen.

Steiner, Gustav, aus Basel: Napoleons I. Politik und Diplomatie in der Schweiz während der Gesandtschaftszeit des Grafen Auguste de Talleyrand. Erster Teil. Von der Berufung Talleyrands bis zum Wienerfrieden 1808—1809. Mit Benützung schweizerischer und französischer Archive. Basel 1906. 48 S. 8°. [10. VII. 05.]
Basel. Phil. Diss. 1905/1906.

Steiner, Gustav. Napoleons I. Politik und Diplomatie in der Schweiz während der Gesandtschaftszeit des Grafen Auguste de Talleyrand. Teil 1: Von der Berufung Talleyrands bis zum Wienerfrieden 1808—1809. Mit Benützung schweizerischer und französischer Archive. (Vorwort, Verzeichnis der Quellen, Kapitel 8, Anhang XI—XIII:) Diss. Phil. Basel. 48 S. 8. Basel, Basler Berichthaus, 1906.

Steiner, Gustav. Napoleons I. Politik und Diplomatie in der Schweiz während der Gesandtschaftszeit des Grafen Auguste de Talleyrand. Mit Benützung schweizerischer und französischer Archive. (Liefg. 1 [—4].) Band 1: Bis zum Wiener Frieden 1809. XXII + 366 S. 8. Zürich, Schulthess & Co., (1906—)1907. [fr. 8. 40; Subscr. pro Liefg. 2. —]

Steiner, Gust., Napoleons I. Politik u. Diplomatie in der Schweiz während der Gesandschaftszeit des Grafen Auguste de Talleyrand. Mit Benützung schweizer. u. französ. Archive. 1. Bd. Bis zum Wiener Frieden 1809. (XXII, 367 S.) gr. 8. Zürich 907. Schulthess & Co. 7. —

Steiner, Hans. Alkoholismus und Mortalität in den grössern städtischen Gemeinden der Schweiz. Von H' St'-Stooss.... Separatabdruck aus den « Schweizerischen Blättern für Wirtschafts- und Sozialpolitik » [Jahrg. 12, Heft 22]. II + 16 S. 8. Bern, Scheitlin Spring & Cie., 1904.

Steiner, Hans, Blüten u. Ranken. Dichtungen. 8. (V, 106 S. m. Bildnis.) Dresden 902. E. Pierson. n. 2. —; geb. n. 3. —

Steiner, Hans. Die Entwicklung der Statistik der Todesursachen in der Schweiz. II + 15 S. 8. Bern, C. Sturzenegger, 1902.
Arbeiten aus dem Statistischen Seminar der Universität Bern. Direktor: N[aum] Reichesberg. Heft 1.

Steiner, Hans, aus Schwyz: Das eheliche Güterrecht des Kantons Schwyz mit vergleichenden Hinweisen auf das eheliche Güterrecht des schweizerischen Zivilgesetzbuches. Aarau 1909. XII + 177 S. 8°. Zürcher Beiträge zur Rechtswissenschaft. Heft 27. [23. XII. 09.]
Zürich. Univ. Staatswiss. Diss. 1909/10.

Steiner, Hans, das eheliche Güterrecht d. Kantons Schwyz m. vergleichenden Hinweisen auf das eheliche Güterrecht des schweizerischen Zivilgesetzbuches, s. a. Beiträge, Zürcher, zur Rechtswissenschaft.

Steiner, Hans. Das eheliche Güterrecht des Kantons Schwyz, mit vergleichenden Hinweisen auf das eh' G' des schweizerischen Zivilgesetzbuches. XII + 177 S. 8. Aarau, H. R. Sauerländer & Co.
Ausg. A: Diss. Staatsw. Univ. Zürich. 1909.
Ausg. B: Von Dr. jur. H' St'. 1910. [fr. 3. —.] — Zürcher Beiträge zur Rechtswissenschaft.... [Heft] 27.

Die Magie des XIX. Jahrhunderts als Kunst und als Geheimwissenschaft. Unter Mitw. von Dr. F. Maier, Prof. a. D. in Tübingen, von Uriarte [d. i. Hans Steiner]. Mit 21 Abb. Berlin, Leipzig, Neuwied: Heuser [1896]. 184 S. 4°(8°) [05. 55

Steiner, Hans, a. Zeitlofs: Molekulargewichtsbestimmungen nach der Siedemethode und Leitfähigkeitsmessungen von Metallsalzen in Methylacetat. Gießen 1906: Heppeler u. Meyer. (62 S.) 8°
Gießen, Phil. Fak., Ref. Naumann, Diss. v. 26. Jan. 1907
[Geb. 28. Dez. 83 Zeitlofs b. Brückenau; Wohnort: Gießen; Staatsangeh.: Bayern; Vorbildung: Gymn. Bensheim Reife O. 01; Studium: Gießen 7 S.; Rig. 27. Nov. 06.]

Steiner, Heinr., s. a. York-Steiner, Heinr.

Steiner, Heinr., Festrede, s. Zur 50jährigen Stiftungsfeier der Hochschule Zürich.

Steiner, H[einrich]. Ferdinand Hitzig (1807—1875). Rede bei der Stiftungsfeier der Zürcherischen Hochschule am 29. April 1882 gehalten von Prof. Dr H. St'.... 8. Zurich 1882.

—— Ferdinand Hitzig. Rede, bei der Stiftungsfeier der Zürcher. Hochschule am 29. April 1882 gehalten. gr. 8. (32 S.) Zürich 882, Schulthess. * — 80

Steiner, Heinrich. Der Zürcher Professor Johann Heinrich Hottinger in Heidelberg 1655—1661. Von Dr. Heinrich Steiner, Professor der Theologie in Zürich. (Bl. 2: Der Ruperto-Carola in Heidelberg zur Jubelfeier ihres fünfhundertjährigen Bestehens gewidmet von Rektor und Senat der Hochschule Zürich). Zür. F. Schulthess Dr. [u. Verl.] 1886. 2 Bl., 61 S., 1 Bl. 4°.

— der Züricher Professor Joh. Heinr. Hottinger in Heidelberg 1655—1661. gr. 4. (61 S.) Zürich 886. (Schulthess.) n. 2. 40

Steiner, Heinrich. Künstlerfahrten v. Atlantischen bis zum Stillen Ozean; gesammelte Reiseskizzen . . . NY, 1883.

Steiner, Heinr., die Mu'taziliten oder die Freidenker im Islâm. Ein Beitrag zur allgemeinen Culturgeschichte. gr. 8. (XV und 110 S.) Leipzig 865, Hirzel. *

Steiner, H., über hebraische Poesie, s. Vorträge, öffentliche, gehalten in der Schweiz.

Der Talmudbauer. Unterwegs. Erzaehlungen von Heinrich York-Steiner [d. i. Heinrich Steiner]. Berlin: Jued. Verl. [1904]. (305 S.) 8° [08. 13361

Steiner, Hermann: Die **Konkurrenzklausel** nach dem Neuen Handelsgesetzbuch. *Stuttgart [1897]: Süddeutsches Verl.-Inst.* (36 S.) 8° [F.]
Tübingen, Jur. Diss. v. 1897

Steiner, H., die Konkurrenzklausel nach d. neuen Handelsgesetzbuch. gr. 8. (36 S.) Stuttgart 898. Süddeutsches Verlags-Institut. n. — 80

Steiner, Hermann, med. pract. von Dürrenäsch '(Ct. Aargau)': Ueber Schusswunden aus der Friedenspraxis mit Rücksicht auf die analogen Verletzungen im Kriege. Zür. F. Lohbauer Dr. 1887. 120 S. 8°
Zürich, Med. Diss. [v. 10. März 1887].

Steiner, Herm., wie beurteile ich e. Lebensversicherg.? Kritische Studie. (32 S.) gr. 8. Wien 909. G. Szelinski & Co. 1. 20

Steiner, Hugo, Versorgung, s.a. Theater der Gegenwart. 4.

Versorgung. Drama in 3 Akten v. Hugo Steiner. Berlin: E. Ebering 1899. (54 S.) 1 Bd 8°
(Theater d. Gegenwart. No 4.)

Steiner, Huldr., Winterthur: Dissertatio inauguralis medica de anxietate.
Basel, Med. Diss. 1739

Steiner J & Söhne, Laupheim. Album v. Werkzeug. f. Schreiner u Tischl. Laupheim (1874)

Steiner, J., functioneller Beweis für die Richtigkeit der morphologischen Ansicht von der Entstehung des asymmetrischen Baues der Pleuronectiden [Flachfische]. Lex.-8. (13 S. mit 6 Holzschn.) Heidelberg 886, C. Winter's Universitäts-Buchh. *
Aus: Festschrift des naturhistorisch-medicinischen Vereins zu Heidelberg, besonders abgedruckt.

Steiner, J., über den Einfluss der Temperatur auf den Nervenstrom, s. Archiv für Anatomie und Physiologie.

Steiner, J., die Ernte des J. 1892 in Bayern. [Aus: „Zeitschr. d. bayer. statist. Bureau".] gr. 4. (S. 123—151.) München 893. (J. Lindauer.) n. — 40

Steiner, J.: Über die griechische Erziehung in ihrem Wesen und in ihrer Bedeutung für unsere Zeit. 32 S.– Görz, Progr. 1862.

Steiner, J., die Fortbildungsschule f. Töchter als Anstalt zur Vermittlung hauswirthschaftlicher Kenntnisse u. Fertigkeiten. Vortrag, geh. in der gemeinnützigen Gesellschaft d. Bez. Winterthur. [Aus: „Zürcher Jahrb. f. Gemeinnützigkeit".] gr. 8. (18 S.) Zürich 892. (E. Leemann.) — 30

— die Hagelschläge d. J. 1892 in Bayern. [Aus: „Zeitschr. d. bayer. statist. Bureau".] gr. 4. (6 S.) Ebd. 893. n. — 40

Steiner, J., Lichenes persici coll. a cl. consule Th. Strauss. (S. 211—245.) gr. 8. Berlin 910. R. Friedlaender & Sohn. nn 2. 40
Sonderabdruck aus: „Annales mycol."

Steiner, J., Liebeswerbung des Turners Bumsberg od. Die Flanke. Turnerstück in 1 Akt (3 Auftritten); teils lustig, teils ernst. (20 S.) gr. 8. Stuttgart (903). P. Mähler. n. 1. —

Steiner, J. Vollständige Nachrichten über die Armen-Anstalten zu Brünn und Olmütz. *Brünn.* 1814

— **Statistik der öffentlichen Stiftungen im Königr. Bayern f. d. J. 1890.** [Aus: „Zeitschr. d. bayer. statist. Bureau".] gr. 4. (S. 65—75.) Ebd. 893. n. — 40

Steiner, J.: Untersuchungen über die Physiologie des Froschhirns, s. Steiner, Isidor

—— über electrische Vorgänge im Sehorgan, s. Kühne, W.

Steiner, J. B., Exempla casuistica quinquaginta diversor. morbor. quae coll. et descrip. c. therapia adjuncta. 8maj. ($9^3/_4$ B.) Vindobonae 836, [Gerold's Vrlsh.]

Steiner, J. B. E., Georg d. Erste, s. Georg.

Steiner, J. C. S., s. Jh. Jak. Griesbach's Vorlesungen.

Steiner, J. C. W. Ueber die Idee des Sophocles von der göttlichen Vorsehung. Abth. I. 15 S.
Züllichau, Progr. 1829

Steiner, J. F. W., faßlicher u. vollständ. Unterricht, sämmtl. destillirte doppelte Branntweine u. Liqueure ohne Anwendung einer Destillirblase ꝛc. klar u. rein darzustellen, mit den nöthigen theoret. Erläuterungen versehen ꝛc. Nebst einer deutl. Anweisung zur Entfuselung u. Reinigung, auch Veredlung des Kartoffel- u. Kornbranntweins ꝛc. In e. Anhange: die neu entdeckte Schnell-Weinessig-Fabrikazion ohne Ständer u. Spähne. Mit 1 Abbild. 8. Berlin 835. Schumann. $^3/_4$ ℞

Steiner, J. J., Kostbarkeiten, od. tröstende Aussprüche über Tod u. Zukunft in vielen mit d. Namen der Verfass. versehenen Aufsätzen aus der ältern u. neuern Zeit. 8. Ebnat 825. Keller; (a. Schlosser in Augsb.); (a. Keyser in Leipz.) 8 gr.

Steiner, Jak., die Bäcker auf dem Lande und der münchner Dividend. Beiträge zur Regulirung des Brodtarifes. gr. 8. (IV und 63 S.) Wasserburg am Inn 856. (München, Kaiser.) Thlr. *

Steiner, Jac., einige geometr. Betrachtungen, s.a. Ostwald's, W., Klassiker der exakten Wissenschaften.

Steiner, Jacob. Einige geometrische Betrachtungen von Jacob Steiner. (1826.) Hrg. von Rudolf Sturm. Mit Figuren im Texte und in den Anmerkungen. 125 S. 8. Leipzig, Wilhelm Engelmann, 1901. ([cart.] M. 2. —)
(Ostwald's Klassiker der exakten Wissenschaften. Nr. 123.)

Steiner, Jak.: Geometrische Betrachtungen und Lehrsätze. Aus den hinterlass. Mscr. mitgeteilt von C. F. Geiser. 1865. 4°

Steiner, Jak.: Einfache Beweise der isoperimetrischen Hauptsätze. 1836.

Steiner, Jak., s.a. Briefwechsel.

Steiner, Jakob, und Schläfli, Ludwig. Der Briefwechsel zwischen Jakob St' und L' Schl'. Hrg. von Dr. J[ohann] H[einrich] Graf.... Festgabe der Bernischen Naturforschenden Gesellschaft an die Zürcherische Naturforschende Gesellschaft anlässlich der Feier des 150 jährigen Bestehens der Letzteren, August 1896. 8. Bern 1896.

Steiner, Jac., systemat. Entwickelung d. Abhängigkeit geometr. Gestalten von einander, mit Berücksichtig. d. Arbeiten alter u. neuer Geometer üb. Porismen, Projections-Methoden, Geometrie d. Lage, Transversalen, Dualität u. Reciprocität etc. 1. Thl. gr. 8. ($21^1/_4$ B. u. 4 Stnt. qu. Fol.) Berlin 832, Fincke.

– Systemat. E n t w i c k l u n g der Abhängigkeit geometr. Gestalten, s.a. O s t w a l d , Wilh.: Klassiker der exakten Wissenschaften.

Systematische E n t w i c k l u n g der Abhängigkeit geometrischer Gestalten von einander, mit Berücks. der Arbeiten alter u. neuer Geometer über Porismen, Projections-Methoden, Geometrie der Lage, Tranversalen, Dualität u. Reciprocität, etc. von Jacob **Steiner**. Hrsg. von A[rthur] J[oachim] von Oettingen. Th. 1. 2. Leipzig: W. Engelmann 1896. 2 Bde 8°
1. Mit 2 Taf. u. 14 Fig. im Text. 2. Mit 2 Taf. u. 2 Fig. im Text. (Klassiker, Ostwald's, d. exakten Wissenschaften. No 82. 83.)

Steiner, Jak.: Über die F l ä c h e n dritten Grades. 1856.

Steiner, Jak.: C o n s t r u c t i o n der Fläche zweiten Grades durch neun Punkte. Nach Mscr. dargestellt von C. F. Geiser. 1867. 4°

—— die geometr. **Konstructionen**, ausgeführt mittelst d. geraden Linie u. Eines festen Kreises, als Lehrgegenstand auf höh. Unterrichts-Anstalten u. zur prakt. Benutzung. gr. 8. (7 B. u. 2 Kpfrt. gr. qu. Fol.) Berlin 833. Dümmler.

— **d. geometr. Constructionen, ausgef. mittelst d. geraden Linie u. e. festen Kreises,** } s.a. **Ostwald's, Wilh., Klassiker d. exakt. Wissensch.**

Die geometrischen C o n s t r u c t i o n e n , ausgeführt mittelst der geraden Linie und eines festen Kreises, als Lehrgegenstand auf höh. Unterr.-Anst. u. z. prakt. Benutzg v. Jacob **Steiner**. '(1833.)' Hrsg. v. A[rthur] J[oachim] v. Oettingen. M. 25 Textfig. Leipzig: W. Engelmann 1895. (84 S., 1 Bl.) 1 Bd 8°
(Klassiker, Ostwald's, d. exakten Wissenschaften. No 60.)

Steiner, Jak.: Über den K r ü m m u n g s - S c h w e r p u n k t ebener Curven. 1838.

Steiner, Jak.: Über eine besondere C u r v e dritter Classe. 1856.

Steiner, Jakob [med. pract. von Kaltbrunn (St. Gallen)]: Klinische Studien über die Totalskoliose und die dabei beobachtete concavseitige Torsion. Stuttgart 1898. 36 S. 8°.
Zürich. Med. Diss. 1897/98.

Steiner, J., Die Theorie der Kegelschnitte in element. Darstellung. Auf Grund von Univers.-Vorträgen und mit Benützung hinterlassener Manuscripte J. Steiner's bearbeitet von Dr. C. F. Geiser. Leipzig 1867. 8°.

——— Die Theorie der Kegelschnitte in elementarer Darstellung. 2. Aufl. bearb. v. C. F. Geiser. Leipzig 1875. 8.

Die T h e o r i e der Kegelschnitte in elementarer Darstellung. Auf Grund von Universitätsvorträgen u. mit Benutzung hinterlass. Manuscripte Jacob **Steiner**'s bearb. von Dr. C[arl] F[riedrich] Geiser, Prof. am schweiz. Polytechnicum. 3. Aufl. Mit 141 Holzschn. Leipzig: B. G. Teubner 1887. (VII, 208 S.) 8°
(Steiner: Vorlesungen über synthet. Geometrie. T. 1.)

——— Die Theorie der Kegelschnitte, gestützt auf projectivische Beziehungen. 2. Aufl. bearb. v. H. Schröter. Leipzig 1876. 8.

Die Theorie der Kegelschnitte gestützt auf projective Eigenschaften. Auf Grund v. Universitätsvorträgen u. m. Benutzg hinterlass. Ms. Jacob **Steiner's** bearb. v. Heinrich Schröter ... 3. Aufl. Durchgesehen v. Rudolf Sturm. M. 103 Fig. im Text. *Leipzig: B. G. Teubner 1898.* (XVII, 537 S.) 1 Bd 8.
= **Steiner**, J.: Vorlesungen üb. synthet. Geometrie. Th. 2. [98. 3965

Steiner, Jacob, von Lavin, Ct. Graubünden: Ueber die pathologisch-anatomischen Veränderungen bei der Osteomalacie. Zür. Schiller & Cie Dr. 1869. 50 S., 1 Bl. Thesen. 8°.
Zürich. Med. Diss. [v. 16. Jan. 1869].

Steiner's, Jac., **Vorlesungen über synthetische Geometrie. 2 Thle. Leipzig 867. Teubner. gr. 8 n. 5 ₰ 20 ngr.**
1. Thl. Die Theorie der Kegelschnitte in elementarer Darstellung. Auf Grund von Universitätsvorträgen u. mit Benutzung hinterlass. Manuscripte Jac. Steiner's bearb. von C. F. Geiser. (VIII, 199 S. mit eingedr. Holzschn.) n. 1 ₰ 20 ngr.
2. Thl. Die Theorie der Kegelschnitte, gestützt auf projektive Eigenschaften. Auf Grund von Universitäts-Vorträgen u. mit Benutzung hinterlass. Manuscripte Jac. Steiners bearb. von Heinr. Schröter. (XX, 566 S. mit eingedr. Holzschn.) n. 4 ₰

S t e i n e r ' s, Jac., Vorlesungen über synthetische Geometrie. 2 Thle. gr. 8. Leipzig, Teubner. * 20 —
Inhalt:
Thl. 1. Die Theorie der Kegelschnitte in elementarer Darstellung. Auf Grund von Universitätsvorträgen und mit Benutzung hinterlassener Mscr. Jacob Steiner's bearb. von C. F. Geiser. 2. Aufl. (VIII, 208 S. mit 141 Holzschn. im Text.) 875. *M. 6.
» 2. Die Theorie der Kegelschnitte, gestützt auf projectiv. Eigenschaften. Auf Grund von Universitätsvorträgen und mit Benutzung hinterlassener Mscr. Jac. Steiner's bearb. von Heinr. Schröter. 2. Aufl. (XVI, 535 S. mit 107 Holzschn. im Text.) 876. *M. 14.

Jacob **Steiner**'s Vorlesungen über synthetische Geometrie. 3. Aufl. Th. 1. 2. *Leipzig: B. G. Teubner 1887–98.* 2 Bde 8°
1 — Die Theorie d. Kegelschnitte in elementarer Darstellung ... Bearb. von Dr. C[arl] F[riedrich] Geiser. Mit 141 Holzschn. 1887.
2 — Die Theorie d. Kegelschnitte gestützt auf projective Eigenschaften ... Bearb. von Heinrich Schröter. 3. Aufl., durchgesehen von Rudolf Sturm. Mit 103 Fig. 1898. [04. 8250

Steiner's, Jac., Vorlesungen üb. synthetische Geometrie. 1. Thl. A. u. d. T.: Die Theorie der Kegelschnitte in elementarer Darstellg. Auf Grund der Universitätsvorträge u. m. Benutzg. hinterlassener Manuscripte Jac. Steiner's bearb. v. C. F. Geiser. 3. Aufl. Mit 141 Holzschn. im Text. gr. 8. (VIII, 208 S.) Leipzig 887. Teubner. n. 6. —

— Vorlesgn. üb. **synthetische Geometrie. 2. Thl. A. u. d. T.: D. Theorie d. Kegelschnitte, gestützt auf projective Eigenschaften. Auf Grund v. Universitätsvorträgen u. m. Benutzg. hinterlass Manuscripte Jac. Steiner's bearb. v. Heinr. Schröter. 3. Aufl., durchges. v. Rud. Sturm. Mit 103 Fig. im Text. gr. 8. (XVII, 537 S.) Leipzig 898. B. G. Teubner. n. 14. — (1 u. 2: n. 20. —)**

S t e i n e r ' s, Jac., **gesammelte Werke. Hrsg. auf Veranlassung der königl. preuss. Akademie der Wissenschaften von K. Weierstrass. 2 Bde. gr. 8. Berlin, G. Reimer.** [1. Bd. (VIII, 527 S. mit dem Stahlst.-Bildnisse Steiner's und 44 lithogr. Fig.-Taf.) 881. *M 16.; 2. Bd. (X, 743 S. mit 23 lithogr. Fig.-Taf.) 882. *M 18.] * 34 —

Ist der Sabbat ein Unglückstag? Ein Wort z. Abwehr u. Klärung von Ignatz **Steiner**. Léva 1906: L. Dukesz. (14 S.) 8° [Umschlagt.] [07. 12778 1 1

Steiner, Ign., ist der Sabbat ein Unglückstag? Ein Wort zur Abwehr u. Klärg. (14 S.) 8. Léva 906. (Berlin, M. Poppelauer.) n. — 40

Steiner, Joach., Grundzüge e. neuen Musik-Theorie. Einführung in die Elemente der physikalischen Musiktheorie. Enharmonische Temperatur. Ein Beitrag v. Leop. Austerlitz. gr. 8. (V, IX, 89 u. 11 S.) Wien 891. A. Hölder. n. 3. —

S t e i n e r, Joach., **neue Instrumente für das Dilettanten-Orchester. Ein Beitrag zur Förderung der Instrumentalmusik an Schulen und grösseren Erziehungsanstalten. gr. 8. (21 S.) Wien 886, (Hölder.)** *

— **Lieder f. die militärische Jugend. 1. Hft. 7 vierstimm. Männerchöre. 2. Aufl. gr. 8. (20 S.) Mähr.-Weißkirchen 885. (Wien, Seidel & Sohn.) n. 1. 80**

— Sammlung v. Maturitätsfragen aus der darstellenden Geometrie. Nach den officiellen Jahresberichten der öffentl. Realschulen Oesterreichs zusammengestellt. gr. 8. (IV, 115 S.) Wien 887. (Hölder.) n. 2. —

— Studien-Blätter. Eine systemat. Folge vorgedruckter Annahmen zur graph. Durchführg. grösserer Constructions-Aufgaben aus der darstell. Geometrie. Für das Selbststudium u. den Schulunterricht zusammengestellt u. m. erläut. Text versehen. Durchdringungen. 1. Heft. 4. (18 S. m. 20 Taf.) Ebend. 885. In Mappe. n. 1. 12

— dasselbe. Schattenlehre. 1. Hft. 4. (19 S. m. 20 Taf.) Ebend. 885. n. 1. 12

Steiner, Joach., Studien-Blätter. Eine systemat. Folge vorgedruckter Annahmen zur graph. Durchführung grösserer Constructions-Aufgaben aus der darstell. Geometrie. Für das Selbststudium u. den Schulunterricht zusammengestellt. Durchdringungen. 1. Hft. 2. Aufl. 4. (20 Taf.) Wien 889. Hölder. n. — 72

— dasselbe. Schattenlehre. 1. Hft. 2. Aufl. 4. (20 Taf.) Ebd. 889. n. — 72

Steiner, Joach., Studienblätter. Methodisch geordnete Constructions-Aufgaben aus der darstell. Geometrie. 3. Thl. Lehrstoff der k. u. k. theresian. Militär-Akademie. qu. gr. 4. (36 Taf.) Wien 901. (L. W. Seidel & Sohn.) n. 6. 40; Text. gr. 8. (VIII, 200 S.) n. 1. 20

STEINER, Joachim
Studienblätter für darstellende Geometrie. III. Theil. (Text.) (Lehrstoff der k. u. k. theresianischen Militär-Akademie.) Von Joachim Steiner. Wien. 1901. [In Comm.] Seidel & Sohn. Gr.-8°. VIII, 200 S. K 5.20, und 36 Tafeln K 1.—

Steiner, Joh., Anleitung zur Einführung des Lehrplanes für den Zeichenunterricht, s.: Chrosciel, Gust.

Steiner, Joh., applicatorische Aufgaben aus dem Sanitätsdienste im Gebirgskriege. Durchgeführt an kriegsgeschichtl. Ereignissen des J. 1866 in Süd-Tirol. Mit 1 General- u. 1 Special-Karten-Blatte. gr. 8. (116 S.) Wien 899. J. Šafář. n. 3. 20

— Die Ausbildung u. Besoldung der Zeichenlehrer u. Zeichenlehrerinnen, s.: Zur Fortbildung des Lehrers.

Steiner, Johann: Ueber die Bedeutung geographischer Kenntnisse für das Kriegs-Sanitätswesen. ([S.-A.] Deutsche militärärztliche Zeitschrift. 1900. S. 464—472.) Berlin 1900. 9 S. 8°.

Steiner, Joh., Betrachtungen über die Revision der Genfer Konvention. (III, 43 S.) Lex.-8. Wien 906. L. W. Seidel & Sohn. n. 1. 60
Sonderabdruck aus: „Streffleur's öst. milit. Ztschr."

—— das amerikanische Pfeilgift Curare. gr. 8. (IV, 64 S. mit 3 eingedr. Holzschn.) Leipzig 877, Veit und Comp. * 1 60

Steiner, *Johann* [cand. med. aus Grossostheim '(Unterfranken)']: Aus d. chirurg. Univ.-Kinderklinik. Ein Fall von Nekrose am Ober- und Unterkiefer nach Scharlach. E. Beitr. zu d. Knochenerkrankgn nach acuten Exanthemen ... Würzburg, P. Scheiner's Buchdr., 1896; 20 S. 8.
München, Med. Fak., Inaug.-Diss. v. 1896

Steiner, Johann: Die wahre und falsche Gnosis mit besonderer Berücksichtigung des Valentinianischen Systems. 8 (S. 3—15).
Progr. Deutsche Staats-Rsch. *Karolinenthal* 1899.
Nicht im Tauschverkehr.

– Grundriss der Physiologie des Menschen ..., s.a. Steiner, Isidor

—— Grundriss der Physiologie des Menschen für Studirende und Aerzte. gr. 8. (VIII, 440 S. mit 39 in den Text eingedr. Holzschn.) Leipzig 878, Veit und Comp. * 9 —

—— Grundriss der Physiologie des Menschen für Studirende und Aerzte. 2. verb. Aufl. gr. 8. (VIII, 448 S. mit zahlreichen in den Text eingedr. Holzschn.) Leipzig 882, Veit und Comp. * 9 —

—— Grundriss der Physiologie des Menschen für Studirende und Aerzte. 3. verb. und 4. Aufl. gr. 8. (VIII, 452 S. mit zahlreichen in den Text eingedr. Holzschn.) Leipzig 885,88, Veit und Comp. *
geb. *

Steiner, J. (I.). Grundriss d. Physiologie d. Menschen f. Studierende u. Ärzte. Mit zahlreichen eingedr. Holzschn. 5. Aufl. (VIII, 454 S.) 891; 6. Aufl. gr. 8. (VIII, 456 S.) Lpz. 892, Veit u. Comp. * 9 —; geb. * 10 —

— dasselbe. 7., verb. u. verm. Aufl. gr. 8. (VIII, 462 S. m. Abbildgn.) Ebd. 894. n. 9. —; geb. n. 10. —

— Grundriss d. Physiologie d. Menschen. Für Studierende u. Aerzte. 8., verb. u. verm. Aufl. M. zahlr. Abb. gr. 8. (VIII, 466 S.) Leipzig 898. Veit & Co. n. 9. —; geb. in Leinw. n. 10. —

Steiner, J., Grundriss der Physiologie des Menschen f. Studierende der Modizin u. praktische Aerzte. 9. verb. u. verm. Aufl. (VIII, 474 S. m. Abbildgn.) gr. 8. Leipzig 906. Veit & Co. n. 9. —; geb. in Leinw. n. 10. —

—— Handbuch der Krankheiten der Respirations-Apparate, s. Handbuch der speciellen Pathologie und Therapie.

— s.: Handbuch der speciellen Pathologie u. Therapie.

Steiner, Joh., Compendium der Kinderkrankheiten für Studirende und Aerzte. 1. Aufl. (XII, 456 S.) 1872. *M. 8,40., und 2. verb. und verm. Aufl. gr. 8. (XII, 488 S.) Leipzig 873, F. C. W. Vogel. * 9 —

Steiner's, Joh., Compendium der Kinderkrankheiten für Studirende und Aerzte. 3. verm. Aufl., bearb. von Ludw. Fleischmann und Maximil. Herz. gr. 8. (XIV, 444 S.) Leipzig 878, F. C. W. Vogel. * 9 —

— die Laryngoscopie der Thiere, nebst Mittheilgn. über die Innervation des Stimm- u. Schluckapparates. [Aus: „Verhandl. des naturhist.-med. Vereins zu Heidelberg".] gr. 8. (24 S. m. 1 Steintaf.) Heidelberg 879. C. Winter. n. 1. —

Steiner, Regimentsarzt Dr. Johann. Über die neuere Literatur auf dem Gebiete der Sanitätstaktik. 8. Berlin. Wien 1902.

Steiner, Jh., auserles. Lobreden. 4. Augsb. 766. Wolf. 20 gr

— das Militärsanitätswesen in Schweden u. Norwegen, s.: Publikationen, militärärztliche, Nr. 95.

—— Rathschläge zu einer naturgemäßen körperlichen Erziehung der Kinder. 1. und 2. Aufl. 8. (71 S.) Prag 876,77, Verlag der Bohemia. * 1 —

— Rathschläge zu einer naturgemäßen körperlichen Erziehung der Kinder. 2. Aufl. 8. (71 S.) Prag 877. Haase. n. 1. —

Steiner, Joh., der Reise-Gefährte durch d. Oesterr. Schweiz od. d. obderennsische Salzkammergut. In histor., geograph., statist., kameral. u. pitoresker Hinsicht. 2., verm. u. verb. Aufl. 829. 1 Thlr. 16 Gr. Neue verm. u. verb., wohlf. A. (à 20 B. u. 1 Ansicht, qu. gr. Fol.) 12. Linz 832, Fink u. Sohn.

Steiner, Joh., der Sanitätsdienst bei der Reserve-Division Generalmajor v. Rupprecht in der Schlacht bei Custozza 1866. E. Beitrag zum applicator. Studium d. Feld-Sanitätsdienstes. M. 4 Skizzen. gr. 8. (48 S.) Wien 898. J. Šafář. n. 1. 50

— Sanitäts-Geschichte d. deutsch-französ. Krieges, s.: Myrdacz, Paul.

— s. Wegweiser durch das k. k. Salzkammergut.

Steiner, Johann Alfred, von Trachselwald (Kt. Bern): Die Spezialisation der Alchimillen-bewohnenden Sphaerotheca Humuli (DC) Burr. Jena 1908. II + 58 S. und eine Tafel. 8°. S.-A. aus dem Centralblatt für Bakteriologie. Abt. 2. Bd. 21. [16. V. 08.]
Bern. Phil. Diss. 1908/09.

Steiner, Johann Alfred. Die Spezialisation der Alchimillen-bewohnenden Sphaerotheca Humuli ⟨DC⟩ Burr. Diss. Phil. Bern. Mit 1 Tafel und 3 Figuren im Text. (Separatabdruck aus dem Centralblatt für Bakteriologie, Parasitenkunde und Infektionskrankheiten. Abt. II. Band 21. 1908.) II + 58 S. 8. Jena, Gustav Fischer, 1908.

Steiner, Jh. Fr., Handfibel z. Gebrauche bei dem Unterrichte im Lesen sowohl nach der Lautir- als Buchstabir-Methode verfaßt u. mit Wandtafeln versehen. gr. 12. Rudolstadt 844. (Leipzig, Böhme.) n. 1½ ngl

Steiner, Joh. Friedr., Handfibel zum Gebrauche bei dem Unterrichte im Lesen sowohl nach der Lautir- als Buchstabir-Methode verfaßt u. mit Wandtafeln versehen. gr. 12. (2 B.) Rudolstadt 844, (Fröbel'sche Hofbuchdruckerei.) *

Steiner, Joh. Frdr., Handfibel. Zum Gebrauche beim Unterrichte im Lesen verfaßt u. m. Wandtafeln versehen. 2. verb. Aufl. 12. (48 S.) Rudolstadt 851, Froebel. n. n. $^{1}/_{24}$ ß

—— Wandtafeln, s. Wandtafeln.

Steiner, Johann Friedrich Rudolf

— Abhandl. die Gebäude der Bauersleute durch eine neue Erfindung mehr als jemals vor Feuersgefahr in Sicherheit zu stellen. Mit Kpf. 8. Weimar 782. Hoffmann 8 gl

Steiner J. F. R.: Abhandlung Gebäude d. Landleute, durch eine neue Erfindung mehr als jemals, vor Feuers-Gefahr möglichst in Sicherheit zu stellen. Weimar 1782. 35 S. 6 Tvl. P.

Steiner J. F. R.: Praktische Anleitung z. Berechnung d. Bau- u. Nutzhölzer auch Schneidemühlen-Waaren nach dem Cubik- u. Quadratfuss ... Weimar 1803. 124 S. 4 kol. Tvl.

— prakt. Anleit. zur Berechnung der Bau- u. Nutzhölzer, auch Schneidemühlen-Waaren nach d. Quadrat- u. Kubikfuß, ein gemeinnütz. Handbuch. Mit 4 illum. Kpftaf. u. 14 Holz- u. Schneidemühlentabellen. gr. 8. Weimar 803. Hoffmann. 1 ß

Steiner, Jh. Fr. Rud., († d. 2. März 1804.) Entwurf einer neuen u. durchaus feuerfesten Bauart mit gewölbten Decken u. Dachungen z. Sicherheit u. Wohlfahrt der menschl. Wohnungen u. anderer Gebäude. 2 Thle. Mit 16 Kpftaf. gr. 4. Weimar 803, 4. Hoffmann. 5 ß 18 gl

— der Schneckenofen in seiner größten Vollkommenheit z. Holzersparniß u. gesunden Wärme. Mit 2 ill. Kpf. gr. 8. Weimar 791. N. A. 802. Hoffmann. 21 gl

STEINER, Johann Friedrich Rudolf: Versuche über die Herkunft des Borken-Käfers oder fliegenden Holz-Wurms, nach Linné Typographus genannt, nebst einigen wahrscheinlichen Mitteln, diese Insecten zu vertilgen. - Jena, Weimar 1785. 52 S., 2 Taf.

— Versuch üb. die Herkunft des Borkenkäfers od. fliegenden Holzwurms. Mit 2 illum. Kpf. 8. (Weimar) 785. Hoffmann. 8 gl

GESCHREY zur Mitternacht an die klugen und thörichten Jungfrauen, zu sorgfältiger Wahrnehmung der Zeichen dieser Zeit und Zubereitung auf die bevorstehende Gerichte des HErrn (von *Joh. Conr. Steiner*). O. O. 1729. 18°.
Rüdiger, Cat. univ. p. 172.
— — Dasselbe. O. O. 1730. 18°. (1 gr.)
Cat. univ. d. Buchh. d. Waisenh. in Züllichau (174*).

STEINER, Joh. Conr., Geschrey um Mitternacht, Siehe! der Bräutigam kommt: in sich fassend 25. Predigten. St. Gallen 1744. 4°. (18 Gr.) Starker Bd.
Cat. univ. d. Buchh. d. Waisenh. in Züllichau.

* Kurze Abhandlung von den Vergrößerungsgläſern derſelben verſchiedenen Arten, Würkung und Gebrauch, wie auch von Zubereitung der hierzu dienlichen Vorwürfen, nebſt einer Beſchreibung eines neuen Univerſalmicroſcopii, wobei das einfache und zuſammengeſetzte reflektirende, anatomiſche, und Sonnenmicroſcopium ſich vereinigt befinden. Alſo bequem eingerichtet von *Joh. Ludwig Steiner*, Uhrenmacher und Optico in Zürich. Zürich, bey Heidegger und Comp. 8. 28 S. 1748.

Steiner, Joh. Ludwig (Hrsg.), s. Arien-Crantz, musicalisch-italienischer.

*** Neue Entdeckungen, betreffend die Refraction od. Strahlenbrechung in Gläſern, und durch was Mittel, Stern- und Erdfern-Röhren können verfertiget werden, welche alle bis dahin gemachte weit übertreffen ſollen, von Hrn. *Euler*.** Nun aber überſetzet, und mit Beſchreibung eines ganz neuen Inſtruments, womit $\frac{1}{10000}$ eines Zolls, ſicher und kenntlich kann bemerket werden, ſammt zur Erläuterung dienlicher Nachrichten, und Herrn *Eulers* eigenen Anmerkungen über etliche Stellen der mathematiſchen Werke Herrn *d'Alemberts*, vermehret von *J. Ludwig Steiner*, Optico et Mechanico. Zürich, bey Heidegger und Compagnie. Gr. 8. 20. Seiten. (2 Gr.) 1764.

Steiner, Joh. Mich.

— kathol. Andachtsbuch f. Jünglinge u. Jungfrauen. 2e Aufl. gr. 8. Landsh. 814. Krüll. 8 gl, 3e Aufl. 12. Münch. 826. (Lindauer). 5 gl

Steiner, Joh. Mich., kathol. Andachtsbuch zunächst f. Jünglinge u. Jungfrauen. 3. (u. 4.), verb. Aufl. (à 9 B. u. Titlkpfr.) 12. München 826, 34, Lindauer; (Regensburg, Manz.) à

Steiner, J. M., katholisches Andachtsbuch, zunächst für Jünglinge u. Jungfrauen. Mit Titelkpfr. 12. München 834. (Landshut, Manz.) n. $^{1}/_{6}$ ß

Steiner, Jh. Mich., († d. 1. Juli 1808.) Anfangsgründe der latein. Sprache, durch Beispiele erläutert ꝛc. f. die studirende Jugend in Baiern. 8. Münch. 797. Oettel.

Steiner, Johann Wilhelm

Steiner, Jo. Guil., de Horatii carmine saeculari comment. 4maj. (3½ B.) Confluentibus 841, Kehr. *

Steiner, Joan. Guil., Commentationum Horatianarum specimen primum. 4. (25 S.) Crucenaci 847, Voigtländer. *
Hat gleichen Inhalt mit: De Horatii carmine saeculari commentatio. Confluentibus 1841.

—— id. — Specimen secundum. 4. (28 S.) Ibid. 847. *

Steiner, Joh. Wilh., über den dialogus de oratoribus des Tacitus. Kreuznach 863. (Voigtländer.) 4. (36 S.) n. 7½ ngr.

—— über Wilhelm von Humboldt. Rede zur Feier des Geburtsfestes Sr. Maj. des Königs Wilhelm I. am 22. März 1864. gr. 4. (26 S.) Kreuznach 866, (Maurer.) *

— lateinisches Memorirbuch aus Cicero's Laelius u. latein. Dichtern in 4 Cursen mit Berücksichtigung der Ruthardt'schen Methode und fortlaufenden Hinweisungen auf Siberti's u. Zumpt's Grammatik. gr. 8. Coblenz 844, Bädeker. ¼ ℛ

Steiner, Johann Wilhelm Christian

Steiner, (J. W. C.,) Alterthümer u. Geschichte des Bachgaues im alten Maingau. 1r Thl. — A. u. d. T.: Geschichte u. Topographie der alten Grafsch. u. Cent Ostheim u. der Stadt Obernburg a. M. 8. Aschaffenburg 822, (Darmstadt, Heyer.)

Steiner, Jh. Wlh. Chr., Alterthümer u. Geschichte des Bachgaues im alten Maingau. 1r Thl. A. u. d. T.: Geschichte u. Topographie der alten Grafschaft u. Cent Ostheim u. der Stadt Obernburg a. M. 8. Aschaffenb. 822. (Darmst., Leske). 1 ℛ 8 gr 2r Thl. Geschichte der Städte Umbach u. Babenhausen rc. 8. Ebd. 827. ... 3r Thl. A. u. d. T.: Geschichte d. Stadt Dieburg u. Topographie der ehemal. Centen u. Aemter Umstadt, Babenhausen u. Dieburg. 8. Ebd 828. 1 ℛ

Steiner, Joh. Wilh. Chr., Alterthümer u. Geschichte d. Bachgaus im alten Maingau. 3. Thl. — A. u. d. T.: Geschichte d. Stadt Dieburg, u. Topographie d. ehemal. Centen u. Aemter Umstadt, Babenhausen u. Dieburg. 8. (19 B.) Darmstadt 829, (Leske.)
1. Thl. 1822. 2. Thl. ... Darmstadt, (Heyer'sche Vrlsbuchh.) ...

Steiner, J. W. Chr., s. Archiv f. Hessische Geschichte.

Steiner, J. W. Ch. Chronik der Kriegsbegebenheiten im Maingebiete von Würzburg bis Mainz, zw. den Frieden v. Basel (5. Apr. 1795) u. Lüneville (9. Febr. 1801.) 8. Darmstadt 1869.

— s. Georg d. Erste, Landgraf v. Hessen.

— üb. das altdeutsche u. insbesondere altbaierische Gerichtswesen, in Bezug auf Mündlichkeit d. Verfahrens in bürgerl. u. peinl. Rechtsvorfallenheiten. Eine gekr. Preisschrift. 8. Aschaffenb. 824. Pergay 1 ℛ 8 gr (Darmst., Leske). 1 ℛ 4 gr

Steiner, J. W. C., Geschichte und Beschreibung der Stadt- und ehemal. Abtey Heiligenstadt. Mit 3 Kupf. 8. (Darmstadt, Leske.) 820. 1 ℛ

— Geschichte u. Beschreib. der Stadt u. ehemal. Abtei Seligenstadt. Mit 3 Kpf. 8. Aschaffenburg 820. (Darmst., Heyer). 1 ℛ 6 gr

Steiner, J. W. C., Geschichte der Stadt Dieburg und Topographie der ehemaligen Aemter Umstadt, Babenhausen und Dieburg. Mit Nachrichten über die Herren von Büdingen, Isenburg und von Brauneck. Darmstadt 1829. 8.

—— Geschichte des Großhrzth. Hessen. 5 Bde. Mit Kpfrn. u. Karten. 4. (.. B.) Darmstadt 833, 34, Verfasser.

— Geschichte u. Topographie d. Freigerichts Alzenau, u. Beschreibung d. Schlacht bei Dettingen. 8. (Darmst., Leske.) 821.

Steiner, J. W. Ch. Geschichte u. Topographie der alten Grafschaft u. Cent Ostheim a. der Stadt Obernburg a./Main. 8. Aschaffenburg 1822. 4,00.

—— Geschichte u. Topographie d. Maingebietes u. Spessarts unter d. Römern, zugleich Wegweiser f. Reisende, u. Beitrag zum Studium röm. Rechts- u. Militäralterthümer. 8. (21½ B., 1 Charte, kl. Fol., u. 1 Taf. Abbild. ½ qu. Fol.) Darmstadt 834. (Heidelberg, Oßwald.)

Steiner, J. W. Chr. Geschichte u. Topographie des Freigerichts Wilmundsheim od. Alzenay bei Seligenstadt. — Beschreibung der Schlacht bei Dettingen, 27. Juni 1743. (XII. 286.) 8. M. Pl. Darmstadt 1834. 6,50.

— Geschichte u. Topographie d. Freigerichts Wilmudsheim vor d. Berge od. Freigerichte Alzenau, u. Beschreib. der Schlacht bei Dettingen d. 27. Juni 1743. Mit 1 Plan. 8. Aschaffenb. 820. (Darmst., Leske). 1 ℛ

Steiner, J. W. Ch. Geschichte der Städto Umbach u. Babenhausen. 8. Aschaffenburg 1827. 3,00.

Steiner, J. W. Chr.: Ludwig I., Grossherzog von Hessen-Darmstadt, nach seinem Leben und Wirken. Offenbach 1842. 8°

Steiner, J. W. Chr.: Ludwig II., Grossherzog von Hessen-Darmstadt. Offenbach 1848. 8°

Steiner, Sammlung u. Erklärung altchristlicher Inschriften in den Gebieten der oberen Donau u. des Rheins aus den Zeiten römischer Herrschaft. Seligenstadt 859. (Hanau, König's Verlag.) gr. 8. (2 Bl., 84 S.) 18½ ngr.

Steiner, Jos. I., († d. 3. Sept. 1804.) Abhandl. üb. die wichtigsten Redefiguren, f. Gymnasien Münsterlandes. 8. Münst. 802. Theißing. 10 gr

Steiner, Jos., im Banne d. Kaisers. Wandergn. in d. Kitzbüheler Alpen. 8. (81 S. m. 1 Abb.) Kitzbühel (Tirol) 898. M. Ritzer. n. — 82

— kurzgef. Führer durch's Pillerseethal in Tirol m. bes. Berücksicht. des Wildseeloder. 2. Aufl. 8. (52 S. m. 5 Abb.) Fieberbrunn 896. (München, H. Hugendubel.) n. — 50

Steiner, J.: Conjugations-Tabellen der griechischen regelmässigen Verba auf ω. 32 S. 8°. – Wien ROG, M., Progr. 1871.

Steiner, Jos., Conjugations-Tabellen der griechischen regelmässigen Verba des attischen Dialectes nach den Grundsützen der Grammatik von G. Curtius zum Schulgebrauch hrsg. gr. 8. (VII, 48 S.) Wien 871, Hölder. (* 80 Pf.) * 1 20

STEINER, Josef: Das Kriterium der Moralität. — um 1910. 142 Bl. Diss. Graz, Univ.

Steiner, Jos., u. Aug. **Scheindler**, lateinisches Lese- u. Uebungsbuch. Im Anschluß an die latein. Grammatik v. Aug. Scheindler hrsg. 1. Tl. [f. die Sexta]. Mit e. Wortkunde. gr. 8. (VIII, 72 u. 84 S.) Prag 889. Tempsky. — Leipzig, Freytag. n. 1. 60; geb. n.n. 2. —

— — dasselbe f. die 1. Classe der österreichischen Gymnasien. Mit e. Wortkunde. gr. 8. (VIII, 72 u. Wortkunde 84 S.) Ebd. 889. geb. n. 1. 90

— — dasselbe f. die 2. Classe der österreichischen Gymnasien. Mit e. Wortkunde. gr. 8. (VI, 122 u. Wortkunde 128 S.) Ebd. 890. geb. n.n. 2. 50
Wörter-Verzeichniß dazu, s. Kleiber, Otto.

— u. Aug. **Scheindler**, latein. Lese- u. Uebungsbuch. Im Anschluſs an Scheindlers latein. Schulgrammatik hrsg. 2. Thl. In 2 Abthlgn. I. Uebungsstücke. — II. Wortkunde. 2., umgearb. Aufl. gr. 8. (258 S.) Wien u. Prag 895. F. Tempsky. — Leipzig, G. Freytag. n. 2. 20; geb. in Leinw. u. geb. n. 2. 80

Steiner, Jos., u. Aug. Scheindler, lateinisches Lese- u. Übungsbuch. Hrsg. v. Jos. Steiner. 4 Tle. à 2 Abtlgn. I.: Übungsstücke. — II.: Wortkunde. gr. 8. Wien, F. Tempsky. Geb. in Leinw. u. geh. n. 9. —
1. 4., im Wesentlichen unveränd. Aufl. (190 S.) 899. n. 2. 10
2. 3., verb. Aufl. (247 S.) 898. n. 2. 80
3. Übungsbuch zum Übersetzen aus dem Deutschen in das Lateinische f. die 3. Classe (Casuslehre). 3. Aufl. Hrsg. v. Rob. Kauer. Unveränd. Abdr. der 2. Aufl. (IV, 156 S.) 901. n. 2. 10
4. Übungsbuch zur Einübung der Moduslehre. 2., verb. Aufl., hrsg. v. Jos. Steiner. (IV, 140 S.) 899. n. 2. —

Steiner, Josef und **Scheindler Dr. August**, Lateinisches Lese- und Übungsbuch. I. Teil, bearbeitet von Dr. Robert Kauer. In zwei Abteilungen: I. Übungsstücke. II. Wortkunde. 5., vereinfachte Auflage. Wien und Prag 1902. Tempsky. Preis beider Teile in Ganzleinwand gebunden 2 K 30 h.

Steiner, Jos., u. Aug. Scheindler, lateinisches Lese- u. Uebungsbuch. I., III. u. IV. Tl. gr. 8. Wien, F. Tempsky. Geb. in Leinw. n. 6. 30
I. Bearb. v. Rob. Kauer. 1. Tl. 6., im wesentlichen unveränd. Aufl. (190 S.) 905. n. 2. 30
III. Hrsg. v. Rob. Kauer. 4., durchgeseh. Aufl. (II, 142 S.) 903. n. 2. —
IV. Uebungsbuch zur Einübung der Moduslehre. 3., im Wesentlichen unveränd. Aufl., hrsg. v. Rob. Kauer. (II, 138 S.) 902. n. 2. —

Steiner Josef und **Scheindler August**, Lateinisches Lese- und Übungsbuch. III. Teil. Herausgegeben von Dr. Robert Kauer. (6., unveränderte, sonach laut Min.-Erl. vom 11. Oktober 1902, Z. 31947, allgemein zulässige Auflage. Wien 1906. F. Tempsky. Geh. K 1.50, geb. K 2.—.

Steiner Josef und **Scheindler, Dr. August**, Lateinisches Lese- und Übungsbuch. Bearbeitet von Dr. Robert Kauer. I. Teil. 7., im wesentlichen unveränderte Auflage. Wien 1907. F. Tempsky. Geh. K 2. , in Ganzleinen geb. K 2 50.

Steiner Josef und **Scheindler August**, Lateinisches Lese- und Übungsbuch. II. Teil. 5., gekürzte, vereinfachte Auflage. Herausgegeben von Dr. Robert Kauer. Wien 1907. F. Tempsky. Geh. K 2.40, in Leinwand geb. K 3.—.

Scheindler August und **Steiner Josef**, Lateinisches Lese- und Übungsbuch. IV. Teil: Übungsbuch zur Einübung der Moduslehre. Herausgegeben von Dr. Robert Kauer. 4. unveränderte, sonach gemäß Min.-Erl. vom 12. Mai 1902, Z. 1539, allgemein zulässige Auflage. Wien 1908. F. Tempsky. Geb. K 1.45, geb. K 2.—.

Steiner, Jos., u. Aug. Scheindler, lateinisches Lese- u. Übungsbuch. I.—IV. Tl. Hrsg. v. Rob. Kauer. 8. Wien 910. F. Tempsky. Geb. in Leinw. 9. —
I. 8., nach dem neuen Gymnasiallehrplan vom 20. III. 1909, Z. 11662, umgearb. Aufl. (140 S.) Geb. 2. —
II. 6., nach dem neuen Gymnasiallehrplan vom 20. III. 1909, Z. 11662, umgearb. Aufl. (231 S.) Geb. 3. —
III. 6., nach d. Normallehrplan d. Gymnasiums v. 10. III. 1909, Z. 11662, umgearb. Aufl. (128 S.) Geb. 2. —
IV. Übungsbuch zur Einübung der Moduslehre. 5., nach dem Gymnasiallehrplan vom 20. III. 1909, Z. 11662, umgearb. Aufl. (132 S.) Geb. 2. —

Steiner, Joseph. (geb. Xanten 12. 9. 1839): De modis foetum in utero vertendi. Berolini (1863). (31 S.) 8°
Berlin, Med. Diss. v. 15. Aug. 1863

Steiner, Jos., latein. Schulgrammatik, s.: Scheindler, A.

Steiner, Jos., aus meinen Sommertagen. Gedichte. (91 S.) 8. Wien 908. J. Eisenstein & Co. 2. —

Steiner, Jos., Sprichwörter und Sprüche, als Übungsstoff für den Unterricht in der deutschen Rechtschreibung nach Gleichheit und nach Ähnlichkeit des Wortklangs methodisch geordnet und mit einem Anhang erzählender und beschreibender Musterstücke für Schule und Haus hrsg. gr. 8. (XIV, 91 S.) Wien 882, Hölder. * 1 32

Steiner, Jos., Sprichwörter und Sprüche als Übungsstoff für den Unterricht in der deutschen Rechtschreibung, nach Gleichheit und nach Ähnlichkeit des Wortklangs methodisch geordnet und mit einem Anhang erzählender Übungsstücke für Schule und Haus hrsg. 2. verb. und mehrfach erweit. Aufl. gr. 8. (VI, 114 S.) Wien 885, Hölder. *
geb. **

Steiner, Joseph, Gerichtsref. aus Strassburg i. E.: Die **Stellvertretung** nach den Grundsätzen des Handelsgesetzbuchs. *Köln 1899: Greven & Bechtold.* (74 S.) 8°
Erlangen, Jur. Diss. v. 19. Dez. 1898

Struwel-Peter für Erwachsene. Ein lehrreiches u. nützl. Bilderbuch f. alle reife u. überreife Jugend von Josef **Steiner**. Berlin: Klein. Witzblatt [um 1904]. (64 S.) 8° [F.]
= **Witzblatt-Bilderbuch.** Bd 7. [06. 9384

Steiner, Jos., u. Aug. Scheindler, Übungsbuch zum Übersetzen aus dem Deutschen in das Lateinische f. die III. Classe der österreichischen Gymnasien. [Casuslehre.] Mit e. Wortkunde. gr. 8. (VI, 64 u. 98 S.) Prag 892. F. Tempsky. — Leipzig, G. Freytag. n. 1. 40; Übungsbuch geb. n.n. 1. 90

Steiner, Dr. Jos. II., Versuch einer medicin. Topographie v. Landgerichtsbezirke Parkstein u. Weiden in der Oberpfalz. gr. 8. Sulzb. 808. (v. Seidel). 1 ₰ 8 ℊ

— Der Tiroler Volksaufstand des J. 1809, s.: Bibliothek wertvoller Memoiren. 11. Bd. (Danev, Jos.)

Xantener Zeitgeschichte von dem Jahre 16 vor Christi Geburt bis zu dem Jahre 1900 n. Chr. Geb. Nach d. Quellen zsgest. u. hrsg. von Dr. Joseph **Steiner**, pr. Arzt. Als Ms. gedr. Xanten [1902]: T. Gesthuysen. (116 S.) 8° [F.] [07. 331 6

Steiner, J., über Ziel, Auswahl u. Einrichtung der Horaz-Lectüre. Ein Beitrag zur Methodik der altclass. Lectüre. Lex.-8. (VIII, 22 S.) Wien 881. Hölder. n. — 80

Steiner, **Jos. Ant.**, († d. 28. Febr. 1801.) acta selecta Augustana. Accedit synopsis episcopal. decretor. a tempore concilii Tridentini usque in praesentem annum promulgatorum. 4maj. Augsb. 785. Rieger. 1 ₰ 16 ℊ

Steiner, Joseph Anton (Hrsg.), s. Acta selecta ecclesiae Augustanae.

— s. Joannis de St. Joanne, seminar.

Steiner (v. Pfungen), Jos. Frz., Vollständige Anzeige alles dessen, was zur bestimmten Kenntniss der vereinigten Armen-Versorgungs-Anstalten in Brünn u. Olmütz führen kann. 8⁰. (Brünn) 1814.

Steiner J. F.: Entwurf einer Schutzkur gegen die Löserdürre. Als Resultat eigener ... am gesunden Hornvieh angestellten Versuche. Brünn u. Olmütz 1817. 102 S.

Steiner (v. Pfungen,) Jos. Frz., Entwurf eine Schutzkur gegen die Löserdürre, als Resultat der am gesunden Hornvieh angestellt. Versuche. 8. Brünn 817. Gastl. 18 ℊ Hbg. Pr. 5 ℊ

Steiner, Jos. Th., Geschichte des Alten u. Neuen Testaments rc. 4 Bde. gr. 8. Wien 809. Gerold 6 ₰ Schrbp. 9 ₰ 8 ℊ Hbg. Pr. 2 ₰ Schrbp. 2 ₰ 16 ℊ

Steiner, J. J., Geschichte des alten u. neuen Testaments rc. 4 Bde. gr. 8. Wien, Pichler. (Gerold. 809.
Schreibp.

— die Leiden Jesu, neu u. zweckmäßig vorgestellt für fromme Christen zur größern Auferbauung, den lauern aber z. ernstl. Nachdenken gewidmet. 8. Wien 800. 2e A. 802. (Gastl in Brünn). 4 ℊ

Steiner, Isidor (geb. Pless 1. 3. 1849): Ueber die hämatogene Bildung des Gallenfarbstoffes. Berlin (1873). (39 S.) 8° ¶ Aus: Archiv f. Anatomie, Physiol. u. wiss. Medicin Jg 1873.
Berlin, Med. Diss. v. 2. Aug. 1873

Die Funktionen des Centralnervensystems und ihre Phylogenese v. Dr. I[sidor] **Steiner**, a. o. Prof. . . . in Heidelberg. Abth. 1–3. Braunschweig: Vieweg & Sohn 1885–98. 3 Bde 8°
1. Untersuchgn über die Physiologie d. Froschhirns. M. 32 eingedr. Holzstichen. 1885. (2 Bl., VI, 143 S.)
2. Die Fische. M. 27 eingedr. Holzstichen u. 1 Lithogr. 1888. (XII, 127 S.)
3. Die wirbellosen Thiere. M. 46 eingedr. Abb. u. 1 Tafel in Farbendr. 1898. (X, 154 S., 1 Taf.)

Die Functionen des Centralnervensystems und ihre Phylogenese von Dr. I[sidor] **Steiner**, Prof. in Heidelberg. (Mit Abb. u. Taf.) Abth. 1–4. *Braunschweig: F. Vieweg & Sohn 1885–1900.* 4 Bde 8°
1. Untersuchungen über d. Physiol. d. Froschhirns. 1885.
2. Die Fische. 1888. 3. Die wirbellosen Thiere. 1898.
4. Reptilien, Rückenmarksreflexe, Vermischtes. 1900. [01. 433

Steiner, J., die Functionen d. Centralnervensystems u. ihre Phylogenese. 2. Abth.: Die Fische. Mit 27 eingedr. Holzst. u. 1 Lith. gr. 8. (XII, 127 S.) Braunschweig 888. Vieweg & Sohn. n. 5. —
Die 1. Abth. bildet: Steiner, J., Untersuchungen üb. die Physiologie d. Froschhirns. Ebd. 885. n. 5. —

Steiner, J., d. Functionen d. Centralnervensysteme u. ihre Phylogenese. 3. Abth. Die wirbellosen Thiere. M. 46 eingedr. Abb. u. 1 Taf. in Farbendr. gr. 8. (X, 154 S.) Braunschweig 898. F. Vieweg & Sohn. n. 10. — (1—3: n. 20. —)

Steiner, J., die Functionen des Centralnervensystems u. ihre Phylogenese. 4. Abth. Reptilien, Rückenmarksreflexe, Vermischtes. Mit 10 eingedr. Abbildgn. u. 1 Taf. gr. 8. (III, 62 S.) Braunschweig 900. F. Vieweg & Sohn. n. 2. 50; (kplt. n. 22. 50)

Grundriss der Physiologie des Menschen. Für Studierende d. Med. u. prakt. Ärzte von I[sidor] **Steiner**. 9. verb. u. verm. Aufl. mit zahlr. Abb. Leipzig: Veit & Co. 1906. (VIII, 474 S.) 8° [06. 9630 11

– Dass., s.a. Steiner, Johann

Steiner, J., Untersuchungen üb. die Physiologie d. Froschhirns. Mit 32 eingedr. Holzst. gr. 8. (VI, 143 S.) Braunschweig 885. Vieweg & Sohn. n. 5. —

Steiner, Julius

Steiner, J., Bearbeitung der von O. Simony 1898 u. 1899 in Südarabien, auf Sokótra u. den benachbarten Inseln gesammelten Flechten. (10 S.) gr. 4. Wien 902. (A. Hölder.) n. — 80
Sonderabdruck aus: „Denkschr. d. k. Akad. d. Wiss."

— Bearbeitung der von O. Simony 1898 und 1899 in Südarabien, auf Sokótra und den benachbarten Inseln gesammelten Flechten. D 71. 93 . . . . —.80
Separatabdruck

Steiner, J., e. Beitrag z. Flechtenflora d. Sahara. [Aus: „Sitzungsber. d. k. Akad. d. Wiss."] Lex.-8. (11 S.) Wien 895. (C. Gerold's Sohn.) n. — 30

— Ein Beitrag zur Flechtenflora der Sahara. S. 104. I. 381 . . . . —.30
Separatabdruck

— Beitrag zur Flechtenflora Südpersiens. [Aus: „Sitzungsber. d. k. Akad. d. Wiss."] gr. 8. (11 S.) Ebd. 896. n. — 30

Beitrag zur Flechtenflora Südpersiens. S. 105. I. 436 . . . . —.30
Separatabdruck

Steiner, Prof. Dr. J., Beiträge zur Flechtenflora Südpersiens. (Gr.-8. (11 S.) —.15
Wien: Gerold 1896.

Steiner, Jul., **Beiträge zur Lichenenflora Griechenlands u. Egyptens. [Aus: „Sitzungsber. d. k. Akad. d. Wiss."] Lex.-8. (25 S. m. 4 Taf.) Wien 893. (F. Tempsky.)** n. 1. 60

Steiner, Julius, Dr.: Beiträge zur Lichenenflora Griechenlands und Ägyptens (mit 4 Taf.). S. 102. I. 152
Separatabdruck

— Flechten aus Britisch-Ostafrika. [Aus: „Sitzungsber. d. k. Akad. d. Wiss."] gr. 8. (28 S.) Ebd. 897. n. — 60

— Flechten aus Britisch-Ostafrika. S. 106. I. 297 . . . . —.60
Separatabdruck

Steiner, J[ulius]: Über die Function und den systematischen Wert der Pycnoconidien der Flechten. S. 119—154. 8.
In: Festschrift zur Feier des zweihundertjährigen Bestandes des
Progr. k. k. Staatsgymn. im VIII. Bezirke *Wien* 1901.

— Prodromus e. Flechtenflora d. griech. Festlandes. [Aus: „Sitzungsber. d. k. Akad. d. Wiss."] gr. 8. (87 S.) Ebd. 898. n. 1. 50

Prodromus einer Flechtenflora des griechischen Festlandes. S. 107. I. 103 . . . . . 1.50
Separatabdruck

Steiner, Jul., zur Reorganisation der Theater-Verhältnisse. 8. (58 S.) Bremen 849, Hampe. n. 1/3 ℛ

Steiner, Jul. Verrucaria calciseda. Petractis exanthematica. Ein Beitrag zur Kenntnis des Baues u. der Entwickelung der Krustenflechten. 51 S. u. 2 Taf. 8. **Progr.** G. *Klagenfurt* 1881

— Verrucaria calciseda. Petractio exanthematica. Ein Beitrag zur Kenntnis d. Baues u. der Entwicklg. der Krustenflechten. gr. 8. (50 S. m. 2 Steintaf.) Wien 885. (Pichler's Wwe. & Sohn.) n. 1. 30

Steiner, K., über den Erwerb und die Amortisirung eigener Aktien. Inaugural-Dissertation. gr. 8. (52 S.) Tübingen 876, (Fues'sche Sortimentsh.) * — 80

Steiner, Carl (I.), Anleitung zur Bearbeitung der Grundbuchsachen nach Maßgabe der Gesetze vom 5. Mai 1872 nebst Verfügungsmustern. gr. 8. (XIV, 316 S.) Berlin 873, Vahlen. * 5 —

Steiner, Karl, preußisch-deutsche Geschichte f. Volksschulen. Auf Grund der Allerhöchsten Erlasse u. ministeriellen Verfüggn. bearb. Nebst Vorwort: Zur Reform d. Geschichtsunterrichts. gr. 8. (16 u. 190 S.) Leipzig 891. Siegismund & Volkening. n. 1. 10; kart. n. 1. 30

Steiner, Karl, pract. Arzt aus Würzburg: **Zur Lehre der Anthrakosis pulmonum.** *Würzburg 1899: Becker.* (44 S.) 8°
Würzburg, Med. Diss. v. 1899

Steiner, Carol., de vocis motu oratorio sonorumque consonantiis a Graecis in dicendo adhibitis earumque natura ac ratione numeris expressa ex antiquae maxime musices fontibus disserere conatus est. gr. 4. (20 S. mit 1 Stnt.) Posen 864, (Jagielski.) *

Steiner, Karl, zur Reform d. Geschichtsunterrichts. Zugl. e. Vorwort zu d. Verf. „Preußisch-deutsche Geschichte f. Volksschulen". Auf Grund d. Allerhöchsten Erlasse u. minister. Verfüggn. bearb. gr. 8. (16 S.) Leipzig (891). Siegismund & Volkening. n. — 10

STEINER, Karl (Winterthur): De societate quam dicunt "en commandite".- Monachii: Weiss 1852.
3 Bl., 38 S.
12.7.1852 - Urk; F 49
Diss. Ingolst.-Landsh.-Mchn.

Steiner, Carl, die Tauernbahn=Frage, beleuchtet u. vorgetragen in der ordentl. Sitzg. der Handels= u. Gewerbekammer vom 10. Novbr. 1885. hoch 4. (14 S.) Salzburg 885. (Kerber.) n. — 75

— zur Tauernbahnfrage. Entgegnung auf die neuerl. Abhandlg. dieser Frage durch Herrn Cäsar Combi, Gemeinderath u. Landtags=Abgeordneter in Triest, in dem Journal „Indipendente" vom 17. Dezbr. 1885 u. seiner in Klagenfurt aufgelegten deutschen Broschüre im J. 1885. 4. (14 S. m. 2 Karten.) Ebend. 886. n. 1. —

Steiner, Carl (II.), das Universum und der Mensch. Eine Jubelschrift zur 300jähr. Stiftungs=Feier des königl. Marien=Gymnasiums zu Posen. gr. 8. (36 S.) Posen 873, Türk. * 1 —

Steiner, Karl, die Waldkönigin. E. deutsche Märchendichtg. in 3 Acten. — Kremsthal. Ein Liederkranz m. 5 Ansichten aus d. Kremsthale. 8. (111 S.) Krems 898. (Wien, Dr. Walther.) n. 1. 60; geb. n. 3. 20; erh. Pr. n. 2. —

Steiner, Karl, die Waldkönigin. Eine deutsche Märchendichtg. in 3 Akten. Kremsthal. Ein Liederkranz m. 5 Ansichten aus dem Kremsthale. (Neue Ausg.) 12. (111 S.) Leipzig 899. W. A. G. Müller. n. 2. —

Steiner, Karl Friedrich Christian

Steiner, C. F. C., geometrische Konstruktionslehre und Linear-Perspektive für Künstler und Gewerke. Vollständiger theoretisch-prakt. Unterricht, zur Entwickelung aller geometr. und perspektiven Darstellungen durch Linien. Ein Lehrbuch zum Selbst- und Lehrunterrichte. 2 Thle. 2. Aufl., bearb. von W. Hertel. Wohlfeile (Titel-)Ausg. gr. 8. Leipzig (853)61, Deckmann. à Thl. * 1 Thlr. 10 Ngr. *

Inhalt:

Thl. 1. Elemente der Konstruktionslehre. (XIV und 82 S. mit 13 Stnt. in qu. Fol.)

„ 2. Theorie der Linear-Perspektive. (XX und 85 S. mit 24 Stnt. in qu. Fol.)

— der Lehmbau auf dem Lande, oder die Kunst, Landgebäude aller Art möglichst feuersicher aus Lehm u. andern Erdarten zu errichten. Ein Noth= u. Hülfsbuch für alle Baubedürftigen auf dem Lande ꝛc. Mit 4 Fol.=Taf. gr. 8. Weimar 840. Voigt. 2/3 ℛ︀, ill. 1 ℛ︀

Steiner, C. F. C., Reißkunst u. Perspectiv (Géométrie descriptive) f. Künstler, Gewerke; für d. Haus u. f. d. Leben. Vollständ. theoret.=prakt. u. populärer Unterr., zur Entwickelung aller geometr. u. perspectiv. Darstellungen durch Linien. Ein Lehrb. zum Selbst= u. Lehrunterr. 1. Thl. Elemente d. Reißkunst. gr. 4. (6¼ B. u. 24 Kpfrt.) Weimar 828. [Leipzig, Böhme.]

Steiner, C. F. Ch., Reißkunst u. Perspektiv (Géométrie descriptive) f. Künstler, Gewerke; f. das Haus u. für d. Leben. Vollständ. theoret.=prakt. u. populärer Unterricht z. Entwickelung aller geometr. u. perspektiv. Darstellungen durch Linien. 1r Thl. Elemente der Reißkunst. Mit 24 Kpftaf. gr. 4. Weimar 828. Hoffmann. 3 ℛ︀ 16 gr

Steiner, Carl Friedr. Chrstn., Reißkunst u. Perspektive (Géométrie descriptive) f. Künstler u. Gewerbe; f. d. Haus u. f. d. Leben. — Vollständ. theoret.=prakt. Unterr., z. Entwickelung aller geometr. u. perspectiv. Darstelln. durch Linien. Ein Lehrb. z. Selbst= u. Lehrunterr. 2. Thl. Theorie d. Perspektive als Zeichenkunst. gr. 8. (7¾ B. u. 20 Taf.) Weimar 835, 36, (Hoffmann.) *

1. Thl. Ebendas. 1828. * 3 Thlr. 16 Gr. — 2 Thle. hrbgs. Pr. 3 Thlr.

Steiner, Karl Frdr. Ch., Reißkunst u. Perspektive (Géométrie descriptive) für Künstler u. Gewerbe; für das Haus u. für das Leben. — Vollständ. theoretisch=prakt. Unterricht zur Entwickelung aller geometrischen u. perspectiv. Darstellungen durch Linien. 2r Thl. Theorie der Perspektive als Zeichenkunst. Mit 20 Taf. Abbildd. gr. 8. Weimar 835, (36. Tantz u. Comp.) n. 3 ℛ︀ (Der 1e Thl.: Elemente der Reißkunst. Weimar 828. Hoffmann, n. 3 2/3 ℛ︀)

Steiner, C. F. C., Reisskunst und Perspektive für Künstler und Gewerke. Vollständiger theoretisch-praktischer Unterricht zur Entwickelung aller geometrischen und perspektivischen Darstellungen durch Linien. Ein Lehrbuch zum Selbst- und Lehrunterrichte. 2 Thle. 2. verb. u. verm. Aufl., bearb. von W. Hertel. Mit 37 lith. Taf. (in Fol.) Weimar 853. Jansen u. Co. gr. 8. (XIV, 82; XX, 85 S.) 6 ℛ︀. 15 ngr.

1. Thl. Elemente der Reisskunst. Mit 13 lith. Folio-Taf. 3 ℛ︀.

2. - Theorie der Perspektive als Zeichenkunst. Mit 24 Taf. Abbildgn. 3 ℛ︀. 15 ngr.

—— Wage d. zusammengesetzten Kräfte. Eine f. d. Naturlehre höchst wichtige u. folgereiche Erfindung. gr. 8. (½ B.) Weimar 828. [Leipzig, Böhme.]

— Wage der zusammengesetzten Kräfte. Eine für Naturlehre höchst wichtige u. folgereiche Erfindung. gr. 8. Weimar 828. Hoffmann. 3 gr

— Wasserwärmer od. Vorrichtung, mittelst welcher in kurzer Zeit durch wenig Brennstoff viel Wasser erhitzt werden kann. Mit 33 Kpft. gr. Fol. Weimar 823. Ind.=Compt. 15 gr

Steiner, (C. F. Ch.,) Wasserwärmer oder Vorrichtung mittelst welcher in kurzer Zeit durch wenig Brennstoff viel Wasser erhitzt werden kann, mit 3 Kupft. gr. Fol. Weimar 824, Ind.=Compt.

Steiner, Carl Jos., d. Mineralreich nach s. Stellg. in Mythologie u. Volksglauben, in Sitte u. Sage, in Geschichte u. Litteratur, im Sprichwort u. Volksfest. Kulturgeschichtl. Streifzüge. gr. 8. (X, 142 S.) Gotha 895. E. F. Thienemann's Verl. n. 2. 40

Steiner, Carl J., die Tierwelt, nach ihrer Stellg. in Mythologie u. Volksglauben, in Sitte u. Sage, in Geschichte u. Litteratur, im Sprichwort u. Volksfest, f. Schule u. Haus gesammelt u. hrsg. gr. 8. (XI, 324 S.) Gotha 891. E. F. Thienemann. n. 4. 20

Steiner, Carolus M. J. (*geb. Neiße 29. 9. 1818*): De basi. Neostadii S. S. (1843). (VI, 41 S.) 8°

Breslau, Phil. Diss. v. 18. Dez. 1843

Steiner, Konrad

Steiner, Conr., s.: Leichenreden, kurze u. erbauliche.

Steiner, Kurt

Steiner's, Curt, Handbuch f. Lackiererei. Praktischer Ratgeber f. alle Betriebe, welche m. der Lackiererei im Zusammenhang stehen. Nach der Praxis bearb. Ausg. A. (84 S., Bl. 85 u. 86 u. S. 87—101 m. Abbild. u. eingeklebten farb. Mustern.) 8. München 910. Lackierermstr. Steiner. Geb. in Leinw. 5. 50

Steiner, L., Festspiel zum fünfzigjährigen Jubiläum des Männerchors Zürich. Zürich, Attenhofer & Co. 1877. 1. —

Der tägliche Gang der erdmagnetischen Elemente in Kingua-Fjord. Ein Beitrag z. harmon. Analyse d. erdmagnet. Beobachtungen während d. Polarjahres 1882/83. Von Dr. L. Steiner, Assist., Budapest. Hamburg 1904: Hammerich & Lesser in Altona. (11 S.) 4°

= Archiv, Aus dem, d. Deutschen Seewarte. Jg. 27, No 3. [os. 7086

Steiner, L., erdmagnetische Messungen im Sommer 1901, s.: Resultate der wissensch. Untersuchgn. des Balaton.

STEINER, Leo von (Bukarest): De eclampsia puerperali. (Titel nach der Urkunde)
2.8.1862 - Urk; F 70
Diss.Ingolst.-Landsh.-Mchn.

Steiner, L[eo]. Einiges über die Augen der Javaner. Von Dr. L. St', Augenarzt in Soerabaya ⟨Java⟩. Mit Tafel 27—29. Separat-Abdruck aus der Zeitschrift für Morphologie und Anthropologie. Band 10, Heft 3. 11 S. + S. 481—484. 8. Stuttgart, E. Schweizerbart, 1907.
Verf. ist gebürtig von Erschmatt, Ctn. Wallis.

Steiner, Leo, üb. Entbitterg. u. Entgiftg. d. Lupinenkörner, s. a. Berichte aus d. physiolog. Laboratorium u. d. Versuchsanstalt d. landwirthschaftl. Instituts d. Universität Halle, Hft. 12.

Steiner, Leo [aus Sopron in Ungarn]: Ueber Entbitterung und Entgiftung der Lupinenkörner. Vergleich. Untersuchgn ausgeführt im physiolog.-chem. Laborator. u. d. Versuchsanst. d. landwirthschaftl. Inst. d. Univ. Halle ... (Erscheint vollst. in: Ber. aus d. physiol. Labor. u. d. Versuchsanst. d. landw. Inst. d. Univ. Halle hrsg. v. J. Kühn, Heft 12.) Halle a. S., 1894; 31 S. 4.(8.)
Halle, Phil. Fak., Inaug.-Diss. v. [28. März] 1894

Steiner, L[eo]. Über multiple subkutane harte fibröse Geschwülste bei den Malayen. Von Dr. L. St', Surabaya, Java. [Mit 1 Abbildung.] Sonder-Abdruck aus «Archiv für Schiffs- und Tropen-Hygiene». Band 8, 1904. 11 S. + S. 157—160. 8. Leipzig, Johann Ambrosius Barth, (1904).

Steiner, L[eo]. Wie die Javanen narkotisiren, von Dr. L. St' in Surabaya ⟨Java⟩. [Mit 1 Abbildung.] Sonder-Abdruck aus «Archiv für Schiffs- und Tropen-Hygiene». Band 5, 1901. 11 S. + S. 371-379. 8. Leipzig, Johann Ambrosius Barth.

[R.] Der Afrikaner. Lustspiel in 4 Akten in Zürcher Mundart v. Leonhard **Steiner**. *Zürich: Orell Füssli [1897].* (73 S.) 1 Bd S.
= **Steiner,** L.: Lustspiele in Zürcher Mundart. H. VI. [97. 445]

[Steiner, Leonhard.] Andenken an Heinrich Cramer (1812-1871). [Mit 1 Vignette und Portrait-Tafel.] 8. Zürich 1886.
(In dankbarer Erinnerung... gewidmet den Zünften Zürich's vom Sechseläuten-Central-Comité. Am Sechseläuten 12. April 1886.)

Steiner, Leonh.: Becherweihe d. Zunft zur Waag am Sechseläuten 1879. Zürich 1879.

Steiner, L., Edelwyß, s.: Sutermeister, O., Schwizer-Dütsch.

Festrede von L[eonh.] **Steiner** am Sylvester 1870. [Zürich 1870.] 13 S. 8⁰ [Kopftit.]
Abgedr. in: FZ. 25 (1871) S. 49—52.
Franz. Übers. in: EMS. 11 (1871) S. 17—25; Vrt. 2 (1871) S. 56—59, 72—75.
Tt. 2198. Rückblick auf das verflossene Jahr u. Rechtfertigung des Friedensmanifestes der Alpina, anlässlich des deutsch-franz. Krieges.

Steiner, Leonh., Glärnisch-Fahrt. Gedicht in Zürcher Mundart. gr. 8. (91 S.) Zürich 879, Orell, Füßli und Comp. * 3 —

Ueber freimaurerische Instruction. Vortrag von L[eonh.] **Steiner.** [Zürich 1877]: Schiller & Co. 16 S. 8⁰ [Umschlagtit.]
Abgedr. in: Bh. 20 (1877) S. 379—382; Z. 7 (1877) S. 185—188; T. 24 (1878) S. 32—34, 39—41. Holländ. Übers. in: MW. Ser. 3 Jg. 2 (1877) No 48—50.
Tt. 2199. Üb. die verschiedenen Arten maurerischer Instruktion u. die rechte Art, sie zu pflegen.

Steiner, L., fünf Lustspiele in Zürcher Mundart, } s. Sutermeister, O., Schwizer-Dütsch.

Steiner, Leonh., s.a. *Lustspiele in Zürcher Mundart.*

Steiner, Leonh., Lustspiele in Zürcher Mundart. 1.—3. Heft. 8. Zürich, Orell, Füßli und Comp., Verlag. à Heft *
Inhalt:
Heft 1. Zwüschet Eis und Zwei. — Au en Verein. — 's Englisch-Chränzli. — Flyß und Ys. — Prinz Frosch. (80 S.) 887.
" 2. Edelweyß. Lustspiel in 3 Akten. (80 S.) 887.
" 3. Am Sängerfest. Lustspiel in 5 Akten. (66 S.) 888.

Steiner, Leonh. Lustspiele in Zürcher Mundart. 4. und 5. Heft. 8. Zür., Orell, Füßli Verlag. à Heft * 2 —
4. E praktisches Landchind. Lustspiel in 3 Akten. (72 S.) 889.
5. Dur d'Lesmappe. Lustspiel in 1 Akt. — Es Waldfest. Lustspiel in 1 Akt. (51 S.) 891.

Steiner, Leonh., Lustspiele in Zürcher Mundart. VI. Hft. 8. Zürich 897. Art. Institut Orell Füßli. n. 2. —
Der Afrikaner. Lustspiel in 4 Akten. (73 S.)

Steiner, Leonh., Lustspiele in Zürcher Mundart. 8. VII. Hft. Zürich (899). Art. Institut Orell Füßli. n. 2. —
Am Wildseeli. Lustspiel in 5 Akten in Zürcher Mundart. (76 S.)

Modestia cum libertate. Rede des Br.·. Leonh. **Steiner** gehalten am Sylvesterabend 1872. Zürich 1873: Orell, Füssli & Co. 12 S. 8⁰
cf. BN. 3 (1872—1873) S. 320—323 (J. P. Vaillant).
Üb. einige Ereignisse des vergangenen Jahres im profanen Leben, die in näherer Beziehung zur Frmrei stehen, in Sonderheit: Rückblick auf das mrische Leben der Loge Modestia.

Meyer-Hoffmeister, Konr.: Modestia cum libertate [in Zürich]. Winterjohannisfest d. 18. Dez. 1881. Trinkspruch zu Ehren von Br. Meyer-Hoffmeister † ausgebracht von Leonh. **Steiner.** [Zürich 1881: Schiller & Co.] 2 Bl. 8⁰ [Kopftit.]
In Versen.

– Am Sängerfest, s. Sutermeister, O.: Schwizer-Dütsch.

Steiner, L., siehe: *Schwizer-Dütsch.*

— Seldwylerstückli. Faschingsschwank in 1 Akt. 8. (26 S.) Zürich 895. (E. Speidel.) n. 1.—

Am Wildseeli. Lustspiel in 5 Akten in Zürcher Mundart von Leonhard **Steiner**. Zürich: O. Füssli [1899]. (76 S.) 8⁰
(Steiner: Lustspiele in Zürcher Mundart. H. 7.)

Steiner, Leop., s.: Adressbuch der Ärzte, Apotheker usw. von Österreich-Ungarn.

Steiner, Leop., s.: Adressbuch, bauindustrielles.

— s.a. Adressbuch, bauindustrielles v. Österreich-Ungarn.

Steiner, Leop., bauindustrielles Adressbuch v. Oesterreich-Ungarn u. Bezugsquellen-Führer f. sämmtl. Baubedarfs-Artikel. gr. 8. (XII, 512 S.) Wien 897. Spielhagen & Schurich. Kart. n. 10. —

— s.: Adressbuch der elektrotechn. u. mechan. Branchen von Österreich-Ungarn, Bosnien-Herzegowina.

— s.: Adressbuch der Eisen- u. Metall-Industrie usw. von Österreich-Ungarn.

— s.: Adressbuch der Spediteure Europas.

— s.: Adressbuch d. Zivil- u. Militärärzte usw. v. Österr.-Ungarn.

— s.: Auskunftsbuch, bautechnisches.

— s.: Bericht des niederösterr. Landesausschusses über seine Amtswirksamkeit.

Steiner, Ludw., dreitägige Geistesübungen für Seelsorgspriester. Aus bewährten Quellen gesammelt, geh. und hrsg. 16. (XVI, 272 S.) Regensburg 882, Pustet. * — 80
geb. * 1 20

Steiner, Ludw., Cardinal Hergenröther, s.a. Episkopat, der, der Gegenwart.

—— Kardinal Hergenröther. gr. 8. (40 S.) Würzburg 883, Woerl. — 50

Steiner, Ludwig, approb. Arzt aus Amberg: Zur Casuistik des Quincke'schen Haut-Oedems. *Leipzig 1903: Günther & Müller.* (21 S.) 8°
Leipzig, Med. Diss. v. (18. Mai) 1903

Steiner, Ludwig, Der Olmützer Turnverein, 1862—1887, Olmütz 1888, 29 S., 8°.

Steiner, Ludov. Adolph (geb. Darkehmen 16. 3. 1833): De morbo cerebri ex syphilide orto. Duae morbi historiae. Berolini (1856). (29 S.) 8°
Berlin, Med. Diss. v. 7. Okt. 1856

Steiner, M. Gustav, von Winterthur [Kt. Zürich]: Einiges über das Medicinalwesen der Stadt Winterthur. Zür. Zürcher u. Furrer Dr. 1851. 35 S. 8°.
Zürich, Med. Diss. v. 13. Sept. 1851.

Steiner, Margarete, junge Lieder. (80 S.) 8. Leipzig 906. Modernes Verlagsbureau. n. 2. —

Steiner, Martha, unsere Feste. Chanukah-Festspiel. (16 S.) 8. Eßlingen (905). (Berlin, L. Lamm.) n. 1. —

Steiner, Matthäus, Beschluß der Kanzelreden über die Leidensgeschichte Jesu Christi; f. Prediger, Seelsorger u. alle frommen Christen. 3. Bd. gr. 8. (19¼ B.) Wien 843. (Leipzig, Liebeskind.)
1. u. 2. Bd. Ebendas. 1827, 31. à 1 Thlr.

Steiner, M., 43 kurze Kanzelreden üb. die Leidensgeschichte Jesu Christi. gr. 8. Wien 827. Pichler 1 ₰ Fortsetzung, od. 2r Bd. gr. 8. Ebd. 831. (Leipz., Liebeskind). 1 ₰

Steiner, M., Fortsetzung d. Kanzelreden üb. d. Leidensgeschichte Jesu Christi, darstellend seine unübertreffbare Seelengröße vor d. Richterstühlen des Pilatus u. d. Herodes; für d. hochwürd. Hrn. Prediger, Seelsorger u. f. alle fromme Christen, die ihre Liebe zum heiligsten Welterlöser immer mehr zu entzünden wünschen. 2. Bd. gr. 8. (22 B.) Wien 831, Pichler.
Dess. „43 kurze Kanzelreden üb. d. Leidensgeschichte," (1. Bd.) Ebendas. 1827. 1 Thlr.

Steiner, Matth. Jak. Adm., († d. 13. Dec. 1796.) Epistel an Hrn. Panzer in Nürnberg, eine bisher unbekannte u. vergessene Nürnberger Ausgabe d. N. Testam. u. einige and. bibl. Seltenheiten betreff. 8. Augsb. 781. v. Jenisch u. St. 2 gl.

Steiner, Max, die Lehre Darwins in ihren letzten Folgen. Beiträge zu e. systemat. Ausbau des Naturalismus. 1. u. 2. Aufl. (VII, 244 S.) 8. Berlin 908. E. Hofmann & Co. 3.—; geb. 4. —

Steiner, Max, die Rückständigkeit des modernen Freidenkertums. Eine krit. Untersuchung. (125 S.) 8. Berlin 905. E. Hofmann & Co. n. 2. 50

Steiner, Maximilian

Steiner, **Max., über den Amazonen-Mythus in der antiken Plastik. Lex.-8. (134 S. mit 5 Stnt.) Leipzig 857, T. O. Weigel.** *

Steiner, Maximilian, (von Wien): Die Entwicklung des griechischen Staates. Wien F. Beck 1855. VI, 169 S. 8°.
[Zürich, Phil. Diss. v. 18. Dec. 1855].

Steiner, Max., die Entwicklung des griechischen Staates. gr. 8. (VI und 169 S.) Wien 855, Beck'sche Universitäts-Buchh.

Steiner, Max., über die Errichtung von Arbeiterwohnungen in Wien. Ein Vortrag, gehalten im „Oesterreich. Ingenieur- und Architekten-Verein" zu Wien am 15. März 1884. gr. 8. (28 S.) Wien 884, Hölder. * — 60

Steiner, Max, zur Haftpflichtfrage. gr. 8. (III, 130 S.) Wien 881. Hölder. n. 2. 40

—— zur Reform der Armenpflege in Oesterreich. gr. 8. (III, 104 S.) Ebendas. 880. * 2 40

STEINER, Maximilian
Die Wohlfahrts-Einrichtungen Oesterreichs 1848—1897. Wohlfahrts-Einrichtungen für Volkswohnungen. Von Dr. Maximilian Steiner. (Aus dem Jubiläumswerke der Oesterreichischen Wohlfahrtsausstellung Wien, 1898.) [Wien. 1900. Perles.] Gr.-8°. 8 S. K —.30

Steiner, Max, Wohlfahrts-Einrichtungen f. Volkswohnungen. gr. 8. (8 S.) Wien (900). M. Perles. n. — 30
Sonderabdruck aus: „Oesterreichs Wohlfahrts-Einrichtgn."

Steiner-Bukarest, (vielm.: Steiner), Michael, Assistent am Hzgl. Landeskranken- u. Siechenh. zu Altenburg S.-A.: Aus d. Med. Klinik zu Leipzig. Direktor Herr Geh. Medizinalrat Prof. Dr. Curschmann. Beitrag zur Casuistik der Lipomatosis perimuscularis circumscripta ⟨Curschmann⟩. *Leipzig 1904: B. Georgi.* (19 S.) 8°
Leipzig, Med. Diss. v. (5. Aug.) 1904

Aus d. Herzogl. Landeskranken- u. Siechenhaus Altenburg, S.-A. Zur Griserinbehandlung. Von Dr. med. Michael **Steiner**, Assist. Leipzig-Gohlis: M. Gelsdorf (1905). (8 S.) 8° [Umschlagt.]
Aus: Repertorium d. prakt. Medizin. Jg. 1905, H. 4. [06. 8. 4] 10

Steiner, Maur., Elemente der ebenen Trigonometrie u. der Stereometrie. Leitfaden f. den Unterricht an Gymnasien, höheren Bürger- (Real-) u. Gewerbschulen. 8. (8½ B. u. 4 Stnt.) Breslau 845, Leuckart. *

Steiner, (Joannes Augustus) Mauritius (*geb. Breslau 19. 12 1813*): De loco geometrico centri lineae rectae definitae cujusdam longitudinis, cujus termini in peripheria lineae secundi ordinis moventur. P. 1. Vratislaviae (1841). (38 S., 1 Taf.) 4° (*Vollst. Buchausg. 1841 bei Hirt in Breslau.*)
Breslau, Phil. Diss. v. 27. Febr. 1841

Steiner, Maur., de loco geometrico centri lineae rectae definitae cuiusdam longitudinis, cuius termini in peripheria lineae secundi ordinis moventur. Dissertatio. 4maj. (Mit 1 Steintaf.) Vratislaviae 841. (Hirt.) n. 2/3 ℔

Steiner, O. Sophie La Roche in Schoenebeck a. E. (1799). 14 S. Progr. *Schoenebeck* 1885.

Steiner, Olga, abergläubig, s.: Bloch's, Ludw., Kinder-Theater.

— Ausländer-Verkehr gesucht, — eine Badebekanntschaft, — ihr erster Ball, } s.: Mädchen-Bühne.

— O dieses Berlin, s.a. Bloch's, Ludwig, Damen-Bühne.

O dieses Berlin. Lustspiel in 1 Akt von Olga Steiner. *Berlin: E. Bloch (1899).* (20 S.) 8° [F.]
= Damen-Bühne, Ludwig Blochs. No 27.

— Brüderchen u. Schwesterchen, s.: Bloch's, Ludw., Kinder-Theater.

Steiner, Olga (Frau Olga Schlesinger-Steiner), unterm Christbaum, s.a. Weihnachts- u. Neujahrs-Aufführungen, Nr. 14.

Unterm Christbaum. Volksstück mit Gesang in 1 Akt von Olga Steiner. Berlin: E. Bloch [1905]. (20 S.) 8° [F.]
= Weihnachts- u. Neujahrs Aufführungen. No 14.

Steiner, Olga (Olga Schlesinger-Steiner), im Damenheim, } s.a. Bloch's, Ludw., Damen-Bühne, Nr. 14.

Im Damenheim. Lustspiel in 1 Akt von Olga Steiner. *Berlin: E. Bloch (1895).* (27 S.) 8° [F.]
= Damen-Bühne, Ludwig Blochs. No 14.

Steiner, Olga (Frau Olga Schlesinger-Steiner), ein moderner Damenkaffee, s.: Bloch's, Ludw., Sammlung v. Zwie- u. Dreigesprächen.

— in der Damen-Konditorei, od. Eroberungen, s.: Bloch's, Ludw, Damen-Bühne.

— durchgegangen, s.a. Solo-Scenen, Nr. 17.

Durchgegangen. Solo-Scene von Olga Steiner. *Berlin: E. Bloch (1896).* (13 S.) 8° [F.]
= Solo-Scene. No 17.

— eine Ehe-Irrung, s.a. Fastnachts-Bühne. 94. Hft.

Eine Ehe-Irrung. Fastnachts-Schnurre in 2 Halbakten von O[lga] Steiner. *Berlin: E. Bloch (1904).* (22 S.) 8° [F.]
= Fastnachts-Bühne. H. 94.

— Entwürfe 2c. f. Ueberraschgn. bei d. Hochzeitstafel, s.: Thiel, Julie.

— Folgen e. Lüge, s.: Mädchen-Bühne.

— Eine Frage an das Schicksal, s. Bloch's, Ludw., Damen-Bühne.

— Frauenwitz od.: Zwei Liebespärchen, s.a. Bloch's, Ludw., Damen-Bühne, Nr. 26.

Frauenwitz oder: Zwei Liebespärchen. Lustspiel in einem Akt für drei Damen von Olga Steiner. Berlin: E. Bloch (1898). (20 S.) 8°
(Damen-Bühne, Ludwig Blochs. No 26.)

— das Geheimnis d. Schlosses, od.: Die neueste Mode, } s.a. Bloch's, Ludw., Damen-Bühne.

[F.] Das Geheimnis des Schlosses oder: Die neueste Mode. Lustsp. in 1 Akt v. Olga Steiner. *Berlin: E. Bloch (1894).* (23 S.) 1 Bd 8.
= Damen-Bühne, Ludwig Blochs. No 10.

— die erste Gesellschaft, s.: Bloch's, Ludw., Sammlung v. Zwie- u. Dreigesprächen. 32. Hft.

— Gespenster, s.: Mädchen-Bühne.

— Fräulein Hasenfuß, } s.a. Mädchen-Bühne, Nr. 34.

Fräulein Hasenfuss. Schwank in 1 Aufz. von Olga Steiner. *Berlin: E. Bloch (1895).* (18 S.) 8° [F.]
= Mädchen-Bühne. H. 34.

— Der Haupttreffer, s. Mädchen-Bühne.

Im Hause der Künstlerin. Lustspielscene von Olga Steiner. *Berlin: E. Bloch (1896).* (14 S.) 8° [F.]
= Damen-Bühne, Ludwig Blochs. No 17.

— Dass., s.a. Bloch's, Ludw., Damen-Bühne. Nr 17.

Die Haushaltungsschule. Lustspiel f. acht Mädchen von Olga Steiner. Berlin: E. Bloch (1898). (29 S.) 8°
(Mädchen-Bühne. H. 47.)

— Dass., s.a. Mädchen-Bühne. Nr. 47.

Heiratskandidatinnen oder: Wie junge Mädchen lieben. Lustspiel in 1 Akt von Olga Steiner. *Berlin: E. Bloch (1896).* (27 S.) 8° [F.]
= Damen-Bühne, Ludwig Blochs. No 18.

— Dass., s.a. Bloch's, Ludw., Damen-Bühne. Nr. 18.

— trauernde Hinterbliebene, s.a. Hochzeits-Album.

Trauernde Hinterbliebene. Hochzeitsscherz f. 3 Damen von Olga Steiner. Mühlhausen i. Th.: G. Danner [1904]. (14 S.) 8°
(Hochzeits-Album. H. 5.)

Hochzeitskuchen. Soloscene f. 1 Dame von Olga Steiner. Mühlhausen i. Th.: G. Danner [1904]. (S. 7–11.) 8° [F.]
= Hochzeits-Album. H. 4, [2.]

— Dass., s.a. Hochzeits-Album.

— Hochzeits-Zeitungen. gr. 4. (25 S.) Berlin 893. E. Bloch. n. 2.—

— Hurra, aufs Land!, s.: Mädchen-Bühne. 77. Hft.

Ich kündige ihr. Schwank in 1 Aufzug von Olga Steiner. *Berlin: E. Bloch (1900).* (17 S.) 8° [F.]
= Damen-Bühne, Ludwig Blochs. No 30.

— Dass., s.a. Bloch's, Ludw., Damen-Bühne.

— ich soll heiraten. Hochzeitskuchen, s.a. Hochzeits-Album.

Ich soll heiraten. Soloscene f. 1 Dame von Olga Steiner. Mühlhausen i. Th.: G. Danner [1904]. (6 S.) 8° [F.]
= Hochzeits-Album. H. 4, [1.]

— das Kind der Wüste, s.: Attenhofer, C.

— Das Komödiantenkind, s.: Mädchen-Bühne.

— eine Küchenscene, s.a. Hochzeits-Album.

Eine Küchenscene. Hochzeitsscherz f. 2 Damen von Olga Steiner. Mühlhausen i. Th.: G. Danner [1904]. (11 S.) 8°
(Hochzeits-Album. H. 3.)

— seine erste Liebe, s.: Solo-Scenen. Nr. 21.

Das Mädchen aus der Fremde. Singspiel zu beliebten Operettenmelodieen von Olga **Steiner**. Berlin: E. Bloch (1901). (23 S.) 8°
(Mädchen-Bühne. H. 63.)

– Dass., s.a. Mädchen-Bühne.

Steiner, Olga, Mädchen=Bühne. Einaktige Lustspiele m. nur weibl. Rollen, zur Aufführg. bei Schul= u. Familienfesten geeignet. 4 Hfte. 8. (66, 77, 70 u. 60 S.) Berlin 888. Mehring. à n. — 60

—— **Mädchen-Bühne.** Einaktige Lustspiele m. nur weibl. Rollen, zur Aufführung bei Schul- u. Familienfesten geeignet. 5. u. 6. Heft. 8. Berl. 891, [Slottko]. Bloch. à Heft * — 60
5. Fräulein Wildfang. [Für 3 Mädchen.] (32 S.)
6. Bei der Wahrsagerin. [Für 4 Mädchen.] (32 S.)
1.—4. Heft. Ebd. 1888. à * — 60.

– Unsere Männer, s.a. Bloch's, Ludw., Damen-Bühne. Nr. 24.

Unsere Männer. Plauderei in 1 Akt f. 5 Damen von Olga Steiner. *Berlin: E. Bloch (1898).* (17 S.) 8° [F.]
= Damen-Bühne, Ludwig Blochs. No 24. [00. 11495

— Die gestörte Nachbarin, s.: Solo=Szenen.

— Naschkätzchen, s.: Mädchen=Bühne.

Nur nicht heiraten. Lustspiel in 1 Akt von Olga Steiner. *Berlin: E. Bloch (1901).* (19 S.) 8° [F.]
= Damen-Bühne, Ludwig Blochs. No 32. [01. 10447

– Dass., s.a. Bloch's, Ludwig, Damen-Bühne.

– Polterabend-Aufführungen f. Kinder von 7–14 Jahren, s. Jacobson's, Ed., Polterabend-Komödien.

— der Preis=Aufsatz, s.: Mädchen=Bühne.

Das Preisrätsel. Lustspiel von Olga Steiner. *Berlin: E. Bloch (1902).* (23 S.) 8° [F.]
= Mädchen-Bühne. H. 65. [03. 3417

– Dass., s.a. Mädchen-Bühne.

— Prinzeßchen, s.: Mädchen=Bühne.

— Putzelchen u. Pumpine, s.: Bloch's, Ludw., Kinder=Theater.

— ein kleines Reiseabenteuer, s.: Solo=Scene.

Rokoko-Tanzstunde. Dramatischer Scherz mit Tanz von Olga Steiner. *Berlin: E. Bloch (1902).* (18 S.) 8° [F.]
= Mädchen-Bühne. H. 66. [03. 3418

– Dass., s.a. Mädchen-Bühne.

– Ein Rundreise-Geschenk, s.a. Bloch's, Ludw., Damen-Bühne. Nr. 25.

Ein Rundreise-Geschenk. Schwank in 1 Akt f. 6 Damen von Olga Steiner. *Berlin: E. Bloch (1898).* (19 S.) 8° [F.]
= Damen-Bühne, Ludwig Blochs. No 25. [00. 11496

– Käthe's Schwärmerei, s. Mädchen-Bühne.

– Schwerhörig, s. Mädchen-Bühne.

– Sie dichtet, s.a. Bloch's, Ludw., Damen-Bühne. Nr. 11.

Sie dichtet. Schwank in 1 Aufz. von Olga Steiner. *Berlin: E. Bloch (1895).* (26 S.) 8° [F.]
= Damen-Bühne, Ludwig Blochs. No 11. [00. 11481

— sie schreibt an den Schatz, s.a. Danner's, G., Damen=Scenen. Nr. 21.

Sie schreibt an den Schatz. Soloscene für 1 Dame von Olga Steiner. *Mühlhausen i. Th.: G. Danner [1902].* (8 S.) 8° [F.]
= Damen-Scenen, G. Danner's. No 21. [03. 819

— Sie will imponieren, s.: Mädchen=Bühne.

— Staub, s.a. Danner's, G., Damen=Bühne. Nr. 10.

Staub. Schwank in 1 Akt von Olga **Steiner**. Mühlhausen i. Th.: G. Danner [1898]. (19 S.) 8°
(Damen-Bühne, G. Danner's. No 10.)

— Ein Tag in der Pension, s.: Mädchen=Bühne.

– Eine Theaterprobe, s. Mädchen-Bühne.

— eine Theaterschmiere, s.a. Hochzeits-Album.

Eine Theaterschmiere. Hochzeits-Aufführung von Olga **Steiner**. Mühlhausen i. Th.: G. Danner [1904]. (15 S.) 8°
(Hochzeits-Album. H. 2.)

— Ihr Traum, s.: Damenbühne.

— die erste Uhr, s.a. Bloch's, Ludw., Kinder-Theater. Nr. 97.

Die erste Uhr. Lustspiel in 1 Akt von Olga **Steiner**. Berlin: E. Bloch (1903). (26 S.) 8°
(Kinder-Theater, Ludwig Blochs. No 97.)

— Die Verlobung vor der Tür, s.: Bloch's, Eduard, Theater-Korrespondenz.

— die Versetzung, s.: Bloch's, Ludw., Kinder=Theater.

— Wahrheits-Koller, s.a. Mädchen-Bühne. 71. Hft.

Wahrheits-Koller. Lustspiel von Olga Steiner. *Berlin: E. Bloch (1903).* (15 S.) 8° [F.]
= Mädchen-Bühne. H. 71. [04. 15389

– Bei der Wahrsagerin, s. Mädchen-Bühne.

– Wenn die Katze fort ist, s. Mädchen-Bühne.

– Wer hat's gethan, s. Mädchen-Bühne.

— wie heilt man Liebesweh? s.: Polter=Abend, der.

– Fräulein Wildfang, s. Mädchen-Bühne.

– Wir gründen e. Verein, s. Mädchen-Bühne.

— Prinzessin Wunderhold, s.: Attenhofer, C.

– Zerstreut, s. Mädchen-Bühne.

— Das Ziehbilderbuch, s.: Bloch's, Ludw., Galerie lebender Bilder.

Steiner, Osk. (geb. Koschentin in Schles. 3. 11. 1844): Das chronische corrosive Magengeschwür. Berlin (1868). (32 S.) 8°
Berlin, Med. Diss. v. 14. März 1868

Steiner, Oscar, Rechtskand.: Die Rechtslage der einer Leiche in das Grab mitgegebenen Sachen. Borna-Leipzig 1910: Noske. IX, 41 S. 8°
Rostock, Jur. Diss. v. 10. Aug. 1910, Ref. Matthiaß
[Geb. 11. Juni 81 Draisdorf b. Chemnitz; Wohnort: Draisdorf; Staatsangeh.: Sachsen; Vorbildung: Gymn. Chemnitz Reife O. 02; Studium: Freiburg i. B. 1, Leipzig 10, Rostock 4 S.; Rig. 3. Mai 10.] [U 10. 3886

Steiner, Oswald, das öffentliche Interesse an der Oberlehrerinnenfrage. gr. 8. (32 S.) Berlin 879, Springer. * — 60

Steiner, Otto, aus Wien: **Beiträge zur Kenntnis der Schwefel-Selen-Tellur-Gruppe.** *Heidelberg 1900: J. Hörning.* (44 S.) 8°
Heidelberg, Naturw.-math. Diss. v. 1900

Nekrolog vorgetragen in der am 10. Sept. 1893 abgehaltenen Trauerloge der Loge Ernst zum Compass im Or. Gotha zu ehrendem Gedächtnis des in den ewigen Osten eingegangenen Durchlauchtigsten Mstrs v. St. derselben, Sr. Hoheit Herzog Ernst II. v. Sachsen-Coburg u. Gotha, von O[tto] **Steiner.** o. O. [1893]. 16 S. 8° [Umschlagtit.]
Auszug in: H. 4 (1893) S. 97—98.

Steiner, Otto: Studien über das sogenannte „Glocken-Verfahren" zur Elektrolyse wässeriger Lösungen der Alkalichloride. 1904. 40 S. 8° ¶ Aus: Zeitschrift f. Elektrochemie. Jg. 10.
Darmstadt, Dr.-Ing.-Diss. v. 28. 6. 1904

Steiner, Ottomar. Das Bett u. sein Einfluss auf unsere Gesundheit. Ein Mahnruf an alle deutschen Väter und Mütter. 12. (74 S.) Zwickau 892. (Frankenberg i. S., Knutzen.) * — 50

Steiner, Ottomar, die „Generalkrankheitsursachen". E. Naturstudie. gr. 8. (15 S.) Zwickau 893. (Frankenberg, C. G. Rossberg.) n. — 20

— am Scheidewege! E. Bettengeschichte aus dem Tagebuche d. Grossmutter. 4., verb. Aufl. v. „Sonst u. Jetzt". 12. (IV, 64 S.) Frankenberg 896. (C. G. Rossberg.) n. — 50

Steiner, P.

Steiner-Zabern, P., Betrachtungen üb. die Idee e. Weltsprache im allgemeinen, u. das System der Pasilingua insbesondere. gr. 8. (16 S.) Neuwied 886. Heuser's Verl. — 30

Steiner, P., kurz gefaßtes Deutsch-Pasilingua-Wörterbuch m. Regeln der Wortbildung u. Wortbiegung. 8. (VIII, 88 S.) Neuwied 887. Heuser's Verl. 1. 20

Steiner, P. (I.), Einleitung in die Erlernung der französischen Sprache. 8. (VI, 89 S.) Neuwied 881, Heuser's Verlag. * 1 20

— Elementargrammatik nebst Übungsstücken zur Gemein- od. Weltsprache. [Pasilingua.] Deutsche Ausg. 8. (80 S.) Ebend. 885. 1. 50; cart. 1. 75

— **Elementas Pasilinguias. Kurze Zusammenstellung d. Wesentlichen üb. Wortbeugg. u. Wortbildg., nebst Übungsstücken zur Pasilingua.** 8. (IV, 40 S.) Ebd. 888. — 75

—— eine Gemein- oder Weltsprache. [Pasilingua.] Vortrag. gr. 8. (14 S.) Ebendas. 885.

Pasilingua (Neo-anglic), die Sprache von Pan-Amerika und die Universal-Sprache auf Grund einer Neuengl. Grammatik. Von P. Steiner. H. 1. [Mehr nicht erschienen.] *(Darmstadt): Eigentum d. Verf.; L. Heuser in Neuwied in Comm. [1892].* (19 S.) 8° 104. 13/93

—— das Schloss zu Zabern. Vortrag, gehalten im Vogesenklub zu Zabern. gr. 8. (20 S.) Ebendas. 883. — 60

— **offenes Sendschreiben üb. Weltsprache, Volapük u. Pasilingua an den Ausschuß u. die Mitglieder d. amerikanischen philologischen Vereins u. die gesamte amerikanische Nation.** gr. 8. (16 S.) Ebd. 888. — 20

— **Übungen zur Pasilingua, nebst grammat. Bemerkgn. auch zum Selbstunterricht eingerichtet.** 8. (VII, 103 S.) Ebd. 888. 1. 20

WAS bedeutet der Name Wien und wann entstand er? (Vf.: *P. Steiner.*) (Wien 1893.) (In Zürich.)
Anon.-Lex. V. p. 323 (nach d. Zuwachsverz. der Bibliotheken in Zürich 1898 ff.).

—— Drei Weltsprach-Systeme: Pasilingua — Volapük — La lingvo internacia. gr. 8. (30 S.) Ebd. 889. — 50

— **zwei Welt-Sprachsysteme: Der Volapük — die Pasilingua.** gr. 8. (16 S.) Ebd. 888. — 20

Steiner, P., Wort des Studiums der französ. Sprache für Gymnasien. Rede, vorgetragen in der Aula des Gymnasiums in Zabern, am 19. März 1880. gr. 8. (10 S.) Neuwied 880. (Heuser's Verl.) n. — 40

Steiner, Paul [aus Stuttgart]: **Ueber die Absorption des Wasserstoffs im Wasser und in wässerigen Lösungen ...** M. e. Taf. Leipzig, J. A. Barth, 1894; 27 S., 1 Taf. 8.
Strassburg, Math.-naturw. Fak., Inaug.-Diss. v. 1894

Steiner, P., allein in Afrika od. Sieben Jahre am Sambesi. Aus dem Engl. 8. (48 S. m. Abbildgn.) Basel 902. Missionsbuchh. n. — 20

Steiner, P., e. treuer Bekenner vom Libanon. 12. (16 S. m. Abbildgn.) Basel 891. Missionsbuchh. n. — 10

Steiner, P. (II.), ein Besuch in Okwao. Eine westafrikan. Missionsskizze. 8. (30 S.) Basel 882, Missionsbuchhandlung. * — 15

Steiner, P., e. Blatt aus der Geschichte der Brüdermission od. e. Missionsversuch auf der Goldküste vor 150 Jahren. 8. (41 S.) Basel 888. Missionsbuchhandlg. n. — 15

— Unter Christen u. Heiden; aus dem Leben des Missionars J. J. Bär, s. a. Missionshelden. V.

Steiner, P[aul]. Unter Christen und Heiden. Aus dem Leben des Missionars J(ohann) J(akob) Bär (geb. 1786, gest. 1851). [Illustriert.] IV + 48 S. 8. Basel, Basler Missionsbuchh., 1907. (fr. —. 25)
Missionshelden. [Heft] 5.

Steiner, P., siehe: *Dieterle, J. Ch.*

Steiner, Paul, aus Xanten a. Niederrh.: **Dona militaria oder die militärischen Auszeichnungen der Römer.** *Bonn 1904: C. Georgi.* (3 Bl.) 4° ¶ [Nur Titelblatt, Vita u. Thesen.]
Bonn, Phil. Diss. v. 29. Jan. 1904
(Nicht für den Austausch)

Steiner, Paul: Die dona militaria. M. 4 Taf. u. 30 Abb. im Text. (Bonn 1905: C. Georgi. (99 S.) 4°(8°) ¶ Aus: Bonner Jahrbücher H. 114.
Bonn, Phil. Fak., Ref. Loeschcke, Diss. v. 29. Jan. 1904
[Geb. 21. Aug. 70 Xanten; Staatsangeh.: Preußen; Vorbildung: Gymn. Cleve Reife M. 98; Studium: Münster 1, München 1, Berlin 3, Bonn 4 S.; Rig. 13. Juli 03.]

Steiner, P., Hans Egede an Grönlands Westküste, s. a. Missionshelden.

Steiner, P[aul]. Hans Egede an Grönlands Westküste. [Illustriert.] IV + 32 S. 8. Basel, Missionsbuchh., 1905. (fr. —. 20)
Missionshelden. [Heft] 1.

— Erlebnisse e. indischen Missionars. (32 S. m. Abbildgn.) 8. Basel 905. Basler Missionsbuchh. n. — 10

— in Feindeshand. Erlebnisse eingeborener Missionsgehilfen während des Asante-Aufstandes. 8. (31 S. m. Abbildgn.) Ebd. 901. n. — 10

— Vater Freemann, e. schwarzer Missionspionier, s. a. Missionshelden.

Steiner, P[aul]. Vater (Thomas) Freeman, ein schwarzer Missionspionier. [Illustriert.] IV + 68 S. 8. Basel, Missionsbuchh., 1905. (fr. —. 30)
Missionshelden. [Heft] 3.

— am Goldstrand. Ein Bild aus dem afrikan. Volks- u. Missionsleben. Mit 45 Bildern u. 1 Karte. 12. (80 S.) Ebd. 899. n. — 30

— dasselbe, s. a. Weckstimmen. 6. Hft.

— an den Gräbern chinesischer Märtyrer. 8. (40 S. m. Abbildgn.) Basel 902. Missionsbuchh. n. — 15

Steiner, P[aul]. Ein weisser Heide, ein schwarzer Christ. Aus dem Englischen ([des] Missionar Mac Farlane). 24 S. 8. Basel, Missionsbuchhandlung, 1902. (M. —. 10 = fr. —. 10)

— aus fernen Heidenlanden. (16 S. m. Abbildgn.) kl. 8. Basel 905. Basler Missionsbuchh. n. — 10

Steiner, P[aul]. Im Heim des afrikanischen Bauern. Skizzen aus der Basler Mission im Buschland. [Illustriert.] 116 S. 8. Basel, Missionsbuchhandlung, 1903. [geb. fr. 1. 50]

Steiner, P[aul]. Im Herzen von Afrika. Nach den Schilderungen einer Missionarsfrau. Erzählt von P. St'. [Illustriert.] IV + 64 S. 8. Basel, Basler Missionsbuchh., 1906. (fr. —. 25 = M. —. 20)

— 30 Jahre auf der Goldküste, s.: Dieterle, Joh. Chr.

— unt. den Indianern u. Eskimo. Bilder aus d. Leben u. Wirken d. Missionsbischofs J. Horden. 8. (40 S. m. Abb.) Ebd. 895. n. — 15

— Kamerun, s.: Römer, Ch.

— Kamerun als Kolonie u. Missionsfeld, s. a. Handbücher zur Missionskunde. 2. Bd.

Steiner, P[aul]. Kamerun als Kolonie und Missionsfeld. Geschildert von P. St'. Mit Abbildungen [auf 8 Tafeln] und einer Karte. 135 S. 8. Basel, Basler Missionsbuchh., 1909. [fr. 1. 75]
Handbücher zur Missionskunde. Band 2...

— Unsere Kamerun-Mission. 1. u. 2. Aufl. (48 S. m. Abbildgn. u. 1 Karte auf dem Umschlag.) 8. Basel 910. Basler Missionsbuchh. — 20

— Kulturarbeit der Basler Mission in Westafrika, s. a. Missions-Studien, Basler. 24. Hft.

Steiner, P[aul]. Kulturarbeit der Basler Mission in Westafrika. 34 S. 8. Basel, Missionsbuchh., 1904. (fr. —. 50)
Basler Missions-Studien. Heft 24.

— Im Lande der Mitternachtssonne. Aus dem Leben des Eskimo-Missionars Edmund Peck, s. a. Missionshelden. VI.

Steiner, P[aul]. Im Lande der Mitternachtssonne. Aus dem Leben des Eskimo-Missionars Edmund Peck. Erzählt von P. St'. [Illustriert.] IV + 47 S. 8. Basel, Basler Missionsbuchh., 1909. (fr. —. 25)
Missionshelden. [Heft] 6.

Steiner, P., die Basler Mission auf der Goldküste, s. a. Handbücher zur Missionskunde. 3. Bd.

Steiner, P[aul]. Die Basler Mission auf der Goldküste. Mit Bildern [8 Tafeln, illustriertem Umschlag] und einer Karte der G'. VIII + 144 S. 8. Basel, Basler Missionsbuchh., 1909. [fr. 1. 75]
Handbücher zur Missionskunde. Band 3...

— s.: Missions-Magazin, evangelisches.

—— Missionsreiseleben in Westafrika. 8. (40 S.) Ebendas. 882. * — 25

Steiner, P., siehe: *Missionstraktate.*

Steiner, auf einsamen Pfaden. Aus dem Leben des Miss. S. Süß, s. a. Missionshelden. IV.

Steiner, P[aul]. Auf einsamen Pfaden. Aus dem Leben des Miss(ionars) S(imon) Süss. [Illustriert.] IV + 56 S. 8. Basel, Missionsbuchh., 1906. (fr. —. 25)
Missionshelden. [Heft] 4.

— Pionierarbeit im südlichen Kamerun. (72 S. m. Abbildgn.) 8. Basel 903. Basler Missionsbuchh. n. — 25

— Reiseeindrücke vom Missionsfelde in Kamerun. Mit e. neuen Karte v. Kamerun u. mehreren Bildern. 12. (80 S.) Basel 891. Missionsbuchhandlg. n. — 30

Steiner, P., siehe: *Römer, Ch.*

— Saat u. Ernte d. Basler Mission auf d. Goldküste. Mit e. Karte d. Goldküste u. zahlr. Bild. 8. (88 S.) Basel 896. Missionsbuchh. n. — 30

— Saat u. Ernte der Basler Mission auf der Goldküste. Mit e. Karte der Goldküste u. mehreren Bildern. 2., ergänzte Aufl. 8. (88 S.) Basel 899. Missionsbuchh. n. — 30

Steiner, P. Schreckenstage in Kumase. Mit einem Blick auf Asante von einst und jetzt. 2. Aufl. 8°. 135 S. mit Abbildungen. Basel, Missionsbuchhandlung. 1900. — 60 gebd. 1 —

— Schreckenstage in Kumase. Mit einem Blick auf Asante v. einst u. jetzt. (Nach dem Tagebuch v. Ramseyer dargestellt.) 3., verm. Aufl. 8. (142 S. m. Abb.) Ebd. 901. n. — 50

— Schreckenstage in Kumase. Nach dem Tagebuch v. Ramseyer. 4., etwas gekürzte Ausg. (80 S. m. Abbild. u. 1 Karte.) 8. Basel 910. Basler Missionsbuchh. — 30

— Sebastian, der vielgereiste Neger, s. Missions-Traktate, Kleine. Nr. 90.

— aus Süd u. Ost. (16 S. m. Abbildgn.) kl. 8. Ebd. 905. n. — 10

Steiner, P[aul]. Tage der Drangsal in China. Züge aus der chinesischen Verfolgungszeit. [Illustriert.] 64 S. 8. Basel, Missionsbuchhandlung, 1901. [fr. —. 25]

Steiner, P[aul]. Tage der Drangsal in China. Züge aus der chinesischen Verfolgungszeit. 2. Aufl. [Illustriert.] 64 S. 8. Basel, Missionsbuchhandlung, 1902. (fr. —. 25)

— Tage der Drangsal in China. Züge aus der chines. Verfolgungszeit. 3. Aufl. (64 S. m. Abbildgn.) 8. Ebd. 903. n. — 20

—— Vier Jahre gefangen in Asante. Nach den Tagebüchern der Missionare Ramseyer u. Kühne kurz dargestellt. 8. (80 S. m. Bildern.) Ebd. 892. * — 30

Steiner, P., 4 Jahre gefangen in Asante. Nach den Tagebüchern der Missionare Ramseyer u. Kühne kurz dargest. Mit 1 Karte der Goldküste u. mehr. Bildern. 2., verm. Aufl. 8. (72 S.) Basel 895. Missionsbuchh. n. — 30

— vier Jahre gefangen in Asante. Nach den Tagebüchern der Missionare Ramseyer u. Kühne kurz dargestellt. 3. ergänzte Aufl. Mit 1 Karte der Goldküste u. 15 Bildern. 8. (70 S.) Ebd. 899. n. — 30

— vier Jahre gefangen in Asante. Nach den Tagebüchern der Missionare Ramseyer u. Kühne kurz dargestellt. 4., ergänzte Aufl. Mit e. Karte der Goldküste u. Bildern. (72 S.) 8. Ebd. 905. n. — 30

— Vier Jahre gefangen in Asante. Nach den Tagebüchern von Ramseyer u. Kühne kurz dargestellt. 4. ergänzte Aufl. Mit 1 Karte der Goldküste u. Bildern. (68 S.) 8. Basel 910. Basler Missionsbuchh. — 30

— afrikanische Wanderbilder. I. u. II. Schildergn. aus d. Missionsleben. 8. (38 u. 32 S. m. Bild.) Ebd. 897. 98. à n. — 15

— afrikanische Wanderbilder. I. Schilderungen aus d. Missionsleben. 2. Aufl. 8. (40 S. m. Abbildgn.) Ebd. 901. n. — 15

—— An Grönlands Westküste. Ein Missionsbild aus vergangenen Tagen. 8. (32 S. m. Abbildgn.) Ebd. 891. * — 10

— wie ein blinder Neger wieder sehend wurde, } s.: Missions-Traktate, kleine, Nr. 88.

— wieder in Kumase! M. e. Blick auf Asante v. einst u. jetzt. 8. (32 S. m. Abb.) Ebd. 896. n. — 10

Steiner, P[aul]. Unter den Wilden von Tanna. [Illustriert.] 62 S. 8. Basel, Missionsbuchh., 1904. (fr. —. 25 = M. —. 20)

— John Wood, s.a. Missionstraktate, kleine.

Steiner, Paul. (Missionär.) John Wood. Ein Lebensbild aus der westafrik. Mission. In-16°, 16 S. Basel, Missionsbuchhandlung. 1893. — 05

— David Zeisberger, des Indianers Freund, s.a. Missionshelden.

Steiner, P[aul]. David Zeisberger, des Indianers Freund. [Illustriert]. IV + 40 S. 8. Basel, Missionsbuchh., 1905. (fr. —. 20) Missionshelden. [Heft] 2.

Steiner, Peter, das Wissenswürdigste über die Erscheinungen an der Sonne, der Erde und am Mond; die Fixsterne und Kometen nebst einer Erläuterung des Kalenders. 12. (IX und 92 S. mit 21 Holzschnt. in 16., qu. 8. und qu. Fol.) Augsburg 857, (Schmid'sche Verlagsbuchh.) *

Steiner, Peter E(ugen) [dipl. Arzt von Lavin, Engadin]: Aus der Züricher Universitäts-Augenklinik. Über die Ausziehung von Eisensplittern aus dem Auge mit dem Haab'schen Magneten. Zürich 1903. 34 S. 8°. [20. I. 04.]
Zürich, Med. Diss. 1903/1904.

Steiner, Peter E[ugen]. Über die Ausziehung von Eisensplittern aus dem Auge mit dem Haab'schen Magneten. Diss. Med. Univ. Zürich. *Kopftitel:* Aus der Züricher Universitäts-Augenklinik. IV + 34 S. 8. Zürich, Gebrüder Fretz, 1903.

STEINER, Philipp: Dissertatio qua praecipui proponuntur et refutantur errores aevi nostri circa fidem et mores. — (1867) 179 S. 8° (Handschr.)
Diss. Wien, Univ. Diss. 207

STEINER, PHILIPP: Immortellen auf den Sarg weiland Ihrer Majestät, der Kaiserin und Königin Carolina Auguste. Trauerrede gehalten bei den feierlichen Exequien am 15. Februar 1873 in der k. k. Hofkapelle zu Wien. Wien 1873. Verlag von Mayer & Compagnie. Druck v. Ludwig Mayer. 14 S. - 230 mm

Steiner, Robert, aus Wien: Beiträge zur Kenntnis des Einflusses der Pasteurisierung auf die Beschaffenheit der Milch und auf den Butterungsvorgang. Mit einem Anhange: Über d. Veränderung d. Zusammensetzung d. Milch durch das Centrifugieren. *(Liebertwolkwitz-Leipzig [1901]: F. Zeugner.)* (59 S.) 8°
Leipzig, Phil. Diss. v. [8. Febr.] 1901

Steiner, Rudolf

Steiner, Rud., s.: Bilder okkulter Siegel u. Säulen.

Steiner, Rud., s.: Blätter, dramaturgische.

— das Christentum als mystische Thatsache. gr. 8. (VII, 141 S.) Berlin 902. C. A. Schwetschke & Sohn. n. 2.50

— Das Christentum als mystische Tatsache u. die Mysterien des Altertums. 3., neu durchgearb. u. erweit. Aufl. des „Christentums als myst. Tatsache". (VIII, 192 S.) 8. Leipzig 910. M. Altmann. 2.50; geb. 3. 50

— Goethes Faust als Bild seiner esoterischen Weltanschauung. 8. (32 S.) Berlin 902. (F. Grunert, Sep.-Cto.) n. — 50

Goethes Faust als Bild seiner esoterischen Weltanschauung. Von Dr. Rudolf Steiner. *Berlin: Theosoph. Bibliothek 1902.* (32 S.) 8° [F.] 1904.1784

Steiner, Rud., die Geheimwissenschaft im Umriss. 1.—3. Aufl. (XVI, 425 S.) 8. Leipzig 910. M. Altmann. 5.—; geb. in Leinw. 6. —

Steiner, Rud. Goethe als Vater e. neuen Aesthetik. Vortrag. gr. 8. (16 S.) Wien 889, (Pichler's Wwe. u. Sohn). ** — 34
Aus: Deutsche Worte, besonders abgedruckt.

Steiner, Rudolf: Die Grundfrage der Erkenntnistheorie m. bes. Rücks. auf Fichte's Wissenschaftslehre. Prolegomena z. Verständigg d. philosophierenden Bewusstseins mit sich selbst… o. O., *1891;* 1 Bl., 46 S. 8.(4.)
Rostock, Phil. Fak., Inaug.-Diss. v. [26. Okt.] 1891

Steiner, Rud., Grundlinien e. Erkenntnistheorie der Goethe'schen Weltanschauung m. besond. Rücksicht auf Schiller. [Zugleich e. Zugabe zu „Goethes naturwissenschaftl. Schriften" in Kürschners deutscher National-Litteratur.] 8. (IV, 92 S.) Stuttgart 886. Spemann. n. 3. —

— Haeckel u. seine Gegner, s.a. Warte, freie. 1.

Haeckel und seine Gegner. Von Dr. Rudolf Steiner. *Minden i. W.: J. C. C. Bruns 1900.* (53 S.) 8° [F.]
= Warte, Freie. 1. [01. 8377]

Steiner, Rud., s.: Lucifer m. der Gnosis.

— s.: Lucifer-Gnosis.

— Lyrik der Gegenwart. gr. 8. (44 S.) Minden 900. J. C. C. Bruns. n. 1. 50

Steiner, Rud.: Die Mystik im Aufgange d. neuzeitlichen Geisteslebens u. ihr Verhältnis zu modernen Weltanschauungen. Berlin: Schwetschke & S. 1901. 118 S. 8⁰
[Georg: Schlagwort-Katalog. 4 (1904) S. 1185.]

Steiner, Rud., die Mystik im Aufgange des neuzeitlichen Geisteslebens u. ihr Verhältnis zu modernen Weltanschauungen. gr. 8. (VIII, 118 S.) Berlin 901. C. A. Schwetschke & Sohn. n. 2. —

(B) — Die Mystik. 901. (KBL 32.) Jetzt: Leipzig, M. Altmann.

Friedrich Nietzsche, ein Kämpfer gegen seine Zeit. Von Dr. Rudolf Steiner. *Weimar: E. Felber 1895.* (IX, 125 S.) 8° [illegible] 11

— Friedrich Nietzsche, e. Kämpfer gegen s. Zeit. 2. Aufl. gr. 8. (XII, 125 S.) Ebd. 895. n. 2. —; geb. in Leinw. n. 3. —

Steiner, Rud., die Philosophie der Freiheit. Grundzüge e. modernen Weltanschauung. gr. 8. (III, 242 S.) Berlin 894. Weimar, E. Felber. n. 4. —

— **Theosophie. Einführung in übersinnl. Welterkenntnis u. Menschenbestimmg. (VIII, 167 S.) 8. Berlin 904. Leipzig, M. Altmann.** n. 3. —; geb. n. 4. —

Theosophie. Einführung in übersinnl. Welterkenntnis u. Menschenbestimmung von Dr. Rudolf Steiner. Berlin: C. A. Schwetschke & Sohn 1904. (VII, 167 S.) 8⁰

— Theosophie. Einführung in übersinnliche Welterkenntnis u. Menschenbestimmg. 4. durchgeseh. u. erweit. Aufl. (XI, 188 S.) 8. Leipzig 910. M. Altmann. 3.—; geb. 4. —

— Ludwig Uhland. [Aus: „Uhlands Werke".] 8. (31 S.) Berlin (902). A. Weichert. 1. —

—— Wahrheit u. Wissenschaft. Vorspiel e. „Philosophie der Freiheit". gr. 8. (VIII, 48 S.) Weimar 892, Weissbach. * 1 —

Steiner, Rud., Goethes Weltanschauung. gr. 8. (XI, 206 S.) Weimar 897. Berlin, E. Felber. n. 3. —; geb. in Leinw. n. 4. —

— **Welt- u. Lebensanschauungen im 19. Jahrh., s. a. Am Ende des Jahrhunderts. 14. u. 19. Bd.**

Welt- und Lebensanschauungen im neunzehnten Jahrhundert. Von Dr. Rudolf Steiner. Bd 1. 2. Berlin: S. Cronbach 1900–01. 2 Bde 8⁰
(Ende, Am, d. Jahrhunderts. Bd 14. 19.)

— **Welt- u. Lebens-Anschauungen v. den ältesten Zeiten bis zur Gegenwart. Auszug aus Vorträgen, geh. vom Jan.—März 1901 in der Arbeiter-Bildungsschule zu Berlin. gr. 8. (34 S.)** Berlin 901. (J. Sassenbach.) n.n. — 25

Steiner, S., Fieber, s.: Weber's moderne Bibliothek.

Seb. Jos. Steiner, Mindelheimer Wochenblatt für Bürger und Landleute. **Mindelheim 1815**.

Steiner, Siard, zur Kenntniss der Staatskassen u. ihres Organismus nach den neuesten Bestimmungen im Kaiserthum Oesterreich. gr. 8. (VIII u. 87 S. m. 7 Tab. in gr. 4. u. gr. Fol.) Brünn 851, Winiker. 3/4 ß

STEINER, Sigmund von (Bukarest): De labio leporino inde ex tempore Celsi usque ad nostram aetatem.
(Titel nach der Urkunde)
18.7.1863 - Urk; F 70
Diss. Ingolst.-Landsh.-Mchn.

Steiner, St., die verbesserten Combinations- oder Sicherheits-Schlösser, s. Schauplatz der Künste.

Steiner, Theodor [aus Bocholt in Westf.]: Ueber angeborene und erworbene Dextrokardie nebst e. Fall v. erworbener Dextrokardie infolge rechtsseit. Schrumpfungspleuritis ... Berlin, Buchdr. v. C. Berg, 1896; 27 S., 2 Bl. 8.
Berlin, Med. Fak., Inaug.-Diss. v. 26. Juni 1896

Steiner, V. (Hrsg.), s. Zeitschrift für Gewerbe-Hygiene.

Steiner, Valentin: Zur Frage der Naturalteilung. Eine Untersuchung über die bäuerlichen Verhältnisse des fränkischen Grabfeldes. Diss. Univ. Würzburg, Leipzig 1906.

Handbuch der praktischen Hygiene und Unfallverhütung in Industrie, Gewerbe und Bergbau unter besond. Berücks. u. Namhaftmachung d. Bezugsquellen f. sämtl. z. Besprechung gelangenden Artikel. Ein Nachschlagebuch f. Fabriks- u. Gewerbeinhaber ... Von Viktor Steiner. Bd 1. 2. Wien: Selbstverl.; [Spielhagen & Schurich] 1908–12. 4⁰

Steiner, Vikt., Handbuch der praktischen Hygiene u. Unfallverhütung in Industrie, Gewerbe u. Bergbau unter besond. Berücksicht. u. Namhaftmachung der Bezugsquellen f. sämtliche zur Besprechung gelangenden Artikel. Ein unentbehrl. Nachschlagebuch f. Fabriks- u. Gewerbeinhaber, sowie deren Betriebsleiter, Gewerbe-, Fabriks- u. Bergwerks-Inspektoren, Beauftragte d. Berufsgenossenschaften, Baubehörden, Baumeister, Brandtechniker, Händler m. Maschinen u. techn. Bedarfsartikeln u. s. w. 1. Bd. (VII, 300 S. m. Abb. u. 10 Taf.) Lex. 8. Wien 908. (Spielhagen & Schurich.) 10. 40

Steiner, Viktor: Perforationen und Kranioklasieen aus der Münchener kgl. Universitätsfrauenklinik ⟨1892—1896⟩. *München 1897: Kastner & Lossen.* (45 S.) 8°
München, Med. Diss. v. 1897

Steiner, Victor [aus Laupheim]: Die Trepanation der Wirbelsäule bei spondylitischer Compressionslähmung ... Berlin, Buchdr. v. G. Schade, *1892*; 37 S., 1 Bl. 8.
Berlin, Med. Fak., Inaug.-Diss. v. 27. Juli 1892

Steiner W.: Zur Geschichte der Ablautfrage in der d. Grammatik. 79. Czernowitz R. 81.
Progr.

Steiner, W., der Lehmbau, s. Karl Frdr Gh. Steiner.

Steiner, W., der Lehmbau auf d. Lande, od. d. Kunst, Landgebäude aller Art möglichst feuersicher aus Lehm u. and. Erdarten zu errichten. gr. 4. (5 B. u. 4 Stnt.) Weimar 840, Voigt. 16 Gr., ill.

Steiner, W., der Lehmbau auf dem Lande oder die Kunst, Landgebäude aller Art möglichst feuersicher aus Lehm und andern Erdarten zu errichten. Ein Noth- und Hilfsbuch für alle Baubedürftige auf dem Lande und ein Handbuch für Alle, in deren Beruf die Förderung und fernere Ausbildung des Lehmbaues gelegt ist, namentl. auch für landwirthschaftl. und Gewerbvereine. 2., verm. Aufl. 4. (IV und 47 S. mit 80 Fig. auf 5 Stnt. in qu. Fol.) Weimar 858, Voigt.

Steiner, W. J. C., Geschichte der Städte Umstadt und Babenhausen mit Nachrichten über die Herren von Münzenberg und Hanau. Aschaffenburg 1827. 8.

Steiner, Werner. Beschreibung des II. Cappelerkrieges. ([Mitgeteilt durch] Th[eodor] v[on] Liebenau.) [SA.] 8. [Solothurn 1884.]

Steiner, W[ilhelm]. Helvetia im Festschmuck — im Stahlgewande — im Trauerkleid. Aus der Festspieldichtung von J[acob] Durisch, componirt für Alt-Solo, gemischten Chor und Orchester oder Pianobegleitung von W. Steiner. Klavier Partitur u. Stimmen. gr.-8. St. Gallen, Zweifel-Weber, [1903].
Klavier Partitur. 15 S. fr. 3. —
Stimmen. (Sopran und Alt u. Tenor und Bass.) 3 u. 7 S. je fr. —. 25

Steiner, Wilh., ein weiblicher Don Juan, od. Mein Name ist Meyer, s.a. Liebhaber-Bühne, neue. 73.

Ein weiblicher Don Juan oder Mein Name ist Meyer. Schwank in 1 Akt von Wilhelm Steiner. Landsberg a. W.: Volger & Klein [1902]. (16 S.) 8°
(Liebhaber-Bühne, Neue. No 73.)

Steiner, Wilh., aus der lustigen Manöverzeit, s.a. Theater-Album, militärisches. Nr. 104.

Aus der lustigen Manöverzeit. Schwank in 1 Akt von Wilhelm Steiner. Landsberg a. W.: Volger & Klein [1902]. (20 S.) 8°
(Theater-Album, Militärisches. No 104.)

— eine tolle Nacht od. Lustige Feuerwehr, s.a. Liebhaber-Bühne, neue.

Eine tolle Nacht oder Lustige Feuerwehr. Posse mit Gesang in 1 Akt von Wilhelm Steiner ... Landsberg a. W.: Volger & Klein [1903]. (16 S.) 8°
(Liebhaber-Bühne, Neue. No 76.)

Steiner, Wilh., die Verwendung des Fernglases m. Strichplatte zum Distanzschätzen u. -messen der Infanterie. (29 S. m. Abbildgn.) gr. 8. Wien 910. L. W. Seidel & Sohn. 1.20

Steiner-Hauenstein, Frz., s.: Ilmer, Andr., Seitze üb. die Gefangennahmung Andreas Hofer.

Steiner-Osten, Wilh., Ganthos u. die Menschin, dionysische Märchendichtg. in 3 Akten. (XI, 113 S.) 8. Dresden 906. E. Pierson. n. 2.—

Ⓑ Steiner-Osten, Wilh., Ganthos. 906. (kBL 34.) Jetzt: Berlin, Verlag Berlin-Wien.

— Hagar. Eine Dichtg. in 4 Akten nach der bibl. Legende. (XI, 132 S.) 8. Dresden (907). [E. Pierson.] Berlin, Verlag Berlin-Wien. 2.—

— Die Toteninsel. Eine transzendentale Vision. (V, 59 S.) 8. Dresden 907. [E. Pierson.] Verlag Berlin-Wien. 2.—; geb. 3.—

Steiner-Schackummen, Carl Jos., die „Salzburger Schulen" in Ostpreußen, s.a. Zur Volksschulpädagogik. 9. Heft.

Die 'Salzburger Schulen' in Ostpreußen. Ein eigenartiges Kapitel aus d. preuß. Schulgeschichte von Carl Joseph Steiner-Schackummen. Langensalza: Beltz 1910. 23 S. 8°
(Zur Volksschulpädagogik. H. 9.)

Alphabetisch-systematisch geordneter Katalog der Bücher-Sammlung der ger. u. vollk. St. Johannis-Loge Modestia cum Libertate im Or. v. Zürich. Neu bearb. von Alb[ert] **Steiner-Siedler.** Febr. 1904. [Nebst] Suppl. 1. Zürich [1904]: Fretz. 8°
Verz. VIII, 119 S. 1904; Suppl. 1. 1 Bl. o. J.
Vorgedr. d. Geschäftsordnung d. Bibliothek.

II. Supplement zum Katalog der Büchersammlung der Loge Modestia cum Libertate Or. Zürich [von Albert Steiner-Siedler]. [Zürich] 1905. 8 S. 8°. [Kopftit.]
cf. W. 149.

Steiner-Wischenbart, Jos., Frauenburg unter der Herrschaft der Liechtensteine u. Stubenberge (1140—1666). (44 S.) Feldbach (903). Zellweg, Bez. Judenburg, Steiermark, Selbstverlag. n. —70

— der steirische Volksschriftsteller Fridolin vom Freithal (Dechant Jakob Simbürger). 1832—1903. Für seine zahlreichen Freunde geschrieben. (V, 132 S. m. 8 Abbildgn.) 8. Graz 904. Styria. n. 1.80

— Monographie des Bez. Feldbach. 1. Bd. Die Stadt Feldbach. Mit Illustr. v. Joh. Graus Max Helff. (IV, 259 S.) gr. 8. Feldbach 903. Zellweg, Bez. Judenburg, Steiermark, Selbstverlag. n. 3.73

Steiner-Wischenbart, Josef. Eine Studienreise steirischer Landwirte in die Schweiz. ⟨1906.⟩ Mit einem Anhang: Die Käserei-Genossenschaft in St. Georgen ob Judenburg. Nach den Mitteilungen Stephan Liebmingers ⟨St. Georgen ob J'⟩ und anderen Reiseteilnehmern bearbeitet. [Mit Illustrationen und 2 Tafeln.] 86 S. 8. Graz, Verlag Paul Cieslar; Leoben, Druck J. Hans Prosl, 1907. K. 1.20

Steiner-Zabern, P., s. Steiner, P.

Steinerhaltungsmittel. A. Bericht üb. die Ergebnisse der im Königr. Sachsen ausgeführten Untersuchgn. m. Steinerhaltungsmitteln. B. Bericht üb. die Ergebnisse e. Umfrage im Königr. Sachsen üb. die Wirkg. v. Steinerhaltungsmitteln. Mit e. Vorwort hrsg. v. der königl. sächs. Kommission zur Erhaltung der Kunstdenkmäler zu Dresden. (113 S.) Lex. 8. Dresden 907. G. Kühtmann. 6.—

Steinerhof, das Fichtennadel-Bad, in der oberen Steiermark in Bezug auf seine Lage, Bäder und Umgebung geschildert von F. C. 16. (31 S. mit 1 lithogr. Uebersichtskarte in Fol.) Leoben 864. (Wien, Manz'sche Buchh.) *

Steinerlo, Viro summo venerabili D. Joh. Gottl., Ossitiensi Pastori . . . pie gratulantur totius ephoriae pastores ac diaconi. Ossitii [1817]. V: *Lange, Christian Friedrich.* (MGT)

Steinermayr, Ant., Berechnungs-Tafeln f. Tag- u. Stundenlöhne. Leichtverständliche, handl., übersichtlichste u. reichhaltigste Tabellen zur raschen u. sicheren Auffindg. aller bei Bauten, in Fabriken u. in landwirtschaftl. u. industriellen Unternehmgn. jeder Art vorkomm. Tag- u. Stundenlöhne. (45 S.) 34×16,5 cm. Wien 908. Manz. Kart. 3.40

— Multiplikationstafeln zur raschen u. genauen Berechng. v. Stundenarbeitslöhnen, Fakturen, Kostenvoranschlägen, Kalkulationen usw. Ein unentbehrl. Hilfsbuch f. die Bureaus aller Zweige des Handels u. der Industrie. (45 S.) 34×16,5 cm. Ebd. 909. Kart. 3. 40

Steinernes Meer [Schlagwort]

Steinernes Meer, s.: Deutschland, Karte. (Abt. Bayern.)

Steinersdorff, Jh. Chr., grammatica hebraea. 8. Halle 772. Waisenhaus-B. 3 ℊ

— hebr. Grammatik, 3e Aufl. umgearb. v. H. E. Güte. gr. 8. Halle 790. Waisenhaus-B. 6 ℊ

Steinert, Lehrplan f. Bäckerklassen, s.: Schulze, Lehrplan f. Metallarbeiterklassen.

Steinert u. Zinke, Materialien zur Gewerbe- u. Bürgerkunde. 2 Hefte. 8. Leipzig 910. A. Hahn. 1.30; in 1 Leinw.-Bd. n 1.70

1. Der Arbeiter in seinem Berufe. — Im Dienste des Vaterlandes. — Der Unternehmer. (II, 71 S.) — 60
2. Die Familie. — Die Gemeinde. — Staat u. Reich. (S. 71 – 158.) — 70

Steinert, gründlicher brieflicher Unterricht im Schnell-Schönschreiben der deutschen, englischen [französischen] Schrift und Zahlen. qu. 4. (14 Stnt.) Düsseldorf 871, Deiters. * 12 —

Steinert, Alex., Friedensgruß d. protestant. Deutschlands an Se. Maj. Friedrich Wilhelm III., König v. Preußen 2c. (Gedicht.) 8. (1 B.) Leipzig 839, (Drobisch.)

Steinert, Bruno [aus Krummwohlau i. Schles.]: Beitrag zur Kenntniss der Inactivitätsatrophie der Muskelfaser .... Würzburg, Druck & Verl. d. Stahel'schen Univ.-Buchh., 1887; 15 S. 8°.
Würzburg, Med. Fak., Inaug.-Diss. v. 1887.

Steinert, B., Beitrag zur Kenntniss der Inactivitätsatrophie der Muskelfaser. [Aus: „Verhandlgn. d. physikal.-medicin. Gesellsch. zu Würzburg".] gr. 8. (11 S.) Würzburg 887. Stahel. n. — 50

Steinert, C. A., Anweis. zur Anfertigung d. doppelten Branntweine u. Liqueure durch aether. Oele u. Extracte, so wie zur Entfuselung d. rohen Branntweins auf kaltem Wege. 1. Aufl. 833. 1 Thlr. (Wohlf. Ausg.) qu. 8. Berlin 834, (Schroeder.) Versiegelt

Steinert, Christian Gottlob (Grosshartmannsdorf) A. S. 190/29

De evictione in cessione nominis praestanda.
Präs. Leonhard Ludwig Mencken.
Wittenberg (Eichsfeld) IV. 1738. 24 S.
33361

Steinert, D., Normen zur Benutzung bei Aufstellung v. Fabrik-Ordnungen. gr. 8. (20 S.) Hamburg 883. Friederichsen & Co. n. 1. —

Steinert, D., neue Normen zur Benutzung bei Aufstellung v. Arbeits-Ordnungen [Fabrik-Ordnungen] in Gemäßheit d. Gesetzes vom 1. Juni 1891 betr. Abänderung der Gewerbeordnung [Arbeiterschutzgesetz]. gr. 8. (48 S.) Hamburg 892. L. Friederichsen & Co. n. 1. 20

Steinert, Ernst Ludw., s.a. Sendschreiben an den Hrn. Görres.

Steinert, Ernst Ludw., Sendschr. an Görres in München, von e. Freunde d. Lichtes u. d. Wahrheit. 8. (1 B.) Leipzig 838, (Drobisch.)

Steinert, G., d. Kinder Lieblingsmärchen. 12. (80 S. m. 3 Farbendr.) Mülheim a/R. 895. J. Bagel. Geb. — 60

Steinert, Gustav [prakt. Arzt]: Ueber die pneumatometrischen Untersuchungs-Methoden von Waldenburg, Biedert und Krause .... Königsberg in Pr., Druck v. M. Liedtke, 1888; 43 S. + 2 Bl. u. 1 Taf. 8°
Königsberg, Med. Fak., Inaug.-Diss. v. 14. Jul. 1888

Steinert, G., üb. die pneumatometrischen Untersuchungs-Methoden von Waldenburg, Biedert u. Krause. Inaug.-Diss. gr. 8. (43 S. m. 1 Taf.) Königsberg i/Pr. 888. (Koch's Antiqu.) n. — 80

Steinert, Gust. Wilh., Alles für d. Wahrheit! der heil. Freudenruf evangel. Christen am Glaubensfeste ihrer Kirche. Eine Predigt am Reformations-Feste 1834 üb. 2. Corinth. Cap. 13, V. 8, in d. Waisenhauskirche zu Dresden gehalt., nebst e. Anh. gr. 8. (1¼ B.) Dresden, Grimmer. Thlr.

Steinert, Gust. Wilh., unser Blick gen Himmel in d. Scheidestunde uns. Lieben. Eine Pred. gr. 8. (1 B.) Dresden 837, (Gottschalck.) *

—— Denkmal frommer Andachtsstunden in zwölf Predigten. gr. 8. (11½ B.) Dresden 837, (Gottschalck.) *

— Denkmal frommer Andachtsstunden in zwölf Predigten an verschied. Sonn- u. Festtagen des Jahres 1835. gr. 8. Dresden 837. (Wagner.) n. ½ ℛ

—— Erinnerungen aus dem Gotteshause. Zwölf Predigten im J. 1836 geh. gr. 8. (12 B.) Dresden 837, (Gottschalck.) *

—— ein frommer Sinn — der Schule höchster Schmuck u. Segen. Eine Schulpred. gr. 8. (1 B.) Dresden 837, (Gottschalck.) *

—— unsrer vollendeten Lieben Sonst u. Jetzt. Eine Festpred. gr. 8. (1 B.) Dresden 837, (Gottschalck.) *

—— was berechtiget uns, das Glaubensfest uns. Kirche ohne bange Besorgnisse f. d. Zukunft derselben zu feiern? Eine Pred. gr. 8. (1 B.) Dresden 837, (Gottschalck.) *

—— wie unentbehrl. zur wahren Wohlfahrt ein. Volkes d. weise Vertrauen dess. auf d. edlen Sinn seines Fürsten sei. Eine Pred. gr. 8. (1 B.) Dresden 836, (Gottschalck.) *

Steinert, H., Lehrbuch der französischen Sprache f. Bürgerschulen, s.: Enkel, H.

— kleines französisches Lesebuch für Bürgerschulen, s.: Enkel, H.

Steinert, H. A., aus J. G. Steinerts Leben. Eine biograph. Skizze. gr. 8. Oschatz 824. (Leipz., Cnobloch). 8 ℊ

Steinert, Hermann [aus Halle a. S.]: Ueber Hemiatrophia faciei ... Halle a. S.: Plötz'sche Buchdr. (R. Nietschmann) 1889. 40 S., 1 Bl. u. 1 Taf. 8°
Halle, Med. Fak., Inaug.-Diss. v. 22. Jul. 1889

Steinert, J., Freihandel u. Schutzzölle. Veranlaßt durch den Antrag der HH. Eisenstuck, Günther u. Mammen. 8. (32 S.) Hamburg 848, Hoffmann & Campe. ⅙ ℛ

Steinert, Joh. Glo.

— de consilio Jesu, homines quovis modo invitantis ad us. sensus communis in religione, commentatio. 8maj. Leipz. 792.

Steinert, Joh. G., etwas z. Erbauung auf alle Tage im Jahre. 1ste Abthl. Januar—Juni. 8. Leipz. Gerh. Fleischer. 814.

Steinert, Jh. Glo., etwas zur Erbauung auf alle Tage im Jahre. 1e u. 2e Abtheil. 8. Leipz. 814. Er. Fleischer. 20 gl.

— das Himmelreich in seiner Gestalt. Eine geschichtl. Darstell. z. Vorbereitung auf d. Lesen d. N. Testam. 8. Leipz. 821. (Hartmann). 6 gl.

— Diss. inaug. de peculiari indole precum domini nostri, quarum in Novo Test. fit mentio. 4. Oscitii 817.

— ist die Lehre von der freien Gnade Gottes in Christo im eigentl. Sinne Lehre Jesu? gr. 8. Görlitz 801. (Schöps in Zittau). 6 gl.

— s. Plutarch, üb. Erziehung.

— Predigten. 2 Thle. 8. Greitz 805. Henning. 2 ß

— sechs u. zwanzig Predigten üb. die Sonn- u. Festtags-Evangelien 2c. gr. 8. Leipz., (Hartmann). 16 gl.

Steinert, Joh. Ludw., Gott geheil. Fest- u. Zeltgedanken nach Ordnung d. Festtage u. Jahreszeiten, nach d. Regeln d. Compositionen. Fol. Zürich. 739.

Steinert, Johannes, bacc. iur., Referendar: Der Verkauf einer fremden Sache. Borna-Leipzig 1910: Noske. IX, 67 S. 8°
Leipzig, Jur. Diss. v. 19. März 1910
[Geb. 12. Juni 85 Chemnitz i. S.; Wohnort: Bautzen; Staatsangeh.: Sachsen; Vorbildung: Nikolaisch. Leipzig Reife O. 04; Studium: Leipzig 8 S.; Rig. 8. Febr. 08.] [U 10. 2897

Steinert, Karl

Steinert, K., Aufgaben f. d. schriftl. Rechnen, s.: Menzel, F.

Steinert, Karl, Hand-Fibel. Bearb. nach des Verf. „Lehrgang für den Unterricht im Schreiblesen 2c." 1.—3. Aufl. gr. 8. (56 S.) Colmar 876, Barth. cart. * — 20

Steinert, Karl, Hand-Fibel. Bearb. nach des Verf. „Lehrgang für den Unterricht im Schreiblesen 2c." 4.—8. Aufl. 8. (56 S.) Colmar 878—81, Barth. cart. * — 50

Steinert, K., Lehrgang für den Elementar-Rechenunterricht im Zahlenraume von „Eins bis Zwanzig". Nach neuen Lehrmitteln für den method. Unterricht in Semiarien und für Lehrer der Unterklasse dargestellt. 8. (31 S.) Frankfurt a. O. 871, Borges. [Waldmann.] * — 60

— Lehrgang f. den Unterricht im Schreiblesen nach der Berliner [Otto Schulz'schen] Handfibel m. e. Geschichte der Methodik d. Lesens u. der Lehre von den Lauten. gr. 8. (VIII, 48 S.) Frankfurt a/O. 871. Waldmann. n. — 80

—— Lehrgang für den Unterricht im Schreiblesen, mit einer Geschichte der Methodik des Lesens und einer summar. Darstellung der Methodik der übrigen Zweige des Unterrichts in der deutschen Sprache. 2. umgearb. Aufl. gr. 8. (IV, 80 S.) Berlin 884, Stubenrauch'sche Buchh. * — 80

—— und E. Woite, Leitfaden der Geschichte und Geographie für Volksschulen. 8. (67 S.) Drossen 873, Knuth. cart. * — 30

—— Monatskalender deutscher Geschichte. Für die deutsche Schule bearb. Ausg. A. qu. Fol. (12 Bl.) Drossen 872, Knuth. * 1 50
Ausg. B. aufgezogen mit Rahmen * 3 —

—— Schul-Lesebuch. Mittelstufe. Ausg. A. 1. und 2. Thl. gr. 8. Ebendas. 875. [1. Thl. Im Anschluß an die Fibel desselben Verlages. (X, 128 S.); 2. Thl. (X, 132 S.)] cart. à Thl. * 80 Pf. * 1 60

Steinert, Karl, Schul-Lesebuch. Mittelstufe. Ausg. B. gr. 8. (XI, 172 S.) Colmar 875, Barth. cart. *

—— dass. — Oberstufe. Ausg. A. 1. und 2. Thl. [Des ganzen Werkes 3. und 4. Thl.] gr. 8. (X, 166; X, 182 S.) Ebendas. 875. cart. à Thl. * ℳ 1. *

—— dass. — Ausg. B. gr. 8. (XI, 212 S.) Ebendas. 875. cart. *

—— zwei Wand-Tafeln [Punkt-Tabellen] für den Rechenunterricht im Zahlenraume von 1—20. Imp.-Fol. Frankfurt a. O. 874, Waldmann. * 1 20
Auf Leinw. und mit Stäben * 7 20
Aus des Verf. Lehrgang für den Elementar-Recheuunterricht etc.

Steinert, K., zwei Wandtafeln [Punkt-Tabellen] f. den Rechenunterricht im Zahlenraume von 1—20. [Aus d. Verf. Lehrgang f. den Elementar-Rechenunterricht im Zahlenraume von 1—20.] 2. Aufl. 2 Wandtaf. à 2 Bl. gr. Fol. Straßburg 888. Schmidt. n. 1. 20; auf Leinw. m. Stäben n. 7. 20

Steinert, Ludw., kurzgefaßte Musikgeschichte von den ältesten Zeiten bis zur Gegenwart nebst Beiträgen zur Theorie der Musik. Zum Unterrichtsgebrauch in Seminarien u. Musikschulen, sowie f. Musiker u. Dilettanten bearb. gr. 8. (IV, 125 S.) Halle 899. H. Schroedel. n. 1.20; geb. n. 1. 60

Steinert, Ludw., Taschenbuch d. Harmonielehre, s. a. Vieweg's musikal. Taschen-Bibliothek.

[F.] Taschenbuch der Harmonielehre v. Ludw. Steinert. *Quedlinburg: Vieweg (1897).* (30 S.) 1 Bd 8.
= Taschen-Bibliothek, Vieweg's Musikalische, Nr. 5. [98 Lyi II.

Steinert, M.: Die geographische Bedeutung der Talsperren. Diss. Dresden, 1910. 79 S. mit 11 Abb. und 6 Taf.

Steinert, Mich., Deborah ein Lehr- und Bildungsbuch für die israelit. Jugend. gr. 12. (IV und 284 S.) Prag (861)62, (André.) Thlr. *

Steinert, Mich., Deborah ein Lehr- und Bildungsbuch für die israelitische Jugend. 2., verm., verb. und mit einem Inhaltsverzeichnisse verseh. Aufl. gr. 12. (III und 311 S.) Prag 863, (Bensinger.) *

Steinert, Mich., Deborah, ein Lehr- und Bildungsbuch für die israelit. Jugend. 3. Aufl. gr. 8. (III, 311 S.) Wien 869, Hölder. * 1 20

Steinert, Morris, s.: Exhibition, the international, for music and the drama. Vienna 1892.

Steinert, Oscar, Kammergerichts-Ref. in Berlin: Der Ersatz eines immateriellen Schadens, insbesondere nach dem B. G.-B. *Lübben 1899: F. Driemel & Sohn.* (65 S.) 8° [Ant. u. F.]
Erlangen, Jur. Diss. v. 10. März 1899

Steinert, Paul, aus Köln a. Rh.: Ueber den Paradimethylamidobenzaldehyd. *(Berlin 1904: E. Ebering.)* (52 S.) 8°
Berlin, Phil. Diss. v. 6. Aug. 1904

Steinert, Raimund: Das Territorium der Reichsstadt Mühlhausen i. Th. Forschungen zur Erwerbung, Verwaltung und Verfassung der Mühlhäuser Dörfer. Leipzig: Quelle & Meyer 1910. x, 98 S. 8° ¶(Auch als: Leipziger histor. Abhandlungen. H. 23.)
Leipzig, Phil. Diss. v. 15. Nov. 1910, Ref. Seeliger, Stieda
[Geb. 21. Dez. 84 Trautzschen; Wohnort: Leutzsch-Leipzig; Staatsangeh.: Sachsen; Vorbildung: Nikolaisch. Leipzig Reife O. 06; Studium: München 1, Leipzig 5 S.; Rig. 28. Juli 10.] [U 11. 3322

Das Territorium der Reichsstadt Mühlhausen i. Th. Forschungen z. Erwerbung, Verwaltung u. Verfassung d. Mühlhäuser Dörfer von Dr. Raimund **Steinert**. Leipzig: Quelle & Meyer 1910. xv, 98 S. 8°
[Ersch. auch als Inaug.-Diss. Leipzig 1910.]
(Leipziger Historische Abhandlungen. H. 23.) [11. 309

Steinert, Valentin, a. Königshofen i. Grabf.: Zur Frage der Naturalteilung. Eine Untersuchung über die bäuerlichen Verhältnisse des fränkischen Grabfeldes. Lucka ⟨S.-A.⟩ [1905]: R. Berger. (66 S.) 8° [F.] ¶[= Wirtschafts- u. Verwaltungsstudien mit besond. Berücks. Bayerns Bd 23. Leipzig, A. Deichert 1905.]
Würzburg, Jur. Fak., Ref. Schanz, Diss. v. 16. Aug. 1905
[Geb. 12. April 82 Königshofen; Wohnort: Königshofen; Staatsangeh.: Bayern; Vorbildung: Gymn. Münnerstadt Reife Juli 00; Studium: Würzburg 7, München 2 S.; Rig. 31. Mai 05.]

Steinert, Valent., zur Frage der Naturalteilung, s.a. Wirtschafts- u. Verwaltungsstudien. XXIII.

Zur Frage der Naturalteilung. Eine Untersuchung über d. bäuerl. Verhältnisse d. fränk. Grabfeldes. Von Dr. Valentin **Steinert**. Leipzig: A. Deichert Nachf. 1906. (66 S.) 8° [F.]
= **Wirtschafts**- u. **Verwaltungsstudien** mit bes. Berücks. Bayerns. 23.
[05. 11351

Steinert, W., Nordamerika vorzüglich Texas im J. 1849. Reisebericht. Ein Buch f. Auswanderer, besonders f. Auswanderungslustige. 8. (VIII u. 280 S.) Berlin 850, K. W. Krüger. 1 ₰

Steinert, W., kleine deutsche Sprachlehre, s.: Bohm, H.

Steinert, Walter, a. Düsseldorf: Das Farbenempfinden Ludwig Tiecks. Ein Beitrag zur Geschichte des Naturgefühls in der deutschen Dichtung. Bonn 1907: C. Georgi. (118 S.) 8°
Bonn, Phil. Fak., Ref. Litzmann, Diss. v. 5. März 1907
[Geb. 18. Jan. 85 Düsseldorf; Wohnort: Düsseldorf; Staatsangeh.: Preußen; Vorbildung: Kgl. Gymn. Düsseldorf Reife O. 03; Studium: Freiburg i. B. 1, Leipzig 2, Bonn 4 S.; Rig. 16. Jan. 07.]

Steinert, Walt., Ludwig Tieck u. das Farbenempfinden der romantischen Dichtung, s.a. Schriften der literatur-histor. Gesellschaft Bonn. VII.

Ludwig Tieck und das Farbenempfinden der romantischen Dichtung. Von Walter **Steinert**. Dortmund: Ruhfus 1910. VII, 241 S. 8°
(Schriften d. Literarhist. Gesellschaft Bonn. 7.) [10. 9768

Steinert, Wilhelm, bacc. iur.: Der Umfang der Prokura. Berlin: G. Schade 1908. 45 S. 8°
Leipzig, Jur. Diss. v. 4. Jan. 1909
[Geb. 18. Juli 75 Potsdam; Wohnort: Potsdam; Staatsangeh.: Preußen; Vorbildung: Gymn. Potsdam Reife O. 95; Studium: Marburg 1, Berlin 7 S.; Rig. 16. Nov. 06.] [U 09. 2696

Steinert, Woldemar, der Philister. Cyclus v. 10 Gesängen m. verbindender Declamation. Für Männergesang m. theilweiser schwacher Orchesterbegleitung componirt v: Jul. Otto. 8. (22 S.) Schleusingen 852, Glaser. 1½ ngr

Steinert, Woldemar —. Der Philister. Cyclus von zehn Gesängen mit verbindender Deklamation von — —. Für Männergesang mit theilweiser schwacher Orchesterbegleitung komponirt von Julius Otto. 8. (24 S.) Innsbruck. Druck der Wagner'schen Buchdruckerei. 1853.

Steines, der Familie, Briefe für Auswanderer, s. Dellmann, F.

Steines, [Joh.] Ludwig, Referendar in Altona: Die Haftung des Vertreters ohne Vertretungsmacht. Borna-Leipzig 1908: R. Noske. (x, 36 S.) 8° [F.]
Heidelberg, Jur. Fak., Ref. Schroeder, Diss. v. 1908
[Geb. 28. Juli 81 Schwerdorf (Lothringen); Wohnort: Altona; Staatsangeh.: Elsaß-Lothringen; Vorbildung: Friedrich-Wilhelms-Gymn. Trier Reife O. 03; Studium: Bonn 1, Straßburg 2, Bonn 1, Straßburg 5 S.; Rig. 12. Mai 08.]

Steinfaß, Frdr., der zweite Brief des heiligen Petrus. Eine exegetische Studie. Rostock 863. Leopold. gr. 8. (VI, 101 S.)
n. 20 ngr.

Steinfatt, C. H., Beiträge zu einem Schulgesetze zunächst für die Landschulen des Herzogth. Lauenburg. gr. 8. (15 S.) Lüneburg 849, Herold & Wahlstab. n. 1/12 ₰

Steinfeld

— u. **Wendte**, zwei Vorträge bezüglich des bürgerl. Gesetzbuches, wichtig f. alle Creditgenossenschaften, geh. auf der Versammlung des niedersächs. Verbandes am 6. u. 7. VIII. 1898 in Gifhorn. (Ausg. der Freien Vereinigg. der deutschen Creditgenossenschaften.) gr. 8. (16 S.) Hannover 899. Manz & Lange. n. — 40

Steinfeld, Arthur, approb. Arzt aus Oberglogau O.S.: **Beitrag** zur Behandlung des genu valgum. *Leipzig 1901: B. Georgi.* (20 S.) 8°
Leipzig, Med. Diss. v. (5. Juli) 1901

Steinfeld, H., d. Grenzen d. erlaubten Reklame nach d. Gesetze zur Bekämpfg. d. unlaut. Wettbewerbes. Gemeinverständl. dargest. gr. 8. (20 S.) Hannover 896. Manz & Lange. n. — 60

Steinfeld, H. Rechtsgrundsätze üb. das Guthaben d. Genossenschaftsmitglieds, insbesondere die Beschlagnahme d. Guthabens u. dessen Behandlung beim Konkurse d. Genossen. Zum Gebrauche für eingetragene Genossenschaften gemeinfaßl. dargestellt. gr. 8. (25 S.) Hannov.-Linden 892, Manz u. Lange. * — 60

Steinfeld, Hartwig, üb. den Grundsatz der benevolentia f. die Gültigkeit letztwilliger Zuwendungen. Eine erbrechtl. Studie. gr. 8. (42 S.) Celle 884. Capaun-Karlowa.
n. — 80

Die Kautionshypothek im Kreditverkehr. Ein Rathgeber f. Kreditgenossenschaften ... von H[artwig] **Steinfeld**, Rechtsanw. in Hannover. Hannover: Manz & Lange 1895. (30 S.) 8° [F.] [05. 1273

Steinfeld, die Rechtslage des Gläubigers beim Todesfall des Schuldners, s.a. Genossenschafts-Bibliothek. 4.

Die Rechtslage des Gläubigers beim Todesfall des Schuldners von Dr. jur. [Hartwig] **Steinfeld**, Rechtsanw. in Hannover. Hannover: Manz & Lange 1901. (31 S.) 8°
(Genossenschafts-Bibliothek. H. 4.)

Steinfeld, Heinrich (Otterndorf) A. S. 760/6

Dissertatio iuris ecclesiastici, de matrimonii iure, et institutione. Präs. Johann Samuel Stryk. Halle (Henckel) 23. VI. 1707. 64 S.

W. v.: D. Westing, Heinrich Gözke. 33362

Steinfeld, Heinrich (Otterndorf) A. S. 141/27

Dissertatio iuris ecclesiastici, de iure matrimonii et institutione, Von dem Rechte und Einsetzung der Ehe. Präs. Johann Samuel Stryk. Halle (Hendel) 1739. 72 S.

Diss. VI. 1707. 33363

Steinfeld, Johann Christian (Pommern)
U. S. Frankfurt 1734/1

Ad librum XXVI. Pandectarum observationes variae.
Dissertatio hebdomadalis XXIII.
Präs. Johann Wilhelm Hoffmann.
Frankfurt/O. (Alex) 23. X. 1734. 4 Bl. 33364

Steinfeld, Leop., de defensione rei ex fundamento contractus non adimpleti oriunda. Dissertatio inaug. 8 maj. Marburgi Cattorum 841, Elwert. n. $\frac{1}{6}$ ß

Steinfeld's, W., Lebensversicherungs-Vademecum für 1900. 3. Jahrg. qu. 16. (67 S.) Darmstadt (Niederramstädterstr. 58 I) 899. R. Sellwig. n. — 50
Fortsetzung, s.: Sellwig, Rud.

Steinfeld, Wladimir, üb. die Wirkung d. Wismuths auf den thierischen Organismus. gr. 8. (69 S.) Dorpat 884. (Karow.) n. 1. —

Steinfels, die Familie von, oder die Creolinn. Ein Roman von der Baroninn v. B. 2 Thle. gr. 12. Hannover 841, Hahn'sche Hof-Buchh. $2\frac{5}{6}$ ß

Steinfels, J. C., Auszug aus den besten Grammairen. 8. Brandenb. 773. Halle. 12 𝒦

— neue Tabellen zur Erlernung der französ. Sprache. Fol. Brandenb. 773. Halle. 6 𝒦

Steinfels, Jakob A. S. 1352/58

Dissertationis philosophicae de principiis corporum, pars altera. Präs. Johann Gesner.
Zürich (Gessner) III. 1744. 28 S.

6 Resp. 33366

Steinfels, Loth., die Spiele, s. a. Buch, das praktische.

Steinfels, Loth., die Spiele. Ausführliche Beschreibg. u. Anleitg. f. alle Unterhaltungs-, Erholungs- u. Sportspiele, f. Kartenspiele, Brettspiele, Kugelspiele, Gesellschaftsspiele, Bewegungsspiele, Volksspiele, Jugendspiele, Streichholzspiele, Würfelspiele, sonst. Glücksspiele u. dgl. (162 S. m. Abbild.) Lex. 8. Potsdam (910). Bonneß & Hachfeld. Geb. in Leinw. 3. 50
Sonderabdruck aus: „Das prakt. Buch f. jedermann."

Steinförde [Schlagwort]

Steinförde, s.: Wietse.

Steinfournier, die, ihre Anwendung u. ihre Vorzüge vor d. Holzfournir. Eine wicht. Erfindung f. Tischler, Drechsler u. Galanteriearbeiter, welche zugleich z. Ersetzung d. feinen Marmorplatten dient. 8. (1¼ B.) Nürnberg 836, Leuchs u. Comp.

Steinführer, B., Untersuchg. üb. den Namen „Jehovah". gr. 8. (66 S.) Neustrelitz 898. Barnewitz Verl. n. 3. —

Steinführer, K[arl], a. Neubrandenburg: Das Recht an Kellern. Rostock 1906: H. Winterberg. (112 S.) 8°
Rostock, Jur. Fak., Ref. Fischer, Diss. v. 21. Mai 1906
[Geb. 19. Jan. 83 Neubrandenburg; Wohnort: Neubrandenburg; Staatsangeb.: Mecklenburg-Strelitz; Vorbildung: Gymn. Neubrandenburg Reife M. 01; Studium: Grenoble 1, Straßburg 1, Berlin 4, Rostock 2 S.; Rig. 20. Nov. 05.]

Steinführer, Karl, Rechtssätze des marokkanischen Handels, s. a. Handelsgesetze, die, des Erdballs.

Rechtssätze des Marokkanischen Handels. Gesammelt von Dr. Karl **Steinführer**. Berlin: R. v. Decker [1908]. (15 S.) 4°(8°)
= **Handelsgesetze**, Die, d. Erdballs. Ausg. D. Marokko. [08. 4995

Steinführer, Wilhelm

Steinführer, Wilh., der Engel Gesetz. Ein theolog. Problem. 1. Bd. Hinweisender Tl. (XI, 400 S.) gr. 8. Leipzig 903. B. Richter. n. 8. —

Steinführer, Wilh., der Engel Gesetz. Jetzt: Neubrandenburg, C. Brünslow.

Steinführer, W., das Magnificat Luc. 1 identisch m. Psalm 103. Ein sprachwissenschaftl. Belag. (VIII, 343 S.) gr. 8. Neubrandenburg 908. C. Brünslow. 4. —

— der ganze Prolog des Johannesevangeliums in Satzfolge u. -gliederung wörtliches Citat aus Jesaia. Eine Studie des Christusbildes nach der Aneinanderhaltung beider Testamente. (128 S.) gr. 8. Leipzig 904. Dörffling & Franke. n. 2. —

Steinfurt [Schlagwort]

Steinfurt, Kreis, s.: Münster.

Steinfurt, Kreis, s.: Westfalen. Wegekarte.

Steinfurth, H., die Apostel. — Les Apôtres. Imp.-Fol. (6 Stnt.) Leipzig 863, (R. Weigel.) *

—— 6 Compositionen zu des Aischylos Prometheia. Imp.-Fol. (6 Stnt.) Leipzig 863, (R. Weigel.) *

Steingaß, Didier, Herzensklänge. 12. (60 S.) Salzburg 900. A. Pustet. n. 1. —

Steingaß, Didier, aus Fritz v. Lorchtensteins Leben. Tagebuchaufzeichngn. (72 S.) 8. Leipzig-Gohlis 909. 10. Raschwitz, B. Volger. 1. —

— Waldesrauschen. 12. (60 S.) Stuttgart (901). [J. Roth.] München, Allg. Verlagsgesellschaft. n. 1. —

Steingiesser, Ferdinand

Steingießer, Ferd., das Geschlechtsleben der Heiligen. Ein Beitrag zur Psychopathia sexualis der Asketen u. Religiosen. gr. 8. (64 S.) Berlin 902. Herm. Walther. n. 1. —

— sexuelle Irrwege. Eine vergleich. Studie aus dem Geschlechtsleben der Alten u. Modernen. 8. (XVIII, 192 S.) Berlin 901. H. Bermühler. n. 2. —; geb. n. 3. —

Steingiesser, Ferd., sexuelle Irrwege. Eine vergleich. Studie aus dem Geschlechtsleben der Alten u. Modernen. 6. verm. u. stark verb. Aufl. (XVIII, 256 S.) 8. Berlin 905. H. Bermühler. n. 2. —; geb. n. 3. —

Sexuelle Irrwege. Eine vergleich. Studie aus d. Geschlechtsleben d. Alten u. Modernen von Dr. med. Ferd. **Steingiesser**. 6. (7.) verm. u. stark verb. Aufl. Berlin: H. Bermühler 1905 (1906). (XVIII, 256 S.) 8° [06. 3783 11

Sexuelle Irrwege. Eine vergleich. Studie aus d. Geschlechtsleben d. Alten u. Modernen von Dr. med. Ferd. **Steingiesser**. 6. (auf d. Umschl.: 7.) verm. u. stark verb. Aufl. Berlin: H. Bermühler 1905. (XVIII, 256 S.) 8° [08. 6109

Steingiesser, Ferdinand, approb. Arzt in Bühl (Baden): Über Sitz, Häufigkeit und Prognose der Halswirbelfrakturen. Bühl 1899: Aktienges. Konkordia. (23 S.) 8°
Strassburg, Med. Diss. v. 1899

Steingraber, Louis, Erinnerungen aus meinem Künstlerleben. 8. (155 S.) Graz 897. Selbstverlag. n. 2. 50

Steingraber, Louis, Erinnerungen aus meinem Künstlerleben. Ergänzung. 8. (3 S.) Graz (Körblergasse 96) (897). Prof. Steingraber. n. — 60

Steingraeber, Armin. Henr. Alb(ert.) (geb. Oberhof bei Stettin Apr. 1823): De haemorrhagia cerebri. Berolini (1854). (30 S.) 8°
Berlin, Med. Diss. v. 13. Apr. 1854

Steingräber, Eugen, aus M.-Gladbach: Über die **Influenz,** welche elektrische Masse auf ein hohles Rotationsellipsoid als Konduktor ausübt, wenn die Masse im Innern auf der Achse symmetrisch angelagert ist. *Greifswald 1902: F. W. Kunike.* (24 S.) 8°
Greifswald, Phil. Diss. v. 10. Juli 1902

Steingräber, Thdr., s.: Damm, Gust.

Steingräber, Wilhelm, a. München-Gladbach: Über partielle Differentialgleichungen erster Ordnung im R_4. Leipzig 1906: Breitkopf & Härtel. (46 S.) 8°
Greifswald, Phil. Fak., Ref. Engel, Diss. v. 10. April 1906
[Geb. 1. Sept. 81 München-Gladbach; Wohnort: Colberg; Staatsangeh.: Preußen; Vorbildung: Realgymn. Colberg Reife O. 01; Studium: Greifswald 10 S.; Rig. 10. Febr. 06.]

Steingroever, Alfred, a. Brüssel, bacc. jur., Kgl. preuß. Gerichtsreferendar in Trier: Die Verpflichtung des Gewerken zur Zahlung von Beiträgen (die Zubuße) bei den Kuxen neueren Rechts nach dem Allgemeinen Berggesetz für die Preußischen Staaten vom 24. Juni 1865. Trier: Schaar & Dathe 1907. (VIII, 60 S.) 8° [F.]
Leipzig, Jur. Fak., Diss. v. 17. Dez. 1906
[Geb. 8. Mai 82 Brüssel; Wohnort: Trier; Staatsangeh.: Preußen; Vorbildung: Friedrich-Wilhelms-Gymn. Trier Reife O. 01; Studium: Bonn 1, Rom 1, München 1, Berlin 1, Bonn 3 S.; Rig. 14. Jan. 05.]

Steingröver, Gerhard Engelbert, a. Grasberg (Prov. Hannover): Zwei Fälle von Hernia inguinalis ovarica mit Stieltorsion im Säuglingsalter. Leipzig 1908: B. Georgi. (34 S.) 8°
Leipzig, Med. Fak., Ref. Trendelenburg, Diss. v. 5. Aug. 1908
[Geb. 14. Jan. 79 Grasberg (Hannover); Wohnort: Berlin; Staatsangeh.: Preußen; Vorbildung: Gymn. Osnabrück Reife O. 02; Studium: Kiel 1, München 2, Marburg 2, München 2, Berlin 1, Kiel 2 S.; Coll. 11. Aug. 08; Approb. 5. Aug. 08.]

Steingroever, Joseph, a. Brüssel: Synthese einiger Polypeptide mit Beziehung zu dem Isobutyldiketopiperazin. (Berlin 1907: G. Schade.) (44 S.) 8°
Berlin, Phil. Fak., Ref. Fischer, Diss. v. 23. Nov. 1907
[Geb. 23. Mai 84 Brüssel; Wohnort: Berlin; Staatsangeh.: Preußen; Vorbildung: Friedrich-Wilhelms-Gymn. Trier Reife O. 03; Studium: Kiel 1, Berlin 8 S.; Rig. 7. Nov. 07.]

Steingroewer, (Bern.) Felix (geb. 25. 1. 1820): De urticatione ejusque in medicina usu. Berolini (1844). (28 S.) 8°
Berlin, Med. Diss. v. 6. Juni 1844

Steingruber, s.: Herzenskaiser, der.

Steingruber, Alois, Studie üb. d. Möglichkeit d. Wiederherstellg. d. durch die Reblaus zerstörten Weingärten u. d. zu ihrer Erhaltg. dien. Vertheidigungsmittel. gr. 8. (48 S. m. Abb.) Wien 896. „Austria". n.n. 1. 25

Steingruber, Alois: Studie über die Möglichkeit der Wiederherstellung der durch die Reblaus zerstörten Weingärten und die zu ihrer Erhaltung dienenden Vertheidigungsmittel. Wien & Leipzig: Doll 1896. 48 S., mit Abb. -- ÖNB*

Steingruber, Jh. Dav., († d. 8. Nov. 1787.) architekton. Alphabet, bestehend aus 30 Rissen 2c. Mit 18 Kpftaf. Fol. Nürnb. 773. Haufe. 4 ℛ 4 g.

— Architectura civilis. Fol. Naumb. 750.

Steingruber, Jean David. Architecture Civile. 1. Theil. Bestehent in unterschiedl. Zeichnungen mit gehörigen Grund- und Aufrissen und davon erforderlichen Profilen Gestochen von J. G. Ringlin. Augsburg. 4°.

— prakt.-bürgerl. Baukunst. 3 Thle. Mit 76 Kpft. gr. 4. Nürnb. 765. Mit n. Titelbl. 773. N. A. 786. Haufe. 2 ℛ

Steingrüber, Jh. Chr. Aug., s. Einsiedler, d. englische.

Steingrüber, Jh. Chr. Aug., († d. 21. Jan. 1818.) s. 1) Geschichte eines unglückl. Deutschen. 2) Geschichte eines nach d. Schlacht bei Jena gefangenen Officiers. 3) J. Krafts Mechanik. 4) Lehren d. Weisheit f. Jedermann. 5) Pallas am Ufer des Ganges. 6) Youngs Nachtgedanken.

Steingrüber, Wlh. Fr., Bemerkk., die Esthnische Sprache in beiden Haupt-Dialekten betreffend; veranlaßt durch M. Hnr. Stahls Schriften. 8. Dorpat 827. (95 S.)

Steinhage, Alb., Felice. Eine moderne Geschichte. (30 S.) gr. 8. Diessen 903. J. C. Huber. n. 1. 50

Steinhagen, Erklärung üb. den seitens d. Dr. Groeneveld u. Genossen bei königl. Consistorium in Aurich eingelegten „Protest gegen die am 10. Apr. c. vollzogene Wahl d. Past. Steinhagen zum 2. Prediger der reformirten Gemeinde in Leer". gr. 8. (34 S.) Leer 883. (Meyer.) n. — 25

Steinhagen, H.

—— Wahlpredigt, in der reformirten Kirche zu Celle am 13. Octbr. 1876 gehalten. gr. 8. (13 S.) Celle 878, (Schulze'sche Buchh.) *

Steinhagen, H., welche Folgerungen ergeben sich aus der veränderten Stellung des Staates zur Kirche betreffs der Theilnahme der letzteren an der Ordnung d. Volksschulwesens in unserm Lande? Ein Vortrag, auf der lipp. Pastoral-Conferenz in Lemgo am 6. Juni 1877 geh. 8. (29 S.) Detmold 877. Meyer. n. — 50

Steinhagen, H., Wismar. 12 Radiergn. Nebst Text: Übersicht üb. die Geschichte Wismars v. F. Techen. (16 S.) 18×25,5 cm. Wismar (909). H. Bartholdi. In Leinw.-Mappe 15. —

Steinhagen, H. C., nicht Christenthum, sondern Menschenthum, od. d. eth. Selbstständigkeit d. Menschen. gr. 8. (24 S.) Leipzig 897. O. Wigand. — 30

Steinhagen, H. C., nicht Christentum, sondern Menschentum od. die ethische Selbständigkeit der Menschen. 2., verb. Aufl. (30 S.) gr. 8. Leipzig 904. O. Wigand. n. — 40

Steinhagen, H. C., nicht Christentum, sondern Menschentum od. die ethische Selbständigkeit der Menschen. 3. verb. Aufl. (27 S.) gr. 8. Leipzig 909. O. Wigand. — 60

Steinhagen, J. H., über Todesstrafen. gr. 8. (8 S.) Hamburg 855, Heller. **

Steinhagen, Otto [app. Arzt aus Lübeck]: Aus d. medicin. Poliklinik zu Kiel. Ueber polyarthritis rheumatica, m. bes. Berücks. d. Erkrankgn d. Kindesalters ... Kiel, Druck v. P. Peters, 1894; 34 S., 3 Bl. 8.
Kiel, Med. Fak., Inaug.-Diss. v. [2. Jan.] 1895

Steinhammer, der Caligula-Unfug. gr. 8. (18 S.) Berlin 894. S. Fischer, Verl. n. — 50

— der „Fall v. Kotze". Ein Beitrag zur Verläumdungsseuche. gr. 8. (15 S.) Ebd. 894. n. — 50

— die Wahrheit üb. den internationalen Anarchismus. Ein Beitrag zum krit. Material. gr. 8. (24 S.) Berlin 894. H. Steinitz' Verl. n. — 60

Steinhard, Fritz, appr. Arzt: Über je einen Fall von Angiom der Plica semilunaris und der Orbita. Nürnberg 1909: Hilz. 34 S. 8°
Erlangen, Med. Diss. v. 12. Juni 1909, Ref. Oeller
[Geb. 14. Juli 73 Nürnberg; Wohnort: Nürnberg; Staatsangeh.: Bayern; Vorbildung: Gymn. Erlangen Reife 93; Studium: München 10, Würzburg 6, Erlangen 2, Leipzig 1 S.; Coll. 8. Mai 09; Approb. 31. Aug. 07.] [U 09. 791

Steinhard, Otto [appr. Zahnarzt aus Nürnberg]: Ueber Placoidschuppen in der Mund- und Rachenhöhle der Plagiostomen. Mit 2 Tafeln. (S.-A. aus Archiv f. Naturgeschichte 1903.) Berlin 1902. 50 S. 8°.
Bern. Phil. Diss. 1902/1903

Steinhard, Otto. Über Placoidschuppen in der Mund- u. Rachen-Höhle der Plagiostomen. Diss. Phil. Bern. Hierzu zwei Tafeln. ([Separatabdruck aus:] Archiv f. Naturgesch[ichte. Hrg. von Franz Hilgendorf. Jahrg. 69.] 1903.) 50 S. 8. Berlin, Nicolai, 1902.

Steinhard, S., Deutschland und sein Volk. Bd. 1. 2. Leipzig u. Gotha 1857. 8.

—— Deutschland und sein Volk. Ein Lese- und Handbuch für Jung und Alt zur Förderung vaterländischen Sinnes und Wissens. Bd. 1. Deutschland im Allgemeinen Lf. 1. 2. Gotha 1856. gr. 8.

Steinhard, S., בְּרִית יְהוָה Erste Confirmationsfeier, gehalten in der Synagoge zu Hildburghausen am ersten Tage des Wochenfestes 5595 (3. Juni 1835) mit zwei Knaben u. einem Mädchen. gr. 8. Schleusingen 835. Glaser. 1½ gl

Steinhard, S., Oesterreich und sein Volk. Bilder und Skizzen. Ein Lehr- und Hausbuch für Jung und Alt, zur Förderung und Belebung vaterländ. Sinnes und Wissens. 2 Bde 8. (939 S.) Olmütz 860, Hölzel.

—— Ostindien und die Europäer. Eine histor. Skizze. 2 Hefte 8. (1. Heft. S. 1—64.) Gotha 857. [Leipzig, Pernitzsch.]

Steinhard, S., Ostindien und die Europäer. Eine historische Skizze. Gotha 857. Scheube. 8. (165 S.) n. 15 ngr

Steinhard, S., Skizzen und Bilder aus der Krim, s. Conversations- und Reisebibliothek.

—— Volksbibliothek der Länder- und Völkerkunde oder geograph. Haus- und Lesebücher für Jung und Alt. 1. Bd. 1—8. Lfg. A. u. d. T.: Deutschland und sein Volk. Ein Lese- und Hausbuch für Jung und Alt zur Förderung und Belebung vaterländischen Sinnes und Wissens. 1. Bd. Deutschland im Allgemeinen. 1. Bd. Deutsches Land. 1—8. Lfg. gr. 8. (XXIV und S. 1—659.) Gotha 856, Scheube. à Lfg. * 6 Ngr. *

—— Volksbibliothek der Länder- und Völkerkunde oder geograph. Haus- und Lesebücher für Jung und Alt. 2. Bd. 1—9. Lfg. A. u. d. T.: Deutschland und sein Volk. Ein Lese- und Hausbuch für Jung und Alt zur Förderung und Belebung vaterländ. Sinnes und Wissens. 1. Thl.: Deutschland im Allgemeinen. 2. Bd.: Deutsches Volk. 1—9. Lfg. gr. 8. (XV und 826 S. mit 1 chromolithogr. Karte in qu. Imp.-Fol.) Gotha 857. 58. (Leipzig, Brandstetter.) à Lfg. 6 Ngr.

—— dass. — 3. und 4. Bd.: Oesterreich und sein Volk. Bilder und Skizzen. 2 Bde. à 6 Lfgn. gr. 8. Ebendas. 859—61 [3. Bd. (VII und 474 S.) 4. (XIV und 466 S.)] à Lfg * 7½ Ngr. *
Der 1. Bd. Gotha 1856, Preis * 1 Thlr. 18 Ngr., ist in denselben Verlag übergegangen.

Steinhardt: Die Beobachtung und Pflege unserer Kinder ..., s. Steinhardt, Isaak

Steinhardt: Plan von Düppel ..., s. Coster

Steinhardt, C., Kunst u. Leben. Ein Gespräch vorgetragen im literar. Verein zu Naumburg. gr. 8. Naumburg 846, Weber. n. 8 ngl

Steinhardt, E. Th. G., die bis jetzt in preussischen Geschieben gefundenen Trilobiten, s. a. Beiträge zur Naturkunde Preussens.

Steinhardt (E. Th. G.), Die bis jetzt in preussischen Geschieben gefundenen Trilobiten. (Beiträge zur Naturkunde Preussens, herausgeg. von der Physikalisch-Oekonomischen Gesellschaft zu Königsberg, H. 3.) Königsberg 1874. 4. Mit 6 Tafeln.

Steinhardt, Eug., kurzes Lehrbuch der Chemie zum Gebrauch an Schulen u. zur Selbstbelehrg. (Organ. Tl. bearb. unt. Mitwirkg. v. Ephraim.) [2 Tle.] 1. Tl. gr. 8. Stuttgart 895. F. Enke. n. 6. —
Kurzes Lehrbuch der anorgan. Chemie. (XVIII, 418 S. m. 73 Holzschn. u. 1 farb. Spektraltaf.)

Steinhardt, Frz., 25 Gesänge für 2 oder 3 Singstimmen, zum Gebrauche in Gymnasial- und Realanstalten, so wie in den obern Classen der Elementarschulen. qu. 16. Stuttgart 843, Ebner u. Seubert. ⅛ ℛ

—— Turn- u. Wanderlieder f. 2 oder 3 Singstimmen, den vaterländ. Turngemeinden gewidmet. 2. Hft. qu. 8. (3 B.) Stuttgart 845, Ebner u. Seubert.
Mit Vorstehendem zusammengenommen. (2 Hfte.) * 5 Ngr.

—— 12 Turn- u. Wanderlieder f. 2 oder 3 Singstimmen, den vaterländ. Turngemeinden gewidmet. qu. 16. (1¾ B.) Stuttgart 843, Ebner u. Seubert.

Steinhardt, J. M., Predigt am 100jähr. Jubelfeste des dermal. evangel. Waisenhauses zu Augsburg. 8. Augsb. 801. v. Jenisch u. St. 3 gr

Steinhardt, Jakob, Predigt gehalten bei dem zur Feier der glücklichen Genesung Sr. k. k. Apostolischen Majestät Franz Joseph I. am 12. März 1853 in den Synagogen zu Großwardein abgehaltenen Gottesdienste. 8. (18 S.) Arad, H. Goldschneider 1853.

Steinhardt, Jak. Predigt, gehalten bei dem, zur Feier der glücklichen Genesung Sr. k. k. Apost. Majestät Franz Joseph I. am 17. März 1853 in der Synagoge zu Großwardein abgehaltenen Gottesdienst. 8. (20 S.) Großwardein, Al. Tichy 1853.

Steinhardt, Ignaz [app. Arzt aus Floss]: Zur Casuistik der Perforativ-Peritonitis ... München, Buchdr. v. M. Ernst, 1893; 29 S., 1 Bl. 8.
München, Med. Fak., Inaug.-Diss. v. 1893

Steinhardt, Ign., zum augenblicklichen Stand d. Schularztfrage in Deutschland. gr. 8. (20 S.) München 899. Seitz & Schauer. n. — 80
Sonderabdruck aus: „Bayer. ärztl. Corresp.-Blatt".

⑧ **Steinhardt,** J., z. Stand d. Schularztfrage. 899. (KBL 32.) Jetzt: München, Verlag d. ärztl. Rundschau.

[F.] Die Beobachtung und Pflege unserer Kinder in gesunden und kranken Tagen. E. Handb. f. Mütter u. Kinderpflegerinnen v. Dr. med. [Isaak] Steinhardt, pr. Arzt zu Namslau ... *Halberstadt & Leipzig: Ernst [1896].* (VIII, 230 S.) 1 Bd 8. [98. 8096

Steinhardt, M., der Unterricht unserer Jugend. Ein Mahnwort an die deutsche Judenheit. 2. Aufl. gr. 8. (16 S.) Frankfurt a/M. 901. J. Kauffmann. n. — 40

Steinhardt, Mor., aus dem Ghetto, s.: Lehmann's jüd. Volksbücherei. 40. Bd.

Steinhart, C. H. A., Quaestionum de dialectica Plotini ratione. I. Pr. 1829. 58 S. 4°.

Steinhart, C. H. A., quaestion. de dialectica Plotini ratione Fasc. I. 4maj. Naumb. 829. (Halle, Schwetzschke u. S.) 12 gr.

Steinhart, F. X., Bauernbauten alter Zeit aus der Umgebung v. Karlsruhe. Aufgenommen u. gezeichnet. (31 Taf. m. IV S. Text.) Fol. Leipzig (903). Seemann & Co. In Mappe n. 18. —

— **Einzelheiten alter Bauernbauten. Eine Sammlg. ländl. Bauformen, f. Schule u. Praxis aufgen. u. gez. Hrsg. m. Unterstützg. d. gr. bad. Landesgewerbeamts. (48 Taf. m. VIII S. illustr. Text.) Fol. Ebd. (906).** In Mappe n. 16. —

Steinhart, Franz

—— Historia sacra evangelica et apostolica. Ingolstadt, 1734, 4°.

Steinhart, Franc., Sacra veterum temporum historia in epitomen contracta. Augsburg, Schlüter u. Happach, 1728, 4°.

Steinhart, Frz., sacra veterum tempor. Evangelia et apostolica historia. 4. Ingolst. Krüll. 734.

Steinhart, G. S., Anleit. des Vorstandes zum regelm. Selbstdenken. 3. Aufl. 596 S. Züllich. 8°.
1793

Steinhart, Germ., († ...) histor. Reisebeschreibb. in u. aus dem heil. Lande. 8. Rastatt 770. N. Aufl. 8. Straß. 786. Akadem. Buchh. 8 gr.

Steinhart, Hnr. Chr., († d. 20. Sept. 1810.) s. a. Altmark, üb. die.

Steinhart, H. Ch., über d. Altmark, ein Beytrag zur Kunde d. Mark-Brandenburg. 2 Thle. gr. 8. Stendal. 802. 1 16

DRILLINGE, Die, oder die drey Doktoren. (Roman von *K. Steinhart.*) Hrsg. von L. v. Selbiger. 2 Bde. Mit Titelkpf. u. Titelvign. Berlin 1811. 8°. (2 Mk. 50 Pfg., etwas fleckiges Expl., Südd. Antiqu., München, 1907.)

— — Dasselbe. 2 Bde. O. O. u. J. 8°. (1 Mk., J. A. Stargardt, Berlin, 1897.)

Steinhart, Karl

Steinhart, Carl. Λέγονσιν Βοίκιον τὸν σοφώτατον τῆς Ἑλληνικῆς ἀρχαιολογίας ἐξηγητὴν καὶ διδάσκαλον τῶν πεντήκοντα τῆς διδασκαλίας ἐτῶν μακαρίζονσιν οἱ τοῦ ἐν Πύλαις γυμνασίου διδάσκαλοι. 8 S.
Pforta, Progr. 1857

Steinhart, K., Platon's Leben, s.: Platon's sämmtl. Werke.

Steinhart Lobgedicht auf Pforta [Griech.]. 16 S.
Pforta, Progr. 1843

Ders. **Meletemata Plotiniana. (c. 1. Plotinus Platonis interpres. c. 2. Plot. Aristotelis interpres. et adversarius. c. 3. Plot. grammaticus. c. 4. Emendationum Plot. ecloge.) 60 S.**
Schulpforte, Progr. 1840

Steinhart, Car., Meletemata Plotiniana, ad celebrandam memoriam anniversariam scholae Portensis ante hos CCXCVII annos inauguratae scripsit. 4maj. (7¾ B.) Halis 840. (Schwetschke et filii.) •

Steinhart, Carl: Prologomena ad Platonis Philebum. 58 S.-- Pforta, Progr. 1853.

Steinhart, Carolus Henricus Augustus: • De ratione, qua Novi Testamenti scriptores in explicando atque laudando Vetere Testamento usi sint. 36 S. 4°
Halle-Wittenberg, Phil. Diss. v. [9. März] 1822
Geb. [Dobbrun (Kr. Osterburg, Altmark) 11. 8. 1801]
Verf. erlebte die Diplomerneuerung 1872 als Professor a. D. der Landesschule Pforta und Honorarprofessor in Halle, vgl. Anh. Nr. 560.

Steinhart, Carl Symbolae criticae. 8 S. [1. Loci tres Platon. emend. 2. Symb. crit. ad Aristot. de anima libros. 3. Emendationum Sophocl. Ecloge.]
Pforta, Progr. 1843

Steinhart, Karl Friedrich (Danzig) A. S. 836/28

Dissertatio iuridica de poena sine crimine occasione l. ictus fustium 22. D. de his qui not. infam.
Präs. Justus Henning Boehmer.
Halle (Gruner) 19. XII. 1721. 42 S.

W. v.: Präs. 33371

Steinhart, Karl Friedrich (Danzig) A. S. 55/14

Dissertatio iuridica de poena sine crimine occasione L. ictus fustium. 22. D. de his qui not. infam.
Präs. Justus Henning Böhmer.
Halle (Grunert) 1736. 42 S.

Diss. 19. XII. 1721.
W. v.: Präs. 33372

Steinhart, Nathan, s.: Gregorius Albufarağ Bar-Hebraeus, Scholien z. Evangelium Lukas.

Steinhart, Nathan: Die Scholien des Gregorius Abulfarağ Bar-Hebraeus zum Evangelium Lukas ... Leipzig, Druck v. W. Drugulin, 1895; 3 Bl., 40 S. 8.
Strassburg, Phil. Fak., Inaug.-Diss. v. 1894

Steinhart, Oscar J. [aus New-York U. S. A.]: Ueber einige Anisylamine .... Erlangen, Druck der Univ.-Buchdr. v. E. Th. Jacob, 1887; 20 S. + 1 Bl. 8°.
Erlangen, Phil. Fak., Inaug.-Diss. v. 1887.

Steinhart, Oscar J., über einige jüngere Anisylamine. Diss. Erlangen 1887, Th. Blaesing. 8°. 20 S.

Steinhart, Salomon Ernst (Danzig) A. S. 1194/47

Dissertatio inauguralis medica, de epilepsia uterina.
Präs. Johann Georg von Bergen.
Frankfurt/O. (Schwartz) 1. X. 1726. 28 S.
33373

Steinhart, Siegm. Nachricht vom Waisenhause zu Züllichau. 5 Thle. 8. *Züllichau, Ebend.* 1723

Steinhart, Wilhelm

— De Lucani codice Montepossulano. S.-A. 1864. 14 S.

Steinhart, Gvilelmvs ⟨geb. am 10 Dez. 1832 in Schönburg bei Naumburg a. S.⟩: De emendatione Lvcani ... Bonnae, impr. I. F. Carthav (1854). 1 Bl., 30 S., 1 Bl. 8.
Bonn, Phil. Fak., Diss. v. 7 Aug. 1854

Steinhart, W. De Lucani schedis rescriptis Vindobonensibus. 22 S.
Salzwedel, Progr. 1860

Steinharter, Stephan, Medizinalprakt.: Ueber Fistula colli lateralis congenita. München 1905: Kastner & Callwey. (52 S.) 8°
München, Med. Fak., Ref. v. Angerer, Diss. v. 7. April 1906
[Geb. 10. Jan. 81 München; Wohnort: München; Staatsangeh.: Bayern; Vorbildung: Ludwigs-Gymn. München Reife Juli 99; Studium: München 4, Berlin 2, München 4 S.; Coll. 7. April 06; Approb. 31. März 06.]

Passionsspiegel unseres hochgelobten Herrn und Heilandes Jesu Christi. Gehalten von C. **Steinhauer**, Pastor in Canarsie, L. J., New-York, im J. 1886. 2. Aufl. (Canarsie, L. J.): Selbstverl. 1897. (119 S.) 8°

Steinhauer, Eduard [aus Bonn]: Aus d. gynäcolog. Univ.-Klinik zu Bonn. Therapie bei Osteomalacie ... Bonn, Hauptmann'sche Buchdr., 1895; 32 S., 1 Bl. 8.
Bonn, Med. Fak., Inaug.-Diss. v. [22. März] 1895

Steinhauer, Eduard Heinrich

Steinhauer, Leitfaden f. junge Frauen u. Kinderpflegerinnen. gr. 8. (16 S.) Naumburg 899. (J. Domrich.) n. — 50

Leitfaden für junge Frauen und Kinderpflegerinnen. Von Dr. med. [Eduard Heinr.] Steinhauer, pr. Arzt in Naumburg a. S. Naumburg a. S.: H. Sieling 1899. (16 S.) 8°

Steinhauer, Heinr., Leben u. Lieben. Gedichte. Hannover 860. C. Rümpler. 12. (220 S.) 1 ℛ

Steinhauer, J., die Gouvernante, s.: Theater, kleines.

Steinhauer, J., De passione hysterica. 16 pp. Wirceb. 4°. 1753.

Steinhauer, J., eine Verschwörung, s.: Dilettanten-Theater.

Steinhauer, Jo. Petr., Disquisitio de diversa imperii Assyrici temporum computatione Ctesiae et Herodoti. Giefs. 778. 4. (16 S.)

Steinhauer, Joh. Petr., s. Fragmente der Geschichte, Erdbeschreibung und Mythologie des Alterthums.

Steinhauer, Jh. Pt., practique des déclinaisons et des conjugaisons, od. Präliminarübungen der französ. Sprache. 8. Frankf. a. M. 792. Brönner. 6 ℊ

Steinhauer, Karl, Referendar am Landgericht zu Coblenz: Die Entwickelung und Gestaltung des Rechtes des Rücktritts bei gegenseitigen Verträgen im römisch-gemeinen Recht und im bürgerlichen Gesetzbuch. *Rostock 1903: C. Hinstorff.* (98 S.) 8°
Rostock, Jur. Diss. v. [31. März] 1903

Steinhauer, Karl, lobt froh den Herrn, s.: Giffey, Johs. u. P. Weinstock.

Karl Johann Steinhauer

(Carolus Johannes) Steinhauer: De Usu opii in morbis salubri et noxio. Gryphiae 1820: Kunike. 32 S. 8°
Greifswald, Med. Diss. v. 1820

Steinhauer, Sally, appr. Arzt a. Hungen (Oberhessen): Aus der Universitäts-Frauenklinik zu Gießen. Die Zangenoperationen der letzten fünf Jahre ⟨1900—1904⟩. Gießen 1905: v. Münchow. (15 S.) 8°
Gießen, Med. Fak., Ref. Pfannenstiel, Diss. v. 17. Juli 1905
[Geb. 6. Sept. 78 Hungen; Wohnort: Hungen; Staatsangeh.: Hessen; Vorbildung: Gymn. Gießen Reife O. 00; Studium: Gießen 4, Berlin 1, Gießen 5 S.; Coll. 11. Mai 05; Approb. 24. März 05.]

Steinhauff, A., s.: Kalender f. deutsche Seminaristinnen.

Steinhauff, A., u. M. G. **Schmidt,** Lehrbuch der Erdkunde f. höhere Schulen. Ausg. M (f. höhere Mädchenschulen) in 7 Tln. 1.—3. Tl. gr. 8. Leipzig 911. B. G. Teubner. Geb. 3. 40

1. Für Klasse VII. Heimatkunde (zur Übersicht u. Erweiterung). Übersicht üb. die Erdoberfläche u. die einzelnen Erdteile. Mit 2 mehrfarb. u. 4 einfarb. Vollbildern, 10 Textabbildgn. sowie 38 Bildern in e. Anh. (VIII, 32 u. 24 S.) Geb. 1. 20
2. Für Klasse VI. Länderkunde Europas: Mittel- u. Westeuropa unter besond. Berücksicht. Deutschlands. Mit 4 mehrfarb. Bildern u. 6 einfarb. Vollbildern, 25 Textabbildgn. u. 35 Bildern in e. Anh., sowie 1 Doppeltaf. (IV, 80 u. 24 S.) Geb. 1. 20
3. Für Klasse V. Länderkunde Europas: Nord-, Ost- u. Südeuropa. Ein fremder Erdteil: Afrika. Erste Übersicht der allgemeinen erdkundl. Erscheingn. Mit 1 mehrfarb. u. 9 einfarb. Vollbildern, 15 Textabbildgn. sowie 26 Bildern in e. Anh. (IV, 60 u. 20 S.) Geb. 1. -

— — dasselbe. Ausg. R (f. Realanstalten). 1.—6. Tl. gr. 8. Ebd. 910. Geb. 7. 20

1. Bis Quinta. Einführung in die Erdkunde. Länderkunde Mitteleuropas, insbesondere des Deutschen Reiches. Mit 3 mehrfarb. u. 5 einfarb. Vollbildern, 26 Textabbildgn., 52 Bildern in e. Anh. sowie 1 Doppeltaf. (VIII, 75 u. 32 S.) Geb. 1. 20
2. Für Quarta. Länderkunde Europas m. Ausnahme des Deutschen Reiches. Mit 3 mehrfarb. u. 12 einfarb. Vollbildern, 20 Textabbildgn. u. 39 Bildern in e. Anh. (IV, 71 u. 32 S.) Geb. 1. 20
3. Für Untertertia. Länderkunde der außereuropäischen Erdteile. Die deutschen Kolonien. Vergleichung m. den Kolonialgebieten anderer Staaten. Mit 2 mehrfarb. u. 10 einfarb. Vollbildern, 38 Textabbildgn., 53 Bildern in e. Anh. sowie 1 Städtetaf. (IV, 115 u. 36 S.) Geb. 1. 60
4. Für Obertertia. Länderkunde des Deutschen Reiches. (IV, 63 S. m. 5 Abb.) Geb. — 80
5. Für Untersekunda. Länderkunde Europas m. Ausnahme des Deutschen Reiches. Grundzüge der Wirtschaftsgeographie. Mathematische Erdkunde. Verkehrs- u. Handelswege der Jetztzeit. (IV, 70 S.) Geb. — 80
6. Von Obersekunda bis Prima. Allgemeine phys. Erdkunde. Hauptfragen der Völkerkunde. Vergleichende Übersicht der wichtigsten Verkehrswege bis zur Gegenwart. Zusammenfassende Wiederholgn.: Das deutsche Land als geschichtliche Größe. Wirtschaftsgeographie Deutschlands. Das Deutschtum im Auslande. Mit 102 Textabbildgn. u. 44 Bildern in e. Anh. (IV, 130 S.) Geb. 1. 60

Steinhaus, Alex., Lehrbuch der Geographie für Handels- und Realschulen. (In 3 Thln.) 1. Thl. A. u. d. T.: Lehrbuch der mathematischen, physischen und topischen Geographie. gr. 8. (VI und 210 S.) Leipzig 855, Hinrichs'sche Buchh. *

Steinhaus, Alex., Lehrbuch der Geographie für Handels- u. Realschulen. 2. Thl.: Politische Geographie. Leipzig 860. Hinrichs. gr. 8. (VI, 314 S.) n. 1 ℛ

— — 2 Thle. 2. Ausg. Ebend. 863. gr. 8. (VI, 210 S.; IV, 314 S.) 1 ℛ

—— Lehrbuch der Handelscorrespondenz, s. Schleier, Ludolf.

Steinhaus, Alex., Russlands industrielle und commercielle Verhältnisse. Nach den neuesten amtl. Quellen frei bearb. gr. 8. (VIII und 560 S.) Leipzig 851(52,) Hinrichssche Buchh.

Steinhaus, C: Ersatzstücke in der Zugvorrichtung und neue Reserve-Kuppelung für Eisenbahnfahrzeuge. Cabel i. Westf. 1876

Steinhaus, C. F., Abhandlungen aus dem Gebiete des gesammten Schiffbauwesens. 3 Hefte. gr. 4. Hamburg, Friederichsen und Comp. * 15 —

Inhalt:

Heft 1. Über Reserve-Schwimmkraft und Freibord für aus Eisen oder Stahl erbaute Dampf- und Segelschiffe. (IV, 25 S.) 887. *M 3.—.

» 2. Über Spannungen in den Längsverbänden eiserner Schiffe. (31 S. mit 6 Holzschn. und 2 Taf.) 887. *M 4.—.

» 3. Über Schiffe für besondere Bestimmungen [Feuerschiffe, Lootsenfahrzeuge und Eisbrecher]. (35 S. mit 4 Holzschn. und 8 Taf.) 888. *M 8.—.

Steinhaus, C. F., Abhandlungen aus dem Gebiete des gesammten Schiffbauwesens. 2. Bd. gr. 4. (IV, 380 S. m. 40 Fig.) Hamburg 899. L. Friederichsen & Co. n. 20. —

I. Bd. (3 Hfte.) Ebd. 887. 888. n. 15. —.

Steinhaus, C. F., Ueber die Biegungs-Momente eiserner Schiffe erster Klasse nach dem Reglement des Bureau Veritas berechnet. (Metallographirt.) Hamburg 1880. Fol.

Steinhaus, C. F., der Eisen-Schiffbau. Mit besond. Beziehung auf den Bau der Dampfschiffe. gr. 4. (VIII und 215 S. mit eingedr. Holzschn. und 18 Stnt. in qu. Fol. und qu. gr. Fol.) Hamburg 867, Mauke Söhne. geb. *

— — 2. mit Anmerkungen verm. Aufl. Mit 18 lith. Taff. (in qu. Fol. u. qu. Imp.-Fol.) u. 91 in den Text gedr. Figg. (in Holzschn.) Hamburg 870. Friederichsen & Co. gr. 4. (VIII, 224 S.) n. 7 ₰

— Ueber die Inanspruchnahme des Eisen-Materials durch Spannungen bei Schiffen erster Klasse nach dem Reglement des Bureau Veritas berechnet, nebst Schlussfolgerungen darüber. (Metallographirt.) Hamburg 1879. Fol.

Steinhaus, C. F., die Construction und Bemastung der Segelschiffe. Lex.-8. (III, 140 S. mit 7 Tab. in qu. gr. 4.) Hamburg 869, Friederichsen und Comp. * 6 —

Steinhaus, C. F., die Schiffbaukunst in ihrem ganzen Umfange. Erläuternd dargestellt. 1. Thl.: Die Theorie der Schiffbaukunst. Mit 6 (lith.) Kpfrtaf. (in Fol.) — 2. Thl.: Die Praktik der Schiffbaukunst. Mit 4 (lith.) Kpfrtaf. (in Fol.) Hamburg 858. (Leipzig, Rein.) Lex.-8. (VI, 184; 3 Bl., 170 S.) n. 8 ₰. 15 ngr.

Steinhaus, C. F., Schiffs- u. Flaggen-Karte. Lith. u. color. Imp.-Fol. (1 Bl.) Hamburg 872. Friederichsen & Co. n. 7. 50

Steinhaus, C. F., Schiffs- und Flaggen-Karte. 2. Aufl. (Mit deutschem und engl. Text.) Imp.-Fol. Hamburg 877, Friederichsen und Comp.

Steinhaus, Carl Otto, s. Steinhaus, Otto

Steinhaus, Fr(iedrich): Aus dem Laboratorium der medicinischen Klinik zu Bonn. Der Einfluss der Toxine des Bact. typhi und des Bact. coli commune auf die Leukocyten, eine differential-diagnostische Studie. *Gelsenkirchen: C. Bertenburg 1898.* (34 S.) 8°
Bonn, Med. Diss. v. [11. Juni] 1898

Über die zur Bekämpfung der Ankylostomiasis (Wurmkrankheit) der Bergleute zu ergreifenden sanitätspolizeilichen Maßnahmen. Eingereicht bei d. Kgl. wissenschaftl. Deputation f. d. Medizinalwesen u. nach d. amtl. Material d. K. Oberbergamts Dortmund erg. u. erw. Von Dr. med. F[riedrich] Steinhaus. Gelsenkirchen: C. Stück 1907. (98 S.) 8° [S. u. Ant.] [08. 6110

Steinhaus, J., die Aetiologie der acuten Eiterungen. Litterarisch-krit., experimentelle u. klin. Studien. gr. 8. (VII, 184 S.) Leipzig 889. Veit & Co. n. 6. —

— Menstruation u. Ovulation in ihren gegenseitigen Beziehungen. Gekrönte Preisschrift. gr. 8. (VIII, 122 S.) Ebd. 890. n. 3. 50

Steinhaus, Julius

Steinhaus, Jul., Grundzüge der allgemeinen patholog. Histologie. Mit üb. 150 Mikrophotogrammen auf 25 Taf. (VIII, 162 S. m. 25 Bl. Erklärgn.) Lex. 8. Leipzig 909. Akadem. Verlagsgesellschaft. 10.—; geb. in Leinw. 11.—

Steinhaus, O., Chaetognathen, s.a. Ergebnisse der Hamburger Magalhaensischen Sammelreise.

Chaetognathen bearb. von Dr. O. Steinhaus (Hamburg). Hamburg: L. Friedrichsen & Co 1900. (10 S.) 4° (8°)
(Ergebnisse d. Hamburger Magalhaens. Sammelreise. Lfg 5, 2)

Steinhaus, Otto

Steinhaus, *Carl* Otto [aus Hamburg]: Aus d. zoolog. Institut zu Kiel. Die Verbreitung der Chaetognathen im Südatlantischen und indischen Ozean ... M. 2 Karten u. 1 Taf. Kiel, Druck v. L. Handorff, 1890; 49 S., 2 Bl., 1 Taf., 2 Kt. 8.
Kiel, Phil. Fak., Inaug.-Diss. v. [27. Nov.] 1890

Steinhaus, P.C.W. Ueber die Berechnung achromatischer Doppelobjective. 30 S.
Minden, Progr. 1839

Steinhaus, Rob. Herm., Dulderinnen. Ein soziales Trauerspiel in 4 Aufzügen. gr. 8. (51 S.) Braunschweig (900). (A. Limbach.) n. 1. 50

Steinhaus, Wilhelm: Studien zum Problem der Zustandsgleichung. Kiel 1910: Fiencke. 52 S. 8°
Kiel, Phil. Diss. v. 11. Aug. 1910, Ref. Dieterici
[Geb. 30. April 84 Barmen; Wohnort: Kiel; Staatsangeh.: Preußen; Vorbildung: Gymn. Barmen Reife O. 03; Studium: Marburg 4, Göttingen 2, Marburg 3 S.; Rig. 23. Juli 10.] [U 10. 2540

Steinhausen [Schlagwort]

Steinhausen, s.: Preussen. Messtischblätter.

Steinhausen [Verfasser]

Steinhausen: De coniunctivitide granulosa. Jena 1863.
Schul-/Univ.-Schrift

Steinhausen, s. Himmelwärts!

Steinhausen, v.: Uebersicht der meteorologischen Verhältnisse von Eger. (1. I. 1865–31. XII. 1866.) Eger 1867.
Schul-/Univ.-Schrift

Steinhausen, Adolf

Steinhausen, (Friedr.) Adolf (geb. Potsdam 13. 7. 1859): Behandlungsresultate der Fracturen, insbesondere der complicirten des Jahres 1880 in der Charité, nebst einer kurzen Vergleichung derselben mit den Resultaten der letzten 6 Jahre. Berlin (1881). (32 S.) 8°
Berlin, Med. Diss. v. 1. Aug. 1881

Steinhausen, (Joan. Justus Adolph (geb. Potsdam 6. 10. 1825): De contrariis in vita organismi. Berolini (1849). (31 S.) 8
Berlin, Med. Diss. v. 20. März 1849

Steinhausen, Adph., Compendium der Gynäkologie. gr. 8. (XVI und 320 S. mit 2 Stnt.) Berlin 865, A. Hirschwald. *

Steinhausen, August, a. Frankfurt a. M.: Die Güterparzellierungen und das Vordringen des Kleinbauerntums im Kreise Langensalza. ⟨Einl. u. Kap. 2.⟩ (Berlin 1908: G. Schade.) (29 S.) 8° ¶ (Soll vollst. erscheinen.)
Berlin, Phil. Fak., Ref. Sering, Diss. v. 12. Aug. 1908
[Geb. 16. Okt. 83 Frankfurt a. M.; Wohnort: Frankfurt a. M.; Staatsangeh.: Preußen; Vorbildung: Goethe-Gymn. Frankfurt a. M. Reife O. 02; Studium: Bonn 2, Göttingen 2, Berlin Landw. Hochsch. 1, Univ. 4 S.; Rig. 23. Juli 08.]

Steinhausen, (Henr. Theod.) Augustus (geb. Sorau 17. 1. 1834): De urethrae stricturis. Berolini (1856). (27 S.) 8°
Berlin, Med. Diss. v. 31. Juli 1856

Steinhausen, August Friedrich

Steinhausen, A. Fr., de singulari Epidermidis deformitate. 4 maj. (2 B. u. 1 Kpfrt.) Berolini 828, Hirschwald.

August Friedrich Steinhausen

De singulari epidermidis Deformitate. Berolini (1828:) Petsch. 13 S. 8°
Berlin, Med. Diss. v. 10. Juli 1828

Steinhausen, Carl Wilhelm, s. Steinhausen, Karl Wilhelm

Steinhausen, C., kleines Choralbuch mit Zifferbezeichnung f. Volksschulen. qu. 8. Zerbst 827. Kummer. 1½ gGr.

Steinhausen, F. Friedrich d. Gr. und der Beginn des siebenjährigen Krieges. Progr. Brandenburg 1866. 4°.

Steinhausen, F. A[dolf]

Steinhausen, F. A., über die physiologischen Fehler u. die Umgestaltung der Klaviertechnik. (III, 145 S.) 8. Leipzig 905. Breitkopf & Härtel. n. 3.—; geb. in Leinw. n. 4.—

Steinhausen, F. A., Nervensystem u. Insolation, Entwurf e. klinischen Pathologie der kalorischen Erkrankungen, s.a. Bibliothek v. Coler-v. Schjerning. 30. Bd.

Nervensystem und Insolation. Entwurf e. klin. Pathologie d. kalorischen Erkrankungen. Von Dr. F. A[d.] **Steinhausen,** Gen. Arzt. Berlin: Hirschwald 1910. VI, 103 S. 8°
(Bibliothek v. Coler- v. Schjerning. Bd 30.) [10. 9340

Die Physiologie der Bogenführung auf den Streich-Instrumenten von Dr. F. A[dolf] **Steinhausen,** Oberstabsarzt. *Leipzig: Breitkopf & Härtel 1903.* (XII, 113 S.) 8° [03. 13651

— Die Physiologie der Bogenführung auf den Streich-Instrumenten. 2., neubearb. Aufl. (XIV, 166 S. m. Fig.) 8. Leipzig 907. Breitkopf & Härtel. 5.—; geb. 6.—

Steinhausen, Frz. v., die Haustelegraphie, s.: Miniatur-Bibliothek.

Steinhausen, Franz [aus Barby]: Ueber Carbolgangrän ... Berlin, Buchdr. v. G. Schade, *1892;* 29 S., 1 Bl. 8.
Berlin, Med. Fak., Inaug.-Diss. v. 30. Juli 1892

Steinhausen, Frz., üb. Carbolgangrän. Diss. gr. 8. (30 S.) Berlin 892. (Leipzig, G. Fock.) n. 1.—

Steinhausen, Frid. (Guil. Car. Albert) (geb. Custrin 14. 10. 1840): Analecta ad historiam concilii generalis Constantiensis. Berolini (1862). (81 S.) 8°
Berlin, Phil. Diss. v. 29. Nov. 1862

Steinhausen, Friedr. Adolf, s. Steinhausen, Adolf

Steinhausen, Fritz [Dir. Dr.]: *Professor Ernst Krey, gest. am 25. Febr. 1896.* Greifswald, Druck d. Buch- u. Steindr. v. F. W. Kunike, *1896;* 42—43 S. 4.
Greifswald, st. G u. RPG, P 1896 (139)

Zehn Oden des Horaz in metrischer Übersetzung von Fritz **Steinhausen.** 15 S. **Progr.** *Greifswald* 1883.

Steinhausen, Fritz [Dir. Dr.]: 1. Rede zum Geburtstage Sr. Majestät am 27. Januar 1897. — 2. Rede bei der Hundertjahrfeier am 22. März 1897. ([Umschlagt.:] Schulreden.) Greifswald, Druck d. Buch- u. Steindr. v. F. W. Kunike, *1897;* 3—16 S. 4.
Greifswald, st. G m. Realprogymn.- u. Realkl., P 1897 (142)

Steinhausen, Fritz. *Rede zur Sedanfeier.* 4 (S. 27—33).
Progr. G. und Rprg. *Greifswald* 1890 (130).

Steinhausen, Fritz [Dir. Dr.]: *Rede am Sedantage 1889.* Greifswald, Druck d. Buch- u. Steindr. v. F. W. Kunike (1890); S. 27—33; 4°
Greifswald, st. G u. RPG, P 1890

Steinhausen, Fritz: Reden. I. Ansprache an die Festversammlung am 1. September 1895. II. Ansprache bei der Schulfeier des Geburtstages Sr. Majestät des Kaisers und Königs am 27. Januar 1896. (Umschlagtitel: Schulreden.) 4 (S. 24—31).
Progr. Städt. G. u. verbund. Rprg. *Greifswald* 1896.
Die Reden sind wieder gedruckt in des Verf. Reden und Ansprachen (Greifswald 1897. S. 37—51).

Steinhausen, Fritz [Dir. Dr.]: Reden. ([Umschlagt.:] Schulreden.) Greifswald, Druck d. Buch- u. Steindr. v. F. W. Kunike, *1896;* 24—31 S. 4.
Greifswald, st. G u. RPG, P 1896 (139)

Steinhausen, Fritz, Reden u. Ansprachen. gr. 8. (IV, 96 S.) Greifswald 897. J. Abel. n. 1. 60

Steinhausen, Fritz. Schulrede gehalten in der Aula des Gymnasiums zu Greifswald am 10. Nov. 1883. S. 25—32. Ansprache an die Festversammlung auf dem Markte der Stadt Greifswald am Luthertage des Jahres 1883. S. 33—34. **Progr.** *Greifswald* 1884.

Steinhausen, G., ausgeführte Bautischler-Arbeiten, mit besonderer Rücksicht auf die Arbeiten in der Werkstatt durch Erläuterungen in Constructionen u. Profilirungen in natürlicher Grösse für Bautischler, Schreiner, Bauhandwerker u. techn. Schulen hrsg. 8 Hfte. Fol. (à 8 zum Thl. color. Steintaf. mit 1 Bl. Text.) Karlsruhe 877. Veith. à n. 3. 50

Steinhausen, G., Firma-Schilder. Auswahl ausgeführter Firma-Schilder in Holz, Eisen und Glas zum Gebrauch für Tischler, Glaser und Ladenbesitzer. 2 Hefte. Fol. (à Heft 6 Chromolithogr.) Karlsruhe 885, Veith.
à Heft *ℳ 4.20. * 8 40

Steinhausen, G., Firma-Schilder. Auswahl ausgeführter Firma-Schilder in Holz, Eisen u. Glas. Zum Gebrauch f. Tischler, Maler u. Ladenbesitzer. 2 Hfte. Fol. (à 6 Taf.) Karlsruhe 891. J. Veith. à n. 4. 20

Steinhausen, G., die Ladenfronten in ihrer Anlage bei Erbauung neuer und dem Umbau alter Geschäftshäuser nach ihrer verschiedenen Anwendung an Façaden und Grundrissen. Mit erläut. Text zusammengestellt für Baumeister, Fachschulen etc. 2 Hefte. Fol. (à Heft 6 Stnt. mit 3 Bl. Text.) Karlsruhe 882, Veith. à Heft ℳ 3.

—— Sammlung von Wohnhäuser-Façaden [mit den dazu gehörigen Grundrissen], entworfen und in Stuttgart ausgeführt. (In 4 Heften.) 1. und 2. Heft. gr. Fol. (à Heft 4 Stnt. in Fol. und gr. Fol.) Ebendas. 878,79. à Heft *ℳ 3,50. *

Steinhausen, G., Schaufenster und Ladeneinrichtungen ausgeführt oder zur Ausführung entworfen. 2 Hefte. Fol. (à Heft 6 Stnt. in Tondr.) Carlsruhe 864, Veith. à Heft 1 Thlr. 15 Ngr.

—— **Zimmerwände, Durchfahrten, Vestibules etc. und ihre decorative Ausstattung für bürgerliche und herrschaftliche Wohnungen.** 12 (lithogr. und color.) Bl. Fol. (1 Bl. Text.) Weimar 881, B. F. Voigt. In Mappe

—— **Zimmerwände, Durchfahrten, Vestibules etc. und ihre decorative Ausstattung für bürgerliche und herrschaftliche Wohnungen.** 2. unveränd. Aufl. Fol. (12 chromolithogr. Bl. mit 1 Bl. Text.) Weimar 885, B. F. Voigt. In Mappe 4 50

Steinhausen, Geo., s.: Archiv f. Kulturgeschichte.

Steinhausen, Geo., s.: Beiträge zur Kulturgeschichte.

— s.a. Briefwechsel Balthasar Paumgartners d. Jüng. m. s. Gattin.

Steinhausen, Georg. Briefwechsel Balthasar Paumgartners des Jungeren mit seiner Gattin Magdalena, geb. Behaim (1582—1598). Hrsg. von Georg Steinhausen. Tubingen. gedruckt für den Litterarischen Verein in Stuttgart 1895.
IX – 304 S. 8°.

Steinhausen, Geo., der Charlatan. Schauspiel in 5 Aufzügen. gr. 8. (66 S.) Greifswald 893. (L. Bamberg.) n. 1. 60

— s.: Denkmäler der deutschen Kulturgeschichte.

Steinhausen, G., Geschichte d. deutschen Briefes. Zur Kulturgeschichte d. deutschen Volkes. 1. Tl. gr. 8. (VII, 190 S.) Berlin 889. Gaertner. n. 4. 50

— Geschichte d. deutschen Briefes. Zur Kulturgeschichte d. deutschen Volkes. 2. Tl. gr. 8. (III, 420 S.) Berlin 891. Gaertner. n. 9. — (kplt.: n. 13. 50)

— **Geschichte der deutschen Kultur. Mit 205 Abbildgn. im Text u. 22 Taf. in Farbendr. u. Kpfrätzg.** (X, 747 S.) Lex.-8. Leipzig 904. Bibliograph. Institut. n. 15. —; geb. in Halbfrz. n. 17. —

Steinhausen, Geo., der Kaufmann in der deutschen Vergangenheit, s.a. Monographien zur deutschen Kulturgeschichte. 2.

Steinhausen, Georg: Der Kaufmann in der deutschen Vergangenheit. Mit 150 Abb. u. Beilagen nach den Orig. aus dem 15. bis 18. Jahrh. Leipzig: E. Diederichs 1899. (131 S.) 4° (8°)
(Monographien z. deutschen Kulturgeschichte. Bd 2.)

— germanische Kultur in der Urzeit, s.a. Aus Natur u. Geisteswelt.

— Germanische Kultur in der Urzeit. (156 S.) (Aus Nat. u. Geistesw. 75) Leipzig 1905.

Germanische Kultur in der Urzeit. Von Prof. Dr. Georg **Steinhausen.** 2. stark umgearb. Aufl. Mit 13 Abb. Leipzig: Teubner 1910. 130 S. 8°
(Aus Natur u. Geisteswelt. Bdch. 75.) [10. 4208

— **Kulturgeschichte der Deutschen im Mittelalter,** s.a. Wissenschaft u. Bildung.

Kulturgeschichte der Deutschen im Mittelalter. Von Prof. Dr. Georg **Steinhausen.** Leipzig: Quelle & Meyer 1910. 181 S. 8°
(Wissenschaft u. Bildung. 88.) [10. 13969

— Kulturstudien. gr. 8. (VIII, 136 S.) Ebd. 893. n. 3. —

— **häusl. u. gesellschaftl. Leben im 19. Jahrh., s.a. Am Ende d. Jahrhunderts, Bd. 4.**

[F.] Häusliches und gesellschaftliches Leben im neunzehnten Jahrhundert. Von Dr. Georg **Steinhausen,** Universitätsbibliothekar in Jena. *Berlin: S. Cronbach 1898.* (4 Bl., 208 S.) 1 Bd 8.
= **Ende,** Am, d. Jahrhunderts. Bd IV. [98. 197

— s.: Monographien zur deutschen Kulturgeschichte.

Steinhausen, Georgius [Marchicus]: **De legum XII tabularum patria ....** Gryphiswaldiae, typ. Frid. Guil. Kunike (1887); 2 Bl. + 60 S. 8°
Greifswald, Phil. Fak., Inaug.-Diss. v. 5. Okt. 1887

— s.a. Privatbriefe, deutsche, des Mittelalters.

— **deutsche Privatbriefe d. Mittelalters, s.a. Denkmäler d. deutschen Kulturgeschichte I.**

Steinhausen, G.: Deutsche Privatbriefe des Mittelalters. Berlin 1899. (Denkmäler der dt. Kulturgeschichte. Abt. 1. Bd. 1.)
1. Fürsten u. Magnaten, Edle u. Ritter.

— aus dem Tagebuch eines Unbedeutenden, s.: Universal-Bibliothek.

— **der Wandel deutschen Gefühlslebens seit d. Mittelalter,** s.: Sammlung gemeinverständl. wissenschaftl. Vorträge.

— s.: **Zeitschrift f. Kulturgeschichte.**

Heinrich Zwiesels Ängste. Eine Spiesshagener Gesch. von Heinrich Steinhausen. Berlin: G. Grote 1899. (406 S.) 8°
(Sammlung, Grote'sche, v. Werken zeitg. Schriftsteller. Bd 65.)

— **Heinrich Zwiesels Ängste. Eine Spießhagener Geschichte.** 2. Taus. 8. (406 S.) Berlin 900. G. Grote. 4.50; geb. 5. —

Steinhausen, Heinr., die neue Bizarde od. Hermann Hinderich's d. Jüngeren verfehlter Beruf. Novelle. 12. (III, 144 S.) Wittenberg 890. R. Herrosé Verl. n. 2. 50; geb. m. Goldschn. n. 3. 50

Steinhausen, Heinr., Entsagen u. Finden. Drei Geschichten. Mit Illustr. v. Wilh. Claudius. 12. (III, 312 S.) Stuttgart 898. A. Bonz & Co. n. 3. —; geb. in Leinw. n. 4. 20

Steinhausen, Heinr.: Die Geschichte von der Geburt unseres Herrn Jesus Christus ..., s. Steinhausen, Wilhelm

— Geschichte Wendelin's v. Langenau, wie sie von ihm selbst beschrieben u. neulich in e. hispan. Kloster aufgefunden worden ist. Mit vielen schönen Bildern geziert v. Wilh. Weimar. (In deutscher u. engl. Sprache.) Lex.-8. (75 S.) Berlin 893. M. Pasch. 1. —

— dasselbe, s.a. Pfalz, deutsche, u. deutsches Dorf auf der Welt-Ausstellung in Chicago 1893.

Steinhausen, Heinr., Herr Moffs kauft sein Buch. 12. (120 S. m. 1 Bild.) Berlin 891. Pasch. geb. n. 3. —

Steinhausen, Heinr., zufällige Herzenserleichterungen **eines einsamen Kunst- und Literaturfreundes. I. Memphis in Leipzig oder G. Ebers und seine „Schwestern".** 1.—3. Aufl. gr. 8. (XII, 47 S.) Frankfurt a. M. 880, Mahlau und Waldschmidt.

—— dass. — II. Graupeliana. Ueber Poesie in Zeitschriften. In der Kunstausstellung. Ueber öffentliche Kunstpflege. gr. 8. (88 S.) Leipzig 882, Böhme.

—— Irmela. Eine Geschichte aus alter Zeit. Mit Titelbild (Holzschn.) von W. Steinhausen. (273 S.) 1881; 2. Aufl. 8. (276 S.) Ebendas. 882. *
geb. *
geb. mit Goldschn. *

—— dass. — Mit Titelbild (Holzschn.) von W. Steinhausen. 3.—5 Aufl. 8. (276 S.) Ebendas. 882,83. *
geb. *
geb. mit Goldschn. *
Ausg. auf holländ. Büttenpap. in Liebhaber-Halbfrzbd. *

—— dass. — Prachtausg. mit (eingedr. Holzschn.-)Illustr. von W. Steinhausen. gr. 4. (155 S.) Ebendas. 884.
geb. mit Goldschn. *

Steinhausen, Heinr., Irmela. Eine Geschichte aus alter Zeit. 6.—11. Aufl. 8. (276 S. mit 1 Titelbild von W. Steinhausen.) Leipzig 883—88, Böhme Nachf. * 3 60
geb. *M 4.60.; mit Goldschn. * 5 —

—— Irmela. Eine Geschichte aus alter Zeit. 12.—15. Aufl. 8. (276 S.) Lpz. 889—91, Ungleich. * 3 60; geb. 4 60

Steinhausen, Heinr., Irmela. Eine Geschichte aus alter Zeit. 16. Aufl. 8. (276 S.) Leipzig 894. E. Ungleich. Geb. in Leinw. n.n. 4. 60

— Irmela. Eine Geschichte aus alter Zeit. 17. Aufl. Titelbild v. W. Steinhausen. 8. (276 S.) Leipzig 896. E. Ungleich. n. 3 60; geb. n.n. 4. 60

Steinhausen, Heinr., Irmela. Eine Geschichte aus alter Zeit. 19. u. 20. Aufl. Titelbild v. W. Steinhausen. 8. (à 276 S.) Leipzig 901. 902. E. Ungleich. n. 3. 60; geb. n.n. 4. 60

Steinhausen, Heinr., Irmela. Eine Geschichte aus alter Zeit. 22. Aufl. Titelbild v. W. Steinhausen. (IV, 288 S.) 8. Leipzig 906. E. Ungleich. n. 3. 60; geb. in Leinw. n. 4. 60; in Halbfrz. n.n. 6. 70

—— der Korrektor. Szenen aus dem Schattenspiele des Lebens. 1.—4. Aufl. 8. (VIII, 209 S.) Leipzig 885, [Lehmann.] Fr. Richter. * 3 —
geb. *M 4.—.; mit Goldschn. * 4 20

— der Korrektor. Szenen aus dem Schattenspiele des Lebens. 5., wohlf. Ausg. (211 S.) 8. Dresden (903). C. L. Ungelenk. Kart. n. 1. 50

— Der Korrektor. Szene aus dem Schattenspiele des Lebens. 6. Aufl. (III, 230 S.) kl. 8. Dresden 911. C. L. Ungelenk. Geb. 1. 50

—— die Kunst und die christliche Moral. Ein Beitrag zur Verständigung über die Bedeutung der Kunst für das öffentliche Leben. gr. 8. (38 S.) Wittenberg 886, Herrosé Verlag. * — 80

— üb. christliche Malerei. Ein Beitrag zur Verständigg. gr. 8. (29 S.) Stuttgart 894. Süddeutsches Verlags-Institut. -- 75

— Markus Zeisleins großer Tag. Novelle. 12. (134 S.) Barmen 883. Klein. n. 2. —; geb. n. 3. —

— dasselbe, s.a. Familien-Bibliothek für's deutsche Volk.

— Markus Zeislein's großer Tag. Wahrheitsgetreu geschildert. 2., verm. Aufl. 8. (108 S.) Berlin 890. Eckstein Nachf. n. 1. —; geb. n.n. 2. —

Steinhausen, Heinr., Gevatter Tod, s.a. Volksbücher, Wiesbadener.

—— Gevatter Tod. Im Armenhause. Mr. Bob Jenkins' Abenteuer. Drei Novellen. 8. (III, 423 S.) Berlin 882, Wilhelmi. *M 6.; geb. *

—— dass. — 2. wohlf. (Titel-)Ausg. 8. (III, 423 S.) Barmen 884, Klein. *M 5.; geb. **

Steinhausen, Henr. Theod. Augustus, s. Steinhausen, August

[F.] Himmelwärts! E. Strauss geistl. Gedichte im Anschl. an d. Kirchenjahr v. Hermann Steinhausen. *Dühnen i. W.: A. Laumann [1897].* (1 Bl., 112 S.) 1 Bd 8. [98. 3638

– Dass., s.a. Himmelwärts.

Steinhausen, Jakob

Steinhausen, Jac. (Armin Joseph Bernard) (geb. Cöln a. Rh. 1. 6. 1834): De uteri inversione. Berolini (1858). (32 S.) 8°
Berlin, Med. Diss. v. 21. Dez. 1858

Steinhausen, Jakob: Über „Enhanced Lines", Euskirchen 1904: Euskirchener Volkszeitung. (33 S.) 8°
Bonn, Phil. Fak., Ref. Kayser, Diss. v. 14. Dez. 1904
[Geb. 15. Mai 81 Commern, Kreis Euskirchen; Wohnort: Commern; Staatsangeh.: Preußen; Vorbildung: Gymn. Münstereifel Reife O. 00; Studium: Bonn 6, T.H. Aachen 2 S.; Rig. 9. Nov. 04.]

Steinhausen, Joh. Heinr., Lilien und Rosen. Gedichte. 12. (333 S.) Köln 852, (Bachem.) *

Steinhausen, J. H., Lustwäldchen für die Jugend, für Kinderfreunde und Kindlichgesinnte. Dichtungen. Köln (856.) Schwann. 32. (72 S.) n. 5 ngr.

Steinhausen, J(oh.) H(einr.), Lustwäldchen für die Jugend, für Kinderfreunde und Kindlichgesinnte. Dichtungen. 32. (72 S.) Köln und Neuß 857, Schwann'sche Verlagsh. *

Steinhavsen, Iohannvs [!] Iosephvs (geb. 1836 in Enzen bei Zülpich): De morbi Brightii chronici cavssis nonnvllisqve symptomatis . . Bonnae, typ. F. Krvegeri (1863). 25 S., 2 Bl. 8.
Bonn, Med. Fak., Diss. v. 12 Aug. 1863

Steinhausen, Joan. Justus Adolph., s. Steinhausen, Adolf

Steinhausen, Joannes Michael (geb. am 30 Apr. 1801 [nicht 1802] in Köln): Analecta ad pathologiam cholerae Indicae ... Bonnae, litt. J. Meyer typogr. Coloniensis (1831). 3 Bl., 27 S., 1 Bl. 4.
Bonn, Med. Fak., Diss. v. 24 März 1831

Steinhausen, Johanna, die Mitarbeit der Frau im Kampf gegen den Alkoholmißbrauch. (15 S.) gr. 8. Berlin 906. Mäßigkeits-Verlag. n. — 20

Steinhausen, Iosephus: Κωμῳδουμενοι. De grammaticorum veterum studiis ad homines in comoedia Attica irrisos pertinentibus. Bonnae 1910: Georgi. 78 S. 8°
Bonn, Phil. Diss. v. 10. Aug. 1910, Ref. Brinkmann
[Geb. 2. Juni 85 Euskirchen; Wohnort: Euskirchen; Staatsangeh.: Preußen; Vorbildung: Gymn. Münstereifel Reife O. 04; Studium: Bonn 2. München 1, Bonn 8 S.; Rig. 24. Nov. 09.] [U 11 528

Steinhausen, Karl Wilh., u. Alb. Schmidt, Choralbuch (B) zum neuen evangelischen Gesangbuche f. Rheinland u Westfalen. Op. 21/23. Lex.-8. (VII, XI, 248 S.) Neuwied 894. Heuser's Verl. n. 6. —; geb. n. 7. 50

Steinhausen, Carl Wilh., Choralbuch für Orgel, Physharmonika oder Klavier und für gemischten Chor besond. zum rhein. Provinzial-Gesangbuche hrsg. Lex.-8. (IV und 92 S.) Neuwied 864, Heuser's Verlag. *

Steinhausen, C. W., dreistimmige Choräle. I. Hft. 2. Aufl. 16. ($2\frac{1}{8}$ B.) Koblenz 843, Bädeker.

Steinhausen, Karl Wilh., Choräle, zweistimmig für den Schulgebrauch hergestellt. Op. 20. 8. (IV, 64 S.) Neuwied 881, Heuser's Verlag. *
geb. *

Steinhausen, Karl Wilh., vierstimmige Choralgesänge v. Joh. Sebast. Bach, den Melodien d. rhein. Provinzial-Gesangbuches angepasst u. auch f. Harmonium od. Klavier u. f. Orgel ohne u. m. Pedal eingerichtet. op. 15. hoch 4. (IV, 108 S.) Neuwied 874. Heuser. n. 3. —

Steinhausen, Karl Wilh., Choral-Vorspiele für Orgel mit und ohne Pedal und für Harmonium zum Gebrauch beim Gottesdienste und beim Unterrichte in Lehrer-Seminarien. 2 Bde. Op. 16. Lex.-8. (XII, 380 S.) Neuwied 876, Heuser'sche Verlagsh. *

—— Einleitungen und Schlüsse zu seinem Choralbuche. 4. (IV und 48 S.) Neuwied 865, Heuser's Verlag.

— deutsche Gesänge in 3- u. 4stimmiger Bearbeitung. 1. Heft. 2 Abthlgn. Ebend. 861. 8. n. 10 ngr.
Inhalt: 1. Volkslieder. (IV, 97 S.) einzeln n. 8 ngr. — 2. Kirchenlieder. (25 S.) einzeln n. $2\frac{1}{2}$ ngr.

—— deutsche Gesänge, in drei- und vierstimmiger Bearbeitung. 1. Heft. 8. (VI, 121 S.) Ebendas. 868. * 1 —

—— dass. — drei- und vierstimmig für den Schulgebrauch eingerichtet. 2., sehr verm. und verb. Auflage. 1. Heft. gr. 8. (VI, 128 S.) Ebendas. 872. * 1 30

—— deutsche Gesänge drei- und vierstimmig für den Schulgebrauch eingerichtet. Op. 10. 3. verm. Aufl. (IV, 139 S.); 4. Aufl. 8. (IV, 140 S.) Ebendas. 876. **

— deutsche Gesänge drei- u. vierstimmig f. den Schulgebrauch eingerichtet. Op. 10. 4. Aufl. 8. (IV, 140 S.) Ebend. 876. geb. n.n. 1. 30

—— deutsche Gesänge, drei- und vierstimmig für den Schulgebrauch eingerichtet. Op. 10. 5. und 6. Aufl. 8. (IV, 139 S.) Ebendas. 881. geb. **

Steinhausen, Karl Wilh., deutsche Gesänge, drei- und vierstimmig, für den Schulgebrauch eingerichtet. Op. 10. 7. Aufl. 8. (IV, 139 S.) Neuwied 886, Heuser's Verlag. geb. ** 1 30

Steinhausen, Karl Wilh., deutsche Gesänge, drei- u. vierstimmig, f. d. Schulgebr. eingerichtet. Op. 10. 9. Aufl. gr. 8. (IV, 139 S.) Neuwied 896. L. Heuser's Verl. Geb. n.n. 1. 30

Steinhausen, Karl Wilh., Deutsche Gesänge, drei- u. vierstimmig, f. den Gebrauch in Gymnasien, Realschulen, Präparandenanstalten u. höhern Mädchenschulen eingerichtet, neu hrsg. v. Karl Becker. 11. Aufl. (IV, 138 S.) 8. Neuwied (905). Heuser's Verl. Geb. n.n. 1.30

—— dreistimmige Gesänge zunächst f. die Jugend. 1. u. 2. Hft. 16. ($6\frac{1}{2}$ B.) Koblenz 843, Bädeker. à

—— Kirchenlieder, drei- und vierstimmig hergestellt. Op. 11. 1.—3. sehr verm. Aufl. 8. (IV, 64 S.) Ebendas. 874—77. *
geb. *

— Conferenz-Gesänge für das Seminar zu Neuwied, zugleich Fortsetzung v. Altes u. Neues für mehrstimmigen Männergesang in Seminarien, Oberklassen der Gymnasien u. Realschulen rc. Op. 18. 2. Bd. 1., 4—8. Hft. gr. 8. (à 16 S.) Ebend. 882. à n. — 50

—— Conferenz-Gesänge für das Seminar zu Neuwied, zugleich Fortsetzung von Altes und Neues für mehrstimm. Männergesang in Seminarien, Oberklassen der Gymnasien und Realschulen rc. Op. 18. 2. Bd. 2.—9. Heft. gr. 8. (à Heft 16 S.) Ebendas. 880—83. à Heft * 50 Pf. *
Vgl. Steinhausen, K. W., Altes und Neues für mehrstimmigen Männergesang.

—— zweistimmige Lieder, für den Schulgebrauch hergestellt. Op. 19. 4 Lfgn. 8. Ebendas. 879. [1.—3. Lfg. (IV, S. 1—144.) à * 25 Pfg.; 4. Lfg. (S. 145—212.) * 35 Pf.] *
geb. in 1 Bd. *

Steinhausen, Karl Wilh., zweistimmige Lieder für Volksschulen sowie f. die unteren Klassen d. Gymnasien, Realschulen, höheren Töchterschulen. Op. 19. Neu hrsg. v. Karl Becker. gr. 8. (IV, 122 S.) Neuwied (901). Heuser's Verl. Geb. n. 1. —

— Neues und Altes für mehrstimmigen Männergesang, zunächst für Seminarien u. Oberklassen der Gymnasien u. Realschulen rc. 1—4. Heft. Ebend. 862—64. Lex.-8. Jedes Heft (à 24 S.) $7\frac{1}{2}$ ngr.

— Neues u. Altes für mehrstimmigen Männergesang, zunächst für Seminarien u. Oberklassen der Gymnasien u. Realschulen rc. 5. u. 6. Heft. Ebend. 865—67. Lex.-8. Jedes Heft (21 S.) $7\frac{1}{2}$ ngr.

—— Neues und Altes für mehrstimmigen Männergesang, zunächst für Seminarien und Oberklassen der Gymnasien und Realschulen rc. hrsg. 1. Heft. 2. Aufl. Lex.-8. (24 S.) Ebendas. 877.

—— dass. — Op. 18. 2. Bd. 1. Heft: Conferenz-Gesänge für das Seminar zu Neuwied. Lex.-8. (16 S.) Ebendas. 878. *

—— Responsorien für Männerstimmen eingerichtet. 4. (4 S.) Neuwied 864, Heuser's Verlag. *

Steinhausen, Ottomar von

Steinhaussen, v.: Meteorologische Beobachtungen. Eger 1863. Schul-/Univ.-Schrift

Steinhaussen Dr. O. R. v.: Die meteorologischen Verhältnisse von Eger in den J. 1889 bis 1894. je 19. Eger 90—95.
Progr.

Steinhaussen, O. Ritter v., übersichtliche Zusammenstellung der meteorologischen Verhältnisse von Eger für die Jahresperiode vom 1. Jänner bis 31. Dezember 1864. Eger. 1865
Schul-/Univ.-Schrift

Steinhausen, Ottomar R. v. Uebersichtliche Zusammenstellung der meteorologischen Verhältnisse in Eger für die Jahres-Periode vom 1. Januar bis 31. December 1890. (Umschlagtitel: Die meteorologischen Verhältnisse von Eger im Jahre 1890). 8 (19 S.). Uebersichtliche . . . 1891. (Umschlagtitel: Die . . 1891). 8 (19 S.). Uebersichtliche . . 1892. (Umschlagtitel: Die . . 1892 . 8 (19 S.) Uebersichtliche . . 1893. (Umschlagtitel: Die . . 1893). 8 (18 S.). Uebersichtliche . . 1894. (Umschlagtitel: Die . . 1894). 8 (18 S.)
K. k. Staats-Oberg. *Eger in Böhm.* 1891. 1892. 1893. 1894. 1895.
Progr.

Steinhausen, Petr., de Thucydidis ratione theologica et philosophica. Dissertatio philologica. 8maj. (III und 48 S.) Monasterii 854, Cazin.

Steinhausen, W [111.]
s. Steinhausen, Heinrich: Irmela. 1890.

Steinhausen, Wilhelm

— die Bergpredigt. 5 Wandbilder in der Aula des Kaiser Friedrich-Gymnasiums zu Frankfurt am Main. Mit einleit. Worten v. Max Ludwig. (5 Bl. m. Titelbl. u. 1 Bl. Text.) gr. 4. München (906). G. D. W. Callwey. In Umschlag 1. 50

Steinhausen, W., sechs Bibel-Lesezeichen. Nach Zeichnungen in Holz geschn. von H. Bürkner und A. Gaber. 8. Berlin 869, E. Müller. In Couvert 1 50
—— dass. — 2. Aufl. 8. Halle 873, Gesenius. à Bl. — 25
In Couvert 1 50

Steinhausen, Wilh., 6 Bibel-Lesezeichen. Nach Zeichnungen v. St. in Holz geschn. v. H. Bürkner u. A. Gaber. 4. Aufl. 23,5×9 cm. Halle (908). H. Gesenius. — 80

(Steinhausen, W[ilhelm].) Christentum, Religion und Kunst. (... Rede [gehalten] bei Gelegenheit der IX. christlichen Studenten-Konferenz in Aarau 1905. Von Prof. W. St'-Frankfurt a. M.) 8.
In: Glauben und Wissen. Blätter zur Verteidigung und Vertiefung des christlichen Weltbildes.... Jahrg. 4. Heft 2. Februar 1906. Stuttgart, Max Kielmann. S. 41—47.

Steinhausen, W[ilhelm]. Christentum, Religion und Kunst. Das Bild Christi in der bildenden Kunst. Zwei Vorträge, gehalten am 16. März 1905 in Aarau und am 10. Juni 1908 in Freudenstadt. [Mit 1 Tafel.] 36 S. 8. Basel, Basler Missionsbuchh., 1910. [fr. 1.25]

Steinhausen, W., die Geschichte v. der Geburt unsres Herrn. Für die deutsche Christenheit in Bildern dargestellt. In Worten v. H. Steinhausen. Fol. (III, 40 S. m. eingedr. Holzschn.) Halle 872. Gesenius. geb. n. 9. —

Steinhausen, W., die Geschichte von der Geburt unseres Herrn, für die deutsche Christenheit in Bildern dargestellt von W. St., in Worten von H. Steinhausen. 2. Aufl. gr. 4. (40 S. mit eingedr. Holzschn.) [Frankfurt a. M. 885, Schriften-Niederlage des Evangel. Vereins.] Stuttgart, Vereinsbuchhandlung. cart. *M 6.—.; geb. * 8 —

— u. Heinr. Steinhausen, die Geschichte v. der Geburt unseres Herrn Jesus Christus in Bild u. Wort. Neu hrsg. v. D. David Koch. Volksausg. des christl. Kunstblatts. (V, 40 S.) Lex. 8. München 909. G. D. W. Callwey. 1. 20

— Göttliches u. Menschliches. Eine Kunstgabe, m. e. Geleitwort v. Gerh. Krügel. Hrsg. v. der Freien Lehrervereinigg. f. Kunstpflege. (40 S. m. 2 Abb. u. 16 Vollbildern.) Lex.-8. Mainz 907. J. Scholz. n. 1. 50

Steinhausen, Wilhelm: Göttliches und Menschliches. Eine Kunstgabe mit e. Geleitwort von Gerhard Krügel. Hrsg. von d. Freien Lehrervereinigung f. Kunstpflege. Mainz: Scholz 1908. 39 S. 4°

— Sieben Holzschnitte nach Zeichngn. zu den Kirchenliedern: Wie soll ich dich empfangen. — O Haupt voll Blut u. Wunden. — Allein zu dir, Herr Jesu Christ. — Ach mein Herr Jesu, dein Nahesein. — Befiehl du deine Wege. — Nun ruhen alle Wälder. — Valet will ich dir geben. (7 Bl. m. Text.) 16×23 cm. Frankfurt a/M. (907). M. Diesterweg. In Umschlag — 80

Steinhausen, Wilh., Randzeichnungen zur Chronika e. fahr. Schülers v. Clemens Brentano. gr. 4. (30 Bl. m. Text.) Frankfurt a/M. 898. H. Keller. n. 18. —

— Randzeichnungen zur Chronika e. fahrenden Schülers v. Clemens Brentano. 2. Aufl. (30 Bl. m. Text.) 4. Frankfurt a/M. 906. H. Keller. n. 10. —

Steinhausen, W[ilhelm]. (Giovanni) Segantini. Vortrag. Gehalten in der Frankfurter Künstlergesellschaft am 6. Januar 1903. 41 S. 8. Frankfurt a. M., Heinrich Keller. 1903. [M. —. 60]

— Segantini. Vortrag, geh. in der Frankfurter Künstlergesellschaft am 6. I. 1903. 2. Aufl. (32 S.) gr. 8. Frankfurt a/M. 904. H. Keller. n. — 60

Steinhausen, Wilh., s. a.: Steinhausen-Mappe.

—— wie es Schneewittchen bei den sieben Zwergen erging. Seinen Kindern an Winterabenden gezeichnet von W. St. und mit Versen versehen von dessen Gevatter J. F. Hess. Holzschnitt von J. Ettling. gr. 4. (24 Bl.) Frankfurt a. M. 886, Alt. cart. * 4 —

Steinhausen-Mappe. Hrsg. v. Kunstwart. (10 Bl. m. Titelbl. u. 1 Bl. Text.) Fol. München (906). G. D. W. Callwey. In Umschlag 4. —

Steinhauser: Methode einer element. Bestimmung d. Maximums u. Minimums algebr. Funktionen einer Variablen. 15 S. – Neuhaus, Progr. 1857

Steinhauser, A. Vado Mori Das ist: Bereitschaft zum Tod, Oder Der Weg alles Fleisches, Durch eine ordentliche Todten-Procession Ehemals in Lateinischen Versen zierlich beschrieben Von Herrn Antonio Steinhauer, Anietzo aber Durch eine gelehrte Poetische Feder in Deutsche Reimen übersetzet, mit dem Lateinischen Text ... herausgegeben Von Johanne Nicolao Weislinger. Straßburg und Augsburg, M. Wagner, 1744. 8°. *Titelkupfer,* 17 Bl. 46 & 186 S. 11 Bl. Etwas berieb. Ldbd. d. Z.
Originalausgabe. Möglicherweise war Weislinger selbst der Übersetzer der lateinischen Distichen Steinhauers in deutsche Vierzeiler, die jeweils dem latein. Text folgen. Dem ausführlichen und für die literar. Geschichte der Totentanzbücher nicht uninteressanten Vorwort nach, wäre er nur der Herausgeber.

Steinhauser, Adolph —. Die Grundentlastung im Herzogthum Salzburg zur Durchführung der durch die a. h. Patente vom 7. September 1848 und vom 4. und 7. März 1849 angeordneten Auflösung des grund-, vogt- und zehentherrlichen Verbandes. Mit einer kurzen geschichtlichen Einleitung zusammengestellt von — —. 8. (50 S.) Salzburg. Oberer'sche (Endl und Penker) Buchdruckerei. 1854.

Steinhauser, Adf. R. v., über Kirchen und Kirchenbau in Salzburg. Drei Vorträge, gehalten im Frühjahre 1880, 1881 und 1882 in der Gesellschaft für Salzburger Landeskunde. 1. und 2. Aufl. gr. 8. (164 S.) Salzburg 884, Dieter. *
Aus: Mittheilungen der Gesellschaft für Salzburger Landeskunde, besonders abgedruckt.

Steinhauser, Albert [app. Arzt aus Kempten]: Ueber Mechanotherapie der Ischias ... Kempten, Buchdr. d. J. Kösel'schen Buchh., 1891; 30 S., 1 Bl. 8.
Würzburg, Med. Fak., Inaug.-Diss. v. 1891

Steinhauser, Alb., üb. Mechanotherapie der Ischias. Diss. gr. 8. (31 S.) Kempten 891. (J. Kösel.) n. — 80

Steinhauser, Alois, Neuestes aus Frankreich. Christliche Demokratie. gr. 8. (72 S.) Einsiedeln 899. Verlagsanstalt Benziger & Co. 1. 20

Steinhauser, Alois: Das Zugrecht nach den bündnerischen Statutarrechten. Mit einem Exkurs über die „Bündnergemeinde". Chur 1896. 175 S. 8°.
Bern. Jur. Diss. 1897/98.

Steinhauser, Alois, das Zugrecht nach den bündner. Statutarrechten. Mit e. Exkurs über die „Bündnergemeinde". Diss. gr. 8. (XVI, 175 S.) Chur 896. (Hitz.) n. 2. 50

Steinhauser, Anselm, Katholisch oder protestantisch? Ein ernster Mahnruf an alle Protestanten. 8. (135 S.) geh. 80 kr.
Prag: Anselm Steinhauser 1881.

Steinhauser, Anselm, Der Protestantismus u. seine Folgen. Ein letzter Mahnruf an alle gläubigen Protestanten. Prag, Selbstverlag des Verf., 1881, 8°, 135 S., 80 kr.

Der Verf. bespricht 9 Themata: Die Religion. Christus. Die Kirche. Die lehramtl. Unfehlb. d. Papstes. Protestantismus. Luther u. die sog. Reformatoren. Liberalismus u. Freimaurer. Moderne Wissenschaft und Materialismus. Die Natur u. das Übernatürliche. In den „Darstellungen und Erwägungen" läßt er meist hervorrag. kath. Theologen u. bewährte Geistesmänner reden. (Linzer) Theol.-pr. Quartalschr. 1881, S. 836—7. Bamberger Pastoralbl. 1881, S. 80.

Steinhauser, Anton

— Die österreichischen Alpen. Wandkarte, 4 Blätter in Farbendruck, 1 : 500.000. Preis 8 fl. Wien: Artaria u. Comp. 1881.

Steinhauser, Ant., Anhang zu allen deutschen Ausgaben von Logarithmen-Tafeln, enthaltend zwei Hülfstafeln zur Berechnung eilfstelliger Logarithmen zu gegebenen Zahlen und umgekehrt zur Auffindung der Zahlen aus eilfstelligen Logarithmen. Nach Borda's Anhang erweitert und in die gewohnte Ordnung der siebenstelligen Tafeln gebracht. hoch 4. (47 S.) Wien 857, Beck'sche Universitäts-Buchh.

Steinhauser, Ant., Atlas für die erste Stufe des geographischen Unterrichts in den österreichisch-deutschen Schulen, entw., gez. und mit Text versehen. 2 Hefte. Lithogr. und ill. qu. gr. 4. Wien 865, Artaria und Comp. *

Heft 1. Karten zur allgemeinen Erdbeschreibung. (6 Blatt und 26 S. Text.) * 12 Ngr.
» 2. Karten zur Vaterlandskunde. (9 Blatt und 8 S. Text.) * 28 Ngr.

Steinhauser, Ant., Atlas zum Unterrichte in Mittelschulen. 20 Blätter. Chromolith. u. color. qu. Fol. Wien 877. Artaria & Co. n. 4. —

Steinhauser, Ant., Atlas zum Unterrichte in der Vaterlandskunde. 12 (chromolithogr.) Bl. qu. Fol. Wien 877, Artaria und Comp. * 3 —

Steinhauser, Anton, *k. k. Rath.* Beiträge zur Geschichte der Entstehung und Ausbildung der Niveaukarten, sowohl See- als Landkarten. Aus den Mittheilungen der k. k. geogr. Gesellschaft. I. Jahrg. 1. Heft. Druck von *M. Auer.* 16 S., 8°.

Steinhauser, A. Beiträge zur Geschichte der Entstehung und Ausbildung der Niveau-Karten, sowohl See- als Landkarten. (Wien 1866.) 8°. (Aus: Mittheil. der k. k. geogr. Gesellsch.) — Angeb.: Steinhauser, A. Die Bergzeichnung auf Landkarten in ihren verschiedenen Stadien. (Wien 1866.) (Aus: Zeitschrift f. österr. Gymnasien.)

Steinhauser, A. Die Bergzeichnung auf Landkarten in ihren verschiedenen Stadien. (Aus: „Zeitschrift für die österreichischen Gymnasien." 1866. VI. Heft.) (Donation Liechtenstein.)
8 Wien 1866.

Steinhauser, Ant., geographische Bildungs u. Unterrichtsmittel, s.: Ausstellungs-Bericht, officieller.

Steinhauser, Ant., Einleitung in die Heimatkunde. Ein Hilfsbüchlein zunächst für Lehrer an vaterländ. Gymnasien, Real- und Volksschulen, sowie für alle, die sich auf dem Boden der Heimat zurechtfinden wollen. 2. Aufl. 8. (IV und 50 S. mit 3 Karten in Holzschn. in 4. und Fol.) Wien 853, (Mayer und Comp.) *

Steinhauser, Ant., die Elemente d. graphischen Rechnens m. besond. Berücksicht. der logarithmischen Spirale. Eine Anleitg. zur Construction algebr. u. transcendenter Ausdrücke f. Bau- u. Maschinen-Techniker, sowie zum Gebrauche an höheren Gewerbeschulen. gr. 8. (VI, 130 S.) Wien 885. Hölder. n. 2. 80

Steinhauser, Ant. (II.), Erde und Mond und ihre Bewegung im Weltenraume. Gemeinverständlich dargestellt am Globus. Vollständige Globuslehre für Schule und Haus. gr. 8. (VIII, 47 S. mit 36 eingedr. Holzschn.-Illustr.) Weimar 877, Geographisches Institut. *

Steinhauser, Ant.: Über die Ermittlung der Winkelsumme ebener Polygone. 1871.

Steinhauser, Ant., Generalkarte von Bosnien, der Herzegovina und dem Sandschak Novi Bazar, sammt Dalmatien, Montenegro und Serbien. 1 : 864,000. Mit 1 Special-Beikarte der Krivošije, der Bocche di Cattaro und des montenegrinisch-herzegovin. Grenzgebietes. 1 : 288,000. Chromolithogr. Imp.-Fol. Wien 882, Artaria und Comp. 1 80

Steinhauser, A., Generalkarte von Bulgarien, Rumelien und Macedonien. 1 : 864,000. Ausg. 1885. Mit Terrain. Chromolithogr. Imp.-Fol. Wien, Artaria und Comp. 2 60
Ohne Terrain 1 80

Steinhauser, A., Generalkarte von Griechenland. Nach Gen. v. Scheda's grosser Karte der Balkanländer in 13 Bl. bearb. 1 : 864,000. Chromolithogr. gr. Fol. Wien 886, Artaria und Comp. 1 80

Serbien. — Steinhauser, A., Generalkarte des Königr. Serbien mit den angrenzenden Gebieten von Bulgarien, Bosnien, sowie mit Theilen der anstossenden türk. Vilajets. 1 : 864,000. Ausg. ohne Terrain mit Grenzcolorit. Lithogr. gr. Fol. Wien 885, Artaria und Comp. 1 80
Mit Terrain 2 60

A. Steinhauser, Mathematische Geographie Bl. 2 (Erscheinungen am Sternenhimmel) u. 6 (Projectionen). Restbl. zur 2. Abthlg. von Scheda-Steinhauser's Hand-Atlas. Gr.-Q.-Folio. Tonfarbendruck. Wien, Artaria & Co. à 80 kr. 1881.

— Geographie v. Oesterreich-Ungarn. Mit 112 in den Text gedr. Holzschn. u. e. alphabet. Namenreg. gr. 8. (VIII, 286 S.) Prag 872. Tempsky. n. 3. —

Steinhauser, Gradmesser. gr. 8. (1 Bl.) Wien 879, Artaria und Comp. *

Steinhauser, Ant., d. theoret. Grundlage f. d. Herstellg. d. Stereoskopenbilder auf d. Wege d. Photographie u. deren sachgemässe Betrachtg. durch Stereoskope, s. a. Lechner's photograph. Bibliothek IV.

Steinhauser, Anton, Die theoretische Grundlage für die Herstellung der Stereoskopbilder auf dem Wege der Photographie und deren sachgemässe Betrachtung durch Stereoskope. Mit 42 Figuren. (Lechner's Photographische Bibliothek, IV.) Gr.-8. (VI, 149 S.) Wien: Lechner 1896. 2.40

—— Grundzüge der mathematischen Geographie und der Landkartenprojection. I. Einleitung. Vorbegriffe der Messkunst, Orientirung, Landkartenkunde. II. Mathematische Geographie und Projectionslehre. Ein Handbuch für Jeden, der ohne Vorkenntniss der höheren Mathematik sich über den Gegenstand unterrichten will, insbesond. für Lehramtscandidaten der Gymnasien, Realschulen und Hauptschulen. Lex.-8. (155 S. mit vielen eingedr. Holzschn. und 3 lithogr. Kärtchen in gr. 4.) Wien 857, Beck'sche Universitäts-Buchh.

Steinhauser, Ant., Grundzüge der mathematischen Geographie u. der Landkartenprojection. Ein Handbuch für Jeden, der ohne Vorkenntniss der höheren Mathematik sich über den Gegenstand unterrichten will etc. Mit vielen (eingedr.) Holzschn. u. 3 (lith.) Kärtchen (in 4.). 2. billige Ausg. Wien 864. Beck. Lex.-8. (155 S.) 1 ℛ 6 ngr.

Steinhauser, Ant., Grundzüge der mathematischen Geographie und der Landkarten-Projection. Ein Handbuch für Jeden, der ohne Kenntniss der höheren Mathematik sich über den Gegenstand unterrichten will, insbesondere für Lehramtscandidaten der Mittel- und Volksschulen. 2. völlig umgearb. und verm. Aufl. gr. 8. (VI, 143 S. mit 177 eingedr. Holzschn.) Wien 880, F. Beck. *

—— Grundzüge der mathematischen Geographie und der Landkarten-Projection. Ein Handbuch für jeden, der ohne Kenntniss der höheren Mathematik sich über den Gegenstand unterrichten will, insbesondere für Lehramtscandidaten der Mittel- und Volksschulen. 3. verb. und verm. Aufl. gr. 8. (V, 155 S. mit 186 Holzschn.) Wien 887, F. Beck. * 4 —

— Handatlas der neuesten Geographie für höhere Bildungsanstalten, s.: Scheda.

—— kurze Hilfstafel zur bequemen Berechnung fünfzehnstelliger Logarithmen zu gegebenen Zahlen und umgekehrt der Zahlen zu fünfzehnstelligen Logarithmen. gr. 8. (24 S.) Wien 865, Beck's Verlag. *

— Hilfstafel zur bequemen Umwandlung von in Wiener Maass angegebenen Höhenzahlen ins Metermaass. Wien 870. Beck'sche Univ.-Buchh. gr. 8. (IV, 24 S.) n. 18 ngr.

—— Hilfstafeln zur präcisen Berechnung zwanzigstelliger Logarithmen zu gegebenen Zahlen und der Zahlen zu zwanzigstelligen Logarithmen. Mit Subvention der k. k. Akademie der Wissenschaften. gr. 8. (XII, 296 S. mit 2 Taf.) Wien 880, Gerold's Sohn. *

—— Hilfstafeln zur bequemen Umwandlung von in Wiener Maass angegebenen Höhenzahlen ins Metermass. gr. 8. (IV, 24 S.) Wien 870, Hölder. * 1 80

Steinhauser, Ant., Karte des Königr. Böhmen. 1 : 432,000. 2 Bl. Ausg. 1886. Mit Terrain. Kpfrst. Mit Grenzcolorit. gr. Fol. Wien 886, Artaria und Comp. In Carton 4 —

Karte des Königreiches Böhmen von Ant. **Steinhauser**, kais. Rath. Nach Grenzen, Hauptverkehrswegen u. Tabellen (auf d. Umschl.: nach Bezirkshauptmannschaften koloriert, mit Angabe d. Bezirksgerichtsgrenzen u. mit Terraindarstellung) bearb. v. Dr. K[arl] Peucker. (Neue Ausg. Masst. 1:430.000.) Wien: Artaria & Co. 1907; (Kartolith. Th. Bannwarth). (1 Kartenbl. 74×63 cm.) 8°
= **General-Karten**, Artaria's, d. österr. u. ungar. Länder. No 8. [07. 12313

Steinhauser, Ant., hypsometrische Karte von Mittel-Europa mit Horizontalschichten in Farbendr. 1 : 1,500,000. 6 Bl. Chromolithogr. Imp.-Fol. Wien 877, Artaria und Comp. *

Steinhauser, Ant., Karte der Markgrafschaft Mähren und des Herzogth. Schlesien. 1 : 432,000. Gezeichnet und gestochen unter Leitung des Official 1. Cl. Anton Mück. Ausg. 1879. Kpfrst. Imp.-Fol. Wien 879, Artaria und Comp.

Steinhauser, Ant., Karte der Markgrafschaft Mähren und des Herzogth. Schlesien. 1 : 432,000. Neue Aufl. Mit Eintragung der Bezirksgerichts-Grenzen, nach Bezirkshauptmannschafts-Grenzen color. Lithogr. Imp.-Fol. Wien 882, Artaria und Comp. ℳ 4.; mit Terrain 4 —

A[nton] **Steinhausers** Karte v. Mähren u. Schlesien, bearb. v. Dr. K[arl] Peucker. (b. Ohne Terrain, nach Bezirkshauptmannschaften koloriert, mit Angabe d. Bezirksgerichtsgrenzen. Maßst. 1:432.000. Neue Ausg. Wien: Artaria & Co. 1907; Kartogr. Anst. Th. Bannwarth.) (1 Kartenbl. 69×49 cm.) 8° [Kopft. lith.]
[Umschlagt.:] Steinhausers Mähren u. Schlesien.
— **General-Karten**, Artaria's, d. österr. u. ungar. Länder. No 11. [07. 12326

—— **Karte von Südost-Europa.** Die Staaten der Balkan-Halbinsel sammt Theilen von Oesterreich-Ungarn bis Budapest und Wien, mit Gebieten der übrigen angrenzenden Länder. 1 : 2,000,000. Chromolithogr. Imp.-Fol. Nebst Text. 4. (1 Bl.) Ebendas. 887. In Carton * 4 50

Steinhauser, A.: Karte von Südosteuropa. Die Staaten der Balkan-Halbinsel, samt Teilen von Österreich-Ungarn bis Budapest und Wien und den übrigen angrenzenden Ländern. (1:2.000.000.) Wien: Artaria 1897.

A. **Steinhauser's** Karte von Südost-Europa. 1903. Die Staaten d. Balkan-Halbinsel samt Teilen von Österreich-Ungarn mit Wien u. Budapest (u. den übrigen angrenzenden Ländern). (Mit neuester polit. Eintheilung u. statist. Angaben von Dr. K[arl] Peucker.) (1:2,000,000.) [Mit 1 Nebenkarte.] *Wien: Artaria & Co. 1903; Dr. v. Th. Bannwarth.* (1 Kartenbl. 63×72 cm.) 8° [kol.] [03. 19733

Steinhauser, Ant., Karte der gefürsteten Grafschaft Tirol und Vorarlberg. Terrain von Rud. Maschek sen. 1:432,000. Chromolithogr. u. color. Imp.-Fol. Wien 877, Artaria u. Comp. * 6 —

Steinhauser, A., Karte von Tirol nebst Vorarlberg. Terrain von R. Maschek sen. 1 : 432,000. Neue revid. und verm. Aufl. Chromolithogr. und color. Imp.-Fol. Wien 882, Artaria und Comp. 4 —

— Karten zur mathematischen Geographie. Bl. 4 u. 5. Chromolith. qu. gr. Fol. Wien 880. Artaria & Co. à n. 1. 60
4. Sonne u. Mond. — 5. Erde u. Mond.

Steinhauser, Ant., Karten zur mathematischen Geographie. 6 Bl. Chromolithogr. qu. gr. Fol. Wien 881, Artaria und Comp. à Bl. * ℳ 1,60. * 9 60
Inhalt:
1. Die Himmelsplanigloben. — 2. Erscheinungen am Sternhimmel. — 3. Das Planetensystem. — 4. Sonne und Mond. — 5. Erde und Mond. — 6. Uebersicht der vorzüglichsten Projectionen.

Steinhauser, Ant., physikalische Karten. Nr. I—VI, VIII, IX und Supplement. Fol. Wien 874, Artaria und Comp. * 13 20
Inhalt:
Nr. 1. Wärmeverbreitung auf der nördlichen Erdhälfte in Monats-Isothermen, und für die ganze Erde in Jahres-Isothermen. * ℳ 1,60.
" 2. Oceanographie. Darstellung von Ebbe und Fluth, Strömungen, Meerestiefen, Temperatur des Meeres, Korallenriffe. * ℳ 1,60.
" 3. Magnetismus. Darstellung der Abweichung und Neigung der Magnetnadel, sowie der Intensität des Erdmagnetismus. * ℳ 1,60.
" 4. Geologische Uebersichts-Karte der Erde, in Mercator's-Projection mit 4 Special-Beikärtchen. * ℳ 1,60.
" 5. Hypsometrische Uebersicht der Erde. * ℳ 1,60.
" 6. Winde und Regen auf der Erde. * ℳ 1,60.; Suppl. Isobaren. * ℳ 1.
" 8. Isobaren und Dunstdruck. * ℳ 1,60.
" 9. Pendelkarte. Abnahme der Schwerkraft von den Polen gegen den Aequator. Die Beobachtungen auf Mm reducirt durch A. Steinhauser, die Curven construirt von Fr. R. v. Hauslab. * ℳ 1.

Steinhauser, Ant., physikalische Karten. Nr. 9.: Pendelkarte. Abnahme der Schwerkraft von den Polen gegen den Aequator. Die Beobachtungen auf Mm. reducirt durch A. Steinhauser, die Curven construirt von Fr. R. v. Hauslab. Chromolithogr. qu. gr. Fol. Wien 875, Artaria und Comp. *

—— über die geometrische Construction der Stereoscopbilder. Ein Beitrag zur centralen Projection. Bearb. zum Gebrauche für Techniker und Fisiker. gr. 8. (VIII, 52 S. mit 22 Fig. auf 5 Stnt.) Graz 870, Verlag Leykam-Josefsthal. * 1 50

—— **Lehrbuch der Geographie. Für Mittelschulen und Lehrerbildungs-Anstalten. 2 Thle. gr. 8. Prag, Tempsky.** *
Inhalt:
Thl. 1. Allgemeine Geographie. (IV, 144 S. mit 121 in den Text gedr. Holzschn.) 875. * ℳ 1,60.
" 2. Specielle [polit.] Geographie. (X, 310 S. mit 31 in den Text gedr. Holzschn.) 876. * ℳ 3.

—— Lehrbuch der Geographie für Mittelschulen. 1. Thl. 2. Aufl., bearb. von Karl Rieger. gr. 8. (VI, 76 S. mit 34 eingedr. Abbild.) Prag 883, Tempsky. — Leipzig, Freytag. *

—— Lehrbuch der Geographie für Mittelschulen. 2 Thle. 2. Aufl., bearb. von Karl Rieger. gr. 8. Prag, Tempsky. [1. Thl. (76 S. mit 34 Holzschn.) 884. * 72 Pf.; geb. ** 96 Pf.; 2. Thl. (IX, 262 S. mit 63 Holzschn.) 885. * ℳ 2.50.; geb. ** ℳ 2.80.] * ℳ 3.22; geb. ** 3 76

— **Lehrbuch der Mathematik für höhere Gewerbeschulen. Zugleich Nachschlagebuch u. geeignet zum Selbststudium zunächst f. Maurermeister, Zimmerleute, Maschinenmeister etc. etc., sowie überhaupt f. jene, welche sich m. den Grundlehren der Mathematik vertraut machen wollen. Algebra. gr. 8. (VIII, 366 S.) Wien 875. Gerold's Sohn.** n. 5. 20

— die Lehre v. der Aufstellung empirischer Formeln m. Hilfe der Methode der kleinsten Quadrate, f. Mathematiker, Physiker, Techniker bearb. Mit 15 Fig. gr. 8. (V, 292 S.) Leipzig 889. Teubner. n. 8. —

— geographische Lehrmittel. [Aus „die Realschule."] gr. 8. (44 S.) Wien 872. (Mayer & Co.) n. — 50

—— die Netze der Poinsot'schen Körper zum Behufe der Darstellung ihrer Modelle. Eine vollständ. Anleitung zur Anfertigung der Modelle dieser regelmäss. Körper aus Pappe. Für Mathematik Beflissene bearb. gr. 8. (22 S. mit 5 lithogr. Taf., davon 3 in qu. 4.) Graz 871, Verlag Leykam-Josefsthal. *

—— das Sandschak Novi Bazar, nebst Nord-Albanien, Neu-Serbien und Montenegro, sowie Theilen von Bosnien und der Herzegowina. 1 : 864,000. Vollständig neu bearb. Lithogr. und color. Imp.-Fol. Ebendas. 879.
Mit Terrain

Steinhauser, Oberösterreich und Salzburg. 1 : 430.000. Nach Bezirkshauptmannschaften koloriert mit Angabe der Bezirksgerichtsgrenzen. Ausgabe 1908. [Artaria's Generalkarte der österr. und ungar. Länder. Nr. 2] Wien: Artaria 1908. gefalzt K 3.—

Steinhauser, Ant., Ortskarte von Bosnien, Herzegowina nebst Serbien, Montenegro und Theilen der angrenzenden Länder. Fol. Wien 875, Artaria und Comp.

Steinhauser, A. Ortskarte von Bosnien, Herzegowina nebst Serbien, Montenegro und Theilen der angrenzenden Länder. Wien 1878. 1 Bl. c. L.

Steinhauser, A., Orts- und Strassen-Karte des Königr. Ungarn [mit Inbegriff des ehemal. Siebenbürgen], nebst Kroatien und Slavonien. 1 : 1,296,000. I. Ausg. mit Terrain. Chromolithogr. Imp.-Fol. Wien 882, Artaria und Comp. 4 —
II. Ausg. ohne Terrain mit der Comitatseintheilung in Farben 4 —

Steinhauser, A., Orts- und Strassen-Karte des Königr. Ungarn [mit Einschluss des ehemal. Siebenbürgen], nebst Kroatien und Slavonien. 1 : 1,296,000. Ausg. von 1885 und 1887. Lithogr. und color. qu. gr. Fol. Wien, Artaria und Comp.
I. Mit Terrain 4 —
II. Ohne Terrain mit der Comitatseintheilung in Farben 4 —

Steinhauser, A., Ortskarte von Türkisch-Kroatien, Bosnien, Herzegowina nebst Serbien, Montenegro und Theilen der angrenzenden Länder mit den vom Congress in Berlin bestimmten neuen Grenzen. Chromolithogr. Imp.-Fol. Wien 878, Artaria und Comp.

— Repetitionsatlas, Blatt Nr. XXIV Nord Italien. 1:1,5 Mill. Nr. XXV Occupationsländer, Serbien und südliches Oesterreich-Ungarn. 1:1,5 Mill. Fol. Blaudruck. Ebd. 1887.

— Salzburg und Salzkammergut, Karte des Herzogthums Salzburg und des österreichisch-steirischen Salzkammergutes. 4 Bl. 1:200.000. Ausgabe 1886. Ebd.

—— Specialkarte der Krivošije und Bocche di Cattaro und des montenegrinisch-herzegovin. Grenzgebiets. 1 : 288,000. Chromolithogr. gr. 4. Ebendas. 882. — 50

Steinhauser, Ant. Specialkarte des Erzherzogth. Oesterreich ob d. Enns u. d. Herzogth. Salzburg. 1 : 432,000. Ausg. 1889. Lithogr. u. color. Imp.-Fol. Wien, Artaria u. Comp. In Carton * 4 —

Steinhauser, Anton. Stabius redivivus, eine Reliquie aus dem 16. Jahrhundert. ([S.-A.] Zeitschrift für wissenschaftliche Geographie. Bd 5. 1885.) Weimar 1885. 3 S., 1 Krt. 8°.

— Dr. Herm. Wagner's Tafeln der Dimensionen d. Erdsphäroids, auf Minuten-Decaden erweitert. Lex.-8. (35 S.) Wien 885. Hölzel. n. 2. —

Steinhauser, Ant., die Theorie d. binaurealen Hörens. Ein Beitrag zur Lehre vom Schalle. Mit 12 (eingedr. Holzschn.-)Fig. gr. 8. (III, 43 S.) Wien 877. Gerold's Sohn. n. 1. 40

— Uebersichtskarte der Alpen, 1 kleines Blatt 1 : 200.000. Neue Auflage vom Jahre 1881. Preis 30 kr. Wien: Artaria u. Comp.

Steinhauser, A., Uebersichtskarte der Balkanhalbinsel: Europ. Türkei, Griechenland, Rumänien, Serbien, Bulgarien und Rumelien. Mit der polit. Eintheilung, 1 : 3,000,000. Ausg. 1886. Chromolithogr. Fol. Wien, Artaria und Comp. — 80

Steinhauser, Ant., hypsometrische Uebersichtskarte der Alpen [im Maasse von 1 : 1,7 Mill.] mit Horizontalen von 1000 Par. F. Abstand. Aus den Arbeiten von Papen, Ravenstein, Berghaus etc. zusammengestellt und ergänzt. Fol. Wien 874, Artaria und Comp. *

—— dass. — Gruppen-Karte der Alpen. Fol. (Mit 4 S. Text.) Ebendas. 874. *

—— dass. — Curvenkarte. Fol. Ebendas. 874. *
Mit Schrift *

—— Uebersichtskarte von Oesterreich-Ungarn. 1 : 2.500,000. Lithogr. mit Schrift. Imp.-Fol. Ebendas. 879.
Ohne Schrift

—— dass. — Mit Terrain. Chromolithogr. Imp.-Fol. Ebendas. 879.

—— dass. — Ohne Angabe der Ortsnamen. Chromolithogr. Imp.-Fol. Ebendas. 879.

Steinhauser, A., Uebersichts-Karte von Oesterreich-Ungarn. 1 : 2,000,000. Ausg. 1886 mit Terrain. Chromolithogr. Imp.-Fol. Wien 885, Artaria und Comp. 3 —
Ohne Terrain 2 —

Steinhauser, A. Übersichtskarte v. Oesterreich-Ungarn. 1:2,500,000. Vollständige Neubearbeitung. Color. qu. gr. Fol. Mit e. Ortsverzeichnisse f. Oesterreich-Ungarn u. die südöstl. angrenz. Länder. 8. (28 S.) Wien 890, Artaria u. Comp.
In Leinw.-Umschlag * 2 60; auf Leinw. in Leinw.-Decke * 4 40
Auch in 3 Separat-Ausg.: 1. hydrographisch. * — 70; 2. orohydrographisch. * 1 40; 3. ohne Terrain. * 1 40.

— österreichische Vaterlandskunde, s.: Gindely, A.

Steinhauser, Anton: Die Verteilung der Bevölkerung Niederösterreichs nach der Höhe der Wohnorte. ([S.-A.] Blätter des Vereins für Landeskunde von Niederösterreich. 1885. Heft 1.) Wien 1885. 23 S. 8°.

—— Volksschul-Atlas für den ersten geographischen Unterricht in den österreichisch-deutschen Schulen. 8 (chromolithogr.) Bl. qu. Fol. Ebendas. 877. * 1 60

—— Wandkarte der Alpen. 1 : 500,000. 9 Bl. Fol. Ebendas. 875.

Steinhauser, A., Wandkarte der Alpen. 1 : 500,000. Ausg. 1884. 9 Bl. Lithogr. und color. gr. Fol. Wien, Artaria und Comp. * 15 —

Steinhauser A., Wandkarte der gesammten Alpen. 9 Blätter, 1 : 500.000. Neue Auflage vom Jahre 1880. Preis 7 fl. 50 kr. Wien: Artaria u. Comp.

—— Wandkarte der österreichischen Alpen. 1 : 500,000. 4 Bl. Chromolithogr. Imp.-Fol. Ebendas. 881. * 6 —
Aus: Wandkarte der gesammten Alpen, besonders abgedruckt.

Steinhauser, Ant., Hypsometrische Wandkarte von Mittel-Europa. Wien, Artaria & Co., 1877. 6 Bll. Lith. u. kolor. (EPA.)
——, —— Neue (3.) Aufl. Mit Nachtragung der Eisenbahnen bis 1887. 1 : 500 000. Wien, Artaria & Co., 1887. gr. Fol. 6 Bll. mit Horizontalschichten in Farbendruck (M. 20.) . . . . (Br. Mus.)

Wandkarte, Hypsometrische, von Mittel-Europa von Anton Steinhauser. Massstab 1 : 1,500.000. Mit Nachtragung der Eisenbahnen bis 1893. Chromolithographie. Sechs Blätter. 122 169 *cm.* (Nur fest) 10.—
Aufgezogen in Mappe 13.50
Aufgezogen zwischen Stäben 15.—
Wien: Artaria 1893.

Steinhauser, Ant., Wandkarte von Mittel-Europa. 6 Bl. Lithogr. Imp.-Fol. Wien 876, Artaria und Comp. 9 —
color. 12 —

Steinhauser, Aug., Geschichte des großh. badischen Gendarmerie-Corps von der Errichtung im J. 1829 bis einschließlich 1899. Im Auftrage des Distriktkommandos zusammengestellt u. bearb. Mit 1 Bildnis, 3 Uniformbildern u. 14 Anlagen. gr. 8. (276 S.) Karlsruhe 900. G. Braun'sche Hofbuchdr. Geb. in Leinw. n. 3.—

Steinhauser, Aug., Münchner Staffelbauordnung vom 20. IV. 1904 m. e. allgem. Uebersicht üb. die wicht. baupolizeil. Vorschriften der kgl. Haupt- u. Residenzstadt München, ferner m. Erläuterungen u. e. Anh. hrsg. (X, 221 S.) gr. 8. München 904. C. H. Beck. Geb. in Leinw. n. 2. 80

Steinhauser, Aug., griech. Übungsbuch, s.: Grunsky, Ferd.

Steinhauser, G.

—— gründl. Beseitigung der Hartleibigkeit oder Mittel u. Wege derselben auch ohne Pillen u. Abführmittel abzuhelfen. 8. (3¼ B.) Wien 846, [Jasper, Hügel u. Manz.]

Steinhauser, G., die Blähungen, ihr Wesen, ihre Beschwerden u. schädl. Einwirkungen auf den menschl. Körper, u. die hülfreichsten Heilmittel dagegen, nebst der Angabe eines bisher noch nicht gebrauchten Mittels gegen alle Blähungsbeschwerden. 12. (2½ B.) Wien 844, [Jasper, Hügel u. Manz.]

—— die Hämorrhoiden u. ihre naturgemäße, gründl. Heilung. Faßlich dargestellt. 12. (3 B.) Wien 845, [Jasper, Hügel u. Manz.]

—— die Hautausschläge nach ihren Unterscheidungskennzeichen nebst der Angabe ihrer von Jedermann leicht anwendbaren Behandlungsweise rc. 1. Aufl. (4 B. u. 1 Tab.) 842. 17½ Ngr. u. 2., verm. Aufl. gr. 8. (5⅜ B. u. 1 Tab.) Wien 845, [Jasper, Hügel u. Manz.] *

— die Hautausschläge nach ihren Unterscheidungskennzeichen. Mit 1 allgem. Uebersichts-Tabelle, um den Ausschlag am schnellsten und sichersten zu erkennen. gr. 8. Wien 842. (Singer u. Goering.) $^7/_{12}$ ßf — 2. verm. Aufl. Wien 845, Jasper'sche Buchh. n. ½ ßf

—— die Krämpfe, als Herzkrämpfe, Magenkrämpfe, Unterleibskrämpfe rc., ihre Wesenheit, Entstehung, Ursachen u. Folgen, u. die einfachste u. gründl. Heilung derselben. 8. (3¾ B.) Wien 846, [Jasper, Hügel u. Manz.]

—— einfache Mittel gegen Leberleiden. Faßlich dargestellt. 12. (2 Bog.) Wien 845, [Jasper, Hügel u. Manz.]

—— einfache Mittel gegen Unterleibs-Anschoppungen, schwere Verdauung u. Blähungs-Beschwerden, nebst e. Anhange über die gebräuchlichsten u. besten magenstärkenden u. blähungtreibenden Mittel, u. Angabe der schwer u. der leicht verdaulichen, dabei viel oder wenig nährenden Nahrungsmittel. gr. 12. (2 B.) Wien 844, [Jasper, Hügel u. Manz.]

Steinhauser, G., einfache Mittel gegen Verdauungsbeschwerden. 8. (3¾ B.) Wien 846, [Jasper, Hügel u. Manz.] Thlr.

— die Mutter als Arzt ihrer Kinder. Eine alphabetisch geordnete Darstellung der Kinderkrankheiten rc. gr. 12. Ebend. 846. 18 *ngl*

Steinhauser, G., die Mutter als Arzt ihrer Kinder. Eine alphabet. geordnete Darstellung der Kinderkrankheiten rc. gr. 12. (VIII und 136 S.) Wien 847, [Jasper's Witwe und Hügel.]

—— der Rathgeber f. Schwangere u. säugende Mütter. Nebst e. Anhange über die Wartung u. Pflege des Säuglings. 12. (3 B.) Wien 845, [Jasper, Hügel u. Manz.]

—— der Rheumatismus, seine Entstehung, Ursachen, Folgen u. Heilungsart. 8. (3¼ B.) Wien 846, [Jasper, Hügel u. Manz.]

—— die Skrofeln u. ihre einfache erprobte Heilungsart. 12. (3⅙ B.) Wien 845, [Jasper, Hügel u. Manz.]

—— die Verschleimungen, deren Wesen, Entstehungsart, Ursachen, Wirkungen u. Heilmittel, nebst ihrer Beziehung zur Gicht, zu den Skrofeln, den Hämorrhoiden, der Harnruhr, der Schwindsucht rc. 12. (2 B.) Wien 844, [Jasper, Hügel u. Manz.]

—— das sogenannte Versehen im Zustande der Schwangerschaft rc. 12. (2 B.) Wien 845, [Jasper, Hügel u. Manz.]

Steinhauser, J., Lobsprüche in Reimen zu Ehren des heil. Bischofs Rupert und der heil. Abtissin Ehrentraud, s. Hammerle, A.

Steinhauser, Joh. Mart. Predigt, geh. am Feste d. hl. Gebhard, Landespatron v. Vorarlberg, auf dem St. Gebhardsberge bei Bregenz am 27. Aug. 1892. 8. (16 S.) Bregenz 892, (Teutsch). * — 20

Steinhauser, *Paul* [app. Arzt]: Über Lupus-Carcinom ... (Aus: Beitr. z. klin. Chir., Bd XII Heft II.) Tübingen, H. Laupp'sche Buchh., 1894; 3 Bl., 22 S., 1 Taf. 8.
Tübingen, Med. Fak., Inaug.-Diss. v. 1894

Steinhauser, Rob., der Dilettant, s.: National-Bibliothek, deutsch-österreichische.

Steinhauser, Rob., müde Jugend. Einakter-Cyklus. I. Vor dem Nichts. Eine Episode. — II. Die Strebertasche. Eine kurze Komödie. III. Hokuspokus. Burleske. (VII, 161 S.) 8. Dresden 903. E. Pierson. n. 2.—

— der Übermensch. Lachen! 2 Wiener Geschichten u. e. Zwischenstück: Die Eine v. den Neunen. 8. (80 S.) Dresden 894. E. Pierson. n. 1. —; geb. in Leinw. n. 2.—

Steinhauser, Rob., das deutsche Volkstheater in Wien 1889—1899. Denkschrift zur Feier des 10jähr. Bestandes dieser Bühne, hrsg. vom Vereine d. deutschen Volkstheaters in Wien. gr. 8. (132 S.) Wien 899. A. W. Künast. n. 2. 40

Steinhauser Walter: Die Mundart von Kröllendorf und Umgebung.
1910 PN 2836 Diss. Wien, Univ. 328

Steinhauser v. Treuberg, s. Stainhauser.

Steinhäuser, C., s.a. Steinhäuser, Karl

Steinhäuser, C., Fugen über Choral-Motive zu Nachspielen beim Ausgange des Gottesdienstes für vier Hände und Pedal gesetzt. Für Organisten, Seminaristen, Präparanden und Clavierschüler, welche sich auf der Orgel versuchen wollen. 1. Heft. Imp.-4. (22 S.) Halle 869, Schmidt's Verlag. *

Steinhäuser, C. John Lyly als Dramatiker. Diss. Rostock 1884. 50 S.

Steinhäuser, G. D. F., Erinnerr. aus d. christl. Religions-unterricht f. Confirmanden. 8. Ansbach 809. Gassert. 2 gr.

Steinhäuser, Carl, s. Steinhäuser, Karl

Steinhäuser, Friedrich

Steinhäuser, Fr. Zur Klimatologie des Fürstenthums Birkenfeld. 26 S. Progr. *Birkenfeld* 1877.

Das maurerische Klopfen. Vortrag, gehalten bei der Messfest□ am 31. März 1860 in der □ Carl z.·. aufg.·. Licht zu Frankfurt a. M. von Fr[iedr.] Steinhäuser. [Frankfurt a. M. 1860.] 2 Bl. 8° [Kopftit.]
Abgedr. in: FZ. 14 (1860) S. 369—371; Bh. 45 (1902) S. 125—126; T. 14 (1868) S. 169—170. Holländ. Übers. in: MW. 10 (1861) No 4. Deutung des maurerischen Klopfens.

Steinhäuser, Friedrich, Die klimatischen Verhältnisse des Fürstenthums Birkenfeld. (Ergebnisse der in den Jahren 1862—71 an der meteorologischen Station zu Birkenfeld angest. Beobachtungen über die Wärme, den Druck, die Feuchtigkeit und die Strömungen der Luft. Birkenfeld 1872.

Steinhäuser, Günther [app. Arzt aus Frankenhausen (Schwarzburg-Rudolstadt)]: Aus d. Geburtshülfl. Klinik zu München. Ueber die Entstehung und Bedeutung von Hals- und Brustemphysem bei Kreissenden. . . . München, Druck v. M. Ernst, 1890; 19 S. 8°
München, Med. Fak., Inaug.-Diss. v. 1890

Steinhäuser, Hermann, Rechtsprakt. am Landger. München II: Die Lebensversicherungspolice. München: Manz 1910. 50 S. 8°
Erlangen, Jur. Diss. v. 20. Juni 1910, Ref. Rieker
[Geb. 28. Mai 85 München; Wohnort: Dachau; Staatsangeh.: Bayern; Vorbildung: Ludwigs-Gymn. München Reife 04; Studium: München 6, Erlangen 2 S.; Rig. 4. Mai 10.] [U 10. 767

Steinhäuser, Herm., Predigten und Reden. gr. 8. (XII und 218 S.) Plauen 853, (Schröter.) *

—— dass. — 2. Aufl. gr. 8. (X und 218 S.) Ebds. 854. *

Steinhäuser, Joh. Adam: Analysis pragmatica capitulationis augustissimi imperatoris Francisci I. ex ipsis articulis conscripta. Lipsiae 1747.

Steinhäuser, I. A., analysis pragmat. capitulationis Aug. Imp. Francisci I. 4. Lips. Hilscher. 747.

Steinhaeuser, Johann Adolph (Dresden) A. S. 138/29

Dissertatio iuridica de arbitrio ex iuribus Romanis et Germanicis illustrato Von dem Ausspruch derer Schieds-Richter Nach Römisch- und Teutschen Rechten.
Präs. Johann Gottlieb Siegel.
Leipzig (Langenheim) 12. XI. 1739. 28 S.

W. v.: Präs. 33368

Steinhäuser, Jh. Benj., († 1767.) s. Grundriß d. Staatsverfassung Polens; dass. französisch: s. *Mémoire* sur le gouvernement de la Pologne, u. setze bei beiden hinzu: (von J. B. Steinhäuser).

Steinhäuser, Jh. Gf.

— Anleit. z. Gebrauch eines neuen Meßinstruments. Mit Kpf. 8. Leipz. Joachim. 1 ₰

Steinhäuser, Jh. Gf. I., († d. 15. Juli 1815.) s. Flavius v. Eide.

— s. 1) Lehrbuch der Arithmetik u. Geometrie. 2) Lehrbuch der Naturlehre.

Steinhäuser, Jh. Gf. II., Taschenbuch f. prakt. Feldmesser. 1r Thl. Mit Kpf. 8. Leipz. 800. Joachim. 18 gr.

— Versuch e. Maaßsystems welches mit dem Umfange d. Erde übereinstimmt. 8. Leipz. 810.

Steinhäuser, Jh. Karl Edw., ob der protestant. Kirche v. Seiten der röm.-kathol. gegenwärtig neue Gefahr drohe? Kurz beantwortet. gr. 8. (Leipz.) 822. Fr. Fleischer. 3 gr.

Steinhäuser, Jh. Wlh., Herkules am Scheidewege, od. Tagebuch f. Jünglinge u. Mädchen, z. Befestigung ihrer Grundsätze im Leben u. Handeln. 8. Hannov. 807. Hahn. 8 gr.

Steinhäuser, (K.,) ob der protestant. Kirche von Seiten der römisch-kathol. gegenwärtig neue Gefahr drohe? Kurz beantwortet. gr. 8. Leipzig 822, Fr. Fleischer.

Steinhäuser, Carl, 112 volkstüml. Chorlieder od. Lieder, welche m. Beibehaltg. d. volkstüml. 2. Stimme auch 3- u. 4stimm. gesungen werden können, z. Gebr. in d. ob. Klassen d. Volks- u. Bürgerschulen, sowie f. den Chorgesang in Mittelschulen, Gymnasien u. and. höh. Lehranst., Gesangvereinen u. v. A. gesetzt. Op. 52. 2. Aufl. gr. 8. (IV, 116 S.) Langensalza 895. H. Beyer & Söhne. n. 1. —

Steinhäuser, Carl, Elementar-Pianoforte-Schule oder das Volkslied und seine Weise als Mittelpunkt eines bildenden Clavierunterrichts. 1. Abthl. Für junge Pianofortespieler hrsg. hoch 4. (XVIII und 40 S.) Erfurt 862, Körner's Verlag. *

Steinhäuser, C., Fibel für den Sprech-, Schreib- und Lese-Unterricht. 4. Aufl. gr. 8. (IV, 68 S.) Langensalza 877, Beyer und Söhne. geb. **

Steinhäuser, C., Fibel für den Sprech-, Schreib- und Lese-Unterricht. 5. Aufl. gr. 8. (XVI, 68 S.) Mühlhausen i. Th. 882, (Heinrichshofen'sche Buchh.) geb. *

—— dass. — 6. Aufl. gr. 8. (84 S.) Mühlhausen i. Th. 883, Danner. geb. *

Steinhäuser, C., Fibel f. den Sprech-, Schreib- u. Lese-Unterricht. 7. Aufl. gr. 8. (84 S.) Mühlhausen i/Th. 887. Danner. geb. n. — 60

Steinhäuser, C., Fibel f. den Sprech-, Schreib- u. Lese-Unterricht. 10. Aufl. gr. 8. (84 S.) Mühlhausen i/Th. (900). C. Albrecht. Geb. n. — 60

Steinhäuser, Karl, unsere Helden, gefeiert in Gedicht und Gesang. Zunächst für Schulen; aber auch für bürgerliche und militär. Sängervereine bearb. 1. Heft. Friedrich Wilhelm, der große Kurfürst, oder: Ein Tag im deutschen Norden. Essen 857. Bädeker. 8. (32 S.) n. 2 ngr.

Aus dem Leben von Karl **Steinhäuser**, weil. Hauptlehrer, Organist und Königl. Musikdirektor in Mühlhausen i. Thür. Beitrag zu e. Zeitbilde d. musikal. Lebens von Thüringen, insbes. von Mühlhausen i. Thür. 1823–1903. Hrsg. von Wilhelm Steinhäuser, Pfarrer. Mühlhausen i. Th.: Hey in Komm. [1908]. (215, V S.) 8° [F.] [08. 16549

—— Lesebuch für das 2. Schuljahr. 4. Aufl. gr. 8. (110 S.) Ebendas. 877. geb. *
Die 1.—3. Aufl. erschienen im Selbstverlag.

— Lesebuch für das 2. Schuljahr. 4. Aufl. gr. 8. (110 S.) Langensalza 877. Beyer & Söhne. geb. n. - 55

—— Lesebuch für das zweite Schuljahr. 5. Aufl. gr. 8. (108 S.) Langensalza 882, Beyer und Söhne. geb. *

—— Lesebuch für das zweite Schuljahr. 6. Aufl. gr. 8. (VI, 108 S.) Langensalza 887, Beyer und Söhne. geb. * — 55

Steinhäuser, C. Lesebuch f. das 2. Schulj. 7. Aufl. gr. 8. (VI, 108 S.) Langensalza 892, H. Beyer u. Söhne. geb. ** — 55

— Lesebuch f. d. 2. Schuljahr. 8. Aufl. 8. (VI, 108 S.) Ebd. 897. Geb. n.n. — 55

Steinhäuser, Carl, Lieder für Kinder u. Erwachsene, insbesondere für Mittelklassen unserer Schulen. Gesammelt, geordnet u. mit accordirender Clavierbegleitung versehen. Ebend. 862. 8. (VIII, 104 S.) n. 6 ngr.

Steinhäuser, C., Lieder f. Kinder u. Erwachsene insbesondere f. Mittel- u. Oberklassen unserer Schulen, auch f. Clavierschüler, welche singen und sich selbst begleiten lernen wollen. 4. verb. u. verm. Aufl. gr. 16. (VIII, 124 S.) Mühlhausen 873. Danner. n. — 75

—— Lieder f. Kinder u. Erwachsene, insbesonder f. Mittel- u. Oberklassen der Volks- u. Bürgerschulen, auch f. Klavierschüler, welche singen u. sich selbst begleiten wollen. Gesammelt, geordnet u. m. akkord. Klavierbegleitg. versehen. 3. verb. u. verm. Aufl. 8. (VIII, 137 S.) Mühlhausen i. Th. 889, Danner. * — 80

— Lieder für Kinder vom 3. bis zum 7. Jahre. Gesammelt u. mit Vorwort versehen. Mühlhausen 861. Danner. 8. (VIII, 56 S.) n. 4 ngr.

— volksthümliche Lieder in volksthümlichem Satze oder Lieder, welche m. Beibehaltg. der volksthüml. zweiten Stimme auch drei- u. vierstimmig gesungen werden können, zum Gebrauche in den oberen Classen der Volks- u. Bürschulen, sowie f. den Chorgesang in Gymnasien u. andern höhern Lehranstalten, Gesangvereinen, Familienkreisen ꝛc. qu. gr. 8. (VII, 84 S.) Ebend. 872. n. 1. —

— Merk- u. Uebungssätze aus dem deutschen Sprichwörterschatze, e. Uebungsbuch zur Behandlg. der Satz- u. Wortlehre f. Volks- u. Mittelschulen, Präparanden- u. Seminarklassen. gr. 8. (X, 171 S.) Langensalza 876. Beyer & Söhne. n. 1. 25

Steinhäuser, Carl, neun Motetten und sechs Responsorien für zwei Soprane und einen Alt zum Gebrauche bei Feierlichkeiten in Kirche und Schule componirt. gr. 8. (VI und 49 lithogr. S.) Langensalza 855, Klingbammer. *

Steinhäuser, Karl, Prof. Dr.: Die Muttersprache im Munde des Breslauer höheren Schülers und ihre Läuterung im deutschen Unterricht. Breslau 1906: Genossenschafts-Buchdruckerei. (24 S.) 4°
Breslau, st. ev. R OP 1906 (275)

—— der Sprech-Schreib-Leseunterricht und die Anweisung zum Gebrauche der Fibel. 8. (42 S.) Ebendas. 878. *

— Treffschule als Vorbereitung des Chorgesangs. gr. 8. (IV, 100 S.) Ebd. 894. n. 1. 20

— der geographische Unterricht, sich erbauend auf den bei Ausflügen in die Heimatgegend gewonnenen Anschauungen. Ein Hilfsbuch, Schülern gehobener Volks-, Bürger- u. Mittelschulen zur Wiederholg. u. Weiterarbeit gewidmet. gr. 8. (VIII, 94 S.) Langensalza 885. Beyer & Söhne. cart. n. 1. —

— Wegweiser zum Durchlesen der biblischen Geschichten aus der heiligen Schrift. Ein Hilfsmittel zum bewußten Erzählen der bibl. Geschichte. 8. (IV, 35 S.) Wolfenbüttel 879. Zwißler. n. — 25

Steinhäuser, O., vaterländische Dichtungen. Zur Erinnerg. an das 25jähr. Regierungsjubiläum Sr. hochfürstl. Durchl. des Fürsten Herrn Heinrich XIV. Reuß j. L. 8. (V, 52 S.) Lobenstein 893. Ch. Teich. n. — 50

Steinhäuser, O., vaterländische Dichtungen. Zur Erinnerg. an das 25jähr. Regierungsjubiläum u. an den 70. Geburtstag Sr. hochfürstl. Durchl. des Fürsten Herrn Heinrich XIV. Reuß j. L., Regent von Reuß ält. L. Zusammengestellt u. hrsg. 2. verm. Aufl. 8. Lobenstein (902). F. Krüger. n. 1. —

Steinhäuser, O., Volksschulrecht f. d. Fürstent. Reuß j. L., s.: Kalb, G.

Steinhäuser, Paul, Dr.: Die künstlerische Darstellung des Kampfes in den echten und unechten Teilen der 'Kudrun'. *Berlin: R. Gaertner 1899.* (27 S.) 4°
Berlin, Lessing-G, OP 1899 (61)

Steinhäuser, Paul, die künstlerische Darstellung des Kampfes in d. echten u. unechten Teilen d. „Kudrun“. Progr. 4. (27 S.) Berlin 899. [R. Gaertner.] Weidmann. n. 1. —

Steinhäuser, Paul [aus Erfurt]: Wernhers Marienleben in seinem Verhältnisse zum ,Liber de infantia sanctae Mariae et Christi salvatoris' nebst einem metrischen Anhange. . . .
Berlin: Buchdr. v. C. Rehm 1890. 67 S. 8°
Rostock, Phil. Fak., Inaug.-Diss. v. 3. Mai 1890

Steinhäuser, Paul, Wernher's Marienleben in seinem Verhältnisse zum „Liber de infantia sanctae Mariae et Christi salvatoris“, nebst e. metr. Anh. Inaug.-Diss. gr. 8. (57 S.) Berlin 890. (Mayer & Müller.) n. 1. 20

Steinhäuser, Rudolf [app. Arzt aus Hof]: Beitrag zur Casuistik der vicariierenden Ohrblutungen . . . München: Buchdr. v. M. Ernst 1893. 34 S., 1 Bl. 8°
München, Med. Fak., Inaug.-Diss. v. 1893

Steinhäuser, Sigm., Splitter. (VIII, 216 S.) kl. 8. Nürnberg (Obere Kreuzgasse 20) 904. Selbstverlag Kart. 2. 50

Steinhäuser, Simon, aus Hamburg: Ueber unterschwefligsaure und schwefligsaure Doppelsalze des Silbers, Kupfers und Quecksilbers. *Berlin 1899: Vogel.* (68 S.) 8° ¶ (Erscheint vollst. in d. Zeitschrift f. anorgan. Chemie.)
Berlin, Phil. Diss. v. 29. Juli 1899

Steinhäuser, Wilhelm

Steinhäuser, Wilh., die Abenteuer e. deutschen Orgelvirtuosen. Aus Joseph Maria Homeyer's Leben. Nach vergilbten Papieren u. persönl. Mitteilgn. in Form gefaßt u. an das Licht befördert. 8. (265 S. m. Bildnis u. Fksm.) Mühlhausen i/Th. 894. (C. Andres.) n. 4. —

Steinhäuser, W., zur Choralkenntnis, s. a. Magazin, musikalisches. 2. Hft.

Zur Choralkenntnis. Von W[ilhelm] Steinhäuser. *Langensalza: H. Beyer & Söhne 1901.* (38 S.) 8°
= Magazin, Musikalisches. H. 2. [01. 7206 3

Steinhäuser, Wilh., Evangelium der Gegenwart. 1.: Prolog. gr. 8. (16 S.) Berlin 848, Springer. 1½ ngr.

— Feierabendlieder. 8°. Berlin 1845.

Steinhäuser, Wilh., aus dem Leben d. Karl Steinhäuser, weiland Hauptlehrer, Organist u. kgl. Musikdirektor in Mühlhausen i. Thür. Beitrag zu e. Zeitbilde d. musikal. Lebens d. Thüringen, insbesond. d. Mühlhausen i. Thür. 1823—1903. (215 u. V S. m. 10 Taf. u. 3 S. in Fksm.) gr. 8. Mühlhausen i/Th. (908). (Hey.) 3.—; geb. 4.—

Steinhäuser, Wilh., Muster-Buch für deutsche Stubenmaler. Orig.-Verzierungen entworfen u. auf Stein gez. Neue Ausg. 1—8. Liefg. Berlin 869. Schroeder. gr. 4. Jede Liefg. (6 Steintaff.) 22½ ngr.

Steinhäuser, Wilh., Muster-Buch f. deutsche Stubenmaler. Original-Verzierungen. Neue Ausg. 9—30. Lfg. (à 6 Steintaf.) gr. 4. Berlin 872. Schroeder. à 2. 25

Steinhäuser, W., Unsterblichkeit im Bunde einer Lichtgerechten Welt- u. Gottesanschauung, begründet im materiellen Wesen der Natur. Eine Schrift für die Interessen einer befriedigenden Wahrheit u. gegen die vornehme Freigeisterei des 19. Jahrh. gr. 8. (10 B.) Berlin 846, [Schröder's Verl.] *

Steinhäuser, Wilh., Verzierungen f. Architectur, Zimmerdecoration u. Eleganz, in 36 lith. Blättern. 1—8. Lfg. gr. 4. (48 Stnt. incl. 8 ill.) Berlin 842—47, [Schröder's Verl.] à *

Steinhäuser, Wilh. (I.), Verzierungen für Architectur, Zimmerdecoration und Eleganz. 9—14. Lfg. Imp.-4. (à Lfg. 6 Stnt.) Berlin 848—52, E. H. Schroeder's Verlag. à Lfg. * 1 Thlr. *
1—8. Lfg. Ebendas. 1842—47. * 8 Thlr.

Steinhäuser, Wilh., Verzierungen für Architectur, Zimmerdecoration und Eleganz. 15—19. Lfg. Imp.-4. (à Lfg. 6 lithogr. Bl.) Berlin 853—56, Schroeder's Verlag. à Lfg. * 1 Thlr. *
Lfg. 1—14. Ebendas. 1842—52. * 14 Thlr.

Steinhäuser, Wilh., Verzierungen für Architectur, Zimmerdecoration und Eleganz. 20—26. Lfg. Imp.-4. (à Lfg. 6 lithogr. Bl.) Berlin 861, Schroeder's Verlag. à Lfg. * 1 Thlr. Thlr. *
1—19. Lfg. Ebendas. 1842—56. * 19 Thlr.

Steinhäuser, Wilh., Verzierungen für Architectur, Zimmerdecoration und Eleganz. 27.—30. (Schluss-)Lfg. Imp.-4. (à Lfg. 6 lithogr. Blatt.) Berlin 862—66, Schroeder's Verlag. à Lfg. * 1 Thlr. *
1.—26. Lfg. Ebendas. 1842—61. * 26 Thlr.

— Vorlegeblätter f. Holz-Malerei und verwandte Arbeiten. Orig.-Verzierungen. 3 Lfgn. 4. (à 15 Steintaf.) Ebend. 870. à 5. 25 (cplt.: in Cart. 16. 50)

Steinhäusl, Wenzel. Grundsteuer u. Grundsteuer-Kataster. Klgft., typ. Bertschinger, 1899. 11 S.

Steinhäusl, Wenzel, Grundsteuer u. Grundsteuer-Catalster. Mit Bewilligg. der k. k. Finanzdirection in Klagenfurt verf. (Redactionelle Beilage z. „Kärnt. Gemeindeblatt".) gr. 8. (9 S. m. 1 Tab.) Klagenfurt (899). (F. v. Kleinmayr.) n. — 24

STEINHÄUSL, Wenzel
(F) Grundsteuer und Grundsteuer-Cataster. Mit Bewilligung der k. k. Finanzdirection in Klagenfurt verfasst vom k. k. Evidenzhaltungs-Oberinspector Wenzel Steinhäusl. (Redactionelle Beilage zum „Kärntn. Gemeindeblatt" 1899.) Klagenfurt. 1899. Verlag des Kärntner Vereines. In Comm. Kleinmayr. Gr.-8°. 9 S. fl. —.12

Steinhäuslin, C., christliches Ehestandsbüchlein. 2. durchgeseh. u. bericht. Aufl. gr. 16. (54 S.) Zürich 851, Hanke. 3 ngl

Steinhäuslin, C., christliches Ehestandsbüchlein. 3. Aufl. gr. 16. (54 S.) Zürich 861, Hanke.

Steinhäuslin, C., christliches Ehestandsbüchlein. 5. Aufl. 8. (47 S.) Basel 882, Spittler. *

Steinhäuslin, C., christliches Ehestandsbüchlein. 7. Aufl. 8. (48 S.) Basel 887, Spittler. * — 20

Steinhäuslin, C., christliches Ehestandsbüchlein. 8. Aufl. 8. (47 S.) Basel 893. Jaeger & Kober. n. — 20

Steinhäuslin, C., christliches Ehestandsbüchlein. 12. (48 S.) Hamburg 895. (Elberfeld, Verlag des Bethesdavereins.) — 15

Steinhaussen, O. v., s. Steinhausen, Ottomar von

Steinhäusser, F., the pupil's first reading-book. An aid to the ready acquirement of speaking and reading the German language. A collection of easy anecdotes, tales, legends and poems. gr. 8. (IV und 92 S.) Homburg 865, Schick.

Steinhäußer, Fritz, Augsburg in kunstgeschichtlicher, baulicher u. hygienischer Beziehung. Fest-Schrift, den Teilnehmern an der 15. Wander-Versammlg. des Verbandes deutscher Architekten- u. Ingenieur-Vereine gewidmet v. der Stadt Augsburg. Im Auftrage des Stadtmagistrates bearb. unter Mitwirkg. der städt. Ingenieure. (VI, 139 S. m. Abbildgn. u. 24 Taf.) gr. 4. Augsburg 904. (Lampart & Co.) Geb. in Halbleinw. n. 8.—

Steinhaeusser, Heinrich (Friedberg)
Klinische Beobachtung eines Falles von Situs viscerum inversus.
Giessen: Brühl 1860. 31 S. + 2 Bl. Thesen.
Diss. med. 3.12.1860. vorh. 26. 7. 11.

Steinheil, Carl August, und sein Wirken auf telegraphischem Gebiete, s. Marggraff, Hugo.

Steinheil

— Ueber Beobachtungs-Mittel zur Erkennung des Ganges der Uhren, insbesondere über das Passage-Prisma. (Besonderer Abdr. aus dem Kunst- und Gewerbe-Blatt. Heft 1. Januar 1845.) München.

Steinheil, Einweihungs-Feier d. neuen Kirche in Zwerenberg Ober-Amts Calw. Nebst ein. Anh. üb. d. kirchl. Baulast d. Protestanten u. üb. d. Aufenthalt d. württemberg. Reformators Brenz zu Hornberg bei Bulach. gr. 8. (6 B.) Stuttgart 841, J. F. Steinkopf.

— Preis-Courant der optischen und astronomischen Werkstatte pro 1867.

Steinheil, Adolph, Dr., Ueber Berechnung optischer Construktionen. (Sitzung der mathem.-physik. Classe vom 6. Juli 1867.) [1867, II, 2.]

Steinheil, Adolf: Über den Einfluss der Objectivconstruction auf die seitliche Lichtvertheilung. München 1890.

Steinheil, Adph., u. Ernst Voit. Handbuch der angewandten Optik. 1. Bd.: Voraussetzung f. die Berechnung optischer Systeme u. Anwendung auf einfache u. achromatische Linsen. gr. 8. (VI, 314 S. m. Fig. u. 7 lithogr. Taf.) Lpz. 891, Teubner. * 12 —

Steinheil, Adph., Tafeln zur Entnehmung der Radien von Fernrohrobjectiven deren innere Flächen ineinanderpassen. Inaugnral-Abhandlung. gr. 8. (9 S. mit 2 Stnt. in qu. Fol.) München 858, (Kaiser.) *

Steinheil, C. (A.), s.a. Steinheil, Karl August

Steinheil, C. A., **Söhne**: Alto-Stereo-Quart. Eine neue Universal-Camera im Formate 9 × 12 cm für einfache und Stereo-Aufnahmen konstruiert von M. Loehr. München 1903

Steinheil, C. A., **Söhne**: Abgekürzte Preisliste über Instrumente für Photographie (Objective, Hilfs-Apparate und Hand-Cameras). München (1905?) 1906

Steinheil, C. A., **Söhne**: Preisliste über Instrumente für Astronomie und Physik. München 1894. 1900. 1907.

Steinheil, C. A., **Söhne**: Preisliste über Instrumente für Photographie. München 1896

Steinheil, C. A., **Söhne**: Prospekt über Objektive für Fern-Photographie (Tele-Objektive) mit Stativ- und Hand-Kameras. München 1906

Steinheil, Friedrich Christian Philipp von

— elegant extracts from the best english Authors. 8. Stuttg. 800. (Hofmann). 1 ℛ 8 gℊ

— s. Kongreve, sämmtl. Werke.

Steinheil, F. C. P. von, Lehrgebäude d. deutschen Sprache, mit e. Geschichte dies. Sprache überhaupt u. jedes Redetheils insbesondere. gr. 8. Stuttgart, Hasselbrink. 812.

v. **Steinheil**, Fr. Chr. Ph., († d. 10. Jan. 1814.) Lehrgebäude der deutschen Sprache mit einer Geschichte dieser Sprache überhaupt u. jedes Redetheils insbesondere. gr. 8. Stuttg. 812. Steinkopf. 2 ℛ

— a series of Master-Pieces of English writing collected from the best English authors etc. to whith is annexed a short engl. Grammar. 8. Stuttg. 802. Löflund. 1 ℛ 12 gℊ

— deutsche Sprachlehre f. höhere Schulen, wie auch zur eigenen Belehrung. gr. 8. Stuttg. 815. Steinkopf. 16 gℊ

— kurze englische Sprachlehre für Anfänger. 8. Stuttg. 802 Löflund. 8 gℊ

Steinheil, Fritz [app. Arzt aus München]: Ueber die I n f e c t i o s i t ä t des Fleisches bei Tuberculose. . . . (Aus d. Münch. Med. Wochenschr.) München: Jos. Ant. Finsterlin 1889. 1 Bl., 16 S. 8°
München, Med. Fak., Inaug.-Diss. v. 1889

Steinheil, G., die Arbeiterfrage. gr. 8. (12 S.) Rathenow 876. Haase. n.n. — 15

Steinheil, G., Gott Alles in Allen. Ein Briefwechsel über den Umfang der Erlösung. Stuttgart 860. J. F. Steinkopf. 8. (122 S.) 9 ngr.

Capital und Arbeit. Gedanken zweier Männer vom Fach über die Arbeiterfrage (von G. Steinheil u. K. Sarasin). 8°. Basel, C. Detloff, 1880.

Steinheil, Hermann [app. Arzt aus Stuttgart]: Über Lipome der Hand und Finger. . . . (Aus: Beitr. z. klin. Chir. VII. Bd. III. H.) Tübingen, H. Laupp'sche Buchh., 1891; 20 S. 8°
Tübingen, Med. Fak., Inaug.-Diss. v. 1891

Steinheil, Johann Friedrich (Durlach) A. S. 590/5

Dissertatio juridica de jure repraesentationis in successione feudali. Präs. Johann Heinrich Boeckler. Strassburg (Pastorius) I. (korr.: 6. IV.) 1718. 38 S.

Gew.: Georg Albert Steinheil (Onkel). 33376

Die Locomotive „ Der M ü n c h n e r ", erbaut auf dem Ritter v. Maffei'schen Eisenwerke Hirschau bei München; nach dem Vortrage des Prof. (K. A.) **Steinheil**, als Berichterstatter bei der auf Allerhöchst. Befehl gebildeten Prüfungs-Commission. (S.-A. aus d. Kunst- u. Gewerbeblatt für 1842, Heft 3.) München, 1842. 30 S. 4°. Starkes Papier. Cart.

Steinheil, Karl

Steinheil, Carl, die Schlangenkönigin. Ein Märchen aus den Bergen. 8. (III, 105 S.) München 902. C. Haushalter. Geb. in Leinw. n. 3. —

Steinheil, Karl August

Steinheil, C. A., über quantitative Analyse durch physikal. Beobachtungen. Aus den Abhandlungen der II. Classe der Kön. Bayer. Akad. der Wiss. abgedr. gr. 8. (28 S.) (München 851, Franz.) 12 ngl

Steinheil, Carl Aug.: B e i t r ä g e zur Photometrie des Himmels. 1850. 4°

- Ueber das Bergkrystall-Kilogramm, auf dem die Feststellung des bayer. Pfundes beruht, von Dr. C. A. Steinheil. München 1844. 4°.

—— **über das Bergkrystall-Kilogramm, auf welchem die Feststellung des bayer. Pfundes nach der allerhöchsten Verordnung vom 28. Febr. 1809 beruht. gr. 4. (82 S.) (München 851, Franz.)** *

— über das Bergkrystall-Kilogramm, auf welchem die Feststellung d. bayer. Pfundes nach der Allerhöchsten Verordnung v. 28. Febr. 1809 beruht. Aus den Abhandlungen der II. Classe der K. Bayer. Akad. der Wiss. abgedr. gr. 4. (82 S.) Ebd. 851. n. 3/4 ℛ

Steinheil, Karl August von, Dr.: B e s c h r e i b u n g einer von ihm neukonstruierten Brückenwage. S. 5. 398
Separatabdruck

Steinheil, Carl Aug.: B e s c h r e i b u n g des für die Feuerwacht auf dem St. Petersthurm in München ausgeführten Pyroskop's. München 1837–43. 4°

— Beschreibung des f. die Feuerwacht auf dem St. Petersthurme in München ausgeführten Pyroskop's. Aus den Abhandlungen der II. Classe der K. Bayer. Akad. der Wiss. abgedr. gr. 4. (25 S. m. 1 lith. Taf. in gr. Fol.) Ebd. 851. 1/2 ℛ

— Beschreibung u. Vergleichung der galvanischen Telegraphen Deutschlands nach Besichtigung im April 1849. Feststellung der vortheilhaftesten Systeme. Angabe einer Verbesserung des Morse'schen Apparates. (Aus d. Abhandlgn. der mathematisch-physikal. Classe der K. Bayer. Akademie der Wissenschaften abgedr.) gr. 4. (64 S.) Ebd. 850. n. 22 ngl

— u. (Ph. L.) **Seidel**, über die Bestimmung des Brechungs- u. Zerstreuungsverhältnisses verschiedener Medien. Aus d. Abhandlungen d. II. Classe d. K. Bayer. Akad. der Wiss. abgedr. gr. 4. (16 S.) München 851. (Franz.) n. 8 ngl

Steinheil, C. A., das Chronoskop. Instrument zur Bestimmung der Zeit und der Polhöhe ohne Rechnung. gr. 4. (29 S. mit 2 Stnt., 6 Tab. und eingedr. Holzschn.) München 867, (Franz'sche Buchh.) *
Aus: Abhandlungen der k. bayer. Akademie der Wissenschaften, besonders abgedruckt.

— Carl August, Dr., Eröffnung der optischen und astronomischen Werkstätte von — in München.

— Gehaltsprobe für Biere, durch welche der Vollzug der in Bayern gültigen Bier-Gesetze möglich wird. München 1847.

— Ist der Bier-Tarif von 1811 noch jetzt festzuhalten, oder soll er aufgegeben werden? München 1849.

Steinheil, C. A., Dr., Kopie des Meter der Archive zu Paris. (Aus den Abhandl. der Akad. der Wiss. besonders abgedruckt.) München 1844.

Steinheil, Carl Aug.: C o p i e des Mètre der Archive. München 1847.

— Copie des Mètre der Archive. Aus den Abhandlungen der II. Classe der K. Bayer. Akad. der Wiss. abgedr. gr. 4. (36 S.) Ebd. 851. 12 ngl

Steinheil, C. v., Copie der Bessel'schen Toise du Pérou in 2 Glasstäben. [Aus d. Denkschr. d. k. Akad. d. Wiss.] Wien 869. (Gerold's Sohn.) gr. 4. (8 S.) n. 5 ngl

— K o p i e der Besselschen Toise du Pérou in zwei Glasstäben. D 30. I. 21
Separatabdruck

— über genaue u. invariable Copien des Kilogrammes u. des Mètre prototype der Archive in Paris, welche in Oesterreich bei Einführung des metrischen Maass- u. Gewichtssystems als Normaleinheiten dienen sollen, u. über die Mittel zu ihrer Vervielfältigung. [Mit 1 (lith.) Taf. u. 7 (eingedr.) Holzschn.] [Aus d. Denkschr. d. k. Akad. d. Wiss.] Wien 868. (Gerold's Sohn.) gr. 4. (43 S.) n. 1 ₰

— Über genaue und invariable K o p i e n des Kilogrammes und des Mètre prototype der Archive zu Paris, welche in Österreich bei Einführung des metrischen Maß- und Gewichtssystems als Normaleinheiten dienen sollen, und über die Mittel zu ihrer Vervielfältigung (mit 1 Taf. und 7 Textfiguren). D 27. I. 151
Separatabdruck

— C. A., Dr., Ouverture des Ateliers optiques et astronomiques. Munich 1855.

—— Referat über mathematisch-physikal. Instrumente, s. Bericht der Beurtheilungs-Commission zu München.

— Rectification des Gehaltmessers der optischen Bierprobe. [Aus d. Sitzungsberichten 1852 der K. Akad. d. Wiss. abgedr.] gr. 8. (8 S.) Wien 852. (Braumuller.) n. 2 ngl

Steinheil, (C. A.), Rectification des Gehaltmessers der optischen Bierprobe. gr. 8. (8 S.) Wien 852, (Gerold's Sohn.) *
Aus: Sitzungsberichte der k. Akademie der Wissenschaften, J. 1852 besonders abgedruckt.

— Rektifikation des Gehaltmessers der optischen Bierprobe. S. 8. [illegible] —16
Separatabdruck

— und Seidel, Tafeln zur Reduction der Wägungen.

Steinheil, Dr. C. A., Conservator der math.-phys. Sammlung des Staates etc. Ueber T e l e g r a p h i e, insbesondere durch galvanische Kräfte. Eine öffentliche Vorlesung, gehalten in der festlichen Sitzung der königl. bayer. Akademie der Wissenschaften am 25. August 1838. (Mit 1 Taf.) 4. München 1838.

Steinheil, C. A., üb. Telegraphie, insbesond. durch galvan. Kräfte. Eine öffentl. Vorles., geh. in d. Sitzung d. k. bayer. Akad. d. Wissensch. am 25. Aug. 1838. gr. 4. (4 B. u. 2 Stnt.) München, (Literar.-artist. Anstalt.) *

Steinheil, Carl Aug.: Über V e r b e s s e r u n g der Objective. 1858. 4°

— Einfache Vorrichtung zur Ermittelung von Brandstätten.

Steinheil, L. C. F., Auseinandersetzung d. k. k. österr. Ein-, Aus- u. Durchfuhr-Zölle, in durchaus alphabet. Ordnung. Lex.-8. (8⅛ B.) Wien 835, Wallishausser.

—— französ. Zolltarif, s. Zolltarif.

Le Franc-Maçon dans la république, ou Réflexions apologiques sur les persécutions des francs-maçons par un membre de l'ordre [d. i. Phil. Friedr. Steinheil] avec une lettre à madame de *** où l'on invite plusieurs auteurs célèbres d'entrer dans le dit ordre. Francfort et Leipsic 1746. 90 S. 8° [Dasselbe.] Ebendas. 1746. 142 S. 8°
Kl. 295. Selten. Veranl. durch die Verordnung des Rates zu Bern gegen die Frmr. Ausg. 90 S. in 3; 142 S. in 23.

Die Quintessenz der ächten Freymaurerey, entworffen von einem Meister der Schottischen Brüderschaft [d. i. Phil. Friedr. Steinheil. Leipzig] 1746. 32 S. 8° [Umschlagtit.]
Kl. 294. Selten. Übers. von Steinheils 1742 i. d. Matrikel d. □ Z. Einigkeit, Frankfurt a. M. franz. niedergeschriebener Rede.

Steinheil, Rudolf [aus München]: B e o b a c h t u n g e n über Rotations- und Refractionsdispersion. (Gekrönte Preisschrift.) ... München, k. Hof- u. Univ.-Buchdr. Dr. C. Wolf & Sohn, 1889. 56 S. u. 11 Taf. auf 3 Bl. 8°
München, Phil. Fak., Inaug.-Diss. v. 1889

Steinheil, S., das Gesetz wegen Ablösung von Leistungen für öffentliche Zwecke vom 19. April 1865. Handausg. mit Erläuterungen auf Grund der Ablösungsgesetze und der ständ. Verhandlungen von 1849—1865. gr. 8. (IV und 216 S.) Stuttgart 866, Metzler's Verlag. *

Steinheil, S. v., das württembergische Gesetz, betr. die Vertretung der evangelischen Kirchengemeinden und die Verwaltung ihrer Vermögensangelegenheiten, vom 14. Juni 1887, nebst Vollzugsbestimmungen. Hrsg. und erläutert. 3 Lfgn. gr. 8. (228 S.) Stuttgart 887, Kohlhammer.
1. und 2. Lfg. à * ℳ 1.60.; 3. Lfg. * 60 Pf. * 3 80

Steinheil, S. v. Das württembergische Gesetz, betr. die Vertretung der evangelischen Kirchengemeinden u. die Verwaltung ihrer Vermögensangelegenheiten, vom 14. Juni 1887, nebst Vollzugsbestimmgn. 4. u. 5. (Schluß-)Lfg. gr. 8. (XXXII, S. 229—743.) Stuttg. 889, 90, Kohlhammer. * 7 60
1.—3. Lfg. Ebd. 1887. * 3 80. — Für das vollständige Werk ist der Titel wie folgt abgeändert:

—— Die Gesetze u. Verfügungen üb. die Kirchengemeinden u. Synoden in der evangel. Landeskirche d. Königr. Württemberg. Zusammengestellt im Anschluß an d. Gesetz betr. die Vertretg. der evang. Kirchengemeinden u. die Verwaltg. ihrer Vermögensangelegenheiten, vom 14. Juni 1887 u. aus den Quellen u. der Praxis erläutert. gr. 8. (VIII, IV, XXXII, 743 S.) Ebd. 890. * 12 —

Steinheil, Sigmund Oskar [aus Rottweil a. N.]: Ueber einen Fall von Varix aneurysmaticus im Bereich der Gehirngefaesse ... Würzburg, Druck v. F. Fromme, 1895; 56 S., 1 Taf. 8.
Würzburg, Med. Fak., Inaug.-Diss. v. 1895

Steinhelm, Erwine v., v. Blumauer. 8. Lpz. Sommer.

Steinheim, Erwine von,. Trsp. v. Blumauer. 8. Wien, Verf. 780.

Steinheim, Benj. (geb. Bruchhausen in Westf. 6. 12. 1832): De vi imaginationis maternae in foetum nec non de monstris quaedam. Berolini (1856). (28 S.) 8°
Berlin, Med. Diss. v. 5. Aug. 1856

Steinheim, Dr. S. J., Sinai, Gesänge v. Obadiah, d. Sohne Amos. gr. 8. Altona 824. (Hammerich). 3 ₰

Steinheim, Salom. Levi, s. Steinheim, Salomon Ludwig

Steinheim, Salomon Ludwig

Steinheim, S. L., Apologie oder Schutzschrift für die vernünftigen Verehrer der Offenbarung; Festprogramm zur Säcularfeier der Vollendung der Schrift des Ungenannten: Apologie oder Schutzschrift für die vernünftigen Verehrer Gottes. Hamburg 1767. Altona 863. Wendeborn in Comm. gr. 8. (29 S.) n. 9 ngr.

Steinheim, S. L., Aristoteles über die Sklavenfrage. Antagonismen gegen alte und neue Ausleger. gr. 8. (XI und 108 S.) Hamburg 853, Perthes-Besser und Mauke. *

Steinheim, S. L., Bau- u. Bruchstücke e. künftigen Lehre v. d. Epidemieen u. ihrer Verbreitung. Mit besond. Rücksicht auf d. asiat. Brechruhr. 1. u. 2. Fragment. Noten zum Texte d. Schrift: „Geschichtl. Darstell. d. Ausbruchs d. Cholera in Hamburg v. J. C. G. Fricke." — Betrachtungen üb. e. „amtl. Bekanntmachung, emanirt aus d. Hamb. Rathversamml. d. 13. Octbr. 1831." gr. 8. (8 B.) Altona 831, Hammerich.

—— dass. (2. Hft.) 1. Baustück. Präliminarien zu d. Begriffen Miasma u. Contagium. — 2. Baustück. Beitr. zur Erörterung d. Streitfrage, ob u. wie d. indische Cholera aus Asien zu uns gekommen ꝛc. gr. 8. (3 B.) Ebds. 831.

—— dass. (3. Hft.) Enthält: 1) Geschichte d. Fehde zwischen d. Contagionisten u. Miasmatikern. 2) Gift — Miasma — Contagium, e. Parallele. gr. 8. (5½ B.) Ebds. 832.

Steinheim, S. L., Moses Mardochai Büdinger, Dr. phil. Lebensbeschreibung eines israelit. Schulmannes, aus dessen hinterlassenem Tagebuche u. nach ergänzenden Mittheilungen seiner Gattin abgefaßt. gr. 8. (12 B.) Altona 844. Leipzig, Goetz? *

—— Doctrina veterum de Lieno, ex locis medicor. principum digesta. 4maj. (5¼ B.) Hamburgi 833, [Perthes-Besser et Mauke.]

– die Entwickelung der Frösche, ein Beitrag z. Lehre der Epigenese. gr. 8. Hamb. 820. Fr. Perthes. 18 gr

—— Erläuterungen zum näheren Verständnisse d. Humoralpathologie. Mit Bezugnahme auf d. Hrn. etc. (Joh.) Stieglitz's patholog. Untersuchn. gr. 8. (2¼ B.) Altona 833, (Aue.)

– üb. die ernsthafte Gattung der Schwärmerei. 8. Altona 818. Hammerich. 8 gr

— s. Gesänge aus der Verbannung. 1829.

Steinheim, S. L., Gesänge aus d. Verbannung, welche sang Obadiah ben Amos, im Lande Ham. Auf's neue hrsg. gr. 12. (4½ B. u. 1 Titbild.) Frankfurt a. M. 837. [Leipzig, Kersten.]

Steinheim, S. L., Gesänge aus der Verbannung, welche sang Obadiah ben Amos, im Lande Ham. Auf's neue herausg. (Mit Titelbild.) gr. 12. Frankfurt 837. Schmerber. 5/8 rtl

—— die Glaubenslehre der Synagoge als exacte Wissenschaft. A. u. d. T.: Die Offenbarung nach dem Lehrbegriffe der Synagoge. 3. Thl.: Die Polemik. Der Kampf der Offenbarung mit dem Heidenthume, ihre Synthese und Analyse. gr. 8. (XVI und 420 S.) Leipzig 863, Leiner. *

—— dass. — 4. Thl. in 2 Abthlgn. gr. 8. (598 S.) Ebendas. 865. *
1. und 2. Thl. Ebendas. 1835,56. * 2 Thlr.

– die Humoralpathologie. Ein kritisch-didakt. Versuch. gr. 8. Schlesw. 826. Taubst.-Inst.; (a. Cnobloch in Lpz.) 2 rtl 8 gr

—— die Humoralpathologie aus prakt. Interesse u. auf zoochem. Basis. N. d. Hrn. W. Stevens Schrift: „Observations on the healthy and diseased state of the blood." gr. 8. (4 B.) Hamburg 833, (Perthes-Besser u. Mauke.)
Aus dem „Magazin d. ausländ. Literat. d. gesammt. Heilkunde, hrsg. v. G. H. Gerson u. N. H. Julius" abgedruckt.

STEINHEIM, [SALOM. LEVI], Die Kunst. Rede gehalten im Verein für Kunst in Altona am 19. Oct. 1812. U. St. 4. P. (U. Titelbl.).

— Meditationen über die Verhandlungen in der holst. Ständekammer in Betreff der Petition mosaischer Glaubensgenossen wegen Ertheilung des Bürgerrechts, in d. 41. Sitzung am 22. Nov. 1838. Altona. 1839. P. [Neue Folge udkom. Sm. St. 1841].

Steinheim, S. L., Meditationen über die Verhandlungen, betreffend die bürgerliche Stellung der Mosaiten in den Ständeversammlungen Schleswig-Holsteins im Jahre 1840. Neue Folge. gr. 8. Altona 841. (Hammerich.) 1/3 rtl

——, Moses Mendelssohn u. seine Schule in ihrer Bezieh. z. Aufgabe d. neuen Jahrhund. d. alten Zeitrechn. gr. 12. (6½ B.) Hamburg 840, Hoffmann u. Campe.

Moses und Michel Angelo. Aus dem Nachlasse von S[alomon] L[evy] Steinheim. Einl. von Dr. L[eopold] Lucas. *[Glogau 1902.]* (21 S.) 8° [Kopft. S.]

— Natur und Kunst. Rede gehalten zum Abschiede im Verein für Kunst d. 5. Apr. 1813. Altona. 4. P.

—— die Offenbarung nach d. Lehrbegriffe d. Synagoge, e. Schiboleth. 1. Thl. gr. 8. (24½ B.) Frankfurt a. M. 835. [Leipzig, Kersten.]

— die Offenbarung nach dem Lehrbegriffe der Synagoge, ein Schiboleth. 1r Thl. gr. 8. Frankfurt 835. Schmerber. n. 1 rtl

Steinheim, S. L., die Offenbarung nach dem Lehrbegriffe der Synagoge. 2. Thl. A. u. d. T.: Die Glaubenslehre der Synagoge als exacte Wissenschaft. In 25 Vorträgen vor einem gebildeten Publicum: Ueber das Wesen und die Charaktermerkmale der Offenbarung. gr. 8. (XVI und 468 S.) Leipzig 856, (Gerhard.) Thlr. *
1. Thl. Frankfurt a/M. 1835. 1 Thlr. 26¼ Ngr.

—— die Offenbarung vom Standpuncte d. höh. Kritik. Eine Prüf. d. Darstell. d. Prof. W. Vatke in dess. Schrift: „Die Religion d. Alt. Testaments nach d. kanon. Büchern entwickelt. Berl., 1835." gr. 8. (11¾ B.) Kiel 840, Univers.-Buchh.
Aus: Theolog. Mitarbeiter, 3. Jahrg. 1. u. 2. Hft., besond. abgedruckt.

—— **die Politik nach dem Begriffe der Offenbarung, als Theokratie. Mit Bezugnahme auf die Republik Platon's u. die Politik des Aristoteles. gr. 8. (8½ B) Leipzig 845, Teubner.**

—— offenes Sendschreiben an d. Obergerichtsadv. Lock, Abgeordneten d. 5. Wahldistrictes in Holstein, betreff. d. Emancipation d. Mosaiten in d. Herzthümern, bei Gelegenheit d. 3. Diät im J. 1840 verfaßt. gr. 8. (1 B.) Altona 840, [Dessau,] Aue.

— Sinai. Gesänge von Obadiah, dem Sohne Amos. Altona. 1823.

— Ueber den Typhus im J. 1814 in Altona. Altona. 1815.

– üb. den Typhus im J. 1814 in Altona. gr. 8. Altona 815. Hammerich. 1 ₰

⊙ Versuch über die ernsthafte Gattung der Schwärmerei v. Simon Levi **Steinheim.** Altona. (1818.) 8°.

Steinheim, Simon Levi, s. S t e i n h e i m , Salomon Ludwig

Steinheimer, Ludwig [cand. med. aus Niederwerrn (Bayern)]: Ueber Puerperalpsychosen .... Würzburg, Paul Scheiner's Buchdr., 1887; 31 S. 8°
Würzburg, Med. Fak., Inaug.-Diss. v. 1887

S t e i n h e i m e r, L u d w i g, über Puerperalpsychosen. Diss. Würzburg 1887, Stahelsche Univ.-Buchh. 8°. 31 S.

Steinherz, S., s.: B r u s, Ant., Briefe.

Steinherz, S., d. Nuntien Hosius u. Delfino 1560—1561, s.: **N u n t i a t u r b e r i c h t e aus Deutschland.**

STEINHERZ, Samuel: Die italienische Politik König Ludwigs I. von Ungarn, 1342—1352. — 1881. 114 S. Diss. Graz, Univ.

S t e i n h e u e r, H., Waldhornklänge. Jagdlieder nach bekannten Melodieen. 32. Essen 884. Neudamm, Neumann. — 25

S t e i n h e u e r, H., Waldhornklänge. Jagdlieder nach bekannten Melodieen. Mit einem Anhang älterer Lieder. 32. (48 S.) Essen 884, Silbermann.

Steinheuer's W a l d h o r n k l ä n g e. Jagd- u. Waldlieder, nebst e. Anzahl der beliebtesten Vaterlands-, Volks- u. Trinklieder. Ein Lieder- u. Kommersbuch für deutsche Forstmänner u. Jäger, umfass. 200 Lieder. 2. Aufl. 11.—15. Taus. 16. (152 S.) Neudamm 897. J. Neumann. n. — 50

Steinheuer's Waldhornklänge. Jagd- u. Waldlieder nebst e. Anzahl der beliebtesten Vaterlands-, Volks- u. Trinklieder. Ein Lieder- u. Kommersbuch f. deutsche Forstmänner u. Jäger, umfassend 200 Lieder. 3. Aufl. 16. bis 21. Taus. (152 S.) gr. 16. Neudamm (903). J. Neumann. Kart. n. — 50

Steinheuer, Heinr., d. Kriegers Heimkehr. Patriotisches Schauspiel m. Gesang in e. Akt. 8. (26 S.) Köln 871. Bachem. n. — 75

S t e i n h e u e r, Heinr., Lust und Leid. Gedichte. 16. (292 S.) Köln 883, Bachem. * 4 —

Steinheuer, H., der Sonntagsjäger, } s.: T h e a t e r, kleines.
— der Steckbrief, }

S t e i n h i l b e r Fr., das Sägewerk und seine Nebenbetriebe. 2. Auflage. (275 S) Munchen 1909

S t e i n h i l b e r, J., die vier Grundrechnungsarten mit einfach und mehrfach benannten Zahlen. Nach § 116—160 der „Methodischen Grammatik des Schulrechnens von O. v. Fischer, Oberstudienrath, Stuttgart 1872" und gemäß der auf Antrag des deutschen Bundesrathes durch hohen Erlaß des königl. württembergischen Gesammtministeriums Ende Dez. 1877 angeordneten abgekürzten Schreibweise der metr. Maße und Gewichte, auch Münzen für untere Gymnasial- und Realklassen und verwandte Anstalten. 8. (IV, 81 S.) Heilbronn 878, Schmidt's Sortiment. *

Steinhöfel, E., wie erlange ich e. schöne Handschrift? Eine moderne Schreibschule u. leichtfaßl. Anleitung, in kurzer Zeit seine Handschrift bedeutend zu verbessern. Mit 32 Taf. u. viel. Textabb. (III, 100 S.) gr. 8. Berlin (908). Neufeld & Henius. 1.50

Steinhöfel, Jh. Fr., Religionsvorträge z. Beförder. d. christl. Sittsamkeit. Mit e. Vorrede u. e. Dorfpredigt herausgg. v. Chr. G. Perschke. 8. Bremen 776. Cramer. 10 gr.

Steinhofer, Friedrich Christoph: Die unermüdliche A r b e i t eines evangelischen Lehrers in seinem Amt. – Saalburg: Lumscher [um 1764]. 32 S.

Steinhofer, Frdr. Chrph., († d. 11. Febr. 1761), der erste Brief Johannis erbaulich erklärt. 12. (VI u. 640 S.) **Hamburg 848, Agentur des Rauhen Hauses. 1 ₰**

S t e i n h o f e r, Friedr. Chrph., der erste Brief Johannis erbaulich erklärt. 2., unveränd. Aufl. 12. (VII und 612 S.) Hamburg 856, Agentur des Rauhen Hauses. *-

S t e i n h o f e r, Friedr. Chrph., Christologie, oder die Lehre von Jesu Christo, dem Sohne Gottes, unserm Herrn. 2. Ausg. 8. (XVIII und 160 S.) Tübingen 864, Heckenhauer.

Steinhofer, F. C., Christologie, ob. die Lehre v. Jesu Christo. gr. 8. Nürnb. 797. Raw. 10 gr. Hbg. Pr. 6 gr.

– CHRISTOLOGIE, oder die Lehre von Jesu Christo, dem Sohne Gottes, unserm Herrn. Von Hn. M. Fried. Christoph Steinhofer. – Nürnberg: Raw 1797. 201 S.
– 2. Ausg. – Tübingen: Heckenhauer 1864. XVIII, 152 S.

— die Ehrentitel unseres Herrn u. Heilandes Jesu Christi. Zusammengetragen für junge u. alte Christen von einigen wahrheitsliebenden Freunden. 8. (IV u. 37 S.) Reutlingen 849, Mäcken Sohn. 4 ngr

– E n t w u r f eines theologischen Sendschreibens von dem Unterschied der gemeinen Kirchenverfassung und der besondern Anstalten und Gemeinen. – Stuttgart 1764. – in: Roos, Magnus Friedrich: Christliche Gedanken von der Verschiedenheit und Einigkeit der Kinder Gottes. S. 108–124.
– – 2. Aufl. – (1775).

STEINHOFER, FRIEDRICH CHRISTOPH: Erklärung des ersten Briefs Johannis (Mit einer Vorrede: Von dem Blut der Besprengung). Tübingen 1762.
Vorr.: Joh. Christian Storr.

—— E r k l ä r u n g der Epistel Pauli an die Römer. Mit einem Vorwort von J. T. Beck. gr. 8. (VIII und 251 S.) Tübingen 851, Fues, Vrlgsh. *

Steinhofer, Frdr. Chrph., G e d a n k e n über das Leben im Glauben des Sohnes Gottes. Basel 868. Spittler. 8. (IV, 204 S.) n. 12 ngr

– M. Frid. Christoph Steinhofers SELIGE UND HEILIGE GEMEINSCHAFT DER GLÄUBIGEN MIT DEM DREIEINIGEN GOTT in einer durchgehends auf Erkenntniß und Erfahrung gerichteten Erklärung des Ersten Briefs Johannis zur Erbauung vorgetragen und nach seinem Tode auf Begehren nebst dessen Lebenslauf mit einer Vorrede von dem Blut der Besprengung hrsg. von Johann Christian Storr. – Tübingen: Berger 1762. 779 S.

S t e i n h ö f e r, Fr. Chr., selige u. heil. **G e m e i n s c h a f t** der Gläubigen mit Gott in e. Erklär. d. 1sten Briefes Johannis. 8. Tubing. Heerbrand. 762.

Steinhofer, Fr. Cph., († d. 17. Febr. 1761.) selige u. heil. Gemeinschaft der Gläubigen mit Gott, in e. Erklär. des 1n Briefes Johannis. 8. Tübing. 762. (Osiander). 1 ₰ 8 gr. Schreibp. 1 ₰ 16 gr.

Steinhofer, Friedrich Christoph (Hrsg.), s. G e s a n g b u c h , Evangelisches, in einem hinlänglichen Auszug . . .

– EVANGELISCHER GLAUBENS-GRUND in der heilsamen Erkenntniss Jesu Christi . . . der . . . 1752 gehaltenen Predigten. – Tübingen: Berger 1753.

– – Evangelischer Glaubens-Grund. 23 Predigten aus der Paßionsgeschichte. o.O. u.J. *(Vorr. Zavelstein 1751).*

– – Leipzig & Saalburg: Lumscher (1754) 347 S.

– – Evangelischer Glaubens-Grund in der heilsamen Erkenntniß der Leiden Jesu Christi, aus den vornehmsten Umständen der heiligen Passions-Geschichte in 23 Predigten mit möglichster Kürze, Einfalt und Deutlichkeit dargethan von M. Friedrich Christoph Steinhofer. – Tübingen: Berger 1754. 564 S.

— evangel. Glaubensgrund in d. Erkenntniß Jesu aus d. Evangelien in e. Auszug der 1752 gehalt. Predigten. 8. Tübing. 753. Heerbrand. 1 ß Schrbp. 1 ß 8 gr

— evangel. Glaubensgrund in der heilsamen Erkenntniß Jesu Christi aus d. Sonn-, Fest- u. Feiertags-Evangelien u. der Passionsgeschichte in Predigten dargethan. 4. Tübing. 753. N. A. 754. u. 773. Heerbrand. 2 ß 4 gr

Steinhofer, Fr. Cph., evangel. Glaubensgrund der heilsamen Erkenntniß der Leiden Christi aus d. Umständen der Passionsgeschichte in 23 Predigten. 4. Tübingen 754. Heerbrand. 12 gr

EVANGELISCHER GLAUBENS-GRUND. – Tübingen: Berger 1755.

– 2. Aufl. Leipzig & Ebersdorf: Lumscher o.J. [zwischen 1755 und 1771].

Friedrich Christoph Steinhofers EVANGELISCHER GLAUBENS-GRUND in der heilsamen Erkenntniß Jesu Christi, wie auch besonders Seiner heiligen Todes-Leiden, theils aus den Sonn- Fest- und Feyertäglichen Evangelien, theils aus den vornehmsten Umständen der Paßions-Geschichte, mit möglichster Kürze, Einfalt und Deutlichkeit in ordentlichen Predigten dargethan. Nebst dreyfachem Register und Einem neuen Anhang vier von dem seel. Herrn Verfasser ehmals gehaltenen Leichenreden. *(aus den Jahren 1745. 1746.)* Tübingen: Berger 1763.

– EVANGELISCHER GLAUBENS-GRUND in der heilsamen Erkenntniß Jesu Christi aus denen sonn-, fest- und feyertäglichen Evangelien. In einem ordentlichen Jahrgang gehaltener Predigten mit möglichster Kürze, Einfalt und Deutlichkeit dargethan. Speyer: Gegel 1766. 996 S.
3., und verm. Aufl. Frankfurt & Leipzig: Lumscher 1772. 771 S.

– EVANGELISCHER GLAUBENS-GRUND. – Barmen: Wulfing; Elberfeld: Hassel 1834. 387 S.

Steinhofer, Fr. Cph., evangel. Glaubens-Grund in Predigten für alle Sonn-, Fest- u. Feiertage. Aufs Neue durchgesehen von Alb. Knapp. In 4 Hftn. gr. 8. Stuttgart 845, 46, Belser'sche Buchh. à 1/4 ß

EVANGELISCHER GLAUBENS-GRUND . . . Aufs Neue durchges. von Albert Knapp. Stuttgart: Belser 1846. XII, 804 S.

— evangel. Glaubens-Grund in der heilsamen Erkenntniß der Leiden Jesu Christi. Aus den vornehmsten Umständen der heil. Passions-Geschichte in 23 Predigten mit möglichster Kürze, Einfalt u. Deutlichkeit dargethan. gr. 8. (387 S.) Barmen 848, Sartorius. n. 2/3 ß

—— evangelischer Glaubens-Grund in der heilsamen Erkenntniß der Leiden Jesu Christi. Aus den vornehmsten Umständen der heil. Passions-Geschichte, in 23 Predigten mit möglichster Kürze, Einfalt und Deutlichkeit dargethan. gr. 8. (VIII und 342 S.) Barmen 854, Sartorius.

— evangelischer Glaubens-Grund in der heilsamen Erkenntniß Jesu Christi aus den Sonn- u. Festtags-Evangelien in einem ordentlichen Jahrg. gehaltener Predigten dargethan. Neu durchgesehen u. mit einem Anhang von 5 Predigten verm. Augsburg 867. (Frankfurt a. M., Heyder & Zimmer.) Lex.-8. (IV, 528 S.) n. 1 ß 6 ngr

Steinhofer, F. Chr., evangelischer Glaubens-Grund in der heilsamen Erkenntniß JEsu Christi, aus den Sonn- u. Festtags-Evangelien in e. ordentlichen Jahrgang gehaltener Predigten in möglichster Kürze, Einfalt u. Deutlichkeit dargethan. gr. 8. (634 S.) Rothenburg o/T. 887. Peter. geb. n. 2. 50

– EVANGELISCHER GLAUBENS-GRUND. – Rothenburg o.T.: Peter 1888.

– EVANGELISCHER GLAUBENS-GRUND. – Rothenburg: Peter 1903.

– DIE HAUSHALTUNG DES DREIEINIGEN GOTTES. – Frankfurt & Leipzig: Lumscher 1772. 195 S.

– DIE HAUSHALTUNG DES DREIEINIGEN GOTTES in Seinen innern Verhältnissen und besondern Wirkungen zum Heil der Menschen. In einer Sammlung Neun bey verschiedener Zeit und Gelegenheit gehaltener Predigten und etlicher kürzern Reden nach den Hauptgründen derselben vorgetragen und auf Begehren dem Druck überlassen von M. Friedrich Christoph Steinhofer. Tübingen: Berger 1759. 547 S.

– – Tübingen 1761.

Steinhofer, Friedr. Chrstph., die Haushaltung d. dreieinigen Gottes in seinen innern Verhältnissen u. besond. Wirkungen z. Heil d. Menschen. In e. Samml. v. neun bei verschied. Zeit u. Gelegenheit gehalt. Predigten u. einigen kürzern Reden nach d. Hauptgründen ders. vorgetr. 3 Thle. Neue Ausg. (mit dem Lebens-Abriß d. Verf.) gr. 8. (18 B.) Barmen 837, [Castrop,] Falkenberg'sche Buchh.

– VIER LEICHENREDEN. (Tubingen 1763.)

— tägl. Nahrung d. Glaubens nach d. Zeugnißen d. Epistel an die Ebräer, in Predigten. 2 Thle. 8. Ebersdorf 743. N. A. 746. 8. Tübing. 761. (Osiander). 1 ß

– TÄGLICHE NAHRUNG DES GLAUBENS. Aus der Erkenntniß Jesu. NACH den wichtigsten Zeugnissen DER EPISTEL AN DIE EBRÄER. Der Gemeine in Ebersdorf in ihren verschiedenen Versammlungs-Stunden von Anfang des Jahres 1743 in kurzen Reden vorgelegt. T. 1. 2. – Schleitz 1743–1746: gedruckt bey Johann Gottlieb Maucken. 448, XII, 394 S.

– – o.O. 1744.

— tägl. Nahrung des Glaubens aus der Erkenntniß Jesu Christi nach den wichtigsten Zeugnissen der Epistel an die Colosser. 8. Ebersdorf 744. N. A. 8. Tübing. 751. Heerbrand. 12 gr

– TÄGLICHE NAHRUNG DES GLAUBENS . . . NACH . . . DER EPISTEL AN DIE COLOSSER. Ebersdorf 1744.

– – Tägliche Nahrung des Glaubens Aus der Erkenntniß Jesu, Nach den lehrhaften Zeugnissen der Epistel an die Colosser, In einem vollständigen Auszug der darüber gehaltenen öffentlichen Reden, zum gemeinen Nutzen vorgelegt, Von Friederich Christoph Steinhofer. Frankfurt & Leipzig: Lumscher 1751. 438 S.

– – Tübingen: Schramm 1752.

TÄGLICHE NAHRUNG DES GLAUBENS . . . NACH . . . DER EPISTEL AN DIE COLOSSER. Hrsg. von Johann Rudolph Jäncke. Franckfurt & Leipzig 1764. 696 S.

– [TÄGLICHE NAHRUNG DES GLAUBENS NACH DER EPISTEL AN DIE EBRÄER, schwedisch]. 2. Aufl. – Stockholm 1828.

— tägliche N a h r u n g des Glaubens aus der Erkenntniß Jesu. Nach den wichtigsten Zeugnissen der Epistel an die Ebräer ehedem in kurzen Reden vorgetragen. Neue Aufl. gr. 8. Tübingen 844, Osiander. n. 1/2 ß

Tägliche N a h r u n g des Glaubens . . . nach . . . der Epistel an die Ebräer. Neue Aufl. Tübingen: Osiander 1844. X, 312 S.

– TÄGLICHE NAHRUNG DES GLAUBENS AUS . . . DER EPISTEL AN DIE COLOSSER. Vollständiger Auszug der darüber gehaltenen öffentlichen Reden von M. Friedrich Christoph Steinhofer. Neue Aufl. Stuttgart: Evang. Bücher-stiftung 1853. VIII, 318 S.

— tägliche Nahrung des Glaubens aus der Erkenntniß Jesu. Nach den wichtigsten Zeugnissen der Epistel an die Hebräer, ehedem in kurzen Reden vorgetragen. Neue, nach dem Original sorgfältig durchges. Aufl. Mit dem Bildniß Steinhofers (in Stahlst.) u. einem Vorwort von Ed. Karl Aug. Riehm. Ludwigsburg 859. Riehm. (Basel, Balmer & Riehm.) 8. (XXXII, 568 S.) n. 21 ngr

Steinhofer, Frdr. Christ., Predigt üb. die Stiftung d. heil. Abendmahls. 8. (16 S.) Elberfeld 886. Buchh. d. Evangel. Gesellschaft. n. — 10

PREDIGT UEBER DIE VERURTHEILUNG JESU ZUM TODE. Gehalten in Zavelstein bei Calw vor 100 Jahren von M. Friedrich Christoph Steinhofer. Nagold 1853. 16 S.

– [PREDIGT] ÜBER DIE VERURTHEILUNG JESU ZUM TODE. Eine Stimme aus dem vorigen Jahrhundert von M. Friedrich Christoph Steinhofer. Stuttgart: Evang. Gesellschaft [um 1860]. 24 S.

— Predigten über die sonn-, fest- und feiertägl. Evangelien u. andere Texte, zum ersten Mal aus seinen Original-Handschriften herausgeg. Bevorwortet von Alb. Knapp. (In 6 Heften.) 1. u. 2. Hft. gr. 12. Tübingen 846, Fues. à 1/4 ₰

— Predigten üb. die Haushaltung des dreieinigen Gottes, in seinen Wirkungen zum Heile der Menschen. 8. Tübing. 759. N. A. 761. (Osiander). 16 ₰

—— neue Predigten über die sonn-, fest- u. feiertägl. Evangelien u. andere Texte. Zum ersten Male aus seinen Original-Handschriften hrsg. Bevorw. v. Alb. Knapp. gr. 8. (43 3/4 B.) Tübingen 846, Fues, Brlgsh.

— Predigten üb. die Passion. 8. Tübing. 754.

— Predigten üb. die Sonn-, Fest- u. Feiertage, mit Mosers Liedern. 4. Tübing. 763. (Osiander). 2 ₰ 12 ₰

– PREDIGTEN ÜBER DIE SONN- FEST- UND FEIERTAGS-EVANGELIEN und andere Texte. Stuttgart 1846.

– CHRISTLICHE REDEN ÜBER DEN GNADENSTAND DER GLÄUBIGEN nach den Zeugnissen des Briefs Pauli an die Römer. Neu ges. und hrsg. – Stuttgart: Evang. Bücherstiftung 1871. 132 S.

—— christliche Reden über den Gnadenstand der Gläubigen nach den Zeugnissen des Briefs Pauli an die Römer. 8. (140 S.) Stuttgart 872, Evang. Bücherstiftung. *
geb. * 75 Pf. und *

— Reden üb. das Leben u. d. Wandel Jesu auf Erden. 8. Tübing. 763.

—— Reden über die Versöhnung der Welt mit Gott. 8. (IV, 367 S.) Reutlingen 874, Baur.

Steinhofer, Friedr. Chrph., die dreißigjährige Stille unseres Herrn und Heilandes Jesu Christi auf Erden; nebst 2 kleineren Abhandlungen: Evangelischer Wegweiser zu einer ganzen Bekehrung und Beschreibung eines einfältigen Herzens. Neue Aufl., 3. Abdr. 8. (96 S.) Stuttgart 876, (Buchh. der evangel. Gesellschaft.) *

Steinhofer, Frdr. Chrph., die dreißigjährige Stille uns. Herrn u. Heilandes Jesu Christi auf Erden. Nebst 2 kleineren Abhandlgn.: Evang. Wegweiser zu e. ganzen Bekehrg. u. Beschreibg. e. einfält. Herzens. Neue Aufl., 4. Abdr. 8. (94 S.) Stuttgart 895. Buchh. d. Evang. Gesellschaft. Kart. n. — 50;
geb. in Leinw. n. — 80; m. Goldschn. n. 1. —

Steinhofer, Frdr. Chrph., die dreißigjährige Stille unsres Herrn u. Heilandes Jesu Christi auf Erden, nebst zwei kleineren Abhandlgn. 5. Aufl. (94 S.) kl. 8. Stuttgart 905. Buchh. der ev. Gesellschaft. Kart. — 50;
geb. in Leinw. — 80; m. Goldschn. 1. —

Steinhofer, Frdr. Geo., Reden üb. die Versöhnung der Welt m. Gott. 8. (IV, 367 S.) Reutlingen 874. Baur. 2. 70

Steinhofer, Jh. Ulr., († 1757.) Ehre d. Herzogth. Würtemberg in s. durchlaucht. Regenten, od. neue würtemberg. Chronik. 4 Thle. 8. Stuttg. 744—55. Steinkopf; (a. Osiander in Tübing.) 4 ₰

Steinhoferi, J. Ulr., Graecia sacra, hoc est, Ritus et consuetudines veterum Graecorum circa sacra. Tubing. 734. 8. 6 gr. Jetzt 1 rthl.

— Graecia sacra, h. e. ritus atque consuetudines veterum Graecornm. 8. Tübing. Cotta. 734.

— s. G. W. Leibnitz, tentamen.

Steinhöfer, J. U., d. Wichtigkeit d. Lehre v. d. Geheimniß d. hochheil. Dreyeinigkeit. 8. Ebend. 737.

Steinhöfer, J. U., s. Steinhofer, Jh. Ulr.

Steinhöfer, Jos., entdecktes Geheimniß glücklich im Lotto zu spielen, nach Beispielen erläutert u. bewiesen. 8. (20 S. m. 1 lith. Taf.) Erfurt 847, Bartholomäus. 1/6 ₰

STEINHÖFER, Julius: De inquisitione sacra. — (1876) 98 S. 8° (Handschr.)
Diss. Wien, Univ. Diss. 375

Steinhoff, A., Waffentanz, s. a. Kühling, A., u. Güttner's Sammlung v. lebenden Bildern 2c.

[F.] Waffentanz. Auszuführen v. 17 Herren. Von A. Steinhoff, Sergeant. M. 6 Figurentaf. *Berlin: Kühling & Güttner [1894].* (1 Bl., 5 S.) 1 Bd 8.
= Sammlung, Kühling & Güttner's, v. lebenden Bildern. H. 2. ∕6. 56-7

Waffentanz. Auszuführen von 17 Herren. Von A. Steinhoff, Sergeant. Mit 6 Figurentaf. *Berlin: Kühling & Güttner [1896].* (5 S.) 8° [F.]
= Sammlung, Kühling & Güttner's, von lebenden Bildern. H. 2. fol. 1031

Steinhoff, Alexander

Steinhoff, Alex., die natürliche Behandlung u. Heilung der Tuberculose. gr. 8. (62 S.) Berlin 894. G. Buschhardt. 1. 50

Steinhoff, Alex., d. natürliche Behandlg. u. Heilg. der Tuberculose (Lungenschwindsucht). 2., völlig umgearb. u. verm. Aufl. gr. 8. (III, 89 S.) Berlin 897. H. Schildberger. n. 1. 50

Steinhoff, Arthur [pr. Arzt]: Beiträge zur Kenntnis der Spontanresorption des Altersstaares ... Breslau, Druck d. Bresl. Gen.-Buchdr., 1896; 2 Bl., 43 S. 8.
Breslau, Med. Fak., Inaug.-Diss. v. 8. Aug. 1896

Steinhoff, Arth., Beiträge zur Kenntnis d. Spontanresorption d. Altersstaares. Diss. gr. 8. (43 S.) Breslau 896. (Schlotter.) n. 1. —

Steinhoff, Aug., Bleichsucht u. Blutarmut. Entstehung, Verhütg., Behandlg. u. Heilg. (40 S.) 8. Berlin (906). Deutscher Verlag. n. — 90

— die Darmkrankheiten unter besond. Berücksicht. der Blinddarmentzündung, deren Entstehg., Verhütg., Behandlg. u. Heilg. gemeinverständlich dargestellt. (84 S.) 8. Ebd. (905). n. 1. 25

— die Krebskrankheit am menschlichen Körper. Entstehung, Verhütg., Behandlg. u. Heilg. (44 S.) 8. Ebd. (906). n. 1. -

Steinhoff, C., Rechenknecht von 1 Pfennig bis zu 1 Mark bezw. 1 Mark bis 100 Mark, von 1/10 bis 300 Stück, Meter, Kilogramm, Schicht, Tag od. sonst etwas, worin man sogleich finden kann, wie viel mehrere Stücke kosten, wenn der Preis e. Stückes so u. soviel ist. Nebst Zinsen-Tabellen zu 3, 3 1/2, 4, 4 1/2, 5 u. 6 pro Cent auf 1 Jahr, 1 Monat u. 1 Tag von 1 bis 1000 Mark u. Vergleichs-Tabellen zwischen dem am 1. Januar 1872 eingeführten neuen u. den bisher. alten Maaße u. Gewichten. 16. (131 S.) Kattowitz 874. Siwinna. n. — 75

Steinhoff, E., Zins-Tabelle zu 3, $3\frac{1}{2}$, 4, $4\frac{1}{2}$, 5 und 6 pro Cent auf 1 Jahr, 1 Monat und 1 Tag. gr. 16. (24 S.) Kattowitz 875, Siwinna.

—— Zins-Tabellen zu 3, $3\frac{1}{2}$, 4, $4\frac{1}{2}$, 5 nnd 6 pCt. auf 1 Jahr, 1 Monat und 1 Tag von 1 bis 100 Mark. 2. und 3. Aufl. gr. 16. (24 S.) Ebendas. 875—79.

Steinhoff, Franz [approb. Arzt aus Niedermarsberg]: Beobachtungen über Otitis externa crouposa . . . . Leipzig, Druck v. J. B. Hirschfeld, 1886; 2 Bl. + 24 S. u. 1 Taf. 8°
München, Med. Fak., Inaug.-Diss. v. 1888

Steinhoff, Franz, Beobachtungen über Otitis externa crouposa. Diss. München 1886, A. Buchholz. 8°. 24 S. mit einer Taf.

Steinhoff, Friedr., das Königthum u. Kaiserthum Heinrich III. Eine verfaszungsgeschichtliche Monografie. Göttingen 865. Deuerlich'sche Buchh. gr. 8. (81 S.) n. 15 ngr.

Steinhoff, Friedrich Ludwig Karl, s. Alken, Henry: Das Schöne und Mangelhafte ...

Steinhoff, F[ried] L. C.: Handbuch der practischen Anatomie der Haussäugethiere, besonders des Pferdes, mit Berücks. d. Physiologie. Hamburg 1840. VI, 345 S.

Steinhoff, F. L. C., Handbuch d. pract. Anatomie d. Haussäugethiere, besond. d. Pferdes, mit Berücksichtig. d. Physiologie. gr. 8. ($22\frac{1}{8}$ B.) Hamburg 840, Hoffmann u. Campe. *

Steinhoff, Fr. L. C., Katechismus üb. die Kenntniß u. Behandlung des Pferdes u. seiner gewöhnl. Krankheiten. Mit 2 Steintaf. 8. Rostock 824. Stiller. 1 ₰

— Mittel gegen die Lungenseuche d. Rindviehes. 8. Rostock 815.

Steinhoff, J., Einführung in das Unterrichts-Verfahren beim Rechnen auf der Unterstufe. [Zahlenkreis von 1 bis 100.] 8. (60 S.) Aachen 888. Barth. n. — 60

Steinhoff, J., De usu nominum urbium insularum terrarum Curtiano. Diss. 1883. 45 S.

Steinhoff, Jh. Eph., († d. 30. Juni 1799.) Beantwort. d. Anfrage üb. die Kenntniß u. Heilung der sogenannten Salzkrankheit bei den Pferden. 4. Schwerin 795. Bärensprung. (Bödner); (a. Wienbrack in Leipz.) 6 Ƙ

Steinhoff J. C.: Kenntniss u. Heilung d. sogenannten Rotz-Krankheit bey Pferden. Schwerin 1795. 28 S. (Særtr.).

Steinhoff, J. C., Kenntniß u. Heilung d. sogenannt. Rotzkrankheit bey d. Pferden. 4. Schwerin, Bärensprung. (Bödner.) 795.

Steinhoff, Joh. Christoph, Kenntnis u. Heilung der sog. Salzkrankheit bei den Pferden. 4°. Schwerin 795. (Wienbrack. Leipzig.) M. .75

Steinhoff, Jos., Einführung in das Unterrichts-Verfahren beim Rechnen auf der Unterstufe. [Zahlenkreis von 1 bis 100.] 8. (60 S.) Aachen 888, Barth. * — 60

Steinhoff, Jul., Bilder aus der Kulturgeschichte Badens. 8. (III, 162 S.) Karlsruhe 901. [K. Scherer.] Weinheim, F. Ackermann. n. 2.20; geb. in Leinw. n. 2.50

Steinhoff, Jul., Großherzog Friedrich v. Baden. Zur Feier d. 70. Geburtstages. Mit 5 Porträts u. 2 Abb. 8. (IV, 103 S.) Karlsruhe 896. K. Scherer. Geb. in Leinw. n. 2. —

Steinhoff, R.

— Luftkurort Blankenburg am Harz. Geschichte der Grafschaft, Führer durch die Stadt, ihre Sehenswürdigkeiten u. ihre Umgebg. 12. (VIII, 72 S.) Blankenburg a/H. 889. Vieweg's Filial-Buchhandlg. cart. n. — 80

– Das Fortleben des Plautus auf der Bühne. 23 S. Blankenburg 1881. 4°. Progr.

Steinhoff, R., Geschichte der Grafsch. bezw. d. Fürstent. Blankenburg, der Grafsch. Regenstein u. d. Klosters Michaelstein. Mit 12 Illustr. gr. 8. (VIII, 192 S. m. e. Stammtaf.) Quedlinburg 891. Vieweg. n. 4. —

Steinhoff, Prolegomena zu Plautus' Amphitruo. I. Pr. 1872. 31 S. 4°.
— — II. Pr. 1879. 19 S. 4°.

Steinhoff, R., der Regenstein. Mit e. (lith.) Karte u. e. Stammtafel. 12. (97 S.) Blankenburg 883. Brüggemann. cart. n.n. — 75

Steinhoff, W., Studienplan für die praktische Ausbildung an der deutschen Hochschule für Leibesübungen, Entw., 8°.

STEINHOFF, Werner. Der Fall Hammann. Berlin, Herm. Walther, 1908.
Verb. Berlin 9. 12. 08.

Steinhorn, A., Lotterie-Spielbuch, oder: Wie ist es möglich, aus dem Zahlenlotto einen Treffer zu machen. 8. (128 S.) Wien 866, Leo. *

Steinhorst, Grosbrittanniens Ausführung d. Rechts auf dieses Amt. Fol. Hannov. 739.

Steinhorst, Hermann: Studien über die Konstitutionsermittelung monohalogenisierter mono- und dialkylierter Mono-Ketone der Cyklohexanreihe. Hildesheim 1910: Lax. 70 S. 8°
Göttingen, Phil. Diss. v. 12. März 1910, Ref. Wallach
[Geb. 1. Nov. 85 Alt-Krakow; Wohnort: Alt-Krakow; Staatsangeh.: Preußen; Vorbildung: Realgymn. Kolberg Reife O. 05; Studium: Halle 2, Göttingen 8 S.; Rig. 6. Jan. 10.] [U 10. 1473

Steinhorst, Herm., der Universal-Rechnenknecht. Ein Ausrechner für den Kleinhandel, gleichviel ob der Preis von Pfunden, Metzen, Ellen, Maaßen u. s. w. berechnet werden soll. Sowie Werthangabe der europ. gangbarsten Münzen und Zinsenberechnung auf 1 Jahr und 1 Monat. gr. 16. (95 S.) Neuhaldensleben 865, Eyraud. *

Steinhöwels Äsop. Hrsg. von Herm. Österley, —— Decameron. Hrsg von Adelbert v. Keller, } s. Bibliothek des litterarischen Vereins in Stuttgart, Bd. 117 u. 51.

Steinhuber, Andreas

Steinhuber, Andr., Geschichte des Collegium Germanicum Hungaricum in Rom. 2 Bde. gr. 8. (XVI, 472 u. VII, 560 S.) Freiburg i/B. 895. Herder. n. 14. —; geb. in Halbfrz. n. 18. —

Steinhuber, Andr., S. J., Geschichte des Kollegium Germanikum Hungarikum in Rom. 2., verb. u. verm. Aufl. 2 Bde. (XVIII, 506 u. X, 617 S. m. 58 Abbildgn. auf 24 Taf.) gr. 8. Freiburg i/B. 906. Herder. n. 20. – ; geb. in Leinw. n. 23.50

STEINHUBER, Ludwig Philipp (Aidenbach): Die Monarthritis rheumatica und ihre Behandlung auf der I. medizinischen Abtheilung.- München: Wolf 1881. 23 S.
1.7.1881 - Urk (Titel: De monarthritide rheumatica.); Chr 1881/82,7
Diss. Ingolst.-Landsh.-Mchn.

Steinicke, Paul, prakt. Arzt zu Berlin: **Ein Beitrag zur Lehre von der Wanderniere und ihrer Behandlung.** *Berlin (1902): E. Ebering.* (40 S.) 8°
Leipzig, Med. Diss. v. (25. Juni) 1902

Steinig, Richard, aus Krintsch, Kr. Neumarkt, Schles.: **Alkoholmißbrauch als Ursache der Epilepsie.** *Leipzig 1903: B. Georgi.* (64 S.) 8°
Leipzig, Med. Diss. v. (16. Juni) 1903

Steinigans, E., Kautsky und die sociale Revolution. Eines Arbeiters Kritik der Kautsky'schen Broschüre: Die sociale Revolution. 8°. Solingen, Genoss.-Buchdruckerei, 1903.

Steinigans, Emil, die deutschen Parteien u. ihre Zukunft. (46 S.) 8. Wald (907). (Solingen, B. Ohme.) —60

Die deutschen Parteien und ihre Zukunft. Von Emil **Steinigans.** 1. Aufl. Wald. Rhld. [1907]: Vossen. 46 S. 8° [11. 3753

Die deutschen Parteien und ihre Zukunft von Emil Steinigans 2. Aufl. Wald, Rhld [1907]: Vossen. 46 S. 8° [09. 17010 б

Steiniger, Aug. Chr., († d. 10. Sept. 1807.) s. geistliche Gedichte.

Steiniger, J., s. S t e i n i n g e r

Steiniger, K., Gewerbeordnung f. das Deutsche Reich, s.: Kayser, Paul.

Steiniger, Karl [Kammergerichtsref. aus Rosbach]: Voraussetzungen und Rechtswirkungen der Entmündigung des Verschwenders nach römischem Recht. Erstes Heft.... Berlin (G. Pätz'sche Buchdr. (Lippert & Co.), Naumburg a/S.) 1889; 1 Bl. + 36 + 1 S. + 1 Bl. 8°
Berlin, Jur. Fak., Inaug.-Diss. v. 14. Okt. 1889

Steiniger, K., Voraussetzungen u. Rechtswirkungen der Entmündigung d. Verschwenders nach gemeinem Recht. gr. 8. (VIII, 77 S.) **Berlin 890. H. W. Müller.** n. 1.50

Steiniger, Otto, Frachtberechnungstabellen f. sämtl. Staatseisenbahnen Deutschlands. Enth. die ausgerechnete Fracht f. alle Gewichtsmengen bis 10000 Kilogramm zu den Tarifsätzen von Mk. 0,11 bis Mk. 10.— f. 100 Kilogr. (333 S.) 34×17 cm. Leipzig-Connewitz 907. Deutscher Reform-Verlag. Geb. 5.—

Steiniger, Rob., s.: Tage-Buch der kgl. sächs. Hoftheater.

Steinike, F., Repertoir d. Großh. Hof-Theaters in Neustrelitz im J. 1833. (Nebst e. Anh.: Gedicht, u. Anekdoten.) 4. (2¼ B.) Neustrelitz 834, (Dümmler.)

Steinike, Georg [aus Harburg a. E.]: Zur Kenntnis des α-Naphtylphenylketons .... Freiburg i. B., Druck d. Fr. Wagner'schen Buchdr., 1887; 33 + 1 S. 8°.
Freiburg i. B., Phil. Fak., Inaug.-Diss. v. 1887.

Steinike, Georg, zur Kenntniss des α-Naphtylphenylketons. Diss. Freiburg i. B. 1887, Fr. Wagnersche Univ.-Buchh. 8°. 33 S.

Steinike, Henricus: De equitatu Romano. Halis Saxonum (1864): Ploetz. 47 S. 8°
Halle-Wittenberg, Phil. Diss. v. 29. Febr. 1864
Geb. [Lilienthal b. Bremen 15. 7. 1834]

Steinike, Karl, s.: Schiffbau-Kalender.

Stein-Industrie. Frankfurt a. M.: Malkonen 1887–(1902). 8° (Red.: J. Malkonen.)

Steininger: Bemerkungen zu dem Foucault'schen Pendelversuche. 16 S.– Trier, Progr. 1855.

Steininger, A., s. B i l d n i s s e von abgeschiedenen Mitgl. d. k. Akad. d. Wiss. in Wien.

Steininger, A. Ch., s. G e d i c h t e , Geistliche.

Steininger, Anton, Gründungsfestmarsch. Goldsterne. Walzer K 1.60 no.
Wien: Böhm 1910.

Steininger, Babette, Medizinalprakt.: Aus d. Prosektur d. Krankenh. rechts d. Isar in München. Prosektor Oberndorfer. Beitrag zur Casuistik der Lehre von der Eklampsie ohne Krämpfe. München 1908: Kastner & Callwey. 26 S. 8°
München, Med. Diss. v. 16. Jan. 1909, Ref. v. Bollinger
[Geb. 20. April 7? Ortenburg; Wohnort: München; Staatsangeh.: Bayern; Vorbildung: Mädchen-Gymn. Karlsruhe Reife Juli 02; Studium: München 10 S.; Coll. 16. Jan. 09; Approb. 31. Dez. 08.] [U 09. 3407

Steininger, Christoph Albert (Regensburg) A. S. 292/5

Vindemia juris, sive dissertatio juridica de vino, Oder: Von dem Weine. Präs. Johann Strauch, Rec. Halle (Hendel) 1722. 55 S.

Diss. XI. 1670.
W. v.: Präs., Johann Peter Prükl. 33385

Steininger, Emil Maria, der Herr Präsident. Volksstück in 3 Aufzügen. (IV, 211 S.) 8. Wien 908. C. Konegen. 2.50

Steininger, Frz., seraphische Andacht n. d. Sinne d. seraph. Vaters Franziskus u. Bonaventuras; d. i. Morgen-Abend-Meß-Beicht- u. Communiongebete a. d. Schriften d. heil. Männer rc 8. Bamb. Gobhard. 778.

Steininger, Frz., seraphische Andacht nach d. Sinne des seraph. Vaters Franziskus u. Bonaventuras; d. i., Morgen-, Abend-, Meß-, Beicht- u. Communiongebete aus d. Schriften dieser heil. Männer rc. 8. Bamb. 778. Frankf. a. M., Wesché). 8 gr.

– s. B o s s u e t , Jacques-Bénigne: Geschichte der Veränderungen der protestant. Kirchen.

Zur Erinnerung an Dr. Franz von Paula Hocheder. Seinen Freunden und Schülern gewidmet von Franz Steininger, G. P. — 1856. Ebend. — S. 3—32.
Progr. München.

Steininger, Fr(anz von Paula): Abhandlung über die Art zu verschreiben. 116 S., gbd.

Wien: mit Grundischen Schriften 1784

JB 1.608

— Staatsarzeneywissenschaft. 1r Bd. gr. 8. Wien, Blumauer. 793.

Steininger, Fr(anz) v(on) P(aula): Staatsarzneywissenschaft oder Medizinische Polizey. - Gerichtliche Arzneywissenschaft. - Medizinische Rechtsgelehrsamkeit. (Politia medica. - Medicina forensis. - Jurisprudentia medica.) Bd 1, 429 S., gbd.

Wien: Gräffer 1793

JB 5.439

— Staatsarzneiwissenschaft. 1r Bd. gr. 8. Wien 794. Blumauer. 1 ℔

—Versuch e. einfachen Fieberlehre nach Vernunft u. Erfahrung (Pyretologia). 8. Linz 797.

Steininger, Frz. v. Paula, Versuch e. einfachen Heilkunde. (A. u. d. T.: Lehre üb. die Arznei- u. Nahrungsmittel). 1r Bd. 8. Wien 796. Linz. (Liebeskind in Leipz.) 20 ℊ

[F.] **Steininger**, H. [Dr. jur.]: Die rechtliche Stellung des Volksschul-Lehrers nach bayerischem Staatsrecht. München, J. Schweitzer, 1896; 2 Bl., 31 S. 8.
Erlangen, Jur. Fak., Inaug.-Diss. v. 1896
(Nur in beschränkter Zahl für den Austausch)

Steininger, H., d. rechtl. Stellg. d. Volksschul-Lehrers nach bayerischem Staatsrecht. gr. 8. (IV, 31 S.) München 896. J. Schweitzer, Verl. n. — 80

Steininger, Hanns [approb. Arzt aus Metten]: Das Empyem und dessen operative Behandlung .... München, Kgl. Hof- u. Univ.-Buchdr. v. Dr. C. Wolf & Sohn, 1885: 40 S. 8°.
München, Med. Fak., Inaug.-Diss. v. 1885.

Steininger, Hanns, das Empyem und dessen operative Behandlung. Diss. München 1885, A. Buchholz. 8°. 40 S.

Steininger, Herm. Gnade um Gnade. Ein Predigt- u. Erbauungsbuch. 2 Abthlgn. gr. 8. Mittweida, Polytechn. Buchh. * 7 50; geb. * 9 —
1. Abthl. 1. Hälfte d. Kirchenjahres. (VIII, 591 S.) 889. * 5 —; geb. * 6 —.
2. Abthl. 2. Hälfte d. Kirchenjahres. (VI, 435 S.) 891. * 4 40; geb. * 5 50.

Steininger, Herm., Gnade um Gnade. Ein Predigt- u. Erbauungsbuch zum Gebrauche f. Sonn-, Fest- u. Wochentage, enth. belehr. u. erbauende Erläutergn. u. Auslegn. der Evangelien d. Kirchenjahres, sowie etlicher anderer bibl. Texte. 2. Abth. 2. Hälfte d. Kirchenjahres. gr. 8. (VI, 435 S.) Mittweida 891. [Polytechn. Buchhandlg.] Chemnitz, Ernst Weller. n. 4. 40; geb. n. 5. 50

Steininger, Herm., der Katechismus-Schüler. Die ganze christl. Heilslehre nach Ordng. d. luther. Katechismus zur Belehrg. u. Erbaug. f. Jung u. Alt eingehend dargestellt u. m. den erläut. Stellen heil. Schrift versehen. gr. 8. (X, 565 S.) Stolp 873. Schrader. n. 4. —

Steininger, Herm., Leitfaden für den Katechismusunterricht nach D. Mart. Luthers kleinem Katechismus. Zum Gebrauch beim Schul- und Konfirmandenunterricht für Lehrer und Geistliche bearb. gr. 8. (IV, 164 S.) Dresden 886, Huhle. * 1 50

—— des deutschen Volkes Totenklage an der Gruft des frühvollendeten Kaisers Friedrich III. Predigt über Jerem. 15, 18 zum Ehrengedächtniß des am 15. Juni 1888 verewigten Kaisers Friedrich III. von Deutschland, Königs von Preußen. gr. 8. (14 S.) Ebendas. 888. — 30

—— das deutsche Volk in seiner Trauer um den Heimgang seines allgeliebten Kaisers Wilhelm I. Predigt über 2. Chron. 35, 24, zum Ehrengedächtnis des am 9. März verewigten Kaisers Wilhelm I. von Deutschland, Königs von Preußen. gr. 8. (16 S.) Lößnitz 888, Sulze. — 30

Steininger, J. S.: s. Steininger, Jh. Glo. Sev.

Steininger, Ign., Gebetkränzlein. Ein Geschenk f. d. Schuljugend. 32. (192 S. m. eingedr. Holzschn.) Linz 850. (Leipzig, Hübner.) n. 2 ngr

Steininger, Johann

Ders. Die Insel Ascension.
Trier, Progr. 1835

Steininger, J. Atlas zu der geognostischen Beschreibung des Landes zwischen der untern Saar und dem Rheine. Dabei: Geognostische Karte des Landes zwischen der untern Saar und dem Rhein. 1840

Steininger, J. Aufsätze über einige Gegenstände aus dem Gebiete der Physik. 1) Ueber die scheinbare Größe der Sonne und des Mondes am Horizonte. 2) Die Höhe von Trier über der Meeresfläche. 3) Ueber das Gediegen-Eisen von Bittburg. 4) Die Insel Ascension und der Vulkan auf Bourbon. 31 S.
Trier, Progr. 1835

JOH. STEININGER, Neue Beiträge zur Geschichte der rheinischen Vulkane. Ein Bericht an die Gesellschaft nützlicher Forschungen zu Trier für 1820.

— neue Beitrr. z. Geschichte der rhein. Vulkane. Der erloschenen Vulkane in der Eifel u. am Niederrhein 2r Thl. Mit 2 Steintaf. gr. 8. Mainz 821. Kupferberg. 16 ℊ

Steininger, (J.,) Bemerkk. üb. d. Eifel u. d. Auvergne. gr. 8. Mainz 824, Kupferberg.

Steininger, J. Bemerkungen zur Geschichte des Domes zu Trier. 15 S.
Trier, Progr. 1839

Steiniger, J., Bemerkungen z. Geschichte d. Doms zu Trier. gr. 4. ($2^1/_4$ B.) Trier 840, Lintz'sche Buchh.

Steininger, J. Bemerkungen üb. d. Versteinerungen, welche in dem Uebergangs-Kalkgebirge der Eifel gefunden werden. 42 S. 4°
Trier, Progr. 1831

Steininger, J., geognostische Beschreibung der Eifel. gr. 4. (V und 174 S. mit 1 lithochrom. Karte in Fol. und 1 lithogr. Profil-Tafel, nebst 9 Stnt. mit Abbildungen von Versteinerungen.) Trier 853, Lintz'sche Buchh. *

—— geognost. Beschreibung d. Landes zwischen d. untern Saar u. d. Rheine. Ein Bericht an die Gesellschaft nützl. Forschungen zu Trier. Mit 1 Atlas, worin 1 ill. Karte in 4 Blätt., 15 Profil- u. 12 Petrefacten-Zeichn. auf 14 Blätt., gr. Fol. gr. 4. (19 B.) Trier 840, Lintz'sche Buchh. Thlr. *

Steininger, J., geognostische Beschreibung des Landes zwischen der untern Saar und dem Rheine. Ein Bericht an die Gesellschaft nützlicher Forschung zu Trier. Nachträge, mit 5 Petrefacten-Zeichnungen. gr. 4. Trier 841, Lintz'sche Buchh. n. 2 ℛ Complet n. 9 ℛ

—— Examen critique de la philosophie allemande, depuis Kant jusqu'à nos jours. gr. in-8. ($7^1/_2$ B.) Trèves 841, libr. de Lintz. *

JOHANN STEININGER, Gebirgskarte der Länder zwischen dem Rheine und der Maas. Mit erläuternden Bemerkungen der Gesellschaft nützlicher Forschungen zu Trier vorgelegt. (Mit 1 Karte.) Mainz, 1822. Bei Florian Kupferberg. 8°.

Steininger, J., Geschichte der Trevirer unter der Herrschaft der Römer. Mit 1 Karte u. einem Abschnitte der Tabula Peutingeriana. gr. 8. (21 B.) Trier 845, Lintz'sche Bh.

Steininger, J., Geschichte der Trevirer. 2. Bd.: Unter der Herrschaft der Franken. gr. 8. (XII und 160 S.) Trier 850, Lintz'sche Buchh.
1. Bd. Ebendas. 1845. 2 Thlr.

Steininger, J. Die Höhe von Trier über der Meeresfläche.
Trier, Progr. 1835

Steiniger, J., Nachträge, mit 5 Petrefacten-Zeichn. gr. 4. ($6^1/_4$ B.) Ebds. 841. *

—— die Ruinen am Altthore zu Trier, gewöhnl. d. röm. Bäder genannt. gr. 8. ($3^1/_2$ B. u. 1 Grundriss.) Trier 835, Lintz'sche Buchh.

Geognostische Studien am Mittelrheine. Von Johann Steininger. Mainz:Kupferberg 1819. VIII,223 S. 8°

Steininger Die Versteinerungen des Übergangsgebirgs der Eifel. 34 S. Trier, Progr. 1849

— die erloschenen Vulkane in der Eifel u. am Mittelrheine. Mit 2 Steintaf. gr. 8. Mainz 820. Kupferberg. 1 ₰

JOH. STEININGER, Die erloschenen Vulkane in der Eifel und am Niederrheine. Ein Bericht an die Gesellschaft nützlicher Forschungen zu Trier. Mit 2 Steintafeln. Mainz. 1820. bei Florian Kupferberg. 8°

Der erloschenen Vulkane in der Eifel und am Niederrheine 2. Theil. Mit 2 Steintafeln. Mainz, 1821. Bei Florian Kupferberg. 8°.

—— Die erloschenen Vulkane in Süd-Frankreich. Mainz 1823. 8. Mit 1 Charte u. 1 illumin. Steintafel.

— die erlosch. Vulkane in Südfrankreich. Mit 1 Karte u. 1 ill. Steintaf. gr. 8. Mainz 824, Kupferberg.

Steininger, Jh. Glo. Sev.

— eine gute Absicht für Ehst- u. Liefland, insbesondere Aeltern u. Lehrern zum Besten, von e. ehstländ. Erzieher. 8. Reval 789. (79 S.) Dabei noch: Bekanntmachung von der Errichtung e. Erziehungs-Instituts f. Frauenzimmer in Reval. 8. Ebd. (55 S.((Anonym).

Steininger, Jh. Glo. Sev., († 1799). vollständ. Moraltheologie. 6 Thle. gr. 8. Augsb. 788—90. Doll. 4 ₰ 12 ℛ

Steininger, Josef, geprüfter Rechtspraktikant a. Pappenheim: Leistung Zug um Zug. Borna-Leipzig 1905: R. Noske. (VI, 64 S.) 8° [F.]
Tübingen, Jur. Fak., Ref. v. Wendt, Diss. v. 28. Aug. 1905
[Geb. 4. März 78 Pappenheim; Wohnort: Augsburg; Staatsangeh.: Bayern; Vorbildung: Gymn. Eichstädt Reife M. 97; Studium: München 7, Würzburg 1 S.; Coll. 3. Aug. 05.]

STEININGER, Karl
(F) Die Declination der deutschen Substantiva vom Standpunkte der einheitlichen Grammatik von Karl Steininger. (Bibliomorphia. Grammatica Una. Constantino Reyer.) Wien. 1898. Selbstverlag. [In Comm. Nägelsbach. Salzburg.] Gr.-8°. 34 S. fl. —.40

Steininger, Maria, s. Codex Sancti Simeonis.

Steininger, Max [aus Arnstadt in Th.]: Der Gebrauch der Präposition bei Sponser. . . . Halle a. S., Buchdr. C. Colbatzky, 1890; 51 S. 8°
Halle, Phil. Fak., Inaug.-Diss. v. [22. Sept.] 1890

Steininger, P. J. Ueber d. Behandlung d. Mathem. auf d. Gymn. zu Essen. 24 S. Progr. Essen 1828

Steininger, Rudolph: Die weiblichen Haartrachten im ersten Jahrhundert der römischen Kaiserzeit. München 1909: (Weyrather). 47 S. 8°
München, Phil. Diss. v. 15. Juli 1909, Ref. Wolters, Crusius
[Geb. 28. Sept. 83 München; Wohnort: München; Staatsangeh.: Bayern; Vorbildung: Gymn. St. Stephan Augsburg Reife Juli 02; Studium: München 8 S.; Rig. 15. Juli 09.] [U 10. 3701

Steininger, Th[eodor]: Durch Flur und Moor. Schilderungen aus Rosenheims Pflanzenleben. (Rosenheim 1908: Niedermayr.) 60 S. 8°
Rosenheim, k. G P 1908* [S 08. 465

Steininger, Th[eodor]: Geologische Streifzüge durch die Gegend um Rosenheim. Rosenheim 1905: M. Niedermayr. (51 S.) 8°
Rosenheim, k. human. G P 1905*

Steininger, Th[eodor]: Studien zu Hesse's analytischer Geometrie der geraden Linie, des Punktes und des Kreises in der Ebene. Rosenheim 1902: M. Niedermayr. (39 S.) 8°
Rosenheim, k. humanist. G, P 1902*

Steinitz, d. sogen. Kompensation im Reichsstrafgesetzbuch, s.: Abhandlungen, strafrechtl., d. jurist. Seminars der Universität Breslau, I, 4.

Steinitz, Ritter v., an historischen Stätten. Reiseskizzen aus Oberitalien. (63 S.) gr. 8. Wien 908. L. W. Seidel & Sohn. 1.60

Steinitz Bernhard: Die Krongüter unter Karl d. Großen.
H. 1910 PN 2027 Diss. Wien, Univ. 1036

Steinitz, C., s. Steinitz, Klara

Steinitz, Cl., des Volkes Tochter. Erzählung. 2 Bde. 8. (184 u. 186 S.) Leipzig 878. Berlin, Vorstell & Reimarus. n. 6.—

Steinitz, Cl., des Volkes Tochter. Erzählung. 2 Bde. 8. (184; 186 S.) [Leipzig 878, C. F. Günther.] Berlin, Nicolai'sche Buchh. *

Steinitz, Clara, s. Steinitz, Klara

Steinitz, Eduard von

Steinitz, Ed. Ritter v., Anleitung zur systematischen Erziehung u. Ausbildung des Soldaten. Erziehung, Ausbildung u. Behandlung der Chargen mit Rücksicht auf die Fortschritte der neueren Taktik, die gesteigerten Anforderungen der Gegenwart, für alle k. k. Offiziere, besonders aber Kompagnie-Kommandanten, kurz zusammengefaßter Leitfaden. gr. 8. (III, 64 S.) Prag 877. Calve. n. 1. 20

Steinitz, Ed. Ritter v., graphisch-tabellarische Darstellung des Vorganges bei der Schulung des Gefechtes vom Plänkler bis zum Bataillon. Lithogr. Tab. in 2 Bl. Imp.-Fol. Prag 884, Calve'sche Universitäts-Buchh. *

(**Steinitz,** Eduard Ritter von, k. u. k. Hauptmann d. Glstb.) Die letzte Operation der Nordarmee 1866 Vom 15. Juli bis zum Eintritt der Waffenruhe. Fortsetzung von: „Die kritischen Tage von Olmütz im Juli 1866." Mit Benützung der Feldacten etc. (wie vor.) Mit 15 Beilagen und 4 Textskizzen 8. Wien 1905.

(**Steinitz,** Eduard Ritter von, k. u. k. Hauptmann d. Glstb.) Die kritischen Tage von Olmütz im Juli 1866. Vom Eintreffen des Hauptquartiers der Nordarmee in Olmütz am 9. bis zum Abend des 15. Juli. Mit Benützung der Feldakten des k. und k. Kriegsarchivs bearbeitet von einem Generalstabsoffizier. Mit 25 Beilagen.
8. Wien 1903.

—— über praktische Truppen-Schulung. Nach Vorträgen im k. k. militär-wissenschaftl. Verein in Prag. 8. (IV, 45 S. mit 1 Taf.) Ebendas. 878. *

(Steinitz, E. Ritter v.) Von Königgrätz bis an die Donau. (Bd 1—5. Mit Kartenbd. 1. 2.) Wien 1903—07. 4°. — (1.) Die kritischen Tage von Olmütz im Juli 1866. 1903. — (2.) Die letzte Operation der Nordarmee 1866. Vom 15. Juli bis zum Eintritt der Waffenruhe. 1905. — (3.) Der Rückzug der Nordarmee vom Schlachtfeld des 3. Juli 1907. — (4.) Das österr. Kavalleriekorps Holstein und das Vordringen der preuß. Hauptkraft gegen Wien. 1907. — (5.) Die Donauverteidigung. 1907.

Steinitz, Ernst, appr. Arzt: Aus der entwicklungsgeschichtlichen Abt. des anat. Instituts zu Breslau. Über den Einfluß der Elimination der embryonalen Augenblasen auf die Entwicklung des gesamten Organismus, und im besonderen der Kopfregion und des Gehirns bei Rana fusca. Breslau 1904: Bresl. Genoss.-Buchdr. (30 S.) 8°
Breslau, Med. Fak., Ref. Schaper, Diss. v. 18. Okt. 1904
[Geb. 25. März 81 Beuthen O. S.; Staatsangeh.: Preußen; Vorbildung; Magdalenen-Gymn. Breslau Reife O. 99; Studium: Heidelberg 1, Breslau 8 S.; Coll. 13. Okt. 04; Approb. 7. März 04.]

Steinitz, Ernst [aus Breslau]: Über die Construction der Configurationen n_3 ... Breslau, Druck v. Dr. R. Galle, *1894;* 45 S., 1 Bl. 8.
Breslau, Phil. Fak., Inaug.-Diss. v. 17. März 1894

Steinitz, Ernst, üb. die Construction der Configurationen n_3. Diss. gr. 8. (45 S.) Breslau 894. (L. Köhler.) n. 1. —

Steinitz, Ernst: Verfassungs- und Verwaltungsgeschichte von Aussig in vorhussitischer Zeit.
Phil. Diss., Prag 1909/1910

Steinitz, Franz, Assist. am Kgl. hygien. Inst. zu Breslau: (Aus d. chemischen Laboratorium d. physiol. Instituts zu Breslau.) Ueber Versuche mit künstlicher Ernährung. *Breslau 1900: Grass, Barth & Co.* (44 S.) 8°
Breslau, Med. Diss. v. 30. Nov. 1900

Steinitz, Georg [app. Arzt aus Berlin]: Ein Fall von Akromegalie. Aus d. Poliklinik f. Nervenkrankheiten d. Hrn Prof. Dr. Mendel ... Berlin, Druck v. Th. F. Schemmel, 1894; 2 Bl., 40 S., 1 Bl. 8.
Leipzig, Med. Fak., Inaug.-Diss. v. 5. Okt. 1894
Nicht für den Austausch.

Steinitz, Heinr., preußisches Gesetz betr. die Einstellung der Leistungen aus Staatsmitteln f. die römisch-katholischen Bisthümer u. Geistlichen. Erläutert unter Benutzg. der amtl. Motive u. der stenograph. Berichte d. Landtags. Mit e. Anh., enth.: die Allerhöchste Kabinets-Ordr. Friedrich Wilhelm III. vom 23. Aug. 1821, die päpstl. Bulle „De salute animarum" vom 16. Juli 1821, die Eingabe der preuß. Bischöfe an Kaiser Wilhelm, nebst der Antwort d. Staatsministeriums vom 2. u. 9. April 1875. gr. 8. (191 S.) Berlin 875. Hempel. n. 2. 40

— die neuesten preußischen Kirchengesetze betr.: die geistl. Orden u. ordensähnl. Congregationen; die Vermögensverwaltg. in den kathol. Kirchengemeinden; die Rechte der altkathol. Kirchengemeinschaften an dem kirchl. Vermögen. Nebst dem Gesetz üb. Aufhebg. der Art. 15, 16 u. 18 der Verfassungsurkunde. Erläutert durch die Motive u. die Landtagsverhandlgn. gr. 8. (184 S.) Ebend. 875. n. 2. 40

Steinitz, Heinr., die neue Provinzialordnung f. die Provinzen Preußen, Brandenburg, Pommern, Schlesien u. Sachsen. Unter Benutzg. der amtl. Motive der Regierg. u. der Verhandlgn. beider Häuser d. Landtages hrsg. Mit e. Anh. gr. 8. (248 S.) Berlin 875. Hempel. n. 4. —

— die neuen deutschen Reichsgesetze, betr.: das Urheberrecht an Werken der bildenden Künste, den Schutz der Photographieen gegen unbefugte Nachbildung, u. das Urheberrecht an Mustern u. Modellen. Erläutert durch die amtl. Motive u. die Reichstagsverhandlgn. Nebst e. Anh. enth.: Gesetz, betr. das Urheberrecht an Schriftwerken, musikal. Kompositionen u. dramat. Werken. gr. 8. (112 S.) Ebend. 876. n. 2. —

Steinitz, Heinr. Rudolf Virchow. Ein Lebensbild. 1. u. 2. Aufl. gr. 8. (31 S.) Berl. 891, Rosenbaum u. Hart. * — 60

— die preußische Vormundschaftsordnung von 1875 nebst den dieselbe ergänzenden neuen Gesetzen. Erläutert unter Benutzung der amtl. Motive und der Verhandlungen beider Häuser des Landtages. I. und II. gr. 8. Ebendas. 875. * 6 —
Inhalt:
I. Vormundschaftsordnung. (248 S.) *M. 4.
II. Gesetz, betr. die Geschäftsfähigkeit Minderjähriger und die Aufhebung der Wiedereinsetzung in den vorigen Stand wegen Minderjährigkeit. Gesetz, betr. die Kosten, Stempel und Gebühren in Vormundschaftssachen. Gesetz, betr. das Hinterlegungswesen. Gesetz, betr. die Belegung von Geldern der gerichtl. Depositorien, Kirchen rc. bei der Reichsbank. (116 S.) *M. 2.

Steinitz, Heinr., der deutsche Zolltarif in der Gestaltung nach dem Reichs-Gesetze vom 22. Mai 1885. Erläutert durch das amtl. Material der Gesetzgebung und unter Beifügung sämmtlicher noch giltigen gesetzl. Bestimmungen hrsg. gr. 8. (96 S.) Berlin 885, [Hempel.] Dümmler's Verlag. * 2 50

Steinitz, Hermannus *(geb. Namslau 30. 8. 1836)*: De barytae carbonicae decompositione, quae natro sulfurico efficitur, Bertholleti de affinitate doctrina praemissa. Vratislaviae 1863. (18 S.) 8°
Breslau, Phil. Diss. v. 11. Mai 1863

Steinitz, Hugo: Ueber das Leben und die Compositionen des Matthaeus Apelles von Löwenstern ... Breslau, F. W. Jungfer's Buchdr., 1892; 48 S. 8.
Rostock, Phil. Fak., Inaug.-Diss. v. [17. Juni] 1892

Steinitz, Hugo. Ueber das Leben u. die Compositionen d. Matthaeus Apelles v. Löwenstern. 8. (48 S.) Bresl. 892. (Bial, Freund u. Comp.) * 1 20

Steinitz, Jacob [aus Wien]: Beiträge zur Kenntniss der Carbon- und Sulfon-Säureester der Chinolinreihe ... Freiburg i. B., Universitätsbuchdr. v. Ch. Lehmann, 1894; 67 S. 8.
Freiburg i. B., Phil. Fak., Inaug.-Diss. v. 1894

Steinitz, Jul., über die haemorrhagische Diathese, die Haemophilie. gr. 8. (8 S.) Breslau 882, (Preuss und Jünger.) *
Aus: Breslauer ärztliche Zeitung, besonders abgedruckt.

Steinitz, Julius, Referendar beim Kgl. Landgericht Breslau: Der Dispensationsbegriff auf dem Gebiete des deutschen Staatsrechts. *Breslau: M. & H. Marcus 1900.* (41 S.) 8° ¶[Erschien vollst. 1901 u. d. T.: 'Dispensationsbegriff und Dispensationsgewalt' ... als: Abhandlungen aus d. Staats- u. Verwaltungsrecht, H. 4.]
Breslau, Jur. Diss. v. 17. Nov. 1900

Steinitz, Jul., Dispensationsbegriff u. Dispensationsgewalt auf dem Gebiete d. deutschen Staatsrechts, s. a. Abhandlungen a. d. Staats- u. Verwaltungsrecht. 4.

Dispensationsbegriff und Dispensationsgewalt auf dem Gebiete des deutschen Staatsrechts. Von Julius **Steinitz**. *Breslau: M. & H. Marcus 1901.* (VIII, 88 S.) 8°
= **Abhandlungen** aus d. Staats- u. Verwaltungsrecht. H. 4. [01. 6916 3

Steinitz, Julius *(geb. Loslau in Oberschles. 17. 8. 1845)*: Der desinficirende Verband nach Lister. Breslau 1869. (30 S.) 8°
Breslau, Med. Diss. v. 17. Juli 1869

Steinitz, Julius Guiliel. Theodor. *(geb. Cosel in Oberschles. 1799)*: Signa nonnulla ex oculo. (Vratislaviae 1824.) (IV, 44 S.) 4°
Breslau, Med. Diss. v. 5. Apr. 1824

Steinitz, K. G., der praktische Schachspieler oder die Kunst des modernen Schachspiels, dargestellt in ihren Anfangsgründen und Feinheiten, und erläutert durch Meisterpartien der Gegenwart. Ster.-Ausg. 16. (224 S.) Reutlingen 888, Enßlin und Laiblin. geb. 1 —

Steinitz, Klara, der Allerletzte, s.: Lustspiele.

Steinitz, Clara, die Häßliche. Roman in 3 Bdn. 8. (143; 161; 205 S.) Berlin 884, Freund und Jeckel. *

Steinitz, C[lara]. Die Häßliche. Roman in 3 Bdn. (In 1 Bde.) 8. (VII, 143; 161; 73 S.) Berl. 887, Gerstmann. 3 —

Steinitz, Clara, Irrlicht. Roman. 8. (192 S.) Berlin 895. Freund & Jeckel. n. 3. —

— im Priesterhause, s. a. Universal-Bibliothek, jüdische.

Steinitz, Clara, im Priesterhause. Orig.-Erzählg. 8. (160 S.) Berlin 890. Gerstmann. n. 2. 50

Steinitz, Kurt, a. Groß-Strelitz; Ein Beitrag zur Beeinflussung des Leitvermögens schwacher Elektrolyte in Wasser durch Zusätze von anderen nicht leitenden Substanzen. (Berlin 1906: W. Pilz.) (40 S.) 8°
Berlin, Phil. Fak., Ref. Nernst, Diss. v. 28. Juli 1906
[Geb. 27. März 82 Großstrelitz; Wohnort: Berlin; Staatsangeh.: Preußen; Vorbildung: Gymn. Großstrelitz Reife O. 00; Studium: Genf 1, Berlin 1, München 1, Breslau 2, Berlin 6 S.; Rig. 10. Mai 06.]

Steinitz, Kurt [Gerichtsref. zu Naumburg a./Qu.]: Die G r u n d - l a g e n der strafrechtlichen Kompensation . . . Breslau: Schletter'sche Buchh., 1894. 3 Bl., 36 S. 8°
Breslau, Jur. Fak., Inaug.-Diss. v. 14. Juni 1894

Steinitz, Kurt, der Verantwortlichkeitsgedanke im XIX. Jahrh. (m. besonderer Rücksicht auf das Strafrecht). Vortrag, geh. im psycholog. Verein zu Breslau. gr. 8. (32 S.) Berlin 902. Herm. Walther. n. 1. —
Sonderabdr. a.: „Ztschr. f. pädag. Psychologie u. Pathologie".

Steinitz, Max, Referendar in Breslau: Die **Voraussetzungen** der Rechte auf Wandelung und Minderung. *Breslau 1901: Th. Schatzky.* (66 S.) 8°
Breslau, Jur. Diss. v. 29. Apr. 1901

1872. Geschichte des Stenographen-Vereins von 1884 (Stolze-Schrey) in Kiel von Otto **Steinitz**. 1884–1909. Kiel: Stenographenverein 1909. 21 S. 8°

Steinitz, Richard [pr. Arzt aus Rosenberg Oberschl.]: Ein Beitrag zur Kenntnis der Mehlbakterien . . . Rosenberg O.-S., A. Jaschke's Buchdr., 1894; 19 S. 8.
Wurzburg, Med. Fak., Inaug.-Diss. v. 1894

Steinitz, Siegfried *(geb. Cosel in Oberschles. 16. 9. 1861)*: De affirmandi particulis Latinis. I. Profecto. Vratislaviae 1885. (56 S.) 8° *[Im Buchhandel 1885 bei Köhler in Breslau.]*
Breslau, Phil. Diss. v. 23. März 1885

S t e i n i t z, Siegfr., **de affirmandi particulis latinis.** I. Profecto. Dissertatio **inauguralis philologica.** gr. 8. (56 S.) **Breslau** 885, (Köhler.) * 1 —

Steinitz, Siegfriedus *(geb. Groß-Strehlitz in Schles. 11. 10. 1830)*: De ulcerationibus stricturisque oesophagi ratione habita exitus in gangraenam pulmonum. Vratislaviae (1855). (29 S.) 8°
Breslau, Med. Diss. v. 7. Sept. 1855

Steinitz, Walter, Arzt: Beiträge zur Kenntnis der Nervenendigungen in den quergestreiften Muskeln der Säugetiere. Mit 1 Tafel und 9 Figuren im Text. Breslau [1905]: Schenkalowsky. (42 S.) 8°
Rostock, Med. Fak., Ref. Barfurth, Diss. v. 30. Sept. 1905
[Geb. 12. Febr. 82 Breslau; Wohnort: Breslau; Staatsangeh.: Preußen; Vorbildung: Friedr.-Gymn. Breslau Reife O. 00; Studium: Breslau 3, Berlin 3, Breslau 3 S.; Coll. 29. Juli 05; Approb. 1. März 05.]

Steinitzer, Alfred

Steinitzer, Alfr., die Bedeutung des Zuckers als Kraftstoff f. Touristik, Sport u. Militärdienst. gr. 8. (32 S.) Berlin 902. B. Baren. n. 1. —

S t e i n i t z e r, Alfred. **Geschichtliche und kulturgeschichtliche Wanderungen durch Tirol und Vorarlberg. Mit über 100 Voll- und Textbildern [wovon 39 Tafeln].** XVI + 530 S. 8. Innsbruck, Wagner, 1905. [geb. M. 5. —]

Steinitzer, Erwin, die E n t w i c k l u n g z. Einkommensteuer in Bayern. Ein finanzwissenschaftl. Führer durch die bayer. Steuerreform. Zugleich e. Beitrag zur Theorie der direkten Ergänzungsbesteuerung. (V, 79 S.) gr. 8. München 909. E. Reinhardt. 2. —

Steinitzer, Erwin: Die jüngsten Reformen der veranlagten Steuern in Österreich. Eine historisch-kritische Studie. Leipzig: Duncker & Humblot 1905. (VII, 208 S.) 8°
¶ Gekr. Preisschr.
München, Staatswirtsch. Fak., Ref. Lotz, Diss. v. 28. Juli 1906
[Geb. 8. Okt. 84 Budapest; Wohnort: Wien; Staatsangeh.: Österreich; Vorbildung: Maximilians-Gymn. Wien Reife Juli 03; Studium: München 5, Wien 1 S.; Rig. 28. Juli 06.]

Steinitzer, Erwin, die jüngsten Reformen der veranlagten Steuern in Oesterreich. Eine historisch-krit. Studie. **Preisgekrönt v. der Universität München. (VII, 208 S.) gr. 8. Leipzig** 905. Duncker & Humblot **n. 4. 60**

— Ökonom. T h e o r i e der Aktiengesellschaft. (XVI, 192 S.) gr. 8. Leipzig 908. Duncker & Humblot. 5. —

Steinitzer, Fritz, aus Feldafing bei **München**: Ueber complexe Kobaltammoniaksalze. München Kastner & Lossen Dr. 1897. 42 S. 8°.
Zürich, Phil. Diss. [v. 28. Oct. 1897].

Steinitzer, H., H o n o s. 8. (197 S.) Dresden 895. E. Pierson. n. 2. —; geb. n. 3. —

— Märchen des 19. Jahrhunderts. 8. (176 S.) Ebd. 891. n. 2. —

Steinitzer, Heinrich

— P e r s p e k t i v e n. 8. (339 S.) Leipzig 897. [M. Spohr.] E. Fiedler. n. 2. —

Steinitzer, H., P e r s p e k t i v e n. (Collection Wigand.) 8. **(339 S.) Leipzig 897. Max** Spohr. n. 2. —; geb. n. 3. —

Steinitzer, H., Sport u. Kultur. Mit besond. Berücksicht. des Bergsports. (79 S.) 8. München 910. Verlag der deutschen Alpenzeitg. 1. —

Steinitzer, Heinr., wie **wir lieben.** 8. (III, 260 S.) **Berlin 901. Vita. n. 3. —**

Musikgeschichtlicher A t l a s. Eine Beispielsammlung zu jeder Musikgeschichte, mit erl. Text. Von Dr. Max **Steinitzer**. Freiburg i. Br.: Buckmich (1908). V. 120 S. 4°

S t e i n i t z e r, Max. **Die menschlichen u. tierischen Gemütsbewegungen als Gegenstand der Wissenschaft. Ein Beitrag z. Geschichte d. neueren Geisteslebens.** gr. 8. (VI, 256 S.) **Münch.** 889, [Literarisch-artist. Anstalt.] Bassermann. * 5 —

Steinitzer, Max, deutsche M ä d c h e n b r i e f e, **mitgeteilt.** (VIII u. S. 3—116.) 8. **Freiburg** i/B. 909. C. Buckmich. 1. 20

Steinitzer, Max, **musikalische Strafpredigten. Veröffentlichte** Privatbriefe **e. alten Grobians.** gr. 8. (81 S.) München (901). **A. Schmid Nachf.** n. 1. 20

Max Steinitzer. Musikalische Strafpredigten. Veröffentlichte Privatbriefe e. alten Grobians. 2., stark verm. Aufl. München: Süddeutsche Monatshefte 1908. (254 S.) 8° [F.]
Erschien zuerst in: Rheinische Musik- u. Theater-Zeitung. 1900. [08. 9633

— Straußiana u. Andres. Ein Büchlein musikal. Humors meist mit u. selten ohne, ernsthaft für u. scherzhaft gegen Dr. Richard Strauß. (174 S.) 8. Stuttgart 910. C. Grüninger. 1.60

Stcinitzer, Max. Ueber die psychologischen Wirkungen der musikalischen Formen. 8. Münch. 885. Bassermann. * 2 40

Steinitzer, Max, üb. die psychologischen Wirkungen der musikalischen Formen. 8. (IX, 130 S.) München 885. Literar.-artist. Anstalt. n. 2. 40

Steinius Roland von: Die unterseeischen Steilabfälle der Erdoberfläche.
H. 1899 PN 1234 Diss. Wien, Univ. 2365

Steinkamm, Hugo, Arzt a. Neuenahr: ⟨Aus d. pathol. Institut zu Bonn.⟩ Über ein primäres Angio-Karzinom des Pankreas mit Knochenneubildung. Mit 1 Doppeltafel. Bonn 1905: C. Georgi. (48 S.) 8°
Bonn, Med. Fak., Ref. Ribbert, Diss. v. 7. Okt. 1905
[Geb. 18. Mai 79 Neuenahr; Wohnort: Bonn; Staatsangeh.: Preußen; Vorbildung: Gymn. Bonn Reife O. 00; Studium: Bonn 1, Freiburg i. B. 3, Kiel 2, Bonn 3 S.; Coll. 21. Juli 05; Approb. 4. Okt. 05.]

Steinkamp, A.

— u. Hans **Krause,** e. Besuch im zoologischen Garten. E. Buch f. kleine Tierfreunde m. Versen v. St. u. Orig.-Zeichngn. v. K. gr. 4. (4 Farbdr. m. eingedr. u. 9 S. illustr. Text.) Duisburg 897. J. A. Steinkamp. — 50

Steinkamp, A., junges Blut, frohgemut! Zum alten Klang e. neuer Sang. Orig.-Zeichngn. v. E. Voigt m. lust. Geschichten v. Frida v. Kronoff. 4. (40 S. Text u. 20 farb. Taf.) Duisburg (902). J. A. Steinkamp. Kart. 2.50

Steinkamp, A., unser täglich Brod, } s.: Sterl, Rob. Herm.

— draußen u. Daheim, s.: Voigt, E.

— **Erinnerungen aus dem zoologischen Garten,** s. a. Krause, Hans.

und Hans Krause

— — Erinnerungen aus d. zoolog. Garten. E. Buch f. kleine Tierfreunde m. Versen v. St. u. Orig.-Zeichngn. v. K. gr. 4. (16 Farbdr. m. eingedr. u. 18 S. Text.) Ebd. 897. Kart. 2.25

Freud' und Scherz, s. Voigt, E.

und Hans Krause

— — im zoologischen Garten. E. Buch f. kleine Tierfreunde m. Versen v. St. u. Orig.-Zeichngn. v. K. gr. 4. (4 Farbdr. m. eingedr. u. 9 S. illustr. Text.) Ebd. 897. — 50

— u. E. **Voigt, Grüß Gott!** Vom Morgenrot bis Abendschein, e. Buch f. unsere Kinderlein. Verse v. S. Illustr. v. V. 4. (8 farb. S. auf Pappe m. 1 S. Text.) Ebd. (902). Kart. 1.50

— — dasselbe. 4. (16 farb. Taf., 16 farb. S. u. 16 S. Text.) Ebd. (902). Kart. 2.50

— u. **Frida v. Kronoff,** d. Jahres Freuden. E. Bilderbuch m. Versen v. St. u. Erzählgn. von v. K., illustr. v. E. **Voigt.** gr. 4. (12 Farbdr. u. 1 Tondr. m. eingedr. u. 25 S. illustr. Text.) Ebd. 897. Kart. 3. —

— **immer froh, tagaus tagein. Eine Sammlg. der beliebtesten Kinder- u. Spielliedchen, Sprüche u. Reime, m. Illustr. v. E. Voigt. gr. 4. (23 S. illustr. Text m. 12 farb. Taf.) Ebd. (902). Kart. 2. —**

— u. E. **Voigt,** immer fröhlich. Ein Bilderbuch f. d. Kleinen m. Versen v. St. u. Orig.-Zeichngn. v. V., nebst e. Auswahl poet. Erzählgn. gr. 4. (4 Farbdr. m. eingedr. u. 7 S. illustr. Text.) Ebd. 897. — 50

Für unser Kind, s.a. Voigt, E.

— für unser Kind. Unzerreißbares Bilderbuch m. Versen v. St. u. Orig.-Zeichngn. v. E. Voigt, H. Krause u. F. Schmidt. gr. 4. (8 Farbdr. m. eingedr. u. 1 S. Text, auf Pappe.) Duisburg 897. J. A. Steinkamp. Kart. 1. 50

und E. Voigt

— — **für unser Kind.** Ein Bilderbuch. Verse v. S. **Bilder v. V. 4.** (8 farb. Bl. auf Leinw. m. eingedr. Text.) Ebd. (902). Kart. 1.50

und E. Voigt

— — Kinderglück. E. Bilderbuch f. d. Kleinen m. Versen v. St. u. Orig.-Zeichngn. v. V., nebst e. Auswahl poet. Erzählgn. gr. 4. (6 Farbdr. m. eingedr. u. 5 S. Text.) Ebd. 897. n. — 50

Aus der Kinderwelt, s. Ziegler, Karl

Aus der schönen Kinderzeit, s. Voigt, E.

und E. Voigt

— — goldene Kindheit. E. Bilderbuch f. d. Kleinen m. Versen v. St. u. Orig.-Zeichnungen v. V., nebst e. Auswahl poet. Erzählgn. gr. 4. (6 Farbdr. m. eingedr. u. 5 S. Text.) Ebd. 897. n. — 50

— zum alten Klang e. neuer Sang. E. Liederbuch für's kleine Volk. **Mit lust. Geschichten v. Frida v. Kronoff.** Orig.-Zeichngn. v. E. **Voigt. gr. 4. (20 Farbdr. m. 40 S. Text.) Duisburg 897. J. A. Steinkamp. Kart. 4. —**

und E. Voigt

— — unsere Kleinen. E. Bilderbuch f. d. Kleinen m. Versen v. St. u. Orig.-Zeichngn v. V., nebst e. Auswahl poet. Erzählgn. gr. 4. (8 Farbdr. m. 16 S. Text.) Ebd. 897. Kart. 1.50

— **für unsere Kleinen. Ein Bilderbuch m. Versen v.** St. u. Orig.-Zeichngn. von E. Voigt, H. Krause u. F. Schmidt. gr. 4. (6 Farbdr. m. eingedr. u. 3 S. Text.) Ebd. 897. n. — 50

— **für kleine Leute, s.: Voigt, E.**

— **des Kindes Lieblingsbuch.** Die beliebtesten Kose-, Wiegen- u. Spielliedchen, Sprüche, Reime usw. Mit Illustr. v. E. Voigt. gr. 4. (8 farb. S. auf Pappe m. eingedr. u. 1 S. Text.) Duisburg (902). J. A. Steinkamp. Kart. 1.50

— Lieder=Buch für's kleine Volk. Zum alten Sang e. neuer Klang. Orig.=Zeichngn. v. E. Voigt, m. lust. Geschichten von Frida v. Kronoff. gr. 4. (10 Farbdr. m. 20 S. Text.) Ebd. 897. Kart. 1. 80

— der Kinder Lust u. Müh', } s.: Voigt, E.

— für Mädchen u. Bübchen. E. Bilderbuch f. d. Kleinen m. Versen von St. u. Orig.=Zeichngn. v. E. Voigt, H. Krause u. F. Schmidt. gr. 4. (6 Farbdr. m. eingedr. u. 3 S. Text.) Ebd. 897. n. — 50

und E. Voigt

— — aus des Lebens Mai. E. Bilderbuch f. d. Kleinen m. Versen v. St. u. Orig.=Zeichngn. v. V., nebst e. Auswahl poet. Erzählungen. gr. 4. (16 Farbdr. m. 32 S. Text.) Ebd. 897. Kart. 2. 50

— im Morgenrot. Was unsere kleinen Mädchen u. Bübchen im Freien erleben, im Haus u. im Stübchen. Ein Bilderbuch f. die Kleinen, m. Zeichngn. v. E. Voigt. 4. (8 S. Text u. 5 farb. S.) Ebd. (902). Kart. — 50

— für Mutter u. Kind. Eine Sammlg. der beliebtesten Kose-, Wiegen- u. Spielliedchen, Sprüche, Reime usw. Für das erste Kindesalter ausgewählt. Mit Illustr. v. E. Voigt. gr. 4. (14 S. m. 16 farb. Taf.) Ebd. (900.) Geb. 2. —

— die Pelzjäger der Hudsonbai-Gesellschaft, } s.: Horn, W. O. v.

— für kleine Rekruten, s.: Schmidt, Fel.

— Saat u. Ernte, s.: Sterl, Rob. Herm.

Der Schiffsjunge, s. Horn, W. O. v.

— Soldatenbilder, s.: Schmidt, Fel.

— u. Karl Schicktanz, Sommerlust. E. Bilderbuch f. d. Kleinen m. Versen v. St., Orig.=Zeichngn. v. Sch. gr. 4. (6 Farbdr. m. eingedr. u. 3 S. Text.) Ebd. 897. — 50

— im Sonnenschein, s.: Voigt, E.

— Struwelpetergeschichten. Den Kleinen zum Nutz u. Frommen erzählt, m. feinen Farbendr.=Bildern von P. Kiedrich, nebst e. Auswahl poet. Erzählgn. u. dergl. gr. 4. (16 S. m. 8 Taf.) Duisburg (900). J. A. Steinkamp. Geb. 1. —

— ein Tag aus dem Kinderleben, s.: Voigt, E.

und E. Voigt

— — glückliche Tage. E. Bilderbuch f. d. Kleinen m. Versen v. St. u. Orig.=Zeichngn. v. V., nebst e. Auswahl poet. Erzählgn. gr. 4. (8 Farbdr. m. 16 S. Text.) Ebd. 897. Kart. 1. 50

— sonnige Tage, s.: Voigt, E.

— allerlei Tierbilder aus Nah u. Fern. Unzerreißbares Bilderbuch f. uns. Kleinen m. 20 farb. Abb. u. Versen. Fol. (10 Farbdr. m. eingedr. u. 1 S. Text., auf Pappe.) Duisburg 897. J. A. Steinkamp. Kart. 2. 50

— lustiges Volk. Zum alten Klang e. neuer Sang. Orig.=Zeichngn. v. E. Voigt m. lust. Geschichten von Frida v. Kronoff. gr. 4. (10 Farbdr. m. 20 S. Text.) Ebd. 897. Kart. 1. 80

— aus Wald u. Flur, s.: Schicktanz, Karl.

— wer will unter die Soldaten?, s.: Schmidt, Fel.

Steinkamp, A., u. Karl Schicktanz, wie's rauscht u. schallt in Flur u. Wald. Ein Bilderbuch f. d. Kleinen m. Versen v. St., Orig.=Zeichnungen v. Sch. gr. 4. (6 Farbdr. m. eingedr. u. 3 S. Text.) Duisburg 897. J. A. Steinkamp. n. — 50

— wie's uns gefällt, } s.: Ziegler, Karl.

— wie sie leben u. sich freu'n, s.: Voigt, E.

Steinkamp, A., woher kommt's Brod?, } s.: Sterl, Rob. Herm.

— goldene Zeiten. Eine Sammlg. der beliebtesten Kose-, Wiegen- u. Spielliedchen, Sprüche, Reime usw. Für das erste Kindesalter ausgewählt. Mit Illustr. v. E. Voigt. 4. (8 farb. S. m. eingedr. u. 7 S. Text.) Duisburg (902). J. A. Steinkamp. Kart. — 60

[J.] Lasset die Kindlein zu mir kommen! E. Festausgabe f. d. deutsche Haus. Geschichten aus d. Leben Jesu nach d. Bibel f. Kinder erzählt v. E. Steinkamp m. Bildern v. Eduard Kaempffer. *Duisburg: J. A. Steinkamp [1896].* (14 Bl., 12 Taf.) 1 Bd 2. [98. 3244]

Steinkauler, Theodor [aus St. Louis, Nord-Amerika]: Über Sebacinsäure und Bibromsebacinsäure . . . . Freiburg i. B., Univ.-Buchdr. v. Chr. Lehmann, 1886; 51 + 1 S. 8°.
Freiburg i. B., Phil. Fak., Inaug. Diss. v. 1886.

Steinkauler, Theodor, über Sebacinsäure und Bibromsebacinsäure. Diss. Freiburg i. B. 1886, Fr. Wagnersche Univ.-Buchh. 8⁰. 51 S.

Steinke: Über die Ergebnisse der vergleichenden Sprachforschung, welche schon beim ersten Unterricht im Griechischen verwertet werden können. 14 S. Elbing, Progr. 1872. 4⁰

Steinke De patronymicis Graecis dissertatio I. 21 S.
Elbing, Progr. 1846

Steinke: De Patronymicis Graecis dissertatio II. 9 S. Elbing, Progr. 1856.

Steinke, A., Gustav Adolf. Festschrift zu seinem 300jähr. Geburtstage. gr. 8. (12 S.) Graudenz 894. J. Gaebel. n. — 20

Steinke, A.: Der Taubstumme von Mewe.
s.a. Sammlung kleiner Volksschriften, Nr. 24.

[J.] Der Taubstumme von Mewe. E. wahre Begebenht, erzählt v. A. Steinke, Rektor in Mewe. *Barmen: D. B. Wiemann [1896].* (41 S.) 1 Bd 8.
= Sammlung kleiner Volksschriften. No 24. [96. 6191]

Steinke, Ernst, Regierungs-Referendar in Frankfurt a. O.: Der Begriff der zugesicherten Eigenschaften und die Haftung dafür, insbesondere die des Verkäufers. Halle a. S. 1904: R. P. Nietschmann. (50 S.) 8°
Leipzig, Jur. Fak., Diss. v. 8. Dez. 1904
[Geb. 26. Aug. 78 Prenzlau; Wohnort: Frankfurt a. O.; Staatsangeh.: Preußen; Vorbildung: Stadtgymn. Halle a. S. Reife M. 97; Studium: Würzburg 4, Halle 3 S.; Rig. 22. Juni 01.]

Steinke, Hugo: Unsere Schülerfahrt zur Wasserkante. Weißenfels 1905: L. Kell. (S. 1—26.) 4°
Weissenfels, OR P 1905 (325)

Die Sprachlehre in der einfachen und zweisprachigen Volksschule. Im Anschluß an d. Lesebuch prakt. dargest. in 29 ausgeführten Lektionen von K. L. **Steinke,** Hauptlehrer. Lissa i. P.: F. Ebbecke 1905. (59 S.) 8°

Steinke, K. L., die Sprachlehre in der einfachen u. zweisprachigen Volksschule. Im Anschluß an das Lesebuch praktisch dargestellt in 29 ausgeführten Lektionen. (59 S.) 8. Lissa 905. O. Eulitz. n. – 60

Steinke, Martin

Steinke, Mart., Sittah. Ein Künstlerschicksal. (181 S.) 8. Berlin (908). H. Bondy. 2.—; geb. 3.—

Steinke, Paul, Tierarzt in Düsseldorf: Untersuchungen zur vergleichenden Pathologie der Nebennierengeschwülste. ⟨Aus dem pathologischen Institut der Düsseldorfer Akademie für prakt. Medizin. Professor Lubarsch.⟩ Wiesbaden 1910. 40 S. und drei Tafeln. 8°. [12. XI. 09.]
Bern. Vet.-med. Diss. 1909/10.

Steinke, Paul. Untersuchungen zur vergleichenden Pathologie der Nebennierengeschwülste. Aus dem pathologischen Institut der Düsseldorfer Akademie für prakt. Medizin.... Diss. Vet.-Med. Bern. Mit 7 Figuren [auf 3 Tafeln]. 40 S. 8. Wiesbaden, J. F. Bergmann, 1910.

Steinkeller, Maria v., s.a. Keller, Sophie v.

Steinkeller, Marie v. [Sophie v. Keller], aus der Vergangenheit der Stadt Treptow a/Rega u. ihrer Umgebg. 8. (XIII, 62 S.) Stuttgart 889. Greiner & Pfeiffer. n. 1.—; geb. n. 1.50

Steinkellner, Jos., Leitfaden zur Kolonnen-Buchführung f. Hotels, Gasthöfe u. Gastwirtschaften, s.a. Bibliothek moderner Buchhaltungswerke. I.

Steinkellner, J., Leitfaden zur Kolonnenbuchführung für Hotels, Gasthöfe und Gastwirtschaften etc. [Bibliothek moderner Buchhaltungswerke, Bd. I.] Gr.-8°. (IV, 52 S.) K 2.-
Linz: E. Mareis 1905.

Steinkellner, J., Leitfaden zum Unterricht in einfacher und doppelter Buchhaltung Gr.-8°. (96 S.) † K 2.—
Linz: E. Mareis 1905.

Steinkellner, Karl, († d. 9. März 1776.) institut. philosophiae moralis. II Tmi. 8maj. Wien 768. Trattner. 1 ℛ 1 ℛ

Steinkirch, Christian (Breslau) A. S. 359/21

Palinodia sacra sive de retractationibus theologorum in rebus fidei schediasma. Ed. 2.
Präs. Johann Heinrich Feustking.
Wittenberg (Gerdes) 1718. 168 S.

Diss. 16./17. IV. 1711.
2 Resp. 33386

Stein- u. Braunkohle. Fachblatt f. die gesamt. Interessen der Kohlenindustrie sowie der zugehör. Maschinenfabrikation. Unter Mitarbeit zahlr. Fachleute hrsg. v. Heinr. Wiesenthal. Organ des Verbandes der techn. Berg-, Hütten- u. Salinenbeamten der preuss. Staatswerke u. des Verbandes der Steiger bayer. Staatswerke. 1. u. 2. Jahrg. 1909 u. 1910. à 24 Nrn. (à 16 S. m. Abbildgn.) 34,5×24,5 cm. Leipzig, O. Wigand. à Jahrg. 8.—

Steinkohlen, die, d. Ruhrgebietes. Eine Zusammenstellg. der Zechen dieses Reviers, der daselbst geförderten Qualitäten, der Versendungs-Orte, Bahnstationen, sowie der Zechen- u. Bahnfrachten. gr. 8. (19 S.) Köln 871. Du Mont-Schauberg. n. 1.—

— dasselbe. Zusammenstellung der bedeutendsten Zechen d. Ruhrkohlen-Reviers, unter Angabe der Qualität der geförderten Kohlen, der Bahn-Anschlüsse, **sowie Zechen- u. Hafen-Frachten,** nebst e. Fracht-**Tabelle f. Kohlen u. Coaks v.** sämmtl. Zechen-Stationen der Bergisch-Märk., Köln-Mindener u. Rhein. Eisenbahn. 2. durchaus neu bearb. u. vervollständ. Aufl. gr. 8. (47 S.) Ebend. 874. n. 1. 50

Steinkohlen, die, des Ruhrgebietes. Zusammenstellung der bedeutendsten Zechen des Ruhrkohlen-Reviers unter Angabe der Qualität der geförderten Kohlen, der Bahn-Anschlüsse, sowie der Zechen- und Hafen-Frachten, nebst einer Fracht-Tabelle für Kohlen und Coaks von sämmtl. Zechen-Stationen nach den bedeutendsten Stationen der Bergisch-Märkischen, Köln-Mindener und Rhein. Eisenbahnen. 3. bericht. und verstärkte Ausg. gr. 8. (122 S.) Köln 876, DuMont-Schauberg'sche Buchh. (* ℳ 3.) * 1 50

Die **Steinkohlen** des Königreichs Sachsen in ihrem geognostischen und technischen Verhalten geschildert auf Veranlassung des Königlich Sächsischen Ministerii des Innern. 4 Bde. Leipzig, 1856—1861
Bd 1. Geinitz, H. B., Geognostische Darstellung der Steinkohlenformation in Sachsen. Mit besonderer Berücksichtigung des Rotliegenden. 1856. 91 S. mit 12 Taf.
Bd 2. Stein, W., Chemische und chemisch-technische Untersuchung der Steinkohlen Sachsens. 1857. 98 S.
Bd 3. Hartig, E., Untersuchungen über die Heizkraft der Steinkohlen Sachsens. Unter Aufsicht von J. B. Schneider ausgeführt. Hierbei ein Anhang, die Heizversuche des Dr. [P. W.] Brix in Berlin mit drei sächsischen Steinkohlensorten betreffend. 1860. 509 S. mit 4 Taf.
Bd 4. Koettig, R. F., Geschichtliche, technische und statistische Notizen über den Steinkohlen-Bergbau Sachsens. 1861. 85 S.

Steinkohlen, die, des Königr. Sachsen in ihrem geognost. und techn. Verhalten geschildert auf Veranlassung des königl. sächs. Ministerii des Innern. 2—4. Abthl. gr. 4. Leipzig, Engelmann.
Inhalt:
Abthl. 2. Stein, W., chemische und chemisch-technische Untersuchung der Steinkohlen Sachsens. (VIII und 98 S.) 857. 1 Thlr. 15 Ngr.
» 3. Hartig, Ernst, Untersuchungen über die Heizkraft der Steinkohlen Sachsens. Unter Aufsicht von Joh. Bernh. Schneider ausgeführt und bearb. Hierbei ein Anhang, die Heizversuche des Dr. Brix in Berlin mit drei sächs. Steinkohlensorten betreffend. (X und 509 S. mit 4 Stnt. in gr. 4. und qu. Fol.) 860. 6 Thlr.
» 4. Koettig, R. F., geschichtliche, technische und statistische Notizen über den Steinkohlen-Bergbau Sachsens. (V und 85 S. mit eingedr. Holzschn.) 861. 1 Thlr.
Die 1. Abthl. des Werkes bildet: Geinitz, Hans Bruno, die Steinkohlen des Königreichs Sachsen. Ebendas. 1856. * 12 Thlr.

Steinkohlenbecken, westfälisches, s.: Bergbau. Flötzkarte.

Der **Steinkohlenbergbau.** Von A[rthur] Dannenberg [u. a.]. Mit 4 Taf. u. 99 Abb. Berlin: (Kgl. Geol. Landesanst.) 1910. 387 S. 4°(8°)
(Der Bergbau auf d. linken Seite d. Niederrheins. T. 3.) [10. 17749 5

Steinkohlenbergbau, der, des Preussischen Staates in der Umgebung von Saarbrücken. Im Auftrage des Hrn. Ministers der öffentl. Arbeiten dargestellt von A. Hasslacher, B. Jordan, R. Nasse und O. Taeglichsbeck. I—IV. gr. 4. Berlin, Ernst und Korn. *
Inhalt:
I. Nasse, R., geologische Skizze des Saarbrücker Steinkohlengebirges. (VI, 69 S. mit 5 lithogr Taf.) 884. * ℳ 7,50.
II. Hasslacher, A., geschichtliche Entwickelung des Steinkohlenbergbaues im Saargebiete. (IV, 108 S. mit 3 lithogr. Taf.) 884. * ℳ 7,50.
III. Nasse, R., der technische Betrieb der kgl. Steinkohlengruben bei Saarbrücken. (V, 148 S. mit 24 lithogr. Taf.) 885. * ℳ 24.
IV. Jordan, B., die Absatzverhältnisse der kgl. Saarbrücker Steinkohlengruben in den letzten 30 Jahren. (V, 40 S. mit 1 lithogr. Taf.) 884. * ℳ 3.
Aus: Zeitschrift für das Berg-, Hütten- und Salinenwesen im Preuss. Staate, besonders abgedruckt.

Steinkohlenbergbau, der, d. Preussischen Staates in der Umgebung v. Saarbrücken. Im Auftrage d. Hrn. Ministers der öffentl. Arbeiten dargestellt v. A. Hasslacher, B. Jordan u. R. Nasse. V.: Die Kohlen-Aufbereitung u. Verkokung im Saargebiete v. Rich. Remy. Mit 10 (lithogr.) Taf. (in Fol.) gr. 4. (V, 36 S.) Berl. 890, Ernst u. Sohn. * 8 —
Aus: Zeitschr. f. d. Berg-, Hütten- u. Salinenwesen im Preuss. Staate, besonders abgedruckt.
I.—IV. Ebd. 1884,85. * 42 —.

Steinkohlenbergbau, der, des Preussischen Staates in der Umgebg. v. Saarbrücken. 6 Tle. Lex.-8. Berlin, J. Springer. Kart. n.n. 15. —

I. Das Saarbrücker Steinkohlengebirge. Von A. Prietze, Leppla, R. Müller u. M. Hohensee. Mit 12 Textfig. u. 7 lith. Taf. (98 S.) 904.

II. Geschichtliche Entwickelung des Steinkohlenbergbaues im Saargebiete. Von A. Hasslacher. Neubearbeitung u. Fortführg. der vom Verf. im J. 1884 in der „Zeitschrift f. das Berg-, Hütten- u. Salinenwesen im Preuss. Staate" (Bd. 32) veröffentlichten Abhandlg. Mit 3 lith. Taf.) (189 S.) 904.

III. Der technische Betrieb der staatlichen Steinkohlengruben bei Saarbrücken. Von R. Mellin. (336 S. m. 53 Fig. u. 14 lith. Taf.) 906.

IV. Die Absatzverhältnisse der königl. Saarbrücker Steinkohlengruben in den letzten 20 Jahren (1884—1903). Von R. Zörner. Mit 4 lith. Taf.) (54 S.)

V. Die Kohlenaufbereitung u. Verkokung im Saargebiet. Unter Benutzg. der gleichnam. Abhandlg. v. Rich. Remy aus d. J. 1890 bearb. Von Mengelberg. Mit 43 Textfig. u. 14 lith. Taf. (133 S.)

VI. Die Entwickelung der Arbeiterverhältnisse auf den staatlichen Steinkohlenbergwerken vom J. 1816 bis zum J. 1903. Von E. Müller. Mit 3 lith. Taf. (158 S.)

Steinkohlen-Bergwerke, s.: Bergbau.

Steinkohlengas, Das, und seine Verwendung. Vierteljährlich. Jg. 1—5. 1908/09 - 1912/13. Berlin

Steinkohlengrube, die, bey Lüttich, dramat. Gedicht mit Chören von Ph. Millauer. 12. Wien, Wallishauser. 813.

[Steinkohlengruben.] Die Kgl. Saarbrücker Steinkohlengruben im Jahre 1876. Saarbrücken, 1877. 11 S.

Steinkohlenladungen in Kauffahrteischiffen, gemeinfaßliche Darstellung ihrer Gefahren und der Mittel zu deren Verhütung. Bearb. im Auftrage des Reichsamts des Innern. Berlin, 1889. 8 S. mit 1 Taf.

Steinkohlenladungen in Kauffahrteischiffen, bearbeitet im Auftrage des Reichsamt des Innern. Berlin 1909.

Steinkohlenwerk Vereinigte Glückhilf-Friedenshoffnung Hermsdorf (Reg.-Bez. Breslau). Hermsdorf, 1892. 48 S. mit 2 Ansichten, 2 Karten und 2 Tab.

Steinkopf, Bruno, kleine Schwimmkunst. Ein Büchlein zum Erlernen v. Schwimmkünsten. (32 S. m. 8 Abbild.) kl. 8. Leipzig (909). S. Schnurpfeil. — 25

Steinkopf, C. W. A. (Hrsg.), s.a. Brand, Über den, im Weitzen.

Steinkopf, C. W. A., über den Brand im Weitzen und dessen mögliche Verhütung. 2t. Aufl. gr. 8. Leipzig, Hartmann. 817.

Steinkopf, George, Die dankbare Betrachtung der grossen Werke Gottes . . . an dem frohen Dankfest wegen des . . zu Hubertsburg den 15. Febr. 1763 glücklich geschlossenen Friedens, der Alt-Rossgärtschen Gemeine . . angepriesen. Königsberg. 8.

— Grundriß der ganzen christlichen Lehre. 8. Ebendas. 751.

Steinkopf, Geo., († d. 30. Jan. 1770.) erbaul. Communionbüchel. 8. Königsb. 767. Hartung. 3 ggr

— heil. Reden bei der Taufe e. jüdischen Rabbi J. Hirsch. 8. Königsb. 751. Hartung. 5 ggr

Steinkopf, Geo., die ganze Summe des evangel. Christenthums. 8. Königsb. 756. Hartung. 3 ggr

— Weihnachts-, Oster- u. Pfingstgespräche. 8. Königsb. 751. Hartung. 3 ggr

— evangel. Zeugnisse von Jesu f. arme Sünder. 8. Königsb. 764. Hartung. 8 ggr

Steinkopf, Johannes, Referendar: Die Ansprüche des Geschäftsführers ohne Auftrag nach dem B.G.-B. Groitzsch-Leipzig: 1908: Reichardt. 39 S. 8°

Leipzig, Jur. Diss. v. 19. Dez. 1908

[Geb. 8. Aug. 81 Leipzig; Wohnort: Leipzig-Gohlis; Staatsangeh.: Sachsen; Vorbildung: Thomassch. Leipzig Reife O. 01; Studium: Marburg 1, Leipzig 6 S.; Rig. 21. Jan. 05.] [U 09. 2697

Steinkopf, Karl Friedrich: Animadversiones . . . ad loca quaedam Veteris Testamenti, s. Gaab, Johann Friedr. [Praes.]

Steinkopf, Karl Friedrich Adolf (Vorr.), s. Bridges, C.: Auslegung des 119. Psalms.

— s. Buch, Goldenes, für die Jugend.

Steinkopf, Ritter Karl Fr. Ad., der Christ, ein Pilger d. Erde u. Bürger des Himmels. gr. 8. Stuttg. 816. Steinkopf. 2 ggr

—— Fest-Predigten. gr. 8. (11½ B.) Stuttgart 834. Steinkopf.

Steinkopf, K. F. A., einige Fest- Sonntags- u. Gelegenheitspredigten, gehalten in London u. Stuttgart. 8. Stuttgart, Steinkopf. 804.

— drei Hauptzüge im Charakter eines wahren Christen, hrsgg. v. Breidenstein. gr. 8. Stuttg. 815. Steinkopf. 3 ggr

— (Vorr.), s. Hausbedarf, Christlicher, für Kranke und Leidende.

— Predigt üb. d. Evangelium am 22n Sonntage nach Trinit. gehalten zu Stuttgart. gr. 8. Stuttg. 820. Steinkopf. 2 ggr

— Predigt am 11n Sonntag nach Trinit. 1823 zu Stuttgart gehalt. gr. 8. Stuttg. 823. Steinkopf. 2 ggr

— Predigt üb. 2 Timoth. 3, 16. 17., gehalt. d. 20. Aug. 1820 zu Frankfurt a. M. gr. 8. Stuttg. 820. Steinkopf. 2 ggr

—— dreizehn Predigten üb. d. Vater-Unser, d. Taufe, d. h. Abendmahl u. einige allgem. Buß- u. Bettags-Texte. gr. 8. (9 B.) Stuttgart 834, Steinkopf.

—— eilf Predigten üb. d. zehn Gebote. gr. 8. (8½ B.) Stuttgart 834, Steinkopf.

Steinkopf's, C. F. A., Predigten über d. Evangelien aller Sonn-, Fest- u. Feiertage. Nebst e. Anhang, enthaltend doppelte Fest-Predigten, mehrere Buß- u. Bettags-Predigten, Predigten über die zehn Gebote u. das Vater Unser. gr. 8. Stuttgart 833, 34. Steinkopf. 2½ Rthlr.

Steinkopf, C. F. A., Predigten üb. d. Evangelien aller Sonn-, Fest- u. Feiertage. Nebst e. Anh. gr. 8. (85 B. u. Bildn. d. Verf.) Stuttgart 834, Steinkopf.
Aus dem Anhang sind besond. abgedruckt: Festpredigten.

— Predigten üb. die Sonn- u. Festtags-Episteln; mit e. Anh. v. Predigten üb. die christl. Glaubenslehre u. einigen Gelegenheitsreden. 2 Bde. gr. 8. Stuttg. 822. Steinkopf. 2 Rthlr. 12 ggr

— Rückblick auf das Jahr 1816. Eine kurze christl. Betracht. z. Eintritt in das neue Jahr. 8. Stuttg. 816. Steinkopf. 1½ ggr

— die wichtigste u. herrlichste Weissagung; e. Predigt am Feste d. Erscheinung Christi; gehalten in der evangel. Brüderkirche zu Neuwied d. 7. Jan. 1816. Neuwied, Lichtfers u. F. 4 ggr (Guilhaumann in Frankf.) 3 ggr

Steinkopf, Otto: Ueber die N-Sulfochlorphosphine des Piperidins und einige Derivate derselben. *Rostock 1897: F. Russow.* (47 S.) 8°
Rostock, Phil. Diss. v. [8. Juli] 1897

Steinkopf, Wilhelm, Gerichtsref. in Mühlheim a. Rh.: Über die Tantième. Ein Beitrag zur Lehre von d. partiarischen Rechtsgeschäften. (Nach heutigem Reichsrechte.) *Borna-Leipzig 1901: R. Noske.* (VI, 47 S.) 8°
Leipzig, Jur. Diss. v. 1901

Steinkopf, Wilhelm, Dr.-Ing.: Beiträge zur Kenntnis des Einflusses negativer Atome und Atomgruppen bei Derivaten des Acetonitrils und Acetamids. Leipzig: J. A. Barth 1910. 116 S. 8⁰ ¶ Aus: Journal f. prakt. Chemie. Bd 189. N. F. Bd 81.
Karlsruhe Te. H., Hab.-Schr. v. 23. 12. 1909

Steinkopf, Wilhelm: Versuche zur Synthese des Nitroacetonitrils. Ueber die Küpenprodukte des Indanthrens. 1906. 67 S. 8⁰ ¶ Vgl. Berichte d. Deutschen Chem. Gesellschaft. Jg. 37. 38. 1904. 05.
Karlsruhe, Dr.-Ing.-Diss. v. 22. 1. 1906

Steinkopff, Eugen [aus Halle a. S.]: Ueber die Aetiologie der Chorea minor.... Halle a. S., Hofbuchdr. v. C. A. Kaemmerer & Co., 1890; 48 + 1 S. + 1 Bl. 8°
Halle, Med. Fak., Inaug.-Diss. v. 24. Jul. 1890

Steinkopff, Herm. (geb. Fienerode bei Genthin 9. 11. 1815). De vomitus et vomitororum in corpus humanum effectu. Berolini (1841). (36 S.) 8°
Berlin, Med. Diss. v. 16. Aug. 1841

Steinkopff, Johannes Carolus Hugo: De sarcomate scrophuloso. Halis Saxonum (1853): Gebauer-Schwetschke. 27 S. 8°
Halle-Wittenberg, Med. Diss. v. 22. Apr. 1853
Geb. Kranichau (Kr. Torgau) 3. 12. 1829. V.

Steinkopff, Karl

Steinkopff, Carl [pr. Arzt]: Über einen Fall von Fetthals. (Diffuses Lipom des Halses.) ... Leipzig, Druck v. Alexander Edelmann, Universitätsbuchdr., 1889; 28 S. u. 2 Taf. 8°
Freiburg i. B., Med. Fak., Inaug.-Diss. v. 1889

Steinkopff, Max [Referendar]: Der landrechtliche Erstattungsanspruch des redlichen Besitzers. A. L. R. § 26 I 15 ... Göttingen, Druck d. Dieterich'schen Univ.-Buchdr., 1896; 71 S. 8.
Göttingen, Jur. Fak., Inaug.-Diss. v. [14. Dez.] 1896

Steinkrausz: Über Gebrauch der Zeitformen des lateinischen Verbs. Perleberg 1864. 16 S. 4⁰
Schul-/Univ.-Schrift

Steinkrauss, E. Realschulfragen. Perleberg, R., 1872. 16 S. 4. Progr.

Steinkrauss, Ed., zu welchen Preisen werden Rüben verschiedenen Zuckergehalts bei verschiedenen Zuckerpreisen verwerthet? Zwei Calculationstabellen. (Als Mscr. gedr.) 16. (VIII und 43 S.) Bahrendorf 867. Magdeburg, Baensch. *

v. Steinkühl, W., der Weichselzopf in Deutschland. Inaugural. Abhandl. Mit 1 Kpf. 4. Hadamar 817. (Lanz in Weilb.) 8 gl

v. Steinkühl, (W.,) d. Weichselzopf in Deutschland. Inaugural. Abhandlung. Mit 1 Kupfr. 4. Hadamar 817. Neue Gelehrten-Buchh.

Steinkühler, Franz David: Ueber die Beziehungen von Gehirnerkrankungen zur tabes dorsualis. Strassburg, J. H. Ed. Heitz, Univ.-Buchdr. (1872). 8. 47 S.

STEINKÜHLER, Max (Kleinfastenrath): Panophthalmia arthritica. Ein Beitrag zur Kenntnis der gichtischen Erkrankungen des Sehorgans.- München: Wolf 1902. 20 S. - Vollständig erschienen in: Wiener klinische Rundschau. Jg.25.1911, Nr.34.35. Diss. Ingolst.-Landsh.-Mchn. 27.7.1902 - Chr 1902/03,23; U 12.5783

Steinle's, Ed. Jak. v., Charakteristik, s.: Valentin, V.

— Erinnerungen an ihn, s.: Reichensperger, A.

Steinle, A. C. S., populaire Sonnenuhrkunde oder Anleitung zur Verfertigung der Horizontal-Uhren, und mittelst solcher aller Vertikal-Uhren nach jeder Abweichung und Neigung nach wahrer Sonnenzeit, nebst Anweisung zur Verfertigung der Horizontal-Uhren nach mittlerer Sonnenzeit. gr. 8. (IV und 66 S. mit 4 Stnt. in qu. 4.) Augsburg 853, Schmid'sche Vrlgsh.

Steinle, A. M. v., der Peterspfennig, s.: Broschüren, Frankfurter zeitgemäße.

Steinle, A. M. v. Edward v. Steinle u. August Reichensperger in ihren gemeinsamen Bestrebungen f. die christliche Kunst, aus ihren Briefen geschildert. [Schriften der Görres-Gesellschaft 1890, III.] gr. 8. (III, 104 S. m. 1 Portr.) Köln 890, (Bachem). * 2 —

Steinle, Alph. Maria, er hat die Linie passirt. Eine Erzählg. aus der Mappe e. Unbekannten. 8. (149 S.) Mainz 886. Kirchheim. 1. 50

Steinle, E., Das Endziel des Anarchismus. 8⁰. Buffalo, N. Y., 1894. (Abdr. a. d. „Freiheit", 3.—10. März 1894.)

Steinle, Ed., 6 Kupfer zu Fr. Schlosser's Bearbeitung des „Himml. Palmgärtleins" vom Priester Nakatenus aus d. Gesellsch. Jesu. — Abdrücke in groß. Form. Düsseld. 1842, Buddeus. 7 Thlr. — 12 fl. 36 kr.

Steinle, Ed., Tagzeiten von der unbefleckten Empfängniß der allerseligsten Jungfrau Maria. Acht Bilder in Stahl gest. von Frz. Keller. Text (19 S.) von Wilh. Reischl. Regensburg 859. Manz. 4. n. 3 ℛ 12 ngr.

Steinle, Eduard v., 8 Zeichnungen u. Aquarelle. (IV S. Text.) Fol. Frankfurt a/M. 906. H. Keller. n. 2. —

Steinle, Edw. v., Album ausgewählter Werke. 50 Handzeichnungen und Aquarelle nach den Originalen in Lichtdr. Fol. Frankfurt a. M. 888, Prestel. In Mappe

[F.] Edward v. **Steinle's** Briefwechsel mit seinen Freunden. Hrsg. u. durch e. Lebensbild eingel. v. Alphons Maria v. Steinle. In 2 Bdn. Bd 1. 2. *Freiburg i. Br.: Herder 1897.* 2 Bde 8.
1. M. 9 Lichtdr. (VIII S., 2 Bl., 540 S., 4 Portr., 5 Taf.)
2. M. 10 Lichtdr. Anh.: Chronolog. Verz. d. Werke Steinle's. (4 Bl., 516 S., 4 Portr., 6 Taf.)
[97. 7896

Steinle, Edward v., Dichtungen u. Bilder, s.: **Brentano, Clem.**

— Des Meisters Gesamtwerk in Abbild. Hrsg. durch Alphons M. v. Steinle. (500 S. Abb., Bildnis u. XIX, 31 S. Text.) Lex. 8. Kempten 910. J. Kösel. 20.—; geb. in Halbperg. 22. —

Eward v. **Steinle.** Des Meisters Gesamtwerk in Abb. Hrsg. durch Alphons M[aria] v. Steinle. Kempten-München: Kösel 1910. XIX S., 239 Taf., 32 S. 4°(8°) [10. 12659

Steinle, Johann von Gott

Steinle, (J. v. G.,) Anleit. z. Begründung des Hoßischen Ansatzes, als Seitenstück zu d. Reesischen. 8. Kempten 821, Dannheimer.

Steinle, Jh. v. Gott, Anleit. zur Begründ. d. Hotzischen Ansatzes, als Seitenstück zu d. Reesischen. 8. Kempten 829. Dannheimer. 4 gl

Steinle, Joh. von Gott, Erzählungen aus d. Welt- u. Menschen-Geschichte aller Zeiten u. Völker, mit besond. Hervorhebung d. wichtigsten Begebenheiten d. christl. Religions-Gesch. f. d. kathol. Jugend u. ihre Erzieher, so wie f. Gebildete überhaupt. 1. u. 2. Bdchn. gr. 8. Augsburg, v. Jenisch- u. Stage'sche Buchh.

Bdchn. 1. Die Vorwelt. (17 B.) 836. 18 Gr.
" 2. Das Alterthum. (22 B.) 839. 1 Thlr. 4 Gr.

— Geographie für die mittlern u. höhern Klassen der Elementar-Schulen, sowie für Feiertagsschüler, Schullehrlinge, Gewerbsschüler und überhaupt für Jeden ꝛc. 8. Dilingen 841. Aulinger. 1/4 ℛ

—— kurzgefaßte Geschichte d. Königr. Bayern f. d. vaterländ. Jugend in d. deutschen Schulen ꝛc. 3., verm. u. verb. Aufl. 8. (..B.) Dannheimer 839, Kempten.

— kurzgefaßte Geschichte des Königreichs Bayern, zum Gebrauch für die vaterländ. Jugend in den deutschen Schulen ꝛc. 3e verm. u. verb. Aufl. 12. Kempten 840. Dannheimer. 1/8 ℛ

Steinle, Joh. v. Gott, kurzgef. Geschichte d. Königr. Bayern f. d. vaterländ. Volksschulen. 8. (3½ B.) Kempten 830, Dannheimer.

— kurzgefaßte Geschichte d. baier. Volkes f. Schulen u. z. Selbstunterrichte. 8. Kempten 824. Dannheimer. 3 gl

Steinle, Joh. v. Gott, kurzes gründliches und leichtfaßliches Rechnungsbüchlein. Zum Gebrauche in Stadt- und Landschulen und auch für Erwachsene. gr. 8. (IV und 100 S.) Augsburg 847, v. Jenisch und Stage'sche Buchh.

— Samml. prakt. Rechnungs-Aufgaben. Stufenweise geordnet, f. Lehrer u. Schüler in Landschulen. 8. Kempten 822, Dannheimer. 1½ gr. Mit Auflösungen.

— Beantwortung der prakt. Rechnungs-Aufgaben. 8. Ebd. 822. 2 gl

— Sammlung (520) praktischer Rechnungsaufgaben zum Gebrauche in Stadt- u. Landschulen u. zum Privatunterrichte. 3. verb. Aufl. 8. Kempten 843, Dannheimer. 1/12 ℛ

— Beantwortung derselben. 3. Aufl. 8. Ebend. 843. 1/12 ℛ

— Züge ꝛc. aus der allgem. Geschichte, s. Jugend-Bibliothek, neue, 11s Bdchn.

Steinle, Karl, leicht faßliche u. populäre Anleitung zur Umrechnung d. Markſystems, zunächst in Bezug auf süddeutsche Währung bearb. Für den Gebrauch in Volksschulen, sowie zum Selbstunterricht f. Jeden, besonders f. den Bürger- u. Bauernstand. 16. (13 S.) Kempten 874. Dannheimer. — 20

Steinle, N. Befehl- u. Gedächtnistafel zum Gebrauche im Kriege für Subalterne u. Unteroffiziere. München 1855. 129 S.

Steinle, Nepomuk

Steinle, Nep., techn. Handbuch des Eisenbahnwesens. Eine kritische Zusammenstellung der meisten bis jetzt bekannt gewordenen Erfahrungen im Eisenbahnwesen ꝛc. 2 Abthlgn. Mit (8) lith. Taf. (in 8., qu. 4. u. Fol.) Lex. 8. (X u. 686 S.) Nördlingen 848. 49, Beck. (1: 1 ℛ 12 ngl 2: 2 ℛ 18 ngl) 4 ℛ

Steinle, (Nepomuck), der Kampf eines Infanterie-Bataillons in Wäldern, s. Kampf, der

Steinle, N. Die russisch-türkischen Kriege in Europa u. Asien, verglichen mit jenen i. d. J. 1828 u. 1829. Ulm 1854. 152 S.

Steinle, N., die russisch-türkischen Kriege in Europa und Asien, verglichen mit jenen in den J. 1828 und 1829, nebst Erörterungen über die auf den Schauplätzen dieser Kriege zu erwartenden militär. Ereignisse. Populair dargestellt. gr. 12. (149 S.) Ulm 854, F. Ebner.

— die Spitzgeschosse u. ihr Einfluß auf das Kriegswesen, mit besonderer Beziehung auf Schweizer-Waffen. Mit 1 lith. Figurentaf. (in 4.) Landau 857. Kaußler. gr. 8. (XIV, 259 S.) n. 1 ℛ

Steinle, Rudolf: Zur Kenntnis der Verbindungen der Citralreihe. Heidelberg 1909: Rössler & Herbert. 43 S. 8°
Heidelberg, Naturw.-math. Diss. v. 8. Sept. 1909, Ref. Curtius
[Geb. 7. Jan. 77 Burg b. Magdeburg; Wohnort: Heidelberg; Staatsangeh.: Preußen; Vorbildung: Realgymn. Harburg Reife O. 97; Studium: Darmstadt Techn. Hochsch. 2, Heidelberg 6 S.; Rig. 29. Jan. 09.] [U 10. 2210

Steinle & Hartung: Jll. Preis-Verzeichniß der Maschinen- und Armaturen-Fabrik. Quedlinburg a. H. (1897?)

Steinle & Hartung: Preis-Verzeichniß über Regulatoren und Regulir-Apparate. Quedlinburg 1902

Steinle & Hartung: Spezial-Katalog über stählerne Quecksilber-Thermometer und über Zugmesser. Quedlinburg (1903?)

Steinlechner, M., u. C. Tittel, d. Musculus ventricularis d. Menschen. [Aus: „Sitzungsber. d. k. Akad. d. Wiss."] gr. 8. (17 S. m. 2 Taf.) Wien 897. (C. Gerold's Sohn.) n. 1. —

Steinlechner M. und Tittel C., Dr.: Der Musculus ventricularis des Menschen (mit 2 Taf.) S. 106 [illegible] 1..
Separatabdruck

Steinlechner, Paul, das schwebende Erbrecht u. die Unmittelbarkeit der Erbfolge. Nach röm. u. österreich. Recht. Ein Beitrag zur Lehre v. der Pendenz der Rechte. 1. Thl. gr. 8. (IV, VII, 456 S.) Innsbruck 893. Wagner. n. 9. —

Steinlechner, Paul, das schwebende Erbrecht u. d. Unmittelbarkeit d. Erbfolge nach röm. u. österr. Recht. E. Beitrag zur Lehre v. d. Pendenz d. Rechte. II. Thl. gr. 8. (VII, 375 S.) Innsbruck 897. Wagner. n. 7. 20 (kplt.: n. 16. 20)

Steinlechner, Paul, über die Regierungsvorlage e. Novelle zum allgem. bürgerl. Gesetzbuch. Ein Vortrag, geh. im Grazer Juristenverein am 3. IV. 1908. (48 S.) gr. 8. Graz 908. U. Moser. 1. —

Steinlechner, Paul, die Unredlichkeit als rechtshindernde Tatsache im bürgerlichen Verkehr nach dem österreichischen Rechte. 2 Vorträge, geb. im Juristen-Vereine zu Graz. (IX, 120 S.) gr. 8. Graz 904. Leuschner & Lubensky. n. 2. 50

Steinlechner, Paul, das Wesen der juris communio und juris quasi communio. Eine civilist. Abhandlung. 2 Abthlgn. gr. 8. Innsbruck, Wagner'sche Universitäts-Buchh. * 8 80
Inhalt:
Abthl. 1. Revision der Lehre von der Theilbarkeit und Untheilbarkeit auf dem Rechtsgebiete. (VIII, 169 S.) 876. *M. 3,60.
" 2. Das Miteigenthum in seinen principiellen Einzelbeziehungen. (VIII, 260 S.) 878. *M. 5,20.

Steinlein, August. Bunte Blüten. LaCrosse, Wis. 1884.

Steinlein, A. Bunte Blüthen, Gedichte. Winona, Minnesota, 1892. UC

Steinlein, C., s. Steinlein, K.

Steinlein, Gustav

Steinlein, G., altbürgerliche Baukunst. Reiseskizzen aus Süddeutschland, Alt-Bayern, Tyrol, Franken u. Württemberg. (40 Taf. m. 6 S. Text.) 4. München 904. Süddeutsche Verlagsanstalt. In Mappe n. 5. —; erh. Pr. n. 6. —

Steinlein, Gust., altbürgerliche Baukunst. Reiseskizzen aus Süddeutschld., Alt-Bayern, Tyrol, Franken u. Württemberg. (Schriften d. bayer. Vereins f. Volkskunst u. Volkskunde, E. V. in München.) 2. Bd. (40 Taf. u. 6 S. Text m. 2 Abb.) 31×22 cm. München 906. Süddeutsche Verlags-Anstalt. In Mappe 6. —
1. Bd. Ebd. 904. In Mappe 6.—

Steinlein, Gust., das Nürnberger Dach in Skizzen u. Aufnahmen. 32 Blatt in Lichtdr. Fol. München 896. Georg Schlee. In Mappe n. 15. —

Steinlein, Gust., die prakt. **Verwendung der Marmore** im Hochbau, deren **Bearbeitg. u. Verkaufswert, nebst** Aufzählg. der bekanntesten **Marmorsorten, m. erläut.** Zeichngn. gr. 8. (50 S.) **München 900. E. Pohl. n. 1. 50**

Steinlein, Herm., Luther u. der Bauernkrieg. s. a. Luther-Vorträge, Würzburger. 3. Hft.

Luther und der Bauernkrieg. Vortrag geh. zu Würzburg 1903 von Hermann **Steinlein**, Pfarrer. *München: J. F. Lehmann 1903.* (31 S.) 8° [J.]
= Luther-Vorträge, Würzburger. 3. [03. 6163

STEINLEIN, Joseph Philipp (Bamberg): Dissertatio inauguralis sistens disquisitionem physiologico-medicam de fluxu menstruo ejusque praesertim aetiologia.- Bambergae 1815. 4 Bl.,64 S.
1.9.1811 - Pe 319; F 57
Diss. Ingolst.-Landsh.-Mchn.

Steinlein, J. P., Disquisitio physiologico-medica de fluxus menstrua ejusque praesertim aetiologia, 8. Bamberg, Kunz. 815.

Steinlein, J. P., Dispositio physiologico-medica de fluxus menstrua ejusque praesertim aetiologia. 8. Bamberg 815. Jetzt Dresch. 1 ₰ 4 ʄ

Steinlein, K., Handbuch d. Volks-Wirthschafts-Lehre, mit drei synopt. Tafeln. 1. Bd., enthalt. die Einleit. mit d. Literatur, d. Grundlehren, u. e. Theil d. Lehre v. d. Production. gr. 8. (35½ B.) München 831, Literar.-Artist. Anstalt.

— Handbuch der Volkswirthschaftslehre, mit drei synopt. Taf. 1r Bd. gr. 8. Stuttg. 831. v. Cotta. 2 ₰ 12 ℊ

Steinlein, **K.**, Agriculturae laus, incrementa et impedimenta. Dissertatio. 4maj. Landsh. 825. (Michaelis). 1 ₰ 6 ℊ Postp. 1 ₰ 16 ℊ

Steinlein, Kaspar Joseph (Bamberg) A. S. 586/1

Dissertatio iuridica de commissionibus in genere et in specie imperialibus. Präs. Johann Georg Engelhart. Bamberg (Klietsch) 16. III. 1774. 74 S.
33387

Steinlein, Peter, Die wahren Altkatholiken, oder: Das Unfehlbarkeitsdogma im Lichte der Überlieferung, der Bibel u. der Vernunft kurz, aber gründlich u. verständlich dargestellt. Trier, Paulinus-Druckerei, 1876, 8°, 31 S., 30 Pf.

Steinle-Mappe. 10 Bild. u. 1 Leiste. Auswahl u. künstler. Einführg. v. Jos. Popp. (14 S. Text.) 36,5×27,5 cm. München (907). Allgem. Verl.-Gesellschaft. 3.50

(Eduard v.) Steinle-Mappe. 10 Bilder u. 1 Leiste. Auswahl u. künstlerische Einführung von Dr. Joseph Popp. München [& Berlin]: Allg. Verl.-Gesellsch. [1907]. 7 ungez. Bl., 10 Taf. 2°

Steinlin, Maurice [med. prakt. aus St. Gallen]: Über den Einfluss des Schilddrüsen-Verlustes auf die Heilung von Knochenbrüchen. Berlin 1899. 43 p., 2 pl. 8°. (S.-A. aus Archiv für klin. Chirurgie, Bd. 60.)
Lausanne. Thèse méd. 1899/1900.

Steinlin, W., und **C. Wegelin**, über Errichtung, Bau und Organisation eines St. Gallischen Kantonsspitals. Lex.-8. (III und 63 S. mit 1 Stnt. in Imp.-Fol.) St. Gallen 861, Scheitlin und Zollikofer.

Steinlin, Werner, von St. Gallen: Über den Heilungsprozess nach Resektion der Knochen. Zür. Zürcher u. Furrer Dr. 1849. 26 S., 1 Bl. 8°
Zürich, Med. Diss. v. 8. Sept. 1849.

Steinmann, neue militärische Briefe. Lex.-8. (19 S.) Hannover 888. Helwing's Verl. n. — 60

— Geschichte des 4. Posenschen Infanterie-Regiments Nr. 59 bis Juli 1877. Vervollständigt, m. Karten u. Plänen versehen u. fortgeführt bis April 1886 v. Bober. Mit 1 Abbildung, 6 Skizzen u. 2 Uebersichtskarten in Steindr. 8. (IV, 140 S.) Berlin 887. Mittler & Sohn. n. 2. —

Steinmann, Geschichte d. Infanterie-Regiments Freiherr Hiller v. Gaertringen (4. Posenschen) Nr. 59 bis Juli 1877. Vervollständigt, m. Karten u. Plänen versehen u. fortgeführt bis 1. Oktbr. 1892 v. Bober. 2., verm. Aufl. Mit 1 Abbildg., 6 Skizzen u. 2 Übersichtskarten in Steindr. 8. (VI, 153 S.) Berlin 893. E. S. Mittler & Sohn. n. 2. —

Steinmann. Plan topogr. des environs de Basle et du cours du Rhin dep. la maison rouge jusqu'au village de Maerkt. Av. les travaux du Siège de la Tête de pont d'Huningue dep. le 26. Oct. 1796 jusqu'au 1. Fév. 1797. fol. Basle 1798.

Steinmann, (II.), die Rekruten-Ausbildung der Infanterie. Nach der Praxis bearb. br. 8. (71 S.) Berlin 863, v. Warnsdorff. [Schlesier.]

Steinmann, Hauptm. und Compagniechef (Major) im 4. posenschen Inft.-Reg. Nr. 59. Die Recruten-Ausbildung der Infanterie. Nach der Praxis. 2. umgearb. Aufl. 8. Berlin 1872.
— — 4. umgearb. u. verm. Auflage. 8. Berlin 1881.

Steinmann, Hauptm., die Rekruten-Ausbildung der Infanterie. Nach der Praxis. 3. umgearb. und verm. Aufl. 8. (IV, 63 S.) Berlin 876, [Schlesier.] Liebel'sche Buchh. * 1 —

Steinmann, die Rekruten-Ausbildung der Infanterie. Nach der Praxis. 4. umgearb. und verm. Aufl. gr. 8. (64 S.) Berlin 881, Liebel'sche Buchh. *

Steinmann, s.: Revue suisse de médecine.

Steinmann, (I.), der Kreis Thorn. Statistische Beschreibung. gr. 8. (VIII und 343 S. mit 3 Tab. in gr. 8. und gr. 4.) Thorn 866, (Lambeck.) cart. *

Steinmann: Chemische Untersuchung des Karpholiths. (Aus den Abh. der böhmischen Gesellsch. d. Wissensch.) Prag 1819. 8°

Steinmann, A.: Ich kann schneidern. Berlin und Wien 1908

Steinmann, Adolphus: De Parthis ab Horatio memoratis. Quaestiones chronologicae. *Berolini: Mayer & Müller 1898.* (46 S.) 8°
Berlin, Phil. Diss. v. 8. Juni 1898

Steinmann, Adf., unser sind die Stunden. 25 Jahre Chorverein. 10. XI. 1883/1908. Dem Chorverein zu Hagenow zur 25 Jahr-Feier gewidmet. Mit e. Anh.: Ueber Musikpflege bei unseren klass. Dichtern. (101 S.) 8. Hagenow (908). Schroeder. 1. 20

Steinmann, Alphons, die Abfassungszeit des Galaterbriefes. Ein Beitrag zur neutestamentl. Einleitg. u. Zeitgeschichte (XVIII, 200 S.) gr. 8. Münster 906. Aschendorff. n. 3. 60

Steinmann, Alphons, Aretas IV., König d. Nabatäer. Eine histor.-exeget. Studie zu 2. Kor. 11, 32f. (VIII, 44 S.) gr. 8. Freiburg i/B. 909. Herder. 1. —
Sonderabdr. aus: „Bibl. Ztschr."

Steinmann, Alphons, Dr.: Der Leserkreis des Galaterbriefes. T. 1: Die Galater und Galatien. Münster i. W. 1907: Aschendorff. (60 S.) 8° ¶ (Erscheint vollst. als „Neutestamentliche Abhandlungen" Bd 1 H. 3 u. 4.)
Breslau, Kath.-theol. Fak., Hab.-Schr. v. [27. Juli] 1907
(Nicht für den Austausch)

— Der Leserkreis des Galaterbriefes, s.a. Abhandlungen, neutestamentliche. 3. 4.

Der Leserkreis des Galaterbriefes. Ein Beitrag z. urchristl. Missionsgeschichte von Dr. Alphons **Steinmann**, Privatd. in Breslau. Münster i. W.: Aschendorff 1908. (XIX, 251 S.) 8°
= **Abhandlungen**, Neutestamentliche. H. 3/4. [08. 4135

— Sklavenlos u. alte Kirche, s.a. Tagesfragen, apologet. 8. Heft.

Sklavenlos und alte Kirche. Eine hist.-exeget. Studie über d. soziale Frage im Urchristentum von Dr. Alphons **Steinmann**, Prof. 1. u. 2. Aufl. M.Gladbach: Volksver.-Verl. 1910. 78 S. 8°
(Apologetische Tagesfragen. H. 8.) [10. 13562

Steinmann, Alphons: Das Verhältnis von Gal. 2, 1—10 zu Act. 15, 1—29. Münster i. W. 1906: Aschendorff. (79 S.) 8° ¶ [S. 53—129 der größeren Arbeit „Die Abfassungszeit des Galaterbriefes", die 1906 im gleichen Verlage erschienen ist.]
Straßburg, Kath.-theol. Fak., Ref. Schäfer, Ehrhard, Diss. v. 1906
[Geb. 14. Dez. 80 Hannover; Wohnort: Breslau; Staatsangeh.: Preußen; Vorbildung: Gymn. Josephinum Hildesheim Reife O. 00; Studium: Breslau 7, Straßburg 3 S.; Rig. 5.—8. Febr. 06.]

Steinmann, Anna v., wer wirft den ersten Stein auf sie? Roman. (243 S.) 8. Berlin 907. F. Fontane & Co. 3.—; geb. 4.—

Steinmann, Antonie, Haushaltungslehre u. Wirtschaftswesen, s.: Greiner's praktische Hausbibliothek. 1. Bd.

Steinmann, Arnold, die Fabrik-Gesetzgebung u. die Arbeiterfrage. Ein Beitrag zur schweizer. Rechtsbildg. gr. 8. (33 S.) Zürich 874. Orell, Füssli & Co. n. 1. —

Steinmann, (Arthur). Arbeitgeberverbände. Vortrag. 8.
Schweizerische Gesellschaft für chemische Industrie. Protokoll der 26. ordentlichen Generalversammlung vom 26. Mai 1907.... Zürich, Orell Füssli, 1907. Beilage 2: S. 23—30.

Steinmann, Arthur. Die Hebung der physischen Leistungsfähigkeit der schweizerischen Jugend. Aphoristische Winke. 19 S. 8. Herisau, Schläpfer & Cie., 1904. (fr. —.50)

Steinmann, Arthur, aus Herisau: Die ostschweizerische Stickerei-Industrie. Rückblick und Ausschau. Eine volkswirtschaftlich-soziale Studie mit einem Anhang über die sanitarischen Verhältnisse in der ostschweizerischen Stickerei-Industrie. Zürich 1905. VIII + 210 + 2 S. 8°. Zürcher volkswirtschaftl. Studien herausg. v. Herkner. Heft VII. [9. I. 06.]
Zürich. Phil. Diss. I. S. 1905/1906.

Steinmann, Arth., die ostschweizerische Stickerei-Industrie, s.a. Studien, Zürcher, volkswirtschaftliche. 7.

Steinmann, Arthur. Die ostschweizerische Stickerei-Industrie. Rückblick und Ausschau. Eine volkswirtschaftlich-soziale Studie, mit einem Anhang über die sanitarischen Verhältnisse in der ostschweizerischen St'-I'. 8. Zürich ... 1905.
Ausg. A: Die Ostsch'.... Diss. Phil. [I.] Univ. Zürich ... von A' St'.... VIII + 209 + *Vita* 1 S. Z', Buchdr. J. Leemann.
Ausg. B: Die ostsch'.... Von A' St'. VIII + 209 S. Z', Verlag Ed. Rascher's Erben. [fr. 3.50.] — Zürcher volkswirtschaftliche Studien.... Heft 7.

Steinmann, C., s.a. Steinmann, K.

Steinmann, C., Choräle und religiöse Lieder zum Gebrauche in Schule, Kinderlehre und Unterweisung für drei ungebrochene Stimmen. 8. (VIII, 127 S.) Bern 879, Huber und Comp. cart. * — 80

Steinmann, C., die Grabstätten der Fürsten des Welfenhauses von Gertrudis, der Mutter Heinrichs des Löwen, bis auf Herzog Wilhelm von Braunschweig-Lüneburg. 1. Abthl. 8. (96 S.) Braunschweig 884, Goeritz und zu Putlitz. *
Ausg. auf Büttenpap. *

Steinmann, C., die Grabstätten der Fürsten des Welfenhauses von Gertrudis, der Mutter Heinrichs des Löwen, bis auf Herzog Wilhelm von Braunschweig-Lüneburg. 8. (VIII, 388 S. mit 1 Abbild. von dem Grabstein Gertrudis, der Mutter Heinrichs des Löwen.) Braunschweig 885, Goeritz und zu Putlitz. *
geb. in Leinw. ** *M* 7.—.; in Halbfrz. **
Ausg. auf Büttenpap. geb. in Halbfrz. **
Ausg. auf Büttenpap. geb. in Liebhaberhalbfrz. **

Steinmann, C., **Zins-Tafeln, enthltd. die Berechnung der Zinsen aus 1 bis 20,000 Gulden Capital von 1 bis zu 360 Tagen zu 3, 3¼, 3½ rc. u. 5%. Das Jahr zu 360 Tagen, jeder Monat zu 30 Tagen angenommen. Nach Gulden zu 60 Kr. Stuttgart 865. Metzler's Verl. 4.** (365 S. mit 1 Zeitberechnungstaf.) geb. n. 1 *ℛ* 20 *ngr.*

Steinmann, Elisab., Erlebtes u. Erlauschtes. Märchen, Skizzen u. Gedichte. (78 S.) 8. Meiningen 905. (Brückner & Renner.) Kart. n. 1. 25

Steinmann, Emil [Übers.]
s. Duplessis, P.: Der Tiger von Tanger. 1858–59.

Antonio da Viterbo. Ein Beitrag z. Gesch. d. Umbrischen Malerschule um d. Wende d. 15. Jh. von Ernst **Steinmann**. *München: F. Bruckmann 1901.* (59 S.) 4° [01. 5303

Steinmann, Ernst, Botticelli, s.a. Künstler-Monographien.

[F.] Botticelli. Von Ernst **Steinmann**. M. 90 Abb. n. Gemälden u. Zeichngn. *Bielefeld & Leipzig: Velhagen & Klasing 1897.* (1 Bl., 103 S., 1 Portr.) 1 Bd 4.(8.)
= Künstler-Monographien. [Bd] 24. [98. 1163

Steinmann, Ernst, **Botticelli,** s.a. **Monographs on artists. VI.**

Botticelli. By Ernst **Steinmann**. Transl. by Campbell Dodgson. With 90 Ill. Bielefled & Leipzig: Velhagen & Klasing 1901. (112 S.) 4° (8°)
(Monographs on artists. 6.)

Botticelli. Von Ernst **Steinmann**. Mit 91 Abb. nach Gemälden u. Zeichn. 2. Aufl. *Bielefeld & Leipzig: Velhagen & Klasing 1903.* (101 S.) 4°(8°) [F.]
= Künstler-Monographien. 24. [04. 4178 6

— das Geheimnis der Medicigräber Michel Angelos, s.a. Monographien, kunstgeschichtliche.

Ernst **Steinmann**. Das Geheimnis der Medicigraeber Michel Angelos. Mit 15 Taf. u. 33 Abb. Leipzig: K. W. Hiersemann [1906]. (127 S.) 4°(8°)
= **Monographien**, Kunstgeschichtliche. 4. [07. 550

[F.] Ghirlandajo. Von Ernst Steinmann. M. 65 Abb. n. Gemälden u. Zeichngn. *Bielefeld & Leipzig: Velhagen & Klasing 1897.* (1 Bl., 80 S., 1 Portr.) 1 Bd 4.(8.)
= Künstler-Monographien. [Bd] 25. [98. 1184

– Dass., s.a. Künstler-Monographien.

— die sixtinische Kapelle. 1. Bd. Bau u. Schmuck der Kapelle unter Sixtus V. gr. 4. (XIX, 710 S. m. 260 Abbildgn.) Nebst Taf.-Mappe. gr. Fol. (24 [2 farb.] Taf. u. 4 Bl. Text.) München 901. Verlagsanstalt F. Bruckmann. Geb. in Leinw. u. in Leinw.-Mappe n. 100. —

— die sixtinische Kapelle. 2. Bd. Michelangelo. (XX, 812 S. m. Abbildgn.) 4. Nebst Tafel-Mappe. (70 [5 farb.] Taf. m. VIII S. Text.) gr. Fol. München 905. F. Bruckmann. Geb. in Leinw. u. in Leinw.-Mappe 150 — (kplt.: 250. —)

Steinmann, Ernst, Pilgerfahrten in Italien, s.: Gerstfeldt, Olga v.

Pinturicchio. Von Ernst Steinmann. M. 115 Abb. v. Gemälden. Bielefeld & Leipzig: Velhagen & Klasing 1898. (1 Bl., 142 S., 1 Bl., 1 Portr.) 1 Bd 4⁰ (8⁰)
(Künstler-Monographien. Bd 37.)

– Dass., s.a. Künstler-Monographien.

— Rom in d. Renaissance v. Nicolaus V. bis auf Julius II., s.a. Kunststätten, berühmte, Nr. 5.

[J.] Rom in der Renaissance von Nicolaus v. bis auf Julius II. v. Ernst Steinmann. (M. 142 Abb.) *Leipzig: E. A. Seemann 1899.* (4 Bl., 172 S.) 1 Bd 8.
— Kunststätten, Berühmte. No 3. [98 1193

— Rom in der Renaissance von Nikolaus V. bis auf Leo X., s.: Kunststätten, berühmte.

Steinmann, E., die Tituli u. die kirchliche Wandmalerei im Abendlande vom 5. bis zum 15. Jahrh., s.a. Beiträge zur Kunstgeschichte.

Steinmann, Ernst: Die Tituli und die kirchliche Wandmalerei im Abendlande vom v. bis zum xi. Jahrhundert. Erter [!] Tl ... [Erschien vollst. 1892 als: Beitr. z. Kunstgesch., N. F. Heft xix.] *Leipzig, Druck v. Ramm & Seemann, 1892;* 2 Bl., 74 S. 8.
Leipzig, Phil. Fak., Inaug.-Diss. v. [19. Aug.] 1892

Steinmann, F.: „Ueber die Aufbewahrung oder Magazinirung des Getreides und Mehls als sicherstes Staatsmittel, Theuerungen vorzubeugen; nebst vorausgehenden Bemerkungen über die von den Gefahren des Jahres 1846 und 1847 dictirten Sicherungsmittel und besonders auch über den Getreidehandel von Europa. Nach Rollet, mémoire sur le blé", mit 6 lithogr. Tafeln, Weimar 1847. — Vorh.: Com. Bibl. Hamburg.

Steinmann, F., die geschlechtlichen Erkrankungen der Menschen, ihre Verhütung u. Heilung, m. 32 farb. u. 3 schwarzen Abb., sowie e. zerlegbar. (farb.) Modell. (VII, 208 S.) 8. Berlin 907. H. Bermühler. 3.50; geb. n 4.50

Steinmann, F., über die Gefechts-Ausbildung der Infanterie. gr. 8. (32 S.) Berlin 869, Schlesier. *

—— die Rekruten-Ausbildung der Infanterie. Nach der Praxis. 2. umgearb. Aufl. gr. 8. (III, 59 S.) Ebendas. 872. *

Das Haus Rothschild, seine Geschichte und seine Geschäfte (v. F. Steinmann). 2 Bde. Prag 1857. 8.

Steinmann, F., über den Zeitpunkt der Abnabelung Neugeborener. Inaugural-Dissertation. gr. 4. (73 S. mit 3 Stnt.) Dorpat 881, (Karow.) * 2 50

Steinmann, Ferd., Bericht über die neuesten Fortschritte auf dem Gebiete der Gasfeuerungen. gr. 8. (IV, 50 S. mit 37 Fig. auf 8 lithogr. Taf.) Berlin 879, Springer. * 3 —

Steinmann, Ferd., Compendium der Gasfeuerung in ihrer Anwendung auf die Hüttenindustrie. Mit besond. Berücksichtigung des Regenerativsystems. Für Fabrikanten, Ingenieure und Hüttenleute. gr. 8. (VII und 100 S. mit 9 Stnt. in qu. Fol. und vielen Textfig. in Holzschn.) Freiberg 868, Engelhardt. *

Steinmann, Ferd., Ergänzungsheft zu dem „Compendium der Gasfeuerung in ihrer Anwendung auf die Hüttenindustrie". Für Fabrikanten, Ingenieure und Hüttenleute. gr. 8. (24 S. mit 1 lithogr. Taf. in qu. Fol.) Freiberg 869, Engelhardt. *
Compendium Ebendas. 1868. *M. 7.

—— Compendium der Gasfeuerung in ihrer Anwendung auf die Hüttenindustrie. Mit besond. Berücksicht. des Regenerativsystemes. Für Fabrikanten, Hüttenleute, Ingenieure und Lehranstalten. 2. verb. und verm. Aufl. gr. 8. (VII, 107 S. mit 6 lithogr. Taf. in qu. gr. Fol.) Freiberg 876, Engelhardt'sche Buchh. * 8 —

Steinmann, Ferd., **Compendium der Gasfeuerung in ihrer Anwendung auf die Hüttenindustrie. Mit besond. Berücksicht. des Regenerativsystems. Für Fabrikanten, Hüttenleute, Ingenieure u. Lehranstalten.** 3. umgearb. u. verm. Aufl. **Mit 1 Atlas v. 17 lith. Taf.** (in qu. schmal Fol.). gr. 8. **(V, 118 S. m. 1 Abbildg.)** Leipzig 900. A. Felix. n. 6. 50

Steinmann, Ferd., die Luftschifffahrtskunde, s.: Schauplatz, neuer, der Künste u. Handwerke. 166. Bd.

Steinmann, Franz [cand. med. aus Hildesheim (Hannover)]: Über primäres Nierencarcinom. . . . *Leipzig. Druck v. Ramm & Seemann* (1888); 28 S. + 1 Bl. 8⁰
Würzburg, Med. Fak., Inaug.-Diss. v. 1888

Steinmann, Frdr., Bilder u. Skizzen aus der Zeit. 3 Thle. 8. (324. 321 u. 321 S.) Münster 846, Selbstverlag.

Steinmann, Friedr., schwarze Blätter, s.a. Blätter.

— — Schwarze Blätter. Mittheilungen über Verbrechen, Strafrecht u. Strafgerichtsverfahren der Gegenwart und Vorzeit. I. 1. (soviel ersch.?). Wesel 1843. 8⁰. (In Posen, Bibl. d. histor. Gesellsch.)

Steinmann, Fr., Erzählungen. 2 Thle. gr. 12. Aachen 826, 828. La Ruelle. (Mayer). 1 ℳ 8 ℊ

Steinmann, Friedr., Erzählungen. 2. Thl. gr. 12. (6½ B.) Aachen 828, La Ruelle u. Destez. (?)
1. Thl. Ebendas. 1826. 16 Gr.

Steinmann's, Friedr., Erzählungen u. Novellen. 2 Thle. 2e wohlf. Ausg. gr. 12. Aachen 835. Hensen u. Comp. ⅔ ℛß

Steinmann, Frdr., der Froschmäusekrieg wider H. Heine's Dichtungen. Amsterdam 861. Gebr. Binger. 8. (VIII, 49 S.) 7½ ngr.

STEINMANN, Frdr. (1801—18**), Gedichte. Münster, Frdr. Wundermann, 1834. Kl. 8⁰.
XII—295 S., 1 S. Err. (Lat. Lett.) — Wolfg. Menzel gewidmet. — Enth. Lieder, dabei 35 Minnelieder, S. 3—20), Romanzen u. Balladen, Sonette, Xenien, Parodien etc.

—— Gedichte. (Lieder, Romanzen u. Balladen, Sonette, Xenien, Schwärmer u. Leuchtkugeln, Parodieen u. vermischte Gedichte.) 12. (12⅚ B.) Münster 834, Wundermann. 1 Thlr., Vlnp.

— Geschichte der Revolution in Preußen. Zwölf Bücher preuß. Geschichte für das deutsche Volk. 22 Lfgn. gr. 8. (712 S. m. 22 Lith.) Berlin 849. 50, Gerhard (jetzt: Grobe). (à 3½ ngr) 2 ℛß 17 ngr

Steinmann, Friedr., Geschichte der Revolution in Preußen. Zwölf Bücher preuß. Geschichte für das deutsche Volk. gr. 8. (712 S. und 22 Stnt.) Berlin 850, [Grobe.]

Steinmann, Friedr., Heinrich Heine. Denkwürdigkeiten und Erlebnisse aus meinem Zusammenleben mit ihm. Mit dem Portr. (in Stahlst.) u. 2 (lith.) Autographen H. Heine's (in 8. u. Fol.). Prag 857. Kober u. Markgraf. 8. (XII, 331 S.) n. 1 ₰. 10 ngr.

—— H. Heine. Denkwürdigkeiten und Erlebnisse aus meinem Zusammenleben mit ihm. 8. (XII und 331 S. mit dem Portr. in Stahlst. und 2 lithogr. Autographen H. Heine's in 8. und qu. Fol.) Prag 857. [Hamburg, J. P. F. E. Richter.]

Steinmann, Fr., Mefistofeles. Revue der deutschen Gegenwart in Skizzen und Umrissen. 1. Thl. (1. u. 2. Heft.) 2. Thl. (3. u. 4. Heft.) 8. Cassel 843, Hotop. 2 ₰

— dass. 3.—5. Bd. 8. Münster 843, 44, Expedition. à n. 1 ₰

— — Mefistofeles. Revue d. deutschen Gegenwart in Skizzen u. Umrissen. 3 Thle. Münster, Exped. d. Mefistofeles, 1846. 8°. (3 Rthlr.) (2 Mk. 50 Pfg. Ed. Fischhaber, Reutl., vor 1885; jetzt theurer!)
Seiner Zeit streng verboten! — Auch u. d. Tit.: „Bilder und Skizzen aus der Zeit."

—— neuer, rheinischer Merkur, s. Merkur.

—— literarische Monatsschrift, s. Monatsschrift.

—— Musenalmanach, s. Musenalmanach, 1843.

Steinmann, (Fr.,) Narrenbibliothek, s. Narrenbibliothek.

— Narrenbibliothek. 1. Bdchn. 32. 827. Halle, Goldbz-sche Buchh. 1/3 ₰

— Pauperismus u. Communismus, ihre Ursachen und die Mittel z. Abhülfe. 12. Solingen 846, Amberger. 12 ngr

—— Taschenbuch f. deutsche Literatur-Geschichte. 1. Jahrg. gr. 12. (8⅔ B.) Münster 834, Wundermann.

Steinmann, Friedr. Temme. Sein Leben und sein Hochverraths-Prozeß. Mit und nach Aktenstücken. Berlin, Friedr. Gerhard 1850. 134 S. 8.

—— Temme. Sein Leben und sein Hochverraths-Prozeß. Mit und nach Aktenstücken. 12. (III und 134 S.) Berlin 850, [Grobe.]

— Volks-Pitaval. Gallerie denkwürdiger Verbrechen u. interessanter Criminalgeschichten der Vorzeit u. Gegenwart für das Volk. Mit 8 Illustr. in Lithogr. Berlin 858. Falckenberg. gr. 8. (480 S.) 1 ₰. 15 ngr.

—— Volks-Pitaval. Gallerie denkwürdiger Verbrechen und interessanter Criminalgeschichten der Vorzeit und Gegenwart für das Volk. gr. 8. (480 S. mit 8 Illustr. in Lithogr.) Berlin 858, [v. Severen.]

Steinmann, Friedrich. Waldeck. Lebensbild für das Volk. In Erinnerungen und Erlebnissen. Mit dem Bildnisse und Jugendgedichten Waldecks. Berlin, Gerhard 1849. IV 128 S. 8.

—— Waldeck. Lebensbild für das Volk. In Erinnerungen und Erlebnissen. Mit Jugendgeschichten Waldecks. gr. 8. (IV und 128 S. mit W's. lithogr. Bildn.) Berlin 849, [Grobe.]

—— zum Tode verurtheilt. Volks-Drama in 3 Akten. 12. (4 7/12 B.) Münster 843, Expedition des Mefistofeles.

§ **BRIEFE aus Berlin.** Geschrieben im Jahr 1832 (von *Friedr. Arnold Steinmann*). 2 Thle. Hanau, Friedr. König, 1832. 8°. Zahm. (In Berlin, Magistratsbibl. u. Bibl. f. d. Gesch. Berlins; Th. 1 auch in Dresden.)
Anon.-Lex. I. p. 261 (nach Goedeke u. Rassmann). — Enth. u. a. in Theil 2, S. 19 sq. **Angriffe auf die deutschen Universitäten.**

Steinmann, Friedrich Erhard Wilhelm (Ansbach)
Diss. Erlang. Phs. 1790/2

Adnotatio perpetua in Theocriti idyllion XVI. Sectio prima. Präs. Albert Bayer.
Erlangen (Hilpert) 1. XI. 1790. 44 S. 33390

Steinmann, Fritz: Prüfung zweier neuer Quecksilbersalze auf ihren Wert als Antiseptica im Vergleich zum Sublimat. Berlin 1898. 30 S. 8°.
Bern. Med. Diss. 1898/99.

Steinmann, Fritz. Die Schusswirkung des schweiz. Ordonnanzrevolvers, Modell 1882, und der schweiz. Ordonnanzpistole, Modell 1900. [Mit Illustrationen und 21 Tafeln.] VIII + 167 S. 8. Bern, Haller, 1908. [fr. 5.—]

Steinmann, G., üb. triadische Hydrozoen vom östlichen Balkan u. ihre Beziehungen zu jüngeren Formen. (Geologische Mittheilgn. aus den Balkanländern v. Frz. Toula, Nr. 3.) [Aus: „Sitzungsber. d. k. Akad. d. Wiss."] Lex.-8. (46 S. m. 5 Fig. u. 3 Taf.) Wien 893. (F. Tempsky.) n. 1. 50

Steinmann G., [illegible] Hydrozoen vom östlichen Balkan und ihre Beziehungen zu jüngeren Formen (mit 3 Taf. und 5 Textfiguren. (Geologische Mittheilungen aus den Balkanländern von Franz Toula, Nr 3) [illegible] 1.50
Nr 2 siehe unter Toula Franz
Separatabdruck

Steinmann, G., die Influenza (Grippe). Ihr Wesen, ihre Erscheingn. u. Folgen, ihre Verhütg. u. Bekämpfg. Gemeinverständlich dargestellt. (III, 89 S.) 8. Leipzig (903). Ernst. 1.—

Steinmann, G., Streifzüge preußischer Verwaltung durch Böhmen. gr. 8. (62 S.) Berlin 866, Dümmler's Verlag.

Steinmann, Gust., über das **Alter** des Apenninkalkes von Capri, s. **Berichte** der naturforschenden Gesellschaft zu Freiburg i. Br.

Steinmann, Gustav, Prorect. Dr.: Die **Ausbildung** der Studirenden der Mathematik und Naturwissenschaft für das höhere Lehramt. *Freiburg i. B. 1899: Ch. Lehmann's Nachf.* (59 S.) 4°
Freiburg i. B., Progr. zum Geburtstag d. Grossherzogs 1899

Steinmann (Gustav) und **Du Pasquier** (Leon). Bericht über eine gemeinsame Exkursion im Pleistocän der Nord-Schweiz und des südlichen Badens. (Sep.-Abdr. a. d. Mittheil. d. Grossh. Badischen Geolog. Landesanstalt. 2. Band.) Heidelberg (ohne Druckjahr). 8.

Steinmann, Gust., Einführung in die Paläontologie. (IX, 466 S. m. 818 Abbildgn.) gr. 8. Leipzig 903. W. Engelmann. n. 12.—; geb. in Leinw. n. 13.—

Steinmann, Gust., Einführung in d. Paläontologie. 2., verm. u. neubearb. Aufl. m. 902 Textabbild. (XII, 542 S.) Lex. 8. Leipzig 907. W. Engelmann. 14.—; geb. in Leinw. 15.20

— Die Eiszeit u. der vorgeschichtliche Mensch, s.a. Aus Natur u. Geisteswelt.

Steinmann, G[ustav]. Die Eiszeit und der vorgeschichtliche Mensch. Mit 24 Abbildungen im Text. IV + 96 S. + *Inserate*. 8. Leipzig, B. G. Teubner, 1910. (M. 1.—, geb. 1.25)
Aus Natur und Geisteswelt. Sammlung wissenschaftlich-gemeinverständlicher Darstellungen. Bändchen 302.

Steinmann, G., Elemente der Paläontologie, bearb. unter Mitwirkg. v. L. Döderlein. 1. Hälfte: Evertebrata [Protozoa—Gastropoda]. Mit 386 eingedr. Holzschnitten. gr. 8. (XI, 336 S.) Leipzig 888. Engelmann. n. 10. —
Fortsetzg.:

— u. L. **Döderlein,** Elemente der Paläontologie. 2. Hälfte. Evertebrata [Schluss] u. Vertebrata. gr. 8. (XIX u. S. 337—848 m. Fig. 387—1030 in Holzschn.) Ebd. 890. n. 15. — (cplt.: n. 25. —; geb. n. 27. —)

—— zur Entstehung des Schwarzwaldes. gr. 8. (12 S. mit 1 lithogr. Taf.) Freiburg i. Br. 887, Mohr. *
Aus: Berichte der naturforschenden Gesellschaft zu Freiburg i. Br., besonders abgedruckt.

Reden gehalten in der Aula am 10. Mai 1899 bei der öffentlichen Feier der Uebergabe des Prorectorats der Universität Freiburg von d. abtretenden Prorector Geh. Hofrat Prof. Dr. [Johannes] v. Kries (Bericht über das Studienjahr 1898/99) u. d. antretenden Prorector Prof. Dr. [Gustav] Steinmann [Die Fortschritte der Erdgeschichts-Forschung während der letzten vier Jahrzehnte]. *Freiburg i. B. 1899: Ch. Lehmann's Nachf.* (63 S.) 4°

— u. Fr. **Graeff,** geologischer Führer der Umgebung v. Freiburg. Mit 5 z. Thl. color. Taf. u. 16 Phototyp. 12. (VII, 141 S.) Ebd. 890. geb. n. 5. —

Steinmann (G.). Geologischer Führer der Umgebung von Metz. Metz 1882. 8.

Die geologischen Grundlagen der Abstammungslehre v. Gustav **Steinmann.** Mit 172 Textfig. Leipzig: W. Engelmann 1908. (VIII, 284 S.) 8° [08.7318

— Die zoolog. Grundlagen der Abstammungslehre. (IX, 284 S. m. 172 Fig.) gr. 8. Leipzig 908. W. Engelmann. 7.—; geb. in Leinw. 8.—

— s. Handbuch der regionalen Geologie.

Steinmann (Gustav), Zur Kenntniss fossiler Kalkalgen (Siphoneen). (Sep.-Abdr. a. d. N. Jahrb. f. Mineral. etc., Jahrg. 1880, 2. Bd.) Stuttgart 1880. 8. Mit 1 Tafel.

— u. Otto **Wilckens,** Kreide- u. Tertiärfossilien aus den Magellansländern, gesammelt v. d. schwedischen Expedition 1895—1897. (118 S. m. 3 Fig. u. 7 Taf.) 8. Uppsala 908. (Berlin, R. Friedländer & Sohn.) nn 4. 20
Sonderabdr. aus: „Arkiv f. zoologi".

—— vorläufige Mittheilung über die Organisation der Ammoniten, s. Berichte der naturforschenden Gesellschaft zu Freiburg i. Br.

Die Nagelfluh von Alpersbach im Schwarzwalde. Akad. Antrittsschrift von Dr. G. Steinmann, Prof. in Freiburg. (Aus d. „Berichten d. Naturforsch. Ges." zu Freiburg i. B. Bd. IV.) Freiburg i. B., akad. Verlagsbuchh. v. J. C. B. Mohr (Paul Siebeck), 1888; 1 Bl. + 32 S. + 1 Bl. 8°

—— die Nagelfluh von Alpersbach im Schwarzwalde. gr. 8. (32 S. mit 4 Zinkogr.) Freiburg i. Br. 888, Mohr. *
Aus: Berichte der naturforschenden Gesellschaft zu Freiburg i. Br., besonders abgedruckt.

— über e. stockbildende Nubecularia aus der sarmatischen Stufe (N. caespitosa n. f.). (S. 111—116 m. 6 Abb.) Lex.-8. Wien 903. (A. Hölder.) n. —80

——— Ueber Pleistocän und Pliocän in der Urugegend von Freiburg i. Br. (Ohne Druckort und -Jahr.) 8.

Steinmann, G., Repertorium für das Decennium 1870—1879, s.: Jahrbuch, neues, für Mineralogie, Geologie u. Palaeontologie.

Steinmann (G.), Ueber Schalen- und Kalksteinbildung. (Besonderer Abdruck aus den Berichten der Naturforschenden Gesellschaft zu Freiburg i. B. Band IV, Heft 5). Ohne Druckjahr. 8.

— Der Unterricht in Geologie u. verwandt. Fächern auf Schule u. Universität. (S. 241—268.) Lex. 8. Leipzig 907. B. G. Teubner. 1. —
Sonderabdr. aus: „Natur u. Schule".

Steinmann, Gust., das Velocipede. Seine Geschichte, Construction, Gebrauch u. Verbreitung. Mit 38 in den Text eingedr. Abbild. (in Holzschn.) Leipzig 870. Weber. 8. (VIII, 91 S.) n. 15 ngr.

Steinmann, Gustav, pr. Arzt: Die geographische Verbreitung des engen Beckens im Kreise Freiburg. Freiburg i. B.: Hammerschlag & Kahle 1909. 44 S. 8°
Freiburg i. B., Med. Diss. v. 1909, Ref. Krönig
[Geb. 13. Juli 78 Halen; Wohnort: Freiburg i. B.; Staatsangeh.: Preußen; Vorbildung: Gymn. Osnabrück Reife O. 99; Studium: Halle 6, Kiel 1, Bonn 1, Freiburg i. B. 2 S.; Coll. 16. Juli 09.] [U 10. 1009

— s.: Zeitschrift f. induktive Abstammungs- u. Vererbungslehre.

Steinmann, H., De artis poeticae veteris parte quae est περὶ ἠθῶν. Pars. I. Diss. 1907. 88 S.

Steinmann, H. F., Lehrbuch der Gabelsberger'schen Stenographie, s. Heyde, M.

Steinmann, Hans, s. a. Festreden an der Schlachtfeier in Sempach.

Steinmann, Hans, und Hartmann, Alois. Festreden an der Schlachtfeier in Sempach vom 6. Juli 1908 von ... Regierungsrat H' St' in Luzern und Sr. Hochw. ... A' H' in L'. [Mit Vignetten.] 36 S. 8. Luzern, Räber & Cie., 1908.

Steinmann, Heinrich: Aus dem evangelischen Krankenhause zu Oberhausen. Zur Radikaloperation der Leisten- und Schenkelhernien. *Oberhausen, Rheinl. [1898]: R. Kühne.* (46 S.) 8°
Bonn, Med. Diss. v. [19. Febr.] 1898

Steinmann, J., voir: *Le catholique national.*

Steinmann, J., in eiserner Faust. Ein Polizeiroman aus der neuesten Zeit. 8. (307 S.) Altona 872. Verlags-Bureau. 4. 50

Steinmann, J., specifisches Gewicht oder Kubikinhalt je 1 Kilogramms der bekanntesten festen und tropfbar flüssigen Körper, s. Reinhard, Ph.

Steinmann, J., siehe: *Der Katholik.*

Steinmann, J. F., Quaestiones de derivatione vocabulorum Graecornm. Diss. 1851. 63 S. 2.—

Steinmann, Jak. Röttig: Germania renovata, oder das nach seiner jetzigen Beschaffenheit sich praesentirende Deutschland nebst kurtzen Entwurf der angräntzenden Staaten dermassen eingerichtet. Braunschweig 1706. 8°

Steinmann, Jos. Joh.

— u. Reuß, das Saidschützer Bitterwasser chemisch untersucht, histor., geognostisch, u. heilkundig dargestellt. 8. Prag 827, Calve.

Steinmann, (Jos. Joh.,) physikal.-chem. Untersuch. d. Ferdinandsquelle zu Marienbad, nebst e. allgem. Uebersicht d. Analysen d. übrigen Heilquellen dieses Badeorts, u. e. Anhang über d. Heilkräfte d. genannten Quellen v. J. B. Krombholz. 8. Prag 822, Calve.

Steinmann, K.

Steinmann, C., der lahrer Prozeß in lahrer Mundart. Nach dem Tagebuche eines Zeitgenossen. Nebst dem Freiheitsbriefe. gr. 16. (IV und 41 S.) Lahr 855, Geiger.

Steinmann, Kunibert [app. Arzt aus Filehne in Posen]: Aus d. patholog. Institut zu Kiel. Einige Fälle von Magengeschwür im jugendlichen Alter. . . . Kiel, Druck v. Carl Böckel, 1890; 13 + 1 S. + 1 Bl. 8°
Kiel, Med. Fak., Inaug.-Diss. v. 16. März 1890

Steinmann, K., einige Fälle von Magengeschwür im jugendlichen Alter. Aus d. patholog. Institut zu Kiel. Inaug.-Diss. gr. 8. (14 S.) Kiel 890. (Lipsius & Tischer.) n. 1. —

Steinmann, M., Bilder aus der deutschen Geschichte, s.: Normann, H.

Steinmann, Max, Referendar: Die Sachverbindung nach dem Recht des Bürgerlichen Gesetzbuches. Rostock 1907: C. Boldt. (89 S.) 8°
Rostock, Jur. Fak., Ref. Matthiaß, Diss. v. 20. Sept. 1907
[Geb. 20. März 85 Halberstadt; Wohnort: Halberstadt; Staatsangeh.: Preußen; Vorbildung: Gymn. Halberstadt Reife O. 03; Studium: Freiburg i. B. 1, Leipzig 1, München 1, Halle 3 S.; Rig. 7 Aug. 07.]

Steinmann, N., Bericht üb. Gruppe 4 der schweizerischen Landesausstellung Zürich 1883: Leinen-Industrie. gr. 8. (9 S.) Zürich 884. Orell Füssli & Co. Verl. n. — 50

Steinmann, Otto [aus Herisau]: Haftung der Collektiv-Gesellschafter für Gesellschaftsschulden nach schweizerischem Obligationenrecht. Zürich 1901. 93 S. 8°.
Bern. Jur. Diss. 1901/1902.

Steinmann, Otto. Haftung der Collektiv-Gesellschafter für Gesellschaftsschulden nach schweizerischem Obligationenrecht. Diss. Jur. Bern. VIII + 93 S. 8. Zürich, Müller, Werder & Cie., 1901.

Steinmann, Paul, Gedichte. 8. (VII, 92 S.) Dresden 902. E. Pierson. n. 1. 50; geb. n. 2. 50

— „Nur Du!" Gedichte. 8. (58 u. II S.) Ebd. 899. n. 1. —; geb. n. 2. —

Steinmann, Paul, aus Basel: Die Tierwelt der Gebirgsbäche. Eine faunistisch-biologische Studie. [Mit einer Tafel.] Brüssel 1907. 139 S. 8°. S.-A. aus „Annales de Biologie lacustre, tome 2, Bruxelles 1907." [15. XII. 06.]
Basel. Phil. Diss. 1906/1907.

Steinmann, Paul. Die Tierwelt der Gebirgsbäche, eine faunistisch-biologische Studie. Diss. Phil. Basel. [Mit Figuren und 1 Tafel.] (Extrait des Annales de Biologie lacustre, tome 2, Bruxelles, 1907.) 139 S. 8. Brüssel, F. Vanbuggenhoudt, 1907.

Steinmann, Rudolf

Steinmann, R., Botschaft d. Trostes. Ein Handbüchlein f. Kranke, Alte u. Gebrechliche, namentlich zum Gebrauche f. Seelsorger an Kranken- u. Sterbebetten. 12. (291 S.) Zürich 888. Schultheß. n. 2. 20; geb. n. 3. —

Steinmann, Rudolf. Botschaft des Trostes. Ein Handbüchlein für Kranke, Alte und Gebrechliche, namentlich zum Gebrauch für Seelsorger an Kranken- und Sterbebetten. 2. Aufl. 288 S. 8. Zürich, Schulthess & Co., 1910. [geb. fr. 3. 60]

Steinmann, Th., die geistige Offenbarung Gottes in der geschichtlichen Person Jesu. (VIII, 125 S.) gr. 8. Göttingen 903. Vandenhoeck & Ruprecht. n. 3. 60

Steinmann, Th., der Primat der Religion im menschlichen Geistesleben, s.: Bericht des theolog. Seminariums der Brüdergemeine in Gnadenfeld.

Steinmann, Thdr., zwei Dutzend Gedichte. Wien 858. Sommer. (F. Klemm.) 8. (39 S.) n. 8 ngr.

Steinmann, Theophil, s.: Religion u. Geisteskultur.

— Der religiöse Unsterblichkeitsglaube, s.a. Berichte des theolog. Seminariums der Brüdergemeine. 8. Heft.

Der religiöse Unsterblichkeitsglaube. Eine religionsvergleich. Studie. Von Lic. Theophil Steinmann. Leipzig: F. Jansa 1908. (70 S.) 8°
= Berichte d. theolog. Seminariums d. Brüdergemeine in Gnadenfeld. H. 8. [08. 9633]

Steinmann, W., Kinderschatz, Vorschule zum Kinderschatz, s. Schulze, H.

— deutsches Lesebüchlein für das 1. Schuljahr, s.: Schulze.

Steinmann, W., Studie homerská. Pr. 1891. 19 S.

— Wandfibel, s. Schulze, H.

Steinmann-Bucher, Frankreich oder Deutschland? Eine zollpolit. Studie aus der Schweiz, zugleich ein Beitrag zum schweizerisch-französ. Handelsvertrag. gr. 8. (IV, 49 S.) Zürich 879, Schmidt. * 1 40

—— Wie wir Volkswirthschaft treiben. Ein rückhaltloses Wort. gr. 8. (V, 53 S.) Ebendas. 877. * 1 40

Steinmann-Bucher. Zolltarif u. Handelsverträge. Beiträge zur schweizerischen Handelspolitik. In-8°, VI u. 68 S. St. Gallen, Selbstverlag des Verfassers. 1882.

Steinmann-Bucher, A. Die Arbeitslosigkeit. Eine Preisschrift. Separatabdruck aus der „Schweiz. Zeitschrift für Gemeinnützigkeit", Jahrg. 1882. In-8°, 24 S. Zürich, J. Herzog.

Steinmann-Bucher, Arnold, Ausbau des Kartellwesens. gr. 8. (42 S.) Berlin 902. Deutscher Verlag. n. 1. —

Steinmann-Bucher, Arnold, über Industriepolitik. Offenherzige Betrachtgn. (54 S.) gr. 8. Berlin 910. O. Elsner. — 80

— s.: Industrie-Zeitung, deutsche.

Steinmann-Bucher, Arnold, die Nährstände und ihre zukünftige Stellung im Staate. Ein Beitrag zur Reform der industriellen, kleingewerbl. und landwirthschaftl. Interessenvertretung. 2. Aufl. 8. (VII, 285 S.) Berlin 886, v. Decker's Verlag. *

Steinmann-Bucher, Arnold, die Reform des Konsulatswesens aus dem volkswirthschaftlichen Gesichtspunkte. gr. 8. (VIII, 248 S.) Berlin 884, v. Decker's Verlag. * 4 50

350 Milliarden deutsches Volksvermögen. Das Volksvermögen Deutschlands, Frankreichs, Großbritanniens, u. d. Vereinigten Staaten von Amerika. Neue Maßstäbe u. Wege f. deutsche Politik u. Finanzwirtschaft. (Mit 2 graph. Bl.)
Von Arnold Steinmann-Bucher. (Berlin: Elsner 1909.) 130 S. 8°

— zur Zollfrage, s.: Hoffmann-Morian, Th.

(Steinmann v. Friderici.) Was sich die Offiziere im Bureau erzählten. Mittheilungen eines alten Registrators. Berlin 1853. 8°.

Steinmar, Bertold s. Meissner, R[udolf]. Bertold Steinmar... und seine Lieder. Paderborn und Münster 1886.

Steinmarder, Selmar Georg, aus Meseritz: Wirtschaft und Kunst in ihren ersten Anfängen. Borna-Leipzig, Robert Noske, 1910. IV, 52 S. 8°. [17. XII. 07.]
Bern. Phil. Diss. 1910/11.

Steinmarder, Selmar Georg. Wirtschaft und Kunst in ihren ersten Anfängen. Diss. Phil. Bern. IV + 52 S. 8. Borna-Leipzig, Robert Noske, 1910.

Steinmayer, Ernest, s. Steinmayr, Ernst

Steinmayer, F. L., ich will rühmen des Herrn Wort. Geistliche Vorträge. gr. 8. Potsdam 844, Stuhr'sche B. n. 2/3 ₰

Steinmayer, Phil.

— Epitome Elementorum Matheseos universae. V Ptes. c. fig. 8. Augsb. 763—66. (Wagner in Freiburg). 3 ₰ 12 gr. Hbg. Pr. 1 ₰ 16 gr.

— institutiones logicae eclecticae. 8. Freiburg 771.

Steinmayer, Ph., († d. 23. Jan. 1797.) institutiones metaphysicae universae, cum tabulis mnemonicis log. II Tmi. 8maj. Augsb. 771. Freiburg 779. Wagner. 2 ₰ Hbg. Pr. 18 gr.

Steinmayer, Ph., institutiones physicae Wolfianae. 8. Augsb. 774.

— brevis introductio in philosophiam. 8. Freiburg 771.

— Mathesis succincta. II Ptes. c. fig. 8. Augsb. 766. Wagner. 1 ₰ 16 gr.

— Regulae praecipuae methodi mathematicae s. scientificae. 8. Augsb. 750.

— s. Rupert, Abt v. Duiz, Auslegung der Offenbarung.

— tabulae Mnemonicae ex primis Matheseos Elementis concinnatae. 8. Freiburg 750. Wagner. 10 gr.

— Tirocinium arithmeticum. 8. Augsb. 763.

Steinmayr, Ernst, s.a. Andacht zum heiligen Joseph.

Steinmayr, Ernst, Andacht zum heiligen Joseph, dem glorreichen Nährvater Jesu Christi. **Neu hersg. u. mit** Morgen-, Abend-, Meß- 2c. **Gebeten verm. von Jos.** Stark. 19., verm. u. verb. **Aufl. Lindau 867. Stettner.** gr. 16. (210 S. mit 1 Stahlst.) 6 ngr.

Steinmayr, Ernest, Andacht zum heil. Joseph, dem glorreichen Nährvater Jesu Christi. Neu hrsg. und mit Morgen-, Abend-, Meß-, Beicht-, Kommunion- und anderen Gebeten verm. von Jos. Stark. 20. verb. Aufl. 8. (210 S. mit 1 Stahlst.) Lindau 879, Stettner. * — 60

Steinmayer, P. Ernest, heil. Josephi-Andacht. Vollständ. Lese-, Tugend- u. Gebetbuch zu Ehren d. heil. Josephs, Nährvaters Jesu Christi u. Bräutigams Mariä; das erstemal 1775 hrsg. Ganz neu bearb., wie auch viel verm. mit besond. Morgen-, Abend-, Meß-, Beicht-, Communion-, Vesper-, Kreuzweg- u. a. Gebeten, dann Tagzeiten, Litaneien u. Gesängen. 12. (13 B. u. Ttlkpfr.) Grätz 838, Ferstl'sche Buchh.

Steinmeister, Rudolf: Die ethische Weltanschauung des jungen Schiller. Duisburg-Meiderich 1909: Heiland. S. 3—27. 4°
Duisburg-Meiderich, RG m. RP 1909 (648) [S 09. 456

Steinmetz, Der. Maros-Vásárhely 1859. V: *Teleki, Franz Graf.* (KU) (Pk)

Steinmetz, Generalfeldmarschall v., s. Garlepp, Bruno. Die Paladine Kaiser Wilhelms I. 6. Bdchn.

Steinmetz, Joh. Adam, in seinem gottsel. Leben u. segensr. Wirken. Hrsg. u. mit e. Anh. vers. v. W. Bernhardi. gr. 8. (10 B.) Berlin 840, (J. A. Wohlgemuth.) •

Steinmetz. Beleuchtung einiger kritischer Bemerkungen in dem Werke: „Geschichte des Feldzuges von 1815 in den Niederlanden und Frankreich als Beitrag zur Kriegsgeschichte der neueren Kriege von Damitz". Ein Vortrag, gehalten in der militairischen Gesellschaft zu Berlin im November 1845 von....., Major im Garde-Reserve-Inft.-Reg. Aus: „Milit.-Wochenblatt". —
Berlin 1846.

Steinmetz, v., Major im Garde-Reserve-Inft.-(Landwehr-)Reg. Nachtrag zu der „Beleuchtung" in Nr. 3 bis 11 mit Berücksichtigung der „Erklärung in Nr. 18 des Milit.-Wochenblattes Jahrgang 1846". Aus: „Milit.-Wochenblatt". —
Berlin 1847.

Steinmetz, neutestamentliches Gebetbuch, s. Gebetbuch, neutestamentliches.

Steinmetz. Was müssen Dienstboten u. Herrschaften vom Invaliditäts- u. Altersversicherungs-Gesetz wissen? Leicht faßlich dargestellt. 4. Tausend. 8. (46 S.) Berl. 890, Eckstein Nachf. cart. * — 50

Steinmetz, A., u. O. Steinmetz, die Beseitigung von Betriebsstörungen in Essigfabriken. (VIII, 184 S. m. 1 Taf.) gr. 8. Coblenz 906. Landwehr & Co. n. 11. 50; geb. n. 12. —

Steinmetz, A., die Gefährdung des Religionsunterrichts durch die ihm vorgezeichneten neuen Bahnen, s.: Verhandlungen der 62. Pfingstkonferenz zu Hannover.

Steinmetz, Adf., Übungs-Formulare f. den Unterricht in kaufmänn. Korrespondenz u. Kontorpraxis, s.: Stecher, Paul.

Steinmetz, Andrew, der Jesuit in der Familie, s.: Bibliothek, Europäische, 159 u. 160. Bd.

Steinmetz, B., Nadeska, s.: Volks-Bibliothek, neue.

Steinmetz, C., s. Steinmetz, K.

Steinmetz, C. A.

Steinmetz, C. A., Annotationes in aliquot Virgilii locos. Pr. 1840. 18 S. 4°.

Steinmetz, C. A. Adnotationes in aliquot Virgilii locos. 18 S.
Merseburg, Progr. 1846

Steinmetz, C. A. De grammatica lat. pueror. captui accomodanda. 24 S.
Progr. Merseburg 1828

Steinmetz, C. A. De aliquot locis Odysseae et Aeneidos ad Orci Maniumque descriptionem pertinentibus. 28 S.
NB. **Einige auf deutsche und andere Litteraturen bezüglichen Werke dieser Gattung s. unten: Geschichte der Kultur und Litteratur. (V. f. ff.)**
Merseburg, Progr. 1840

Steinmetz, C. A. Versuch, die nothwendigsten syntakt. Regeln der lat. Sprache durch Constructionsbezeichnung und vergleichende Beispiele dem Anfänger zum Bewußtsein zu bringen. 38 S. 4°
Progr. Merseburg 1833

Steinmetz, Carl, s. Steinmetz, Karl

Theoretische Grundlagen der Starkstrom-Technik [Theoretical Elements of electrical engineering]. Von Charles Proteus Steinmetz. Autor. deutsche Ausg. Übers. von J. Hefty, Ingen. Mit 143 Abb. *Braunschweig: F. Vieweg & Sohn 1903.* (XI, 331 S.) 8° [03. 11610

Steinmetz, Charles Proteus, Theorie u. Berechnung der Wechselstromerscheinungen. Deutsche, vom Verf. autoris. Ausg. Mit 189 Textfig. gr. 8. (XVIII, 512 S.) Berlin 900. [Reuther & Reichard.] Leipzig, J. A. Barth. n. 12. —; geb. in Leinw. n. 13. 50

— der rotierende Umformer, s.a. Sammlung elektrotechnischer Vorträge. II. 1.

Der rotierende Umformer. Von Charles Proteus Steinmetz in Schenectady, N. Y. Mit 11 Abb. *Stuttgart: F. Enke 1899.* (38 S.) 8° = Sammlung Elektrotechn. Vorträge. Bd 2. H. 1. [99. 7717

Steinmetz, Emil, Deutschland, Deutschland über Alles! 3 vaterländ. Reden. gr. 8. (32 S.) Mainz 895. H. Quasthoff. n.n. — 25

—— Dieser Tag ist heilig dem Herrn, deinem Gott! Erinnerung an den Tag der Confirmation. 40 evangelische Confirmations-Gedenkblätter mit Bibelsprüchen und Liederversen. 1. Serie, 2. Aufl.; und 2. Serie. hoch 4. Gießen 870,68, Roth. à Serie *

—— der Gustav-Adolf-Verein ein gesegnetes Friedenswerk der evangel. Kirche. In vier Predigten beleuchtet. gr. 8. (63 S.) Gießen 864, Roth. *

Steinmetz, Emil, Halte, was du hast, daß Niemand deine Krone nehme! Confirmationsrede, gehalten am 5. Juni 1876. gr. 8. (11 S.) Mainz 876, Diemer. — 30

—— das christliche Haus im Lichte des Evangeliums. Ein Andachtsbuch für evangel. Familien. gr. 8. (IV und 404 S. mit 1 Stahlst.) Gießen 866, Roth. * 1 Thlr.; geb. mit Goldschn. *

Steinmetz, Emil, das christliche Haus im Lichte des Evangeliums. Ein Andachtsbuch für evangel. Familien. 2. (Titel-) Ausg. 4 Lfgn. gr. 8. (VIII, 404 S. mit 1 Stahlst.) Gießen (867) 69, Roth. *M* 3.; geb.

Steinmetz, Emil, die wahre Herzensbildung überstrahlt an Werth u. Herrlichkeit die glänzendste Geistesbildung. Predigt über 1. Korinther, Cap. 13, gehalten am 27. März 1870 zu Mainz. Hrsg. von C. Pfeiffer. Mainz 870. (Wirth's Sort.) gr. 8. (16 S.) n. 2 ngr.

Steinmetz, Emil, evangelisches Confirmandenbuch. 8. (X und 216 S.) Grünberg 862. (Gießen, Ferber'sche Universitäts-Buchh.) *

Steinmetz, Emil, evangelisches Confirmandenbuch. Grünberg 862. (Gießen, Roth.) 8. (X, 216 S.) n. 12 ngr.

Steinmetz, Emil, evangelische Konfirmations-Gedenkblätter m. Bibelsprüchen u. Liederversen. Neue Prachtausg. in Stich, Ton- u. Golddr. 4. u. 5. Serie. Fol. (à 30 Bl.) Gießen 894. E. Roth. à n. 3. —

Steinmetz, Emil, evangelische Konfirmations-Gedenkblätter m. Bibelsprüchen u. Liederversen. Neubearb. Prachtausg. 4. u. 5. Serie. (Je 30 Bl.) Fol. Gießen 903. E. Roth. à Serie n. 3. —

Steinmetz, Emil, 50 evangelische Konfirmations-Gedenkblätter mit Bibelsprüchen und Liederversen. 3. Serie. (Pracht-Ausg.) gr. 4. Gießen 886, Roth. *
1. und 2. Serie. Ebendas. 1882. à * *M* 2.—.

Steinmetz, E., 50 evangelische Konfirmations-Gedenkblätter m. Bibelsprüchen u. Liederversen. 1.—3. Serie. 4. Aufl. Fol. (à 50 Bl.) Gießen 889. Roth. à n. 3. —

—— 40 evangelische Confirmations-Gedenkblätter mit Bibelsprüchen und Liederversen. 1. Serie. gr. 4. Gießen 864, Roth. In Couvert. *

Steinmetz, Emil, 40 evangelische Confirmations-Gedenkblätter mit Bibelsprüchen u. Liederversen. 1. u. 2. Serie. 3. Aufl. gr. 4. (à 40 Bl.) Gießen 881. Roth. à n. 2. —

Steinmetz, Emil, 40 evangelische Confirmations-Gedenkblätter mit Bibelsprüchen und Liederversen. 2 Serien. 3. Aufl. gr. 4. Gießen 882, Roth. à * *M* 2. * 4 —

— das evangelische Lied. Ein Führer auf dem Lebenswege. Mainz 868. Faber. 8. (VIII, 209 S.) n. 12 ngr.

—— ernste Stunden. Ein Andachtsbuch für evangel. Familien. Enth.: religiöse Reden an kirchl. Festtagen. 8. (III, 164 S.) Ebendas. 875. * 2 —

—— Worte dankbarer Erinnerung am Grabe von Fräulein Auguste Embdi am 14. März 1876 auf dem Friedhofe zu Mainz gesprochen. 8. (8 S.) Ebendas. 876. — 15

Steinmetz, F.: De Alberti senioris Borussiae ducis ad ecclesiae catholicae doctrinam reditu. 12 S. 4° – Gleiwitz, Progr. 1871.

Steinmetz, Felix: Die pädagogischen Grundgedanken in Goethes Werken. Freienwalde a.O. 1910: Battré. VIII, 74 S. 8°
Greifswald, Phil. Diss. v. 17. Sept. 1910, Ref. Ehrismann
[Geb. 20. Febr. 82 Berlin; Wohnort: Berlin; Staatsangeh.: Preußen; Vorbildung: Andreas-Realgymn. Berlin Reife M. 00; Studium: Berlin 8, Greifswald 1 S.; Rig. 11. Mai 10.] [U 11. 1731

Friedrich Steinmetz

Pyrmont und seine Mineralquellen. Anleitung zu Trink-und Badecuren, in Bezug auf die neueste Analyse, bearb. von Friedrich Steinmetz. Pyrmont: Uslar 1825. XII, 192 S. 8°

Steinmetz, Gg., Führer durch die praehistorisch-römische Sammlung zu St. Ulrich in Regensburg, s.: Verhandlungen des histor. Vereines v. Oberpfalz u. Regensburg. (Dahlem, J.)

Steinmetz, G., Prähistorisches u. Römisches: Ber. üb. röm. Ausgrabungen bei Eichhofen u. zu Regensburg 1896. S.-A. 1897. 27 S. u. 1 Taf. —.90

Steinmetz, Georg Übungsaufgaben für die zweite Lateinklasse (Quinta) zur Repetition der vier Konjugationen und der Verba anomala. 48 S. 8. Progr. Alt. G. *Regensburg* 1884.
Vgl. des Verf. Übungsstücke zum Übersetzen ins Lateinische zur Wiederholung der Deklinationen und Konjugationen für die zweite Lateinklasse (Quinta). (VIII, 87 SS.) 8. Regensburg 1886, Bauhof. 1 Mk. 20 Pf.

Steinmetz, Geo., Uebungsstücke zum Uebersetzen ins Lateinische zur Wiederholung der Deklinationen u. Konjugationen f. die 2. Lateinklasse [Quinta]. gr. 8. (VIII, 87 S.) Regensburg 886. Bauhof. n. 1. 20

Steinmetz, H., über Ausbildung und Leitung der Missionare nach den Grundsätzen der lutherischen Kirche. Vortrag in der Missions-Conferenz zu Hannover am 14. Octbr. 1884. Lex.-8. (15 S.) Stade 884, Pockwitz. — 30
Aus: Hannoversches Missionsblatt, besonders abgedruckt.

Steinmetz, H., s.: Gmelin u. Kraut's Handbuch der anorganischen Chemie.

Steinmetz, H., halte was du hast. Predigt am Reformationsfeste 1862 in der Stadtkirche zu Celle. gr. 8. (19 S.) Celle 862, Schulze'sche Buchh. *

Der Herr ist wahrhaftig auferstanden. Ein Gespräch. Nach d. Leben erzählt von D. H. Steinmetz, Gen.-Superint. zu Stade. *Stade: F. Schaumburg 1900.* (15 S.) 8° [5.] [00. 191 7

Steinmetz, H., HErr zeige mir deine Wege. Zwei Gespräche über Eheschließung und Trauung, und Renitenz und Separation. 8. (VIII, 54 S.) Hannover 877, Wolff. * — 60

—— Stille zu Gott. Predigt, am 9. Sonntage nach Trinitatis 1881 über Psalm 62, 2. 3. in der Stadtkirche zu Celle gehalten. gr. 8. (14 S.) Celle 881, (Schulze'sche Buchh.) * — 40

Steinmetz, H., wie lieblich sind deine Wohnungen, Herr Zebaoth! Predigt, bei der 1100jähr. Gedenkfeier der Stiftung des Bisth. Verden am 29. Juni 1886 gehalten. 8. (14 S.) Hannover 886, Wolff und Hohorst. **

Steinmetz, H., zwei Worte unseres Herrn. Predigt aus dem Evangelium f. den 23. Sonntag nach dem Feste der heil. Dreieinigkeit in der Stadtkirche zu Celle geh. gr. 8. (25 S.) Hannover 873. Wolff. n. — 40

Steinmetz, Heinr., Ergebnisse des ersten Unterrichtes in der Erdkunde. I. Tl.: Heimatkunde v. Ebernburg. II. Tl.: Die Landschaft v. Ebernburg. III. Tl.: Der Reg.-Bez. Pfalz. (47 S. m. 1 eingedr. Plan.) 8. Alsenz (909). Ebernburg, Selbstverlag. — 90; II. u. III. Tl. (S. 23—47) allein — 25; III. Tl. (S. 32—47) allein — 15

— Der Führer v. Ebernburg, Bad Münster a. St. u. Umgebung. (27 S. m. 1 Plan.) 8. Ebd. (909). — 25

Steinmetz, Helmuth, Ratzeburgensis: De ventorum descriptionibus apud Graecos Romanosque. Gottingae 1907: Dieterich. (88 S.) 8°

Göttingen, Phil. Fak., Ref. Leo-Schwartz, Diss. v. 17. Jan. 1908

[Geb. 18. Mai 85 Ratzeburg; Wohnort: Ratzeburg; Staatsangeh.: Preußen; Vorbildung: Gymn. Hannover Reife O. 03; Studium: Göttingen 2, Straßburg 2, Göttingen 5 S.; Rig. 1. Nov. 07.]

Steinmetz, Hermann, aus Regensburg: Ueber **Thallioxalate.** *(Regensburg 1903: F. Huber.)* (39 S.) 8°
München, Phil. Diss. v. 1903

Steinmetz, J. B., aus vergangenen Tagen. Drei geschichtl. Erzählungen für die Jugend. 8. (88 S.) Bühl 888, Konkordia, Aktiengesellschaft für Druck und Verlag. cart. *

Steinmetz, Joh. Adam, schriftmäßige Betrachtung von der Versiegelung der Gläubigen mit dem heil. Geist. In einigen Pfingst-Erbauungsstunden, aus Epheser 4, v. 30. vorgetragen. gr. 8. (82 S.) Rengshausen 852(60). (Neu-Ruppin, Bergemann.) geb. *

Steinmetz, Joh. Adam, schriftmäßige Betrachtung von der Versiegelung der Gläubigen mit dem heiligen Geiste aus Epheser 4, V. 30. Vorgetragen in fünf Pfingst-Erbauungsstunden. 3. Aufl. 8. (124 S.) Berlin 881, Deutsche evangel. Buch- und Tractat-Gesellschaft. * — 75

Steinmetz, Jh. Adm., († d. 18. Juni 1763.) erbaul. Betrachtt. am Erndtedankfeste. Mit e. Vorrede v. J. A. C. v. Einem. 8. Stendal 779. Franzen u. Gr. 5 gr

— Betrachtungen üb. d. dienstl. Leiden Jesu Chr. durch s. ganzes menschl. Leben. 2 Thle. 4. Leipz. Hilscher. (Compt. f. Litt.) 783.

— Betrachtungen üb. Matthäi 25 v. d. 10 Jungfrauen. 8. Halberstadt, Groß. 789.

— s. K. H. v. Bogatzky, Declamation.

– s. Döring, Karl August: Neutestamentliches Gebetbuch...

— d. nöthige Fleiß christl. Eltern d. Heil ihrer Kinder zu besorgen rc. 8. Magdeb. Seidel. 746.

Steinmetz, Joh. Adam, das hohepriesterliche Gebet unseres Herrn Jesu Christi, ausgelegt. 8. (XII, 139 S.) Eisleben 892. Christl. Verein im nördl. Deutschland. Geb. 1. 20

Steinmetz, (Joh. Adam,) biblische Gebetsübung, neu hrsg., s. Döring, K. A., neutestamentl. Gebetbuch rc.

Steinmetz, Joh. Adam, das Gnadengeschäft Jesu, unseres guten Hirten, in der Todesstunde Seiner Gläubigen. Aus Psalm 23, Vers 4. 5. 6. In vier Erbauungsstunden vorgestellt. 3. Aufl. 8. (45 S.) Berlin 881. Deutsche evangel. Buch- u. Tractat-Gesellschaft. n. — 30; cart. n. — 40

— vom Gnadenwerk d. heil. Geistes. 8. Magdeb. Scheidhauer. 748.

— Leben Phil. Jac. Speners. 8. Ebend. 740.

– (Hrsg.), s. Magazin, Geistliches, ...

— Nachr. von dem herrl. Werke Gottes in d. Bekehr. vieler 100 Seelen zu Nordhampton u. an and. Orten in Neuengland nebst d. Forts. 8. Magdeb. Seidel. 738—45.

—— Nachrichten von dem herrlichen Werk Gottes der Bekehrung vieler hundert Seelen zu Nordhampton und an andern Orten in Neu-England. Mit einer kurzen Einleitung in die Geschichte der christl. Gemeinden in den erwähnten amerikan. Gegenden nebst einigen Anmerkungen. Neu aufgelegt. gr. 8. (136 S.) Basel 860, (Bahnmaier's Verlagsh.)

– (Hrsg.), s. Posadowsky, Augusta Elisabeth von: Geistliche Gedichte.

Steinmetz, Joh. Ad., Sendschreiben von unterschied. wichtigen Materien, d. z. Uebung e. wahr. Christenthums gehören. 8. Lpz. (Frommann in Jena.) 738. Rthlr.

—— von der Versiegelung der Gläubigen mit dem heil. Geist. In einigen Pfingst-Erbauungsstunden aus Epheser 4, 30. Neu hrsg. mit einem Vorwort. 1. Aufl. 1857. und 2. Aufl. 8. (VIII und 132 S.) Frankfurt a. M. 859, Brönner.

— von der Versiegelung der Gläubigen mit dem heiligen Geist. In einigen Pfingst-Erbauungsstunden aus Epheser 4, 30. Neu herausg. mit einem Vorwort. 2. Aufl. Frankfurt a. M. 859. Brönner. (Chr. Winter.) 8. (VIII, 132 S.) n. 8 ngr.

— Weisheit Salomonis. 8. Magdeburg, Scheidhauer. 747.

Steinmetz, Jh. Bapt., s. *Cicero* orationes.

Steinmetz, Jh. Dan., prakt. Unterricht in der französischen Sprache; nach R. J. Wurst's Ideen u. mit beständiger Rücksicht auf dessen prakt. Sprachdenklehre abgefaßt. Eine Begleitschrift zu R. J. Wurst's theoretisch-prakt. Handbuche der Sprachdenklehre. 1. Bdchn.: Der reine einfache Satz. gr. 8. Reutlingen 842, Mäcken Sohn. 3/8 ß

Steinmetz, Jh. F.

Freundschaftliche Anmerkungen üb. Riems ganz neu erfundenen Bienenmüttern aus dem Arbeits-Bienengeschlecht; u. üb. Korsemka's ... Bienenanstalten ... Nürnb. 1774. 176 S.
(Do. 1772/73, se sst.).

Steinmetz, Jh. F., († d. 19. Febr. 1779.) freundschaftl. Anmerkk. üb. Riems u. Korsemka's Bienenbücher. 8. Nürnb. 774. Zeh. 6 gr

— s. Fr. Herold, Muthmaßung üb. d. Drohnen.

Steinmetz J. F.: Physicalische Untersuchung v. den verschiedenen Geschlechtsarten d. Bienen überhaupt, u. insbes. v. den präformirten Weisseleyern, u. v. dem doppelten Ast d. Eyerstocks d. Bienenmutter ... Nürnb. 1772. 176 S.
(Ogsaa, m. særsk. Titelbl., i: Abhandlungen u. Erfahrungen ... 1771, se 500).

— physikal. Untersuchung von den verschied. Geschlechtsarten d. Bienen. 8. Nürnb. 772. Zeh. 6 gr

— Versuch e. Bestimmung d. Baums d. Erkenntniß des Guten u. Bösen. 8. Berl. 775.

Steinmetz, Johann Franz Christoph

— die Bekehrung e. jüdischen Familie zu Christo, nebst e. Anh. 8. Mengeringhausen 772.

— neues Waldeckisches Gesangbuch f. den öffentl. u. häusl. Gottesdienst. 8. Mengeringhausen 790.

Steinmetz, Jh. Frz. Cph., († d. 14. Dec. 1791.) Predigt üb. d. Todesfall d. Fürsten Karl v. Waldeck, nebst Nachr. v. dessen letzten Stunden. 8. Mengeringhausen 763. Nachgedr. zu Minden. 8. 764.

— Samml. e. Predigten. gr. 8. Mengeringhausen (771).

Steinmetz, Johann Friedrich (Langenfeld) F, n:13

Dissertationum symbolic. sexta de tribus symbolis oecumenicis theses selectas continuans.
Präs. Kaspar Jakob Huth.
Erlangen (Camerarius) 21. VII. 1753. S. 42-48.
33397

Steinmetz, Jh. Ph., Versuche in einigen Predigten. 8. Marb. 795. Krieger. 8 gl

Steinmetz, K., Astronomie, Astrophysik und Meteorologie, s. Volks-Bibliothek des gesammten menschlichen Wissens.

Steinmetz. K., Herodot u. Nicolaus Damascenus. Pr. 1861. 24 S. 4°.

Steinmetz, K., das deutsche Reich u. sein Parlament. Auf Grund der Aeußergn. der Reichstagsabgeordneten nach T. Szafranski: Humor im Reichstage. gr. 8. (27 S.) Leipzig 894. W. Fiedler. — 60

Steinmetz, K., die kirchliche Union in den Fürstenthümern Waldeck u. Pyrmont, dargestellt u. vertheidigt. Arolsen 859. Speyer. gr. 8. (79 S.) 7½ ngr.

Steinmetz, Karl [app. Arzt aus Paris]: Ueber einen Fall von Melanosarcom mit ausgedehnten Metastasen mit besonderer Berücksichtigung der Verteilung des Pigments. . . . Freiburg i. B.: Buchdr. H. Epstein 1891. 37 S. 8°
Freiburg i. B., Med. Fak., Inaug.-Diss. v. 1891

Steinmetz, K., Geschichte Waldecks bis zum Ende d. 16. Jahrh., s.: Beiträge zur Geschichte der Fürstenth. Waldeck u. Pyrmont.

Steinmetz, Karl, eine Reise durch die Hochländergaue Oberalbaniens, s.a. Zur Kunde der Balkanhalbinsel. I.

Eine Reise durch die Hochländergaue Oberalbaniens. Von Ingen. Karl Steinmetz. Mit 13 Abb. u. 1 Routenkarte. *Wien & Leipzig: A. Hartleben 1904.* (68 S.) 8°
= Kunde, Zur, der Balkanhalbinsel. H. 1. [04. 8190

Eine Synesis v. Karl Steinmetz. Ratzeburg. 1882. 4°. Gymn.-Progr.

Steinmetz, Karl Eine Synesis. 12 S. Progr. *Ratzeburg* 1882.

Steinmetz, Karl, von der Adria zum schwarzen Drin, s.a. Zur Kunde der Balkanhalbinsel. 6. Heft.

Von der Adria zum schwarzen Drin. Von Ingen. Karl Steinmetz. Mit 15 Abb. u. 1 Karte. Sarajevo: D. A. Kajon 1908. (78 S.) 8°
= Kunde, Zur, d. Balkanhalbinsel. H. 6. [08. 6392

— ein Vorstoss in die nordalbanischen Alpen, s.a. Zur Kunde der Balkanhalbinsel. III.

Ein Vorstoß in die Nordalbanischen Alpen. Von Ingen. Karl Steinmetz. Mit 10 Abb. u. 1 Karte. Wien & Leipzig: A. Hartleben 1905. (64 S.) 8°
= Kunde, Zur, d. Balkanhalbinsel. H. 3. [05. 9279

Steinmetz, Karl Dn., († d. 30. Jan. 1826.) de causis atque indiciis quibusdam, quae civitatum imperiorumque ruinam praeiverint, ex historia demonstrandis. 4. Dorpat 805. (Leipz., Kummer). 5 gl

Schleswig 1848. Aus den hinterlassenen Papieren des General-Feldmarschall [Karl Friedrich] von Steinmetz. Hrgg. und mit einer Lebensskizze versehen v. von Conrady. Berlin 1878.
= Beihefte zum Militär-Wochenblatt. 1878. 3. und 4. – 5. und 6. Heft. Berlin 1878. 8°

Steinmetz, Lud. Ad. Schroeder, de officiorum et jurium, quae dicitur, collisione. Spec. philosoph.-jurid. 8 maj. (7¾ B.) Groningae 830. (Lipsiae, Barth.) Thlr.

Steinmetz, Max, Referendar: Das Lagergeschäft nach dem Handelsgesetzbuch für das deutsche Reich vom 10. Mai 1897. *Greifswald 1898: J. Abel.* (58 S.) 8°
Greifswald, Jur. Diss. v. 1898

Steinmetz, O. A., s. Steinmetz, C. A.

Steinmetz, Richard [app. Arzt aus Altenbruch]: Beiträge zur Lehre von der Lebercirrhose ... Göttingen, Druck d. Dieterich'schen Univ.-Buchdr., 1893; 35 S. 8.
Göttingen, Med. Fak., Inaug.-Diss. v. [3. Aug.] 1893

Steinmetz, Rich., Beiträge zur Lehre v. der Lebercirrhose. Diss. gr. 8. (35 S.) Göttingen 893. (Vandenhoeck & Ruprecht.) n. — 60

Steinmetz, Rudolf

Steinmetz, R., die Angriffe gegen den neuen Katechismus. Ein Wort zur Abwehr. gr. 8. (20 S.) Lüneburg 862, Engel's Buchh. **.

Steinmetz, R. Das gute Bekenntnis. Hülfsbuch zur Vorbereitg. auf die Konfirmation. 2. erweit. Aufl. der Zugaben zu „Luthers kleinem Katechismus, in Fragen u. Antworten ausgelegt". 8. (48 S.) Gött. 891, Vandenhoeck u. Ruprecht's Verlag. * — 28; cart. * — 40

Steinmetz, Rud., das gute Bekenntnis. Hülfsbuch zur Bereitg. auf d. Konfirmation. 4., verb. Aufl. 8. (48 S.) Göttingen 895. Vandenhoeck & Ruprecht. n. — 24; kart. n. — 35

Steinmetz, R., das gute Bekenntnis. Hülfsbuch zur Vorbereitg. auf die Konfirmation. 6., unveränd. Aufl. (Mit dem Abdr. des kleinen Katechismus.) 8. (64 S.) Göttingen 901. Vandenhoeck & Ruprecht. Geb. n. — 36

Steinmetz, R., das gute Bekenntnis. Hülfsbuch zur Vorbereitg. auf die Konfirmation. 7., unveränd. Aufl. (48 S.) 8. Göttingen 903. Vandenhoeck & Ruprecht. n. — 20; kart. n. — 30; m. dem Abdr. des kleinen Katechismus. (64 S.) n. — 26; kart. n. — 36

Steinmetz, Rud., das gute Bekenntnis. Hülfsbuch zur Vorbereitg. auf die Konfirmation. 9. Aufl. 86.—106. Taus. (48 S.) kl. 8. Göttingen 910. Vandenhoeck & Ruprecht. — 20; geb. — 30; m. dem Abdr. des kleinen Katechismus — 26; geb. n — 36; in Leinw. n — 50

— Die Bereitung zur Konfirmation in Lehre u. Leitung nach dem kleinen Katechismus. (VI, 159 S.) gr. 8. Ebd. 910. 2.80; geb. in Leinw. 3. 40

—— der Beruf des Hauses und der Schule in dem Werke christlicher Erziehung. Ein Vortrag gehalten im evangel. Verein zu Hannover. 8. (31 S.) Hannover 867, Meyer. *

— Dankopfer u. Gebet am Gedächtnistage e. 25jährigen Gemeinschaft am Evangelium. Predigt üb. Philipper 1, 3—11, geh. am 27. X. 1907. (14 S.) 8. Göttingen 907. Akadem. Buchh. v. G. Calvör. — 35

— daß die Einführung e. ausgelegten Katechismus nicht den Ruin d. Katechismus-Unterrichts bedeutet. Entgegng. auf den Vortrag v. Bünger über den zu erwart. neuen Katechismus u. die Volksschule. gr. 8. (27 S.) Hildesheim 890. (Gerstenberg.) n. — 40

Steinmetz, R., von den letzten Dingen, s. Uhlhorn, G.

— die Erklärung der 7. hannoverschen Landessynode üb. ihr Verbleiben auf dem Grunde des Wortes Gottes u. bei dem Glauben u. Bekenntnis der evangel.-luther. Kirche, nebst den dazu gehör. Stellen aus der hl. Schrift u. den symbol. Büchern, m. zwei Nachworten u. e. Zugabe f. Theologen u. Lehrer hrsg. (28 S.) 8. Hannover 906. H. Feesche. n. — 35

Steinmetz, Rud., Gabe f. christliche Eheleute u. solche die es werden wollen. Eingeleitet durch e. Predigt üb. das Evangelium v. der Hochzeit zu Cana. 8. (47 S.) Hannover 874. Wolff. n. — 50

Steinmetz, R., zum Gedächtnis des Superintendenten und Pastors an St. Albani in Göttingen Herm. Christ. Heinr. Friedr. Danckwerts, geb. den 4. April 1814, gest. den 26. Juli 1881. Worte, gesprochen an seinem Sarge in der St. Albanikirche. gr. 8. (14 S.) Göttingen 881, Vandenhoeck und Ruprecht's Verlag. — 30

— die zweite römische Gefangenschaft des Apostels Paulus. Eine kirchenhistor. u. neutestamentl. Untersuchg. gr. 8. (VIII, 244 S.) Leipzig 897. A. Deichert Nachf. n. 3. 60

— Die Generalsuperintendenten in den Herzogtümern Bremen-Verden. (146 S. m. 11 Bildnissen.) 8. Stade 907. F. Bacheratz. Kart. 2. —

Steinmetz, R., des Christen Glaube, Liebe und Hoffnung. Neun Predigten, während der Curzeit des Sommers 1843 in der Friederiken-Capelle am Bade Rehburg gehalten. gr. 8. Hannover 844, Hahn'sche Hofbuchh. 2/3 Thlr

— der Herr ist wahrhaftig auferstanden. Ein Gespräch. Nach dem Leben erzählt. 8. (15 S.) Stade 900. F. Schaumburg. n. — 20

— das Herz f. die Mission. Predigt, geh. auf dem Missionsfeste zu Oldendorf (Kreis Stade) am 8. VI. 1902. gr. 8. (14 S.) Ebd. 902. n. — 20

— Katechismus f. die vereinigten evangelisch-lutherischen Gemeinden im Großherzogt. Baden. Nebst einigen Zugaben. 8. (173 S.) Göttingen 902. Vandenhoeck & Ruprecht. n. — 50; kart. n. — 75

— Martin Luther's kleiner Katechismus, in 360 Fragen u. Antworten m. 300 Bibelsprüchen ausgelegt. Nebst 2 Zugaben. 8. (175 S.) Göttingen 889. Vandenhoeck & Ruprecht's Verl. n. — 50

— D. Martin Luthers kleiner Katechismus, in Fragen u. Antworten ausgelegt. Nebst Zugaben f. die Bibellesestunde u. die Perikopenstunde. 2. Aufl. 8. (155 S.) Gött. 892, Vandenhoeck u. Ruprecht. * — 50

1. Aufl. (175 S.) Ebd. 1889.

D. Martin Luthers kleiner Katechismus in Fragen und Antworten ausgelegt. Nebst Zugaben f. d. Bibellesestunde u. d. Perikopenstunde. Von Dr. R[udolf] Steinmetz, Superint. in Göttingen. 3. durchges. Aufl. *Gottingen: Vandenhoeck & Ruprecht 1899.* (150 S.) 8° [F.] [w. 2483 7

— D. Martin Luthers kleiner Katechismus, in Fragen u. Antworten ausgelegt. Nebst Zugaben f. die Bibellesestunde u. die Perikopenstunde. 5. durchgeseh. Aufl. (156 S.) kl. 8. Ebd. 910. — 50; geb. n — 70

— Katechismusgedanken. Beiträge zur katechet. Behandlung d. 5 Hauptstücke in Kirche u. Schule. 1. Tl. D. 1. Hauptstück. gr. 8. (VIII, 96 S.) Göttingen 898. Vandenhoeck & Ruprecht. n. 1. 40

— Katechismusgedanken. Beiträge zur katechet. Behandlg. der 5 Hauptstücke in Kirche u. Schule. 2. u. 3. Tl. gr. 8. Ebd. à n. 2. —; (kplt. n. 5. 40)
2. Das 2. Hauptstück. (130 S.) 901.
3. Das 3., 4. u. 5. Hauptstück. (125 S.) 903.

— Katechismusgedanken. Handreichung zur katechet. Behandl. der 5 Hauptstücke in Kirche u. Schule. (In 3 Tln.) 1. u. 2. Tl. gr. 8. Göttingen, Vandenhoeck & Ruprecht. n. 3. 80
1. Das 1. Hauptstück. 2., verb. Aufl. (XII, 98 S.) 903. n. 1. 60
2. Das 2. Hauptstück. 2., verb. Aufl. (134 S.) 906. n. 2. 20

— Katechismusgedanken. (Handreichung zur katechet. Behandlg. der fünf Hauptstücke in Kirche u. Schule.) 3. Tl. Das 3., 4. u. 5. Hauptstück. 2., verb. Aufl. (125 S.) gr. 8. Göttingen 908. Vandenhoeck & Ruprecht. 2.— (Vollst. 5.80; in 1 Bd. geb. 6.40)

— die kirchliche Leitung der Volksschule. Vortrag auf der luther. Pastoralconferenz zu Hannover am 7. Juni 1871 geh. gr. 8. (26 S.) Hannover 871. Meyer. n. — 25

Steinmetz, Rud., Luthers Lieder. Vortrag im evangel. Verein zu Hannover gehalten am 27. Januar 1875. gr. 8. (32 S.) Hannover 875, Wolff. — 60

Steinmetz, Rud., Predigt am 29. Juni 1853 bei der Jahresfeier der Bibelgesellschaft, des Missions- und Gustav-Adolfs-Vereins zu Göttingen gehalten. gr. 8. (14 S.) Göttingen 853, Vandenhoeck und Ruprecht's Vrlgsh.

Steinmetz, Rud. S., Endokannibalismus. [Aus: „Mittheilungen d. anthropolog. Gesellsch. in Wien."] gr. 4. (60 S.) Wien 896. (A. Hölder.) n. 4. —

Steinmetz, S. R., der Krieg als sociologisches Problem. gr. 8. (59 S.) Amsterdam 899. (J. Müller.) n. 1. 25

Steinmetz, S. R., Rechtsverhältnisse v. eingeborenen Völkern in Afrika u. Ozeanien. Beantwortungen des Fragebogens der internationalen Vereinigg. für vergleich. Rechtswissenschaft u. Volkswirtschaftslehre zu Berlin. Bearb. im Auftrage der Vereinigg. (VII, 455 S.) gr. 8. Berlin 903. J. Springer. n. 10. —

Steinmetz, S. R., ethnologische Studien zur ersten Entwicklung der Strafe, nebst e. psycholog. Abhandlg. üb. Grausamkeit u. Rachsucht. 2 Bde. Lex.-8. (XLV, 486 u. VII, 425 S.) Leiden 894. Leipzig, O. Harrassowitz. n. 20. —

Steinmetz, Sebald Rudolf

Steinmetz, S. Rud., die Philosophie des Krieges, s. a. Bibliothek, natur- u. kulturphilosophische. 6.

Die Philosophie des Krieges von Dr. S[ebald] Rudolf Steinmetz im Haag Leipzig: J. A. Barth 1907. (XVI, 352 S.) 8°
= Bibliothek, Natur- u. kulturphilosophische. Bd 6. [07. 7333

Steinmetz, Stef., unser täglich Brot wie es ist, u. wie es sein sollte! Ein Beitrag zur Anbahng. e. gesunden Volksernährg. gr. 8. (20 S. m. Abbildgn.) Leipzig 894. H. Beyer. — 50

Steinmetz, Stef., d. Brod-Währung od. d. wirthschaftl. Friede durch d. Reform d. Brodbereitg.! gr. 8. (47 S. m. Fig.) Leipzig 897. H. Beyer. n. — 30

— üb. die Müllereiverhältnisse in Bezug auf bessere Verwerthg. d. einheim. Getreides, s.: Raubold, Otto, üb. Getreidelagerhäuser.

Steinmetz, T. v., Leben und Thaten derer Herren von Uslar, nebst dessen Beschreibung der Ritterschaft des Eichsfeldes. Göttingen 1701. fol.

Steinmetz, Th., d. Herzogin Dorothea Maria v. Weimar u. ihre Beziehungen zu Ratke u. zu s. Lehrart, s.: Magazin, pädagog.

Steinmetz, Wilh., das kaufmännische Rechnen. Zum Selbstunterricht für Handelslehrlinge und angehende Kauf- und Geschäftsleute. Mit einem Vorwort von E. Hentschel. 8. (VIII und 161 S.) Quedlinburg 867, Basse.

Steinmetz, Wilh., der schlesische Stadt- u. Landbote, s. Stadt- u. Landbote.

Steinmetzer, Frz., die Geschichte der Geburt u. Kindheit Christi u. ihr Verhältnis zur babylonischen Mythe, s. a. Abhandlungen, neutestamentliche. II, 1. 2.

Die Geschichte der Geburt und Kindheit Christi und ihr Verhältnis zur Babylonischen Mythe. Eine religionsgeschichtl. Untersuchung von Dr. theol. et phil. Franz X[aver] **Steinmetzer**, Privatdoz. Münster i. W.: Aschendorff 1910. VIII, 218 S. 8°
(Neutestamentliche Abhandlungen 2, 1. 2.) [illegible] 2

Steinmetzer, Franz, Dr. theol.: Die Schenkungsurkunde des Königs Melišiḫu an seinen Sohn Marduk-Aplam-Iddina. Umschrift, Übersetzung u. Erklärung im Zusammenhang mit den übrigen sogen. 'Grenzsteinen'. (Leipzig 1909: Pries.) 38 S. 8°
Berlin, Phil. Diss. v. 28. Mai 1909, Ref. Delitzsch
[Geb. 12. Jan. 79 Dauba; Wohnort: Leitmeritz; Staatsangeh.: **Österreich**; Vorbildung: Gymn. Prag Reife Juli 97; Studium: Prag Deutsche Univ. 8, Berlin 5 S.; Rig. 20. Juli 08.] [U 09. 288

— Eine Schenkungsurkunde des Königs Melišichu, s. a. Beiträge zur Assyriologie u. semitischen Sprachwissenschaft. VIII, 2.

F[ranz] **Steinmetzer**. Eine Schenkungsurkunde des Königs Melišichu. E[rich] Ebeling. Das Verbum d. El-Amarna-Briefe. Leipzig: Hinrichs 1910. 79 S. 8°
(Beiträge z. Assyriologie. Bd 8, H. 2.) [10. 13273 4

— Neue Untersuchungen üb. die Geschichtlichkeit der Juditherzählung. Ein Beitrag zur Erklärg. d. Buches Judith. (VII, 158 S.) gr. 8. Leipzig 907. R. Haupt. 6.—

Steinmetzer, Franz Xaver, s. Steinmetzer, Franz

Steinmetz-Zeichen. [Leipzig: 1862 Vollrath.] 1 Bl. 4° [Kopftit.]
Enth. einen Aufruf des Br K. Back betr. Materialzusendung. Beigefügt ist ein Auszug aus d. Stuttgarter Correspondenzbl. d. Gesammtvereins d. deutsch. Gesch.- u. Alterthumsvereine (Jan. 1862) betr. Backs 4 Bl. Steinmetz-Zeichen (1861).

Steinmeyer, der freie Aufsatz in den Landschulen. Eine zeitgemäße pädagog. Betrachtg., f. Lehrer u. Schulfreunde geschrieben. 2. Aufl. (99 S.) kl. 8. Stafforst 907. (Bielefeld, A. Helmich.) nn — 70

Steinmeyer, Betrachtungen über unser klassisches Schulwesen. Eine Entgegnung. (VII, 58 S.); 2. durch ein Nachwort verm. Ausg. gr. 8. (VII, 74 S.) Kreuzburg 882, Thielmann's Buchh. 1 —

Steinmeyer, Die oratio obliqua bei Caesar. Pr. 1899. 28 S. 4°.

Steinmeyer, Arnold Friedrich (Herford) Trew 0 143/C

Dissertatio inauguralis medica, de longaevitate ex medicina. Präs. Michael Alberti.
Halle (Hendel) X. 1728. 35 S.

W. v.: Präs. 33402

Steinmeyer, Elias (Hrsg.), s. Anzeiger für dt. Altertum u. dt. Litteratur.

Steinmeyer, Elias, Beiträge zur Entstehungsgeschichte des Clm. 18140. gr. 8. (44 S.) Leipzig 901. A. Deichert Nachf. n. 1. 50
Sonderabdruck aus: „Festschr. d. Univ. Erlangen f. Prinzreg. Luitpold".

Über einige Epitheta der mhd. Poesie. Rede beim Antritt des Prorectorates der K. Bayerischen Friedrich-Alexanders-Universität Erlangen am 4. Nov. 1889 gehalten von Dr. Elias **Steinmeyer**, o. Prof. d. deutsch. Sprache u. Litt. Erlangen, Druck d. Univ.-Buchdr. v. Junge & Sohn, 1889; 20 S. 4°

Steinmeyer, Elias. Ueber einige Epitheta der mhd. Poesie. Rede, beim Antritt d. Prorectorates der K. bayer. Friedrich-Alexanders-Universität Erlangen am 4. Novbr. 1889 geh. 4. (20 S.) Erlangen 889, (Blaesing). * — 80

Steinmeyer, Elias (Bearb.), s. a. Glossen, Die althochdeutschen.

Steinmeyer, Elias, und Ed. Sievers, die althochdeutschen Glossen gesammelt und bearb. 1. Bd.: Glossen zu bibl. Schriften. Mit Unterstützung des k. preuss. Cultusministeriums und der k. preuss. Akademie der Wissenschaften. Lex.-8. (XVI, 821 S.) Berlin 879, Weidmann'sche Buchh. * 15 —

Steinmeyer, Elias, und Ed. Sievers, die althochdeutschen Glossen, gesammelt und bearb. 2. Bd.: Glossen zu nichtbibl. Schriften, bearb. von Elias Steinmeyer. Mit Unterstützung des k. preuss. Cultusministeriums und der k. preuss. Akademie der Wissenschaften. Lex.-8. (XII, 778 S.) Berlin 882, Weidmann'sche Buchh. * 20 —
1. Bd. Ebendas. 1879. *ℳ 15.

Steinmeyer, Elias, u. Ed. Sievers, die althochdeutschen Glossen. Gesammelt u. bearb. 3. u. 4. Bd. Lex.-8. Berlin, Weidmann. n. 60. — (kplt. n. 95. —)
3. Sachlich geordn. Glossare. Bearb. v. St. M. Unterstützg. d. k. preuss. Cultusministeriums u. d. k. preuss. Akad. d. Wissenschaften (XII, 723 S.) 895. n. 28. —
4. Alphabet. geordnete Glossare. Adespota. Nachträge zu Bd. I-III. Handschriftenverzeichnis. Mit Unterstützg. d. k. preuss. Cultusministeriums u. d. k. preuss. Akad. d. Wissenschaften. (XV, 790 S.) 898. n 32. --

Steinmeyer, Elias, altdeutsche Studien, s. Jänicke, Osc.

Steinmeyer, Aemil. Elias (geb. Nowawes bei Potsdam 8. 2. 1848): De glossis quibusdam Vergilianis. Berolini (1860). (56 S.) 8°
Berlin, Phil. Diss. v. 4. Aug. 1860

Steinmeyer, Franz Ludwig

Steinmeyer, F. L., Antritts-Predigt am Sonnt. Cantate 1854 bei dem academ. Gottesdienste in Bonn gehalten. gr. 8. (16 S.) Bonn 854, Marcus. *

Steinmeyer, F. L., apologetische Beiträge. 1. u. 2. Thl. Berlin 866,68. Wiegandt & Grieben. gr. 8. Jeder Thl. n. 1 ₰
1. Thl. Die Wunderthaten des Herrn in Bezug auf die neueste Kritik betrachtet. (VI, 254 S.)
2. Thl. Die Leidensgeschichte des Herrn in Bezug auf die neueste Kritik betrachtet. (V, 255 S.)

Steinmeyer, F. L., apologetische Beiträge. 3. und 4. Thl. gr. 8. Berlin, Wiegandt und Grieben. à Thl. * ℳ 3. * 6 —
Inhalt:
Thl. 3. Die Auferstehungsgeschichte des Herrn im Bezug auf die neueste Kritik betrachtet. (VII, 254 S.) 871.
» 4. Die Geschichte der Geburt des Herrn und seiner ersten Schritte im Leben in Bezug auf die neueste Kritik betrachtet. (V, 235 S.) 873.
1. und 2. Thl. Ebendas. 1866,68. *ℳ 6.

Steinmeyer, F. L., Beiträge zur Christologie. 3 Bde. gr. 8. Berlin, Wiegandt und Grieben. à Bd. * ℳ. 2. * 6 —

Inhalt:

Bd. 1. Die Epiphanien im Leben des Herrn. (VIII, 132 S.) 880.
» 2. Die Theophanien im Leben des Herrn. (VI, 130 S.) 881.
» 3. Die Christologie des Verherrlichten. (VI, 124 S.) 882.

Steinmeyer, F. L., Beiträge zum Schriftverständniß in Predigten. II (Thle.) gr. 8. (I: VIII u. 254 S. II: IV u. 328 S.) Berlin 850. 51, Wiegandt & Grieben. (I: n. 2/3 ß II: n. 11/12 ß) n. 1 1/12 ß

Steinmeyer, F. L., Beiträge zum Schriftverständniß in Predigten. I. und II. (Thl.) gr. 8. Berlin, Wiegandt und Grieben. [I. (VII und 254 S.) 851. * 20 Ngr., 2. (IV und 328 S.) 852. * 27 1/2 Ngr.] * 1

—— Beiträge, zum Schriftverständniß in Predigten. III. und IV. (Thl.) gr. 8. Berlin, Wiegandt und Grieben. [III. (III und 216 S.) 853. * 18 Ngr., IV. (IV und 316 S.) 856. * 27 1/2 Ngr.] * 1

I. und II. (Thl.) Ebendas. 1851—52. * 1 Thlr. 17 1/2 Ngr.

—— dass. — I. (Thl.) 2., verm. Aufl. gr. 8. (V und 291 S.) Ebds. 854. *

Steinmeyer, F. L., Beiträge zum Schriftverständniß in Predigten. II. und III. (Bd.) 2., verb. und verm. Aufl. gr. 8. Berlin 859. 60, Wiegandt und Grieben. [2. Bd. (IV und 371 S.) * 1 Thlr. 2 Ngr., 3. (IV und 314 S.) * 27 1/2 Ngr.] *

—— Beiträge zum Schriftverständniß in Predigten. I. 3., verb. und verm. Aufl. gr. 8. (IV und 339 S.) Berlin 863, Wiegandt und Grieben. *

—— dass. — IV. 2., verb. und verm. Aufl. gr. 8. (IV und 342 S.) Ebendas. 866. *

II. und III. 2. Aufl. Ebendas. 1859.60. * 1 Thlr. 29 1/2 Ngr.

— Beiträge zur praktischen Theologie. 1. u. 2. Thl. Die Topik im Dienste der Predigt. gr. 8. (VI, 242 S.) Ebend. 874. 75. à n. 3. —

1. Die Topik im Dienste der Predigt. (VI, 242 S.)
2. Der Dekalog als katechetischer Lehrstoff. (VI, 216 S.)

Steinmeyer, F. L., Beiträge zur praktischen Theologie. 3.—5. Thl. gr. 8. Berlin, Wiegandt und Grieben. * 7 25

Inhalt:

Thl. 3. Die Eucharistiefeier und der Cultus. (VI, 176 S.) 877. * ℳ. 2,50.
» 4. Die specielle Seelsorge in ihrem Verhältniss zur generellen. (170 S.) 878. * ℳ. 2,50.
» 5. Der Begriff des Kirchenregiments beleuchtet. (VIII, 147 S.) 879. * ℳ. 2,25.

1. und 2. Thl. Ebendas. 874,75. à * ℳ. 3.

Steinmeyer, F. L., Beiträge zum Verständniss d. Johanneischen Evangeliums. I. Das hohepriesterl. Gebet Jesu Christi. gr. 8. (VI, 155 S.) Berlin 886. Wiegandt & Grieben. n. 2. 25

Steinmeyer, F. L., Beiträge zum Verständniss des Johanneischen Evangeliums. II — V. gr. 8. Berlin, Wiegandt & Grieben. n. 7. 60 (I—V.: n. 9. 85)

II. Das Gespräch Jesu m. der Samariterin. (VI, 131 S.) 887. n. 2. —
III. Die Geschichte der Auferweckung des Lazarus. (116 S.) 888. n. 1. 80
IV. Das Nachtgespräch Jesu m. dem Nikodemus. (VI, 135 S.) 889. n. 2. —
V. Die Heilung d. Blindgeborenen durch Jesum. (VI, 112 S.) 890. n. 1. 80

Steinmeyer, F. L., Beiträge zum Verständniss des johanneischen Evangeliums. VI — VIII. (Schluss.) gr. 8. Berlin, Wiegandt & Grieben. n. 5. 60 (kplt: n. 15. 45)

VI. Die Aussagen Jesu im 10. Capitel d. Johannes. (VI, 111 S.) 891. n. 1. 80
VII. Die Rede Jesu in der Schule zu Capernaum. (V, 115 S.) 892. n. 1. 80
VIII. Die Scheiderede Jesu an den Kreis der Seinen. (V, 124 S.) 893. n. 2. —

Ad audiendam orationem, quam professionem theol. practicae in Universitate Friderica Guilelma rhenana auspicaturus d. XXIX m. Jul. ... lingua patria habebit invitat Franc. Ludov. **Steinmeyer.** (Praemittitur disquisitio in Divi apostoli Petri epistolae prioris prooemium.) Bonnae, (typ. J. F. Starckii Berolin.) 1854. 1 Bl., 48 S. 8.

¶ Erschien zugleich selbständig bei Wiegandt & Grieben in Berlin.

—— Disquisitio in epistolae Petrinae prioris prooemium. Dissertatio academica. 8maj. (48 S.) Berlin 854, Wiegandt und Grieben. *.

—— Fest- und Gelegenheits-Reden aus dem academischen Gottesdienste in Berlin. gr. 8. (IV und 329 S.) Berlin 862, Wiegandt und Grieben. *

Steinmeyer, F. L., letzte homiletische Gabe. Predigten für das ganze Kirchenjahr. Gesammelt u. hrsg. v. M. Reylaender. 2 Bde. (VII, IV u. 683 S.) gr. 8. Leipzig (904. 905). G. Strübig. n. 8. —; geb. n.n. 10. —

Erschien auch in 13 Lfgn. à — 60.

Letzte homiletische Gabe. Predigten f. d. ganze Kirchenjahr von D. F[ranz] L[udwig] **Steinmeyer**, † Prof., Berlin. Gesammelt u. hrsg. von M[ax] Reylaender. Bd 1. 2. Leipzig: G. Strübig 1905. 2 Bde 8° [F.]

1. Die festl. Hälfte d. Kirchenjahres. 2. Die festlose Hälfte d. Kirchenjahres.

[05. 12487 S

Steinmeyer, F. L., der homiletische Gebrauch der evangel.-altkirchl. Perikopen, s.: **Reyländer, M.**

—— die übernatürliche Geburt des Herrn. Ein Vortrag gehalten im evangel. Verein zu Berlin am 6. Jan. 1873. 8. (16 S.) Berlin 873, (Beck — W. Schultze) * — 30

Gedächtnissrede bei der Trauerfeier der Friedrich-Wilhelms-Universität zu Berlin nach dem Hintritt ... Friedrich Wilhelms IV. am 15. Jan. 1861 ausgesprochen von F[ranz] L[udwig] **Steinmeyer.** Berlin 1861. (20 S.) 4°. * Wieder abgedr. in d. Verf. Fest- und Gelegenheitsreden a. d. akadem. Gottesdienste in Berlin. Berlin: Wiegandt u. Grieben 1862 S. 83-100.

—— die Geschichte der Passion des Herrn in Abwehr des krit. Angriffs betrachtet. 2. neu bearb. Aufl. gr. 8. (IV, 293 S.) Ebendas. 882. * 4 —

Homiletik. Von F[ranz] L[udwig] **Steinmeyer**, † Prof., Berlin. Den Freunden desselben dargereicht von M. Reyländer, Pastor in Wegeleben. *Leipzig: A. Deichert 1901.* (329 S.) 8°

[01. 3732

— Ostern u. Pfingsten. Zwei Festbetrachtgn. in dem Saale d. Cultus-Ministeriums im J. 1871 ausgesprochen. 8. (56 S.) Berlin 872. Wiegandt & Grieben. n. — 75

—— die Parabeln des Herrn. gr. 8. (IV, 183 S.) Ebendas. 884. * 2 50

Die Paraklese des Paulus an die Christenheit zu Rom v. F[ranz] L[udwig] **Steinmeyer.** Berlin: Wiegandt & Grieben 1895. (4 Bl., 123 S.) 1 Bd 8°

(Steinmeyer, F. L.: Studien üb. d. Brief des Paulus an d. Römer. [No] II.)

— für die Passions- u. Osterzeit. Erbauliche Vorträge f. Laien. Zu seinem Gedächtnis hrsg. gr. 8. (88 S.) Berlin 900. M. Warneck. n. 1. 80

Für die Passions- und Oster zeit. Erbauliche Vorträge f. Laien von F(ranz) L(udwig) **Steinmeyer**, Prof. zu Berlin. Zu seinem Gedächtnis hrsg. 2. Aufl. Berlin: M. Warneck 1900. (88 S.) 8°

— die altkirchlichen evangelischen Perikopen. Akademische Vorträge. Auf Grund e. Orig.-Manuskriptes des Verf. vollständig hrsg. v. Alex. Löwentraut. gr. 8. (VIII, 219 S.) Friedenau-Berlin 903. Buchh. der Gossnerschen Mission. n. 3. —

—— Predigten aus den letztvergangenen Jahren. Seinen Zuhörern als Abschiedsgabe dargereicht. 8. (III, 170 S.) Ebendas. 870. * 1 80

Predigten für das ganze Kirchenjahr von D. F[ranz] L[udwig] Steinmeyer, † Prof. in Berlin. Gesamm. u. hrsg. von M[ax] Reyländer, Pastor in Wegeleben. (II. 1.) Gutersloh: C. Bertelsmann 1902. 8° [S.] [u. 2356

— Predigten f. das ganze Kirchenjahr. Gesammelt u. hrsg. v. M. Reyländer. 2 Tle. gr. 8. Gütersloh 902. C. Bertelsmann. n. 11. —; geb. n. 12. 50; in 1 Bd. n. 12. —
1. Die festliche Hälfte des Kirchenjahres. 4 Hfte. (VI, 462 S.) n. 6. —; geb. n. 6. 75
2. Die festlose Hälfte des Kirchenjahres. (IV u. S. 463—851.) n. 5. —; geb. n. 5. 75

Predigt-Entwürfe nach dem Kirchenjahr geordnet von D. F[ranz] L[udwig] Steinmeyer. Ges. u. hrsg. von M[ax] Reyländer. Gütersloh: C. Bertelsmann 1903. XVI, 452 S. 8°

—— die Rede des Herrn auf dem Berge. Ein Beitrag zur Lösung ihrer Probleme. gr. 8. (IV, 156 S.) Ebendas. 885. *

— Studien üb. den Brief d. Paulus an die Römer. I. Der Apostel Paulus u. das Judenthum. Römer 9 bis 11. gr. 8. (V, 107 S.) Ebd. 894. n. 1. 80

Steinmeyer, F. L., Studien üb. d. Brief d. Paulus an die Römer. II. gr. 8. Berlin 895. Wiegandt & Grieben. n. 2. — (I. u. II.: n. 3. 80)
Die Paraklese d. Paulus an die Christenheit zu Rom, Römer 12 bis 13. (VII, 123 S.)

— der Weg zum Wohlstand, den Christus lehrt. Predigt gehalten dom. IV. p. Trinit. gr. 8. (16 S.) Berlin 848, J. A. Wohlgemuth. n. 1/12 ₰

— die Wunderthaten d. Herrn, zum Erweise d. Glaubens erwogen. gr. 8. (IV, 166 S.) Ebend. 884. n. 2. 25

— Zeugnisse von der Herrlichkeit Jesu Christi. gr. 8. (X u. 403 S.) Berlin 847, Besser Verlag. (Frz. Duncker.) 1 1/2 ₰

— der Zweifel u. die Glaubensgewißheit. Ein Vortrag. 8. (27 S.) Ebend. 876. n. — 50

Steinmeyer, H., über Desinfectionslehre und ihre Anwendung auf die Praxis. Auf Grundlage der Untersuchungen über pathogene Krankheitserreger. Vortrag, gehalten im Aerztl. Verein des Kreises Braunschweig am 3. Mai 1884. gr. 8. (24 S.) Braunschweig 884, C. H. Meyer. — 75
Aus: Monatsblatt für öffentliche Gesundheitspflege, besonders abgedruckt.

Steinmeyer, H[erm.]: Gymnasium? Realgymnasium? Oberrealschule? Reformschule? Schulwahl (u. Berufswahl) nach Lehrplan, Befähig. u. Berechtig. Braunschweig 1908. 8°

Steinmeyer, Herm., Leichtschnellschrift nach Gabelsberger. Leichte Umgestaltg., bedeut. Vereinfachg. der Gabelsberger Stenographie, unter gleichzeit. Erhöhg. ihrer Schnelligkeit. Nebst Begleitwort. gr. 8. (XVI, 30 S. m. 15 Taf.) Wolfenbüttel 893. J. Zwißler. n. 1. 20; Begleitwort allein n. — 20

Steinmeyer, H., der Oberlehrerstand u. seine Lage. Zusammenfassung u. Ergänzung der bezügl. Untersuchgn. gr. 8. (56 S.) Wolfenbüttel 900. J. Zwissler. — 75

Steinmeyer, H., Schulwahl (u. Berufswahl) nach Lehrplan, Befähigung u. Berechtigungen. Für Eltern u. sonst. Interessenten. (Gymnasium? Realgymnasium? Oberrealschule? Reformschule?) (44 S.) 8. Braunschweig 909. A. Hafferburg. 1. —

Steinmeyer, H., die Gabelsberger'sche Stenographie (Korrespondenzschrift). Nach den neuen Schreibweisen v. 1895. Einblick, Urteilsbildung u. Stellungnahme f. jedermann. gr. 8. (21 S. m. 2 Taf.) Eisenach 896. (Hofbuchdruckerei Eisenach, H. Kahle.) n. — 70

Steinmeyer, M., die gesetzlichen Bestimmungen üb. Diensteinkommen, Pensionierung u. Hinterbliebenenversorgung der Lehrer u. Lehrerinnen an den öffentlichen Volksschulen in Preußen. Zusammengestellt u. nach der amtl. Begründg. der Gesetzentwürfe, den Kommissionsberichten u. Verhandlgn. des Abgeordnetenhauses u. des Herrenhauses, den Ausführungs-Erlassen u. Gerichtsentscheidgn. f. den prakt. Gebrauch erläutert. (VI, 229 S.) 8. Bielefeld-Gadderbaum 909. W. Bertelsmann. Geb. in Leinw. 3. 50

Steinmeyer, Otto, appr. Arzt a. Braunschweig, Unterarzt b. Füsilier-Reg. von Steinmetz (Westpreuß.) Nr. 37: Herpes zoster und Syphilis. Berlin (1908): G. Schade. (28 S.) 8°
Berlin, Med. Fak., Ref. His, Diss. v. 6. April 1908
[Geb. 11. Jan. 83 Braunschweig; Wohnort: Berlin; Staatsangeh.: Braunschweig; Vorbildung: Gymn. Blankenburg a. H. Reife M. 01; Studium: Berlin 10 S.; Coll. 3. April 08; Approb. 24. März 08.]

Steinmeyer, R., De omissa a Cicerone, ut quibusdam videtur, officii definitione (ad Cic. de offic. I. 8 init.). Diss. 1874. 28 S. 1.50

Steinmeyer, Rud.

Steinmeyer, Halbbildung und Gymnasium. Vorschläge zu einer einheitlichen Organisation unseres höheren Schulwesens. gr. 8. (37 S.) Grünberg 886, Weiß' Nachf. *

Steinmeyer, Rudolf Zur Lehrerbildungsfrage. 4 (S. 1—15). — Das Wesen der höheren Einheitsschule. 4 (S. 16—38).
Progr. Rg. Aschersleben 1887 (243).

Steinmüller: Zur Gedächtnissfeier der 300jährigen Einführung des Heidelberger Katechismus. Perlebg. 1863.
Schul-/Univ.-Schrift

Steinmüller's calligraphische Musterblätter. Sammlung aller in Deutschland üblichen Schriftarten in ihren Grundzügen, ihren Abweichungen und Verzierungen. Ein Leitfaden beim Selbst-Unterrichte in der höheren Calligraphie und einer unentbehrlichen Vorlage für Schriftstecher, Lithographen, Schriftmaler, Canzlisten etc. qu. gr. 4. (II S. und 37 Stnt.) Braunschweig 853, Oehme und Müller.

[Steinmüller, August:] • De loco ac tempore, quo scripta est epistola Pauli ad Timotheum secunda. 10 Bl. 8° (4°)
Halle-Wittenberg, Phil. Diss. v. 31. März 1819
Geb. [Nordhausen 1.2.1792, aber nach Łożyński, Gesch. d. Gymn. Culm. 1862 Progr.: 31.1.1792]

Steinmüller, Franz, Priester d. Diöz. Speier: Die Feindesliebe nach dem natürlichen und positiven Sittengesetz. Eine historisch-ethische Abhandlung. T. 1. Regensburg 1909: Manz. 49 S. 8° ¶(Gekr. Preisschr. 1901. Ersch. vollst. als Buch ebd.)
München, Theol. Diss. v. 24. Juli 1909, Ref. Silbernagel
(Nur in beschränkter Anzahl für den Austausch)
[Geb. 18. Febr. 77 Haßloch; Wohnort: Haßloch; Staatsangeh.: Bayern; Vorbildung: Gymn. Speier Reife Juli 98; Studium: München Phil. 2, Theol. 4, Speier Lyz. 2, München 4 S.; Rig. 24. Juli 09.] [U 10. 3437

Steinmüller, Frz., die Feindesliebe nach dem natürlichen u. positiven Sittengesetz. Eine historisch-eth. Abhandlg. Von der theolog. Fakultät der Universität München preisgekrönte Schrift. (VIII, 110 S.) gr. 8. Regensburg 909. Verlagsanstalt vorm. G. J. Manz. 2.80

Auswahl französischer Gedichte, für den Schulgebrauch zusammengestellt und erläutert von — Dr. Georg Steinmüller, G.-L. — 1893, Würzburg, ebenda. — S. 3—72. (Sr. Excellenz dem Herrn Grafen Friedrich v. Luxburg zu seinem fünfundzwanzigjährigen Jubiläum als K. Regierungspräsident ehrerbietigst gewidmet von dem Lehrercollegium des K. Alten Gymnasiums zu Würzburg).
Progr. Würzburg, K. Altes Gymn.

Steinmüller, Geo., Auswahl französischer Gedichte, f. den Schulgebrauch zusammengestellt u. erläutert. gr. 8. (72 S.) Würzburg 893. (Ballhorn & Cramer.) n. — 80; kart. u. 1. —

Steinmüller, Georg [Dr.]: Auswahl französischer Gedichte für den Schulgebrauch zsgest. u. erl. Würzburg, Druck d. kgl. Universitätsdr. v. H. Stürtz, 1893; 1 Bl., 72 S. 8.
Würzburg, k. altes G, P 1893a

Steinmüller, Geo., Auswahl v. 50 französischen Gedichten f. den Schulgebrauch. Zusammengestellt u. erläutert, nebst e. Wörterbuch. 2. Aufl. gr. 8. (96 S.) München (902). R. Oldenbourg. Kart. n. 1. 50

Steinmüller, Geo., Auswahl v. 50 französischen Gedichten f. den Schulgebrauch. Zusammengestellt u. erläutert, nebst e. Wörterbuch. 4. unveränd. Aufl. (VIII, 104 S.) 8. München 909. R. Oldenbourg. Kart. 1.50

Steinmüller, Georg [k. Studienlehrer]: Über Bildung und Gebrauch der Tempora und Modi bei dem Troubadour Bertran de Born .... Würzburg, K. Univ.-Druck. v. H. Stürtz (vorm. Thein), 1887; 60 S. 8°.
Würzburg, Phil. Fak., Inaug.-Diss. v. 1887.

Steinmüller, Georg, über Bildung und Gebrauch der Tempora und Modi bei dem Troubadour Bertran de Born. Diss. Würzburg 1887, Stabelsche Univ.-Buchh. 8°. 60 S.

— Englische Gedichte in Auswahl. Für d. Schulgebrauch zusammengestellt u. erläutert, nebst e. Wörterbuch. (VI, 112 S.) 8. Ebd. 908. Kart. 1. 50

Steinmüller, Geo., Histoire de la révolution française, s.: Reform-bibliothek, neusprachliche. 24. Bd.

Steinmüller, Georg, Dr., Prof.: Die vermittelnde Methode im Schulbetrieb der neueren Sprachen. *Würzburg 1903: C. J. Becker.* (39 S.) 8°
Wurzburg, k. altes G. P 1903

— Neusprachliche Reform-Literatur, s.: Breymann, Herm.

Steinmüller, Georg: Schillerhymne, s. Breu, Simon

Steinmüller, Gustav, Die Gymnastik und ihre Bedeutung in der Geschichte der Menschheit, Zeulenroda 1862, 15 S., 16°.

Steinmüller, Gustav, Tierarzt in Elberfeld: Ueber die Segel- und Taschenklappen unserer Haussäugetiere. Elberfeld 1910. 55 S. 8°. [5. VI. 09.]
Bern. Vet.-med. Diss. 1909/10.

Steinmüller, Gustav. Ueber die Segel- und Taschenklappen unserer Haussäugetiere. Diss. Vet.-Med. Bern. [Mit Figuren.] 55 S. 8. Elberfeld, Wuppertaler Aktien-Druckerei, 1910.

[Steinmüller, Jacob.] Rede an die Herren Land-Leute von Glarus, gehalten den 1. May 1765. ... im Haupt-Flecken Glarus, auf derselben Ansuchung dem Druck übergeben. 8. Glarus.

Steinmüller, Jh. Dav., († ...) s. J. Saurin, Reden.

Steinmüller, Joh. Rud., Alpina, s. Alpina.

Steinmüller, J.R., s. Alpina, Neue.

Steinmüller, Joh[ann] Rud[olf]. Bemerkungen gegen [Johann Heinrich] Pestalozzi's Unterrichts-Methode: nebst einigen Beylagen. das Landschulwesen betreffend. 8. Zürich 1803.

Steinmüller, Jh. Rud., Bemerkk. gegen Pestalozzi's Unterrichtsmethode. 8. Zürich 803. Orell. 16 ℊ

— Beschreib. der schweizer. Alpen- u. Landwirthschaft, nach der verschied. Abweichung einzelner Kantone. 2 Thle. Mit 3 Kpf. 8. Winterthur 802. Steiner. (1r, Kanton Glarus. 1 ℛ 2r, d. Kanton Appenzell. 1 ℛ 12 ℊ) 2 ℛ 12 ℊ

Steinmüller, Joh. Rud. Beschreibung der schweizerischen Alpen- und Landwirthschaft. Winterthur 1802—04. 2 Bde.

Steinmüller, Joh. Rudolf. Briefwechsel m. Hans Konrad Escher v. der Lint, s.a. **Mittheilungen zur vaterländischen Geschichte.**

Steinmüller, Johann Rudolf, und Escher von der Linth, Hans Conrad. Briefwechsel zwischen J' R' St' und H' K' Escher von der Lint. ⟨1796–1821.⟩ Hrg. von Dr. Johannes Dierauer. Mit zwei Bildnissen in Radirung. (Mitteil. z. Vaterl. Gesch. St. Gallen. [Heft] 23.) 8. St. Gallen 1889.

Steinmüller, [Johann Rudolf]. Zur Erinnerung an den seligen Herrn Altlandammann Jakob Zellweger von Trogen (1770–1821). Hrg. von Pfarrer St'.... 8. St. Gallen [1821].

Steinmüller, Joh[ann] Rud[olf]. Freymüthige Gedanken über die neuesten Ereigniße meines lieben Vaterlands – Niedergeschrieben, den 22ten Herbstmonat 1798. 8. Glarus.

— freimüth. Gedanken üb. die neuesten Ereignisse unsers lieben Vaterlandes. 8. Glarus 799.

— Jahrbücher f. Religion u. Sitten, s.a. Jahrbücher.

Steinmüller, J. N. Neue Jahrbücher für Religion- und Sitten oder für Kirchen,-Schul- und Armenwesen in der evangelisch-reformirten Schweiz. In Verbindung mit mehrern Schweizer Geistlichen und Vaterlandsfreunden. *St. Gallen, Huber et Comp.* 1827

— Lesebuch z. Bildung des Herzens u. Uebung d. Aufmerksamkeit f. Kinder in mittlern Klassen. 8. Glarus. 794. 2e A. 798.

— s. Lesebuch zur Bildung der Jugend.

— Rechenschaft von meinem Institute z. Bildung angehender Schulmeister. 8. St. Gallen 802. Huber u. C. 3 ℊ

— der fortgesetzte Schullehrerunterricht in Rheineck im Kanton St. Gallen; ein nützl. Hand- u. Lesebuch f. Schullehrer u. Freunde unsers Primarschulwesens. 1r Thl. 8. Winterth. 810. Steiner. 20 ℊ

Steinmüller, Johann Rudolf (Hrsg.), s.a. Schulmeister-bibliothek, Helvetische.

— helvet. Schulmeisterbibliothek. 2 Thle. 8. St. Gallen. 801. Huber u. C. 2 ℛ

Steinmüller, Jh. Rud., s. Zeitung f. Landwirthsch. u. Gewerbe.

Steinmüller, Joh. Wlh.

— s. Bataver, der.

Steinmüller, Jh. Wlh., der Hausnarr; Lstspl. in 4 Aufz. 8. Manh. 791. Löffler. 10 ℊ

Steinmüller's, Jos., Tagebuch üb. seine Teilnahme am russischen Feldzug 1812. Hrsg. v. Karl Wild. Mit 4 Abbildgn. u. 1 Uebersichtskarte. (XI, 69 S.) gr. 8. Heidelberg (904). C. Winter, Verl. n. 1. 20

Steinmüller, L. & C: Die Entstehung und Entwicklung der Röhrendampfkesselfabrik. 1874—1899. Gummersbach (Rheinl.) (1900?)

Steinmüller, Paul, Einführung der Reformation in die Kurmark Brandenburg durch Joachim II., s.a. Schriften des Vereins für Reformationsgeschichte. Nr. 76.

Einführung der Reformation in die Kurmark Brandenburg durch Joachim II. von Paul **Steinmüller**. *Halle: Verein f. Reformationsgesch. (M. Niemeyer in Komm.) 1903.* (128 S.) 8° [F.]
= Schriften d. Vereins f. Reformationsgeschichte. No 76. [03. 6918 6

— an der Himmelpforte. Eine Erzählg. vom Nordharz. 2 Bde. (288 u. 263 S.) 8. Berlin 903. [R. Eckstein Nachf.] O. Janke. 5. —; erml. Pr. 4. —

Steinmüller, Paul, Signes Weg. Roman. (528 S.) 8. Berlin (908). O. Janke. 4. —

Steinmüller, Wilh., der Musik-Schüler. Ein Handb. f. Sänger u. Instrumentalisten; f. Jeden, d. sich mit d. Musik beschäftigt, ohne Unterschied d. besond. Zweiges, welchem er sich widmet. Zum Gebr. beim Unterr., bei häusl. Wiederholung, wie f. d. Selbstunterr. gr. 8. (8 B. u. 3 Musikbeil.) Gummersbach 836. (Siegen, Friedrich'sche Vrlsh.) *

Steinn, Fr. Wlh., Diss. inaug. med. de materia electrica ejusque in pathologia usu. 4. Gätting. 792. Dieterich. 2 ℛ

Steinohrt, Victor, cand. cam. aus Frankfurt a. M.: Zur Entwickelung des Armenwesens in Frankfurt am Main. *Frankfurt a. M. 1903: Gebr. Fey.* (75 S.) 8° [F.]
Tübingen, Staatswiss. Diss. v. 1903

Steinold, Ernst, der Amateur-Photograph, s.a. Ullstein's Sammlung praktischer Hausbücher, 21. Bd.

Der Amateur-Photograph. Von Ernst **Steinold**. Mit Abb. u. 4 Taf. *Berlin: Ullstein & Co. [1903].* (164 S.) 8° [F.]
— Sammlung. Ullstein's, prakt. Hausbücher. Bd 21. [03. 13687

(**Steinorth,** E.,) die Geschichte d. Menschengeschlechts, s. Geschichte 2c.

Steinorth, Carl, aus Barth a. d. Ostsee: Uber einige Derivate des Iso- und Diisoamylbenzols. *o. O. [1898].* (31 S.) 8°
Rostock, Phil. Diss. v. [2. Juli] 1898

Steinreich, Emil: Aus d. Univ.-Frauenklinik zu Giessen. Beiträge zur operativen Behandlung der Bauchhernien. Giessen 1909: Heppeler & Meyer. 43 S. 8°
Gießen, Med. Diss. v. 24. Dez. 1909, Ref. v. Franqué
[Geb. 1. Sept. 80 Tarnow, Galizien; Wohnort: Gießen; Staatsangeh.: Hessen; Vorbildung: Gymn. Gießen Reife O. 03; Studium: Gießen 10 S.; Coll. 13. März 09; Approb. 14. Dez. 09.] [U 10. 1168

v. Steinrich, W. G., Beleucht. d. Angaben üb. Mange's Entdeckung der, die Fäulniß thier. Materien hindernden Wirkung der Holzsäure 2c. 8. Wien 820. Gräffer u. S. 6 ℛ

Steinriede, F.: Buchführung, landwirthschaftliche.

Steinriede, Franz [aus Damme in Oldenburg]: Anleitung zur mineralogischen Bodenanalyse. Unter Anwendung der neueren petrographischen Untersuchungsmethoden, insbesondere zur Bestimmung der abschlämmbaren Teile des Bodens. Einleitung und Bestimmungstabelle I. . . . Halle a/S., *Druck v. Breitkopf & Härtel in Leipzig,* 1889; 2 Bl. + 65 + 1 S. + 1 Bl. 8°
Halle, Phil. Fak., Inaug.-Diss. v. 2. Febr. 1889

Steinriede, F., Anleitung zur mineralogischen Bodenanalyse unter Anwendg. der neueren petrographischen Untersuchungsmethoden, insbesondere zur Bestimmg. der abschlämmbaren Teile d. Bodens. Mit 98 Holzschn. gr. 8. (VIII, 167 S.) Leipzig 889. Engelmann. n. 4. —

Steinringer, Ferdinand. Nekrolog des Abtes vom Benedictiner-Stifte St. Paul im Lavantthale Meinrad Aman. Klgft., v. Kleinmayr, 1840. 14 S.

Steinringer, Ferdinand. Predigt am Schluße des Jahres 1850, gehalten im Dome zu Klgft. Klgft., Leon. (1851). 12 S.

Steinringer, Ferdinand. Rede zur Weihe eines neuen Altarblattes. Klgft., v. Kleinmayr, (1843). 14 S.

Steinringer, Ferd., Versuch einer Kennzeichnung des Menschen als Natur- und Geist- oder als Sinnen- und Vernunft-Wesen für denkende Christen. gr. 8. (VIII und 159 S. mit 1 Chromolithogr.) Wien 864, (Gorischek's Universitäts-Buchh.) *

Steinroeck, Hermann: Die Volksdichte des Kreises Goldap. Ein Beitr. z. Methodik d. Volksdichtedarstellung. Mit 1 Karte u. Tabellen. Insterburg: Quandel 1910. 76 S. 8°
Königsberg, Phil. Diss. v. 8. März 1910, Ref. Hahn
[Geb. 4. Juni 86 Goldap; Wohnort: Königsberg i. P.; Staatsangeh.: Preußen; Vorbildung: Oberrealsch. Danzig Reife O. 06; Studium: Königsberg 8 S.; Rig. 4. Dez. 09.] [U 10. 2027

Von trigonometrischen Höhenvermessungen. Von Dr. Andr. **Steinruck**, P. u. Stdr. — 1836. Ebend. — S. 3–11 mit 1 Fig. Taf.
Progr. Bamberg

Steinruck, H. Ph., de Friderico duce, anno 1400, haud procul Fritzlaria caeso. 4. Marburg. 744.

Steinrück, Augustus (Julius) (geb. Berlin 24. 10. 1821): De atmosphaera eiusque in hominum valetudinem efficacitate. Berolini (1844). (40 S.) 8°
Berlin, Med. Diss. v. 22. Apr. 1844

Steinrueck, Carl Otto, s. Steinrueck, Otto

Steinrück, F: Preis-Verzeichniß der Werkzeugfabrik und mechanischen Werkstatt. Berlin (1889?)

Steinrück, Frid. Guil (geb. Massfeld bei Meiningen 31. 3. 1816): Nonnulla de cancro et fungo. Berolini (1840). (26 S.) 8°
Berlin, Med. Diss. v. 17. Okt. 1840

Steinrueck, Karl Otto, s. Steinrueck, Otto

Steinrück, Melanie (wirkl. Name), s.a. Adelmi, Mario (Pseud.)

König Drosselbart. Kinderkomödie in 4 Bildern von Mario Adelmi [d. i. Melanie **Steinrück**]. Berlin: E. Bloch (1898). (71 S.) 8°
(Kinder-Schaubühne, Eduard Blochs. No 7.)

Steinrueck, Otto

Steinrueck, Car. Otto (geb. Berlin 24. 7. 1817): De nervorum regeneratione. Berolini (1838). (80 S.) 4°
Berlin, Med. Diss. v. 9. Okt. 1838

Steinrueck, Otto, de nervorum regeneratione. Comment. physiolog. 4maj. (9¾ B. u. 2 Kpfrt.) Berolini 838, [Burmeister. ?] •

Steinrück, Wilh. (geb. Neu-Wedell in d. Mark [27. 8. 1848]): Thesen. Berlin (1870). (2 Bl.) 8°
Berlin, Med. Thes. v. 1. Aug. 1870

Steinrücken, Joan. Henr. Anton. (geb. Assinghausen in Westf. 1814): De cachexia scrofulosa et morbis qui ex ea nascuntur. Berolini (1841). (33 S.) 8°
Berlin, Med. Diss. v. 11. Sept. 1841

Steins, Wilhelm, Abenteuer, v. F. C. Laukhard. 2 Bde. 8. Altenb. W. C. Richter. 810.

Steins, A. De Hermocrate Syrakusanorum imperatore ejusque rebus gestis. (60) 8. Monasterii 1868.

Steinsberg, Die Ruine, und ihre Umgebung. Heilbronn o. J. V: *Stocker, E. W. F.* (BaBb)

Steinsberg, Karl Franz Guolfinger Ritter von

v. Steinsberg, Ritter . . ., Abhandl. ob der heil. Johann v. Nepomuck jemals existirt habe? 8. Prag 784.

v. Steinsberg, Ritter, s. Affe, der 42jährige.

STEINSBERG, Karl Franz Guolfinger Ritter v. (geb. in Böhmen [Prag?] um 1757, Theaterdichter in Prag, 1788 in Wien, übernahm 1796 die Direktion des Nationaltheaters in Prag, † . . . .). — Die Auferstehung; oder der hat einen rechten Zwickel. Vom Ritter *von Steinsberg*. Prag, bey Joh. Mangoldten. 8°.
O. M. V. 1781. S. 9

— s. Briefe aus Berlin ...

— — Die Geisel (so!) der Prediger. Wochenschrift. Prag 1784. 8°.
Goedeke V, 348, 217 (wo das vorige fehlt, aber das folg. citirt ist).

— — Die Grafen von Hohenfels oder Rache für achtzehnjährige Haft. 1803. 8°.

— Libusse; Schspl. 8. Prag 781. Mangold. 5 gr

— s. Offenbarungen über Deutschland.

— Otto v. Wittelsbach; Trspl. 8. Berl. 783. a. 789. Himburg. 10 gr

— s. Predigtkritiken.

— s. Prozess des k. k. Commissarius Grafen Philipp Kolowrat-Krakowsky ...

— Miß Nelly Randolph; e. Trspl. in 3 Aufz. 8. Prag 781.

v. Steinsberg, Ritter, Schauspiele. 2 Thle. 8. Prag 781. Mangold. 20 gr

Steinschneider, s.: Taschenkalender, ärztlicher.

Steinschneider Gerson: Das Pseudo-Shakspere'sche Drama „Fair Em." 14. Prossnitz R. 92.
Progr.

Steinschneider, Gerson, s.: Jahrbuch des höheren Unterrichtswesens in Österreich.

— Neue französische Lyrik. 17. ibd. 02.
Progr.

Steinschneider Gerson: Savinien de Cyrano Bergerac in Leben und Dichtung. 30. Prag I. St. R. 99.
Progr.

Steinschneider, Ign., Curort Karlsbrunn in Oesterreich-Schlesien. 8. (38 S.) Wien 875, Braumüller. * — 80

Steinschneider, Josef [aus Berlin]: Ueber die Phosphate des Kupfers. . . . Halle a. S., *Buchdr. v. G. Schade in Berlin*, 1890; 40 S., 1 Bl. 8°
Halle, Phil. Fak., Inaug.-Diss. v. [27. Dez.] 1890

Steinschneider, Jul., Einiges üb. R. Samuel Usque's „Trost Israels in seinen Trübsalen", s.: Festschrift zum X. Stiftungsfest d. Akademischen Vereins f. jüdische Geschichte u. Litteratur an der kgl. Friedrich-Wilhelms-Universität zu Berlin.

Steinschneider, **Lea**, aus Gornostaewka (Russland): Ueber die Resorptionsfähigkeit des äusseren Gehörganges und die Permeabilität des Trommelfells. ⟨Aus dem Privatlaboratorium von Professor Schönemann in Bern.⟩ Bern 1910. II + 9 S. 8°. S.-A. aus Nr. 4, 44. Jahrg. (1910) der Monatsschrift für Ohrenheilkunde und Laryngo-Rhinologie. [8. VII. 10.]
Bern. Med. Diss. 1909/10

Die Grundlagen unserer Organisation. Nach e. Rede geh. in d. Generalversammlung d. Berliner Konsumvereins 1901 den Mitgliedern d. Ver. gewidmet von Max **Steinschneider**. *Berlin: Genossenschafts-Pionier 1901.* (47 S.) 8° [F.]
[03. 11084

Steinschneider, Mor., der Aberglaube, s. a. Sammlung gemeinverständl. wissenschaftl. Vorträge.

Der Aberglaube. Vortrag im Ver. junger Kaufleute zu Berlin (1863). Für d. Abdr. erweit. Von Moritz **Steinschneider** in Berlin. Hamburg: Verlagsanst. u. Dr. A.-G. 1900. (34 S.) 8°
(Sammlung gemeinverständl. wiss. Vorträge. N. F. H. 346.)

Steinschneider, M. Abhandlung üb. Synonyma u. Glossar, s. **Pagel, Jul. Leop.** Leben, Lehre u. Leistungen d. Heinrich von Mondeville.

Steinschneider, M. (Hrsg.), s. Abraham bar Chija, Mischnah Ha-Middot: Die erste geometr. Schrift in hebr. Sprache.

Steinschneider, Moritz, Abraham Ibn Esra, s. Abhandlungen zur Geschichte der Mathematik.

Steinschneider, Mor., Al-Farabi (Alpharabius), des arabischen Philosophen Leben u. Schriften, mit besonderer Rücksicht auf die Geschichte der griechischen Wissenschaft unter den Arabern, s. a. Mémoires de l'acad. imp. des sciences de St. Pétersbourg.

Steinschneider, **Moritz**, Al-Farabi (Alpharabius), des arabischen Philosophen Leben und Schriften, mit besonderer Rücksicht auf die Geschichte der griechischen Wissenschaft unter den Arabern. Nebst Anhängen: Joh. Philoponus bei den Arabern, Darstellung der Philosophie Plato's, Leben und Testament des Aristoteles von Ptolemaeus. Grösstentheils nach handschriftlichen Quellen. SA. aus den „MAP., VIIe série, tome XIII, No. 4" besonders abgedruckt. St. Petersburg 1869.
2°

Steinschneider, Mor., üb. Bildung u. den Einfluß des Reisens auf die Bildung, s.: Sammlung gemeinverständlicher wissenschaftlicher Vorträge.

— s. Brecher, G., die Beschneidung d. Israeliten.

Steinschneider, Mor., Catalogus librorum hebraeorum in bibliotheca Bodleiana, s. a. Catalogus.

Steinschneider, Mor., catalogus librorum hebraeorum in bibliotheca Bodleiana, jussu curatorum digessit et notis instruxit. Berlin 852—60. (Asher & Co.) gr. 4. (CXXXII, 3304 Sp.) nn. 33 *ℛ* 10 *ngr.*

— — Conspectus codd. mss. hebraeorum in bibliotheca Bodleiana. Appendicis instar ad catall. librorum et mss. hebr. gr. 4. (32 S.) Berlin 857(61), (Asher und Comp.) 1 1

— — Donnolo. Pharmakolog. Fragmente aus dem 10. Jahrh., nebst Beiträgen zur Literatur der Salernitaner, hauptsächlich nach handschriftl. hebr. Quellen. Als Beilagen: Constantinus Africanus und seine arab. Quellen, [Aus dem Archiv für patholog. Anatomie etc.], Donnolo, Fragment des ältesten medicin. Werkes in hebr. Sprache zum ersten Male hrsg. gr. 8. (IV, 244 S.) Berlin 868, (Benzian.) ** 10 50

Steinschneider, M., die fremdsprachlichen Elemente im Neuhebräischen u. ihre Benutzung f. die Linguistik. gr. 8. (2¼ B.) Prag 845. (Leipzig, E. L. Fritzsche.) *

Steinschneider, M., systematische hebraeische Fibel. 2. verb. und mit einem Anhang verm. Aufl. 8. (IV, 28 S.) Berlin 877, Poppelauer. geb. — 75

Steinschneider, Mor., die Geschichtsliteratur der Juden in Druckwerken u. Handschriften, zusammengestellt v St. 1. Abtlg.: Bibliographie der hebr. Schriften. (XII, 190 S.) gr. 8. Frankfurt a/M. 905. J. Kauffmann n. 6. —

—— bibliographisches Handbuch über die theoretische und praktische Literatur für hebr. Sprachkunde. Ein selbstständ. Anhang zu Gesenius' Geschichte der hebr. Sprache und Le-Long-Masch's Biblioth. Sacra. Für Lehrer, Theologen und Buchhändler bearb. gr. 8. (XXXVI und 160 S.) Leipzig 859, Vogel.

Steinschneider, Mor., die hebräischen Handschriften der k. Hof- u. Staatsbibliothek in München, s.a. Catalogus codicum manuscriptorum bibliothecae regiae Monacensis. I, 1.

— — Die Hebraeischen Handschriften der K. Hof- und Staatsbibliothek in Muenchen. Muenchen 1875. — Catalogus I, 1.

Die hebræischen Handschriften der k. Hof- u. Staatsbibliothek in Muenchen. Beschrieben von Moritz **Steinschneider**. 2., grossenteils umgearb. u. erw. Aufl. *Muenchen: Palm in Comm. 1895.* (X, 277 S.) 8°
= **Catalogus** codicum manu scriptorum Bibliothecae regiae Monacensis. T. 1, P. 1. [ot. 1598

—— Catalog der hebräischen Handschriften in der Stadtbibliothek zu Hamburg und der sich anschliessenden in anderen Sprachen, s.a. Catalog der Handschriften in der Stadtbibliothek zu Hamburg.

— — Catalog der Hebräischen Handschriften in der Stadtbibliothek zu Hamburg und der sich anschliessenden in anderen Sprachen. [= Catalog der Handschriften in der Stadtbibliothek zu Hamburg. 1. Band.] Hamburg 1878.

Die arabische Literatur der Juden. Ein Beitrag zur Literaturgeschichte der Araber, grossenteils aus hs. Quellen von Moritz Steinschneider. Frankfurt a. M.: J. Kauffmann 1902 (LIV, 348, 32 S.) 8°
[Nebent.:] Bibliotheca arabico-judaica. Recensens omnia quae adhuc innotuerunt scripta arabica, auctoribus judaeis digesta a M. Steinschneider.

— **jüdische Literatur, in der Realencyklopädie v. Ersch u. Gruber Bd. 27, englisch [v. Will. Spottiswoode] London 1857. Index der Autoren u. Personen,** nach der engl. Uebersetzg. m. e. Concordanz der Seitenzahlen des Originals; zugleich e. selbständig zu benutz. Verzeichnis v. ungefähr 1600 jüd. Gelehrten unter Angabe v. Zeit u. Vaterland. gr. 8. (IV, 47 S.) Frankfurt a/M. 893. J. Kauffmann. 1. 50

—— polemische und apologetische Literatur in arabischer Sprache, zwischen Muslimen, Christen und Juden, s.a. Abhandlungen für die Kunde des Morgenlandes.

Steinschneider, Moritz, Polemische und apologetische Literatur in arabischer Sprache, zwischen Muslimen, Christen und Juden, nebst Anhängen verwandten Inhalts. [= AKM. VI. Band. No. 3.] Leipzig 1877.

— **Manna. 8. Berlin 847, (846.) (Lpz., C. L. Fritzsche.) n. 1/3 ₰**

— **Mathematik bei den Juden, Index, s.: Goldberg, Adeline, die jüdischen Mathematiker.**

— **Mischnah Ha-Middot, s.: Abraham bar Chijja.**

Steinschneider, M., s. Mischnat ha middot.

— **Musar Haskel, s.: Ezobi, Jos.**

— **s.: Ozrot Chajim.**

Rangstreit-Literatur. Ein Beitrag z. vergleich. Literatur- u. Kulturgeschichte von Moritz Steinschneider. Wien: A. Hölder in Komm. 1908. (87 S.) 8°
(Sitzungsberichte d. Kais. Akademie d. Wiss. in Wien. Philos.-hist. Kl. Bd 155, Abh. 4.)

—— Reshith Hallimud. Für die israelit. Jugend nach den Regeln der Grammatik bearb. gr. 8. (X und 111 S.) Berlin 861, Asher und Comp.

Steinschneider, M., Reschith Hallimmud. Systematische hebr. Fibel. gr. 8. (IV, 21 S.) Berlin 873. Poppelauer. geb. — 75

Steinschneider, M., Schriften, s. Berliner, A.

Steinschneider, M., die Schriften des Dr. L. Zunz, des Begründers der jüdischen Wissenschaft, zu seinem 63. Geburtstage (10. Aug. 1857) zusammengestellt. Mit Anmerkungen. Berlin 857. Friedländer'sche Buchdr. 8. (16 S.) 3 ngr.

— **über Sprachkenntniß u. Sprachkunde, s.a. Sammlung gemeinverständl. wissenschaftl. Vorträge.**

Ueber Sprachkenntniss und Sprachkunde. Zwei Vorträge im Verein junger Kaufleute in Berlin. Von Moritz Steinschneider in Berlin. Hamburg: Verlagsanst. u. Dr. A.-G. 1899. (28 S.) 8°
(Sammlung gemeinverständlicher wiss. Vorträge. N. F. Ser. 14. H. 322.)

Steinschneider, M., u. A. Horwitz, Spruchbuch für jüdische Schulen, s.: Horwitz, A.

— Supplement aux catalogues et manuscrits hébreux et samaritains de la bibliothèque impériale (Paris 1866). (8 S.) gr. 4. Frankfurt a/M. 903. J. Kauffmann.
Sonderabdruck aus: „Ztschr. f. hebr. Bibliogr." n. 3. —

Steinschneider, Mor., die arabischen Uebersetzungen aus dem Griechischen, s.a. Centralblatt f. Bibliothekswesen.

Steinschneider, Mor., die arabischen Uebersetzungen aus d. Griechischen. Gekrönte Preisschrift d. „Académie des Inscriptions". [Aus: „Centralbl. f. Bibliothekswesen", „Virchow's Archiv f. Pathol.", „Zeitschr. f. Mathemat." u. „Zeitschr. der deutschen morgenländ. Gesellsch."] gr. 8. (IV, 34; IV, 112; 22, 29, 33, 30, 59 u. 81 S.) Leipzig 897. O. Harrassowitz. n.n. 20. —

Die europäischen Übersetzungen aus dem Arabischen bis Mitte des 17. Jahrhunderts. Von Moritz **Steinschneider**. A. Wien: C. Gerold's Sohn in Komm. 1904. 8°
= **Sitzungsberichte** d. Kais. Akademie d. Wiss. in Wien. Philos.-hist. Kl. Bd 149, 4. [05. 11011 9

— die europäischen Uebersetzungen aus dem Arabischen bis Mitte des 17. Jahrh. A. Schriften bekannter Uebersetzer. (84 S.) gr. 8. Wien 904. (A. Hölder.) n. 1. 90

— dasselbe. B. Uebersetzungen von Werken bekannter Autoren, deren Uebersetzer unbekannt od. unsicher sind. (108 S.) gr. 8. Ebd. 905. n. 2. 40
2 Sonderabdrucke aus: „Sitzungsber. d. k. Akad. d. Wiss."

Steinschneider Moritz, Dr.: Die europäischen Übersetzungen aus dem Arabischen bis Mitte des XVII. Jahrhunderts. *A.* Schriften bekannter Übersetzer. S. 149/4 . . vgr.
— — *B.* Übersetzungen von Werken bekannter Autoren, deren Übersetzer unbekannt oder unsicher sind. S. 151 1 . . . . 2.40
Separatabdruck

— die hebräischen Uebersetzungen des Mittelalters u. die Juden als Dolmetscher. Ein Beitrag zur Literaturgeschichte des Mittelalters, meist nach handschriftl. Quellen. Gekrönte Preisschrift der Académie française. 2 Bde. Lex.-8. (XXXIV, 1077 S.) Berlin 893. Bibliogr. Bureau. n.n. 30. — ; Velinpap. n.n. 40.

— **die hebräisch. Uebersetzungen d. M.-A. u. die Juden als Dolmetscher. 2 Bde. Lex.-8. (XXXIV, 1077 S.) Berlin 893. Frankfurt a/M. J. Kauffmann.** n.n. 30. —

— Verzeichniss d. hebräischen Handschriften, s.a. Handschriften-Verzeichnisse, die, d. kgl. Bibliothek zu Berlin, II, 1. 2.

Steinschneider, Moritz. Verzeichniss der hebräischen Handschriften. = [Die Handschriften-Verzeichnisse der Königlichen Bibliothek zu Berlin. 2. Band. [1.] 2. Abtheilung.] 2 voll. Berlin 1878. 1897. 4°.

— Vorlesgn. üb. d. Kunde hebräischer Handschriften, s.a. Centralblatt f. Bibliothekswesen, Beihft. XIX.

Vorlesungen über die Kunde hebräischer Handschriften, deren Sammlungen u. Verzeichnisse v. Moritz Steinschneider. M. 1 Schrifttaf. *Leipzig: O. Harrassowitz 1897.* (X, 110 S., 1 Taf.) 8.
= Beihefte z. Centralblatt f. Bibliothekswesen. [No] 19. [97. 7897

— Zusätze u. Berichtiggn. zu meinem bibliograph. Handbuch üb. d. Literatur f. hebräische Sprachkunde. Leipzig 1859. [Aus: „Centralbl. f. Bibliothekswesen".] gr. 8. (146 S.) Leipzig 896. O. Harrassowitz. n. 2. —

Steinschnitt

Ueber den Steinschnitt durch den Mastdarm nach (L[ouis] J[oseph]) Sanson und (Andrea) Vacca Berlinghieri. Aus d. Franz. übers. u. mit einigen Anm. versehen von Ludwig Cerutti. Leipzig: Hartmann 1822. VIII, 191 S. 8°

[Zwischent. 1:] Sanson, L[ouis] J[oseph]: [Des Moyens de parvenir à la vessie par le rectum. Deutsch:] Die Mittel, um durch den Mastdarm zur Harnblase zu gelangen u. die Vortheile u. Nachtheile dieser Methode, die Steine aus der Blase zu ziehen.

[Zwischent. 2:] Vacca Berlinghieri, André: [Memoria sopra il metodo di estrarre la pietra dalla vescica orinaria per la via dell'intestino retto. Deutsch:] Abhandlung über die Methode, den Stein aus der Harnblase durch den Mastdarm auszuziehen. Aus d. Ital. übers. u. m. Anm. vers. von L.J.E. Blaquière.

Steinschnitte, Medaillen u. Plaketten v. Paul Sturm. (Von Jul. Zeitler.) (31 S. m. 14 Abbildgn.) 8. Leipzig (905). J. Zeitler. n. 1.50

Steinsdorf, s. Steinsdorff

Steinsdorff, Joh. Ad., Anleitung z. Registraturdienst im Allgemeinen; u. insbesond. bei den Justiz-Behörden. Nebst e. Anh. d. Mandats-, d. summar. u. d. Bagatell-Prozeß so wie die Führung d. Erbschaftsstempel-Tabellen betreff. Neue verm. Ausg. gr. 8. (20 B.) Berlin 835, Stuhr'sche Buchh.

— Anleit. z. Registraturdienst, insbesondere bei d. Landes-Justiz-Kollegium. gr. 8. Berl. 819. Stuhr. 1 ₰ 12 gr

Steinsdorff, Joh. Ad., prakt. Hand- u. Hülfsbuch zur Abfassung der im Geschäftsleben am häufigsten vorkomm. schriftl. Aufsätze, als Contracte, Verträge u. einseit. Willenserklärungen aller Art rc. in Verbindung mit den darauf Bezug habenden gesetzl. Vorschriften, u. e. Auszuge aus d. Stempelgesetze. 8. (14 B.) Berlin 830, Herbig. 18 Gr., (N. Ttl. 835.)

Steinsdorff, Joh Ad., prakt. Hand- u. Hülfsbuch für das Geschäftsleben. Eine Anleitung zur Abfassung der im Geschäftsleben am häufigsten vorkomm. schriftl. Aufsätze, in Verbindung mit den darauf Bezug habenden gesetzl. Vorschriften, u. einem Auszuge aus dem Stempelgesetze. N. Ausg. 8. Berlin 835. Herbig. 1/2 ₰

— Wörterbuch z. Erklär. der in der Gerichtssprache vorkommenden eigenthüml. Ausdrücke. u. Wörter in fremden Sprachen, nebst e. Anhange, enthaltend die Erklär. mehrerer im Geschäftsstyl üblichen deutschen Ausdrücke. 8. Berl. 818. 2e A. 824. Dümmler. 20 gr

—— Wörterbuch zur Erklärung der in d. Gerichtssprache vorkomm. eigenthüml. Ausdrücke u. Wörter in fremden Sprachen, nebst e. Anh., enthalt. d. Erklär. mehr. im Geschäftsstyl übl. deutschen Ausdrücke. 3., verm. u. verb. Aufl. 8. (22 B.) Berlin 833, Dümmler.

Der Steinsetzer. Berlin: N. Nolte 1891–? 8°

Steinsetzer-Zeitung, Allgemeine. Berlin: Knolle 1893–(1902). 8°
Red.: A. Knolle.

Steinsiess, Anat., Aphorismi iuris. 8. Augsburg, Wolf.

Steinsky, Frz. Ant., Auswahl d. merkwürd. Alterthümer Aegyptens. Mit 5 Kpft. gr. 8. Prag 787.

— s. Beitr., monatl., zur Bildung.

— Schreiben an Born üb. eine in Stein eingeschloss. gefundene Münze. Mit 1 Kpft. gr. 8. Prag 784.

Steinsky, Franz Anton (1752 bis nach 1810), Epigrammatische Verse auf Scherzkupferstiche, nach Art der englischen, bey den Gebrüdern Balzer zu Prag. Prag 1772—1774.
Goedeke VI, 721, 6, 2.

Steinthal, das. Eine wahre Geschichte. Oder das von der Wirklichkeit übertroffene Goldmacherdorf von Heinr. Zschokke. 2. Aufl. 8. (26 S.) Leipzig 847, Schmaltz. *

Steinthal, das. Eine wahre Geschichte. Oder das von der Wirklichkeit übertroffene Goldmacherdorf von Heinrich Zschokke. 2. Aufl. 8. (26 S.) Leipzig 850, Schmaltz. n. 1/6 ₰

Steinthal, das. Eine wahre Geschichte. Oder das von der Wirklichkeit übertroffene Goldmacherdorf von Heinr. Zschokke. 3. (Titel-)Aufl. Hildburghausen (850)865. Kesselring'sche Hofbuchh. 8. (32 S.) 2½ ngr

Steinthal, medizinische Analekten. Eine Auswahl mehrerer, durch ihre Seltenheit oder durch ein besonderes patholog. Interesse ausgezeichneter Krankheitsfälle. gr. 8. (8 B. u. 2 ill. Kpfrt.) Berlin 843, Aug. Hirschwald, Verl.

Steinthal (Hrsg.), s. Zeitschrift für Völkerpsychologie und Sprachwissenschaft.

Steinthal, Carl Friedrich, s. Steinthal, Karl Friedrich

Steinthal, Cl. v., aus vornehmen Sphären. Novellen. 8. (202 S.) Berlin (899). Gr.-Lichterfelde-West. [v. Piper.] Berlin, J. Gnadenfeld & Co. n. 3. —

Steinthal, H., zu Bibel u. Religionsphilosophie. Vorträge u. Abhandlgn. gr. 8. (IV, 237 S.) Berlin 890. G. Reimer. n. 4. 80

Steinthal, H., zu Bibel u. Religionsphilosophie. Vorträge u. Abhandlgn. Neue Folge. gr. 8. (V, 258 S.) Berlin 895. G. Reimer. n. 5. — (I. u. II.: n. 9. 80)

Steinthal, H., die Entwicklung der Schrift. Nebst einem offenen Sendschreiben an Hrn. Prof. Pott. gr. 8. (113 S.) Berlin 852, Dümmler's Vrlgsh. * —

Steinthal, H., allgemeine Ethik. gr. 8. (XX, 458 S.) Berlin 885, G. Reimer. *

Steinthal, H., Gedächtnissrede auf Wilh. v. Humboldt an seinem hundertjährigen Geburtstage, Sonnabend, den 22. Juni 1867 gehalten. gr. 8. (31 S.) Berlin 867, Dümmler's Verlag. *

—— Geschichte der Sprachwissenschaft bei den Griechen und Römern mit besond. Rücksicht auf die Logik. 2 Hälften. gr. 8. Berlin, Dümmler's Verlag. [1. Hälfte. (S. 1—384.) 862. * 2 Thlr., 2. Hälfte. (XXIII und S. 385—712.) 863. * 1 Thlr. 25 Ngr.] *

—— Geschichte der Sprachwissenschaft bei den Griechen u. Römern m. besond. Rücksicht auf die Logik. 2. verm. u. verb. Aufl. 2 Tle. gr. 8. (XVI, 374; XII, 368 S.) Berl. 890,91, Dümmler's Verlag. à Tl. * 8 —; * 16 —

Steinthal, H., Grammatik, Logik und Psychologie, ihre Principien und ihr Verhältniss zu einander. gr. 8. (XXXII und 392 S.) Berlin 855, Dümmler's Vrlgsh. Thlr

— üb. Wilhelm v. Humboldt. Bei Gelegenheit der Enthüllg. der Humboldt-Denkmäler, Montag den 28. Mai 1883, im Festsaale d. Rathhauses. gr. 8. (25 S.) Berlin 883. Dümmler's Verl. n. — 60

Steinthal, H., die Classification der Sprachen dargestellt als die Entwickelung der Sprachidee. gr. 8. (91 S.) Berlin 850, Dümmler's Vrlgsh. *

— Linguistik, s.: Anleitung zu wissenschaftl. Beobachtungen auf Reisen.

—— die Mande-Neger-Sprachen. Psychologisch und phonetisch betrachtet. gr. 8. (XXIV und 344 S.) Berlin 867, Dümmler's Verlag.

— Mythos u. Religion, s. Sammlung gemeinverständl. wissenschaftl. Vorträge.

—— Philologie, Geschichte und Psychologie in ihren gegenseitigen Beziehungen. Ein Vortrag gehalten in der Versammlung der Philologen zu Meissen 1863 in erweiternder Überarbeitung. gr. 8. (IV und 76 S.) Berlin 864, Dümmler's Verlag. *

—— de pronomine relativo commentatio philosoph.-philolog., cum excursu de nominativi particula. 8maj. (IV und 110 S. mit 1 Stnt.) Berlin 847, Behr's Buchh. *

—— gesammelte kleine Schriften. I. Sprachwissenschaftliche Abhandlungen und Recensionen. gr. 8. (VI, 450 S.) Ebendas. 880. * 9 —

—— die Sprachwissenschaft Wilh. v. Humboldt's und die Hegel'sche Philosophie. gr. 8. (IV und 170 S.) Berlin 848, Dümmler's Vrlgsh. *

—— der Ursprung der Sprache, im Zusammenhange mit den letzten Fragen alles Wissens. Eine Darstellung der Ansicht Wilh. v. Humboldts, verglichen mit denen Herders und Hamanns. gr. 4. (74 S.) Berlin 851, Dümmler's Vrlgsh. *

—— der Ursprung der Sprache, im Zusammenhange mit den letzten Fragen alles Wissens. Eine Darlegung, Kritik und Fortentwickelung der vorzüglichsten Ansichten. 2., umgearb. und erweit. Ausg. gr. 8. (XII und 142 S.) Berlin 858, Dümmler's Verlagsbuchh.

Steinthal, H., der Ursprung der Sprache im Zusammenhange mit den letzten Fragen alles Wissens. Eine Darstellung, Kritik und Fortentwicklung der vorzüglichsten Ansichten. 3. abermals erweit. Ausg. gr. 8. (XVI, 374 S.) Berlin 877, Dümmler's Verlagsh. * 6 —

— der Ursprung der Sprache im Zusammenhange m. den letzten Fragen alles Wissens. Eine Darstellung, Kritik u. Fortentwicklg. der vorzüglichsten Ansichten. 4., erweit. Aufl. gr. 8. (XX, 380 S.) Berlin 888. Dümmler's Verl. n. 8. —

Steinthal, H., s. Zeitschrift des Vereins für Volkskunde.

Steinthal, H[ajim]

Steinthal, H., Abriss der Sprachwissenschaft. 1. Thl.: Die Sprache im allgemeinen. Einleitung in die Psychologie und Sprachwissenschaft. gr. 8. (XXIII, 487 S.) Berlin 871, Dümmler's Verlag. * 8 —

Steinthal, H., Abriss der Sprachwissenschaft. 1. Tl.: Die Sprache im Allgemeinen. A. u. d. T.: Einleitung in die Psychologie und Sprachwissenschaft. 2. mit Zusätzen verseh. Aufl. 2 Abtlgn. gr. 8. Berlin 881, Dümmler's Verlagsh. [1. Abtl. (S. 1—400.) *ℳ 7,50.; 2. Abtl. (XXV, S. 401—496.) *ℳ 1,50.] * 9 —

— u. Frz. Misteli, Abriss der Sprachwissenschaft. 2. Tl. gr. 8. Ebd. 893. n. 11. — (kplt.: n. 20. —)
Charakteristik der hauptsächlichsten Typen des Sprachbaues v. Frz. Misteli, Neubearbeitung des Werkes v. H. Steinthal (1861). (XXVI, 612 S.)

Steinthal, H., Charakteristik der hauptsächlichsten Typen des Sprachbaues. 2. Bearbeitung seiner Classification der Sprachen. Berlin 860. Dummler's Verlhdlg. Lex.-8. (XI, 336 S.) n. 2 ₰

—— Einleitung in die Psychologie und Sprachwissenschaft. Zusätze zur 1. Aufl. gr. 8. (9 S.) Ebendas. 881. * — 50

Einleitung in die Psychologie und Sprachwissenschaft von Dr. H[ajim] Steinthal, Prof. zu Berlin. 2., mit Zusätzen vers. Aufl. *Berlin: F. Dummler 1881.* (XXV, 496 S.) 8°
= Steinthal: Abriß d. Sprachwissenschaft. T. 1. [04. 8123

Steinthal, H., über Juden u. Judentum, hrsg. v. Gust. Karpeles, 2. Aufl. v. N. M. Nathan, s.a. Schriften, hrsg. v. der Gesellschaft zur Förderung der Wissenschaft des Judentums.

Über Juden und Judentum. Vorträge u. Aufsätze von Prof. Dr. H[ajim] Steinthal. Hrsg. von Gustav Karpeles. Berlin: M. Poppelauer 1906. (XII, 307 S.) 8° [Fr.]
= Schriften d. Gesellschaft z. Förderung d. Wissenschaft d. Judentums. [9.] [08. 7683

Steinthal, Heinr., übersichtl. Zusammenstellung der bei Anwendung d. Expropriationsverfahrens zur Ausführung d. Zollanschlusses Hamburgs maßgebenden gesetzlichen Bestimmungen. 12. (30 S.) Hamburg 883. O. Meißner. n. — 80

Steinthal, J., der Central-Eisenbahn-Verein. Ein practischer Vorschlag zur Abhülfe der gegenwärtigen Geldkalamität im Allgemeinen u. zur Beförderung des Eisenbahnwesens im Besonderen. 8. (37 S.) Berlin 847, Heymann. 1/4 ₰

Steinthal, Jos., Warum soll, bei der Anbetung im Geiste und in der Wahrheit, der Besuch des Gotteshauses nicht aufhören? Zwei Predigten über Evang. Joh., Cap. 4, v. 24, gehalten am 8. und 15. Juli 1855. Hamburg 855. Jowien. gr. 8. (16 S.) n. 4 ngr.

Steinthal, Julius [aus Berlin]: Beitrag zur Lehre von den traumatischen Neurosen mit ausschliesslicher Berücksichtigung von Fällen, in denen Rechtsansprüche nicht erhoben wurden. . . . Berlin, Buchdr. v. Gustav Schade (Otto Francke) (1889); 52 S. + 2 Bl. 8°
Berlin, Med. Fak., Inaug.-Diss. v. 4. Okt. 1889

Steinthal, Karl

Steinthal, s.: Chirurgie des Halses usw.

Steinthal, Karl, s: Chirurgie des Unterleibes.

Steinthal, Carl Friedr., experimentelle und klinische Untersuchungen über die Entstehungsweise des vesiculären Athmungsgeräusches. Inaugural-Dissertation, von der medicin. Facultät der Universität Heidelberg mit dem academ. Preise des J. 1882 gekrönte Preisschrift. gr. 8. (31 S. mit 4 eingedr. Holzschn.) Heidelberg 885, C. Winter's Universitäts-Buchh. [* 80 Pf.] *

Steinthal, M., s. Hufeland's Makrobiotik.

Steinthal, Mart. (geb. Stendal 22. 10. 1793): De menstruorum tam normali, quam abnormi decursu. Berolini (1821). (55 S.) 8°
Berlin, Med. Diss. v. 5. Nov. 1821

Steinthal, P., Käthe's Leiden u. Freuden. Aus d. Engl. v. P. St. Mit 4 Farbendr.-Bildern nach Aquarellen von L. v. Kramer. gr. 8. (158 S.) Stuttgart 888. Süddeutsches Verlags-Institut. cart. n. 3. —

Steinthal, P., Specimen der Nâyâdhammakahâ. Inaugural-Dissertation. gr. 8. (84 S.) Leipzig 881. (Berlin, Mayer & Müller.) n. 2. 40

Die Hygiene in Bibel und Talmud. Ein Vortrag von San. R. Dr. S[alomon] **Steinthal**. Berlin: Steinitz (1907). 31 S. 8°

Steinthal, S., wie sollen wir uns ernähren?, s.a. Volksschriften, hygienische. Nr. 7.

Wie sollen wir uns ernähren? Von Dr. S[alomon] **Steinthal**. *Berlin: Vogel & Kreienbrink 1902.* (14 S.) 8° [F.]
= Volksschriften, Hygienische. No 7. [04. 3220

Steinvorth, H. D., Sprüche u. Lieder aus dem Tagebuche. (XIV, 235 S.) kl. 8. Hannover 907. (M. & H. Schaper.) Geb. in Leinw. Nicht im Handel.

Steinvorth, Heinrich

Steinvorth, H., Beiträge zur Frage nach d. Irrlichtern. [Aus: „Jahreshefte d. naturwiss. Vereins f. d. Herzogth. Lüneburg" XIII.] gr. 8. (84 S.) Lüneburg 895. (Herold & Wahlstab.) n.n. 1. —

HEINRICH **STEINVORTH**, Zur wissenschaftlichen Bodenkunde des Fürstenthums Lüneburg. (Aus dem Programm des Johanneums abgedruckt.) (Mit 1 Karte.) Lüneburg. 1864. Druck der von Sternschen Buchdruckerei. 4°.

Steinvorth, Heinr., zur wissenschaftlichen Bodenkunde des Fürstenth. Lüneburg. gr. 4. (35 S. mit 1 chromolithogr. Karte.) Lüneburg 864, (Herold und Wahlstab'sche Buchh.)
Aus: Programm des Johanneums, besonders abgedruckt.

Die fränkischen Kaisergärten, die Bauerngärten der Niedersachsen und die Fensterflora derselben. Von Heinrich **Steinvorth**. (Abdruck aus: Jahreshefte des naturw. Vereins für das Fürstenthum Lüneburg. XI, 1888, 1889.) Lüneburg. 1890. 8°.

Steinvorth, Heinr., die Stadt Lüneburg. Mitteilungen u. Nachweise für Bewohner u. Fremde. 8. (IV, 86 S. m. lith. Plan.) Lüneburg 877. Engel. n. 1. 50

Steinvorth, H., Phanerogamen-Flora des Fürstenth. Lüneburg und seiner nächsten Begränzung. Tabellen zu einer leichten Bestimmung aller daselbst wildwachs. und der in Gärten und Feldern häufig gebauten phanerogam. Gewächse. gr. 8. (XIV und 162 S.) Lüneburg 849, (Engel's Buchh.) Thlr. *

Steinvorth, Heinr., e. Tagebuch f. die Reise durch's Jahr. 16. (XI, 186 S.) Hannover 872. Meyer. n. 1. —; geb. m. Goldschn. n. 2. —

Steinvorth, Heinr., Tagebuch für die Reise durchs Jahr. 2. Aufl. 8. (VI, 326 S. mit 1 Widmungsblatt in Farbendr.) Hannover 887, Meyer. geb. mit Rothschn. *
geb. mit Goldschn. *

Steinvorth, Johannes [Dir.]: *Bericht über die Feier des 25jährigen Bestehens der Anstalt und des 80. Geburtstages des Fürsten von Bismarck.* ([Darin:] Oels, *Walter* [Dr.]: *Prolog.* [Gedicht.]) Löwenberg i. Schl., Druck v. P. Müller's Buchdr., *1896*; 12—13 S. 4.
Löwenberg i. Schl., RPG, OP 1896 (220)

Steinvorth, Johannes [Dir.]: *Die wichtigsten Daten in der äusseren Entwickelung der Anstalt.* Löwenberg i. Schl., Druck v. P. Müller, 1895; 14—15 S. 4.
Löwenberg i. Schl., RPG, OP 1895 (219)

Steinvorth, Joh. Linien, welche eine Schar gegebener Kurven unter konstantem Winkel schneiden. 16 S. Progr. *Löwenberg* 1877.

Steinvorth, Johannes [Dir.]: *Verzeichniss der Lehrer, die seit der Gründung der Anstalt an derselben gewirkt haben.* Löwenberg i. Schl., Druck v. P. Müller, 1895; 15—20 S. 4.
Löwenberg i. Schl., RPG, OP 1895 (219)

Steinvorth, Johannes [Dir.]: Verzeichnis der Schüler, die auf der Anstalt das Zeugnis zum Einjährig-Freiwilligen-Dienst erworben haben. Löwenberg i. Schl., Druck v. P. Müller, 1895; 21—25 S. 4.
Löwenberg i. Schl., RPG, OP 1895 (219)

Steinwachs, die Neinstedter Anstalten, s.: Für Feste u. Freunde der inneren Mission.

Steinwachs, Vortrag, s.: Riecks.

Steinwachs, A. J.: Katholisches Gesang- und Gebetbuch mit besonderer Rücksicht auf die gottesdienstliche Ordnung der Erzdiöcese Wien: Korneuburg: Kühkopf 1868. (XX u. 549 S.) 8°
Melodienbuch

Steinwachs, Otto: Der Ausgang der landschaftlichen Verordnung in Bayern. München 1910: Kastner & Callwey. 57 S. 8° ¶(Ersch. vollst. in: Oberbayer. Archiv f. vaterl. Gesch. Bd 55.)
München, Phil. Diss. v. 14. Juli 1909, Ref. v. Heigel, v. Riezler
[Geb. 19. Aug. 82 Offenbach a. M.; Wohnort: Augsburg; Staatsangeh.: Hessen; Vorbildung: Gymn. Offenbach Reife O. 01; Studium: altkath. Theol. Bonn 7, Phil. München 7 S.; Rig. 14. Juli 09.] [U 10. 3703

Steinwald [Schlagwort]

Steinwald, s.: Fichtelgebirge.

Steinwald [Verfasser]

Steinwald, Ernst, Beiträge zur Geschichte der deutschen evangelischen Gemeinde zu Smyrna von 1759—1904 Dargeboten v. ihrem gegenwärt. Pastor. (97 S. m. Abbildgn. u. 1 Fksm.) 8. Berlin (904). Vaterländ. Verlags- u. Kunstanstalt. n. 1. —

Steinwand, s.a. Fercher v. Steinwand.

Steinwand, F. v., Abhandlungen. [Allgem. National-Bibliothek. Nr. 353—357.] 8°. (S. 262—458) à K —.20
Wien: Th. Daberkow's Verlag 1905.

(F) **Steinwand**, F. v., Briefe. [Allgemeine Nationalbibliothek. Nr. 370—373.] 8°. Ebd. 1906. à K —.20

(F) **Steinwand**, F. v., Drahomira. [Allg. Nationalbibliothek. Nr. 360—364.] 8°. (Pag. 274—442) Ebd. 1905. à K —.20

Steinwand, F. v., Epische Gedichte. [Allgem. National-Bibliothek. Nr. 352.] 8°. (70 S.) Ebd. 1905. K —.20

Steinwand, F. v., Der Geisterzögling. [Allg. National-Bibliothek. Bd. 351.] 8°. (36 S.) Ebd. 1905. K —.20

Steinwand, F. v., Deutsche Klänge. I. [Allg. National-Bibliothek. Bd. 346—350.] 8°. (190 S.) Ebd. 1905. à K —.20

(F) **Steinwand,** F. v., Kryptoflòren. Ein poetisches Spruch- und Tagebuch in 4 Teilen. [Allg. National-Bibliothek. Nr. 335 bis 339.] 8°. (288 S.) Ebd. 1904. K —.20

(F) **Steinwand,** F. v., Ein Prometheus. [Allg. National-bibliothek. Nr. 358—359.] 8°. (Pag. 98—182) à K —.20 Ebd. 1905.

Steinwandklamm [Schlagwort]

Steinwandklamm, s.: Wiener Ausflugskarten.

Steinweber, Wolf Balthasar Adolph von. Rede zur Vertheidigung des Witzes der Teutschen; a. d. Lat. . . . Frankf. a. d. Oder 1756. Ü: *Kettel, Samuel Frdr.* (Adel) (MGT)

[Gedicht.] Zur Doppelfeier des 50. Geburtsfestes und 25. Jahrestages der Aufnahme in den Maurerbund unserem Br. Georg Phil. Holscher. [Unterz.: J. C.] **Steinweden.** [Hannover 1842]: Jänecke. 4 Bl. 8° [Umschlagtit.]
„Hochverdienter! Auf der Bahn, . . .“

Steinweeg, Geo. Fr., († 1762.) erleichterte bibl. hebr. Grammatik, nach der natürlichsten Lehrart u. Eintheilung einer Sprache u. Sprachlehre überhaupt. 8. Stuttg. 753. (Löflund). 16 gr.

Steinweg, Johannes s. Schmidt. Hermann Fr[iedrich] Sch', † Pastor in Cannes. Berlin 1909.

Steinweg. C(arl), s. Steinweg, Karl

Burenlieder. Zeitgemässe Gedichte von Emil Steinweg. *Marienburg: H. Stamm 1900.* (35 S.) 8° [ü.] (oo. 8566 10

Steinweg, Emil, Burenlieder. Zeitgemäße Gedichte. 2. umgeänd. u. ergänzte Aufl. 8. (42 S.) Marienburg 901. H. Stamm. n. — 80
1. Aufl. (35 S.) 900. — 60.

Steinweg, G. F., erleichterte bibl. hebr. Grammatik. 8. Stuttgart, Erhard. (a. Löfflund.) 763.

Steinweg, Johann Heinrich (Denkendorf/Neckar) A. S. 1381/36

Theologiae propheticae primae quaedam lineae.
Präs. Jeremias Friedrich Reuss.
Tübingen (Sigmund) XI. 1763. 48 S.

4 Resp. 33412

Steinweg, Karl

Steinweg, Carl, Corneille. Kompositionsstudien zum Cid, Horace, Cinna, Polyeucte. Ein Beitrag zur Geschichte des französ. Dramas. (VIII, 303 S.) gr. 8. Halle 905. M. Niemeyer. n. 8.—

Steinweg, Carl, Racine. Kompositionsstudien zu seinen Tragödien. Ein zweiter Beitrag zur Geschichte des französ. Dramas. (XI, 315 S.) gr. 8. Halle 909. M. Niemeyer. 8.—

Steinweg, C., Schluss! Eine Studie zur Schulreform. gr. 8. (48 S.) Halle 902. M. Niemeyer. n. — 80

*Steinweg, Carl: Zwei Vergleiche aus drei Kunstgebieten zugleich als Quellenstudien. I. Racines Iphigenie und Corneilles Horatier. II. Rubens Kreuzabnahme und der Laokoon. S. 95—113, 1 Taf. 8.
In: Festschrift beim Einzug in das neue Gebäude der städtischen Oberrealschule zu Halle a. S. Verfaßt vom Direktor und Lehrern der Schule. Städtische Oberrealschule *Halle a. S.* 1908.
Progr.

Steinweg, Carl: Zwei Vergleiche aus drei Kunstgebieten zugleich als Quellenstudien. (Mit 2 Taf.) Halle a. S.: Niemeyer 1908. S. 95—113. 8°
Halle a. S., st. OR, in Festschr. b. Einzug in d. neue Gebäude, P 1908 (346)** [S 08. 466

Steinweg, Carl *Albert* [aus Erfurt]: Die handschriftlichen gestaltungen der lateinischen Navigatio Brendani. . . . (Vollst. ersch. in: Rom. Forsch. Bd. VII.) Halle a/S., k. b. Hof- & Univ.-Buchdr. v. F. Junge in Erlangen, 1891; 37 S., 1 Bl. 8°
Halle, Phil. Fak., Inaug.-Diss. v. 25. Jul. 1891

*v. Steinwehr, E[kkehard] (Regierungsbaumeister): Der Neubau des Ulricianums zu Aurich. Geschichte und Beschreibung. S. 37—45, 171—172, 4. Taf. 8.
In: Festschrift zu der . . . Einweihung des neuen Schulgebäudes . . . Kgl. Gymn. (Ulricianum) *Aurich* 1908.
Progr.

Steinwehr, E., Regierungsbaumeister: Der Neubau des Ulricianums zu Aurich. Geschichte u. Beschreibung. (Aurich 1908: Dunkmann.) S. 37—45, 171—172. 8°
Aurich, k. G, in Festschr. z. Einweihung d. neuen Schulgebäudes, P 1908** [S 08. 467

Steinwehr, H. von: Anwendung des Platinthermometers ..., s. Jäger, Wilhelm

Steinwehr, H. von: Beitrag zur kalorimetrischen Messung von Verbrennungswärmen, s. Jäger, Wilhelm

Steinwehr, H. von: Bemerkung zu einer Veröffentlichung ..., s. Jäger, Wilhelm

Steinwehr, H. von: Bestimmung des Wasserwerts ..., s. Jäger, Wilhelm

Steinwehr, H. von: Eichung eines Berthelot'schen Verbrennungskalorimeters ..., s. Jäger, Wilhelm

Steinwehr, H. v: Über den Einfluß der Korngröße auf das Verhalten des Mercurosulfats in den Normalelementen. Halle a. S. 1906

Steinwehr, H. von: Erhöhung der kalorimetrischen Meßgenauigkeit ..., s. Jäger, Wilhelm

Steinwehr, H. v: Vorläufige Mitteilung über den Einfluß der Korngröße auf das elektromotorische Verhalten des Merkurosulfats. Berlin 1905 (Mitteil. a. d. Physik.-Techn. Reichsanst.)

Steinwehr, H. v: Ueber den angeblichen Umwandlungspunkt des Cadmiumsulfat-Hydrats $CdSO_4$, 8/3 H_2O. Leipzig 1902 (Mitteil. a. d. Physik.-Techn. Reichsanst.)

Steinwehr, H. von: Untersuchungen über das Silbervoltameter, s. Jäger, Wilhelm

— weitere Untersuchungen über das Leitvermögen v. Elektrolyten aus einwerthigen Ionen in wässeriger Lösung, s.: Kohlrausch, Frdr.

Steinwehr, H(elmuth) von, aus Hannover: Studien über die Thermochemie sehr verdünnter Lösungen. ⟨Mit 3 Fig. im Text.⟩ *Hildesheim 1900: A. Lax.* (61 S.) 8°
Göttingen, Phil. Diss. v. [3. Febr.] 1901

Steinwehr, H. v., Studien über die Thermochemie sehr verdünnter Lösungen. Diss. gr. 8. (61 S. m. 3 Fig.) Hildesheim 900. (Göttingen, Vandenhoeck & Ruprecht.) n. 1.40

Steinwehr, Walther von, Referendar aus Königsberg Pr.: Die staatsrechtliche Stellung des Statthalters von Elsaß-Lothringen. *Königsberg Pr. 1902: J. Moehring Nachf.* (X, 73 S.) 8°
Leipzig, Jur. Diss. v. 1902

Steinwehr, Walth. v., die staatsrechtliche Stellung des Statthalters v. Elsass-Lothringen. Diss. (73 S.) gr. 8. Königsberg 902. (Gräfe & Unzer, Buchh) n. 1. —

Steinwehr, Wolf Balthasar Adolph von, Abhandlung // Von den Vortheilen // Des // Vorlesens // seiner Schrifften // In // Gelehrten Versammlungen // Bey dem Eintritt // In die // Deutsche Gesellschaft // im Jahr 1732. den 6. Aug. // abgelesen // von // M. Wolf Balthasar Adolph // von Steinwehr. // Leipzig, // Gedruckt bey Johann Christian Langenheim. - 16 Blatt (nicht paginiert).
Auf die Rede folgt die Antwort Heinrich Gottlieb Schellhaffers.
B. S. T. 8°.699.

Steinwehr, Wolf Balthasar (Übers.):
s.: Abhandlungen, Der Königl.Akademie d. Wissenschaften in Paris anatomische, chymische und botanische. T. 1-7. Bresslau: 1749-55

JB 6.210

Steinwehr, Wolf Balthasar Adolph (Pommern) Phs. (IV) /18
Argumenta quaedam recentiorum pro unitate dei modeste expensa.
Leipzig (Breitkopf) 20. III. 1734. 35 S. 33413

Steinwehr, Wolf Balthasar Adolf von: Daß die Welt einer Schaubühne nicht bloß ähnlich . . . , in: Schriften, Zwo, welche in der Deutschen Gesellschaft . . . 1734.

– (Übers.), s. Formey, Jean Henri Samuel: Kern scharfsinniger Gedanken ...

Steinwehr, Wolfg. Balth. Adlf von, Programma de fructibus ab homine Germano eodemque literato ex erudita patrii sermonis cognitione percipiendis. Gottingae 1740. 4 (D.)

Steinwehr, Wolf Balthasar Adolph von [Praes.], s. Kettel, Johann Heinrich: De impossibilitate athei.

— Oratio pro ingenio Germanorum temere iis a Gallorum nonnullis ac per grande nefas abiudicato. 8. Frankf. a. d. O. 750. ... Dass. ins Deutsche übers. 8. Berl. 762.

Oratio panegyrica qua serenissimo potentissimoque principi ac domino Friderico II. regi Porussiae marcgravio Brandenburgensi S. R. J. archicamerario et principi electori reliqua regi dominoque suo indulgentissimo bello ac pace optimo maximo ob immensum restitutae pacis beneficium devotissimas gratias ipso natali sacro 24. Januar 1746 professa est academia Viadrina interprete maiestati regis dicatissimo Wolf Balthasare Adolpho de Steinwehr consil. aul. histor. iur. nat. et antiqu. professore publico academiae rectore. Francofurti ad Viadrum. Typis Martini Hubneri. fol.

v. *Steinwehr*, Wolf Balth. Ad., († d. 4. April 1771.) regiae in Polonia dignitatis origines. Comment. 4. Frankf. 758. Kleyb. 4 g.

– s. Trublet: Versuche über verschiedene Gegenstände ...

Steinwehr, W. B. A. de: „De usu numismatum in historia Germaniae antiqua. Oratio inauguralis", Francofurti ad Viadrum 1742. — Vorh.: Com. Bibl. Hamburg.

Steinweller, F., kurzer Abriß der Geschichte des Rechenunterrichts, sowie Beschreibg. der wichtigsten Lehrmittel f. denselben. gr. 8. (32 S. m. Fig.) Leipzig 894. F. Hirt & Sohn. n. — 30

Steinweller, F., kurzer Abriß der Geschichte des Rechenunterrichts sowie Beschreibung der wichtigsten Lehrmittel f. denselben. 2., verb. u. erweit. Aufl. gr. 8. (48 S. m. Fig.) Leipzig 899. F. Hirt & Sohn. n. — 50

Steinweller, F., Deutsch, s.: Tesch, P.

Steinweller, Franz

— s.: Hirt's F., Realienbuch.

— s.: Nowack, H., der Unterricht in den Realien.

— Pflanzen- u. Tierkunde, s.a. Paust, F. G.

Steinweller, F., Pflanzen- u. Tierkunde, s.a. Hirt's, F., Realienbuch.

Pflanzen- und Tierkunde für die mittleren Klassen mehrklassiger Schulen, nach natürl. Gruppen unter besond. Berücks. biolog. Verhältnisse bearb. von Franz **Steinweller**, Seminarlehrer. Mit 87 Abb. Breslau: F. Hirt 1906. (119 S.) 8° [F.]
= **Realienbuch**, F. Hirt's. [Größere Ausg. B.] No 9. [07. 3877

— der Unterricht in den Realien, s.: Nowack, H.

Steinwender, der Handel mit spirituösen Getränken. Ein ernstes Mahnwort an alle Verkäufer gebrannter Wasser. 1. und 2. Aufl. gr. 8. (53 S.) Berlin 882, Deutsche Evangel. Buch- und Tractat-Gesellschaft. * — 40

Steinwender, Geo. Ludw., Beleuchtung der vom Pred. Dr. Sydow in Berlin dem Königl. Consistorium der Prov. Brandenburg gegenüber vertretenen Behauptungen. Zur Beleuchtg. zugleich derjenigen, die ihnen beizustimmen erklärt haben. gr. 8. (39 S.) Görlitz 873. (Berlin, Bed.) n. — 40

Steinwender, Geo. Ludw., der Branntwein eine großmächtige Babel, die gestürzt werden muß. Predigt. 8. (3 B.) Posen 844. (Berlin, J. A. Wohlgemuth, Berl.)

Steinwender, Geo. Ldw., den Branntwein u. das Laster des Trunks betreffende Mittheilungen aus einer medicin. Zeitschrift des 18. Jahrh. gr. 8. Königsberg 845, Gräfe u. Unzer. (Berlin, Wohlgemuth.) n. 1/6 ₰

Steinwender, G. L., Christus Deus in V. T. libris historicis. Commentat. 8. (5 B.) Regiomonti 829, Fratr. Bornträger.

—— üb. d. Gleichniß vom ungerechten Haushalter, Luc. 16, 1—13. Eine exeget. Abhandl. gr. 8. (3¼ B.) Stuttgart 840, [Liesching u. Comp.] *

— Ist der Handel mit spirituösen Getränken ein erlaubtes Geschäft? Ein Wort der Wahrheit u. Liebe an alle diejenigen Fabricanten u. Verkäufer gebrannter Wasser, welche die Gnade Gottes u. ein unbeflecktes Gewissen höher achten, als zeitlichen Gewinn. Nach R. Baird bearb. rc. gr. 8. Königsberg in Pr. 841. (Berlin, Wohlgemuth.) n. 1/12 ₰

—— mit Gott für König u. Vaterland! Predigten. gr. 8. (2¾ B.) Königsberg 841, Gräfe u. Unzer.

—— Neujahrspredigt 1845. gr. 8. (1½ B.) Königsberg 845, Gräfe u. Unzer. (Berlin, J. A. Wohlgemuth, Berl.) *

—— prüfet, was da sei wohlgefällig dem Herrn! (Ephes. 5, 10.) Eine Mittheil. u. Bitte an Alle, welche wahre Christen sein wollen, u. an seine Amtsbrüder insonderheit. 8. (2½ B.) Königsberg 841. (Berlin, J. A. Wohlgemuth.)

Steinwender, Georg. Ludov.: Theses theologicae. Berolini (1828). (2 Bl.) 4°
Berlin, Theol. Thes. v. 7. März 1828

Steinwender, Geo. Ludw., wie steht's um euer Christenthum? Prüfung dieser Frage besond. an einer in uns. Zeit unabweisl. Christenpflicht. Predigten, vor seiner Gemeine geh. u. d. Oeffentlichkeit übergeben. Nebst e. literär. Anh. gr. 8. (20 B.) Königsberg 841, [Gräfe u. Unzer.] •

—— nothwend. Zurechtweisung des Hrn. Kreis-Justizraths Weiland in Arnswalde. 8. (1¾ B.) Posen 844. (Berlin, J. A. Wohlgemuth, Berl.)

Steinwender Dr. O.: Über den Grundgedanken des Pl. Phädros. 20. Wien VI. 76.
Progr.

Steinwender, Otto, die nationalen Aufgaben der Deutschen in Oesterreich. Vortrag, gehalten am 24. Jänner 1885 im Deutschen Verein in Wien. gr. 8. (16 S.) Wien 885, (Pichler's Wwe. und Sohn.) *
Aus: Deutsche Worte, besonders abgedruckt.

Steinwender, Otto, über das Ausmass und die Verteilung der lateinischen Gymnasial-Lectüre. Vortrag, gehalten im Verein „Mittelschule" am 14. Dezbr. 1878. gr. 8. (16 S.) Wien 878, (Hölder.) * — 40

—— die ethischen Ideen und die politischen Parteien. Vortrag, gehalten am 18. Octbr. 1883. gr. 8. (16 S.) Wien 883, (Pichler's Wwe. und Sohn.) * — 40

—— über den Mißbrauch des Jagdrechtes in den österreichischen Alpenländern. Rede, gehalten in der Sitzung des Abgeordnetenhauses am 23. Mai 1887. gr. 8. (16 S.) Wien 887, Sallmayer'sche Buchh. *

—— die Nordbahnfrage. Lex.-8. (14 S.) (Ebendas.) 884. * — 30
Aus: Deutsche Worte, besonders abgedruckt.

Steinwender, Otto, Parlaments-Dämmerung. Lex.-8. (24 S.) Wien 900. (F. Schalk.) n. — 70

Steinwender, *Theodor* Die römische Bürgerschaft in ihrem Verhältnis zum Heere. 4 (30 S.). **Progr.** Kön. G. *Danzig* 1888 (28).

Steinwender, Th., die Marschordnung des röm. Heeres zur Zeit der Manipularstellung. (43 S. m. Abb. u. 1 Taf.) gr. 8. Danzig 907. (A. W. Kafemann.) — 80

Steinwender, Th[eodor]: Die Sarisse und ihre gefechtsmäßige Führung. Danzig 1909: Schwital & Rohrbeck. 24 S. 4°
Danzig, k. G OP 1909 (32) [S 09. 457

— Die Sarisse u. ihre gefechtsmässige Führung. (37 S.) gr. 8. Danzig 909. L. Saunier. 1. 20

Steinwender, Th. Über die Stärke der römischen Legion und die Ursache ihres allmählichen Wachsens. 16 S. *Marienburg* 1877
Progr.

— Ursprung u. Entwickelung des Manipularsystems. (58 S. m. 1 farb. Taf.) gr. 8. Danzig 908. A. W. Kafemann. 1. 20

-- Über das numerische Verhältnis zwischen cives und socii im römischen Heere und die militärische Organisation der bundesgenössischen Gemeinden. 25 S. **Progr.** *Marienburg* 1879.

Steinwendler, Emma, moral. Lesebuch f. die zarte Jugend. 8. Wien 807. Al. Doll. 8 xr

Steinwenter, Arth., Beiträge zur Geschichte der Leopoldiner. [Aus: „Archiv f. österr. Geschichte".] Lex.-8. (120 S.) Wien 879. Gerold's Sohn in Comm. n. 2. —

Steinwenter, Artur, Dr.: Beiträge zur Geschichte der Leopoldiner. Ar. 58. 389
Separatabdruck

Steinwenter, Artur: [Bericht über die Feier zu Ehren des Namensfestes Sr. Majestät des Kaisers Franz Josef I.] S. 58 bis 60. 8. **Progr.** K. k. erstes Staats-Gymn. *Graz* 1905.

-- Eine Episode aus dem Leben des Grafen Niklas von Zriny. 8 (S. 11--40). **Progr.** Staats-G. *Marburg* 1889.

Steinwenter, A.: Zur Erinnerung an das 40jährige Regierungsjubiläum Sr. M. des Kaisers Franz Josef I. 8 S. – Marburg, Progr. 1889.

Steinwenter, Arthur: *Erwiderung auf die Ansprache des Abiturienten Anton Scheucher anläfslich einer ihm verliehenen Auszeichnung sowie Ansprache an die beim Fackelzug versammelten Schüler.* 8 (S. 55 – 56). **Progr.** K. k. erst. Staats-G. *Graz* 1899.

—: Feier des sechzigjährigen Regierungs-Jubiläum Sr. Majestät des Kaisers. S. 3—13. 8. **Progr.** K. k. erstes Staats-Gymn. *Graz* 1909.

Steinwenter, Arthur Director Gutscher Ein Nachruf. 8 (S. 29 --34). **Progr.** Staats-G. *Marburg St.* 1887.

Steinwenter, Arth. Aus dem Leben des steirischen Landes-Hauptmanns Hans III. Ungnad-Weifsenwolf, Freiherrn von Sonneck. 44 S. 8. **Progr.** G. *Marburg St.* 1884.

Steinwenter, Art., paedagogica austriaca. Rückblicke e. alten Schulmannes. (IV, 84 S.) 8. Graz 910. U. Moser. 1. —

Steinwenter, Arthur: Allerhöchstes Fünfzigjähriges Regierungs-Jubiläum Sr. Majestät des Kaisers Franz Joseph I 2. December 1898. (Umschlagtitel: Feier des fünfzigjährigen Regierungsjubiläums Sr. Majestät des Kaisers.) 8 (S. 3 – 12). **Progr.** K. k. erstes Staats-G. *Graz* 1899.

Steinwenter, Arth., Studien zur Geschichte der Leopoldiner. Lex.-8. (146 S.) Wien 881, (Gerold's Sohn.) * 2 —
Aus: Archiv für österreichische Geschichte, besonders abgedruckt.

-- Studien zur Geschichte der Leopoldiner. Ar. 63. 1
Separatabdruck

Steinwenter, Arthur Suleimann II. vor Marburg 1532. 8 (S. 3--28). **Progr.** Staats-G. *Marburg* 1887.

Steinwenter, Arth. Titus Flavius Vespasianus Augustus mit besonderer Berücksichtigung der Zerstörung Jerusalems. 66 S. 8. **Progr.** I. Staatsg. *Graz* 1876.

Steinwenter, Arth., Versuch e. zusammenhängenden Darstellung d. Stromsystems d. obern Nil. gr. 8. (40 S. m. 1 lith. Karte.) Marburg 875. (Graz, Leuschner & Lubensky.) n.n. 1. 50

Steinwenter, Arthur *Worte bei seiner Einführung als Director.* 8 (S. 71 – 72). **Progr.** K. k. erstes Staats-G. *Graz* 1893.

Der Steinwerfer in zwölf bildlichen Darstellungen nach dem Leben aufgenommen v. Ottomar Anschütz. Lissa i. P., Kl.-8°.

Steinwirker, A(lbert): Ueber Perforation und Cephalotripsie. Halle a/S. (1875): Plötz. 35 S. 8°
Halle-Wittenberg, Med. Diss. v. 11. Dez. 1875
Geb. Gross-Wanzleben 22. 11. 1849. V.

Steinwirker, Hermann: Ueber Elephantiasis congenita cystica. Mit 1 Steindrucktafel. Halle (1872): Plötz. 30 S., 1 Taf. 8°
Halle-Wittenberg, Med. Diss. v. 4. Okt. 1872
Geb. Gross-Wanzleben 23. 4. 1848. V.

Steinworth, H.: Zur wissenschaftlichen Bodenkunde des Fürstenthums Lüneburg. s. Steinvorth, Heinrich

Steinzänger, O., Goethes Faust — e. Geheimbuch. Nachweise aus des Dichters Briefen, Tagebüchern rc. (24 S.) 8. Hamburg 906. C. Boysen. n. — 60

Steinzeichnungen deutscher Maler. Hrsg. v. Wilh. Schäfer. Nr. 1—10. Mit Text auf dem Umschlage. gr. 4. Düsseldorf. Berlin, Fischer & Franke. Subskr.-Pr. à 2. 50; Einzelpr. à 3. —
Braune, Hugo L., 4 Orig.-Steinzeichnungen. (4 farb. Bl.) (905.) (Nr. 10.)
Kayser-Eichberg, Carl, 4 Orig.-Steinzeichnungen. (4 farb. Bl.) (905.) (Nr. 9.)
Liebermann, Ernst, 4 Orig.-Steinzeichnungen. (4 farb. Bl.) (904.) (Nr. 4.)
Meyer-Basel, Karl Thdr., 4 Orig.-Steinzeichnungen. (4 farb. Bl.) (904.) (Nr. 6.)
Mikutowski, Erich, Bilder vom Rhein. 4 Orig.-Steinzeichngn. (4 farb. Bl.) (904.) (Nr. 2.)
Otto, Heinr., im Dorfe. 4 Orig.-Steinzeichngn. (4 farb. Bl.) (904.) (Nr. 1.)
Rocholl, Thdr., 4 Orig.-Steinzeichnungen. (4 farb. Taf.) (904.) (Nr. 5.)
Schönnenbeck, Adf., 4 Orig.-Steinzeichnungen. (4 farb. Bl.) (905.) (Nr. 8.)
Stern, Max, 4 Orig.-Steinzeichnungen. (904.) (Nr. 7.)
Wille, Fritz v., Bilder aus der Eifel. 4 Orig.-Steinzeichngn. (4 farb. Bl.) (904.) (Nr. 3.)
Bildet zugleich die Fortsetzung zu: Teuerdank.

Steinzeit-Technik. Aus der Taubach-Abtlg. zu Weimar. (Von L. Pfeiffer.) (48 S. m. Abb.) 21,5×10 cm. Weimar 910. H. Böhlau's Nachf. — 20

Stejskal, K.: Sallust's Bedeutung in der römischen Literatur. 22 S. 8° Olmütz d. OG., Progr. 1870.

Stejskal K. ein K. K. Österr. Museum f. Erziehung u. Unterricht. (7 S.) 4° Wien 1894

Stejskal, Karl, Büchelîn der heiligen Margarêta. Beitrag zur Geschichte der geistl. Literatur des XIV. Jahrh. gr. 8. (33 S.) Wien 880, Hölder. * 1 —

—— Dictierbuch für den orthographischen Unterricht in Volks- und Bürgerschulen, sowie in den untersten Classen der Mittelschulen Österreichs. Auf Grundlage der vom hohen k. k. Ministerium für Cultus und Unterricht für die österreich. Schulen festgestellten Rechtschreibung bearb. 8. (III, 136 S.) 1882. cart. *M. 1,20.; geb. *M. 1,30.; 2. verb. Aufl. 8. (IV, 136 S.) Wien 883, Klinkhardt. geb. * 1 30

Stejskal, Karl, Dictierbuch für den orthographischen Unterricht in Volks- und Bürgerschulen, sowie in den untersten Classen der Mittelschulen Österreichs. Auf Grundlage der vom hohen k. k. Ministerium für Cultus und Unterricht für die österreich. Schulen festgestellten Rechtschreibung bearb. 3. verb. Aufl. 8. (IV, 133 S.) Wien 886, Manz'sche Hof-Verlags- und Universitäts-Buchh. geb. *

Stejskal, Karl, Dictierbuch f. den Unterricht in d. deutsch. Rechtschreibung, s.a. Hilfsbücher f. d. deutsch. Unterricht.

Stejskal, Prof. Dr. Karl, Dictirbuch für den Unterricht in der deutschen Rechtschreibung. Fünfte verbesserte Auflage. 8. (XII, 214 S.) In Leinwand gebunden Wien: Manz 1892. —.80

Stejskal, Prof. Dr, Karl, Dictierbuch für den Unterricht in der deutschen Rechtschreibung. Siebente verbesserte Auflage. 8. (XVI, 214 S.) In Lnwd. geb. Wien: Manz 1896. —.80

(F) Hilfsbücher für den deutschen Unterricht. Herausgegeben von Dr. Karl Stejskal. II. Bd.
Enthält:
STEJSKAL, Karl
(F) Dictierbuch für den Unterricht in der deutschen Rechtschreibung. Auf Grundlage der vom hohen k. k. Ministerium für Cultus und Unterricht für die österreichischen Schulen festgestellten Rechtschreibung bearbeitet von Dr. Karl Stejskal. 8. verbesserte Auflage. Wien. 1900. Manz. 8°. XVI, 214 S. Geb. K 1.60

(F) Hilfsbücher für den deutschen Unterricht. Herausgegeben von Dr. Karl Stejskal. II. Bd.
Enthält:
STEJSKAL, Karl
(F) Dictierbuch für den Unterricht in der deutschen Rechtschreibung. Auf Grundlage der vom hohen k. k. Ministerium für Cultus und Unterricht für die österreichischen Schulen festgestellten Beschreibung bearbeitet von Karl Stejskal. 9. Auflage. Wien. 1901. Manz. 8°. XVI, 214 S. Geb. K 1.96

(F) **Stejskal**, K., Diktierbuch für den Unterricht in der deutschen Rechtschreibung. 10. Auflage. [Hilfsbücher für den deutschen Unterricht. 2. Bd.] Gr.-8°. (XII, 231 S.) geb. K 2.20
Wien: Manz 1902.

(F) **Stejskal**, K., Diktierbuch für den Unterricht in der deutschen Rechtschreibung. 11. Auflage. [Hilfsbücher für den deutschen Unterricht. 2. Bd.] 8°. (XII, 231 S.) geb. K 2.20
Wien: Manz 1903.

(F) **Stejskal**, K., Diktierbuch für den Unterricht in der deutschen Rechtschreibung. 13. Aufl. [Hilfsbücher für den deutschen Unterricht. 2. Bd.] 8°. (XII, 231 S.) geb. K 2.20
Wien: Manz 1905.

(F) **Stejskal**, K., Diktierbuch für den Unterricht in der deutschen Rechtschreibung. 15. Aufl. [Hilfsbücher für den deutschen Unterricht. 2. Bd.] 8°. (XII, 231 S.) geb. K 2.20
Wien: Manz 1910.

Stejskal, Karl, Einführung in die Geschichte der deutschen Literatur, s.: Hilfsbücher f. den deutschen Unterricht. 3. Bdchn. (Kummer, Karl Ferd. v.)

— Einführung in die Geschichte der deutschen Literatur, s.: Kummer, Karl Ferd.

— s.a. Hilfsbücher f. d. deutschen Unterricht.

Stejskal, Karl. Hilfsbücher f. den deutschen Unterricht. Auf Grundlage der vom hohen k. k. Ministerium f. Cultus u. Unterricht f. die österreich. Schulen festgestellten Rechtschreibg. bearb. 1. u. 2. Bdchn. 8. Wien 892, Manz. geb. * 3 —
1. Regeln u. Wörterverzeichnis f. die deutsche Rechtschreibung. 2. verb. Aufl. (X, 167 S.) * 1 40.
2. Dictierbuch f. den Unterricht in der deutschen Rechtschreibung. 5. verb. Aufl. (XII, 214 S.) * 1 60.

—— s.a. Laber, H. v., Jagd.

Stejskal Karl: Hadamar von Laber und dessen Jagd. Ein Beitrag zur Geschichte der deutschen Literatur im 14. Jahrhundert. Diss. Wien, Univ.
D: Wien, 1877.
1877 PN 84

— Leitfaden zur Geschichte der deutschen Literatur, s.: Kummer, Karl Ferd. v.

— deutsches Lesebuch f. österreichische Gymnasien, s.: Kummer, K. F.

— **mittelhochdeutsches Lesebuch**, s.: Kummer, Karl Ferd.

— s.: Litteraturbericht, pädagogischer.

—— **Regel- und Dictierbuch für den Unterricht in der deutschen Rechtschreibung an Bürgerschulen, sowie in den untersten Classen der Mittelschulen Österreichs. Auf Grundlage der vom hohen k. k. Ministerium für Cultus und Unterricht für die österreich. Schulen festgestellten Rechtschreibung bearb. 4. verm. und umgearb. Aufl. des Dictierbuches. 8. (X, 266 S.) Wien 888, Manz'sche Hof-Verlags- und Universitäts-Buchh.** geb. * 2 40

(F) **Stejskal, K.**, Regel- und Wörterbuch für die Rechtschreibung. 7. Aufl. 1. Theil: Regelbuch. [Hilfsbücher für den deutschen Unterricht. 1. Bd.] Gr.-8°. (XI, 86 S.) K 1.--
Wien: Manz 1902.

(F) **Stejskal, K.**, Regel- und Wörterbuch für die deutsche Rechtschreibung. 7. Aufl. 2. Teil. Wörterbuch. [Hilfsbücher f. d. deutschen Unterricht. 1. Bd.] 8°. (VI, 231 S.) geb. K 1.92
Wien: Manz 1902.

Stejskal, K: Regel- und Wörterbuch für die deutsche Rechtschreibung. 8. Aufl. Wien 1904

(F) **Stejskal, K.**, Regel- und Wörterbuch für die deutsche Rechtschreibung. [Hilfsbücher f. d. deutschen Unterricht. 1. Bd.] 8°. (X, 321 S.) Wien: Manz 1904. geb. K 2.20

— Regeln u. Wörterverzeichnis f. die deutsche Rechtschreibung, s.a. Hilfsbücher f. den deutschen Unterricht. 1.

—— Regeln u. Wörterverzeichnis f. die deutsche Rechtschreibung. Auf Grundlage der vom hohen k. k. Ministerium f. Cultus u. Unterricht f. die österreich. Schulen festgestellten Rechtschreibg. 8. (VIII, 166 S.) Wien 891, Manz. geb. * 1 40

-- — Regeln und Wörterverzeichniß für die deutsche Rechtschreibung. 2. verbesserte Auflage. 8. (X, 167 S.) In Lwd. geb. Wien: Manz 1892. -.70

Stejskal, Prof. Dr. Karl, Regeln und Wörter-Verzeichniß für die deutsche Rechtschreibung. 4. verbesserte Auflage. 8. (X, 167 S.) In Lnwd. geb. Wien: Manz 1897. —.80

(F) Hilfsbücher für den deutschen Unterricht. Herausgegeben von Dr. Karl Stejskal. I. Bdch.
Enthält:
STEJSKAL, Karl
(F) Regeln und Wörterverzeichnis für die deutsche Rechtschreibung. Auf Grundlage der vom hohen k. k. Ministerium für Cultus und Unterricht für die österreichischen Schulen festgestellten Rechtschreibung bearbeitet von Dr. Karl Stejskal. 5. verbesserte Auflage. Wien. 1900. Manz. 8°. X, 167 S. Geb. K 1.60

Hilfsbücher für den deutschen Unterricht. Herausgegeben von Dr. Karl Stejskal. I. Bd.
Enthält:
STEJSKAL, Karl
(F) Regeln und Wörterverzeichnis für die deutsche Rechtschreibung. Auf Grundlage der vom hohen k. k. Ministerium für Cultus und Unterricht für die österrerichischen Schulen festgestellten Rechtschreibung bearbeitet von Dr. Karl Stejskal. 6., verbesserte Auflage. Wien. 1901. Manz. 8°. X, 167 S. Geb. K 1.80

— Repertorium, s.a. Zeitschrift f. die österreichischen Gymnasien.

Stejskal, Karl, Repertorium über die ersten 40 Jahrgänge und das Supplementheft des 37. Jahrganges der Zeitschrift für die österreichischen Gymnasien von 1850—1889. Gr.-8. (XIII, 538 S.) Wien: Gerold 1891. 4.—

(F) **Stejskal, K.**, Deutsche Verslehre. [Hilfsbücher für den deutschen Unterricht. 4. Bd.] 8°. (XVI, 262 S) geb. K 2.50
Wien: Manz 1905.

— s.: Wandtafeln, Wiener, f. den Unterricht in weiblichen Handarbeiten.

Steiskal, Thdr., s.: Jahrbuch, pädagogisches.

Steislinger, Joh. Andreas, jünger, Kupferstecher in Augspurg. Neu-eröffnetes Kriegs- und Friedens-Theatrum. Darinn, was in jedem Monath des 1742—1744 Jahres von Belagerungen, Feld- und See-Schlachten, Friedens-Schlüsse, Krönungen, Hohen-Geburten, Vermählungen und Todtsfällen, Feuerwerck, Medaillen, Portraits, auch accurater Grund-Riss der Städt und Festungen und andern noch vorkommenden curiositäten, auch importanten Neuigkeiten so auf dem grossen Welt-Theatro passiren. In unterschiedlichen Ausbildungen, mit kurtzer in Teutsch- und Lateinischer Explication gezeigt und damit ordentlich alle Monath und Jahr soll continuiret werden. Fol. Augspurg (1743—1745).

Steitmann, Richard *August* [aus L.-Connewitz]: Über Raumanschauung im Heliand ... Leipzig, Druck v. Schmidt & Baumann, 1894; 47 S. 8.
Leipzig, Phil. Fak., Inaug.-Diss. v. [20. Juli] 1894

Steitz, Geo. Ed., zur Erinnerung an denselben, s.: Jung u. Dechent.

Steitz, Aug., de operum et dierum Hesiodi compositione forma pristina et interpolationibus. Pars prior. Dissertatio inauguralis. 8maj. (81 S.) Gottingae 856, (Vandenhoeck und Ruprecht's Verlag.) **

Steitz, A.. Die Werke d. Landbaues in den Werken u. Tagen d. Hesiodos. (V. 388—747.) Pr. 1866. 44 S. 4°.

Steitz, Aug., die Werke und Tage des Hesiodos. Nach ihrer Composition geprüft und erklärt. gr. 8. (IV, 188 S.) Leipzig 869, Teubner. 4 —

Steitz, Georg [app. Arzt aus Gaugrehweiler]: Zur Casuistik der Aneurysmen der Aorta abdominalis ... München, G. Franz'sche H. [!] B. Hofbuchdr., 1892; 19 S. 8.
München, Med. Fak., Inaug.-Diss. v. [17. Juni] 1892

Steitz, Georg Eduard (Hrsg.), s.a. Aufruhrbuch.

Steitz, Geo. Ed., das Aufruhrbuch der ehemaligen Reichsstadt Frankfurt a. M. vom J. 1525, s. Neujahrsblatt des Vereins für Geschichte und Alterthumskunde zu Frankfurt a. M.

Steitz, Geo. Ed., der lutherische Prädicant Hartmann Beyer. Ein Zeitbild aus Frankfurts Kirchengeschichte im Jahrhundert der Reformation. 8. (194 S.) Frankfurt a. M. 852, [Keller.] *

Steitz, Geo. Ed., der lutherische Prädicant Hartmann Beyer. Ein Zeitbild aus Frankfurts Kirchengeschichte im Jahrh. der Reformation. 8. (194 S.) Frankfurt a. M. 852, Schmerber. n. 24 ngl.

Steitz, Geo. Ed., das römische Bußsacrament, nach seinem biblischen Grunde und seiner geschichtlichen Entwickelung dargestellt und kritisch beleuchtet. Zugleich zur Abfertigung des Herrn Prof. Dr. Michelis zu Paderborn. Frankfurt a. M. 854. Völcker. gr. 8. (VIII, 210 S.) 25 ngr.

— Einführungs-Rede, s.: Seydewitz, H. v., Antritts-Predigt.

Steitz, Geo. Ed., Erinnerungen an Anton Kirchner. Hrsg. von dem Comitó für Errichtung eines Kirchner-Denkmals zur Enthüllungsfeier desselben am 14. Juli 1876. gr. 8. (38 S. m. Portr. in Lichtdr.) Frankfurt a/M. 879. Sauerländer. n. 1. —

Steitz, Geo. Ed., Geschichte der von Antwerpen nach Frankfurt a. M. verflanzten niederländischen Gemeinde Augsburgischer Confession, begonnen von G. E. St., fortgesetzt und hrsg. zur Feier des 300jähr. Bestehens der Gemeinde von Herm. Dechent. 4. (72 S.) Frankfurt a. M. 885, (Neumann.) * 2 —

—— s. Kleiner's, Salomon, florirendes Frankfurt am Main.

—— die mainzer Laientheologie oder vergebliche Kreuz- und Querzüge zur Vertheidigung der päbstlichen Ohrenbeichte. 2. Nachtrag zu der Schrift: Wie beweisen die Jesuiten die Nothwendigkeit der Ohrenbeichte? 2. Aufl., verm. mit einem Anhang: „Ein kathol. Zeugniß in der Beichtfrage." 8. (26 S.) Frankfurt a. M. 853, Völcker.

Steitz, Geo. Ed., die Melanchthons- u. Luthersherbergen zu Frankfurt a. M., s. Neujahrs-Blatt.

—— die Privatbeichte und Privatabsolution der lutherischen Kirche aus den Quellen des XVI. Jahrhunderts, hauptsächlich aus Luthers Schriften und den alten Kirchenordnungen dargestellt. 8. (XVI und 179 S.) Frankfurt a. M. 854, Völcker. *

Steitz, Geo. Ed., der Staatsrath Georg Steitz und der Fürst Primas Karl v. Dalberg. Ein Blatt aus Frankfurts Geschichte im Anfange des XIX. Jahrh. mit urkundl. Beilagen. gr. 4. (60 S. mit 1 Stnt.) Frankfurt a. M. 869, (Alt.) * 2 40

—— Wie beweisen die Jesuiten die Nothwendigkeit der Ohrenbeichte? Zusammenstellung der von Hrn. Pater Roh am 23. Novbr. in der St. Bartholomäuskirche zu Frankfurt entwickelten Beweisgründe und Widerlegung derselben. 2., unveränd. Aufl. 8. (16 S.) Frankfurt a. M. 852, Völcker. *

—— dass. — 3—5., verm. Aufl. 8. (49 S.) Ebds, 852. *

Steitz, Hinrich David: Was bey erhaltner betrübten Nachricht des hochseligen Hintritts . . . [Trauergedicht zur Beisetzung auf Margaretha Catharina **Moldenitten**, geb. Schrödern. †22. Nov. 1721, beigesetzt am 4. Febr. 1722.] — Glückstadt 1722: Kgl. privil. Buchdr. 2 Bl. 2°

Steitz, Karl, a. Frankfurt a. M.: Zur Textkritik der Rolandüberlieferung in den skandinavischen Ländern. Erlangen 1907: Junge & S. (44 S.) 8°
Bonn, Phil. Fak., Ref. Foerster, Diss. v. 5. März 1907
[Geb. 28. Okt. 83 Frankfurt a. M.; Wohnort: Frankfurt; Staatsangeh.: Preußen; Vorbildung: Goethegymn. Frankfurt Reife O. 02; Studium: Bonn 3, Berlin 2, Bonn 4 S.; Rig. 28. Nov. 06.]

Steitz, Peter (Frankfurt/M.) A. S. 22/6

Hassia subjectione ducum ab antiquo libera.
Präs. Johann Friedrich Kayser.
Giessen (Müller) 15. X. 1737. 72 S.

W. v.: Benner, Christoph Ludwig Rüdiger, Franz Justus Kortholt, H. R. von Barckhaussen, Friedrich Wilhelm Teuffel von Pürckensee, Hombergk (Opp.), G. J. Bruningk. 33416

Steitz, Wilhelm: Friedrich von Uechtritz als dramatischer Dichter. Ein Beitr. z. Literatur- u. Theatergeschichte d. neunzehnten Jhs. Marburg 1909: Görlitzer Nachrichten u. Anzeiger. 102 S. 8° ¶(Ersch. auch als Buch b. Tzaschel, Görlitz, aus d. Veröffentlichungen d. Oberlausitz. Gesellsch. d. Wissensch. zu Görlitz.)
Marburg, Phil. Diss. v. 27. März 1909, Ref. Elster
[Geb. 4. April 85 Frankfurt a. M.; Wohnort: Frankfurt; Staatsangeh.: Preußen; Vorbildung: Goethe-Gymn. Frankfurt Reife O. 03; Studium: Berlin 2, Heidelberg 2, Marburg 5 S.; Rig. 29. Juli 08.] [U 09. 3217

Aus den Veröffentlichungen der Oberlausitzischen Gesellschaft der Wissenschaften zu Görlitz: Friedrich von Uechtritz als dramatischer Dichter. Ein Beitrag zur Literatur- und Theatergeschichte der zwanziger Jahre des neunzehnten Jahrhunderts von WILHELM STEITZ. Görlitz 1909. Im Selbstverlage der Oberlausitzischen Gesellschaft der Wissenschaften und in Kommission der Buchhandlung von Herm. Tzschaschel. Druck: Görlitzer Nachrichten und Anzeiger. 8°.

Steitz, Wilh., Friedrich v. Uechtritz als dramatischer Dichter. Ein Beitrag zur Literatur- u. Theatergeschichte d. zwanziger Jahre des 19. Jahrh. (Aus den Veröffentlichgn. der oberlausitz. Gesellschaft der Wissenschaften zu Görlitz.) (VI, 102 S.) gr. 8. Görlitz 909. H. Tzschaschel. 3.—

Stekel, Moritz

Stekel, Mor. Militär- od. Civilverwaltung der Eisenbahnen? Ein Vorschlag zur Erhöhg. der Schlagfertigkeit unserer Armee. gr. 8. (16 S.) Wien 892, Perles. * — 40

Stekel, Wilh., nervöse **Angstzustände** u. ihre Behandlung. Mit e. Vorworte v. Siegm. Freud. (VIII, 315 S.) Lex. 8. Wien 908. Urban & Schwarzenberg. 8.—; geb. in Leinw. n 10.—

— Dichtung u. Neurose. Bausteine zur Psychologie d. Künstlers u. des Kunstwerkes, s. a. Grenzfragen des Nerven- u. Seelenlebens. 65. Heft.

Dichtung und Neurose. Bausteine z. Psychologie d. Künstlers u. d. Kunstwerkes von Dr. Wilhelm **Stekel**, Wien. Wiesbaden: Bergmann 1909. VI, 73 S. 8°
(Grenzfragen d. Nerven- u. Seelenlebens. 65.)

— Harnsäure u. kein Ende (Die echte u. die falsche Gicht), s.: Zeitfragen, hygienische. III.

— Keuschheit u. Gesundheit, s.: Zeitfragen, hygienische. IV.

Stekel, Wilh., das Radfahren u. d. Gesundheit. Ein ärztl. Ratgeber f. Radfahrer u. solche, die es werden wollen. gr. 8. (59 S.) Lahr 898. Verlag d. „Velo-Sport". n. 1.—

— s.: Über Selbstmord.

— die Ursachen der Nervosität, s.: Zeitfragen, hygienische. II.

Stekel, Wilh., was am Grund der Seele ruht ... (Bekenntnisse e. Seelenarztes.) (176 S.) 8. Wien 909. P. Knepler. 3.—

Stekel, Wilh., wie beuge ich e. Blinddarmentzündung vor?, s.: Zeitfragen, hygien. I.

— s.: Zentralblatt f. Psychoanalyse.

Stekker, Heinrich: Der Versbau im niederdeutschen Narrenschiff. E. Beitr. z. mittelniederdeutsch. Metrik. Schwerin, Druck d. Bärensprungschen Hofbuchdr., 1892; 64 S. 8.
Schwerin i. M., grossh. G Fridericianum, OP 1892 (649)

Stekker, Heinrich [aus Schwerin]: Der Versbau im niederdeutschen Narrenschiff. E. Beitr. z. mittelniederdeutschen Metrik ... [= Progr. d. Fridericianum in Schwerin 1892.] Schwerin, Druck d. Bärensprungschen Hofbuchdr., 1892; 64 S. 8.
Rostock, Phil. Fak., Inaug.-Diss. v. [19. Okt.] 1892

Steller, S., die Mosaide. Ein biblisches Epos in 14 Gesängen. gr. 8. (64 S.) Baja 878. (Wien, Rubinstein.) n. 1. 60

Stelczer, J. Karl — Predigt zur Gedächtnißfeier der weiland Durchlauchtigsten Frau Maria Dorothea, k. k. Erzherzogin von Oesterreich, &c. gehalten in der Kirche der evang. k. k. Militär-Invaliden- und Civilgemeinde in Tirnau, am 5. August 1855 von — —. Tirnau, 1855. Druck von Sigmund Winter. (8 S. 8.)

Stelkens: Eine Abhandlung über den Brief an den Diognet. 22 S.– Recklinghausen, Progr. 1860.

Stelkens, A., De Ephori Cumaei fide atque auctoritate. Diss. 1857. 58 S.

Stelkens, Ad.: Epistolam ad Diognetum explicavit. P. I. 25 S. (Enthält c. 1–6, griech. Text. lat. Uebersetz. u. erkl. Anm.)– Recklinghausen, Progr. 1871.

Stelkens, Fritz, neue Dekorationen f. Flächenschmuck, s.: Kappertz, Pet.

[F.] Handbuch für Kevelaer-Pilger . . . Hrsg. v. Karl Stelkens, Priester d. Erzdiöc. Köln. *Dülmen i. W.: A. Laumann 1897.* (192 S., 1 Taf.) 1 Bd 8. [98. 2528

Stelkens, Pet., wandernde Kaufleute. Schilderungen u. Betrachtgn. (67 S.) 8. Stuttgart 906. Strecker & Schröder. n. — 75

Stelkens, W.: Der römische Geschichtsschreiber Sempronius Asellio. Crefeld. 16 S. 1867. 4⁰
Schul-/Univ.-Schrift

Stell, B., lustigi Thurgauer G'schichte, s. Universal-Bibliothek Nr. 2490.

Stell, B. Lustige Thurgauer G'schichte. Humoresken in Thurgauer Mundart. (Inhalt: Musik als Ehestifterin. — D'Folge vome Ball. — Wie der G'meind-Amme vo Mostlinge sy Ehr g'wahrt hät. — D'Linde vo Birebach. — Wie Eine dur d'Lotterie sy Glück gmacht hät.) In-16⁰, 101 S. Leipzig, Philipp Reclam jun. 1888. — 30
*** „Universal-Bibliothek" N⁰ 2490

Stell, B. Studentenrache, f. Universal-Bibliothek.

Stella ein Schauspiel für Liebende von J. W. Göthe. Sechster Akt. [Altenburg 1776.] V: *Pfranger, Johann Georg* [?]. (Riemer, Mittheil. üb. Goethe. Bd. I. Berl. 1841. S. 467 Anm.) (Düntzer, Zu Goethes Jubelfeier. Elb. 1849. S. 195 Anm.) (GGr) (Schmidt, E. Lessing. Berl. 1892. II, 2. S. 575.) (Kürschner, Deutsche Nationall. 84. I. S. 295.) Dagegen: (Albrecht, Pfranger. Wismar 1894. S. 24—28.) (Arch. für Stud. neuer. Spr. 94, 257—263.)

Stella, e. Schsp. f. Liebende in 5 A. von J. W. v. Göthe. 8. Berl. Mylius. (a. Sommer in Lpz.) 776.

— — desselb. 6r Aft. 8. Jena, Akadem. Bchhdl. (W. G. Korn in Breslau.)

Stella, ein Roman; a. d. Franz. Breslau 1803. Ü: *Thiele, Leonhard.* (Ky)

Stella; ein Roman z. anständigen Unterhaltung. 3 Thle. 8. Breslau, Schall. 803.

Stella; ein Roman; aus dem Französ. (von Leonh. Thiele). 3 Thle. 8. Bresl. 803. (Leipz., Wienbrack). 1 ₰ 12 gr

Stella, oder das Gespenst von Oriol. Drama in 5 Aufz. Nebst e. Vorspiele: die Katakomben, in 1. Aufz. Frei nach dem Franz. von L. B. G. gr. 8. (5⁵/₈ B.) Karlsruhe 843, [Mannheim, Bensheimer.]

Stella, oder das Gespenst von Oriol. Drama in 5 Aufz. Nebst e. Vorspiele: die Katakomben, in 1 Aufz. Frei nach d. Französ. von L. B. G. gr. 8. Karlsruhe 843, Macklot. ⁵/₁₂ ₰

Stella, Maris, oder das Berufsleben des weiblichen Geschlechts im Lichte des Glaubens. Freiburg i. Br. 1893. V: *Chambaud, Auguste von.* (Kat. Herder 1801—95.)

Stella, Nummer zwei, oder Fortsetzung des Göthischen Schauspiels Stella. 8. Frankfurt a. O. 776. Strauß. ¹/₄ ₰

— Nummer 2; od. Forts. d. Göthe'schen Schauspiels Stella. 8. Frkft. Kunze. (Akadem. Buchhdl.) 776.

Stella ex Jacob Septena planetarum gloria coronata . . . Moguntiae [1737]. V: *Nebel, Anton.* (Jes)

Stella, Studien über die sociale Frage. gr. 8. (22 S.) Wien 848, Gerold in Comm. n. 4 ngr

Stella, Didacus, von Verachtung u. Eitelkeit der Welt. 8. Augsb. 753. M. Rieger. 8 gr

Schloß Arnheim. Tragödie in 2 Th., im Spiegelbilde d. Vergangenheit dem Pseudo-Naturalismus unserer Tage gegenüber. Von E. Stella [d. i. Viktor Stern]. Leipzig: A. Schulze 1893. (176 S.) 8⁰

Stella, Erasmus

Stella, E. Interpretamenti gemmarum libellus unicus . . . Erfurti et Lipsiae 1736. II: *Brückmann, Franz Ernst.* (BrMm)

Erasmus Stella

Erasmi Stellae [Stella] Interpretamenti gemmarum libellus unicus. Plinius Secundus ([Gaius Plinius Secundus] Historia naturalis.[Ausz.]) De Gemmis. (Hrsg.:] Franciscus Ernestus Brückmannus [Brückmann].) Erfurti & Lipsiae: Jungnickel 1736. 68 S. 8⁰

Stella, Erwin, Londoner Traditionen. Historische Erinnerungsblätter an das alte London. br. 8. (V und 186 S.) Dresden 867, Wallerstein. [Leipzig, Stangel.]

Stella, Hubert

Stella, Hub., forstliche Notizen über größere Waldcomplexe, gesammelt auf einer forstwissenschaftl. Reise durch Deutschland in den Jahren 1842 u. 43. gr. 8. (8⁷/₈ B.) Brünn 845, Winiker's Buchh. *

Stellagruppe [Schlagwort]

Stellagruppe, s.: Alpen. Karte.

Stellamonte, Katechismus d. Seidenbaues. Nebst e. tabellar. Darstell. der bei d. Seidenzucht täglich vorkommenden Beschäftigungen, 8. Leipz. 827. Baumgärtner. 6 gGr

Blau und Weiß. Erzählung von Georg **Stellanus** [d. i. Graf Georg v. Holtzendorff]. Bd 1. 2. Leipzig: Grunow 1901. 8° [10. 11-51

Stellanus, Geo., Blau u. Weiß. Erzählung. 2 Bde. 8. (462 u. 373 S.) Leipzig 901. F. W. Grunow.
Geb. in Leinw. n. 10. —

— Weihnachten auf Wildegg. Erzählung. 8. (558 S.) Ebd. 899. Geb. in Leinw. n. 7. —

Stellas Frühling d. Lebens, v. K. G. Cramer; ein Seitenstück zu Bellamo, m. K. 8. Lpz. Rein. 801.

Stellbaum, Karl, a. Bonn am Rh.: Über die Einwirkung von Semicarbazid auf aromatische α-Diketone und Ketonalkohole. Kiel 1905: H. Fiencke. (53 S.) 8°

Kiel, Phil. Fak., Ref. Harries, Diss. v. 8. Apr. 1905

[Geb. 28. Dez. 74 Bonn; Wohnort: Kiel; Staatsangeh.: Preußen; Vorbildung: Gymn. Dresden-N. Reife f. Obersekunda, Pharm. Staatsprüfung. Mit minist. Genehm. zugelassen; Studium: Leipzig 3, Kiel 6 S.; Rig. 17. Dez. 04.]

Stellbaum, Richard: Über den Rechtsbesitz und seine Stellung im System des Bürgerlichen Gesetzbuches. Greifswald 1910: Adler. XIV, 93 S. 8°

Greifswald, Jur. Diss. v. 27. April 1910, Ref. Frommhold

[Geb. 16. März 85 Baudach, Brandenburg; Wohnort: Greifswald; Staatsangeh.: Preußen; Vorbildung: Gymn. Greifswald Reife M. 04; Studium: Greifswald 7 S.; Rig. 3. März 10.] [U 10. 1551

Stellberger, Friedrich (Hrsg.), s. Beschreibung des schaudervollen Schicksals eines ... Soldaten....

Stellbogen, W., Tabelle der rechtwinkligen Coordinaten zur Bestimmung der einzelnen Polygonpunkte, aus den gegebenen Polygonseiten von 0,01 bis zu 50 Metern m. den zugehörigen Brechungswinkeln berechnet. 4. (IV, 182 S.) Dessau 884. (Berlin, Polytechn. Buchh.) n.n. 6. —

Stelldichein, Das, in Tivoli, oder Schuster und Schneider als Nebenbuhler. Lokalposse mit Gesang in zwei Akten. Frankfurt 1832. V: *Malss, Carl.* (EE)

Stelldichein, das, im Tivoli, od. Schuster u. Schneider als Nebenbuhler. Localposse mit Gesang in 2 Acten. (Von Malz.) 16. (7 B.) Frankfurt a. M. 832, Sauerländer.

Stelle, die freie. Spezial-Fach-Zeitschrift für's prakt. Leben. Stellenangebote f. kaufmänn., techn. u. gewerbl. Personal. Zentral-Organ f. Existenz- u. Nebenverdienstsuchende. 1. Jahrg. Dezbr. 1904. 4 Nrn. (à ca. 8 S.) Fol. Duisburg, M. Schwenzer. 1. 60

Stelle, Eine sonderbare, aus Süssmilch's Abhandlung von Berlin, Halberstadt betreffend. [Halberstadt 1794.] H: *Eichholz, Friedrich Wilhelm.* (MI.)

Stelle, die, wo sie sterblich sind .... Novellen v. Marie-Madeleine. (209 S.) 8. Leipzig (908). Grethlein & Co. 3.50; geb. 4. 50

Stelle, F., Eine österr. evangelische Parochie. (Steyr in Oberösterreich.) Gr.-8°. (ill. 26 S.) † K —.60
Steyr: Sandböck 1903.

Stelle, Friedrich Barthold (Duderstadt) A. S. 1328/51

Tractatus philosophicus, de anima brutorum, quo asseritur illam esse materialem, sensu et perceptione contra Cartesianos, praeditam, cogitatione vero et ratiocinio adversus quosdam neotericos, destitutam. Präs. Marianus Brocke.
Erfurt (Werther) 17. X. 1715. 68 S. 33417

Stellen

— auserles., der heil. Schrift, auf alle Tage d. Jahres. 8. Leipz. 775. Sommer. 3 gGr

Stellen, die, der Bibel, welche Geschlechtliches enthalten. Gesammelt und mit einer Vorrede und einer Nachrede hrsg. für Geistliche, Lehrer und Eltern. 16. (31 S.) Zürich 872, Verlags-Magazin. * — 50

Stellen, die, der Bibel, welche Geschlechtliches enthalten. Gesammelt u. m. e. Vorrede u. e. Nachrede hrsg. für Geistliche, Lehrer u. Eltern. 12. (31 S.) Zürich (900). Verlags-Magazin. n. — 50

— üb. diejenigen, im N. Testament, die die Person Jesu Christi betreffen. gr. 8. Helmst. 794. Fleckeisen. 20 gGr

Stellen und Diener der evangelischen Kirche in Würtemberg ... Stuttgart 1859. V: *Leibbrand, Carl Aug.* (Heyd)

—— und Diener der evangelischen Kirche in Württemberg. Das sogen. Magisterbuch in seiner 19. Folge. Hrsg. von der Redact. des evangel. Kirchen- und Schulblatts für Württemberg. Als Mscr. gedr. gr. 8. (VI, 178 S.) Stuttgart 868. (Lindemann.) * 2 —

Stellen. Die gegen Dr. Friedrich Locher eingeklagten St... s. Locher. 5 *Prozess-Schriften betr.* Dr. Friedrich Locher von Zürich. [Nr. 4.]

Stellen, erhabene, und Lebensregeln, s. Morgenstern.

Stellen und Lebens-Regeln, erhabene, zur Beförderung eines glücklichen und tugendhaften Lebens und zur Befestigung guter Grundsätze, zum Nutzen für Jedermann und besonders für Jünglinge, aus Basedow, Campe, Knigge, Franklin u. a. Meisterwerken gesammelt von A. Morgenstern. 4., verb. Aufl. 8. (VII und 291 S.) Quedlinburg 853, Ernst'sche Buchh.

Stellen, erhabene, u. Lebensregeln aus d. Werken v. Franklin, v. Knigge, Hufeland u. a. 8. Quedlinb. 827. Ernst. 12 gGr

Stellen, die klassischen, d. gelobten Landes u. seiner nähern Umgebungen. N. engl. Orig. dargest. u. mit Benützung d. Schriften Chateaubriand's, Lamartine's, Schubert's, Clarke's, Richardson's u. A. erläutert. M. e. Vorw. v. Alb. Knapp. 6 Lfgn. gr. 8. (24 Stahlst. u. $3^3/_4$ B. Text.) Stuttgart 838, [Scheible, Rieger u. Sattler.] Thlr. *

—— die klassischen, der Schweiz u. deren Hauptorte in Original-Ansichten dargest., gez. v. Gust. Ad. Müller, auf Stahl gest. v. Henry Winkles u. d. besten engl. Künstlern. Mit Erläuterungen von Heinr. Zschokke. 2 Bde. (od. 28 Lfgn.) Lex.-8. (à 3 Ansichten u. 1 B. Text.) Carlsruhe 835—38, Kunst-Verlag. à L. 1/6 Thlr. Gebund.
In Roy.-4. chin. Pap. à L. 1/3 Thlr., geb. in 1 Bd.
Ausg. mit franz. Text zu gleichen Preisen.

— die klassischen, der Schweiz u. deren Hauptorte, in Original-Ansichten dargestellt von Gust. Ad. Müller u. Henry Winkles. Mit Erläuterungen von Heinr. Zschokke. 28 Nummern. (Mit Stahlstichen.) Lex.-8. Carlsruhe 835 — 38. Kunst-Verlag. (W. Creuzbauer.) Pränum.-Pr. à n. 1/3 ℛ — In Roy.-4. auf chines. Papier à n. 2/3 ℛ

Die klassischen Stellen der Schweiz und deren Hauptorte in Originalansichten dargestellt, gez. v. Gust. Adolph Müller, auf Stahl gestochen von Henry Winkles etc. Mit Erläuterungen v. Heinrich Zschokke. Abt. 1—2. Karlsruhe und Leipzig. 1842. 8°.

— die klassischen, der Schweiz u. deren Hauptorte in Original-Ansichten dargestellt. Mit Erläuterungen von Hnr. Zschokke. (Neue wohlfeile Ausg.) No. 1. Lex.-8. (Mit 3 Taf.) Karlsruhe 842, Kunst-Verlag. n. 1/6 ℛ

Stellen, die, in den württembergischen Perikopen noch nicht verwend., d. Neuen Testaments. Zur freien Textwahl in d. Reihenfolge d. bibl. Schriften u. nach d. Texte d. revid. Bibel zusammengest. (v. W. Haller). M. e. Anh.: Verzeichnis d. Perikopen nach ihrer bibl. Reihenfolge. gr. 8. (V, 141 S.) Stuttgart 895. Ludwigsburg, Ungeheuer & Ulmer. Geb. in Leinw. n. 2. 40

— die schönsten der Schweiz. Eine Sammlung von 48 Ansichten in Aquatinta-Manier. Basel (854.) (Maehly-Lamy.) qu. gr. 4. 3 ℛ. 6 ngr.

Die schönsten und wichtigsten Stellen aus [Karl Christian Friedr.] Krause's Urbild der Menschheit. Schaffhausen: Brodtmann 1843. 20 S. 8° [Umschlagtit.]
°Aus: Vorläufer für 1843 No 19—22.
Tt. 1647.

Stellen, die schönsten u. wichtigsten aus Krause's Urbild der Menschheit. 8. (1¼ B.) Schaffhausen 843, Brodtmann'sche Bh.
Aus: Der Vorläufer f. 1843 besond. abgedruckt.

— der heil. Schrift auf die Sonn- u. Festtage nach Anleit. der Evangelien u. Episteln. 8. Bresl. 784. (J. F. Korn). 8 gℛ

Stellen aus ungedruckten Schriften und Briefen eines christlichen Poëten. [Zürich 1782.] V: *Buchrucker, Chn Frdr.* (MGT)

Stellen, 47, der heil. Schrift, aus d. Sitten u. Gebräuchen d. Morgenlandes erläut. u. in schönen Holzschnitten bildl. dargestellt. gr. 12. (4 B.) Bern 836. (Basel, Bahnmaier's Bh.)

— 47, der heil. Schrift, aus den Sitten u. Gebräuchen des Morgenlandes erläutert u. in schönen Holzschnitten bildlich dargest. gr. 12. Bern 836. (Basel, Spittler.) ¼ ℛ

Stellen, Einige vorzüglichere, aus der heiligen Schrift zu Betrachtungen. Regensburg o. J. V: *Löcherer, Joseph.* (Russell IX, 621)

Stellen, Wichtige, des Rabbinischen Buches Zohar im Text und mit Übersetzung . . . Berlin 1824. H: *Tholuck, Frdr. Aug. Gottreu.* (KatDMG)

Stellen-Anzeiger, Schweizerischer. 1898. 52 No. (No. à 4 Fol. Seiten.) Eschlikon (Thurgau), Heugürtner-Rychner. pro Quart. 3 50

Stellenbesetzungen in der Marine. Herbst 1902. gr. 8. (58 S.) Berlin 902. E. S. Mittler & Sohn. n. — 40

Stellenbesetzungen in der Marine. Herbst 1906. (78 S.) 8. Berlin, E. S. Mittler & Sohn. n. — 60

Stellenbesetzungen in der Marine. Herbst 1910. (85 S.) 8. Berlin 910. E. S. Mittler & Sohn. — 60

Stellen(-blatt): Stellen- und Offertenblatt v. Der Werktag.

Stellenlosenversicherung, die, des Bundes der techn.-industr. Beamten, s. a. Schriften des Bundes der technisch-industr. Beamten.

Die Stellenlosenversicherung des Bundes der techn.-industr. Beamten. Berlin: K. Sohlich 1906. (20 S.) 8° [F.]
= Schriften d. Bundes d. industr. Beamten. No 6. [06. 13777

Stellenmarkt, der holzindustrielle. Beilage zur illustr. Tischlerzeitg. „Wohnungskunst u. Holzarchitektur". Red.: Alfr. Busch. 1. Jahrg. 1910. 6 Nrn. (à ca. 4 S.) 8. Berlin (N. 65, Malquetstr. 16), Allgem. Verlags-Anstalt. — 50
Erscheint nicht mehr.

Stellenvermittlergesetz. Vom 2. Juni 1910. (RGBl. S. 860. Berlin: Heymann 1910. 8 S. 8° [Umschlagt.]
(Gesetzestexte 1910. Nr 14.) [10. 12310

Das Stellenvermittlergesetz vom 2. Juni 1910 m. allen preuß. Ausführungsbestimmungen. Von Dr. F[ranz] Hoffmann, Geh. Ober-Reg.R. 4. Aufl. d. Vorschriften f. d. Geschäftsbetrieb d. Gesindevermieter u. Stellenvermittler. Berlin: Heymann 1910. VIII, 176 S. 8°
(Taschen-Gesetzsammlung. Nr 72.) [11. 4761

Das Stellenvermittler-Gesetz (nach d. Beschlüssen d. Reichstags v. 4. Mai 1910) mit Kommentaren. Anh.: Der paritätische Arbeits-Nachweis ... Bearb. f. d. 'Verband deutscher Gastwirtsgehilfen' von Hugo Poetzsch. (Berlin 1910: Janiszewski.) 35 S. 8° [10. 9006

Stellenvermittlergesetz. Vom 2. Juni 1910. Nebst d. wichtigsten weiterhin f. Stellenvermittler geltenden allgem. Bestimmungen d. Gewerbeordnung ... erl. u. m. Einl. u. Sachreg. vers. von Victor Szczesny. Berlin: Vahlen 1910. 81 S. 8° [10. 14316

Stellenvermittlergesetz. Vom 2. VI. 1910. (7 S.) kl. 8. Hamburg (910). Eckardt & Meßtorff. — 25

— dasselbe. 1910. (4 S.) 8. Ebd. (910). — 15

— dasselbe, s. a. Gesetzestexte. Nr. 14.

Verein der Freundinnen junger Mädchen. Stellenvermittlung und Erkundigungsbureau des Vereins — — im Bahnhofheim ..., Basel. Statuten. [1901.] [1 S.] 8.

Stellenvermittlungsgesetz nebst Ausführungsbestimmungen von Preußen, Bayern, Württemberg, Sachsen und Baden hrsg. u. erl. von Dr. Georg Schmid, Reg.Ass. Stuttgart: Steinkopf 1910. 123 S. 8° [10. 17401

Stellenwerttabelle der Masse, Gewichte u. Münzen. 87,5×120,5 cm. Wien (907). A. Pichler's Wwe. & Sohn. Auf Pappe 3. —

Steller, C. Chronik des Dorfes Lichtenberg bei Berlin. 8. Berlin 1870.

Steller, Georg Wilhelm

— Abhandl. v. besond. Meerthieren, mit Anmerk. u. Kpf. 8. Halle, Kümmel. 753.

Steller G. W.: Ausführliche Beschreibung v. sonderbaren Meerthieren ... Halle 1753. (14) 218 S. 1 Tvl.

— ausführl. Beschreib. von besondern Meerthieren. Mit Anmerk. u. Kpf. 8. Halle 753. Kümmel. 10 gℛ

Steller, Georg Wilhelm. Beschreibung von dem Lande Kamtschatka, dessen Einwohnern ... Frankf. u. Leipz. 1774. H: *Scherer, Joh. Bened.* (MS) (EngG) (CBH) (AarK) (ADB 36, 36)

Steller G. W.: Beschreibung v. dem Lande Kamtschatka, dessen Einwohnern, deren Sitten, Nahmen, Lebensart u. verschiedenen Gewohnheiten. Herausg. v. J. B. S. Frankf. u. Leipz. 1774. (24) 384, 71 S. 11 Tvl. 2 Kt.
(De 24 S. ere Forf.s Biografi).

Steller, Geo. Wlh., Beschreib. von d. Lande Kamschatka, dessen Einwohner, Sitten, Namen, Lebensart u. verschiedene Gewohnheiten; herögg. v. J. B. Scherer. Mit Kpf. gr. 8. Frankf. a. M. 774. Guilhaumann. (Fr. Fleischer in Leipz.) 1 ℛ 12 gℊ Schrbp. 2 ℛ 8 gℊ

Steller, G. W. Reise von Kamtschatka nach Amerika mit dem Commandeur Kap. Bering ... St. Petersburg 1793. H: *Pallas, Peter Simon.* (EngG) (BrMm) (CBH)

— Reise von Kamschatka nach Amerika. Mit Anmerkk. herögg. v. P. S. Pallas. gr. 8. St. Petersb. 793. Logan. (Cnobloch in Leipz.) 10 gℊ

Steller, Gustav: Der wirtschaftliche Wert einer bayerischen Großschiffahrtsstraße. Hrsg. vom Verein für Hebung der Fluß- und Kanalschiffahrt in Bayern. 2 Bde. Nürnberg 1908. 419 u. 96 S. mit Ziffernaufstellungen und Zeichnungen.

Der wirtschaftliche Werth einer bayerischen Grossschiffahrtsstrasse. Von Gustav **Steller**. Mit 1 Anlagebd. (Nürnberg): Ver. f. Hebung d. Fluss- u. Kanalschiffahrt in Bayern 1908. 1 Bd 4°, 1 Bd 2° 08. 3293 6

Steller, K. G., Die Bedeutung der Tarifverträge und die Lage der Industrie in Bayern r. v. Rh. Im Auftrage des Verbandes Bayerischer Metallindustrieller verfaßt. Nürnberg, 1905. 32 S. mit 6 Taf.

(**Steller**, K. G.:) Denkschrift zum Jubiläum des fünfundzwanzigjährigen Bestehens der Handelskammer zu Hanau. [Mit 1 Tab.] Hanau 1896: Kittsteiner. XV,132 S. 4°

Steller, K. G., der Halleysche Komet im Sternenhimmel. Eine Sonderkarte u. 2 Hinweiskarten m. Erläutergn. 1.—10. Taus. (4 S.) gr. 8. Nürnberg (Meuschelstr. 14) (910). Selbstverlag. — 20

Steller, Konr. Gust., Gedenkblätter. Dichtungen. 8. (144 S.) Dresden 900. E. Pierson. n. 2. 50; geb. n. 3. 50

Steller, P., Das Uebermaß der öffentlichen Lasten der Industrie in Deutschland. Ein Merkblatt für den Gesetzgeber. Köln, 1910. 19 S.

Steller, Paul, nationale Bankpolitik. Ein Beitrag zur Bankfrage in Deutschland. (IV, 44 S.) gr. 8. Berlin 907. H. Spamer. — 75

Die Erweiterung des Notenrechts der Reichsbank. Vortr. geh. am 9. Dec. 1898 im Ver. d. Industriellen d. Reg.-Bez. Köln v. dessen Geschäftsführer Paul **Steller**. Ergänzt durch spätere Kundgebgn in d. Bankfrage. Köln: Ver. d. Industriellen d. Reg.-Bez. Köln 1899. (25 S.) 1 Bd 8°

Steller, Paul, Führer durch d. Börse. E. Leitfaden f. d. Kapitalanlage in Wertpapieren u. z. Unterr. üb. d. Börsen- u. Aktienwesen. Unt. Berücksicht. d. einschläg. Gesetze u. Verordngn. gr. 8. (132 S.) Köln (Cäcilienstr. 40) 898. (Ph. Gehly'sche Buchdr.) Geb. n. 4. —

Steller, Paul, Führer durch die Börse. Ein Leitfaden **f. die Kapitalanlage in Wertpapieren u. zum Unterricht üb. das Börsen- u. Aktienwesen. Unter Berücksicht. der einschläg. Gesetze u. Verordngn. 2. neu bearb. Aufl.** gr. 8. (148 S.) Köln (Cäcilienstr. 40) 901. (Ph. Gehly'sche Buchdr.) (Leipzig, K. F. Koehler.) Geb. n. 4.—

Steller, Paul, Führer durch die Börse. Ein Leitfaden **f. die Kapitalanlage** in Wertpapieren u. zum Unterricht üb. **das Börsen- u. Aktienwesen,** unter Berücksicht. der einschlägig. Gesetze u. Verordngn. 3., neu bearb. Aufl. (VI, 191 S.) 8. Berlin (905). H. Spamer. Geb. in Leinw. n. 4. —

Führer durch die Börse. Ein Leitfaden f. d. Kapitalanlage in Wertpapieren u. z. Unterr. über d. Börsen- u. Aktienwesen, unter Berücks. d. einschläg. Gesetze u. Verordnungen hrsg. von Paul **Steller**. 3., neu bearb. Aufl. Berlin: H. Spamer [1905]. (X, 229 S.) 8° 05. 2457

Steller, Paul, Handbuch für Capitalisten. Ein Sammel- und Nachschlagewerk für Privatleute und Bankiers. 2 Thle. 8. (VII, 347; 752 S.) Grünberg 880, Levysohn. * 7 50

— die deutschen Hypotheken-Aktien-Banken. Eine Studie, mit besonderer Berücksichtigung der Jahresberichte pro 1876, der rechtlichen u. materiellen Grundlagen der Pfandbriefe, u. der Rentabilitäts-Verhältnisse der Aktien. gr. 8. (69 S.) Stuttgart 877. Aue. n. 1. 50

Wirtschaftliche Interessenvertretung in Deutschland. Vortrag von Paul **Steller**. *Köln: Verein d. Industr. d. Reg.-Bez. Köln 1900.* (24 S.) 8° [F.] 01. 4067 5

— **die Störungen in der deutschen Maschinenindustrie während der J. 1900 ff., s.: Schriften des Vereins f. Socialpolitik. 107. Bd.**

Der Verein der Industriellen des Regierungsbezirks Köln und die Industrie des Bezirks. Ein Gedenkblatt zum 25jähr. Bestehen des Vereins. Von Paul Steller. — Köln 1906: (Bachem). 73 S. 4° 38 A.

— Die Wendung in der deutschen Geld- u. Bankfrage. (III, 190 S.) 8. Köln 908. P. Neubner. 2. 80

Steller, Wilhelm [aus Celle]: Über das Hydrazid und Azid der Sebacinsäure und über das 1,8 Diaminooctan ... Kiel, Druck v. A. F. Jensen, 1897; 41 S., 1 Bl. 8.
Kiel, Phil. Fak., Inaug.-Diss. v. [16. März] 1897

Stellet euch nicht dieser Welt gleich! Biblische Beurtheilung von allerlei Weltwesen, als: Mode, Lotterie, Bazar, Tanz, Wirthshaus, Theater, Gesellschaften u. dgl. Dazu als Anhang Scriver's Worte über das „Segensprechen". Den Christen und Lutheranern Deutschlands als Spiegel vorgehalten. gr. 8. (30 S.) Dresden 875, (H. J. Naumann.) *
Aus: Verhandlungen der 18. Jahresversammlung des östlichen Districts der deutschen evangelisch-luther. Synode von Missouri im J. 1874, besonders abgedruckt.

STELLHEIM, Karl, u. Clementine v. Rosensee. Eine deutsche Geschichte. Augspurg, Doll, 1784. 8°.
Cath. Monath IV. 1785. p. 527.

— — Dasselbe, tit.: Carl Stellheim und Clementine von Rosensee. Eine Geschichte deutscher Zärtlichkeit. Leipzig (Wien, Doll) 1790. 8°.
Kayser p. 120 hat nur „Wien".

Stellheim, Carl, und Lotte v. Rosensee. Ein Trauerspiel in fünf Aufz. Altona 1798. V: *Dieck, Friedrich August L. von.* (GGr)

Stellheim, Karl u. Lotte v. Rosensee. Trspl. in 5 A. 8. Altona 798. Hammerich. 8 gℊ

Stellhorn, F. W., die Pastoralbriefe Pauli übers. u. erklärt. I u. II. gr. 8. Gütersloh 899. C. Bertelsmann. à n. 2. 40; geb. à n. 3. —
I. Der Brief Pauli an Timotheum. (VII, 147 S.)
II. Der 2. Brief an Thimotheum u. der Brief an Titum. Anh.: Der Brief an Philemon. (147 S.)

Stellhorn, F. W., kurzgefasstes Wörterbuch zum griechischen Neuen Testament. gr. 8. (VI, 153 S.) Leipzig 886, Dörffling und Franke. *ℳ 3.—.; geb. * 4 —

Stellhorn, F. W., kurzgefasstes Wörterbuch zum griechischen Neuen Testament. 2., verb. u. verm. Aufl. (VII, 158 S.) gr. 8. Leipzig 905. Dörffling & Franke. n. 3. —; geb. n. 4. —

— s.: Zeitblätter, theologische.

Stellhorn, Gust., s. a. Führer durch Hagen.

Führer durch Hagen, Altenhagen und Eckesey. M. d. neuesten Pl. ... (Vf.: Gustav **Stellhorn**.) *Hagen i. W.: A. Sessinghaus 1898.* (1 Bl., 35 S., 1 Pl.) 1 Bd 8. [98. 3039

Führer durch Hagen und die besuchtesten Teile des Ruhr-, Lenne-, Hönne-, Volme- und Ennepe-Gebiets. M. Plan v. Hagen u. e. Touristenkt. Hrsg. Gust. **Stellhorn**. 1. Aufl. ... *Hagen i. W.: A. Sessinghaus 1897.* (2 Bl., 104, 44 S., 1 Pl., 1 Kt.) 1 Bd 8. [97. 8159

Führer durch Hagen und Umgegend. Mit d. neuesten Pl. 2. Aufl. (Verf.: Gustav **Stellhorn**.) *Hagen i. W.: A: Sessinghaus 1903.* (48 S.) 8° [F. u. Ant.] [03. 12331

Führer durch Hagen und Umgegend. Mit d. neuesten Plan. (Verf.: Gustav **Stellhorn**.) 3. Aufl. Hagen i. W.: A. Sessinghaus 1905. (82 S.) 8° [05. 10030

Führer durch Hagen und Umgegend. Mit d. neuesten Pl. (Verf.: Gustav **Stellhorn**.) 4. Aufl. Hagen i. W.: A. Sessinghaus 1907. (83 S.) 8° [Ant. u. F.] [08. 6112

Führer für das Ruhr- u. Lennegebiet mit Anschluss d. Städte Elberfeld-Barmen, d. Remscheider Thalsperre, Burg-Müngsten, ⟨Kaiser Wilhelm-Brücke⟩, d. Stadt Dortmund, ⟨Emskanal-Henrichenburg⟩. Mit 2 Karten. 2. Aufl. Neu bearb. von G[ustav] **Stellhorn**. *Hagen i. W.: A. Sessinghaus [1900].* (IV, 260 S.) 8° [F. u. Ant.] [00. 9059

Karte für das Ruhr- und Lennegebiet mit Angabe d. Eisenbahnen, elektr. Bahnen, Strassen, Kommunal- u. Touristen-Wege. 2. Aufl. Neu bearb. von G[ust.] **Stellhorn**. *Hagen i. W.: A. Sessinghaus 1900.* (1 Kartenbl. 37 × 83 cm.) 8° [Umschlagt.] [00. 9790

Stelljes, M., Gebete u. Lieder f. Seefahrer. 8. (4¼ B.) Stade 830. (Lüneburg, Herold u. Wahlstab.)

Stelljes, William, abenteuerliche Geschichten, s. a. 1-Mark-Bibliothek Continent. Nr. 4.

Abenteuerliche Geschichten. Novellen von William **Stelljes**. 1.–3. Taus. Berlin: Continent [1905]. (111 S.) 8° [F.]
= 'Continent', 1 Mark-Bibliothek. No 4. [05. 11136

Stelljes, William, die hübsche kleine Häßliche. Hof- u. Kriminalgeschichten. (188 S.) 8. Leipzig 907. E. Maerter. 2.—; geb. 3. —

Stelling, s.: Luftschiffahrt, die.

Stelling, Alex, Referendar in Celle: Vertagungsrecht und Ladungspflicht nach § 335 C.P.O. Borna-Leipzig 1904: R. Noske. (VIII, 52 S.) 8°
Leipzig, Jur. Fak., Diss. v. 28. Jan. 1905
[Geb. 4. Juli 79 Münder a. Deister; Wohnort: Hameln; Staatsangeb.: Preußen; Vorbildung: Gelehrtensch. d. Johanneum Hamburg Reife O. 97; Studium: Zürich 1, Tübingen 3, Berlin 1, Göttingen 1 S.; Rig. 28. Jan. 05.]

Stelling, Carl, s. Stelling, Karl

Stelling, Eduard

Stelling, Ed., Die dritte internationale Ballonfahrt am 1. (13.) Mai 1897 [Bulletin de l'Acad. Imp. des Sciences de St. Pétersbourg, 1897, Novembre. T. VII, No. 4.] St. Petersburg 1897.

Stelling, E., Magnetische Beobachtungen im ostsibirischen Küstengebiete im Jahre 1890, nebst Bemerkungen über die Aenderungen der erdmagnetischen Elemente daselbst. St. Petersburg 1892.

Stelling, Ed., Magnetische Beobachtungen im Lena-Gebiet im Sommer 1888 und Bemerkungen über die säkulare Aenderung der erdmagnetischen Elemente daselbst. St. Petersburg 1889.

Magnetische Beobachtungen auf einer Reise nach Urga im Sommer 1893 nebst Bemerkgn üb. d. Ändergn d. erdmagnet. Elemente in Ost-Sibirien. Von Ed[uard] **Stelling** ... *St.-Pétersbourg: Acad. Imp. d. Sc. 1895.* (1 Bl., 26 S.) 4.
= **Mémoires** de l'Académie Imp. d. sciences de St.-Pétersbourg. Sér. VIII. Cl. phys.-math. Vol. II. No 9. [96. 6366

Stelling, E., Die Beobachtungen des meteorologischen und magnetischen Observatoriums in Irkutsk im Jahre 1890. Irkutsk 1891—93.

Stelling, Ed., s.: Beobachtungen d. Tifliser physikal. Observatoriums.

— s.: Beobachtungen d. Temperatur d. Erdbodens im Tifliser physikal. Observatorium.

Stelling, Ed., Résumé der magnetischen und meteorologischen Beobachtungen des Irkutsker Observatoriums für 1888. Irkutsk 1889.

Stelling, Erwin [aus Kopenhagen]: Über die Kondensation von Benzylcyanid mit Opiansäure sowie mit einigen Aldehyden. Freiburg (Schweiz) 1898. 72 S. 8°.
Freiburg. Mathem.-naturw. Diss. 1898/99.

Stelling, H., s.: Aus Bismarcks Familienbriefen.

Stelling, H., d. heutige Gewohnheitsrecht d. freien Pürsch in d. Prov. Hannover. E. Darstellg. d. Rechtsverhältnisse d. heut. Freijagd in d. hannov. Marschen (Land Hadeln, Altes Land, Land Kehdingen, Kreis Neuhaus [Oste], Land Wursten), sow. im Großen u. Kleinen Freien d. ehem. Amts Ilten, d. jetz. Kreise Burgdorf u. Hannover. gr. 8. (VI, 124 S.) Hannover 897. Hahn. n. 2. 50

— Hannover's Jagdrecht. Ausführlich erläut. v. S. 1) D. hannov. Jagdgesetz v. 29. Juli 1850, 2) d. hannov. Jagdordng. v. 11. März 1859 (z. ersten Male auf Grund d. Regierungsmotive u. d. ständ. Aktenstücke) m. sämmtl. Ministerial-Bekanntmachgn. u. Rescripten, 3) d. hannov. Wildschadengesetz v. 21. Juli 1848, 4) d. Jagdscheingesetz v. 31. Juli 1895 (m. Ausführungs-Verfügg. v. 2. Aug. 1895), 5) das Wildschongesetz v. 26. Febr. 1870, 6) Polizei-Verordng. f. d. Reg.-Bezirke Aurich u. Osnabrück, betr. Verhütg. v. Flurbeschädiggn. bei Ausübg. d. Jagd, 7) d. Gesetz üb. d. Zuständigkeit d. Verwaltungsgerichtsbehörden v. 1. Aug. 1883 (§§ 103 ff.), 8) d. Reichsgesetz, betr. d. Schutz v. Vögeln v. 22. März 1888, 9) d. Reichsgesetz, betr. d. Prüfg. d. Läufe u. Verschlüsse d. Handfeuerwaffen v. 19. Mai 1891, 10) d. Bestimmgn. d. Reichsstrafgesetzbuchs, betr. d. Widerstand gegen Forst- u. Jagdbeamte, Jagdberechtigte u. deren Aufseher (m. d. preuß. Gesetze v. 31. März 1837 u. d. hierzu ergang. Ministerial-Rescripten), Jagdvergehen u. sonstigen jagdpolizeilichen Uebertretgn., m. sämmtl. Entscheidgn. d. früheren Ober-Appellationsgerichts Celle, d. Obertribunals u. Ober-Appellationsgerichts Berlin, d. Kammergerichts Berlin, d. Oberlandesgerichts Celle, d. Gerichtshofes f. Entscheidg. v. Competenzconflicten, d. Oberverwaltungs-Gerichts, d. Reichsgerichts u. d. Oberlandesgerichte. M. e. Anh., enth.: d. preuß., braunschweig., hess., Schaumburg-Lippe'schen u. Waldeck'schen Jagdgesetze. gr. 8. (XVI, 384 S.) Ebd. 896. Geb. in Leinw. n. 6. —

— d. Jagdschein-Gesetz v. 31. Juli 1895 m. d. Ausführungs-Verfügg. v. 2. Aug. 1895. Auf Grund d. Regierungs-Motive unt. Berücksicht. aller einschläg. Entscheidungen d. Obertribunals, Ober-Appellationsgerichts u. d. Kammergerichts Berlin, d. Reichsgerichts u. des Oberverwaltungsgerichts ausführl. erläut. M. e. Sachregister. gr. 8. (VI, 59 S.) Ebd. 896. Kart. n. — 90

— die freie **Wasservögeljagd auf öffentlichen Gewässern der preußischen Monarchie unter besond. Berücksicht. der Prov. Hannover. Zugleich e. Beitrag zum Deich- u. Wasserrecht. gr. 8. (IV, 164 S.) Hannover 901. Hahn. n. 3. —**

Stelling, Heinr., die **Erziehung** der schwachbegabten u. schwachsinnigen **Taubstummen** u. die Teilung nach Fähigkeiten überhaupt. Dargestellt an der Hand e. Reiseberichtes üb. dän. u. norweg. Taubstummen-Anstalten. gr. 8. (78 S.) Leipzig 903. C. Merseburger. n. 1. 80

— die Fürsorge f. die **schwachbegabten Kinder der Volksschule u. der Taubstummen-Anstalten. Ein Beitrag zur** Durchführung der **„Trenng. nach Fähigkeiten". gr. 8.** (62 S.) Emden 900. **W. Haynel. n. 2. —**

Stelling, praktische Strafanzeigen (**Strafrechtsfälle**), **aus der** Praxis der **Staatsanwaltschaft gesammelt u. f. den** akadem. Unterricht **sowie f. Referendare der Justiz u.** Verwaltung unter **Berücksicht. des bürgerl. Gesetzbuches** u. fortlauf. Anführg. **der gesetzl. Vorschriften, Verordngn.** u. s. w. bearb. 12. (XI, 244 S.) Hannover 902 Helwing. Geb. in Leinw. n. 3. —

Stelling, Hermann, Assistenzarzt am Stadt-Hannoverschen **Krankenh.** in Linden: **Ein Fall** von Stichverletzung der **Arteria glutea.** *Kiel 1902: P. Peters.* (12 S.) 8°
Kiel, Med. Diss. v. [6. Jan.] 1902

Stelling, die hannoverschen Jagdgesetze in ihrer heut. Gestalt, m. **dem** hannov. **Wildschaden-Gesetz vom 21. VII. 1848, dem Jagdschein-Gesetz** vom **31. VII. 1895**, dem **Wildschon-Gesetz vom 14. VII.** 1904, den sämtlichen **Ausführungs-Verfügungen**, sowie m. dem **Jagdverwaltungsrecht u. dem Jagdstrafrecht.** (XV, 560 S.) kl. 8. Hannover 905. **Hahn.** n. 4. 50; geb. in Leinw. n. 5. 25

Stelling, Herm., die **hannoverschen Jagdgesetze in ihrer** heutigen Gestalt, m. **dem hannov. Wildschaden-Gesetz** vom 21. VII. 1848, dem **Jagdschein-Gesetz vom 31. VII.** 1895, dem Wildschon-Gesetz vom 14. VII. 1904, den sämtl. Ausführungs-Verfüggn. u. **Polizei-Verordngn.,** dem Jagdverwaltungs- u. **Jagdstrafrecht, der preuß.** Jagdordng. v. 15. VII. 1907 m. den kurhess. Jagdgesetzen, der Ausführungs-Anweisg. vom 25. VII. 1907 sowie dem neuen Reichsvogelschutz-Gesetz v. 30. V. 1908 (enth. das Verbot des Krammetsvogelfanges). Text-Ausg. (VI, 219 S.) kl. 8. Hannover 908. Hahn. 2.—; geb. in Lw. 2. 50

Stelling, Johann Albrecht (Aurich) A. S. 1381/37

Dissertatio theologica de argumentis pro **animae** immortalitate in Veteri Testamento.
Präs. Johann Salomon Semler.
Halle (Hendel) IX. 1758. 36 S.

Gew.: Jo. Ludwig Lindhammer, Andreas Arnold Gossel, Gustav Adolph Brawe.
W. v. - Präs., Joachim Kirckhefer, Gottfried Christian Fastenau, Christian Daniel Schnedermann, Werner Anton Ennen. 33423

Stelling, Karl

Stelling, Carl, Experimentelle Untersuchungen über den Einfluss des Nervus depressor auf die Herzthätigkeit und den Blutdruck. Diss. Dorpat. 8°. 48 pp. mit einer lithographirten Tafel. 1867

Stelling, V., **über Anklagebesserung. Ein Beitrag nach gemeinem und Hannoverschem Rechte. gr. 8. (VI und 147 S.) Göttingen 866, Dieterich'sche Buchh.**

Stelling, P., üb. die preußische Post (hypothekarische Post, Grundschuldpost). Unter Erwähng. der brem. Handfeste. Wünsche zum Entwurf e. bürgerl. Gesetzbuches u. e. Grundbuchordng. gr. 8. (V, 94 S.) Leipzig 893. Duncker & Humblot. n. 2. —

Stelling, P. **Ueber das Umherziehen als Landstreicher. gr. 8. (59 S.) Hamb. 891, Verlagsanstalt u. Druckerei, A.-G. * 1 20**

Stellingen [Schlagwort]

Stellingen, s.: **Hamburg.**

Stellium, M. J. A., s.: Arcana Hortensia.

Stellmacher, Herm. Vide: Process gegen den Anarchisten H. Stellmacher.

Stellmacher, gefallen für die Freiheit, 1884. Mit dem Portrait. Flugblatt. Mit französ. Text. 8°. s. l. s. a.

Stellmacher, A., auf neuer Bahn. Kleine **Beiträge zu e.** alten **Kulturproblem**. (140 S.) gr. 8. Hamburg 904. [Gebr. Lüdeking.] Deutschlands Großloge II. 1. 50; geb. 2. 50

Stellmacher, A., auf neuer Bahn. Kleine Beiträge zu e. alten Kulturproblem. (Neue [Titel-]Ausg.) (VIII, 140 S.) gr. 8. Hamburg [904] 908. Deutschlands Großloge II. 1. —

Stellmacher, Dr. ph. A. Kirchenblatt und Alkohol. Leipzig 1897. Mk. —.60.

Stellmacher, Alexander [Rigenser]: **Ein Beitrag zur Darstellung der** Hausindustrie in Rußland .... **Riga, gedr. in d. Müllerschen Buchdr.,** 1886; 3 Bl. + 128 S. + 1 Bl 8°.
Leipzig, Phil. Fak., Inaug.-Diss. v. 8. Aug. 1886.

Stellmacher, Alexander, ein Beitrag zur Darstellung der Hausindustrie in Rußland. Diss. Leipzig 1886, Gustav Fock. 8°. 128 S.

Stellmacher's, Herm., praktisch erprobte Original-Recepte der Grundessenz-, Rum-, Punschessenz-, Liqueur-, Wichse-, Tinten-Fabrikation etc. Neues deutsches, neues österreich. Maass und Gewicht. Nebst gründlich und verständlich ausgearb. Gebrauchsanweisungen für Destillateure, Droguisten und Materialisten. 1. Aufl. (66 S.) 1870. ℳ 15.; 2. verm. und verb. Aufl. 8. (104 S.) Leipzig 875, (Wartig.) geb.

Stellmacher, Käte, Menschengeschichten. (III, 168 S.) 8. Dresden 910. E. Pierson. 2.—; geb. n 3. —

Stellmacher, Käte, Klinger's Werke Salome, Kassandra, die Badende, Beethoven. (14 S.) gr. 8. Leipzig 903. C. F. Kahnt Nachf. — 30

Stellmacher, Sam. Gli., Abhandl. von der richtigen Erkenntniß Gottes, als e. Quelle der höchsten Glückseligkeit. 8. Elbing. 766.

— Anleit., wie die griech. Verba formirt u. hergeleitet werden. 8. Elbing. 768.

— Anmerkk. üb. d. Nutzen der heil. Sprache bei Erklär. der Bibel. 8. Elbing. 770.

— de contemnendo iniquo aliorum judicio. 4. Elbing. 768.

Stellmacher, W., praktische Aufgaben f. das Rechnen f. Schlosser, bezw. Schmiede, Gießer u. Former, s.: Gewerbetreibende, der rechnende. (Schanze, J.)

v. Stellmann, Fr. Das bayrische Gesetz vom 11. V. 1896 die Viehversicherungsanstalt betr., nebst dem Normalstatut für die der bayrischen Viehversicherungsanstalt beitretenden Ortsviehversicherungsvereine. München 1896.

Stellmann, Wilhelm, aus Celle: Über **Halogenverbindungen** des fünfwertigen Antimons und einige ihrer Doppelverbindungen. *Celle 1901: W. Grossgebauer.* (48 S.) 8°
Berlin, Phil. Diss. v. 18. Dez. 1901

Stello, Gustav [Pseud.], s.a. S a l c h o w, Johann Christian Daniel

Stello, Gustav, (Jh. Chr. Dn. Salchow), Erzählungen. 2 Bde. (Das Brandmahl. Der zweite Moritz u. Amalia, od. Liebe u. Trennung.) 8. Jena 802. Schmid. 2 ℛ

— die Jesuiten, eine Arabeske. 8. Jena 801. (Schmid). 1 ℛ

— Rudolfin; e. Roman. 8. Jena 803. Schmid. 20 gr.

— Scenen aus d. academ. Leben. 2 Thle. 8. Jena 802—804. (Schmid). 1 ℛ 16 gr.

Stell-Ordnungen, wie auch Belag- und Eroberungen sowohl, als anderen Kriegsläuften. Breslau 1735. 8°

Stellter, Otto, die preußischen Armengesetze vom 31. Dezbr. 1842 und 21. Mai 1855 nebst Ergänzungen und Erläuterungen hrsg. gr. 8. (IV und 64 S.) Berlin 857, Decker'sche geheime Ober-Hofbuchdruckerei.

Stellter, Otto, der Preuß. Civil-Prozeß nach der Allgemeinen Gerichts-Ordnung u. d. Verordnungen vom 1. Juni 1833 u. 21. Juli 1846. gr. 8. (XVI u. 465 S.) Berlin 848, Heymann. 1 ℛ 24 ngr

Stellung, Die, des kaufmännischen Agenten. Chemnitz 1856. V: *Röhrich, Wilh.* (Kat. d. stat. Bureaus. Dresden 1890.)

DIE STELLUNG DER APOTHEKER **zum allgemeinen deutschen Handelsgesetzbuch. Bitte des württembergischen Apothekervereins an die Kammer der Abgeordneten. Stuttgart.** 1863. **Druck der J. B. Metzler'schen Buchdruckerei.** 8°.

Stellung, die, der schweizer. Arbeiterschaft zur Militärfrage. Protokoll üb. die Verhandlgn. des außerordentl. Parteitages der schweizer. sozialdemokrat. Partei, abgeh. am 10. u. 11. II. 1906 in Olten-Hammer. (88 S.) 8. Zürich 906. (Buchh. des schweiz. Grütlivereins.) n. — 75

Verband deutscher Architekten- u. Ingenieur-Vereine. Die Stellung der A r c h i t e k t e n und Ingenieure in den öffentlichen und privaten Verwaltungen. Denkschrift, aufgestellt auf Beschluss d. Abgeordneten-Versammlung in Danzig 1908. Berlin 1909: Schenck. 31 S. 8°

Die Stellung der Armee zur Politik Osterreichs in den letzten Jahrzehnten. (Berlin 1880.) 8°. (Aus: Deutsche Revue.)

Stellung der russischen Armee bey B o r o d i n o und Bewegungen der franz. und russ. Armeen am 5. Septbr. 2 Tage vor der Schlacht bey M o j a i s k am 7. Septbr. 1812 und Bewegungen der franz. und russ. Armeen den Tag vor der Schlacht. Stuttg. u. Tübingen 1822. 1 : 44,000.

Verein der Aerzte des Reg.-Bez. Coblenz. — DIE STELLUNG DER AERZTE IN DER GEWERBEORDNUG. Aus der Sitzung des Coblenzer ärztlichen Bezirksvereins zu Kreuznach am 18. Mai 1880: I. Auszug aus Dr. Schulz's Referat. II. Auszug aus Dr. Focke's Correferat. III. Die von der Versammlung beschlossenen Sätze. Coblenz 1880. Buchdruckerei des Evangelischen Stifts. 8°

Stellung, die, des Baufaches u. der höheren Bautechniker in der preussischen Staatsverwaltung. Vorschläge zur Reform der allgemeinen Bauverwaltg. gr. 8. (38 S.) Leipzig 893. W. Engelmann. n. — 80

Die **Stellung** Berlins zu dem Tarifkampf des Deutschen Baugewerbes im Jahre 1910. Hrsg. von d. Verband d. Baugeschäfte von Berlin u. d. Vororten. Berlin: (Verband) 1910. 62 S. 8°

Stellung, die, der ärztlichen Berufsarten zur Gewerbefreiheit. Nebst einem Anhang: Die Gesundheitspflege. Von einem Arzte in Württemberg. Ravensburg 861. Dorn in Comm. gr. 8. (IV, 87 S.) 12 *ngr.*

Stellung gelehrter Berufsarten zur Gewerbefreiheit. Verhandlungen des 5. Congresses deutscher Volkswirthe. 8°. Altdorf 1863.

Stellung, Die, von Bistritz im Thronstreite zwischen Ferdinand I. und Johann Zapolya. Bistritz [1860]. V: *Wittstock, Hnr.* (Zuwachsverz. d. Bibliotheken in Zürich 1898 ff.)

Stellung, Die, der Bundesbahnen zum Schmalspurbahnprojekt Landquart-Ragaz-Vaduz-Schaan. [Zürich ca. 1905.] V: *Gugelberg, Hans von.* (BBullschw 16, S. 184)

— die bürgerliche u. staatsrechtliche, der Juden in Preußen. Eine Sammlung der wichtigsten über die Verhältnisse der jüd. Staatsbürger in Preußen gelt. gesetzl. Bestimmungen u. höheren Anordnungen. Danzig 867. Kafemann. gr. 16. (55 S.) n. 10 *ngr.*

— die, der Christen zur Politik. Antwort an Dr. Fabri von einem der Amtsbrüder „in den östlichen Provinzen." Elberfeld 863. Hassel's Sortbhdlg. 8. (45 S.) n. 5 *ngr.*

—— die, des Christen zur Politik. Antwort an Dr. Fabri von einem der Amtsbrüder „in den östlichen Provinzen." 8. (45 S.) Elberfeld 863, [Langewiesche.]

Stellung, Deutschlands bundesverfassungsmässige, zur orientalischen Angelegenheit und Berechtigung zur selbständigen Entwickelung der Bundesverfassung. Giessen 1855. V: *Linde, Just. Timotheus Balth. von.* (Kat. der ständ. Bibl. Stuttg. 1907. S. 225.)

S t e l l- und E i n t h e i l u n g eines deutschen, hungarischen und siebenbürgischen I n f a n t e r i e - R e g i m e n t e s. 4. (Wien) 1806.

S t e l l u n g und Formirung eines L i n i e n-, bezw. Grenadier-B a t a i l l o n s von 4 Comp., zu 3 Mann hoch. (3 Pläne sammt Erklärung.) 4. (Wien 1806.)

Stellung, die, der Frau im Leben, s. Schriften, deutsche, s. nationales Leben.

Ueber die **Stellung** der Freimaurer jüdischen Glaubens in Preussen und über das, was in jüngster Zeit in dieser Angelegenheit geschehen ist. Ein offenes Sendschreiben zunächst an alle Fr. M. jüdischen Glaubens in Preussen und zugleich als Erwiederung [!] dienend auf die vielen seither an die Unterzeichneten von auswärts in Bezug auf diese Angelegenheit ergangenen Anfragen. Als Ms. gedr. Berlin 1843: [Hayn]. 16 S. 4⁰ [Umschlagtit.]
Recens: L. 6 (1845) S. 153—154.
cf. Salomon, G.: Stimmen aus Osten. 1845 S. 99—110.
Von 28 Frmrn mosaischen Glaubens unterschrieben, Dez. 1843. Katalog der Loge zu d. drei Kronen, Königsberg i. Pr. gibt Jos. v. Behrend als Verf. an.

Die Stellung der Freimaurerei im Gesellschaftsleben der Gegenwart. o. O. u. J. 4 S. 8⁰.

Stellung der Freimaurerei zu den Hauptfragen unserer Zeit. Frankfurt a. M. 1841. V: *Kölle, Friedrich von.* (Tt)

—— die, der königlichen Friedensrichter im Allgemeinen, ihre Competenz den königl. Gerichtsämtern gegenüber und der Geschäftsverkehr zwischen Beiden von einem sächs. Gerichtsbeamten. gr. 8. (32 S.) Leipzig 867, Baumgärtner's Buchh. *

— die gefährdete, der protestantischen Kirche. Drei Sendschreiben an einen Prälaten. gr. 8. (17 S.) Darmstadt 848. (Frankfurt a. M., Meidinger.) n. 1½ ngr

—— die gefährdete, der protestantischen Kirche. Drei Sendschreiben an einen Prälaten. gr. 8. (17 S.) Darmstadt 851. (Frankfurt a. M., Meidinger Sohn und Comp.) *

Stellung, die gegenwärtige, des deutsch-österreichischen Adels. gr. 8. (26 S.) Wien 867, Hilberg.

DIE GEGENWÄRTIGE STELLUNG DER APOTHEKER DES GROSSHERZOGTHUMS MECKLENBURG-SCHWERIN. Entnommen aus den Verhandlungen der Comité zur Berathung pharmaceutischer Gegenstände, welche der wissenschaftliche Verein für Aerzte und Apotheker Mecklenburgs am 21. Julius 1837 in Güstrow erwählte. Berichtet und vorgetragen in der Versammlung des Vereins am 4. Julius 1838 zu Schwerin. Rostock. 1838. Verlag der J. M. Oeberg'schen Universitäts-Buchhandlung. 4⁰.

Stellung, Die gegenwärtige, der Apotheker des Grossherzogthums Mecklenburg-Schwerin . . . Rostock 1839. V: *Krüger, Frdr. Wilhelm.* (Wa) (Ky) (Choulant)

Stellung, die gegenwärtige, d. Apotheker d. Großhrztth. Mecklenburg-Schwerin. Entnommen aus d. Verhandln. d. Comité z. Berathung pharmaceut. Gegenstände, welche d. wissenschaftl. Verein f. Aerzte u. Apotheker Mecklenburgs am 21. Jul. 1837 in Güstrow erwählte. Berichtet u. vorgetr. in d. Versammlung d. Vereins am 4. Jul. 1838 zu Schwerin (v. Wilh. Krüger). 4. (4¼ B.) Rostock 839, Oeberg.

—— die, der evangelischen Geistlichen und Christen zu den staatlichen Kirchengesetzen. Zugleich eine Nachweisung über Pflicht und Recht zu etwaiger Renitenz gegen dieselben. Von einem hess. Geistlichen. gr. 8. (44 S.) Frankfurt a. M. 874, Alt. — 75

Stellung (Die) der sächsischen Gemeinde zur Bettel- und Vagabundenfrage. 8⁰. s. l. (1884).

— die, der Gemeinschaftskreise zur Kirche u. zum Pfarramt. Von e. Freund der Kirche. (16 S.) 8. Gotha 908. Missionsbuchh. P. Ott. — 15

Stellung. Die St. der Geographie auf dem Gymnasium. Aus den Verhandlungen des Verbandes der Schweizerischen Geographischen Gesellschaften in der Hauptversammlung ... zu Bern am 2. September 1893. SA. 8. Bern 1894.

Stellung, üb. die, der Gerichte zu d. Advocaten, s. Zeitung, jurist., Ergänzungs-Heft No. 9.

Stellung und Aufgabe, Die geschichtliche, des deutschen Altkatholizismus. Leipzig 1895. V: *Goetz, Leop. Carl.* (Berl)

Stellung u. Aufgabe, d. geschichtl., d. deutschen Altkatholizismus. Von *.*. 8. (68 S.) Leipzig 895. F. Jansa. n. — 60

— — dasselbe. 3. u. 4. Taus., s.: Goetz, Leop. Karl.

Stellung, Die gesellschaftliche, der Schriftsteller. Von *.*. 1891. V: *Fontane, Theodor.* (Liter. Echo 8, 158) (Zeitschr. f. Büch. N. F. 15, 1923, S. 123)

— die, der Gymnasien u. der gewerbl. Unterrichtsanstalten in Sachsen. (Aus dem Jahrg. 1845 der neuen Jahrbücher der Geschichte u. Politik.) gr. 8. Leipzig 845, Hinrichs'sche Buchh. 6 ngr

Stellung, Hamburgs, zum Zollverein bei dem eventuellen Eintritt von Schleswig, Holstein . . . **Hamburg 1865.** V: *Hargreaves, J.* (CBH)

Stellung, Die, der Handelskammern im Staats- und Gemeindeleben . . . Berlin 1849. V: *Dünnwald, H. J.* (CBH)

Stellung, die, d. Handelskammern im Staats- u. Gemeindeleben. Aeußerungen über Handelskammern, Handels- u. andere Korporationen von einem praktischen Kaufmanne. gr. 8. (24 S.) Berlin 849, Schneider & Co. in Comm. n. 2 ngr

XIV. Deutscher Handelstag. — Anlage I zu dem Rundschreiben vom 10. Februar 1886. DIE STELLUNG DES DEUTSCHEN HANDELSTAGES ZUR WÄHRUNGSFRAGE. (Ohne bes. Titelblatt. — Berlin, Druck von Liebheit & Thiesen.) 4⁰.

Stellung, Die, der Hansestädte. I. Bemerkungen . . . Hamburg 1853—54. V: *Geffcken, Frdr. Hnr.* (CBH)

Stellung, die, der Hansestädte. Bemerkungen, veranlaßt durch 6 Artikel der Weser-Zeitung. gr. 8. (41 S.) Hamburg 853, [Nolte und Köhler.] *

—— dass. — II. (Heft.) In näherer Beziehung auf Hamburg. gr. 8. (95 S.) Ebds. 854. *

Stellung, die, d. rheinisch-westfälischen Haus- u. Grundbesitzer-Vereine zu d. Anträgen Weyerbusch u. Mies-Bachem betr. Abänderg. d. Kommunalabgabengesetzes. gr. 8. (18 S.) Köln 897. P. Neubner. — 25

Stellung, Die historische, des Hauses Radziwill. Berlin 1892. V: *Radziwill, Boguslaw Prinz.* (Berl)

— die historische, d. Hauses Radziwill. gr. 8. (V, 109 S.) Berlin 892. R. v. Decker. n. 2. —

— die, der Industrie zu den Gesetzentwürfen üb. Reichstelegraphen-Anlagen u. elektrische Anlagen. [Aus: „Glaser's Annalen f. Gewerbe u. Bauwesen".] gr. 8. (31 S.) Berlin 891. (Dierig & Siemens.) n. 1. —

Stellung, Die, der Juden in Österreich. Wien 1853. V: *Wertheimer, Joseph Ritter von.* (WBl.)

— die, der Justiz-Beamten in Preußen. gr. 8. (48 S.) Frankfurt a/O. 849, Harnecker & Co. in Comm. 6 ngr

Stellung, die, der Candidaten zur Kirche. Resultate der zu Dresden am 30. Septbr. 1848 gehaltenen Versammlung der theolog. Candidaten Sachsens. gr. 8. (38 S.) Dresden 848, Adler & Dietze. n. 1/6 ₰

— die, der Katholiken zu den hessischen Kirchengesetzentwürfen. [Aus: „Mainzer Journal."] 8. (63 S.) Mainz 874. Kirchheim. — 10

Ueber die Stellung der christlichen Kirche zum Sozialismus unserer Tage. Synodalproposition von G. R. Zimmermann, nebst Reflexionen von M. Bösch. In-8⁰, 55 S. Zürich, S. Höhr. *1885*

Stellung, die, der Kirche in Würtemberg, oder: Was erwarten die Katholiken Würtembergs von ihrem neuen Bischof. gr. 8. (4 1/4 B.) Marienburg 846, Dormann.
Aus: Zeitfragen, politische 2c., besond. abgedruckt.

— die, der preuss. Kirchenbehörde zur Gemeinschaftsbewegung, s.: Bewegungen, kirchl., der Gegenwart. II, 3.

Stellung, die, der rheinischen Konservativen im kirchenpolitischen Kampfe. gr. 8. (16 S.) Barmen 882, Wiemann. — 50
Aus: Rheinisch-westfälische Post, besonders abgedruckt.

Stellung. Die St' der Konsumenten zur Gesetzgebung betreffend den unlauteren Wettbewerb und Hausierhandel. Ein Gutachten, erstattet dem eidg. Handelsdepartement von der Direktion des Verbands schweizer. Konsumvereine, nebst Anhang: Geschäftsreisende contra Hausierer. IV + 58 S. 8. Basel, Verband schweizer. Konsumvereine (*Umschlag: Verlag des Sch' Genossenschaftsbundes), 1902. [fr. —. 25]
(Genossenschaftliche Volksbibliothek. Hrg. vom Leitenden Ausschuss des Schweizerischen Genossenschaftsbundes. Heft 3.)
Sep.-Ausg. s. N 1150[18]

— die, der Corps im heutigen Studentenleben. Entgegnung auf die Schrift: „Was sind u. wollen die Corps?" Gießen 869. Ricker. gr. 8. (35 S.) n. 6 ngr

— die künftige, der Evangelischen Kirchen-Zeitung zur Welt. Brief eines frommen von Welt an Herrn H. L. Verfasser des Artikels: „die Richtung u. das Ziel der Hallischen Jahrbücher" im Juni-Heft der Evangel. Kirchen-Zeitung 1841. gr. 8. Leipzig 841, Otto Wigand. n. 1/3 ₰

*Die Stellung der Lebensversicherungsbank für Deutschland zu Gotha zu der Frage der Kriegsversicherung. Gotha 1888.

—— die, bekenntnißtreuer Lehrer zu dem Schulaufsichtsgesetz vom 10. März 1872 und den allgemeinen Bestimmungen vom 15. Octbr. 1872. Vorträge und Thesen, welche für die polizeilich verhinderte diesjährige Frühjahrsconferenz des Vereins kirchlichgesinnter Lehrer und Schulfreunde in Hessen bestimmt waren. gr. 8. (57 S.) Marburg 873, Braun. * — 60

Die Stellung der Leibesübungen in der Jugenderziehung (Petition d. Allgem. T. V. zu Köln an d. hohe Haus d. Abgeordn.), Köln 1865, 34 S., 8⁰.

Stellung, Die, Mecklenburgs im Norddeutschen Bunde. Rostock 1867. V: *Prosch, Carl Frdr. Wilh.* (Kat. d. Bibl. d. dtsch. Reichstages. Berlin 1882.) (Bachmann, Mecklenburg. Güstrow 1889. S. 381.)

— die, Mecklenburgs, im norddeutschen Bunde. Rostock 867. Leopold's Universitäts-Buchh. gr. 8. (IV, 121 S.) n. 17 1/2 ngr

Stellung, Meine, zur welfischen Partei. Berlin 1908. V: *Dreves, August.* (Mitth. Dr. H. Bäsecke.)

— meine, zur welfischen Partei. Von Renegatus. (19 S.) 8. Berlin 908. C. A. Schwetschke & Sohn. — 50

— über die, des Militär-Gesundheitswesens bei der eidgenöss. Armee nebst einigen andern kurzen Bemerkungen zu dem Entwurfe einer eidgen. Militärorganisation. Den HH. Dufour, Ziegler, Fischer, Anderegg, Eitel, Kern u. Stämpfli gewidmet von einem schweizer. Militärarzte. gr. 8. (16 S.) Zürich 850, Orell, Füßli & Co. 3 ngr

Stellung, die, der evangelisch-lutherischen Mission zu Leipzig zur Ostindischen Kastenfrage. Mittheilung des Missions-Collegiums zunächst für die stimmberechtigten Vereine. Leipzig 861. Dörffling & Franke in Comm. gr. 8. (IV, 96 S.) n. 10 ngr

— die, der evangel.-lutherischen Mission in Leipzig zur ostind. Kastenfrage. Mittheilg. d. Missions-Collegiums zunächst f. d. stimmberecht. Vereine. gr. 8. (IV, 96 S.) Leipzig 861. Verlag d. evangel.-luth. Mission. n. 1. —

[Kopft.:] [F.] Die **Stellung** der inneren **Mission** zu den sozialen Bestrebungen der Gegenwart. E. Nachwort d. Central-Ausschusses f. d. innere Miss. d. deutschen evangel. Kirche zu seiner Denkschrift üb. d. Aufgabe d. Kirche u. ihrer inneren Miss. gegenüb. d. wirthschaftl. u. gesellschaftl. Kämpfen d. Gegenw. *Berlin: Vaterländ. Verlagsanst. [1896?].* 2 Bl. 8. [98. 5403

— die, der Mittelschule im Gesamtschulorganismus unter besond. Berücksicht. der Altonaer Mittelschule. Hrsg. vom Verein Altonaer Mittelschullehrer. (20 S.) gr. 8. Altona (907). (J. Harder, Sort.) — 40

— die, der deutschen Nation zum Freiherrn vom Stein. Oder: Jetzt ist es doch wohl Zeit, daß Deutschland auch dem Freiherrn vom Stein ein Monument errichtet. Ein Aufruf an die deutsche Nation. Weimar 860. Böhlau. gr. 8. (28 S.) 5 ngr.

Von der **Stellung** der Naturwissenschaften, besonders der physikalischen, an unseren Universitäten. Kiel 1849. 8.

Die neue Stellung Preußens und seines Königs von R. H. Cassel, Th. Fischer, 1848. 8 S. 8°.

Stellung. Die St' Neuenburgs. ⟨SA.⟩ 8. Bern 1856.

— die, des Papstes auf dem Concil, s.a. Concil, das oekumenische.

Die Stellung des Papstes auf dem Konzil. Ökum. Konzil. Stimmen x. Heft 2 (1869).

Wem gebührt es, das Konzil anzusagen? S. 15—8. Wer hat dem Konzil anzuwohnen? S. 18—21. Welche Autorität haben die Bischöfe auf den Konzilien? S. 21—4. Wem kommt der Vorsitz auf den Konzilien zu? S. 26—30.

— über die, die Pflichten und das Benehmen der Militair-Vorgesetzten. 1) Der Kriegerstand u. seine Bestimmung im Allgemeinen. — 2) Ueber Disciplin. — 3) Pflichten der Unteroffiziere, Gefreiten, Feldwebel. — 4) Allgemeine und besond. Pflichten d. Offiziere. In 20 Abschnitten seinen Kameraden gewidmet von einem hess. Offiziere. 2. Ausg. 12. Quedlinburg (838), Ernst. 2/3 ₰

— über die, die Pflichten u. das Benehmen der Militär-Vorgesetzten der niedern Grade. Seinen Kameraden gewidmet von einem hessischen Offizier. gr. 12. Kassel 838, Krieger'sche Buchh. (Fischer.) 7/8 ₰

— üb. die politische, der europ. Staaten kurz vor u. gleich nach d. Frieden von Preßburg (v. . . . v. Kerz). gr. 8. Deutschland (Düsseld.) 806. Hofbuchh. 1 ₰ A. u. d. T.: Was hat Europa zu fürchten u. zu hoffen?

— über die, des Priesters zur Gemeine. gr. 8. Leipzig 845, O. Wigand. 1/12 ₰

Stellung, die privatrechtliche, der Erwerbs- u. Wirthschafts-Genossenschaften. Reichs-Gesetz vom 4. Juli 1868. Mit erläut. Anmerkgn. 2. neu bearb. Aufl. 8. (VIII, 40 S.) Berlin 875. Kortkampf. n. — 60

— dasselbe. Zum prakt. Gebrauch f. Genossenschafter bearb. in seiner geschichtl. Entwickelg., sowie in der gegenwärt. Ausführung u. Wirksamkeit dargestellt v. e. Mitgliede d. Reichstages. 2 völlig umgearb. Aufl. gr. 8. (X, 118 S.) Ebend. 875. n. 2. 40

Stellung, privatrechtliche, von Erwerbs- und Wirthschafts-Gesellschaften sowie von Vereinen — Aktiengesellschaften, deren Unternehmen nicht in Handelsgeschäften besteht. Mit Anmerkungen von einem Juristen. gr. 16. (44 S.) Würzburg 869, Stahel'sche Buchh. * — 38

—— die rechtliche, der Deutsch-Katholiken in Baden. Verhandelt in der 2. Kammer der bad. Stände auf dem Landtage 1845—46. Mit geschichtl. Einleitung hrsg. v. H. E. M. gr. 8. (20 1/8 B.) Karlsruhe 846. [Mannheim, Bensheimer.]

Stellung, die rechtliche, d. Deutsch-Katholiken in Baden. Verhandelt in d. 2. Kammer d. badischen Stände auf d. Landtage 1845/46. Mit geschichtl. Einleitung herausgeg. v. H. E. M. gr. 8. Karlsruhe 846, Macklot. 12 ngr

Die rechtliche Stellung der Immobilien-Makler. Denkschr. d. „Vereins Deutscher Immobilien-Makler". Frankfurt a. M. 1893.

Stellung, rechtliche, der unehelichen Kinder, nach dem bürgerl. Gesetzbuch, s.: Miniatur-Bibliothek.

—— die, kathol. Regierungen in Bezug auf d. neuesten Vorfälle in Rheinpreußen u. Westphalen, aus histor. Standpunkte betrachtet. Von e. Süddeutschen. gr. 8. (2 B.) Regensburg 838, Manz.

Stellung, Die, des Reiches zur sozialdemokratischen Partei. Hamburg 1889. V: *Grüning, Herm.* (Kat. d. stat. Bureaus Dresden 1890.)

Stellung, die, d. Reiches zur sozialdemokratischen Partei. Schreiben e. nationalliberalen Reichstagsmitgliedes an den ehemal. Redakteur der unterdrückten „Hamburger Rundschau" u. Antwort d. Letzteren. Hrsg. v. H. Grüning. 1. u. 2. Aufl. 8. (27 S.) Hamburg 889. Grüning. — 30

— des katholischen Religions-Unterrichts in der Volksschule im Lehrplan der Jünger Herbarts v. Johs. Scholasticus. gr. 8. (III, 35 S.) Würzburg 894. A. Göbel. n. — 50

— die, d. Richters. Ein Wort zur deutschen Gerichtsorganisation. gr. 8. (16 S.) Berlin 874. Weber. n. — 50

— die sociale, der Volksschullehrer. Zur Aufklärg. u. Abwehr. gr. 8. (48 S.) Braunschweig 892. K. Burgdorf. (Leipzig, W. Opetz.) — 80

—— die, des Staates, zur Prostitution und ihrem Gefolge. Von einem prakt. Juristen. gr. 8. (35 S.) Hannover 883, Helwing'sche Verlagsh. * — 60

—— die, des Staatsbürgers, im Strafverfahren, nach der neuen Bremer Straf-Proceßordnung und der neu-preußischen Straf-Proceßgesetzgebung. Eine kritisch vergleichende Betrachtung. gr. 8. (40 S.) Bremen 863, Strack.

—— die, der Staatsgewalt zur Unfehlbarkeitsfrage. Mit einem Nachtrag über Syllabus und Fastenmandat. 8. (42 S.) St. Gallen 873, Köppel. — 30

Stellung, die staatsrechtliche, der Direktoren u. Oberlehrer an den preuß. höheren Lehranstalten kommunalen Patronats, unter Benutzg. v. Rechtsgutachten der Staatsrechtslehrer Professor Dr. Laband-Straßburg u. Professor Dr. Zorn-Bonn. (8 S.) Lex. 8. Dresden (910). C. A. Koch. p — 30

Sonderabdr. aus: „Korrespondenzblatt f. d. akadem. gebildeten Lehrerstand".

Zur Stellung der freien Städte als Glieder des deutschen Bundes, mit besonderer Bezugnahme auf die freie und Hansestadt Hamburg. Abgedruckt aus der neuen preußischen Zeitung 1851 und 1852. Berlin, Oktober 1852. 51 S. 8.

—— die, der deutschen Standesherren seit 1866. Nach den Forderungen des Rechts und der Politik. 1. Aufl. (51 S.) 1868. * 75 Pf., und 2. umgearb. Aufl. gr. 8. (100 S.) Berlin 870, Kortkampf. * 2 —

Stellung, Die, des Römischen Stuhls gegenüber dem Geiste des 19en Jahrhunderts . . . 2. Aufl. Zürich 1833. V: *Wessenberg, Ign. Hnr. Carl Freih. von.* (Th) V: *Snell, Ludw.* (Cat. d. Stadtbibl. Zürich. Zürich 1864—97.)

Stellung, die, d. röm. Stuhls, gegenüber dem Geiste d. 19. Jahrh., od. Betrachtn. üb. seine neuesten Hirtenbriefe. 2. Aufl. gr. 8. (2⅙ B.) Zürich 833, Orell, Füßli u. Comp.

— die, der höheren Techniker in der Staatseisenbahnverwaltung. Von e. Fachmanne. Entgegnung auf die Schrift des Herrn Geh. Oberreg.-R. Ulrich. gr. 8. (31 S.) Leipzig 893. W. Engelmann. n. — 60

Stellung, Die,

— der Teilhaber der Lebensvers.-Bank f. D. zu den Beschlüssen der Verwaltung gedachten Instituts wegen der extraprämienfreien Übernahme der Kriegsversicherung. Eine Entgegnung auf die Rechtfertigungsschrift der Verwaltung. Chemnitz 1888.

Stellung, Ungarns und Siebenbürgens, zur Gesammtmonarchie. Wien 1848. V: *Rosenfeld, Carl Ludwig Freiherr.* (WBl.)

Stellung, Unsere, zu Rom: Mahnruf . . . **erlassen vom schweizerischen** Verein für freies Christenthum. Zürich [1892]. V: *Kambli, Wilhelm.* (Cat. d. Stadtbibl. Zürich. Zürich 1864—97.)

—— unsere, zu Rom. Mahnruf an das evangel. Volk, erlassen vom schweizer. Verein f. freies Christentum. gr. 8. (32 S.) Zür. 892, (Meyer u. Zeller). * — 20

Stellung (Die) des kaufmännischen Verbandes für weibliche Angestellte (Sitz Berlin) zum Entwurf einer Reichsversicherungsordnung. (Zweiter Entwurf.) 8⁰. Berlin 1910.

Die Stellung der konstitutionellen Vereine zur deutschen Verfassungsfrage. Im Auftrage des konstitutionellen Vereins in Darmstadt herausgegeben. Darmstadt (1849). 10 S. 8⁰.

— u. **Verhältnisse,** die, d. rentamtlichen Gehilfen-Personals in Bayern. Durch e., auch die bayer. Distriktskassiere berühr. Fall auf dem Gebiete d. Verwaltungsrechtes beleuchtet, v. e. Experten. gr. 8. (72 S.) München 889. Literar. Institut v. Dr. M. Huttler. n. 1. —

— die, kleinerer Versicherungsvereine nach dem Reichsgesetze vom 12. V. 1901 üb. die privaten Versicherungs-Unternehmungen. 12. (24 S.) Schwerin 901. E. Herberger. — 10

— die, der höheren technischen Verwaltungsbeamten in der preußisch-hessischen Staatseisenbahn-Verwaltung. (26 S.) gr. 8. Braunschweig 906. (F. Vieweg & Sohn.) n.n. — 50

—— die, der Verwaltungs-Behörden im Großherzogthum Oldenburg. (I.) Zur Entgegnung auf die im „Magazin für Staats- und Gemeindeverwaltung" 1862 enth. Abhandlung: „Die Stellung der unteren Verwaltungs-Behörden zu den höheren Organen der Staatsgewalt." gr. 8. (16 S.) Oldenburg 862, Schulze'sche Buchh.

—— dass. — II. Zur weiteren Entgegnung auf die im „Magazin für Staats- und Gemeindeverwaltung" 1862 enth. Abhandlungen: „Die Stellung der unteren Verwaltungs-Behörden zu den höheren Organen der Staatsgewalt." gr. 8. (50 S.) Ebendas. 862.

— über die wahre der Staatsgewalt zur öffentlichen Meinung. Ein deutsches Wort aus d. J. 1828, für das Jahr 1848 wieder abgedr. aus der allgem. jurist. Zeitung. III. gr. 8. (8 S.) Kassel 848, Hotop. baar 1 ngl (Siehe: National-Sache, die deutsche.)

— die zukünftige, des Zeichen-Unterrichts in den höheren Lehranstalten. Zwei Vorträge, hrsg. als Beitrag zur Schulreform in Preussen vom Vorstand des Landesvereins preuss., f. höh. Lehranstalten geprüfter Zeichenlehrer. gr. 8. (38 S.) Hannover 900. Helwing. n. — 60

Stellungen

— und Bewegungen d. chursächs. Infanterie n. d. Exercirreglement von 1804, nach takt. Grundsätz. gezeichnet, mit Erläut. von W. E. A. von Schlieben. 4. Altenburg, Schnuphase. 805.

Illum.

Stellungen, pantomimische, von Henriette Hendel, nach der Natur gezeichnet u. in 26 Bl. herausgg. von J. N. Peroux, mit e. histor. Erläuter. v. Vogl. gr. Fol. Frankf. a. M. 810. Eßlinger. 10 ℱ

Stellungnahme zum Entwurf eines Gesetzes, betreffend die Abänderung des Unfallversicherungsgesetzes für Land- und Forstwirtschaft. (Sep.-Abdr. der Verhandlungen der XXV. Plenarversammlung 1897 des Deutschen Landwirtschaftsrates.) Lex.-8⁰. Charlottenburg, A. Gertz, 1897.

Stellungnahme zu dem Entwurf eines Gesetzes betreff. die Abänderungen des Zuckersteuergesetzes. Lex.-8⁰. Charlottenburg, Druck v. A. Gertz, 1896.

Stellungnahme, die, d. Gewerbestandes zu d. Konsumvereinen, s. a. Zeitfragen, gewerbl.

Die Stellungnahme des Gewerbestandes zu den Konsumvereinen. Bericht d. Centralvorstandes des Schweizer. Gewerbever. üb. s. diesbezügl. Erhebgn. *Zürich: Schweizer. Gewerbever. 1895.* (18 S.) 8.(4.)
= Zeitfragen, Gewerbliche. H. VIII. Supplem. [96. 1150]

Stellungnahme (Die) des Gewerbestandes zu den Konsumvereinen. Bericht des Centralvorstandes des schweizer. Gewerbevereins über seine diesbezüglichen Erhebungen. Gewerbl. Zeitfragen, Heft 8, Suppl. 4⁰. Zürich-Bern 1896.

Stellungnahme des deutschen Kolonial-Bundes zu der Denkschrift über die Entwickelung der deutschen Schutzgebiete 1902/03 sowie zu dem Haushaltsetat der Schutzgebiete f. 1904/05. (42 S.) gr. 8. Berlin (904). (Deutscher Kolonial-Verlag.) n. — 75

STELLUNGNAHME DES DEUTSCHEN KOLONIAL-BUNDES zu der Denkschrift über die Entwickelung der Deutschen Schutzgebiete 1902/03 sowie zu dem Haushaltsetat der Schutzgebiete für 1904/05. Berlin (1904). Druck von Wilhelm Issleib. 8°.

Stellungnahme, Die, der Landesgesetzgebung zu den gegen alimentationspflichtige Angehörige zu treffenden Zwangsmassregeln . . . Leipzig 1895. V: *Jakstein, W., Emil Münsterberg, E. v. Massow & Flesch.* (Berl)

Vereinigung der in Deutschland arbeit. Privat-Feuerversich.-Gesellschaften. **Stellungnahme** der in Deutschland arbeitenden Privat-Feuerversicherungs-Gesellschaften zu dem im Reichs-Justizamt aufgestellten Entwurf eines Gesetzes über den Versicherungsvertrag, u. zwar zu den im 1. Abschnitt u. im 1. u. 2. Titel d. 2. Abschnittes d. Gesetzentwurfs enthaltenen Vorschriften. *([Berlin: O. Liebmann] 1903.)* (48 S.) 4° [F.]
— **Juristen-Zeitung**, Deutsche. 1903. No 20, Zugabe [1.] [04. 1473

— die, des deutschen Richterbundes zu dem Entwurfe e. Strafprozessordnung u. e. Gesetzes betr. Aenderung des Gerichtsverfassungsgesetzes. (Bericht des deutschen Richterbundes an den Reichstag.) (38 S.) 31,5×23,5 cm. Hannover 910. (Helwing.) 1. —

Deutscher Richterbund. — DIE STELLUNGNAHME DES DEUTSCHEN RICHTERBUNDES zu dem Entwurfe einer Strafprozessordnung und eines Gesetzes betr. Aenderung des Gerichtsverfassungsgesetzes. (An den Reichstag — Augsburg, den 8. Januar 1910. Stellungnahme des Deutschen Richterbundes zu den Entwürfen eines Gesetzes betreffend Änderungen des Gerichtsverfassungsgesetzes und einer Strafprozessordnung. Der Deutsche Richterbund hat auf dem Richtertage zu Nürnberg am 13. September 1909 zu den nebenbezeichneten Entwürfen Stellung genommen. Den Bericht über seine Stellungnahme unterbreite ich namens des Deutschen Richterbundes anliegend mit der Bitte: Der Reichstag wolle den Beschlüssen des Deutschen Richtertags bei der Beratung der Entwürfe Berücksichtigung zuteil werden lassen. Der Vorstand des Deutschen Richterbundes. Dr. LEEB, Landgerichtsrat.) (Hannover, Druck von Th. Schäfer.) 4°.

An d. Reichstag. **Stellungnahme** des Deutschen Richterbundes zu den Entwürfen eines Gesetzes betreffend Änderungen des Gerichtsverfassungsgesetzes und einer Strafprozeßordnung. (Hannover 1910: Schäfer.) 38 S. 4° [Kopft.] [10. 10638

Stellungnahme, unsere, zum Katholikentag. Bericht üb. die Protestversammlg. der drei evangel. Gemeinden Osnabrücks. schmal 8. (25 S.) Osnabrück 901. (Rackhorst.) — 30

Unsere Stellungnahme zum Katholikentag. Bericht über d. Protestversammlung d. drei evang. Gemeinden Osnabrücks. Osnabrück: Selbstverl. d. Comités; Rackhorst in Komm. 1901. (25 S.) 8°

Stellungnahme des Vereins sächs. Richter u. Staatsanwälte zu den Entwürfen e. Gesetzes, betr. Andergn. des Gerichtsverfassungsgesetzes u. e. Strafprozessordnung. An den Reichstag. (11 S.) 31,5×23,5 cm. Hannover (910). (Helwing.) 1. —

An d. Reichstag. **Stellungnahme** des Vereins Sächsischer Richter und Staatsanwälte zu den Entwürfen eines Gesetzes betreffend Aenderungen des Gerichtsverfassungsgesetzes und einer Strafprozeßordnung. (Hannover 1910: Schäfer.) 11 S. 4° [Kopft.] [10. 10639 7

— der internationalen kriminalistischen Vereinigung, Landesgruppe Deutsches Reich, zum Entwurf einer Strafprozessordnung u. der Novelle zum Gerichtsverfassungsgesetz. Stenographischer Bericht üb. die Verhandlgn. zu Berlin am 4. u. 5. I. 1909. (347 S.) gr. 8. Berlin 909. J. Guttentag. 6. —
Sonderabdr. a.: „Mittlgn. d. internat. kriminalist. Vereinigg."

Vereinigung der in Deutschland arbeit. Privat-Feuerversich.-Gesellschaften. **Stellungnahme** der Vereinigung der in Deutschland arbeitenden Privat-Feuerversicherungs-Gesellschaften zu der im § 181 des Entwurfs e. Gesetzes über d. Versicherungsvertrag f. öffentliche Versicherungsanstalten vorgeschlagenen Befreiung von Vorschriften dieses Gesetzes. *([Berlin: O. Liebmann] 1903.)* (20 S.) 4° [F.]
— **Juristen-Zeitung**, Deutsche. 1903. No 20, Zugabe [2.] [04. 1473

Stellvertreter, der, s. Jahrbuch deutscher Bühnenspiele.

Stellvertreter Jesu Christi ist der unfehlbare Lehrer der Kirche, s. Broschüren-Cyclus.

Stellvertreter, Der medicinische . . . Gotha 1809. V: *Krügelstein, Frz. Chn Carl.* (Call)

Stellvertreter, der medicin., od. Musterung mehrerer inländ. Mittel u. d. Verhältniß ihrer Brauchbarkeit gegen ausländische. 8. Gotha 809. Ettinger. 8 gr

Der neueste deutsche *Stellvertreter* d. indischen Zuckers o. der Zucker aus Runkelrüben . . . 2. Aufl. Berl. 1799. 44 S. 1 Tvl. P.

Stellvertreter
neueste deutsche

Der neueste deutsche Stellvertreter des indischen Zuckers, oder der Zucker aus Runkelrüben, die wichtigste und wohlthätigste Entdeckung des 18 ten Jahrhunderts. 2.Aufl. mit 1 Kupfer.- Berlin: Oehmigke 1799. 44 S. 8°

— der neueste deutsche, des indischen Zuckers, od. d. Zucker aus Runkelrüben. 2 Hefte. 8. Berl. 799—800. (Sander). 11 gr

— der Romane, eine angenehme u. belehr. Unterhaltung in d. Abendstunden. 2 Thle. . . . 2e Aufl. 8. Pirna 807. Friese 1 Thlr 12 gr

L———.
Stellvertreter des indischen Zuckers. oder der Zucker aus Runkelrüben. Berlin, 1799.

Stellwaag, A., Anleitung zur Hefe-Reinzucht. gr. 8. (39 S. m. Fig.) Freising 893. (Dr. F. P. Datterer.) n.n. 1.50

Stellwaag, A., Anleitg. zur Hefereinzucht u. zu mikroskop. Untersuchgn. in d. Brauerei. 2., verm. Aufl. gr. 8. (53 S. m. 1 Taf.) Freising 898. (Dr. F. P. Datterer & Co.) n. 2. —

Stellwaag, August [aus Ansbach]: Die Zusammensetzung der Futtermittelfette. . . . Freising, Buchdr. v. Franz Paul Datterer, 1889; 22 S. u. 2 Tab. 8°
Leipzig, Phil. Fak., Inaug.-Diss. v. 30. Dez. 1889

Stellwaag, Friedrich: Bau und Mechanik des Flugapparates der Biene. [Ohne Taf.] Leipzig: W. Engelmann 1910. S. 518—550. 8° ¶ (Aus: Zeitschrift f. wissensch. Zool. Bd 95.)
Erlangen, Phil. Diss. v. 3. Mai 1910, Ref. Fleischmann
[Geb. 14. Juni 86 Schwabach; Wohnort: Erlangen; Staatsangeh.: Preußen; Vorbildung: Altes Gymn. Nürnberg Reife 05; Studium: Erlangen 7, München 1 S.; Rig. 8. Dez. 09.] [U 10. 903

Stellwag, Georg Christoph [Praes.], s. Lichtenberger, Jo. Paul: De induratione animae humanae.

Stellwag, Georg Christoph [Praes.], s. Weber, Andreas: Spatium vicaria temporis mensura.

Stellwag, H. D., s. Landtags-Courier.

Stellwag, J. C., de areopago ex ultima antiquitate eruto Dissertatio inaugur. 4. Jena 827. (Brönner in Frankf a. M.) 3 gr

— Monogrammenlexicon. 2 Abtheill. (Hefte). Mit 20 Steintaf. gr. 8. Frankf. a. M. 829. Guilhaumann. 3 ℛ 8 gr

Stellwag, J. C., Monogrammenlexicon f. d. Handgebrauch. (3 Hfte.) Lex.-8. (58 Stnt., lith. Tit. u. 2⅛ B. Text.) Frankfurt a. M. 830, Guilhaumann.

— artist. Wochenblatt f. Kunst- u. Buchhändler ꝛc. 1830 No. 1—30. gr. 4. Frankf. a. M., Guilhaumann. 2 ℛ 6 gr ?

Stellwag v. Carion, Karl, Abhandlungen aus dem Gebiete der praktischen Augenheilkunde. Ergänzungen zum Lehrbuche, unter Mitwirkung von C. Wedl u. E. Hampel. gr. 8. (XII, 387 S. m. 22 eingedr. Holzschnitten.) Wien 882. Braumüller. n. 10. —

Stellwag v. Carion, Karl, neue Abhandlungen aus dem Gebiete der praktischen Augenheilkunde. Ergänzungen zum Lehrbuche. Unter Mitwirkg. v. Emil Bock u. Ludw. Herz. Mit 56 Illustr. gr. 8. (VIII, 297 S.) Wien 886. Braumüller. n. 9. —

Stellwag v. Carion, Carl, die Accommodationsfehler des Auges. Lex.-8. (97 S. mit 2 Stnt. in 8. und qu. 4.) Wien 855, (Gerold's Sohn.) *
Aus: Sitzungsberichte der k. Akademie der Wissenschaften J. 1855, besonders abgedruckt.

Die Akkommodationsfehler des Auges (mit 2 Taf.) S. 16. 187.
Separatabdruck

Stellwag v. Carion, Carl, Atlas der pathologischen Histologie des Auges, s. Wedl, C.

Stellwag von Carion Karl. Dr.: Über doppelte Brechung und davon abhängige Polarisation des Lichtes im menschlichen Auge (mit 3 Taf.). D.5. II. t . . . . K 6.—
Separatabdruck

Stellwag v. Carion, Karl, der intraoculare Druck nnd die Innervations-Verhältnisse der Iris vom augenärztlichen Standpunkte aus betrachtet. gr. 8. (VII, 100 S.) Wien 868, Braumüller. * 2 —

—— Lehrbuch der praktischen Augenheilkunde. 2 Abthlgn. Lex.-8. (XIII und 737 S. mit eingedr. Holzschn. und 3 Stnt.) Wien 861. 62, Braumüller's Verlags-Conto. [1. Abthl. * 3 Thlr. 10 Ngr., 2. * 2 Thlr. 20 Ngr.] *

Stellwag von Carion, Karl, Lehrbuch der praktischen Augenheilkunde. 862. (XIII, 737 S.) — 2. umgearb. Aufl. Wien 864. Braumüller. gr. 8. (VI, 807 S. m. Holzschn. u. 2 lith. Taf.) n. 6 ℛ

Stellwag v. Carion, Karl, Lehrbuch der praktischen Augenheilkunde. 2. Aufl. 1863. und 3., verb. Aufl. gr. 8. (XIV und 886 S. mit eingedr. Holzschn. und 3 Chromolithogr.) Wien 867, Braumüller. *

Stellwag v. Carion, Karl, Lehrbuch der praktischen Augenheilkunde. 4. verb. u. verm. Aufl. Mit 3 chromolith. Taf. u. 109 (eingedr.) Holzschn. gr. 8. (VI, 963 S.) Wien 870. Braumüller. n. 18. —

—— Lehrbuch der praktischen Augenheilkunde. 5. Aufl. gr. 8. (VI, 963 S. mit 3 chromolithogr. Taf. und 109 eingedr. Holzschn.) Ebendas. 882. *

—— die Ophthalmologie vom naturwissenschaftlichen Standpunkte aus bearb. I. Bd. gr. 8. (XXIII und 796 S. mit 4 Stnt.) Freiburg im Br. 853. [Erlangen, Enke's Vrlgsh.] *

—— dass. — 2. Bd. 1. und 2. Abthl. gr. 8. (XVIII und X und 703 S.) Ebds. 855—56. *

—— die Ophthalmologie vom naturwissenschaftlichen Standpunkte aus bearb. 2. Bd. 3. und 4. Abthl. gr. 8. Erlangen 858, Enke's Verlagsbuchh. [3. Abthl. (IV und S. 701—1014.) * 1 Thlr. 10 Ngr., 4. Abthl. (VIII und S. 1015—1356 mit 1 Stnt.) * 1 Thlr. 14 Ngr.] *
1. und 2. Bd. Ebendas. 1853—56. * 6 Thlr. 2 Ngr.

Stellwag v. Carion, C., Stammtafel der Familie Stellwag von Carion. Wien 1879. Nicht im Handel.

—— Theorie der Augenspiegel auf elementarem Wege aus den Grundsätzen der Optik entwickelt. gr. 8. (60 S. mit 3 Stnt. in qu. Fol.) Wien 854, Gerold's Sohn.
Aus: Zeitschrift der k. k. Gesellschaft der Aerzte zu Wien 1854, besonders abgedruckt.

Stellwagen, E.G. (Hrsg.), s.a. Arzenei für die Seele.

Stellwagen, E. G., Arzenei für die Seele. Genommen aus der heil. Schrift und dargereicht von 19 luther. Pastoren Ostfriesland's in 30 Predigten. gr. 8. (VIII und 407 S.) Leer 865, (Meyer's Buchh.) *

Stellwagen, E. G., das hohe Lied Salomo's, ein Lied für Fürst u. Volk. Leer 860. (Dresden,) Bock. 8. (52 S.) n. 6 *ngr.*

Stellwagen, Johann Günther (Ostfriesland) A. S. 1381/28

De iudicio miraculorum in Sacra Scriptura commemoratorum caute ab interprete instituendo disputatio.
Präs. Johann August Noesselt.
Halle (Hendel) 29. IV. 1762. 28 S.

Gew.: Jo. Ludwig Lindhammer, Andreas Arnold Gossel, Gustav Adolph Brawe, Johann Anton Günther Stellwagen (Vater).
33426

Stellwerk, das. Hrsg. v. Arth. Tetzlaff. Red.: Osk. Pfort. 1. Jahrg. 1906. 24 Nrn. (192 S. m. 220 Fig.) 4. Berlin, Dr. A. Tetzlaff. n.n. 4. —; geb. n.n. 6. —

Stellwerk, das. Zeitschrift f. das gesamte Eisenbahn-Sicherungswesen. Hrsg. v. Arth. Tetzlaff. Red.: Carl Mindig. 2. u. 3. Jahrg. 1907 u. 1908. à 24 Nrn. (à ca. 8 S. m. Fig.) 31,5×23,5 cm. Berlin, Dr. A. Tetzlaff. à Jahrg. nn 4. —
Fortsetzg., s.: Zeitschrift f. das gesamte Eisenbahn-Sicherungswesen.

Stellwigk, Franz, Cäsarismus und Democratie. Eine Stimme aus Oesterreich, als Beitrag zur socialen Bewegung unserer Tage. Bd. 1. 8°. Wien, Druck von G. Ad. Ungar. Szent Miklosy, 1868.

Stelmachowski, Bronislaw, Referendar: Viehgewährschaft nach dem Bürgerlichen Gesetzbuche. Göttingen 1908: L. Hofer. (81 S.) 8°
Göttingen, Jur. Fak., Ref. Detmold, Diss. v. 21. März 1908
[Geb. 17. Mai 83 Wreschen; Wohnort: Posen; Staatsangeh.: Preußen; Vorbildung: Gymn. Gnesen, Marien-Gymn. Posen Reife M. 03; Studium: Berlin 2, München 1, Breslau 1, Göttingen 2 S.; Rig. 23. Dez. 07.]

Stelter, Adolf, Rechtsanw.: Die rechtliche Stellung des Erben bei der Nachlaßverwaltung. Greifswald 1909: Adler. 54 S. 8°
Greifswald, Jur. Diss. v. 9. Nov. 1909, Ref. Weismann
[Geb. 27. März 82 Jastrow; Wohnort: Strasburg Wpr.; Staatsangeh.: Preußen; Vorbildung: Gymn. Neu-Stettin Reife O. 00; Studium: Jena 4, Greifswald 3 S.; Rig. 20. Aug. 09.] [U 10. 1552

Stelter, Fritz, prakt. Arzt aus Ueckermünde: Über die tuberkulösen Geschwüre des Magens. *Greifswald 1902: J. Abel.* (26 S.) 8°
Greifswald, Med. Diss. v. 27. Nov. 1902

Stelter, Karl

Stelter, Carl, die Braut der Kirche. Lyrisch-epische Dichtung. Breslau 858. E. Trewendt. 16. (100 S.) 12 ngr.

Karl Stelter. Erlebnisse eines Achtzigjährigen. *Elberfeld: Baedeker [1903].* (259 S.) 8 [F.] [04. 3137 5

Stelter, Karl, Erlebnisse eines Achtzigjährigen. (259 S. m. Bildnis.) 8. Elberfeld (903). A. Martini & Grüttefien. n. 4. —; geb. n. 5. —

Stelter, Karl, Wiesbadener Gedenkblätter u. Verwandtes. (V, 212 S.) 8. Elberfeld 908. A. Martini & Grüttefien. 3.50; geb. 4. —

— Gedichte. Leipzig 858. Cnobloch. 16. (XV, 295 S.) 1 ℛ. 15 ngr.

Gedichte von Carl Stelter. 2. ganz erneuerte Aufl. Leipzig: Cnobloch 1862. XIV, 315 S. 16°
Die 1. Aufl. erschien im Jahre 1858.
[KfF. 3 (1863) S. 190.]

—— Gedichte. 2. Bd. 16. (VIII, 265 S.) Elberfeld 869, Bädeker'sche Buchh. *M. 3.; geb. mit Goldschn. * 4 —

Stelter, Karl, Gedichte. 3., erneuerte Aufl. gr. 16. (VII, 407 S.) Elberfeld 880. Bädeker. n. 4. 50; geb. n. 6. —

Stelter, Karl, neue Gedichte. 12. (VII, 231 S.) Elberfeld 887, Bädeker'sche Buchh. * 3 —

— Geschichte u. Sage. Erzählende Dichtungen. Ebend. 866. gr. 16. (VIII, 228 S.) n. 22⅓ ngr.; geb. n. 1 ℛ

— aus Geschichte u. Sage. Erzählende Dichtungen. 2., verm. Aufl. 12. (VIII, 230 S.) Ebend. 882. n. 3. —; geb. n. 4. 50

Stelter, Karl, nach 7 Jahrzehnten. 7. Gedichtsammlg. 12. (241 S. m. Bildnis.) Elberfeld 893. Baedeker. n. 3. —; geb. in Leinw. m. Goldschn. n. 4. 50

—— Compaß auf dem Meer des Lebens, s. a. Compaß.

Stelter, Karl, Compaß auf dem Meer des Lebens. Weisheitsblüthen die das Herz in der Dichtung Reich gepflückt. 860. — 2. verm. Aufl. Elberfeld 864. Bädeker. 16. (IV, 380 S.) n. 1 ℛ 15 ngr.

Stelter, Karl, Compaß auf dem Meere des Lebens. 3. Aufl. 8. Berlin 872. Gera, Griesbach's Verlag. geb. mit Goldschn. 6 —

Stelter, Karl, Compaß auf dem Meer d. Lebens. 3. neu verm. Aufl. Mit Titelbild u. Widmungsblatt v. Jul. Ehrentraut (in Holzschn.) 8. (VII, 335 S.) Berlin 872. Grote. geb. m. Goldschn. 6. —

Stelter, Karl, Compaß auf dem Meer d. Lebens. Weisheitsblüten, die das Herz — pflückte in der Dichtg. Garten. 4. Aufl. Mit Titelbild u. Widmungsblatt v. C. Scheuren. 12. (VIII, 423 S.) Elberfeld 884. Bädeker. geb. m. Goldschn. n. 6. —

Stelter, Karl. Kompaß auf dem Meer d. Lebens. 5. Aufl. Mit Deckenbild u. Widmungsblatt v. C. Scheuren. 12. (403 S.) Elberf. 892, Baedeker. geb. m. Goldschn. * 6 —

— Novellen. gr. 8. (388 S.) Ebend. 882. n. 4. 50; geb. n. 6. —

Steltner, Johann *Georg* Eugen [pr. Arzt aus Koenigsberg in Pr.]: Ueber eine seltene Geschwulst des vorderen Gaumenbogens ... Leipzig, Druck v. A. Edelmann, *1893;* 10 S., 1 Bl., 1 Taf. 8.
Leipzig, Med. Fak., Inaug.-Diss. v. 11. Nov. 1893

Nicht für den Austausch

Steltner, Paul, prakt. Arzt: Aus d. Kgl. Universitäts-Frauenklinik zu Königsberg i. Pr. Ueber Combination von Carcinom mit Prolaps. *Königsberg i. Pr. 1900: M. Liedtke.* (42 S.) 8°
Königsberg, Med. Diss. v. 3. Apr. 1900

Steltz, Johs., die Lebens-Versicherung in ihrer Bedeutg. f. d. soziale u. Familien-Leben. gr. 8. (35 S.) Stuttgart 898. Karlsruhe, F. Metzler. n. — 60

Steltzer, Carl, s. Steltzer, Karl

Steltzer, Christian Julius Ludwig

Stelzer, Christ. Julius Ludwig Diss. Halle 1792/2

Dissertatio inauguralis, de furibus armatis.
Präs. Johann Christian Woltaer.
Halle (Hundt) 29. IX. 1792. 30 S. 33430

— Commentatio de furibus armatis. 8maj. Halle 792. Schwetschke u. S. 2 gr

— Grundsätze des preuß. gerichtl. Processes, ein Handbuch für junge Rechtsgelehrte. 2 Thle. gr. 8. Halle 796—805. (Reinicke). (1r Thl. der ordentl. Civilproceß. 1 ℛ 4 gr, 2r Thl. der außerordentl. Civilproceß. 2 ℛ) 3 ℛ 4 gr

— Grundsätze d. preuß. gerichtl. Processes; ein Handb. für junge Rechtsgelehrte. 2 Thle. gr. 8. Halle, Ruff. 796—805. (1r Th. d. ordentl. Civilproceß 1 Rthlr. 4 gr. 2r Th. der außerordentl. Civilproceß 2 Rthlr.)

— Grundsätze des peinl. Rechts, e. Handbuch f. prakt. Rechtsgelehrte. 1r Thl. 8. Erfurt 790. Keyser 16 gr

Stelzer, Chr. Jul. Lud.: Grundsätze des peinl. Rechts, ein Handbuch für prakt. Rechtsgelehrte. 1. Thl. *Erfurt*, **Winkler. 790. 8. (16 Gr.)**

Kritik über des Freyherrn von Eggers Entwurf eines peinlichen Gesetzbuchs für die Herzogthümer Schleswig und Holstein; mit eingewebten Urtheilen über verschiedene Materien des Kriminalrechts. v. Christ. Julius Ludwig **Steltzer**. Zwey Theile. Altona. 1811. 8°.

— **Kritik üb. des Hrn. v. Eggers Entwurf eines peinl. Gesetzbuchs für Schleswig u. Holstein. 2 Thle. gr. 8. Altona 812. Hammerich. 1 ℛ 16 ℊ**

– s. Kritik über Preussens neues Criminalgesetz.

Stelzer, **Chr. Jul. Ldw., Kritik des preuß. Criminalrechts.** gr. 8. Halle 795. Renger. 1 ℛ 6 ℊ

Steltzer, Chr. Jul. Lud.: Legem decemviralem de veneficio interpretatur. (Progr.) Halae 1795.

— **Lehrbuch des deutschen Criminalrechts.** gr. 8. Halle 793. Schwetschke u. S. 1 ℛ 4 ℊ

– s. Magazin, Freies literar., für das Gemeinwohl der Völker und Länder.

Stelzer, Chr. Ldw., s. **Montenegro Franciska.**

— üb. Theuerung des Getreides u. Administration der Domainen- od. Kammergüter als gegenwirk. Mittel. 8. Erf. (804.) Keyser. 8 ℊ

— üb. den Willen. Eine psycholog. Untersuchung für d. Criminalrecht. 8. Leipz. 817. Rein. 1 ℛ 12 ℊ

Stelzer, K. Fr. H., fragmentar. Mittheilungen üb. e. Reise durch Holland u. e. Theil v. Belgien im Herbste 1834. gr. 12. (12½ B. u. 1 Abbild.) Köln 835, [Renard.] (Leipzig, Enobloch.)

Stelzer, Carl, die Einweihung der neuerbauten evang. Kirche A. C. zu Weißbriach. Eine Erinnerung an den 5. Septbr. 1886. gr. 8. (30 S.) Weißbriach 886. (Klagenfurt, Heyn.) * — 40

Stelzer, Carl, der evangelische Verein der „Gustav-Adolf-Stiftung", eine Aeußerung echt evangelischer Liebe. Predigt, gehalten zur Einleitung der diesjähr. Sammlungen der beiden Ortsvereine zu Weißbriach und am Weißensee im Bethause zu Weißbriach am 25. März 1876. gr. 8. (10 S.) Klagenfurt 876, [Bertschinger und Heyn.] Heyn's Buchh. *

Stelzner, (Inspektor) ..., **Wünsche u. Vorschläge**, gerichtet auf die Begründung von Versicherungs-Anstalten im Königr. Hannover in Verbindung mit den benachbarten kleinern Staaten, gegen Hagelschlagsschaden u. gegen die Feuersgefahr bewegl. Sachen. Beim Schlusse d. Jahres 1828. gr. 8. Hannov. 829. Hahn. 8 ℊ

Stelz, Schullehrer, in Pfungstadt: Didaskalia 1836, Nr. 109 u. 110 vom 19. u. 20. April. V: *Dieffenbach* (?), *Heinrich Wilhelm.* (Hessische Biographien, hgbn. von Hermann Haupt, Darmstadt, II/1 (1920), S. 19)

Stelz, Johs., Selbstbiographie, eingeleitet u. erläutert v. Karl Esselborn, s.: Volksbücher, hessische. 4. Heft.

Stelz, Lud[wig], Prof., u. Grede, H[einrich], Dr.: **Entwurf** einer Stoff-Verteilung für den botanischen Unterricht der sechsklassigen Realschule bei Verwendung eines Schulgartens. *Leipzig 1900: B. G. Teubner.* (VI, 133 S.) 8°
Frankfurt a. M., Liebig-R ⟨früher Bockenheimer R⟩, OP 1900 (443)

— **u. H. Grede,** Leitfaden der Pflanzenkunde f. höhere Schulen. Nebst Beilage: Erklärende Farbenskizzen v. Lud. Stelz. 2 Tle. 2. Aufl. (XII, 224 S. u. 99 z. Tl. farb. Taf. m. Text auf der Rückseite.) gr. 8. Ebd. (904). Geb. in Leinw. n.n. 4. 60

Stelz, Lud., u. H. **Grede,** Leitfaden f. den botan. Unterricht der sechsklass. Realschule bei Verwendg. eines Schulgartens. gr. 8. (VI, 133 S.) Leipzig 900. B. G. Teubner. Kart. n. 1. 40

Stelz, *Ludwig* [Oberl.]: Pflanzenhefte, ein Hilfsmittel für den Unterricht in der Botanik. Bockenheim, Druck v. F. Kaufmann & C., 1892; 3—8 S. 4.
Bockenheim, st. R, P 1892 (400)

Stelz, Ludwig [Prof.], und **Grede,** *Heinrich* [Dr.]: Der Schulgarten der Bockenheimer Realschule zu Frankfurt a. M. *Frankfurt a. M.,* Buchdr. F. Kaufmann & C., *1896;* 53 S., 6 Bl. 8.
Frankfurt a. M., Bockenheimer R, OP 1896 (421)

— — der Schulgarten der Bockenheimer Realschule. Progr. Nebst: Stelz, Vortrag üb. den Schulgarten u. seine Verwendung im Unterrichte. gr. 8. (63 S. m. 2 farb. Taf. u. 16 S.) Frankfurt a/M. 896. 899. (A. Kullmann.) n. 2. —
Sonderabdruck aus: „Verhandlgn. d. 23. Hauptversammlg. d. Ver. v. Lehrern an höh. Lehranst. d. Prov. Hessen-Nassau u. des Fürstent. Waldeck".

Stelz, Lud., Schulgarten, botanischer Unterricht u. Lehrbuch. (II, 32 S. m. 5 Taf.) Lex. 8. Frankfurt a/M. 908. Kesselring. 1. 20

Stelz, Ludw., Veranstaltungen der Liebig-Realschule zu Frankfurt a. M. auf dem Gebiete der Naturwissenschaften u. der Handfertigkeiten. (III, 77 S. m. Abbildgn. u. 17 Taf.) Lex.-8. Frankfurt a/M. 905. Kesselring. n. 2. —
Sonderabdruck aus: „Festschrift z. Feier d. 50jähr. Bestehens der Liebig-Realschule zu Frankfurt a. M. am 18. VI. 1905".

Stelz, *Ludwig* [Oberl.]: Versuch, den Knabenhandarbeits-Unterricht schulgemäfs zu gestalten. (Umschlagt.: Über den schulmäfsigen Betrieb des Handfertigkeitsunterrichts.) Bockenheim, Druck v. F. Kaufmann & C., 1892; 9—17 S. 4.
Bockenheim, st. R, P 1892 (400)

Stelzel, Karl, Grundzüge der graphischen Statik u. deren Anwendung auf den continuirlichen Träger. Mit 57 in den Text gedr. Holzschn. u. 3 lith. Taf. gr. 8. (III, 96 S.) Graz 882. Leuschner & Lubensky. n. 3. 40

—— **Theorie einfacher, statisch bestimmter Brückenträger, für Studirende an techn. Hochschulen, für prakt. Ingenieure, sowie zum Selbstunterrichte. gr. 8. (IX, 288 S. mit 4 Tab. und 2 Stnt.) Wien 880, Gerold's Sohn.**

Stelzer, (Prof.), s.a. Alexander u. Auguste.

ALEXANDER M** und Auguste; ein (freier) **Roman** (von ***Stelzer***). 2 Thle. Halle u. Leipzig, Ruff, 1806. 8°. 302 u. 340 SS.
302 u. 430 SS.

Stelzer, Alan Matth.

Stelzer, A. M., theoretisch-prakt. Anleitung zur deutschen Dichtkunst für den öffentlichen und Privatunterricht. 8. Straubingen, Schmidt. 818.

Stelzer, Alan Matth., theoret.-prakt. Anleit. zur deutschen Dichtkunst f. den öffentl. u. Privatunterricht. 8. Straubing. 818. (Schorner). 2 ß

Stelzer, Aloys Fel. Vinc., die Sonntagsschule. 1. Abthl.: Populäre Volks- und Volkswirthschaftskunde. Ein Leitfaden für Handwerkerlehrlings-Fortbildungsschulen. 1. Heft. 8. (XXIII und 20 S.) Lauban 865, (Baumeister.)

Stelzer, Chr. Jul. Ludwig, s. Steltzer, Christian Julius Ludwig

Stelzer, Chrysostomus, Leben der heil. Franziska Romana, Stifterin der Oblaten von Tor de' Specchi in Rom. Nach Dom J. Rabory's französ. Original bearb. gr. 8. (XI, 428 S. mit 3 Bildern in Lichtdr.) Mainz 888, Kirchheim. * 4 80
geb. * 6 60

Stelzer, Georg Peter (Kulmbach) A. S. 224/20

Dissertatio inauguralis de juribus stolae.
Altdorf (Kohles) 14. XII. 1700. 32 S.
33432

Stelzer, Georg Peter (Kulmbach) A. S. 38/24

Dissertatio inauguralis iuridica, de iuribus stolae, Germanis : Vom Eintritt, Verrichtung und Besoldung auch Accidentien eines Pfarrers in allen dabey vorkommenden Fällen.
Jena (Heller) 1756. 54 S.

Diss. Altdorf 14. XII. 1700. 33433

Stelzer, Johann. von Segloe [Bayern]: Ueber die Lymphgefässe des Hoden. Zür. Zürcher u. Furrer Dr. 1864. 21 S., 1 Bl. 8°.
Zürich. Med. Diss. v. Mai [14. Juli] 1864.

Stelzer, Jh. Geo., Samml. mehrerer Witterungsregeln. 8. Landsh. 818. Krüll. 3 gr (Ebner in Ulm). 5 gr

Stelzer, Josef

Stelzer, J., der Giroverkehr bei den bayerischen Rentämtern. (III, 38 S.) 8. München 909. J. Schweitzer Verl. Kart. 1.20

— Der Post-Überweisungs- u. Scheckverkehr bei den Ämtern u. Klassen der kgl. bayer. Finanzverwaltung. (III, 48 S.) 8. Ebd. 909. Kart. 1.40

Stelzer, Karl Felix, Handbuch zur Kirchenvorstands- und Synodalordnung für die evangelisch-lutherische Kirche des Königreichs Sachsen. Eine leichtfaßl. Erklärung der Gesetzbestimmungen, welche die Kirchenvorsteher speciell berühren, mit Beifügung des Gesetzes und der Ausführungsverordnung. Eine Stimme aus dem Volke. Bevorwortet von Superint. Meier. 8. (71 S.) Dresden 869, Bach. — 75

Stelzer, Carl Fel., Verzeichniß sämmtlicher Ortschaften des Königr. Sachsen nebst Angabe ihrer Häuser- und Einwohnerzahl (mit Unterscheidung der Erwachsenen) nach der Volkszählung vom 3. Decbr. 1864, sowie der Jurisdictions-, Verwaltungs-, Parochial-, Ephoral- und Postbestellbezirke zu welchen sie gehören, der Eisenbahn- und Telegraphenstationen, Schulen und Rittergüter. Nach amtl. Quellen bearb. gr. 8. (IV und 80 S.) Dresden 865, Adler's Verlag. * 16 Ngr.; geb. *

Stelzer, R.: Gedanken über die Aufgabe der Gymnasien. Sigmaringen 1865. 20 S. 4°
Schul-/Univ.-Schrift

Stelzer, Roman: Quemadmodum nos, quum Christiani simus, in graecis latinisque scriptoribus legendis animo affectos esse et quem potissimum ex illis fructum capere nos oporteat. 22 S.– Hedingen, Progr. 1860.

Stelzer, Roman: Ein Wort über die alten Sprachen und den Einfluß der klassischen Studien in religiöser und politischer Beziehung.– Hedingen, Progr. 1852.

Stelzer, W., über Benzoyl- und Acetyl-Metaamidobenzoesäuren und einige von diesen abgeleitete Verbindungen. Inaugural-Dissertation. gr. 8. (31 S.) Göttingen 876, (Vandenhoeck und Ruprecht's Verlag.) *

Wahrhaftige und glaubwürdige Relation von dem . . . Sieges-Feste, so zu Ludwigsburg, im Würtemberger Lande, über den Russischen Sieg bei Franckfurth an der Oder gefeyret worden . . . von Franz Ludwig Stelzfuss, Weltberühmten Bänkel-Sängern zu Ulm in Schwaben. Hamburg 1759. 4. (19. S.)
— Dasselbe, anderer Druck, 12 S.
— Dasselbe, anderer Druck, 8 Bl.

Stelzhamer, Franz

Stelzhamer, Frz., A. E. I. O. U. oder: Des Kaisers zweite Flucht. Politisches Volkslied. 8. (8 S.) Linz 848, (Haslinger.)

— d'Ahnl. Gedicht in obderenns'scher Volksmundart. 8. (154 S.) Wien 851, (Mayer und Comp.) *

Stelzhamer, Franz (Dialektdichter u. Recitator, geb. als Sohn eines Bauern unweit Ried im Innviertel, 20. Novbr. 1802, † 14. Juli 1874 zu Henndorf b. Salzburg), das bunte Buch. (Gedichte.) München, Selbstverlag, 1852. 8°. Roth. Hsrsb.
4 Bll., 334 S., 1 Bl. Inh. — Im Anhang (S. 280 ff.): „Neuere Lieder in obderenns'scher Volksmundart". Dem Minister-Präsidenten Dr. Ludw. v. d. Pfordten gewidmet. — Ueber Stelzhamer s. Brummer II. p. 385–386.

Stelzhamer, Franz. Charakterbilder aus dem oberösterreichischen Dorfleben. Gross-Piesenham . . . Linz 1892. H: *Wagner, Herm. Fiedrich.* (Mitth. Prof. H. F. Wagner.)

Stelzhamer, Frz. Charakterbilder aus dem oberösterreichischen Dorfleben. Groß-Piesenham. (Aus dem Nachlasse.) gr. 8. (59 S.) Linz 892, Fink. * — 80

Stelzhamer, Frz., Charakterbilder aus Oberösterreich. Mit e. Geleitspruch v. Gerh. Hauptmann. 2. Aufl. (299 S. m. Abbildgn.) kl. 8. Wien (905). Wiener Verlag. n. 3.—; geb. n.n. 4.50

Franz Stelzhamer. Charakterbilder aus Oberoesterreich. (Hrsg.: Max Burckhard.) Mit e. Geleitspruch von Gerhart Hauptmann. Wien & Leipzig: Wiener Verl. [1906]. (299 S.) 8° [06. 1134]

Stelzhamer's, Frz., ausgewählte Dichtungen. Hrsg. v. P. K. Rosegger. 4 Bde. 12. (371, 350, 381 u. LXXXIV, 397 S.) Wien 884. Hartleben. In 2 Bde. geb. 6.—

— ausgewählte Dichtungen in oberösterreichischer Mundart, s.a. Universal-Bibliothek.

Franz Stelzhamers ausgewählte mundartliche Dichtungen. Neue Volksausg. aus d. Gesamtausg. Bd 1 u. 2. Linz 1897–1900. Bearb. von Dr. Anton Matosch. Linz: Stelzhamerbund 1905/08. (XXXVIII, 288 S.) 8° [F.]
= Hoamát, Aus dá. Volksausg. ausgewählter o.-ö. mundartl. Dichtungen. Bd 13/16. [08. 17919]

Stelzhamer's, Frz., mundartl. Dichtungen, s.a. Aus dá Hoamát, Bd. 7.

Stelzhamer's, Frz., mundartliche Dichtungen, s.a. Aus dá Hoamát. 8. Bd.

Franz Stelzhamers mundartliche D i c h t u n g e n . Bearb. von Norbert Hanrieder u. Georg Weitzenböck. Der musikal. Th. durchges. von Ludwig Zöhrer. Bd. 1. 2 & Anh. Linz: Stelzhamer-Bund 1897–1900. 3 Bde 8⁰
1. 1897. 2. 1899–1900.
Anh. = F. Stelzhamer. Einblicke in s. Leben ... von Dr. Hans Zötl. 1899–1900. (Hoamát, Aus dá. Bd 7. 8. 11.)

(F) Aus dá Hoamát. Volksausgabe ausgewählter oberösterreichischer Dialectdichtungen. Herausgegeben von Dr. H. Zötl, Dr. A. Matosch und H. Commenda. Der ganzen Reihe VIII. Bd.
Enthält:
(F) Franz Stelzhamers mundartliche Dichtungen. Bearbeitet von Norbert Hanrieder und Georg Weitzenböck. Der musikalische Theil durchgesehen von Ludwig Zöhrer. II. Bd. Linz. 1899/1900. Im Selbstverlage der Herausgeber als Stelzhamer-Bund. [In Comm. Mareis.] Gr.-8⁰. XII, 301 S. mit 6 Tafeln. Geb. K 3.—

(F) Aus dá Hoamát. Volksausgabe ausgewählter oberösterreichischer Dialectdichtungen. Herausgegeben von Dr. H. Zötl, Dr. A. Matosch und H. Commenda. Der ganzen Reihe VIII. Bd. 21. bis 24. Tausend.
Enthält:
(F) Franz Stelzhamers mundartliche Dichtungen. Bearbeitet von Norbert Hanrieder und Georg Weitzenböck. Der musikalische Theil durchgesehen von Ludwig Zöhrer. II. Bd. Linz. 1900. Im Selbstverlag der Herausgeber als Stelzhamer-Bund. [In Comm. Wimmer.] Gr.-8⁰. XII, 301 S. mit 4 Tafeln. geb. K 5.—

Stelzhamer, Frz., die Dorfschule. Ein Sittenbild aus dem Anfange des Jahrh. gr. 8. (VIII, 83 S.) Wien 876. Pichler's Wwe. & Sohn. 1. 20

(F) Aus dá Hoamát. Volksausgabe ausgewählter oberösterreichischer Dialectdichtungen. Herausgegeben von Dr. H. Zötl, Dr. A. Matosch und H. Commenda. Der ganzen Reihe XI. Bd.
Enthält:
(F) Franz Stelzhamer. Einblicke in sein Leben, Weben und Schaffen. Anhang zu den 2 Bänden VII und VIII: Franz Stelzhamers mundartliche Dichtungen. Zur Förderung der Einbürgerung seiner Dichtungen zusammengestellt vorwegs zum Gebrauche für Volksabende von Dr. Hans Zötl. Linz. 1899/1900. Im Selbstverlage der Herausgeber als Stelzhamer-Bund. [In Comm. Mareis.] Gr.-8⁰. 99 S. mit einer Tafel. Geb. K 1.—

Stelzhamer, Frz., Gambrinus. Humoristisches münchener Taschenbuch für das Sudjahr 18⁵³/₅₄. Mit einem Verzeichniß aller in München befindlichen Bräuer, Wirthe und Cafétiers. 8. (III und 132 S. mit Vign. in eingedr. Holzschn.) München 853, Franz. Thlr.

—— Gedichte. 8. (X und 402 S.) Stuttgart 855, Cotta'sche Buchh.

Stelzhammer, Frz., (Gedichte.) Lieder in obderenns'scher Volksmundart. 2., verm. Ausg. gr. 12. (12⅓ B.) Wien 844, Rohrmann.

—— dass. 2. Thl. 2., verm. u. verb. Ausg. 12. (15 B.) Ebds. 844.

—— dass. 3. Thl. A. u. d. Ttl.: Neue Gedichte. 8. (15 B.) Regensburg 846, Manz.

—— Gedichte in obderenns'scher Volksmundart. 3. Thl. 2. Aufl. A. u. d. T.: D'Ahnl. 2. Aufl. 12. (154 S.) Wien 854, Braumüller. *

Stelzhamer, Frz., neue Gesänge in obderenns'scher Mundart. gr. 16. (22½ B.) Wien 841. (Leipzig, Fr. Fleischer.) *

— neue Gesänge in obderenns'scher Mundart. gr. 16. Wien 841. (Leipzig, Fr. Fleischer.) n. 1½ Thlr. — 2. verm. Ausg. gr. 12. Wien 844, Rohrmann. 1⅛ Thlr.

— Heimgarten. 2 Bde. 8. (VIII, 296 u. 277 S.) Pesth 847, Heckenast. Leipzig, G. Wigand. n. 2½ Thlr.

—— Jugend-Novellen. Ein schönes Bilderbuch. br. 8. (104 S. und 4 ill. Stnt.) Pesth 847, Heckenast. (Leipzig, G. Wigand.) *

—— Liebesgürtel. Hochdeutsche Lieder. 2. aus dem Nachlasse verm. Ausg. 8. (VIII, 358 S.) Preßburg 876, Heckenast Nachf. * ℳ 5,60.; geb. *
Die 1. Aufl. erschien u. d. T.: Gedichte.

Stelzhamer, Franz, Lieder in ob der Enns'scher Volksmundart. 8. Wien 837. Rohrmann (u. Schweigerd). 5/6 Thlr.

—— Prosa. 3 Bde. 8. Regensburg 845, Manz.
A. u. d. Ttln.:
Bd. 1. Mein Gedankenbuch. (13 B.) 27½ Ngr.
" 2. Sebastian der Spaziergänger. (Novellen-Cyclus.) 1. Thl. (17½ B.) 1 Thlr. 7½ Ngr.
" 3. Novellen. (16½ B.) 1 Thlr. 7½ Ngr.

Stelzhamer, Franz — Der Kapuziner Rothbart im Paß Lueg. Ein Gedächtnißblümlein in den Ehrenkranz zu dessen Secundiz zu Salzburg am 9. September 1855. — — Zaunrith'sche Buchdruckerei. (2 Bl. 4.) Ein Gedicht.

— aus meiner Studienzeit. Salzburger Erinnerungen. Aus d. Dichters handschriftl. Nachlasse. 8. (37 S.) Salzburg 875. Dieter. n. — 50

—— politische Volks-Lieder (in oberösterreich. Mundart). 8. (47 S.) Linz 848, (Haslinger.) *

— im Walde, s. a. Jugendschriften, hrsg. vom Lehrerhausverein f. Oberösterreich. 14. Bd.

(F) Stelzhamer, F., Im Walde. Eine Erzählung und andere Dichtungen. [Jugendschriften. Hrsg. vom Lehrerhausvereine für Oberösterreich. 14. Bd.] 8⁰. (96 S.) † Linz: Mareis 1903. K 1.—

Stelzhammer, Jh. Cph., Anweis. f. die Einführung der papinianischen Kochtöpfe. 8. Wien 181..

— Beschreib. des ersten großen gelungenen Flugversuches vor d. allerhöchsten Hofe in Luxemburg. Wien 810.

— genaue Beschreib. d. Dampfschiffes auf d. Donau, sammt e. Abhandl. d. Ganzen u. der einzelnen Theile. 8. Wien 181..

— Beschreib. neuer Modelle zu Bohlen-Dächern, nebst Ausmessung des dazu erforderl. Holzes u. Berechnung des körperl. Inhalts. 8. Wien 181..

— s. Darstell., histor.-topograph., der Pfarren, Stifte ꝛc.

— Denkschrift üb. Jakob Degens Aufenthalt in Paris. 8. Wien 816.

Stelzhammer, J. C., das gewes. Stift von St. Dorothea u. d. Pfarre Roßau mit der vom Lichtenthale, s. Darstellung d. Pfarren ꝛc. im Erzherzogth. Oesterreich, 15. Bd.

Stelzhammer, K. v., der Scolar. Eine Bühnendichtg. 8. (IV, 116 S.) Wien 900. (Stähelin & Lauenstein.) 2.—; auf Büttenpap. n. 4.—

Stelzig, Reisekarte der Bezirkshauptmannschaft Braunau. 1:75.000 Braunau: Bocksch 1909. gefalzt in Umschlag K —.40

Stelzig, Frz. Xl., Antikritik üb. die in der medicin.-chirurg. Zeitung 825 befindl. Recension d. Werkes: Versuch einer medicin. Topographie v. Prag ꝛc. 8. Prag 825. (Calve). 8 Sgr.

— ausführl. Darstellung, wie eine unwandelbar besteh. allgem. Versorgungsanstalt f. Greise, ohne ihr Verschulden erwerbsunfähige Männer, Wittwen u. Waisen, ohne Einlagsgelder, sond. nur durch mäßige jährl. Beiträge d. Mitglieder gegründet werden kann. gr. 8. (4¼ B. u. 1 Tab.) Prag 828, (Calve.)

Stelzig, Frz. Al., vergleich. Darstellung d. Geburts- u. Sterbeverhältnisse vom verfloss. u. laufenden Jahrhunderte, od. Resultate d. Geburts- u. Sterbeverhältnisse vor u. nach d. Einführung d. Schutzpoke; nebst e. Anweis., wie Sterbetabn. zu verfertigen, u. sowohl v. Statistikern, als v. Geschäftsführern d. verschied. Leibrenten, Witwen- u. Waisen-Institute zu benützen sind. gr. 8. (7½ B.) Prag 830, (Calve.)
Aus den „Jahrbüchern d. böhm. Museums" besond. abgedruckt.

PRAG. — Stelzig, Fr. A. Versuch einer medizinischen Topographie von Prag. 2 Bde. Prag 1824. Gr. 8°. XVI, 264 und XVI, 359 S., 4 Tabellen.
Behandelt u. a. das sogenannte Spinnhaus, das Arbeitshaus, Strafhaus, die Moral, Vergnügungen usw.

— Versuch einer medicin. Topographie von Prag. 2 Bde. gr. 8. Prag 824. (Calve). 4 ℔

Stelzig, Heinr., Böhmens Hauptculturen u. Industrien m. Statistik, nebst e. Anh. üb. sämmtl. Telephon-Anschlüsse d. Landes u. d. Haupt-Ein- u. Ausfuhr-Artikel Oesterreich-Ungarns. 16. (55 S. m. 1 Tab. u. 1 Karte.) Aussig 896. (A. Grohmann.) n. — 50

Karte des politischen Bezirkes Aussig. Heinr. **Stelzig**, Herausgabe. Massst. 1:75, 000. Aussig: A. Becker [1901]; Lith. E. Rehnert. (1 Kartenbl. 41x38 cm.) 8° [kol.]
[Umschlagt.:] Special-Karte d. Aussig-Karbitzer Bezirkes mit d. angrenz. Gebieten u. e. Plan v. Aussig. (1:20,000).

Karte des Bezirkes Böhm.-Leipa. Verf. u. Hrsg.: Heinrich **Stelzig**, Aussig a. E. Maßst. 1:100.000. (Ausgeführt in 11 Farben.) Böhm.-Leipa: J. Hentschel [1904]; Druck T. B.- & S. A.-G. vorm. A. Hempel, Tetschen. (1 Kartenbl. 42x32 cm.) 8° [kol.]

Karte des Bezirkes Eger. Verf. u. Hrsg.: Heinrich **Stelzig**, Außig. Maßst. 1:100,000. *Eger: J. Kobrtsch & Gschihay [1903]; Lith. von d. T. B. & S. A.-G., Tetschen.* (1 Kartenbl. 28×36 cm mit Legende.) 2° [kol.] [04. 1573

— Karte des Bezirkes Hohenelbe. 1:100.000. Chromolithographie. Gross-Folio * 10
Trautenau: Lorenz 1897.

Karte des Bezirkes Reichenberg. Verf. u. Hrsg.: Heinrich **Stelzig**. Außig. Maßst. 1:100,000. *Sternberg, Mähren: A. R. Hitschfeld [1903]; Lith. von d. T. B. & S. A.-G., Tetschen.* (1 Kartenbl. 43×28 cm mit Legende.) quer-4° [kol.] [04. 836

Stelzig, Heinrich, Karte des Bezirkes Starkenbach. 1:75.000. Chromolithographie. Gross-Folio Trautenau: Lorenz 1897. * --.10

Schul- und Reisekarte von Oesterreich-Ungarn. 1:3 Mill. Von H. Stelzig. Ausgabe 1894. 2. Auflage. Quer-Folio. Chromolithographie mit Randansichten. In Comm. —.10
Aussig a/E.: Grohmann 1894.

Schul- und Volkskarte von Mähren und Schlesien mit Culturenkärtchen und Reliefbild. Verfasser: Heinrich Stelzig. 31 × 50 *cm*. Gefalzt. Trautenau. [1900.] Lorenz. K —.20

Special-Karte der böhmisch-sächsischen Schweiz und d. angrenzenden Mittelgebirges. Ausgef. in 11 Farbentönen. Massstab 1:100,000. Verf. von H. **Stelzig**. Neue, durchges. Ausg. *Tetschen a. E.: O. Henckel 1901.* (1 Kartenbl. 39×36 cm.) 8° [Umschlagt. T.] [01. 8981

Stadtplan von Saaz. Verf. u. Hrsg.: Heinrich **Stelzig**, Kartograph, Aussig. Maßst. 1:5,000. *Saaz: A. Ippoldt's Nachf. [1903]; A. Hempel, Tetschen.* (1 Kartenbl. 37×46 cm.) 8° [kol.]
[Umschlagt.:] Plan d. Kgl. Stadt Saaz. [03. 10565

[Umschlagt.:] Touristen-Karte des östlichen Erzgebirges u. westlichen Mittelgebirges umfassend d. polit. Bezirke Brüx-Dux-Teplitz. Vf. u. hrsg. v. Heinrich **Stolzig**, Lehrer u. Kartogr. Maasst. 1:75,000 ... *Teplitz-Schönau: Comm.-V. v. A. Becker; (Dr. v. F. Ulbricht, Aussig) 1897.* (1 Ktnbl. ...) 1 Bd 8. [97. 4671

Stelzig, Ign. Alph., Aus der Fremde in die Heimath. Jugendgeschichte einer amerikanischen Waise. 3., verb. Originalaufl. Regensburg 857. Manz. 8. (VIII, 241 S.) 15 ngr.

Stelzig, Abbé Jg. Alf. — Beherzigung für christliche Frauen. Ein Andenken an die Mission. Zweite Auflage. 8. (268 S.) Wien, Druck, Verlag und Eigenthum von C. Ueberreuter. 1853.

Stelzig Abbé J. A. Beherzigungen für christliche Hausväter. kl. 8. Wien, C. Ueberreuter 1852.

Stelzig Jg. Alf. Beherzigungen für christliche Jünglinge. Ein Andenken an die Mission. 6. Aufl. kl. 8. (240 S.) Wien, C. Ueberreuter 1853.

Stelzig, Ign. Alf., Bild und Wort. Erzählungen zur Belehrung u. Unterhaltung. Regensburg 859. Manz. 8. (335 S.) 18 ngr.

— Führungen zur Wahrheit. Erlebnisse auf dem Wege zur Bekehrung nach wirkl. Thatsachen erzählt. 3., verb. Originalaufl. 8. (223 S.) Regensburg 857, Manz.

— Geschichten aus dem christlichen Leben, s. Lesekranz.

Stelzig, J. A., der Gränzbauer und der Kohlen-Toni in Amerika. Ein Bild aus dem Leben der Auswanderer für Solche, welche noch daheim sind. 8. (XII und 391 S.) Regensburg 856, Manz.

Stelzig, Ign. Alfs., der Gränzbauer u. der Kohlen-Toni in Amerika. Ein Bild aus dem Leben der Auswanderer für Solche, welche noch daheim sind. 2., verb. Aufl. Regensburg 867. Manz. 8. (360 S. mit 1 Stahlst.) 25⅓ ngr.

Stelzig, J. A., Abbé, Die kathol. Kirche ist die allein wahre, alleinseligmachende, verdammt aber niemand. Regensburg, Manz, 1845, 12°. (Bonifatiusdenkmal Jahrg. 4. 12. Bdchen.)

(Stelzig, J. A.,) Die Kirche und die Gegensätze zur selben, nach Lehre u. Wirklichkeit dargestellt in Briefen an einen europäischen Freund von einem ehemaligen Missionare in Amerika. Regensburg, Manz (jetzt Nationale Verlagsanst.), 1853, gr. 8°, 825 S., 9 Mk.

— das Leben des heil. Petrus von Alcantara. gr. 8. (317 S. mit 1 Stahlst.) Regensburg 857, Manz.

— das Leben des heiligen Petrus von Alcantara. Mit 1 Stahlst. Ebend. 857. gr. 8. (347 S.) 1 ℳ.

— Missionsbüchlein, oder neue Beherzigungen für christl. Hausfrauen. Ein Angebinde zur Mission. 24. (438 S. mit Titelbild in Holzschn.) Regensburg 858, Manz.

Stelzig, Ign. Alph., Missionsbüchlein oder neue Beherzigungen für christliche Hausfrauen. Ein Angebinde zur Mission. 2. und 3. Aufl. 16. (435 S. mit Titelbild in Holzschn.) Regensburg 867,77, Manz.

Stelzig, Ign. Alf., Missionsbüchlein, oder neue Beherziggn. f. christl. Hausfrauen. Ein Angebinde zur Mission. 8. Aufl. Mit Titelbild (in Holzschn.) 32. (438 S.) Regensburg 877. Manz. — 75

Stelzig, Ign. Alf., Missionsbüchlein od. neue Beherzigungen f. christl. Hausfrauen. Ein Angebinde zur Mission. 4. Aufl. Mit Titelbild. 16. (438 S.) Regensburg 885. Verlags-Anstalt. — 75

Stelzig, Ign. Alf., Missionsbüchlein od. neue Beherzigungen f. christl. Hausfrauen. Ein Angebinde zur Mission. 6. Aufl. Mit Titelbild. 16. (438 S.) Regensburg 892. Nationale Verlags-Anstalt. — 75

— — oder neue Beherzigungen für christliche Hausväter. Ein Angebinde zur Mission. Mit Titelkpfr. (Holzschn.). Ebend. 858. 24. (428 S.) 7½ ngr.

Stelzig, Ign. Alfons, Missionsbüchlein, oder neue Beherzigungen für christl. Hausväter. 2. Aufl. 32. (423 S. mit Titelkpfr. in Holzschn.) Regensburg 869, Manz. — 75

— dasselbe, f. christl. Hausväter. 3. Aufl. 16. (428 S.) Ebend. 885. — 75

Stelzig, Ign. Alf., Missionsbüchlein od. neue Beherziggn. f. christl. Hausväter. E. Angebinde zur Mission. 6. Aufl. 16. (428 S. m. Titelbild.) Regensburg 896. Verlagsanstalt vorm. G. J. Manz. — 75

—— Missionsbüchlein, oder neue Beherzigungen für christl. Jungfrauen. Ein Angebinde zur Mission. 1. Aufl. 1857. und 2. Aufl. 24. (IV und 450 S. mit 1 Titelkpfr. in Holzschn.) Regensburg 861, Manz.

— Missionsbüchlein, oder neue Beherzigungen für christl. Jungfrauen. Ein Angebinde zur Mission. 3. u. 4. Aufl. Ebend. 865,69. 16. (450 S. mit 1 Titelkpfr.) 7½ ngr.

—— Missionsbüchlein oder neue Beherzigungen für christl. Jungfrauen. Ein Angebinde zur Mission. 5. und 6. Aufl. 32. (450 S. mit 1 Titelbilde in Holzschn.) Ebendas. 871,74.

— dasselbe, f. christl. Jungfrauen. 11. Aufl. 16. (452 S.) Ebend. 885. — 75

— dasselbe, f. christl. Jungfrauen. 12. Aufl. 16. (452 S.) Ebd. 892. — 75

—— Missionsbüchlein, oder neue Beherzigungen für christkathol. Jünglinge. Ein Angebinde zur Mission. 24. (476 S. mit 1 Titelkpfr. in Holzschn.) Regensburg 857, Manz.

— Missionsbüchlein, oder neue Beherzigungen für christkatholische Jünglinge. Ein Angebinde zur Mission. 2. Aufl. Mit Titelkpfr. (in Holzschn.) Ebend. 862. 18. (476 S.) 7½ ngr.

Stelzig, Ign. Alf., Missionsbüchlein, oder neue Beherzigungen für christkathol. Jünglinge. Ein Angebinde zur Mission. 5. Aufl. 16. (476 S. mit Titelkpfr. [in Holzschn.].) Regensburg 880, Manz.

— dasselbe, f. christl. Jünglinge. 7. Aufl. 16. (476 S.) Ebend. 885. — 75

— dasselbe, f. christkathol. Jünglinge. 8. Aufl. 16. (476 S.) Ebd. 892. — 75

— die barmherzige Schwester, s.: Bibliothek f. die reifere christliche Jugend.

— Stadt- und Dorfgeschichten. 1. Bdchn. Wien 857. Wendelin. 8. (2 Bl., 224 S.) n. 24 ngr.

—— Stadt- und Dorfgeschichten. 1. Aufl. Wien 1857. und 2. (Titel-)Ausg. 8. (221 S.) Regensburg 860, Manz.

Der Student. Ein Zeitgemälde vom Verfasser des Trunkenbolds etc. (Abbé *Ign. Alf. Stelzig*). Baltimore, kathol. Kirchenzeitung, 1849. 8°. 349 S. Rar! (9 Mk. Taussig, Prag, 1903.)

—— der Student. Ein Zeitgemälde. 4. Aufl. 8. (IV, 328 S. mit 1 Titelbilde.) Ebendas. 882. 1 75

—— der Trunkenbold. Ein Bild aus dem Leben für das liebe Volk in Rahmen gefaßt. 3., verb. Aufl. 8. (199 S. mit 1 Titelkpfr.) Regensburg 865, Manz.

Stelzig, J. A. Úwahy pro křesťanské ginochy. Upomjnka na swatau misii; w gazyku českém wolně wzdelal P. J. A. Dreml. Tretj wydanj. We *Wjdni* 1858. Písmem a nakladem *Karla Ueberreutera*. 514 S. 16°. 14 kr. CM.
(Betrachtungen für christliche Jünglinge. Erinnerung an die heil. Mission. In der deutschen Sprache verfasst von J. A. Stelzig, gewes. Missionspriester in Amerika, ins Böhmische frei übersetzt von J. A. Dreml, Priester der Königgrätzer Diöcese. Dritte Auflage. *Wien* 1858. Druck u. Verl. des *Karl Ueberreuter*.)

Stelzig, P. J. A. — Uwahy pro křestanské manželky. Upomjeka na swatau misii. W gazyku německém sepsal — —. W gazyku českém wolně wzdělal P. J. A. Dreml. 16. (510 S.) We Wjdni. Nákladem a pjsmem Karla Ueberreutera. 1854. (Erinnerungen für christliche Eheleute. Zum Angedenken an die heil. Mission. In deutscher Sprache geschrieben von P. J. A. Stelzig. Ins Böhmische frei übertragen von P. J. A. Dreml.)

— Vergißmeinnicht, s. Collomb.

— der Zeiselmatz von Oberndorf, oder: So kommt man von Stroh auf die Federn. Eine Geschichte für das liebe Landvolk. Regensburg 859. Manz. 8. (VIII, 300 S.) 22½ ngr.

Stelzig-Werych, Fensterblumen. Eine kurzgefaßte Anleitg., Fenster u. Balkone m. blüh. Pflanzen zu zieren. Hrsg. v. Gärtnerverein „Viola" f. Tetschen, Bodenbach u. Umgebg. (20 S.) gr. 8. Tetschen (910). F. Theißig. — 50

Stelzl, Jos., kurzgefaßte Kirchengeschichte in Einzelbildern. Für den Unterricht in den Schulen sowie zur häusl. Lesg. verf. (VIII, 272 S. m. Abbildgn.) gr. 8. Klagenfurt 903. Buch- u. Kunsthandlg. des St. Joseph-Vereines. Geb. n. 1. 42

Stelzl, Josef. Kurzgefaßte Kirchengeschichte in Einzelbildern. Klgft., St. Josefs-Druck., 1903. 280 S. — 2., umgearb. Aufl. 1905. 272 S. — 3. verb. Aufl. 1908. 276 S.

Stelzl, Jos., kurzgefaßte Kirchengeschichte in Einzelbildern. Für den Unterricht in den Schulen sowie zur häusl. Lesg. verf. 3., verb. Aufl. (VIII, 268 S. m. Abb.) 8. Klagenfurt 908. Buch- u. Kunsth. des St. Josef-Vereines. Geb. 1. 50

— Lebensbild des hl. Leopold, Schutzpatrones v. Oesterreich. Mit Gebets- u. Liederanh. (15 S. m. 1 Bildnis.) kl. 8. Linz 905. Preßverein. n. — 12

— Die Zeremonien der Kirche in Wort u. Bild. (287 S. m. 2 farb. Taf.) 8. Ebd. 909. 1.—; geb. 1. 50

Stelzle, Eugen, Assistenzarzt im kgl. 13. Inf.-Reg.: Ueber Epidermolysis bullosa (hereditaria?). *München 1900: Kastner & Lossen.* (30 S.) 8°
München, Med. Diss. v. 1900

Stelzmann, Anton

Stelzmann, Ant., Andacht zu Ehren d. hl. Aloysius. Zum gemeinschaftl. Gebrauch, insbesond. d. studier. Jugend hrsg. 4. Aufl. 16. (40 S.) Dülmen 898. A. Laumann. n. — 10

Andacht zu Ehren d. heiligen Aloysius. Zum gemeinschaftl. Gebrauch, insbes. der studierenden Jugend hrsg. von Anton Stelzmann. 5. Aufl. *Dülmen: A. Laumann [1901].* (40 S.) 8° [F.] [02. 4823 6

Andacht zu Ehren des heiligen Aloysius ... hrsg. von Prof. Anton **Stelzmann**. 7. Aufl. Dülmen: A. Laumann 1906. (40 S.) 8° [F.] [08. 3294 6

Stelzmann, Ant., Andacht zu Ehren des hl. Aloysius. Zum gemeinschaftl. Gebrauch, insbesondere der studier. Jugend hrsg. 8. Aufl. (40 S.) 16. Dülmen (909). A. Laumann. — 10

— Beichtbüchlein f. Kinder. 3. Aufl. 16. (16 S.) Ebd. 895. n. — 10

Stelzmann, Anton: Beiträge zur Geschichte der Pfarre St. Aposteln. *Cöln 1902: J. P. Bachem.* (S. 3—32.) 4° Cöln, k. kath. G an Aposteln, P 1902 (499)

Stelzmann, Ant., Firmungsbüchlein insbesondere f. Schüler höherer Lehranstalten. (52 S.) 16. Köln (906). J. P. Bachem. n. — 25

Stelzmann, Ant., Jesus, komm' zu mir! Gebet- u. Andachtsbüchlein f. Erstkommunikanten. 16. (VIII, 152 S. m. farb. Titel.) Dülmen i/W. 891. A. Laumann. — 30

— Jesus, komm' zu mir! Gebet- u. Andachtsbüchlein f. Erstkommunikanten. 2., verm. Aufl. 16. (VII, 160 S.) Ebd. 894. Geb. in Leinw. n. — 50

Jesus, komm zu mir! Gebet- u. Andachtsbüchlein f. Erst-Kommunikanten. Hrsg. von Prof. Anton **Stelzmann**. 3. verm. Aufl. Dülmen: A. Laumann 1906. (VIII, 198 S.) 8° [F.] [07. 11134

Stelzmann, A., Laudate Dominum. Gebete u. Andachtsübungen für die studirende Jugend. [Zum gemeinsamen u. Privatgebrauch.] 16. (XVI, 558 S. m. Farbendr.-Titel u. 1 Stahlst.) Dülmen 879. Laumann. 1. 20; geb. n. 1. 80; n. 2. 20; n. 2. 40 u. n. 3. 25

Stelzmann, A., Laudate dominum. Gebete u. Andachtsübungen f. die studier. Jugend. [Zum gemeinsamen u. Privatgebrauch.] 2., verm. Aufl. 16. (XV, 672 S. m. Farbentitel u. 1 Stahlst.) Dülmen 890. Laumann. n. 1.—

Laudate Dominum. Gebete u. Andachtsübungen f. d. studierende Jugend. Hrsg. von Prof. Anton **Stelzmann**. 3. verb. Aufl. Dülmen: A. Laumann 1906. (XV, 472 S.) 8° [Ant. u. F.] [07. 11135

Stelzmann, Ant., Psallito Domino, s.: Cohen, Carl.

— Rosenkranzzettel f. Erstkommunikanten 16. (16 Bl.) Dülmen 901. A. Laumann. — 15

Stelzmüller, Adalb. J., das Leben des Volkes. Gedichte. 8. (VII, 132 S.) Wien 868, (Gerold's Sohn.) * 2 —

Stelzner, ..., großes theoret.-prakt. Zeichenbuch z. Selbstunterricht, f. jeden Zeichner u. Freund des Zeichnens. 6 Hfte. Fol. Hamb. 815. (Herold jun.) 2 ₰

Stelzner, großes theoretisch-prakt. Zeichenbuch z. Selbstunterricht, f. jeden Zeichner u. Freund des Zeichnens. 6 Hefte. Fol. Hamb. Vollmer. 815. (jedes Heft einzeln 9 gr.)

STELZNER, Zeichenbuch für Liebhaber. (1. Heft). Friedrichsstadt. 1808. Fol. P.

Stelzner, A. W., das Eisenerzfeld v. Naeverhaugen. Nach älteren Berichten u. eigenen Beobachtgn. besprochen. [Als Mscr. gedruckt.] gr. 8. (61 S. m. 3 Taf.) Berlin 891. (Freiberg i/S., Craz & Gerlach.) n. 2. —

Stelzner, A. W., die Granite von Geyer u. Ehrenfriedersdorf, s. Beiträge zur geognostischen Kenntniss des Erzgebirges.

— üb. die Isolirung v. Foraminiferen aus dem Badener Tegel m. Hilfe v. Jodidlösung. [Aus: „Annalen d. k. k. naturhistor. Hofmuseums".] Lex.-8. (5 S.) Wien 890. Hölder. n. — 40

—— Die Lateralsecretions-Theorie u. ihre Bedeutung f. das Příbramer Ganggebiet. gr. 8. (40 S.) Freiberg i. S. 889, Craz u. Gerlach. * 1 50
Aus: Berg- u. Hüttenmänn. Jahrb., besonders abgedruckt.

— die Sulitjelma-Gruben im nördlichen Norwegen. Nach älteren Berichten u. eigenen Beobachtgn. besprochen. gr. 8. (III, 100 S. m. 4 Taf.) Freiberg i/S. 891. Craz & Gerlach. n. 2. 50

Stelzner, A. W., Freibergs Trink- u. Brauchwasser. Ein geolog. Gutachten, dem Stadtrathe zu Freiberg überreicht. 8. (39 S.) Freiberg i/S. 889. Craz & Gerlach. n. — 75

Stelzner (A. W.) und **Schertel** (A.), Ueber den Zinngehalt und über die chemische Zusammensetzung der schwarzen Zinkblende von Freiberg. (Sep.-Abdr. a. d. Jahrbuch f. d. Berg- und Hüttenwesen i. Königr. Sachsen. 1886.) Freiberg 1886. 8.

Stelzner, Alfr., und Otto Prölß, Atlas der Mineralogie. 4 Taf. in Stahlst. (in qu. gr. 4.) nebst erläut. Texte. hoch 4. (40 S.) Leipzig 875, Brockhaus. * ℳ 1,50.; geb. *
Aus: Bilder-Atlas, 2. Aufl., besonders abgedruckt.

Stelzner, Alfr., Beiträge zur Geologie und Palaeontologie der Argentinischen Republik. Auf Anordnung der Argentin. National-Regierung hrsg. I.: Geologischer Thl. Beiträge zur Geologie der Argentin. Republik und des angrenzenden zwischen 32. und 33.° s. Br. gelegenen Theiles der Chilen. Cordillere. gr. 4. (XXIX, 329 S. mit 3 Profiltaf. und 1 geolog. Karte.) Kassel 885, Fischer. * 28 —

Stelzner (Alfred), Die Entwickelung der petrographischen Untersuchungsmethoden in den letzten fünfzig Jahren. (Festschrift d. Isis in Dresden, 1885.) 8.

Stelzner, Alfred: Zur Erinnerung an Dr. Paul Günther Lorentz. ([S.-A.] Botanisches Centralblatt 1882. Bd. 9. No 13.) Kassel u. Berlin 1882. 19 S. 8°.

Stelzner, Alfr. Die Grundzinsgemeinschaft. Der deutsche Ursprung dieser Reformation f. Abhülfe d. wirthschaftlich-sittl. Völkerelends. Eine histor. Uebersicht. 3. Taus. gr. 8. (16 S.) Berl. 891, H. u. H. Zeidler. * — 20

Stelzner, Alfr., u. Hans **Schulze,** über die Umwandlung der Destillationsgefässe der Zinköfen in Zinkspinell u. Tridymit. Mit 2 lith. Taf. [Aus: „Jahrb. f. d. Berg- u. Hüttenwesen im Königr. Sachsen".] gr. 8. (33 S.) Freiberg 881. Craz & Gerlach in Comm. n. 1. —

Stelzner, Alfr. Wilh., die Erzlagerstätten. Unter Zugrundelegg. der hinterlassenen Vorlesungsmanuskripte u. Aufzeichngn. bearb. von Alfr. Bergeat. 2 Hälften. (VI, XI, 1330 u. 15 S. m. 254 Abbildgn., 3 Karten u. 2 Taf.) Lex.-8. Leipzig 904—906. A. Felix. n. 42.50

Ⓑ **Stelzner,** Alfr. Wilh., Erzlagerstätten. 906. (KBL 34.) Erh. Pr. 46.—; geb. in Hfz. 51. 60

Stelzner, Alfr. Wilh., die Silber-Zinnerzlagerstätten Bolivias. Ein Beitrag zur Naturgeschichte d. Zinnerzes. [Aus: „Ztschr. d. deutschen geolog. Gesellsch."] gr. 8. (94 S. m. 1 farb. Karte.) Freiberg 897. Craz & Gerlach. n. 3. —

Stelzner, Friedr. Carl. Historische Nachrichten üb. die Stadt Gemünden u. die Nachbarorte Schnippach, Schönau, Seyfriedsburg u. Abelsberg. gr. 8. (127, VI S. m. 1 Plan.) Lohr a. M. 888, Keller. * 1 40

Stelzner, H., Bayreuth. Ein Jubiläums-Album in 20 (lithogr.) Blättern von Bayreuth und Umgebung. qu. gr. 4. Bayreuth 861, Giessel. *
Einzelne Bl. *

Aus d. psychiatr. Klinik in Berlin. Analyse von 200 Selbstmordfällen nebst Beitrag z. Prognostik der mit Selbstmordgedanken verknüpften Psychosen. Von Dr. Helenefriederike Stelzner in Berlin. Mit e. Vorw. von Prof. Dr. Th[eodor] Ziehen. Berlin: S. Karger 1906. (124 S.) 8°

Stelzner, Helenefriderike, Gesundheitslehre u. Kinderpflege. Ein Leitfaden f. Lehrende u. Lernende der Frauenschulklassen u. zum häusl. Gebrauch. (VII, 219 S. m. Abbildgn.) 8. Bielefeld 910. Velhagen & Klasing. Geb. in Leinw. 2. 40

— Die psychopathischen Konstitutionen u. ihre sociologische Bedeutung. (Aus der psychiatr. Klinik der königl. Charité in Berlin. [Dir.: Ziehen.]) (V, 249 S.) Lex. 8. Berlin 911. S. Karger. 6.—; geb. 7. 20

Stelzner, Helenefriederike, approb. Ärztin aus Chemnitz i. S.: Resultate und Dauererfolge bei 80 Fällen von vaginalen Totalexstirpationen bei Prolaps, aus den Kliniken von Basel und Halle. *Halle a. S. 1902: C. A. Kaemmerer & Co.* (61 S.) 8°
Halle, Med. Diss. v. 10. Juli 1902

Was wird aus den psychisch abnormen Kindern der unteren Stände? Vortrag, gehalten im oben genannten Verein am 5. Juni 1907 von Dr. HELENE FRIEDERIKE STELZNER, Anstaltsärztin am Magdalenenstift in Teltow. Erziehungs- und Fürsorgeverein für geistig zurückgebliebene (schwachsinnige) Kinder zu Berlin (Eingetr. Verein). Vorsitzender: Stadtschulrat Dr. L. H. FISCHER. Separatabdruck aus der „Jugendfürsorge", Herausgeber: Rektor Franz Pagel. Heft 10. — VIII. Jahrg. — 1907. (Berlin. Druck von Kissling & Krüger.) 8°.

Stelzner, Jh. Geo. Chr., († d. 20. April 1808.) f. Volks-Kalender.

Stelzner, Karl, aus St. Andreasberg i. Harz: Über den Dampfdruck fester Körper. *Braunschweig 1901: F. Vieweg & Sohn.* (25 S.) 8°
Erlangen. Phil. Diss. v. 25. Juni 1901

Stelzner, K. [Prof.]: Über Zeugnisse, Rangordnung und Versetzung. Eine Konferenzvorlage. *Pforzheim* (1890); 16 S. 4°
Pforzheim, G, MP 1890

Stelzner, Konrad, Gerichtsassessor aus Langensalza: Die Ansprüche des Geschäftsführers ohne Auftrag gegen den Geschäftsherrn nach dem Bürgerlichen Gesetzbuche. *Strassburg i. E. 1901: C. & J. Goeller.* (71 S.) 8°
Strassburg, Jur. Diss. v. 1901

Stelzner, Rob., Autoren-Generalregister, s.a. Berichte der deutschen chemischen Gesellschaft.

AUTOREN-GENERALREGISTER über die Jahrgänge 30—40 (1897—1907) der Berichte der Deutschen Chemischen Gesellschaft. Bearbeitet von ROBERT STELZNER. Berlin. 1908. Eigentum der Deutschen Chemischen Gesellschaft. Kommissionsverlag von R. Friedländer & Sohn. 8°.

Stelzner, Robert [aus Berlin]: Beiträge zur Kenntnis der Thiohydantoine ... Berlin, Buchdr. v. G. Schade, *1892;* 89 S., 1 Bl. 8.
Berlin, Phil. Fak., Inaug.-Diss. v. 8. Aug. 1892

— Lehrbuch der organischen Chemie, s.: Meyer, Vict., u. Paul Jacobson.

[Bericht über die von den Dresdner Logen begangene Säkularfeier der Entstehung der 1. engl. Grloge (1717). Unterz.:] Wilh. Stelzner. [Dat.:] Dresden 1817. 2 Bl. 4°

Steman, s. Stemann

Stemann, August (Hrsg.), s. Anzeigen, Schleswig-holsteinische. Repertorium f. d. Jge. 1859 - 1879.

Stemann, A., Repertorium zu den schleswig-holsteinischen Anzeigen von 1859 bis 1879 incl. gr. 4. (94 S.) Kiel 880, Lipsius und Tischer. *M 7.; geb. *

Stemann, Christian von

Stemann, C.v. (Hrsg.), s.a. Beiträge, Urkundliche, zur Geschichte der Herzogthümer Schleswig und Holstein.

Stemann, v., urkundliche Beiträge zur Geschichte der Herzogthümer Schleswig u. Holstein. Aus dem handschriftlichen Nachlasse hrsg. von dessen Sohn C. v. Stemann. gr. 8. (VIII, 118 S.) Husum 879. (Hamburg, Gräfe.) n. 2. 40

v. Stemann, C., einige Bemerkungen zum Entwurfe der Strafprozeßordnung für die Herzogthümer Schleswig-Holstein. gr. 8. (28 S.) Altona 850. (Lehmkuhl.) n. 6 ngr.

Steman, C. v., Darstellung des Preußischen Strafverfahrens. Berlin 858. G. Reimer. gr. 8. (VIII, 289 S.) 1 ₰. 7½ ngr.

Stemann, C. v., über die Einreihung der Schleswig-Holsteinischen Rechtsordnung in die preußische. Kiel 867. Schwers'sche Buchh. gr. 8. (40 S.) 7½ ngr.

Entwurf der Statuten des Vereins zur Beseitigung der Bettelei in Kiel (v. [Christian] von Stemann). (1879.) Hektographirt! Fol.

—— die Jury in Strafsachen. Eine Monographie. gr. 8. (XVIII und 483 S.) Hamburg 847, Restler und Melle.

Stemann, C. v., Sammlung der Gesetze, Verordnungen und Verfügungen, welche den bürgerlichen Proceß in Schleswig-Holstein betreffen. Mit Anmerkungen. gr. 8. (VI, 681 S.) Kiel 868, Schwers'sche Buchh. *

v. Stemann, Samml. d. Gesetze f. Schlesw.-Holst., welche den bürgerl. Proz. betr. Kiel 869.

—— die Vergehen der Unterschlagung und Untreue. Eine Vorarbeit für das Strafgesetzbuch des norddeutschen Bundes. gr. 8. (28 S.) Ebendas. 870.

—— und A. Klauhold, ein Vorschlag zur Umgestaltung der Strafrechtspflege in Hamburg, s. Klauhold, A.

Stemann, Christian Ludwig Ernst von

Stemann, Chr. L. E., de veteris dotis actionum, rei uxoriae atque ex stipulatu, differentiis. Dissertat. inaug. 4. (5¼ B.) Kiliae 826, (Universitäts-Buchh.)

Stemann, Chr. L. E. v., Geschichte des öffentlichen und Privat-Rechts des Herzogth. Schleswig. 2 Thle. gr. 8. Kopenhagen 866. (Leipzig, T. O. Weigel.) [1. Thl. (VIII und 247 S.) * 1 Thlr. 24 Ngr., 2. Thl. (VI und 396 S.) * 3 Thlr.] *

Stemann, Ch. L. E. v., Geschichte des öffentlichen und Privat-Rechts des Herzogthums Schleswig. 3. Thl.: (Urkunden). 8. (XVI, 394 S.) Kopenhagen 867, Gyldendal'sche Buchh.
1. und 2. Thl. Ebendas. 1866. — Preis der 3 Bde.: ** 14 Rt. 10 Der.

Stemann, C. L. E. v., das Güterrecht der Ehegatten im Gebiete des Jütschen Lovs. gr. 8. (IX und 212 S.) Kopenhagen 857, Gyldendal'sche Buchh.

Schleswigs Recht und Gerichtsverfassung im siebenzehnten Jahrhundert. Nach den Gerichtsprotocollen v. Christian Ludwig Ernst von Stemann. Schleswig und Flensburg 1855. 8°

Stemann, Ernst [aus Segeberg, Assistenzarzt a. d. gynäkol. Klinik zu Kiel]: Aus d. gynäkol. Klinik zu Kiel. Beiträge zur Kenntnis der Salpingitis tuberculosa und gonorrhoica .... Kiel, Druck v. A. F. Jensen, 1888; 38 S. + 1 Bl. u. 1 Taf. 8°
Kiel, Med. Fak., Inaug.-Diss. v. 6. Aug. 1888

Stemann, E., Beiträge zur Kenntnis der Salpingitis tuberculosa u. gonorrhoica. Inaug.-Diss. gr. 8. (38 S. m. 1 autogr. Taf.) Kiel 888. (Gnevkow & v. Gellhorn.) n. 1. —

Stemann, Ernst, aus d. gynäkol. Klinik zu Kiel. Beiträge zur Kenntniss der Salpingitis tuberculosa und gonorrhoica. Diss. Kiel 1888, Haeselersche Sort.-Buchh. 8°. 38 S. mit einer Taf.

Stemann, Hans, Referendar aus Hamburg: Die **Voraussetzungen** des Besitzerwerbs im Subjekte des Besitzes. *Rostock 1903: C. Hinstorff.* (75 S.) 8°
Rostock, Jur. Diss. v. [14. Febr.] 1903

Register (in Kolonnen-Form) zum Kontrollieren und Abschliessen von Buchführungen. D. R. G. M. System: Harro v. **Stemann**. Berlin 1906: (O. Elsner). (15 S.) 8° [06. 13366

Stemann, Harro v., Register (in Kolonnen-Form) zum Kontrollieren u. Abschliessen von Buchführungen D. R. G. M. System: Harro v. Stemann. (15 S.) 8. Berlin (N. 4, Chausseestr. 40) 906. Selbstverl. n. 2. —

Stemann, Joh., vollständ. Buß- Beicht- u. Communionbuch. 8. Hamb. 734.

Stemann, Toni: Der Weihnachtsbaum, s.a. Bloch's, Ludw., Kinder-Theater.

Der Weihnachtsbaum. Weihnachtsmärchen von Toni **Stemann**. *Berlin: E. Bloch (1900).* (11 S.) 8° [δ.]
= Kinder-Theater, Ludwig Blochs. No 79. [03. 1377

Die Winterfee, s.a. Bloch's, Ludw., Kinder-Theater.

Die Winterfee. Weihnachtsmärchen von Toni **Stemann**. *Berlin: E. Bloch (1900).* (10 S.) 8° [δ.]
= Kinder-Theater, Ludwig Blochs. No 78. [03. 1376

STEMBERGER, Eduard: De initiis Protestantismi in Britannia. (1883) 136 S. 4° (Handschr.) Diss. 368
Diss. Wien, Univ.

Stemberger, Eduard, die Unbefleckte u. ihre Verehrung in Tirol. Hrsg. zur Jubelfeier der unbefleckten Empfängnis Mariä. (96 S. m. 1 Abbildg. u. Titelbild.) gr. 8. Innsbruck 904. Vereinsbuchh. & Buchdruckerei. n. 1.40

Stembo, Lazar [illegible] Beiträge zur physiologischen Wirkung der comprimirten Luft. Berlin (1877). [illegible]
Berlin, Med. Diss. v. 20. Juni 1877

de **Steminga,** Sigf. Caes., resp. Car. Sigf. Abr. de **Steminga,** De diuortio et repudio ob furorem cognoscendo. Gryph. 4°.
1768

Stemler, Abraham (Nimritz) Altd. Thl. 20/28

Spes meliorum temporum, eaque partim decollans, partim soli Deo reservata. Präs. Christoph Sonntag. Altdorf (Kohles) 17. VIII. 1712. 22 S.

W. v.: Johann Wilhelm Baier, Präs., Gustav Georg Zeltner, Johann Michael Sonntag, Johann Christoph Stemler (Bruder), Johann Heinrich Stemler (Bruder).
33436

Stemler, C. G.: De juramentis Hebraeorum. Lips. 1736.

Stemler, C. G., de perforatione manuum Christi in cruce, Judaeis futuro offendiculo ad Zach. 13, 6. Dresd. 1741. 4.

Stemler, Christoph Gotthelf

— Abhandl. von der Kirchengeschichte von der Currende u. den Currendanern. 8. Leipz. 765.

Stemler, Chr. Ghf., de cura ecclesiae circa cavendos abortus et expositiones infantum diss. duae. 4. Lips. Crusius. (Vogel.) 749.

Stemler, Cph. Gtthlf., († ...) Lebensbeschreib. Peters, Bischofs zu Cythera u. Suffragans zu Meißen, aus d. Geschlechte der Heller. 8. Leipz. 765. Hilscher. 4 gr.

— d. Pagus Orla, od. Historie d. Neustadt. Kreises. 8. Leipz. Crusius. (F. C. W. Vogel.) 750.

— Predigten im Lager b. Mühlberg gehalten. gr. 8. Dresd. Gerlach. 786.

— d. Tempel des Friedens, u. röm. Antiquitäten. 8. Leipz. Hilscher. 763.

— der Tempel d. Friedens bei den Griechen u. Römern, u. wie sie ihn von den Juden entlehnt; beschrieben 2c. 8. Leipz. 765. Hilscher. 3 gr.

Stemler, D., de Paulo, nomen Chr. in conspectum regum portante. Lips. 1742. 4.

Stemler, Dav., Worte zu seiner Zeit. 8. Jena, Cröcker. 737.

Stemler, Hans: Die griechischen Grabinschriften Kleinasiens. Halle a. S. 1909: Kaemmerer. 72 S. 8°
Straßburg, Phil. Diss. v. 15. Febr. 1908, Ref. Keil
[Geb. 29. Mai 85 Friedrichsdorf a. T.; Wohnort: Friedrichsdorf; Staatsangeh.: Preußen; Vorbildung: Gymn. Homburg Reife O. 04; Studium: Bonn 1, München 3, Berlin 2, Straßburg 5 S.] [U 10. 4097

Stemler, (J. G.,) klinische Beobachtt. u. Erfahrungen aus dem Bereich meiner Praxis, systematisch geordnet. Nebst einem Anhang der Witterungs- u. Krankheits-Constitutionen d. Jahre 1821—23. gr. 8. Leipz. 825, Hartmann.

Stemler, J. G., Entwurf einer physisch-medizinischen Topographie von Zeulenroda. 2te Aufl. gr. 8. Neustadt, Wagner. 820.

Stemler, J. C., synodi Trident. de celebrandis diebus festis decretum. Lips. 1762. 4.

— de abrogandis aut immutandis diebus festis ac dominicis in ecclesia nostra usitatis. Lips. 1771. 4.

Stemler, J. C., de historia resurrectionis Christi, additamentis quibusdam temere corrupta. Lips. 1767. 4.

Stemler, J. C., de vera fictaque certaminis apostolici historia. Lips. 1767. 4.

— de minuenda festorum dierum in ecclesia multitudine. Ibid. 1770. 4.

Stemler, J. G., de ligatione festivorum ad cornua altaris. Riat. 1723. 4.

Stemler, Johann Chr.

— Abhandl. v. d. Fehltritten u. Fehlbitten d. Frommen. 8. Lpz. Junius. 736.

— Abzugspredigten in Torgau, Anzugspred. in Weißenfels ꝛc. 4. Ebend. 742.

— allen allerley in verschiedn. geistl. Reden. 8. Ebendas. 739.

Stemler, Joh. Chr., Denkmal d. Güte Gottes, in e. Abschieds- und Antrittspredigt vorgestellt. 4. Lpz. Junius. 740.

Stemler, Jh. Chr., († d. 29. März 1773.) Denkmal der Leipziger Jubelfeier u. des Religionsfriedens gehalt. Predigten. gr. 8. Leipz. 756. Junius. 6 ℊ

Stemler, Jo. Chr. [Praes.], s. Lindner, Joh. Christ.: Criticae profanae in sacris abusum.

— fünf Predigten b. Krankheit und Tod des Herzogs von Weißenfels ꝛc. 4. Ebend. 746.

— zwey Predigten in Dresden gehalten. 4. Ebendas. 751.

Stemler, Jh. Chr., erste Reden, beim Antritte seines neuen Amts u. e. neuen Jahres in der Thomaskirche zu Leipz. abgelegt. 4. Leipz. 751. Junius. 3 ℊ

— letzte Reden bei seinem Abschiede in Altenburg gehalten. 4. Altenb. 751. Richter. 4 ℊ

— erster Segen d. Evangel. Jesu in zwey Antritts- u. e. Friedenspredigt zu Altenburg vorgelegt. 4. Altenb. Richter. 749.

Stemler, Johann Christoph (Neustadt/Orla) A. S. 288/43

In decadem decalogicam Sonntagianam, sive decem deigmata commentationum moralium Mosaicarum de legibus ceremonialibus et forensibus index quadripartitus.
Altdorf (Kohles) s. a. (ca. 1708). 19 Bl.

33448

Stemler, Johann Christoph (Neustadt/Orla) A. S. 1378/31

Philosophi gentiles controversiarum fidei in veteri Christi ecclesia arbitri.
Präs. Johann Christophilus Friderici.
Leipzig (Titius) 25. IX. 1723. 30 S.

Gew.: Gottlob Hieronymus von Leipziger.

33449

Stemler, (Bürgermeister) Jh. Gtl., klin. Beobachtt. u. Erfahrr. aus d. Bereich meiner Praxis, systematisch geordnet. Nebst e. Anh. der Witterungs- u. Krankheits-Constitutionen d. Jahre 1821—23. gr. 8. Leipz. 825. (Lehnhold). 1 ℛ

Stemler, Joh. Gtl., teutsche Encyclopädie, od. systemat. Lehrbuch der jedem Gebildeten nöth. Kenntnisse. Ein Buch f. Schule u. Haus. 1. Bd. — A. u. d. T.: Systemat. Lehrbuch d. Welt- u. Erdbeschreibung, Kosmo- u. Geographie. 2 Abthln. gr. 8. (45½ B.) Leipzig 830, [Böhme.]

—— dass. 2. Bd. — A. u. d. T.: Systemat. Lehrbuch d. Naturlehre (Physik u. Chemie). gr. 8. (45½ B.) Ebds. 832.

— deutsche Encyklopädie, od. systemat. Lehrbuch der jedem Gebildeten nöthigen Kenntnisse. Ein Buch für Schule u. Haus. 1r Bd. Welt- u. Erdbeschreib. A. u. d. T.: Systemat. Lehrbuch der Welt- u. Erdbeschreibung, Kosmo- u. Geographie. Für Gebildete jedes Standes. gr. 8. Leipz. 830. Hartmann. 2 ℛ 2r Bd. Physik u. Chemie. A. u. d. T.: Systemat. Lehrbuch der Naturlehre. gr. 8. Ebd. 832. 2 ℛ 12 ℊ

— Entwurf einer physisch-medicin. Topographie v. Zeulenroda. gr. 8. Neustadt 820. 2e A. 821. Wagner. 9 ℊ

Stemler, Joh. Gottl., systemat. Lehrbuch d. Technologie, od. Manufaktur- u. Fabrikkunde. 8. Altenburg, Literar. Comt. 815.

Stemler, Johann Gottlieb: „Systematisches Lehrbuch der Technologie, oder Manufaktur- und Fabrikkunde", Altenburg 1816 (Leipzig, Brockhaus).

— Diss. inaug. de mania. 4. Herbipolis 811.

Stemler, Wilhelm Christian

— s. 1) v. Geisau, histor. Vortrag. 2) Katechismus vom Stand d. heil. Ehe.

KATECHISMUS, Vollständiger praktischer, vom Stand der heiligen Ehe (von Wilh. Christian Stemler).
Freyen ist kein Pferdekauf:
Freyer thut die Augen auf.
Dessau, in der Buchhandlung der Gelehrten, 1781. 8⁰. (4 Mk. 50 Pfg. Adolf Weigel, 1904.)
Titel, 7 Bll. Vorr. u. Inh., XXXXVI S. Vorerinnerung u. 471 S. Text. Nach d. 5. Abth. folgt S. 459 ff. noch Anhang: 1) wider den (!) Concubinat; 2) von Gewissensehen; 3) etwas über Ehescheidung.
Zuerst Dresden 1780. 8⁰. (Ersch, Handb.); Greifswald 1780. (Bibl. Hirzel, 1886, Nr. 3048.)

— — Dasselbe. Dessau und Leipzig, 1781. 8⁰.
Anon.-Lex. I. p. 311 (nach Meusel).

— — Dasselbe (im Auszuge): Nürnberg 1782. 8⁰.
l. c. p. 310 (nach Kayser u. Meusel).

Contingent zur Geschichte der Templer und der Aufhebung ihres Ordens von Wilh. Christian Stemler. Leipzig: Hertel 1783. XII, 323 S. 8⁰
Recens: Archiv f. Frmr u. Rosenkreuzer. 2 (1785) S. 338—342.
Kl. 2235. Enthält: 1. Briefe üb. die Aussagen der Tempelherren zu Aigues-Mortes, Nismes u. Alais von Prof. Beck; 2. Wichmannshausens Abhandl. üb. die Aufhebung der Tempelherren. Leipzig 1687; 3. Histor. Abhandl. vom Orden der Tempelherren 1669 von A. Strauch, von M. Baudisius verteidigt; 4. Abhandl. üb. die Aufhebung des Tempelherrenordens Halle 1705, von Chr. Thomasius, von J. J. Stippe verteidigt.

— Predigt üb. Johannis d. Täufer im Gefängniß. gr. 8. Leipz. 807. Hinrichs. 3 ℊ

— Predigten im Lager bei Mühlberg 1785 gehalt. gr. 8. Dresd. 785. Gerlach. 8 ℊ

Stemler, W. C., einige Sätze üb. d. christl. Glaubens- und Sittenlehre ꝛc. 8. Leipz. W. Fleischer. 798.

Stemma, Gentile, Ducum Wirtembergiae. S. l. et a. V: *Pregitzer, Joh. Ulr.* (Heyd)

Stemmatographia Rhaeticae familiae Salicaeorum, vulgo a Salis. fol. Coirae 1782.

Stemmatographie, Skizzierte, der heutigen Grafen von Armansperg in Bayern ... O. O. 1830. V: *Weilmeyr.* (BMarsch 506)

Stemmatographie, skizzirte, der heutigen Grafen von Armansperg in Baiern. Ein histor.-biograph. Beitrag zur deutschen Adelskunde. gr. 8. Regensb. 830. (Pustet). 8 gr

Stemmer fra den Danske Kirkes Reformations Tid. Udgivet i Anledning af Reformationens tredie Jubelaar af Fyens Stifts litteräre Selskab. (Mit 1 lithgr. Schrifttaf.) stor 4. Odense 836. (Kiel, Universitäts-Buchh.) n. 3 ₰

Stemmer, Eugen [aus Stuttgart]: Zusammenstellung des jetzigen Standes der Frage über die Ätiologie des Krebses. ... Stuttgart, Hofbuchdr. Carl Liebich, 1889; 1 Bl. + 34 S. 8°
Jena, Med. Fak., Inaug.-Diss. v. [16. Mai] 1889

Stemmer, Eug. Zusammenstellung d. jetzigen Standes der Frage üb. die Aetiologie d. Krebses. Diss. gr. 8. (34 S.) Stuttg. 889. (Jena, Dabis.) * — 60

Stemmer, E., Zusammenstellung d. jetzigen Standes der Frage üb. die Aetiologie d. Krebses. Inaug.-Diss. gr. 8. (34 S.) Stuttgart 889. Rudolstadt, Dabis. n. — 60

Stemmer, Georg. städt. Tierarzt in Leipzig: Anatomisch-histologische Untersuchungen über den Schild der männlichen Suiden mit Berücksichtigung der Fleischbeschau. ⟨Aus der anatomisch-physiologischen Abteilung am landwirtschaftlichen Institut der Universität Halle a. S. Prof. Disselhorst.⟩ Mit drei Abbildungen im Text. Leipzig 1909. 51 S. und drei Tafeln. 8°. [26. II. 09.]
Bern Vet.-med. Diss. 1908/09

Stemmer, Georg. Anatomisch-histologische Untersuchungen über den Schild der männlichen Suiden, mit Berücksichtigung der Fleischbeschau. Diss. Vet.-Med. Bern. Mit 3 Figuren im Text und 13 Figuren auf 3 Tafeln. *Kopftitel:* Aus der anatomisch-physiologischen Abteilung am landwirtschaftlichen Institut der Universität Halle a. S. ... 51 S. 8. Leipzig, Bruno Georgi, 1909.

Stemmer, Karl, aus Weilheim, Rechtspraktikant am k. Amtsgericht Schweinfurt: **Ist** die Auflassung ein Rechtsgeschäft? *Schweinfurt 1903: Morich.* (58 S.) 8°
Erlangen, Jur. Diss. v. 20. Okt. 1903

Stemmer, Wolfg., Predigt auf die Primiz-Feier des neugeweihten Priesters Joh. Bapt. Bachmaier. 8. Landshut 836. Attenkofer. (Thomann.) $^1/_8$ ₰

Stemmermann, Anna, appr. Arzt a. Altenbruch im Lande Hadeln: Beiträge zur Kenntnis und Kasuistik der pseudologia phantastica. Berlin 1906: G. Reimer. (102 S.) 8°
Leipzig, Med. Fak., Ref. Flechsig, Diss. v. 14. Nov. 1906
[Geb. 12. Okt. 74 Altenbruch; Wohnort: Berlin; Staatsangeh.: Preußen; Vorbildung: Gymn. Bremen Reife O. 99; Studium: Göttingen 4, Freiburg i. B. 2, Bonn 6 S.; Coll. 6. Juli 07; Approb. 24. Juni 05.]

Stemmermann, Wilhelm, Referendar in Bremen: Die Aufhebung und die Wiederherstellung der ehelichen Gemeinschaft nach dem B.G.B. Borna-Leipzig 1906: R. Noske. (VIII, 58 S.) 8° [Ñ.]
Leipzig, Jur. Fak., Diss. v. 10. Sept. 1906
[Geb. 2. Dez. 80 Altenbruch, Kr. Hadeln; Wohnort: Bremen; Staatsangeh.: Bremen; Vorbildung: Gymn. Bremen Reife O. 00; Studium: München 2, Berlin 2, Göttingen 2 S.; Rig. 3. Dez. 04.]

Stemmler, C. G., s. Stemler, Christoph Gotthelf

Stemmler, Ferdinand

Stemmler, F., Bad Ems. Historisch-balneolog. Bruchstücke aus des Bades Vergangenheit. In Wort u. Bild zusammengestellt. (24 S.) gr. 8. Ems 904. L. J. Kirchberger. Kart. n. 1.20

Stemmler, Ferdinand [aus Rüdesheim]: Fibroma periglandulare des Ohres. Ein Beitrag zur Lehre der Geschwülste speciell der Fibrome. ... Würzburg, P. Scheiner's Buchdr., 1891; 42 S., 1 Bl. 8°
Würzburg, Med. Fak., Inaug.-Diss. v. 1891

Stemmler, Hermann [Dr.]: Gedächtnisrede auf Herzog Ernst II. von Sachsen-Coburg und Gotha geh. in d. Aula d. Gräflich Gleichenschen Gymn. am 27. Sept. 1893. Ohrdruf, Druck v. H. Lucas, 1894; 3—11 S. 4.
Ohrdruf, gräfl. Gleichensches G '(RPG u. PG)', P 1894 (707)

Stemmler, Hermann Guido [Lehrer an der Herzogl. Realschule zu Ohrdruf]: Die pädagogischen Grundsätze und Ansichten August Hermann Francke's systematisch dargestellt und beurteilt ... Jena: Druck v. Julius Hoßfeld 1885. 113 S. 8°
Rostock, Phil. Fak., Inaug.-Diss. v. 7. Okt. 1885.

Stemmler, Hermann Guido, die pädagogischen Grundsätze und Ansichten August Hermann Francke's systematisch dargestellt und beurteilt. Diss. Rostock 1885, G. B. Leopolds Univ.-Buchh. 8°. 113 S.

Stemmler, Herm. Guido. Sach-Register, s. Verhandlungen üb. Fragen d. höheren Unterrichts.

Stemmler, Joseph, aus Gladenbach, Prov. Hess.-Nass.: Die **Entwicklung** der Anhänge am Zwischenhirndach beim Gecko. ⟨Gehyra oceanica u. Hemidactylus mabouia.⟩ Ein Beitrag zur Kenntnis d. Epiphyse, d. Parietalorgans u. d. Paraphyse. *(Limburg 1900): Limburger Vereinsdruckerei.* (42 S.) 8°
Leipzig, Phil. Diss. v. [30. Juli] 1900

Stemmler, Jos., Elementar-Gesang-Lehre f. Stadt- u. Landschulen, nebst e. Samml. neuer Schullieder u. kurzer Anleit., d. Violine zu spielen. Mit Beiträgen v. Joh. Strauss, Brandl, Gassner, Marx, Heinr. v. St. Julien, Weber, Gerspach, Heinr. Schuetz, Herion u. A. qu. gr. 4. (21 B.) Carlsruhe 837, Müller'sche Hofbuchh. •

Stemmler, Jos., Elementar-Gesang-Lehre f. Stadt- u. Landschulen, nebst e. Sammlung von Originalschulliedern u. kurzer Anleitung, die Violine zu spielen. Mit Beiträgen v. J. Strauß, J. Brandel, F. S. Gaßner, M. Marx, H. v. St. Julien, C. A. Weber, A. Gersbach, Herion u. A. 3., unveränd. Ausg. qu. gr. 4. (21 B. incl. 1 Bl. mit 6 Abbild.) Karlsruhe 842, Müller'sche Hofbuchh. Thlr.

(Stemmler, Jos.,) Sammlung von Original-Schul-Liedern, componirt von Berger, Birnbacher, J. Brandel, F. S. Gaßner, A. Gersbach, Herion, M. Marx, H. v. Julien, J. Stemmler, J. Strauß, A. Weber u. A. (Neue Ausg.) qu. gr. 4. ($6^1/_2$ B.) Carlsruhe 842, Müller'sche Hofbuchh. Thlr.

—— **(50 neue) Schul-Lieder z. Gesang-Lehre. qu. gr. 4. ($6^1/_4$ B.) Carlsruhe 837, Müller'sche Hofbuchh.** •
Aus Stemmlers Elementar-Gesang-Lehre besonders abgedruckt.

Stemmler, Kurt, Referendar, Berlin: Grundstückserwerb durch Ausländer nach deutschem Landesprivatrechte. Charlottenburg 1910: Gertz. 121 S. 8°
Rostock, Jur. Diss. v. 30. Nov. 1910, Ref. Hübner
[Geb. 13. Jan. 84 Nizza; Wohnort: Charlottenburg; Staatsangeh.: Preußen; Vorbildung: Friedrichs-Werdersch. Gymn. Berlin Reife M. 03; Studium: Berlin 1, Heidelberg 1, Paris 1, Berlin 5 S.; Rig. 28. April 10.] [U 11. 4085

Stemmler, Lothar, approb. Arzt aus Pausa i. V.: Zwei **Fälle** von Leistenhernie mit Ovarium als Inhalt, als Beitrag zur Kenntnis der Oophorocele. *Leipzig 1903: B. Georgi.* (38 S.) 8°
Leipzig, Med. Diss. v. (7. Okt.) 1903

Stemmler, Ludwig: Rotweinbereitung und Behandlung deutscher Rotweine. Köln: Verband rhein. Genossenschaften e.V. 1906. VII, 151 S. -- 121*. Gel 1.Rüd.*

(S[temmlin], Joseph.) Die Erlebnisse eines Handwerkers von Pruntrut, von ihm selbst erzählt. ‹Aus dem Französischen.› 8. Bern 1852.

(S[temmlin], Joseph.) Mémoires d'un artisan de Porrentruy, écrits par lui-même. ‹Publié sous les auspices de la Société jurassienne d'émulation ([par] X[avier] Kohler).› 8. Porrentruy, Septembre 1852.

Stempa, Genoch: **Trauma und Paralysis agitans.** *Berlin (1898): E. Ebering.* (33 S.) 8°
Berlin, Med. Diss. v. 9. Aug. 1898

Stempel der Jüngere, A. A. v. der, die Militairpflichtigen od. der schlaue Feldwebel, s.: Theater, kleines.

Stempel der Jüngere, A. A. van der. Ohne Geld auf Reisen, s. Theater, kleines.

-- Der neue Stadtrath, s. Theater, Kleines.

Stempel, A. van der, e. Stündchen in der Wahlversammlung, s.: Theater, kleines.

Maler Bernhard und seine Frau. Schauspiel von Alexander v. **Stempel.** Libau: Fischer in Komm. 1909. 97 S. 8° [11. 18849

— Miss Liddy. Schwank in 3 Akten. (43 S.) 8. Leipzig 910. Modernes Verlagsbureau. 2. —

Miss Liddy. Schwank in 3 Akten von A. v. **Stempel**. Berlin-Leipzig: Wigand 1910. 43 S. 8° [11. 4340

Stempel, Bruno, bacc. jur., Referendar in Leipzig: **Das königlich sächsische Haus und die Hausgewalt nach königlich sächsischem Hausrecht. Ein Beitrag zum deutschen Fürstenrecht.** *Leipzig 1903: W. Wigand.* (102 S.) 8°
Leipzig, Jur. Diss. v. 1903

Stempel, Christian (Wittenberg) A.S.1123/13

Exercitationum physiologicarum VI., de epatis et lienis officio. Präs. Johann Bohn.
o.O., o.J. 4 Bl.

Diss. Leipzig ca. 1666. 33451

Stempel, Christian August (Bautzen) A.S.123/11

Observationes de adoptione in locum fratris non monstrosa ad l. LVIII. $.I.D. de hered. instit.
Präs. Christoph Ludwig Crell.
Wittenberg (Schlomach) IX.1748. 54 S.

W.v.: Präs. 33452

Stempel, Christian Gottlob (Bautzen) A.S.58/20

Dissertatio inauguralis de culpa ab heredibus tutorum praestanda. Präs. Christian Thomasius.
Halle (Salfeld) 29.VI.1701. 40 S.

Gew.: Christian Stempel (Vater). 33453

Stempel, Christian Karl 4°Thl.I.232-2/13

Disputatio XIII. de energeia planes sive efficacia errorum ex 2. Thessal. II. 10. 11.
Präs. Gottlieb Wernsdorf.
In: Wernsdorf: Disputationes academicae, exegetici argumenti ... Vol. II. Wittenberg (Ahlfeld) 1737.
S. 436 - 486.

Diss. 6.IV.1726. 33454

Stempel, Christian Karl [Praes.], s. Richter, Martin Melchior: De gaudio sapientum sententiam veram.

Stempel, Edda, anatomische Studien üb. die Klumphand, s.: Stoffel, Adf.

* **Diss. de Laterna magica, Praef. M. Frid.** *Hannib. Stempel.* **Resp. Matth.** *Chr. Müller.* **Jen. 4½ Bog. 2 Kupfert. 1704.**

Aus Kurorten. Ein Reisebericht als Beitrag z. Lösung d. Kurmusikerfrage. Von Fritz **Stempel**. Berlin: Allg. Deutscher Musiker-Verband [1910]. 50 S. 8°
Aus: Deutsche Musiker-Zeitung. [11. 1911

Die soziale Lage der Orchestermusiker. Über d. Lehrlingswesen. Militärkonkurrenz. 3 Vorträge gehalten ... 1909 von Fritz **Stempel**, Berlin: Allg. Deutscher Musiker-Verband [1910]. 44 S. 8° [11. 1910

Stempel, *Heinrich: Bericht über die letzte Ferienreise nach dem Salzkammergut und nach Tirol.* 4 (S. 12—22).
Progr. Kgl. ev. G. *Marienburg* 1900 (31)

Stempel, Heinr., der Schulgarten, s. Sammlung pädagogischer Vorträge. XVI. 3.

Der Schulgarten. Von Heinrich **Stempel**. Mit Plan e. Schulgartens. Minden: C. Marowski [1906]. (26 S.) 8° [Umschlagt.]
-- **Sammlung** pädagogischer Vorträge. Bd 16, H. 3. [07. 3846 8

Stempel, Herman [app. Arzt zu Giessen]: Aus d. medizin. Klinik d. Hrn Geheimerat Prof. Dr. Riegel zu Giessen. Die physiologische und pathologische Athmungskurve. '(M. Tafeln)' ... Giessen, grossh. Hof- u. Univ.-Dr. C. v. Münchow, 1895; 19 S., 5 Taf. 4.
Giessen, Med. Fak., Inaug.-Diss. v. 1895

Stempel, J. van der, die Erben des reichen Onkels, s.: Theater, kleines.

Stempel, Jak., das Ende dunkler Machenschaften od. der Esel in der Löwenhaut. Ein Sittenbild m. e. „Helden" u. mehreren Opfern. (36 S.) 8. Straßburg i/E. (Vogesenstr. 29) 907. Selbstverlag. — 65

Stempel, Jac., das preussische Kommunal-Abgaben-Gesetz in der Praxis. (VII, 87 S.) 8. Strassburg 903. Wolstein & Teilhaber. — 80

Stempel, J. Das preußische Kommunal-Abgaben-Gesetz in der Praxis. Straßburg i. Els. 1904.

Stempel, Johann Christian (Coburg) A.S.849/3

Disputatio inauguralis medica practica de febribus intermittentibus turbatis, atque corruptis.
Präs. Georg Ernst Stahl.
Halle (Henckel) V.1713. 44 S. 33457

Stempel, Johann Christian (Coburg) A.S.1251/18

Dissertatio medica theoretico-practica de purpura cum febre complicata. Präs. Michael Alberti.
Halle (Henckel) XI.1710. 64 S. 33456

Stempel, Kurt Baron von, Referendar: Wie unterscheiden sich nach dem Bürgerlichen Gesetzbuche Forderungsübertragung und Schuldübernahme hinsichtlich ihres Einflusses auf Forderung, Einwendungen und Nebenrechte? *Greifswald 1901: J. Abel.* (59 S.) 8° [J.]
Greifswald, Jur. Diss. v. [4. Aug.] 1904

Stempel, L., Rath u. Hülfe für den Landmann in den Zeiten des Futtermangels. Oder: Wie kann der Landmann sein Vieh in gutem Stande erhalten, wenn er durch ungünstige Witterung der gewöhnl. Futtermittel beraubt ist? Beantwortet. Nebst den nöthigen Anweisungen zur Abhülfe des Streu- u. Düngermangels. 8. Halberstadt 842, Lindequist u. Schönrock. 5/12 Thlr — 2. Aufl. 8. Ebend. 847, (846.) 5/12 Thlr

—— der unfehlbare Rathgeber bei der Vertilgung aller für den Land- u. Gartenbau schädlichen Thiere. 8. (3 B.) Halberstadt 844, Lindequist u. Schönrock.

Stempel, L., Rathgeber z. sichern Vertilgung aller f. d. Land- u. Gartenbau schädl. Thiere etc. 8. Halberstadt, 1844. 2. Aufl. 1847. Neue T.-Aufl. 1850. Quedlinburg, Ernst. — 10

Stempel, L., Rathgeber zur sichern Vertilgung aller für den Land- u. Gartenbau schädlichen Thiere oder die neuesten u. sichersten Vorschriften Ameisen, Blatt- u. Schildläuse, Bremsen, Erbsenkäfer etc. zu vertreiben, zu fangen u. zu tödten. 2. (Titel-)Aufl. 8. (IV u. 45 S.) Quedlinburg (844) 850, Ernst. 1/3 Thlr

Stempel, Max, Morphium. Schauspiel in 4 Akten. 8. (III, 116 S.) Großenhain 890. Baumert & Ronge. n. 1. 60

Stempel, Max, Paragraph sieben. Lustspiel in 1 Akt. 12. (VII, 20 S.) Cöthen 887, Schettler's Erben, Verlag. *

Stempel, Max: Weiße Rosen, s. Weihnachts- u. Neujahrs- Aufführungen.

— vor d. Schranken. Dichtg. gr. 8. (14 S.) Berlin 896. A. Hoffmann. — 10

Stempel, Max, auf leichten Schwingen. Gedichte. gr. 16. (78 S.) Bremen 879, [Kühtmann und Comp.] Fischer. *
geb. *

Stempel, Max, auf leichten Schwingen. Gedicht. gr. 16. (78 S.) Norden 879. Fischer. Nachf. n. 2. —; geb. n. 3. —

Ut min Rimelschapp. Lustige Läuschen tom Vördrägen. Von R. C. Stempel. Bremen: Bremer Zeitungs-Ges. 1910. 8, 104 S. 8°

Stempel, Walther [aus Friedenthal-Giessmannsdorf (Schlesien)]: Ein Beitrag zur Aetiologie und Therapie des Diabetes mellitus. . . . Würzburg, Becker's Univ.-Buchdr., 1890; 24 S. + 4 Bl. 8°
Würzburg, Med. Fak., Inaug.-Diss. v. 1890

Stempel, Walth, die Untersuchung u. Begutachtung der Invalidenrentenanwärter, nebst Auszug u. Kommentar der f. die Aerzte wichtigsten Gesetze u. Bestimmgn. betr. die Invaliditäts- u. Altersversicherg. gr. 8. (III, 178 S.) Jena 899. G. Fischer. n. 4. —

Stempel, Wilhelm Tobias (Coburg) A.S. 206/30

Theses inaugurales de jurisdictionis et magistratuum differentia secundum mores Germanorum.
Präs. Christian Thomasius. Rec.
Halle (Salfeld) 1714. 72 S.

Diss. 19. XI. 1703. 33458

Stempel, Wilhelm Tobias (Coburg) A.S. 825/2

Theses inaugurales de jurisdictionis et magistratuum differentia secundum mores Germanorum.
Präs. Christian Thomasius. Rec.
Halle (Salfeld) 1724. 72 S.

Diss. 19. XI. 1703. 33459

Stempel, Wilhelm Tobias (Coburg) A.S. 8/9

Theses inaugurales de jurisdictionis et magistratuum differentia secundum mores Germanorum.
Präs. Christian Thomasius. Rec.
Halle (Salfeld) 1735. 72 S.

Diss. 19. XI. 1703. 33460

Stempeledikt, üb. das neue preuß. 8. Halle 803. Renger. 10 Gr. (Aus d. Materialien z. Erklär. d. preuß. Landesgesetze besonders abgedr.)

Stempeledikt, über das neue, Preußische. 8. Halle 803. Jetzt Heymann in Berlin. 1/6 Thlr

Stempel-Gebühren, mit Berücksichtigung der durch das Gesetz v. 13. December 1862 eingeführten Abänderungen im Gebührengesetze. Fol. (1 Blatt) Brünn. Rohrer. 1863. 15 kr

—— Dieselben. 4. (1 Blatt) Ebds. 1863. 9 kr.

Stempelgesetz f. Elsaß-Lothringen v. 21. VI. 1897, nebst d. Ausführungsbestimmgn. u. d. Vollzugsanweisg. f. d. Behörden, sow. e. ausführl. Sachregister u. Erläutergn. Im amtl. Auftr. hrsg. 8. (VII, 118 S.) Straßburg 898. Straßburger Druckerei u. Verlagsanstalt. Kart. n. 1. —

— dasselbe. 2., durchgeseh. u. verm. Aufl. 8. (VII, 120 S.) Ebd. 898. Kart. n. 1. —

Stempelgesetz f. Elsaß-Lothringen vom 21. VI. 1897 nebst d. Ausführungsbestimmungen u. der Vollzugsanweisung f. die Behörden, sowie e. Sachregister. — Loi sur le timbre pour l'Alsace-Lorraine. 8. (VI, 155 S.) Metz 898. P. Even. Kart. n. 2. 80

Stempelgesetz f. Elsass-Lothringen vom 21. VI. 1897 nebst den Ausführungsbestimmungen. — Loi sur le timbre pour l'Alsace-Lorraine. Metz 899.

Stempel-Gesetz für die ganze Monarchie. Gegeben Potsdam, den 20. Nov. 1810. (Berlin: Decker 1810.)

Stempelgesetz, das neue, für d. Königr. Baiern. 2e Aufl. 8. Bamb. 825. Draußnick. 4 Gr.

Stempelgesetz, das neue, u. zugleich d. allgem. Verordnung v. 18. Decbr. 1812 f. d. Königr. Bayern. Mit e. Stempel-Gradations-Scala v. 1—56999 Gulden verm. 2. Ausg. 8. ... Bamberg (825, Literar.-artist. Institut).

Das Preussische Stempel-Gesetz vom 7. März 1822 bearb. von Leo Labus. Breslau. 1880. 8°.

Stempel-Gesetz, das Preußische, und der Stempel-Tarif, nebst sämmtlichen bis zum 30. Junius 1834 bekannt geword. Erläuterungen u. Ergänzungen, in alphab. Ordnung. Für Gerichts- u. Verwaltungs-Behörden u. Beamte jeder Art. 2e, mit vielen Nachträgen verm. Aufl. 8. Leipzig u. Torgau 834. Wienbrack. 5/8 Thlr (Die Nachträge apart 1/6 Thlr)

Stempelgesetz, das, u. der Stempeltarif mit den Zusätzen u. Erläuterungen dazu u. Tabellen zur Berechnung der Stempel, von M. F. Essellen. Fol. (VI, XXVI u. 232 S.) Essen 847, Bädecker. n. 2 ₰ 4 ngr

Stempelgesetze, die. 1. Abth. 8. (7 S.) Würzburg 875. Stahel. — 20

Stempelgesetze, die. 2. Abthl. 8. (S. 9—48.) Würzburg 882, Stahel'sche Universitäts-Buchh.
1. Abthl. Ebendas. 1875. * 20 Pf.

Stempelgesetze, die preußischen, oder Was ist stempelpflichtig? Ein unentbehrliches Hülfsbuch für Banquiers, Kaufleute, Gewerbtreibende etc. Hrsg. von den Verf. des Werkes „der preuß. Staatsbürger." gr. 8. (65 S.) Berlin 853, Plahn'sche Buchh. *

—— die, für das Deutsche Reich. Gesetz, betr. die Erhebung von Reichsstempelabgaben, nebst den Ausführungsbestimmungen, und das Gesetz, betr. die Wechselstempelsteuer, nebst den ergänzenden Bestimmungen. Mit ausführl. Sachregistern. 1. und 2. Aufl. 8. (III, 82 S.) Leipzig 882, Roßberg'sche Buchh. *

Die Stempelgesetze für das Deutsche Reich und Preussen nebst dem vollständigen Stempeltarif (unter Ausschluss des gerichtlichen Stempelwesens)' v. Becherer. 2. verb. und verm. Aufl. Frankfurt a. M.: Jaeger (1894). (127 S.) 1 Bd 8⁰
= Ausgaben, Jaeger's, deutscher Reichsgesetze. No 12.

Stempelgesetze, die k. sächs., mit Zusätzen u. amtlichen Erläutern., nebst e. vollständ. Register. Hrsg. v. Ferd. Heinr. Schulze. gr. 8. (13¾ B.) Dresden 840. (Leipzig, Fr. Fleischer.)*

[5.] Die Stempelgesetze und Tarife für das Deutsche Reich und Preussen nebst d. zugehör. gesetzl. Bestimmngn in neuester Fassg. E. prakt. Hand- u. Nachschlagebuch ... v. W. Assmann, Polizei-Commissar zu Bochum ... Mülheim a. d. R.: J. Bagel 1895. (2 Bl., 115 S.) 1 Bd 8.
[96. 18.]

Stempelgesetzgebung, die gesammte preußische, vom Jahre 1822 bis 1870. Mit vollständ. Sachregister. Berlin 870. v. Decker. gr. 8. (V, 156 S.) n. 10 ngr.

Preußens Stempelgesetzgbg. 2. Thl. Allerh. Verordngn., Minist.-Verfüggn. u. Bekanntmachgn., betr die Erhebung der Stempelsteuer in Hannover, Hessen, u. Nassau, in den vorm. bayer. Gebietstheilen, in Frankfurt a. M. (1867.) 2. Aufl. Ebd. 1869. gr. 8. (X, 149 S.)

Die Preussische **Stempelgesetzgebung** für die alten und neuen Landestheile. Kommentar für den praktischen Gebrauch mit Tabellen zur Berechnung des Stempels hrgg. v. Hoyer. Bd. 1 2. Berlin 1869 u. 73. 8⁰

Stempelin, Olga, aus Kasan: Zur Differentialdiagnose der perniziösen Anämie. (Hämatologische Arbeiten unter Leitung von Priv.-Doz. Dr. Nägeli. Zurich.) Berlin [1908.] 29. S. 8°. [16. VII. 08.]
Zurich Med. Diss. 1907/08

Stempelin, Olga. Zur Differentialdiagnose der perniziösen Anämie. Diss. Med. Univ. Zürich. [Sep.-Abdr. aus: Medizinische Klinik. Wochenschrift für praktische Ärzte. Jahrg. 4.] *Kopftitel:* Hämatologische Arbeiten unter Leitung von Priv.-Doz. Dr. O[tto] Nägeli, Zürich. 29 S. gr.-8. (Berlin, Julius Sittenfeld, [1908].)

Stempell, Benedictus Baron von: Die ewigen Renten und ihre Ablösung. Zur mittleren Wirtschaftsgeschichte Deutschlands. Borna-Leipzig 1910: Noske. 92 S. 8°
Leipzig, Phil. Diss. v. 28. Juni 1910, Ref. Bücher, Schmid
[Geb. 7. Juni 85 Mitau; Wohnort: Leipzig; Staatsangeh.: Rußland; Vorbildung: St.-Katharinensch. Petersburg Reife Juni 04; Studium: Jura u. Staatswiss. Dorpat 2, Freiburg i. B. 1, Leipzig 7 S.; Rig. 13. Mai 10.]
[U 10. 3245

Die Abstammungslehre und der Mensch. Vortrag, geh. 1910 im Westf. Provinzialverein f. Wiss. u. Kunst von Dr. W[alter] **Stempell,** Prof. Mit 9 Textfig. Münster: Regensberg in Komm. 1910. 16 S. 8°
[11.653]

Stempell, Walter: Beiträge zur Kenntnis der Nuculiden. 1. Haut- und Muskelsystem. (Aus dem zool. Institut zu Berlin.) *Berlin (1897): G. Schade.* (46 S.) 8° ¶ (Erscheint vollständig in den Zoologischen Jahrbüchern.)
Berlin, Phil. Diss. v. 27. Nov. 1897

Stempelmann, (Carl Otto) Hugo (geb. Eilenburg 22. 6. 18[illegible]): Aeris injecti in neonatorum asphycticorum pulmones utrum ad vitam servandam commodum afferat, nec ne. Quaestio academica praemio ornata. Berolini (186[illegible]) [illegible] 8°
Berlin, Med. Diss. v. [illegible] Aug. 186[illegible]

Stempel-Marken, die, für ausländische Wechsel. Beleuchtung des den preuß. Handelskammern etc. vorgelegten Gesetzentwurfs. gr. 8. (11 S.) Düsseldorf 862, Kaulen und Comp.
Aus: Niederrheinische Volkszeitung, besonders abgedruckt.

Herzoglich Nassauische **Stempelordnung** vom 6./8. April 1808. o. O. fol.

Stempelordnung, neue, u. provisor. Taxordnung der königl. baier. Provinz Schwaben. Fol. Ulm 805. Becker. (Ebner). 8 ₰

Stempel- u. Taxordnung f. die Gerichtsstellen in den Provinzen Starkenburg u. Oberhessen etc. zusammengetragen u. mit Bemerkk. versehen v. M. L. J. Kösterus. gr. 8. Darmst. 825. Leske. 8 ₰

Stempel - Papierordnung, Neurevidierte. Nürnb. 1767. V: *Staudner, Johann Leonhard.* (MI.)

Stempelpflichtigkeit, Die, amtsärztlicher Atteste . . . Merseburg 1898. V: *Geisler, Paul Frdr. & Rich. v. Hake.* (Berl)

Stempelpflichtigkeit, die, amtsärztlicher Atteste. Zusammengest. f. d. Bereich d. Prov. Sachsen. Hrsg. v. Verein d. Medizinalbeamten d. Bez. Merseburg. 12. (16 S.) Merseburg 898. F. Stollberg. n. — 35

Stempelpflichtigkeit, die, im preußischen Bauwesen. Eine übersichtl. Zusammenstellg. der Vorschriften f. die Behandlg. aller der Stempelsteuer unterworfenen Dokumente im gesammten Bauwesen d. preuß. Staats. Zum Gebrauch f. Baubeamte, Baumeister, Bau-Unternehmer u. Lieferanten bearb. v. den Hrsg. der „deutschen Bauzeitg." u. d. „Architekten-Kalenders." gr. 8. (IV, 58 S.) Berlin 870. Beelitz. n. 1. 25

Die Stempelpflichtigkeit im preuss. Bauwesen. Eine übersichtl. Zusammenstellung der Vorschriften für die Behandlung aller der Stempelsteuer unterworfenen Dokumente im gesammten Bauwesen des preuß. Staats. Zum Gebrauch f. Baubeamte, Baumeistern u. s. w., bearb v. den Herausg. der „deutschen Bauztg." u. des „Architekten-Kalenders". Berlin, Beelitz. 1871. gr. 8. (IV, 5[illegible] S.)

Stempelpflichtigkeit, die, im preußischen Bauwesen. Eine übersichtl. Zusammenstellung der Vorschriften für die Behandlung aller der Stempelsteuer unterworfenen Dokumente im gesammten Bauwesen des preuß. Staats. Zum Gebrauch für Baubeamte, Baumeister, Bau-Unternehmer und Lieferanten. 2. bis auf die neueste Zeit fortgeführte Aufl. gr. 8. (IV, 44 S.) Berlin 876, Beelitz. *

Stempelraubwinde, Karbitzer, System Hamberger. (7 S. m. 1 Fig.) gr. 8. Teplitz-Schönau 909. A. Becker. — 50
Sonderabdruck aus: „Der Kohleninteressent".

„Alphabetisches Stempelregister", Wien und Prag 1803 (Schonfeld).

Stempelsteuer, die, in Preussen. (10 S.) Lex.-8. Berlin 905. J. Springer. n.n. — 30
Sonderabdruck aus: „Pharmazeut. Zeitg."

Stempel-Steuer-Gesetz, das, vom 7. März 1822 nebst den dazu gehörigen spätern Verordnungen und Erläuterungen. Zum prakt. Gebrauch zusammengestellt von L. F. Schmidt. 1. Aufl. (II und 236 S.) Guben 1847. und (2., verm. Ausg.) gr. 8. (II und 244 S.) Sorau 848. Berlin, (C. Heymann.) *

[F.] **Stempelsteuergesetz** v. 31. Juli 1895 nebst Ausführgsbestimmgn. Hrsg. im Finanz-Minist. *Berlin: O. Drewitz 1896.* (2 Bl., 282 S.) 1 Bd 8. [96. 2812

[F.] Das **Stempelsteuergesetz** v. 31. Juli 1895. Erläut. v. J. Boehm, Rechtsanw. ... Nebst Anh.: das Erbschaftssteuergesetz u. das Reichsstempelgesetz. *Berlin: C. Heymanns 1896.* (x, 235, 65, XXXI S.) 1 Bd 8.
= Taschen-Gesetzsammlung. No 26. [96. 2531

[F.] **Stempelsteuergesetz** v. 31. Juli 1895 nebst Ausführgsbestimmgn. *Berlin: E. S. Mittler & Sohn 1896.* (v, 145 S.) 1 Bd 8. [96. 5913

[F.] Das **Stempelsteuergesetz** v. 31. Juli 1895 nebst d. erlass. Ausführgsbestimmgn. F. d. Handgebr. bearb. v. J. Becker, Geh. Rechngsr. ... *Berlin: A. Nauck & C. 1896.* (1 Bl., VI, 227 S.) 1 Bd 8. [96. 5058

[F.] **Stempelsteuergesetz** v. 31. Juli 1895 nebst Ausführgsanweisgn v. 13. u. 29. Febr. 1896 u. Anh.: Erbschaftssteuerges. u. Reichsstempelges. ... erläut. u. m. Tab. u. Sachreg. vers. v. W. Quednau. 10. Aufl. *Berlin: Selbstv.; (Buchdr. d. Aktienges. 'Nationalzeitg') 1896.* (X, 258, 62 S.) 1 Bd 8. [96. 3059

[F.] Das **Stempelsteuergesetz** v. 31. Juli 1895. Erl. u. m. Tab. vers. v. O[tto] Noelle, Landrichter in Elberfeld ... Nebst e. Anh. enth. d. Ausführgsbestimmgn v. 13., 14. u. 29. Febr. 1896 sowie d. Erbschaftsges. u. d. Reichsstempelges. *Berlin: F. Vahlen 1896.* (VIII, 374 S.) 1 Bd 4.(8.) [97. 148

Das **Stempelsteuergesetz** v. 31. Juli 1895 nebst Ausführungsbestimmungen, dem Erbschaftssteuer-, Wechselstempelsteuer- u. Reichsstempelgesetz. Kommentar f. d. prakt. Gebr. Hrsg. von H[ugo] Hummel, Wirkl. Geh. Oberfinanzrat, u. F[elix] Specht, Reichsger.R. (In 6 Lfgen.) Berlin: J. Guttentag (1897–)1906. (XXIII, 1392 S.) 8° [F.] [07. 12176

[F.] **Stempelsteuergesetz**. Vom 31. Juli 1895. Nebst den ergangenen Ausführgsbestimmgn, Entscheidgn d. Reichsgerichts u. Erlassen d. Verwaltgsbehörden. Text-Ausg. m. Anm., ausführl. Tabellen z. Berechng d. Stempelabgaben u. Sachreg. Von B[erthold] Gaupp, Geh. Regiergsr. ..., [&] P. Loeck, Regiergs-Assess. ... zu Berlin. 4. verm. Aufl. *Berlin: J. Guttentag 1898.* (462 S.) 1 Bd 8.
= Sammlung, Guttentag'sche, Preussischer Gesetze. No 18. [98. 10509

[F.] Das **Stempelsteuergesetz** v. 31. Juli 1895. Z. prakt. Gebr. f. Polizei-Verwaltgn bearb. v. P[aul] Lehmann, Polizei-Lt., u. H. Reh, Kalkulator b. Kgl. Polizei-Präsidium zu Berlin. *Berlin: H. S. Hermann 1898.* (2 Bl., 162 S.) 1 Bd 8. [98. 3028

Stempelsteuergesetz. Nachtrag I zu den Ausführungsbestimmungen des Stempelsteuergesetzes vom 31. Juli 1895 nebst Sachregister. Berlin 1900.

Das **Stempelsteuergesetz** vom 31. Juli 1895. Erl. von J. Boehm, Rechtsanw., u. Dr. [Ernst] Sontag, Gerichtsass. 3. völlig umgearb. Aufl. *Berlin: C. Heymann 1901.* (XI, 408 S.) 8° [F.]
= Taschen-Gesetzsammlung. 26. [01. 19037

Stempelsteuergesetz, das, vom 31. VII. 1895 nebst den f. das gerichtliche Stempelwesen erlass. Ausführungsvorschriften. Textausgabe m. Anmerkgn. u. Sachregister. (V, 314 S.) 16. Berlin 905. A. Nauck & Co. Kart. n. 2. —

Stempelsteuergesetz vom 31. Juli 1895/26. Juni 1909 in der Fassung der Bekanntmachung vom 30. Juni 1909 (G. S. für 1909 S. 535) nebst Ausf.-Bestimmungen. Hrsg. im Finanzministerium. Berlin: Drewitz 1910.

Stempelsteuergesetz, das anhaltische, s. Sammlung anhaltischer Gesetze. 9. Bdchn.

Das Anhaltische **Stempelsteuergesetz** vom 21. Mai 1909. Nr. 1290 d. Gesetz-Sammlung. Cöthen (Anhalt): Schettler 1910. 100 S. 8°
(Sammlung Anhaltischer Gesetze. Bdch. 9.)

— u. Gesetz, betr. Abänderung des Erbschaftssteuergesetzes v. 31. Juli 1895. gr. 8. (62 S.) Leipzig 895. C. E. M. Pfeffer. — 60

Stempel-, Personal-, Erwerb-, Haus- u. Einkommen-Steuer-Gesetz, das neue, bezüglich Modifizirg. der bisher bestandenen Gesetze u. Verordngn. Amtliche Ausg. 16. (80 S.) Budapest 873. (Zilahy.) n. — 40

[F.] Das Preussische **Stempelsteuergesetz**. Vom 31. Juli 1895. Nebst d. ergang. Ausführungsbestimmgn. Text-Ausg. m. Anm., ausführl. Tab. z. Berechng d. Stempelabg. u. Sachreg. Von B[erthold] Gaupp, Geh. Regiergsr., ... [&] P. Loeck, Reg.-Ass. ... 2. verm. u. verb. Aufl. *Berlin: J. Guttentag 1896.* (442 S.) 1 Bd 8.
= Sammlung, Guttentag'sche, Preussischer Gesetze. No 18. [96. 8069

[F.] Das Preussische **Stempelsteuergesetz** v. 31. Juli 1895 m. d. Ausführgsanweisgn v. 13. u. 29. Febr. 1896. 2. Aufl. *Berlin: C. Heymanns 1896.* (VII, 184 S.) 1 Bd 8. [97. 5636

[F.] Das Preussische **Stempelsteuergesetz** v. 31. Juli 1895. Nebst Tarif, Tab. u. Ausführgsbestimmgn. Erläut. v. G. Eichhorn, Kammergerichtsr. Zugl. Supplem. f. Die Preuss. Strafgesetze. Erläut. v. A. Groschuff ... G. Eichhorn ... Dr. H. Delius ... *Berlin: O. Liebmann 1896.* (2 Bl., 116 S.) 1 Bd 8. [96. 3471

[F.] Das Preussische **Stempelsteuergesetz** vom 31. Juli 1895, erläut. durch die Materialien u. Rechtsanalogien. Handb. f. d. prakt. Gebrauch v. Leo Labus, Prov.-Steuer-Sekr. in Breslau. [Nebst] Ergänzgs-H. *Breslau: J. U. Kern 1896.* 2 Bde 8.
Handbuch. (2 Bl., 428 S.)
Ergänzungs-Heft. [Umschlagt.:] Bekanntmachung betr. die Ausführg d. Stempelsteuergesetzes. Vom 13. Febr. 1896. (429—482 S.) [96. 2141

[F.] Das preussische **Stempelsteuergesetz** v. 31. Juli 1895. Text-Ausg. m. ausführl. Erläut., Tab. z. Berechng d. prozent. Stempelabg. u. 1 Sachreg. Nach amtl. Quellen bearb. v. [Robert] Tessmer, Kgl. Zoll-Einnehmer 1 zu Greifswald. [Nebst] Anhang. *Greifswald: J. Abel 1896. 97.* 2 Bde 8.
Stempelsteuergesetz. 1896. (2 Bl., 235 S.)
Anh., enth.: Entscheidgn d. Reichsgerichts, Ministerialerlasse u. Winke a. d. Praxis. 1897. (63 S.) [97. 7336

[F.] Das Preussische **Stempelsteuergesetz** v. 31. Juli 1895, nebst Ausführgsvorschr., Erläutergn u. Tab. In weiteren Anh. d. Erbschaftssteuergesetz. Hrsg. v. J. Köhler, Rechngsr. [&] Fr. Hess, Rechngsrevisor ... in Frankf. '(Main)'. *Wiesbaden: R. Bechtold & C. 1896.* (VIII, 280 S.) 1 Bd 8. [96. 2290

Das Preußische **Stempelsteuergesetz** vom 31. Juli 1895 nebst Stempeltarif, Ausführungsbestimmungen u. Erläuterungen (mit e. ausführl. Sachreg.). Zum Handgebr. auszugsweise zsgest. *Berlin: Kaiser-Wilhelm-Dank [um 1902].* (50 S.) 4°(8°) [F.] [04. 1373

Das Preußische **Stempelsteuergesetz** vom 31. Juli 1895, nebst Tarif u. Ausführungsbestimmungen. Unter besond. Berücks. d. Entscheidungen d. Verwaltungsbehörden u. d. Gerichte, sowie d. Bestimmungen d. BGB. Für d. prakt. Gebr. erl. von A[ugust] Düffe, Obersteuerkontr. in Stettin. T. 1. 2. Berlin: C. Heymann 1904. 2 Bde 8°
1. Gesetz, Tarif u. Ausführungsbestimmungen. 2. Kommentar.

Das Preußische **Stempelsteuergesetz** vom 31. Juli 1895 nebst Tarif u. Ausführungsbestimmungen. Unter besond. Berücks. d. Entscheidungen d. Verwaltungsbehörden u. d. Gerichte, sowie d. Bestimmungen d. BGB. Für d. prakt. Gebr. erl. von A[ugust] Düffe, Obersteuerkontr. 2. Aufl. T. 1. 2. Berlin: Imperium 1906. 2 Bde 8° [F.]
1. Gesetz, Tarif u. Ausführungsbestimmungen. 2. Kommentar. [06. 6364

Das preussische **Stempelsteuergesetz** vom 26. Juni 1909 in der Fassung der Bekanntmachung des Finanzministers vom 30. Juni 1909. Auf Grund d. Handbuches z. Stempelsteuergesetze v. 31. Juli 1895 von Leo Labus bearb. von Ernst Schumann u. Karl Obst, Ober-Zoll-Sekretäre. Breslau: Kern 1909. 443 S. 8°

Das Preußische **Stempelsteuergesetz** vom 31. Juli 1895 in d. Fassung d. Bekanntmachung v. 30. Juni 1909 (GS. S. 535) m. Tarif u. Ausführungsbestimmungen. Cöln: Verl.-Anst. 1909. 72, 32 S. 8°
(Zeitschrift f. d. Deutsche Gerichtssekretariat. [Jg. 20. 1909, Beil.])

— das preuß., u. der Stempel-Tarif, nebst sämmtl. bis z. 10. Sept. 1832 bekannt geword. Erläuterr. u. Ergänzungen, in alphabet. Ordnung. Für Gerichts- u. Verwaltungsbehörden u. Beamte jeder Art. Von e. Beamten. 8. Torgau u. Leipz. 832. Wienbrack. 12 gr

—— das Preuß., u. d. Stempel-Tarif, nebst sämmtl. bis zum 30. Jun. 1834 bekannt geword. Erläutern. u. Ergänzungen, in alphabet. Ordn. Für Gerichts- u. Verwaltungs-Behörden u. Beamte jeder Art. Von e. Beamten. 2., mit vielen Nachträgen verm. Aufl. 8. (12 B.) Leipzig, Wienbrack. Thlr.
Die Nachträge (3 B.) (zur 1. Aufl. [9 B.] 832. 12 Gr.) apart; 4 Gr.

— preussisches, s.a. Gesetzestexte, 4. 5.

— — s.a. Stempelsteuergesetz, Das Preussische.

— dasselbe, nebst Stempeltarif u. Hülfstabelle. (Ges.-Sammlung Nr. 33, S. 413.) gr. 8. (64 S.) Berlin 895. R. v. Decker. — 60

[F.] Preussisches **Stempelsteuergesetz**. Vom 31. Juli 1895. *Berlin: C. Heymanns 1895.* (59 S.) 1 Bd 8. [95. 2289

[F.] Preussisches **Stempelsteuergesetz** v. 31. Juli 1895 nebst Stempeltarif u. Hilfstabelle. '(Ges.-Samml. f. 1895 Nr. 33 S. 413.)' *Köln: Verl.-Anst. u. Dr. A.-G. (1895).* (95 S.) 1 Bd 8.
— **Zeitschrift** f. Rhein. Justiz-Subalternbeamte. Jg. VII. Beil. [96. 9018

— dasselbe, nebst Ausführungsbestimmgn. gr. 8. (III, 282 S.) Berlin 896. (O. Drewitz.) n. 1. 35; Sachregister dazu. (S. 283—342.) 897. n. — 40

[F.] Preussisches **Stempelsteuer-Gesetz** v. 31. Juli 1895 nebst d. Preuss. Erbschaftssteuer-Gesetz in d. Fassg d. Ges. v. 31. Juli 1895. Ergänzt u. erläut. durch die amtl. Materialien d. Gesetzgebg v. R[ichard] Höinghaus. 2. Aufl. *Berlin: F. Dümmler 1896.* (140 S.) 1 Bd 8. [96. 1965

— dasselbe. gr. 8. (V, 146 S.) Berlin 896. E. S. Mittler & Sohn. n. — 60; kart. n.n. — 75

[F.] Preussisches **Stempelsteuergesetz** v. 31. Juli 1895 in Verbindg m. d. Gesetz betr. d. Erhebg v. Reichsstempelabgaben v. 27. April 1894 u. d. Preuss. Gesetz betr. d. Erbschaftssteuer v. 19. Mai 1891. Erläut. v. Eugen Kühnemann, Geh. Regiergsr. ... *Hannover, Berlin: C. Meyer 1896.* (VIII, 181, 135 S.) 1 Bd 8. [96. 3060

Preußisches **Stempelsteuergesetz** vom 31. Juli 1895. Erl. ... von J. Christiansen, Amtsger.Secr., u. C. Engler, Amtsger.Secr. in Hadersleben. Kiel & Leipzig: Lipsius & Tischer 1896. (VI, 316 S.) 8° [F.] [96. 7688 B

— v. 31. Juli 1895. 16. (106 S.) Langensalza 896. Wendt & Klauwell. — 40

Preussisches **Stempelsteuergesetz**. Vom 31. Juli 1895. Mit d. gesammten Ausführungsbestimmungen u. vollst. Tab. Unter bes. Berücks. d. Entscheidungen d. Verwaltungsbehörden u. d. Gerichte hrsg. von P[aul] Loeck, Reg.R. 5. vollst. umgearb. Aufl. *Berlin: J. Guttentag 1901.* (XII, 425 S.) 8° [F.]
— **Sammlung**, Guttentag'sche, Preussischer Gesetze. No 18. [01. 7172

Preußisches **Stempelsteuergesetz**. Vom 31. Juli 1895. Mit d. gesamten Ausführungsbestimmungen. Unter besond. Berücks. d. Entscheidungen d. Verwaltungsbehörden u. d. Gerichte hrsg. von Reg.R. P[aul] Loeck. 6. Aufl. Berlin: J. Guttentag 1907. (XII, 524 S.) 8° [F.]
— **Sammlung**, Guttentag'sche, Preußischer Gesetze. No 18. [07. 7489

Preussisches **Stempelsteuergesetz** in der Fassung vom 30. Juni 1909 (GS. S. 535). Berlin: Heymann 1909. 124 S. 8° [Umschlagt.]
(Gesetzestexte. 1909, Nr 4/5.)

— preußisches. Vom 30. VI. 1909. Textausg. m. Einleitg. u. Sachregister. 1.—7. Abdr. (Je IX, 151 S.) 16. Berlin 909. F. Vahlen. Geb. in Leinw. 1. 50

Das Kgl. Sächs. **Stempelsteuergesetz** vom 12. Jan. 1909 nebst d. dazu gehörigen Ausführungsbestimmungen. Handausg. mit Erl. von Dr. Hermann Böhme, Geh. Finanz-R. (2: ... u. Franz Lorey, Oberfinanz.-R.). Bd 1. 2. Leipzig: Roßberg 1910–11. 8°
1. Erl. zu d. Gesetze u. d. Ausführungsverordnung, Text d. Tarifs, sämtl. Ausführungsbestimmungen, Hilfstabellen u. alph. Sachreg. 1910.
2. Tarif m. Erl., Nachtr. z. 1. Bde u. alph. Sachreg. f. beide Bde. 1911.
(Juristische Handbibliothek. Bd 290.)

Stempelsteuer-Gesetze, die, für das Deutsche Reich. Gesetz, betr. die Erhebung von Reichsstempelabgaben, nebst den Ausführungsbestimmungen, u. das Gesetz, betr. die Wechselstempelsteuer, nebst den ergänz. Bestimmungen. Mit ausführl. Sachregistern. 1. u. 2. Aufl. 8. (III, 82 S.) Leipzig 882. Roßberg. n. — 80

Stempelsteuer-Gesetze, die, f. das Deutsche Reich. Gesetz, betr. die Erhebg. v. Reichsstempelabgaben, nach der Bekanntmachg. vom 3. Juni 1886 u. das Gesetz, betr. die Wechselstempelsteuer; nebst den ergänz. Bestimmgn. Mit ausführl. Sachregistern. 3. Aufl. 8. (103 S.) Leipzig 886. Roßberg. n. 1. —

Stempelsteuer-Reglement, das neue, u. die Instruktion über die Art der Entrichtung der Stempelsteuer. 8. (VII, 136 S.) St. Petersburg (Newski 20) 901. Verlag der St. Petersburger Zeitung. n.n. 2. 50

Stempel- und Gebühren-Tabelle. Placatform. 15 kr.
Klagenfurt: Leon 1881.

Stempel- und Gebühren-Tabelle, in gr. 8. gefalzt. 2. Aufl. 15 kr. nur baar.
Klagenfurt: Leon 1881.

Stempeltabelle, neueste, nach dem Gesetze vom 13. Decbr. 1862. Wien 863. Sommer. (F. Klemm.) gr. Fol. n. 3 ngr.
Auch in ungarischer Sprache zu gleichem Preise erschienen.

— — mit Rücksicht auf das Abänderungs-Gesetz vom 29. Febr. 1864. Prag 864. Mercy. qu. Fol. n. 2¾ ngr.

Stempeltabelle, neueste, nach dem Gesetze vom 29. Febr. 1864. gr. Fol. Wien 864, Sommer. (Klemm.) *

Stempeltabelle üb. alle bis z. Jahr 1819 erlassenen u. noch gültigen Stempel-Verordnn., alphabet. geordnet, u. allgem. Gebühren-Taxe. 8. Erfurt 820. Müller. 14 gr

Stempel-Tableau, Vollständiges und ausführliches alphabetisches, oder specielles Verzeichniss der auf den Grund des Gesetzes vom 20. Novbr. 1810 ... zu jedem Geschäfte ... zu gebrauchenden oder nicht bedürfenden Stempeln ... Breslau 1812. V: *Knappe, J. G.* (MGT)

Stempel-Tarif in alphabetischer Ordnung. gr. 8. (20 S.) Brandenburg 853, Müller.

Stempeltarif, bayerischer. 8. (1 Bl. auf Carton.) Neu-Ulm 876. Helb's Sort. n. — 10

— königl. preuß. Köln 822. Rommerskirchen. 3 gr

Stempeltarif, vollständiger, nach den neuesten Gesetzbestimmungen berichtigter u. ergänzender, nebst sämmtl. zur richtigen Anwend. ergang. gesetzl. Verordnn.; f. Beamte u. Geschäftsmänner zusammengestellt von e. prakt. Juristen. Fol. Bresl. 832. Schulz u. C.; (auch Baumann in Marienwerder). 12 gr

— westphäl., zum königl. Decrete v. 28. Juni 1812. gehörig. gr. 8. Braunschw. 813. Vieweg. 6 gr

Stempel-Verordnung, revidirte, mit angehängtem Verzeichniß der Stempel-Aufsätze u. alphabet. Inhalts-Verzeichniß, für die Stadt, die Vorstädte u. das ganze Hamburg. Geliebt, beliebt, durch Rath- u. Bürger-Schluß v. 7. Oct. 1841. 4. Hamburg (842), Meißner. 1/2 Thlr

Stempelwesen in Bayern diesseits des Rheins, s. Tax-, Stempel- und Depositenwesen.

Stempf, L., der Dienst des Gerichtsboten. Vollständige Sammlung der neuen Verordnungen alphabetisch zusammengestellt. Mannheim 857. (Löffler.) 16. (IV, 55 S.) n. 9 ngr.

Stempf, L., das Gantverfahren u. Gantrecht nach badischen Gesetzen und Verordnungen unter steter Hinweisung auf die Quellen und neueste Literatur und mit Angabe der Parallelstellen — nach der Reihenfolge der Abschnitte d. Gantverfahrens zusammengestellt. 8. Freiburg 844, Emmerling. n. 2/3 Thlr

Stempf L, das Gantverfahren und Gantrecht nach badischen Gesetzen und Verordnungen. 2. Auflage. Karlsruhe 1849

Stempf, L., Gebühren-Ordnung für Anwälte. Nach Erscheinen der neuen Abfassung der Proceß-Ordnung und mit Berücksichtigung des Justiz-Ministerial-Erlasses vom 17. März 1851 (Reg.-Bl. Nr. 22. S. 229, 230) neu zusammengestellt. gr. 8. (III und 58 S.) Heidelberg 852, (Emmerling.) * –

Stempf, L., Gebühren-Ordnung für Anwälte. Nach Erscheinen der neuen Abfassung der Prozeß-Ordnung u. m. Berücksichtigung des Justiz-Ministerial-Erlasses v. 17. März 1851. [Reg.-Bl. Nr. 22. S. 229, 230] neu zusammengestellt. gr. 8. (IV u. 58 S.) Heidelberg 852, Groos in Comm. n. 7/12 Thlr

Stempf, L., das Gesetz über die Gerichtsbarkeit und das Verfahren in Polizei-Strafsachen mit Motiven, Commissionsberichten und landständ. Verhandlungen bearb. gr. 8. (III und 47 S.) Mannheim 864, Bensheimer.

—— das Gesetz über die bürgerliche Gleichstellung der Israeliten im Großherzogth. Baden unter Beifügung der Motive, Commissionsberichte und landständ. Verhandlungen. gr. 8. (77 S.) Donaueschingen 862, [Aldenhoven.] *

— das Gesetz über die bürgerliche Gleichstellung der Israeliten im Großherzogthum Baden unter Beifügung der Motive, Commissionsberichte u. landständischen Verhandlungen. Donaueschingen 862. Schmidt. gr. 8. (77 S.) n. 15 ngr.

Stempf L, d. Gesetz üb. Niederlassung u Aufenthalt (Badens). Donaueschingen 1862

Stempf L, das Gewerbegesetz für das Grossherzogtum Baden. Donaueschingen 1862

— die Gewerbegesetzgebung Badens mit allen dahin einschlagenden Gesetzen u. Vollzugsverordnungen. Donaueschingen 862. Schmidt. gr. 8.
 1. Bd.: Das Gewerbegesetz für das Großherzogthum Baden nebst Vollzugsverordnungen. Unter Aufführung der einschlagenden Gesetze u. Verordnungen nach alphabetischer Ordnung bearb. u. durch Aufnahme der Motive, landständischen Commissionsberichte u. Diskussionen erläutert. (132 S.) n. 20 ngr.
 2. Bd. 1. Heft: Das Gesetz über Niederlassung und Aufenthalt. (51 S.) n. 10 ngr.

Stempf, L., Handbuch d. Gantverfahrens u. d. Gantrechts im Großherzogth. Baden, unter Hinweisg. auf die Quellen u. neueste Literatur nach der Reihenfolge der Abschnitte d. Gantverfahrens geordnet. 3., verm. u. verb. Aufl. in 2 Thln. gr. 8. (X, 379 S.) Freiburg i. B. 872. Schmidt. n. 9. —

Stempf, L., die neue Polizei-Gesetzgebung im Großherzogth. Baden. Mit Berücksichtigung der Gesetz-Entwürfe u. unter Aufführung der Regierungsmotive, Commissionsberichte u. landständ. Verhandlungen bearb. 2. Aufl. Mannheim 865. Bensheimer. gr. 8. (XI, 434 S.) 1 Thlr 27 ngr.

Stempf, L., das Polizeistrafgesetzbuch für das Großherzogthum Baden mit den Motiven, Commissionsberichten und den landständischen Verhandlungen. Mannheim 864. Bensheimer. gr. 8. (IV, 264 S.) 1 Thlr 18 ngr.

— Proceß-Ordnung in bürgerlichen Rechtsstreitigkeiten für das Großherzogthum Baden. Mit den Motiven, Commissionsberichten u. den landständischen Verhandlungen. Ebend. 864. gr. 8. (2 Bl., 334 S.) 1 Thlr 22½ ngr.

— die neue Sportelgesetzgebung im Großherzogthum Baden. Eine Zusammenstellung des Gesetzes vom 11. Juli 1861 (R. Bl. Nr. 32) u. der Vollzugsverordnung vom 2. Septbr. 1864 (R. Bl. Nr. 46), mit den Regierungsmotiven, landständ. Berichten, landständ. Verhandlungen u. mit den einschlag. noch gilt. Verordnungen. Ebend. 865. gr. 8. (VIII, 155 S.) n. 22½ ngr.

—— die neue Sportelgesetzgebung für Civil- und Militärgerichte im Großherzogth. Baden. In alphabet. Ordnung vollständig zusammengestellt. gr. 8. (IV und 130 S.) Mannheim 856, Löffler. *

Stempfel, Theodor Thomas. Funfzig Jahre unermüdlichen dten Strebens in Indpls. Fests z Feier d Vollendung d Dten Hauses in Indpls. am 15., 16 und 18. Juni 1898. Indianapolis, 1898

Stempfer, Ed., das Schießpulver u. die Schieß-Baumwolle in ihrer Geschichte, Eigenschaften, Anwendung u. Warnung bei ihrer Bereitung u. Gebrauch. gr. 16. (36 S.) Gratz 847, Ludewig. n. 8 ngr.

Stempfl, Josef

Stempfl, J., Ausstellungen an d. Volapük. 12. (52 S.) Kempten 887. Kösel. n. — 50

Stempfl, Jos., Communia od. internationale Verkehrssprache. 12. (72 S. m. Bildnis u. 1 Bild.) Kempten 894. A. Dobler's Druckerei. 1.50

Stempfl, J. Myrana u. Welt-Sprache. 8. (XVI, 183 S.) Kempten 889, Kösel. * 1 60

Stempfl, Jos., Predigt üb. die Wittelsheimer „Wunder" u. die Wittelsheimer Wallfahrt. 8. (32 S.) Kempten 876. Kösel. — 30

— üb. Weltsprache u. Volapük rc. 8. (VIII, 128 S.) Ebd. 888. n.n. 1.30

Stempfle, Adolf Dr. „Andreas Zainers Buch über den Bayernkrieg von 1503 bis 1505". pg. 3—21. 8°. M. Niedermayr'sche Buchh. Rosenheim, Progr. 1887/88

Stempfle, Ad., d. stilist. Entwicklungstheorie in d. Volksschule, s.: Schießl, Max.

Stempfle, Ad., s.: Führer, kleiner, durch Rosenheim.

Ausflugs-Karte für die westliche Umgebung von Augsburg. Nach d. besten Quellen neubearb., lithogr. u. hrsg. v. G. **Stempfle**. Im Masse: 1:60,000. Augsburg: Lampart & Co. in Comm. [1899]. (1 Kartenbl. 46x35 cm) 8°

Stempfle, H., e. moderner Don Juan, s.: Bibliothek, neue, f. das deutsche Theater.

Stempfle, Leonhard [cand. med aus Eggerhof '(Bayern)']: Ein Fall von Leberabscess im Anschluss an ein carcinomatoes entartetes ulcus ventriculi ... Erlangen, k. b. Hofbuchdr. v. A. Vollrath, 1897; 28 S. 8.
Erlangen, Med. Fak., Inaug.-Diss. v. 5. Mai 1897

Stempfle, Lor., die gottselige Margarethe Ebner, Klosterfrau zu Maria Medingen, gestorben am 20. Juni 1351, dargestellt in einer Predigt am Gedächtnißtage derselben, Sonntags den 25. Juni 1837 rc. gr. 12. 838. (Augsb., Kollmann.) n. 1/12 Rthlr.

Stempfle, Laur., kurze Erbauungsreden f. studir. Jünglinge. gr. 8. (11 B.) Augsburg 837, Kollmann'sche Buchh.

Stempfle, Lor., kurze Erbauungsreden für studirende Jünglinge. Gehalten in der Studienkirche zu Dillingen. Hrsg. v. Joh. Ev. Boll. 1. Jahrg. 1. Semester. 12. (VIII u. 280 S.) Augsburg 852. Schmid. 1/2 Rthlr.

Stempfle, Lor., kurze Erbauungsreden für studirende Jünglinge. Gehalten in der Studienkirche zu Dillingen. Herausg. von Joh. Ev. Boll. 1. Jahrg. 2. Semester. Augsburg 853. Schmid. 12. (246 S.) 15 ngr.

Erinnerung an Lorenz Benedict Schlichting, l. d. geistl. Rath u. Regens des bischöfl. augsburg. Clerical-Seminars in Dilingen. Eine Rede gehalten vor den Candidaten der Theol. den 9. Nov 1843 v. Laurentius Stempfle, P. u. Bibl. — 1844. Augsburg, J. Wolff. — S. 2–20. — Trauergesang bei der Beerdigung v. J. Zwickel, Alumnus. — S. 21 u. 22 in 8.
Progr. Dillingen

Stempfle, Laur., kathol. Gebet-Buch. (Mit Titelkpfr.) gr. 12. Thannhausen 843. (Augsburg, Kollmann.) 1/4 Rthlr.

— fromme Gebetsübungen. Aus d. Latein. übersetzt. Mit 1 Kupfer. 12. Thannhausen ... (Augsburg, Kollmann.) 1/4 Rthlr. Velinpap. 1/3 Rthlr.

——, Jesus Christus in seiner Ankunft, Kindheit u. Jugend auf Erden. Dargest. in e. Auswahl frommer Gesänge u. Festlieder. Ein Weihgeschenk z. Christ-Feste. 16. (15 3/4 B. u. 8 Stahlst.) Augsburg 837, Kollmann'sche Buchh.

Stempfle, Lor., der geistl. Krankenfreund. Ein Handb. f. kathol. Geistliche zum Krankenbesuche. 2 Bdchn. (od. 3 Abthln.) — A. u. d. Tln.: Grundlinien e. Anleit. zum geistl. Krankendienste. — Göttliche Worte f. leidende Christen zur Heiligung u. Beruhigung. Gesammelt aus d. alten u. neuen Testamente auf alle Tage d. Jahrs. 12. (17 B.) Augsburg 831, Wolff. (Kollmann.)

—— der geistl. Krankenfreund. Ein Handb. f. kathol. Geistliche z. Krankenbesuche. 3. Bd. — A. u. d. T.: Die göttl. Kraft d. Christenthums im Leiden u. im Tode. Dargest. in Jesus Christus u. seinen treuen Nachfolgern aus allen Jahrh. d. christl. Zeitrechnung. 8. (34 1/4 B.) Augsburg 840, Wolff'sche Buchh.
1. u. 2. Bd. Ebendas. 1831. 14 Gr.

— Sei treu bis in den Tod u. Ich will dir die Krone des Lebens geben! Offenbarung Joh. II. 10. Eine Predigt. 8. Augsburg 833. (Landshut, Manz.) 1/8 Rthlr.

—— sei treu bis in den Tod u. Ich will dir die Krone d. Lebens geben! Offenbar. Joh. II. 10. Eine Predigt bei d. Primizfeier d. Hrn. Ant. Kollmann. 8. (2 1/2 B.) Augsburg 833. (Regensburg, Manz.)

Die Universität zu Dillingen in ihrer Gründung und ersten Blüthe, von Lorenz Stempfle, P. der Moral- und Pastoraltheol. — 1833. Ebend. — S. 3–27.
Progr. Dillingen

Stempfle, Wilh., Knospen und Blüthen in Gedichten. 16. (XVI und 248 S.) Nördlingen 857, Beck'sche Buchh. *

Das Fortleben der horazischen Lyrik seit der Renaissance. Von Eduard **Stemplinger**. Mit 9 Abb. Leipzig: B. G. Teubner 1906. (XVI, 476 S.) 8° [06. 16001

— Horaz in der Lederhos'n. (56 S.) 8. München (906). J. Lindauer. Kart. n. 1.20

Stemplinger, Eduard, Dr. Wolfgang v. Markhauser, K. Oberstudienrat u. Gymnasialrektor a. D. Nekrolog. (8 S. m. 1 Bildnis.) 8. München (910). (J. Lindauer.) — 40
Sonderabdr. aus: „Blätter f. das bayer. Gymn.-Schulwes."

Stemplinger, Eduard [stud. philol. aus Plattling, Niederbayern]: „Strabons litterarhistorische Notizen ... [Erschien vollst. 1894 im gl. Verl.] München, Th. Ackermann, kgl. Hof-Buchh., 1893; 60 S. 8.
München, Phil. Fak., Inaug.-Diss. v. 1893

Stemplinger, Ed., Strabons litterarhistorische Notizen. gr. 8. (95 S.) München 894. Th. Ackermann. n. 2. —

— über Schulprogramme u. Jahresberichte. Nach e. in der Gymnasiallehrervereinigung München am 4. V. 1906 erstatteten Vortrage. (15 S.) gr. 8. Leipzig 906. B. G. Teubner. n. — 40
Sonderabdruck aus: „Blätter f. d. Gymnasial-Schulwesen".

Stemplinger, Eduard: Studien zu den Ἐθνικά des Stephanos von Byzanz. 39 S. 8. Kgl. Maximilians-Gymn. *München* 1902.
I. Wann hat St. die Ethnika verfaßt? II. Stammt unsere Epitome der Ethnika des St. von Hermolaos? III. St. und das Lexikon des Hesychios. IV. St. und die Attikisten. V. *Παροιμίαι* bei St. VI. Alexander Polyhistors *Λυκιακά* und St.
Progr.

Sten Sture. Histor. Schauspiel in 2 Abthl. 1. Der Reichsverweser u. der Erzbischof in 3 Acten. 2. Das Interdict in 2 Acten. Von C. H. 16. Wesel 845. (Bagel.) n. 1 Rthlr.

Stenbeck, Thor. Einige Worte üb. die Theorie d. Hrn. Prof. Dr. Blix vom Segeln od. Kreisen der Vögel. gr. 8. (20 S. m. 5 Fig.) Stockholm 891, Samson u. Wallin. — 75

Stenberg, über Fabrication von Flechtenbranntwein. Uebersetzt von A. v. **Krempelhuber**. [Aus der Wiener landwirthschaftl. Zeitung.] Wien 870. (Berlin, Friedländer & Sohn.) gr. 8. (41 S. mit 2 Steintaff. in gr. qu. Fol.) n. 15 ngr.

Zur Kollektivbildung im Slavischen. Akademische Abhandlung von Carl-Magnus **Stenbock**. Uppsala 1906. 8:o iii+90 s. (Ur: Upps. univ. årsskr., 1906.)
Diss: Uppsal. phil.

Zur Kollektivbildung im Slavischen von Carl-Magnus **Stenbock**. Uppsala 1900: E. Berling. (III, 90 S.) 8°
= **Arsskrift**, Uppsala Universitets. 1906, [2.] [06. 3761 4

Copia Schreibens des Grafen Magnus **Stenbock** an den Administrator (Christian August) von Holstein-Gottorff. Wegen Einräumung der Vestung Tonning. de dato Husum 21. Januarii 1713. o. O. u. J. 1 Bg.

Stenbock, Magnus Comte de. Memoires pour servir d'eclaircissemens à l'histoire militaire de Charles XII. Roi de Suede. Francfort 1745. H: *Nemeitz, Joachim Christoph.* (MI.)

Stenbock, Willfrid Carl-Magnus Benvenuto, s. Stenbock, Carl-Magnus

v. Stendahl's, H., Kerker u. Kirche. Ein Roman. Frei nach Chartreuse de Parme. 3 Bde. 12. Dresden u. Leipzig 845, Arnoldische Buchh. 4 ꝟ

Stendal [Schlagwort]

Stendal, s.a. Deutschland. Grundkarte.

Stendal, s.a. Deutschland. Uebersichtskarte.

– s.a. Europa. Spezialkarte.

Stendal, Kreis, s.: **Magdeburg**, Reg.-Bez.

Stendal. Heinze, Plan v. Stendal, Haferbreite u. Röxe. 1 : 7500. 57,5×55,5 cm. Farbdr. Mit Text an der Seite. Stendal (901). Franzen & Grosso's Verl. n. 1. 25

Stendal [Verfasser]

Stendal [d. i. Henri Beyle], s. Stendhal

Stendal, Gertr., Knospen. Gedichte. (63 S.) kl. 8. Leipzig-Gohlis 910. Raschwitz, B. Volger. 1. —

Stendal, H., die Schularztfrage, s.a. Abhandlungen, pädagogische. N. F. IV. 3.

Die Schularztfrage. Von H. **Stendal**, Rektor in Wriezen a. d. Oder. Bielefeld: A. Helmich [1898]. (12 S.) 8⁰
= Abhandlungen, Pädagogische. N. F. Bd 4, H. 3.

Stendal, Wilh., im Reiche der Tiere. Eine Wanderung durch die Lebensordnungen der Tierwelt. Als zoolog. Volkslesebuch, sowie zu unterrichtl. Verwendung bearb. gr. 8. (IV, 268 S.) Berlin 888, Mewes. *ℳ 3.—; geb. *

Stendel: Karte vom Stadtkreise Magdeburg, s. Dittrich

Stendel, A. H., Heimathskunde der Prov. Sachsen nebst e. kurzen Uebersicht üb. Preußen u. Deutschland als Ergebnisse d. Unterrichts zusammengestellt. 8. (24 S.) Magdeburg 873. Heinrichshofen. n.n. — 25

Stendel, Friedr., Das Christusproblem und die Zukunft des Protestantismus. Leipzig u. Zürich 1909. 8⁰.
(Deutsche Wiedergeburt. hrsg. von Ernst *Wachler*. Bd 4.)

Stendel, Herm., für unsere Kleinen. Ein Buch für Mütter und Kinder. (1. Bd.) 8. (VII, 164 S. mit Illustr. von J. Herrfurth.) Stuttgart (888), Süddeutsches Verlags-Institut. geb. *

Stendel, Herm. Für unsere Kleinen. Neue Folge. Geschichtenbuch f. das zartere Kindesalter. Mit 2 Zugaben, enth. Rätsel u. Gratulationsverschen. Mit Illustr. v. J. Herrfurth. gr. 8. (IV, 179 S.) Stuttg. 889, Süddeutsches Verlags-Institut. geb. * 3 —
I. Bd. Ebd. 1888. * 3 —.

Stendel, Herm., unsere Nutztauben, s.: Lehrmeister-Bibliothek.

Stendel, Herm., Sommernachtsträume. Gedichte. gr. 16. (IV, 181 S.) München 877, (Franz'sche Buchh.) *
cart. ** ℳ 2.; geb. **

Stendel, Herm., wie baue ich ein Terrarium u. womit bepflanze u. bevölkere ich dasselbe?, s.: Bibliothek des Lehrmittel Universum.

Brill, Wilh.: **Zum Gedächtnis Br. Brills gest. 28. Aug. 1903. Trauerrede gehalten von [Edu.] Stendell in der Trauerloge am 10. Dez. 1903. Mühlhausen i. Th. [1903]: Danner. 9 S. 8⁰ [Umschlagtit.]**

Zum Gedächtnis Br. Heinemanns. († 16. Okt. 1898.) Trauerrede, gehalten von [Edu.] **Stendell** in der Trauer ▭ am 1. Dez. 1898. o. O. [1898]. 4 Bl. 8⁰ [Umschlagtit.]

Stendell, Edward

Stendell, E., Beiträge zur Geschichte der in der Umgegend der Stadt Eschwege ehemals angesessenen niederadligen Geschlechter. Vortrag, geh. auf der Jahres-Versammlg. d. Vereins f. hess. Geschichte u. Landeskunde zu Eschwege am 29. Juli 1892. gr. 8. (29 S.) Eschwege 892. A. Roßbach. n. — 50

Stendell, E., eine zu Eschwege vollzogene fürstliche Eheschließung aus dem 17. Jahrh. Vortrag, geh. in dem Zweigverein Eschwege des Vereins f. hess. Geschichte u. Landeskunde. (14 S. m. 1 Stammtaf.) gr. 8. Eschwege 905. (J. Braun.) n. — 50

Eine zu Eschwege vollzogene fürstliche Eheschliessung aus d. 17. Jh. Vortrag geh. in d. Zweigver. Eschwege d. Ver. f. hess. Geschichte u. Landeskunde von E. **Stendell**. Eschwege 1905: M. Illge. (14 S.) 8° [F.] 06. 6893 4

Stendell, Edward Die Familien der ehemaligen Reichsritterschaft. I. Teil. 4 (24 S.). Friedrich-Wilhelms-Rsch. *Eschwege* 1887 (376).
Progr.

Stendell, Edward, Dir.: Die **Familien der ehemaligen** unmittelbaren Reichsritterschaft in Schwaben, Franken und am Rhein. T. 2. *Eschwege 1901: A. Rossbach.* (S. 3—23.) 4°
(Forts. d. P-Beil. 1887.)
Eschwege, Friedrich-Wilhelms-S (R u. PG), P 1901 (421)

Stendell, Edward Über Ganerbschaften des deutschen Mittelalters
28 S. **Progr.** *Eschwege* 1880.

Stendell, Edward Geschichte der Friedrich-Wilhelms-Schule zu Eschwege. 1840—1890. 8 (90 S.).
Progr.

Wie sind Eschwege und die Eschweger geworden? Vortrag, geh. in Eschwege 1907 von E[dward] **Stendell**, Gymn. Dir. Eschwege: R. Himmelreich 1907. (17 S.) 8⁰

Stendenitz, s.: Wanderkarten.

Stender, Alex. Jh., († d. 8. Nov. 1819.) neuverbesserte lettische Kirchen-Agende. Ein Versuch. 8. Mitau 805.

— deutsche Sprachlehre u. Wörterbuch z. ersten Anfange solchen Letten gewidmet, welche die deutsche Sprache erlernen wollen, u. woselbst beide Sprachen eine gegen die andere gestellt sind. (Lettisch u. deutsch). 8. Mitau 820.

Stender, Alfred, aus Ludwigsburg (Württ.): Untersuchungen über die Unkrautvertilgung durch Düngesalze. *Rostock 1902: J. G. Tiedemann Nachf.* (64 S.) 8°
Rostock, Phil. Diss. v. [26. März] 1902

Stender, August *Theodor Magnus* [app. Arzt aus Sonderburg]: Aus d. patholog. Institute zu Kiel. Ein Fall von Hodenkrebs, wahrscheinlich von einer accessorischen Nebenniere ausgehend.... Kiel, Druck v. Schmidt & Klaunig, 1890; 13 S., 1 Bl. 8°
Kiel, Med. Fak., Inaug.-Diss. v. [26. Aug.] 1890

Stender, Aug. Ein Fall v. Hodenkrebs, wahrscheinlich v. e. accessorischen Nebenniere ausgehend. Diss. gr. 8. (13 S.) Kiel 890. (Gnevkow u. v. Gellhorn). * 1 - -

Stender, Christian Daniel [Praes.], s. Borger, Gottfried Konrad: De nomine Henrici regibus Galliae infausto.

Schleswig-Holsteinisches Kochbuch, oder Anweisung wie die in Schleswig-Holstein gebräuchlichen Suppen, Fische etc. etc. zubereitet; Salate, Saucen etc. zusammengesetzt werden etc. etc. Des „Kochbuchs für den „bürgerlichen Hausstand" 4., stark verm. Aufl. Mit Beibehaltung desselben gesam. u. geord. v. Doris **Stender.** Oldenburg in Holstein. 1847. 8°.

Stender, Gr. Fr., († d. 26. April 1824.) einige Worte dem Gedächtnißtage zweier edlen Frauen gewidmet. 8. Mitau 810. (30 S.)

Stender, Eugen, Curonus. Mikroscopische Untersuchungen über die Vertheilung des in giftigen Dosen eingespritzten Eisens. Diss. Dorpat. 8°. 49 pp. 1891.
Abgedruckt in: „Arbeiten des pharmakologischen Institutes zu Dorpat." Herausgegeben von Prof. Dr. R. Kobert. Bd. VII. Stuttgart, Ferdinand Enke. 1891.

Stender, Eug., mikroskopische Untersuchungen üb. die Vertheilung d. in giftigen Dosen eingespritzten Eisens. Diss. gr. 8. (49 S.) Jurjew (Dorpat) 891. (E. J. Karow.) n. 1. —

Stender, Gotthard Friedrich

Stender, Gtthrd. Fr., († d. 8. Mai 1796.) Anmerkk. üb. die (Beseckische) Offenbarung Gottes in der Natur, die e. Schrift f. Jedermann sein soll. 8. Mitau (786.) (Anonym).

— Beschreib. der neuen Erdkugel, welche auf Befehl des Königs von Dänemark verfertigt worden. 8. Riga 766. (Hartknoch in Leipz.) 1 ℛ

— Catechismus melicus Latinis Christianorum scholis dicatus. 8. Mitau 782. (47 S.)

— Gedanken üb. die Lavaterschen Aussichten in die Ewigkeit. In Briefen an v. B*** (Bolschwing). 8. o. O. (Riga) 771. (Sehr selten).

— Gedanken e. Greises üb. den nahen Zustand jenseits d. Grabes. 8. Mitau 786. (51 S.)

— philosoph. Gedanken üb. wichtige Gegenstände, als Beilage zu d. Gedanken e. Greises üb. den nahen Zustand jenseits des Grabes. 8. Mitau 795. (47 S.) (Anonym).

— neues lettisches Gesangbuch, nebst e. kl. Gebetbuch. (Lettisch u. deutsch). 8. Mitau 783.

— lettische bibl. Geschichte, herausgg. v. J. Baumann. 8. Königsb. 756.

— neue vollständ. lettische Grammatik, nebst e. Lexicon rc. 8. Braunschw. 761. N. A. 763. 2e A. 8. Mitau 783. N. Aufl. mit Anmerkk. u. Zusätzen v. Gph. Harder. 8. Papendorf 790. 3e verm. Aufl. 8. Mitau 809.

— Katechismus in Versen, zu e. erleichterten Religionsunterricht f. die Jugend auf d. Lande. 8. Mitau 781. (47 S.)

— lettisches Lexicon in 2 Thlen. gr. 8. Mitau 789—91. (Reyher). 3 ℛ

— der Schulzische Vorschlag, die Meereslänge zu finden. Mit (5) Kpf. 2 Stcke. 4. Kopenh. 764. Proft. 10 gℛ Latein.: Schulzianum inveniendi maris longitudinem consilium traditum. 2 Stcke. 4. ibig. 764.

— Wahrheit der Religion wider d. Unglauben der Freigeister u. Naturalisten. 8. Mitau 772. 8. Riga 784. (Hartknoch in Leipz.) 18 gℛ

Wahrheit der Religion wider den Unglauben der Freygeister und Naturalisten. Von Gotthard Friedr. **Stender.** Mitau u. Hasenpoth: Hinz 1772. 472 S. 8°
Kl. 2654. Wurde von den Rosenkreuzern zur Vorbereitung empfohlen. Vgl. Albrecht, H. Chr.: Geheime Gesch. e. Rosenkreuzers. 1792 S. 134.

Stender, Heinrich, Referendar aus Elmshorn: Die subjektiven Voraussetzungen des Erwerbs einer Servitut durch Ersitzung. *Elmshorn 1903: E. Koch.* (XII, 62 S.) 8°
Rostock, Jur. Diss. v. [20. Okt.] 1903

Stender, Henriette, vör 100 Johr. Biller ut Mekelborg. (IV, 186 S.) 8. Rostock 904. C. J. E. Volckmann Nachf. n. 2. —; geb. in Leinw. n. 3. —

Stender, Hugo: Invariante Flächen und Curven bei conformen Gruppen des Raumes. *Leipzig 1899: Breitkopf & Härtel.* (59 S.) 8°
Leipzig, Phil. Diss. v. [29. Apr.] 1899

Stender, Jul. Beiträge zur Geschichte des griechischen Perfekts. 22 S. II. Teil. 24 S. **Progr.** *München-Gladbach* 1883. 1884.

Stender, Jul., de Argonautarum ad Colchos usque expeditione fabulae historia critica. gr. 8. (68 S.) Kiel 874, v. Wechmar. *

Stender, Otto [app. Arzt aus Kurland]: Ueber einen Fall von Syringomyelie mit bulbären Symptomen, insbes. Hemiatrophie d. Zunge, Recurrenslähmung, Lähmung d. weichen Gaumens u. Hemiataxie ... Erlangen, Druck d. Univ.-Buchdr. v. E. Th. Jacob, 1896; 33 S. 8.
Erlangen, Med. Fak., Inaug.-Diss. v. 22. Juli 1896

Stender, Raph. Herm., († d. 10. Febr. 1828.) Diss. inaug. Analecta de antimonii crudi et antimonialium praecipuorum usu medico. 4. Götting. 785. Dieterich. 2 gℛ

Stender's, G. F., Leben, nebst Anmerkk. u. Beilagen. Auch mit d. Umschlagstitel: Kurlands Nekrolog. (Von J. G. M. F. A. Czarnewski). 8. Mitau 805.

Stendhal [Pseud.], s.a. Beyle, Henri

— Die Äbtissin v. Castro, s.: Bibliothek, der Gesamtliteratur.

Stendhal, Aphorismen, s.: Rüttenauer, Benno.

— ausgewählte Briefe (1800—1842). Mit e. Studie üb. die Entwickelg. Henry Beyles. Deutsch v. Arth. Schurig. Mit e. Porträtradierg. v. Pet. Halm. (LXXXIV, 455 S. m. 2 Bildnissen u. 1 Fksm.) 8. München 910. G. Müller. 12.—; geb. 15.—; Luxus-Ausg. 30. —

— Essays. Aus dem Franz. u. m. Einleitg. v. Art. Schurig. (IV, 270 S.) 8. Berlin 904. Hüpeden & Merzyn. n. 3. —; geb. n. 4. —

Stendhal, . . ., s. Fiévée.

— — Die Liebe. Uebersetzt von Otto Flake, eingeleitet von René Schickele. (190*.) (6 Kr., gebd. 7,50 H., F. Lang, Wien, 1806, o. Orts- u. Jahresangabe.)
„Man könnte Stendhals Buch eine Enzyklopädie der Liebe nennen, aber eine, die ein skeptischer Kosmopolit, ein geistreicher Psychologe geschrieben hat."

Stendhal. Über die Liebe ⟨De l'Amour⟩. [Von] von St' = Henry Beyle. Übertragen von Arthur Schurig. 2. durchgesehene und vermehrte Aufl. IV + XXIV + 432 S. 8. Jena, Eugen Diederichs, 1907. [M. 4. —, geb. 5. —]
von Stendhal = H' B'. Ausgewählte Werke. Hrg. von Friedrich von Oppeln-Bronikowski. Band 3.
Darin S. If. XIII/VI. 27. 39. 85. 130. 140. 157. 220. 227 f. 229/33 (In der Schweiz). *233/5. 265. 292. 297. 299. 317 f. 358 f. 379 etc.* die Schweiz *und* Schweizer (Johannes von Müller, Jean Jacques Rousseau Madame Anna Louise Germaine de Staël, Franz Rudolf Weiss *etc.*) *betr.*

— Novellen, s.: Universal-Bibliothek.

STENDHAL (i. e. *H. Beyle*). Die Physiologie der Liebe. Deutsche Original-Uebersetzung v. B. Saint-Denis. Berlin o. J. 8⁰. (1 Kr. 75 H. Franz Deuticke, Wien, 1905.)

Stendhal, die Physiologie der Liebe. Deutsche Orig.-Uebersetzung von Bernh. Saint-Denis. 8. (VIII, 277 S.) Berlin 888, Fried und Comp. *

— — Rot und Schwarz. Roman. (190*.) (3 Kr. 60 H. Willy Schindler, Pressburg, ohne nähere Angabe.)
Orig.: Le Rouge et le Noire, chronique du 19e siècle. 2 pts. Paris, s. d. 8⁰. (Mk. 7—.) (3 Mk., d.—t.. Jos. Jolowicz, Posen, 1910.)

— Römische Spaziergänge. (Promenades dans Rome.) Mit 24 Taf. nach Kupfern v. Piranesi, verdeutscht von Frdr. v. Oppeln-Bronikowski u. Ernst Diez. (LIII, 432 S.) 8. Jena 910. E. Diederichs. 8.—; geb. 9. 50

Stendhal-Henry Beyle, v., ausgewählte Werke. 1. u. 2. Bd. Rot u. Schwarz. (Le rouge et le noir.) Übertr. von Frdr. v. Oppeln-Bronikowski. 2 Bde. 8. (XX, 400 u. 447 S.) Leipzig 901. Jena, E. Diederichs. n. 6. —; geb. n. 8.—

v. Stendhal-Henry-Beyle, ausgewählte Werke. Hrsg. von Frdr. v. Oppeln-Bronikowski. 3.—7. Bd. 8. Jena, E. Diederichs. n. 19. —; geb. n. 24. —
3. Ueber die Liebe. (De l'amour.) Uebertr. v. Arth. Schurig. (XXIV, 389 S.) Leipzig 903. n. 4. —; geb. n. 5. —
4. Renaissance-Novellen. Uebertr. v. M. v. Münchhausen. (IV, 300 S.) Leipzig 904. n. 3. —; geb. n. 4. —
5. Bekenntnisse e. Egotisten. Selbstbildnis Beyles aus seinen Briefen, Tagebüchern u. autobiograph. Fragmenten. Ausgewählt, übertr. u. eingeleitet v. Arth. Schurig. Mit Portr. (IV, 493 S.) 905. n. 5. —; geb. n. 6. —
6. 7. Die Kartause v. Parma. (La chartreuse de Parma.) Uebertr. v. Arth. Schurig. 2 Tle. (XXIV, 376 u. 358 S. m. 1 Taf.) 906. n. 7. —; geb. n. 9. —

v. Stendhal-Henry Beyle, ausgewählte Werke. Hrsg. von Frdr. v. Oppeln-Bronikowski. 1.—4. u. 8. Bd. 8. Jena, E. Diederichs. 18.—; geb. 23. —
1. 2. Rot u. Schwarz. Eine Chronik des XIX. Jahrh. Übertr. von Frdr. v. Oppeln-Bronikowski. 2 Bde. 2. verb. Aufl. (XIV, 355 u. 438 S.) 907. 6.—; geb. 8. —
3. Über die Liebe. (De l'amour.) Übertr. v. Arth. Schurig. 2. durchgesch. u. verm. Aufl. (XXIV, 432 S.) 907. 4.—; geb. 5. —
4. Die Äbtissin v. Castro. Renaissance-Novellen. 2. verb. u. erweit. Aufl. Deutsch von Max Frhr. v. Münchhausen u. Fr. v. Oppeln-Bronikowski. (XXXII, 297 S. m. 1 Bildnis.) 910. 4.—; geb. 5. —
8. Chroniken aus der italienischen Renaissance u. nachgelassene Novellen. Deutsch von Frdr. v. Oppeln-Bronikowski. (318 S.) 908. 4.—; geb. 5. —

Stendro, Julius [Pseud.], s.a. Schneider, Christian Jakob von

— s. Lieutenant, der.

Stendro, Jul., (Chr. Jak. v. Schneider), († im März 1829.) das Menschenleben in seinen interessantesten Verhältnissen, dargestellt in Erzählungen. 8. Hamb. ... (Herold jun.) 1 ₰ 8 gGr

— romant. Rückblick in die Vergangenheit. 2 Thle. 8. Altona 802 u. 3. Hammerich. 2 ₰ 4 gGr

— s. Ubaldo's Kinder.

Stendro, Jul., (Chr. Jak. v. Schneider,) s. Zeitschrift, Schleswig-Holstein.

Stengel, Carl Albert Leop. Frhr. v., ein bayerischer Staatsmann, geb. 27. Octob. 1784 zu Biederstein bei München, † 5. Dezbr. 1865 zu München; München 1866. 8⁰. 46 S. Cart.

Stengel, Ansprache im Kindergottesdienst, s.: Schawaller, F.

Stengel, von d. ausländ. Handel u. d. Seemacht deutscher Städte im Mittelalter, u. v. d. finanz. Verhältnissen d. jetzigen deutschen Zollvereins. gr. 8. (7 B. u. 1 Stnt.) Potsdam 835, [Riegel's Vrlsh.] Thlr.
Aus: Schönbrodt's Sammlung, besond. abgedruckt.

Stengel's Reise-Bibliothek. 1. u. 2. Bd. 12. Dresden, Stengel & Co. n. 5. —
1. Der Deutsche in Paris 1900. Von R. M. Orlow. Mit 33 Illustr., vom Autor selbst gezeichnet, u. 50 Holzschn., sowie 10 Ansichts-Postkarten nach den neuesten Orig.-Aufnahmen v. Paris. Der praktischste aller Führer durch Paris in Form e. humorist. Erzählg. (276 S. m. Plan.) 900. n. 2.—
2. Die Welt-Ausstellung Paris 1900. Von R. M. Orlow. Mit e. Lageplan der Ausstellg., Stadtplan v. Paris u. 50 Illustr. (Postkarten) nach photograph. Aufnahmen v. den hauptsächlichsten Palästen, Pavillons, Panoramas etc. (78 S.) (900.) 3.—

Stengel: Dreizehn Thesen über die ländlichen Darlehnskassen (System Raiffeisen). Karlsruhe 1875.

Stengel, A., die Anfänge der Sprache, s.a. Sammlung gemeinverständlicher wissenschaftlicher Vorträge.

Stengel A. die Anfänge der Sprache. (Slg wiss. Vortr. NF 61) Hamburg 1888

Stengel, A., Festspiel zur 50jährigen Jubelfeier d. Port'schen Töchter-Institutes in Nürnberg am 13. Juli 1892. 16 (16 S.) Nürnberg 892. J. Ph. Raw. n. 25

Stengel, A., die Pensionskünstlerinnen, s.a. Heidelmann's, A., Theaterbibliothek.

Die Pensionskünstlerinnen. Festspiel von A. Stengel. *Bonn: A. Heidelmann [1900].* (16 S.) 8° [F.]
= Theaterbibliothek, A. Heidelmann's. H. 21. [01. 1011

Stengel, Adf., die organisierte Forstarbeiterschaft der in oberster Verwaltung d. Ackerbau-Ministeriums stehenden Staats- u. Fondsforste, s.a. Mitteilungen des k. k. arbeitsstatist. Amtes im Handelsministerium. 4. Hft.

STENGEL, Adolf: Die organisierte Forstarbeiterschaft der in oberster Verwaltung des k. k. Ackerbau-Ministeriums stehenden Staats- und Fondsforste. - Wien 1906. 111 S. - (Mitt. d. k. k. arbeitsstatist. Amtes i. Handelsminist. H. 4)

Stengel, Ad., Krystallbestimmung einiger neuer organischer Verbindungen. [Aus: „Sitzungsber. d. k. Akad. d. Wiss."] Lex.-8. (17 S. m. 2 Taf.) Wien 894. (F. Tempsky.) n. — 70

Stengel Ad. Kr[illegible] (mit 2 Taf.) S. 103 [illegible] — 70
Separatabdruck

— Kr[illegible] S. 103 [illegible]
Separatabdruck

Stengel, C. Frhr. von, s. Stengel, Karl Frhr. von

Stengel, C. C., s. Stengel, Chr. Ludwig

Stengel, Chr. Ludwig

Stengel, C. L., juriſt. prakt. Ausarbeitungen, ſ. a. Ausarbeitungen.

Stengel, Chr. Ludw.: Praktisch-juristische Ausarbeitungen, (Bd 3 ff.:) fortges. von Chr. Ludw. Paalzow. Bd 1—6. Berlin 1799—1806. 6 Bde

STENGEL, Ch. L.: Prakt. jurist. Ausarbeitungen. *Berlin*, Schöne. gr. 8. 1—2r Bd. 799. (2 Thl. 12 Gr.) 3r B. fortges. v. Ch. L. PAALZOW; auch n. d. Tit: Beytr. z. jur. Praxis, h. v. — 803. (1 Thl. 6 Gr.)

— Auszuge a. d. z. Ergänzung u. nähern Beſtimm. d. preuß. Proceßordn. ergang. Verordnungen. 8. Berlin, Matzdorf. (Realſchulbuchh.) 791. Rthlr.

Stengel, Chr. Ldw., († d. 21. April 1802.) Auszüge aus den z. Ergänzung u. nähern Beſtimmung der preuß. Proceßordnung ergangenen Verordnn. 8. Berl. 791. Matzdorf. (Reimer). 8 *ℛ*

— Beyträge z. Kenntniß d. Juſtizverfaſſung in d. preuß. Staaten ꝛc. ſ. Beyträge.

STENGEL, Ch. L.: Neue Beiträge u. s. w. 1.—12r Bd. od. d. vorhergeh. Samml. 7.—18r Bd. (v. 17n an fortges. v. A. v. HOFF). *Halle*, Waisenh.-B. 799—804. 8. (à 1 Thl. 12 Gr.)

— ſ. Quinteſſenz aus Abrahams a Sancta Clara Werken.

— Repertorium f. Juriſten in d. preuß. Staaten, ſ. a. Repertorium.

Stengel, C. C.: Repertorium für praktische Juristen (Lfg 3. 4: u. andere Geschäftsmänner) in den Preussischen Staaten. Lfg 1—4. Berlin 1793—94.

— Ueberſicht derjen. Vorſchriſten d. allgem. preuß. Landr. wodurch d. Proceßordn. abgeänd. u. erläut. wird ꝛc. gr. 8. Berl. Nauck. 794.

Stengel, Edmund, s.a. Stengel, Edmund Ernst

Stengel, Edmund (Hrsg.), s. Actenstücke über die Thätigkeit der Brüder Grimm im hessischen Staatsdienste.

Stengel, Edm., s.: Ausgaben u. Abhandlungen aus dem Gebiete der romanischen Philologie.

Stengel, E., Beiträge zur Geschichte der romanischen Philologie in Deutschland, s. Ausgaben und Abhandlungen aus dem Gebiete der romanischen Philologie.

Stengel, Edm., s.: Bernart Amoros, la première partie du chansonnier de B. A.

— Beziehungen der Brüder Grimm zu Hessen, III. Bd., s.: Grimm, der Brüder, Briefe an Paul Wigand.

—— private und amtliche Beziehungen der Brüder Grimm zu Hessen. Eine Sammlung von Briefen und Actenstücken, als Festschrift zum 100. Geburtstag Wilhelm Grimms den 24. Febr. 1886 zusammengestellt und erläutert. 2 Bde. 8. Marburg 886, Elwert's Verlag. *ℳ 11.40.; geb.

Inhalt:

Bd. 1. Briefe der Brüder Grimm an hess. Freunde. (VIII, 420 S.) *ℳ 5.40.; geb. *ℳ 6.40.

„ 2. Actenstücke über die Thätigkeit der Brüder Grimm im hess. Staatsdienste. (441 S.) *ℳ 6.—; geb. *ℳ 7.—.

— private u. amtliche Beziehungen der Brüder Grimm zu Hessen. Eine Sammlg. v. Briefen u. Actenstücken, als Festschrift zum 100. Geburtstag Wilh. Grimms den 24. Febr. 1886 zusammengestellt u. erläutert. 2 Bde. 2. (Titel-)Ausg. 8. (VIII, 420 u. 443 S. m. 2 fksm. Titeln.) Marburg 895. N. G. Elwert's Verl. n. 4. —; geb. n. 6. —

Stengel, Edmund, s. Bibliothek des litterarischen Vereins in Stuttgart CXVI.

Stengel, E. Die provenzalische Blumenlese der Biblioteca Chigiana. Erster und getreuer Abdruck nach dem gegenwärtig verstümmelten Original und der vollständigen Copie der Riccardiana. Univ. Marburg 1877. 75 S. 4.

Stengel, Edm., die provenzalische Blumenlese der Chigiana. Erster und getreuer Abdr. Nach dem gegenwärtig verstümmelten Original und der vollständ. Copie der Riccardiana besorgt. Nebst Bemerkungen, Varianten, einer Concordanz, sowie einer Inhaltsangabe der Pariser National-Hs. 15211. gr. 4. (IV, 79 Sp. und S.) Marburg 878, Elwert'sche Verlagsb. *

— s.: Bodel's, Jean, Saxenlied.

Stengel, E[dmund]: Die Bruchstücke der noch ungedruckten Chanson d'Anseïs de Mes aus den Archives von Saint-Hubert im belgischen Staatsdepot zu Arlon: L 12, nebst umschließendem wie verbindendem Texte u. Varianten d. Pariser Hss. LSN, d. entsprech. Stelle d. Pariser Prosa a, d. letzten Kapitelüberschriften d. Brüsseler Prosa b u. Beschreibung einer neuen Lothringer Hs. in Lille. *Greifswald 1904: F. W. Kunike.* (48 S.) 8°
Greifswald, Festschrift zum Rektoratswechsel 1904

Stengel, E., la cancun de Saint-Alexis, —— el cantare di Fierabraccia e Ulinieri,	s. Ausgaben und Abhandlungen aus dem Gebiete der romanischen Philologie.

Stengel, E. El cantare di Fierabraccia et Uliuieri. Herausgegeben. Univ. Marburg 1880. 40 S. 4.

Stengel, E., codicem manu scriptum Digby 86 in bibliotheca Bodleiana asservatum descripsit, excerpsit, illustravit. Accedit appendix in qua typis exhibita sunt: 1) La complainte Jerusalem contre Rome, e tribus libris. 2) La bestournee par Richard, carmen ineditum e duobus libris. 3) Fragmentum carminis de vita S. Eustachii. 4) Carmen pium e duobus libris. gr. 8. (XIV, 132 S.) Halle 871. Buchh. d. Waisenh. n. 3. —

Stengel, E., Diez-Reliquien, s.: Ausgaben u. Abhandlungen aus dem Gebiete der romanischen Philologie.

—— Erinnerungsworte an Friedrich Diez. Erweiterte Fassung der Rede, welche zur Enthüllungsfeier der an Diez' Geburtshaus angebrachten Gedenktafel in Giessen am 9. Juni 1883 gehalten wurde. Nebst mehreren Anlagen und einem Anhang: Briefe von F. Diez an L. Diefenbach, W. Wackernagel, K. Weigand, A. v. Keller, A. Mussafia und A. Ebert. gr. 8. (104 S.) Marburg 883, Elwert'sche Verlagsh. *

— die beiden ältesten provenzalischen Grammatiken Lo donatz proensals u. Las rasos de trobar, nebst e. provenzalisch-italien. Glossar von neuem getreu nach den Hss. hrsg. Mit Abweichungen, Verbesserungen u. Erläuterungen, sowie einem vollständ. Namen- u. Wortverzeichniss. gr. 8. (XXVIII, 204 S.) Ebend. 878. n. 6. —

— s.: Hervis v. Mets.

Stengel, Edmund: Huon's aus Auvergne Höllenfahrt nach der Berliner und Paduaner Hs. Greifswald 1908: F. W. Kunike. (85 S.) 8°
Greifswald, Festschrift zum Rektoratswechsel 1908

— das anglonormannische Lied vom wackeren Ritter Horn, s.: Brede, R.

Stengel, E[dmund]: Die altprovenzalische **Liedersammlung** C der Laurenziana in Florenz nach einer in seinem Besitz befindlichen alten Abschrift hrsg. *Greifswald 1899: J. Abel.* (76 S.) 8°
Greifswald, Beil. zum Verz. d. Vorl. f. d. WS 1899/1900

— die altprovenzalische Liedersammlung c der Laurenziana in Florenz, nach e. in seinem Besitz befindlichen alten Abschrift hrsg. gr. 8. (IV, 76 S.) Leipzig 899. Dieterich. n. 3. —

— John Gower's Minnesang u. Ehezuchtbüchlein, s.: Ausgaben u. Abhandlungen aus dem Gebiete der romanischen Philologie.

Stengel, E. Mittheilungen aus französischen Handschriften der Turiner Universitäts-Bibliothek, bereichert durch Auszüge aus Handschriften anderer Bibliotheken, besonders der National-Bibliothek zu Paris. Univ. Marburg 1873. 46 S. 4.

— Mittheilungen aus französischen Handschriften der Turiner Universitäts-Bibliothek, bereichert durch Auszüge aus Handschriften anderer Bibliotheken, besonders der National-Bibliothek zu Paris. gr. 4. (46 S.) Halle 873. Lippert'sche Buchh. n. 2. 50

Stengel, Edm. Galiens li Restorés, Schlusstheil d. Cheltenhamer Guerin de Monglane, s. Ausgaben u. Abhandlungen aus dem Gebiete der romanischen Philologie.

— Resultate einer neuen Vergleichung der Durmartausgabe mit der Hs., s. Ausgaben und Abhandlungen aus dem Gebiete der romanischen Philologie.

— s.: Rigomer-Episode, die Turiner.

— s.: Rolandslied, das altfranzösische.

—— li Romans de Durmart le Galois. Hrsg. von E. S., s. Bibliothek des litterarischen Vereins in Stuttgart, Bd. 116.

Stengel, E[dmund]: Der Schlussteil der Chanson d'Anseïs de Mes nach den Hss. L S N in Paris und U in Rom. Greifswald: Kunike 1909. 55 S. 8° ¶ (Forts. d. Festschr. z. Rektoratsw. Greifswald 1904. Vgl. 19, Gr. 155.)
Greifswald, Festschrift zum Rektoratswechsel 1909 [U 09. 1580

Stengel, E., die ältesten französischen Sprachdenkmäler, s.: Ausgaben und Abhandlungen aus dem Gebiete der romanischen Philologie.

Die ältesten französischen Sprachdenkmäler. Genauer Abdr. Bibliogr. u. vollst. Glossar besorgt von Edmund **Stengel**. 2. Aufl. *Marburg: N. G. Elwert 1901.* (58 S.) 8°
= **Ausgaben u. Abhandlungen a. d. Geb. d. roman. Philologie.** 11. [01. 3477 4

— Maitre Elie's Übertragung von Ovid's Ars amatoria, s. Ausgaben und Abhandlungen aus dem Gebiete der romanischen Philologie.

— Maitre Elie's Übertragung v. Ovid's Ars amatoria, s.: Kühne, H.

Stengel, Edm. **Chronologisches Verzeichnis französ. Grammatiken vom Ende d. 14. bis zum Ausgange d. 18. Jahrh., nebst Angabe der bisher ermittelten Fundorte derselben, zusammengestellt. (Nebst e. Vortrag): Zur Abfassung e. Geschichte der französ. Grammatik, besonders in Deutschland. gr. 8. (VII, 151 S.) [Oppeln 890, Franck.] Berl., Gronau.** * 4 50

Stengel, Edmund (geb. am 5 Apr. 1845 in Halle): Vocalismus des lateinischen Elementes in den wichtigsten romanischen Dialekten von Graubuenden und Tyrol ... Bonn, Druck v. F. Krüger 1868. 2 Bl., 64 S., 2 Bl. 8. ¶ Erschien zugleich selbständig bei Weber in Bonn.
Bonn, Phil. Fak., Diss. v. [27 Juli] 1868

—— Vocalismus des lateinischen Elements in den wichtigsten romanischen Dialecten von Graubünden und Tyrol aufgestellt und unter Herbeiziehung der verwandten romanischen Sprachen durch zahlreiche Beispiele belegt. gr. 8. (III, 64 S.) Bonn 868, (Weber.) *

— s.: Wochenblatt, pädagog., f. d. akadem. gebild. Lehrerstand Deutschlands.

— Wörterbuch der ältesten französischen Sprache, s.: Ausgaben u. Abhandlungen aus dem Gebiete der romanischen Philologie.

— l'ystoyre et la vie de Saint Genis, s.: Mostert, W.

Diplomatik der deutschen Immunitäts-Privilegien v. 9. bis z. Ende d. 11. Jh. Von Edmund E(rnst) **Stengel**. Innsbruck: Wagner 1910. XXXVI, 751 S. 8°
(Stengel: Die Immunität in Deutschland b. z. Ende d. 11. Jhs. T. 1.) [10. 17586

Stengel, Edm. E., die Immunität in Deutschland bis zum Ende des 11. Jahrh. Forschungen zur Diplomatik u. Verfassungsgeschichte. 1. Tl. Diplomatik der deutschen Immunitäts-Privilegien vom 9. bis zum Ende des 11. Jahrh. Gedruckt m. Unterstützg. des Joh. Friedrich Böhmer-Fonds. (XXXVII, 721 S.) gr. 8. Innsbruck 910. Wagner. 22. —

Stengel, Edmund, aus Marburg a. L.: Die **Immunitäts-Urkunden der Deutschen Könige vom 10. bis 12. Jahrhundert. Kap. 2:** Karolingische Formulare in den Immunitäts-Reihen der sächsischen und salischen Könige. *Innsbruck: Wagner 1902.* (VI, 50 S.) 8° ¶(Erscheint vollst. im gleichen Verlage.)
Berlin, Phil. Diss. v. 18. Okt. 1902

— Den Kaiser macht das Heer. Studien zur Geschichte e. polit. Gedankens. (Erweit. Sonderabdr. aus der Festgabe zu Karl Zeumers 60. Geburtstage.) (XVII, 110 S.) Lex. 8. Weimar 910. H. Böhlau's Nachf. 4. —

Stengel, Edmund Ernst, Dr. phil.: Die Verfasser der deutschen Immunitätsprivilegien des 10. und 11. Jahrhunderts. Marburg in Hessen 1907: (Wagner, Innsbruck). (135 S.) 8° ¶(Erscheint vollst. im Verl. v. Wagner, Innsbruck.)
Marburg, Phil. Fak., Hab.-Schr. v. 1907

Stengel, Et. de, s. Stengel, Stephan Chr. Frhr. von

Stengel, F. v., Aristokraten. Roman in 2 Bdn. 8. (386 u. 472 S.) Nürnberg 874. Richter & Kappler. 9. —

— **Novellenbuch.** 2 Bde. 8. (295 u. 269 S.) Ebend. 876. n. 6. —

— Novellenbuch. 2 Bde. 2. (Titel-)Ausg. 8. (295 u. 269 S.) Ebend. 877. n. 6. —

— Pessimisten. Roman. 3 Bde. 8. (358, 215 u. 218 S.) Ebend. 879. n. 12. —

—— der Pflicht geopfert. Erlebnisse aus den Schweizerbergen. 8. (248 S.) Ebendas. 873.

Stengel, F. v., was die Meereswellen sagen. Eine Strandgeschichte. 8. (148 S.) Stuttgart 882, Richter und Kappler. * geb. *

Stengel, F. J. de. De domaniis dominorum territorialium. 4°. Mannheim 1773.

v. Stengel, Franziska, Adrienne. 3 Thle. gr. 12. Karlsr. u. Baden 829. Marx. 3 ß 18 ggr

—— die Assassinen. (Ein geschichtl. Roman.) 8. (17½ B.) Mannheim 832, Löffler.

Stengel, Franziska von
Die Assassinen oder die Eroberung der Königsperle durch den Bund der Blutigen. Eine historisch-romantische Geschichte.
Mannheim: Löffler 1835. 280 S. 8°

— der Bäckerjunge. Ein Roman aus d. Geschichte Frankfurts. 2 Bde. 8. Mannheim 840. Löffler. 3 ß

—— der Bäckerjunge. Ein Roman aus d. Gesch. Frankfurt's a. M. v. 1612 bis z. Mitte 1619. 2 Thle. gr. 12. (24½ B.) Mannheim 841, Loeffler.

— das Diadem u. der Blüthenkranz; eine Geschichte aus Englands Schreckensperiode. gr. 12. Manh. 826. Schwan u. G. 1 ß

— der Fürst u. die Bäuerin. gr. 12. Carlsruhe u. Baden 833. Marx'sche Buchh. 1 ß

——, Karl Ludwig, Kurfürst von der Pfalz u. Luise v. Degenfeld, od. Leidenschaft u. Liebe. Geschichtl. Roman. gr. 12. (11½ B.) Mannheim 838, Loeffler.

Stengel, Franziska v., das apulische Kind. Histor. Roman. 8. (22½ B.) Leipzig 843, Berger's Buchh.

— das apulische Kind. Historischer Roman. 8. Leipzig 843, Melzer. 1½ ß

Stengel, Franziska v., Maximilian Emanuel und seine Baiern. 3 Bde. (in 1). Leipzig, C. H. F. Hartmann, 1835. *A. E.*: Druck u. Papier von Frdr. Glenroth in Erfurt. 8°. Braun. Hsrsb., etw. geles.
112, 112 u. 110 S. Jeder Titel mit d. gleichem Motto aus Schiller's „Tell".

——, Maximilian Emanuel u. seine Baiern. 3 Bde. 8. (22 B.) Leipzig 835, [Klinkhardt.]

——, Monica, die Gottgeweihte. 2 Thle. 8. (30¼ B.) Heidelberg 828, Groos.

——, Otto von Oldesloe. Histor. Roman. 8. (15 B.) Leipzig 837, Focke.

— die Rose von Innspruck. Ein Roman aus der Zeit des Konziliums zu Konstanz. 2 Thle. kl. 8. Mannheim 844, Bensheimer. 1⅜ ß

——, Sinzendorf. Wahrheit u. Dichtung. 2 Thle. gr. 12. (15⅓ B.) Carlsruhe u. Baden 835, Marx'sche Buchh.

—— Wildhanns. Ein histor. Roman aus d. 15. Jahrhundert. 2 Thle. gr. 16. (28¼ B.) Mannheim 843, Bensheimer.

—— die letzten Zähringer. Ein histor. Roman. 2 Thle. gr. 12. (14½ B.) Mannheim 842, Loeffler.

—— die letzten Zapolya. 2 Bde. gr. 12. (19 B.) Heidelberg 831, Groos.

Stengel, G.: Die Medulloseae, s. Göppert, H. R.

Stengel, (Georg), der Bauer und der Edelmann. Zeitgedicht. gr. 8. (8 S.) Ansbach 849, Gummi.

—— der Bauer und der Revierförster. Zeitgedicht. gr. 8. (7 S.) Ansbach 849, Gummi.

Stengel, Georg, Neujahrsschenkung. 4. Augsburg. 720.

— v. d. göttl. Urtheilen. 4 Thle. Fol. Augsburg, Wolf. 712.

Stengel, Hans [aus Würzburg]: Ein Fall von Endothelioma sarcomatosum des Oberkiefers ... Würzburg, A. Boegler'sche Buchdr., 1896; 41 S. 8.
Würzburg, Med. Fak., Inaug.-Diss. v. 1896

Stengel, Henricus, Greizensis-Borussus: De Iulii Valerii usu pronominum. Marpurgi 1909: Koch. 101 S. 8°
Marburg, Phil. Diss. v. 12. Febr. 1900, Ref. Birt
[Geb. 21. Okt. 84 Bleicherode; Wohnort: Marburg; Staatsangeh.: Preußen; Vorbildung: Gymn. Greiz Reife O. 03; Studium: Jena 3, Berlin 3, Marburg 4 S.; Rig. 4. Nov. 08.] [U 09. 3218

Stengel, Hermann [app. Arzt aus Durlach]: Beitrag zur Kenntnis der Nylanderschen Zuckerprobe ... Jena, Univ.-Buchdr. G. Neuenhahn, 1896; 27 S. 8.
Jena, Med. Fak., Inaug.-Diss. v. [9. Apr.] 1896

Stengel, Herm. Frhr. v., Bekanntmachung betr. den Vollzug des Gesetzes über die Erbschaftssteuer vom 21. Septbr. 1879. Anhang zum bayerischen Gesetz über die Erbschaftssteuer vom 18. Aug. 1879. 8. (S. 45—84.) Nördlingen 879, Beck'sche Buchh. *

Stengel, Herm. Frhr. v., die Börsensteuer. Gesetz vom 1. Juli 1881, betr. die Erhebung von Reichsstempelabgaben. Mit Einleitung, Erläuterungen, Ausführungsvorschriften und Sachregister. 16. (IV, 95 S.) Nördlingen 881, Beck'sche Buchh. cart. *

—— dass. — Anhang, enthaltend die bayer. Ausführungsbestimmung zu dem Gesetz vom 1. Juli 1881, betr. die Erhebung von Reichsstempelabgaben, mit Sachregister. 16. (58 S.) Ebendas. 881. cart. *

— das Gebührenwesen im Deutschen Reich u. Königr. Bayern. Enth. das Reichs-Gerichtskostengesetz vom 18. Juni 1878 u. das bayer. Gesetz über das Gebührenwesen vom 18. Aug. 1879, mit den dazu ergangenen Verordnungen u. Vollzugsvorschriften; ferner die Gebühren der Gerichtsvollzieher [Reichsgesetz vom 24. Juni 1878, nebst kgl. Verordnung ꝛc.], der Zeugen u. Sachverständigen [Reichsgesetz vom 30. Juni 1878, nebst kgl. Verordnung ꝛc.]; die kgl. Verordnung vom 29. Juli 1879, die Vergütung von Reisekosten an Geschworene, Schöffen betr. ꝛc. Mit Einleitung, Anmerkungen, Gebührentarif u. Sachregister hrsg. 2., unveränd. Aufl. 8. (XXXVI, 373 S.) Nördlingen 880. Beck. n. 4. 25; geb. n. 4. 50

Stengel, Herm Frhr. v., das Gebührenwesen im Deutschen Reich u. Königr. Bayern. Enth. das Reichsgerichtskostengesetz vom 18. Juni 1878 u. das bayer. Gesetz über das Gebührenwesen vom 18. Aug. 1879, mit den dazu ergangenen Verordnungen u. Vollzugsvorschriften; ferner die Gebühren der Gerichtsvollzieher [Reichsgesetz vom 24. Juni 1878, nebst kgl. Verordnung ꝛc.], der Zeugen u. Sachverständigen [Reichsgesetz vom 30. Juni 1878, nebst kgl. Verordnung ꝛc.]; die kgl. Verordnung vom 29. Juli 1879, die Vergütung von Reisekosten an Geschworene, Schöffen ꝛc. betreffend. Mit Einleitung, Anmerkungen, Gebührentarif u. Sachregister hrsg. Ergänzungsband, enth. Nachträge zur 1. u. 2. Aufl., ferner die Novelle vom 29. Juni 1881 m. Erläuterungen u den hiezu ergangenen Ausführungsvorschriften, sodann in einem Anh. das Reichs-Gerichtskostengesetz u. die Reichs-Gebührenordnung für Gerichtsvollzieher in neuer Fassung, nebst Einleitung u. Sachregister. 8. (X, 213 S.) Nördlingen 881. Beck. cart. n. 2. —

Stengel, Herm. Frhr. v., das bayerische Gesetz über die Erbschaftssteuer vom 18. Aug. 1879. Mit Einleitung, Anmerkungen und Register. 8. (S. 1—43.) Nördlingen 879, Beck'sche Buchh. cart. *

Stengel, Herm. Frhr v., die Grundentlastung in Bayern. Systematische Erläuterg. d. Gesetzes vom 28. April 1872 „die Grundentlastg. betr." nebst e. Abdrucke der einschläg. Gesetze u. Vollzugsvorschriften. gr. 8. (VI, 233 S.) Würzburg 874. Stahel. n. 4. —

— das Reichs-Gerichtskostengesetz vom 18. Juni 1878 u. das bayer. Gesetz über das Gebührengesetz vom 18. Aug. 1879. Mit Einleitung, Anmerkungen, Vollzugsvorschriften, Gebührentarif u. Sachregister. 8. (XXXVI, 373 S.) Ebend. 879. n. 4. 25

Stengel, J., Entwurf zu einem neuen Elementarlehrer-Dotations-, Pensions- und Witwen- und Waisen-Pensions-Gesetz. 8. (58 S.) Ratibor 883. Lindner's Buchh. *

Stengel, J. R., u. E. **Mohr**, Postkarte der Schweizerischen Eidgenossenschaft unter Aufsicht des Herrn General Dufour nach den gegenwärtig vorhandenen Materialien des eidgenöss. Atlasses u. den besten Karten gezeichnet. Maasstab 1 : 300,000. Lith. u. color. 4 Bl. in Imp. Fol. Zürich 850, Orell, Füssli & Co. n. 1²/₃ ℳ

Stengel, Ioh., apparatus librorum theologicorum realis alphabeticus. 8. Ulm. 724.

Stengel, Johann (Ulm) A. S. 1328/22

De Beruria Iudaeorum doctissima foemina ad historiam literariam eius gentis seculo secundo post C. n. dilucidandam. Präs. Gustav Georg Zeltner.
Altdorf (Kohles) VIII. 1724. 44 S.

W. v.: Präs. 33466

Stengel, Johann (Ulm) Altd. Phs. 43/25

Schediasma physico-politicum deum legislatorem medicum, ad varia illustranda Script. S. dicta, sistens. Präs. Johann Heinrich Müller.
Altdorf (Kohles) 25. V. 1717. 28 S.

W. v.: Präs., Johann Konrad Zeltner (Opp.), Jo. Henseler (Opp.), Johann Reinbath (Opp.). 33465

Stengel, Johann Peter

— ausführl. Beschreib. von Sonnenuhren. Mit Kpf. 8. Bresl. 755. J. F. Korn. 16 gl

Stengel, Jh. Pet., gnomonica universalis s. praxis amplissima geometrice describendi horologia solaria, c. fig. 8. Bresl. 755. J. F. Korn. 16 gl

Stengel, Karl Frhr. von

Stengel's, Herrn Dr. Carl Freiherrn v., u. Anderer Argumente für u. wider den Krieg v. N. N., hrsg. v. Bertha v. Suttner. gr. 8. (IV, 24 S.) Wien 899. (Dresden, E. Pierson.)

Stengel, Karl Frhr. v., der ewige Friede. gr. 8. (26 S.) München 899. C. Haushalter. n. — 50

— dasselbe. 3. Aufl. gr. 8. (32 S.) Ebd. 899. n. — 50

Fünfundzwanzig Jahre deutscher Kolonialpolitik. Vortrag, geh. in München 1909 von Dr. Karl Frh. v. **Stengel**, Prof. München & Berlin: Oldenbourg 1909. 34 S. 8° [10. 2304 II

— deutsche Kolonialpolitik. Vom Verf. erweit. Sep.-Ausg. seiner beiden Aufsätze in der wissenschaftl. Beilage zur Münchener Allgemeinen Zeitg. 1899 Nr. 59 u. 60. gr. 8. (30 S.) Barmen 900. Hagen, W. Bamberger. n. — 60

Deutsche Kolonialpolitik von Karl Frh. v. **Stengel**, Prof. (2. Aufl.) Berlin: W. Bamberger 1907. (31 S.) 8° [F.] [07. 13177

Stengel, Karl Freih. v., der Kongostaat. Eine kolonialpolit. Studie. (55 S.) gr. 8. München 903. [C. Haushalter.] Verlag d. Süddeutsch. Bauhütte. n. — 75

Stengel, Karl Frhr. v., Lehrbuch des deutschen Verwaltungsrechts, s. a. Handbibliothek des öffentlichen Rechts.

Stengel, Karl Frhr. v., Lehrbuch d. deutschen Verwaltungsrechts. gr. 8. (XVI, 459 S.) Stuttgart 886. Enke. n. 8. —; geb. n. 9. —

— die Organisation der preussischen Verwaltung, nach den neuen Reformgesetzen historisch u. dogmatisch dargestellt. gr. 8. (XII, 677 S.) Leipzig 884. Duncker & Humblot. n. 12. —

— Quellensammlung zum Verwaltungsrecht des Deutschen Reiches, s. a. Quellensammlungen zum Staats-, Verwaltungs- u. Völkerrecht. 3. Bd.

Quellensammlung zum Verwaltungsrecht des Deutschen Reiches. Zsgest. von Dr. Karl Frh. v. **Stengel**, Prof. in München. Leipzig: C. L. Hirschfeld 1902. (X, 558 S.) 8°
= Quellensammlungen z. Staats-, Verwaltungs- u. Völkerrecht. Bd 3.

— **Rechtsencyclopädie zum Gebrauche f. Forstmänner. gr. 8. (IX, 463 S.) München 900.** [C. Haushalter.] **E. Koch.** n. 6. —; geb. n. 7. —

— **Rechtsenzyclopädie zum Gebrauche f. Forstmänner.** 2. Aufl. (XIII, 527 S.) **gr. 8. München 908. G. D. W.** Callwey. **7.—; geb. n 8. 50**

— die Rechtsverhältnisse der deutschen Schutzgebiete. Tübingen 900.

Die Rechtsverhältnisse der deutschen Schutzgebiete. Von Karl Fhr v. **Stengel**, Prof. *Tübingen & Leipzig: J. C. B. Mohr 1901.* (IX, 239 S.) 8°
[00. 12761

— **die deutschen Schutzgebiete,** ihre rechtliche Stellung, **Verfassung u. Verwaltung.** [Aus: „Annalen d. Deutschen **Reichs" 1889.] Vollständige** Umarbeitg. der im Jahrg. **1887** der Annalen enthaltenen Abhandlg. d. Verf. üb. **„Deutsches Kolonialstaatsrecht m. Berücksicht.** d. internationalen **Kolonialrechts** u. d. **Kolonialstaatsrechts** and. europ. Staaten". **2 Hfte.** gr. 8. (III, 211 S.) München **889. Hirth.** à n. 1. 35

Die Deutschen Schutzgebiete, ihre rechtl. Stellung, Verfassung u. Verwaltung. Neu bearb. von Carl Frh. v. **Stengel**. München & Leipzig: G. Hirth 1895. (290 S.) 8° [F.]
Aus: Annalen d. Deutschen Reichs. 1895. [07. 17656 2

— d. deutschen **Schutzgebiete,** ihre rechtl. Stellung, **Verfassg. u. Verwaltg. 3. Aufl.** gr. 8. (IV, 291 S.) München 895. [G. Hirth.] J. Schweitzer, Sort. n. 3. —; erm. Pr. n. 1. —

Stengel, Karl Frh. v., Das Staatsrecht des Königreichs Preussen. (2. Aufl.) Freiburg i. B. u. Leipzig 1891. 8°. *(1. Aufl. 1881 ... von Herm. Schulze bearb.)*
(Handbuch d. Oeffentl. Rechts. hrsg. von Heinr. *Marquardsen.* Abt. 2, Bd 3.)

Stengel, Karl Frhr. v., das Staatsrecht des Königr. Preußen. (Handbuch des Oeffentl. Rechts II. 3.) Lex.-8. (XI, 586 S.) Freiburg i/B. 894. J. C. B. Mohr. n. 16. — geb. n.n. 16. —

— **dasselbe, s. a. Handbuch des öffentlichen Rechts.**

—— die staats- und völkerrechtliche Stellung der deutschen „Kolonien" und ihre zukünftige Verfassung, s. **Beiträge zur Förderung der Bestrebungen des Deutschen Kolonialvereins.**

v. **Stengel**, d. staats- u. völkerrechtl. Stellung d deut. Kolonien. Berlin 886.

Die Verfassungsurkunde des Königreichs Bayern vom 26. Mai 1818 und die Entwickelung des bayerischen Verfassungsrechts seit deren Erlassung. Festrede z. Feier d. dreihundert u. dreizehnten Stiftungstages d. Kgl. Julius-Maximilians-Univ. geh. am 2ten Jan. 1895 v. Dr. Karl Freiherr **von Stengel**, ö. o. Prof. d. Staatsrechts u. Völkerrechts, z. Z. Rektor. [Enth. ausserdem die Chronik u. Preisfragen.] Würzburg, Druck d. kgl. Universitätsdr. v. H. Stürtz, 1895; 1 Bl., 41 S. 4.

— d. **Verfassungsurkunde des Königr. Bayern v. 26. Mai 1818 u. d. Entwickelg. d. bayer. Verfassungsrechts seit deren Erlassung.** Festrede zur Feier des **313.** Stiftungstages der kgl. Julius-Maximilians-Universität, geh. am 2. Jan. 1895. gr. 4. (41 S.) Würzburg 895. (Stahel'sche Verlagsanstalt.) n. 1. 25

— **die Verfassungs-Urkunde des Königr. Bayern u. die wichtigsten Verfassungsgesetze, m. Erläutergn. hrsg. 8. (VIII, 319 S.) Würzburg 893. Gnad & Co. n. 3. —; geb. n. 3. 50**

Stengel, Frhr. C. v., s.: Vierteljahrsschrift, kritische, f. Gesetzgebung u. Rechtswissenschaft.

— Weltstaat u. Friedensproblem. (XIII, 145 S.) 8. Berlin (909). Reichl & Co. 3.—; geb. 4. —

— **Wörterbuch des deutschen Staats- u. Verwaltungsrechts. Begründet v. St. 2., völlig neu gearb. u. erweit., Aufl., hrsg. v. Max Fleischmann. 1.—6. Lfg. (I. Bd. S. 1—480.) Lex. 8. Tübingen 910. J. C. B. Mohr.** à 2. —

Stengel, Karl Frhr. v., s. a. Wörterbuch d. deutschen Verwaltungsrechts.

— Wörterbuch d. deutschen Verwaltungsrechts. In Verbindg. m. vielen Gelehrten u. höheren Beamten hrsg. 21 Lfgn. Lex.-8. (1. Bd. VIII, 895 S.; 2. Bd. XVI, 1040 S.) Freiburg i/Br. 889. 890. J. C. B. Mohr. n. **41.** —; geb. n. 45. 80

— Wörterbuch d. deutschen Verwaltungsrechts. In Verbindg. m. vielen Gelehrten u. höheren Beamten hrsg. 1. Ergänzungsbd. [Abgeschlossen im Dezbr. 1891.] Lex.-8. (III, 118 S.) Freiburg i/B. 892. J. C. B. Mohr. n. 4. —; geb. in Halbfrz. n.n. 6. — (kplt. m. 1. Ergänzungsbd.: n. 45. —; geb. n.n. 51. 80)

— **dasselbe. 2. Ergänzungsbd. (Abgeschlossen am 31. März 1893.) Lex.-8. (IV, 360 S.) Ebd. 893. n. 10. —; geb. in Halbfrz. n.n. 12. —**

— **dasselbe. Neue Subscr.-(Titel-)Ausg. in 3 Bdn. 25 Lfgn. Lex.-8. (1. u. 2. Bd. IV, 896; XVI, 1040 S., u. 3. Bd. [1. u. 2. Ergänzungsbd.] III, 118 u. IV, 360 S.) Ebd. 894.** à Lfg. n. 2. —

— **Wörterbuch d. deutschen Verwaltungsrechts.** In Verbindg. mit vielen Gelehrten u. höheren Beamten hrsg. 3. Ergänzungsband. (Abgeschlossen am 30. VI. 1897.) Lex.-8. (IV, 371 S.) Freiburg i/B. 897. Tübingen, J. C. B. Mohr. n. **11.** —; geb. in Halbfrz. n.n. 13. — (kplt. m. 1.—3. Ergänzungsbd.: n. 66. —; geb. n.n. 76. 80)

v. **Stengel**, Wörterbuch des deutschen Verwaltungsrechts. Freiburg i. B.
Ergänzungsband II. 893.
„ III. 898.
(Hauptwerk u. Ergänzungsband I. II. III. Frbg. 890—98. 66.—.)

— die **Zuständigkeit der Verwaltungsbehörden u. Verwaltungsgerichte, nach dem preuss. Zuständigkeitsgesetze vom 1. Aug. 1883 übersichtlich zusammengestellt.** gr. 8. (V, 178 S.) Leipzig **884.** Duncker & Humblot. n. 3. —; geb. n. 3. 60

Stengel, L., **alphab. chronolog. Repertorium der seit Einführung des Wehrgesetzes erschienenen Gesetze, das k. b. Heerwesen betreffend. Speyer 1870. Mit Nachtrag 1873 4.**

Stengel, Libor., Erklärung des Briefes an die Hebräer. Nach seinem handschriftlichen Nachlasse von Jos. Beck. Karlsruhe, Braun, 1819. gr. 8°, VIII u. 239 S., 4 Mk.

Stengel, Liborius, Hebräische Grammatik. Elementar u. Formenlehre. Herausgegeben von J. Beck. Freiburg, Herder, 1841. 8°, 110 S., 1,50 Mk.

Stengel, Liborius, Commentar üb. d. Brief d. Apostels Paulus an d. Römer. A. dess. handschriftl. Nachlasse. Hrsg. v. Jos. Beck. 2 Bde. gr. 8. (36½ B.) Freiburg 836, Wagner'sche Bh.

Stengel, Liborius, Kommentar über den Brief des Apostels Paulus an die Römer. Aus dessen handschriftlichem Nachlasse herausgegeben von Joseph Beck. Freiburg, Wagner, 1854, gr. 8°, 2 Bände, XXXV u. 544 S., 2. Titel-Ausgabe, 6,75 Mk.

Stengel, M., Gedichte. (VII, 136 S. m. Bildnis.) 8. Dresden 905. E. Pierson. n. 2.—; geb. n. 3.—

Stengel, Martin, approb. Arzt aus München: Ueber einen Fall von generalisierter Vaccine. *München 1903: C. Wolf & Sohn.* (19 S.) 8°
München, Med. Diss. v. 1903

Stengel, Paul, ad res sacras cognoscendas cujusnam momenti sint scholia Aristophanea. gr. 8. (30 S.) Berlin 880, (Calvary und Comp.) *
Aus: Symbolae Joachimicae, besonders abgedruckt.

Stengel, Paul, de fato Aeschyleo. Dissertatio inauguralis. gr. 8. (48 S.) Jena 875, (Deistung's Buchh.) *

Stengel, P., u. **Oehmichen,** griech. Kultusaltertümer u. antikes Bühnenwesen, s.: Handbuch der klassischen Altertumswissenschaft. 5. Bd.

Stengel, Paul, d. griech. Kultusaltertümer, s.a. Handbuch d. klass. Altertums-Wissenschaft, V, 3.

Die griechischen Kultusaltertümer v. Dr. Paul Stengel, Prof. ... in Berlin. 2. verm. u. verb. Aufl. M. 5 Taf. *München: C. H. Beck 1898.* (VIII, 228 S., 5 Taf. auf 4 Bl.) 1 Bd 8.
= Handbuch d. klass. Altertumswissenschaft. Bd 5. Abt. 3. [98.6435

Stengel, Paul, Opferbräuche der Griechen. (VI, 238 S. m. 6 Abb.) gr. 8. Leipzig 910. B. G. Teubner. 6.—; geb. in Halbldr. 7.—

Stengel, Paul Quaestiones sacrificiales. 30 S. **Progr.** Joach. *Berlin* 1879.

—— Quaestiones sacrificiales. gr. 4. (30 S.) Berlin 879, Calvary und Comp. *

*Stengel, Paul: Zu den griechischen Sakralaltertümern. S. 89 bis 107. 8.
In: Novae symbolae Joachimicae. Festschrift aus Anlaß des 300-jähr. Jubil. veröffentl. v. d. Lehrer-Kollegium des Kgl. **Progr.** Joachimsthalschen Gymn. *Berlin* 1907.
Σπλάγχνα. Τομια. Σφάγιον.

— Zu den griechischen Sakralaltertümern. (19 S.) gr. 8. Halle 907. Buchh. des Waisenhauses. —50
Sonderabdruck aus: „Novae symbolae Joachimicae".

Stengel, P., Karl Schaper zum Gedächtnis. Gel. 1886. 19 S. —.60

Stengel, Paul Heinrich (Wetzlar) A. S. 9/20

Disputatio inauguralis juridica de sequestro.
Präs. Franz Christian Hennemann.
Heidelberg (Hornung) V. 1732. 38 S.

W. v.: Präs., Johann Martin Schumacher.

33467

Stengel, Stefan von, s.a. Stengel, Stephan Chr. Frhr. von

v. Stengel, (Hofrichter) Frhr. ..., üb. die Duelle auf den deutschen Universitäten, in besond. Beziehung auf das Großherzogthum Baden. (Aus d. Archiv von Duttlinger, v. Weiler u. v. Kettenacker abgedruckt). gr. 8. Freiburg 832. Gebr. Groos. 6 gr

v. **Stengel,** üb. die Duelle auf deutschen Universitäten. Karlsruhe 832.

Elementar-Mechanik fester Körper, für die Schule bearbeitet. — Von P. Steph. Stengel, L. P. — 1875. Augsburg, ibid. — S. 3–56? mit 1 Tafel Figuren.
Progr. Augsburg (bei St. Stephan)
K. Lyceum

Stengel, Steph. v., die wiederbelebte Instanz-Entlassung im bayrischen Strafverfahren, ein Beitrag zum Verständniß des Artikels 321 des bayr. Strafprozeß-Gesetzes vom 10. Novbr. 1848. gr. 8. (III und 128 S.) München 854, Franz.

v. Stengel, Steph., die Wiedereinsetzung in vorigen Stand wegen Nachlässigkeit u. Zahlungsunvermögenheit d. Anwalts nach bayr. Recht m. besonderer Rücksicht auf das röm. u. auf das gemeine Recht. gr. 8. (72 S.) München 850, Franz. 1/2 rf

Stengel, Stephan Chr. Frhr. von

— die Austrocknung des Donaumooses, nebst 1 Plan. 4. Münch. 791. Lindauer. 8 gr (bei Franz das.) 5 gr

v. Stengel, Frhrr. Steph. Chr., († d. 3. Oct. 1822.) philosoph. Betrachtt. üb. die Alpen. 4. Münch. 786. Lentner. 3 gr (bei Franz das.) 5 gr

de Stengel, (Baron Et.,) Catalogue raisonné des estampes de F. Kobell. 8. Nürnberg 822, Riegel et W.

— Rede am Stiftungstage der baierschen Akademie der Wissenschaften im Jahr 1802. 4. Münch. 802. Lindauer. 4 gr

— Rede vom Zustande der Philosophie am Ende des philosoph. Jahrhunderts rc. 4. Münch. 800. Lindauer; (a. Franz). 5 gr

Stengel, W., der unvergleichliche Kartenkünstler. Eine auserwählte Sammlung der neuesten und überraschendsten Kartenkunststücke. 12. (64 S.) Oberhausen 882, Spaarmann.

—— der kleine Zauberkünstler und Taschenspieler. Eine Sammlung auserlesener und überraschender Taschenspiele und Kartenkünste, nebst amüsanten arithmet. und Scherzaufgaben. 1.—6. Aufl. 8. (96 S.) Ebendas. 880—84. *

Stengel, W. v., der kleine Zauberkünstler und Taschenspieler. Eine Sammlung auserlesener und überraschender Taschenspieler- und Kartenkünste, nebst amüsanten arithmet. und Scherzaufgaben. 10. Aufl. 8. (96 S.) [Oberhausen 885.] Styrum, Spaarmann. * —50

Stengel, W. v., der kleine Zauberkünstler u. Taschenspieler. Eine Sammlg. auserles. u. überrasch. Taschenspieler- u. Kartenkünste, nebst amüsanten arithmet. u. Scherzaufgaben. 11. Aufl. 8. (96 S.) Styrum 895. A. Spaarmann. n. —50

Stengel, Walter, aus Marburg i. Hess.: Kunsthistorische Bemerkungen zur Ikonographie der Taube des hl. Geistes. ⟨Einl. u. Kap. 1—3.⟩ *Straßburg 1903: J. H. E. Heitz.* (26 S.) 4°(8°) ¶[Erschien vollst. u. d. T. 'Formalikonographische Detail-Untersuchungen. 1. Das Taubensymbol d. hl. Geistes' 1904 als: Zur Kunstgeschichte d. Auslandes, H. 18.]
Berlin, Phil. Diss. v. 12. Dez. 1903

— formalikonographische Detail-Untersuchungen. I. Das Taubensymbol des hl. Geistes, s.a. Zur Kunstgeschichte des Auslandes.

Formalikonographische Detail-Untersuchungen. Von Walter Stengel. 1. *Straßburg: J. H. E. Heitz & Mündel 1904.* 4°(8°)
= Kunstgeschichte, Zur, des Auslandes. H. 18. [04.4522

Stengel, Walt., Formalikonographie (Detailaufnahmen) der Gefässe auf den Bildern der Anbetung der Könige. 1. u. 2. Lfg. (33 Abbildgn. auf 14 Lichtdr.-Taf.) (9 S.) 8. Strassburg 904. J. H. E. Heitz. n. 2.80

— Gemälde-Solo od. Gemälde-Konzert. Ein Vorschlag zur Sanierg. der Kunstausstellgn. (21 S.) 8. Straßburg 904. J. H. E. Heitz. n. —80

Das Taubensymbol des hl. Geistes ⟨Bewegungsdarst. Stilisierung: Bildtemperament⟩ von **Walter Stengel**. Mit 100 Abb. *Straßburg: J. H. E. Heitz & Mündel 1904.* (31 S.) 4°(8°)
= Stengel: Formalikonogr. Detail-Untersuchungen. 1.
= **Kunstgeschichte**, Zur, des Auslandes. H. 18. [04. 4522

Stengel, *Wilhelm:* Die Frequenz-Verhältnisse der höheren Schule in Schmalkalden. Schmalkalden, *Druck v. F. Wilisch,* 1896; 39—46 S. 4.
Schmalkalden, RPG '(R)', Festschr. 1896 (419)

Stengel, W[ilhelm]: Die **Homerlektüre im fünften Jahreskurse der Realanstalten.** *(Schmalkalden) 1898: (F. Wilisch).* (28 S.) 4°
Schmalkalden, RPG ⟨R⟩. OP 1898 (430)

Stengel-Püchl, Lotte, „Amore". 12 Geschichten. (111 S.) 8. Straßburg 908. J. Singer. 2.—; geb. in Leinw. 3.—

[F.] **Stengele,** Alfons [Dr.]: Die Bedeutung des Anerbenrechts für Süddeutschland. Stuttgart, W. Kohlhammer, 1894; v S., 1 Bl., 261 S. 8.
Tübingen, Staatswiss. Fak., Inaug.-Diss. v. 1894
(Nicht für den Austausch)

Stengele, Alf., die Bedeutung des Anerbenrechts f. Süddeutschland. gr. 8. (VII, 261 S.) Stuttgart 894. W. Kohlhammer. n. 5.—

Stengele, Benvenut, O. F. M., Geschichtliches üb. das Franziskaner-Minoriten-Kloster in Würzburg. gr. 8. (22 S. m. 1 Taf.) Sulzbach 900. (Würzburg, Göbel & Scherer.) n.n. —25

[F.] Chronik der Gemeinde Mengede m. Berücks. d. nächsten Umgegend v. Pastor **Stenger.** *Mengede; [Dortmund: Commo. Koppen] 1896.* (23 S.) 1 Bd 8. [97. 2564

Stenger, A., Unterscheidungslehren der evangelisch-protestantischen und der römisch-katholischen Kirche, s. Hausemann, F.

Stenger, Albrecht

Stenger, A., s.a. Urkundenbuch, Mengeder.

Mengeder Urkundenbuch. Herausgegeben von A. STENGER. Dortmund 1910. Verlag des Historischen Vereins. Im Kommissionsverlag von Fr. Wilh. Ruhfus. 8°.

Stenger, Aug., allgemeine thüringische Flora, s. Flora.

Stenger, Aug., s. Gartenzeitung, allgem. Thüringische.

Stenger, August: Zur Mortalitätsstatistik von Halle a. d. S. in den Jahren 1862 bis 1873. Halle (1876): Karras. 38 S., 2 Taf. 8°
Halle-Wittenberg, Med. Diss. v. 18. März 1876
Geb. Schwedt a. d. O. 8. 1. 1850. V.

Stenger, Edwin, der Hamlet-Charakter. Eine psychiatr. Shakespeare-Studie. gr. 8. (39 S.) Berlin 883. Prenzlau, Biller. n.n. — 90

Stenger, Edwin, der Hamlet-Charakter. Eine psychiatr. Shakespeare-Studie. gr. 8. (39 S.) Berlin 883, Dobberke und Schleiermacher. **

Stenger, Erich, moderne photographische Kopierverfahren. Ozobromprozess u. Bromsilberpigmentpapier. Öldruck u. Brom-Öldruck. Katatypie. Pigmentgravüre, s. a. Encyklopädie der Photographie.

Moderne photographische Kopierverfahren. Ozobromprozess u. Bromsilberpigmentpapier, Öldruck u. Brom-Öldruck. Katatypie. Pigmentgravüre. Von Dr. Erich **Stenger**. Halle: Knapp 1909. 81 S. 8°
(Encyklopädie d. Photographie. H. 63.)

Stenger, Erich, aus Aschaffenburg ⟨Kgr. Bayern⟩: 1. Ueber eine neue Synthese unsymmetrisch substituirter Pyrrole. 2. Ueber Acetonoxaminsäure. *Kiel 1903: P. Peters.* (71 S.) 8°
Kiel, Phil. Diss. v. [23. Mai] 1903

Stenger, Franz [aus Erfurt]: Ueber das Verhalten des Kalkspaths im homogenen magnetischen Felde. Leipzig, Druck von Metzger & Wittig, 1883. 8. 25 S. u. 1 Taf.

Stenger [Friedrich], Direktor: Das neue Schulgebäude und die Feier seiner Einweihung. Betzdorf 1907: O. Ebner. (S. 3—8.) 4° [F.]
Betzdorf-Kirchen, PG OP 1907 (532)

Stenger, Gerhard: Goethe und August von Kotzebue. T. 1. Theaterdirektor u. Theaterdichter. Breslau 1910: Nischkowsky. 32 S. 8° ¶(Ersch. vollst. als: Breslauer Beiträge z. Literaturgesch. H. 22.)
Breslau, Phil. Diss. v. 19. März 1910, Ref. Koch
[Geb. 14. Mai 84 Raudten; Wohnort: Breslau; Staatsangeh.: Preußen; Vorbildung: Maria-Magdalena-Gymn. Breslau Reife M. 05; Studium: Jena 2, Breslau 7 S.; Rig. 23. Febr. 10.] [U 10. 645

Stenger, Gerh., Goethe u. August v. Kotzebue, s.a. Beiträge, Breslauer, zur Literaturgeschichte. N. F. 12.

Goethe und August von Kotzebue. Von Dr. Gerhard **Stenger**. Breslau: Hirt 1910. 176 S. 8°
[Ein T. erschien als Inaug.-Diss. Breslau 1910.]
(Breslauer Beiträge z. Literaturgeschichte. H. 22.) [10. 13118

Stenger, Heinrich

— s. Annalen für die Landwirthschaft.

Stenger, H., Plathner, G. und andere (Herausgeber): „Annalen für die Landwirthschaft und das Landwirthschaftsrecht", 1.—4. Heft, Posen 1811 (Kühn).

Stenger, Heinrich: „Versuch über das Güter-Zeit-Verpachtungs- und Pachtungs-Geschäft. Geschichtlich, gesetzlich, staats- und privatwirthschaftlich dargestellt". Mit einer Vorbemerkung von Albrecht Daniel Thaer. (Aus dem 1. Supplementbande der „Möglinschen Annalen der Landwirthschaft" abgedruckt). Berlin 1820 (Rücker).

[Stenger, Heinr.]: Versuch eines Commentars über das Allgemeine Landrecht für die Preussischen Staaten. In Briefen. Bd 1, Abth. 1. 2. [Mehr nicht ersch.] Leipzig u. Züllichau 1797. 98.

Stenger, Hnr., üb. die Verwaltung der Polizei in Mediatstädten. 8. Posen 804. Kühn. (Joachim in Leipz.) 10 gr

Stenger, Herm., das Hypothekenrecht, s.: Hillger's, Herm., illustrierte Volksbücher.

— Der gewerbliche Rechtsschutz (Patent-, Musterschutz- u. Warenzeichenrecht), s.a. Bücher des Wissens.

Der gewerbliche Rechtsschutz ⟨Patent-, Musterschutz- und Waarenzeichenrecht⟩ von Dr. jur. Hermann **Stenger**. Berlin, Leipzig: Hillger [1910]. 87 S. 8°
(Bücher d. Wissens. Bd 136.) [10. 6993

Verfassung und Verwaltung der Reichsstadt Donauwörth ⟨1193–1607⟩. Von Dr. Hermann **Stenger**. Hrsg. v. Hist. Verein f. Donauwörth u. Umgegend. Donauwörth 1909: Auer. XV, 203 S. 8°

— Verfassung u. Verwaltung der Reichsstadt Donauwörth (1193—1607). Hrsg. vom histor. Verein für Donauwörth u. Umgegend. (XV, 203 S.) gr. 8. Donauwörth 909. Historischer Verein. (Nur direkt.) 4.20

[Stenger, J. H]: Juristisch-kauffmännische Untersuchung von Assignationen oder Anweisungen unter Kauf- u. Handels-Leuten, so wohl aus denen gemeinen Kayserl. als insonderheit Churfürstl. Sächs. Rechten, fremden Handels- u. Wechsel-Ordnungen, insonderheit dem Königl. Pohln. u. Churfürstl. Sächs. Mandat vom 23. 12. 1699/2. 1. 1700 deduciret. Leipzig 1724.

Stenger, Johann Christoph (Schleusingen) A. S. 223/8

Dissertatio iuridica inauguralis de successionibus secundum statu regulandis.
Altdorf (Kohles) 5. IX. 1712. 48 S.

W. v.: Johann Wilhelm Baier, Christoph Sonntag, Heinrich Hildebrand, Eucharius Gottlieb Rink, Johann Moritz Hoffmann, C. L. Krug (Opp.), J. G. Linck (Opp.) Kasimir Gottfried von Beust (Opp.).
33469

Stenger, Johann Hieronymus (Leipzig) A. S. 816/31

Dissertatio inauguralis juridica de assignationibus mercatorum, Von Anweisungen unter Kauffleuten.
Leipzig (Zeidler) 18. II. 1712. 24 Bl.

Gew.: Hieronymus Adam Stenger (Vater).
33470

Stenger, Joseph „Die Stenographie an Gewerb- und Handelsschulen". pg. 3 bis 12. 4°. Mit einer lithogr. Beilage von 4 Seiten. Fr. Humann'sche Off.
Bamberg, Progr. 1860/61

Stenger, Karl, appr. Arzt a. Rödgen: **Aus d. Kgl. Univ.-Frauenklinik zu Bonn. Über Urogenitalfisteln.** Bonn 1905: E. Eisele. (119 S.) 8°
Bonn, Med. Fak., Ref. Fritsch, Diss. v. 8. Juni 1905
[Geb. 26. Nov. 63 Rödgen b. Siegen; Wohnort: Siegen; Staatsangeh.: Preußen; Vorbildung: Gymn. Hamm Reife O. 83; Studium: Bonn 9 S.; Coll. 8. Juni 05; Approb. 4. März 05.]

Stenger, Paul

Stenger, P., die otitische Hirnsinusthrombose nach den in der Ohrenklinik der Charité in den J. 1899—1901 gesammelten Beobachtungen. (64 S.) gr. 8. Königsberg 903. Hartung. — 80

Die otitische Hirnsinusthrombose nach den in der Ohrenklinik der Charité in den Jahren 1899-1901 gesammelten Beobachtungen von Dr. med. P[aul] Stenger, Privatd., Königsberg. *Königsberg i. Pr.: Hartung 1903.* (64 S.) 8° [Ant. u. F.] [03. 11357 10

Stenger, Paul [aus Roedgen i. Westf.]: Über Hoden-Tumoren im Anschluss an die im Königlichen Klinikum zu Berlin vom 1. April 1883 bis 1. April 1889 operierten Fälle . . . Berlin, Buchdr. v. Gustav Schade (Otto Francke) (1889); 30 S. + 1 Bl. 8°
Berlin, Med. Fak., Inaug.-Diss. v. 21. Dez. 1889

Stenger, Phil., Anleitung zum kaufmännischen Rechnen für Handel- u. Gewerbetreibende, mit mehreren Aufgaben, verschiedenen Schema's u. einem Anhang der Münz-, Maaß- u. Gewichts-Verhältnisse, sowie der allgemeinen deutschen Wechsel-Ordnung. 2. Aufl. St. Wendel 863. (Kreuznach, Voigtländer.) 8. (IV, 147 S. u. 1 Tab. in 4.) n. 15 *ngr.*

Stenger, Ph., die **Buchführung** f. Bauhandwerker, Maschinen- u. Mühlenbauer. Mit e. Anleitg. üb. schriftl. Aufsätze, Briefe, Rechngn., Contracte u. das Wechselverfahren. 2. Aufl. gr. 8. (IV, 151 S.) Leipzig 873. Knapp's Verl. n. 5. —

— das **praktische** bürgerliche u. kaufmännische **Rechnen** f. Gewerbtreibende, Bauhandwerker, Maschinen- u. Mühlenbauer u. Kaufleute. Mit besond. Rücksicht auf das neue Münz-, Maaß- u. Gewichtssystem. 3. verm. u. verb. Aufl. gr. 8. (271 S.) Ebend. 873. n. 5. —

—— **Tabellen** der neuen Maaße und Gewichte des norddeutschen Bundes im Verhältniß zu den bisher bestehenden. Nebst einer Anleitung zur prakt. Berechnung derselben und einer Uebersicht ihrer Verhältnisse zu den ausländ. 8. (VIII, 56 S.) Oberstein 870, Grub. *

—— **Zins-Tabellen** von 1—10000 Thlr. Kapital in $^1/_4$—12 Monat und 1—10 Jahren à 4, 5 und 6% Zinsen nebst Anleitung zur prakt. Berechnung der Zinsen im Allgemeinen. 8. (48 S.) Altona 869, Verlags-Bureau.

Stenger, Willy, Referendar, aus Strassburg i. E.: Vergleichende Darstellung des Darlehensgläubigers eines Kaufmanns, des Kommanditisten und des stillen Gesellschafters. *Strassburg i. E. 1900: M. DuMont-Schauberg.* (61 S.) 8°
Erlangen, Jur. Diss. v. 28. Juni 1899

Stengert, R., geographische Länder-Fibel in 20 (lithogr. und ill.) illustr. Kärtchen (in qu. 8.) Text und Stich von T. Koenig. 24. (48 S.) Berlin 854, Abelsdorff. *

Stenglein, bayer. Gesetz betr. Ehehaftsverhältnisse. Erlangen 870.

Stenglein, Fritz, das ärztl. Gebührenwesen in Bayern, s.: Spaet, F.

Stenglein, J. G., die gesetzlichen **Bestimmungen** über die Besteuerung der Gewerbe in Bayern. Systematisch und übersichtlich geordnet, mit Tabellen, zum Handgebrauche für Aemter und Private. gr. 4. (VII und 87 S.) Bamberg 856, Buchner'sche Buchh.

—— **Erläuterungen** über das definitive Grundsteuer-Kataster im Königreiche Bayern, für Finanz- und Gerichtsbeamte, Magistrate, Verwaltungen rc. nach den gesetzl. und organ. Bestimmungen zusammengestellt. Mit einem Anhang, enthaltend: die Bestimmungen über Steuer-Nachlässe, eine Berechnung der Gutswerthe nach den Ertrags-Verhältnißzahlen, und eine Berechnung der Steuer-Beiträge. Mit einer lithogr. Beilage zur Erklärung der Planzeichnung (in Fol.) gr. 8. (IX und 161 S.) Bamberg 855, Buchner'sche Buchh.

Stenglein, J. G., das bayerische Gesetz über die Besteuerung des Gewerbebetriebs im Umherziehen vom 10. März 1879. Handausg. mit Vollzugs-Instruktion u. Anmerkungen. 8. (87 S.) Nördlingen 879. Beck. cart. n. 1. 20

Stenglein, J. G., d. bayer. Gesetz üb. d. Besteuerung d. **Gewerbebetriebes im Umherziehen vom 10. III. 1879/20. XII. 1897.** Handausg. m. Anmerkungen u. Vollzugsvorschriften. 2. Aufl. v. Frdr. Stenglein. 8. (X, 102 S.) München 898. C. H. Beck. Kart. n. 1.20

—— das **Grundsteuer-Definitivum** im Königr. Bayern nach seiner neueren Einrichtung. Ein Hilfsbuch zur prakt. Fortführung, bearb. nach den bestehenden Gesetzen, Instruktionen und Verordnungen, mit Formularen und Hilfstabellen. gr. 4. (XV und 281 S.) Bamberg 855, Buchner'sche Buchh. *

Stenglein, Melchior

Stenglein, M., **die öffentliche Ankündigung der Arznei- u. Geheimmittel u. die Gesetzgebg., s.: Schmidt, Gust.**

Stenglein, M. (I.), **Anleitung zur Ausführung mikrophotographischer Arbeiten. Unter Mitwirkung von Schultz-Hencke.** gr. 8. (VIII, 131 S. mit 5 eingedr. Fig. und 2 Lichtdr.-Taf.) Berlin 887, Oppenheim. *

Stenglein, Melchior, appr. Arzt: Aus d. gynäkol. Abteilung d. Allerheiligen-Hospitals. Primärarzt: Dr. R. Asch. Ein Beitrag zur Nierendekapsulation bei Eklampsie. Breslau 1908: Breslauer Genossenschafts-Buchdruckerei. (60 S.) 8°
Breslau, Med. Fak., Ref. Küstner, Diss. v. 5. Aug. 1908
[Geb. 6. März 83 Berlin; Wohnort: Berlin; Staatsangeb.: Preußen; Vorbildung: Lateinsch. Halle a. S. Reife O. 02; Studium: München 3, Halle 3, Leipzig 1, Halle 3 S.; Coll. 23. Juli 08; Approb. 11. Juli 08.]

Stenglein, M., wider die Berufung. Ein Mahnwort zur Novelle der Strafprozeßordng. gr. 8. (42 S.) Berlin 894. O. Liebmann. n. — 80

— Betriebsanleitung f. Kartoffel-, Getreide- u. Melassebrennereien. 2., erweit. Aufl. gr. 8. (VIII, 110 S. m. 25 eingedr. Abbildgn.) Berlin 890. Parey. n. 2. 50

— Betriebsanleitung f. Kornbranntweinbrennereien. gr. 8. (VIII, 278 S. m. 59 Abbildgn. u. 5 Taf.) Ebd. 890. n. 6. —

Stenglein, M., f.: Gerichtssaal, der.

Stenglein, M.: (Bayer.) Gesetz vom 23. Febr. 1868 erläutert, s. Gesetzgebung d. Königr. Bayern.

— Gesetz vom 28. Mai 1852, die gewerbsmäßigen Gutszertrümmerungen betreffend, s.a. Gesetzgebung, die, des Königreichs Bayern.

Stenglein, bayer. Gesetz betr. Gutszertrümmergn. Erlangen 859.

– Gesetz vom 30. Janr. 1868, die Wehrverfassung betr., s.a. Gesetzgebung d. Königr. Bayern.

Stenglein, M[elchior]: Gesetz vom 30. Januar 1868, die Wehrverfassung betreffend. MitErläuterungen. (3 Hefte.) (Die Gesetzgebung des Königreichs Bayern seit Maximilian II. mit Erläuterungen hrsg. von C. F. Dollmann, fortgesetzt von J. von Pözl. 2. Theil. Staats- und Verwaltungsrecht. 5. Bd.) Erl. (1868)–69.

Stenglein, Melch., Handbuch f. Brennerei-Verwalter u. Destillateure. Ein Lehr-, Hilfs- u. Nachschlagebuch f. den schriftl. Verkehr m. der Prinzipalität u. den Steuerbehörden. Hrsg. im Auftrage des Vereins „Freie Vereinigg. v. Interessenten der Spiritus-, Branntwein- u. Presshefen-Industrie". gr. 8. (VII, 178 S. m. Abbildgn.) Berlin 894. (Aug. Schultze's Verl.) n. 3. —

Stenglein, Rud. Melch., Handbuch der Preßhefen-Fabrikation, s.a. Handbuch der chemischen Technologie.

Handbuch der Preßhefen-Fabrikation. Mit M[elchior] Stenglein, Gährungstechniker. Abth. 1. 2. Mit Abb. (u. Taf.). Braunschweig: Vieweg 1901. 8°
1. Die Apparate u. Einrichtung von Preßhefefabriken.
2. Das chem. u. d. mikroskop. Laboratorium d. Hefebrenners.
(Handbuch d. chem. Technologie. Bd 4, Gruppe 5, Abt. 1. 2.)

— 24stündige Hefeführung u. 48stündige Gärfrist der Maischen in Kartoffel- u. Getreide-Dickmaischbrennereien. Verfahren von Bücheler. D. R.-P. Nr. 123437. gr. 8. (42 S.) Berlin (C. 19, Wallstr. 17/18) 902. Buchdr. Gutenberg. n.n. 1. 30

— s: Juristen-Zeitung, deutsche.

— Kommentar zur Militärstrafgerichtsordnung vom 1. XII 1898, nebst dem Einführungsgesetz, den Nebengesetzen u. den Ausführungsvorschriften. gr. 8. (X, 382 S.) Berlin 900. 901. O. Liebmann. n. 9. —; geb. n. 10. 25

— Kommentar zu den strafrechtlichen Nebengesetzen des Deutschen Reiches. 4. Aufl., völlig neubearb. v. Ludw. Ebermayer, Frz. Galli, Geo. Lindenberg. 1.—5. Lfg. (S. 1—976.) Lex. 8. Berlin 909. 10. O. Liebmann. 25. 50

Stenglein, M., Commentar über das Strafgesetzbuch für das Königr. Bayern und das Gesetz über die Einführung des Strafgesetzbuches und des Polizei-Strafgesetzbuches. 10 Lfgn. gr. 8. (1. Thl. VIII und 628 S., 2. Thl. XVI und 627 S.) München 861. 62, Kaiser. à Lfg. * 12 Ngr. Thlr. *

— Kommentar zur Strafprozeßordnung für das Deutsche Reich v. 1. I. 1877, nebst d. Gerichtsverfassungs-Gesetz v. 27. I. 1877 u. d. Einführungsgesetzen zu beiden Gesetzen, unt. Berücksicht. d. Reichsgesetzes vom 5. IV. 1888, betr. die unt. Ausschluß der Oeffentlichkeit stattfind. Gerichtsverhandlgn. 3., neu bearb. Aufl. gr. 8. (XIV, 698 S.) München 898. C. H. Beck. n. 13. 50; geb. in Halbfrz. n.n. 15. 50

Stenglein, M. (II.), Lehrbuch des deutschen Strafprozeßrechtes. 8. (VIII, 438 S.) Stuttgart 887, Enke. *
geb. *

— Lexikon des deutschen Strafrechts, nach den Entscheidgn. des Reichsgerichts zum Strafgesetzbuche zusammengestellt u. hrsg. 2 Bde. gr. 8. (XX, IV u. 1926 S.) Ebd. 900. n. 32. —; geb. in Halbfrz. n. 37. —

— **Lexikon des deutschen Strafrechts, nach den Entscheidgn. des Reichsgerichts zum Strafgesetzbuche zusammengestellt u. hrsg. Suppl.,** enth. die Entscheidgn. seit Erscheinen **des Hauptwerkes bis 1903.** Bearb. v. F. Galli. (XIV u. S. 1927—2114.) Lex.-8. Berlin 904. O. Liebmann. 4. 50; geb. n.n. 6. 50
Hauptwerk Ebd. 900. n. 32. —; geb. n. 37. —.

Stenglein's Mikrophotogramme zum Studium der angewandten Naturwissenschaften. 1. Lfg. 8. (12 Bl. m. 16 S. Text.) Berlin 886. Parey. In Etui. n. 18. —

Stenglein, M. Die strafrechtlichen Nebengesetze d. Deutschen Reiches. Erläutert in Verbindg. m. H. Appelius u. G. Kleinfeller. (In ca. 11 Lfgn.) 1.—4. Lfg. gr. 8. (S. 1—320.) Berl. 892, Liebmann. Subscr.-Pr. à Lfg. * 2 —; * 8 —

— die strafrechtlichen Nebengesetze d. Deutschen Reiches. Erläutert in Verbindg. m. H. Appelius u. G. Kleinfeller. 10 Lfgn. gr. 8. (X, 1138 S.) Ebd. 898. n. 28. 50; geb. in Halbfrz. n.n. 31. —

— dasselbe. I. Suppl. gr. 8. Ebd. 894. n. 2. 50
74. Die Reichswuchergesetze vom 24. Mai 1880 u. 19. Juni 1893. — 75. Reichsgesetz vom 3. Juli 1893 gegen den Verrat militärischer Geheimnisse. — 76. Reichsgesetz vom 31. Mai 1872 wegen Erhebung der Brausteuer. — 77. Reichsgesetz vom 24. Juni 1887, betr. die Besteuerung d. Branntwein. (IV u. S. 1139—1229.)

— dasselbe. II. Suppl. gr. 8. Ebd. 894. n. 1. 80
78. Bundesgesetz vom 8. Juli 1868, betr. die Besteuerung des Branntweins in verschiedenen zum Norddeutschen Bunde gehörenden Staaten u. Gebietsteilen. — 79. Reichsgesetz vom 19. Juli 1879, betr. die Steuerfreiheit des Branntweins zu gewerblichen Zwecken. — 80. Reichsgesetz in der Fassung des Gesetzes vom 27. Apr. 1891, betr. die Erhebung d. Reichsstempelabgaben. (S. 1231—1300.)

— H. Appelius u. G. Kleinfeller, die strafrechtlichen Nebengesetze d. Deutschen Reiches, erläutert. (Kommentar zu d. strafrechtl. Nebenges. 1. Bd.) Lex.-8. (XVI, 1041 S.) Ebd. 893. n. 25. —; geb. in Halbfrz. n. 27. 50

— — — dasselbe. Suppl. zur 2., verm. u. wesentlich veränd. Aufl., bearb. v. M. Stenglein. (1. Reichsgesetz zur Bekämpfg. d. unlaut. Wettbewerbes. 2. Börsengesetz. 3. Bankdepotgesetz. 4. Gesetz, betr. Abänderg. d. Zuckersteuergesetzes. 5. Reichsgesetz üb. das Auswanderungswesen. 6. Reichsgesetz, betr. d. Verkehr m. Butter, Käse, Schmalz u. deren Ersatzmitteln.) gr. 8. (IV, 133 S.) Ebd. 898. n. 3. 50 (kplt. m. Suppl.: n. 28. 50)

Die strafrechtlichen Nebengesetze des Deutschen Reiches. Erl. von M[elchior] Stenglein, H[ugo] Appelius u. G[eorg] Kleinfeller. 3., gänzl. neu bearb. u. verm. Aufl. hrsg. von M. Stenglein. (In 6 Lfgen.) *Berlin: O. Liebmann 19(01-)03.* (XVI, 1408 S.) 8° [F.]
— Kommentare zu d. strafrechtl. Nebengesetzen. Bd 1. [03. 9131

Ohne Zahlung einer Patentlizenz kann in jedem Kartoffelbrennerei- und Getreidedickmaischbetrieb eingeführt werden: D. R. P. No 130072 24stündige Mineralsäurehefe, 48- oder 72stündige Gärung der Hauptmaische in Verbindung mit Hefeextrakt als Ersatz für Hefemalz. Von M[elchior] Stenglein, Gärungstechn. in Berlin. *Berlin: R. Blank [1903].* (64 S.) 8° [F.] [03.

— die Post-, Bahn- u. Telegraphengesetzgebung des Deutschen Reiches. Erläutert v. M. S. [Aus: „Stenglein etc., die strafrechtl. Nebengesetze des Deutschen Reiches".] gr. 8. (65 S.) Ebd. 893. n. 2. 50

Stenglein, M., die Post-, Bahn- u. Telegraphengesetzgebung des Deutschen Reiches. Erläutert. 2., verm. u. verb. Aufl. (II, 66 S.) gr. 8. Berlin 902. O. Liebmann. n. 2. 50

— u. H. **Appelius**, die Reichsgesetze zum Schutz des geistigen Eigentums. Erläutert v. M. S. u. H. A. [Aus: „Stenglein etc., die strafrechtl. Nebengesetze des Deutschen Reiches".] gr. 8. (III, 172 S.) Berlin 893. O. Liebmann. n. 5. —; geb. in Leinw. n.n. 5. 80

— d. Reichsgesetze z. Schutz d. geistigen u. gewerbl. Eigentums, nebst e. Anh., enth. das Börsen- u. das Bankdepotgesetz. 2., veränd. Aufl. Erläut. v. St. gr. 8. (VI, 223 S.) Berlin 898. O. Liebmann. Kart. n. 5. 80

— die Reichsgesetze zum Schutz des geistigen u. gewerblichen Eigentums. 3., neu bearb. u. verm. Aufl. Erläutert. (VI, 224 S.) gr. 8. Ebd. 902. n. 5. 40; geb. n.n. 6. —

— s.: Rüdorff, Hans, Strafgesetzbuch f. das deutsche Reich.

— Sammlung der deutschen Strafgesetzbücher, s.a. Sammlung der deutschen Strafgesetzbücher.

Stenglein, M[elch.]: Sammlung der deutschen Strafgesetzbücher. München 1858. 3 Bde

Bdch. 1. Bayern. Oldenburg. Sachsen-Altenburg. Württemberg. Braunschweig.
„ 2. Hannover. Großherzogthum Hessen u. Frankfurt. Baden. Nassau.
„ 3. Thüringen. Preußen mit Waldeck u. Anhalt-Bernburg. Oesterreich. Sachsen. Sachreg.

— das Strafgesetzbuch für das Königr. Bayern vom 10. Novbr. 1861 erläutert aus den Materialien, der Rechtslehre u. den Entscheidungen der Gerichte. (In ca. 4 Heften.) 1—3. Heft. München 870. Oldenburg. Lex.-8. (S. 1—240.) Jedes Heft n. 16 ngr

Stenglein, M., das Strafgesetzbuch f. das Königr. Bayern vom 10. Novbr. 1861 erläutert. aus den Materialien der Rechtslehre u. den Entscheidgn. der Gerichte. 4—6. (Schluß-) Hft. Lex.-8. (IV u. S. 241—476.) München 870. Oldenbourg. à n. 1. 60

— das Strafgesetzbuch für das Königr. Bayern vom 10. Novbr. 1861 erläutert aus den Materialien, der Rechtslehre und den Entscheidungen der Gerichte. 6 Hefte. Lex.-8. (IV, 476 S.) München 870,71, Oldenbourg. à Heft *M 1,60. *

Stenglein, M., die Strafprozeß-Ordnung f. das Deutsche Reich vom 1. Febr. 1877, nebst dem Gerichtsverfassungs-Gesetz vom 27. Jan. 1877 u. den Einführungsgesetzen zu beiden Gesetzen. Nach den Bedürfnissen der Praxis u. unter besond. Berücksicht. der reichsgerichtl. Rechtsprechg. erläutert. gr. 8. (XI, 707 S.) Nördlingen 885. Beck. n. 10. —; geb. n.n. 12. —

— die Strafprozeß-Ordnung f. das Deutsche Reich vom 1. Febr. 1877, nebst dem Gerichtsverfassungs-Gesetz vom 27. Jan. 1877 u. d. Einführungsgesetzen zu beiden Gesetzen, unter Berücksicht. d. Reichsgesetzes vom 5. Apr. 1888, betr. die unter Ausschluß der Öffentlichkeit stattfind. Gerichtsverhandlgn. Erläutert v. M. St. 2., verm. Aufl. 4 Lfgn. gr. 8. (XII, 698 S.) München 889. Beck. à Lfg. n. 3. — (cplt.: n. 12. —; geb. n.n. 14. —)

— — 3. Aufl. München 1898.

Stenglein, M., das militärische Strafverfahren im Königr. Bayern nach der Verordnung vom 14. April 1856. Bearbeitet und erläutert. gr. 8. (VIII und 404 S.) München 856, Kaiser. Thlr. *
Schreibp. *

Stenglein, Rud. Melch., Taschenbuch f. Brenner. Ein Hilfs- u. Nachschlagebuch f. den prakt. Betriebsleiter. Hrsg. im Auftrage des Vereins „Freie Vereinigg. v. Interessenten der Spiritus-, Branntwein- u. Preßhefen-Industrie". gr. 8. (VIII, 152 S. m. 82 Abbildgn.) Berlin (N 58, Schönhauser Allee 141 a) 900. Centralinstitut „Alkohol". 1. 50

Taschenbuch für Brenner. Ein Hilfs- u. Nachschlagebuch. Hrsg. im Auftr. des Ver. 'Freie Vereinigung v. Interessenten d. Spiritus-, Branntw.- u. Presshefen-Industrie' von Melchior Stenglein. Mit 82 Abb. Berlin 1900: Gutenberg. (152 S.) 8°

— (Hrsg.), s. Zeitschrift für Gerichtspraxis und Rechtswissenschaft in Bayern (sp.: in Deutschland).

STENGLEIN, Michael (Bamberg): Historische Zeugnisse der vier ersten Jahrhunderte über den Verfasser des Briefes an die Hebräer.- Bamberg: Dederich 1835. VII,92 S.
16.3.1835 - Urk (Titel: Historico-critica disquisitio traditionis de auctore epistolae ad Hebraeos.); F 43
Diss.Ingolst.-Landsh.-Mchn.

Stenglein, Michael, Zeugnisse der vier ersten Jahrhunderte über den Verfasser des Briefes an die Hebräer. Eine historisch-kritische Untersuchung zur Erlangung der theolog. Doktorwürde. Bamberg, Dederich in Kommiss., 1835, 8°, VII u. 92 S.
Recens. Kathol. Litt.-Ztg. v. Kerz u. Besnard 1836, Bg. II, S. 194—203.

Stenglein, Rudolf Melchior, s. Stenglein, Melchior

Stenglein, W., Krankenversicherungsgesetz vom 15/VI. 1883, in der Fassung der Novelle vom 10/IV. 1892. Textausg. m. Anmerkgn. u. ausführl. Sachregister. 16. (IV, 178 S.) Berlin 892. F. Vahlen. Kart. n. 1. 20

Stenglein, W., das Reichsgesetz betr. die Invaliditäts- u. Altersversicherung vom 22. Juni 1889. Für den prakt. Gebrauch erläutert. gr. 8. (VII, 275 S.) Berlin 890. Vahlen. n. 5. 60; geb. n. 7. -

Stenglein, W., d. Reichsgesetz betr. d. Invaliditäts- u. Altersversicherung vom 22. Juni 1890. Für den prakt. Gebrauch erläut. (Ausg. m. d. Abänderungsgesetz vom 8. Juni 1891.) gr. 8. (VII, I, 275 S.) Berlin 890. 91. F. Vahlen. n. 5. 60

— dasselbe vom 22. Juni 1889. Nebst e. Anh., enth. e. Uebersicht üb. Versicherungsanstalten; Anleitg. d. Reichs-Versicherungsamts. Vom 31. Oktbr. 1890; — Bekanntmachg. v. 27. Novbr. 1890; — Verordng., betr. d. Verfahren vor d. Schiedsgerichten. Vom 1. Dezbr. 1890; — Verordng., betr. d. Formen d. Verf. u. d. Geschäftsgang d. Reichs-Versicherungsamts. Vom 20. Dezbr. 1890. Textausg. m. Anmerkgn. u. e. Sachregister zum prakt. Gebrauch. (Ausg. m. d. Abänderungsgesetz v. 8. Juni 1891.) gr. 16. (V, II, 175 S.) Berlin 891. F. Vahlen. Kart. n. 1. 20

— das Reichsgesetz, betr. die Invaliditäts- u. Altersversicherung vom 22. Juni 1889. Nebst e. Anh., enth. e. Uebersicht üb. die Versicherungsanstalten; Anleitg. d. Reichs-Versicherungsamts. Vom 31. Oktbr. 1890; — Bekanntmachg. vom 27. Novbr. 1890; — Verordng., betr. das Verfahren vor den Schiedsgerichten. Vom 1. Dezbr. 1890; — Verordng., betr. die Formen d. Verfahrens u. den Geschäftsgang d. Reichs-Versicherungsamts. Vom 20. Dezbr. 1890. Textausg. m. Anmerkgn. u. e. Sachregister zum prakt. Gebrauch. 16. (V, 175 S.) Berlin 893. F. Vahlen. Kart. n. 1. 20

Stenglin, Alexandra Freiin v., aus den Jahren am See. Gedichte. (125 S.) 17×9,5 cm. Berlin. (Schwerin, F. Bahn.) 1. 50

Stenglin, Alexandra v., aus d. Jahren am See. Gedichte. 12. (125 S.) Berlin 895. Schwerin, F. Bahn. n. 1. 50

Stenglin, Alexandra Freiin v., aus den Jahren am See. Gedichte. 12. (125 S.) Berlin 895. R. Eckstein Nachf. n. 1. 50

Stenglin, Frhr. Aug. v., sieben deutsche National-Lieder. 70 neue deutsche Soldaten- und Volks-Lieder zu alten, allgemein bekannten Melodien. 2. verm. Aufl. gr. 16. (V, 104 S.) Schwerin 871, (Stiller'sche Hofbuchh.) •
Auf besserem Pap. •

Stenglin, F., der Gast seiner Frau, s.: Album f. Liebhaber-Bühnen.

— e. Proletarier, s.: Eckstein's Reisebibliothek.

Stenglin, Fel. v., Abenteuer u. Tiergeschichten. Für d. mittl. Kindesalter. 8. (III, 84 S.) Gotha 897. Stollberg. Kart. n. — 80

Stenglin, Fel. Frhr. v., die Anderen. Die Geschichte e. Liebe. (309 S.) 8. Dresden (904). H. Minden. n. 3. 50; geb. n.n. 4. 50

— aus dem Buche des Lebens, s.a. Kürschner's, Jos., Bücherschatz.

Aus dem Buche des Lebens. Geschichten von kleinen Leuten. Von Felix Frh. v. **Stenglin**. Mit Ill. von W. Roegge. Berlin, Eisenach, Leipzig: H. Hillger [1905]. (111 S.) 8° [F.]
— **Bücherschatz**, Kürschners. No 480. [07. 15298

Stenglin, Fel. v., ein Dichterling. Roman. 1. u. 2. Aufl. 8. (à 302 S.) Stuttgart 901. Deutsche Verlags-Anstalt. n. 3. —; geb. in Leinw. n.n. 4. —

(B) Stenglin, Fel. Frhr. v., ein Dichterling. 901. (KVL 32.) Ladenpr. aufgeh.

— Über die letzten Dinge u. die Überwindung des Leidens. Ein Versuch, Trost zu geben im Sinne freien Denkens. (64 S.) 8. Leipzig 909. A. Kröner. Geb. in Leinw. 2. —

— die Erbprinzessin. Roman. 3. Aufl. (379 S.) 8. Berlin (904). Vita. n. 4. —; geb. n. 5. —

Die Erbprinzessin. Roman von Felix Frh. v. **Stenglin**. 5. Aufl. *Berlin: Vita [1904].* (379 S.) 8° [F.] [05. 16047

— Die Erbprinzessin. Roman. 6.—8. Taus. (334 S.) 8. Berlin (910). Globus Verlag. Geb. in Leinw. 1. 50

— Aus den Erinnerungen des Majors, s.a. Kürschner's Bücherschatz.

Aus den Erinnerungen des Majors. Geschichten von Felix v. **Stenglin**. Mit Ill. von A. Lewin. Berlin, Leipzig: Hillger [1910]. 95 S. 8°
(Kürschners Bücherschatz. Nr 734.) [11. 14676

— Die letzte Ernte, s.: Hesse's, Max, Volksbücherei.

— Frauchen. Roman. 1. u. 2. Aufl. (Je 261 S.) 8. Dresden (905). H. Minden. n. 3. —; geb. n.n. 4. —

Stenglin, Fel. v., Friedrich, Großherzog v. Baden, s.: Soldaten-Bibliothek, kleine.

— Friedrich, Großherzog v. Baden, s.: Volksbücher, neue.

[F.] Allerlei Geschichten für kleine Leser. Von F(elix) v. **Stenglin**, Vf. v. 'Mutter, — erzählen!' *Berlin: Deutsche Schriftsteller-Genoss. 1896.* (2 Bl., 79 S.) 1 Bd 8. [98. 6807

— allerlei Geschichten f. kleine Leser. 8. (80 S.) Berlin 896. Deutscher Autoren-Verlag. Kart. n. — 80

— dasselbe. 3. Aufl. 8. (III, 90 S.) Gotha 897. Stollberg. Kart. n. — 80

— Allerlei Geschichten f. kleine Leser. (160 S. m. 4 farb. Vollbildern.) 8. Reutlingen (910). Enßlin & Laiblin. Geb. 1. 20

— das Gespenst im Hause, nach Frdr. Spielhagen, s.a. Kühling's, A., u. Güttner's Theater-Mappe.

[F.] Das Gespenst im Hause. Lustsp. in 1 Aufz. nach e. Novelle Friedrich Spielhagens v. Felix v. **Stenglin**. *Berlin: Kühling & Güttner [1894].* (40 S.) 1 Bd 8.
= **Theater-Mappe**, Kühling & Güttner's. [No] 74. [96. 5617

— Gustav Adolf, König v. Schweden, s.: Soldaten-Bibliothek, kleine, 14. Bdchn.

— Gustav Adolf, König v. Schweden, s.: Volksbücher, neue.

— Junker Hans, s.a. Goldschmidt's Bibliothek.

Junker Hans. Roman von Felix v. **Stenglin**. *Berlin: A. Goldschmidt 1901.* (222 S.) 8° [F.]
= Bibliothek, Goldschmidts, f. Haus u. Reise. Bd 96. [03. 13331

— das Höchste. Roman. 8. (348 S.) Dresden (902). H. Minden. n. 3. 50; geb. n.n. 4. 50

— drei Hofgeschichten. (265 S.) 8. Ebd. (903). n. 3. 50; geb. n.n. 4. 50

Vor 25 Jahren oder Eine Nacht im Quartier. Episode in 2 Aufz. von Felix v. **Stenglin**. Berlin: A. Entsch 1895. (40 S.) 8° [F.] [96. 11738

— Kampf. Roman. (379 S.) 8. Dresden 908. C. Reißner. 4.—; geb. 5.—

— s.: Kinder-Zeitung.

Die Korrekten. Roman von Felix Frh. v. **Stenglin**. Berlin: A. Schall [1906]. (202 S.) 8° [F.]
= [**Verein** d. Bücherfreunde. Jg. 15, 4.] [07. 16565

— die Landpomeranze. E. heit. Familiengeschichte. 8. (V, 263 S.) Berlin 898. O. Janke. n. 4.—

— Die Landpomeranze, s.a. Kürschner's Bücherschatz.

Die Landpomeranze. Eine heitere Familiengeschichte von Felix v. **Stenglin**. Mit Ill. von H. Binde. Berlin, Leipzig: H. Hillger [1907]. (112 S.) 8° [F.]
= **Bücherschatz**, Kürschners. No 577. [07. 15393

— in heiterer Laune, s.: Universal-Bibliothek.

[F.] Leidenschaft. Von Felix v. Stenglin ... *Berlin: Deutsche Schriftstellergenoss. 1896.* (1 Bl., 250 S.) 1 Bd 8. [97. 3617

— Leidenschaft. 8. (250 S.) Berlin 896. Deutscher Autoren-Verlag. n. 2.—; geb. n. 3.—

— dasselbe. (Neue [Titel-] Ausg.) 8. (250 S.) Gotha (896) 897. Stollberg. n. 2.—; geb. n. 3.—

— Leidenschaft. Die Geschichte e. Officiers. 2. [Titel-] Aufl. 8. (250 S.) Dresden [896.] (901) H. Minden. n. 2.—; geb. n.n. 3.—

— **Mutter, — erzählen! 51 Geschichten f. unsere Kleinen. 12. (80 S.) Berlin 894. U. Kracht. Kart. —75**

[F.] Mutter, — erzählen! 51 Geschichten f. unsere Kleinen v. F[elix Frh.] v. Stenglin. 2. Aufl. ... *Berlin: Deutsche Schriftsteller-Genossensch. 1896.* (78 S., 1 Bl.) 1 Bd 8. [96. 4309

— Mutter, — erzählen! 52 Geschichten f. uns. Kleinen. 3. Aufl. 8. (VI, 72 S.) Ebd. 897. Kart. n. —80

— Mutter, erzählen! 50 Geschichten f. unsere Kleinen. Mit zahlreichen Bildern v. E. Voigt. (Neue Aufl.) (72 S. m. 4 Farbdr.) Lex. 8. Reutlingen (908). Enßlin & Laiblin. Geb. in Leinw. 3.—

— e. Nacht im Quartier, s.: Universal-Bibliothek.

— eine reiche Partie, s.a. Goldschmidt's Bibliothek.

Eine reiche Partie. Erzählung von Felix Frh. v. **Stenglin**. *Berlin: A. Goldschmidt 1902.* (119 S.) 8° [F.]
= **Bibliothek**, Goldschmidts, f. Haus u. Reise. Bd 107. [04. 3276

s' Re'ment. Roman von Felix Frh. v. **Stenglin**. *Dresden & Leipzig: H. Minden [1902].* (309 S.) 8° [F.] [04. 3154

— 's Re'ment. Roman. 1. u. 2. Aufl. 8. (à 309 S.) Dresden (902). H. Minden. n. 3.50; geb. n.n. 4.50

Stenglin, Felix Freiherr von. 's Re'ment. Roman. 2. Auflage. 8. Dresden u. Leipzig (1904).

— Schneewittchen. Ein Winter- u. Frühlingsmärchen. Bühnenspiel f. die Jugend. Mit e. Anh., enth. Erläutergn. zur Aufführg. (58 u. 8 S. u. Notenbeilage. 3 S. in kl. 8.) 8. Zehlendorf (910). (Leipzig, F. E. Fischer.) 1.20; geb. n 2.—

— der Synodale. Eine fast wahre Geschichte. 2. Aufl. (121 S.) 8. Dresden (903). H. Minden. n. 2.—

— der Tugendweg. Eine Tragikomödie. D'Weanerin. Dramatisches Momentbild. Zwei kleine Stücke. (101 S.) 8. Ebd. (903). n. 1.50

Versuchung. Kriminal-Roman von Felix v. Stenglin. *Berlin: H. Steinitz (1902).* (191 S.) 8° [F.]
= Kriminal-Bibliothek, Neue. [4.] [02. 9515

— das Wartburglied. 2 Halbbde. (V, 615 S.) 8. Berlin 902. F. Wunder. n. 10.—; geb. n. 12.—

— **Kaiser Wilhelm II.** 25 Jahre Soldat, s.: Marine-Bibliothek, kleine.

— dasselbe, s.: Soldaten-Bibliothek, kleine.

— dasselbe, s.: Volksbücher, neue.

Felix Frh. v. **Stenglin**. Im Wunderland der Liebe. Gedichte. Berlin: F. Wunder 1905. (239 S.) 8° [F.] [07. 1619

Stenglin, (Otto Chr.) Baron v., einiges üb. Dungvermehrung u. Anwendung d. gebrannten Mergels als Dünger, aus pract. Erfahr., den Landwirthen Mecklenburgs in dem an Dung armen J. 1831 zur Beachtung empfohl. gr. 8. (4 B. u. 1 lith. Tab. Fol.) Rostock, (Oeberg.)

Stenglin, O. Ch. von, über gemeinnütz. Gesellschaften und deren Rechte an den Staat. gr. 8. Erfurt, Beyer und M. 810.

v. Stenglin, Baron Otto Chr., üb. gemeinnütz. Gesellschaften u. deren Rechte an den Staat. gr. 8. Erfurt 810. (Otto). 6 gr.

Stenhammar, Christ., novae schedulae crit. de Lichenibus Suecanis. 4. ($4\frac{3}{4}$ B.) Norcopiae 833. (Stockholm, Fritze.) *

Stenhouse, John (Glasgow)
Ueber eine neue Chlorcyan-Verbindung.
[In: Annalen d. Chemie u. Pharmacie, Bd 33 (1840) 92.]
Dr. phil. Giessen 2.9.1840.

Stepigke, Mt. Otr., († d. 29. Juni 1799.) s. Hofstede, Beurtheilung.

Stenius, Barth., Descriptio Silesiae, s. Kunisch, J. G.

Stenius, Sigurd, graphische Berechnung v. $\sigma\tau$ aus τ u. σ_0. — Ein Versuch zur Untersuchung der hydrograph. Veränderungen in der nördl. Ostsee sowie im Finnischen u. Bottnischen Meerbusen, s.a. Publications de circonstance du conseil permanent international pour l'exploration de la mer.

Sigurd **Stenius**. Graphische Berechnung von σ_t aus t und σ_0. Copenhague: A. F. Høst & fils en comm. 1904. (S. 8.) 8°
= Conseil permanent internat. pour l'exploration de la mer. **Publications** de circonstance. No 16. [05. 386

S. Stenius: Ein Versuch z. Untersuchung d. hydrographischen Veränderungen in der nördlichen Ostsee sowie im Finnischen u. im Bottnischen Meerbusen. 1904. 7 S. 4 Tvl.

Stenkhoff, Gustav

Stenkhoff, G., R. Franz, R. Vogeley, Betriebsverhältnisse der deutschen Landwirtschaft, s.: Arbeiten der deutschen Landwirtschafts-Gesellschaft.

Stenkhoff, [Gustav]: Die Entwicklung der Fütterungslehre mit besonderer Berücksichtigung der Kellnerschen Forschungen. o. O. (1910). S. 17—23. 8°
Erkelenz, LWS P 1910** [S 10. 423

Stenkhoff, [**Gustav**]: Die Sortenfrage im Pflanzenbau. Odenkirchen 1909: Altgott. S. 3—5. 8°
Odenkirchen, LWS P 1909** [S 09. 458

Stenkhoff, Gustav, a. Mintewede in Oldenburg: Untersuchungen über den Landwirtschaftsbetrieb im Oldenburger Münsterlande. Berlin 1907: Die Post. (73 S.) 8° [J.]
Gießen, Phil. Fak., Ref. Gisevius, Diss. v. 29. April 1907
[Geb. 10. Apr. 80 Mintewede (Oldenburg); Wohnort: Arendsee (Altmark); Staatsangeh.: Oldenburg; Vorbildung: Gymn. Vechta Reife M. 00; Studium: T.H. München 1, Univ. Halle 7 S.; Rig. 8. Mai 06.]

Stenn, Wilh. v., graphische Düngetafel. Chromolith. Prag 869. Reichenecker. Imp.-Fol. In Umschlag n. 20 nkr.

Stenner, Pet. Jos., die Heilquellen von Baßen. 8. (VIII und 32 S.) Kronstadt 846, (Németh.) *

Stenner, Wilhelm [aus Kronstadt '(Siebenb.)']: Über die Veränderung des Bieres beim Aufbewahren und über die flüchtigen Säuren im Biere, m. Berücks. deren Bestimmungs-Methode ... Budapest, gedr. in d. kön. ung. Univ.-Buchdr., 1892; 41 S. 8.
Erlangen, Phil. Fak., Inaug.-Diss. v. 1892

Stennes, W., Übungstafeln zur [Galin-Paris-]Chevé'schen Ziffernmethode. Ausg. A. 24 Taf. Imp.-Fol. Essen 884, Bädeker. *
Aufgezogen auf Pappdeckel *

— dasselbe. Ausg. B. [f. 1—3 klass. Schulen]. 16 Tafeln. Imp.-Fol. Ebend. 884. n. 6. —; aufgezogen auf Pappdeckel n. 14. —

Humoristischer Führer durch die Industrie- und Gewerbe-Ausstellung für Rheinland, Westfalen u. benachbarte Bezirke, verbunden mit e. deutsch-nationalen Kunst-Ausstellung, Düsseldorf 1902, in Knüppelversen von Graf Steno. (Düsseldorf: Schmitz & Olbertz 1902.) (77 S.) 8°

Steno, Graf, s.: Professor, der, aus Kalau auf der internationalen Kunstausstellung zu Düsseldorf.

Steno, Nik., De solido intra solidum naturaliter contento, s.: Facsimile-Edition. Nr. 5.

Steno, Paul, ich heiße Meyer! Schwank in 1 Aufzuge. gr. 8. (16 S.) Berlin (892). M. Böhm. 1. 50

Stenograf, s. Stenograph

Stenogramm der Verhandlungen im Prozeß gegen den Kapitän Dreyfus vor dem Kriegsgericht zu Rennes. Dresd. 1899.

Stenogramme der Verhandlungen im Prozeß gegen den Kapitän Dreyfus vor dem Kriegsgericht in Rennes. gr. 8. (XVI, 688 S.) Dresden 899. Raden & Co. n. 1. 60

Stenograph, der. Organ des stenograph. Vereins in Bern. Redact.: Hans Frei. 1. und 2. Jahrg. Nov. 1874 — Oct. 1876. à Jahrg. 12 Nrn. (à 1—2 lithogr. Bl.) 8. Bern, (Haller.) à Jahrg. *

—— dass. — Organ des schweizer. Stenogr.-Vereins. Redact.: Hans Frei. 3. und 4. Jahrg. [Der „Stenograph. Zeitschrift für die Schweiz" 18. und 19. Jahrg.] 1877 und 1878. à Jahrg. 24 Nrn. (à 1/2 autogr. Bog.) 8. (Ebendas.) à Jahrg. *

—— dass. — Redact.: S. Alge. 5. Jahrg. [Der „Stenograph. Zeitschrift für die Schweiz" 20. Jahrg.] 1879. 24 Nrn. (à 1/2—1 autogr. Bog.) 8. Rapperswyl. (Zürich, Meyer und Zeller.) *

Stenograph, der. Organ des Allgem. schweiz. Stenogr.-Vereins [Stolze'scher Centralverein]. Der „Stenogr. Zeitschrift für die Schweiz" 21.—24. Jahrg. 1880—1883. à Jahrg. 24 Nrn. (à Nr. 1/2 Bog.) gr. 8. Basel. (Leipzig, Robolsky.) à Jahrg. **

—— dass. — Redact.: F. Wenk. Der „Stenogr. Zeitschrift für die Schweiz" 25. Jahrg. 1884. 24 Nrn. (à Nr. 1/2 Bog.) gr. 8. (Ebendas.) **

—— der. Organ des Allgemeinen Schweizer. Stenographen-Vereins [Stolzescher Centralverein]. Redact.: Fr. Wrubel. Der „Stenograph. Zeitschrift für die Schweiz" 26. und 27. Jahrg. 1885 und 1886. à Jahrg. 24 Nrn. (à Nr. 1/2 Bog.) gr. 8. Basel. (Leipzig, Robolsky.) à Jahrg. **

— der. Zeitschrift f. Arend'sche Stenographen. Organ d. rheinisch-westfäl. u. d. Hannover-Braunschweig. Verbandes Arend'scher Stenographen. Begründet v. Nic. Schüren. Red. v. Jos. Wilms. 8. Jahrg. 1886. 12 Nrn. (1 1/2 B.) gr. 4. Aachen. Ebend. n.n. 4. —

Stenograph, der. Zeitschrift f. Arends'sche Stenographen. Organ d. rheinisch-westfäl. u. d. Hannover-Braunschweig. Verbandes Arends'scher Stenographen. Begründet v. N. Schüren. Red. v. J. Wilms. 9.—12. Jahrg. 1887—1890. à 12 Nrn. (à 3/4—1 B.) gr. 4. Aachen. (Leipzig, Robolsky.) à Jahrg. n.n. 4. —

— der. Zeitschrift f. Arends'sche Stenographen. Organ des rheinisch-westfäl. u. des Hannover-Braunschweig. Verbandes Arends'scher Stenographen. Begründet v. Nic. Schüren. Red. v. Jos. Wilms. 13.—15. Jahrg. 1891—1893. à 12 Nrn. (à 3/4—1 Bog.) gr. 4. Aachen. (Leipzig, J. H. Robolsky.) à Jahrg. n.n. 4. —

— der. Zeitschrift f. Arends'sche Stenographen. Organ d. rheinisch-westfäl. u. des Hannover-Braunschweig. Verbandes Arends'scher Stenographen. Begründ. v. Nic. Schüren. Red. v. Jos. Wilms. 17. Jahrg. 1895. 12 Nrn. (à ca. 14 S.) gr. 4. Aachen (Leipzig, J. H. Robolsky). n.n. 4. —

Stenograph, der. Blätter zur Förderg. der Gabelsberger'schen Stenographie. Organ der Gabelsberger'schen Stenographen-Vereine Hamburg-Barmbeck, Harburg, Altonaer stenograph. Gesellschaft v. 1893 u. kaufm. Stenogr.-Verein (Gabelsberger) Zwickau i. S. Schriftleiter: C. Kahle. 3. Jahrg. 1894. 12 Nrn. (Bog.) gr. 4. Hamburg. Dresden, W. Reuter. n.n. 3. —

Stenograph, der. Blätter zur Förderung der Gabelsberger'schen Stenographie. Organ d. Bezirksvereinigg. Gabelsberger'scher Stenographen an d. Unterelbe u. Gabelsberger'scher Stenographen-Vereine Hamburg-Barmbeck, Harburg, Altona (Gesellschaft v. 1893), Lüneburg. Schriftleiter: C. Kahle. 4. Jahrg. 1895. 12 Nrn. (à ca. 2 Bog.) gr. 4. Hamburg. Dresden, W. Reuter. n.n. 3. —
Weiter nicht erschienen; wurde mit der „Frankfurter Stenographen-Zeitung", jetzt „Fortschrittliche Blätter", verschmolzen.

Der Stenograph. Übungsblatt zur Fortbildung, Belehrung und Unterhaltung junger Stenographen. Jg. 1. Berlin: Verlag des Correspondenzblattes 1894. 8°
[Red.: W. Franke.]

Der Stenograph. Jg. 1. 2. Frankfurt a. M.: Klein 1894. 1895. 8°
Fortges. u. d. T.: Frankfurter Stenographen-Zeitung.

Stenograph, der. Monatsschrift. Red. v. Wohlrabe. 1. u. 2. Jahrg. 1909 u. 1910. à 12 Nrn. (à 96 autogr. S.) gr. 8. Liegnitz, Dr. v. Kunowski. à Jahrg. nn 1.—; als Beilage des „Nationalstenograph" nn — 60

Stenograph, der Arendssche. Organ des Hauptverbandes Arendsscher Stenographen. Hrsg. vom Centralverein Arendsscher Stenographen zu Berlin, Arendsschen Stenographenverein „Apollobund" zu Berlin u. Bund Arendsscher Stenographen. Schriftleiter: Alfr. Kunow. Jahrg 1902. Mit der stenograph. Beilage: Stenographische Blätter. 23. Jahrg. 1902. 12 Nrn. gr. 8. (à ca. 8 u. 8 S.) Berlin (C. Hause). n. 3.—
Vereinigung der 3 Zeitschriften: Blätter, stenographische, Apollo u. Arendsianer.

Stenograph, der Arendssche. Zeitschrift des Hauptverbandes Arendsscher Stenographen. Hrsg. vom Zentralverein Arendsscher Stenographen zu Berlin, vom Arendsschen Stenographenverein Apollobund zu Berlin u. vom Bund Arendsscher Stenographen. Schriftleiter: Alfr. Kunow. Jahrg. 1903—1906. Mit der stenograph. Beilage: Stenographische Blätter. Jahrg. 1903—1906. à 12 Nrn. (à ca. 8 S.) gr. 8. Berlin (C. Hause). à Jhrg. n. 3.—

— der Arendssche. Zeitschrift des Hauptverbandes Arendsscher Stenographen zu Berlin. Schriftleiter: Max Saling. Mit stenograph. Beilage. Jahrg. 1907—1910. à 12 Nrn. (à ca. 8 u. 8. S.) gr. 8. Berlin-Rummelsburg. (Berlin N.W., Alt Moabit 143, E. Maaß.) à Jahrg. 3.—

Stenograf, der deutsche. Organ des „Deutschen Stenografen-Bundes" System Velten. Redact.: C. Klüting. 1.—8. Jahrg. Mai 1877—April 1885. à Jahrg. 12 Nrn. (à Nr. 1/2 Bog.) gr. 8. Essen, Silbermann. à Jahrg. *

Stenograf, der deutsche. Organ des „Deutschen Stenografen-Bundes" System Velten. Redact.: W. Velten. 9. und 10. Jahrg. Mai 1885—April 1887. à Jahrg. 12 Nrn. (à Nr. 1/2 Bog.) gr. 8. Essen, Silbermann. à Jahrg. *

— der deutsche. Zeitschrift des Stenographen-Verbandes Stolze-Schrey. Red. u. Hrsg.: Fritz Specht. 1. u. 2. Jahrg. 1901 u. 1902. Zugleich 22. u. 23 Jahrg. des Magazins f. Stenographie u. 15. Jahrg. der Wacht. Nebst: Der Vereinsbote. à 52 Nrn. gr. 8. (à ca. 16 S.) Berlin [Frz. Schulze]. Buchh. d. Stenograph.-Verband. Stolze-Schrey. à Jahrg. n. 4.—
Der 1. Jahrg. ist von M. Bäckler redig.

— der deutsche. Zeitschrift des Stenographen-Verbandes Stolze-Schrey. Red. u. Hrsg.: Fritz Specht. 3.—6. Jahrg. 1903—1906. Zugleich 23.—27. Jahrg. des „Magazins f. Stenographie" u. 16.—19. Jahrg. der „Wacht". à 24 Nrn. Nebst: Stenographische Lesehalle. Fachbeilage. à 12 Nrn. Der Vereinsbote. Etwa 12 Nrn. (666, 632, 640 u. 664 S.) gr. 8. Berlin (Buchh. d. Stenographen-Verbandes Stolze-Schrey). à Jhrg. n. 4.—

— der deutsche. Zeitschrift des Stenographen-Verbandes Stolze-Schrey. Red.: H. Steffenhagen. 7.—10. Jahrg. 1907—1910. Zugleich 28.—31. Jahrg. des „Magazins f. Stenographie" u. 19.—23. Jahrg. der „Wacht". à 24 Nrn. Nebst: Stenographische Lesehalle. Fachbeilage. Je 12 Nrn. Der Vereinsbote. Etwa 12 Nrn. (VIII, 380; VIII, 464; VIII, 480 u. VIII, 448 S.) 8. Berlin, Buchh. des Stenographen-Verbandes Stolze-Schrey. à Jahrg. 4.—

Stenograph, neuer freier. Organ des Berner Stenographen-Vereins. Redact.: Hans Frei. 1. Jahrg. 1878. 24 Nrn. (à 2 Bog.) 8. Bern, Frobeen und Comp. **
Nicht weiter erschienen.

Stenograph, Neuer freier. Organ des Berner Stenographen-Vereins. Red.: Hans Frei. II. Jahrg. 1879. 24 Nrn. in-16°, à 8—16 S. Bern, Frobeen & Cie. Pro Jahr 3 —
pro Semester 2 —

Stenograph, der neue freie. Organ des Berner Stenographen-Vereins. Red.: Hans Frei. III. Jahrg. 1880. 12 Nrn. in-16°, à 8—16 S. Bern, Exp. des Stenogr. Pro Jahr 4 —

— der praktische, s.a. Blätter, österreichische, f Stenografie.

Stenograph, der praktische. Organ des Gabelsberger Stenographen-Fortbildungs-Kränzchens zu Coburg, des Stenographen-Vereins zu Neustadt a. d. H. u. des Stenographen-Vereins zu Sonneberg. Herausg. von C. Beyer. 1. u. 2. Jahrg. 1863 u. 64. à 12 Nrn. (à 1/4 lith. Bgn.) Coburg, (E. Riemann jun.) gr. 8. Jeder Jahrg. n. 15 ngr.

Stenograph, der praktische. Organ verschied. Stenographen-Vereine. Hersg. u. redig. von C. Beyer. 3—6. Jahrg. 1865—68. à Jahrg. 12 Nrn. (à 1/2 lith. Bgn.) Coburg, (Sendelbach.) gr. 8. Jeder Jahrg. n. 15 ngr.

— der praktische. [Früher „Stenogr. Jugend-Zeitg."] Zeitschrift f. gründl. Aus- u. Fortbildg. in der Gabelsberger'schen Stenographie. Hrsg. v. Frz. Scheller u. Vinc. Zwierzina. 3. u. 4. Jahrg. 1883 u. 1884. à 10 Nrn. (B.) gr. 8. Wien, Edm. Schmid. à Jahrg. 2. —

Stenograph, Der praktische (früher „Stenogr. Jugendzeitung"). Zeitschrift f. gründl. Aus- u. Fortbildung in d. Gabelsberger'schen Stenographie. Herausg. v. Prof. Franz Scheller u. Vinc. Zwierzina. III. Jahrg. 1883. Wien: Vinc. Zwierzina.

Stenograph, Der praktische (früher „Stenogr. Jugendzeitung"), Zeitschrift für gründl. Aus- u. Fortbildung in d. Gabelsberger'schen Stenographie. Herausg. von Franz Scheller u. Vincenz Zwierzina. 8. IV. Jahrg. 1884. Wien, *L. Steckler. Ganzjährig 1 fl. Einzelne Nrn. apart 20 kr. N. b.

—— der praktische. Zeitschrift für gründl. Aus- und Fortbildung in der Gabelsberger'schen Stenographie. Hrsg. von Frz. Scheller und Vinc. Zwierzina. 5. und 6. Jahrg. 1885 und 1886. à Jahrg. 10 Nrn. (Bog.) gr. 8. Wien, (Edm. Schmid.) à Jahrg. *

Stenograph, Der praktische. V. Jahrg. Compl. in 10 Nrn. Wien. Vinc. Zwierzina. 1 fl. 20 kr.
1885.

Stenograph, der praktische. Zeitschrift für gründl. Aus- und Fortbildung in der Gabelsberger'schen Stenographie. Hrsg. von Frz. Scheller und Vinc. Zwierzina. 7. Jahrg. 1887. 10 Nrn. (Bog.) gr. 8. Wien. (Leipzig, Robolsky.) *

Stenograph, der praktische. Zeitschrift f. gründl. Aus- u. Fortbildg. in d. Gabelsberger'schen Stenographie. Hrsg. v. Prof. Frz. Scheller und Vinc. Zwierzina. 7. Jahrg. 1887. 10 Nrn. (B.) gr. 8°. Wien, Ed. Schmid. fl. 1.20.

—— dass. — Hrsg. und redig. von Frz. Scheller. 8. Jahrg. 1888. 12 Nrn. (Bog.) gr. 8. Prossnitz. (Leipzig, Robolsky.) *

—— der praktische. Zeitschrift f. gründl. Aus- u. Fortbildg. in der Gabelsberger'schen Stenographie. Hrsg. u. redig. v. Frz. Scheller. 9. u. 10. Jahrg. 1889 u. 1890. à Jahrg. 12 Nrn. (Bog.) gr. 8. Prossnitz. (Lpz., Robolsky.) à Jahrg. * 2 40
Nicht weiter erschienen.

Stenograph, Der praktische. Zeitschrift f. gründl. Aus- und Fortbild. in der Gabelsberger'schen Stenographie. Herausg. von Prof. Frz. Scheller. 9. Jahrg. 1889. 12 Nrn. (B.) Gr.-8. 1.20
Wien: Steckler 1889.

— der praktische. Verbandsblatt f. „vereinf. Stenographie". Nebst Gratisbeilage: „Stenograph. Unterhaltungsblatt". Red. u. Hrsg.: Jos. Seidel. 4. Jahrg. 1898. 12 Nrn. (à ca. 1 Bog.) gr. 8. Wien (VII, Neustiftgasse 3), (Jos. Seidel). n. 4. —

— u. Maschinenschreiber, der praktische. Verbandsblatt f. Stenographen u. Maschinenschreiber. Organ der Vereine f. vereinfachte Stenographie. Nebst Gratisbeilage: „Stenographisches Unterhaltungsblatt". Red. u. Hrsg.: Jos. Seidel. 5.—8. Jahrg. 1899—1902. à 12 Nrn. gr. 8. (à ca. 8 u. 8 S. m. Abbildgn.) Wien (VII/2, Neustiftgasse 3) (Jos. Seidel). à Jahrg. 4. —
Erschien früher unt. d. T.: Stenograph, d. prakt.

— u. Maschinenschreiber, der praktische. Offizielles Organ des öst.-ung. Zentralverbandes f. Geschäftsstenographen. Mit 2 Gratisbeilagen: „Die Existenz", enth. Diktat- u. Uebungsstoff m. Silbenzählung u. „Unterhaltgs.- u. Uebungsblatt" in stenograph. Schrift. Red. u. Hrsg.: Jos. Seidel. 9.—12. Jahrg. 1903—1906. à 12 Nrn. (300 u. 96; 296 u. 96; 316 u. 96 u. 322 u. 96 S. m. Abbildgn.) gr. 8. Wien (VII/2, Neustiftgasse 3), Jos. Seidel. à Jhrg. n. 4. —

— der Schweizer. Organ des Allgemeinen schweizer. Stenographen-Vereins [Stolzescher Zentralverein]. Redact.: A. Bär. Der „Stenograph. Zeitschrift für die Schweiz" 28. und 29. Jahrg. 1887 und 1888. à Jahrg. 24 Nrn. (à Nr. $^{1}/_{2}$—1 Bog.) gr. 8. Basel. (Leipzig, Robolsky.) à Jahrg. **

— der Schweizer. Organ d. Allgem. schweiz. Stenographen-Vereins [Stolze'scher Zentralverein]. Red.: A. Baer. Der „Stenogr. Zeitschrift f. die Schweiz" 28.—31. Jahrg. 1887—1890. à 24 Nrn. (à $^{1}/_{2}$—1 B.) gr. 8. Wetzikon. Ebd. à Jahrg. n.n. 4. —

— der schweizer. Organ d. Allgem. schweiz. Stenogr.-Vereins. [Stolze'scher Zentral-Verein.] Red.: Rud. Schwarz. 32.—34. Jahrg. 1891—1893. à 24 Nrn. (à $^{1}/_{2}$—1 Bog.) Nebst Illustr. schweizer. Unterhaltungsblatt f. Stolze'sche Stenographen. Red. v. Herm. Bebie. 14.—16. Jahrg. à 24 Nrn. ($^{1}/_{2}$ Bog.) gr. 8. Wetzikon. (Leipzig, J. H. Robolsky.) à Jahrg. n.n. 4. —; ohne Unterhaltungsblatt n.n. 3. —; Unterhaltungsblatt allein n.n. 3. —

— d. schweizer. Organ d. Allgem. schweiz. Stenogr.-Vereins. [Stolze'scher Zentralverein.] Red.: Rud. Schwarz. 36. u. 37. Jahrg. 1895—1896. à 26 Nrn. (à ca. 8 S.) Nebst illustr. schweizer. Unterhaltungsblatt f. Stolze'sche Stenographen. Red. v. Herm Bebie. 18. u. 19. Jahrg. à 24 Nrn. (à ca. 8 S.) gr. 8. Wetzikon (Leipzig, J. H. Robolsky). à Jahrg. n.n. 4. —; ohne Unterhaltungsblatt n.n. 3. —; Unterhaltungblatt allein n.n. 3. —

— dasselbe. Red.: Rud. Schwarz. 38. Jahrg. 1897. 26 Nrn. (Bog.) Nebst illustr. schweizer. Unterhaltungsblatt f. Stolze'sche Stenographen. Red. v. Herm. Bebie. 20. Jahrg. 24 Nrn. (à ca. 8 S.) gr. 8. Ebd. n.n. 4. —; ohne Unterhaltungsblatt n.n. 3. —; Unterhaltungsblatt allein n.n. 3. —

— dasselbe. Red.: Rud. Schwarz u. A. Socin. 39. Jahrg. 1898. 26 Nrn. (Bog.) Nebst illustr. schweizer. Unterhaltungsblatt f. Stenographen. Einigungssystem Stolze-Schrey. Red. v. Herm. Bebie. 21. Jahrg. 24 Nrn. (à ca. 12 S.) gr. 8. (Leipzig, J. H. Robolsky.) n.n. 4. —; ohne Unterhaltungsblatt n.n. 3. —; Unterhaltungsblatt allein n.n. 3. —

— der Schweizer. Red.: A. Socin. 40.—43. Jahrg. 1899—1902. à 26 Nrn. (à ca. 8 S.) Nebst illustr. schweiz. Unterhaltungsblatt f. Stenographen. Einigungssystem Stolze-Schrey. Red.: Herm. Bebie. 22.—25. Jahrg. à 26 Nrn. gr. 8. (à ca. 8 S.) Wetzikon. (Leipzig, J. H. Robolsky.) à Jahrg. n.n. 4. 80; ohne Unterhaltungsblatt n.n. 3.—; Unterhaltungsblatt allein n.n. 3.—
Der 40. Jahrg. ist von R. Schwarz mithrsg.

— der Schweizer. Red.: F. Wenk. 44.—47. Jahrg. 1903—1906. à 26 Nrn. (252, 276, 296 u. 288 S.) Nebst illustr. schweizer. Unterhaltungsblatt f. Stenographen. Einigungssystem-Stolze-Schrey. Red.: Herm. Bebie. 25.—28. Jahrg. à 26 Nrn. (à ca. 8 S.) gr. 8. Wetzikon (Leipzig, J. H. Robolsky). à Jhrg. n.n. 4. —; ohne Unterhaltungsblatt n.n. 3. —; Unterhaltungsblatt allein n.n. 3. —

— der Schweizer. Red.: H. E. Stapfer. 51. Jahrg. 1910. 26 Nrn. (à ca. 16 S.) Nebst: Illustriertes schweizer. Unterhaltungsblatt für Stenographen. Red.: Herm. Bebie. 33. Jahrg. 26 Nrn. (à 8 S.) gr. 8. Wetzikon. (Leipzig, J. H. Robolsky.) nn 4. 80; ohne Unterhaltungsblatt nn 3.—; Unterhaltungsblatt allein nn 3. —

Stenographen-Blatt, Gabelsberger. Beilage zum Teplitzer Stenographen-Blatt. Organ des Stenographenverbandes der Deutschen in Böhmen, dann der Gabelsberger Stenographenvereine in Budweis, Eger (1. Stenographenklub) usw. 1. Jahrg. 1906. 12 Nrn. (124 S.) gr. 8. Teplitz-Schönau, A. Becker. n. 1. 20

Stenographen-Blatt, Gabelsberger. Organ des allgemeinen deutschen Stenographenbundes (System Gabelsberger) usw. 4. u. 5. Jahrg. 1909 u. 1910. à 12 Nrn. (IV, 192 u. IV, 198 S.) gr. 8. Teplitz-Schönau, A. Becker. à Jahrg. 2. —

Stenografen-Blatt, Teplitzer. Organ des deutschen Stenografenverbandes in Böhmen. Hrsg. vom Gabelsberger Stenografen-Verein zu Teplitz. Schriftleiter: Frz. Tieze. 20. u. 21. Jahrg. 1893. 1894. à 12 Nrn. (à ca. $1^{1}/_{2}$ Bog.) 8. Teplitz. (A. Becker.) à Jahrg. n. 2. —

Stenografen-Blatt, Teplitzer. Organ d. deutschen Stenografenverb. in Böhmen. Hrsg. v. Gabelsberger Stenografen-Ver. zu Teplitz. Schriftleiter: Frz. Lott. 22.—25. Jahrg. 1895—1898. à 12 Nrn. (à ca. 12 S.) gr. 8. Teplitz (A. Becker). à Jahrg. n.n. 2. —
Der 22. u. 23. Jahrg. war noch von Frz. Tieze redigiert.

Stenographen-Blatt, Teplitzer. Organ des Gabelsberger Stenographenvereines in Teplitz. Schriftleiter: Frz. Hähnel. 26.—29. Jahrg. 1899—1902. à 12 Nrn. gr. 8. (à ca. 12 S.) Teplitz-Schönau (A. Becker). à Jahrg. n.n. 2. —

Stenografen-Blatt, Teplitzer. Organ des Gabelsberger Stenografenvereines in Teplitz. 30.—32. Jahrg. 1903 bis 1905. à 12 Nrn. (104, 88 u. 14 S.; 100, 98 u. 4 S.; 96, 96 u. 89 S.) gr. 8. Teplitz-Schönau, A. Becker. à Jhrg. n. 2. —

— dasselbe. Mit der Beilage: Gabelsberger Stenographen-Blatt. 33. Jahrg. 1906. 12 Nrn. (126, 96 u. 124 S.) gr. 8. Ebd. n. 2. —

— Teplitzer. Organ des Gabelsberger Stenografenvereines in Teplitz. Hrsg. vom Gabelsberger Stenografen-Verein zu Teplitz. Schriftform nach den in Oesterreich allein zuläss. Wiener Beschlüssen v. J. 1895. 36. u. 37. Jahrg. 1909 u. 1910. à 12 Nrn. (IV, 96 u. IV, 88 autogr. S.) gr. 8. Ebd. à Jahrg. 1. —

Stenografen-Blatt, Wiener. Zeitschrift f. die stenograf. Praxis. Organ d. Wiener Stenografen-Vereines [System Gabelsberger]. Hrsg. u. Red.: J. M. Posselt. 1. Jahrg. 1888. 12 Nrn. (½ autogr. B.) gr. 8. Wien, (Bermann & Altmann). n. 2. —

Stenographen-Blatt, Wiener. Zeitschrift für die stenographische Praxis. Organ des Wiener Stenographen-Vereines. Herausgeber u. Redacteur Josef M. Posselt. II. Jahrg. 1889. 12 Nrn. 8. 1.20
Ebd.

Stenographen-Blatt, Wiener. Zeitschrift für die stenographische Praxis. Organ des Wiener Stenographen-Vereines (System Gabelsberger). Herausgeber und Redacteur: Prof. Johann Schmidt. 3. Jahrg. 1890. 12 Nummern. (½ autogr. Bg.) Gr.-8. In Comm. 1.20
Ebd.

Stenographen-Blatt, Wiener, Zeitschrift für die stenographische Praxis. Organ des Wiener Stenographen-Vereines und des ersten Wiener Gabelsberger Damen-Stenographen-Vereines. Herausgegeben vom Wiener Stenographen-Vereine. Verantwortl. Schriftleiter: Joh. Schmidt. 4. Jahrg. 1891. 12 Nrn. (½ autogr. Bog.) Gr.-8. In Comm. 1.20
Ebd.

Stenographen-Blatt, Wiener. Zeitschrift für die stenographische Praxis. Organ des Wiener Stenographen-Vereines und des I. Wiener Gabelsberger Damen-Stenographen-Vereines Herausgegeben vom Wiener Stenographen-Vereine. Verantwortlicher Schriftleiter: Joh. Schmidt, k. k. Professor. Fünfter Jahrgang. 1892. 12 Nrn. (½ autogr. Bog.) Gr.-8. In Comm. 1.20
Ebd.

Stenographen-Blatt, Wiener. Zeitschrift für die stenograph. Praxis. Organ des Wiener Stenographen-Vereins [System Gabelsberger]. Herausgeber und Redacteur: J. M. Posselt. 6. Jahrg. 1893. 12 Nrn. (½ autogr. B.) Gr.-8. In Comm. 1.20
Ebd.

Stenographenblatt, Wiener. Zeitschrift für stenographische Praxis. Organ des Wiener Stenographen-Vereines und des I. Wiener Gabelsberger Damen Stenographen-Vereines. Herausgegeben vom Wiener Stenographen-Vereine. Redigirt von Franz Edler v. Drosino. VII. Jahrgang. 1894. 12 Nrn. Gr.-8. In Comm. * 1.20
Ebd.

Stenographenfreund, der. Unterhaltende Zeitschrift f. Stenographen. Hrsg.: W. Bittnor. 20. Jahrg. 1890. 12 Nrn. (B.) gr. 8. Jauer. (Leipzig, Robolsky.) n.n. 3. —
Die früheren Jahrgänge erschienen im Selbstverlag des Herausgebers.

Stenographenfreund, der. Unterhaltende Zeitschrift f. Stenographen. Hrsg.: W. Bittner. 21.—23. Jahrg. 1891—1893. à 12 Nrn. (Bog.) gr. 8. Jauer. (Leipzig, J. H. Robolsky.) à Jahrg. n.n. 3. —

Stenographenfreund, der. Unterhalt. Zeitschrift f. Stenographen. Hrsg.: W. Bittner. 25. u. 26. Jahrg 1895—1896. à 12 Nrn. (Bog.) gr. 8. Ebd. à Jahrg. n.n. 3. —

— dasselbe. Unterhalt. Zeitschrift f. Stolze'sche Stenographen. Red.: H. Schumann. 27. Jahrg. 1897. 12 Nrn. (Bog. m. Abb.) gr. 8. Ebd. n.n. 2. 60

— dasselbe. Unterhalt. Zeitschrift f. Stenographen nach dem System Stolze-Schrey. Red.: H. Schumann. 28. Jahrg. 1898. 12 Nrn. (Bog. m. Abb.) gr. 8. Ebd. n.n. 2. 60

Stenographenfreund, der. Unterhaltende Zeitschrift f. Stenographen nach dem System Stolze-Schrey. Red.: H. Schumann. 29.—32. Jahrg. 1899—1902. à 12 Nrn. gr. 8. (à ca. 16 S.) Berlin. (Leipzig, J. H. Robolsky.) à Jahrg. n.n. 2. 60

Stenographenfreund, der. Unterhaltende Zeitschrift f. Stenographen nach dem System Stolze-Schrey. Red.: H. Schumann. 34. Jahrg. 1904. 12 Nrn. (à ca. 16 S.) gr. 8. Berlin (Leipzig, J. H. Robolsky). n.n. 2. 60
Erscheint nicht mehr.

— **deutscher.** (Stenograph. Schülerfreund.) Monatschrift f. Stenographen nach dem System Scheithauer. Zeitschrift f. Unterhaltg. u. stenograph. Wissenschaft. Hrsg. u. Schriftleiter: Ernst Gosselk. 3. Jahrg. Oktbr. 1901—Septbr. 1902. 12 Nrn. gr. 8. (à 8 autogr. S. u. Beilage 4 S.) Hildesheim (H. Olms). n. 1. 50; halbjährlich n. — 80
Vergl.: Schülerfreund, stenographischer.

— **deutscher.** Monatsblatt f. Stenographen nach dem System Scheithauer. Hrsg.: Ernst Gosselk. (6.—8.) Jahrg. Oktbr. 1904—Septbr. 1907. à 12 Nrn. (à 8 autogr. S.) gr. 8. Moritzberg-Hildesheim (Hildesheim, H. Olms). à Jhrg. n. 1. 50

Stenographenfreund, deutscher. Monatsblatt f. Stenografen nach dem System Scheithauer. Hrsg. u. Red.: Ernst Gosselk. 8. Jahrg. 1910. 12 Nrn. (96 autogr. S.) gr. 8. Hildesheim. Leipzig, F. Schneider. 1. 50

Stenographen-Kalender, allgemeiner, auf das J. 1883. Hrsg. von Rud. Schwarz. 1. Jahrg. gr. 16. (204 S.) Lyss. (Leipzig, Robolsky.) geb. *
—— dass. — auf die J. 1884 und 1885. 2. und 3. Jahrg. gr. 16. (192; 184 S.) Leipzig, Robolsky. geb. à Jahrg. *

Stenographen-Kalender, deutscher, auf d. J. 1891—1893. Hrsg. v. Wilh. Mertens. 1.—3. Jahrg. gr. 16. (160; 168; 136 S. m. Bildern.) Lpz., Klinkhardt. Jahrg. 1891 geb. * 1 —
Jahrg. 1892 u. 1893 geb. à * 1 25

Stenographen-Kalender, deutscher, auf das J. 1895. Hrsg. v. Wilh. Mertens. 5. Jahrg. gr. 16. (192 u. 4 S. m. 1 Farbendr. u. 3 Lichtdr.-Bildern.) Leipzig 894. Jul. Klinkhardt. Geb. n. 1. 50

Stenographen-Kalender, deutscher, auf d. J. 1898. Hrsg. v. Wilh. Mertens. 8. Jahrg. gr. 16. (192 S. m. 1 Bildn.) Berlin, Frz. Schulze. Geb. n.n. 1. 50

Stenographen-Kalender, deutscher, auf d. J. 1902. Hrsg. v. Wilh. Mertens. 12. Jahrg. 12. (192 S. m. 3 Bildnissen.) Berlin, Frz. Schulze. Geb. n.n. 1. 50

Stenographen-Kalender, deutscher, auf d. J. 1903. Hrsg. v. Wilh. Mertens. 13. Jahrg. (206 S. m. 4 Bildnissen.) 12. Berlin, Frz. Schulze. Geb. n.n. 1. 50
Erscheint nicht mehr.

Stenographen-Kalender, Gabelsberger, auf das J. 1858. Herausg. vom Königl. Sächs. Stenograph. Institute. Mit dem (lith.) Portr. Gratzmüllers. Dresden, Adler u. Dietze. 16. (42 lith. S.) n. 15 ngr.

— — auf das J. 1859. Mit dem (lith.) Portrait G. Gerber's. Dresden, Adler u. Dietze. 16. (VI, 36 lith. S.) nn. 13 ngr.

Stenographen-Kalender, Gabelsberger, auf die Jahre 1860—62. Herausg. vom Königl. Sächsischen stenographischen Institute. Red.: Zeibig. Mit (lith.) Portr. Dresden, (Adler & Dietze. 8. Jeder Jahrg. nn. 10 ngr.

Stenografen-Kalender, oesterreichisch-ungarischer, für das J. 1870. Hrsg. von Frz. Rosplut. 1. Jahrg. 16. (IV, 100 S.) Wien 870, Klemm. geb.

— Tiroler, auf das Jahr 1862—64. Herausg. vom tirolischen stenographischen Verein in Innsbruck. 1—3. Jahrg. Innsbruck, (Wagner.) 8. Jeder Jahrg. n. 10 ngr.

— Tiroler, für die Jahre 1865—68. Hersg. vom tirol. stenograph. Verein in Innsbruck. 4—7. Jahrg. Innsbruck, (Wagner'sche Univ.-Buchh.) 8. Jeder Jahrg. (24—48 lith. S.) n. 14 ngr.

Stenographen-Kalender, Tiroler, auf die J. 1868—1874. Hrsg. vom tirol. stenograph. Verein in Innsbruck. 7.—13. Jahrg. gr. 8. (à Jahrg. ca. 32 lithogr. S.) Innsbruck (Wagner'sche Universitäts-Buchh.) à Jahrg. *

Stenografen-Kalender, Tiroler, auf die J. 1875 und 1876. 14. und 15. Jahrg. Hrsg. vom tirol. Stenografen-Verein in Innsbruck. gr. 8. (39; 42 lithogr. S.) Innsbruck, (Wagner'sche Universitäts-Buchh. Jahrg. 1875 *
Jahrg. 1876 *

Stenografen-Kalender, tiroler, auf das Jahr 1878. 17. Jahrg. Hrsg. vom tirol. Stenografen-Verein in Innsbruck. gr. 8. (42 lith. S.) Innsbruck, (Wagner). n. —96

Stenographen-Lieder. Herausg. vom Königl. stenograph. Institute. Gesammelt u. redig. von Heyde u. Zeibig. 2 Hefte. Dresden 858. Adler u. Dietze. 8. Jedes Heft (à 24 lith. S.) n. 3 ngr.

Stenographen-Lieder. Herausg. vom Königl. Sächsischen stenographischen Institute. Gesammelt u. red. von Heyde u. Zeibig. 1. u. 2. Heft 2. Aufl. u. 3. u. 4. Heft. Dresden 863. Dietze. 8. Jedes Heft (à 24 lith. S.) n. 15 ngr.

Stenographen-Lieder, ernste u. heitere, zu singen bei festl. Gelegenheiten. Aus den Papieren d. Gabelsberger Stenographenvereins Leipzig hrsg. 8. (19 S.) Leipzig 887. [Zehl.] Haberland. n. — 10

Stenographen-Lieder, ernste u. heitere, f. festliche Gelegenheiten. 2., veränd. Aufl. 12. (15 S.) Leipzig 889. Zehl's Stenographie-Verl. n. — 10

Stenographentag, der 1.—3., der Einigungsschule Stolze-Schrey. gr. 8. Berlin, Buchh. des Stenographenverbandes Stolze-Schrey. n. 3. 75

1. Abgeh. zu Berlin vom 28. IX. bis 3. X. 1899. Hrsg. im Auftrage des Stenographenverbandes Stolze-Schrey von Max Bäckler. (125 S.) 899. n. 1. —
2. Unter dem Protektorate Sr. Hoh. des Prinzen Friedrich Karl v. Hessen abgeh. zu Frankfurt a. M. vom 2. bis 6. X. 1903. Hrsg. im Auftrage des Stenographenverbandes Stolze-Schrey v. Fritz Specht. (216 S. m. 10 Taf.) 903. n. 1. 50; Prachtausg. n. 3. —
3. Abgeh. in Hamburg vom 24. bis 29. VIII. 1906. Unter Mitwirkg. v. Carl Höhne u. Aug. Liedloff hrsg. von A. v. Wittken. (113 S. m. 7 Vollbildern.) 906. n. 1. 25; geb. n. 2. 50

Stenographentag, III. internationaler, (System Gabelsberger) in München 15.—18. IX. 1904. Bericht, hrsg. vom königl. stenograph. Institute zu Dresden als d. geschäftsleit. Stelle d. internationalen Stenographenverbandes (System Gabelsberger). (121 S. m. 2 Taf.) 8. Wolfenbüttel 904. Heckner. nn 1. 50

— IV. internationaler, s.: Bericht über den IV. internation. Stenographentag.

Stenographenverein, der. Wochenschrift f. Stolzesche Stenographie. Hrsg. v. A. Dreinhöfer. Jahrg. 1883. 52 Nrn. (autogr. B.) gr. 8. Berlin 883. Dreinhöfer, W. 62. Joachimsthalsches Gymnasium. n 12. —

Stenographenverein, der. Wochenschrift für Stolzesche Stenographie. Hrsg. von A. Dreinhöfer. Jahrg. 1883. 52 Nrn. (autogr. Bog.) gr. 8. Berlin, Expedition. *
—— dass. — Jahrg. 1884. 12 Nrn. (autogr. Bog.) gr. 8. Ebendas. *

Stenographen-Verein, der. Wochenschrift f. Stolze'sche Stenographie. Hrsg. v. A. Dreinhöfer. 7. Jahrg. 1889. 52 Nrn. (½ autogr. B.) gr. 8. Berlin, O. Badtke, N., Kastanien-Allee 23. n. 6. —

Stenographen-Verein, der. Wochenschrift f. Stolze'sche Stenographie. Hrsg. v. A. Dreinhöfer. 7.—10. Jahrg. 1889—1892. à Jahrg. 52 Nrn. (à Nr. ½ autogr. Bog.) gr. 8. Berl., (A. Hohn). à Jahrg. * 6 —

Dem Stenographen-Verein von 1852 (Stolze-Schrey) zu Breslau aus Anlaß seines 50jährigen Bestehens am 26. Juni 1902 gewidmet von seinem Mitgliede O. K. Hrsg. v. d. Stenographenverein. (Breslau 1902: A. Stenzel.) (VI, 124 S.) 8°
[Umschlagt.:] Der Stenographen-Verein von 1852 (Stolze-Schrey) zu Breslau, s. Entwicklung u. s. 50j. Wirken f. d. Kurzschrift. [06. 1963 2

Stenographen-Verein, Der kärntische Gabelsberger, in Klgft. in den ersten 25 Jahren seines Bestehens (1862—1887). Klgft., Leon. (1887). 30 S.

Stenografen-Vereinskalender, Innsbrucker, auf das Jahr 1877. 16. Jahrgang. gr. 8. (56 autogr. S.) Innsbruck, Wagner. n.n. — 95

Stenographen-Zeitung, allgemeine deutsche. Hrsg. vom Gabelsberger Stenographenverein Tironia in Dresden. Redact.: Jul. Sturm. 1. Jahrg. 1864. 12 Nrn. (lithogr. Bog.) gr. 4. Dresden, (Schöpff.) *

—— dass. — Redact.: Karl Albrecht. 2. und 3. Jahrg. 1865 und 1866. à Jahrg. 12 Nrn. (lithogr. Bog.) gr. 4. (Ebendas.) à Jahrg. *

—— dass. — Organ des sächs. und thüring. Stenographenbundes. Hrsg. vom sächs. Stenographenbunde. Redact.: K. Albrecht. 4. Jahrg. 1867. 12 Nrn. (à ½ lithogr. Bog.) gr. 4. Leipzig, (Wartig.)

Stenographen-Zeitung, allgemeine deutsche. Organ des sächs. und thüring. Stenographenbundes. Hrsg. vom sächs. Stenographenbunde. Redact.: K. Albrecht. 5.—8. Jahrg. 1868—1871. à Jahrg. 11—12 Nrn. (à ½ lithogr. Bog.) Leipzig (Wartig.) 5.—7. Jahrg. à *M* 1,50; 8. Jahrg.

—— dass. — 9.—11. Jahrg. 1872—1874. à Jahrg. 12 Nrn. (à ½—¾ lithogr. Bog.) gr. 4. Ebendas.
9. und 10. Jahrg. à *M* 2.; 11. Jahrg.

Stenografen-Zeitung, allgemeine deutsche. Organ des sächs. und des thüringer Stenografenbundes, sowie der Stenographen-Vereine zu Linz, Ried, Steyr und Prag [deutscher Verein]. Hrsg. vom sächs. Stenografenbunde. Redact.: Karl Albrecht. 12.—14. Jahrg. 1875—1877. à Jahrg. 12 Nrn. (à ½—¾ lithogr. Bog.) gr. 4. Leipzig, [Wartig.] (Arnoldische Buchh.) à Jahrg.

—— dass. — Organ des sächsischen Stenografenbundes, der westsächs.-thür. Wanderversammlung, des Verbandes südwestdeutscher Stenografen, sowie der Stenografenvereine zu Linz, Ried, Steyr und Prag [deutscher Verein]. Hrsg. vom sächs. Stenografenbunde. Redact.: Karl Albrecht. 15. und 16. Jahrg. 1878 und 1879. à Jahrg. 12 Nrn. (à $^1/_2$—$^3/_4$ lithogr. Bog.) gr. 4. Ebendas. à Jahrg.

Stenografen-Zeitung, allgemeine deutsche. Organ des sächs. Stenografenbundes der westsächs.-thür. Wanderversammlung, des Verbandes südwestdeutscher Stenografen, sowie der Stenografenvereine zu Steyr und Prag [deutscher Verein]. Hrsg. vom sächs. Stenografenbunde. Redact.: Karl Albrecht. 17. Jahrg. 1880. 12 Nrn. (à Nr. $^1/_2$—$^3/_4$ lithogr. Bog.) gr. 4. Leipzig, (Wartig.)

—— dass. — Organ des sächs. Stenografenbundes der westsächs.-thür. Wanderversammlung, des südwestdeutschen und des nordwestdeutschen Verbandes, des Vereins zu Steyr und des deutschen Vereins zu Prag. Hrsg. vom sächs. Stenografenbunde. Redact.: Karl Albrecht. 18. Jahrg. 1881. 12 Nrn. (à Nr. $^1/_2$—$^3/_4$ lithogr. Bog.) gr. 4. Ebendas.

—— dass. — Organ des sächs. Stenografenbundes, des südwestdeutschen Verbandes, des Vereins zu Steyr und des deutschen Vereins zu Prag. Hrsg. vom sächs. Stenografenbunde. Redact.: Karl Albrecht. 19.—21. Jahrg. 1882—1884. à Jahrg. 12 Nrn. (à Nr. $^1/_2$—$^3/_4$ lithogr. Bog.) gr. 4. Leipzig, (Arnoldische Buchh.) à Jahrg.

—— allgemeine deutsche. Organ des sächs. Stenografenbundes, des südwestdeutschen Verbandes, des Vereins zu Steyr und des deutschen Vereins zu Prag. Hrsg. vom sächs. Stenografenbunde. Redact.: Karl Albrecht. 22. und 23. Jahrg. 1885 und 1886. à Jahrg. 12 Nrn. (à Nr. $^1/_2$—$^3/_4$ lithogr. Bog.) gr. 4. Leipzig, (Arnoldische Buchh.) à Jahrg. *

—— dass. — Organ des sächs. Stenografenbundes, des südwestdeutschen Verbandes und des deutschen Stenografen-Vereins zu Prag. Hrsg. vom sächs. Stenografenbunde. Redact.: Karl Albrecht. 24. und 25. Jahrg. 1887 und 1888. à Jahrg. 12 Nrn. (à Nr. $^1/_2$—$^3/_4$ lithogr. Bog.) gr. 4. (Ebendas.) à Jahrg. *

—— allgemeine deutsche. Organ d. sächs. Stenografenbundes, d. südwestdeutschen Verbandes u. d. deutschen Stenografen-Vereins zu Prag. Hrsg. vom sächs. Stenografenbunde. Redact.: Karl Albrecht. 26.—29. Jahrg. 1889—1892. à Jahrg. 12 Nrn. (à Nr. $^1/_2$—$^3/_4$ lithogr. Bog.) gr. 4. Lpz., (Zehl). à Jahrg. * 2 50

— dasselbe. Leiter: Paul Fischer. 30. u. 31. Jahrg. 1893. 1894. à 12 Nrn. (à $^1/_2$—$^3/_4$ lith. Bog.) gr. 4. Ebd. à Jahrg. n. 2. 50

— allgemeine deutsche. Organ d. sächs. Stenographenbundes, d. südwestdeutschen Verb. u. des deutschen Stenographen-Vereins zu Prag. Hrsg. v. sächs. Stenographenbunde. Leiter: Paul Fischer. 32.—34. Jahrg. 1895—1897. à 12 Nrn. (à ca. 12 Sp.) gr. 4. Leipzig (E. Zehl's Stenogr.-Verl.). à Jahrg. n. 2. 50

— dasselbe. Hrsg. v. sächs. Stenographenbunde. Leiter: Paul Fischer. 35. Jahrg. 1898. 12 Nrn. (Bog.) gr. 8. Ebd. n. 2. 50

— allgemeine deutsche. Hrsg. v. sächs. Stenographenbunde. Leiter: Paul Fischer. 36.—39. Jahrg. 1899—1902. à 12 Nrn. gr. 8. (à ca. 16 S.) Leipzig (E. Zehl). à Jahrg. n. 2. 50

— allgemeine deutsche. System Gabelsberger. Hrsg. vom sächs. Stenographenbunde. Leiter: Paul Fischer. 40.—42. Jahrg. 1903—1905. à 12 Nrn. (IV, 180; IV, 184 u. IV, 176 S.) gr. 8. Leipzig (E. Zehl). à Jhrg. n. 2. 50

— dasselbe. 43. Jahrg. Nebst Beilage: Stenographisches Uebungsblatt. System Gabelsberger. Schriftform nach den Wiener Beschlüssen v. 1895. Hrsg. v. Leipz. Lehrern. 4. Jahrg. 1906. 12 Nrn. (VIII, 104 u. 112 autogr. S.) gr. 8. Ebd. n. 2. 50

Stenographen-Zeitung, allgemeine deutsche. System Gabelsberger. Organ des allgem. deutschen Stenographenbundes (S. G.). Hrsg. vom sächs. Stenographenbunde. Leiter: Emil Zehl. 44.—47. Jahrg. Nebst Beilage: Stenographisches Übungsblatt. Syst. Gabelsberger. Schriftform nach den Wiener Beschl. v. 1895. Hrsg. von Leipziger Lehrern. 5.—8. Jahrg. 1907—1910. à 12 Nrn. (IV, 100 u. IV, 88 S.; IV, 92 u. IV, 116 S.; IV, 88 u. IV, 88 S.; IV, 96 u. IV, 88 S.) gr. 8. Leipzig, E. Zehl. à Jahrg. 2. 50

Stenographen-Zeitung, Berliner. Organ der stenogr. Gesellschaft „Gabelsberger". Red.: Max Weiss. 1. u. 2. Jahrg. 1892. 1893. à 12 Nrn. (Bog.) gr. 8. Berlin, (Verlag der stenograph. Gesellschaft „Gabelsberger"). à Jahrg. n. 2. —

Stenographen-Zeitung, Berliner. Organ d. stenogr. Gesellschaft „Gabelsberger". Red.: Max Weiss. IV. Jahrg. 1895. 12 Nrn. ($^1/_2$ Bog.) gr. 8. Berlin (w, Nollendorfstr. 34), Dr. M. Weiss. n. 2. —

— Breslauer. Organ im Dienste d. Steno-Tachygraphie. Hrsg.: Ant. Köhler. Mit Beilagen: „Aus unserer Schule, f. uns. Schule" u. „Bunte Blätter zur Unterhaltg." 1. Jahrg. Apr. 1896—März 1897. 12 Nrn. (à ca. 40 S.) gr. 8. Breslau (Brockauerstr 16), A. Köhler. n. 4. —

— Breslauer, zur Pflege d. vereinf. deutschen Stenographie (Einigungs-System „Stolze-Schrey"), Organ des schles. Stenographen-Bundes u. des Stolze'schen Stenographen-Vereins v. 1852 zu Breslau. Red.: Rud. Herrmann u. Jos. Schlesinger. Mit Beilage: Stenographische Lesehalle. 2. Jahrg. 1898. 12 Nrn. (à ca. 8 S.) gr. 8. Breslau (E. Peterson). n. 6. 40; ohne Lesehalle n. 4. —
Kann auch vierteljährlich bezogen werden.

Stenographen-Zeitung, Breslauer, zur Pflege der vereinfachten deutschen Stenographie (Einigungs-System „Stolze-Schrey"). Organ des schles. Stenographen-Bundes u. des Stenographen-Vereins v. 1852 (Stolze-Schrey) zu Breslau. Red.: Rud. Herrmann u. Arth. Schmitt. Mit Beilage: Stenographische Lesehalle. 3. u. 4. Jahrg. 1899/1900. à 12 Nrn. gr. 8. (à ca. 8 u. 8 S.) Breslau (F. Peterson). à Jahrg. n. 2. 50; ohne Lesehalle n. 1. 25

Stenografen-Zeitung, deutsche. Hrsg. vom Verbande Rheinisch-Westfäl. Stenografen [System Gabelsberger]. Mit Beiblatt: „Übungsblatt". Redig. von Ferd. Schrey. 1. Jahrg. 1886. 24 Nrn. (à Nr. $1^1/_4$ Bog.) gr. 8. Barmen, (Klein.) **

Stenografen-Zeitung, deutsche. Hrsg. vom Verbande Rheinisch-Westfäl. Stenografen [System Gabelsberger]. Mit Beiblatt: „Übungsblatt". Unter Mitwirkg. v. F. Schrey red. v. H. Sporkon. 2. Jahrg. 1887. 24 Nrn. ($1^1/_4$ B.) gr. 8. Barmen, (Klein). n.n. 4. —

— dasselbe. Mit autogr. Beilage. Red.: R. Ohler, A. Thiele u. M. Fröhliger. 3. Jahrg. 1888. 24 Nrn. ($1^1/_4$ B.) gr. 8. Ebd. n.n. 4. —

— dasselbe. Red.: R. Ohler u. M. Fröhliger. 4. Jahrg. 1889. 24 Nrn. ($^1/_4$ B.) gr. 8. Ebd. n.n. 4. 50

— dasselbe. Red.: R. Ohler. 5. Jahrg. 1890. 24 Nrn. ($1^1/_4$ B.) gr. 8. Ebd. n.n. 4. 50

— deutsche. Hrsg. vom Verbande Rheinisch-Westfäl. Stenographen [System Gabelsberger]. Mit autogr. Beilage. Red.: Rich. Ohler; der Beilage: Max Fröhliger. 6.—9. Jahrg. 1891—1894. à 24 Nrn. (1½ Bog.) gr. 8. (Barmen, H. Klein.) à Jahrg. n.n. 5.—

Stenographenzeitung, deutsche. (Gabelsberger) 1893-94. M.-Gladbach 1893-94

— deutsche. Hrsg. v. Verbande Rheinisch-Westfäl. Stenographen (System Gabelsberger). M. autogr. Beilage. Unter Mitwirkung v. H. Auerbach geleitet v. Rich. Ohler; Red. der Beilage: Max Fröhliger. 10.—12. Jahrg. 1895—1897. à 24 Nrn. (à ca. 16 u. 8 S.) gr. 8. Barmen (H. Klein). à Jahrg. n.n. 5.—; Beilage allein à Jahrg. n. 1.—

— dasselbe. Mit autogr. Beilage: Lese- u. Übungsblatt. Unt. Mitwirkg. vieler Systemgenossen geleitet v. E. Clemens. Red. d. Beilage: Max Fröhliger. 13. Jahrg. 1898. 26 Nrn. (à ca. 24 u. 8 S.) gr. 8. Wolfenbüttel. Ebd. n.n. 4.—; Beilage allein n. 1.50

— deutsche. Begründet vom Verbande rheinisch-westfäl. Stenographen. (System Gabelsberger.) Mit autogr. Beilage: Lese- u. Uebungsblatt. (Organ der Verbände Anhalt, Brandenburg, Braunschweig-Hannover usw.) Unter Mitwirkg. vieler Systemgenossen geleitet von Bernh. Gaster. Red. der Beilage: Max Fröhliger. 14.—17. Jahrg. 1899—1902. à 26 Nrn. hoch 4. (à ca. 16 u. 8 S.) Wolfenbüttel, Heckner. à Jahrg. n.n. 4.—; Beilage allein n. 1.50
Die Jahrgänge 14 u. 15 sind von E. Clemens geleitet.

Stenographen-Zeitung, deutsche. Begründet vom Verbande rheinisch-westfäl. Stenographen (System Gabelsberger). Mit autogr. Beilage: Lese- u. Uebungsblatt. Organ der Verbände Anhalt, Baden, Brandenburg usw. Unter Mitwirkg. vieler Systemgenossen hrsg. v. R. Medem. Red. der Beilage: Max Fröhliger. 18. bis 21. Jahrg. 1903—1906. à 26 Nrn. (832, 828, 852 u. 832 S.) gr. 8. Wolfenbüttel, Heckner. à Jhrg. 4.—; Beilage n. 1.50

— deutsche. Gegründet vom Verbande rhein.-westf. Stenographen (System Gabelsberger). Mit autogr. Beilage: Lese- u. Übungsblatt. Organ der Verbände Baden, Brandenburg, Braunschweig-Hannover usw. Unter Mitwirkg. vieler Systemgenossen. Hrsg. von Eduard Pfaff. Red. der Beilage: E. Ahnert. 22.—25. Jahrg. 1907—1910. à 26 Nrn. (22. Jahrg. XVI, 832, 208 u. 28 S.) 8. Wolfenbüttel, Heckner. à Jahrg. 4.—; Beilage allein 1.60; nach vollständ. Erscheinen 1.—

— Fortschritt! (System: Buschhorn-Ziemer.) Red.: Carl Buschhorn. 1. Jahrg. Juli 1895—Juni 1896. 12 Nrn. (à ca. 8 S.) gr. 8. Paderborn, Expedition (C. Buschhorn). n.n. 2.—; einz. Nrn. n. —20

— dasselbe. Monatsblatt f. d. Anhänger d. Stenographie „Fortschritt". Hrsg. v. H. Ziemer u. Clem. Overmeyer. Jahrg. 1897. 12 Nrn. (à ca. 8 S.) gr. 8. Husum, H. Ziemer. n.n. 2.—; einz. Nrn. n. —20

— Frankfurter. Zugleich Fortsetzg. d. „Der Stenograf". Organ d. Gabelsberger'schen Stenographen-Vereine zu Mainz, Höchst a. M., Sindlingen a. M. etc. Hrsg. u. Red.: Karl Barthel. 3. Jahrg. 1896. 12 Nrn. (à 1 Bog. u. Unterhaltungs-Bl. 4 S.) gr. 8. Frankfurt a/M. (Barmen, W. Wandt.) n. 2.50

— dasselbe. Central-Organ f. d. inn. Fortentwickelg. u. äuss. Verbreitg. d. Gabelsberger'schen Stenographie. Organ vieler Vereine d. In- u. Auslandes. Red. unt. Mitwirkg v. Karl Heck u. Ad. Mann v. Karl Barthel. 4. Jahrg. 1897. 12 Nrn. (à ca. 2 Bog.) gr. 8. Ebd. n. 3.—

Stenographen-Zeitung, Frankfurter, Fortsetzg., s.: Blätter, fortschrittliche.

Illustrierte Stenographen-Zeitung. Pankow: Expedition 1900. 4°

— norddeutsche. Hrsg. vom Stolzeschen Stenographen-Verein zu Lübeck. Organ der Vereine zu Lübeck u. Bremen. Red.: W. Behrens. 4. Jahrg. 1886. 12 Nrn. (½ autogr. B.) gr. 8. Lübeck, (Carstens). n. 2.—

— norddeutsche. Hrsg. vom Stolze'schen Stenografen-Verein zu Lübeck. Organ der Vereine zu Lübeck u. Bremen. Red.: W. Behrens. 5. Jahrg. 1887. 12 Nrn. (½ autogr. B.) gr. 8. Lübeck, (Carstens). n. 2.—
Erschien nicht weiter.

— ostdeutsche. Zeitschrift f. vereinf. deutsche Stenographie (Einigungssystem Stolze-Schrey). Red. unt. Mitwirkg. mehr. Stenographen Ostdeutschlands v. C. Brauer. Jahrg. 1897/98 (Octbr. 1897—Decbr. 1898). 30 Nrn. (à ca. 8 S.) gr. 8. Thorn, O. Feyerabend. n. 2.—

Ostpreussische Stenographen-Zeitung. Organ d. Gabelsberger Stenographen-Zentralvereins f. Ostpr. zu Königsberg. [Jg. 1.] 1909. Königsberg i. Pr. (1909): Beerwald. 8° (11. 1.71) 10

— schlesische. Hrsgbr.: Der Stolze'sche Stenographen-Bund zu Görlitz. Organ d. schles. Stenographen-Bundes. Redig. v. O. Lehmann. Jahrg. 1890—1892. à Jahrg. 12 Nrn. (à Nr. ½ Bog.) gr. 8. Görlitz, (Finster). à Jahrg. ** 1 25

— Stolzesche. Organ des Stolzeschen Stenographenverbandes. Begründet v. der stenograph. Prüfungskommission zu Berlin. Red.: Arth. Schaub. 5. Jahrg. 1902. 12 Nrn. gr. 8. (à ca. 8 S.) Berlin-Schlachtensee (Eitel-Fritzstr. 8), Otto Höft. n. 2.—; m. d. stenograph. Mussestunden n. 4.—

— Stolzesche. Hrsg. vom stenograph. Verein nach Stolze zu Berlin (gegr. 1844). Jahrg. 1904. 12 Nrn. (à ca. 8 S.) gr. 8. Charlottenburg (Kaiser Friedrich Str. 53), Rob. Sperber. n.n. 1.25

Stolzesche Stenographen-Zeitung. Hrsg. u. geleitet von Georg Schumann. Jg. 1. Berlin (1910): Liebheit & Thiesen. 8° (11. 7442)

Süddeutsche Stenographenzeitung. Jg. 1–14. Karlsruhe: E. Schwarz 1887–(1901). 8°
[Hrsg.: Chr. Götz.]

Westdeutsche Stenographen-Zeitung. Dortmund: Expedition 1890. 8°

— Wiener. Organ des Wiener Stenografen-Vereins und des 1. Gabelsberger Stenografen-Vereins in Oedenburg. Redact.: G. Braut. Jahrg. 1875. 12 Nrn. (à ½ lithogr. Bog.) gr. 8. Wien, (F. Beck.) *
Nicht weiter erschienen.

Wiener Stenographenzeitung. VIII. Jahrg. 8°. Erscheint in 12 Nrn. kompl. K 4.—
Wien: Kirsch 1908.

— Wiener. Hrsg. v. deutsch-österreich. Stenographenbunde. Nebst Beilagen: Wiener stenograph. Unterhaltungsblatt u. Diktat-Beilage. Schriftleiter: Karl Czerny. 9. u. 10. Jahrg. 1909 u. 1910. à 12 Nrn. (à ca. 8 u. 4 S. u. 16 autogr. S.) gr. 8. Wien, H. Kirsch. à Jahrg. 4.—; Unterhaltungsblatt allein 2.40

Stenographie. Nürnberg 1799. V: *Andres, Johann Baptist.* (Fr) (MGT)

Stenografie, die. Organ zur Förderung der Gabelsberger-schen Redezeichenkunst. Im Auftrage des deutschen Gabelsberger-Stenografenbundes hrsg. vom Dresdner Gabelsberger-Stenografenverein. Redact.: Friedr. Wagner. 1.—5. Jahrg. 1880—1884. à Jahrg. 4 Nrn. (Bog.) gr. 4. Dresden, (Huhle.) à Jahrg. *

Stenografie, die. Organ zur Förderung der Gabelsberger-schen Redezeichenkunst. Im Auftrage des Deutschen Gabelsberger-Stenografenbundes hrsg. vom Dresdener Gabelsberger Stenografenverein. Redact.: Friedr. Wagner. 6.—9. Jahrg. 1885—1888. à Jahrg. 4 Nrn. (à Nr. 1—1½ Bog.) gr. 4. Dresden, (Huhle.) à Jahrg. *

Stenographie, die. Organ zur Förderung der Gabelsbergerschen Redezeichenkunst. Im Auftrage d. Deutschen Gabelsberger-Stenographenbundes hrsg. vom Dresdner Gabelsberger-Stenographenverein. 10. u. 11. Jahrg. 1889 u. 1890. à Jahrg. 4 Nrn. (à Nr. 1—1½ Bog.) gr. 4. Dresd., (Huhle). à Jahrg. * — 60
Nicht weiter erschienen.

Stenographie, die Lese- u. Uebungsblatt zur Fortbildg, Belehrg. u. Unterhaltg. junger Stenographen. Red.: Walt. Franke. 1. Jahrg. 1894. 12 Nrn. (½ Bog.) gr. 8. Berlin, Verlag d. Correspondenzblattes. n. — 75

Stenographie, die. Lese- u. Uebungsblatt zur Fortbildg., Belehrg. u. Unterhaltg. junger Stenographen. Red.: Walt. Franke. 2.—5. Jahrg. 1895—1898. à 12 Nrn. (à 8 S.) gr. 8. Berlin, Verlag Gabelsberger. à Jahrg. n. 1. —
Wird nur in wenigstens 4 Exemplaren geliefert.

Stenographie, die. Lese- u. Uebungsblatt zur Fortbildg., Belehrg. u. Unterhaltg. junger Stenographen. Red.: Walt. Franke. 6. Jahrg. 1899. 12 Nrn. gr. 8. (à ca. 8 S.) Berlin, Verlag Gabelsberger. n. 1. —

Stenographie. Welches System lerne ich? . . . Leipzig 1897. V: *Paetzold, Max.* (Berl)

Stenographie, welches System lerne ich? Beantwortet v. d. kaufmänn. Stenotachygraphen-Vereinigg. 8. (16 S.) Leipzig 897. (Bunzlau, M. Paetzold.) n.n. — 35

Stenographie, die, als Eheprocurator. Posse mit Gesang von A. G. Frankfurt a. M. 861. Auffarth in Comm. 8. (32 S.) n. 5 ngr.

Stenografie und Fonografie vor dem Forum des Gerichtes. Denkschrift über die Niederlage der Fonografie aus Anlaß des von ihren Anhängern gegen die „Oesterreich. Blätter für Stenografie" angestrengten Ehrenbeleidigungs-Processes. Enthält das genaue Protokoll der Schwurgerichts-Verhandlung vom 13. Decbr. 1877. Hrsg. vom Gabelsberger Stenografen-Central-Verein in Wien. gr. 8. (72 S.) Wien 878, (Hölder.) *

Stenographie, die, im deutschen Heeresdienst. Von e. aktiven Offizier. Hrsg. vom deutschen Gabelsberger Stenographenbund durch dessen Vorort Berlin. gr. 8. (12 S.) Berlin 890. Issleib. n. — 25

Stenographie, die, (Kurzschrift), für die deutsche Jugend. Für Schulen und zum Selbstunterricht. Nach Gabelsberger's System bearb. mit Rücksicht auf die neuesten Schreibweisen. 4 Hefte. gr. 8. (26 und 56 lithogr. S.) Leipzig 858, (Kollmann.) à Heft 6 Ngr.

Stenographie, die, in Lehranstalten für höhere Bildung (von Karl Albrecht). Ankündigungsschrift der demnächst abzuhaltenden Prüfungen der Schüler des modernen Gesammtgymnasiums in Leipzig. gr. 8. (32 S. m. 1 lith. Taf.) Leipzig 850, Klinkhardt. n. 4 ngr.

Stenografie, die polnisch-ruthenische, an sich u. als Grundlage eines allgemein slavischen Schriftsystems. Eine Antwort auf die Brochure: „Den stenografirenden Slaven." (Hersg. vom 1. Gabelsberger Stenografen-Verein zu Prag.) Prag 865. (Lehmann.) gr. 8. (21 S.) n. 4 ngr.

— die Stolze'sche. Grundzüge u. Lesestücke. 16. (30 lith. S.) Berlin 851, Mittler & Sohn in Comm. n. n. 3 ngr.

Stenographie nach Horstig's System, verb. durch Mosengeil. Heim und A. Wieder hrsg. von einem Freunde der Stenographie. 16. (13 S. mit 1 Stnt. in 4.) Trier 872. Troschel.

System Stolze-Schrey. Vereinfachte Stenographie. Vollst. prakt. Lehrgang z. Selbstunterr. *Aachen: C. H. Georgi [1900].* (28 S.) 8° = Hilf dir selbst! No 21. [oo. 8969

— die, an der Wende des Jahrhunderts. Vorträge u. Aufsätze in zwanglosen Heften. 1. u. 2. Hft. 8. Dresden [G. Dietze]. E. Haendcke. n. 1. 40
1. Kulturgeist u. Stenographie in Vergangenheit, Gegenwart u. Zukunft. Ein Aufsatzcyklus. Von Emil Richter. (128 S.) 899. n. — 80
2. Stenographische Handelswelt u. Handelswissenschaft. Ein Aufsatzcyklus. Von Emil Richter. (87 S.) 900. n. — 60

Stenographieheft, 1.—3., zum Gebrauche in der stenographischen Praxis. 8. Wien 893. Wiener stenograph. Verlag. à n. — 10
1. Vierlinig. (32 S.) — 2. Einlinig. (32 S.) — 3. Unliniert. (48 S.)

Stenographiekarte. Winkler, M., Karte der Verbreitg. der Stenographie im Deutschen Reiche, Oesterreich u. der Schweiz. Nach dem neuesten statist. Material bearb. 60,5×65,5 cm. Farbdr. Darmstadt 902. Stenograph.-Lehrer M. Winkler. n. 1. 65

Stenographie-System, welches, soll ich erlernen? s.: Miniatur-Bibliothek.

Stenographie-Systeme. Gaster, Bernh., Uebersichtskarte üb. die Verbreitung der stenograph. Systeme Gabelsberger u. Stolze-Schrey. 2. Aufl. 44,5×60,5 cm. Wolfenbüttel 903. Heckner. n.n. 1. 60

Stenographie-Systeme. Gaster, Bernh., Übersichtskarte üb. die Verbreitnng der stenographischen Systeme Gabelsberger u. Stolze-Schrey. 3. Aufl. 44,5×60,5 cm. Wolfenbüttel 905. Heckner. Mit Stäben nn 1. 60

Die Stenographiesysteme von Gabelsberger und Stolze-Schrey '(sog. Einigungssystem)' u. die in d. letztere v. F. Schrey nachträglich eingef. Kürzgn, Schreibweisen u. Vokalisiergn nach Gabelsbergers System. Auszug aus e. Gutachten d. Kgl. Stenogr. Instituts zu Dresden z. Widerlegg der gegen d. Gabelsb. System gericht. Angriffe . . . *Dresden: Stenogr. Dr. Glöss 1898.* (15 S.) 1 Bd 8. [Z. Th. lithogr.] [58. 6695

Stenographie-Uebungsheft. gr. 8. (24 S.) Frankfurt a/O. 899. (L. Massute.) n. — 12
Fortsetzung s.: Selbstdiktierer, der.

Stenographie-Unwesen, das. 12. (15 S.) Lpz. 891, (Zehl). — 30
Aus: Die Grenzboten, besonders abgedruckt.

Stenotachygraph. Organ f. d. Stenotachygraphen. Mit d. Beilagen: D. Hausfreund, Aus uns. Schule u. D. Praktiker. IV. Jahrg. 1896. 12 Nrn. (à ca. 24 S.) gr. 8. Teschen a/E., F. Jaeger. n.n. 4. 25

— Central-Organ des allgem. österreich. Stenotachygraphen-Verbandes. Organ d. Wiener Centralvereines f. Stenotachygraphie. M. d. Beilagen: D. Hausfreund, Aus uns. Schule u. D. Praktiker. V. u. VI. Jahrg. 1897—1898. à 12 Nrn. (à ca. 20 S.) gr. 8. Ebd. à Jahrg. n.n. 4. 25

Stenotachygraphen-Kalender f. d. J. 1900. Hrsg. v. Bernh. Fehrecke. 1. Jahrg. 12. (126 S.) Mannheim. Konstanz a/Bodensee, Stenotachygraph. Institut (B. Fehrecke). Kart. n. 1. —

Stenotachygraphen-Lieder. Zusammengestellt f. fröhl. Stunden in kunstgenossenschaftl. Kreisen. 12. (14 S.) Nürnberg 899. Stenotachygraphenverein Nürnberg (Geschäftsstelle: G. Schütze, Pillenreutherstr. 23). n. — 10

Stenotachygraphen-Zeitung, allgemeine deutsche. Central-Organ des allgem. deutschen Stenotachygraphen-Verb. Organ d. mittelrhein., schles., mitteldeutschen etc. Stenotachygraphen-Verb., sowie d. Berliner Centralvereins f. Stenotachygraphie. Nebst: Der Schriftgenosse. Red.: H. Reisse. 8.—11. Jahrg. 1895—1898. à 24 Nrn. (Bog.) gr. 8. Schweidnitz (G. Brieger). à Jahrg. n. 4. 60
Kann auch vierteljährlich bezogen werden.

Stenotachygraphen-Zeitung, allgemeine deutsche. Centralorgan des allgemeinen deutschen Stenotachygr.-Verbandes. Organ des mittelrhein., schles., mitteldeutschen etc. Stenotachygraphen-Verbandes, sowie des Berliner Centralvereins f. Stenotachygraphie etc. Nebst: Der Schriftgenosse. Red.: Hugo Reisse. 12.—15. Jahrg. 1899—1902. à 24 Nrn. gr. 8. (à ca. 8 u. 8 S.) Schweidnitz (G. Brieger). à Jahrg. n. 4. 60

Stenotachygraphen-Zeitung, allgem. deutsche. Amtliches Organ des allgemeinen deutschen Stenotachygraphen-Verbandes. Organ des schles., mittelrhein., mitteldeutschen usw. Stenotachygraphen-Verbandes. Nebst: Der Schriftgenosse. Red.: Karl Bartel. 16. bis 19. Jahrg. 1903—1906. à 24 Nrn. (à Jahrg. 250 u. 192 autogr. S.) gr. 8. Schweidnitz (G. Brieger). à Jhrg. n. 4. 60

Stenotachygraphen-Zeitung, allgem. deutsche. Amtliches Organ des allgemeinen deutschen Stenotachygraphen-Verbandes. Organ des Akademikerbundes f. Stenotachygraphie usw. Nebst monatl. Beiblättern: Der Diktator. Der Schriftgenosse. Die Feierstunde. Red.: Otto Bratengeyer. 20.—22. Jahrg. 1907—1909. à 24 Nrn. (à ca. 8 u. 8 autogr. S.) gr. 8. Schweidnitz (G. Brieger). à Jahrg. nnn 4. 60
Nur noch durch die Post beziehbar.

— allgemeine österreichische. Central-Organ des österreich. Stenotachygraphen-Bundes. Mit den stenotachygraph. Beilagen: Der Berichterstatter, der prakt. Stenotachygraph, der Diktator, der gemüthl. Erzähler. 1. u. 2. Jahrg. 1899 u. 1900. à 12 Nrn. gr. 8. (à ca. 24 S.) Tetschen a/Elbe, Frdr. Jaeger. à Jahrg. n. 4. —

Stenotachygraphia. Zeitschrift zur Unterhaltg. u. Belehrg. Jahrg. 1898. 12 Nrn. (à ca. 16 S.) 12. Hannover (Friesenstr. 15), R. Prehm. n. 2. —

Stenotachygraphia. Zeitschrift zur Unterhaltung und Belehrg. Schriftleitung: W. Hartmann. 2.—4. Jahrg. 1899—1901. à 12 Nrn. 12. (à ca. 16 S.) Ackendorf (bei Magdeburg). Lehr. Chr. Lenz. à Jahrg. n.n. 2. —

Steno-Tachygraphie. Erfinder [1875]: Aug. Lehmann. Leitfaden, das neue Geschwindschrift-System durch Selbstunterricht, sowie in Lehrkursen u. Schulen zum Correspondenz- u. parlamentar. Gebrauch in 5 Stunden zu beherrschen. 14. Aufl. gr. 8. (16 S.) Berlin 886. Boettcher. n. 1. —

Stenotachygraphie, die, [Eng-Schnellschrift]. Leitfaden zur Erlerng. dieser vereinfachten, an Kürze unübertroffenen Stenographie f. Jedermann. Hrsg. vom Stenotachygraphen-Verein zu Berlin. 16., vollständig umgearb. Aufl. gr. 8. (32 S.) Berl. 890, [Dierig u.] Siemens. n. 1. —

[Kopft.:] Die **Stenotachygraphie** '(Engschnellschrift)'. [Einblick in das System.] (Aufgestemp.: *Eisleben: L. Rennert [1897].*) 1 Bl. 8. [Autogr.] [98 1455

— od. **Gabelsberger?** Eine System-Frage, beantwortet v. Bez.-Verband bayr. Stenotachygraphen. gr. 8. (4 S.) Augsburg (H. 205) 895. F. Kaupert. n.n. — 05

— — 2. Aufl. gr. 8. (4 S.) Ebd. 897. n.n. — 10

— (Engschnellschrift), die, ihre unerreichte Kürze, große Zuverlässigkeit u. leichte Erlernbarkeit. M. e. vergleich. Schriftprobe. gr. 8. (4 S.) Wien (I, Liebenberggasse 6) 896. Wiener Centralverein f. Stenotachygraphie. — 05

Stenotachygraphie, die, deren Nutzen u. Vorzüge, erläut. v. Centralverein f. stenotachygraph. Schülerpropaganda. gr. 8. (4 S.) Strümpfelbrunn i/B. 896. W. Graebener. n.n. — 05

Stenothyra, E. v., **anthropologische Reise-Studien. Humoreske.** gr. 8. (VII, 172 S.) **Berlin 878, Plahn'sche Buchh.** *

Stenow, J. L., Schreckliche Folgen der Vielweiberei oder Schandthaten und Verbrechen des „Volkes der Heiligen" (der Mormonen) unter dem Deckmantel der heil. Schrift. Hamburg 1865. 8⁰. 464 S. (4 Mk. der Vorige, 1906.)

Die Cladoceren der Umgebung von Helsingfors von K. E. **Stenroos**. Mit 1 Taf. Helsingfors 1895: (O. W. Backman, Kuopio). (44 S.) 8°
= **Acta** Societatis pro fauna et flora Fennica. 11, No 2. [07. 3931

Zur Kenntnis der Crustaceen-Fauna von Russisch-Karelien. Cladocera, Calanidae. Von K. E. **Stenroos**. Mit 1 Taf. u. 1 Karte. Helsingfors 1897: (O. W. Backman, Kuopio). (72 S.) 8°
= **Acta** Societatis pro fauna et flora Fennica. 15, No 2. [07. 3670

Stens, Wilhelm

Stens, W., Gedichte. gr. 8. Köln 841, Eisen. n. $1^1/_3$ ℳ

Stens, W., die Gleichstellung der Homöopathie mit der Allöopathie, beantragt in einer Adresse an die hohe National-Versammlung in Frankfurt von einer Versammlung homöopath. Aerzte Rheinlands und Westphalens etc. gr. 8. (45 S.) Bonn 848, Weber. *

Stens, Wilh., die Gleichstellung der Homöopathie m. der **Allöopathie beantragt in e.** Adresse an den hohen Reichs**tag in Berlin v. e.** Vereine homöopath Aerzte Rhein**lands u. Westfalens.** 2. Aufl. gr. 8. (46 S.) Bonn 874. **Weber.** n. 1. —

Stens, W., die Homöopathie u. der Privatdoc. Dr. Hoppe. Ein Sendschreiben an den Dr. J. Hoppe. gr. 8. (1 B.) Bonn 846, Weber. *

Stens, Wilh., die Homöopathie, in ihrem Wesen, ihrem Verhältnisse zur Allopathie, zum Staate und den Angriffen ihrer Gegner gegenüber dargestellt. 1. und 2., unveränd. Aufl. gr. 8. (XI und 184 S.) Sondershausen 863. [Lübeck, Volhoevener.]

Stens, Guil. (geb. Bonn 18. 6. 1845): De morbis venereis. Berolini 1866. (39 S.) 8°
Berlin, Med. Diss.
nachgeliefert v. dem am 19. Juni 1866 auf Grund gedruckter Thesen promov. Verf.

Stens, Guilelmus (geb. am 1 Aug. 1810 in Essen): De oleo iecoris aselli ... Bonnae, typ. C. & F. Krüger 1841. 2 Bl., 24 S., 2 Bl. 8.
Bonn, Med. Fak., Diss. v. 10 Sept. 1841

— offenes Sendschreiben an Se. Exc. den Geheimen Staatsminister 2c. Herrn Dr. v. Bethmann-Hollweg in Berlin. Leipzig 861. Purfürst. gr. 8. (29 S.) 7½ ngr.

Stens, W., die Therapie unserer Zeit in Briefen. gr. 8. (XIX und 284 S.) Sondershausen 854, Eupel's Verlag.

Stens, Wilh., Vincentius von Paulus. Ein episch-lyrisches Gedicht. gr. 12. (264 S.) Köln 850, Eisen. *

Stens, Wilh., Vincenz von Paul. Ein Lehrgedicht. 8. (VIII, 212 S.) Mainz 870, Kirchheim. *M 3.: geb. *

Stens jun., Wilh., was ist Homöopathie? Eine Beleuchtg. der wichtigsten Gesichtspunkte, welche bei Beantwortg. dieser Frage berücksichtigt werden müssen. 8. (111 S.) Leipzig 872. literar. Institut. n. 1. 20

Stenström, K. O. E., üb. d. Vorkommen derselben Arten in verschied. Klimaten an verschied. Standorten, m. besond. Berücksicht. der xerophil ausgebild. Pflanzen. E. krit. pflanzenbiolog. Untersuchg. [Aus: „Flora."] gr. 8. (139 S.) Marburg 895. N. G. Elwert's Verl. n. 3. —

Stent, G. Carter, chinesische Eunuchen, oder der Ursprung, Character, Habitus, Obliegenheiten und Zurichtung der Hämmlinge Chinas. 8. (47 S.) Leipzig 879, O. Schulze. *

Stent, G. C., chinesische Gedichte, s.: Universal-Bibliothek.

Stentrup, F., Abhandlungen üb. Corveyer Geschichtsschreibung, s.: Backhaus, J.

Stentrup, Ferdinand Alois

Stentrup, Ferd. Al., das Dogma von der zeitlichen Weltschöpfung gegenüber der natürlichen Erkenntniß mit besonderer Berücksichtigung der Polemik Dieringer's u. Oischingers gegen Kleutgen u. die Scholastik. Innsbruck 870. Wagner. gr. 8. (VII, 244 S.) n. 28 ngr.

Stentrup, Ferd. Alois, Praelectiones dogmaticae de deo uno, quas in c. r. universitate Oenipontana habuit. gr. 8. (772 S.) Innsbruck 878. (F. Rauch.) *

Stentrup, Ferd. Aloys., Praelectiones dogmaticae de verbo incarnato, quas in c. r. universitate Oenipontana habuit. Par. I: Christologia. 2 vol. gr. 8. (1328 S.) Innsbruck 882, F. Rauch's Buchh. Vol. 1 *M 4,80.; vol. 2 *M 5,20. *

Stentrup, F. A., praelectiones dogmaticae de Verbo incarnato, quas in c. r. universitate Oenipontana habuit F. A. S. Pars II. Soteriologia. 2 voll. gr. 8. Innsbruck 889. F. Rauch. n. 14. — (I—II, 2.: n. 24. —)
1. (696 S.) n. 5. 20. — 2. (1176 S.) n. 8. 80.

Stentrup, Ferd. Alois., S. J., synopsis tractatus scholastici de Deo uno. gr. 8. (IV, 368 S.) Innsbruck 895. F. Rauch. n. 4. —

Stentrup, Franz, (Presb. dioec. Monast.): Erzbischof Dietrich II. von Köln und sein Versuch der Inkorporation Paderborns. *Münster i. W. 1904: Regensberg.* (97 S.) 8° [F.]
Münster, Kath.-theol. Diss. v. (15. März) 1904

Stentrup, Franz, Dr. theol.: Die Translatio sancti Viti. Münster i. W. 1906: Aschendorff. (46 S.) 8° ¶(Erscheint vollst. in der Veröffentlichung der histor. Kommission f. Westfalen „Abhandlungen über Corveyer Geschichtsschreibung.")
Münster, Phil. Fak., Ref. Meister, Diss. v. 21. Juli 1906
[Geb. 3. Aug. 76 Münster; Wohnort: Münster; Staatsangeh.: Preußen; Vorbildung: Gymn. Münster Reife O. 97; Studium: Theol. Münster 10, Gesch. Münster 6 S.; Rig. 1. März 06.]

Stentz, Theodor

Stentz, Th., Den Armen. Beim 50jähr. Jubelfeste der Loge z. siegenden Wahrheit zu Gleiwitz am 19. April 1863. 8. 2 Bl.
Lied, abgedr. Bauhütte 1863, S. 176. — Die hinterlassenen poetischen Arbeiten von Theodor Stentz sind unter dem Titel: „Frmr. Gedichte für Bundesbruder" (Gleiwitz, Färber. 1874) erschienen.

Freimaurer-Gedichte für Bundesbrüder von Theod. **Stentz.** Hrsg. von d. Loge [zur siegenden Wahrheit in Gleiwitz]. Gleiwitz: Färber 1874. 79 S. 8°

Die Hiram-Sage. Hs. f. Brr Mstr von Th[eod.] **Stentz.** Berlin: Sittenfeld 1871. V, 137 S. 8°
Recens: FZ. 26 (1872) S. 45—47 (O. Marbach), abgedr. in: Bh. 15 (1872) S. 45—46
cf. Bh. 15 (1872) S. 148—149 (K. E. Putsche), abgedr. in: T. 19 (1873) S. 27; BN. 3 (1872 bis 1873) S. 145—148 (J. P. Vaillant); L. 29 (1873) S. 164—169.
Tt. 1418. Eingel. durch ein Lebensbild des Verf. von J. F. Schnakenburg. Enth. die Abhandl.: Geschichte u. Sage, Deutung der Sage v. Hiram, Deismus u. Frmrei vor u. nach 1717.

[Lied.] Der □ Urania zur Unsterblichkeit im Or. Berlin. [Unterz.:] Th[eod.] **Stentz.** [Berlin 1867]: Moeser. 1 Bl. 8° [Kopftit.]
Ohne Noten.

[Lieder.] Der ger. und vollk. Loge zur Ankerkette im O. Ueckermünde zum Einweihungsfeste am 1. Nov. 1860 geweiht von ihrem Th[eod.] **Stentz.** Ueckermünde [1860]: Ihring. 6 Bl. 8° [Umschlagtit.]
Tt. 2601. 9 Lieder ohne Noten.

Stentz, Th., Der Loge zur Ankerkette in Ueckermünde zum Einweihungsfeste am 1. Nov. 1860. 8. 6 Bl.

Stentz, Th., Tafel-Lieder beim 50jähr. Jubelfeste der Loge z. siegenden Wahrheit zu Gleiwitz am 19. April 1863. 8. 2 Bl.

Die Entstehung der Materie und der Nebularsysteme. Ein Entwurf von Arthur **Stentzel**. Mit 3 Taf. Hamburg: Christians 1901. 20 S. 8° [Umschlagt.] [10. 14675

Stentzel, Arth., Weltschöpfung, Sintfluth u. Gott. Die Urüberliefergn., auf Grund der Naturwissenschaft erklärt. gr. 8. (VII, 183 S. m. 3 Taf.) Braunschweig 894. Rauert & Rocco Nachf. n. 4. 50

Stentzel, Arth., Weltschöpfung, Sintfluth u. Gott. Die Überliefergn. auf Grund d. Naturwissenschaft. 2. [Titel-] Aufl. Mit 3 Taf. gr. 8. (VII, 183 S.) Leipzig (894). 899. Neu-Weissensee, H. W. Th. Dieter. n. 4. 50

Stentzel, Christian Gottfried

Stentzel, C. G., resp. Jo. D. **Kuntzschke,** De anima animalis secretionis ignarissima breviter et strictim. 12 pp. Vitemb. 4°.
1 7 4 6

Stenzel, Chr. Gfr., anthropologia ad pathologiam applicatn. 4. Vitteb. Zimmermann. 728.

Stentzel, Christian Gottfried [Praes.], s. Arnold, Johann Gotthelf: De ventriculo imputatorum criminum experte.

— de asylis ignorantiae in medicina et de naturae Stahlianae in chirurgia impotentia. 4. ibid. 739. — 4

— de aurium blandimentis veris magis quam blandis, von d. Mitteln des polit. Ohrenzwanges. 4. Wittenberg, Knoch. 740. — 6

Stentzel, Christian Gottfried [Praes.], s. Bulisius, Joh. Ephraim Friedr.: De insana sanitate.

Christian Gottfried Stentzel

Christianus Gottfried Stentzelius [Stentzel]: De Cantharidibus prosperae adversaeque auctoribus valetudinis. Von spanischen Fliegen. [Resp.:] Johannes]Georgius Herrmannus [Herrmann]. Vitembergae (1740:) Eichsfeld. 46 S. 8°

Wittenberg, Med. Diss. v. 9. Nov. 1740

Christian Gottfried Stentzel

De Cantharidibus et similibus quae aphrodisiaca vocantur medicamentis veneri inimicis amicisque. [Resp.:] Christianus Frider[icus] Horn. Vitembergae (1747:) Eichsfeld. 72 S. 8°

Wittenberg, Med. Diss. v. Juni 1747

—, De continentibus et contentis capitis partibus. Vitemb. 4°.
1 7 2 7

Stenzel, Chr. Gttl., resp. D. S. **Kruegelstein,** Diss. anat. pathol. demonstrans veri temperamenti in humano corpore absentiam hujusque cum intemperie confusione. 15 l. Vittenb. 4°.
1 7 2 7

Stentzel, Christian Gottfried [Praes.], s. Fimmler, Johann Christoph: De tabis et phthiseos convenientia ac differentia.

Stentzel, Christian Gottfried [Praes.], s. Herrnbaur, Johann Georg: *Ευφυιας και της αφυιας ποικιλων τουτων αιτιων και του ταυτας διευθυνειν τροπου.*

C. G. Stentzel Hippocratem fuci non mali accusatum defendit. Viteb. 1745. 4.

Stentzel, Christian Gottfried [Praes.], s. Keller, Stephan: De poculis sanitatis poculis morborum et mortis.

Stentzel, Christian Gottfried [Praes.], s. Lehmann, Joh. Gottl.: De minus generosis generosorum medicamentorum effectibus.

— medicina theor.-practica. 8. Francof. 732.

Chr. Godofr. Stentzel progr. morbi, quo per sapientiam mori Plinius scribit, natura explicatur. Viteb. 1730. 4.

Christian Gottfried Stentzel

De foeminis ex Coi effato Morbo articulari immunibus immunitatis huius iam expertibus. (Vitembergae 1743: Officina Bossoegelia.) 4 Bl. 8°

[Einladungsschrift zur Dr. med.-Promotion von Johann Wilhelm Biener, Wittenberg, 25. Okt. 1743.]

Languis, W. H., praes. **Stenzel,** Diss. morbos per potus intemperantiam ipsamque ebrietatem curandi rationem plurima ex parte examinans. 36 pp. Viteb. 4°. 1 7 3 4

Stentzel, Christian Gottfried (Torgau) A. S. 1115/20

Dissertatio inauguralis medica de atrocissima et acutissima cholerica passione rite judicanda et curanda. Präs. Christian Vater.
Wittenberg (Finkel) 12. XII. 1720. 26 S.
33471

Stentzel, Christian Gottfried [Praes.], s. Pezolt, Ludwig Christian: Medicum ab iniquis judiciis vindicaturus.

WOLFF, J. Chr. (praeside *Ch. G. Stenzel*). De philtris rite examinandis et dijudicandis. Von Liebes-Tränckeu. Vittembergae 1726. 4°. (1½ Mk. Prager, Berlin, vor 1885.)

Stentzel, C. G., resp. J. F. Wolff, de philtris rite examinandis et dijudicandis. Viteb. 726. 4.

Stentzel, Christian Gottfried (Torgau) A. S. 1202/20

Praesidia sanitatis quibus Vitemberga abundat contra tritum sermone proverbium Wer von Wittenberg kommt mit gesundem Leib.
Wittenberg (Eichsfeld) (1733). 88 S.
33472

Stentzel, Ch. Gttf., De purgantibus fortioribus delirantium naturae adversis breviter disserit. 16 pp. Vitemb. 4°.
1 7 4 1

Stenzel, Chr. Godof., Diss. de ruta medicamento et veneno. Viteb. 4°. 1 7 3 5

Stentzel, Christian Gottfried [Praes.], s. Sauber, Georg Philipp: De steatomatibus in principio arteriae aortae repertis et horum occasione de cysticis in genere excrescentiis.

Stentzel, Christian Gottfried [Praes.], s. Schiller, Johann Gotthard: Morbos corporis morbis mentis non curari nec curandos esse . . . disputans demonstrat . . .

Stentzel, Christian Gottfried [Praes.], s. Seydel, Johann Samuel: De syncretismi medici utilitate et necessitate.

Stentzel, Ch. God., De somno praestantissimo sanitatis et morborum praesidio vereque hvivs usv, et fere abvsv diatriba. 158 pp. Graece et latine. Frcf. et Lps. 1725. 8°.

— de somno praestantissimo sanitatis et morborum auxilio meditatio graece et latine. 8. Danzig, Knoch. 740. — 6

Stenzel, C. G., de somno, praestantissimo sanitatis et morborum auxilio meditatio. Gr. et lat. Gedani 745. 8. 5 gr.

Stentzel, C. G., resp. G. S. **Reinhold,** De temperamentis. 5 l. Vitemb. 4°. 1 7 4 0

Christian Gottfried Stentzel

Christ(iani) Godofr(edi) Stentzelii [Stentzel] Bini Tractatus, quorum alter De Asylis ignorantiae in medicina et chirurgia usitatis alter... disserit. Vitembergae: Gaeberdt 1729. 56,40 S. 8°

[Sondert.:] [Stentzel] Stentzelius: De naturae Stahlianae in chirurgia impotentia Commentatio. Vitembergae (1729:) Schlomachius.

Christian Gottfried Stentzel

Christianus Gottfried Stentzelius [Stentzel] De externo cantharidum Usu imprudentum prudentumque asylo medicorum. [Resp.:] Iohannes Gottlieb Haentschel. Vitembergae (1743:) Eichsfeld. 70 S. 8°

Wittenberg, Med. Diss. v. 13. Dez. 1743

Christian Gottfried Stentzel

Christianus Godofredus Stentzelius [Stentzel] De Utero insonte. [Resp.:] Ioannes Fridericus Zembsch. Vitembergae (1735:) Eichsfeld. 48 S. 8°

Wittenberg, Med. Diss. v. 28. Mai 1735

Chr. Godofr. Stentzel (resp. Car. Theoph. Porschberger) de vestigiis circuli sanguinis apud Hippocratem. Viteb. (1727.) 1731. 4.

Christian Gottfried Stentzel

De cantharidum et his similium medicamentorum calculis compactis atterendis minus parium Virtute. [Resp.:] Carolus Gustavus Krieg. Vitembergae (1741:) Eichsfeld. 62 S. 8°

Wittenberg, Med. Diss. v. 19. Dez. 1741

Stentzel, Christian Gottfried: De venenata vini alimenti ac medicamenti optimi virtvte. [Resp.:] Daniel Dietericvs Iacobi. Vitembergae: Eichsfeld 1740. 72 S.
Wittenberg, Med. Diss. v. 29.3.1740 -- 16*. Frei 100
BJ: Stenzel, Chr. Gottfr. -- Thienemann: Stenzel, Ch. God.

Stentzel, Christian Gottfried [Praes.], s. Wolff, Johann Friedrich: De philtris rite examinandis et diiudicandis Von Liebes=Träncken.

Stentzel, Christian Gottfried [Praes.], s. Zembsch, Johann Friedrich: De utero insonte.

Stentzel, Heinz, appr. Arzt a. Kirchhain b. Marburg: Ueber Bakteriaemie bei Infektions-Krankheiten. Leipzig 1907: B. Georgi. (63 S.) 8°
Leipzig, Med. Fak., Ref. Curschmann, Diss. v. 17. Juli 1907
[Geb. 7. Sept. 76 Kirchhain b. Marburg; Wohnort: Leipzig; Staatsangeh.: Preußen; Vorbildung: Gymn. Korbach Reife O. 98; Studium: Marburg 5, Leipzig 5 S.; Coll. 2. Aug. 07; Approb. 25. Juli 07.]

Stentzel, M.

Stentzel's Betriebsbuch f. Zuckerfabrikanten. Ein Hilfsbuch u. Zahlenordner f. den techn. u. kommerziellen Betrieb in Zuckerfabriken. Hrsg. auf Veranlassg. des Vereins deutscher Zuckertechniker. 2 Tle. 12. Magdeburg 900. Verlagsanstalt f. Zuckerindustrie.
Geb. in Leinw. n. 3. —; einzelne Tle. n. 2. —
1. Betrieb. (VI S., Kalendarium u. 90 S.)
2. Verwaltung. (VI S., Kalendarium u. 100 S.)

Traug. Balth. Chr. Stentzel (praes. Dan. Guil. Triller) de Hippocratis studio anatomico singulari. Viteb. 1754. 4. *Emend. redit in* Trill. Opusc. Vol. I. 1766. p. 107—133, *quamvis non Trilleri sed Stentzelii opus sit. Tr. ope elaboratum.*

Stentzler, Adf. Friedr., Elementarbuch der Sanskrit-Sprache. Grammatik, Text, Wörterbuch. 4. verb. Aufl. gr. 8. (IV, 127 S.) Breslau 880, Köhler.

Stentzler, J., Deutsch-Ostafrika. Kriegs- u. Friedensbilder. (VIII, 109 S. m. 12 Vollbildern.) 8. Leipzig 906. W. Weicher. n. 2. —

Stentzler, J., Deutsch-Ostafrika. Kriegs- u. Friedensbilder. 2. Aufl. (IX, 122 S. m. 14 Abbildgn. auf 13 Taf.) 8. Berlin 910. „Heimat u. Welt" Verlag, W. Weicher. 2.—

Stenz, Erlebnisse e. Missionars in China. Mit einigen Illustr. Geschildert in Tagebuchblättern. gr. 8. (104 S.) Trier 899. Paulinus-Druckerei. — 40

Stenz, Albert, aus Dresden: Zur **Kenntnis** des Sulfocarbanilids und dessen Derivate. *Dresden 1899: Lehmann.* (55 S.) 8°
Rostock, Phil. Diss. v. [28. Okt.] 1899

Stenz, Geo. M., S. V. D., Beiträge zur Volkskunde Süd-Schantungs, hrsg. von A. Conrady, s. a. Veröffentlichungen d. städt. Museums f. Völkerkde. zu Leipzig. 1. Heft.

Beiträge zur Volkskunde Süd-Schautungs von P. Georg M. **Stenz**, S.V.D. Hrsg. u. eingeleitet von A[ugust] Conrady. Leipzig: R. Voigtländer 1907. (116 S.) 4°(8°)
— **Veröffentlichungen** d. Städt. Museums f. Völkerkunde zu Leipzig. H. 1.
[07, 17890

Stenz, Geo. M., S. V. D., aus weiter Ferne. In Deutsch-China u. Süd-Schantung, s.: Unterhaltungs-Bibliothek, Steyler.

Stenz, Geo. Maria, S. V. D., in der Heimat des Konfuzius. Skizzen, Bilder u. Erlebnisse aus Schantung. Mit 2 Farbenbildern, 31 Voll- u. 96 Textbildern. gr. 8. (288 S.) Steyl 902. Missionsdruckerei.
Geb. in Leinw. n. 4. —

— P. Richard Henle aus der Gesellschaft des göttlichen Wortes, Missionar in China. Ermordet am 1. XI. 1897. Ein Lebensbild. (183 S. m. Abbildgn.) kl. 8. Steyl 904. Missionsdruckerei. Geb. in Leinw. n. — 75

— ins Reich des Drachen unter dem Banner des Kreuzes. (255 S. m. Abbildgn.) 8. Ravensberg (906). F. Alber. n. 2. —; geb. n. 3. —

— in Korea, dem Lande der Morgenstille, s.: Unterhaltungs-Bibliothek, Steyler. Nr. 19.

Stenz, Hermann

Stenz, H., verborgene Gräuel. Thatsachen u. Vernunftgründe gegen die Vivisection. 8. (56 S.) Dresden 889. Internationaler Verein zur Bekämpfg. der wissenschaftl. Tierfolter. n. — 20

Stenz, Herm., s.: Lesebüchlein.

[Umschlagt.:] Die Vivisektion in ihrer wahren Gestalt. Unwiderlegliche Thatsachen aus d. Fachlitt. Gesamm. v. Hermann Stenz, Vf. d. Schrift 'Verborgene Greuel' ... Berlin: Weltbund z. Bekämpfg d. Vivisektion [1898]. (48 S.) 8°

Stenz, Herm., die Vivisektion in ihrer wahren Gestalt. Unwiderlegliche Thatsachen aus der Fachlitteratur. 8. (48 S. m. Abbildgn.) Berlin (S. W. Königgrätzerstr. 108) 899. Geschäftsstelle d. Berliner Thierschutz-Vereins. — 30

— die Vivisektion, der wissenschaftliche Wahnsinn unserer Zeit. Kurze Darlegg. der Unhaltbarkeit, Verwerflichkeit u. allgemeinen Schädlichkeit, sowie der Entbehrlichkeit des Folterns leb. Tiere zu wissenschaftl. Zwecken. 8. (144 S.) Dresden 900. Internation. Verein zur Bekämpfg. der wissenschaftl. Tierfolter. — 50

Die **Vivisektion**, der wissenschaftliche **Wahnsinn** unserer Zeit. Kurze Darlegung d. Unhaltbarkeit ... des Folterns lebender Tiere zu wissenschaftl. Zwecken. Von **Hermann Stenz**. *Dresden: Weltbund gegen d. Vivisektion 1900.* (144 S.) 8° [F.]
[00. 7057

Stenzel, s.a. Stentzel

Stenzel, Kanonikus ..., **Tagebuch für meine guten Kinder.** 8. Sagan 794.

Stenzel, A., der Kreis Bunzlau. Ein kurzer Abriß der Geographie u. Geschichte d. Kreises. Nachschlagebuch f. Haus u. Schule. 8. (IV, 54 S. m. 1 farb. Karte.) Bunzlau 891. G. Kreuschmer. Kart. n.n. 1.—

Stenzel, A., der Kreis **Bunzlau, 2. Aufl., s.: Weiß, Ernst,** Führer durch Stadt u. **Kreis Bunzlau.**

Knoll, Hugo: Hugo Knoll, geb. den 26. März 1835, gest. den 29. Okt. 1903. Ein maurerisches Lebensbild. Unter Mitw. des Br. Aug. Doering verf. von Adolf **Stenzel.** Hirschberg i. Schl. [1903]: General-Anzeiger f. d. R. 10 S. 8° [Umschlagtit.]
cf. Bbl. 18 (1904) S. 341 (G. Diercks).

Die Rosen. Johannisfestrede von Adolf Stenzel. Berlin: Unger 1909. 8 S. 8°
Abgedr. in: BstF. 18 (1909) S. 136—140, 147 bis 149.

Stenzel, Alfred

— bedarf uns. **Marine** e. militär. **Hochschule?, s.a. Beiheft** zum **Militär-Wochenblatt 1896, Hft. 6.**

Bedarf unsere Marine einer militärischen Hochschule? Von **Stenzel,** Kapitän zur See a. D. Berlin: E. S. Mittler & Sohn (1896). (S. 265–294.) 8°
= Beihefte z. Militär-Wochenblatt. 1896. H. 6.

Stenzel. Die deutsche Flotte u. der Reichstag. Ein Wort zu Gunsten der deutschen Wehrkraft zur See. gr. 8. (63 S. m. 1 Tab.) Berl. 892, Zimmermann. * 1 —

Stenzel, A., die Flotte Großbritanniens u. Irlands, s.: Heere u. Flotten, die, d. Gegenwart, Bd. 2.

— die Flotte der Nordstaaten im Secessionskriege. Vortrag, geh. in der Militär. Gesellschaft zu Berlin am 10. Jan. 1894. [Aus: „Beiheft zum Militär-Wochenblatt".] gr. 8. (40 S. m. 3 Skizzen.) Berlin 894. E. S. Mittler & Sohn. n. 1. —

— dasselbe, s. a. Beiheft zum Militär-Wochenblatt.

Stenzel, die britischen Flotten-Manöver vom J. 1889, s.a. Beiheft zum Militär-Wochenblatt.

Stenzel, Kapitän zur See a. D. Die britischen Flotten-Manöver vom Jahre 1889. (Mit zwei Skizzen). Beihft. zum „Milit.-Wochenbl.". Berlin 1889.

— die britischen Flotten-Manöver im J. 1891, s.a. Beiheft zum Militär-Wochenblatt.

Stenzel. Die britischen Flotten-Manöver im Jahre 1891. Berlin 1892. 8°. (Bh. z. M .W. B.)

** und **Stenzel.** Das Heer von Grossbritannien und Irland. (Aus „Heere und Flotten der Gegenwart." 2. Bd.) Berlin 1896.

—— Helgoland u. die deutsche Flotte. gr. 8. (48 S.) Berl. 891, Ulrich u. Comp. * — 75

(B) **Stenzel,** Alfr., Helgoland. 891. (KBL28.) Jetzt: Dresden, F. Jacobi.

Helgoland und die deutsche Flotte v. [Alfred] **Stenzel.** Berlin. 1891. (Hamburg. 1896.) 8°.

Stenzel, Capitän zur See a. D. Ueber Kriegführung zur See. Eine strategische Studie an der Hand der englischen Flotten-Manöver im Jahre 1888. 8 Berlin 1889.

— üb. Kriegführung zur See. gr. 8. (80 S. m. 1 Karte.) Berlin 889. Wiegandt & Grieben. n. 1. —

—— Der neue Seehafen bei Cuxhaven. gr. 8. (11 S. m. 1 Plan.) Berl. 891, (Toeche). — 30
Aus: Deutsche Bauzeitung, besonders abgedruckt.

Stenzel, A: Seekriegsgeschichte in ihren wichtigsten Abschnitten mit Berücksichtigung der Seetaktik. Hannover und Leipzig
T. 1. 1907
T. 2. Von 400 vor Chr. bis 1600 nach Chr. Bearb. von Hermann Kirchhoff. 1909
T. 3. Von 1600 bis 1720. Bearb. von Hermann Kirchhoff. 1910
T. 4. Von 1720 bis 1850. Bearb. von Hermann Kirchhoff. 1911
T. 5. Von 1850 bis 1910. Bearb. von Hermann Kirchhoff. 1911
T. 6. Von 1910—1920. Von Hermann Kirchhoff. Hannover 1921
Ergänzungsband. Mit einer Einführung: »Stenzels Leben und Werke«. Bearb. durch Hermann Kirchhoff. 1913

— Seekriegsgeschichten in ihren wichtigsten Abschn. m. Berücksicht. der Seetaktik. 1.—3. Tl. gr. 8. Hannover, Hahn. Geb. in Leinw. 43. —
1. Mit e. Vorwort von R. Dittmer. Mit 10 Taf., Abbild. u. Karten. (III, 284 S.) 907. Geb. 8.—; erh. Pr. 10. —
2. Von 400 vor Christus bis 1600 nach Christus. Unter Mitwirkg. des Admiralstabes d. Marine bearb. durch Herm. Kirchhoff. Mit 13 Taf. (Karten- u. Schlachten-Skizzen). (XVIII, 321 S.) 909. Geb. 15. –
3. Von 1600—1720. Unter Mitwirkg. des Admiralstabes der Marine bearb. durch Herm. Kirchhoff. Mit 32 Taf. (Karten u. Schlachten-Skizzen.) (XIV, 514 S. m. 1 Bildnis.) 910. Geb. 18. —

— der kürzeste Weg nach Konstantinopel. Ein Beispiel f. das Zusammenwirken v. Flotte u. Heer. Mit 2 Skizzen vom Bosporus u. den Dardanellen. gr. 8. (73 S.) Kiel 894. Universitätsbuchh. n. 1. 50

Stenzel, A., s.a. Wörterbuch, deutsches seemännisches.

Deutsches seemännisches Wörterbuch. Im Auftr. des Staatssekr. d. Reichs-Marine-Amts hrsg. v. A. Stenzel. Mit Taf. u. Abb. Berlin 1904. 484 S. 4°

August Friedrich Stenzel

Augustus Frider(icus) Stenzel: De secretionum vicariarum Dignitate in pulmonum morbis observationes quaedam. Berolini (1829:) Jordan. 23 S. 8°
Berlin, Med. Diss. v. 24. Okt, 1829

Stenzel, Bruno, **„Ultra montes".** Pilgergrüße aus Italien. Ein Nachhall aus dem Jubiläums-Jahre 1900. 8. (52 S.) Kempten 901 (J. Kösel.) n. 1. —; geb. in Leinw. n. 1. 50

Stenzel, C. G., s. Stenzel, Karl Gustav

Stenzel, Carl Gustav Wilhelm, s. Stenzel, Karl Gustav

Stenzel, Chr. Gottl., s. Stentzel, Christian Gottfried

Stenzel, Christian Gottfried, s. Stentzel

Stenzel, Emil, neue Wege in d. Jugendpflege. Der Wartburg-Verein in Frankfurt a. Main. (46 S.) 8. Hamburg (909). Agentur des Rauhen Hauses. — 60

Stenzel, E.: Zum Dienst bereit! Ein Ratgeber für meine jungen Mitarbeiter. Barmen 1909. 108 S.

Annalen der Loge zu den sechs Lilien in Neisse, gestiftet am 5. Dec. 1841 zsgest. von Fr[iedr.] A[ug.] Stenzel. Neisse 1874: Letzel. 65 S. 8⁰

Stenzel, G., Lehrplan f. Holzarbeiterklassen, s.: Schulze, F., Lehrplan f. Metallarbeiterklassen.

Stenzel, G., die Medulloseae, s. Göppert, H. R.

Stenzel, G. A., s. Stenzel, Gustav Adolf Harald

Stenzel, Georg [aus Breslau]: Anatomie der Laubblätter und Stämme der Celastraceae und Hippocrateaceae ... Breslau, Buchdr. z. Gutenberg A. Schreiber, *1893;* 2 Bl., 91 S. 8.
Erlangen, Phil. Fak., Inaug.-Diss. v. 1893

Stenzel, Georg: Die Fingerschutzvorrichtungen für Tiegeldruckpressen. 1906. 138 S., 31 Taf. 8⁰
Braunschweig, Dr.-Ing.-Diss. v. 26. 7. 1906

Stenzel, G.: Die Fingerschutzvorrichtungen für Tiegeldruckpressen. Hamburg 1906

Stenzel, Gustav

Stenzel, G., Anleitung zur Darstellung einfacher chemischer Präparate für Real- u. Gewerbeschulen. Mit 4 (eingedr.) Holzschn. 8. (XVI, 272 S.) Breslau 878. Morgenstern. n. 2. —

—— Beobachtungen an durchwachsenen Fichtenzapfen. Ein Beitrag zur Morphologie der Nadelhölzer. gr. 4. (52 S.) Dresden 876. (Leipzig, Engelmann.) *
Aus: Nova acta der kaiserl. Leopold. Carol. deutschen Akademie der Naturforscher, besonders abgedruckt.

Stenzel, G., **Beobachtungen an durchwachsenen Fichtenzapfen. Ein Beitrag zur Morphologie** der Nadelhölzer. Mit 4 lith. Taf. [Aus: „Nova acta der ksl. Leop.-Carol. deutschen Akad. der Naturforscher."] gr. 4. (52 S.) Dresden 876. Jena, F. Frommann in Comm. n. 4. —

Stenzel, Gust., Blütenbildungen beim Schneeglöckchen [Galanthus nivalis] u. Samenformen bei der Eiche [Quercus pedunculata], s.: Bibliotheca botanica.

Stenzel, Gust., chemische Erscheinungen. Ein Anh. zu A. Trappe's Schul-Physik. Mit 8 in den Text gedr. Abbildgn. (in Holzschn.) gr. 8. (36 S.) Breslau 875. Hirt's Verl. n. — 50

Stenzel, Gust., chemische Erscheinungen. Ein Anhang zu A. Trappe's Schul-Physik, sowie zu den gebräuchlichsten Lehrbüchern der Physik. Mit 8 Fig. 3. Aufl. gr. 8. (37 S.) Breslau 884. F. Hirt. n. — 50

Stenzel, G., chemische Erscheinungen. Ein Supplement zu vielen Lehrbüchern der Physik, insonderheit zu dem des Prof. Trappe. 4. Aufl. gr. 8. (40 S. mit Illustr.) Breslau 887, F. Hirt. *

— chemische Erscheinungen. Ein Anh. zu A. Trappe's Schul-Physik, sowie zu den gebräuchlichsten Lehrbüchern der Physik. Mit 8 in den Text gedr. Abbildgn. 4., durchgeseh. Aufl. gr. 8. (40 S.) Breslau 890. F. Hirt. n. — 50

Stenzel, Gust., chemische Erscheinungen. E. Anh. zu A. Trappes Schul-Physik, sow. zu d. gebräuchlichsten Lehrbüchern der Physik. 5., durchgeseh. Aufl. gr. 8. (40 S. m. 8 Abb.) Breslau 896. F. Hirt. n. — 50

—— Gefäss-Kryptogamen Schlesiens, s. Kryptogamen-Flora von Schlesien.

(**Stenzel,** Gustavus:) Notitia librorum manuscriptorum historiam Silesiacam spectantium, quos servat bibliotheca academica. Vratislaviae (1821). (10 S.) 4⁰ *[Forts. ist Progr. z. Rektoratswechsel v. 1822, vgl. Nr 2933.]*
Breslau, Progr. z. Rektoratswechsel am 15. Okt. 1821

(**Stenzel,** Gustavus:) Notitiae librorum manuscriptorum historiam Silesiacam spectantium, quos servat bibliotheca academica, continuatio. Vratislaviae (1822). (8 S.) 4⁰ *[Forts. zum Progr. z. Rektoratswechsel v. 1821, vgl. Nr 2932.]*
Breslau, Progr. z. Rektoratswechsel am 21. Okt. 1822

Stenzel, Gustav, von Lodz (Russisch-Polen): **Synthese des 4'-Isopropylnaphtoflavonols. Bern 1908. 31 S. 8⁰. [21. II. 08.]**
Bern. Phil. Diss. 1908/09.

Stenzel, Gustav. Synthese des 4'-Isopropylnaphtoflavonols. Diss. Phil. Bern. 31 S. 8. Bern, W. Wälchli, 1908.

— die Gattung Tubicaulus Cotta, s. a. Bibliotheca botanica.

Stenzel, Gust. Die Gattg. Tubicaulus Cotta, s. a. Mittheilungen aus dem königl. mineralogisch-geolog. u. praehistor. Museum in Dresden.

Die Gattung Tubicaulus Cotta. Bearb. von Dr. Gustav **Stenzel,** Prof., Breslau. Mit 7 Taf. Cassel: Th. Fischer 1889. (50 S.) 4⁰
= **Mittheilungen** aus d. Kgl. mineral.-geol. u. prähist. Museum in Dresden. 11. 8. [ob. 8052]

Stenzel, Gustav Adolf, s. Stenzel, Gustav Adolf Harald

Stenzel, Gustav Adolf Harald (Hrsg.), s. Actenstücke, Berichte u.a. Beiträge zur Geschichte Schlesiens.

(GUSTAV ADOLF STENZEL). **Aufforderung zur Bildung eines Vereins für Geschichte und Alterthum Schlesiens. (Ohne bes. Titelblatt.) 4⁰.**

Stenzel, Gust. Ad.: Beiträge zur Geschichte der Laudemien in Schlesien. Breslau 1848.

— s. 1) K. F. W. Böttger, chronolog. Uebersicht. 2) G. G. Bredow, Erzähl. u. Dessen Hauptbegebenheiten.

— s. Denkwürdigkeiten des Joh. Chrys. Passek.

Stenzel, Gustav Adolf Harald, Prof. der Geschichte an der Universität Breslau. Geschichte Deutschlands unter den fränkischen Kaisern. (Mit 1 Beilage.) (2 Bde.) Leipzig 1827—1828.

Stenzel, Gust. Adv. Harold, Geschichte Deutschlands unter d. fränk. Kaisern. 2 Bde. gr. 8. (72 B.) Leipzig 827, Tauchnitz.

Stenzel, G. A. H. Geschichte der Kriegsverfassung Deutschlands, vornehmlich im Mittelalter. 8. Berlin 1820.

Stenzel, Gust. Adf., Geschichte Schlesiens. 1. Thl. Von den ältesten Zeiten bis zum Jahre 1355. Breslau 853. Max u. Co. gr. 8. (VIII, 370 S.) n. 1 ⅓ ₰. 10 ngr.

—— Geschichte des preussischen Staats, s. a. Geschichte der europäischen Staaten.

Stenzel, Gustav Adolf Harald, Prof. der Geschichte an der Universität zu Breslau. Geschichte des preussischen Staats. I.—V. Th. 1191—1763. (Aus „Geschichte der europäischen Staaten. Herausgegeben von Heeren, Ukert und Giesebrecht".) Register von J. H. Möller. (6 Bde.) 8. Hamburg, Gotha 1830—1854.

—— Gesch. d. Preuß. Staats. 1. Thl. Von d. ältesten Zeiten (1191) bis 1640. gr. 8. (35½ B.) Hamburg 830, Fr. Perthes.
Vgl. Geschichte d. europ. Staaten, 3. Lfg.

Stenzel, Gust. Ado. Harald, Geschichte d. preuß. Staates. 2. u. 3. Thl. Von 1640—1739. gr. 8. Hamburg, Fr. Perthes.*
Thl. 2. Von 1640–1688. (31 B.) 837. * 2 Thlr. 8 Gr.
" 3. Von 1688–1739. (44½ B.) 841. * 3 Thlr.
Vgl. Geschichte d. europ. Staaten, 13. u. 17. Lfg. — 1. Thl. Ebendas. 1830. * 2 Thlr. 12 Gr.

—— Grundriss u. Litteratur zu Vorlesungen üb. deutsche Staats- u. Rechtsgeschichte, nach K. F. Eichhorn u. mit steter Beziehung auf dess. deutsche Staats- u. Rechtsgesch. gr. 8. (10 B.) Breslau 832, Grass, Barth u. Comp.

— Handbuch der Anhaltischen Geschichte. 8. Dessau 820. Ackermann. 1 ß 4 ℊ Schrbp. 1 ß 12 ℊ Holl. P. 1 ß 20 ℊ Velinp. 2 ß 8 ℊ

— Anhang zu dessen Handbuch der Anhaltischen Geschichte. 8. Leipz. 824. (Barth). 8 ℊ

—— Liber fundationis claustri S. Mariae virginis in Heinrichow, s. Liber.

Stenzel, Gust. Ad. Harald, Diss. de ducum germanorum post tempora Caroli Magni origine et progressu. Pars I. 4. Leipz. 816. (Barth). 8 ℊ

— de Marchionum in Germania, potissimum qui saeculo nono extiterant, origine et officio publico. 4. Bresl. 823.

Stenzel, Gustavus Adolphus Haraldus: De marchionum in Germania potissimum qui saeculo nono extitere origine et officio publico. Wratislaviae (1824). (27 S.) 4°
Breslau, Phil. Fak., Antr.-Progr. als ord. Prof. v. 5. Jan. 1824

—— Sammlung schles. Geschichtschreiber, s. Scriptores rerum Silesiacarum.

Stenzel, Gust. Ado. (Harald,) Urkunden zur Geschichte des Bisthums Breslau im Mittelalter. gr. 4. (63¼ B.) Breslau 845, Max u. Comp. *

—— Urkundensammlung z. Geschichte d. Ursprungs d. Städte etc. in Schlesien u. d. Ober-Lausitz, s. Tzschoppe, G. Ad.

Stenzel, G. A., Versuch einer Geschichte der Kriegsverfassung Deutschlands, vorzüglich im Mittelalter. gr. 8. Berlin, Christiani. 820.

— Versuch e. Geschichte der Kriegsverfassung Deutschlands, vorzügl. im Mittelalter. gr. 8. Berl. 820. (Cosmar u. Kr.) 1 ß 16 ℊ; (a. Schubert u. N. in Hamb. u. Itzehoe). 1 ß 12 ℊ

Stenzel, H., moderne Entwürfe (f. Decorationsmaler). 1. Serie. (16 farb. Taf.) Fol. Leipzig (906). Gilbers. In Mappe n. 20. —

Stenzel, H., moderne Entwürfe (f. Decorationsmaler). 2. Serie. (20 farb. Taf. m. 2 Bl. Text.) 44×33,5 cm. Leipzig (908). Gilbers. In Mappe 24. —

Stenzel, Herm. (geb. Sossnow in Westpr. 22. 5. 1850): Ueber die Wirkung der modernen Handfeuerwaffen auf den menschlichen Organismus. Berlin (1875). (31 S.) 8°
Berlin, Med. Diss. v. 11. Aug. 1875

Stenzel, J., das Wissenswürdigste aus d. griech. Formenlehre, nebst e. möglichst vollständ. Verzeichniß d. unregelmäß. Verben d. attischen Dialect's, als Vorläufer zu Buttmann's u. Anderer Grammatiken. gr. 8. (4¼ B.) Breslau 834, Hentze.

Stenzel, Joh. Das Kloster Zuckau, die Klosterprobstei u. deren neueste Reparaturbauten, s. Heimat, westpreussische.

Stenzel, Johs., kreuz u. quer auf Madeira u. den Canarischen Inseln. Nach Tagebuchskizzen niedergeschrieben. 1. u. 2. Aufl. (à 115 S. m. 7 Taf. u. 8 Karten.) 8. Berlin 906. E. Trewendt. n. 2. —

Stenzel, Jos., die Wasserfluth im Monat Juni 1804, in Beziehung auf die Stadt u. d. Fürstenth. Sagan umständlicher beschrieben. 8. Sagan 805.

Stenzel, Iulius: De ratione, quae inter carminum epicorum prooemia et hymnicam Graecorum poesin intercedere videatur. Vratislaviae 1908: H. Fleischmann. (36 S.) 8°
Breslau, Phil. Fak., Ref. Wendland, Diss. v. 5. Aug. 1908
[Geb. 9. Febr. 83 Breslau; Wohnort: Breslau; Staatsangeh.: Preußen; Vorbildung: König-Wilhelms-Gymn. Breslau 02; Studium: Breslau; Rig. 19. Febr. 08.]

Stenzel, Karl Gust., zwei Beitrage zur Kenntniss der fossilen Palmen. Mit 3 Steindrtaf. [Für d. kais. Leopold.-Carol. Akad. der Naturforscher.] gr. 4. (44 S.) Breslau u. Bonn 850, Weber. n. 5/6 ß (siehe auch: Actorum, nov., Academiae caes. Leop.-Carol. naturae curiosorum, vol. XXII, pars 2.)

Stenzel, K. Gust. W., abweichende Blüten heimischer Orchideen, m. e. Rückblick auf die der Abietineen, s. a. Bibliotheca botanica. 55. Hft.

Abweichende Blüten heimischer Orchideen, mit e. Rückblick auf die d. Abietineen von Dr. K. Gustav W. Stenzel in Breslau. Mit 6 Taf. Stuttgart: E. Nägele 1902. (136 S.) 4°
= Bibliotheca botanica. H. 55.

Stenzel, K. G., verkieselte Farrne v. Kamenz in Sachsen. Rhizocaulon antiguense nov. sp., s. a. Mitteilungen aus d. kgl. mineralogisch-geolog. u. prähistor. Museum in Dresden.

1. Verkieselte Farne von Kamenz in Sachsen. 2. Rhizocaulon antiguense nov. sp. Bearb. v. Prof. Dr. K. G[ustav] **Stenzel** in Breslau. M. 3 Taf. Abb. *Leipzig: W. Engelmann 1897.* (24 S., 3 Taf., 1 Erl.-Bl.) 1 Bd 4.
= Mitteilungen aus d. Kgl. mineralog.-geolog. u. praehistor. Museum in Dresden. H. 13. [98. 5902

Stenzel (Karl Gustav), Ueber Farn-Wurzeln aus dem Rothen-Liegenden. (Abh. d. Carol. Leop. Acad., Vol. 26, P. 1.) 1856. 4. Mit 3 Tafeln.

Stenzel, Carl Gust., über Farn-Wurzeln aus dem Roth-Liegenden. Mit 3 (lith.) Taf. (Aus d. Nova Acta Acad. Caes. Leop.-Carol.) Breslau u. Bonn 857. (Bonn, Weber.) gr. 4. (17 S.) n. 1 ß. 10 ngr.

Fossile Palmenhölzer bearb. von Dr. K[arl] Gustav **Stenzel** in Breslau. (Mit 22 Taf.) Wien & Leipzig: W. Braumüller 1904. (S. 108–287.) 4° [Umschlagt.]
Aus: Beiträge z. Paläontol. u. Geol. Österr.-Ungarns u. d. Orients. Bd 16. [06. 1964 2

Die Psaronien, Beobachtungen u. Betrachtungen von Dr. K[arl] Gustav **Stenzel** in Breslau. Mit 7 Taf. Wien & Leipzig: W. Braumüller 1906. (S. 86–123.) 4° [Umschlagt.]
Aus: Beiträge z. Paläontol. u. Geol. Österr.-Ungarns u. d. Orients. Bd 19. [07. 3490 2

Stenzel, K. Gust., Rhizodendron Oppoliense Göpp. Beschrieben. Ergänzungsheft zum 63. Jahresbericht der schles. Gesellschaft f. vaterländ. Cultur. gr. 8. (30 S. m. 3 Steintaf.) Breslau 886. Aderholz. n. 1. 20

—— über die Staarsteine. (Für die kais. Leopold.-Carol. Akad. der Naturforscher.) gr. 4. (76 S. mit 7 Stnt.) Bonn 854, Weber. *

Stenzel, Carolus Gustavus (Guilelmus) *(geb. Breslau 21. 11. 1826)*: De trunco palmarum fossilium. Vratislaviae (1850). (18 S., 2 Taf.) 4° *[Deutsche Bearb. unt. d. T.: „Zwei Beiträge zur Kenntniss der fossilen Palmen" in: Nova Acta Acad. Leop.-Carol. Vol. 22, P. 2. 1850. — Verf. erlebte die Diplomerneuerung 1900 als Gymn.-Dir. a. D. in Breslau.]*

Breslau, Phil. Diss. v. 12. Jan. 1850

Stenzel, Karl Gust., Untersuchungen über Bau und Wachsthum der Farne. I. Stamm u. Wurzel von Ophioglossum vulgatum. Mit 2 Steindrucktaf. (Aus den Verhdlgn. der k. Leop.-Carol. Akad. der Naturforscher.) Bonn 859. Weber. gr. 4. (12 S.) n. 20 ngr.

— — II. Ueber Verjüngungserscheinungen bei den Farnen. Mit 5 (lith.) Taf. (Aus den Verhdlgn. der k. Leop.-Carol. Deutschen Akad.) Jena 861. Fr. Frommann. gr. 4. (56 S.) n. 2 ₰ 10 ngr.

Stenzel, Karl Gustav Wilhelm, s.a. Stenzel, Karl Gustav

Stenzel, Karl Gust. Wilh., Gustav Adolf Harald Stenzels Leben. gr. 8. (XII, 491 S. m. 1 Bildn.) Gotha 897. F. A. Perthes. n. 9. —; geb. n. 11. —

Stenzel, Otto [pr. Arzt aus Breslau]: Beitrag zur Periorchitis productiva haemorrhagica ... Würzburg, J. M. Richter's Buch- u. Kunstdr., 1893; 19 S. 8.
Würzburg, Med. Fak., Inaug.-Diss. v. 1893

Stenzel, P., Ad res sacras cognoscendas cuiusnam momenti sint scholia Aristophanea. S.-A. 1880. 28 S. 1.—

Stenzel, P., lasset uns die Vögel schützen! Vortrag, gehalten auf dem außerordentl. Verbandstage schles. Tierschutzvereine zu Görlitz am 30. Aug. 1885. 8. (14 S.) Strehlen 886, Gemeinhardt.

Stenzel, R., Sieben Reigen f. T.-V. u. Schulen, m. Abb., Probstheida-Leipzig, 62 S., 16°.

Stenzel, Robertus *(geb. Glatz 6. 9. 1829)*: De elephantiasi. Vratislaviae (1853). (30 S.) 8°
Breslau, Med. Diss. v. 26. Nov. 1853

Stenzel, Theodor

Stenzel, Der Bracteatenfund von Freckleben im Herzogthum Anhalt. Berlin 1862. 4. Vgl. Berliner Blätter für Münz-, Siegel- u. Wappenkunde Thl. 1 S. 250 fg.

Stenzel, Thdr., der Brakteatenfund von Freckleben im Herzogth. Anhalt. Historisch kritisch bearb. gr. 4. (71 S. mit 4 Kpfrt.) Berlin 862, (Mittler und Sohn.)

Stenzel, Theodorus *(geb. Bielau bei Neiße 5. 1. 1853)*: Conjectanea in Himerii sophistae declamationes. Vratislaviae 1879. (32 S.) 8°
Breslau, Phil. Diss. v. 4. Aug. 1879

Stenzel, Th., zur Geschichte der Ortschaften d. Kreises Köthen u. der daselbst begüterten Adelsfamilien. 8. (III, 42 S.) Köthen 886. Schettler's Erben, Verl. n. — 75

Stenzel, T., Zur Geschichte der Familie von Zeutsch. Mit 2 Stammtfln. Gardelegen 1872. 4. Nicht im Handel.

Stenzel, Thdr., zur Geschichte der Familie v. Zeutsch. Historisch-genealog. Versuch. Nebst 2 Stammtaf. (in qu. Fol.) gr. 4. (14 S.) Gardelegen 872. Berlin, Mitscher & Röstell. n. 2. —

Stenzel, Theodor [Dr.]: Scheideformen im Latein. Patschkau, Druck v. E. Hertwig, 1896; III—XII S. 4.
Patschkau, st. Kath. G, OP 1896 (205)

— numismatische Studien. I. Zur Geschichte d. anhalt. Münzwesens. II. Der Bracteatenfund v. Jessen. III. Der Bracteatenfund v. Gerbstedt. gr. 4. (38 S. m. 5 Taf.) Leipzig 885. C. G. Thieme. n. 8. —

THEODOR STENZEL, Die Vermählungs-Medaillen des Anhaltischen Fürstenhauses. Zur Silberhochzeit Seiner Hoheit des Herzogs Friedrich von Anhalt und Ihrer Hoheit der Herzogin Antoinette von Anhalt geb. Herzogin zu Sachsen und Prinzessin von Sachsen-Altenburg unterthänigst dargebracht. (Mit 1 genealogischen Tafel.) Dessau, 1879. Druck von L. Reiter. 8°.*)

Stenzel, Walther: Die Anwendung und wirtschaftliche Bedeutung der Aktiengesellschaft im Betriebe der Seeschiffahrt. Halle a. S. 1909: Hohmann. VIII, 123 S. 8°
Halle, Phil. Diss. v. 27. Febr. 1909, Ref. Conrad
[Geb. 12. Juni 86 Stettin; Wohnort: Halle a. S.; Staatsangeh.: Preußen; Vorbildung: Stadt-Gymn. Stettin Reife O. 05; Studium: Leipzig 3, Aachen Techn. Hochsch. 1, München 1, Halle 1 S.; Rig. 15. Dez. 08.] [U 09. 1710

Stenzel, Wilhelm [prakt. Thierarzt aus Hannover]: Ueber Angiome, Carcinome und Chondrome in der Milchdrüse der Hausthiere. Mit 4 lithographischen Tafeln. (S.-A. aus dem Archiv f. wissensch. und prakt. Thierheilkunde. Bd. 29. H. 1 u. 2. 1903.) Berlin 1902. 29 S. 8°
Bern. Vet.-med. Diss. 1902/1903.

Stenzel, Wilhelm. Ueber Angiome, Carcinome und Chondrome in der Milchdrüse der Hausthiere. Diss. Vet.-Med. Bern. Mit 4 lithographischen Tafeln. (Sonder-Abdruck aus dem Archiv für wissensch. u. prakt. Thierheilkunde. Bd. 29. H. 1 u. 2. 1903.) S. 165—194. — 34 S. 8. Berlin, L. Schumacher, 1902.

Stenzel, William, zur Gesetzes- u. Wirtschaftskunde. Rechenaufgaben f. Knaben-Fortbildungsschulen u. die Oberklassen d. Volksschulen. gr. 8. (76 S.) Plauen 898. A. Kell. n. — 45

Stenzinger-Hillardt, Gabriele, s.: Hillardt-Stenzinger, Gabriele.

Stenzl, A., ansteckende Kinderkrankheiten, s. Erziehung, Unterricht, Schulwesen.

Stenzl Franz: Einfluß der Erddrehung auf Bewegungen an der Erdoberfläche. 20. Zwittau R. 01.
Progr.

Stenzl, Hans: Über die Addition der höheren Stickstoffoxyde an doppelt-ungesättigte Kohlenwasserstoffe. München 1908: Höfling. 51 S. 8°
München, Phil. Diss. v. 13. Mai 1907, Ref. v. Baeyer
[Geb. 16. Nov. 80 München; Wohnort: München; Staatsangeh.: Bayern; Vorbildung: Luitpold-Gymn. München Reife Juli 99; Studium: München 13 S.; Rig. 13. Mai 07.] [U 09. 3525

Stenzler, Adolf Friedrich

Stenzler. [Adresse der Deutschen Morgenländischen Gesellschaft an A. F. Stenzler zu seinem funfzigjährigen Doctorjubilaeum.] Halle und Leipzig 1879. 2°.

Stenzler, A. F., s. *Brahma-Vaiva.*

Stenzler, Ad. Fr., Brahma-Valvarta-Purâni, s. Brahma.

Stenzler, Adolphus Fridericus: Librorum Seculo XV impressorum, quos Bibliotheca Regia Universitatis Vratislaviensis tenet, conspectus generalis. Vratislaviae 1861. (22 S., 1 Taf.) 4°
Breslau, Einladung d. phil. Fak. z. Verkündigung d. Ehrenpromotionen beim Univ.-Jubil. am 4. Aug. 1861

Stenzler, Adf. Friedr., Elementarbuch der Sanskrit-Sprache. Grammatik, Text, Wörterbuch. 1. Aufl. (IV, 84 S.) 1868; 2. verm. Aufl. (IV, 109 S.) 1872. *M. 3., und 3. verm. Aufl. gr. 8. (IV, 126 S.) Breslau 875, Mälzer. *

Stenzler, Adf. Frdr., Elementarbuch der Sanskrit-Sprache. Grammatik, Text, Wörterbuch. Breslau 869. Mälzer. gr. 8. (IV, 84 S.) n. 1 ₰

Stenzler, Adf. Frdr., Elementarbuch der Sanskrit-Sprache. Grammatik, Text, Wörterbuch. 2. verm. Aufl. gr. 8. (IV, 109 S.) Breslau 872. Hirt's Sort. n. 3. —

— dasselbe. 3. verm. Aufl. gr. 8. (IV, 126 S.) Ebend. 875. n. 5. —

Stentzler, Adf. Frdr., Elementarbuch der Sanskrit-Sprache. Grammatik. Text, Wörterbuch. 4., verb. Aufl. gr. 8. (IV, 127 S.) Breslau 880. Köhler. n. 4. —

Stenzler, Adf. Frdr., Elementarbuch der Sanskrit-Sprache. Grammatik, Text, Wörterbuch. 5. Aufl. gr. 8. (IV, 127 S.) Breslau 885. Köhler. n. 4. —

Stenzler, Adf. Friedr. Elementarbuch der Sanskrit-Sprache. Grammatik, Texte, Wörterbuch. 6. Aufl., umgearb. v. Rich. Pischel. gr. 8. (IV, 116 S.) Bresl. 892, Köhler. * 4 —

Stenzler, Adf. Frdr., Elementarbuch der Sanskrit-Sprache. Grammatik, Texte, Wörterbuch. 7. Aufl. Umgearb. v. Rich. Pischel. gr. 8. (IV, 118 S.) München 902. L. Köhler. n. 5. —

Stenzler, Adf.Frdr., Elementarbuch d.Sanskrit-Sprache. Grammatik, Texte, Wörterbuch. 8. Aufl. Umgearb. von Rich. Pischel. (VI, 118 S.) gr. 8. München 908. [L. Köhler.] Giessen, A. Töpelmann. 5. —

Stenzler, Adolf Friedrich, Glückwunsch . . . Alexander von Humboldt zum 4. August 1855 dargebracht. Nebst einem Bruchstücke aus Pâraskara's Darstellung der häuslichen Gebräuche der Inder. Breslau [1855]. 1⁄₂

Stenzler, A. F., indische Hausregeln, s. Abhandlungen für die Kunde des Morgenlandes.

Stenzler, Adolph. Frid.: Juris criminalis veterum Indorum specimen. Vratislaviae (1842). (16 S.) 4°
Breslau, Phil. Fak., Antr.-Progr. als außerord. Prof. v. 27. Aug. 1842

Stenzler, Ad. Fr., s. Mricchakatikâ id est Curriculum siglinum Sûddrakae regis.

Stenzler, Adolphus Fridericus: De lexicographiae Sanscritae principiis. Vratislaviae (1847). (30 S.) 8° *[Im Buchhandel 1847 bei Hirt in Breslau]*
Breslau, Phil. Fak., Antr.-Progr. als ord. Prof. v. 30. Jan. 1847

Stenzler, Adolph. Frid., de lexicographiae Sanscritae principiis. Commentatio academica. 8maj. (30 S.) Vratislaviae 847, Hirt. *

Stenzler, A[dolphus] F[ridericus]: Commentationis de domesticis Indorum ritibus particula. Vratislaviae (1860). (15 S.) 4°
Breslau, Glückwunsch d. phil. Fak. z. 50-jähr. Dr.-Jubil. v. Hinrich Middeldorpf am 2. Apr. 1860

—— s. Sanskrit-Texte.

—— über die Wichtigkeit des Sanskrit-Studiums und seine Stellung an unseren Universitäten. Eine Rede beim Antritt des Rectorates der Universität Breslau am 15. Octbr. 1862 gehalten. gr. 8. (15 S.) Breslau 863, Hirt's Verlag. *

—— Wortverzeichniss zu den Hausregeln von Açvalâyana, Pâraskara, Çânkhâyana und Gobhila, s. Abhandlungen für die Kunde des Morgenlandes.

Stenzler, Adolf Friedrich. Wortverzeichniss zu den Hausregeln von Âçvalâyana, Pâraskara, Çânkhâyana und Gobhila. [= AKM. IX. Band. No. 1.] Leipzig 1886.

– (Hrsg.), s. Yâjnavalkya: Gesetzbuch.

Stenzler, Ernst, die Familie Bonaparte. Eine genealog. Tabelle derselben, mit eingestreuten Notizen aus dem Leben ihrer sämmtlichen Mitglieder. 1 Bog. in Imp.-Fol. Königsberg 853, (Nürmberger.)

Stenzler, Rud., Kaiser Wilhelms Leben u. Thaten. Mit 5 Illustr. in Holzschn. 8. (VIII, 147 S.) Berlin 886. Fr. Schulze's Verl. n. 1. —; cart. n. 1. 20; geb. n.n. 1. 50

Stenzler, R., Kaiser Wilhelm's Leben u. Thaten. Mit Illustr. in Holzschn. 2. Aufl. 8. (VIII, 154 S.) Berlin 888. F. Schulze's Verl. n. 1. —; cart. n. 1. 20; geb. n.n. 1. 50

Stenzler, Rud., Lebensbilder der Hohenzollern von 1415 bis auf die Gegenwart, neu bearb. (VI, 88 S.) gr. 8. Berlin 905. E. S. Mittler & Sohn. n. 1. 20;
Sonderabdruck aus: geb. n.n. 1. 60
Stenzler: Lehr- und Lesebuch der Geschichte für die unteren Klassen des königl. preuß. Kadettenkorps.

Stenzler, Rud., Frz. Lindner u. Hugo Landwehr. Lehr- u. Lesebuch der Geschichte v. der Gegenwart bis auf Kaiser Karl den Großen, f. die unteren Klassen höherer Lehranstalten bearb. 1.—3. Tausend. gr. 8. (IX, 181 S.) Berl. 891,92. Mittler u. Sohn. * 1 50; geb. * * 1 90

— **u. Frz. Lindner,** Lehr- u. Lesebuch der Geschichte für die unteren Klassen des königl. preuß. Kadettenkorps, neu bearb. (VIII, 174 S.) gr. 8. Ebd. 905. 2. — ; geb. n.n. 2. 40

Step, Jos., das Radium u. seine Eigenschaften. Vortrag, geh. am 17. XII. 1905 bezw. 6. I. 1907 bei e. Vortragsabend des Vereines „Fortbildg." in St. Joachimsthal. (Stenographisch aufgenommen von Fritz Cartellieri und J. Pschom.) 2 Hefte. (22 u. 30 S.) kl. 8. St. Joachimsthal (908). H. Friedrich. à — 40

Stěp Josef und Becke Friedrich, Dr.: Das Vorkommen des Uranpecherzes zu St. Joachimsthal. S. 113. L. 88 . . . . 1.70
Separatabdruck

Stěp, Jos., u. F. Becke, das Vorkommen des Uranpecherzes zu St. Joachimsthal. (34 S. m. 4 Fig., 1 Uebersichtskarte u. 3 Taf.) gr. 8. Wien 904. (A. Hölder.) n. 1. 70
Sonderabdruck aus: „Sitzungsber. d. k. Akad. d. Wiss."

Stepán: Die Beziehungen der pannonischen und gross-mährischen Slaven zu den Karolingern und zum päpstlichen Stule. 19 S.--Neusohl, Progr. 1859

Stěpán, Franz, k. k. Hauptm.-Auditor. Vorschrift für die Militär-Ehrengerichte. Mit Erläuterungen und Formularien. kl. 8. Bozen 1868.

Stěpan, G.: Die dichterische Individualität des Persius. 29 S. Mähr.-Schönberg, Progr. 1881

Stěpan G.: Woran leidet der lateinische Unterricht am U. G., und wie könnten bessere Erfolge erzielt werden? 23. Mähr.-Schönberg. 85. Progr.

Stěpán, J., neues Taschenwörterbuch der böhmischen und deutschen Sprache. Nach den besten Quellen und auf Grundlage der vom k. k. Ministerium f. Cultus u. Unterricht f. die österreich. Schulen festgestellten Rechtschreibg. 2 Tle. in 1 Bd. 2. Aufl. 16. (466 u. 640 Sp.) Trebitsch (901). J. Lorenz. Geb. in Leinw. n. 2. 50

Stěpan, J., neues Taschenwörterbuch der böhmischen u. deutschen Sprache. Nach der vom k. k. Unterrichts-Ministerium festgesetzten neuen Rechtschreibg. 2 Tle. in 1 Bd. 4. Aufl. (634 u. 470 Sp.) 16. Trebitsch 903. J. Lorenz. Geb. in Leinw. 2. 50

— dasselbe. (Billige Ausg.) 2 Tle. in 1 Bd. (642 u. 460 Sp.) 16. Ebd. (904). Geb. 1. 67

Štěpán, Neues Taschenwörterbuch der böhmischen und deutschen Sprache. I. Deutsch-böhmischer Teil. 12. Aufl. 8°. (470 Sp.) geb. K 3.—, Volksausgabe, geb. K 2.—
Trebitsch: Lorenz 1908.

Stepán, J., neues Taschenwörterbuch der böhmischen und deutschen Sprache. Nach d. besten Quellen bearb. (Neue billige Ausg.) 2 Tle. in 1 Bde. (642 u. 466 Sp.) 16. Trebitsch (908). J. Lorenz. Kart. 1. 70

— dasselbe. Nach d. vom k. k. Unterrichtsministerium festgesetzten neuen Rechtschreibg. bearb. 11. Aufl. 2 Tle. in 1 Bde. (634 u. 470 Sp.) 16. Ebd. 908. Geb. in Leinw. 2. 50

Stěpán, J., Neues Taschenwörterbuch der böhmischen und deutschen Sprache. I. und II. Teil. 14. Aufl. 8°. (634, 470 S.) geb. K 3.—. Volksausgabe. 3. Aufl. 8°. (634, 470 S.) geb. K 2.—
Trebitsch: Lorenz 1910.

Stepánek A, Bericht über die Weltausstellung in Paris 1867 in Bezug auf die im Pilsener Handelskammerbezirke vorkomm. Industriezweige. (71 S) Pilsen 1868

Stepanof, P., über Geschlechtsorgane und Entwickelung von Ancylus fluviatilis, s. Mémoires de l'académie impér. des sciences de St. Pétersbourg. 7. Série. Tome X, No. 8.

Stepanoff, A. J., Grundlage der Lampentheorie. Autoris. deutsche Uebersetzg. v. S. Aisinman. (VIII, 150 S. m. 33 Abbildgn.) Lex.-8. Stuttgart 906. F. Enke. n. 6. —

Stepanow, E. M., zur pathologischen Anatomie u. Histologie des Scleroms. [Aus: „Monatsschr. f. Ohrenheilkde. etc."] gr. 8. (26 S. m. 4 Fig. u. 1 Taf.) Berlin 894. O. Coblentz. n. 2. —

— zur Aetiologie d. Scleroms. [Aus: „Monatsschr. f. Ohrenheilkde".] gr. 8. (15 S. m. 1 Taf.) Ebd. 893. n. 2. —

Stepanowa, Vera, [aus Moskau]: Destutt de Tracy eine historisch-psychologische Studie. Zürich 1908. 74 S. 8°. [26. IX. 08.]
Zürich. Phil. Diss. I. S. 1908/09.

Stepanowa, Vera. Destutt de Tracy, eine historisch-psychologische Untersuchung. Diss. Phil. ⟨I.⟩ Univ. Zürich. 74 S. 8. Zürich, Zürcher & Furrer, 1908.

Stepbach, Otto, starker Tabak, s. a. Kühling's, A., Theater-Specialität, Nr. 63.

[F.] Starker Taback. Schwank in 1 Akt v. Otto Stepbach. *Berlin: Kühling & Güttner [1896].* (18 S.) 1 Bd 8.
= Theater-Specialität, A. Kühling's. No 63. [97. 5444

Liebknecht, Johann Georg u. Andreas Stepf (Schweinfurt) [Resp.]
Diss. de praecipuis rebus philosophicis.
Giessae 4. Juli 1730. 4°
pro gradu magisterii

Stepf, F. W. (Religionslehrer) „Ueber die Wichtigkeit des Geschichtsunterrichtes an Gewerbsschulen". pg. 3—20. 4°. Morich'sche B.
Schweinfurt, Progr. 1849/50

Stepf, Jh. Hnr., Gallerie aller juridischen Autoren, von der ältest. bis auf die jetzige Zeit, mit ihren vorzügl. Schriften nach alphabet. Ordnung. 4 Bde. gr. 8. Leipz. 820—25. Lauffer. 8 ⅔

Stepf, J. Heinr.: Die Lehre vom Contradictor bei erkanntem Concursprocesse nach gemeinem u. baierischem Rechte. 2e umgearb. Aufl. *Leipzig*, Lauffer. (791.) 821. gr. 8. (1 Thl. 6 Gr.)

Stepf, Joh. Heinr.: Systematische Lehre vom Contradictor bey einem förmlichen Schuldenwesen über das Vermögen sowohl mittelbarer als unmittelbarer Personen. Nürnberg 1791.

Stepf, J. H., system. Lehre vom Contradictor, b. e. förml. Schuldenwesen. 4. Nürnb. Grattenauer. 791.

Stepf, Jh. Ksp., († d. 30. Juli 1806.) s. Einfälle, witzige, u. Historien.

Stepf, Karl, aus Schweinfurt a. M.: Über Einwirkung von Chlor auf Salicylaldehyd. *Kiel 1903: P. Peters.* (46 S.) 8°
Kiel, Phil. Diss. v. [12. Dez.] 1903

Stephan-Duschan. Ein Guslar-Poem aus dem Serbischen übers. von Javorin. 16. (48 S.) Berlin 857, Wagner. *

Stephan d. erste. König d. Hungarn. Schsp. v. Girzick. 8. Pest. 792.

Stephan Födinger, der Bauern-Anführer, oder die Flamme der Eifersucht. Neue Ausg. 8. (Leipzig, Joachim.) 816.

Jahres-Bericht, Dritter — über das k. k. katholische Gymnasium zu Ofen, veröffentlicht am Schlusse des Studienjahres 1854 ꝛc. 4. (40 S.) Ofen. Gedruckt in der k. k. ung. Universitäts-Buchdruckerei. 1854.
Inhalt: Stephan, der Heilige, der erste König von Ungarn. — Schulnachrichten.

Der HEILIGE Stephan- erster apostolischer König Ungarns. Pesth 1860. Druck v. Gustav Emich. SA aus: Der kath. Christ. Jg. 13. 1860, S. 16 S. - 8°

Stephan, Der heilige, und die Stefaner. [Wien ca. 1860.] V: *Donin, Ludwig.* (EB)

Stephan, der kleine. Ein Hilfsbuch fürs Publikum. 1. und 2. Bd. 8. Dresden 888, Kühtmann. à Bd. * M 1.—. *
Inhalt:
Bd. 1. Post- und Telegraphen-Handbuch mit illustr. Anhang. Bearb. von C. H. Schmidt. (VIII, 101 S.)
" 2. Zonen-Verzeichnis zur Berechnung des Post-Packet- und Geldbriefportos innerhalb Deutschlands und zur zweckmäßigen Anwendung der bezügl. Postvorschriften, in Einzelausgaben für jeden Ort des Deutschen Reiches. Enthaltend sämmtl. ca. 12000 Postorte mit Angabe des Landes, Verwaltungs-Bezirks ꝛc. Hrsg. von G. Harder. (V, 140 S. mit 1 Zonentab.)

Stephan, der kleine. Ein Hilfsbuch fürs Publikum. 2 Bde. 3. Aufl. Ausg. 1892/93. 8. Dresd., Kühtmann. à Bd. * 1 —
1. Post- u. Telegraphen-Handbuch. Bearb. v. C. H. Schmidt. (IX, 95 S. u. Anh. 24 S.)
2. Orts- u. Zonen-Verzeichnis zur Berechng. d. Postpaket- u. Geldbriefportos innerhalb Deutschlands. Hrsg. v. G. Harder. (VI, 156 S.) Für Orte m. handschriftl. hergestellter Zonentabelle * 2 —.
2. Aufl. (in Frakturschrift). Ebd. 1891.

Stephan, der kleine. Ein Hilfsbuch fürs Publikum. 2 Bde. Ausg. 1893/94. 8. Dresden 893. G. Kühtmann. à n. 1. —
1. Post- u. Telegraphen-Handbuch. Bearb. v. C. H. Schmidt. Mit Anh. in mehrfachem Farbendr. Abgeschlossen am 1. Oktbr. 1893. (IX, 98 u. Anh. 24 S.)
2. Orts- u. Zonen-Verzeichnis der Berechnung d. Postpaket- u. Geldbriefportos innerhalb Deutschlands u. zur zweckmässigen Anwendung der bezüglichen Postvorschriften, in Einzelausgaben f. jeden Ort des Deutschen Reiches. Enth. ca. 14000 Postorte u. e. Zonentabelle. Hrsg. v. G. Harder. (VI, 156 S.) Für Orte m. handschriftlich hergestellter Zonentabelle. n. 2. —

Stephan, der kleine. E. Hilfsbuch fürs Publikum. 2 Bde. 8. Dresden, G. Kühtmann. Geb n. 4. —; bezw. 5. —

1. Post- u. Telegraphen-Handbuch, illustr. deutsches, f. d. ges. In- u. Auslands-Verkehr, nebst Bestimmgn. üb. d. Fernsprechverkehr u. postal. Strassenverzeichnis v. Berlin. Nach amtl. Unterlagen neubearb. v. O. Tholotowsky. 6. Ausg. f. 1897/98. (X, 140 S.) 897. Geb. n. 2. —
2. Orts- u. Zonen-Verzeichnis zur Berechng. d. Postpacket- u. Geldbriefportos innerhalb Deutschlands u. zur zweckmäss. Anwendung d. bezügl. Postvorschriften, in Einzelausgaben für jeden Ort d. Deutschen Reiches. Enth. sämtl. Postorte u. e. Zonentabelle. Hrsg. v. G. Harder. 6., neubearb. u. ergänzte Aufl. (Abgeschlossen am 1. Apr. 1896.) (VI, 165 S.) 896. n. 2. —; f. Orte mit handschriftl. eingetrag. Zonentabelle n. 3. —

Stephan, der kleine. Ein Hilfsbuch fürs Publikum. 2 Bde. gr. 8. Dresden, G. Kühtmann. Geb. n. 5. —

1. Post- u. Telegraphen-Handbuch, illustr. deutsches, f. den gesamten In- u. Auslands-Verkehr, nebst e. Verzeichnis der Nachbarpostorte, Bestimmgn. üb. den Fernsprechverkehr u. postal. Strassenverzeichnis v. Berlin. 10. Aufl. (abgeschlossen am 1. VI. 1902). Nach den amtl. Veröffentlichgn. der Reichspostverwaltg. besorgt v. Lipski. Ausg. f. 1902/1903. (IX, 174 S.) n. 1. 50; geb. n. 2. —
2. Orts- u. Zonen-Verzeichnis zur Berechnung des Portos f. Postpakete u. Geldbriefe innerhalb Deutschlands und zur zweckmäss. Anwendung der bezügl. Postvorschriften, in Einzelausgaben f. jeden Ort des Deutschen Reiches. Enth. sämtl. Postorte, e. Zonentabelle f. den betreffenden Ort, e. postal. Strassenverzeichnis v. Berlin, sowie e. Uebersicht üb. die Verwaltungsbezirke des Deutschen Reiches. Hrsg. v. G. Harder. 7., gänzlich neu bearb. u. erweit. Aufl. Abgeschlossen am 1. VI. 1902.) (XXVII, 164 S.) Geb. in Leinw. n. 3. —; f. Orte m. handschriftlich eingetragener Zonentabelle n. 5. —

Stephan, der kleine. Ein Hilfsbuch fürs Publikum. 1. Bd. 8. Dresden, G. Kühtmann. n. — 75; kart. n. 1. 25

Post- u. Telegraphen-Handbuch, illustriertes deutsches, f. den gesamten In- u. Auslands-Verkehr, nebst e. Verzeichnis der Nachbarpostorte, Bestimmungen über den Fernsprechverkehr u. postal. Strassen-Verzeichnis v. Berlin. 13. Aufl. (abgeschlossen am 1. IV. 1905). Nach den amtl. Veröffentlichgn. der Reichspostverwaltung besorgt v. Postinspektor Lipski. Ausg. f. 1905/1906. (XIX, 219 S.)
Fortsetzg., s.: Posthandbuch Der kleine Stephan.

Stephan, König v. Pohlen, s. Bathori.

Stephan und Lulu. Eine Erzählung für Kinder von 5 bis 8 Jahren. Von J. H. 12. (III und 145 S. mit 5 lithogr. und ill. Bildern von Otto Speckter.) Hamburg 856, Perthes-Besser und Mauke. *

Stephan Moloska, der Türken-Fresser. Eine interessante Räubergeschichte. Abentheuerlich u. doch wahr. 8. (11 B.) Erfurt 830, Knick. (?) Thlr.

Stephan Moloska, der Türken-Fresser; eine interessante Räubergeschichte. Abentheuerlich u. doch wahr. 8. Erf. 830. (Reichenbach in Leipz.) 18 gr.

Stephan Müller der glückliche Bauer, s. Müller, Stephan.

Stephan Müller der glückliche Bauer. Eine wahre, höchst lehrreiche Geschichte. Von ihm selbst beschrieben. 8. (6½ B.) Schw. Hall 842, (Haspel'sche Buchh.)

Stephan Victor, Erzherzog von Oesterreich. Sein Leben, Wirken und sein Tod. Mit Kunstbeilagen. Lex.-8. (VII, 397 S. mit eingedr. Holzschn., 2 photogr. Portr., 2 Stnt. und 2 lithogr. Karten, wovon 1 in Buntdr., in Lex.-8. und qu. 4.) Wiesbaden 868, Kreidel's Verlag. *

Prachtausg. *

Stephan Victor Erzherzog von Oesterreich. Briefe an Wilhelm Haydinger. Wien 1897. H: *Schwartz, Ignaz.* (EB)

[Ant. u. J.] Erzherzog **Stephan** [v. Österreich]. Briefe an Wilhelm Haidinger, Dir. d. k. k. geol. Reichsanst. 1850—66. M. e. Einl. u. 1 Portr. d. Erzherzogs. (Hrsg.: I. S.) *Wien: S. Kende 1897.* (VII, 193 S., 1 Portr.) 1 Bd 8. [97. 864

Stephan, des Erzherzogs, Begründers der k. k. geologischen Reichsanstalt, Briefe wissenschaftlichen, hauptsächlich geologischen Inhalts an Wilhelm Haidinger, den ersten Direktor der k. k. geologischen Reichsanstalt in Wien (1850—66). Mit e. Einleitg. u. e. Portr. des Erzherzogs. 2. [Titel-]Ausg. (VII, 193 S.) gr. 8. Wien [897] (903). Halm & Goldmann. 2. —

Stephan. Einfluss des Slavischen auf das Wallachische. Ostrowo, G., 1859. 41 S. 4. **Progr.**

Stephan: Etymologie de la langue grecque moderne basée s. l'ancien grec. Schrimm, Schul-/Univ.-Schrift 1864. 36 S.

Stephan, Athens auswärtige Politik zur Zeit des Perikles u. d. Alcibiades. Pr. Pr. 1874. 14 S. 4°. 1.—

Stephan, Meister, Schachbuch, s. a. Verhandlungen der gelehrten estnischen Gesellschaft zu Dorpat.

Stephan's, Meister, Schachbuch. Ein mittelniederdeutsches Gedicht des 14. Jahrh. 1. Thl.: Text. gr. 8. (201 S. mit 16 lithogr. Taf.) Dorpat 883. (Leipzig, K. F. Köhler.) *
Aus: Verhandlungen der gelehrten estnischen Gesellschaft, besonders abgedruckt.

Stephan's, Meister, Schachbuch. Ein mittelniederdeutsches Gedicht des 14. Jahrh. 1. Thl.: Text. gr. 8. Dorpat 883. Norden, Soltau. * 3 —

Stephan's, Meister, Schachbuch. E. mittelniederdeutsches Gedicht d. 14. Jahrh. 1. Thl.: Text. [Aus: „Verhandlgn. d. Gelehrten estn. Gesellsch. in Dorpat."] (Neue [Titel-] Ausg.) gr. 8. (IV, 201 S. m. 16 lith. Taf.) Norden (884) 889. D. Soltau. n. 2. 50

Stephan's, Meister, Schachbuch. Ein mittelniederdeutsches Gedicht d. 14. Jahrh. 2. Thl.: Glossar, zusammengestellt v. W. Schlüter. [Aus: „Verhandlungen d. Gelehrten Estnischen Gesellsch. zu Dorpat".] gr. 8. (VI, 128 S.) Norden 889. Soltau. n. 2. —
(Text u. Glossar: n. 4. 50)

Stephan (ps. Born), Der Heinzen'sche Staat. 8°. Bern 1847.

Stephan, A., vollständiger Unterricht in der Fabrikation der Reibzündwaaren, als: der Streichzündhölzer, des Zündpapiers, des Streichschwammes, der Zündkerzchen rc. Nebst genauer Anleitung zur Vermeidung aller mit dieser Fabrikation verbundenen Gefahren. 8. (54 S. mit 1 Stnt. in qu. 4.) Quedlinburg 854, Basse.

Stephan, Adolphus (Franciscus Antonius Maximilianus) *(geb. Liegnitz 6. 9. 1818)*: Nonnulla de recens natorum cephalhaematomate, adnexo casu singulari duos hujusce generis tumores exhibente. Vratislaviae (1843). (29 S., 1 Taf.) 8°
Breslau, Med. Diss. v. 20. Nov. 1843

Stephan, Albert. (geb. Werdorf bei Wetzlar 29. 8. 1836): De aneurysmatibus eorumque curatione nonnulla. Berolini (1861). (32 S.) 8°
Berlin, Med. Diss. v. 11. März 1861

Stephan, Albert Wilhelm Christfried: Ein seltener Fall von embryonaler Missbildung. *Jena 1897: Frommann.* (22 S. mit Taf.) 8°
Jena, Med. Diss. v. [18. Aug.] 1897

Stephan, Alexis: Ueber Indican. Halle a. S. 1881: Plötz. 31 S. 8°
Halle-Wittenberg, Med. Diss. v. 28. Okt. 1881
Geb. Leobschütz (Oberschlesien) 27. 4. 1858. V.

Stephan, Alfred, Referendar: Der negative Leistungsanspruch und die Geschichte seines Rechtsschutzes. (Nördlingen [1908]: C. H. Beck.) (80 S.) 8° [F.]
Breslau, Jur. Fak., Ref. Fischer-Leonhard, Diss. v. 3. April 1908
[Geb. 18. Okt. 84 Gleiwitz; Wohnort: Gleiwitz; Staatsangeh.: Preußen; Vorbildung: Gymn. Gleiwitz Reife O. 03; Studium: Breslau 5, München 1 S.; Rig. 30. Juli 06.]

Stephan, A. Über den Zanzibar-Kopal. Mit 1 Taf. In-8⁰. 57 S. Bern. Theso. 1896.

STEPHAN, ALFRED. Ueber den Zanzibar-Copal. (Bern) [Halle], 1896.

Stephan, Alfr., die Unterlassungsklage. (III, 161 S.) 8. München 908. C. H. Beck. 4. —

Stephan, Ant., das heil. Jubiläum unter dem Schutz der allerheiligsten Jungfrau vom Rosenkranz. Hilfsbüchlein zur würd. Feier des außerordentl., von Leo XIII. für das J. 1886 verkündeten Jubiläums. 1. und 2. Aufl. (55 S.) 3.—7. verm. Aufl. 16. (59 S.) Leutkirch 886, Roth.

Stephan, Ant., das hl. Jubiläum unter dem Schutz der allerheiligsten Jungfrau vom Rosenkranz. Hilfsbüchlein zur würd. Feier d. außerordentl., v. Leo XIII. f. d. J. 1886 verkündeten Jubiläums. 7. Aufl. 16. (59 S.) Leutkirch 886. Roth. — 15

Stephan, August: Die Sporotrichose im Anschluss an einen aus der Klinik für Hautkrankheiten zu Strassburg beobachteten Fall. Strassburg i. E. 1910: Müh. 24 S. 8°
Straßburg, Med. Diss. v. 27. Juli 1910, Ref. Chiari
[Geb. 12. Febr. 85 Ingweiler U.-E.; Wohnort: Straßburg; Staatsangeh.: Elsaß-Lothringen; Vorbildung: Gymn. Buchsweiler Reife M. 04; Studium: Straßburg 1, Freiburg i. B. 1, Straßburg 3, München 1, Berlin 1, Straßburg 3 S.; Coll. 6. Mai 10; Approb. 15. Dez. 09.] [U 10. 4064

Stephan, Bruno, ein Anker im Schifflein des Lebens, s.: Haus u. Herd.

Die Brüder vom Steinhof. Schauspiel in 3 Akten mit Gesang u. Tanz von Bruno **Stephan**, mit Benutzung e. Erzählung von Konrad Telmann. (Breslau [1904] : Schles. Volkszeitung.) (59 S.) 8⁰

Stephan, Bruno, die Brüder vom Steinhof. Schauspiel in 3 Akten m. Gesang u. Tanz, m. Benutzg. e. Erzählg. v. Konr. Telmann. (59 S.) 8. Berlin (904). B. Stephan. 1. —

— Hans in der Falle. Orig.-Lustspiel in 1 Aufzuge. (29 S.) 8. Ebd. (904). 1. —

Hans in der Falle. Orig.-Lustspiel in 1 Aufz., von Bruno Stephan. Breslau [1904] : Schles. Volkszeitung. (29 S.) 8⁰

Herzenstöne. Lyrische Gedichte v. Bruno **Stephan**. Hrsg. v. K. Janowski, Dr. phil. Berlin: S. Baum 1898. (1 Bl., IV, 86 S., 1 Bl., 1 Portr.) 1 Bd 8⁰

Stephan, Bruno, Herzenstöne. Lyrische Gedichte. Hrsg. v. K. Janowski. 12. (IV, 86 S. m. Bildnis.) Berlin (W., Kanonierstr. 42) 898. Selbstverlag.
Geb. in Leinw. m. Goldschn. 1. 20

Stephan, C., s.a. Stephan, Karl

Stephan, C., pharmacognostische Tabelle. 2. Aufl. gr. 8. (107 S.) Dresden 890. (Berlin, Springer.) n. 2. 50

Stephan, C., pharmacognost. Tabelle. 3. Aufl. gr. 8. (173 S.) Dresden 897. (Berlin, J. Springer.) Geb. in Leinw. n. 2. 50

Stephan, C. W. F., de „justi" notione quam proposuit Herbart. Dissert. inaug. 8maj. Götting. 844, Dieterich. n. 1/6 ₰

Stephan, Carl, s. Stephan, Karl

Stephan, Christoph: [Bericht über seine Einführung als Direktor der Anstalt.] S. 37—38. 4.
Progr. Städt. Progymn. mit wahlfr. Engl. *Kalk* 1902 (497).

Stephan, Christoph, Direktor Dr.: Laut und Begriff im Neuhochdeutschen. Kalk 1907: F. Paling. (23 S., 3 Taf.) 4° [F.]
Kalk, st. G OP 1907 (556)

Stephan, Christophorvs (geb. am 11 März 1857 in Köln): De Pithoeanis in Ivvenalem scholiis ... Bonnae, typ. C. Georgi 1882. 2 Bl., 76 S. 8. ¶ Ein Teil der Exemplare wurde unvollständig (2 Bl., 29 S.) ausgegeben.
Bonn, Phil. Fak., Diss. v. 7 Aug. 1882

Stephan, Chrph., Übungsstücke zum Übersetzen ins Lateinische, s.: Hammelrath, Hans.

Stephan, Christoph [Dr.]: Kritische Untersuchungen zur Geschichte der Westgothen von 372—400. I. Teil. Der Gothenkrieg unter Theodosius. Siegburg, Druck v. Gebr. Dämisch (1889); S. 3—31; 4⁰
Siegburg, k. G, OP 1889 (430)

Stephan, Chr., kritische Untersuchungen zur Geschichte der Westgothen v. 372—400. I. Tl. Der Gothenkrieg unter Theodosius. gr. 4. (31 S.) Siegburg 889. (Leipzig, Fock.) n. 1. —

[Umschlagt.:] **Stephan,** Chr*istoph* [Dr.]: Kritische Untersuchungen zur Geschichte der Westgoten von 372—400. II. Tl. Die Friedenszeit von 382—395. ([Enth.:] IX. Stellg d. Föderatgoten im Römerreiche, ihre Lage u. Verfassg v. 382—395. Parteien u. nationale Bestrebgn bei dens.; ihr Verhältnis zu d. Römern. — Forts. d. P-Beil. Siegburg 1889.) Köln, Druck v. J. P. Bachem, Verlagsbuchh. u. Buchdr., 1897; 3—23 S. 4.
Köln, k. kath. G an Aposteln, P 1897 (447)

Stephan, Constantin, s. Stephan, Konstantin

Stephan, Curt, s. Stephan, Kurt

Die Fortbildung des Unteroffiziers. Vortrag, geh. vor d. Unteroffizieren d. Garnison Kiel von E. **Stephan**, Feldwebel a. D. ... 1. Taus. Kiel: R. Cordes 1903. (20 S.) 8° [F.] [03. 6788 8

Stephan, E., Lieder, Gedichte und Räthsel für Kleinkinderschulen und Familien. Nebst einem Anhang von patriot. Marschirliedern, Gelegenheitsgedichtchen und Liedchen. gr. 16. (VIII, 106 S.) Breslau 880, (Dülfer's Verlag.) * 60 Pf.; geb. *

Stephan, E., d. Spion, s.: Aus uns. Väter Tagen, Bd. 22.

Stephan Emil: Über die Anzahl der Wurzeln von linearen Kongruenzen und Kongruenzensystemen. 28. Steyr R. 04.
Progr.

Stephan, Emil, Südseekunst. Beiträge zur Kunst des Bismarck-Archipels u. zur Urgeschichte überhaupt. Aus dem königl. Museum für Völkerkunde zu Berlin mit Unterstützung des Reichs-Marine-Amts hrsg. Mit 13 Taf., 2 Kartenskizzen u. zahlr. Abbildgn. im Text. (15, 145 S. m. 12 illustr. Bl. Erklärgn.) Lex.-8. Berlin 907. D. Reimer. Geb. in Leinw. u. geh. n. 6. —

— u. **Fritz Graebner,** Neu-Mecklenburg (Bismarck-Archipel). Die Küste von Umuddu bis Kap St. Georg. Forschungsergebnisse bei den Vermessungsfahrten v. S. M. S. Möwe im J. 1904. Aus dem königl. Museum f. Völkerkunde zu Berlin m. Unterstützg. des Reichs-Marine-Amtes hrsg. Mit 10 Taf., 3 Notenbeilagen, zahlr. Abbildgn. u. e. Uebersichtskarte. (12, 243 S. m. 7 illustr. Bl. Erklärgn.) Lex.-8. Ebd. 907.
Geb. in Leinw. u. geh. n. 12. —

Stephan, Emil [cand. med. aus Glatz in Schles.]: Autochthone Thrombose beider Mesenterialarterien ... Glatz, Druck v. L. Schirmer, 1896; 22 S. 8.
München, Med. Fak., Inaug.-Diss. v. 1896

Stephan, Erhrd., († d. 24. Dec. 1797.) harmonia quatuor Evangeliorum graeca et reliqui N. T. Libri, Acta Apostolorum, et Apocalypsis Jesu Christi, cum epistolis XIV Paulinis, ordine chronologico digestis. 8. Strassb. 779. Stein. (Kummer in Lpz.) 20 gr. Krieger in Marb.) 1 fl. 8 gr.

—Summarium Novi Testamenti sistens summam textus graeci N. T. 8. Strassb. 778.

— Nov. Testamentum graec., vid. Testamentum.

Stephan, Erich, a. Braunfels (Kr. Wetzlar, Rheinprov.): Über Dimethylketol und seine Verwandlung in eine Triose. (Berlin 1908: A. W. Schade.) (30 S.) 8°
Berlin, Phil. Fak., Ref. Fischer, Diss. v. 29. Febr. 1908
[Geb. 1. Sept. 74 Braunfels; Wohnort: Braunfels; Staatsangeh.: Preußen; Vorbildung: Realgymn. Perleberg Reife M. 04; Studium: Berlin 8 S.; Rig. 30. Jan. 08.]

Stephan, *Ernst:* Geographischer Anschauungsunterricht in der obersten Vorschulklasse. Hamburg, gedr. bei Lütcke & Wulff, 1892; 3—8 S. 4.
Hamburg, Stiftungs-S v. 1815, P 1892 (735)

Stephan, Ernst [Dr. med. pr. Arzt]: Statistische Untersuchung über die Häufigkeit der physiologischen Sehnervenexcavation ... Darmstadt, Hofbuchdr. v. Heinrich Kichler (1890); 17 S. 8°
Heidelberg, Med. Fak., Inaug.-Diss. v. [30. Jul.] 1889

Stephan, Ernst Heinrich Karl, s. Stephan, Ernst

Stephan, Euseb., Beichtspiegel für Neocommunicanten nebst Gebeten nach dem Breslauer Diöcesan-Catechismus bearb. 2. Aufl. 1873, und 3. Aufl. 8. (12 S.) Frankenstein 874, Philipp.

Stephan, Eusebius, Beichtspiegel f. Neukommunikanten, nebst Gebeten nach dem Breslauer Diöcesan-Katechismus. 4. Aufl. 16. (16 S.) Frankenstein i/Schl. 884. Philipp. n. — 10

—— Lob-Rede auf St. Albertus den Grossen. Predigt auf den 15. Novbr. 1880 als den 600jähr. Gedenktag des Todes St. Albertus des Grossen. 8. (16 S.) Nördlingen 880, Reischle. *

—— fünf Mai-Predigten zu Ehren der allerseligsten Jungfrau und Gottesmutter Maria. gr. 8. (III, 31 S.) Breslau 870, Aderholz' Buchh.

— Poesie u. Prosa oder 375 Gedichte als Aufsatzübgn. für Volksschulen, die unteren u. mittleren Klassen der Gymnasien, der Real-, Bürger-, Mittel-, Fortbildungs- u. höheren Töchterschulen, f. Präparanden u. Seminarien bearb. gr. 8. (XIV, 511 S.) Breslau 880. Goerlich. 4. —

Stephan, E., Poesie u. Prosa od. 375 Gedichte, als Aufsatzübungen f. Schulen bearb. 2. (Titel-)Aufl. gr. 8. (XIV, 511 S.) Breslau 887. Goerlich. n. 2. —

Stephan, F., Der Platon. Dialog der „Sophist", nach seinem Ideengehalt betrachtet. Pr. 1866. 30 S. 4°.

Stephan, Friedrich: Kurze Ausarbeitungen in der Klasse. (Niederschriften.) 4 (27 S.)
Progr. Neunte Städt. Rsch. (Höh. Bürgersch.) *Berlin* 1900 (125).

Stephan, Frdr., kurze **Ausarbeitungen** in der Klasse. (Niederschriften.) Progr. 4. (27 S.) Berlin 900. [R. Gaertner.] Weidmann. n. 1. —

Stephan, Fr., urkundl. Beiträge zur Geschichte d. mühlhäusischen Schulen. 1. Lfg.: bis zur Zeit d. Reformation. (Mit Vorw. v. Gräfenhan.) 4. (1 B.) Mühlhausen 833, (Heinrichshofen.)

Stephani, Fr., Enumeratio stirpium agri Mosquensis Mosquae. 8. maj. Dresdae, Richter. (Sommer, Lips.) 792.

Stephan, Fr., enumeratio stirpium agri Mosquensis. 8. Moskau 792. (List in Berl.) 12 gr.

Stephan, (Friedrich), Dr.: Epilog für das 19. Jahrhundert. [Gedicht zur Feier d. Jahrhundertwechsels am 20. Dez. 1899.] *Berlin 1900: O. Walter.* (S. 15.) 4°
Berlin, Neunte st. R (HB), OP 1900 (125)

Stephan, F.: Zur Geschichte der Schulen in Mühlhausen. 20 S. Mühlhausen, P 1833

Stephan, [Friedrich], Dr.: Zum 18. Januar 1901. (2 Gedichte zur Feier d. 200j. Bestehens d. Kgr. Preussen.) *Berlin 1901: O. Walter.* (S. 15—16.) 4°
Berlin, Neunte st. R (HB), OP 1901 (125)

— icones plantarum Mosquensium ad historiam plantarum sponte circa Mosquam crescent. illustr., Decas I. et II. Fol. Moskau 795.

(FRIDERICVS STEPHAN), De pediculari comosa — Lectum in Societate Linnaeana. (Mit 1 Tafel.) Lipsiae XXI. Decembr. CIƆIƆCCXCI. 8o.

Stephan, Fridericus: Quomodo poetae Graecorum Romanorumque carmina dedicaverint. (Berlin 1910: Ebering.) 80 S. 8°
Berlin, Phil. Diss. v. 9. März 1910, Ref. Norden
[Geb. 2. Aug. 85 Glatz; Wohnort: Charlottenburg; Staatsangeh.: Preußen; Vorbildung: Gymn. Glatz Reife O. 04; Studium: Freiburg i. B. 1, München 2, Berlin 9 S.; Rig. 5. März 10.] [U 10. 268

Stephan, Friedr., neue Römerfeldzüge in Deutschland, z. B. thüringische Jesuiten in Sturm auf die preuß. Stadt Mühlhausen. 8. (6 B.) Oschatz 844. (Leipzig, Kollmann.)

Friedrich Stephan

De Signis cancri. Lipsiae (1782:) Loeper. 28 S. 8°
Leipzig, Med. Diss. v. 23. Aug. 1782

Neue Stofflieferungen für die deutsche Geschichte besonders auch für die der Sprache, des Rechts und der Literatur. Von Friedrich Stephan. 8°.
Heft 1: I. Das älteste Rechtsbuch der Reichsstadt Mühlhausen. II. Blumentrost, Vater und Sohn, ihr Leben in Russland. III. Mannigfaltiges. Mit 2 Steindrucken. Mühlhausen. 1846.
Heft 2: I. Die mainzische Archidiaconateintheilung Thüringens 1506. II. Verzeichniss alter mühlhäusischer Handschriften. III. Zwei vollständige deutsche Mysterien des Mittelalters. IV. Mannigfaltiges. ebd. 1847.

—— neue Stofflieferungen f. die deutsche Geschichte, besonders auch f. die der Sprache, des Rechts u. der Literatur. 1. Hft. gr. 8. (5⅛ B. u. 2 Stnt.) Mühlhausen 846, Heinrichshofen.

Stephan, Friedr., neue Stofflieferungen für die deutsche Geschichte, besonders auch für die der Sprache, des Rechts und der Literatur. 2. Heft. gr. 8. (IV und S. 77—196.) Mühlhausen 847, Heinrichshofen. *
1. Heft. Ebendas. 1846. 15 Ngr.

Stephan, Friedrich: Verfassungsgeschichte der Reichsstadt Mühlhausen in Thüringen bis 1350 ... Berlin: Buchdr. v. Gustav Schade (Otto Francke) (1886); 31, 1 S. 8°
Berlin, Phil. Fak., Inaug.-Diss. v. 24. Febr. 1886

Stephan, Friedrich, Verfassungsgeschichte der Reichsstadt Mühlhausen in Thüringen bis 1350. Diss. Berlin 1886, Mayer & Müller. 8°. 31 S.

Stephan, F., Verfassungsgeschichte der Reichsstadt Mühlhausen in Thüringen. I. Tl. — 1350. gr. 8. (111 S.) Sondershausen 886. Eupel. n. 2. —

Stephan, Fritz, Anekdotlibro (Anekdotenbuch), s.: Kollektion Esperanto.

— Die Weltsprache „Esperanto" in ihrer Bedeutung f. Wissenschaft, Handel u. Verkehr. Vortrag. 1.—5. Taus. (27 S.) kl. 8. Leipzig 907. C. W. B. Naumburg. — 10

— s.: Esperanto-Poskalendaro.

Stephan, Fritz, s.: **Evangelio, la, sankta Mateo.**

— Goethe's Götz v. Berlichingen, s.: Sattler's interessante Biblioth.

— Kleine Grammatik d. Weltsprache Esperanto m. Sprechübungen über Vorkommnisse des tägl. Lebens. (39 S.) kl. 8. Leipzig (909). E. Schnurpfeil. — 30

— Erste Hilfe bei Unglücksfällen, s.: Sattler's interess. Bibliothek.

— Schiller's Jungfrau von Orleans, nacherzählt, s.: Sattler's interessante Bibliothek.

— Konversationsbuch der Weltsprache „Esperanto", s.: Kollektion Esperanto.

— Privata kaj komerca korespondato en „Esperanto", s.: Kollektion Esperanto.

— Das goldene Kreuz, s.: Sattler's interessante Bibliothek.

— Kurzgefaßtes Lehrbuch der Weltsprache Esperanto, s.: Sattler's interessante Bibliothek.

— **vollständiges Lehrbuch der Weltsprache Esperanto, s.: Kollektion Esperanto.**

Stephan, Fritz, appr. Arzt a. Magdeburg, Assistenzart im Füsilier-Reg. Graf Roon ⟨Ostpreuß.⟩ Nr. 33: Über Resektion des ductus deferens bei Prostatahypertrophie. Berlin (1904): G. Schade. (30 S.) 8°

Berlin, Med. Fak., Ref. König, Diss. v. 1. Nov. 1904

[Geb. 15. Febr. 79 Magdeburg; Heimatsort: Gumbinnen; Staatsangeh.: Preußen; Vorbildung: Städt. Gymn. Greiz Reife O. 98; Studium: Berlin, K. Wilh.-Akad. 9 S.; Coll. 29. Okt. 04; Approb. 18. Dez. 03.]

— Gendarm Schlaumeyer oder Der falsche Raubmörder, s.: Sattler's interessante Bibliothek.

— Taschenwörterbuch der Weltsprache „Esperanto", s.: Kollektion Esperanto.

Stephan, F., die 25jährige Thätigkeit der Vereinigung der Steuer- u. Wirthschafts-Reformer (1876—1900). Zusammengetragen u. dargestellt. gr. 8. (159 S.) Berlin 900. (Charlottenburg, Allgem. Verlags-Agentur.) n. 2. —

Die 25jährige Thätigkeit der Vereinigung der Steuer- und Wirtschafts-Reformer. ⟨1876–1900.⟩ Zusammengetr. u. dargest. von F[ritz] **Stephan**, Sekr. d. Vereinigung. *Berlin: Bureau d. Vereinigung 1900.* (159 S.) 8° [F.] [...] 8766

— Schiller's Wilhelm Tell, s.: Sattler's interessante Bibliothek.

Themata und Referenten der General-Versammlungen des Congresses Deutscher Landwirte von 1875 bis 1893 ⟨Schlußversammlung, u. d. Vereinigung d. Steuer- u. Wirtschafts-Reformer von 1876 bis 1905. Zsgest. von F[ritz] **Stephan**, Sekr. Berlin: Bureau d. Ver. d. Steuer- u. Wirtsch.-Reformer 1905. 22 S. 8° [...] 1180 10

— Uebungsbuch d. Weltsprache „Esperanto", s.: Kollektion Esperanto.

— Die Verbreitung des Esperanto, s.: Sattler's interess. Biblioth.

— Vivat Academia! s.: Sattler's interessante Bibliothek.

— Wie Jeder schon heute die Weltsprache Esperanto verwenden kann, s.: Sattler's interessante Bibliothek.

— Weltsprachliche Zeitfragen, s.: Sattler's interessante Bibliothek.

Stephan, G.: Die häusliche Erziehung in Deutschland während des achtzehnten Jahrhunderts. M. e. Vorw. v. Karl Biedermann. — Wiesbaden: Bergmann 1891. XVIII, 162 S. 8°

Stephan, G., die hundertjährige Geburtstagsfeier Friedrich Fröbels. Ein Erinnerungsblatt an den 21. April 1882. [Aus: „Erziehung d. Gegenwart".] Lex.-8. (III, 60 S.) Dresden 882. Burdach in Comm. n. 1. —

Stephan, G., methodisches Handbuch zu Sprachübungen, s.: Michel, R.

Stephan, G., Lehrplan f. Sprachübungen, s.: Michel, R.

Stephan, G., vaterländisches Lesebuch, s.: Lange, Karl.

— Leseschule, s.: Sieber, J. G.

Stephan, Georg, a. Altenburg S.-A.: Ueber den Einfluss der orographischen Lage auf die interdiurne Temperaturveränderlichkeit im Thüringer Wald. Jena 1908: Frommann. (54 S., 2 Taf.) 8° ¶ (Aus: „Mitteilungen d. Geograph. Ges. zu Jena" Bd 26.)

Jena, Phil. Fak., Ref. Dove, Diss. v. 15. Mai 1908

[Geb. 25. Juli 84 Altenburg; Wohnort: Altenburg; Staatsangeh.: Sachsen-Altenburg; Vorbildung: Realgymn. Altenburg Reife O. 04; Studium: Jena 4, München 1, Jena 2 S.; Rig. 29. Febr. 08.]

Stephan, George, Zufälle beim Pferdekauf. A. d. Engl. (V.) v. F. v. R. 12°. (100 S.) Berlin 45. Duncker. M. 1.50

Stephan, Gustav

Stephan, die Ausübung der Disziplinarstrafgewalt. (VIII, 54 S.) 8. Oldenburg (907). G. Stalling's Verl. 1.20

Stephan, die Kriegsartikel vom 22. IX. 1902 m. Erläuterungen u. e. Anh. üb. die Militärgerichtsbarkeit. Zum Gebrauch beim Unterricht. 12. (78 S.) Berlin 902. A. Bath. n. — 60

Stephan, Lehrmethode der Anfangsgründe des militärischen Planzeichnens. (VI, 42 S. m. Abbildgn.) gr. 4. Berlin 903. Liebel. n. 1. 50

Stephan, Gust., landwirtschaftliches Lesebuch f. Ackerbau-, landwirtschaftl. Fortbildungs- u. Winterschulen. (XII, 435 S.) gr. 8. Wien 903. A. Hölder. Geb. in Leinw. n. 2. 80

Stephan, H., „10 Tropfen" (um heiter zu werden verordnet). Humoresken. (159 S.) 8. Leipzig 908. W. Strübig. 1.20; geb. 2. —

Stephan, Hans Otto, Referendar: Die durch Bürgschaft und Pfandrecht gesicherte Forderung. Güstrow 1909: Michaal. 93 S. 8°

Rostock, Jur. Diss. v. 5. Juni 1909, Ref. Matthiaß

[Geb. 26. März 84 Dargun; Wohnort: Güstrow; Staatsangeh.: Mecklenburg-Schwerin; Vorbildung: Gymn. Demmin Reife O. 02; Studium: Heidelberg 2, München 1, Berlin 1, Rostock 2 S.; Rig. 30. April 09.] [U 09. 3098

Stephan, Heinr., das heutige Aegypten. Ein Abriss seiner phys., polit., wirthschaftl. u. Cultur-Zustände. Mit e. (chromolith.) Karte (in gr. 4.) 8. (XXIV, 528 S.) Leipzig 872. Brockhaus. n. 8. —

Stephan, das heutige Aegypten. Leipzig 1873. 8.

Stephan, H., Geschichte der preußischen Post von ihrem Ursprunge bis auf die Gegenwart. Nach amtl. Quellen. Lex.-8. (XV und 816 S.) Berlin 859, Decker'sche geheime Ober-Hofbuchdruckerei. *

Stephan, Heinr. v., **Kunst in Ernst u. Scherz,** s. a. Abhandlungen, pädagogische. VII. 8.

Kunst in Ernst und Scherz. Von Heinrich v. **Stephan**. *Bielefeld: A. Helmich [1902].* (11 S.) 8° [F.]
= Abhandlungen, Pädagogische. N. F. Bd 7, H. 8. [03. 2451

— Luther als Musiker. Studie. 12. (43 S. m. 1 Abbildg.) Bielefeld 899. E. Siedhoff. n. —40

(ü) **Stephan, Heinr. v.,** Luther als Musiker. 899. (KVL 32.) Jetzt: Bielefeld, Verlagshandlung der Anstalt Bethel.

— **Weltpost u. Luftschifffahrt.** Ein Beitrag im wissenschaftl. **Verein zu** Berlin geh. gr. 8. (IV, 75 S.) Berlin **874. Springer's** Verl. n. 1. 60

Stephan, Hnr., der Zuckersiedermeister. Oder praktische Darlegung des Verfahrens beim Raffiniren des indischen u. Runkelrüben-Rohzuckers. gr. 8. Quedlinb. 841, Basse. $\frac{1}{3}$ ℛ

Stephan, Heinr. Wilh., „je mehr Aerzte, je größer die Sterblichkeit," nachgewiesen aus der: „Statistik der Medicinal-Personen der preuß. Monarchie, entworfen u. hrsg. v. C. M. F. Sponholz. Jahrg. 1845" u. die Stellung u. die Verhältnisse der prakt. Medicinal-Personen in der preuß. Monarchie kritisch beleuchtet. gr. 8. ($8\frac{1}{2}$ B.) Danzig 846, (47,) (Homann.) *

— das Pferd, seine Zucht u. Veredelung. Historisch-kritisch beleuchtet. Nebst einem Anhange, enthaltend: I. Die erblichen Krankheiten des Pferdes u. deren Heilung. II. Die Gestüts-Brandzeichen. gr. 8. (Mit 24 lith. Taf.) Schweidnitz 845, Heege. n. $1\frac{1}{3}$ ℛ

Stephan, H. W., neues und vollständ. allgem. Vieharzneibuch, oder Universal-Handbuch aller unsere Hausthiere im gesunden und kranken Zustande betreff. Kenntnisse. 2., verm. Ausg. gr. 12. (XVI und 644 S.) Bielefeld 848, Velhagen und Klasing.

Stephan, H. W., neues u. vollständ. allgem. Vieharzneibuch, oder Universal-Handbuch aller unsere Hausthiere im gesunden u. kranken Zustande betreff. Kenntnisse. 2. verm. Ausg. gr. 12. (XVI u. 644 S.) Bielefeld 850, Velhagen & Klasing. $1\frac{1}{3}$ ℛ

—— neuestes u. vollständ. allgemeines Vieharzneibuch. gr. 12. (27 B.) Hamm 844, [Bielefeld, Velhagen u. Klasing.]

— neuestes u. vollständ. allgemeines Vieharzneibuch. gr. 12. Hamm 844, Wundermann. Crefeld, Funcke. $1\frac{1}{3}$ ℛ

Stephan, Horst, Herder in Bückeburg u. seine Bedeutg. f. die Kirchengeschichte. (III, 255 S.) gr. 8. Tübingen 905. J. C. B. Mohr. n. 4. 50

— **s.: Herder's, Joh. Gottfr., Philosophie.**

Stephan, Horst, die Lehre Schleiermachers v. der Erlösung. Dargestellt u. beurteilt. gr. 8. (VII, 180 S.) Tübingen 901. J. C. B. Mohr. n. 3. 60

Stephan, Horst, Luther in den Wandlungen seiner Kirche. s. a. Studien zur Geschichte d. neueren Protestantismus. 1.

Luther in den Wandlungen seiner Kirche. Von Lic. Horst **Stephan,** Privatd., Marburg. Gießen: A. Töpelmann 1907. (136 S.) 8°
— **Studien** z. Geschichte des neueren Protestantismus. 1. [07. 18249

— Die Neuzeit, s.: Handbuch der Kirchengeschichte. 4. Tl.

Stephan, Horst, der Pietismus als Träger d. Fortschritts, s. a. Sammlung gemeinverständlicher Vorträge u. Schriften aus d. Gebiet der Theologie u. Religionsgeschichte.

Der Pietismus als Träger des Fortschritts in Kirche, Theologie und allgemeiner Geistesbildung. Von Lic. Horst **Stephan,** Priv.Doz., Marburg. Tübingen: J. C. B. Mohr 1908. (64 S.) 8°
= **Sammlung** gemeinverständl. Vorträge u. Schriften aus d. Geb. d. Theologie u. Religionsgeschichte. 51. [08. 6983

— s.: **Spalding's Bestimmung des Menschen.**

— Die kirchliche Stellung des Religionslehrers. (23 S.) gr. 8. Berlin 910. Reuther & Reichard. — 40
Sonderabdr. a.: „Ztschr. f. ev. Relig.-Unterr."

Stephan, J.: De phrenesi potatorum. D. Wirceburgi. 1824.

Stephan, J. B., Rundschrift. **Anleitung zur Erlernung dieser** Schrift. **Zum** Schulgebrauche **und zum** Selbstunterrichte. qu. 4. (12 lithogr. S.) **Höxter 879, Buchholtz' Buchh.** *

Stephan, J. B., Rundschrift. Anleitung zur Erlerng. dieser Schrift. Zum Schulgebrauche u. zum Selbstunterrichte. 2. Aufl. qu. gr. 8. (12 Bl. u. S. m. 4 Linientaf.) Höxter 894. O. Buchholtz. n. 1. —

Stephan, J. Curt, s. Stephan, J. Kurt

Stephan, J. Fr., Opfer der Andacht in Gedichten. Niedergelegt auf d. Altar d. Herrn. 8. **($15\frac{1}{2}$ B. u. Titlbild.)** Berlin 831, (Enslin'sche Buchh.)

Stephan, J. Kurt

Stephan, J. Curt, Heimatgeschichten aus d. Mappe e. alten Düsseldorfers. (77 S.) gr. 8. Leipzig 909. Reform-Verl. 1.—; geb. 2. —

Stephan [Jakob], Direktor Dr.: My Sojourn in London. Geestemünde 1907: O. Remmler. (18 S.) 8°
Geestemünde, st. HM OP 1907 [96]

Stephan, Johann Adam (Gerolzhofen) Trew Y 203

Disputatio inauguralis medica de natura sana in corpore aegro. Präs. Johann Simon Bauermüller. Würzburg (Rausch) 11. 1722. 98 S.

Gew.: Johann Philipp Franz Bf. von Würzburg.
W. v.: Präs., Joseph Sebastian Orth, Johann Peter Fried. 33474

De dotalitio necessario conturbata re mariti familiari non exigendo. Exercitatio iuris Saxonici electoralis scripsit praeside Christiano Gottlob Hauboldo, 1797 ad disputandum proposuit Ioannes Andreas Christophorus **Stephan**. Lipsiae (1797.) 4°

Stephan, Joh. Gustav [z. Z. Lehrer am K. Seminar zu Rossen]: Urkundliche Beiträge zur Praxis des Volksschulunterrichts im achtzehnten Jahrhundert. . . . Rossen, Druck v. Emil Hensel, 1888; 40 S. + 1 Bl. 8°
Leipzig, Phil. Fak., Inaug.-Diss. v. 18. Dez. 1888

Stephan, Joannes Henricus (Elsterwerda - Saxus)
De Panaritio. Dissertatio inauguralis medico-chirurgica. Giessae 1826. 38 S. u. 1 Bl. Theses.
Diss. med. 11.8.1826. vorh 7.

Stephan, Johann Karl, s. Stephan, Karl

Stephan, [Julius], Prof. Dr.: Über das Buch „Il Cortegiano" von Graf Baldassar di Castiglione, Beitrag z. Kenntnis d. Gelehrsamkeit u. Bildung d. Renaissance. Berlin 1906: W. Pormetter. (S. 3 – 33.) 4°
Berlin, k. Luisen-G P 1906 (71)

Stephan, Iulius: * Ciceronis de numerosa oratione doctrina. (orat. 168—238.) 24 Bl. 8° (4°)
Halle-Wittenberg, Phil. Diss. v. 8. Febr. 1872
Geb. [Annaburg (Kr. Torgau) 10. 12. 1846]

Stephan, [Julius], Prof. Dr.: [Trauerrede für Prof. Dr. Karl Mayer, gest. am 14. Dez. 1898.] *Berlin 1899: W. Pormetter.* (S. 14—21.) 4°
Berlin, k. Luisen-G, P 1899 (62)

Stephan, Karl

Stephan, Carl *(geb. Primkenau in Schles. 1857)*: Beiträge zu den Beziehungen zwischen Fluidität und galvanischem Leitungsvermögen. (Görlitz 1882.) (31 S.) 8° *[Im Buchhandel 1882 bei Köhler in Breslau.]*
Breslau, Phil. Diss. v. 5. [vielmehr 7.] Juni 1882

Stephan, Carl, Beiträge zu den Beziehungen zwischen Fluidität und galvanischem Leitungsvermögen. Inaugural-Dissertation. gr. 8. (30 S. mit 4 Fig.) Görlitz 882. (Breslau, Köhler.) *

Stephan, Joannes Carolus: De proxima uteri prolapsi causa et methodorum quibus inde a pristinis temporibus usque ad hanc aetatem curatus sit historia. Halis (1844): Ploetz. 38 S. 8°
Halle-Wittenberg, Med. Diss. v. 6. Nov. 1844
Geb. Halle a. d. S. 5. 11. 1818. V.

Stephan Karl: Ottos III. Königszeit unter der vormundschaftlichen Leitung Theophanus.
H. 1904 PN 1790 **Diss.** Wien, Univ. 893

Stephan, Karl [app. Arzt aus Ingweiler '(Unt.-Els.)']: Über den Nachweis der Leprabacillen im Blute bei Lepra anæsthetica ... Strassburg i. E., Buchdr. C. & J. Gœller, 1896; 25 S. 8.
Strassburg, Med. Fak., Inaug.-Diss. v. 1895

Stephan, Carl, aus Heidelberg: **Ueber Metalltrennungen** mit Hydrazin und Wasserstoffsuperoxyd in ammoniakalischer und natronalkalischer Lösung. *Heidelberg 1903: J. Hörning.* (45 S.) 8°
Heidelberg, Naturw.-math. Diss. v. 1903

Stephan, Car. (Henr.) (geb. Liegnitz 20. 9. 1819): De morbis foetus nonnullis. Berolini (1845). (28 S.) 8°
Berlin, Med. Diss. v. 2. Apr. 1845

Stephan, Karl, a. Koschmin, Prov. Posen: Das Prozentverhältnis der verschiedenen Verlaufsformen der progressiven Paralyse an der Landesirrenanstalt zu Neu-Ruppin. Leipzig 1907: B. Georgi. (23 S.) 8°
Leipzig, Med. Fak., Ref. Flechsig, Diss. v. 27. Febr. 1907
[Geb. 15. Apr. 77 Koschmin; Wohnort: Krotoschin; Staatsangeh.: Preußen; Vorbildung: Gymn. Krotoschin Reife O. 00; Studium: Breslau 1, Berlin 1, Greifswald 3, Breslau 4 S.; Coll. 8. März 07; Approb. 12. Apr. 05.]

Stephan, Karl Friedrich [aus Berlin]: Ueber 1, 3, 4-Methyltoluylendiamin und einige Condensationsprodukte desselben ... Berlin, A. W. Schade's Buchdr., *1892;* 23 S. 8.
Erlangen, Phil. Fak., Inaug.-Diss. v. 1892

Stephan, Karl Heinrich, s.a. Stephan, Karl

Stephan, Karl Heinr., 141 Choräle unter Berücksichtigung des Merkelschen Taschen-Choralbuches zweistimmig bearb. gr. 8. (36 S.) Kamenz 865, Krausche. *

Stephan, Karl Ludwig, aus Gräfenberg: Das **Debora-Lied.** *Leipzig 1900: Grimme & Trömel.* (46 S.) 8°
Erlangen, Phil. Diss. v. 24. Febr. 1899

Stephan, Ksp. Jh., Bewährte Vorschläge und Mittel zur Verminderung des Brodmangels unter den Armen. 8°. Salzburg, Oberer, 1803.

Stephan, Konst. Zur Geschichte der algebraischen Auflösung der quadratischen und kubischen Gleichungen sowie der Lehre von den Logarithmen. 29 S. **Progr.** Rsch. *Wiesbaden* 1883.

Stephan, Kurt

Stephan, Curt, die Kunst, aus d. Hand zu lesen, Charakter u. Schicksal daraus zu bestimmen. Ein kurzer Leitfaden. (46 S. m. 2 Abb.) 8. Berlin (909). H. Steinitz. — 80

Stephan, Leop. Einiges über Begriff und Wesen der Kunst. 40 S. **Progr.** *Offenburg* 1876.

Leopold Stephan. Die klassischen Studien. 48 S. Offenburg, P 1864

Stephan, Lothar, Tierarzt: Aus d. Klinik f. kleine Haustiere d. Tierärztl. Hochsch. zu Berlin. Leiter: Regenbogen. Die Tumoren in der Leber des Hundes. Breslau 1909: Nischkowsky. 47 S. 8°
Gießen, Veterinär-Med. Diss. v. 24. Juni 1909, Ref. Bostroem
[Geb. 4. Dez. 82 Krempa O.-S.; Wohnort: Breslau; Staatsangeh.: Preußen; Vorbildung: Gymn. z. heil. Geist Breslau Reife M. 03; Studium: Tierärztl. Hochschulen Berlin 2, München 2, Berlin 3 S.; Rig. 21. Mai 09.] [U 09. 1180

Stephan, M., der christl. Glaube, in e. vollständ. Jahrgange Predigten d. Kirchenjahres 1824, üb. d. gewöhnl. Sonn- u. Festtags-Evangelien. Gehalt. in d. St. Johanniskirche zu Dresden. 2 Thle. gr. 8. (79½ B.) Dresden 825, 26. (Leipzig, Dürr.)

Stephan, (Pastor) M., der christl. Glaube, in einem vollständ. Jahrg. Predigten des Kirchenjahres 1824, üb. die gewöhnl. Sonn- u. Festtags-Evangelien. Gehalten in d. St. Johanniskirche zu Dresden. 2 Thle. gr. 8. Dresd. 825, 826. (Walther). 3 ₰

— herzl. Zuruf an alle evangel. Christen, in 2 Predigten; nebst e. Vorrede über Schwärmerei u. Sektenwesen. gr. 8. Dresd. 825. (Leipz., Tauchnitz). 2 gl

Stephan, Marie, rege Hände, s.: Blumen u. Sterne. 12. Hft.

Stephan, Marie, unverzagt, s.: Goldkörner.

Stephan, Max, der Normalarbeitstag. Kritisch erörtert. gr. 8. (15 S.) Leipzig-Volkmarsdorf 893. Selbstverlag d. Verf. n.n. — 25

Stephan, Max, der neue Pegasus. Humoristisches Gedicht in 482 Versen. (72 S.) 8. Leipzig 906. (Schulze & Co.) n. 1. —

Stephan, O., die Weltstadt Berlin, s.: Gindler, F.

Stephan, Oskar

Stephan, O., praktisches Diktier- u. Lesebuch f. Gabelsberger'sche Stenographen. Eine notwend. Ergänzg. zu jedem Lehrbuch der Satzkürzg. Mit neuer, eigenart. Silbenzählg. Nach der neuen Rechtschreibg. gr. 8. (VIII, 135 S., wovon 48 autogr.) Leipzig 889. F. Geissler. n.n 2. —; geb. n. 2. 50

Stephan, O., Lesebuch f. stenographische Anfangs- u. Fortbildungscurse. Methodisch geordnete Lesestücke, zusammengestellt u. bearb. gr. 8. (IV, 31 autogr. S.) Ebd. 890. n. — 60

Stephan, Osk., Reform-Lehrbuch der deutschen Stenographie nach Gabelsbergers System. Für Schul-, Vereins- u. Selbstunterricht. Mit Berücksicht. der Häufigkeitsuntersuchungen für die deutsche Sprache bearb. Verkehrs- u. Redeschrift. Nach den Berliner Beschlüssen. 2. Aufl. (VII, 80 S.) gr. 8. Leipzig 903. E. Trachbrodt. n. 1.25

Stephan, Otto, Civilprozeßordnung in Frage u. Antwort, ein Repetitorium f. den Prüfungsanwärter, ein kleiner Berater in der allgemeinen Prozeßkunde. (In 5 Lfgn.) 1.—3. Lfg. (VII, 93, III, 111 u. III, 104 S.) 8. Gera-Untermhaus 905. 906. F. Stephan. à n. 1.50

Stephan, Otto, Civilprozeßordnung in Frage u. Antwort, e. Repetitorium f. den Prüfungsanwärter, e. kleiner Berater in der allgemeinen Prozeßkunde. 4. u. 5. Lfg. (IV, 116 u. III, 33 S.) 8. Gera 907. F. Stephan. à 1.50

Stephan, Paul, Approb. Arzt aus Ilsenburg: **Beitrag zur Diagnose des Echinococcus orbitae sowie zu seiner Operation nach der Kroenlein'schen Methode.** *Rostock 1901: C. Boldt.* (38 S.) 8°
Rostock: Med. Diss. v. [20. Aug.] 1901

Stephan, P., die Luftseilbahnen. Ihre Konstruktion u. Verwendg. (VIII, 193 S. m. 194 Fig. u. 4 lith. Taf.) gr. 8. Berlin 907. J. Springer. 7.—

Stephan, P., die technische Mechanik. Elementares Lehrbuch f. mittlere maschinentechnische Fachschulen u. Hilfsbuch f. Studierende höh. techn. Lehranstalten. 1. u. 2. Tl. gr. 8. Leipzig, B. G. Teubner. Geb. in Leinw. à n. 7.—
1. Mechanik starrer Körper. (VIII, 344 S. m. 255 Fig.) 904.
2. Festigkeitslehre u. Mechanik der flüss. u. gasförm. Körper. (VIII, 332 S. m. 200 Fig.) 906.

Stephan, Richard: Aus d. pathol. Inst. d. Univ. Leipzig. Über die Entstehung melanotischer Tumoren und des melanotischen Pigmentes. Leipzig 1910: Lehmann. 36 S. 8°
Leipzig, Med. Diss. v. 25. Juli 1910, Ref. Marchand
[Geb. 22. Mai 86 Baden-Baden; Wohnort: Leipzig; Staatsangeh.: Baden; Vorbildung: Realgymn. Baden-Baden Reife M. 04; Studium: Freiburg i. B. 4, Kiel 2, Leipzig 4 S.; Coll. 29. Juli 10.] [U 10. 3066

Stephan, R., das Gesetz zur Bekämpfg. des unlauteren Wettbewerbes, s.a. Guttentag's Sammlung deutscher Reichsgesetze.

Stephan, R: Das Gesetz zur Bekämpfung des unlauteren Wettbewerbes, vom 27. Mai 1896. Berlin 1896

Stephan, R: Das Gesetz zur Bekämpfung des unlauteren Wettbewerbes, vom 27. Mai 1896. 2. Aufl. Berlin 1898

Stephan, R.: Das Gesetz zur Bekämpfung des unlauteren Wettbewerbes. Vom 27. Mai 1896. Text-Ausg. mit Anm. u. Sachreg. 3. Aufl. Berlin 1903.
(Guttentag'sche Sammlung Dt. Reichsgesetze. Nr 37.)

Stephan, R., Gesetz, betr. die Patentanwälte. Vom 21. V. 1900. Nebst Ausführungsverordngn. Erläutert v. S. 12. (72 S.) Berlin 900. J. Guttentag. Geb. in Leinw. n. 1.50

Stephan, R., Gesetz zum Schutz der Waarenbezeichnungen, s.a. Guttentag's Sammlung deutscher Reichsgesetze.

Stephan R, Gesetz zum Schutz der Warenbezeichnungen. Text m. Anm. Berlin 1894

Stephan R, Gesetz z. Schutze d. Warenbezeichnungen m. Ausführungsbest. 4. Aufl. (Fortführung der Erläut. von Berger) (130 S) 16° (Guttentag 22b) Berlin 1899

Stephan, Gesetz gegen den unlauteren Wettbewerb., 4. Aufl., s.a. Pinner, Alb.

Stephan, R: Gesetze gegen den unlauteren Wettbewerb vom 7. Juni 1909. Text-Ausg. 4. Aufl. Von A. Pinner. Berlin 1909

Stephan, Rich., Getreideausfuhrverbot u. Judenausweisg. in Russland. gr. 8. (16 S.) Berlin 895. R. v. Decker. — 60

Handbuch des gesammten Rechts. Eine Rechtsencyklopädie f. Studirende u. z. Selbstunterr., als 3. Aufl. von [Eduard] Strützki u. [Stephan] Genzmer, Leitfaden d. preuss. Rechts, bearb. von Dr. jur. R[ichard] Stephan, Geh. Reg.R. zu Berlin. *Berlin: F. Vahlen 1903.* (XXII, 848 S.) 8° [F.] [03. 2112

Stephan, Richard [aus Grünberg]: Zur Kenntniss der Amidosäuren, speciell der substituirten Amidosäuren .... Berlin, Druck v. M. Driesner (1886): 39 S. 8°.
Berlin, Phil. Fak., Inaug.-Diss. v. 3. März 1886.

Stephan, Richard, zur Kenntnies der Amidosäuren, speciell der substituirten Amidosäuren. Diss. Berlin 1886, Mayer & Müller. 8°. 39 S.

— Patentgesetz, s.: Berger, T. Ph.

Stephan, Richard [Komm.], s.a. Patentgesetz vom 7. April 1891.

— Patentgesetz v. 7. IV. 1891. Gesetz, betr. den Schutz v. Gebrauchsmustern v. 1. VI. 1891, Gesetz, betr. das Urheberrecht an Mustern u. Modellen v. 11. I. 1876, s.a. Guttentag's Sammlung deutscher Reichsgesetze.

Stephan, R.: Patentgesetz vom 7. April 1891. Gesetz, betr. den Schutz von Gebrauchsmustern vom 1. Juni 1891, Gesetz, betr. das Urheberrecht an Mustern und Modellen vom 11. Jan. 1876. Nebst Ausführungsbestimmungen. 5. Aufl. Berlin 1900.
(Guttentag'sche Sammlung Dt. Reichsgesetze. Nr 22 a.)

Patentgesetz vom 7. April 1891. Nebst Ausführungsbestimmungen, völkerrechtl. Verträgen u. Patentanwaltsgesetz, unter eingehender Berücks. d. Rechtsprechung d. Reichsgerichts u. d. Praxis d. Patentamts. Bisher hrsg. von Prof. Dr. R[ichard] Stephan. 7. völlig neubearb. Aufl. von R[ichard] Lutter, Geh. Reg. Rat. Berlin: J. Guttentag 1908. (353 S.) 8° [F.]
= **Sammlung**, Guttentag'sche, Deutscher Reichsgesetze. No 22. [08. 11916

— u. Paul Schmid, der Schutz der gewerbl. Urheberrechte des In- u. Auslandes, s.a. Hand- u. Lehrbuch der Staatswissenschaften. I. 13.

Der Schutz der gewerblichen Urheberrechte des In- und Auslandes dargest. von Dr. jur. R[ichard] Stephan, Kaiserl. Reg. R., [&] Paul Schmid, Rechtsanw. zu Berlin. Leipzig: C. L. Hirschfeld 1899. (XVIII, 531 S.) 8°
= Hand- u. Lehrbuch d. Staatswissenschaften. Abt. 1, Bd 13.

Stephan, Rich., Strafgesetzbuch f. das Königr. Italien [codice penale per il Regno d'Italia]. Nebst dem Einführungsgesetz vom 22. Novbr. 1888 u. der Einführungsverordng. vom 30. Juni 1889 übertr. u. erläutert. gr. 8. (XL, 223 S.) Berlin 890. G. Reimer. n. 7.—

Uebersicht über die Rechts- und Staatswissenschaften '(Encyklopädie)' v. Dr. jur. R[ichard] Stephan, Kais. Regiergsr. ... Grundriss zu Vorlesgn. *Berlin: J. Guttentag 1896.* (19 S.) 1 Bl 8. [96. 214

Waarenbezeichnungsgesetz. Text m. Anmkgn. v. **Stephan.** 4. Aufl. Berlin, Guttentag.

Stephan, St., der Beuthener Prozeß im Lichte der Wahrheit oder Wahrheitsgetreue Enthüllungen aus der poln. Politik in Oberschlesien. Ein Beitrag zum Verständnis der oberschl. Wirren. (320 S.) 8. Königshütte (904). (Berlin, Verlagsanstalt Karl Hof.) n. 2. 80

Der Beuthener **Prozeß** im Lichte der Wahrheit oder Wahrheitsgetreue Enthüllungen aus d. poln. Politik in Oberschlesien. Ein Beitrag z. Verständnis d. oberschles. Wirren von **St. Stephan**, Red. *Königshütte, Oberschl.: Hyacinth Dr. (1904).* (320 S.) 8° [F.] [04. 16879

Stephan, Thdr. Frdr., das Friederikenhaus in Bernburg. 8. (38 S. m. 1 Lith.) Bernburg 851, Gröning. n. 3 ngl

Stephan, W., s. Forst- u. Jagd-Jahresbericht, neuester.

(F) **Stephan,** W., Neuester Forst- und Jagd-Jahresbericht über wichtigere Vorkommnisse und Veröffentlichungen für das Jahr 1901. I. Jahrg. Gr.-8°. (140, LII S.) K 4.—
Eger: Kobrtsch & Gschihay.

— der Langnutzholzverkauf m. seinen Vor- u. Nachteilen. Kurze Anleitung zur bestmöglichsten Verwertung v. Langhölzern. Für Waldbesitzer unentbehrlich. Nach eigenen Erfahrgn. dargestellt. Mit den neuesten Holztaxen u. Tabellen. gr. 8. (160 S.) Eger 901. J. Kobrtsch & Gschihay. Geb. in Leinw. n. 8. —; erh. Pr. n. 10. —

STEPHAN, W.: Der Langnutzholzverkauf mit seinen Vor- und Nachteilen. Kurze Anleitung zur bestmöglichsten Verwertung von Langhölzern. Für Waldbesitzer unentbehrlich. Nach eigenen Erfahrungen dargestellt. Mit den neuesten Holztaxen und Tabellen. - München 1901. 100 S., 6 S. Anh.

Stephan, W. Emil, zum heiligen Kreuz, s.: Köhler's ill. Jugend- u. Volksbibliothek.

— im Morgenrot d. deutschen Reiches, s.: Aus unsrer Väter Tagen.

— der letzte fahrende Sänger (Carl Maria v. Weber), s.: Köhler's ill. Jugend- u. Volksbibliothek.

— Treue um Treue, } s.: Aus unsrer Väter Tagen.
— auf hoher Warte, }

Stephan, W. E., d. Werber, s.: Aus uns. Väter Tagen.

Stephan, Walther, aus Berlin: **Beiträge zum Urkundenwesen des Bistums Osnabrück vom 11.—13. Jahrhundert.** *Marburg 1902: Wangerin & Co., Berlin.* (VIII, 96 S.) 8°
Marburg, Phil. Diss. v. [15. Jan.] 1903

Stephan, Walter: **Konstruktion und Theorie eines elektrischen Fernsehers.** *Dramburg 1903: W. Schade & Co.* (31 S.) 4° [F.]
Dramburg, k. G, P 1903 (157)

Stephan, Walther: Konstruktion und Theorie eines elektrischen Fernsehers. T. 2. Burgsteinfurt 1905: Friedr. Winter. (S. 3—14.) 4° [F.] ¶ (Forts. d. P-Beil. von Dramburg 1903.)
Burgsteinfurt, G Arnoldinum P 1905 (412)

Stephan, Guil., de origine partitionis digestor. in digestum vetus infortiatum c. tribus partibus et digestum novum. Comment. prae. regio ornata. 4maj. ($4^1/_4$ B.) Gottingae 839, libr. Dieterich. *

Stephan, Wlh., über das Verhältniß des Naturrechts zur Ethik u. zum positiven Rechte. gr. 8. Göttingen 845, Vandenhoeck u. Ruprecht. $^7/_{12}$ ß

W. **Stephan**: Wissen u. Glauben; skeptische Betrachtt. *Hann.*, Helwing. Hofb. 846. gr 8° 16 gl

Stephanblome, J., die Prov. Westphalen nebst den Fürstent. Lippe u. Waldeck, s. a. Landeskunde Preußens. 3.

Die Provinz Westfalen nebst d. Fürstentümern Lippe u. Waldeck bearb. von J. **Stephanblome**, Seminarlehrer. Mit 14 Abb. (Ausg. A.) *Berlin & Stuttgart: W. Spemann 1901.* (VI, 137 S.) 8° [F.]
= **Landeskunde** Preussens. II. 3. [01. 5424

Stephani, Ed., s. Boettcher, Fr.

Stephani, s.a. Stephanus

— u. **Hollmann,** zwei Ansprachen an Abiturienten, s.: Flugschriften der deutschen Gesellschaft z. Bekämpfg. der Geschlechtskrankheiten. 5. Heft.

Stephani, Comment. in Novellas c. N. I. Brunnemanni. 4. Hannov. Helwing. 700.

Stephani, Prophylaxe des Wachstums u. Methode der Körpermessung. (19 S. m. 2 Abb.) gr. 8. Charlottenburg 907. P. J. Müller. — 30
Sonderabdr. a.: „Das Schulzimmer“.

— s.: Zeitschrift f. Schulgesundheitspflege.

v. Stephani, A. A. F., oro-hydrographische Karte v. Deutschland u. Europa, nebst Weltkarte in Mercators Projection. (Zu v. Roon's Leitfaden.) 3 lith. Blätter in Imp.-Fol. Berlin 841, Reimer. n. $1^1/_3$ ß

Stephani, Adam Christian (Goldberg/Schl.) A. S. 1406/4

Dissertatio inauguralis medica, de voto castitatis medico, Oder: Medicinischer Unterricht vom Gelübde der Keuschheit. Präs. Michael Alberti.
Halle (Hendel) IX. 1736. 40 S. 33475

Stephani, Adf., e. Fall v. Aneurysma der Aorta thoracica. gr. 8. (42 S.) Göttingen 884. (Vandenhoeck & Ruprecht.) n. 1. 20

Stephani, Alb. v., das Betriebs-Reglement f. die österr.-ungar. Eisenbahnen u. die Tarif-Enquête vom J. 1883. gr. 8. (III, 133 S.) Brünn 883. Winkler. n. 3. 60

—— offene Fragen für die österreichische Woll-Industrie. Vortrag, gehalten in der constituirenden General-Versammlung des Central-Vereines der schles. Woll-Industriellen am 7. Octbr. im Saale der Handels- und Gewerbekammer in Troppau. 8. (19 S.) Ebendas. 883. *
Aus: Mährisch-schlesischer Correspondent, besonders abgedruckt.

— über die wirthschaftliche Lage der Woll-Industrie in England. gr. 8. (207 S.) Ebend. 882. geb. n. 3. 20

Stephani, Carl Joseph Johann von,
s. Stephani, Karl Joseph Johann von

Stephani, D., über die einfachste u. natürlichste Weise, Taubstumme zu unterrichten. Mit e. Vorwort versehen v. Herm. Lehm. (16 S.) kl. 8. Leipzig-R. 907. (H. Dude.) — 50

Stephani, Daniel von (M. Brandenbg.) A. S. 128/4

Disputatio juris gentium publici de guarantia pacis. Präs. Heinrich Coccejus.
Frankfurt/O. 1703. 33 S.

Diss. 4. II. 1702. 33480

Stephani, Ed., die Obliegenheiten d. Schulvorstände auf d. Lande f. d. weltl. Mitglieder ders., zur bequem. Uebersicht aus d. neuen Volks-Schul-Gesetz ausgezogen u. geordnet. gr. 12. (2 B.) Leipzig 836, C. H. Reclam sen. •

Stephani, Elsa, Gedichte. (IV, 128 S.) 8. Dresden (907). E. Pierson. 2.—; geb. n 3. —

Stephani, Emil

Stephani, Ae., de Martiale verborum novatore, s. a. Abhandlungen, Breslauer philologische.

Stephani, Aemilius [Vratislaviensis]: De Martiale verborum novatore pars prior. . . . (Aus: Breslauer philol. Abh. Bd. IV.) Vratislaviae, apud Guilelmum Koebner (1888); 1 Bl. + 32 S. + 1 Bl. 8°
Breslau, Phil. Fak., Inaug.-Diss. v. 28. Dez. 1888

Stephani, Engelbert. (geb. Gilgudiszken in Polen 7. 11. 1825): De febre intermittente. Berolini (1850). (31 S.) 8°
Berlin, Med. Diss. v. 12. Juli 1850

Stephani, Erhard, s. Stephan

Dr. Carl Moritz **Gottsche**. Nekrolog v. F. Stephani. (Dresden. 1892.) 8°.

Stephani, F., Deutschlands Jungermannien in Abbildungen nach der Natur gezeichnet nebst Text. gr. 8. (72 S. mit 131 Fig. auf 32 lithogr. Taf.) Berlin 879, Friedländer und Sohn. *

Stephani, F. C., s. Stephani, Franz Ludwig

Stephani, Ferd., Katechismus der Verwaltungslehre. Prakt. Handbuch f. Reichs-, Staats- u. Gemeindebeamte zum Zwecke der Vorbildung f. den Verwaltungsdienst u. der Orientirung auf den einzelnen Gebieten. 1. u. 2. Bd. gr. 8. Berlin, S. Gerstmann. n. 2. 50; kart. n. 3. 25
1. (VII, 115 S.) 899. n. 1. —; kart. n. 1. 25
2. (VIII, 176 S.) 900. n. 1. 50; kart. n. 1. 60

Stephani, Ferd., Katechismus der Verwaltungslehre. Prakt. Handbuch f. Reichs-, Staats- u. Gemeindebeamte zum Zweck der Vorbildung f. den Verwaltungsdienst u. der Orientierung auf den einzelnen Gebieten. 1. Bd. 2. verm. u. verb. Aufl. (VII, 120 S.) 8. Berlin 905. S. Gerstmann. n. 1. 25

Stephani, Ferd., Katechismus d. Verwaltungslehre. Prakt. Handbuch f. Reichs-, Staats- u. Gemeindebeamte zum Zwecke der Vorbildg. f. den Verwaltungsdienst u. der Orientierg. auf d. einzelnen Gebieten. 2. Bd. 2., verm. u. verb. Aufl. (VIII, 180 S.) 8. Berlin 908. S. Gerstmann. 2.—; kart. 2. 25

Stephani, Fr., s. Stephan, Friedrich

Stephani, (Fr. H.,) Zusätze zu Dinter's Schullehrer-Bibel. gr. 8. Hamb. 824, Hoffmann u. C.

Stephani, Franz

Beiträge zur Lebermoos-Flora Westpatagoniens und des südlichen Chile von F. **Stephani**. Mit e. Einl. von P. Dusén. *Stockholm 1900: P. A. Norstedt & söner.* (69 S.) 8°
= **Handlingar**, K. Svenska Vetenskaps-Akademiens. Bihang. Bd 26, Afd. 3, No 6. [03. 11224

Hepaticae, gesammelt von C. Skottsberg während der schwedischen Südpolarexpedition 1901–1903. Bearb. von F[ranz] **Stephani**, Leipzig. Stockholm 1905: Lith. Inst. d. Generalstabs; Berlin: A. Asher & Co. (11 S.) 4°(8°) [Umschlagt.]
= **Ergebnisse**, Wissenschaftl., d. schwed. Südpolar-Expedition 1901–1903. Bd 4, Lfg 1. [06. 7008

Die Lebermoose der ersten Regnell'schen Expedition nach Südamerika. Von F. **Stephani**. M. e. geogr. Einleitg v. C[arl] A[xel] M[agnus] Lindman . . . Stockholm: Kgl. Boktr. P. A. Norstedt & söner 1897. (36 S.) 8°
= Bihang till K. Svenska Vet.-Akad. Handlingar. Bd 23. Afd. III. No 2.

Lebermoose der Magellansländer von F. **Stephani**. Mit e. Einl. von P. Dusén. *Stockholm 1901: P. A. Norstedt & söner.* (36 S.) 8°
— **Handlingar**, K. Svenska Vetenskaps-Akademiens. Bihang. Bd 26, Afd. 3, No 17. [02. 11136

Stephani, Frz., Species Hepaticarum. I—III. [Aus: „Bulletin de l'herbier Boissier".] gr. 8. (96 S.) Genf 898. (Berlin, R. Friedländer & Sohn.) n.n. 6. 10

Stephani, Frz., Species Hepaticarum. Eine Darstellg. ihrer Morphologie u. Beschreibung ihrer Gattgn. wie aller bekannten Arten in Monographien, unter Berücksicht. ihrer gegenseit. Verwandtschaft u. geograph. Verbreitg. IV—IX. gr. 8. Genève. (Berlin, R. Friedländer & Sohn.) n.n. 20. 20
IV. (S. 97—151.) 899. n.n. 3. 50. — V. (S. 153—195.) 899. n. 2. 70. — VI. (S. 655—764.) 899. n.n. 5. —. — VII. VIII. (S. 275—353.) 900. n.n. 5. —. — IX. (S. 355—413.) 900. n.n. 4. —.
Sonderabdr. a.: „Bulletin et mémoires de l'herbier Boissier".

— dasselbe, s. a. Mémoires de l'herbier Boissier.

Species hepaticarum auctore Franz **Stephani**. [1. 2.] Genève & Bâle: Georg & Cie 1900. 2 Bde 8°
= **Mémoires** de l'Herbier Boissier. No 11. 16. [07. 13111

Stephani, Franz. Species Hepaticarum. Eine Darstellung ihrer Morphologie und Beschreibung ihrer Gattungen wie aller bekannten Arten in Monographien unter Berücksichtigung ihrer gegenseitigen Verwandtschaft und geographischen Verbreitung. Vol. 2: Acrogynæ. Separ.-Abdr. aus dem Bulletin de l'Herbier Boissier (2de série, Tome [1, 1901—6, 1906]). IV + 615 S. 8. Genève et Bâle, Georg & Cie, 1906. [fr. 46.—]

Stephani, Franz. Species Hepaticarum. Eine Darstellung ihrer Morphologie und Beschreibung ihrer Gattungen wie aller bekannten Arten in Monographien unter Berücksichtigung ihrer gegenseitigen Verwandtschaft und geographischen Verbreitung. Vol. 3: Acrogynæ ⟨Pars 2⟩. [Mit 1 Figur.] Separ.-Abdr. aus dem Bulletin de l'Herbier Boissier (2me série, Tome 5, 1905 — 8, 1908). IV + 693 S. 8. Genève et Bâle, Georg & Cie, 1906—1909. (fr. 45. —)

Franz August Stephani

De Vagitu uterino. Berolini (1827:) Nietack. X, 29 S. 8°
Berlin, Med. Diss. v. 19. Mai 1827

Stephani, Frz. Edw., († d. 8. (10.) Jan. 1813.) Bericht üb. die im Kanton Aargau vertheilte Liebessteuren. 8. Bern 800.

— über die Bestimmung u. die Verhältnisse des Predigerstandes. 8. Biel 798.

— vier Gelegenheitspredigten. gr. 8. Bern 794. Haller. 8 gr.

Stephani, Frz. Edw., Predigt von d. Mißbrauch des göttl. Namens, bei Gelegenheit e. öffentl. Abbitte eines Gotteslästerers gehalten. 8. Bern 778. Haller. 3 gr.

— Predigten, bei der Hinzulassung junger Leute zum heil. Abendmahl. 8. Bern 792.

— einige Predigten in Beziehung auf die gegenwärt. Zeitumstände, gehalten zu Aarau 1792 u. 1793. gr. 8. Biel 793.

— üb. die Unzerstörbarkeit des Christenthums u. wahre Freiheit. Eine Predigt, s. D. Müslin.

— das Vertrauen eines guten Bürgers auf Gott; e. Predigt. 8. Bern 797. Haller. 3 gr.

Stephani, Friedrich von (M. Brandenburg) A. S. 287/3

Disputatio juris gentium publici, de officio et jure mediatorum pacis. Präs. Heinrich Cocceius. Frankfurt/O. (Zeitler) 4. II. 1702. 23 S.
33481

Stephani, Gustav, Prediger am St. Johanniskloster in Stettin:
Die textile Innendekoration des frühmittelalterlichen deutschen Hauses und die ältesten Stickereien Pommerns. Halle 1898: (Herrcke & Lebeling in Stettin). (57 S.) 4° (8°)
[Aus: Beiträge zur Geschichte u. Alterthumskunde Pommerns. Festschr. z. 25j. Jubil. d. Prof. H. Lemcke. Stettin 1898.]
Halle, Phil. Diss. v. 1898

Stephani, Ritter Hnr., das heil. Abendmahl. Mit Kpf. gr. 8. Landsh. 811. Krüll. 16 gr. Neue Ausg. gr. 8. Erlang. 826. Palm. 8 gr.

— das heil. Abendmahl. Neue Ausg. gr. 8. Erlangen 825, Palm.

— ausführl. Anleit. zum Rechnenunterrichte in Volksschulen. 1r bis 3r Curs. 8. Nürnb. 815—20. Riegel u. W. 1 Thlr. 9 gr. 2e Aufl. 1r—3r Cursus. 826. Ebd. (à 8 gr.) 1 Thlr.

— Anmerkk. zu Kants metaphys. Anfangsgründen der Rechtslehre. 8. Erlang. 797. Palm. 8 gr.

Stephani, Ritter Hnr. Antrag der gesammten Geistlichkeit des Königr. Baiern, die ihr nach der Constitution zukommende Besoldungssteuerfreiheit zu bewilligen, der Ständeversammlung vorgelegt. gr. 8°. München, Lentner, 1819.

Stephani, Ritter Hnr. Unmassgeblicher Antrag zur Berichtigung des Staatsbedarfs und des Staats-Schuldentilgungs-Planes. gr. 8°. München, Finsterlin, 1819.

— Antrag um Verwendung d. Kammer d. Abgeordneten bei des Königs Majestät, damit, zur Vollziehung der Verfassungs-Urkunde, das der protestant. Kirche ursprüngl. zugehörige u. zur Deckung ihrer ökonom. Bedürfnisse nöthige Vermögen, von den Staatsvermögen ausgeschieden u. zu ihrer eigenen Verwendung zurückgegeben werde. gr. 8. Münch. 822. J. Lindauer. 2 gr.

— ausführliche Anweisung zum Rechenunterrichte in Volksschulen. 1r Curs. 8. Nürnberg, Riegel u. Wießner. 815.

— — ausführl. Anweisung z. Rechenunterrichte in Volksschulen. 2r u. 3r Cursus. 8. Nürnberg, Riegel und W. 817 u. 820. à 12 Gr.

— Anweisung z. Rechnenunterrichte in Volksschulen. 1r Curs. 2e Aufl. Zahlenrechenkunst 9 gr. — 2r Curs. 2e Aufl. Ziffernrechenkunst. 9 gr. 3r Curs. 2r Aufl. bürgerl. Rechenkunst. 9 gr. 8. Nürnb. 826, Riegel u. W.

— (Hrsg.), s. Archiv der Erziehungskunde für Deutschland.

— Beitrr. zu gründl. Kenntniß d. deutschen Sprache. 1s u. 2s Bdchen. 8. Erlangen 823, Palm. à 9 gr.

Stephani, Heinr., Berichtigung zweier histor. Irrthümer, betreff. d. Zweck d. augsburger Konfession u. d. Anfang d. protestant. Kirche. gr. 8. (12¼ B.) Nürnberg 837, Riegel u. Wießner.

— ausführliche Beschreibung der Lautir-Methode. 2e verb. Afl. 8. Erlangen 825, Palm.

— ausführl. Beschreib. einer einfachen Lesemethode. 8. Erlang. 814. 2e A. 825. Palm. 8 gr.

— ausführl. Beschreib. der genetischen Schreibmethode f. Volksschulen. Mit 12 in Kupfer gestoch. Musterbl. 8. Erlangen 815. Palm. 16 gr. Die Musterblätter allein. 10 gr.

Stephani, Hnr., das goldene Buch oder deutlicher Nachweis, daß wir den echten histor. Christus verloren haben u. zu demselben zurückkehren müssen, wenn die Welt von der Knechtschaft der Sünde u. allem daraus entspringenden geistigen u. leiblichen Elende wirklich erlöset werden soll. 8. Quedlinburg 844, Ernst. 1 Thlr.

Stephani, Heinr., das goldene Buch oder deutlicher Nachweis, daß wir den echten histor. Christus verloren haben und zu demselben zurückkehren müssen rc. Neue (Titel-)Ausg. 8. (VIII, 272 S.) Quedlinburg (844)68, Ernst'sche Buchh.

Stephani, Ritter Hnr. Dürfen Stiftungen besteuert werden? 1. u. 2. Ausg. 8°. Augsburg, v. Jenisch u. St., 1810.

Stephani, Heinr., üb. d. absolute Einheit d. Kirche und d. Staats. 8. Würzburg, Stahel. 802. Rthlr.

—— die absolute Einheit d. Kirche u. d. Staates. 2., umgearb. Aufl. gr. 8. (16½ B.) Erlangen 839, Palm'sche Vrlsb.

Stephani, H., üb. Entstehung u. Ausbildung der Idee von einem Messias. Nürnb. 1787. 8.

— Erzählungen aus der baierischen Geschichte für Schulen u. Familien, zur Erweckung eines vaterländ. Sinnes. 8. Erlangen 826, Palm.

— Fibel (Handfibel), oder Elementarbuch zum Lesenlernen. 8. Erlang. 802. 42e Aufl. 832. Palm. 2 gr.

— Fibel, od. Elementarbuch zum Lesenlernen. 8. Erlangen, Palm. 809.

— Fibel f. Kinder v. edler Erziehung, nebst der Methode f. Mütter, d. Kinder in kurzer Zeit lesen zu lehren, mit drey Kupf. gr. 8. Ebend. 807.
Velinp.
ohne K.

Stephani, Heinrich von, Fibel f. Kinder edler Erziehung, nebst e. genauen Beschreibung f. Mütter, welche ihre Kinder selbst lesen lehren wollen, mit K. 2te verb. Aufl. gr. 8. Erlang. Palmsche Verlagsbuchh. 816.
Schreibp.
ohne Kupf.

Stephani, H., Fibel für Kinder von edler Erziehung. Mit 3 Kupf. gr. 8. 3te unverand. Aufl. Erlangen, Palmsche Verl. Buchhdl. 820.
Schreibpap.
ohne Kupf.

— Fibel zu den Lese-Uebungen. 8. Erlang. 832. Palm. ½ gr.

—— Fibel zu d. ersten Lese-Uebungen. 8. (1 B.) Erlangen (830) 34, Palm'sche Vrlsbuchh.

Stephani, Heinr., Fibel zu den ersten Lese-Uebungen nach der Lautirmethode. 8. (16 S.) Erlangen 863, Palm und Enke. geh.

— meine Gedanken üb. die Entstehung u. Ausbild. der Idee von e. Messias. gr. 8. Nürnb. 787. Grattenauer. (Lauffer in Leipz.) 5 gr

— Geschichte seiner Amtssuspension als Dekan u. Stadtpfarrer zu Gunzenhausen in Baiern. Ein Seitenstück d. jüngsten myst. Spukgeschichte zu Halle in Preußen. gr. 8. (8 B.) Hildburghausen 835, Kesselring'sche Hofbuchh.

— dass. — Nachtrag. gr. 8. (1 B.) Ebds. 836.

— die bibl. Geschichte, od. bibl. Lesebuch f. Schulen. 8. Erlang. 821. Palm. 10 gr

— — die im Begriffe stehende neue Gestaltung der protestant. Kirche im Königr. Baiern. 8. Ebend. 818.

Stephani, Hnr., s. Jh. Chr. Giesefen, Menschenhaß 2c.

— — von der Glaubenseinigkeit der protest. Kirche, eine Rede. 8. Ebend. 819.

— Grundlinien der Rechtswissenschaft, oder des sogen. Naturrechts. 2 Thle. gr. 8. Erlang. 797, 798. Palm. (1r Thl. 10 gr, 2r Thl. 6 gr A. u. d. T.: Grundlinien des Gesellschaftsrechts.) 16 gr

— Grundriß der Staatserziehungswissenschaft. 8. Weißenf. 797. (Baumgärtner in Leipz.) 16 gr

— Grundr. d. Staatserziehungswissenschaft. 8. Weissenfels, Severin. (Böse.) 797.

— über die constitutiven Grundsätze d. protestant. Kirche für Lehre, Cultus u. Kirchenregiment, nach der Bestimmung d. symbol. Bücher. 8. Erlangen 822, Palm.

— über Gymnasien, ihre eigentl. Bestimmung u. zweckmäßigste Einrichtung. 8. (12 B.) Erlangen 828, Palm'sche Vrlsbuchh.

— Handbuch d. Erziehungskunst, nach d. bildenden Methode f. Volksschullehrer. gr. 8. (12 B.) Erlangen 830, Palm'sche Vrlsbuchh.

Stephani, Heinr., Handbuch d. Unterrichtskunst nach d. bildenden Methode f. Volksschullehrer. gr. 8. (18 B.) Erlangen 835, Palm'sche Vrlsbuchh. Thlr.

– Handfibel, s.a. Stephani, Fibel.

— Handfibel, od. Elementarbuch zum Lesenlernen. 9te Aufl. 8. Ebend. 814.

— — Handfibel, oder Elementarbuch zum Lesenlernen. 20ste Aufl. 8. Ebend. 820.

— Handfibel oder Elementarbuch zum Lesenlernen. 30e Aufl. 8. Erlangen 827, Palm.

— Handfibel zum Lesenlernen nach d. Lautirmethode. 34—52., verb. Aufl. (à 3½ B.) 8. Erlangen 829—35, Palm'sche Vrlsbuchh. à

— Handfibel zum Lesenlernen nach der Lautirmethode. 52e verb. Aufl. 8. Ebd. 835. 1/12 ₰ — 60e Aufl. 840. 1/12 ₰

— Handfibel z. Lesenlernen nach der Lautirmethode. 61.—70. Aufl. 8. Erlangen 841, Palm'sche Verlagsh. 1/12 ₰ — 83. Aufl. 846. 1/12 ₰

— Handfibel z. Lesenlernen nach d. Lautirmethode. 66., verb. Aufl. 8. (3½ B.) Erlangen 840, Palm'sche Vrlsbuchh.

Stephani, Heinr., Handfibel zum Lesenlernen nach der Lautirmethode. 91. Aufl. 8. (56 S.) Erlangen 850, Palm. 1/12 ₰

— Handfibel zum Lesenlernen nach der Lautirmethode. 101. Aufl. Ebend. 863. 8. (56 S.) 2½ ngr.

— Handfibel zum Lesenlernen nach der Lautirmethode. 102. Aufl. Erlangen 868. Palm & Enke. 8. (56 S.) 2½ ngr.

— die Hauptlehren d. Rationalismus u. Mystizismus od. d. Denk- u. Blindgläubigen kurz u. faßl. einander gegenüber gestellt f. alle, welche sich von beiden Erscheinungen in d. protestant. Kirche e. richt. Vorstell. machen wollen. gr. 8. (5 B.) Leipzig 837, Baumgärtners Buchh.

– (Vorr.), s. Kelber, Johann Georg: Die deutschen Volksschulen in ihrer Entwickelungsperiode.

— und G. M. Weber, neue allgem. Kirchen-Zeitung, s. Kirchen-Zeitung.

— das Leben Jesu, s. Erbauungsbuch, neues bibl., hrsg. v. J. Hörner, 1. Thl.

— das Leben Jesu nach d. Matthäus 2c., s. J. Hörner, bibl. Erbauungsbuch.

— Lebensbeschreibung. 2., wohlf. Ausg. 8. (... u. S's. Bildn.) Erlangen 831, Palm'sche Vrlsbuchh.

— Lehrbuch der Religion f. d. Jugend. 8. Nürnberg, Felsecker. 787.

— Leitfaden zum Religionsunterricht der Confirmanden. 8. Erlang. 805. 4e A. 819. Palm. 5 gr

— Leitfaden z. Religionsunterricht der Confirmanden. 8. Erlangen, Palm. 809.

— Leitfaden zum Religionsunterrichte d. Confirmanden. 3te Aufl. 8. Erlangen, Palmsche Verlagsbuchhandl. 815.

– (Bearb.), s. Luther, Martin: Kleiner Katechismus. 1830.

Stephani, Dr Heinr. (Kirchenrath u. Ehrenritter d. Michaels-Ordens), *Moses u. Christus* od. die Vermengung d. Judenthumes mit d. Christenthume als Schuld der bis jetzt vereitelten Erlösung d. Menschheit von der Knechtschaft der Sünde. Leipzig, Baumgärtner, 1836. Gr. 8º. Ppb.
XIV—238 S. Antwort auf C. G. Schatter's (Pfarrers zu Neuhofen b. Neustadt a. d. Orla) 1832 erschienene Schrift „Der neue Krieg gegen die alten 10 Gebote, in Bezug auf den von Dr. Stephani für unsere Zeit umgearb. kl. Katechismus Dr. M. Luthers." (Dieser „umgearbeitete" Katechismus kostete Stephani sein Amt; s. dessen „Geschichte meiner Amtssuspension".)

— Nachweisung, wie unsere bisherige unvernünftige u. z. Theil barbarische Schulzucht endlich einmal in eine vernünftige u. menschenfreundliche umgeschaffen werden könne u. müsse. 8. Erlangen 827, Palm.

— die Offenbarung Gottes durch d. Vernunft, als d. einzig gewisse u. völlig genügende. gr. 8. (22¾ B.) Leipzig 835, Baumgärtners Buchh.

— die Offenbarung Gottes durch die Vernunft, als die einzig gewisse u. die völlig genügende. Allen Freunden des Lichts u. e. vernünft. Christenthums gewidmet. 2. verb. Aufl. gr. 8. (VIII u. 271 S.) Leipzig 850, Baumgärtner. 1 ℛ

Stephani, H.: Das allgem. kanon. Recht d. protest. Kirche in Deutschl., aus seinen ächten Quellen zusammengestellt und erläutert. *Tübing.*, Osiander. 825. gr. 8. (1 Thl. 12 Gr.)

—— Sammlung kleiner Aufsätze zur Verbreit. d. Lichts in d. evangel. Kirche. 1. Bdchn. gr. 8. (12 B.) Tübingen 830, Osiander.

— s. Schirach, oder der entlarvte Jacobiner.

— der baierische Schulfreund; e. Zeitschrift. 1s—25s Bdchen. (1s—4s Bdchen mit J. G. Sauer. 5s—25s Bdchen v. Stephani allein). 8. Erlang. 811—832. Palm. (à 16 gr) 16 ℛ 16 gr (11s—25s Bdchen. A. u. d. T.: der Schulfreund f. d. deutschen Bundesstaaten. 1s—15s Bdchen.)

— Schulfreund, der, für d. deutschen Bundesstaaten. 16s Bdchn. oder des baierischen Schulfreundes 26s Bdchn. 8. Erlangen 833. Palmsche Verlags-Buchh. 5/12 ℛ

—— neuer Schulfreund, bestimmt, die angefang. Ausbildung d. deutschen Volkes vollenden zu helfen. 4 Bdchn. 8. (46½ B.) Erlangen 833, Palm'sche Vrlsbuchh. à 12 Gr.
Vgl. Schulfreund, der baierische.

— neuer Schulfreund, bestimmt, die angefangene Ausbildung des deutschen Volkes vollenden zu helfen. 4 Bdchn. 8. Erlangen 833, 34. Palm. (à ½ ℛ) 2 ℛ

—— faßl. deutsche Sprachlehre, f. alle, welche sich nicht mit d. Baue allein, sond. auch mit d. Geiste ihrer Muttersprache befreunden wollen; insbesond. f. Jugendbildner. 8. (17½ B.) Neustadt a. d. O. 829, Wagner.

— System der öffentl. Erziehung. gr. 8. Berl. 805. Duncker u. H. 1 ℛ 16 gr 2e verb. Aufl. 8. Erlang. 813. Palm. 1 ℛ

— System d. öffentl. Erziehung. gr. 8. Berlin, Frolich. (Dunker u. H.) 805.

— System d. öffentl. Erziehung. Ein nöthiges Handbuch f. alle, welche an derselben zweckmäß. Antheil nehmen wollen. 2te verb. wohlf. Ausg. 8. Erlang. Palmsche Verlagsbuchh. 813.

— kurzer Unterricht in d. gründl. u. leichten Methode, Kindern das Lesen zu lehren. 8. Erlang. 803. 2e A. 805. 3e A. 808. 4e A. 811. Palm. 2 gr

— u. Muck, musikal. Wandfibel zum Gesangunterrichte in Volksschulen, mit sehr großen in Holz geschnitt. Notenzeichen, nebst Anweis. zur einfachst. Methode. gr. 8. Erlang. 815. Palm. 2 ℛ 8 gr

— Liederbuch mit Melodien zu obigem Werk. 4. Ebd. 815. 8 gr

— stehende Wandfibel, nebst e. Anweis. zum zweckmäß. Gebr. derselben nach d. Elementarmethode. Mit 11 Tabb. 8. Erlang. ... 2e A. 807. 5e Aufl. 12 Tabb. 815. 14e A. 829. 15e A. 831. Palm. 10 gr

— stehende Wandfibel, nebst e. Anweis. z. zweckmäß. Gebrauch derselb. n. d. Elementarmethode, m. 11 Tab. 8. Erl. Palm. 811.

— stehende Wandfibel in 12 Tafeln mit großen Buchstaben, um mehrern Kindern zugleich das Lesen zu lernen. 5te Aufl. Ebend. 815.

— — stehende Wandfibel. 9te Ausg. 8. Ebend. 820.

— stehende Wandfibel. 13e Ausg. 12. Tabellen in gr. Fol. u. 1 B. Text. in gr. 8. Erl. 827, Palm.

—— stehende Wand-Fibel, nebst e. Anweis. zum zweckmäß. Gebr. ders. nach d. Lautirmethode. 14—17., verb. Ausg. (à 12 B. gr. Fol. u. 1 B. gr. 8.) Erlangen 829, 35, Palm'sche Vrlsbuchh. à

—— stehende Wand-Fibel, nebst e. Anweis. z. zweckmäß. Gebr. ders. nach d. Lautirmethode. 18. Ausg. gr. 8. (12 Taf., gr. Fol., 1 B. Text.) Erlangen 838, Palm'sche Vrlsbuchh.

— was haben wir von Wiederherstellung der Presbyterien zu hoffen od. zu fürchten? In einer Predigt beantwortet. gr. 8. Erlang. 822. Palm. 3 gr

— was ist christl. Weise von Wundern zu halten, in e. Predigt, mit Rücksicht auf die neuest. Zeitereignisse beantwortet. 8. Erlang. 822. Palm. 3 gr

—— was soll ich thun, damit ich selig werde? Ein Erbauungsb. f. d. häusl. u. öffentl. Andacht, in 15 Betrachtn. 8. (10 B.) Heilbronn 834, Claß.

—— was soll ich thun, damit ich selig werde? Ein Andachtsbuch. Neue wohl. Ausg. 8. (10 B.) Heilbronn 843, Classische Buchh.

Stephani, Heinr., wie die Duelle, diese Schande uns. Zeitalters, auf uns. Universitäten so leicht wieder abgeschafft werden könnten; nachgewiesen. 8. (11 B.) Leipzig 828, Brockhaus.

— Winke zur Vervollkommnung des Confirmanden-Unterrichts, ein Commentar zu seinem Leitfaden zum Religionsunterricht. gr. 8. Erlang. 810. Palm. 20 gr

Stéphani, Mlle Hélène = Estienne, H. [Autorname].

Stephani, Hermann: Das Erhabene insonderheit in der Tonkunst und das Problem der Form im Musikalisch-Schönen und Erhabenen. *Leipzig: H. Seemann Nachf. 1903.* (80 S.) 8°
München, Phil. Diss. v. 1902

Stephani, Herm., das Erhabene insonderheit in der Tonkunst u. das Problem der Form im Musikalisch-Schönen u. Erhabenen. (78 S.) gr. 8. Leipzig 903. Berlin, H. Seemann Nachf. n. 2.60

Stephani, Herm., das Erhabene, insonderheit in der Tonkunst u. das Problem der Form im Musikalisch-Schönen u. -Erhabenen. (78 S.) 8. Leipzig 907. C. F. W. Siegel. 2.50; geb. 3.50

Händels Judas Makkabäus von Hermann **Stephani**. Leipzig: Siegel [1907]. 7 S. 8°
Aus: Die Musik. Jg. 8, H. 14.

— Zwanzig Kanons f. Schule u. Haus. Op. 16a. 1. Folge. 1.—3. Tausend. (14 S.) 8. Leipzig 909. Breitkopf & Härtel. — 25

Der Stimmungscharakter der Tonarten. Von Hermann **Stephani**. Leipzig: Siegel [1907]. 7 S. 8°
Aus: Die Musik. Jg. 4, H. 13.

Stephani, J., s. S t e p h a n i , Heinrich

Stephani, Ioh., colloquia familiaria. 8. Copenhag. Pelt. 763.

Stephani, Ioh. Alb., compend. iur. iuxta seriem pandectarum. 8. Königsb. Hartung. 724.

Stephani, Johann Albert (Mühlhausen/Pr.) A. S. 1421/23

Disputatio juridica, de jure pauperum, vulgo Vom Armen=Recht. Präs. Johann Stein.
Königsberg (Reusner) V. 1708. 14 S.

Gew.: Albert Friedrich v. Derschau, Bartholomaeus Golbach, Johann Georg Pelshöfer, Christian Zörnickau, Christoph Ritter, Friedrich Wilhelm Haverla. 33486

Stephani, Johann Albert [Praes.], s. K a l k a u , Abraham: De jure circa foedera principum, vulgo Fürstl. Alliancen.

Stephani, Johann Albert [Praes.], s. R o s n e r , Karl Ludwig: De rebus exportari prohibitis vulgo Contrebande-Wahren.

Stephani, Johann Albert [Praes.], s. W i l l a m o v i u s , Christian Friedrich: De dubio.

Stephani, Johann Gabriel (Breslau) A. S. 1320/37

De lente crystallina oculi humani, dissertatio physico-mathematica. Präs. Augustin Friedrich Walther.
Leipzig (Titius) 21. V. 1712. 32 (corr.: 23) S. 33487

Stephani, Johann Gabriel (Breslau) A. S. 1362/16

... sive de castigatione renum nocturna, ex Psalm. XVI, 7. Präs. Johann Christoph Ortolob.
Leipzig (Titius) 4. XI. 1713. 32 (richt.: 24) S. 33488

Stephani, Joh. Jac., Aarau: Dissertatio medica inauguralis de s o m n a m b u l i s .
Basel, Med. Diss. 1701

Stephani, Jos. A., von schriftl. Aufsätzen überhaupt und insbes. von d. Schreibart in Briefen. 8. Wien, Wucherer. (Graffe in Weißenfels.) 785.

Stephani, K. Gustav

Stephani, K. G., der älteste deutsche Wohnbau u. seine Einrichtg. Baugeschichtliche Studien auf Grund der Erdfunde, Artefakte, Baureste, Münzbilder, Miniaturen u. Schriftquellen. In 2 Bdn. 1. Bd. Der deutsche Wohnbau u. seine Einrichtung von der Urzeit bis zum Ende d. Merovingerherrschaft. gr. 8. (XII, 448 S. m. 209 Abbildgn.) Leipzig 902. Baumgärtner. n. 12.—; geb. in Halbfrz. n.n. 14.—

Stephani, K. G., der älteste deutsche Wohnbau u. seine Einrichtung. Baugeschichtliche Studien auf Grund der Erdfunde, Artefakte, Baureste, Münzbilder, Miniaturen u. Schriftquellen. (In 2 Bdn.) 2. Bd. Der deutsche Wohnbau u. seine Einrichtg. von Karl dem Grossen bis zum Ende des XI. Jahrg. (XV, 705 S. m. 454 Abb.) gr. 8. Leipzig 903. Baumgärtner. n. 18.—; geb. in Halbfrz. n.n. 20.—; (vollst. n. 30—; geb. n.n. 34.—).

Der landwirtschaftliche B e t r i e b in Draas. Volkswirtschaftl. Studie von Karl J. Stephani, Güterdir. Mit e. Vorw. von Prof. E. [vielm. Valentin] v. Strebel, Dir. d. landw. Hochschule Hohenheim. Hrsg. von d. Oberverwaltung d. siebenbürg.-sächs. Landwirtschaftsvereines. Hermannstadt: Krafft in Komm. 1909. XVI, 223 S. 8°

Stephani, Karl Joseph Johann von

D o c u m e n t e zur Berichtigung dessen, was in einer Druckschrift, die kürzlich erschienen, über meine, des Obersten [Carl Joseph Johann] von **Stephani**, militairische Laufbahn enthalten ist. Zur Kenntniss des Publicums bekannt gemacht. Hamburg, im Februar 1825. 8°

Stephani, Karl Ludwig, Assist.-Arzt am Krankenh. München-Schwabing: Aus d. Prosektur d. Krankenh. München r. I. Prosektor: Oberndorfer. Ueber spontane Ausheilung der Fettgewebsnekrose des Pankreas. München 1910: Kastner & Callwey. 19 S. 8° ¶ (Aus: Annalen d. städt. allg. Krankenhäuser zu München. Bd 14.)
München, Med. Diss. v. 19. Okt. 1910, Ref. v. Bollinger
[Geb. 3. Aug. 82 Frankfurt a. M.; Wohnort: München; Staatsangeh.: Hessen; Vorbildung: Lessing-Gymn. Frankfurt Reife O. 01; Studium: Jura Genf 1, Med. Freiburg i. B. 1, München 4, Kiel 1, München 4 S.; Coll. 19. Okt. 10; Approb. 31. Dez. 07.] [U 11. 3740

Stephani, Ludolf

– Die A n t i k e n - S a m m l u n g zu Pawlowsk, s. M é m o i r e s de l'Académie impér. de St. Pétersbourg.

Stephani, Ludolf, Apollon Boëdromios, Bronze Statue im Besitz des Grafen Sergei Stroganoff, erläutert. Fol. (III und 55 S. mit 4 Kpfr. und 4 Blatt Erläuterungen.) St. Petersburg 860. (Leipzig, Voss.) * *

Stephani, L., Bas reliefs d'une base de candélabre. S.-A. 1848. 11 S. u. 1 Taf.

– B o r e a s und die Boreaden, s. M é m o i r e s de l'Académie impér. de St. Pétersbourg.

Stephani, Ludolf, der ausruhende Herakles, ein Relief der Villa Albani erläutert. Imp.-4. (28 S. mit 7 Kpfrt.) St. Petersburg 854. (Leipzig, Voss.) * *
Aus: Mémoires de l'acad. des sciences de St.-Pétersbourg. VI. Série Tome VIII., besonders abgedruckt.

Stephani, Lud., der Kampf zwischen Theseus u. Minotauros. Eine kunstgeschichtliche Abhandlung. Imp.-Fol. (23 B., 10 Stnt. u. 2 Vign.) Leipzig 842, Breitkopf u. Härtel. *

—— Nimbus und Strahlenkranz in den Werken der alten Kunst. Imp.-4. (140 S.) St. Petersburg 859. Leipzig, Voss. * *
Aus: Mémoires de l'académie impériale des sciences de St.-Pétersbourg, besonders abgedruckt.

— Parerga archaeologica. I. S.-A. 1851. 20 S.
— — II. S.-A. 1851. 65 S. u. 1 Taf.
— — III. S.-A. 1855. 79 S.
— — IV. S.-A. 1855. 35 S. u. 1 Taf.
— — V. S.-A. 1859. 17 S.

—— Reise durch einige Gegenden des nördlichen Griechenlands. gr. 8. (7 B. u. 6 Stnt.) Leipzig 843, Breitkopf u. Härtel.

— Rez. von „Beiträge z. Geschichte u. Archäologie von Cherronesos in Taurien v. B. v. Köhne, Petersbg. 1848". S.-A. 1849. 57 S.

Stephani, Ludolf, über einige angebliche Steinschneider des Alterthums. Ein Supplement zum 3. Bd. von Köhler's gesammelten Schriften. Imp.-4. (III und 64 S.) St. Petersburg 851. Leipzig, Voss. * *
Aus: Mémoires de l'académie de St.-Petersburg. VI. Serie, besonders abgedruckt.

Stephani, L., Titulorum Graecorum collect. partes I—V. Pr. 1848—54. 28, 32, 28, 27, 29 S. u. 6 Taf. 4°. 5.—
— Einzeln à 1.20 bis 1.50.

—— **Titulorum graecorum particula I.—IV. (Index scholarum in universitate Dorpatensi a. 1848 et 1849 habendarum.) 4maj. (157 S.) Dorpati 848—49, (Glaeser's Verlag.) à * 10 Ngr.** *

Stephani, Mart. Ed., de crimine laesae majestatis. Dissertatio inaug. juridica. 4. (5 B.) Lipsiae 844, (Klinkhardt.) *

Stephani, Math., Observationes ad constitut. criminal. Car. V. 4. Hannov. 702.

Stephani, Matth.: Commentatio iur. de privilegiis creditorum et eorundem ordine in concursu. Oder: Vom Vorzugs-Recht derer Schuldner im Concurs. Francofurti et Lipsiae 1752.

Stephani, Max, diplomierter Chemiker aus Aarau (Kt. Aargau): Zur Kenntnis der Molekulargrösse anorganischer Salze in organischen Lösungsmitteln. Zür. J. Schabelitz Dr. 1896. 36 S. 8°.
Zürich, Phil. Diss. v. 30. Oct. 1896].

Stephani, Max. Jos., Heinr. Heine u. Ein Blick auf uns. Zeit. gr. 8. (8¾ B.) Halle 834. [Leipzig, Reimann.]

Stephani, Max. Jos., Heinrich Heine und ein Blick auf unsere Zeit. gr. 8 Halle 834. Schwarze. 1 ℛ

Stephani, Max. Jos., die neue romant. Schule u. ihre Repräsentanten. (Neue Ausg. von: Dess., Heinr. Heine etc.) gr. 8. (8¾ B.) Leipzig 838, Kupfer. (?)

Stephani, Otto, aus Mannheim: **Untersuchungen** über Pseudophenole. *Heidelberg 1901: Moriell.* (92 S.) 8°
Heidelberg, Naturw.-math. Diss. v. 1901

Stephani, P. P., dissertationes historicae in breviarium B. L. Berti. III Tmi. 8. maj. Prag, Gerle. 783.

Stephani, Paul [pr. Arzt aus Mannheim]: Beitrag zur Lehre der Chorea ... Freiburg i. B., Univ.-Buchdr. v. Ch. Lehmann, 1895; 40 S., 1 Bl. 8.
Freiburg i. B., Med. Fak., Inaug.-Diss. v. 1895

Stephanides A.: Die Nichtregelflächen II. Ordnung als Collinearverwandte der Kugel. 13 Prag R. II. 85.
Progr.

Stephanides, Ed., Karlsbad, seine Thermen und übrigen Heilfactoren, deren Bedeutg., Wirkg. u. Anwendg. bei verschiedenen chron. Krankheiten. 8. (173 S.) Karlsbad 883. Knauer. n. 2.—

Stephanides, E., Karlsbad, seine Thermen u. übrigen Heilfactoren, deren Bedeutg., Wirkg. u. Anwendg. bei verschiedenen chron. Krankheiten. 2., umgearb. Aufl. 8. (IV, 190 S.) Karlsbad 889. Jakob. n. 3.—; geb. 3. 60

Stephanidis, Philopimin, aus Trapezunt: Ueber den **Einfluss** des Nährstoffgehaltes der Nährböden auf die Raschheit der Sporenbildung und die Zahl und Resistenz der gebildeten Sporen. *München 1899: R. Oldenbourg.* (14 S.) 8° ¶ (Aus: Archiv f. Hygiene, Bd 35.)
Würzburg, Med. Diss. v. 1899

Stephanie, s. a. Himmelsblumen. Nr. 13.

Stephanie; e. Roman in Briefen, a. d. Frz. der Gräfin von Beauharnois. 2 Thle. 8. Berlin, Mottmann. 779.

Stephanie, vorm. Kronprinzessin v. Oesterreich, s.: Lüsen, J.

Stephanie, Kronprinzessin-Witwe Erzherzogin, Lacroma. Mit Illustr. nach Originalen d. Kammer-Marine-Malers A. Perko. gr. 4. (43 S. m. farb. Umschlag.) Wien 892. A. W. Künast. n. 6. —; geb. in Leinw. n.n. 8. —; Pracht-Ausg. geb. in Leinw. m. Goldschn. n.n. 12. —

Stephanie, Kronprinzessin-Witwe, Lacroma. Mit Illustrationen von A. Perko. Italienische Ausgabe. Kl.-4. (42 S.) *3.—
gebundene Ausgabe *4.—
In Prachtband *5.—
Wien: Künast 1897.

Stephanie der Jüng., **Doktor u. Apotheker, s.: Ditters v. Dittersdorf,** Karl.

Stephanie, Adolf

Stephanie, A. Karte der Umgebung der k. Freistadt Pressburg. 1 : 25,000. Photolithogr. u. Farbendr. 77,5×64 cm. Pressb. 892, S. Steiner. * 3 —
Mit Wegmarkirgn. * 4 —; u. m. vollständ. Kolorit * 6 —
—— dass. — Kleine Ausg. 1 : 40,000. 48,5×40 cm. Ebd. 892. * 2 —
Mit Wegmarkirgn. * 3 —; u. m. vollständ. Kolorit * 4 80
—— dass. — Zeichenerklärung. 26×28 cm. Ebd. 892. * — 40
Mit vollständ. Kolorit * — 50

Stephanie, Adf., das königl. Residenzschloss in Pressburg von s. Entstehg bis zu s. Verfalle. Lex.-8. (24 S. m. Abb.) Pressburg 897. C. Stampfel. n. — 50

Stephanie, Adolf. k. u. k. Hauptmann etc. in Tyrnau. Die Stammburgen des Allerdurchlauchtigsten Kaiserhauses, die Habsburg und die Kyburg im Mittelalter. Ein Beitrag zur Erläuterung der Allerhöchst Sr. k. u. k. Apost. Majestät Kaiser Franz Josef I. gewidmeten Reliefs dieser Burgen. Mit 6 Abbildungen und 3 Situationsplänen. 4. Wien 1900.

Stephanie, Chr. Glo., die neueste Frauenschule, oder was fesselt uns Männer? e. Lstspl. in 5 Aufz. Aus d. Engl. 8. Wien 770.

— die Liebe in Corsika, oder welch ein Ausgang? e. Drama in 5 A. 8. Wien 770.

— s. Murrkopf, der gutherzige.

Stephanie, Chr. Glo., († d. 10. April 1798.) gesammelte Schriften zum Vergnügen u. Unterricht. A. u. d. T.: neue Samml. zum Vergnügen u. Unterricht. 3 Jahrgg. 8. Wien 766, 767.

— die Wahl, oder nicht alle lieben alles; e. Conversationsstück in 1 Aufz. 8. Wien 771. Ghelen. 2 gr.

— der neue Weiberfeind u. die schöne Jüdin; e. Lstspl. in 5 Aufz. 8. Wien 774. Ghelen. 4 gr.

STEPHANIE Christian Gottfried. Anleitung zur Selbstbildung zum denken über wichtige und gemeinnützliche Gegenstände. Von S***. Moßle, Wien 1790.

Stephanie, G., Belmonte u. Constanze od. die Entführg. aus dem Serail, s: Mode's Opern Text-Bibliothek.

Stephanie, Gottlieb

— der Apotheker u. der Doktor; Operette. 8. Gera 788. 2e A. 792. Rothe. 8 Gr.

— die Art, eine Bedienung zu erhalten. 8. Leipz. 795. Rein. 7 Gr.

Stephanie, Gli., die Bekanntschaften im Bade; Lstspl. gr. 8. Wien 776. Leipz. 795. Rein. 6 Gr.

— Betrug u. Eifersucht; Lstspl. gr. 8. Leipz. 795. Rein. 5 Gr.

— die unglückliche Braut; Schspl. gr. 8. Ebd. 795. 6 Gr.

— der unglückliche Bräutigam; Lstspl. in 3 A. 8. Wien 772. ... gr. 8. Leipz. 795. Rein. 6 Gr.

— der Deserteur aus Kindesliebe; Schspl. 8. Wien 773. Löwe in Presb. 4 Gr. gr. 8. Leipz. 795. Rein. 5 Gr.

— der allzugefällige Ehemann; Lstspl. gr. 8. Wien 776. Leipz. 795. Rein. 5 Gr.

— Christoph Ehrlich; Lstspl., aus d. Französ. des Dorvigny. 8. Wien 785. Kurzböck. 5 Gr.

— die Freiwilligen. Gemälde d. Zeit in 1 A. 8. Wien, Wallishausser. 5 Gr.

— Gräfin Freyenhof. Lstspl. gr. 8. Wien 771. Leipz. 795. Rein. 6 Gr.

— die Kriegsgefangenen. Drama. gr. 8. Wien 771. Leipz. 795. Rein. 6 Gr.

— die Kriegsgefangenen. Originaldrama. 8. Leipz. 776. Schneider. 5 Gr.

— Dass. 8. Wien 772. Presb., Löwe. 6 Gr.

— die Liebe für den König. Drama. gr. 8. Leipz. 795. Rein. 6 Gr.

— das Loch in d. Thüre; Lstspl. in 5 A. 8. Münch. 781. (Leipz., Fr. Fleischer). 12 Gr.

— das Loch in d. Thüre; Lstspl. 8. Berl. 787. (Reimer). 8 Gr.

— Macbeth; Trspl. in 5 A. gr. 8. Wien 792. a. 795. Wallishausser. 8 Gr.

— das Mädchen in d. Irre. Lstspl. gr. 8. Leipz. 795. Rein. 5 Gr.

— Frau Mariandel, oder die natürl. Zauberei; e. Maschinenkomödie. 8. Wien 773.

— die bestrafte Neugierige. Lstspl. gr. 8. Wien 773. Leipz. 795. Rein. 6 Gr.

— Nichts; e. Lstspl. in 1 Aufz. 8. Wien 779.

— der Oberamtmann u. d. Soldaten; Schspl. Wien 779. gr. 8. Leipz. 795. Rein. 6 Gr.

— die abgedankten Offiziere; Lstspl. 8. Wien 777. Ghelen. 6 Gr.

Stephanie, Gli., († d. 23. Junuar 1800.) 6 Operetten. 8. Wien 783. Kurzböck. 16 Gr.

— der Ostindienfahrer, oder d. Liebe heilt nichts; Lstspl. 8. Wien 781. Gräffer. 7 Gr.

— sämmtl. Schauspiele. 5 Thle, mit Kpf. gr. 8. Wien 777 u. 78. Ghelen. 6 Thlr. 16 Gr.

— — — 8. Liegnitz, Siegert. 792.

— Sie lebt in d. Einbildung; e. Lstspl. gr. 8. Wien 776. 8. Augsb. 786. v. Jenisch u. St. 4 Gr.

— sämmtl. Singspiele. 8. Liegnitz 792. (Heymann in Glogau). 22 Gr.

— gerader Sinn u. Hinterlist; Lstspl. 8. Leipz. 791. (Altona, Aue). 10 Gr.

— so muß man Füchse fangen; Lstspl. gr. 8. Leipz. 795. Rein. 7 Gr.

— der Spleen, oder einer hat zu viel, der andere hat zu wenig. gr. 8. Wien 776. Kurzböck. 4 Gr. gr. 8. Leipz. 795. Rein. 6 Gr.

— der Tadler nach d. Mode; Lstspl. gr. 8. Wien 773. Lpz. 795. Rein. 6 Gr.

— die Ueberraschung; e. Lstspl. in 2 Aufz. 8. Wien 770.

— der Unterschied bei Dienstbewerbungen; Lstspl. 8. Wien 777. Gräffer. 4 Gr.

— die Werber; Lstspl., nach d. Engl. d. Fargusar. gr. 8. Wien 769. Leipz. 795. Rein. 8 Gr.

— s. Wildschützen, die.

— die Wirthschafterin, oder der Tambour bezahlt alles. Lstspl. gr. 8. Wien 770. Leipz. 795. Rein. 4 Gr.

— die Wohlgeborne; Lstspl. gr. 8. Leipz. 795. Rein. 6 Gr.

— die Wölfe in der Heerde, oder die beängstigten Liebhaber. Lstspl. gr. 8. Wien 776. (v. Jenisch u. St. in Augsb.) 4 Gr. Leipz. 795. Rein. 8 Gr.

— Peter Zapfel, oder d. Schatzgräber. Lstspl. in 3 A. 8. Augsb. 776. v. Jenisch u. St. 4 Gr.

Stephanie, Jos. Alex., von schriftl. Aufsätzen überhaupt u. insbesond. von der Schreibart in Briefen. 8. Wien 785. Wucherer. (Graffé in Weißenf.) 6 Gr.

Stephanie Paula: De hymno in Mercurium Homerico. II. 1909 PN 2615 Diss. Wien, Univ. 1648

Stephanie-Kalender, Fromme's. 1889—1893. Diamant-Ausg. 32. (à Jahrg. 60 S. m. Bildnis.) Wien, Fromme. à Jahrg. * 1 — geb. in Ldr. 2 40; in Antilopen-Ldr. à Jahrg. 3 —

Stephanie-Kalender. Diamant Ausg. 2. Jahrg. 1890. Mit unveröffentlichtem Porträt der Kronprinzessin —.50
Derselbe in feinstem Rindsleder mit Spangen in Golddruck (weicher, schmiegsamer Einband) 1.20
Derselbe in Leder, Liebhaber Einband —.75
Ebd.

Stephanie-Kalender. Portemonnaie-Ausgabe. 2. Jahrg. 1890. Mit unveröffentlichtem Porträt der Kronprinzessin —.20
Derselbe in Bronze-Einband. Mit Büste der Kronprinzessin —.40
Derselbe in Leder-Einband. Mit Büste der Kronprinzessin —.40
Derselbe in Celluloid-Einband. Mit Büste der Kronprinzessin —.40
Ebd.

Stephanie-Kalender, Fromme's, 1891. 32. (60 S. m. Portr.) Wien, Fromme. n. 1. —; in Ldr. geb. 1. 50; in Liebhaber-Einbd. 2. 40

— dasselbe. 64. (62 S. m. Portr.) Ebd. n. — 40; in Bronze, Ldr. od. Celluloid — 80

Stephanie - Kalender, Fromme's, pro 1892. Diamant-Ausgabe, 4. Jahrg. Mit unveröffentlichtem Porträt der Frau Kronprinzessin-Witwe. —.55
— — In Leder, Liebhaber-Einband —.70
— — In braunem Saffian - Leder. Innere Kante und Titel mit Goldpressung, Kalblederpapier-Vorsatz 1.20
— — In Antilopen - Leder, mit Altsilber-Ecken (ausserordentlich fesch) 1.20
Ebd.

Stephanie - Kalender, Fromme's, pro 1892. Portemonnaie - Ausgabe. 4. Jahrg. Mit unveröffentlichtem Portrait der Frau Kronprinzessin-Witwe in Lichtdruck. Geh. —.20
In Bronze-Einband. Mit Büste der Frau Kronprinzessin-Witwe —.40
Leder - Einband. Mit Büste der Frau Kronprinzessin-Witwe —.40
Ebd.

Stephanie - Kalender, Fromme's, pro 1893. Diamant - Ausgabe. 5. Jahrgang. Mit dem neuesten Porträt der Frau Kronprinzessin-Witwe —.50
Derselbe. In elegantem Leder - Visitenkarten-Täschchen (braun oder grün) 1.20
Derselbe. In Antilopen-Leder. Mit Altsilber-Ecken 1.50
Ebd.

Stephanie-Kalender. Portemonnaie-Ausgabe pro 1893. 5. Jahrg Mit unveröffentlichtem Porträt der Frau Kronprinzessin-Witwe in Lichtdruck. Geh. —.20
In Bronze - Einband. Mit Büste der Frau Kronprinzessin-Witwe —.40
Leder Einband. Mit Büste der Frau Kronprinzessin-Witwe —.40
Ebd.

Stephanie-Kalender, Fromme's Portemonnaie-Ausgabe. 1894. 6. Jahrg. Mit unveröffentlichtem Porträt der Frau Kronprinzessin-Witwe in Lichtdruck. Geh. —.20
Derselbe in Bronze - Einband. Mit Büste der Frau Kronprinzessin-Witwe —.40
Derselbe in Leder-Einband. Mit Büste der Frau Kronprinzessin-Witwe —.40
Ebd.

Stephanie-Kalender, Fromme's Diamant-Ausgabe. 7. Jahrgang. 1895. Mit dem neuesten Porträt der Frau Kronprinzessin - Witwe. —.50
Derselbe. In elegantem Leder-Visitkarten-Täschchen (braun oder grün) 1.20
Derselbe. In Antilopen-Leder, mit Altsilber-Ecken 1.50
Ebd.

Stephanie-Kalender, Fromme's, 1895. 128. (64 S. m. 1 Photogr.) Wien, C. Fromme. Mit Goldschn. n. — 40; geb. n. — 80

— dasselbe. Diamant-Ausg. 32. (60 S. m. Bildnis.) Ebd. Mit Goldschn. n. 1. — ; in Ldr.-Visitkartentäschchen 2. 40; geb. in Ldr. 3. —

Stephanie-Kalender, Fromme's, Portemonnaie-Ausgabe. 1896. 8. Jahrg. Mit Portrait der Frau Kronprinzessin-Witwe in Photographie. Geh. —.20
In Bronce-Einband. Mit Büste der Frau Kronprinzessin-Witwe —.40
Ledereinband —.40
Derselbe. Diamant-Ausgabe 1896. 7. Jahrg. Mit dem neuesten Portrait der Frau Kronprinzessin-Witwe Geh. —.50
Derselbe. In elegantem Leder - Visitkarten-Täschchen (braun oder grün) 1.20
Derselbe. In Antilopen - Leder, mit Altsilber-Eck 1.50
Ebd.

Stephanie-Kalender, Fromme's. Portemonnaie-Ausgabe. 1897. 9. Jahrg. Mit Porträt der Frau Kronprinzessin-Witwe in Photographie. Geh. —.20
Derselbe. In Bronze-Einband. Mit Büste der Frau Kronprinzessin-Witwe * —.40
Derselbe. Leder-Einband * —.40
Derselbe. Diamant-Ausgabe. 1897. 8. Jahrg. Mit dem neuesten Porträt der Frau Kronprinzessinwitwe. Geh. —.50
Derselbe. In elegantem Leder - Visitkarten-Täschchen (braun oder grün) * 1.20
Derselbe. In grünem Krokodilleder * 1.50
Ebd.

Stephanie-Kalender, Fromme's. Diamant-Ausgabe. 9. Jahrgang. 1898. Mit dem neuesten Porträt der Frau Kronprinzessin-Witwe. Geh. —.50
Derselbe. In elegantem Leder-Visitkarten-Täschchen (rothbraun oder grün) * 1.20
Derselbe. In braunem Krokodilleder * 1.50
Ebd.

Stephanie-Kalender, Fromme's. Portemonnaie-Ausgabe. 1898. 10. Jahrg. Mit Porträt der Frau Kronprinzessin-Witwe in Photographie. Geh. —.20
Derselbe. In Bronze-Einband. Mit Büste der Frau Kronprinzessin-Witwe * —.40
Derselbe. Leder-Einband * —.40
Ebd.

Stephanie-Kalender, Fromme's, 1899. Diamant-Ausg. 32. (60 S. m. 1 Bildn.) Wien, C. Fromme.
Mit Goldschn. n. — 40; geb. in Metall od. Leder n. — 80; grosse Ausg. m. Goldschn. n. 1. —; in Ldr.-Visitkartentäschchen 2. 40; geb. in Ldr. 3. 60

Stephanie-Kalender, Fromme's, 1900. Randleisten v. Kolo Moser. 16. (63 S. m. 1 Bildn.) Wien, C. Fromme. n.n. 1. —; geb. in Leinw. n. 1. 80; in Ldr.-Visitkartentäschchen 2. 40; in Ecrasé-Ldr. 3. 20

— dasselbe. Portemonnaie-Ausg. 128. (64 S. m. 1 Bildn.) Ebd. Mit Goldschn. n. — 20; in Bronze-Einb. n. — 80; in Ldr. n. — 80

Stephanitz, v., der deutsche Schäferhund in Wort u. Bild. Hrsg. im Auftrage des „Vereins f. deutsche Schäferhunde" (S. V.) Sitz in München. Gewidmet allen Freunden, Liebhabern u. Züchtern der Rasse. gr. 4. (IV, 72 S.) Augsburg 901. (Lampart & Co.) n. 1. —

Stephanitz-Grafrath, v., der deutsche Schäferhund in Wort u. Bild. Hrsg. im Auftrage d. Vereins f. deutsche Schäferhunde (SV.), Sitz in München, E.V. (im Kartell). 2 Tle. gr. 8. Augsburg (909). (Lampart & Co.) 5.—; in 1 Leinw.-Bd. 7. —
I. 9. Aufl. (IV, 48 S. m. Abb.)
II. 3. verm. u. umgearb. Aufl. (IV, 348 S. m. Abb. u. 1 Taf.)

— s.: Zuchtbuch f. deutsche Schäferhunde.

Stephanitz, Alex., russische Eisenbahn-Werthpapiere. Ein Nachschlagebuch üb. die finanzielle Lage aller russ. Eisenbahn-Gesellschaften, deren Betriebs-Resultate, Vertheilg. der Einnahmen, Statuten etc. f. die J. 1874—1881, nach offiziellen Quellen bearb. Lex.-8 (VI, 148 S.) St. Petersburg 883. (Röttger.) n. 30. —; Suppl. Betriebsj. 1882. (S. 149—163.) 884. n. 1. 50

Stephanitz, Alex., russische Eisenbahn-Werthpapiere. Ein Nachschlagebuch über die finanzielle Lage aller russ. Eisenbahn-Gesellschaften, deren Betriebs-Resultate, Vertheilung der Einnahmen, Statuten etc. für die J. 1874—1881, nach offiziellen Quellen bearb. Lex.-8. (VI, S. 1—148.) St. Petersburg 883, (Schmitzdorff.) geb. *
—— dass. — Suppl. Betriebsj. 1882. Lex.-8. (S. 149—163.) (Ebendas.) 884. *

Stephanitz, Alex. Lud., de Rhabarbaro dissert. geograph.-histor. 8maj. (1¾ B.) Berolini 838, [Burmeister. ?] *

Stephanitz, Pharmacopaeus etc. Alex. Lud., de Rhabarbaro dissert geographico-histor. 8 maj. Berolini 838. Burmeister et Stange. n. ¼ ℔

Stephannos Asołik

Stephanos v. Taron, des, armenische Geschichte, s. a. Scriptores sacri et profani. IV.

Stephanos von Tarôn. Des St' von Taron Armenische Geschichte. Aus dem Altarmenischen übersetzt von Heinr(ich) Gelzer und Aug[ust] Burckhardt [Basel]. IV + 250 S. 8. Leipzig, B. G. Teubner, 1907. [M. 5. 60, geb. 6. —]
Scriptores sacri et profani. Auspiciis et munificentia Serenissimorum Nutritorum Almae Matris Ienensis ediderunt Seminarii Philologorum Ienensis Magistri... . Fasciculus 4... . Lipsiae ... 1907.
(Bibliotheca Scriptorum graecorum et romanorum Teubneriana.)

de Stephano, Georg. (geb. Jassy 17. 2. 1825): De eclampsia infantum. Berolini (1851). (27 S.) 8°
Berlin, Med. Diss. v. 20. Mai 1851

Stephanoff, W(ladimir), Arzt aus Rustschuk: Ein Fall von vereiterter Dermoidcyste des Ovariums mit daran sich anschließender Peritonitis, geheilt durch Operation. *Leipzig 1903: B. Georgi.* (38 S.) 8°
Leipzig, Med. Diss. v. (30. Juni) 1903

Stephanor oder die Abentheuer eines jungen Portugiesen. Coburg u. Leipzig 1800. V: *Sinner, Johann Christoph Daniel.* (MGT) (Ky) (Wr)

— oder das Abentheuer junger Portugiesen, (von Jh. Cph. Dn. Sinner). 2 Thle. 8. Coburg 800. Sinner. 1 ℔

STEPHANOR, oder die Gräuel der Inquisition. Mit Kpfrn. Leipzig 1800, bei Wilh. Rein. 8°. Tit. u. 319 S.

Stephanos von Taron, s. Stephannos Asołik

Stephanovic, v. Vilovo, Johann Ritter v.: Ungarns Stromregulirungen. Mit 30 Plänen, Skizzen und Pegelstands-Tafeln. Wien: A. Hartleben 1883. 109 S. 8°

Στέφανος, s.: Krone, Herm.

Stephanos, Violet (Ella Krantz), warum sind der Tränen unterm Mond so viel? Novellen. (VII, 201 S.) 8. Lorch. 906. K. Rohm. 1. 50; geb. 2. —

Stephanowits, s. Wuk.

Stephans-Dom, Der Wiener, und seine Sehenswürdigkeiten in Geschichte, Kunst, Legenden und Sagengebilde . . . Wien 1878. V: *Bermann, Mor.* (EB)

Stephansen, Elisab., von der Bewegung e. Continiuums m. e. Ruhepunkte. (29 S. m. Fig.) gr. 8. Kristiania 903. A. Cammermeyer. n. 1. 70
Sonderabdr. a.: „Archiv f. mathematik og naturvidenskab".

Stephansen, Mary Ann Elisabeth [aus Bergen, Norwegen]: Ueber partielle Differentialgleichungen vierter Ordnung die ein intermediäres Integral besitzen. (S.-A. aus Archiv for Mathematik og Naturvidenskab. Bd. XXIV. Nr. 4.) Kristiania 1902. 80 S. 8°.
Zürich. Phil. Diss. II. S. 1902/1903.

Stephansen, Mary Ann Elisabeth. Über Partielle Differentialgleichungen vierter Ordnung, die ein intermediäres Integral besitzen. Diss. Phil. [II.] Univ. Zürich. ([Separatabdruck aus:] Archiv for Mathematik og Naturvidenskab. B. 24. Nr. 4.) 80 S. 8. Kristiania, Alb. Cammermeyer, 1902.

Stephans-Münster, der — (Eine Neujahrsnachtvision.) Seiner Eminenz dem Hochwürdigst-Hochgeborn:n Herrn Herrn Josef Othmar Ritter von Rauscher, der heiligen römischen Kirche Kardinal, Fürsterzbischof von Wien etc. aus Anlass der feierlichen Kardinal-Barrets-Imposition in tiefster Ehrfurcht geweiht von dem Clerus der St. Pöltner Diöcese. (5 Bl. 4.) (Gedicht.) 1856.

Stephanstage, zwei, s. Volksschriften, elsässische.

Stephansthurm, der alte, in Mülhausen. 8. (19 S.) Mülhausen 869. (Berlin, Beck.) *

Stephansturm-Kaiser-Jubiläums-Kalender f. 1908. Poetisch-histor. Jahrbuch v. José Baronin Schneider-Arno. XII. Jahrg. (178 S. m. Abb.) gr. 8. Wien, W. Braumüller. Geb. nn 8. 40

Stephansthurm-Kalender f. 1902. Poetisches Jahrbuch v. José Baronin Schneider-Arno. 6. Jahrg. gr. 8. (164 S. m. Abbildgn.) Wien, W. Braumüller. Geb. n. 6. — Fortsetzung, s.: Stefansturm-Kalender.

Stephansturm-Kalender für 1906. Poetisch-historisches Jahrbuch v. José Baronin Schneider-Arno. 10. Jahrg. (220 S. m. Abbildgn.) gr. 8. Wien, W. Braumüller. Geb. n.n. 6. —

(F) Stephansturmkalender für 1907. XI. Jahrg. Gr.-8°. (ill. 176 S.) geb. K 7.— Ebd.

Stephansturm-Kalender f. 1909. Poetisch-histor. Jahrbuch v. José Baronin Schneider-Arno. XIII. Jahrg. (XXIV, 128 S. m. Abb.) gr. 8. Ebd. Kart. nn 6. —

Stephantschitsch, Johann Baptist

Stephantschitsch, J. B., Anleitung zur Ausübung d. Militär-Richteramtes nach den für d. k. k. Armee erflossenen Gesetzen. Zum Gebr. d. Militär-Justiz-Beamten u. vorzügl. jener, die sich in d. k. k. Armee d. Auditoriat-Amte widmen. 2 Bde. gr. 8. (47¼ B. u. 1 Tab.) Wien 827, Gerold.

Stephanus und Paulus. Eine Zeitschrift für Freunde der Litteratur und Kunst. H. 1. Leipzig: Barth 1812. [Hrsg.: Joh. Christoph Biedermann.]

Stephanus Alexandrinus

Stephanus, in artem rhetoricum commentarium, s.: Anonymus et St. commentaria.

Stephani in librum Aristotelis de interpretatione commentarium, s.a. Commentaria in Aristotelem graeca.

Stephani [Alexandrini] in librum Aristotelis De interpretatione commentarium. Consilio et auctor. Acad. litt. Regiae Boruss. ed. Michael Hayduck. Berolini: G. Reimer 1885. VIII, 92 S. 8° (Commentaria in Aristotelem Graeca. Vol. 18, P. 3.) (10. 8061

Stephani, Alex., Lectio prima περὶ χρυσοποιΐας. Gr. et lat. cum notis ed. Gruner. Jen. 777. 4.

Stephani Alexandrini quod fertur opusculum apotelesmaticum ed. H. Usener. Pr. 1879. 16 S. 4°.

Stephani Atheniensis et Theophili de febrium differentia ex Hippocrate et Galeno, s. Theophilus.

Stephani Byzantii Ἐθνικῶν quae supersunt. Ed. Ant. Westermann. 8maj. (22½ B.) Lipsiae 839, Teubner.

Stephani Byzantii ethnicorum quae supersunt. Ex recensione Aug. Meinekii. Tom. I. 8maj. (VI und 818 S.) Berolini 849, G. Reimer.

Stephanus Byzantinus cum annotationibus L. Holstenii, A. Berkelii et Th. de Pinedo. IV Vol. Cum Guil. Dindorfii praefat., cui insunt lectiones libri Vratislav. 8 maj. (299 B. u. 1 Kpfrt.) Lipsiae 825, Kühn. 30 Thlr., Schrbp. 45 Thlr., Vlnp.

(STEPHANUS STEINENSIS:) Büssender Ruff deren Buss- und Creutzliebenden Seelen zu Gott und seinen Heiligen. Das ist: kräffige Morgens- Abend- Mess- . . . und Ablass-Gebetter . . . Von einem Priester Capuciner-Ordens Oesterreich-Ungarischer Provintz. Pressburg 1740: Maria Magdalena Royerin Wittib. 521 (7) S. 8 t. - 140 mm

Stephanus Tornacensis. Summa üb. das Decretum Gratiani, s. Schulte, Joh. Friedr. v.

Stephanus, Carl, s. Stephanus, Karl

Stephanus, Henricus

s.a. Estienne, Henri

Stephani, Henr., de abusu linguae graece. 8. Berl. Nicolai. 736.

— Admonitio de abusu linguae graecae in quibusd. vocibus latinis. Paris. 563. 8. Ib. 573. 8. Ed. auct. cum notis ed J. H. Kromayer. Berol. 736. 8. 4 gr.

— Henr., Admonitio de abusu graecae linguae in quibusd. vocibus, quas latina usurpat. Ex off. H. Stephani. 563. 8. Ibid. 573. 8. Berol. 736. 8. 4 gr.

— Pseudo-Cicero, cura Roloff. 8. Halae, Waisenh. Bch. 737.

— — de Plauti latinitate, de statu suae typographiae et artis typographicae querimonia. Cum eiusd. vita ed. Roloff. Halae 737. 8. 7 gr.

Stephanus, Heinr., Thesaurus graecae linguae, s. Thesaurus.

Stephanus, Karl

Stephanus, Carl (geb. am 8 März 1845 in Bonn): Ueber Phimosis congenita . . . (Bonn), Druck v. F. Krüger (1870). 30 S., 1 Bl. 8. Bonn, Med. Fak., Diss. v. 12 März 1870

Stephani, Rob., thesaurus latinae linguae c. annot. H. Stephani et augment. observationibusque A. Birri. IV Tom. fol. Basel, Thurneisen. 740—43.

Stephanus, Walther, a. Radeberg, Ref. am Kgl. Amtsgericht in Schwarzenberg i. Erzgeb.: Die verwandtschaftliche Unterhaltspflicht und ihre Erfüllung nach BGB. § 1607. Borna-Leipzig 1906: R. Noske. (VI, 57 S.) 8° [A] Leipzig, Jur. Fak., Diss. v. 12. Juli 1906

[Geb. 30. März 84 Radeberg i. S.; Wohnort: Schwarzenberg; Staatsangeh.: Sachsen; Vorbildung: Gymn. Bautzen Reife O. 02; Studium: Leipzig 7 S.; Rig. 14. Juli 05.]

Stephany, Alb. v., gymnastisches Merkbüchlein. gr. 8. (9 1/4 B. u. 1 Tab.) Wien 843, (Gerold, Berl.) *
Inhalt: I. Eine kurze Geschichte der Gymnastik nebst e. Berichte üb. die Entstehung ꝛc. der wiener gymnast. Anstalt. II. Eine gymnast. Anthologie. III. Systemat. Zusammenstellung von mehr als 1000 der wesentlichsten gymnast. Uebungen.

Stephany, Alfred. Germanisation, Willkürregierung und Polizeiwirtschaft in Elsass-Lothringen. Erzählt von A' St' .... 3. 4. und 5. Aufl. II + 168 S. 8. Zürich, Komm. Caesar Schmidt, 1906. [fr. 3.75]

Stephany, Alfred. Germanisation, Willkürregierung und Polizeiwirtschaft in Elsass-Lothringen. Erzählt von A' St'.... II + 168 S. 8. Zürich, Komm. Caesar Schmidt, 1906. [fr. 3.75]
6. Aufl. — 7. Aufl.

Stephany, Alfr., Germanisation, Willkürregierung u. Polizeiwirtschaft in Elsaß-Lothringen. 6. Aufl. (168 S.) gr. 8. Zürich 906. Schweizer Druck- u. Verlagshaus. 3. —

Stephany, Alfred. Kulissengeheimnisse aus Elsass-Lothringen. Die Schweiz ein Vasallenstaat Deutschlands. Erzählt von A' St', Ehemaliger Kriminal-Polizei Kommissar... [in] Strassburg i/E. (2 [Bände].) gr.-8. Paris, En dépôt chez L. Sandras, 1908. [*zus.* fr. 9. —]
[Band] 1. [Mit Figuren.] IV + 595 S. — [Band] 1 (*d. i.* 2). IV + 252 S.

Stephany, E., die Bedeutung der Landwirtschaftsschule und ihre Stellung im Zusammenhang der allgemeinen Schul-Reformfragen. gr. 8. (32 S.) Danzig 876, [Kafemann.] Gruihn.

—— die Landwirthschafts-Schule zu Eldena. Ein Wort über ihre Aufgaben und Ziele an die Landwirthe und die landwirthschaftlichen Vereine Pommerns. gr. 8. (14 S.) Greifswald 877, (Bamberg.) *

Stephany, C. F., Charlotte Ursinus, die Giftmischerin. Gattin des Geh.-R. Ursinus in Berlin. Enthüllung ihrer Lebenszüge und Schuld. 8. (76 S.) Berlin 866, Vereinsbuchh.

Stephany, E., die Zimmerpflanzen, ihre Behandlung u. ihre Pflege. Auf Grundlage der bewährtesten Werke u. nach eigenen Erfahrgn. zusammengestellt. 12. (IV, 66 S.) St. Petersburg 889. Schmitzdorff. n. 1. —

Stephany, Edmund, aus Curland. Beiträge zur Histologie der Rinde des grossen Gehirns. Diss. Dorpat. 8°. 48 pp. mit 1 lithographirten Tafel. 1860.

Stephany, G., u. H. Hof, Gleisberechnung f. Strassenbahnen m. zahlreichen aus der Praxis entnommenen Beispielen. (24 S. m. 34 Fig.) 33×24,5 cm. Berlin 910. J. Engelmann. 5. —
Sonderabdr. a.: „Ztschr. f. Transportwesen u. Strassenbau".

Stephany, Geo. Chr., Argus R...! Der Leipziger Mörder u. Erpresser. Kriminal-psycholog. Studie. (138 S. m. Fig. u. Fksms.) 8. Berlin 909. Herm. Walther. 1. —

Stephany, Max, wer sein Leben erhalten will, der wird es verlieren, — wer sein Leben verlieret um meinetwillen, der wird es finden. Zum Gedächtnis an Carl Theophil Schilling †, Pastor zu Mitau (Livland), seine Predigten, hrsg. m. Zeitschildergn. u. Beschreibg. seines trag. Todes im Revolutionsj. 1905. (270 S.) 8. Riga 910. G. Neuner. Geb. in Leinw. 4. 50

Stephany, Rud., Merkbüchlein f. Turner. 16. (VIII u. 152 S.) Wien 849, Schmidt & Leo. n. 8 ngr.

Stephany, Werner, a. Wiesbaden: Die Unterhaltungspflicht des außerehelichen Vaters. Heidelberg 1908: J. Hörning. (61 S.) 8°
Heidelberg, Jur. Fak., Ref. Endemann, Diss. v. 1908
[Geb. 3. Dez. 82 Bruchsal (Baden); Wohnort: Wiesbaden; Staatsangeh.: Preußen; Vorbildung: Gymn. Wiesbaden Reife O. 01; Studium: Genf 2, Bonn 6 S.; Rig. 2. Juli 07.]

Stephany, Wolfgang: (Die Bedeutung des Willens bei Rechtsgeschäften.) Charlottenburg 1897: A. Gertz. (IV, 25 S.) 8°
Erlangen, Jur. Diss. v. 1897

Stephen, Religion d. Damen, a. d. Franz. 8. Hildburghausen, Hanisch. 782.

Stephen, Fel., die heutige Clavier-Literatur. Ein Wort f. jeden Dilettanten. gr. 8. (14 S.) Oels 874. Grüneberger & Co. — 25

Stephen, Geo., Zufälle beim Pferdekauf. Nach der 5. Aufl. des engl. Originals bearb. von F. v. R., (Preuß. Cavallerie-Offizier.) 12. Berlin 845, A. Duncker. n. 1/2 ₰

Stephen, Geo. A.

Stephen, G. A., Die moderne Buchbinderei. [A. Hartleben's Mechanisch-technische Bibliothek. Bd. XVII.] Gr.-8°. (ill. VII. 240 S.) K 5.50, geb. K 6.60
Wien: Hartleben 1910.

Stephen, Geo. A., die moderne Grossbuchbinderei, übers. u. bearb. v. Herm. Scheibe, s.a. Hartleben's, A., mechan.-techn. Bibliothek. 17. Bd.

Die moderne Grossbuchbinderei. Eine Beschreibung d. Herstellung von Bucheinbänden u. d. dabei verwendeten Maschinen. Von Geo. A. **Stephen**. Übers. u. f. österr. u. deutsche Verhältnisse bearb. von Hermann Scheibe. Mit 138 Abb. Wien & Leipzig: Hartleben 1910. VII, 240 S. 8°
(A. Hartleben's mechanisch-technische Bibliothek. Bd 17.) 10 7598

Stephen, Henry John

Stephen, J., Handbuch des englischen Strafrechts u. Strafverfahrens. Aus d. Engl. übersetzt, vervollständigt u. erklärt von Er. Mühry. 2 Abtheil. gr. 8. Göttingen 843, (44,) Vandenhoeck u. Ruprecht. 2 5/6 ₰

Stephen, J., s. Stephen, Henry John

Stephen, James Fitzjames, die Schlagwörter Freiheit, Gleichheit, Brüderlichkeit in ihrer ethischen, socialen und politischen Anwendung. Aus dem Engl. übersetzt von Ernst Schuster. gr. 8. (VIII, 223 S.) Berlin 874, Puttkammer und Mühlbrecht. *

Stephen, J. F., Herr Gladstone und Sir George Lewis über Autorität in Meinungssachen, s. Gladstone, W. E.

Stephens, Ann Sophia

Stephens, Anna S., Mary Derwent, s. Bibliothek, amerikanische.

— doppelt falsch, s. Bibliothek, amerikanische.

— Der Engel der Grenze, s.a. Bibliothek, Amerikanische.

Stephens, Mrs. Ann S., der Engel der Grenze. Eine Erzählung. Aus dem Engl. Leipzig 866. Kollmann. 8. (253 S.) 1 ₰

Stephens, A. S., das alte Familienhaus, s. Bibliothek, amerikanische.

—— Glanz und Elend, s. Lese-Cabinet, amerikanisches.

— die alte Heimath, s. Familien-Bibliothek, illustrirte.

— verlorene Juwelen, s. Bibliothek, amerikanische.

Stephens, Ann Sophia

Das Leben in Newyork. In Briefen. Von Jonathan Slick [d.i. Ann Sophia Stephens]. Stuttgart: Franckh 1847. 379 S. 8°

– Malaeska, s.a. Bibliothek, Amerikanische.

—— Malaeska. Eine Erzählung. Deutsch von Aug. Kretzschmar. 8. (247 S.) Leipzig 866, Kollmann.

– Myra oder die Pflegetochter, s.a. Bibliothek, Amerikanische.

—— Myra oder die Pflegetochter. Eine Erzählung. Aus dem Engl. übers. 8. (218 S.) Leipzig 866, Kollmann.

—— Sybille, s. Bibliothek, amerikanische. [Stuttgart, Werther's Buchh.] Ermäßigter Preis *

—— die Waisen von Newyork, s. Roman-Zeitung.

— Julie Warren, s. Bibliothek, amerikanische.

— — s. Roman- u. Novellen-Zeitung.

—— Zana oder die Erbin von Clair-Hall, s. Bibliothek, amerikanische.

Stephens, Henry, Buch der Land- und Hauswirthschaft. Aus dem Engl. der 2. Aufl. übers. und mit Rücksicht auf die deutschen Verhältnisse bearb. von Ed. Schmidlin. 2 Bde. Mit eingedr. Holzschn. und 14 Stnt. gr. 8. Stuttgart 854—55, Hoffmann'sche Vrlgsh. [1. (XVIII und 920 S.) 2. (1124 S.)]

Stephens, H., vollständiges Handbuch der Trockenlegung der Felder durch Unterdrains, s. Schmidt, Glob. Friedr.

— Katechismus des practischen Ackerbaues, s. Weber's illustr. Katechismen.

— Katechismus d. praktischen Ackerbaues. Nach d. Engl. v. W. Hamm. Leipz. 1857. 110 S. Fig. (= Weber's Illustrirte Katechismen Nr. 35).

Stephens, J.

— s. the Child's Teller, und ist auch Verlag von Einhorn in Leipzig.

Stephens, J., the Pleasing Teller; being a Choice of little Tales. 12. Baltimore 833. Md., Scheld and Co. (Einhorn in Leipzig.) 3/8 ℛ

Stephens, John L., Begebenheiten auf einer Reise in Yucatan. Deutsch von N. N. W. Meissner. gr. 8. (XVIII und 438 S. mit 116 in Kpfr. gest. Abbild., 10 Plänen, wovon 4 lithogr., und einer lithogr. Karte von Yucatan in gr. 8., qu. gr. 4. und Fol.) Leipzig 853, Dyk'sche Buchh.

Stephens, Esq., John L. — Illustrirte Denkschrift einer wichtigen Expedition in Central-Amerika, aus der die Entdeckung der Götzenstadt Iximaya in einer ganz unbekannten Gegend hervorgeht, und der Besitz von zwei merkwürdigen Azteken-Kindern, Maximo (der Mann) und Bartola (das Weibchen), Abkömmlinge und Proben der Priesterkaste (jetzt fast erloschen) der alten Aztekischen Gründer der verfallenen Tempel dieses Landes. Beschrieben von — — und andern Reisenden. Uebersetzt aus dem Spanischen von Pedro Valesquez von San Salvador. Druck von U. Klopf sen. und Alexander Eurich. (48 S. 8. Mit Holzschn.) 1857.

—— Reiseerlebnisse in Centralamerika, Chiapas und Yucatan. Nach der 12. Aufl. ins Deutsche übertr. von Ed Hoepfner. gr. 8. (XIV und 554 S. mit 1 lithogr. Karte 60 in Kpfr. gest. Plänen und zahlreichen Illustr. in gr. 8 und 4.) Leipzig 854, Dyk'sche Buchh.

Stephens, Jos. Rayner, Rede, geh. am 10. Febr. 1839 in Staleybridge, s.: Chartistenbewegung, die, in England.

Stephens, Riccardo, wenn e. Knabe raucht! Aus d. Engl. übers. v. Paul Umlauf, m. e. Anh. 2. verm. u. 3. Aufl. (24 S. m. Abb.) kl. 8. Friedrichshagen (909). Jugendbund-Buchh. — 10

Stephens, William Robert, aus Brentwood, Tennessee ⟨N.-Amer.⟩: Über die spezifische Therapie des Morbus Basedowii. *Berlin (1903): G. Schade.* (42 S.) 8°
Berlin, Med. Diss. v. 14. Juli 1903

Stephens, Thom., Geschichte der wälschen Literatur vom 12. bis zum 14. Jahrhundert. Gekrönte Preisschrift. Aus dem Engl. übers. u. durch Beigabe altwälscher Dichtungen in deutscher Uebersetzung ergänzt herausg. von San-Marte [A. Schulz]. Halle 864. Buchhdlg. des Waisenhauses. gr. 8. (XV, 592 S.) n. 4 ℛ

Stephensen, ..., Beschreib. d. Erdbrandes 1783, s. Schilderungen d. Verfass. von Island.

Stephenson, Georg, geschildert in seinem Leben und Wirken, s. Biographien berühmter Erfinder rc.

Stephenson, George, s. Hellfeld, Karl.

Stephenson, Fr. Chr., s. 1) Früh-, Spät- u. Tischgebete. 2) Zeitvertreib, nützl.

Stephenson, Robert

Stephenson, R., und H. Swinburne: Bericht der vom Bundesrathe einberufenen Experten, Herrn R. Stephenson und H. Swinburne über den Bau von Eisenbahnen in der Schweiz. Bern 1850. 70 S., 1 Tf. 8°.

Stephenson, Robert, die atmosphärische Eisenbahn. Aus d. Engl. von Ch. M. v. Weber. gr. 8. (Mit 3 Tab.) Berlin 843, Schlesinger. 7/12 ℛ

Stephinger, Karl Borromäus, Herr, bleib' bei uns! (Luk. 24, 29.) Dem Erdenpilger e. Wegweiser im Thale der Zähren. gr. 16. (187 S. m. 1 Stahlst.) Salzburg (902). A. Pustet. n. — 80; geb. in Ldr. n. 1. 55; m. Goldschn. n. 1. 85

— Jesus im Kerker. Betrachtungsbüchlein zu Ehren des bitteren Leidens Jesu Christi, zu Nutz u. Frommen der unsterbl. durch Christi Blut erlösten Seele. 16. (72 S.) Münster 901. Alphonsus-Buchh. n. — 20

Stephinger, Ludwig, Dr. phil. et rer. pol., Privatdoz. a. d. Univ. Tübingen: Die Geldlehre Adam Müllers. Stuttgart: Enke 1909. 231 S. 8° ¶(Ersch. als: Tübinger staatswiss. Abhandlungen. H. 1.)
Tübingen, Staatswiss. Hab.-Schr. v. 1909 [U 10. 4263
(Nur in beschränkter Anzahl für den Austausch)

Stephinger, Ludw., die Geldlehre Adam Müllers, s. a. Abhandlungen, Tübinger staatswissenschaftliche. 1. Heft.

Die Geldlehre Adam Müllers von Ludwig Stephinger, Privatd. Stuttgart: Enke 1909. 231 S. 8°
(Tübinger staatswissenschaftl. Abhandlungen. H. 1.)

— Der Grundgedanke der Volkswirtschaftslehre u. die Rententheorie Ricardos. (VII, 51 S. m. 1 Taf.) gr. 8. Stuttgart 910. F. Enke. 1. 60

Stephinger, L.: Die Lehre von der menschlichen Person und ihrer Einheit bei Aristoteles und Thomas von Aquin. München s. a. 96 S. 8°.
Freiburg. Phil. Diss. 1902/1903.

Stephinger, L[udwig]. Die Lehre von der menschlichen Person und ihrer Einheit bei Aristoteles u. Thomas v. Aquin. [Diss.] Phil. Freiburg (Schweiz). 96 S. 8. München, Dr. Franz Paul Datterer & Cie., [1903].

— Zur Methode d. Volkswirtschaftslehre, s. a. Abhandlungen, volkswirtschaftliche, der badischen Hochschulen. IX, 5. Erg.-Heft.

Zur Methode der Volkswirtschaftslehre. Von Dr. (Ludwig) Stephinger. Karlsruhe i. B.: G. Braun 1907. (128 S.) 8°
= Abhandlungen, Volkswirtschaftl., d. Badischen Hochschulen. Bd 9, Erg.H. 5. [08. 1

Stephinsky, Eduard, Die heidnischen Klassiker als Bildungsmittel für die christliche Jugend. Trier 1866, 4°, 30 S., Progr. d. Gymn.

Stephinsky, Ed., das kleine marianische Officium m. Anmerkungen u. Auslegungen. 16. (V, 224 S.) Dülmen 883. Laumann. n. — 60; geb. n. 1. —

— dasselbe. 2. Aufl. 16. (248 S.) Ebend. 883. n. — 50; geb. n. — 75

Stephinsky, Ed., das kleine marianische Officium m. Anmerkungen u. Auslegungen. 3., verm. Aufl., besorgt v. Ferd. Stephinsky. 16. (VI, 350 S.) Dülmen 893. A. Laumann. n. — 50

— Regelbüchlein u. Ceremonial f. die Mitglieder d. III. Ordens vom h. Franziskus nach den Verordnungen Papst Leo's XIII. 16. (VII, 271 S.) Trier 883. Grach. n. — 70; geb. n. 1. —

Stephinsky, Ed., Regelbüchlein und Ceremonial für die Mitglieder des III. Ordens vom heil. Franziskus nach den Verordnungen Papst Leo's XIII. 2. Aufl. 16. (VIII, 279 S.) Trier 886, Grach'sche Buchh. *

Stephinsky, Ed., Regelbüchlein u. Ceremonial f. die Mitglieder des III. Ordens vom hl. Franziskus nach den Verordnungen Papst Leo's XIII. 3. Aufl. Neu durchgesehen u. m. den neuesten Erlassen verm. v. Ulricus Huntemann, O. F. M. 16. (VIII, 279 S.) Trier 901. J. B. Grach. Geb. in Leinw. n. 1. —

— Schatzkästlein der nothwendigsten Gebete. [Anhang zum Regelbüchlein (f. den III. Orden vom h. Franziskus).] 16. (III, 130 S.) Ebend. 885. n. — 40

— Schatzkästlein der notwendigsten Gebete. [Anhang zum Regelbüchlein (für den III. Orden vom hl. Franziskus).] 16. (III, 130 S.) Ebendas. 887. *

— dass. — 2. Aufl. 16. (III, 130 S.) Ebendas. 887. *

Der Deutsche Lehrerverein und die katholischen Volksschullehrer. Schlaglichter auf d. 'Katholiken- u. Religionsfeindschaft' moderner Volksschullehrer von Ferd. Stephinsky. *Aachen: J. Schweitzer 1900.* (II, 156 S.) 8° [F.] [01. 10133 5

Stephinsky, Ferd., zur Schulaufsichtsfrage. E. Beitrag zur Charakteristik d. Bewegg. gegen d. geistl. Schulaufsicht. [Aus: „Westdeutsche Lehrerzeitg."] 8. (89 S.) Köln 895. J. P. Bachem. n. 1. —

Stepischnegg, Jak., Abhandlungen über Religion und Kirche. gr. 8. (VII und 448 S.) Graz 857. (Leipzig, Haessel.) Thlr. * *

Stepischnegg, Dr. Jakob — Abhandlungen über Religion und Kirche. Von — —. Mit hoher Ordinariats-Approbation. Der Reinertrag ist dem Knabenseminar der Diözese Lavant gewidmet. Gratz, 1857. Gedr. bei Josef A. Kienreich. (447 S. 8.)

Stepischnegg, Dr. Jacob, Abhandlungen üb. Religion u. Kirche. Laibach. Giontini. in Comm. 2 fl.

Stepischnegg, Jakob — Thomas Chrön, Fürstbischof von Laibach. Nach seinem Leben und Wirken geschildert von — —. Salzburg, 1856. Oberer'sche (Endl & Penker) Buchdr. (30 S. 8.) Geboren 1560 zu Laibach, gestorben am 10. Februar 1630 zu Oberburg.)

STEPISCHNEGG, Jakob: De conversione Constantini Magni ad religionem christianam. — (1839) 96 S. 8° (Handschr.) Diss. 20
Diss. Wien, Univ.

Stepischnegg Jakob, Dr.: Georg III. Stobaeus von Palmburg, Fürstbischof von Lavant. Nach seinem Leben und Wirken geschildert. Ar 15 71 . . . . vgr.
Separatabdruck

Stepischnegg, Jakob Maximilian

Stepischnegg, J. M., s. Compendium, J. M. Stepischneggs, des katholischen Eherechts.

– Die christliche Ehe nach katholischer Lehre. Abhandlung gewidmet seinen Diöcesanen. Marburg: Leyrer's B. in Comm. 1868. 36 S. 8°

Stepischnegg, Jak. Maximilian, Papst Pius IX. und seine Zeit. 2 Bde. gr. 8. (VI, 478; V, 452 S. mit dem rad. Portr. des Papstes.) Wien 879, Braumüller. *

Stepischnegg, Dr. Jak. Max, Fürstbischof von Lavant, Das Karthäuserkloster Seitz. 8. Mit 2 Abbild. Graz, *Verlagsb. „Styria". 80 kr. 1884.

Stepischnegg, Jakob Maximilian. Trauerrede bei der feierlichen Beerdigung des Hochwürdigsten Fürstbischofes von Gurk Dr. Val. Wiery. Klgft., St. Hermagoras-Druck., (1881). 14 S.

Stepkes, Johannes, Referendar in St. Tönis: Die Beziehungen zwischen dem öffentlichen Recht und dem Privatrecht in Anwendung auf das Dienstverhältnis der Staatsbeamten. Borna-Leipzig 1908: R. Noske. (VIII, 43 S.) 8° [F.]
Leipzig, Jur. Fak., Diss. v. 4. April 1908
[Geb. 9. Jan. 84 St. Tönis; Wohnort: St. Tönis, Kr. Kempen a. Rh.; Staatsangeh.: Preußen; Vorbildung: Gymn. Emmerich Reife O. 03; Studium: Freiburg i. B. 1, Münster 1, München 1, Bonn 3 S.; Rig. 7. Juli 06.]

Stepler, J. H. Freiheit, Gleichheit, Brüderlichkeit; ein Tier-Gedicht. Cleveland. 1878.

Stepling, Jos., (✝ d. 11. Juli 1778.) de aberratione astrorum et luminis; item de mutatione axis terrestris historica relatio. 4. Prag 761.

v. *Stepling*, Jos., adnotationes in celebrem transitum veneris per discum solis anno labente 6. Jun. futurum. 4. Prag 761.

— Beantwortung verschied. Fragen über die Beschaffenheit der Lichterscheinung Nachts d. 28. Hornungstage, u. üb. die Nordlichter. 8. Prag 761.

— differentiarum minimarum quantitatum variantium calculus directus, vulgo differentialis. 4. Prag 764.

— literarium commercium eruditi cum primis argumenti. 8. Bresl. 782. W. G. Korn. 1 ₰ 8 gl

— Miscellanea philosophica tam mathematica, quam physica. 8. Prag 759.

— Miscellaneorum philosophicorum continuatio ad annum 1763. 4. Prag 763.

— de pluvia lapidea anni 1753 ad Strkow pagum Bohemiae, et ejus causis, meditatio; cum adjunctis observationibus baroscopicis, thermoscopicis, hygrometricis ad a. 1752 factis. 8. Prag 754.

— de terrae motibus quaesita; cum meditatione de causa mutationis thermarum Teplicensium facta 1. Nov. 1755. 4. Prag 763.

— soliditas et area superficierum frustorum ungularium refectorum a Cylindris rectis, c. fig. 4. maj. Prag. (Walther, Dresdae.) 760.

* Soliditas et area ſuperficierum fruſtorum ungularium reſectorum a cylindris rectis, quorum baſes reſectiones conicae etiam altiorum generum ope calculi inveſtigatae, a *Joſepho Stepling*. Dresdae et Lipſ. apud Waltherum. 4. 7 Bog. 2 Kupf.
1761.

— Vergleichungs-Tafeln der altböhm. Maaße u. deren Preis, mit den neuöstreichischen u. deren Preis, auf hohe Verordnung berechnet. 8. Prag 764.

Step-mother, the young, s. Collection of british authors.

Stepnjak [Autorname] = Krawtschinsky, Sergei.

Stepniak, der russische Bauer. Autoris. Uebersetzg. v. Vict. Adler. 8. (XVI, 212 S.) Stuttgart 893. J. H. W. Dietz. n. 1. 50; geb. 2. —

Stepnjak. Das Unterirdische Russland. <La Russia sotterranea.> Portraits und Skizzen aus der Wirklichkeit. Aus dem Italienischen übersetzt von Max Trautner. 8. Bern 1884.

Stepowski, Maryan, Apotheker aus Warschau (Polen): Vergleichend-anatomische Untersuchungen über die oberirdischen Vegetationsorgane der Burseraceae, Dipterocarpeae und Guttiferae mit besonderer Berücksichtigung der Sekretbehälter. [Mit Tabellen u. Abb. im Text.] Krakau 1905. 125 S. 8°. [20. XI. 03.]
Bern. Phil. Diss. 1904 1905.

Stepowski, Maryan. Vergleichend-anatomische Untersuchungen über die oberirdischen Vegetationsorgane der Burseraceae, Dipterocarpeae und Guttiferae mit besonderer Berücksichtigung der Sekretbehälter. Diss. Phil. Bern. [Mit 67 Figuren und 6 Tabellen.] VIII + 125 S. 8. Krakau, W. L. Anczyc & Comp., 1905.

Stepp, die Behandlg. der acuten Pneumonie m. Fluoroform. gr. 8. (32 S. m. 53 Kurven.) Leipzig 901. G. Thieme. n. — 80

Stepp, Herman, aus Nürnberg, Rechtspraktikant am kgl. Landgericht zu Nürnberg: Die rechtliche Natur der Preußisch-Hessischen Eisenbahngemeinschaft. *Nürnberg 1903: W. Tümmel.* (58 S.) 8° [Umschlagt.]
Erlangen, Jur. Diss. v. 4. Juli 1903

Stepp, Wilhelm: Aus d. II. med. Klinik München. Experimentelle Untersuchungen über die Bedeutung der Kochsalzretention für die Genese des nephritischen Oedems. München 1908: Kastner & Callwey. 19 S. 8° ¶(Aus: Annalen d. städt. allg. Krankenhäuser zu München. Bd 13.)
München, Med. Diss. v. 30. Dez. 1907, Ref. v. Müller
[Geb. 20. Okt. 82 Nürnberg; Wohnort: Nürnberg; Staatsangeh.: Bayern; Vorbildung: Altes Gymn. Nürnberg Reife Juli 00; Studium: München 2, Erlangen 3, Kiel 1, München 4 S.; Coll. 30. Dez. 07; Approb. 5. Dez. 07.]
[U 09. 3408

Steppaneck, W. I., religionis naturalis ac revelatae vet. novique Test. et huius verae eccles. succincta explicatio. 8. maj. Wien. Wucherer. 788.

Steppat, Frdr., des Kindes Frage. Schauspiel in 4 Aufzügen. (IV, 86 S.) 8. Dresden (906). E. Pierson. n. 1. 50

Steppat, Frdr., die Geldrätsel. (VII, 60 S.) 8. Dresden (908). E. Pierson. 1.—; geb. 2. —

— Der bevorstehende Zerfall unserer Erde. (105 S.) 8. Ebd. (907). 1.—

Steppat Julius: Bruchstücke einer althochdeutschen Interlinearversion der Cantica.
1902 PN 1475 Diss. Wien. Univ. 112

Steppe, Rob., Muster-Sammlung moderner Sitz- u. Decorations-Möbel f. alle Räume d. Hauses, enth. 20 (z. Tl. farb.) Taf. m. 125 perspektiv. Ansichten v. Stühlen, Sesseln, Sophas, Tischen, Etagèren, Staffeleien ꝛc. in einfacher u. eleganter Ausführg. nach ausgeführten eigenen Entwürfen zum Gebrauch f. Möbelfabrikanten, Möbelhändler, Tapezierer u. Decorateure hrsg. qu. gr. 4. (2 Bl. Text.) Berlin 893. A. Frantz. In Mappe. 8. —

Steppes, Adph., Amaranth und Ghismonda oder die Brautfahrt. Großes romantisches Schauspiel in 6 Aufzügen. Nach der epischen Dichtung „Amaranth" von Osc. v. Redwitz. Für die Bühne bearb. br. 8. (IV und 128 S.) Darmstadt 858, Köhler's Verlag. *

Steppes, Ad., Griseldis. Romanze. Nach Fr. Halm's gleichnam. Drama. 16. (2¾ B.) Darmstadt 839, Pabst.

—— kleines dramat. Herbarium, besond. f. Privatbühnen. 16. (15 B.) Darmstadt 839, Pabst. *
Inh.: Eine Familie zu Luther's Zeiten. (Tragödie v. Caſ. Delavigne.) — Das Mädchen aus d. Fremde. (Dramat. Arabeske, nach Saphir.) — Homöopathie. (Lustsp., nach Fournier u. Biéville.)

—— das Leben ein Traum, od. das Horoskop. Große romant. Oper in 3 Akt. Musik v. L. Schlösser. gr. 12. (3½ B.) Darmstadt 839, Pabst. *

Steppes, Ad., s. Rita, oder die geheimnißvolle Maske.

Steppes, C., s. S t e p p e s, Karl

Steppes, Edm., 17 Bilder. Mit e. Geleitworte v. Wilh. Kotzde. Hrsg. v. der freien Lehrervereinigg. f. Kunstpflege. (35 S.) Lex. 8. Mainz 910. J. Scholz. 1.—

— Die deutsche M a l e r e i. (58 S.) 8. München 907. G. D. W. Callwey. 1. 20

Steppes, Friedrich, aus Burghausen: Über p- und o-Toluidoessigsäure und α-p- und α-o-Toluidopropionsäure. *Hannover 1899: Gebr. Jänecke.* (40 S.) 8°
Erlangen, Phil. Diss. v. 20. Juli 1899

STEPPES, Friedrich Maria (Amorbach): Die Transmission der Erbschaft nach römischem Rechte.- München: 1831. 2 Bl.,80 S.
28.8.1829 - Urk (Titel: De transmissione hereditatis); F 48
Diss. Ingolst.-Landsh.-Mchn.

Steppes, Karl

Steppes, Carl, das Grundbuch im Entwurfe e. bürgerlichen Gesetzbuches f. das deutsche Reich. [Aus: „Zeitschr. f. Vermessungswesen".] gr. 8. (61 S.) Stuttgart 892. K. Wittwer's Verl. n. 1. —

Steppes, K., das deutsche Vermessungswesen, s.: J o r d a n, W.

Steppes, s.: Z e i t s c h r i f t f. d. Vermessungswesen.

Steppetat, Karl [app. Arzt]: Ueber den galvanischen Leitungswiderstand der Haut bei Morbus Basedowii. . . . Strassburg, Univ.-Buchdr. v. J. H. Ed. Heitz (Heitz & Mündel), 1890; 51 S. 8°
Strassburg, Med. Fak., Inaug.-Diss. v. 1890

Stepping-Stone to English. Ein Elementarbuch zu Peyrot's Handbuch. ... Zweibrücken 840. Ritter. 5/12 ℳ

Steppling, Franz: Die Methode des lateinischen Sprachunterrichtes zur Zeit der Blüte des Humanismus. (Quellenmäßige Darstellung.) 22 S. 4. Realgymn. i. E. *Sulzbach (Saar)* 1910 (zu 680)
I. Philipp Melanchthon. II. Valentin Trotzendorf. III. M. Neander. IV. H. Wolf. V. Johannes Sturm.
Progr.

Steppuhn, F., s.: V o m Messias.

Steppuhn, Friedrich: Wladimir Ssolowjew. Leipzig: Eckardt [1910]. VI, 132 S. 8°
Heidelberg, Phil. Diss. v. 3. Febr. 1910, Ref. Windelband
[Geb. 6. Febr. 84 Moskau; Wohnort: Moskau; Staatsangeh.: Rußland; Vorbildung: Oberrealsch. Moskau Reife O. 01; Studium: Heidelberg 10 S.; Rig. 13. Jan. 09.] [U 10. 2177

Steppuhn, H. Beiträge zur vergleich. Anatomie der Dilleniaceen. Mit 2 Taf. In-8⁰. 30 S. Bern. These. 1896.

Steppuhn, Oscar: Über die Vergärung der Ameisensäure durch Hefen. Heidelberg 1910: Rössler & Herbert. 96 S. 8°
Heidelberg, Naturw.-math. Diss. v. 29. Juli 1910, Ref. Curtius
[Geb. 16. März 85 Moskau; Wohnort: Heidelberg; Staatsangeh.: Rußland; Vorbildung: St.-Michaelis-Kirchensch. Moskau Reife M. 04; Studium: Moskau Techn. Hochsch. 2, Heidelberg 11 S.; Rig. 3. Mai 10.] [U 10. 2207

Steppuhn, Guilelmus: Partus cuiusdam in instituto obstetricio Halensi observati enarratio. Halis Saxonum (1854): Schmidt. 17 S., 1 Taf. 8° (4°)
Halle-Wittenberg, Med. Diss. v. 10. Apr. 1854
Geb. Lackmedien bei Bartenstein (Ostpr.) 6. 2. 1829. V.

Zweschen L e t t a u e onn Masure. Plattdütsche Riehmsels verbroake von August **Stepputat**. Bandke 1. Goldap: Bajohr 1909. 8⁰

Stepski Richard von: Über die Produkte der gemäßigten Verbrennung von Isopentan, n-Hexan und Isobutylalkohol (mit 2 Textfiguren). S. 111. IIb. 577 . . . . vgr.
Separatabdruck

Das Baupolizeirecht für die Stadt Coblenz. (Verf.: Dr. **Steputat**, Reg.Ass.) *Coblenz: [V. Groos in Komm. 1900].* (XV, 194 S.) 8° [J.] [c3. 25507

Steputat, Willy, deutsches Reimlexikon, s.: U n i v e r s a l - B i b l i o t h e k.

[J.] **Steputat,** Willy [Referendar]: **Die verfassungsrechtliche Stellung der deutschen Landesherren zur deutschen Gerichtsbarkeit . . . Greifswald, Druck v. J. Abel, 1892; XI, 59 S. 8.**
Greifswald, Jur. Fak., Inaug.-Diss. v. 1892

Steputat Willi, die Trappisten, auch e. Werdegang. (48 S.) 8. Leipzig 904. Modernes Verlagsbureau. n. 1. —

Ster (Hrsg.), s. A u b e r t de Vertot d'Aubeuf, Réné: Histoire des révolutions arrivées dans le gouvernement de la république romaine.

Štěrba Johann: Über chemische Einwirkung der Kathodenstrahlen. S. 116. IIb. 26 . vgr.
Separatabdruck

Sterba, Josef

— Bemerkungen zur Theorie der Kugelfunctionen. (5). ibd. 91.
Progr.

STERBA, Josef
Ueber eine Gruppe der Cayley'schen Gleichung analoger Relationen von Prof. Josef S t e r b a. (Aus den Sitzungsberichten der kaiserl. Akademie der Wissenschaften in Wien. Mathem.-naturw. Classe. Bd. CX. Abth. II. 8. März 1901.) [W i e n. 1901. In Comm. Gerold's Sohn.] Gr.-8°. 3 S. K —.03

Sterba Josef: Zur Theorie der elliptischen Functionen. (6). Wien I. R. (Döll.) 94.
Progr.

Sterba Josef: Versuch einer elementaren Darstellung der Mondtheorie. (14). Wien I. R. (Döll). 01
Progr.

S t e r b a l, Thdr. Die psychischen Erscheinungen der Liebe. Ein Versuch ihrer physio-psycholog. Erklärg. gr. 8. (12 S.) Wien 892, Breitenstein. * — 40
Aus: Aerztlicher Centralanzeiger, besonders abgedruckt.

Sterbebette, Nr. 1. Basilius der Große. Der Graf v. Rochester. Der Prälat J. A. Hochstetter. [Ster.-Ausg.] 16. (14 S.) Barmen 871. (Wiemann.) n. — 10

S t e r b e b e t t e. Ein St' in Bern während der Ruhrzeit 1855. (Bern) s. [F a y, - Theodor Sedgwick].

Sterbebette dreier Generale. 8. Halle 765. Waisenhaus=B. 3 gl

DAS STERBEBETTE DES GERECHTEN bey dem Tode des Erlösers, eine Charfreitagsbetrachtung, für die Königl. deutsche Gesellschaft bestimmt, von F. W. L. v. H. Den 24sten März, 1769. Königsberg, gedruckt in der . . . Driestischen Buchdruckerey. 4⁰.

Sterbebette, ein seliges. Kurzer Bericht über das Leben und Sterben von Joh. Christian Schlipalius, weiland Prediger an der Kreuzkirche zu Dresden. Berlin 864. (Beck.) 8. (24 S.) 1½ ngr.

Sterbefälle der mit alkoholischen Getränken berufsmäßig beschäftigten Männer 1884 - 1893. Preußische Statistik. XCLIII. 312—322. Kgl. preuß. Statist. Bureau. Berlin. 1897.

Sterbeglöckchen, das. Eine wahre Geschichte. 7. Aufl. (Ster.-Ausg.) Barmen 867. Berlin, E. Beck. 8. (30 S.) n 1. ngr.

Sterbeglöckchen, das. Eine wahre Geschichte. Hrsg. v. der Wupperthaler Traktat-Gesellschaft 8. (30 S.) Barmen 875. Wiemann. n. — 20

Sterbeglöcklein, Das, der in den letzten Zügen liegenden oberteutschen allgemeinen Litteraturzeitung ... Augsb. 1793. V: *Widmann, Meinrad.* (Ky) (ML)

Sterbehaus, Mozart's. Zur Feier des hundertjährigen Geburtstages herausgegeben. Wien 1856. V: *Bermann, Jos.* (EB)

Sterbehaus, Mozart's — Zur Feier des hundertjährigen Geburtstages herausgegeben. Wien, 1856. Druck von L. C. Zamarski. Verlag von Josef Bermann. (7 S. 8. Mit 3 Lithographien. 1. Mozart's Sterbehaus in Wien. 2. Mozart's Empfangszimmer. 3. Plan der Wohnung.)

Sterbekasse für Bbr Freimaurer vom Jahre 1800 zu Hamburg. [Hamburg 1900: J. H. Meyer.] 24 S. 8° [Kopftit.] **Verzeichnis der Logen, welche der Sterbekasse angehören.**

Sterbekunst, die selige. 8. Ulm 760. Stettin. 8 gr.

Sterbe- u. Begräbniß-Lieder nach dem Texte des im Jahre 1879 hrsg. Gesangbuchs für evangelische Gemeinden Schlesiens. 8. (IV, 64 S.) Breslau 879. Korn. geb. n.n. — 60

Sterbelieder eines 82jähr. Greises. 8. Halle 768. Trampe. 3 gr.

Sterben. Das grosse St' in den Jahren 1348 und 1349. (Njbl.) s. [Burckhardt, Abel].

Sterben, das heilige. Ein Buch der Erbauung u. des Trostes; aus d. Engl. nach d. 30n Aufl. frei bearb. vom Verfass. der Freundschaft mit Gott. gr. 8. Leipz. 824. Baumgärtner. 1 ℛ 12 gr.

Sterben, das, in dem Herrn. Eine Erzählung. 12. Basel 842, F. Schneider. $1^1/_2$ ngr.

Ueber das Sterben der Könige und Belohnungen der Ewigkeit für die Guten unter Ihnen. Berlin 1786. 8.

Sterben wir, so sterben wir dem Herrn. Begräbnisreden, hrsg. v. Ernst Rolffs. s.: Prediat-Bibliothek, moderne. VIII. 4.

Sterben, zwei mal, macht Unfug; e. Lstspl. (von G. J. Göschen). 8. Leipz. 800. Göschen. 15 gr.

Sterbenz, Johann

Sterbenz, J., allgemeine Bewaffnung u. Artillerie-Wesen, s.: Ausstellungs-Bericht, officieller.

Sterbenz, Joh., Handbuch für Unteroffiziere der k. k. Feld-Artillerie, s. Semrad, Gust.

Sterbenz, J., Sach-Register, s.: Mittheilungen üb. Gegenstände d. Artillerie- u. Genie-Wesens.

Sterbe-Stunde, die, an der Barricade. Ein Fragment. Von dem Verf. der „Reise-Bilder aus Oesterreich." 8. (8 S.) Gera 850, Illgen's Erben. Thlr.

Sterbe-Stunde, die, an der Barricade. Ein Fragment. Von dem Verf. der „Reisebilder aus Oesterreich." 8. (8 S.) Gera 851, Illgens Erben. 1 ngr.

Sterbetafel, deutsche, gegründet auf die Sterblichkeit der Reichsbevölkerung in den 10 Jahren 1871/72—1880/81, nebst Vergleichgn. m. anderen Sterbetafeln. [Aus: „Monatshefte zur Statistik d. Deutschen Reichs".] Imp.-4. (65 S. m. 3 graph. Steintaf.) Berlin 888. (Puttkammer & Mühlbrecht.) n. 1. 50

Deutsche **Sterbetafeln** für das Jahrzehnt 1891 bis 1900. Bearb. im Kais. Statist. Amte. Mit 6 Taf. Berlin: Puttkammer & Mühlbrecht 1910. 54*, 215 S. 4°
(Statistik d. Deutschen Reichs. Bd. 200.) [10. 2705 9

Sterbini, Cesare

Sterbini, C., der Barbier v. Sevilla, s.: Mode's Opern-Text-Bibliothek.

— — s. Rossini, Gioacchino

Sterbini, Cesar, der Barbier v. Sevilla, s.: Universal-Bibliothek.

Die Sterblichkeit

der Stadt Budapest und deren Ursachen (seit 1872 für mehrjährige Zeiträume). Puttkammer & Mühlbrecht. Berlin.

Über die **Sterblichkeit** unter den Rentuern nach den Erfahrungen der Germania, Lebens-Versich.-Akt.-Ges. zu Stettin. Stettin (1907): L. Pasenow. (29 S.) 4° [08. 4772 9

Sterblichkeit, die, nach Todesursachen u. Altersklassen der Gestorbenen, sowie die Selbstmorde u. die tödtl. Verunglückgn. im preuß. Staate, s.a. Statistik, preußische.

Sterblichkeit (Die) nach Todesursachen im preußischen Staate. Preuß. Statistik. Seit dem Jahre 1876 jährlich. Kgl. preuß. statist. Bureau. Berlin.

Die Sterblichkeit der ungarischen Versicherten. Im Auftrage der an den Untersuchungen beteiligten Gesellschaften. Herausgegeben von der Zentralstelle zur Herstellung der ungarischen Sterblichkeitstafeln. 4 Bde. Budapest 1910.

Sterblichkeitstafel d. Stadt Berlin, entwick. aus d. Sterbefällen d. J. 1875. Berlin 1877. 4.

Sterblichkeits-Tafeln, deutsche, aus den Erfahrungen v. 23 Lebensversicherungs-Gesellschaften, veröffentlicht im Auftrage d. Collegiums f. Lebensversicherungs-Wissenschaft zu Berlin. Lex.-8. (LXXI, 804 S.) Berlin 883. Mittler & Sohn. n. 30. —; Einbd. n.n. 1. 50

Sterblichkeitstafeln, die gebräuchlichsten, der im Deutschen Reiche arbeitenden Lebensversicherungsunternehmungen, s.a. Veröffentlichungen d. deut. Ver. f. Versichergs.-Wissenschaft.

Die gebräuchlichsten **Sterblichkeitstafeln** der im Deutschen Reiche arbeitenden Lebensversicherungsunternehmungen. Dem 5. Internat. Kongreß f. Versicherungs-Wissenschaft gewidmet v. Kais. Aufsichtsamt f. Privatversicherung. Berlin: E. S. Mittler & Sohn 1906. (110 S.) 8° = **Veröffentlichungen** d. Deutschen Vereins f. Versicherungs-Wissenschaft. H. 11. [06. 11535

Sterblichkeitstafeln normaler Leben nach den Erfahrungen von 10 skandinavischen und finnländischen Lebensversicherungs-Gesellschaften. Stockholm 1906.

Berlinische Lebensversicherungs-Gesellschaft. Sterblichkeitsuntersuchungen. Berlin 1909.

Sterblichkeits-Verhältnisse, Die, Danzigs im Jahre 1879. O. O. V: *Liévin, A.* (Bibl. d. stat. Bureaus. Dresden 1890.)

Sterb- u. Todespsalmen, evangel., oder Samml. von Sterb- u. Begräbnißliedern. 8. Nürnb. ... Bieling. 12 gr

Sterchi, J. B., s. Sterchi, Jakob

Sterchi, J[acob]. Aarberg bis zum Uebergang an Bern. Vortrag gehalten ... am 24. Juni 1877. 8. Bern 1877.

Sterchi, Jak., kurze Biographieen hervorragender schweizerischer Naturforscher. Nach den Inschriften am neuen naturhistor. Museum in Bern. 8. (106 S. mit 1 Steintafel.) Bern 881. Huber & Co. in Comm. n. 1. 50

Sterchi, Jak., Adrian v. Bubenberg. Charakterbild aus der Heldenzeit der alten Eidgenossenschaft. Im Auftrage d. Initiativcomite's f. die Erstellg. e. Bubenbergdenkmals verf. Illustr. v. Karl Jauslin, m. Beiträgen v. K. Gehri. 8. (88 S.) Bern 890. (Schmid, Francke & Co.) n.n. — 90

Sterchi, J[acob]. Adrian von Bubenberg. Charakterbild aus der Heldenzeit der alten Eidgenossenschaft. Im Auftrage des Initiativcomite's für die Erstellung eines Bubenbergdenkmals verfasst von J. St'... Illustrirt von Karl Jauslin, mit Beiträgen von K[arl] Gehri. 2. unveränderte Aufl. 8. Bern 1891.
Ex. A.
Ex. B. in: Bubenberg-Denkmal. Festschrift. 1897. Bern.

(Sterchi, J[acob].) Chronik von Bern. Kurze Notizen aus der Berner Geschichte für alle Tage des Jahres zusammengestellt. SA. 8. Bern (1883).

Sterchi, J., Denkschrift zur 50jähr. Stiftungsfeier des histor. Vereins d. Kantons Bern im Juni 1896. Im Auftr. d. histor. Vereins verf. gr. 8. (IV, 215 S. m. 1 eingedr. Bildn. u. 2 Bildnis-Taf.) Bern 896. (Schmid & Francke.) n.n. 5. —

[J.] Historischer Verein des Kantons Bern. Denkschrift zu dessen 50jähriger Stiftungsfeier im Juni 1896. Im Auftr. d. hist. Ver. vf. v. Oberl. J(akob) **Sterchi** ... *Bern: Buchdr. Stämpfli & C. 1896.* (IV, 215 S., 1 Portr.-Taf., 1 Portr.) 1 Bd 8. [90. 6510

Sterchi, J. (Bibliothekar des historisch. Vereins zu Bern). Einzeldarstellungen aus der Allgemeinen- und Schweizer-Geschichte nach dem bernischen Normalunterrichtsplan. Bern, J. Antenen. 1879. — 50

Sterchi, J[acob]. Einzeldarstellungen aus der allgemeinen und Schweizer-Geschichte. Zum Gebrauch in Primar- und Sekundarschulen. [Illustriert.] 3. Aufl. 8. Bern 1884.

(Sterchi, J.) Zur 100jährigen Gedenkfeier d. Ereignisse v. 1798. Chronik v. 1. Jan.—31. Mai. Kl. 8°. Bern, Buchdruckerei des Berner Tagblatt. 1898. 1 50

Sterchi, J. B. (Lehrer in Bern). Kleine Geographie der Schweiz für Schüler. In-8°, 52 S. Bern, J. Antenen. 1880.

Sterchi, J[acob]. Kleine Geographie der Schweiz für Schüler. 2., umgearbeitete Aufl. Mit einem Anhang, enthaltend Das Wichtigste aus der allgemeinen Geographie. 8. Bern 1883.

Sterchi, J[acob]. Geographie der Schweiz mit dem Wichtigsten aus der Allgemeinen Geographie für einfache Schulverhältnisse. 8. Bern.
3., umgearbeitete und illustrirte Aufl. der „Kleinen Geographie" desselben Verfassers. Mit einem Anhang, enthaltend Angewandte Aufgaben. (1892.)
4., durchgesehene, illustrierte Aufl. der „Kleinen Geographie" desselben Verfassers. (1896.)

— Hettiswyl u. d. ehemalige Cluniacenser-Priorat daselbst. Vortrag. Kl. in-8°, 31 S. Bern, (Druck von B. F. Haller). 1878.
*** Separat-Abdruck aus den *Alpenrosen.*

Sterchi, Jakob: Karl Howald, s. Howald, Karl

Sterchi, Jacob. Schule und Vaterland. Drei Ansprachen. 1885, 1891 und 1898, von Oberlehrer Jakob St'. (Anlässlich seines Rücktrittes vom Schuldienst den Mitgliedern der Schulkommission, seinen Kollegen und ... Schülern gewidmet.) [Mit 3 Vignetten.] 28 S. 8. Bern, A. Francke. 1910. [fr. —. 50]

Sterchi, J. Schweizergeschichte zum Schul- und Privatgebrauch. 4. Aufl. von dess. Verf. „Einzeldarstellungen aus der allgem. und Schweizergeschichte" vereinigt mit der 3. Auflage der „Schweizergeschichte" von *J. König (J. Lämmlin).* Mit 35 Illustr. In-8°. IV, 212 S. Bern, W. Kaiser. 1890. 1 —, gebd. 1 20

Sterchi, Jacob. Schweizergeschichte zum Schul- und Privatgebrauch. Bearb. und hrg. von Jakob St'. 5., unveränderte Aufl. von desselben Verfassers „Einzeldarstellungen aus der allgemeinen und Schweizergeschichte", vereinigt mit der dritten Auflage der „Schweizergeschichte" von Schulinspektor J[ohann] König (J[ohann] Lämmlin). Mit 35 Illustrationen... . 8. Bern 1890.

Sterchi, Jacob. Schweizergeschichte zum Schul- und Privatgebrauch. Bearb. und hrg. von Jakob St'. 8. Bern.
7., unveränderte Aufl. mit 35 Illustrationen. 1893.
8., durchgesehene Aufl. mit 40 Illustrationen. (1894.)

— die Sendung d. Dr. jur. Samuel Friedrich Lüthardt nach Paris im Frühjahr 1798, s. a. Neujahrsblatt, hrsg. v. histor. Verein d. Kantons Bern 1898.

Die Sendung des Dr. jur. Samuel Friedrich Lüthardt nach Paris im Frühjahr 1798. Vortrag, geh. in Oderburg, d. 20. Juni 1897, von Oberlehrer J[akob] **Sterchi**. *Bern: K. J. Wyss 1897.* (20 S.) 4°
= **Neujahrsblatt** Hrsg. v. Hist. Verein d. Kantons Bern. 1898. [98. 6308

Sterchi, J[acob]. Berner Stadtchronik. Notizen aus der bernischen Geschichte auf alle Tage des Jahres zusammengestellt. 2 Bände. 8. Bern 1895–1896.
Band 1 (Januar bis Juni). [Mit 1 Vignette und illustriertem Umschlag.]
Band 2 (Juli bis Dezember). [Mit 1 Vignette und 1 Tafel.]

Sterck, Jh.; eine schwed. Verfolgungsgeschichte, als Seitenstück zu Isaac Martin, einer von Man. Mendoza y Rios mitgetheilten span. Inquisitionsgeschichte; aus ungedruckten Urkunden bekannt gemacht von C. Wolf. 8. Mainz 821. Müller. 8 gr

Stercken, Franciscus Guilelmus: De telangiectasia. Accedit tabula lithographica. Halis Saxonum (1849): Schmidt. 15 S., 1 Taf. 8° (4°)
Halle-Wittenberg, Med. Diss. v. 3. Aug. 1849
Geb. Neuss (Rheinprov.) 28. 12. 1824. V.

Stercken, W: Das Berg- und Hüttenwesen auf der Deutschen Allgemeinen Ausstellung für Unfallverhütung in Berlin 1889. Düsseldorf 1889 (Sonder-Abdruck aus »Stahl u. Eisen« 1889, Nr 6)

Stercken, Wilh. Erlangung u. Sicherung e. deutschen Patentes auf Grund d. Patentgesetzes vom 7. April 1891. gr. 8. (IV, 148 S. m. 21 Textabbildgn. u. 9 Fig.-Taf.) Berl. 892, Polytechn. Buchh. * 3 50; geb. * 4 —

—— Die Formulirung v. Patentansprüchen u. die Anfertigung v. Patentbeschreibungen u. -Zeichnungen. Nebst e. Anh., enth. die patentamtl. Bekanntmachgn. üb. die Anmeldg. v. Erfindgn., üb. den Bezug v. Patentschriften u. die Patentklassen. gr. 8. (V, 73 S. m. 21 Abbildgn.) Berl. 890, Springer. cart. * 1 40

Stercken, W. Schußwaffen. Mit Taf. Berlin 1882. 119 S. 4°

Stercken, W: Sachliche Würdigung der in Deutschland ertheilten Patente. Klasse 72. Schußwaffen. Berlin (1892?)

Sterenberg, James: The use of conditional sentences in the Alexandrian version of the Pentateuch. Munich 1908: Straub. XII, 69 S. 8°

München, Phil. Diss. v. 5. Juli 1907, Ref. Crusius, Krumbacher

[Geb. 6. Mai 70 Fulton, Ill.; Wohnort: Bellevue, Nebraska; Staatsangeh.: Vereinigte Staaten; Vorbildung: Hope Coll. Holland, Michigan B. A. Juni 93; Studium: Theol. u. Phil. Leipzig 6, Phil. Halle 2 S.; Rig. 5. Juli 07.] [U 09. 3526

Stereometrie in Formeln, nebst ihrer Herleitung zur Erleichterung prakt. Berechnungen von Körpern. Stuttg. Löfflund. 811. —

Stereoskop, das, von Dav. Brewster und seine neuesten Verbesserungen, Modificationen und Vervollkommnungen von Duboscq und Prof. Helmholz. Ein ebenso interessantes als nützliches Instrument für Maler, Bildhauer, Architekten u. Ingenieure. Mit 1 (lith.) Taf. Abbildgn. (in Fol.) Quedlinburg 859. Basse. gr. 8. (38 S.) 10 ngr.

Stereoscop, das, und die Lichtbilder als die schönsten Eroberungen des fortschreitenden Erfindungsgeistes, beleuchtet vom Standpunkte der höheren Aesthetik für Freunde einer anregenden u. aufheiternden Zerstreuung, insbesondere für Reconvalescenten u. solche, welchen durch langandauernde Krankheiten der Genuß der freien Natur u. der plastischen Kunstwerke entzogen ist. Augsburg 858. Geiger. 16. (64 S.) 8 ngr.

Stereoskope. Von M. B. schmal gr. 8. (47 S.) Wien (901). (Triest, F. H. Schimpff.) n. — 50

Stereoskopen. Von Margarethe. Mit e. Vorwort v. Herm. Klette. 8. (VII, 110 S.) Leipzig 884. Reißner. n. 2. —; geb. n. 3. —

Stereotypeur, der. Fachblatt f. Stereotypie u. Galvanoplastik. Red.: K. Kempe. Jahrg. 1888—1890. à 12 Nrn. (B.) gr. 4. Nürnberg. (Leipzig, Hedeler.) à Jahrg. n. 2. 40

Stereotypeur, der. Fachblatt f. Stereotypie, Galvanoplastik, Chemigraphie u. das gesamte Druckereigebiet. Red.: Carl Kempe. 4. Jahrg. 1891. 12 Nrn. (Bog.) gr. 4. Nürnberg. (Leipzig, Hedeler.) n. 2. 40
Fortsetzung s.: Anzeiger, graphischer.

Stereotypeur, der. Rundschau auf d. Gebiete d. graph. Hilfstechnik. Stereotypie, Galvanoplastik u. Chemigraphie. Hrsg.: Carl Kempe. X. Bd. 3 Hfte. gr. 4. (à Hft. 36 S. m. Abb.) Nürnberg 897. 98. (Leipzig, G. Hedeler.) à Hft. n 1. 25

— dasselbe, s. a.: Anzeiger, graphischer.

Stereotypeur, der. Rundschau auf dem Gebiete der graph. Hilfstechnik. Stereotypie, Galvanoplastik u. Chemigraphie. Hrsg.: Carl Kempe. X. Bd. 4. u. 5. (Schluss-)Heft. gr. 4. (28 u. 24 S. m. Abbildgn.) Nürnberg 899. (Leipzig, G. Hedeler.) à n. 1. 25

— dasselbe. Graphischer Anzeiger. Red. v. Carl Kempe. XI. Bd. 1. Hft. gr. 4. (28 S. m. Abbildgn. u. 2 Taf.) Ebd. 900. n. 1. 25

Stereotypeur, der. Graphischer Anzeiger. Red. v. Carl Kempe. 19. Jahrg. 1906. 4 Hefte. (à ca. 16 S) Lex.-8. Nürnberg. (Leipzig, G. Hedeler.) 2. 40

Stereotypeur, der. Deutsche Klischeemeister-Zeitg. Begründet v. Carl Kempe sen. Fachblatt f. Rotations- u. Flachstereotypie, Galvanoplastik, Aetz- u. Druckwesen. Techn. Sprechsaal u. Hausorgan des Kempewerkes in Nürnberg. Red.: Herm. Kempe. 20.—23. Jahrg. 1907—1910. à 4 Hefte. (à ca. 32 u. 4 S. m. Abb.) Lex. 8. Nürnberg. (Leipzig, G. Hedeler.) à Jahrg. 2. 40

Stereotyp-Pracht-Bibel. **Luther'scher Text mit Apokryphen. Fortlaufend gedruckt m. Bezeichnung der Verse u. der Abschnitte, wie sie sich in Dr. Lisco's commentirtem Bibelwerke befinden. Mit Karten u. antiquar. Darstellungen, entworfen v. H. Kiepert, nebst einigen geogr. u. antiquar. Nachweisen u. Registern, sowie e. vollständ. Spruch-Register. gr. Lex.-8. (59⅞ B., 8 ill. Karten u. 2 Stnt.) Berlin 845, 46, Müller's Verl.**

STERGER, Hans: Untersuchungen über die Quellen in Diodors Darstellung der griechischen Geschichte in den Jahren 411 bis 403. — 1904. 294 Bl. Diss. Graz, Univ.

Sterheim, Ferdinand, zur Lektüre für junge Leute. 8. Erfurt 796. (André in Leipz.) 8 gr (Hildebrandt in Arnst.) 6 gr

Sterk jun., A. Clink, Notizen, s. Kruseman, C.

Sterk, J., ungarische Concurrenz-Entwürfe. I. Jahrg. 1894/95. (In 12 Hftn.) 1. u. 2. Hft. Lex.-8. (Mit Abbildgn.) Budapest. (Leipzig, E. A. Seemann.) Subskr.-Pr. f. 6 Hfte. n. 10. —; Einzelpr. à n. 2. 50
1. Gebäude der historischen Ausstellung in Budapest. (32 S.) — 2. Rathaus in Györ (Raab). (32 S.)

Sterk, J., ungarische Concurrenz-Entwürfe. 1. Jahrg. 1894/95. 3.—6. Hft. (M. Abb.) Budapest. (Leipzig, E. A. Seemann.) à n. 2. 50
3—5. Zwei Donaubrücken in Budapest. qu. Fol. (27 S. u. Bl.) 894. 6. Leopoldstädter Casino in Budapest. Lex.-8. (30 S.) 895.

Sterk, J. Guil. E., de Labdacidarum historia a tragicis in scena proposita. Disputat. lit.-inaug. 4 maj. (20¼ B.) Lugduni Batav. 829, Hazenberg jun. (Lipsiae, Weidmann.)

Sterk, Jul., Marienbad. 2. Aufl. 8. [Braumüller's Badebibliothek. 35.] (III, 90 S. mit 1 Plane von Marienbad.) Wien 887, Braumüller. *

Sterkel, H. L.: Catalogo de pinceles y brochas. Ravensburg (Wurtemberg) 1901

Sterkel, H. L.: Catalogue of artists', decorators', painters' and druggists' brushes. Ravensburg and London 1903

Sterkel, H. L: Preisliste der Pinsel-Fabrik. Ravensburg (Württemberg) 1902

Sterkstrom, s.: Kriegsschauplatzkarten.

Sterl, Rob. Herm., u. A. **Steinkamp**, unser täglich Brod. Bilder m. unterhalt. Text fürs kleine Volk. Orig.-Zeichnungen v. R. H. St., Verse v. A. St. gr. 4. (6 farb. Taf. m. eingedr. u. 8 S. Text.) Elberfeld 893. S. Lucas. — 80

— — unser täglich Brod. Bilder m. unterh. Text für's kleine Volk. Orig.-Zeichngn. v. Sterl. Verse v. Steinkamp. gr. 4. (6 Farbdr. m. eingedr. u. 3 S. Text.) Ebd. 897. — 50

— — Saat u. Ernte. Bilder m. unterhalt. Text fürs kleine Volk. Orig.-Zeichngn. v. R. H. St., Verse v. A. St. gr. 4. (6 farb. Taf. m. eingedr. u. 3 S. Text.) Ebd. 893. — 80

— — Saat u. Ernte. Bilder m. unterhalt. Text für's kleine Volk. Orig.-Zeichngn. v. Sterl. Verse v. Steinkamp. gr. 4. (6 Farbdr. m. eingedr. u. 3 S. Text.) Ebd. 897. — 50

— — **woher kommt's Brot?** Bilder m. unterhalt. Text fürs kleine Volk. Orig.-Zeichngn. v. R. H. St., Verse v. A. St. 4. (12 farb. Taf. m. eingedr. u. 10 S. Text.) Ebd. 893. Kart. n. 2. —

Sterl, Rob. Herm., u. A. **Steinkamp**, woher kommt's Brod? Bilder m. unterhalt. Text für's kleine Volk. Orig.-Zeichngn. v. Sterl. Verse v. Steinkamp. gr. 4. (12 Farbdr. m. eingedr. u. 10 S. Text.) Duisburg 897. J. A. Steinkamp. Kart. 1. 80

Sterler, Aloys

— Darstell. der Fortschritte u. des gegenwärt. Zustandes der Pharmacie in Baiern, mit Hinsicht auf die landesherrl. Verordnn., u. vorzügl. Würdigung des pharmaceutisch. Vereins in Baiern. 8. Münch. 818. Lentner. 19 gr

— et J. N. Mayrhoffer, Europae flora medica. Fasc. I—XX Fol. maj. Münch. 820—22. (Lindauer). 26 Rthl 19 gr

— et J. N. Mayrhoffer, Europae flora medica. Fasc. V—XX. Fol. maj. Monachii 824, Lindauer. à 1 Rthl. 9 gr.

Sterler, A., und J. N. **Mayrhoffer**, Europa's medizinische Flora, mit color. Abbildn. 16 48 Heft. gr. Fol. (München, Fleischmann in Comm.) 820. à 1 Rthl. 8 Gr.

— encyklopäd. Handbuch der latein. u. deutschen pharmaceut. Benennungen der Arzneimittel aller drei Naturreiche. gr. 8. München 819. Lentner. 19 gr

Sterler, Aloys, **Hortus Nymphenburgensis**, seu enumeratio plantarum in horto regio Nymphenburgensi cultarum. 8maj. Münch. 822. Lindauer. 12 gr

— s. Pharmacopoe, baierische.

Sterler, Aloys, Deutschlands Seidenbau u. d. Bedingnisse sein. Gedeihens. Eine Würdigung d. span. Scorzonere als Nahrungsmittel d. Seidenraupen. Nach 4jähr. Erfahrn. d. Seidenzüchter d. In- u. Auslandes. gr. 8. (6½ B.) München 832, [Jaquet.]

— Vertheidigung der Apotheker gegen die herabwürd. Ausfälle des Verf. der Miscellen medicin.-statist. Inhalts. gr. 8. Landsh. 818. Weber in Münch. 12 gr

Sterling, Karl Wilhelm Ludwig (Berlin) Diss. Halle
1797/1

Dissertatio juridica quaestionem tractans an exstantibus jam liberis legitimis, adoptio valide fieri possit ? Präs. Karl Jakob Scheuffelhuth.
Halle (Trampe) 11. V. 1797. 24 S.

Gew.: Johann Christian Fhr. von Wöllner.
33499

Sterling, S., über die Autoinfektion, s. a. Sammlung klin. Vorträge.

Ueber die Autoinfektion von S. **Sterling** (Lodz). *Leipzig: Breitkopf & Härtel 1897.* (24 S.) 8.
= **Sammlung** Klinischer Vorträge. N. F. No 179. [97. 2876

— über Eparsalgie, s. a. Klinik, Berliner.

Ueber Eparsalgie. Von Dr. S. **Sterling**-Lodz '(Polen)'. *Berlin: Fischer 1897.* (28 S.) 8.
= **Klinik**, Berliner. H. 104. [97. 1007

Sterling, Stefan, aus Warschau: Das Blutgefässsystem der Oligochäten. Embryologische und histologische Untersuchungen. [Mit 16 Figuren im Text.] Jena 1908. IV + 100 S. und neun Tafeln. 8°. S.-A. aus der Jenaischen Zeitschrift für Naturwissenschaft. Bd. 44. N. F. 37. Heft 1. [8. 1. 09.]
Zürich Phil. Diss. II. S. 1908/09.

Sterling, Stefan. Das Blutgefässsystem der Oligochäten. Embryologische und histologische Untersuchungen. Diss. Phil. [II.] Univ. Zürich. Mit 9 Tafeln und 16 Figuren im Text. (Abdruck aus der Jenaischen Zeitschrift für Naturwissenschaft. Bd. 44. N. F. 37. Heft 1. 1908.) IV + 100 S. 8. Jena, Gustav Fischer, 1908.

Sterling Beobachter: 1877?–1912?
Democratic weekly. Circulation: 1880, 1380; 1890, 1500; 1898, 1800; 1900, 1500; 1910, 750. Edited & published by Carl Strack, 1879?–81; by H. Mathey, 1882; by L. Oltmanns, 1883–1912.
Sterling, IL

Sterling Sun: Aug. 1886–1892?
Weekly, published in English and German. Edited & published by C. A. Varner.
Sterling, NE

Sterll, Johann Michael (Erfurt) A. S. 11/10

Dissertatio inauguralis juridica de retractu conventionali potissimum eo qui ex pacto de revendendo competit. Präs. Jo. Michael Rotermundt.
Erfurt (Grosch) 3. XI. 1722. 32 S. 33500

STERLY, BONAVENTURA, OFMConv.: Predigt über die Beschaffenheit der ungeheuchelten Bekehrung aus dem Beispiele des bekehrten Zöllners Zachäus Luc. 19 in einer kurzen Predigt abgefaßt. Kaschau 1800. Gedr. bei Franz Landerer Edlen in Füskút. 21 S. - 8°

Stermose, Adolf, Rechtsprakt.: Ordnungsstrafe im Gegensatz zur Kriminalstrafe. Landshut 1911: Thomann. 59 S. 8°
Erlangen, Jur. Diss. v. 10. Dez. 1910, Ref. Allfeld
[Geb. 17. Juli 85 Landshut; Wohnort: Landshut; Staatsangeh.: Bayern; Vorbildung: Gymn. Landshut Reife 05; Studium: München 6, Erlangen 2 S.; Rig. 22. Febr. 11.] [U 11. 875

Der Stern: Nov. 4, 1877–1881?
Established as a weekly, but became daily in 1878. Prospect-Nummer issued Oct. 28, 1877, and no. 1 issued Nov. 4, 1877. Believed to have continued with daily until 1881. United with Belleviller Zeitung. Circulation: 1880, 1224.
Belleville, IL

Der Stern: 1877?–1878?
Republican weekly. Circulation: 1877, 350. Edited & published by George Pfeifer, 1877–78.
Jordan, MN

Stern, der. Familienblatt zur Unterhaltung und Belehrung. Redact.: Geo. Füllborn. 1. Bd. Jahrg. 1884/85. 52 Nrn (à Nr. 2 Bog.) 4. Berlin, Eisner.

Stern, der. Familienblatt zur Unterhaltg. u. Belehrg. Red.: Geo. Füllborn. 1. Bd. Jahrg. 1884/85. 52 Nrn. (2 B.) 4. Berlin, Werthmann. n. 5. 20

Stern, der. Eine Zeitschrift zur Verbreitg. der Wahrheit. (Deutsches Organ d. Heiligen der letzten Tage.) Red.: G. C. Naegle. 27. u. 28. Bd. Jahrg. 1895—1896. à 24 Nrn. (Bog.) gr. 8. Bern, C. Sturzenegger.

Stern, der. Eine Zeitschrift zur Verbreitung der Wahrheit. (Deutsches Organ der Heiligen der letzten Tage.) Red.: *G. C. Naegle.* 28. Bd. 1896. 24 Nos. Gr. in 8⁰. Bern, A. Siebert. 4 —

Der Stern von Afrika. Illustrierte Monatsschrift zur Verbreitung des Glaubens. Vereinsorgan der Pallotiner-Kongregation. Beilage: Der kleine Missionar. Jg. 1–46. Limburg: Kongregation der Pallotiner 1894–1939. 8⁰
Red.: Leonz Niderberger; sp. Hermann Nekes.

Stern, der arithmetische, ein Solitärspiel f. die Jugend, in Futt. Nürnb. 812. Geh. 6 gr

Der Stern von Bethlehem. Kundgebungen des Einheitsbundes deutscher Freimaurer über Ursprung, Wesen und Ziel der Freimaurerei. Braunschweig: Vieweg 1899. VI, 366 S. 8⁰

Recens: BrL. 16 (1898—1899) S 67—71, 79, 88, 95—96; DrL. 28 (1898—1899) S. 2628 (O. Wolf); Al. 25 (1899) S. 39; Bh. 42 (1899) S. 48 (C. Gotthold); BstF. 8 (1899) S. 28–29; Bbl. 13 (1899) S. 123—124 (G. Diercks); FZ. 53 (1899) S. 56 (K. Pilz); HL. 32 (1899) S. 2746 bis 2747 (J. Moltmann); L. 22 (1899) S. 16; Allg. Konservat. Monatsschr. 56 (1899) S. 895 bis 896; S. 6 (1899) S. 27–31 (J. G. Findel), abgedr. in: BstF. 8 (1899) S. 75—77, 126—129; BZC. 28 (1899) S. 179–182 (W. Wald); DrL. 34 (1903—1904) S. 46.
cf. Deutsche Stimmen. 1 (1899) S. 306–310 (W. Kirchbach); FT. 7 (1900) S. 21—22 (A. J. Lange).
Enth. 47 Abhandl.

— der flammende, s. Signatstern, 6r u. 7r Bd.

Stern, Der flammende, Oder die Gesellschaft der Freimaurer von allen Seiten betrachtet. A. d. Franz. [Berlin] 1779. V: *Tschoudy, Théodore Henry Baron de.* Ü: *Hymmen, Joh. Wilh. Bernhard von.* (SJI.) (Tt) V: *Tschoudy, T. H. & Bardou-Duhamel.* (Barbier)

Stern, Der flammende, Oder die Gesellschaft der Freymäurer von allen Seiten betrachtet. Aus dem Franz. [übers.]. Th. 1, 2. [Berlin 1779]. 2. verm. Aufl. Berlin 1810. 3. durchges. Aufl. Bd. 1, 2. Stuttgart 1866. V: *Tschoudy, Théod. Henri Baron de.* Ü: *Kraus, Christian Jacob.* (wolfstieg I, 90/91)

Der *Flammende Stern* und die *Königliche geheime Kunst.* Für Freunde verborgener Wissenschaften und Wunderkräfte. Zugleich Fortsetzung des „Freimaurerischen Signatstern". Aus d. Französ. (des Baron *Th. H. de Tschudy* übers. von *J. W. B. v. Hymmen*). 3. durchgesehene Aufl. 2 Bde. (1 vol.). Ebd. 1866. 12⁰. Eleg. roth. Hsrsbd.*), wie neu.
I: 264 S. (u. S. 265–271 Scheible'sche Verlags-Anzeigen). II: 282 S. (u. S. 283–288 ebenso). — Ed. I: Berlin, Stahlbaum, 1779. 8⁰. Taute no. 1423. (Ed. II. s. Anmerk. der vorigen Nr.)

— **des Heiles.** Gebetbüchlein f. Katholiken (in großer Schrift). 32. (400 S. m. 1 Stahlst.) Einsiedeln 894. Verlagsanstalt Benziger & Co.
Geb. in Leinw. m. Goldschn. n. — 90

Stern des Heils. Vollständ. kathol. Gebetbüchlein für fromme u. eifrige Christen. 16. (VII, 368 S. m. farb. Titel u. 1 Stahlst.) M.-Gladbach (895). A. Riffarth.
Geb. in Ldr. m. Goldschn. 1. 20

Stern des Heiles. Gebetbüchlein f. Katholiken. 2. Aufl. *Einsiedeln, Koln: Benziger & Co. (1902).* (400 S.) 8° [F] [04. 11:06

Hermanner Stern: 1883?–1888? Hermann, MO
Democratic weekly. Circulation: 1887, 600. Edited & published by Daniel S. Boehm.

Der Stern am Hudson: 1876?
Weekly. Edited & published by R. S. Kaulfuss.
Poughkeepsie, NY

Stern, Der, aus Jacob als Aufgang aus der Höhe oder die grosse Entwicklung der Zeit . . . Hannover 1831. V: *Pick, Israel P.* (zu)

„**Stern,** der, aus Jacob," als „Aufgang aus der Höhe"; od. die große Entwickelung d. Zeit, nach Schrift u. Erfahr. Ein Beitr. zur Würdigung der „Zeichen uns. Zeit." Hrsg. v. J. P. P. (2 Abthln.) gr. 12. (10⅔ B.) Hannover 831. (Leipzig, Rein.) Zusammen genomm.
A. einzeln u. d. T.:
(Abthl. 1.) Die große Entwickelung d. Zeit, nach d. prophet. Lehrbegriffe d. Bibel, genannt: „Die Zukunft d. Herrn"; mit Hindeutung auf d. außerordentl. Weltereignisse uns. Tage. Nebst e. Ansicht üb. Cometen in Bezug auf d. nächstzuerwart. 1832, 33 bis 36. Hrsg. — zum Trost f. Viele. (4½ B.) 8 Gr.
(Abthl. 2.) Der Messias im Triumphe David's als Vorbild seiner „herrl. Zukunft." 2 Ges. u. 1 Schlußlied, nebst einigen bibl. Erläutern. Ein Beitr. zur richt. Auffassung d. großen Entwickel. d. Zeit. (6½ B.) 10 Gr.

Stern, der, aus Jakob vom Mewasser von Migdal Zofim (Israel Pick). I — V. (Heft.) gr. 8. (à Heft 33 S.) Hamburg 855, [Nolte und Köhler.] à Heft * 4 Ngr.

Stern, der, aus Jakob von Mewaßer von Migdal Zofim (Israel Pick). I—III. (Heft.) Hamburg 855, 56. Nolte u. Köhler in Comm. gr. 8. (33; 32; 36 S.) Jedes Heft n. 4 ngr

— — IV. V. (Heft.) Barmen 856. Sartorius. gr. 8. (36; 34 S.) Jedes Heft n. 4 ngr

Stern, Der, von Isola. Eine Erzählung. Leipzig 1862. V: *Naundorff, A. Julius.* (Haan)

Stern, der, von Isola oder „Wozu wären alte Freundschaften denn!" Eine Erzählung in vier Büchern von —*** — 3 Bde. Leipzig 862. Kollmann. 16. (6 Bl., 1189 S.) 1 ℛ

Stern der Jugend. Illustr. Zeitschrift zur Bildg. v. Geist u. Herz. Hrsg. unter Mitwirkg. zahlreicher Fachmänner v. Johs. Praxmarer. 1. u. 2. Jahrg. Oktbr. 1893—Septbr. 1895. à 24 Hfte. (Bog.) gr. 8. Münster, A. Russell's Verl. à Jahrg. n. 4. —

— der Jugend. Illustr. Zeitschrift zur Bildg. v. Geist u. Herz. Hrsg. unter Mitwirkg. zahlr. Fachmänner v. Johs. Praxmarer. 3. Jahrg. Oktbr. 1895 -- Septbr. 1896. 24 Hfte. (Bog.) gr. 8. Münster. Donauwörth, L. Auer. n. 4. —

— dasselbe. 4. u. 5. Jahrg. 1897—1898. 26 Hfte. (Bog.) gr. 8. Donauwörth, L. Auer. à Jahrg. n. 4. —

— der Jugend. Illustrierte Zeitschrift zur Bildg. v. Geist u. Herz. Unter Mitwirkg. zahlr. Fachmänner hrsg. v. Joh. Praxmarer. 6.—9. Jahrg. 1899—1902. à 26 Nrn. gr. 8. (à ca. 16 S.) Donauwörth, L. Auer. à Jahrg. n. 2.50

Stern der Jugend. Illustrierte Wochenschrift f. Schüler höherer Lehranstalten. Red.: Joh. Praxmarer. 10. bis 13. Jahrg. 1903—1906. 26 bezw. 52 Nrn. (à Jahrg. VIII, 832 S.) gr. 8. Donauwörth, L. Auer.
1903 u. 1904 à n. 2. 50; 1905 u. 1906 à n. 3. —

Stern der Jugend. Illustrierte Wochenschrift f. Schüler der mittleren u. oberen Klassen höh. Lehranstalten. Red.: J. Praxmarer; f. Österreich-Ungarn Raph. Wenger, O. S. B. 14.—17. Jahrg. 1907—1910. à 52 Hefte. (à ca. 16 S.) gr. 8. Donauwörth, L. Auer. à Jahrg. 3. —

— dasselbe. Blätter zur Unterhaltg. u. Belehrg. f. die kathol. Jugend. Hrsg. v. F. W. Wierlenker. 1. Jahrg. Oktbr. 1894—Septbr. 1895. 52 Nrn. (1/2 Bog. m. Abbildgn.) 8. Rheydt, J. Kirschbaum. n. 1. —

Stern, Kuno v., e. Geistergesch. vom Verf. d. Familie Eboli. (J. F. E. Albrecht.) 8. Oschatz, Oldekop. (Gerh. Fleischer in Lpz.) 797.

Stern, der, der Liebe, s. a. Rausse, J. H.

Stern, Der, der Liebe. Zeitz 1838. V: *Rausse, J. H. (= Hnr. F. Francke).* (Ky) (EE)

Stern, der, der Liebe. (Von J. H. Rausse.) 8. Zeitz 838. Schieferdecker. 1 1/2 ℔

Stern, Der, der Liebe. (ca. 1851.) V: *Francke, Heinrich F.* (BGE VI², 373)

Stern der Neger. Jg. 1–41. Mühland bei Brixen: Missionsdruckerei 1898–(1938). 8⁰
Hrsg.: Franz Xaver Geyer.

NEUER Stern im Königreich Ungarn oder die allerseeligste und schmerzhafte Mutter Gottes Maria, welche unserer Zeit zu Schossberg in ihrer H. Statue zum Leibs- und Seelen-Heil der Christgläubigen, Gnaden und Wunderdinge, als glaubwürdige Zeugen ihrer Macht und Mütterlicher Gütigkeit, zu würken angefangen. Dem Marianischen Leser dargestellt vom löblichen Convent gedachten Gnaden-Orts Schossberg, Ordens des heil. Pauli ersten Einsiedlers. Pressburg o. J.: Gedr. b. Joh. Mich. Landerer. 14, 194 S. - 170 mm

Der Stern des Westlichen Ohio : 1874—1923?
Democratic weekly; supported Tilden. Only paper in city, 1875—86. Place of publication varies: Minster, Ohio, 1874—79. Circulation: 1880, 575; 1890, 850; 1900, 1150; 1910, 1100; 1920, 800. Edited & published by J. V. Schifler, 1875—78; by J. M. A. & J. R. Hemsteger, 1878; by J. V. Schiffer, 1879; by Theodore Purpus, 1880—1900; edited by Purpus & Conradi, 1901—04; by C. G. Conradi, 1905; by E. G. Conradi, 1906—23; published by The Home Printing Co., 1906—23.
New Bremen, OH

Stern, Schloss. Hrsg. von der k. k. Central-Commission zur Erforschung u. Erhaltung der Kunst- u. histor. Denkmale. gr. Fol. (1 Radirung, 14 Kpfrtaf. u. 15 Bl. in Lichtdr. mit 7 Bl. Text.) Wien 879. k. k. Hof- u. Staatsdruckerei. In Mappe. n. 72. —

Stern, der, von Sevilla. Oper in 4 Akten. Musik von Balfe. Nach dem Franz. des Hippolyte Lucas von Carl Gollmick. Text. Lex. 8. (15 S.) Mainz 847, Schott's Söhne. 7 ngl

Der Tägliche Stern : Jan. ?, 1878—Oct. 8, 1881.
Democratic daily. For weekly edition, see DER STERN. United with BELLEVILLER ZEITUNG. Established & edited by Friedrich E. Scheel, as weekly, Nov. 4, 1877—Jan. 1878; edited by Heinrich Huhn, Feb. 2, 1878—Oct. 8, 1881; published by Belleville Publishing Co. (Franz P. Metschan, Geschäftsführer), 1877—81. Circulation: 1880, 480.
Belleville, IL

Thuner Stern
v. Tagblatt der Stadt Thun.

Der **Stern** der Weisen für unsere Kinder. Hrsg. von d. Deutschen Orient-Mission. Geschichten u. Bilder aus d. Morgenlande. (Red.: Dr. Joh. Lepsius, Berlin.) Jg. 1. Berlin: Deutsche Orient-Mission 1903. 8⁰

— der, der Weisen f. unsere Kinder. Hrsg. v. der deutschen Orient-Mission. Red.: Joh. Lepsius. 1.—4. Jahrg. 1903 bis 1906. à 12 Nrn (80, 96, 96 u. 96 S. m. Abbildgn.) gr. 8. Gr.-Lichterfelde-West, Deutsche Orient-Mission. à Jhrg. 1. —

— der, der Weisen f. unsere Kinder. Hrsg. v. d. deutschen Orient-Mission. Red.: Joh. Lepsius. 5. Jahrg. 1907. 12 Nrn. (à ca. 8 S. m. Abb.) gr. 8. Gr.-Lichterfelde-West. Potsdam, Deutsche Orient-Mission. 1. —

— der, der Weisen. Hrsg. v. d. deutschen Orient-Mission. Geschichten u. Bilder aus dem Morgenlande. 6. Jahrg. 1908. 6 Nrn. (à ca. 8 S. m. Abb.) gr. 8. Potsdam, Deutsche Orient-Mission. 1. —
Erloschen.

Der Stern des Westens : 1826—1829? Pittsburgh, PA
Weekly, supported Jackson. Founded by a Mr. Dietz.

Der Stern des Westens : 1828—? Greensburg, PA
Weekly. Edited & published by J. A. Cope, then, by John Armbruster.

Der Stern des Westens : Apr. 10, 1846—Dec. 1848.
Democratic weekly. Continued from ILLINOIS BEOBACHTER. Circulation, 1846, estimated by Hauck at 150. Edited & published by Bartholomäus Hauck.
Quincy, IL

Der Stern des Westens : July 1865—Oct. 1877.
Daily, evening except Monday, 1865—72; except Sunday, 1873—77. Republican, 1865—77. For Tilden. Merged with BELLEVILLER ZEITUNG. For weekly edition, see WÖCHENTLICHER STERN DES WESTENS. Circulation: 1870, 500 (est.). Edited & published by Schmall, by Georg Semmelroth & Daniel Kircher, 1865—72?; by Daniel Hertle; by Frederick F. Scheel, 1872—77. Edited by Henry Huhn, 1869—72.
Belleville, IL

Der Stern des Westens : 1879?—? Wichita, KS
Weekly.

Wöchentlicher Stern : 1895?—1912? La Crosse
Weekly, issued Saturday, edition of NORD-STERN.

Wöchentlicher Stern des Westens : July 1859?—Oct. 1877. Belleville, IL
Weekly edition of DER STERN DES WESTENS.

Stern, der, in der Wüste, s. a. Sammlung kleiner Volksschriften.

Stern, Der, in der Wüste ... a. d. Engl. v. A. v. Seefeldt. Barmen 1892. V: *Mackarness, Mathilda Anne geb. Planché.* (Berl)

Stern's Adressbuch der Papier- und Schreibwarenbranche. Adressbuch des Papier- und Schreibwarenhandels, sowie der Papierfabriken, Papierfabriksniederlagen, Papierconfectionäre, Schreibwarenerzeuger u. Engrossisten, Buch- und Musikalienhändler, Buchdrucker, Musikinstrumentenerzeuger u. Händler, Buchbinder u. Lieferanten der Branchen von Oesterreich-Ungarn und den Balkanländern. VIII. Jahrgang. 1900. 8. vermehrte und verbesserte Auflage. Wien. Berlin. Leipzig. Verlag [von Stern's] „Oesterr.-ung. Papier- und Schreibwarenhandel". Gr.-8⁰. 176 S. Geb. K 12.—

Stern, s.: Adressbuch des Papier- u. Schreibwarenhandel.

Album der domänenfiskalischen Bäder und Mineralbrunnen im Königreich Preußen. Im Auftr. d. Minist. f. Landwirtsch. ... beschrieben von Badeinsp. Dr. **Stern**, Langenschwalbach. (Aachen: Aachener Verl.- u. Dr.-Gesellsch. [1906].) (168 S.) 4°
[Nebent.:] Bäder-Album d. Königl. Preuß. Domänen-Verwaltung. [06. 10468

Stern, Album der domänenfiskalischen Bäder u. Mineralbrunnen im Königr. Preußen. Im Auftrage des Herrn Ministers für Landwirtschaft, Domänen u. Forsten beschrieben. (Farbige Illustr. nach Gemälden v. Gscheidel, Günther-Naumburg u. v. Wedel. Buchschmuck von Geo. Geyer. (168 S. m. 10 farb. Taf.) 4. Wiesbaden 906. J. F. Bergmann. Geb. in Leinw. n. 6. —

Stern, der **Code Civil** m. den Abänderungen durch Reichs- u. bayerisches Landesrecht. 12. (IV, 820 S.) Kaiserslautern 887. Crusius. n.n. 6. —; geb. n.n. 7. 50

Stern, der **code civil** m. den Abänderungen durch Reichs- u. bayerisches Landrecht. 2. Aufl. 4 Lfgn. 12. (IV, 928 S. deutsch u. französisch.) Kaiserslautern 891. E. Crusius. à n. 2. — (kplt. geb. in Halbfrz.: n. 9. 60)

Stern, der code civil m. d. Abänderungen durch Reichs- u. bayerisches Landesrecht. 2 Aufl. deutsch u. französisch Kaiserslautern 892.

— bayerisches Gesetz vom 26. April 1888 betr. die Abänderung v. Bestimmungen d. in der Pfalz geltenden Hypotheken- u. Vormundschaftsrechts. Handausg. m Anmerkgn. 16. (IX, 92 S.) Ebd. 888. cart. n 1. 40

— bayerisches Gesetz vom 26. Apr. 1888 betr. die Abänderung v. Bestimmungen des in der Pfalz geltenden Hypotheken- u. Vormundschaftsrechts. Handausg. m. Anmerkgn. II. Aufl. 12. (VI, 147 S.) Ebd. 894. Kart. n. 1. 60

Stern, Gebr., s.: **Kuxenmarkt**, der rheinisch-westfäl.

Stern, s.: Lesebuch f. Bürgerschulen.

Kronstadt. — **Stern u. Hafferl.** Plan der königl. Freistadt Kronstadt 1887. 1 : 7500. Farbendruck. Imp.-Fol. Kronstadt 889, Albrecht. ** 1 20

— s.: Schreiblesefibel.

Stern: Verschiedenheit der Kindercharaktere u. der ihnen entsprechenden Erziehung. 40 S. Frankfurt/M., Schul-/Univ.-Schrift 1865

Stern: Was die Schule lehrt. Frkf. a./M., Schul-/Univ.-Schrift 1863

Stern, A., die Medizin im Talmud. (24 S.) 8. Frankfurt a. M. 909. Sänger & Friedberg. — 80

Stern, L. Der method. mosaische Religionslehrer für Knaben- und Töchterschulen. 8. (88 S.) Groß-Kanischa, J. Markbreiter 1853.

Stern, A., Die Verwendung des Benzins zur Erzeugung von Gas für Leucht-, Kraft- und Heizzwecke. Berlin, 1907. 9 S. mit 10 Abb.

Stern, A. L., für Engländer. Praktische Einführung in die deutsche Sprache auf Grund ihrer Grammatik. 1. Thl. (Deutsch und englisch.) gr. 8. (VI, 153 S. mit 1 Tab. in qu. gr. Fol.) Hannover 876, Schmorl und v. Seefeld. *
—— dass. — Schlüssel. gr. 8. (VI, 180 S.) Ebendas. 876. *

Zu Freiheit und Licht. Bilder aus d. Kampf d. Lebens von A. W. **Stern**. Elberfeld: O. Roth [1905]. (64 S.) 8° [F.] [05. 10638

Stern, A. W., zu **Freiheit** u. Licht. Bilder aus dem Kampf des Lebens. (64 S.) 8. Elberfeld (905). Schmargendorf, O. Roth. n. 1. 20

— der Tanz der Verzweiflung. Drama in 3 Akten. (142 S.) 8. Ebd. (905). n. 2. 50

Der Tanz der Verzweiflung. Drama in 3 Akten von A. W. Stern. Elberfeld: O. Roth [1905]. (97 S.) 8° [F.] [05. 10033

Stern, *Abraham* [aus Salmünster]: Zur Casuistik der Nebenkröpfe ... Würzburg, Etlinger's Buchdr., 1893; 28 S. 8.
Würzburg, Med. Fak., Inaug.-Diss. v. 1893

Stern, Adolf

— Bis zum Abgrund. Roman. 2 Thle. Leipzig 861. Hübner. (Plauen, Schröter.) 8. (XIV, 476 S.) 2 ₰

Stern, Adf., **Beiträge** zur Litteraturgeschichte d. 17. u. 18. Jahrh. gr. 8. (VII, 328 S.) Leipzig 893. R. Richter. n. 7. 50; geb. n.n. 8. 70

Ⓑ — Beiträge z. Literaturgeschichte d. 17. u. 18. Jahrh. 893. (KBL 28.) Jetzt: Ebd. Erm. Pr. 3.—; geb. 4 —

Stern, Adf., Bilder u. Skizzen, s.: Haus- u. Reise-Bibliothek.

—— Brouwer und Rubens. Ein Spiel in 2 Aufzügen. (Den Bühnen gegenüber Mscr.) gr. 16. (X, 65 und 4 S. Noten mit 1 Kpfrt.) Leipzig 861, Hübner. *

Stern, Adf., **Camoëns**. Roman. 8. (384 S.) Leipzig 886. Grunow. n. 5. —; geb. in Leinw. n. 6. 52; in Halbfrz. n.n. 7. 50

— Camoëns. Roman. 2. Aufl. (363 S.) 8. Dresden 907. C. A. Koch. 2.60; geb. 3. 50

Stern, Adolf, a. Witten: Aus der Bonner Chirurgischen **Klinik**. Ueber Coxa valga mit besonderer Berücksichtigung der Coxa valga luxans. Bonn 1906: E. Eisele. (39 S.) 8°
Bonn, Med. Fak., Ref. Bier, Diss. v. 29. Sept. 1906
[Geb. 16. Jan. 82 Witten (Ruhr); Wohnort: Bonn; Staatsangeh.: Preußen; Vorbildung: Realgymn. Witten Reife O. 01; Studium: Bonn 4, München 1, Berlin 3, Bonn 1 S.; Coll. 10. Aug. 06; Approb. 1. Sept. 06.]

-- Dürer in Venedig. Novelle. 8. (101 S.) Leipzig 886. Elischer. n. 2. —; geb. m. Goldschn. n. 3. —

Stern, Adolf [aus Berlin]: Ueber die Einwirkung des Wassers auf fettsaure Alkalien und Seifen ... Heidelberg, Buchdr. v. C. Pfeffer, 1894; 39 S. 8.
Heidelberg, Naturw.-math. Fak., Inaug.-Diss. v [6. Juni] 1894

—— auf fremder Erde, s. Universal-Bibliothek Nr. 1129

Stern, Adf., poetische Erzählungen. Leipzig 855. Matthes. 16. (XIII, 154 S.) n. 25 ngr.

Stern, Adolf, approb. Arzt: Ueber einen **Fall** von Angina Ludovici als Beitrag zur Casuistik dieser Krankheit. *München 1900: Kastner & Lossen.* (24 S.) 8°
München, Med. Diss. v. 1900

Stern, Adf., die Flut des Lebens, s. Novellenschatz, neuer deutscher.

— Die Flut des Lebens, s.: Volksbücher, Wiesbadener.

— zwei Frauenbilder. Dichtungen. Leipzig 856. Matthes. 16. (3 Bl., 65 S.) 12 ngr.

Stern, Adf., das Fräulein von Augsburg. Eine Geschichte aus dem 17. Jahrh. Leipzig 868. Weber. 8. (326 S.) n. 1 ℛ 20 ngr.

— **Gedichte. 2. verm. Aufl. Leipzig 870. Matthes.** 16. (VIII, 212 S.) In engl. Einb. mit Goldschn. 1 ℛ 15 ngr.

— Gedichte. 3., verm. Aufl. 8. (266 S.) Leipzig 882. Grunow. n. 5. —; geb. n. 6. 50

Stern, Adf., Gedichte. **4.,** stark verm. Aufl. 8. (XIII, 316 S.) Leipzig 900. F. W. Grunow. n. **4.** —; geb. in Leinw. m. Goldschn. n. **5.** —

(B) — Gedichte. 900. (KVB 32.) Jetzt: Dresden, C. A. Koch.

— Geschichte Europas..., s. Stern, Alfred

— Geschichte der neuern Litteratur. Von der Frührenaissance bis auf die Gegenwart. In 6 Bdn. od. 12 Büchern. (Ausg. in 30 Lfgn.) 8. (VIII, 302, 454, 402, 434, 582, 560, VI, 599 S.) Leipzig 883—85. Bibliograph. Institut. à n. — 50 (cplt. geb.: n. 20. —)

— Geschichte der Revolution in England, s.: Geschichte, allgemeine, in Einzeldarstellungen.

— Geschichte der Weltlitteratur in übersichtlicher Darstellung. (In 12 Lfgn.) 1. Lfg. gr. 8. (96 S.) Stuttgart 887. Rieger. n. 1. —

Stern, Adf., Geschichte der Weltlitteratur in übersichtlicher Darstellung. 2.—11. Lfg. gr. 8. (XXI u. S. 97—890.) Stuttgart 887. 888. Rieger. à n. 1. — (cplt.: n. 11. 60; geb. n. 14. —)

— Gluck in Versailles. Nanon, s.: Universal-Bibliothek.

— Grundriß der allgemeinen Literaturgeschichte, s.: Weber's illustr. Katechismen. 2. Bd.

Stern, Adf., Johannes Gutenberg. 8. Leipzig 873. Gera, Köhler. 6 —

Stern, Adf., Johannes Gutenberg. Epische Dichtg. 8. (385 S.) Leipzig 873. Weber. geb. m. Goldschn. n. 8. —

Stern, Adf. Johannes Gutenberg. Epische Dichtg. 2. durchgeseh. Aufl. 8. (VII, 585 S.) Dresd. 889, Ehlermann. * 6 —; geb. * 8 —

— Hagbarth u. Signe. Romantische Oper in 3 Akten. Musik von Edm. von Mihalovich. 8. (63 S.) Dresden 882. v. Zahn's Verl. n. — 50

—— s. Hauff's, W., Werke.

— Hermann Hettner. Ein Lebensbild. Mit e. Portr. (in Lichtdr.). gr. 8. (IX, 306 S.) Leipzig 885. Brockhaus. n. 6. —; geb. n. 7. —

—— Sangkönig Hiarne. Ein nordisches Märchen. 8. (33 S.) Leipzig 853, [Matthes.] *

— Sangkönig Hiarne. Nordlandssage. 853. (33 S.) n. 7½ ngr. — 2. durchges. Aufl. Leipzig 857. Matthes. 16. (4 Bl., 46 S.) n. 10 ngr.

— die letzten Humanisten. Historischer Roman. 1. u. 2. Aufl. 8. (314 S.) Leipzig 881. Schlicke. n. 5. —; geb. n. 6. 50

— **die letzten Humanisten. Historischer Roman. 3., durchgeseh. Aufl. 8. (314 S.) Ebd. 890.** n. 5. —; geb. n.n. 6. 50

—— fünfzig Jahre deutscher Dichtung 1820 bis 1870. Mit biographisch-krit. Einleitungen. Lex.-8. (X, 829 S.) Leipzig 871, Wartig. [Zander.] (*ℳ 8.) * geb. (*ℳ 9.) *

— fünfzig Jahre deutscher Dichtung. Mit biographisch-kritischen Einleitungen hrsg. 2., umgearb. u. verm. Aufl. Lex.-8. (XVI, 1014 S.) Leipzig 877. Wartig's Verl. 12. —; geb. n. 13. 50

Stern, Adf., fünfzig Jahre deutscher Prosa. 1820 bis 1870. Mit biographisch-krit. Einleitungen. hoch 4. (XI, 652 S.) Leipzig 873, Wartig. *ℳ 8.; geb. *

Zwölf Jahre Dresdner Schauspielkritik. Von Adolf Stern. Hrsg. von Christian Gaehde. Dresden & Leipzig: C. A. Koch 1909. (XVI, 472 S.) 8° [J.] [08. 17339]

— **aus dem 18. Jahrhundert. Biographische Bilder u. Skizzen. gr. 8.** (IV, 208 S.) **Berlin 874. Luckhardt. n. 4.** —

Stern, Adf., ohne Ideale. 2 Bde. 8. Leipzig 882. Gera, Griesbach. * 10 —

— ohne Ideale. Roman. 2 Bde. (326 u. 361 S.) Leipzig 882. Grunow. n. 10. —

— **ohne Ideale. Roman. 2. Aufl. 2 Bde. (312 u. 354 S.) 8. Dresden 906. C. A. Koch. n. 3. 60; geb. n. 5.** —

— Jerusalem. Epische Dichtung. Leipzig 858. Hübner. 8. (3 Bl., 240 S.) 1 ℛ. 10 ngr.

— die Kaisertragödie in Mexiko. Ein zeitgeschichtlicher Versuch. 7 Liefgn. Dresden 866,68. Heinsius. 8. (VII, 316 S.) n. 1 ℛ 12 ngr.

Stern, Adf., geistliche Kampfesweise. Antwort auf die Angriffe theolog. Gegner. 1.—5. Tauf. (32 S.) 8. Berlin 906. (D. Roth.) — 10

Cantate für Männerstimmen mit Orchester. Zur Einweihungsfeier des neuen Polytechnikums zu Dresden am 4. November 1875. Dichtung von **Adolf Stern.** Musik von Julius Rietz. 2 Bl. 8° *Dr**

Stern, Adf., Katechismus der allgemeinen Literaturgeschichte. s. Weber's, J. J., illustrirte Katechismen.

— Katechismus der allgemeinen Litteraturgeschichte. 3., verm. Aufl. 12. (XIV, 418 S.) Leipzig 892. J. J. Weber. Geb. in Leinw. n. 3. —

Stern, Adf., Am Königssee. Novellen. Leipzig 863. Weber. 8. (VII, 212 S.) n. 1 ₰

—— und Andr. Oppermann, das Leben der Maler nach Vasari und neueren Kunstschriftstellern für Kunstfreunde und Künstler bearb. 6 Lfgn. Lex.-8. (XIV und 423 S.) Leipzig (861)62, Matthes.

— und Andr. **Oppermann**, das Leben der Maler nach Vasari und neueren Kunstschriftstellern für Kunstfreunde und Künstler bearb. Vom 14. bis zum 16. Jahrhundert. Leipzig 862. Matthes. Lex.-8. (XIV, 423 S.) 2 ₰ 6 ngr.

Stern, Adf., und Andr. Oppermann, das Leben der Maler nach älteren und neueren Kunstschriftstellern für Künstler und Kunstfreunde bearb. Vom 16. bis zum 19. Jahrh. gr. 8. (XI und 552 S.) Leipzig 864, Matthes.

—— —— das Leben der Maler nach Vasari und neueren Kunstschriftstellern für Künstler und Kunstfreunde bearb. Neue illustr. Ausg. 20 Lfgn. Lex.-8. (1. Abthl. 423 S. und 2. Abthl. X und 552 S. mit 29 Holzschntaf.) Leipzig 866, Matthes. à Lfg. 7½ Ngr.

— vor Leyden. Heimkehr, s.: Hesse's, Max, Volksbücherei.

— Lexikon der deutschen Nationallitteratur. Die deutschen Dichter u. Prosaiker aller Zeiten, mit Berücksichtigung der hervorragendsten dichterisch behandelten Stoffe u. Motive. 8. (VI, 409 S.) Leipzig 882. Bibliograph. Institut. n. 3. 50; geb. n. 4. —

—— Lexikon der deutschen Nationallitteratur. 8. Leipzig 882, Fock. geb. [*M* 4.50.] * 1 80

— s.: Liszt's, Frz., Briefe an Carl Gille.

—— zur Literatur der Gegenwart. Bilder und Studien. 8. (XVII, 267 S.) Leipzig 880, [Schlicke.] Elischer. * geb. *

—— Allgemeine Litteraturgeschichte, s. a. Weber's, J. J., illustr. Katechismen. Nr. 2.

Stern A. allgemeine Litteraturgeschichte. 2. u 3. A. (Weber's Kat. 2) Leipzig 1876. 92

— Otto Ludwig. Ein Dichterleben. 8. (IX, 319 S.) Leipzig 891. F. W. Grunow. n. 3. —; geb. in Leinw. n.n. 4. —; in Halbfrz. n.n. 5. 50

— Otto Ludwig. Ein Dichterleben. 2., verm. Aufl. (IX, 398 S.) 8. Leipzig 906. F. W. Grunow. n. 4. —; geb. n. 5. —

— Maria vom Schiffchen. Römische Novelle. [Aus „St., aus dunklen Tagen".] (74 S.) 8. Hamburg 906. Gutenberg-Verlag Dr. E. Schultze. n. 1. —; geb. n. 1. 50

— die Musik in der deutschen Dichtung. 8. (XII, 241 S.) Leipzig 888. Kahnt Nachf. geb. m. Goldschn. n. 7. —

Stern, Adf., d. deutsche National-Litteratur v. Tode Goethes bis zur Gegenwart, s. a. Vilmar, A. F. C., Geschichte d. deutschen National-Litteratur.

—— die deutsche Nationallitteratur vom Tode Goethes bis zur Gegenwart. [Als Anhang zu A. F. C. Vilmar's Geschichte der deutschen National-Litteratur. — 21. Aufl.] Lex.-8. (V, 162 S.) Marburg 886, Elwert's Verlag. * *M* 1.20.; geb. *

Stern, Adf., die deutsche Nationallitteratur vom Tode Goethe's bis zur Gegenwart. 2., verm. Aufl. Lex.-8. (VIII, 166 S.) Marburg 890. Elwert's Verl. n. 1. 20; geb. n. 2. —

— die deutsche Nationallitteratur vom Tode Goethes bis zur Gegenwart. 3., neu bearb. u. verm. Aufl. gr. 8. (XII, 180 S.) Marburg 894. N. G. Elwert's Verl. n. 1. 50; geb. in Leinw. n. 2. 25

— die deutsche Nationallitteratur vom Tode Goethes bis zur Gegenwart. 4., neu bearb. u. verm. Aufl. gr. 8. (VIII, 229 S.) Marburg 901. N. G. Elwert's Verl. n. 2. —; geb. n. 2. 80

— die deutsche Nationallitteratur vom Tode Goethes bis zur Gegenwart. 5., neu bearb. u. verm. Aufl. (VII, 227 S.) gr. 8. Marburg 905. N. G. Elwert's Verl. n. 2. —; geb. n. 2. 80

Die Deutsche Nationalliteratur vom Tode Goethes bis zur Gegenwart von Adolf Stern. 6., neu bearb. u. verm. Aufl. Marburg: Elwert 1908. XII, 255 S. 8°

— ausgew. Novellen. 8. (V, 455 S.) Dresden 898. C. A. Koch. n. 6. —; geb. n. 7. —

— ausgewählte Novellen. 2., verm. Aufl. (III, 476 S.) kl. 8. Dresden 905. C. A. Koch. n. 3. —; geb. n. 4. —

— Ausgewählte Novellen. 3. Aufl. (III, 493 S.) 8. Dresden 909. C. A. Koch. 3.—; geb. n 4. —

— drei venezianische Novellen. [Dürer in Venedig. Die Schuldgenossen. Der neue Merlin.] 8. (235 S.) Leipzig 886. Elischer. n. 4. —; geb. n. 5. 50

— historische Novellen. Leipzig 866. Weber. 8. (III, 296 S.) n. 1 ₰ 10 ngr.

— neue Novellen. 8. (363 S.) Leipzig 875. Weber. n. 6. —

— venezianische Novellen. 3. Aufl. Mit Umschlagzeichng. v. Rich. Lipps. (245 S.) 8. Hamburg 906. Gutenberg-Verlag Dr. E. Schultze. n. 2. —; geb. n. 3. —

— vier Novellen. 12. (VII, 240 S.) Dresden 901. C. A. Koch. n. 4. —; geb. n. 5. —

— 4 Novellen. 2. [Titel-]Aufl. (VI, 240 S.) kl. 8. Ebd. [901.] 905. n. 2. —; geb. n. 3. —

—— Pantheon deutscher Dichter, s. a. Pantheon.

— Pantheon deutscher Dichter. 3. verm. Aufl. Leipzig 857. Matthes. 16. (XV, 469 S.) 2 ₰.

— das Oberammergauer Passionsspiel. 8. (III, 32 S.) Dresden 871. L. Wolf. — 75

Stern. (Prof. Dr.) Die Passionsspiele im Oberammergau und Wanderung d. die Ostschweiz. 2. billige Ausg. In-8°. Leipzig, E. Schlömp. 1880. 1 35

— die Passionsspiele in Oberammergau nebst Anh. Wanderung durch die Ostschweiz. 3., billige (Titel-)Ausg. 8. (108 S.) Leipzig 890. Reinboth. n. 1. —

— der Pate des Todes, s.: Hesse's Max, Volksbücherei.

Stern, Adolf. Die Puritaner in Vovey.
*** *Stern, A.* Aus dunklen Tagen. Ein Novellenbuch. 2. Aufl. In-8°, S 155—248. Leipzig, B. Schlicke.

— auf der Reise. Drei Novellen. 8. (III, 270 S.) Dresden 891. Ehlermann. n. 3. —; geb. n. 4. 50

– Violanda Robustella, s. Universal-Bibliothek. Nr. 1300.

— die neuen Rolandsknappen. Allegorische Dichtung. Dresden 862. (am Ende.) gr. 8. (24 S.) n. 5 ngr.

— Wolfgangs Römerfahrt. (159 S.) 8. Dresden 906. C. A. Koch. n. 2. —; geb. in Leinw. n. 2. 80

— Die Schuldgenossen, s.: Bücher, bunte.

—— ein Schüler Calvins, s. Unterwegs und Daheim.

— Der Sinn des Lebens. Grundlinien e. neuen Weltanschaug. 1.—15. Taus. (14 S.) 8. Ebd. 910. — 10

—— M. Solitaire. Eine krit. Skizze. 8. (30 S.) Leipzig 865, Matthes.

— u. Ella Stern, das Sonnenland. Freiheits-Gedichte. 46.—50. Taus. (31 S.) 8. Ebd. 906. — 10

— Margareta Stern. Ein Künstlerinnenleben. gr. 8. (V, 259 S. m. 2 Photograv.) Ebd. 901. Geb. in Leinw. n. 6. —

Studien zur Litteratur der Gegenwart. Von Adolf **Stern.** Mit Portr. [Nebst] Neue Folge. Dresden: K. W. Esche (N. F.: Dresden & Leipzig: C. A. Koch) 1895–1904. 2 Bde 8°

— Studien zur Litteratur d. Gegenwart. 2., verm. u. neu bearb. Aufl. M. 20 Bildn. nach Orig.-Aufnahmen. Lex.-8. (IX, 504 S.) Ebd. 898. n. 10. 50; geb. n. 12. 50

Stern, Adolf. Studien zur Literatur der Gegenwart. Neue Folge. Mit vierzehn Bildnissen [Tafeln] nach Originalaufnahmen. VIII + 388 S. 8. Dresden und Leipzig, C. A. Koch, 1904. [M. 10. 50, geb. 12. 50]
Darin S. 35—64: Conrad Ferdinand Meyer, *mit Porträt-Tafel.*

— Studien zur Literatur der Gegenwart. 3., verm. u. neu bearb. Aufl. Mit 20 Bildnissen nach Orig.-Aufnahmen. (XI, 504 S.) Lex.-8. Dresden 905. C. A. Koch. n. 10. 50; geb. n. 12. 50

—— aus dunklen Tagen. Ein Novellenbuch. 1. und 2. Aufl. 8. (310 S.) Leipzig 879, Schlicke. * *M.* 5.; geb. *

— aus dunklen Tagen. Novellen. 3. Aufl. (346 S.) 8. Hamburg 904. Gutenberg-Verlag Dr. E. Schultze. n. 3. —; geb. n. 4. —

— vier Titularkönige im achtzehnten Jahrhundert. Dresden 860. Höckner. 16. (XV, 168 S.) n. 26 ngr.

— Die Totenmaske u. and. Novellen, s.a. Kürschner's Bücherschatz.

Die Totenmaske und andere Novellen. Von Adolf **Stern.** Berlin, Leipzig: Hillger [1909]. 112 S. 8°
(Kürschners Bücherschatz. Nr 688.) [10. 7387

Stern, Adolf: Zur ethnographischen Untersuchung des Tastsinnes der Münchener Stadtbevölkerung ... (Aus: Beitr. z. Anthropol. u. Urgesch. Bayerns, Bd XI Heft 3 u. 4.) München, kgl. Hof- u. Univ.-Buchdr. v. Dr. C. Wolf & Sohn, 1895; 1 Bl., 35 S., 2 Taf. 4.(8.)
München, Phil. Fak., Inaug.-Diss. v. 1895

—— Wanderbuch, Bilder und Skizzen. [1. Oberammergauer Passionsspiel. — 2. Rhätische Wanderungen. — 3. Venezianische Bilder. — 4. Bayreuther Nibelungentage.] 8. (230 S.) Leipzig 877, [Schloemp.] L. Senf. *

— Wanderbuch. Bilder u. Skizzen. 2. verm. Aufl. gr. 8. (V, 263 S.) Oldenburg 886. Schulze. n. 4. —; geb. n. 5. —

— Wanderbuch. Bilder u. Skizzen. 3., stark verm. Aufl gr. 8. (III, 330 S.) Oldenburg 890. Schulze. n. 4. —; geb. n. 5. —

– Ein verlorenes Weib, s. Bibliothek deutscher Originalnovellen.

— das Weihnachtsoratorium, s.: Volksbücher, Wiesbadener. Nr. 31.

Ausgewählte Werke von Adolf **Stern.** Bd 1–6 [in 3 Bden]. Dresden & Leipzig: C. A. Koch 1906. 6 Bde 8° [F.]
1. Gedichte. 2. Johannes Gutenberg. 3. 4. Ohne Ideale. Bd 1. 2. 5. Die letzten Humanisten. 6. Camoëns. [07. 553

Stern, Adf., ausgewählte Werke. 6 Bde. (XII, 246, 272, 312, 354, 258 u. 363 S. m. Bildnis.) 8. Dresden 906. C. A. Koch. In 3 Leinw.-Bdn. n. 10. 50; in 6 Halbfrz.-Bdn. n. 18. —

Stern, Adf., ausgewählte Werke. (Neue Ausg. in 8 Bdn.) Mit e. Einführg. v. Ghold. Klee. (XII, 246; 272, 312, 354, 258, 363; III, 315 u. III, 326 S. m. Bildnis.) 8. Dresden 908. C. A. Koch. In 4 Leinw.-Bdn. 14. —; in 8 Leinw.-Bdn. 15. —

—— Die Wiedergefundene. Novelle. 8. (206 S.) Stuttg. 891, Deutsche Verlags-Anstalt. * 3 —; geb. * 4 —

— d. Wiedergefundene. Novelle. (Wohlf. [Titel-] Ausg.) 8. (206 S.) Stuttgart (891) 896. Deutsche Verlags-Anstalt. 1. —; geb. n. 1. 25

— die Wiedertäufer, s.: Universal-Bibliothek. Nr. 1625.

— Die Wiedertäufer, s.a. Hausbücherei, rheinische.

Die Wiedertäufer. Von Adolf **Stern.** Mit Einl. von Herm. Anders Krüger. Wiesbaden: Behrend [1909]. 128 S. 8°
(Rheinische Hausbücherei. Bd 18.)
(Bibliothek August Scherl. Bd 551, [1.]) [10. 1997

– Der Winkelpoet, s. Bibliothek deutscher Originalnovellen.

Stern, Alb., üb. die Beziehungen Chr. Garve's zu Kant, nebst mehreren bisher ungedruckten Briefen Kant's, Feder's u. Garve's. gr. 8. (VII, 98 S.) Leipzig 884. Doncke. n. 2. —

Stern, Alex[ander]. Das Jenseits. Der Zustand der Verstorbenen bis zur Auferstehung nach der Lehre der Bibel und den Ergebnissen der Erfahrung. 2. umgearbeitete und vermehrte Aufl., von A' St', Pfarrer a. D. in Bern. [Mit Vignetten.] 130 S. 8. Gotha, P. Ott, 1906. [cart. M. 1. 20]

Das Jenseits. Der Zustand der Verstorbenen bis z. Auferstehung nach d. Lehre d. Bibel u. d. Ergebnissen d. Erfahrung. Von Alex[ander] **Stern**, Pfarrer a. D. 3. Aufl. Gotha: P. Ott 1907 (1906). (130 S.) 8° [F.] 107. 17415 7

Stern, Alex[ander]. Das Jenseits. Der Zustand der Verstorbenen bis zur Auferstehung, nach der Lehre der Bibel und den Ergebnissen der Erfahrung. 4. durch einige Zugaben vermehrte Aufl. 144 S. 8. Gotha, P. Ott, 1909. [cart. M. 1. 20]

Stern, A[lexander]. Die Mormonen. Was ist von dieser Sekte, die sich als «die Kirche Jesu Christi, die Heiligen der letzten Tage» ausgibt, zu halten? beantwortet von A. St', alt-Pfarrer. II + 30 S. 8. Bern, Verlag der Evangelischen Gesellschaft, 1910. fr. —.20

Stern, Alex[ander]. Der Zwischenzustand der Verstorbenen. Was lehren Bibel und Erfahrung über denselben? II + 22 S. 8. Bern, Büreau der Evang. Gesellschaft, 1904. [fr. —. 20]

Stern, Alfr., Abhandlungen u. Aktenstücke zur Geschichte der preußischen Reformzeit 1807—1815. gr. 8. (IX, 410 S.) Leipzig 885. Duncker & Humblot. n. 8. —

Stern, Alfr., über die zwölf Artikel der Bauern u. einige andere Aktenstücke aus der Bewegung von 1525. Ein Beitrag zur Geschichte des großen deutschen Bauernkrieges. Leipzig 868. Hirzel. gr. 8. (VIII, 151 S.) n. 25 ngr.

Stern, Alfred. Einige Bemerkungen über die sogenannte Brennwald'sche Chronik und ihre Darstellung der Sage vom Herkommen der Schwyzer, sowie der Entstehung der Eidgenossenschaft. [SA.] 8. [Zürich 1887.]

Stern, Alfred. Zur Biographie Ludwig Snells [1785—1854]. (SA.) 8. [Zürich 1895.]

Stern, A. (Hrsg.), s.a. Briefe engl. Flüchtlinge ...

Stern, Alfr., Briefe englischer Flüchtlinge in der Schweiz. Aus e. Handschr. d. Berner Staats-Archivs. gr. 8. (XVIII, 32 S.) Göttingen 874. Peppmüller. n. 1. 60

Stern, Alfred [aus Breslau]: [I.] Die Einwirkung von Ammoniak und Aminbasen auf Disulfide. [II.] Zur Kenntnis der Phenylcarbazinsäuren ... Breslau, Dr. R. Galle's Buchdr., 1896; 44 S., 1 Bl. 8.
Erlangen, Phil. Fak., Inaug.-Diss. v. 20. Mai 1896

Stern, Alfred. Gedächtnisrede auf Leopold von Ranke (1795—†1886), und Georg Waitz (1813—†1886), gehalten vor der Versammlung der allgemeinen geschichtforschenden Gesellschaft der Schweiz zu Aarau den 10. August 1886. SA. 8. Zürich 1887.

Stern, Alfred. Ein österreichischer Gesandtschaftsbericht aus der Schweiz, vom 30. März 1827, mitgetheilt von Prof. Dr. A. Stern ... (SA.) 8. [Bern 1895.]

Stern, Alfr., Geschichte Europas seit den Verträgen v. 1815 bis zum Frankfurter Frieden v. 1871. 1. Bd. gr. 8. (XVI, 655 S.) Berlin 894. Besser. n. 10. —; geb. in Halbfrz. n. 12. —

Stern, Adf., Geschichte Europas seit den Verträgen v. 1815 bis z. Frankfurter Frieden v. 1871. 2. Bd. gr. 8. (XVI, 572 S.) Berlin 897. Besser. n. 9. —; geb. in Halbfrz. n. 11. — (1. u. 2.: n. 19. —; geb. n. 23. —)

Stern, Alfr., Geschichte Europas seit den Verträgen von 1815 bis zum Frankfurter Frieden von 1871. 3. Bd. gr. 8. (XII, 419 S.) Berlin 901. [Besser.] J. G. Cotta Nachf. Zweigniederlassg. n. 7.—; geb. in Halbfrz. n. 9.—
Bd. 1 u. 2 jetzt Ebd. 894. 897. n. 19. —; geb. n. 28. —.

Stern, Alfred. Geschichte Europas seit den Verträgen von 1815 bis zum Frankfurter Frieden von 1871. (Abteilung 1. Geschichte Europas 1815 bis 1830.) Band 3. XII + 419 S. 8. Berlin, Wilhelm Hertz, 1901. [br. M. 7. —, geb. M. 9. —]

Stern, Alfred. Geschichte Europas seit den Verträgen von 1815 bis zum Frankfurter Frieden von 1871. Band 4. ⟨Abteilung II. Band 1.⟩ ... — *A. u. d. T.:* Gesch' E' von 1830 bis 1848. Band 1. XVIII + 618 S. 8. Stuttgart und Berlin, J. G. Cotta Nachfolger, 1905. [M. 12. —, geb. 14. —]

Stern, Alfr., Geschichte der Revolution in England, s.a. Geschichte, allgem., in Einzeldarstellungen. III. 4.

Geschichte der Revolution in England v. Alfred **Stern**. Mit Portraits, Illustrationen und Karten. Berlin. 1881. = Allgemeine Geschichte in Einzeldarstellungen, hrgg. v. W. Oncken. Hauptabth. 3. Th. 4. 8°.

Stern, Alfred, Referendar: Der Gläubigervertreter in §§ 1189, 1270 BGB. Borna-Leipzig 1909: Noske. IX, 39 S. 8°
Breslau, Jur. Diss. v. 10. Aug. 1909, Ref. Meyer-Schott
[Geb. 16. Nov. 85 Breslau; Wohnort: Liegnitz; Staatsangeh.: Preußen; Vorbildung: Städt. ev. Gymn. Liegnitz Reife O. 05; Studium: Freiburg i. B. 1, Berlin 3, Breslau 2 S.; Rig. 30. Juli 08.] [U 09. 527

Stern, Alfr., der zürcherische Hülfsverein f. die Griechen 1821—1828, s.a. Neujahrsblatt, hrsg. v. der Stadtbibliothek Zürich. Nr. 260.

Stern, Alfred. Der Zürcherische Hülfsverein für die Griechen 1821—1828. [Mit 1 Illustration und 2 Tafeln.] 21 S. 4. Zürich, Orell Füssli. [fr. 2. 40]
Neujahrsblatt hrg. von der Stadtbibliothek Zürich auf das Jahr 1904. Nr. 260.

Stern, A., Das Leben Mirabeaus. 2 Bde. 8°. Berlin 1884.

Stern, Alfr., das Leben Mirabeau's. 2 Bde. gr. 8. (XIII, 322 u. IV, 329 S.) Berlin 889. Cronbach. n. 10. —

— über Milton u. Cromwell, s.a. Sammlung gemeinverständl. wissenschaftl. Vorträge.

Stern A, Milton und Cromwell. (Samml. wissenschaftl. Vortr. 236) Berlin 1875

Stern, Alfr., Milton und seine Zeit. 2 Thle. in 4 Büchern. gr. 8. Leipzig, Duncker und Humblot. *
geb. in Leinw. *
Inhalt:
Thl. 1. 1. Buch: Vor dem Ausbruch der Revolution. 1608—1639. Mit dem (Stahlst.-)Portr. des 21jähr. Milton. (XIV, 348 S.) — 2. Buch: Während der Revolution. 1640—1649. (X, 500 S.) 877. *M 16.
» 2. 3. Buch: Unter der Republik und dem Protektorat. 1649—1660. Mit einem (Holzschn.-)Portr. des 62jähr. Milton. (VIII, 303 S.) — 4. Buch: Unter der Restauration. 1660—1674. (VII, 217 S.) 879 *M 12.

Stern, Alfred. Über eine muthmassliche Quelle von Sebastian Franck's Chronica der Teutschen und die Sage vom Herkommen der Schweizer. [SA.] 8. [Hannover 1886.]

Stern, Alfred. Die reformirte Schweiz in ihren Beziehungen zu Karl I. von England, William Laud, Erzbischof von Canterbury, und den Covenanters. [SA.] 8. [Zürich 1878.]

Stern, A., die Socialisten der Reformationszeit, s.a. Sammlung gemeinverständlicher wissenschaftlicher Vorträge.

Stern, Alfred. Die Socialisten der Reformationszeit. 8. Berlin 1883.
(Sammlung gemeinverstandlicher wissenschaftlicher Vortrage, hrg. von Rud[olf] Virchow und Fr[anz] von Holtzendorff. Serie 18. Heft 421.)

Stern, Alois, wie lernt man das Radfahren? Kurzgef. Anleitgn. u. pract. Winke f. d. Radfahrer. 8. (29 S. m. 12 Illustr.) Mähr.-Ostrau 897. J. Kittl. n. — 40

Stern, Andreas —. Journal des k. freistädt. Theaters zu Preßburg. 1854. Den Gönnern und Freunden der Kunst gewidmet von — —. 8. (8 S.) Preßburg. Gedruckt von Alois Schreiber.

Stern, Anna, die häusliche Pflicht. Ein Frauenwort an den deutschen Mittelstand über Mädchenbildung. Mit einer Zueignung an Louise Büchner. 2. Aufl. Bonn 860. Rheinische Verlags-Anstalt. 16. (23 S.) n. 4 ngr.

Stern, Anna, Soll und Haben im Hause oder die Liebe der Frau in ihrer wirthschaftl. Bethätigung. br. 8. (66 S.) Bonn 862, Rheinische Verlags-Anstalt.

Stern, Arthur [aus Geseke (Westfalen)]: Gräfin Luise Bose's Stipendiat. Über die Augenheilkunde des Pedanios Dioskorides. . . . Berlin, Buchdr. v. Gustav Schade (Otto Francke) (1890); 71 + 1 S. 8°
Berlin, Med. Fak., Inaug.-Diss. v. 21. März 1890

Stern, Arth., verscherztes Glück, s.: Gastyne, Jules de.

Stern, Arthur, approb. Arzt aus Sohrau (Schl.): Aus d. Univer-sitäts-Ohrenklinik zu Freiburg i. B. (Direktor: Prof. Dr. Bloch.) Die Unbeweglichkeit des Steigbügels im ovalen Fenster. *Wiesbaden: J. F. Bergmann 1903.* (84 S.) 8°
Freiburg i. B., Med. Diss. v. 1903

Stern, Arth., die Unbeweglichkeit des Steigbügels im ovalen Fenster. Mit 3 Tab. im Text. (III, 80 S.) gr. 8. Wiesbaden 903. J. F. Bergmann. n. 3. —

Stern, August
Abenteuer einer Königstochter. Historische Novelle. Bd 1.2.3.4.
Leipzig: Verlags-Contor o.J. 8°

Stern, Aug., geistliches Chor-Album. Eine Sammlung religiöser Gesänge [Sopran, Alt, Tenor u Bass] f. Kirchenchöre u. höhere Schulen. gr. 8. (182 S.) Neuwied 887. Heuser's Verl. geb. n. 3. 60

Stern, Aug., geistliches Chor-Album. Eine Sammlung religiöser Gesänge (Sopran, Alt, Tenor u. Bass) für Kirchenchöre u. höhere Schulen. 3. verm. Aufl. gr. 8. (VI, 222 S.) Neuwied (900). Heuser's Verl. Geb. in Leinw. n. 2. 75

Geistliches Chor-Album. Eine Sammlung religiöser Gesänge ... f. Kirchenchöre ... hrsg. von August Stern. 4. verm. Aufl. Neuwied & Leipzig: Heuser 1904. 225 S. 8°

Stern, Aug., geistliches Chor-Album. Eine Sammlg. religiöser Gesänge (Sopran, Alt, Tenor u. Bass) f. Kirchenchöre u. höhere Schulen. 4. verm. Aufl. (VI, 225 S.) gr. 8. Neuwied (905). L. Heuser Wwe. & Co. Geb. in Leinw. n. 3. —

Stern, Aug., Choralvorspiele. Eine Sammlung v. 343 Vorspielen zu den 167 Chorälen des neuen evangel. Gesangbuches f. Rheinland u. Westfalen, f. d. gottesdienstl. Gebrauch ausgewählt u. hrsg. (X, 169 S.) 23×30 cm. Essen 907. G. D. Baedeker. Geb. in Leinw. 7. —

Stern, Aurel., Leiden u. Schicksale meines jugendl. Herzens. Worte d. Trostes u. d. Theilnahme f. unglücklich Liebende. 8. (18 B.) Ilmenau 833. [Weimar.] Voigt. Thlr.

Stern, B., de aneurysmate arcus aortae. Dissert. inaug. Viennae 857. (Göttingen, Vandenhoeck u. Ruprecht.) gr. 8. (36 S. u. 1 lith. Taf.) n. 8 ngr.

Stern, Baruch, die biblische Geschichte, s.: Stern, Ludw.

Stern, Bernh., Bauernfeld. Ein Dichterporträt. Mit persönl. Erinnergn. 8. (152 S.) Leipzig 890. Literar. Anstalt, Aug. Schulze. n. 2. —

Stern, Bernh., Bauernfeld. Ein Dichterportrait m. persönl. Erinnergn. 2. u. 3. Aufl. 8. (152 S.) Leipzig 891. Literar. Anstalt A. Schulze. n. 2. —

Illustrierte Geschichte der erotischen Literatur aller Zeiten und Völker. Von Bernhard Stern. Bd 1. 2. Wien & Leipzig: C. W. Stern 1908. 2 Bde 8° [F.]
= Privatdruck d. Gesellschaft österr. Bibliophilen. Stück 12. [08. 17310]

STERN, Bernhard. Illustrierte Geschichte der erotischen Literatur aller Zeiten und Völker. Erster (und zweiter) Band. Wien und Leipzig, 1908. Privatdruck des Verlegers C. W. Stern. Geheftet. I. Band: Schutztitelblatt, Titelblatt, Inhalt. Bilder-Verzeichnis (Rückseite: Nummer des Exemplars). 262 S. Text, 1 Bl. leer. II. Band: Schutztitelblatt, Titelblatt, Inhalt. Verzeichnis der Bilder, 266 S. Text, 1 Blatt leer. Illustrationen aus den Hauptwerken der erotischen Literaturen, Faksimiles von Titelblättern und Vignetten.
[B. VII, 435.]

Stern, Bernh., illustrierte Geschichte d. erotischen Literatur aller Zeiten u. Völker. 2 Bde. (Privatdruck der Gesellschaft österreich. Bibliophilen.) (VII, 262 u. VIII, 266 S.) 8. Wien 908. C. W. Stern. 20. —
Im Deutschen Reich verboten.

— — Geschichte der öffentlichen Sittlichkeit in Russland. Kultur, Aberglaube, Sitten u. Gebräuche. Nach eigenen Ermittelungen und gesammelten Berichten. 2 Bde. Mit 29+22 theils farbigen Illustrationen. Berlin 1907—8. 8°. 502, 652 S. u. Reg. (Eleg. br. Mk. 15—; Origbde. 18—.) (1 u. 2, jeder Bd. für sich abgeschlossen, auch einzeln verkäufl.: Mk. 7—, gebd. 9—; Mk. 10—, gebd. 12—.)
Das Werk des Verfassers von „Medicin, Aberglaube u. Geschlechtsleben in d. Türkei" (s. d.) behandelt ein Gebiet der Volkskunde, über welches wohl sehr wenige Westeuropäer auch nur oberflächlich unterrichtet sein dürften. Das reichhaltige Material wird in folgenden 10 Hauptabteilungen behandelt. Bd. 1: I. Kultur und Aberglaube. II. Die russische Kirche, der Klerus und die Sekten (mit und ohne erotische Ziele). III: Russische Laster. IV. Russische Leiden. Bd. 2: V. Russische Grausamkeit. VI. Das Weib und die Ehe. VII. Unsittlichkeit und Prostitution. VIII. Homosexualität und sexuelle Verbrechen. IX. Die Syphilis in Russland. X. Bibliographie u. Literatur.

— — Dasselbe. Liebhaber-Ausgabe in Quart. Auf Büttenhadernersatz nur in 20 numerierten Expl. gedruckt. (Br. Mk. 30—; in Pergtbdn. 40—; nur cplt. verkäuflich.)
Zusatz zur vorigen Anmerkung: Der speciell hierher gehörige Bd. 2 behandelt: Russische Grausamkeit. — Weib und Ehe (die russ. Frau und ihre Stellung, Frauenraub u. Markt, Schminke u. Liebe, Hochzeitsbräuche u. Lieder, Ehebruch, uneheliche Kinder, krimineller Abortus). — Geschlechtliche Moral (Schamgefühl u. Keuschheit, Probenächte u. Jungfernschaft, Coitus u. Religion, Ehe m. d. Schwiegertochter). — Prostitution, Gleichgeschlechtliche Liebe u. Lustseuche (Prostitution d. Herrschenden, oeffentl. Prostitution, Bestialität etc.). — Folkloristische Dokumente (das Erotische u. Obscöne in Literatur, Karikatur, sexuelles Lexikon, erot. u. obscöne Sprichwörter, Lieder, Erzählungen). — Register.

Geschichte der öffentlichen Sittlichkeit in Russland. Eigene Ermittelungen u. gesammelte Berichte von Bernhard Stern. Mit 50 Ill. 2 Bde. 1. 2. Berlin: H. Barsdorf 1908. 2 Bde 8°
1. Kultur, Aberglaube, Kirche, Klerus, Sekten, Laster, Vergnügungen, Leiden. 1907.
2. Russ. Grausamkeit, das Weib u. d. Ehe, geschlechtl. Moral, Prostitution, gleichgeschlechtl. Liebe. Lustseuche, Folklorist. Dokumente. Nebst ausführl. Reg. über beide Bde. 1908. [08. 1416]

— Russische Grausamkeit einst u. jetzt. Ein Kapitel aus der Geschichte der öffentl. Sittlichkeit in Russland. Mit 11 Illustrat. u. dem Porträt des Verf. (297 S.) gr. 8. Berlin 908. H. Barsdorf. 6. —; geb. in Leinw. 7. 50
Sonderabdruck aus:
Stern: Geschichte der öffentl. Sittlichkeit in Rußland.

Stern, Bernh., **Abdul Hamid II.** Seine Familie u. sein Hofstaat. Nach eigenen Ermittelgn. 8. (VIII, 234 S.) Budapest 901. S. Deutsch & Co. n. 5.—; geb. n. 6.50

Stern, B., Jungtürken u. Verschwörer. Die innere Lage der Türkei unter Abdul Hamid II. Nach eigenen Ermittelgn. u. Mittheilgn. osman. Parteiführer. 2. Aufl. 8. (XII, 263 S.) Leipzig, Grübel & Sommerlatte. 1901. 6. —

— **Jungtürken u. Verschwörer.** Die innere Lage der Türkei unter Abdul Hamid II. Nach eigenen Ermittelgn. u. Mittheilgn. osman. Parteiführer. 2. Aufl. 8. (XII, 263 S.) Leipzig 901. Bernh. Meyer. n. 6.—

Stern, Bernh., zwischen **Kaspi** u. **Pontus.** Kaukas. Skizzen. 8. (258 S. m. Abb.) Breslau 897. Schles. Buchdruckerei 2c. n. 4.—; geb. n. 5.—

[F.] Zwischen Kaspi und Pontus. Kaukasische Skizzen. Von Bernhard **Stern.** M. Ill. *Breslau: S. Schottlaender 1897.* (258 S., 16 Taf.) 1 Bd 8. [97. 2315

Kulturbilder aus d. Türkei. Der kranke Mann von Bernhard **Stern.** Leipzig: H. Seemann Nachf. 1902. (78 S.) 8° [02. 16112 7

Stern, Bernh., **Ludwig der Kunstsinnige.** 1.—3. Aufl. 4. (32 S.) München 888, Fritsch.

— **der kranke Mann.** Kulturbilder aus der Türkei. gr. 8. (78 S.) Leipzig 902. Berlin, H. Seemann Nachf. n. 1.—

Stern, Bernh., **Medizin,** Aberglaube u. Geschlechtsleben in der Türkei. Mit Berücksicht. der moslem. Nachbarländer u. der ehemal. Vasallenstaaten. Eigene Ermittelgn. u. gesammelte Berichte. 2 Bde. (III, 437 u. III, 417 S.) gr. 8. Berlin 903. H. Barsdorf. n. 10.—; geb. in Leinw. à 12.—; in Halbfrz.-Bd. 24.—; Liebh.-Ausg. 4., n. 30.—; in 2 Halbfrz.-Bd. n. 40.—

[F.] Zwischen der Ostsee und dem Stillen Ocean. Zustände u. Strömgn im alten u. modernen Russland. Von Bernhard **Stern.** *Breslau: S. Schottlaender 1897.* (305 S.) 1 Bd 8. [97. 2315

Stern, die Romanows. Intime Episoden aus dem russ. Hofleben, Berlin 892.

Stern, Bernh., die **Romanows.** Intime Episoden aus dem russ. Hofleben. 1.—3. Taus. 8. (VIII, 321 S.) Berlin 893. S. Cronbach. n. 3.50; geb. n. 4.50

— die **Romanows.** Intime Episoden aus ihrem Familien- u. Hofleben. 2 Bde. Vollständig neu bearb. 3., bis bis auf die Neuzeit verm. Aufl. 1.—10. Taus. 8. Berlin 906. S. Cronbach. à n. 3.—
1. Von Peter dem Grossen bis Paul dem Irrsinnigen. (VIII, 344 S.)
2. Von den Kindern Pauls des Irrsinnigen bis Nikolay II. (VIII, 287 S.)

— aus dem modernen **Russland.** 1. u. 2. Taus. 8. (V, 168 S.) Ebd. 893. n. 2.—

— der **Sultan** u. seine Politik. Erinnerungen u. Beobachtgn. e. Journalisten. (IV, 240 S.) 8. Leipzig (906). B. Elischer Nachf. n. 3.50

—— Fürst Wladimirs Tafelrunde. Altrussische Heldensagen. Mit Einleitg. u. Bibliographie. 8. (VII, L, 219 S.) Berl. 892, Cronbach. * 3.50

— **Träumereien** u. Gedichte. 16. (89 S.) Ebd. 893. n. 1.50; geb. in Leinw. m. Goldschn. n. 2.50

Die moderne Türkei. Erinnerungen, Kulturbilder u. Reisemomente. Von Bernhard **Stern.** Berlin: Harmonie [1908]. 186 S. 8° [11. 9890 2

— vom **Kaukasus** zum **Hindukusch.** Reisemomente. Mit 12 Vollbildern u. 33 Textillustr., nebst e. Anh.: Kaukasische Marschrouten. 8. (VII, 322 S.) Berlin 893. S. Cronbach. n. 6.—; geb. n. 7.—

— an der **Wolga.** Von Nischny-Nowgorod nach Kasan. Reisemomente. 8. (III, 157 S.) Berlin 897. S. Cronbach. n. 2.—

Stern, Berta, u. Jul. **Stern,** Leben. Gedichte. Mit Zeichngn. v. M. Froehlich. (95 S.) 8. Berlin 905. K. Schnabel. n. 2.50

Stern, Bolko, ägyptische **Kulturgeschichte.** I. Bd. Altertum. M. zahlr. Illustr. v. A. Schmidt u. v. Verf. gr. 8. (247 m. 113 Textbildern u. 12 [4 farb.] Taf.) Magdeburg 896. Leipzig, B. Elischer Nachf. n. 8.—; geb. n.n. 9.—

Ägyptische Kulturgeschichte v. Dr. Bolko **Stern.** Bd 1. *Magdeburg: W. Niemann 1896.* 8. [96. 7220

Stern, Bolko (Ant. Paul) (geb. Franzburg bei Stralsund 28. 7. 1863): Über diphtheritische Lähmungen. Berlin (1885). (35 S.) 8°
Berlin, Med. Diss. v. 14. Febr. 1885

Stern, Bruno, positivistische **Begründung** des philosophischen Strafrechts (nach Wilhelm Stern), veröffentlicht in Hans Gross' „Archiv f. Kriminalanthropologie u. Kriminalistik". (99 S.) gr. 8. Berlin 905. Herm. Walther. n. 2.—

Stern, Bruno, Rechtspraktikant aus Würzburg: **Die Schuldverschreibungsgläubiger im Konkurse der Hypothekenbank.** *Potsdam 1904: A. W. Hayn's Erben.* (88 S.) 8° [F.]
Würzburg, Jur. Diss. v. 1904

— die **Schuldverschreibungsgläubiger** im Konkurse der Hypothekenbank. (III, 88 S.) gr. 8. Berlin 904. J. Guttentag. n. 2.—

Das Verbrechen als Steigerung der karrikaturhaften menschlichen Anlagen und Verhältnisse. Von Bruno **Stern.** *Berlin 1901: (H. Gestrich).* (26 S.) 8° [01. 6671

— u. Friedr. **Morgenstern,** Verfassung u. Verwaltungsorganisation der Städte des Königr. Bayern, s.: Schriften des Vereins f. Socialpolitik.

Stern, C. Vide: Freiheitsbote.

Stern, C., Zur Kenntnis der Gewichte d. Hundemuskeln. Diss. Marburg 78.

Stern, C. H., s. **Blätter** d. Hamburg. Vereins gegen das Branntweintrinken.

Stern, C. R. Jul., neue Mährchen für die Jugend. 1. Aufl. (7½ B.) 844. 15 Ngr. u. 2. Aufl. 12. (7¼ B. u. Ttlkpfr.) Heilbronn, Landherr. *

Stern, C. R. Jul., neue Mährchen für die Jugend. 2. Aufl. Mit 1 color. Lith. 12. (172 S.) Heilbronn 847, Landherr. n. 1/3 ℛ — 4. Aufl. Mit 1 Titelkpfr. 12. (IV u. 170 S.) Ebd. 850. 1/6 ℛ

Programm der Sonntagsschule, gewerbliche Fortbildgsschule, zu Altona. (Vf.: C. W. Stern.) (Altona:) Dr. v. H. W. Köbner & C. 1898. (18 S.) 1 Bd 8°

Stern, Carl, s. Stern, Karl

Stern, Carla, s. Stern, Karla

Stern, Clara, s. Stern, Klara

Stern, Curt, s. Stern, Kurt

Stern, Daniel

— Jeanne Darc, s. Théâtre français.

Stern's, Dan., moralische Skizzen und Reflexionen. Nach der 3. Aufl. des französ. Orig. bearb. u. herausg. von Aug. Carl Müller. Berlin 862. Reichardt & Zander. 16. (VIII, 270 S. u. 1 Stahlst.) 1 Thlr.

Stern, Detlef (Frl. Dora Strempel), Blaustrümpfe u. and. Humoresken, s. a. Eckstein's humor. Bibliothek. 100.

Blaustrümpfe und andere Humoresken. Von Detlef Stern. 1.–5. Taus. Berlin: R. Eckstein Nachf. [1900]. (142 S.) 8°
= Bibliothek, Ecksteins humoristische. No 100.

Stern, Detlef, Bulgaria. Roman. 2 Bde. 8. (247 u. 275 S.) Berlin 887. Janke. n. 9. —

Stern, Detlef (Frl. Dora Strempel), Djemileh. (Aus dem Leben e. christl. Paschafrau.) — Die beid. Armenierinnen. Zwei Romane. (295 S.) 8. Berlin 907. H. Hillger. 2. —

— Fiasco, s. a. Eckstein's 50 Pfennig-Bibliothek. 41.

Fiasco. Humoristisches von Detlef Stern. 1.–4. Taus. *Berlin: R. Eckstein Nachf. [1900].* (87 S.) 8° [F.]
= 50 Pfennig-Bibliothek, Eckstein's. No 41. [00. 11610

— der Götzendienst der Schönheit. Roman. 3 Bde. 8. (236, 255 u. 261 S.) Ebd. 888. n. 10. —

Stern, Detlef, ohne Heimat u. Glauben. Roman. 2 Bde. 8. (250 u. 260 S.) Berlin 884. Janke. n. 8. —

— Hypatia. Roman. 8. (284 S.) Ebend. 883. 2. —

Stern, Detlef (Frl. Dora Strempel), nach 10 Jahren, s.: Kürschner's, Jos., Bücherschatz.

— drei alte Jungfern. Roman. (200 S.) 8. Berlin (903). H. Steinitz. n. 2. —

— der Sohn der Chiotin. Roman. 3 Bde. 8. (238, 252 u. 255 S.) Ebend. 885. n. 10. —

— Antoine Vehabdil. Eine Novelle vom Bosporus. (149 S.) 8. Ebd. 903. n. 2 —

— in Venedig. Falsch gerechnet!, s. a. Kürschner's, Jos., Bücherschatz.

In Venedig. Falsch gerechnet! 2 Novellen von Detlef Stern (d. i. [Dora] Strempel). *Berlin, Eisenach, Leipzig: H. Hillger [1903].* (111 S.) 8° [F.]
= Bücherschatz, Kürschners. No 393. [04. 1130

Stern, Dora, aus Göttingen: Über Derivate der Nitrophenanthrenchinone. Zürich 1906. 58 S. 8°. [7. III. 06.]
Zürich. Phil. Diss. II. S. 1905/1906

Stern, Dora. Über Derivate der Nitrophenanthrenchinone. Diss. Phil. [II.] Univ. Zürich. 58 S. 8. Zürich, F. Lohbauer, 1906.

Stern, Edm., die Blumen der Heiligen Schrift. Mit 12 (lith.) naturgetreu gemalten Blumengruppen. Leipzig (858.) Ruhl. 8. (192 S.) n. 3 Thlr.

Stern, Elie, a. Safed ⟨Palästina⟩: Über die Versorgung des Nabelschnurrestes beim Neugeborenen. Freiburg i. B. 1907: U. Hochreuther. (84 S.) 8°
Freiburg i. B., Med. Fak., Ref. Krönig, Diss. v. 1907
[Geb. 10. Juli 70 Tiberias; Wohnort: Safed; Staatsangeh.: Türkei; Vorbildung: Lycée impérial ottoman Saffed Reife 87; Studium: Berlin 7, Freiburg i. B. 2 S.; Rig. 1. März 07.]

Stern, Frau Ella, s.: Stern-Kohlhund, Ella.

Stern, Eman., vollständige Anleitung zur Buchführung für die Gewerbtreibenden u. kleinere Fabrikanten, wie sie nach einfacher Art u. nach den Bestimmungen des deutschen Handelsgesetzbuches ihre Bücher zu führen haben. Mit Anführung u. Erläuterung der betreffenden Gesetzesstellen, sowie auch mit Erklärung aus der Lehre von den Wechseln u. mit Verhaltungsregeln beim Wechselverkehr. Zum Gebrauch für Kaufleute u. Juristen. Darmstadt 867, (Zernin.) gr. 8. (VIII, 174 S.) n.n. 1 Thlr.

Stern, Eman., vollständige Anleitung zur Buchführung für die Gewerbtreibenden und kleinere Fabrikanten, wie sie nach einfacher Art und nach den Bestimmungen des deutschen Handelsgesetzbuches ihre Bücher zu führen haben. Mit Anführung und Erläuterung der betr. Gesetzesstellen, sowie auch mit Erklärungen aus der Lehre von den Wechseln und mit Verhaltungsregeln beim Wechselverkehr. Zum Gebrauch auch für Kaufleute und Juristen. 2. verb. Aufl. gr. 8. (VIII, 174 S.) Darmstadt 870, Diehl. *

—— die kaufmännische Buchführung und der erste Absatz des Art. 28 des allgemeinen deutschen Handelsgesetzbuches. Vorträge. 3. Aufl. gr. 8. (VII und 48 S.) Darmstadt 863, Diehl. *

Stern, Eman., die kaufmännische Buchführung und der 1. Absatz des Art. 28 des allgemeinen deutschen Handelsgesetzbuches. Vorträge. 6. Aufl. Berlin 864. Th. Grieben. gr. 8. (VIII, 47 S.) n. 8 ngr.

Stern, Eman., die Lehre von den Wechseln und dem Wechsel-Verkehr, mit besonderer Berücksichtigung u. unter vollständiger Mittheilung der allgemeinen deutschen Wechsel-Ordnung u. der Particular-Gesetzgebung der einzelnen deutschen Staaten. Für Rechtsgelehrte, Kaufleute, Gewerbtreibende etc. sowie zum Gebrauche bei Vorträgen. Gießen 853. Ricker. Lex.-8. (4 Bl., 291 S.) n. 1 Thlr. 18 ngr.

Stern, Emil

— Grillparzers Ansichten über Sprache und Stil. 17. Wien I. R. 04.
Progr.

Stern, Emil, aus Homberg ⟨Oberhessen⟩: Über die Ätiologie und Lokalisation der Sehnenscheidentuberkulose. *Freiburg i. B.: Speyer & Kaerner 1903.* (21 S.) 8°
Freiburg i. B., Med. Diss. v. 1903

Stern, Emil, über die Aetiologie u. Lokalisation der Sehnenscheidentuberkulose. Diss. (21 S.) gr. 8. Freiburg i/B. 903. Speyer & Kaerner. n. — 60

Stern Dr. Emil: Das deutsche Epos des 17. Jahrh. (24. 34). Budweis R. 95. 96.
Progr.

Stern, Emil (Alsfeld)
Grundzüge des hessischen und preußischen Grundbuchrechts.
Giessen: Keller 1879. 40 S.
Diss. jur. 6.10.1879. vorh. 26. 11.

Stern, Emil, das Leben der Wörter, s. a. Sammlung gemeinnütziger Vorträge. Nr. 314.

(F) **Stern, E.**, Das Leben der Wörter. [Sammlung gemeinnützigen Vorträge. Nr. 314.] 8°. (Pag. 176—190.) † K —.20 Prag: Calve 1904.

Stern, Aemil. (geb. Breslau 12. 6. 1839): De meningitide tuberculosa. Berolini (1862). (32 S.) 8°
Berlin, Med. Diss. v. 3. Apr. 1862

Stern Emil: Das Deutsche Renaissanceepos von Opitz bis Postel.
H. 1888 PN 526 **Diss.** Wien, Univ. 39

— **Zur Schillerfeier. (Ansprache an die Schüler). 8. ibd. 05.** Progr.

Stern, Emil, appr. Arzt aus Hoerde: **Aus d. Bonner med. Klinik. Trauma und Lungentuberkulose.** *Bonn 1903: C. Georgi.* (39 S.) 8°
Bonn, Med. Diss. v. [19. Nov.] 1903

Stern Dr. Emil: Tropus und Bedeutungswandel. 14. Wien I. R. 01. Progr.

Stern, Emilie, neueste Blumensprache. (VI, 55 S.) Alsleben. Aschersleben 878. Schlegel. n. — 40

Stern, Ephraim. (geb. Sohrau in Oberschles. 30. 3. 1838): De historia hydropis scarlatinam excipientis eiusque causis. Berolini (1860). (34 S.) 8°
Berlin, Med. Diss. v. 22. März 1860

Stern, Ephraim (geb. Sohrau in Oberschles. 20. 4. 1840): De syphilide congenita. Berolini (1860). (32 S.) 8°
Berlin, Med. Diss. v. 27. Okt. 1860

Stern, Erich, approb. Arzt aus Berlin: **Die Geschichte der Behandlung des Nachgeburtszeitraumes.** *Berlin 1903: S. Scholem.* (48 S.) 8°
Leipzig, Med. Diss. v. (27. Febr.) 1903

Stern, Ernst (von)

Storn, E. v., Catilina u. die Parteikämpfe in Rom der Jahre 66—63. Hab. 178 S. 1888. 8.—

Stern, Ernst v., Catilina und die Parteikämpfe in Rom der J. 66—63. Abhandlung. gr. 8. (178 S.) Dorpat 883, (Karow.) *

Stern, E. v.: Zur Entstehung u. ursprünglichen Bedeutung d. Ephorats in Sparta, s. Studien, Berliner, f. classische Philologie u. Archäologie.

— Geschichte der spartanischen u. thebanischen Hegemonie vom Königsfrieden bis zur Schlacht bei Mantinea. (Inaugural-Dissertation.) gr. 8. (X, 248 S.) Dorpat 884. (Karow.) n. 4. 80

Stern, E. v., Xenophon's Hellenika u. die böotische Geschichtsüberlieferung. Eine histor. Quellenstudie. gr. 8. (III, 71 S.) Dorpat 887. Karow. n. 1. 80

Stern, Ernst, s.: Hurrah, der.

Stern, Ernst, a. Camen: Die chemische Kinetik der Benzoinsynthese ⟨Cyanionenkatalyse.⟩ ⟨Mit 2 Figuren im Text.⟩ Leipzig: W. Engelmann 1904. (51 S.) 8° ¶(Aus: Zeitschrift für physikal. Chemie, Bd 50.)
Heidelberg, Naturw.-math. Fak., Ref. Curtius, Diss. v. 6. Jan. 1905
[Geb. 30. Juli 81 Camen; Wohnort: Cöln; Staatsangeh.: Preußen; Vorbildung: Oberrealsch. Cassel mit Nachprüf. im Lateinischen am Realgymn. Cassel Reife O. 00; Studium: Leipzig 3, Heidelberg 6 S.; Rig. 7. Juli 04.]

Stern, Ernst, die rote Laterne, s.: Künstlerhefte der lustigen Blätter.

Stern, Ernst [app. Arzt aus Fulda]: Ueber Meningitis cerebrospinalis epidemica. . . . München: Buchdr. v. M. Ernst 1889. 42 S. 8°
München, Med. Fak., Inaug.-Diss. v. 1889

Stern, E. v., s.: Museum, das, der kaiserl. Odessaer **Gesellschaft f. Geschichte u.** Altertumskunde.

Stern, E. v., Terracotten, s.: Derewitzky, A.

Stern, E. v., Theodosia u. seine Keramik, s.: Museum, das, der kaiserl. Odessaer Gesellschaft f. Geschichte u. Altertumskunde.

Stern, E. v.: Das Hannibalische Truppenverzeichnis bei Livius (XXI, c. 22), s.a. Studien, Berliner, f. classische Philologie u. Archäologie.

Das Hannibalische Truppenverzeichnis bei Livius ⟨XXI, C. 22⟩. Von E[rnst] v. **Stern,** Prof., Odessa. Berlin: S. Calvary & Co. 1891. (37 S.) 8°
= **Studien,** Berliner, f. classische Philologie u. Archaeologie. Bd 12, H 2. [e6. 7734

Stern, Ernst [aus Löwen i. W.]: Zur Urethroplastik beim Weibe ... Heidelberg, Univ.-Buchdr. v. J. Hörning, 1893; 29 S. 8.
Heidelberg, Med. Fak., Inaug.-Diss. v. [6. März] 1893

Stern, Ernst, zur Urethroplastik beim Weibe. Diss. gr. 8. (29 S.) Heidelberg 893. (J. Hörning.) n. — 80

Stern, Eug. Martin Butzer. Ein Lebensbild aus der Geschichte der Straßburger Reformation. Gedächtnißblätter zur 400jähr. Jubelfeier seines Geburtstages. gr. 8. (87 S. m. 1 Bildniß.) Straßb. i. E. 891, Straßburger Druckerei u. Verlagsanstalt. ** — 50
Aus: Elsäß. evangel. Sonntagsblatt, besonders abgedruckt.

Stern, Eug., zur Geschichte der evang.-kirchl. Missionsgesellschaft im Elsaß. Ein Beitrag zur evangel. Kirchengeschichte Straßburgs im XIX. Jahrh. 68. Jahresbericht. (56 S.) 8. Straßburg (905). Buchh. der ev. Gesellschaft. n.n. — 60

Stern, Eug., die rechtl. Grundlagen des St. Thomasstiftes u. das Gesetz v. 29. XI. 1873. (58 S.) 8. Straßburg 907. Schlesier & Schweikhardt. — 60
Sonderabdr. aus: „Straßburger Zeitg."

Das St. Thomaskapitel und das Gesetz vom 29. November 1873. Eine Studie von Eugen **Stern,** Pfarrer an St. Thomae, Mitgl. d. Thomaskapitels. *Strassburg i. E.: Ev. Gesellsch. (1903).* (31 S.) 8° [F.]
Aus: Strassburger Zeitung. [03. 3521

Stern, F. (Pseud.), s. Hecht, Max

Stern, F., die „Drei-Lilien" v. Harburg a/Elbe. Die neuesten Forschgn. in der alten Geschichte v. beinahe weltgeschichtl. Bedeutg. gr. 8. (40 S.) Harburg (896). (F. H. W. Reichenau.) n.n. — 40

[F. u. Ant.] Führer durch Schwarzort und Umgebung. Von Dr. F. **Stern** ... *Königsberg i. Pr.: [W. Koch in Comm.]; Dr. v. A. Hausbrand's Nachf. 1894.* (20 S.) 1 Bd 8. [96. 4082

Stern, Felix: Beiträge zur Frage nach Verlauf und Ausgang der Katatonie. Berlin 1909: G. Schade. 38 S. 8°
Freiburg i. B., Med. Diss. v. 1909, Ref. Hoche
[Geb. 5. Apr. 84 Gr. Glogau; Wohnort: Emmendingen; Staatsangeh.: Preußen; Vorbildung: Wilhelms-Gymn. Berlin Reife M. 02; Studium: Berlin 10 S. Coll. 12 Feb. 09.] [U 09. 980

Die Ansiedelung am Pecos. Eine Erzählung aus d. Südwesten. Von Fr. **Stern.** *Styrum & Leipzig: A. Spaarmann [1899?].* (32 S.) 8° [F.]
— Jugend-Bibliothek, Kleine. No 118. [01. 4350

Die Farm in der Seebucht. Eine Erzählung aus Kanada. Von Fr. **Stern.** *Styrum & Leipzig: A. Spaarmann [1899?].* (32 S.) 8° [F.]
— Jugend-Bibliothek, Kleine. No 117. [01. 4349

Das entdeckte Geheimnis. Eine Erzählung aus d. Leben d. Hinterwäldlers. Von Fr. **Stern.** *Styrum & Leipzig: A. Spaarmann [1900?].* (31 S.) 8° [F.]
— Jugend-Bibliothek, Kleine. No 122. [os. 4554

Die Goldsucher. Eine Erzählung aus Neu-Mexiko von Fr. **Stern.** *Styrum & Leipzig: A. Spaarmann [1899?].* (31 S.) 8° [F.]
— Jugend-Bibliothek, Kleine. No 121. [os. 4553

Nach Kalifornien. Eine Erzählung aus d. Westen. Von Fr. **Stern.** *Styrum & Leipzig: A. Spaarmann [1899?].* (32 S.) 8° [F.]
— Jugend-Bibliothek, Kleine. No 120. [os. 4552

In der Prärie. Eine Erzählung aus d. Trapperleben. Von Fr. **Stern.** *Styrum & Leipzig: A. Spaarmann [1899?].* (31 S.) 8° [F.]
— Jugend-Bibliothek, Kleine. No 124. [os. 4556

Die beiden Präriejäger. Eine Erzählung aus d. Indianergebiet. Von Fr. **Stern.** *Styrum & Leipzig: A. Spaarmann [1899?].* (31 S.) 8° [F.]
— Jugend-Bibliothek, Kleine. No 119. [os. 4551

Vom Stift zum Handelsherrn. Ein deutsches Kaufmannsbuch v. Fr. Wilh. **Stern.** Stuttgart, Berlin, Leipzig: Union [1905]. (382 S.) 8° [F.] [07 898

Stern, Fr. Wilh., vom Stift zum Handelsherrn. Ein deutsches Kaufmannsbuch. 2. Aufl. (VIII, 382 S.) 8. Stuttgart (905). Union. Geb. in Leinw. n. 5. —

Vom Stift zum Handelsherrn. Ein deutsches Kaufmannsbuch von Fr. Wilh. **Stern.** 6. Aufl. Stuttgart, Berlin, Leipzig: Union [um 1906]. 382 S. 8° [09. 18182 II

Stern, Fr. Wilh., vom Stift zum Handelsherrn. Ein deutsches Kaufmannsbuch. 8. u. 9. Aufl. (VIII, 382 S.) 8. Stuttgart (907. 09). Union. Geb. in Leinw. 5. —

Stern F W, vom Stift zum Handelsherrn. 10. Auflage. (382 S) Stuttgart (1909)

Stern, Frdr., s.: Gesangs-Komiker, der.

[Stern, Friedrich Sigismond.] Die Trachten der XII Kirchspiele des Oeselschen Kreises Lith in Arensberg, auf der Insel Oesel. [1856—71]. [Umschlagtit.].
20 farb. Taf. 4°.
Zeichner: F. S. Stern.

— Album Öselscher Bauerntrachten. Neudruck Riga, G. Löffler (1914)
3 Bl.; 13 farb. Taf. 8°.
Neudruck nach dem vorigen.

Stern, Fritz, gegen Abend . . . kl. 4. (143 S.) Genf 896. H. Robert. n. 2. —

Stern, Fritz, das große Buch der komischen Vorträge, s.: Neuberg, Herm.

— Max Klinger. Menschheitsphantasieen. 12. (149 S.) Berlin 898. Schuster & Loeffler. 2. —; geb. 3. —

Stern, Gg. Über das persönliche Geschlecht unpersönlicher Substantiva bei Shakespeare. 63 S. Progr. Vitzt. *Dresden* 1881.

Stern, G. Ueber das persönliche Geschlecht unpersönlicher Substantiva bei Shakespeare. Diss. Leipzig, u. Dresden, Vitzth.-G., 1881. 63 S. 4.

Stern, Geo., französ. Grammatik, s.a. Buchner's Lehrmittel f. den französ. Unterricht.

Stern, Geo., französische Grammatik. 1. Tl. Laut-, Schrift- u. Formenlehre. 2. verb. Aufl. (Buchners Lehrmittel f. den französ. Unterricht.) gr. 8. (VIII, 104 S.) Bamberg 901. C. C. Buchner's Verl. Geb. in Leinw. n. 1. 50

Stern, Geo.: Französisches Lesebuch f. die Mittelstufe, s. Buchner's Lehrmittel f. den französischen Unterricht.

Stern, Georg: Ueber mikrophonische Tonstärkemessung. . . . Leipzig, J. A. Barth, 1890; 31 S. 8°
Königsberg, Phil. Fak., Inaug.-Diss. v. 23. Dez. 1890

Stern, Gotthold [aus Seesen (Braunschweig)]: Untersuchungen an einer elektrodynamischen Maschine . . . . Hildesheim, Druck v. August Lax, 1885; 40 S. + 1 Bl. u. 2 Taf. 8°.
Göttingen, Phil. Fak., Inaug.-Diss. v. 1885.

Stern, Ghold., Untersuchungen an e. elektro-dynamischen Maschine. gr. 8. (49 S. m. 2 Steintaf.) Hildesheim 885. Lax. n. 1. 50

Stern, Gust. (geb. Soest 3. 8. 1826): De morbo syphilitico. Berolini (1850). (26 S.) 8°
Berlin, Med. Diss. v. 13. März 1850

Stern, H.

—— Geist d. gemeinen u. Decimal-Bruchrechnung, nebst Werth u. Verhältnisse d. meisten gangbaren Münzen, Maaße u. Gewichte. Für Schüler, Lehrer, Kauf- u. Geschäftsleute. 8. (10¼ B.) Würzburg 831, (Stahel.)

Stern, Hans, appr. Arzt a. Nordhausen: Einige Untersuchungen über chemische Unterschiede zwischen den roten und weissen Muskeln des Rindes. Würzburg 1904: F. Scheiner. (21 S.) 8°
Würzburg, Med. Fak., Ref. Lehmann, Diss. v. 21. Sept. 1904
[Geb. 3. Febr. 81 Nordhausen; Wohnort: Nordhausen; Staatsangeh.: Preußen; Vorbildung: Gymn. Nordhausen Reife M. 99; Studium: München 2, Würzburg 3, Berlin 2, Würzburg 2 S.; Coll. 29. Juli 04; Approb. 9. Juni 04.]

Stern Hedwig. Über das Pinakon aus Äthylphenylketon. S. 114. Hb. 1907 . . . . . . vgr.
Separatabdruck

Stern, Heinrich, Ref. in Lindow i. Mark: Beitrag zur Impensenlehre des römischen Rechts ⟨lex 38 Dig. de rei vindicatione 6,1⟩ unter vergleichender Berücksichtigung der Vorschriften des BGB. ⟨§§ 994 ff.⟩ Borna-Leipzig 1906: R. Noske. (VIII, 53 S.) 8°
Leipzig, Jur. Fak., Diss. v. 22. Febr. 1906
[Geb. 16. Juni 82 Berlin; Wohnort: Lindow; Staatsangeh.: Preußen; Vorbildung: Luisen-Gymn. Berlin Reife O. 02; Studium: Freiburg i. B. 1, München 1, Berlin 4 S.; Rig. 29. Sept. 05.]

Stern, Heinrich, Ref. in Nordhausen: Der contrarius consensus im Rechte des Bürgerlichen Gesetzbuches. Nordhausen 1906: E. Strecker. (60 S.) 8° [F.]
Leipzig, Jur. Fak., Diss. v. 21. Febr. 1906
[Geb. 17. März 82 Nordhausen a. H.; Wohnort: Nordhausen; Staatsangeh.: Preußen; Vorbildung: Gymn. Nordhausen Reife O. 01; Studium: Leipzig 3, Berlin 1, Halle 2 S.; Rig. 23. Sept. 04.]

Stern, Henricus (*geb. Sohrau in Oberschles. 15. 7. 1833*): De tumorum inguinalium diagnosi. Vratislaviae (1856). (33 S.) 8°
Breslau, Med. Diss. v. 25. Juli 1856

Stern, Heinrich [pr. Arzt]: Eine Frucht mit Eventration und mehreren anderen Missbildungen. M. Abbildg . . . Königsberg i. Pr., Druck v. M. Liedtke, 1896; 2 Bl., 17 S., 2 Bl., 1 Taf. 8.
Königsberg, Med. Fak., Inaug.-Diss. v. 25. März 1896

Stern, Heinr., e. Frucht m. Eventration u. mehr. and. Missbildgn. Diss. gr. 8. (17 S. m. 1 Taf) Königsberg 896. (W. Koch.) n. 1. —

Stern, Heinr. am, die Welt geht unter! od. die Schlußscene d. großen Weltdramas. 8. (30 S.) Altona 871. Verlags-Bureau. — 30

Stern, Hella, sein dunkler Punkt. Frei nach dem Engl. (154 S.) gr. 8. Berlin (910). Zehlendorf, R. Eckstein Nachf. 3. 50

Stern, Herm. (israelit. Präparandenlehrer in Heidingsfeld b. Würzb.), die *Christen unter den Juden*, od.: Wie würde es den Christen gehen, wenn die Juden die herrschende Nation wären? Ein Seitenst. zu der Schrift: „Die Juden unter den Christen." Nebt e. Schreiben an d. Hrn. Pfarrer *Oertel* zu Markt-Lenkersheim. Mit e. Vorw. vom Frhrn. (*E. C.*) *v. u. zu Dalberg* (d. Juden-Protektor). Würzburg, 1828. Auf Kosten d. Verf. Gedr. bei Frz. Bauer. 8°. 39 S. Cart.*) Umschl. gestemp.

Stern, H., die Christen unter den Juden, od.: Wie würde es d. Christen gehen, wenn d. Juden d. herrsch. Nation wären? Ein Seitenstück zu der Schrift: „die Juden unt. d. Christen." Nebst e. Schreiben an d. Hrn. Pfarr. Oertel. Mit Vorw. v. Frh. v. u. zu Dalberg. gr. 8. (2½ B.) Würzburg 828, (Strecker.)

Stern, Hermann, a. Würzburg: Über Diaminobernsteinsäure-äthylester. Würzburg 1905: H. Stürtz. (35 S.) 8°
Würzburg, Phil. Fak., Ref. Tafel, Diss. v. 10. Jan. 1906
[Geb. 15. Okt. 80 Würzburg; Wohnort: Würzburg; Staatsangeh.: Bayern; Vorbildung: Realgymn. Würzburg Reife Juli 00; Studium: Würzburg 10, Berlin 1 S.; Rig. 12 Dez. 05.]

Stern, Herm., Glaubensgründe. 8. (3½ B.) Frankfurt a. M. 846, (Zimmer.) *

Stern, Hermann, aus Feuchtwangen (Mittelfranken): Ueber Isomerie in der γ-Diketonreihe. *Berlin (1898): Ch. Wiegler Nachf.* (35 S.) 8°
Erlangen, Phil. Diss. v. 24. Mai 1898

STERN, HERMANN. Ueber Isomerie in der γ-Diketonreihe. (Erlangen.) Berlin, 1899.

Stern, Herm., das Israelitenthum in seiner Würde u. Bürde. 1. Sendschr. an d. Theologen. gr. 8. (5½ B.) Würzburg 836, (Strecker. ?) *

Stern, Herm., Kabel-Schlüssel f. den Verkehr zwischen .... gr. 8. (III, 160 S.) Heilbronn 885. (Becker.) für 2 Explre. n. 50. —

Stern, Hermann [pr. Arzt aus Lohrhaupten, '(Hessen-Nassau)']: Casuistik der syphilitischen Erkrankung des Tarsus nebst e. Beitr. ... Würzburg, Etlinger's Buchdr., 1892; 28 S. 8.
Würzburg, Med. Fak., Inaug.-Diss. v. 1892

Stern, Herm., die Konfirmation der Israeliten nebst Prüfung u. Glaubensbekenntniss der Konfirmanden. Oder: das Judenthum in seiner Grundlage. Würzburg. 1829. Gedr. bei Jos. Dorbath. Eigenthum d. Vf. 8°. Tit. gestemp. Ppb.
XXIV 203 S.

— die Confirmation der Israeliten, nebst Prüfung u. Glaubensbekenntniß der Confirmanden. Oder: Das Judenthum in seiner Grundlage. 8. Würzb. 829. (Stahel). 16 Gr

—— עץ החיים Der Lebensbaum. Angebinde f. israelit. Konfirmanden beiderlei Geschlechtes. Oder: Das Judenthum in seiner Grundlage. 2. Thl. Mit 3—400 treu übersetzten Orig.-Stellen aus d. Talmud. 8. (16½ B.) Würzburg 835, (Strecker.?) *
1. Thl. . . . . ?

— עין הקורא Leseauge. Gründliche Lehre u. Anwendung der hebräischen Accentuation. Mit 900 nachweisend. Stellen. gr. 8. Frankfurt a. M. 840. Sauerländer. ½ Thlr

Stern, Hermann, Referendar: Der Mäklervertrag nach bürgerlichem Recht. Frankfurt a. M. 1909: Golde. 73 S. 8°
Marburg, Jur. Diss. v. 13. Sept. 1909, Ref. Leonhard
[Geb. 11. Juni 86 Marburg; Wohnort: Kassel; Staatsangeh.: Preußen; Vorbildung: Gymn. Marburg Reife O. 05; Studium: Marburg 5, Berlin 1 S.; Rig. 28. Juli 09.] [U 10. 3315

Stern, H[ermann]: Eine historische Studie über das eigenhändige Testament. Freiburg i. B. 1908: Hochreuther. 77 S. 8°
Freiburg i. B., Rechts- u. staatsw. Diss. v. 1908, Ref. Schultze
[Geb. 12. Okt. 82 Jassy; Wohnort: Jassy; Staatsangeh.: Rumänien; Vorbildung: Lyz. Jassy Reife O. 03; Studium: Berlin 4, Freiburg i. B. 4 S.; Rig. 10. Juni 07.] [U 09. 898

Stern, Hermann Alexander: Drei Lammbluttransfusionen bei Phthisikern. Halle (1874): Plötz. 61 S., 3 Taf. 8°
Halle-Wittenberg, Med. Diss. v. 24. Dez. 1874
Geb. Herzberg (Kr. Schweinitz) 18. 4. 1849. V.

Stern, Hubert [Übers.]
Leben und Sitte in England. Aus dem Engl. übers. Bdchn 1.2.
Frankfurt a.M.: Wilmans 1826. 8°

Stern Hugo: Studien zu dem Gelegenheitsgedichte Clement Marots.
II. 1908 PN 2593 Diss. Wien, Univ. 2295

Stern, J. Die Bismarckspende. Lustspiel in 2 Aufzügen. 16. (31 S.) Stuttg. 891, Dietz. — 15

Stern, J., die Branntweinsteuervorlage nach den Beschlüssen der Reichstagskommission kritisch besprochen. 8. (24 S.) Posen 887. (Türk.) n. — 50

—— Einfluß d. sozialen Zustände auf alle Zweige des Kulturlebens. 1.—3. Aufl. 8. (39 S.) Ebd. 888—91. — 80

— Erhöhung der Branntweinsteuer ohne Contingentirung u. ohne Schädigung der Produzenten; Ausgleichsvorschläge. 8. (16 S.) Posen 887. Türk. n. — 50

Stern, J., Festpredigten. gr. 8. (IX, 107 S.) Eßlingen 878. (Leipzig, Friese.) n. 1. 50

Stern, J., die Frau im Talmud. Eine Skizze. 8. (47 S.) Zürich 879. Berlin, M. Poppelauer. n. 1. —; ermäss. Pr. — 50

Stern, J. (I.), die Frau im Talmud. Eine Skizze. 8. (47 S.) Zürich 879, Verlags-Magazin. *

—— Halbes u. ganzes Freidenkerthum. Zeit- u. Streitschrift. 1.—3. Aufl. 8. (20 S.) Ebd. 888—91. — 15

Stern, J., Halbes und ganzes Freidenkerthum. Zeit- und Streitschrift. 2. Aufl. 8°. Stuttgart, Dietz, 1889. 3. Aufl. 8°. Berlin 1890.

Stern, J., illustrirter Führer durch Württemberg [Schwaben]. Mit 24 Illustr. u. 3 Karten. 8. (VII, 182 S.) Wien 886. Hartleben. geb. n. 3. 60

Stern, J., Gebet- u. Andachtsbüchlein zum Gebrauch für israelitische Schulanstalten. 2. verm. Aufl. Nebst einem systematisch geordneten Spruchbuch als Handbuch für israelitische Religionsschüler. Braunschweig 870. J. H. Meyer. gr. 16. (X, 140 S.) 9 ngr.;
Spruchbuch (59 S.) apart 3⅓ ngr

Stern, J. (II.), Giebt es Gespenster? Ein Beitrag zur Bekämpfung des Aberglaubens. gr. 8. (26 S.) Waldshut 884, Zimmermann.

Stern, J., שלהבת יה Gottesflamme. Religiöse Reden üb. die Festtage, Wochenabschnitte u. verschiedene Gelegenheiten. 1. u. 2. gr. 8. (X, 288 u. VI, 148 S.) Berlin 872. 73. Benzian. à n. 4. —

— Nach zwölf Jahren. 8°. London, German Printing and Publishing Co., 1890.

Stern, J., Jesus, die ewige Wahrheit, der einzige Weg zum Himmel, das ewige Leben. Vollständ. christkathol. Gebetbuch. 12. Regensburg 840. Reitmayr. ¼ Thlr

—— Die soziale Krankheit, ihre Ursachen u. ihre Heilung. 2. stark verm. u. verb. Aufl. 8. (63 S.) Stuttg. 889, Kaliwoda. — 40

Stern, J., Lichtstrahlen aus dem Talmud, s. a. Universal-Bibliothek. Nr. 1733.

Stern, J. (Rabbiner). Lichtstrahlen aus dem „Talmud". In-8⁰, 68 S. Zürich, Verlagsmagazin (J. Schabelitz), 1882.

— der Materialismus vor dem Forum des Sittengesetzes. Vortrag. 8. (20 S.) Stuttgart 882. Kohlhammer. n. — 30

— der „historische Materialismus" u. die „Theorie des Mehrwerths" v. K. Marx, s. a. Sammlung gesellschaftswissenschaftlicher Aufsätze.

— Der „historische Materialismus" und die Theorie des Mehrwerths von K. Marx. Eine populäre Darstellung. (Sammlung gesellschaftswiss. Aufsätze, Heft 6.) 8⁰. München 1894.

— Morgenroth. Sozialdemokratische Fest- u. Zeitgedichte. Mit e. Anh.: Prologe u. Festspiele. 8. (156 u. III S.) Stuttgart 894. Calwerstr., M. Helzle. n. — 50

— die Philosophie Spinoza's. Erstmals gründlich aufgehellt u. populär dargestellt. 8. (VIII, 184 S. m. Bildnis.) Stuttgart 890. J. H. W. Dietz. n. 1. —; geb. n. 1. 50

— dasselbe. 2., verb. Aufl. 8. (VIII, 192 S. m. Bildnis.) Ebd. 894. n. 1. —; geb. n. 1. 50

— Die Philosophie Spinozas. Erstmals gründlich aufgehellt u. populär dargestellt. 3., stark verb. Aufl. (VIII, 192 S. m. 1 Bildnis.) 8. Stuttgart 908. J. H. W. Dietz Nachf. 1.50; geb. 2.—

Stern, J. (H.), die Religion der Zukunft. (VIII, 111 S.) 1883; 2. Aufl. 8. (VIII, 112 S.) Stuttgart 884, Dietz.

— die Religion der Zukunft. 3., neu bearb. Aufl. 8. (96 S.) Stuttgart 889. Dietz. n. — 50

Stern, J. Arthur Schopenhauer. Zu dessen 100jährigem Geburtstag. Gr. in-8⁰, 29 S. Zürich, Verlagsmagazin (J. Schabelitz). 1888. 1 —

Stern, J.: „Tabelle für Kaufleute und Capitalisten, die ohne zu rechnen, den Werth und das Verhältniss der Staatspapiere nach ihrem Verluste zu wissen wünschen", Frankfurt a. M. 1796 (Dietz).

Stern, J., Tabelle für Kaufleute u. Capitalisten rc. 8. Frkf. a. M. 796. Zeßler. (Dietz). 4 gr.

— Thesen üb. den Sozialismus, sein Wesen, seine Durchführbarkeit u. Zweckmäßigkeit. 2. Aufl. 8. (52 S.) Stuttgart 889. Dietz. — 30

—— Thesen über den Sozialismus, sein Wesen, seine Durchführbarkeit u. Zweckmäßigkeit. 4. verb. Aufl. 8. (64 S.) Ebd. 891. — 30
1.—3. Aufl. Ebd. 1889,90.

Stern, Rabbiner in Buttenhausen (Würtemb.), Thierquälerei u. Thierleben in d. jüdischen Literatur. Zürich, Verlags-Magaz. (J. Schabelitz), 1880. 8⁰. 48 S. Beibd.

— unbeschränkte Volksvermehrung od. sind viele Kinder e. Segen? 8. (VII, 75 S.) Stuttgart 883. Scheible. n. 1. —

STERN, J., Unbeschränkte Volksvermehrung, oder sind viele Kinder ein Segen? Stuttgart, Scheible, 1884. 8⁰. (Mk. 1.) 75 S.

— — Dasselbe. 2. Aufl. Ibid. eod. a. 8⁰.

— Der Werth der Organisation. Den Arbeiter-Fachvereinen gewidmet. 8⁰. Stuttgart, Heinrich Wandt, s. a.

— Die positiven Ziele des Socialismus. 8⁰. Stuttgart, Druck von Christmann u. Mauser, 1887.

— Gedächtniß göttl. Wunder durch 8 Reden vorgestellt. 8. Jena, Cröcker. 743.

Stern, J. Ch.

Stern, J. F., Predigt bei Eröffnung der Kreissynode 1817. 8. Wittenb. 818. (Leipz., Kummer). 3 gr.

Stern, Jacques, Rechtsphilosophie u. Rechtswissenschaft. (47 S.) gr. 8. Berlin 904. J. Guttentag. n. 1. 20

Stern, Jacques, Kammergerichts-Ref.: Ueber das Verhältniss zwischen Nöthigung und Erpressung, zugleich als Beitrag zur Lehre von der Subsidiarität der Nöthigung. *Berlin (1901): E. Ebering.* (129 S.) 8⁰
Berlin, Jur. Diss. v. 14. März 1901

Stern, Jacques, üb. das Verhältniss zwischen Nöthigung u. Erpressung, zugleich als Beitrag zur Lehre v. der Subsidiarität der Nöthigung. gr. 8. (129 S.) Berlin 901. E. Ebering. n. 3. 60

Stern, Jakob

Stern, Jacob [aus Obermoschel (Pfalz)]: Über Derivate der Cinnamenylpropionsäure. . . . Strassburg, Univ.-Buchdr. v. J. H. Ed. Heitz (Heitz & Mündel), 1888; 36 S. 8⁰
Strassburg, Math.-Naturw. Fak., Inaug.-Diss. v. 1888

Gott? Gottglaube oder Atheismus? Von J[akob] Stern. Berlin: Vorwärts 1907. (30 S.) 8⁰ [F.] 07. 13779

Stern, Jak(ob), Assistenzarzt an d. Augenklinik in Bromberg: Ueber ein bisher unbekanntes Hornhautphänomen bei Trigeminusanästhesie. Stuttgart 1908: Hoffmann. (14 S.) 8⁰
Breslau, Med. Fak., Ref. Uhthoff, Diss. v. 10. Juli 1908
[Geb. 28. Juli 80 Mülheim a. Ruhr; Wohnort: Bromberg; Staatsangeh.: Preußen; Vorbildung: Gymn. Mülheim Reife O. 99; Studium: Bonn 4, München 3, Bonn 3 S.; Coll. 15. Febr. 08; Approb. 15. April 04.]

Dr. Salomon Rubin. Sein Leben u. seine Schriften. Von J[akob] Stern in Stuttgart. Krakau: Wetstein in Komm. 1908. 60 S. 8⁰

Tod der Todesstrafe! Von J[akob] Stern. Berlin: Vorwärts 1909. 28 S. 8⁰ 09. 13188

— Die Werttheorie von Karl Marx. In populärer Kürze. 8⁰. Stuttgart, E. Fuchs, 1889.

Stern, J., der Zukunftsstaat. Thesen üb. den Sozialismus. Sein Wesen, seine Durchführbarkeit u. seine Zweckmäßigkeit. 5., wesentlich verb. Aufl. (40 S.) 8. Berlin 906. Buchh. Vorwärts. n. — 60

Stern, Jérôme, die gebührenrechtl. Behandlg. des Kaufvertrages u. verw. Rechtsgeschäfte, s.: Bergmann, Siegfr.

Katalog der Städtischen Nordfront-Bücherei, Rötgerstrasse 5 [in Magdeburg]. Bearb. von Ilse Stern. Magdeburg 1908: Zacharias. Getr. Pag. 8⁰

Stern, Joachim, aus Georgenburg: Beiträge zur Kenntnis einiger Diketone. *Heidelberg 1902: J. Hörning.* (39 S.) 8°
Heidelberg, Naturw.-math. Diss. v. 1902

Stern, Jh. Chr., († ...) Lebensbeschreibb. der Herren Pastoren u. Superintendenten d. Stadt u. Dioeces Bischofswerda; nebst kurzer Nachr. von d. Archi- u. Diaconis an der Kirche allda. 8. Dresd. 754. ... 4 gl

Stern, Jh. Eph., († d. 29. Nov. 1787.) Samml. e. schriftmäßigen Reden, welche bei unterschiedl. Amtsverrichtungen gehalten worden. Mit e. Vorr. v. J. G. Walch. 8. Jena 750. Gollner. 5 gl

— der beschämte Unglaube der letzten Zeiten, durch öffentl. Reden. 8. Jena 751. Gollner. 5 gl

Stern, Joh[annes] Georg Leonh[ard], a. Oberrad b. Frankfurt a. M.: Untersuchung über die Methoden zur Temperatur- und Wärmemessung bei höheren Temperaturen und die Bestimmung des Molekulargewichtes von Salzen, die in geschmolzenem Kaliumnitrat gelöst sind. Mit 20 Fig. u. 18 Kurventaf. im Text. Leipzig: W. Engelmann 1908. (64 S.) 8°
Leipzig, Phil. Fak., Ref. Le Blanc-Beckmann, Diss. v. 15. Febr. 1908
[Geb. 20. Febr. 83 Oberrad; Wohnort: Freiburg i. B.; Staatsangeh.: Preußen; Vorbildung: Mustersch. Frankfurt a. M. Reife O. 01; Studium: Techn. Hochsch. Darmstadt 3, Univ. Göttingen 2, Leipzig 7 S.]

Stern, Josef, s.a. Stern, Josef Michael

Stern, Jos., Anleitung zu e. naturgemäßen u. nützl. Pflege d. Bienen. gr. 8. (15¾ B. u. 1 Stnt.) Linz 840, Haslinger.

Stern, Josef [aus Frankfurt a. M.]: Ueber Chorea minor bei Erwachsenen mit letalem Ausgang ... Strassburg i. E., Buchdr. C. Goeller, 1894; 57 S., 1 Bl. 8.
Strassburg, Med. Fak., Inaug.-Diss. v. 1894

Stern, Jos. (II.), die Dampf-Tramway. Einfluss derselben auf das öffentl. Interesse, ihr Bau und ihr Betrieb. Ein Beitrag zur Lösung der Localbahnfrage. gr. 8. (V, 103 S. mit 5 lithogr. Taf.) Wien 882, [Lehmann und Wentzel.] Spielhagen und Schurich. *

Stern, Jos. (I.), hinter den Gittern. Erinnerungen und Studien. 8. (VIII, 347 S.) Mannheim 881, Bensheimer. *
geb. *M 6.; mit Goldschn. *

Stern, Jos., hinter den Gittern. Erinnerungen u. Studien. 8. (VIII, 847 S.) Mannheim 882. Bensheimer. n. 5. —; geb. n. 6 —; m. Goldschn. n. 6. 50

Stern, Jos., die Oekonomik der Localbahnen. Allgemeine Grundsätze zur Ermöglichung einer rationellen ökonom. Durchführung unserer Localbahnen; volkswirthschaftlich u. technisch beleuchtet. Gemeinfasslich dargestellt. gr. 8. (VIII, 91 S.) Wien 882. Spielhagen & Schurich. n. 3. —

Stern, Jos., die ewige Wahrheit. Der einzige Weg zum Himmel. Das ewige Leben Jesus. Vollständiges Christkathol. Gebethbuch. Mit Titelkpfr. 12. Linz 836. (Haslinger.) ½ gl

Stern, Jos., Wie kann man Bienenzucht mit Nutzen betreiben? (Abdr. aus der „Allgemeinen Land- u. Forstwirthschaftl. Zeitung.) Wien 854. (Dirnböck.) 12. (69 S.) 5 ngr.

Stern, Jos. — Wie kann man Bienenzucht mit Nutzen betreiben? (Abgedruckt aus der „Allgem. Land- und Forstw. Zeitung" 1854.) 8. (70 S.) Wien. Druck von K. Gerold und Sohn. 1854.

Stern, Jos., wie kann man Bienenzucht mit Nutzen betreiben? 2., verb. u. verm. Aufl. Linz 865. Haslinger. 12. (76 S.) 4 ngr.

Stern, Jos. Luitp., Wiener Volksbildungswesen. (102 S.) 8. Jena 910. E. Diederichs. 2.—; geb. 2.80

Stern, Josef Michael

Die Grundformeln der Differenzial-Rechnung mit Vermeidung des Begriffes von unendlich kleinen und verschwindenden Grössen entwickelt von Jos. Stern, P. der Math. — 1828. Ebend. — S. 3—8. — Dem Jahresberichte ist eine Ode in deutscher u. lat. Sprache [v. Eisenhofer] angefügt.
Progr. Würzburg.

Ueber den Zweck und Umfang des mathematischen Unterrichtes an den Gymnasien u. die vorzüglichsten Hindernisse, welche dem Gedeihen desselben im Wege stehen. Von Jos. Mich. Stern, P. der Math. — 1833. Ebend. — S. 3—17.
Progr. Würzburg.

Stern, Isaac, der Unterschied zwischen civilen und naturalen Eigenthumserwerbsarten im klassischen römischen Rechte. Inaugural-Dissertation. gr. 8. (52 S.) Würzburg 881, Stuber's Verlagsh. *

Stern, Isaac, der Unterschied zwischen civilen u. naturalen Eigenthumserwerbsarten im klassischen römischen Rechte. Inaugural-Dissertation. gr. 8. (52 S.) Würzburg 882. Stuber's Verl. n. 1. —

Stern, Itzig Feitel [Pseud.], s.a. Holzschuher, H. [wirklicher Name]

Stern, Itzig Feitel (d. i. Heinr. *Holzschuher*, privatisirte anfangs in Erfurt, dann in München, † ?), Gedichter vun dien grausse Lamden der Jüdischkeit, mit Nume — — —. Mit an *Anhängerlich* versiegen, vun wiegen die Lussnekouten Wort. 2. Aufl. Augsburg, 1828. Ich habs selber drucken gelasst, unn verkaufts aach selber. 8°. 40 S. Gebrauchssp. Ppb.
Darin u. a. jüd.-deutsche Parodien Schiller'scher Balladen, wie „der Gang nouch'n Eissenhammer", „dor Taacher" etc. — Andre Ausg.: Meissen, Goedsche, 1830. 8°. 2½ Bog.

Stern, Itzig Veitel, (Psdn.,) תראבּעכן אינע שטאַרקעס אח פ̄ שטערך געריכטעה das is: Gedichter, Perobeln unn Schnoukes; rousgegeben vun Herz Levi Oppenheimer. Mit an Anhängerlich versiegen, wou die Lussnekoutischen Wort drinne stenne, wie se haißen af deutsch. 2e verm. Auflag mit 12 gillmelirte Kupferstichlich ousgetapezirt. 8. Meiß. 830. Goedsche. 9 gl

Stern, Itzig Feitel, Gedichter, Perobeln unn Schnoukes, e Roretät poetische Parleschnur um de Kalle ihren Hals. 2., verm. Ouflag, mit eppese Roritát vun 12 gillmelirte Kupferstichlich (Stnt.) ousgetapezirt. (4¾ B.) 831. 9 Gr.. Zon 3. Mol oufgeliegt unn umgemelochenet, mit randglossenhaftige Ahnmerkinge behaft, mit en lexecumistische Anhängerlich vun wiegen de lussnekoutischen Wort versiegen, unn mit 11 ganz neue engl. Kupferstichlich (Stndr.) ausgetapezirt, wie mer se nor in Peris hoben kenn. 8. (à 6¾ B.) Meißen 833, Goedsche.
(1. Aufl.), vgl. Gedichter.

—— (dass.) Gedichter, Perobeln u. Schnoukes fer unnere Leute. 2. Thahl, ouder Knoblichblüthe unnere Leute de Sterne unn de Schlief dermit zu kränzen. Mit ganz rore Kupferstichlicher (3 Stndr.) unn e Mosik (2 Bl. qu. Fol.) ousgetapezirt, aach mit en Ahnhenkerlich versiegen. 8. (10 B.) Ebds. 833.

—— Lexicon d. jüd. Geschäfts- u. Umgangs-Sprache. 2 Thle. Vom Jüdischen in's Deutsche u. v. Deutschen in's Jüdische. Mit e. Anh. zur Erlern. d. Lussnekoudischen Sprache. — A. u. d. T.: Medrasch Sefer (aff mer habst Kenservazionslexekum) Minha Lussnekodesch aschkenas ve aschkenas Lussnekodesch. Wes Plaget. El Kizer Dakdek, lussnekoudisch ze lambene. Chittisch Meloche. — Jüdisch af deutsches unn deutsch af jüdisches Kenservazions-Lexekum. gr. 8. (11 B.) München 833, Jaquet.

—: *Lexikon der jüdischen Geschäfts- u. Umgangs-Sprache.* 2 Thle. Vom Jüdischen in's Deutsche u. vom Deutschen in's Jüdische. Mit e. *Anhang* zur Erlernung der Lussnekoudischen Sprache. 2. verm. u. verb. Aufl. Leipzig u. Meissen 1858. Goedsche'sche Verlags-Buchh. 8°. Beibd. *)
214 S. (incl. 6 Bll. Vorst.). Auf Bl. 5 werden eine Reihe seltener antisemit. deutscher etc. Bücher citirt — Gesammelte Schriften. Bd. 8.

—— Louberhüttenkranz fer dien Eisig Herzfelder seiner Louberhütt. Zor Ergötzlichkeit fer d. hochlöbl. Jüdenschaft an Schabbes unn Jontoff gewickelt unn gewunden. Mit en lexekalisches Warterbuch behaft unn mit Kupferstichlich (5 Stndr.) ganz feihn unn koscher ausgetapezirt. 8. (12¼ B.) Meißen 833, Goedsche.

—, *Louberhüttenkränz fer dien Eisig Herzfelder seiner Louberhütt.* Zor Ergötzlichkeit fer die houchlöbl. Jüdenschaft an Schabbes unn Jontoff gewickelt unn gewunden. Mit en *lexekalisches Warterbuch* behaſt unn mit Kupferstichlich ganz feihn unn koscher ausgetapezirt. (Vign.) Meissen, bei F. W. Goedsche, o. J. (c. 1835). — *A. E.:* Erfurt, gedr. bei J. J. Uckermann. 8⁰. Beibd.*)
5 Bll., 2 Musikbeil., XVI—176 S. — Gesammelte Schriften. Bd. 5.

Stern, Itzig Feitel, (Psdn.), Itzig's Liebschaft. Lstspl. in 1 A. 8. Augsb. 827. Kranzfelder. 4 gl.

—, *Die Manzepaziuhn der houchlöbliche kieniglich bayerische Jüdenschaft.* En Edress an die houchverehrliche Harren Landständ, ousgestodirt von Schächter Eisig Schmuhl in Kriegshaber, unn drücken gelosst — — —. Mit TKpf. Leipzig, Meissen u. Riesa, F. W. Goedsche'sche Buchh., o. J. 8⁰. Beibd.*)
TKpf. u. 31 S. — Gesammelte Schriften. Tb. 9.

•—— die **Manzepaziuhn** der houchlöbliche kieniglich bayerische Jüdenschaft. En Edreß an die houchverehrliche Harren Landständ, ousgestodirt vum Schächter Eisig Schmuhl in Kriegshaber. 8. (2 B.) Ansbach 834, Dollfuß.

—— die Linke **Massematten** d. houchlöbliche Jüdenschaft. E Psillelich zon Unterricht unn zor Erbauing fer unnere Leut. — Die Spitzbübereyen u. Gaunerstreiche d. Juden u. ihre verderbl. Umtriebe unt. d. Christen. Ein unentbehrl. Noth- u. Hülfsbüchl. f. Jedermann, insbesond. für d. Bürger u. Landmann, sich vor Schaden u. Unglück durch Juden zu bewahren, u. ihren betrüg. Kunstgriffen zu entgehen. Zur Belehr. u. Warnung hrsg. M. 1 Stndr., einigen jüd. Anecdoten u. Wortregister. 8. (8½ B.) Meißen 833, Goedsche.

—, *Die Linke Massematten* (d. h. betruger. Geschäfte) *der houchlöbliche Jüdenschaft.* E Psillelich zon Unterricht unn zor Erbauing fer unnere Leut. Geschrieben unn drucken gelosst vun — — —. / Die Spitzbubereyen u. Gaunerstreiche der Juden u. ihre verderbl. Umtriebe unter den Christen. Ein unentbehrl. Noth- u. Hulfsbuchlein f. Jedermann, insbes. f. den Bürger u. Landmann .... Mit 1 Kpf., einigen jüd. Anecdoten u. Wortreg. Meissen, bei F. W. Goedsche, o. J. (c. 1836). 8⁰. Eleg. Hpgmtb.*)
1 Bll., 126 S. — Gesammelte Schriften. Bd. 7.

—— der **Rekrut.** E miletär. Schlamassel fers Thioter. 3., ganz neue Meloche. 8. (3 B. u. 3 Stndr.) Meißen 833, Goedsche.
Aus dess. „Gedichter rc." (1. Thahl.) besond. abgedruckt.

Stern, Itzig Feitel, das **Schabbes-Gärtle** vun unnere Leut; eppes mit e Roritär Geblumes fürn Broutschmuck. E Chitisch Meloche. Mit eppes 9 Stuck ganz feine gillmelirte Kupferstichlich (Stndr.) behaft, unn spott wohlfel; ze liesen an Schabbes für unnere Leut. 1. Aufl. (14¼ B.) 832. 1 Thlr., 2., verm. u. jebess. A. (12 B. u. 5 Stnt.) 8. Meißen 835, Goedsche. Thlr.

—, *Das Schabbes-Gärtle vun unnere Leut.* Chittische Meloche. Eppes mit ä Roritüt Geblumes furn Brautschmuck. 4. Aufl. (Mit Kpfrn.) Meissen 1851. Fr. W. Goedsche'sche Buchh. — *A. E.:* Druck der Teubner'schen Offizin in Dresden. 8⁰. Eleg. Hpgmtb.*)
1½ S., von rechts nach links gez., u. 1 S. „Nouchred". — Gesammelte Schriften. Bd. 4.

† **Stern,** Itzig Feitel, (H. Holzschuher,) die Schabbes-Lamp vun pollische Messing mit ächt koschere Schimen ahngezündt. 8. (9½ B. u. 2 Stnt.) Meißen 835, Goedsche.

Stern, Itzig Feitel, (Schriften. 1. Thl.:) **Gedichter,** Perobeln unn Schnoukes fer unnere Leut. A Roretät poet. Parleschnur um de Kalle ihren Hals. 1. Thaal. Zon 4. Mol oufgeligt, vermehrt, unn mit randglossenhaftige Ahnmerkinge behaft, mit än lerecumistische Anhängerlich rc. unn mit 11 ganz neue engl. Kupferstichlich ousgetaplezirt rc. Eppes en Extre Roretät. 12. (107 S.) Meißen 851(52,) Goedsche'sche Buchh.

—— (dass. — 4. Thl.:) Das **Schabbes-Gärtle** vun unnere Leut. Chittische Meloche. Eppes mit ä Roritüt Geblumes fürn Brautschmuck. 4. Aufl. 12. (184 S. und 6 Stnt.) Ebds. 851.

Stern, Itzig Feitel, [Schriften. 4. Thl.:] Das Schabbes-Gärtle vun unnere Leut. Chittische Meloche. Eppes mit ä Roritüt Geblumes fürn Brautschmuck. 4. Aufl. 12. (184 S. m. 6 lith. Taf.) Ebd. 852. 27 ngr

—— (dass. — 10. Thl.:) **Verzaehlinge** un Schnoukes. Chittische Meloche. Mit eppes ganz raare Kupferstichlig vun Sam. Bernboom un Hersch Ely Mayer ausgetaplizirt. 12. (92 S. und 3 Stnt.) Ebds. 852.

Stern's, Itzig Feitel, gesammelte Schriften. Schneeberg, Goedsche. 8.
6. Thl.: Die Schabbes Lamp vun pollische Messing, mit ächt koschere Schimen. 2. Aufl. 860. (X, 142 S. u. 2 Lithogr.) 25 ngr
8. Thl.: Lexikon der jüdischen Geschäfts- u. Umgangssprache. 2 Thle. Vom Jüdischen in's Deutsche u. vom Deutschen in's Jüdische. Mit einem Anhang zur Erlernung der Lussnekoudischen Sprache. 2. verm. u. verb. Aufl. 858. (214 S.) 21 ngr

Stern der Jüngere, Itzig Veitel, in der Westentasche. E Sammling der neuesten Gedichter, Perobeln unn Schnoukes fer unnere Leut. Leipzig 856. Stoll. 32. (64 S.) 3 ngr

— אי׳ פ׳ שטערן אישראלס פערקעהר אונר גיוסט — das ist: Israels Verkehr u. Geist in jüdischen Charakterzeichnungen, Erzähll. u. Gedichten; hrsgg. v. David Löw Drachenfels. 8. Meiß. 830. Goedsche. 10 gl.

—— **Israels** Verkehr u. Geist in jüd. Characterzeichnungen, Erzählungen, Gedichten rc. Ein Schulkopfor f. d. hauchlöbl. Jüdenschaft. (1. Aufl.) Hrsg. v. Dav. Löw. Drachenfels. (8 B. u. Ttlvign.) 830. 10 Gr., 2., verb., verm. u. mit vielen Abbildn. verschönerte A. (8 B.) 8. Meißen 833, Goedsche.

—, *Verzachlinge un Schnoukes.* Chittische Meloche. Mit eppes ganz raare Kupferstichlig von Samuel Bernboom un Hersch Ely Mayer augetaplizirt. Leipzig, Meissen & Riesa 1852. Fr. W. Gödsche'sche Buchh. 8⁰. Beibd.*)
92 S., von rechts nach links gez. — Gesammelte Schriften. Bd. 10

Itzig Veitel Stern | der Jüngere. | Komische Vorträge in jüdischem Dialekt. | E Sammling | der neuesten | Gedichter, Perobeln unn Schnoukes | fer unnere Leut. | Dritte Auflage. | Reutlingen. | Druck und Verlag von Rob. Bardtenschlager. (= *Nro.* 131).
o. J., 48 S., 160 × 104, U.-Fig.: *Karikatur eines Juden,* 48 × 27. LBS d. D. oct K 3466.
Veitel Itzig ist eine Figur in Gustav Freytags *Soll und Haben.*

Stern, Itzig Veitel, der Jüngere. Komische Vorträge in jüd. Dialekt. E Sammling der neuesten Gedichter, Perobeln un Schnoukes fer unnere Leut. (48 S.) kl. 8. Reutlingen (910). R. Bardtenschlager. —20

Stern, Julius, approb. Arzt aus Fritzlar: Congenitale Anomalien der Uvula und des weichen Gaumens. *Würzburg 1901: Verlagsdruckerei.* (17 S.) 8°
Würzburg, Med. Diss. v. 1901

Stern, Julius (geb. Sohrau in Oberschles. 22. 10. 1853): Beitrag zur Kenntnis der extraperitonealen Beckentumoren. Berlin (1876). (56 S.) 8°
Berlin, Med. Diss. v. 1. Aug. 1876

Stern, Jul., das rothe Buch. Neue Märchen für mein Kind. 8. (IV und 132 S. mit einem Titelbild nach Ludw. Richter in Holzschn.) Leipzig 855(56,) Breitkopf und Härtel.

Stern, Julius *(geb. Katscher in Oberschles. 28. 2. 1844):* De enchondromate. Observationes clinicae adjunctis disquisitionibus microscopicis. Vratislaviae 1865. (27 S.) 8°
Breslau, Med. Diss. v. 30. Nov. 1865

Stern, Jul., s. **Etlar,** Carit., die Verwandtschaft. — **Europa,** das belletrist., 14. Bd.

Stern, Jul., 50 Jahre Hoftheater, s.: **Lothar,** Rud.

Stern, Julius: Homerstudien der Stoiker. Lörrach, Buchdr. v. C. R. Gutsch, 1893; 52 S. 4.
Lörrach, grossh. G. u. RPG, MP 1893 (607)

— s. **van Kerkhoven,** P. F., Fernand d. Seeräuber.

Stern, Jul., Leben, s.: **Stern,** Berta.

Narciss Rameau. Oper in 4 Bild. von V. Hirschfeld. Musik von Julius **Stern**. [Textbuch.] Breslau: Böhm & Taussig 1907. (60 S.) 8° [F. u. Ant.] [07. 5175

Stern, Jul., die armenärztliche Thätigkeit, s.a. Schriften des deutschen Vereins f. Armenpflege.

Die armenärztliche Thätigkeit. Von Dr. Julius **Stern**, prakt. Arzt in Berlin. *Leipzig: Duncker & Humblot 1900.* (S. 40–72.) 8° [F.]
= Schriften d. deutschen Vereins f. Armenpflege u. Wohlthätigkeit. H. 48, (2.) [00. 10930

Stern, Julius: Werden u. Walten d. 'Concordia', s. 'Concordia', Journalisten- und Schriftsteller-Verein.

Stern, P. Karl —. Der katholische Ablaß nach kirchlicher Begründung, geschichtlicher Entwicklung und wunderbaren Wirkung, in Predigten dargestellt von — —. Wien. 1855. Druck von Ant. Schweiger. In Kommission bei Mayer und Komp. (VIII, 116 S. 8.) geh.

Stern, Karl, (Fr. Wlh.-Karl Meyer), auch eine Reise auf meinen Zimmer. 8. Leipz. 805. Gleditsch. (Brockhaus). 12 gl.

Stern, Karl, Med.-Prakt.: Operative Behandlung eines Aneurysma embolo-mykoticum der arteria mescuterica [!] superior. Aus d. chir. Klin. des Städt. Krankenh. Frankf. a. M., Prof. Rehn. Eschwege 1908: Meyberg. 39 S. 8°
Göttingen, Med. Diss. v. 8. Okt. 1908, Ref. Braun
[Geb. 20. Juni 83 Eschwege; Wohnort: Frankfurt a. M.; Staatsangeh.: Preußen; Vorbildung: Gymn. Kassel Reife O. 02; Studium: Göttingen 4, Freiburg i. B. 1, München 1, Berlin 4 S.; Coll. 30. Jan. 08; Approb. 19. Sept. 08.] [U 09. 1325

Stern, Karl: Besteht eine Abhängigkeit der Kopfgrösse des Neugeborenen von der des Vaters oder der Mutter? Freiburg i. B.: Hammerschlag & Kahle 1908. 54 S. 8°
Freiburg i. B., Med. Diss. v. 1909, Ref. Krönig
[Geb. 28. Apr. 84 Darmstadt; Wohnort: Freiburg i. B.; Staatsangeh.: Hessen; Vorbildung: Ludwig-Georgs-Gymn. Darmstadt Reife M. 02; Studium: Gießen 1, Freiburg i. B. 4, München 3, Freiburg i. B. 2 S.; Coll. 6. März 08.] [U 09. 981

— Einleitung in die Offenbarung des Apostels Johannes. Breslau, Hirt in Komm., 1851, gr. 8°, VIII u. 104 S., 1,50 Mk.

Stern, Carl, Gedichte. gr. 12. (9 B.) Dorpat 844. (Leipzig, Brauns.)

Stern, Carolus: Hebraeorum de animi post mortem conditione sententia cum Aegyptiorum et Persarum opinionibus comparatur. Vratislaviae 1858. (IV, 43 S.) 8° *[Verf. wurde zugleich z. Dr. theol. promoviert, vgl. Anh. Nr 52.]*
Breslau, Kath.-theol. Fak., Antr.-Progr. als ord. Prof. v. 29. Juli 1858

Stern, Carl, Commentar über die Offenbarung des Apostel Johannes. 1. Abthl. A. u. d. T.: Einleitung in die Offenbarung des Apostel Johannes. gr. 8. (VIII u. 104 S.) Breslau 851, Hirt in Comm. n. 1/2 rf

Stern, Karl, Kommentar über die Offenbarung des Apostels Johannes. Schaffhausen, Hurter, jetzt Regensburg, Verl.-Anst., 1854, gr. 8°, VIII u. 462 S., 6 Mk.
Recens. von Welte, (Tüb.) Th. Quartalschr. 1855, S. 105—118. Die erste Abteilung (Einleitung) erschien bereits 1851, siehe oben S. 390. Vgl. Welte, a. a. O. 1851, S. 652—659.

Stern Karl — Der katholische Marienkult. Predigt am 10. Sonntage nach Pfingsten als dem Feste Maria-Schnee zur Primizfeier des hochwürdigen Herrn P. Bonifaz Steiner, Benediktinerordenspriester im Stifte zu U. L. F. bei den Schotten zu Wien. Gehalten von — —. Wien, 1855. Druck von Anton Schweiger. In Kommission bei Kaulfuß W., Prandel & Komp. (15 S. 8.)

Stern, Karl, üb. das Namenwesen nach österreichischem Rechte. gr. 8. (36 S.) Wien 894. M. Breitenstein. n. — 75

Stern, Carolus: De quaestionibus quibusdam ad S. Joannis Apocalypsin pertinentibus. Vratislaviae: F. Aderholz in comm. 1846. (31 S.) 8°
Breslau, Kath.-theol. Fak., Hab.-Schr. v. [27. Nov.] 1846

— De quaestionibus quibusdam ad s. Joannis Apocalypsin pertinentibus dissertatio. Breslau, Aderholz, 1847, gr. 8°, 31 S., 1 Mk.

Stern, Carolus *[geb. Breslau 4. 11. 1819]*: Theses theologicae . . . pro licentiati in theologia honoribus rite capessendis. Vratislaviae (1844). (2 Bl.) 8°
Breslau, Kath.-theol. Liz.-Thesen v. 9. Nov. 1844 [vielmehr 22. Febr. 1845]

— die Versuchung Jesu Christi in vierzehn Fastenpredigten, den kirchlichen u. socialen Zeitverhältnissen möglichst entsprechend dargestellt u. in der Stifts- u. Pfarrkirche zu Unserer lieben Frau bei den Schotten zu Wien, im Jahre des Herrn 1852, vorgetragen. Wien 852. (Prandel u. Meyer.) gr. 8. (VIII, 184 S.) n. 20 *ngr.*

Stern, Carl [app. Arzt aus Schleswig, (Schleswig-Holstein)]: Ueber die therapeutische Verwendung der Sozojodol-Präparate mit besonderer Berücksichtigung der Rhino- und Laryngologie. . . . Düsseldorf, Buchdr. v. P. Bitter, 1889; 32 S. 8°
Würzburg, Med. Fak., Inaug.-Diss. v. 1889

Stern, Carl, Walderholungsstätten od. Rekonvaleszentenheime? (Bemerkungen zur Frage der Für sorge f. Genesende.) (6 S.) gr. 8. Bonn 907. M. Hager.
Sonderabdr. aus: „Zentralbl. f. Gesundheitspfl." — 15

Stern, Karl Walfried v., Gedichte. Hrsg. u. bevorwortet von Leop. Schroeder. 8. (128 S. m. phototyp. Portr. des Verf.) Dorpat 877. (Leipzig, Duncker & Humblot.) n. 2.40

Stern, Karla

Stern, Carla, die Mühlen-Friede, s.a. Volksbücher, pommersche. 11. Heft.

Die Mühlenfriede. Von Carla **Stern**. Kolberg i. P.: Prange [1909]. 24 S. 8°
(Pommersche Volksbücher. H. 10.)

Stern, Katharina, praktisches Handbuch f. junge Mütter. Mit Schnittmusterbogen f. Kinderausstattungen. gr. 16. (47 S.) Wachwitz-Dresden 894. M. Gelßler. Kart. n. 1. 30

Stern, Katharina, Hausfrauenlexikon. 1. Bd.: Die Fleckenreinigg. 2c., s.: Stern-Bibliothek.

Stern, Klara

(Clara u. [L.] William **Stern**): Erinnerung, Aussage und Lüge in der ersten Kindheit. Mit 1 Taf. Leipzig: Barth 1909. X, 160 S. 8°
(Stern, Klara: Monographieen über d. seelische Entwicklung d. Kindes. 2.)

Die Kindersprache. Eine psycholog. u. sprachtheoret. Untersuchung. (Von Clara u. [L.] William **Stern**.) Leipzig: J. A. Barth 1907. (XII, 394 S.) 8°
= **Stern**, Klara: Monographien über d. seelische Entwicklung d. Kindes. 1. [07. 11771

Stern, Clara, u. William Stern, Monographien üb. die seelische Entwicklung des Kindes. gr. 8. Leipzig, J. A. Barth. 16.—; geb. in Leinw. 18.—
I. Die Kindersprache. Eine psycholog. u. sprachtheoret. Untersuchg. (XII, 394 S.) 907. 11.—; geb. 12.—
II. Erinnerung, Aussage u. Lüge in der ersten Kindheit. (X, 160 S. m. 1 farb. Taf.) 909. 5.—; geb. 6.—

Der Heiligenborn ⟨Helgenborn⟩. (Von) Konrad **Stern**, Pfarrer d. niederhess.-reform. renitenten Kirche. Cassel [1904]: Becker & Rennert. (1 Bl.) 4° [Kopft. F.]

Fünf hessische Kirchen- und Volkslieder, ... dem Prinzen Heinrich von Hanau gewidmet von Konrad Stern, Pfarrer d.niederhess.-reform., renitenten Kirche. Pfingsten 1904. (Cassel): Verl. d. Autors (1904). (9 Bl.) quer- 8°
[Sondert. 1.] Siegeslied d. Kirche. Eine Osterngabe von Stern.
[2.] 3 neue Lieder ... [von] Stern.
[3.] Die Kirche, die Braut Christi. Ein Pfingstlied von Stern.

Drei neue Lieder, welche ihre Entstehung dem glorreichen Erfolge meines 'neuen Osterliedes': 'Siegeslied d. Kirche' – Judika – verdanken: 1. Lied e. Niederhessen. 2. Mein Kurfürst u. s. Grab. 3. Meine Fürstin, Gertrude v. Hanau. Konrad Stern, renitenter Pfarrer in Kassel. *(Kassel): Selbstverl. 1904.* (4 Bl.) quer-8° [F.] [04. 6713 4

Siegeslied der Kirche. Eine Osterngabe, gewidmet dem Volksstamme d. Niederhessen nach Text, Melodie u. Begleitung von Konrad Stern, renitentem Pfarrer in Cassel. *(Cassel: Verl. d. Autors 1904.)* (1 Bl.) 4° [Kopft. F.] [04. 6714 4

Stern, Kurt

Stern, Curt [aus Berlin]: Diabetes mellitus bei Kindern. ... Berlin, Buchdr. v. Gustav Schade (Otto Francke) (1889); 29 + 1 S. + 1 Bl. 8°
Berlin, Med. Fak., Inaug.-Diss. v. 25. Apr. 1889

Stern, L.: Die zivilrechtliche Bedeutung des Streiks. 56 S. Borna, Diss. 1909.

Stern, L. Chr., s: Festschrift, Whitley Stokes gewidm.

Stern, L. Chr., s.: Zeitschrift f. celtische Philologie.

Stern, L. William, s. Stern, William

'Katechismus mundi renovati' oder 'Die Zukunftsstaaten' um das Jahr 2000 christlicher Zeitrechnung. Geogr., polit. u. soziale Perspektive, mit systemat. Anlehnung an d. sog. heilige Zahl 7. Nach d. Visionen e. Taglohnarbeiters. Von Leo Stern. Straßburg i. E. & Leipzig: J. Singer 1908. (XI, 111 S.) 8° [08. 17739

Stern, Leopold [aus Aidhausen (Bayern)]: Ein Beitrag zur operativen Behandlung des Zungencarcinoms. ... Würzburg, Becker's Univ.-Buchdr., 1891; 35 S. 8°.
Würzburg, Med. Fak., Inaug.-Diss. v. 1891

Stern, Leopold [pr. Arzt aus Berlin]: Ueber die näheren Beziehungen zwischen Geburtsverlauf und Wochenbettserkrankungen ... Berlin, Buchdr. v. G. Schade, *1892;* 31 S. 8.
Berlin, Med. Fak., Inaug.-Diss. v. 23. Jan. 1892

Stern, Leop., keine Furcht vor der Cholera! Darstellung der Kennzeichen u. Natur dieser Krankheit, nebst zuverlässiger Belehrung, wie man sich vor ihr schützt u. sie rasch u. sicher heilt, wenn man von ihr ergriffen ist. Nach pract. Erfahrungen mitgetheilt. Leipzig 865. (G. Poenicke.) 16. (14 S.) 3 ngr.

Stern, Leopold [aus Düsseldorf]: Über das Verhältnis des Körpergewichtes zu einer Anzahl von Psychosen. ... Bonn, Druck v. Peter Neusser, 1890; 49 + 1 S. + 1 Bl. 8°
Bonn, Med. Fak., Inaug.-Diss. v. [28.] Jul. 1890

Stern, Louis, Rome et la France. Lettre à sa Majesté l'Empereur. Juin 1870. 8. (32 S.) Hamburg 871. (Dresden, Weiske.) n. — 60

Stern, Ludw., im Dämmern u. Schreiten. Dichtungen. (71 S.) 8. München-Schwabing 905. E. W. Bonsels & Co. 1. 50

Stern, Ludw., die biblische Geschichte für israelitische Schulen erzählt. [Bis zur Zerstörung des zweiten Tempels fortgesetzt.] 1. Aufl. 1873, und 2. Aufl. 8. (VIII, 161 S.) Frankfurt a. M. 875, Kauffmann. *M 1,20.; geb. **

Stern, Ludw., die biblische Geschichte für israelitische Schulen erzählt. [Bis zur Zerstörung des zweiten Tempels fortgesetzt.] 3. Aufl. (VIII, 176 S.) 1876. *M 1,20.; 4. verb. Aufl. 8. (VIII, 189 S.) Frankfurt a. M. 878. Kauffmann. *

Stern, Ludw., die biblische Geschichte für israelitische Schulen erzählt. [Bis zur Zerstörung des 2. Tempels fortgesetzt.] 5. verb. Aufl. (VIII, 189 S.) 1881; 6. verb. und verm. Aufl. 8. (VIII, 215 S.) Frankfurt a. M. 884, Kauffmann. geb. **

Stern, Ludw., die biblische Geschichte, für israelitische Schulen erzählt. Mit einem Anhang: Das Wichtigste aus der nachbibl. Geschichte Israels. 7. verb. und verm. Aufl. 8. (VIII, 216 S.) Frankfurt a. M. 887, Kauffmann. geb. **

Stern, Ludw. Die biblische Geschichte, f. israelitische Schulen erzählt. Mit e. Anh.: Das wichtigste aus der nachbibl. Geschichte Israels u. e. Karte v. Palästina. 8. u. 9. verb. Aufl. 8. (216 S.) Frankf. a. M. 889,92, Kauffmann. geb. ** 1 40

Stern, Ludw., die biblische Geschichte, f. israelit. Schulen erzählt. Mit e. Anh.: Das wichtigste aus der nachbibl. Geschichte Israels u. 1 Karte v. Palästina. 10., verb. Aufl. 8. (VIII, 216 S.) Frankfurt a/M. 894. J. Kauffmann. Geb. n.n. 1. 40

Stern, Ludw., die biblische Geschichte, f. israelitische Schulen erzählt. Mit e. Anh.: Das Wichtigste aus d. nachbibl. Geschichte Israels u. 1 Karte von Palästina. 11., genau durchges. u. verb. Aufl. 8. (VI, 216 S.) Frankfurt a/M. 898. J. Kauffmann. Geb. n.n. 1. 40

Stern, Ludw., die biblische Geschichte, für israelitische Schulen erzählt. Vermehrt u. vollständig neu bearb. v. Baruch Stern. Mit einem Anh.: Das Wichtigste aus der nachbibl. Geschichte Israels u. 1 (farb.) Karte v. Palästina 13. Aufl. (VIII, 259 S.) 8. Frankfurt a/M. 906. J. Kauffmann. Geb. n.n. 1. 40

Stern, Ludw., die biblische Geschichte, f. israelit. Schulen erzählt. Vermehrt u. vollständig neu bearb. v. Baruch Stern. Mit e. Anh.: Bilder aus der nachbibl. Geschichte u. 1 (farb.) Karte v. Palästina. 16. Aufl. (VIII, 292 S.) 8. Frankfurt a/M. 910. J. Kauffmann.
Geb. in Leinw. 1. 60

—— **hieroglyph.-latein. Glossar, s. Ebers, Georg.**

Stern, Ludw., koptische Grammatik. Mit einer lith. Taf. gr. 8. (XVIII ,468 S.) Leipzig 880. T. O. Weigel. n. 18. —; auf holländ. Papier, geb. n. 33. 50

— die Lehrsätze des neugermanischen Judenhasses mit besonderer Rücksicht auf W. Marr's Schriften historisch u. sachlich beleuchtet. gr. 8. (IV, 63 S.) Würzburg 879. Stahel. n. 1. 20

Stern, d. Lehrsätze d. neugerman. Judenhasses. Würzburg 880.

Stern, Ludw., deutsches Lesebuch für israelitische Schulen in 5 Abthlgn. Stuttgart 861, 62. Hallberger'sche Verlhdlg. gr. 8. 1 ₰ 24 ngr.
Inhalt: 1. Bilder für Kopf, Herz u. Sprache. (XII, 136 S.) 9 ngr.
2. Bilder aus der Natur- u. Gewerbekunde. (VI, 215 S.) 15 ngr.
3. Bilder aus der Welt-, Länder- u. Völker-Kunde. (142 S.) 9 ngr.
4. Bilder aus der allgemeinen Geschichte. (IV, 112 S.) 7½ ngr.
5. Die jüdische Geschichte in Lebensbildern. (Ein Lesebuch für Schule u. Haus. (VIII, 187 S.) 13½ ngr.

— über den Talmud. Populär-wissenschaftl. Vortrag geh. am 9. Decbr. 1874 im Saale d. Bürgervereins zu Würzburg. gr. 8. (40 S.) Würzburg 875. Stahel. n. — 70

— die Vorschriften der Thora, welche Israel in der Zerstreuung zu beobachten hat. Ein Lehrbuch der Religion für Schule u. Familie. gr. 8. (XVII, 288 S.) Frankfurt a/M. 882. Kauffmann. n. 2. 50

—— die Vorschriften der Thora, welche Israel in der Zerstreuung zu beobachten hat. Ein Lehrbuch der Religion für Schule und Familie. 2. verm. und verb. Aufl. gr. 8. (XVI, 300 S.) Ebendas. 886. geb. *

— die Vorschriften der Thora, welche Israel in der Zerstreuung zu beobachten hat. Ein Lehrbuch der Religion f. Schule u. Familie. 3., verb. Aufl. gr. 8. (XII, 300 S.) Ebd. 895. n. 2. 50; geb. in Halbleinw. n. 2. 75; in Leinw. m. Goldschn. n. 3. 50

— כמורר חגולה oder Die Vorschriften der Thora, welche Israel in der Zerstreuung zu beobachten hat. Ein Lehrbuch der Religion f. Schule u. Familie. 4. verb. Aufl. (XXI, 294 S.) 8. Ebd. 904. Geb. in Halbleinw. n. 2. 75; in Leinw. m. Goldschn. n. 3. 50

Stern, Ludw. Chr., s.: Epistolae beati Pauli glosatae glosa interlineali.

Altirische Glossen zu dem Trierer Enchiridion Augustinus in der Königlichen Bibliothek zu Berlin. Hrsg. u. erklärt von Ludw. Chr. **Stern.** Halle a/S.: Niemeyer 1909. 23 S. 8°
Aus: Zeitschrift f. celtische Philologie. Bd 7.

— s.: Literaturen u. Sprachen, die romanischen.

Stern, M., Adressbuch der Gruben, Hütten, Maschinenfabriken, mechan. Werkstätten u. techn. Bureaux in Deutschland u. der oest.-ung. Monarchie. Mit e. Specialitäten-Register d. Maschinenbaus u. e. Verzeichniss der Brauereien, Brennereien u. Zuckerfabriken. gr. 8. VI, 428; 248 u. 249 S.) Leipzig 876. Lorber. n. 16. —

— s. Effekten-Handbuch.

Stern, M., zwei patriotische Kundgebungen. Aus dem israelit. Gemeindearchiv zu Halberstadt mitgetheilt. 16. (20 S.) Frankfurt a/M. 887. Kauffmann. n. — 50

Stern, M., die Sprüche Salomo's methodisch für den Schulgebrauch bearb. u. mit einer leicht faßlichen kurzen Grammatik der hebräischen Sprache sowie mit einem Wörterbuche versehen. Brilon 860. Friedländer in Comm. 8. (IX, 144 S.) n. 12½ ngr.

Stern, M., der kleine Zahnarzt oder kein Zahnweh mehr. In ziertl. Reimlein gebracht. 12. (16 S.) Mannheim 893. (T. Löffler.) n. — 30

Stern, M. A., über sexuelle Neurasthenie. (35 S.) gr. 8. Leipzig 905. Verlag der Monatsschrift f. Harnkrankh. n. 1. 50
Sonderabdruck aus: „Monatsschr. f. Harnkrankh."

Stern, M. B. von, s. Stern, Maurice Reinhold von

Stern, M. L. Vide: Lösung (Die) der sozialen Frage von einem Philosophen.

Stern, M. L., philosophischer u. naturwissenschaftlicher Monismus. Ein Beitrag zur Seelenfrage. gr. 8. (IV, 348 S.) Leipzig 885. Th. Grieben. n. 5. —

Stern, M. L., die Philosophie und die Anthropogenie des Prof. Dr. Ernst Haeckel. gr. 8. (152 S.) [Berlin 879.] Leipzig, Grieben's Verlag. *

Stern, M. L., der Socialismus und die jüdische Weltanschauung. Vortrag, gehalten am 16. Febr. 1884 im „Vereine zur Verbreitung der Wissenschaft des Judenthums" in Prag. Hrsg. von Verehrern des Verf. gr. 8. (16 S.) Prag 884, Brandeis. *

Stern, Marianne

(F) **Stern, M.,** Kochbuch der Küchenreste. 8°. (28 S.) K —.60
Wien: Stern 1908.

Stern, Marianne, Kochbuch der Küchenreste. Eine Ersparnis f. jeden Haushalt, zugleich e. Anh. f. jedes Kochbuch. 2. verb. Aufl. (30 S. m. Titelbild.) 8. Wien 908. Mor. Stern. — 50

Stern, Martin [aus Berlin]: Studien über die Anwendbarkeit von Bestimmungen des Gefrierpunktes und des elektrischen Leitvermögens auf die Wein-Analyse ... Erlangen, k. b. Hof- u. Univ.-Buchdr. v. F. Junge, 1893; 69 S., 1 Taf. 8.
Erlangen, Phil. Fak., Inaug.-Diss. v. 1893

Stern, Martin Franz: Zur Biographie des Papstes Urban's II. Halle a/S. 1883: Niethe in Berlin. 103 S. 8°
Halle-Wittenberg, Phil. Diss. v. 14. Juli 1883
Geb. Berlin 24. 9. 1859. V.
Im Buchhandel Berlin: Weber 1883. 100 S.

Stern, Mart. Frz., zur Biographie des Papstes Urban's II. Beiträge aus der Zeit des Investiturstreites. gr. 8. (100 S.) Berlin 883, Weber. *

STERN, Maurice Reinhold von
(F) Abendlicht. Neue Gedichte von Maurice Reinhold von Stern. Linz. Wien. Leipzig. [1901.] Oesterreichische Verlagsanstalt. Gr.-8°. 98 S. K 1.80

Stern, M. R. v., Alkohol u. Sozialismus. Ein Appell ans Volk. gr. 8. (16 S.) Zürich 889. Verlags-Magazin. n. — 25

Stern, Maurice Rhold. v., das „Anderskönnen". Ein populär-philosoph. Beitrag zur Frage der Willensfreiheit. 8. (27 S.) Zürich 888, Verlags-Magazin. *

Stern, M. R. von. Arbeitslohn und Arbeitszeit. Eine Gedenkschrift zur Erinnerung an den 1. Mai 1890. Gr. in-8°. 12 S. Zürich, Comm.-Verlag des Verlags-Magazin (J. Schabelitz). 1890. — 40

— Blumen u. Blitze. Neue Dichtgn. 8. (123 S.) Ebd. (902). n. 2. —; geb. n. 3. —

Stern's, Maurice Rhold. v., literarisches Bulletin der Schweiz. Hrsg. u. Red.: Maurice Rhold. v. Stern. 1. Jahrg. Juli 1892—Juni 1893. 12 Nrn. (2 Bog.) gr. 4. Zürich, Verlag v. Stern's literar. Bulletin. n. 4. —

Stern's, Maurice Rhold. v., literarisches Bulletin der Schweiz. Hrsg. u. Red.: Maurice Rhold. v. Stern. 3.—6. Jahrg. Juli 1894—Juni 1898. à 12 Nrn. (à ca. 2 Bog.) gr. 4. Zürich. Leipzig, Verlag d. literar. Bulletin M. v. Stern. à Jahrg. n. 4. —

Stern, M. R. von. An den schweizerischen Bundesrath, nachdem er zum dritten Male mein Gesuch um Einbürgerung in der Schweiz abgewiesen hatte. Gedicht. Gr. in-4°. 1 Bl. Zürich, Sterns liter. Bulletin. 1897. — 75

— Dagmar, Lesseps u. and. Gedichte. 8. (VII, 115 S. m. Bildn.) Dresden 896. E. Pierson. n. 2. 50; geb. in Celluloid m. Goldschn. n. 4. —

(B) **Stern,** Maurice Rhold. v., Dagmar. 896. (KBL 30); sowie die übrigen Schriften aus E. Pierson's Verl. Jetzt: Berlin, Verlag Berlin-Wien.

Dagmar, Lesseps und andere Gedichte von Maurice Reinhold v. Stern. Mit d. Bilde d. Verf. Dresden, Leipzig & Wien: Pierson 1906. VII, 120 S. 8° [11. 12248

Stern, Maurice Rhold. v., Diomed. Ein Schauspiel in 3 Akten. (31 S.) 12. Sondershausen 899. Leipzig, Verlag des literar. Bulletin. n. — 30

— Donner u. Lerche. Neue Gedichte. (137 S.) 8. Leipzig 907. Verlag des literar. Bulletin. n. 2. —

— Excelsior! Neue Lieder. 8. (VI, 96 S.) Ebd. 889. n. 1. 40

— erster Frühling (e. Sonettenkranz) u. andere Gedichte. 8. (58 S.) Dresden 894. E. Pierson. n. 1. —; geb. m. Goldschn. n. 2. —

—— Ausgewählte Gedichte. 8. (XIV, 293 S.) Dresd. 891, Pierson. * 4 —; geb. * 5 —

Stern, Maurice Rhold. v., der Gottesbegriff in der Gegenwart u. Zukunft. Ein Versuch zur Verständigg. gr. 8. (128 S.) Zürich 887. Verlags-Magazin. n. 1. 60

— Höhenrauch. Neue Gedichte. In-8°. VIII, 96 S. Zürich, Verlags-Magazin (J. Schabelitz). 2 — 1890.

Stern, Maurice Reinhold von. Indiskretionen. II + 142 S. 8. Linz a. Donau, E. Mareis, 1904. [M. 2. 50]

— Indiskretionen. (129 S.) kl. 8. Linz 904. Leipzig, Verl. d. literar. Bulletin. Geb. 3. —

— die Insel Ahasver's. Ein episches Gedicht. 8. (VII, 62 S.) Ebd. 893. n. 1. 50; geb. in Leinw. m. Goldschn. n. 2. 50

— Wilhelm Jordan. Ein deutsch. Dichter- u. Charakterbild. Mit e. Bildnis des Dichters v. Max Schüler. (158 S.) 8. Frankfurt a/M. 910. H. Lüstenöder. 2. —

— Lieder e. Buchhändlers. Neue Gedichte. qu. gr. 8 (42 S.) Zürich 898. Leipzig, Verlag d. literar. Bulletin M. v. Stern. n. 2. 50; geb. n. 3. —

Stern, M. R. v. Walter Wendrichs neue Lieder. Kl. in-8°. 77 S. Zürich, Verlag von „Sterns literarischem Bulletin der Schweiz". 1897. Brosch. 2 50; Leinw. mit Goldschn. 3 75

Lieder aus dem Zauberthal. Neue Strophen von Maurice Reinhold v. Stern. Leipzig: Lit. Bulletin 1905. 128 S. 8° [11. 12247

— dasselbe. Sonnen-Wolken. Neue Strophen. — Blumen u. Blitze. Neue Dichtgn. — Abendlicht. Neue Gedichte. (Einband: Gesammelte Gedichte.) (116, 106, 123 u. 100 S.) kl. 8. Ebd. Geb. in Leinw. n. 5. —

—— Mäßigkeit u. Enthaltsamkeit. Ein Vortrag, geh. vor dem hygiein. Verein Zürich am 16. April 1891. gr. 8. (25 S.) Zür. 891, Schmidt. * — 50

— Mässigkeit u. Enthaltsamkeit. Zürich 1892. 25 S. 8°. Mk. —.50.

— Mattgold. Neue Dichtgn. 2. Aufl. gr. 8. (96 S.) Zürich 893. Verlag v. Stern's literar. Bulletin. n. 2. 40; geb. n. 3. 60

— Mattgold. Neue Dichtgn. 3. Aufl. 8. (96 S.) Ebd. 893. n. 2. 50

Stern, M. R. von. Von jenseits des Meeres. Amerikanische Skizzen. In-8°. 73 S. Glarus, J. Vogel. 1890. 1 20

— Nebensonnen. Neue Gedichte. Illustriert v. Ernst Schlemo u. Willy Oertel. gr. 8. (VII, III, 125 S.) Dresden 892. E. Pierson. n. 4. 50; geb. in Leinw. m. Goldschn. n. 6. —

Aus den Papieren eines Schwärmers. Worte an die Zeitgenossen. Hrsg. von Maurice Reinhold v. Stern. 1. [Mehr nicht ersch.] Dresden & Leipzig: Pierson (1893). 42 S. 8°

Stern, Maurice Reinh. v., Proletarier-Lieder. Gesammelte Dichtungen. 8°. Jersey City, Jan. 1885.

— das Richtschwert v. Tabor u. andere Novellen. 8. (146 S.) Ebd. 901. n. 2. —; geb. n. 2. 50

— der Seiltänzer u. andere Erzählungen. (114 S.) 8. Ebd. 905. Geb. in Leinw. n. 3. —

— dasselbe. Das Richtschwert v. Tabor u. andere Novellen. — Waldskizzen aus Oberösterreich. (Einbd.: Gesammelte Erzählungen.) (114, 146 u. 118 S.) 8. Ebd. Geb. in Leinw. n. 5. —

— die Selbsterziehung als Grundlage der sozialen Reform. (19 S.) Lex.-8. Ebd. 904. n. — 25
Sonderabdruck aus: „Zeitschr. des österr. Landes-Lehrervereines".

— Sonnenstaub. Neue Lieder. 8. (VI, 94 S. m. Portr.) Leipzig 890. Friedrich. n. 2. —

Stern, Maurice Reinhold von. Sonnen-Wolken. Neue Strophen. 106 [+ 14] S. 8. Wien, Ö(sterreich.) V(erlags-)A(nstalt), 1904. [geb. M. 3. —]
Darin S. 17. 41—43. 63 u. 97: Eiger-Reiter, Helvetica, Dem Dichter Vogel von Glarus *u.* Heimweh nach der Schweiz.

— Sonnen-Wolken. Neue Strophen. (106 S.) gr. 8. Wien [Oesterreich. Verlagsanstalt], Leipzig, Verlag d. literar. Bulletin. Geb. in Leinw. n. 3. —

— Stimmen der Stille. Gedanken üb. Gott, Natur u. Leben. gr. 8. (55 S.) Zürich 893. Verlag v. Stern's Literar. Bulletin der Schweiz. n. 4. —; geb. m. Goldschn. n. 5. 60

— Stimmen im Sturm. Gesammelte Dichtungen, dem arbeit. Volke gewidmet. 2., verm. Aufl. 8. (VIII, 110 S.) Zürich 888. Verlags-Magazin. n. 1. 20

—— Aus dem Tagebuch e. Enthaltsamen. Aphorismen üb. die Alkoholfrage. 8. (30 S.) Dresd. 891, Pierson. * — 50

Typen und Gestalten moderner Belletristik und Philosophie. (In Darstellung ausgewählter Werke u. persönlichen Erinnerungen.) Von Maurice Reinhold v. Stern. Linz, Wien, Leipzig: Oesterr. Verlagsanst. 1902. (302, VI S.) 4° (8°)

— Verkürzt der Genuss von Alkohol das Leben? Zürich 1889. 27 S.

STERN, Maurice Reinhold von
(F) Waldskizzen aus Oberösterreich von Maurice Reinhold von Stern. Linz. Wien. Leipzig. [1901.] Oesterreichische Verlagsanstalt. 8°. 118 S. K 2.40 geb. K 3.

Stern, Maurice Reinhold von. Weihnachtsfahrt [ins Appenzellerland] 1890. [Gedicht.] Seinem Freunde Alfred Beetschen in St. Gallen gewidmet. (Zürich, im Januar 1891.) 8. (Zürich.)

— Walter Wendrich. Roman aus der Gegenwart. 1. Bd. 8. (515 S.) Zürich 895. Verlag v. Stern's literar. Bulletin der Schweiz. n. 4. —

— **Wildfeuer. Neue Verse. (135 S.) 8. Leipzig 911. Verlag des literar. Bulletin. 2.—; geb. in Leinw. 3. —**

Stern, Max [app. Arzt aus Steinau a./O.]: Casuistischer Beitrag zur Lehre von der Meningealapoplexie ... Breslau, F. W. Jungfers Buchdr., 1892; 23 S. 8.
München, Med. Fak., Inaug.-Diss. v. [17. März] 1892

Stern, Max, 4 Orig.-Steinzeichnungen, s.: Steinzeichnungen deutscher Maler. Nr. 7.

Stern, Max [cand. med. aus München]: Zur Pathogenese der Harnsteine. ... München, Buchdr. v. M. Ernst, 1889; 26 S. 8°
München, Med. Fak., Inaug.-Diss. v. 1889

Stern, Max, aus Gelnhausen: Über elektrolytische Reduktion von Succinimiden. *Würzburg: F. Freudenberger 1900.* (56 S.) 8°
Würzburg, Phil. Diss. v. 1900

Stern, Max, über elektrolytische Reduktion v. Succinimiden. Diss. gr. 8. (56 S. m. 1 Taf.) Würzburg 900. F. Freudenberger. n. 2.—

Stern, Max, a. Leipzig: Versuche zur Kondensation des Diacetyls mit Säureestern. (Berlin-Wilmersdorf: C. Arnold 1906.) (33 S.) 8°
Berlin, Phil. Fak., Ref. Fischer, Diss. v. 11. Aug. 1906
[Geb. 6. Juni 84 Leipzig; Wohnort: Berlin; Staatsangeh.: Sachsen; Vorbildung: Askanisches Gymn. Berlin Reife O. 03; Studium: Berlin 6 S.; Rig. 5. Juli 06.]

Stern, Max Emanuel

Stern, M. E., zur Alexander-Sage. gr. 8. (VI und 35 S.) Wien 861, (Herzfeld und Bauer.) *

Stern, M. E. Choboth Ma-L'Baboth? Lehrbuch der Herzenspflichten zur Veredelung der religiösen und sittlichen Denk- und Handlungsweise von Rabbi Bechaiji Ben Josaph. Mit einer nach Jehuda Ebn Tibbon's hebräischer Uebertragung des Arabischen Originales, wortgetreuen neuen Deutschen Uebersetzung nebst exegetischen Anmerkungen über schwierige Bibel-Citata und einer metrisch-gereimten Uebersetzung der »Maherde.« 8. (476 S.) Edl. v. Schmidbauer und Holzwarth, 1853.

Stern, M. E. — Festgebete der Israeliten mit vollständigem, sorgfältig durchgesehenem und wohlgeordnetem Texte und einer vermehrten und verbesserten deutschen Uebersetzung von — —. Vierte, vermehrte und verbesserte Ausgabe. Fünf Theile. 1ter Theil: Neujahrsfest 1. und 2. Tag. 2ter Theil: Gebete für das Versöhnungsfest. 3ter Theil: Laubhütten- und Schlußfest. 4ter Theil: Gebete für das Peßachfest. 5. Theil: Wochenfest 1. und 2. Tag. Druck der vormals Schmied'schen Buchdruckerei in Preßburg. Wien, 1856. Verlag von J. Knöpflmacher's Buchhandlung. (212, 16, 504, 292, 16, 324, 16, 216, 16 S. 8.)

Stern, M. E. מחזור לכל מועדי השנה (Machsur). Festgebete der Israeliten mit vollständigem sorgfältig durchgesehenem und wohlgeordnetem Texte und einer vermehrten, verbesserten deutschen Uebersetzung. 5., vermehrte und verbesserte Ausgabe. 9 Theile. *Wien* 1857. Verlag von *J. Knöpfelmacher's* Buchhdl. I. 256, II. 232, III. 131, IV. 420, V. 276, VI. 256, VII. 250, VIII. 304, IX. 312 S. 8°.

Stern, M. E. Einer Lüge Folgen. Dramat. Gedicht in fünf Aufzügen. *Wien* 1858. Druck v. *U. Klopf s.* u. *Alex. Eurich. Leipzig* bei *Wolfg. Gerhard.* 91 S. 8°.

Stern, M. E. — Gebete für das Neujahrs- und Versöhnungsfest mit einer vermehrten und verbesserten deutschen Uebersetzung von — —. Erster Theil. Druck der vormals Schmid'schen Buchdruckerei in Preßburg, 1856. Wien. Verlag von J. Knöpfelmachers Buchhandl. (516, 16 S. 8.)

Stern, Max Eman., der häusliche Gottesdienst für die beiden ersten Abende des Peßach-Festes mit einer neuen vollständig treuen durchgängig metrisch-gereimten Uebersetzung. 2. verb. Aufl. Mit Illustr. (Holzschn.) Wien 861. Knöpflmacher & Söhne. 8. (66 S.) 4 ngr

— **Hagadah l'Löl Schimurim. Der häusliche Gottesdienst für die beiden ersten Abende des Peßach-Festes. 2., verb. Aufl. (In hebräischer Sprache.) 8. (66 S. mit Illustrationen.) Wien 861, Knöpflmacher und Söhne.**

Stern, M. E., Hymnen an die göttliche Einheit. Metrisch gereimte Uebersetzung (in deutschen Lettern), nebst dem hebr. Texte. ... Wien 841, v. Schmid u. Busch. 1/8 ng

Stern, M. E., Immortelle. Den Manen des Freiherrn Josef v. Hammer-Purgstalls geweiht. Wien 1856.

— **Kether Thora. (Krone der Lehre.) Enthält die 613 mosaischen Ge- und Verbote der heil. Schrift, nebst den von den Talmudisten als biblisch sanctionirten sieben rabbin. Haupt-Ritualgesetzen, in poet. Form bearb., mit einer dem Studium entsprechenden, aus dem Werke Mizwoth Ha-Schém geschöpfter genauen Quellenangabe im Talmud wie in den Ritual-Coderen ausgestattet. gr. 8. (X und 208 S.) Wien 864, (Herzfeld und Bauer.)** *

Stern, M. E., Klänge aus der Vorzeit. Enth.: Stufengesänge Lieder u. Volkshymnen d. Liturgie, dem Originale treue, metr. gereimte Uebersetzungen altebrä. Synagogal-Poesien, nebst einigen Originalstücken. gr. 8. (5 B.) Wien 841, v. Schmid u Busch. (Leipzig, Kummer.)

— **Kochbe Jizchak, s. a. Kochbe Jizchak.**

Stern M. E. **Kochbe Jizchak.** Eine Sammlung ebräischer Aufsätze, literarhistorischen, philologischen Inhalts. 8. Wien, Schmidbauer u. Holzwarth 1852.

Stern, M. E. — **Kochbe Jizchak.** Eine Sammlung ebräischer Aufsätze, literarhistorischen, philologischen, exegetischen und poetischen Inhalts zur Förderung des ebräischen Sprachstudiums herausgegeben von — —. 18. Heft. 8. (96 S.) Wien, Gedruckt bei Edlen von Schmidbauer und Holzwarth, 1853.

Stern, M. E. — Kochbe Jizchak. Eine Sammlung ebräischer Aufsätze, literarhistorischen, philologischen, exegetischen und poetischen Inhalts, zur Förderung des ebräischen Sprachstudiums herausgegeben von — —. 19. Heft. (96 S.) 8. Wien. Gedruckt bei Edlen von Schmidbauer und Holzwarth. 1854. (Hebräisch.)

— Kochbe Jizchak. Eine Sammlung ebräischer Aufsätze, literarhistorischen, philolog., exeget. u. poetischen Inhalts, zu Förderung des ebräischen Sprachstudiums. 20. Heft. Wien 855. (Greß.) gr. 8. (80 S.) n. 16 ngr.

Stern, M. E. — Kochbe Jizchak. Eine Sammlung hebräischer Aufsätze, literarhistorischen, philologischen, exegetischen und poetischen Inhalts, zur Förderung des ebräischen Sprachstudiums. Herausgegeben von — —. 20. Heft Wien. 1855. Druck von U. Klopf sen. und Alex. Eurich. (80 S. 8.) (Hebräisch.)

— — 21—24. Heft. Wien 856—58. (Leipzig, Gerhard.) gr. 8. (88; 88; 80; 96 S.) Jedes Heft n. 14 ngr.

— Kochbe Jizchak. Eine Sammlung ebräischer Aufsätze, literarhistorischen, philologischen, exegetischen u. poetischen Inhalts, zur Förderung des ebräischen Sprachstudiums. 25. u. 26. Heft. Wien 861. (Leipzig, Haessel.) gr. 8. (220 S.) Jedes Heft n. 15 ngr.

Stern M. E.: Kochbe Jizchak. Heft 30. Eine Sammlung ebräischer Aufsätze, literarhistorischen, philologischen exegetischen und poetischen Inhalts, zur Förderung des ebräischen Sprachstudiums. Wien 1864. Selbstverlag . . . .

Stern, M. E., Kochbe Jizchak. Eine Sammlung hebräischer Aufsätze literarhistorischen, philologischen, exegetischen u. poetischen Inhalts zur Förderung des hebräischen Sprachstudiums. 33. Heft. 8. (96 S.) Wien, Herzfeld & Bauer. 1866. 60 kr.

Stern, M. E., Kochbe Jizchak. Eine Sammlung ebräischer Aufsätze, literar-historischen, philologischen, exegetischen und poetischen Inhalts, zur Förderung des ebräischen Sprachstudiums herausgegeben. 34. Heft. 8. (104 S.) Wien, Herzfeld & Bauer in Comm. 1867. 80 kr.

— — H. 35. Ebd. 1868. 96 S. 8°

Stern, M. E., Kochbe Jizchak. Eine Sammlung ebräischer Aufsätze, literar-historischen, philologischen, exegetischen und poetischen Inhalts, zur Förderung des ebräischen Sprachstudiums herausgegeben. 36. Heft. 8. (96 S.) Wien, Herzfeld & Bauer. 1869. 80 kr.

—— „Masslul leschon Eber“ מסלול לשון עבר Leitfaden der hebräischen Sprache. 4. Aufl. 8. (108 S.) Wien 860, Knöpflmacher und Söhne.

— Mosdoth Emunah. Grundpfeiler des Glaubens. Handbuch zum jüdischen Religions-Unterrichte, enthaltend die 13 Glaubens-Artikel des Judenthums. Nach den besten Hilfsquellen erläutert, kurz, faßlich u. katechetisch für die frühere Schuljugend eingerichtet u. bearb. 2. Aufl. Wien 861. Knöpflmacher & Söhne. 12. (24 S.) 4 ngr.

Stern, M. E., Ozar ha-Millin ein vollständiges kurzgefaßtes talmudisch-aramäisch-chaldäisches Handwörterbuch zum Verständniß des Talmuds und der Midraschim nach den besten ältesten und neuesten Hülfsquellen bearb. 8. (XI, 64 S.) Wien 863, Schloßberg's Buchh. *

Stern, M. E., Ozar Sefath Kodesch. Vollständiges, kurzgefaßtes Wörterbuch der ebrä. Sprache m. Angabe aller in der heil. Schrift gebräuchl. Conjugationen. Zum Gebrauche f. Schulen & Laien. Ebräisch-deutscher Thl. gr. 8. (146 S.) Wien 871. (Brüder Winter.) n.n. 2. 40

Stern, M. E., s. Perlen des Orients.

Stern, M. E., die Rabbinerwahl zu Bummeßel. Ein Zeitbild. gr. 16. (20 S.) Wien 856, (Venedikt.) *

— — 2., mit einem Einleitungsgedichte verm. Aufl. Wien 856. (Leipzig, Gerhard.) 16. (24 S.) n. 5 ngr.

—— die Rabbinerwahl zu Bummeßel. Ein Zeitbild. 2., mit einem Einleitungsgedicht verm. Aufl. br. 8. Wien 857. (Leipzig, Gerhard.) *

—— Sängergruß zur Tempelweihe. Fest-Gedicht zur feierl. Eröffnung des durch Prof. Ludw. Förster neuerbauten Tempels der israelit. Cultus-Gemeinde der k. k. Haupt- und Residenzstadt Wien. Am 15. Juni 1858. gr. 8. (32 S. in deutscher und hebräischer Sprache.) Wien 858. (Leipzig, Gerhard.) *

Stern, M. E. — Die Sprüche Salomo's mit einer neuen, genau mit dem Texte übereinstimmenden treuen deutschen Uebersetzung, nebst einem kurzgefaßten, erläuternden (...) über die schwierigsten Stellen. Von — —. Zweite vermehrte und verbesserte Auflage. Mischli. 8. (160 S.) Wien. Druck und Verlag von Edl. v. Schmidbauer und Holzwarth. 1853.

Stern, M. E. — Sühnungsgebete für die Bußtage. Mit einer neuen vollständigen deutschen Uebersetzung, nebst einer metrischen Bearbeitung der sämmtlichen Pismonim. (3. Auflage.) (Hebräisch und Deutsch.) 8. (220 S.) Wien. Druck und Verlag von Edl. von Schmidbauer und Holzwarth. 1853.

— Tofet u. Eden, oder die Divina Commedia des Immanuel ben Salomo aus Rom. Aus dem Hebr. übers. u. zur 600jähr. Jubelfeier Dante Alighieri's in Florenz herausgegeben. Wien 865. Herzfeld & Bauer. 8. (82 S.) n. 16 ngr.

— s. Weisheits-Sprüche.

— Zeitstimmen der Dreiuneinigkeit an die Zionswächter im Judenthume. Nebst einem Anhang: Die Rabbinerwahl zu Bummeßel. 2. Aufl. Leipzig 861. Leiner. 8. (2 Bl., 93 S.) n. 10 ngr.

Stern, M. E., die fromme Zionstochter. Andachtsb. f. Israels Frauen u. Mädchen, z. öffentl. u. häusl. Gottesverehrung an allen Wochen-, Fest- u. Buße-Tagen u. f. alle Verhältnisse d. Lebens. gr. 12. (8 B.) Wien 841, v. Schmid u. Busch. (Leipzig, Kummer.) Thlr. *

Stern, M. E. — Die fromme Zionstochter. Andachtsbuch für Israels Frauen und Mädchen, zur öffentlichen und häuslichen Gottesverehrung an allen Wochen-, Fest- und Buß-Tagen und für alle Verhältnisse des Lebens. Vermehrt mit einem Motto aus der Bibel zu jedem Gebete von — —. 6te Aufl. Wien, 1857. Verlag von J. Knöpflmacher's Buchhandl. Dr. der vormals Schmid'schen Buchdruckerei in Preßburg 1857. (153 S. 1 Bl. 8.)

Stern, Moritz (Hrsg.), s.a. Beiträge, Urkundliche, über die Stellung der Päpste zu den Juden.

Stern, Mor., urkundliche Beiträge üb. die Stellung der Päpste zu den Juden. Mit Benutzung des päpstl. Geheimarchivs zu Rom. 1. Hft. gr. 8. (192 S.) Kiel 893. Dr. Mor. Stern. n.n. 10. —

Stern, Mor., urkundl. Beiträge üb. d. Stellg. d. Päpste zu d. Juden. M. Benutzg. d. päpstl. Geheimarchivs zu Rom. 2. Lfg. (2. Bd. 1. Hft.) gr. 8. (72 S.) Kiel 895. Fürth, Selbstverlag. n.n. 4.— (1 u. 2: n.n. 14.—)

Bibliothek der jüdischen Gemeinde zu Berlin. Bericht über die Begründung der Bibliothek und die drei ersten Jahre ihres Bestehens, 3. Febr. 1902 bis 31. März 1905. Im Auftr. d. Bibliotheks-Komm. erstattet von Bibliothekar Dr. M(oritz) **Stern**. Nebst e. Beilage: Benutzungs-Ordnung. Berlin 1906: E. Wertheim. (15 S.) 8° [F.] [06. 7689

Stern, Mor. Hebräische Berichte über d. Judenverfolgung während der Kreuzzüge, s. Quellen zur Geschichte d. Juden in Deutschland.

— hebräische Berichte üb. die Judenverfolgungen während der Kreuzzüge, s.: Neubauer, A.

— die israelitische Bevölkerung der deutschen Städte. Ein Beitrag zur deutschen Städtegeschichte. Mit Benutzg. archival. Quellen. 1. Ueberlingen am Bodensee. gr. 8. (III, 30 S.) Frankfurt a/M. 890. Kauffmann. n. 1.50

— dasselbe. II. Kiel. gr. 8. (54 S.) Kiel 892. Brunswikerstrasse 55, Dr. Mor. Stern, Selbstverl. n.n. 2.—

— dasselbe. III. Nürnberg im Mittelalter. 1. Hälfte. Quellen: Statistische Texte. gr. 8. (S. 9—94.) Ebd. 894. n.n. 3.—

— die israelitische Bevölkerung der deutschen Städte. Ein Beitrag zur deutschen Städtegeschichte. Mit Benutzg. archival. Quellen. III. Nürnberg im Mittelalter. 2. (Schluss-) Hft. Quellen. 1. u. 2. Abtlg. Unt. Mitwirkg. v. Siegm. Salfeld hrsg. gr. 8. (VI u. S. 95—338.) Ebd. 896. n.n. 6.—
(III. Bd. kplt.: n.n. 10.—; I—III: n.n. 13.50)

Stern, Mor., s.: Bremer, Asmus, Chronicon Kiliense.

Stern, Mor., s.: Geiger, Abraham.

Grundriß zur Geschichte der Juden und ihrer Literatur. In tabellar. Form bearb. von Dr. M[oritz] **Stern**, Bibliothekar d. jüd. Gemeinde in Berlin. 5. u. 6. verm. Aufl. Berlin: [Selbstverl.]; 'Hausfreund' 1905. (68 S.) 8° [F.] 08. 13163

— d. Heldenkampf d. Makkabäer. D. israelit. Jugend z. Chanukkafeste erzählt. 2. Aufl. 12. (38 S. m. 3 Abb.) Ebd. 896. n. — 40

Stern, Mor., zwei patriotische Kundgebungen. Aus dem israelit. Gemeindearchiv zu Halberstadt mitgetheilt. 16. (20 S.) Frankfurt a. M. 887, Kauffmann. *

Stern, Maur. (geb. Unruhstadt 1807): De gibbosis nonnulla. Berolini (1833). (37 S.) 8°
Berlin, Med. Diss. v. 23. Nov. 1833

Stern, Mauritius: •De prophetia inter Hebraeos. 34 Bl. 2°
Halle-Wittenberg, Phil. Diss. v. 11. Mai 1847
Geb. Karge (Kr. Bomst; Posen) 11. 12. 1822. V.

—— Quellenkunde zur Geschichte der deutschen Juden. 1. Bd.: Die Zeitschriftenliteratur. gr. 8. (III, 104 S.) Ebd. 892. ** 4 —

Stern, Mor., s.: Rentebuch, das 2. Kieler.

König Ruprecht von der Pfalz in seinen Beziehungen zu den Juden. Ungedr. Königsurkunden nebst ergänzenden Aktenstücken. Gesammelt u. mitget. v. Moritz **Stern**. *Kiel: H. Fiencke 1898.* (LVIII, 72 S., 1 Bl.) 1 Bd 8. [98. 10865

— Tabellen zur Geschichte d. Juden u. ihrer Litteratur. gr. 8. (56 S.) Ebd. 896. n. — 60

[F.] Tabellen zur Geschichte der Juden und ihrer Litteratur. Bearb. v. Dr. M[or.] **Stern**. 3. u. 4. verb. Aufl. *Kiel: H. Fiencke 1897.* (60 S.) 1 Bd 8. [97. 707

— Zeittafeln f. den Unterricht in d. jüdischen Geschichte u. Litteratur. Zum Gebrauch in Religionsschulen u. Volksschulen bearb. 12. (16 S.) Ebd. 897. n. — 20

Stern, Moritz Abraham

Stern, Mor. A., die Astronomie oder Himmelskunde, volksfaßlich bearbeitet. Neue verb. Ausg. Mit zahlr. (eingedr.) Holzschn. gr. 12. (423 S.) Stuttgart 847, J. B. Müller. 21 ngl

Stern, Mor. A., üb. d. Auflösung d. transcendenten Gleichungen. Eine gekr. Preisschr. gr. 4. (8 B.) Berlin 841 G. Reimer.
Aus: Crelle's Journal f. d. Mathematik, 22. Bd., besond. abgedruckt

Stern, M. A., Beiträge zur Theorie der Bernoulli'schen und Euler'schen Zahlen. 4. (44 S.) Göttingen 878, Dieterich'sche Verlagsh. *
Aus: Abhandlungen der kgl. Gesellschaft der Wissenschaften zu Göttingen, besonders abgedruckt.

Stern, M. A., Beiträge zur Theorie der Bernoulli'schen und Euler'schen Zahlen. 2. Beitrag. gr. 4. (45 S.) Göttingen 880, Dieterich'sche Verlagsh. *
Aus: Abhandlungen der k. Gesellschaft der Wissenschaften zu Göttingen, besonders abgedruckt.
1. Beitrag. Ebendas. 1878. *ℳ 2,40.

Stern, Moriz Abr. Einige Bemerkungen über eine Determinante. 1871. 4.

Stern, M. A., combinatorische Bemerkungen. gr. 8. (1½ B.) Göttingen 846, Vandenhoeck u. Ruprecht.
Aus: Göttinger Studien 1845 besond. abgedruckt.

Stern, M. A., über die Bestimmung der Constanten in der Variationsrechnung. [Aus d. Abhandlungen der k. Ges. der Wiss. zu Göttingen.] Göttingen 867. Dieterich's Verl. gr. 4. (34 S.) n. 10 ngr.

Stern, Moritz A., Darstellung d. populär. Astronomie. Mit besond. Rücksicht auf d. Gebr. bei Vorlesn. gr. 8. (15½ B. u. 1 Stnt. 4.) Berlin 834, Reimer.

Stern, Moriz Abr. Denkrede auf C. F. Gauss zur Feier seines hundertjährigen Geburtstages. Göttingen 1877. 4.

Stern, M. A., über die Eigenschaften der periodischen negativen Kettenbrüche, welche die Quadratwurzel aus einer ganzen positiven Zahl darstellen. (Aus den Abhdlgn. der k. Gesellsch. der Wissensch. zu Göttingen.) Göttingen 864. Dieterich. gr. 4. (48 S.) n. 16 ngr.

— die dritte Gattung der achämenischen Keilinschriften erläutert. Mit 1 Steindrtaf. (in qu. Fol.) gr. 8. (XII u. 236 S.) Göttingen 850, Dieterich. n. 1⅓ ℳ

Stern, Mor. A., Himmelskunde. Volksfaßl. bearb. 8. (27 B.) Stuttgart 846, Müller's Verl. Thlr
Vgl.: Bürgerbibliothek.

Stern, M(or.) A., Himmelskunde. Volksfaßlich bearb. 2., verm. Aufl. gr. 8. (VIII und 347 S. mit eingedr. Holzschn.) Stuttgart 854. [Leipzig, C. F. Winter'sche Vrlgsh.]

Stern, Lehrbuch der algebraischen Analysis. Leipzig und Heidelberg 1860. 8.

Stern, M. A., Lehrbuch der algebraischen Analysis. gr. 8. (X und 486 S.) Leipzig 860, C. F. Winter'sche Verlagsh. *

— üb. d. Monatsnamen einiger alter Völker, s. Benfey, Th.

Stern, Moriz Abr. Observationum in fractiones continuas specimen. Gottingae 1829. 4.

— s. Poisson, Lehrbuch der Mechanik.

Stern, Moriz Abr. Ein combinatorischer Satz. 1883. 4.

Stern, Moriz Abr. Zur Theorie der Function E(x). 1887. 4.

— zur Theorie der Eulerschen Integrale. (Abgedr. aus den Göttinger Studien. 1847.) gr. 8. (40 S.) Göttingen 847, Vandenhoeck & Ruprecht. 1/4 ℔

—— Theorie d. Kettenbrüche u. ihre Anwendung. gr. 4. (27½ B.) Berlin 834, Reimer.
Aus dem „Journal f. d. reine u. angew. Mathematik, hrsg. v. Crelle" abgedruckt.

Stern, M. A., ueb. den Werth einiger Summen. [Aus: „Abhandlgn. d. k. Ges. d. Wiss. zu Göttingen."] gr. 4. (20 S.) Göttingen 872. Dieterich's Verl. n. — 80

Stern, Moritz R. von, s. Stern, Maurice Reinhold von

Stern, N., die drei Krummstiefel, s. a. Bloch's, Ludw., Militär-Festmappe. 69. Hft.

Die drei Krummstiefel. Humorist. Singspiel in 1 Akt von N. **Stern.** *Berlin: E. Bloch [1903].* (16 S.) 8° [F.]
— **Militär-Festmappe.** Ludwig Blochs, f. vaterl. Gedenktage. H. 69. [03. 12243

Stern, Norbert, aus Dettensee (Hohenzollern): Das Denken und sein Gegenstand. München 1909. VIII + 208 S. 8°.
Bern. Phil. Diss. 1908/09.

Stern, Norbert. Das Denken und sein Gegenstand. Diss. Phil. Bern. [Mit 1 Figur.] VIII + 208 S. 8. München, Georg C. Steinicke, 1909. [im Buchh. M. 4. 80]

Stern, O., das Leben. Ein Aufsatz mit dem intellectuellen Beweise der Einheit von Geist u. Stoff im Dinge. Königsberg 862. Koch. gr. 8. (43 S.) n. 8 *ngr.*

—— die Liebe in ihrer geistig-stofflichen Einheit. — Kirche und Staat in ihrer Einheit. gr. 8. (68 S.) Königsberg 862, Koch. *

—— der Mensch und die Erde. Ein Aufsatz. gr. 8. (35 S.) Königsberg 862, Koch. *

Stern, Osc., Heinrich V. Trauerspiel in 5 Acten. (Den Bühnen gegenüber als Mscr. gedr.) Mainz 866. (Le Roux'sche Hofbuchh.) gr. 8. (108 S.) n. 20 *ngr.*

Stern, Oscar: Untersuchung der Felder eines Einphasen-Repulsionsmotors System Déri. Berlin: Springer 1910. 58 S., 1 Taf. 8⁰ ¶ Auch in: Arbeiten aus d. Elektrotechn. Institut d. Großherzogl. Technischen Hochschule Fridericiana zu Karlsruhe. Bd 2. 1910—1911. 1911 [Nr 2012].
Karlsruhe, Dr.-Ing.-Diss. v. 25. 7. 1910

Aus der Vorgeschichte der Cottbuser Tuchindustrie. Von Oscar **Stern.** Cottbus: [Heine] 1909. 61 S. 8°
Aus: Cottbuser Anzeiger.
(Aus dem alten Cottbus.) [10. 4652

Aus der Vorgeschichte der Cottbuser Tuchindustrie. (Vorträge geh. 1909 u. 1910.) Von Oscar **Stern.** T. [1.] 2. Cottbus: [Verein f. Heimatkunde] 1909–10. 8°
[1.] Aus: Cottbuser Anzeiger. 1909. 2. Das 19. Jahrhundert. 1910.
(Aus dem alten Cottbus.) A 12.5943

Stern, Otto, die Entwickelung der Konsonanten in der Artikulationsklasse. (Zugleich e. Beitrag zur prakt. Lautphysiologie in der Taubstummenschule.) (154 S.) 8. Stade 907. F. Schaumburg. nn 4. —

Stern, Otto, die Erziehung der Deutschen zum Weltmachtwillen. (33 S.) 8. Berlin 905. Deutscher Verlag. n. — 50

Die Erziehung der Deutschen zum Weltmachtwillen. Von Dr. Otto **Stern,** Landrichter. 2. Aufl. Berlin: Deutscher Verl. 1905. (33 S.) 8° [F.] [07. 8582 II

Die Lebensfrage. Ein Mahnwort z. Flottenvorlage in d. zwölften Stunde. Von Dr. Otto **Stern,** Landrichter. Berlin: Deutscher Verl. 1906. (20 S.) 8° [F.] [07. 5177

Die Seemachtfragen der Gegenwart. Von Dr. Otto **Stern,** Landrichter in Beuthen. Berlin: Deutscher Verl. [1905]. (48 S.) 8° [F.] [05. 12488

Stern, Otto [Referendar]: Der geschichtliche Ursprung der sächsischen Leibzucht ... *Berlin, W. Issleib, 1896;* 2 Bl., II S., 1 Bl., 42 S., 1 Bl. 8.
Berlin, Jur. Fak., Inaug.-Diss. v. 8. Okt. 1896

- Der Zitterlaut R., s.: Beiträge zur Kinderforschung u. Heilerziehung.

Der Zitterlaut R. Nebst Angabe von Winken u. Hilfsmitteln z. Entwicklung des R. Von Otto Stern, Taubstummenlehrer. Langensalza: Beyer 1907. 34 S. 8⁰
(Beiträge z. Kinderforschung u. Heilerziehung. H. 43.)

Stern, Otto Friedrich [aus Waldböckelheim (Rheinprov.)]: Über den Einfluss des Druckes auf das elektrische Leitungsvermögen einiger Säuren und Salzlösungen ... Würzburg, Druck v. F. Fromme, 1893; 38 S., 2 Taf. 8.
Würzburg, Phil. Fak., Inaug.-Diss. v. 1893

Stern, Ottok., das Problem der Pfahlbelastung. (VI, 198 S. m. 61 Textabbildgn. u. 6 Taf.) Lex. 8. Berlin 908. W. Ernst & Sohn. 7.—; geb. in Leinw. n 8. —

Stern, P., die ersten fünf Jahre des holsteinschen Infanterie-Regiments Nr. 85. Mit 5 (lith. u. chromolith.) Plänen. gr. 8. (V, 172 S.) Berlin 878. Mittler & Sohn. n. 3. —

Stern, P., die ersten 5 Jahre des Infanterie-Regiments Herzog v. Holstein (Holsteinschen) Nr. 85. 2., durchgeseh. u. verb. Aufl. gr. 8. (V, 158 S. m. 5 Plänen.) Berlin 894. E. S. Mittler & Sohn. n. 3. 50

Stern, P. Über Kegelschnitte eines Involutionssystems. Beiträge zur analytischen Geometrie. 16 S. Progr. G. *Nordhausen* 1877.

Stern, Paul [aus Berlin]: Einfühlung und Association in der neueren Ästhetik. E. Beitr. z. psycholog. Analyse d. ästhet. Anschauung ... Hamburg & Leipzig, L. Voss, 1897; VII, 80 S., 2 Bl. 8.
München, Phil. Fak., Inaug.-Diss. v. 1897

Stern, Paul, Einfühlg. u. Association in der neueren Aesthetik, s. a. Beiträge zur Aesthetik, V.

Einfühlung und Association in der neueren Ästhetik. E. Beitr. z. psychol. Analyse d. ästhet. Anschauung v. Dr. Paul **Stern**. *Hamburg & Leipzig: L. Voss 1898.* [Erschien zuerst als Diss. München 1897.] (VIII, 81 S.) 1 Bd 8.
= **Beiträge** z. Ästhetik. [No] v. [98. 1686

Stern, Paul: Ergebnisse zwanzigjähriger meteorologischer Beobachtungen der Station Nordhausen a. Harz. Nordhausen, Druck v. C. Kirchner's Buchdr., *1893;* 1—27 S. 4.
Nordhausen, k. G, P 1893 (247)

Stern, Paul, Ergebnisse zwanzigjähriger meteorologischer Beobachtungen der Station Nordhausen a. Harz. 4. (27 S.) Leipzig 893. G. Fock. n. 1. —

Stern, Paul, Grundprobleme d. Philosophie. I. Das Problem der Gegebenheit, zugleich e. Kritik des Psychologismus in der heut. Philosophie. (VIII, 79 S.) gr. 8. Berlin 903. B. Cassirer. n. 1. 60

Stern, Paul, die Isolationsmessung u. Fehlerortsbestimmung in elektrischen Starkstromanlagen, s. a. **Bibliothek** der gesamten Technik.

Die Isolationsmessung und Fehlerortsbestimmung in elektrischen Stark-stromanlagen ... von Paul **Stern.** Mit 102 Abb. Hannover: M. Jänecke 1908. (VI, 106 S.) 8°
= **Bibliothek** d. gesamten Technik. Bd 81. [08. 11096 7

Das Problem der Gegebenheit, zugleich e. Kritik d. Psychologismus in d. heutigen Philosophie. Von Paul **Stern.** Berlin: B. Cassirer 1903. (VIII, 79 S.) 8°
= Stern: Grundprobleme d. Philosophie. 1. [03. 10316

Stern: Clemens Aurelius P r u d e n t i u s , ein christlicher Dichter des vierten Jahrhunderts. 17 S. 8° – Gran, Progr. 1859.

— Die Revision elektrischer Starkstromanlagen, s. a. **Bibliothek** der gesamten Technik.

Stern, P., Die Revision elektrischer Starkstromanlagen für Revisionstechniker, Montageleiter, Betriebsleiter, Verwaltungsbeamte, Gewerbeaufsichtsbeamte, Bergpolizei-, Baupolizei- und Feuerpolizeibeamte, Feuerwehroffiziere, Feuerversicherungs- und Unfallversicherungstechniker. Hannover, 1908. 241 S. mit 8 Abb. u. 1 Taf.

Die Revision elektrischer Starkstromanlagen. Von Paul **Stern.** Hannover: M. Jänecke 1908. (X, 231 S.) 8°
= **Bibliothek** d. gesamten Technik. Bd 38. [08. 11035 7

Stern, P[aul]: **Temperatur-Veränderlichkeit** und Auszählung verschiedener meteorologischer Elemente nach Stufen auf Grund vieljähriger Beobachtungen in Nordhausen. *Nordhausen 1901: F. Eberhardt.* (S. 3—32.) 4° ¶ (Ergänzung d. P-Beil. 1893: Ergebnisse 20j. meteorol. Beobachtungen ...)
Nordhausen, k. G, OP 1901 (263)

Stern, Paul Heinr. Rob. Die meteorologischen Verhältnisse von Nordhausen. 18 S. Progr. G. *Nordhausen* 1885.

Stern, P., die meteorologischen Verhältnisse v. Nordhausen am Harz. Auf Grund 12jähr. Beobachtgn. 4. (18 S.) Nordhausen 885. Haacke. n. — 60

STERN, PAUL: Vortrag, gehalten im Katholischen Leseverein. Ödenburg 1872.

Stern, Paul Heinrich Robert, s. S t e r n , Paul

Stern, Paula, aus Tiflis: **Aus der dermatologischen Universitäts-Klinik zu Bern.** (Direktor: Prof. Dr. Jadassohn.) **Beiträge zur Therapie der Syphilis. Berlin 1905.** 19 S. 8°. S.-A. aus d. Deutschen Medizinal-Zeitung 1905. [7. XII. 05.]
Bern. Med. Diss. 1904/1905.

Stern, Paula. Beiträge zur Therapie der Syphilis. Diss. Med. Bern. Sonderabdruck aus «Deutsche Medizinal-Zeitung» [Jahrg. 26.] 1905. No. 33—35. *Kopftitel:* Aus der Dermatologischen Universitäts-Klinik zu Bern. ⟨Direktor: Prof. Dr. [Joseph] Jadassohn.⟩ II + 19 S. 8. Berlin, Eugen Grosser, 1905.

STERN, PAULUS JOSEPHUS: Primiz-Predigt beim heiligen Erstlingsopfer des Bonifatius Fr. Fuchs. 2. Feber 1863. Steinamanger 1863: Bertalanffy. 13 S. - 8°

Stern, R. [app. Arzt aus Frankfurt a. M.]: D u r c h welche Mittel kann man das Entstehen von pseudomembranösen Verwachsungen bei intraperitonealen Wunden verhindern? ... (Aus: Beiträge z. klin. Chirurgie. IV. Bd.) Tübingen: Verl. d. H. Laupp'schen Buchh., 1889. 1 Bl., 20 S. 8°
Heidelberg, Med. Fak., Inaug.-Diss. v. [9. Jan.] 1889

Stern, R., die Gewinnung des Eisens bei den Nyamwezi, s.: **Abhandlungen** des hamburg. Kolonialinstituts. I. Bd.

Stern, R. A. H., s. S t e r n , Reinhard

Stern, R. A. H., Anthologie röm. Dichter, s. Anthologie.

Stern, R. M. von, s. S t e r n , Maurice Reinhold von

Stern, R. Rerum convivalium ap. veteres adumbratio. 29 S.
Heiligenstadt, Progr. 1833

A n s p r a c h e am Johannis-Feste 1855, gehalten in der St. Johannis-Loge zum hellen Licht im Or. zu Hamm vom Br. [R e i n h a r d] **Stern.** Dortmund [1855]: Krüger. 14 S. 8° [Umschlagtit.]
Von dem Geist mrischer Liebe. S. 9—14: Jahres-Bericht der Loge für 1854—1855.

Stern, R. A. H., s. Anthologie römischer Dichter.

Stern, R. A. H., Anthologie römischer Dichter. Für mittlere Gymnasialklassen. 2., mit einem Wortregister verm. Ausg. 8. (IV und 322 S.) Bielefeld 850, Velhagen und Klasing.

Stern, R. A. H. Carmen saeculare nomine Gymnasii Hammonensis die XVIII. Maii MDCCCLVII. tertium saeculum sollemniter auspicantis dicavit. 10 S.
Hamm, Progr. 1857

— s. C i c e r o de claris oratoribus.

Stern, R. Conjectaneorum in **G r a t i i carmen** venat. **partic.** 18 S.
Heiligenstadt, Progr. 1830

Stern, Reinh., Conjectaneorum in poetas latinos minores Part. I. De Gratii carmine venatico commentat. annalibus Gymnasii Heiligenstadiensis praemissa. 4. (7¼ B.) Muehlhusae 830, Heinrichshofen.

— s. F a l i s c i , Gratii, et Olympii Nemes.

— Grundriß einer Grammatik für römische Dichter, zum Gebrauch für Schulen. gr. 8. (VI u. 130 S.) Arnsberg 851, Grote. 12 ngl

Stern, Reinhardus Augustus Henricus: De locis quibusdam rei castrensis apud Romanos.
Halle-Wittenberg. Phil. Diss. v. 11. Okt. 1826
Geb. [Eckartsberga 7. 2. 1804]
Ms. fehlt. Verf. hatte Thesen verteidigt.

Mayer, Edu. v.: Dem Br. Edu. Mayer zur Feier des Jubelfestes seiner fünf und zwanzigjährigen Hammerführung am 26. Juni 1853 im Namen der Mitglieder der Loge zum hellen Licht [in Hamm] dargebracht von R[einhard] Stern. [Hamm 1853: Grote.] 2 Bl. 4⁰ [Kopftit.]
cf. FZ. 7 (1853) S. 276—280.
Tt. 2604. Enth. ein Gedicht, abgedr. in: FZ. 7 (1853) S. 278—279 u. in: [Rundschreiben d. L. zum hellen Licht in Hamm vom 1. Juli 1853] Bl. 2, u. kurzen Bericht der Feier.

Stern, R. Narratio de C. D. Ilgenio. 16 S.
Hamm, Progr. 1839

Stern, Reinh., Narratio de Carolo Dav. Ilgenio, scholae provincialis Portensis olim Rectore. Annalibus Gymnasii Hammonensis praemisit atque iterum edidit. 8maj. (2 B.) Hammonae 839, libr. Schulz. *

Stern, Reinh. Symbolae ad grammaticam Romanorum poeticam. 24 S.
Hamm, Progr. 1845

Stern, Reinh.: Ueber lateinische Versifikation auf Gymnasien. 16 S. – Hamm, Progr. 1855.

Stern, Reinhard August Heinrich, s. Stern, Reinhard

Stern, Richard, approb. Arzt aus Berlin: **Aus Dr. Max Josephs Poliklinik, Berlin.** Die Behandlung der Gonorrhoe mit Crurin. *Leipzig 1903: B. Georgi.* (30 S.) 8°
Leipzig, Med. Diss. v. (23. Febr.) 1903

Stern, Richard, aus Köln: Beitrag zur Chemie der Aquochromsalze. Borna-Leipzig 1908. X + 71 S. 8°. [4. VIII. 08.]
Zürich. Phil. Diss. II. S. 1907/08.

Stern, Richard. Beitrag zur Chemie der Aquochromsalze. Diss. Phil. [II.] Univ. Zürich. X + 71 S. 8. Borna-Leipzig, Robert Noske, 1908.

Stern, Rich., klinisch-bakteriolog. Beiträge zur Pathologie u. Therapie des Abdominaltyphus, s. a. Sammlung klin. Vorträge.

Klinisch-bakteriologische Beiträge zur Pathologie und Therapie des Abdominaltyphus v. Richard Stern (Breslau). *Leipzig: Breitkopf & Härtel 1896.* (429—472 S.) 8.
= Sammlung klinischer Vorträge. N. F. No 138. 96. 36.11

Stern, Richard [Dr. med., Assistenzarzt an d. kgl. med. Klinik in Breslau]: Ueber Desinfection des Darmcanales ... (Aus: Zeitschr. f. Hygiene u. Infectionskrankh. XII. Bd.) Leipzig, Veit & C., 1892; 51 S. 8.
Breslau, Med. Fak., Hab.-Schr. v. 23. März 1892

Stern, Rich., Differentialdiagnose u. Verlauf d. Morbus Basedowii u. seiner unvollkomm. Formen. (Aus der 1. medizin. Klinik des Herrn C. v. Noorden in Wien.) (III, 95 S.) gr. 8 Wien 909. F. Deuticke. 2.—
Sonderabdruck aus: „Jahrbb. f. Psychiatrie u. Neurol."

Stern, Rich., üb. traumatische Entstehung inn. Krankheiten. Klin. Studien m. Berücksicht. d. Unfall-Begutachtg. 1. Hft.: Krankheiten des Herzens u. d. Lungen. gr. 8. (VI, 193 S.) Jena 896. G. Fischer. n. 5.—

Stern, R., üb. traumatische Entstehung innerer Krankheiten. Klinische Studien m. Berücksicht. der Unfall-Begutachtg. 2. (Schluss-)Hft.: Krankheiten der Bauchorgane, des Stoffwechsels u. des Blutes. gr. 8. (XI, u. S. 193—502.) Jena 900. G. Fischer. n. 7.—; (kplt. n. 12.—)

— Über traumatische Entstehung innerer Krankheiten. Klinische Studien m. Berücksicht. der Unfall-Begutachtg. 1. u. 2. Heft. Lex. 8. Jena, G. Fischer. 5.50
1. Infektions-Krankheiten, Krankheiten der Kreislaufsorgane. 2. neu bearb. Aufl. (VIII, 156 S.) 907. 3.50
2. Krankheiten der Lungen u. des Brustfells. 2. neu bearb. Aufl. (III u. S. 157—244.) 910. 2.—

Stern, Rich., Erinnerungsblätter an Julius Stern. Seinen Freunden u. Kunstgenossen gewidmet. 8. (X, 262 S.) Leipzig 886. Breitkopf & Härtel. n. 5.—; geb. n. 6.—

Stern, Rich., die pseudomotorische Funktion der Hirnrinde. (27 S.) gr. 8. Wien 905. F. Deuticke. n. 1.—

Stern, Rich., was muss der Musikstudierende von Berlin wissen? Nach authent. Material hrsg. Mit zahlreich. Orig.-Künstlerbildnissen. 2. Jahrg. 1910. (192 S.) 8. Berlin, Dr. R. Stern. —60

Stern, Richard [pr. Arzt]: Ueber die Wirkung der Hydronaphtylamine auf den thierischen Organismus. . . . Berlin: Druck v. Georg Reimer 1888. 2 Bl., 33 S., 1 Bl. 8⁰
Breslau, Med. Fak., Inaug.-Diss. v. 12. Dez. 1888

Stern, Rich. (II.), über die Wirkung der Hydronaphtylamine auf den thierischen Organismus. Inaugural-Dissertation. gr. 8. (33 S.) Berlin 888. (Breslau, Köhler.) *

Stern, Rob., die Arbitrage im Bank- u. Börsenverkehr. schmal gr. 8. (117 S.) Leipzig 901. G. J. Göschen. Kart. n. 2.—

Stern, Rob., die Arbitrage u. Warenkalkulation, s.: Grosskaufmann, der deutsche.

Stern, R., Wiener Arbitrage u. Paritäten-Berechnungen, s.: Loew, A.

Stern, Rob., d. Besteuerung d. Actiengesellschaften, Sparcassen, Genossenschaften u. sonst. zur öffentl. Rechnungslegg. verpflicht. Unternehmgn. nach dem Steuergesetze v. 25./10. 1896. M. bes. Berücksicht. d. Buchhaltg. bearb. 8. (59 S.) Wien 898. L. Weiss. n.n. —85

Stern, Rob., die kaufmännische Bilanz, ihr ordnungsmäßiger Aufbau, sowie deren wissentlich unwahre Darstellung unter Vorführung u. Erläuterung zahlreicher Bilanzfälschungs- u. Verschleierungsdelikte. (X, 196 S. m. 1 Fig.) kl. 8. Leipzig 907. J. J. Weber. Geb. in Leinw. 3.—

— Buchführung, s.: Sammlung Göschen.

— die Buchführung im Großbetriebe, s.: Großkaufmann, d. deutsche.

— Buchführung in einzelnen u. doppelten Posten, s. a. Sammlung Göschen.

Buchführung in einfachen und doppelten Posten von Prof. Robert **Stern.** 3., verb. Aufl. Leipzig: Göschen 1908. 173 S. 8°
(Sammlung Göschen. 115.) [11. 14330 11

— Buchhaltungs-Lexikon, umfassend sämtl. Methoden der Buchführg., die Kontierg. der verschied. Branchen, die Buchführungsgesetze aller Staaten, die wichtigsten Entscheidgn. u. Erfahrungssätze, nebst Rathschlägen f. Revisionen. Ein Nachschlagebuch des gesamten Buchhaltungswesens f. Richter, Rechtsanwälte, Steuer- u. Verwaltungsbeamte, Bankiers, Fabrikanten, Kaufleute, sowie f. Studierende, bearb. unter Mitwirkg. zahlr. Fachmänner. (In ca. 12 Lfgn.) 1.—9. Lfg. gr. 8. (S. 1—432.) Wien 902. 903. L. Weiss. à n. — 75

— Buchhaltungs-Lexikon, umfassend sämtl. Methoden der Buchführg., die Kontierung der verschiedenen Branchen, die Buchführungsgesetze aller Staaten, die wichtigsten Entscheidgn. u. Erfahrungssätze, nebst Ratschlägen f. Revisionen. Ein Nachschlagebuch des gesamten Buchhaltungswesens für Richter, Rechtsanwälte, Steuer- u. Verwaltungsbeamte, Bankiers, Fabrikanten, Kaufleute, sowie f. Studierende, bearb unter Mitwirkg. zahlr. Fachmänner. 10.—14. (Schluss-) Lfg. (IV u. S. 433—672.) gr. 8. Wien 903. 904. L. Weiss. à n. — 75 (Vollst., geb. in Halbfrz. n.n. 13. —)

Stern, R. Buchhaltungs-Lexikon, umfassend sämtliche Methoden der Buchführung, die Kontierung der verschiedenen Branchen, die Buchführungsgesetze aller Staaten, die wichtigsten Entscheidungen und Erfahrungssätze, nebst Ratschlägen für Revisionen. Ein Nachschlagebuch des gesamten Buchhaltungswesens. Wien und Leipzig 1904

Stern, Robert, a. Offenbach a. M.: Ueber Dysenterie. München 1905. (38 S.) 8°
München, Med. Fak., Ref. v. Bollinger, Diss. v. 7. April 1906
[Geb. 25. Sept. 82 Offenbach a. M.; Wohnort: Offenbach; Staatsangeh.: Hessen; Vorbildung: Gymn. Offenbach Reife O. 00; Studium: München 4, Berlin 3, München 3 S.; Coll. 7. April 06; Approb. 31. März 06.]

Stern, Rob. Die Effecten-Arbitrage m. Vortheilen des praktischen Börsen-Verkehrs. schmal gr. 8. (120 S.) Wien 891, L. Weiss. cart. * 3 50

Stern, Robert, Referendar a. Geisa S.-W.: Eigentumsvorbehalt bei Veräusserung beweglicher Sachen. Eisenach 1907: E. Engelhardt. (VII, 44 S.) 8° [J.]
Jena, Jur. Fak., Ref. Thon, Diss. v. 16. Aug. 1907
[Geb. 22. Juli 83 Geisa; Wohnort: Geisa; Staatsangeh.: Sachsen-Weimar; Vorbildung: Gymn. Warburg Reife O. 03; Studium: Würzburg 2, Jena 4 S.; Rig. 29. Jan. 07.]

— der Einfluss d. neuen Civilprocessordnung auf d. ges. Geschäftsverkehr. E. populäre Darstellg. all' dessen, was d. Kaufmann v. d. neuen Civilprocessordng. zu wissen nöthig hat; m. zahlr. Beispielen u. Formularien. 8. (48 S.) Ebd. 898. n. — 50

— Export-Technik, s. a. Sammlung kaufmännischer Unterrichtswerke. 17. Bd.

Stern R, Export-Technik. (276 S) Leipzig 1907

— Formularien-Heft. Sammelheft v. Formularien f. d. Gebrauch im Muster-Comptoir. gr. 8. (32 Bl.) Wien 897. A. Pichler's Wwe. & Sohn. n. 1. —

—— Das neue Geld. Gemeinfaßliche, für Jedermann leicht verständl. Erläuterg. zur Valutareguliрg. gr. 8. (23 S.) Wien 892, A. Bauer. * — 50

Stern, Rob., die gesammte kaufmännische Gesetzgebung in populärer Darstellung und gedrängter Kürze. Handbüchlein zum Gebrauche in Abendcursen von Handels- und Vereinsschulen, sowie zum Selbststudium. 16. (93 S.) Wien 884, O. Frank. cart. *

Stern, Robert, Der Gewerbetreibende auf d. Höhe d. Zeit. Anleitung z. selbstst. Einricht. d. gewerbl. Buchführ. 8. Liefg. 1—4. (S. 1—128.) Wien, Gebrüder Rubinstein. à 15 kr.
1885.

Stern, Robert, Der Gewerbetreibende auf d. Höhe d. Zeit. Anleitung z. selbstständ. Einrichtung d. gewerbl. Buchführung. etc. Erklärung d. neuen Gewerbeordnung u. all. sonstigen d. Gewerbetreibenden wissenswerthen Gesetze. 8. Lief. 5—7. (S. 129—224.) Wien, Gebrüder Rubinstein. à 15 kr.
1885.

Stern, Robert, der Gewerbetreib. auf der Höhe der Zeit. Anleitg. zur selbstständigen Einrichtung der gewerbl. Buchführung, zur Berechnung von Kostenvoranschlägen, Calculationen, — zur Beschaffung der im Gewerbetriebe nöthigen Gelder, zur Ausführung aller im Gewerbebetriebe vorkommenden schriftlichen Arbeiten: Briefschaften, Eingaben, Gesuche, Wechsel etc. Erklärung der neuen Gewerbeordnung und aller sonstigen den Gewerbetreibenden wissenswerthen Gesetze. (Vollständig in circa 20 Liefgn.) 8°. Lief. 8—11. (S. 225—336.) Wien, Rubinstein. à fl. —.15.
1886.

Stern, Robert. Der Gewerbetreibende auf der Höhe der Zeit. Anleitung zur selbstständigen Einrichtung der gewerblichen Buchführung, zur Berechnung v. Kostenvoranschlägen, Calculationen, zur Beschaffung der im Gewerbebetriebe nöthigen Gelder, zur Ausführung aller i. Gewerbebetriebe vorkommenden schriftlichen Arbeiten: Briefschaften, Eingaben, Gesuche, Wechsel etc. Erklärung d. neuen Gewerbeordnung u. aller sonstigen d. Gewerbetreibenden wissenswerthen Gesetze. (Vollständig in ca. 20 Lieferungen.) gr. 8°. Lief. 12—15. (S. 377—392.) Wien, Rubinstein à fl. —.15.
1886.

Stern, Rob., Grundriß für Vorlesungen über Nationalökonomie. Zum Gebrauche an Handels-, Gewerbe- u. höheren Töchterschulen. gr. 8. (XIII, 202 S.) Wien 883. Bloch & Hasbach. n. 2. 50

— deutsche Handelskorrespondenz, s. a. Göschen's kaufmännische Bibliothek. 1. Bd.

— Deutsche Handelskorrespondenz. In stenograph. Redeschrift (Satzkürzg.) hrsg. v. H. Pötschke u. Joh. F. Herget. (4. Aufl.) (82 S.) gr. 8. Zwickau (908). (J. Herrmann.) — 50

— Katechismus der in Oesterreich-Ungarn neueingeführten Kronen-Währung. Eine populäre Erläuterg. d. Währungswechsels, sowie aller durch denselben entsteh. Rechnungsänderg. m. zahlreichen Beispielen u. den nothwendigsten Umrechnungs-Tabellen. 1. u. 2. Aufl. 1.—10. Tauf. gr. 8. (32 S.) Wien 892. 893. M. Perles n. — 40

—— Krone u. Gulden. Populäre Belehrgn. über d. Ursachen u. Wirkgn. der Währungsänderung m. zahlreichen Beispielen u. allen nothwend. Umrechnungs-Tabellen unter Zugrundelegg. d. Gesetzes-Vorlagen vom 14. Mai 1892. 1. u. 2. Aufl. (1—8. Tauf.) gr. 8. (74 S.) Wien 892, M. Perles. * 1 20

—— dass. — Gesetz vom 2. Aug. 1892, durch welche d. Kronen-Währg. festgestellt wird. 3. u. 4. vollständig umgearb. Aufl. 9—14. Tausend. gr. 8. (78 S.) Ebd. 892,93. * 1 20

— die obligatorische Kronenrechnung. Populäre Darstellg. der Wirkg. u. Durchführung der gesammten neuen Währungsgesetze. Obligat. vom 1. I. 1900 zufolge der kaiserl. Verordng. vom 21. IX. 1899. 8. (59 S. m. 1 Tab.) Wien 900. L. Weiss. n. — 90

— das neue Coursblatt. Wegweiser zur Berechnung der in den officiellen Coursblättern v. Wien, Prag u. Triest notierten Effecten u. Devisen. Mit vollständ. Ausführg. von Rechnungsbeispielen u. Angabe aller Schlüsselzahlen, Kürzungsregeln u. Vortheile im Effecten- u. Devisenrechnen. Auf Grund der durch die Einführg. der Kronenwährg. gänzlich geänderten Notirungsarten. 8. (98 S.) Ebd. 900. n. — 85

Stern, Rob., das Landsturmgesetz. Populäre Darstellung aller Bestimmungen und Vollzugsbestimmungen des Landsturmgesetzes und seiner Wirkungen auf alle Kreise und Verhältnisse der Bevölkerung. Mit Einbezug der wesentlichsten unterscheidenden Bestimmungen der ungar. Landsturm-Verordnungen. 1.—10. Aufl. 8. (48 S.) Wien 887, Hartleben. *

—— Lehrbuch der kaufmännischen Arithmetik zum Gebrauche an Handels- und Vereinsschulen. gr. 8. (II, 183 S.) Wien 885, O. Frank Nachf. *
Aus: Lehrbuch der kaufmännischen Arithmetik und Usancenkunde, besonders abgedruckt.

—— Lehrbuch der kaufmännischen Arithmetik und Usancenkunde. Mit Berücksicht. der neuesten Bestimmungen im Waaren-, Wechsel-, Devisen- und Effecten-Handel. Zum Gebrauche an Handelsakademien, Special- und höheren Gewerbeschulen. gr. 8. (183 S.) Wien 883, O. Frank. *

— Leitfaden zur Durchführung v. zusammenfassenden kaufmännischen Übungen in Form e. Muster-Kontors. gr. 8. (V, 214 S.) Leipzig 900. G. J. Göschen. Geb. in Leinw. n. 4. —; Schlüssel (26 S.) n. 1. —; Geschäftsformulare u. Blankettbriefe. Fol. n. 1. 50

— Leitfaden f. e. Muster-Comptoir m. Einbeziehg. aller handelswissenschaftl. Unterrichtsgegenstände in d. Comptoirdienst u. unt. Zugrundelegg. d. Normallehrplanes f. 2class. Handelsschulen. gr. 8. (IV, 63 S.) Ebd. 897. Kart. n. 1. —

— Muster-Comptoir-Atlas. Sammelheft v. Musterbeispielen aus d. Comptoirarbeiten u. v. sonst. Orientierungsmateriale z. gleichzeit Unterrichtsgebrauche m. d. Leitfaden f. e. Muster-Comptoir. gr. 4. (42 S.) Ebd. 897. n. 1. 20

Stern, Rob., Muster-(Uebungs-)Kontore, s. a. Veröffentlichungen d. deutschen Verbandes f. das kaufm. Unterrichtswesen. 22. Bd.

Muster- (Uebungs-) Kontore. Bearb. von Oberl. Robert Stern. Leipzig. T. 1. *Leipzig: B. G. Teubner (1903).* 8°
— Veröffentlichungen d. Deutschen Verbandes f. d. kaufmänn. Unterrichtswesen. Bd 22. [03. 3146

— Die kaufmännische Organisation im Fabrikbetriebe. Mit 30 in den Text gedr. Abbildgn. u. vielen Beispielen. (XII, 360 S.) kl. 8. Leipzig 910. J. J. Weber. Geb. in Leinw. 4. 50

—— das Postsparcassengesetz. Populäre Darstellung des neuen Gesetzes und Anleitung zur Benützung der Postsparcasse im Spar- sowie im Checkverkehre für alle Kreise der Bevölkerung. Mit Einbezug der wesentlichsten unterscheidenden Bestimmungen der in Oesterreich und der in Ungarn geltenden Normen. 8. (64 S.) Wien 888, Hartleben. *

— das kaufmänn. Rechnen, s.: Weber's illustr. Katechismen.

— Repertorium f. Bank- u. Sparcassa-Prüfungen. schmal gr. 8. (V, 231 S.) Wien 894. L. Weiss. Kart. n. 3. 40

— Repertorium für Bank- u. Sparcassa-Prüfungen. Suppl. schmal gr. 8. (35 S.) Wien 898. L. Weiss. n. 1. — (Hauptwerk u. Suppl.: n. 4. 40)

— Repertorium für Bank- u. Sparkassa-Prüfungen. 2., umgearb. Aufl. (VI, 127 S.) schmal 8. Wien 906. L. Weiss. n. 3. 40

—— die Schule des Gemischtwarenhändlers. Leichtfaßl. Anleitung zur Erlernung der Buchführung und Briefstilkunde, dann des sicheren und prakt. Rechnens, zur Erkennung von Verfälschungen und Verunreinigungen der Artikel des Gemischtwarenhandels, und Belehrungen über alle Rechte und Pflichten des Detaillisten. Mit ausschließl. Berücksichtigung der Praxis des Gemischtwarenhandels, als Nachschlage- und Selbstbelehrungsbuch bearb. gr. 8. (VII, 214 S.) Brünn 887, Karafiat's Verlag. *

— d. Sparcassadienst. E. Hand- u. Nachschlagebuch f. d. Sparcassabeamten u. denjenigen, d. sich f. d. Sparcassadienst qualificiren will. III. Aufl. gr. 16. (IV, 280 S.) Ebd. 895. Geb. in Leinw. n. 5. —

— s. Sparcassa-Kalender, Österr.-ungar.

— Theorie u. Praxis d. Gold-Importes nach Oesterreich-Ungarn. Eine übersichtl. Darstellg. der Goldarbitragen auf der Basis der Kronenwährg. gr. 8. (58 S.) Wien 893. M. Perles. n. 1. 60

— Theorie u. Praxis d. Seehandels-Geschäfts, s. a. Sammlung kaufmänn. Lehrbücher, II.

— Theorie u. Praxis des Seehandels-Geschäfts. Eine übersichtl. Darstellg. alles Wissenswerten über den Seeverkehr, auf Grund eingeh. Studien auf verschiedenen grossen Seehandelsplätzen bearb. 2. auf Grund der neuesten Gesetze u. Verordngn. abgeänd. Aufl. (Dr. Ludwig Huberti's moderne kaufmänn. Bibliothek.) gr. 8. (VIII, 99 S.) Leipzig (900). Dr. L. Huberti. Geb. in Leinw. n. 2. 75

— — Unterrichtsbriefe f. das Selbststudium d. Buchführung. Wohlfeile Volks-Ausgabe. 1. Heft. Wien, Gebrüder Rubinstein. 15 kr. 1883.

Stern, Unterrichtsbriefe für das Selbststudium der Buchführung. 8. Lief. 2 u. 3. (S. 17—48.) Wien, Gebr. Rubinstein. à 15 kr. 1884.

— — Unterrichtsbriefe f. das Selbststudium d. Buchführ. Wohlf. Volksausgabe mit zahlr. Vorlagen, Blanquetten und rastrirten Scripturen. 2. unveränd. Aufl. (Compl. in 12 Lief.) 8. Lief. 1—10. (S. 1—134.) Ebds. à 15 kr. 1885.

— Unterrichtsbriefe f. d. Selbststudium d. Buchführung. Wohlfeile Volksausg. m. zahlr. Vorlagen, Blanquetten u. rastrirten Scripturen. 2. unveränd. Aufl. 8. Lief. 11—12. (S. 135—142 m. Formularien.) Ebds. à 15 kr. 1885.

Stern, Rudolf, a. Wien: Ueber die Anwendbarkeit der Aether-Aluminiumchlorid-Methode zur Aethylierung aromatischer Substanzen. Heidelberg 1907: K. Rössler. (39 S.) 8°
Heidelberg, Naturw.-math. Fak., Ref. Curtius, Diss. v. 12. Juli 1907
[Geb. 30. Nov. 81 Wien; Wohnort: Wien; Staatsangeh.: Österreich; Vorbildung: Gymn. Wien Reife M. 01; Studium: Heidelberg 10 S.; Rig. 29. Nov. 06.]

Stern, S.: Anforderungen d. Lehrerberufs. 43 S. Frankf. a/M., Schul-/Univ.-Schrift 1864

Stern, S. (I.), Beiträge zur Kenntniss der Funktionen des Nervensystems. gr. 8. (81 S.) Neuwied 868, Heuser's Verlag. 1 50

— Beiträge zur Theorie der Resonanz lufthaltiger Hohlräume. S. 65. H. 303 . . . . . — .20
Separatabdruck

— Beiträge zur Theorie der Resonanz fester Körper mit Rücksicht auf das Mitschwingen der Luft. S. 63. H. 286 . . . . vgr.
Separatabdruck

—— Beiträge zur Theorie der Resonanz fester Körper mit Rücksicht auf das Mitschwingen der Luft. Lex.-8. (15 S.) Wien 871. (Gerold's Sohn.)

Stern, S., Beiträge zur Theorie der Resonanz lufthältiger Räume. [Aus: „Sitzungsber. d. k. Akad. d. Wiss."] Lex.-8. (10 S.) Wien 872. (Gerold's Sohn.) n. — 20

Stern S.: Beiträge zur Theorie des gemeinen (nicht musikalischen) Schalles als Objekt-Merkmals mit Rücksicht auf die speziellen Bedürfnisse der medizinischen Diagnostik. Einleitung. *A.* Von der Schallzusammensetzung. *B.* Von der Intensität des Schalles. *C.* Von der Dauer des Schalles. *D.* Von der Schallhöhe. *E.* Von der Schallfarbe. S. 61. II. 127 . . . . —.70
Separatabdruck

— Beiträge zur Theorie des gemeinen [nicht musikalischen] Schalles als Object-Merkmals mit Rücksicht auf die speciellen Bedürfnisse der medicin. Diagnostik. [Aus d. Sitzungsber. d. k. Akad. d. Wiss.] Wien 870. (Gerold's Sohn.) Lex.-8. (51 S.) n.n. 7½ ngr.

— Weitere Beiträge zur Theorie der Schallbildung. (Aus dem LXIX. Bde. der Sitzungsber. der Kais. Akad. der Wissensch., II. Abth., Januar-Heft, Jahrg. 1871.)

— weitere Beiträge zur Theorie der Schallbildung. [Mit e. (eingedr.) Holzschn.] [Aus: „Sitzungsber. d. k. Akad. d. Wiss."] Lex.-8. (37 S.) Ebend. 874. n — 50

— Über die Beziehungen der Sehnenreflexe zum Muskeltonus. S. 101. III. 88 . . . —.10
Separatabdruck

Stern, S., Diagnostik der Brustkrankheiten vom propädeutisch-klinischen Standpunkte, nebst einer physikal. Theorie der Schallbildung. gr.8. (XVIII, 787 S.) Wien 877. Braumüller. n. 13. —

Stern, S., Habsburg und Hohenzollern. Oestreich u. Preußen in ihrem Verhältniß zu Deutschland u. zu den Interessen der deutschen Nation. Berlin 860. J. Springer. gr. 8. (VIII, 127 S.) n. 20 ngr.

— Hemmung, Entstehung und Bahnung der Sehnenreflexe im Rückenmark (mit 5 Taf.) S. 100. III. 24 . . . . 2.80
Separatabdruck

Stern, S., das europäische Israel. 8. (III, 105 S.) Brünn 889. Epstein & Co. n. 1. 25

—— die propädeutische Klinik als selbstständiges theoretisch-medicinisches Forschungs-Institut. gr. 8. (III, 21 S.) Wien 870, Czermak. *

— s. Philippson, Ldw., Predigten.

Stern S, das kaufmännische Rechnen. (475 S) (Webers Katech. 246) Leipzig 1904

— Über die Resonanz der Luft im freien Raume (mit 2 Holzschnitten). S. 61. II. 35 . . . vgr.
Separatabdruck

—— über die Resonanz der Luft im freien Raume. Lex.-8. (23 S. mit 2 eingedr. Holzschn.) Wien 870, (Gerold's Sohn.) *
Aus: Sitzungsberichte der k. Akademie der Wissenschaften, besonders abgedruckt.

Stern, S., s.: Untersuchungen, chem. u. medicin.

Stern, S. Ein Verfassungs-Entwurf für Preußen. Berlin 1848. 20 S. 8.

— Was ist geschehen? u. Was ist zu thun? Eine Ansprache an die Gleichgesinnten unter seinen Glaubensgenossen. gr. 8. (42 S.) Berlin 847, Expedition der Reform-Zeitung. 6 ngr.

— die Zeitgenossen. Geschichte der Gegenwart in vergleichenden Biographieen. 22 Hfte. gr. 8. (1063 S.) Berlin 851. 52, Liebmann. (à 4 ngr) 3 ℛ 28 ngr

Stern, S. Die Zeitgenossen. Geschichte der Gegenwart in vergleichenden Biographien. Theil 1. Berlin, R. Liebmann 1852. 1063 S. 8.

—— die Zeitgenossen. Geschichte der Gegenwart in vergleichenden Biographieen. (22 Hefte.) gr. 8. (1063 S.) Berlin 851—52, [Möhring.] (à Heft 4 Ngr.)

Stern, S. L. J. — Anwendbare Chemie für Seifensieder von — —. 2te Auflage. Wien, 1857. Druck von Keck und Komp. (35 S. 8.)

Stern, S. L. J., *Chem. u. prakt. Seifensieder.* Geheimnisse der Kerzen-Giesserei. (*Wien*) Druck von *F. Friedrich.* 28 S. gr. 8°. mit 2 Taf. Fig. (Als Geheimmittel mit verklebtem Umschl.) 5 fl.

Stern, Salomon

Stern, S., Ausbildung der Fahrrinne der oberösterreich. Donau, s. a. Verbands-Schriften des deutsch-österreich.-ungar. Verbandes f. Binnenschiffahrt, N. F. 26.

Ausbildung der Fahrrinne der oberösterreichischen Donau. Von S[alomon] **Stern**, Statthalterei-Ingen., Linz. Mit 3 Taf. *Berlin-Grunewald: A. Troschel 1903.* (50 S.) 8°
= Deutsch-Oesterr.-Ung. Verband f. Binnenschiffahrt. Verbands-Schriften. N. F. No 26. [04. 4693

Stern, Sal. Glieb., s. a. Liber responsionum.

Stern Salomon Gottlieb. *Liber responsionum. Particula I. continet responsiones discipulorum R. Menahem b. Saruk, i. e. Ben Kafron, Jehuda b. Daud, Isaak ibn Chiquitilla contra responsiones Dunasch b. Labrat, Levitae, qui a praedicto R. Menahem in grammaticis dissensit. — Particula II. continet responsiones discipuli Dunasch b. Labrat, i. e. Jehudi b. Scheschet, quibus sententias discipulorum R. Menahem b. Saruk refutavit. — Primum ex uno et solo Cod. Mss. edidit, annotationibus collocationibusque illustravit, commentario instruxit, introductione in linguae Hebraicae historiam ornavit Salomo Gottlieb Stern. Vindobonae, 1870.* Selbstverlag . . . . .

Stern, Sal. Gll., s. Salomonis Ben Abrahami Parchon Aragonensis Lexicon Hebraicum.

Stern, Samuel

Stern, S., allgemeine analytisch-synthetische Psychognosie parallel zur Physik u. Physiologie. 3 Tle. in 1 Bde. (VIII, 114; IV, 192 u. IV, 136 S.) gr. 8. Wien 906. Dorfmeister. (Nur direkt.) 6. —

Allgemeine analytisch-synthetische Psychognosie parallel zur Physik und Physiologie. [Nebst] Anh. Von Dr. S[amuel] **Stern**, em. Prof. d. Wiener med. Univ.-Fak. Wien: Dorfmeister 1900–09. 8° [10. 6866 11

Stern, Siegfr., die Gefahrtragung. Von der jurist. Fakultät zu Marburg gekrönte Preisarbeit. (VIII, 143 S.) gr. 8. Marburg 910. N. G. Elwert's Verl. 3. —

Stern, Siegfried, Referendar: Die Gefahrtragung beim Kaufe. Marburg 1909: Friedrich. 47 S. 8° ¶(Ersch. vollst. als Buch b. Elwert, Marburg.)
Marburg, Jur. Diss. v. 1. April 1909, Ref. Leonhard
[Geb. 30. Juni 87 Ockershausen; Wohnort: Neuhof b. Fulda; Staatsangeh.: Preußen; Vorbildung: Gymn. Marburg Reife O. 05; Studium: Marburg 6 S.; Rig. 28. Juli 08.] [U 09. 3129

Stern, Sigismund

Stern, S., die Aufgabe des Judenthums u. des Juden in der Gegenwart. Acht Vorlesungen, gehalten in Berlin, v. 15. Jan. bis 12. März 1845. 8. (22½ B.) Berlin, [Adolf u. Comp.] *

Stern, S., die Aufgabe des Judenthums und des Juden in der Gegenwart. Acht Vorlesungen, gehalten in Berlin, vom 15. Jan. bis 12. März 1845. 8. Berlin 845, Buchh. d. Berl. Lesecabinets. n. $1\frac{1}{3}$ *ß*

Stern, Sigism., die Aufgabe des Judenthums und des Juden in der Gegenwart. 2. (Titel-)Aufl. 8. (XIII und 345 S.) Berlin 853, Adolf und Comp.

— die gegenwärtige Bewegung im Judenthume, ihre Berechtigung u. ihre Bedeutung. 8. (3 B.) Berlin 845, Klemann. *

Stern, Sigism., die häusliche Erziehung. Leipzig 867. Brockhaus. 8. (X, 290 S.) n. 1 *ß* 10 *ngr.*; geb. n. 1 *ß* 20 *ngr.*

— deutsche Geschichte im Zeitalter der französischen Revolution. 1786—1815. In Vorlesungen. Ebend. 865. 8. (XVII, 434 S.) n. 1 *ß* 10 *ngr.*

Stern, S., Geschichte des Judenthums von Mendelssohn bis auf die Gegenwart, nebst einer einleitenden Ueberschau der älteren Religions- und Kulturgeschichte. gr. 8. (XI und 307 S.) Frankfurt a. M. 857, Literarische Anstalt. *

Stern, S., Geschichte des Judenthums von Mendelssohn bis auf die neuere Zeit. gr. 8. Breslau 870, Preuß und Jünger. 1 50 geb. 2 40

Stern, S. (II.), Geschichte des Judenthums von Mendelssohn bis auf die neuere Zeit nebst einer einleitenden Ueberschau der älteren Religions- und Culturgeschichte. Neue (Titel-)Ausg. gr. 8. (IX, 307 S.) Breslau (857)70, Skutsch. [Hepner's Verlag.]

Stern, S. Die Geschichte des deutschen Volkes in den Jahren 1848 und 1849. In 12 Vorträgen. Berlin, F. Gerhard 1850. 451 S. 8.

Stern, S., die Geschichte des deutschen Volkes in den J. 1848 und 1849. In 12 Vorträgen (gehalten in Berlin). (14 Lfgn.) 8... (521 S.) Berlin 850—51, [Grobe.] (à Lfg. $2\frac{1}{2}$ Ngr.)

— vorläufige Grundlegung zu einer Sprachphilosophie. Mit 1 lithogr. Tafel. gr. 8. Berlin 835. Bechtold u. Hartje. $\frac{1}{2}$ *ß*

Stern, S., vorläufige Grundlegung zu einer Sprachphilosophie. gr. 8. (6 B. u. 1 Stnt.) Berlin 835, [F. Bethge.] *

— das Judenthum u. der Jude im christl. Staat. Vorlesung. 12. (2 B.) Berlin 845, [Adolf u. Comp.] *

— das Judenthum u. d. Jude im christl. Staat. Vorlesung. 12. Berlin 845, Buchh. d. Berl. Lesecabinets. n. 8 *ngl*

Stern, S., Lehrbuch der allgemeinen Grammatik. Mit 1 lith. Tabelle. gr. 8. Berlin 840. Heymann. 1 *ß*

Stern, Sigismundus: • De principiis doctrinae philosophicae in fundamentum linguae condendae. 120 S. 8° (4°)
Halle-Wittenberg, Phil. Diss. v. 16. Sept. 1834
Geb. „Unruhgoviae" [Karge-Unruhstadt (Kr. Bomst) 2. 7. 1812]. V.
Vom Verf. ersch. deutsch: Vorläufige Grundlegung zu einer Sprachphilosophie. Berlin: Bechtold u. Hartje 1835. X, 85 S., 1 Taf. 8°
vorh. Berlin UB

— Prinzipien zur Abfassung eines Religionslehrbuchs der Genossenschaft für Reform im Judenthum. Ein Versuch. gr. 8. (14 S.) Berlin 847, Behr. n. $\frac{1}{12}$ *ß*

— die Religion des Judenthums in 8 Vorlesungen. 8. (21 B.) Berlin 846, Bernstein. *

— die Religion des Judenthums. 2. (Titel-)Aufl. Berlin (846.) 853. Adolf u. Co. 8. (VIII, 327 S.) 15 *ngr.*

Stern, Sigismund. Stein und sein Zeitalter. Ein Bruchstück aus der Geschichte Preußens und Deutschlands in den Jahren 1804—1815. Leipzig, F. A. Brockhaus 1855. XVI 544 S. 8.

Stern, Sigm., die mechanische Holz-Verkleinerung für Heizzwecke, deren Ausführung, Betrieb, Instandhaltung, Rentabilität. Für Maschinentechniker, Ingenieure, Holzindustrielle, Eisenbahnen, Unternehmer, Fabrikanten, Oekonomen. Mit 6 dem Text beigegebenen (lith.) Taf. gr. 8. (44 S.) Wien 878. Spielhagen & Schurich. n. 3.—

Stern, Simon *(geb. Tolcsva in Ung. 1798)*: De inflammatione in genere. Vratislaviae (1824). (VIII, 38 S.) 8°
Breslau, Med. Diss. v. 6. Jan. 1824

Stern, Dr. Simon, Das europäische Israel. Den Gebildeten gewidmet. Inhalt: I. Die Orthodoxie. II. Der Rationalismus. III. Die Reform. IV. Der Misticismus. V. Das dogmafreie Judenthum. 8. (105 S.) —.75
Brünn: Epstein 1889.

Stern, Sim., der Kampf des Rabbiners gegen den Talmud im XVII. Jahrh. Vorher geht: Religion des Individuums u. Religion des Volkes. gr. 8. (V, 344 S.) Breslau 902. Schles. Buchdruckerei etc. n. 5.—; geb. n. n. 6. 50

Der Kampf des Rabbiners gegen den Talmud im XVII. Jahrhundert. Vorher geht: Religion d. Individuums u. Religion d. Volkes. Von Dr. Simon **Stern**, Rabb. in Saaz. Breslau: S. Schottlaender 1902. (V, 344 S.) 8°

Stern, Sim., d. Programm Jungisraels. [Aus: „Jüd. Chronik".] gr. 8. (18 S.) Saaz 896. (Brünn, B. Epstein & Co.) 30

Stern, Sim., Tolstoi, Zola u. das Judentum. Vortrag. (14 S.) gr. 8. Frankfurt a/M. 906. J. Kauffmann. n. — 50

Stern, Sophie, aus Tschornigoff (Russland): Aus dem Kinderspital Zürich. Beobachtungen über Keuchhusten. Zürich 1906. 24 S. 8°. [28. IV. 06.]
Zürich, Med. Diss. 1905/1906.

Stern, Sophie. Beobachtungen über Keuchhusten. Diss. Med. Univ. Zürich. *Kopftitel:* Aus dem Kinderspital Zürich. 24 S. 8. Zürich, J. F. Kobold-Lüdi, 1906.

Stern, Stefan, Geographie und Geschichte des österreich. Kaiserstaates als Leitfaden beim geographisch-geschichtl. Unterrichte in Unter-Realschulen. 8. (X und 229 S.) Wien 851(52,) Mayer und Comp. *

Stern, Stefan, Geographie und Geschichte des österreichischen Kaiserstaates für Unter-Realschulen. 2., ganz umgearb. Aufl. 8. (III und 220 S.) Wien 855(56,) Mayer und Comp. *

Stern, Stefan, *Prof. an der Ober-Realsch. in Pest.* Grammatik der deutschen Sprache. *Pest* 1858. *Moriz Räth.* 106 S., 2 Bl. 8°.

Stern, Stephan. — Leitfaden der allgemeinen Geschichte zum Gebrauche beim geschichtlich geographischen Unterrichte in Unter-Realschulen, dem Organisationsplane gemäß zusammengestellt. 8. (128 S.) Wien, bei Mayer und Komp. Druck von A. Schweiger. 1853

Stern, Th[eodor]. [1.] Die Initiative für Freigabe der Naturheilkunde. Referat von Herrn a. Pfarrer Th. St'. (— [2.] Referat betreffend die In' zur Fr' der arzneilosen Praxis. Von Dr. med. [Hermann] Häberlin in Zürich. [Gehalten an der Versammlung der zürcher. kantonalen gemeinnützigen Gesellschaft vom 6. Juli 1904. Sep.-Abdr. aus: Zürcher Jahrbuch für Gemeinnützigkeit. 1903/1904.]) 19 S. 8. [Zürich-Selnau, Gebr. Leemann & Co., 1904.]

[Stern, Theodor.] Mehr Menschen! oder Das Buch von der Dummheit, von Konrad Wahr. Mit Umschlagzeichnung von Fidus. VIII + 118 S. 8. Zürich *und* Basel, Reform-Verlag (Druck Neukomm & Zimmermann in Bern, [1902]). [fr. 2. —]

Stern, Th[eodor]. Menschenbildung. Ein Wort an Natur- und Schönheitsfreunde. 27 S. 8. Zürich, Komm. Arnold Funk, 1908. [fr. 1.—]

Stern, Theoph., Choral-Buch zum Gebrauch der evangelischen Gemeinden Frankreichs bearb. 2. umgearb. u. mit einem Anh. verm. Ausg. Straßburg 869. Wwe. Berger-Levrault & Sohn. qu. 4. (IV, 100 S.) n. 2 ₰ 10 ngr; in engl. Einb. n. 3 ₰

Stern, Th., kurze u. leichte Orgelstücke zum Gebrauch beim öffentlichen Gottesdienst. 7. Sammlung. qu. gr. 4. (IV, 44 S.) Straßburg 877. Schultz & Co. n. 4. —

Stern, Vict., Schloß Arnheim. Romantische Tragödie in 2 Thln. gr. 8. (166 S.) Wien 900. (A. W. Künast.) n. 2.—

Stern, Vict., Calas. Tragödie in 5 Akten. Im J. 1889, „zur Centenarfeier des J. 1789" veröffentlicht. Neue verb. Aufl. (VIII, 188 S.) 8. Wien 905. J. Eisenstein & Co. n. 3·—

Stern Viktor: Die Erkenntnistheorie Kants bei Otto Liebmann.
H. 1908 PN 2500 **Diss.** Wien. Univ. 128

Stern, Vict., die Kartelle in der Textil- u. Bekleidungs-Industrie m. besond. Berücksicht. des Detailhandels u. der verlangten Einheitskondition. (80 S.) gr. 8. Karlsruhe 909. G. Braun'sche Hofbuchdr. 1.50

Stern, Vict., das Kronenhaus. Ein Trauerspiel in 5 Acten. gr. 8. (173 S.) Wien 872. Hölder. n. 4. —

— Lukas u. Crescenz, die wahre Ehebruchs-Tragödie. (152 S.) gr. 8. Leipzig 903. Literar. Anstalt. n. 1. 50

Stern, Vitt., Valentin. Ein bürgerl. Trauerspiel in 3 Akten. Wien 868. Lechner. 8. (79 S.) n. 22 ngr

Stern, Waldemarius [Slesvicensis]: De Moschi et Bionis aetate ... Monasterii Guestf., ex typogr. Guestf. consoc. olim Coppenrathiana, 1893; 2 Bl., 58 S. 8.
Tübingen, Phil. Fak., Inaug.-Diss. v. 1893
(Nur in beschränkter Zahl für den Austausch)

Stern, Walter: Über Ammoniakbildung durch aerobe und anaerobe Mikroorganismen des Düngers und des Bodens. Leipzig 1910: Hoffmann. 48 S. 8°
Leipzig, Phil. Diss. v. 19. April 1910, Ref. Kirchner, Pfeffer
[Geb. 31. Aug. 77 Potsdam; Wohnort: Berlin; Staatsangeh.: Preußen; Vorbildung: Gymn. Jena Reife O. 97; Studium: Halle 8, Göttingen 5, Leipzig 3 S.; Rig. 3. März 10.] [U 10. 3247

Stern, Walter, Referendar in Berlin: Die **Schlüsselgewalt** der **Ehefrau nach dem** Bürgerlichen Gesetzbuch **auf der Grundlage** des bisherigen Deutschen Rechts. *Würzburg 1903: H. Stürtz.* (94 S.) 8°
Jena, Jur. Diss. v. (29. Sept.) 1903

Stern, Walter: Die Schlüsselgewalt der Ehefrau nach d. Bürgerl. Gesetzbuch auf d. Grundlage d. bisher. dtsch. Rechts. — Berlin: Struppe & Winckler 1905. 94 S. 8°

(Stern, Wilh.,) Abweisung d. Angriffe ꝛc., s. Abweisung.

— u. J. Gersbach, Anfänge des Unterrichts in Volksschulen. Karlsr. 827. Braun. 9 gr. Mit 12 Zifferntafeln zum Aufkleben. 18 gr.

Stern, W., Anleitung zum Gebrauche des kleinen Sprachbuchs: Satzbildungen und Anfertigung kleiner Aufsätze mit Lesestücken ꝛc. Karlsruhe 854. Groos. 8. (VIII, 124 S.) n. 16 ngr

—— Antrag auf Glaubensfreiheit. Gestellt in d. 2. badischen Kammer v. den Abgeordneten Pfarrer Zittel; beleuchtet, mit Hinblick auf verwandte Bewegungen u. Forderungen d. Zeit. 8. (1⅛ B.) Carlsruhe 846, [Mannheim, Bassermann.]

Stern, W., Antrag auf Glaubensfreiheit. Gestellt in d. 2. badischen Kammer v. dem Abgeordneten Pfarrer Zittel; beleuchtet, mit Hinblick auf verwandte Bewegungen u. Forderungen d. Zeit. 8. Karlsruhe 846, Macklot. 3 ngr

—— Aufgabenbüchlein f. d. Tafelrechnen zu dem Lehrgang des Rechenunterrichtes. 1. Aufl. (4¼ B.) 842. 3¾ Ngr. u. 2., verm. u. verb. Aufl. gr. 8. (5 B.) Karlsruhe 844, Müller'sche Hofbuchh.

—— dass. Auflösungen. gr. 8. (2½ B.) Karlsruhe 844, Müller'sche Hofbuchh.

Stern, W., Aufgabenbüchlein für das Tafelrechnen zu dem Lehrgang des Rechenunterrichtes. 6. Aufl. gr. 8. (84 S.) Karlsruhe 854, Müllersche Hofbuchh.

—— die Auflösungen zu den Rechenaufgaben des Aufgabenbüchleins. 3. Aufl. gr. 8. (40 S.) Karlsruhe 854, Müllersche Hofbuchh.

Stern, W., Aufgabenbüchlein für das Tafelrechnen zu dem Lehrgang des Rechenunterrichtes. 7. Aufl. 857. — 8. durchgesehene Aufl. Karlsruhe 859. Müller. gr. 8. (84 S.) 3 ngr

Stern, Wilh., Begründung, Unterscheidung u. Uebung d. ersten u. wesentl. Sprachbegriffe als Vorschule zur deutschen Sprachformenlehre. 8. (6 B.) Karlsruhe 832, Groos.

Stern, Wilh*elm* Beiträge zu den Quellen der sicilischen Geschichte. I. Zur Kritik der Nachrichten des Philistos und Timaios über die sicilische Expedition. 4 (14 S.).
Progr. G. *Pforzheim* 1886 (563).

— Christlich-religiöse Bildung durch die Volksschule. S. 3—9 des Programms. Karlsruhe, P 1864

Derselbe. Die Bildung der Lehrerzöglinge in ihrer Beziehung zur Aufgabe der Volksschule. Karlsruhe, P 1847

Stern, Wlh., s. Communionbuch für Wahrheit u. Frieden des Herzens Suchende, u. setze hinzu: (Von W. Stern.)

Stern, Guil. (geb. Glogau 21. 5. 1825): De sanguinis missione quid veteres medici censuerint. Berolini (1849). (28 S.) 8°
Berlin, Med. Diss. v. 3. Okt. 1849

Stern, Wilhelm Diodor und Theopompos. 4 (23 S., 2 S. unp.).
Progr. Grofsh. Prg. u. Rg. *Durlach* 1891 (596).
Fortsetzung von: Theopompos, eine Hauptquelle des Diodor b. I-XX. Eine sprachliche Untersuchung in den Commentationes in honorem G. Studemund . . . Argentorati 1889 S. 147—162.

Stern, Wilhelm [Prof.]: Diodor und Theopompos. (Forts. v.: Comment. in hon. G. Studemund, Strassburg 1889, S. 147—162. — Schluss folgt an anderem Orte.) Durlach, *Druck v. Dr. F. P. Datterer, Freising, 1891;* 1 Bl., 23 S., 1 Bl. 4°
Durlach, grossh. PG u. RG, MP 1891 (596)

— Einiges über Religionsunterricht, insoweit der Volksschullehrer denselben mitzubesorgen hat. 11 S. Karlsruhe, P 1857

(——) Erd- u. Himmelskunde, s. Erd- u. Himmelskunde.

—— Erfahrungen, Grundsätze u. Grundzüge f. bibl. christl. Religionsunterr., mit Würdigung d. Beschaffenheit dies. Unterrichtes in gegenwärt. Zeit. 8. (4½ B.) Karlsruhe 833, Groos.

Stern, W[ilhelm]. Erinnerung an Joseph Gersbach, gestorben den dritten December 1830. Für seine Freunde hrg. von W. Stern .... 8. Karlsruhe (1830).

Stern, Wilh., Erklärung der Apostelgeschichte. gr. 8. (VIII, 280 S.) Karlsruhe 872. Groos. n. 2. —

—— Fibel. Erstes Sprach- und Lesebuch für deutsche Elementarschulen. 28. und 29. verm. Aufl. gr. 8. (VI, 122 S., wovon 8 lithogr.) Ebendas. 870,71.

—— deutsche Formen- u. Satzlehre, f. d. oberen Klassen gehobener Volksschulen, f. höh. Bürgerschulen, d. unt. Klassen d. gelehrten Schulen u. f. Schulseminare. 8. (16½ B.) Karlsruhe 834, Groos.

— Zur Geschichte der Anstalt S. 1—4. Karlsruhe, P 1854

— Zur Geschichte unseres Hauses. Der Tod des Lehrers Johannes Lohrer. 12 S. Karlsruhe, P 1855

Stern, W., der Glaube an Christum als den Sohn Gottes ist e. Entscheidungsfrage der Geister. Predigt, geh. am 20. Septbr. 1874. gr. 8. (15 S.) Breslau 874. Görlich — 15

— Über ein neues Gottesdienstbüchlein. 10 S. Karlsruhe, P 1859

Kritische Grundlegung der Ethik als positiver Wissenschaft v. Dr. med. Wilhelm Stern, pract. Arzt in Berlin ... *Berlin: F. Dümmler 1897.* (2 Bl., 471 S.) 1 Bd 8. [97. 7117]

Stern, Wilhelm, Referendar: Der Handelsnamen des Minderkaufmanns. Frankfurt a. M. 1906: (Gebr. Knauer, Frankfurt a. M.) (75 S.) 8°
Marburg, Jur. Fak., Ref. Heymann, Diss. v. 14. März 1907
[Geb. 9. Okt. 84 Frankfurt a. M.; Wohnort: Frankfurt; Staatsangeh.: Preußen; Vorbildung: Mustersch. Frankfurt Reife O. 02; Studium: Bonn 2, Heidelberg 1, Berlin 1, Marburg 2 S.; Rig. 19. Jan. 07.]

— Zur Hausgeschichte. 4 S. Karlsruhe, P 1853

— Längeres Vorwort und Hausgeschichtliches. Zusammen 10 S. Karlsruhe, P 1851

— Hausgeschichtliches und Unterrichtliches. S. 7—11. Karlsruhe, P 1850

——, Jesus Christus, das Brot des Lebens. Eine Pred. gr. 8. (1 B.) Karlsruhe 841, Holtzmann.

—— Jesus Christus, Seine Krone u. Sein Kreuz. Eine Predigt am Karfreitage. gr. 8. (1 B.) Karlsruhe 833, Groos

—— evangelisch-protestantischer Katechismus, s. Katechismus.

Stern, Wilh., Communionbuch f. Wahrheit u. Frieden d. Herzens Suchende; nebst e. vorangeh. Heilsweg. gr. 8. (9¼ B. u. 1 Stahlst.) Carlsruhe 837, Müller'sche Hofbuchh. 18 Gr., hrbgf. Pr.

Stern, Wilh. (geb. Sandberg in Posen 11. 8. 1844): Ueber tiefe Lage der Niere. Berlin (1869). (32 S.) 8°
Berlin, Med. Diss. v. 2. Aug. 1869

— Über die Lage der badischen Volksschullehrer. 9 S. Karlsruhe, P 1858

Derselbe. Kurze Lebensbeschreibung des am 17. August 1848 verstorbenen Seminarlehrers Anton Gersbach. S. 1—12. Karlsruhe, P 1849

— Lehrbüchlein des christlichen Glaubens nach der heiligen Schrift und zum Verständnisse der Schrift in Schule u. Haus, für die gesammte evangelische Kirche, lutherische u. reformirte, eingerichtet. Karlsruhe 853. Groos. gr. 8. (VI 90 S.) 3 ngr.

Wilhelm Stern. Über die Lehrerbildung. S. 1—7. Karlsruhe, P 1848

—— Lehrgang d. Lautierunterrichtes in Verbind. mit d. Schreiben, nach geistbild. Grundsätzen, nebst e. Lautierwörterbuch u. e. Anleit. zu d. ersten Stimm- u. Reihenübungen. 8. (9½ B.) Karlsruhe 832, Groos.

—— Lehrgang d. Lautir-Unterrichtes in Verbindung mit dem Schreiben, nebst e. Lautirwörterbuch; u. Anleit. z. Gebr. d. ersten Sprach- u. Lesebuchs u. zu d. ersten Stimm- u. Reihenübungen. 2., verm. u. verb. Aufl. 8. (10¾ B.) Karlsruhe 838, Groos.

—— Lehrgang des Lautirunterrichtes, in Verbindung mit dem Schreiben, nebst ein. Lautirwörterbuche; u. Anleitung z. Gebrauche des ersten Sprach- u. Lesebuchs u. zu den ersten Stimm- u. Reihenübungen. 3., verb. Aufl. 8. (10½ B.) Karlsruhe 844, Groos.

—— Lehrgang d. Rechenunterrichtes nach geistbild. Grundsätzen. gr. 8. (10 B.) Karlsruhe 832, Müller.

—— Lehrgang d. Rechenunterrichtes nach geistbild. Grundsätzen. 2., verb. u. verm. Aufl. gr. 8. (20½ B.) Carlsruhe 836, Müller'sche Hofbuchh.

—— Lehrgang des Rechen-Unterrichtes nach geistbildenden Grundsätzen, nebst ein. Aufgabebüchlein u. der Lösung der Aufgaben. 3., verm. u. verb. Aufl. gr. 8. (26¼ B. u. 2 Stnt.) Karlsruhe 842, Müller'sche Hofbuchh.

—— Lehrgang d. ersten, einfachen Satz- u. Aufsatzübungen, nebst d. Anfängen d. deutschen Formenlehre; als Anleit. z. zweiten Sprach- u. Lesebuche f. d. Mittelschüler deutscher Elementarschulen verfaßt. 8. (10½ B.) Karlsruhe 840, Groos.

—— Lehrgang der ersten, einfachen Satz- u. Aufsatzübungen, nebst den Anfängen der deutschen Formenlehre; als Anleitung zum 2. Sprach- u. Lesebuche f. die Mittelschüler deutscher Elementarschulen. 2., verb. Aufl. 8. (14 B.) Karlsruhe 844, Groos.

—— Lehrgang d. zusammengesetzten Satz- u. Aufsatzübungen, nebst d. erweiterten deutschen Formenlehre; als Anleit. z. dritten Sprach- u. Lesebuche f. d. Oberschüler deutscher Elementarschulen. 8. (18 B.) Karlsruhe 841, Groos.

—— Lehrgang d. zusammengesetzten Satz- u. Aufsatzübungen, nebst der erweiterten deutsch. Formenlehre als Anleitung z. 3. Sprach- u. Lesebuche f. d. Oberschüler deutscher Elementarschulen. 2., umgearb. Aufl. 8. (18 B.) Karlsruhe 846, Groos.

(—— und Jos. Gersbach,) Lehrgang d. deutschen Sprache, s. a. Lehrgang ꝛc.
[Die 1. Aufl. dieses Werkes erschien 1826 u. folg. unter dem Tit.: „Sprachbuch," was am a. O. zu bemerken ist.]

— u. J. Gersbach, (Lehrgang der deutschen Sprache.) Sprachbuch. I. Wörter. II. Wortverbindungen. III. Sätze. 3 Abtheill. 12. Karlsr. 826. 2e Aufl. 830. Braun. 8 gr (Aus d. I. Abtheil. ist apart, groß gedruckt: XXX Lese- u. grammatische Tafeln. Fol. Ebd. 828. 9 gr 7 Wandtafeln zur Anleitung. 829. 12 gr) IV. Lesestücke aus deutschen Musterschriften. A. u. d. T.: Frühlingsgarten. Samml. v. Liedern, Fabeln, Mährchen, Geschichten ꝛc. 828. 12 gr V. A. u. d. T.: Sprachschule. Für Rechtschreibung, Stylbildung, Satzzergliederung, Wortbildung, Sinnverwandschaft, Sprachbegriffe u. Satzzeichnung. 829. 12 gr Anleit. zum Gebr. des Sprachbuchs. 1e u. 2e Abtheil. 828 u. 30. 1 Thlr 20 gr compl. 4 Thlr 2 gr

Stern, W., kleines Lese- und Unterrichtsbuch, s. Lese- und Unterrichtsbuch.

— Über die Lesebuchfrage in den evangelischen Volksschulen. S. 3 bis 10 des Programms. Karlsruhe, P 1861

Stern, Wilh., Militär-Stenografie. Lehrbuch der deutschen Stenografie nach Gabelsbergers System f. den Gebrauch an Militär-Schulen u. zum Selbstunterricht. gr. 8. (IV, 180 S.) Wien 871. Klemm in Comm. n. 5. —

Stern, Wilh., Militär-Stenographie. Lehrbuch der deutschen Stenographie nach Gabelsbergers System für den Gebrauch an Militär-Schulen u. zum Selbstunterricht. 2. Aufl. gr. 8. (IV, 180 S.) Wien 879. (Steckler.) n. 4. —

—— Nachricht von dem Bestehen, d. Unterrichte u. d. Fortgang d. großhrzgl. evangel. Schulseminars in Karlsruhe, nebst 4 Prüfungsreden. gr. 8. (4¼ B.) Carlsruhe 837, [Baden,] Marx'sche Buchh.

W. Stern. Nachricht von dem Bestehen, dem Unterricht und dem Fortgang des Grossherzoglichen evangelischen Seminars in Karlsruhe, nebst vier Prüfungsreden, gehalten am Schlusse der Prüfungen von 1833, 1834, 1835 und 1836, mitgeteilt im Programm von 1837. Zusammen 64 S. Karlsruhe, P 1837

—— Natur-, Erd-, Menschen- u. Völkerkunde, u. deren Geschichte; nebst Gesundheits- u. Landwirthschaftslehre; als unterricht. Lesebuch f. süddeutsche Schulen; im Besondern f. d. Volksschulen d. Großhrzth. Baden bearbeitet. gr. 12. (27 B.) Karlsruhe 839, Groos.

Stern, Wilh. Philistos als Quelle des Ephorus bei Diodor XII. 82. 3 – XIII. 33. 2. 16 S. *G. Pforzheim* 1876. Progr.

Stern, Wilh., die allgem. Principien der Ethik auf naturwissenschaftlicher Basis. Vortrag, geh. in der naturwiss. Abtheilg. der Berliner Finkenschaft am 4. XII. 1900. gr. 8. (22 S.) Berlin 901. F. Dümmler's Verl. n. 1. —

—— fünfzehn messianische Psalmen für Verständnis, Belehrung und Erbauung der Freunde des göttlichen Wortes erklärt. br. 8. (XII, 123 S.) Barmen 870, Klein. *

Stern, Wilh., funfzehn messianische Psalmen erklärt f. Freunde d. göttl. Wortes. Mit einer kurzen Lebensskizze d. Verf. Neue wohlfeile Ausg. 8. (XVIII, 123 S.) Barmen 874. Klein. n. 1. —

Stern, W., kleines Realbuch für deutsche Schulen zum Unterrichte in Naturgeschichte, Naturlehre, Erdkunde u. Geschichte. 8. (279 S.) Karlsruhe 849, Groos. ⅓ Thlr

Stern, Satzbildungen, s. a. Satzbildungen.

—— Satzbildungen und Anfertigung kleiner Aufsätze mit Lesestücken in fortschreitender Stufenfolge für Mittelschüler und Oberschüler deutscher Elementarschulen. 2. Aufl. 8. (96 S.) Karlsruhe 854, Groos. *

—— Anleitung zum Gebrauche desselben. 8. (VIII und 124 S.) Ebds. 854. *

— Scheinbildung, falsche Bildung, wahre Bildung. S. 3–7 des Programms. Karlsruhe, P 1863

— Über die Schillerfeier (10. November 1859). S. 3 — 10 des Programms. Karlsruhe, P 1860

— Schönheit und Sittlichkeit im Bereiche der Volksschule. S. 3–9. Karlsruhe, P 1865

—— Schreibgang f. Landschulen. qu. 8. (16 lith. Bl.) Carlsruhe 832. (Heidelberg, Winter.)

—— Schreibschule (f. deutsche Schrift). IV Hfte. qu. 8. (48 lith. Bl.) Carlsruhe 832. (Heidelberg, Winter.)

—— Schreibschule f. engl. Schrift. II Hfte. qu. 8. (24 lith. Bl.) Carlsruhe 832. (Heidelberg, Winter.)

— Sprachbuch IV. A. u. d. T.: Frühlingsgarten. Sammlung von Liedern, Fabeln, Sagen u. Mährchen, Begebenheiten aus dem Menschenleben, Räthseln, Sinngedichten u. Sprüchen aus deutschen Musterschriften, als Lesebuch für die reifere Jugend. 2e, veränd. Aufl. 12. Karlsruhe 835. Braun. ½ Thlr

— dass. VI. ꝛc. mit 6 Steindr., in verziert. Umschlag. Ebd. ¾ Thlr

— erstes, zweites und drittes Sprach- und Lesebuch, s. a. Sprach- u. Lesebuch.

—— erstes Sprach- u. Lesebuch f. deutsche Elementarschulen. 1—3. Aufl. (à 2½ B.) 837., 4. u. 5. A. gr. 12. (à 3⅓ B.) Karlsruhe 839, 41, Groos. à

—— zweites Sprach- u. Lesebuch f. d. Mittelschüler deutscher Elementarschulen. 1. Aufl. (7 B.) 837. ¼ Thlr., 2. u. 3., umgearb. u. verb. A. gr. 12. (à 4 B.) Ebds. 840. à

—— drittes Sprach- u. Lesebuch f. d. Oberschüler deutscher Elementarschulen. 2., umgearb., verb. Aufl. d. zweiten Hälfte d. frühern zweiten Sprach- u. Lesebuchs. gr. 12. (4 B.) Ebds. 840. *

Stern, W., deutsche Sprachlehre für höhere Lehranstalten und für eigene Belehrung. Karlsruhe 856. Groos. gr. 8. (X, 261 S.) n. 24 ngr.

— Über deutschen Sprachunterricht in Volksschulen. 16 S. Karlsruhe, P 1852

—— zergliedernd. Sprachunterricht nach geistbildenden Grundsätzen. 8. (2½ B.) Karlsruhe 846, Groos.

—— die ersten freien Sprech- u. Aufschreibübungen als Vorbereitung zur Entwicklung d. Redevermögens u. d. Aufsatzbildung. 8. (7¼ B.) Karlsruhe 832, Groos.

—— erstes Spruchbuch f. christl. Schulen, u. zugleich bibl. Gedenkbuch f. d. Christen u. f. christl. Haushaltungen. gr. 12. (3 B.) Karlsruhe 833, Groos.

—— geschichtl. Spruchbuch zur Wiederholung d. bibl. Geschichte f. christl. Schulen; auch zum richtigen Schriftverständnis u. zur Belehr. f. erwachs. Christen. 8. (12¼ B.) Karlsruhe 834, Groos.

— die Stationen d. heiligen Kreuzweges. 7 Fastenpredigten. gr. 8. (74 S.) Ebend. 874. 1. —

Stern, Wilh. Theopompos, eine Hauptquelle des Diodor, s. Commentationes in honorem Guilelmi Studemund.

— Über neue Unterrichtsbestrebungen im Sprach- und Sachunterricht. 9 S. Karlsruhe, P 1856

Stern, Wilh., das Wesen des Mitleids. (III, 51 S.) gr. 8. Berlin 903. F. Dümmler's Verl. n. 1.50

— Ziele der Seminarbildung. S. 3—10 des Programms. Karlsruhe, P 1862

Wilhelm Christian Stern

Guilielm[us] Christ[ianus] Stern [Wilhelm Christian Stern]: Meletemata de atra bile Hippocratis. Isebergae (1794): Hempel. 73 S. 8°
Jena, Med. Diss. v. Apr. 1794

Stern, William

Stern, L. William [Drd. phil. aus Berlin]: Die Analogie im volkstümlichen Denken ... [Erschien vollst. 1893 im gl. Verl.) Berlin, Philos. hist. Verl. Dr. R. Salinger, *1893;* 3 Bl., 60 S., 1 Bl. 8.
Berlin, Phil. Fak., Inaug.-Diss. v. 12. Apr. 1893

Stern, L. William, die Analogie im volkstümlichen Denken. Eine psycholog. Untersuchg. Mit e. Vorbemerkg. v. M. Lazarus. 8. (IV, 164 S.) Berlin 893. Philos.-histor. Verlag, Dr. R. Salinger. n. 3. —

Stern, L. William, die psychologische Arbeit des 19. Jahrh. insbesondere in Deutschland. Vorgetragen am 13. u. 27. XI. 1899 in der psycholog. Gesellschaft zu Breslau. gr. 8. (48 S.) Berlin 900. Herm. Walther. n. 1. —
Sonderabdr. a.: „Ztschr. f. pädagog. Psychologie u. Pathologie".

Stern, William, die Aussage als geistige Leistung u. als Verhörsprodukt, s. a. Beiträge zur Psychologie der Aussage. 3. Hft.

Die Aussage als geistige Leistung und als Verhörsprodukt. Experimentelle Schüleruntersuchungen von (L.) William Stern. T. 1. Leipzig: J. A. Barth 1904. 8°
= Beiträge z. Psychologie d. Aussage. H. 3.

Stern, L. William, s.: Beiträge zur Psychologie der Aussage.

— Helen Keller, s. a. Sammlung v. Abhandlungen aus dem Gebiete der pädagog. Psychologie u. Physiologie. VIII. 2.

Helen Keller. Die Entwicklung u. Erziehung einer Taubstummblinden als psychol., pädag. u. sprachtheoret. Problem von L. William Stern, Privatd. in Breslau. Berlin: Reuther & Reichard 1905. (76 S.) 8°
= Sammlung von Abhandlungen aus d. Geb. d. pädag. Psychologie u. Physiologie. Bd 8, H. 2.

Stern, William, Monographien üb. die seelische Entwicklung des Kindes, s.: Stern, Clara.

— Person u. Sache. System der philosoph. Weltanschauung. 1. Bd.: Ableitung u. Grundlehre. (XIV, 434 S.) gr. 8. Leipzig 906. J. A. Barth. n. 13. —; geb. in Leinw. n. 14. —

— zur Psychologie der Aussage. Experimentelle Untersuchgn. üb. Erinnerungstreue. gr. 8. (V, 56 S. m. 3 Taf.) Berlin 902. J. Guttentag. n. 1.50
Sonderabdruck aus: „Ztschr. f. d. ges. Strafrechtswiss."

— über Psychologie der individuellen Differenzen, s. a. Schriften d. Gesellschaft f. psychol. Forschung. 12.

Uber Psychologie der individuellen Differenzen. (Ideen zu e. 'Differentiellen Psychologie'.) Von L. William Stern, Privatd., Breslau. *Leipzig: J. A. Barth 1900.* (VIII, 146 S.) 8°
= Schriften d. Gesellschaft f. psychol. Forschung. H. 12.

Stern, L. William, Psychologie der Veränderungsauffassg. gr. 8. (VIII, 264 S.) Breslau 898. Preuss & Jünger. n. 6. —

Stern, L. William, Psychologie der Veränderungsauffassung. 2. wohlfeile [Titel-]Ausg. (VIII, 264 S. m. 15 Fig.) gr. 8. Breslau [898] 906. Preuss & Jünger. n. 4. —

Stern, L. William [Dr. phil. aus Berlin]: Theorie der Veränderungsauffassung ... (Erscheint vollst. im gl. Verl.) Breslau, Preuss & Jünger, *1897;* 2 Bl., 36 S., 1 Bl. 8.
Breslau, Phil. Fak., Hab.-Schr. v. 12. Juli 1897

— die Wahrnehmung v. Bewegungen vermittelst des Auges. [Aus: „Zeitschr. f. Psychologie u. Physiologie der Sinnesorgane".] gr. 8. (68 S. m. 1 Fig.) Hamburg 894. L. Voss. n. 1.50

— die Wahrnehmung v. Helligkeitsveränderungen. [Aus: „Zeitschr. f. Psychologie u. Physiologie der Sinnesorgane".] gr. 8. (30 S. m. 2 Fig.) Ebd. 894. n. 1. —

— s.: Zeitschrift f. angewandte Psychologie.

Lied am Trennungstage von dem Br. Ahner gesungen in der Loge zum Tempel der Eintracht im Or. zu Posen am 17. April 1839. [Unterz.:] **Stern v. Gwiadowski.** [Posen 1839.] 2 Bl. 4° [Umschlagtit.]
Ohne Noten: „Der Wehmuth gönnet ihre Zähre, . . ."

v. **Stern-Gwiazdowski**, über Partikularbedeckungen der Batterieen. Eine auf Erfahrungen d. Krieges u. der Friedensmanöver gegründete Abhandlung. gr. 8. (44 S.) Altenburg 849, Pierer. 6 ngl.

Stern-Gwiazdowski, C. L. v., das Gefecht bei Goldberg-Niederau am 23. Aug. 1813. Zur 50jähr. Jubelfeier desselben. Berlin 864. Mittler & Sohn. gr. 8. (VI, 57 S. mit 2 lithogr. u. color. Plänen in gr. 4.) 18 ngr.

Stern-Gwiazdowski, H. v., leben wir nach unserem Tode weiter? Die wichtigsten Kundgebgn. höh. Geister. Zusammengest. von v. S.-G. gr. 8. (58 S.) Leipzig 896. M. Spohr. n. 1. —

Stern-Kohlhund, Ella, Im Reich der Frau. Zwanglose Plaudereien. (23 S.) 8. Berlin-Schmargendorf '06, O. Roth. —. 10.

Stern-Kohlhund, Ella, Sonnenheimweh. Gedichte. (138 S.) 8. Berlin (906). Verlag Continent. n. 2.50; geb. in Leinw. n. 3.50

— Das Sonnenland, s.: Stern, Adf.

Stern-Simon, K., Maklermerkbuch, s.: Hoeniger, Frz. u. Leo Rast.

Deutsche Klänge. Vaterländische u. religiöse Gedichte aus d. J. 1888–1898. Von Albert **Stern**-Sternegg. Berlin: Lorenz 1899. 47 S. 8° [10. 12134

Sternagel, Johann Georg

Sternagel, J. G., **Beschreib. v. Schlesien und Glatz.** 2 Thle. m. K. 8. Breslau, Schall. 806.

Sternagel, Jh. Geo., Geschichte Schlesiens, von den ältesten Zeiten bis zur Besitznahme desselben durch Friedrich d. Großen 1740. 2 Thle. Mit Kpf. 8. Bresl. 802. (Wienbrack in Leipz.) 1 ℛ 8 gℊ

— Geschichte Schlesiens. 2 Thle. 8. Ebendas. 806. (à 16 gr.) (m. K. à 22 gr.)

Sternagel, Johann Georg, Leben Friedrichs II. Bresl. 1806. 8.

— Leben Luthers, m. K. 8. Ebend. 806.

Versuch über den Zweck und Nichtzweck des Steins der Weisen. Ein Sendschreiben an alle wahre Adepten von Timotheus **Sternanker.** Amsterdam 1782. 28 S. 8°

Sternat, Johann Entwickelung der Idee des Lessingschen Dramas: Nathan der Weise und Darlegung des Sinnes der in ebendemselben Stücke enthaltenen Parabel von den drei Ringen in seiner Beziehung auf die Idee. 40 S. 8. **Progr.** *Brody* 1882.

Sternau, A., Lydia od. die Gauner e. Weltstadt. Kriminal-Roman. 1. u. 2. Lfg. gr. 8. (64 S.) Dresden 885. A. Wolf. à — 10

Sternau, A., feindliche Mächte oder das verstoßene Soldatenkind aus Indien. Roman. 45 Hefte. gr. 8. (1426 S. mit 45 color. Stnt.) Dresden 882, A. Wolf. à Heft 20 Pf.

— feindliche Mächte od. das verstoßene Soldatenkind aus Indien. **Roman.** (In 45 Hftn.) 1. Hft. gr. 8. (1. Bd. S. 1—32 m. 1 color. Steintaf.) Ebend. 883. — 20

Sternau, C. O. [Pseud.], s. a. Inkermann, Otto

Sternau, C. O., s. Damen-Zeitung, Magdeburger. — Damen-Zeitung, deutsche.

— s.: Den Armen.

Sternau, C. O., Gedichte. 16. (XII u. 305 S.) Berlin 851, Schlesinger'sche Buchhandlung. In Engl. Einb: m. Goldschn. 2 ℛ

†Sternau, C. O., (Otto Inkermann,) Kaleidoscop von Dresden. Skizzen, Berichte u. Phantasieen. 1. Aufl. (4 B.) u. 2., verm. Aufl. 16. (5 B.) Magdeburg 843, Inkermann. ? à *

† Sternau, C. O., (Otto Inkermann,) Knospen. Gedichte. gr. 12. (10⅙ B.) Magdeburg 841, Baensch. *

—— Knospen. Gedichte. 2., verm. Aufl. gr. 12. (11⅙ B. u. lith. Ttl.) Magdeburg 844, Baensch.

— neues Mährchenbuch. Mit Originalzeichnungen (in lith. Farbendruck) von G. Osterwald. br. 8. (236 S.) Köln 848, J. G. Schmitz. n. 1½ ℛ

—— Moosrosen, s. Moosrosen.

—— mein Orient. 8. (12 B.) Magdeburg 843, Inkermann. ? *

— verbindender Text zu C. M. v. Weber's vollständiger Musik: Preziosa. gr. 8. (15 S.) Berlin 850, Schlesinger'sche Buchhandlung. 3 ngℊ

Sternau, Edm., Gedichte. gr. 16. (VIII, 320 S.) Stuttgart 871. Hofmann & Hohl. 3. —; geb. m. Goldschn. 4. 50

Sternau, Ernest Ritter v., gewesener k. k. Officier. Blicke in die Verhältnisse der k. k. österreichischen Armee. 8. Wien **1848.**

Sternau, F., (J. H. Meynier,) Alwina. Eine Reihe unterhalt. Erzähll. zur Bildung des Herzens u. der Sitten, u. zur Beförder. häusl. Tugenden. Für Töchter von 6—12 Jahren. Mit 7 Kpf. u. 1 Vign. Fein illum. gr. 12. Berl. 826. Amelang. 1 ℛ 16 gℊ

— Palamedes. Oder erweckende, belehr. u. warnende Erzähll. f. Söhne u. Töchter von 6—12 Jahren. Mit 7 Kpf. u. 1 Vign. Fein illum. gr. 12. Berl. 826. Amelang. 1 ℛ 16 gℊ

Sternau, Louise

Sternau, L., e. Advocat als Schwiegersohn. Lustspiel in 1 Act. 8. (29 S.) Wien 883. Frick. n. — 80

Sternau, Louise, Gedichte. 8. (VII, 192 S.) Wien 880. Frick. n. 4. —; geb. n. 6. —

—— **Gedichte.** 8. (VII, 192 S.) Wien 883, [Faesy und Frick.] Frick. *

Sternau, M. *Hilda's Geburtstag.* Eine Erzählung für kleine Mädchen von Mathilde Sternau. Berlin, Winckelmann und Söhne [1873]. 1 Bl. 25 S. mit vier farbigen Tafeln von Th. Hosemann. Querkleinfolio. Grauer, farbig illustr. Or.-Karton. 30.—

Br. 381. R. 1003. ★ Originalausgabe mit großformatigen schönen Bildern im Hosemannschen Altersstil. — Der Einband etwas bestoßen.

Sternau, Max, die Gemeinde- u. Kirchenverwaltungswahlen, nebst den sich hieran anschließ. Wahlen zur Bildg. des Armenpflegschaftsrats, der Schulsprengelvertretung, der Lokalschul-**Kommission**, dann zur Vertretg. der Gemeinde im Distriktsrat u. s. w., m. sämtl. einschläg. Vollzugsvorschriften, Erlassen u. Entscheidgn. des kgl. Verwaltungsgerichtshofes zusammengestellt u. erläutert. 2., vollst. umgearb. Aufl. gr. 8. (XII, 246 S.) Erlangen 899. Th. Blaesing. n. 2. 60; kart. n. 3. —

— das bürgerliche **Gesetzbuch nebst** dem Einführungsgesetze, der Grundbuchordnung, dem Gesetze über die Zwangsversteigerung u. Zwangsverwaltung, dem Gesetze üb. die Angelegenheiten der freiwilligen Gerichtsbarkeit, der Civilprozeßordnung, der Konkursordnung u. s. w., ferner den landesgesetzl. Ausführungsbestimmngn. hiezu, f. den allgemeinen Gebrauch, insbesondere f. die polit. u. Kirchengemeinden, Stiftgn. u. öffentl. Kassen bearb. u. hrsg. gr. 8. (8, 16 u. 688 S.) Ebd. 899—901. n. 6. —; geb. in Leinw. n. 7. —

Sternau, M., Kritik des Gesetzentwurfes über die Alters- und Invaliditäts-Versicherung. gr. 8°. Nürnberg 1889.

Sternau, M., die bayerischen Landtagsverhandlungen. 1. Bd. 1. Session 1887/88. 1. Hft. gr. 8. (IV, 92 S.) Leipzig 888. Deichert Nachf. n. — 80

— dasselbe. 2. Hft. gr. 8. Ebd. 888. n. 1. —
Gesetz, die Haltung u. Körung der Zuchtstiere betr., vom 5. April 1888. (S. 93—198.)

— die Reichstagsverhandlungen. 1. Bd. 1888. 1. Hft. gr. 8. (VI, 122 S.) Ebd. 888. n. 1. —

Sternau, Max, e. Strafrechtstheorie. gr. 8. (V, 95 S.) Berlin 893. J. Guttentag. n. 2. —

Sternau, Max, Wörterbuch für Bürgermeister, Stadt-, Markt- u. Gemeindeschreiber, Polizeibeamte, Kassaverwalter, Armenpflegschaftsräte, Gemeindebevollmächtigten-Kollegien, unmittelbare Stadtmagistrate, ferner f. Staatsverwaltungsbehörden, insbes. f. Bezirksämter. gr. 8. (X, 850 S.) Ansbach 898. C. Brügel & Sohn. n. 9. 60

Aus Eifersucht. Roman von O. **Sternau.** Berlin: A. Scherl [1908]. (339 S.) 8° [F.]
(Bibliothek August Scherl. Folge 1, Bd 24. 25.) (08. 18000

Sternaux, J., Marquise Peri. (V, 148 S.) kl. 8. Paderborn 904. F. Schöningh. Kart. n. 1. 35

Sternaux, Johs., S. J., Lebenslust u. Lebensleid. s.: Aus Welt u. Leben.

Sternaux, Karl, erstes Lesebuch für die Elementarklasse kathol. Stadt- u. Landschulen mit Rücksicht auf den Schreiblese-unterricht bearb. 8. (141 S. m. 1 lith. Taf.) Berlin 849, Lindow. n. 1/6 ß

Sternaux, Phil., Paulus, od. das Schwert des Glaubens, s. Paulus.

Sternbach, Hanns Freiherr von, Die Landesgrundrenten-Bank. Ein Vorschlag zur Hebung d. bäuerlichen Geldnoth. kl. 8. (24 S.) geh. In Comm. 15 kr.
Innsbruck: Wagner 1882.

Sternbach, Herm., ein Erntelied der Liebe u. des Lebens. (68 S.) kl. 8. Leipzig 906. Verlag f. Literatur, Kunst u. Musik. 1.50; geb. n 2. 50

Sternbach, Herm., dunkle Stunden. Gedichte. (IV, 70 S.) 8. Dresden 904. E. Pierson. n. 1. 50; geb. n. 2. 50

Sternbach, Leo, analecta Photiana. [Aus: „Sitzungsberichte d. Akad. d. Wiss. in Krakau".] gr. 8. (42 S.) Krakau 893. (Buchh. d. poln. Verlags-Gesellschaft.) n. 1. 50

Sternbach, Leo: Beiträge zu den Fragmenten des Aristophanes, s. Studien, Wiener.

Sternbach, L., Crinagorea. S.-A. 1890. 16 S.

Sternbach, Leo. Curae Menandreae. gr. 8. (78 S.) Krakau 892, (Buchh. d. poln. Verlags-Gesellschaft). * 2 —
Aus: Dissertationes classis philol. Acad. litt. Cracov., besonders abgedruckt.

— dilucidationes Aesopiae. [Aus: „Dissertationes acad. litterarum Cracov."] gr. 8. (50 S.) Ebd. 894. n. 1. 50

Sternbach, L., Excerpta Vaticana: ad Alexandrum Magnum XVI sententiae pertinentes. S.-A. 1894. 31 S.

Sternbach, Leo, de Georgii Pisidae fragmentis a Suida servatis. gr. 8. (91 S.) Krakau 899. (Buchh. der poln. Verlags-Gesellschaft.) n. 1. 40
Sonderabdr. aus „Dissert. phil. acad. litt. Cracoviensis".

—— Gnomica, s. Commentationes Philologae quibus Ottoni Ribbeckio congratulantur Discipuli Lipsienses.

– De gnomologio Vaticano inedito, s. Studien, Wiener.

— gnomologium Parisinum ineditum. Appendix Vaticana. [Aus: „Sitzungsber. d. Akad. d. Wiss. in Krakau".] Lex.-8. (84 S.) Ebd. 893. n. 3. —

Sternbach, L., Lectionum Aesopiarum fasciculus. S.-A. 1894. 21 S.

Sternbach, S. Leo, meletemata graeca. Pars I. gr. 8. (226 S.) Wien 886. Gerold's Sohn. n. 6. —

Sternbach, L., Menandrea. 1891. 76 S.

— Observationes in Georgii Pisidae carmina historica. Appendix metrica. gr. 8. (98 S.) Ebd. 900. n. 2. —
Sonderabdruck aus: „Dissert. philolog. acad. litt. Cracoviensis".

— de Georgii Pisidae apud Theophanem aliosque historicos reliquiis. gr. 8. (107 S.) Ebd. 899. n. 1. 50
Sonderabdr. aus „Dissert. phil. acad. litt. Cracoviensis".

— fabularum Aesopiarum sylloge. E codice Parisino Gr. N. 690 suppl. edidit S. [Aus: „Sitzungsber. d. Akad. d. Wiss. zu Krakau".] Lex.-8. (83 S.) Ebd. 894. n. 3. —

Sternbald's Wanderungen, s. Ldw. Tieck.

Sternbalds, Franz, Wanderungen. (v. Ludw. Tiek.) 2 Thle. 8. Berlin, Unger. (à 1 Rthlr.)

Sternbanner-Serie. Amerikanische Humoristen u. Novellisten. 1. u. 2. Bd. 8. Stuttgart 886. Lutz. à n. 2. 50
1. Ruderheim. Häusliche Erlebnisse e. jungen Ehepaares v. Frank R. Stockton. Autoris. Ausg. Deutsch v. M. Jacobi. (VI, 278 S.)
2. Unterwegs u. Daheim. Neue Sammlg. humorist. Skizzen v. Mark Twain. Deutsch v. Udo Brachvogel, M. Jacobi, G. Kuhr u. A. (VII, 312 S.)

Sternbanner-Serie. Amerikanische Humoristen u. Novellisten. 3.—9. Bd. 8. Stuttgart, Lutz. à Bd. n. 2. 50; geb. à n. 3. —
3. Novelletten u. Skizzen amerikanischer Meister der Short Story: Aldrich, Bishop, Deming, Matthews, O'Brien, Stockton u. A. Ausgewählt u. übers. v. M. Jacobi. (VII, 307 S.) 887.
4. Kuriose Geschichten v. Frank R. Stockton. Ausgewählte Sammlung, übers. v. Marg. Jacobi. Autorisiert. (VIII, 285 S.) 887.
5. Leben auf dem Mississippi v. Mark Twain. Deutsch v. A. Brachvogel u. F. Siller. (XVI, 317 S.) 888.
6. Guenn. Eine Welle am Strande der Bretagne. Von Blanche Willis Howard. Autoris. Übersetzg. v. Hel. Stern u. Marg. Jacobi. (VI, 326 S.) 889.
7. Süd u. Nord. Ausgewählte Erzählungen v. C. W. Cable u. P. Deming. Ins Deutsche übertr. v. D. Birnbaum u. Henny Koch. (VII, 333 S.) 890.
8. Abenteuer u. Fahrten d. Huckleberry Finn. Von Mark Twain. Deutsch v. Henny Koch. (VI, 321 S.) 890.
9. Hand u. Ring. Von A. K. Green. Autoris. Übertragung v. Marg. Jacobi. (VIII, 347 S.) 890.

Sternbanner-Serie. Amerikanische Humoristen u. Novellisten. 10.—12. Bd. 8. Stuttgart 893. R. Lutz. à n. 2. 50; geb. à n. 3. —
10. Im Eichhornhof. Erzählung aus der Sommerfrische v. F. R. Stockton. (Nebst 2 kleineren Geschichten.) Autoris. Ausg. Deutsch v. M. Jakobi. (V, 338 S.)
11. Der Zigarettenmacher v. F. Marion Crawford. Übers. v. Th. Emtinger-Longard. (Autoris.) (VII, 294 S.)
12. Ein bescheidener Roman u. andere Erzählungen v. Mary Wilkins. Deutsch v. Henny Koch. (VII, 335 S.)

Sternbauer, Wilh., Adressenschreiber. Sozial. Roman. Titelzeichnung v. Rud. Jakubek. (149 S.) 8. Leipzig-Gohlis 909. Raschwitz, B. Volger. 2. 50

— Einer Liebe Kampf u. Ende. Sozialer Roman. Titelzeichng. v. Rud. Jakubek. (171 S.) 8. Ebd. 909. 2. 50

Sternbauer, Wilh., de Profundis. Dichtungen. Illustriert v. Thom. Riß. gr. 8. (91 S.) München (901). A. Schupp. Geb. in Leinw. n.n. 3. —

Sternbeck, Alfred, aus Strausberg i. M.: Shaftesbury über Natur, Gott und Religion. Berlin 1904: Buchdr. „Die Post". (48 S.) 8°
Erlangen, Phil. Fak., Ref. Falckenberg, Diss. v. 22. Juli 1904
[Geb. 29. Juli 79 Strausberg i. M.; Staatsangeh.: Preußen; Vorbildung: Lessing-Gymn. Berlin Reife M. 00; Studium: Berlin 8 S.; Rig. 22. Juli 04.]

Sternbeck, Hermann, Dr., Dirigent: [Beschreibung des neuen Realschulgebäudes, z. T. nach den Angaben des Erbauers Maurermeisters Malingriaux.] *Pankow b. Berlin (1901): F. Salis.* (S. 18—20.) 4°
Pankow, R, OP 1901 (137)

Sternbeck, Hermann [aus Straussberg]: Unrichtige Wortaufstellungen und Wortdeutungen in Raynouard's „Lexique Roman". I. Teil. Unrichtige Wortaufstellungen .... Berlin, Buchdr. v. Pestel & Fengler (1887); VII + 1 + 22 S. + 1 Bl. 8°.
Berlin, Phil. Fak., Inaug.-Diss. v. 28. Mai 1887.

Sternbeck, Herm., unrichtige Wortaufstellungen und Wortdeutungen in Reynouard's „Lexique roman". 1. Tl.: Unrichtige Wortaufstellungen. Inaugural-Dissertation. gr. 8. (VIII, 85 S.) Berlin 887. (Mayer und Müller.) *

Erinnerungs-Blätter zur Feier des 175jährigen Bestehens des Königlichen Militär-Waisenhauses zu Potsdam im November 1899. Hrsg. von Julius **Sternbeck,** Lehrer am Mil.-Waisenh. Potsdam (1899): R. Müller. (87 S.) 8°

Sternbeck, Julius, Oberturnlehrer Friedrich Martin Fischer, ehem. Vertreter d. Turnkreises III b u. d. havelländ. Gaues d. D. T., 32 S., Kl.-8°.

Sternberg [Sachliches OW]

STERNBERG, Karl. Ein Denkmal der Freundschaft. (Zahlmer Roman.) Zerbst, Füchsel, 1800. 8°. 2 Bll., 276 S.

Sternberg [Schlagwort]

Sternberg. s. a. Deutschland. Kürschner-Peip.

Sternberg. Handkarte des politischen Bez. Sternberg, umfassend die Ger.-Bezirke Sternberg, Hof u. Stadt-Liebau. 1 : 200,000. 28 × 35 cm. Farbendr. Sternberg 802 A. Hitschfeld. n.n. — 30

Sternberg. Schächer, W., Karte des politischen Bezirkes Sternberg für die Hand der Schüler an Volksschulen. 1 : 160,000. 25 × 27 cm. Farbendr. Sternberg i./M. 895. F. Pialek Söhne. n. — 10

Sternberg. Umgebungskarte v. Sternberg i. Mähren. 1 : 75,000. 40,5×53,5 cm. Lith. Sternberg (904). A. R. Hitschfeld. n.n. 1. 50

Sternberg [Verfasser]

— s. auch Ungern-Sternberg.

Sternberg, der Familien-Arzt. Ein gewissenhafter ärztlicher Ratgeber bei allen Krankheiten. (Neue Ausg. m. [4 S.] anatom. Abbildgn.) (81 S.) kl. 8. Neuweißensee (905). E. Bartels. 1. 50

— s.: Hausarzt, der praktische.

Sternberg, Hoffnungen, Gefahren u. Aufgaben der Kirche in der Gegenwart, s.: Röckler.

STERNBERG, Dr. Mann, Weib und Kind. Das Geschlechts- und Liebesleben in seinem ganzen Umfange dargestellt. Mit anatomischen Abbildungen. Berlin-Neu-Weißensee (um 1895). 8°.
Verb. d. Ldg. Koblenz IV M. 36/96.
— — Dasf. Zürich, Magazin für Kunst und Literatur (um 1898).
Verb. d. Ldg. Köln G. Ia M. 7/98.
— — Dasf. Berlin, W. Bernhardi 1895.
Verb. d. Ldg. I Berlin 4 D. H. 100/12.

Sternberg, A., Das Spülversatzverfahren nach dem Stande der gegenwärtigen Technik. Essen-Ruhr, 1901. 23 S. mit 20 Abb.

Sternberg, A. W. Z., das Geheimnis meiner Erfolge. Eine allgemeine Darstellg. des persönl. Magnetismus u. der Suggestion als Hauptursache jedweden Erfolges im tägl. Leben, erzählt. Anh.: Alles Wissenswerte üb. den Hypnotismus, nebst e. vollständ. Anleitg. zum Hypnotisieren. 2. Aufl. (161 S.) 8. Eythra (909). Leipzig, F. W. Trotzki & Co. 3. —

Sternberg, Adalb. Graf, Appell an den Kaiser! (102 S.) gr. 8. Berlin 907. Herm. Walther. 2. —

— Die Barbaren v. Marokko. Reisestudien. (207 S.) 8. Wien 908. Wiener Verlag. 2. 50

Sternberg, Graf Adalb., drei Brandreden. (58 S.) gr. 8. Berlin 906. Herm. Walther. n. 1. —

— Der Christengott u. der Judengott. Roman. (142 S.) 8. Ebd. 907. 2.—; geb. 3. —

— Gegen die österreich. Couleurstudenten (14 S.) gr. 8. Wien (909). (H. Goldschmiedt.) — 20

Sternberg, Adb. Graf, meine Erlebnisse u. Erfahrungen im Boerenkriege. gr. 8. (III, 165 S.) Berlin 901. G. Reimer. n. 3. —; geb. n. 4. —

Militärische Federzeichnungen. Von Graf Adalbert **Sternberg.** Berlin: H. Walther 1904. (84 S.) 8° [05. 1235

Politische Federzeichnungen. Von Graf Adalbert **Sternberg.** Berlin: H. Walther 1905. (173 S.) 8° [F. u. Ant.] [05. 14432 11

— die böhmische Frage. Anh.: Programm der staatsrechtl. Partei. (133 S.) gr. 8. Prag 904. (Grosman & Svoboda.) n. 1. —

Die böhmische Frage von Adalbert Graf Sternberg. Das Programm d. staatsrechtl. Partei bildet d. Anh. dieser Publ. *Prag: Selbstverl. 1904.* (133 S.) 8° [04. 171

— die Frage der Ehrengerichte. (19 S.) gr. 8. Brünn 903. (Wien, C. v. Hölzl.) n. — 40

STERNBERG, Adalbert Graf
(F) Gedichte und Kriegsstimmungen von Adalbert Graf Sternberg. Wien. 1900. In Comm. Hölzl. 8°. 42 S. K 2.—

— Jenseits v. Essen u. Trinken. Novellen u. Gedichte. (V, 144 S.) 8. Wien 905. (S. Bensinger.) n. 4. —

— konservative Kavallerie-Attacken. (III, 96 S.) gr. 8. Berlin 906. Herm. Walther. 2. —
In Oesterreich verboten.

— Graf A., Gegen den Panslavismus. (23 S. m. Bildnis.) gr. 8. Wien, H. Goldschmiedt. 1909. —. 20.

— drei ungekürzte Parlamentsreden. (50 S.) gr. 8. Wien 905. (S. Bensinger.) n. 1. 50

Zwei Parlamentsreden des Grafen Adalbert Sternberg gegen den Kaiser von Oesterreich. Berlin: H. Walther 1906. (74 S.) 8° [F.] [06. 15004

Sternberg, Adalb., in Port Arthur. (V, 122 u. Musikbeilage 3 S.) kl. 8. St. Petersburg 905. (K. L. Ricker.) n. 1. 80

— kontra „Neue Freie Presse". (15 S.) gr. 8. Wien (909). F. Schalk. — 25

— Die türkische Revolution. (118 S.) 8. Berlin 909. G. Stilke. 1. 50

— Graf Sternberg contra Grafen Czernin. Antwort auf die Broschüre des Grafen Ottokar Czernin „Oesterreichisches Wahlrecht u. Parlament". (72 S.) gr. 8. Berlin 905. Herm. Walther. n. 1. 50

— Unmenschliches! (201 S. m. Bildnis.) kl. 8. Wien 907. Wiener Verlag. n. 2. —; geb. n. 3. —

— Wasserglasrede. Geh. am 5. X. 1905 im österreich. Parlament. (35 S.) gr. 8. Berlin 905. Herm. Walther. n. — 50

— ein offenes Wort. 3., verm. Aufl. (58 S. m. Bildnis.) gr. 8. Brünn 903. (Prag, Grosman & Svoboda.) n. 1. —

Sternberg, A., Ein offenes Wort. 4. Aufl. Gr.-8°. (67 S.) † Prag: Grosman & Svoboda 1903. K 1.—

Durch Zeit und Raum von Adalbert Graf Sternberg. Berlin: Stilke 1910. 199 S. 8°

Sternberg, Adalbert W. Graf
s. Sternberg, Adalbert Graf. A 12 12075

Sternberg, Adph., s.: Europe, illustrated. — L'Europe illustrée.

Sternberg, Adolf s. Hongrie. A travers la H' méridionale. Zurich ([18]90) – South Hungary. Through S' H'. Zurich [1890] – Südungarn. Durch Süd-U'. Zürich ([18]90).

Sternberg, Adph. Durch Süd-Ungarn, s. Wanderbilder, europäische.

– s. Ungarn in Wort und Bild.

Sternberg, Albert [aus Niederhochstadt]: Ergebnisse der Behandlung der Lungentuberculose mit Tuberculin (aus der Erlanger medicinischen Klinik). . . . Erlangen, Druck d. Univ.-Buchdr. v. E. Th. Jacob, 1891; 28 S. 8°
Erlangen, Med. Fak., Inaug.-Diss. v. 2. Jul. 1891

Sternberg, Alb., die Freuden meiner Ehe; ein schönes Gemälde häusl. Glückseligkeit. 8. Leipz. 799. Bornschein. . . .

Sternberg, Albert, die Freuden meiner Ehe. Ein schönes Gemälde häusl. Glückseligkeit. Allen Männern u. Weibern gewidmet; besond. für Eheiustige lesbar. 8. Leipz. 799. Joachim. 18 gl.

Sternberg, Alb., die Freuden meiner Ehe, hat das Central-Compt. in Leipzig. Pr. 1 rthl.

Sternberg, Alb. Graf, viribus unitis. An d. österreich. Adel. 12. (76 S.) Wien 897. C. v. Hölzl. n. 1. 20

Sternberg, Alexander von [Pseud.]
s.a. Ungern-Sternberg, Peter Alexander B^n von [Wirkl. Name]

Sternberg, Alex. v. (Ungern-), Alfred. 8. (15¾ B.) Dessau 841, Aue.

— — Das Buch der drei Schwestern. Gesammelte Erzählungen, Mährchen und Novellen. 2 Bde. Leipzig 1847. 8°. (3⅓ Rthl.) (24 Sgr. Ed. Fischhaber, vor 1875.)
1: Ida und Pauline. — Der rothe Zwerg. — Der Page Karls des Großen. — Die Todtenhand. — 2: Physiologie der Gesellschaft. — Die Briefe eines Vaters an seinen Sohn. (Ein Beitrag zu Knigge's Umgang mit Menschen.) — Uhr und Stab. — Der Engel auf der Wanderschaft. — Der Arsenickfritze. — Der goldene Mantel. — Geschichte einer Schnupftabacksdose.

v. Sternberg, A., das Buch der drei Schwestern. Gesammelte Erzählungen, Mährchen u. Novellen. 2 Bde. 8. (VIII u. 660 S.) Leipzig 847, Hinrichs. 2⅔ rthl.

STERNBERG, Alex. Frhr. v. (1806—68).
Bühne, Kunst und Liebe, Novelle. G. Reimer, 1831. 8°. VIII, 476 S. (2 Mk. Taussig, Prag, 1906.)

— — Dasselbe. Mit Zusätzen am Schlusse, welche nur in 15 Exemplaren enthalten sind. Ibid. eod. a.
Bibl. Tieck. no. 1364.

Sternberg, Alex. v. (Ungern-), Diane. Ein Roman. 3 Thle. gr. 12. (44¼ B.) Berlin 842, [Adolf u. Comp.]

— Diane. Ein Roman. 3 Thle. gr. 12. Berlin 842, Buchh. des Berliner Lesecabinets. 4½ rthl.

Sternberg, A. v., Dorothee von Kurland. Ein biographischer Roman. 3 Bde. Leipzig 859. Kollmann. 8. (XII, 984 S.) n. 5 rthl.

— — Eduard. Stuttgart 1833. 8°. (12 Sgr. Ed. Fischhaber, Reutl., vor 1875.)

— Elisabeth Charlotte, Herzogin von Orleans. Ein biographischer Roman. 3 Bde. Leipzig 861. (Jena,) Costenoble. 8. (832 S.) 4 rthl. 27 ngr.

—— Erinnerungsblätter. 1. und 2. Thl. 16. (III und 176 S. und 151 S.) Berlin 855—56. [Leipzig, Brockhaus.] à Thl. * 24 Ngr. *

—— Erinnerungsblätter. 3—6. (Schluß-)Thl. 16. Leipzig 857—60, Brockhaus. [3. Thl. (III und 151 S.) 4. (III und 174 S.) 5. (170 S.) 6. (171 S.) à Thl. * 24 Ngr.] *
1. und 2. Thl. Ebendas. 1855,56. * 1 Thlr. 18 Ngr.

—— gesammelte Erzählungen u. Novellen. 4 Bde. 12. (41 B.) Dessau 844, Aue. à 1 Thlr. $3^{3}/_{4}$ Ngr.

— ein Fasching in Wien. 8. (IV u. 201 S.) Wien 851, (Jasper, Hügel &) Manz. 1 ℛ 3 ngr

—— Fortunat. Ein Feenmährchen. 2 Thle. 8. ($45^{1}/_{2}$ B.) Leipzig 838, Brockhaus.

* — — Berühmte deutsche Frauen des 18. Jahrhunderts. 2 Bde. Leipzig 1848. 8⁰. (4 Rthl.) (3 Mk. S. Calvary & Co., Berlin, c. 1906; 5 Mk. 80 Pfg., unbeschn., Julius Neumann, Magdeb., 1906.)

I. Gräfin Aurora Königsmark. Fürstin Amélie Galitzin. Anna Luise Karsch. Angelika Kauffmann. Elisabeth Mara. Frau v. Krüdener. Karoline Neuber. — II. Katharina II. Elisabeth Charlotte. Maria Theresia. Anna Amalie, Herzogin von Sachsen-Weimar. Gräfin Albany.

—— berühmte deutsche Frauen des 18. Jahrhunderts. In Bildnissen zusammengestellt. 2 Bde. gr. 8. (XI und 794 S.) Leipzig 848, Brockhaus. *

— — Galathee. Ebd. 1835. 8⁰. (12 Sgr. der Vorige.)

—— Galathee. Ein Roman. 8. ($14^{1}/_{2}$ B.) Stuttgart u. Tübingen 836, Cotta'sche Buchh.

Sternberg, A. v., die dresdener Galerie. Geschichten und Bilder. 1. und 2. Bdchn. 8. Leipzig 857. 58, Brockhaus. à Bdchn. * 1 Thlr. 15 Ngr. Thlr. *
geb. à Bdchn. * 1 Thlr. 25 Ngr. *

Inhalt:

Bdchn. 1. Die Gräfin von Flandern. (Rembrandt.) — Die Burg der Häßlichen. (Asselyn.) — Die Rose von Harlem. (Van der Neer.) — Eine Vision Holbein's. (Holbein.) — Die Hexenküche. (Teniers.) — Schleier und Mantel. (Tignani.) — Der Unbekannte. (Paul Veronese.) — Der Künstler-Vagabund. (Brouwer.) — Der Liebesgarten. (Rubens.) — Das Grab des Juden. (Ruisdael.) (XI und 328 S.)

2. Die Marquise Pescara. (Tizian.) — Die Nacht. (Correggio.) — Die Freunde. (Lukas van Leyden.) — Die Dame im Schleier. (Van Dyck.) — Die grüne Spinne. (Peter Breughel der Jüngere.) — Die Kuh des Potter. (Paul Potter.) — Die büßende Magdalena. (Ribera.) — Die dicke Frau zu Mecheln. (Jordaens.) — Der Traum der Aebtissin. (Holbein.) — Der alte Schulmeister. (Gerhard Douw.) (VII und 307 S.)

—— Georgette. Ein Roman. 8. ($15^{1}/_{4}$ B.) Stuttgart 840. [Berlin, Danz.] $1^{3}/_{4}$ Thlr., hrbgs. Pr.

— Georgette. Ein Roman. kl. 8. Stuttgart 840. Hoffmann'sche Verlags-Buchh. $1^{1}/_{4}$ ℛ

—— der deutsche Gilblas. Ein komischer Roman. 2 Bde. 8. Bremen, Schlodtmann. [1. (X und 383 S.) 851, 2. (284 S.) 852. à Bd. 1 Thlr.]

— die gelbe Gräfin. 2 Thle. 8. (359 u. 331 S.) Berlin 848, A. Duncker. 4 ℛ

—— das stille Haus. Eine Erzählung für Winter-Abende. 8. (VIII und 295 S.) Berlin 854, Deckersche geheime Ober-Hofbuchdr.

—— Jena u. Leipzig. Novelle in 2 Thln. 8. ($35^{3}/_{8}$ B.) Berlin 844, [Adolf u. Comp.]

— Jena und Leipzig. Novelle in 2 Thln. 8. Berlin 844, Buchh. des Berliner Lesecabinets. $3^{1}/_{2}$ ℛ

— — Die Kaiser-Wahl. Bremen 1849. 8⁰. ($1^{1}/_{2}$ Rthl.) (10 Sgr. Ed. Fischhaber, vor 1875.)

—– Kallenfels. 2 Bde. 8. (42 B.) Berlin 839, Duncker u. Humblot. $3^{1}/_{3}$ Thlr., in verziert. Umschlag mit Goldbr.

Sternberg, A. v., ein Carneval in Berlin. 8. (218 S.) Leipzig 852, Brockhaus. *

— Künstlerbilder. 3 Bde. Leipzig 861. (Jena,) Costenoble. 8. (6 Bl., 750 S.) 3 ℛ 15 ngr.

— Macargan oder die Philosophie des achtzehnten Jahrhunderts. Ein Roman. Leipzig 853. Brockhaus. 8. (2 Bl., 422 S.) 2 ℛ. 15 ngr.

— braune Märchen. Mit 1 (lith.) Titelbilde. 32. (XIV u. 356 S.) Bremen 850, Schlodtmann. In Engl. Einb. m. Goldschnitt n. $1^{2}/_{3}$ ℛ

— — Dasselbe. Mit 1 Kpfr. Wien, o. J. 12⁰.

Sternberg, A. von, Braune Märchen. 2. Aufl. Mit 1 Titelbilde. 12. (IX. 304 S.) Wien, Markgraf. 1864. 2 fl. 24 kr.

Sternberg, A. v., braune Märchen. 3. Aufl. gr. 16. (XI und 304 S. mit 1 Titelbilde in Holzschn.) Wien 864, Markgraf. *

— — Dasselbe. 4. Aufl. Mit 9 (etwas freien) Illustrationen. Altona, Verlagsbureau (Aug. Prinz), o. J. (1875). 12⁰. X S., 1 Bl. u. 320 S. (5 Mk. Scheible, 1886; 5 Mk., mit nur 8 Illustr., S. Calvary & Co., Berlin, 1898.)

Sternberg, A. v., braune Märchen. 4. Aufl. 12. (VIII, 139 S.) Leipzig (900). [C. Minde.] Alldeutsch. Verlag. n. 2. —

— — Dasselbe, tit.: Braune und Moosgrüne Märchen. 5. Aufl. 2 Bde. Leipzig, o. J. (c. 1880). 8⁰. (2 Mk. 80 Pfg. Taussig, 1906.)

„Moosgrüne Märchen" ist nur ein vom Verleger eigenmächtig gewählter Titel für den 2. Theil.

Sternberg, A. v., moosgrüne Märchen. 5. Aufl. (107 S.) 8. Leipzig (904). Verlagsanstalt M. Minde. n. 2. —

—— der Missionär. Ein Roman. 2 Thle. gr. 12. ($25^{3}/_{4}$ B.) Leipzig 842, Brockhaus.

— die Nachtlampe. Gesammelte kleine Erzählungen, Sagen, Mährchen und Gespenstergeschichten. I—IV. (Bd.) Berlin 853—55. Decker. 16. (1. Bd.: 3 Bl., 208 S.; 2. Bd.: 3 Bl., 196 S.; 3. Bd.: 3 Bl., 199 S.; 4. Bd.: 3 Bl., 256 S.) Jeder Bd. 1 ℛ.

Sternberg, A. Frh. v., Novellen. 1—5. Thl. 8. Stuttgart, Cotta.

A. u. d. Tln.:

Thl. 1. Die Zerrissenen. Eine Novelle. (14 B.) 832. 1 Thlr. 8 Gr.
" 2. Eduard. Eine Novelle. Fortsetz. d. Novelle: Die Zerrissenen. ($13^{1}/_{2}$ B.) 833. 1 Thlr. 12 Gr.
" 3. Lessing. Eine Novelle. ($17^{1}/_{2}$ B.) 834. 1 Thlr. 18 Gr.
" 4. Abthl. 1. Waldgespenst. — Die Doppelgängerin. — Der fliehende Holländer. — Voltaire in Ferney. — Das Grab d. armen Andrei. — Die Jesuitenschüler. ($16^{1}/_{2}$ B.) 834. 1 Thlr. 18 Gr.
" 2. Die Schlacht bei Leipzig. — Eine Gespenstergeschichte aus alter Zeit. — Die letzte Rose d. Kallenfels. — Copernikus. — Der Herr v. Mondschein. (15 B.) 834. 1 Thlr. 18 Gr.
" 5 Molière. Eine Novelle. Ein Seitenstück zu: Lessing. ($12^{1}/_{2}$ B.) 834. 1 Thlr. 12 Gr.

Sternberg, Alex. v. (Ungern-), Palmyra, od. d. Tagebuch eines Papagei's. 8. (21 B. u. ill. Ttlvign.) Stuttgart u. Tübingen 838, Cotta'sche Buchh. Thlr.

— — Palmyra oder das Tagebuch eines Papagais. Mit illum. Titelvignette. Ebd., o. J. (1868). 8⁰. ($1^{5}/_{6}$ Rthl.) (18 Sgr. der Vorige; 4 Kr. Bernh. Stern, Wien, 1901.)

—— Paul. (Ein Roman.) 2 Bde. gr. 12. ($29^{3}/_{4}$ B.) Leipzig 845, Hahn'sche Vrlgsb.

Sternberg, Alex. v. (Ungern-), Paul. (Ein Roman.) 3. Bd. A. u. d. Ttl.: Paul in der Heimat. 12. (9 B.) Leipzig 845, Hahn'sche Vrlgsb. Thlr.

——, Psyche. 2 Thle. 8. ($34^{1}/_{2}$ B.) Frankfurt a. M. 838, [Sauerländer's Verl.]

— die Ritter von Marienburg. 3 Thle. Leipzig 853. Brockhaus. 8. (VI, 236; VI, 251; VI, 215 S.) n. 4 ℛ.

— — Kleine (stellenweise ziemlich freie) Romane u. Erzählungen. 3 Bde. Leipzig, Hermann Costenoble, 1862. Kl. 8⁰. (Eleg. braune Orig.-Sarsenetbde. mit Gold- u. Schwarzpressg. 4 Rthlr.) (3 Mk. 50 Pfg. R. Levi, Stuttgart, 1900; jetzt theurer!)

I: 230 S. (incl. Tit. u. 1 Bl. Inh.), 1 Bl. Verlag d. Firma. — 1. Das Kästchen od. der neue Kombab (Eunuch). 2. Claudia. E. altitalien. Novelle. II: 212 S. (wie ob.), 2 Bll. Verlag. — 1. Die goldene Maske. 2. Die rothe Schleife. III: 236 S. (wie ob.), 4 Bll. Verlag. — 1. Anna Luise Karsch. 2. Der Tod von Lübeck. E. Erzählg. 3. Endymion. E. Erzählg. 4. Eine interessante Dame (Fürstin Stolberg, Wittwe des Prätendenten Karl Stuart).

—— kleine Romane und Erzählungen. 3 Bde. 8. (678 S.) Leipzig [Jena] 862, Costenoble.

—— die Royalisten. (Roman.) 8. (VIII und 348 S.) Bremen 848, Schlodtmann.

Wurde auch u. d. T.: Neupreußische Zeitbilder. 1. Bd. in 2. Aufl. 1848 ausgegeben.

—— Peter Paul Rubens. Ein biograph. Roman. 8. (217 S.) Leipzig [Jena] 862, Costenoble.

— — Saint-Sylvan. 2 Bde. Frankfurt 1839. 8⁰. (24 Sgr. der Vorige; 8 Mk., unbeschn. Leihbibl.-Expl., Max Harrwitz, c. 1903:)

Der Verfasser hat in diesem Werke seine Bekenntnisse u. Jugenderinnerungen niedergelegt. Scenen am Hofe August's des Starken u. in Bamberg, Abenteuer etc. Selten!

——, Saint-Sylvan. 2 Thle. gr. 16. (37½ B.) Frankfurt a. M. 839, [Sauerländer's Verl.]

—— Schiffer-Sagen. 2 Bdchn. 8. (24 B.) Stuttgart u. Tübingen 837, Cotta'sche Buchh.

Sternberg, Alxdr von, Schiffer-Sagen. Bd. 1. 2. Stuttgart u. Tübingen 1839. 8.

— — Die beiden Schützen. Ebd. 1849. 8⁰ (1½ Rthl.) (10 Sgr. der Vorige.)

—— Selene. 16. (128 S.) Berlin 853, Schroeder's Verlag. -

—— Susanne. 2 Thle. 8. (39⅜ B.) Berlin 846, (47,) Quien.

STERNBERG, A. v., Tutu. Phantastische Episoden u. poetische Excursionen. Mit Illustr. v. Sylvan (d. i. Sternberg selbst). Leipzig 1846. 8⁰. XII u. 206 S. (9 Mk., br. im Orig.-Umschl., Schaper, Hannover, 1904; 10 Mk., schönes Expl. im illustr. Orig.-Umschl., Max Perl, Berlin, 1904.)

— — Tutu. Phantastische Episoden und poetische Excursionen. Mit (ca. 150) Illustr. von Sylvan. Leipzig, Weber, 1846. Imp.-8⁰. (3 Rthl.) 12 u. 206 S. (8 Mk., br., unbeschn., Jos. Baer & Co., Frf. a. M., 1887; 10 Kr. Gilhofer & Ranschburg, Wien, 1901; 10 Mk., O. Rauthe, Friedenau-Berlin, 1908.)

Die in den Text gedruckten (z. Theil pikanten) Illustrationen sind theils von Unzelmann, theils von andern guten Künstlern in Holz geschn. und stellen humorist.-satyr. Scenen aus dem gesellschaftl. Leben, Caricaturen etc. dar.

—— Tutu. Phantastische Episoden u. poetische Excursionen. Mit (ca. 150) Illustrationen v. Sylvan. 1—7. Lfg. Lex.-8. (10½ B.) Leipzig 846, Weber. à *

—— Tutu. Phantastische Episoden und poet. Excursionen. Mit Illustr. von Sylvan. 8. und 9. (letzte) Lfg. Lex.-8. (S. 169—206.) Leipzig 848, Weber. à Lfg. * 10 Ngr. *

1—7. Lfg. Ebendas. 1846. * 2 Thlr. 20 Ngr.

Sternberg, Alex., ein Warenhaus-Mädchen. Schicksale einer Gefallenen. 1. u. 2. Bd. (96 S. u. 4 autogr. S. m. 1 Vollbild u. 96 S.) 8. Berlin (909). Verlag modern. Lektüre. à — 20

—— Wilhelm. (Roman.) 2 Thle. 8. (VI und 507 S.) Berlin 849, A. Duncker.

— Neupreußische Zeitbilder. II (Bde.) 8. I. A. u. d. T.: Die Royalisten. 2. Aufl. (VIII u. 348 S.) II. A. u. d. T.: Die beiden Schützen. (VIII u. 291 S.) Bremen 848. 49, Schlodtmann. (I: 1 ℛ 24 ngr II: 1 ℛ 21 ngr) 3½ ℛ

— — Die Zerissenen. Eine Novelle. Stuttgart und Tübingen 1832. 8⁰. (2 Mk., leicht fleckig, O. Rauthe, 1910.)

l. c. no. 1368.

v. Sternberg, Frhrr. A., die Zerrissenen; eine Novelle. gr. 8. Stuttg. 832. v. Cotta. 1 ℛ 8 gr

STERNBERG, ALFRED. Ueber die Einwirkung von Natrium, sowie von Jodmethyl und Natrium, auf Bromtoluidin, Acetbromtoluid und Dimethylbromphenylamin in ätherischer Lösung. Freiburg im Breisgau, 1883.

Sternberg, Arminius *(geb. Goldberg in Schles. 30. 10. 1839)*: De atropini vi nonnulla. Vratislaviae (1860). (31 S.) 8⁰

Breslau, Med. Diss. v. 4. [vielmehr 6.] Aug. 1860

Sternberg, Aron

Sternberg, A., die **Angriffswaffen im altfranzösischen Epos, s.: Ausgaben u. Abhandlungen aus dem Gebiete der romanischen Philologie.**

Sternberg, Aron [aus Horn (Westfalen)]: Die Angriffswaffen im altfranzösischen Epos .... (Ausg. u. Abh. aus d. Geb. d. roman. Philol.) Marburg, Univ.-Buchdr. (R. Friedrich), 1885: 50 S. 8⁰.

Marburg, Phil. Fak., Inaug.-Diss. v. 19. Nov. 1885.

Sternberg, Aug., die neue Blau-Färbung, od.: die Kunst, ächt u. schön blau zu färben, ohne Indigo u. um den sechsten Theil d. Kosten einer Färbung mit Indigo. Nach eigenen Versuchen u. Erfahrungen. 8. (32 S.) Halberstadt 847, Lindequist & Schönrock in Comm. n. ½ ℛ

Sternberg, A: Neue Vorschläge zum Blaufärben ohne Jndigo. 2. Aufl. Quedlinburg und Leipzig 1852

— neue Vorschläge zum Blaufärben ohne Indigo. Eine ausführliche Anleitung zur Darstellung einer äußerst wohlfeilen, schönen u. haltbaren blauen Farbe auf Wolle, Baumwolle ꝛc. 2. Aufl. 8. (24 S.) Quedlinburg 852, Basse. ¼ ℛ

Sternberg, B. Chr., s. Sternberg, P. Chr.

Sternberg, C. von, s. Sternberg, Kaspar Graf

Sternberg, C. F. v., Blicke a. d. moral. u. polit. Welt, was sie war, ist und seyn wird. 8. Bremen, Willmanns. (Müller.) 797.

Sternberg, Carl, s. Sternberg, Karl

Sternberg, Charlotte, appr. Ärztin: Über traumatische Pneumonie ⟨Kontusionspneumonie⟩. Berlin 1910: G. Schade. 54 S. 8⁰

Berlin, Med. Diss. v. 13. Mai 1910, Ref. Kraus

[Geb. 24. Aug. 75 Berlin; Wohnort: Berlin; Staatsangeh.: Preußen; Vorbildung: Gymn. Hanau Reife O. 03; Studium: Heidelberg 1, Berlin 7, Heidelberg 1, Berlin 1, Heidelberg 1 S.; Coll. 29. April 10; Approb. 30. Nov. 09.] [U 10. 102

Sternberg, E. v., die livländischen Bekehrungen wie sie Herr Samarin erzählt. Dem Russischen entnommen u. erläut. gr. 8. (III, 243 S.) Leipzig 872. Duncker & Humblot. n. 4. 80

Sternberg, Emil

Sternberg, E. Ueber die politischen und nationalen Elemente in den Dichtungen des Thomas Moore. Vortrag. Görlitz, Rg., 1882. 19 S. 4. Progr.

Sternberg, Franz, Gerichtsreferendar: Inwieweit ist die Selbständigkeit der einzelnen Wechselskripturakte in der Deutschen Wechselordnung anerkannt? Hamburg 1907: Berngruber & Henning. (VI, 110 S.) 8°
Rostock, Jur. Fak., Ref. Lehmann, Diss. v. 20. Sept. 1907
[Geb. 17. Juli 83 Itzehoe; Wohnort: Itzehoe; Staatsangeh.: Preußen; Vorbildung: Gymn. z. Grauen Kloster Berlin Reife O. 01; Studium: Berlin 1, Freiburg i. B. 2, München 1, Kiel 2 S.; Rig. 30. Okt. 06.]

Sternberg, Frederik [!] Alexander [pr. Arzt aus New York]: Das 4. Buch der „angeblichen Chirurgie des Johannes Mesuë" z. 1. Male veröffentl. ... (Th. 1.) Berlin, gedr. bei L. Schumacher, 1893; 51 S. 8.
Berlin, Med. Fak., Inaug.-Diss. v. 15. Aug. 1893

Sternberg, Friedr., Knasterkopfs Annehmlichkeiten 2c., s. Knasterkopf.

Sternberg, F(riedrich): Zum deutschen Unterricht in der Quinta des Gymnasiums. *Friedrichshagen 1903: A. Kunzke.* (33 S.) 4°
Friedrichshagen, PG i. E, OP 1903 (81)

Sternberg, Fritz, Kammergerichtsrefer.: Der Vorvertrag über die Errichtung einer Gesellschaft mit beschränkter Haftung und seine Einwirkung auf demselben beigefügte abstrakte Hilfsgeschäfte. Heidelberg 1909: Rößler & Herbert. 48 S. 8°
Heidelberg, Jur. Diss. v. 22. Juli 1909, Ref. Schröder
[Geb. 27. Juli 86 Berlin; Wohnort: Grunewald b. Berlin; Staatsangeh.: Preußen; Vorbildung: Bismarck-Gymn. Wilmersdorf Reife O. 04; Studium: Leipzig 2, Berlin 1, Bonn 3 S.; Rig. 17. Juni 09.] [U 09. 1918

Sternberg, Georg: Die Ethik des Deuteronomiums. Berlin: Trowitzsch & Sohn 1907. (104 S.) 8°
Greifswald, Theol. Fak., Ref. Oettli, Diss. v. 16. Nov. 1907
[Geb. 8. Jan. 84 Parlin (Pommern); Wohnort: Berlin; Staatsangeh.: Preußen; Vorbildung: Marienstifts-Gymn. Stettin Reife O. 03; Studium: Halle 3, Greifswald 3 S.; Rig. 13. Juli 07.]

Sternberg, Geo., die Ethik des Deuteronomiums. (99 S. gr. 8. Berlin 908. Trowitzsch & Sohn. 2. 60

v. Sternberg, Gr., die Brüder oder das Geheimniß, s.: Bibliothek, Europäische, 723—725. 759 u. 760. Bd.

Sternberg, H., Bau- u. Civil-Ingenieurwesen, s.: Bericht, amtlicher, üb. die Wiener Weltausstellung.

Sternberg, H., im öffentlichen Dienst. Ein localer Beitrag zur Gesellschafts-, Beamten- u. Press-Moral. gr. 8. (38 S.) Dresden 883. (Knecht.) n. — 50

Sternberg, H: Sammlung ausgeführter Constructionen schmiedeeiserner Brücken. Mannheim (Vor 1879) Fol.

Sternberg, H: Untersuchungen über Längen- und Querprofil geschiebeführender Flüsse. Carlsruhe 1875. 4

Sternberg, H: Zeichnungen über Wasser- und Straßenbau. 2. Cursus: Brückenbau. Carlsruhe 1867. Fol.

Sternberg, Herm., Electricität u. Nerventhätigkeit. Populär-polem. Glosse. [Aus: „Dresdner Zeitg."] gr. 8. (24 S.) Dresden 875. v. Zahn in Comm. n. — 75

Sternberg, Herm., Geschichte der Juden in Polen unter den Piasten u. Jagiellonen. Nach poln. u. russ. Quellen bearb. gr. 8. (VIII, 191 S.) Leipzig 878. Duncker & Humblot. n. 4. 40

Klassen-Justiz und Entmündigungs-Unfug. Ein Mahnruf an Reichs- u. Landtag. Von Hermann **Sternberg**. Aufl. 1. T. 2. [Mehr nicht ersch.] Berlin-Neuahnsdorf: Brand 1898. 31 S. 8° [06. 781 5

Klassen-Justiz und Entmündigungs-Unfug ... Von Dr. med. Hermann **Sternberg.** 2. Aufl. Tl. II. [Tl I erscheint später.] *Berlin-Neuahnsdorf: A. Brand 1898.* 8. [98. 459a

Sternberg, Hermann [app. Arzt aus Karlsruhe]: Ueber abnorm niedrige Temperaturen beim Menschen und deren Beziehungen zum Central-Nervensystem. ... Freiburg i. B., Buchdr. v. Chr. Ströcker, 1890; 32 S. + 1 Bl. 8°
Freiburg i. B., Med. Fak., Inaug.-Diss. v. 1890

Sternberg, Herrm., Versuch einer Geschichte der Juden in Polen seit deren Einwanderung in dieses Land [um das IX. Jahr] bis zum Jahre 1848. 1. Thl. Polen unter der Regierung der Piasten. Wien 860. Lechner. gr. 8. (XIII, 117 S.) n. 28 ngr.

Sternberg, Herz, Idealismus und Realismus. Ein philosophischer Versuch zur Säcularfeier Joh. Gottl. Fichte's. Berlin 862. Geelhaar. gr. 8. (44 S.) 6 ngr.

Sternberg, Herz, siehe: Proudhon's Sonntagsfeier.

Sternberg, Herz, über Proudhon's Sonntags-Feier, s. Ueber.

Sternberg, Hugo, Graf Arnulf, genannt der schwarze Wilm, oder die Blutrache des Bastarden. Historischer Volks-Roman. 36 Lfgn. gr. 8. (1424 S. mit 36 color. Stnt.) Dresden 877,78, C. G. Lohse. à Lfg. 30 Pf.

Sternberg, Hugo: Bianca oder die Kinder des Banditen. Neuester Sensations-Roman. (Vollst. in 25 Lief.) Lief. 1–2. (S. 1–32.) Hernals: J. Fischer 1883.

Sternberg, Hugo, e. Kampf auf Leben u. Tod od. die Rose v. Belgrad. Sensations-Roman vom serbisch-türk. Kriegsschauplatze 1—18. Hft. gr. 8. (S. 1—1008.) Dresden 876 Lohse. à — 40

Sternberg, Hugo, ein Kampf auf Leben u. Tod, oder die Rose von Belgrad. Sensations-Roman vom serbisch-türkischen Kriegsschauplatze. 19—30. (Schluß-)Hft. gr. 8. (S. 1009—1680.) Dresden 877. C. G. Lohse. à — 40

—— **Kathinka,** die heldenmüthige Russin, oder die entrollte Fahne des Propheten. Sensations-Roman vom russisch-türk. Kriegsschauplatze. 30 Hefte. gr. 8. (1184 S. mit 30 color. Stnt.) Dresden 877,78, C. G. Lohse. à Heft 30 Pf.

Sternberg, Hugo, die Liebenden v. Schwanenstadt od. gesprengte Ketten. Erzählung. 4 Bde. od. 100 Hfte. gr. 8. (622, 844, 596 u. 884 S. m. je 1 Chromolith.) Neusalza 884—86. Oeser. à — 10

Sternberg, Joachim Graf

STERNBERG, J. Graf, Bemerkungen über Russland. Auf einer Reise gemacht im Jahre 1792 u. 93 mit statistischen und meteorologischen Tabellen. Mit Titelvignette. O. O. 1794. 8°. (4 Kr. Halm & Goldmann, Wien, 1904.)

— Bemerkt. über Rußland, auf e. Reise 1792—93. 8. Dresd. 794. Walther. 1 ₰ 6 gr.

— Reise von Moskau über Sophia nach Königsberg, mit e. kurzen Beschreib. von Moskau. gr. 8. Berl. 793.

Sternberg, J. Graf v. Reise nach den ungarischen Bergstädten Schemnitz, Neusohl, Schmölnitz, in dem Karpathengebirge. Wien u. Pesth. 1808. 8.

-- Reise nach d. Ungarischen Bergstädten Schemnitz, Neusohl. Schmöllnitz, d. Karpathengebirge u. Pesth im J. 1807. Mit 1 Karte u. 1 Tab. 8. Wien 808. (Prag, Calve). 12 gr

v. Sternberg, Graf Joach., († d. 18. Oct. 1808.) Versuch üb. das vortheilhafte Ausschmelzen des Roheisens aus sn. Erzen u. dessen Verarbeitung in den Frischheerden. Mit Kpf. 8. Prag 795. Calve. 10 gr

Sternberg, Jh. Hnr., (wurde im Juli 1809 von d. Franzosen erschossen,) Bruchstücke üb. Bildungsanstalten für Mediciner. gr. 8. Leipz. 806. N. A. 816. Barth. 8 gr

Sternberg, J. H., das Buch von d. Gicht, od. Unterricht sich von allen rheumat. Zufällen, besonders von Gicht u. Podagra zu heilen. Neue Ausg. gr. 8. Goslar, Lohmann. 812.

— das Büchlein von der Gicht, oder gründl. Anweis., wie man sich vor Flüssen, Gicht u. Podagra verwahren ꝛc. u. ohne Arzt selbst behandeln ꝛc. könne. gr. 8. Goslar 802. N. Aufl. 810, a. 812. Lohmann. (Hinrichs in Leipz.) 21 gr (A. u. d. T.: Gichtbüchlein ꝛc.)

— Erinnerungen u. Zweifel gegen die Lehren d. Aerzte von dem schweren Zahnen der Kinder. 1r Thl. gr. 8. Hannov. 802. Helwing. 1 ß 12 gr

— üb. die Ernährung der Kinder in den ersten beiden Lebensjahren, zur Belehrung für Mütter. 1r Thl. 8. Hamb. 802. (Campe). 12 gr Schrbp. 16 gr

Die Erregungstheorie gegen Marcard's Angriff im hannöverschen Magazine vertheidigt von J[ohann] H[einrich] Sternberg. Berlin: Oehmigke 1803. XIX, 209 S. 8°

— die Erregungstheorie wider Marcard's Angriff. gr. 8. Berl. 803. (Sander). 16 gr Hbg. Pr. 8 gr

— Gichtbüchlein, od. prakt. Anweis. sich v. Flüssen, Gicht und Podagra zu bewahren ꝛc. gr. 8. Goslar, Lohmann. (Hinrichs in Lpz. in Comm.) 810.

— Handbuch der allgem. Pathologie menschl. Organismen. 8. Leipz. 806.

— Literaturzeitung f. d. Medicin ꝛc. s. Literaturzeitung.

— kurze, doch wahrhafte Nachricht von d. Gesundheitsblattern, auch Kuhpocken genannt; zum Nutz u. Frommen für Bürger u. Landleute. 8. Goslar 801.

— der Volksarzt, od. gemeinnütz. populäre Belehrung für verschied. medicin. u. physikal. Gegenstände. 1s u. 2s Hft. 8. Goslar 802. N. A. 810. Lohmann. 1 ß

Sternberg, Josef [appr. Arzt, aus Aurich in Ostfriesland]: Ueber Erkrankungen des Herzmuskels im Anschluss an Störungen des Coronararterien-Kreislaufes nebst Mitteilung eines Falles von tödtlicher Myocarditis nach Fractur. (Aus d. patholog. Institut zu Marburg.) ... Marburg, Druck v. Georg Schirling, 1887; 53 + 1 S. + 1 Bl. u. 1 Taf. 8°

Marburg, Med. Fak., Inaug.-Diss. v. [18. Aug.] 1887

Sternberg, Jos., über Erkrankungen des Herzmuskels im Anschluss an Störungen des Coronararterien-Kreislaufes, nebst Mitteilung eines Falles von tödtlicher Myocarditis nach Fractur. [Aus dem patholog. Institut zu Marburg.] gr. 8. (54 S. mit 1 Taf.) Marburg 888, Elwert's Verlag. *

Sternberg, Isidor [aus Gnesen]: Über Pseudarthrosen mit besonderer Berücksichtigung ihres Vorkommens am Oberschenkel ... Würzburg, Becker's Univ.-Buchdr., 1886; 29 S. 8°.

Würzburg, Med. Fak., Inaug.-Diss. v. 1886.

Sternberg, Isidor, über Pseudarthrosen mit besonderer Berücksichtigung ihres Vorkommens am Oberschenkel Diss. Würzburg 1886, Stabelsche Univ.-Buchh. 8°. 29 S.

Sternberg, Jul., (J. H. Meynier,) neuer deutscher Briefsteller, in e. großen Menge Briefmuster für die vornehmst. Vorfälle des Lebens. Nebst e. Anleit. zum Briefschreiben ꝛc. 8. Leipz. 825. Cnobloch. 1 ß

Sternberg, Julius [aus Brandenburg a. H.]: Die Kohlensäure-Ausscheidung des tierischen Organismus bei künstlich erzeugtem Fieber. '(Nach Versuchen am Kaninchen.)' ... Berlin, Druck v. M. Liebmann, 1891; 39 S. 8.

Erlangen, Med. Fak., Inaug.-Diss. v. 25. Juli 1891

Sternberg, Karl

Sternberg, Carl, kurze Anleitung zur Photographie. Enthaltend: das Collodion-Verfahren. Das Abziehen auf Albumin- u. Arrowroot-Papier. Die Darstellung lebensgrosser Bilder etc. Berlin 863. Th. Grieben. 8. (VII, 66 S.) n. 10 ngr.

Sternberg, C., kurze Anleitung zur Photographie. 3. Tausend. 8. (VII, 66 S.) Düsseldorf 879. (Leipzig, Grieben's Verlag.) *

Sternberg, C(arl) (geb. Mdltsch in Schles. 23. 9. 1856): Beiträge zur Lehre des römischen Rechts von der Restitution der dos nach aufgelöster Ehe. Gekrönte Preisschrift. Breslau 1880. (91 S.) 8° (Ist nur ein Teil der am 22. März 1878 gekr. Preisarbeit.) [Im Buchhandel 1880 bei Köhler in Breslau.]

Breslau, Jur. Diss. v. 3. Aug. 1880

Sternberg, C., Beiträge zur Lehre des römischen Rechts von der Restitution der dos nach aufgelöster Ehe. Gekrönte Preisschrift. Inaugural-Dissertation. gr. 8. (91 S.) Breslau 880. (Köhler.) n. 1. —

Sternberg, Car., de crimine stellionatus comment. 8maj. (4 B.) Marburgi 838, libr. univ. Elwert. *

—— Teutschland u. sein Evangelium, als Kommentar zu Bickell's Schrift: üb. d. Verpflichtung d. evangel. Geistlichen auf d. symbol. Schriften. gr. 8. (2 B.) Marburg 839, Garthe. (?)

—— Gedichte. gr. 12. (11½ B.) Marburg 839, Elwert.

—— der Maltheser, Trauersp. in 5 Aufz., nebst e. Vorsp. gr. 12. (5¼ B.) Braunschweig 836, J. H. Meyer.

Sternberg, Carl, Pathologie der Primärerkrankungen des lymphatischen u. hämatopoëtischen Apparates einschliesslich der normalen u. patholog. Morphologie des Blutes samt Technik der Blutuntersuchung. Mit 25 Abbildgn. auf den Taf. I—X. (Erweit. Sonderausg. aus Lubarsch-Ostertag, Ergebnisse IX. Jahrg., Abteil. 2.) (XI, 210 S.) Lex.-8. Wiesbaden 905. J. F. Bergmann. n. 7. 20

Sternberg, Carl, hessische Rechtsgewohnheiten, gesammelt. 1. Hft. Der oberhessische Gemeindsnutzen. (Ein Beitrag zu der teutschen Markenverfassung.) gr. 8. (9¼ B.) Frankfurt a. M. 842, Schmerber'sche Buchh. *

Sternberg, Carl, kurzes, katechetisches Repetitorium der Zoologie. 320 Prüfungsfragen sammt vollständ. Beantwortg., nach mehreren Werken bearb. 12. (IV, 90 S.) Berlin 891. S. Frank. n. 1.50

Sternberg, Karl, des deutschen Volkes Staats- u. Rechtsgeschichte. gr. 8. (XII u. 388 S.) Kassel 851, Raabé & Co. 2¼ ₰

— Vademecum des Photographen. Ein practisches Hand- u. Hilfsbuch für den täglichen Gebrauch im Atelier u. Laboratorium. Mit Beiträgen von Towler, W. Simpson, V. Blanchard u. A. Mit in den Text gedr. Abbildgn. (Holzschn.). Ebend. 864. 8. (VIII, 137 S.) n. 20 ngr.

—— Vademecum des Photographen. Ein praktisches Hand- und Hilfsbuch für den täglichen Gebrauch im Atelier und Laboratorium. Mit Beiträgen von Towler, W. Simpson, V. Blanchard u. A. Mit Abbild. 2. Tausend. 8. (VIII, 137 S.) Düsseldorf 879. (Ebendas.) *

—— das Zauberschwert, (ein Gewebe von Harzsagen). Epos in 13 Gesängen. gr. 12. (5½ B.) Braunschweig 836, J. H. Meyer.

v. Sternberg, Graf Kasp., Abhandll. üb. die Pflanzenkunde in Böhmen. 2 Abtheill. gr. 8. Prag 817, 818. (Calve). 1 ₰ 20 ℊ

— Asclepiadeae recensitae etc., s. R. *Brown.*

—— und F. V. v. Krombholz, Bericht üb. d. Versammlung deutsch. Naturforscher in Prag, s. Bericht.

Sternberg, C. v. Beschreibung und Untersuchung einer merkwürdigen Eisengeode (Hausmann's dichter, thoniger Sphärosiderit), welche auf der gräfl. C. Sternberg'schen Herrschaft Radnitz im Pilsner Kreis gefunden wurde. (Aus den Abh. d. kgl. böhm. Ges. d. W.) Prag. 1816. 8.

— Beschreib. u. Untersuchung e. merkwürd. Eisengeode, welche zu Radnitz in Böhmen gefunden wurde. Mit Kpf. gr. 8. Prag 816. (Calve). 21 ℊ Hbg. Pr. 14 ℊ

— u. Goethe, Briefwechsel, s. Briefwechsel.

— Briefwechsel m. J. W. v. Goethe, s.: Goethe, J. W. v.

Sternberg, Kaspar Graf (Ed.):

s.: Brown, Robert: Asclepiadeae. (Asclepiadeae... Lat.) Pragae: 1819

JB 61

Sternberg, Graf C. Bruchstücke aus dem Tagebuche einer naturhistorischen Reise von Prag nach Istrien. (Aus der botan. Zeitung.) Regensburg. 1826. 8.

— Catalogus plantarum ad septem varias editiones commentariorum Mathioli in Dioscoridem. Ad Linnaeani systematis regulas elaboravit. Fol. maj. Prag 821. Calve. 1 ₰ 8 ℊ

— Dass. in deutscher Sprache. gr. 4. Prag 821. Calve. 1 ₰ 8 ℊ

Sternberg (K. von). Darstellung der Flora der Vorwelt. Leipzig, 1820–38. fol.

Sternberg, Casp. (Maria) Graf v., über einige Eigenthümlichkeiten d. böhm. Flora u. d. klimat. Verbreitung d. Pflanzen d. Vorwelt u. Jetztwelt. 2. Ausg. 8. (1¾ B.) Regensburg 829. (Leipzig, Hofmeister.) Thlr.

— Essai d'un exposé géognostico-botanique de la flore du monde primitif. Trad. par le Comte de Bray. Cah. 1–4. gr. Fol. (Mit illum. Kpf.) Ratisbonne 821 — 24. (Prag, Museum, Leipz., Fr. Fleischer.) 1s — 3s à 8 Rthl. 4s 10 Rthl.

— essai d'un tableau géognostica-botanique de la flore du monde primitif. Traduit par le Compte de Bray. Cah. 7 et 8. Fol. Ebd. 840. n. 16 ₰ (I—VIII: 60 ₰)

Sternberg, Graf Kaspar, Leben, von ihm selbst beschrieben, nebst einem akadem. Vortrag über der Grafen Kaspar und Franz Sternberg Leben und Wirken für Wissenschaft und Kunst in Böhmen. Hrsg. von Frz. Palacky. gr. 8. (VII, 242 S. mit 1 Photogr.) Prag 868, (Tempsky.) *

Sternberg. Verhandlungen der Gesellschaft des vaterländischen Museums in Böhmen in der 12. allgem. Vers. am 2. April 1834. Prag 1834. 8. Darin: Nachrichten über das vorweltliche Elen und den Riesenhirsch, vom Grafen Kaspar Sternberg.

Casp. v. Sternberg über die Pflanzenkunde in Böhmen. 2 Abtheilungen. Prag 1817. 1818. 8. — *Etiam in* Abhandlungen der Böhmischen Gesellschaft der Wissenschaften.

— Reise in den Rhetischen Alpen, vorzügl. in botan. Hinsicht, im Sommer 1804, und eine botan. Wander. in den Böhmer Wald, mit Tab. 8. Nürnb. Monath u. K. 806. — 10

Sternberg, Caspar Graf von: Reise durch Tyrol in den Oesterreichischen Provinzen Italiens im Frühjahr 1804. Mit 4 Taf. — Regensburg 1806: Augustin 166 S. mit 4 Taf.

— Reise durch Tyrol in die östreich. Provinzen Italiens im Frühjahr 1804. Mit 4 Kpft. gr. 4. Regensb. (Wien) 806. 2e A. 811. Geistinger. 4 ₰; (bei Calve in Prag). 8 ₰ 8 ℊ

— Reise d. Tyrol n. Italien. m. Kupf. 4. Regensb. Montag u. W. 806. 8 —
Schreibp. 9 12

Sternberg, Casp., Reise durch Tyrol u. in die östreichischen Provinzen Italiens. 2te unveränd. Aufl. m. 4 Kupfert. gr. 4. Wien, Geistinger. 811.

v. Sternberg, Graf Ksp., Reisen in den Rhätischen Alpen, vorzügl. in botan. Hinsicht, im Sommer 1804, u. eine botan. Wanderung in d. Böhmer-Wald. Mit Tabb. 8. Nürnb. 806. Monath u. K. 10 ℊ (Prag, Calve). 12 ℊ

— Revisiones Saxifragarum, iconibus illustratae. Fol. maj. Ratisb. 811. N. A. 820. (Prag, Calve). 37 ₰ 12 ℊ Supplementum. Decas I. et II. Mit 26 illum. Kpft. Fol. maj. Ratisb. 822, 31. (Calve in Prag). 14 ₰ 16 ℊ

—— Revisionis Saxifragarum iconibus illustratae Supplementum II. Fol. maj. (10 ill. u. 6 schw. Kpfrt. u. 27½ B. Text.) Pragae 831, (Calve.)
Hauptwerk u. Suppl. I. Ratisbonae. 1820, 22. (Ebendas.) 40 Thlr. 16 Gr.

Sternberg, Sammlung interessanter Anekdoten u. Erzählungen, größtentheils aus dem Leben berühmter Tonkünstler rc. 8. Schnepfenthal, Erz. Anstalt. 810. — 16

— Sammlung interess. Anecdoten u. Erzählungen, größtentheils aus dem Leben berühmt. Tonkünstler. 8. Schnepfenth. Erziehungsanstalt. 811.

— — s.a. Sternberg, Wilhelm

— über die baumartigen Ueberreste der Vorwelt, welche sich in Steinlagern finden. 16 Hft. Leipz. 820.

Graf Sternberg, Kasp.: Umrisse d. Geschichte des Bergbaues u. d. Berggesetzgebung d. Königr. Böhmen. 3 Bde. ***Prag,*** **Haase, Söhne. 827. 38. gr. 8. (5 Thl.)**

—— Umrisse d. Geschichte d. Bergbaues u. d. Berggesetzgebung des Königreichs Böhmen. 2. Bd. gr. 8. (22¾ B.) Ebds. 838.

Sternberg, Kasp. (Maria) Graf v., Umrisse ein. Geschichte d. böhm. Bergwerke. 1. Bd. 2 Abthln. gr. 8. (56¾ B. incl. Urkundenbuch, 1 Karte u. 2 Stnt.) Prag 836, 37, Haase Söhne.

v. Sternberg, Graf Kaspar, Umrisse einer Geschichte der böhmischen Bergwerke. 1r Bd. in 2 Abthll. u. 2r Bd. Mit Urkundenbuch, 1 Karte u. 2 lithogr. Taf. gr. 8. Prag 836—38. Haase Söhne. 5 ß

— Versuch e. geognost.-botan. Darstell. der Flora der Vorwelt. (Essai d'un exposé geogn.-botanique de la flore etc. etc. trad. par le Comte F. G. de Bray.) 6 Hfte, jedes mit 13 Kpft. Französ. u. deutsch. gr. Fol. Prag 820—33. Museum. (Leipz., Fr. Fleischer). 44 ß

—— Versuch e. geognost.-botan. Darstellung d. Flora d. Vorwelt. 5. u. 6. Hft. gr. Fol. (20½ B. u. 26 Kpfrt. incl. 24 ill.) Prag 833. (Leipzig, Fr. Fleischer.)
1—4. Hft. Regensburg. 1820—25. (Ebendas.) 34 Thlr.

—— Versuch ein. geognost.-botan. Darstellung d. Flora d. Vorwelt. 7. u. 8. Hft. gr. Fol. (49 B. u. 45 zum Thl. col. Kpfrt.) Prag 838. (Leipzig, Fr. Fleischer.) *
Angedruckt ist: Skizzen z. vergleich. Phytotomie vor- u. jetztweltl. Pflanzen-Stämme, v. A. C. I. Corda.
1—6. Hft. Ebendas. 1820—33. * 44 Thlr.

— galvanische Versuche in manchen Krankheiten; hrsgg. mit e. Einleit. u. in Bezug auf Erregungstheorie v. J. U. G. Schäffer. 8. Regensb. 803. Keyser. 10 fl

— botan. Wanderungen in d. Böhmerwald. Mit Tabellen. 8. Nürnb. 806. (Prag, Calve). 12 fl

Sternberg, des Grafen Kasp. v., ausgewählte Werke, s. a. Bibliothek deutscher Schriftsteller aus Böhmen.

Sternberg, Kaspar Graf v.: Ausgewählte Werke. Bd 1. 2. Prag '02—09. 1. Briefwechsel zw. J. W. v. Goethe u. Kaspar Graf v. Sternberg ⟨1820—32⟩ hrsg. v. August Sauer. '02. 2. Materialien zu meiner Biographie hrsg. v. Wladimir Helekal. '09. (Bibliothek dt. Schriftsteller aus Böhmen. 13. 27.)

Ausgewählte Werke des Grafen Kaspar v. Sternberg. Bd 1. *Prag: J. G. Calve 1903.* 8° [F.]
= Bibliothek deutscher Schriftsteller aus Böhmen. Bd 13. [03. 478

Sternberg, Kurt, Gerhart Hauptmann. Der Entwicklungsgang seiner Dichtg. (429 S. m. 1 Bildnis.) 8. Berlin (910). Verlag Neues Leben W. Borngräber. 4.—; geb. 5.—

— Friedrich Paulsen †. Nachruf u. krit. Würdigg. (16 S.) 8. Berlin-Wilmersdorf 908. Tempelkunstverl. — 40

Sternberg, Kurt: Versuch einer Entwicklungsgeschichte des kantischen Denkens bis zur Grundlegung des Kriticismus. (Berlin: Borngräber 1909.) 135 S. 8°
Berlin, Phil. Diss. v. 27. Febr. 1909, Ref. Riehl
[Geb. 19. Juni 85 Berlin; Wohnort: Berlin; Staatsangeh.: Preußen; Vorbildung: Gymn. z. grauen Kloster Berlin Reife O. 04; Studium: Berlin 8 S.; Rig. 19. Nov. 08.] [U 09. 289

Versuch einer Entwicklungsgeschichte des Kantischen Denkens bis zur Grundlegung des Kriticismus. Von Dr. Kurt Sternberg. Berlin: Borngraeber 1909. 135 S. 8°

— Versuch e. Entwicklungsgeschichte des Kantischen Denkens bis zur Grundlegg. des Kriticismus. (135 S.) gr. 8. Berlin 909. Verlag Neues Leben. 2.—

Sternberg, Kurt, Referendar: Widerklage aus Eigentum im Besitzprozesse. Borna-Leipzig 1909: Noske. X, 72 S. 8°
Breslau, Jur. Diss. v. 5. Juli 1909, Ref. Leonhard-Meyer
[Geb. 19. Aug. 84 Rawitsch; Wohnort: Breslau; Staatsangeh.: Preußen; Vorbildung: Maria-Magdalena-Gymn. Breslau Reife O. 03; Studium: Breslau 2, Berlin 2, Freiburg i. B. 1, Lausanne 1 S.; Rig. 2. Nov. 06.] [U 09. 528

Sternberg, Leo [Pseud.], s. a. Zur Lippe - Biesterfeld-Weißenfeld, Leopold Graf

Sternberg, Leo, Bündnisse. (129 S.) 8. Stuttgart (906). A. Juncker. n. 2.—

Sternberg, Leo, Fahnen. Gedichte. (96 S.) 8. Leipzig 907. Modernes Verlagsbureau. 2.—

Fahnen. Gedichte von Leo Sternberg. Berlin-Leipzig: C. Wigand 1907. (95 S.) 8° [F.] [08. 5616

Sternberg, Leo, Referendar: Die Führung eines fremden Geschäfts als eines eigenen. Nach römischem u. heutigem Recht. *Breslau: W. Koebner 1903.* (45 S.) 8°
Breslau, Jur. Diss. v. 16. Mai 1903

Die Führung eines fremden Geschäfts als eines eigenen. Eine Untersuchung nach röm. u. heutigem Recht von Dr. Leo Sternberg, Ref. *Breslau: W. Koebner 1903.* (45 S.) 8°
Erschien auch als Inaug.-Diss. Breslau 1903. [04. 837 2

Neue Gedichte von Leo Sternberg. Stuttgart & Berlin: Cotta 1908. VIII, 113 S. 8°

Sternberg, Leo, Glossen zu dem Entwurfe d. Gesetzes üb. das Vormundschaftswesen f. die preuss. Monarchie. gr. 8. (136 S.) Berlin 875. Puttkammer & Mühlbrecht. n. 2. 40

Leo Sternberg. Küsten. Berlin, Goslar, Leipzig: F. A. Lattmann [1904]. (X, 243 S.) 8° [F.] [05. 7922 7

Sternberg, Leo, Leyer, Wanderstab u. Sterne. Gedichte. 12. (VI, 125 S.) Wiesbaden 900. H. Staadt. n. 2. 50; geb. in Leinw. n. n. 3.—

— Limburg als Kunststätte. Zeichngn. v. Hans Aulmann. (55 S. m. Abb. u. 15 Taf.) Lex. 8. Gießen (910). (v. Münchow.) 3.—
Sonderabdruck aus: „Mitteilgn. d. Vereinigg. z. Förderung d. Künste in Hessen u. im Rhein-Maingeb."

—— Meditationes discontinuae über die Realkreditfrage und die preussischen Gesetzentwürfe bezüglich des Eigenthumserwerbes und der dinglichen Belastung der Grundstücke. gr. 8. (271 S.) Ebendas. 872. *

Sternberg, Leopold, approb. Arzt aus Berlin: Aus d. Poliklinik f. Nervenkranke d. Herrn Prof. Dr. Mendel zu Berlin. Beiträge zur Casuistik der Bleilähmung im Gebiete des N. radialis. Leipzig 1901: B. Georgi. (21 S.) 8°
Leipzig, Med. Diss. v. (2. Febr.) 1901

Sternberg, Ludwig, aus Hamburg: Über doppelte Nierenbecken. *Berlin (1898): G. Schade.* (28 S.) 8°
Berlin, Med. Diss. v. 11. Okt. 1898

(Sternberg, Maria Stella Petronilla Newborough, Baronin von.) Ludwig Philipp, König der Franzosen, ist nicht der Sohn des Herzogs Joseph Philipp von Orleans…, sondern das ausgetauschte Kind eines italienischen Gefangenwärters! Aus dem Französischen übersetzt nach dem Brüssler Abdruck der Broschüre, betitelt: „Maria Stella. Austausch einer Fürstentochter gegen einen Büttelssohn"… 8. Bern 1847.

Sternberg, Martin, pr. Arzt: Ueber sog. Fleisch-Blasen-Molen mit längerer Verhaltung im Uterus. Berlin 1910: Ebering. 25 S. 8°
Berlin, Med. Diss. v. 29. Juli 1910, Ref. Straßmann
[Geb. 10. Dez. 84 Berlin; Wohnort: Berlin; Staatsangeh.: Preußen; Vorbildung: Friedrichs-Werdersches Gymn. Berlin Reife O. 03; Studium: Berlin 1, Freiburg i. B. 1, Berlin 7 S.; Coll. 25. Juli 10; Approb. 1. März 10.] [U 10. 103

[J. u. Ant.] **Sternberg,** Max [Referendar]: Kann der bonae fidei possessor des praedium dominans die mit demselben verbundenen Servituten geltend machen? … Greifswald, Druck v. J. Abel, 1896; 58 S. 8.
Greifswald, Jur. Fak., Inaug.-Diss. v. 1896

Sternberg, Maximilian

Sternberg, Max, die Akromegalie, s. a. Pathologie u. Therapie, specielle.

Die Akromegalie. Von Dr. Maximilian Sternberg, Privatd. ... in Wien. M. 16 Abb. *Wien: A. Hölder 1897.* (3 Bl., 116 S.) 1 Bd 8.
= Pathologie, Specielle, u. Therapie. Bd VII. Th. II. [97. 7028

Sternberg, Max., üb. die Beziehung der Sehnenreflexe zum Muskeltonus. [Aus: „Sitzungsber. d. k. Akad. d. Wiss."] Lex.-8. (4 S.) Wien 891. (F. Tempsky.) n.n. — 10

Sternberg, Max, über die Einwirkung der Inhalationen von Ol. Terebinth. u. Ol. Eucalypt. auf Niere u. Harn. Inaugural-Dissertation. 8. (30 S.) Meppen 880. (Göttingen, Vandenhoeck & Ruprecht.) n. — 80

— Hemmung, Ermüdung u. Bahnung der Sehnenreflexe im Rückenmark. [Aus: „Sitzungsber. d. k. Akad. d. Wiss."] Lex.-8. (37 S. m. 5 Taf.) Ebd. 891. n. 2. 80

Sternberg, Max, der Kampf gegen die Tuberkulose, s. a. Volksschriften üb. Gesundheitswesen u. Sozialpolitik. 1. Bdchn.

(F) **Sternberg, M.**, Der Kampf gegen die Tuberkulose. [Volksschriften über Gesundheitswesen und Sozialpolitik. 1. Bd.] 8°. (22 S.) K —.15
Wien: 1. Wiener Volksbuchh. 1904.

— die Sehnenreflexe u. ihre Bedeutung f. die Pathologie des Nervensystems. gr. 8. (XII, 331 S. m. 8 Abbildgn.) Wien 893. F. Deuticke. n. 9. —

v. Sternberg, Baron Maxm., s. Spaziergang nach Lützschena.

Sternberg Maximilian, Dr. Geometrische Untersuchung über die Drehung der Polarisationsebene im magnetischen Felde (mit 1 Taf. und 3 Holzschnitten) S. 94 II. 95 . . . . —.50
Separatabdruck

Sternberg, Max., geometrische Untersuchung üb. die Drehung der Polarisationsebene im magnetischen Felde. [Mit 1 Taf. u. 3 Holzschn.] Lex.-8. (20 S.) Wien 886. (Gerold's Sohn.) n.n. — 50

Sternberg, Max, Vegetationsstörungen u. Systemerkrankungen der Knochen, s. a. Pathologie u. Therapie, specielle. VII. 2. II.

STERNBERG, Maximilian
Vegetationsstörung und Systemerkrankungen der Knochen. Von Dr. Maximilian Sternberg. Mit 10 Abbildungen. Wien. 1899. Hölder. Gr.-8°. 104 S. fl. 1.70
Specielle Pathologie und Therapie. Herausgegeben von Hofrath Prof. Dr. Hermann Nothnagel. VII. Bd. II. Theil. II. Abtheilung.

Beiträge zur Fundlehre nach österr. Rechte unter Berücks. d. deutschen bürgerl. Gesetzbuches u. d. Entwurfes e. ungar. bürgerl. Gesetzbuches. Eine krit. Studie von Dr. Moritz Sternberg. *Wien & Leipzig: M. Breitenstein 1904.* (56 S.) 8° [F.] [04. 7499

(F) **Sternberg**, M., Die bedingte Entlassung nach den Vorentwürfen zum deutschen und österreichischen Strafgesetzbuch. Gr.-8°. (51 S.) K 1.80
Wien: Breitenstein 1910.

Sternberg, Mor., Entmündigungsrecht. (VII, 174 S.) gr. 8 Wien 909. M. Breitenstein. nn 3. —

STERNBERG, Moriz
(F) Die Feststellungsklage nach der neuen Civilprocessordnung. Eine kritische Studie von Dr. Moriz Sternberg. Separatabdruck aus der „Gerichtshalle" Nr. 48, 49 u. 50. XLIV. Jahrgang. Wien und Leipzig. 1901. Breitenstein. Gr.-8°. 23 S. K —.80

Sternberg, M., Die Konzipientur in Osterreich. (32 S.) gr. 8. Wien, Manz. 1904. —. 80.

Sternberg, P. C. Vide: Volksblatt.

Sternberg, P. Chr.

Sternberg, B. Chr., Beiträge zur Begründung von Hypotheken-Versicherungs-Anstalten in Deutschland. 8°. Stuttgart 1859.

Sternberg, P. Chr. Beiträge zur ältesten rheinischen Geschichte: Ueber die Entstehung von Mainz, Bonn und Cöln. Die Lage von Bingen und der Rückzug des Trierers Tutor i. J. 71 n. Chr. (IV, 68) 8. Trier 1852. 2. Aufl. 1853. 1,00.

Sternberg, P. Chr., Beiträge zur ältesten rheinischen Geschichte und zur richtigen Auslegung des Florus, Tacitus, Suetonius und Ausonius. Ueber die Entstehung von Mainz, Bonn und Cöln. Die Lage von Bingen und der Rückzug des trierers Tutor im J. 71 n. Chr. 2. Aufl. 8. (IV und 68 S.) Trier 853, Braun'sche Buchh.

Sternberg, P. Chr., über die Entstehung von Mainz, Bonn und Coeln. Gegen Herrn Prof. D. Ritter in Bonn. 2. Aufl. Trier 853. Braun. 8. (IV, 168 S.) 10 ngr

— neue Forschungen über die hochdeutsche Lautlehre und Prüfung der hochdeutschen Schreiblehre. Mit Bezug auf die Ansichten von Grimm, Becker u. A. 1. Heft. Die Stimmlaute u. Schmelzlaute. (Abdr. aus dem „Trier'schen Schulblatt.") Trier 853. (Braun.) 8. (89 S.) 10 ngr.

Sternberg, P. Ch. Hypothekenversicherung. Die Frage der Rentabilität und der Prämienskala nach der Denkschrift des Herrn Dr. E. Engel in Dresden. Stuttgart 1858.

Sternberg, P. Chr., Hypothekenversicherung. Die Fragen der Rentabilität u. der Prämienscala nach der Denkschrift des Herrn Dr. Ernst Engel in Dresden, unter Erörterung der in dieser Beziehung immer giltigen Grundsätze beleuchtet. Stuttgart 859. Sonnewald. gr. 8. (62 S.) n. 12 ngr.

— die unabweisbare Nothwendigkeit einer gründlichen Reform der Gymnasien (latein. Schulen), in aktenmäßiger Darlegung der verderblichen Wirksamkeit der Gymnasien zu Trier, Coblenz und Bonn nachgewiesen, und mit praktischen Vorschlägen zur bessern Ordnung und Hebung der Volks-, Bürger-, Gewerbe-, Real- und Gelehrtenschulen, durch Staat und Gemeinden versehen. gr. 8. (XVI und 112 S.) Stuttgart 860, Göpel.

— Reform der Studienstiftungen. Nachweis, wie durch bessere Benutzung der vorhandenen Mittel die der Volkserziehung gewidmeten Kapitalien vermehrt, die Stipendien der Gymnasien u. Universitäten verdoppelt, u. andere für Bürger- u. Gewerbeschulen flüssig gemacht werden können. Stuttgart 859. Sonnewald. 8. (46 S.) 7½ ngr.

Sternberg, d. Rentabilität d. Hypothekenversich. Stuttgart 858.

— Versuch einer juristischen Theorie vom Eigenthum der römisch katholischen Kirche nach den angesehensten neuern katholischen Kirchenrechtslehrern u. der päpstlichen Praxis im österreichischen Concordat. Mit einem Nachwort, betreffend jetzige Irrungen der Gelehrten u. Richter, [Walter in Bonn, Richter in Berlin, Schulte in Prag, Gräff in Trier] namentlich die faktische Rechtslosigkeit in kirchlichen Güterfragen im preußischen Rheinlande. Allen deutschen Freunden des Friedens, der Gesetzlichkeit, der religiösen u. bürgerlichen Freiheit gewidmet. Stuttgart 860. Göpel. gr. 8. (47 S.) 7½ ngr.

— Viribus unitis. Beiträge zur Begründung von Hypothekenversicherungsanstalten in Deutschland. Stuttgart 1859.

Sternberg, P. L., Jagden und Abenteuer. Erzählungen für die Jugend gesammelt und bearb. Nach Aquarellen von Heinr. Leutemann. 4. (IV und 334 S. mit 10 lithogr. Illustr. in Farbendr.) Stuttgart 865, Thienemann. cart.

Sternberg, P. L., Jagden und Abenteuer. Erzählungen für die Jugend. Mit (6) Illustr. in Farbendr. nach Aquarellen von Heinr. Leutemann. 2. Aufl. 1873, und 3. Aufl. gr. 8. (220 S.) Stuttgart 875, Thienemann. cart.

Sternberg, Paul, Kammergerichtsreferendar a. Berlin: Ein Beitrag zur Lehre von der Lösung des Zwiespalts zwischen der publizistisch festgelegten Deklaration des rechtskräftigen Urteils und dem wahren Privatrecht. Berlin 1906: W. Pilz. (VIII, 42 S.) 8°
Erlangen, Jur. Fak., Ref. Oertmann, Diss. v. 21. Dez. 1905

Sternberg, Phpp. Graf, Pardubitzer Skizzen. qu. Fol. (13 Chromolithogr.) Wien 887. (F. Beck.) geb.

Sternberg, R., praktischer Lehrgang der Wäscherei, chemischen Reinigung, Kleider- od. Lappenfärberei, wie solche zur Zeit in England ausgeführt wird. Seide — Wolle — Halbwolle — Baumwolle — Handschuhe — Federn — Strohwaaren. Nach Mittheilgn. e. Londoner Praktikers im Dyer bearb. 8. (62 S.) Leipzig 885. G. Weigel. n. 1. 50

Sternberg, Rudolf [aus Schlesien]: Ueber eine versificirte mittelenglische Chronik '(Ritson, Anc. Engl. Metrical Romances, vol. II, p. 270 ff.)' I. II. III 1 . . . (Aus: Engl. Studien, Bd. XVIII, 1. — Th. 2 erscheint ebd. Bd. XVIII, 3.) Darmstadt, G. Otto's Hofbuchdr., 1892; 3 Bl., 30 S., 1 Bl. 8.
Breslau, Phil. Fak., Inaug.-Diss. v. 22. Dez. 1892

Sternberg, Rud., üb. e. versificirte mittelenglische Chronik. (Ritson, anc. Engl. metrical romances, vol. II, p. 270 ff.) I. II. III 1. [Aus: „Engl. Studien".] Diss. gr. 8. (30 S.) Darmstadt 892. (Breslau, L. Köhler.) n. 1. —

v. Sternberg, S. Versuch über das vortheilhafteste Ausschmelzen des Roheisens aus seinen Erzen. Prag, 1795.

Sternberg, Siegbert, Referendar: Väterliche Nutzniessung und Niessbrauch. Ein Vergleich, unter Berücksichtigung der geschichtlichen Entwickelung. Breslau 1907: H. Fleischmann. (46 S.) 8°
Breslau, Jur. Fak., Ref. Meyer-Leonhard, Diss. v. 24. Juni 1907
[Geb. 20. April 82 Breslau; Wohnort: Breslau; Staatsangeh.: Preußen; Vorbildung: Gymn. St. Elisabeth Breslau Reife O. 01; Studium: Breslau 3, Berlin 1, Breslau 2 S.; Rig. 15. Juli 04.]

Sternberg, Theodor. Aktionenwissenschaft und Prozesswissenschaft. Ein Beitrag zur Methodik des modernen Zivilprozesses. Mit 2 Figuren. 32 S. 8. Lausanne und Leipzig, Edwin Frankfurter, 1908. [M. —. 75]

Sternberg, Theodor, aus Berlin: Die **Begnadigung** bei den Naturrechtslehrern. *Stuttgart 1899: Union.* (94 S.) 8°
Berlin, Jur. Diss. v. 30. Nov. 1899

Sternberg, Theodor. Charakterologie als Wissenschaft. Von Dr. Th' St', Priv.-Doc. a. d. Universität Lausanne. 48 S. 8. Lausanne, Edwin Frankfurter, 1907. (fr. 1. —)

Sternberg, Theodor. J(ulius) H(ermann) v. Kirchmann (1802–1884) und seine Kritik der Rechtswissenschaft. Zugleich ein Beitrag zur Geschichte des Realpolitischen Liberalismus, von Dr. Th' St', Privatdozent an der Universität Lausanne. Mit Unterstützung der Philosophischen Gesellschaft zu Berlin. [Mit 1 Porträt-Tafel.] XX + 218 S. gr.-8. Berlin und Leipzig, Dr. Walther Rothschild, 1908. [M. 5. 60, geb. 7. —]

Sternberg, Thdr., drei Preußen-Lieder. 8. (8 S.) Königsberg 853, (Nürnberger.) *

Sternberg, Thdr., allgem. Rechtslehre. s. a. Sammlung Göschen.

Allgemeine Rechtslehre. Von Dr. Theodor **Sternberg**. T. 1. 2. Leipzig: G. J. Göschen 1904. 2 Bde 8°
1. Die Methode. 2. Das System.
(Sammlung Göschen. 169. 170.)

— Die Selektionsidee in Strafrecht u. Ethik. Beitrag zu e. Philosophie des Verbrechens. (42 S.) gr. 8. Berlin 911. Puttkammer & Mühlbrecht. 1.20

Sternberg, Wilh., die Alkoholfrage im Lichte der modernen Forschungen. Kritisches u. Antikritisches. (80 S.) gr. 8. Leipzig 909. Veit & Co. 2. —

Sternberg, Wilhelm, approb. Arzt aus Ghazepore (Ost-Indien): **Ein Beitrag** zur Beurteilung der hypnotischen Wirkung des Hedonal. *Halle a. S. 1901: E. Karras.* (38 S.) 8°
Halle, Med. Diss. v. 1. März 1901

Sternberg, Wilh., das tägliche Brot des Zuckerkranken. Vertrauliche Ratschläge f. Zuckerkranke. Zur Heilg. u. Verhütg. der Krankheit. (55 S.) 8. Bonn 903. C. Georgi. n. 1. 20

Sternberg, Wilhelm, aus Schwerte a. d. Ruhr: Ueber die **Einwirkung** von Benzaldehyd auf tricarballylsaures Natrium bei Gegenwart von Essigsäureanhydrid. *Strassburg i. E. 1899: C. & J. Goeller.* (47 S.) 8°
Strassburg, Math.-naturw. Diss. v. 1899

— die zehn Gebote des Zuckerkranken. Praktischer Ratgeber f. Zuckerkranke. (56 S.) gr. 8. Mainz 903. [J. Wirth'sche Hofbuchdr.] Frankfurt a/M., J. Kauffmann. n. 1. —

Geschmack und Geruch. Physiolog. Untersuchungen über d. Geschmackssinn von Dr. Wilhelm **Sternberg**. Mit 5 Textfig. Berlin: J. Springer 1906. (VIII, 149 S.) 8° [06. 3784

— Diätetische Kochkunst. Unter Mitwirkg. der bedeut. Fachmänner der internat. Kochkunst: M. A. Escoffier, M. Ernest Echeverria, M. E. Bailly u. a. m. hrsg. I. Gelatinespeisen. (XI, 113 S. m. 21 Abb. u. 10 Taf.) gr. 8. Ebd. 908. 2.20; geb. in Leinw. 3. —

— Kochkunst u. Heilkunst. Die Physiologie der Kochkunst. Vorträge, geh. auf der großen allgemeinen, unter dem hohen Protektorate Ihrer königl. Hoh. der Frau Prinzessin Adolf zu Schaumburg-Lippe, Prinzessin von Preußen, steh. Kochkunst-Ausstellg. zu Köln 1906. (IV, 124 S.) gr. 8. Leipzig 906. W. Weicher. n. 3. —

— Kochkunst u. ärztliche Kunst. Der Geschmack in der Wissenschaft u. Kunst. (XII, 230 S.) Lex. 8. Stuttgart 907. F. Enke. 6. —

— Krankenernährung u. Krankenküche. Geschmack u. Schmackhaftigkeit. (VIII, 102 S.) Lex.-8. Stuttgart 906. F. Enke. n. 3. 60

— die Krankheit der Juden, die Zuckerkrankheit, e. Folge der rituellen Küche u. der orthodoxen Lebensweise der Juden? (70 S.) 8. Mainz 903. [J. Wirth'sche Hofbuchdr.] Frankfurt a/M., J. Kauffmann. n. 1. 50

Die Küche in der modernen Heilanstalt. Von Dr. Wilhelm **Sternberg**, Spezialarzt in Berlin. Stuttgart: Enke 1909. XVI, 92 S. 8°
Erw. Bearbeitung eines 1909 gehalt. Vortrages.

— Die **Küche** im Krankenhaus, deren Anlage, Einrichtung u. Betrieb. (XXIV, 237 S. m. 49 Abb. u. 2 Taf.) Lex. 8. Ebd. 908. 7.—; geb. in Leinw. n 8. 20

— Die **Küche** in der klassischen Malerei. Eine kunstgeschichtl. u. literarhistor. Studie. Für Mediziner u. Nichtmediziner. (VIII, 148 S. m. 30 Abb.) Lex. 8. Ebd. 910. 7.—

— Noth- u. Hülfstafeln gegen Feuersgefahr, für Jedermann, u. in Wohn-, Wirths-, Gesinde- u. Schulstuben an d. Wand zu befestigen. Fol. Schnepfenth. 822. Buchh. d. Erzieh.-Anst. 2 gl

Sternberg, Wilh., allerlei Practisches f. die ärztliche Sprechstunde. gr. 8. (VIII, 76 S.) Berlin 901. A. Hirschwald. n. 1. 60

Sternberg, Wlh., Samml. interessant. Anekdoten u. Erzähll., größtentheils aus dem Leben berühmt. Tonkünstler. 8. Schnepfenth. 810. N. A. 812. Erziehungsanstalt. 16 gl

— — s.a. Sternberg, Kaspar Graf

Die Übertreibungen der Abstinenz. Eine diätet. Studie f. Mediziner u. Nichtmediziner von Dr. Wilhelm **Sternberg**. Stuttgart: Enke 1910. XII, 93 S. 8° [10. 1,661 11

— dasselbe. 2. Aufl. (XIV, 93 S.) Lex. 8. Würzburg 911. C. Kabitzsch. 2. 40

Sternberg, Wilhelm: Das Verkehrsgewerbe Leipzigs. Jena: G. Fischer 1904. (VIII, 118 S.) 8° ¶[= Volkswirtsch. u. wirtschaftsgesch. Abhandlungen H. 1.]
Leipzig, Phil. Fak., Ref. Stieda u. Bücher, Diss. v. 21. Dez. 1904
[Geb. 1. März 73 Hilbeck i. W.; Wohnort: Leipzig; Staatsangeh.: Preußen; Vorbildung: Gymn. Hamm Reife O. 91; Studium: Tübingen 3, Würzburg 1, München 2, Leipzig 5 S., Dr. jur. 03; Rig. 28. Apr. 04.]

Sternberg, Wilh., das Verkehrsgewerbe Leipzigs, s. a. Abhandlungen, volkswirtschaftl. u. wirtschaftsgeschichtl. N. F. 1.

Das Verkehrsgewerbe Leipzigs. Von Dr. Wilhelm **Sternberg**. Jena: G. Fischer 1905. (VIII, 128 S.) 8°
= **Abhandlungen**, Volkswirtschaftl. u. wirtschaftsgesch. N. F. H. 1. [5. 393

Sternberg, Willy [aus Malchin '(Mecklenb.)']: Zur Klinik des Scleroderma diffusum adultorum ... Berlin, Buchdr. v. H. Sternberg. 1894; 36 S. 8.
Berlin, Med. Fak., Inaug.-Diss. v. 2. Febr. 1894

Sternberk, Alexandr, Deset let za živa zahrabán! Aneb: Vina a smíření. Román podle skutečné události. S vyobrazeními. Sešit 1. 2. 3. 4. 5. 6. 7. 8. (10 Jahre lebendig begraben. Illustr. Roman.) Gr.-8. (S. 1—256) à —.15
Wien: Rubinstein 1889.

Sternbibel s.: Schrift, die heilige.

Stern-Bibliothek. 2. Bdchn. 12. Wachwitz-Dresden 895. M. Geißler. n. — 80 (1 u. 2: n. 1. 40)
Hausfrauen-Lexikon. 1. Bd.: Die Fleckenreinigg. ꝛc. Gesammelt u. hrsg. v. Katharina Stern. (105 S. m. 1 Tab.)

Sternbilder, drei neue, die als ewige Denkmäler am gestirnten Himmel errichtet werden sollten; aus d. Latein. übers. v. Ant. Jungnitz. 8. Wien 789.

Sternblumen.

—— kurze Gebete auf alle Wochentage u. hohe Feste f. einfältige Christen. 12. (1 B.) Königsberg 837. (Leipzig, Fort.) *

Sternblumen. Kurze Gebete auf alle Wochentage u. hohe Feste. 16. (2 B.) Berlin 838, Thome. *

Sternblumen. Eine kleine Sammlung frommer Lieder. 16. (32 S.) Frankfurt a. M. 850, Zimmer'sche Sort.-Buchhandl. (Völcker.) n. n. 3 ngl

(Sternburg, Max Frh. v. Speck-,) s. Speck.

Sterne, Die, und ihre Bewohner, nebst Vermuthungen über unsere Zukunft ... Langensalza 1842. V: *Gressler, Frdr. Gustav Ludw.* (Ky)

Sterne, die, u. ihre Bewohner, nebst Vermuthungen über unsere Zukunft, gefolgert aus astronom. Thatsachen. (Besonders u. mit Erweiterungen abgedruckt aus: Himmel u. Erde, von F. G. L. Greßler.) 16. Langensalza 842, Schulbuchh. d. Th. Lehrervereins. 1/12 gl

Sterne, die, u. ihre Bewohner, nebst Vermuthungen über unsere Zukunft, gefolgert aus astronom. Thatsachen. 2. Aufl. 8. (2 B.) Langensalza 843, Schulbuchh. d. Thüringer Lehrer-Vereins.
Aus: Greßler, F. G. L., Himmel u. Erde (mit Erweiterungen), besond. abgedruckt.

Sterne und Blumen
v. Basler Volksblatt, Die Ostschweiz, Schwyzer Zeitung (II), Das Vaterland (Lu).

Drei **Sterne.** [Unterz.:] F. o. O. u. J. 1 Bl. 8° [Kopftit.]
Lied ohne Noten: „In der Nacht der Sorgen ..."

Sterne, die, und die Erde. Gedanken über Raum, Zeit u. Ewigkeit. Aus dem Engl. übertragen von W. v. Voigts-Rhetz. Leipzig 859. (Jena,) Costenoble. 8. (59 S.) n. 10 ngr.

Sterne der Heimat. Bild u. Reim aus d. Kindes Daheim. Illustrirt v. A. H. Plinke, m. Gedichten v. Frida Schanz. 4. (40 S. m. farb. Illustr.) Leipzig 889. Meißner & Buch. geb. 5.—

Sterne und Schnuppen aus der Götternacht in Zürich. Von einem Astronomen. [Epigramme betreffend den Züri-Putsch.] 8. Aarau 1839.

Sterne, Die, Schwabens. Eine Festgabe für Jung und Alt in Schwaben. Stuttgart 1856. V: *Seubert, Adolph.* (Heyd) (Kat. d. ständ. Bibl. Stuttgart 1907. S. 566.)

Sterne, die, Schwabens. Eine Festgabe für Jung und Alt in Schwaben. (Sonette.) Stuttgart 856. Schweizerbart. 16. (XII, 275 S.) n. 25 ngr.

Zwei **Sterne.** [Altenburg] o. J. 1 Bl. 8° [Kopftit.]
Lied ohne Noten: „Zwei Sterne, hoch oben am himmlischen Zelt ..."

Sterne, Album unfreiwilliger Komik. 8. (52 S.) Leipzig 875, Expedition des Allgem. literar. Wochenberichts.

Sterne, Albert E. [A. B. aus Cincinnati (Ohio-U. S. A.)]: Arthropathia tabidorum. . . . Berlin, Buchdr. v. G. Schade, *1891;* 50 S., 1 Bl. 8°
Berlin, Med. Fak., Inaug.-Diss. v. 12. Aug. 1891

Sterne, Carus, s. a.: Krause, Ernst.

Sterne, Carus (Ernst Krause), Geschichte der biologischen Wissenschaften im 19. Jahrh., s.: Jahrhundert, das deutsche, in Einzelschriften. 12.

Sterne, Carus, Herbst- u. Winterblumen. Eine Schilderg. der heim. Blumenwelt. Mit 71 Abbildgn. in Farbendr., nach der Natur gemalt v. Jenny Schermaul, u. m. vielen Holzst. 15 Lfgn. 8. (XII, 490 S.) Prag 884. 85. Tempsky. — Leipzig, Freytag. à n. 1. — (cplt.: n. 15. —; geb. n. 18. —)

Sterne, Carus, Die Krone der Schöpfung. Vierzehn Essays über die Stellung des Menschen in der Natur. (Salonbibliothek Band VIII.) 8. (313 S.) Teschen, Karl Prochaska. 2 fl. 50 kr., geb. 2 fl. 80 kr.
1884.

Sterne (C.), Die Krone der Schöpfung. Vierzehn Essays über die Stellung des Menschen in der Natur. Wien und Teschen 1884. 8.

K Sterne, Carus [Ernst Krause]. Natur u. Kunst. Studien zur Entwicklungsgeschichte der Kunst. 1. u. 2. Aufl. gr. 8. (V, 395 S. m. 75 Textbildern.) Berl. 891, Allgem. Verein f. deutsche Litteratur. * 6 —; geb. * 7 —

Sterne, Carus, die Naturgeschichte der Gespenster. Physikalisch-physiologisch-psychologische Studien. Mit 17 in den Text gedr. Holzschn. Weimar 863. Voigt. 12. (X, 440 S.) 1 ℛ 15 ngr.

Sterne, Carus, Plaudereien aus dem Paradiese. Der Naturzustand des Menschen in Wahrheit und Dichtung. 8. (VII, 275 S.) Teschen 886, Prochaska. *ℳ 4.50.; geb. *

— **Sommerblumen.** Mit 77 Abbildgn. in Farbendr., nach der Natur gemalt v. Jenny Schermaul, u. m. vielen Holzst. 15 Lfgn. 8. (XVI, 439 S.) Prag 883. 84. Tempsky. — Leipzig, Freytag. à n. 1. — (cplt.: n. 15. —; Einbd. m. Goldschn. n.n. 3. —)

– die Wahrsagung aus den Bewegungen lebloser Körper, unter dem Einflusse der menschlichen Hand [Daktylomantie]. Ein kulturgeschichtlicher Versuch. Mit 23 Illustr. (Holzschn.) Ebend. 862. 12. (VII, 301 S.) 1 ℛ

—— die alte und die neue Weltanschauung. Studien über die Rätsel der Welt und des Lebens. (In ca. 25 Lfgn.) 1.—9. Lfg. gr. 8. (S. 1—384 mit zahlreichen Textabbild., Porträts und Taf.) Stuttgart 887—89, Weisert. à Lfg. * 50 Pf. *

—— Die alte u. die neue Weltanschauung. Studien über die Rätsel der Welt u. des Lebens. Mit zahlreichen Textabbildgn., Portraits u. Taf. 10. Lfg. gr. 8. (VII u. S. 385—402.) Stuttg. 889, Weisert. Subscr. Preis * — 50
1.—9. Lfg. Ebd. 1887—89 zum inzwischen erloschenen Subscr.-Preise à * — 50. — Ladenpreis für d. vollständ. Werk * 6 —; geb. ** 7 50.

Sterne, C., die allgemeine **Weltanschauung** in ihrer historischen Entwickelung. Charakterbilder aus der Geschichte der Naturwissenschaften. Mit zahlreichen Textabbildgn., Porträts u. Taf. gr. 8. (VII, 402 S.) Stuttgart 889. Weisert. n. 6. —; geb. n.n. 7. 50

Sterne, Carus, Werden u. Vergehen. Eine Entwickelungsgeschichte d. Naturganzen in gemeinverständl. Fassg. Mit 175 in den Text gedr. Holzschn. gr. 8. (V, 466 S.) Ber- 876. Bornträger. n. 8. —

Sterne, Carus, Werden u. Vergehen. Eine Entwickelungsgeschichte des Naturganzen in gemeinverständlicher Darstellung. 2., verb. u. verm. Aufl. Mit ca. 400 Holzschn. im Text u. 8 Tonbildern. gr. 8. (XV, 639 S.) Berlin 880. Bornträger. n. 12. —; geb. n. 14. —

— **Werden u. Vergehen.** Eine Entwickelungsgeschichte d. Naturganzen in gemeinverständl. Fassg. 3. Aufl. Mit 450 Holzschn. im Text u. 25 Vollbildern in Farbendr.- u. Holzschn. 15 Lfgn. gr. 8. (XVI, 783 S.) Berlin 884. 85. Bornträger. à n. 1. — (cplt.: n. 15. —; geb. n. 17. —)

Sterne C, Werden und Vergehen. 3. Auflage. Berlin 1886

— **Werden u. Vergehen.** Eine Entwicklungsgeschichte des Naturganzen in gemeinverständl. Fassg. 4., verb. u. verm. Aufl. 2 Bde. gr. 8. Berlin, Gebr. Bornträger. à n 10. —; geb. in Leinw. à n. 12. —; in Halbfrz. à n. 13. —
1. Entwicklung der Erde u. des Kosmos, der Pflanzen u. wirbellosen Thiere. (XIV, 546 S. m. Abb. u. 25 [5 farb.] Taf.) 899. 900.
2. Die Wirbelthiere, der Mensch u. seine Entwicklg. (VII, 568 S. m. Abb. u. 19 [5 farb.] Taf.) 900.

Sterne, Carus (Ernst Krause), Werden u. Vergehen. Eine Entwicklungsgeschichte des Naturganzen in gemeinverständl. Fassg. 6., neubearb. Aufl., hrsg. v. Wilh. Bölsche. 2 Bde. Lex.-8. Berlin, Gebr. Borntraeger. Geb. in Leinw. n. 25. —
1. Entwicklung der Erde u. des Kosmos, der Pflanzen u. der wirbellosen Tiere. Mit zahlreichen Abbildgn. im Text, 27 Taf. in Holzschn. u. Farbendr., sowie dem Bildnis des Verf. (XXIV, 551 S.) 905.
2. Entwicklung der Wirbeltiere u. des Menschen. Mit zahlreichen Abbildgn. im Text u. 20 Taf. in Holzschn. u. Farbendruck. (VI, 592 S.) 906.
Erschien auch in 40 Heften à — 50.

Ⓢ **Sterne,** Carus (Ernst Krause), **Werden u. Vergehen.** 905. 06 (KBL 34.) Jetzt: Berlin, Neufeld & Henius.

Sterne, Felix (Hrsg.), s. Automobil-Zeitung, Allg. ...

Sterne, Lor., (auch Yorick genannt,) des Menschenkenners Benutzung einiger Schriftsteller. 8. Basel 781. Flick. 16 gl

—Betrachtt. über verschied. Gegenstände. 8. Braunschw. 789. Schulbuchh. 5 gl

— — Yoricks Betrachtungen über versch. wichtige u. angenehme Gegenstände. Nemlich: Über Nichts — den Toback — die Nasen — die Ausschweifungen — die Hahnreiher — den Nachtstuhl etc. (Im Ganzen 23 Betrachtungen.) A. d. Engl. Frankfurt u. Leipzig 1796. 8°.
Verf. Laur. Sterne.
Erste deutsche Übersetzung, selten.

Sterne, Lawrence. Briefe an Elisa. Hamburg 1775. Ü: *Bode, Joh. Joach. Chph.* (Ebert)

—Briefe an Elisa; aus d. Engl. (von J. J. Cph. Bode). 8. Hamb. 775. Bohn. (Campe). 4 gl Schrbp. 6 gl

— — dieselb. von Bode übersetzt. 8. Leipzig, Göschen. 785.

—Briefe an seine Freunde, nebst der Geschichte des Schlafrocks. 8. Hamb. 775. Bohn. (Campe). 8 gl

—Briefe an seine vertrauten Freunde, nebst Fragment im Geschmack Rabelais; hrsgg. von sr. Tochter Mad. Medalle; aus d. Engl. (von Chr. Fel. Weiße). 8. Leipz. 776. 2e Aufl. 785. Barth. 20 gl

Sterne, L. Briefe an seine vertrautesten Freunde ... A. d. Engl. Leipzig 1776. Ü: *Weisse, Christian Felix.* (BrMm) (AarK) (Ky)

—hinterlaff. Briefe, engl. u. deutsch. 8. Leipz. 787. (W. Nauck). 4 gl

— hinterlass. Briefe, engl. u. deutsch. 8. Leipzig, Sommer. 787.

— Briefwechsel mit Elisen u. seinen übrigen Freunden. 8. Leipz. Leipz. 775. Weidmann. 10 ℊ

Sterne, Lor., † (Yorick,) Eliza. A. d. Engl. gr. 16. (5¾ B.) Nürnberg 840, Schrag.

— sentimental Journey with a Continuation by Eugenius and an account of the life and writing of L. Sterne. gr. 8. Basel 792. (Ettinger in Gotha). 1 ℛ 12 ℊ

— sentimental journey. New edit. 12. Altenb. 815. Brockhaus in Leipz. 10 ℊ

Sterne, Lor., a sentimental journey through France and Italy, s.a. Collection of British Authors.

— sentimental Journey through France and Italy. gr. 8. Basel, Thurneisen. 1 ℛ 4 ℊ

— a sentimental Journey throug France and Italy. 12. London, Cooke. (Campe in Hamb.) 8 ℊ

— a sentimeutal Journey through France and Italy, in 2 Books. 8. Gött. Dieterich. 787.

— sentimental Journey through France and Italy, mit Anmerkk. u. Wortregister. 8. Halle 794. Renger. 16 ℊ

— sentimental Journey through France and Italy. IV Prts. complete in II Voll. IIde edit. to which are new added several other pieces by the same Author. Mit 4 Kpf. 12. Wien 798. Sammer. 1 ℛ 14 ℊ Postpap. 2 ℛ Holl. Pap. 2 ℛ 10 ℊ

— sentimental Journey through France and Italy etc. and the continuation of the sentiment. journey by Eugenius. II Ptes. 8. Halle 806. Hendel. 20 ℊ

— sentimental Journey through France and Italy. — Yoricks empfindsame Reise durch Frankreich u. Italien, mit erläut. Anmerkk. v. W. Gramberg. 8. Oldenb. 822. Schulze. 14 ℊ

— a sentimental Journey through France and Italy. gr. 12. Jena 826. Schmid. 8 ℊ

— sentimental trough France and Italy. 16. Nürnb. 828. Campe. 8 ℊ

—— a sentimental journey through France and Italy. School-Edit. 12. (5⅔ B.) Leipsic 836. [Berlin, Klemann.]

— a sentimental journey through France and Italy. School-Edition. 12. Leipsic 836. G. Wigand. ⅓ ℛ

—— a sentimental journey through France and Italy. Illustr. with numerous engravings on wood, by Bastin and G. Nicholls: from orig. drawings by Jacque and Fussell. gr. 8. (11½ B.) London 840. Carlsruhe, Bielefeld. •

—— a sentimental journey through France and Italy. (New edit.) 16. (13½ B.) Leipzig 841, [Renger'sche Buchh.]

Sterne, Laur., † (Yorick,) a sentimental Journey through France and Italy. II. edit. revised. 16. (2¾ B.) Leipzig 846, Renger'sche Buchh.

—— dass. mit Wörterbuch. 16. (12½ B.) Ebds.

Sterne, L., Yoricks sentimental journey. New edit. 12. Altenb. Brockhaus. 815.

— Koran, or essays, Sentiments and Callimachies etc. 1 Vol. 12. Wien 795. Sammer. 1 ℛ Postpap. 1 ℛ 8 ℊ

—— Leben u. Meinungen d. Tristram Shandy, s.a. Sammlung d. ausgez. humorist. u. kom. Romane d. Auslandes ꝛc., 10—14. Bdchn.

Sterne, Laurence, Leben und Meinungen des Herrn Tristram Schandy, s.a. Universal-Bibliothek Nr. 1441—45.

Sterne, Laurence, das Leven u. die Meinungen v. Herrn Tristram Shandy, s.a. Bücher, die, des deutschen Hauses.

Das Leben und die Meinungen von Herrn Tristram Shandy [The life and opinions of Tristram Shandy, Gent.]. Von Laurence **Sterne**. Ill. von Lovis Corinth. Berlin, Leipzig: Buchverl. fürs Deutsche Haus 1908. (303 S.) 8° [5.]
= **Bücher**, Die, d. Deutschen Hauses. Reihe 2, Bd 39. [illegible]

— Tristram Shandy's Leben, s. Bibliothek ausländ. Klassiker.

—— Tristram Shandy's Leben ꝛc., übers. v. G. N. Bärmann. 4 Thle., s. Bibliothek, classische, d. ält. Romandichter Engl., 1—4. Bd.

— dass. s. auch Bibliothek d. älteren Romandichter Englands. 24r Bd.

— Tristram Shandy's Leben ꝛc., siehe: Bibliothek der Romantiker Altenglands. 1—4. Bd.

Sterne, Lor., Tristram Shandy's Leben, s. Classiker des In- u. Auslandes.

— Tristram Schandis Leben u. Meynungen, s.: Bücher, die, der Abtei Thelem. 1.—3. Bd.

— letters to Eliza, Eliza letters to Yorick, Sterne letters to his Friends. gr. 8. Altenb. 776. (Hennings in Neisse). 16 ℊ

— the same. 16. Bern 784. Haller. 6 ℊ

— letters to his Friends an Eliza. II Voll. 12. Wien 797. Sammer. 1 ℛ 20 ℊ Postpap. 2 ℛ 4 ℊ

— Letters to his most intimate friends, with a fragment in the Manner of Rabelais etc. published by his Daugther Medaille. 3 Vol. 8. Altenburg, Richter. (Academ. Buchh., Jena) 776. 1 —

— letters to his most intimate Friends, with a fragment in the Manner of Rabalais etc. published by his Daugther Medalle. III Voll. 8. Altenb. 776. Schnuphase. 1 ℛ

— letters written between Yorick and Eliza, s. J. H. Emmert.

Sterne, Lor., (auch Yorick genannt,) letters written between Yorick and Eliza with letters to his Friends etc. 8. Nürnb. 788. Schneider u. W. 8 ℊ

— letters between Yorick and Eliza. 12. Wien 797. Sammer. 6 ℊ Postpap. 8 ℊ

— Letters written between Yorick and Eliza, mit einem erklärenden Wortregister z. Selbstunterricht v. J. H. Emmert. (hat a. d. Tit. Emmerts Auswahl d. best. class. Schr. d. berühmt. engl. Schriftsteller. 16 Stck.) 8. Gießen, Tasché. (a. Müller.) 802.

— lettres à Elisa. II Vols. 8. Leipz., Magazin f. Ind. 16 ℊ

— lettres à Eliza et d'Eliza. 12. Bern, Typ. Soc. 8 ℊ

Sterne, Laur., († d. 18. März 1768), the life and opinions of Tristram Shandy, siehe a. Collection of British authors, vol. 153.

— the same. II Vols. gr. 8. Basel, Thurneisen. 2 ℔ 9 ℊ

— the same. VI Vols. gr. 8. Jena 772. (Hennings in Neisse). 3 ℔ 12 ℊ

— Dass. aus d. Engl. (von Jh. Joach. Chr. Bode). 9 Thle. 8. Berl. 774—776. (Reimer). 1 ℔ 12 ℊ — Dass. 9 Thle. 8. Hamb. 774—76. Bohn. (Campe). 3 ℔

— the same. 12. Berl. 777. Rottmann. 1 ℔ 12 ℊ

Sterne, Lor., the life and opinions Tristram Shandy. II Vols. gr. 8. Gotha 792. Ettinger. 2 ℔

— the same. IV Vols. Mit 4 Kpf. 12. Wien 798. Sammer. 3 ℔ 14 ℊ

— the same. IV Vols. 8. Gotha 805. Steudel. 1 ℔ 16 ℊ

— Dass. aus d. Engl. 3 Thle. 8. Leipz. 810. (Hahn in Hannov.) 3 ℔

— the life and opinions of Tristram Shandy. IV Vols. 16. Zwickau 832. Gebr. Schumann. 2 ℔

—— the life and opinions of Tristram Shandy, Gentleman. 6 Vol. (New edit.) 16. (54¼ B.) Leipzig 841, [Renger'sche Buchh.]

Sterne, Laurence, the Life and Opinions of Tristram Shandy, Gentleman. 6 Vol. (New edit.) 16. Leipzig 841, Volckmar. 1 ℔

(—) Nachlese aus Laurence Sterne's Werken in's Deutsche übers. von Jul. Voß. Thorn 854. Lambeck. gr. 8. (99 S.) 6 ngr.

—— Joryka podrozuczuciowa przez Francyja i Włochy. Z angielskiego Przełożył B. W. Z 12 drzeworytami Tony Johannota. Lex.-8. (8½ B.) Lipsk 845, Breitkopfo i Haertla.

— Predigten. 8. Zürich 773. (Orell). 1 ℔ 12 ℊ

— Reden an Esel. 8. Zürich 769. Orell. 8 ℊ

— Dasselbe mit Einleit. u. Anmerkk. 8. Hamb. 795. (Herold jun.) 1 ℔

— — dass. mit Einleit. und Anmerk. 8. Hamburg, Vollmer. 795.

Sterne, L., empfindsame Reise, s. Bibliothek ausländ. Klassiker.

Sterne, L., empfindsame Reise, s. Universal-Bibliothek.

— empfindsame Reise durch Frankreich u. Italien; aus d. Engl. übers. (v. Jh. Joach. Cph. Bode). Mit Kpf. Hamb. 768—769. 4 Thle. N. A. 776, 77. Mit 1 Kpf. 5e Aufl. Mit Kpf. gr. 12. Leipz. 802. Rabenhorst. 16 ℊ

— Dass. neu verdeutscht. 2 Bde. 8. Leipz. 801. (Rauck). 1 ℔

— empfindsame Reise durch Frankreich u. Italien; aus d. Engl. v. Peregr. Syntax (Fr. F. Hempel). 16. Leipz. 826. N. A. 829. Hartleben. 9 ℊ (S. auch Museum ausländ. Meisterwerke.)

— empfindsame Reise durch Frankreich u. Italien; übers. mit d. Lebensbeschreib. des Autors u. erläut. Bemerkk. v. H. A. Clemen. gr. 12. Essen 827. Bädeker. 18 ℊ

– Yoricks empfindsame Reise, s.a. Bibliothek ausländischer Klassiker.

— Yorick's empfindsame Reise, siehe a. Bibliothek der Romantiker Altenglands. 24. Bd.

—— dass. — s. a. Classiker des In- und Auslandes.

Sterne, Yorick's empfindsame Reise, s. a. Meyer's Volksbücher.

— Yoriks empfindsame Reise, s. a. Museum in wissenschaftl. Werken.

— Yoricks empfindsame Reise, s. a. Taschenbibliothek, class., d. Auslandes, 3. u. 4. Bd.

—— Yorick's empfindsame Reise. Deutsch von Adf. Böttger. 16. (225 S. mit 12 Illustr. nach Zeichnungen von Ludw. Löffler, in Holz geschn. von Unzelmann.) Berlin 851(52,) (Trowitzsch und Sohn.)

Sterne, (Lor.), Yorick's empfindsame Reise. Deutsch von Adf. Böttger. 2. (Titel-)Ausg. 16. (225 S. mit 12 Illustr. nach Zeichnungen von Ludw. Löffler, in Holz geschn. von Unzelmann.) Berlin (1852) 854, Trowitzsch und Sohn. *

Dass. 2. Ausg. in 32° Ebd. 1856. 225 S.

——, Yorick's empfindsame Reise durch Frankreich u. Italien. A. d. Engl. übers. v. G. N. Bärmann, s. Bibliothek, classische, d. ält. Romandichter Engl., 24. Bd.

— dasselbe, s. a. Bücher, die, der Abtei Thelem. 4. Bd.

STERNE, Lawrence, Yoricks empfindsame Reise durch Frankreich und Italien. Aus d. Engl. (von Prof. Eckert). 4 Thle. Mit Sterne's Portrait (E. Verhelst fec.). Mannheim 1780. 8°. (3 Mk. 50 Pfg. L. Rosenthal, 1907; 6 Mk. List & Francke, Lpz., 1904.)
„Diese Uebersetzung enthält im 3. u. 4. Bande pikante Stellen, die in anderen Ausgaben fehlen." — Wegen des Originals und dessen Uebersetzungen s. Lowndes Brunet, Graesse u. die Litteraturgeschichten.

Sterne, Yoriks empfindsame Reise durch Frankreich u. Italien. Aus d. Engl. Nebst d. Verf. Leben u. Charakteristik v. Peregrinus Syntax. 16. Leipz. 826, Hartmann.

——, Yoriks empfindsame Reise durch Frankreich u. Italien. A. d. Engl. Nebst d. Verf. Leben u. Characteristik v. † Peregrinus Syntax (F. F. Hempel). Neue Aufl. 16. (11 B.) Leipzig 829, [Hartleben's Verls.-Expedit.]

—— dass. Uebers. v. Aug. Lewald. 16. (14 B. u. 1 Stahlst.) Stuttgart 840, Hoffmann'sche Vrlsh.

—— dass. A. d. Engl. v. H. Döring. 8. (11⅛ B.) Jena 841, Mauke. *
Vgl.: Taschenbibliothek class. Romane d. Auslandes. 3. Bd.

Sterne, Lawrence, Yoricks empfindsame Reise durch Frankreich u. Italien, s. a. Bibliothek d. Gesammtlitteratur.

[S.] Lawrence Sterne, Yoricks empfindsame Reise durch Frankreich und Italien. A. d. Engl. *Halle a. d. S.: O. Hendel [1896].* (120 S., 1 Portr.) 1 Bd S.
= Bibliothek d. Gesamtlitteratur d. In- u. Auslandes. No 925. 926.

Sterne, Laurence, Yoricks empfindsame Reise durch Frankreich u. Italien. Mit 12 (farb.) Bildern v. Paul Scheurich. (Dem Text liegt die Uebertragg. v. Joh. Joach. Bode zugrunde.) (266 S.) kl. 8. Berlin 910. J. Bard. In Pappbd. 6.50; geb. in Ganzperg. 10. —; Luxusausg. 30. —

—— Yoricks sentimentale Reise durch Frankreich u. Italien. Aus d. Engl. neu übertragen v. A. Diezmann. Mit 12 Holzschn. nach Tony Johannot. gr. Lex.-8. (8⅛ B.) Leipzig 842, Breitkopf u. Härtel.

— empfindsame Reisen durch Frankreich u. Italien, nebst dem Leben des Verfassers. 4 Thle. 8. Manh., (Schwan u. G.) 1 ß 3 gl

Sterne, Lorenz, (a. Yorick gen.) empfindsame Reisen durch Frankreich und Italien, oder Versuch üb. die menschl. Natur, a. d. Engl. 8. Braunschw. Schulbuchh. 769. Rthlr. — 8

— — dass. 4 Thle. mit Kupfern. 8. Bremen, Cramer. 776. 777.
ohne Kupf.

Sterne, L. Empfindsame Reisen durch Frankreich und Italien; a. d. Ital. Leipzig 1802. Ü: *Benzler, Joh. Lorenz.* (Ky)

— empfindsame Reisen durch Frankreich u. Italien; aus d. Engl. (von J. L. Benzler). 2 Thle. 8. Leipz. 802. Junius. 1 ß Schrbp. 1 ß 6 gl

— empfindsame Reisen durch Frankreich u. Italien, a. d. Engl. von Bode, mit Kupf. gr. 12. Leipzig, Rabenhorst. 802.

— empfindsame Reisen durch Frankreich u. Italien; aus d. Engl. übers. von Ch. C. Meißner. Mit 1 Kpf. 16. Zwickau 825. Gebr. Schumann. 9 gl Ohne Kpf. 4 gl

— — desselben 5r Theil, siehe Mariens Briefe.

† Sterne, Lorenz, Ronge u. 200 Gegner. Eine Vorlesung gehalten den Caplänen der breslauer Diözese. gr. 8. (1⅛ B.) Breslau 845, Kern.

Sterne, L. Neue Sammlung von Predigten; a. d. Engl. . . . Leipzig 1769. Ü: *Klausing, Anton Ernst.* (MGT) (Adel) »1770« (Ky) (AarK)

— neue Samml. von Predigten; aus d. Engl. (v. A. E. Klausing). gr. 8. Leipz. 770. Hahn. 12 gl

— Sermons. 7 Vol. 8. Altenb. (Academ. Jeno.) 777.

— sermons. VII Vols. 8. Altenb. 777. (Hennings in Neisse). 2 ß

— sermons choisis, trad. de l'angl. 12. Bern, Typ. Soc. 16 gl

— viaggio sentimentale per la Francia e l'Italia, nuovamente tradotto in italiano da Constantino de Gregorini. 8. Prag 821. Calve. 1 ß 8 gl

— voyage sentimental, trad. de l'anglois. 8. Bern 786. Haller. 16 gl

— le même. II Vols. 18. Bern, Typ. Soc. 18 gl

— le même, trad. par Irenais. gr. 8. Strassb. 790. König. 1 ß 4 gl

— le même en Angl. et en Franç. III Vols., avec fig. 18. Strassb. 800. König. 1 ß 12 gl

— voyage sentimental. Kopenh. 816. Bonnier. 16 gl

—— Werke, Nachlese, s. Nachlese.

— nachgelass. Werke; aus d. Engl. (von Jh. Gf. Gellius). 8. Leipz. 771. Schwickert. 12 gl

Sterne, Lor., Works, Vol. I—VII., s. Pocket-Edition of the most eminent Engl. authors etc. Vol. IV., VII—IX., XI—XIII.

— select works, cont. his sentim. journey, letters, Tristram Shandy and Koran. IX Voll. Mit Kpf. 12. Wien 798. Sammer. 8 ß Postp. 10 ß

(——) Yorick. Eine empfindsame Reise durch Frankreich u. Italien. Uebers. mit d. Lebensbeschreib. d. Autors u. erläut. Bemerkn. v. H. A. Clemen. gr. 12. (14 B.) Essen 827, Bädeker.

— s. Yorik's empfindsame Reise.

Sterne, Rud., die Sturmglocke. Drama in 1 Aufzuge. (III, 73 S.) 8. Dresden 903. E. Pierson. n. 1.50

Sternebeck, s.: Mark.

Sterneberch. Von den bösen Juden folget hier e. Geschichte. Niederdeutscher Druck v. Mathäus Brandis in Lübeck um 1492. Photolith. Reproduction d. einzigen bekannten Exemplares aus der Julius Krone'schen Sammlung. 8. (8 S.) Wien 889. Gilhofer & Ranschburg.
n.n. 5. —; auf geschöpftem Büttenpap. n.n. 10. —

Sterneberg, F., d. Feld- u. Forstpolizei-Gesetz v. 1. Apr. 1880, s.: Bülow, K. Frhr. v.

Sterneberg, F., s.: Forst- u. Jagd-Gesetze, die preußischen, m. Erläuterungen.

Sterneberg, F., die zum Feld- u. Forstpolizei-Gesetz vom 1. April 1880 erlassenen Polizeiverordnungen, s. a. Forst- u. Jagd-Gesetze, die preußischen.

STERNEBERG, F.: Die zum Feld- und Forstpolizeigesetz vom 1. April 1880 erlassenen Polizeiverordnungen. - Berlin 1890. 286 S. (Die preuss. Forst- u. Jagdges. m. Erl. Erg. Bd. z. Bd. 3)

– Die preußischen Rentengutsgesetze, s.a. Glatzel, A.: D. Verfahren in Auseinandersetzungsangelegenheiten.

Sterneberg, F. u. Peltzer, J.: Die Preußischen Rentengutsgesetze nebst den dazu ergangenen Erlassen und Entscheidungen. Berlin 1898.

— das Verfahren in Auseinandersetzungsangelegenheiten, s.: Glatzel, A.

Sterneberg, Joh. Wilh. (geb. am 31 Okt. 1807 in Münster Westf.): Experimenta quaedam ad cognoscendam vim electricam nervorum atque sanguinis facta ... Bonnae, ex off. Neusseriana (1834). 3 Bl., 17 S. 4.
Bonn, Med. Fak., Diss. v. 22 März 1834

Sterneberg, Wilh., von des Lebens Pilgerfahrt. Gedichte aus dem Nachlasse. Hrsg. von Leo Tepe v. Heemstede. (126 S. m. Bildnis.) 8. Limburg 904. Kongregation der Pallottiner. Geb. in Leinw. n. 2. 70

Sterneborg, J. H., Mittheilungen über Kultur-Versuche an früher versumpften, jetzt trocken gelegten, mit Moor bedeckten Flächen. Lippstadt 870. Staats. gr. 8. (49 S.) n. 7½ ngr.

Sterneck, Carl Frhr. von, s. Sterneck, Karl Frhr. von

Sterneck, Heinr., geografische Verhältnisse, Communicationen u. das Reisen in Bosnien, der Herzegovina u. Nord-Montenegro. Aus eigener Anschauung geschildert. Mit 4 (lith. u.) color. Taf. gr. 8. (56 S.) Wien 877. Braumüller. n. 3.

Sterneck J. v.: Die Culturversuche Heinricher's mit *Alectorolophus* u. deren Bedeutung f. die Systematik d. Gattung. 1903. [Rostr. Saml.].

Sterneck, Jak. v., Monographie der Gattung Alectorolophus, s.a. Abhandlungen der k. k. zool.-botan. Gesellschaft in Wien. I. 2.

STERNECK, Jakob von
Monographie der Gattung Alectorolophus. Von Dr. Jakob von Sterneck. Mit 3 Karten und 1 Stammbaume. Ausgegeben am 31 October 1901. (Abhandlungen der k. k. geol.-botan. Gesellschaft in Wien. Bd. I. Heft 2.) Wien. 1901. Hölder. Lex.-8°. 150 S. K 6.40

Sterneck, Karl Frhr. von

Sterneck, Carl Frhr. v., Jahrbuch für den Gebrauch der österreichischen Finanz-Beamten, s. Jahrbuch.

Sterneck, Carl Freiherr v., *k. k. Finanz-Bezirks-Commiss.* Jahrbuch für den Gebrauch der österr. k. k. Finanzbeamten und der k. k. Finanzwache. August- bis Novemberheft 1857. *Graz.* Druck von *Jos. A. Kienreich.* S. 285—302, 2 Bl., XXIII S.; — S. 9—24, 303—319; — S. 321—339, 25—40; S. 41—56, 341—359. 4°.
Vierteljähr. 1 fl. 15 kr.

Sterneck, Carl, Freiherr von, Jahrbuch f. d. k. k. österr. u. kön. ung. Finanzbeamten und Finanz-Wachkörper. 1881. gr. 8. XX. Jahrg. (152 S.) geh. 1 fl.
Salzburg: Dieter 1881.

Sterneck's Jahrbuch für die k. k. Finanzbeamten und die Finanzwache 1892. 31. Jahrg. kl. 8. Salzburg 1892.

Sterneck's Jahrbuch f. die k. k. Finanzbeamten u. Finanzwachkörper 1904. 42. Jahrg. (312 u. 37 S.) gr. 16. Salzburg, Zaunrith'sche Buchdr (Nur direkt.) Geb. in Leinw 2. 80.

Sterneck's Jahrbuch f. die k. k. Finanzbeamten u. Finanzwachkörper 1905. 43. Jahrg. (338 S) 16. Salzburg, Zaunrith'sche Buchdr. (Nur direkt.) Geb. in Leinwand 3. 20.

Sterneck's Jahrbuch für die k. k. Finanzbeamten u. Finanzwachkörper 1907. 45. Jahrg. (366 S.) 16. Salzburg, Zaunrith'sche Buchdr. (Nur direkt.) Geb. in Leinw. n. 3. —

Sterneck's Jahrb. f. die k. k. Finanzbeamten u. Finanzwachtkörper 1908. 46. Jahrg. (374 S.) 16. Salzburg, Zaunrith'sche Buchdr. (Nur direkt.) Geb. in Lw. 3. —

Sterneck, Karl *Freih. v., k. k. Finanz-Bez.-Coür. etc.* Jahrbuch für die k. k. österr. Finanzwache. 1858. II. Jhrg. *Graz.* In Comm. bei *Jos. A. Kienreich.* 167 S. 4°.
INHALT. Gebühren der k. k. österr. Finanzwache. — Chronol. Auszug aus den 1857 erschienenen für die F.-W. wesentl. Finanz-Minist.-Erlassen. — F.-W.-Schematism. — Ehrenhalle der k. k. F.-W.

Sterneck, Karl *Freih. v., k. k. Finanz-Min.-Konzip.* Verordnungshefte für den Gebrauch der österr. k. k. Finanzbeamten und der k. k. Finanzwache. 1857. I. Jhrg. II. Bd. I. Abtheil. des Jahrb. f. d. Gebrauch etc. (Dezemberheft.) *Graz* 1857. Druck v. *J. A. Kienreich.* S. 361—373, XII S. u. S. 57—64. 4°. ¼jähr. 1 fl. 15 kr.

Sterneck, M. Frh. v. Behelf für das Studium des Krieges 1866. Mit Krt.
Wien 1902. 305 S.

Sterneck, Feldzeugmeister Freiherr von. Behelf für das Studium des Krieges 1866. (Separatabdruck aus dem „Organ der militär-wissenschaftlichen Vereine".) (Mit 3 Karten.) 8. Wien 1902.

Sterneck, M. Ritter Daublebsky v., s. Daublebsky v. Sterneck, M. Ritter.

STERNECK, Admiral Max Freiherr von
Admiral Max Freiherr von Sterneck. Erinnerungen aus den Jahren 1847—1897. Herausgegeben von seiner Witwe. Biographische Skizze und Erläuterungen vom k. u. k. L.-Sch.-Cpt. Jerolim Freiherrn von Benko. Mit 83 Abbildungen. Wien. Pest. Leipzig. 1901. Hartleben. Gr.-8°. 336 S. mit 2 Tafeln. Geb. K 10.—

Sterneck, Moriz Ritter v., FML. Studie über Kriegsgeschichte. (Uebersicht der Heereskörper, ihrer Gruppirung, Aufstellung etc. an jedem Tage des Feldzuges 1812 in Russland.) Sonder-Abdruck aus dem „Organ der militär-wissenschaftlichen Vereine". (Mit 1 Karte.) 8. Wien 1892.

Sterneck, O. v., zur Lehre vom Versuche der Verbrechen. gr. 8. (28 S.) Wien 901. A. Holzhausen. n. 1. —

Sterneck, Osk. v., die Reform d. österreichischen Strafrechtes. (IV, 197 S.) gr. 8. Innsbruck 908. Wagner. 6. —

Sterneck, R. D. v., Verzeichniss der in den J. 1877—1879 vom k. k. militär-geographischen Institut trigonometrisch bestimmten Höhen in Böhmen, s.: Kořistka, C. R. v.

Sterneck, Robert von

— Über die Änderungen der Refraktions-Konstante und Störungen der Richtung der Lotlinie im Gebirge. S. 89. II. 61 . . . . -.60
Separatabdruck

Sterneck, Rob. v., über die Aenderungen der Refractions-Constante u. Störungen der Richtung der Lothlinie im Gebirge. [Aus: „Sitzungsber. d. k. Akad. d. Wiss."] Lex.-8. (37 S.) Wien 879. (Gerold's Sohn.) n. — 60

—— **Anti-Logarithmen oder Tafeln zum bequemen und schnellen Aufsuchen der Zahlen 1 bis 10.000 zu gegebenen fünfstelligen Logarithmen.** gr. 8. (IV, 23 S.) (Ebendas.) 878. *

Sterneck, R. v. Bestimmung des Einflusses localer Massenattractionen auf die Resultate astronomischer Ortsbestimmungen. Wien 1888.

Sterneck, R. v. Trigonometrische Bestimmung der Lage und Höhe einiger Punkte der k. Hauptstadt Prag. Wien 1887.

STERNECK, Robert von
Das neue Dreiecknetz I. Ordnung der österreichisch-ungarischen Monarchie. Von Robert von Sterneck. (Hiezu Tafel 5.) Separat-Abdruck aus den „Mittheilungen des k. u. k. militär-geographischen Institutes". XVIII. Bd. Wien. 1899. Verlag des k. u. k. militär-geographischen Institutes. In Comm. R. Lechner (Wilh. Müller). Gr.-8°. 23 S. fl. —.40

— Über besondere Eigenschaften einiger astronomischer Instrumente. S. 77. II. 58 „ —.24
Separatabdruck

—— über besondere Eigenschaften einiger astronomischer Instrumente. Lex.-8. (11 S.) (Ebendas.) 878. **
Aus: Sitzungsberichte der k. Akademie der Wissenschaften, besonders abgedruckt.

— Über den Einfluß der Erdrotation auf die halbtägigen Gezeiten der Adria (mit 1 Textfigur und 1 Kartenskizze im Text). S. 123. II a. 3 . . . . 1.10
Separatabdruck

Sterneck Robert von. Über den Einfluß des Mondes auf die Richtung und Größe der Schwerkraft auf der Erde (mit 3 Holzschnitten). S. 73. II. 73 . . . . . . —.40
Separatabdruck

Sterneck, Rob. v., üb. den Einfluss d. Mondes auf die Richtung u. Grösse der Schwerkraft auf der Erde. [Mit 3 (eingedr.) Holzschn.] [Aus: „Sitzungsber. d. k. Akad. d. Wiss."] Lex.-8. (18 S.) Wien 876. (Gerold's Sohn.) n. — 40

Sterneck, Rob. v., über die Elemente des Bewusstseins, s.: Vorträge u. Besprechungen üb. das Wesen der Begriffe.

Das Fortschreiten der Flutwelle im Adriatischen Meere (mit 1 Taf. und 1 Kartenbeilage). S. 117. II a. 51 . . . . 1.95
Separatabdruck

Sterneck, Rob. v., das Fortschreiten der Flutwelle im Adriatischen Meere. (53 S. m. 2 Taf.) gr. 8. Wien 908. A. Hölder. 1. 95
Sonderabdr. a.: „Sitzungsber. d. k. Akad. d. Wiss."

— Das Gezeitenphänomen im westlichen Mittelmeer (mit 1 Kartenskizze). S. 121. II a. 125 . . . . 1.40
Separatabdruck

von **Sterneck,** Robert: Die Polhöhe und ihre Schwankungen, beobachtet auf der Sternwarte des k. und k. Militär-geographischen Institutes zu Wien. ([S.-A.] Mittheilungen des k. u. k. Militär-geographischen Institutes. Bd. 13.) Wien 1894. 94 S. 8°.

Sterneck, R. v. A. Gratzl's Schwerebestimmungen im hohen Norden im Sommer 1892. Wien 1893.

von **Sterneck,** Robert: Relative Schwerebestimmungen, ausgeführt im Jahre 1892. Berlin, Potsdam und Hamburg, in den Ost-Alpen, Karpaten und der ungarischen Tiefebene. ([S.-A.] Mittheilungen des k. u. k. militär-geographischen Institutes. Bd. 12.) Wien 1893. 125 S. 8°.

von **Sterneck,** Robert: Relative Schwerebestimmungen, ausgeführt im Jahre 1893. ([S.-A.] Mittheilungen des k. u. k. Militär-geographischen Institutes. Bd. 13.) Wien 1894. 102 S. 8°.

von **Sterneck,** Robert: Relative Schwerebestimmungen, ausgeführt im Jahre 1894, nebst einem Anhang über Barymeter-Beobachtungen. ([S.-A.] Mittheilungen des k. u. k. Militär-geographischen Institutes. Bd. 14.) Wien 1895. 72 S., 1 Krt. 8°.

Sterneck, Rob. v., relative Schwerebestimmungen, ausgef. in d. J. 1895 u. 1896. [Aus: „Mitteilgn. d. k. u. k. militär-geogr. Instituts".] 17. Bd. gr. 8. (61 S. m. 1 farb. Taf.) Wien 898. (R. Lechner's Sort.) n.n. 1. —

Sterneck, Rob. v., die Schwerkraft in den Alpen u. Bestimmung ihres Wertes f. Wien. [Aus: „Mittheilgn. d. k. u. k. militär-geograph. Institutes".] gr. 8. (108 S. m. 1 Taf.) Wien 892. (R. Lechner's Sort.) n. 1. 50

Der Sehraum auf Grund der Erfahrung. Psycholog. Untersuchungen von Dr. Robert v. **Sterneck,** Prof. Leipzig: J. A. Barth 1907. (v, 108 S.) 8°
Erschien teilweise in d. Sitzungsberichten d. Kais. Akad. d. Wiss. in Wien. Bd 114. 115. [07. 5175

— Zur Theorie der Gezeiten des Mittelmeeres (mit 1 Kartenskizze). S. 122. II a. 50 „ 2.—
Separatabdruck

Sterneck, R. v. Untersuchungen über den Einfluss der Schwerestörungen auf die Ergebnisse des Nivellements. Wien 1888.

— Untersuchungen üb. die Schwerkraft, s.: Resultate der wissenschaftlichen Untersuchungen des Balaton.

STERNECK, Robert von
Untersuchungen über den Zusammenhang der Schwere unter der Erdoberfläche mit der Temperatur von Oberst Robert v. Sterneck. Aus den Sitzungsberichten der kaiserl. Akademie der Wissenschaften in Wien. Mathem.-naturw Classe; Bd. CVIII. Abth. II. a. Juli 1899. [Wien. 1899. In Comm. Gerold's Sohn.] Gr.-8°. 70 S. fl. —.60

— Versuch e. Theorie der scheinbaren Entfernungen, s.: Beilage, wissenschaftliche, zum 19. Jahresbericht der philosophischen Gesellschaft an der Universität zu Wien.

Sterneder, Ferd., die heiligen Psalmen nach der Vulgata in metrischer Form mit erklärenden Anmerkungen für das Christenvolk. Linz 859. Ebenhöch. 16. (XII, 552 S.) n. 1 ₰ 20 ngr.

Sternegg, von, General-Major. Schlachten-Atlas des XIX. Jahrhunderts (1828—1885). Kompendiöse Einzeldarstellungen der Feldzüge und Kriege sowie aller wichtigeren Schlachten, Gefechte, Treffen und Belagerungen mit zahlreichen Übersichtskarten, Situations-Plänen und Karten-Skizzen in mehrfachem lithographischen Farbendruck. (7 Bde. Fol. Wien (1885—1903).

Sternegg, v. Schlachten-Atlas des XIX. Jahrhunderts v. 1820 bis zur Gegenwart. Iglau 1886—1910. 2°
A. Russ.-türk. Krieg 1828—1829. — B. Ital. Krieg 1848—1849.
C. Deutsch-dän. Krieg 1848—1850. — D. Orientkrieg 1853—1856.
E. Feldzug in Italien 1859.
F. Nordamerik. Bürgerkrieg 1861—1865.
G. Deutsch-dän. Krieg 1864. — H. Der Krieg im Jahre 1866.
I. Deutsch-franz. Krieg 1870/71. — K. Russ.-türk. Krieg 1877/78.

Sternen-Banner : 1876? –1884?
Semi-weekly, 1876–78; daily, morning except Monday, 1878–81; weekly, 1882–84. Democratic. For semi-weekly edition, see WÖCHENTLICHES STERNENBANNER. Circulation: 1880, 3000; 1884, 1250. Edited by H. Matthey, & published by H. Matthey & Son, 1876–84.
Davenport, IA

Das Sternenbanner : 1882–1910?
Roman Catholic weekly. Circulation: 1903, *1600;* 1910, 1500. Edited & published by Peter Wallrath, 1901–10.
Evansville, IL

Das Sternenbanner : Oct. 7, 1882–1899?
Democratic weekly. *Beilage*, each 4 pages, published with Oct. 14, 1882–Apr. 7, 1883. Title varies: LOGANSPORT DEUTSCHE ZEITUNG, 1882–93. Circulation: 1890, 1500; 1896, *1027*. Edited & published by John Day, Oct. 7, 1882–May 1891; by Peter Wallrath, May 29, 1891–1899?
Logansport, IN

Unter dem Sternenbanner: 1892?—1897?
Weekly. Non-partisan, 1896; Republican, 1897. Circulation: 1896, 970. Edited & published by Rudolph Noack, 1892—97.
Fremont, NE

Halbwöchentliches Sternen-Banner: 1878?—1881? Davenport, IA
Semi-weekly edition of STERNEN-BANNER. Circulation: 1878, 500 (est.).

Sternenberg, Rob., Vorlegeblätter für den Unterricht im Schönschreiben. Deutsche Schrift. 1. u. 2. Heft. — Englische Schrift. 1. u. 2. Heft. Hannover 853. Hornemann. qu. 8. Jedes Heft von 6 lith. Taf. n. 5 ngr.

Sternenberger, Joh.Jakob: Nervae Caesaris ex legibus et senatus-consultis ipso imperante factis succinta delineatio, s. Legrand, Christoph (Praes.)

v. Sternenfels, Freifrau, geb. Freiin v. Varnbüler, s. Winke über d. zweckmäß. Hilfsmittel bei d. ersten Kindererziehung.

Sternenhimmel, der, s. Miniatur-Bibliothek.

Der Sternenhimmel. Die Bewegungen u. d. Eigenschaften d. Himmelskörper. Hrsg. unter Mitw. von Fachgenossen von J[osef] Plaßmann u. J[osef] Pohle. Mit 500 Textabb., 67 Tafelbild. u. Beil. (Berlin &) München: Allg. Verl.-Ges. [1908-09]. VIII, 608 S. 4°
(Himmel u. Erde. Bd 1.)

Der Sternenhimmel zu jeder Stunde des Jahres. Leipzig 1895. 1 Tableau.

Sternenhimmel, der, in der Vergangenheit und Gegenwart betrachtet und als die schönste, erhebendste, unendliche Aussicht für Glauben, Liebe und Hoffnung von deutschen Dichtern und Denkern gefeiert. Von K. M. Dresden 862. Schöpff. gr. 8. (32 S.) n. 5 ngr.

Der Sternen-Horizont bis zum 40. Grad südlicher Declination. Im Selbstverlage herausgegeben von Dr. Fr. Nábělek, k. k. Gymnasialprofessor in Kremsier. 1898.

Sternenkrone, Die, Mariä. Eine zwölftägige Andacht. Pressburg 1848. V: *Joób, Tobias Michael.* (SZMJ)

Sternenkrone, die Marianische; lehrr. Erzähll. u. Lieder f. Verehrer d. seligsten Jungfrau Maria. 8. Augsb. 827. Doll. (Landsh., Krüll). 8 gr.

Sternenmädchen, d., im Mödlinger Walde. Volksmährchen in 3 Aufz. v. Huber. 8. Wien, Wallishäußer. 802.

Sternenwelt, die, s. Engelhorn's, J., illustrirte Volksbücher.

Stern-Ephemeriden, s. a. Oerter, mittlere, v. 622 Sternen etc.

Stern-Ephemeriden für das J. 1886. (1. Jahrg.) gr. 8. (173 S.) Berlin 884, Dümmler's Verlagsh. **
Aus: Berliner astronomisches Jahrbuch, besonders abgedruckt.

Stern-Ephemeriden für die J. 1887—90. gr. 8. (173; 183; 182; 182 S.) Berlin 885—88, (Dümmler's Verlag.) à Jahrg. **
Aus: Berliner astronomisches Jahrbuch, besonders abgedruckt.

Stern-Ephemeriden für d. J. 1891—1893. gr. 8. (181; 190; S. 173—355.) Berl., Dümmler's Verlag. à Jahrg. ** 6 —
Aus: Berliner astronom. Jahrbuch, besonders abgedruckt.

Stern-Ephemeriden f. d. J. 1893. (Mittlere Oerter v. 622 Sternen u. scheinbare Oerter v. 450 Sternen, nebst Reductions-Tafeln f. d. J. 1893 u. e. Anh., enth. mittlere Oerter v. 303 südl. Sternen f. 1893, 0.) [Aus: „Berliner astronom. Jahrb."] gr. 8. (S. 173—355 u. 8 S.) Berlin 891. (Dümmler's Verl.) n.n. 6. —

Sterner, Wilhelmine, od. d. braune Maal. 2 Thle. s. Wilhelmine d. Schweizermädchen 2 Thle.

Sterner, Wilhelmine, oder das braune Maal. Berlin 1793 V: *Siede, Johann Christian.* (MGT) »1792« (Ky)

STERNER, Wilhelmine, oder das braune Maal. Eine (zieml. freie) Schweizergeschichte (von *Joh. Chrn. Siede*). 2 Thle. Berlin, Schöne, 1793. 8°. 280 u. 282 S. (6 Mk. 50 Pfg. O. Rauthe, Berlin, 1908.)
Neue Allg. dtsch. Bibl. 7, 545 ff. — Anon.-Lex. IV. p. 122 (nach Meusel); Kayser hat „1792".

Sterner A, Geschichte der Rechenkunst. (Prinzipielle Darstellung des Rechenunterrichts auf historischer Grundlage. I. Teil) München (1891)

Sterner, M. Geschichte der Rechenkunst. München 1891.

Sterner, Matthäus, Andeutungen zur Anwendung der psychologischen Grundsätze im Volksschulunterrichte. gr. 8. (VI, 99 S.) Straubing 886, Attenkofer'sche Buchh. *
Aus: Methodik der Volksschule. [3. Aufl.], besonders abgedruckt.

Sterner, Matthäus, principielle Darstellung d. Rechenunterrichtes auf historischer Grundlage. 1. Tl. Geschichte der Rechenkunst. gr. 8. (XII, 533 S.) München 891. R. Oldenbourg, Abteilg. f. Schulbücher. n.n. 6. —

— Ergebnisse aus dem Unterricht in der biblischen Geschichte f. die Schüler der unteren Kurse. In Fragen u. Antworten. 2 Bdchn. 2. Aufl. 8. (à 32 S.) Regensburg 892. A. Coppenrath's Verl. à n. — 20
1. Altes Testament. — 2. Neues Testament.

Sterner, Mathäus, Ergebnisse aus d. Unterricht in d. biblischen Geschichte f. d. Schüler d. unteren Kurse. In Fragen u. Antworten. 1. u. 2. Bdchn. 8. (à 32 S.) Regensburg, A. Coppenrath's Verl. à n. — 20
1. Altes Testament. 4. Aufl. 896.
2. Neues Testament. 3. Aufl. 897.

Sterner, Matth., Ergebnisse aus dem Unterricht in der biblischen Geschichte f. die Schüler der unteren Kurse. In Fragen u. Antworten. 2. Bdchn. Neues Testament. 4. Aufl. 8. (32 S.) Regensburg 900. A. Coppenrath's Verl. n. — 20

— die Methodik der Volksschule unter Berücksicht. der Schulerziehung, der Schulgesundheitspflege u. Schulverwaltung. Ein prakt. Lehr- u. Handbuch f. Schulseminaristen u. Volksschullehrer. In 3. Aufl. neu bearb. gr. 8. (1. Lfg. IX, 226 S.) Ebend. 886. n. 5. 50

— die Methodik der Volksschule unter Berücksicht. der Schulerziehung, der Schulgesundheitspflege u. Schulverwaltung. Ein prakt. Lehr- u. Handbuch f. Schulseminaristen u. Volksschullehrer. 4., verm. u. verb. Aufl. gr. 8. (XI, 664 S.) Straubing 895. C. Attenkofer. n. 6. —; Einbd. n.n. 1. —

Sterner, Matthäus, die Methodik der Volksschule unter Berücksichtigung der Schulhygiene u. Schulzucht. Ein praktisches Lehr- u. Handbuch für Schulseminaristen u. Volksschullehrer. 2., verb. u. verm. Aufl. gr. 8. (VIII, 520 S.) Straubing 882. Attenkofer. n. 5. 50

— die Oberpfalz. Ein Leitfaden zum Unterricht in der Heimatskunde u. zur Einführg. in das Kartenverständnis. 2. Aufl. 8. (44 S. m. 10 Fig. u. 1 farb. Karte.) Regensburg 892. A. Coppenrath's Verl. n.n. — 40

— die Oberpfalz. Ein Leitfaden zum Unterricht in der Heimatkunde. 3. Aufl. Umgearb. v. Eust. Großmann. Mit e. Karte der Oberpfalz. 8. (31 S. m. Fig.) Ebd. 900.

— u. J. Lindner, Rechenbuch. 5 Hfte. (Hft. 1 u. 2 bearb. v. J. L., Hft. 3—5 bearb. v. M. St.) 8. Ebd. 894. n. — 90
1. Zahlenreihe 1—10. (28 S.) n. — 15. — 2. Zahlenreihe 1—100. (48 S.) n. — 20. — 3. Mittelstufe. Zifferrechnen. (48 S.) n. — 20. — 4. Oberstufe. Zifferrechnen. (48 S.) n. — 20. — 5. Feiertags- u. landwirtschaftl. Fortbildungsschule. (32 S.) n. — 15.

— — dasselbe. Lösungen u. method. Richtpunkte zu den Hftn. 3, 4 u. 5. Bearb. v. J. Lindner. 8. (72 S.) Ebd. 894. n. — 60

Sterner, Mathäus, u. Lindner, Rechenbuch. 1.—3. Hft., bearb. v. J. Lindner. 8. München, R. Oldenbourg. n.n. — 60
1. Zahlenreihe 1—10. 3. Aufl. (28 S.) 897. n.n. — 15
2. Zahlenreihe 1—100. 4. Aufl. (43 S.) 897. n.n. — 20
3. Mittelklasse. M. Berücksicht. d. neuen Kreislehrpläne neubearb. (64 S.) 898. n.n. — 25

— — dasselbe. Ausg. A. 1. u. 2. Hft. Bearb. v. Joh. Lindner. 8. (à 40 S.) Ebd. 898. à n.n. — 20
1. Zahlenreihe 1—20. — 2. Zahlenreihe 1—100.

Sterner, Matth., u. Lindner, Rechenbuch. 4. Hft. Oberklasse. Mit Berücksicht. der neuen Kreislehrpläne neu bearb. von Joh. Lindner. 8. (72 S.) München 899. R. Oldenbourg. n.n. — 30

— — dasselbe f. Feiertags- u. landwirtschaftliche Schulen. 3. Aufl. gr. 8. (32 S.) Ebd. 901. n.n. — 15

Sterner, Matth., u. J. Lindner, Rechenbuch f. Feiertags- u. landwirtschaftliche Schulen. 4. Aufl. (32 S.) gr. 8. München (903). R. Oldenbourg. n.n. — 15

Sterner, Matth., u. J. Lindner, Rechenbuch f. Feiertags- u. landwirtschaftl. Schulen. 5. Aufl. (32 S.) 8. München (909). R. Oldenbourg. nn — 15; Lösungen. 2. Aufl. (16 S.) 909. nn — 30

— Rechenbuch f. Landschulen. 2 Hfte. 8. (à 48 S.) Ebd. 892. à n. — 20
1. Mittelstufe. — 2. Oberstufe.

—— Rechenbuch für Landschulen. 2—5. Heft. 8. (à Heft 48 S.) Münch. 892, Oldenbourg. à Heft * — 20; * — 80
Das 1. Heft ist noch nicht erschienen.

— Programm zu dem Rechenbuche f. Landschulen. gr. 8. (32 S.) München 892. R. Oldenbourg, Abteilg. f. Schulbücher. n. — 30

—— das Wissensnötigste über das Volksschulwesen und die Dienstesverhältnisse der Schullehrer in Niederbayern. Für Seminaristen und angehende Lehrer zusammengestellt. [Das zweite mal als Mscr. gedr.] gr. 8. (IV, 88 S.) Ebendas. 886. *

STERNER-RAINER, Roland: Zur Kenntnis der Zellulosebestimmung (Bestimmung des Zellstoffes nach dem Verfahren von Simon und Lohrisch im Vergleiche zur Zellulosebestimmung nach Zeisel und Stritar mittelst Persulfat- und dem modifizierten Bisulfatverfahren von Klason). - Wien 1909. 84 S., m. Tab. i. Text (Mschr.)- Diss. Techn. Hochsch.

Der Sternewirth : Jahrgang 1—7, Aug. 15, 1891--Dec. 30, 1897; neue Folge, Jahrgang 1—2, 1902--Dec. 1903.

Humorous monthly. Sub-title: Humoristisch-satirisches Brauerblatt. Offizielles Organ für amerikanischen Brauerhumor. Quarto, each issue 10--16 pages, paged continuously; illustrated, including cartoons. Edited & published by John P. Arnold, Aug. 15, 1891--1903. Circulation: 1910, 1500.
Chicago, IL

Sternfeld, s. a. Kriegelstein v. Sternfeld.

Sternfeld, die Schlangen Dtsch.-Südwestafrikas, s.: Fauna, die, der deutschen Kolonien.

Die Schlangen Kameruns. Von Dr. Sternfeld (Berlin). Mit 1 Kt. u. 24 Fig. Berlin: Friedländer in Komm. 1909. IV, 28 S. 8°
(Die Fauna d. deutschen Kolonien. Reihe 1. H. 1.)

Die Schlangen Togos. Von Dr. Sternfeld (Berlin). Mit 1 Kt. u. 42 Fig. Berlin: Friedländer in Komm. 1909. IV, 29 S. 8°
(Die Fauna d. deutschen Kolonien. Reihe 2. H. 1.)

Sternfeld, A., (die Jury.) Standpunkt und Pflichten des Geschworenen; in besond. Bezieh. auf d. k. bayer. Pfalz. 16. (12 B.) Zweibrücken 840, Ritter.

Sternfeld, Aoph., das öffentliche Verfahren vor dem Geschworenen-Gerichte, unter Zugrundlegung der franz. u. bayer. Gesetzgebung. gr. 12. (VIII u. 159 S.) Zweibrücken 848, Ritter. 14 ngl

Sternfeld, Alfred

Sternfeld, A., üb. Bissarten u. Bissanomalien. Eine Studie. Lex.-8. (VIII, 65 S. m. 14 Taf. u. 12 Bl. Erklärgn.) München 888. (Berlin, Bohne.) n.n. 4.—

Sternfeld, Alfr., u. Karl Kellner, zahnärztliche Bücherkunde. Bibliographisches Verzeichniss v. Büchern, akadem. u. sonst. Abhandlgn., sowie der in medizin. u. naturwissenschaftl. Zeitschriften veröffentlichten Aufsätze üb. das gesamte Gebiet der Zahnheilkunde. Alphabetisch geordnet u. m. eingeh. wissenschaftl. Uebersicht. gr. 8. (211 S.) Karlsruhe 891. A. Bielefeld's Hofbuchhandlg. n. 15.—

STERNFELD, Alfred (München): Ueber Exarticulation des Unterkiefers zur Entfernung von Tumoren.- München, Augsburg: Himmer 1880. 20 S.,Taf.
28.6.1880 - Urk (Titel: De exarticulatione maxillae inferioris tumorum amovendorum causa facta.); Chr 1880/81,13
Diss.Ingolst.-Landsh.-Mchn.

Sternfeld, Alfr., über die sogenannte frühzeitige Extraction des sechsjähr. Molaren. gr. 8. (VII, 62 S. m. 7 Taf. u. 26 S. Erklärgn.) Wien 900. (A. W. Künast.) n. 4. 80

Sternfeld, Alfr., üb. das Studium der Zahnheilkunde in England. gr. 8. (VII, 44 S.) München 883. Th. Ackermann's Verl. n. 1. —

Sternfeld, G. A., s.a. Sternfeld, J. E. G. Lieb. von

Sternfeld, G. A., unterhalt. u. nützl. Aufsätze f. junge Leser u. Leserinnen. 8. Freyb. Graz u. G. 796.

STERNFELD, Hugo (München): Zur Pathogenese und Aetiologie der Atheromatose.- München: Wolf 1884. 32 S.
13.5.1884 - Urk (Titel: De atheromatosis pathogenesi et aetiologia.); Chr 1883/84,14
Diss. Ingolst.-Landsh.-Mchn.

Sternfeld, Hugo, wünschenswert od. notwendig? Ein Beitrag zur Schularztfrage in München. (18 S.) gr. 8. München 903. Seitz & Schauer. n. — 50
Sonderabdruck aus: „Bayer. ärztl. Korrespondenzbl."

⑧ **Sternfeld,** Hugo, wünschenswert od. notwendig? 903. (KBL 34.) Jetzt: München, Verlag d. Ärztl. Rundschau.

Sternfeld, J. E. G. Lieb. von, s.a. Sternfeld, G. A.

v. Sternfeld, J. E. G. Lieb., unterhalt. u. nützl. Aufsätze für junge Leser u. Leserinnen. 8. Freiberg 796. Graz u. G. 6 gr

— Briefe an Lindnern. 8. Annab. 789. (Cob., Riemann). 10 gr

Sternfelds Briefe Menschenkennern und Liebhabern der Natur zu Gefallen herausgegeben von seinen Freunden, 8. Coburg, 785. Ahl. 8 fgl.

— noch 18 Briefe ebenfalls für Menschenkenner von seinen Freunden herausgegeben, 8. Daselbst, 786. Derselbe. 10 fgl.

— noch 18 Briefe — Menschenkennern u. Liebhabern d. Natur zu Gefallen herausgg. von seinen Freunden. 8. Coburg 786 (Riemann). 8 gr

Sternfeld's Briefe, Menschenkenntniß u. Liebhaberei der Natur. 8. Coburg 785. (Riemann). 6 gr

— noch 18 Briefe Menschenkenntniß rc. 8. Coburg 786. (Riemann). 8 gr

v. Sternfeld, Jh. Edler, s. Schwitz-Maschine.

Sternfeld, Richard

Sternfeld. R., s.: Aus Richard Wagners Pariser Zeit.

—— Beethoven und Wagner. 8. (24 S.) Charlottenburg 886, Verlag der Allgemeinen Musik-Zeitung. *

Chronik des Philharmonischen Chors in Berlin zu s. 25jähr. Bestehen ... gewidmet von Richard **Sternfeld**. Berlin 1907: H. S. Hermann. (57 S.) 4° [F.] [08. 2190

Sternfeld, Rich., **zur Einführung in Ludwig van Beethoven's** Missa **solemnis. gr. 8. (77 S.) Berlin (900). Harmonie.** n. 1. 50

Sternfeld, R., französische Geschichte, s.a. Sammlung Göschen.

Französische Geschichte. Von Prof. R[ichard] Sternfeld. Leipzig: G. J. Göschen 1898. (203 S.) 8°
(Sammlung Göschen. 85.)

Sternfeld, Rich., die Hohenzollern in Bild u. Wort, s.: Röhling, Carl.

Sternfeld, R., Karl v. Anjou als Graf der Provence, s.a. Untersuchungen, historische.

Sternfeld, Richard. Karl v. Anjou als Graf v. Provence. (1245 bis 1265.) Mit 2 Karten. Aus: „Histor. Untersuchungen" herausgegeben von J. Jastrow. 10. Heft. 8. Berlin 1888.

Sternfeld, Rich., **Ludwigs d. Heiligen Kreuzzug nach Tunis 1270 u. d. Politik Karls I. v. Sizilien,** s.a. Studien, histor.

Ludwig des Heiligen Kreuzzug nach Tunis 1270 und die Politik Karls I. v. Sizilien. Von Richard **Sternfeld**. *Berlin: E. Ebering 1896.* (XXXII, 394 S.) 1 Bd 8.
= **Studien,** Historische. H. IV. [97. 4958

Sternfeld, Rich., Albert Niemann, s.a. Theater, das. 4. Bd.

Albert Niemann. Von Richard **Sternfeld**. Berlin & Leipzig: Schuster & Loeffler [1904]. (90 S.) 8°
= **Theater,** Das. Bd 4. [05. 340

— der Kardinal Johann Gaëtan Orsini (Papst Nikolaus III.), s.a. Studien, historische. 52.

Der Kardinal Johann Gaëtan Orsini ⟨Papst Nikolaus III.⟩ 1244–1277. Ein Beitrag z. Gesch. d. Röm. Kurie im 13. Jh. Von Richard **Sternfeld**. Berlin: E. Ebering 1905. (XXIII, 376 S.) 8°
= **Studien,** Historische. H. 52. [05. 14814 B

Schiller und Wagner. Von Richard **Sternfeld**. (Zur Schillerfeier d. Wagner-Vereine am 4. Mai 1905 in d. Philharmonie.) Berlin: P. Thelen (1905). (27 S.) 8° [05. 12012

Die Siegesallee. Amtl. Führer durch d. Standbildergruppen. Hrsg. auf Veranl. d. Kgl. Unterrichtsminist. (Text von Prof. Dr. [Richard] **Sternfeld.**) Berlin: M. Oldenbourg 1900. (82 S.) 8°

Sternfeld, Rich. (geb. Königsberg i. Pr. 15. 10. 1858): Das Verhältniss des Arelats zu Kaiser und Reich vom Tode Friedrichs I. bis zum Interregnum. Dessau 1880. (38 S.) 8° • Vollst. ersch. Berlin: W. Hertz 1881.
Berlin, Phil. Diss. v. 22. Dez. 1880.

Sternfeld, Rich., das Verhältniss des Arelats zu Kaiser u. Reich vom Tode Friedrichs I. bis zum Interregnum. Ein Beitrag zur Geschichte Kaiser Friedrichs II. gr. 8. (IV, 147 S.) Berlin 881. Hertz. n. 3. —

Sternfeld, Richard, a. Bielefeld: Aus d. zoolog. Institut d. Univ. zu Freiburg i. B. Die Verkümmerung der Mundteile und der Funktionswechsel des Darms bei den Ephemeriden. Naumburg a. S. 1907: Lippert & Co. (16 S., 1 Taf.) 8° ¶ [Aus: „Zoolog. Jahrbücher" Bd 24, Abt. f. Anatomie, 1907.]
Freiburg i. B., Phil. Fak., Ref. Weismann, Diss. v. 1907
[Geb. 8. Febr. 84 Bielefeld; Wohnort: Freiburg i. B.; Staatsangeh.: Preußen; Vorbildung: Realgymn. Bielefeld Reife O. 03; Studium: Freiburg i. B. 1, Bonn 1, Freiburg i. B. 5 S.; Rig. 23. Nov. 06.]

— Richard Wagner u. die Bayreuther Bühnenfestspiele, s.a. Bücherei, deutsche.

Richard Wagner und die Bayreuther Bühnenfestspiele. Gesammelte Aufsätze von Richard **Sternfeld**. Bd 1. 2. Berlin: H. Neelmeyer [1906]. 2 Bde 8° [F.]
= **Bücherei,** Deutsche. Bd 47. 48. [06. 7879

Sternfeld-Koch, J. E., s. Koch-Sternfeld.

Sternfels, die Familie, Roman von E. Nicolai. 3 Thle. 2te wohlfeilere Ausgabe. 8. Quedlinburg, Basse. 819.

Sternfreund, Geo., s.a. Führer, astronomischer.

Sternfreund, Geo., astronomischer Führer pro 1876 u. in die Himmelskunde überhaupt. qu. 16. (32 S. m. 12 Steintaf. u. 1 lith. Sternkarte in qu. gr. 8.) München 876. lit.-artist. Anstalt. n. 1. —

Sternfreund, G., astronomischer Führer pro 1879—1881. 4—6. Jahrg. qu. 16. (15 u. 19 S. mit je 12 Steintaf.) München, Literar.-artist. Anstalt. à n. 1. —
cf.: Führer, astronomischer.

— dasselbe, pro 1882. 7. Jahrg. Mit einer (chromolith.) Karte des nördlichen Sternhimmels. 12. (20 S. m. 12 lith. Karten.) Ebend. n. 2. 40; Karte ap. n. — 80

— dasselbe, pro 1883. 8. Jahrg. 12. (32 S. mit 13 lith. Karten.) Ebend. n. 2. 40

Sternfreund, Geo., astronomischer Führer pro 1885. 10. Jahrg. 8. (24 S. m. 13 lith. Karten.) München 884. Literar.-artist. Anstalt. n. 2. 40

— dasselbe. Allgemeiner Thl. Sachliche Erläuterungen zu den einzelnen Jahrgängen des astronomischen Führers. Mit einer (lith.) Doppelkarte des nördlichen Sternhimmels u. 3 Hilfstafeln. qu. 16. (78 S.) Ebend. 879. n. 1. —

Sterngrofe, M., nothwendige Pflichten der Seeschiffer. 8. Bremen ... Müller. 2 Gr.

Sternhagen, Fritz, die Selbstheilung der Neurasthenie. Ratschläge e. Laien zur sicheren Selbstheilg. der Nervosität ohne Arzt u. Sanatorium. (48 S.) gr. 8. Berlin (SW. 11, Tempelhofer Ufer 35a) 910. Selbstverlag. 2. —

[F.] 'Ut Vadder's Tiden!' Leben und Treiben im alten Hamburg von Hein Sternhagen. M. Ill. *Hamburg: Th. Nielsen [1891].* (2 Bl., 269 S., 1 Bl., 4 Taf.) 1 Bd 8. [98. 10310

Sternhagen, Hein, „ut Vadders Tiden!“ Leben u. Treiben im alten Hamburg. 2. Aufl. 8. (IV, 271 S. m. Illustr.) Hamburg 894. Th. Nielsen. Kart. 3. —

Sternhagen, Hein, „Ut Vadder's Tiden!“ Leben u. Treiben im alten Hamburg. 4. Aufl. Nebst: Vetter Kirchhoff, wie er leibte, lebte, liebte u. sich lustig machte. Hamborger Stünnenwieser. Für Freunde d. Humors gesammelt v. ***r. (278 S. m. 8 Vollbildern.) 8. Hamburg (909). F. Dörling. Geb. 4. —

Sternhagen, J[oh.] P[t.], Praktische Anweisung zur deutschen Sprache, ein Leitfaden für Lehrer und Lernende. 1. Bdchn. Hamburg, Lpz. und Itzehoe. 1835.

Sternhagen, J. P., prakt. Anweisung zur deutschen Sprache, ein Leitfaden für Lehrer und Lernende. 1s Bdchen. gr. 12. Hamburg 835. Niemeyer. 3/4 Thlr.

Sternhagen, J. P., prakt. Anweisung z. deutschen Sprache, e. Leitfaden f. Lehrer u. Lernende. 1. Bdchn. gr. 12. (8⅛ B.) Hamburg 835, [Schubert u. Comp.]

Sternhagen, J. P., der kleine Däne. Ein Lehr- und Lesebuch f. den Elementar-Unterricht in der dänischen Sprache. gr. 12. Itzehoe 835. Niemeyer. n. 2/3 Thlr.

Sternhagen, J. P., der kleine Däne. Ein Lehr- u. Leseb. f. d. Elementar-Unterr. in d. dänischen Sprache. gr. 12. (13½ B.) Itzehoe 835, [u. Hamburg, Schuberth u. Comp.] Thlr. *

Sternhagen, J. P., der kleine Däne, f. Lehrer u. Lernende. 2. Aufl., verm. u. verb. v. Le Petit. 12. (15½ B.) Hamburg 844, Niemeyer. *

Sternhagen, der kleine Däne, für Lehrer u. Lernende, faßliches Lehr- u. Lesebuch für den Elementar-Unterricht in der dänischen Sprache, um dieselbe auf eine leichte Weise bald verstehen, sprechen u. anwenden zu lernen. Vielfach verm. u. verb. durch den Dänen Le Petit. 3. Aufl. gr. 12. (XII u. 335 S.) Hamburg 850, Niemeyer. n. 2/3 Thlr.

Sternhagen: Der kleine Däne, für Lehrer und Lernende ... 4. Aufl. von Le Petit. Hamburg und Kopenhagen 1856

Sternhagen, der kleine Däne, für Lehrer und Lernende. Faßliches Lehr- und Lesebuch für den Elementar-Unterricht in der dänischen Sprache, um dieselbe auf eine leichte Weise bald verstehen, sprechen und anwenden zu lernen. Vielfach verm. und verb. durch den Dänen Le Petit. 6. Aufl. 8. (V, 335 S.) Hamburg 869, Verlags-Comptoir. [Halle, Gesenius.] cart. * geb.

Sternhagen, der kleine Däne. Faßliches Lehr- u. Übungsbuch f. den Unterricht in der dän. Sprache, m. besond. Berücksicht. f. Kaufleute. 7. Aufl. Neu bearb. v. Rud. Ehrenberg. 8. (VIII, 248 S.) Halle 885. Gesenius. geb. n. 3. —

Sternhagen, Dr. J. P., Materialien zur deutschen Sprachkunde, zunächst für Lehrer, aber auch zum Selbstunterricht. 8. Altona 825. Hammerich. 16 Gr.

Sternhagen, J. P., Morgen-, Mittags- u. Abend-Opfer. Eine Weihnachtsgabe, den ihm Anvertrauten dargereicht. gr. 16. (4 B. ohne Pag.) Hamburg 833, Herold.

—— Taler de Dansk? Sprechen Sie dänisch? Auszug aus: der kleine Däne für Lehrer und Lernende. Vielfach verb. und verm. durch Le Petit. 4. (Titel-)Aufl. 8. (194 S.) [Ebendas.] 869.

— s. L. H. Tobiesen, dän. Sprachlehre.

v. Sternhain, Jh. Fr., (auch H. H.,) üb. Baumaterialien überhaupt, ihre Beschaffenheit u. nützl. Anwendung insbesondere für Baumeister, Ziegelfabrikanten, Maurer u. Baulustige. Mit 3 Kpf. 8. Karlsr. 805. (Braun). 16 Gr.

Dass., s.a. Sternheim, L. von

— s. Hermes; e. Zeitschrift. Der Verleger ist: Braun u. der Preis 1 Thlr.

v. Sternhain, L. Jh., Wilhelm u. Betty; Schspl. in 1 A. 8. Regensb. 799. Montag u. W. 3 Gr.

STERNHEIM, Ferdinand, zur Lecture für junge Leute in den Mußestunden. Erfurt, Vollmer, 1796. 8°. (½ Rthlr.) Korn's Geschichts- u. Roman-Cat. Breslau 1898. — Selten!

— Ferdinand, e. Lectüre für junge Leute. 8. Rudolstadt, Klüger. 797.

— d. Fräuleins v., Gesch. v. einer Freundin derselben aus Originalpapieren gezog. v. Sophie la Roche, herausg. v. C. M. Wieland. 2 Thle. 8. Leipz. Weidmann. 771. (I. 16 gr. II. 12 gr.)

— des jungen, Leiden u. Freuden, od. d. Gefahren ein. frühen Liebe. 8. Lpz. Schneider. (Linke.) 785.

— — dasselbe, s. auch neue Originalromane der Deutschen. 16r Bd.

Sternheim, (Mariane Ehrmann), Leichtsinn u. gutes Herz, oder die Folgen d. Erziehung. Schspl. in 4 A. 8. Straßb. (Basel) 786. Serini. 8 Gr.

Sternheim, Alfr., Taschenbuch der neuesten u. wirkungsvollsten Deklamations-Stücke ernsten u. heiteren Inhalts, für Herren u. Damen. 8. (94 S.) Köln 882. Püttmann. n. — 50

Sternheim, Carl, s. Sternheim, Karl

Sternheim, Fel., die Geschichte des jungen Oswald. Ein Roman in Briefen. (1. u. 2. Aufl.) (258 S.) 8. München 910. Hyperion-Verlag. 4. —; kart. 5. —; Luxus-Ausg. 12. —

† Sternheim, Herm., (Herrm. Treutler,) popul. Gnomonik, s.a. Schauplatz, neuer, d. Künste, 78. Bd.

v. Sternheim, Herm., populäre Gnomonik, oder Constructionen der gebräuchlichsten von Sonnenuhren mit Thierkreislinien u. Beleuchtungsscalen. Mit 10 Figurentafeln. 8. Weimar 835. Voigt. 1 ½ ℛ

Sternheim, Karl

Sternheim, Carl, „Fanale!" 8. (67 S.) Dresden 901. E. Pierson. n. 1. 50; geb. n. 2. 50

Sternheim, Carl, der Heiland. Komödie in 1 Aufz. 8. (38 S.) Hamburg 898. Hoffmann & Campe, Verl. n. 1.—

Sternheim, Carl (Hrsg.), s. Hyperion.

Sternheim, Carl, Don Juan. Eine Tragödie. (204 S.) Lex. 8. Leipzig 909. Insel-Verlag. 5. —; geb. in Halbldr. 8. —

Judas Ischarioth. Die Tragödie vom Verrat. Carl **Sternheim**. Dresden & Leipzig: E. Pierson 1901. (102 S.) 8° [F.] [07. 6768

Ulrich und Brigitte. Ein dramat. Gedicht von Carl **Sternheim**. Düsseldorf: Müllern & Lehnecking 1907. (195 S.) 8° [07. 6344

— Ulrich u. Brigitte. Ein dramat. Gedicht. (V, 195 S.) 16. München 908. H. v. Weber. 2. —; Luxusausg. 10. —

Sternheim, L. v., üb. Baumaterialien überhaupt, ihre Beschaffenheit u. nützl. Anwend. insbesond. f. Baumeister, Ziegelfabrikanten, Maurer u. Baulust. mit Kupf. 8. Carlsruhe, Macklot. 805.

– Dass., s.a. Sternhain, Joh. Fr. von

Sternheim, Ludwig *Alexander* [app. Arzt aus Hannover]: Aus d. Laboratorium d. pharmakognost. Sammlung in Kiel. Beitrag zur Kenntnis der Wirkung des Propionitril ... Kiel, Druck v. A. F. Jensen, 1896; 27 S. 8.
Kiel, Med. Fak., Inaug.-Diss. v. [30. März] 1896

Sternheim, Ludovicus: * De spe immortalitatis, qualis omnibus temporibus ab Iudaeis fuerit concepta. 67 S. 4°
Halle-Wittenberg, Phil. Diss. v. 12. Aug. 1863
Geb. [Hannover 21. 1. 1841]

Sternheim, Ludwig Alexander, s. Sternheim, Ludwig

Sternhimmel, der, zu jeder Stunde des Jahres. (drehbar) Leipzig

Sternickel, Edwin Alfred [aus Wien]: Das Erbrecht der Ehegatten. Rechtsvergleich. Studie ... Göttingen, Druck d. Univ.-Buchdr. v. W. F. Kästner, 1896; 2 Bl., 55 S. 8.
Göttingen, Jur. Fak., Inaug.-Diss. v. [29. Apr.] 1896

Sternickel, Franz Wilhelm, s. Sternickel, Friedrich Wilhelm

Sternickel, Friedrich Wilhelm

Sternickel, Frz. Wilh., Algebra numerosa, od. pract.-demonstrat. Anweis. zur Buchstaben-Arithmetik. Ein Hilfs- u. Uebungsmittel f. Gymnasien, Stadt-Industrie- u. Werkschulen, so wie f. Militair-Bildungs-Institute. gr. 8. (7 B.) Ilmenau 832, [Weimar,] Voigt.

—— prakt. Altimetrie od. Höhenmessung, nebst d. angewandt. ebenen Trigonometrie. Für Forstverwalter, Feldmesser, Bauverwalter rc. u. zum Nutzen u. Vergnügen im bürgerl. Leben. 4. (6½ B. u. 14 Stnt.) Ilmenau 830, [Weimar,] Voigt.

—— Chronik der Stadt Greußen. 4. (20½ B. u. 16 lith. Ansichten.) Sondershausen 830, (Eupel.)

Sternickel, Friedr. Wilh., allgem., auf Gesetz u. Recht gegründ., Feldpolizei u. Flurordnung. Ein unentbehrl. Handb. z. Schlichtung obschwebender Irrungen u. Streitigkeiten f. Stadt- u. Dorfgemeinden rc. gr. 8. (8 B.) Weimar 838, Voigt.

— prakt.-demonstrative Flächen- od. Feldeintheilung. Ein Leitfaden f. Oekonomen u. Feldmesser, die keine Grundkenntniß erlangt haben rc. Mit 3 Kupf. u. Tabb. (Auch u. d. T.: der selbstlehrende ökonom. Feldmesser rc.) 4. Sondersh. 815. 2e Aufl. mit 8 Kupf. u. 17 Tabb. 818. (Voigt in Ilmenau). 1 ℛ 16 gr

—— die pract. Geodäsie, od. landwirthschaftl. Meßkunst u. Flächenvertheilung in ihrem ganzen Umfange. Ein Handb. f. Cameralisten rc. 4. (31 B., 30 lith. Tab. u. 78 Fig.) Sondershausen 830, (Eupel.)

—— vollständ. Lager- u. Flurbuch, od. ganz deutl. Anweis. zur Anfertigung zweckmäßig eingericht. immerwähr. Lager-, Flur-, Saal-, Lehn- u. Erbzinsbücher. 4. (16½ B. u. 1 Stnt. gr. Fol.) Ilmenau 829, [Weimar,] Voigt.

STERNICKEL, Frz. Wilhelm: Stereometrie oder Körpermessung in ihrer Anwendung auf Baukunst, Forst- und Landwirthschaft und auf viele im Leben vorkommende Geschäftsfälle. Für Forstmänner. - Ilmenau 1827

Sternickel, (F. W.,) Stereometrie oder Körpermessung in ihrer Anwendung auf Baukunst rc. Mit 16 Holzschn. 4. Ilmenau 827, Voigt.

Sternik, Hersch, aus Felstin (Russland): Ueber Luftembolie bei Placenta prævia. (Aus dem Frauenspital Basel.) Basel 1908. 20 S. 8°.
Basel. Med. Diss. 1907/08.

Sternik, Hersch. Ueber Luftembolie bei Placenta praevia. ⟨Aus dem Frauenspital Basel.⟩ Diss. Med. Basel. 20 S. 8. Basel, Brin & Cie., 1908.

Sternikel, s. Sternickel

Sterning, Gustav, — das Ungewitter. Zwey neue Erzählungen von Regine Frohberg. Mit 1 Kupf. 8. Wien, Pichler. 817.

Sternitzki, Hermann [aus St. Petersburg]: Ueber Dihydromethylketol, ein alicyclisches Homologes des Tetrahydrochinolins ... München, akad. Buchdr. v. F. Straub, 1892; 64 S. 8.
München, Phil. Fak., Inaug.-Diss. v. 1892

Stern-Kalender für Katholiken von Sebast. Brunner. 1853. 1—6. Aufl. 8. (96 S.) Wien 852, Greß. *

—— dass. — 2. und 3. Jahrg. 1854 und 1855. Mit eingedr. Holzschn. 8. Ebds. à Jahrg. *
mit Kalendarium à Jahrg. *

Stern-Kalender für Katholiken von Sebastian Brunner. Wien. 1856. Verlag von J. F. Greß. Mit einem Holzschnitt: Die Wallfahrtskirche zu Groß-Mariazell in Steiermark und andern Abbildungen von Schlössern und Klöstern. (XVIII, 100 S. 8.)

Stern-Kalender für Katholiken von Sebast. Brunner. 5. Jahrg. 1857. 1—3. Aufl. 8. (96 S. mit eingedr. Holzschn. und 4 Holzschnt. in 8. und qu. 4.) Wien, Greß' Verlag.
Mit Kalendarium *
Ohne Kalendarium *
Jahrg. 1856. 1—4. Aufl. (100 S. mit 7 Holzschn.) Ebendas. * 6 Ngr.

—— dass. — 6. Jahrg. 1858. 1—3. Aufl., 7. Jahrg. 1859. 1—3. Aufl., 8. Jahrg. 1860. 1. und 2. Aufl. 8. (80 S., 82 S., 98 S. mit eingedr. Holzschn.) Ebendas. à Jahrg. *

Sternkarte nebst Anweisung zur Kenntniss der vornehmsten Fixsterne nach ihrem wechselseitigen Stande. — Insonderheit zum Gebrauch für Seefahrende. Hrsg. vom Königlich Dänischen Seekartenarchiv. Kopenhagen 1822. 1 Bd. mit Text.

Sternkarte, drehbare. Der Sternenhimmel zu jeder Stunde des Jahres. Ausg. für Deutschland. 1.—3. Aufl. Chromolithogr. 4. (Mit Text auf der Rückseite und Drehvorrichtung.) Leipzig 885,86, Leipziger Lehrmittel-Anstalt von Dr. Osk. Schneider. * 1 25
—— **dass. — 4. und 5. Aufl. Chromolithogr. 4. (Mit Text auf der Rückseite und Drehvorrichtung.) Ebendas. 886.**
Ausg. A. * 1 25
Ausg. B. (transparent) * 1 60
Ausg. C. (transparent mit Beleuchtungs-Apparat) * 1 85

Sternkarte, drehbare. Der Sternhimmel zu jeder Stunde d. Jahres. Ausg. f. Mitteleuropa. 6.—10. Aufl. Chromolith. 4. Frankf. a. M. 889—92, Deutsche Lehrmittel-Anstalt, F. H. Klodt. * 1 25
transparent * 1 60; m. Beleuchtungsapparat * 1 85
Vgl.: Neusalz, Rich. Alw. Kleine Himmelskunde, im Alphabet der Büchertitel.

—— drehbare. Wandausg. 4. Ravensb. 890, Dorn. Auf Pappe * — 50
Taschenausg. * — 50
Text dazu, s. Himmel, der gestirnte.

—— drehbare, d. nördlichen Sternhimmels. Grosse Ausg. Farbendr. Imp.-Fol. Nebst kleiner Orientirungskarte. 4. Ebd. 890.
Auf Pappe * 15 —

Sternkarten, akademische, Zone X. Uhr. Blatt 11. Verzeichniß der von Bradley, Piazzi, Lalande u. Bessel beobachteten Sterne, in dem Theile des Himmels zwischen 9^h 56′ bis 11^h 4′ gerader Ausfertigung, u. 15° südl. bis 15° nördl. Abweichung, berechnet u. auf 1800 reducirt von Hrn. Prof. Göbel in Coburg. gr. Fol. Berl. 830. (Dümmler). 1 ℛ

Sternkarten, akadem., Zone XV. Uhr. Bl. 16. — Verzeichniss etc. zwischen 14^h 56′ bis 16^h 4′ gerader Aufsteig., u. 15° südl. bis 15° nördl. Abweich.; berech. u. auf 1800 reduc. v. Harding. gr. Fol. (4 B. Text.) Berlin 830, (Dümmler.) Thlr.

—— ders. Zone XIV. Uhr. Bl. 15. — Verzeichniss etc. zwischen 13^h 56′ bis 15^h 4′ gerader Aufsteig., u. 15° südl. bis 15° nördl. Abweich.; berech. u. auf 1800 reduc. v. Th. John Hussey. gr. Fol. (3 B. Text.) Ebds. 831.

— derselben Zone XVIII. Uhr. Blatt 19. Verzeichniß 2c. zwischen 17^h 56′ bis 19^h 4′ gerader Aufsteigung, u. 15° südl. bis 15° nördl. Abweichung, berechnet u. auf 1800 reducirt von den Herren Inghirami in Florenz u. Capocci in Neapel. gr. Fol. (2 Karten u. 6 Bog. Text). Ebd. 831. 2 ℛ
Sind sämmtl. auf Veranlassung der kön. Akademie der Wissensch. in Berlin erschienen. — Die Karten sind von K. Kolbe in Berlin sauber gestochen.

Sternkarten, akadem., Zone VIII. Uhr. Blatt 9. — Verzeichniss der v. Bradley, Piazzi, Lalande u. Bessel beobachteten Sterne; berechnet u. auf 1800 reducirt v. Wolfers. Fol. (...) Berlin 832, (Dümmler.)

—— ders. Zone XXII. Uhr. Bl. 23. — Verzeichniss etc. berech. u. auf 1800 reduc. v. Argelander. gr. Fol. (...) Ebds. 832.

Sternkarten, akademische, Zone XII. Uhr. Blatt 13. Verzeichniß der von Bradley, Piazzi, Lalande u. Bessel beobachteten Sterne, in dem Theile des Himmels zwischen 11^h 56′ bis 13^h 4′ gerader Aufsteigung, und 15° südlicher bis 15° nördlicher Abweichung, berechnet und auf 1800 reducirt von Hrn. von Steinheil in München. gr. Fol. Berlin 834. (Dümmler.) n. 1 ℛ

—— ders. Zone XXIII. Uhr. Bl. 24. — Verzeichniss etc. berech. u. auf 1800 reduc. v. Harding. gr. Fol. (...) Ebds. 834.
Die Leitung dieses Unternehmens wird von den Mitgliedern d. Berl. Akademie, d. Professoren Bessel, Encke, Ideler, Oltmanns u. Dirksen besorgt. — Sämmtliche Karten sind von K. Kolbe in Berlin gestochen u. jedes Bl. misst 14 1/2 u. 8 pariser Zoll.

— ders. Zone II. Uhr. Berechnet u. auf 1800 reducirt von J. J. Morstadt. Bl. 3 gr. Fol. Ebd. 835. n. 1 ℛ

— ders. Zone IV. Bl. 5. Berechnet von K. Knorre. gr. Fol. Ebd. ... n. 1 ℛ

Sternkarten, akademische. Zone XIII. Uhr. Blatt 14. Verzeichniß der von Bradley, Piazzi, Lalande u. Bessel beobachteten Sterne in dem Theile des Himmels zwischen 12^h 56′ bis 14^h 4′ gerader Aufsteigung, u. 15° südlicher bis 15° nördlicher Abweichung berechnet u. auf 1800 reducirt von C. Bremiker. gr. Fol. (Mit 1 Karte in Stahlstich.) Berlin 843. (Dümmler.) n. 1 ℛ

— dies. Zone XVI. Uhr. Blatt 17. Verzeichniß der beobachteten Sterne in dem Theile des Himmels zwischen 15^h 56′ bis 17^h 4′ gerader Aufsteigung, u. 15° südlicher bis 15° nördl. Abweichung, berechnet u. auf 1800 reducirt von Dr. Wolfers. gr. Fol. (Mit 1 Karte in Stahlst.) Ebend. 843. n. 1 ℛ

Sternkarten, akademische. Zone XI. Uhr. Blatt 12. Kpfrst. gr. Fol. Mit: Verzeichniss der von Bradley, Piazzi, Lalande und Bessel beobachteten Sterne, in dem Theile des Himmels zwischen 10^h 56′ bis 12^h 4′ gerader Aufsteigung, und 15° südl. bis 15° nördl. Abweichung, berechnet und auf 1800 reducirt von v. Boguslawski. Fol. (18 S.) Berlin 852, (Dümmler's Verlag.) *

Sternkarten, akademische. Zone XX. Uhr. Blatt 21. Kpfrst. gr. Fol. Mit: Verzeichniss der von Bradley, Piazzi, Lalande und Bessel beobachteten Sterne, in dem Theile des Himmels zwischen 19^h 56′ bis 21^h 4′ gerader Aufsteigung, und 15° südl. bis 15° nördl. Abweichung, berechnet und auf 1800 reducirt von Hencke. Fol. (24 S.) Berlin 852, (Dümmler's Verlag.) Thlr. *

— — Zone VI. Uhr. Blatt 7. Theil des Himmels zwischen VI^h und VII^h der geraden Aufsteigung, und 15° südlicher bis 15° nördlicher Abweichung, für 1800, entw. von C. Bremiker. Mit (13 Bl.) Text: Verzeichniss der etc. Sterne, in dem Theile des Himmels zwischen 5^h 56′ bis 7^h 4′ gerader Aufsteigung, und 15° südlicher bis 15° nördlicher Abweichung, berechnet u. auf 1800 reducirt. Ebend. 853. gr. Fol. n. 1 ℛ.

—— **dass. — Zone III. Uhr. Blatt 4. Kpfrst. gr. Fol. Mit: Verzeichniss der von Bradley, Piazzi, Lalande und Bessel beobachteten Sterne, in dem Theile des Himmels zwischen 2^h 56′ bis 4^h 4′ gerader Aufsteigung, und 15° südl. bis 15° nördl. Abweichung, berechnet und auf 1800 reducirt von (H.) d'Arrest. Fol. (14 S.) Ebds. 854.** *

—— **dass. — Zone VI. Uhr. Blatt 7. Kpfrst. gr. Fol. Mit: Verzeichniss der von Bradley, Piazzi, Lalande und Bessel beobachteten Sterne, in dem Theile des Himmels zwischen 5^h 56′ bis 7^h 4′ gerader Aufsteigung, und 15° südl. bis 15° nördl. Abweichung, berechnet und auf 1800 reducirt von C. Bremiker. Fol. (14 S.) Ebds. 854.** *

—— **dass. — Zone V. Uhr. Blatt 6. Kpfrst. gr. Fol. Mit: Verzeichniss der von Bradley, Piazzi, Lalande und Bessel beobachteten Sterne, in dem Theile des Himmels zwischen 4^h 56′ bis 6^h 4′ gerader Aufsteigung, und 15° südl. bis 15° nördl. Abweichung, berechnet und auf 1800 reducirt von Argelander in Bonn nebst einem Kataloge der von J. J. F. Schmidt in Olmütz beobachteten und in die Karte eingetragenen Sterne. Fol. (49 S.) Ebds. 856.** *
In den Jahren 1830—49 erschienen hiervon bereits in demselben Verlage zum Preise von à * 1 Thlr. Zone I, II, IV, VII, VIII, X, XII — XIX, XXI — XXIII.

— — Zone VI. Uhr. Blatt 6. Theil des Himmels zwischen V^h und VI^h der geraden Aufsteigung, und 15° südlicher bis 15° nördlicher Abweichung, für 1800, entw. von J. F. Jul. Schmidt. Mit (25 Bl.) Text: Verzeichniss der etc. Sterne, in dem Theile des Himmels zwischen 5^h 56′ bis 7^h 4′ gerader Aufsteigung, und 15° südlicher bis 15° nördlicher Abweichung, berechnet und auf 1800 reducirt von Argelander, nebst einem Kataloge der von J. J. F. Schmidt in Olmütz beobachteten u. in die Karte eingetragenen Sterne. Berlin 856. Dümmler's Verlhdlg. in Comm. gr. Fol. n. 1 ℛ.

Sternkarten, akademische. Zone O. Uhr. Bl. 1. Theil des Himmels zwischen 0h und 1h der geraden Aufsteigung, und 15° südlicher bis 15° nördlicher Abweichung, für 1800, entw. von Rob. Luther. Mit (8 Bl.) Text: Verzeichniss der etc. Sterne, in dem Theile des Himmels zwischen 23h 56′ bis 1h 4′ gerader Aufsteigung, und 15° südlicher bis 15° nördlicher Abweichung, berechnet und auf 1800 reducirt. Berlin 858. Dummler's Verlhdlg. in Comm. gr. Fol. n. 1 ₰.

— — Zone IX. Uhr. Bl. 10. Theil des Himmels zwischen IXh und Xh etc. entw. von C. Bremiker. Mit (8 Bl.) Text: Verzeichniss der etc. Sterne in dem Theile des Himmels zwischen 8h 56′ bis 10h 4′ gerader Aufsteigung u. 15° südl. bis 15° nördlicher Abweichung, berechnet u. auf 1800 reducirt. Ebend. 858. gr. Fol. n. 1 ₰.

Berlin, Akademie der Wissenschaften, Akademische Sternkarten für den Gürtel des Himmels von 15° südlicher bis 15° nördlicher Abweichung. Nebst Katalogen. Berlin 1859.

Sternkarten, s.: Himmelskarten.

Sternkathi oder vom Gasthause auf den Fürstenthron. 100 Hefte. gr. 8. (2400 S. m. 100 Bildern.) Lpz. 889,90, F. E. Fischer. à Heft — 10; 10 —

Die **Sternknaben**. Ein Dreikönigsmärchen f. fromme Kinder. *Paderborn: Bonifacius-Dr. [1896]*. (32 S.) 8° [F.[
= [Märchenbücher f. Kinder.] No 13. [00. 13297

Sternkönigin, die,. Romantisches Feenmährchen m. Gesang in 3 Akten v. Voß. 8. Berl. Schöne. 809. Rthlr.

Sternkopf, Wilhelm, Dr.: Zu Ciceros Briefen. Cicero u. Matius. *Dortmund 1901: W. Crüwell.* (S. 3—21.) 4°
Dortmund, G, P 1901 (382)

Sternkopf, W. [Dr.]: I. Ciceros Briefwechsel mit Attikus in den Jahren 68—65. II. Briefe aus dem Jahre 62. III. Briefe des Jahres 61. IV. Briefe des Jahres 60. (Umschl.-Tit.: Ciceros Korrespondenz aus den Jahren 68—60 v. Chr.) Elberfeld, gedr. bei Sam. Lucas, 1889; S. 3—24; 4°
Elberfeld, G, OP 1889 (412)

Sternkopf, *Wilhelm* [Dr.]: Zur Chronologie und Erklärung der Briefe Ciceros aus den Jahren 48 und 47. Dortmund, Druck v. H. Meyer, 1891; 50 S. 4°
Dortmund, G, OP 1891 (344)

— : Gedankengang und Gliederung der Divinatio in Q. Caecilium. S. 3—20. 4. Progr. Gymn. *Dortmund* 1905 (414).
Anhang: Zur Kritik und Erklärung einzelner Stellen der Rede.

— Jahresbericht über Ciceros Briefe 1901—1907. S.-A. 1908. 80 S. 2.—

Sternkopf, *Wilhelm* Ciceros Korrespondenz aus den Jahren 68 bis 60 v. Chr. 4 (S. 3—24). Progr. G. *Elberfeld* 1889 (412).
Fortsetzung: Ciceros Correspondenz aus den Jahren 59 und 58 in: Jahrbb. f. class. Philol. 145 (1892) 713—728.

Sternkopf, Wilh., quaestiones chronologicae de rebus a Cicerone inde a tradita Cilicia provincia usque ad relictam Italiam gestis deque epistulis intra illud tempus [a. 704 et 705] datis acceptisve. gr. 8. (70 S.) Marburg 884. Elwert's Verl. n. 1. 20

Sternkopf, W., Vocabularium, s. Lutsch, O., lateinisches Lehr- und Lesebuch für Quinta.

Sternkopf, Wilh. Vokabularium, s. Lutsch, Otto. Lateinisches Lehr- u. Lesebuch f. Sexta.

Sternkopf, Wilhelm, Dr.: Der Zinswucher des M. Brutus. *Dortmund 1900: W. Crüwell.* (S. 9—23.) 4°
Dortmund, G, P 1900 (377)

Die irdische **Sternkunde**. 715. 8.

Sternkunde, kleine, s. Taschenbücher, illustr., f. d. Jugend.

Kleine **Sternkunde**. Mit 73 Abb. Hrsg. von d. Red. d. Guten Kameraden. 3. Aufl. *Stuttgart, Berlin, Leipzig: Union [1899]*. (128 S.) 8° [F.]
= Taschenbücher, Illustrierte, f. d. Jugend. 5. [00. 5927

Sternkunde, kleine, f. die Jugend. 8. Leipz. 814. H. Richter. 16 gr.

CONCLUSERUNT multitudinem copiosam etc. Auf einem von drei Dornenkränzen umwundenen Berg, den ein Freimaurer mit einer Laterne hinanklimmt, steht unter dem strahlenden Auge Gottes der Kaiser neben Petrus; ersterer hält ein Netz, aus welchem reine Seelen gen Himmel steigen. Am Fuss des Berges Mönche u. Nonnen, welche nach in einem Netz gefischten Geldsäcken greifen. C. J. Mettenleiter sc. Fol. Nebst Beschreibung u. Auslegung in Versen von *Franz Sternl.* (1⅓ Rthl. Drugulin.)
— — Dasselbe, ebenso, aber kleiner, mit der 2 zeil. Unterschrift: Sie fingen eine grosse Menge und ihr Netz zerriss etc. Fol. (⅚ Rthl. Derselbe.)
— — Dasselbe, kleiner, mit gleicher Inschrift in 3 Zeilen. Fol. (⅔ Rthl. Derselbe.)
— — Dasselbe, von der Gegenseite: Ils en prirent une grande quantite (!) etc. Fol. (⅔ Rthl. Derselbe.)
Drugulin II. no. 5085, 86, 87, 88.

[F.] Die Elektro-Homöopathischen **Sternmittel**. Zur Heilg sämmtl., auch der für unheilbar gehaltenen Krankhtn. 29. Aufl. *Genf: Elektro-homöopath. Institut [1896!]*. (88 S.) 1 Bd 8. [96. 2291

Die Elektro-Homöopathischen **Sternmittel**. (System Sauter.) Zur Heilung sämmtl., auch der hartnäckigsten Krankheiten. 35. Aufl. Genf: Elektro-Homöopath. Inst. 1898. (124 S.) 8°

Sternnagel, Hausbedarf aus d. Gesch. des kön. Preuß. Hauses, s. J. K. Ph. Grimm.

Sternold, L., s. Erzähler, der.

Sternold, L., der Erzähler, ein Lesebuch f. Kinder nach Bouilly, s. Conteur.

Stern's, Wilh., Biographie, s.: Ledderhose, K. F.

Sternschießen, das, auf dem Tische. Unterhaltendes Spiel für kleine u. große Gesellschaften. Ein Seitenstück zu d. beliebten: Vogelschießen, mit 1 Stern zum Zusammensetzen, 2 Würfel u. deutlicher Erklärung. Leipzig 835. Friese. n. ½ ₰

Sternschild, Louise, kindliche Poesieen für Mädchen von 8 bis 12 Jahren. Eltern und Lehrern zur Beförderung und Veredlung kindlicher Phantasie empfohlen. Gießen 853. Heinemann. 8. (4 Bl., 100 S.) 10 ngr.

Sternschnuppen, gefallen vom politischen Himmel d. J. 1870. Eine Chronika in hochdeutschen Reimen v. Germanus. gr. 16. (100 S.) Bleicherode 871. (Nordhausen, Büchting.) (?) — 30

Sternschnuppen, gefallen vom politischen Himmel des J. 1870. Eine Chronika in hochdeutschen Reimen von Germanus. gr. 16. (100 S.) Bleicherode 871, (Busch.)

Sternschuß, Josua, das reformheuchelnde, das conservativ-orthodoxe und das wahre Judenthum. Mannheim 861. Löffler (Seguitz) in Comm. gr. 8. (29 S.) n. 6 ngr.

v. **Sternschütz**, Edler Jh., († 1772.) Lehrsätze aus der Einleit. in die sämmtl. Wissenschaften der Staatswissenschaften verfasset u. erwiesen. 8. Wien 766. Gerold. 6 gr. (Barth in Leipz.) 4 gr.

Sternsdorff, C. u. A. Roeschen. Schanzen bei Laubach. (Gießen 1892.) 8°. (Aus: Mitteil. d. Oberhess. Gesch. Vereins.)

Sternsdorff, C. u. A. Roeschen. Verschanzungen des Prinzen Condé bei Grünberg im August 1762. (o. O. 1890.) 8°. (Aus: Quartalblätter d. histor. Vereins f. Hessen.)

Sternsdorff, Wilhelm [aus Berlin]: Über die Exartikulation im Hüftgelenk mit besonderer Berücksichtigung zweier Fälle aus der Klinik des Herrn Geheimrat Prof. Bardeleben zu Berlin. . . . Berlin, Buchdr. v. Gustav Schade (Otto Francke) (1889); 29 + 1 S. + 1 Bl. 8°
Berlin, Med. Fak., Inaug.-Diss. v. 31. Okt. 1889

Der moralische Sternseher. Regensburg 1751–55.

Sternstein, C., die Elektrizität im Dienste des Menschen, zugleich Begleitwort u. Erläutergn. zu d. Verf. elektrotechn. Wandtafeln I–XII. (1. u. 2. Tl.) gr. 8. Magdeburg, Creutz. n. 3. 50
1. (I–VI.) (VIII, 35 S. m. 44 Fig. u. 6 Taf.) 900. n. 1. —
2. (VII–XII.) (IV, 124 S. m. Abbildgn.) 902. n. 2. 50

Sternstein, C., die Elektrizität im Dienste des Menschen, zugleich Begleitwort u. Erläutergn. zu des Verf. elektrotechn. Wandtafeln I–VI (1. Tl.). 2. Aufl. (VIII, 42 S. m. Abbildgn.) gr. 8. Magdeburg 906. Creutz. n. 1. —

— elektrotechnische Wandtafeln. Taf. I–XII. Farbdr. Ebd. n. 20. —; einzelne Taf. n. 2. —; Aufzug auf Leinw. m. Stäben f. die Taf. n.n. 1. 50
1–VI (à 62×78 cm.). 900. — VII–XII (à 71×90 cm.). 902.

Sternstein, C., elektrotechnische Wandtafeln. Taf. XIII u. XIV. Funkentelegraphie. 70,5×91 cm. Farbdr. Magdeburg (909). Creutz. 4. —; auf Leinw. m. Stäben n 7. —

STERNTAL (sic!), Amalie v. Eine Klostergeschichte. Leipzig, Schneider. 1793, 8°.
92 S. (incl. Titel). Zahmen Inhalts.

Sternthal, Alfr., sexuelle Aufklärung in der Volksschule, e. Zeitfrage. Vortrag, geh. im Braunschweiger Lehrerverein am 10. IX. 1907. (21 S.) gr. 8. Braunschweig 907. (E. Appelhans & Co.) — 30
Sonderabdruck aus: „Schulbl. f. d. Herzogtt. Braunschw. u. Anhalt".

Sternthal, Alfr., Geleitworte zur Fahrt in das Leben. Vortrag, geh. am 21. II. 1906 im Gemeindehause v. St. Katharinen vor den Abiturienten sämtl. höherer Lehranstalten in Braunschweig. (18 S.) gr. 8. Leipzig 906. J. A. Barth. n. — 50

— Geleitworte zur Fahrt in das Leben. Vortrag, geh. am 21. II. 1906 im Gemeindehause v. St. Katharinen vor den Abiturienten sämtl. höh. Lehranstalten in Braunschweig. 2. unveränd. Aufl. (19 S.) gr. 8. Leipzig 908. J. A. Barth. - 50

— **Männersittlichkeit u. Frauengesundheit. Vortrag, im Männerverein der St. Katharinengemeinde zu Braunschweig am 20. X. 1903 geh. 1.–5. Aufl. (1.–10. Tauf.) (24 S.) 8. Braunschweig 904. H. Wollermann. — 25**

— Männersittlichkeit u. Frauengesundheit. Vortrag, im Männerverein d. St. Katharinengemeinde zu Braunschweig am 20. X. 1903 geh. 7. Aufl. 14.–16. Tauf. (24 S.) 8. Braunschweig 910. H. Wollermann. p — 25

Sternthal, Alfr., s.: Neisser, A., stereoscop. medicin. Altlas, Lfg. 10 u. 17.

— pflanzenanatomische Tafeln, s.: Niemann, G.

Sternthaler, der, s. Wolf und Fuchs, der.

Sternwarte, die, s. Morgenstern, der.

Sternwarte. Harmlose Blätter in harmvoller Zeit. 1. Jahrg. April — December 1850. 39 Nrn. gr. 4. (½ B. m. Illustr.) Leipzig, Expedition des Morgensterns. n. 1 ß (2. Jahrg. siehe: Morgenstern, der.)

Sternwarte, die. Großes Schatten- u. Puppenspiel mit verschiedenen Monologen, Scenen, Intermezzo's ꝛc. von Gabriel Mephisto. Verbunden mit einer neuen Theater-Zeitung: Die psychologische Posaune, red. u. hrsg. von Henriko Starke. Jahrg. 1870. 12 Hefte. (à 2–3 Bgn.) Königsberg, Expedition. gr. 8. n. 2 ß 12 ngr; einzelne Hefte n. 8 ngr.

Sternwarten, Deutschlands vorzüglichste, s. a. Deutschland.

Sternwarten, Deutschlands vorzüglichste. (Mit 7 Kpfrt.) Wien 1848. gr. 8.
Sep.-Abdr. aus: Littrow's Kalender f. alle Stände (1848).

Sterr, C., s. Sterr, Kaspar

Ueber die Haupt-Ursachen der Kränklichkeit der Studirenden, und über einige Mittel, denselben zu begegnen. Von Georg Sterr, G. P. — 1848. Ebend. — S. 3–8.
Progr. Regensburg.

Sterr, Geo., zweites Hundert frommer Lieder. Regensburg 862. Pustet. 16. (94 S.) n. 3 ngr.

Sterr, Geo., zweites Hundert frommer Lieder. (Ausg. mit Melodien.) Regensburg 863. Pustet. 16. (XXXII, 128 S.) cart. n. 4 ngr.

Sterr, Geo., fromme Lieder, besonders für die liebe Schuljugend. 6 Sammlungen. 6. Aufl. 18. (107 S.) Regensburg 847, Pustet.

Sterr, Geo., hundert fromme Lieder. 6 Sammlungen. 9. Aufl. 18. (108 S.) Regensburg 852, Pustet. *

— **Melodien dazu.** qu. 4. (24 S.) Ebds. 852.

Sterr, Geo., 100 fromme Lieder. 6 Sammlgn. 42. Aufl. (128 S.) 16. Regensburg (905). F. Pustet. Kart. — 20

— **vierstimmige fromme Lieder. qu. 4. (à St. 16 S.) Regensburg 850, Pustet.**

Sterr, Ksp., († d. 23. Febr. 1814.) **Ludwig d. Baier, Kaiser der Deutschen u. Römer. gr. 8. Münch. 811. Giel. 1 ß 20 gr** 1814. Hbg. Pr. 20 gr

Sterr, Kasp., Ludwig der Baier, Kaiser der Teutschen u. Römer. Eine im J. 1811 der kgl.-baier. Akad. d. Wiss. zu München eingesandte, nicht gekrönte, hier getreu nach d. Original abgedr. Preisschrift. München, bey Jak. Giel, 1812. 8°. 2 Bll. u. 384 S. Ppb.

Sterr, Kasp., **Ludwig d. Baier, Kaiser d. Deutschen und Römer. gr. 8. Münch. Giel. 813.**

— **vom Steigen u. Fallen des Mercurius im Barometer.** Mit 1 Kpf. Münch., (G. Franz). 6 gr

— Witterungsbeobachtt. **vom J. 1783 bis auf gegenwärt. Zeit.** Mit 5 Kpf. gr. 8. **Landsh. 805. Krüll. 1 ß 4 gr**

Sterre, D. L., Beschreibung d. vornehmsten Krankheiten. 8. Dresden, Walther. 710.

Stertenbrink, Johannes, aus Holzhausen b. Osnabr.: Aus d. psychiatr. u. Nervenklinik zu Kiel. Ein Fall von Hemianopsie mit hemiopischer Pupillenreaktion, Hemiparesis und Hemichorea dextra. *Kiel 1904: Schmidt & Klaunig.* (18 S.) 8°
Kiel, Med. Diss. v. [28. Febr.] 1904

Sterth, Cuno, Blümchenlese zu Gunsten der Anstalt für schwachsinnige Kinder auf **Schloß Biberstein.** gr. 8. (40 S.) Aarau 900. H. R. Sauerländer & Co. n. — 80

Stertz, Georg, approb. Arzt aus Breslau: Aus d. Kgl. Med. Universitäts-Klinik zu Breslau. Ein Beitrag zur Typhusdiagnose aus dem Stuhl mittelst des v. Drigalski-Conradischen Verfahrens. *Breslau 1903: Bresl. Genoss.-Buchdr.* (30 S.) 8°
Breslau, Med. Diss. v. [17. Juli] 1903

Stertz, Otto

Sterz, Otto, Windkraft od. Kleinmotoren? Die Windkraftanlagen, ihre Verbreitg., Anwendg. u. Rentabilität unter hauptsächlichster Berücksicht. d. Wasserversorgungsanlagen kleinerer Städte u. Gemeinden, des Maschinenbetriebes in der Landwirtschaft u. der Elektrizitäts-Erzeugg. Für die Bedürfnisse d. Praxis dargestellt. (VIII, 54 S. m. 44 Abb.) Lex. 8. Leipzig 908. B. F. Voigt. 3.—; geb. 4.—

Sterzenbach, Ph. Chr. Aug., aktenmäß. Erzählung des gegen d. Colonus Fischer an Bracke am 15. April 1794 verübten Mordes u. Straßenraubes. 8. Lemgo 794. Meyer. 4 gr.

Sterz, Adolf, das Blei und seine in der Thonindustrie Verwendung findenden Verbindungen in ihren Wirkungen auf den menschlichen Organismus. gr. 8. (7 S.) Znaim 888, Fournier und Haberler. *

Sterz, Albin Kritische Berichtigung der Formel Schleiermachers über den Gegensatz von Katholicismus und Protestantismus nach dessen eigenen Aufstellungen über die Erlösung. 9 S. **Progr.** *Oberesloc* 1882.

Sterz, Albin Richard I. Graf von Aversa und Fürst von Capua, 1050—1078. Ein Beitrag zur Geschichte der Normannen in Unteritalien. 30 S. **Progr.** *Ploen* 1879.

Sterz, Anton (geb. Leobschutz 26. 9. 1850): Ueber Verstopfung der Lungenarterie. Berlin (1874). (31 S.) 8°
Berlin, Med. Diss. v. 20. Febr. 1874

Sterz, L., d. Kyffhäuser-Denkmal. Denkschrift üb. d. Bau u. d. Einweihungsfeier d. v. d. deutschen Kriegern u. Soldaten auf d. Kyffhäuser erricht. Kaiser Wilhelm-Denkmals 18. Juni 1896. Lex.-8. (30 S. m. Abb.) Leipzig 896. B. Franke. n. — 50

Sterz, L., Leitfaden zur richtigen Anwendung der sogen. Altenburger Scat-Spielregeln. Auf Grund zuverläss. Quellen, prakt. Versuche u. langjähr. Erfahrgn. bearb. u. zusammengestellt. 12. (15 S.) Leipzig-Gohlis 894. Hauptstraße 23, Selbstverlag. n. — 30

Sterz, Maria, (Priester,) Grundriß e. Geschichte der Entstehung u. Vergrößerung d. Kirche u. des Ortes Mariazell. 8. Wien 819.

Sterz, Otto, s. Stertz

Sterzbach, C. A., der kabbalistische Wahrsager, welcher über zukünftige Schicksale u. Begebenheiten auf jede ihm in deutscher u. französ. Sprache vorgelegte Frage eine richtige Antwort giebt. 8. Wien 805. (Köhler in Leipz.) 8 gr.

Sterzel, 100 Prüfungs-Aufgaben. Vorbereitung zur schriftl. Reserveoffizier-Aspiranten- u. Reserveoffizier-Prüfung. 1. Thl. 2 Bde. kl. 8. Leipzig, F. Engelmann. Geb. in Leinw. à n. 3.—
1. Exerzier-Reglement u. Felddienst-Ordng., bearb. f. Einjährig-Freiwillige u. Reserveoffizier-Aspiranten der Feldartillerie. (X, 140 S.) Stuttgart. (903).
2. Schießvorschrift, allgemeine u. besondere Dienstkenntnis, bearb. f. Einjährig-Freiwillige u. Reserveoffizier-Aspiranten der Feldartillerie. (XII, 164 S.) (905.)

— dasselbe zur Reserveoffizier-Aspiranten- u. Reserveoffizier-Prüfung bearb. f. Einjährig-Freiwillige u. Reserveoffizier-Aspiranten der Feldartillerie. 2. Tl. Vorbereitg. zur prakt. u. mündl. Prüfg. (159 S.) kl. 8. Ebd. (906). Geb. in Leinw. n. 3.—

Sterzel, Prüfungs-Aufgaben zur Reserveoffizieraspiranten- u. Reserveoffizierprüfung. Bearb. f. Einjährig-Freiw. u. Reserveoffizieraspiranten der Feldartillerie. (3. Aufl.) (XV, 340 S.) kl. 8. Leipzig (909). F. Engelmann. Kart. 4. 60

Sterzel, G., fern u. doch nahe! Abschiedspredigt, üb. Phil. 1, 3—11 am 14. Sonntag p. Trinitatis, 7. Septbr. 1890 in der St. Jacobikirche zu Chemnitz geh. gr. 8. (14 S.) Chemnitz 890. (May.) n. — 25

— evangelische u. römische Kirche in unseren Tagen. Eine zeitgemäße Betrachtg. zur Verständigg. üb. Wesen u. Ziele d. „Evangel. Bundes zur Wahrung der deutsch-protestant. Interessen". [Aus: „Sächs. Landes-Anzeiger".] gr. 8. (16 S.) Chemnitz 889. (Focke.) n. — 15

Sterzel, Georg Friedrich [Diaconus zu St. Afra in Meissen]: A. Comte als Pädagog. Ein Beitrag zur Kenntnis der positiven Philosophie . . . Dresden-N., Druck v. Albert Hille, 1886; 86 S. + 1 Bl. 8°.
Leipzig, Phil. Fak., Inaug.-Diss. v. 22. Aug. 1886.

Sterzel, Geo. Frdr., A. Comte als Pädagog. Ein Beitrag zur Kenntnis der positiven Philosophie. gr. 8. (85 S.) Leipzig 886. Fock. n. 1. 50

Sterzel, Johann Traugott

Sterzel, T., Beiträge zur fossilen Flora, s.: Weiss, E.

Sterzel (T.), Paläontologischer Charakter der oberen Steinkohlenformation und des Rothliegenden im erzgebirgischen Becken. (Extra-Abdr. a. d. VII. Ber. d. Naturwissensch. Ges. z. Chemnitz. 1878—80.) Chemnitz 1881. 8.

Sterzel, T. Über Dicksoniites Pluckeneti Schloth. 1883.

—— (T.), Ueber die Flora und das geologische Alter der Kulmformation von Chemnitz-Hainichen. (Sep.-Abdr. a. d. 9. Ber. d. naturwissensch. Gesellsch. zu Chemnitz. Festschrift. 1883—1884.) Chemnitz 1884. 8. Mit 1 Tafel.

Sterzel, J. T., die Flora d. Rothliegenden im Plauenschen Grunde bei Dresden. [Aus: „Abhandlgn. d. k. sächs. Gesellsch. d. Wiss."] Lex.-8. (XI, 172 S. m. 13 Taf. u. 13 Bl. Erklärgn.) Leipzig 893. S. Hirzel. n. 12.—

Sterzel, J. T., die Flora d. Rothliegenden im nordwestlichen Sachsen, s. a. Abhandlungen, paläontologische.

—— (J. T.), Die Flora des Rothliegenden im nordwestlichen Sachsen. (Aus: Dames u. Kayser, Palaeontologische Abhandl., 3. Bd., Heft 4.) Berlin 1886. 4. Mit 9 Tafeln.

Sterzel, T. Über die Flora der unteren Schichten des Plauenschen Grundes. 1881.

—— Ueber die Fruchtähren von Annularia sphenophylloides Zenker sp. (Abdr. a. d. Zeitschr. d. D. Geol. Ges., Jahrg. 1882.) 8. Mit 1 Tafel.

——— Ueber zwei neue Insektenarten aus dem Karbon von Lugau. (Sep.-Abdr. a. d. VII. Berichte d. Naturwiss. Ges. z. Chemnitz, 1878—1880.) Chemnitz 1881. 8.

Geologische Karte der Umgegend von Chemnitz nebst 2 Profilen. Von J[ohann] T[raugott] Sterzel. *Chemnitz: C. Brunner in Komm. [1902]; (Lith. H. Wilisch).* (3 Kartenbl.) 8° [Umschlagt.] [kol.] [03. 7774

——— Zur Culmflora von Chemnitz-Hainichen. (Sep.-Abdr. a. Botan. Centralbl. 1885. Bd. 21.) 8.

——— Ueber Palaeojulus dyadicus Geinitz und Scolecopteris elegans Zenker. (Abdr. aus d. Zeitschr. d. D. geolog. Gesellsch., Jahrg. 1878.) 8. Mit 1 Tafel.

Sterzel (J. T.), Über zwei neue Palmoxylon-Arten aus dem Oligocän der Insel Sardinien. M. 2 Taf. u. 2 Textfig. Chemnitz 1900. 13 S.
Aus: 14. Bericht d. Naturwiss. Gesellsch. zu Chemnitz. 1896—1899.

Sterzel (J. T.), Die fossilen Pflanzen des Rothliegenden von Chemnitz in der Geschichte der Palaeontologie. (Sep.-Abdr. a. d. 5. Berichte d. Naturw. Ges. zu Chemnitz, 1. Jan. 1873 bis z. 31. Dez. 1874.) Chemnitz 1875. 8.

——— Ueber den grossen Psaronius in der naturwissenschaftlichen Sammlung der Stadt Chemnitz. (Sep.-Abdr. a. d. 10. Bericht d. Naturwissensch. Gesellsch. zu Chemnitz. 1884—86.) Chemnitz 1887. 8. Mit 2 Tafeln.

Sterzel, T. Organische Reste auf Section Hohenstein.

——— Ueber Scolecopteris elegans Zenker und andere fossile Reste aus dem Hornstein von Altendorf bei Chemnitz. (Abdr. a. d. Zeitschr. d. D. Geol. Ges., Jahrg. 1880.). 8. Mit 2 Tafeln.

——— Taeniopterideen aus dem Rothliegenden von Chemnitz-Hilbersdorf. (Sep.-Abdr. a. d. N. Jahrb. f. Mineralogie 1876.) 8. Mit 2 Tafeln.

Sterzel, K. G., Gefäss-Kryptogamen Schlesiens, s.: **Kryptogamen-Flora v. Schlesien.**

Sterzel, T., s. Sterzel, Johann Traugott

Sterzenbach, A., actenmäß. Erzählung d. gegen d. Colonus Fischer a. Bracke am 15. April 1794 verübten Mordes und Straßenraubes. 8. Lemgo, Meyer.

Sterzenbach, C., s. Sterzenbach, K.

Sterzenbach, K., Anleitung zur Anfertigung von Briefen, Eingaben an Behörden, Geschäftsaufsätzen, Wechseln, sowie auch zur gewerblichen Buchführung u. Berechnung u. Bezeichnung des Selbstkostenpreises. Für Schüler in Oberklassen höherer Volksschulen, in Fortbildungs- u. Mittelschulen, auch zum Selbstunterricht für Handwerker. 8. (IV, 106 S.) Siegen 880. Montanus. geb. n. 1. –

Sterzenbach, K., Anleitung zur Anfertigung v. Geschäftsaufsätzen, Briefen, Eingaben an Behörden, Anweisungen u. Wechseln, sowie auch zur gewerblichen Buchführung u. Berechnung u. Bezeichnung d. Selbstkostenpreises. Für Fortbildungs-Schulen u. Jünglings-Vereine, auch zum Selbstunterricht f. Handwerker, Gewerbtreibende u. a. bearb. 3. Aufl. 8. (VIII, 127 S.) Siegen 887. Montanus. cart. n. 1. 20

Sterzenbach, K., Auflösungen zu den schwierigeren Aufgaben aus A. Terlinden's Rechenbuch f. Volksschulen, zum Gebrauche f. Lehrer u. zum Selbstunterricht bearb. 8. (VI, 109 S. m. e. Holzschntaf.) Neuwied 875. Heuser. geb n. 2. —

— die vaterländische Schulfeier in der Volksschule. gr. 16. (IV, 45 S.) Neuwied 877. Heuser's Verl. cart. n. — 75

— wie erzieht d. Volksschule z. Vaterlandsliebe?, s. a. Für die Schule, aus d. Schule, Hft. 75.

[F.] Wie erzieht die Volksschule zur Vaterlandsliebe? E. Konferenzvortr. v. K. Sterzenbach, Hauptl. in Freudenberg. *Neuwied & Leipzig: Heuser 1898.* (13 S.) 1 Bd 8.
= **Schule,** Aus der, für die Schule. II. 75. [98. 9660

Sterzenbach, K., Kaiser Wilhelm, seine Lebensgeschichte u. glorreiche Regierung. Dem deutschen Volke u. besonders der Jugend erzählt. gr. 8. (III, 49 S.) Neuwied 883. Heuser's Verl. — 60

Sterzenbach, K., Kaiser Wilhelm. Seine Lebensgeschichte u. glorreiche Regierg. Dem deutschen Volke u. besonders der Jugend erzählt. 2., verm. Aufl. gr. 8. (III, 56 S.) Neuwied 887. Heuser's Verl. n. — 50

Kaiser Wilhelm I., der Siegreiche. S. Lebensgesch. u. glorreiche Regierung. Zu s. hundertj. Geburtstage d. deutschen Volke ... erzählt v. K. **Sterzenbach**. Berlin & Neuwied: Heuser 1897. (2 Bl., 112 S.) 1 Bd 8°

Sterzenbach, K. Kaiser Wilhelm II. Seine Lebensgeschichte u. Regierung. 1. u. 2. verm. Aufl. 8. (25 S. m. Bild.) Neuwied 889,90, Heuser's Verlag. * — 25

Kaiser Wilhelm II. S. Lebensgesch. u. Regierg. Von K. **Sterzenbach**, Hauptl. in Freudenberg. 3. verm. Aufl. Berlin [&] Leipzig: Heuser [1895]. (43 S.) 1 Bd 8°

— **Kaiser Wilhelm II.** Seine Lebensgeschichte u. Regierg. 3., verm. Aufl. 8. (43 S. m. Abb.) Ebd. 896. n. — 25

Kaiser Wilhelm II. Seine Lebensgeschichte u. Regierung. Von K. **Sterzenbach**, Hauptlehrer in Freudenberg. 4. verm. Aufl. Neuwied, Berlin, Leipzig: L. Heuser (1904). (79 S.) 8°

Sterzenbach, Karl: Das Steuerwesen des Siegerlandes im Mittelalter. Münster i. W. (1910). 8°
Münster, Phil. Diss. v. (1910).

Sterzenbach, Theodor, a. Freudenberg, Kr. Siegen: Ursprung und Entwicklung der Sage vom heiligen Gral. Münster i. W. 1908: Aschendorff. (45 S.) 8° [F.]
Münster, Phil. Fak., Ref. Jostes, Diss. v. 5. Febr. 1908
[Geb. 20. Nov. 83 Freudenberg; Wohnort: Münster; Staatsangeh.: Preußen; Vorbildung: Gymn. Schleusingen Reife O. 04; Studium: Bonn 1, Münster 6 S.; Rig. 31. Okt. 08.]

Sterzenbach, Th., Ursprung u. Entwicklung der Sage vom hl. Graf. s. a. **Forschungen u. Funde.** I, 2.

Ursprung und Entwicklung der Sage vom heiligen Gral. Von Dr. phil. Th[eodor] **Sterzenbach.** Münster i. W.: Aschendorff 1908. 45 S. 8°
[Erschien auch als Inaug.-Diss. Münster 1908.]
(Forschungen u. Funde. Bd 1, H. 2.)

Sterzer, H., über den Gebrauch rauchschwacher Pulver zur Jagd. (XV, 88 S.) 8. München 903. E. Pohl. n. 1. 50

Sterzi, Gius., die Blutgefässe des Rückenmarks. Untersuchungen über ihre vergleich. Anatomie u. Entwicklungsgeschichte. Mit 39 Abbildgn. auf den Taf. I—IV u. 37 Fig. im Texte. (VI, 364 S.) Lex.-8. Wiesbaden 904. J. F. Bergmann. n. 18. 60
Sonderabdruck aus: „Anatom. Hefte".

Sterzi, Mario, s.: Rappresentazione, una sacra, in Logudorese.

Sterzing. Plauderei von J. K. Innsbruck 1907. V: *Keim, J.* (Margr)

Sterzing am Eisack. Ein Stationspunkt für Touristen und Sommeraufenthaltsort für Fremde. Innsbruck 1883. 2. Aufl. 1885. 3. Aufl. 1892. V: *Fischnaler, Konrad.* (Margr)

Sterzing, Arthur [pr. Arzt in Gotha]: Ueber Phlegmasia alba dolens. . . . Jena, Frommannsche Buchdr. (Hermann Pohle), 1889; 1 Bl. + 30 S. 8°
Jena, Med. Fak., Inaug.-Diss. v. [26. Okt.] 1889

Sterzing, A., üb. Phlegmasia alba dolens. Inaug.-Diss. gr. 8. (30 S.) Jena 889. (Pohle.) n. 1. —

Sterzing, Paul, a. Gotha. Geprüfter Kandidat d. Medizin: Ueber Rezidive und Nachschübe beim Typhus abdominalis. Leipzig 1905: B. Georgi. (33 S.) 8°
Leipzig, Med. Fak., Ref. Curschmann, Diss. v. 4. Mai 1905
[Geb. 7. Okt. 81 Gotha; Wohnort: Gotha; Staatsangeh.: S.-Coburg-Gotha; Vorbildung: Gymn. Gotha Reife O. 00; Studium: Jena 4, Freiburg i. B. 1, München 2, Leipzig 2 S.; Coll. 17. Mai 05; Approb. 1. März 05.]

Der nach aller Möglichkeit entschuldigte Herr P. Don Ferdinand Sterzinger, in Betreff der aufgedeckten Gaßnerischen Wunderkuren. Von einem Freunde sowohl des Herrn geistlichen Raths Gaßner, als des Hrn. P. Sterzingers, in den Druck gegeben. Augsb. 775. 8.

Sterzinger, der nach Möglichkeit entschuldigte. 8. Augsb. 775. Wolff. 3 gr.

Sterzinger, Martin, oder der Bayersche Einfall in Tyrol. Ein Schauspiel in fünf Aufz. Innsbr. 1782. V: *Primisser, Johann Friedrich.* (MGT) (Ky) (GGr)

Sterzinger, Martin, oder d. baierische Einfall in Tyrol. Schspl. (von Jh. Fr. Primisser). 8. Insbr. 782. Wagner. 3 gr.

v. Sterzinger, Ant. Regal., Abhandl. von der heil. Firmelung. gr. 8. Innsbr. 777. N. A. 793. Wagner. 8 gr.

Sterzinger, A. v., Abhandl. v. d. heil. Firmelung. gr. 8. Insbruck, Wagner. (Fischer.) 793. — 8

— Abhandl. von d. heil. Taufe. 8. Insbr. 777.

— Lobrede auf Johann von Nepomuk. gr. Fol. Innsbr. 780. Wagner. 3 gr.

— geistl. Unterricht für Hebammen. gr. 8. Innsbr. 789. Wagner. 4 gr.

Sterzinger, E. v., Ursprung und ächte Eigenschaften d. Hall-Innthalischen Kochsalzes. 4. Ebend. 770. — 4

Sterzinger, Ferdinand

— s. Amavero, Untersuchung.

Sterzinger, Fd., († d. 18. März 1786.) Anmerkk. üb. ein St. Blasianisches Manuscript, in welchem von einer Liutgard, welche eine Gemahlin Adalberts I. von Windenberg gewesen sein soll, von Conrad, Bruder einer Liutgard, u. Engelbert, Grafen v. Hall (nicht Hals) avunculo Alberti II. bogensis, Meldung geschieht. Münch., (Franz). 5 gr.

— Bemühungen den Aberglauben zu stürzen. 8. Münch. 784. Lentner. 9 gr.

— s. Beurtheilung der Gaßnerschen Wunderkuren.

— Disp. theologica canonica. 4. Münch. 763.

— Disputationes duae de juris prudentia ecclesiastica. 4. Münch. 769.

— s. Einleitung in die Kirchengeschichte.

— Entwurf von dem Zustande der baier. Kirche vom J. 717 bis auf d. J. 800. Münch., (Franz). 12 gr.

Sterzinger, Don Ferd. („regul. Priester, Theatiner, u. d. histor. Klasse Director", geb. d. 24. Mai 1721, † 18. März 1786 zu München), Entwurf von d. *Zustande d. baierischen Kirche unter dem ersten christlichen Herzoge Theodo II.*, an dem Geburtstage Sr. Churfl. Durchlaucht in Baiern etc. etc., in öffentl. Versamml. d. churbaier. Akad. d. Wiss., d. 27. März 1773, abgelesen. Gedr. mit akadem. Schriften. (München.) 4°. 30 S. Ppb. m. 2 Beibdn.

— — Erläuterung *(Sterzinger's)* über drey Anmerkungen, die in dem Entwurfe Don *Ferdinands Sterzinger* von dem Zustande d. baierischen Kirche . . . . den . . . . Zenobiten des Benedictinerklosters zu St. Peter in Salzburg in ihren kurzen Erinnerungen . . . ., anstössig fielen. München, gedr. mit akadem. Schriften. 1773. 4°. 15 S. Beibd.

— s. Fragsteller, der in der kathol. Schule geführte.

— s. Gaßner's Wunderkuren.

— s. a. Gedanken x. von der Hexerei.

– Gedanken

über die *Werke des Liebhabers der Wahrheit von der Hexerey (A. März)*. Zu finden bey Jos. Aloysius Crätz, Buchhändlern in München. 1767. 4°. Beibd.
27 + 1 S.

— —, *Geister- u. Zauberkatekismus* (sic). (Vign.) München 1783. Bey Joh. Nepomuck Fritz, Buchhändler nächst dem schönen Thurm. 8°. Ppb.
72 S. Zu wenig bekanntes Werkchen des ausgezeichneten Mannes; ein wahres Vademecum gegen alle Arten abergläubischer Anfechtungen!

— Geister- u. Zauber-Katechismus. 8. Münch. 783. Lentner. 3 gr.

— Geister- und Zauber-Katechismus. 8. Ebendas. 784.

— die Gespenstererscheinungen, e. Phantasie oder Betrug, durch die Bibel, Vernunftlehre u. Erfahrung bewiesen. gr. 8. München 786. Lentner. 6 gr.

— Disp. canonica de V. libro decretalium. Fol. München 756 u. 761.

— akadem. Rede üb. den Entwurf von dem Zustande der baier. Kirche unter Herzog Theodo II. 4. Münch. 773. (Franz). 5 gr.

Sterzinger, P. Don Ferd. (geb. 24. Mai 1721 in Schloss Liechtenwörth in Tyrol, aus adelichem Geschlecht, regul. Priester, Theatiner, Mitgl. d. churbaier. Akad. d. Wissensch., † 18. März 1786 zu München). *akademische Rede von dem gemeinen Vorurtheil der wirkenden u. thätigen Hexerey*, welche an Sr. Churfürstl. Durchlaucht in Baiern, etc. etc. . . . ., Namensfeste abgelesen worden, den 13. October 1766. München, gedr. bey Maria Magdalena Mayrin, verw. Stadtbuchdruckerin. 4°. 22 S. Hpgmtb., m. vielen Beibdn. Seltene Sammlung!
8 Rezensionen über diese s. Z. in ganz Deutschland Aufsehen erregende Abhandlung sind in Graf Zech's Gedenkrede (S. 14) angeführt; vgl. auch Baader I, 2, S. 250–51.

— akadem. Rede von dem gemeinen Vorurtheilen der wirkenden u. thätigen Hexerei. 4. Münch. 766.

— von d. Sterbjahre d. Grabschrift des heil. Ruperts. München, (Franz). 4 gr.

— s. Jh. Trithemius, Unterricht.

— histor.-krit. Untersuchung, ob die Bojer vor Theodorich, dem Könige der Ostgothen, oder unter dessen Regierung geschriebene Gesetze empfangen haben? Münch., (Franz). 4 gr.

*Die aufgedeckten Gaßnerischen Wunderkuren, aus authentischen Urkunden beleuchtet und durch Augenzeugen bewiesen. Zweite verbesserte und mit dem Katechismus über die Geisterlehre vermehrte Aufl. s. l. 775. 8. (Verf. soll Don Ferdinand Sterzinger sein.)

— —, *beträgende Zauberkunst u. träumende Hexerey*, oder *Vertheidigung der akadem. Rede*, von dem gemeinen Vorurtheile der wirkenden u. thätigen Hexerey, wider das Urtheil ohne Vorurtheil etc. (des *A. März*.) Mit Erlaubnisse (!) der Oberen. München, zu finden in der akademischen Buchhdlg., 1767. 4°. Beibd.
Zweite viel schärfere Schrift. – Tit., 3 Bll. Vorber., 96 S. Text, 1 Bl. „Verzeichniss kathol. Schriftsteller (von 1230–1700), welche die . . . . Hexerey u. Zauberkunst theils in ihrem Umfange, theils stückweise läugnen u. verworfen".

Sterzinger, Josef V.

[Ant. u. F.] Německočeský slovník. Za pomoci četných odborníků sestavuje Phil. C. Jos. V. **Sterzinger.** Přehlíží Prof. Dr. V[áclav] E[man.] Mourek. Deutschböhm. Wörterbuch. Unter Mitw. zahlr. Fachmänner zsgest. v. ... Sterzinger. Revid. v. ... Mourek. Díl I. II. (In 73 Heften.) *Prag: J. Otto [1891–98].* 2 Bde 8.
I. (7 Bl., XVI, 1373 S.) II. (3 Bl., XVI, 1522 S.) [98. 1144]

Sterzinger, J. V., Taschenwörterbuch der böhmischen u. deutschen Sprache. In 2 Thln. gr. 16. (IV, 434 u. IV, 502 S.) Leipzig 900. O. Holtze Nachf. Geb. in Leinw. à n. 2. 80; in 1 Bd. brosch. 4. 50; geb. in Halbfrz. n. 5. 25

Sterzinger, J. V., Taschenwörterbuch der böhmischen u. deutschen Sprache. 2 Tle. 2. verb. Aufl. 16. Leipzig 905. O. Holtze's Nachf. Geb. in Leinw. à 2. 80; in 1 Bd geh. 4. 50; in 1 Halbfrz.-Bd. 5. 25
I. Deutsch-Böhmisch. (IV, 418 S.)
II. Böhmisch-Deutsch. (IV, 466 S.)

Sterzinger, Jos. V., deutschböhmisches Wörterbuch. Unter Mitwirkg. zahlreicher Fachmänner zusammengestellt. Rev. v. V. E. Mourek. 1.—19. Hft. gr. 8. (S. 1—752.) Prag 893. 894. F. Otto. à n. — 80

Sterzinger, Jos. V., deutschböhmisches Wörterbuch. Unt. Mitwirkg. zahlr. Fachmänner zusammengest. Rev. v. V. E. Mourek. 20.—73. Hft. gr. 8. (1. Thl. VII u. S. 753—1374; 2. Thl. XVI, 1522 S.) Prag 895 —898.) F. Otto. n. 43. 40 (kplt.: n. 58. 60)
20.—71. Hft. à n. — 80; 72. u. 73. Hft. n. 1. 80.

Sterzinger, Irene, über die Spirorpis-Arten der nördlichen Adria, s. Abhandlungen der k. k. zool.-botan. Gesellschaft in Wien. V, 1.

Über die Spirorbis-Arten der nördlichen Adria. Von Irene **Sterzinger.** (Aus d. zoolog. Institut d. k. k. Univ. Innsbruck.) Mit 14 Fig. Jena: Fischer 1910. 13 S. 4° (8°) (Abhandlungen d. k. k. zool.-bot. Gesellschaft in Wien. Bd 5, H. 1.)

Sterzinger Irene: Einige neue Spirorbis-Arten aus Suez. Ergebnisse einer von Dr. Ad. Steuer mit Unterstützung des Ministeriums für Kultus und Unterricht und des Vereines zur Förderung deutscher Kunst und Wissenschaft in Prag unternommenen Studienreise nach Ägypten (mit 2 Taf. und 16 Textfiguren). S. 118. 1. [illegible] 1.—
Separatabdruck

-- Einige neue Spirorbis-Arten aus Suez. (Ergebnisse e. v. Dr. Ad. Steuer m. Unterstützg. d. k. k. Ministeriums f. Kultus u. Unterricht u. des Vereines zur Förderg. deutscher Kunst u. Wissenschaft in Prag unternommenen Studienreise nach Ägypten.) (19 S. m. 16 Fig. u. 2 Taf.) gr. 8. Wien 909. A. Hölder. 1.—
Sonderabdr. aus: „Sitzungsber. d. k. Akad. d. Wiss."

Sterzinger, Nikolaus v. Salzrein, († d. 18. Juni 1774.) Ursprung, Verfertigung u. ächte Eigenschaften des Hall-Inthalischen Kochsalzes. kl. 4. Innsbr. 767. Wagner. 4 X

Sterzinger v. Siegmundsried, Don Jos., der Hexenproceß; e. Traum im J. 1767. 4. ...

-- s. Leben Pt. Anichs.

FSC
www.fsc.org
MIX
Papier | Fördert gute Waldnutzung
FSC® C083411

Kolibri 360 GmbH
Ferdinand-Jühlke-Straße 7
99095 Erfurt, Deutschland
produktsicherheit@kolibri360.de